W0108750

Böttcher/Hermböding/Klavon/Schlüter/Skutnick/Sprenger
Die Meisterprüfung im Kfz-Handwerk

Wolf-Peter Böttcher / Heinz Hermböding / Peter Klavon /
Volkert Schlüter / Richard Skutnick / Axel Sprenger

Die Meisterprüfung im Kfz-Handwerk

Das umfassende Standardwerk
für den angehenden und praktizierenden Meister

Vogel Buchverlag

Die Deutsche Bibliothek – CIP-Einheitsaufnahme

Die **Meisterprüfung im Kfz-Handwerk** : das umfassende
Standardwerk für den angehenden und praktizierenden Meister /
Wolf-Peter Böttcher … – Würzburg : Vogel, 1998
  (Vogel-Fachbuch)
  ISBN 3-8023-1591-X

ISBN 3-8023-1591-X
1. Auflage. 1998
Alle Rechte, auch der Übersetzung, vorbehalten.
Kein Teil des Werkes darf in irgendeiner Form
(Druck, Fotokopie, Mikrofilm oder einem anderen
Verfahren) ohne schriftliche Genehmigung des
Verlages reproduziert oder unter Verwendung
elektronischer Systeme verarbeitet, vervielfältigt
oder verbreitet werden. Hiervon sind die in
§§ 53, 54 UrhG ausdrücklich genannten
Ausnahmefälle nicht berührt.
Printed in Germany
Copyright 1998 by Vogel Verlag und Druck
GmbH & Co. KG, Würzburg
Umschlaggrafik: Michael M. Kappenstein,
Frankfurt
Satz: Storch GmbH, Wiesentheid
Druck und buchbinderische Verarbeitung:
Friedrich Pustet, Regensburg

Vorwort

Das vorliegende Fachbuch »Die Meisterprüfung im Kfz-Handwerk« setzt seine lange anhaltende Tradition und seinen großen Erfolg mit der neuesten Auflage fort.

Es ist ein unverzichtbares Nachschlagewerk für die Praxis sowie für die Berufsausbildung und dient gleichwohl zur Vorbereitung auf die Meisterprüfung.

Dieses Fachbuch richtet sich auch unterrichtsbegleitend an die Absolventen von Meister-, Techniker- und Ingenieurschulen.

Der Lernende oder Studierende wird die anschaulich und in vielen Bereichen sehr ausführlich dargestellten Erläuterungen zur Erweiterung seines Wissens schätzen lernen.

Die einzelnen Kapitel sind neu bearbeitet bzw. in verschiedenen Bereichen komplett neu entstanden, so daß sie den modernen Entwicklungen der Fahrzeug- und Motorentechnologie entsprechen. Außerdem enthalten sie entsprechende gesetzliche Bestimmungen und Verordnungen.

Die fachliche Bandbreite erstreckt sich von den Motoren über Gemischbildung, Kraftübertragung, Fahrwerk, Bremsen bis zu Elektrik und Elektronik.

Weitere Themen sind die Werkstoffe, Lager, Gewinde, Kraft- und Schmierstoffe sowie das technische Zeichnen.

Unsere Motivation ist es, den jetzigen und angehenden Kfz-Fachleuten ein umfassendes und leichtverständliches Fachbuch an die Hand zu geben.

Wir wünschen allen interessierten Lesern, daß dieses Werk sie im beruflichen Werdegang und im Alltag hilfreich begleitet.

Das Autoren-Team

Inhaltsverzeichnis

1   Allgemeine Grundlagen für die Meisterprüfung

Die Novelle der Handwerksordnung 1998 hat die Gewerbe Kraftfahrzeugmechaniker und Kraftfahrzeugelektriker zu einem Handwerk mit der Berufsbezeichnung «Kraftfahrzeugtechniker» zusammengefaßt. Die Prüfungen werden nach den bisher gültigen Vorschriften in den Gewerken Kfz-Mechaniker und Kfz-Elektriker abgenommen, jedoch erhalten beide die neue Handwerksbezeichnung «Kraftfahrzeug-Techniker-Meister».

Das Zusammenwachsen der Mechanik und der Elektrik/Elektronik hat dazu geführt, daß die Trennung der Tätigkeiten der Mechanik und der Elektrik für die Gewerbebezeichnung nicht mehr charakteristisch ist. Eine wichtige Neuerung ist, daß die Lackierung von Karosserien und Fahrzeugen als wesentliche Teiltätigkeit dem Kraftfahrzeugtechniker zugeordnet wurde.

Zulassungsbedingungen

Hat ein Kraftfahrzeugmechaniker- oder -elektrikergeselle die Absicht, die Meisterprüfung abzulegen, muß er neben der Meisterprüfungsordnung zunächst die Voraussetzungen für die Zulassung zur Prüfung kennen.

Nachfolgend sind die für den Bereich der Handwerkskammer Flensburg gültigen Voraussetzungen zur Zulassung zur Meisterprüfung in gekürzter Form wiedergegeben (Stand Dezember 1996):

1. Zur Meisterprüfung sind Personen zugelassen, die eine Gesellenprüfung bestanden haben und in dem Handwerk, in dem sie die Meisterprüfung ablegen wollen, eine mehrjährige Tätigkeit als Geselle zurückgelegt haben oder zum Ausbilden von Lehrlingen (Auszubildenden) in diesem Handwerk fachlich geeignet sind (§ 49 Abs. 1 Satz 1 HwO). Für die Zeit der Gesellentätigkeit sollen nicht weniger als drei und dürfen nicht mehr als fünf Jahre gefordert werden (§ 49 Abs. 1 Satz 2 HwO).
2. Kürzt die Handwerkskammer nach Anhörung des Meisterprüfungsausschusses die Dauer der Gesellentätigkeit gemäß § 49 Abs. 4 HwO, so ist die abgekürzte Zeit der Gesellentätigkeit maßgebend. Für die Entscheidung über die Abkürzung ist die Handwerkskammer zuständig, die die Geschäfte des die Prüfung abnehmenden Meisterprüfungsausschusses führt.
3. Zur Meisterprüfung ist ferner zuzulassen, wer in dem Handwerk, in dem die Meisterprüfung abgelegt werden soll, das Prüfungszeugnis über die vor einem Prüfungsausschuß der Industrie- und Handelskammer abgelegte Abschlußprüfung besitzt, sofern er im übrigen die Voraussetzungen des Absatzes 1 erfüllt (§ 49 Abs. 2 HwO).
4. Personen, deren Prüfungszeugnis den Zeugnissen über das Bestehen der Gesellenprüfung durch Rechtsverordnung gleichgestellt worden ist (§ 40 Abs. 1 und 2 HwO), sind entsprechend Abs. 1 zu behandeln.
5. Der Besuch einer Fachschule kann teilweise oder ganz, höchstens jedoch mit drei Jahren auf die Gesellentätigkeit angerechnet werden (§ 49 Abs. 3 Satz 1 HwO). Soweit die Landesregierung oder die von ihr ermächtigte Stelle für einzelne Fachschulen besondere Bestimmungen erlassen hat, gelten diese (§ 49 Abs. 3 Satz 2 HwO).
6. Ist der Prüfling in dem Handwerk, in dem er die Meisterprüfung ablegen will, als selbständiger Handwerker, als Werkmeister oder in ähnlicher Stellung tätig gewesen oder weist er eine der

Antrag auf Zulassung zur Meisterprüfung

im ___ KRAFTFAHRZEUGTECHNIKER ___ -Handwerk

Vom Antragsteller auszufüllen:
MK.-Nr. **235**
Prüfungsgruppe Nr. **5**

An die
Handwerkskammer Flensburg
Postfach 1738
Johanniskirchhof 1
2390 Flensburg

Herr/Frau/Fräulein **Bergmann**
Zuname (bei verh. Frauen bitte Geburtsname angeben)

Vornamen (Rufname unterstreichen): **Hans**

geb. am **12.10.1963** in **Heide** Kreis **Dithmarschen**
(Die Angaben müssen mit der Geburtsurkunde übereinstimmen)

Staatsangehörigkeit: **deutsch**

Straße: **Stiftstraße 83**

Wohnort: **25746 Heide**
Postleitzahl

Die Meisterprüfungsarbeit wird in Klausur angefertigt:

Die Unterschrift unter der Erklärung auf der letzten Seite ist unbedingt erforderlich. Ohne Unterschrift gilt der Antrag als nicht gestellt.
* Nichtzutreffendes streichen

Wird von der Handwerkskammer ausgefüllt:

Beginn der prakt. Arbeit: ___

Teil I	Praktische Prüfung (Meisterprüfungsarbeit/Arbeitsprobe)	am ___		DM ___	Sb ___
Teil II	Fachtheoretische Kenntnisse	am ___ schriftlich ___ mündlich ___		DM ___	Sb ___
Teil III	Wirtschaftliche und rechtl. Kenntnisse	am ___		DM ___	Sb ___
Teil IV	Berufs- und arbeits- pädagogische Kenntnisse	am ___		DM ___	Sb ___

Prüfungsgebühr

am ___   Eing.buch ___

Handwerkskammer Flensburg
Postfach 1738 · 2390 Flensburg
Telefon (0461), Durchwahl 866/27

Stadtsparkasse Flensburg
Konto-Nr. 271233
(BLZ 215 500 50)

Flensburger Volksbank
Konto-Nr. 10405
(BLZ 215 900 18)

Vereins- und Westbank
Konto-Nr. 418/2-203
(BLZ 200 100 20)

Postgiro Hamburg
Konto-Nr. 80/33 147
(BLZ 200 100 20)

Erklärung

Vom Antragsteller auszufüllen:

Ich erkläre

* 1 daß ich die Meisterprüfung **zusammenhängend** ablegen will.

* 2 daß ich mich zur Meisterprüfung in dem Handwerk, in dem ich die Prüfung jetzt ablegen möchte, noch an keiner Stelle unterzogen habe.

3 daß ich die Meisterprüfung im ___ -Handwerk

am ___ in ___

ohne Erfolg abgelegt habe

am ___ in ___

Mein ständiger Wohnort liegt im Bezirk der Handwerkskammer **Flensburg**

Unterzeichner nimmt davon Kenntnis, daß die Ablegung der Meisterprüfung auf eigene Rechnung und Gefahr des Prüflings erfolgt, so daß Ansprüche irgendwelcher Art aus Unfällen oder Sachbeschädigungen bei der Anfertigung der Prüfungsarbeiten in eigener oder fremder Werkstatt weder an die Kammer, den Prüfungsausschuß noch an den Schaumeister gestellt werden können.

Durch Unterschrift bestätige ich, daß ich einen Auszug aus der Meisterprüfungsordnung (MPO) erhalten habe. Von den Rechtsfolgen nach § 22 Abs. 5 und § 24 (Täuschungshandlungen und Ordnungsverstößen) § 25 Abs. 2 + 3, habe ich Kenntnis genommen.

Unterzeichner bestätigt durch seine Unterschrift, daß er die zusätzlich zur Meisterprüfungsordnung nachstehend aufgeführte Ordnung zur schriftlichen Prüfung in den Teilen ...

    II – Fachtheorie ...
    III – Wirtschafts- und Rechtskunde sowie Angebotskalkulation –
    IV – Berufs- und Arbeitspädagogik –

für sich verbindlich anerkennt

1 Der Prüfungsteilnehmer hat sich auf Verlangen des Aufsichtsführenden durch Vorlage seines Personalausweises/Reisepasses und der Einladung zur Prüfung gegenüber dem Aufsichtsführenden vor Beginn der Prüfung auszuweisen.

2 Prüfungsbewerber, die sich nicht ausweisen können, nehmen an der Prüfung **nicht** teil.
Erscheint ein Prüfungsbewerber nicht zur Zeit gemäß seiner Einladung kann er an der bereits begonnenen Prüfung teilnehmen.
In beiden genannten Fällen kann der Prüfungsbewerber **nicht** etwa den sofortige Nachprüfung begehren. In der Regel wird die Prüfung erst nachzuzuziehen sein zum nächsten ordentlichen Hauptprüfungstermin des jeweiligen Prüfungsteils. Soweit die Prüfungskommission auf Antrag des Prüfungsbewerbers eine Nachprüfung außerhalb der Registertermine ermöglichen kann, gehen die entstehenden Kosten zu Lasten des Prüflings.

3 Der Prüfungsteilnehmer hat den Platz unverzüglich einzunehmen, der ihm vom Aufsichtsführenden zugewiesen wird.

4 Die Prüfung beginnt mit dem genehmigten Betreten des Prüfungsraumes. Der Prüfungsteilnehmer hat daher nach dem Einlaß in den Prüfungsraum Ruhe zu halten.

5 Die im Prüfungsraum ausgeteilten bzw. zur Verteilung gelangenden Prüfungsarbeiten hat der Prüfungsteilnehmer **erst nach Aufforderung** durch den Aufsichtsführenden zu öffnen bzw. einzusehen.
Zuwiderhandlungen können zum Ausschluß von der Prüfung führen

6 Alle Prüfungsarbeiten sind mit Tinte bzw. Kugelschreiber auszuführen. Mit Bleistift oder Buntstift gefertigte Prüfungsarbeiten können nicht bewertet werden. Ausgenommen bleibt das Prüfungsfach -Fachzeichnen-.

7 In dem Prüfungsraum dürfen nur die in der Einladung bezeichneten Materialien eingebracht werden.
Das Mitbringen von Aktentaschen oder ähnlichen Gegenständen sowie Schreibunterlagen ist untersagt.

25746 Heide den **19.9.** 19 **98** **Hans Bergmann**
Wohnort   Datum   Unterschrift

* Das Nichtzutreffende ist zu streichen

16   *Allgemeine Grundlagen für die Meisterprüfung*

Vom Antragsteller auszufüllen:

Berufliche Tätigkeit:

Von	bis	Name	Wohnort bei wem?	Lehrling	Geselle	selbständig	Fach-schule	Wehr-dienst	Bemerkungen
				(tätig als – Zahl der Monate eintragen)					
1.8. 77	31.8. 80		Fa. Jungjohann, Heide	36					Gesellen-prüfung
15.9. 80	15.2. 82		Bundeswehr					15	
82	30.4. 84		Hinrichsen & Wolters, Heide		48				
15.5. 85	30.6. 93		Singelmann, Heide		98				
		zus		36	146			15	

Folgende Lehrgänge zur Vorbereitung auf die Meisterprüfung habe ich besucht bzw. besuche ich noch:

a) Geschäfts- und Rechtskunde (Teil III) vom 23.9. bis 31.10.1996 in Meisterlehrwerkstatt Heide

b) Berufs- und Arbeitspädagogik (Teil IV) vom 1.10. bis 23.10.1996 in "

c) Fachlehrgänge vom 27.10. bis 27.2.1996 in "

vom _____ bis _____ in _____

vom _____ bis _____ in _____

Dem Antrag sind beizufügen:

1 ein selbstverfaßter, eigenhändig geschriebener Lebenslauf.
2 eine Geburts- oder Heiratsurkunde.
3 der Gesellen- oder Facharbeiterbrief.
4 sämtliche Zeugnisse bzw. Bescheinigungen über die Tätigkeit nach der Lehrzeit.
5 ✓ Zeugnisse über den Besuch von Fachschulen und Bescheinigungen über die Teilnahme an berufsfördernden Lehrgängen.
6 einen Gewerbeanmeldeschein (nur bei selbständigen Handwerkern).
7 Prüflinge, die die Meisterprüfung wiederholen, haben die Bescheinigung über das Ergebnis der vorangegangenen Meisterprüfung beizulegen.

Keine Originalpapiere, sondern Fotokopien oder beglaubigte Abschriften einreichen.

Gesellentätigkeit gleichwertige praktische Tätigkeit nach, so ist die Zeit dieser Tätigkeit anzurechnen (§ 49 Abs. 4 HwO).

7. Zur Meisterprüfung ist außerdem zuzulassen, wer von der nach Abs. 2 Satz 2 zuständigen Handwerkskammer nach Anhörung des Meisterprüfungsausschusses von den Voraussetzungen der Absätze 1 bis 4 gemäß § 49 Abs. 5 Nr. 2 HwO ganz oder teilweise befreit ist.

8. Sind durch Rechtsverordnung zusätzliche Zulassungsvoraussetzungen vorgeschrieben, kann eine Zulassung zur Prüfung erst erfolgen, wenn der Prüfling diesen Nachweis erbringt.

Der Anwärter auf die Meisterprüfung muß ein handschriftliches Zulassungsgesuch an die zuständige Handwerkskammer richten. Das Muster auf den nachfolgenden Seiten zeigt solch ein vollständig ausgefülltes Gesuch, wie es an die zuständige Handwerkskammer zu richten ist. Soweit vorhanden, sind dem Zulassungsgesuch außerdem folgende Unterlagen beizufügen:

1. Zeugnisse und Bescheinigungen über den Besuch von berufsbildenden Schulen, die Teilnahme an Lehrgängen usw.,
2. Nachweis über den Besitz der Ausbildungsbefugnis,
3. Prüfungszeugnis über eine bereits bestandene Meisterprüfung.

Nach Prüfung des vorgelegten Gesuchs spricht der Vorsitzende des Meisterprüfungsausschusses die Zulassung zur Prüfung aus, wenn die Voraussetzungen dazu vorliegen.

Ziel der Meisterprüfung

Im § 46 Abs. 2 der Handwerksordnung ist das Ziel der Meisterprüfung wie folgt beschrieben:

Durch die Meisterprüfung ist festzustellen, ob der Prüfling befähigt ist, einen Handwerksbetrieb selbständig zu führen und Auszubildende ordnungsgemäß auszubilden; der Prüfling hat insbesondere darzutun, ob er die in seinem Handwerk gebräuchlichen Arbeiten meisterhaft verrichten kann und die notwendigen fachtheoretischen Kenntnisse und die erforderlichen wirtschaftlichen, rechtlichen sowie berufs- und arbeitspädagogischen Kenntnisse besitzt (vgl. § 49 Abs. 2 HwO).

Die Meisterprüfung kann nur in einem Gewerbe, das in der Anlage A zur Handwerksordnung ausgeführt ist, abgelegt werden (vgl. § 46 Abs. 1 HwO).

Meisterprüfungsausschuß

Aufgaben und Errichtung

1. Die Meisterprüfungen werden in den einzelnen Handwerken durch Meisterprüfungsausschüsse abgenommen.

2. Der Meisterprüfungsausschuß ist eine staatliche Prüfungsbehörde; er wird nach Anhörung der Handwerkskammer vom Ministerium für Wirtschaft und Verkehr am Sitz der Handwerkskammer für deren Bezirk errichtet (vgl. § 47 Abs. 1 Satz 2 und § 47 Abs. 2 Satz 1 HwO).
In besonderen Fällen kann ein Meisterprüfungsausschuß für mehrere Handwerkskammerbezirke errichtet werden (vgl. § 47 Abs. 1 Satz 3 und 4 HwO).

3. Der Meisterprüfungsausschuß besteht aus fünf Mitgliedern; für die Mitglieder sind Stellvertreter zu berufen. Die Mitglieder und ihre Stellvertreter sollen das 24. Lebensjahr vollendet haben und müssen deutsche Staatsangehörige sein sowie die Fähigkeit zur Bekleidung öffentlicher Ämter besitzen und für die Mitwirkung im Prüfungswesen geeignet sein.

4. Der Vorsitzende braucht nicht Handwerker zu sein; er soll dem Handwerk, für das der Meisterprüfungsausschuß errichtet ist, nicht angehören.

5. Zwei Fachbeisitzer müssen das Handwerk, für das der Meisterprüfungsausschuß errichtet ist, mindestens seit einem Jahr selbständig als stehendes Gewerbe betreiben und in diesem Handwerk die Meisterprüfung abgelegt haben oder das Recht zum Ausbilden von Auszubildenden besitzen.
6. Ein Fachbeisitzer soll ein Arbeitnehmer sein, der in dem Handwerk, für das der Meisterprüfungsausschuß errichtet ist, die Meisterprüfung abgelegt hat und in einem Handwerk tätig ist.
7. Für die Abnahme der Prüfung der wirtschaftlichen und rechtlichen Kenntnisse (Teil III) sowie der berufs- und arbeitspädagogischen Kenntnisse (Teil IV) soll ein Beisitzer bestellt werden, der in diesen Prüfungsgebieten besonders sachkundig ist. Er braucht dem Handwerk nicht anzugehören.
8. Die Mitglieder des Meisterprüfungsausschusses und die Stellvertreter werden auf Vorschlag der Handwerkskammer vom Ministerium für Wirtschaft und Verkehr auf die Dauer von längstens fünf Jahren ernannt.
9. Die Mitglieder des Meisterprüfungsausschusses üben ihr Amt als Ehrenamt aus. Für bare Auslagen und für Zeitversäumnis wird eine Entschädigung gewährt, die von der Handwerkskammer mit Genehmigung des Ministeriums für Wirtschaft und Verkehr festgesetzt wird.

Verschwiegenheitspflicht
Die Ausschußmitglieder sind zur Amtsverschwiegenheit verpflichtet. Diese Verpflichtung bleibt auch nach dem Ausscheiden aus dem Meisterprüfungsausschuß bestehen.

Befangenheit
Bei der Zulassung zur Meisterprüfung und bei ihrer Abnahme dürfen Personen nicht mitwirken, die

a) zur Zeit der Prüfung Arbeitgeber des Prüflings sind,
b) zur Zeit der Prüfung Geschäftsteilhaber oder Vorgesetzte des Prüflings oder Mitarbeiter sind, die mit ihm unmittelbar zusammenarbeiten,
c) mit dem Prüfling in gerader Linie oder bis zum zweiten Grad in der Seitenlinie verwandt oder bis zum zweiten Grade verschwägert, seine Adoptiveltern oder sein Ehegatte sind.

Aufsicht
Der Meisterprüfungsausschuß unterliegt der Aufsicht des Ministeriums für Wirtschaft und Verkehr.

Geschäftsführung
Die Geschäftsführung der Meisterprüfungsausschüsse liegt bei der Handwerkskammer.

Zuständigkeit
1. Das Zulassungsverfahren wird von dem Meisterprüfungsausschuß durchgeführt, der zum Zeitpunkt der Antragstellung fachlich (beruflich) und örtlich zuständig ist.
2. Der Meisterprüfungsausschuß ist örtlich zuständig, wenn der Prüfling in seinem Bezirk
   a) entweder eine Fachschule oder Ausbildungsstätte besucht oder
   b) in einem Arbeitsverhältnis steht oder
   c) seinen ersten Wohnsitz hat oder
   d) das Handwerk selbständig betreibt oder
   e) eine Genehmigung nach Abs. 4 beibringt.

3. Dem nach Abs. 1 zuständigen Meisterprüfungsausschuß obliegt die Abnahme der gesamten Meisterprüfung, es sei denn, der Prüfling beantragt eine Überweisung zur Ablegung einzelner Prüfungsteile vor einem anderen Meisterprüfungsausschuß. Ist der andere Meisterprüfungsausschuß nur örtlich zuständig, kann er Teilprüfungen in den Prüfungsteilen III und/oder IV abnehmen, wenn ihm von der Handwerkskammer, in deren Bezirk der Meisterprüfungsausschuß nach Abs. 1 seinen Sitz hat, eine Überweisung und Zulassungsbestätigung vorliegt. Ist der andere Meisterprüfungsausschuß auch fachlich (beruflich) zuständig, wird ihm mit der Überweisungs- und Zulassungsbestätigung das gesamte weitere Prüfungsverfahren übertragen.
4. Der Meisterprüfungsausschuß kann auf Antrag des Prüflings in begründeten Fällen die Genehmigung zur Ablegung der Meisterprüfung oder einzelner Teile vor einem örtlich nicht zuständigen Meisterprüfungsausschuß erteilen. In der Genehmigung ist der Meisterprüfungsausschuß zu benennen, vor dem die Meisterprüfung abgelegt werden soll.
5. Ist für ein Handwerk im Bezirk der Handwerkskammer mehr als ein Meisterprüfungsausschuß errichtet, so regelt die Handwerkskammer die Geschäftsverteilung.
6. Der Meisterprüfungsausschuß ist ferner zuständig, wenn nach Abs. 2 keine Zuständigkeit eines Meisterprüfungsausschusses begründet wird und der Prüfling sich für einen fachlich zuständigen Meisterprüfungsausschuß entscheidet.

Aufgaben des Vorsitzenden des Meisterprüfungsausschusses
Dem Vorsitzenden des Meisterprüfungsausschusses obliegt insbesondere

1. die Zulassung,
2. die Bestimmung, wo und wann die Meisterprüfungsarbeit, die Arbeitsprobe und die schriftlichen Arbeiten anzufertigen sind,
3. die Regelung der Aufsicht bei der Anfertigung der Prüfungsarbeiten,
4. die Bestimmung, wo und wann die mündliche Prüfung und die praktische Unterweisung stattfinden,
5. die Festlegung des Übergabezeitpunktes und Übergabeortes der Meisterprüfungsarbeit, falls diese nicht in Klausur angefertigt wird,
6. die Verteilung der Prüfungsgebiete auf die Mitglieder des Meisterprüfungsausschusses.

Die in Absatz 1 Nr. 2 bis 5 genannten Aufgaben des Vorsitzenden sind im Benehmen mit den übrigen Ausschußmitgliedern und der Handwerkskammer durchzuführen. Der Vorsitzende kann einzelne der Obliegenheiten auf andere Mitglieder des Meisterprüfungsausschusses übertragen.

Entscheidung über die Zulassung
1. Liegen die Voraussetzungen nach §§ 12, 13 und 14 vor, so hat der Vorsitzende die Zulassung zur Meisterprüfung auszusprechen. Hält er die Zulassungsvoraussetzungen nicht für gegeben, so entscheidet der Meisterprüfungsausschuß (vgl. § 49 Abs. 5 HwO).
2. Wenn der Prüfling trotz Erinnerung mit angemessener Fristsetzung die Unterlagen nicht vollständig eingereicht hat, kann er zur Meisterprüfung nicht zugelassen werden.
3. Über die Zulassung ist der Prüfling rechtzeitig vor dem Prüfungstermin zu unterrichten.
4. Der Bescheid über die Nichtzulassung ist dem Prüfling umgehend zu übermitteln.

Durchführung der Meisterprüfung

Prüfungsverfahren
1. Die Meisterprüfung beginnt mit dem Tage, an dem mit der ersten Prüfungsarbeit angefangen wird, und endet mit der Bekanntgabe des Prüfungsergebnisses; sie soll zusammenhängend

abgenommen werden. Wird eine angefangene Meisterprüfung durch Verschulden des Prüflings nicht innerhalb von 24 Monaten zu Ende geführt, so gilt sie als nicht bestanden.

2. Die Meisterprüfung ist nicht öffentlich. Der Vorsitzende kann im Einvernehmen mit der Handwerkskammer Beobachter bei der Meisterprüfung zulassen, wenn diese ein berechtigtes Interesse nachweisen. An den Beratungen des Meisterprüfungsausschusses dürfen sie nicht teilnehmen.

3. Die Meisterprüfung ist in allen Teilen vor demselben Meisterprüfungsausschuß abzulegen. In begründeten Ausnahmefällen kann dem Prüfling die Genehmigung erteilt werden, einzelne Hauptteile vor einem anderen Meisterprüfungsausschuß abzulegen, wenn für diesen die Voraussetzungen nach Absatz 3 und 4 des Zuständigkeitsabschnittes nach Beginn der Meisterprüfung eintreten. Zuständig für die Genehmigung ist der Meisterprüfungsausschuß, vor dem die Prüfung begonnen wurde.

Einladung

1. Die Prüflinge und Mitglieder des Meisterprüfungsausschusses sind schriftlich mindestens zwei Wochen vor Beginn der Prüfung unter Angabe des Prüfungstages und -ortes einzuladen.

2. In der Einladung an die Prüflinge ist auf die erlaubten Arbeits- und Hilfsmittel sowie auf die Regelungen in Absatz 3, § 22 Abs. 5, § 23 und § 25 hinzuweisen.

3. Prüflinge, die zu einem Prüfungstermin eingeladen, aber an der Teilnahme verhindert sind, haben dies unverzüglich der Handwerkskammer mitzuteilen. Die Hinderungsgründe sind nachzuweisen.

4. Ist ein Mitglied des Meisterprüfungsausschusses an der Mitwirkung in der Prüfung oder an der Erfüllung einzelner Aufgaben verhindert, so hat es dies unverzüglich der Handwerkskammer mitzuteilen. Es ist dann umgehend ein Stellvertreter einzuladen.

Ausweispflicht und Belehrung

Die Prüflinge haben sich auf Verlangen eines Mitgliedes des Meisterprüfungsausschusses oder des Aufsichtsführenden über ihre Person auszuweisen. Sie sind vor Beginn der Prüfung insbesondere über den Prüfungsablauf, die zur Verfügung stehende Zeit, die erlaubten Arbeits- und Hilfsmittel sowie über die Folgen von Täuschungshandlungen und Ordnungsverstößen zu belehren.

Täuschungshandlungen und Ordnungsverstöße

1. Prüflinge, die sich einer Täuschungshandlung oder einer erheblichen Störung des Prüfungsablaufs schuldig machen, können von der Prüfung ausgeschlossen werden. Entsprechendes gilt, wenn unerlaubte Arbeits- und Hilfsmittel benutzt werden, Sicherheitsbestimmungen beharrlich mißachtet werden oder bei der Anfertigung der Meisterprüfungsarbeit die Mithilfe Dritter verschwiegen worden ist.

2. In schwerwiegenden Fällen, insbesondere bei vorbereiteten Täuschungshandlungen, kann die Meisterprüfung für nicht bestanden erklärt werden. In den übrigen Fällen gilt die Meisterprüfung als nicht abgelegt. Das gleiche gilt bei innerhalb eines Jahres nachträglich festgestellten Täuschungen.

3. Aufsichtsführende können eine vorläufige Entscheidung im Sinne des Absatzes 1 treffen; die endgültige Entscheidung in diesem Fall trifft der Prüfungsausschuß nach Anhören des Prüflings.

Rücktritt, Nichtteilnahme

1. Der Prüfling kann bis zum Beginn der Meisterprüfung durch schriftliche Erklärung von der Prüfung zurücktreten. In diesem Fall gilt die Meisterprüfung als nicht abgelegt.

2. Tritt der Prüfling nach Beginn der Meisterprüfung zurück, so können bereits erbrachte, in sich abgeschlossene Prüfungsleistungen nur anerkannt werden, wenn ein wichtiger Grund für den Rücktritt vorliegt.
3. Erfolgt der Rücktritt nach Beginn der Meisterprüfung oder erscheint der Prüfling nicht zum Prüfungstermin, ohne daß ein wichtiger Grund vorliegt, so gilt die Meisterprüfung als nicht bestanden.
4. Über das Vorliegen eines wichtigen Grundes entscheidet der Meisterprüfungsausschuß.
5. Die Meisterprüfung beginnt mit der Verteilung der ersten Prüfungsaufgaben und endet mit der Bekanntgabe des letzten Prüfungsergebnisses.

Befreiung von gleichartigen Prüfungsteilen oder Prüfungsfächern

1. Der Prüfling ist von der Ablegung der Teile III und IV der Meisterprüfung befreit, wenn er die Meisterprüfung in einem anderen Handwerk bestanden hat. Er ist auf Antrag von der Ablegung der Prüfung in gleichartigen Prüfungsfächern durch den Meisterprüfungsausschuß zu befreien, wenn er die Meisterprüfung in einem anderen Handwerk bestanden hat (vgl. § 46 Abs. 3 Satz 1 und 2 HwO).
2. Prüflinge, die andere deutsche staatlich anerkannte Prüfungen mit Erfolg abgelegt haben, sind auf Antrag durch den Meisterprüfungsausschuß von einzelnen Teilen der Meisterprüfung zu befreien, wenn bei diesen Prüfungen mindestens die gleichen Anforderungen gestellt werden wie in der Meisterprüfung. Der Abschlußprüfung an einer deutschen Hochschule gleichgestellt sind Diplome, die in einem anderen Mitgliedstaat der Europäischen Gemeinschaft oder einem anderen Vertragsstaat des Abkommens über den Europäischen Wirtschaftsraum erworben wurden und entsprechend der Richtlinien 89/48 EWG anzuerkennen sind.

   Das Bundesministerium für Wirtschaft kann im Einvernehmen mit dem Bundesministerium für Bildung und Wissenschaft durch Rechtsverordnung mit Zustimmung des Bundesrates bestimmen, welche Prüfungen gemäß § 46 Abs. 3 Satz 3 HwO den Anforderungen einer Meisterprüfung entsprechen, und das Ausmaß der Befreiung regeln (vgl. § 46 Abs. 3 Satz 3 bis 5).
3. Der Prüfling ist auf Antrag durch den Meisterprüfungsausschuß von der Ablegung der Prüfung in Teil IV der Meisterprüfung zu befreien, wenn er eine nach dem Berufsbildungsgesetz, dem Seemannsgesetz oder dem Bundesbeamtengesetz geregelte Prüfung bestanden hat, deren Anforderungen denen in Teil IV der Meisterprüfung geregelten Anforderungen entsprechen (vgl. § 46 Abs. 4 HwO).
4. Die Befreiung ist unter Bezugnahme auf die Rechtsgrundlage im Meisterprüfungszeugnis zu vermerken.

Gliederung der Prüfung

Die Meisterprüfung gliedert sich in vier Hauptteile. Sie umfaßt

im Hauptteil I   die praktische Prüfung,
im Hauptteil II   die Prüfung der fachtheoretischen Kenntnisse,
im Hauptteil III die Prüfung der wirtschaftlichen und rechtlichen Kenntnisse,
im Hauptteil IV   die Prüfung der berufs- und arbeitspädagogischen Kenntnisse.

Hauptteil I: Die praktische Prüfung
Gliederung, Dauer und Bestehen der praktischen Prüfung

(1) In Teil I sind eine Meisterprüfungsarbeit anzufertigen und eine Arbeitsprobe auszufüllen.
(2) Die Anfertigung der Meisterprüfungsarbeit soll nicht länger als 24 Stunden, die Ausführung der Arbeitsprobe nicht länger als acht Stunden dauern.

(3) Mindestvoraussetzung für das Bestehen des Teils I sind jeweils ausreichende Leistungen in der Meisterprüfungsarbeit und in der Arbeitsprobe.

Meisterprüfungsarbeit

Als Meisterprüfungsarbeit sind drei der nachstehend genannten Arbeiten, davon in jedem Fall die nach Nummer 5 oder 6, auszuführen:

1. Instandsetzen eines Fahrwerks an einem Kraftfahrzeug einschließlich Demontieren, Montieren und Prüfen von Teilen sowie Vermessen und Einstellen der gesamten Baugruppe,
2. Prüfen und Einstellen einer Einspritz-, einer Vergaser- oder einer Gasanlage einschließlich Ersetzen defekter Teile,
3. Prüfen, Instandsetzen und Einstellen einer hydraulischen Bremsanlage mit Bremskraftverstärkung und -regelung oder einer druckluftgesteuerten Bremsanlage einschließlich Anfertigen des Meßprotokolls,
4. Instandsetzen, Prüfen und Einstellen eines Verbrennungsmotors einschließlich von Teilen des Kurbeltriebs, der Steuerung, des Zylinderkopfes oder Instandsetzen, Prüfen und Einstellen eines Getriebes,
5. Instandsetzen einer Karosserie mit Richtgeräten und Rahmenmeßvorrichtungen,
6. abschnittsweise Ersetzen von Karosserieteilen,
7. Einbauen einer Autoabgasreinigungsanlage, einer Autogasanlage, eines Sportfahrwerks, eines Sonnendachs oder einer anderen mechanisch, hydraulisch oder pneumatisch wirkenden Zusatzeinrichtung,
8. Ersetzen eines Kraftradrahmens.

Arbeitsprobe

(1) Als Arbeitsprobe sind insgesamt drei der nachstehend genannten Arbeiten auszuführen:

1. Vermessen eines Kraftfahrzeugs mit einem Achsmeßgerät,
2. Feststellen und Beheben einer Störung an einer Diesel- oder Benzineinspritzanlage,
3. Feststellen und Beheben einer Störung an einer Zündanlage,
4. Feststellen und Beheben einer Störung an einer Vergaser- oder Gasanlage,
5. Herstellen einer Verbindung von Karosserieblechen nach dem Schutzgasschweißverfahren durch Punktschweißen und durch Hartlöten, Herstellen einer Rohrverbindung durch Gasschmelzschweißen,
6. Herstellen einer Verbindung von Karosserieteilen durch Kleben,
7. Bearbeiten der Oberfläche eines Karosserieteils einschließlich Wiederherstellen des Korrosionsschutzes,
8. Instandsetzen eines Schaltgetriebes oder Achsantriebs,
9. Instandsetzen und Anschließen elektrischer Anlagen,
10. Instandsetzen eines Zylinderkopfes,
11. Ersetzen einer Radaufhängung an einem Kraftrad,
12. Ersetzen eines Bauteils am Fahrwerk,
13. Prüfen einer Bremsanlage an Nutzkraftwagen,
14. Untersuchen eines Kraftfahrzeugs oder Anhängefahrzeugs für Kraftfahrzeuge nach den gesetzlichen Vorschriften für wiederkehrende Fahrzeugprüfungen im vorgegebenen Umfang,
15. Durchführen einer Abgasuntersuchung an Kraftfahrzeugen mit Fremdzündungsmotor und Abgasreinigungssystem oder an Kraftfahrzeugen mit Dieselmotor,
16. Herstellen eines berufsbezogenen Werkzeugs.

(2) In der Arbeitsprobe sind die wichtigsten Fertigkeiten und Kenntnisse zu prüfen, die in der Meisterprüfungsarbeit nicht oder nur unzureichend nachgewiesen werden konnten.

Hauptteil II: Prüfung der fachtheoretischen Kenntnisse
(1) In Teil II sind Kenntnisse in den folgenden fünf Prüfungsfächern nachzuweisen:

1. Technische Mathematik

a) Berechnen physikalischer Größen, insbesondere von Druck, Kraft, Arbeit, Drehzahl, Geschwindigkeit, Leistung, Übersetzung, Energieverbrauch, Wirkungsgrad, Spannung, Strom, Widerstand und Leitungsquerschnitt,
b) Durchführung von Festigkeitsberechnungen, insbesondere von Kräften, Spannungen, Querschnitten, Torsions- und Biegemomenten.

2. Technisches Zeichnen

a) Anfertigen von Skizzen und Zeichnungen,
b) Lesen von Schaltplänen für elektrische Anlagen,
c) Lesen von Leitungsplänen und Blockschaltbildern für hydraulische und pneumatische Übertragungs- und Regeleinrichtungen.

3. Fachtechnologie

a) Mechanik,
b) Hydraulik und Pneumatik,
c) Elektrotechnik,
d) elektrotechnische und elektronische Bauteile und Baugruppen in Kraftfahrzeugen,
e) Maschinenelemente im Kraftfahrzeugbau,
f) Kraftfahrzeugtechnik, insbesondere Aufbau, Funktion und Zusammenwirken von fahrzeugtechnischen Teilen, Aggregaten, Baugruppen und Zusatzeinrichtungen sowie Fahrmechanik,
g) Verbrennungsmotoren einschließlich der wärmetechnischen Grundlagen, der Schadstoffentstehung und -reduzierung,
h) Kraft- und Schmierstoffe für Kraftfahrzeuge,
i) Reparaturtechnik, Geräteeinsatz, berufsbezogene Werkzeuge und Maschinen,
k) Bergung von Kraftfahrzeugen,
l) berufsbezogene Vorschriften der Arbeitssicherheit und des Arbeitsschutzes,
m) berufsbezogene ISO-, DIN- und VDE-Normen, Vorschriften des Straßenverkehrsrechts, insbesondere der Straßenverkehrsordnung und der Straßenverkehrs-Zulassungsordnung, des Wasserrechts, des Umwelt-, insbesondere des Immissionsschutzes und der Abfallbeseitigung.

4. Werkstoffkunde

a) Arten, Eigenschaften, Bezeichnungen, Verwendung und Verarbeitung der Werk-, Betriebs- und Hilfsstoffe,
b) Einfluß von Dauerschwingungen, Form, Oberflächenbearbeitung, Temperatur, Zeit, Licht und Korrosion auf Bauteile sowie Kenntnisse der Gefügeveränderung beim Schweißen und Löten.

5. Kalkulation

a) Kostenermittlung unter Einbeziehung aller für die Preisbildung wesentlichen Faktoren.
(1) Die Prüfung ist schriftlich und mündlich durchzuführen.
(2) Die schriftliche Prüfung soll insgesamt nicht länger als zwölf Stunden, die mündliche je Prüfling nicht länger als eine halbe Stunde dauern. In der schriftlichen Prüfung soll an einem Tag nicht länger als sechs Stunden geprüft werden.
(3) Der Prüfling ist von der mündlichen Prüfung auf Antrag zu befreien, wenn er im Durchschnitt mindestens gute schriftliche Leistungen erbracht hat.
(4) Mindestvoraussetzung für das Bestehen des Teils II sind jeweils ausreichende Leistungen in jedem der Prüfungsfächer nach Absatz 1 Nr. 3 und 4.

Hauptteil III: Prüfung der wirtschaftlichen und rechtlichen Kenntnisse
(1) In Teil III sind die für den Handwerksmeister als Unternehmer notwendigen Kenntnisse in den folgenden drei Prüfungsfächern nachzuweisen:

1. Rechnungswesen

a) Buchhaltung und Bilanz, insbesondere Buchführung, Vermögensaufstellung, Inventur, Bewertung sowie Gewinn-und-Verlust-Rechnung, Buchstellen und zentrale Datenverarbeitung im Handwerk;
b) Kostenrechnung, insbesondere Ermittlung der Einzelkosten, der Gemeinkosten sowie der kalkulatorischen Kosten in der Zuschlagskalkulation, Kalkulationsschema, Vor- und Nachkalkulation;
c) betriebswirtschaftliche Auswertung von Buchhaltung, Jahresabschluß sowie Kostenrechnung, Kennzifferrechnung, insbesondere Liquiditätsberechnung und Anlagedeckungsberechnung, Betriebsvergleiche.

2. Wirtschaftslehre

a) Grundfragen der Betriebs- und Geschäftsgründung, insbesondere Markt- und Standortanalyse, Rechtsform, Betriebsgröße;
b) Betriebs- und Arbeitsorganisation, insbesondere Arbeitsvorbereitung und Auftragsabwicklung, Materialverwendung und Lagerwesen, Formen der Rationalisierung, Verwaltung, Einfluß der Automatisierung auf die Betriebsorganisation;
c) Personalorganisation, insbesondere Besetzung, Führungsfragen und Betriebsklima;
d) betriebswirtschaftliche Aufgaben im Handwerksbetrieb, insbesondere Einkauf, Produktion, Reparaturleistungen, Dienstleistungen, Handelstätigkeit, Absatz, Werbung, Kundendienst, zwischenbetriebliche Zusammenarbeit, insbesondere Genossenschaftswesen;
e) finanzwirtschaftliche Grundfragen, insbesondere betriebliche Finanzwirtschaft und ihre Funktionen, Finanzplanung, Zahlungs- und Kreditverkehr, Arten der Finanzierung, Kreditgarantiegemeinschaften und andere Förderungsmaßnahmen;
f) Gewerbeförderungsmaßnahmen, insbesondere Betriebsberatung, überbetriebliche Unterweisung und Fortbildung.

3. Rechts- und Sozialwesen

a) bürgerliches Recht, Mahn- und Zwangsvollstreckungsverfahrensrecht;
b) Handwerksrecht, Gewerberecht, Handelsrecht, insbesondere Kaufmannseigenschaft von Handwerkern und Eintragung in das Handelsregister, Wettbewerbsrecht, Gesetz zur Bekämpfung der Schwarzarbeit;
c) Arbeitsrecht, soweit es nicht Gegenstand der Prüfung im Hauptteil IV ist, insbesondere Arbeitsvertrags-, Betriebsverfassungs- und Tarifvertragsrecht, Arbeitszeit- und Urlaubsrecht, Arbeitsschutz- und Arbeitsgerichtsverfahrensrecht;
d) Sozial- und Privatversicherungsrecht, insbesondere Kranken-, Renten-, Arbeitslosen- und Unfallversicherungsrecht, Lebens-, Sach- und Haftpflichtversicherungsrecht, Altersversorgung der selbständigen Handwerker;
e) Vermögensbildungsrecht;
f) Steuerwesen:
  – aa) Steuerarten, insbesondere Umsatzsteuer, Gewerbesteuer, Einkommensteuer einschließlich Lohnsteuer, Vermögenssteuer, Erbschaft- und Schenkungssteuer;
  – bb) Steuerverfahren, insbesondere Steuertermine, Steuerveranlagung, Steuerstundung, Steuererlaß und Einlegen von Rechtsmitteln;
g) Handwerk in Wirtschaft und Gesellschaft, Entwicklung, Aufbau und Aufgaben der Handwerksorganisationen, Industrie- und Handelskammern, Wirtschaftsverbände, Gewerkschaften.

(2) Die Prüfung ist schriftlich und mündlich durchzuführen.
(3) Die schriftliche Prüfung soll in der Regel insgesamt nicht mehr als fünf Stunden, die mündliche Prüfung nicht mehr als eine halbe Stunde je Prüfling dauern.
(4) Der Prüfling ist von der mündlichen Prüfung zu befreien, wenn er in den drei Prüfungsfächern mindestens gute schriftliche Leistungen erbracht hat.
(5) Wird die schriftliche Prüfung programmiert durchgeführt, kann abweichend von den Absätzen 2 und 3 auf die mündliche Prüfung verzichtet und die Dauer der schriftlichen Prüfung entsprechend verkürzt werden.
(6) Mindestvoraussetzung für das Bestehen des Teils III sind ausreichende Leistungen in zwei Prüfungsfächern.

Hauptteil IV: Prüfung der berufs- und arbeitspädagogischen Kenntnisse

(1) In Teil IV sind die für den Handwerksmeister als Ausbilder notwendigen Kenntnisse in den folgenden vier Prüfungsfächern nachzuweisen:

1. Grundfragen der Berufsbildung

a) Aufgaben und Ziele der Berufsbildung im Bildungssystem, individueller und gesellschaftlicher Anspruch auf Chancengleichheit, Mobilität und Aufstieg, individuelle und soziale Bedeutung von Arbeitskraft und Arbeitsleistung, Zusammenhänge zwischen Berufsbildung und Arbeitsmarkt;
b) Betriebe, überbetriebliche Einrichtungen und berufliche Schulen als Ausbildungsstätten im System der beruflichen Bildung;
c) Aufgabe, Stellung und Verantwortung des Ausbildenden und des Ausbilders, Menschenführung.

2. Planung und Durchführung der Ausbildung

a) Ausbildungsinhalte, Ausbildungsberufsbild, Ausbildungsrahmenplan, Prüfungsanforderungen;
b) didaktische Aufbereitung der Ausbildungsinhalte:
   aa) Festlegen von Lernzielen, Gliederung der Ausbildung;
   bb) Festlegen der lehrgangs- und produktionsgebundenen Ausbildungsabschnitte, Auswahl der betrieblichen und überbetrieblichen Ausbildungsplätze, Erstellen des betrieblichen Ausbildungsplans;
c) Zusammenarbeit mit der Berufsschule, der Berufsberatung, dem Ausbildungsberater und dem Lehrlingswart;
d) Lehrverfahren und Lernprozesse in der Ausbildung:
   aa) Lehrformen, insbesondere Unterweisen und Üben am Ausbildungs- und Arbeitsplatz, Lehrgespräch, Demonstration von Ausbildungsvorgängen;
   bb) Ausbildungsmittel;
   cc) Lern- und Führungshilfen;
   dd) Beurteilen und Bewerten;
   ee) Mitwirkung von Fachkräften in der Ausbildung;
   ff) Lern- und Arbeitsgruppen.

3. Der Jugendliche in der Ausbildung

a) Notwendigkeit und Bedeutung einer jugendgemäßen Berufsausbildung;
b) Leistungsprofil, Fähigkeiten und Eignung;
c) typische Entwicklungserscheinungen und Verhaltensweisen im Jugendalter, Motivation und Verhalten, gruppenpsychologische Verhaltensweisen;
d) betriebliche und außerbetriebliche Umwelteinflüsse, soziales und politisches Verhalten Jugendlicher;
e) Verhalten bei besonderen Erziehungsschwierigkeiten des Jugendlichen;
f) gesundheitliche Betreuung des Jugendlichen einschließlich der Vorbeugung gegen Berufskrankheiten, Beachtung der Leistungskurve, Unfallverhütung.

4. Rechtsgrundlagen für die Berufsbildung

a) die wesentlichen Bestimmungen des Grundgesetzes, der jeweiligen Landesverfassung, des Berufsbildungsgesetzes und der Handwerksordnung, insbesondere deren zweiter und dritter Teil;
b) die wesentlichen Bestimmungen des Arbeits- und Sozialrechts sowie des Arbeitsschutz- und Jugendschutzrechts, insbesondere des Arbeitsvertragsrechts, des Betriebsverfassungsrechts, des Tarifvertragsrechts, des Arbeitsförderungs- und Ausbildungsförderungsrechts, des Jugendarbeitsschutzrechts und des Unfallschutzrechts;
c) die rechtlichen Beziehungen zwischen dem Ausbildenden, dem Ausbilder und dem Auszubildenden.
(2) Die Prüfung ist schriftlich und mündlich durchzuführen.
(3) Die schriftliche Prüfung soll in der Regel insgesamt fünf Stunden dauern und aus mehreren unter Aufsicht anzufertigenden Arbeiten aus den in Absatz 1 Nr. 2, 3 und 4 aufgeführten Prüfungsfächern bestehen.
(4) Die mündliche Prüfung soll die in Absatz 1 Nr. 1 bis 4 genannten Prüfungsfächer umfassen und je Prüfling in der Regel eine halbe Stunde dauern. Außerdem soll eine vom Prüfling praktisch durchzuführende Unterweisung von Auszubildenden stattfinden.

(5) Mindestvoraussetzung für das Bestehen des Teils IV sind ausreichende Leistungen in den in Absatz 1 Nr. 2, 3 und 4 aufgeführten Prüfungsfächern.

Bewertung, Feststellung und Bekanntgabe des Prüfungsergebnisses

Bewertung

Die Prüfungsleistungen sind wie folgt zu bewerten:

❒ eine den Anforderungen in besonderem Maße entsprechende Leistung – 100 bis 92 Punkte = Note 1 = sehr gut;

❒ eine den Anforderungen voll entsprechende Leistung – unter 92 bis 81 Punkte = Note 2 = gut;

❒ eine den Anforderungen im allgemeinen entsprechende Leistung – unter 81 bis 67 Punkte = Note 3 = befriedigend;

❒ eine Leistung, die zwar Mängel aufweist, aber im ganzen den Anforderungen noch entspricht – unter 67 bis 50 Punkte = Note 4 = ausreichend;

❒ eine Leistung, die den Anforderungen nicht entspricht, jedoch erkennen läßt, daß die notwendigen Grundkenntnisse vorhanden sind – unter 50 bis 30 Punkte = Note 5 = mangelhaft;

❒ eine Leistung, die den Anforderungen nicht entspricht und bei der selbst Grundkenntnisse lückenhaft sind – unter 30 bis 0 Punkte = Note 6 = ungenügend.

Soweit eine Bewertung der Leistungen nach dem Punktsystem nicht zweckmäßig erscheint, ist die Bewertung nur nach Noten vorzunehmen. Dabei sind folgende Noten anzuwenden:

sehr gut	= 1,0 bis 1,49
gut	= 1,50 bis 2,49
befriedigend	= 2,50 bis 3,49
ausreichend	= 3,50 bis 4,49
mangelhaft	= 4,50 bis 5,49
ungenügend	= 5,50 bis 6,0

Feststellung des Prüfungsergebnisses

1. Der Meisterprüfungsausschuß stellt gemeinsam die Ergebnisse der einzelnen Prüfungsleistungen und der einzelnen Prüfungsteile sowie das Bestehen oder Nichtbestehen der Meisterprüfung fest; dabei übernimmt er die Ergebnisse von abschnittsweise abgelegten Prüfungsteilen (§ 18 Abs. 2).

2. Der Vorsitzende kann mit der Begutachtung und Benotung der Meisterprüfungsarbeit, der Arbeitsprobe und der schriftlichen Arbeiten in Teil II mindestens zwei Fachbeisitzer und der schriftlichen Arbeiten in den Teilen III und IV mindestens zwei Mitglieder des Meisterprüfungsausschusses beauftragen.

3. Die Prüfungsleistungen sind von den Mitgliedern des Meisterprüfungsausschusses getrennt und selbständig zu bewerten. Dabei dient die Benotung nach Abs. 2 als Grundlage für die Bewertung der Prüfungsleistungen.

4. Zum Bestehen der Meisterprüfung müssen – abgesehen von der Voraussetzung nach § 18 Abs. 2 Satz 2 – in jedem einzelnen der vier Teile im rechnerischen Durchschnitt ausreichende Prüfungsleistungen sowie die für das Bestehen der einzelnen Prüfungsteile vorgeschriebenen Mindestvoraussetzungen erfüllt werden.

5. Bei der Ermittlung des rechnerischen Durchschnitts jedes Prüfungsteils sind die Leistungen in den einzelnen Prüfungsfächern in der Meisterprüfungsarbeit, in der Arbeitsprobe und in der

Unterweisung zugrunde zu legen; dabei sind die Noten für schriftliche und mündliche Prüfungsleistungen in einem Prüfungsfach zu einer Note zusammenzufassen.

6. Das Prüfungsergebnis ist dem Prüfling unverzüglich nach dem Abschluß der Meisterprüfung mitzuteilen.

7. Wird die Meisterprüfung abschnittsweise abgelegt (ß 18 Abs. 2), ist der Prüfling unverzüglich über das Prüfungsergebnis des jeweiligen Abschnitts zu unterrichten und ihm eine Bescheinigung zu erteilen.

Niederschrift

1. Über die Meisterprüfung ist eine Niederschrift zu fertigen und von den Mitgliedern des Meisterprüfungsausschusses zu unterschreiben.

2. Aus der Niederschrift müssen die Angaben zur Person des Prüflings und die Zusammensetzung des Meisterprüfungsausschusses zu ersehen sein. In die Niederschrift sind ferner die Einzelbewertungen in den einzelnen Prüfungsfächern und die Noten für jeden der vier Prüfungsteile einzutragen. Es sind außerdem die vom Prüfling gefertigte Meisterprüfungsarbeit und die Arbeitsprobe einschließlich festgestellter Fehler und Mängel zu bezeichnen.

3. Bei nicht bestandener Meisterprüfung muß in der Niederschrift auch die Frist angegeben werden, vor deren Ablauf die Meisterprüfung nicht wiederholt werden darf.

Prüfungszeugnis, Meisterbrief

1. Über das Bestehen der Meisterprüfung ist ein Zeugnis gebührenfrei auszustellen, aus dem die in den einzelnen Prüfungsteilen erzielten Prüfungsnoten hervorgehen müssen. Es ist von den Mitgliedern des Meisterprüfungsausschusses zu unterschreiben und von der Handwerkskammer zu beglaubigen.

2. Die Handwerkskammer stellt auf Antrag nach Bestehen der Meisterprüfung einen Meisterbrief aus. In dem Meisterbrief sind keine Noten anzugeben.

Nicht bestandene Prüfung

Bei nicht bestandener Meisterprüfung erhält der Prüfling von dem Meisterprüfungsausschuß einen schriftlichen Bescheid. Darin ist anzugeben, in welchen Prüfungsteilen ausreichende Leistungen erbracht, welche Prüfungsleistungen in einer Wiederholungsprüfung zu wiederholen sind und wann die Wiederholung der Meisterprüfung frühestens möglich ist. Die Frist soll nicht mehr als 6 Monate betragen. Auf die übrigen besonderen Bedingungen bei der Wiederholungsprüfung ist hinzuweisen.

Wiederholung der Meisterprüfung, Wiederholungsprüfung

1. Die Meisterprüfung kann zweimal wiederholt werden.

2. Der Prüfling ist auf Antrag von der Wiederholung von Prüfungsteilen, von Prüfungsfächern, der Meisterprüfungsarbeit, der Arbeitsprobe oder der Unterweisung zu befreien, wenn seine Leistungen darin in einer vorangegangenen Meisterprüfung ausgereicht haben.

3. Die Regelung des Absatzes 2 gilt nicht, wenn sich der Prüfling nicht innerhalb von zwei Jahren – gerechnet vom Tage der Beendigung der nicht bestandenen Prüfung an – zur Wiederholungsprüfung anmeldet.

Schlußbestimmungen

Rechtsmittel

Entscheidungen des Meisterprüfungsausschusses sowie der Handwerkskammer sind bei ihrer schriftlichen Bekanntgabe an den Prüfling mit einer Rechtsmittelbelehrung zu versehen. Diese richtet sich im einzelnen nach der Verwaltungsgerichtsordnung und den Ausführungsbestimmungen des Landes Schleswig-Holstein.

Prüfungsunterlagen

1. Auf Antrag ist dem Prüfling nach Abschluß der Meisterprüfung Einsicht in seine Prüfungsunterlagen zu gewähren.
2. Die schriftlichen Prüfungsarbeiten und die Anmeldungen sind zwei Jahre, die Prüfungsniederschriften gemäß § 29 Abs. 1 mindestens zehn Jahre nach Abschluß der Meisterprüfung aufzubewahren.

Berufsbild des Kraftfahrzeugmechanikers

Seit dem 18. August 1988 ist das Berufsbild des **Kfz-Mechanikers** in den Hauptteilen I und II neu geordnet:

(1) Dem Kraftfahrzeugmechaniker-Handwerk sind folgende Tätigkeiten anzurechnen:

1. Instandhaltung von Kraftfahrzeugen einschließlich Krafträdern und Anhängefahrzeugen für Kraftfahrzeuge, von Flurförderzeugen, ihren Teilen und Baugruppen sowie von Verbrennungsmotoren einschließlich ihrer Kraftübertragungselemente im stationären und mobilen Einsatz,
2. Ausrüstung von Kraftfahrzeugen einschließlich Krafträdern und Anhängefahrzeugen für Kraftfahrzeuge, von Flurförderzeugen mit Zusatzeinrichtungen und Zubehör,
3. Instandhaltung der Karosserien und Rahmen von Kraftfahrzeugen einschließlich Krafträdern und Anhängefahrzeugen für Kraftfahrzeuge,
4. Durchführung des Hohlraum- und Unterbodenschutzes sowie von Innenlackierungen im Zusammenhang mit Karosseriereparaturen,
5. Instandhaltung der elektrischen Anlagen von Kraftfahrzeugen einschließlich Krafträdern und Anhängefahrzeugen für Kraftfahrzeuge, von Baumaschinen und Flurförderzeugen einschließlich ihrer Elektroantriebe, ihrer Energiespeicher sowie ihrer Steuer- und Regeleinrichtungen,
6. Untersuchung von Bremsanlagen, Fahrtenschreiberanlagen, Verbrennungsmotoren, insbesondere ihrer Abgas- und Abgasreinigungsanlagen.

(2) Dem Kraftfahrzeugmechaniker-Handwerk sind folgende Kenntnisse und Fertigkeiten zuzurechnen:

1. Kenntnisse über Mechanik,
2. Kenntnisse der Anwendung der statischen und dynamischen Hydraulik,
3. Kenntnisse der Anwendung der Pneumatik,
4. Kenntnisse der Wärmelehre, insbesondere des Kreisprozesses von Otto- und Dieselmotoren,
5. Kenntnisse des Verbrennungsprozesses und der Schadstoffreduzierung in Abgasen von Verbrennungsmotoren,
6. Kenntnisse der Festigkeitslehre,
7. Kenntnisse über Elektrotechnik,
8. Kenntnisse der Anwendung und Funktion elektrotechnischer und elektronischer Bauteile und Baugruppen in Kraftfahrzeugen,

9. Kenntnisse der Maschinenelemente in Kraftfahrzeugen,
10. Kenntnisse der Schaltpläne in der Kraftfahrzeugtechnik,
11. Kenntnisse der Werk-, Hilfs- und Betriebsstoffe,
12. Kenntnisse der Kraft- und Schmierstoffe für Kraftfahrzeuge,
13. Kenntnisse der Berechnung physikalischer Größen aus der Kraftfahrzeugtechnik,
14. Kenntnisse der Warmbehandlung von Metallen, insbesondere der Gefügeveränderung beim Schweißen und Löten,
15. Kenntnisse der Energieeinsparung, insbesondere beim Betrieb von Kraftfahrzeugen,
16. Kenntnisse der Kraftfahrzeugtechnik, insbesondere des Aufbaus, der Funktion und des Zusammenwirkens von fahrzeugtechnischen Teilen, Aggregaten, Baugruppen und Zusatzeinrichtungen sowie der Fahrmechanik,
17. Kenntnisse der Meß- und Prüfverfahren sowie des Einsatzes der Geräte, Werkzeuge und Maschinen,
18. Kenntnisse der Suchverfahren zur Feststellung von Störungen an fahrzeugtechnischen Systemen,
19. Kenntnisse der Entstörung,
20. Kenntnisse der Schweißverfahren und -geräte,
21. Kenntnisse der Bestimmungen über Schweißarbeiten an Straßenfahrzeugen, insbesondere in bezug auf die Gütesicherung,
22. Kenntnisse des Korrosionsschutzes und der Oberflächenbearbeitung,
23. Kenntnisse der berufsbezogenen Vorschriften des Straßenverkehrsrechts, insbesondere der Straßenverkehrsordnung und Straßenverkehrs-Zulassungsordnung,
24. Kenntnisse der berufsbezogenen Vorschriften der Arbeitssicherheit und des Arbeitsschutzes,
25. Kenntnisse der berufsbezogenen Normen, insbesondere der ISO, des DIN und des VDE, der berufsbezogenen technischen Regeln, des Wasserrechts, des Umwelt-, insbesondere des Immissionsschutzes und der Abfallbeseitigung,
26. Kenntnisse der betriebswirtschaftlichen Berechnungen in Kraftfahrzeugbetrieben,
27. Kenntnisse der Schadensbeurteilung und -regulierung sowie des Anfertigens von Kostenvoranschlägen,
28. Kenntnisse der Organisation von Kraftfahrzeugbetrieben,
29. Anfertigen von Skizzen und Zeichnungen,
30. spanloses und spanabhebendes Bearbeiten von Werkstoffen,
31. Verbinden von Blechen und Blechprofilen, insbesondere durch Gasschmelzschweißen, Schutzgasschweißen und Widerstandspunktschweißen sowie Hartlöten,
32. Verbinden von Teilen durch Lichtbogenhandschweißen,
33. Verbinden von Werkstoffen, insbesondere durch Weichlöten, Kleben und Nieten,
34. Messen, Prüfen, Durchführen von Soll-Ist-Vergleichen, Beurteilen von typischen Fehlermerkmalen und Feststellen von Fehlern,
35. Bedienen von Datenübertragungsgeräten sowie Auslesen und Auswerten von Fehlerspeichern,
36. Zerlegen, Zusammenbauen und Sichern von Teilen durch lösbare Verbindungen, insbesondere durch Schraub-, Kegel-, Schrumpf-, Stift- und Klemmverbindungen sowie durch Keilverzahnungen,
37. Richten von Karosserien und Rahmen,
38. Vermessen von Karosserien, Fahrgestellen und Fahrzeugrahmen,
39. Bearbeiten der blanken Oberflächen, insbesondere Ausbeulen, Schleifen, Verzinnen und Schützen der Trennstellen vor Korrosion,
40. Behandeln der nach Abschluß der Reparaturarbeiten nicht mehr zugänglichen Innenflächen durch Grundieren und Lackieren,

41. Behandeln der Hohlräume, Auftragen des Unterbodenschutzes und Konservieren,
42. Einbauen von Zubehör und Zusatzeinrichtungen,
43. Bergen und Schleppen,
44. Instandhaltung der Betriebseinrichtungen, insbesondere der Werkzeuge, Geräte, Maschinen und Anlagen.

Berufsbild des Kraftfahrzeugelektrikers

Seit dem 18. August 1988 ist das Berufsbild des **Kfz-Elektrikers** in den Hauptteilen I und II neu geordnet.

(1) Dem Kraftfahrzeugelektriker-Handwerk sind folgende Tätigkeiten zuzurechnen:
1. Wartung und Inspektion von Steuer-, Regel- und Zusatzeinrichtungen, insbesondere von elektrisch, elektronisch, hydraulisch und pneumatisch wirkenden Teilen und Baugruppen an Kraftfahrzeugen einschließlich Krafträdern und Anhängefahrzeugen, an Baumaschinen und Flurförderzeugen sowie von Verbrennungsmotoren und ihren Aggregaten im stationären und mobilen Einsatz,
2. Instandhaltung von Steuer-, Regel- und Zusatzeinrichtungen, insbesondere von elektrisch, elektronisch, hydraulisch und pneumatisch wirkenden Teilen und Baugruppen an Kraftfahrzeugen einschließlich Krafträdern und Anhängefahrzeugen, an Baumaschinen und Flurförderzeugen sowie der Nebenaggregate von Verbrennungsmotoren im stationären und mobilen Einsatz,
3. Ausrüstung von Kraftfahrzeugen einschließlich Krafträdern und Anhängefahrzeugen, von Baumaschinen und Flurförderzeugen mit Zusatzeinrichtungen und Zubehör,
4. Wartung und Inspektion von Elektroantrieben und ihren Energiespeichern, von Steuer- und Regeleinrichtungen für Kraftfahrzeuge einschließlich Krafträdern, Anhängefahrzeugen und Arbeitsmaschinen,
5. Instandsetzung der Verschleißteile von Elektroantrieben für Kraftfahrzeuge sowie ihrer Energiespeicher und Austausch von Teilen der Steuerungselektronik von Elektroantrieben für Kraftfahrzeuge,
6. Untersuchung von Bremsanlagen, Fahrtenschreiberanlagen, Verbrennungsmotoren, insbesondere ihren Abgas- und Abgasreinigungsanlagen.

(2) Dem Kraftfahrzeugelektriker-Handwerker sind folgende Kenntnisse und Fertigkeiten zuzurechnen:
1. Kenntnisse über Elektrotechnik,
2. Kenntnisse über Hochfrequenztechnik,
3. Kenntnisse über Kraftfahrzeugelektrik und -elektronik,
4. Kenntnisse über Mechanik und Festigkeitslehre,
5. Kenntnisse der Anwendung der statischen und dynamischen Hydraulik,
6. Kenntnisse der Anwendung der Pneumatik,
7. Kenntnisse der Berechnung physikalischer, insbesondere elektrischer Größen,
8. Kenntnisse der Wärmelehre, insbesondere des Kreisprozesses von Otto- und Dieselmotoren,
9. Kenntnisse des Verbrennungsprozesses und der Schadstoffreduzierung in Abgasen von Verbrennungsmotoren,
10. Kenntnisse der Werk-, Hilfs- und Betriebsstoffe,
11. Kenntnisse der Kraft- und Schmierstoffe für Kraftfahrzeuge,
12. Kenntnisse der Maschinenelemente, insbesondere der lösbaren Verbindungen,
13. Kenntnisse über unlösbare Verbindungen,

14. Kenntnisse der Warmbehandlung von Metallen, insbesondere der Gefügeveränderung beim Schweißen und Löten,
15. Kenntnisse der Energieeinsparung, insbesondere beim Betrieb von Kraftfahrzeugen,
16. Kenntnisse der Kraftfahrzeugtechnik, insbesondere des Aufbaus, der Funktion und des Zusammenwirkens von fahrzeugtechnischen Teilen, Aggregaten, Baugruppen und Zusatzeinrichtungen sowie der Fahrmechanik,
17. Kenntnisse der Meß- und Prüfverfahren sowie des Einsatzes der Geräte, Werkzeuge und Maschinen,
18. Kenntnisse der Suchverfahren zur Feststellung von Störungen an fahrzeugtechnischen Systemen,
19. Kenntnisse der Entstörung,
20. Kenntnisse über Schweißverfahren und -geräte,
21. Kenntnisse der berufsbezogenen Vorschriften des Straßenverkehrsrechts, insbesondere der Straßenverkehrsordnung und der Straßenverkehrs-Zulassungsordnung,
22. Kenntnisse der berufsbezogenen Vorschriften der Arbeitssicherheit und des Arbeitsschutzes,
23. Kenntnisse der berufsbezogenen Normen, insbesondere der ISO, des DIN und des VDE, der berufsbezogenen technischen Regeln, des Wasserrechts, des Umwelt-, insbesondere des Immissionsschutzes und der Abfallbeseitigung,
24. Kenntnisse der Organisation von Kraftfahrzeugbetrieben,
25. Kenntnisse der betriebswirtschaftlichen Berechnungen in Kraftfahrzeugbetrieben,
26. Kenntnisse der Schadensbeurteilung und -regulierung sowie des Anfertigens von Kostenvoranschlägen,
27. Anfertigen von Schaltplänen für elektrisch und elektronisch wirkende Anlagen sowie von Skizzen und Zeichnungen,
28. Anfertigen von Schaltplänen für hydraulische und pneumatische Übertragungs- und Regeleinrichtungen,
29. spanloses und spanabhebendes Bearbeiten von Werkstoffen,
30. Herstellen von unlösbaren Verbindungen durch Löten, Schweißen, Kleben und Nieten,
31. Herstellen und Sichern von lösbaren Verbindungen,
32. Messen, Prüfen, Durchführen von Soll-Ist-Vergleichen, Beurteilen von typischen Fehlermerkmalen und Feststellen von Fehlern,
33. Bedienen von Datenübertragungsgeräten sowie Auslesen und Auswerten von Fehlerspeichern,
34. Prüfen von elektrischen und elektronischen Schaltungen,
35. Herstellen von elektrischen und elektronischen Schaltungen,
36. Aus- und Einbauen, Prüfen, Instandsetzen und Zusammenbauen von Teilen und Baugruppen, insbesondere mit elektrischen, elektronischen, hydraulischen und pneumatischen Funktionen,
37. Einbauen von Zubehör und Zusatzeinrichtungen,
38. Instandhalten der Betriebseinrichtungen, insbesondere der Werkzeuge, Geräte, Maschinen und Anlagen.

Lebenslauf

Name:	Stefan Bergmann
Wohnort:	Kleine Straße 1, 25746 Heide
Geburtstdatum:	13. Juli 1970
Geburtsort:	Heide
Vater:	Hans Bergmann, Kaufmann
Mutter:	Hannelore Bergmann, Lehrerin
Schul-Ausbildung:	1976 bis 1980 Grundschule in Heide 1980 bis 1986 Klaus-Groth-Realschule, Heide
Berufs-Ausbildung:	August 1986 bis Juli 1989 Ausbildung zum Kraftfahrzeug-Mechaniker bei der Firma Jungjohann, Vertragswerkstatt der Daimler-Benz AG in Heide 1989 bis 1990 Einberufung zur Bundeswehr, ABC-Abwehr-Bataillon, Albersdorf
Berufs-Tätigkeit:	01. Juli 1990 bis 31. März 1993 bei der Firma Jungjohann, Heide Seit 01. April 1993 bei der Firma Nicosia, BMW-Vertragswerkstatt, Heide
Hobbies:	Motor-Rennsport

Heide, 05. Januar 1998

Stefan Bergmann

2   Verbrennungsmotoren

Kraftfahrzeuge werden im Regelfall durch Verbrennungsmotoren angetrieben. Sie sind unter folgenden Begriffen bekannt:

❐ Ottomotoren (Erfinder NIKOLAUS AUGUST OTTO),
❐ Dieselmotoren (Erfinder RUDOLF DIESEL).

Bei der Verbrennung von Benzin, Diesel, Gas oder Rapsöl entstehen Wärme, Ausdehnung und damit Druck, der die Kolben der Motoren in Bewegung bringt. So wird ruhende (potentielle) Energie in Bewegungsenergie (kinetische Energie) gewandelt.
 Je nach Bewegungsrichtung der Kolben unterscheidet man

❐ Hubkolbenmotoren,
❐ Kreiskolbenmotoren (Erfinder ERNST FELIX WANKEL).

Mit Blick auf das Arbeitsverfahren unterscheidet man schließlich

❐ Viertaktmotoren und
❐ Zweitaktmotoren.

Hybridantrieb
Hier handelt es sich um eine Antriebskombination, nämlich Verbrennungsmotor plus Elektromotor. Der Fahrer kann die gewünschte Antriebsart wählen und so zumindest in Stadtgebieten abgasfrei fahren.
 Der Toyota Prius ist der erste serienmäßige Pkw mit Hybridantrieb.

Unterschiede zwischen Otto- und Dieselmotoren
Der Ottomotor unterscheidet sich vom Dieselmotor in mehreren Punkten, hauptsächlich aber in der Gemischbildung und der Zündung.
 Beim Ottomotor wird im Gegensatz zum Dieselmotor ein fast fertiges Kraftstoff-Luft-Gemisch angesaugt, das außerhalb des Verbrennungsraumes im Vergaser oder bei Verwendung einer Einspritzanlage im Saugkanal entsteht. Dieses Kraftstoff-Luft-Gemisch wird komprimiert und kurz vor OT durch den Zündfunken der Zündkerze gezündet. Der *Ottomotor* hat somit *äußere Gemischbildung* (*Ausnahme:* Mitsubishi GDI = Direkteinspritzung) *und Fremdzündung.*
 Beim Dieselmotor wird im Saughub nur Luft angesaugt, die anschließend im Verdichtungstakt sehr hoch verdichtet wird. Da sich beim Verdichten die Luft stark erwärmt, entzündet sich der Kraftstoff von selbst, wenn er wenige Grad Kurbelwinkel vor OT eingespritzt wird. Damit hat der *Dieselmotor innere Gemischbildung und Selbstzündung.*
 Beide Motorarten unterscheiden sich noch in den in Tabelle 2.1 genannten weiteren Eigenschaften.

Tabelle 2.1

Ottomotor	Dieselmotor
Verdichtungsverhältnis 7 bis 11 : 1	15 bis 19,5 : 1 (Direkteinspritzverfahren) 21 bis 23 : 1 (Vor- und Wirbelkammerverfahren)
Verdichtungshöchstdruck bei Starterdrehzahl 8 bis 15 bar	25 bis 35 bar
Verdichtungshöchsttemperatur etwa 400 °C (673 K)	500 bis 900 °C (773 bis 1173 K)
Verbrennungshöchsttemperatur über 2000 °C (2273 K)	über 2000 °C (2273 K)
Verbrennungshöchstdruck 35 bis 45 bar (Vergasermotor) 55 bis 60 bar (Einspritz- und Turbomotor)	70 bis 85 bar (Saugmotor) 120 bis 150 bar (Turbomotor)
Restdruck im Zylinder (kurz vor Auslaßventilöffnung) 3 bis 5 bar	7 bis 10 bar
Mittlerer Arbeitsdruck etwa 7 bis 10 bar	etwa 8 bis 15 bar
Abgastemperatur bei Vollast 800 bis 1000 °C (1073 bis 1273 K)	400 bis 600 °C (673 bis 873 K)
Wirkungsgrad (wirtschaftlich; siehe Sankey-Diagramm Bild 2.1) 25 bis 32%	32 bis 40%
Spezifischer Kraftstoffverbrauch 230 bis 250 g/k Wh	200 bis 230 g/k Wh (Direkteinspritzverfahren) 240 bis 250 g/k Wh (Vor- und Wirbelkammer- verfahren)
Kohlenoxidgehalt der Abgase (Vol.-%) 0,5 bis 1,5% (im Leerlauf) 0,2 bis 1,0% (bei Teillast) 2,0 bis 4,0% (bei Vollast)	0,03 bis 0,05% (im Leerlauf) 0,05 bis 0,25% (bei Vollast)
Flammpunkt der Kraftstoffe (siehe auch Kapitel 10) –21 bis –23 °C (252 bis 250 K)	+55 bis +100 °C (328 bis 373 K)
Selbstentzündungstemperatur der Kraftstoffe (siehe Kapitel 10) etwa 500 bis 600 °C (773 bis 873 K)	etwa 300 bis 350 °C (573 bis 623 K)
Drehmoment bei niedriger Drehzahl klein	groß

Bild 2.1 Wärmeenergieverluste
(Sankey-Diagramm)

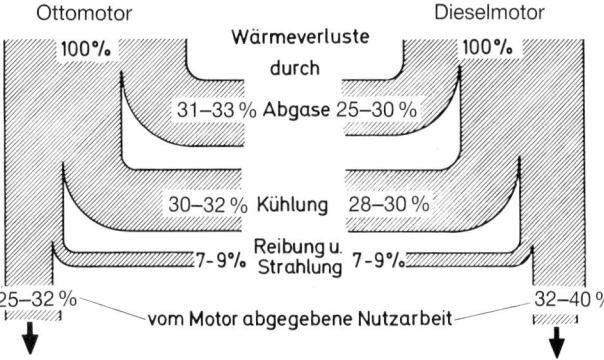

Bild 2.2   Begriffe und Abmessungen bei
Verbrennungsmotoren

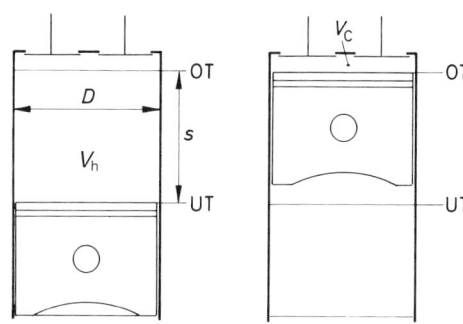

Grundbegriffe
Sie gelten grundsätzlich für alle Arten von Hubkolbenmotoren.

Bohrung: Der Durchmesser eines Zylinders (D) wird als Bohrung bezeichnet (Bild 2.2).

Hub: Der Hub (s) ist der Weg, den der Kolben im Zylinder zwischen den Totpunkten zurücklegt.

Die **Totpunkte** sind die Endpunkte der Kolbenbewegung, in denen er seine Bewegungsrichtung umkehrt. Man unterscheidet den *oberen Totpunkt* (OT) und *unteren Totpunkt* (UT). Im OT hat der Arbeitsraum (Zylinder) sein kleinstes, im UT sein größtes Volumen (Bild 2.2).

Hubraum: Der Hubraum eines Zylinders (V_h) ist der Raum, den der Kolben während eines Hubes durchläuft. Anders ausgedrückt: Es ist der Zylinderraum zwischen OT- und UT-Stellung des Kolbens (Bild 2.2).

$$\text{Berechnung:} \quad \frac{\text{Bohrung} \cdot \text{Bohrung} \cdot 3{,}14 \cdot \text{Hub}}{4}$$

Gesamthubraum: Der Gesamthubraum eines Motors (V_H) ist der *Hubraum aller Zylinder* des Motors. Er wird in Litern oder – bei kleinen Motoren (Zweirad) – in Millilitern (ml) angegeben.

Verdichtungsraum (V_c): Dies ist der Raum, der über dem in OT-Stellung befindlichen Kolben verbleibt (Bild 2.2).

Verdichtungsverhältnis: Das Verdichtungsverhältnis (ε) ist das Verhältnis von Hubraum und Verdichtungsraum zu Verdichtungsraum.

$$\varepsilon = \frac{\text{Hubraum} + \text{Verdichtungsraum}}{\text{Verdichtungsraum}}$$

Hub-Bohrungs-Verhältnis (s/D): Motoren werden ihrer Bauart gemäß in Lang- oder Kurzhuber unterteilt.

Beim **Langhuber** ist der Hub (s) größer als die Zylinderbohrung (D), beim **Kurzhuber** ist die *Zylinderbohrung größer* als der Hub.

Motoren, bei denen *Hub* und *Bohrung gleich groß* sind, werden zu den Kurzhubern gerechnet. Man bezeichnet solche Motoren als *quadratische Motoren,* weil der Längsschnitt durch den Hubraum ein Quadrat darstellt (Bild 2.3).

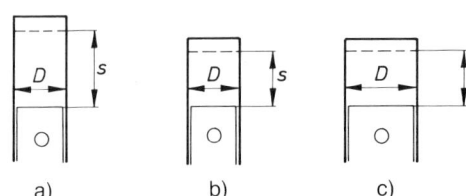

Bild 2.3   Hub-Bohrungs-Verhältnis
a) Langhuber: s größer als D
b) Kurzhuber: $s = D$
c) Kurzhuber: s kleiner als D

a)   b)   c)

Beispiel für einen quadratischen Motor:

Hub $s = 68$ mm, Bohrung $D = 68$ mm,

Hub-Bohrungs-Verhältnis $\dfrac{s}{D} = \dfrac{68}{68} = 1:1$

Beim *quadratischen* Motor ist das Hub-Bohrungs-Verhältnis $= 1:1$

Bei langhubigen Motoren liegt das Hub-Bohrungs-Verhältnis *über* 1. Daher auch die Bezeichnung eines solchen Motors als *überquadratisch.*

Beispiel   Hub $s = 100$ mm, Bohrung $D = 80$ mm,

Hub-Bohrungs-Verhältnis $\dfrac{s}{D} = \dfrac{100}{80} = 1{,}25:1$

Ist die Bohrung größer als der Hub, liegt das Hub-Bohrungs-Verhältnis *unter* 1. Daher bezeichnet man solche Motoren als *unterquadratisch.*

Beispiel   Hub $s = 64$ mm, Bohrung $D = 77$ mm,

Hub-Bohrungs-Verhältnis $\dfrac{s}{D} = \dfrac{64}{77} = 0{,}8:1$

Kurbel- oder Pleuelstangenverhältnis (λ, Lambda): Es bezeichnet das Verhältnis der Pleuelstangenlänge (l) zum Kurbelradius (r):

Kurbelverhältnis $\lambda = \dfrac{l}{r}$ (Bild 2.4).

Bild 2.4   Kurbel- oder Pleuelstangenverhältnis

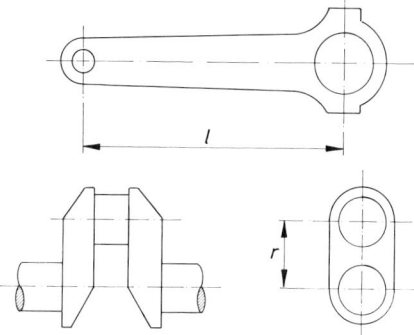

Im allgemeinen ist das Kurbelverhältnis $\lambda = \dfrac{3,0}{1}$ bis $\dfrac{4,5}{1}$.

Beispiel $l = 130$ mm, $r = 32$ mm, $\dfrac{l}{r} = \dfrac{130}{32} = 4,06:1$

Je größer das Pleuelstangenverhältnis ist, um so weniger Seitenkräfte hat die Zylinderwandung aufzunehmen. Nachteilig ist bei großem Pleuelstangenverhältnis hingegen die größere Bauhöhe des Motors.

Aus diesem Grund werden Reihenmotoren in Personenkraftwagen meist nicht senkrecht, sondern geneigt eingebaut, wodurch eine große Pleuellänge beibehalten werden kann.

Mittlere Kolbengeschwindigkeit: Bei gleichförmiger Drehbewegung (konstante Drehzahl) der Kurbelwelle ist die Kolbengeschwindigkeit stets unterschiedlich. Befindet sich der Kolben im OT, so ist seine Geschwindigkeit = 0. Beim Abwärtsgang nimmt die Geschwindigkeit zu, wobei der Höchstwert erreicht ist, wenn die Pleuelstange den Kurbelkreis tangiert (Bild 2.5). Die Mittellinie der Pleuelstange und der Kurbelradius bilden dann einen rechten Winkel.

Bei weiterer Abwärtsbewegung des Kolbens verlangsamt sich seine Geschwindigkeit, bis sie im UT = 0 ist. Beim Aufwärtsgang nimmt die Geschwindigkeit wieder zu bis zum Erreichen des

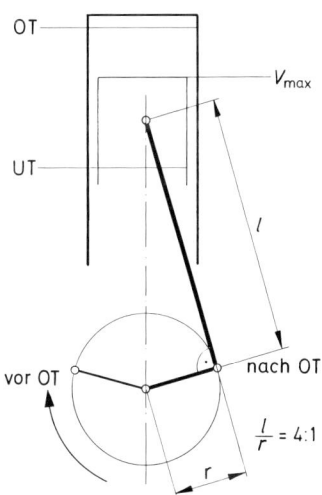

Bild 2.5   Kurbeltrieb bei größter Kolbengeschwindigkeit

Höchstwertes bei den Kurbelkreis tangierender Pleuelstange, um bis zum OT wieder bis auf 0 abzunehmen.

Wegen dieser stets unterschiedlichen Kolbengeschwindigkeiten (Beschleunigen und Verzögern des Kolbens) rechnet man in der Technik mit der *mittleren Kolbengeschwindigkeit*, d.h. einer *theoretisch konstanten Geschwindigkeit* (Durchschnittsgeschwindigkeit).

Die Berechnung der mittleren Kolbengeschwindigkeit erfolgt nach der Formel:

$$v_m = \frac{s \cdot n}{30}$$

v_m mittlere Kolbengeschwindigkeit in m/s
s Kolbenhub in mm
n Umdrehungen/Minute (min^{-1})

Werte für die mittlere Kolbengeschwindigkeit bei Nenndrehzahl:

- Pkw-Motoren mittlerer Leistung 10 bis 14 m/s,
- Pkw-Motoren hoher Leistung 14 bis 18 m/s,
- Rennsportmotoren 18 bis 22 m/s,
- Lastwagen-Dieselmotoren 10 bis 12 m/s.

Die mittlere Kolbengeschwindigkeit ist ein Maß für die mechanische Belastung des Motors.

Hubraumleistung (Literleistung): Unter Hubraumleistung (P_H) versteht man, wieviel effektive Nutzleistung (P_e) aus 1 l Hubraum des betreffenden Motors erzielt wird.

Sie ist ein Maß für die Hochzüchtung des Motors.

Die Berechnung erfolgt nach der Formel:

$$P_H = \frac{P_e}{V_H}$$

P_H Hubraumleistung in kW/l
P_e Nutzleistung des Motors in kW
V_H Hubvolumen des Motors in l

Beispiel

$$P_e = 80 \text{ kW}, \quad V_H = 1,6 \text{ L}; \quad P_H = \frac{80}{1,6} = 50 \text{ kW/l}$$

Motordrehzahlen: Motordrehzahlen sind Kurbenwellendrehzahlen pro Minute.

Man unterscheidet:

- Start- oder Anlaßdrehzahl: Mindestdrehzahl, die zum sicheren Anspringen des Motors erforderlich ist.
- Leerlaufdrehzahl: Drehzahl, mit der der angesprungene Motor von selbst weiterläuft.
- Nenndrehzahl: Drehzahl, bei der der Motor seine Höchstleistung erreicht, z.B. 100 kW/6000 min^{-1}.
- Höchstdrehzahl: max. zulässige Motordrehzahl, um den Motor vor mechanischem Schaden zu schützen.

Bauformen der Hubkolbenmotoren

Die Bauformen sind in der DIN 1940 festgelegt.

Man unterscheidet:

1. Nach Lage der Zylinderachsen

❑ stehend angeordnete Motoren,
❑ liegend angeordnete Motoren (Bild 2.6).

Bild 2.6   Motorbauformen nach
Lage der Zylinderachsen

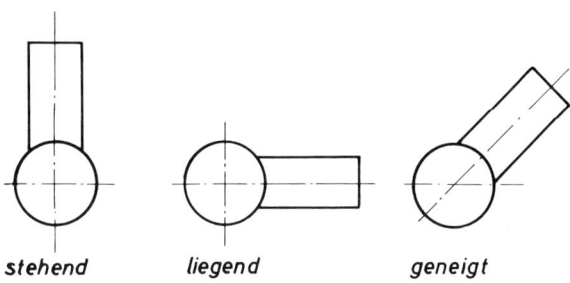

stehend   liegend   geneigt

Geneigt eingebaute Motoren werden zur stehenden Anordnung gezählt. Liegende Motoren findet man bei der Unterflurbauweise.

2. Nach der Zylinderanordnung

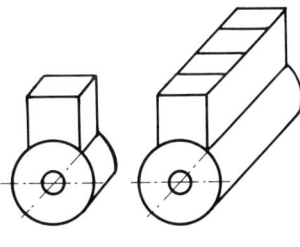

Einzylinder-   Reihenmotor
motor

Bild 2.7   Einzylindermotor, Reihenmotor

Einzylinder- und Reihenmotoren (Bild 2.7).

Bei **V-Motoren und V-Reihenmotoren** (Bild 2.8) stehen die Zylinder bzw. die Zylinderbänke meist in einem Winkel von 60 bis 90° zueinander. Der Unterschied eines 180°-V-Motors zu einem Boxermotor liegt in der Anordnung der Hupzapfen der Kurbelwelle.

Bei **Boxermotoren und Boxer-Reihenmotoren** (Bild 2.9) stehen sich die Zylinder wie die Hubzapfen genau gegenüber. Diese Anordnung gibt es z.B. bei Porsche, Alfa-Romeo, Lancia und Subaru.

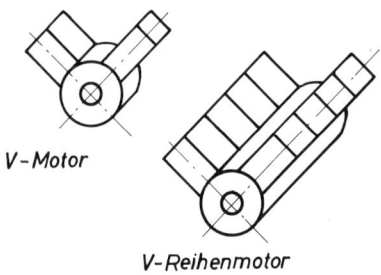

V-Motor

V-Reihenmotor

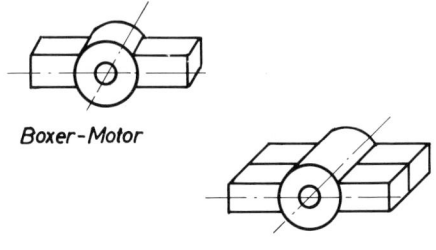

Boxer-Motor

Boxer-Reihenmotor

Bild 2.8   V-Motor, V-Reihenmotor

Bild 2.9   Boxermotor, Boxer-Reihenmotor

Drehrichtungsbestimmung für Kraftfahrzeugmotoren (DIN 73 021)
Ein **Rechtsläufer** ist ein Motor, dessen Kurbelwelle sich bei Blickrichtung auf die der Kraftabgabe
gegenüberliegenden Seite im Uhrzeigersinn, d.h. rechtsherum, dreht.
   Ein **Linksläufer** ist ein Motor, dessen Kurbelwelle sich bei gleicher Blickrichtung entgegen
dem Uhrzeigersinn, d.h. linksherum, dreht.

Zählrichtung der Zylinder (DIN 73 021)
Blickrichtung ist wieder auf die der Kraftabgabe gegenüberliegende Seite. Man stelle sich eine
waagerechte Ebene durch die Längsachse der Kurbelwelle vor.
   Die erste Zylinderreihe ist diejenige, die entweder links in dieser Ebene liegt (9-Uhr-Stellung)
oder der Ebene im Uhrzeigersinn folgt.
   Der Zylinder Nr. 1 ist der dem Betrachter am nächsten liegende in der ersten Zylinderreihe.
   Die Reihenfolge der Zylinder ist fortlaufend je Reihe, wobei in der im Uhrzeigersinn folgenden Reihe weitergezählt wird. Diese Beschreibung erscheint komplizierter als sie ist. Öffnet man
z.B. bei einem Pkw mit Vierzylinder-Reihenmotor die Motorhaube und sieht (entgegen der Kraftabgabe) auf die Riemenscheibe, so ist der am nächsten liegende Zylinder Nr. 1, dahinter 2 usw.
(Bilder 2.10 bis 2.12).

> Nicht alle Kfz-Hersteller, vor allem ausländische, richten sich nach der deutschen Norm (Bild
> 2.13).

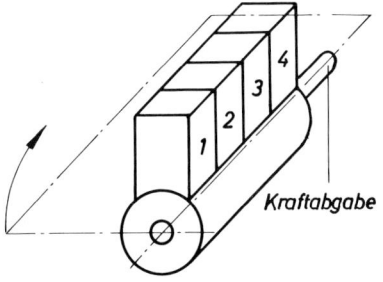

Bild 2.10   Bezeichnung der Drehrichtung und
der Zylinder beim Reihenmotor

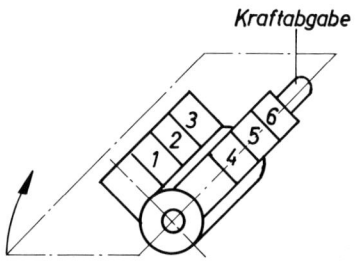

Bild 2.11   Bezeichnung der Drehrichtung und
der Zylinder beim V-Reihenmotor

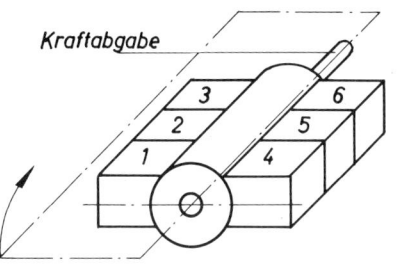

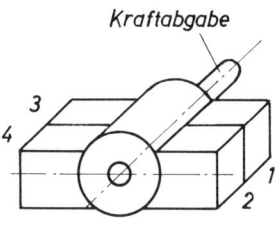

Bild 2.12 Bezeichnung der Drehrichtung und der Zylinder beim Boxer-Reihenmotor

Bild 2.13 Zylinderbezeichnung bei VW und Porsche

Zündfolgen und Zündabstände

Zündfolge ist die Reihenfolge, in der die Zylinder eines Motors nacheinander gezündet werden.

Der Hersteller ermittelt für seinen Motor die günstigste Zündfolge und erreicht damit ein optimiert kultiviertes Laufverhalten. Die Bilder 2.14 bis 2.17 zeigen gängige Zündfolgen für unterschiedliche Motoren. Damit ein Zylinder überhaupt gezündet werden kann, muß der betreffende Kolben im Zünd-OT stehen, d.h., die zugehörigen Ventile (EV und AV) müssen dann geschlossen sein. Dies ist nur möglich, wenn Kurbelwelle und Nockenwelle entsprechend ihren Markierungen richtig zueinander stehen.

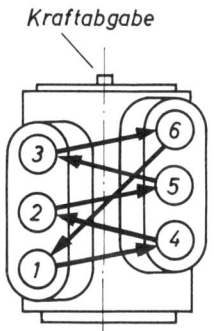

Bild 2.14 Bildliche Darstellung der Zündfolge 1-4-2-5-3-6 beim Sechszylinder-V-Motor (Ford)

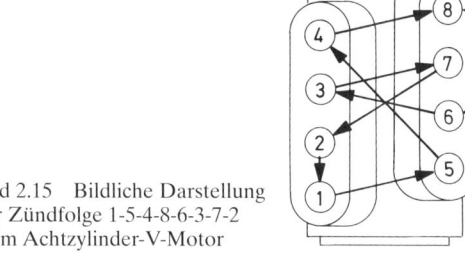

Bild 2.15 Bildliche Darstellung der Zündfolge 1-5-4-8-6-3-7-2 beim Achtzylinder-V-Motor

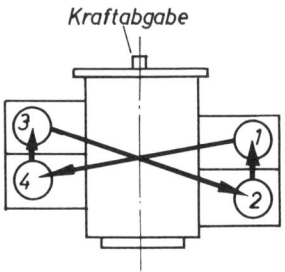

Bild 2.16 Bildliche Darstellung der Zündfolge 1-4-3-2 beim Vierzylinder-Boxermotor

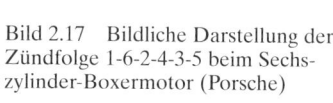

Bild 2.17 Bildliche Darstellung der Zündfolge 1-6-2-4-3-5 beim Sechszylinder-Boxermotor (Porsche)

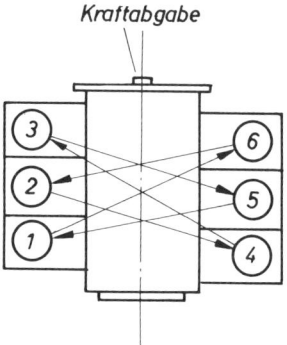

Die Zündfolge ist baulich festgelegt

❏ durch die Kurbelwelle (Hubzapfenversatz),
❏ durch die Nockenwelle (Nockenversatz).

Gebräuchliche Zündfolgen bei Viertaktmotoren
Reihenmotoren
– Vierzylinder 1-3-4-2 oder 1-2-4-3
– Fünfzylinder 1-2-4-5-3
– Sechszylinder 1-5-3-6-2-4
– VR6 (VW) 1-5-3-6-2-4
V-Motoren
– Vierzylinder (Ford) 1-3-4-2
– Sechszylinder (Ford) 1-4-2-5-3-6
  (Audi) 1-4-3-6-2-5
  (Nissan) 1-2-3-4-5-6
– Achtzylinder (Audi, BMW, Mercedes) 1-5-4-8-6-3-7-2
  (Porsche) 1-3-7-2-6-5-4-8
– Zehnzylinder (MAN) 1-6-5-10-2-7-3-8-4-9
– Zwölfzylinder (BMW) 1-7-5-11-3-9-6-12-2-8-4-10
  (Mercedes, Jaguar) 1-12-5-8-3-10-6-7-2-11-4-9
Boxermotoren
– Vierzylinder (VW) 1-4-3-2
– Sechszylinder (Porsche) 1-6-2-4-3-5

Zündabstand ist der Drehwinkel der Kurbelwelle zwischen zwei aufeinanderfolgenden Zündungen.
Während eines Arbeitsspiels hat jeder Zylinder einmal gezündet. Das Arbeitsspiel – ansaugen, verdichten, arbeiten, auslassen – erstreckt sich beim Viertaktmotor über zwei Kurbelwellenumdrehungen, gleich 720° Drehwinkel.
Der im Regelfall gleichmäßige Zündabstand sorgt bei allen Drehzahlen für einen gleichmäßigen Motorlauf.
Zündabstand = 720° : Zylinderzahl

Beispiele

Einzylinder	720° : 1 = 720°	Zündabstand
Zweizylinder	720° : 2 = 360°	Zündabstand
Dreizylinder	720° : 3 = 240°	Zündabstand
Vierzylinder	720° : 4 = 180°	Zündabstand
Fünfzylinder	720° : 5 = 144°	Zündabstand
Sechszylinder	720° : 6 = 120°	Zündabstand
Achtzylinder	720° : 8 = 90°	Zündabstand
Zehnzylinder	720° : 10 = 72°	Zündabstand
Zwölfzylinder	720° : 12 = 60°	Zündabstand

Je größer die Zylinderzahl, desto kleiner der Zündabstand. Je kleiner der Zündabstand, desto gleichmäßiger/ruhiger der Motorlauf.
Bild 2.20 zeigt, daß Zündabstände auch ungleichmäßig sein können.

Zu diesen Ausnahmen gehören

❐ Zweizylinder-Viertaktmotoren mit 180° Hubzapfenversatz an der Kurbelwelle,
❐ die meisten mehrzylindrigen Kraftradmotoren,
❐ V-Motoren, die eine konventionelle Kurbelwelle haben und bei denen das Produkt aus Zylinderzahl mal Zylinderwinkel, z.B. 6 × 90° = 540°, keine 720 ergibt.

2.1 Kurbeltrieb

Der Kurbeltrieb besteht aus

❐ Kurbelwelle und Lager,
❐ Pleuel und Kolbenbolzen,
❐ Kolben und Kolbenringen,
❐ Schwungscheibe und Riemenscheibe.

2.1.1 Kurbelwellen

Kurbelwellen wandeln die Hubbewegungen der Kolben in Drehbewegung. Die Bauformen werden durch folgende Faktoren bestimmt:

❐ Anzahl der Zylinder,
❐ Lage der Zylinderachsen zueinander (bei V-Motoren),
❐ Zündfolge des Motors.

Man unterscheidet:

❐ Reihenmotor-Kurbelwellen,
❐ V-Motor-Kurbelwellen,
❐ Boxermotor-Kurbelwellen.

In Kraftfahrzeugmotoren gelangen Zwei- bis Sechszylinder-Reihenmotor-Kurbelwellen zur Anwendung.

Zweizylinder-Kurbelwellen
Der **Twin-Motor** (Zweifach- oder Doppelmotor) ist ein Viertakt-Reihenmotor, bei dem beide Hubzapfen der Kurbelwelle auf gleicher Höhe liegen. Die Kurbelwelle kann sowohl dreifach als auch zweifach gelagert sein (Bild 2.18). Der Vorteil dieser Bauweise liegt im gleichmäßigen Zündabstand (Bild 2.19). Der Nachteil liegt darin, daß zur Erzielung des brauchbaren Massenausgleichs an der Kurbelwelle große und schwere Gegengewichte erforderlich sind.

Kurbelwellen mit 180° Hubzapfenversatz: Bei diesen Kurbelwellen sind die beiden Hubzapfen gegeneinander um 180° versetzt, die Kurbelwelle ist meist nur zweifach gelagert (Bild 2.20). Der Vorteil dieser Bauart liegt in dem günstigeren Massenausgleich gegenüber dem Twin-Motor, da keine großen und schweren Gegengewichte erforderlich sind. Nachteilig ist allerdings der

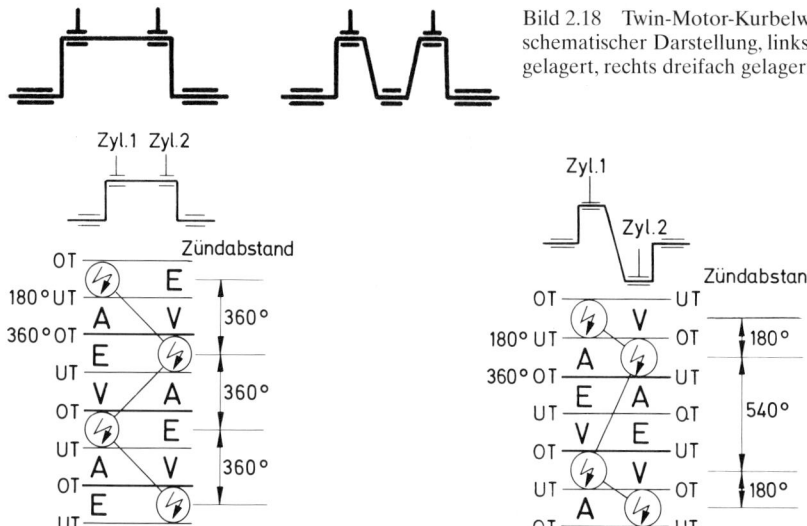

Bild 2.18   Twin-Motor-Kurbelwellen in schematischer Darstellung, links zweifach gelagert, rechts dreifach gelagert

Bild 2.19   Gleichmäßiger Zündabstand beim Twin-Motor. Pro Kurbelwellenumdrehung – 360° – erfolgt ein Arbeitstakt.

Bild 2.20   Hubzapfenversatz (180°) beim Zweizylindermotor. Der Zündabstand ist ungleichmäßig.

ungleichmäßige Zündabstand, der einmal 180°, dann 540° usw. beträgt. Langsamlaufende Dieselmotoren (Schlepper- und Stationärmotoren) werden mit derartigen Kurbelwellen ausgerüstet. Die sehr großen und schweren Schwungscheiben halten die durch die unregelmäßigen Zündabstände bedingte Ungleichförmigkeit der Drehbewegung in erträglichen Grenzen.

Zweizylinder-Viertakt-Boxermotor
Die Bauart wird von BMW seit Beginn der Kraftradproduktion angewendet. Sie vereinigt in sich die Vorteile des Twin-Motors – gleicher Zündabstand – und die Vorteile des langsamlaufenden Dieselmotors – guter Massenausgleich. Die Hubzapfen sind um 180° gegeneinander versetzt, die Kurbelwelle ist kurz (geringe Empfindlichkeit gegen Drehschwingungen, Bild 2.21).

Ausnahmen: *Moderne Zweizylinder-Viertakt-Kraftradmotoren mit sehr hohen Drehzahlen – 8000 bis 12 000 min⁻¹* – sind ebenfalls mit Kurbelwellen ausgerüstet, deren Hubzapfen um 180° versetzt sind. Dadurch ergibt sich ein günstiger Massenausgleich. Der ungleichmäßige Zündabstand ist bei derart hohen Drehzahlen nicht mehr spürbar.
   Moderne schnelllaufende kleinvolumige Dieselmotoren werden als Twin-Motoren gebaut. Durch zusätzliche, mittels Zahnräder angetriebene Ausgleichswellen wird eine hervorragende Laufruhe erzielt.

Vierzylinder-Reihenmotor-Kurbelwellen: Die Hubzapfen sind um 180° versetzt, wobei sie für die Zylinder 1 und 4 sowie für die Zylinder 2 und 3 jeweils auf gleicher Höhe liegen (Bild 2.22). Hierdurch wird folgendes erreicht: Steht der Kolben 1 im Zünd-OT, steht Kolben 4 im Überschneidungs-OT und umgekehrt. Dasselbe gilt für die Kolben 2 und 3. Steht Kolben 3 im Zünd-OT, steht Kolben 2 im Überschneidungs-OT und umgekehrt.

Bild 2.21   Gleichmäßiger Zündabstand (360°) beim Zweizylinder-Boxermotor

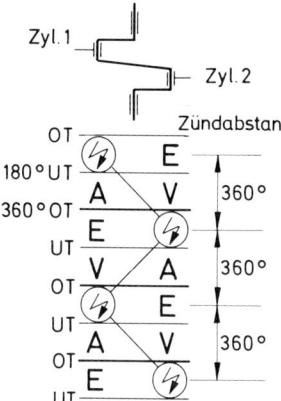

Bild 2.22   Vierzylinder-Reihenmotor-Kurbel-welle mit dreifacher Lagerung

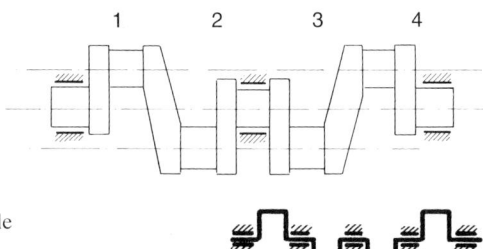

Bild 2.23   Vierzylinder-Reihenmotor-Kurbelwelle mit fünffacher Lagerung

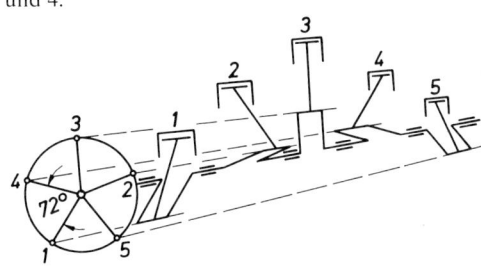

Man unterscheidet nach Anzahl der Hauptlager:

❒ dreifach gelagerte Kurbelwellen für Motoren mit niedriger und mittlerer Leistung (Bild 2.22),
❒ fünffach gelagerte Kurbelwellen für moderne Motoren (Bild 2.23).

Fünfzylinder-Reihenmotor-Kurbelwelle: Die Hubzapfen sind zueinander um 72° versetzt (360 : 5 = 72). Im Gegensatz zu den bisher beschriebenen Reihenmotor-Kurbelwellen liegen die Hub-zapfen nicht paarweise in einer Ebene (Bild 2.24).

Sechszylinder-Reihenmotor-Kurbelwellen: Die Hubzapfen sind um 120° versetzt, so daß die Hub-zapfen der Zylinder 1 und 6, 2 und 5 sowie 3 und 4 jeweils in einer Ebene liegen (Bild 2.25). Befin-det sich Kolben 1 im Zünd-OT, steht Kolben 6 im Überschneidungs-OT und umgekehrt. Dasselbe gilt sinngemäß für die Kolben 2 und 5 sowie 3 und 4.

Bild 2.24   Fünfzylinder-Reihenmotor-Kurbel-welle

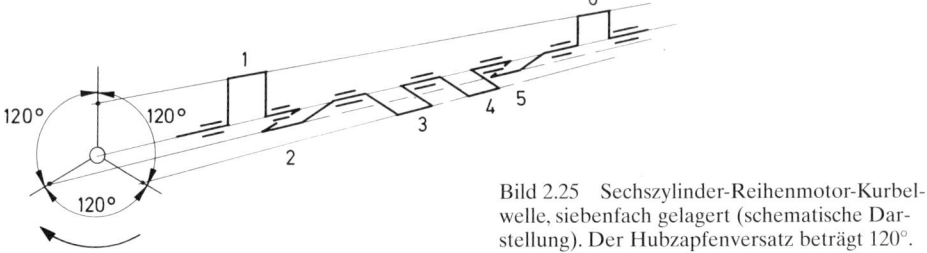

Bild 2.25 Sechszylinder-Reihenmotor-Kurbelwelle, siebenfach gelagert (schematische Darstellung). Der Hubzapfenversatz beträgt 120°.

Anzahl der Hauptlager
❐ sieben Hauptlager (Ottomotoren höherer Leistung und Dieselmotoren).

V-Motor-Kurbelwellen
Bei V-Motor-Kurbelwellen können entweder zwei Pleuel einen gemeinsamen Hubzapfen haben *(echte V-Motoren)* oder jedem Pleuel steht ein eigener Hubzapfen zur Verfügung *(unechte V-Motoren)*.
Der Hubzapfenversatz ist bei echten V-Motoren gleichmäßig und bei unechten V-Motoren ungleichmäßig, jedoch nicht genau entgegengesetzt wie bei Boxermotoren.

Vierzylinder-V-Motor-Kurbelwelle (Bild 2.26): Die Kurbelwelle ist dreifach gelagert (drei Hauptlager). Jedes Pleuel der vier Zylinder hat seinen eigenen Hubzapfen. Da die Achsen der beiden Zylinderreihen miteinander einen Winkel von 60° bilden, sind die Hubzapfen von Zylinder 1 und 4 und die Hubzapfen der Zylinder 2 und 3 zueinander jeweils um 60° versetzt. Die Winkel zwischen den Hubzapfen 1 und 2 sowie 3 und 4 betragen 120°. Hierdurch wird ein gleichmäßiger Zündabstand von 180° erreicht, obwohl der Winkel zwischen den Zylinderreihen 60° beträgt.

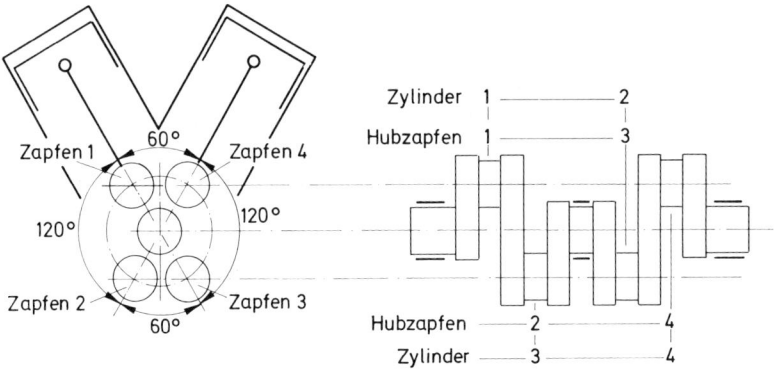

Bild 2.26 Ford-Vierzylinder-V-Motor-Kurbelwelle (schematisch), Zündfolge 1-3-4-2

Sechszylinder-V-Motor-Kurbelwelle (Bild 2.27): Diese Kurbelwelle ist vierfach gelagert (vier Hauptlager). Auf zwei Hubzapfen folgt jeweils ein Hauptlager. Sämtliche Hubzapfen sind auf einen Vollwinkel (360°) regelmäßig verteilt, so daß alle 60° ein Hubzapfen angeordnet ist. Hierdurch wird bei dem Winkel von 60° der Zylinderachsen zueinander ein Zündabstand von 120° erzielt.

48 *Verbrennungsmotoren*

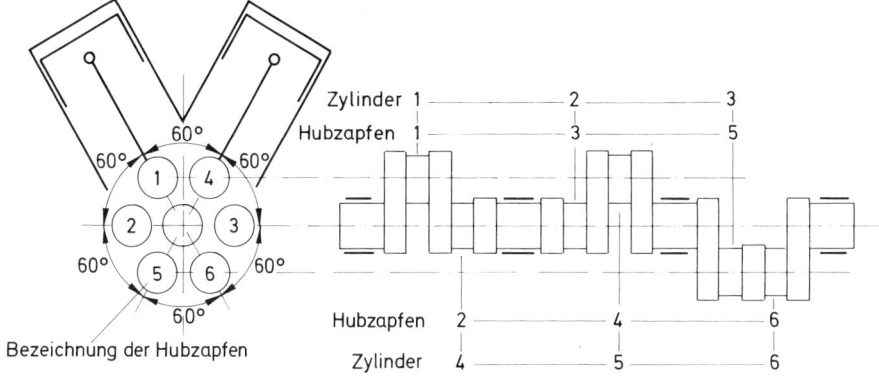

Bild 2.27   Ford-Sechszylinder-V-Motor-Kurbelwelle (schematisch), Zündfolge 1-4-2-5-3-6

Sechszylinder-V-Kurbelwelle: Die Kurbelwelle hat drei um 120° versetzte Kurbelzapfen (Hubzapfen), die je nach Ausführung ungeteilt oder geteilt sein können.
Auf einem Kurbelzapfen befinden sich jeweils zwei Pleuel, nämlich für

❐ Zylinder 1 und 4,
❐ Zylinder 2 und 5,
❐ Zylinder 3 und 6.

Der Zylinderwinkel beträgt im Regelfall 90°. Bei der ungeteilten Ausführung ist die Mittellinie der Kurbelzapfen für die Zylinderpaare gleich, doch der Zündabstand ungleich (150° – 90° – 150° – 90° – 150° – 90°). Bei der geteilten Ausführung (Bild 2.28) sind die Kurbelzapfen für die Zylinderpaare um 30° versetzt (Split-pin-Kurbelwelle). Dies ermöglicht einen gleichmäßigen Zündabstand von 120° und ist bei modernen Motoren üblich.

Achtzylinder-V-Motor-Kurbelwelle: Die *vier* Hubzapfen sind gegeneinander um 90° versetzt. Im Hinblick auf einen guten Massenausgleich – schüttelfreier Lauf des Motors in allen Drehzahlbereichen – wurden der erste und letzte Hubzapfen sowie der zweite und dritte gegenüberliegend (180°) angeordnet. Auf jedem Hubzapfen sind *zwei Pleuel hintereinander* angeordnet. Jeweils die vier *vorderen Pleuel* führen zu einer Zylinderreihe, üblicherweise (in Fahrtrichtung gesehen) der *rechten,* die vier *hinteren Pleuel* zur anderen Zylinderreihe, der *linken.* Durch diese Anordnung sind die beiden Zylinderreihen um eine Pleuelfußbreite zueinander versetzt. Bild 2.29 zeigt die Kurbelwelle in schematischer Darstellung.

Boxermotor-Kurbelwellen
Bei Boxermotor-Kurbelwellen hat jedes Pleuel einen eigenen Hubzapfen, wobei diese für die Zylinder 1 und 3 wie für die Zylinder 2 und 4 (Bild 2.30) genau entgegengesetzt angeordnet sind. Man kann sagen, daß die Kolben miteinander boxen.

Vierzylinder-Boxermotor-Kurbelwelle: Die Kurbelwelle sieht ähnlich aus wie eine Vierzylinder-Reihenmotor-Kurbelwelle. Durch die Bauart des Boxermotors bedingt, ist sie jedoch kürzer als eine vergleichbare Reihenmotor-Kurbelwelle ausgeführt.

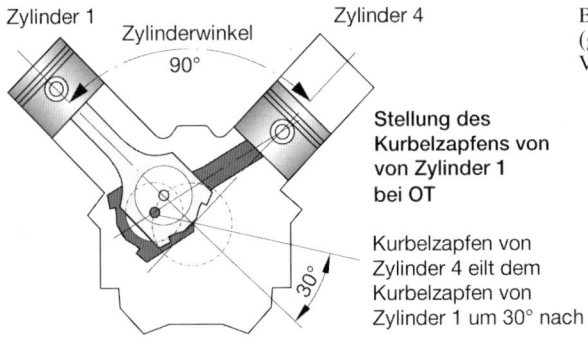

Zylinder 1

Zylinderwinkel
90°

Zylinder 4

**Stellung des
Kurbelzapfens von
von Zylinder 1
bei OT**

Kurbelzapfen von
Zylinder 4 eilt dem
Kurbelzapfen von
Zylinder 1 um 30° nach

30°

Bild 2.28 Wirkung der gekröpften
(geteilten) Kurbelwellenzapfen (Audi-
V6-Motor)

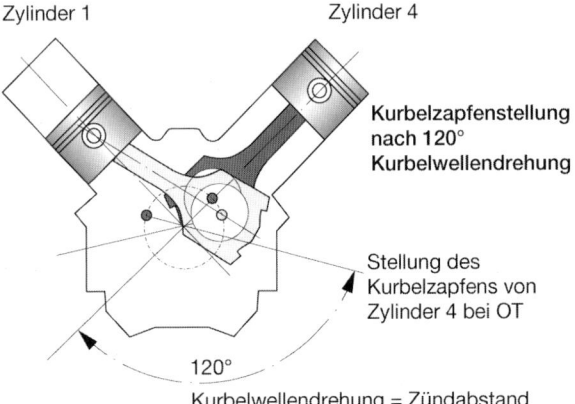

Zylinder 1

Zylinder 4

**Kurbelzapfenstellung
nach 120°
Kurbelwellendrehung**

Stellung des
Kurbelzapfens von
Zylinder 4 bei OT

120°

Kurbelwellendrehung = Zündabstand

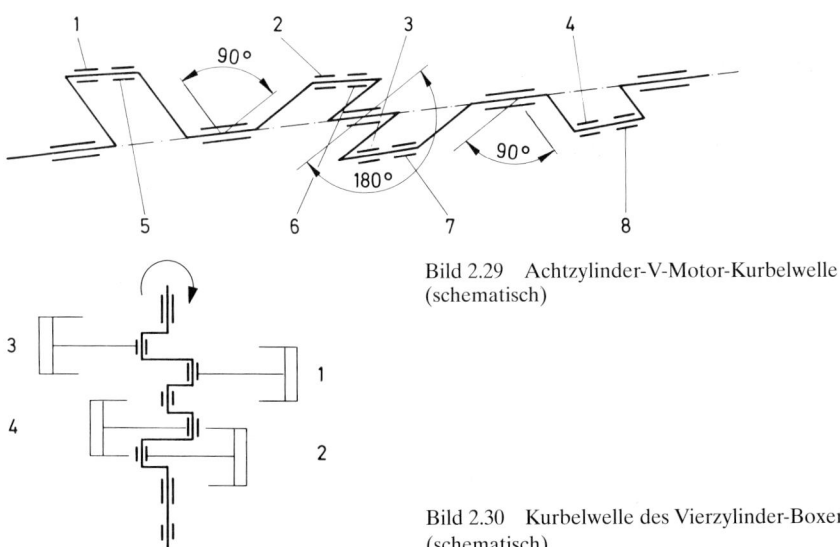

Bild 2.29 Achtzylinder-V-Motor-Kurbelwelle
(schematisch)

Bild 2.30 Kurbelwelle des Vierzylinder-Boxermotors
(schematisch)

50 *Verbrennungsmotoren*

Dadurch ergeben sich:

❑ große Drehfestigkeit und
❑ große Widerstandsfähigkeit gegen Drehschwingungen, verursacht durch Ungleichförmigkeiten der Kurbelwellendrehbewegung.

Durch die gegenüberliegende Anordnung der Zylinder kann – bei Motoren mittlerer Leistung und Drehzahl – im Gegensatz zur Reihenmotor-Kurbelwelle auf Gegengewichte verzichtet werden (z.B. VW Käfer).

Sechszylinder-Boxermotor-Kurbelwelle: Auch diese Kurbelwelle ähnelt der entsprechenden Sechszylinder-Reihenmotor-Kurbelwelle. Das über die Vierzylinder-Boxermotor-Kurbelwelle Gesagte gilt entsprechend. Da der Sechszylindermotor des Porsche 911 für höhere Drehzahl und Leistung ausgelegt ist, wurde die Kurbelwelle zur Erzielung des bestmöglichen Massenausgleichs mit Gegengewichten versehen.

2.1.2   Gleitlager

Gleitlager erlauben durch ihre Teilbarkeit die einteilige Herstellung mehrzylindriger Kurbelwellen. Sie sind bei modernen Motoren sehr hohen Belastungen ausgesetzt und müssen folgende Anforderungen erfüllen:

❑ gute Notlaufeigenschaften,
❑ geringe Freßempfindlichkeit,
❑ große Ermüdungsfestigkeit,
❑ große Verschleißfestigkeit,
❑ gute Einlauf- und Anpassungsfähigkeit,
❑ gute Schmutzeinbettung.

Nach der **Belastungsrichtung** unterscheidet man *Querlager* (Radiallager) und *Längslager* (Axiallager).

Querlager (Radiallager): *Haupt-* und *Pleuellager* sowie *Kolbenbolzenbuchsen, Nockenwellenlager* und *Kipphebelbuchsen* sind *Querlager*.

Längslager: Sie dienen zur Aufnahme des *Axialschubs,* der beim Auskuppeln entsteht. Sie sind meist mit einem Querlager (Hauptlager) kombiniert. Man bezeichnet diese Lager als *Bund-, Paß-* oder *Führungslager.* Bild 2.31 zeigt die Anordnung eines derartigen Lagers im Motor. Die Nockenwelle ist ebenfalls mit einem Bundlager versehen, um axiale Verschiebung zu verhindern.

Aufbau von Gleitlagern
Von wenigen Ausnahmen abgesehen, werden Gleitlager als *Verbundlager* ausgeführt. Das heißt, auf einer *Stahlstützschale,* auch *Stahlrücken* genannt, ist der eigentliche Lagerwerkstoff aufgebracht. Man unterscheidet *aufgegossene* Lagermetalle, *aufgesinterte* Lagermetalle und *galvanisch* aufgebrachte Schichten. Den grundsätzlichen Aufbau eines Verbundlagers, ausgeführt als Dreistofflager, zeigt Bild 2.32.

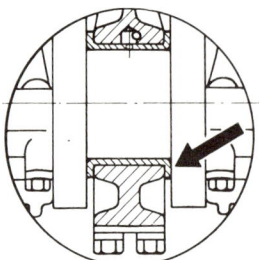

Bild 2.31 Bund-, Paß- oder Führungslager zur axialen Abstützung der Kurbelwelle. Der Pfeil zeigt auf den beim Auskuppeln belasteten Lagerbund.

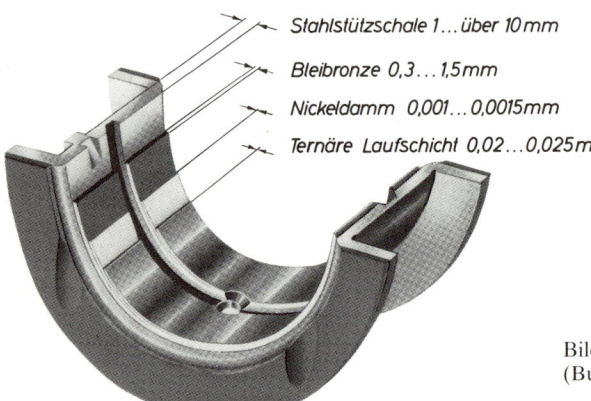

Stahlstützschale 1...über 10 mm

Bleibronze 0,3...1,5mm

Nickeldamm 0,001...0,0015mm

Ternäre Laufschicht 0,02...0,025mm

Bild 2.32 Aufbau eines Dreistofflagers (Bund-, Paß- oder Führungslager)

Stahl-Bleibronze-Lager: Sie können sowohl nach dem *Gieß-* als auch nach dem *Sinterverfahren* gefertigt sein. Die Bleibronzeschicht (Lagermetallschicht) besteht zu $3/4$ bis $4/5$ aus Kupfer, der Rest aus Blei und etwas Zinn.
Anwendung: Mit einer zusätzlichen galvanischen Laufschicht versehen, als Haupt- und Pleuellager für Otto- und Dieselmotoren mit mittlerer bis höherer Belastung und hohen Gleitgeschwindigkeiten (hohe Drehzahlen). Außerdem werden derartige Lager zur Lagerung von Pumpen- und Turbinenrädern im hydrodynamischen Drehmomentwandler verwendet.

Der Name **Dreistofflager** (Bild 2.32) bezeichnet die *drei* verschiedenen Werkstoffe, aus denen das Lager besteht:

1. Stahlrücken oder die Stahlschützschale,
2. Bleibronze-Zwischenschicht, bei dem abgebildeten Lager bestehend aus 75,5% Kupfer, 23% Blei und 1,5% Zinn sowie einem Nickeldamm,
3. ternäre Laufschicht, bei diesem Lager bestehend aus 87% Blei, 10% Zinn und 3% Kupfer.

Der *Nickeldamm* hat die Aufgabe, die Zinndiffusion aus der Ternärschicht in die Bronze weitgehend zu verhindern.
Anwendung: als Hauptlager, Pleuellager, Nockenwellenlager, Lager für Steuerräder und Ölpumpen bei hoher Belastung.

Stahl-Aluminium-Lager

Zweischichtlager: Der Lagerwerkstoff, eine Legierung aus 91,5% Aluminium, 4,5% Zink, 1,5% Silizium, 1,5% Kupfer und 1% Blei wird mittels des Heißplattierverfahrens auf den Stahlrücken aufgewalzt. Zweischichtlager sind für mittlere Belastungen geeignet.

Beim *Heißplattierverfahren* erwärmt man das Stahlband (Stahlrücken) vor dem Einlauf in den Walzspalt induktiv auf ca. 300 °C, wodurch eine *einwandfreie Verbindung* zwischen *Stahlrücken* und *Lagerwerkstoff* erzielt wird.

Dreischichtlager: Für *hohe Belastungen* und *Gleitgeschwindigkeiten* wird das Lager zusätzlich mit einer Galvaniklaufschicht, der vom Dreistofflager her bewährten *Ternärschicht* aus 87% Blei, 10% Zinn und 3% Kupfer, versehen.
Anwendung: als *Haupt-* und *Pleuellager* für *aufgeladene Dieselmotoren* mit *hohen Drehzahlen* (Pkw-Turbodieselmotoren).

Infolge Leistungssteigerungen erfordern moderne Motoren Gleitlager, die *höchsten* Belastungen bei langer Standzeit gewachsen sind. Hierzu gehören z.B. Rillen- und Sputterlager. Sie haben gegenüber Dreistofflagern deutlich höhere Standzeiten und kleinere Verschleißraten.

Rillenlager, sie weisen eine Profilierung der Lauffläche (Gleitfläche) auf. Die vorhandenen Rillen sind mit weichem PbSn 18 Cu 2 gefüllt, wodurch eine gute Anpassungsfähigkeit und geringe Schmutzempfindlichkeit erreicht wird.

Sputterlager, sie sind auf der Basis von Dreistofflagern hergestellt. Die durch Ermüdung und Verschleiß gefährdete Laufschicht (Gleitschicht) des Gleitlagers PbSn 10 Cu 3 ist durch eine ebenso dünne AlSn-20-Cu-Schicht ersetzt.

Spreizung der Lagerschalen: Unter Spreizung versteht man das Maß, um das der Außendurchmesser einer Halbschale, über die Trennfläche gemessen, größer ist als der Durchmesser der Gehäusebohrung (Bild 2.33). Die Spreizung der dünnwandigen Lagerschalen erleichtert deren Einbau. Die Lagerschalen müssen mit leichtem Daumendruck in die Lagerbohrung gedrückt werden. Infolge der Spreizung fallen sie beim Aufsetzen des Lagerdeckels nicht wieder heraus.

Preßsitz von Gleitlagerschalen: Gleitlagerschalen werden grundsätzlich mit Preßsitz eingebaut. Allgemeine Angaben über die Größenwerte des Preßsitzes sind zu ungenau. Als Hilfsmittel beim Einbau der Lagerschalen gilt das Maß für die Überdeckung. Nach dem (richtigen!) Einlegen der Lagerschalen in die Gehäusebohrungen wird der Lagerdeckel aufgesetzt. Ohne den Lagerdeckel

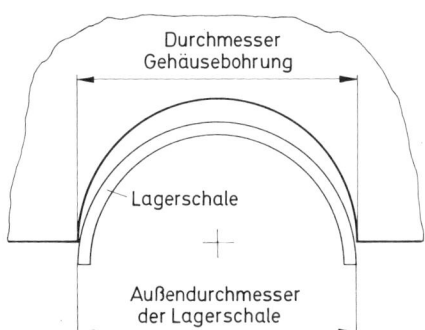

Bild 2.33 Spreizung der Gleitlager-Halbschale. Der Außendurchmesser der Halbschale ist um das Maß der Spreizung (0,3 bis 0,5 mm) größer als der Durchmesser der Gehäusebohrung.

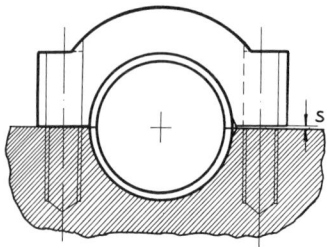

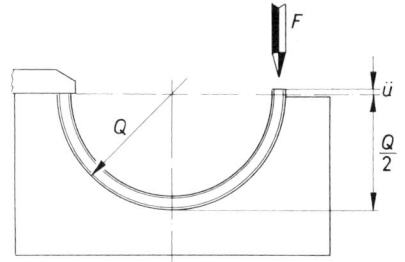

Bild 2.34 Vorspannung (*s*) des Gleitlagers beim Einbau

Bild 2.35 Überdeckungsmaß (*Ü*) der Gleitlager-Halbschale bei Messung im Prüfblock mit einseitigem Anschlag: *F* = Prüfkraft, *Q*/2 = Halbmesser der Prüfblockbohrung

festzuschrauben, darf er auf einer Seite nicht plan aufliegen. Der Spalt beträgt im Mittel etwa 0,1 mm (Bild 2.34).

Beim Festziehen des Lagerdeckels mit dem vorgeschriebenen Anzugsdrehmoment erhält das Lager dann den erforderlichen Preßsitz (Angaben der Motorenhersteller beachten!). Unter *Überdeckung* versteht man das Maß, um das die in der Gehäusebohrung eingelegte Halbschale am einen Ende übersteht (Bild 2.35).

Sicherung gegen Verdrehen und seitliches Herausschieben der Lagerschalen: Dünnwandige Lagerschalen (Verbundlager) haben *Fixiernasen* zur Sicherung gegen Verdrehen und seitliches Herausschieben. Bild 2.36 zeigt die Form der Fixiernasen. Sie dienen nur als zusätzliche Sicherung der Lagerschalen, vor allem beim Einbau. Sie sind kein Ersatz für den Preßsitz.

Liegen die Fixiernasen beider zusammengehöriger Lagerschalen auf *derselben Seite,* ist das Lager in *beiden Drehrichtungen gesichert* (Bild 2.37a). Liegen die Fixiernasen nicht auf *derselben Seite,* ist das Lager *nur in einer Drehrichtung gesichert* (Bild 2.37b).

Im Motorenbau gelangen derzeit beide Arten zur Anwendung.

Vollwand- oder Massivlager werden durch Stifte gesichert.

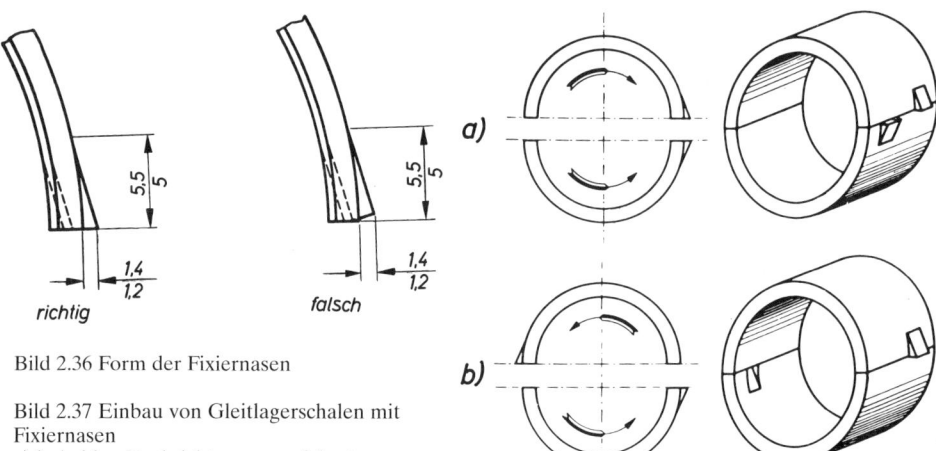

Bild 2.36 Form der Fixiernasen

Bild 2.37 Einbau von Gleitlagerschalen mit Fixiernasen
a) in beiden Drehrichtungen gesichert
b) nur in einer Drehrichtung gesichert

Lagerspiel: Bei einbaufertigen Lagerschalen wird das Lagerspiel durch eine entsprechende Wahl der Wanddicke eingestellt. Die Gehäusebohrung und der Zapfendurchmesser werden im allgemeinen nach den ISA-Passungstoleranzen H6 und h6 oder g6 gewählt. Bei *Dreistoff-* bzw. Dreischichtlagern hat sich in Pkw-Motoren als *kleinstes Lagerspiel* für Haupt- und Pleuellager 0,04 mm bewährt.

Hierbei ist eine Aufweitung der Gehäusebohrung von etwa 0,004 bis 0,015 mm durch den Einbau der Gleitlagerschalen berücksichtigt. Je größer die Drehzahl eines Motors ist, desto größer muß – bei sonst gleichen Bedingungen – das Lagerspiel gewählt werden, damit ein ausreichender Öldurchsatz zur Kühlung des Lagers vorhanden ist.

Öldurchsatz ist die Menge Öl, die in einer bestimmten Zeit durch das Lager fließt. Bei Dreistofflagern in Lkw- und Kom-Dieselmotoren wird man im allgemeinen ein Kleinstspiel von $0{,}8^0/_{00}$ des Zapfendurchmessers nicht unterschreiten. Diese Angaben über das Lagerspiel können nur als Anhaltspunkte gelten, da das Lagerspiel von vielen Faktoren abhängt. Hierzu gehören besonders die Fertigungstoleranzen für die Welle und für die Gehäusebohrungen (nach Glyco).

2.1.3   Pleuel

Pleuel übertragen die Kolbenkraft auf die Kurbelwelle. Sie sind besonders bei hohen Drehzahlen sehr großen Belastungen ausgesetzt. Um dem bei möglichst geringem Gewicht zu entsprechen, kommen hochwertige Werkstoffe, z.B. Chrom-Nickel-Stahl oder bei Rennmotoren sogar Titan, und meistens Doppel-T-Profile zur Anwendung. Pleuel werden im Gesenk geschmiedet (gepreßt). Um Bruchgefahr infolge Kerbwirkung zu vermeiden, werden Pleuel schnellaufender Motoren auf der ganzen Oberfläche geglättet, z.T. sogar verchromt.

Beanspruchung

❑ Druck und Knickung durch den Verbrennungsdruck,
❑ Zug durch die Massenkräfte der Kolben.

Pleuel bestehen aus

❑ dem Pleuelkopf (Kolbenbolzenaufnahme),
❑ dem Pleuelfuß (Kurbelzapfenaufnahme); der Pleuelfuß ist meistens waagerecht geteilt. Bei Lkw-Dieselmotoren ist er infolge größerer Kräfte wesentlich größer ausgelegt und meistens schräg geteilt, damit die Kolben ohne Kurbelwellenausbau »gezogen« werden können,
❑ dem Pleuelschaft (Verbindung zwischen Pleuelfuß und Pleuelkopf mit oder ohne Ölbohrung).

Dehnschrauben

Dehnschrauben sind formelastische Spezialschrauben. Sie werden dort verwendet, wo schlagartige Belastungen auftreten, z.B. beim Pleuel. Ihr Schaftdurchmesser ist kleiner als der Gewindedurchmesser, ausgenommen die Stelle, die beide Teile des Pleuels zentrieren soll.

Dehnschrauben sind grundsätzlich nach Herstellerangaben zu prüfen, zu erneuern und mit dem vorgeschriebenen Drehmoment bzw. Drehwinkel anzuziehen.

Crackpleuel

Der Pleuelfuß wird nicht mehr wie bisher durch Schneiden getrennt, sondern bei Raumtemperatur gecrackt = bruchgetrennt (Bild 2.38). Die Werkstoffe Temperguß und Kugelgraphitguß eignen

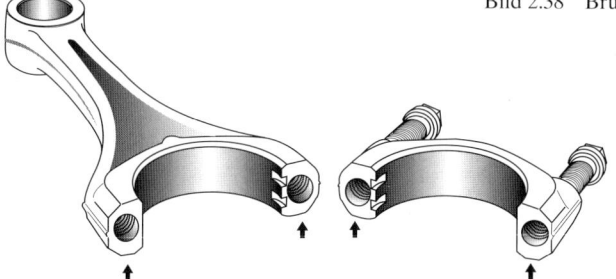

sich dafür am besten. Gecrackte Pleuel gibt es für Pkw und Lkw. Sie können waagerecht oder schräg geteilt sein (Bild 2.39). Die Trennung erfolgt an den Sollbruchstellen (Kerben) auf hydraulisch-mechanischem Weg. Dazu werden in die Bohrung Halbschalen mit einem Keil eingesetzt.

Durch die Struktur der Bruchstelle ergibt sich ein Verzahnungseffekt mit exakter, vertauschsicherer Paßgenauigkeit und hoher Querstabilität. Sie übernimmt beim schräg geteilten Pleuel die Funktion der Verzahnung (Bild 2.40). Die bisherige Zentrierung durch die Pleuelschrauben entfällt.

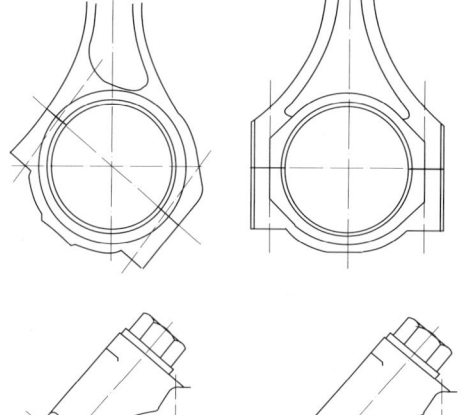

Bild 2.39   Crackpleuel mit schräger und waagerechter Teilung

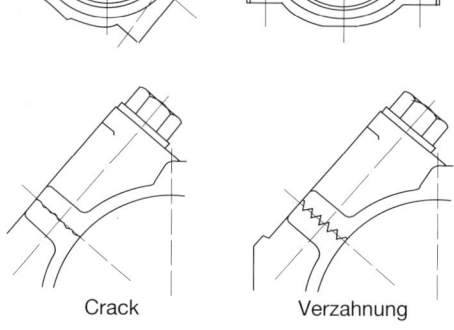

Crack   Verzahnung

Bild 2.40   Beim schräg geteilten Crackpleuel übernehmen die bruchgetrennten Flächen die Aufgabe der Verzahnung (hohe Querstabilität).

2.1.4   Kolben

Kolben sind als der bewegliche Teil des Verbrennungsraumes sehr hohen mechanischen wie thermischen Belastungen ausgesetzt.

So wird z.B. jeder Kolben eines Pkw-Ottomotors bei einer Drehzahl von 6000 min^{-1} in einer Sekunde 50mal mit einer Kraft von mehreren *Tonnen* belastet, wobei die Temperatur bei Vollast in der Kolbenmitte bis auf 350 °C ansteigt.

Die Verbrennungswärme bewirkt eine Ausdehnung des Kolbens, die zum «Fressen» führen kann. Da die Wärmedehnung im Kolben unterschiedlich ist, wird dies bei der Formgebung entsprechend der Temperaturkurve berücksichtigt.

Kalte Kolben sind von oben nach unten ballig und an den Bolzenaugen oval (bis zu $^4/_{10}$ mm).

Betriebswarme Kolben sind bei Vollast zylindrisch und rund. Der Einbaudurchmesser wird bei Raumtemperatur und unbeschichtetem Kolben quer zur Bolzenachse, meistens 20 bis 30 mm oberhalb der Kolbenunterkante, gemessen.

Anforderungen an Kolben

❑ geringes Gewicht, damit die Zugbelastung der Pleuel nicht zu groß ist,
❑ gute Gleiteigenschaften, damit die Reibverluste gering sind,
❑ große Verschleißfestigkeit zwecks langer Lebensdauer,
❑ große Festigkeit und Härte, um große Motorleistungen zu ermöglichen,
❑ eine Wärmedehnung, die möglichst der des Motorblocks entspricht, um kleine Laufspiele zu ermöglichen (Laufruhe).

Kolben müssen den Verbrennungsdruck aufnehmen und die aus Druck × Fläche resultierende Kraft mit Hilfe der Kurbelwelle in mechanische Arbeit umwandeln. Sie geben dabei die aufgenommene Verbrennungswärme z.T. an das Öl ab.

Der **Kolbenschaft** soll

❑ den Kolben im Zylinder führen,
❑ den seitlichen Druck zwischen 800 und 1000 kg, bei klopfender Verbrennung bis zu 1200 kg, aufnehmen und
❑ den Ölfilm regulieren.

Der Kolbenschaft kann beschichtet sein, und zwar verzinnt, verbleit oder graphitiert. Die Beschichtung verkürzt die Einlaufzeit und bietet bei kurzzeitiger Mangelschmierung Notlaufeigenschaften.

Der **Kolbenboden** kann

❑ glatt oder gewölbt sein,
❑ eine Mulde oder eine vielgestaltige Oberfläche haben.

Die Gestaltung des Kolbenbodens richtet sich nach dem Verdichtungsverhältnis und der Brennraumform.

Werkstoff: Kolben bestehen allgemein aus einer Al-Si-Legierung.

Viertaktkolben haben meistens 11 bis 13% Silizium (eutektische Legierung). Höhere Si-Anteile steigern die Festigkeit und verringern die Wärmeausdehnung, erschweren aber die Bearbeitung. In seltenen Fällen sind Si-Anteile bis 25% möglich.

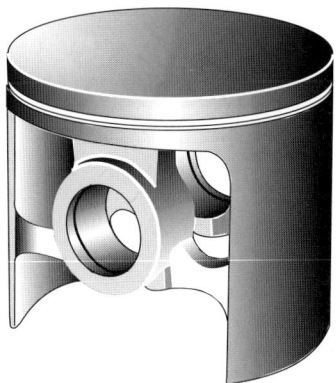

Zweitaktkolben haben einen Si-Anteil von 14 bis 18% (übereutektische Legierung), weil sie durch die Anzahl der Arbeitstakte im Vergleich zu Viertaktkolben thermisch höher belastet und durch Ausschnitte im Kolbenschaft (Bild 2.41) geschwächt sind.

Zweitaktkolben müssen zusätzlich den Gaswechsel steuern, d.h. die Ein- und Auslaßkanäle sowie die Überströmventile freigeben bzw. verdecken. In den Ringnuten befinden sich Stifte, die das Verdrehen der Kolbenringe verhindern sollen. Dies ist nötig, damit die Ringstöße nicht in die Kanäle geraten und abbrechen können.

Fertigung: Kolben können gegossen oder gepreßt sein.

Gegossene Kolben haben auf der Unterseite des Kolbenbodens sichtbare Gußnähte.

Gepreßte Kolben sind auf der Kolbenunterseite glatt. Sie haben infolge Materialverdichtung eine erhöhte Festigkeit und sind verstärkt belastbar. Gepreßte Kolben werden z.B. im Rennsport (über 1000 PS/l) und für Dieselmotoren verwendet.

Kolbenbauarten

Die konstruktive Entwicklung der Al-Si-Kolben hat eine Vielzahl von Bauformen hervorgebracht, von denen die wichtigsten im Kraftfahrzeugmotor verwendeten gezeigt werden sollen. Die Hauptabmessungen des Kolbens sind in Bild 2.42 mit Kurzzeichen gezeigt und folgendermaßen benannt:

D   Kolbendurchmesser
GL Gesamtlänge
KH Kompressionshöhe
UL Untere Länge
St Ringsteghöhe
F   Feuersteghöhe
SL Schaftlänge
BO Bolzenloch-Bohrungsdurchmesser
AA Augenabstand
BL Bolzenlänge

Bild 2.42   Hauptabmessungen von Kolben

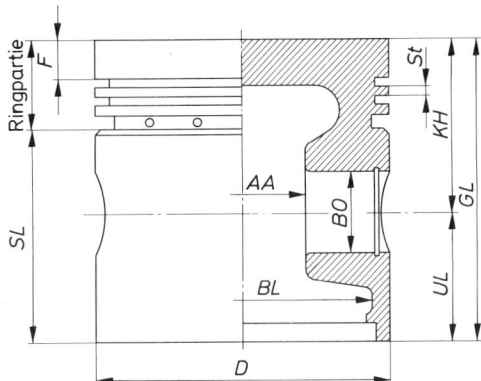

Man unterscheidet:

❐ Kolben *ohne* Regelwirkung (Einmetallkolben),
❐ Kolben *mit* Regelwirkung (Regelkolben).

Einmetallkolben: Da diese Kolben nur aus der Al-Si-Legierung bestehen und keine Stahleinlagen haben, kann die Wärmedehnung nicht geregelt werden. Zwangläufig sind relativ große Kaltlaufspiele erforderlich, um temperaturbedingte «Kolbenfresser» zu verhindern. Diese Kolben werden dort verwendet, wo keine hohen Anforderungen hinsichtlich Geräuscharmut und Ölverbrauch gestellt werden.

Regelkolben: Diese Kolben haben eingegossene Stahleinlagen. Sie verlagern die Wärmedehnung der Kolben von der Druck- und Gegendruckseite zur Kolbenbolzenachse (Bild 2.43). Dies kann durch Querschlitze auf der Druck- und Gegendruckseite unterstützt werden, da sie den Wärmefluß an den unerwünschten Seiten unterbrechen.

Da sich die Kolben durch diese Maßnahmen genauso ausdehnen wie die Zylinder, sind die Laufspiele im Kalt- und Warmzustand gleich und können deshalb klein gehalten werden (0,02 bis 0,04 mm).

Bild 2.43   Prinzip der Regelwirkung

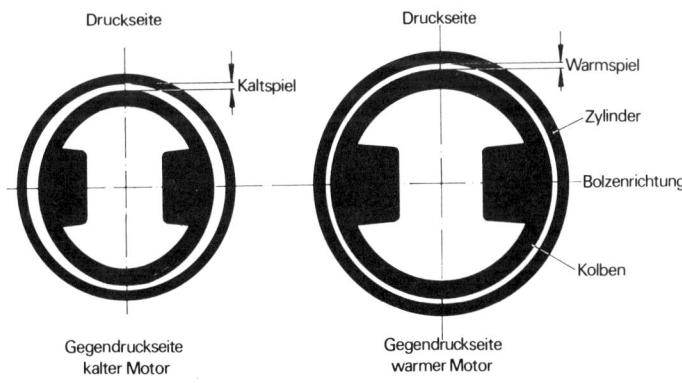

Querschnitt durch Kolben und Zylinder

Regelkolben erfüllen alle Ansprüche hinsichtlich Geräuscharmut, Ölverbrauch und Freß-sicherheit.

> Gepreßte Kolben haben keine Stahleinlagen, da die Positionierung beim Pressen problematisch ist.

Ringstreifenkolben (Bild 2.44): Bei der Herstellung dieses Kolbens wird im oberen Teil des Kolbens ein Stahlring eingegossen (Ringstreifen). Da dieser Stahlring einen geringeren Wärmeausdehnungsbeiwert als der Kolbenwerkstoff hat, steht er nach dem Abkühlen des Kolbens nach dem Gießen unter Vorspannung. Der weniger als der Kolbenwerkstoff schrumpfende Ringstreifen hält das Leichtmetall unter Spannung. Bei der Erwärmung des Kolbens im Betrieb findet so lange keine Wärmedehnung statt, bis die Spannung zwischen Ringstreifen und Kolbenwerkstoff ausgeglichen ist. Steigt die Betriebstemperatur weiter an, hält der eingegossene Ringstreifen das Leichtmetall fest und verhindert so eine übermäßige Wärmedehnung. Im kalten Zustand ist der Kolben oval, bei Erwärmung wird die Ausdehnung des Kolbenwerkstoffs durch den Ringstreifen in Richtung der Kolbenbolzenachse – kleinerer Durchmesser des Kolbens – gelenkt, so daß der Kolben bei Erreichen der Betriebstemperatur zylindrische Form annimmt (siehe hierzu auch Bild 2.43).

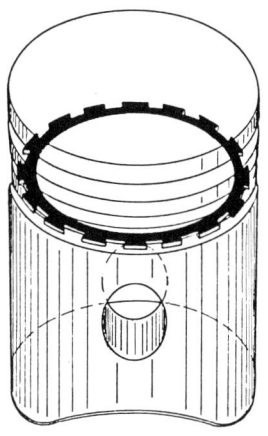

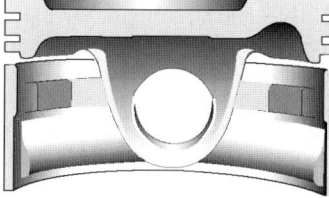

Bild 2.45   Autothermikkolben
(Mahle)

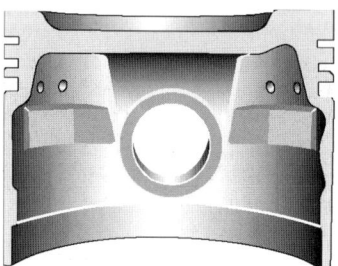

Bild 2.46   Autothermatikkolben
(Mahle)

Bild 2.44   KS-Ringstreifen-
kolben

Bild 2.45 zeigt einen **Autothermikkolben** mit Schlitz zwischen dem Kolbenboden und dem Kolbenschaft. Das Schaftprofil ist nach hydrodynamischen Gesichtspunkten ausgebildet (Hydrothermikkolben).

Der in Bild 2.46 dargestellte **Autothermatikkolben** entspricht prinzipiell dem Autothermikkolben. Seine Festigkeit ist jedoch größer, da er *keinen* Schlitz hat.

Der **Duothermkolben** (Bild 2.47) hat speziell geformte Stahleinlagen, die in der Ölringnut sichtbar aus dem Kolbenschaft austreten.

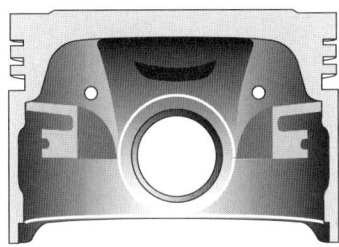

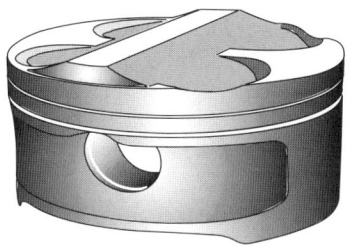

Bild 2.47   Duothermkolben (Mahle)

Bild 2.48   Gepreßter Fensterkolben für einen
Saugmotor (Mahle)

Diese Kolben haben eine hohe Festigkeit und ermöglichen kleinste Einbauspiele bei ausgezeichneten Laufeigenschaften.

Bild 2.48 zeigt einen gepreßten **Fensterkolben** mit zwei Kolbenringen. Die Reduzierung der Reibflächen mindert die Reibverluste. Da der Kolbenbolzen verkürzt und leichter ist, sind auch die auf das Pleuel wirkenden Massenkräfte reduziert.

Bei dem in Bild 2.49 gezeigten **Kastenkolben,** der auch als **Slipperkolben** bekannt ist, sind die Merkmale extremer als beim zuvor beschriebenen Fensterkolben. Dieser Kolben ist für hohe Drehzahlen und damit für eine möglichst hohe Motorleistung gefertigt (Rennsport).

Bild 2.50 zeigt einen Vollschaft-**Ringträgerkolben** für einen Dieselmotor. Der in der ersten Ringnut befindliche Ringträger besteht aus Sonderguß mit Nickelzusatz. Dies gewährleistet bei allen Temperaturen einen festen Sitz, da sich der Ringträger genauso ausdehnt wie der Kolben. Der Ringträger verhindert bei Motoren mit hoher Belastung durch hohe Drücke, hohe Temperaturen und Staub das vorzeitige Ausschlagen der Ringnut und erhöht so die Lebensdauer des Motors entscheidend (ca. 60 %).

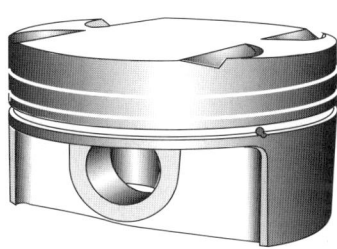

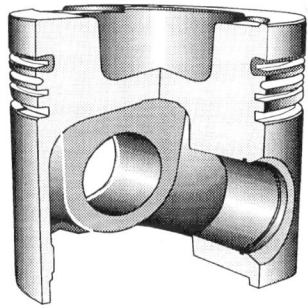

Bild 2.49   Gepreßter Kastenkolben für Formel-
1-Saugmotor (Mahle)

Bild 2.50   Ringträgerkolben (Mahle)

Gekühlte Kolben: Bei sehr hohen thermischen Belastungen werden die Kolben mittels Öl gekühlt. Dabei wird der Kolbenboden z.B. von der Unterseite durch eine Düse im Pleuel (Bild 2.51) angespritzt. Die Kühlung ist noch intensiver, wenn **Kühlkanalkolben** eingebaut sind (Bild 2.52). Kühlkanalkolben haben einen Hohlraum im Kolbenboden mit zwei Bohrungen. Bei laufendem Motor wird durch im Kurbelgehäuse montierte Standdüsen laufend in eine Bohrung Öl eingespritzt, das durch den Shakereffekt des Kolbens den Hohlraum durchfließt und aus der anderen Bohrung wieder austritt.

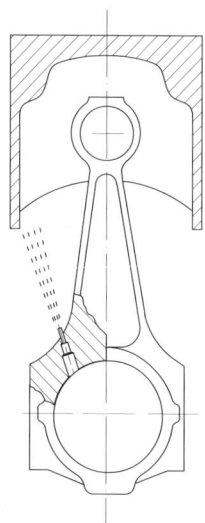

Bild 2.51   Anspritzkühlung
beim Ottomotor (Mahle)

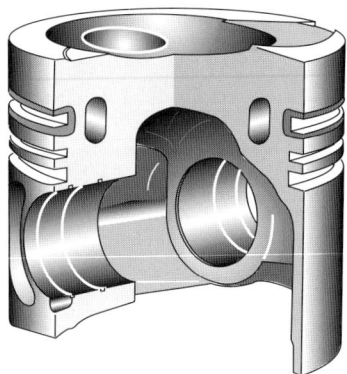

Bild 2.52   Kühlkanalkolben mit
Ringträger (Mahle)

Kolben mit Buchsen in der Nabenbohrung: Die Verwendung von Buchsen ist erforderlich, wenn die Materialfestigkeit des Kolbens im Bolzenbereich infolge extremer thermischer Belastungen abfällt. Durch die Armierung der Nabenbohrungen (Bild 2.53) kann die Belastbarkeit gesteigert werden.

Bild 2.53   Ringträgerkolben mit Bronzebuchsen (Mahle)

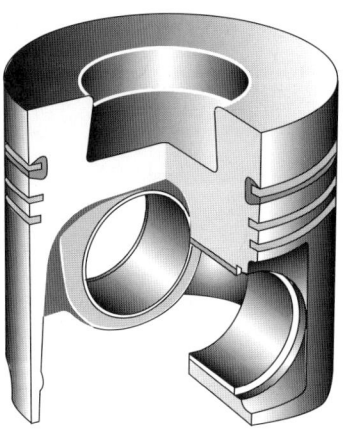

Gebaute Kolben: Während der Kolbenschaft aus einer Al-Si-Legierung gefertigt ist, besteht der Kolbenboden aus Stahl oder Sphäroguß. Der stabilere Kolbenboden ermöglicht Leistungssteigerungen.

Ferrocoat-Kolben
Hier handelt es sich um Aluminium-Silizium-Kolben, deren Kolbenschaft verkupfert, dann mit einer Eisenoxidschicht versehen und anschließend verzinnt wird.

Dieser Aufwand ist notwendig, damit bei Verwendung von Leichtmetall-Zylinderblöcken (Alusil) gute Gleiteigenschaften entstehen.

Das Aluminium wird aus der Zylinderlauffläche herausgeätzt, so daß sich kleine Öltaschen und ein tragendes Netz von Siliziumkristallen ergeben.

Kolbenspiele

Aufgrund der Wärmebelastung des Kolbens ist das Kolbenspiel, über die Gesamtlänge des Kolbens betrachtet, unterschiedlich groß.

Abgesehen von der Ovalität ist der Durchmesser an den wärmsten Stellen des Kolbens am kleinsten (das Kolbenspiel am größten), an den kältesten Stellen des Kolbens ist der Durchmesser am größten (das Kolbenspiel am kleinsten). Um die Schmierkeilbildung zwischen Kolben und Zylinder sicherzustellen, ist der Kolben am unteren Schaftende im Durchmesser etwas kleiner als darüber. Vereinfacht kann man sagen, daß der Kolben über seine Gesamtlänge leicht ballig ist.

Die Kolbeneinbauspiele von Kraftfahrzeugmotoren betragen – abhängig von der jeweiligen Kolbenbauart und der Größe des Zylinderdurchmessers – einige hundertstel Millimeter.

Einbaurichtung von Kolben

In vielen Motoren müssen die Kolben wegen Desachsierung in einer *bestimmten Richtung* zur Motorachse (Mittellinie durch die Hauptlager der Kurbelwelle) eingebaut werden. Es ist deshalb darauf zu achten, ob auf dem Kolbenboden ein Hinweis für die Einbaurichtung angegeben ist, z.B. ein Pfeil. Er soll zur Steuerseite des Motors gerichtet sein.

Bei vorliegender Desachsierung ist der Kolbenbolzen um 0,5 bis 1,5 mm aus der Kolbenmitte zur Druckseite des Zylinders, d.h. entgegen Drehrichtung, versetzt (Bild 2.54). Damit ist die in Drehrichtung liegende Kolbenseite schwerer als die Gegenseite. Folglich kann man bei Überprüfung eines demontierten Motors feststellen, daß der senkrecht gestellte Kolben bei stehendem Pleuel in Drehrichtung kippt, sobald man ihn losläßt.

Durch die Desachsierung wechselt der Kolben die Gleitbahn des Zylinders im Zünd-OT-Bereich, bevor der hohe Verbrennungsdruck wirksam ist.

Vorteil: Infolge des weichen Gleitbahnwechsels werden Motor-Laufgeräusche durch «Kolbenkippen» verhindert.

Bild 2.54 Versetzung des Kolbenbolzens zur Druckseite hin

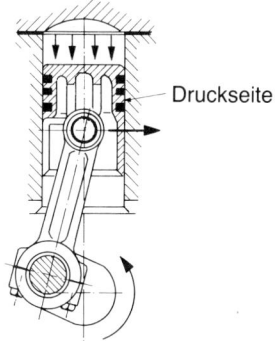

Druckseite

2.1.5 Kolbenringe

Aufgabe der Kolbenringe ist:

❐ den Verbrennungsraum gegen den Triebwerksraum abzudichten, also das Durchblasen von
   Luft und Verbrennungsgasen zu verhindern;
❐ einen Teil der bei der Verbrennung entstehenden Wärme zum Zylinder abzuleiten;
❐ den Ölverbrauch zu regeln, d.h. überschüssiges Öl abzustreifen und in die Ölwanne zurückzuführen.

Die ersten beiden Aufgaben fallen den Verdichtungsringen, die letzte Aufgabe den *Ölabstreif-
ringen* zu.

Mit steigenden Motordrehzahlen wurde die axiale Höhe der Ringe verringert, um etwaiger
Flatterneigung besser begegnen zu können.

Formen und Abmessungen

Verdichtungsringe haben meist eine axiale Höhe von 1,5 bis 4 mm, die radiale Wandstärke beträgt
in der Regel $^1/_{22}$ bis $^1/_{25}$ des Zylinderdurchmessers.

Die Abmessungen axiale Höhe und radiale Wandstärke zeigt Bild 2.55. Zur Erzeugung des
Anlagedrucks gegen die Zylinderwand erhalten die Ringe die Form einer offenen Ringfeder. Die
Stoßöffnung (meist gerade, manchmal noch unter 45° zur Längsachse schräg geschnitten) ist zur
Erzeugung der Federkraft im ungespannten Zustand auf 0,10 bis 0,15 D (D = Zylinderdurchmes-
ser) aufgespreizt. Im geschlossenen Zustand muß sie so bemessen werden, daß infolge der Wärmeausdehnung kein Klemmen eintritt. Unter den Verdichtungsringen wird meist ein Ölabstreifring (manchmal ein zweiter darunter oder am Schaftende) angeordnet. Die radiale Wandstärke
und die Spreizung werden ähnlich wie bei den Verdichtungsringen gehalten. Die Höhe ist dagegen meist größer (4 bis 7 mm). *Verschiedene Kolbenringformen zeigt Bild 2.56.*

Verdichtungsringe sowie Ölabstreifringe, die in bestimmter Einbaulage eingebaut werden
müssen, sind mit dem Aufdruck «Top» (oben) versehen.

Der Aufdruck *«Top»* zeigt bei *richtigem Einbau der Ringe* stets in *Richtung Kolbenboden.*

Die grundsätzliche Wirkungsweise des Ölabstreifrings ist in Bild 2.57a zu sehen. Das von der
Zylinderwandung abgestreifte Öl tritt von der Rille (R) des Ölrings durch gefräste Schlitze oder
Bohrungen (S) in den Nutengrund (N) des Kolbens und von dort durch die Rückführungsöff-
nungen (L) in den Innenraum des Kolbens. Von hier tropft das Öl in die Ölwanne.

Die Bilder 2.57b und c zeigen zwei Ausführungen, die dann verwendet werden, wenn sich aufgrund niedriger Kolbenbauhöhe kein spezieller Ölabstreifring verwenden läßt.

Werkstoffe und Herstellung

Kolbenringe werden – abgesehen von Stahlringen für Höchstleistungsmotoren – meist im Einzel-
gußverfahren aus phosphorlegiertem feinkörnigem Grauguß gefertigt.

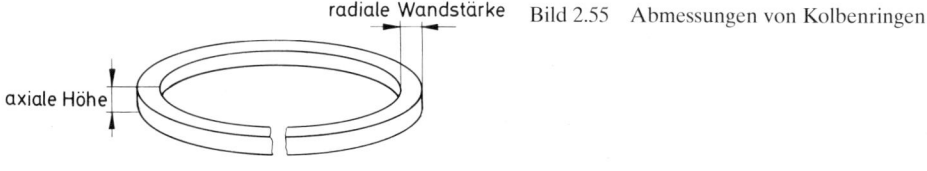

radiale Wandstärke   Bild 2.55 Abmessungen von Kolbenringen

axiale Höhe

Bild 2.56 Kolbenringarten

Verdichtungsringe und Ölabstreifringe

Der Rechteckring	**R**	ist bei Motoren von geringer Beanspruchung von ausreichender Abdichtfähigkeit
Der Rechteckring mit grobem Vorschub	**RV**	erhöht die Schmierfähigkeit im oberen Zylinderbereich und läuft rasch ein
Der Rechteckring mit Ölhalterillen	**RO**	erhöht die Schmierfähigkeit im oberen Zylinderbereich auch über lange Laufzeit und schützt vor Freßangriffen
Der Minutenring	**M**	benötigt durch seine konische Lauffläche kurzere Einlaufzeit und bewirkt damit eine raschere Abdichtung Top-Kennzeichen muß zum Kolbenboden zeigen
Der einseitige Trapezring	**ET**	verhindert das Verkoken und Festgehen des Rings, speziell bei Diesel-Motoren Top-Kennzeichen muß zum Kolbenboden zeigen
Der (Doppel-) Trapezring	**T**	verhindert das Verkoken und Festgehen des Rings bei hohen Temperaturen in der Ringzone, speziell bei Hochleistungs-Diesel-Motoren
Der L-Ring	**L**	läßt Verbrennungsgase hinter die senkrechte Flanke dringen, wodurch eine erhebliche Erhöhung des Anpreßdruckes an die Zylinderlaufbahn eintritt Top-Kennzeichen muß zum Kolbenboden zeigen

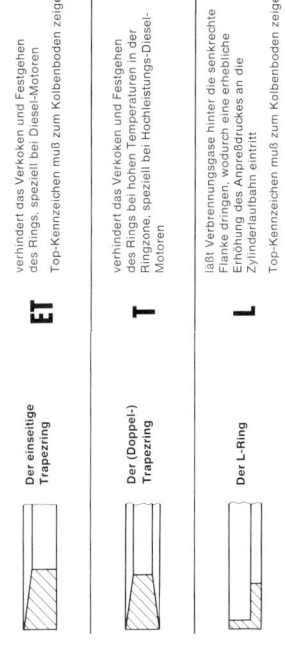

Der Nasenring	**N**	besitzt durch seine eingedrehte Nase neben der Abdichtungsaufgabe auch eine Ölabstreifwirkung Top-Kennzeichen muß zum Kolbenboden zeigen
Der Nasen-Minutenring	**NM**	beschleunigt durch seine zusätzliche konische Lauffläche den Einlaufvorgang und erzielt erhöhte Ölabstreifwirkung Top-Kennzeichen muß zum Kolbenboden zeigen
Der Ölschlitzring	**S**	sorgt bei niedrig belasteten Motoren gegen unzulässigen Öldurchtritt in den Verbrennungsraum
Der Dachfasenring	**D**	beschleunigt den Einlaufvorgang und verstärkt die Ölabstreifwirkung
Der Gleichfasenring	**G**	erhöht die Ölabstreifwirkung durch scharfe Abstreifkanten Top-Kennzeichen muß zum Kolbenboden zeigen
Der Paßform-Ölring	**PSF**	ist ein Guß-Ölschlitzring mit oben und unten angebrachten Stahllamellenringen und dahinter liegender Expanderfeder. Für Reparaturfälle in verschlissenen Zylindern geeignet
Der Dachfasenring mit Schlauchfeder	**DSF**	enthält eine in sich selbst abgestützte Feder zur Erhöhung des Anpreßdrucks und damit besserer Regulierung des Ölverbrauchs
Der Ölschlitzring mit U-Flexfeder	**SUF**	bewirkt durch die eingebetteten Spezialfedern einen verstärkten Anpreßdruck und besitzt damit eine ausgezeichnete Abstreifwirkung
Der dreiteilige Stahl-Ölring	**3 S**	mit Distanzfeder drückt die Stahllamellen an die Zylinderwand und an die Ringnutenflanken, wodurch der Schubölverbrauch verringert wird

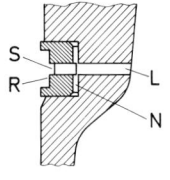 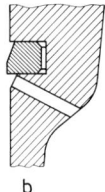 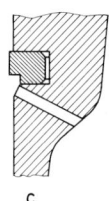

Bild 2.57 Wirkungsweise des Ölabstreifrings

a   b   c

Durch Vorgießen und Kopierdrehen der vom Kreis abweichenden «Unrundform» des ungespannten Rings und nachträgliches Ausschneiden der Spreizöffnung erhält man die wärmebe-
ständige und formgenaue «Naturspannung». Das Betriebsverhalten der Kolbenringe hängt stark
von der Bearbeitungsgüte ab. Die äußere Mantelfläche wird feingedreht (raschere Abdichtung
durch Einlaufen als nach dem Schleifen), die Planflächen werden feingeschliffen und geläppt.

Um den Verschleiß der Kolbenringe zu verringern, den Einlaufvorgang zu beschleunigen und
dem Entstehen von Brandflecken vorzubeugen, werden viele Kolbenringe *oberflächenbehandelt.*

Beispiel

❐ phosphatiert, verzinnt, verkupfert, ferroxidiert, verchromt und geläppt.
❐ Die Laufflächen können auch mit Molybdän gefüllt oder beschichtet sein.

Stoßspiel und Höhenspiel

Die Stoß- und Höhenspiele der Kolbenringe müssen stimmen, denn zu geringe Spiele können
zum Bruch und zu Funktionsstörungen führen. Zu große Spiele sind z.B. die Ursache für den
überhöhten Ölverbrauch eines Motors.

Die Größe des Stoßspiels (Bild 2.58) wächst mit dem Durchmesser des Kolbens. Es liegt bei
Pkw-Motoren zwischen 0,3 bis 0,6 mm. Das Höhenspiel in der Ringnut beträgt dabei z.B. 0,06 bis
0,09 mm.

Zum *Messen des Stoßspiels* wird der Kolbenring in den Zylinder eingesetzt, dann durch Ein-
führen des Kolbens soweit im Zylinder verschoben, bis er *genau senkrecht zur Zylinderwand* sitzt.

Das Abnehmen und Aufsetzen des Rings auf den Kolben erfolgt mit Spezialzangen, um die
Spannung des Rings möglichst wenig zu beeinträchtigen. Jedes unnötige Auf- und Abziehen der
Ringe sollte vermieden werden, da durch übermäßiges Spreizen bleibende Verformung verur-
sacht und damit die Abdichtwirkung des Rings nachteilig beeinflußt wird.

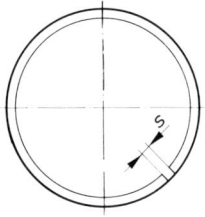

Bild 2.58 Stoßspiel von Kolbenringen (s)

Einbau der Kolben in die Zylinder: Die Kolbenringe werden vor dem Einbau der Kolben in die Zylinder so gedreht, daß die Ringstöße gleichmäßig gegeneinander versetzt sind.

Beispiel
Die drei Ringe eines Kolbens werden so gedreht, daß die Stöße unter einem Winkel von 120° zueinanderliegen. Dabei geht man üblicherweise von der – meist vom Motorhersteller vorgeschriebenen – Lage des *Ringstoßes des Ölabstreifrings* aus.

Das Einsetzen der so vorbereiteten Kolben in die Zylinder erfolgt mit Kolbenring-Spannvorrichtungen, keinesfalls mit Hilfe von Schraubendrehern o. dgl. Nur so wird vermieden, daß beim Einbau evtl. ein Kolbenring bricht, was in eingebautem Zustand des Kolbens nicht mehr feststellbar ist.

2.1.6   Kolbenbolzen

Kolbenbolzen werden besonders stark auf Biegung beansprucht. Da das verhältnismäßig langsame Hinundher-Gleiten in den Lagerflächen des Kolbens und der Pleuelstange unter hohen Drücken bei magerer Schmierung erfolgt, muß die Oberfläche hart und verschleißfest sein.

Die meisten Kolbenbolzen werden aus Stählen hergestellt, die ohne oder nur mit geringen Legierungszusätzen auf die erforderliche Festigkeit vergütet werden können, ohne zu verspröden. Die nötige Oberflächenhärte wird durch Einsatzhärten oder Nitrieren erzeugt. Gehärtete Oberflächenschichten mäßiger Dicke erhöhen durch die in ihnen herrschende Druckspannung die Dauerfestigkeit der Bolzen beträchtlich, vermindern sie jedoch, wenn der Anteil der Einsatzschicht etwa 30% des Gesamtquerschnitts übersteigt. Einsatzhärtung bedingt daher eine bestimmte Mindestwanddicke.

Hohe Glätte der Außenfläche, die man durch Feinschliff und nachfolgendes Läppen erzeugt, ist ebenso unerläßlich wie genaue Rundheit, gleichmäßige Wanddicke und saubere Bohrung. Sofern die Bolzen nicht durch Klemm- oder Schrumpfverbindung im Pleuel festgehalten werden, müssen sie durch andere Sicherungen am Anlaufen an der Zylinderwand gehindert werden. Dazu dienen meist federnde Ringe in Rillen am Außenende der Bolzenbohrungen im Kolben. Es werden Drahtringe oder Seegerringe verwendet.

2.1.7   Schwungscheibe

Aufgaben der Schwungscheibe sind:

❐ Leertakte zwischen zwei aufeinanderfolgenden Arbeitstakten überwinden,
❐ Verringerung der Drehzahlschwankungen des Motors (Ungleichförmigkeit),
❐ Aufnahme der Kupplung,
❐ Kraftabgabe des Motors an die Kupplung,
❐ Aufnahme des Zahnkranzes, in den beim Starten des Motors das Starterritzel eingreift.

Gewicht und Durchmesser der Schwungscheibe werden durch folgende Faktoren bedingt:

1. Zylinderzahl und
2. Drehzahl des Motors.

Zu 1. Beim Einzylinder-Viertaktmotor folgen auf einen Arbeitstakt (halbe Kurbelwellendrehung) eineinhalb Leerdrehungen der Kurbelwelle (Zündabstand beim Einzylindermotor: 720°). Daher erfordern Einzylindermotoren die größten und schwersten Schwungscheiben.

Je größer die Zylinderzahl des Motors, um so kleiner wird der Zündabstand. Dementsprechend werden die Schwungscheiben mit zunehmender Zylinderzahl kleiner und leichter (siehe auch Absatz *Zündabstand* auf Seite 43).

Zu 2. Langsamlaufende Motoren erfordern große, schwere Schwungscheiben, da die Zeitspanne zwischen den einzelnen Arbeitstakten, die durch gespeicherte Drehenergie überwunden werden muß, groß ist.

Schnellaufende Motoren kommen dementsprechend mit kleineren und leichteren Schwungscheiben aus.

Motoren mit großen, schweren Schwungscheiben setzen jeder Drehzahländerung große Trägheit entgegen. Kraftfahrzeugmotoren werden daher mit kleinen, leichten Schwungscheiben ausgerüstet. Das ermöglicht sowohl rasches Beschleunigen als auch schnellen Drehzahlabfall beim Schalten.

2.1.8   Zylinder

Der Zylinder dient der Führung des Kolbens sowie der Ableitung der Wärme an das Kühlmittel. Durch geeignete Werkstoffwahl wird der Verschleiß von Zylinder, Kolbenringen und Kolben bei guten Gleiteigenschaften gering gehalten.

Allgemein unterscheidet man

❐ Zylinder aus Grauguß und
❐ Zylinder aus Leichtmetall.

Graugußzylinder: Der Graphitgehalt ermöglicht gute Gleiteigenschaften, auch bei vorübergehend mangelhafter Schmierung. Die Zylinder werden häufig als Laufbuchsen in den Motorblock eingesetzt. Man unterscheidet

❐ trockene Laufbuchsen und
❐ nasse Laufbuchsen.

Trockene Laufbuchsen sind dünnwandige Laufbuchsen, meist aus verschleißfestem Sondergrauguß mit Phosphorzusatz im Schleudergußverfahren hergestellt; sie werden in entsprechenden Bohrungen des Zylinderblocks eingepreßt (siehe auch Abschnitt 2.9.2).

Nasse Laufbuchsen sind in der Wandung wesentlich dicker als trockene Buchsen. Unter Verwendung von Dichtelementen (Gummi- oder Weichmetalldichtringe) werden sie in den Motorblock eingesetzt. Da sie unmittelbar vom Kühlwasser umgeben sind, ist eine sehr gute Wärmeableitung gewährleistet (siehe auch Abschnitt 2.9.2).

Leichtmetallzylinder: Einzelne Zylinder und ganze Motorblöcke werden zunehmend aus Leichtmetall (Al-Si-Legierung) gefertigt.

Vorteile sind:

- ❐ das geringe Gewicht (Kraftstoffersparnis),
- ❐ die dreimal bessere Wärmeleitfähigkeit gegenüber Grauguß (Leistungssteigerung bei reduzierter Klopfneigung).

Da Leichtmetallegierungen als Lauffläche für den Kolben nicht ohne weiteres verwendbar sind, müssen die Leichtmetallzylinder mit einer besonderen Kolbenlauffläche versehen werden.
In der Praxis werden folgende Ausführungen verwendet:

- ❐ Nikasil-Zylinder: Leichtmetallzylinder mit einer von Mahle entwickelten galvanischen Beschichtung. Eine Nickelschicht dient als Lauffläche, in die Siliziumkarbidteilchen von einer Größe kleiner als 3 µm gleichmäßig verteilt eingebettet sind.
  Anwendung: Vom kleinsten Modellmotor bis zum größten Zylinder für Großmotoren.
- ❐ Cromal-Zylinder: Ein Leichtmetallzylinder mit einer galvanisch aufgebrachten Hartchromschicht.
  Anwendung: Vorwiegend bei Motorrad-Zweitaktmotoren.
- ❐ Silumal-Zylinder: Der nicht beschichtete Aluminiumzylinder wird mit einem Kolben gepaart, der mit einer dünnen Chrom- oder Eisenschicht versehen ist.
- ❐ Ferral-Zylinder: Eine dünn aufgespritzte Molybdän-Eisen-Schicht in Leichtmetallzylindern ergibt eine Laufschicht mit günstiger Ölhaftung.
- ❐ Verbundgußzylinder: Eine Grauguß- oder Stahlbuchse ist von einem Leichtmetallrippenmantel umgeben. Der Verbundgußzylinder hat durch den Nikasil-Zylinder etwas an Bedeutung verloren.

Die erforderliche Haftung und Verteilung des Schmierölfilms auf der Hartchromschicht von Leichtmetallzylindern läßt sich auf dreierlei Art erzielen:

Randrieren: Vor dem Verchromen werden mechanisch eine Vielzahl von Vertiefungen eingedrückt, die nach dem Honen der verchromten Lauffläche Öltaschen für den Schmierfilm ergeben.

Porös verchromen: Durch ein feines Netzwerk von Kanälen und Vertiefungen in der Chromschicht wird die Ausbildung eines Schmierfilms begünstigt.

Honen: Durch besondere Honverfahren wird auf der Hartchrom-Zylinderlauffläche eine ausgezeichnete Ölhaftung erzielt.

Die richtig ausgebildete Chromlauffläche ergibt einen ausgezeichneten Laufpartner für die Kolben und die Kolbenringe. Die Härte und die chemische Widerstandsfähigkeit der Chromschicht führen zu niedrigen Verschleißwerten für Zylinder und Kolbenringe und damit zu langer Lebensdauer.

2.1.9   Zylinderkopf

Der Zylinderkopf nimmt die Ein- und Auslaßventile, die Nockenwelle(n), die Zünd- oder Glühkerzen, die Einspritzventile oder Einspritzdüsen auf. Er wird bei richtig eingelegter Kopfdichtung mit dem Zylinderblock nach Angaben des Herstellers verschraubt.

Bei verschiedenen Ausführungen hat jeder Zylinder einen separaten Zylinderkopf. Meistens haben die Zylinder einer Reihe jedoch einen gemeinsamen Zylinderkopf, z.B. beim Vier- oder Sechszylinder-Reihenmotor.

Luftgekühlte Zylinderköpfe haben Kühlrippen, deren Größe den Grad der Wärmeableitung an die atmosphärische Luft bestimmt.

Flüssigkeitsgekühlte Zylinderköpfe haben Kühlkanäle, um die anfallende Wärme an die Kühlflüssigkeit abgeben zu können.

Die aktuellen Zylinderköpfe bestehen aus einer Alu-Legierung. Sie sind im Gegensatz zu den bisherigen Graugußköpfen leichter und leiten die Wärme bis zu dreimal schneller ab.

Die Abgaskanäle können mit Keramikeinsätzen (Portliner) bestückt sein. Sie mindern die Aufheizung der Zylinderköpfe (Bild 2.59) und ermöglichen eine Reduzierung der Schadstoffe im Abgas durch schnellere Aufheizung und Aktivierung des Katalysators.

2.2   Ventiltrieb

Der Ventiltrieb dient der *Steuerung des Gaswechsels*. Gaswechsel bedeutet: *Einlassen* der Kraftstoff-Luft-Gemisches bzw. nur der Luft *in* den Arbeitsraum des Motors und *Auslassen* der verbrannten Gase *aus* dem Arbeitsraum des Motors.

Der Ventiltrieb ist für jeden Motortyp so ausgelegt, daß sowohl die Einlaß- als auch die Auslaßventile im jeweils *richtigen Zeitpunkt öffnen* und *schließen*.

Das Öffnen und Schließen der Ventile erfolgt durch die von der Kurbelwelle des Motors angetriebene Nockenwelle. Die *Nockenwelle* läuft mit *halber Kurbelwellendrehzahl*.

2.2.1   Steuerzeiten von Viertaktmotoren

Steuerzeiten geben an, in welcher *Winkelstellung der Kurbelwelle* – ausgehend von den *Totpunktstellungen der Kolben* – die *Ein-* und *Auslaßventile öffnen* und *schließen*.
Die bildliche Darstellung der Steuerzeiten – das *Steuerdiagramm* – eines BMW-Motors zeigt Bild 2.60.

Da der Winkel *Einlaß öffnet vor* OT (Eö) gleich dem Winkel *Auslaß schließt nach* OT (As) ist und der Winkel *Einlaß schließt nach* UT (Es) gleich dem Winkel *Auslaß öffnet vor* UT (Aö) ist, spricht man von einem *symmetrischen Steuerdiagramm*.

Bild 2.61 zeigt ein *asymmetrisches Steuerdiagramm:* Sowohl die Winkel Eö *vor* OT und AS *nach* OT als auch die Winkel Es *nach* UT und Aö *vor* UT sind unterschiedlich.

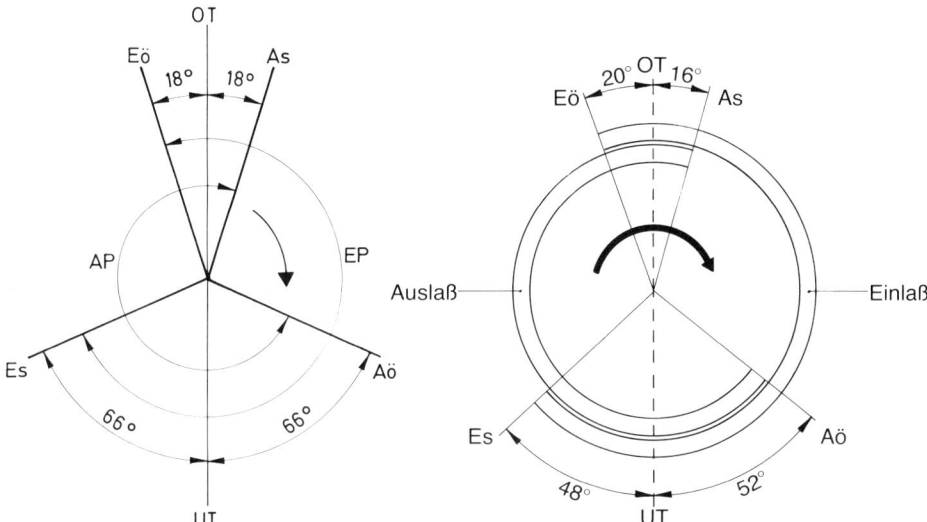

Bild 2.60   Symmetrisches Steuerdiagramm des BMW-Motors 320/320 A (Einlaßperiode 264° = 264°-Nockenwelle)

Bild 2.61   Asymmetrisches Steuerdiagramm des BMW-V-12-Motors (Einlaßperiode 248° = 248°-Nockenwelle)

Der Drehwinkel, den die Kurbelwelle zwischen Einlaß öffnet *vor* OT und Auslaß schließt *nach* OT durchläuft, wird als *Ventilüberschneidung* (Überschneidungswinkel) bezeichnet.
Für die Einhaltung der Steuerzeiten ist es erforderlich:

❐ daß die Markierungen des Nockenwellenrades und der Kurbelwelle (Riemenscheibe bzw. Schwungscheibe) mit den jeweiligen Gehäusemarkierungen übereinstimmen (Herstellerangaben beachten),

❐ daß das *Ventilspiel* den Herstellerangaben entsprechend eingestellt ist.

Anordnung der Nockenwelle im Kurbelgehäuse
Erfolgt der Antrieb der Nockenwelle über *Stirnzahnräder,* so ist die Einstellung verhältnismäßig einfach. Es ist lediglich darauf zu achten, daß die Markierungen an den miteinander in Eingriff befindlichen Zahnrädern passend zueinander stehen.

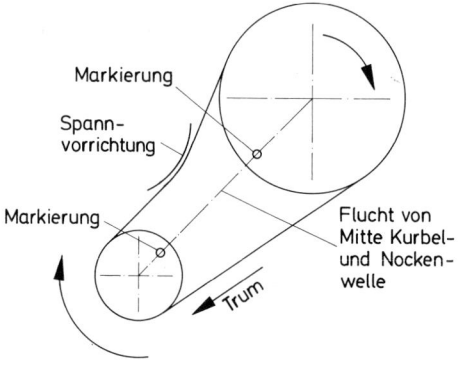

Bild 2.62 Einstellen der im Kurbelgehäuse befindlichen Nockenwelle = untenliegende Nockenwelle (ohv-Motor) zur Kurbelwelle bei Kettenantrieb (schematisch). Die Markierungen auf den Kettenrädern von Kurbel- und Nockenwelle müssen mit den Mitten von Kurbel- und Nockenwelle fluchten. Dabei muß das ziehende Kettentrum (Trum) straff gespannt sein.

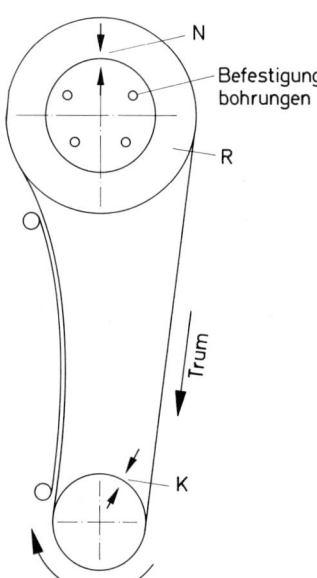

Bild 2.63 Einstellen der im Zylinderkopf befindlichen Nockenwelle = obenliegende Nockenwelle (ohc-Motor) zur Kurbelwelle bei Kettenantrieb (schematisch). Die Kurbelwelle wird in die Stellung gebracht, in der die am Kurbelwellenrad angebrachte Markierung mit der zugehörigen, meist am Motorgehäuse angebrachten Gegenmarke übereinstimmt (K). Die Nockenwelle wird gedreht, bis die Markierungen (N) auf Nockenwelle und Zylinderkopf übereinstimmen. Dann legt man die Kette so auf das lose Rad (R), daß bei gespanntem Trum die Befestigungsbohrungen im Kettenrad (R) mit denen der Nockenwelle übereinstimmen. Anschließend wird das Nockenwellen-Antriebsrad (R) an der Nockenwelle angeflanscht.

Erfolgt der Antrieb der Nockenwelle durch eine Kette, so sind die *Markierungen beider Kettenräder genau in Flucht mit den Mitten von Kurbel- und Nockenwelle* zu bringen, wobei das ziehende Kettentrum straff sein muß (Bild 2.62).

Anordnung der Nockenwelle im Zylinderkopf
Die Markierungen für die Einstellung sind bei den verschiedenen Fabrikaten sehr unterschiedlich, so daß hier nur allgemeingültige Richtlinien gegeben werden können. Bild 2.63 zeigt das Einstellen der obenliegenden, mittels *Kette angetriebenen* Nockenwelle schematisch.

Die Einstellung der durch *Zahnriemen angetriebenen* Nockenwelle erfolgt grundsätzlich genauso. Dabei ist jedoch die zusätzliche Einstellung der Zwischen- oder Hilfswelle zu beachten. Bild 2.64 zeigt die durchzuführenden Einstellarbeiten schematisch.

Bild 2.64 Einstellen der obenliegenden Nockenwelle zur Kurbelwelle bei Zahnriemenantrieb (schematisch). Die Spannrolle wird gelöst. Wie beim Kettenantrieb werden die Markierungen für die Kurbelwelle (K) und die für die Nockenwelle (N) zueinander gestellt. Das Rad der Zwischen- oder Hilfswelle
für den Antrieb von Ölpumpe und Zündverteiler (Z)
dreht man so, daß bei öffnendem Unterbrecher der
Rotor auf Zylinder 1 weist. Dann wird der Zahnriemen aufgeschoben, so daß das ziehende Trum straff
ist. Dabei muß das Rad (Z) evtl. etwas gedreht werden. Als letztes wird die Spannrolle je nach Vorschrift
angelegt.

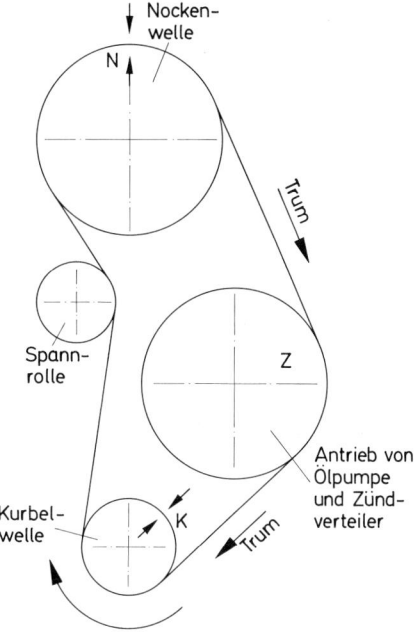

2.2.2 Variable Steuerzeiten

Bei aktuellen Motoren schließt das Einlaßventil erst nach dem unteren Totpunkt des Kolbens.
Obwohl der Kolben sich bereits wieder aufwärts bewegt, wird im oberen Drehzahlbereich infolge
der Gasdynamik ein Nachladeeffekt erreicht. Durch die so verbesserte Zylinderfüllung steigt die
Motorleistung. Bei niedrigen Drehzahlen tritt dieser Effekt nicht ein. Der Kolben schiebt sogar
einen Teil der zuvor angesaugten Frischgase durch das noch geöffnete Einlaßventil zurück, d.h.,
die Zylinderfüllung verschlechtert sich.

Ohne Nockenwellenverstellung hat der Motor feste Steuerzeiten. Sie können nicht für den
gesamten Drehzahlbereich des Motors optimal sein, sind also ein Kompromiß.

Ein Motor, der überwiegend im Teillastbereich gefahren wird, braucht ein hohes Drehmoment
und eine große Elastizität. Dies wird durch kurze Ventilöffnungszeiten und eine kleine Spreizung
– Drehwinkel der Kurbelwelle zwischen den max. Hüben der Auslaß- und Einlaßventile –
erreicht.

Wird eine große Leistung bei höheren Drehzahlen gewünscht, so sind lange Ventilöffnungszeiten, eine große Spreizung und große Ventilquerschnitte erforderlich. Die Nockenwellenverstellung ermöglicht bei laufendem Motor eine bedarfsgerechte Veränderung der Steuerzeiten.

Der Eingriff in die Motorcharakteristik erfolgt meistens nur auf der Einlaßseite. So erzielt man
im unteren und oberen Drehzahlbereich eine Drehmoment- und Leistungssteigerung, wobei das
Leerlaufverhalten, der Benzinverbrauch und die Schadstoffe im Abgas optimiert sind.

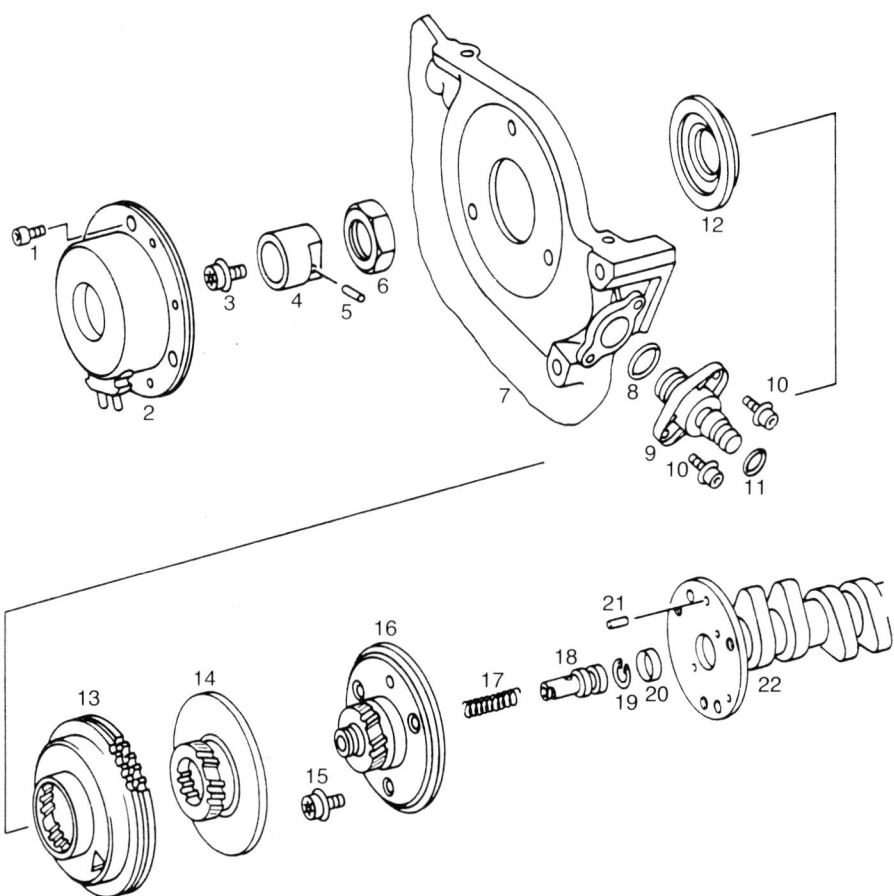

Bild 2.65   Nockenwellenversteller (MB)

1 Schraube M6 × 18
2 Stellmagnet mit 2poligem Stecker
3 Kombischraube M5 × 12, Torx T25
4 Anker
5 Spannhülse 3 × 22 im Anker
6 Mutter M20 × 1,5, SW30
7 Deckel vorn
8 Dichtung
9 Positionsgeber Zündschaltgerät
10 Kombischraube M6 × 16
11 Dichtring
12 Deckel mit Ring
13 Nockenwellenrad mit Positionszeiger
14 Stellkolben
15 Kombischraube M7 × 12, Torx T30
16 Flanschwelle
17 Druckfeder
18 Steuerkolben
19 Sicherungsring 18 × 1
20 Verschlußdeckel A18 Ölbohrung
21 Zylinderstift in Nockenwelle
22 Nockenwelle Einlaß

Phasenverschiebung

Beim *MB 129* ist die Einlaßnockenwelle gegenüber dem Nockenwellenrad um 34° Kurbelwinkel hydraulisch/mechanisch in Richtung «früh» und zurück (also in Richtung «spät») verdrehbar (Bild 2.65).

Bis 2000 min^{-1} ist die Stellung «spät» (Verbesserung des Leerlaufs), über 2000 min^{-1} die Stellung «früh» (Verbesserung des Drehmoments) und über 5000 min^{-1} wieder die Stellung «spät» wirksam (Verbesserung der Leistung).

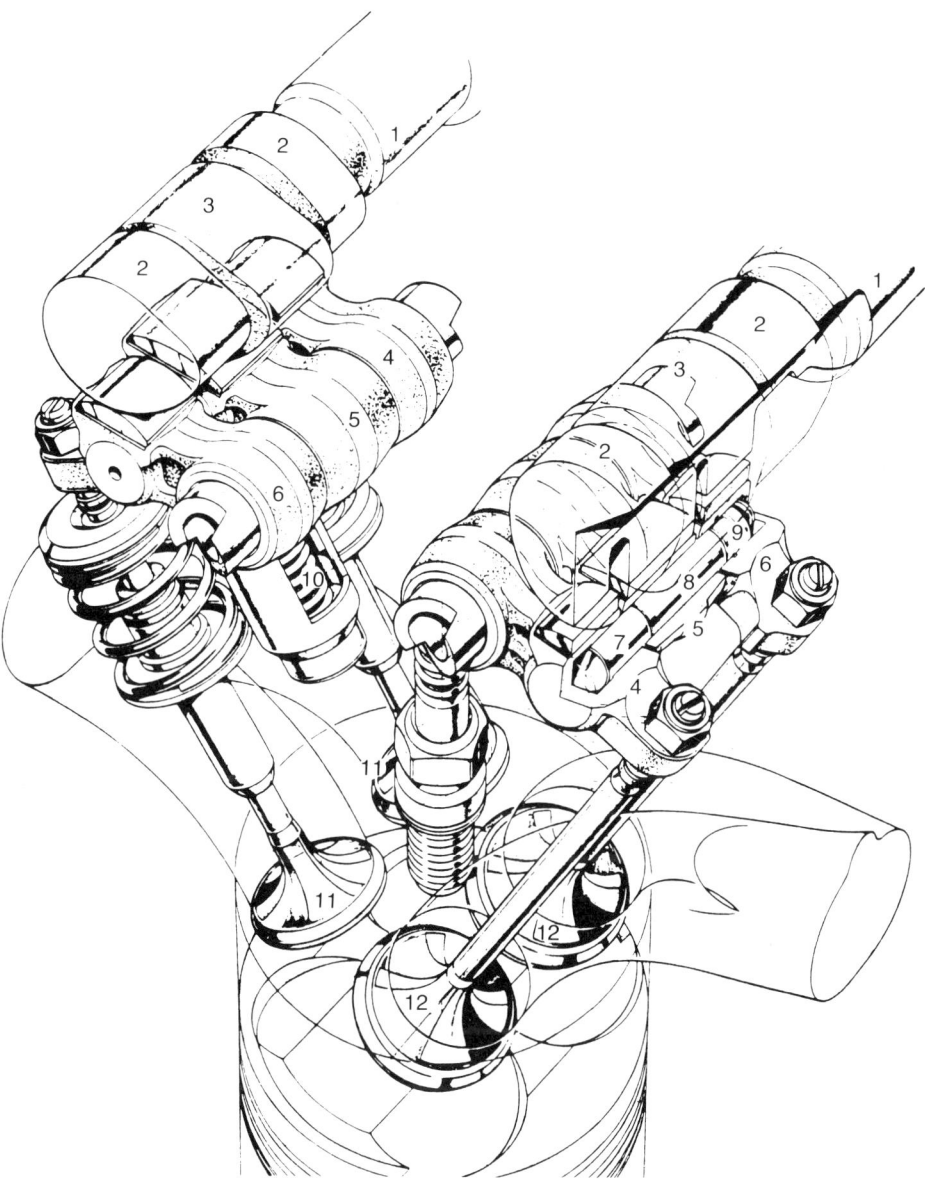

Bild 2.66   Variable Ventilsteuerung (Honda)

1 Nockenwelle
2 Nockenprofil für niedrige Drehzahlen
3 Nockenprofil für hohe Drehzahlen
4 primärer Schwinghebel
5 mittlerer Schwinghebel

6 sekundärer Schwinghebel
7 Sperrschieber A
8 Sperrschieber B
9 Endanschlag mit Rückstellfeder
10 Abstützelement
11 Auslaßventil
12 Einlaßventil

Der für die Verstellung erforderliche Ölzulauf vom Schmiersystem des Motors zum Stellkolben wird durch den Steuerkolben gesteuert. Die Position des Steuerkolbens ist von der Feder und dem elektrisch gesteuerten Stellmagneten abhängig.

Die Verstellung der Nockenwelle erfolgt bei axialer Bewegung des Stellkolbens mit Hilfe von Schrägverzahnungen am Nockenwellenrad, am Stellkolben (Innen- und Außenverzahnung) und an der Flanschwelle, die mit der Nockenwelle verschraubt ist.

Variable Ventilsteuerung (VTEC)

Der *Honda Civic 1,6 Liter DOHC* hat eine variable Ventilsteuerung, die eine Veränderung der Steuerzeiten und des Ventilhubes ermöglicht. Der Motor besitzt zwei obenliegende Nockenwellen, vier Ventile pro Zylinder sowie je drei Nocken und drei Schlepphebel für die Ein- und Auslaßventile (Bild 2.66).

Die für den unteren Drehzahlbereich (bis 5100 min^{-1}) wirksamen Nocken tragen ein «zahmes» Profil (Bild 2.67), d.h., sie bewirken einen kleinen Ventilhub und kurze Ventilöffnungszeiten. Infolge kleiner Durchlaßquerschnitte und kleiner Überschneidungswinkel ergibt sich eine hohe Strömungsgeschwindigkeit des Gemisches, eine optimierte Zylinderfüllung und ein Anstieg des Drehmoments.

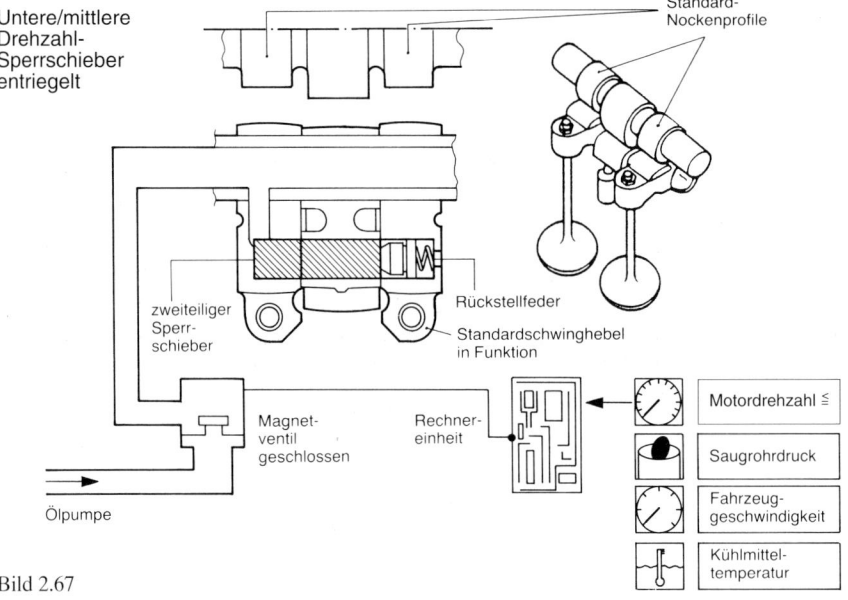

Bild 2.67

Der für den hohen Drehzahlbereich (5100 bis 8000 min^{-1}) zuständige mittlere Nocken trägt ein «scharfes» Profil (Bild 2.68). Infolge großer Ventilhübe und langer Ventilöffnungszeiten ergeben sich große Überschneidungswinkel der Ein- und Auslaßventile, wodurch sich der Gaswechsel und die Motorleistung verbessern.

Im unteren Drehzahlbereich schwingt der mittlere, federbelastete Schlepphebel leer mit.

Die Aktivierung des «scharfen» Profils – gleicher Grundkreis für alle Nocken – erfolgt durch Kopplung der Schlepphebel. Dies geschieht mittels eines zweiteiligen Sperrschiebers durch

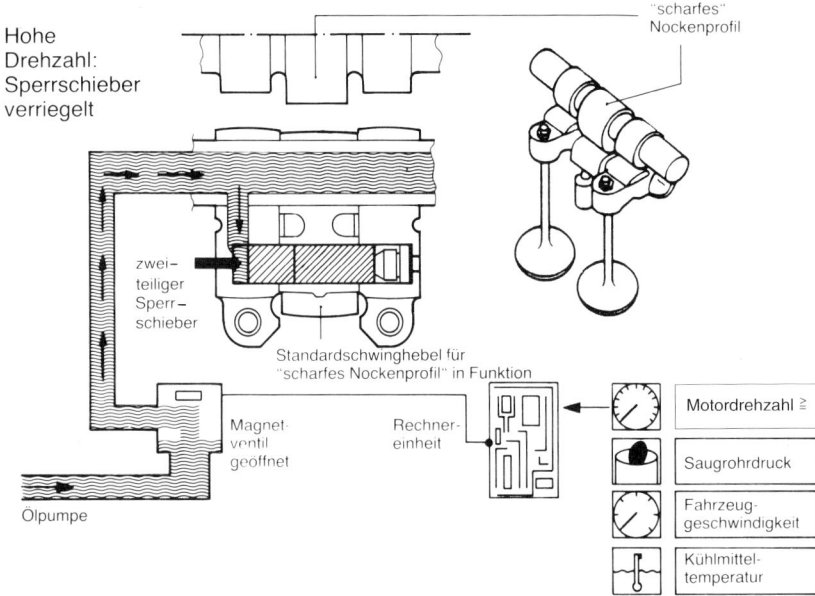

Hohe
Drehzahl:
Sperrschieber
verriegelt

"scharfes"
Nockenprofil

zwei-
teiliger
Sperr-
schieber

Standardschwinghebel für
"scharfes Nockenprofil" in Funktion

Magnet-
ventil
geöffnet

Rechner-
einheit

Ölpumpe

| Motordrehzahl ≧ |
| Saugrohrdruck |
| Fahrzeug-geschwindigkeit |
| Kühlmittel-temperatur |

Bild 2.68

Öldruck gegen Federkraft. Bei Umschaltung auf das «zahme» Profil läuft der Vorgang umgekehrt (Bilder 2.67 und 2.68). Die Steuerung der Kopplung erfolgt per Computer mittels Magnetventil.

Variable Nockenwellenspreizung (VANOS)

Bei BMW wird die Verstellung der Einlaßnockenwelle nicht durch zwei Endstellungen, sondern stufenlos ausgeführt. Dies geschieht mit Hilfe einer von der Auslaßnockenwelle angetriebenen Hochdruckölpumpe (100 bar). Der Öldruck wirkt auf einen Verstellzylinder, der die Zahnwelle verschiebt (Bild 2.69). Während die Zahnwelle mit ihrem gerade verzahnten Ende in die Zahnhülse eintaucht, bewirkt die Schrägverzahnung eine Verdrehung der Nockenwelle gegenüber dem Kettenrad von spät nach früh.

Die Ansteuerung erfolgt durch das VANOS-Steuergerät, und zwar je nach Drehzahlbereich von spät nach früh und umgekehrt. Das Steuergerät erkennt über Postitionsgeber an der Einlaß- und Auslaßnockenwelle die aktuelle Position der Nockenwelle und errechnet aus dem Motordrehzahlsignal und dem Lastsignal (Drosselklappenstellung) die erforderliche Position der Einlaßnockenwelle. Es vergleicht den Istwert mit dem gespeicherten Sollwert und korrigiert die Abweichung.

Vorteile:

❑ Drehmomentanstieg im mittleren Drehzahlbereich bei voller Leistung im oberen Drehzahlbereich,
❑ Reduzierung des Kraftstoffverbrauchs,
❑ schnellere Aufheizung des Katalysators nach dem Kaltstart,
❑ Reduzierung der unverbrannten Restgase,
❑ verbessertes Leerlaufverhalten,
❑ Abregelung der Höchstgeschwindigkeit.

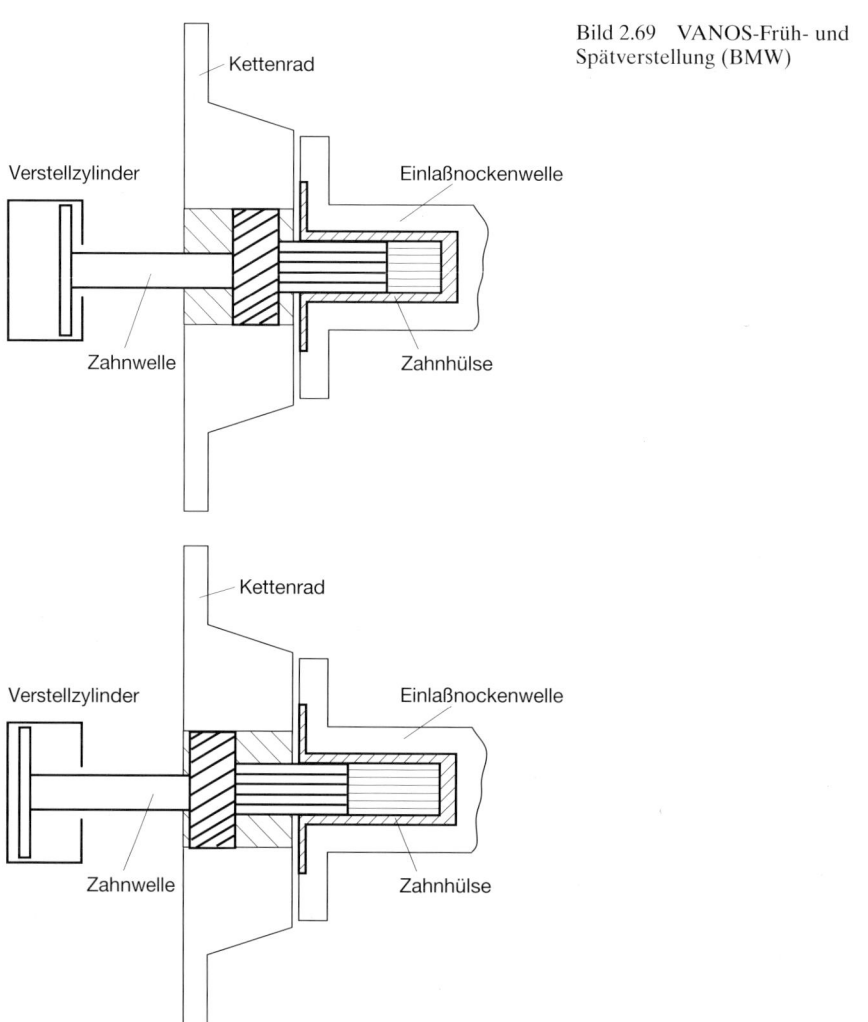

Bild 2.69   VANOS-Früh- und
Spätverstellung (BMW)

Beim Doppel-VANOS (BMW) werden beide Nockenwellen verstellt.

Nockenwellenversteller (Vario Cam)
Bei dem von Audi und Porsche eingesetzten Nockenwellenversteller wird die Einlaßnockenwelle
zur angetriebenen Auslaßnockenwelle und Kurbelwelle durch den Kettenspanner (Bild 2.70) verstellt. Der Kettenspanner hebt oder senkt je nach Drehzahlbereich die Kettenglieder zwischen
den Nockenwellen. Dies geschieht durch den Öldruck des Motors. Dabei werden folgende Parameter mit zwei Endstellungen beeinflußt (Bild 2.71):

Bild 2.70 Nockenwellenverstellung «Vario Cam» (Porsche
und Audi)

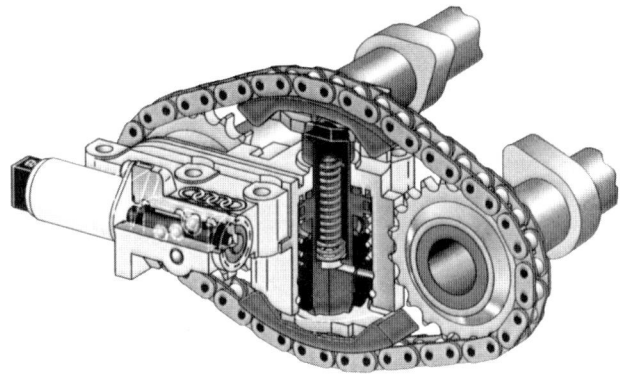

Bild 2.71 Ventilerhebungskurve

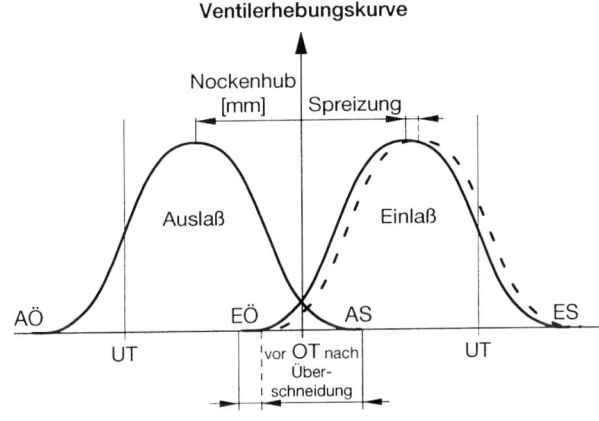

Bild 2.72 Optimierung
des Leistungsverlaufs

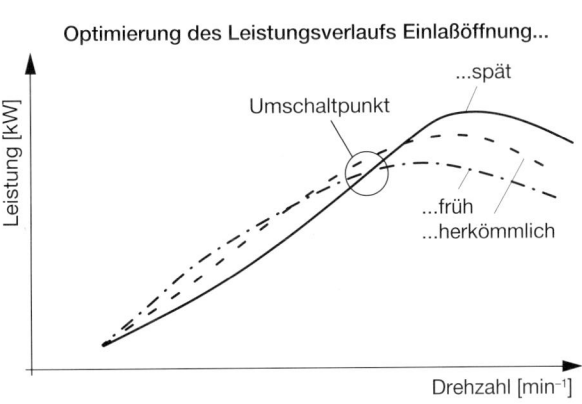

❐ Spreizung (Drehwinkel der Kurbelwelle zwischen den max. Ventilhüben),
❐ Ventilüberschneidung,
❐ Steuerzeiten.

Durch die Umschaltung sind Drehmoment und Leistung über den gesamten Drehzahlbereich optimiert (Bild 2.72). Gleichzeitig werden der Kraftstoffverbrauch und der Schadstoffausstoß reduziert.

2.2.3   Überprüfung der Steuerzeiten

Da die Größe des Ventilspiels Einfluß auf die Steuerzeiten hat, können diese nur unter Berücksichtigung der vom Hersteller angegebenen Meßbedingungen überprüft werden.

So ist z.B. beim MB 190 das für den Fahrbetrieb vorschriftsmäßige Ventilspiel und beim Porsche 928 das Nullspiel (beide Fahrzeuge mit manueller Einstellung) Voraussetzung für die Überprüfung.

Dann setzt man an die Ventilbetätigung eine Meßuhr und an die Riemenscheibe des Motors eine Gradscheibe an. Die Meßuhr ist, während der Taststift die entspannte Ventilbetätigung berührt, auf Null zu stellen. Die Nullmarke der Gradscheibe muß mit der OT-Markierung der Riemenscheibe übereinstimmen.

Jetzt dreht man die Kurbelwelle so lange, bis der vom Hersteller angegebene Ventilhub, z.B. 2 mm beim MB 190 oder 1 mm beim Porsche 928, erreicht ist (Ausschaltung der Spiele), und liest an der Gradscheibe ab, wieviel Grad Kurbelwellenwinkel sich der Kolben *nach* OT befindet oder wie der Hersteller sagt, wieviel Grad *nach* OT das Einlaßventil (2 mm bzw. 1 mm) öffnet. Dreht man die Kurbelwelle weiter, so zeigt sich, wieviel Grad nach UT das Einlaßventil schließt. Die gleiche Methode ist auch bei der Überprüfung der Steuerzeit der Auslaßventile gültig.

Die jeweiligen Werte für die Steuerzeiten sind den Angaben des Herstellers zu entnehmen.

Beim Fiat Uno z.B. ist das Ventilspiel für das Einlaß- und Auslaßventil auf ein Prüfspiel von 0,80 mm einzustellen. Dann sollen sich folgende Steuerzeiten ergeben:

Einlaßventil öffnet bei OT = 0°
schließt 40° nach UT
Auslaßventil öffnet 30° vor UT
schließt 10° vor OT

Steuerung des Viertaktmotors
Nach DIN 1940 gibt es oben- und untengesteuerte Motoren. Die Lage der Nockenwelle bleibt dabei unberücksichtigt.

Obengesteuerte Motoren: Moderne Motoren sind obengesteuert, d.h., sie haben hängende Ventile. Ein *obengesteuerter Motor,* bei dem die Nockenwelle unten im Kurbelgehäuse liegt und die Ventile über Stößel, Stoßstangen und Kipphebel betätigt, wird als *ohv-Motor* bezeichnet (engl. **o**ver **h**ead **v**alves, wörtlich übersetzt: «Überkopf-Ventile»; Bild 2.73).

Motoren, bei denen die Nockenwelle hoch liegt, aber trotzdem über kurze Stößel und Kipphebel die Ventile betätigt, nennt man *hc-Motoren* (engl. **h**igh **c**amshaft = «hohe Nockenwelle»; Bilder 2.74 und 2.75).

Motoren mit über oder zwischen den Ventilen liegenden Nockenwellen werden als *ohc-Motoren* bezeichnet (engl. **o**ver **h**ead **c**amshaft = «Überkopf-Nockenwelle»; Bilder 2.76 bis 2.79).

Bild 2.73   ohv-Motor schematisch.
Die hin und her gehenden Massenkräfte – Stößel und lange Stoßstangen
– sind recht groß. Für sehr hohe
Motordrehzahlen sind diese Motoren
wenig geeignet.

Bild 2.74   hc-Motor schematisch. Die
hin und her gehenden Massenkräfte
sind geringer als beim ohv-Motor.

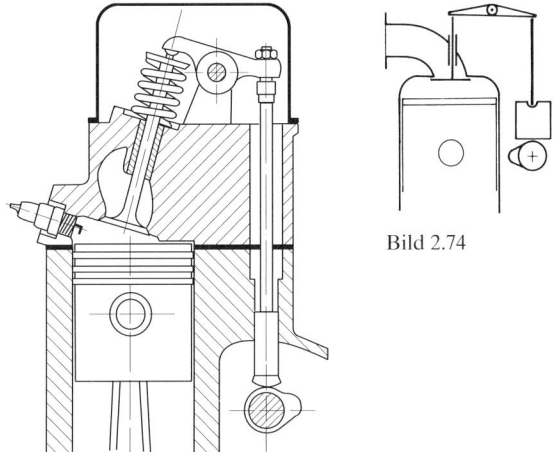

Bild 2.74

Bild 2.75   cih-Motor. Kurze Stößel im Zylinderkopf wirken über Kipphebel auf die Ventile.

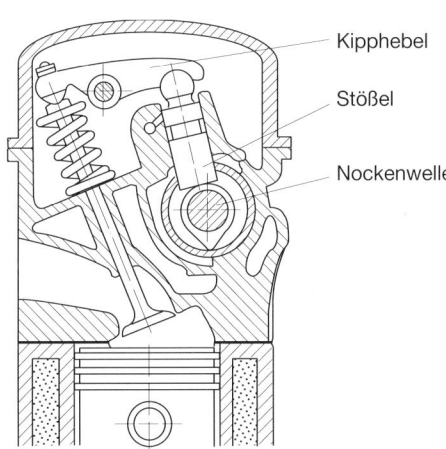

Kipphebel

Stößel

Nockenwelle

Die Zylinderköpfe der Motoren nach den Bildern 2.78 und 2.79 werden als *Querstromzylin-
derköpfe* bezeichnet.

Bei *ohc-Motoren* sind die hin und her gehenden Massenkräfte äußerst gering, so daß ventil-
triebseitig hohe Motordrehzahlen möglich sind.

Die Bilder 2.80 und 2.81 zeigen zwei obengesteuerte Motoren mit im Zylinderkopf angeord-
neter Nockenwelle.

Untengesteuerte Motoren sind Motoren, bei denen die Ventile seitlich stehend neben den Zylindern angeordnet sind. Sie werden als sv-Motoren bezeichnet (side valves, übersetzt: Seitenventile)
und gelangen nur noch bei Stationärmotoren oder in Rasenmähern zur Anwendung (Bild 2.82).
Wechselgesteuerte Motoren sind Motoren, bei denen die Einlaßventile hängend im Zylinderkopf
angeordnet sind, die Auslaßventile hingegen seitlich neben den Zylindern stehen (Bild 2.83).

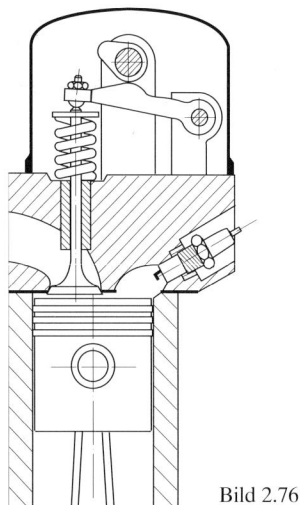

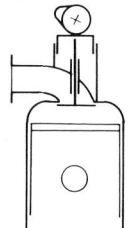

Bild 2.76   ohc-Motor. Die Nocken wirken über Schlepphebel auf die Ventile.

Bild 2.77   ohc-Motor; die Nocken wirken über Tassenstößel auf die Ventile. Alle Ventile des Motors sind in einer Reihe angeordnet.

Bild 2.76

Bild 2.77

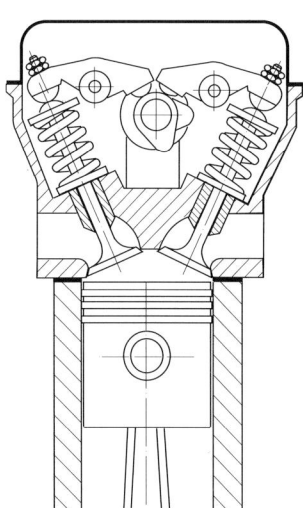

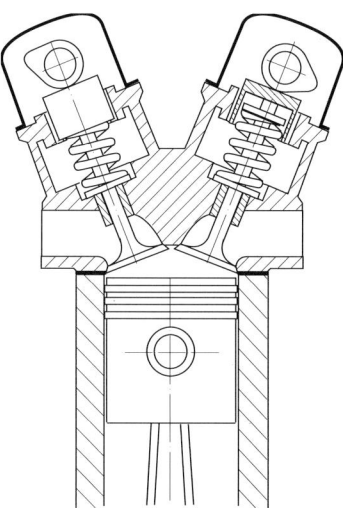

Bild 2.78   ohc-Motor; die Nockenwelle wirkt über Kipphebel auf die V-förmig angeordneten Ventile. Auf einer Seite sind alle Einlaß-, auf der anderen alle Auslaßventile angeordnet.

Bild 2.79   ohc-Motor; zwei obenliegende Nockenwellen wirken über Tassenstößel auf die V-förmig angeordneten Ventile. Eine Nockenwelle betätigt alle Einlaß-, die andere alle Auslaßventile.

Fertigung und Beschaffenheit von Nockenwellen: Nockenwellen werden heute meist aus Gußstahl hergestellt, seltener im Gesenk geschmiedet. Die Nockenbahnen und die Lagerzapfen werden gehärtet, geschliffen und geläppt. Die Lagerung erfolgt in Gleitlagern.

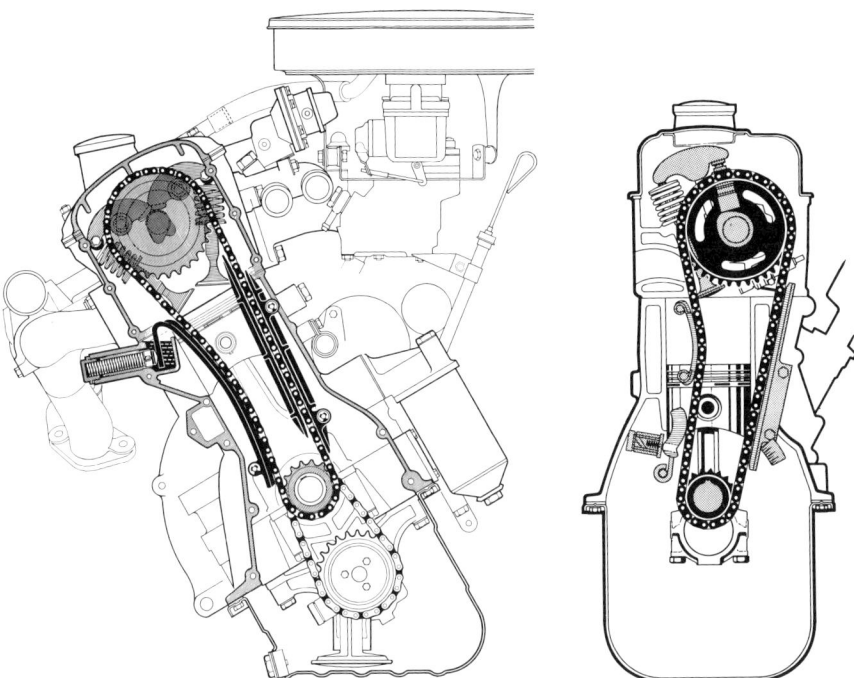

Bild 2.80   ohc-Motor BMW. Die per Kette angetriebene Nockenwelle betätigt die Ventile über
Kipphebel.

Bild 2.81   Ventiltrieb eines Opel-Motors. Die
Nockenwelle betätigt die Ventile über kurze
Stößel und Kipphebel.

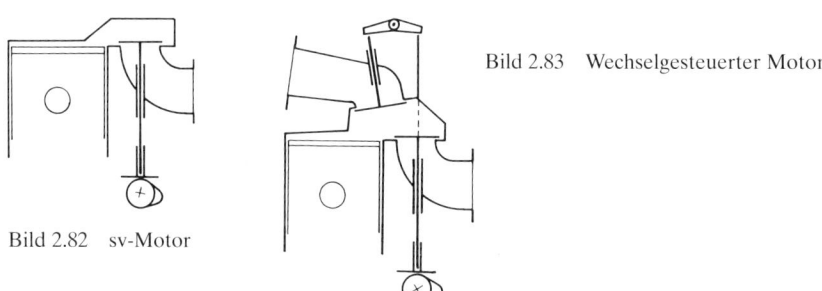

Bild 2.82   sv-Motor

Bild 2.83   Wechselgesteuerter Motor

Gebaute Nockenwellen: Die eigentliche Welle besteht aus einem Stahlrohr. Die Nocken werden
draufgeschoben, in Position gebracht und festgelötet oder durch Weitung der Welle von innen mittels Kegel festgepreßt.

Nockenformen: Besondere Sorgfalt wird für die Form der Nocken verwendet. Zu berücksichtigen
sind die Forderungen: schnelles Öffnen des Ventils selbst bei höchsten Drehzahlen sowie hohe
Verschleißfestigkeit, um große Lebensdauer zu erzielen.

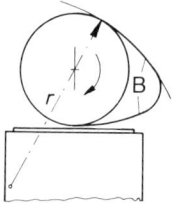

Bild 2.84   Kreisbogennocken. Die Nockenbahnen
(B) stellen Kreisausschnitte dar (r = Kreisradius).

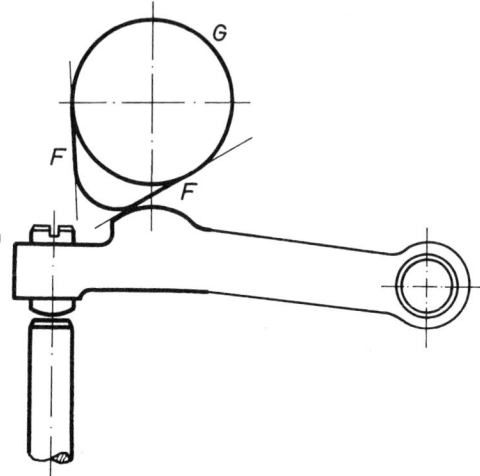

Bild 2.85   Tangentennocken mit Schwinghebel.
Die Nockenbahnen (F) tangieren den Grundkreis
(G).

Bei Kfz-Motoren mit hohen Drehzahlen gelangen vorwiegend *harmonische Nocken* zur Anwendung. Es sind Kreisbogennocken, bei denen die Nockenbahnen (Flanken) Kreisbogenausschnitte darstellen, die auf gerade geführten Flachstößeln (Becher- oder Tassenstößel) arbeiten (Bild 2.84).

Werden die Ventile vom Nocken über Schwinghebel (Schlepphebel) betätigt, können *Tangentennocken* verwendet werden, wenn die druckaufnehmende Fläche am Schwinghebel gewölbt ist (Bild 2.85).

In Bild 2.86 ist der Nockenhub in Abhängigkeit vom Kurbelwellendrehwinkel für den Kreisbogennocken, der auf einem Flachstößel arbeitet, dargestellt. Man erkennt, daß das Ventil «sanft» bis zum größten Hub öffnet und wieder schließt.

Bei Motoren mit extrem hohen Drehzahlen ist das rechtzeitige Schließen großer und daher schwerer Ventile durch die Feder nicht immer gewährleistet. In *Rennsportmotoren* werden daher

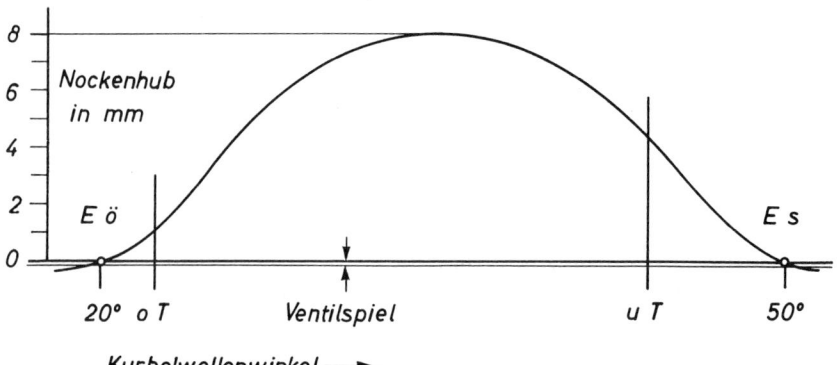

Bild 2.86   Nockenhub in Abhängigkeit vom Kurbelwellendrehwinkel. Dargestellt ist der Hub eines

«harmonischen Nockens» (Kreisbogennocken mit
gewölbter Nockenbahn und Flachstößel).

vielfach mehrere kleine Ein- und Auslaßventile je Zylinder angeordnet. Die Ventil-Zwangssteuerung – desmodromische Ventilsteuerung –, bei der auch das *Schließen* der *Ventile* durch einen zusätzlichen Nocken erfolgt, wird zur Zeit nur von dem italienischen Zweiradhersteller Ducati angewendet (s. Abschnitt 2.2.9).

2.2.4 Ventile

Gemeinsam mit den Ventilsitzringen bilden die Ventile die *Abdichtung* des *Arbeitsraumes* des Zylinders sowohl gegenüber dem Saugrohr (Einlaßventil) als auch dem Auspuff (Auslaßventil).

Ventilabmessungen: In Motoren hoher Leistung und Drehzahl werden die Ventiltellerdurchmesser so groß wie möglich gewählt. Der Durchmesser des Einlaßventils ist in der Regel um 10 bis 20% größer als der des Auslaßventils, da die Auspuffgase den Zylinder unter Druck verlassen, das Kraftstoff-Luft-Gemisch aber eingesaugt werden muß.

Der Ventilhub beträgt etwa 25% des Ventildurchmessers. Die Bezeichnungen an einem Ventil zeigt Bild 2.87.

Ventilwerkstoffe
Ventile sind sehr starken Beanspruchungen ausgesetzt und müssen folgenden Anforderungen genügen:

❐ hohe Warmfestigkeit,
❐ Korrosionsbeständigkeit gegen aggressive Verbrennungsprodukte,
❐ ausreichende Härtbarkeit zur Erzielung hoher Verschleißfestigkeit am Schaftende,
❐ gute Gleiteigenschaften des Schaftes in der Ventilführung trotz häufiger Mangelschmierung.

Wärmebelastung von Ventilen, Ventilwerkstoffe
An *Einlaßventilen treten Betriebstemperaturen bis zu etwa 550 °C* (823 K) auf, an *Auslaßventilen bis über 800 °C* (1073 K).

Einlaßventile sind meistens Einmetallventile, d.h., sie werden aus einem Werkstoff hergestellt:

❐ bei normaler Beanspruchung aus Chrom-Silizium-Stahl,
❐ bei hoher Beanspruchung aus Chrom-Molybdän-Stahl.

Auslaßventile sind meistens Bimetallventile, d.h., sie werden aus zwei verschiedenen Werkstoffen gefertigt. Die Verbindung der beiden Werkstoffe erfolgt durch Reib- oder Stumpfschweißen. Die Lage der Schweißnaht (Bild 2.88) wird entsprechend der motorischen Bedingungen gewählt. Während der Ventilschaft gute Gleiteigenschaften und eine gute Wärmeleitfähigkeit haben muß, soll der untere Teil besonders warmfest, korrosionsfest und zunderbeständig sein.

So verwendet man z.B. für den Ventilschaft Chrom-Silizium-Stahl (bis 800 °C) bzw. Chrom-Kobalt-Wolfram-Stahl (über 800 °C). Der untere Teil wird z.B. aus folgenden Werkstoffen hergestellt:

❐ bei normaler Beanspruchung (bis 800 °C) Chrom-Mangan-Nickel-Stahl,
❐ bei hoher Beanspruchung (über 800 °C) Nickel-Chrom-Stahl.

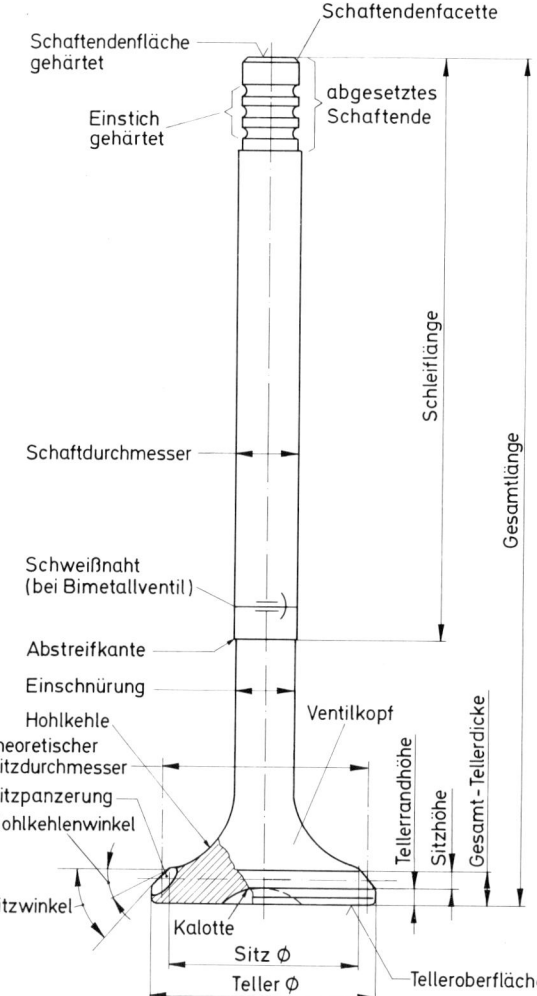

Schaftendenfacette

Schaftendenfläche
gehärtet

Einstich
gehärtet

abgesetztes
Schaftende

Schleiflänge

Gesamtlänge

Schaftdurchmesser

Schweißnaht
(bei Bimetallventil)

Abstreifkante

Einschnürung

Hohlkehle

theoretischer
Sitzdurchmesser

Sitzpanzerung

Hohlkehlenwinkel

Ventilkopf

Tellerrandhöhe

Sitzhöhe

Gesamt-Tellerdicke

Sitzwinkel

Kalotte

Sitz ∅

Teller ∅

Telleroberfläche

Bild 2.87
Bezeichnungen an einem Ventil

Die Lebensdauer von Ventilen kann durch induktive Härtung oder Panzerung an Sitz und Schaftende verbessert werden.

Panzerung des Ventilsitzes
Sie ist bei *Auslaßventilen* erforderlich, da diese durch thermische, mechanische und chemische Beanspruchung besonders gefährdet sind. Der Panzerwerkstoff wird mittels *Schutzgasschweißung* auf den Ventilteller aufgetragen. Als Panzerwerkstoff hat sich vor allem Stellit F bewährt, er besteht im wesentlichen aus:

37% Kobalt,   22% Nickel,
25% Chrom,   12% Wolfram.

Bild 2.88   Bimetallventile

Bimetallventile

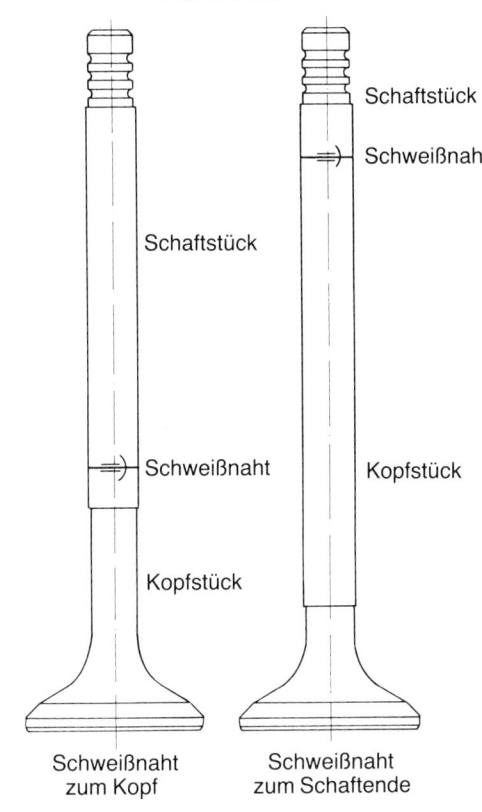

Schaftstück

Schweißnaht

Schaftstück

Schweißnaht

Kopfstück

Schweißnaht

Kopfstück

Schweißnaht
zum Kopf

Schweißnaht
zum Schaftende

Bild 2.89   Linkes Bild: Sitzpanzerung am Auslaßventil, rechtes Bild: induktiv gehärteter Ventilsitz am Einlaßventil

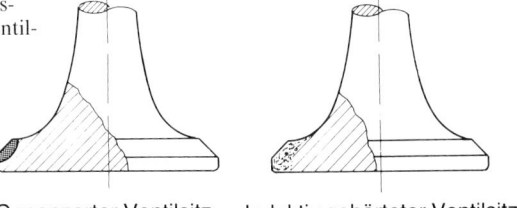

Gepanzerter Ventilsitz   Induktiv gehärteter Ventilsitz

Einlaßventile hochbelasteter Motoren können am Ventilsitz induktiv gehärtet sein, wodurch das
«Einschlagen» – der gefürchtete Verschleiß der Ventilsitze – vermieden wird (Bild 2.89).

Hohlventile
In Hochleistungs- und Vielstoffmotoren treten besonders hohe thermische Belastungen auf. Gegenüber Vollschaftventilen kann man mit Hohlventilen die Betriebstemperaturen der Auslaßventile
beachtlich senken. Damit erreicht man geringere Korrosionsanfälligkeit und lange Lebensdauer.

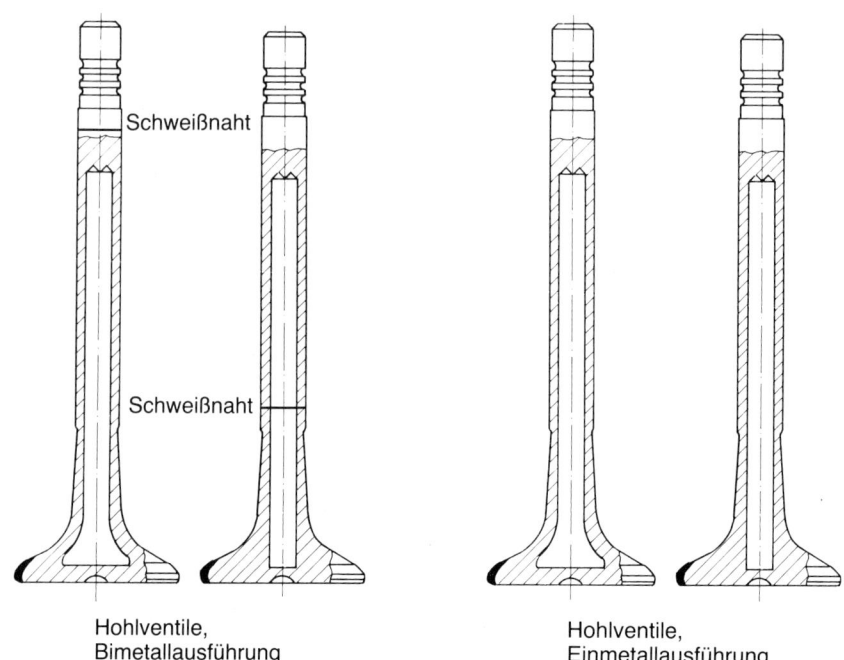

Schweißnaht

Schweißnaht

Hohlventile,
Bimetallausführung

Hohlventile,
Einmetallausführung

Bild 2.90   Hohlventile

Der *Hohlraum* wird zu etwa *60%* des Volumens mit metallischem *Natrium* gefüllt, das bei ca. 97 °C schmilzt und die Wärme vom Teller zum Schaft ableitet. Die Temperatur am Ventilkopf des Auslaßventils wird dadurch um *60 bis 120 °C verringert*. Durch den raschen Wärmeentzug in Tellerbodenmitte wird eine Selbstentzündungsquelle ausgeschaltet.

Hohlventile können sowohl in Einmetall- als auch in *Bimetallausführung* gefertigt sein. Äußerlich sind sie daran erkennbar, daß das Schaft*ende* im Durchmesser stets *kleiner* ist als der Ventilschaft (Bild 2.90).

Ventilschaft-Verchromung
Verchromte Schäfte verhindern die «Freßneigung» in der Ventilführung. Zusätzlich erlauben sie kleinere Einbauspiele. Gußeiserne Ventilführungen sind für diese Ventile besonders günstig.

Schaftenden von Ventilen unterliegen hoher Beanspruchung durch den Kipphebel oder Stößel. Zur Vermeidung von Verschleiß werden sie gehärtet. Besteht das Schaftende aus nichthärtbarem Stahl, panzert man es mit Stellit oder schweißt ein Plättchen aus härtbarem Werkstoff auf (Bild 2.91).

Einstich und Kegelstücke: Die Ventilschäfte sind am oberen Ende mit einem *Einstich* versehen. Entsprechende *Kegelstücke* stellen die Verbindung zwischen dem Ventilschaft und dem Teller für die Ventilfeder her (Bild 2.92).

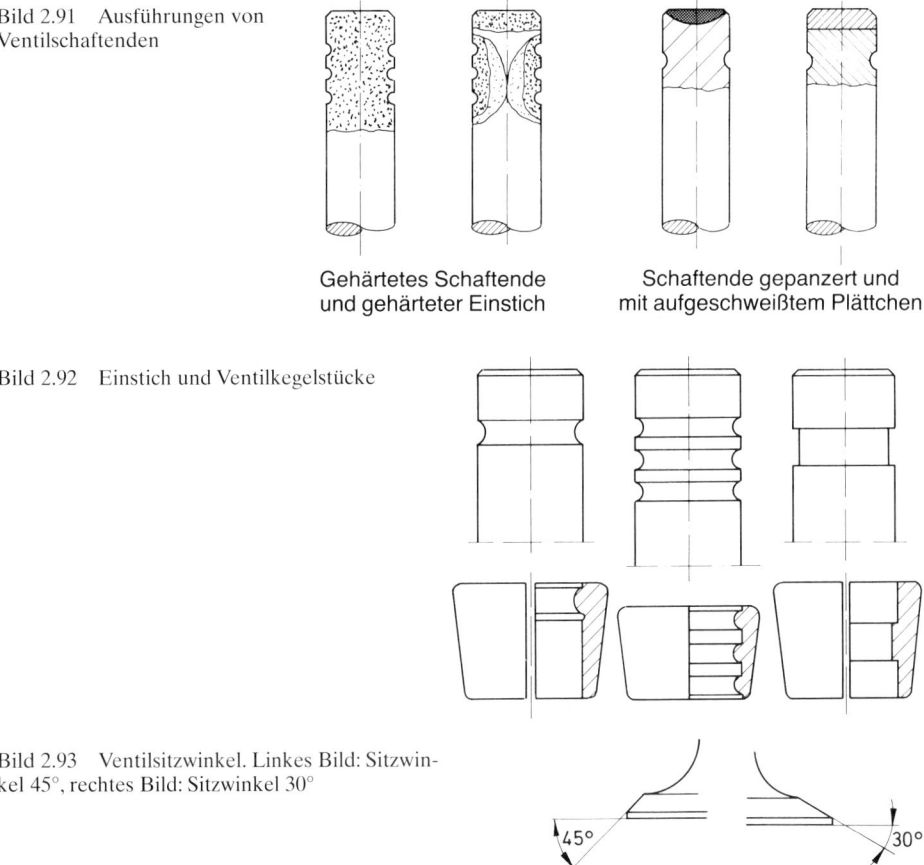

Bild 2.91   Ausführungen von
Ventilschaftenden

Gehärtetes Schaftende
und gehärteter Einstich

Schaftende gepanzert und
mit aufgeschweißtem Plättchen

Bild 2.92   Einstich und Ventilkegelstücke

Bild 2.93   Ventilsitzwinkel. Linkes Bild: Sitzwinkel 45°, rechtes Bild: Sitzwinkel 30°

45°   30°

Ventilsitze

Ventilsitzwinkel, es ist der Winkel zwischen dem Ventilsitz und einer (gedachten) Ebene senkrecht zum Ventilschaft (Bild 2.93).

Ventilsitzfläche ist die Fläche, mit der das *geschlossene* Ventil auf dem Ventilsitzring des Zylinderkopfes aufliegt. Die Breite der *Ventilsitz*fläche ist nicht einheitlich: *Schmale* Ventil*sitz*flächen
verbessern die *Abdichtung, verschlechtern* jedoch die *Wärmeableitung.*

Allgemein werden die Sitze der geringer belasteten Einlaßventile schmaler ausgeführt als die
der hochbelasteten Auslaßventile. Die Sitzbreiten liegen etwa zwischen 1,2 und 2,0 mm.

Wichtig ist die *richtige Lage des Sitzes.* Liegt er am Außenrand des Tellers, ist die mechanische
Belastung des Ventils zu hoch. Liegt er zu weit innen, ist die Ableitung der Wärme vom äußeren
Rand des Tellers ungenügend; außerdem wird der Öffnungsquerschnitt kleiner (Bild 2.94). Die
richtige Anordnung des Sitzes zeigt Bild 2.95.

Ventilsitzringe

Sie bilden gemeinsam mit den Ventilen die Abdichtung des Arbeitsraumes (Brennraum) des
Zylinders, sowohl gegenüber dem Saugrohr (Einlaßventil) und dem Auspuff (Auslaßventil). Ventilsitzringe bestehen aus:

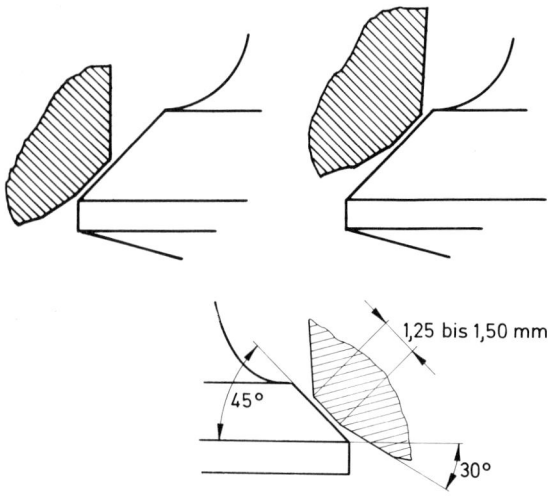

Bild 2.94   Lage des Ventilsitzes
Linkes Bild: zu weit außen,
rechtes Bild: zu weit innen

Bild 2.95   Richtig bearbeiteter Sitz
eines Einlaßventils (Opel)

❏ *Sondergrauguß* – in Zylinderköpfen aus Gußeisen,
❏ einsatzgehärtetemStahl – in Zylinderköpfen aus Leichtmetall,
❏ *Chrom-Mangan-Stahl* – für besonders hohe Belastung sowohl in Leichtmetall- als auch in Gußeisenköpfen,
❏ *einsatzgehärtetem Stahl* bei Motoren für den Betrieb mit bleifreiem Kraftstoff.

Die Bearbeitung von Ventilsitzringen muß mit *geeigneten Werkzeugen* durchgeführt werden:

❏ *Sitzfräser herkömmlicher Bauart* zur Bearbeitung *weicher* Ventilsitze aus Grauguß,
❏ *Drehwerkzeuge* (z.B. der Fa. Hunger) mit Hartmetallschneiden (Widia), für härtere Sitze aus Chrom-Mangan-Stahl,
❏ *Schleifkörper* für einsatzgehärtete Stahlsitze.

Reihenfolge der Ventilsitzbearbeitung
Als *erstes* wird die Sitzfläche für den Ventilteller bearbeitet, 45° oder 30°, je nach Ventil. Wie Bild 2.96 zeigt, ist der Ventilsitz – im gezeigten Beispiel ein Sitzwinkel von 45° – durch die Bearbeitung *zu breit* geworden. Durch die *Bearbeitung der Korrektions- oder Freiwinkel* wird nun der Ventilsitz korrigiert, d.h., er wird

❏ in die *richtige Lage* (an die richtige Stelle) und
❏ auf die *richtige Breite* gebracht.

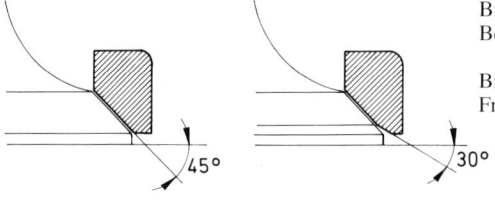

Bild 2.96 (links)   45°-Ventilsitz nach der Bearbeitung

Bild 2.97 (rechts)   Der äußere Korrektions- oder Freiwinkel ist bearbeitet.

Bild 2.98 Der innere und äußere Korrektions-
oder Freiwinkel sind bearbeitet. Der Ventilsitz ist
fertig bearbeitet.

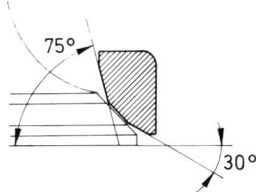

Bild 2.99 Ventilsitzwinkel mit Korrektions- oder
Freiwinkeln.
Linkes Bild: Ventilsitzwinkel 45°, rechtes Bild:
Ventilsitzwinkel 30°

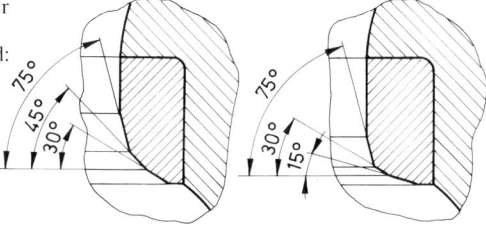

Außerdem wird der Strömungswiderstand für das beim Saughub einströmende Kraftstoff-Luft-
Gemisch verringert, daher auch die Bezeichnung Freiwinkel: Das Gemisch kann «freier» einströmen. Bild 2.97 zeigt den Ventilsitzring, nachdem der *äußere* Korrektions- oder Freiwinkel – im
gezeigten Beispiel 30° – bearbeitet ist. Bild 2.98 zeigt den gleichen Ventilsitzring nach der Bearbeitung des *inneren* Korrektions- oder Freiwinkels – im Beispiel 75°. Der Ventilsitz hat jetzt
sowohl die richtige Lage als auch richtige Breite. Bild 2.99 zeigt zwei Beispiele für richtig bearbeitete Ventilsitzringe.

Vielfach besteht zwischen dem Sitzwinkel des Ventiltellers und dem des Ventilsitzringes im
Zylinderkopf ein Unterschied von 1°. Dies dient lediglich der Vereinfachung der Bearbeitung. Da
die durch unterschiedlichen Winkel bedingte Dichtfläche schmal ist, arbeiten sich Ventilteller und
Sitzring bei der ersten Inbetriebnahme des Motors schnell aufeinander ein, so daß die erforderliche Abdichtung und Sitzbreite erreicht wird, ohne daß die Ventilsitzfläche vorher zeitraubend
eingeschliffen wurde. In diesem Fall sollte bei manueller Einstellung des Ventilspiels das *höchstzulässige Ventilspiel* eingestellt werden.

2.2.5   Ventilführungen

Von den Ventilführungen fordert man

❒ gute Laufeigenschaften (Gleiteigenschaften) selbst bei mangelhafter Schmierung,
❒ große Wärmeleitfähigkeit und
❒ hohe Verschleißfestigkeit zur exakten Führung des Ventils über lange Betriebszeiten.

Ventilführungen werden gefertigt aus

❒ Bronze,
❒ Grauguß oder
❒ Sintermetall.

Der Einbau der Führungen in den Zylinderkopf erfolgt durch Einpressen und Einschrumpfen durch Unterkühlung.

Zylinderköpfe aus feinkörnigem Sondergrauguß sind teilweise aus einem Stück hergestellt, d.h., es sind weder gesonderte Ventilsitzringe noch Ventilführungen eingesetzt.

2.2.6 Ventilfedern

Sie sollen

❐ das Ventil mit einer bestimmten Vorspannung geschlossen halten,
❐ das Ventil beim Schließhub des Nockens der Nockenwelle so nachzuführen, daß es selbst bei Höchstdrehzahl rechtzeitig schließt.

Von wenigen Ausnahmen abgesehen, gelangen *zylindrische Schraubenfedern* zur Anwendung. Je höher die Motordrehzahl, desto härter die Feder. Je härter die Feder, um so geringer deren Windungszahl. Bild 2.100 zeigt zwei heute übliche Ventilfedern.

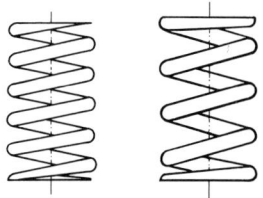

Bild 2.100   Ventilfedern
Linkes Bild: Feder für Motoren mittlerer Leistung
Rechtes Bild: Feder mit $3^1/_2$ bis 4 Windungen für Hochleistungsmotoren mit extrem hohen Drehzahlen

Teilweise werden je Ventil auch *zwei* konzentrisch (gleichmittig) angeordnete Federn verwendet. Der Windungssinn der beiden Federn ist dann entgegengesetzt, damit sie sich nicht durch etwaiges Eingreifen der Windungen gegenseitig behindern.

2.2.7 Ventildrehvorrichtungen Rotocap und Rotomat

Sie bewirken, daß sich das Ventil bei laufendem Motor dreht. Dadurch werden ungleichmäßige Erwärmung der Ventilteller, Verzug und Undichtigkeiten sowie Hochtemperaturkorrosion an den wärmsten Stellen und abblätternde Verbrennungsrückstände vermieden.

In schnellaufenden Motoren werden *untenliegende* Ventildrehvorrichtungen verwendet, da so die Massenkräfte des Ventiltriebs nicht erhöht werden (Bild 2.101).

2.2.8 Ventilspiel

Das Ventilspiel hat Einfluß auf die Steuerzeiten des Motors.

❐ Zu großes Ventilspiel: Die Ventile öffnen später und schließen früher.
❐ Zu kleines Ventilspiel: Die Ventile öffnen früher und schließen später.

Die Größe des Ventilspiels ist so ausgelegt, daß die Ventile trotz unterschiedlicher Wärmeausdehnung der beteiligten Werkstoffe auch im Schiebebetrieb sicher schließen. Das Ventilspiel ist temperaturabhängig und führt zu Motorlaufgeräuschen.

Bild 2.101   Ventildrehvorrichtung Rotocap
Rotocap = die Ventildrehung erfolgt bei
der Ventilöffnung.
Rotomat = die Ventildrehung erfolgt bei
der Ventilschließung.

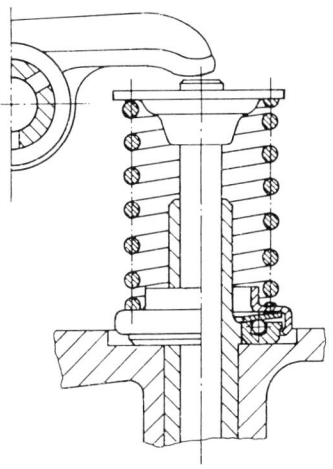

Untenliegendes Rotocap

Manuelle Ventilspieleinstellung
Das Ventilspiel ist je nach Angabe des Herstellers bei kaltem oder betriebswarmem, bei stehendem oder bei laufendem Motor einzustellen.

Die Einstellung selbst erfolgt je nach Ausführung z.B. mittels Einstellschraube, Exzenter mit Klemmschraube oder Einstellplättchen (Tassenstößel), wobei es Fahrzeuge gibt, bei denen dann die Nockenwellen ausgebaut werden müssen (z.B. MB 190/2,3 l – 16-Ventiler).

Hydraulischer Ventilspielausgleich
Aufgaben:

❏ Er soll bewirken, daß das *Ventilspiel* unter allen Betriebsbedingungen stets *gleich Null* ist.
❏ Das Einstellen des Ventilspiels erübrigt sich, selbst nach längerer Betriebsdauer des Motors.

Anordnung im Ventiltrieb
Der hydraulische Ventilspielausgleich kann, wie z.B. bei Opel, auf zwei Arten erfolgen:

❏ durch **Hydrostößel** bei 1,6...3,0-l-cih-Motoren (Gußkopf). Hier ist eine Grundeinstellung des Ventilspiels erforderlich, d.h.:
   1. Ventilspiel auf null einstellen (bei stehendem Motor),
   2. Einstellschraube in drei Stufen um jeweils 90° bei laufendem Motor hineindrehen,
❏ durch **Ventilspielausgleicher** bei allen ohc-Motoren (Alukopf). Hier ist keine Grundeinstellung erforderlich.

Bei Demontage des Zylinderkopfes müssen die Ventilspielausgleicher von Öl geleert, d.h. auseinandergezogen und wieder zusammengesteckt werden, damit die Ventile nach der Montage einwandfrei schließen können. Anderenfalls dauert es nach dem Anspringen einige Zeit, bis der Motor wieder einwandfrei läuft.

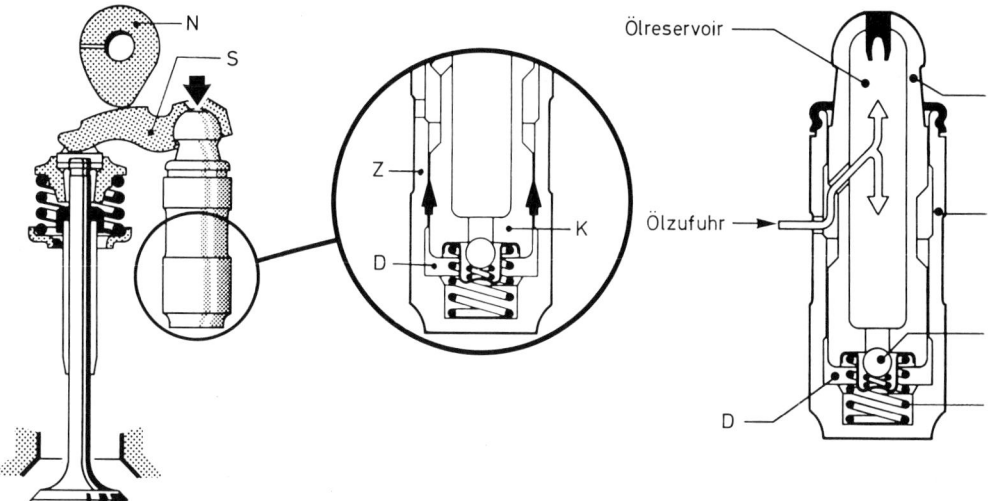

Bild 2.102 Hydraulischer Ventilspielausgleicher am Motor des Opel Kadett D. Beim Öffnen des Ventils tritt eine geringe Leckölmenge zwischen Kolben (K) und Zylinder (Z) aus dem Druckraum aus (Pfeile in der Ausschnittvergrößerung).

Bild 2.102 zeigt einen Ventilspielausgleicher beim Motor des Opel Kadett D.

Der Schwing- oder Schlepphebel (S) ist *nicht fest* am Zylinderkopf gelagert. Er ruht auf dem Kugelkopf des Kolbens (K), der beweglich im feststehenden Druckzylinder (Z) angeordnet ist.

Öffnet der Nocken (N) über den Schwing- oder Schlepphebel (S) das Ventil, wirkt auch eine Kraft über den Kugelkopf auf den Kolben (K) (Pfeil in Bild 2.102). Über das in der Druckkammer (D) befindliche Öl stützt sich der Kolben im feststehenden Druckzylinder (Z) ab. Dabei tritt eine geringe Menge Lecköl zwischen Kolben und Druckzylinder nach oben aus (Pfeile in der Ausschnittvergrößerung).

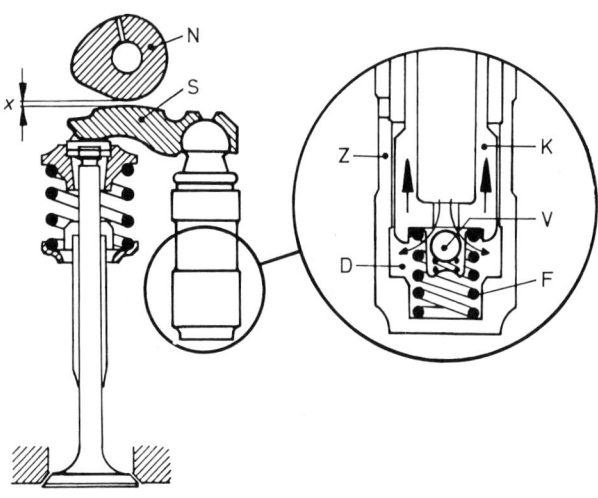

Bild 2.103 Nach dem Schließen des Ventils drückt die Druckfeder (F) den Kolben mit Kugelkopf (K) nach oben (Pfeile in der Ausschnittvergrößerung). In die Druckkammer (D) wird über die geöffnete Verschlußkugel (V) aus dem Ölreservoir Öl angesaugt.

Durch das Herausdrücken des Lecköls aus dem Druckraum (D) beim Öffnungshub des Ventils würde nach dem Schließen des Ventils ein Spiel (x) zwischen Nocken und Schwing- oder Schlepphebel (S) entstehen (Bild 2.103). Dazu kommt es nicht, denn die Feder (F) drückt den Kolben mit Kugelkopf (K) nach oben, so daß der Schwing- oder Schlepphebel stets am Nocken anliegt. Dabei entsteht im Druckraum (D) durch Volumenvergrößerung eine Saugwirkung. Die Verschlußkugel (V) hebt gegen ihre Feder vom Sitz ab, und der Druckraum (D) füllt sich mit Öl aus dem Ölreservoir. Ist Druckraum (D) gefüllt, verschließt die Verschlußkugel (V) den Druckraum.

Beim nächsten Öffnen des Ventils wiederholt sich der Vorgang wie beschrieben. Wieder tritt beim Öffnen des Ventils ein wenig Lecköl aus der Druckkammer aus, bei geschlossenem Ventil wird etwas Öl in die Druckkammer gesaugt. Genau betrachtet, findet in jedem hydraulischen Ventilspielausgleicher ein kleiner Ölkreislauf statt:

❑ Beim *Öffnungshub* des Nockens wird Öl aus der Druckkammer als Lecköl verdrängt, beim
❑ *Schließhub* des Nockens wird Öl aus dem Ölreservoir in die Druckkammer gesaugt.

2.2.9 Desmodromische Ventilsteuerung

Bei der von Ducati angewandten 2-Ventil- und 4-Ventil-Technik für Motorräder werden die Ein- und Auslaßventile jeweils durch einen Öffnungs- und einen Schließnocken betätigt (Bild 2.104).

Das zwangsläufige Ventilschließen ist nötig, wenn Ventilfedern es bei großen/schweren Ventilen, großen Ventilhüben und hohen Motordrehzahlen nicht schnell genug schaffen (Ventilschnattern).

Ducati-Motoren drehen bis zu 11 000 min^{-1}. Die Desmo-Version bewirkt auch bei hohen Drehzahlen exakte Steuerzeiten und damit hohe Motorleistungen. Während der Öffnungskipphebel ohne jede Feder ist, hat der Schließkipphebel eine Rückholfeder. Sie sorgt für die ständige Anlage des Kipphebels am Schließnocken und verhindert so Klappergeräusche.

Das Ventilspiel wird mit Plättchen – jeweils für den Schließer und Öffner – am Ventilschaft eingestellt.

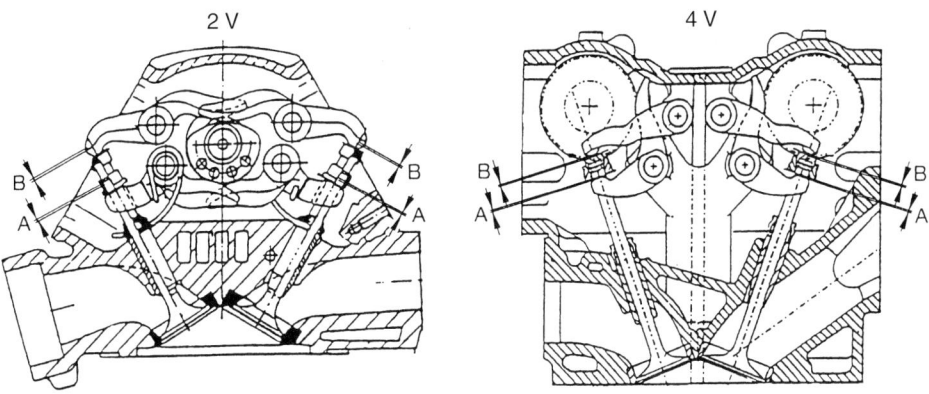

Bild 2.104 Desmodromische Ventilsteuerung (DUCATI),
B = Öffner, A = Schließer

2.3 Arbeitsverfahren bei Kfz-Motoren

Man unterscheidet:

❑ das Viertakt-Arbeitsverfahren (Viertaktmotor) und
❑ das Zweitakt-Arbeitsverfahren (Zweitaktmotor).

2.3.1 Viertakt-Ottomotor

Der Name rührt daher, daß für ein Arbeitsspiel *vier Kolbenhübe* erforderlich sind, nämlich

❑ Saughub,
❑ Verdichtungshub,
❑ Arbeitshub,
❑ Auspuffhub.

Der Ablauf dieser vier Kolbenhübe (Arbeitsspiel) erfordert je Motorzylinder zwei Kurbelwellen-umdrehungen. Bild 2.105 zeigt den Ablauf eines Arbeitsspiels in schematischer Darstellung.

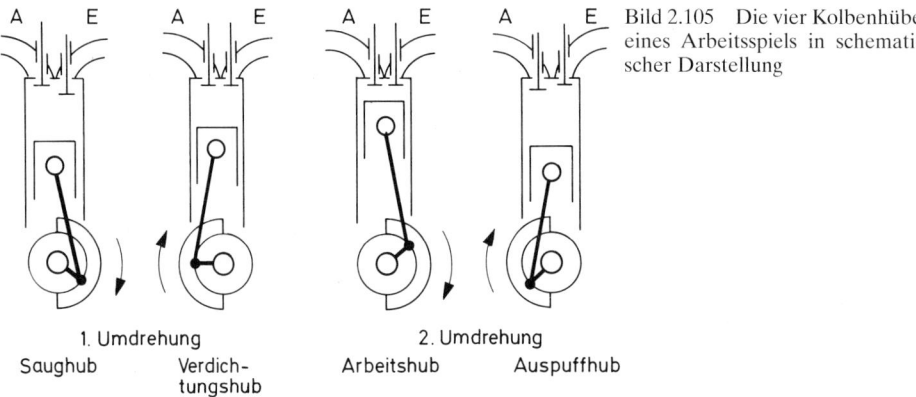

Bild 2.105   Die vier Kolbenhübe eines Arbeitsspiels in schematischer Darstellung

1. Umdrehung   2. Umdrehung
Saughub   Verdich-   Arbeitshub   Auspuffhub
           tungshub

1. Takt: Saughub
Der Kolben bewegt sich vom OT zum UT und erzeugt dabei im Zylinder eine Druckminderung durch Saugwirkung.

Durch das geöffnete Einlaßventil strömt das angesaugte Kraftstoff-Luft-Gemisch in den Zylinder. Damit die Saugwirkung des abwärtsgehenden Kolbens schnell wirksam wird, öffnet das Einlaßventil bereits vor dem OT.

Das einströmende Kraftstoff-Luft-Gemisch hat eine gewisse Trägheit, so daß es die durch den Kolben erzeugte Druckminderung nicht sofort ausgleicht. Um einen möglichst hohen Füllungs-grad zu erreichen, nützt man die Strömungsenergie des angesaugten Kraftstoff-Luft-Gemisches aus, indem man das Einlaßventil erst verhältnismäßig spät nach dem UT schließen läßt. Trotz der Bewegung des Kolbens vom UT zum OT strömt das einmal in Bewegung befindliche Kraftstoff-Luft-Gemisch in den Zylinder ein. Die beste Füllung des Zylinders erreicht man, wenn das Einlaßventil genau nach dem «Ausschwingen» der Saugsäule – gemeint ist das einströmende Gemisch – schließt.

Trotz dieser Maßnahmen beträgt der Füllungsgrad des Motors bei hohen Drehzahlen nur etwa 75% des Hubvolumens, da sich die Reibungswiderstände im Ansaugweg (Luftfilter, Saugleitung und Ventilquerschnitt) gerade bei hohen Drehzahlen und daher hohen Gasgeschwindigkeiten stark auswirken.

2. Takt: Verdichtungshub

Im Verdichtungshub bewegt sich der Kolben von UT nach OT.

Das *Verdichten* selbst beginnt erst, nachdem das Einlaßventil geschlossen hat. Der Kolben verdichtet das angesaugte Gemisch. Dabei steigen Druck und Temperatur an, das Kraftstoff-Luft-Gemisch wird zum Gas.

Der *Verdichtungsenddruck* – der Druck am Ende des Verdichtungshubes – wird in OT-Stellung des Kolbens erreicht. Je nach Verdichtungsverhältnis beträgt er 8 bis 15 bar (Ottomotor), die Temperatur des Gases steigt dabei auf ca. 400 °C (673 K). Je größer das Verdichtungsverhältnis, um so höher die Motorleistung bei gleichzeitig geringerem Kraftstoffverbrauch (je größer das Verdichtungsverhältnis, um so höher der thermische Wirkungsgrad).

Grund: Bei höherem Verdichtungsverhältnis ist der Verbrennungsraum und damit die wärmeaufnehmende Kühlfläche kleiner. Das «Mehr» an Wärme, das nicht über die Kühlfläche abgeleitet wird, erzeugt mehr Arbeitskraft (Druck) auf den Kolben.

Bei Erhöhung des Verdichtungsverhältnisses steigen die Kräfte auf das Triebwerk und die Temperaturen stark an, es besteht außerdem die Gefahr, daß die *Selbstentzündungstemperatur* des Kraftstoffs, 500 bis 600 °C (773 bis 873 K), erreicht wird.

3. Takt: Arbeitshub

Die Verbrennung beginnt mit der Entzündung des Gases durch den Zündfunken, der zwischen den Elektroden der Zündkerze überspringt (je nach Drehzahl etwa 0 bis 45° v. OT). Zwischen dem Überspringen des Zündfunkens und der Bildung der fortschreitenden Flammenfront vergeht eine Zeit von etwa 0,001 s. Da die Verbrennungsgeschwindigkeit mit 25 m/s (= 90 km/h) verhältnismäßig niedrig ist, muß die Zündung so früh eingeleitet werden, daß der bei der Verbrennung entstehende *Höchstdruck*, beim Ottomotor 35 bis 60 bar, kurz nach dem OT auf den Kolben *wirkt*. Bei hohen Drehzahlen muß der Zündzeitpunkt also wesentlich früher liegen als bei niedrigeren Drehzahlen (z.B. im Leerlauf).

Die Entzündung des Gases sollte stets an der wärmsten Stelle des Brennraumes beginnen, so daß sich die Flammenfront zur kältesten Stelle hin fortbewegt. Durch diese Maßnahme wird der Klopfneigung durch teilweise Selbstentzündung des Gases an warmen Stellen des Brennraumes entgegengewirkt. Die Verbrennung des Gemisches soll möglichst schnell vor sich gehen, aber nicht detonationsartig. Um dies zu erreichen, spielt die Gestaltung des Brennraumes eine große Rolle.

Bei richtig ablaufender Verbrennung wirkt der Verbrennungshöchstdruck (35 bis 60 bar beim Ottomotor) kurz *nach der OT-Stellung* auf den Kolben. Die Verbrennungstemperatur kann dabei bis zu 2000 °C (2273 K) betragen. Bei einer Zylinderbohrung von $D = 80$ mm und einem Verbrennungsdruck von 50 bar beträgt die Kraft, die auf den Kolben wirkt, ca. 2,5 Tonnen. Diese Kraft wird über Kolben, Kolbenbolzen, Pleuelstange und Kurbelwelle in Drehbewegung umgewandelt. Mit der Abwärtsbewegung des Kolbens nehmen Druck und Temperatur stark ab. Einen großen Teil der Wärme nehmen die Zylinderwandungen auf, wobei der Druck absinkt. Am Ende des Arbeitstaktes ist der Druck der brennenden Gase auf etwa 3 bis 5 bar abgesunken, die Temperatur auf etwa 900 °C (1173 K).

4. Takt: Auspuffhub

Das Auslaßventil öffnet bereits vor UT, so daß die verbrannten Gase durch ihren *Restdruck* von etwa 3 bis 5 bar selbsttätig durch die Auspuffleitung ins Freie strömen. Nachdem der Kolben den UT durchlaufen hat und sich wieder aufwärts zum OT bewegt, schiebt er die verbrannten Restgase aus.

Nähert sich der Kolben dem OT, nimmt seine Geschwindigkeit ständig ab. Die ausströmenden Abgase kühlen in der Auspuffleitung (Kühlung durch Fahrtwind) ab und entspannen sich. Dabei erzeugen sie im Verbrennungsraum eine geringe Druckminderung, die durch das bereits vor dem OT öffnende Einlaßventil den nächsten Ansaugtakt einleitet. Um die Saugwirkung der ausströmenden Abgase optimal nutzen zu können, schließt das Auslaßventil erst spät nach dem OT.

Bild 2.106 zeigt den Ablauf eines Arbeitsspiels bei angenommenen Ventilsteuerzeiten von:

❏ Einlaß öffnet 20° vor OT,
❏ Einlaß schließt 60° nach UT und
❏ Auslaß öffnet 60° vor UT,
❏ Auslaß schließt 20° nach OT.

Der Zündzeitpunkt beträgt im gezeigten Beispiel 30° vor OT.

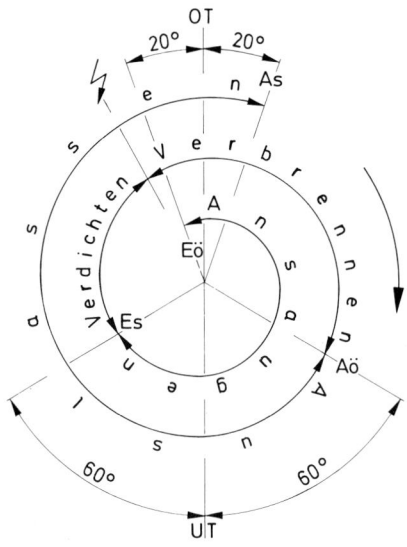

Bild 2.106   Bildliche Darstellung des Arbeitsspiels eines Viertakt-Ottomotors

Miller-Cycle-Motor

Der Xedos 9 von Mazda hat einen Viertakt-Ottomotor, der nach dem Miller-Zyklus arbeitet.

Das Besondere ist, daß die Einlaßventile später schließen, nämlich ca. 70° nach dem unteren Totpunkt.

Daraus ergeben sich folgende *Vorteile:*

❏ Reduzierung der Verlustkräfte (späterer Kompressionsbeginn),
❏ Reduzierung der Verdichtungstemperatur (späterer Kompressionsbeginn),

- Reduzierung der Klopfgefahr und deren Folgen,
- Reduzierung der Abgastemperatur,
- Reduzierung der Schadstoffe im Abgas (NO_x).

Die geringfügig auftretenden Ladungsverluste zum Ansaugkrümmer werden durch einen mechanischen Lader (Lysholm-Schraubenverdichter) kompensiert. Er verbessert darüber hinaus die Zylinderfüllung (max. 1,6 bar Ladedruck) und das Drehmoment. Der Mazda-Miller-Cycle-Motor hat bei gleichem Verbrennungsdruck eine geringere Verdichtungstemperatur und ein größeres Drehmoment als vergleichbare Saug- und Turbomotoren.

2.3.2 Zweitakt-Ottomotor

Beim *Zweitakt*-Arbeitsverfahren sind im Unterschied zum Viertaktverfahren nur *zwei Hübe* – eine Kurbelwellenumdrehung – zum Ablauf eines Arbeitsspiels erforderlich. Im Gegensatz zum Viertaktmotor spielen sich die einzelnen zu einem Arbeitsspiel gehörenden Vorgänge sowohl über als auch unter dem Kolben – im Kurbelgehäuse – ab.

Zweitakt-Spülsysteme
Heute gelangen nur noch die *Umkehrspülung* nach SCHNÜRLE und deren Weiterentwicklungen zur Anwendung, in wenigen Sonderfällen bei Außenbord- und Aggregatmotoren noch die *Querstromspülung* mit Nasenkolben (Bild 2.107).

Umkehrspülung nach SCHNÜRLE: Das Gemisch strömt durch zwei tangential angeordnete Kanäle (Ü) in den Zylinderraum ein. Beide Ströme treffen sich an der Zylinderwandung gegenüber dem Auslaßschlitz, werden nach oben gelenkt und kehren dabei ihre Strömungsrichtung im Zylinderkopf um (Umkehrspülung). Der abwärtsgehende Strom schiebt die verbrannten Gase vor sich her in den Auslaßkanal (A) (Bild 2.107).

Querstromspülung mit Nasenkolben: Der Gemischstrom verläuft im wesentlichen quer zum Kolben durch den Zylinder. Eine Nase auf dem Kolben verhindert, daß der Spülstrom direkt geradlinig vom Überstromschlitz (Ü) in den Auslaßschlitz (A) entweicht. Durch die Nase wird der Spülstrom nach oben abgelenkt, kehrt seine Richtung im Zylinderkopf um und schiebt die verbrannten Gase zum Auslaß (A) hinaus (Bild 2.107).

Bild 2.107 Zweitakt-Spülsysteme
Linkes Bild: Umkehrspülung nach SCHNÜRLE,
rechtes Bild: Querstromspülung mit Nasenkolben

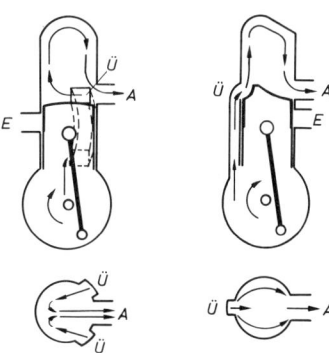

Ein Vorteil der Querstromspülung liegt in dem regelmäßigen Motorlauf bei niederen Drehzahlen und einem guten Beschleunigungsverhalten. Aus diesem Grund wird das Spülsystem bei einigen Außenbord- und Rasenmähermotoren noch heute angewendet. Die Einlaßsteuerung erfolgt dann vielfach durch ein Flatterventil anstelle der sonst üblichen Schlitzsteuerung, um einen möglichst wirtschaftlichen Betrieb selbst bei unterschiedlichen Drehzahlen zu erreichen.

Wirkungsweise des Zweitakt-Arbeitsverfahrens

Im Zweitaktmotor laufen sieben verschiedene Vorgänge während einer Kurbelwellenumdrehung (zwei Kolbenhübe) ab. Die einzelnen Vorgänge sind im Steuerdiagramm Bild 2.108 dargestellt.

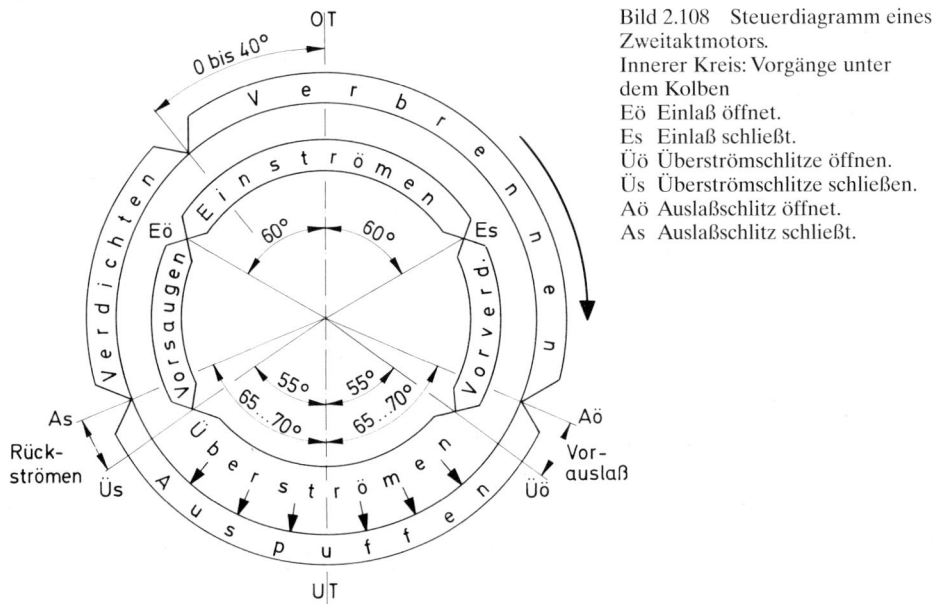

Bild 2.108 Steuerdiagramm eines Zweitaktmotors.
Innerer Kreis: Vorgänge unter dem Kolben
Eö Einlaß öffnet.
Es Einlaß schließt.
Üö Überströmschlitze öffnen.
Üs Überströmschlitze schließen.
Aö Auslaßschlitz öffnet.
As Auslaßschlitz schließt.

    1. Das **Vorsaugen** (Bild 2.109): Der Kolben bewegt sich aufwärts, von UT nach OT. Nachdem die Kolbenoberkante die Überstromschlitze geschlossen hat (etwa 55° Kurbelwinkel nach UT), ist das Kurbelgehäuse zum Arbeitsraum des Motors über dem Kolben und zum Vergaser hin luftdicht verschlossen. Hierdurch verringert der Kolben beim weiteren Aufwärtsgang den Druck im Kurbelgehäuse um etwa 0,2 bis 0,6 bar, je nach Motorenbauart.

    2. Das **Einströmen** (Einlassen): Etwa 60° Kurbelwinkel vor OT gibt der Kolbenschaft den Einlaßschlitz frei, in OT-Stellung des Kolbens ist er voll geöffnet (siehe auch Bild 2.110). Durch den Druckunterschied zwischen Kurbelgehäuse und Außenluft strömt das Kraftstoff-Luft-Gemisch mit hoher Geschwindigkeit in das Kurbelgehäuse ein. Beim Abwärtsgang des Kolbens, etwa 60° Kurbelwinkel nach OT, schließt der Kolbenschaft den Einlaßschlitz.

    3. Das **Vorverdichten:** Beim weiteren Abwärtsgang verdichtet der Kolben das Gemisch im Kurbelgehäuse (Vorverdichtung). Die Höhe des Vorverdichtungsdrucks beträgt zwischen 0,3 und 0,6 bar je nach Motorbauart (siehe auch Bild 2.111).

Kolbenstellung	Kolben-bewegung	Vorgang unter dem Kolben	Vorgang über dem Kolben
Bild 2.109	**Verdich-tungstakt** 1. Takt Der Kolben bewegt sich aufwärts von UT nach OT	Nach dem Schließen der Überströmschlitze entsteht eine Druckminderung im Kurbelgehäuse: Vorsaugen.	Verdichten nach dem Schließen des Auslaßschlitzes
Bild 2.110		Einlaßschlitz geöffnet, das Kraftstoff-Luft-Gemisch strömt in das Kurbelgehäuse ein.	Kurz vor OT wird das Gemisch entzündet.
Bild 2.111	**Arbeitstakt** 2. Takt Der Kolben bewegt sich abwärts von OT nach UT		Verbrennung (Arbeitstakt). Die brennenden Gase dehnen sich aus und trei-ben den Kolben abwärts. Es wird Arbeit geleistet.
Bild 2.112		Einlaßschlitz geschlossen, das Kraftstoff-Luft-Ge-misch im Kurbelgehäuse wird verdichtet.	
Bild 2.113		Überströmschlitze offen, das im Kurbelgehäuse vorverdichtete Gemisch strömt in den Zylinder-raum über dem Kolben.	Auspuffen Die verbrannten Gase strömen durch ihren Restdruck durch den ge-öffneten Auslaßschlitz.

4. Das **Überströmen:** Etwa 55° Kurbelwinkel vor UT gibt die Kolbenoberkante die Überströmschlitze – auch Spülschlitze genannt – frei, so daß das unter Vorverdichtungsdruck stehende Kraftstoff-Luft-Gemisch durch die Überströmkanäle, die in UT-Stellung des Kolbens voll geöffnet sind, in den Raum über dem Kolben strömt (siehe auch Bild 2.113). Der Kolben bewegt sich von UT nach OT. Ebenfalls 55° Kurbelwinkel nach UT schließt die Kolbenoberkante die Überströmschlitze, das Überströmen ist beendet.

5. Das **Verdichten:** Es beginnt, nachdem der Kolben beim Aufwärtsgang die Überströmschlitze und kurz darauf den Auslaßschlitz geschlossen hat (siehe auch Bild 2.109).

6. **Verbrennen, Arbeiten:** Kurz vor OT-Stellung des Kolbens wird das Gemisch entzündet, so daß der Verbrennungshöchstdruck kurz nach OT-Stellung auf den Kolben wirkt und diesen abwärts treibt. Es wird Arbeit geleistet (siehe auch Bilder 2.110 und 2.111).

7. **Auspuffen:** Etwa 65 bis 70° Kurbelwinkel vor UT gibt die Kolbenoberkante den Auslaßschlitz frei. Die verbrannten Gase strömen durch ihren Restdruck (etwa 3 bar) in die Auspuffanlage und entspannen sich (Bild 2.112). Kurz nach dem Öffnen des Auslaßschlitzes öffnen auch die Überströmschlitze, das inzwischen in das Kurbelgehäuse eingeströmte und dort vorverdichtete Gemisch strömt in den Raum über dem Kolben, es folgen wieder Verdichtungs- und Arbeitstakt (Bild 2.113).

Soweit die übliche Erklärung des Zweitakt-Arbeitsverfahrens, um sie auch dem Nichtfachmann nahezubringen. Moderne Hochleistungs-Zweitaktmotoren, wie sie seit Jahren in Zweiräder eingebaut werden, mit oft mehr als 75 kW (100 PS) pro Liter Hubraum, dürfen nicht mehr, wie bisher geschehen, als Verdränger-, sondern müssen als *Schwingungs-* oder gar *Strömungsmaschinen* betrachtet werden. Diese genau abgestimmten Motoren geben ihre hohe Leistung nur in einem engbegrenzten Drehzahlbereich (Drehzahlband) ab, weswegen Fahrzeuge mit solchen Motoren mit fünf bis sechs Gängen ausgerüstet sind.

Schwingungssysteme des Zweitaktmotors

Um Höchstleistungen zu erzielen, müssen die Schwingungssysteme in sich und aufeinander abgestimmt sein:

☐ das *Ansaugsystem:* Saugrohr-, Kurbelgehäusevolumen und Einlaßquerschnitt (Einlaßschlitzhöhe),

☐ das *Auspuffsystem:* Volumen der Auspuffleitung bis zum ersten Prallblech am Beginn des Schalldämpfers und der Auslaßquerschnitt (Auslaßschlitzhöhe).

Beide Schwingungssysteme, Ansaug- und Auspuffanlage, müssen so ausgelegt sein, daß sie bei ein und derselben Motordrehzahl ihre beste Wirkung abgeben.

Ansaugsystem: Bei *richtig abgestimmtem Ansaugsystem* schließt der Kolbenschaft den Einlaßschlitz in dem Augenblick, wo das gesamte angesaugte Kraftstoff-Luft-Gemisch in das Kurbelgehäuse eingeströmt ist (Bild 2.116). Stimmt die zugrunde gelegte Drehzahl des Motors der besten Leistung mit der Drehzahl bester Füllung überein, spricht man von der *Resonanzdrehzahl* (Resonanz = Übereinstimmung).

Um diesen Vorgang zu verstehen, muß man sich das Ansaugsystem als eine Feder vorstellen. Beim Vorsaugen des Kolbens wird der Druck im Kurbelgehäuse gegenüber dem der Außenluft verringert, die gedachte Feder (F) wird in die Länge gezogen, sie wird gespannt (Bild 2.114).

Nach dem Öffnen des Einlaßschlitzes strömt das Gemisch ein, die Feder zieht sich zusammen, sie wird kürzer als in ungespannter Ruhelage. Der Druck im Kurbelgehäuse ist etwas größer als der Atmosphärendruck (Bild 2.115).

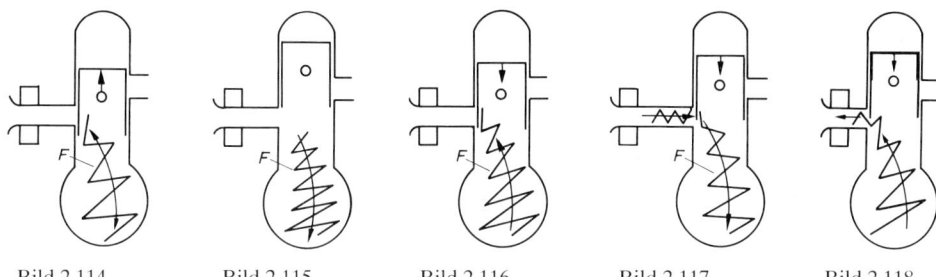

| Bild 2.114 | Bild 2.115 | Bild 2.116 | Bild 2.117 | Bild 2.118 |

Bild 2.114   Der aufwärtsgehende Kolben bewirkt eine Druckminderung im Kurbelgehäuse. Die «Feder» (F) wird in die Länge gezogen, gespannt.

Bild 2.115   Das Gemisch ist eingeströmt. Feder (F) ist leicht zusammengedrückt. Der Druck im Kurbelgehäuse ist höher als der der Außenluft.

Bild 2.116   Der Kolben verschließt den Einlaßschlitz rechtzeitig, das Gemisch kann nicht zurückströmen. Die bestmögliche Füllung ist erreicht.

Bild 2.117   Saugleitung ist zu lang. Beim Schließen des Einlaßschlitzes ist das Kurbelgehäuse noch nicht optimal gefüllt.

Bild 2.118   Einlaß schließt zu spät bzw. die Saugleitung ist zu kurz. Ein Teil des Gemisches strömt zurück.

Sofort darauf will sich die Feder wieder entspannen, das eingeströmte Gemisch will zurückströmen. Schließt jetzt der Einlaßschlitz, so ist die bestmögliche Füllung erreicht (Bild 2.116). Schließt der Einlaßschlitz zu früh, ehe sich die Feder zusammengezogen hat – Saugleitung zu lang –, so ist die Füllung (Bild 2.117) nicht optimal. Schließt der Einlaßschlitz zu spät – Saugleitung zu kurz –, so hat ein Teil des Gemisches das Kurbelgehäuse durch den Einlaßschlitz wieder verlassen (Bild 2.118).

Auspuffsystem: Jede Auspuffanlage besteht aus zwei Teilen:

❑ dem *leistungsbestimmenden Teil:* Auspuffrohr (Krümmer) und Diffusor,
❑ dem *schalldämpfenden Teil:* Schalldämpfer.

Der Schalldämpfer dient ausschließlich der Geräuschdämpfung. Solange er nicht verkokt ist, hat er keinerlei Einfluß auf die Motorleistung.

Wirkung und Abstimmung des leistungsbestimmenden Teils der Auspuffanlage

Beim Öffnen des Auslaßschlitzes herrscht im Zylinder noch ein Druck von etwa 3 bar. Durch diesen Druck strömen die verbrannten Gase schnell in die Auspuffanlage – 500 bis 600 m/s –, deren Rauminhalt (Krümmer und Diffusor) so groß sein muß, daß sich die verbrannten Gase schnell genug entspannen können, d.h. ihren Druck abbauen. Da kurz nach dem Auslaßschlitz auch die Überströmschlitze öffnen (siehe Steuerdiagramm Bild 2.108), muß der *Vorauslaß* – der Unterschied zwischen Höhe Auslaßschlitz und Höhe Überströmschlitze – so groß sein, daß beim Öffnen der Überströmschlitze der Restdruck der verbrannten Gase bis unter den Vorverdichtungsdruck des Gemisches im Kurbelgehäuse – etwa 0,3 bis 0,6 bar – abgesunken ist (siehe auch «das Vorverdichten»). Anderenfalls würden die verbrannten Gase beim Öffnen der Überströmschlitze zunächst in das Kurbelgehäuse strömen. Bei Motoren *mittlerer Leistung* beträgt die Höhe des Auslaßschlitzes etwa 30%, die der Überströmschlitze etwa 20% des Kolbenhubes. Bei Motoren hoher Leistung sind die Schlitzhöhen individuell stark unterschiedlich. Nachdem sich der Druck der verbrannten Gase verringert hat, strömt das im Kurbelgehäuse vorverdichtete Gemisch in den Zylinder und spült die verbrannten Restgase aus. Dabei läßt es sich nicht vermeiden, daß ein Teil des übergeströmten Gemisches (G) durch die Saugwirkung des Diffusors mit in die Auspuffleitung gerät (Bild 2.119). Die Saugwirkung des Diffusors ist so groß, daß trotz des übergeströmten Gemisches im Zylinder sogar durch die Überströmschlitze im Kurbelgehäuse eine Druckverringerung erzeugt wird, die dem nächsten Einlaßvorgang zugute kommt.

Der Kolben bewegt sich aufwärts, von UT nach OT. Nachdem die Überströmschlitze geschlossen sind, ist der Auslaßschlitz noch etwas geöffnet. Bei richtig bemessener Auspuffanlage (Krümmer und Diffusor) ist inzwischen ein Teil des Restgases im Diffusor am Prallblech des Schalldämpfers reflektiert (Druckwellenreflektor), so daß die Restgase jetzt in umgekehrter Richtung zum Zylinder zurückströmen. Dabei schieben sie das mit in den Auspuff geströmte Gemisch (G) durch den noch offenen Auslaßschlitz in den Zylinder zurück (*Rückströmung, Nachladung,* Bild 2.120).

Bei genau auf Motor und Drehzahl abgestimmter Auspuffanlage verschließt der Kolben beim weiteren Aufwärtsgang den Auslaßschlitz in dem Moment, wo das gesamte Gemisch (G) in den Zylinder zurückgedrückt ist.

Während der bis zum nächsten Auspufftakt verstreichenden Zeit baut sich der Restdruck der verbrannten Gase in der Auspuffanlage über den Schalldämpfer ins Freie ab. Bei Motoren mittlerer Leistung spielen sich die Schwingungsvorgänge in der Auspuffanlage (Krümmer und Diffusor) mit einer Geschwindigkeit von 500 bis 600 m/s ab. Bei Hochleistungsmotoren erreichen sie etwa dreifache Schallgeschwindigkeit.

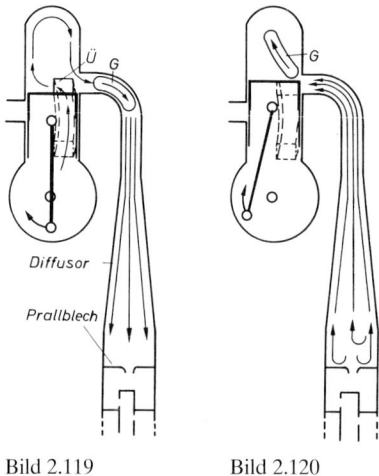

Bild 2.119   Durch die Saugwirkung des Diffusors ist Gemisch (G) in den Auspuff gelangt. Über die Überströmschlitze (Ü) wird im Kurbelgehäuse eine Druckminderung bewirkt.

Bild 2.120   Rückströmen (Nachladung). Das Prallblech wirkt als Druckwellenreflektor. Die zurückströmende Druckwelle schiebt das im Krümmer befindliche Gemisch (G) durch den noch offenen Auslaßschlitz zurück in den Zylinder.

Bild 2.119   Bild 2.120

2.3.3 Kompressionsdruckprüfung

Die Kompressionsdruckprüfung gibt Aufschluß über den Zustand der Abdichtung des Verbrennungsraumes eines Motors. Dies läßt bei geringer Laufleistung auf lokale Schäden und bei hoher Laufleistung auf entsprechenden Verschleiß schließen, wenn die Meßergebnisse schwach sind.

Voraussetzung für die Überprüfung sind folgende Punkte:

- ❐ betriebswarmer Motor,
- ❐ dekomprimierter Motor, d.h. alle Zündkerzen bzw. alle Glühkerzen oder alle Einspritzdüsen ausgebaut,
- ❐ Drosselklappe voll geöffnet,
- ❐ volle Batteriespannung,
- ❐ vorschriftsmäßiges Ventilspiel,
- ❐ gleichmäßig lange Startdauer,
- ❐ bei Einspritzmotoren alle Einspritzleitungen abgeschlossen,
- ❐ bei Transistor-Zündanlagen Zentralstecker vom Schaltgerät abgezogen, damit das Schaltgerät nicht zerstört wird.

Soll der Verdichtungsdruck gemessen werden, müssen die Verhältnisse wie während der Fahrt hergestellt werden. Bei kalter Maschine ist der Verdichtungsdruck niedriger, weil die Erwärmung der angesaugten Luft während der Verdichtung zu gering ist. Der angezeigte Wert entspricht dann nicht den Verhältnissen während der Fahrt. Bei einem Motor mit schlechtem Startverhalten kann – nachdem Zündung, Anlaßdrehzahl, Ventilspiel und Vergaser/Einspritzanlage als in Ordnung befunden sind – ein Prüfen des Verdichtungsdruckes bei kalter Maschine von Nutzen sein.

Durch das Herausschrauben der Zündkerzen erreicht der Motor beim Durchdrehen durch den Starter eine höhere Drehzahl, die eher den Betriebsbedingungen entspricht als die niedrige Startdrehzahl.

Die Drosselklappe muß voll geöffnet sein, damit der Motor genügend Luft ansaugt. Bei teilweise bzw. ganz geschlossener Drosselklappe kann der zu prüfende Zylinder nicht genügend ansaugen und verdichten.

Die Werte für die Prüfung des Verdichtungsdrucks werden vom Fahrzeughersteller angegeben, wobei zwischen Sollwerten und Mindestwerten (Verschleißgrenze) unterschieden wird. Es ist normal, daß der Kompressionsdruck bei steigender Laufleistung des Motors abnimmt. Die Werte der einzelnen Zylinder sollen aber möglichst gleichmäßig sein. Die max. zulässige Druckdifferenz darf bei betriebswarmem Motor folgende Werte nicht überschreiten:

DB-Ottomotoren	– 1,5 bar	VW-Ottomotoren	– 3,0 bar
DB-Dieselmotoren	– 3,0 bar	VW-Dieselmotoren	– 5,0 bar

Der Kompressionsdruckverlust an den Kolbenringen wird kurzzeitig verhindert, wenn man etwas dickflüssiges Öl in den Zylinder spritzt und dann prüft.

2.3.4 Druckverlusttest

Mit Hilfe eines Druckverlusttesters läßt sich die Ursache für den nachlassenden Verdichtungsdruck lokalisieren. Zunächst ist der Tester an die hauseigene Druckluftversorgung anzuschließen und seine Anzeige auf null Prozent Druckverlust zu justieren.

Danach schraubt man z.B. anstelle der Zündkerzen in den zu prüfenden Zylinder einen Adapter und steckt dort eine Zünd-OT-Sucherpfeife auf. Beim Drehen der Kurbelwelle entweicht während des Verdichtungstaktes Luft aus dem Zylinder, wobei ein Pfeifton entsteht.

Der Zünd-OT ist gefunden, sobald der Pfeifton endet. Jetzt blockiert man den Motor, zieht die Sucherpfeife ab und verbindet den Druckverlusttester über einen Druckluftschlauch mit dem Adapter. Die in den Zylinder einströmende Druckluft entweicht mehr oder weniger über alle undichten Stellen (Ventile, Kolbenringe und Zylinderkopfdichtung), wobei der Tester den Grad der Undichtheit in Prozent anzeigt.

Die Überprüfung ist in drei Kolbenstellungen durchzuführen, nämlich

❐ im Zünd-OT,
❐ bei etwa $^1/_3$ Kolbenhub,
❐ kurz vor dem Öffnen des Auslaßventils, d.h. ca. 60° vor dem unteren Totpunkt.

Per Hör- bzw. Sichtprüfung am offenen Saugrohr, Auspuff, Öleinfüllstutzen, Kühler/Ausdehnungsgefäß und an den benachbarten Zündkerzenbohrungen erkennt man, wo der Fehler liegt bzw. wo er am größten ist.

Die Überprüfung ist bei betriebswarmem Motor durchzuführen, wobei die max. Abweichung zwischen den Zylindern 5% betragen darf.

Zulässiger Druckverlust

❐ insgesamt max. 25% (Grenzwert),
❐ an den Kolben und Kolbenringen max. 20%,
❐ an den Ventilen und der Zylinderkopfdichtung max. 10%.

Bewertung

❐ Druckverlust bis 6% = sehr gut,
❐ Druckverlust bis 12% = gut,
❐ Druckverlust bis 20% = befriedigend,
❐ Druckverlust bis 25% = ausreichend.

2.3.5 Ungleichförmigkeit des Motors

Der Motorlauf ist durch den ständigen Wechsel zwischen dem Arbeitstakt und den Leertakten ungleichförmig. So entstehen Drehzahlschwankungen, die als Laufunruhe des Motors spürbar sind.

Die Ungleichförmigkeit nimmt zu,

❐ je kleiner die Zylinderzahl ist (großer Zündabstand),
❐ je niedriger die Motordrehzahl ist,
❐ je größer die Kolbenkraftunterschiede sind.

Die Ungleichförmigkeit ist beim Dieselmotor größer als beim Ottomotor und kann zu Getrieberasseln bei Leerlauf führen.

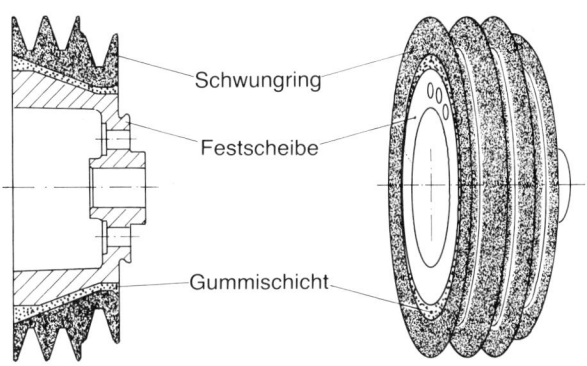

Bild 2.121
Drehschwingungsdämpfer (VAG)

Schwungring

Festscheibe

Gummischicht

2.3.6 Drehschwingungsdämpfer

Der Drehschwingungsdämpfer besteht aus einer Festscheibe = kleine Masse und einem Schwungring = große Masse (Bild 2.121). Beide sind durch eine Gummieinlage miteinander vulkanisiert und deshalb um einige Winkelgrade gegeneinander verdrehbar. Die Festscheibe ist mit der vorderen Stirnseite der Kurbelwelle verschraubt.

Der Drehschwingungsdämpfer gleicht Drehschwingungen der Kurbelwelle aus. Bei plötzlicher Beschleunigung bleibt der Schwungring um einige Winkelgrade hinter der Kurbelwellendrehzahl zurück, während er bei Gaswegnahme entsprechend voreilt.

Drehschwingungsdämpfer findet man bei Sechszylinder-Reihenmotoren, z.T. auch bei Vierzylinder-Reihenmotoren und bei Achtzylinder-V-Motoren. Der Drehschwingungsdämpfer ist nicht nur für die Laufruhe des Motors, sondern auch für einen gleichmäßigen und verschleißarmen Nockenwellenantrieb wichtig.

2.3.7 Zweimassenschwungrad

Die durch Zündfrequenzen an der Kurbelwelle ausgelösten Drehschwingungen übertragen sich üblicherweise auf das Getriebe, den Antriebsstrang und über die Achsaufhängung auf die Karosserie. Sie machen sich z.B. in Form von Getrieberasseln bzw. als Dröhn- und Brummgeräusche negativ bemerkbar. Dies läßt sich in gewissem Umfang durch Torsionsfedern in der Mitnehmerscheibe der Kupplung unterdrücken.

Das Zweimassenschwungrad ist mit der hinteren Stirnseite der Kurbelwelle verschraubt und besteht wie der Drehschwingungsdämpfer aus zwei Massen (Bild 2.122), die miteinander beweglich vernietet sind. Zwischen den beiden Massen befindet sich ein mehrstufiges Federdämpfersystem, bestehend aus drei Federgruppen und einer Reibeinrichtung. Der bewegliche Teil des Zweimassenschwungrades ist gegen Federkraft max. bis zu einem festen Anschlag verdrehbar. Beim Starten und Abstellen des Motors entsteht die größte Verdrehung zwischen den Schwungmassen, d.h., alle Federgruppen sind in Aktion. Bei Leerlaufdrehzahl arbeiten die Dämpferfedern der 1. Stufe, während im Fahrbetrieb je nach Lastzustand des Motors die Dämpferfedern der 2. und 3. Stufe wirksam sind.

Die Mitnehmerscheibe der Kupplung hat hier keine Torsionsfedern. Das Zweimassenschwungrad verhindert z.B. beim BMW-Diesel das Schütteln des Motors und das Getrieberasseln

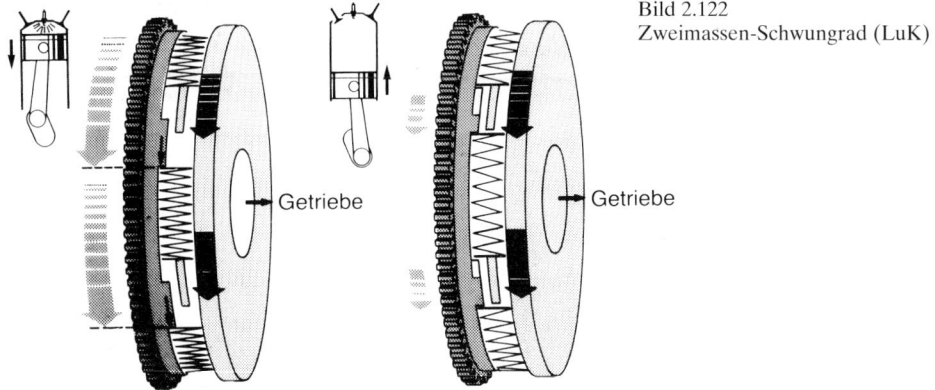

Bild 2.122
Zweimassen-Schwungrad (LuK)

Getriebe

Getriebe

bei Leerlauf, störende Geräusche im Antriebsstrang sowie Dröhn- und Brummgeräusche in der Karosserie. Ein solches Fahrzeug kann deshalb ohne Komforteinbuße mit niedriger Geschwindigkeit im hohen Gang bei günstigem Kraftstoffverbrauch und verringertem Schadstoffausstoß gefahren werden.

2.3.8   Ausgleichswellen

Hubkolbenmotoren sind für ihren mehr oder weniger unruhigen Lauf bekannt. Ursache dafür ist neben der Ungleichförmigkeit die auf- und abwärts stampfende Bewegung der Kolben.

Während die Kurbelwelle durch Hubzapfenversatz, Ausgleichsgewichte und genauer Wuchtung als rotierender Körper ausgeglichen ist und keine Schwingungen (1. Ordnung) anregt, verursachen die hin und her gehenden (oszillierenden) Massen des Kurbeltriebs sowie die Gaskräfte beim Arbeitstakt Schwingungen (2. Ordnung). Sie wirken in Zylinderrichtung und in Drehrichtung. Dabei entstehen Vibrationen und Geräusche, die den Komfort beeinträchtigen. Je kleiner die Zylinderzahl bzw. je größer die Kolben, desto größer das Problem.

Ausgleichswellen mit errechneten Unwuchten bringen die Lösung, denn sie sorgen durch abgestimmte Gegenschwingungen für die gewünschte Laufruhe (Bild 2.123).

Während die am meisten verbreiteten Vierzylindermotoren zwei Ausgleichswellen benötigen, die zueinander entgegengesetzt und mit doppelter Kurbelwellendrehzahl laufen, genügt bei Fünfzylindermotoren wie auch bei den neuen V6-Motoren von Mercedes eine mit Kurbelwellendrehzahl gegenläufig drehende Ausgleichswelle. Sechszylinder-Reihenmotoren und V12-Motoren brauchen infolge ihres Massenausgleichs, der bei V8-Motoren durch entsprechende Gegengewichte an der Kurbelwelle ausgeglichen wird, keine Ausgleichswellen.

2.3.9   Motoraufhängung

Motoren im Fahrzeug werden überwiegend mittels auf Zug und Schub beanspruchter Hartgummiblöcke **(Silentblöcke)** gelagert. Dies dämpft die Übertragung von motorseitigen Schwingungen und Geräuschen auf die Karosserie und das Fahrwerk.

Eine Steigerung der Ergebnisse wird durch Verwendung von **Hydrolagern** erzielt.

Bild 2.123
Ausgleichswellen beim Porsche 944

Sie sind so aufgebaut, daß nieder- und hochfrequente Schwingungen unterschiedlich verarbeitet werden.

Bei *niederfrequenten* Schwingungen wird Dämpfungsflüssigkeit (Alkohol-Wasser-Gemisch) durch eine Düsenbohrung zwischen zwei Arbeitsräumen hin und her bewegt.

Das Ergebnis ist eine relativ weiche Dämpfungswirkung.

Da *hochfrequente* Schwingungen sich auf diesem Weg nicht schnell genug ausgleichen lassen, ist dann der gesamte Lagerblock wirksam. Das Ergebnis ist eine steife Dämpfungswirkung.

2.4   Motorleistung

Beim Verbrennungsmotor unterscheidet man zwischen der

❒ indizierten Leistung (P_i) = theoretische Leistung und der
❒ effektiven Leistung (P_e) = nutzbare Leistung.

Die effektive Leistung ist infolge der Energieverluste – *Auspuffwärme, Kühlung, Strahlung* und *Reibung* – kleiner als die indizierte Leistung. Der Wirkungsgrad liegt je nach Motor zwischen 25 bis 40% (siehe Bild 2.1).

Im Kfz-Schein ist die effektive Leistung (P_e) angegeben, die bei Nenndrehzahl des Motors an der Kupplung zur Verfügung steht, z.B. 100 kW (136 PS). Da durch die Kraftübertragung bis zu ca. 30% Leistung verbraucht werden, stehen an den Rädern nur noch ca. 70 kW (92,2 PS) zur Verfügung.

Die effektive Motorleistung (P_e) ist das Ergebnis aus Drehmoment (M_d) × Drehzahl (n). Sie läßt sich wie folgt in kW errechnen:

Beispiel

$M_d = 191$ Nm
$n\ \ = 5000$ min^{-1}

$$P_e = \frac{M_d \cdot n}{9550}$$

$$P_e = \frac{191 \cdot 5000}{9550}$$

$$P_e = 100 \text{ kW}$$

Der Fahrzeughersteller bezieht die Motorleistung auf einen Luftdruck von 760 Torr (1013 mbar) und eine Lufttemperatur von 20 °C.

Die Motorleistung sinkt z.B. bei 100 m Höhenzunahme um ca. 1%.

Die aktuelle Leistungsangabe erfolgt in kW.

1 kW entspricht 1,36 DIN-PS.

1 DIN-PS entspricht 0,736 kW.

1 PS ist die Kraft, die in 1 Sekunde 75 kg um 1 m anhebt.

2.4.1   Leistungsbestimmende Faktoren

Die Motorleistung ist das Ergebnis aus Drehmoment × Drehzahl. Je mehr *Drehzahl*, desto mehr Zündungen/Arbeitstakte pro Minute. Das *Drehmoment* – Drehkraft an der Kupplung – ergibt sich aus Kolbenkraft × Hebelarm.

Kolbenkraft = Druck × Fläche

Hebelarm = Kurbelradius an der Kurbelwelle

Die Kolbenkraft wächst bei unverändertem Hubraum

❐ mit der Zylinderfüllung, die z.B. durch Mehrventiltechnik, Turbolader, Schaltsaugrohr und variable Steuerzeiten verbessert wird,
❐ mit der Brenngeschwindigkeit, die durch erhöhte Kompression, optimierte Brennraumform oder Doppelzündung gesteigert wird,
❐ mit der Kolbenfläche.

Großvolumige Motoren erreichen ihr großes Drehmoment durch die große Kolbenkraft, Langhuber dagegen durch den großen Hebelarm. Je größer das Drehmoment, desto durchzugsstärker ist der Motor. Im Bereich des max. Drehmoments arbeitet der Motor besonders effektiv. Liegt das max. Drehmoment weit unten (bei geringer Drehzahl), so läßt sich das Auto schaltfaul und sparsam fahren. Sportliches Fahren wird möglich, wenn das max. Drehmoment weit oben liegt.

2.4.2   Ventiltechnik

Je nach Umfang der gesteckten Ziele sind Motoren mit zwei, drei, vier oder fünf Ventilen pro Zylinder ausgestattet.

Entscheidend sind

❏ Drehmoment,
❏ Leistung,
❏ Kraftstoffersparnis,
❏ Schadstoffreduzierung.

2-Ventil-Technik
Jeder Zylinder hat 1 Einlaß- und 1 Auslaßventil. Infolge begrenzter Strömungsquerschnitte sind die Zylinderfüllung und die Motorleistung begrenzt. Diese Technik ist einfach und kostengünstig.

3-Ventil-Technik
Die aktuellen Pkw-V6-Motoren von Mercedes sind mit der 3-Ventil-Technik ausgerüstet (2EV und 1AV). Durch vergrößerte Einlaßquerschnitte werden Zylinderfüllung, Drehmoment und Leistung gesteigert. Da jeder Zylinder nur 1 Auslaßventil hat – geringere Wärmeverluste gegenüber der 4-Ventil-Technik – aktivieren die heißeren Abgase den Katalysator schneller, d.h., die Schadstoffreduzierung setzt schneller ein und ist somit effektiver.

4-Ventil-Technik
Jeder Zylinder hat 2 Einlaß- und 2 Auslaßventile.

Vorteile

❏ Verbesserte Gaswechselarbeit infolge größerer Strömungsquerschnitte (mehr Drehmoment und Elastizität).
❏ Drehzahlsteigerungen, da kleine und leichte Ventile (mehr Leistung).
❏ Reduzierung der Spülverluste und Verbräuche durch verkürzte Steuerzeiten (mehr Leistung bei niedrigen Drehzahlen).
❏ Saubere Verbrennung und geringe Empfindlichkeit gegen klopfende Verbrennung durch ideale (zentrale) Zündkerzenposition und flache Brennräume (kurze Flammwege).

5-Ventil-Technik (Bild 2.124)
Die von Audi angewandte 5-Ventil-Technik (3EV und 2AV) verbessert den Gaswechsel. Er erfolgt aufgrund großer Strömungsquerschnitte schneller, verbessert die Zylinderfüllung und die Motorleistung. Große Strömungsquerschnitte erlauben kürzere Ventilöffnungszeiten, wodurch sich die Ventilüberschneidung und das Verbrennungsgeräusch verringert. Dies reduziert wiederum die Frischgasverluste und das Verbrennungsgeräusch.

Die mittig angeordneten Zündkerzen verkürzen die Flammwege, so daß die Klopfgefahr bei hoher Verdichtung geringer und die Kraftstoffausnutzung intensiver ist.

Vorteile

❏ hohes Drehmoment,
❏ hohe Leistung bei kleinem Hubraum,
❏ geringer Kraftstoffverbrauch durch hohen Motorwirkungsgrad,
❏ Laufruhe durch leises Verbrennungsgeräusch.

2.4.3   Schaltsaugrohr

Allgemein ist die Länge der Ansaugrohre festgelegt und auf den Motor abgestimmt. Es ist ein Kompromiß bezüglich Drehmoment und Leistung.

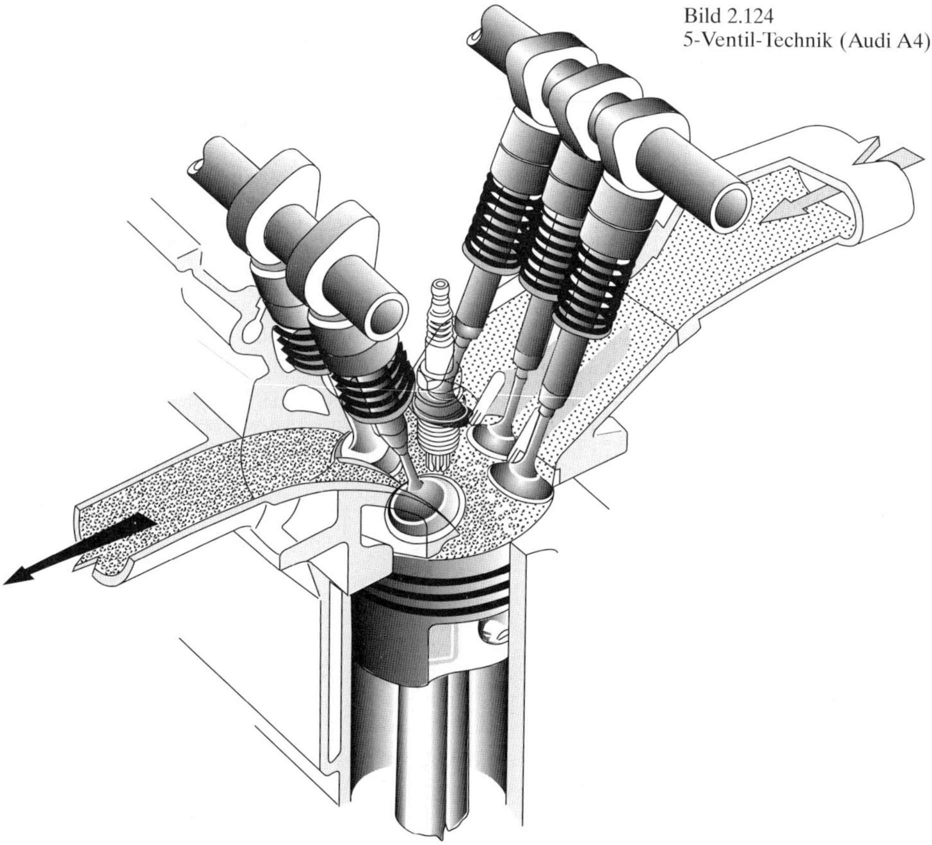

Bild 2.124
5-Ventil-Technik (Audi A4)

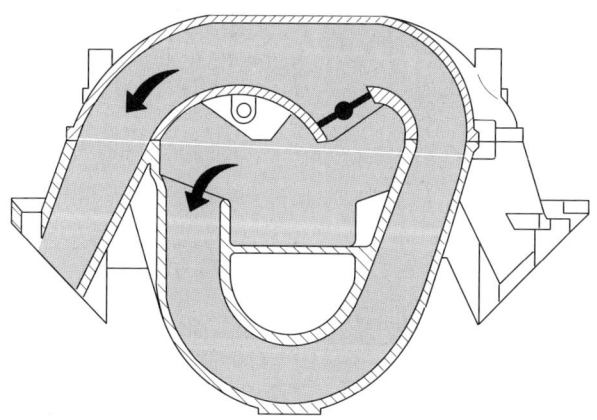

Bild 2.125 Schaltsaugrohr (Audi-V6-Motor), die Umschaltklappen sind geschlossen, d.h., der Motor saugt über die Drehmomentkanäle (lange Ansaugwege).

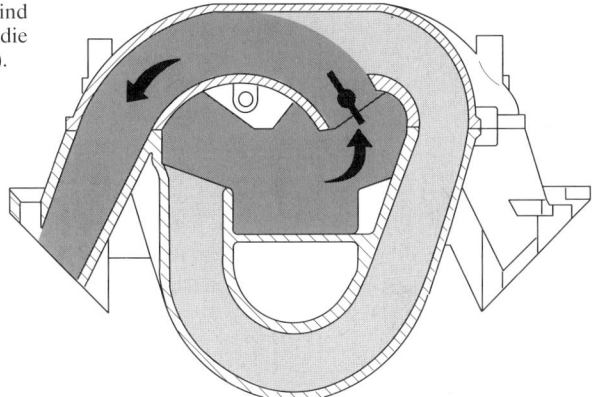

Bild 2.126 Die Umschaltklappen sind geöffnet, d.h., der Motor saugt über die Leistungskanäle (kurze Ansaugwege).

Das Schaltsaugrohr, z.B. beim Audi-V6-Motor, ermöglicht eine bedarfsgerechte Änderung der Ansaugwege. Diese Maßnahme bewirkt sowohl ein hohes Drehmoment als auch eine hohe Motorleistung.

Im unteren Drehzahlbereich (bis 4100 min^{-1}) sind die Umschaltklappen geschlossen (Bild 2.125), d.h. lange Ansaugwege (Drehmomentkanäle).

Lange Ansaugwege mit engem Querschnitt erhöhen die Strömungsgeschwindigkeit und damit das Drehmoment. Im oberen Drehzahlbereich (über 4100 min^{-1}) sind die Umschaltklappen geöffnet (Bild 2.126), d.h. kurze Ansaugwege (Leistungskanäle).

Kurze Ansaugwege mit großem Querschnitt erhöhen die Zylinderfüllung und damit die Leistung. Die Schaltverzögerung verhindert ein Ruckeln bei gleichmäßiger Fahrt mit 4100 min^{-1}.

2.4.4 Abgasturbolader

Der von der Motordrehzahl abhängige Abgasstrom treibt das Abgasturbinenrad des Turboladers. Er erzeugt den Ladedruck, durch den die Zylinderfüllung, das Drehmoment, die Motorleistung gesteigert und der Kraftstoffverbrauch gesenkt wird.
Je nach Ausführung unterscheidet man

❑ Turbolader ohne Bypass (Abschnitt 2.9.5) für niedrige Nenndrehzahlen (Lkw-Motoren),
❑ Turbolader mit Bypass (Abschnitt 2.9.5) für Ladedruckbegrenzung (Pkw-Motoren),
❑ Turbolader mit Bypass (Abschnitt 3.8.4) für Pkw mit Motronic,
❑ Turbolader mit Leitschaufeln.

Beim Turbolader mit Leitschaufeln (Audi- und VW-Dieselmotoren) gibt es keinen Bypass (Bild 2.127). Die Unterdruckdose betätigt einen Verstellring (Bild 2.128), der die im Trägerring gelagerten Leitschaufeln verstellt. Diese beeinflussen den Abgasstrom auf das Turbinenrad.

Das Prinzip ist einfach:
Bei niedriger Drehzahl wird der Eintrittsquerschnitt verkleinert (Bild 2.129), so daß sich die Abgasgeschwindigkeit und damit die Turbinendrehzahl zwangsläufig erhöht. Auf diese Weise erreicht man den gewünschten Ladedruck schon bei niedriger Drehzahl, ohne daß ein Leistungseinbruch (Turboloch) entsteht. Bei hoher Drehzahl wird der Eintrittsquerschnitt vergrößert (Bild 2.130), so daß sich das Turbinenrad nicht zu schnell dreht und der Ladedruck nicht zu groß wird.

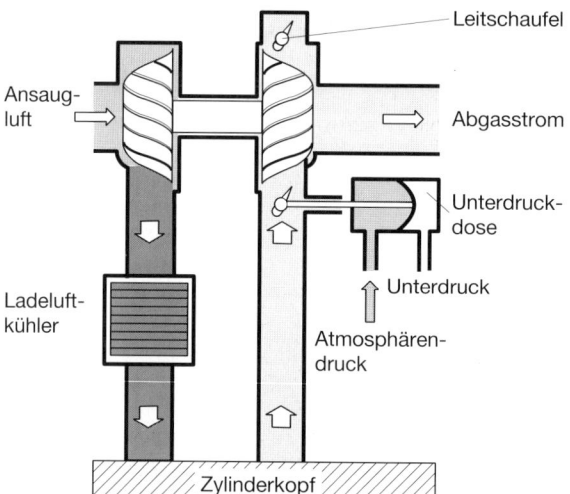

Leitschaufel

Ansaug-
luft

Abgasstrom

Unterdruck-
dose

Unterdruck

Ladeluft-
kühler

Atmosphären-
druck

Zylinderkopf

Bild 2.127
Verstellbarer Turbolader (VW)

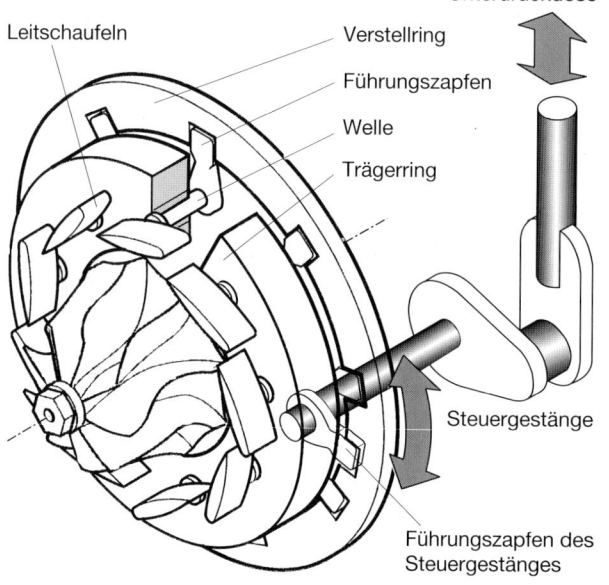

Unterdruckdose

Leitschaufeln

Verstellring

Führungszapfen

Welle

Trägerring

Steuergestänge

Führungszapfen des
Steuergestänges

Bild 2.128
Verstellung der Leitschaufeln

Bild 2.129   Stellung der Leitschaufeln
bei niedriger Drehzahl

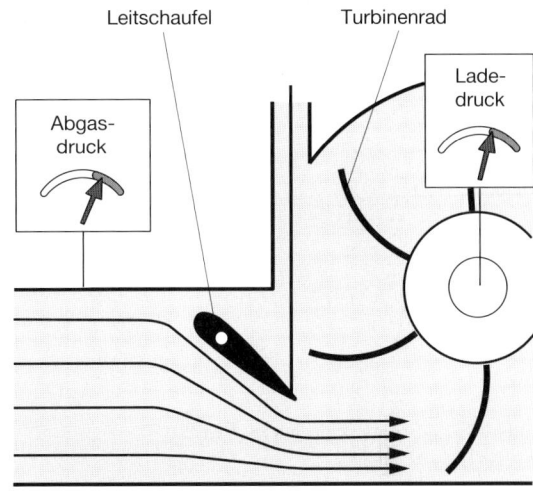

Bild 2.130   Stellung der Leitschaufeln
bei hoher Drehzahl

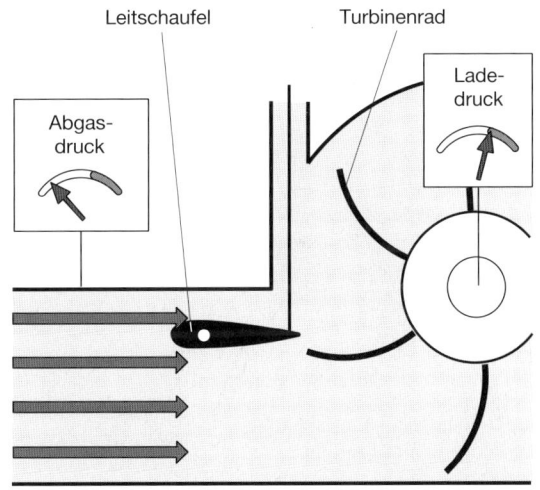

Der Ladedruck wird also geregelt und bleibt annähernd konstant. In der Notlaufstellung ist der größte Eintrittsquerschnitt freigegeben.

2.4.5   Brennraum

Die Gestaltung des Brennraumes erfolgt durch eine ausgeklügelte Oberflächenformung des Kolbenbodens oder des Zylinderkopfes, so daß bei modernen Motoren sich gegenüberliegende Planflächen = *Quetschflächen* entstehen. Beim Verdichten schießt das Gemisch mit großer Geschwindigkeit aus den *Quetschspalten* in den übrigen Brennraum, also zur Zündkerze (Bilder 2.131 und 2.132).

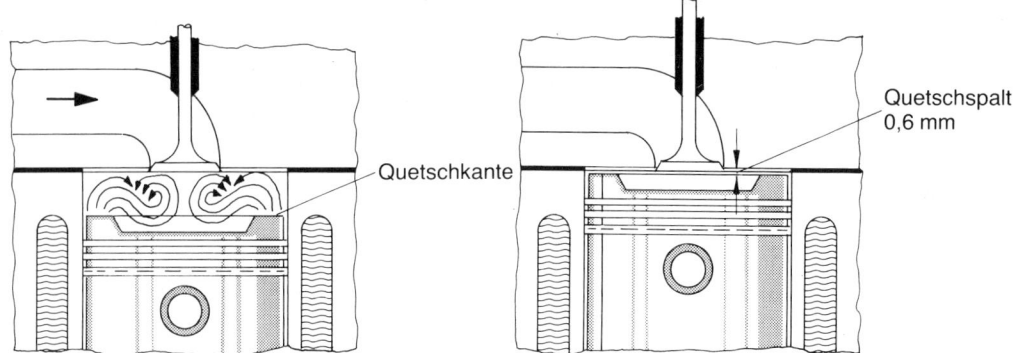

Bild 2.131   Brennraum mit Quetschkante/
Quetschspalt (VAG)

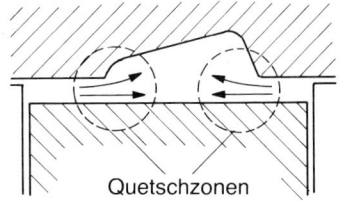

Bild 2.132   Brennraum mit Quetschzonen
(Toyota)

Die Quetschflächen bewirken eine Verdichtungsturbulenz, die gerade bei niedrigen Drehzahlen (geringe Eingangsturbulenz) zwecks hoher Flammgeschwindigkeit für die einwandfreie Verbrennung wichtig ist.

Die Gestaltung des Brennraumes hat einen günstigen Einfluß auf

❐ die Qualität der Verbrennung,
❐ den Kraftstoffverbrauch,
❐ das Laufverhalten des Motors,
❐ das Leistungsverhalten des Motors,
❐ den Schadstoffanteil im Abgas.

2.4.6   Doppelzündung

Die Doppelzündung – 2 Zündkerzen pro Zylinder – ist neben der Mehrventiltechnik, dem Turbolader und dem Schaltsaugrohr ein Weg zur Leistungssteigerung. So erreicht z.B. der unveränderte Alfa 75 Twin Spark 2,0

❐ mit einfacher Zündung 128 PS und
❐ mit Doppelzündung 148 PS.

Durch zwei Zündkerzen pro Zylinder werden die Flammwege im Brennraum verkürzt. Das Gemisch ist nach kürzerer Zeit verbrannt und wird deshalb weniger aufgeheizt. Während die Klopfgefahr sinkt, wächst der Verbrennungsdruck und damit die Kolbenkraft. Der Motor hat über einen großen Drehzahlbereich ein hohes und gleichmäßiges Drehmoment, wodurch sich die Elastizität verbessert.

Vorteile

❐ hohes Drehmoment,
❐ hohe Leistung,
❐ geringer Kraftstoffverbrauch,
❐ Reduzierung der Schadstoffe im Abgas.

2.4.7   Phasenversetzte Doppelzündung

Die aktuellen Pkw-V6-Motoren von Mercedes sind mit einem variablen Ansaugsystem, mit 3-Ventil-Technik und Doppelzündung – zwei Zündkerzen pro Zylinder – ausgerüstet. Das Besondere an dieser Doppelzündung ist, daß die Zündkerzen nicht gleichzeitig, sondern mit geringem Zeitverzug (phasenversetzt) zünden. Dies verhindert einen zu schnellen Druckaufbau im Zylinder. Der Motor erreicht so, bei unverändertem Wirkungsgrad, eine verbesserte Laufkultur, d.h., er läuft weicher und leiser. Die Verbrennung ist selbst bei ungünstigen Bedingungen wie Kaltstart, Leerlauf oder Teillast vollständig. Dies wirkt sich sehr positiv auf das Drehmoment, den Kraftstoffverbrauch und das Abgasverhalten aus.

2.5   Motorschmierung

Die Schmierung erfolgt *ausschließlich durch Öl.*

Aufgaben des Motoröls sind:
Schmieren, Kühlen (Wärme abführen), **Feinstabdichten, Reinigen** (Motor sauberhalten), **Schutz vor Korrosion.**

Schmieren
Vereinfacht ausgedrückt, bedeutet es, aufeinanderreibende Flächen zu trennen. Dies geschieht durch das Öl, das von der Ölpumpe den Schmierstellen des Motors zugeführt wird. Anders ausgedrückt: Das Schmiermittel soll die Reibung zwischen sich gegeneinander bewegenden Flächen herabsetzen, den Verschleiß verringern oder möglichst ganz vermeiden.

Bei der *Reibung* unterscheidet man:

❐ Trockenreibung,
❐ Mischreibung und
❐ Flüssigkeitsreibung.

Bei der Trockenreibung berühren sich beide Teile mit *völlig trockenen* Oberflächen, so daß bei Bewegung *hoher Verschleiß* (Bild 2.133a) entsteht.

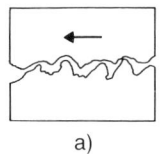

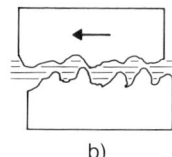

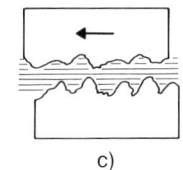

a)   b)   c)

Bild 2.133   Darstellung der Reibung im mikroskopischen Bereich

a) Trockenreibung: Beide Körper berühren sich mit absolut trockener Oberfläche.

b) Mischreibung: Zwischen beiden Körpern befindet sich Schmiermittel. Nur noch einzelne Oberflächenspitzen können sich berühren: Es tritt nur noch geringer Verschleiß auf.

c) Flüssigkeitsreibung: Beide Körper sind durch eine Flüssigkeitsschicht vollständig voneinander getrennt. Es tritt praktisch kein Verschleiß auf.

Im Kfz-Motor herrscht praktisch nie Trockenreibung. Die Lagerstellen des neuen Motors sind beim Zusammenbau eingeölt, die Kolben mit Öl in die Zylinder eingesetzt. Selbst nach langem Stillstand eines Motors haften noch geringe Ölmengen in den Haupt- und Pleuellagern sowie an den Zylinderlaufflächen, so daß beim Starten *Mischreibung* (Bild 2.133b) herrscht. Bei laufendem Motor stellt sich *Flüssigkeitsreibung* ein: Die sich gegeneinander bewegenden Flächen sind durch Schmiermittel vollständig voneinander getrennt. Erst dann tritt praktisch kein Verschleiß auf (Bild 2.133c).

Die *Schmierung der Gleitlager* erfolgt nach dem *hydrodynamischen Prinzip.* Die *Wirkungsweise* ist folgende: Im Stillstand des Motors liegt der Lagerzapfen durch sein Gewicht am Grund der Lagerschale auf. Nach dem Starten des Motors dreht sich die Welle, es findet kurzzeitig *Mischreibung* statt. Tritt Öl in das Lager ein – der Öleintritt befindet sich *vor* der Auflage des Zapfens in der Lagerschale –, wird es vom Zapfen mitgenommen. Durch die *keilförmige Verengung des Spaltes zwischen Zapfen* und *Lagerschalen* entsteht ein *hoher Druck, der den Lagerzapfen auf dem Schmierfilm des Öls «aufschwimmen» läßt,* so daß jetzt *Flüssigkeitsreibung* zwischen Zapfen und Lager herrscht. Dieser Druck (800 bis 1000 bar) erzeugt eine Kraft, die der Kolbenkraft, entstanden durch den Verbrennungsdruck, entgegenwirkt.

Je höher die Gleitgeschwindigkeit wird – zunehmende Drehzahl der Welle –, um so größer wird der Druck des Schmieröls, der sich im Schmierkeil aufbaut. Bild 2.134 zeigt die durch die Schmierkeilwirkung im Lager entstehende Druckverteilung. *Zur Bildung des Schmierkeils im Gleitlager ist ein Lagerspiel* – Unterschied zwischen Lagerzapfendurchmesser und Lagerdurchmesser – *erforderlich.*

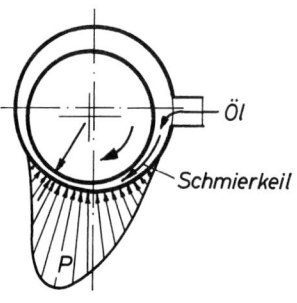

Bild 2.134   Schmierkeilwirkung und Druckverteilung (P) im hydrodynamischen Gleitlager. Der Lagerzapfen schwimmt auf dem Schmierkeil auf, es findet nur noch Flüssigkeitsreibung statt.

Schmierung der Kolben und der Kolbenbolzen: Die Schmierung der Kolben in den Zylindern erfolgt durch Spritz- oder Schleuderöl, das bei drehender Kurbelwelle aus dem Spalt zwischen Pleuelfuß und Kurbelwange abgeschleudert wird. Zusätzlich kann an jedem Pleuelfuß eine Abspritzbohrung angebracht sein, um die Ölmenge zur Schmierung der Kolben in den Zylindern sowie der Kolbenbolzen zu erhöhen. Dies ist immer dann der Fall, wenn Pleuelstangen mit Schrumpfsitz für den Kolbenbolzen verwendet werden.

Kühlen (Reibungswärme abführen)

Durch Reibung entsteht Wärme. Ein Teil dieser Wärme wird vom Schmieröl aufgenommen und über die Ölwanne an die Außenluft abgeleitet, ebenso ein Teil der bei der Verbrennung entstehenden Wärme.

Flüssigkeitsgekühlte Motoren hoher Leistung haben zusätzlich einen *Ölkühler*, wodurch die Überhitzung des Schmieröls verhindert wird.

Luftgekühlte Motoren haben stets einen Ölkühler, da bei ihnen das Öl weit mehr zur Wärmeableitung herangezogen wird als im flüssigkeitsgekühlten Motor.

Feinstabdichtung der Kolben in den Zylindern

Man unterscheidet *drei* Stufen der *Abdichtung* zwischen Kolben und Zylinder:

Grobabdichtung: Der Kolben hat den zur Zylinderbohrung gehörenden richtigen Durchmesser.

Feinabdichtung: Sie erfolgt durch die Kolbenringe (Kompressionsringe) im Zylinder.

Feinstabdichtung: Sie erfolgt durch den Ölfilm zwischen Kolbenringen und Zylinderwandung.

Reinigen (Motor sauberhalten)

Beim Starten des kalten Motors entsteht ein geringer Abrieb, da die gegeneinander bewegenden Flächen der Lager, Kolben, Kolbenringe und Zylinder, Stößel und Kipphebel durch das Schmieröl noch nicht völlig voneinander getrennt sind: Es herrscht zunächst *Mischreibung* statt Flüssigkeitsreibung (Bild 2.133b). Dieser entstehende Abrieb muß durch das Öl sofort aus dem Schmierspalt herausgespült werden, um eine schmirgelnde Wirkung dieser kleinsten Metallteile zu verhindern. Außerdem muß das Öl so beschaffen sein, daß sich diese Abriebpartikel nicht mit den bei der Verbrennung entstehenden Rußverbindungen an irgendeiner Stelle des Ölkreislaufs ablagern, sondern in Schwebe gehalten und in das Ölfilter abtransportiert werden.

Schutz vor Korrosion

Durch ständige Temperaturschwankungen in Verbindung mit der Luftfeuchtigkeit bildet sich Rost. Außerdem entstehen bei der Verbrennung korrosiv wirkende Stoffe, wie z.B. schwefelige Säure. Vor der zerstörenden Wirkung dieser Stoffe schützt das Motorenöl durch die Bildung eines schützenden Überzugs. Dieser Korrosionsschutz wird unterstützt durch das Neutralisationsvermögen des Öls. Die sauren Bestandteile – z.B. die schwefelige Säure H_2SO_3 – werden vom Öl neutralisiert, so daß sie wirkungslos werden.

2.5.1 Schmiersysteme

Das Schmiersystem dient dazu, alle zu schmierenden und zu kühlenden Stellen im Motor mit Schmieröl zu versorgen. Man unterscheidet: *Druckumlauf*schmierung, *Trockensumpf*-Umlaufschmierung und *Frischöl*schmierung.

Druckumlaufschmierung

Die meisten Kraftfahrzeuge sind mit Druckumlaufschmierung ausgerüstet. Das von der Ölpumpe über einen Saugkorb aus der Ölwanne angesaugte Öl durchströmt das Hauptstromölfilter und gelangt dann in den Hauptschmierkanal, der üblicherweise im Motorblock parallel zur Kurbelwelle verläuft. Stichkanäle führen zu den Hauptlagern der Kurbelwelle. Die Kurbel-(Pleuel-)Zapfen werden von den Hauptlagern mit Öl versorgt, da die Kurbelwelle entsprechende Bohrungen aufweist. Ein Teil des von der Ölpumpe geförderten Öls wird vom Hauptschmierkanal abgezweigt und dient zur Schmierung der Nockenwellenlager. Von hier aus wird ggf. ein Teil den Kipp- oder Schwinghebeln zur Schmierung der Hebel und der Nocken zugeführt.

Die Schmierung der Kolbenbolzen und der Kolben in den Zylindern erfolgt durch das Öl, das bei drehender Kurbelwelle aus dem Spalt zwischen Pleuelfuß und Kurbelwange angeschleudert wird. Oft ist am Pleuelfuß eine kleine Bohrung angebracht, aus der ein Teil des Schmieröls für den Hubzapfen abspritzt, um die Schmierung von Kolbenbolzen und Kolben zu verbessern.

Den Ölkreislauf eines VW-Golf-Motors zeigt Bild 2.135.

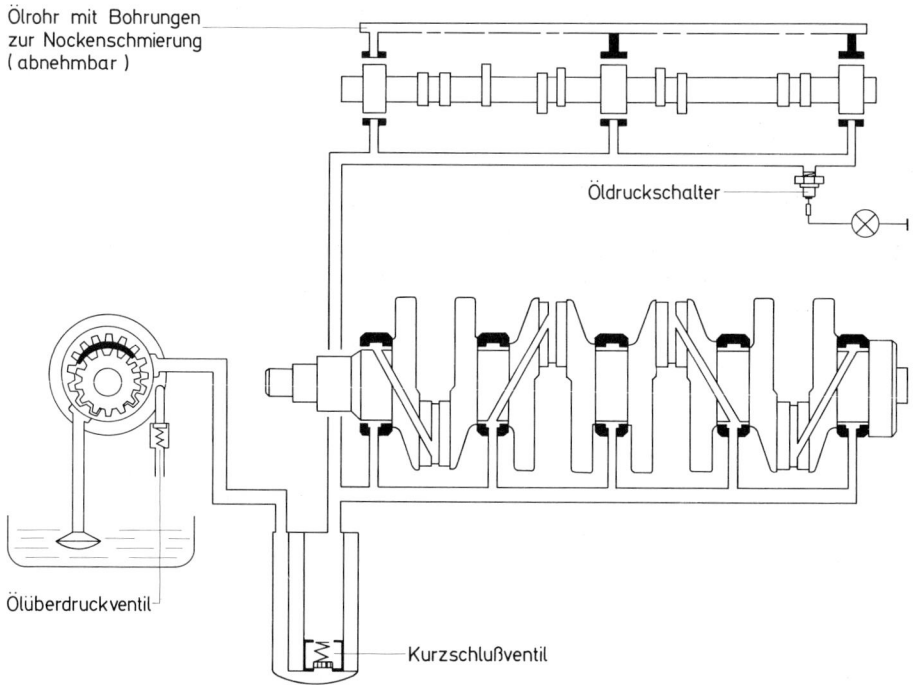

Bild 2.135 Ölkreislauf beim VW Golf

Trockensumpf-Umlaufschmierung

Eine Druckpumpe fördert das Öl aus einem separaten Ölbehälter zu den Schmierstellen des Motors. Das aus den Schmierstellen austretende Öl tropft auf den Boden des Kurbelgehäuses und sammelt sich an der tiefsten Stelle, im Sumpf. Von hier wird es durch eine zweite Ölpumpe (Saugpumpe) abgesaugt und wieder dem Ölvorratsbehälter zugeführt.

Die Förderleistung der Saugpumpe ist stets größer als die der Druckpumpe, um zu verhindern, daß sich im Kurbelgehäuse Öl ansammelt.

Obwohl die Trockensumpf-Umlaufschmierung zwei Ölpumpen erfordert, bietet sie gegenüber der üblichen, meist angewendeten Druckumlaufschmierung einige Vorteile:

❐ Das «Luftansaugen» der Ölpumpe bei sehr schneller Kurvenfahrt ist nicht möglich.
❐ Durch Fortfall der Ölwanne am Motorgehäuse wird die Bauhöhe des Motors verringert.
❐ Der Ölbehälter kann an beliebiger Stelle angebracht und zur Ölkühlung herangezogen werden.
❐ Auf dem Weg von der Saugpumpe zum Ölbehälter kann die abgesaugte Ölmenge wirkungsvoll in einem Ölkühler gekühlt und in einem Filter gereinigt werden.

Frischölschmierung

Sie gelangt bei Zweitaktmotoren zur Anwendung, und zwar als Mischungsschmierung, wobei

❐ dem Kraftstoff Motoröl z.B. im Verhältnis 1:50 oder 1:100 beigemischt wird, bzw. wobei
❐ dem Kraftstoff beim Eintritt in den Vergaser mittels Dosierpumpe Öl zugesetzt wird. Die Dosierpumpe ist über ein Gestänge auf der Drosselklappe des Vergasers verbunden.

2.5.2 Ölpumpen

Allgemein werden Zahnradölpumpen verwendet. Bild 2.136a zeigt eine Zahnradölpumpe üblicher Bauart mit außenverzahnten Stirnzahnrädern.

Die Arbeitsweise der Stirnradpumpe ist folgende: Durch die Drehung der beiden miteinander kämmenden Zahnräder entsteht auf der Saugseite eine Volumenvergrößerung, wodurch Öl angesaugt wird. Das Öl wird in den Zahnlücken entlang der Gehäusewandung gefördert. Auf der Druckseite tritt Volumenverkleinerung ein, wodurch Druckwirkung entsteht. Die *Ölpumpe* wirkt also als kombinierte *Saug- und Druckpumpe,* sie ist in der Lage, selbsttätig anzusaugen. Um die Wirkung der Pumpe zu erhöhen, wird sie an der tiefstmöglichen Stelle angebracht, so daß die Saughöhe möglichst gering ist. Hierdurch wird eine schnelle Versorgung der Schmierstellen mit Öl beim Starten des Motors erreicht. Es werden sowohl gerade- als auch schrägverzahnte Stirnradpumpen verwendet.

Bild 2.136b zeigt eine Rotorölpumpe, auch Eaton- oder Sternkolbenpumpe genannt. Die Pumpe besteht aus zwei Rotoren, einem Innen- und einem Außenrotor. Der Außenrotor hat einen «Zahn» mehr als der Innenrotor. Angetrieben wird der Innenrotor. Auch diese Pumpe arbeitet als Saug- und Druckpumpe.

Ölpumpen können sowohl von der Nocken- oder Verteilerwelle aus als auch von der Kurbelwelle angetrieben werden. Läuft die Ölpumpe mit Kurbelwellendrehzahl, bedingt durch die bauliche Ausführung des Motors, verwendet man eine *Exzenter-Zahnradpumpe,* auch Mondsichel- oder Sichelpumpe genannt, wie in Bild 2.135 dargestellt.

Die *Fördermengen* von Ölpumpen an Pkw-Motoren liegen bei 20 l/PS/h und darüber. Die Drücke im Schmiersystem betragen meistens bis zu 5 bar, gemessen bei mittlerer Drehzahl und einer Betriebstemperatur des Öls von 100 °C (373 K) in der Ölwanne.

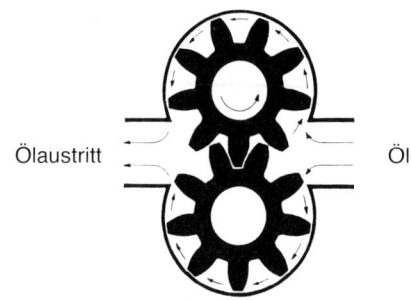

Bild 2.136a   Stirnrad-Ölpumpe. Bei Drehung der Zahnräder entsteht (rechts) durch Volumenvergrößerung Saugwirkung, links durch Volumenverkleinerung Druckwirkung.

Ölaustritt   Öleintritt

Bild 2.136b   Aufbau und Wirkungsweise der Rotor-Ölpumpe. Bei Drehung der Rotoren vergrößert sich der Raum S, es entsteht Saugwirkung. Der Raum D verkleinert sich, das Öl wird herausgedrückt, es entsteht Druckwirkung.

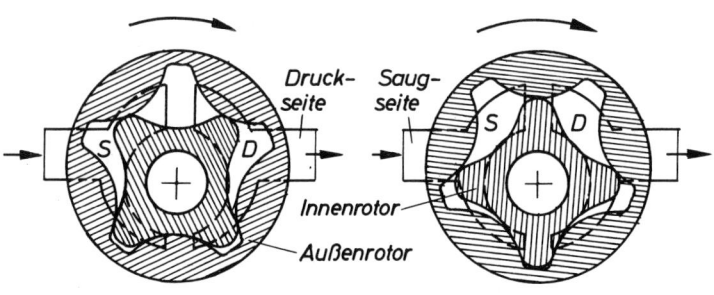

2.5.3   Kurzschlußventil

Dieses Ventil, das auf der Druckseite angebracht ist, bildet eine Sicherung gegen zu hohen Öldruck, z.B. beim Start des Motors bei kaltem Öl. Gesichert werden Ölpumpe und Ölpumpenantrieb, Hauptstrom-Ölfilter und Ölkühler. So ist es möglich, den Öldruck im Schmierölkreislauf unter allen Betriebsbedingungen konstant zu halten. Das Ventil wird so dicht wie möglich hinter der Ölpumpe, oft direkt im Ölpumpengehäuse, angeordnet. Die Öffnungsdrücke dieser Ventile liegen zwischen 3 und 10 bar.

2.5.4   Öldruckschalter

Der Öldruckschalter dient zur *Überwachung des Schmiersystems*. Bei stehendem Motor und eingeschalteter Zündung erhält die Ölkontrolleuchte über den Schalter Massekontakt, sie leuchtet auf. Wird der Motor gestartet, öffnet der Massekontakt durch den Druck der Ölpumpe, und die Kontrolleuchte erlischt. Der *Ansprechdruck* der *Öldruckschalter* liegt in der Regel zwischen 0,2 und 0,6 bar (s. Abschnitt 8.9.5).

2.5.5   Ölfilter

Ölfilter dienen zur Reinigung des Motoröls und sollen verhindern, daß Schmutzteile in die Lager gelangen.

Hauptstromfilter

Er liegt im Hauptstrom, d.h., die gesamte von der Ölpumpe geförderte Ölmenge durchläuft den Filter, ehe sie den Schmierstellen zugeführt wird. Die Schmierstellen erhalten so stets gereinigtes Öl. Um die Ölversorgung der Schmierstellen auch bei verschmutztem (verstopftem) Hauptstromfilter sicherzustellen, ist parallel zum Filter ein *Filterumgehungsventil* (Kurzschlußventil) angeordnet (Bild 2.137). Steigt der Öldruck aufgrund des verstopften Filters an, öffnet er dieses Ventil, so daß das – allerdings ungefilterte – Schmieröl trotzdem zu den Schmierstellen gelangt.

Bild 2.137   Funktion des Umgehungsventils

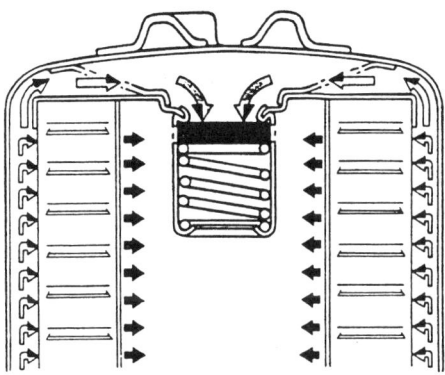

Umgehungsventil geschlossen

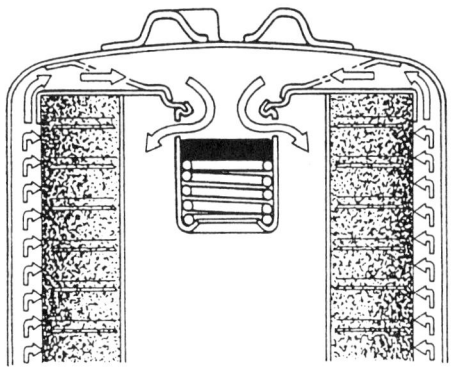

Umgehungsventil geöffnet

Motorschmierung   123

Nebenstromfilter

Hier wird bei laufendem Motor ständig nur ein Teil des Schmieröls (5 bis 10% der Gesamtöl-
menge) gefiltert. Um den erforderlichen Druck des Schmieröls an den Schmierstellen zu erhalten,
ist es erforderlich, den Ausgang des Nebenstromfilters mit einer Drosselbohrung zu versehen,
damit das Öl nicht den Weg des geringsten Widerstandes durch den Filter zurück in die Ölwanne
nimmt, sondern die Schmierstellen genügend versorgt.

2.5.6   Ölkühler

Bei leistungsstarken und thermisch hochbelasteten Motoren besteht die Gefahr, daß das
Schmieröl im Fahrbetrieb zu heiß wird. In diesem Fall nimmt die Viskosität ab und der Ölver-
brauch zu. Ablagerungen im Brennraum und Verbrennungsstörungen sind die Folge. Der Ölfilm
kann reißen, Lager- und Kolbenschäden sind möglich. Dies kann durch den Einsatz eines
Ölkühlers verhindert werden. Er wird bei kaltem Motor nicht benötigt und deshalb erst bei einer
Öltemperatur von ca. 90 °C zugeschaltet. Der Kühleffekt wird durch Luft oder Kühlflüssigkeit
erzielt.
   Der Ölkühler befindet sich je nach Ausführung

❒ im Kühlstrom des Fahrtwindes,
❒ im Kreislauf der Motorkühlung.

2.6   Motorkühlung

Kühlen heißt, den bei der Verbrennung im Motor entstehenden Teil der Wärme, der weder in
Arbeit umgewandelt wird noch den Motor durch den Auspuff verläßt, an die Außenluft abzuleiten. Kühlsysteme sind so ausgeführt, daß

❒ die *Betriebstemperatur* des Motors z.B. von 80 bis 90 °C (350 bis 360 K) möglichst schnell
   erreicht und
❒ die *Betriebstemperatur* meistens unter allen Bedingungen konstant gehalten wird.

Kennfeldgesteuerte Systeme (BMW) werden zwecks Kraftstoffersparnis und Schadstoffreduzierung bei niedriger Last mit 105 °C und bei hoher Last mit 85 °C betrieben. Nach Art der Kühlung
unterscheidet man Luftkühlung und Flüssigkeitskühlung. Es gibt auch eine Kombination, wobei
der heiße Zylinderkopfbereich durch Flüssigkeit, also besonders intensiv, gekühlt wird.

2.6.1   Luftkühlung

Die Luftkühlung bietet sich an, weil sie hinsichtlich Preis und baulichem Aufwand die günstigste
Lösung darstellt.
Vorteil: Sie ist praktisch narrensicher, da Kühlflüssigkeit, Frostschutzmittel, Kühlmittelpumpe,
              Kühler und diverse Schläuche überflüssig sind.
Nachteile: 1. Relativ geringe Dämpfung der Motorgeräusche,
              2. ungleichmäßige Kühlung des Motors.
Da luftgekühlte Motoren zwangsläufig unterschiedliche Temperaturen aufweisen, sind entspre-
chende konstruktive Maßnahmen erforderlich.

Fahrtwindkühlung
Sie ist die einfachste Form der Luftkühlung. Kühlgebläse sind nicht erforderlich. Angewendet wird sie nur bei Krafträdern, bei denen die zu kühlenden Partien des Motors dem Fahrtwind direkt ausgesetzt sind.

Gebläsekühlung
Sie wird bei Personen- und Lastwagen sowie Kleinkrafträdern und Motorrollern eingesetzt.

Kühlung mit Axialgebläse (Bild 2.138)
Das Axialgebläse saugt Luft in Richtung der Achse an und stößt sie in der gleichen Richtung aus. Axialgebläse für Kühlluft sind mit vielen Flügeln ausgerüstet, um eine möglichst große Luftmenge zu fördern. Um eine Wirbelung der geförderten Luftmenge zu vermeiden, muß die Luft Leitschaufeln durchströmen, die vor oder hinter dem Gebläserad feststehen. Bei den Axialgebläsen der Firma K.H.D. sind die Leitschaufeln vor dem Gebläserad angeordnet; sie bilden dadurch einen gewissen Schutz vor Beschädigungen des Gebläserades (Bild 2.139).

Kühlung mit Radialgebläse
Beim Radialgebläse erfolgt der Lufteintritt (Ansaugen) axial, der Luftaustritt aber radial. Man bezeichnet diese Gebläse als Zentrifugal-, Schleuder- oder Kreiselgebläse. Der Schaufelwinkel ist recht unterschiedlich: Rückwärts gekrümmte Schaufeln ergeben den besten Wirkungsgrad, gerade oder gar vorwärts gekrümmte Schaufeln einen schlechteren Wirkungsgrad, dafür aber einen etwas höheren Druck der geförderten Luft. Bei Kraftwagenmotoren werden Gebläse mit rückwärts gekrümmten, aber radial auslaufenden Schaufeln verwendet, bei Kleinmotoren (Kleinkrafträdern und Stationärmotoren) meist vorwärts gekrümmte Schaufeln (Bild 2.140).

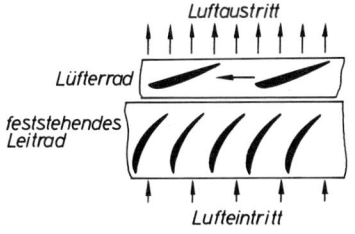

Bild 2.138   Axialgebläserad

Bild 2.139   Anordnung von Lüfter- und Leitrad beim Deutz-Kühlluftgebläse

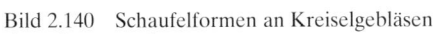

Bild 2.140   Schaufelformen an Kreiselgebläsen
a) rückwärts gekrümmt
b) vorwärts gekrümmt mit radialem Auslauf
c) vorwärts gekrümmt
d) gerade (radial)

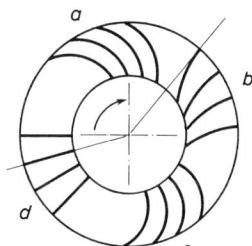

2.6.2   Flüssigkeitskühlung

Die Kühlung, besonders am Zylinderkopf, ist ausgeglichener und intensiver als beim luftgekühlten Motor. Durch den Wassermantel werden Motorgeräusche gedämpft.

Thermosyphonkühlung (Wärmeumlaufkühlung)
Das vom Motor erwärmte Wasser wird leichter und steigt nach oben in den Wasserkasten des Kühlers. Der Fahrtwind, der durch den Kühler strömt, nimmt die Wärme des Wassers auf, das durch die Abkühlung spezifisch schwerer wird, nach unten sinkt und in den Motorblock zurückläuft. Charakteristisch für das System sind Kühlwasserschläuche mit großem Durchmesser, Kühler mit großem Wasserinhalt und die fehlende Wasserpumpe. In Kfz-Motoren ist diese Kühlung nicht mehr aktuell.

Pumpenumlaufkühlung
Die Wasserpumpe ist in der Rücklaufleitung vom Kühler zum Motorblock angeordnet. Die Pumpe drückt so das im Kühler abgekühlte Wasser in den Motor, nicht das im Motor erwärmte Wasser in den Kühler. Somit ist die Gefahr der Dampfblasenbildung und daraus folgender *Kavitationsschäden* für das Pumpenrad weitgehend vermieden (Kavitation = Hohlsog).

Thermostatische Regelung
Sie ermöglicht es, die Betriebstemperatur schnell zu erreichen. Da die Betriebstemperaturen der Motoren verschiedener Fabrikate und Typen unterschiedlich sind, ist auf den Thermostaten die Schalttemperatur angegeben. Ebenso angegeben ist die Einbaurichtung, da der Faltenbalg oder der Dehnstoffzylinder stets zur «warmen Seite» – zum Motor hin – angeordnet werden muß. Der Thermostat kann sonst nicht arbeiten.

Thermostaten zur Regelung der Luftkühlung: Bei luftgekühlten VW-Motoren kommen mit Alkohol gefüllte Faltenbalgthermostaten zur Anwendung. Sie sind zwischen dem ersten und zweiten Zylinder innerhalb der Kühlluftführungsbleche angeordnet. Der Thermostat regelt den Ablauf der Luft aus dem Gebläsegehäuse zu den Zylindern.

Thermostaten zur Regelung der Flüssigkeitskühlung: Der *Faltenbalgthermostat* ist aus dünnem Messingblech gefertigt und mit vergälltem Alkohol gefüllt. Bei Erwärmung dehnt sich der eingeschlossene Alkohol aus, der Faltenbalg wächst in der Länge und öffnet ein Tellerventil, so daß das Kühlmittel zum Kühler strömen kann (Bilder 2.141 und 2.142).

Der Behr-Thomson-Dehnstoffthermostat: In einem kleinen, mit Spezialwachs gefüllten Zylinder befindet sich ein Kolbenstift, der mit dem Gehäuse gemäß Einstellung der geforderten Öffnungstemperatur fest verlötet ist. Bei Erwärmung dehnt sich das Wachs aus, der Zylinder verschiebt sich gegen eine Feder und öffnet das Ventil (Bilder 2.143 und 2.144).

Bei sämtlichen Thermostaten, die durch ein Teller- oder Klappenventil den Zufluß zum Kühler verschließen, ist der Ventilteller mit einer kleinen Bohrung (etwa 2,5 mm ∅) versehen (Bild 2.141). Beim Befüllen des Kühlsystems entweicht so die Luft aus dem Motorblock über die Leitung, den oberen Wasserkasten und die Einfüllöffnung ins Freie. Ohne diese Bohrung wäre ein Vollfüllen der Anlage nicht möglich, da die Luft bei geschlossenem Thermostat nicht aus dem Motorblock entweichen kann. Um zu verhindern, daß sich die Bohrung durch Ablagerungen zusetzt, ist ein im Durchmesser kleinerer Messingdraht beweglich angeordnet. Durch seine Bewegung hält er die Bohrung offen.

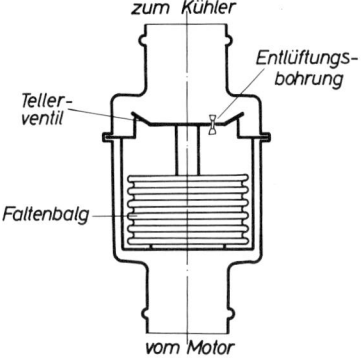
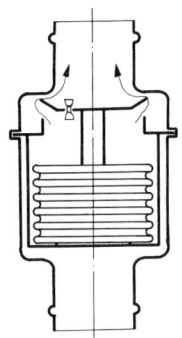

Bild 2.141   Faltenbalgthermostat geschlossen

Bild 2.142   Faltenbalgthermostat geöffnet

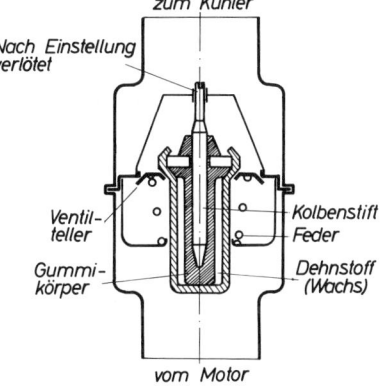
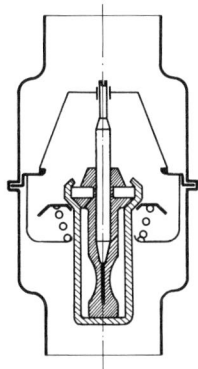

Bild 2.143   Dehnstoffthermostat geschlossen

Bild 2.144   Dehnstoffthermostat geöffnet

Einwegthermostaten: Vor Erreichen der Betriebstemperatur ist der Zulauf zum Kühler geschlossen. Bei Betriebstemperatur wird er geöffnet. Der Einwegthermostat schließt oder öffnet nur einen Weg: vom Motor zum Kühler (Bilder 2.141 bis 2.144).

Zweiwegthermostat mit Bypassleitung: Unterhalb der Betriebstemperatur bleibt der Weg zum Kühler geschlossen (Bild 2.145). Bei Erreichen der Betriebstemperatur öffnet der Thermostat die Leitung vom Motor zum Kühler und schließt gleichzeitig die Kurzschlußleitung (Bild 2.146). Der Vorteil gegenüber dem Einwegthermostaten liegt darin, daß bei kaltem Motor ein Kreislauf des Wassers über die Kurzschlußleitung stattfindet. Die Wasserpumpe fördert also auch bei abgeschaltetem Kühler und wird dadurch weitgehend gegen Kavitationsschäden geschützt.

Temperaturabhängige Regelung der Lüfterdrehzahl: Der hinter dem Kühler angeordnete Lüfter – auch Ventilator genannt – dient dazu, bei geringer Fahrgeschwindigkeit genügend Luft durch den Kühler zu fördern, damit die Wärmeabgabe der Kühlflüssigkeit an die Außenluft gewährleistet ist. Bei höheren Fahrgeschwindigkeiten – außerhalb des Stadtverkehrs – genügt allein der den

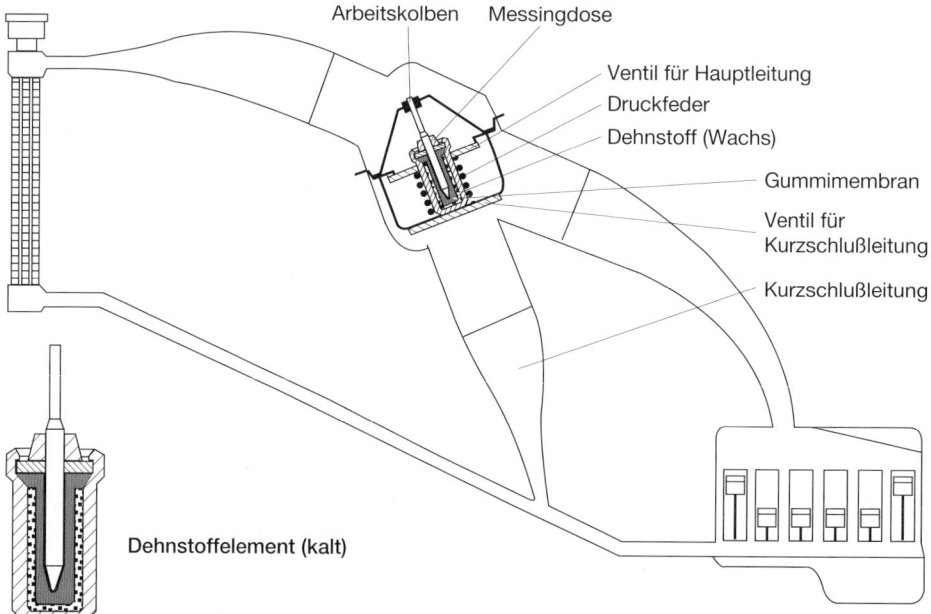

Arbeitskolben   Messingdose

Ventil für Hauptleitung

Druckfeder

Dehnstoff (Wachs)

Gummimembran

Ventil für
Kurzschlußleitung

Kurzschlußleitung

Dehnstoffelement (kalt)

Bild 2.145   Zweiwegthermostat mit Bypass, Hauptleitung geschlossen und Kurzschlußleitung geöffnet

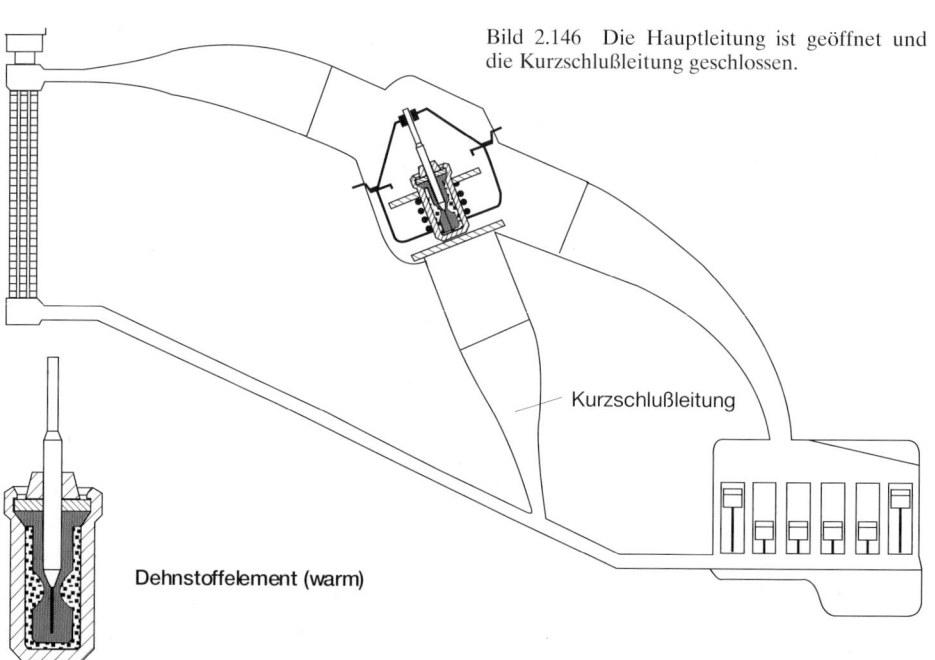

Bild 2.146 Die Hauptleitung ist geöffnet und
die Kurzschlußleitung geschlossen.

Kurzschlußleitung

Dehnstoffelement (warm)

Kühler durchströmende Fahrtwind zur Wärmeaufnahme. Um beiden Verhältnissen gerecht zu werden, regelt man die Lüfterdrehzahl abhängig von der Temperatur der Kühlflüssigkeit.

Lüfter mit *Antrieb* durch *Elektromotor:* Bei Personenkraftwagen wird der Lüfter vielfach durch einen Elektromotor angetrieben, der abhängig von der Temperatur der Kühlflüssigkeit im Ausgang des Kühlers ein- bzw. ausgeschaltet wird. Die Schaltungen erfolgen durch einen Temperaturfühler in Verbindung mit einem Relais.

Behr-Visco-Lüfterkupplung

Bild 2.147 zeigt den Aufbau. Der Wellenflansch (11) wird in herkömmlicher Weise durch Keil- oder Keilrippenriemen angetrieben. Mit dem Wellenflansch ist die Antriebsscheibe (7) fest verbunden, die mit sehr geringem Abstand zwischen der Ringfläche des Kupplungsgrundkörpers (8) und der Zwischenscheibe (5) läuft. Hat der Motor seine Betriebstemperatur erreicht, bewirkt das Bimetallsteuerelement (1) über die Teile (3 und 4), daß Silikonöl zwischen die Teile (5, 7 und 8) gelangt. Durch die hohe Viskosität (Zähflüssigkeit) des Silikonöls nimmt die Antriebsscheibe (7)

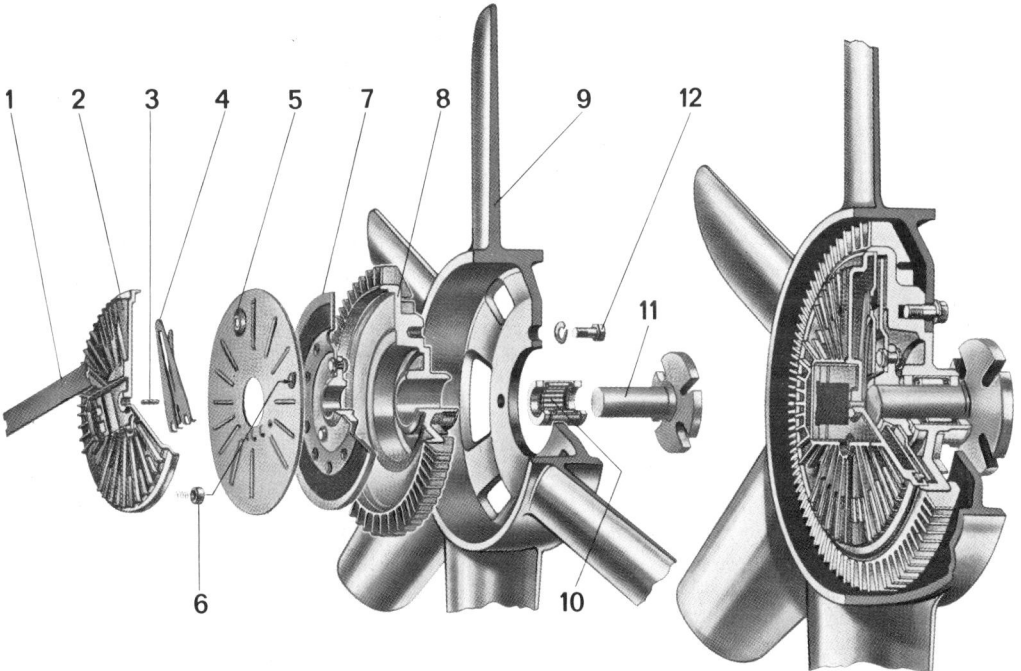

Bild 2.147 Aufbau der Behr-Visco-Lüfterkupplung
1 Bimetall (Steuerelement)
2 Deckel mit Bimetallhalter
3 Schaltstift
4 Ventilhebel
5 Zwischenscheibe mit Ventilbohrung und Pumpschlittenaufnahme
6 Pumpschlitten mit Feder
7 Antriebsscheibe
8 Kupplungsgrundkörper
9 Lüfterrad
10 Nadellager mit Dichtungsringen
11 Wellenflansch
12 Befestigungsschrauben für Lüfter

den Kupplungsgrundkörper (8) und somit den daran befestigten Lüfter (9) mit. Ist die Temperatur gesunken, wird der Zulauf von Silikonöl gesperrt. Das zwischen den Teilen (5, 7 und 8) befindliche Öl wird durch den Pumpschlitten (6) in den Vorratsraum zwischen den Teilen (2 und 5) zurückgefördert. Durch eine am Kupplungsgrundkörper angebrachte Schraube kann im Bedarfsfall der Lüfter mit dem Wellenflansch drehfest verbunden werden.

Ölhydraulischer Antrieb des Axialgebläses bei Deutz-Motoren: Die größeren luftgekühlten Deutz-Motoren sind mit zwei gleichmittig gelagerten Axialgebläsen ausgerüstet. Das kleinere Rad wird vom Motor starr angetrieben, das größere über eine Flüssigkeitskupplung erst dann, wenn der Motor seine Betriebstemperatur erreicht hat. Das starr angetriebene kleine Lüfterrad fördert eine geringe Menge Kühlluft, die an einem Bimetallthermostat vorbeiströmt. Ist die Betriebstemperatur erreicht, öffnet ein mit den Bimetallscheiben verbundener Schaltkolben den Zulauf des Motoröls in die Flüssigkeitskupplung, wodurch diese das Hauptlüfterrad antreibt. Durch eine sehr kleine Bohrung im Gehäuse der Flüssigkeitskupplung wird erreicht, daß das Öl langsam austritt, die Kupplung somit den vollen Öldruck erhält. Fällt die Betriebstemperatur, gelangt weniger Öl zur Kupplung, das Lüfterrad läuft langsamer. Schließt der Thermostat den Ölzufluß, so tritt das restliche Öl aus dem Kupplungsgehäuse durch die anfangs erwähnte kleine Bohrung aus: Es erfolgt keine Kraftübertragung.

Nach demselben Prinzip arbeitet der Abgasthermostat. Er ist in den Auspuffkrümmer eingeschraubt, besitzt aber anstelle des Pakets aus Bimetallscheiben einen in einem Gehäuse angeordneten Dehnstift. Dehnstift und Gehäuse bilden – ähnlich wie das Plattenpaket – ein Bimetallelement. Bei Erwärmung erfolgt eine Ausdehnung des Dehnstiftes, der ein Kugelventil öffnet, wodurch das Motorenöl in die Flüssigkeitskupplung gelangt. Der Thermostat arbeitet in mehreren Phasen, abhängig von der Motorbelastung.

Hydrostatischer Antrieb des Lüfterrades: Bei Unterflur- und Heckmotoren in Lkw und Kraftomnibussen erfolgt der Antrieb des Lüfterrades vielfach hydrostatisch, d.h.: Ist die Betriebstemperatur erreicht, öffnet ein Thermostat (Lüfterregler) den Zulauf zu einem Ölmotor, der den Windflügel antreibt. Das Drucköl wird von der Pumpe für die Hilfskraftlenkung erzeugt.

Kühlmittelpumpen

Sie sind als Kreiselpumpen ausgeführt. Für den Schaufelwinkel gilt dasselbe wie für die Radialkühlluftgebläse (Bild 2.140). Das Gehäuse ist spiralförmig ausgebildet, um einen genügenden Wirkungsgrad zu erzielen (Bild 2.148). Da Kreiselpumpen – abgesehen von Spezialausführungen – nicht selbst ansaugen, sind sie so angeordnet, daß sie ständig unter Kühlflüssigkeit stehen. Beim Füllen des leeren Kühlsystems ist darauf zu achten, daß die Luft aus dem Pumpengehäuse restlos entweicht. An einigen Wasserpumpen oder am höchsten Punkt des Motors (V-Motor) sind dazu besondere Entlüftungsschrauben oder Hähne angebracht. Ist *Luft* im *Pumpengehäuse* vorhanden, wird die *Dampfblasen-* oder *Hohlsogbildung* erleichtert. Starke Beschädigungen (Anfressungen) der Schaufeln der Pumpenräder sind die Folge.

Beim VW VR6 gibt es zusätzlich eine mittels Zeitrelais gesteuerte elektrische Pumpe (für den Kühlmittelnachlauf). Sie verhindert gemeinsam mit einem Tandemlüfter ein zu starkes Aufheizen des Motors nach dem Abstellen.

Kühler

Über den Kühler wird die vom Wasser oder der Kühlflüssigkeit aufgenommene Wärme des Motors an die Außenluft abgegeben. In der Regel werden fast ausschließlich Druckkühlsysteme verwendet.

Bild 2.148   Kühlmittelpumpe (schematisch)

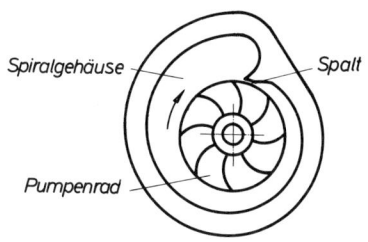

Kühlmittel
Das Kühlsystem eines wassergekühlten Motors wird üblicherweise mit sauberem und nicht zu hartem Wasser (Trinkwasser) aufgefüllt. Die regelmäßige Kontrolle des Flüssigkeitsstandes beugt Schäden vor, da eventuelle Undichtigkeiten rechtzeitig erkannt werden können.
   Einwandfreie Kühlung ist für die Zuverlässigkeit und Lebensdauer eines Motors von entscheidender Bedeutung.

> Zu hartes Wasser führt zur Bildung von Kesselstein. Da Kesselstein isoliert und die Wärmeableitung stark behindert, besteht die Gefahr der Motorüberhitzung, d.h.:
> – Materialverzug,
> – Kolbenfresser,
> – extremer Ventilsitzverschleiß,
> – Risse an den Ventiltellern,
> – Thermoschockbrüche an den Ventiltellern.

Ungeeignet sind: Mineralwasser, Regenwasser, Meerwasser, Solenwasser, Abwasser und Brackwasser.

Zusätze:
Frostschutzmittel; sie verhindern bei richtiger Konzentration, daß das Kühlwasser im Winter zu Eis gefriert, mechanische Schäden und Temperaturprobleme mit allen Folgen verursacht.
   Die Konzentration liegt üblicherweise zwischen 40 und 50%.

> Bei einem Frostschutzmittelanteil unter 30% ist der Korrosionsschutz nicht mehr ausreichend! Ein zu hoher Anteil an Frostschutzmittel verringert die Kühlwirkung!
> Bei Kühlmittelverlust genügt es nicht, nur Wasser nachzufüllen, weil sich die Konzentration und damit die Wirkung verändert.

Korrosionsschutzmittel; sie verhindern elektrochemische Korrosion und Rostbildung.
   Korrosion führt zu metallischen Beschädigungen und Undichtigkeiten im Kühlsystem, so daß Motorschäden infolge Überhitzung möglich sind.
   Rost beeinträchtigt die Wärmeableitung, führt also auch zu Motorschäden (Kolbenfresser) infolge Überhitzung.

Geeignete Kühlmittel bestehen aus

❐ sauberem und geeignetem Wasser,
❐ dem vom Fahrzeughersteller freigegebenen Frostschutzmittel mit Korrosionsschutz.

Das Mischungsverhältnis ist den Angaben des Fahrzeugherstellers zu entnehmen.
Ungeeignete Kühlmittel können zu Kavitationsschäden führen, d.h.:

❑ entstehende Dampfblasen zerplatzen z.B. während des Motorlaufs an den schwingenden Laufbuchsen.
In diese Hohlräume schießen dann laufend Wassertropfen wie kleine Geschosse ein und
reißen kleinste Teilchen aus dem Werkstoff heraus. Dabei ist infolge Lochfraß sogar ein Was-
sereinbruch in die Zylinder möglich, der wieder zu einem Motorschaden führen kann.
❑ Kavitationsschäden können auch in Wasserpumpen entstehen (Schaufelräder und Gehäuse)
und zu Motorschäden infolge mangelnder Kühlwirkung führen.

Ungeeignete Kühlmittel können

❑ Ölkühler verstopfen, so die Öltemperatur erhöhen und zu einem Motorschaden führen,
❑ Kühlerschläuche so angreifen, daß sie platzen.

Frostschutzmittel mit Korrosionszusatz müssen ganzjährig gefahren werden.
Frostschutzmittel altern, verlieren an Schutzwirkung, so daß meistens ein Wechselintervall
von 2 bis 5 Jahren vorgeschrieben ist.

Leichtmetall-Motoren benötigen spezielle Frostschutzmittel. Sie dürfen nicht mit herkömmlichen
Frostschutzmitteln gemischt werden.

Druckkühlsystem: Das gesamte Kühlsystem wird nach außen hin durch ein federbelastetes
Druckventil fest verschlossen (Bild 2.149). Beim Fahren in Gebieten niedrigen Luftdrucks
(Gebirge) würde das Kühlwasser bei nach außen offenem System sieden und somit verdampfen.
Ständiges Nachfüllenmüssen bei Fahrten in den Bergen wäre die Folge. Da der Druck des warmen oder heißen Kühlwassers stets höher ist als der der Außenluft, muß der Kühlwasserverschluß
bei betriebswarmem Motor langsam und vorsichtig geöffnet werden (Bild 2.150). Außer dem
Druckventil enthält der Kühlwasserverschluß ein *Rückschlagventil,* das in umgekehrter Richtung
wirkt. Wird der Kühlwasserverschluß bei warmem Motor geöffnet, gleicht sich der Druckunterschied zwischen Kühlsystem und Außenluft aus. Nach dem Schließen des Kühlverschlusses kühlt
das Kühlwasser – bei stehendem Motor – ab. Dadurch sinkt der Druck im Kühlsystem gegenüber
dem der Außenluft.

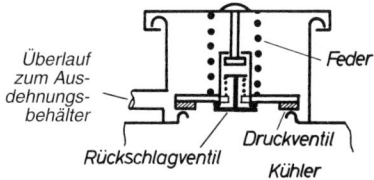

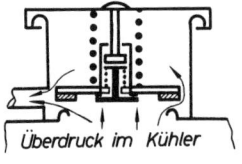

Bild 2.149 Kühlerverschluß beim Druckkühlsystem

Bild 2.150 Der höhere Druck im Kühlsystem
öffnet das Druckventil, so daß sich der Flüssigkeitsstand im Ausdehnungsbehälter erhöht.

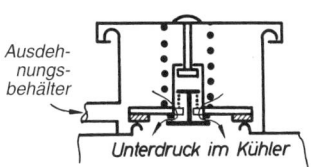

Ausdeh-
nungs-
behälter

Unterdruck im Kühler

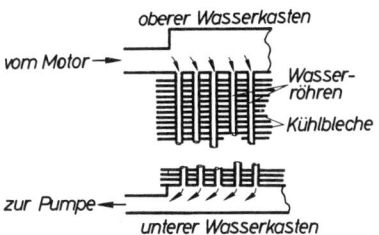

oberer Wasserkasten

vom Motor →

Wasser-
röhren

Kühlbleche

zur Pumpe ←

unterer Wasserkasten

Bild 2.151   Der höhere Druck der Ausdehnungsbehälter öffnet das Rückschlagventil, d.h. Druckausgleich und Absenkung des Flüssigkeitsstandes
im Ausdehnungsbehälter.

Bild 2.152   Wasserrohrkühler (schematisch)

Die Schläuche würden sich zusammenziehen, in besonderen Fällen würden sogar die Wasser-
kästen des Kühlers zusammenschrumpfen. Dem wirkt das Rückschlagventil entgegen, indem es
durch den höheren Druck der Außenluft geöffnet wird, wodurch sich Druckgleichheit zwischen
Außenluft und Kühlsystem einstellt (Bild 2.151).

Wasser- und Flüssigkeitskühler: Zur Zeit werden fast ausnahmslos Röhrenkühler verwendet. Der
obere Wasserkasten ist mit dem unteren durch eine Vielzahl von Röhren – meist länglichen Querschnitts – verbunden. Die Röhren sind wiederum zur Schaffung einer möglichst großen Oberfläche zur Wärmeabgabe durch dünne Bleche gesteckt und mit ihnen verlötet (Bild 2.152).

Kühlwasserthermometer: Im Warmwasseraustritt von Oldtimern ist ein Temperaturfühler eingesetzt, der über eine geschützte dünne Rohrleitung mit einem Rohrfedermanometer verbunden ist.
Das gesamte System ist mit vergälltem Alkohol gefüllt. Bei Erwärmung dehnt sich der Alkohol aus,
der Druck erhöht sich und wird vom Manometer angezeigt. Die Skala ist meist in farbige Sektoren
unterteilt. Dabei bedeuten die Felder unterschiedlicher Farbe jeweils zu niedrige, richtige und zu
hohe Temperatur. Aktuell sind elektrische Thermometer (s. Abschnitt 8.9.10). Zu hohe Betriebstemperatur wird durch das Aufleuchten einer roten Lampe (Warnanzeige) angezeigt. Sie erhält
Strom durch einen Bimetallkontakt, der bei entsprechender Temperatur den Stromkreis schließt.

2.6.3   Latentwärmespeicher

Latentwärmespeicher werden in den Motor-Kühlkreislauf integriert. Die vakuum-isolierten und
mit einem nicht aggressiven Speichermedium gefüllten Speicherzellen nehmen Wärme der Kühlflüssigkeit auf und speichern sie über viele Stunden. Beim nächsten Kaltstart geben die Speicherzellen die Wärme an den kleinen Kühlkreislauf (Motor und Fahrzeugheizung) zurück.

Infolge der Temperierung verkürzt sich die Warmlaufphase des Motors und die Ansprechzeit
der Fahrzeugheizung beachtlich, und das ohne zusätzlichen Energieeinsatz.

2.7   Kreiskolbenmotor

Er verbindet die Vorteile des Hubkolbenmotors – exakter Ablauf des Viertakt-Arbeitsverfahrens
– mit den Vorteilen der Gasturbine – nur drehende (rotierende) Teile. Daraus ergibt sich ein hervorragend erschütterungsfreier (vibrationsarmer) Lauf des Motors.

Der Kreiskolbenmotor hat sich trotzdem nicht durchgesetzt (Ausnahmen: Mercedes C 111, NSU Ro 80, Mazda RX-7). Der Grund liegt letztlich im Kraftstoffverbrauch und in den Abgaswerten. Das Ansaugen und Verdichten des Kraftstoff-Luft-Gemisches wird durch die Flanken eines im Aussehen etwa dreieckigen Kolbens bewirkt (Bilder 2.153 bis 2.156). Im Arbeitstakt drücken die verbrennenden Gase auf die Flanken des Kolbens, der seine Bewegung über einen Exzenter auf die Exzenterwelle überträgt. Im Auspufftakt schieben die Kolbenflanken die verbrannten Gase durch den vom Kolben freigegebenen Auslaßschlitz in die Abgasanlage.

Die **Steuerung des Gaswechsels** erfolgt durch Schlitze, die durch die Ecken des Kolbens freigegeben werden, ähnlich wie beim Zweitaktmotor. Eine Ventilsteuerung wie beim Viertakt-Hubkolbenmotor ist nicht erforderlich.

Der **Kolben** ist mit einer *Innenverzahnung* (Hohl- oder Ringrad) versehen, die über ein feststehendes Ritzel abrollt. Dieser Zahnradbetrieb dient zur *exakten Führung des Kolbens* in richtiger Lage zur inneren Gehäusebahn, dem Mantel.

Die Bilder 2.153 bis 2.156 zeigen den Ablauf des Arbeitsspiels, und zwar in den drei Kammern A, B und C. Der Kolben dreht sich in diesem Fall *links herum,* also entgegen dem Uhrzeiger.

Man erkennt, daß bereits nach 120° ($^1/_3$) Kolbendrehung ein neuer Viertakt-Arbeitsprozeß beginnt.

Die Exzenterwelle, die der Kurbelwelle des Hubkolbenmotors entspricht, hat sich dabei bereits um 360° gedreht. Auf eine Exzenterwellenumdrehung kommt also ein Arbeitstakt. Bei einer Umdrehung des dreieckigen Kolbens laufen drei Viertakt-Arbeitsprozesse ab, das bedeutet drei Arbeitstakte.

Konstruktionsmerkmale von Kreiskolbenmotoren

Der *Kolben* hat die Form einer Trochoide. *Verdichtungsverhältnis und Verbrennungsablauf* werden durch die Mulden in den drei Kolbenflanken beeinflußt. Die *Radialdichtungen* an den *Ecken des Kolbens* bestehen aus *dreiteiligen Dichtleisten.* Eine Leistenfeder sorgt für die dichte Anlage der Dichtleiste an der Mantellaufbahn. Gegen die Seitenteile erfolgt die Abdichtung der Ecken des Kolbens durch je zwei Dichtbolzen, die durch je zwei Bolzenfedern gegen die Seitenteile gepreßt werden. Je drei Paar Dichtstreifen übernehmen die Abdichtung der Stirnflächen des Kolbens gegenüber den Seitenteilen des Motors. Die feste Anlage der Dichtstreifen erfolgt durch die Dichtstreifenfedern (Bild 2.157). Die Kraftabgabe des Kolbens auf den Exzenter erfolgt über ein Gleitlager. Das im Kolben angebrachte Hohlrad rollt um ein mit dem Seitenteil fest verbundenes Ritzel ab, wodurch eine exakte Steuerung des Kolbens zu den Umdrehungen der Exzenterwelle und zum Umlauf in der Trochoidenbahn (innere Mantelfläche) erreicht wird.

Das Zähnezahlverhältnis der beiden Räder beträgt: Hohlrad zu Ritzel 3 : 2.

Mantel und Seitenteile: Mit Mantel wird das Gehäusemittelteil bezeichnet, das seiner Form nach ein ringförmiger Trochoidenzylinder ist. Es wird beidseitig durch Seitenteile abgeschlossen. Mantel wie Seitenteile sind wassergekühlt.

Exzenterwelle (Antriebswelle): Der Exzenter nimmt die Arbeit des sich ausdehnenden Gases auf. Die Exzenterwelle trägt am einen Ende die Schwungscheibe, am anderen eine Ausgleichs- sowie die Keilriemenscheibe. Alle sich bewegenden Teile sind gemeinsam gewuchtet, wodurch ein völlig erschütterungsfreier Lauf über den gesamten Drehzahlbereich des Motors erzielt wird.

Schmierung und Kühlung

Die Ölpumpe fördert Öl zu den Schmierstellen und einen erheblichen Teil in den hohlen und innen mit Kühlrippen versehenen Kolben. Im Ölkühler gibt das Öl Wärme an das Kühlwasser ab. Zu demselben Zweck ist die Kühlfläche der Ölwanne besonders groß gehalten.

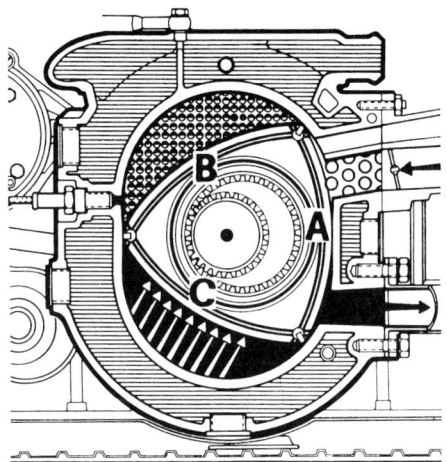

Bild 2.153 Die Kammer A befindet sich – verglichen mit dem Hubkolbenmotor – im Überschneidungs-OT. Während Kammer B verdichtet, leistet Kammer C bereits Arbeit.

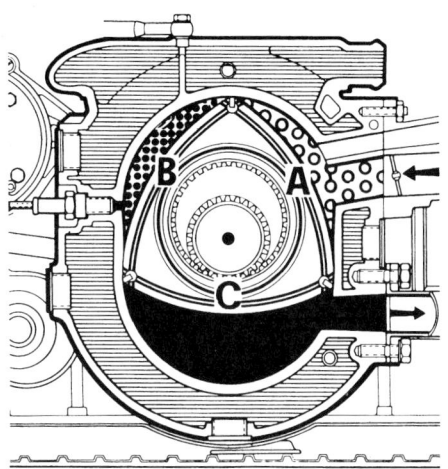

Bild 2.154 Die Kammer A saugt, bei fortschreitender Verdichtung in Kammer B, an, während die verbrannten Gase aus Kammer C ausströmen.

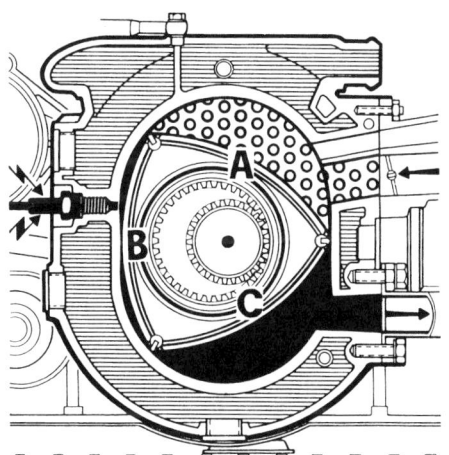

Bild 2.155 Kammer B wird gezündet, während die eingeleiteten Takte in Kammer A und C weiter fortschreiten.

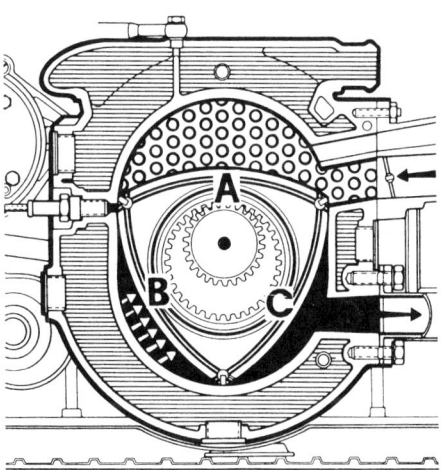

Bild 2.156 Die Kammer B leistet Arbeit, während die eingeleiteten Takte in Kammer A und C fast beendet sind.

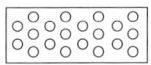

Ansaugen

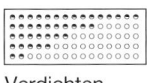

Verdichten

Arbeitshub

Ausschieben

Bild 2.157 Kolben des NSU Ro 80 mit Gasdichtungen. Die Gasdichtungen umfassen 54 Einzelteile. (Dichtstreifen und Dichtstreifenfedern sind nur für eine Seite dargestellt.)

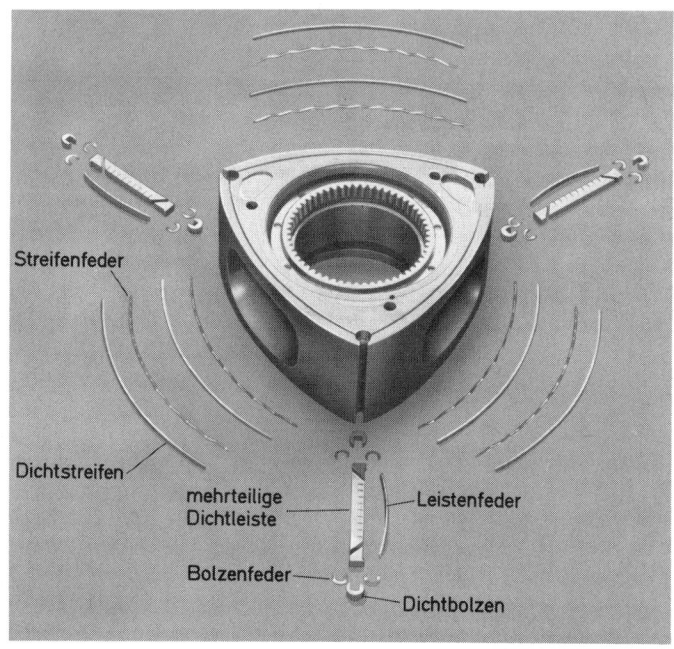

Streifenfeder

Dichtstreifen

mehrteilige Dichtleiste

Leistenfeder

Bolzenfeder

Dichtbolzen

Bild 2.158 Gasführung im luftgekühlten Sachs-Kreiskolbenmotor

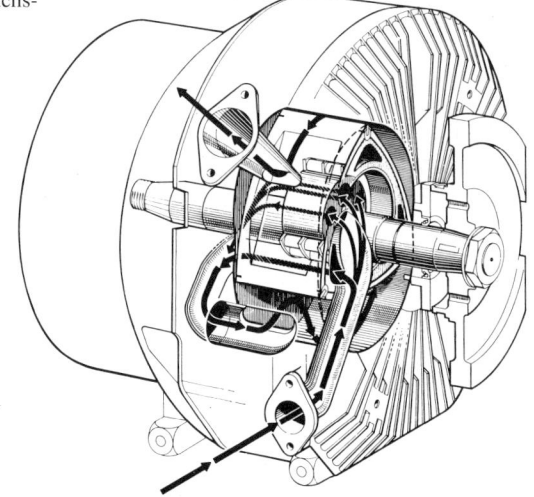

Eine Dosierpumpe, deren Förderleistung der Drosselklappenstellung des Vergasers entsprechend geregelt wird, führt dem Kraftstoff am Eingang der Kraftstoffförderpumpe eine geringe Menge Motorenöl zu. Dieses Öl gelangt durch den Vergaser in die Kammern des Motors und erzeugt auf der inneren Mantelfläche einen feinen Ölfilm zur Schmierung und besseren Abdichtung der Radialdichtungen am Gehäuse.

Bei *luftgekühlten Sachs-Kreiskolbenmotoren* (Bild 2.158) wird das angesaugte Kraftstoff-Luft-Öl-Gemisch (Kraftstoff–Öl = 50 : 1) in besonderem Maße auch zur Wärmeabfuhr (Kühlung) herangezogen. Bevor es in eine der Kammern gelangt, durchläuft es Hohlräume im Kolben, wobei Exzenter und Zahnradtrieb geschmiert werden und das Kraftstoff-Luft-Gemisch die Wärme des Kolbens aufnimmt. Hierdurch entsteht ein äußerst zündwilliges Gemisch, das Ladegewicht wird allerdings durch Wärmeaufnahme etwas verringert.

2.8   Abgasanlage (nach EBERSPÄCHER)

Sie hat folgende Aufgaben:

1. Ableitung der Abgase vom Motor in die Außenluft,
2. Dämpfung der Abgasgeräusche (Schalldämpfung) und
3. Reinigung der Abgase (Katalysator).

Die oft gehörte Behauptung, ein Motor ohne jegliche Abgasanlage habe die größte Leistung, ist absolut falsch. Das auf den jeweiligen Motor abgestimmte Schwingungsverhalten der Abgassäule bewirkt vielmehr ein günstiges Abströmen der Abgase aus dem Zylinder, wobei die dabei entstehende geringe Druckminderung zur Einleitung des Saugtaktes ausgenutzt wird (siehe das Viertakt-Arbeitsverfahren, Abschnitt 2.3.1, und Schwingungssysteme des Zweitaktmotors, Abschnitt 2.3.2).

Die Motorleistung wird durch die Rohrlänge und die Lage des Schalldämpfers beeinflußt. Moderne Abgasanlagen sind mit zwei oder drei Schalldämpfern ausgerüstet, wobei die Länge der Rohre zwischen den einzelnen Dämpfern von Bedeutung ist. Bild 2.159, oberes Bild, zeigt die Anordnung der Dämpfer und die Rohrlängen bei Abgasanlagen mit zwei Schalldämpfern.

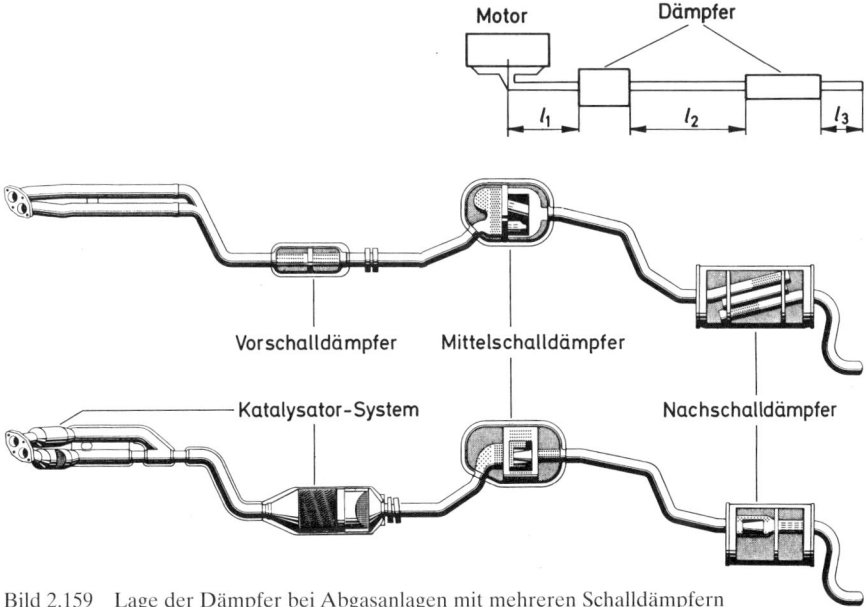

Bild 2.159   Lage der Dämpfer bei Abgasanlagen mit mehreren Schalldämpfern

Abgasanlagen sind vielfach so ausgeführt, daß je zwei Zylinder eine gemeinsame Abgasleitung von nicht ganz 1 m Länge haben. Erst danach münden diese Leitungen – bei Vierzylinder- zwei, bei Sechszylindermotoren drei – in den Vorschalldämpfer. Bild 2.159, mittleres Bild, zeigt die grundsätzliche Anordnung. Ist die Abgasanlage mit einem Katalysator ausgerüstet, muß dieser hinter dem Motor anstelle des Vorschalldämpfers angeordnet sein, so daß er möglichst schnell seine Anspringtemperatur erreicht (siehe Abschnitt 3.2). Bild 2.159, unteres Bild, zeigt die grundsätzliche Anordnung.

Der Schalldämpfer reduziert das Geräusch der Abgase auf die vom Gesetzgeber vorgeschriebene Lautstärke.

Zur Schalldämpfung gibt es mehrere Möglichkeiten:

Absorption: Hierunter versteht man, daß die höheren (besonders lästigen) Frequenzen durch Schluckstoffe (Basalt-, Stahl- oder Asbestwolle) absorbiert – aufgesaugt – bzw. in Reibungswärme umgewandelt werden.

Reflexion: Hierbei hebt sich ein Teil der Schallenergie durch Echowirkung auf.

Interferenz = Überlagerung: Ein Teil der Schallenergie löscht sich beim Zusammentreffen nach verschieden lang zurückgelegten Wegen aus. Die verschieden langen Wege werden im Schalldämpfer durch den Zweifach-Kettenleiter erzielt.

Bild 2.160 zeigt einen modernen Eberspächer-Schalldämpfer im Schnitt. Der Saugresonator im Eingang des Schalldämpfers dient dazu, die *Rohrresonanz* abzusaugen. Das sind Resonanzschwingungen der Abgasleitung, die durch ganz bestimmte Motordrehzahlen angefacht werden. Die Rohrleitung vom Schalldämpfer bis zur Mündung ins Freie sollte nicht zu kurz sein, etwa 0,5 m sind angemessen.

Beanspruchung und Werkstoffe von Abgasanlagen
Schalldämpfer und Rohrleitungen der Abgasanlage unterliegen hohen, stark wechselnden mechanischen und chemischen Beanspruchungen, besonders im Kurzstreckenverkehr. Über die Lebens-

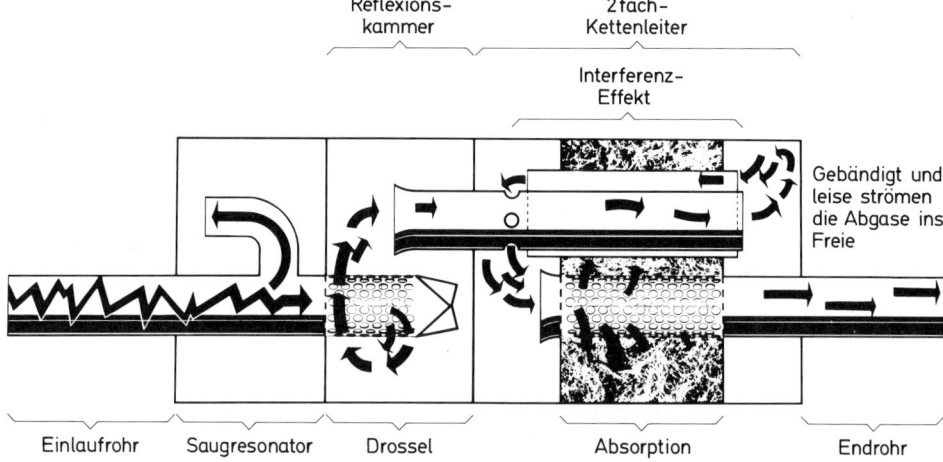

Bild 2.160   Aufbau eines Eberspächer-Schalldämpfers in schematischer Darstellung

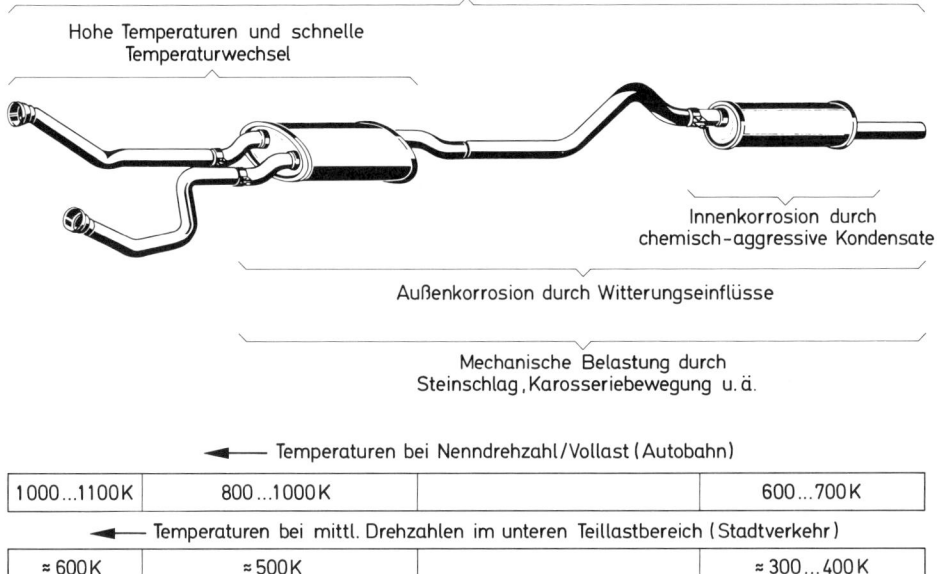

Mechanische Schwingungen durch Motorerregung
Karosseriebewegung u. ä.

Hohe Temperaturen und schnelle
Temperaturwechsel

Innenkorrosion durch
chemisch-aggressive Kondensate

Außenkorrosion durch Witterungseinflüsse

Mechanische Belastung durch
Steinschlag, Karosseriebewegung u. ä.

◄──── Temperaturen bei Nenndrehzahl/Vollast (Autobahn)

1000...1100K	800...1000K		600...700K

◄──── Temperaturen bei mittl. Drehzahlen im unteren Teillastbereich (Stadtverkehr)

≈ 600K	≈ 500K		≈ 300...400K

Bild 2.161 Thermische Beanspruchungen der Abgasanlage eines Kfz mit Ottomotor

dauer läßt sich daher nichts Verbindliches sagen. Bild 2.161 zeigt in anschaulicher Weise die auftretenden Beanspruchungen einer Abgasanlage.

Um diesen hohen Anforderungen gerecht zu werden, sind die Abgasanlagen – je nach Aufgabenstellung – z.B. aus

❑ aluminiumbeschichtetem Stahlblech,
❑ legiertem Stahlblech,
❑ Chromstahl- und Chromnickelstahlblech

gefertigt.

Dichtungselemente
Die Dichtelemente (Dichtungen) im Kfz-Triebwerk haben 2 grundsätzliche Aufgaben zu erfüllen:

❑ Abdichten von aufeinander *ruhenden Flächen,*
❑ Abdichten sich *bewegender Flächen.*

Abdichten ruhender Flächen: Hierbei dienen die Dichtungen dazu, verschiedene Bauteile *flüssigkeits- oder gasdicht* miteinander zu verbinden.

Ausführung und Werkstoffe der Dichtungen hängen dabei von folgenden Faktoren ab:

❑ Höhe des Drucks, der abgedichtet werden muß,
❑ Temperatur der Gase oder Flüssigkeiten,
❑ Werkstoffe, aus denen die abzudichtenden Bauteile gefertigt sind,
❑ Beschaffenheit (Rauhtiefe) der Dichtflächen der Bauteile,
❑ Größe der Flächenpressung.

Papierdichtungen: Dünne Papierdichtungen können nur zur Abdichtung relativ steifer Bauteile bei niederen Drücken und Temperaturen verwendet werden. Steife Bauteile sind solche, bei deren Verbindung miteinander so gut wie kein Verzug auftritt. Die Rauhtiefe der Dichtflächen darf nur sehr gering sein.

Faserstoff-Dichtungsmaterialien: Sie bestehen aus mit Leim oder Kautschuk gebundenen Zellulosefasern, die sowohl imprägniert als auch nicht imprägniert sein können. Sie sind sehr anpassungsfähig, beständig gegen Fette, Öle und Kraftstoffe. Ihre Temperaturbeständigkeit reicht, je nach Ausführung, bis 300 °C (573 K). Die Zylinderfußdichtungen der luftgekühlten VW-Motoren bestehen z.B. aus solchen Faserstoff-Dichtungsmaterialien.

Flachdichtungswerkstoff: Er besteht im wesentlichen aus Asbest, anorganischen Füllstoffen und sogenannten elastomeren Bindemitteln. Diese Dichtungen erfordern hohe Flächenpressungen, bei Flüssigkeiten 100 bar, bei Gasen 250 bis 300 bar.

Metall-Asbest-Dichtungen: Sie bestehen aus Asbestpappe, die beidseitig mit Metallblechen abgedeckt ist. Die einzelnen Dichtungsanlagen werden durch Bördel zusammengehalten (Bild 2.162). Metall-Asbest-Dichtungen werden sowohl als Flansch- als auch als Ringdichtungen bei Kfz-Motoren zur Abdichtung der Abgasleitungen verwendet.

Bild 2.162   Aufbau einer Metall-Asbest-Dichtung

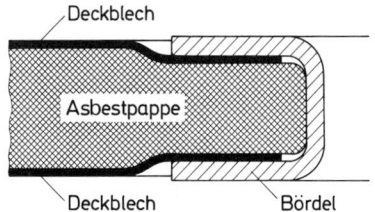

Zylinderkopfdichtungen: Reinz-Zylinderkopfdichtungen sind auf einem Metallgewebe hoher Elastizität aufgebaut. Das Gewebe wird mit einer asbesthaltigen Spezialmasse imprägniert und anschließend beidseitig mit porenfüllenden Deckschichten aus Asbestgemisch versehen. Bild 2.163 zeigt den Aufbau in zwei Ansichten in vergrößerter Darstellung.

Metallträgerdichtungen: Im Gegensatz zu bisherigen Zylinderkopfdichtungen entfällt bei Verwendung dieser aktuellen Kopfdichtungen das Nachziehen der Zylinderkopfschrauben und gewisser Laufdauer des Motors.

Dichtungen aus Kork und Kork-Kautschuk: Sie werden zur Abdichtung von Deckeln und Gehäusen verwendet, wenn nur geringe Flächenpressungen möglich sind. Gummi-Kork-Dichtungen weisen gegenüber reinen Korkdichtungen wesentliche *Vorteile* auf: große Formbeständigkeit, hohe Elastizität, gute Anpassung an Oberflächenunebenheiten (Anwendungsbeispiel: Ventildeckeldichtungen bei VW-Boxermotoren).

Metalldichtungen: Sie gelangen als Flanschdichtungen und vielfach bei Kraftradmotoren als Zylinderkopfdichtung zur Anwendung. Metalldichtringe aus Kupfer werden häufig verwendet. Um die zur Abdichtung erforderliche Plastizität (Verformbarkeit) zu erzielen, sind derartige Dichtungen vielfach weich geglüht.

    Metalldichtungen können grundsätzlich nach der Demontage nicht wiederverwendet werden.

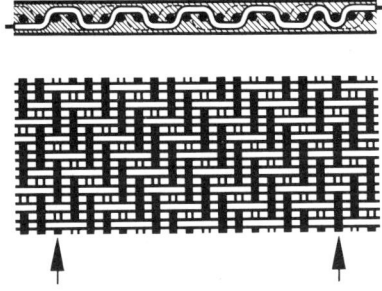

Bild 2.163 Aufbau der Reinz-Zylinderkopfdichtung.
Unteres Bild: Draufsicht, oberes Bild: Seitenansicht

Abdichtung ohne Dichtelemente

Bei hoher Flächenpressung, entsprechender Oberflächenbeschaffenheit und so gut wie keinem Verzug kann die Abdichtung selbst zwischen Zylinder und Zylinderkopf ohne besondere Dichtung erfolgen, wie z.B. bei den luftgekühlten VW-Motoren. Die Abdichtung von Gehäusen erfolgt oftmals durch flüssige Dichtungsmassen. Dabei ist beim Zusammenbau auf peinlichste Sauberkeit der Dichtflächen zu achten.

Abdichtung von beweglichen Flächen

Hierbei handelt es sich fast ausschließlich um das *Abdichten drehender Wellen* gegenüber Räumen, um Schmiermittel- und Druckverluste zu vermeiden. Dazu werden in allen Motoren, Getrieben u. dgl. *Radialwellendichtringe* verwendet.

Bild 2.164 zeigt die Einzelteile und Bezeichnungen an Radialwellendichtringen (Simmerringen). Die verschiedenen Ausführungen für die unterschiedlichsten Verwendungszwecke sind derart zahlreich, daß hier nur auf einige Merkmale eingegangen werden kann.

Die *Außenfläche* des Wellendichtrings kann sowohl aus Metall als auch als gummielastischer Außenmantel ausgeführt sein. Letzteres ist vor allem bei der *Drehdruckdichtung* (Simmerring Bauform BABSL) der Fall. Eine zusätzliche kurze Staublippe ohne Feder schützt die Wellendichtung gegen Verunreinigung von außen (Bild 2.165). Der Raum zwischen Dichtung und Staublippe soll vor dem Einbau der Welle mit Fett gefüllt werden. Derartige Wellendichtringe – entsprechende Ausführung vorausgesetzt – sind einsetzbar bei Drücken bis zu 10 bar. Sie werden vorwiegend zur Abdichtung von Hydropumpen und -motoren verwendet.

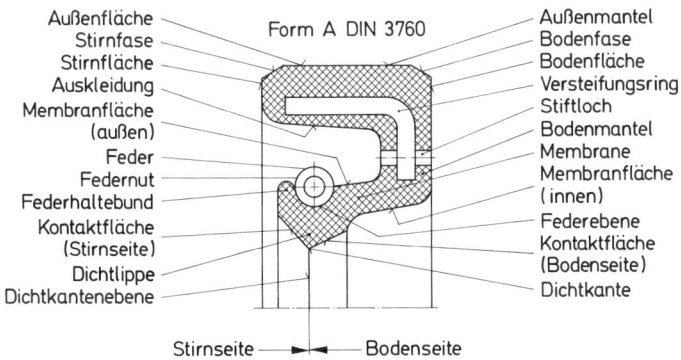

Außenfläche
Stirnfase
Stirnfläche
Auskleidung
Membranfläche
(außen)
Feder
Federnut
Federhaltebund
Kontaktfläche
(Stirnseite)
Dichtlippe
Dichtkantenebene

Form A DIN 3760

Außenmantel
Bodenfase
Bodenfläche
Versteifungsring
Stiftloch
Bodenmantel
Membrane
Membranfläche
(innen)
Federebene
Kontaktfläche
(Bodenseite)
Dichtkante

Stirnseite — Bodenseite

Bild 2.164 Aufbau und Bezeichnungen an Radialwellendichtringen

Bild 2.165   Radialwellendichtring mit Staublippe

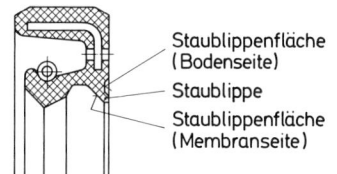

Staublippenfläche
(Bodenseite)
Staublippe
Staublippenfläche
(Membranseite)

Der *Einbau von Radialwellendichtringen* muß natürlich sorgfältig vorgenommen werden. Besitzt die abzudichtende Welle keine Anschrägung, müssen – vor allem bei abgesetzten Wellen – Einbauhülsen verwendet werden, um die Dichtlippe beim Einsetzen der Welle nicht zu beschädigen. Vor dem Einbau der Welle sind Dichtlippe und Welle mit Schmiermittel zu versehen, um bei der ersten Inbetriebnahme Trockenlauf (Festkörperreibung) zu vermeiden. Das Einpressen der Wellendichtringe in die Bohrung des Gehäuses soll mit passenden Einpreßstempeln erfolgen. Ist die Welle an der Dichtstelle bereits eingelaufen, muß der Wellendichtring so eingebaut werden, daß die Dichtkante auf einer neuen Laufstelle zur Anlage kommt. Dies erreicht man durch Einbau von Distanzringen oder unterschiedlich tiefes Einpressen des Wellendichtrings gegenüber dem vorherigen Sitz.

2.9   Dieselmotoren

Diese Motoren sind benannt nach dem Erfinder RUDOLF DIESEL, der im Jahre 1897 bei der M.A.N. in Augsburg einen Motor nach seinen Plänen bauen ließ. Dieser erste Dieselmotor leistete 20 PS bei 172 min^{-1}. Er besaß einen stehenden Zylinder und Kraftstoffeinblasung mit Druckluft (60 bis 70 bar). Erst 25 Jahre später war der Dieselmotor für den Antrieb von Fahrzeugen geeignet. Heute verwendet man ihn hauptsächlich aus wirtschaftlichen Gründen bei Nutzfahrzeugen, in der Land- und Bauwirtschaft, als Antrieb für Generatoren und als Schnelläufer in Pkw.

2.9.1   Aufbau

Der Dieselmotor (Bilder 2.166 und 2.167) besitzt die gleichen Triebwerksteile wie der Ottomotor (siehe Abschnitt 2.1), nur müssen diese stärker ausgeführt sein, da infolge höherer Verdichtung auch der Verbrennungshöchstdruck höher ist. So ist der Verdichtungsdruck etwa dreimal und der Verbrennungshöchstdruck doppelt oder sogar dreimal so hoch wie beim Ottomotor. Durch die höhere Belastung vom Brennraum her müssen Zylinderblock, Kolben, Pleuelstangen, Kurbelwelle und Lager stärker ausgeführt bzw. größer bemessen sein. Neben der stärkeren Ausführung besitzt der Dieselmotor noch die Einspritzanlage. Diese besteht zur Hauptsache aus der Einspritzpumpe mit mechanischem Drehzahlregler und mechanischem bzw. hydraulischem Spritzversteller oder elektronischer Dieselregelung (EDC) mit elektronischer Spritzbeginnregelung sowie den Einspritzdüsen.

2.9.2   Zylinderlaufbuchsen

Bei den heutigen Dieselmotoren werden überwiegend Zylinderlaufbuchsen verwendet. Sie werden in den Zylinderblock eingesetzt und können im Reparaturfall mit einem Spezialauszieher relativ leicht gezogen werden. Die Laufbuchsen bestehen aus hochwertigem (legiertem) Schleu-

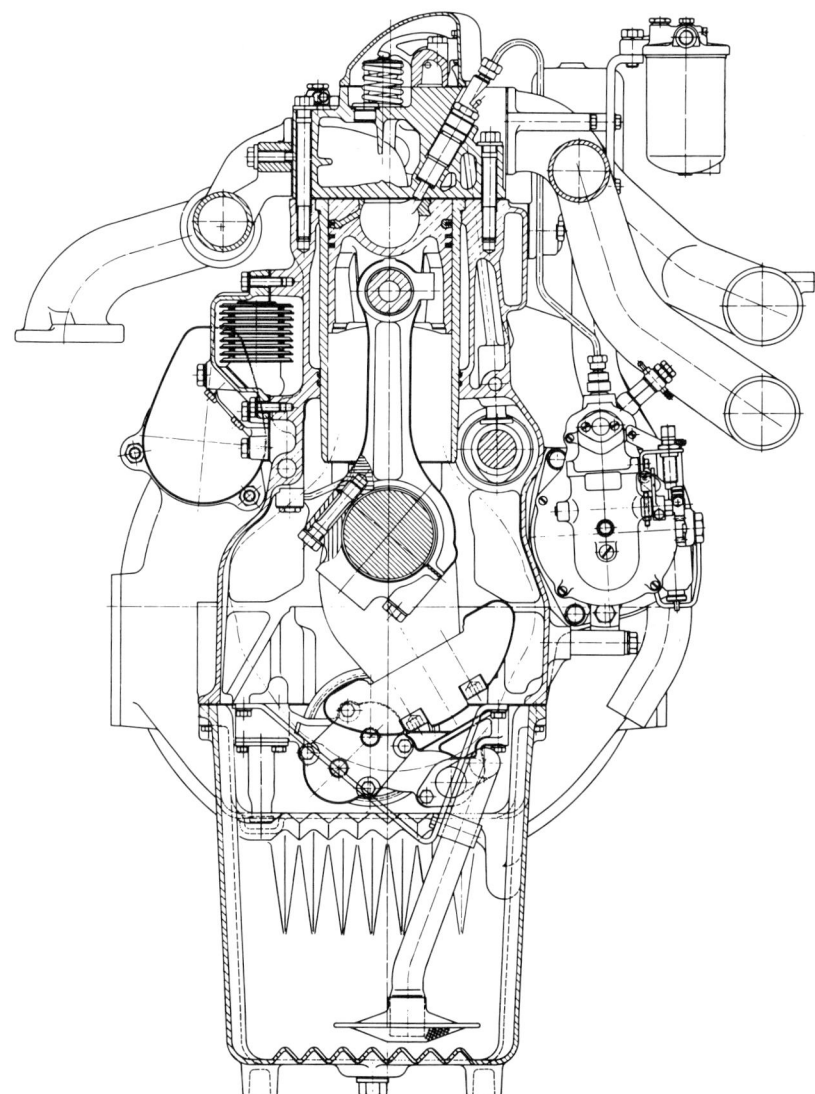

Bild 2.166   Schnittbild durch einen M.A.N.-Dieselmotor mit Direkteinspritzung

dergrauguß und haben eine hohe Verschleißfestigkeit. Man unterscheidet nasse und trockene Zylinderlaufbuchsen.

Nasse Zylinderlaufbuchsen
Es sind dickwandige Buchsen (Bild 2.168) mit einer Wanddicke von etwa 6 bis 10 mm. Diese Buchsen sind mit geringem Spiel in den Zylinderblock eingesetzt und werden direkt vom Kühlwasser umspült. Sie werden durch den Zylinderkopf niedergehalten und bekommen dabei eine

Bild 2.167
Schnittbild
durch einen
Daimler-
Benz-Diesel-
motor 300
Turbo mit
Vorkammer-
verfahren
(indirekte
Einspritzung)

bestimmte Vorspannung, die durch den Buchsenbundüberstand von etwa 0,05 bis 0,10 mm entsteht. Die Abdichtung zum Kurbelgehäuse hin erreicht man durch mehrere Gummiringe oder bei
französischen Ottomotoren mit Flachsitzabdichtung am unteren Bund durch Kupfer- bzw. Papierdichtungen.

Trockene Zylinderlaufbuchsen
Diese Buchsen (Bild 2.169) haben keinen Kontakt mit dem Kühlwasser, sind dünnwandig und
haben (je nach Größe) eine Wanddicke von etwa 1,5 bis 2,5 mm. Sie werden als Preß- oder Slipfitbuchsen verwendet. Die Preßbuchsen werden mit geringem Übermaß in den Zylinderblock eingepreßt (Einpreßkraft etwa 3000 bis 5000 daN), anschließend gebohrt, gehont und der Bund mit
dem Zylinderblock plan geschliffen.

Die Slipfit-, d.h. einbaufertige Buchsen haben ein geringes Spiel zum Zylinderblock. Vor dem
Einbau werden sie unterkühlt. Dadurch lassen sie sich leicht von Hand in die Bohrungen hineinschieben. Diese Slipfitbuchsen werden wie auch die nassen Buchsen durch den Zylinderkopf niedergehalten. Um dieses zu gewährleisten, muß der Buchsenbund bis zu 0,05 mm überstehen.

2.9.3   Arbeitsverfahren

Der Dieselmotor arbeitet nach dem Viertakt- und dem Zweitaktverfahren. Der Viertakt-Diesel-
motor wird als Fahrzeug-, Einbau- und Schleppermotor verwendet, während der Zweitaktmotor
fast nur noch als Großdiesel in Seeschiffen zum Einsatz kommt.

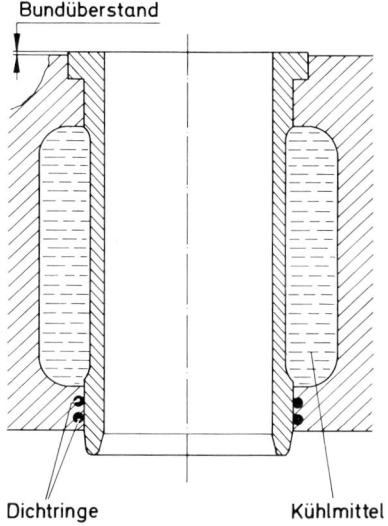

Bundüberstand

Dichtringe   Kühlmittel

Bild 2.168   Nasse Zylinderlaufbuchse
(schematisch)

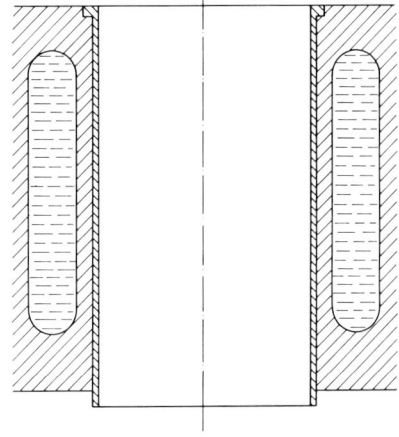

Bild 2.169   Trockene Zylinderlaufbuchse
(schematisch)

Viertakt-Arbeitsverfahren

Das Viertakt-Arbeitsverfahren bezeichnet man als solches, weil die vier Takte während vier Kolbenhüben und zwei Umdrehungen der Kurbelwelle ablaufen (Bild 2.170). Die vier Takte bezeichnet man auch als Arbeitsspiel: 1. Ansaugen, 2. Verdichten, 3. Verbrennen (Arbeiten) und 4. Auslassen.

1. Takt – Ansaugen: Nach dem Öffnen des Einlaßventils (10 bis 15° v. OT) wird von dem abwärtsgehenden Kolben gefilterte Luft angesaugt.

2. Takt – Verdichten: Der aufwärtsgehende Kolben komprimiert, nachdem das Einlaßventil geschlossen wurde (40 bis 60° n. UT), die angesaugte Luft auf einen Druck von 25 bis 50 bar. Dabei entsteht eine Temperatur von 500 bis 900 °C (773 bis 1173 K). In diese heiße Luft wird – durch die einsetzende Förderung der Einspritzpumpe – etwa 15 bis 20° v. OT von der Einspritzdüse der Kraftstoff fein genug zerstäubt eingespritzt und verteilt. Der zuerst in den Brennraum eingespritzte Kraftstoff muß verdampfen und sich mit der Verbrennungsluft vermischen. Die Zeit, die dafür erforderlich ist, nennt man den Zündverzug (etwa 1 ms). Erst danach kommt es aufgrund hoher Wärmebelastung zur Selbstentzündung bzw. Entflammung des Kraftstoff-Luft-Gemisches.

3. Takt – Arbeiten: Durch die Entflammung des Kraftstoffs herrscht jetzt im Verbrennungsraum eine Temperatur von max. 2100 °C (2773 K), so daß der danach eingespritzte größere Kraftstoffanteil ohne Zündverzug sofort zu brennen anfängt. Durch die länger anhaltende Kraftstoffeinspritzung (z.B. bei Vollast über etwa 20° Kurbelwinkel) wird die Verbrennung so gesteuert, daß der Verbrennungsdruck nicht zu schlagartig ansteigt und dann der Höchstwert direkt nach OT kurzzeitig auf fast gleicher Höhe gehalten wird (annähernd Gleichdruckverbrennung). Der hohe Verbrennungsdruck (60 bis 150 bar) wirkt über die Kolbenfläche als Kolbenkraft und treibt den

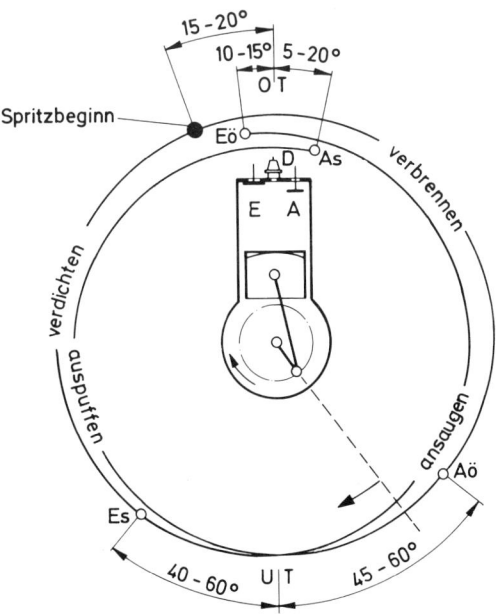

Bild 2.170 Steuerdiagramm eines Viertakt-Dieselmotors

Kolben nach unten. Die Kolbenkraft wird über Kolben, Kolbenbolzen, Pleuelstange auf die Kurbelwelle übertragen und in Drehbewegung umgewandelt. Mit der Abwärtsbewegung des Kolbens nehmen Druck und Temperatur stark ab.

4. Takt – Auslassen: Kurz vor UT (45 bis 60°) öffnet das Auslaßventil, und die Abgase strömen mit eigenem Druck ins Freie (Restdruck etwa 7 bis 10 bar), wobei die Temperatur der Gase noch 400 bis 600 °C (673 bis 873 K) beträgt. Nach dem Überschreiten des UT werden die Abgase von dem nach oben gehenden Kolben fast restlos über das Auslaßventil hinausgedrückt. Das Auslaßventil schließt kurz nach OT (10 bis 15°).

2.9.4   Kolbenspaltmaß

Das Kolbenspaltmaß ist der Abstand des Kolbenbodens (im oberen Totpunkt) vom Zylinderkopf bei vorschriftsmäßig angezogenen Zylinderkopfschrauben. Nach jeder Grundüberholung des Motors muß dieses Maß bei allen Zylindern ermittelt werden, weil das Verdichtungsverhältnis, das Startverhalten, die Leistung und die Laufruhe des Motors davon abhängen. *Durchschnittlich beträgt das Spaltmaß 1,5 mm,* es ist aber bei den Motoren verschieden und wird jeweils angegeben.

Zur Ermittlung dieses Maßes benutzt man einen ungefähr 2 mm dicken Bleidraht, den man dann von außen über die Glühkerzen- oder Düsenbohrung in den Verbrennungsraum hineinschiebt. Beim Hineinschieben muß darauf geachtet werden, daß der Draht immer bis zur Mitte des Kolbens gelangt (Bild 2.171), damit direkt über dem Kolbenbolzen gemessen wird. Im anderen Fall kann der Kolben kippen, und das Meßergebnis wird verfälscht. Anschließend dreht man

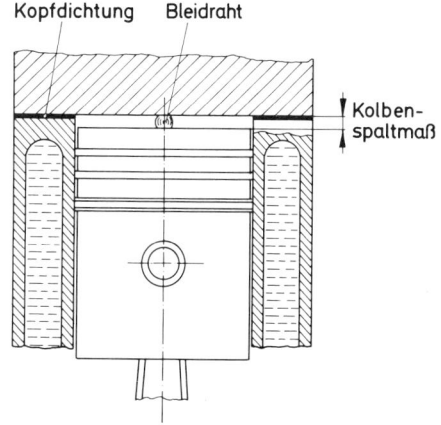

Bild 2.171   Messen des Kolbenspaltmaßes
mit Bleidraht

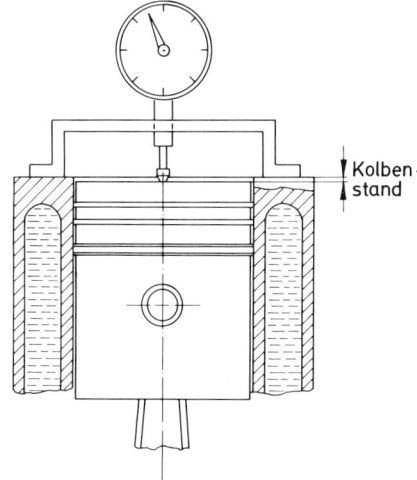

Bild 2.172   Kolbenstandmessung mit einer
Meßuhr

die Kurbelwelle durch, wobei der Draht auf das Spaltmaß zusammengedrückt wird. Das Kolbenspaltmaß soll bei allen Zylindern eines Motors nach Möglichkeit gleich groß sein. Ein Unterschied
von maximal 0,2 mm ist gerade noch zulässig. Werden größere Unterschiede festgestellt, kann
man etwas vom Kolbenboden abdrehen oder bei luftgekühlten Motoren die Scheibenstärke unter
dem Zylinderfuß ändern. Ist nach einer Überholung des Motors der Unterschied abnorm groß,
sollte man die Pleuellänge kontrollieren.

Das Messen mit dem Bleidraht ist veraltet und wird nur noch in einzelnen Fällen durchgeführt.
Eine zeitsparende Methode ist es, bei abgenommenem Zylinderkopf und abgenommener Zylinderkopfdichtung den Abstand (Kolbenstand) vom Kolbenboden bis zur Planfläche des Zylinderblocks zu messen (Bild 2.172). Zu diesem Zweck legt man eine Meßbrücke über die Zylinderbohrung, stellt den Kolben auf OT und mißt den Abstand mit einer Meßuhr. Das Meßergebnis ist
allerdings kleiner; meistens liegt es um Null. Wird anschließend der Zylinderkopf mit montiert,
dann ist der tatsächliche Abstand zwischen Kolbenboden und Zylinderkopf wieder etwa 1,5 mm.

2.9.5   Abgasturbolader

Die Leistung eines Dieselmotors hängt von der Frischluftfüllung bzw. dem Luftgewicht ab, das in
den Zylindern für die Verbrennung der eingespritzten Kraftstoffmenge zur Verfügung steht. Um
eine fast vollkommene Verbrennung zu erreichen, muß der Dieselmotor auch noch mit Luftüberschuß arbeiten. Soll nun die Leistung erhöht werden – eventuell weil es die gesetzlichen Bestimmungen verlangen –, so kann dieses Ziel auf mehreren Wegen erreicht werden:

❒ durch Hubraumvergrößerung des vorhandenen Saugmotors,
❒ wenn es technisch möglich ist, durch Drehzahlerhöhung,
❒ durch Aufladung eines vorhandenen Saugmotors – vorausgesetzt, der Kurbeltrieb ist für die
    höheren Arbeitsdrücke stärker ausgelegt.

Bei der Aufladung von Viertaktmotoren werden heute meistens Abgasturbolader verwendet (Bild 2.173). Der Einsatz eines solchen Laders hat den Vorteil, daß für seinen Antrieb keine Motorleistung abgenommen wird, der Motor leichter ist, weniger Einbauraum beansprucht und einen geringeren spezifischen Kraftstoffverbrauch hat als der Saugmotor gleicher Leistung.

Bild 2.173 Abgasturbolader (schematisch)

1 Abgasabführung
2 Abgasturbine
3 Abgaszuführung vom Aus-
  laßventil, Zylinderkopf,
  zur Turbine
4 Auslaßventil
5 Einlaßventil
6 Ladeluftzuführung vom
  Lader zum Zylinderkopf,
  Einlaßventil
7 Außenlufteintritt zum
  Lader
8 Läuferrad des Laders

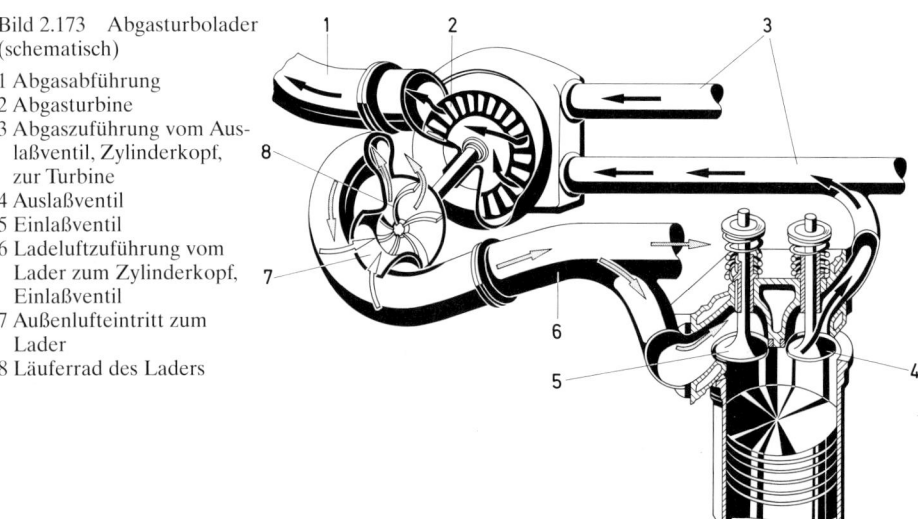

Wirkungsweise

Die heißen Abgase des Motors treffen auf das Abgasturbinenrad und bringen es auf eine maximale Drehzahl von etwa 100 000 min^{-1}. Ein auf derselben Welle angeordnetes Läufer- oder Verdichterrad saugt Frischluft an und führt diese mit einem geringeren Überdruck von meistens 0,6 bis 0,8 bar den Zylindern zu. Auf diese Weise gelangt mit jedem Hub mehr Verbrennungsluft in den Zylinderraum als bei einem Saugmotor. Die vom Lader erzeugte Druckerhöhung bewirkt also eine größere Dichte (ein höheres spezifisches Gewicht) und auch eine höhere Temperatur der Luft. Ist die Temperatur zu hoch (z.B. 120 °C (393 K), muß eine Kühlung der Luft auf etwa 70 bis 80 °C (343 bis 353 K) zwischen Turbolader und Motoreintritt erfolgen (Zwischenkühlung = Intercooling).

Bei unaufgeladenen Motoren bleibt bekanntlich nach dem Auslaßhub eine gewisse Abgasmenge als Restgas im Zylinder. Diese Restgasmenge kann durch die mit erhöhtem Druck in den Zylinder einströmende Frischluft bei entsprechender größerer Ventilüberschneidung hinausgespült werden, wodurch sich der Füllungsgrad verbessert. Gleichzeitig wird durch diesen Spülvorgang eine gewisse Zylinder- und Auslaßventilkühlung erreicht. Kommt also mehr Verbrennungsluft in die Zylinder, so wird auch eine Leistungssteigerung von etwa 30 bis 40% erreicht, wenn gleichzeitig die Einspritzmenge (Vollastfördermenge) bis zur Rauchgrenze erhöht wird.

Bei Abgasturboladern für Pkw-Otto- und -Dieselmotoren wird noch zusätzlich ein **Ladedruckbegrenzer** (Bild 2.174) verwendet. Er besteht aus einer federbelasteten Membran und dem Regelventil. Die Membrankammer ist über eine Leitung mit dem Ansaugkrümmer des Motors verbunden.

Wirkungsweise: Bei niedriger Drehzahl und geringer Abgasmenge ist das Regelventil geschlossen. Die heißen Abgase strömen nur über den Hauptkanal auf das Abgasturbinenrad und bringen

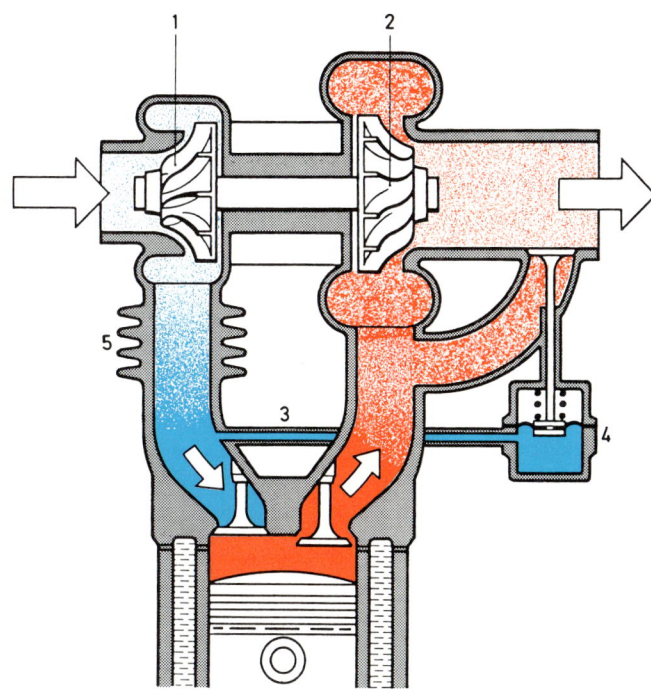

Bild 2.174 Abgasturbolader
mit Ladedruckbegrenzung

1 Verdichterrad
2 Abgasturbine
3 Verbindungsleitung
  zwischen Ansaugkrümmer
  und Membrankammer
4 Regelventil
5 Ansaugkrümmer

es schnell auf eine hohe Drehzahl von über 100 000 min^{-1}. Der mit der Drehzahl ansteigende Ladedruck wirkt über die Verbindungsleitung auf die Membran des Regelventils. Sobald der maximale Ladedruck (0,6 bis 1,5 bar) überschritten wird, öffnet das Regelventil und läßt den überschüssigen Teil der Abgase über den Umgehungskanal (Bypass) direkt in das Abgasrohr strömen. Dadurch steigt der Ladedruck nicht weiter an, und ein Überladen bei hohen Drehzahlen wird verhindert (siehe auch Abschnitt 2.4.4).

2.9.6   Abgase

Abgaszusammensetzung
Die Abgase werden in Nichtschadstoffe und Schadstoffe unterteilt.

Zu den Nichtschadstoffen gehören: Stickstoff (N_2), Kohlendioxid (CO_2), Sauerstoff (O_2), Wasserdampf (H_2O) und Argon (Ar) als Edelgas.

Zu den Schadstoffen zählen: Kohlenoxid (CO), Kohlenwasserstoffe (CH), Stickoxide (NO_x), Schwefeldioxid (SO_2) und Ruß in Form von kleinen Partikeln (Größe 0,01 bis 1 Mikrometer).

Der Nichtschadstoff Kohlendioxid (CO_2) entsteht bei der motorischen Verbrennung von Kohlenstoff (C) aus dem fossilen Kraftstoff und dem Sauerstoff (O_2) aus der Verbrennungsluft. Kohlendioxid dient als Maßstab für die Güte der motorischen Verbrennung. Ist der Kohlendioxidanteil im Abgas hoch, muß auch zwangsläufig der Kohlenoxidanteil gering sein.

Obwohl Kohlendioxid (CO_2) ungiftig ist, ist es nicht ungefährlich. Da es schwerer ist als Luft und sich am Boden absetzt, besteht Erstickungsgefahr. Ein Teil des Kohlendioxids wird von den Pflanzen unter Einwirkung des Sonnenlichtes in Kohlenstoff (C) und Sauerstoff (O_2) umgewandelt. Der verbleibende Anteil soll an dem Aufheizen der Erdatmosphäre beteiligt sein und den Treibhauseffekt hervorrufen.

Schadstoffentstehung

Grundsätzlich arbeitet der Dieselmotor mit Luftüberschuß, im Leerlauf mit etwa 400 bis 500% (entspricht Lambda 5 bis 6) und bei Vollast immer noch mit 20 bis 50% (entspricht Lambda 1,2 bis 1,5). Jedoch bestehen im Brennraum aufgrund der inneren Gemischbildung während der Einspritzphase bzw. des Verbrennungsablaufs unterschiedliche Kraftstoffkonzentrationen bzw. unterschiedliche Kraftstoff-Luft-Verhältnisse (Lambda-Werte). Das bedeutet, daß in der Einspritzphase in manchen Bereichen des Brennraumes großer Luftüberschuß und in anderen Bereichen Luftmangel besteht. In den Bereichen mit großem Luftüberschuß, z.B. am äußeren Rand des Kraftstoffstrahls, verdampfen die kleinen Kraftstofftröpfchen vollständig und verbrennen (oxidieren) fast vollkommen, so daß dabei nur geringe Mengen Kohlenoxid (CO), Kohlenwasserstoffe (CH) und Stickoxide (NO_x) entstehen. Dagegen kann im Zentrum des Kraftstoffstrahls Luftmangel bestehen. Das bedeutet, die Kraftstofftröpfchen verdampfen und verbrennen nicht vollständig, sondern nur an ihrer Oberfläche. Durch das Verbrennen dieser Dampfhülle kommt es im Innern der Kraftstofftröpfchen durch die hohe Temperatur, den hohen Druck und den Sauerstoffmangel zur Aufspaltung (Cracken) der normalen langkettigen in kurzkettige Kraftstoffmoleküle.

Nach der Verbrennung der äußeren Dampfhülle greift die Flamme auf den Kern der Tropfen über, in dem sich die kurzkettigen Moleküle befinden. Da diese sehr viel langsamer als die normalen Kraftstoffmoleküle reagieren, d.h. in Kohlenstoff (C) und Wasserstoff (H) zerfallen, nimmt die Brenngeschwindigkeit stark ab. Das geht soweit, daß am Ende der Verbrennung nur noch reaktionsträger Kohlenstoff (C) übrigbleibt. Gelingt es nicht, in der verbleibenden kurzen Zeit diesen Kohlenstoff mit ausreichend Sauerstoff (O_2) zu versorgen, verbrennt er nicht mehr und verläßt den Brennraum als Rußpartikel.

Schadstoffeigenschaften

Kohlen(mon)oxid (CO) ist ein geruch-, farb- und geschmackloses Gas. Wird es eingeatmet, bindet es sich schneller mit Hämoglobin, dem Farbstoff der roten Blutkörperchen, als der Sauerstoff. Da Hämoglobin für den Sauerstofftransport im Körper verantwortlich ist, verschlechtert sich dieser, und es besteht die Gefahr des Erstickens. Nur 0,3 Volumenprozent in der Atemluft können schon nach 30 Minuten tödlich wirken. Kohlenoxid oxidiert in der Atmosphäre nach etwa 10 Minuten zu Kohlendioxid (CO_2).

Unverbrannte Kohlenwasserstoffe (CH) entstehen im Brennraum des betriebswarmen Dieselmotors in nur ganz geringen Mengen. Dagegen entstehen bei Kaltstart und in der Warmlaufphase aufgrund zu niedriger Verdichtungsendtemperatur Weißrauch bzw. Blaurauch. Das Abgas enthält in diesem Fall Tröpfchen kondensierter Kohlenwasserstoffe, die bei einem Durchmesser von etwa 1 µm optisch als Weißrauch erscheinen. Steigt die Verdichtungsendtemperatur bei Erwärmung des Motors an, fällt der Tröpfchendurchmesser unter 1 µm, und das Abgas erscheint als Blaurauch. Diese Kohlenwasserstoffe reizen die Schleimhäute und verursachen Kopfschmerzen. Der Anteil der aromatischen Kohlenwasserstoffverbindungen kann, wenn diese eingeatmet werden, krebserregend wirken. Gelangen die unverbrannten Kohlenwasserstoffe in die Atmosphäre, oxidieren sie langsam zu Kohlendioxid (CO_2) und Wasserdampf (H_2O).

Rußpartikel sind feste Teilchen im Abgas und bestehen im Kern aus reinem Kohlenstoff. An diesen Rußkern haben sich aromatische Kohlenwasserstoffverbindungen, Metalloxide, Verbrennungswasser und geringe Mengen Schwefel als Sulfat (Salz der Schwefelsäure) angelagert. Ruß als reiner Kohlenstoff gilt gesundheitlich als unbedenklich, während die angelagerten aromatischen Kohlenwasserstoffverbindungen krebserregende Wirkung haben sollen.

Stickoxide (NO_2): Im Brennraum entsteht überwiegend Stickoxid (NO), ein farb-, geschmack- und geruchloses Gas, das sich in der Atmosphäre langsam in Stickdioxid (NO_2) umwandelt. Stickoxid ist in reiner Form ein rotbraunes, stechend riechendes, giftiges Gas, das die Schleimhäute reizt. Stickoxid (NO) und Stickdioxid (NO_2) werden zusammengefaßt als Stickoxide (NO_x) bezeichnet.

Durch die Einwirkung des Sonnenlichts wird Stickdioxid (NO_2) in Stickoxid (N) und 1 Atom Sauerstoff (O) zerlegt. Dieses freie Sauerstoffatom verbindet sich mit dem Luftsauerstoff (O_2) zu bodennahem Ozon (O_3), das in Verbindung mit unverbrannten Kohlenwasserstoffen für die Smogbildung verantwortlich ist.

Schwefeldioxid (SO_2) ist ein farbloses Gas mit stechendem Geruch. Bis zu einer Temperatur von etwa 150 °C ist es ein trockenes Gas. Unterhalb dieser Temperatur verbindet es sich mit der Luftfeuchtigkeit zu schwefliger Säure, die ätzt und die Schleimhäute reizt. Schwefeldioxid wird von der Luftfeuchtigkeit aufgenommen und verursacht den «sauren Regen».

Schadstoffminderung
Der Anteil und die Zusammensetzung des Dieselabgases können durch einige Maßnahmen beeinflußt werden: einmal durch die Gestaltung des Brennraumes. So stoßen z.B. Motoren mit indirekter Einspritzung, d.h. mit unterteiltem Brennraum, weniger Stickoxide aus als solche mit direkter Einspritzung. Weiter kann durch eine sorgfältige Abstimmung der Luftbewegung (Drallbewegung) im Brennraum und zusätzlich durch die Hochdruckeinspritzung (1000 bis 1800 bar) eine gute Vermischung von Kraftstoff und Luft und damit eine fast vollständige Verbrennung erzielt werden.

Die Kraftstoffeinspritzung mit Einspritzbeginn, Einspritzdauer und Zerstäubung des Kraftstoffs hat großen Einfluß auf die Schadstoffmengen. Der Einspritzbeginn bestimmt abhängig vom Zündverzug den Verbrennungsbeginn. Zum Beispiel verringert später Einspritzbeginn den NO_x-Anteil im Abgas. Allerdings läßt zu später Einspritzbeginn den CH-Anteil und den Kraftstoffverbrauch wieder ansteigen. Die Einspritzdauer muß so auf den Motor abgestimmt werden, daß pro Grad Kurbelwinkel nur die Kraftstoff-Vollastmenge eingespritzt wird, die sich in der kurzen Zeit auch mit der Luft vermischen kann. Das erfordert außerdem einen Lambda-Wert (Luftzahl) von mindestens 1,2 bis 1,5 (entspricht 20 bis 50% Luftüberschuß), da sonst der Rußanteil zu hoch ansteigt. Um den Rußanteil gering zu halten, muß auch eine sehr feine Kraftstoffzerstäubung bestehen, die bei den neueren Einspritzanlagen mit der Hochdruckeinspritzung erreicht wird (Einspritzdruck bis etwa 1800 bar).

Die Kraftstoffqualität hat ebenfalls einen entsprechenden Einfluß auf die Schadstoffanteile im Abgas. Je nach Art und Anteil der Kraftstoffzusätze (Additive) im Dieselkraftstoff lassen sich die Schadstoffanteile im Abgas vermindern. Der Zusatz, der als Zündbeschleuniger zugegeben wird, bestimmt mit die Cetanzahl und die wiederum beeinflußt den NO_x-Anteil. Dabei gilt: je höher die Cetanzahl, desto geringer der NO_x-Anteil im Abgas. Durch die Herabsetzung des Schwefelgehalts von 0,15 Gew.-% auf 0,05 Gew.-% hat auch der Ausstoß von Schwefeldioxid abgenommen. Da sich Schwefel als Sulfat an Rußpartikel anlegt, ist der Partikelausstoß um etwa 15 Gew.-% zurückgegangen.

Abgasrückführung
Die Abgasrückführung (Bild 2.175) ist ebenfalls eine Maßnahme, mit der bei Teillastbereich die Bildung von Stickoxiden (NO_x) und somit die Bildung von bodennahem Ozon (O_3) verringert

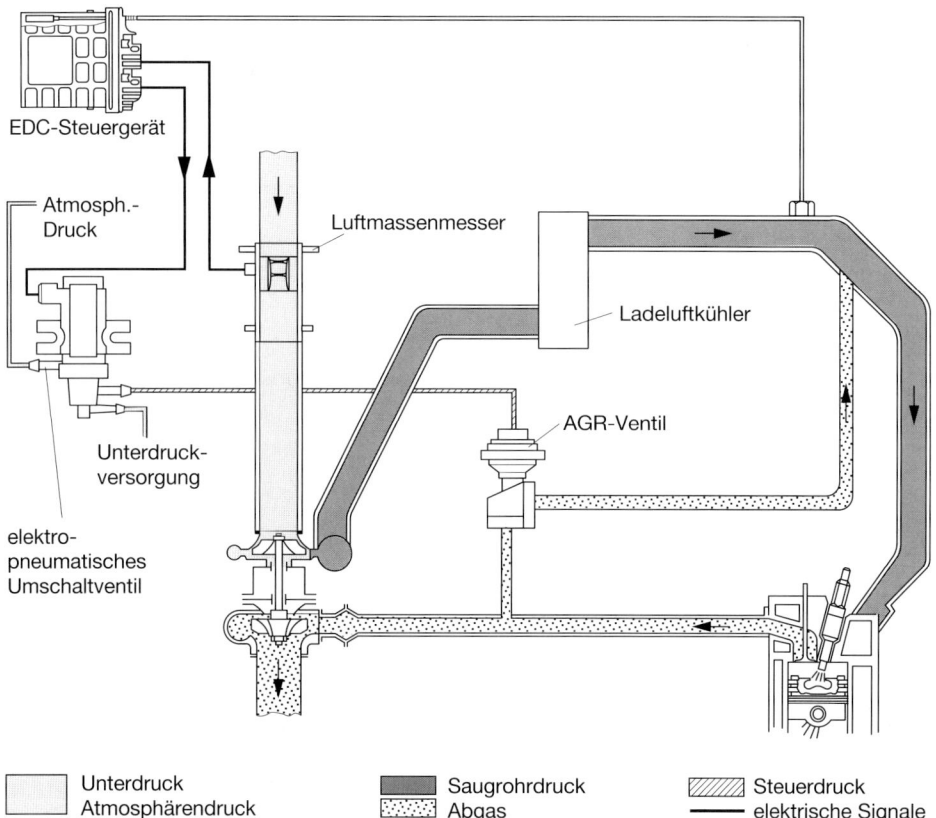

EDC-Steuergerät

Atmosph.-
Druck

Luftmassenmesser

Ladeluftkühler

AGR-Ventil

Unterdruck-
versorgung

elektro-
pneumatisches
Umschaltventil

	Unterdruck Atmosphärendruck		Saugrohrdruck Abgas		Steuerdruck elektrische Signale

Bild 2.175   EDC-Steuergerät mit Abgasrückführung (Audi)

wird. Stickoxide bilden sich in größeren Mengen, wenn im Motor die Verbrennung bei Luftüberschuß und dann in verschiedenen Bereichen des Brennraumes mit zu hoher Temperatur von etwa 2500 °C abläuft. Dabei verbindet sich der Sauerstoff (O_2) mit dem Stickstoff (N_2) der Verbrennungsluft.

Die Abgasrückführung ist hauptsächlich bei Dieselmotoren erforderlich, die bei Teillast mit einem besonders großen Luftüberschuß arbeiten. Bei Ottomotoren werden die Stickoxide durch den Dreiwege-Katalysator wieder in Stickstoff und Sauerstoff umgewandelt. Durch die Abgasmenge, die der Frischlust beigemischt wird, verringert sich der Sauerstoff- und Stickstoffanteil im Zylinder um etwa 20 bis 40%. Einmal kann sich dadurch weniger Sauerstoff mit Stickstoff verbinden und außerdem wird durch das Vermischen der Frischluft mit der zurückgeführten Abgasmenge die Verbrennungshöchsttemperatur auf etwa 2000 °C bis 2100 °C begrenzt.

Wirkungsweise: Die Abgasrückführung ist wirksam ab einer Kühlmitteltemperatur von +60 °C und im Teillastbetrieb zwischen etwa 1000 bis 3500 min^{-1}. In Bild 2.175 ist schematisch eine Anlage mit elektronischer Dieselregelung (EDC) dargestellt. In dem EDC-Steuergerät ist die Abgasrückführung in einem Kennfeld gespeichert. Es enthält für jeden Betriebspunkt die notwendige Luftmasse, die in Abhängigkeit von der Drehzahl, der Einspritzmenge (= Lastzustand) und Motortemperatur erforderlich ist. Das Steuergerät bekommt vom Luftmassenmesser die Information über die momentan angesaugte Luftmasse, vergleicht diese mit dem abgespeicherten Sollwert und bemißt danach die Abgasrückführmenge. Dazu steuert das Steuergerät das elektropneumatische Umschaltventil an, das eine Verbindung von einer Unterdruckpumpe zum Abgasrückführventil (AGR-Ventil) herstellt. Die Ansteuerung erfolgt mit einem impulsweitenmodulierten Rechtecksignal, d.h., der Strom wird periodisch ständig ein- und ausgeschaltet (getaktet). Die Einschaltzeit wird im Verhältnis zur Periodendauer (100%) unterschiedlich lang bemessen und als Tastverhältnis in Prozent angegeben. Dadurch ist der Unterdruck am AGR-Ventil auch unterschiedlich hoch und läßt einen unterschiedlich großen Durchströmquerschnitt entstehen.

Abgasnachbehandlung
Dieselkatalysator: Die Bezeichnung Katalysator kommt vom griechischen Wort «katalysis» und bedeutet «Auflösung». In der Chemie werden Stoffe, die eine chemische Reaktion auslösen oder beeinflussen, ohne sich selbst zu verändern, als Katalysatoren bezeichnet.

Da der Dieselmotor immer mit Luftüberschuß arbeitet, im Leerlauf mit etwa 400 bis 500% (entspricht Lambda 5 bis 6) und bei Vollast immer noch mit 50% (entspricht Lambda 1,5), kann nur der Einbett-Oxidationskatalysator eingesetzt werden. Durch den bestehenden Luftüberschuß werden nur die Schadstoffe Kohlenoxid (CO) und Kohlenwasserstoffe (CH) oxidiert. Eine Reduktion, d.h. Verminderung, der Stickoxide (NO_x) kann nicht eintreten, weil dieser chemische Vorgang nicht abläuft, wenn Luftüberschuß besteht.

Aufbau
Der Katalysator (Bild 2.176) ist in einem Edelstahlgehäuse gebettet und besteht aus dem Trägerkörper, der Zwischenschicht, der katalytisch aktiven Schicht und der Dämpfungsmatte.

Bild 2.176   Aufbau eines Katalysators (VW, Audi)

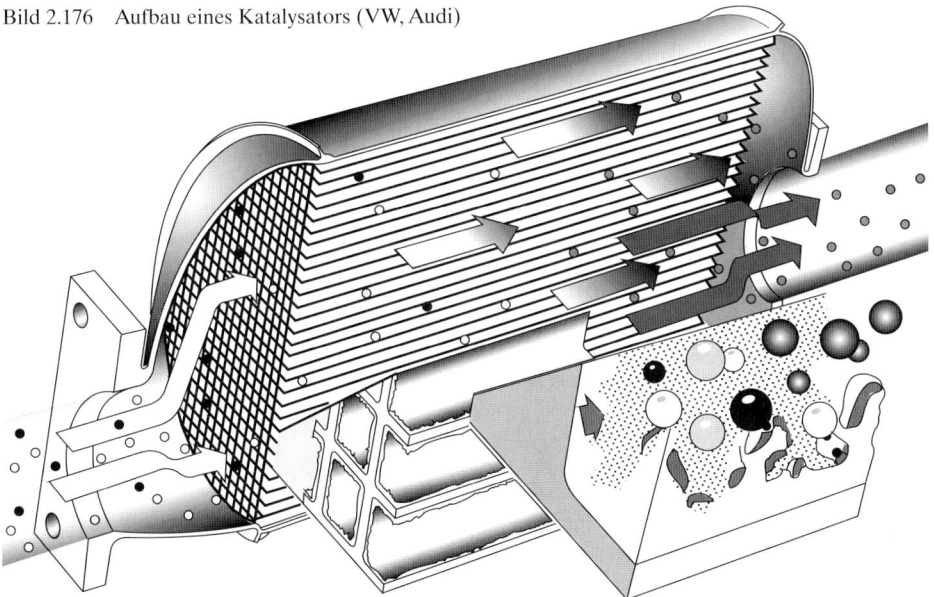

Trägerkörper

Als Trägerkörper für den Dieselkatalysator dienen zylindrische oder ovale Keramikkörper (Monolithe) in Wabenstruktur, die in einer Dämpfungsmatte aus Drahtgestrick oder Keramikfaser in dem Gehäuse gebettet sind. Durch die quadratischen Kanäle, auch Zellen genannt (62 Zellen/cm^2), entsteht eine große Oberfläche, die bei 1 Liter Monolithvolumen etwa 3 m^2 beträgt. Der Keramikkörper besteht aus Magnesium-Aluminium-Silikat mit einer geringen Wärmeausdehnung und einer hohen Hitzebeständigkeit. Der Schmelzpunkt des Magnesium-Aluminium-Silikats liegt oberhalb von 1400 °C.

Zwischenschicht

Zur weiteren Vergrößerung der Oberfläche sind die Zellenwandungen des Trägerkörpers mit einer Zwischenschicht (Wash-Coat) aus Aluminiumoxid und sogenannten Promotoren (Förderer) versehen. Die Promotoren verstärken die katalytische Wirkung der Edelmetallschicht (Bild 2.177). Dadurch vergrößert sich die Oberfläche um das 7000fache. Das ergibt bei 1 Liter Monolithvolumen eine Gesamtoberfläche von 3 × 7000 = 21 000 m^2.

Katalytisch aktive Schicht

Diese katalytisch aktive Schicht wird mikroskopisch fein auf die Zwischenschicht aufgetragen und besteht beim Dieselkatalysator nur aus dem Edelmetall Platin. Es sind etwa 2 g/dm^3 Monolithvolumen. Es wird mit Platin beschichtet, weil Platin die Oxidationsvorgänge begünstigt. Anders ist es beim Dreiwege-Katalysator für Ottomotoren, da kommt noch Rhodium oder Palladium zum Einsatz. Diese Edelmetalle begünstigen die Reduktion, d.h. die Sauerstoffabspaltung.

Chemische Reaktionen

Die Aufgabe des Dieselkatalysators besteht darin, die Schadstoffe Kohlendioxid (CO) und die unverbrannten Kohlenwasserstoffe (CH), hauptsächlich aber die löslichen Kohlenwasserstoffverbindungen, die sich an die Rußpartikel angelegt haben, zu Kohlendioxid (CO_2) und Wasserdampf (H_2O) zu oxidieren. Die Umwandlung von Kohlenoxid (CO) zu Kohlendioxid (CO_2) beginnt schon ab einer Katalysatortemperatur von etwa 175 °C. Etwas später, bei etwa 235 °C, erfolgt auch die Umwandlung von den unverbrannten Kohlenwasserstoffen (CH) in Kohlendioxid (CO_2) und Wasserdampf (H_2O). Bei dieser Temperatur von 235 °C erreicht der Dieselkatalysator seinen höchsten Umwandlungsgrad mit etwa 80%.

Bild 2.177 Oberflächenstruktur einer beschichteten Zellwand im Monolith (Eberspächer)

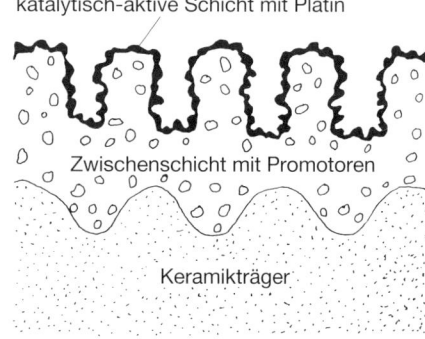

katalytisch-aktive Schicht mit Platin

Zwischenschicht mit Promotoren

Keramikträger

3 Gemischbildung und Verbrennung bei Ottomotoren

Gemischbildung

Man unterscheidet bei den Ottomotoren – wie auch bei den Dieselmotoren – zwischen äußerer und innerer Gemischbildung. Die überwiegend angewendete äußere Gemischbildung wurde früher durch Vergaser und heute nur noch durch Einspritzung des Kraftstoffs in den Ansaugkanal bewerkstelligt. Die innere Gemischbildung liegt vor, wenn der Kraftstoff direkt in die Zylinder eingespritzt wird. Dieses Verfahren hat den Vorteil, daß der Wirkungsgrad und somit der Kraftstoffverbrauch auf den des Dieselmotors abgesenkt werden kann.

Ein Ottomotor benötigt ab etwa +40 °C Kühlmitteltemperatur ein bestimmtes Kraftstoff-Luft-Verhältnis. Das ideale theoretische Kraftstoff-Luft-Verhältnis für eine vollständige Verbrennung liegt vor, wenn 1 kg Kraftstoff mit 14,8 kg Luft (1 : 14,8) gleichmäßig (homogen) vermischt werden (entspricht einem Volumenverhältnis von 1 : 10 000, 1 l Benzin und 10 000 l Luft). Dies wird auch als *stöchiometrisches Verhältnis* bezeichnet und besteht dann, wenn die vom Motor angesaugte Luftmasse, d.h. die zugeführte Luftmasse, gleich dem theoretischen Luftbedarf ist. Das Verhältnis zwischen diesen Luftmassen wird mit der Luftzahl bzw. mit dem Luftverhältnis λ (Lambda) gekennzeichnet. So errechnet sich das Luftverhältnis immer aus:

$$\text{Lambda } (\lambda) = \frac{\text{zugeführte Luftmasse}}{\text{theoretischer Luftbedarf}}$$

$$\lambda = 1$$

Die zugeführte Luftmasse entspricht der theoretischen (notwendigen) Luftmasse.

$$\lambda < 1$$

Es besteht Luftmangel mit etwa 10% oder Vollastbetrieb mit fetterem Gemisch bei $\lambda = 0,9$.

$$\lambda > 1$$

Es besteht Luftüberschuß mit etwa 10% oder ein mageres Gemisch bei $\lambda = 1,1$.

Bei einem Kraftstoff-Luft-Verhältnis von etwa 1 : 11 ($\lambda = 0,75$) und etwa 1 : 18 ($\lambda = 1,25$) ist im Normalfall das Gemisch nicht mehr einwandfrei brennfähig (Bild 3.1). Es treten Verbrennungsaussetzer auf, die sich auf die Laufruhe des Motors auswirken, und der Schadstoffausstoß nimmt enorm zu. Nur bei sogenannten Magergemischmotoren mit Schichtladung, d.h. mit einem kleinen Anteil normalen Gemisches zur Einleitung der Verbrennung und einem großen Anteil mageren Gemisches, ist der Betrieb störungsfrei.

Die Gemischzusammensetzung muß den unterschiedlichen Betriebszuständen und Temperaturen des Motors angepaßt werden.

Zunächst interessiert die *Kraftstoffgrundmenge*. Das ist die Kraftstoffmenge, die der betriebswarme Motor ab etwa +40 °C im *Leerlauf* und bei *Teillastbetrieb* benötigt. Bei einem Ottomotor mit katalytischer Abgasnachbehandlung durch einen Dreiwege-Katalysator und Lambda-Regelung muß dabei das Gemischverhältnis exakt bei $\lambda = 1$ eingehalten werden. Bei allen anderen Betriebszuständen reicht die Kraftstoffgrundmenge nicht aus. Das bedeutet, es muß die Kraft-

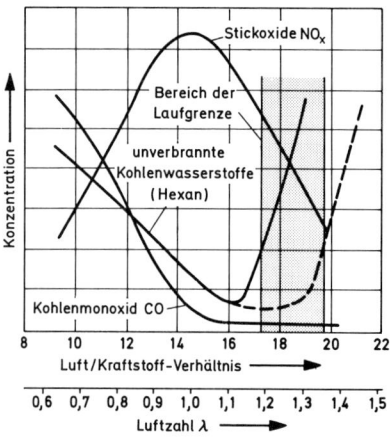

Bild 3.1 Verlauf der Konzentration von CO, NO_x und der unverbrannten Kohlenwasserstoffe über dem Luft-Kraftstoff-Verhältnis bzw. der Luftzahl λ (Bosch)

stoffmenge im Verhältnis zur angesaugten Luftmasse entsprechend vergrößert werden. Dieser als *Anreicherung* bezeichnete Vorgang setzt ein bei:

Kaltstart: Beim Kaltstart magert das Kraftstoff-Luft-Gemisch temperaturabhängig ab. Dies entsteht aufgrund ungenügender Durchmischung von Kraftstoff und Luft, der starken Wandbenetzung von Saugkanal und Zylinder und der geringen Verdampfung des Kraftstoffs. Nur die leichtsiedenden Kraftstoffanteile verdampfen, und das sind höchstens 60% der Gesamtmenge. Um dies auszugleichen, muß bis zum 3- bis 5fachen der Kraftstoffgrundmenge zugeführt werden.

Nachstartphase: Nach dem Startvorgang muß bei tiefen Temperaturen für kurze Zeit – zusätzlich zu der Kraftstoffgrundmenge – mehr Kraftstoff eingespritzt werden, damit der Motor gut hochläuft und seine Leerlaufdrehzahl erreicht.

Warmlaufphase: Im Anschluß an die Nachstartphase beginnt die Warmlaufphase. Der Motor wäre mit der Kraftstoffgrundmenge noch nicht lauffähig, weil immer noch zuviel von den schwersiedenden Kraftstoffanteilen an den Wandungen niederschlagen würden. Erst mit zunehmender Motortemperatur, wenn immer mehr Kraftstoff verdampft, wird gleichmäßig die Anreicherung zurückgenommen und bei etwa +40 °C nur noch die Kraftstoffgrundmenge eingespritzt.

Übergang: Als Übergang bezeichnet man das Betätigen der Drosselklappe z.B. aus der Leerlauf- in die Teillaststellung. Da aufgrund des relativ hohen Unterdrucks mit starker Saugwirkung die Saugkanalwandungen trocken sind, setzt beim Öffnen der Drosselklappe zuerst eine Wandbenetzung mit den schwersiedenden Kraftstoffanteilen ein. Da dieser Anteil zur Gemischbildung fehlt, muß für kurze Zeit etwas mehr als die Grundmenge eingespritzt werden. Das Gemischverhältnis wird von 1 : 14,8 ($\lambda = 1$) auf 1 : 13 ($\lambda = 0,9$) geändert.

Beschleunigung: Beim schnellen Öffnen der Drosselklappe bestehen die gleichen Verhältnisse wie beim Übergang. Es kommt zur Abmagerung des Kraftstoff-Luft-Gemisches, weil ein Teil der Kraftstoffmenge – es sind wieder die schwersiedenden Anteile – zur Wandbenetzung verlorengeht. Um kein «Beschleunigungsloch» entstehen zu lassen, muß kurzzeitig mehr als die normal bemessene Einspritzmenge eingespritzt werden. Das Gemischverhältnis wird kurzzeitig von 1 : 14,8 ($\lambda = 1$) auf 1 : 13 ($\lambda = 0,9$) geändert.

Vollast: Bei voll geöffneter Drosselklappe soll der Motor im mittleren Drehzahlbereich sein höchstes Drehmoment bzw. bei hoher Drehzahl seine höchste Leistung abgeben. Dies verlangt eine Änderung des Kraftstoff-Luft-Gemischverhältnisses von 1 : 14,8 ($\lambda = 1$) auf 1 : 13 ($\lambda = 0,9$), damit durch die leichte Anfettung des Gemisches die Brenngeschwindigkeit zunimmt und eine schnellere Energiefreisetzung stattfindet. Der Nachteil ist, daß der Gehalt an Kohlenoxid (CO) und unverbrannten Kohlenwasserstoffen (CH) ansteigt, während die Stickoxide abfallen (Bild 3.1).

Höhenkorrektur: Mit zunehmender Höhe, z.B. bei Bergfahrten, nimmt die Dichte der Luft ab. Das vom Motor angesaugte Luftvolumen besitzt dann eine kleinere Masse als auf Meereshöhe. Als Folge kommt es zur starken Anreicherung mit erhöhtem Schadstoffausstoß. Außerdem nimmt die Motorleistung pro 100 m Höhenzunahme um 1% ab. Um den erhöhten Schadstoffausstoß und den Kraftstoffmehrverbrauch zu verringern, muß in diesem Fall das Gemischverhältnis wieder magerer, d.h. die Kraftstoffmenge verringert werden.

Verbrennung

Wenn der Zündfunke an den Elektroden der Zündkerze überspringt, entzündet sich nach dem Entflammverzug (mit dem Zündverzug beim Dieselmotor vergleichbar) das angesaugte und weitgehend gasförmig gewordene Kraftstoff-Luft-Gemisch. An der Zündkerze bildet sich zunächst eine kleine Flamme. Diese entwickelt sich weiter und breitet sich etwa kugelförmig aus, wobei eine Flammenfront den Brennraum mit zunehmender Geschwindigkeit durchläuft. Dabei hängt die Flammenausbreitungsgeschwindigkeit einmal von der Form des Brennraumes, von den Temperaturverhältnissen und auch von dem Kraftstoff-Luft-Verhältnis ab. Die Verbrennungsgeschwindigkeit ist immer dann besonders hoch, wenn hohe Temperatur, hoher Druck, und starke Verwirbelung herrschen und Luftverhältnisse zwischen λ 0,9 bis 1,0 vorliegen.

Die Geschwindigkeit der sich ausbreitenden Flamme ist nicht gleichbleibend. Sie ist zu Beginn der Verbrennung, wenn der Verbrennungsdruck noch niedrig ist, gering. Mit ansteigendem Verbrennungsdruck nimmt sie laufend zu, erreicht dann den höchsten Wert etwa beim Erreichen des höchsten Verbrennungsdrucks unmittelbar nach OT, um danach wieder, durch die Wärmeableitung und beginnende Expansion im Arbeitstakt, abzusinken. Die bei dem Verbrennungsablauf auftretende *mittlere Verbrennungsgeschwindigkeit* liegt am Anfang bei etwa 8 bis 10 m/s und erhöht sich bis auf etwa 30 m/s. Mit steigender Motordrehzahl und der dabei auftretenden stärkeren Durchwirbelung des Kraftstoff-Luft-Gemisches nimmt die Brenngeschwindigkeit in etwa gleichem Verhältnis zu, so daß die bei höheren Drehzahlen immer kürzeren für die Verbrennung zur Verfügung stehenden Zeiträume ausreichend bleiben. Die Zeit, die z.B. bei 5000 min^{-1} für den Verbrennungsablauf zur Verfügung steht, beträgt etwa 0,001 s. Das bedeutet, daß bei angestrebter *Gleichraumverbrennung,* bei der der größte Gemischanteil im Bereich des oberen Totpunktes verbrennen soll, um einen guten Wirkungsgrad zu erzielen, nur etwa 30° bis 40° KW zur Verfügung stehen.

Vor der sich schnell ausbreitenden Flammenfront befindet sich immer noch ein Teil unverbrannten Gemisches, das als Endgas bezeichnet wird. Dieses Endgas wird sowohl vom weiter zum OT hinlaufenden Kolben als auch durch die Verbrennungsdruckwelle zunehmend verdichtet. Durch diesen Vorgang und durch die Strahlungswärme, die von der Flamme ausgeht, wird das Endgas einer hohen Temperatur ausgesetzt. Der Kraftstoff muß jetzt so klopffest (wärmewiderstandsfähig) sein, daß die Verbrennung normal abläuft, d.h. die Flamme das Endgas ganz verzehrt, ohne daß eine Eigenzündung eintritt. Nur dann wird ein gleichmäßiger weicher Druckanstieg und eine entsprechend weiche und zügige Kolbenkraft erzeugt.

Klingelnde bzw. klopfende Verbrennung: Erreicht das Endgas die kritische Phase, in der es der ständig zunehmenden Wärmebelastung nicht mehr standhält, entzündet es sich von selbst und verbrennt dann so schlagartig mit einer Flammgeschwindigkeit von etwa 300 m/s, daß ebenfalls ein schlagartiger Druckanstieg die Folge ist. Dieser löst Druckwellen aus, die das bekannte «Klingeln» oder im Extremfall «Klopfen» verursachen und Triebwerksteile in Schwingungen versetzen. Neben den auftretenden Schwingungen ist im Vergleich zur normalen Verbrennung ein höherer Verbrennungsspitzendruck entstanden. Dieser höhere Druck, verbunden mit einem steilen schlagartigen Druckanstieg, führt zu einer entsprechend höheren mechanischen Triebwerksbelastung mit Schäden an den Pleuellagern und Kolben. Um solche Schäden zu vermeiden, wird bei den Motoren mit elektronisch gesteuerten Zündanlagen die «Klopfregelung» eingesetzt (siehe Abschnitt 8.2.9).

3.1   Abgase von Ottomotoren

Abgaszusammensetzung
Die Abgase eines Ottomotors werden in Nichtschadstoffe und Schadstoffe unterteilt.

Zu den *Nichtschadstoffen* gehören: Stickstoff (N_2), Kohlendioxid (CO_2), Sauerstoff (O_2), Wasserdampf (H_2O) und Argon (Ar) als Edelgas.

Zu den *Schadstoffen* zählen: Kohlenoxid (CO), Kohlenwasserstoffe (CH), Stickoxide (NO_x) und in ganz geringen Mengen Schwefeldioxid (SO_2).

Der Nichtschadstoff Kohlendioxid (CO_2) entsteht bei der motorischen Verbrennung aus der Verbindung von Kohlenstoff (C) aus dem Kraftstoff und dem Sauerstoff (O_2) aus der Verbrennungsluft. Kohlendioxid dient als Maßstab für die Güte der motorischen Verbrennung. Ist nämlich der Kohlendioxidanteil im Abgas hoch, muß zwangsläufig der Kohlenoxidanteil entsprechend gering sein.

Obwohl ungiftig, ist das Kohlendioxid (CO_2) nicht ungefährlich. Da es schwerer ist als Luft und sich am Boden absetzt, besteht Erstickungsgefahr. Ein Teil des Kohlendioxids wird von den Pflanzen unter Einwirkung des Sonnenlichtes in Kohlenstoff (C) und Sauerstoff (O_2) zerlegt. Der verbleibende Anteil soll mit an dem Aufheizen der Erdatmosphäre beteiligt sein und den Treibhauseffekt hervorrufen.

Schadstoffentstehung
Würden im Brennraum eines Ottomotors die im Kraftstoff enthaltenen Kohlenstoffanteile (C) und die Wasserstoffanteile (H) vollständig mit dem Sauerstoff (O_2) der Verbrennungsluft oxidieren, d.h. eine Verbindung eingehen, bestünde das Abgas hauptsächlich nur aus Wasser (H_2O) und Kohlendioxid. Es bestünde dann der Zustand der *idealen Verbrennung*.

Kurz erklärt:

Otto-Kraftstoff + Sauerstoff = Wasser + Kohlendioxid

Eine ideale Verbrennung kann weder im Otto- noch im Dieselmotor stattfinden, denn dazu müßten auch ideale Verhältnisse im Brennraum bestehen. So entsteht nicht immer eine homogene (gleichmäßige) Vermischung von Kraftstoff und Luft. Außerdem stehen meistens nur sehr kurze Verbrennungszeiten zur Verfügung. Dabei kommt es durch Wärmeverlust zum Verlöschen der Flamme, bevor diese den Brennraum durchlaufen hat. Daraus ergibt sich die *reale Verbrennung*.

Weil eine reale Verbrennung immer eine unvollständige Verbrennung ist, entstehen neben den schon erwähnten Verbrennungsprodukten Kohlendioxid und Wasser auch noch andere Produkte. Alle gasförmigen Verbrennungsprodukte, die den Brennraum verlassen, werden mit dem Begriff *Abgas* bezeichnet.

Vereinfacht kann man die Entstehung der Abgase wie folgt darstellen:

$$
\text{Kraftstoff} + \text{Verbrennungsstoff} = \text{Abgas}
\left.\begin{array}{ll}
\text{Kohlendioxid} & (CO_2) \\
\text{Wasserdampf} & (H_2O) \\
\text{Stickstoff} & (N_2) \\
\text{Sauerstoff} & (O_2) \\
\text{Argon} & (Ar) \\
\text{Schadstoffe} &
\end{array}\right\}
$$

Schadstoffeigenschaften

Kohlenoxid (CO): Es ist ein geruch-, farb- und geschmackloses Gas. Wird es eingeatmet, bindet es sich schneller als Hämoglobin, dem Farbstoff der roten Blutkörperchen, als der Sauerstoff. Da Hämoglobin für den Sauerstofftransport im Körper verantwortlich ist, verschlechtert sich dieser, und es besteht die Gefahr des Erstickens. Nur 0,3 Volumenprozent in der Atemluft können schon nach 30 Minuten tödlich wirken. Kohlenoxid (CO) oxidiert in der Atmosphäre nach etwa 10 Minuten zu Kohlendioxid (CO_2).

Unverbrannte Kohlenwasserstoffe (CH): Diese entstehen in größeren Mengen, wenn die Bedingungen für eine gute Verbrennung unzureichend sind – immer dann, wenn angereichert werden muß, wenn mehr als die Kraftstoffgrundmenge eingespritzt wird; außerdem immer in den Bereichen, die von der Flamme nicht erreicht werden können, so z.B. am Kolben in dem Spalt zwischen Kolbenboden und dem ersten Kolbenring (Feuersteg). Unverbrannte Kohlenwasserstoffe entstehen auch, wenn die Flamme in Brennraumwandnähe aufgrund zu niedriger Temperatur zum Erlöschen kommt.

Stickoxide (NO_x): Stickoxide entstehen, wenn bei hohen Verbrennungsspitzentemperaturen der Stickstoff (N_2) der Verbrennungsluft sich mit dem Luftsauerstoff (O_2) verbindet. Dabei entsteht überwiegend Stickoxid (NO), ein farb-, geschmack- und geruchloses Gas, das sich in der Atmosphäre langsam in Stickdioxid (NO_2) umwandelt. Es entstehen nur geringe Mengen Stickdioxid (NO_2), in reiner Form ein rotbraunes, stechend riechendes, giftiges Gas, das die Schleimhäute reizt. Beide Verbindungen, Stickoxid und Stickdioxid, werden der Einfachheit halber als Stickoxide (NO_x) bezeichnet.

Durch die Einwirkung des Sonnenlichtes wird Stickdioxid (NO_2) in Stickoxid (NO) und in 1 Atom Sauerstoff (O) zerlegt. Dieses freie Sauerstoffatom verbindet sich mit dem Luftsauerstoff (O_2) zu *bodennahem Ozon* (O_3), das in Verbindung mit den unverbrannten Kohlenwasserstoffen in Bodennähe für die *Smogbildung* verantwortlich ist.

Schwefeldioxid (SO_2): Aufgrund des niedrigen Schwefelgehalts von 0,05 Gew.-% im Otto-Kraftstoff entsteht bei der Verbrennung nur wenig Schwefeldioxid. Dieses ist ein farbloses Gas mit stechendem Geruch, das eine starke Reizwirkung auf die Schleimhäute ausübt. Bis zu einer Temperatur von etwa 150 °C ist es ein trockenes Gas. Unterhalb dieser Temperatur verbindet es sich mit der Luftfeuchtigkeit zu *schwefliger Säure*, die anschließend durch die Luftbewegung in der Atmosphäre aufsteigt und wieder als sogenannter «saurer Regen» herunterkommt.

Schadstoffminderung

Der Anteil und die Zusammensetzung der Abgase von Ottomotoren können durch einige Maßnahmen beeinflußt werden – einmal durch *motorische Maßnahmen* und außerdem durch *Abgasnachbehandlungsmaßnahmen* mit Katalysatoren.

Motorische Maßnahmen: Hier gilt es den Verbrennungsraum so zu gestalten, daß möglichst wenig *unverbrannte Kohlenwasserstoffe* im Abgas enthalten sind. Das wird einmal durch eine einfache Brennraumform mit kleiner Gesamtoberfläche erreicht, bei der weniger Wärmeverluste auftreten und die Flamme auch den letzten Rest Endgas verzehrt, ohne vorher zu verlöschen, des weiteren durch Vermeidung oder Verkleinern von Spalten, die brennfähiges Gemisch aufnehmen und nicht von der Flamme erreicht werden können, z.B. der Spalt am Kolben im Bereich des Feuerstegs.

Ein hohes *Verdichtungsverhältnis* verbessert den thermischen Wirkungsgrad und senkt den Kraftstoffverbrauch. Dadurch erhöht sich aber auch die Verbrennungsspitzentemperatur und somit der Ausstoß an Stickoxiden (NO_x).

Bei den *Ventilsteuerzeiten* wurden bisher große Ventilüberschneidungen gewählt, um eine gute Zylinderfüllung zu erreichen, allerdings mit dem Nachteil, daß sich das Leerlaufverhalten verschlechterte und der Anteil unverbrannter Kohlenwasserstoffe zunahm. Deshalb wird bei den meisten Motoren schon die variable Ventilsteuerung angewendet.

Der Einsatz von *Schaltsaugrohren* bewirkt eine gezielte und optimale Gemischbewegung im Zylinder und führt somit auch zur Verringerung des Kohlenwasserstoffanteils im Abgas und des Kraftstoffverbrauchs.

Die *Lage der Zündkerze* im Brennraum sowie die Funkentemperatur und die Funkenbrenndauer haben Einfluß auf die Entflammung und über den Brennverlauf auch auf die Bildung von Schadstoffen. Deshalb wird die zentrale Einbaulage gewählt, weil sich dadurch sehr kurze Flammwege ergeben und eine fast vollständige Verbrennung des Gemisches mit wenig unverbranntem Kraftstoff im Abgas erzielt wird. Eine sehr starke Beeinflussung des Schadstoffanteils und des Kraftstoffverbrauchs wird auch durch den Zündzeitpunkt erreicht, der in allen Betriebsbereichen des Motors optimal angepaßt sein muß und nur mit elektronisch gesteuerten Zündanlagen eingehalten werden kann.

Abgasrückführung

Die Abgasrückführung wird bei Ottomotoren ohne Katalysator, mit ungeregeltem Katalysator und bei der Motronic mit Dreiwege-Katalysator eingesetzt. Mit ihr wird ein geringer Teil des Abgases zurück zum Ansaugsystem geführt und dem angesaugten Kraftstoff-Luft-Gemisch beigemischt. Durch die Rückführmenge – es sind max. 8 bis 10% im Verhältnis zur Frischgasmenge – sinkt die Verbrennungsspitzentemperatur; das bewirkt eine Verringerung des NOx-Anteils im Abgas, weil sich weniger Stickstoff (N_2) mit dem Sauerstoff (O_2) der Verbrennungsluft verbinden kann.

Wirksam wird die Abgasrückführung erst bei einer Kühlmitteltemperatur ab etwa +40 °C und dann auch nur im *Teillastbereich*. Im Leerlauf würde sich das Laufverhalten des Motors verschlechtern und bei Vollastbetrieb zu Sauerstoffmangel und zum Anstieg des CH-Anteils im Abgas führen.

Optimal arbeitet nur die kennfeldgesteuerte Abgasrückführung bei Motoren mit Motronic (Bild 3.2). In dem Steuergerät ist für die Abgasrückführung ein Kennfeld gespeichert. Dieses enthält für jeden Betriebspunkt die notwendige Luftmasse, die in Abhängigkeit von der Drehzahl, dem Belastungszustand und der Motortemperatur erforderlich ist. Das Steuergerät bekommt vom Luftmassenmesser die Information über die momentan angesaugte Luftmasse, vergleicht diese mit dem abgespeicherten Sollwert und bemißt danach die Abgasrückführmenge. Dazu

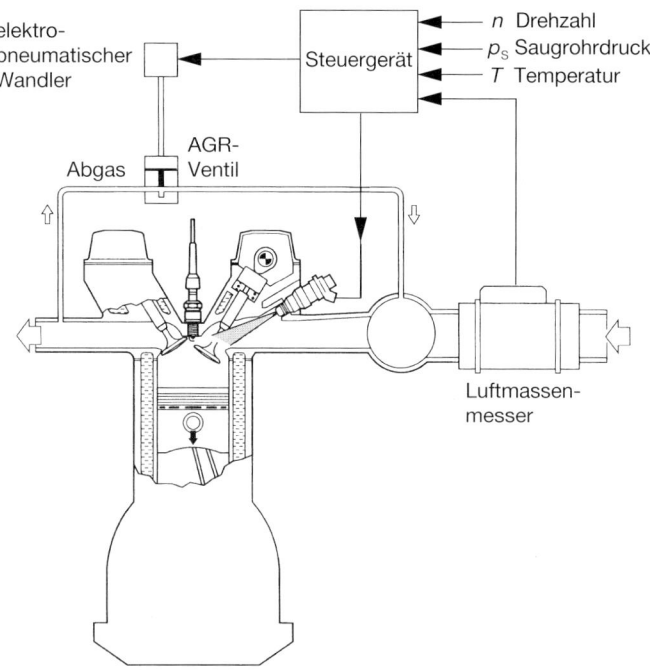

Bild 3.2 Elektronisch gesteuerte Abgasrückführung (Bosch)

elektropneumatischer Wandler

Steuergerät

n Drehzahl
p_S Saugrohrdruck
T Temperatur

AGR-Ventil

Abgas

Luftmassenmesser

steuert das Steuergerät den elektropneumatischen Druckwandler an, der eine Verbindung von einer Vakuumpumpe zum Abgasrückführventil (AGR-Ventil) herstellt. Die Ansteuerung erfolgt mit einem sogenannten Tastverhältnis. Dabei wird der Strom ständig ein- und ausgeschaltet (getaktet). Die Einschaltphasen sind unterschiedlich lang, so daß der Unterdruck im AGR-Ventil auch unterschiedlich hoch ist und ein unterschiedlich großer Durchströmquerschnitt bemessen wird.

3.1.1 Abgasuntersuchung (AU) nach § 47a StVZO

In diesem Abschnitt sind die wichtigsten Punkte zur Abgasuntersuchung zusammengefaßt und die Zusammenhänge erläutert.

Mit der Änderung der StVZO zur AU änderte sich auch das Straßenverkehrsgesetz (StVG). Verantwortlich für den Erlaß dieser Änderung ist der *Bundesminister für Verkehr,* auch als *Verordnungsgeber* bezeichnet. Die Durchführung der AU fällt in die Zuständigkeit der einzelnen Bundesländer, so daß diese auch unterschiedliche Ausnahmen genehmigen können. Um daher eine möglichst einheitliche Behandlung von Ausnahmen zu erreichen, hat der Verordnungsgeber in Zusammenarbeit mit den Ländern bestimmte Richtlinien erarbeitet.

Es handelt sich dabei um folgende Richtlinien:

a) für die *Durchführung* der *AU* nach *§ 47a StVZO* einschließlich der Anlagen,
b) für die *Anerkennung von Kfz-Werkstätten* nach *§ 47b StVZO* zur Durchführung der *AU,*
c) für die *AU-Schulungen.*

Alle bundesrechtlichen Gesetze und Verordnungen einschließlich der Änderungen erscheinen im Bundesgesetzblatt. Sofern sie – wie im Falle der AU – in die Zuständigkeit des Bundesministers für Verkehr fallen, werden sie in dessen Amtsblatt, dem sogenannten *Verkehrsblatt*, veröffentlicht.

Eine Kfz-Werkstatt, die nach § 47b StVZO die Berechtigung bzw. die Anerkennung zur Durchführung der AU erlangen will, muß einen Antrag bei der Kfz-Innung oder bei der zuständigen Handwerkskammer stellen. Mit eingereicht werden muß ein polizeiliches Führungszeugnis des unterschriftsberechtigten Kfz-Meisters, das nicht älter als 3 Monate sein darf.

Voraussetzung zur Erreichung der Anerkennung ist:

1. die Eintragung des Kfz-Betriebes in die Handwerksrolle bei der zuständigen Handwerkskammer.
2. Es muß ein geeigneter Prüfraum zur Verfügung stehen, und die eingesetzten Meßgeräte müssen von der Physikalisch-Technischen Bundesanstalt (PTB) sowie vom RWTÜV zugelassen sein.
3. Es müssen alle technischen Daten und Prüfanleitungen der zu prüfenden Fahrzeuge vorhanden sein.
4. Es muß die Straßenverkehrs-Zulassungsordnung (StVZO) verfügbar sein und von dem Betrieb das Verkehrsblatt gehalten werden.
5. Das für die Durchführung der AU eingesetzte Fachpersonal muß an einem AU-Schulungslehrgang erfolgreich teilgenommen haben und alle 36 Monate an einer Nachschulung teilnehmen.

Bei der AU-Schulung kann die Anerkennung für das Fachpersonal auf folgende Fahrzeuggruppen beschränkt werden:

Die Anerkennung für *a)* gilt nur für Pkw mit Ottomotor.
Die Anerkennung für *b)* gilt für Pkw mit Dieselmotor und Nkw bis 7,5 t zulässiges Gesamtgewicht.
Die Anerkennung für *c)* gilt nur für Nkw mit Dieselmotor ab 2,8 t zulässiges Gesamtgewicht.

Abgasuntersuchungspflicht
Seit dem 1. Dezember 1993 müssen Fahrzeughalter ihre Kraftfahrzeuge, bis auf wenige Ausnahmen, in regelmäßigen Zeitabständen einer Abgasuntersuchung unterziehen. Dies gilt für:

❑ Fahrzeuge mit Ottomotor ab Erstzulassung 01. 07. 1969,
❑ Fahrzeuge mit Dieselmotor ab Erstzulassung 01. 01. 1977.

Von der Pflicht zur AU sind ausgenommen:

❑ Fahrzeuge mit rotem Kennzeichen,
❑ Land- oder forstwirtschaftliche Zugmaschinen,
❑ selbstfahrende Arbeitsmaschinen,
❑ Fahrzeuge mit Ottomotor, die weniger als 4 Räder oder ein zulässiges Gesamtgewicht von weniger als 400 kg oder eine bauartbedingte Höchstgeschwindigkeit von weniger als 50 km/h haben, so z.B. Motorräder oder Rasenmäher mit Ottomotor.

Die Abgasuntersuchungspflicht besteht für:

❑ Fahrzeuge ohne Katalysator seit dem 01. 04. 1985,

- Fahrzeuge mit ungeregeltem Katalysator seit dem 01. 12. 1985,
- Fahrzeuge mit geregeltem Katalysator seit dem 01. 12. 1993,
- Fahrzeuge mit Dieselmotor seit dem 01. 12. 1993.

Prüffristen (gesetzlich vorgeschriebene Zeitabstände)
Für Fahrzeuge mit Ottomotor

- ohne und mit ungeregeltem Katalysator alle 12 Monate,
- mit geregeltem Katalysator erstmals nach 36 Monaten, danach alle 24 Monate,
- zur Personenbeförderung alle 12 Monate;

für Fahrzeuge mit Dieselmotor:

- Pkw erstmals nach 36 Monaten, danach alle 24 Monate,
- zur Personenbeförderung alle 12 Monate,
- Nkw bis 3,5 t zulässiges Gesamtgewicht alle 24 Monate,
- Nkw über 3,5 t zulässiges Gesamtgewicht alle 12 Monate.

Prüfablauf der Abgasuntersuchung
1. Bei Fahrzeugen mit Ottomotor und geregeltem Katalysator
1.1 Es erfolgt die Eingabe der Fahrzeug-Identdaten und Sollwerte in den AU-Tester.
1.2 *Sichtprüfung:* Geprüft werden die schadstoffrelevanten Bauteile, die ohne Demontage beurteilt werden können. Das sind solche Bauteile, die den Schadstoffanteil aus der Abgasanlage, der Kraftstoffverdunstungsanlage und dem Kurbelgehäuse direkt oder indirekt beeinflussen. Außerdem muß der verengte Tankeinfüllstutzen vorhanden sein.
1.3 *Funktionsprüfung:* Bei der Funktionsprüfung kommt ein 4-Gas-Meßgerät zum Einsatz. Gemessen werden Kohlenoxid (CO), Kohlendioxid (CO_2), Kohlenwasserstoffe (CH) nach dem Infrarotverfahren und der Restsauerstoffanteil im Abgas mit dem Sauerstoffsensor. Aus diesen 4 Meßergebnissen errechnet das 4-Gas-Meßgerät den Lambda-Wert.

Die Bedingung ist, daß vor der Abgasmessung der Motor auf Betriebstemperatur gebracht worden ist. Gemessen wird die Öltemperatur, die nach Herstellerangaben z.B. 60 °C betragen darf. Wenn keine Herstellerangaben vorliegen, gilt der gesetzlich vorgeschriebene Wert von 80 °C. Danach folgen:

- die *Konditionierung* des Katalysators, d.h., er muß bei erhöhter Drehzahl über die Anspringtemperatur 350 °C gebracht werden, damit der Umwandlungsprozeß einsetzt;
- die Messung bei erhöhtem Leerlauf zwischen 2500 und 2800 min^{-1}. Ermittelt werden der CO-Gehalt und der Lambda-Wert. Der CO-Gehalt darf max. *0,3 Vol.-%* betragen;
- die *Messung im Leerlauf:* Auch hier werden der CO-Gehalt und der Lambda-Wert ermittelt. Der CO-Gehalt darf max. 0,5 Vol.-% betragen;
- die *Regelkreisprüfung* nach verschiedenen Verfahren:
  - nach dem *Grundverfahren*, indem durch Auf- und wieder Abschalten einer Störgröße (z.B. Falschluft) die Reaktion der Lambda-Regelung beobachtet wird. Die Angaben dazu sind herstellerspezifisch und den AU-Datenblättern zu entnehmen. So gibt es das Grundverfahren mit zwei Halbwellen oder mit nur einer Halbwelle;
  - nach dem *Alternativverfahren*. Dieses ist für Hersteller und Importeure zusätzlich zum Grundverfahren erlaubt. Die Regelkreisprüfung wird dann mit Hilfe herstellerspezifischer Diagnosegeräte durchgeführt. Der Bediener muß anschließend mit der Tastatur des AU-Testers die Funktionsfähigkeit des Regelkreises bestätigen;

– nach dem *Ersatzverfahren*. Dieses Verfahren ist dann erlaubt und wird vom Hersteller angegeben, wenn keine Störgrößenaufschaltung möglich ist. Es wird z.B. der Fehlerspeicher über einen einfachen Blinkcode ausgelesen. Danach bewertet der Bediener die Regelkreisprüfung mit i.O. oder n.i.O. über die Tastatur des AU-Testers.

Das Ergebnis der AU wird in der Prüfbescheinigung dokumentiert und von der unterschriftsberechtigten Person unterschrieben. Ein weiteres Dokument ist die Plakette, die nach bestandener AU zugeteilt wird.

2. Fahrzeuge mit Dieselmotor
2.1 Es erfolgt die Eingabe der Fahrzeug-Identdaten und Sollwerte in den AU-Tester.
2.2 *Sichtprüfung:* Geprüft werden die schadstoffrelevanten Bauteile, hauptsächlich die Abgasanlage, die Dichtheit der Kraftstoffanlage und bei stehendem Motor der Vollastanschlag an der Einspritzpumpe.
2.3 *Funktionsprüfung:* Verwendet wird ein Teilstromtrübungsmeßgerät, auch als Teilstromopazimeter bezeichnet. Ein Teil der Dieselabgase wird durch eine Meßkammer geleitet, die zur Hauptsache aus einer Lampe und einer Fotodiode besteht. Die Fotodiode mißt, wieviel von dem ausgestrahlten Licht am Ende der Meßkammer ankommt, und errechnet daraus den Trübungswert in Prozent bzw. den *Absorptionskoeffizient,* der als *K-Wert* angegeben wird.
Bedingung ist, daß vor der Abgasmessung der Motor auf Betriebstemperatur gebracht worden ist – nach Herstellerangaben auf eine Öltemperatur von z.B. 60 °C; ohne Angaben gilt der gesetzlich vorgeschriebene Wert von 80 °C.

❐ Den Motor unmittelbar vor der Messung *konditionieren,* wenn es vom Hersteller vorgeschrieben ist.
❐ Leerlaufdrehzahl vom AU-Tester speichern lassen.
❐ Durch vorsichtige Drehzahlerhöhung die *Abregeldrehzahl* erreichen und vom AU-Tester speichern lassen.
❐ Gleichmäßig schnell Vollgas geben und bei freier Beschleunigung bis zur Abregeldrehzahl die Abgastrübung messen lassen. Dabei müssen 4 Gasstöße gegeben werden. Die letzten 3 Gasstöße werden für die Messung gewertet.
❐ Aus den drei letzten Messungen ermittelt der AU-Tester den durchschnittlichen *K-Wert* (Trübungsfaktor bzw. *Absorptionskoeffizient),* der gesetzlich nicht über *2,5 m^{-1}* liegen darf (jedoch bei den Motoren einiger Hersteller auch höher genehmigt worden ist).

Das Ergebnis der AU wird in der Prüfbescheinigung dokumentiert und von der unterschriftsberechtigten Person unterschrieben. Ein weiteres Dokument ist die Plakette, die nach bestandener AU zugeteilt wird.

3.2 Katalytische Nachverbrennung

Nur mit dem Einbett-Dreiwege-Katalysator ist es zur Zeit möglich, den Schadstoffanteil im Abgas umzuwandeln und somit fast unschädlich zu machen.
Die Bezeichnung Katalysator kommt von dem griechischen Wort «katalysis» und bedeutet «Auflösung». In der Chemie werden Stoffe, die eine chemische Reaktion auslösen oder beeinflussen, ohne sich selbst zu verändern, als Katalysatoren bezeichnet.

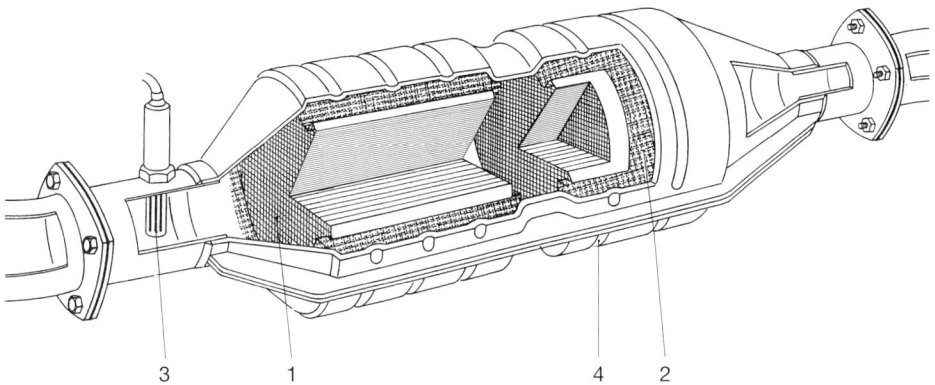

Bild 3.3   Aufbau eines Einbett-Dreiwege-Katalysators (Bosch)
1 katalytischer Keramikmonolith

2 elastisches Drahtgestrick
3 Lambda-Sonde
4 Edelstahlgehäuse

Einbett-Dreiwege-Katalysator
Er wird so bezeichnet, weil er in einem Gehäuse untergebracht ist und gleichzeitig die drei Schadstoffe Kohlenoxid (CO), unverbrannte Kohlenwasserstoffe (CH) und Stickoxide (NO_x) umwandelt.

Aufbau: Der Katalysator (Bild 3.3) ist in ein Edelstahlgehäuse (V2A, 18 Cr, 8 Ni) gebettet und
besteht aus dem Trägerwerkstoff, der Zwischenschicht, der katalytisch aktiven Schicht und der
Dämpfungsmatte.

Trägerwerkstoff: Als Trägerwerkstoff für den Dreiwege-Katalysator dienen zylindrische oder
ovale Keramikkörper (Monolithe) in Wabenstruktur, die in einer Dämpfungsmatte aus Drahtgestrick oder Keramikfaser in das Gehäuse gebettet sind. Durch die quadratischen Kanäle, auch
Zellen genannt (62 Zellen/cm^2), entsteht eine große Oberfläche, die bei 1 Liter Monolithvolumen
etwa 3 m^2 beträgt. Der Keramikkörper besteht aus *Magnesium-Aluminium-Silikat* mit einer
geringen Wärmeausdehnung und einer hohen Hitzebeständigkeit. Der Schmelzpunkt des Magnesium-Aluminium-Silikats liegt oberhalb von 1400 °C.

Zwischenschicht: Zur weiteren Vergrößerung der Oberfläche sind die Zellenwandungen des
Monoliths mit einer Zwischenschicht (Wash-Coat) aus *Aluminiumoxid* und sogenannten Promotoren (Förderer) versehen. Die Promotoren verstärken die katalytische Wirkung der Edelmetallbeschichtung (Bild 3.4). Dadurch vergrößert sich die Oberfläche um das 7000fache. Das ergibt bei
1 Liter Monolithvolumen eine Gesamtoberfläche von 3 × 7000 = 21 000 m^2.

Katalytisch aktive Schicht: Diese katalytisch aktive Schicht wird mikroskopisch fein auf die Zwischenschicht aufgetragen und besteht bei dem Dreiwege-Katalysator aus den *Edelmetallen Platin,
Rhodium* und/oder *Palladium* im Verhältnis 5 : 1. Es sind etwa 2 g/dm^3 Monolithvolumen. Es wird
einmal mit Platin beschichtet, weil Platin die Oxidationsvorgänge, d.h. die Sauerstoffanbindung an
die Schadstoffe, begünstigt. Die Edelmetalle Rhodium und Palladium sind mehr für die Reduktion, für die Sauerstoffabspaltung zuständig.

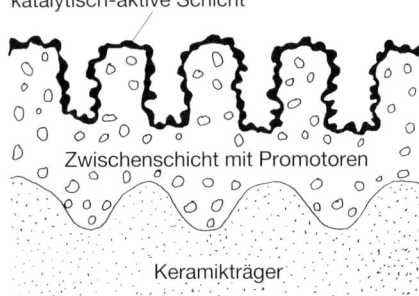

katalytisch-aktive Schicht

Zwischenschicht mit Promotoren

Keramikträger

Bild 3.4 Oberflächenstruktur einer beschichteten Zellwand im Monolith (Eberspächer)

Aufgabe: Die Aufgabe des Katalysators ist, die Schadstoffe Kohlenoxid (CO) und Kohlenwasser-stoffe (CH) durch *Oxidation* in das unschädliche Kohlendioxid (CO_2) und in Wasserdampf (H_2O) umzuwandeln, dagegen den Schadstoff Stickoxid bzw. Stickdioxid (NO_x) durch *Reduktion* in Stickstoff (N_2) und Sauerstoff (O_2) zu zerlegen (Bild 3.5).

Chemische Reaktionen: In dem Einbett-Dreiwege-Katalysator laufen Oxidation und Reduktion gleichzeitig ab. Voraussetzung dafür ist, daß das Kraftstoff-Luft-Gemisch optimal zusammenge-setzt ist, d.h., die zugeführte Luftmenge muß gleich dem theoretischen Luftbedarf ($\lambda = 1$) sein. Durch einen Regelkreis mit der Lambda-Sonde in der Abgasanlage wird durch das Steuergerät das Gemischverhältnis ständig auf $1 : 14,8$ ($\lambda = 1$) geregelt.

Nur bei $\lambda = 1$ besteht ein ausgewogenes Verhältnis zwischen dem Schadstoff NO_x, von dem der Sauerstoff abgespalten wird, zu den Schadstoffen CO und CH, an die der Sauerstoff angelegt wer-den muß.

Oxidation: Zuerst läuft die Oxidation ab. Sie beginnt schon ab einer Temperatur von etwa 180 °C. Dabei werden zuerst Kohlenoxid (CO) und etwas später auch die Kohlenwasserstoffe (CH) durch die Oxidation mit Sauerstoff in Kohlendioxid (CO_2) und Wasserdampf (H_2O) umgewandelt:

Bild 3.5 Wirkungsweise des Einbett-Dreiwege-Katalysators (Opel)

Beschichtung Platin, Rhodium

Trägerkörper Keramik oder Metall

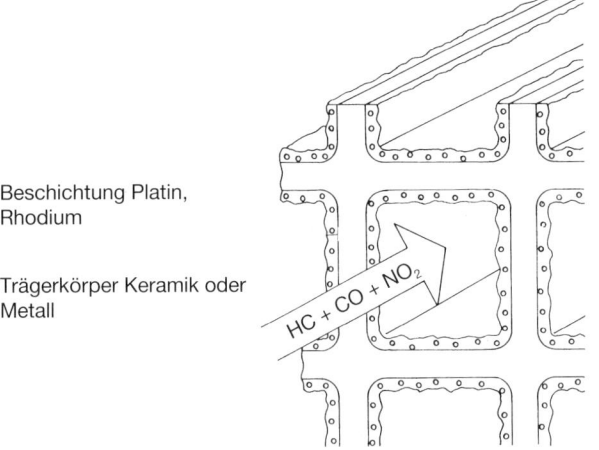

HC + CO + NO_2

Gemischbildung und Verbrennung bei Ottomotoren

$$2\,CO + O_2 \rightarrow 2\,CO_2$$
$$2\,C_2H_6 + 7\,O_2 \rightarrow 4\,CO_2 + 6\,H_2O$$

Reduktion: Ab einer Temperatur von etwa 300 bis 350 °C setzt auch die Reduktion ein. Für die Umwandlung der Stickoxide braucht man ein Reduktionsmittel, um ihnen den Sauerstoff zu entziehen. Mit Hilfe von Kohlenoxid als Reduktionsmittel wird in einer sauerstoffarmen Atmosphäre im heißen Katalysator das NO bzw. NO_2 zu Stickstoff (N_2) reduziert und das CO zu CO_2 oxidiert:

$$2\,NO + 2\,CO \rightarrow N_2 + 2\,CO_2$$

Den besten Wirkungsgrad von mindestens 90% bis maximal 98% erreicht ein neuer Einbett-Dreiwege-Katalysator bei einer Temperatur zwischen 400 bis 800 °C.

Metallkatalysator

Eine Alternative zu Katalysatoren mit Keramikmonolithen sind solche mit beschichteten Metallkörpern. Sie werden aus sehr dünnen, wellblechartig geformten Spezialstahlbändern hergestellt (Bild 3.6) und direkt in ein Stahlgehäuse eingelötet. Bei den ersten Metallkatalysatoren wurde das Blech spiralförmig gewickelt. Die heutige Ausführung bekommt den Monolith in S-Form eingesetzt. Dadurch werden Spannungen, die durch Wärmedehnungen auftreten, günstiger verteilt. Diese Formgebung erhöht die mechanische Haltbarkeit und damit auch die Lebensdauer. Die Edelmetallbeschichtung besteht wie bei dem Keramikmonolith aus Platin und Rhodium und/oder Palladium im Verhältnis 5 : 1.

Die *Vorteile* der Metall- gegenüber den Keramikkatalysatoren sind folgende:

❏ Bei gleicher Oberfläche haben sie ein kleineres Bauvolumen und dadurch auch ein geringeres Gewicht.
❏ Sie sind erschütterungsunempfindlicher und unempfindlich gegen äußere Beschädigung.
❏ Sie erreichen wegen der physikalischen Eigenschaften von Metall schneller ihre Betriebstemperatur. Das vermindert den Schadstoffausstoß schon während der Kaltlaufphase und bei Minusgraden auch im Stadt- sowie Kurzstreckenverkehr.
❏ Es besteht die Möglichkeit, daß sie elektrisch beheizt werden können und somit sofort nach dem Kaltstart mit der Schadstoffumwandlung beginnen.

Bild 3.6   Einbett-Dreiwege-Katalysator mit Metall-Monolith und S-förmiger Wicklung

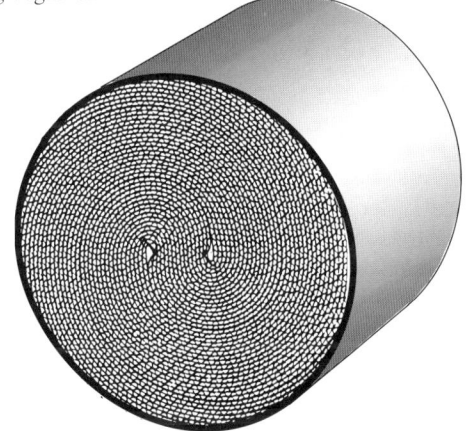

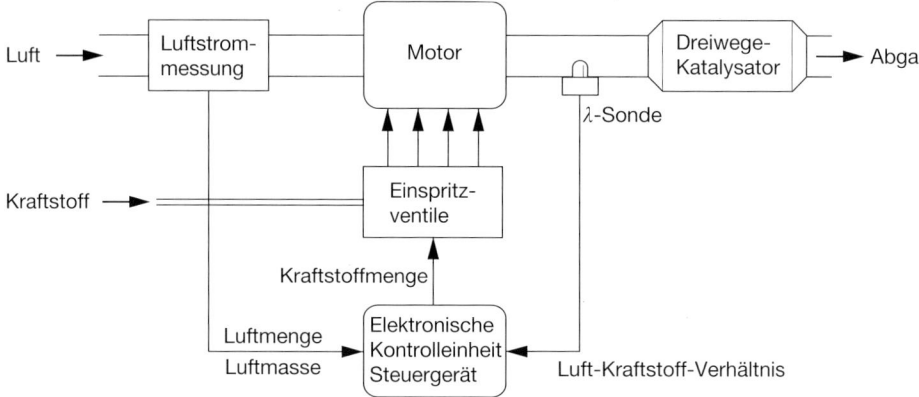

Bild 3.7   Lambda-Regelkreis (Porsche)

3.2.1   Lambda-Regelung

Die Lambda-Regelung (Bild 3.7) ist in Verbindung mit einem Einbett-Dreiwege-Katalysator und einer beheizten Lambda-Sonde das wirksamste Verfahren, um den Schadstoffanteil in den Abgasen der Ottomotoren gering zu halten.

Aufbau: Die elektrisch beheizte Lambda-Sonde (Bild 3.8) ist eine chemische Spannungsquelle mit einem Festkörperelektrolyt. Dieser besteht aus einem gasdurchlässigen Keramikkörper aus Zirkoniumdioxid. Die Oberflächen sind beidseitig mit Elektroden aus einer gasdurchlässigen, dünnen, porösen Platinschicht besetzt. Die abgasseitige Elektrode bildet den Minuspol und die Elektrode, die mit der Atmosphäre verbunden ist, den Pluspol. Auf dem abgasseitigen Teil der

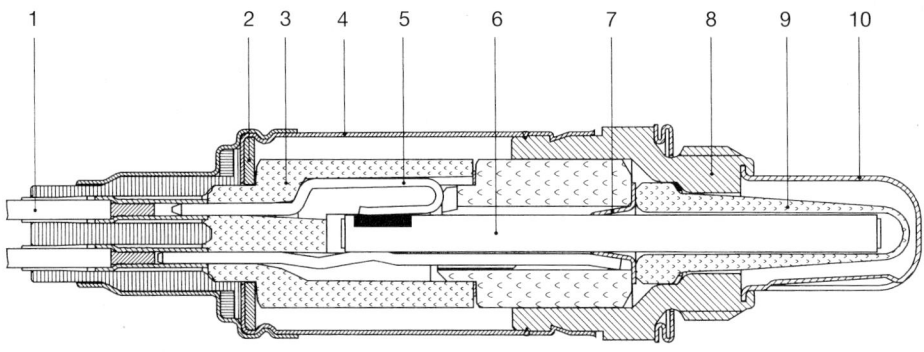

Bild 3.8   Beheizte Lambda-Sonde (Bosch)
1 Anschlußkabel
2 Tellerfeder
3 keramisches Stützrohr
4 Schutzhülse
5 Klemmanschluß für Heizelement
6 Heizelement
7 Kontaktteil
8 Sondengehäuse
9 aktive Sondenkeramik
10 Schutzrohr

Sondenkeramik ist die Platinelektrode mit einer festhaftenden, hochporösen Keramikschicht gegen Korrosion und Erosion aus den mitgeführten Rückständen der Abgase geschützt.

Die aktive Sondenkeramik wird von innen durch ein keramisches Heizelement beheizt. Dadurch wird die Temperatur der aktiven Sondenkeramik unabhängig von der Abgastemperatur immer oberhalb von ihrer Anspringtemperatur 350 °C gehalten. Dies hat den Vorteil, daß nach dem Motorstart bei kaltem Abgas die Lambda-Regelung schon nach etwa 30 Sekunden einsetzt.

Das Heizelement weist eine PTC-Charakteristik auf, d.h. beim Einschalten ist der elektrische Widerstand gering, dadurch fließt ein hoher Heizstrom, der zu einer schnellen Aufheizung führt. Mit der Erwärmung des Heizelements nimmt der Widerstand zu, und es kommt zu einer Strom- und Temperaturbegrenzung.

Es gibt Lambda-Sonden-Ausführungen mit unterschiedlichen elektrischen Anschlüssen:

❏ die 3polige Ausführung mit der Sondenleitung (schwarz) und den beiden Heizleitungen (beide weiß),
❏ die 3polige Ausführung mit der Sondenleitung (schwarz), den beiden Heizleitungen (beide weiß) und einer zusätzlichen Masseleitung (grau).

Aufgabe: Die Lambda-Sonde ist in die Abgasanlage des Motors zwischen Abgaskrümmer und Katalysator eingebaut und hat die Aufgabe, den jeweiligen Restsauerstoffgehalt im Abgas zu messen, der bei $\lambda = 0,95$ immer noch 0,2 bis 0,3 Vol.-% beträgt. Sie muß bei dieser Messung feststellen, ob das Kraftstoff-Luft-Gemisch fetter oder magerer ist als 1 : 14,8 ($\lambda = 1$). Ein mageres Gemisch ($\lambda > 1$) enthält nämlich mehr Luft, ein fetteres Gemisch ($\lambda < 1$) dagegen weniger Luft. Jede Abweichung von Lambda = 1 muß sie dem Steuergerät mitteilen, damit es innerhalb des Lambda-Fensters (Bild 3.9) eine entsprechende Änderung der Einspritzmenge vornimmt.

Wirkungsweise: Bei der beheizten Lambda-Sonde ist schon nach etwa 30 Sekunden die Anspringtemperatur von 350 °C erreicht (bei der alten unbeheizten Ausführung erst nach 90 Sekunden). Der Lambda-Regelungsvorgang setzt aber erst ein, wenn der Motor im Leerlauf eine Kühlmitteltemperatur von etwa 40 °C und bei Teillast von etwa 20 °C erreicht hat.

Bild 3.9   Regelbereich der Lambda-Sonde

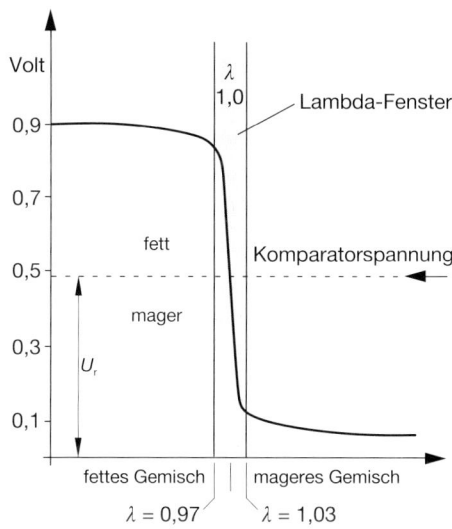

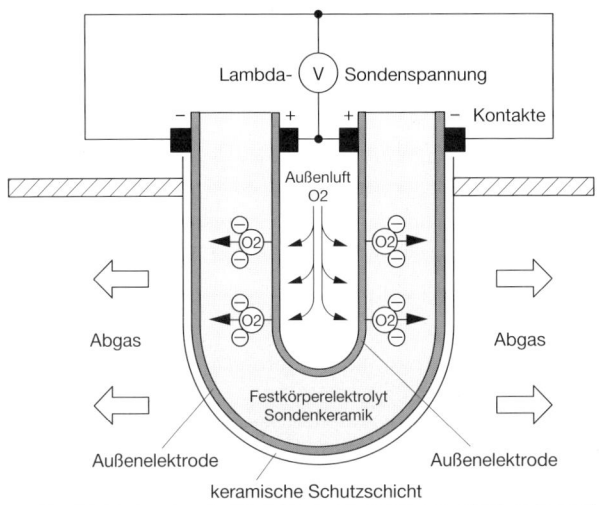

Bei bestehender Regelung wird ab einer Temperatur von 350 °C das Zirkondioxid als Elektrolyt für Sauerstoffionen leitend. Beim Übergang vom z.B. mageren zum fetteren Gemisch verarmt die abgasseitige Grenzfläche der Minuselektrode durch einen katalytischen Vorgang, der freie Sauerstoff im Abgas oxidiert mit Kohlenoxid und Kohlenwasserstoffen. Dadurch ist der Sauerstoffgehalt auf der Abgasseite im Verhältnis zur Atmosphärenseite (20,9%) besonders niedrig. Daraufhin wandern viele negativ geladene Sauerstoffionen zur abgasseitigen Minuselektrode und entladen sich dort (Bild 3.10). Dieser Vorgang verursacht bei Lambda = 1 einen sprunghaften Anstieg der Sondenspannung auf etwa 700 bis 800 mV. Das Steuergerät vergleicht diese Spannung mit der konstanten Steuerspannung (Komparatorspannung) von etwa 450 mV und verringert aufgrund dieses Signals geringfügig die Einspritzmenge. Das wiederum führt dazu, daß das Kraftstoff-Luft-Gemisch magerer wird und der Sauerstoffgehalt abgasseitig ansteigt. Es wandern jetzt weniger Sauerstoffionen zur abgasseitigen Minuselektrode, und bei der Entladung wird nur noch eine Spannung von 100 bis 200 mV erzeugt. Da die Spannung niedriger ist als die Steuerspannung 450 mV, reagiert das Steuergerät und vergrößert die Einspritzmenge geringfügig. Diese Vorgänge wiederholen sich mehrmals in der Sekunde, und die Regelung erfolgt innerhalb des Lambda-Fensters mit Lambda = 0,97 bis 1,03 (Bilder 3.9 u. 3.11).

Die *Lambda-Regelung* besteht nur bei warmem Motor im Leerlauf ab etwa 40 °C und bei Teillast ab 20 °C.

Auf die *Steuerung* wird umgeschaltet bei Kaltstart, Nachstart, Warmlauf, Beschleunigung und bei Vollast. Die Lambda-Regelung ist dann ausgeschaltet, weil der Motor wegen der Kondensationsverluste ein fetteres Kraftstoff-Luft-Gemisch als 1 : 14,8 (Lambda = 1) verlangt.

Sondenüberwachung: Die Regelbereitschaft der Lambda-Sonde wird durch die einprogrammierte Steuer- oder Komparatorspannung (Vergleicherspannung) von etwa 450 mV, die Lambda = 1 entspricht, ständig kontrolliert. Die Lambda-Regelung setzt ein, wenn die von ihr erzeugte Spannung von 450 mV unterschritten oder überschritten wird.

Liegt z.B. eine Leitungsunterbrechung vor, dann liefert die Überwachungsschaltung des Steuergeräts die Steuerspannung von etwa 450 mV. Bleibt das Sondensignal über einen bestimmten

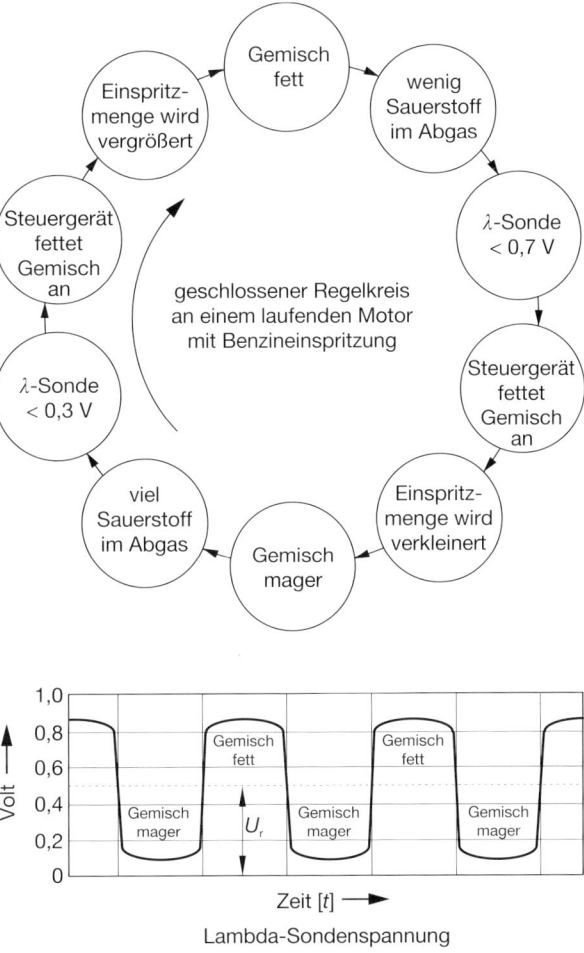

Lambda-Sondenspannung

Zeitraum unverändert innerhalb des oberen oder des unteren Spannungswertes, wird die Leitungsunterbrechung als Fehler erkannt, und es wird auf Steuerung geschaltet.

Adaptive Lambda-Regelung
Der Regelhub einer nichtadaptiven Lambda-Regelung ist begrenzt, d.h., es kann nur eine geringe Korrektur erfolgen. Liegt die Regelung durch einen Fehler für längere Zeit am sogenannten Fett- oder Mageranschlag, dann wird sie unwirksam und als Störung im Regelkreis angenommen. Daraufhin wird von Regelung auf Steuerung umgeschaltet und annähernd ein Gemischverhältnis von Lambda = 1 bemessen.
Bei der *adaptiven Lambda-Regelung* werden Abweichungen durch den Regelzustand erkannt. Muß die Lambda-Regelung längere Zeit die Kraftstoffgrundmenge (Lambda = 1) konstant in Richtung fett oder mager korrigieren, wird durch die Adaption (Anpassung) das Gemischverhältnis (Lambda = 1) in die entsprechende Richtung verstellt. Dadurch wird die Lambda-Regelung von der Korrektur der konstanten einseitigen Abweichung entlastet.

Diese Adaption (Anpassung) wird in einem nichtflüchtigen Speicher des Steuergeräts abgelegt. Sie bleibt deshalb auch bei abgestelltem Motor erhalten und steht beim erneuten Motorstart wieder zur Verfügung. Durch das Abklemmen der Batterie oder das Abnehmen des Steuergerätesteckers wird diese Korrektur der Lambda-Regelung allerdings gelöscht, so daß beim anschließenden Start der Motor ein schlechtes Laufverhalten zeigt, weil er mit der neutralen Kraftstoffgrundmenge arbeiten muß. Erst nach einer Fahrzeit von etwa 15 Minuten ist die Lambda-Regelung wieder adaptiert worden.

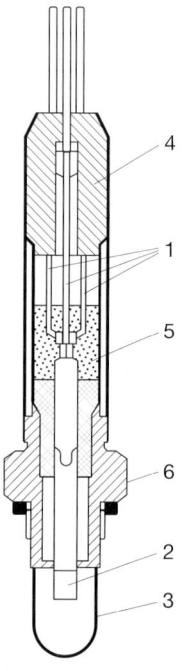

Bild 3.12   Widerstands-Lambda-Sonde
(Titandioxid-Sonde)
1 Anschlußleitungen
2 Sondenelement
3 Schutzrohr
4 Tülle
5 Abdichtung
6 Metallgehäuse

Widerstands-Lambda-Sonde
Bei dieser Sondenart (Bild 3.12) wird als Sondenwerkstoff Titandioxid (TiO_2) verwendet. Die *Vorteile* gegenüber der Sauerstoffsonde sind: Es ist keine Referenzluft nötig, sie ist schnell betriebsbereit, wasserfest, bleiverträglich und sie besitzt eine kurze Ansprechzeit.

Aufbau: Die Sonde (Bild 3.13) besteht aus dem Widerstand des Titandioxideinsatzes R_T, der in Reihe mit dem Vergleichswiderstand R_C geschaltet ist. Diese Anordnung bekommt vom Steuergerät eine Meßspannung U_M von z.B. 5 Volt. Zwischen dem Titandioxideinsatz mit dem Widerstand R_T und dem Vergleichswiderstand R_C in dem Steuergerät wird die Sondenspannung U_S abgegriffen und von dem Steuergerät ausgewertet.

Wirkungsweise: Die Sonde reagiert auf den jeweiligen Restsauerstoffgehalt im Abgas, indem sie sprunghaft bei der Abweichung vom Lambda = 1 ihren Widerstandswert ändert. Wird dem Motor z.B. ein mageres Kraftstoff-Luft-Gemisch mit einem höheren Restsauerstoffgehalt im Abgas zugeführt, stellt sich sprunghaft ein hoher Widerstand ein (Bild 3.14). Durch den geringen Stromfluß steigt die Sondenspannung U_S entsprechend an (z.B. auf 900 bis 1000 mV). Das Steuergerät

Bild 3.13 Schaltbild der Titan-
dioxid-Sonde (Siemens)
U_H Heizspannung
U_M Meßspannung (Versorgungs-
      spannung)
U_S Sondenspannung
R_C Vergleichswiderstand
R_T Widerstand des Titandioxidein-
      satzes
R_H Heizwiderstand

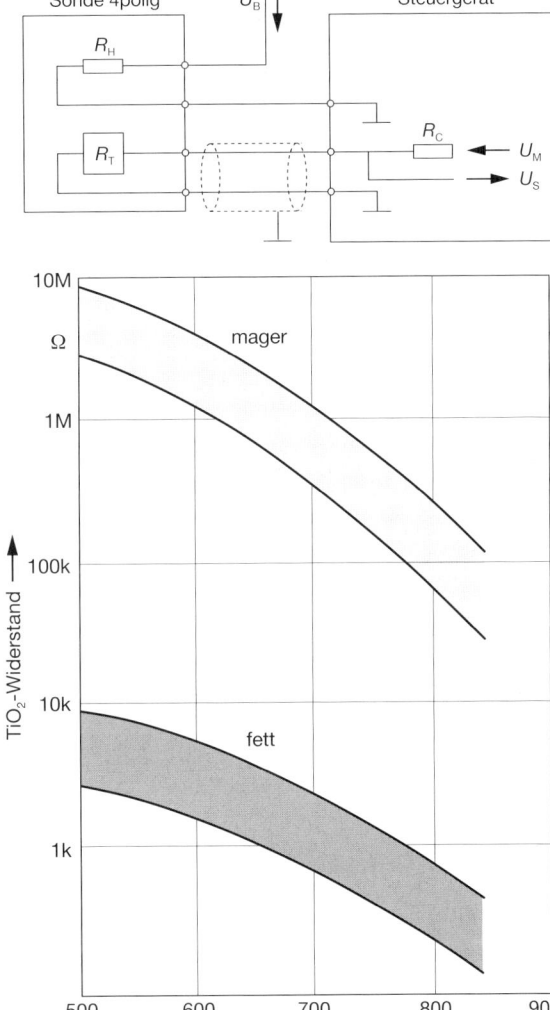

Bild 3.14   Widerstandsverhalten der
Titandioxid-Sonde (Siemens)

reagiert auf dieses Signal und vergrößert geringfügig die Einspritzmenge. In dem anderen Fall,
wenn bei einem fetteren Kraftstoff-Luft-Gemisch der Restsauerstoffgehalt stark abnimmt, stellt
sich ein niedriger Widerstandswert ein. Durch den höheren Stromfluß sinkt die Sondenspannung
auf einen geringeren Wert ab (z.B. 0 bis 200 mV). Das Steuergerät wird daraufhin veranlaßt, die
Einspritzmenge geringfügig zu erhöhen.

Der Beginn der Regelung ist bei der Widerstandssonde erst bei der Anspringtemperatur von
500 °C erreicht. Um die Sonde schnell auf diese Temperatur zu bringen, wird sie mit dem Heiz-

widerstand R_H elektrisch beheizt. Für eine einwandfreie Messung ist eine Sondentemperatur von 600 bis 700 °C erforderlich. Da der Widerstand der Sonde einmal von dem Restsauerstoffgehalt der Abgase und außerdem von der Sondentemperatur bestimmt wird, kann die abgegebene Sondenspannung auch zur Abgastemperaturmessung genutzt werden. Ist durch eine zu hohe Abgastemperatur der Katalysator in Gefahr, setzt die Katalysatorschutzfunktion des Steuergerätes ein.

3.3 Kraftstoff-Normverbrauch

Durch Angabe des Normverbrauchs in l/100 km ist es möglich, den Kraftstoffverbrauch verschiedener Fahrzeuge miteinander zu vergleichen. Die Prüfung erfolgt mit betriebswarmem Motor und halber Nutzlast, bei trockenem und windstillem Wetter (max. 3 m/s Windgeschwindigkeit), auf ebener (Gefälle und Steigung nur kurz und max. 1,5%) und trockener Straße über genau 2mal 10 km (ohne Pause hin und zurück). Dabei soll der Luftdruck 745 bis 765 Torr, die Lufttemperatur +10 bis 30 °C (283 bis 303 K) und die Geschwindigkeit $^3/_4$ der Höchstgeschwindigkeit (max. 110 km/h) betragen. Dem so ermittelten Wert gibt man wegen ungünstiger Umstände im üblichen Straßenverkehr einen Zuschlag von 10%.

Der tatsächliche Kraftstoffverbrauch pro 100 km liegt natürlich durch Kaltstart, Kurzstrecken, volle Belastung, volle Geschwindigkeit usw. höher.

Verbrauchswerte, *nach der neuen Norm* DIN 70 030 ermittelt, sind praxisgerechter. Hier werden nämlich drei unabhängige Werte bei betriebswarmem Motor für folgende Betriebszustände erfaßt:

1. bei simulierter Stadtfahrt mit dichtem Verkehr (Stadtzyklus = Europatest),
2. bei einer konstanten Prüfgeschwindigkeit von 90 km/h,
3. bei einer konstanten Prüfgeschwindigkeit von 120 km/h.

Die einzelnen Messungen werden mehrfach durchgeführt.

3.4 Kraftstoffversorgung

Allgemein stehen Vergaser nicht mehr im Mittelpunkt der Betrachtungen, wenn es um die Gemischbildung geht. Soweit doch, ist zu bedenken, daß wunschgemäße Vergaserfunktionen nur bei einwandfreier Kraftstoffversorgung möglich sind.

Ursprünglich lief der Kraftstoff nach dem Öffnen des Absperrhahns – wie bei Motorrädern, Mopeds usw. – auch bei Kraftwagen aus dem höher angeordneten Tank zum Vergaser.

Bei heutigen Pkw liegen die Kraftstofftanks aus Platzgründen tiefer als die Vergaser, so daß Kraftstoffpumpen erforderlich sind. Es werden hauptsächlich Membranpumpen verwendet.

3.4.1 Membranpumpen

Membranpumpen können mechanisch, pneumatisch oder elektrisch angetrieben sein. Sie bestehen aus einem Pumpenoberteil und einem Pumpenunterteil. Zwischen den Gehäuseteilen ist eine Membrane angeordnet (Bild 3.15). Das Pumpenoberteil enthält die Ventile, den Kraftstoffzulauf,

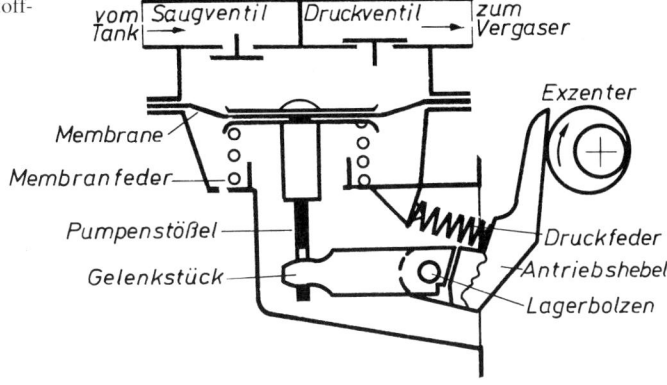

Bild 3.15 Membran-Kraftstoff-
pumpe mit Hebelantrieb
(schematische Darstellung)

vom Tank | Saugventil | Druckventil | zum Vergaser

Exzenter
Membrane
Membranfeder
Pumpenstößel
Gelenkstück
Druckfeder
Antriebshebel
Lagerbolzen

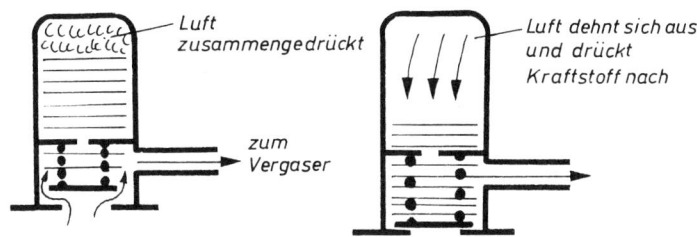

Bild 3.16 Linkes Bild:
Förderhub der Pumpe,
rechtes Bild:
Druckventil geschlossen.
Die während des För-
der(Druck)-hubes
zusammengedrückte
Luft dehnt sich aus.

Luft
zusammengedrückt

zum
Vergaser

Luft dehnt sich aus
und drückt
Kraftstoff nach

den Kraftstoffablauf und z.T. ein Sieb zur Filterung des Kraftstoffs. Der Kraftstoff durchfließt das Sieb von unten nach oben, so daß es nicht durch Schmutzteile verstopfen kann. Die Schmutzteile setzen sich am Boden ab. Hinter dem Druckventil ist teilweise ein Windkessel angeordnet (Bild 3.16).

Das Pumpenunterteil enthält den Antriebshebel mit Druckfeder, das Gelenkstück, den Pumpenstößel mit Membranfeder und eine Be-/Entlüftungsbohrung. Die Membrane besteht aus mehreren Lagen kraftstoffunempfindlichen und kraftstoffundurchlässigen Gewebes, dem Federteller für die Membranfeder und dem Pumpenstößel. Diese Teile sind miteinander vernietet.

Sind Membranpumpen zerlegbar, so ist bei der Montage darauf zu achten, daß die Membrane in Endstellung steht. Damit ist sichergestellt, daß sie den vollen Hub ausführen kann.

Membranpumpen mit mechanischem Antrieb

Sobald der Exzenter der Nockenwelle den Antriebshebel betätigt, wird die Membrane gegen die Membranfeder nach unten gezogen und führt dabei den Saughub aus. Jetzt wird Kraftstoff mit etwa 0,2 bar (Unterdruck) vom Tank angesaugt. Entlastet der Exzenter den Antriebshebel, so kann bei geöffnetem Schwimmernadelventil der Druck- oder Förderhub ausgeführt werden. Die Membrane wird mittels Federkraft angehoben und drückt den Kraftstoff mit ca. 0,1 bis 0,35 bar (Überdruck) in die Schwimmerkammer des Vergasers. *Der Saughub erfolgt zwangsgetrieben, der Druck- oder Förderhub dagegen federgetrieben.*

Schließt das Schwimmernadelventil bei gefüllter Schwimmerkammer den Kraftstoffzulauf, so wird kein Kraftstoff gefördert (Nullförderung). Während der Antriebshebel weiterhin ständig betätigt wird, bleibt das Gelenkstück in der unteren Position. Die Membranfeder ist dabei gespannt. Zwischen dem Gelenkstück und dem Antriebshebel entsteht ein Leerlauf (Bild 3.17).

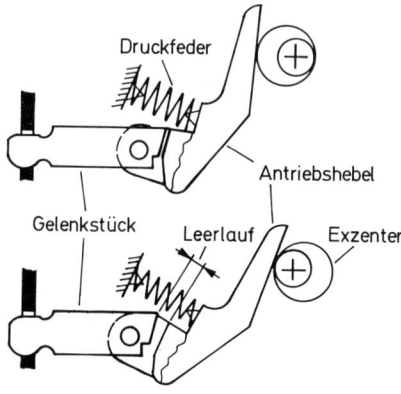

Bild 3.17   Wirkung des
Pumpenantriebs bei Leerlauf

Öffnet das Schwimmernadelventil, so entspannt sich die Membranfeder, die das Gelenkstück mittels Stößel in die obere Position bringt. Dies ist ein Druck- oder Förderhub. Der Kraftstoff wird leider nicht kontinuierlich, sondern stoßweise gefördert. Die stoßweise Förderung kann mit den Vibrationen des Motors zum Lecken des geschlossenen und einwandfreien Schwimmernadelventils und somit zur Änderung des Kraftstoffstandes in der Schwimmerkammer führen. Der Windkessel (Bild 3.16) dämpft die stoßweise Förderung durch ein Luftpolster.

Membranpumen für pneumatischen Antrieb
Diese Membranpumpen werden zur Kraftstoffförderung bei Zweitaktmotoren verwendet. Der Raum unterhalb der Membrane ist mit dem Kurbelgehäuse verbunden. Die Betätigung der Membrane erfolgt durch den Druckwechsel im Kurbelgehäuse des Zweitaktmotors und durch die Membranfeder. Bei einer Umdrehung der Kurbelwelle erfolgein Saughub und ein Druckhub. Einige Membranpumpen für pneumatischen Antrieb sind mit einem Überdruckventil versehen, so daß der überschüssig geförderte Kraftstoff bei geschlossenem Schwimmernadelventil zum Saugraum zurückfließen kann.

Membranpumpen mit elektrischem Antrieb
Sie arbeiten nach dem von der Elektrik her bekannten Prinzip des Wagnerschen Hammers. Am Pumpenstößel ist ein Eisenkern befestigt. Beim Einschalten der Zündung fließt ein Strom vom Zündschalter (15) über eine Spule und einen geschlossenen Kontakt zur Masse. Der in der Spule entstehende Magnetismus zieht den Eisenkern an und führt den Saughub aus. Die Membrane wird also gegen Federkraft nach unten bewegt. Am Ende des Saughubes öffnet ein Druckstift den Kontakt, der Stromkreis wird unterbrochen (Bild 3.18), und das Magnetfeld bricht zusammen. Die Membranfeder drückt die Membrane hoch, wobei Kraftstoff gefördert wird. Bei geschlossenem Schwimmernadelventil bleibt die Membranfeder gespannt, und der Druckstift hält den Kontakt geöffnet.

Vorteile des elektrischen Antriebs

❏ Die Kraftstofförderung beginnt mit dem Einschalten der Zündung.
❏ Die Förderleistung der Membranpumpe ist von der Motordrehzahl unabhängig.

Bild 3.18 Elektrische Membranpumpe
(schematische Darstellung).
Linkes Bild: Ende des Saughubes. Der
Stromkreis ist unterbrochen, die Membranfeder kommt zur Wirkung.
Rechtes Bild: Stromkreis geschlossen,
der Eisenkern wird angezogen.

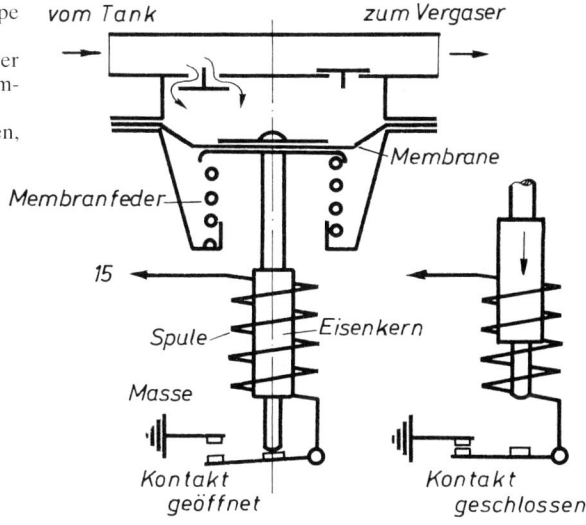

☐ Keine Gefahr der Dampfblasenbildung, weil diese Membranpumpe an relativ kühler Stelle
   (Karosserie) angebracht werden kann.
☐ Es können mehrere Pumpen parallelgeschaltet werden (Zuverlässigkeit).

3.4.2 Kraftstoffrücklauf

Verschiedentlich können Motorlaufstörungen durch Dampfblasen in der Kraftstoffversorgung
auftreten. Dies passiert kaum, wenn der überschüssige, von der Kraftstoffpumpe geförderte Kraftstoff durch eine Rücklaufleitung zum Tank abfließen kann, so daß der Vergaser auch bei geringer
Drosselklappenöffnung kühlen Kraftstoff erhält. Der Rücklauf erfolgt durch eine einfache Rücklaufleitung oder in Verbindung mit einem Kraftstoff-Rücklaufventil. Das Rücklaufventil kann an
der Kraftstoffpumpe, zwischen Kraftstoffpumpe und Vergaser oder direkt am Vergaser angeordnet sein.

Kraftstoffrücklaufventil
Das Kraftstoffrücklaufventil in Bild 3.19 ist in der Kraftstoffzulaufleitung vor dem Vergaser ange-
bracht. Der Rücklauf wird durch Unterdruck gesteuert. Bei geringer Drosselklappenöffnung
(Leerlauf und Teillast) ist das Ventil geöffnet, so daß viel Kraftstoff zum Tank abfließen kann.

Kraftstoffrücklaufventil mit Druckregelung: Dieses Kraftstoffrücklaufventil (Bild 3.20) ist gleichzeitig ein Druckregler. Es besitzt ein federbelastetes Ventil, das den Rücklauf und den Kraftstoffdruck regelt. Der Kraftstoffdruck beträgt etwa 0,2 bar (Überdruck). Er hält den Kraftstoffstand
im Vergaser fast konstant.

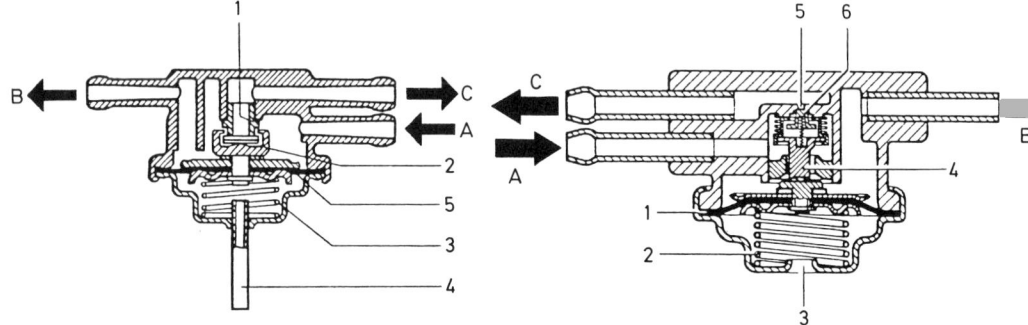

Bild 3.19 Kraftstoffrücklaufventil (DB)
1 Ventilsitz
2 Ventil
3 Feder
4 Unterdruckanschluß
5 Membran
A Kraftstoffzulauf von der Förderpumpe
B Kraftstoffzulauf zum Vergaser
C Kraftstoffrücklauf zum Kraftstoffbehälter

Bild 3.20 Kraftstoffrücklaufventil mit Druckregelung (DB)
1 Membrane
2 Feder
3 Belüftungsbohrung
4 Steuerkegel
5 Drosselbohrung
6 Rücklaufventil

3.5   Ansaugsystem

Das Ansaugsystem ist an der Gemischbildung und Gemischverteilung beteiligt. Es hat bei allen
Betriebsbedingungen Einfluß auf das Laufverhalten des Motors. Verschmutzte Luftfilter, Falschluft und fehlerhafte Temperierung wirken sich nachteilig aus.

3.5.1   Luftfilter

Luftfilter sollen die vom Motor angesaugte Luft optimal reinigen, ohne den Luftfluß wesentlich
zu beeinträchtigen. Sie sind strömungsmäßig auf den jeweiligen Motortyp abgestimmt und haben
Einfluß auf die abgegebene Motorleistung. Luftfilter dämpfen Ansauggeräusche und wirken als
Flammensperre, wenn die Verbrennungsflamme zum Vergaser zurückschlägt. Die Überprüfung
der Luftfilter kann mit Hilfe eines CO-Meßgeräts erfolgen.

Der CO-Wert darf sich bei Leerlauf und betriebswarmem Motor um nicht mehr als max.
1 Vol.-% ändern, wenn der Luftfilter abgenommen oder aufgesetzt wird. Luftfilter können mit
einer Ansaugvorwärmung ausgerüstet sein, die manuell oder automatisch von Frischluft auf
Warmluft oder umgekehrt umschaltbar ist.

3.5.2   Ansaugluftvorwärmung

Bei niedrigen Lufttemperaturen ist es sinnvoll, die angesaugte Luft zu erwärmen. Dies begünstigt
die Gemischbildung und beugt einer Vergaservereisung vor. Die Lufttemperatur im Vergaser liegt
infolge Kraftstoffverdampfung etwa 10 °C unter der Außentemperatur.

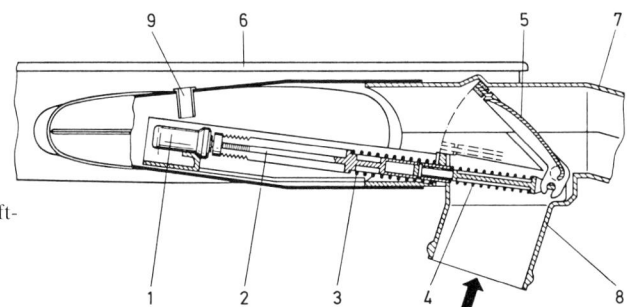

Bild 3.21 Ansaugluft-
vorwärmung (DB)
1 Regelelement (Thermostat)
2 Regelstange
3, 4 Druckfeder
5 Klappe
6 Luftfilter
7 Ansaugrohr
8 Anschlußstutzen für Warmluft-
   schlauch
9 Kompensationsbohrung
   mit Luftführungsrohr

Vergaservereisung bedeutet Eisbildung an Drosselklappe und Mischrohrträger durch Gefrieren der angesaugten Luftfeuchtigkeit. Kurzfristig fehlende Endleistung und ein Absterben des Motors bei Gasrücknahme können die Folge sein. Vergaservereisung tritt überwiegend bei Temperaturen zwischen –4 °C bis +8 °C auf. In den Wintermonaten wird der Vergaservereisung durch Kraftstoff-zusätze entgegengewirkt.

Ansaugluftvorwärmung mit manueller Umschaltung: Bei Außenlufttemperaturen bis +15 °C soll die Stellung Winter, über +15 °C die Stellung Sommer eingeschaltet werden. Eine übermäßige Erwärmung der Luft bringt Nachteile. Die Luft wird dann verdünnt, und das Kraftstoff-Luft-Gemisch magert ab. Der Motor kann zu heiß werden und «klingeln».
«Klingeln» ist in Kapitel 3 beschrieben.

Ansaugluftvorwärmung mit automatischer Umschaltung: Die in Bild 3.21 dargestellte Ansaug-luftvorwärmung wird temperaturabhängig von einem Regelelement gesteuert. Bei Außenluft-temperaturen unter +13 °C wird dem Motor Warmluft zugeführt. Ab +13 °C und mit steigender Temperatur wird die Klappe zunehmend auf Frischluft verstellt. Beträgt die Außenlufttemperatur etwa +25 °C, so ist der Warmlaufkanal geschlossen, und der Motor erhält nur Frischluft. Zwischen +13 °C und +25 °C erhält der Motor Mischluft.
Eine weitere Ausführung der automatischen Umschaltung ist beim Gleichdruckvergaser 175 CDTU beschrieben (Abschnitt 3.7.1).

3.5.3   Saugrohr

Saugrohre sollen das Kraftstoff-Luft-Gemisch auf die einzelnen Zylinder verteilen. Die Ansaug-wege der Zylinder können jedoch verschieden lang und unterschiedlich ausgebildet sein. Zwangs-läufig treten dann unterschiedlich große Widerstände auf, die zu unterschiedlichen Zylinderfül-lungen führen.
Laufverhalten und Leistung eines Motors hängen also unter anderem von der Abstimmung des Saugrohrs zum Motor ab. Die Länge des Saugrohrs beeinflußt die Frequenz der schwingen-den Gassäule, so daß die optimale Zylinderfüllung nur in einem bestimmten Drehzahlbereich möglich ist. Lange Ansaugrohre wirken sich hauptsächlich bei niederen Drehzahlen, kurze Ansaugrohre dagegen mehr bei hohen Drehzahlen günstig aus.
Um die mangelhafte Gemischbildung bei kaltem Motor spürbar zu verbessern, verwendet man bei verschiedenen Fahrzeugen Saugrohrvorwärmer. Die bei V.A.G-Fahrzeugen anzutreffenden Saugrohrvorwärmer sind als «Igel» bekannt. Der «Igel» ist im folgenden Abschnitt beschrieben.

3.5.4   Gemischvorwärmung

Die Saugrohrbeheizung soll intensiv sein, muß jedoch geregelt werden. Sie verbessert das Warm-laufverhalten und die Gasannahme. Gleichzeitig wird eine Kraftstoffersparnis im Kurzstrecken-betrieb durch Verkürzung der Warmlaufphase erreicht.

Der *Igel* (Bild 3.22) ist im Saugrohr von der Unterseite eingebaut. Er wird bis 55 °C Kühlmit-teltemperatur elektrisch beheizt und danach durch das erwärmte Kühlmittel. Der «Igel» erwärmt sich nach dem Einschalten der Zündung sekundenschnell, so daß der Kraftstoff im Saugrohr nicht kondensiert, sondern vollständig verdampft. Bei 55 °C schaltet der im Kühlmittelzulauf befind-liche Thermoschalter das Relais für den «Igel» aus. Anschließend erfolgt die Saugrohrbeheizung durch das erwärmte Kühlmittel, das über einen Temperaturregler am Zylinderkopf in das Saug-rohr gelangt.

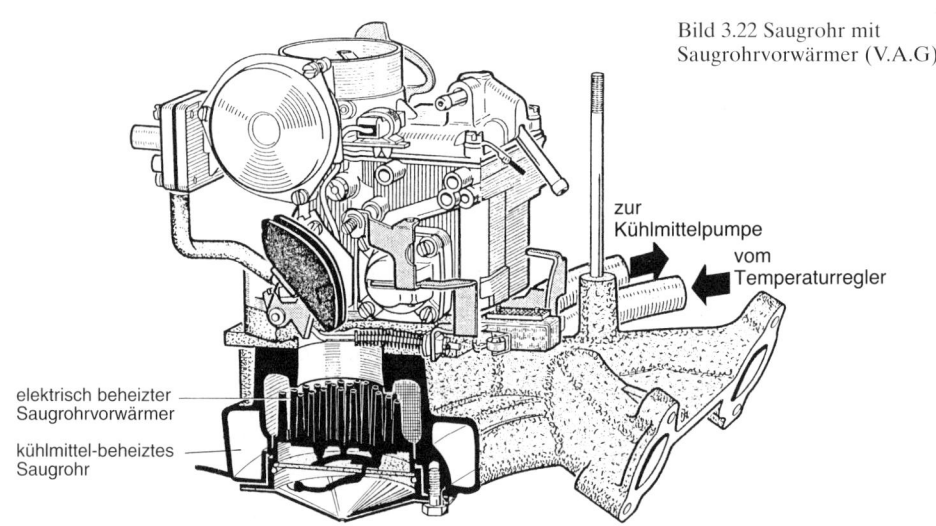

Bild 3.22 Saugrohr mit
Saugrohrvorwärmer (V.A.G)

zur
Kühlmittelpumpe
vom
Temperaturregler

elektrisch beheizter
Saugrohrvorwärmer

kühlmittel-beheiztes
Saugrohr

3.6   Vergaser

In den Anfängen gab es Vergaser, die durch Beheizung Benzin vergasten. Dieser Weg wurde ver-lassen, weil man erkannte, daß sich dies ungünstig auf Zylinderfüllung und Motorleistung aus-wirkt. Heutige Vergaser zerstäuben den Kraftstoff und erzeugen einen sehr feinen Kraftstoff-Luft-Nebel (Bild 3.23). Man spricht von einem *homogenen Gemisch,* wenn die Kraftstofftröpf-chen gleichmäßig verteilt sind. Die eigentliche Vergasung erfolgt durch die Kompressionswärme im Motor und kann schon im Saugrohr beginnen.

Vergaser bestehen aus mehreren Einrichtungen. Im einzelnen sind dies Schwimmersysteme, Startersysteme, Leerlaufsysteme, Übergangseinrichtungen, Hauptvergasersysteme, Beschleuni-gungseinrichtungen, Anreicherungssysteme und besondere Einrichtungen. Das Zusammenspiel dieser Einrichtungen erfolgt bei wechselnden Drehzahlen und Belastungen automatisch.

Bild 3.23   Injektorwirkung

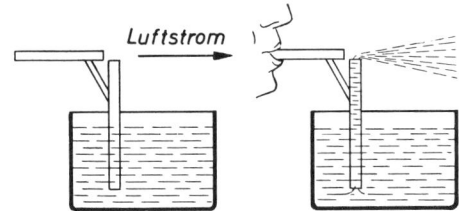

Aufgabe: Vergaser sollen dem Motor bei allen Betriebsbedingungen und bei allen atmosphärischen Zuständen ein zündfähiges Kraftstoff-Luft-Gemisch liefern, so daß der Motor bei geringem Verbrauch, langer Lebensdauer und geringer Luftverschmutzung die größtmögliche Leistung abgeben kann.

Ein hoher Wirkungsgrad – große Motorleistung bei geringem Kraftstoffverbrauch – ist nur erreichbar, wenn *Kompression, Gemisch und Zündung* gleichermaßen optimal sind. Bei Normalfahrt genügt ein relativ mageres Gemisch. Beim Anlassen, im Leerlauf, beim Beschleunigen, bei Vollast und bei großer Last wird ein mehr oder weniger fettes Gemisch benötigt.

Vergaser sind grundsätzlich nach den Weisungen der Fahrzeug- bzw. Vergaserhersteller einzustellen. Falsche Vergasereinstellungen führen zu hohem Kraftstoffverbrauch, schlechtem Fahrverhalten, Ölverdünnung und hoher Umweltbelastung oder gar zu Motorschäden. Durch eine zu magere Einstellung können z.B. die Auslaßventile und die Kolben verbrennen.

Vergaserbauarten
Je nach Anordnung des Saugrohres und nach Strömungsrichtung des Kraftstoff-Luft-Gemisches gibt es *Schrägstrom-, Flachstrom- und Fallstromvergaser* (Bild 3.24).

Am häufigsten werden Fallstromvergaser verwendet, weil sie eine besonders gute Zylinderfüllung ermöglichen und von allen Seiten leicht zugänglich sind. Bei eingeschränktem Platzangebot werden Vergaser mit anderer Strömungsrichtung, meistens Flachstromvergaser, verwendet.

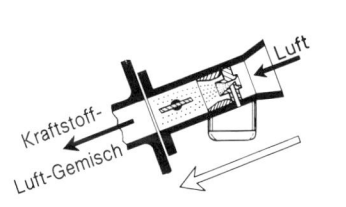
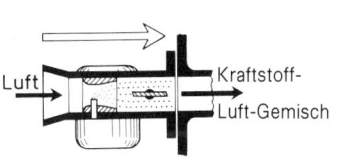
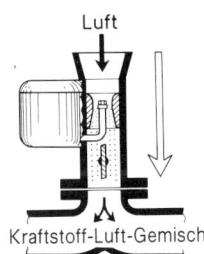

a) Schrägstromvergaser   b) Flachstromvergaser   c) Fallstromvergaser

Bild 3.24   Anordnung des Saugrohres

Nach Anzahl und Funktion der Mischkammern gibt es (Bild 3.25):

❐ Einfachvergaser,
❐ Doppelvergaser,
❐ Stufen- oder Registervergaser,
❐ Doppelregistervergaser.

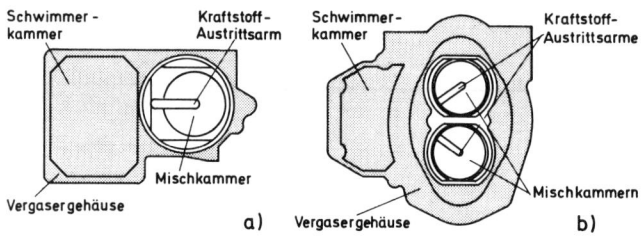

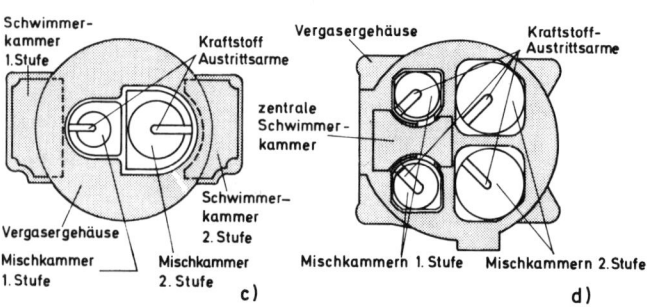

Bild 3.25 Vergaseraus-
führungen nach Anzahl
und Funktion der Misch-
kammern
a) Einfachvergaser
b) Doppelvergaser
c) Stufen- oder Register-
    vergaser
d) Doppelregistervergaser

Die Vergaseranzahl und deren Ausführung wird je nach Motor und Leistungsbedarf bestimmt.

Einfachvergaser haben eine Mischkammer und werden für kleinere Motoren (bis etwa 50 PS) verwendet. Sollen höhere Leistungen erreicht werden, so müssen die Ansaugquerschnitte entsprechend groß sein. Große Querschnitte verringern jedoch die Luftgeschwindigkeit und erschweren so die Gemischbildung im Teillastbereich. Die Ansaugquerschnitte werden deshalb aufgeteilt.

Doppelvergaser haben zwei Mischkammern und zwei Drosselklappen, die bei Betätigung des Gaspedals gleichzeitig und gleichmäßig (synchron) öffnen. Diese Vergaser bewirken eine gute Zylinderfüllung, zumal die Ansaugrohre aufgeteilt und verkürzt werden können. Doppelvergaser werden für sportlich betonte Fahrzeuge verwendet.

Stufen- oder Registervergaser haben auch zwei Mischkammern und zwei Drosselklappen, die jedoch nicht gleichzeitig geöffnet werden. Die 1. Stufe arbeitet für den Leerlauf und für den unteren Teillastbereich. Sie sorgt durch ihren relativ kleinen Querschnitt für eine gute Gemisch-bildung im unteren Drehzahlbereich. Die 2. Stufe wird für den oberen Drehzahlbereich, mecha-nisch oder durch Unterdruck, in Abhängigkeit der Drosselklappenstellung der 1. Stufe, zugeschaltet. Jetzt erhält der Motor die volle Zylinderfüllung und kann entsprechende Leistung abgeben.

Doppelregistervergaser haben vier Mischkammern und vier Drosselklappen. Es handelt sich praktisch um zwei Registervergaser, die in einem Gehäuse vereint sind. Die Drosselklappen der 1. und 2. Stufen werden jeweils gemeinsam, jedoch nacheinander geöffnet. Doppelregisterver-gaser werden für großvolumige Motoren verwendet.

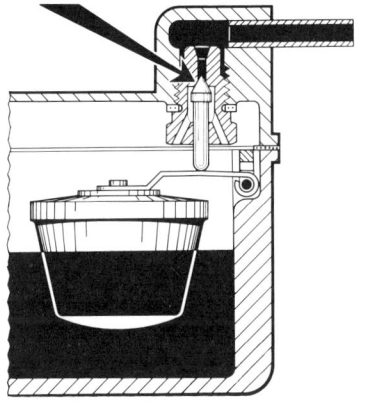

Schwimmernadelventil geschlossen

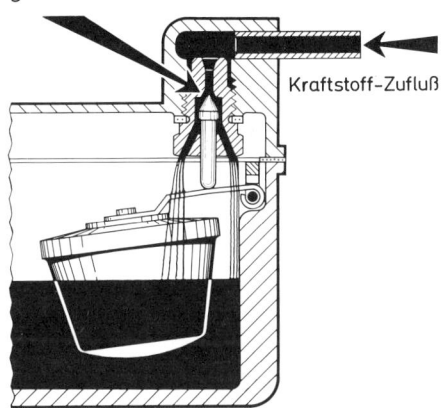

Schwimmernadelventil geöffnet

Kraftstoff-Zufluß

Bild 3.26   Schwimmereinrichtung

3.6.1   Schwimmersysteme

Jeder Vergaser hat – von Ausnahmen abgesehen – eine Schwimmereinrichtung (Bild 3.26). Sie sorgt für einen etwa gleichmäßigen Kraftstoffstand in der Schwimmerkammer und verhindert einen ungewollten Kraftstoffaustritt aus dem Mischrohr.

> Der richtige Kraftstoffstand in der Schwimmerkammer ist Voraussetzung für die einwandfreie Funktion des Vergasers.

Entsprechend dem Gesetz der kommunizierenden Röhren ist das Kraftstoffniveau in den Kanälen und im Mischrohr vom Kraftstoffstand in der Schwimmerkammer abhängig.

Das Schwimmergewicht, die Größe des Nadelventils, die Dicke des Dichtrings, der Pumpendruck und die Dichte des Kraftstoffs haben Einfluß auf den Kraftstoffstand. Ändert sich der Kraftstoffstand in der Schwimmerkammer, so wird die Kraftstoffabsaugung erleichtert oder erschwert.

Mögliche Folgen sind schlechtes Startverhalten, unsauberer Leerlauf, Übergangsfehler, Beschleunigungsfehler, erhöhter Kraftstoffverbrauch, verrußte Zündkerzen, Veränderung der Abgaszusammensetzung, steigende Motortemperatur. Damit bei Steigungen die gewünschte Anreicherung und bei Talfahrten die gewünschte Abmagerung entsteht, soll die Schwimmerkammer in Fahrtrichtung vorn angeordnet sein (Bild 3.27).

Überlaufsystem
Bei dieser Ausführung ist die Schwimmerkammer von den Vergasern getrennt (Bild 3.28) und unterhalb des Kraftstoffstandes der Vergaser an der Karosserie befestigt. Sie unterliegt nicht den Vibrationen des Motors und gewährleistet deshalb einen konstanten Kraftstoffstand. Dies wirkt sich besonders günstig bei scharfer Kurvenfahrt – wie bei Wettbewerbsfahrzeugen – aus. Das Überlaufsystem benötigt zwei Kraftstoffpumpen. Pumpe I fördert Kraftstoff vom Tank zur

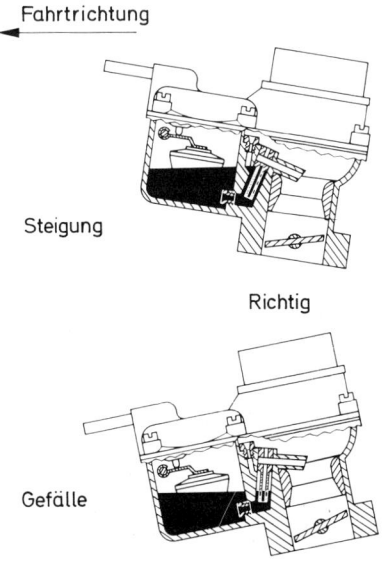

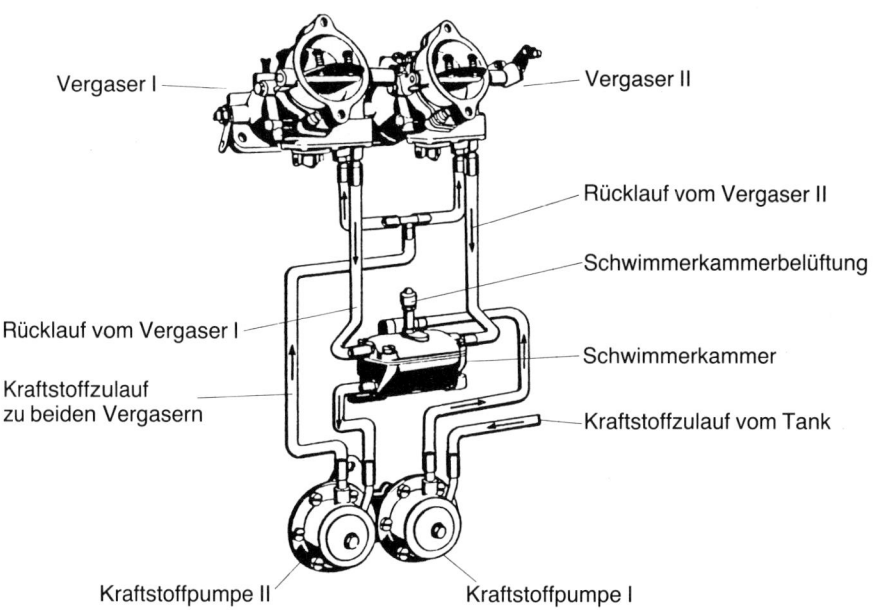

Fahrtrichtung

Steigung

Richtig

Gefälle

Bild 3.27 Anordnung des Schwimmergehäuses
Der steigende Kraftstoffstand im Mischrohr führt
bei Steigung zu einer gewünschten Anreicherung.
Der fallende Kraftstoffstand im Mischrohr führt
bei Gefälle zu einer gewünschten Abmagerung.

Vergaser I

Vergaser II

Rücklauf vom Vergaser II

Schwimmerkammerbelüftung

Rücklauf vom Vergaser I

Schwimmerkammer

Kraftstoffzulauf
zu beiden Vergasern

Kraftstoffzulauf vom Tank

Kraftstoffpumpe II

Kraftstoffpumpe I

Bild 3.28 Vergaser mit Überlaufsystem

Schwimmerkammer, Pumpe II dagegen von der Schwimmerkammer zu den Vergasern. Das Kraftstoffniveau in den Vergasern ist durch Überlaufrohre geregelt, die den Rücklauf des überschüssig
geförderten Kraftstoffs zur Schwimmerkammer ermöglichen.

184 *Gemischbildung und Verbrennung bei Ottomotoren*

3.6.2 Schwimmerkammerbelüftungen

Die Schwimmerkammer muß ständig belüftet sein, damit beim Lauf des Motors ungehindert Kraftstoff vom Vergaser abgesaugt werden kann. Umgekehrt läßt sich die Schwimmerkammer nur dann mit Kraftstoff füllen, wenn die Luft entweichen kann.

Zur Anwendung kommen die Außenbelüftung, die Innenbelüftung und die umschaltbare Belüftung.

Außenbelüftung
Wie in Bild 3.29 erkennbar, führt das Belüftungsrohr ins Freie. Dies hat einen Vorteil, bietet aber auch Nachteile.

Bild 3.29
Doppelflachstromvergaser
mit Außenbelüftung

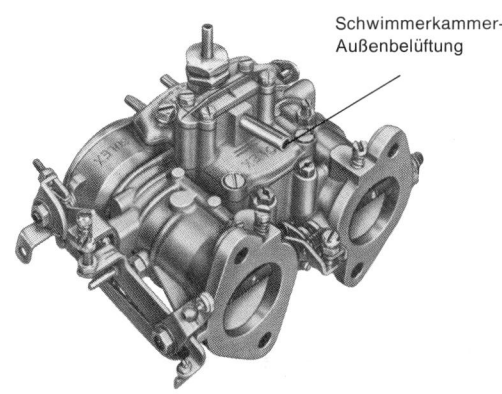

Schwimmerkammer-
Außenbelüftung

Vorteil: Heißstartschwierigkeiten werden vermieden, weil die bei abgestelltem und betriebswarmem Motor entstandenen Kraftstoffdämpfe aus der Schwimmerkammer ins Freie und nicht in den Vergaser gelangen.

Nachteile: 1. Verschmutzung der Schwimmerkammer durch Staub und Insekten, die zu Laufstörungen des Motors führen kann.
2. Bei Verschmutzung des Luftfilters erhöht sich der Kraftstoffverbrauch, weil sich der Unterdruck im Vergaser vergrößert.

Innenbelüftung
Das Belüftungsrohr mündet in den Saugraum (Bild 3.30). Hier bleibt die Schwimmerkammer weitgehend sauber. Bei Verschmutzung des Luftfilters erhöht sich der Unterdruck im Vergaser und in der Schwimmerkammer gleichermaßen, so daß eine Überfettung des Gemisches nicht eintritt.

Umschaltbare Belüftung
Die Umschaltung kann mechanisch oder elektrisch erfolgen. Bild 3.31 zeigt eine mechanisch umschaltbare Belüftung. Bei der mechanischen Umschaltung ist die Außenbelüftung bei abgestelltem Motor und bei Leerlauf geöffnet. Im Fahrbetrieb ist die Innenbelüftung geöffnet. Bei der elektrischen Steuerung erfolgt die Umschaltung z.B. mit dem Ein- bzw. Ausschalten der Zündung.

Schwimmerkammer-
Innenbelüftung

Bild 3.30   Fallstromvergaser mit Innenbelüftung

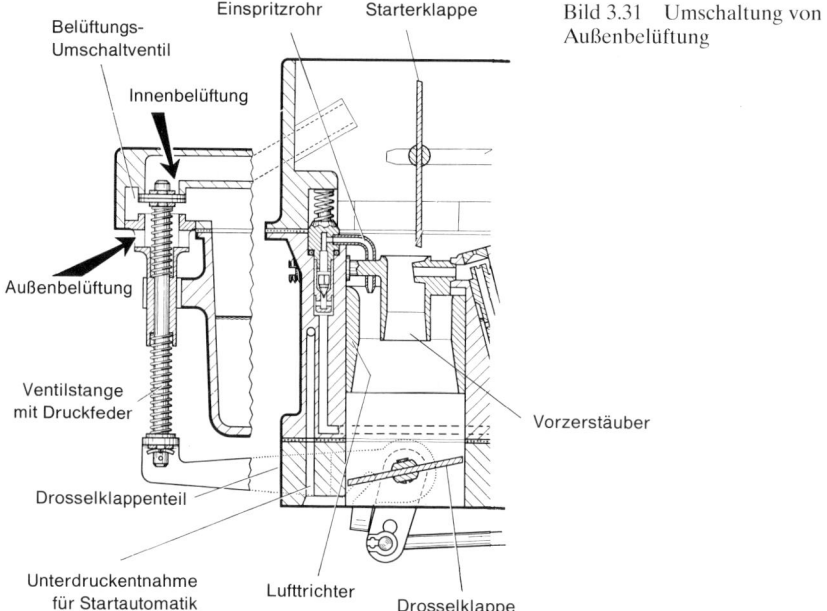

Belüftungs-
Umschaltventil

Einspritzrohr   Starterklappe

Innenbelüftung

Außenbelüftung

Ventilstange
mit Druckfeder

Drosselklappenteil

Unterdruckentnahme
für Startautomatik

Lufttrichter

Drosselklappe

Vorzerstäuber

Bild 3.31   Umschaltung von Innen- und
Außenbelüftung

3.6.3   Starteinrichtungen

Bei niedrigen Außentemperaturen ergeben sich normalerweise Kaltstartprobleme, und zwar deshalb, weil der angesaugte Kraftstoff mangels Wärme nur unvollständig verdampft. Er schlägt sich
teilweise an den Wandungen des Saugrohres und der Zylinder nieder, so daß der Motor ein zu
mageres Kraftstoff-Luft-Gemisch erhält. Dies wird mit Hilfe von Starteinrichtungen ausgeglichen. Sie liefern ein besonders kraftstoffreiches Gemisch (1 : 3 bis 1 : 5).

> Starteinrichtungen ermöglichen ein sicheres Anspringen und einwandfreies Durchlaufen kal-
> ter Motoren bei Temperaturen um den Nullpunkt und darunter.

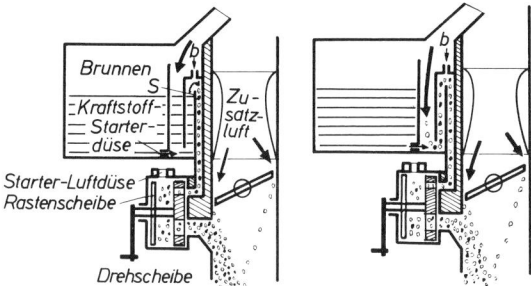

Bild 3.32 Startvergaser während des Startens (links) und kurz nach dem Start (rechts)

Sie werden per Hand betätigt oder arbeiten automatisch. Beim Thermo-Choke wird per Hand eingeschaltet und automatisch ausgeschaltet. Starteinrichtungen erhöhen den Kraftstoffverbrauch, den Motorverschleiß, die Ölverdünnung und die Umweltbelastung. Sie sollen deshalb nicht unnötig benutzt werden.

Startvergaser

Startvergaser besitzen keine Starterklappe, sondern einen Startdrehschieber (Bild 3.32). Das Startgemisch ergibt sich aus dem Zusammenwirken

❏ der Starterkraftstoffdüse,
❏ der Starterluftdüse und
❏ der Zusatzluft am Drosselklappenspalt.

> Die gewünschte Kraftstoffanreicherung ist bei eingeschaltetem Drehschieber nur dann möglich, wenn das Gaspedal **nicht** betätigt wird.

Bei dem schematisch dargestellten Fallstromvergaser muß der Kraftstoff über den Scheitelpunkt S gehoben werden, weil die Mündung der Starterbohrung sehr tief unterhalb der Schwimmerkammer angebracht ist. Vergißt man den Startvergaser zu schließen, kann durch Heberwirkung die gesamte Schwimmerkammer leergesogen werden. Um dies zu verhindern, ist im Scheitelpunkt S eine Bohrung b für Bremsluft angebracht (Bild 3.32).

Arbeitsweise: Bei geöffnetem Startschieber saugt der Motor durch die Starterkraftstoffdüse Kraftstoff aus der Schwimmerkammer über den Scheitelpunkt S und die Öffnung im Drehschieber. Hier wird der Kraftstoff mit der durch die Starterluftdüse angesaugten Luft gemischt und tritt als Emulsion unterhalb der Drosselklappe aus. Mit der durch den Drosselklappenspalt angesaugten Hauptluft vermischt, entsteht das Startgemisch.
  Ist der Motor angesprungen, tritt erhöhte Saugwirkung ein. Da der Kraftstoff nicht schnell genug durch die Starterkraftstoffdüse nachfließen kann, wird der Brunnen leergesaugt. Es tritt Luft durch den Brunnen ein, wodurch das Startgemisch abmagert (Bild 3.32).

Starterklappe (Choke)

Die Starterklappe befindet sich vor dem Mischkammereingang, also beim Fallstromvergaser im Vergaseroberteil (Bild 3.33). Sie ist normalerweise voll geöffnet und ändert ihre Position, sobald der Starterzug von Hand gezogen wird.

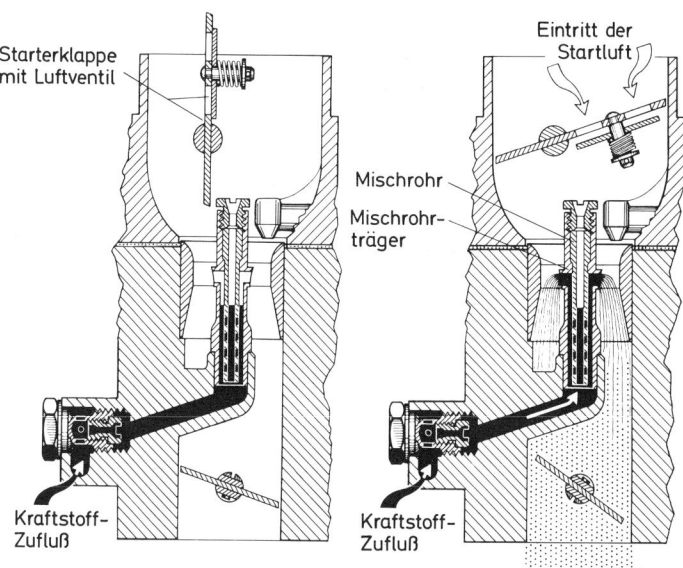

Starterklappe
mit Luftventil

Eintritt der
Startluft

Bild 3.33 Starteinrichtung
mit Luftventil;
links ausgeschaltet und
rechts eingeschaltet

Mischrohr

Mischrohr-
träger

Kraftstoff-
Zufluß

Kraftstoff-
Zufluß

Beim Schließen der Klappe wird die Drosselklappe über eine Verbindungsstange etwas geöffnet. Dadurch kann sich beim Startvorgang der relativ kräftige Unterdruck bis zur Mischkammer fortpflanzen. Der Motor saugt reichlich Kraftstoff aus dem Hauptdüsensystem, also ein fettes Kraftstoff-Luft-Gemisch, und springt deshalb auch bei niedrigsten Temperaturen sicher an.

Nach dem Anspringen des Motors vergrößert sich der Unterdruck. Dabei öffnet das in der Starterklappe angeordnete Luftventil, und das fette Startgemisch wird ein wenig abgemagert. Der Motor läuft in dieser Zeit, aufgrund der angestellten Drosselklappe, mit erhöhter Leerlaufdrehzahl (Schnell-Leerlauf). Die Drosselklappe geht in die eigentliche Leerlaufstellung zurück, wenn die Starterklappe voll geöffnet wird.

Die Starterklappe soll
1. nur geschlossen werden, wenn dies nötig ist,
2. nach dem Anspringen des Motors so weit wie möglich geöffnet werden,
3. baldmöglichst ganz geöffnet sein.

Halbautomatische Starterklappe: Diese Starterklappe wird auch mittels Starterzug von Hand geschlossen. Da sie außermittig gelagert und auf der Starterklappenwelle frei beweglich ist, übernimmt sie die Luftregulierung selbst (Bild 3.34). Sie gerät bei laufendem Motor durch die Kraft des Saugdrucks und der Rückdrehfeder in einen Zustand des Flatterns. Bei diesem schnellen Wechsel zwischen Öffnen und Schließen «schnüffelt» der Motor Luft.

Thermo-Choke: Beim Ziehen des Starterzugs bewegt sich die Starterklappe in Richtung Schließen. Dies geschieht über einen Mitnehmerhebel durch Verdrehen der ausgesparten Kurvenscheibe (Bild 3.35). Die volle Schließung kann nur durch die Spannkraft der temperaturabhängigen Bimetallfeder erreicht werden. Bei dem beschriebenen Vorgang wird die Drosselklappe zwangsläufig entsprechend geöffnet.

Bild 3.34 Halbautomatische Starterklappe

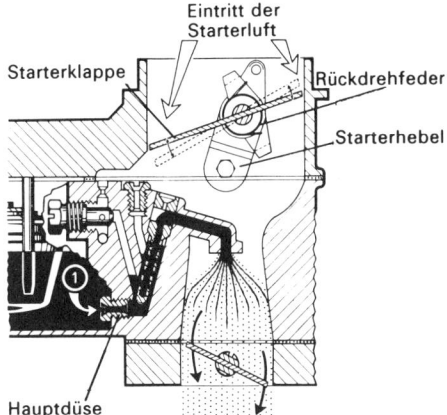

Bild 3.35 Thermo-Choke

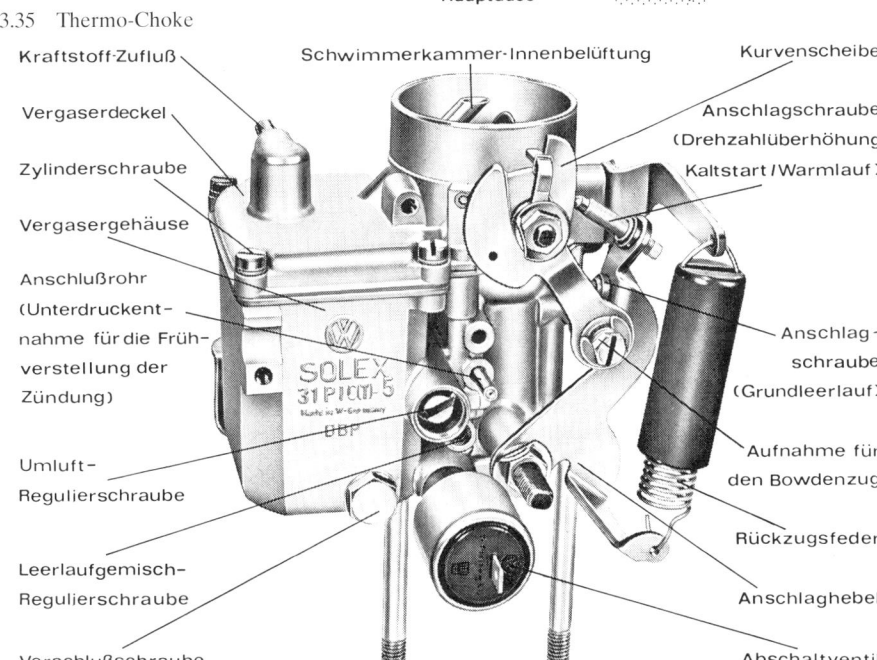

Ist der Motor angesprungen, so wird die Starterklappe durch den verstärkten Unterdruck, gegen die Spannkraft der Bimetallfeder und durch den Pulldown (Abmagerungseinrichtung) etwas geöffnet. Der Starterzug muß nach dem Anspringen des Motors in die Warmlaufstellung, in der angefahren werden darf, zurückgeschoben werden. Jetzt kann die Starterklappe durch die temperaturabhängige Bimetallfeder aufgrund der Aussparung in der Stufenscheibe nahezu vollständig öffnen. Schiebt man also den Starterzug nicht baldmöglichst ganz zurück, so hat dies auf die Starterklappenstellung kaum einen Einfluß.

Bedingt durch die Stellung der vom Starterzug betätigten Kurvenscheibe geht jedoch die Drosselklappe nicht in die eigentliche Leerlaufstellung zurück, d.h., der Motor läuft bei Gaswegnahme ständig mit erhöhter Drehzahl. Um diese Vergeßlichkeit auszuschalten, wird die Stellung des Starterzuges teilweise durch eine Kontrollampe überwacht.

Startautomatik
Moderne Vergaser sind vielfach mit einer Startautomatik (Thermostarter) ausgerüstet. Die Halbautomatik hat eine Stufenscheibe. Sie läßt das selbsttätige Schließen der Starterklappe durch die Spannkraft der temperaturabhängigen Bimetallfeder erst dann zu, wenn zuvor das Gaspedal einmal betätigt wurde. Bei der Vollautomatik schließt die Starterklappe völlig selbsttätig ohne vorherige Betätigung des Gaspedals. Sie hat keine Stufenscheibe, sondern einen Drehzahlregler (Bild 3.36).

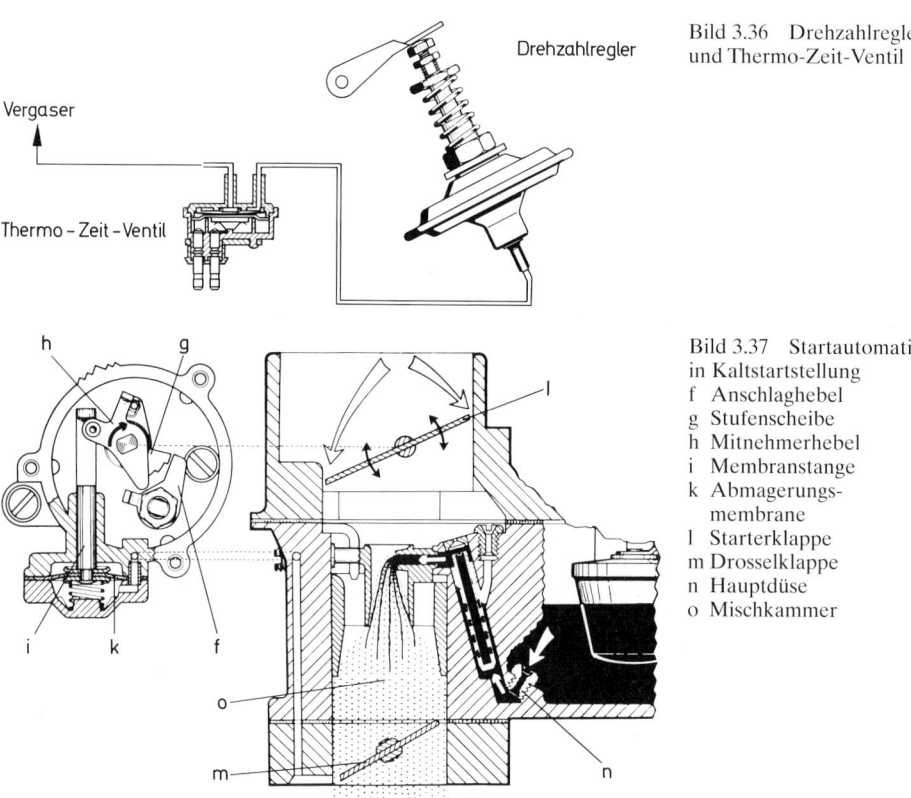

Bild 3.36 Drehzahlregler und Thermo-Zeit-Ventil

Bild 3.37 Startautomatik in Kaltstartstellung
f Anschlaghebel
g Stufenscheibe
h Mitnehmerhebel
i Membranstange
k Abmagerungs-
   membrane
l Starterklappe
m Drosselklappe
n Hauptdüse
o Mischkammer

Halbautomatik: Beim Schließen der Starterklappe verdreht sich die Stufenscheibe (Bild 3.37), so daß die Drosselklappe bei gelöstem Gaspedal um den *Drosselklappenspalt* geöffnet ist (Bild 3.38).
  Der Drosselklappenspalt kann bei abgebautem Vergaser gemessen werden. Er bewirkt, daß der Motor einen *Schnell-Leerlauf* hat. Dieser wird bei aufgebautem Vergaser und betriebswarmem Motor gemessen und kann an der Schraube M eingestellt werden.
  Erfolgt der Startvorgang bei geschlossener Starterklappe, so saugt der Motor ein fettes Kraftstoff-Luft-Gemisch an. Eine Überfettung tritt nicht ein, weil die außermittig gelagerte Starter-

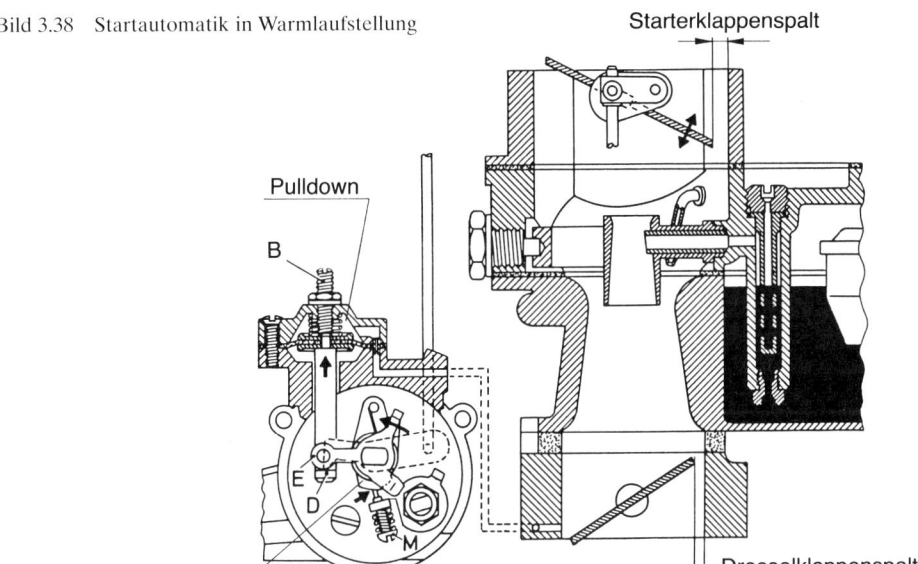

Bild 3.38   Startautomatik in Warmlaufstellung

Starterklappenspalt

Pulldown

B

Starterklappenspalt

Stufenscheibe

Drosselklappenspalt

klappe «schnüffelt», d.h., durch den Saugdruck und die Kraft der Bimetallfeder im schnellen Wechsel etwas öffnet und wieder schließt. Der Motor kann also genügend Luft ansaugen.

Sobald der Motor läuft, wird die Starterklappe durch den *Pulldown* um den *Starterklappenspalt* geöffnet (Bild 3.38), der an der Schraube B einstellbar ist.

Pulldown: Der Pulldown soll die Starterklappe gleich nach dem Anspringen um den Starterklappenspalt öffnen, damit das Startgemisch nicht überfettet. Dies geschieht mittels Unterdruck durch eine Membrane, die gegen Federkraft die Membranstange und den Mitnehmerhebel betätigt, so daß die Starterklappe gegen die Spannkraft der Bimetallfeder entsprechend öffnet. Bei verschiedenen Motoren ist das Startgemisch zu mager, wenn die Starterklappe gleich nach dem Anspringen um den Starterklappenspalt öffnet. Hier werden *Thermoverzögerungsventile* verwendet.

Doppelter Pulldown: Dieser Pulldown hat zwei Unterdruckdosen (Bild 3.39). Die eine sorgt für den bekannten Starterklappenspalt, wie er im vorherigen Absatz «Pulldown» beschrieben ist. Die zweite Unterdruckdose, die durch ein Thermoventil gesteuert wird, kann den Starterklappenspalt um ein bestimmtes Maß mit oder ohne Verzögerung vergrößern.

Thermoverzögerungsventil

Das Thermoverzögerungsventil ist in der Unterdruckleitung des Pulldown eingesetzt (Bild 3.40). Es bewirkt, daß die Starterklappe bei Temperaturen unterhalb etwa –12 °C verzögert um den Starterklappenspalt öffnet. Bei Temperaturen oberhalb etwa –12 °C erfolgt keine Verzögerung. Bei Abbruch eines Startversuchs baut das Thermoverzögerungsventil den Unterdruck am Pulldown sofort ab, so daß problemlos nachgestartet werden kann. Die im Winter durch Feuchtigkeit verursachten Störungen des Thermoverzögerungsventils können durch Vorschalten eines Wasserabscheiders beseitigt werden.

Vergaser   191

Kaltstart

 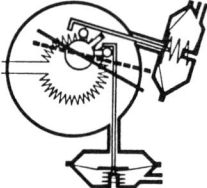 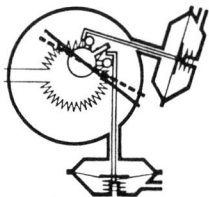

Anlassen
(Starterklappe
geschlossen)

Angesprungen
(Starterklappe
etwas geöffnet)

Warmlaufen
(Starterklappe
weiter geöffnet)

Bild 3.39   Startautomatik mit doppeltem Pulldown

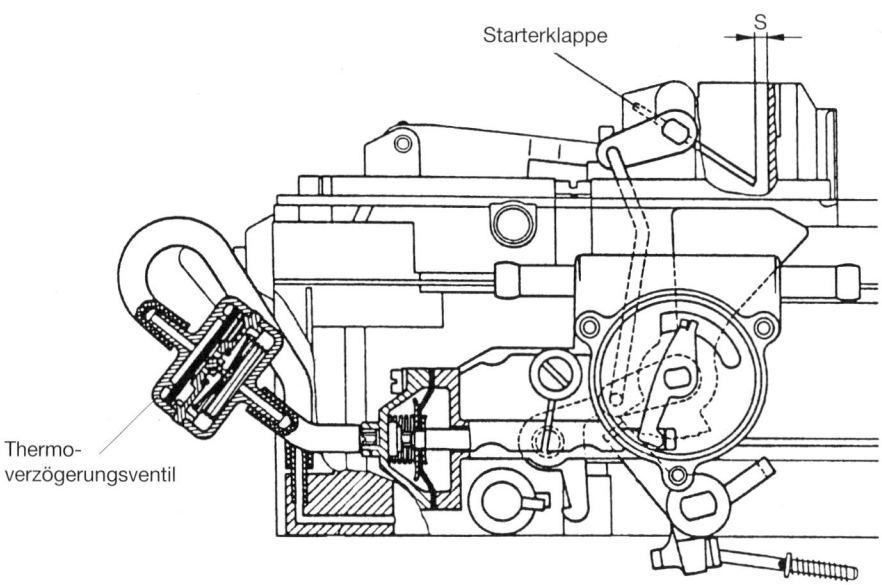

Bild 3.40   Startautomatik mit Thermoverzögerungsventil

Eine weitere Ausführung der Pulldown-Verzögerung ist beim Gleichdruckvergaser beschrieben (Abschnitt 3.7.1).

Warmlauf: Die Öffnung der Starterklappe über den Starterklappenspalt hinaus wird durch die Beheizung der Bimetallfeder geregelt und vom Unterdruck beeinflußt. Da sich die Stufenscheibe mit der Starterklappe in Richtung Öffnen bewegen kann, verringert sich die Öffnung der Drosselklappe entsprechend.

Ist die Starterklappe völlig geöffnet, so befindet sich die Drosselklappe in der eigentlichen Leerlaufposition. Damit sich die Starterklappe gerade immer nur so weit in der Schließstellung

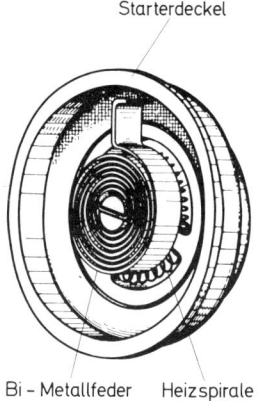

Starterdeckel

Bi - Metallfeder   Heizspirale

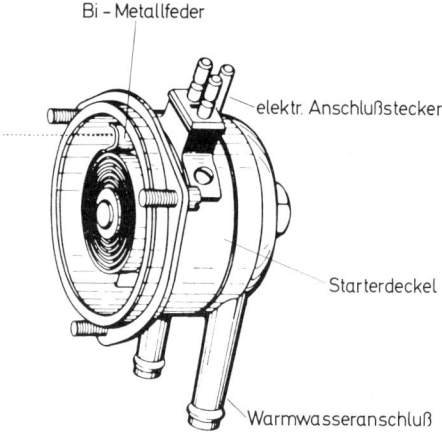

Bi - Metallfeder

elektr. Anschlußstecker

Starterdeckel

Warmwasseranschluß

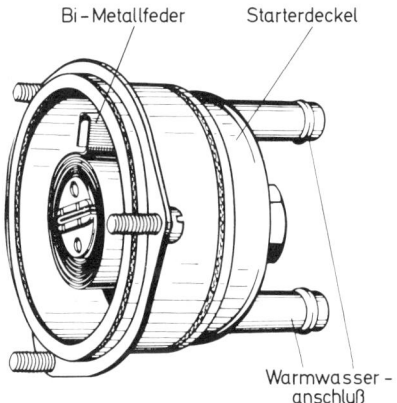

Bi - Metallfeder   Starterdeckel

Warmwasser -
anschluß

Bild 3.41   Starterdeckel mit unterschiedlicher
Beheizung der Bimetallfeder

befindet, wie es der Motor verlangt, wird die Schließkraft der Bimetallfeder durch ständige Beheizung fortlaufend geschwächt. Die Beheizung erfolgt elektrisch, durch die Wärme des Kühlwassers
oder kombiniert (Bild 3.41).

Eine elektrische Beheizung läßt die Starterklappe relativ schnell öffnen, während die Wärme
des Kühlwassers dafür sorgt, daß die Starterklappe bei abgestelltem Motor lange geöffnet bleibt.
Sind zwei Heizspiralen in einem Starterdeckel, so wird die eine mit der Zündung und die andere
durch einen Thermoschalter eingeschaltet. Das Zuschalten der zweiten elektrischen Beheizung
erfolgt nur bei temperiertem Motor. Das Öffnen der Starterklappe wird dadurch beschleunigt.

Thermo-Pulldown: Die in Bild 3.42 dargestellte Startautomatik ist mit einem elektrisch beheizten
Thermostellmotor ausgerüstet. Er bewirkt eine temperaturabhängige Änderung des Starterklap-
penspaltes. Die Überprüfung und Einstellung ist bei einer Raumtemperatur von etwa 20 °C
gemäß den Weisungen des Fahrzeug- bzw. Vergaserherstellers vorzunehmen. Das Spiel x (Bild
3.42) soll bei geschlossener Starterklappe 0,5 mm betragen und kann durch Biegen der Verbindungsstange VS korrigiert werden. Zwecks Ermittlung der Starterklappenspalte a und a_1 (Bilder
3.43 und 3.44) ist vorher der Pulldown mittels Vakuumpumpe zu betätigen. Das Maß a kann durch

Vergaser   **193**

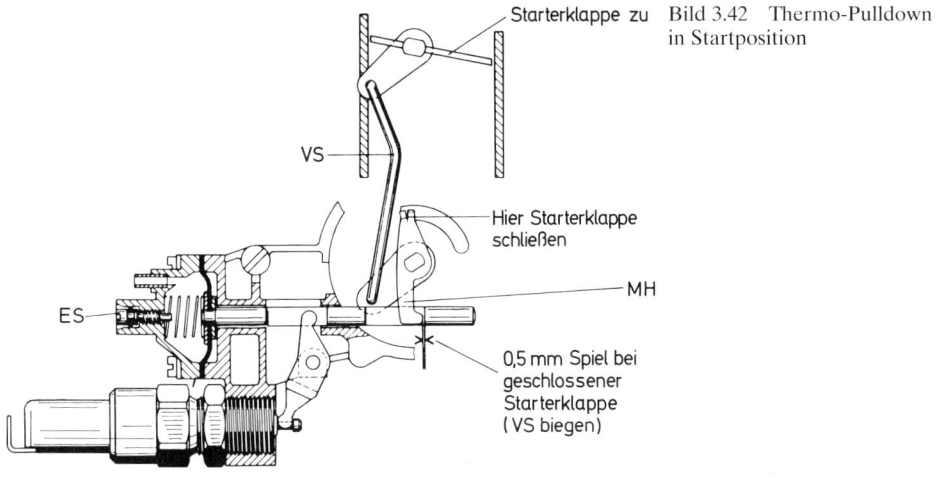

Starterklappe zu

Bild 3.42 Thermo-Pulldown
in Startposition

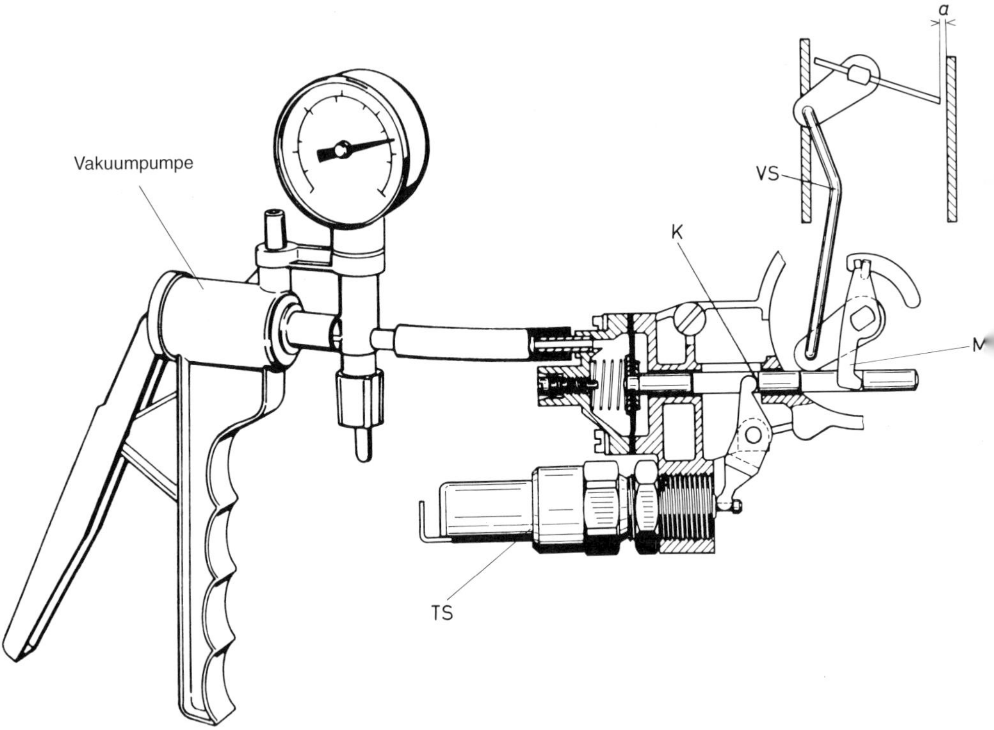

VS

Hier Starterklappe
schließen

MH

ES

0,5 mm Spiel bei
geschlossener
Starterklappe
(VS biegen)

Thermostellmotor (TS)

Vakuumpumpe

a

VS

K

M

TS

Bild 3.43 Thermo-Pulldown, Position I

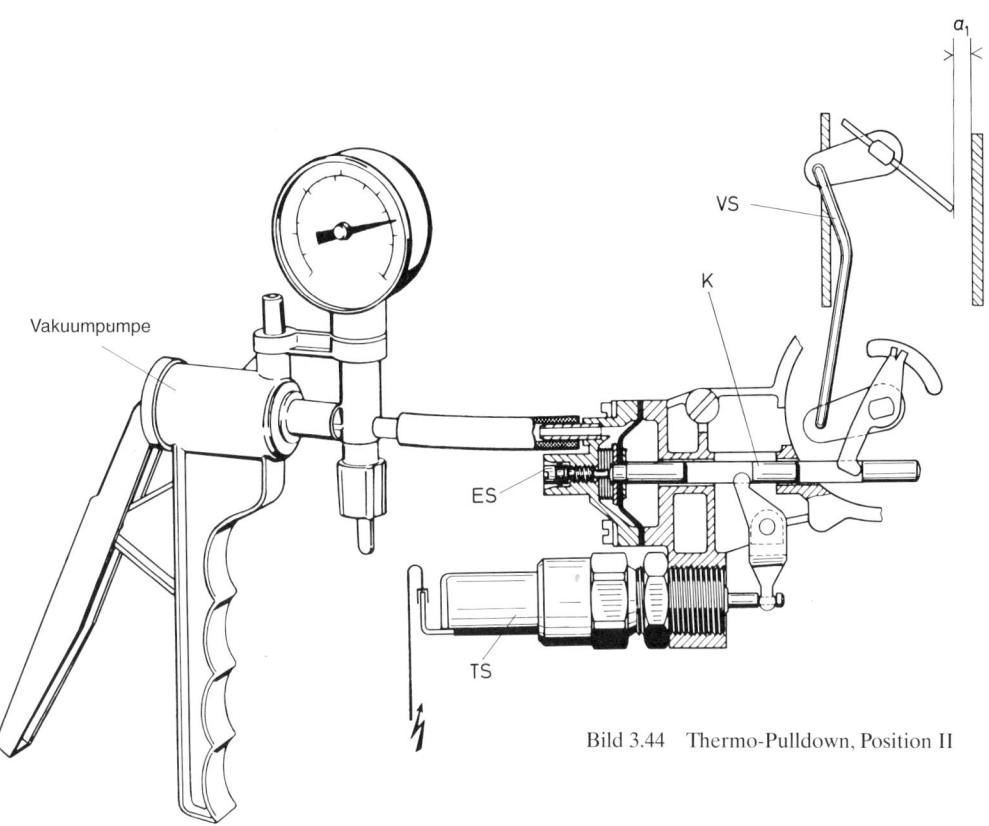

Vakuumpumpe

VS

K

ES

TS

a_1

Bild 3.44   Thermo-Pulldown, Position II

Verdrehen des Thermostellmotors TS geändert werden. Um das Maß a_1 zu ermitteln, ist der Thermostellmotor 120 s durch Einschalten der Zündung zu beheizen. Das Maß a_1 läßt sich mit der Einstellschraube ES verstellen.

Thermonebenschlußstarter (TN-Starter)
Der TN-Starter ist ein kleiner Zusatzvergaser (Bild 3.45) mit einem kühlwasserbeheizten Dehnstoffelement, einem federbelasteten Steuerschieber und einer Zusatzgemisch-Regulierschraube. Er sorgt neben dem herkömmlichen Startgemisch für ein Zusatzgemisch, das der Motor beim Kaltstart und in der Warmlaufphase je nach Temperatur in unterschiedlicher Menge erhält. Die temperaturabhängige Regelung erfolgt mittels Dehnstoffelement und Steuerschieber.

Der Steuerschieber soll bei etwa +20 °C vorschriftsmäßig geöffnet und bei etwa +70 °C gerade geschlossen sein (Bilder 3.45 und 3.46). In der Schließstellung arbeitet der TN-Starter als Umgemischsystem weiter, weil im Steuerschieber eine Nut eingearbeitet ist (Bild 3.46). Der Grad der Anreicherung durch das Zusatzgemisch kann mit der Zusatzgemisch-Regulierschraube eingestellt werden. Zusätzlich zum TN-Starter kann neben den herkömmlichen Zündverstellungen eine *thermogesteuerte Unterdruck-Zündfrühverstellung* vorhanden sein. Sie sorgt zu Beginn der Warmlaufphase für eine Drehzahlstabilisierung.

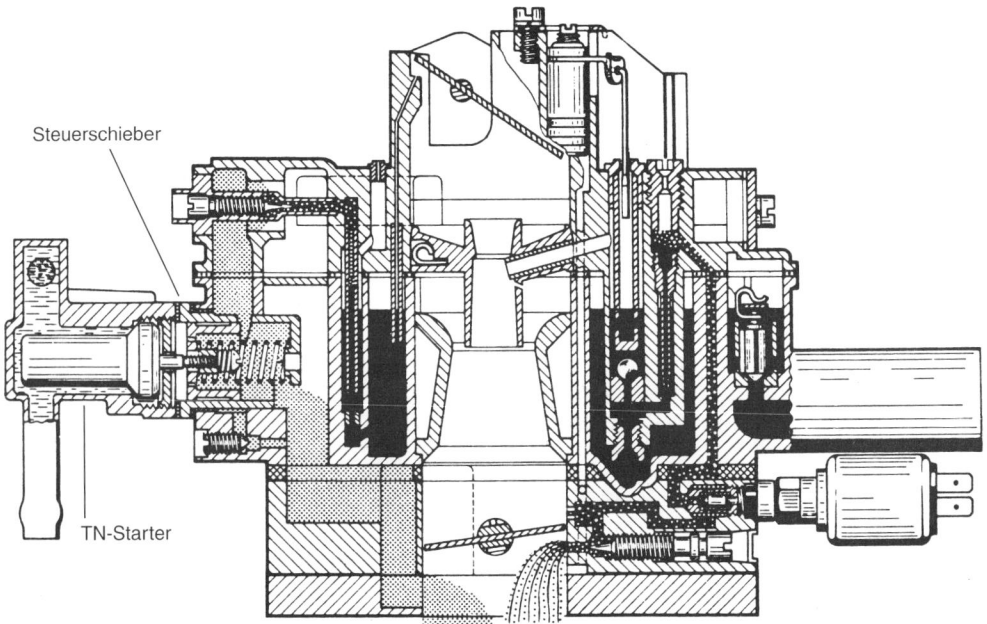

Steuerschieber

TN-Starter

Bild 3.45   Doppelregistervergaser 4A 1 mit TN-
Starter, der Steuerschieber (links) ist geöffnet

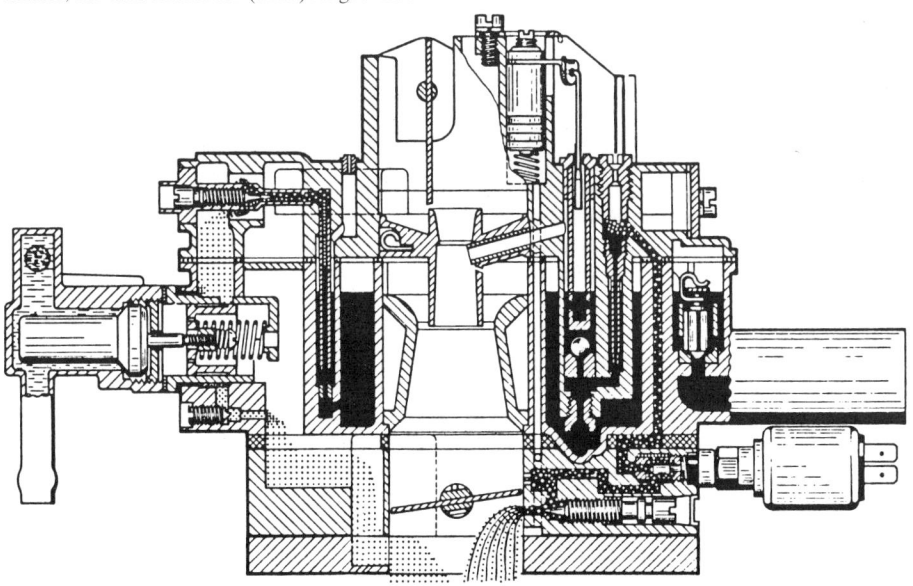

Bild 3.46   Doppelregistervergaser 4A 1 mit TN-
Starter, der Steuerschieber (links) ist geschlossen

Drehzahlregler

Der Drehzahlregler arbeitet bei der Startautomatik ohne Stufenscheibe (Vollautomatik) parallel zum TN-Starter. Er wird durch ein elektrisch beheiztes Thermozeitventil per Unterdruck gesteuert (Bild 3.36).

Bei Temperaturen unter +20 °C ist das Thermozeitventil geschlossen und die Drosselklappe durch Federkraft auf den Drosselklappenspalt angestellt. Das Thermozeitventil öffnet, sobald die Temperaturen über +20 °C liegen. Jetzt wird der Unterdruck am Drehzahlregler wirksam, und die Drosselklappe kann in die Leerlaufposition zurück.

Der Drehzahlregler findet auch bei Fahrzeugen mit automatischem Getriebe oder Klimaanlage Anwendung, wobei der Unterdruck direkt Einfluß auf den Drehzahlregler hat. Im Leerlauf wird die Anschlagschraube des Drehzahlreglers per Unterdruck gegen Federkraft zurückgezogen (Bild 3.47). Beim Einlegen einer Fahrstufe oder beim Einschalten der Klimaanlage ist der Motor belastet, und die Leerlaufdrehzahl fällt. Dabei verringert sich der Unterdruck, so daß die Feder des Drehzahlreglers diesen Drehzahlabfall weitgehend ausgleichen kann.

Bild 3.47   Drehzahlregler

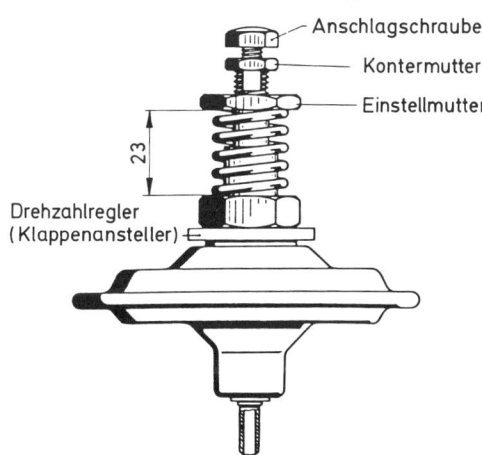

Thermostartventil

Das Thermostartventil kann für Fahrzeuge mit automatischen Getrieben verwendet werden. Es sorgt neben der Startautomatik zusätzlich für ein fettes Gemisch, damit der kalte Motor beim Gangeinlegen nicht stehenbleibt. Die Dauer der Gemischzugabe wird vom Thermostartventil bestimmt. Dieses besteht aus einem Gehäuse mit Ventil, Bimetallfeder und Heizwiderstand. In kaltem Zustand ist das Ventil durch die Bimetallfeder geschlossen. Der Motor kann über die Starterkraftstoff- und Starterluft-Zusatzdüse (Bild 3.48) das Zusatzgemisch absaugen. Bei eingeschalteter Zündung wird die Heizspirale elektrisch erwärmt, so daß die Bimetallfeder das Ventil je nach Außentemperatur früher oder später öffnet. Weil der Unterdruck nicht mehr wirksam ist, kann kein Zusatzgemisch mehr abgesaugt werden.

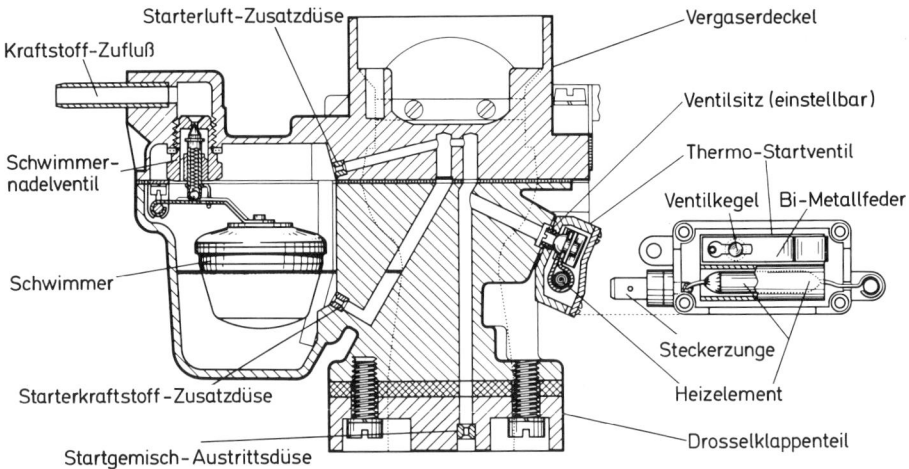

Starterluft-Zusatzdüse
Kraftstoff-Zufluß
Schwimmer-nadelventil
Schwimmer
Vergaserdeckel
Ventilsitz (einstellbar)
Thermo-Startventil
Ventilkegel   Bi-Metallfeder
Steckerzunge
Heizelement
Starterkraftstoff-Zusatzdüse
Startgemisch-Austrittsdüse
Drosselklappenteil

Bild 3.48   Bendix-Startventil

3.6.4   Leerlaufeinrichtungen

Leerlaufeinrichtungen sollen das Kraftstoff-Luft-Gemisch liefern, das der betriebswarme Motor für einen runden Leerlauf mit möglichst niedriger Drehzahl benötigt. Der Hauptvergaser kann diese Aufgabe nicht übernehmen, weil die Luftgeschwindigkeit im Lufttrichter bei Leerlaufdrehzahl zu gering ist.

Unabhängiger Leerlauf
Der Kraftstoff für das Leerlaufsystem wird vor der Hauptdüse entnommen. Das Leerlaufsystem arbeitet ständig mit. Eine fehlerhafte Leerlaufeinstellung kann sich also z.B. auch bei Vollast bemerkbar machen. Vergaser mit einem unabhängigen Leerlauf sind relativ selten.

Abhängiger Leerlauf
Der Kraftstoff für das Leerlaufsystem wird *hinter* der Hauptdüse entnommen (Bild 3.49). Durch diese Maßnahme verringert sich der Kraftstofffluß im Leerlaufsystem bei steigender Drehzahl des Motors so lange, bis er unterbrochen ist. Das Leerlaufsystem wird also von der Hauptdüse kontrolliert, so daß sich eine fehlerhafte Leerlaufeinstellung z.B. bei Vollast nicht bemerkbar machen kann. Heutige Vergaser sind überwiegend mit einem abhängigen Leerlauf ausgestattet. Die Regulierung des Leerlaufs ist bei den einzelnen Vergasern je nach Reguliermöglichkeit verschieden.

Leerlauf mit Gemischregulierung
Zur Gemischregulierung (Bild 3.49) gehören:

❐ Leerlauf-Kraftstoffdüse,
❐ Leerlauf-Luftdüse,
❐ Leerlaufgemisch-Regulierschraube,
❐ Drosselklappen-Anschlagschraube.

Bild 3.49 Wirkungsweise beim Leerlauf
1 Zufluß des Kraftstoffs
2 Zustrom der Hauptluft
3 Eintritt der Leerlaufluft

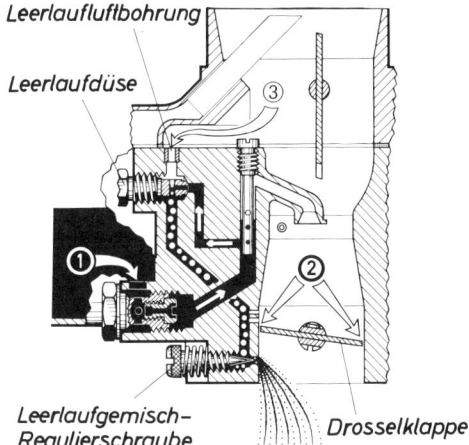

Leerlaufluftbohrung

Leerlaufdüse

Leerlaufgemisch-
Regulierschraube

Drosselklappe

Leerlauf-Kraftstoffdüse und Leerlauf-Luftdüse bilden ein *Vorgemisch*, das mit der Leerlaufgemisch-Regulierschraube mengenmäßig reguliert werden kann. Das Vorgemisch bildet mit der am Drosselklappenspalt einströmenden Hauptluft das eigentliche Leerlaufgemisch.

Die *Leerlaufgemisch-Regulierschraube* ist für die CO-Einstellung vorgesehen. Herausdrehen bewirkt mehr CO, Hineindrehen dagegen weniger CO.

Mit der Drosselklappen-Anschlagschraube kann die Leerlaufdrehzahl eingestellt werden. Hineindrehen bewirkt einen Drehzahlanstieg, Herausdrehen dagegen einen Drehzahlabfall. Bei Vergasern mit *Umluft-* oder *Umgemischregulierung* ist die Leerlaufdrehzahl ohne Verstellung der Drosselklappe regelbar. Die Drosselklappe wird hier grundeingestellt, so daß stets ein wunschgemäßes Ansprechen des Vergasers und der unterdruckgesteuerten Frühzündung möglich ist.

Leerlauf mit Umluftregulierung
Vergaser mit Umluftregulierung haben für die Einstellung der Leerlaufdrehzahl des Motors einen zusätzlichen Kanal (Umluftkanal) und eine Umluft-Regulierschraube. Der Umluftkanal umgeht die Drosselklappe (Bild 3.50). Mit der Umluft-Regulierschraube läßt sich die Umluftmenge verändern. Sie hat Einfluß auf das Leerlaufgemisch, auf die Leerlaufdrehzahl und auf den CO-Gehalt im Abgas bei Leerlauf. Weil sich der CO-Gehalt bei Einstellung der Leerlaufdrehzahl mittels Umluft-Regulierschraube verändert, muß er anschließend überprüft bzw. durch Verdrehen der Leerlaufgemisch-Regulierschraube korrigiert werden. Die Drosselklappe ist werksseitig grundeingestellt und darf ohne zwingenden Grund nicht verstellt werden.

Leerlauf mit Umgemischregulierung
Sie ist eine Weiterentwicklung der Umluftregulierung. Der Unterschied besteht darin, daß der Motor bei Leerlauf durch den zusätzlichen Kanal Luft und Kraftstoff, also ein Gemisch, ansaugt (Bild 3.51). Man kann praktisch von nasser Umluft oder von einem Ungemisch sprechen. Die durch diesen Kanal (Umgemischkanal) angesaugte Gemischmenge ist Teil der Leerlaufgemisch-Gesamtmenge. Mit der Umgemisch-Regulierschraube läßt sich die Umgemischmenge verändern. Sie hat nur auf die Leerlaufdrehzahl des Motors Einfluß – Gemischzusammensetzung und CO-Gehalt im Abgas bleiben unverändert. Die Drosselklappe und die Leerlaufgemisch-Regulierschraube sind werksseitig grundeingestellt und dürfen ohne zwingenden Grund nicht verstellt werden.

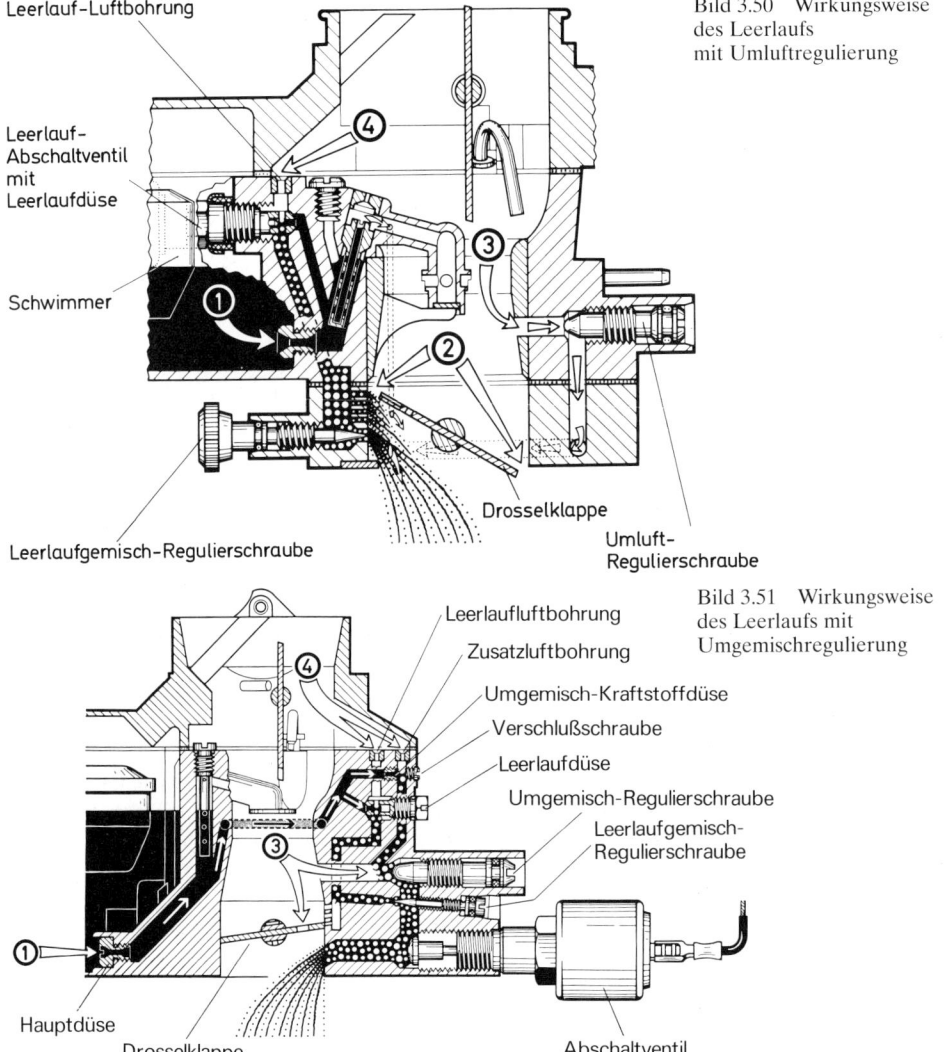

Leerlauf-Luftbohrung

Leerlauf-
Abschaltventil
mit
Leerlaufdüse

Schwimmer

Leerlaufgemisch-Regulierschraube

Drosselklappe

Umluft-
Regulierschraube

Bild 3.50 Wirkungsweise
des Leerlaufs
mit Umluftregulierung

Leerlaufluftbohrung

Zusatzluftbohrung

Umgemisch-Kraftstoffdüse

Verschlußschraube

Leerlaufdüse

Umgemisch-Regulierschraube

Leerlaufgemisch-
Regulierschraube

Hauptdüse

Drosselklappe

Abschaltventil

Bild 3.51 Wirkungsweise
des Leerlaufs mit
Umgemischregulierung

Eingriffsicherungen

Seit dem 1.10.1976 (Erstzulassung) sind gesetzlich geschützte Eingriffsicherungen für die Regulierschrauben, die Einfluß auf den CO-Wert haben, vorgeschrieben. Es sind Kunststoffkappen, die sich nicht zerstörungsfrei entfernen lassen. Sie werden innerhalb der EG verwendet und können farblich differieren.

Für Deutschland liegt folgende Regelung vor:

1. Sicherung durch den Vergaserhersteller = weiße Kunststoffkappen,
2. Sicherung durch den Fahrzeughersteller = gelbe Kunststoffkappen,
3. Sicherung durch den Kundendienst = blaue Kunststoffkappen.

Bild 3.52 30 PICT-2, Wirkungsweise beim Übergang vom Leerlauf auf das Hauptdüsensystem
1 Zufluß des Kraftstoffs
2 Zustrom der Hauptluft
3 Eintritt der Ausgleichsluft

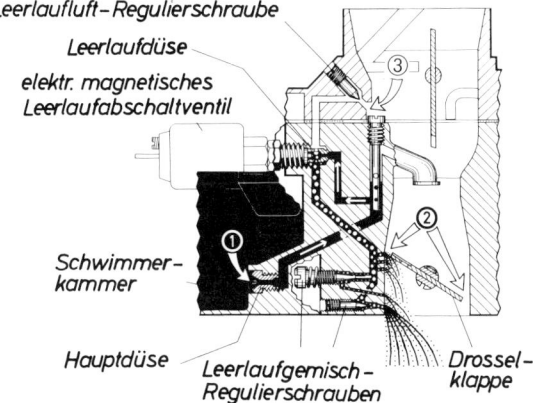

Elektromagnetische Leerlaufdüse

Die Leerlaufdüse in Bild 3.52 wird beim Einschalten der Zündung elektromagnetisch geöffnet. Beim Ausschalten der Zündung schließt sie selbsttätig, so daß das gefürchtete Nachlaufen des Motors verhindert wird.

Elektromagnetisches Abschaltventil

Das in Bild 3.51 abgebildete Abschaltventil arbeitet im Prinzip wie die elektromagnetische Leerlaufdüse. Sie sperrt jedoch beim Ausschalten der Zündung das Leerlaufgemisch und das Umgemisch.

Heißleerlauf-Luftventil

Das Leerlauf-Luftventil (Bild 3.53) wird durch eine Bimetallfeder temperaturabhängig gesteuert. Es soll bei hohen Motortemperaturen öffnen und das Saugrohr etwas belüften. Dadurch wird eine Überfettung im Leerlauf verhindert, so daß der Motor sicher durchlaufen kann.

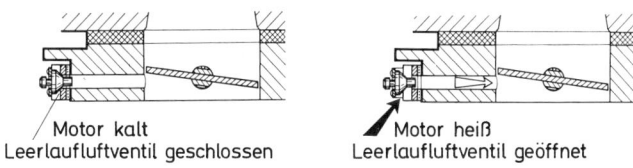

Bild 3.53 Funktion des Heißleerlauf-Luftventils

Leerlaufeinstellung

Leerlaufeinstellung bedeutet meistens *Leerlaufkorrektur,* seltener *Leerlauf-Grundeinstellung* oder *Schnell-Leerlaufeinstellung.*

Allgemeine Voraussetzungen:
1. Motorzustand, Ventilspiel und Zündanlage komplett in Ordnung,
2. Ansaug- und Auspuffanlage nicht undicht,

3. vorschriftsmäßiger Vergaser, vollständig, nicht beschädigt und sauber,
4. Motor betriebswarm, nicht heißgefahren,
5. Starterklappe vollständig geöffnet,
6. Luftfilter sauber und aufgebaut,
7. Kurbelgehäuseentlüftung abgezogen und zur Saugseite abgedichtet,
8. elektrische Verbraucher wie Lüfter, Fahrlicht und heizbare Heckscheibe abgeschaltet,
9. Drehzahlmesser und CO-Tester betriebsbereit und angeschlossen,
10. fahrzeugbezogene Prüf- und Einstellweisung.

> Die Leerlaufeinstellung soll die letzte aller den Motor betreffenden Einstellungen sein.

Bei der *Leerlaufkorrektur* wird die Leerlaufdrehzahl eingestellt. Dies kann bei einer Gemischregulierung und bei einer Umluftregulierung eine Korrektur des CO-Wertes erfordern.

> Dauert die Einstellung länger als 3 min, so soll der Motor etwa 30 s mit gleichbleibend erhöhter Drehzahl laufen, damit die Zündkerzen freibrennen und *Aussetzer* vermieden werden.

Da man Aussetzer bei einem 4-Zylinder-Motor bis zu etwa 20%, bei einem Sechszylinder gar bis zu etwa 30% nicht merkt, ist das Zündbild (Oszillograph) hilfreich. Bei der Umgemischregulierung ändert sich der CO-Wert durch die Leerlaufkorrektur nicht.

Die *Leerlauf-Grundeinstellung* kann nötig werden, wenn die Sollwerte bei der Leerlaufkorrektur nicht zu erreichen sind. Hier wird die Grundeinstellung der Drosselklappe überprüft bzw. korrigiert. Dies geschieht je nach Prüfanweisung unterschiedlich, nämlich mittels Unterdruck, Meßuhr, Lehre, Drehzahl, Öffnungswinkel oder Drosselklappenwinkel.

> Nach einem Jahr oder 50 000 km Betriebsdauer können die Kanäle im Vergaser durch Ablagerungen so verschmutzt sein, daß eine einwandfreie Funktion nicht mehr möglich ist.

Der Vergaser ist dann zu zerlegen – Dichtungen und Membranen entfernen – und gründlich in einem Vergaserbad (Elmotan oder Carit bzw. mittels Ultraschall) zu reinigen. Konstruktiv bedingte Störungen können durch eine Einstellung nicht beseitigt werden. Hier sind die technischen Informationen des Herstellers zu beachten.

Folgen einer falschen Einstellung können sein:

❐ unsauberer Leerlauf und schlechtes Anfahrverhalten,
❐ erhöhter Kraftstoffverbrauch,
❐ Motorölverdünnung,
❐ Motorschaden,
❐ hohe Schadstoffwerte im Abgas.

Extrem kraftstoffsparende Einstellungen mit weiterer Reduzierung der Schadstoffe im Abgas führen zu einem instabilen Leerlauf, sobald Fahrlicht, Lüftergebläse, Heckscheibenbeheizung, Klimaanlage und dergleichen den Motor belasten.

Wird jedoch der Zündzeitpunkt parallel zur Motorbelastung jeweils entsprechend in Richtung «früh» verstellt, so erhöht sich das Motordrehmoment, und die Leerlaufdrehzahl bleibt trotz optimierter Vergasereinstellung konstant.

Digitale Leerlaufstabilisierung: Bei V.A.G-Fahrzeugen mit digitaler Leerlaufstabilisierung (DLS) wird die Leerlaufdrehzahl des Motors im Bereich von 600 bis 940 min^{-1} durch eine automatische Veränderung des Zündzeitpunktes in Richtung «früh» stabilisiert.

> Müssen Prüf- und Einstellarbeiten bezüglich Zündzeitpunkt, Abgas- und Leerlaufeinstellung durchgeführt werden, so ist die DLS vorher auszuschalten. Dies geschieht, indem beide Kabelstecker vom DLS-Gerät abgezogen und miteinander *verbunden* werden.

Elektronische Leerlaufstabilisierung: Beim Porsche 924 erfolgt die Stabilisierung der Leerlaufdrehzahl im Bereich von 450 bis 900 min^{-1} auf ca. 800 min^{-1} in gleicher Weise, jedoch durch eine elektronische Leerlaufstabilisierung (ELS).

> Zwecks Prüf- und Einstellarbeiten bezüglich Zündzeitpunkt, Abgas- und Leerlaufeinstellung ist die ELS durch *Trennen* der Steckerverbindung auszuschalten. Nach erfolgter Arbeit sind die DLS und die ELS wieder in Funktion zu bringen.

Der *Schnell-Leerlauf* ist zu überprüfen bzw. einzustellen, wenn der kalte Motor nicht anspringt oder nach dem Anspringen nicht durchläuft.
Der Schnell-Leerlauf ist in Abschnitt 3.6.3 unter «Startautomatik» beschrieben.

3.6.5   Übergangs- oder Bypassbohrungen

Die richtige Leerlaufeinstellung ist Voraussetzung dafür, daß der Übergang vom Leerlaufsystem auf das Hauptvergasersystem einwandfrei gelingt.
     Der *Übergang* selbst wird durch eine oder mehrere Bypassbohrungen geregelt. Sie befinden sich oberhalb der geschlossenen Drosselklappe und stehen mit dem Leerlaufsystem in Verbindung. Die Steuerung der Bypassbohrungen erfolgt durch die Drosselklappe. Im Lauf der Zeit können hier Störungen durch Verkokung eintreten, so daß eine Reinigung des zerlegten Vergasers in einem Vergaserbad nötig wird. Zu Übergangsschwierigkeiten kann es auch kommen, wenn Lage und Größe der Bypassbohrungen nicht stimmen (Bild 3.54).

3.6.6   Hauptvergasersysteme

Hauptvergasersysteme sind für die Gemischbildung im mittleren und oberen Drehzahlbereich des Motors zuständig. Sie arbeiten nach dem *Gleichdruckverfahren* (siehe Abschnitt 3.7.1 «Gleichdruckvergaser») oder nach dem *Bremsluftverfahren.*
Die Gemischbildung in Bild 2.55 erfolgt durch vier auswechselbare Teile:

Hauptdüse: Dosierung der Kraftstoffmenge
Lufttrichter: Festlegung der Luftmenge

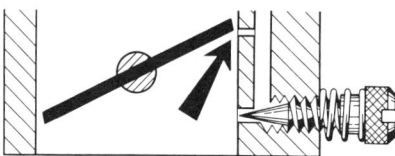

a) die Drosselklappe hat die Bypass-
   Bohrung überschritten

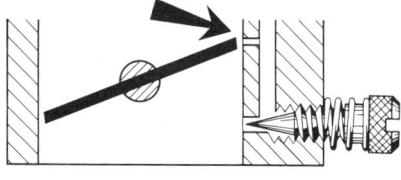

b) die Drosselklappe hat die Bypass-
   bohrung erreicht

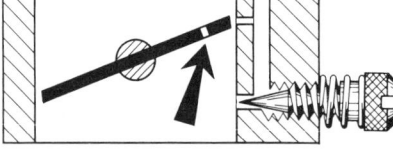

c) ein Loch, das an der Drosselklappe
   gebohrt ist, läßt die Bypass-Bohrung
   später ansprechen

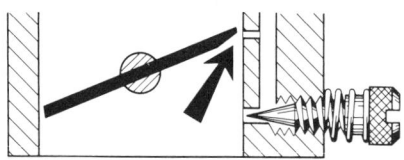

d) eine Abschrägung an der Drosselklappe läßt die Bypass-Bohrung
   früher ansprechen

Bild 3.54 Drosselklappenposition

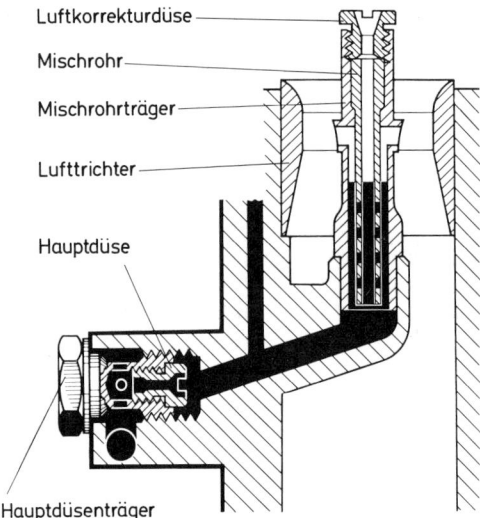

Luftkorrekturdüse

Mischrohr

Mischrohrträger

Lufttrichter

Hauptdüse

Hauptdüsenträger

Bild 3.55 Mischrohrsystem, im Lufttrichter
angeordnet

Luftkorrekturdüse: Regelung des Zusatzes von Ausgleichsluft (Bremsluft)
Mischrohr: in Abhängigkeit der Motordrehzahl

Das *Mischrohrsystem,* bestehend aus Mischrohrträger, Mischrohr und Luftkorrekturdüse kann im Lufttrichter angeordnet oder seitlich weggebaut sein.

Vergaser mit im Lufttrichter angeordnetem Mischrohrsystem

Wichtigstes Bauteil für die Hauptvergasung ist der Mischrohrträger, dessen Austrittsöffnungen im engsten Querschnitt des Lufttrichters liegen. Von oben her ist in ihn das Mischrohr eingesetzt, das durch die darüber aufgeschraubte Luftkorrekturdüse festgeklemmt wird (Bild 3.55). Der Kraftstoff fließt aus der Schwimmerkammer über die Hauptdüse in den Mischrohrträger. Er wird durch die Austrittsbohrungen des Mischrohrträgers abgesaugt und mit Luft vermischt. Sinkt mit zunehmender Drehzahl des Motors der Kraftstoffstand im Mischrohr ab, tritt durch die Luftkorrekturdüse Ausgleichsluft (Bremsluft) ein, die sich durch die kleinen seitlichen Bohrungen im Mischrohr mit dem durch die Hauptdüse nachfließenden Kraftstoff zu einer Emulsion vermischt.

Diese mit zunehmender Drehzahl luftreicher werdende Emulsion beugt der sonst eintretenden Überfettung vor und gewährleistet die gleichmäßige Zusammensetzung des Kraftstoff-Luft-Gemisches fast über den gesamten Drehzahlbereich des Motors.

Vergaser mit seitlich weggebautem Mischrohrsystem und Austrittsarm

Aus der Schwimmerkammer gelangt der Kraftstoff durch die Hauptdüse in eine Bohrung, in die das mit einer kleinen Entlüftungsbohrung versehene Mischrohr eingepreßt ist. Durch eine Querbohrung wird eine Verbindung zur Luftkorrekturdüse hergestellt. Der Austritt des Kraftstoffs erfolgt über einen in der Mischkammer eingegossenen Austrittsarm (Bild 3.56).

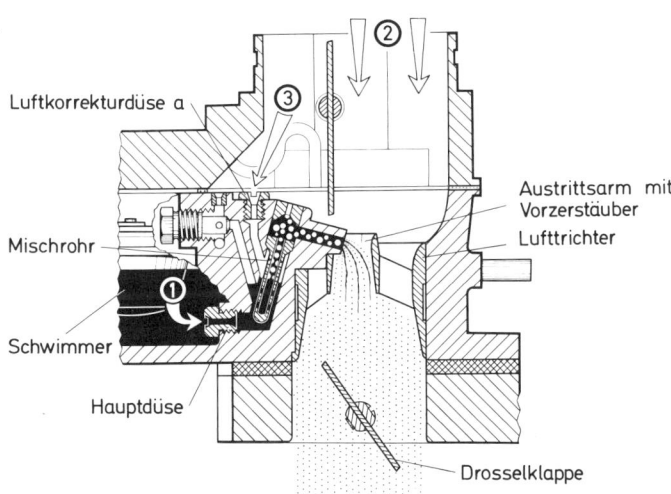

Bild 3.56   Seitlich angeordnetes Mischrohrsystem (35 PDSIT-1)

1 Zufluß des Kraftstoffs
2 Zustrom der Hauptluft
3 Eintritt der Ausgleichsluft

Luftkorrekturdüse a

Austrittsarm mit Vorzerstäuber

Lufttrichter

Mischrohr

Schwimmer

Hauptdüse

Drosselklappe

3.6.7   Beschleunigungseinrichtungen

Bei schneller Betätigung des Gaspedals ist ein einwandfreies Fahrverhalten nur mittels Beschleunigungspumpe möglich. Sie ist nötig, weil der relativ schwere Kraftstoff bei schnellem Gasgeben nicht so schnell nachfließen kann wie die wesentlich leichtere atmosphärische Luft. Die Übergangseinrichtung (Bypass) allein reicht in diesem Fall nicht aus. Anders ausgedrückt: Die Beschleunigungseinrichtung ermöglicht einen *schnellen Übergang* vom Leerlaufsystem auf das Hauptvergasersystem.

Beschleunigungspumpen werden meistens mechanisch betätigt, seltener durch Unterdruck. Sie sind als Kolben- oder Membranpumpen gebaut.
Je nach Funktion unterscheidet man

❐ anreichernde Beschleunigungspumpen,
❐ abmagernde Beschleunigungspumpen,
❐ neutrale Beschleunigungspumpen.

Kolbenbeschleunigungspumpen
Bild 3.57 zeigt eine Kolbenpumpe mit mechanischer Betätigung im Saug- und Druckhub. Beim Schließen der Drosselklappe wird der Saughub ausgeführt. Der Druckhub erfolgt beim Gasgeben, wobei der Pumpenhebel durch den Betätigungshebel über eine Rolle bewegt wird. Die Kurvenbahn des Pumpenhebels bestimmt dabei die Dauer des Druckhubes.

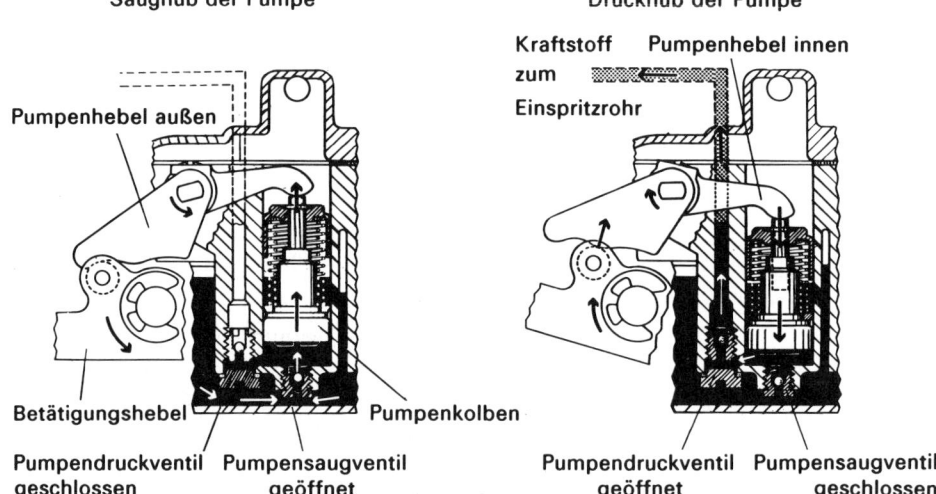

Bild 3.57   Kolbenbeschleunigungspumpe, links Saughub, rechts Druckhub

Membranbeschleunigungspumpen
Bild 3.58 zeigt eine Membranpumpe mit mechanischer Betätigung. Beim Schließen der Drosselklappe (Gaswegnehmen) drückt die Membranfeder die Membrane nach außen gegen den Pumpenhebel. Durch die Saugwirkung der Membrane schließt das Druckventil, das Saugventil öffnet, und aus der Schwimmerkammer tritt Kraftstoff in den Pumpenraum. Beim Öffnen der Drosselklappe überträgt sich die Bewegung über Pumpenstange und Druckfeder auf den Pumpenhebel, der die Membrane nach innen drückt. Das Saugventil schließt, der austretende Kraftstoff öffnet das Druckventil und strömt über die Pumpendüse durch das Einspritzrohr in den Saugraum vor dem Lufttrichter. Pumpendüse und Einspritzrohr bilden vielfach eine Einheit.
Die in Bild 3.59 dargestellte Membranpumpe wird mittels Unterdruck gesteuert. Bei Leerlauf des Motors zieht der hohe Unterdruck unterhalb der Drosselklappe die Membrane gegen Federkraft zurück. Dabei wird der Saughub ausgeführt. Beim Öffnen der Drosselklappe verringert sich der Unterdruck, so daß die gespannte Feder den Druckhub ausführt.

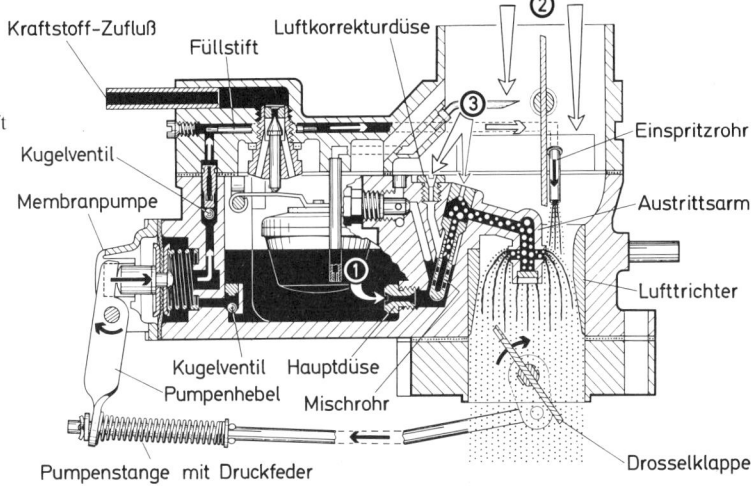

Bild 3.58 Wirkungsweise
bei der Beschleunigung
(35 PDSIT-5)
1 Zufluß des Kraftstoffs
2 Zustrom der Hauptluft
3 Eintritt der Ausgleichsluft

Kraftstoff-Zufluß
Füllstift
Luftkorrekturdüse
Einspritzrohr
Kugelventil
Membranpumpe
Austrittsarm
Lufttrichter
Kugelventil Hauptdüse
Pumpenhebel Mischrohr
Pumpenstange mit Druckfeder
Drosselklappe

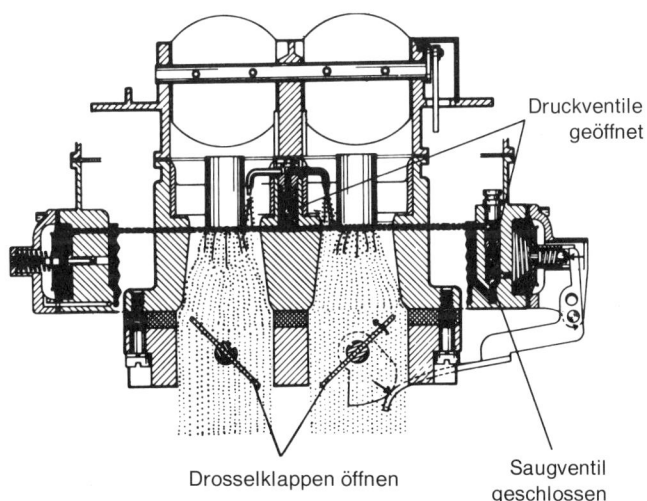

Bild 3.59 EEIT-Vergaser
mit unterdruckbetätigter
Membranbeschleunigungs-
pumpe

Druckventile
geöffnet
Drosselklappen öffnen
Saugventil
geschlossen

Die Beschleunigungspumpe wird allgemein auf den kalten Motor abgestimmt und ist für den betriebswarmen Motor eigentlich zu groß. Hier schafft die thermisch gesteuerte Beschleunigungsmenge Abhilfe.

Thermisch gesteuerte Beschleunigungspumpe
Membranbeschleunigungspumpen mit thermisch gesteuerter Beschleunigungsmenge (Bild 3.60) arbeiten in kaltem Zustand wie üblich. Bei Erwärmung öffnet sich ein mittels Dehnstoffelement gesteuertes Ventil, so daß ein Teil des beim Druckhub geförderten Kraftstoffs zur Schwimmerkammer abfließen kann. Die thermische Steuerung bewirkt eine Anpassung der Beschleunigungsmenge an die jeweilige Motortemperatur.

Kalter Motor:
große Einspritzmenge

Warmer Motor:
kleine Einspritzmenge

Bild 3.60   Thermisch
gesteuerte Beschleunigungsmenge

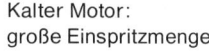

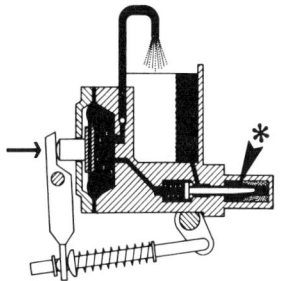
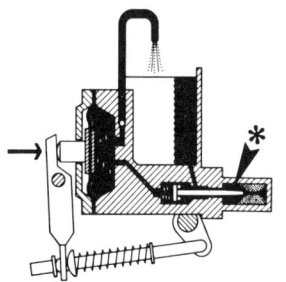

Anreichernde Beschleunigungspumpe: Bei dieser Ausführung (Bild 3.61) handelt es sich zunächst nur um eine reine Beschleunigungspumpe. Erreicht der Motor jedoch bei Vollast hohe Drehzahlen, so steigt der Unterdruck am Einspritzröhrchen der Beschleunigungspumpe derart an, daß bei geöffnetem Saug- und Druckventil selbsttätig Kraftstoff aus der Schwimmerkammer abgesaugt wird. Einspritzung und Anreicherung gehen ineinander über. Das Einspritzröhrchen befindet sich in einem Bereich verstärkten Unterdrucks, ist also *niedrig* angeordnet. Um dieses Absaugen zu erleichtern, sind anreichernde Beschleunigungspumpen teilweise mit einem Pumpenventil ausgerüstet, das bei Vollgasstellung der Drosselklappe durch einen an der Membrane angebrachten Stift offengehalten wird. Die Saugwirkung braucht dann nur noch das Druck- und Saugventil abzuheben. Außerdem wird so ein Absaugen von zusätzlichem Kraftstoff im Teillastbereich verhindert. Bei Veränderung der Beschleunigungsmenge verändert sich automatisch der Beginn der Anreicherung.

Hauptluft

Pumpenventil
geschlossen

Hauptluft

Pumpenventil
geöffnet

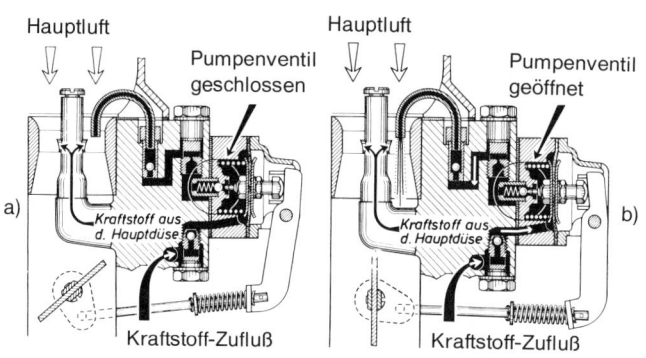

a)   b)

Bild 3.61 Wirkungsweise
des Pumpenventils bei
der Beschleunigungspumpe
des Solex-Vergasers 32 PICP
a) bei Teillast
b) bei Vollast

Abmagernde Beschleunigungspumpe: Beim Beschleunigungsvorgang arbeitet diese Pumpe wie andere auch. Damit der Beschleunigungsmenge keine Anreicherungsmenge folgen kann, wird das Pumpenventil zwangsweise geschlossen (Bild 3.62). Das Einspritzröhrchen ist *niedrig* angeordnet.

Neutrale Beschleunigungspumpe: Es handelt sich hier um eine ganz gewöhnliche Beschleunigungspumpe ohne Anreicherung oder Abmagerung. Das Einspritzröhrchen befindet sich in einem Bereich abgeschwächten Unterdrucks, ist also *hoch* angeordnet.

208   *Gemischbildung und Verbrennung bei Ottomotoren*

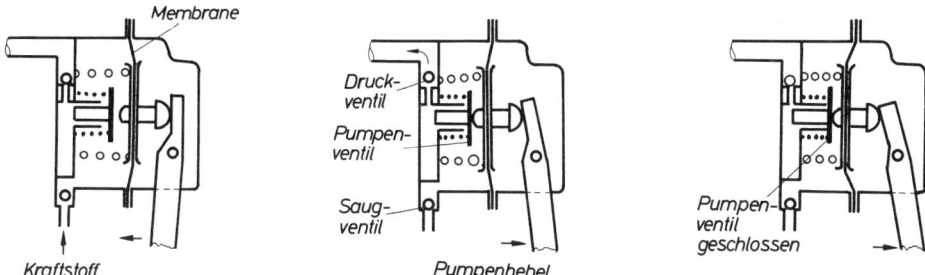

Bild 3.62 Wirkungsweise der abmagernden Beschleunigungspumpe
Links: Saughub, der Kraftstoff wird angesaugt

Mitte: Druckhub, der Kraftstoff wird eingespritzt
Rechts: Vollgasstellung, das Pumpenventil ist
geschlossen

3.6.8   Anreicherungssysteme

Neben den Bypassbohrungen und Beschleunigungspumpen gibt es spezielle Anreicherungen für
Teillast und Vollast. Hierzu gehört auch die anreichernde Beschleunigungspumpe. Anreicherungssysteme bewirken eine Leistungssteigerung des Motors durch Anfettung des für den Teillastbereich auf größtmögliche Sparsamkeit ausgelegten Kraftstoff-Luft-Gemisches. Bild 3.63 zeigt einen
Vergaser mit einem *Anreicherungsventil für Teillast* und einem *Anreicherungsrohr für Volllast.*

Bild 3.63 Wirkungs-
weise eines Anrei-
cherungssystems mit
Ventilsteuerung
durch Unterdruck-
kolben; Teillastanrei-
cherung, oberer Teil-
lastbereich beim
VW Passat
(Solex 35 PDSIT)

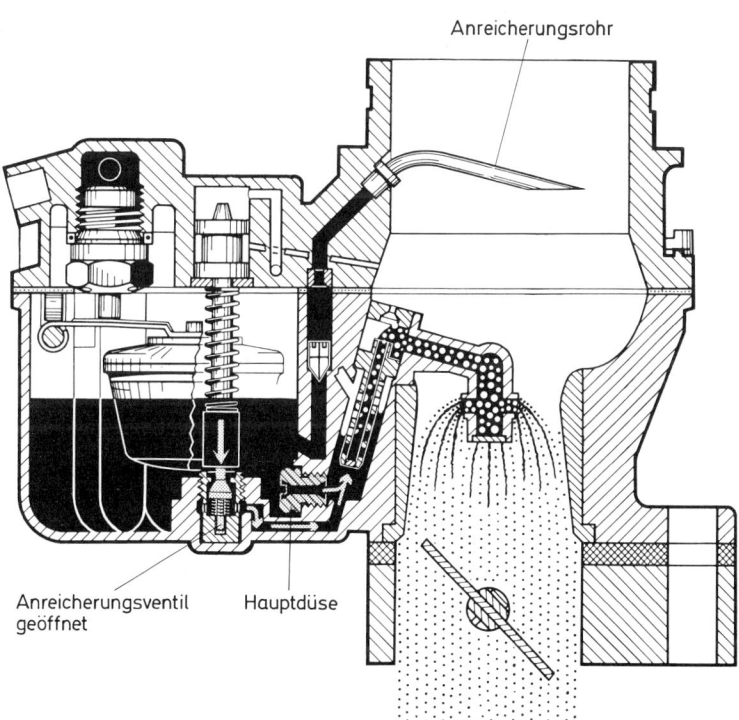

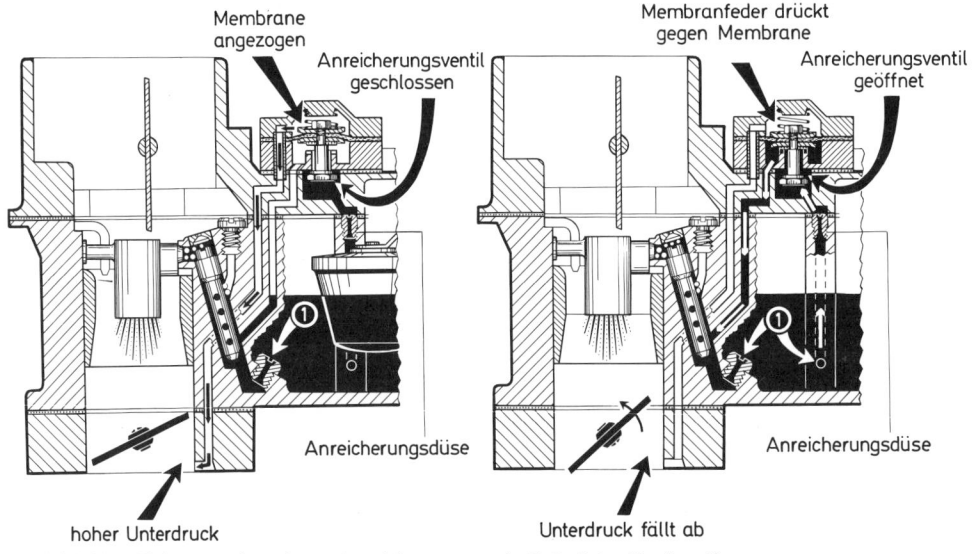

Bild 3.64 Wirkungsweise eines Anreicherungs-   1 Zufluß des Kraftstoffs
systems mit Ventilsteuerung durch Unterdruck-
membrane.

Teillastanreicherung

Bei niedrigen Drehzahlen des Motors ist das Anreicherungsventil geschlossen, weil der Kolben durch den relativ hohen Unterdruck – Entnahme unterhalb der Drosselklappe – gegen Federkraft in der oberen Position gehalten wird. Verringert sich der Unterdruck bei Drehzahlanstieg, so öffnet das Anreicherungsventil durch Federkraft,und die Anreicherung beginnt (Bilder 3.63 und 3.64).

Vollastanreicherung

Das Anreicherungsrohr mündet in einer Zone abgeschwächten Unterdrucks, ist also relativ weit vom Lufttrichter entfernt. Bei niederen und mittleren Drehzahlen reicht der erzeugte Unterdruck nicht aus, um Kraftstoff aus dem Anreicherungsrohr abzusaugen. Die Anreicherung erfolgt erst, wenn bei hohen Vollastdrehzahlen genügend Unterdruck am Anreicherungsrohr entsteht (Bilder 3.65 und 3.66). Hat der Vergaser neben der Vollastanreicherung eine Teillastanreicherung, so arbeiten bei Vollast beide Systeme.

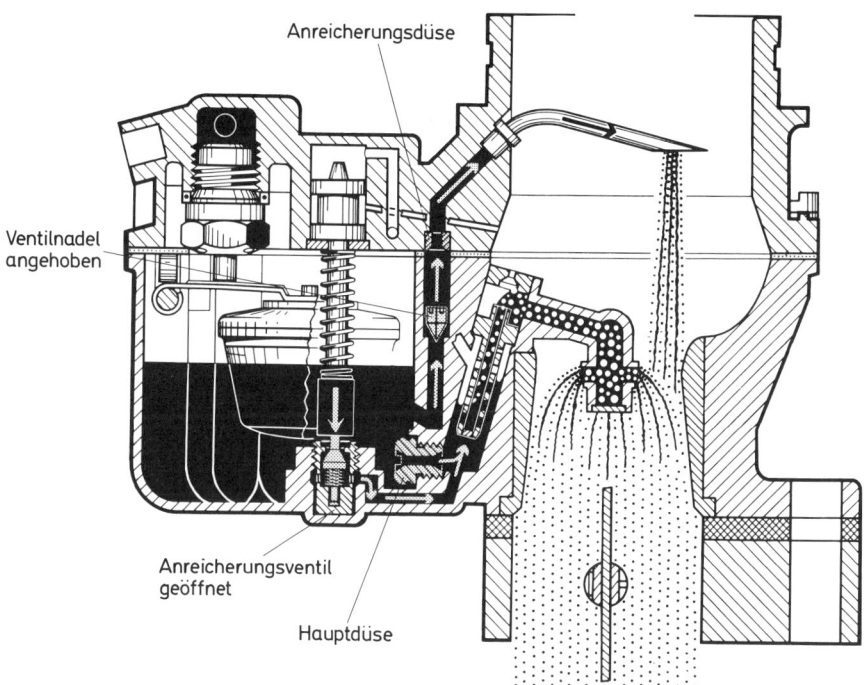

Bild 3.65   Anreicherung bei Vollast beim VW Passat (Solex 35 PDSIT)

Bild 3.66   Vollastanreicherung
(Solex 36/38 PDSI)

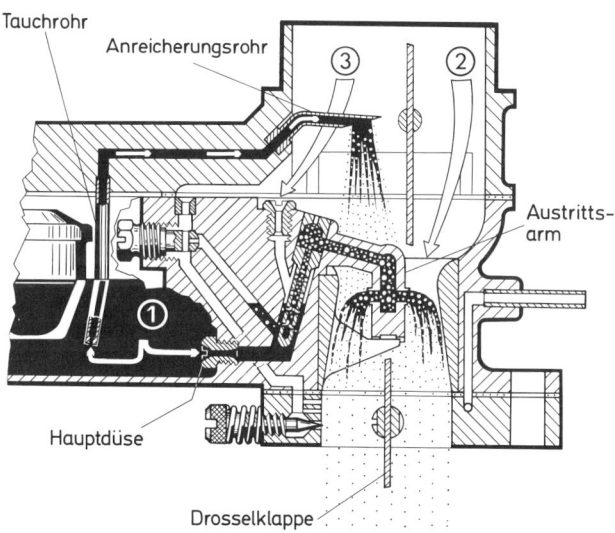

3.7   Vergaservarianten

In diesem Abschnitt werden Vergaser beschrieben, die sich von den am meisten verwendeten Ausführungen unterscheiden.

3.7.1   Gleichdruckvergaser

Gleichdruckvergaser arbeiten nach dem Prinzip des konstanten Unterdrucks. Die fast gleichmäßige Luftgeschwindigkeit am Kraftstoffaustritt ermöglicht eine günstige Gemischbildung bei allen Betriebszuständen des betriebswarmen Motors mit nur einer Düse.

Gleichdruckvergaser 175 CDTU
Der 175 CDTU ist ein Flachstromvergaser mit einer Mischkammerweite von 1,75″ = 45 mm. Die Schwimmerkammer ist über den Luftfilter innenbelüftet. Zu diesem Vergaser gehören ein Kolben und eine Düsennadel (Bild 3.67). Beide werden gemeinsam durch Unterdruck über eine Membrane je nach Drosselklappenstellung, Motordrehzahl und Belastung mehr oder weniger weit angehoben und ermöglichen eine variable Querschnittsänderung von Lufttrichter und Nadeldüse. Das *Leerlaufgemisch* wird aus zwei unterschiedlich großen Teilmengen gebildet (Bild 3.67). Die größere Menge ist einstellbar. Sie gelangt bei geöffnetem Leerlaufgemisch-Abschaltventil unter Umgehung der Drosselklappe durch den Verbindungsschlauch und über die Leerlaufgemisch-Mengenregulierschraube in das Saugrohr. Die Restmenge wird durch den für den Leerlauf fixierten Drosselklappenspalt angesaugt. Der Drosselklappenspalt darf nicht verändert werden. Muß die Leerlaufdrehzahl korrigiert werden, so ist dies durch Verdrehen der Leerlaufgemisch-Mengenregulierschraube möglich.

Im Düsenhalter sind Bimetallscheiben eingesetzt. Sie bewirken ein temperaturabhängiges Verschieben der Nadeldüse zur Düsennadel. Diese Korrektur, die hauptsächlich bei Leerlauf wirksam ist, sorgt für eine entsprechende Anpassung des Kraftstoffdurchsatzes. Das Leerlaufgemisch-Abschaltventil schließt bei ausgeschalteter Zündung den Leerlaufgemisch-Umführungskanal und verhindert damit das Nachdieseln beim Abstellen des Motors.

Beim Beschleunigen (Bild 3.68) werden Kolben und Düsennadel verzögert angehoben. Dies geschieht durch die Kolbenfeder und durch den Dämpferkolben, der sich im ölgefüllten Führungsrohr des Kolbens befindet. An der Nadeldüse entsteht kurzfristig ein erhöhter Unterdruck, so daß der Motor ein fetteres Gemisch ansaugen kann.

Beim Öffnen der Drosselklappe im *Fahrbetrieb* gelangt Unterdruck durch die Bohrungen im Kolbenboden in die Kammer oberhalb der Membrane (Bild 3.68). Durch die Differenz zwischen dem Druck oberhalb und unterhalb der Membrane werden Kolben und Düsennadel proportional zum Luftdurchsatz an der Drosselklappe angehoben (Bilder 3.68 und 3.69). Weil sich dabei der Ringspalt zwischen Düsennadel und Nadeldüse entsprechend vergrößert, paßt sich die Kraftstoffmenge automatisch der Luftmenge an. Damit sich das Kraftstoff-Luft-Verhältnis den Bedürfnissen des Motors bei verschiedenen Betriebszuständen anpassen kann, ist der Kegel der Düsennadel entsprechend geschliffen.

Das *Kraftstoff-Rücklaufventil* wird durch Unterdruck gesteuert. Es ist bei geringer Drosselklappenöffnung geöffnet und läßt viel Kraftstoff zum Tank abfließen (Bild 3.67). Der Motor bekommt also bei Leerlauf einen recht kühlen Kraftstoff, so daß eine durch Dampfblasen bedingte Laufstörung kaum auftritt. Bei zunehmender Drosselklappenöffnung benötigt der Motor mehr Kraftstoff. Da der Unterdruck gleichzeitig abnimmt, wird der Rücklauf durch Federkraft geschlossen (Bilder 3.68 und 3.69).

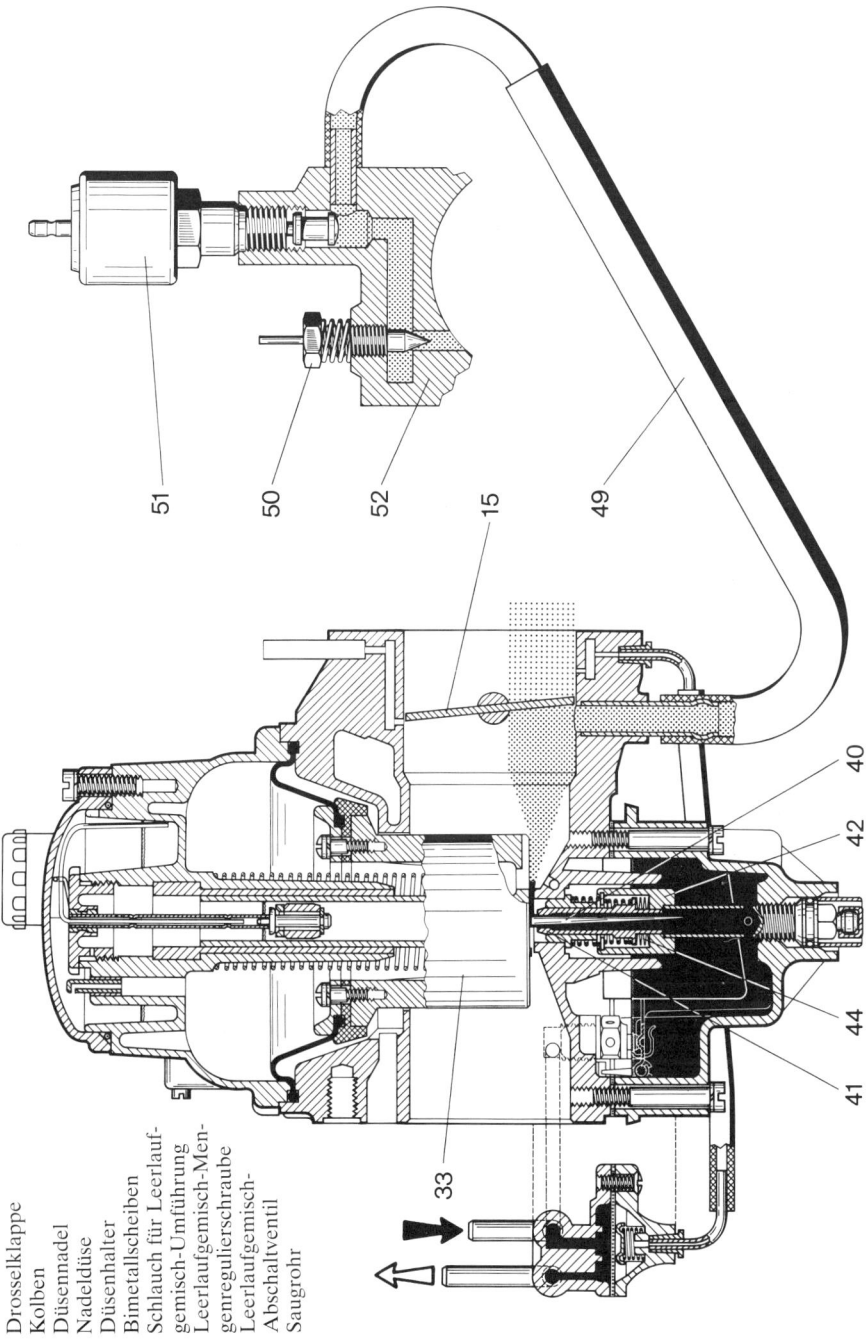

15 Drosselklappe
33 Kolben
40 Düsennadel
41 Nadeldüse
42 Düsenhalter
44 Bimetallscheiben
49 Schlauch für Leerlauf-
   gemisch-Umführung
50 Leerlaufgemisch-Men-
   genregulierschraube
51 Leerlaufgemisch-
   Abschaltventil
52 Saugrohr

Bild 3.67   Gleichdruckvergaser 175 CDTU Leerlauf

Vergaservarianten   213

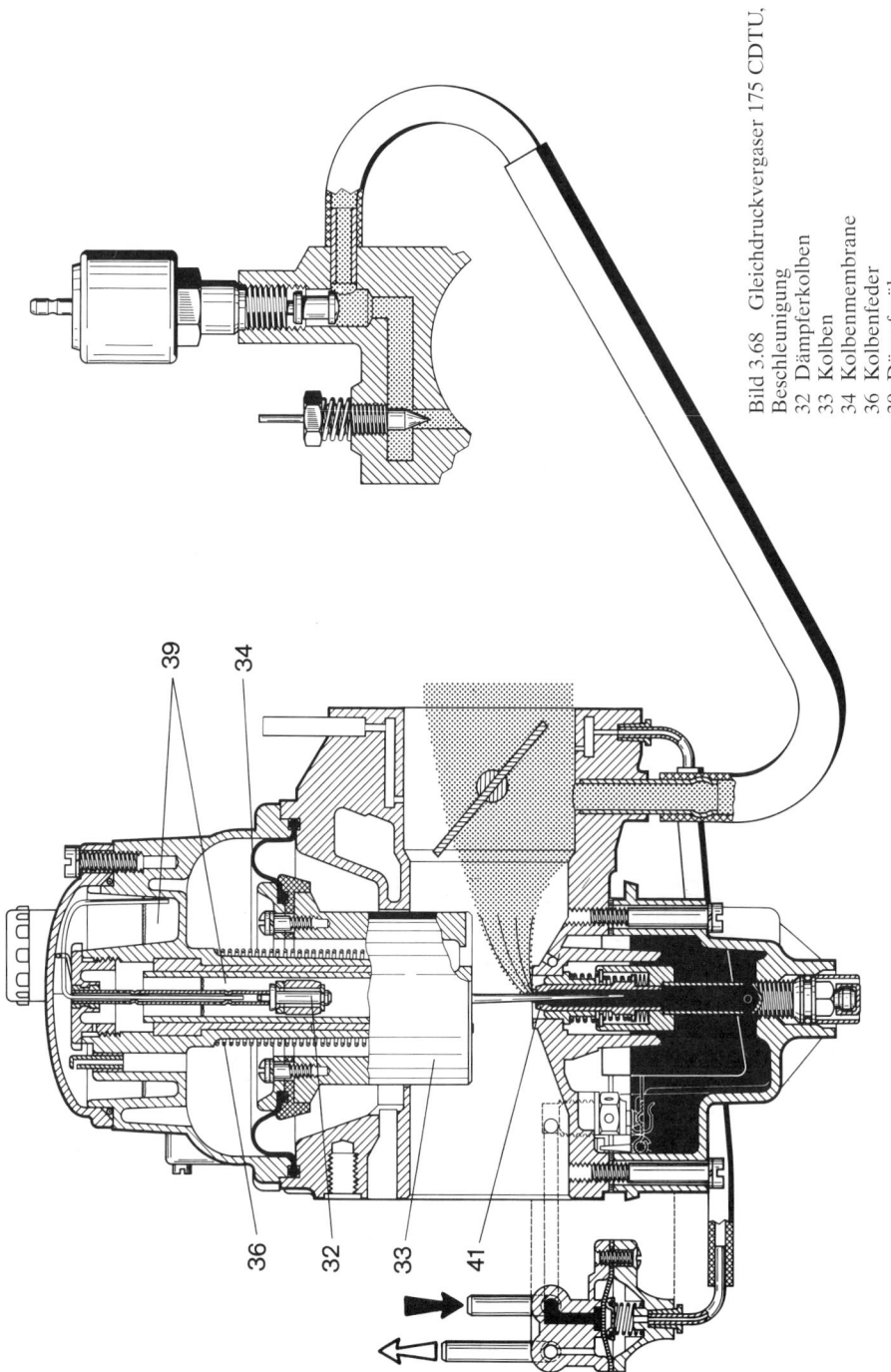

Bild 3.68 Gleichdruckvergaser 175 CDTU.
Beschleunigung
32 Dämpferkolben
33 Kolben
34 Kolbenmembrane
36 Kolbenfeder
39 Dämpferöl
41 Nadeldüse

39
34
36
32
33
41

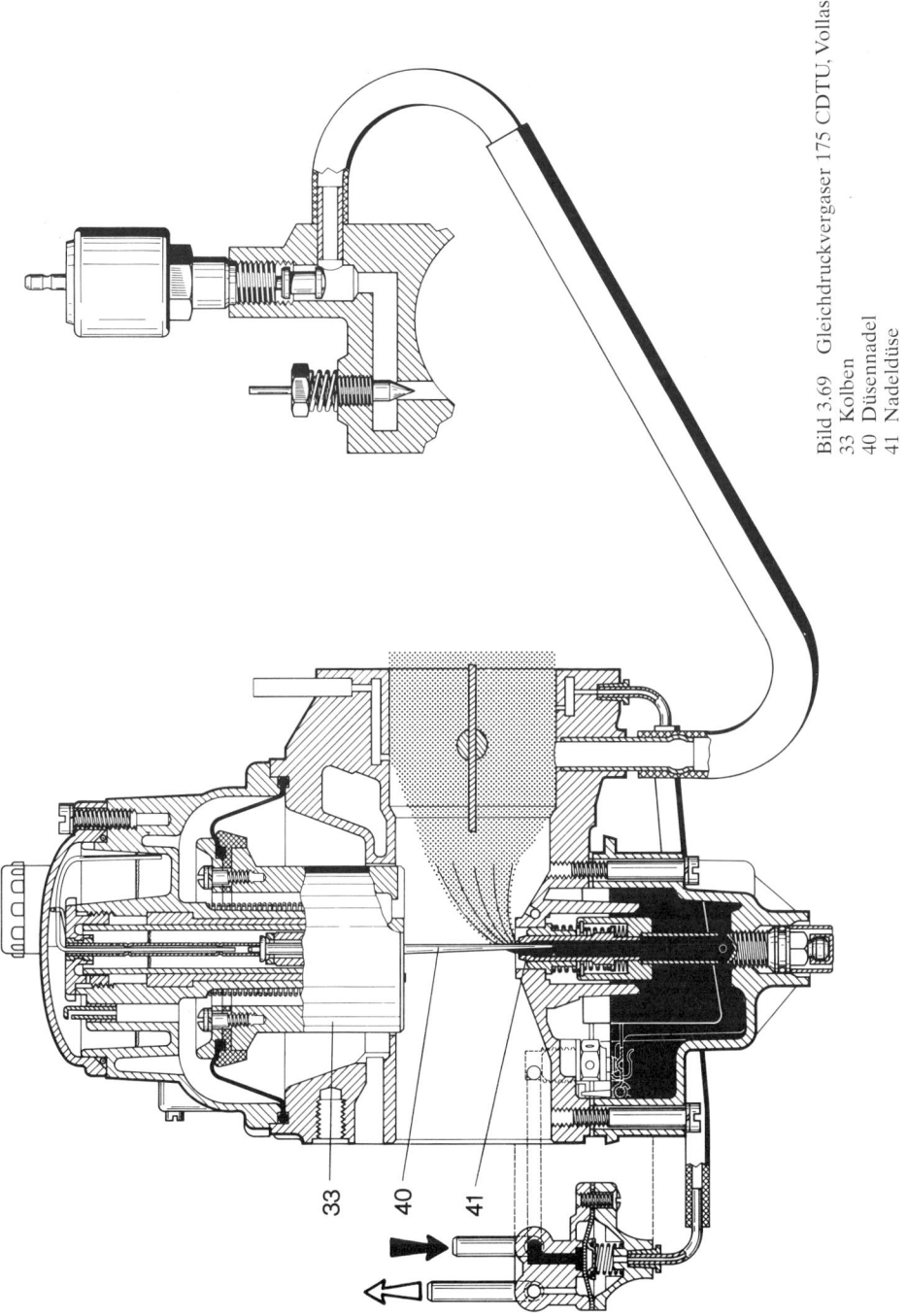

Bild 3.69 Gleichdruckvergaser 175 CDTU, Vollast
33 Kolben
40 Düsennadel
41 Nadeldüse

Zur Starteinrichtung gehört keine Starterklappe, sondern ein Starterschieber. Die Starteinrichtung wird beim Betätigen des Gaspedals durch die kalte Bimetallfeder über einen Mitnehmerhebel eingeschaltet (Bild 3.70). Dabei werden der Starterschieber und die Stufenscheibe in die Kaltstartstellung gebracht. Nach Rücknahme des Gaspedals ist die Drosselklappe angestellt, und alle Bohrungen des Starterschiebers sind für den Kraftstoffdurchfluß frei. Gleichzeitig ist das Starteranreicherungsventil geöffnet.

Beim Start wird Kraftstoff über den Anschluß A und Starterzusatzluft über den Anschluß C angesaugt. Das so gebildete Vorgemisch erhält zusätzlich Kraftstoff durch das gleichzeitig geöffnete Starteranreicherungsventil und tritt am Anschluß B aus. Während des Startens wird der Kolben angehoben, so daß Luft einströmen und mit dem Vorgemisch ein Startgemisch bilden kann. Die Starteinrichtung ist beim Kaltstart und Warmlauf des Motors wirksam.

Beim *Warmlauf* wird die Membranstange durch Unterdruck gegen Federkraft angezogen und verstellt den Mitnehmerhebel gegen die Spannkraft der Bimetallfeder (Bild 3.71). Das Starter-Anreicherungsventil schließt, und der Starterschieber folgt dem Mitnehmerhebel. Dabei schließt die große Bohrung des Starterschiebers. Von diesem Moment an erhält der Motor ein abgemagertes Vorgemisch in verkleinerter Menge.

Läßt die Schließkraft der Bimetallfeder infolge zunehmender Erwärmung nach, so wird der Starterschieber durch Federkraft so lange angehoben, bis alle Steuerbohrungen geschlossen sind. Damit ist der Vorgemischdurchfluß bzw. die Startanreicherung beendet (Bild 3.72).

Parallel zu dem beschriebenen Vorgang verdreht sich die Stufenscheibe so lange, bis die Drosselklappe die normale Leerlaufstellung erreicht hat.

Warmstart: Beim Durchtreten des Gaspedals werden Kolben und Düsennadel über einen Mitnehmerhebel und einen Tupfer angehoben, so daß die Ansaugwege belüftet werden können.

Die *Pulldown-Verzögerung* wird beim Gleichdruckvergaser 175 CDTU durch einen Thermozeitschalter und ein Elektroumschaltventil erreicht (Bild 3.73). Sie sorgt dafür, daß die Startanreicherung bei niederen Temperaturen nicht sofort nach dem Anspringen reduziert wird, damit der kalte Motor einwandfrei durchlaufen kann. Liegt die Umgebungstemperatur unter +35 °C, wird das Elektro-Umschaltventil ab Einschalten der Zündung durch den geschlossenen Kontakt im Thermoschalter angesteuert. Damit ist der Unterdruck vom Saugrohr zur Pulldown-Membrane unterbrochen. Bei zunehmender Erwärmung des Thermozeitschalters wird das Elektro-Umschaltventil nach einer bestimmten Verzögerungszeit, die bei –20 °C max. 27 s betragen kann, stromlos. Jetzt erhält die Pulldown-Membrane Unterdruck, und das Startgemisch beginnt abzumagern.

Die *Ansaugluftvorwärmung* verhindert bei niederen Außentemperaturen eine Vergaservereisung und fördert die Gemischbildung. Sie darf jedoch nicht ständig wirksam sein, da es sonst zu Leistungsminderung, Kraftstoffmehrverbrauch und «Klingeln» (siehe Kapitel 3) des Motors führen kann. Die Steuerung der Vorwärmung ist von der Ansauglufttemperatur und von der Motorbelastung abhängig. Sie erfolgt über den Temperaturregler (Bild 3.73).

Bei stehendem Motor ist die Luftklappe geschlossen. Sie wird bei laufendem Motor mehr oder weniger geöffnet. Liegt die Ansauglufttemperatur bei laufendem Motor unter etwa +30 °C, ist Luftklappe durch die Unterdruckmembrane geöffnet, und der Motor saugt Warmluft. Liegt die Ansauglufttemperatur zwischen etwa +30 °C und +40 °C, beginnt das Nebenluftventil durch eine Bimetallfeder zu öffnen. Jetzt nimmt der auf die Unterdruckdose wirksame Unterdruck ab, und die Stellung der Luftklappe ändert sich entsprechend. Dies ist möglich, weil das Rückschlagventil über +25 °C geöffnet ist. Liegt die Ansauglufttemperatur über +40 °C, so sind beide Ventile offen. Damit ist die Unterdruckdose belüftet, und der Warmluftkanal wird geschlossen.

Bild 3.70   Gleichdruckvergaser
175 CDTU, Kaltstart
A Kraftstoffzufluß
B Vorgemischaustritt
C Starterzusatzluft

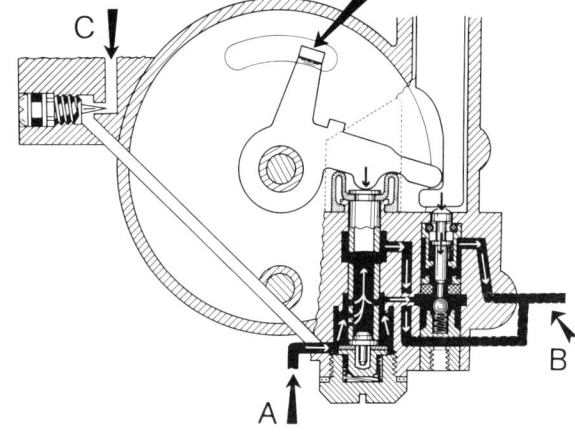

Bild 3.71 Gleichdruckvergaser
175 CDTU, Warmlauf. Das Starteranreicherungsventil ist geschlossen.
A Kraftstoffzufluß
B Vorgemischaustritt
C Starterzusatzluft
59 Mitnehmer- bzw. Anschlaghebel
63 Membranstange
64 Starterschieber
70 Starteranreicherungsventil

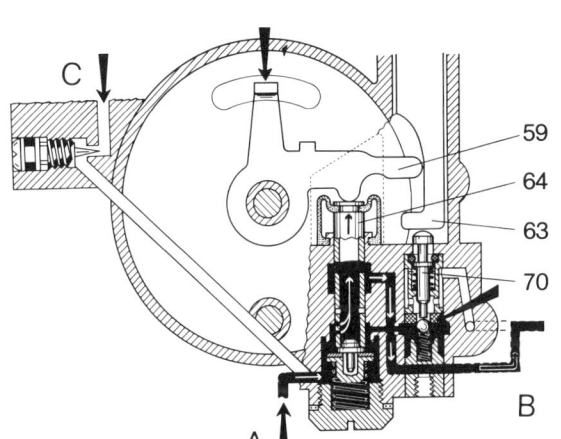

Bild 3.72 Gleichdruckvergaser
175 CDTU, Hauptschema. Der Kraftstoffzufluß ist gesperrt.
21 Starterzusatzluft-Regulierschraube
59 Mitnehmer- bzw. Anschlaghebel
63 Membranstange
64 Starterschieber
66 Rollmembrane
68 Verschlußschraube
70 Starteranreicherungsventil
71 Stößel
72 Kugel

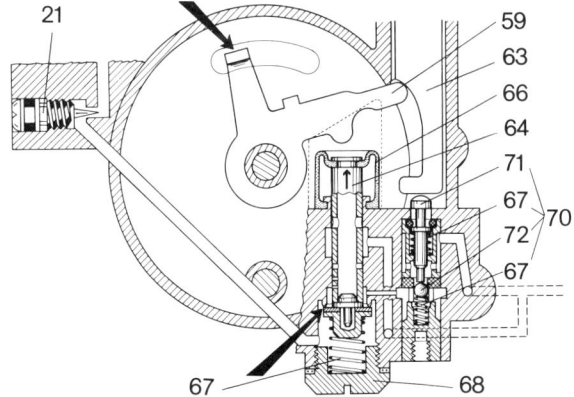

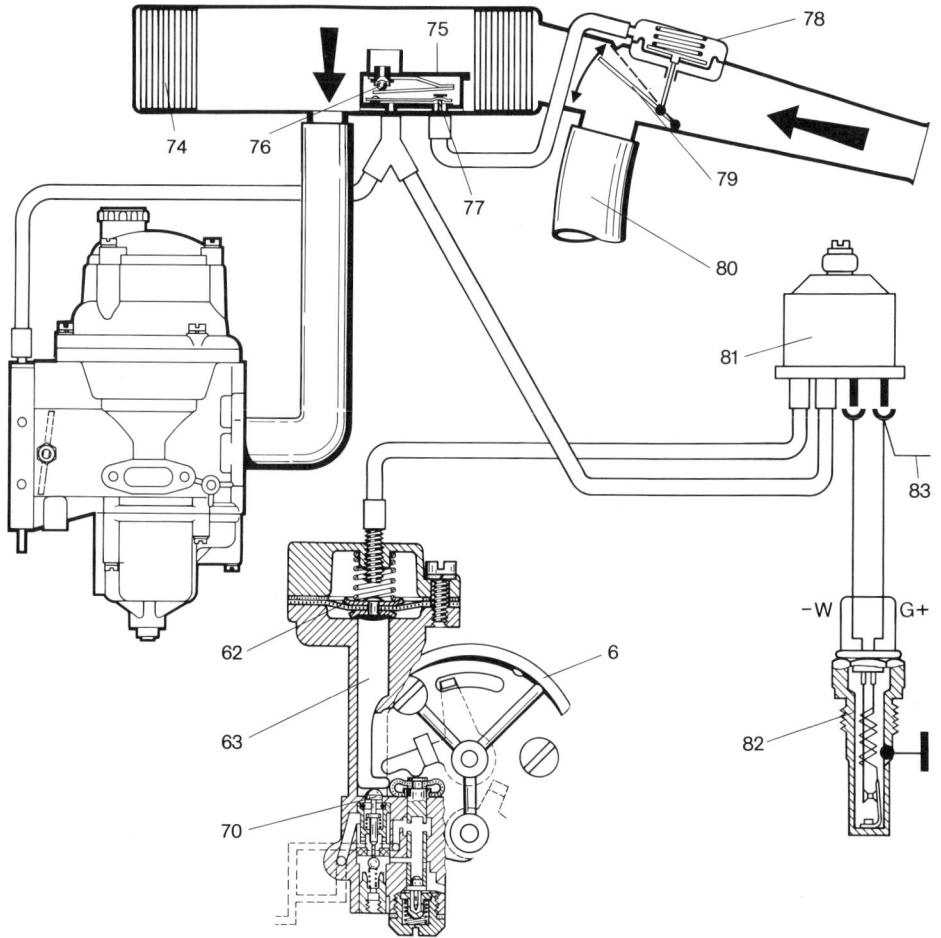

Bild 3.73   Luftfilteranlage und Pulldown-Verzögerung
  6 Startergehäuse
 62 Pulldown-Membrane
 63 Membranstange
 70 Starteranreicherungsventil
 74 Luftfilter
 75 Temperaturregler
 76 Nebenluftventil
 77 Rückschlagventil
 78 Unterdruckdose
 79 Luftklappe
 80 Warmluftkanal
 81 Elektro-Umschaltventil
 82 Thermozeitschalter
 83 Stromzufuhr

Bei Beschleunigung bis +25 °C Ansauglufttemperatur schließt das Rückschlagventil infolge Unterdruckabsenkung. Weil die Unterdruckdose Unterdruck behält, bleibt die Luftklappe geöffnet. Liegt die Ansauglufttemperatur über +25 °C, so ist das Rückschlagventil durch die Bimetallfeder geöffnet. Bei Beschleunigung verringert sich der Unterdruck in der Unterdruckdose, so daß die Luftklappe kurzzeitig schließt, d.h., die Vorwärmung ist kurzzeitig aufgehoben.

3.7.2 Doppelregistervergaser 4A 1

Der 4A-1-Vergaser (Bild 3.74) ist ein Doppelregistervergaser. Er hat ein zentrales Schwimmersystem und vier Mischkammern mit Weiten von je 32 mm für die beiden 1. Stufen sowie je 54 oder 44 mm für die beiden 2. Stufen.

Die geringen Weiten der 1. Stufen ergeben hohe Luftgeschwindigkeiten und damit eine optimale Gemischbildung vom Leerlauf bis zum Teillastbereich. Durch die großen Weiten der 2. Stufen wird im oberen Drehzahlbereich eine gute Zylinderfüllung mit entsprechender Motorleistung erreicht.

Die 1. Stufen haben konstante Lufttrichter. Dadurch ergeben sich je nach Drosselklappenstellung *unterschiedliche Luftgeschwindigkeiten*. In den 2. Stufen sind die Luftquerschnitte durch unterdruckgesteuerte Luftklappen veränderbar, so daß sich nahezu *konstante Luftgeschwindigkeiten* ergeben (Bild 3.75).

Die Drosselklappen beider Stufen sind jeweils auf einer durchgehenden Welle befestigt. Dadurch entfällt die aufwendige Synchronisation bei Einstellarbeiten.

Haben die Drosselklappen der 1. Stufen etwa $^2/_3$ geöffnet, so werden die Drosselklappen der 2. Stufen – nach Ausschalten der mit der Startautomatik gekoppelten Sperre – mechanisch und progressiv geöffnet.

Zu den beiden 1. Stufen gehören weiter je zwei Leerlaufsysteme, elektromagnetische Abschaltventile, Übergangssysteme, Vorzerstäuber, Hauptdüsen, nadelgesteuerte Luftkorrekturdüsen und eine Beschleunigungspumpe. Dazu kommt eine Start- und Warmlaufeinrichtung, die aus den Starterklappen, der Startautomatik, der Kaltstartanreicherung, dem TN-Starter (thermischer Nebenschluß-Starter) und dem unterdruckgesteuerten Drehzahlregler besteht.

Der **Drehzahlregler** öffnet die Drosselklappen der 1. Stufen bei stehendem Motor mittels Federkraft auf ein bestimmtes Spaltmaß.

Die Starterklappen sind auf einer Welle befestigt und schließen bei kaltem Motor durch Spannkraft der Bimetallfeder, wenn das Gaspedal zuvor einmal niedergetreten wird. Dabei verdreht sich die Stufenscheibe in die Kaltleerlaufstellung, und die Drosselklappen der 2. Stufen werden zum Schutz des Motors durch die Startautomatik mittels Klinke gesperrt.

Erfolgt der Kaltstart, so saugt der Motor ein fettes Kraftstoff-Luft-Gemisch an. Dabei sind durch den verstärkten Unterdruck in den Mischkammern jeweils das Hauptdüsensystem, das Leerlaufsystem, die Kaltstarteinrichtung und der TN-Starter in Funktion. Die Starterklappen werden durch den Unterdruck gegen die Schließkraft der Bimetallfeder ein wenig geöffnet, so daß der Motor die für das Startgemisch nötige Luftmenge erhält. Nachdem der Motor angesprungen ist, wird der Stößel des Drehzahlreglers durch Unterdruck über eine Membrane gegen Federkraft zurückgezogen. Jetzt können die Drosselklappen der 1. Stufen in die Leerlaufstellung zurück. Parallel zu diesem Vorgang werden die Starterklappen durch den unterdruckgesteuerten Pulldown auf ein bestimmtes Spaltmaß geöffnet. Dadurch wird das ursprünglich fette Startgemisch abgemagert.

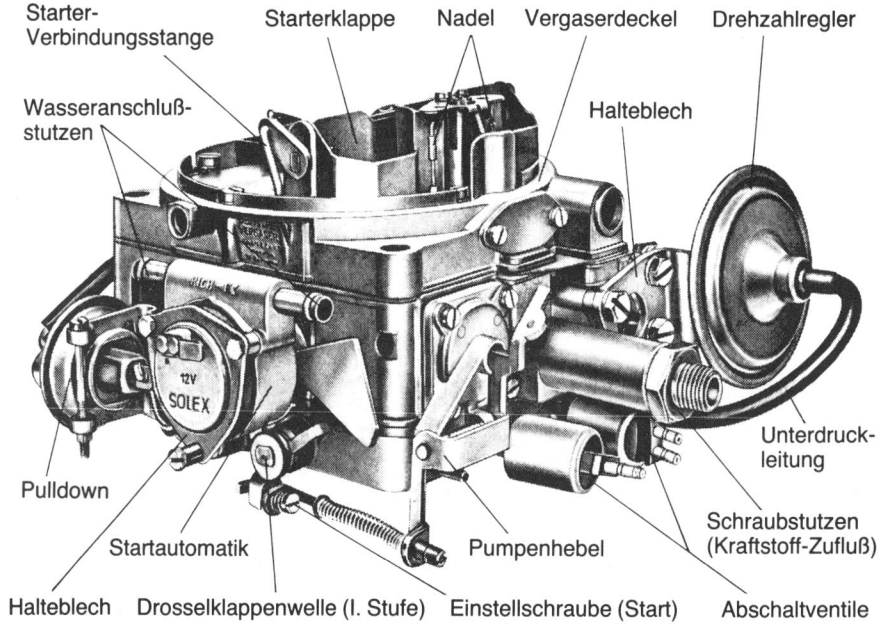

Starter-Verbindungsstange   Starterklappe   Nadel   Vergaserdeckel   Drehzahlregler

Wasseranschluß-stutzen

Halteblech

Pulldown

Startautomatik

Pumpenhebel

Unterdruck-leitung

Schraubstutzen (Kraftstoff-Zufluß)

Halteblech   Drosselklappenwelle (I. Stufe)   Einstellschraube (Start)   Abschaltventile

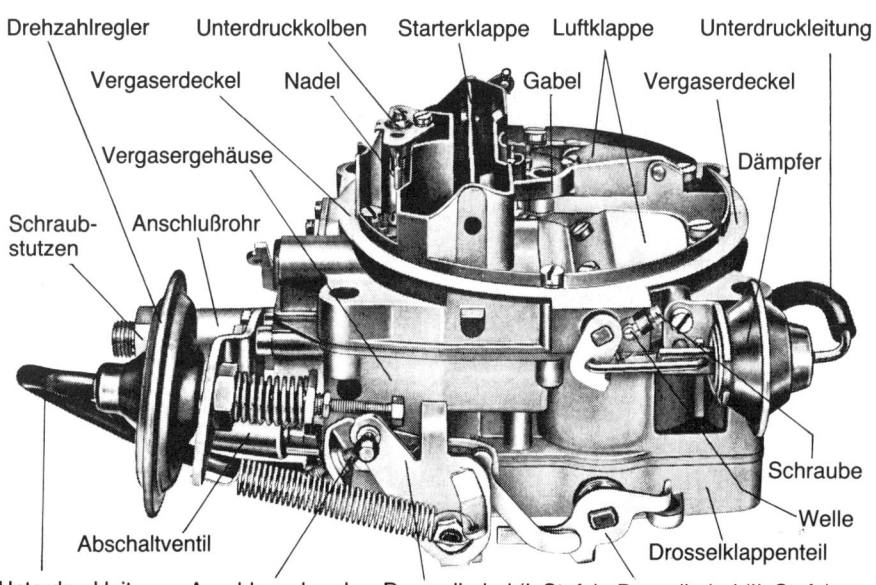

Drehzahlregler   Unterdruckkolben   Starterklappe   Luftklappe   Unterdruckleitung

Vergaserdeckel   Nadel   Gabel   Vergaserdeckel

Vergasergehäuse

Dämpfer

Schraub-stutzen   Anschlußrohr

Schraube

Welle

Abschaltventil

Drosselklappenteil

Unterdruckleitung   Anschlagschraube   Drosselhebel (I. Stufe)   Dosselhebel (II. Stufe)

Bild 3.74   Doppelregistervergaser 4A 1

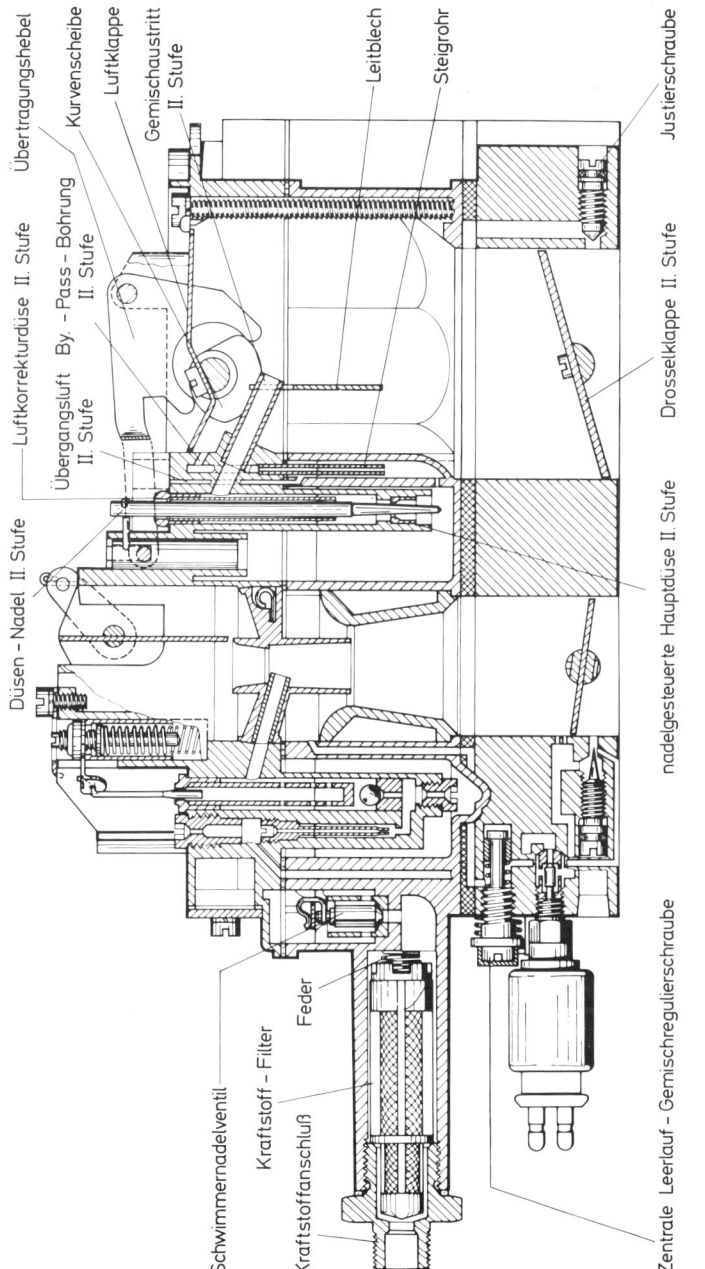

Übertragungshebel

Kurvenscheibe

Luftklappe

Gemischaustritt
II. Stufe

Leitblech

Steigrohr

Justierschraube

Luftkorrekturdüse II. Stufe

By.-Pass-Bohrung
II. Stufe

Übergangsluft
II. Stufe

Drosselklappe II. Stufe

Düsen-Nadel II. Stufe

nadelgesteuerte Hauptdüse II Stufe

Schwimmernadelventil

Kraftstoff-Filter

Feder

Kraftstoffanschluß

Zentrale Leerlauf-Gemischregulierschraube

Bild 3.75 Doppelregistervergaser 4A 1
(schematischer Schnitt)

Vergaservarianten 221

Bei höheren Drehzahlen in der Kaltlaufphase reicht das durch den Pulldown bewirkte Spaltmaß nicht aus. Die Starterklappen werden deshalb bei voller Betätigung des Gaspedals mechanisch auf ein größeres Spaltmaß aufgezogen. Die weitere Öffnung der Starterklappen wird von der elektrisch und warmwasserbeheizten Bimetallfeder gesteuert.

Sind die von der Startautomatik gesteuerten Starterklappen geöffnet, so wird die Sperre für die 2. Stufen durch Absenken eines Gegengewichtes gleichzeitig entriegelt.

Der **TN-Starter** liefert dem Motor parallel zum Startgemisch ein Zusatzgemisch. Die Zusammensetzung und die Menge des abgesaugten Zusatzgemisches sind abhängig von der Stellung der Zusatzgemisch-Regulierschraube, der Starterklappen und der Drosselklappen der 1. Stufen.

Das Dehnstoffelement verstellt den Steuerschieber je nach Motortemperatur und regelt so die Zusatzgemischmenge. Hat das Kühlwasser eine Temperatur von 60 bis 65 °C (333 bis 338 K) erreicht, sperrt der Steuerschieber den Zusatzgemischkanal völlig ab. Befindet sich im Gehäuse des TN-Starters eine Ringnut, so erhält der Motor weiterhin ein Restgemisch. Es wird jedoch durch Abnahme des Unterdrucks bei steigender Drehzahl bereits im Teillastbereich abgeschaltet.

Die elektromagnetischen Abschaltventile sperren bei Abschaltung der Zündung das Leerlaufgemisch und verhindern damit ein Nachlaufen des Motors.

Durch die Verwendung der Vorzerstäuber ergibt sich im unteren Teillastbereich eine verbesserte Gemischaufbereitung.

Die Luftkorrekturdüsen arbeiten mit Düsennadeln – unten dicker als oben –, die vom Saugrohrunterdruck über einen Unterdruckkolben gegen Federkraft gesteuert werden. Beim Öffnen der Drosselklappen verringert sich der Unterdruck, und die Feder drückt den Unterdruckkolben, also auch die Düsennadeln, nach oben. Dadurch verkleinern sich die Ringquerschnitte zwischen den Luftkorrekturdüsen und den Düsennadeln. Der Motor erhält jetzt ein fetteres Gemisch, weil weniger Ausgleichsluft angesaugt wird. Beim Schließen der Drosselklappen ist der Vorgang umgekehrt.

Das hier beschriebene System ist eine lastabhängige Anreicherung für die 1. Stufen.

Zu den beiden 2. Stufen gehören neben den erwähnten Drosselklappen zwei auf einer Welle befestigte Luftklappen sowie je zwei Übergangsbohrungen, Leitbleche, Luftkorrekturdüsen und nadelgesteuerte Hauptdüsen (Blenden). Dazu kommt eine Dämpferdose.

Die Übergangsbohrungen sind unterdruckgesteuert und wirken wie Beschleunigungspumpen. Sie sollen den einwandfreien Übergang von den 1. Stufen zu den 2. Stufen ermöglichen und werden durch die Leitbleche unterstützt. Die Leitbleche lenken das Gemisch auf die abfallenden Flügel der Drosselklappen.

Beim Öffnen der Drosselklappen der 2. Stufen werden die Luftklappen entsprechend dem jeweiligen Unterdruck gegen die Kraft der Rückstellfeder so weit geöffnet, bis sich Unterdruck und Federkraft die Waage halten. Dabei werden die mit den Luftklappen gekoppelten Düsennadeln mittels Kurvenscheibe angehoben. Die Düsennadeln gleiten mit dem zylindrischen Teil (oben) in den Luftkorrekturdüsen und gleichzeitig mit dem konischen Teil (unten) in den Hauptdüsen. Der sich in Abhängigkeit der Luftklappenstellung ergebende Ringspalt zwischen den Hauptdüsen und den Düsennadeln bestimmt die durchfließende Kraftstoffmenge.

Düsennadeln dürfen nicht geschmiert werden, weil sich die entstehende Verharzung nachteilig auf den Übergang und auf den Kraftstoffverbrauch auswirkt.

Der unterdruckgesteuerte Dämpfer soll das schlagartige Aufspringen der Luftklappen beim plötzlichen Öffnen der Drosselklappen der 2. Stufen verhindern, damit ein ruckfreier Übergang erreicht wird.

3.7.3   Elektronisch beeinflußter Vergaser 2B-E

Beim Vergaser 2B-E handelt es sich um einen auf seine Grundfunktionen vereinfachten Stufen-vergaser (Bilder 3.76 und 3.77). Er ist mit elektronisch steuerbaren Stellgliedern für die Vordros-sel- oder Starterklappe (Vordrosselansteller) und für die Drosselklappe (Drosselklappenanstel-ler) sowie mit einem Drosselklappenpotentiometer ausgerüstet.

Alle Komponenten sind mit dem elektronischen Steuergerät verbunden. Das Steuergerät ver-arbeitet unterschiedliche Geberinformationen und steuert nach der Auswertung den Vordrossel-ansteller und den Drosselklappenansteller. Es steuert außerdem ein Ventil zur Umschaltung der

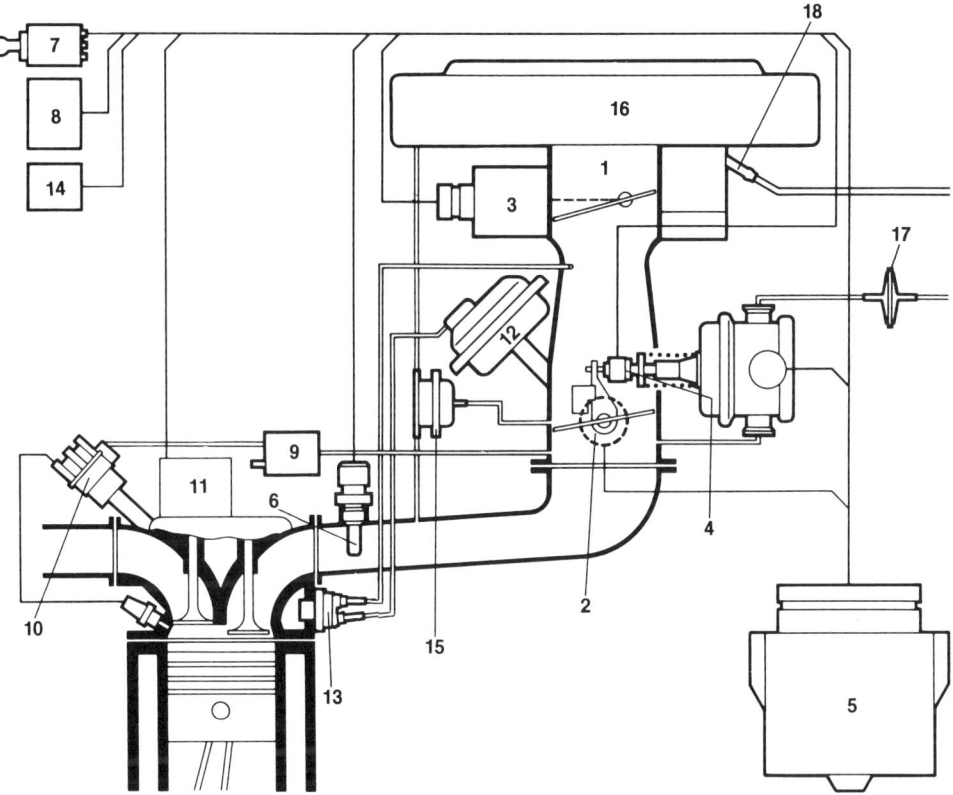

Bild 3.76 Elektronisch beeinflußter Vergaser
1 Vergaser
2 Drosselklappenpotentiometer
3 Vordrosselansteller
4 Drosselklappenansteller mit LL-Schalter
5 Elektronisches Steuergerät
6 Temperaturfühler
7 Zündschloß (Klemme 15)
8 Hauptrelais
9 Magnetventil (Zündzeitpunktsteuerung)
10 Zündverteiler
11 Zündschaltgerät (Drehzahlinformation) TD-Signal
12 Membrandose II. Stufe
13 Thermoventil (temperaturabhängige Dämp-fung)
14 Verbrauchsanzeige
15 Schubventil
16 Luftfilter
17 Filter
18 Kraftstoffanschluß

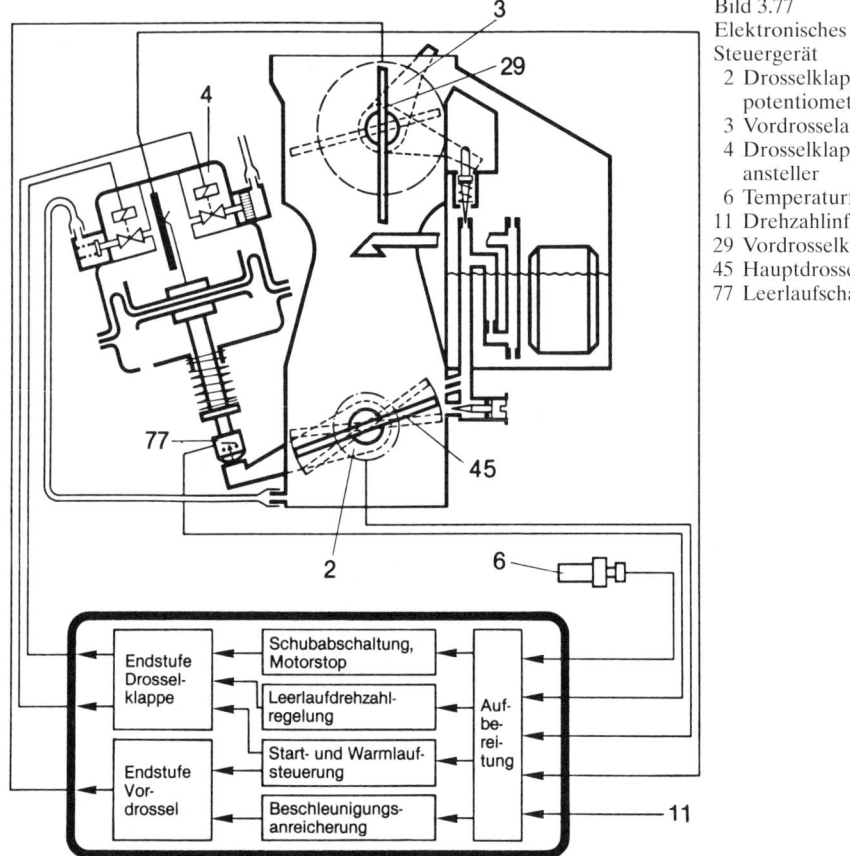

Bild 3.77
Elektronisches
Steuergerät
2 Drosselklappen-
potentiometer
3 Vordrosselanstaller
4 Drosselklappen-
ansteller
6 Temperaturfühler
11 Drehzahlinformation
29 Vordrosselklappe
45 Hauptdrosselklappe
77 Leerlaufschalter

Zündung und das Hauptrelais. Zur Vordrosselklappe gehört eine vordrossel-positionsabhängige Nadelsteuerung. Sie beeinflußt das Kraftstoff-Luft-Verhältnis im Leerlauf und Übergangsbereich durch Querschnittsänderung der Luftkorrekturdüse.

Vorteile gegenüber konventionellen Vergasern:

❐ vollautomatische Starteinrichtung,
❐ konstante Leerlaufdrehzahl,
❐ Verbesserung des Betriebsverhaltens,
❐ kein Schieberuckeln,
❐ volle Motorbremswirkung,
❐ Kraftstoffeinsparung,
❐ Senkung der Abgaswerte,
❐ Service und Diagnose.

Bei Störungen oder Ausfall der elektrischen Steuerung läßt sich die Fahrt mit betriebswarmem Motor aufgrund guter Notlaufeigenschaften fortsetzen. Beeinträchtigungen sind möglich, wenn der Motor nicht betriebswarm ist.

Vordrosselansteller

Der Vordrosselansteller ist als Drehmomentmotor ausgelegt. Er steuert das Kraftstoff-Luft-Verhältnis bei Kaltstart, Warmlauf, Beschleunigung und Teillast.

Drosselklappenansteller mit Leerlaufschalter

Der elektropneumatisch arbeitende Drosselklappenansteller übernimmt die Füllungssteuerung. Sie dient zur Regelung der Leerlaufdrehzahl und der Steuerung von Start, Hochlauf, Warmlauf, Schubabschaltung und Motorstopp.

Der pneumatische Arbeitsdruck wird durch zwei Elektromagnetventile geregelt. Ein Elektromagnetventil ist mit dem Saugrohrdruck, das andere mit der Atmosphäre verbunden. Zur Saugrohrseite gehört ein Rückschlagventil und zur atmosphärischen Seite ein Luftfilter.

Das im Drosselklappenansteller eingebaute *Potentiometer* gibt dem Steuergerät eine Rückmeldung über die Stößelstellung. Durch den im Stößel integrierten Leerlaufschalter erhält das Steuergerät in gedrückter Stellung (Schalter offen) das Signal zur Leerlaufdrehzahlregelung und in ungedrückter Stellung (Schalter geschlossen) die Information, daß beschleunigt wird.

Drosselklappenpotentiometer

Dieses Potentiometer informiert das Steuergerät über die Stellung und den Bewegungsablauf der Drosselklappe.

Gemischanreicherung bei Start, Warmlauf und Beschleunigung

Die erforderliche Anreicherung wird durch die Vordrosselsteuerung unter Berücksichtigung folgender Betriebsparameter erreicht:

❐ Motortemperatur,
❐ Motordrehzahl,
❐ Drosselklappenstellung,
❐ Laufzeit des Motors nach dem Kaltstart,
❐ Öffnungsgeschwindigkeit der Drosselklappe.

> Ist der Motor «abgesoffen», so kann die Vordrosselklappe durch volle Betätigung der Drosselklappe geöffnet werden.

Bei Beschleunigung wird die Vordrossel kurzzeitig in Schließrichtung bewegt. Dies ersetzt die Wirkung der bei konventionellen Vergasern üblichen Beschleunigungspumpe.

Gemischmenge bei Start und Hochlauf

Vor dem Start ist die Drosselklappe automatisch durch den voll ausgefahrenen Stößel des Drosselklappenanstellers wunschgemäß geöffnet. Die für den Hochlauf erforderliche Gemischmenge wird durch eine temperatur- und drehzahlabhängige Steuerung der Drosselklappe erreicht. Sobald die Leerlaufdrehzahl den Sollwert überschreitet, übernimmt die Leerlaufdrehzahlregelung die Füllungssteuerung.

Leerlaufdrehzahlregelung

Die Motordrehzahl wird laufend mit dem Sollwert verglichen und korrigiert, unabhängig vom Einlaufzustand des Motors, von Motortemperatur, Luftdruck, Lufttemperatur und Belastung (z.B. Klimaanlage, Automatikgetriebe und Beleuchtung).

Schubabschaltung

Beim Schubbetrieb oberhalb 1400 min^{-1} wird die Drosselklappe so weit geschlossen, daß der Leerlauf-Gemischaustritt im atmosphärischen Bereich (oberhalb der Drosselklappe) liegt. Damit ist die Kraftstofförderung unterbrochen. Sie setzt wieder ein, wenn die Drehzahl auf 1400 min^{-1} fällt oder wenn beschleunigt wird. Mit dem Schließen der Drosselklappe öffnet das Schubluftventil mittels Saugrohrdruck. Dabei wird eine Verbindung zwischen dem Luftfilterinnenraum und dem Saugrohr hergestellt. Diese Maßnahme begrenzt den Unterdruck im Saugrohr und verhindert die Verbrennung von Restgasanteilen im Auspuff (Auspuffblubbern).

Motorstopp

Die Kraftstofförderung wird wie bei der Schubabschaltung unterbrochen. Sie verhindert das «Nachlaufen» des Motors.

Zündzeitpunktsteuerung

Die unterdruckbedingte Zündzeitpunktsteuerung für den Leerlauf erfolgt temperatur- und leerlaufschalterabhängig. Bei einer Saugrohrwandtemperatur über +15 °C und gedrücktem Leerlaufkontakt (Kontakt offen) ist die unterdruckbedingte Zündfrühverstellung nicht wirksam. Unter +15 °C Saugrohrwandtemperatur ist die unterdruckbedingte Zündfrühverstellung bereits bei Leerlauf wirksam.

3.8   Kraftstoffeinspritzung bei Ottomotoren

Die Einspritzanlagen haben die Vergaser als Gemischbildner abgelöst. Wenn Einspritzanlagen noch in den früheren Jahren dazu dienten, um in erster Linie die Hubraumleistung der Motoren zu erhöhen und den Kraftstoffverbrauch zu senken, werden sie heute eingesetzt, um durch eine gute Gemischaufbereitung die Verbrennung zu verbessern und den Schadstoffausstoß zu verringern. Da sich die Abgasbestimmungen enorm verschärft haben, dürfen nur noch ganz geringe Mengen an Kohlenoxid (CO), unverbrannte Kohlenwasserstoffe (CH) und Stickoxide (NO_x) in den Abgasen enthalten sein.

Diese Abgasbestimmungen werden erfüllt, weil mit Einspritzanlagen – im Gegensatz zu Vergasern – jedem einzelnen Motorzylinder genau die Kraftstoffmenge zugemessen werden kann, die er aufgrund seiner angesaugten Luftmasse unter allen Betriebsbedingungen benötigt.

Die Hubraumleistung eines Motors wird in erster Linie durch die Verbesserung des Zylinderfüllungsgrades erhöht. Diese Möglichkeit besteht bei den Einspritzmotoren im Gegensatz zu den Vergasermotoren darin, daß der Saugquerschnitt beliebig groß gewählt werden kann, allen Motorzylindern die gleich langen und abgestimmten Ansaugrohre bemessen werden und Schaltsaugrohre sowie Aufladung zum Einsatz kommen können (siehe auch Abschnitt 2.1).

Bei den Kraftstoffeinspritzsystemen handelt es sich um solche, die mechanisch arbeiten und elektronisch gesteuerte Zusatzfunktionen ausführen, und solche, die nur elektronisch gesteuert werden. Außerdem unterscheidet man Einspritzanlagen noch nach der Art, wie die Einspritzventile angesteuert werden bzw. wie sie abspritzen.

Es gibt folgende Arten der Einspritzventilansteuerung (Bild 3.78):

Kontinuierlich: Die Einspritzung besteht ununterbrochen, ständig, andauernd. Dabei wird ein Teil des Kraftstoffs vor die geschlossenen Einspritzventile (Gemischvorlagerung) und der andere Teil während der Saugphase in den Saugkanal gespritzt – mit dem Nachteil, daß eine ungleiche Gemischbildung in den Motorzylindern entsteht und die Schadstoffanteile im Abgas höher sind als bei den nachfolgend aufgeführten Arten.

Bild 3.78 Vergleich der Einspritz-
arten (Bosch)
a) simultane Einspritzung
b) halbsequentielle Einspritzung
   (Gruppeneinspritzung)
c) sequentielle Einspritzung

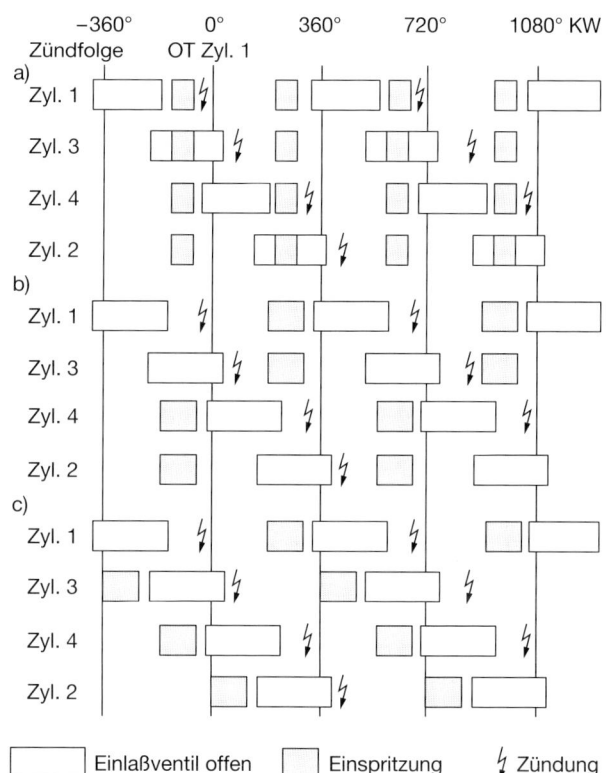

Intermittierend: Die Einspritzung ist unterbrochen oder setzt zeitweilig aus. Bei dieser Steuerung unterscheidet man aber noch folgende Arten:

Simultan: Es ist die einfachste Art der Ansteuerung. Das elektronische Steuergerät besitzt nur eine Endstufe (Leistungsstufe) und läßt bei zwei Kurbelwellenumdrehungen alle Einspritzventile gleichzeitig und zweimal die Hälfte der erforderlichen Kraftstoffmenge einspritzen ohne Rücksicht auf die Einlaßventilöffnungszeiten und die Zündfolge des Motors. Dabei kommt es bei manchen Motorzylindern bei geschlossenem Einlaßventil zu der Gemischvorlagerung und bei den anderen zur Einspritzung während des Saughubes.
   Der Nachteil dieser Steuerung: ungleiche Gemischbildung bei den einzelnen Motorzylindern und somit höhere Schadstoffanteile in Abgas.

Halbsequentiell (Gruppeneinspritzung): In diesem Fall sind die Einspritzventile der Zündfolge nach zu zwei Einspritzventilgruppen geschaltet, die abwechselnd von zwei Endstufen des Steuergeräts angesteuert werden und einmal pro Zyklus abspritzen, dabei den Kraftstoff immer vorlagern. So wird z.B. die Ventilgruppe I von den Einspritzventilen der Motorzylinder 1 und 3 und die Ventilgruppe II von den Einspritzventilen der Motorzylinder 4 und 2 gebildet.

Der Vorteil dieser Art der Einspritzventilsteuerung ist der, daß der Kraftstoff grundsätzlich vor die geschlossenen Einlaßventile vorgelagert wird und somit mehr Zeit zum Verdampfen bleibt; allerdings ergibt sich der Nachteil, daß die Vorlagerungszeit unterschiedlich lang ist und der Kraftstoff in unterschiedlicher Menge in den dampfförmigen Zustand übergeht. Die Gemischbildung und die Verbrennung sind schon wesentlich besser als bei der simultanen Steuerung. Das gilt ebenso für die Schadstoffwerte im Abgas.

Sequentiell: Diese Steuerung der Einspritzung erfolgt der Zündfolge nach. Jedes Einspritzventil des Motors besitzt im Steuergerät eine eigene Endstufe (Leistungsstufe). Es wird einzeln und bei zwei Kurbelwellenumdrehungen einmal angesteuert. Der Einspritzzeitpunkt ist frei programmierbar und liegt am Ende des Auslaßtaktes kurz vor dem Öffnen des Motoreinlaßventils. Der große Vorteil dieser Ansteuerung liegt darin, daß bei allen Zylindern die gleiche Gemischvorlagerungszeit vorliegt, somit die besten Voraussetzungen bestehen, um eine optimale Verbrennung mit sehr geringen Schadstoffanteilen im Abgas zu erreichen. Es ist die Art der Einspritzventilansteuerung, die bei allen neueren Einspritzanlagen zum Einsatz kommt.

3.8.1   KE-Jetronic

Die KE-Jetronic von Bosch (Bild 3.79) ist eine mechanisch-elektronisch arbeitende Einspritzanlage, die kontinuierlich (ununterbrochen) in den Saugkanal auf die Einlaßventile des Motors spritzt. Die Anlage arbeitet in der Grundfunktion ab einer Motortemperatur von 40 °C rein mechanisch. Nur für bestimmte Zusatzfunktionen muß ein elektronischer Eingriff durch das Steuergerät über den elektrohydraulischen Drucksteller erfolgen, so z.B. bei Kaltstart, Nachstart, Warmlauf, Beschleunigung, Vollast, Schiebebetrieb und bei der Lambda-Regelung.

Die KE-Einspritzanlage gliedert sich auf in:

❐ Kraftstoffversorgung,
❐ Kraftstoffzumessung,
❐ Anpassung an die Betriebszustände.

Kraftstoffversorgung
Der Kraftstoff wird (Bild 3.79) von der Elektrokraftstoffpumpe aus dem Kraftstoffbehälter angesaugt und über Kraftstoffspeicher und Kraftstoffilter zum Kraftstoffmengenteiler gefördert. Der überschüssige Kraftstoff fließt ab einer Systemdruckhöhe von etwa 5,3 bis 5,6 bar über den Kraftstoffdruckregler zum Kraftstoffbehälter zurück. Parallel besteht die Versorgung des Elektrokaltstartventils. Im Mengenteiler gelangt der Kraftstoff an dem Steuerkolben vorbei über die Steuerschlitze in die Oberkammern und über die Differenzdruckventile zu den Einspritzventilen. Gleichzeitig steht der Kraftstoff in dem Raum oberhalb des Steuerkolbens und bildet mit dem Systemdruck die hydraulische Gegenkraft zur Luftkraft an der Stauscheibe des Luftmengenmessers. Ein geringer Teil Kraftstoff fließt ununterbrochen über den elektrohydraulischen Drucksteller in die Unterkammer des Kraftstoffmengenteilers und von hieraus über eine Festdrossel und einer Abflußleitung zum Kraftstoffdruckregler.

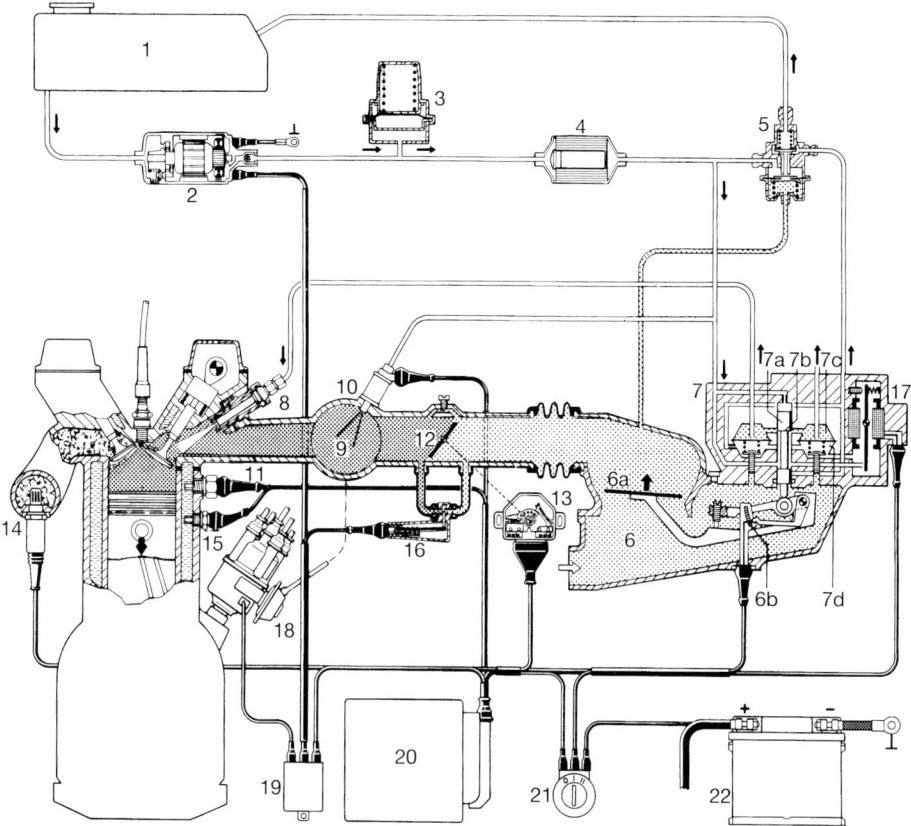

Bild 3.79 KE-Jetronic, Systemübersicht (Bosch)

1 Kraftstoffbehälter	7 Kraftstoffmengenteiler	14 Lambda-Sonde
2 Elektrokraftstoffpumpe	7a Steuerkolben	15 Motortemperaturfühler
3 Kraftstoffspeicher	7b Steuerkante	(NTC II)
4 Kraftstoffilter	7c Oberkammer	16 Zusatzluftschieber
5 Systemdruckregler	7d Unterkammer	17 elektrohydraulischer Druck-
6 Luftmengenmesser	8 Einspritzventil	steller
6a Stauscheibe	9 Sammelrohr	18 Zündverteiler
6b Potentiometer	10 elektrisches Startventil	19 Steuerrelais
	11 Thermozeitschalter	20 elektronisches Steuergerät
	12 Drosselklappe	21 Zünd-Start-Schalter
	13 Drosselklappenschalter	22 Batterie

Elektrokraftstoffpumpe

Die Elektrokraftstoffpumpe ist eine von einem Elektromotor angetriebene Rollenzellenpumpe (Bilder 3.80 und 3.81). Sie ist in der Nähe des Kraftstoffbehälters verbaut, um mit dem relativ kurzen Saugweg die Dampfblasenbildung zu verhindern. Denn Dampfblasen verschlechtern das Warmstartverhalten des Motors. Bei manchen Anlagen muß wegen der Neigung des Kraftstoffs zur Dampfblasenbildung zusätzlich eine Tankförderpumpe eingesetzt werden, die dann mit etwa 0,3 bar der Hauptförderpumpe den Kraftstoff liefert.

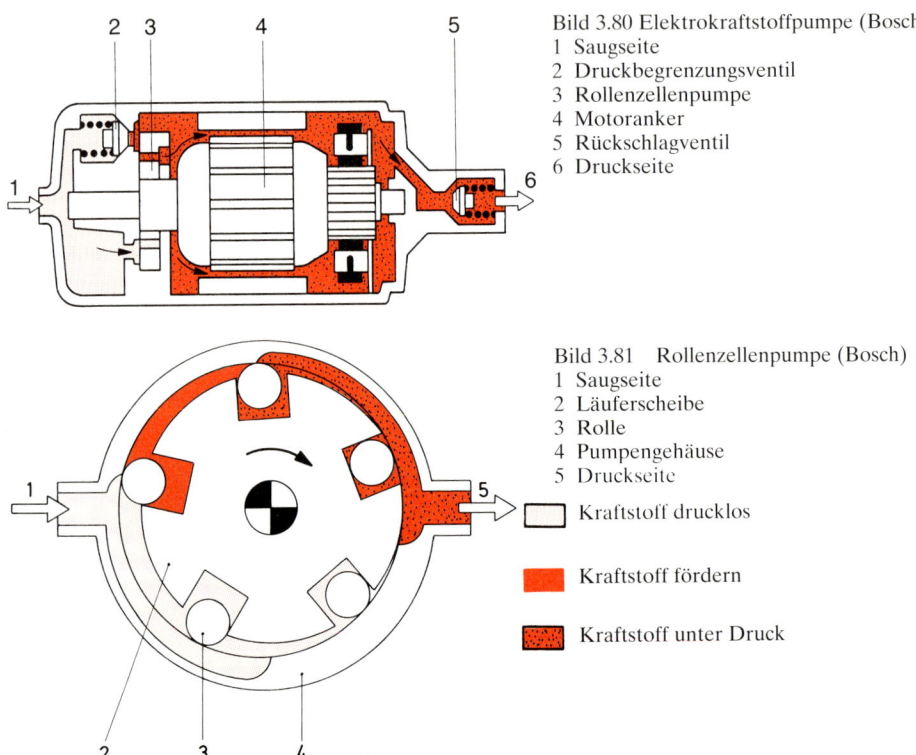

Bild 3.80 Elektrokraftstoffpumpe (Bosch)
1 Saugseite
2 Druckbegrenzungsventil
3 Rollenzellenpumpe
4 Motoranker
5 Rückschlagventil
6 Druckseite

Bild 3.81   Rollenzellenpumpe (Bosch)
1 Saugseite
2 Läuferscheibe
3 Rolle
4 Pumpengehäuse
5 Druckseite

☐ Kraftstoff drucklos

■ Kraftstoff fördern

▨ Kraftstoff unter Druck

Bei der Rollenzellenpumpe ist das Gehäuse zu der rotierenden Läuferscheibe exzentrisch angeordnet. Die Läuferscheibe besitzt an ihrem Umfang Aussparungen, in die sich Zylinderrollen bewegen. Zwischen den Rollen bestehen Hohlräume (Zellen). In dem Gehäuse der Rollenzellenpumpe befindet sich ein Überdruckventil, das auf einen Öffnungsdruck von 8 bis 10 bar eingestellt ist. Bei einer Druckerhöhung in dem Versorgungssystem über diesen Wert öffnet es und stellt eine Verbindung von der Druck- zur Saugseite her. Dadurch bleibt der Kraftstoff innerhalb der Elektrokraftstoffpumpe, und die Kraftstoffanlage wird vor Überlastung geschützt. Das auf der Druckseite eingebaute Rückschlagventil hat die Aufgabe, nach dem Abstellen des Motors die Kraftstoffanlage zum Kraftstoffbehälter hin abzudichten, damit ein Vordruck (Haltedruck) von 2,7 bis 2,8 bar erhalten bleibt – um die Anlage gefüllt zu halten und die Dampfblasenbildung zu verhindern.

Die Spannungsversorgung der Elektrokraftstoffpumpe übernimmt ein Steuerrelais. Es stellt die Verbindung dann her, wenn eine bestimmte Anzahl Zündimpulse (mindestens 60/min) von der Klemme 1 der Zündanlage eingegangen sind. Diese Ansteuerung enthält noch die sogenannte «Sicherheitsschaltung», die dann einsetzt, wenn z.B. bei einem Unfall der Motor stehengeblieben ist, die Zündung aber eingeschaltet bleibt. Da jetzt die Zündimpulse ausbleiben, muß das Relais reagieren und nach etwa 1,5 Sekunden die Spannungsversorgung unterbrechen, um zu verhindern, daß bei einer geöffneten Anlage Kraftstoff ins Freie gepumpt wird (Brandgefahr).

Beim Starten und während des Motorbetriebs besteht ständig die Kraftstofförderung. Dabei werden beim Hochlaufen sofort die Rollen der Pumpe durch die Zentrifugalkraft nach außen gegen das Pumpengehäuse gedrückt. In den Hohlräumen (Zellen) zwischen den Rollen wird der Kraftstoff von der Saug- zur Druckseite mitgenommen. Er durchströmt den Elektromotor, ohne

Bild 3.82 Kraftstoffspeicher
(Bosch)
a) leer
b) gefüllt
1 Federkammer
2 Feder
3 Anschlag
4 Membran
5 Speichervolumen
6 Kraftstoffzu- bzw. -abfluß
7 Verbindung zum Kraftstoff-
    behälter

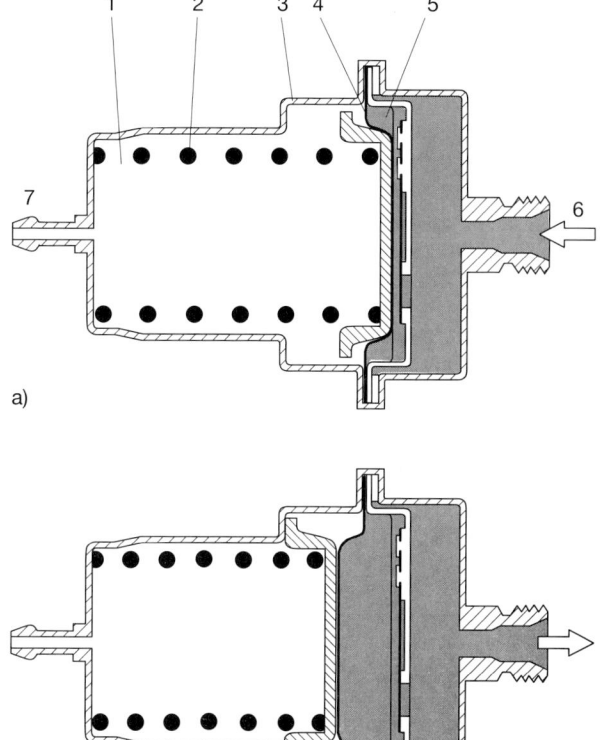

daß Explosionsgefahr besteht, da sich kein zündfähiges Gemisch bilden kann. Anschließend tritt der Kraftstoff über das Rückschlagventil in die Kraftstoffanlage aus.

Während der Förderung erzeugt die Elektrokraftstoffpumpe den Vordruck (Systemdruck), der von dem Kraftstoffdruckregler in der Höhe von z.B. 5,3 bis 5,6 bar begrenzt wird. Aus Sicherheitsgründen und um die Kraftstoffanlage gekühlt zu bekommen, fördert die Elektrokraftstoffpumpe mehr als der Motor abnimmt. Die Pumpenförderleistung ist, je nach Größe des Motors, auf 90 bis 120 l/h ausgelegt.

Kraftstoffspeicher

Der Kraftstoffspeicher (Bild 3.82) wird durch ein Membran in zwei Kammern geteilt. In der einen Kammer können etwa 15 ml Kraftstoff aufgenommen werden. In der gegenüberliegenden Kammer befindet sich eine vorgespannte Feder. Diese Kammer dient auch als Ausgleichsvolumen. Sie steht über einen Schlauch mit dem Kraftstoffbehälter in Verbindung. Bei defekter Membran kann kein Kraftstoff ins Freie gelangen.

Bei druckloser Anlage und beginnender Förderung wird die Membran entgegen der Federkraft verschoben. Nach etwa 0,8 Sekunden ist beim Erreichen einer Systemdruckhöhe von etwa 2,5 bar der Speicher gefüllt und die Membran an ihrem Anschlag angelangt.

Die Gründe, warum der Kraftstoffspeicher eingesetzt wird, sind folgende:

❏ Er soll beim Abstellen des betriebswarmen Motors und bei einer absolut dichten Anlage den beim Abkühlen des Kraftstoffs auftretenden Volumenschwund ausgleichen, damit kein Unterdruck entsteht und Dampfblasen frei werden. Diese verursachen Warmstartprobleme;

❏ Er soll nach dem Abstellen des betriebswarmen Motors und bei nicht einwandfrei dichter Anlage durch Abgabe des Speichervolumens den Leckverlust ausgleichen, damit längere Zeit (mindestens 20 Minuten) ein ausreichend hoher Vordruck (Haltedruck) von mindestens 1 bar herrscht. Durch diesen Vordruck werden Dampfblasenbildung und Warmstartprobleme vermieden;

❏ Der Speicher soll die bei der pulsierenden Förderung auftretenden Pumpengeräusche dämpfen.

Kraftstofffilter

Das Kraftstofffilter (Bild 3.83) besteht aus einem druckfesten Metallgehäuse und einem Mikropapierfilter-Einsatz mit einer Porengröße von etwa 8 bis 10 μm. Nachgeschaltet ist ein Fusselsieb, das von einer Stützplatte gehalten wird. Das Kraftstofffilter hält Verunreinigungen aus dem Kraftstoff und das Fusselsieb die gelösten Fusseln vom Filtereinsatz zurück. Das Kraftstofffilter ist nach dem Kraftstoffspeicher in die Förderleitung eingesetzt. Dabei ist die Strömrichtung durch einen Pfeil gekennzeichnet. Die Filterwechselintervalle sind von den Fahrzeugherstellern angegeben.

Kraftstoffdruckregler

Der Kraftstoffdruckregler (Bilder 3.79 und 3.84) – auch als Systemdruckregler bezeichnet – hält den Vordruck in dem Versorgungssystem konstant auf den bei der Montage eingestellten Druck

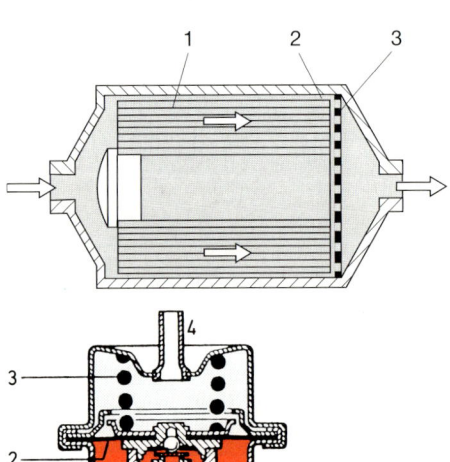

Bild 3.83   Kraftstofffilter (Bosch)
1 Papierfilter
2 Fusselsieb
3 Stützplatte

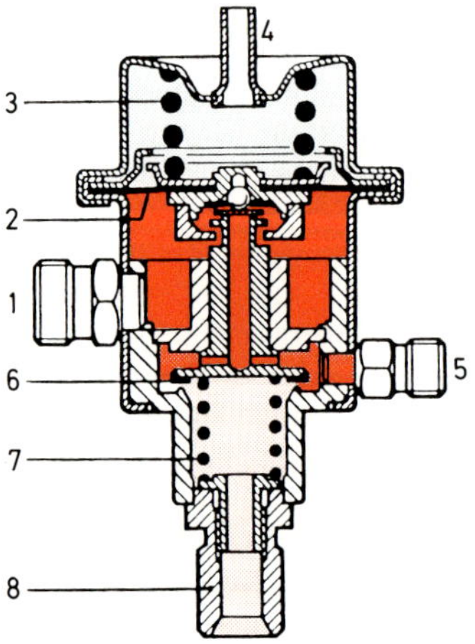

Bild 3.84   Kraftstoffdruckregler (Bosch)
1 Kraftstoffzulauf
2 Membran
3 Regelfeder
4 Belüftung (Atmosphäre)
5 Rücklauf von Unterkammern
6 Dichtplatte
7 Gegenfeder
8 Rücklauf zum Kraftstoffbehälter

von z.B. 5,3 bis 5,6 bar. Dieser Druck wirkt auch auf den Steuerkolben des Kraftstoffmengenteilers und bildet die hydraulische Gegenkraft zur Luftkraft an der Stauscheibe des Luftmengenmessers. Deshalb muß dieser Vordruck in der zulässigen Toleranz bemessen werden, weil sich größere Druckschwankungen direkt auf die Bemessung des Kraftstoff-Luft-Verhältnisses auswirken würden.

Beim Kraftstoffdruckregler (Bild 3.84) fließt von links, vom Kraftstoffilter kommend, der Kraftstoff in die Druckkammer. Auf der rechten Seite befindet sich der Rücklaufanschluß aus den Unterkammern des Kraftstoffmengenteilers. Unten ist die gemeinsame Rücklaufleitung zum Kraftstoffbehälter angeschlossen. Die Regelfederkammer ist mit der Atmosphäre verbunden. Damit gefilterte Luft eintreten kann, führt ein Schlauch zum Ansaugsystem zwischen Luftmengenmesser und Drosselklappenstutzen.

Sobald beim Start die Elektrokraftstoffpumpe zu fördern beginnt und Druck erzeugt, wandert ab einer Druckhöhe von etwa 2,5 bar die Regelmembran des Reglers entgegen der Regelfederkraft nach oben. Zunächst folgt der bewegliche Ventilkörper der Membranbewegung, weil die unten angeordnete Gegenfeder nachschiebt. Nach einem kurzen Hub erreicht der Ventilkörper seinen festen Anschlag im Reglergehäuse. Ist der von der Elektrokraftstoffpumpe erzeugte Druck auf den eingestellten Wert von z.B. 5,3 bis 5,6 bar angestiegen, wirkt sich dieser auf die Membranfläche aus. Der Ventilteller wird abgehoben, und über die Axialbohrung des Ventilkörpers fließt der von der Elektrokraftstoffpumpe zuviel geförderte Kraftstoff gemeinsam mit der aus den Unterkammern einströmenden Rücklaufmenge über die geöffnete Dichtplatte zum Kraftstoffbehälter zurück.

Beim Abstellen des Motors hört die Förderung auf. Daraufhin sinkt der Druck in dem Kraftstoffversorgungssystem. Sofort wird die Membran durch die Regelfeder betätigt, und der Ventilteller verschließt die Axialbohrung in dem Ventilkörper. Anschließend werden Membran und Ventilkörper nach unten gedrückt, bis die Dichtplatte aufliegt und der Rücklauf zum Kraftstoffbehälter versperrt ist. Dieser Vorgang läuft durch die Wirkung der Gegenfeder verzögert ab, damit sich in dieser Zeit der Vordruck von z.B. 5,3 bis 5,6 bar auf den Haltedruck von etwa 2,7 bar absenken kann. Dabei fließt der Kraftstoff aus dem Versorgungssystem über den elektrohydraulischen Drucksteller und den Unterkammern des Kraftstoffmengenteilers in die Rücklaufleitung ab.

Die *Aufgaben* des Kraftstoffdruckreglers sind:

❐ den Vordruck (Systemdruck) in der Höhe von z.B. 5,3 bis 5,6 bar zu bemessen, damit bei diesem hohen Druck einmal die Einspritzventile auch kleinste Kraftstoffmengen fein zerstäuben und außerdem bei der Kaltstartanreicherung der abgesenkte Unter- sowie Oberkammerdruck noch über dem Öffnungsdruck der Einspritzventile von 3 bis 4 liegt, da diese sonst hydraulisch nicht öffnen würden;
❐ beim Abstellen des Motors den Systemdruck von 5,3 bis 5,6 bar schnell auf den Haltedruck von etwa 2,7 bar abzusenken, damit die Einspritzventile mit ihrem darüberliegenden Öffnungsdruck von etwa 3 bis 4 bar nicht weiter abspritzen. Auf diese Weise wird bis zum Stillstand der Kurbelwelle ein Nachlaufen (Nachdieseln) verhindert;
❐ nach dem Abstellen des Motors die Anlage zum Kraftstoffbehälter hin abzudichten, damit durch den herrschenden Haltedruck die Dampfblasenbildung und damit verbunden die Warmstartprobleme vermieden werden.

Einspritzventile
Die Einspritzventile (Bild 3.85) werden wärmeisoliert eingesetzt. Sie spritzen den Kraftstoff kontinuierlich (andauernd) durch die Saugkanäle auf die Einlaßventilteller. Durch dieses Einspritzverfahren wird auch in der Warmlaufphase eine schnelle Verdampfung des Kraftstoffs erreicht und die Schadstoffbildung verringert.

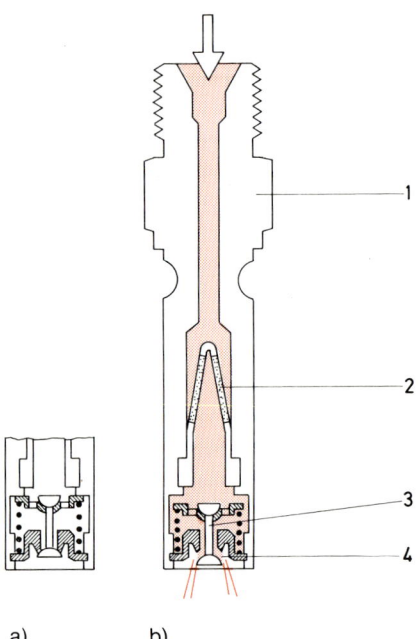

Bild 3.85   Einspritzventil (Bosch)
a) in Ruhestellung
b) in Betriebsstellung
1 Ventilgehäuse
2 Filter
3 Ventilnadel
4 Ventilsitz

a)   b)

Die Einspritzventile werden hydraulisch geöffnet, wenn der Kraftstoffdruck über 3 bis 4 bar angestiegen ist. Da sie kontinuierlich spritzen, haben sie keine Zumeßfunktion wie bei der L-Jetronic. Es sind Nadelventile, dessen Nadeln hydraulisch entgegen der Federkraft nach innen angehoben werden und mit hoher Frequenz hörbar schwingen. Dabei wird auch bei kleinen Mengen eine relativ gute Zerstäubung erreicht.

Nach dem Abstellen des Motors werden die Ventilnadeln durch die Federn auf ihren Sitz gedrückt, wenn der Vordruck im Versorgungssystem durch den Kraftstoffdruckregler auf Haltedruckhöhe, d.h. unter den Öffnungsdruck der Einspritzventile, abgesenkt worden ist.

Luftumfaßte Einspritzventile: Manche Motorhersteller verbauen luftumfaßte Einspritzventile (Bild 3.86). Diese verbessern die Gemischaufbereitung im Leerlauf, wenn sehr kleine Kraftstoffmengen eingespritzt werden. Bei Leerlaufstellung der Drosselklappe ist der Luftdruck auf der Motorseite um etwa 0,5 bar niedriger als auf der Seite zum Luftmengenmesser hin. Dadurch strömt auch ein Teil der angesaugten Luft über eine Verbindung zum Einspritzventil. Der Luftstrom umschließt den Kraftstoffstrahl, bündelt ihn und verbessert die Gemischbildung (Bild 3.87). Die luftumfaßten Ventile verringern den Kraftstoffverbrauch, den Schadstoffausstoß und verbessern das Laufverhalten des Motors im Leerlauf.

Kraftstoffzumessung

Die Aufgabe einer Gemischaufbereitungsanlage ist immer die genaue Zumessung der Kraftstoffmenge, die der von dem Motor angesaugten Luftmenge entsprechen muß.

Die Kraftstoffzumessung in der Grundfunktion, d.h. die Zumessung der Kraftstoffgrundmenge, mit der ein Motor ab einer Kühlmitteltemperatur von etwa 40 °C lauffähig ist, erfolgt durch den Gemischregler. Dieser besteht aus dem Luftmengenmesser und dem aufmontierten

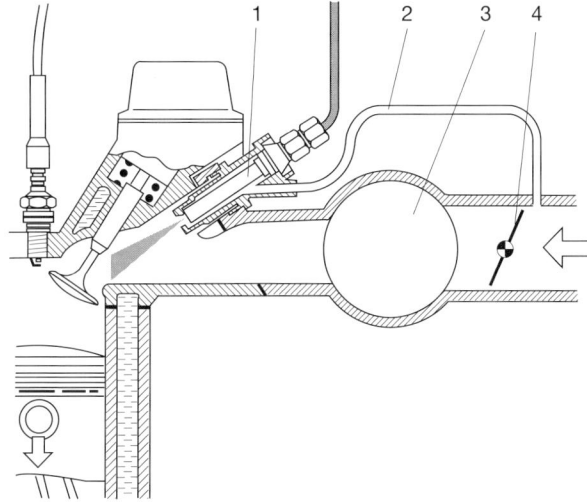

Bild 3.86 Einspritzventil mit Luft-
umfassung (Bosch)
1 Einspritzventil
2 Luftversorgungsleitung
3 Sammelsaugrohr
4 Drosselklappe

Kraftstoffmengenteiler mit angeflanschtem elektrohydraulischen Drucksteller. Bei vielen
Betriebszuständen verlangt der Motor mehr als die Bemessung der Kraftstoffgrundmenge. Es
muß dann angereichert werden (siehe nachfolgenden Abschnitt «Anpassung an die Betriebszustände»).

Bild 3.87 Strahlbilder eines KE-Jetronic-
Einspritzventils (Bosch).
Oben rechts ohne und links unten mit Luft-
umfassung. Der Luftstrom nimmt den
Kraftstoff mit und sorgt für eine feinere
Vernebelung.

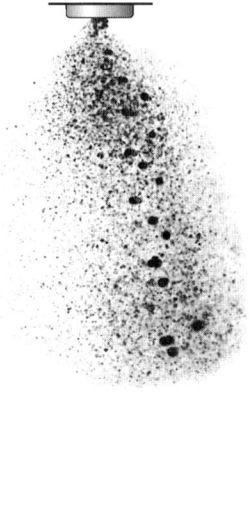

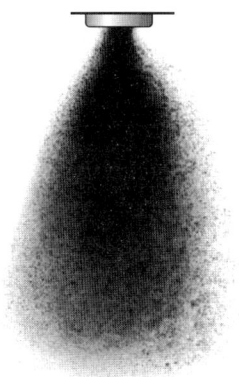

Luftmengenmesser
Es gibt Luftmengenmesser als Steigstrom-Luftmengenmesser (Bild 3.88), bei denen die runde
Stauscheibe durch den Luftstrom angehoben wird, und solche als Fallstrom-Luftmengenmesser

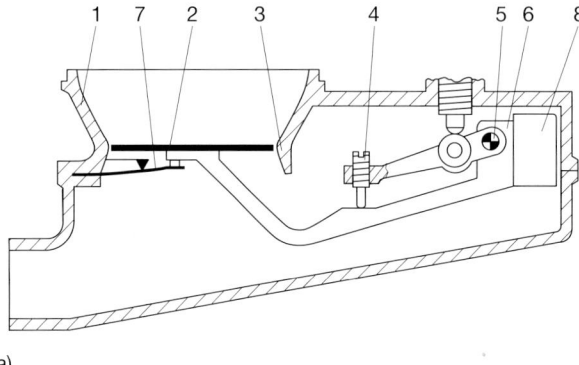

a)

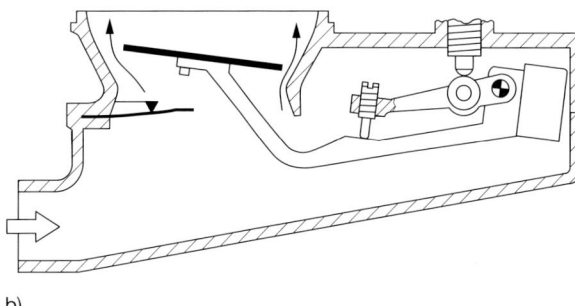

b)

Bild 3.88 Steigstrom-Luftmengenmesser (Bosch)
a) Stauscheibe in Ruhestellung
b) Stauscheibe in Arbeitsstellung
1 Lufttrichter
2 Stauscheibe
3 Entlastungsquerschnitt
4 Zwischenhebel mit Gemisch-
   einstellschraube
5 Drehpunkt
6 Verstellhebel
7 Blattfeder
8 Gegengewicht

(s. Bild 3.95), bei denen die runde Stauscheibe abgesenkt wird. Beide Luftmengenmesseraus-
führungen bestehen hauptsächlich aus dem Lufttrichter und der beweglichen Stauscheibe. Sie
arbeiten nach dem Schwebekörperprinzip, d.h., das Gewicht von Stauscheibe und Verstellhebel
wird fast ausgeglichen. Bei dem Steigstrom-Luftmengenmesser (Bild 3.88) durch ein Gegengewicht und bei dem Fallstrom-Luftmengenmesser durch eine gespannte Zugfeder. Um bei Saug-
rohrzündungen die Stauscheibe vor Beschädigung zu schützen, befindet sich im Luftmengenmesser ein Entlastungtrichter. In diesen kann die Stauscheibe eintauchen, um die Druckspitze abzubauen.

Die gesamte vom Motor angesaugte Luftmenge, immer abhängig von dem eingestellten Querschnitt an der Drosselklappe, strömt durch den Luftmengenmesser und verursacht hier einen entsprechenden Stauscheibenhub. Dieser wird über Verstell- und Zwischenhebel auf den Steuerkolben des Kraftstoffmengenteilers übertragen.

Kraftstoffmengenteiler

Der Kraftstoffmengenteiler (Bild 3.89) besteht aus dem Ober- und dem Unterteil mit einer dazwischenliegenden Membran. Durch diese Membran entstehen die Unter- und Oberkammern. Die
Unterkammern sind über einen Kanal miteinander verbunden, während die Oberkammern voneinander getrennt sind. In der Mitte des Kraftstoffmengenteilers ist der Steuerschlitzträger mit
den senkrechten Steuerschlitzen (0,1 mm breit und etwa 6 mm hoch) angeordnet. In dem Steuerschlitzträger bewegt sich der Steuerkolben, der angehoben oder abgesenkt wird. Jedem Motorzy-

236 *Gemischbildung und Verbrennung bei Ottomotoren*

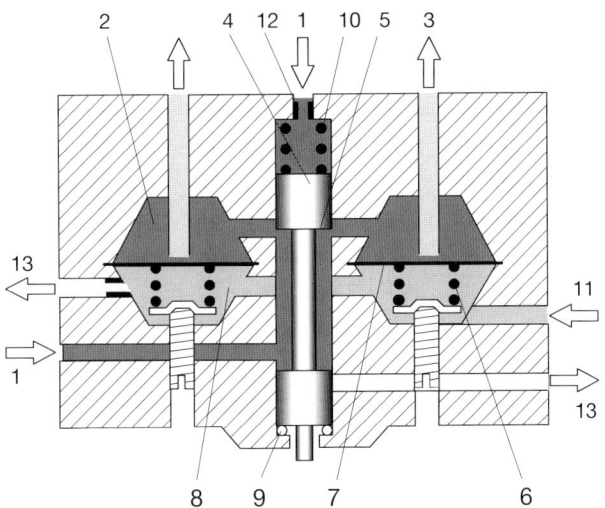

Bild 3.89   Kraftstoffmengenteiler
mit Differenzdruckventilen
(Bosch)
 1 Kraftstoffzulauf (Systemdruck)
 2 Oberkammer mit Differenz-
   druckventilrohr
 3 Leitung zum Einspritzventil
 4 Steuerkolben
 5 Steuerkante und Steuerschlitz
 6 Differenzdruckventilfeder
 7 Ventilmembran
 8 Unterkammer des Differenz-
   druckventils
 9 axialer Dichtring
10 Druckfeder
11 Kraftstoffzulauf vom elektrohydraulischen Drucksteller
12 Dämpfungsdrossel
13 Rücklaufleitung mit Rücklaufdrossel

linder sind ein Steuerschlitz, eine separate Oberkammer mit Differenzdruckventil, eine Ein-
spritzleitung und ein Einspritzventil zugeordnet.
   Die Stellung der Stauscheibe in dem Lufttrichter ist ein Maß für die vom Motor angesaugte
Luftmenge. Die Bewegung der Stauscheibe ist über den Verstell- und Zwischenhebel auf den
Steuerkolben übertragen worden. Je nach Stellung des Steuerkolbens in dem Schlitzträger bemißt
dieser einen entsprechenden Querschnitt an den Steuerschlitzen (Bild 3.90), durch die der Kraft-

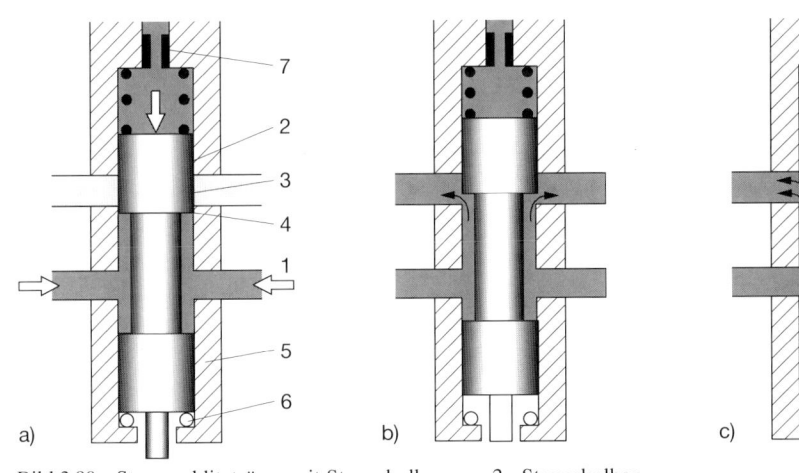

Bild 3.90   Steuerschlitzträger mit Steuerkolben   2 Steuerkolben
(Bosch)   3 Steuerschlitz im Schlitzträger
a) Ruhestellung   4 Steuerkante
b) Teillast   5 Schlitzträger
c) Vollast   6 axialer Dichtring
1 Kraftstoffzulauf   7 Dämpfungsdrossel

stoff ununterbrochen (ständig) in die Oberkammer dann über die Differenzdruckventile und den Einspritzleitungen zu den Einspritzventilen strömen kann.

Bei einem geringen Hub der Stauscheibe ist auch der Steuerkolben nur gering angehoben und hat einen entsprechend kleinen Steuerschlitz-Querschnitt bemessen. Bei einer größeren Luftmenge und somit größerem Hub an der Stauscheibe wird auch der Steuerkolben weiter angehoben und gibt einen größeren Querschnitt an den Steuerschlitzen frei. Bei dieser Kraftstoffbemessung besteht immer ein lineares Verhältnis zwischen Stauscheibenhub und bemessenem Querschnitt an den Steuerschlitzen.

In dem Raum oberhalb des Steuerkolbens steht der Systemdruck mit z.B. 5,3 bis 5,6 bar an und bildet die hydraulische Gegenkraft zur Luftkraft an der Stauscheibe des Luftmengenmessers. Eine Dämpfungsdrossel, ebenfalls oberhalb des Steuerkolbens, dämpft die Schwingungen der Stauscheibe, die am stärksten durch Pulsation der Luftsäule bei Vollast und niedriger Drehzahl entstehen. Die auf den Steuerkolben wirkende Druckfeder verhindert das Hochsaugen des Steuerkolbens durch Unterdruck beim Abkühlen des Kraftstoffs. Dies würde bei voll geöffneten Steuerschlitzen zu Startproblemen führen. Nach dem Abstellen des Motors senkt sich der Steuerkolben auf eine axial wirkende Dichtung ab. Dadurch wird der Kraftstoffaustritt in das Ansaugsystem des Motors bzw. ins Freie verhindert. Gleichzeitig hat der Steuerkolben auch die Steuerschlitze verschlossen.

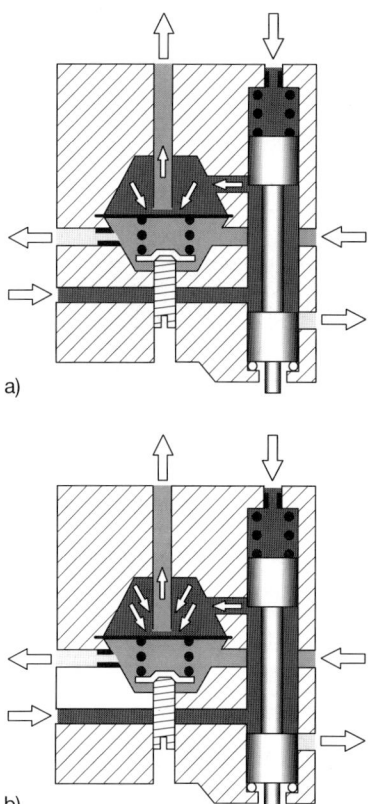

a)

b)

Bild 3.91 Differenzdruckventil (Bosch)
a) Stellung bei kleiner Einspritzmenge
b) Stellung bei großer Einspritzmenge

Differenzdruckventile

Die Differenzdruckventile (Bild 3.91) werden gebildet durch die Membran, die Ventilrohre, die in die Oberkammern ragen, und die Federn in den Unterkammern. Die Differenzdruckventile sorgen dafür, daß bei einem unterschiedlichen Steuerschlitz-Querschnitt und somit unterschiedlicher Durchflußmenge der Kraftstoffdruck in den Oberkammern immer 0,2 bar höher ist als der Kraftstoffdruck in den Unterkammern. Diese Druckdifferenz entsteht durch die Wirkung der Federn in den Unterkammern.

Der Kraftstoffdruck in den Unterkammern wird immer durch den elektrohydraulischen Drucksteller bestimmt (Bild 3.92). Zur Bemessung der Kraftstoffgrundmenge ist dieser werksseitig so eingestellt, daß er ohne Ansteuerung vom elektronischen Steuergerät in den Unterkammern einen Kraftstoffdruck bemißt, der 0,4 bar niedriger ist als der Systemdruck (z.B. 5,6 bar), der an den Steuerschlitzen ansteht. Somit herrscht bei einem bestehenden Kräftegleichgewicht an der Membran in den Unterkammern ein Kraftstoffdruck von 5,2 bar plus 0,2 bar durch die wirksame Differenzdruckventilfeder und in den Oberkammern ein Kraftstoffdruck von 5,4 bar. Zu dem

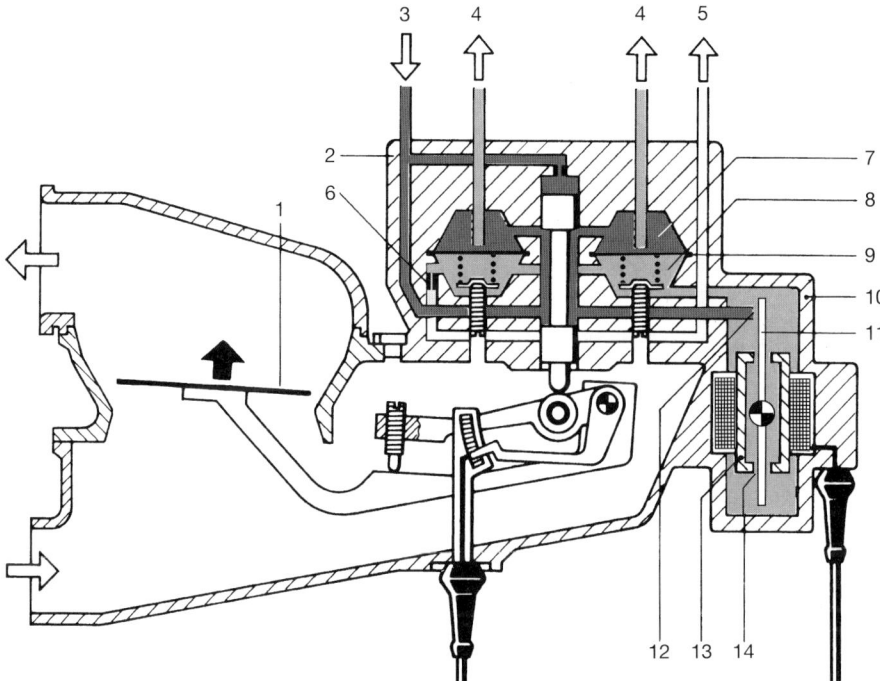

Bild 3.92   Elektrohydraulischer Drucksteller am
Mengenteiler (Bosch)

1 Stauscheibe
2 Mengenteiler
3 Kraftstoffzufluß (Systemdruck)
4 Kraftstoffabfluß zu den Einspritzventilen
5 Kraftstoffrücklaufleitung zum Kraftstoffdruckregler
6 Rücklaufdrossel
7 Oberkammer
8 Unterkammer
9 Membran
10 elektrohydraulischer Drucksteller
11 Prallplatte
12 Zulaufdüse
13 Magnetpol
14 Luftspalt

Systemdruck von z.B. 5,6 bar vor den Steuerschlitzen besteht in diesem Fall ein Druckgefälle von 0,2 bar.

Bei der Bemessung einer kleinen Kraftstoffgrundmenge ist der Steuerkolben nur wenig angehoben und hat einen kleinen Steuerschlitz-Querschnitt aufgesteuert (Bild 3.91a). Über diesen fließt, bei einem Druckgefälle von 0,2 bar, ununterbrochen Kraftstoff in die Oberkammern. Die Membran ist nur gering nach unten gewölbt, und die Differenzdruckventile sind nur soweit geöffnet, daß sie bei dem bestehenden Kräftegleichgewicht die einströmende Kraftstoffmenge ununterbrochen abfließen lassen. Wird der Steuerkolben weiter angehoben und strömt eine große Kraftstoffgrundmenge in die Oberkammern, wölbt sich die Membran aufgrund des momentan höheren Kraftstoffdrucks weiter nach unten (Bild 3.91b). Die Differenzdruckventile öffnen besonders weit und lassen die große Kraftstoffmenge abfließen. Dadurch sinkt der Oberkammerdruck, und die Differenzdruckventile schließen soweit, bis wieder ein Kräftegleichgewicht zwischen Unter- und Oberkammer besteht.

Elektrohydraulischer Drucksteller
Der elektrohydraulische Drucksteller ist seitlich an den Kraftstoffmengenteiler angeflanscht (Bild 3.92) und zwischen dem Teil des Kraftstoffmengenteilers mit Systemdruck (z.B. 5,3 bis 5,6 bar) und den Unterkammern angeordnet. In dem Gehäuse (Bild 3.93) aus nichtmagnetischem

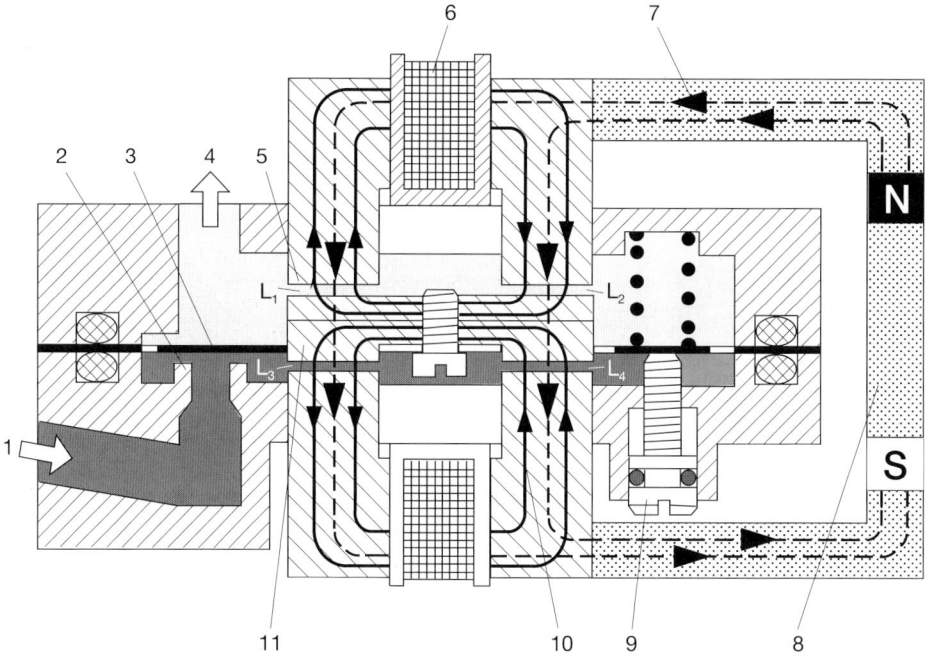

Bild 3.93 Querschnitt des elektrohyraulischen Druckstellers (Bosch)
 1 Kraftstoffzufluß (Systemdruck)
 2 Zuflußdüse
 3 Prallplatte
 4 Kraftstoffabluß zu den Unterkammern
 5 Magnetpol

6 Magnetspule
7 Dauermagnetfluß
8 Permanentmagnet (um 90° in die Zeichenebene gerückt)
9 Einstellschraube für Grundmoment
10 Elektromagnetfluß
11 Anker (L_1 bis L_4 Luftspalte)

Material befindet sich ein Permanentmagnet (um 90° in die Zeichnungsebene gerückt) und eine Magnetspule, die vom Steuergerät bestromt werden kann. Dazwischen ist ein Anker angeordnet, der die Membranplatte (Prallplatte) betätigt. Durch die Lage der Prallplatte zu der Düse wird die Kraftstoff-Durchflußmenge bestimmt, die ununterbrochen aus dem Teil der Anlage mit Systemdruck (z.B. 5,6 bar) in den Bereich der Unterkammern und weiter über die Festdrossel zum Kraftstoffbehälter strömt.

Durch die Wirkung des Permanentmagneten und durch die werksseitige Grundeinstellung an der Einstellschraube wird im stromlosen Zustand bei geringer Drosselwirkung ein Druck in den Unterkammern bemessen, der 0,4 bar niedriger ist als der Systemdruck. Bei diesem Druckunterschied (Differenzdruck) von 0,4 bar wird die Kraftstoffgrundmenge bemessen, die $\lambda = 1$ entspricht. Ausgehend von einem Systemdruck 5,6 bar, ergibt das einen Unterkammerdruck von 5,2 bar und durch die Wirkung der Feder in der Unterkammer einen Oberkammerdruck von 5,4 bar. Bei dem Druckunterschied zwischen System- und Oberkammerdruck von nur 0,2 bar strömt ununterbrochen und mit geringer Geschwindigkeit die Kraftstoffmenge über die nur wenig geöffneten Differenzdruckventile zu den Einspritzventilen, die der Kraftstoffgrundmenge entspricht.

Bei der Bestromung des elektrohydraulischen Druckstellers bis maximal 150 mA wird durch die Ankerbewegung der Zufluß zu den Unterkammern soweit gedrosselt, daß dadurch der Unterkammerdruck um bis zu 1,5 bar absinkt. Im gleichen Verhältnis sinkt auch der Oberkammerdruck. Die Differenzdruckventile werden weiter geöffnet und durch den großen Druckunterschied zum Systemdruck fließt, bei gleichem Steuerschlitz-Querschnitt, mit höherer Geschwindigkeit entsprechend mehr als die Kraftstoffgrundmenge zu den Einspritzventilen.

Während der Sperrung der Einspritzung im Schiebebetrieb bzw. beim Begrenzen der Drehzahl wird vom Steuergerät der Druckstellerstrom umgepolt. Mit diesem Stellerstrom in Höhe von etwa 60 mA wird erreicht, daß der Anker die Prallplatte voll von der Düse abzieht und der Systemdruck in voller Höhe in den Unterkammern und auch in den Oberkammern herrscht. Durch die Wirkung der Federn in den Unterkammern werden die Differenzdruckventile geschlossen und die Einspritzung gesperrt.

Bei bestehender *Lambda-Regelung* wird vom Steuergerät der Druckstellerstrom in schneller Folge um ±1 mA umgepolt. Dadurch ändert sich auch geringfügig der Differenz- bzw. der Unterkammerdruck. Bei 1 mA Stellerstrom wird z.B. der Unterkammerdruck gering abgesenkt und die Differenzdruckventile weiter geöffnet; es besteht die Regelung in Richtung «fett». Nach Änderung der Stromflußrichtung erhöht sich bei 1 mA der Unterkammerdruck, und die Differenzdruckventile schließen etwas; es besteht die Regelung in Richtung «mager».

Anpassung an die Betriebszustände

Bemessung der Kraftstoffgrundmenge: Als die Kraftstoffgrundmenge bezeichnet man die Menge, die ein betriebswarmer Motor ab einer Kühlmitteltemperatur von etwa 40 °C im Leerlauf und bei Teillast bemessen bekommt und dabei dem Kraftstoff-Luft-Verhältnis von 1 : 14,8 ($\lambda = 1$) entspricht. Bei allen anderen Betriebszuständen muß mehr als die Kraftstoffgrundmenge bemessen, es muß angereichert werden, und das ist der Fall bei: Kaltstart, Nachstart, Warmlauf, Beschleunigung und bei Vollast.

Bei einem Motor mit KE-Jetronic wird die Kraftstoffgrundmenge im Leerlauf und bei Teillast mechanisch durch die Kegelwinkel im Lufttrichter des Luftmengenmessers bestimmt (Bild 3.94). Der Lufttrichter ist so geformt, daß sich entsprechend der Stauscheibenstellung im Leerlauf und bei Teillast ein Kraftstoff-Luft-Verhältnis von 1 : 14,8 ($\lambda = 1$) einstellt. Bei Vollast zur Erreichung der Höchstleistung ist der Kegelwinkel entsprechend kleiner bemessen.

Wenn jetzt bei einer Kühlmitteltemperatur ab 40 °C und bei stromlosem elektrohydraulischen Drucksteller die vom Motor angesaugte Luftmenge durch den Lufttrichter des Luftmengenmes-

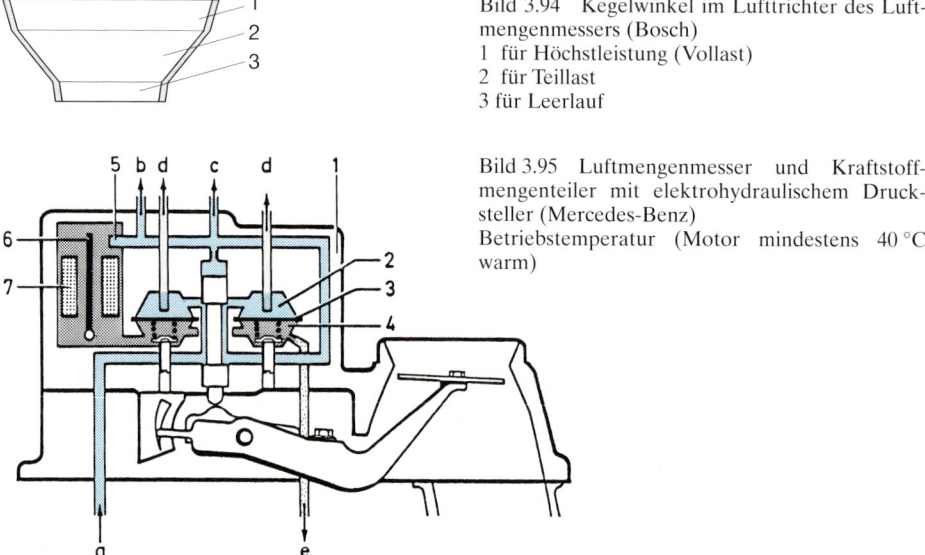

Bild 3.94 Kegelwinkel im Lufttrichter des Luftmengenmessers (Bosch)
1 für Höchstleistung (Vollast)
2 für Teillast
3 für Leerlauf

Bild 3.95 Luftmengenmesser und Kraftstoffmengenteiler mit elektrohydraulischem Drucksteller (Mercedes-Benz)
Betriebstemperatur (Motor mindestens 40 °C
warm)

sers strömt, verursacht sie hier einen entsprechenden Stauscheibenhub (Bild 3.95). Dieser Stauscheibenhub wird über den Verstellhebel und den Zwischenhebel auf den Steuerkolben des
Kraftstoffmengenteilers übertragen. Der Steuerkolben wird dabei soweit angehoben, bis die Luftkraft an der Stauscheibe im Kräftegleichgewicht mit der hydraulischen Gegenkraft an dem Steuerkolben steht. Der angehobene Steuerkolben öffnet die Steuerschlitze so weit, daß über die Differenzdruckventile, Einspritzleitungen und den Einspritzventilen die Kraftstoffgrundmenge
fließt. Der Unterkammerdruck ist dann 0,4 bar niedriger als der Systemdruck und der Oberkammerdruck 0,2 bar höher als der Unterkammerdruck (bedingt durch die Federn).

Elektronisches Steuergerät: Das elektronische Steuergerät bekommt von den Sensoren die Kenngrößen über den jeweiligen Betriebszustand des Motors geliefert. Nach der Auswertung dieser
Kenngrößen bildet es daraus einen Steuerstrom im Milliampere-Bereich für den elektrohydraulischen Drucksteller. Von den Sensoren gehen die in Tabelle 3.1 aufgeführten Betriebskenngrößen
ein.

Das Steuergerät mit den Modulen für Lambda-Regelung und Leerlaufdrehzahlregelung ist in
Analog-Digital-Mischtechnik oder in reiner Digitaltechnik gebaut. Die auf einer Leiterplatte
untergebrachten elektronischen Bauelemente sind integrierte Schaltungen, so z.B. Operationsverstärker, Komparatoren (Vergleicher), ein Spannungsstabilisator und Transistoren, Widerstände, Dioden und Kondensatoren. Ein 25poliger Stecker verbindet das Steuergerät einmal mit
der Fahrzeugbatterie und außerdem mit den Sensoren (Gebern) und den Stellgliedern wie elektrohydraulischer Drucksteller und Leerlaufdrehsteller.

Das Steuergerät arbeitet mit einer stabilen Spannung von 5 Volt, die unabhängig von der Bordnetzspannung konstant sein muß. Diese Stabilisierung der Steuergerätespannung geschieht in
einer integrierten Schaltung. Die einzige Endstufe des Steuergeräts erzeugt den Ansteuerstrom in
unterschiedlicher Höhe für den elektrohydraulischen Drucksteller.

Tabelle 3.1

Betriebskenngröße	Sensor
Vollast	vom geschlossenen Vollastkontakt im Drosselklappenschalter
Leerlauf	vom geschlossenen Leerlaufkontakt im Drosselklappenschalter
Drehzahl	vom Zündauslösesystem (z.B. Klemme 1 der Zündanlage)
Startbeginn und Startende	vom Zünd-Start-Schalter
Motortemperatur	vom Motortemperaturfühler (NTC II)
Stauchscheibenstellung	vom Luftmengenmesser-Potentiometer
Gemischzusammensetzung (Restsauerstoffgehalt im Abgas)	von der Lambda-Sonde

Mit einem stetig angesteuerten Transistor läßt sich die Stromstärke in Milliampere im Druck-steller in positiver Richtung beliebig bemessen. In umgepolter Richtung fließt der Strom im Schie-bebetrieb bzw. bei der Drehzahlbegrenzung. Der Strom beeinflußt dabei immer den Unterkam-merdruck im Kraftstoffmengenteiler.

Kaltstartanreicherung: Bei Kaltstart verarmt das angesaugte Kraftstoff-Luft-Gemisch, d.h., es magert ab, weil die schwersiedenden Bestandteile des Kraftstoffs an den kalten Saugkanal- und Zylinderwandungen niederschlagen. Dadurch werden höchstens (natürlich temperaturabhängig) 60% der Kraftstoffmenge dampfförmig. Es fehlen somit mindestens 40%, und das Gemisch ist nicht brennfähig. Um diese Verluste auszugleichen, muß entsprechend der jeweiligen Motortem-peratur die Kraftstoffmenge größer bemessen (angereichert) werden.

Bei der KE-Jetronic wird diese Anreicherungsmenge einmal über die Einspritzventile und gleichzeitig über das Elektrokaltstartventil eingespritzt.

Kaltstartanreicherung über die Einspritzventile: Diese Anreicherung steuert das Steuergerät. Es bekommt einmal von dem Temperaturfühler als negativer Temperaturkoeffizient (NTC II) im Zylinderkopf die Kühlmitteltemperatur mitgeteilt (s. Bild 3.79). Der aus einem Widerstand beste-hende Fühler besitzt im kalten Zustand einen hohen Widerstandswert, so daß die vom Steuer-gerät angelegte Spannung in Höhe von etwa 5 Volt wenig verringert wird. Mit ansteigender Tem-peratur nimmt der Widerstand und im selben Verhältnis auch die Spannung ab. Dieses elektrische Signal wird vom Steuergerät erfaßt und verarbeitet. Außerdem benötigt das Steuergerät von Klemme 50 des Zünd-Start-Schalters das Signal von Startbeginn und Startende.

Bei Startbeginn und einer Kühlmitteltemperatur unter 40 °C wird von dem Steuergerät für etwa 1,5 Sekunden ein hoher Drucksteller strom von bis zu 150 mA bemessen. Dadurch werden aufgrund des hohen Differenzdrucks von 1,5 bar der Unterkammerdruck und im Verhältnis auch der Oberkammerdruck weit abgesenkt (Bild 3.96). Bei den weit geöffneten Differenzdruckventi-len und bei dem großen Druckgefälle zwischen dem Systemdruck vor und dem Oberkammer-druck nach den Steuerschlitzen fließen mit höherer Geschwindigkeit bis zu 100 bis 125% mehr als die Kraftstoffgrundmenge zu den Einspritzventilen. Das entspricht, wenn die Kraftstoffgrund-menge den Faktor 1 bekommt, einem Anreicherungsfaktor von 2,0 bis 2,25 bar.

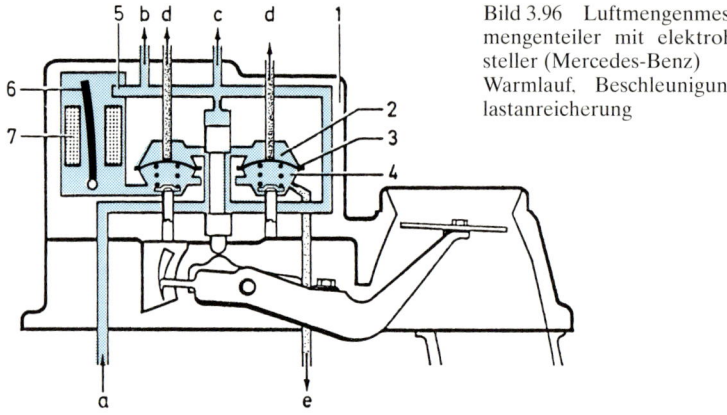

Bild 3.96 Luftmengenmesser und Kraftstoff-mengenteiler mit elektrohydraulischem Druck-steller (Mercedes-Benz)
Warmlauf, Beschleunigungsanreicherung, Voll-lastanreicherung

Nach diesen 1,5 Sekunden wird von dem Steuergerät der Druckstellerstrom auf einen temperaturabhängigen Nachstartanreicherungswert von z.B. 70 bis 80 mA zurückgenommen. Entsprechend nimmt der Differenzdruck ab, und der Unter- sowie der Oberkammerdruck steigen an. Die Differenzdruckventile verringern den Durchflußquerschnitt, und es fließt weniger als vorher zu den Einspritzventilen. Dabei stellt sich ein Faktor von etwa 1,7 ein, es werden nur noch 70% mehr als die Kraftstoffgrundmenge eingespritzt. Über das Startende hinaus bleibt dieser Anreicherungsfaktor für etwa 4 Sekunden lang bestehen.

Kaltstartanreicherung über das Elektrokaltstartventil: Das Elektrokaltstartventil ist in das Hauptansaugrohr eingesetzt (Bilder 3.79 und 3.97). Es muß zusätzlich Kraftstoff für alle Zylinder einspritzen, weil die Anreicherungsmenge, die über die Einspritzventile eingespritzt wird, nicht

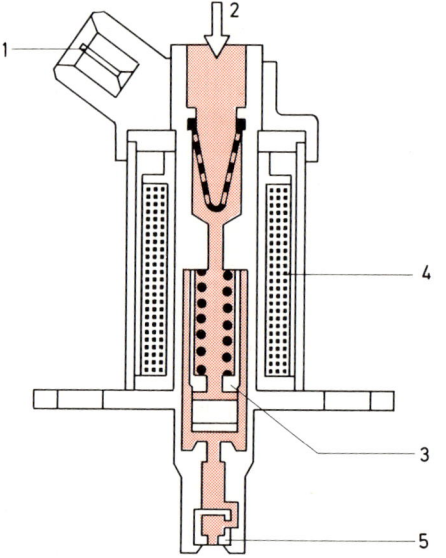

Bild 3.97   Elektro-Kaltstartventil geöffnet (Bosch)
1 elektrischer Anschluß
2 Kraftstoffzulauf mit Sieb
3 Ventil (Magnetanker)
4 Magnetwicklung
5 Dralldüse

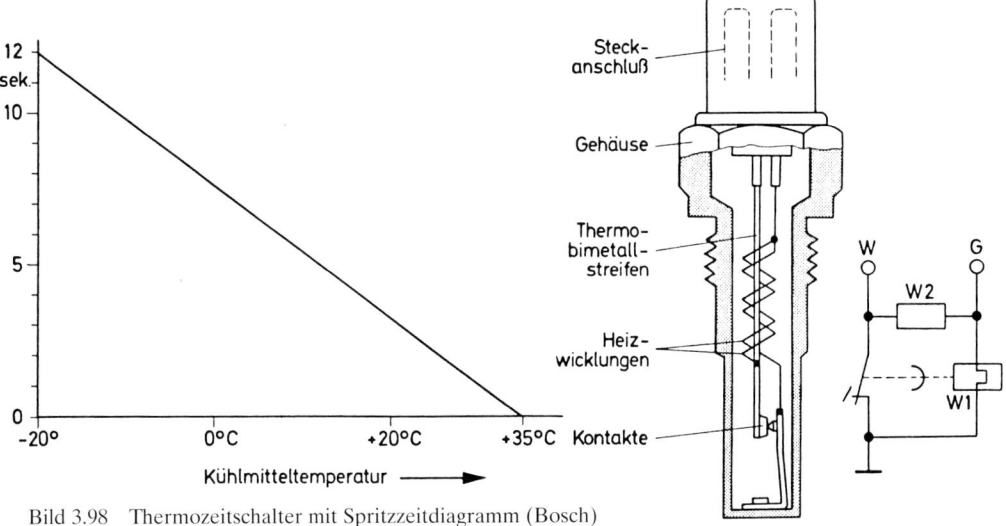

Bild 3.98   Thermozeitschalter mit Spritzzeitdiagramm (Bosch)

ausreicht. Es ist ein elektromagnetisch betätigtes Ventil. Im Ventil sitzt die Magnetwicklung. In Ruhestellung preßt eine Feder den beweglichen Anker des Elektromagneten gegen eine Dichtung und verschließt das Ventil. Die Magnetwicklung ist bei einer einfachen Ansteuerung plusseitig mit der Klemme 50 des Zünd-Start-Schalters verbunden. Minusseitig wird temperaturabhängig durch den Thermozeitschalter (Bild 3.98) die Verbindung mit der Fahrzeugmasse hergestellt.

Der Thermozeitschalter besteht aus einem elektrisch beheizten Bimetallstreifen, der in Abhängigkeit von seiner Temperatur einen Kontakt schließt oder öffnet. Die Heizwicklung ist ebenfalls an der Klemme 50 angeschlossen. Somit ist die Einschaltdauer abhängig von der Erwärmung durch den Motor und durch die der Heizwicklung.

Bei Startbeginn und bei einer Kühlmitteltemperatur unterhalb von 35 °C (siehe Spritzzeitdiagramm Bild 3.98) wird elektromagnetisch der Anker betätigt und das Ventil geöffnet. Es spritzt so lange ein, bis der Startvorgang beendet wird, d.h. bis die Klemme 50 abfällt oder bis bei längerem Starten temperaturabhängig durch den Thermozeitschalter die Masseverbindung unterbrochen wird.

Nachstartanreicherung: Die Nachstartanreicherung muß für kurze Zeit dafür sorgen, daß der Motor nach Startende bis zum Beginn der Warmlaufanreicherung gut durchläuft, und das bei allen Temperaturen mit einem möglichst niedrigen Kraftstoffverbrauch. Die Nachstartanreicherung arbeitet temperatur- und zeitabhängig. Sie wird bei Startende von einem temperaturabhängigen Anfangsfaktor von z.B. 1,7 – das sind etwa 70% mehr als die Kraftstoffgrundmenge – bis zu 4 Sekunden auf diesen höheren Wert gehalten und dann linear mit der Zeit auf den Faktor der Warmlaufanreicherung von z.B. 1,3 zurückgenommen. Bei einer Kühlmitteltemperatur von 20 °C ist dieser Vorgang nach etwa 20 Sekunden abgelaufen.

Warmlaufanreicherung: An den Kaltstart und die Nachstartphase schließt sich die Warmlaufphase des Motors an. Der Motor benötigt immer noch etwas mehr als die Kraftstoffgrundmenge,

Kraftstoffeinspritzung bei Ottomotoren **245**

weil ein Teil des Kraftstoffs ohne zu verdampfen an den kalten Saugkanal- und Zylinderwandungen niederschlägt.

Die Warmlaufanreicherung beginnt mit einem temperaturabhängigen Faktor von z.B. 1,3. Mit der Erwärmung des Motors nimmt das Steuergerät aufgrund der Information des Thermofühlers NTC II den Drucckstellerstrom stufenlos zurück und bemißt bei 40 °C null Milliampere. Durch die Zurücknahme des Drucckstellerstroms bis auf null Milliampere hat sich der Differenzdruck bis auf den Grundwert von 0,4 bar verringert. Dadurch ist der Unterkammerdruck und im gleichen Verhältnis auch der Oberkammerdruck angestiegen. Die Differenzdruckventile sind soweit geschlossen worden, daß nur noch die Kraftstoffgrundmenge zu den Einspritzventilen fließt.

Kaltleerlaufsteuerung: Zur Überwindung der erhöhten Reibleistung bzw. der höheren Widerstände benötigt der kalte Motor eine größere angereicherte Gemischmenge. Die wird durch einen Zusatzluftschieber bemessen, der in einem Umgehungskanal des Drosselklappenstutzens eingesetzt ist (Bilder 3.79 und 3.99). In dem Gehäuse wird eine Kunststoffblende (Bild 3.100) durch ein Bimetall in Richtung «Öffnen» und durch eine Zugfeder in Richtung «Schließen» betätigt. Dieses Bimetall ist mit einer elektrischen Heizwicklung umgeben. Im kalten Zustand ist die Kunststoffblende durch das Bimetall, abhängig von der Umgebungstemperatur, geöffnet. Dadurch stellt sich aufgrund des bemessenen Querschnitts eine Kaltleerlaufdrehzahl von etwa 1000 bis 1200 min^{-1} ein. Da die Heizwicklung mit an der Spannungsversorgung der Elektrokraftstoffpumpe hängt, setzt mit dem Starten die Beheizung des Bimetalls ein. Die Kraft des Bimetalls wird geringer, und im gleichen Verhältnis nimmt die der Zugfeder zu. Durch diesen Vorgang wird die Kunststoffblende stufenlos in Richtung «Schließen» betätigt und die Drehzahl nach etwa 1 bis 3 Minuten auf die normale Leerlaufdrehzahl von z.B. 800 min^{-1} abgesenkt.

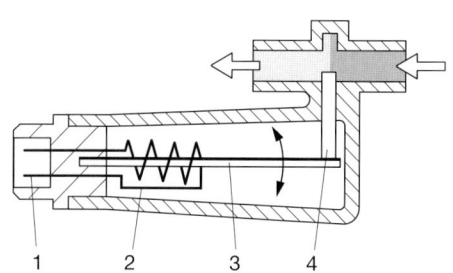

Bild 3.99   Elektrisch beheizter Zusatzluftschieber (Bosch)
1 elektrischer Anschluß
2 elektrische Heizung
3 Bimetall
4 Lochblende

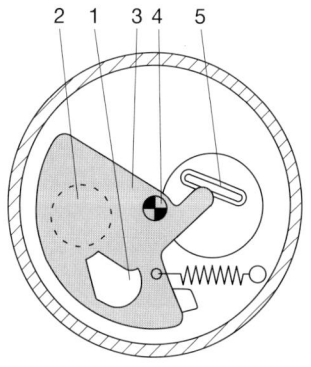

Bild 3.100   Zusatzluftschieber (Querschnitt) (Bosch)
1 Blendenöffnung
2 Luftkanal
3 Lochblende
4 Lagerbolzen
5 elektrische Heizung

Leerlaufdrehzahlregelung: Die Leerlaufdrehzahlregelung ist bei kaltem sowie bei warmem Motor wirksam. Das elektronische Steuergerät sorgt dafür, daß unter allen Betriebsbedingungen, wie Überwindung der höheren Reibmomente bei kaltem Motor, bei höherer Belastung durch den Generator, der Klimaanlage und der eingelegten Fahrstufe bei Automatikgetriebe, die Leerlaufdrehzahl immer konstant gehalten wird.

Durch die Leerlaufdrehzahlregelung sinkt aufgrund der niedrigen Leerlaufdrehzahl der Kraftstoffverbrauch, und das hauptsächlich im Kurzstreckenbetrieb. Außerdem bleiben auch die Abgaswerte über einen langen Zeitraum konstant, ohne daß eine Einstellung des Leerlaufs erforderlich ist.

Bei einer Einspritzanlage mit Leerlaufdrehzahlregelung (Bild 3.101) ist statt des Zusatzluftschiebers ein Leerlaufdrehsteller (Bild 3.102) in den Umgehungskanal des Drosselklappenstutzens eingesetzt. Der Leerlaufdrehsteller, z.B. als Einwicklungsdrehsteller, wird von dem Steuergerät elektrisch angesteuert. In dem Drehsteller ist auf der Ankerwelle der Drehschieber befestigt. Er hat einen auf 60° begrenzten Drehwinkel und öffnet den Querschnitt in dem Umgehungskanal so weit, daß die verlangte Leerlaufdrehzahl sich unabhängig von der Belastung des Motors einstellt. Dabei wird die Ankerwelle von einer Feder in Richtung «Schließen» und durch die elektromagnetische Verdrehkraft, die von der Wicklung ausgeht, in Richtung «Öffnen» betätigt.

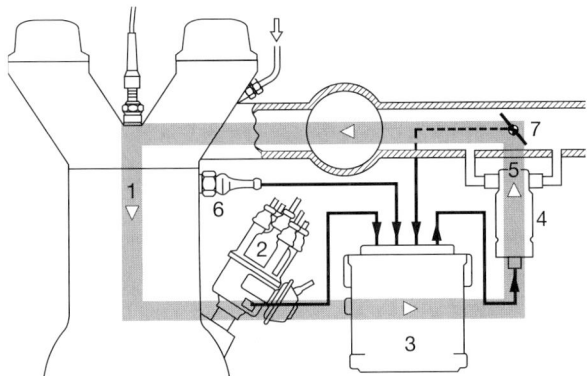

Bild 3.101   Regelkreis Leerlaufregelung (Bosch)
1 Regelstrecke: Motor
2 Regelgröße: Drehzahl (n)
3 Regler: Steuergerät liefert Ansteuerspannung (U_v)
4 Stellglied: Leerlauf-Drehsteller
5 Stellgröße: Bypassquerschnitt (Ansaugvolumen V_G)
6 Hilfssteuergröße: Motortemperatur (t_M)
7 Hilfssteuergröße: Drosselklappenstellung (Leerlauf, geschlossener Leerlaufkontakt im Drosselklappenschalter)

Für die Leerlaufdrehzahlregelung empfängt das elektronische Steuergerät folgende Informationen:

❐ die Drehzahl von dem Zündsystem (z.B. Klemme 1),
❐ die Leerlaufstellung der Drosselklappe von dem geschlossenen Leerlaufkontakt im Drosselklappenschalter,
❐ die Motortemperatur von dem Temperaturfühler (NTC II),
❐ den eingeschalteten Klimakompressor von dem Klimaschalter,
❐ die eingelegte Fahrstufe von dem Getriebeschalter.

Aufgrund dieser Informationen bemißt das Steuergerät einen getakteten, d.h. einen ein- und ausgeschalteten Leerlauf-Drehstellerstrom. So wird z.B. bei Erhöhung der Belastung und bei dem damit verbundenen Drehzahlabfall der Strom innerhalb der Periode (100%) mit einem größeren Tastverhältnis länger eingeschaltet gelassen und der Drehschieber weiter geöffnet. Dieses Ver-

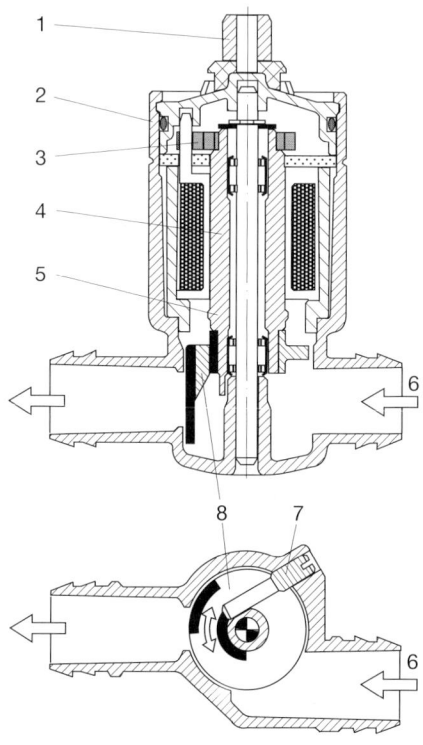

Bild 3.102 Leerlaufdrehsteller (Einwicklungsdrehsteller) (Bosch)
1 elektrischer Anschluß
2 Gehäuse
3 Rückstellfeder
4 Wicklung
5 Drehanker
6 Luftkanal als Umgehung zur Drosselklappe
7 einstellbarer Anschlag für Notquerschnitt
8 Drehschieber

drehen erfolgt so lange, bis die Istdrehzahl wieder auf die programmierte Solldrehzahl angestiegen ist. Umgekehrt bleibt bei Lastwegnahme und Drehzahlanstieg der Stellerstrom innerhalb des
Tastverhältnisses kürzer eingeschaltet, und der Drehschieber wird in Richtung «Schließen» verdreht. Bei Ausfall der Ansteuerung durch das Steuergerät wird der Drehschieber durch die Feder
auf einen Notquerschnitt gestellt, bei dem sich eine erhöhte Leerlaufdrehzahl von etwa 1000
min^{-1} einstellt. Mit dieser Drehzahl läuft auch ein kalter Motor noch gut durch.

Übergangsanreicherung: Die Übergangsanreicherung ist beim Übergang vom Leerlauf in die Teillast nötig. Während des Leerlaufs saugt der Motor aufgrund des hohen Unterdrucks die Saugkanalwände trocken. Beim Öffnen der Drosselklappe magert aus diesem Grund das Kraftstoff-Luft-
Gemisch ab. Es muß kurzzeitig eine Gemischanreicherung bestehen, um den Kraftstoffverlust,
der zur Wandbenetzung nötig ist, auszugleichen.

Bei der KE-Jetronic ist dafür keine besondere Maßnahme erforderlich. Die Übergangsanreicherung ergibt sich aus der Tatsache, daß beim Öffnen der Drosselklappe der Kraftstoff von dem
Kraftstoffmengenteiler zu den Einspritzventilen schneller strömt als die Luft von dem Luftmengenmesser zu den Saugkanälen des Motors. Dadurch besteht kurzzeitig ein etwas fetteres
Gemisch.

Beschleunigungsanreicherung: Bei der KE-Jetronic wird die Beschleunigungsanreicherung temperaturabhängig gesteuert. Es wird zwischen dem warmen und dem kalten Motor unterschieden.

248 *Gemischbildung und Verbrennung bei Ottomotoren*

Die Beschleunigungsanreicherung ist aus dem gleichen Grund wie die Übergangsanreicherung erforderlich. Wird bei Teillast die Drosselklappe schnell geöffnet, ohne daß sie die Vollaststellung einnimmt, kommt es durch die Saugkanalwandbenetzung kurzzeitig zum Abmagern des Kraftstoff-Luft-Gemisches. Dieser Kraftstoffverlust muß durch das Anreichern ausgeglichen werden.

Anreichern bei betriebswarmen Motor: Ab einer Kühlmitteltemperatur von etwa 40 °C läuft der Anreicherungsvorgang nur mechanisch ohne eine elektronische Zusatzfunktion ab.

Beim plötzlichen schnellen Öffnen der Drosselklappe wird durch das starke Saugen des Motors die Stauscheibe im Luftmengenmesser ebenso schnell betätigt. Durch ihr kurzzeitiges Überschwingen über die Stellung hinaus, die der Drosselklappenstellung entspricht, wird über den Verstell- und Zwischenhebel auch der Steuerkolben angehoben. Durch das kurzzeitige Anheben des Steuerkolbens für 1 bis 2 Sekunden fließt über die weiter geöffneten Steuerschlitze eine Kraftstoffmenge, die im Verhältnis zur angesaugten Luftmenge einem Kraftstoff-Luft-Gemischverhältnis von etwa 1 : 13 ($\lambda = 0,9$) entspricht.

Anreichern bei kaltem Motor: Beim Beschleunigen unterhalb einer Kühlmitteltemperatur von etwa 40 °C wird einmal – wie auch beim warmen Motor – durch das Überschwingen der Stauscheibe angereichert. Da jedoch diese Anreicherungsmenge nicht ausreicht, muß noch zusätzlich elektronisch gesteuert angereichert werden. Das Steuergerät bekommt von dem Luftmengenmesser-Potentiometer (s. Bilder 3.79 und 3.103) die Information über die Gasgebegeschwindigkeit. Es erkennt, ob es ein normales Gasgeben oder ein Beschleunigungsvorgang ist, und bemißt temperaturabhängig für etwa 1 bis 2 Sekunden einen entsprechend höheren Druckstellerstrom. Dadurch erhöht sich der Differenzdruck – der Druckunterschied zwischen System- und Unterkammerdruck –, und der Unterkammerdruck sinkt weiter ab (Bild 3.96).

Da in dem gleichen Verhältnis auch der Druck in den Oberkammern absinkt, öffnen die Differenzdruckventile weiter und lassen entsprechend mehr Kraftstoff zu den Einspritzventilen fließen, um das Gemisch brennfähig zu halten.

Vollastanreicherung: Bei Vollast gibt der Motor in der Nenndrehzahl seine höchste Leistung und in dem mittleren Drehzahlbereich – aufgrund der besten Zylinderfüllung – sein höchstes Drehmoment ab. Unter diesen Vollastbedingungen muß gegenüber der Teillast das Kraftstoff-Luft-Gemisch angereichert werden. Bei Motoren mit der KE-Jetronic wird zwischen der Vollastanreicherung bei hoher und mittlerer Drehzahl unterschieden.

Vollastanreicherung bei hoher Drehzahl: Bei betriebswarmem Motor und hoher Drehzahl stellt sich die Vollastanreicherung dadurch ein, daß die Stauscheibe aufgrund des kleinen Kegelwinkels im oberen Teil des Lufttrichters (siehe Bild 3.94) besonders weit angehoben wird. Durch den mit-

Bild 3.103 Potentiometer zur Ermittlung der Stauscheibenstellung (Bosch)
1 Abgriffbürste
2 Hauptbürste
3 Schleiferhebel
4 Potentiometerplatte
  (aus der Bildebene gerückt)
5 Gehäuse des Luftmengenmessers
6 Luftmengenmesserachse

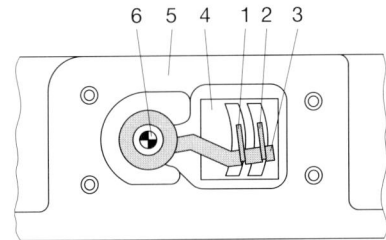

angehobenen Steuerkolben wird ein größerer Steuerschlitz-Querschnitt bemessen. Die darüber fließende Kraftstoffmenge läßt im Verhältnis zu der angesaugten Luftmenge ein Kraftstoff-Luft-Gemischverhältnis von 1 : 13 ($\lambda = 0,9$) entstehen.

Vollastanreicherung bei mittlerer Drehzahl: Bei betriebswarmem Motor und mittlerer Drehzahl, z.B. zwischen 1000 und 3000 min^{-1}, stellt sich die Vollastanreicherung durch den entsprechenden Stauscheibenhub ein. Da aber bei mittlerer Drehzahl aufgrund weniger Saughübe pro Minute auch in der Zeit weniger Luft durch den Luftmengenmesser strömt, nimmt die Luftkraft an der Stauscheibe geringfügig ab. Die hydraulische Gegenkraft auf dem Steuerkolben drückt diesen und die Stauscheibe etwas nach unten.

Durch den kleiner bemessenen Steuerschlitz-Querschnitt wird die Vollastanreicherung verringert. Diesen Kraftstoffmengenabfall gleicht das elektronische Steuergerät aus. Der geschlossene Vollastkontakt im Drosselklappenschalter (Bild 3.104) liefert das Vollastsignal, und die Drehzahlinformation kommt von der Zündanlage (z.B. Klemme 1). Nach Verarbeitung dieser Signale bemißt das Steuergerät einen Druckstellerstrom von etwa 6 mA. Dadurch wird der Kraftstoffdruck in den Unter- und in dem gleichen Verhältnis auch in den Oberkammern geringfügig abgesenkt (siehe Bild 3.96). Die Differenzdruckventile werden weiter geöffnet, und bei dem kleineren Steuerschlitz-Querschnitt fließt jetzt wieder, aber mit höherer Geschwindigkeit, die erforderliche Vollastmenge zu den Einspritzventilen.

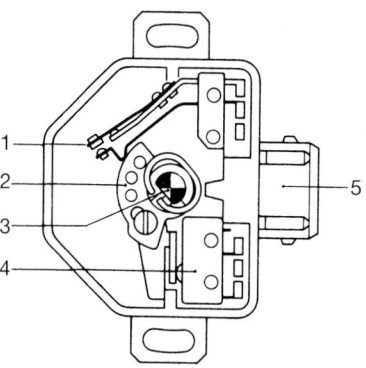

Bild 3.104   Drosselklappenschalter (Bosch)
1 Vollastkontakt
2 Schaltkulisse
3 Drosselklappenwelle
4 Leerlaufkontakt (Mikroschalter)
5 elektrischer Anschluß

Schubabschaltung: Schubabschaltung bedeutet bei der KE-Jetronic immer geschlossene Differenzdruckventile und kein Öffnen der hydraulisch arbeitenden Einspritzventile. Dadurch werden im normalen Schiebebetrieb, beim Bergabfahren und beim Bremsen der Kraftstoffverbrauch und der Schadstoffausstoß vermindert. Man unterscheidet zwischen der normalen und der adaptiven Schubabschaltung.

Normale Schubabschaltung: Diese Schubabschaltung wird wirksam, wenn bei einer Kühlmitteltemperatur von mehr als 40 °C und bei einer Drehzahlschwelle von über 1800 min^{-1} das Fahrpedal in die Leerlaufstellung zurückgenommen wird. Der Leerlaufkontakt im Drosselklappenschalter (Bild 3.104) ist geschlossen, und das Steuergerät kehrt daraufhin die Stromrichtung im elektrohydraulischen Drucksteller um (Bild 3.105). Bei einem Stellerstrom in der Höhe von etwa 60 mA entfernt sich die Prallplatte von der Düse, und in den Unter- sowie in den Oberkammern wird der Kraftstoffdruck auf Systemdruckhöhe (z.B. 5,6 bar) bemessen.

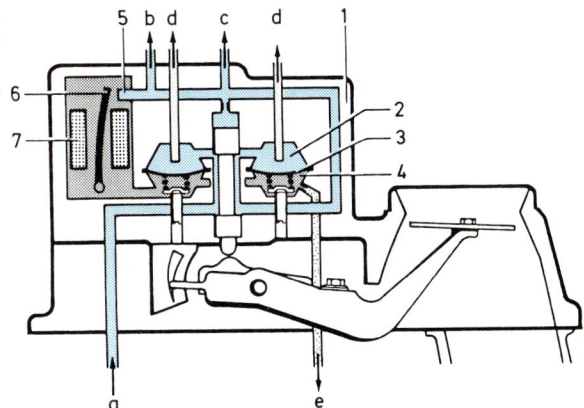

Bild 3.105 Luftmengenmesser und Kraftstoffmengenteiler mit elektrohydraulischem Drucksteller (Mercedes-Benz) Schubabschaltung (geschlossene Differenzdruckventile)

Durch die Wirkung der Federn in den Unterkammern werden die Differenzdruckventile zugedrückt und sperren damit die Kraftstoffzufuhr zu den Einspritzventilen.

Die Sperrung der Einspritzung wird aufgehoben, wenn beim Betätigen des Fahrpedals der Leerlaufkontakt im Drosselklappenschalter geöffnet oder wenn eine Drehzahlschwelle von z.B. 1200 min⁻¹ unterschritten wird. Die Stromflußrichtung des elektrohydraulischen Druckstellers wird wieder umgeschaltet.

Adaptive Schubabschaltung: Bei der adaptiven (angepaßten) Schubabschaltung wird die Sperrung der Kraftstoffeinspritzung einmal der Motortemperatur und in dem anderen Fall dem Drehzahlabfall entsprechend angepaßt.

Bei einem warmen Motor werden die Drehzahlschaltschwellen möglichst tief gelegt, damit viel Kraftstoff gespart wird. Bei einem kalten Motor liegen die Drehzahlschaltschwellen temperaturabhängig entsprechend höher. So setzt z.B. die Sperrung erst bei einer Drehzahl von über 2600 min⁻¹ und die drehzahlabhängige Aufhebung der Sperrung schon bei der Unterschreitung von 1800 min⁻¹ ein. Dadurch wird verhindert, daß beim Auskuppeln der kalte Motor zum Stehen kommt. Außerdem erkennt das elektronische Steuergerät, ob es sich bei dem Drehzahlabfall um ein normales Zurücknehmen des Fahrpedals oder um ein Auskuppeln handelt. Da beim Auskuppeln die Drehzahl schnell abfällt, wird die Sperrung der Einspritzung früher, d.h. schon bei höherer Drehzahl, aufgehoben, damit der Motor wieder rechtzeitig Kraftstoff bekommt und seine Leerlaufdrehzahl nicht zu weit unterschreitet.

Drehzahlbegrenzung: Bei der Drehzahlbegrenzung wird von dem Steuergerät bei Überschreitung der max. zulässigen Drehzahl (Bild 3.106) die Stromrichtungsänderung an dem elektrohydraulischen Drucksteller vorgenommen. Mit einem Stellerstrom von 60 mA entfernt sich die Prallplatte von der Zulaufdüse, und wie bei der Schubabschaltung herrscht in den Unter- sowie den Oberkammern der Systemdruck. Durch die Federn in den Unterkammern werden die Differenzdruckventile geschlossen (siehe Bild 3.105). Das Steuergerät vergleicht die Istdrehzahl mit der programmierten zulässigen oberen Drehzahl und verhindert auf diese Weise ein Überschreiten der maximalen Drehzahl und schützt den Motor vor dem Überdrehen.

Lambda-Regelung: Mit der Lambda-Regelung kann das Kraftstoff-Luft-Gemisch sehr genau bei 1 : 14,8, das entspricht einer Luftzahl von $\lambda = 1$, eingehalten werden (siehe auch Abschnitt 3.2.1).

Kraftstoffeinspritzung bei Ottomotoren **251**

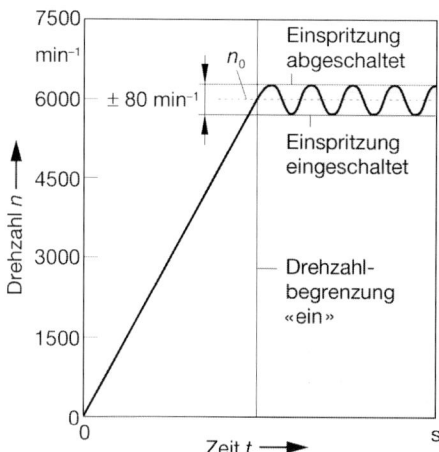

Bild 3.106   Begrenzen der maximalen Drehzahl (n_0) durch Absperren der Kraftstoffzufuhr

Die Lambda-Regelung ist bei der KE-Jetronic eine aufschaltbare Zusatzfunktion. Das elektronische Steuergerät reagiert ab einer Motortemperatur von 40 °C im Leerlauf und bei Teillast auf das Sondensignal. Es verändert während des Regelvorgangs den Druckstellerstrom um etwa ±1 mA. Dadurch ändert sich auch geringfügig der Differenz- bzw. der Unter- sowie der Oberkammerdruck. Bei 1 mA Plusstrom wird der Unterkammerdruck geringfügig abgesenkt, die Differenzdruckventile öffnen weiter, und es besteht die Regelung in Richtung «fett». Nach Änderung der Stromflußrichtung erhöht sich der Unterkammerdruck, und die Differenzdruckventile schließen geringfügig; es besteht jetzt die Regelung in Richtung «mager».

3.8.2   LE-Jetronic

Die LE-Jetronic von Bosch (Bild 3.107) ist eine antriebslose, elektronisch gesteuerte Einspritzanlage, die intermittierend (zeitweilig aussetzend) und meistens simultan in den Saugkanal auf die Einlaßventilteller einspritzt. Bei dieser Anlage handelt es sich um ein luftmengenmessendes System, d.h., alle motorbedingten Veränderungen wie Verschleiß und Änderung der Ventilsteuerzeiten werden berücksichtigt. Dadurch ist eine gleichbleibende Abgasqualität gewährleistet. Das «E» in der Bezeichnung steht für die Abgasgrenzwerte in der EG.

Die LE-Jetronic gliedert sich auf in:

❏ Kraftstoffversorgung,
❏ Betriebsdatenerfassung,
❏ Anpassung an die verschiedenen Betriebszustände.

Kraftstoffversorgung

Der Kraftstoff wird (Bild 3.107) von der Elektrokraftstoffpumpe aus dem Kraftstoffbehälter angesaugt und mit einem Druck von 2,5 bar (selten mit 3,0 bar) über das Kraftstoffilter zum Verteilerrohr gefördert. Von dem Verteilerrohr aus besteht die Verbindung zu den Elektro-Einspritzventilen und zu dem Elektrokaltstartventil. Am Ende des Verteilerrohres sitzt der Kraftstoffdruckregler, der den überschüssigen Kraftstoff zum Kraftstoffbehälter abfließen läßt und dabei den Vordruck (gleichzeitig Einspritzdruck) konstant hält.

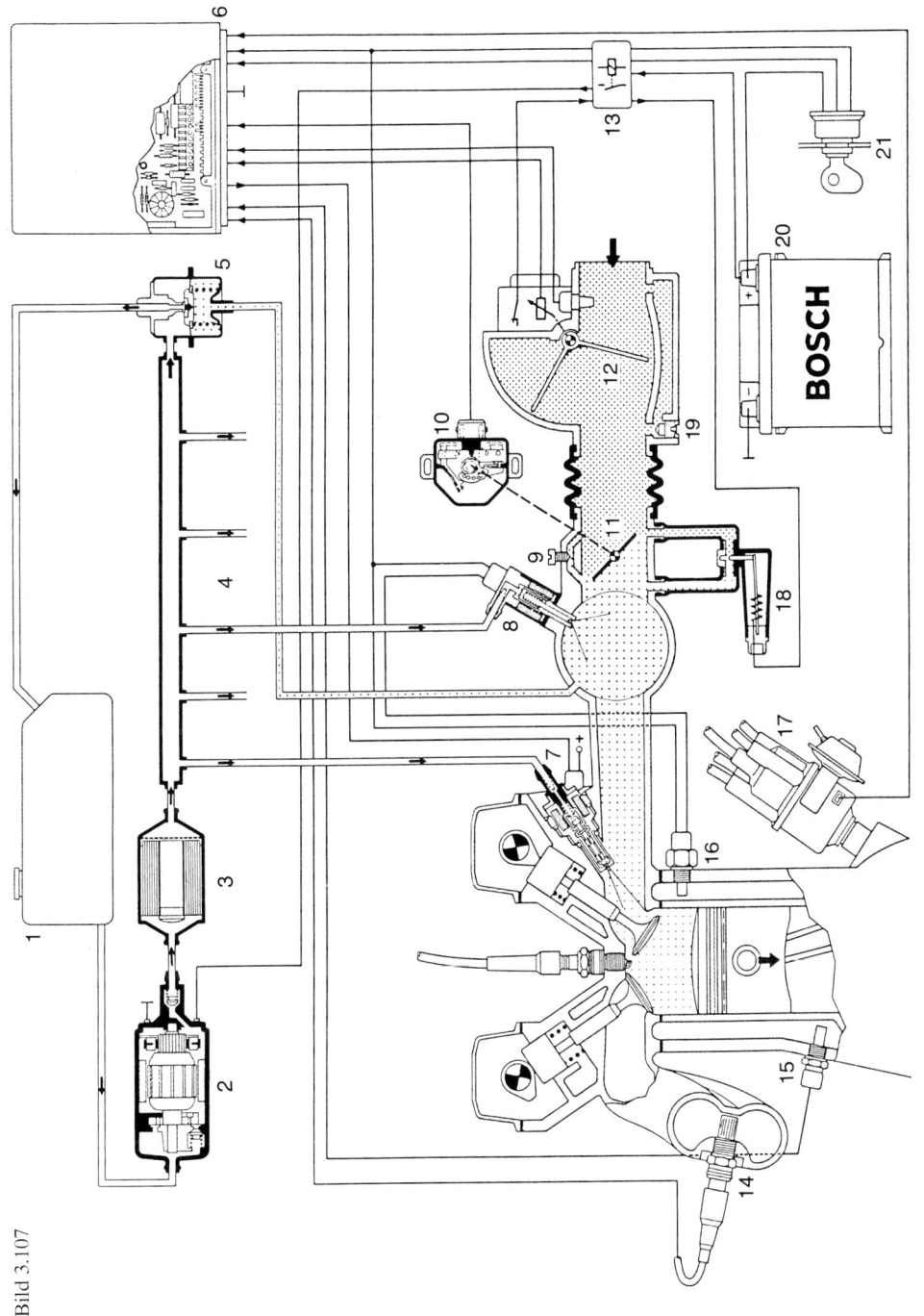

Bild 3.107

Kraftstoffeinspritzung bei Ottomotoren 253

Elektrokraftstoffpumpe: Die Elektrokraftstoffpumpe ist eine von einem Elektromotor angetriebene Rollenzellenpumpe (Bilder 3.108 und 3.109). Sie ist in der Nähe des Kraftstoffbehälters verbaut, um mit dem relativ kurzen Saugweg die Dampfblasenbildung durch Unterdruck zu verhindern. Dampfblasen verschlechtern das Warmstartverhalten des Motors. Bei manchen Anlagen muß wegen besonderer Neigung des Kraftstoffs zur Dampfblasenbildung zusätzlich eine Tankförderpumpe als einfache Strömungspumpe eingesetzt werden, die dann mit etwa 0,3 bar der Hauptförderpumpe den Kraftstoff liefert. Statt der Tankförderpumpe kann auch die Rollenzellenpumpe als Intaktpumpe direkt in dem Kraftstoffbehälter verbaut sein.

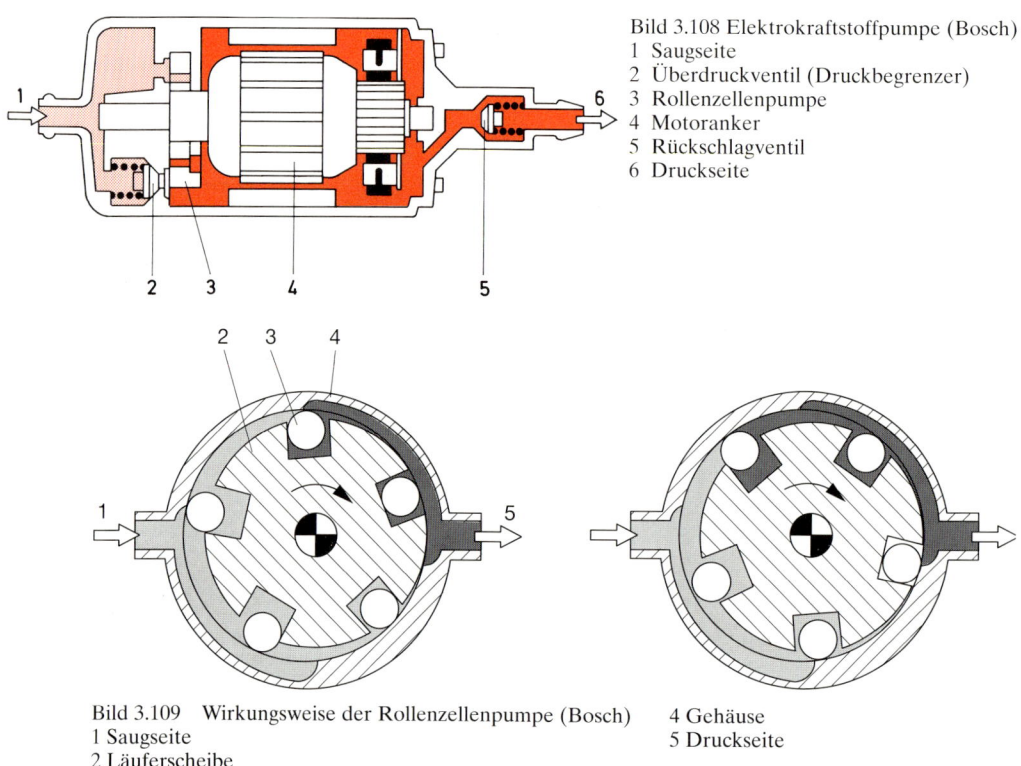

Bild 3.108 Elektrokraftstoffpumpe (Bosch)
1 Saugseite
2 Überdruckventil (Druckbegrenzer)
3 Rollenzellenpumpe
4 Motoranker
5 Rückschlagventil
6 Druckseite

Bild 3.109   Wirkungsweise der Rollenzellenpumpe (Bosch)   4 Gehäuse
1 Saugseite   5 Druckseite
2 Läuferscheibe
3 Zylinderrollen

Bild 3.107 (Seite 253)   Schema einer LE-Jetronic-Anlage mit Lambda-Regelung (Bosch)

1 Kraftstoffbehälter
2 Elektrokraftstoffpumpe
3 Kraftstoffilter
4 Verteilerrohr
5 Kraftstoffdruckregler
6 Steuergerät
7 Einspritzventil
8 Elektrokaltstartventil
9 Leerlaufeinstellschraube
10 Drosselklappenschalter
11 Drosselklappe
12 Luftmengenmesser mit Lufttemperaturfühler
13 Steuerrelais
14 Lambda-Sonde
15 Motortemperaturfühler (NTC II)
16 Thermozeitschalter
17 Zündverteiler (Klemme 1)
18 Zusatzluftschieber
19 Leerlaufgemisch-Einstellschraube

Bei der Rollenzellenpumpe (Bild 3.109) ist das Gehäuse zu der rotierenden Läuferscheibe exzentrisch angeordnet. Die Läuferscheibe besitzt an ihrem Umfang Aussparungen, in die sich Zylinderrollen bewegen. Zwischen den Rollen bestehen Hohlräume (Zellen). In dem Gehäuse der Rollenzellenpumpe befindet sich ein Überdruckventil, das auf einen Öffnungsdruck von 5 bis 6 bar eingestellt ist. Bei einer Druckerhöhung in dem Kraftstoffsystem über diesen Wert öffnet es und stellt eine Verbindung von der Druck- zur Saugseite her. Dadurch bleibt der Kraftstoff innerhalb der Elektrokraftstoffpumpe, und die Kraftstoffanlage wird vor Überlastung geschützt. Das auf der Druckseite eingebaute Rückschlagventil hat die Aufgabe, nach dem Abstellen des Motors die Kraftstoffanlage zum Kraftstoffbehälter hin abzudichten, damit ein Vordruck (Haltedruck) von mindestens 1 bar erhalten bleibt – um die Anlage gefüllt zu halten und um die Dampfblasenbildung zu verhindern.

Die Spannungsversorgung der Elektrokraftstoffpumpe übernimmt ein Steuerrelais. Es stellt die Verbindung dann her, wenn von Klemme 1 des Zündsystems eine bestimmte Anzahl Zündimpulse eingegangen sind oder wenn eine direkte Ansteuerung von dem elektronischen Steuergerät besteht. Diese Ansteuerung umfaßt noch die sogenannte «Sicherheitsschaltung», die dann wirksam wird, wenn z.B. bei einem Unfall der Motor stehengeblieben ist, die Zündung aber eingeschaltet bleibt. Da jetzt die Zündimpulse ausbleiben, reagiert das Steuerrelais und unterbricht nach spätestens 1,5 Sekunden die Spannungsversorgung. Auf diese Weise wird verhindert, daß bei einer offenen Anlage Kraftstoff ins Freie gepumpt wird (Brandgefahr).

Beim Startvorgang und während des Motorbetriebs besteht ständig die Kraftstofförderung. Dabei werden beim Hochlaufen sofort die Rollen der Rollenzellenpumpe durch die Zentrifugalkraft nach außen gegen das Pumpengehäuse gedrückt. In den Hohlräumen (Zellen) zwischen den Rollen wird der Kraftstoff von der Saug- zur Druckseite mitgenommen. Er durchströmt den Elektromotor, ohne daß Explosionsgefahr besteht, da sich kein zündfähiges Gemisch bilden kann. Anschließend tritt der Kraftstoff über das Rückschlagventil in die Kraftstoffanlage aus.

Während der Förderung erzeugt die Elektrokraftstoffpumpe den Vordruck (Systemdruck), der von dem Kraftstoffdruckregler in der Höhe von 2,5 bar oder 3,0 bar begrenzt wird. Aus Sicherheitsgründen und um die Kraftstoffanlage gekühlt zu bekommen wird mehr Kraftstoff gefördert, als der Motor eingespritzt bekommt. Deshalb beträgt die Pumpenförderleistung bis zu 120 l/h.

Kraftstoffilter: Das Kraftstoffilter (Bild 3.110) besteht aus einem druckfesten Metallgehäuse und einem Mikropapierfilter-Einsatz mit einer Porengröße von etwa 8 bis 10 µm. Nachgeschaltet ist ein Fusselsieb, das von einer Stützplatte gehalten wird. Das Kraftstoffilter hält die Verunreinigungen aus dem Kraftstoff und das Fusselsieb die gelösten Fusseln von dem Filtereinsatz zurück. Das Kraftstoffilter ist nach der Elektrokraftstoffpumpe in die Förderleitung eingesetzt. Dabei ist die Strömrichtung durch einen Pfeil gekennzeichnet. Die Filterwechselintervalle richten sich nach den Angaben der Fahrzeughersteller.

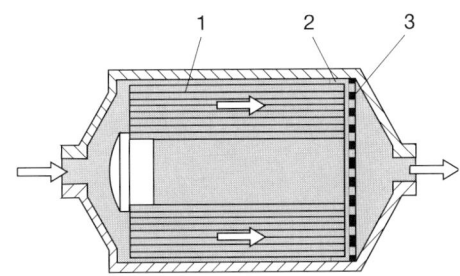

Bild 3.110 Kraftstoffilter (Bosch)
1 Papierfilter (Mikrofilter)
2 Fusselsieb
3 Stützplatte

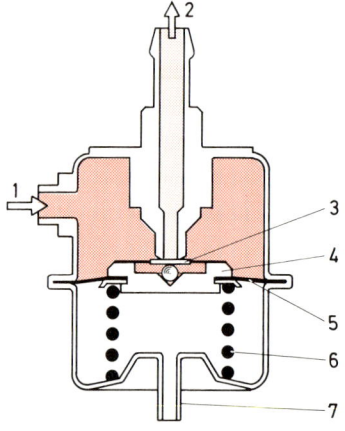

Bild 3.111   Kraftstoffdruckregler (Bosch)
1 Kraftstoffzulauf
2 Rücklaufanschluß
3 Ventilplatte
4 Ventilplattenträger
5 Membran
6 Reglerfeder
7 Saugrohranschluß (Motor)

Kraftstoffdruckregler: Der Kraftstoffdruckregler sitzt am Ende des Verteilerrohres. Es ist ein Membrandruckregler (Bild 3.111), der den Vordruck in der Kraftstoffanlage auf 2,5 bar oder 3 bar regelt. Das Metallgehäuse des Reglers wird durch eine Membran in zwei Kammern unterteilt. In der einen Kammer befindet sich eine vorgespannte Feder und in der anderen der Kraftstoff. Beim Überschreiten des werksseitig eingestellten Drucks wird durch die Membranbewegung die Ventilplatte von dem Ventilrohr abgehoben, und der überschüssige Kraftstoff fließt fast drucklos zum Kraftstoffbehälter.

Die Federkammer des Druckreglers ist über einen dickwandigen Schlauch mit dem Hauptansaugrohr des Motors verbunden. Dadurch bleibt bei den verschiedenen Drosselklappenstellungen die Druckdifferenz zwischen dem Kraftstoffdruck vor den Einspritzventilen und dem Saugrohrluftdruck immer konstant. Das bedeutet: Wird bei Leerlaufdrehzahl der Saugrohrluftdruck um 0,5 bar abgesenkt, so sinkt er auch um diesen Betrag in der Federkammer des Reglers und daraufhin der Kraftstoffdruck in dem Verteilerrohr. Die Druckdifferenz und somit der Einspritzdruck sind unverändert (z.B. 2,5 bar) geblieben. Dadurch wird die abgespritzte Kraftstoffmenge ausschließlich über die Öffnungszeit der Einspritzventile bemessen.

Einspritzventile: Die von dem elektronischen Steuergerät angesteuerten Einspritzventile spritzen den Kraftstoff genau bemessen durch die Saugkanäle auf die Teller der Einlaßventile des Motors (Bild 3.112). Jedem Motorzylinder ist ein Einspritzventil zugeordnet. Der Einbau der Einspritzventile erfolgt über wärmeisolierende Halter, die die Dampfblasenbildung verhindern und ein gutes Warmstartverhalten des Motors garantieren. Die Einspritzventile werden elektromagnetisch betätigt und durch unterschiedlich lange Bestromung von dem Steuergerät offen gehalten. Die Spannungsversorgung erfolgt plusseitig von dem Steuerrelais und die Ansteuerung minusseitig von den Endstufen des Steuergeräts. Durch diese Schaltung können die Transistoren (Schalter) zur Kühlung direkt am Gehäuse des Steuergeräts befestigt werden.

Das Einspritzventil (Bild 3.113) besteht aus dem Ventilkörper und der Ventilnadel mit Magnetanker. Der Ventilkörper enthält die Magnetwicklung und ist gleichzeitig die Führung für die Ventilnadel. Bei stromloser Magnetwicklung, wenn keine Ansteuerung durch das Steuergerät erfolgt, drückt eine Druckfeder die Ventilnadel auf ihren Kegelsitz. Erfolgt die Bestromung durch das Steuergerät und wird dadurch der Magnet erregt, hebt sich die Ventilnadel um etwa 0,1 mm von ihrem Sitz ab. Der Kraftstoff wird mit dem Systemdruck (z.B. 2,5 bar) über einen genau bemes-

Bild 3.112 Einbaulage des Elektro-Einspritzventils (Bosch)
Intermittierende Saugkanaleinspritzung

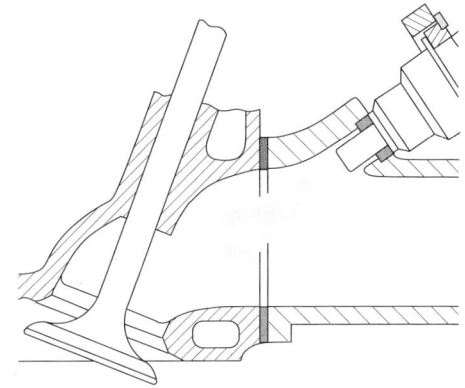

Bild 3.113 Elektro-Einspritzventil
mit Einspritzsignal (Bosch)
1 Kraftstoffsieb
2 elektrischer Anschluß
3 Magnetwicklung
4 Schließfeder
5 Magnetanker
6 Ventilnadel
7 Spritzzapfen
t_i Einspritzzeit

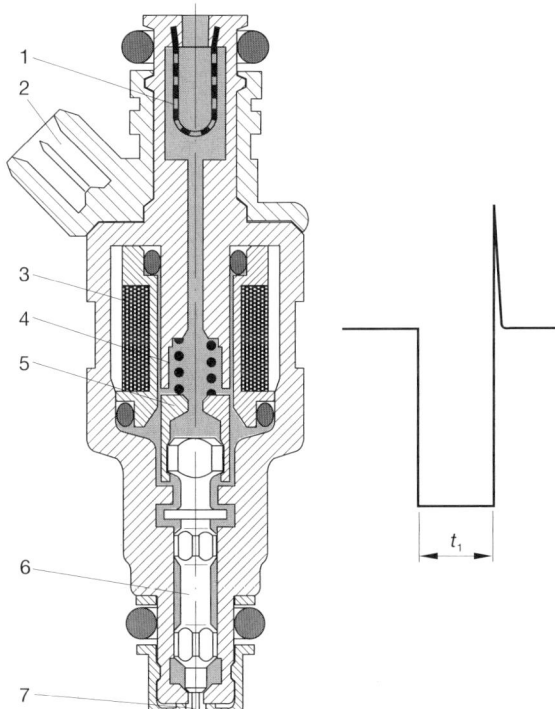

senen Ringspalt in den Saugkanal gespritzt. Die Reaktionszeit zum Öffnen und zum Schließen
liegt im Bereich von 1 bis 1,5 ms.

Betriebsdatenerfassung
Verschiedene Sensoren (Informationsgeber) erfassen den jeweiligen Betriebszustand des Motors
und informieren in Form elektrischer Signale das elektronische Steuergerät. Die Sensoren und
das Steuergerät bilden das Steuersystem der Einspritzanlage.

Die Informationen an das Steuergerät werden in Hauptkenngrößen, Korrekturgrößen zur groben und zur feinen Anpassung unterteilt.

Hauptkenngrößen: Als Hauptkenngrößen zählen die Motordrehzahl und die vom Motor angesaugte Luftmenge. Die Information über die Motordrehzahl kommt von Klemme 1 des Zündsystems und die über die angesaugte Luftmenge vom Luftmengenmesser. Aus diesen beiden Informationen wird die Luftmenge pro Hub bestimmt, die als direktes Maß für den Lastzustand gilt und von der die Bemessung der einzuspritzenden Kraftstoffmenge abhängig ist.

Korrekturgrößen zur Grobanpassung: Für verschiedene Betriebszustände wie Kaltstart, Nachstart, Warmlauf, Beschleunigung und Vollast, wenn die Kraftstoffgrundmenge nicht ausreicht, muß das Gemisch den veränderten Bedingungen angepaßt, d.h. angereichert werden. Die Erfassung von Kaltstart, Nachstart und Warmlauf erfolgt von dem Temperaturfühler (NTC II), der dem Steuergerät die Motortemperatur mitteilt. Die Anpassung an die verschiedenen Lastzustände (Leerlauf, Teillast, Vollast) meldet der Drosselklappenschalter an das Steuergerät.

Korrekturgrößen zur Feinanpassung: Um das Fahrverhalten zu verbessern, werden bei der Zumessung der Kraftstoffmenge noch weitere Betriebsbereiche und Einflüsse berücksichtigt. So erfassen die bereits erwähnten Sensoren auch die Daten für die Übergangsanreicherung, für den Beschleunigungsvorgang, für die Höchstdrehzahlbegrenzung und für den Schiebebetrieb. Das Steuergerät verarbeitet diese Daten und beeinflußt die Einspritzzeit der Einspritzventile.

Kraftstoffzumessung: Die Kraftstoffzumessung wird von dem elektronischen Steuergerät übernommen. Es wertet die von den Sensoren eingegangenen Informationen aus und bildet daraus Steuerimpulse für die Kraftstoffzumessung durch die Einspritzventile. Dabei wird die an den Einspritzventilen austretende Kraftstoffmenge von drei Faktoren bestimmt:

❐ von dem Öffnungsquerschnitt an den Einspritzventilen,
❐ von dem Kraftstoffvordruck (Systemdruck) in dem Verteilerrohr,
❐ von der Einspritzdauer (Öffnungsdauer) der Einspritzventile, die im Leerlauf mit etwa 3 bis 5 ms und bei Vollast mit 12 bis 18 ms vom Steuergerät bemessen wird.

Elektronisches Steuergerät: Das Steuergerät befindet sich geschützt in einem Metallgehäuse. Es ist in reiner Digitaltechnik aufgebaut. Die auf einer Leiterplatte untergebrachten elektronischen Bauelemente sind integrierte Schaltungen, wie z.B. Operationsverstärker, Komparatoren (Vergleicher), ein Spannungsstabilisator und Transistoren, Widerstände, Dioden und Kondensatoren. Ein Vielfachstecker verbindet das Steuergerät einmal mit der Fahrzeugbatterie und außerdem mit den Sensoren (Informationsgebern), den Stellgliedern und den Einspritzventilen.

Das Steuergerät arbeitet mit einer stabilen Spannung von 5 Volt, die unabhängig von der Bordspannung konstant sein muß. Diese Stabilisierung der Steuergerätespannung geschieht in einer integrierten Schaltung. Die Stellglieder der L-Jetronic sind positiv mit dem Bordnetz verbunden und werden negativ über die Steuergeräte-Endstufen (Leistungsstufen) geschaltet. Dabei werden die Stellglieder wie Leerlaufdrehsteller, Aktivkohlefilterventil und bei Turbomotoren das Ladedruckregelventil mit einem impulsweitenmodulierten Rechtecksignal angesteuert. Dabei wird der Strom periodisch ständig ein- und ausgeschaltet (getaktet). Die Einschaltzeit (Tastverhältnis) in Prozent wird im Verhältnis zur Periodendauer (100%) unterschiedlich lang bemessen. Bei den Einspritzventilen wird der Einspritzimpuls, je nach Betriebszustand des Motors, ebenfalls unterschiedlich lang bemessen.

Bemessung der Kraftstoffgrundmenge: Bei der Kraftstoffzumessung geht es zuerst um die Bemessung der Kraftstoffgrundmenge. Das ist die Kraftstoffmenge, die ein betriebswarmer Motor ab einer Kühlmitteltemperatur von etwa 40 °C im Leerlauf und bei Teillast bemessen bekommt. Diese Menge entspricht dem Kraftstoff-Luft-Verhältnis von 1 : 14,8 ($\lambda = 1$). Bei allen anderen Betriebszuständen muß mehr als die Kraftstoffgrundmenge bemessen, es muß angereichert werden. Das ist der Fall bei: Kaltstart, Nachstart, Warmlauf, Beschleunigung und bei Vollast. Bei allen L-Jetronic-Anlagen übernimmt das elektronische Steuergerät die Bemessung der Kraftstoffgrundmenge, indem es die Grundeinspritzzeit bestimmt. Dazu wertet es die von den Sensoren (Informationsgebern) gelieferten Daten über den Betriebszustand des Motors aus und bemißt danach die Öffnungsdauer der Einspritzventile.

Luftmengenmesser: Der Luftmengenmesser ist zwischen Luftfilter und Drosselklappenstutzen eingebaut (Bild 3.114). Er informiert das Steuergerät über die vom Motor angesaugte Luftmenge bzw. über die unterschiedliche Zylinderfüllung. Das Meßprinzip des Luftmengenmessers beruht auf der Messung der Luftkraft, die sich an der Stauklappe entgegen der Rückstellkraft einer Spiralfeder auswirkt. Dabei wird die Stauklappe soweit betätigt, bis ein Kräfteausgleich zwischen der Luftkraft an der Stauscheibe und der Rückstellkraft der Feder eingetreten ist. Bei der Stauklappenbewegung besteht immer ein direktes Verhältnis von dem Drosselklappenwinkel zu der angesaugten Luftmenge. Man erreicht dadurch, daß sich auch bei kleinen Luftmengen eine hohe Meßgenauigkeit einstellt. Damit der durch die einzelnen Saughübe entstehende pulsierende Luftstrom einen nur geringen Einfluß auf die Stellung der Stauklappe hat, ist eine Kompensationsklappe fest mit der Stauklappenwelle verbunden (Bild 3.114). Die Kompensationsklappe taucht in eine Kammer ein und wirkt als pneumatische Dämpfung. Die Bewegung der Stauklappe bzw. ihre Winkelstellung wird über eine Welle auf den Schleifer eines Potentiometers übertragen (Bild

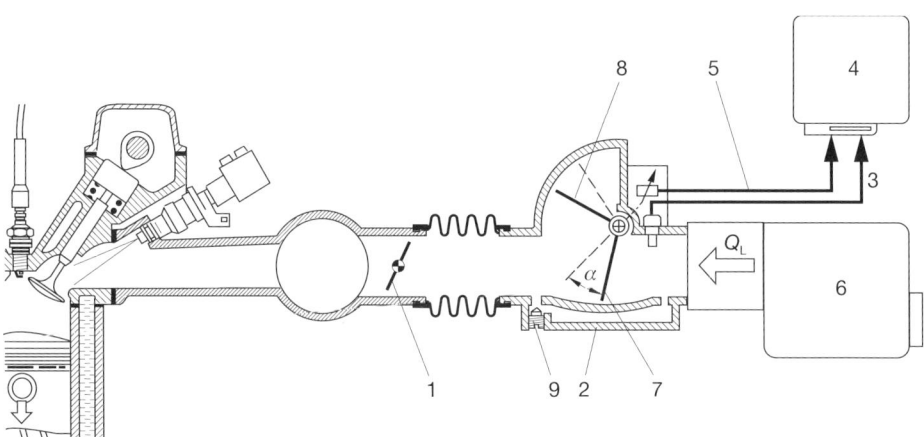

Bild 3.114 Luftmengenmesser im Ansaugsystem (Bosch)
1 Drosselklappe
2 Luftmengenmesser
3 Signal vom Lufttemperaturfühler (NTC I) zum Steuergerät
4 Steuergerät
5 Signal vom Luftmengenmesser zum Steuergerät
6 Luftfilter (Q_L angesaugte Luftmenge)
7 Stauklappe
8 Dämpfungsklappe (Kompensationsklappe)
9 Leerlaufgemisch-Einstellschraube
α Auslaufwinkel

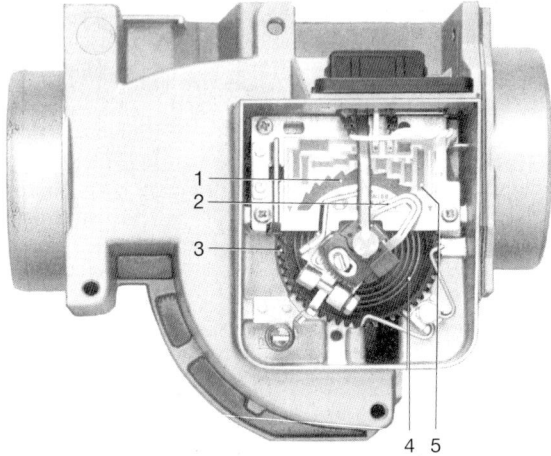

Bild 3.115 Luftmengenmesser mit
elektrischem Teil (Bosch)
1 Schleiferbahn
2 Schleifer
3 Zahnkranz für Federvorspannung
4 Rückholfeder
5 Widerstand

3.115). Durch die Schleiferbewegung wird die vom Steuergerät angelegte Spannung verändert; das bedeutet, daß jede Stauklappenstellung einer ganz bestimmten Spannungshöhe entspricht, die dem Steuergerät zurückgemeldet wird.

In dem Luftmengenmesser ist der Lufttemperaturfühler (NTC I) eingesetzt (Bild 3.114). Er erfaßt die Temperatur der angesaugten Luft und beeinflußt die Einspritzzeit nur so weit, daß bei dem entstehenden unterschiedlichen Zylinderfüllgewicht die Abgaswerte und das Leerlaufverhalten des Motors unverändert bleiben.

In dem Bypasskanal befindet sich die CO-Einstellschraube, mit der man bei den älteren Anlagen den Anteil der ungemessenen Luft verändert. Dadurch verändert sich die Leerlaufstellung der Stauklappe und die des Potentiometers.

Einspritzzeitpunkt: Der Einspritzzeitpunkt wird von dem Steuergerät bestimmt. Es verarbeitet z.B. bei einem 4-Zylinder-Motor zuerst die Primär-Zündimpulse (Bild 3.116) und wandelt diese in dem Impulsformer in rechteckförmige Steuerimpulse um. In dem Frequenzteiler werden die Impulse halbiert, so daß bei einem 4-Zylinder-Motor nur jeder zweite Zündimpuls einen Einspritzimpuls auslöst.

Der Divisionssteuermultivibrator bekommt von dem Frequenzteiler die Drehzahlinformation, wertet diese zusammen mit der Information des Luftmengenmessers aus und bildet daraus den rechteckförmigen Steuerimpuls t_p für die Einspritzgrundzeit (Kraftstoffgrundmenge).

In der Multiplizierstufe werden die Korrektur- und Anpaßgrößen verarbeitet. Zu der Einspritzgrundzeit t_p kommt einmal die Korrekturzeit t_m für die Anreicherung (Kaltstart, Nachstart, Warmlauf, Beschleunigung und Vollast) und die Spannungs-Korrekturzeit t_s, die bei niedriger Batteriespannung zur Einspritzzeitverlängerung erforderlich ist, hinzu. Von der Endstufe auch als Leistungsstufe bezeichnet, wird der endgültige Einspritzimpuls (die Einspritzzeit) t_i abgegeben.

Die Endstufe der L-Jetronic versorgt 3 oder 4 Einspritzventile gleichzeitig mit Strom. Das bedeutet, daß sämtliche Ventile gleichzeitig (simultan) öffnen und schließen. Steuergeräte für 6-Zylinder- und 8-Zylinder-Motoren haben zwei Endstufen, die im Gleichtakt je 3 bzw. 4 Einspritzventile ansteuern. Der Einspritzzeitpunkt ist so gewählt, daß je Kurbelwellenumdrehung die Hälfte der Kraftstoffmenge eingespritzt wird, die jeder Motorzylinder pro Arbeitszyklus benötigt. Bei manchen L-Jetronic-Anlagen für 6-Zylinder-Motoren wird halbsequentiell eingespritzt (s. Bild 3.78). In dem Fall steuern die zwei Endstufen im Wechsel die Einspritzventile an. Diese sind

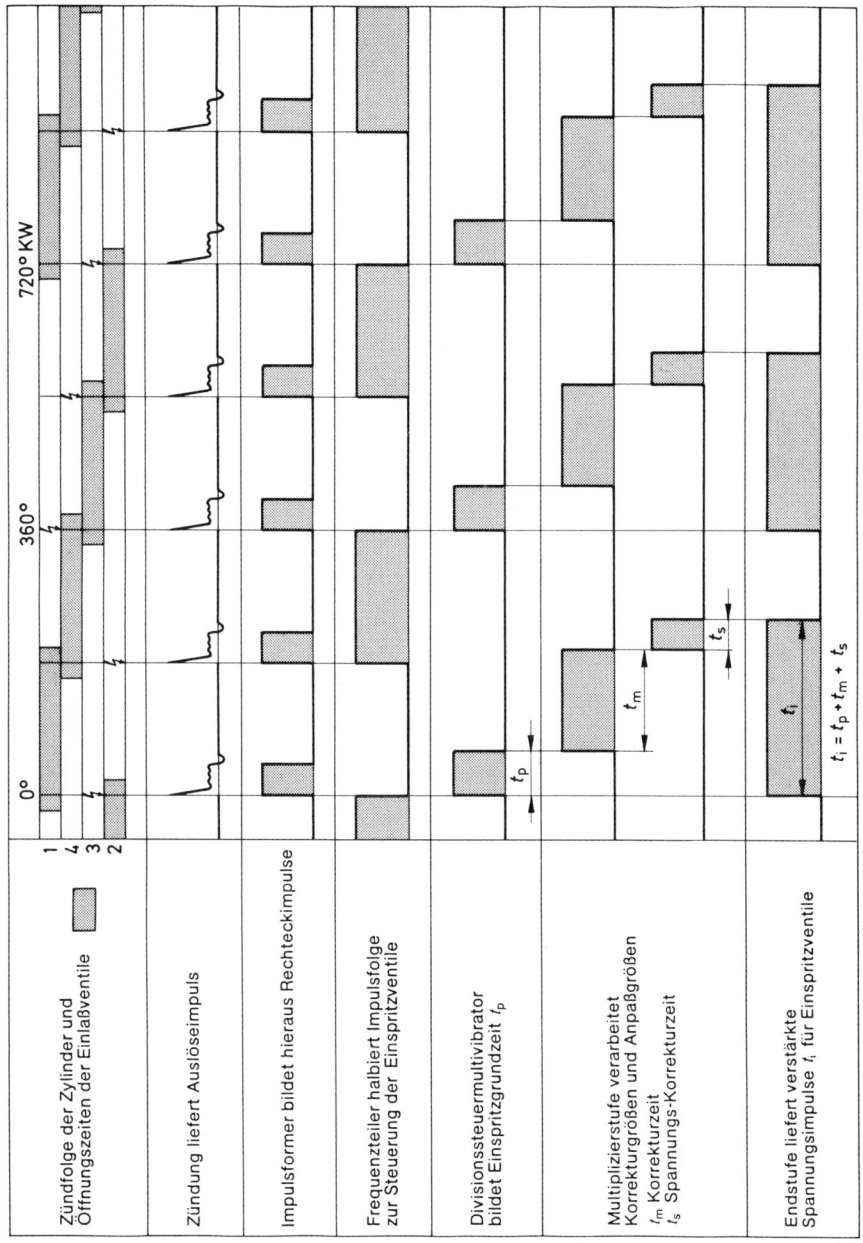

Zündfolge der Zylinder und
Öffnungszeiten der Einlaßventile

1
4
3
2

Zündung liefert Auslöseimpuls

Impulsformer bildet hieraus Rechteckimpulse

Frequenzteiler halbiert Impulsfolge
zur Steuerung der Einspritzventile

Divisionssteuermultivibrator
bildet Einspritzgrundzeit t_p

Multiplizierstufe verarbeitet
Korrekturgrößen und Anpaßgrößen
t_m Korrekturzeit
t_s Spannungs-Korrekturzeit

Endstufe liefert verstärkte
Spannungsimpulse t_i für Einspritzventile

0°   360°   720° KW

t_p

t_m

t_s

t_i

$t_i = t_p + t_m + t_s$

Bild 3.116   Entstehung der Einspritzimpulse im
Steuergerät bei einem Vierzylindermotor (Bosch)

Kraftstoffeinspritzung bei Ottomotoren   261

der Zündfolge nach zu zwei Ventilgruppen geschaltet. Der Einspritzzeitpunkt ist so gewählt, daß bei zwei Kurbelwellenumdrehungen nur einmal und dann die gesamte Kraftstoffmenge eingespritzt wird.

Anpassung an die Betriebszustände
Bisher wurde die Grundfunktion, die Bemessung der Grundeinspritzzeit bzw. der Kraftstoffgrundmenge, erklärt. Diese Kraftstoffgrundmenge, mit der der Motor im betriebswarmen Zustand ab einer Kühlmitteltemperatur von mindestens 40 °C nur im Leerlauf und bei Teillast betrieben werden kann, muß bei anderen Betriebszuständen vergrößert (angereichert) werden.

Kaltstartanreicherung: Bei Kaltstart verarmt das angesaugte Kraftstoff-Luft-Gemisch. Es magert ab, weil die schwersiedenden Bestandteile des Kraftstoffs an den kalten Saugkanal- und Zylinderwandungen niederschlagen. Dadurch werden höchstens 50 bis 60% der Kraftstoffmenge dampfförmig. Um diese Verluste auszugleichen, muß entsprechend der jeweiligen Motortemperatur die Kraftstoffmenge bis zu dem 3- bis 5fachen vergrößert werden.

Bei der L-Jetronic wird diese Anreicherungsmenge einmal über die Einspritzventile und gleichzeitig über das Elektrokaltstartventil eingespritzt. Bei den Anlagen ohne Kaltstartventil besteht die sogenannte Kaltstartsteuerung.

Kaltstartanreicherung über die Einspritzventile: Diese Anreicherung steuert das Steuergerät. Es bekommt einmal von dem Temperaturfühler (als negativer Temperaturkoeffizient (NTC II) im Zylinderkopf die Kühlmitteltemperatur mitgeteilt (Bild 3.107). Der aus einem Widerstand bestehende Fühler besitzt im kalten Zustand einen hohen Widerstandswert, so daß die vom Steuergerät angelegte Spannung in Höhe von etwa 5 Volt nur wenig abgesenkt wird. Aufgrund dieser Information verlängert das Steuergerät die Einspritzzeit und läßt bis zu dem 3fachen der Kraftstoffgrundmenge austreten.

Kaltstartanreicherung über das Elektro-Kaltstartventil: Da mit der Anreicherungsmenge über die Einspritzventile der Motor nicht ausreichend versorgt ist, muß noch zusätzlich Kraftstoff in das Hauptansaugrohr gespritzt werden. Das geschieht durch das Kaltstartventil (Bilder 3.107 und 3.117). Es ist ein elektromagnetisch betätigtes Ventil. Im Ventil sitzt die Magnetwicklung. In Ruhestellung preßt eine Druckfeder den beweglichen Anker des Elektromagneten gegen eine Dichtung und verschließt das Ventil. Die Magnetwicklung ist bei einer einfachen Ansteuerung des Ventils plusseitig mit der Klemme 50 des Zünd-Start-Schalters verbunden. Die Masseverbindung stellt der Thermozeitschalter her.

Der Thermozeitschalter (Bild 3.118) besteht aus einem elektrisch beheizten Bimetallstreifen, der in Abhängigkeit von seiner Temperatur einen Kontakt schließt oder öffnet. Die Heizwicklung ist ebenfalls an der Klemme 50 angeschlossen. Somit ist die Einschaltdauer abhängig von der Erwärmung durch den Motor und durch die der Heizwicklung. Bei Startbeginn und bei einer Kühlmitteltemperatur unterhalb von 35 °C (siehe auch Spritzzeitdiagramm Bild 3.98) wird elektromagnetisch der Anker betätigt und das Ventil geöffnet. Es spritzt so lange ein, bis der Startvorgang beendet wird, d.h. bis die Klemme 50 abfällt oder bis bei längerem Starten temperaturabhängig (bei –20 °C nach etwa 8 Sekunden) durch den Thermozeitschalter die Masseverbindung unterbrochen wird.

Kaltstartsteuerung: Bei der Kaltstartsteuerung erfolgt die Anreicherung durch eine Spritzzeitverlängerung und durch zusätzliche Einspritzimpulse über die Elektro-Einspritzventile. Das Elektrokaltstartventil und der Thermozeitschalter entfallen.

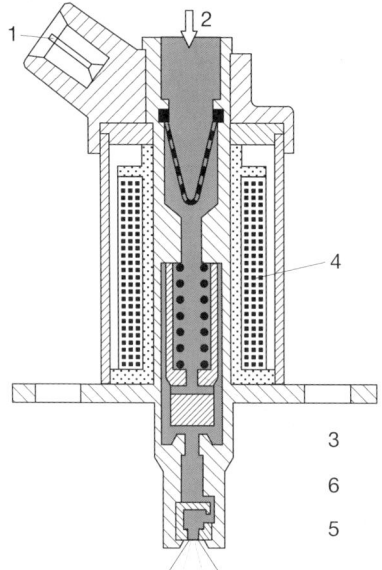

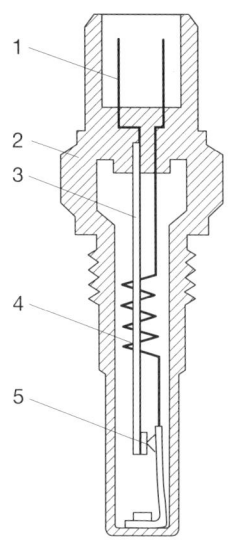

Bild 3.117   Elektrokaltstartventil (Bosch)
1 elektrischer Anschluß
2 Kraftstoffzufluß mit Gewebefilter
3 Ventil (Magnetanker)
4 Magnetwicklung
5 Dralldüse
6 Ventilsitz

Bild 3.118   Thermozeitschalter (Bosch)
1 elektrischer Anschluß
2 Gehäuse
3 Bimetall
4 Heizwicklung
5 elektrischer Kontakt

Die Spritzzeit der Elektro-Einspritzventile für die Kaltstartsteuerung ist von folgenden Faktoren abhängig:

❐ von der Kühlmitteltemperatur,
❐ von der Motorstartdrehzahl,
❐ von der Startdauer (Startbeginn bis Startende).

Die Kaltstartsteuerung arbeitet nur bei Starterbetätigung (Klemme 50) und unterhalb einer Kühlmitteltemperatur von 40 °C. Die Einspritzimpulse der Kaltstartsteuerung werden durch jeden Zündimpuls synchron ausgelöst. Bei Startbeginn des kalten Motors wird (z.B. 4-Zylinder-Motor) mit jedem Zündimpuls abgespritzt, d.h. zweimal pro Kurbelwellenumdrehung. Die in der Kaltstartsteuerung gebildeten zusätzlichen Einspritzimpulse t_2 (Bild 3.119) werden den normalen Einspritzimpulsen t_1 überlagert bzw. zwischen den normalen Einspritzimpulsen t_1 (einmal pro Kurbelwellenumdrehung) ausgegeben.
  Mit längerer Startzeit wird der Einspritzimpuls immer kürzer. Steigt dabei die Startdrehzahl weiter an, entfällt ab etwa 200 min^{-1} der zusätzliche Kaltstartsteuerimpuls. Es wird dann nur noch die normale temperaturabhängige Startmenge eingespritzt.

Nachstartanreicherung: Die Nachstartanreicherung muß für kurze Zeit dafür sorgen, daß der Motor nach Startende bis zum Beginn der Warmlaufanreicherung gut durchläuft, und das bei

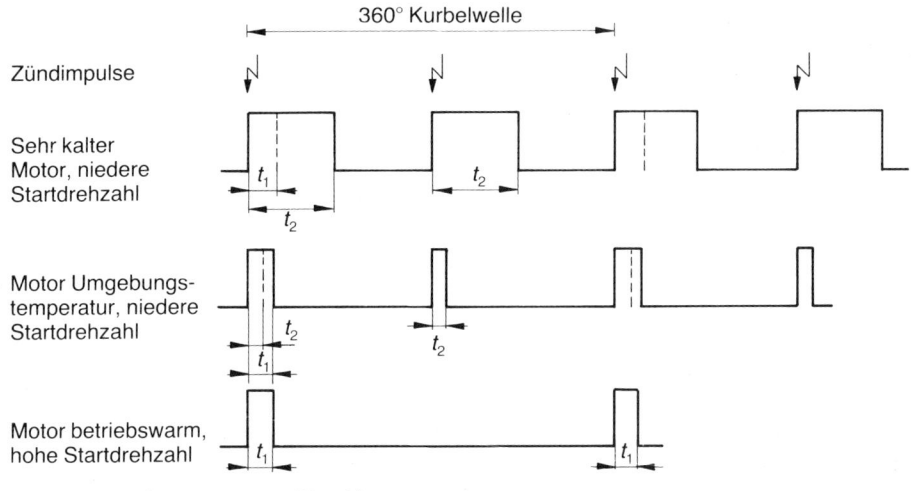

Bild 3.119 Kaltstartsteuerung (Bosch)
t_1 Startimpuls (normal)
t_2 Kaltstartsteuerimpuls

allen Temperaturen mit einem möglichst niedrigen Kraftstoffverbrauch. Die Nachstartanreiche-rung arbeitet temperatur- und zeitabhängig. Sie wird bei Startende von einem temperaturabhän-gigen Anfangsfaktor von z.B. 1,7, das sind etwa 70% mehr als die Kraftstoffgrundmenge, bis zu 4 Sekunden auf diesen höheren Wert gehalten und dann linear mit der Zeit auf den Anfangsfak-tor der Warmlaufanreicherung von z.B. 1,3 zurückgenommen. Bei einer Kühlmitteltemperatur von 20 °C ist dieser Vorgang nach etwa 20 Sekunden abgelaufen.

Warmlaufanreicherung: An den Kaltstart und die Nachstartphase schließt sich die Warmlauf-phase des Motors an. Der Motor benötigt immer noch etwas mehr als die Kraftstoffgrundmenge, weil ein Teil der eingespritzten Kraftstoffmenge ohne zu verdampfen an den kalten Saugkanal- und Zylinderwandungen niederschlägt. Die Warmlaufanreicherung beginnt mit einem tempera-turabhängigen Faktor von z.B. 1,3. Mit der Erwärmung des Motors nimmt das Steuergerät auf-grund der Information des Temperaturfühlers (NTC II) die verlängerte Einspritzzeit stufenlos zurück und bemißt ab einer Kühlmitteltemperatur von etwa 40 °C nur noch die Grundeinspritz-zeit, die Kraftstoffgrundmenge mit dem Faktor 1.

Kaltleerlaufsteuerung: Zur Überwindung der höheren Reibleistung bzw. der höheren Wider-stände benötigt der kalte Motor eine größere und vom Steuergerät angereicherte Gemischmenge. Diese wird durch einen Zusatzluftschieber bemessen, der in einem Umgehungskanal des Dros-selklappenstutzens eingesetzt ist (Bilder 3.107 und 3.120). In dem Gehäuse wird eine Kunststoff-blende (Bild 3.121) durch ein Bimetall in Richtung «Öffnen» und durch eine Zugfeder in Rich-tung «Schließen» betätigt. Dieses Bimetall ist mit einer elektrischen Heizwicklung umgeben. Im kalten Zustand ist die Kunststoffblende durch das Bimetall, abhängig von der Umgebungstempe-ratur, geöffnet. Es stellt sich aufgrund des bemessenen Querschnitts eine Kaltleerlaufdrehzahl von etwa 1000 bis 1200 min^{-1} ein. Da die Heizwicklung mit an der Spannungsversorgung der Elektrokraftstoffpumpe angeschlossen ist, setzt mit dem Starten die Beheizung des Bimetalls ein.

Bild 3.120 Elektrisch beheizter Zusatzluftschieber
(Bosch)
1 elektrischer Anschluß
2 elektrische Heizung
3 Bimetall
4 Kunststoffblende

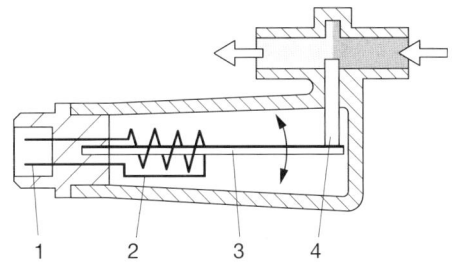

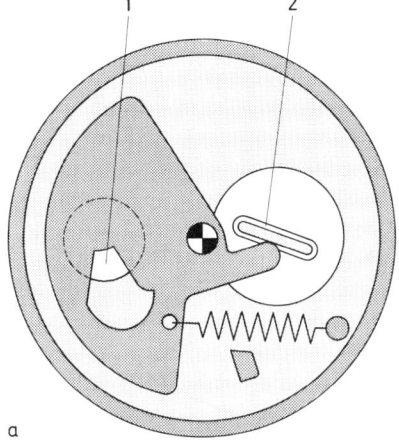

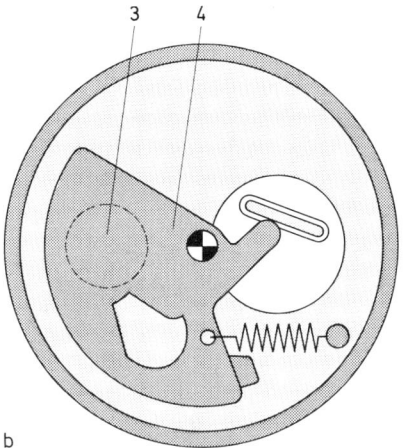

a   b

Bild 3.121 Zusatzluftschieber (Querschnitt)   1 Öffnung für Zusatzluft
(Bosch)   2 Bimetall mit Heizwicklung
a) Umgehungskanal temperaturabhängig   3 Querschnitt des Umgehungskanals im Bildteil
   geöffnet   a) temperaturabhängig frei, im Bildteil b)
b) Umgehungskanal geschlossen (betriebswarmer   geschlossen
   Motor)   4 Kunststoffblende

Die Kraft des Bimetalls wird daraufhin geringer und im gleichen Verhältnis nimmt die der Zugfeder zu. Durch diesen Vorgang wird die Kunststoffblende stufenlos in Richtung «Schließen»
betätigt und die Drehzahl nach etwa 1 bis 3 Minuten auf die normale Leerlaufdrehzahl von z.B.
800 min^{-1} abgesenkt.

Leerlaufdrehzahlregelung: Die Leerlaufdrehzahlregelung ist bei kaltem und warmem Motor
wirksam. Das elektronische Steuergerät sorgt dafür, daß unter allen Betriebsbedingungen, wie
Überwindung der höheren Reibmomente bei kaltem Motor, höherer Belastung durch den Generator, der Klimaanlage und der eingelegten Fahrstufe bei Automatikgetriebe, die Leerlaufdrehzahl immer konstant gehalten wird.
   Durch die Leerlaufdrehzahlregelung sinkt aufgrund der niedrigen Leerlaufdrehzahl der Kraftstoffverbrauch, und zwar hauptsächlich im Kurzstreckenbetrieb. Außerdem bleiben auch die
Abgaswerte über einen langen Zeitraum konstant, ohne daß eine Einstellung des Leerlaufs erforderlich ist.

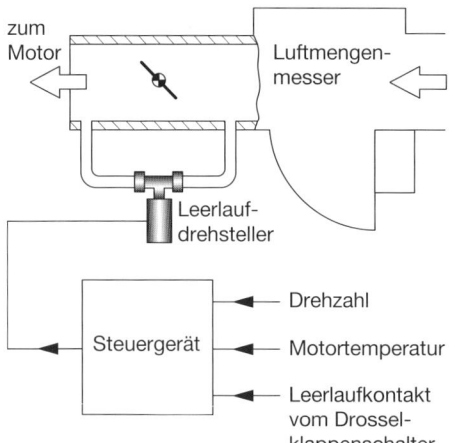

Bild 3.122 Schema der Leerlauf-Drehzahlregelung (Bosch)

zum Motor

Luftmengen-messer

Leerlauf-drehsteller

Steuergerät

◄— Drehzahl

◄— Motortemperatur

◄— Leerlaufkontakt vom Drossel-klappenschalter

Bei der L-Jetronic mit Leerlaufdrehzahlregelung (Bild 3.122) ist statt des Zusatzluftschiebers ein Leerlaufdrehsteller (Bild 3.123) in den Umgehungskanal des Drosselklappenstutzens eingesetzt. Der Leerlaufdrehsteller, z.B. als Zweiwicklungsdrehsteller, wird von dem Steuergerät elektrisch angesteuert. Er besitzt zwei Wicklungen und einen begrenzten Drehwinkel von 90°. Der auf

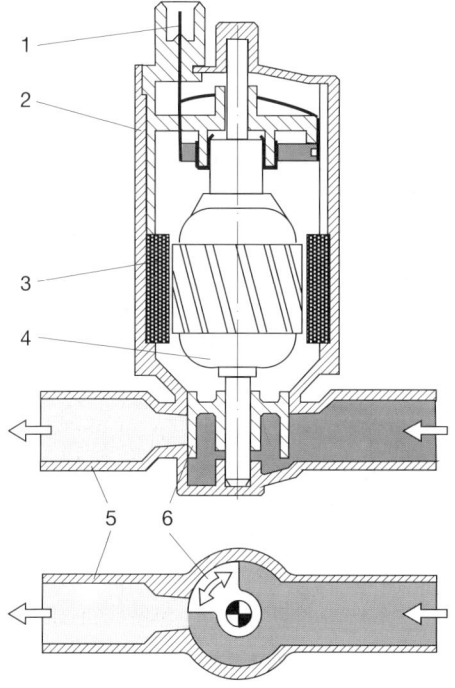

Bild 3.123 Leerlauf-Drehsteller (Zweiwicklungs-drehsteller) (Bosch)
1 elektrischer Anschluß
2 Gehäuse
3 Dauermagnet
4 Anker
5 Luftkanal als Umgehung zur Drosselklappe
6 Drehschieber

der Ankerwelle befestigte Drehschieber öffnet den Umgehungskanal so weit, daß die geforderte Leerlaufdrehzahl sich unabhängig von der Belastung des Motors einstellt. Das Steuergerät benötigt dazu folgende Informationen:

- ❐ über die Istdrehzahl von der Klemme 1 des Zündsystems,
- ❐ über die Leerlaufstellung der Drosselklappe von dem geschlossenen Leerlaufkontakt im Drosselklappenschalter,
- ❐ über die Motortemperatur von dem Temperaturfühler (NTC II),
- ❐ über den eingeschalteten Klimakompressor von dem Klimaschalter,
- ❐ über die eingelegte Fahrstufe von dem Getriebeschalter.

Aufgrund dieser Informationen vergleicht das Steuergerät die Istdrehzahl mit der programmierten Solldrehzahl und verändert über die Ansteuerung des Drehstellers so lange den Luftquerschnitt, bis Solldrehzahl und Istdrehzahl übereinstimmen.

Die beiden Wicklungen des Drehstellers werden während einer Ansteuerungsperiode abwechselnd mit Spannung beaufschlagt und verursachen am Drehanker gegenläufige Verdrehkräfte. Die Kraft der einen Wicklung wirkt in Richtung «Öffnen» und die der anderen in Richtung «Schließen». Durch die Trägheit des Ankers stellt sich der Drehschieber auf einen bestimmten Winkel ein, der dem Tastverhältnis der angelegten Spannung entspricht. Bei Ausfall der Ansteuerung durch das Steuergerät wird der Drehschieber durch eine schwache Feder auf einen Notquerschnitt gestellt, bei dem sich eine erhöhte Leerlaufdrehzahl von etwa 1000 min^{-1} einstellt. Mit dieser Drehzahl läuft auch der kalte Motor noch gut durch.

Übergangsanreicherung: Die Übergangsanreicherung ist beim Übergang vom Leerlauf in die Teillast nötig. Denn während des Leerlaufs und im Schiebebetrieb saugt der Motor aufgrund des hohen Unterdrucks die Saugkanalwände trocken. Beim Öffnen der Drosselklappe magert das Gemisch durch die einsetzende Wandbenetzung entsprechend ab. Es muß aus diesem Grund kurzzeitig eine Gemischanreicherung bestehen, um den Kraftstoffverlust auszugleichen.

Bei der L-Jetronic wird das Steuergerät über das Öffnen der Drosselklappe von dem Drosselklappenschalter informiert. Beim Öffnen des Leerlaufkontakts (Bild 3.124) in dem Schalter verlängert das Steuergerät kurzzeitig die Grundeinspritzzeit und läßt auf diese Weise mehr Kraftstoff einspritzen.

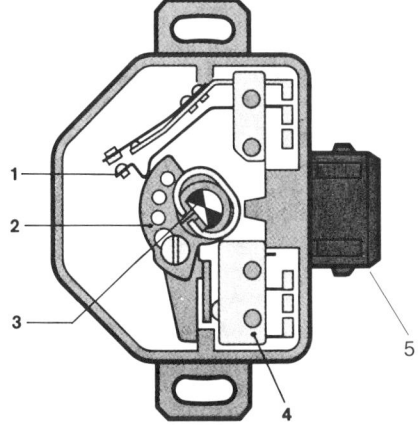

Bild 3.124 Drosselklappenschalter (Bosch)
1 Vollastkontakt
2 Schaltkulisse
3 Drosselklappenwelle
4 Leerlaufkontakt (Mikroschalter)
5 elektrischer Anschluß

Beschleunigungsanreicherung: Wird beim Beschleunigungsvorgang die Drosselklappe schnell geöffnet, ohne die Vollaststellung einzunehmen, magert durch die einsetzende Wandbenetzung das Kraftstoff-Luft-Gemisch kurzzeitig ab. Um kein sogenanntes «Beschleunigungsloch» entstehen zulassen, muß kurzzeitig angereichert werden. Da bei diesem plötzlichen Öffnen der Drosselklappe eine starke Druckabsenkung zwischen Drosselklappenstutzen und Luftmengenmesser eintritt, wird die Stauklappe weiter betätigt, als es die durchströmende Luftmenge verlangt. Durch dieses kurzzeitige Überschwingen der Stauklappe wird für etwa 1 bis 2 Sekunden die Einspritzzeit verlängert und im Verhältnis zur angesaugten Luftmenge eine Änderung des Gemischverhältnisses von 1 : 14,8 auf 1 : 13 erreicht. Die Lambda-Regelung wird für diese Zeitspanne ausgeschaltet.

Vollastanreicherung: Bei Vollast gibt der Motor in der Nenndrehzahl seine höchste Leistung und in dem mittleren Drehzahlbereich – aufgrund der besten Zylinderfüllung – sein höchstes Drehmoment ab. Unter diesen Vollastbedingungen muß gegenüber der Teillast das Kraftstoff-Luft-Gemisch angereichert werden. Denn gegenüber der Teillast, bei der mit einem Kraftstoff-Luft-Gemisch von 1 : 14,8 ($\lambda = 1$) gute Abgaswerte erreicht werden, verlangt der Motor bei Vollast ein fetteres Gemisch mit einem Verhältnis von 1 : 13 ($\lambda = 0{,}9$), damit die Brenngeschwindigkeit zunimmt und die Verbrennung sich nicht zu sehr in den Arbeitstakt hinein verschleppt.

Die Höhe dieser Anreicherung ist motorspezifisch im Steuergerät programmiert. Die Information über die Vollaststellung der Drosselklappe liefert der Drosselklappenschalter (Bild 3.124). Dieser ist seitlich am Drosselklappenstutzen befestigt und wird von der Drosselklappenwelle betätigt. Der Schalter besitzt den Leerlaufkontakt als Mikroschalter und den Vollastkontakt. Beim Betätigen des Fahrpedals wird kurz vor der Vollaststellung der Drosselklappe der Vollastkontakt geschlossen und durch das Steuergerät die Einspritzzeit der Einspritzventile entsprechend verlängert.

Schubabschaltung: Die Schubabschaltung bedeutet bei allen L-Jetronic-Anlagen keine Ansteuerung der Elektro-Einspritzventile. Dadurch wird im normalen Schiebebetrieb, beim Bergabfahren und beim Bremsen der Kraftstoffverbrauch und der Schadstoffausstoß vermindert. Man unterscheidet zwischen der normalen und der adaptiven Schubabschaltung.

Normale Schubabschaltung: Diese wird wirksam, wenn bei einer Kühlmitteltemperatur von mehr als 40 °C und bei einer Drehzahlschwelle von über 1800 min^{-1} das Fahrpedal in die Leerlaufstellung gebracht wird. Der Leerlaufkontakt (Mikroschalter) im Drosselklappenschalter (Bild 3.124) wird geschlossen, und das Steuergerät sperrt daraufhin die Kraftstoffeinspritzung, indem es die Elektro-Einspritzventile nicht mehr ansteuert. Die Einspritzung setzt wieder ein, wenn beim Betätigen des Fahrpedals der Leerlaufkontakt im Drosselklappenschalter geöffnet oder die Drehzahlschwelle von z.B. 1200 min^{-1} unterschritten wird.

Adaptive Schubabschaltung: Bei der adaptiven (angepaßten) Schubabschaltung wird die Sperrung der Einspritzung einmal der Motortemperatur und in dem anderen Fall dem Drehzahlabfall entsprechend angepaßt.

Bei einem warmen Motor werden die Drehzahlschaltschwellen möglichst tief gelegt, damit viel Kraftstoff gespart wird.

Bei einem kalten Motor liegen die Drehzahlschaltschwellen temperaturabhängig entsprechend höher. So setzt z.B. die Sperrung erst bei einer Drehzahl von über 2600 min^{-1} und die drehzahlabhängige Aufhebung der Sperrung schon bei der Unterschreitung von 1800 min^{-1} ein. Dadurch wird verhindert, daß beim Auskuppeln der kalte Motor zum Stehen kommt. Außerdem

Bild 3.125 Begrenzen der maximalen Drehzahl
n_0 durch Abschalten der Einspritzung (Bosch)

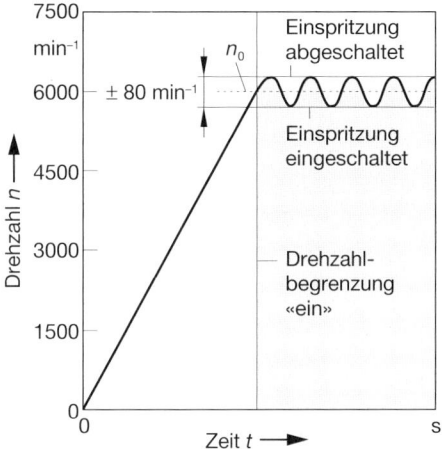

erkennt das Steuergerät, ob es sich bei dem Drehzahlabfall um ein normales Zurücknehmen des Fahrpedals oder um ein Auskuppeln handelt. Da beim Auskuppeln die Drehzahl schnell abfällt, wird die Sperrung der Einspritzung früher, d.h. schon bei höherer Drehzahl, aufgehoben, damit der Motor wieder frühzeitig Kraftstoff bekommt und seine Leerlaufdrehzahl nicht unterschreitet.

Drehzahlbegrenzung: Bei der Drehzahlbegrenzung wird von dem Steuergerät bei Überschreitung der max. zulässigen Drehzahl (Bild 3.125) die Einspritzung abgeschaltet. Durch das Steuergerät, das die Istdrehzahl mit einer programmierten Grenzdrehzahl n_0 vergleicht, werden die Einspritzventile beim Überschreiten der max. zulässigen Drehzahl nicht mehr angesteuert. Bei dem Schalten zwischen «Ein» und «Aus» stellt sich ein Drehzahlbereich um ±80 min^{-1} ein. Diese geringe Drehzahlschwankung macht sich nicht auf den Fahrkomfort bemerkbar.

Lambda-Regelung: Mit der Lambda-Regelung (Bild 3.126) kann das Kraftstoff-Luft-Verhältnis sehr genau bei 1 : 14,8, das entspricht einer Luftzahl von $\lambda = 1$, eingehalten werden (siehe auch Abschnitt 3.2.1).
Das elektronische Steuergerät reagiert ab einer Motortemperatur von 40 °C im Leerlauf und 20 °C bei Teillast auf das Sondensignal. Es vergleicht das Spannungssignal der Lambda-Sonde mit einem Sollwert und steuert damit einen Lambda-Regler an. Die Sondenspannung ist ein Maß für die Korrektur der Einspritzmenge bei der Gemischbildung. Das von dem Lambda-Regler aufbereitete Signal wird zu Beeinflussung der Einspritzzeit herangezogen. Bei einem Lambda-Wert über 1,00 (magerer) wird die Einspritzzeit geringfügig verlängert, und bei einem Wert unter 1,00 (fetter) erfolgt eine entsprechende Verkürzung der Einspritzzeit.

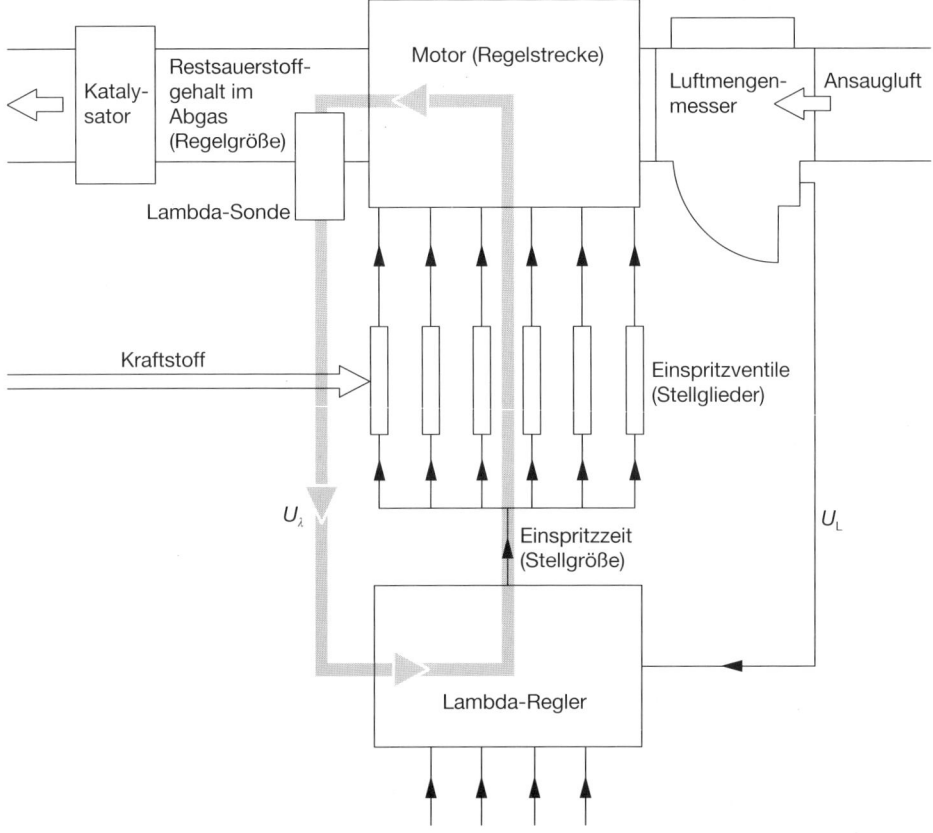

Bild 3.126   Lambda-Regelkreis (Bosch)
U_L Luftmengensignal
U_λ Lambda-Sondensignal

3.8.3   LH-Jetronic

Die LH-Jetronic von Bosch (Bild 3.127) unterscheidet sich kaum von der L-Jetronic (Abschnitt 3.8.2). Der hauptsächliche Unterschied besteht in der Messung der Zylinderfüllung. Statt eines Luftmengenmessers, der die angesaugte Luftmenge mißt, wird bei der LH-Jetronic ein Luftmassenmesser verwendet. Es handelt sich um den Hitzdraht-Luftmassenmesser (HLM), der 1982 in Serie ging und der ab 1987 von dem Heißfilm-Luftmassenmesser (HFM) ersetzt wurde. Mit beiden Luftmassenmessern wird die vom Motor angesaugte Luftmasse gemessen. Das Meßergebnis ist damit unabhängig von der Luftdichte, die von der Temperatur und von dem Luftdruck abhängig ist.

Kraftstoffversorgung: Die Kraftstoffanlage ist genauso aufgebaut wie bei der L-Jetronic. Die Kraftstoffversorgung erfolgt vom Kraftstoffbehälter aus über die Elektrokraftstoffpumpe, Kraftstoffilter, Kraftstoffverteilerrohr und Kraftstoffdruckregler zu den Elektro-Einspritzventilen.

270   *Gemischbildung und Verbrennung bei Ottomotoren*

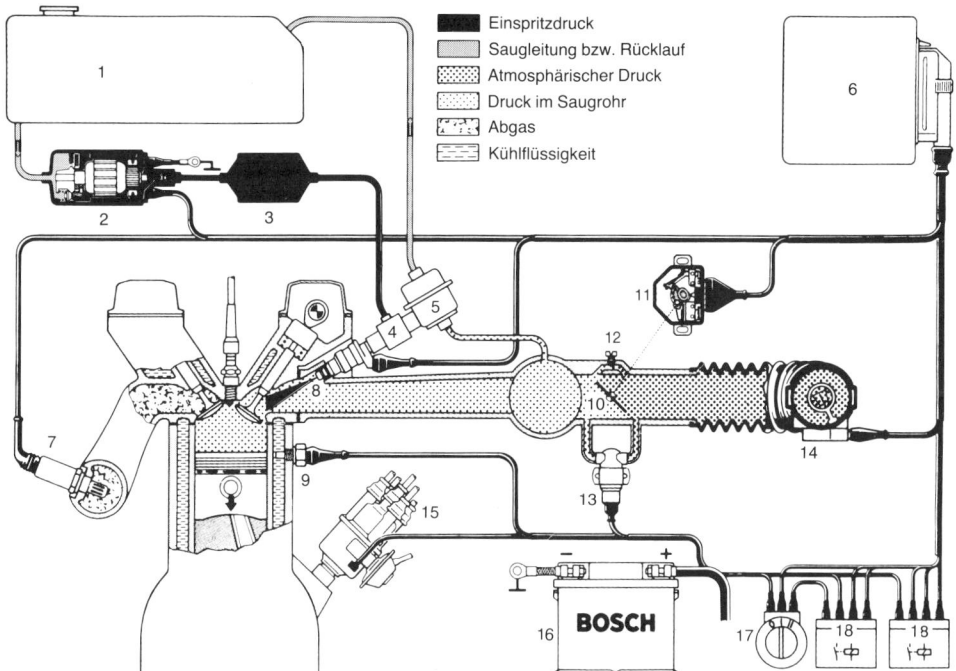

	Einspritzdruck
	Saugleitung bzw. Rücklauf
	Atmosphärischer Druck
	Druck im Saugrohr
	Abgas
	Kühlflüssigkeit

Bild 3.127 LH-Jetronic (Bosch)

1 Kraftstoffbehälter
2 Elektro-Kraftstoffpumpe
3 Kraftstofffilter
4 Kraftstoffverteilerrohr
5 Druckregler
6 Steuergerät
7 Lambda-Sonde
8 Elektro-Einspritzventil

9 Temperaturfühler (NTC II)
10 Drosselklappe
11 Drosselklappenschalter
12 Einstellschraube für Tastverhältnis
13 Leerlaufdrehsteller (Zweiwicklungsdrehsteller)
14 Hitzdraht-Luftmassenmesser
15 Zündverteiler
16 Batterie
17 Zünd-Starter-Schalter
18 Relais

Betriebsdatenerfassung: Verschiedene Sensoren (Informationsgeber) erfassen den jeweiligen Betriebszustand des Motors und informieren in Form elektrischer Signale das elektronische Steuergerät. Die Sensoren und das Steuergerät bilden das Steuersystem der Einspritzanlage.

Die Informationen an das Steuergerät werden in Hauptkenngrößen und Korrekturgrößen zur groben und zur feinen Anpassung unterteilt.

Hauptkenngrößen: Als Hauptkenngrößen zählen die Motordrehzahl und die vom Motor angesaugte Luftmasse. Die Information über die Motordrehzahl kommt von Klemme 1 des Zündsystems und die über die angesaugte Luftmasse von dem Luftmassenmesser. Aus diesen beiden Informationen wird die Luftmasse pro Hub bestimmt, die als direktes Maß für den Lastzustand gilt und von der die Bemessung der einzuspritzenden Kraftstoffmenge abhängig ist.

Korrekturgrößen zur Grobanpassung: Für verschiedene Betriebszustände wie Kaltstart, Nachstart, Warmlauf, Beschleunigung und Vollast, wenn die Kraftstoffgrundmenge nicht ausreicht, muß das Gemisch den veränderten Bedingungen angepaßt, d.h. angereichert werden. Die Information an das Steuergerät über die Motortemperatur vom Kaltstart an bis zum Erreichen der Betriebstemperatur erfolgt durch den Motortemperaturfühler (NTC II). Die Anpassung an die verschiedenen Lastzustände (Leerlauf, Teillast, Vollast) meldet der Drosselklappenschalter an das Steuergerät. Dieser Schalter besitzt zwei Kontakte für die beiden Endstellungen der Drosselklappe. Bei geschlossener Drosselklappe ist der Leerlaufkontakt (Mikroschalter) und bei voll geöffneter Drosselklappe der Vollastkontakt geschlossen. Wenn keiner der beiden Kontakte geschlossen ist, besteht der Zustand Teillast.

Korrekturgrößen zur Feinanpassung: Um das Fahrverhalten zu verbessern, werden bei der Zumessung der Kraftstoffmenge noch weitere Betriebsbereiche und Einflüsse berücksichtigt. So erfassen die erwähnten Sensoren auch die Daten für die Übergangsanreicherung, für den Beschleunigungsvorgang, für die Höchstdrehzahlbegrenzung und für den Schiebebetrieb. Das Steuergerät verarbeitet diese Daten und bemißt entsprechend die Einspritzzeit der Elektro-Einspritzventile.

Kraftstoffzumessung: Die Kraftstoffzumessung übernimmt das elektronische Steuergerät. Es wertet die von den Sensoren eingegangenen Informationen aus und bildet daraus Steuerimpulse für die Kraftstoffzumessung durch die Einspritzventile. Dabei wird die an den Einspritzventilen austretende Kraftstoffmenge von drei Faktoren bestimmt:

❐ von dem Öffnungsquerschnitt an den Einspritzventilen,
❐ von dem Kraftstoffvordruck (Systemdruck) in dem Verteilerrohr,
❐ von der Einspritzdauer (Öffnungsdauer) der Einspritzventile, die im Leerlauf mit etwa 3 bis 5 ms und bei Vollast mit 12 bis 18 ms vom Steuergerät bemessen wird.

Elektronisches Steuergerät: Das digitale Steuergerät paßt das Kraftstoff-Luft-Verhältnis – im Gegensatz zur L-Jetronic – über ein Last-Drehzahl-Kennfeld an. Es berechnet bei betriebswarmem Motor aus diesen beiden eingegangenen Informationen der Sensoren die Grundeinspritzzeit bzw. die Kraftstoffgrundmenge. Das Steuergerät hat einen Mikrocomputer, einen Programm- und Datenspeicher sowie zur Umwandlung analoger in digitale Signale einen Analog-Digital-Umsetzer. Der elektronische Teil des Steuergeräts arbeitet mit einer stabilen Spannung von 5 Volt.

Die Stellglieder der LH-Jetronic sind positiv mit dem Bordnetz verbunden und werden negativ über die Steuergeräte-Endstufen (Leistungsstufen) geschaltet. Dabei werden die Stellglieder wie Leerlaufdrehsteller, Aktivkohlefilterventil und bei Turbomotoren das Ladedruckregelventil mit einem impulsweitenmodulierten Rechtecksignal angesteuert. Es wird der Strom periodisch ständig ein- und ausgeschaltet (getaktet). Die Einschaltzeit (Tastverhältnis) in Prozent wird im Verhältnis zur Periodendauer (100%) unterschiedlich lang bemessen. Die Einspritzventile werden dagegen nicht angetaktet, sondern je nach Betriebszustand des Motors in der vom Steuergerät bemessenen Spritzdauer voll bestromt.

Luftmassenmesser: Bei dem Hitzdraht- und dem Heißfilm-Luftmassenmesser handelt es sich nicht um mechanische, sondern um thermische Lastsensoren. Der Luftmassenmesser ist zwischen Luftfilter und Drosselklappenstutzen eingebaut (Bild 3.127). Er erfaßt die vom Motor angesaugte Luftmasse (kg/h). Der in den Ansaugstrom hineinragende elektrisch beheizte Körper wird durch den Luftstrom abgekühlt. Eine Regelschaltung bemißt den Heizstrom so, daß der beheizte Körper eine bestimmte Temperatur über der Ansauglufttemperatur annimmt. Der jeweilige Heizstrom ist dabei ein Maß für den Luftmassenstrom. Die Luftdichte wird bei dieser Meßmethode mit berücksichtigt, da sie die Abkühlung des beheizten Körpers beeinflußt. Dichtere Luft (in Meereshöhe) bedeutet mehr Luftmasse und bringt eine stärkere Abkühlung als die Luftmasse mit geringerer Dichte (z.B. in 2000 m Höhe).

Hitzdraht-Luftmassenmesser: Bei dem Hitzdraht-Luftmassenmesser (Bild 3.128) ist der beheizte Körper, der Hitzdraht, ein 0,07 mm dünner gespannter Platindraht. Die Beheizung des Hitzdrahtes erfolgt geregelt mit einer Temperatur, die mit einem bestimmten Wert über der Ansauglufttemperatur liegt. Diese Lufttemperatur wird durch einen im Hitzdraht-Luftmassenmesser integrierten Temperatursensor (Kompensationswiderstand) erfaßt. Die Regelung besteht hauptsächlich aus einer Brückenschaltung (Wheatstonesche Brückenschaltung) und einem Verstärker. Die Brückenschaltung (Bild 3.129) wird gebildet durch den gespannten Hitzdraht aus Platin R_H, den Kompensationswiderstand R_K, den Meßwiderstand R_M und den beiden Abgleichwiderständen R_1 und R_2. Die Brücke ist über die beiden Widerstände R_1 und R_2 so abgeglichen, daß der temperaturabhängige Hitzdraht R_H einen Wert von z.B. 130 °C über der Ansauglufttemperatur annimmt. Die Messung des Luftmassenstroms erfolgt in Abständen von $^1/_{1000}$ Sekunden.

Bild 3.128 Hitzdraht-Luftmassenmesser (Bosch)
1 Leiterplatte
2 Hybridschaltung. Sie enthält neben den Widerständen der Brückenschaltung noch die Regelschaltung für das Konstanthalten der Temperatur und die Reinigungs-(Freibrenn-)Schaltung.
3 Innenrohr
4 Präzisionswiderstand
5 Hitzdrahtelement
6 Temperatursensor
7 Schutzgitter
8 Gehäuse

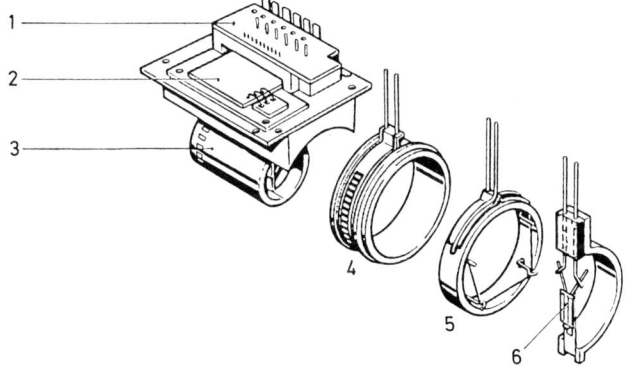

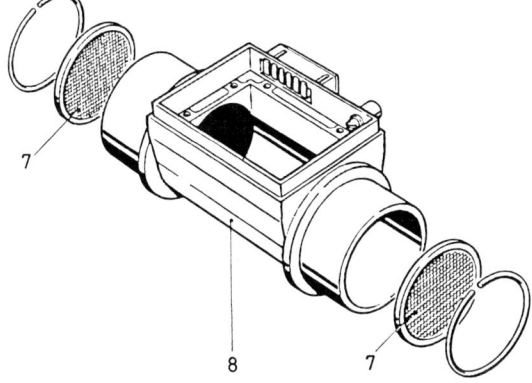

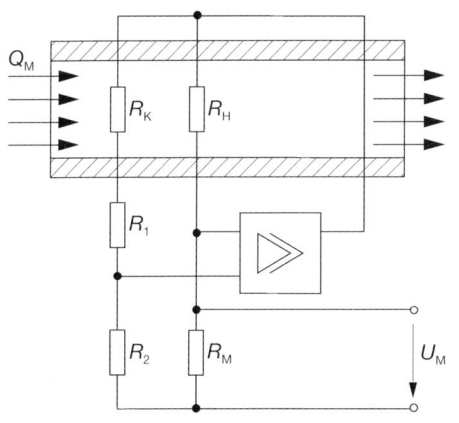

Bild 3.129 Brückenschaltung des Hitzdraht-
Luftmassenmessers (Bosch)
R_H Hitzdraht
R_K Kompensationswiderstand (Temperatur-
         sensor)
R_M Meßwiderstand
R_1, R_2 Abgleichwiderstände
U_M Meßspannung
Q_M einströmende Luftmasse pro Zeiteinheit

Durch die durchströmende Luftmasse stellt sich eine entsprechende Abkühlung des Hitzdrahtes ein. Die elektronische Regelung ist jedoch bestrebt, die Hitzdrahttemperatur immer auf z.B.
130 °C über der gemessenen Lufttemperatur konstant zu halten, und ändert dementsprechend
den Heizstrom in dem Bereich zwischen etwa 500 bis 1200 mA. Dieser Heizstrom fließt in unterschiedlicher Höhe über den Meßwiderstand R_M, dessen Spannungsabfall U_M ein Maß für die
angesaugte Luftmasse darstellt. Dieses Signal U_M wird dem Steuergerät mitgeteilt, das daraufhin
die Einspritzzeit der Einspritzventile bemißt. So bringt ein schwächerer Luftmassenstrom eine
geringere Abkühlung des Hitzdrahtes. Die Regelschaltung reagiert mit einem niedrigen Heizstrom, dieser verursacht an dem Meßwiderstand R_M auch nur einen geringen Spannungsabfall,
und das Steuergerät bemißt daraufhin eine kürzere Einspritzzeit. Umgekehrt kommt es bei einem
stärkeren Luftmassenstrom zur größeren Abkühlung und bei einem höheren Heizstrom auch zu
einem größeren Spannungsabfall an dem Meßwiderstand R_M. Das Steuergerät bemißt daraufhin
eine entsprechend längere Einspritzzeit.

Da der Hitzdraht im Ansaugkanal des Motors eingebaut ist, können Ablagerungen entstehen,
die das Meßergebnis beeinflussen. Deshalb wird nach jedem Abstellen des Motors für eine
Sekunde der Hitzdraht auf eine Temperatur von etwa 1000 °C (1273 K) geregelt. Dabei platzt
angelagerter Schmutz ab, und der Hitzdraht ist gereinigt. Dieses Freibrennen erfolgt nicht, wenn
der Motor ohne anzulaufen gestartet und danach die Zündung ausgeschaltet wird (Unfallgefahr).

Heißfilm-Luftmassenmesser: Der Heißfilm-Luftmassenmesser (Bild 3.130) arbeitet nach demselben Prinzip wie der Hitzdraht-Luftmassenmesser. Der beheizte Körper besteht nicht aus einem
Platindraht, sondern aus einem Platin-Filmwiderstand. Dieser befindet sich zusammen mit anderen Filmwiderständen der Brückenschaltung auf einem Keramikplättchen (Bild 3.131). Die
Brückenschaltung ist mit den Widerständen so abgeglichen, daß der temperaturabhängige Heißfilm R_H eine Temperatur von z.B. 180 °C über der Ansaugtemperatur annimmt (Bild 3.132).

Durch die durchströmende Luftmasse stellt sich auch bei dem Heißfilm-Luftmassenmesser
eine entsprechende Abkühlung des Heißfilmes ein. Die Regelschaltung reagiert mit einem höheren Heizstrom I_H. Die dabei am Heißfilm anliegende Spannung U_M ist ein Maß für den Luftmassenstrom. Diese Spannung wird von der Elektronik des Heißfilm-Luftmassenmessers entsprechend verstärkt und dem Steuergerät als Information über die angesaugte Luftmasse mitgeteilt.

Ein Freibrennen ist bei dem Heißfilm-Luftmassenmesser nicht erforderlich, da sich Schmutz
hauptsächlich nur an der Vorderkante des Sensorelements anlagert. Die Elemente, die für den

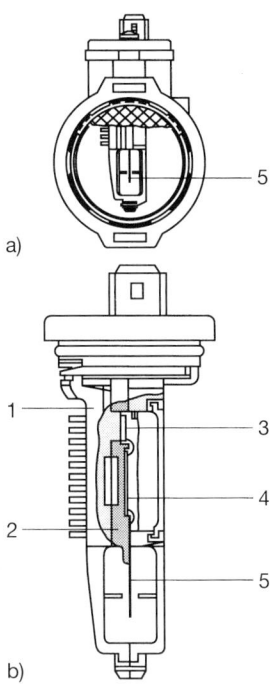

a)

b)

Bild 3.130 Heißfilm-Luftmassenmesser (Bosch)
a) Gehäuse
b) Heißfilmsensor (in Gehäusemitte eingebaut)
1 Kühlkörper
2 Zwischenbaustein
3 Leistungsbaustein
4 Hybridschaltung
5 Sensorelement

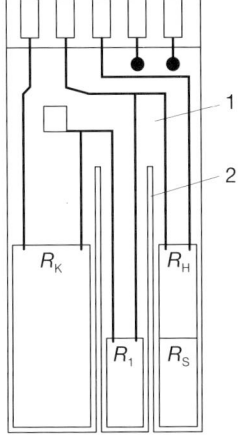

Bild 3.131 Heißfilm-Sensorelement (Bosch)
1 Keramikträger
2 Sägeschnitt
R_K Temperaturkompensationssensor
R_1 Brückenwiderstand
R_H Heizwiderstand
R_S Sensorwiderstand

Bild 3.132 Schaltung des Heißfilm-Luftmassen-
messers (Bosch)
R_K Temperatur-Kompensationssensor
R_H Heizwiderstand
R_1, R_2, R_3 Brückenwiderstände
U_M Meßspannung
I_H Heizstrom
t_L Lufttemperatur
Q_M einströmende Luftmasse pro Zeit-
            einheit

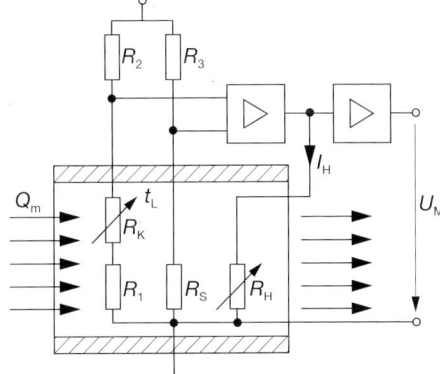

Wärmeübergang entscheidend sind, wurden in Strömrichtung tiefer in den Luftmassenmesser verlegt und so angeordnet, daß sie nicht zur Verschmutzung neigen.

Wird bei einem Motor mit LH-Jetronic ein Beschleunigungsvorgang ausgeführt, so wird dieser Vorgang von dem Luftmassenmesser durch das schnelle Abkühlen des Hitzdrahtes bzw. des Heißfilmes erkannt. Das Steuergerät reagiert und verlängert kurzzeitig die Einspritzzeit soweit, daß sich das Kraftstoff-Luft-Verhältnis von 1 : 14,8 auf 1 : 13 ändert.

3.8.4 Motronic

Die Motronic besitzt nur ein Steuergerät, mit dem die gesamte Motorsteuerung elektronisch erfolgen kann. Der Kern der Motronic besteht immer aus der elektronisch gesteuerten Einspritzanlage, entweder mit Luftmengenmesser, Luftmassenmesser oder Saugrohrdruckfühler, und dem elektronisch gesteuerten Zündsystem, entweder mit ROV oder RUV (siehe Abschnitt 8.2.9). Darüber hinaus können noch weitere Steuer- und Regelfunktionen erfolgen, wie z.B.:

❐ Leerlaufdrehzahlregelung,
❐ Lambda-Regelung,
❐ Klopfregelung,
❐ Ladedruckregelung,
❐ Steuerung der Abgasrückführung,
❐ Steuerung der Sekundärlufteinblasung,
❐ Steuerung des Kraftstoffverdunstungs-Rückhaltesystems,
❐ Nockenwellensteuerung,
❐ Steuerung der Schaltsaugrohre,
❐ Fahrgeschwindigkeitsregelung.

Außerdem unterstützt die Motronic die Steuergeräte der anderen Fahrzeugsysteme. So besteht z.B. ein Verbund mit dem Steuergerät des Automatikgetriebes, damit beim Schaltvorgang eine Drehmomentreduzierung einsetzt, um das Getriebe zu schonen und den Komfort zu erhöhen. Der Verbund mit dem ABS-Steuergerät ermöglicht die Antriebsschlupfregelung (ASR) zur Erhöhung der Fahrsicherheit.

Bild 3.133 Motronic M5 mit integrierter Diagnose (OBD II) (Bosch)

1	Aktivkohlebehälter	12	Steuergerät
2	Absperrventil	13	Drosselklappengeber
3	AKF-Ventil	14	Leerlauf-Drehsteller
4	Kraftstoff-Druckregler	15	Lufttemperaturfühler
5	Einspritzventil	16	Abgasrückführventil (AGR-Ventil)
6	elektropneumatisches Umschaltventil	17	Kraftstofilter
7	Zündspule	18	Klopfsensor
8	Phasensensor	19	Drehzahlsensor
9	Sekundärluftpumpe	20	Motortemperaturfühler
10	Sekundärluftventil	21	Lambda-Sonde
11	Luftmassenmesser	22	Diagnose-Schnittstelle
		23	Diagnoselampe
		24	Differenzdrucksensor
		25	Elektro-Kraftstoffpumpe

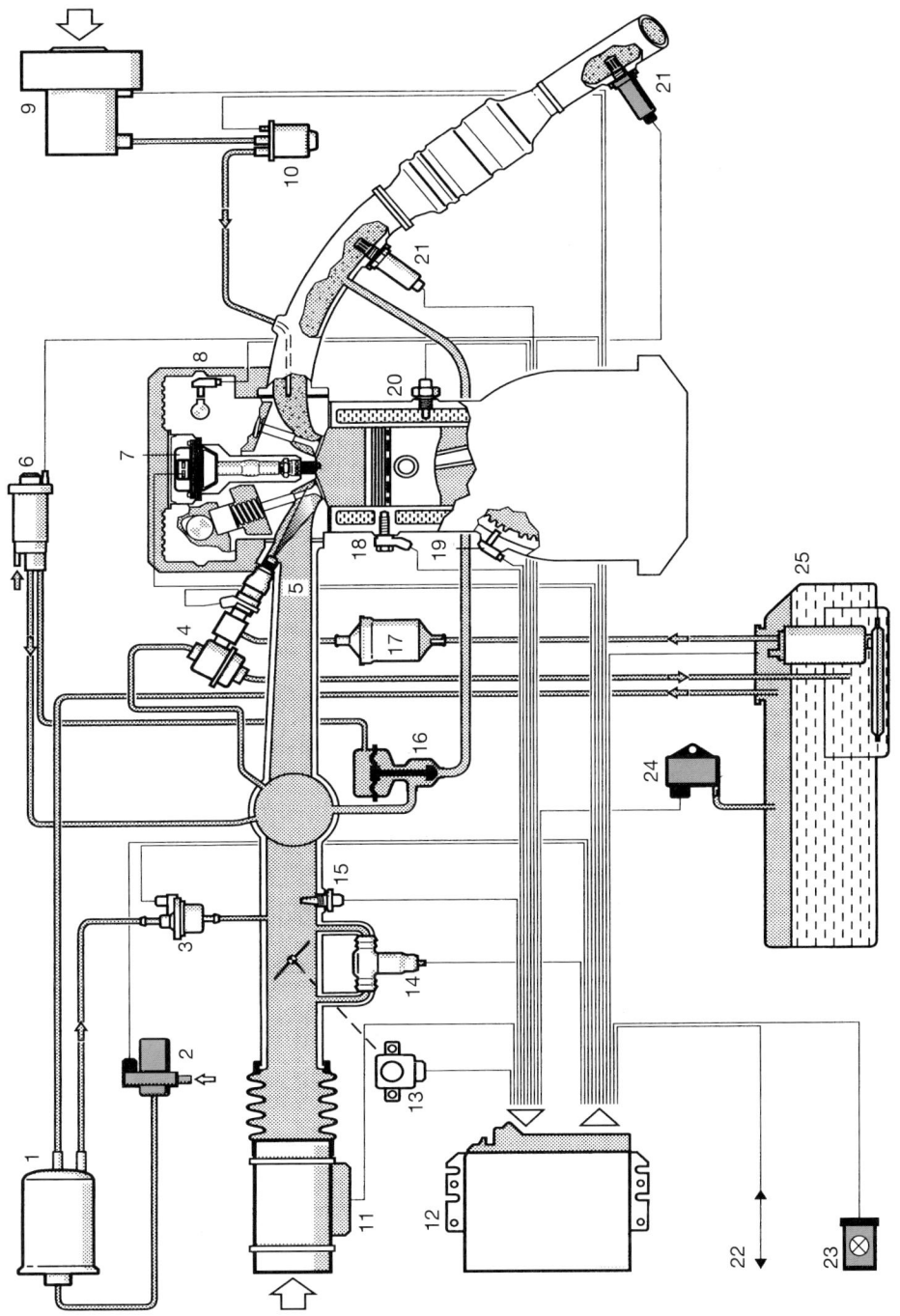

Anmerkung: In diesem Abschnitt werden nur die Besonderheiten erwähnt bzw. die zusätzlichen Stellglieder erklärt, die bei der LE- und LH-Jetronic nicht beschrieben worden sind.

Betriebsdatenerfassung

Als Hauptkenngröße zählen die Motordrehzahl und zur Berechnung der Einspritzzeit und des Zündwinkels die Motorlast (Lasterfassung).

Zur Bestimmung der Motorlast bzw. der Zylinderfüllung können bei der Motronic verschiedene Lastsensoren zum Einsatz kommen, z.B.:

❑ Luftmengenmesser (LMM),
❑ Hitzdraht-Luftmassenmesser (HLM),
❑ Heißfilm-Luftmassenmesser (HFM),
❑ Saugrohrdrucksensor und
❑ Drosselklappengeber (DKG) als Drosselklappenpotentiometer.

Der Drosselklappengeber dient als Nebenlastsensor und wird zusätzlich zu den oben genannten Hauptlastsensoren eingesetzt. Bei Ausfall des Hauptlastsensors liefert er ein Ersatzsignal.

Die Wirkungsweise von Luftmengenmesser und Luftmassenmesser sind in den Abschnitten 3.8.2 und 3.8.3 beschrieben.

Saugrohrdrucksensor: Dieser Sensor (Bild 3.134) ist pneumatisch mit dem Saugrohr des Motors verbunden und mißt den Saugrohr-Absolutdruck, d.h., er erfaßt den unterschiedlichen Luftdruck, der sich bei Betätigung der Drosselklappe verändert.

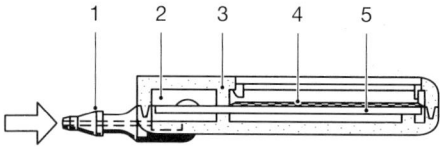

Bild 3.134 Drucksensor (für Steuergeräteeinbau) (Bosch)
1 Druckanschluß
2 Druckzelle mit Sensorelementen
3 Dichtsteg
4 Auswerteschaltung
5 Dickschichthybrid

Er ist im Steuergerät oder in Saugrohrnähe angeordnet, selten direkt im Saugrohr befestigt. Als Wegbausensor besteht die pneumatische Verbindung zum Saugrohr über eine Schlauchleitung.

Der Saugrohrdrucksensor ist unterteilt in eine Druckkammer mit Sensor und einem Raum für die Auswerteschaltung. Der Sensor und die Auswerteschaltung befinden sich auf einem Keramikträger.

Der Sensor (Bild 3.135) besteht aus einer gewölbten Dickschichtmembran, unterhalb der sich eine Gegendruckkammer mit einem bestimmten Innendruck befindet. Je nach Höhe des Luftdrucks im Saugrohr wird die Membran unterschiedlich stark ausgelenkt. In der Membran eingebettet befinden sich piezoresistive Widerstände, deren Leitfähigkeit sich unter mechanischer Spannung, wie sie durch Membranbewegung entsteht, ändert. Diese Widerstände sind in einer Brückenschaltung so angeordnet, daß eine Membranbewegung zu einer Änderung des Brückenabgleichs führt. Die dabei geänderte Brückenspannung ist ein Maß für den momentanen Saugrohrdruck und somit ein Maß für die Zylinderfüllung.

Die Auswerteschaltung im Sensor hat die Aufgabe, die sehr niedrige Brückenspannung als Signal zu verstärken, außerdem Temperatureinflüsse auszugleichen und die Druckkennlinie linear

Bild 3.135 Dickschichtmembran im Drucksensor
(Bosch)
1 piezoresistive Widerstände
2 Basismembran
3 Referenzdruckkammer
4 Keramikträger
p Saugrohrdruck

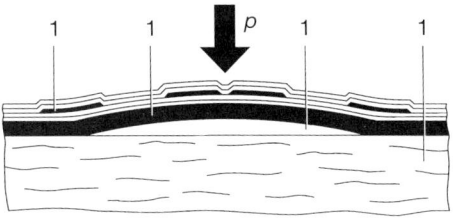

verlaufen zu lassen. Das aufbereitete Ausgangssignal wird dem Steuergerät mitgeteilt, das daraufhin die Einspritzzeit berechnet.

Drosselklappengeber: Der Drosselklappengeber (Bild 3.136) wird statt eines Drosselklappenschalters eingesetzt. Er ist am Drosselklappenstutzen befestigt und wird von der Drosselklappenwelle betätigt. Ein Drosselklappenpotentiometer erkennt die Winkelstellung (Leerlauf, Teillast, Vollast) der Drosselklappe und überträgt ein entsprechendes Spannungsverhältnis einer Widerstandsschaltung (Bild 3.137) an das Steuergerät. Die Drosselklappengeber-Informationen werden

Bild 3.136 Drosselklappengeber (Bosch)
1 Drosselklappenwelle
2 Widerstandsbahn 1
3 Widerstandsbahn 2
4 Schleiferarm mit Schleifer
5 elektrischer Anschluß

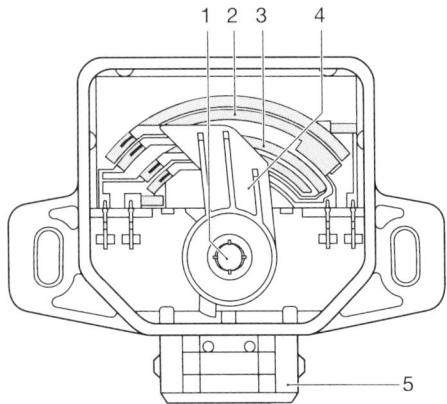

Bild 3.137 Widerstandsschaltung im Drossel-
klappengeber (Bosch)
1   Drosselklappenwelle
R_1 Widerstandsbahn 1
R_2 Widerstandsbahn 2
R_3, R_4, R_5, R_6 Abgleichwiderstände
U_M Meßspannung

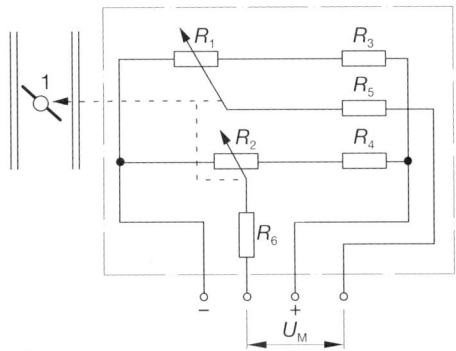

für die Leerlaufdrehzahlregelung, Zündwinkel-Kennfeldauswahl und für die Einspritzzeitbemessung benötigt. Außerdem wird das DKP-Signal von dem Steuergerät der elektronischen Automatikgetriebesteuerung verarbeitet.

Bei Ausfall des betreffenden Hauptlastsensors erfüllt der Drosselklappensensor eine Notlauffunktion.

Einspritzzeitpunkt: Neben der genau bestimmten Einspritzzeit können auch noch mit der Steuerung des Einspritzzeitpunktes die Verbrauchs- und Abgaswerte verringert werden.

Dabei besteht die Möglichkeit, die Einspritzventile von dem Steuergerät unterschiedlich ansteuern zu lassen. So gibt es z.B.:

❒ die simultane Einspritzung,
❒ die halbsequentielle oder Gruppeneinspritzung und
❒ die sequentielle Einspritzung.

Die sequentielle Einspritzung bietet die größte Möglichkeit, den Einspritzzeitpunkt an verschiedene Betriebsbedingungen anzupassen. Außerdem besteht der Schutz des Katalysators bei Verbrennungsaussetzern. Wird bei einem Zylinder ein Zündaussetzer erkannt, wird die Einspritzung für diesen Zylinder abgeschaltet.

Diese unterschiedlichen Arten der Einspritzventilansteuerungen sind in Abschnitt 3.8 erklärt.

Anpassung an die Betriebszustände
Zweisonden-Lambda-Regelung: Die adaptive Lambda-Regelung mit nur einer Sonde ist in Abschnitt 3.2.1 beschrieben.

Bei der Motronic M5 (Bild 3.133) sind zwei Lambda-Sonden eingebaut. Die zweite Sonde, die hinter dem Katalysator eingesetzt ist, wird besser vor Verschmutzung und zu hoher Temperatur geschützt. Mit dieser zweiten Sonde hinter dem Katalysator wird der Regelung mit der ersten Sonde vor dem Katalysator eine zweite Regelung überlagert (Bild 3.133). Damit ist über eine lange Zeit eine gleichbleibende Gemischbildung sichergestellt.

Kraftstoffverdunstungs-Rückhaltesystem: Es bestehen die gesetzlichen Vorschriften, daß keine Kraftstoffdämpfe aus dem Kraftstoffbehälter in die Atmosphäre austreten dürfen. Durch die Erwärmung des Kraftstoffs – einmal durch die Erwärmung von außen und durch die mitgeführte Wärme über den Kraftstoffrücklauf – entsteht eine starke Kraftstoffdampfbildung mit Druckanstieg.

Mit dem Kraftstoffverdunstungs-Rückhaltesystem (Bild 3.138), das aus einem Aktivkohlefilterbehälter besteht, können diese Kraftstoffdämpfe aufgenommen und gleichzeitig ein Druckausgleich zwischen Kraftstoffbehälter und Atmosphäre hergestellt werden. Die Be- und gleichzeitig die Entlüftungsleitung aus dem Kraftstoffbehälter endet in dem Aktivkohlefilterbehälter. Das Aktivkohlefilter hält den Kraftstoffdampf zurück bzw. saugt ihn auf und läßt nur die Luft ins Freie entweichen. Wenn umgekehrt im Kraftstoffbehälter Unterdruck entstehen sollte, kann über das Aktivkohlefilterbehälter belüftet werden.

Um das Aktivkohlefilter immer wieder zu regenerieren, besteht noch eine Schlauchverbindung vom Filtergehäuse zum Ansaugrohr des Motors. In diese Schlauchverbindung ist das Aktivkohlefilterventil (AKF-Ventil), auch als Regenerierventil oder Tankentlüftungsventil bezeichnet, eingesetzt (Bild 3.139).

Mit dem Einschalten der Zündung wird das Aktivkohlefilterventil vom Steuergerät voll bestromt und dadurch geschlossen. Erst bei laufenden Motor und ab einer Kühlmitteltemperatur

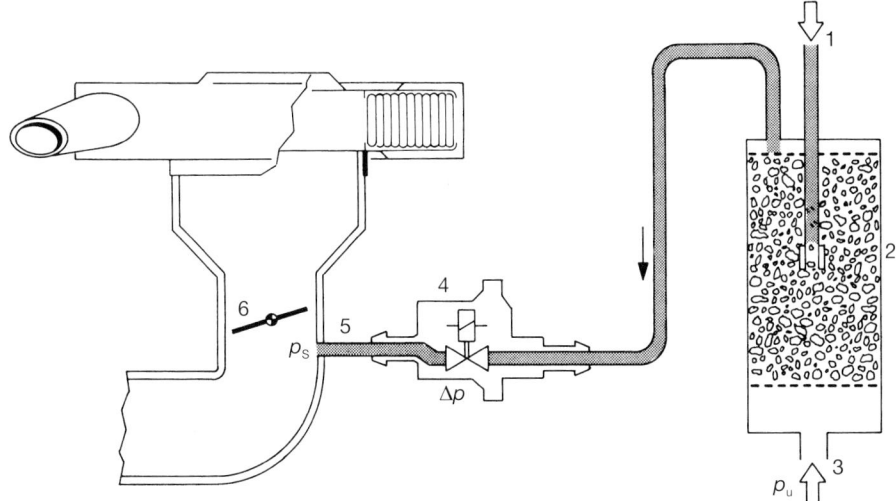

Bild 3.138   Kraftstoffverdunstungs-Rückhaltesystem (Bosch)

1 Leitung vom Kraftstoff- zum Aktivkohlefilterbehälter
2 Aktivkohlefilterbehälter

3 Frischluft
4 Aktivkohlefilterventil (AKF-Ventil)
5 Leitung zum Motorsaugrohr
6 Drosselklappe
Δp Differenz zwischen Saugrohrdruck p_s und Umgebungsdruck p_u

von 60 °C wird es von dem Steuergerät angetaktet und den Betriebsbedingungen entsprechend geöffnet. Das was sich der Motor ansaugen kann, ist ein Kraftstoff-Luft-Gemisch, dessen Zusammensetzung nicht bekannt ist. Es kann, wenn das Aktivkohlefilter voll regeneriert ist, nur Luft sein oder auch ein stark mit Kraftstoffdämpfen angereichertes Gemisch. Das AKF-Ventil wird so angetaktet, daß der Aktivkohlefilterbehälter ausreichend gespült wird und die Lambda-Abweichungen von 1 gering sind.

Damit die Gemischanpassung unabhängig von den einströmenden Kraftstoffdämpfen arbeiten kann, wird das AKF-Ventil in regelmäßigen Zeitabständen geschlossen.

Das AKF-Ventil wird angetaktet und rampenförmig geöffnet. Dabei auftretende Abweichungen von λ = 1 lernt das Steuergerät und bemißt dementsprechend die Einspritzzeit. Es erfolgt somit eine Gemischkorrektur unter Berücksichtigung der einströmenden Kraftstoffdampfmenge. Diese Funktion ist so ausgelegt, daß bis zu 40% des Kraftstoffs aus dem Aktivkohlefilter kommen können.

Bei nicht bestehender Lambda-Regelung werden nur ganz geringe Kraftstoffdampfmengen durchgelassen, weil dann Gemischabweichungen nicht mehr berichtigt werden können. Im Schiebebetrieb, wenn die Schubabschaltung besteht, wird das AKF-Ventil schlagartig geschlossen.

Beim Abstellen des Motors bleibt das AKF-Ventil für etwa 5 bis 6 Sekunden voll bestromt und somit geschlossen. Dadurch wird verhindert, daß der Motor bis zum Stillstand der Kurbelwelle noch ein brennfähiges Gemisch ansaugen kann und nachläuft. Anschließend bleibt das unbestromte AKF-Ventil geöffnet. Ein Rückschlagventil (Bild 3.139) ist geschlossen und verhindert den Eintritt der Kraftstoffdämpfe aus dem Aktivkohlefilterbehälter in das Ansaugsystem des Motors.

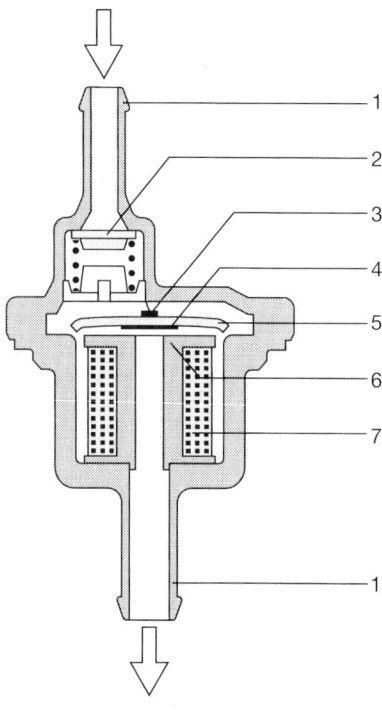

Bild 3.139 Aktivkohlefilterventil (Bosch)
1 Schlauchanschluß
2 Rückschlagventil
3 Blattfeder
4 Dichtelement
5 Magnetanker
6 Ventilrohr
7 Magnetwicklung

Klopfregelung: Die bei der Motronic eingesetzte elektronische Steuerung des Zündzeitpunktes ermöglicht es, den Zündwinkel in Abhängigkeit von Last, Drehzahl und Motortemperatur sehr genau zu bestimmen.

Die dabei eingesetzte Klopfregelung hat gegenüber herkömmlichen Zündsystemen den Vorteil, daß kein Sicherheitsabstand zur Klopfgrenze eingehalten werden muß. Dadurch können erfahrungsgemäß die Verdichtung des Motors angehoben, der Kraftstoffverbrauch abgesenkt und das Drehmoment deutlich verbessert werden. Dabei wird der Vorsteuerzündwinkel für die klopfunempfindlichsten Bedingungen bestimmt. Jeder einzelne Zylinder wird in der gesamten Lebensdauer des Motors an seiner Klopfgrenze mit dem besten Wirkungsgrad betrieben. Voraussetzung für diese Zündwinkelsteuerung ist, daß eine sichere Klopferkennung ab einer bestimmten Klopfstärke bei jedem einzelnen Zylinder unter allen Betriebsbedingungen besteht.

Zur Klopferkennung werden Klopfsensoren (Körperschallaufnehmer) an einer geeigneten Stelle am Zylinderblock angebracht. Diese nehmen die bei einer klopfenden Verbrennung auftretenden Schwingungen auf. Die Schwingungen werden in elektrische Signale umgewandelt und dem Motronic-Steuergerät zur Auswertung mitgeteilt. Dort erfolgt für jeden Zylinder und bei jedem Verbrennungsvorgang nach einem bestimmten Rechenvorgang die Klopferkennung. Wird eine klopfende Verbrennung erkannt, so erfolgt bei dem betreffenden Zylinder eine Spätverstellung des Zündzeitpunktes um einen programmierten Wert. Bleibt daraufhin das Klopfen aus, wird der Zündzeitpunkt wieder stufenweise in Richtung «früh» verstellt. Die Klopfregelung ist so abgestimmt, daß in allen Bereichen kein hörbares und motorschädigendes Klopfen auftritt.

Elektronische Ladedruckregelung: Bei einer pneumatisch-mechanischen Ladedruckbegrenzung (siehe Abschnitt 2.9.5, Bild 2.174) wird der Bypass-Klappensteller direkt von dem Ladedruck

Bild 3.140 Stellglied der elektronischen Lade-
druckregelung (Bosch)
1   elektropneumatisches Ladedruckregel-
        ventil
p_2 Ladedruck
p_D Druck in der Membrandose
A   Ansteuersignal für das Ladedruckregel-
        ventil vom Steuergerät
V_T Volumenstrom durch Turbine
V_{WG} Volumenstrom durch den Bypasskanal
        (Waste Gate)

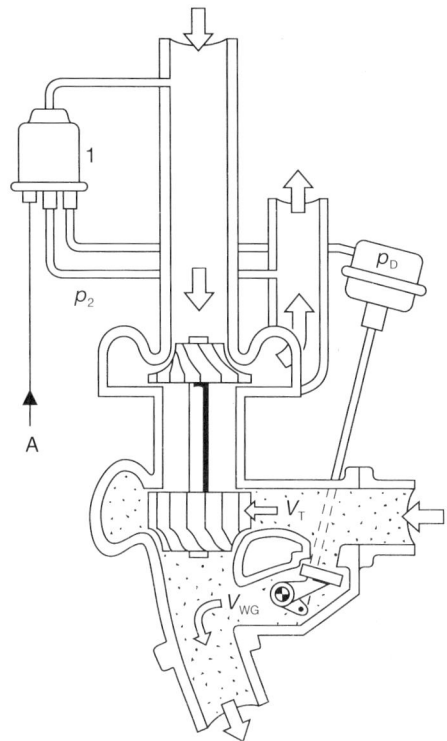

beaufschlagt. Es erfolgt keine Regelung, d.h., es besteht über der Last nur eine Vollastbegrenzung.
In der Teillast, bei geschlossener Bypassklappe, verschlechtert sich durch Abgasgegendruck der
Wirkungsgrad, und beim Beschleunigen aus niedriger Drehzahl kann durch ein verzögertes
Ansprechen des Turboladers ein «Turboloch» entstehen.

   Diese Nachteile treten bei einer elektronischen Ladedruckregelung nicht auf (Bild 3.140).
Durch die Regelung kann in der Teillast der Wirkungsgrad verbessert werden. Erreicht wird dies
durch entsprechendes Öffnen der Bypassklappe. Das setzt jedoch voraus, daß der Abgasturbolader mit dem Stellglied bestens an die Motorverhältnisse angepaßt ist. Bei dem Stellglied sind es:

❐ das elektropneumatische Ladedruckregelventil,
❐ die wirksame Membranfläche, Hub und Feder des Klappenstellers und
❐ der Querschnitt des Bypasses (Waste gate).

Bei der elektronischen Ladedruckregelung sind die Sollwerte in dem Motronic-Steuergerät programmiert. Die Istwerte werden von dem jeweiligen Lastsensor als Luftmenge, Luftmasse oder
Saugrohrdruck eingegeben. Besteht eine Differenz, so wird vom Steuergerät das Ladedruckregelventil so lange angetaktet, der Bypass-Klappensteller betätigt, bis der Ladedruck-Istwert mit
dem Ladedruck-Sollwert übereinstimmt.

Abgasrückführung: Die Abgasrückführung (AGR) bei einem Ottomotor mit Motronic besteht
durch die Ansteuerung eines Abgasrückführventils (Bild 3.141). Sie ist wirksam ab etwa 40 °C

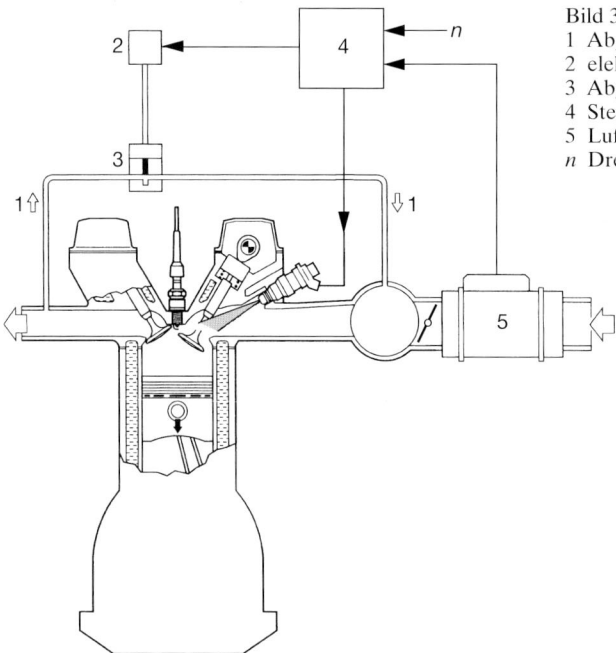

Bild 3.141 Abgasrückführung (Bosch)
1 Abgasrückführung
2 elektropneumatisches Umschaltventil
3 Abgasrückführventil (AGR-Ventil)
4 Steuergerät
5 Luftmassenmesser
n Drehzahlsignal

Kühlmitteltemperatur und bei Teillastbetrieb. Dabei vergleicht das Steuergerät die angesaugte Luftmenge bzw. Luftmasse mit den gespeicherten Werten aus einem Kennfeld und taktet mit einem impulsweitenmodulierten Rechtecksignal das elektropneumatische Umschaltventil an, das wiederum das AGR-Ventil betätigt.

Durch die zurückgeführte Abgasmenge, es sind zwischen 8 bis 15% der Zylinderfüllung, wird die Verbrennungshöchsttemperatur herabgesetzt und die Stickoxidbildung verringert.

Die *Nockenwellensteuerung* ist unter «Variable Steuerzeiten» in Abschnitt 2.2.2 und die *Saugrohrumschaltung* in Abschnitt 2.4.3 beschrieben.

Sekundärlufteinblasung: Die Sekundärlufteinblasung (s. Bild 3.133) ist nur in der Warmlaufphase des Motors wirksam. Eine vom Steuergerät gesteuerte elektromotorisch angetriebene Gebläsepumpe bläst Sekundärluft in den Abgaskrümmer. Da in der Warmlaufphase das Gemisch fetter als $\lambda = 1$ bemessen wird und somit ein größerer Anteil unverbrannten Kraftstoffs in den Abgaskrümmer gelangt, setzt durch die Sekundärluft eine Nachverbrennung ein. Durch die dabei abgegebene Wärme wird die Aufheizzeit des Katalysators verkürzt, er erreicht schneller seine Betriebstemperatur.

Steuergerät: Das elektronische Steuergerät ist das Zentrum der gesamten Motorsteuerung. Es berechnet aus den Eingangsinformationen der Sensoren und der Sollwertgeber mit Unterstützung der gespeicherten Daten aus den Kennfeldern und den entsprechenden Rechenverfahren die Signale zur Ansteuerung der Stellglieder. Diese werden direkt von den Endstufen (Leistungsstufen) angesteuert (Bild 3.142).

Das Steuergerät befindet sich in einem Metallgehäuse. Auf einer Leiterplatte sind die elektronischen Bauelemente angeordnet. Die Verbindung mit den Sensoren, Sollwertgeber, Stellgliedern

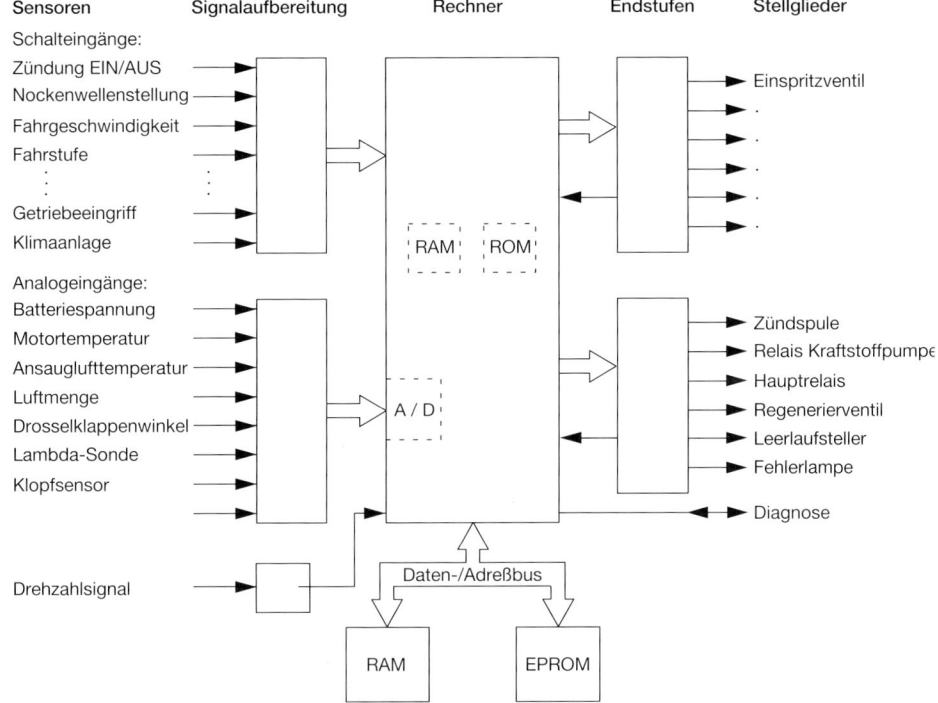

| Sensoren | Signalaufbereitung | Rechner | Endstufen | Stellglieder |

Schalteingänge:
Zündung EIN/AUS
Nockenwellenstellung
Fahrgeschwindigkeit
Fahrstufe
⋮
Getriebeeingriff
Klimaanlage

RAM ROM

Einspritzventil

Analogeingänge:
Batteriespannung
Motortemperatur
Ansauglufttemperatur
Luftmenge
Drosselklappenwinkel
Lambda-Sonde
Klopfsensor

A / D

Zündspule
Relais Kraftstoffpumpe
Hauptrelais
Regenerierventil
Leerlaufsteller
Fehlerlampe

Diagnose

Drehzahlsignal

Daten-/Adreßbus

RAM EPROM

Bild 3.142 Blockschaltbild Motronic M5 (OBD II) (Bosch)

und der Stromversorgung wird über einen Kabelbaum mit einer Steckverbindung hergestellt. Diese Steckverbindung kann, je nach Umfang der Motronic, 35-, 55- oder 88polig ausgeführt sein. Die Eingangssignale kommen analog, digital oder impulsförmig zu dem Steuergerät und werden durch den Signalwandler aufbereitet, d.h. verstärkt oder abgeschwächt bzw. begrenzt und dem Mikroprozessor (Rechner) zugeführt.

Der Mikroprozessor (Rechner) verarbeitet die Eingangssignale. Dazu benötigt er ein Programm, das in einem Festspeicher (ROM oder EPROM) abgelegt ist. Außerdem sind in dem Speicher die für die Motorsteuerung erforderlichen Kennfelder und Kennlinien gespeichert.

Wegen der Vielzahl von unterschiedlicher Ausstattung bei den Motoren und Fahrzeugen besteht bei einigen Steuergeräten die Möglichkeit, schon beim Fahrzeughersteller oder in der Werkstatt mit Hilfe eines Systemtesters in den Festspeicher (ROM) zusätzlich Kennfelder zu programmieren.

Immer mehr werden Steuergerätetypen so entworfen, daß komplette Datensätze am Ende der Fahrzeugproduktion in das EPROM einprogrammiert werden. Dadurch verringert sich die Anzahl der benötigten Steuergerätetypen.

Das RAM als Schreib-Lese-Speicher ist erforderlich, um Rechenwerte, Anpassungswerte und auftretende Fehler in der gesamten Motronic speichern zu können. Diese Speicherung dient der Diagnose. Der Speicher benötigt zu seiner Funktion eine ständige Stromversorgung. Wird die Fahrzeugbatterie abgeklemmt, verliert der Speicher seinen gesamten Datenbestand. Diese Daten bzw. Anpassungswerte werden von dem Steuergerät erst wieder neu ermittelt, wenn mit dem

Fahrzeug mindestens 15 Minuten lang gefahren worden ist. Um das zu verhindern, werden bei einigen neueren Steuergerätetypen die weiterhin benötigten veränderlichen Werte in dem Festspeicher (EPROM) statt in dem Schreib-Lese-Speicher (RAM) gespeichert.

Die Elektronik des Steuergeräts arbeitet mit einer stabilen Versorgungsspannung von 5 Volt. Die Stellglieder der Motronic sind positiv mit dem Bordnetz verbunden und werden negativ über die Steuergeräte-Endstufen (Leistungsstufen) geschaltet. Dadurch sind die Endstufen gegenüber Kurzschluß gegen Masse oder der Batteriespannung sowie gegen Zerstörung durch elektrische Überlastung geschützt.

Integrierte Diagnose (On-board-Diagnose): Die Eigendiagnose (On-board-Diagnose) besteht bei allen neueren Motronic-Systemen. Diese für das gesamte System zuständige Diagnose vergleicht die Abläufe mit den Befehlen des Steuergeräts und die Informationen der verschiedenen Sensoren untereinander auf ihre Plausibilität. Diese Überprüfung des Systems besteht ständig während des Motorbetriebs.

Vom Steuergerät werden erkannte Fehler gespeichert und gleichzeitig festgehalten, unter welchen Betriebsbedingungen sie auftraten. Bei einer Inspektion kann von dem Werkstattpersonal mit einem Systemtester über eine genormte Diagnoseschnittstelle der Fehlerspeicher ausgelesen werden. Diese Normung wurde vom California Air Resources Bord, der kalifornischen Umweltbehörde (CARB), vorgeschrieben.

Die Motronic mit On-board-Diagnose muß aufgrund von Forderungen dieser kalifornischen Umweltbehörde alle Komponenten, die bei Ausfall zu einer merklichen Erhöhung der schädlichen Abgasbestandteile führen, überwachen. So werden z.B. folgende Bereiche überwacht:

Luftmassenmesser: Zur Überwachung des Luftmassenmessers wird parallel zu der Berechnung der Einspritzzeit aus der angesaugten Luftmasse eine Vergleichseinspritzzeit aus dem Drosselklappenwinkel und der Drehzahl gebildet. Besteht ein größerer Unterschied zwischen diesen beiden Einspritzzeiten, wird er zunächst gespeichert. Im weiteren Fahrbetrieb wird dann durch Plausibilitätsprüfungen festgestellt, welcher der beiden Informationsgeber fehlerhaft ist. Erst danach wird der zugehörige Fehlercode im Steuergerät abgelegt.

Verbrennungsaussetzer: Auftretende Verbrennungsaussetzer, die durch abgebrannte Zündkerzen oder fehlerhafte elektrische Leitungen entstehen, lassen ein unverbranntes Gemisch in den Katalysator gelangen. Wenn dieses Gemisch im Katalysator verbrennt, wird er durch Überhitzung zerstört.

Die Überwachung erfolgt durch Überprüfung der Kurbelwellenlaufruhe. Liegt ein Verbrennungsaussetzer vor, wird keine Kolbenkraft abgegeben und die Drehbewegung verlangsamt. Dies wird von der Elektronik erkannt und bei bestehender sequentieller Einspritzung das betreffende Einspritzventil nicht mehr angesteuert.

Katalysator: Zur Überwachung des Katalysators wird sein Wirkungsgrad beurteilt. Zu diesem Zweck wird zusätzlich zu der herkömmlichen Lambda-Sonde, die vor dem Katalysator eingesetzt ist, noch eine zweite Lambda-Sonde nach dem Katalysator eingebaut. Ein einwandfreier Katalysator besitzt eine gewisse Speicherfähigkeit für Sauerstoff, durch die die Regelschwingungen der zweiten Lambda-Sonde gedämpft werden. Bei einem gealterten Katalysator läßt die Speicherfähigkeit nach, dadurch gleicht sich der Signalverlauf der zweiten Lambda-Sonde der ersten vor dem Katalysator an. Durch Vergleich der Sondensignale kann somit auf den Zustand des Katalysators geschlossen werden. Im Fehlerfall leuchtet die Diagnoselampe.

Lambda-Sonde: Dadurch, daß zwei Lambda-Sonden pro Abgasstrang verbaut sind, kann über die Sonde nach dem Katalysator die Sonde vor dem Katalysator auf Verschiebung der Regellage hin überprüft werden. Eine Lambda-Sonde, die nicht mehr einwandfrei arbeitet, reagiert meistens langsamer auf Änderungen des Kraftstoff-Luft-Gemisches. Durch dieses Verhalten vergrößert sich die Periodendauer des Zweipunkt-Lambda-Reglers.

Eine entsprechende Diagnosefunktion überwacht die Regelfrequenz und meldet das zu langsame Verhalten der Sonde durch Ansteuerung der Diagnoselampe.

Da der Heizwiderstand der Lambda-Sonde direkt vom Steuergerät angesteuert wird, besteht seine Überprüfung ständig durch das Messen von Spannung und Strom. Unplausible Signale von der Lambda-Sonde veranlassen die Lambda-Regelung, bestimmte davon abhängige Funktionen zu sperren und den entsprechenden Fehlercode im Fehlerspeicher abzulegen.

Kraftstoffversorgung: Besteht über längere Zeit eine Abweichung von $\lambda = 1$, reagiert die adaptive Lambda-Regelung und korrigiert entsprechend. Überschreiten diese Abweichungen vorher festgelegte Grenzwerte, kann der Fehler in der Kraftstoffversorgung oder -zumessung liegen. So kann es z.B. ein fehlerhafter Druckregler, Luftmassenmesser, Saugrohrdruckfühler oder eine Undichtigkeit im Ansaugsystem bzw. in der Abgasanlage sein.

Sekundärlufteinblasung: Bei bestehender Sekundärlufteinblasung erfolgt die Überprüfung dieser Komponente, indem das Signal der Lambda-Sonde geprüft wird.

Abgasrückführung: Die Möglichkeit der Überprüfung besteht im Schub, wenn die Kraftstoffeinspritzung abgeschaltet ist. Dann wird das AGR-Ventil voll geöffnet, und das in das Ansaugsystem strömende Abgas führt zur Druckerhöhung. Über einen Drucksensor wird die Druckerhöhung gemessen und vom Steuergerät ausgewertet.

Kraftstofftank: Bei der Überprüfung auf Dichtheit wird das Absperrventil (Bild 3.133) in der Aktivkohlefilterbelüftung geschlossen. Dann wird z.B. im Leerlauf das AGR-Ventil geöffnet, wobei sich der Saugrohrdruck (Unterdruck) im gesamten System einstellt. Über den Drucksensor im Kraftstofftank wird der Druckverlauf beobachtet und daraus auf Undichtigkeiten geschlossen.

Notlauf: In dem Zeitraum vom Auftreten eines Fehlers bis zum Beheben in der Werkstatt werden die Bemessung des Kraftstoff-Luft-Gemisches und die Funktion der Zündung über Ersatzgrößen soweit aufrechterhalten, daß mit Komforteinbuße das Fahrzeug weiter betrieben werden kann. Bei einem erkannten Fehler eines Sensors ersetzt das Steuergerät die fehlende Information oder stellt einen Ersatzwert.

Die Notlaufmaßnahmen sehen z.B. so aus, daß bei einem Fehler im Zündsystem die Kraftstoffeinspritzung des betroffenen Zylinders abgeschaltet wird, um den Katalysator vor Überhitzung zu schützen.

3.8.5   Mono-Jetronic

Die Mono-Jetronic (Bild 3.143) ist eine elektronisch gesteuerte Einspritzanlage mit nur einem elektromagnetischen Einspritzventil. Dieses Ventil sitzt zentral in dem Gehäuse oberhalb der Drosselklappe (zentrale Einspritzeinheit) und spritzt intermittierend (zeitweilig aussetzend) ein. Die Verteilung des Kraftstoffs bzw. Gemisches auf die einzelnen Zylinder erfolgt wie beim Vergaser durch das Hauptansaugrohr.

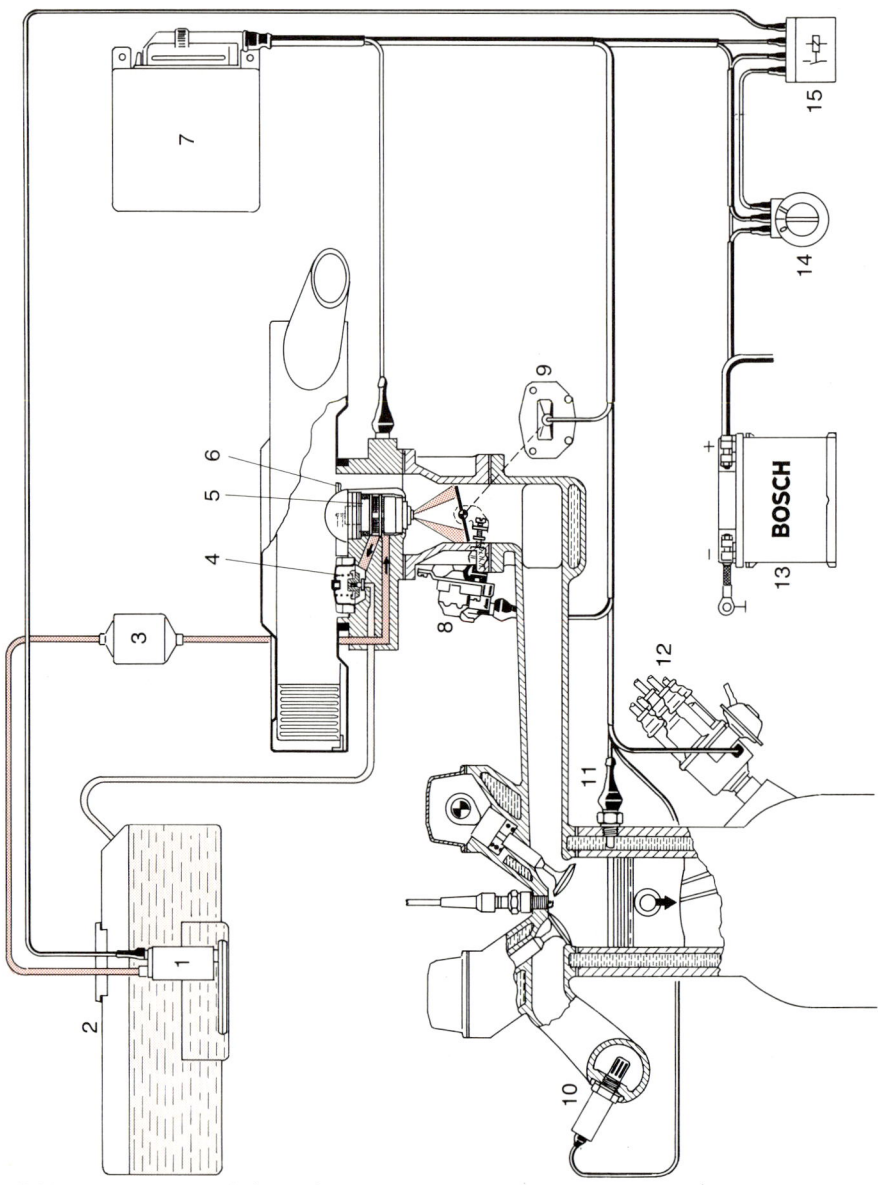

Bild 3.143   Mono-Jetronic (Bosch)
1 Elektrokraftstoffpumpe
2 Kraftstoffbehälter
3 Kraftstoffilter
4 Kraftstoffdruckregler
5 Elektroeinspritzventil
6 Lufttemperaturfühler (NTC I)
7 Steuergerät

8 Drosselklappensteller
9 Drosselklappenpotentiometer
10 Lambda-Sonde
11 Motortemperaturfühler (NTC II)
12 Zündverteiler
13 Batterie
14 Zünd-Start-Schalter
15 Hauptrelais

Kraftstoffversorgung

Die Elektrokraftstoffpumpe als zweistufige Flügel- oder Rollenzellenpumpe (siehe Abschnitt 3.8.3) ist im Kraftstoffbehälter eingebaut. Der angesaugte Kraftstoff strömt durch die Elektrokraftstoffpumpe und wird über den Leitungsfilter zum Elektro-Einspritzventil gefördert. Der überschüssige Kraftstoff fließt über den eingebauten Kraftstoffdruckregler und der Rücklaufleitung zum Kraftstoffbehälter zurück.

Zentrale Einspritzeinheit

Die zentrale Einspritzeinheit sitzt, statt eines Vergasers, direkt auf dem Hauptansaugrohr (Bilder 3.144 und 3.145). Sie besteht aus dem Drosselklappen- und Hydraulikteil. Der Hydraulikteil enthält das Elektro-Einspritzventil, den Temperaturfühler (Luft) und den Kraftstoffdruckregler. Am Drosselklappenteil sind das Drosselklappenpotentiometer und der Drosselklappenansteller (Leerlaufstellmotor) angebaut.

Kraftstoffdruckregler

Der Regler (Membranregler) ist oben in dem Hydraulikteil der zentralen Einspritzeinheit eingebaut (Bild 3.144). Er kann weder eingestellt noch separat gewechselt werden. Seine Aufgabe

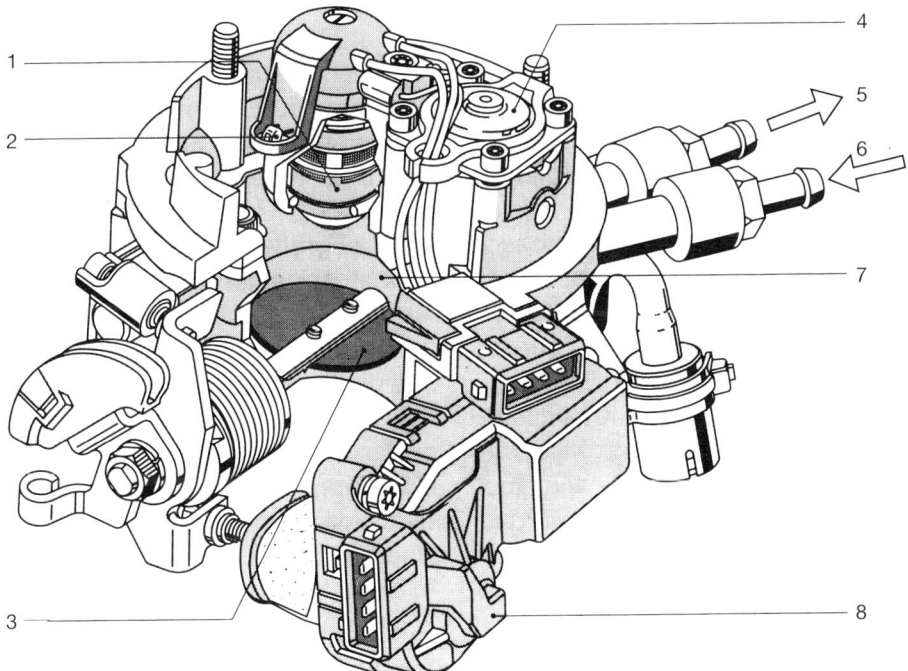

Bild 3.144 Zentrale Einspritzeinheit (mit Teilschnitt) (Bosch)

1 Einspritzventil
2 Lufttemperaturfühler (NTC I)
3 Drosselklappe
4 Kraftstoffdruckregler
5 Kraftstoffrücklauf
6 Kraftstoffzulauf
7 Drosselklappenpoteniometer (auf der verlängerten Drosselklappenwelle, nicht sichtbar)
8 Drosselklappenansteller

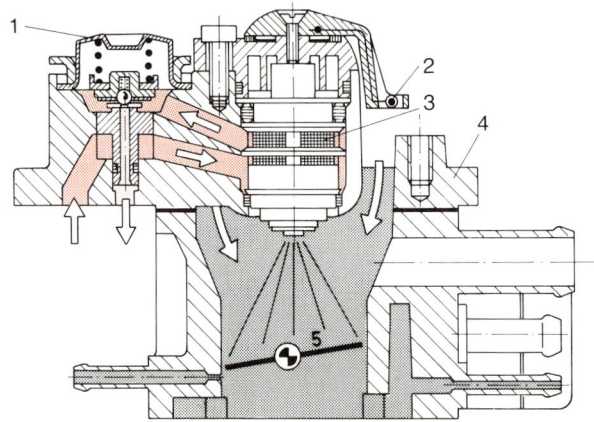

Bild 3.145   Zentrale Einspritzeinheit (Schnitt) (Bosch)
1 Kraftstoffdruckregler
2 Lufttemperaturfühler (NTC I)
3 Elektro-Einspritzventil
4 Hydraulikteil
5 Drosselklappenteil mit
   Drosselklappe

besteht darin, einen konstanten Vordruck (gleich Einspritzdruck) von 1 bar vor dem Elektro-Einspritzventil zu halten. Damit ist die eingespritzte Kraftstoffmenge nur noch von der Spritzdauer
des Elektro-Enspritzventils abhängig.

Elektro-Einspritzventil

Das Hauptteil der zentralen Einspritzeinheit (Bilder 3.144 und 3.145) ist das Elektro-Einspritzventil (Bild 3.146), das einen kegeligen Kraftstoffstrahl über sechs radial angeordnete, schräg verlaufende Spritzbohrungen erzeugt. Zur Kraftstoffzerstäubung wird anstelle des sonst üblichen
Spritzzapfenventils (siehe Abschnitt 3.8.2) eine Kombination von Prall- und Drallaufbereitung

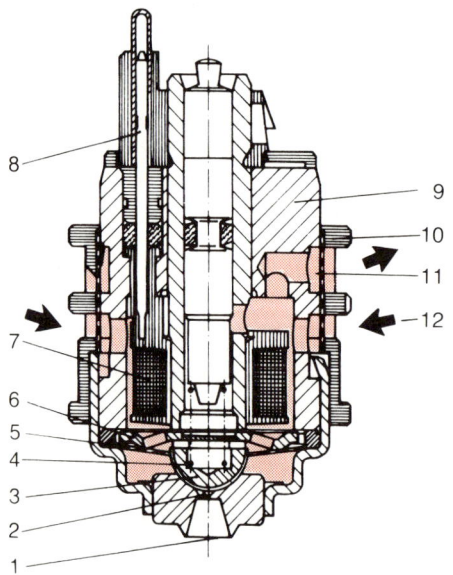

Bild 3.146   Elektro-Einspritzventil (Bosch)
 1 konische Aufbereitungskammer
 2 Spritzlöcher
 3 Ventilkugel
 4 Ventilfeder
 5 Membranfeder
 6 Flachanker
 7 Magnetspule
 8 elektrischer Anschluß
 9 Ventilkörper
10 Ringsieb
11 Kraftstoffablauf
12 Kraftstoffzulauf

verwendet. Der Kraftstoff trifft gegen die Wandung einer ventilseitigen konischen Aufbereitungskammer. Der Spritzwinkel des Strahls ist so ausgebildet, daß der Kraftstoff direkt in die sichelförmige Spalte zwischen Gehäusewandung und Drosselklappe trifft. Das Elektro-Einspritzventil wird vom Steuergerät angesteuert und öffnet im Takt der Zündimpulse, z.B. bei einem 4-Zylinder-Motor viermal bei zwei Kurbelwellenumdrehungen.

Steuergerät

Es ist ein digitales Steuergerät mit Mikrocomputer, Programm- und Datenspeicher sowie Analog-Digital-Umsetzer. Das Steuergerät hat die Aufgabe, die Spritzzeit des einzigen Einspritzventils zu errechnen. Von der Spritzzeit hängt die aus dem Ventil austretende Kraftstoffmenge ab. Dazu benötigt das Steuergerät Informationen über die verschiedenen Betriebszustände, zum Beispiel:

❐ über den Lastzustand bzw. den Drosselklappenwinkel vom Drosselklappenpotentiometer (Bild 3.147),
❐ über die Drehzahl von der Klemme 1 der Zündanlage,
❐ über die Kühlmitteltemperatur vom Motortemperaturfühler (NTC II),
❐ über die Ansauglufttemperatur vom Lufttemperaturfühler (NTC I),
❐ über die Startvorgänge (Beginn und Ende) von der Klemme 50 der Startanlage,
❐ über die Abweichung vom Kraftstoff-Luft-Verhältnis 1 : 14,8 ($\lambda = 1$) von der Lambda-Sonde.

Die Bemessung der Kraftstoffgrundmenge (Einspritzgrundzeit) erfolgt bei der Mono-Jetronic mit der a/n-Steuerung. Der Lastzustand (Ansaugluftmenge) des Motors wird durch die Drosselklappenstellung bestimmt. Das Doppelpotentiometer (Bild 3.147) erfaßt den entsprechenden Öffnungswinkel (α) der Drosselklappe und informiert das Steuergerät. Zur genaueren Information, besonders im Teillastbereich, ist das Potentiometer zweibahnig ausgeführt und mit getrennten Schleifern versehen. Die Drehzahlinformation (n) wird von der Klemme 1 der Zündanlage eingegeben. Mit diesen beiden Größen Drosselklappenwinkel (α) und Drehzahl (n) errechnet das Steuergerät die Einspritzgrundzeit. Hierzu ist im Steuergerät ein Kennfeld gespeichert, das 15 Festwerte für den Drosselklappenwinkel (α) und 15 Festwerte für die Drehzahl (n) enthält. Diese $15 \times 15 = 225$ Festwerte enthalten die Einspritzgrundzeiten, die $\lambda = 1$ entsprechen. Das Grundkennfeld enthält verschiedene Bereiche, in denen noch unterschiedlich korrigiert wird. Bei Änderung der Luftdichte, hervorgerufen durch Lufttemperaturveränderung, korrigiert der Lufttemperaturfühler (NTC I). Die Lambda-Regelung korrigiert, wenn durch eingedrungene Leckluft eine Abmagerung des Kraftstoff-Luft-Gemisches eingetreten ist.

Bild 3.147 Drosselklappenpotentiometer (Bosch)
1 Masseanschluß beider Widerstandsbahnen
2 Anschluß für Schleiferbahn, Potentiometer I (Leerlauf und Teillast)
3 Anschluß für Schleiferbahn, Potentiometer II (Teillast und Vollast)
4 Spannungsversorgung (Plus) vom Steuergerät
5 Nut für Dichtring
6 Potentiometergehäuse
7 Doppelschleifer, isoliert

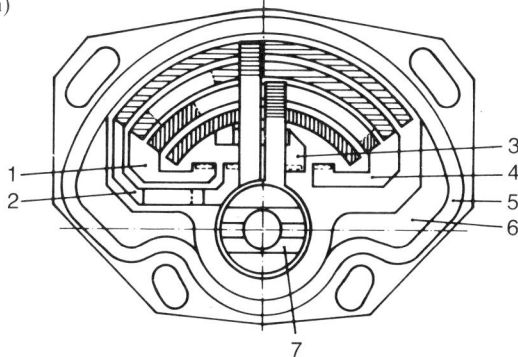

Kaltstartanreicherung

Bei der Mono-Jetronic wird, wie bei der L-Jetronic, die Kaltstartsteuerung wirksam. Durch Verlängerung der Einspritzzeit während der Startphase tritt mehr Kraftstoff aus dem Elektro-Einspritzventil aus. Die Kaltstartsteuerung ist im Steuergerät motorspezifisch programmiert. Sie wird wirksam, wenn das Startsignal von Klemme 50 und die Kühlmitteltemperatur (unter +40 °C [313 K]) vom Motortemperaturfühler (NTC II) eingegeben worden ist.

Nachstart- und Warmlaufanreicherung

Um nach dem Start ein einwandfreies Durchlaufen des Motors sicherzustellen, muß für einige Sekunden (temperaturabhängig) die im Steuergerät programmierte *Nachstartanreicherung* wirksam werden. In diesem Fall wird ebenfalls die Einspritzzeit über die Einspritzgrundzeit verlängert. Danach setzt die *Warmlaufanreicherung* ein. Das Steuergerät verlängert aufgrund der Temperaturinformation vom Motortemperaturfühler (NTC II) die Einspritzzeit soweit, daß der Motor einwandfrei rundläuft und Drehzahl annimmt.

Mit der Erwärmung des Kühlmittels verkürzt das Steuergerät die Einspritzzeit stufenlos, bis bei Erreichen einer Kühlmitteltemperatur von etwa +40 °C (313 K) bis +60 °C (333 K) die Einspritzgrundzeit bemessen wird.

Leerlaufdrehzahlregelung

Durch die Leerlaufdrehzahlregelung läßt sich die Drehzahl bei kaltem Motor erhöhen und bei Erwärmung auf die normale Leerlaufdrehzahl absenken bzw. stabilisieren.

Die Regelung erfolgt durch das Steuergerät in Verbindung mit dem Drosselklappenansteller. Bei Leerlaufstellung betätigt der Stellmotor mit Schneckentrieb (s. Bilder 3.143 und 3.144) über einen Stößel die Drosselklappe. Durch geringes Öffnen bzw. Schließen der Drosselklappe wird dem Motor mehr oder weniger Verbrennungsluft zugeteilt und dadurch die Abweichung der Drehzahl von der im Steuergerät programmierten Solldrehzahl ausgeglichen. Das geringe Verstellen der Drosselklappe durch den Drosselklappenansteller wird durch Änderung der Stellmotordrehrichtung erreicht. Die Leerlaufdrehzahl ist programmiert und nicht mehr einstellbar.

Beschleunigungsanreicherung

Damit bei schneller Fahrpedalbetätigung kein Leistungseinbruch (Loch) entsteht, muß angereichert (angefettet) werden. Das Steuergerät erhält vom Drosselklappenpotentiometer die Information über die schnelle Fahrpedalbetätigung und verlängert für etwa eins bis zwei Sekunden die Einspritzzeit. Die Lambda-Regelung ist kurzzeitig ausgeschaltet, es besteht normale Steuerung (Kraftstoffzumessung ohne Korrektur).

Vollastanreicherung

Dem Motor wird bei Vollast die höchste Leistung abverlangt; deshalb muß das Kraftstoff-Luft-Verhältnis (siehe Kapitel 3 und Abschnitt 3.2), das bei Teillast 1 : 14,8 ($\lambda = 1$) beträgt, auf etwa 1 : 13 ($\lambda = 0,9$) verändert werden. Aus der Stellung des Schleifers II im Drosselklappenpotentiometer erkennt das Steuergerät den Lastzustand Vollast (Bild 3.147) und verlängert bei betriebswarmem Motor dementsprechend die Einspritzzeit des Elektro-Einspritzventils. Während der Vollast ist die Lambda-Regelung ausgeschaltet, es besteht normale Steuerung (Kraftstoffzumessung ohne Korrektur).

Schubabschaltung

Beim Übergang in den Schiebebetrieb nimmt der Leerlaufkontakt im Drosselklappenansteller die Leerlaufstellung ein. Das Steuergerät reagiert auf diese Information und schaltet bei betriebswarmem Motor (+40 °C [313 K] bis +60 °C [333 K]) und oberhalb einer bestimmten Drehzahl (z.B. 1800 min^{-1}) die Einspritzung ab. Sinkt die Drehzahl unter einen bestimmten Wert (z.B. 1200 min^{-1}) oder verläßt der Kontakt durch Fahrpedalbetätigung seine Leerlaufstellung, setzt die Kraftstoffeinspritzung wieder ein.

Lambda-Regelung
Die Lambda-Sonde (siehe Abschnitt 3.2.1) im Abgasstrom mißt den Restsauerstoffgehalt und liefert bei Abweichung der augenblicklichen Gemischzusammensetzung vom stöchiometrischen Kraftstoff-Luft-Verhältnis ein Signal (Sondenspannung) an das Steuergerät. Aufgrund dieser Rückmeldung verändert das Steuergerät die vorberechnete Einspritzzeit geringfügig so, daß bei allen Betriebszuständen das Kraftstoff-Luft-Verhältnis etwa 1 : 14,8 ($\lambda = 1$) entspricht. Außerdem bewirkt die Auswertung des Sondensignals im Steuergerät die Selbstadaption (Lernfähigkeit). Das bedeutet, es erfolgt eine automatische Anpassung (Adaption) an motorseitige Veränderungen (z.B. Verschleiß, Leckluft usw.). Es wird dadurch eine hohe Genauigkeit des Systems während der gesamten Lebensdauer des Motors gewährleistet.

3.8.6   Mono-Motronic

Die Mono-Motronic (Bild 3.148) ist eine Niederdruck-Zentraleinspritzeinheit, die mit einer elektronisch gesteuerten Kennfeldzündung kombiniert ist. Damit besteht die Möglichkeit, die Kraftstoffzumessung und die Zündungssteuerung optimal zu verbinden.

Das Hauptteil der Mono-Motronic ist das elektronische Steuergerät mit einem hochleistungsfähigen Rechner (Mikrocomputer). Dieser berechnet neben den Daten für die Einspritzung auch die benötigten Werte für die Zündverstellung und Schließwinkelsteuerung.

Die gemeinsame Nutzung der Informationen der Sensoren durch das Steuergerät zur Steuerung von Einspritz- und Zündungsfunktionen ergeben folgende Vorteile der Mono-Motronic:

❒ Verringerung des Kraftstoffverbrauchs in der Warmlaufphase durch eine genau bemessene Kraftstoffmenge und temperaturabhängig angepaßte Zündwinkel,
❒ Verringerung des Kraftstoffverbrauchs durch genaue Zündwinkelanpassung bei allen Betriebsbedingungen,
❒ konstante Leerlaufdrehzahl durch eine ständige Veränderung des Zündwinkels,
❒ Verbesserung des Fahrverhaltens durch Zündwinkeländerung beim Beschleunigen und Verzögern,
❒ sanfte Schaltvorgänge bei Fahrzeugen mit Automatikgetriebe durch Verändern des Zündwinkels.

Einspritzsystem
Die Mono-Motronic ist, wie die Mono-Jetronic (Abschnitt 3.8.5), eine intermittierende (zeitweilig aussetzende) elektronisch gesteuerte zentrale Einspritzeinheit. Sie ist nur um einige Funktionen erweitert worden, damit sich ein besseres Fahrverhalten und ein verbesserter Notlauf bei Ausfall von Sensoren einstellen.

Die Elektrokraftstoffpumpe als Intankpumpe fördert den Kraftstoff über ein Feinfilter zu dem Elektro-Einspritzventil, das sich mit dem Druckregler in dem oberen hydraulischen Teil der zentralen Einspritzeinheit befindet. Der Druckregler hält einen konstanten Vordruck von 1 bar und läßt den überschüssigen Kraftstoff zum Kraftstoffbehälter zurückfließen. Das Elektro-Einspritzventil spritzt einen fein zerstäubten Kraftstoffstrahl direkt in die sichelförmige Spalte zwischen

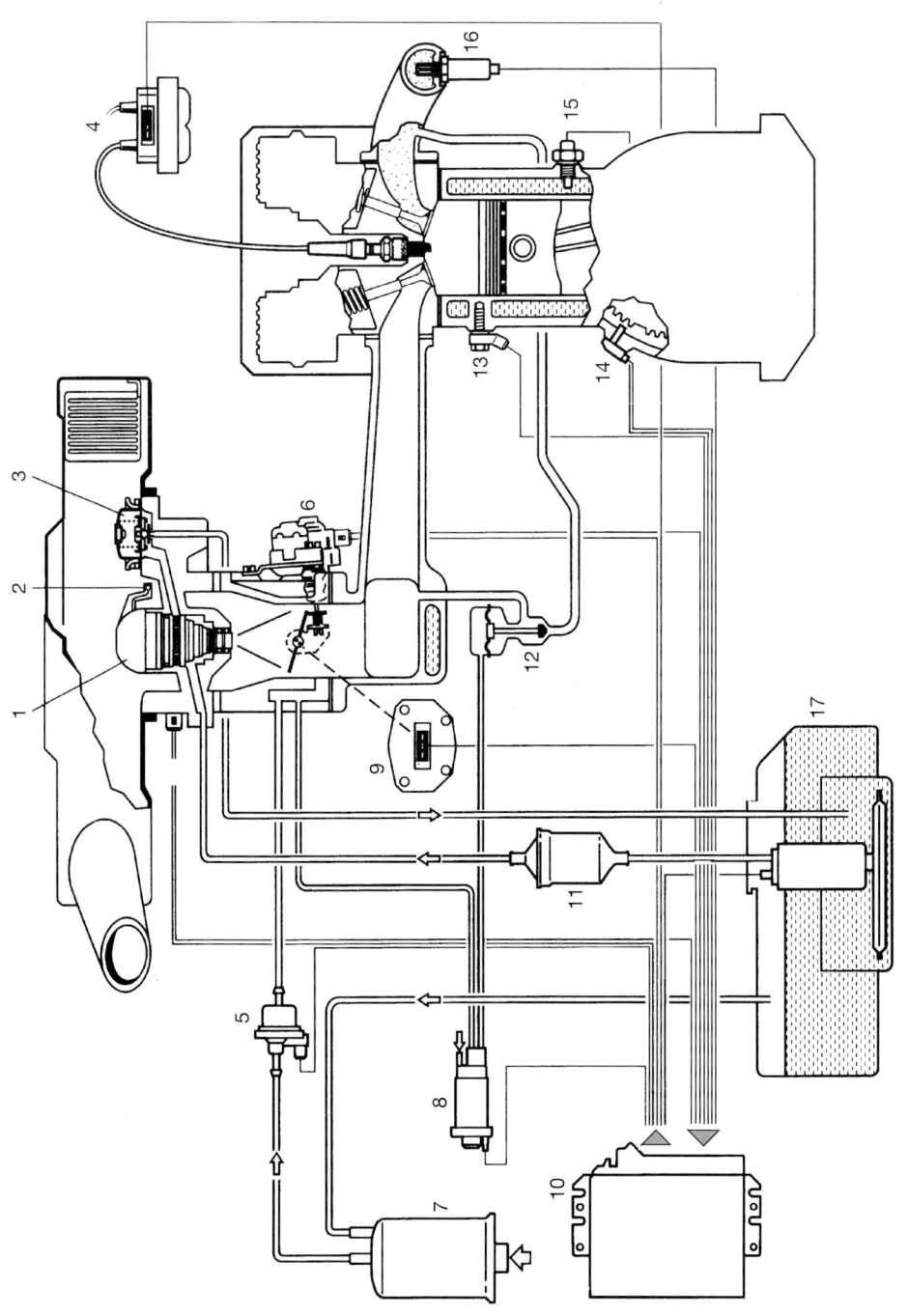

Gehäusewandung und Drosselklappe. Die Ansteuerung des Elektro-Einspritzventils erfolgt vom Steuergerät im Takt der Zündimpulse. Es öffnet z.B. bei einem 4-Zylinder-Motor viermal bei zwei Kurbelwellenumdrehungen.

Das Steuergerät besitzt einen hochleistungsfähigen Rechner (Mikrocomputer) und hat eine 45polige (bisher 35polige) Kabelverbindung. Es hat die Aufgabe, mit den beiden Hauptkenngrößen Drosselklappenwinkel (α) und Drehzahlsignal (n) und mit dem Lambda-Sonden-Signal als Korrekturgröße die Kraftstoffgrundmenge zu berechnen. Mit den zusätzlichen Korrekturgrößen Motor- und Lufttemperatur sowie Startsignal werden die Betriebsbedingungen wie Kalt- und Nachstart, Warmlauf, Beschleunigung, Vollast, Schiebebetrieb, Drehzahlbegrenzung durch Kraftstoffanreicherung oder -reduzierung bzw. Sperrung berücksichtigt.

Mit dem Kraftstoffverdunstungs-Rückhaltesystem werden die Kraftstoffdämpfe aus dem Kraftstoffbehälter im Aktivkohlefilterbehälter aufgenommen und bei laufendem Motor im gesteuerten Regenerierstrom dem Motor zugeführt.

Zündungssystem

Bei der Mono-Jetronic wird ein Zündverteiler mit mechanischer Fliehkraft- und Unterdruckverstellung verwendet (s. Bild 3.143). Bei der Mono-Motronic besteht dafür ein im Steuergerät elektronisch gespeichertes Zündkennfeld. Darin sind die Zündwinkel über Last und Drehzahl des Motors gespeichert. Zu dieser Grundbestimmung kann der Zündwinkel noch von der Motor- und Lufttemperatur sowie von der Drosselklappenstellung (Lastsignal) und der Drosselklappenwinkel-Geschwindigkeit (Gasgebegeschwindigkeit) abhängig verändert werden.

Die Zündspannungsverteilung kann einmal als rotierende (ROV) oder als ruhende (RUV) bestehen. Bei der rotierenden Hochspannungsverteilung enthält der Zündverteiler nur noch den Hall-Geber für die Drehzahlerfassung sowie die Einrichtung für die Hochspannungsverteilung. Die Aufgaben der drehzahl- und lastabhängigen Zündwinkelverstellung und Schließwinkelsteuerung übernimmt das Steuergerät. Es steuert dabei die außerhalb liegende Endstufe der Zündung an. Die Zuordnung der Zündfolge nach wird durch den Hochspannungsverteiler gewährleistet.

Bei der ruhenden Hochspannungsverteilung (RUV) besteht eine vollelektronische Steuerung der Zündung (Bild 3.148) ohne Hochspannungsverteiler. Das Steuergerät steuert die Primär-

Bild 3.148 Mono-Motronic (Bosch)

1 Einspritzventil	9 Drosselklappenpotentiometer
2 Lufttemperaturfühler (NTC I)	10 Steuergerät
3 Kraftstoffdruckregler	11 Kraftstofffilter
4 Zündspule	12 Abgasrückführventil (AGR-Ventil)
5 Regenerierventil (AKF-Ventil)	13 Klopfsensor
6 Drosselklappensteller	14 Drehzahl- und Bezugsmarkensensor
7 Aktivkohlebehälter	15 Motortemperaturfühler (NTC II)
8 elektropneumatisches Umschaltventil	16 Lambda-Sonde
	17 Elektrokraftstoffpumpe

spannung der Zündspulen, die die Zündspannung erzeugen und direkt der Zündfolge nach an die Zündkerzen der Zylinder weiterleiten. Ein 4-Zylinder-Motor besitzt z.B. zwei Doppelfunkenzündspulen, die über die außerhalb liegenden Leistungsendstufen vom Steuergerät angesteuert werden (siehe auch Abschnitt 8.2.9 «Zündung»). Das Steuergerät wird von einem Drehzahl- und gleichzeitig Bezugsmarkengeber im Bereich der Schwungscheibe über die Motordrehzahl und die Stellung der Kurbelwelle informiert.

Klopfregelung

Die Mono-Motronic kann auch mit einer Klopfregelung versehen sein. Damit ist die Möglichkeit gegeben, den Zündwinkel immer so zu bestimmen, daß eine optimale Ausnutzung der bestehenden Kraftstoffqualität erreicht wird (siehe Abschnitte 3.8.4 und 8.2.9).

Leerlaufdrehzahlregelung

Die Leerlaufdrehzahl bzw. Luftmenge wird, wie bei der Mono-Jetronic, nur durch Verändern der Drosselklappenstellung mit Hilfe des Drosselklappenanstellers bestimmt (Bilder 3.144, 3.145 und 3.149). Dabei vergleicht das Steuergerät die momentane Ist-Drehzahl mit der im Steuergerät programmierten Soll-Drehzahl. Besteht dabei eine Abweichung von mehr als 25 min^{-1}, wird von dem Steuergerät durch Umpolen der Stellmotordrehrichtung die Drosselklappe geöffnet oder geschlossen, bis die Solldrehzahl erreicht ist. Da diese Regelung ziemlich träge abläuft, besteht bei der Mono-Motronic noch die schneller reagierende zündungsseitige Leerlaufregelung, die bei Abweichungen von mehr als 10 min^{-1} den Zündwinkel um bis zu ±12° Kurbelwinkel verändert (Zündwinkel größer gleich Drehzahlerhöhung und umgekehrt Zündwinkel kleiner gleich Drehzahlabsenkung).

Der Drosselklappenansteller der Mono-Motronic ist gegenüber der Mono-Jetronic geändert worden. Er besitzt einen Hall-Geber und ist daran zu erkennen, daß er statt 4polig jetzt 6polig ist. Beim Niedertreten des Fahrpedals wird die Drosselklappe weiter geöffnet. Geöffnet wird dabei auch der Leerlaufschalter im Stößel des Drosselklappenanstellers (Bild 3.149). Bei der Mono-Jet-

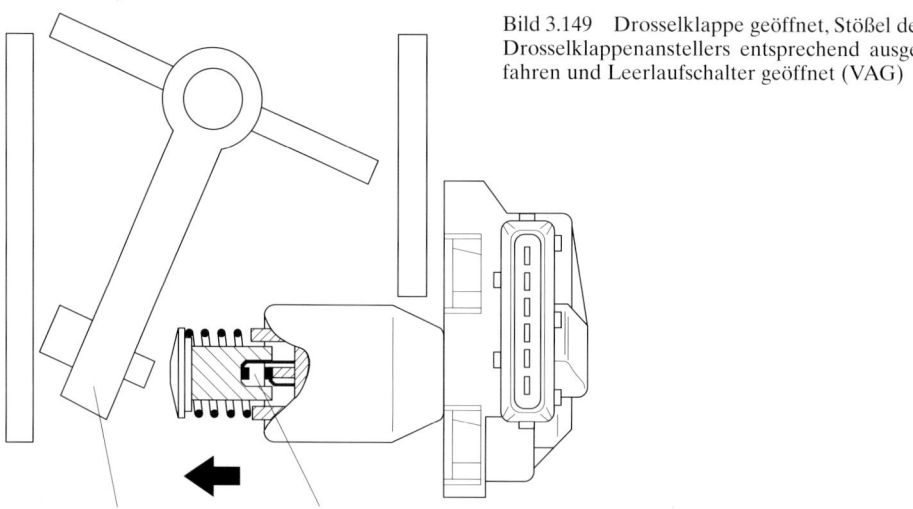

Bild 3.149   Drosselklappe geöffnet, Stößel des Drosselklappenanstellers entsprechend ausgefahren und Leerlaufschalter geöffnet (VAG)

Drosselklappenverstellhebel   Lehrlaufschalter

ronic bleibt der Stößel in dieser Stellung stehen. Die Mono-Motronic dagegen fährt den Stößel in einem bestimmten Abstand hinter dem Verstellhebel der Drosselklappe her, und das bei geöffnetem Leerlaufschalter ohne Leerlaufregelung. Da jede Stellung der Drosselklappe von dem Drosselklappenpotentiometer erkannt wird, kann das Steuergerät aufgrund dieser Information den Ausfahrweg des Stößels bestimmen und diesen von dem Stellmotor einstellen lassen. Über einen Hall-Geber im Drosselklappensteller wird der vom Stößel zurückgelegte Weg zurückgemeldet. Beim Zurücknehmen des Fahrpedals läuft der Verstellhebel der Drosselklappe gegen den ausgefahrenen Stößel, und der Leerlaufschalter schließt (Bild 3.150). Dadurch wird die Leerlaufregelung eingeschaltet und der Stößel von dem Stellmotor langsam zurückgefahren, bis die programmierte Leerlaufdrehzahl erreicht ist. Durch dieses langsame Schließen der Drosselklappe wird ein kurzzeitiger Drehzahlabfall unterhalb der Soll-Leerlaufdrehzahl verhindert.

Zusatzfunktionen
Zu den bisher erwähnten Funktionen können noch Abgasrückführung und Sekundärlufteinblasung verbaut sein. Diese sorgen mit dafür, daß die Schadstoffanteile im Abgas noch weiter verringert werden (siehe Abschnitt 3.8.4).

Diagnose
Das Steuergerät überprüft laufend alle Sensoren auf ihre einwandfreie Funktion. Erkannte Fehler werden gespeichert, und gleichzeitig wird festgehalten, unter welchen Betriebsbedingungen sie auftraten. Bei der Inspektion kann von dem Werkstattpersonal mit einem Systemtester über eine genormte Diagnoseschnittstelle der Fehlerspeicher ausgelesen werden.

Bild 3.150 Gaswegnahme, Drosselklappenverstellhebel liegt am Stößel an, und Leerlaufschalter ist geschlossen (V.A.G)

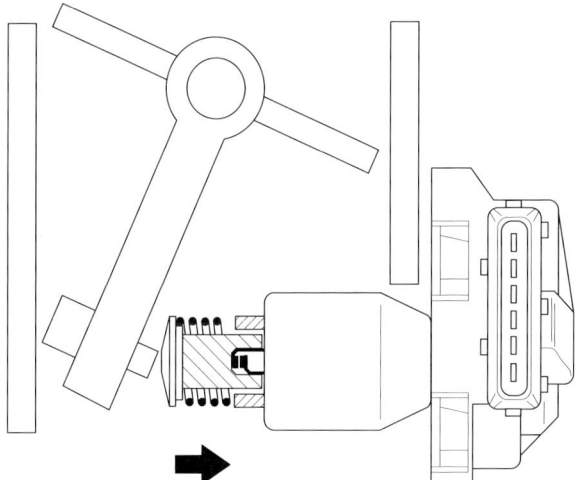

NW-Finanzierung, Abwrackprämien, verdeckte Preisnachlässe, Teilwertabschreibungen...

Wie sind diese Vorgänge steuerlich zu verrechnen?
Was ist rechtlich zu beachten?

Unklarheiten führen zu Schwierigkeiten mit Finanzamt, Betriebs-
prüfern und Konkurrenz.

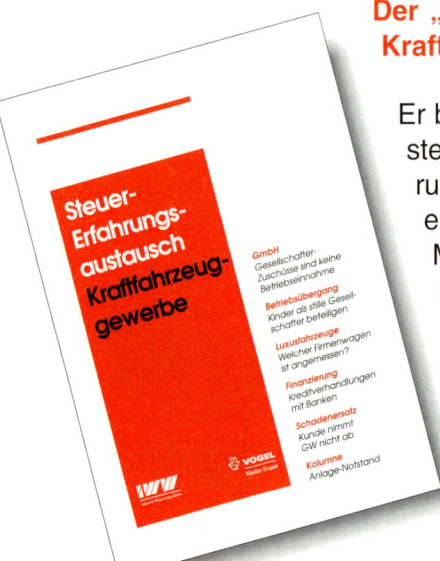

**Der „Steuer-Erfahrungsaustausch-
Kraftfahrzeuggewerbe" hilft.**

Er beantwortet diese und andere
steuerliche und rechtliche Fragen
rund ums Kfz-Gewerbe und
ergänzt seine Antworten um
Musterverträge, Checklisten
und aktuelle Kurzmeldungen.

Ihr Vorteil:
Sie sind in Steuer- und
Rechtsfragen bestens auf
dem laufenden und können
dieses Wissen für Ihren
Betrieb in bares Geld
umsetzen.

Überzeugen Sie sich selbst, daß der „Steuererfahrungsaustausch-
Kraftfahrzeuggewerbe" hält, was er verspricht. Fordern Sie noch
heute Ihr kostenloses Probeheft an bei:

IWW Abonnenten-Service, Abt. IGS001,
74168 Neckarsulm, Fax 07132 / 959-101

VOGEL
Medien Gruppe

4   Gemischbildung und Verbrennung bei Dieselmotoren

Am Ende des Verdichtungstaktes, etwa 15 bis 20° Kurbelwinkel vor OT, wird der von der Einspritzpumpe geförderte Kraftstoff über die Einspritzdüse in den Verbrennungsraum gespritzt (Tropfengröße 2 bis 10 μm). Der in die 500 bis 900 °C (773 bis 1173 K) heiße Luft eingespritzte Kraftstoff entzündet sich aber nicht sofort, sondern muß sich zunächst erhitzen, dann verdampfen und mit der Verbrennungsluft vermischen, bevor ein brennfähiges Gemisch gebildet wird. Erst nach dieser Zeit (Zündverzug) kommt es gleichzeitig an mehreren Stellen zur Selbstentzündung (Entflammung) des Kraftstoffs. Da durch die Entflammung im Verbrennungsraum eine Temperatur von über 2000 °C (2773 K) herrscht, wird der später eingespritzte Kraftstoff ohne Zündverzug sofort entflammt.

Durch die länger anhaltende Einspritzung (bei Vollast über 20° Kurbelwinkel) versucht man mit einer gleichmäßigen Kraftstoffzufuhr die Verbrennung so zu steuern, daß der Verbrennungsdruck nicht zu schlagartig ansteigt (Bild 4.1) und der Höchstdruck direkt nach OT kurzzeitig auf fast gleicher Höhe gehalten wird (annähernd Gleichdruckverbrennung). Der hohe Verbrennungsdruck (80 bis 150 bar) wirkt auf den Kolben und treibt ihn nach unten.

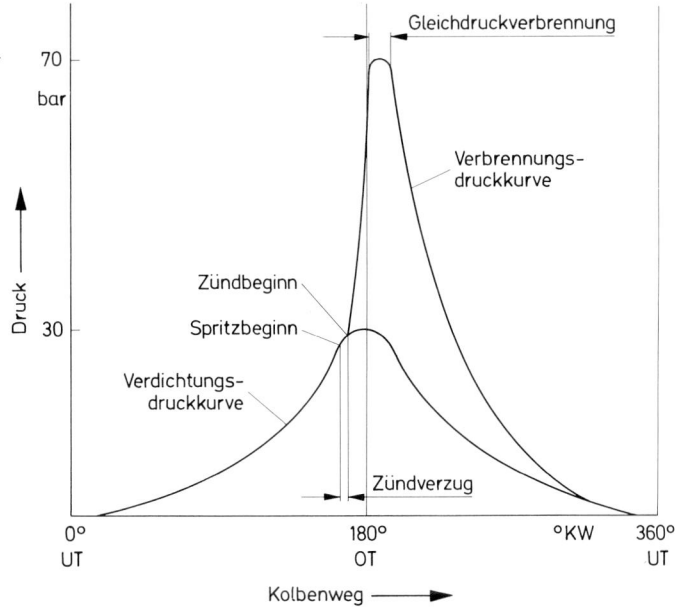

Bild 4.1 *P-V*-Diagramm für Verdichtung und Verbrennung im Dieselmotor

4.1   Zündverzug

Der in die heiße Luft eingespritzte Kraftstoff entzündet sich nicht sofort, sondern muß sich zunächst erhitzen, dann verdampfen und mit der Verbrennungsluft vermischen, bevor ein brennfähiges Kraftstoff-Luft-Gemisch gebildet wird. Die Zeit, die vom *Einspritzbeginn bis zum Zündbeginn (Entflammung)* vergeht, bezeichnet man als *Zündverzug* (Bild 4.1). Er beträgt unter normalen Bedingungen, d.h. bei betriebswarmem Motor, etwa 1 ms.

4.1.1   Nagelnde bzw. klopfende Verbrennung im Dieselmotor

Zu einer nagelnden oder klopfenden Verbrennung kommt es, wenn sich der Zündverzug auf über 2 ms vergrößert hat durch

- zu niedrige Motortemperatur (Kaltstart),
- zu früh eingestellten Förderbeginn der Einspritzpumpe,
- nicht zerstäubende Einspritzdüsen (hängende Düsennadel),
- zu geringe Verdichtung (durch einen Kolbenfresser),
- zündträgen Kraftstoff (z.B. Ottokraftstoff).

Während des *größeren Zündverzugs* und weiter bestehender Einspritzung sammelt sich eine *größere Kraftstoffmenge* im Verbrennungsraum an, bis die Zündbedingungen erreicht sind. Der bis zu diesem Zeitpunkt angesammelte Kraftstoff verbrennt schlagartig (explosionsartig) unter steilem Druckanstieg. Je größer der Zündverzug – also je größer die angesammelte Kraftstoffmenge im Brennraum –, desto steiler wird dieser Druckanstieg, d.h., die Verbrennung läuft 10- bis 12mal schneller ab als normal (normale mittlere Verbrennungsgeschwindigkeit 25 bis 30 m/s).

Der Verbrennungshöchstdruck kann dabei weit über die normale Höhe (80 bis 150 bar) ansteigen und Kolben sowie Kurbeltrieb sehr hoch belasten. Das dabei auftretende harte Verbrennungsgeräusch bezeichnet man als *Dieselnageln* oder im extremen Fall als *Dieselklopfen*. Es entsteht, wenn die Druckwellen, die von den einzelnen Zündstellen ausgehen, mit überhöhter Geschwindigkeit aufeinander oder auf die Brennraumwandungen treffen. Bei starkem Dieselklopfen kann sogar der ganze Kurbeltrieb aufschwingen.

Die Folgen einer klopfenden Verbrennung können sein:

- gebrochene Kolbenringe und Kolbenringstege,
- gebrochene Heizdrähte der Drahtglühkerzen,
- gebrochene Stege in den Vorkammern,
- durchgeschlagene Zylinderkopfdichtungen bei Direkteinspritzmotoren,
- zerstörte Kurbeltrieblagerung.

4.2   Gemischbildungsverfahren (Einspritzverfahren)

Dieselmotoren arbeiten heute nach den folgenden drei Verfahren:

- Direkteinspritzverfahren,
- Vorkammerverfahren,
- Wirbelkammerverfahren.

4.2.1   Direkteinspritzung

Dieses Verfahren, als Kraftstoff-Luft-Verteilung, kommt bei Motoren von Nutzfahrzeugen, Schleppern, Baumaschinen und Personenwagen zur Anwendung. Der *Vorteil* gegenüber der indirekten Einspritzung liegt in dem um etwa 15% geringeren Kraftstoffverbrauch aufgrund einer kleineren Gesamtbrennraum-Oberfläche und somit eines geringeren Wärmeverlustes. Der Nachteil besteht in dem etwas härteren Verbrennungsgeräusch, weil bei Verbrennungsbeginn eine zu große Kraftstoffmenge ziemlich schlagartig entflammt. Eine Ausnahme besteht bei Motoren mit der Zweifederdüse (siehe Abschnitt 4.6.2) und Stufeneinspritzung, ähnlich der Drosselzapfendüse. In der ersten Stufe tritt nur eine kleine Kraftstoffmenge aus. Die dadurch erzielte Voreinspritzung trägt, ähnlich wie bei der indirekten Einspritzung, zu einem weicheren Verbrennungsablauf bei.

Der nicht unterteilte Brennraum dieses Verfahrens besteht hauptsächlich aus einer flachen oder tieferen Mulde, die sich in dem Kolbenboden befindet (Bild 4.2). Die Luftbewegung im Brennraum wird meistens durch einen Drallkanal (tangential um das Einlaßventil angelegter Kanal) erzeugt (Bild 4.3). Trotz Luftdrall wird der größte Teil der Gemischaufbereitung von der Einspritzanlage, d.h. von der Einspritzdüse, übernommen.

Bild 4.2   Mercedes-Benz-Motor
mit Direkteinspritzung
(Kraftstoff-Luft-Verteilung)

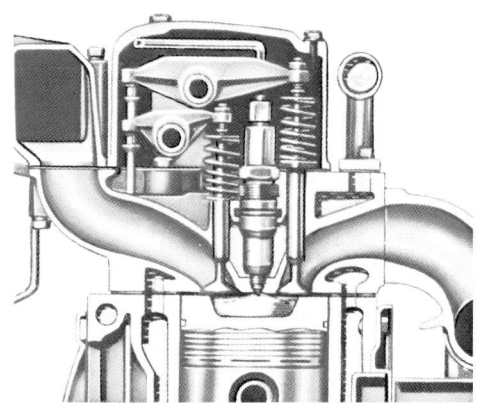

Im Verdichtungstakt kurz vor OT beginnt die Kraftstoffeinspritzung mit einer Mehrlochdüse (vier bis acht Spritzbohrungen). Dabei wird der Kraftstoff mit unterschiedlich hohem Druck in die Verbrennungsluft eingespritzt, verteilt und entflammt nach dem Zündverzug. Um die Verbrennung aufrechtzuerhalten, wird im Leerlauf über einen Zeitraum von 4° bis 5° und bei Vollast bis etwa 20° Kurbelwinkel eingespritzt. Der Düsenöffnungsdruck bei der Direkteinspritzung ist zwischen 200 bis 350 bar eingestellt. Der Einspritzdruck dagegen beträgt bei älteren Einspritzanlagen bei Vollast und hoher Drehzahl maximal 900 bar. Bei neueren Motoren mit sogenannter Hochdruckeinspritzung – die Einspritzanlagen sind für eine höhere Belastung ausgelegt – kann der Einspritzdruck bis zu 1800 bar betragen. Dieser hohe Druck ist nicht einstellbar, sondern ergibt sich aus dem hohen Widerstand an den kleinen Spritzbohrungen der Einspritzdüsen. Durch den hohen Einspritzdruck wird aufgrund der hohen Austrittsgeschwindigkeit (bis zu 1200 m/s) der Kraftstoff sehr fein zerstäubt und gut in der Verbrennungsluft verteilt. Die sehr feine Zerstäubung hat den Vorteil, daß der Kraftstoff schnell verdampft und die Partikelbildung geringer ist, d.h. weniger Ruß bzw. Schwarzrauch entsteht.

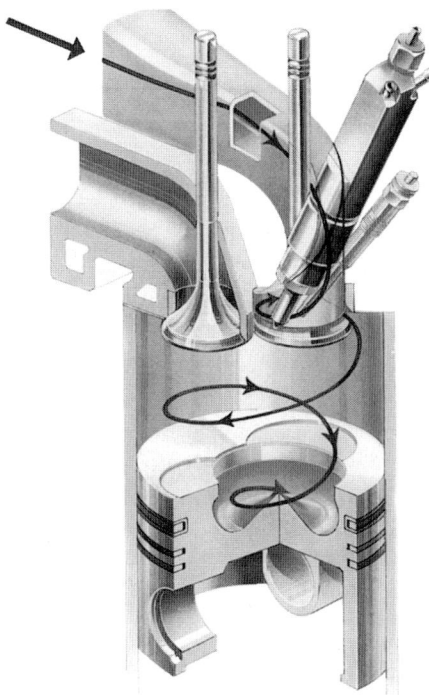

Bild 4.3   Brennraum mit 5-Loch-Einspritzdüse und Stabglühkerze (Audi 1,9 TDI)

Starthilfen bei Direkteinspritzmotoren

Die Starthilfen werden, abhängig von der Brennraumausführung, frühestens unter +5 °C und spätestens bei –15 °C eingesetzt. Das bessere Startverhalten gegenüber Motoren mit indirekter Einspritzung erklärt sich damit, daß einmal aufgrund einer kleineren Gesamtbrennraumoberfläche weniger Wärme verlorengeht und außerdem die Einspritzdüse in den Teil des Brennraumes spritzt, in dem die Luft heiß genug bleibt, um die Eigenzündung eintreten zu lassen. Als Starthilfen werden die Flammstartanlage, die Startpilotanlage, der Heizflansch und bei kleinvolumigen Motoren auch die Glühkerze verwendet.

Flammstartanlage: Sie besteht z.B. bei einem V-Motor (Bild 4.4) aus zwei Flammstiftglühkerzen. Davon ist je eine in das Hauptansaugrohr einer Zylinderbank eingesetzt. Die Flammstiftglühkerzen sind elektrisch mit dem Glühstarterschalter und kraftstoffseitig mit der Kraftstofförderpumpe verbunden. Mit Beginn des Vorglühens wird das Magnetventil geöffnet und während des Startens von der Kraftstofförderpumpe – nach Öffnen des Überdruckventils (0,5 bar) – Dieselkraftstoff über die glühenden Stifte der Kerzen gepumpt. Dabei entsteht im Hauptansaugrohr eine größere Flamme, die einmal die Ansaugluft und außerdem auch die Motorkolben erwärmt. Bei neueren Anlagen bleibt auch nach Startende, abhängig von der Motortemperatur, die Flamme für eine begrenzte Zeit bestehen, um die Weißrauch- bzw. Blaurauchbildung zu verringern.

Weiß- bzw. Blaurauch im Abgas ist unverbrannter und wieder kondensierter Kraftstoff mit unterschiedlicher Tröpfchengröße. Bei einer Tröpfchengröße ab 1 µm erscheint er optisch als Weißrauch und bei einer Größe unter 1 µm als Blaurauch.

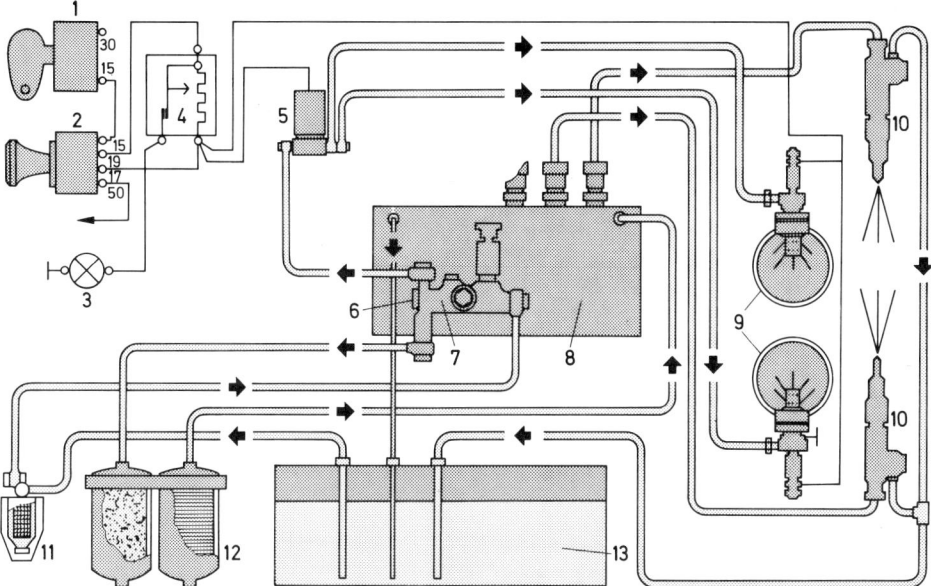

Bild 4.4   Flammstartanlage (KHD)
1 Schaltkastenschlüssel
2 Glühstarterschalter
3 Glühkontrolleuchte
4 Glühwiderstand
5 Magnetventil
6 Überdruckventil

7 Kraftstofförderpumpe
8 Einspritzpumpe
9 Stab-Flammglühkerze
10 Einspritzdüsen
11 Kraftstoffvorreiniger
12 Kraftstoffstufenfilter
13 Kraftstoffbehälter

Startpilotanlage: Diese Anlage (Bild 4.5) besteht aus einem kleinen Kraftstoffbehälter, einer Handpumpe und einer offenen Düse. Während des Startens wird über diese Düse eine geringe abgemessene Menge Startkraftstoff in das Hauptansaugrohr gespritzt. Mit der Verbrennungsluft gelangt der Kraftstoff in die Motorzylinder und entzündet sich unkontrolliert während des Komprimierens bei etwa 180 bis 200 °C (453 bis 473 K) von selbst. Durch die Verbrennung dieser Startkraftstoffmenge erhöhen sich Druck und Temperatur der Luft, so daß beim Einspritzen des Dieselkraftstoffs durch die Einspritzdüse eine sichere Eigenzündung einsetzt.

Heizflansch (siehe Abschnitt 8.9.4): Eingesetzt in das Hauptansaugrohr, dient er zur Erwärmung der Ansaugluft. Er wird vor dem Starten mit etwa 3000 Watt auf Glühtemperatur gebracht, während des Startvorgangs ausgeschaltet und danach wieder der Motortemperatur entsprechend eingeschaltet, um die Weiß- bzw. Blaurauchbildung zu verringern.

Glühkerzen (siehe Abschnitt 8.9.4): Ragen als lange Ausführung in den Verbrennungsraum und erwärmen während des Ansaugens und Verdichtens die Ansaugluft so weit, daß bei Spritzbeginn eine sichere Eigenzündung einsetzt. Auch hier erfolgt bei Startende und tiefen Temperaturen ein Nachglühen – um Weiß- bzw. Blaurauchbildung gering zu halten und um hartes Kaltnageln zu vermeiden.

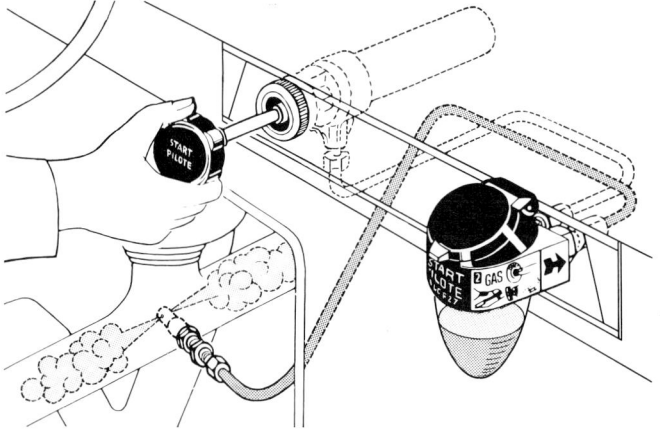

4.2.2   Indirekte Einspritzung

Dazu zählen Vor- und Wirbelkammerverfahren. Beide Verfahren werden bei den Motoren verwendet, wo man Wert auf eine geräuscharme Verbrennung legt (z.B. bei Pkw-Motoren und stationären Motoren für den Antrieb von Stromgeneratoren). Der Verbrennungsraum ist unterteilt
und besteht aus dem Haupt- und dem Nebenbrennraum. Die Kraftstoffeinspritzung erfolgt (indirekt) in den Nebenbrennraum.

Vorkammerverfahren
Die Vorkammer ist meistens ein schlanker, länglicher Brennraum, der seitlich oben im Zylinderkopf sitzt und mit dem Hauptbrennraum durch eine oder mehrere verhältnismäßig kleine Bohrungen (Schußkanäle) in Verbindung steht (Bild 4.6).

Während des Verdichtens werden etwa 30% der angesaugten Luft über die Schußkanäle in die
Vorkammer gedrückt und beim Einströmen durch den Steg in wirbelnde Bewegung versetzt.

Am Ende des Verdichtungstaktes erfolgt die Einspritzung des Kraftstoffs durch eine Drosselzapfendüse in die Vorkammer. Der Öffnungsdruck (einstellbar) beträgt 115 bis 125 bar. Der
Einspritzdruck dagegen ist nicht einstellbar und kann sich bei Vollast und hoher Drehzahl aufgrund des hohen Strömungswiderstandes an der Spritzbohrung bis auf maximal 500 bar erhöhen.
Die Düse spritzt zuerst mit einem kleinen dünnen Vorstrahl ein, den man auch als Zündstrahl
bezeichnen kann. Diese kleine Kraftstoffmenge verdampft und vermischt sich sehr schnell mit der
Luft, so daß nach etwa 1 ms die Entflammung einsetzt. Anschließend tritt die bis dahin gedros-
selte Hauptmenge aus.

Da nun die Luftmenge in der Vorkammer (etwa 30%) für eine vollständige Verbrennung nicht
ausreicht, gibt es nur eine Teil- bzw. Vorverbrennung. Durch diese Vorverbrennung sind aber Temperatur und Druck in der Vorkammer angestiegen, so daß dadurch die Verbrennung auf den
Hauptbrennraum übergreift. Der größere, nichtverbrannte, gasförmige Teil wird mit hoher
Geschwindigkeit (etwa 600 m/s) über die Schußkanäle in den Hauptbrennraum geblasen, verteilt
und auf diese Weise die Verbrennung aufrechterhalten.

Bild 4.6 Vorkammer (Mercedes-Benz)
1 Düsenhalter
2 Überwurfmutter des Düsenhalters
3 Gewindering
4 Vorkammer
5 Dichtring
6 Dichtung
7 Zylinderkopfdichtung
8 Kolbenringträger
a Aussparung für die Vorkammer

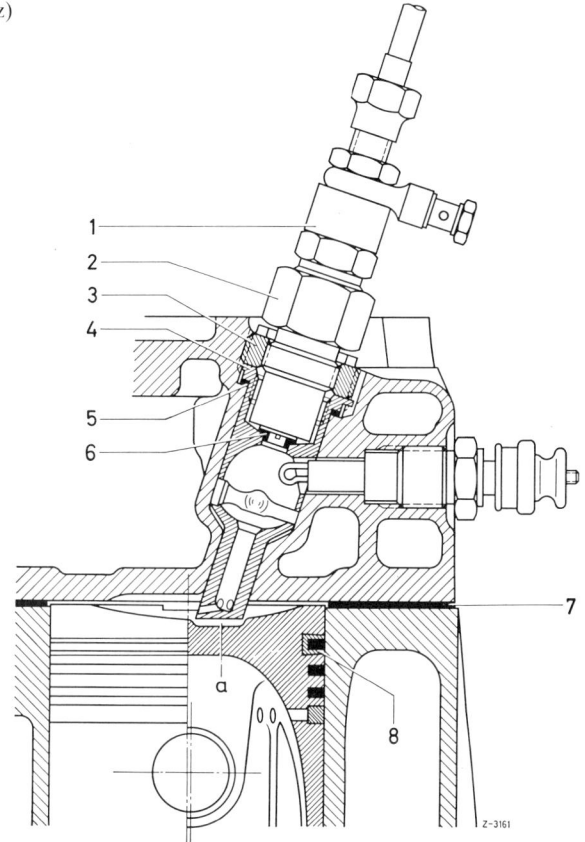

Bei den neuen Mercedes-Benz-Motoren wird eine geänderte Vorkammer mit Schrägeinspritzung verwendet (Bild 4.7). Die Einspritzdüse (Flächenzapfendüse), ist um 5° geneigt und die Kugelfläche am Steg etwas gedreht, so daß beim Einströmen der Luft ein wirbelkammerähnlicher Vorgang entsteht. Durch die Schrägstellung der Düse trifft der Strahl auf den äußeren Rand des Stegs. Durch diese Änderungen verringert sich der Rußanteil im Abgas um etwa 40%.

Motoren mit Vorkammer haben als Starthilfe eine Glühkerze. Diese sitzt seitlich in dem Nebenbrennraum. Die Glühkerze muß vor und während des Anlassens glühen – einmal, damit die Luft erwärmt wird, die sich in der Vorkammer stark abkühlt, und zum anderen, damit sich das Kraftstoff-Luft-Gemisch an der glühenden Spirale bzw. an dem Stab entzünden kann. Bei Motoren mit elektronischer Glühsteuerung folgt noch eine Nachglühphase. Ab Startende wird motortemperaturabhängig eine gewisse Zeit weiter geglüht, um das harte Motornageln zu mindern und Weiß- bzw. Blaurauchbildung zu verringern (siehe Abschnitt 8.9.4).

Wirbelkammerverfahren
Die Form der Wirbelkammer ist die einer Kugel mit einem größeren, tangential angeordneten Schußkanal zum Hauptbrennraum hin (Bild 4.8). Durch die Anordnung des Schußkanals wird beim Verdichten eine starke Wirbelbildung der Luft hervorgerufen.

Gemischbildungsverfahren (Einspritzverfahren) 305

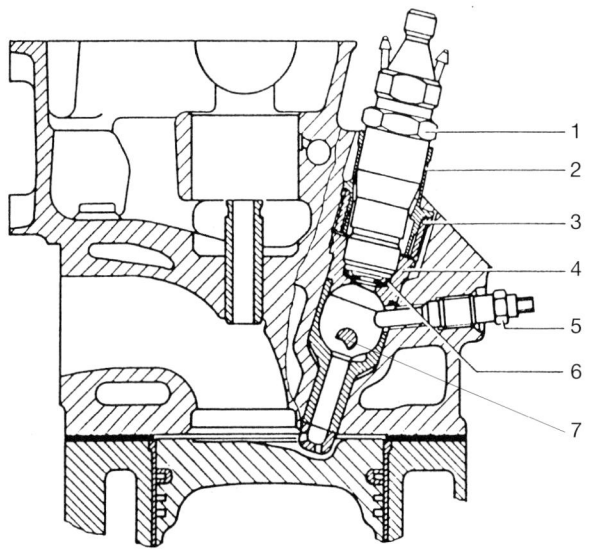

Bild 4.7 Vorkammer mit Schrägeinspritzung (Mercedes-Benz)
1 Düsenhalter
2 Abdichthülse
3 Gewindering
4 Vorkammer
5 Glühkerze
6 Wärmeplättchen
7 Steg mit Kugel

Bild 4.8   Ricardo-Wirbelkammer (V.A.G)

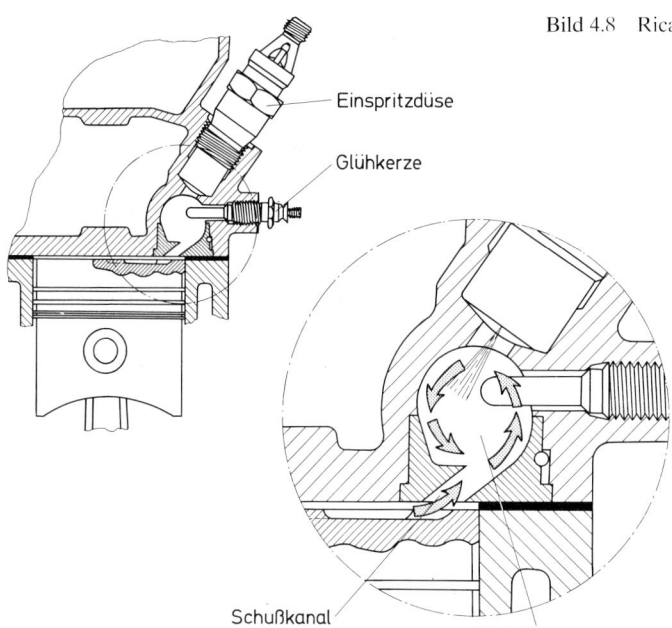

Einspritzdüse

Glühkerze

Schußkanal

Wirbelkammer

Am Ende des Verdichtungstaktes erfolgt das Einspritzen des Kraftstoffs durch eine Drosselzapfendüse in die Wirbelkammer. Der Öffnungsdruck (einstellbar) beträgt 125 bis 140 bar. Der
Einspritzdruck (nicht einstellbar) kann sich bei Vollast und hoher Drehzahl aufgrund des hohen

Gemischbildung und Verbrennung bei Dieselmotoren

Strömungswiderstandes an der Spritzbohrung bis auf maximal 500 bar erhöhen. Zuerst tritt der Vorstrahl aus, der die Verbrennung schnell einleitet und den Zündverzug in normalen Grenzen (1 ms) hält. Anschließend tritt dann die Hauptmenge, die bis dahin gedrosselt wurde, aus.

Der weitere Ablauf ist wie bei der Vorkammer, wegen Luftmangel kommt es nur zu einer *Teil- oder Vorverbrennung*. Durch diese Vorverbrennung sind aber Temperatur und Druck in der Wirbelkammer angestiegen; der größere, nichtverbrannte, gasförmige Teil wird mit hoher Geschwindigkeit über den Schußkanal in den Hauptbrennraum geblasen und hier gut verteilt. Bei diesem Verfahren ist es also der Nebenbrennraum, der hauptsächlich das Mischen des Kraftstoffs mit der Luft übernimmt.

Die Verhältnisse beim Starten sind die gleichen wie bei der Vorkammer; deshalb wird auch bei diesem Verfahren eine Glühkerze benötigt (siehe Abschnitt 8.9.4).

4.3 Dieseleinspritzanlagen

Die herkömmlichen Einspritzanlagen bestehen aus: Reiheneinspritzpumpen (PE..) bzw. Einzeleinspritzpumpen (PF..) sowie Verteilereinspritzpumpen (VE..), entweder mit mechanischer Drehzahlregelung und Spritzbeginnsteuerung oder elektronischer Diesel- und Spritzbeginnregelung (EDC); außerdem niederdruckseitig aus: Kraftstoffbehälter, Kraftstofförderpumpe, Kraftstofffilter und den Kraftstoffleitungen sowie hochdruckseitig aus den Einspritzleitungen und den Einspritzdüsen.

Zur Einhaltung der Abgasgrenzwerte, der ab 1996 in Kraft getretenen Euro-II- bzw. der kommenden Euro-III-Norm, mußten neue Einspritzsysteme entwickelt werden. Diese müssen einmal hydraulisch höher belastbar sein, damit Einspritzdrücke bis etwa 1800 bar erzeugt werden können, und außerdem geringere Herstellungskosten verursachen als gleichwertige Reiheneinspritzpumpen.

Zu den neuen Einspritzanlagen zählen: die Pumpe-Düse-Einheit (PDE), die Pumpe-Leitung-Düse (PLD) und das Common-Rail-System mit der entsprechenden Kraftstoffversorgung. Alle drei Systeme besitzen schnellreagierende Magnetventile, die von einem elektronischen Steuergerät angesteuert werden. Die Ansteuerung umfaßt die Diesel- sowie die Spritzbeginnregelung.

4.3.1 Einspritzanlage mit Reiheneinspritzpumpe

Der Kraftstoff wird von der Förderpumpe (Bild 4.9) über Saugleitung und Vorreiniger (Vorfilter) angesaugt und über die Förderleitung zu dem Kraftstoffhauptfilter gedrückt. Zum Schutz der Förderpumpe wird in dem Vorfilter grober Schmutz und Kondenswasser zurückgehalten. In dem Kraftstoffhauptfilter erfolgt die Feinfilterung. Über eine Zulaufleitung gelangt der Kraftstoff in den Saugraum der Einspritzpumpe, wo er von den Pumpenelementen aufgenommen und über die Einspritzleitungen zu den Düsen gefördert wird.

Die Förderpumpe fördert aus Sicherheitsgründen mehr, als die Einspritzpumpe maximal benötigt. Der zuviel geförderte Kraftstoff fließt über das Überströmventil und die Rücklaufleitung zum Kraftstoffbehälter zurück. Dabei hält das Überströmventil in der Anlage einen Vordruck von etwa 1,5 bar, der nötig ist, damit die Pumpenelemente immer ausreichend mit Kraftstoff versorgt werden. Das Überströmventil mit der Rücklaufleitung ist am Saugraum der Einspritzpumpe gegenüber der Zulaufleitung angeschlossen. Durch den ständigen Kraftstoffdurchfluß erreicht man eine Kühlung der Einspritzpumpe. Das an den Einspritzdüsen anfallende

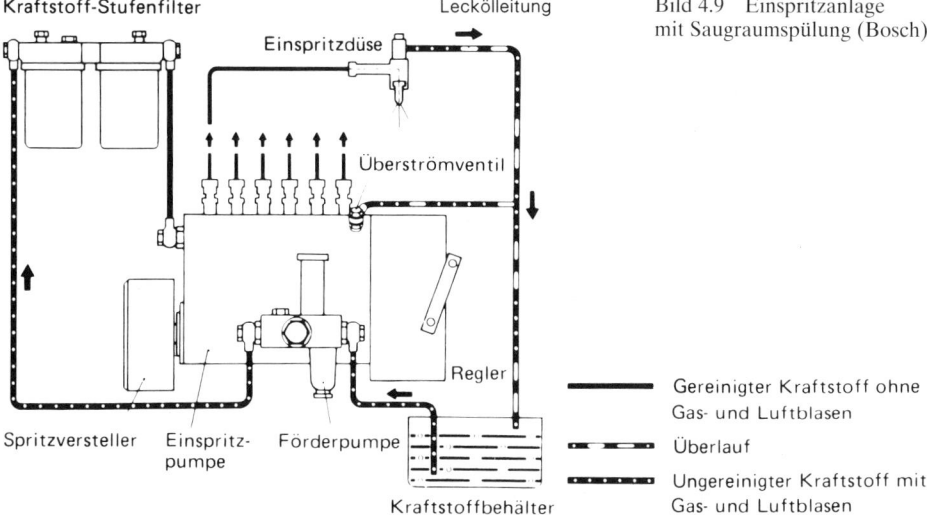

Bild 4.9   Einspritzanlage
mit Saugraumspülung (Bosch)

Kraftstoff-Stufenfilter · Leckölleitung · Einspritzdüse · Überströmventil · Regler · Spritzversteller · Einspritzpumpe · Förderpumpe · Kraftstoffbehälter

Gereinigter Kraftstoff ohne Gas- und Luftblasen

Überlauf

Ungereinigter Kraftstoff mit Gas- und Luftblasen

Lecköl (es dient zur Schmierung der Düsennadeln) fließt über die Leckölleitung, die in die Rücklaufleitung mündet, zum Kraftstoffbehälter zurück.

Kraftstofförderpumpe

Die Förderpumpe ist an der Einspritzpumpe angeflanscht und wird von ihrer Nockenwelle angetrieben. Der Antrieb erfolgt entweder durch einen Nocken, der zugleich ein Pumpenelement betätigt, oder von einem zwischen zwei Nocken liegenden Exzenter. Bei Motoren mit höheren Drehzahlen hat man meistens den Exzenterantrieb (Bild 4.10).

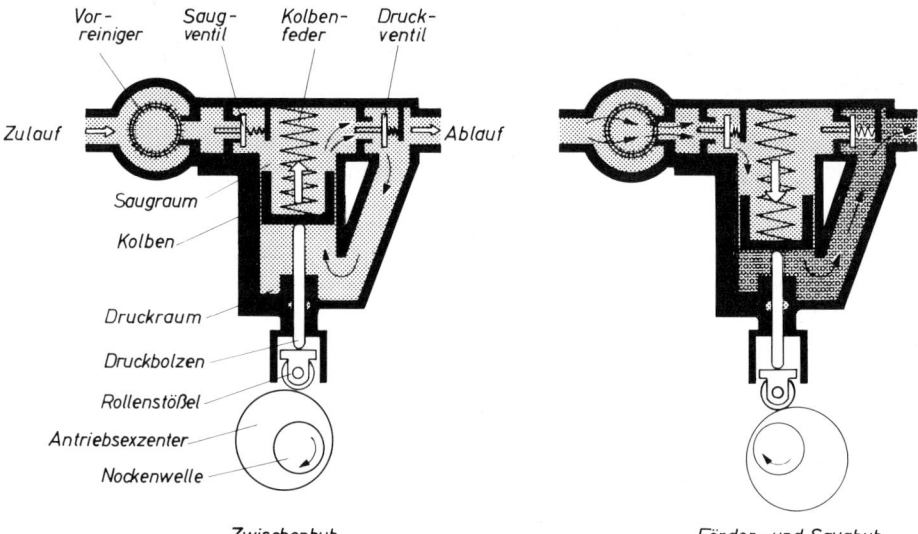

Bild 4.10   Schema der Kraftstofförderpumpe

Gemischbildung und Verbrennung bei Dieselmotoren

Wirkungsweise:

Zwischenhub: Der Nocken bzw. Exzenter drückt Rollenstößel, Druckbolzen und Kolben nach oben. Hierdurch wird die Kraftstoffmenge aus dem Saugraum (Federraum) über das Druckventil und den Ausgleichskanal in den unteren Raum (Druckraum) gedrückt. Dabei werden gleichzeitig die Kolbenfeder gespannt und am Ende des Zwischenhubes das Druckventil geschlossen.

Saug- und Förderhub: Sobald der Exzenter den OT überschreitet, werden Kolben, Druckbolzen und Rollenstößel von der Kolbenfeder zurückgedrückt. Der Kraftstoff aus dem unteren Druckraum gelangt über den Ausgleichskanal in die Anlage zum Hauptfilter. Gleichzeitig wird im Federraum Unterdruck erzeugt, das Saugventil geöffnet und aus dem Kraftstoffbehälter erneut Kraftstoff angesaugt.

Elastische Förderung: Die Förderung bleibt bei vollem Hub bestehen, wenn auch die Einspritzpumpe immer ihre Vollastmenge abnimmt. Wird jedoch das Fahrpedal zurückgenommen oder die Motorbremse eingeschaltet (Regelstange der Einspritzpumpe in Richtung oder auf Nullförderung), dann steigt der Kraftstoffvordruck in der gesamten Niederdruckanlage von etwa 1 bis 1,5 bar auf mehr als 2,5 bar an. Dieser höhere Vordruck wirkt sich vom Druckraum her auf den Förderpumpenkolben aus und verringert den Hub. Da jetzt die Kolbenfeder den Kolben nicht mehr so weit zurückschieben kann, wird nur noch die Menge gefördert, die die Einspritzpumpe abnimmt bzw. die über das geöffnete Überströmventil zum Kraftstoffbehälter abfließen kann.

Zu einer Stoppstellung kann es normalerweise nicht kommen, da über das geöffnete Überströmventil dauernd Kraftstoff zum Behälter abfließt. Sollte der Rücklauf einmal verschlossen sein, würde der Pumpenkolben im OT stehen bleiben und sich der Vordruck nur bis auf 3,5 bis 4,5 bar erhöhen (Höchstdruck durch die Kolbenfeder).

Kraftstoffilter

Die Kraftstoffilter sollen kleinste Verunreinigungen aus dem Kraftstoff zurückhalten, um zu verhindern, daß die empfindlichen Teile der Einspritzpumpe und die Düsen beschädigt oder vorzeitig abgenutzt werden. Außerdem sollen die Kraftstoffilter das aus dem Tank mitgeförderte Kondenswasser abscheiden. Sie unterscheiden sich durch ihre Größe, ihre Gehäuseausführung und durch ihre Einsätze:

Einfachfilter mit abnehmbarem Gehäuse. Als auswechselbare Einsätze nimmt man Filzrohr-, Wickel- oder Sternfiltereinsätze. Bei Stern- und Wickelfiltereinsätzen ist der Werkstoff Papier.

Stufen- oder Doppelfilter mit abnehmbarem Gehäuse (Bild 4.11). Für die erste Stufe nimmt man einen Filzrohrfiltereinsatz, für die zweite Stufe einen Wickel- oder Sternfiltereinsatz, oder in beiden Stufen einen Wickel- oder Sternfiltereinsatz.

Beim *Sternfiltereinsatz* (Bild 4.12) erfolgt der Kraftstoffdurchfluß von der Seite her, d.h. von außen nach innen. Die sternförmig um das Mittelrohr angeordneten Papierfalten sind oben und unten durch Deckscheiben verschlossen. Der gefilterte Kraftstoff sammelt sich innerhalb des gelochten Mittelrohres und fließt, je nach Ausführung des Filtergehäuses, nach oben oder unten ab. Die Schmutzteilchen bleiben an der Filteroberfläche hängen oder sinken nach unten in den Schlammraum bzw. Wasserspeicher.

Beim *Wickelfiltereinsatz* (Bild 4.13) ist das Filterpapier um das geschlossene Mittelrohr gewickelt und jeweils unten mit der einen und oben mit der anderen Papierbahn verklebt, so daß sich je nach Flußrichtung von unten nach oben oder umgekehrt offene Filtertaschen ergeben. Die Durchflußrichtung für den Kraftstoff ist beim auswechselbaren Wickelfiltereinsatz von unten

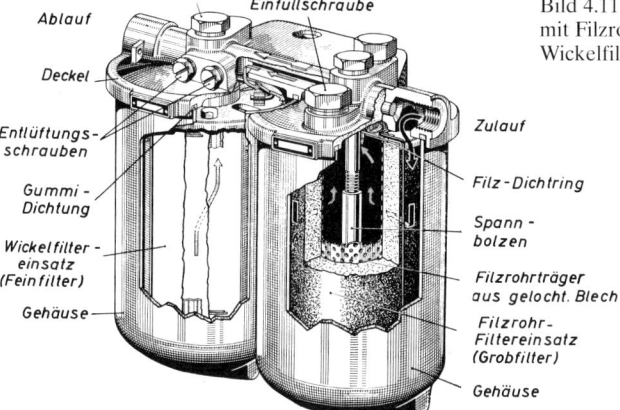

Ablauf

Einfüllschraube

Deckel

Entlüftungs-
schrauben

Gummi-
Dichtung

Wickelfilter-
einsatz
(Feinfilter)

Gehäuse

Zulauf

Filz-Dichtring

Spann-
bolzen

Filzrohrträger
aus gelocht. Blech

Filzrohr-
Filtereinsatz
(Grobfilter)

Gehäuse

Bild 4.11   Bosch-Kraftstoffstufenfilter
mit Filzrohr- (Grobfilter) und
Wickelfilter (Feinfilter)

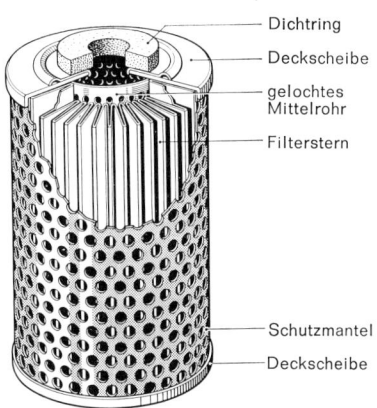

Dichtring

Deckscheibe

gelochtes
Mittelrohr

Filterstern

Schutzmantel

Deckscheibe

Bild 4.12   Sternfiltereinsatz (Bosch)

Bild 4.13   Wickelfiltereinsatz geschlossen
und auseinandergezogen (Bosch)

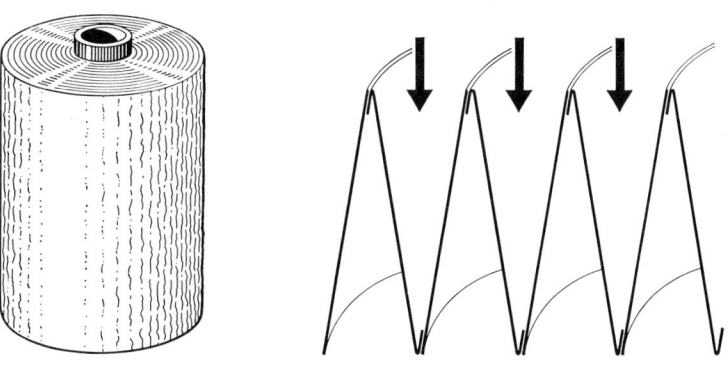

310   *Gemischbildung und Verbrennung bei Dieselmotoren*

nach oben. Die Schmutzteilchen bleiben an der Filteroberfläche hängen oder sinken nach unten in den Schlammraum bzw. Wasserspeicher. Der gereinigte Kraftstoff gelangt in den oberen Teil des Filtereinsatzes und von hier aus in den Ablauf. Bei einem Boxfilter (Bilder 4.13 und 4.14) ist die Durchflußrichtung des Kraftstoffs von oben nach unten. Die ausgefilterten Schmutzteilchen werden in den Filtertaschen zurückgehalten, ebenso das Wasser. Der gereinigte Kraftstoff fließt durch das Innenrohr nach oben. Da durch Verschmutzung die Filteroberfläche laufend kleiner wird, erhöht sich der Druck in den Filtertaschen, bis schließlich das Wasser von der Schmutz- zur Reinseite gelangt und sich in dem unteren Teil des Filtergehäuses sammelt. Der Wickelfilter ist nicht mehr funktionsfähig, wenn der Wasserspiegel im Gehäuse über die Unterkante des Filtereinsatzes angestiegen ist.

Boxfilter werden so bezeichnet, weil man die Filterbox (Gehäuse mit Einsatz) mit dem Filterdeckel verschraubt. Man unterscheidet Einfach- und Stufenboxfilter. Verwendet werden hauptsächlich Einfachboxfilter.

Das *Stufenboxfilter* (Bild 4.14) besteht aus dem Filterflansch bzw. Filterdeckel mit den Kraftstoffanschlüssen, zwei Entlüftungsschrauben und den angeschraubten Filterboxen. Eine solche Filterbox besteht aus einem Blechgehäuse mit eingebautem *Wickelfiltereinsatz*. In das Gehäuse wird oben ein Deckel eingelegt und eingebördelt. Der Deckel hat in der Mitte eine Gewindebohrung. Diese dient zum Befestigen am Filterflansch und als Kraftstoffabfluß. Außerdem befinden sich in dem Deckel vier Zulaufbohrungen. Der ungefilterte Kraftstoff gelangt über die vier Zulaufbohrungen in die Filterbox und fließt von oben nach unten durch den Wickelfiltereinsatz. Der gereinigte Kraftstoff steigt in dem Innenrohr nach oben und verläßt über die Gewindebohrung die Filterbox.

Boxfilter mit Wasserspeicher werden als Einfach- oder Stufenboxfilter (Bild 4.15) bei Dieselmotoren mit Verteilereinspritzpumpen verwendet. Da der Pumpeninnenraum mit Dieselkraftstoff gefüllt ist und dieser zur Schmierung dient, darf kein Kondenswasser aus der Anlage in den Innenraum gelangen.

Bild 4.14 Stufenboxfilter mit geradem Flansch (Bosch)

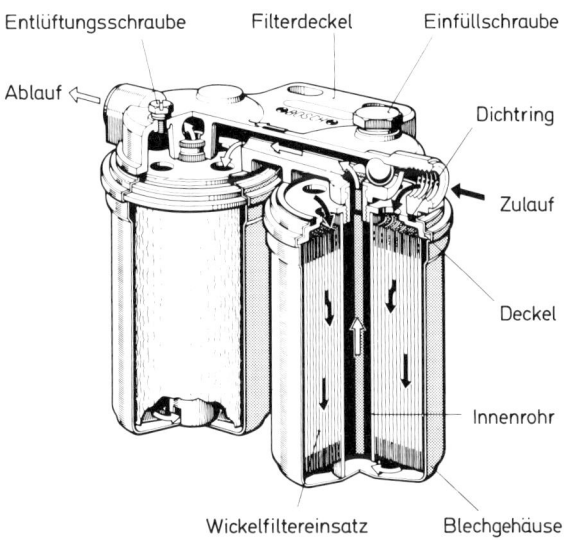

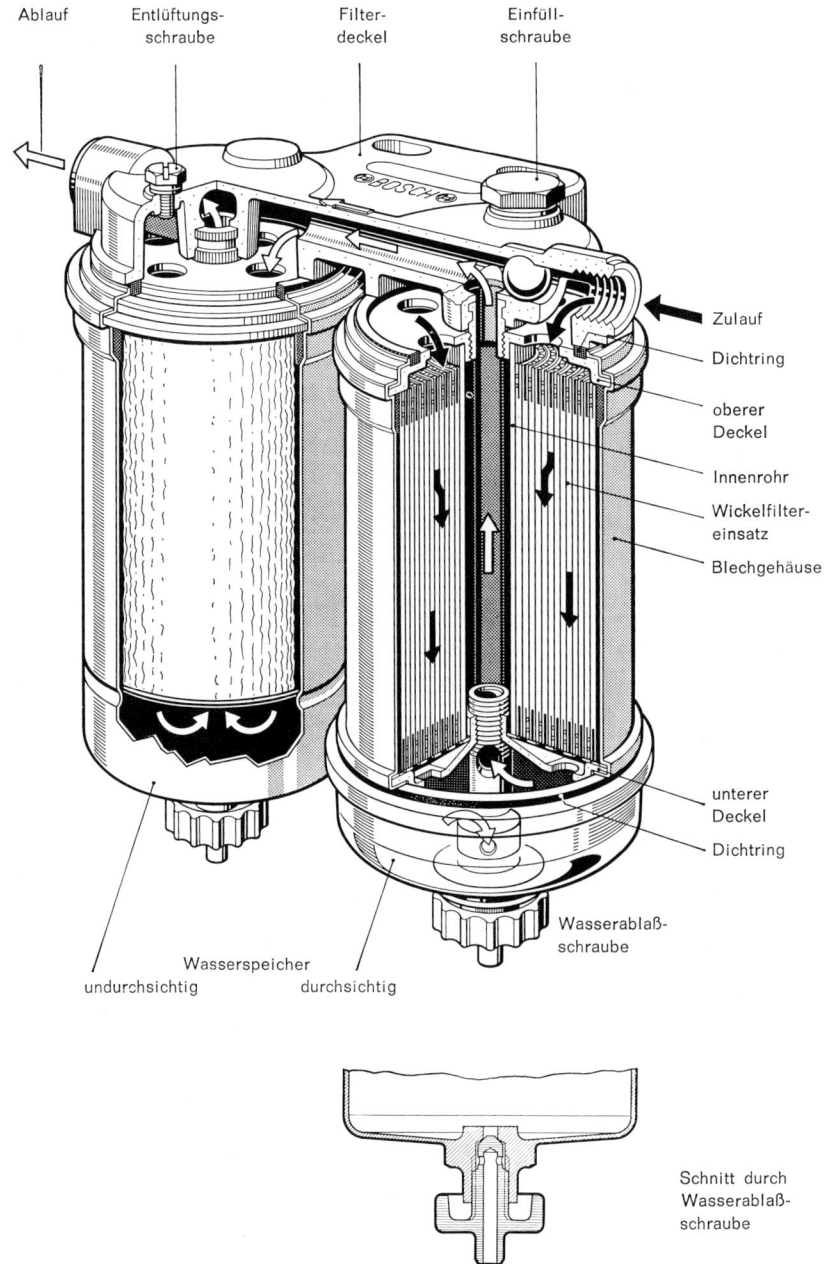

Ablauf   Entlüftungs-schraube   Filter-deckel   Einfüll-schraube

Zulauf

Dichtring

oberer Deckel

Innenrohr

Wickelfilter-einsatz

Blechgehäuse

unterer Deckel

Dichtring

Wasserablaß-schraube

Wasserspeicher
undurchsichtig   durchsichtig

Schnitt durch Wasserablaß-schraube

Bild 4.15   Stufenboxfilter mit Wasserspeicher und geradem Flansch (Bosch)

Die Filterbox gibt es in zwei Ausführungen: mit durchsichtigem und mit undurchsichtigem Wasserspeicher. Im ersten Fall hat die Filterbox unten einen Abschlußdeckel, der zum Anschrauben eines Speichers aus Glas dient. Dieser wird mit einem Gewindebolzen mit der Filterbox verschraubt. Im zweiten Fall ist das Boxfiltergehäuse nach unten verlängert. Diese Ausführung wird heute als Einfachfilter bei Pkw-Dieselmotoren verwendet.

Beide Ausführungen besitzen eine Ablaßschraube mit einer zentralen Abflußbohrung, damit das ausgeschiedene Wasser abgelassen werden kann. Das Ablassen sollte nach den vom Hersteller angegebenen Intervallen (z.B. bei jedem Ölwechsel) erfolgen oder wenn durch eine Kontrollampe auf den Wasserstand hingewiesen wird.

Wartung und Überprüfung der Niederdruckanlage des Dieselmotors
Filterwechsel: Bei Filtern mit abnehmbarem Gehäuse dreht man die in der Mitte sitzende Sechskantschraube heraus, nimmt den Filtertopf nach unten weg, entleert ihn und zieht den Einsatz heraus.

Der Filterwechsel bei Boxfiltern erfolgt durch Austausch der Filterbox. Man schraubt die Filterbox mit einem Bandschlüssel ab und die neue Filterbox von Hand an, bis der Dichtring anliegt, und dreht anschließend noch um eine Viertelumdrehung weiter.

Beim Stufenfilter erfolgt der Filterwechsel der zweiten Stufe erst nach jedem zweiten oder dritten Wechsel der ersten Stufe.

Entlüften der Nieder- und Hochdruckanlage: Mit dem Entlüften beginnt man am Kraftstoffilter (höchste Stelle), indem man die Entlüftungsschraube öffnet und mit der Handförderpumpe vorpumpt, bis der Kraftstoff blasenfrei austritt. Anschließend öffnet man die Entlüftungsschraube am Saugraum der Einspritzpumpe (wenn vorhanden) und wiederholt den Vorgang, bis auch hier der Kraftstoff blasenfrei austritt. Danach sind alle Entlüftungsschrauben zu schließen. Bei Anlagen mit Saugraumspülung kann der Saugraum ohne Öffnen der Entlüftungsschraube bei Starterdrehzahl entlüftet werden. Die Luft entweicht über das Überströmventil und die Rücklaufleitung zum Tank. Voraussetzung dafür ist eine gut geladene Batterie.

Das Entlüften der Hochdruckanlage ist nur dann erforderlich, wenn die Einspritzdüsen in ausgebautem Zustand geprüft oder erneuert wurden und somit ungefüllt sind. Zum Entlüften löst man alle Überwurfmuttern der Einspritzleitungen auf der Einspritzdüsenseite, stellt das Fahrpedal auf Vollast (Regelstange in Startstellung) und läßt bei Starterdrehzahl die Einspritzpumpe fördern, bis Kraftstoff aus den gelösten Anschlüssen austritt. Danach zieht man alle Überwurfmuttern an und wiederholt den Vorgang, bis auch die Einspritzdüsen gefüllt sind und abspritzen. Bei Motoren mit Direkteinspritzung, die keine Starthilfe benötigen, startet man so lange, bis die Motoren anlaufen. Bei Motoren mit Vor- oder Wirbelkammer muß man entsprechend lange vorglühen (siehe Abschnitt 8.9.4), bevor diese anlaufen.

Überprüfen von Kraftstofförderpumpen und Überströmventil mit dem Förderpumpenprüfgerät
Mit dem Prüfgerät, das mit einem Über- und Unterdruckmanometer ausgerüstet ist, können folgende Messungen durchgeführt werden: Öffnungs- und Schließdruck des Überströmventils, Förderdruck und Saugdruck der Förderpumpe.

Öffnungs- und Schließdruckprüfung des Überströmventils: Das Prüfgerät wird mit den beiden Anschlüssen am Förderpumpenausgang (Bild 4.16) angeschlossen und die Rücklaufleitung hinter dem Überströmventil gelöst. Mit der Handförderpumpe wird bei stehendem Motor die Kraftstoffanlage unter Druck gesetzt und das Öffnen des Überströmventils beobachtet. Es muß z.B. bei 1,5 bar öffnen und Kraftstoff austreten lassen. Hört man auf zu pumpen, muß beim Absinken des

Drucks auf 1,0 bis 0,8 bar das Ventil so weit geschlossen haben, daß der Kraftstoff nur noch tropfenweise austritt. Bei spätestens 0,3 bar muß das Ventil ganz absperren, da sich sonst nach längerer Standzeit der Saugraum entleert und Startschwierigkeiten auftreten. Nach dieser Prüfung wird die Rücklaufleitung wieder angeschlossen.

Förderdruckprüfung: Das Prüfgerät wird mit beiden Anschlüssen am Förderpumpenausgang (Bild 4.16) angeschlossen und die Anlage mit der Handförderpumpe entlüftet. Jetzt läßt man den Motor mit Leerlaufdrehzahl drehen und mißt den durch das Überströmventil bestimmten Vordruck in der Höhe von ungefähr *1,5 bar*. Gleichzeitig beobachtet man am Glasrohr des Geräts, ob im Kraftstoff Luftblasen enthalten sind. Ist das der Fall, kann die Dichtung am Vorreiniger oder die Saugleitung selbst undicht sein. Drückt man den Schlauch filterseitig zu, wird der maximale Förderpumpendruck angezeigt, der bei einer neuwertigen Pumpe 3,5 bis 4,5 bar beträgt. Mißt man dagegen einen Druck, der unter *2,8 bar* liegt, dann sind der Förderdruck und der Förderhub zu gering. Die Kraftstoffversorgung der Einspritzpumpe im Vollastbetrieb ist nicht mehr ausreichend gewährleistet.

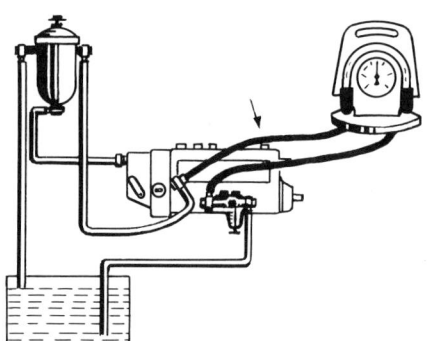 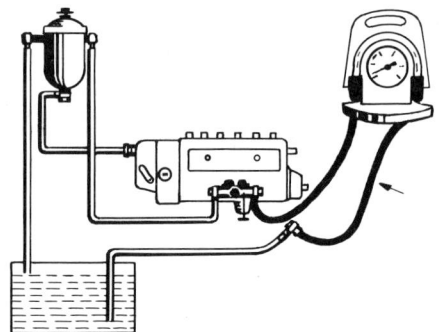

Bild 4.16 Druckmessung mit dem Förderpumpenprüfgerät (Herth & Buss)

Bild 4.17 Unterdruckmessung mit dem Förderpumpenprüfgerät (Herth & Buss)

Saugdruckprüfung: Das Prüfgerät wird mit den beiden Anschlüssen saugseitig an die Förderpumpe angeschlossen (Bild 4.17) und die Anlage mit der Handförderpumpe entlüftet. Danach läßt man den Motor mit Leerlaufdrehzahl drehen und mißt am Manometer den Unterdruck in der Saugleitung. Dieser muß sehr gering sein und nur der Saughöhe vom Tank zur Förderpumpe entsprechen (z.B. Saughöhe 1 m entspricht einem Unterdruck von ungefähr 0,1 bar). Bei größerem Unterdruck ist durch Verschmutzung oder Querschnittsverringerung der Widerstand zu hoch. Drückt man nun saugleitungsseitig den Schlauch zu, mißt man die maximale Saugleistung der Förderpumpe. Der dabei erzeugte Unterdruck beträgt bei einer neuwertigen Pumpe 0,5 bis 0,6 bar und bei einer noch einsatzfähigen mindestens 0,2 bar. Wird der Unterdruck von 0,2 bar nicht erreicht, ist der Kolben verschlissen oder die Ventile sind undicht.

Reiheneinspritzpumpen
Sie werden so bezeichnet, weil für jeden Motorzylinder eine Fördereinheit (Pumpenelement, Einspritzleitung und Einspritzdüse) vorgesehen ist und die Pumpenelemente der Reihe nach in dem Pumpengehäuse angeordnet sind. Man unterscheidet Einspritzpumpen mit Regler und *Eigen-*

antrieb (eigene Nockenwelle), *PE..* und *PES..*, sowie Einspritzpumpen ohne eigenen Regler mit *Fremdantrieb* (der Antrieb erfolgt durch die Motornockenwelle), *PF..* und *PFR.. .*

Aufgabe: Die Aufgabe einer Einspritzpumpe ist, den Kraftstoff in genau dosierter Menge (entsprechend der Motorbelastung) zum richtigen Zeitpunkt und mit hohem Druck in den Verbrennungsraum zu fördern.

Bosch-Reiheneinspritzpumpe Typ PE..A..

Aufbau: Die Pumpe (Bild 4.18) besteht aus dem Gehäuse, der Nockenwelle mit Lager, den Rollenstößeln mit Stößelschrauben, den Pumpenelementen (Kolben und Zylindern), den Kolbenfedern mit Federtellern, der Regelstange (verzahnt), den Regelhülsen (zweiteilig, Hülse mit Zahnsegment), den Druckventilen mit Federn und den Druckventilhaltern.

Wirkungsweise: Der Kolbenhub vom unteren bis zum oberen Totpunkt ist unveränderlich. Im *Druckhub* wird der Kolben vom Nocken über den Rollenstößel angehoben und im *Saughub* von der Kolbenfeder zurückgedrückt.

Der Pumpenzylinder hat entweder zwei seitliche Bohrungen (Zweilochelement) – dann ist die eine die Steuerbohrung und die gegenüberliegende eine zusätzliche Füllbohrung (Bild 4.23), oder nur eine Bohrung (Einlochelement) – dann ist diese Steuerbohrung und Füllbohrung zugleich (Bilder 4.19 und 4.21).

Die Kolben haben Einfräsungen. Davon ist die Längsnut die *Stoppnut* und die schräge Kante, die schraubenförmig um den Kolben verläuft, die schräge *Steuerkante* (Bild 4.20).

Bei Kolben mit untenliegender Steuerkante ist der Förderbeginn konstant, mit obenliegender Steuerkante nicht konstant (Bild 4.22). Ist zusätzlich eine kurze obenliegende Steuerkante angebracht, will man den Förderbeginn nur im Leerlauf verändern. Da bei den Reiheneinspritzpumpen der Kolbenhub unveränderlich ist, muß zum Verändern des Förderhubes bzw. der Fördermenge der Kolben mit Hilfe der Regelhülsen verdreht werden. Diese Regelhülsen haben als Führung den unteren Teil des Pumpenzylinders. Am oberen Ende der Hülsen sind Zahnsegmente aufgeklemmt, die in die Verzahnung der Regelstange eingreifen. Am unteren Ende besitzen die Regelhülsen jeweils zwei Längsschlitze, in denen die Kolbenfahnen (Mitnehmer) gleiten. Durch Verschieben der Regelstange können somit Regelhülsen und Pumpenkolben verdreht werden.

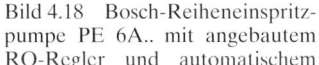

Bild 4.18 Bosch-Reiheneinspritzpumpe PE 6A.. mit angebautem RQ-Regler und automatischem Spritzversteller

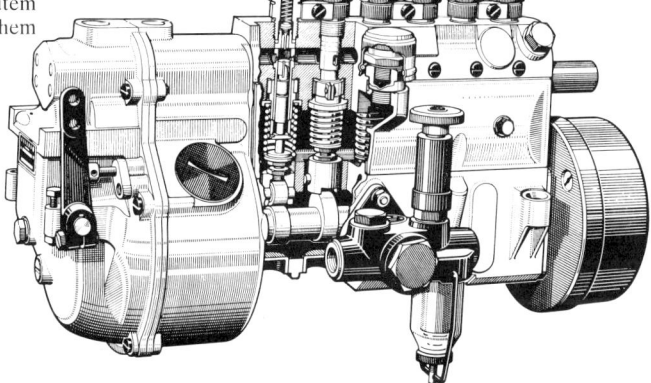

Unterer Totpunkt

Förderbeginn

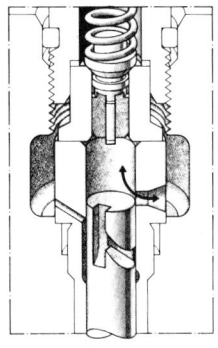

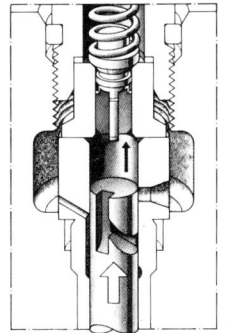

Bild 4.19   Kolbenhubphasen (Bosch)

Förderung

Förderende

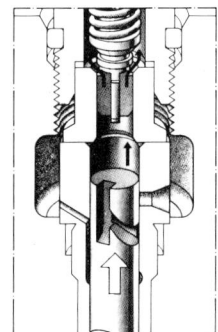

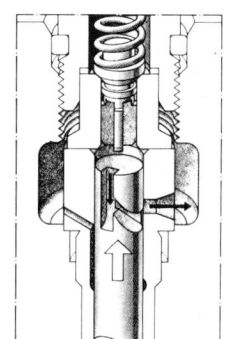

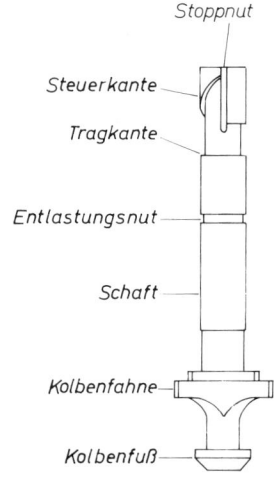

Stoppnut

Steuerkante

Tragkante

Entlastungsnut

Schaft

Kolbenfahne

Kolbenfuß

Bild 4.20   Pumpenkolben mit
untenliegender Steuerkante

Bild 4.21   Bosch-Einlochelement
(Kolben in verschiedenen Regelstellungen)

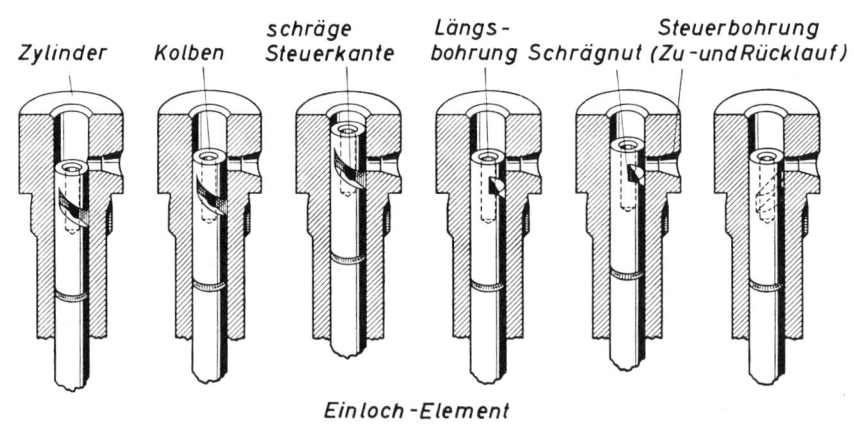

Zylinder   *Kolben*   *schräge Steuerkante*   *Längs- bohrung*   *Schrägnut*   *Steuerbohrung (Zu-und Rücklauf)*

Einloch-Element

unterer Totpunkt   *Beginn*   *Ende* | *Beginn*   *Ende* | *Keine Förderung*
Vollförderung   *Teilförderung*

Gemischbildung und Verbrennung bei Dieselmotoren

Bild 4.22   Kolben mit untenliegender und obenliegender
Steuerkante (Bosch)

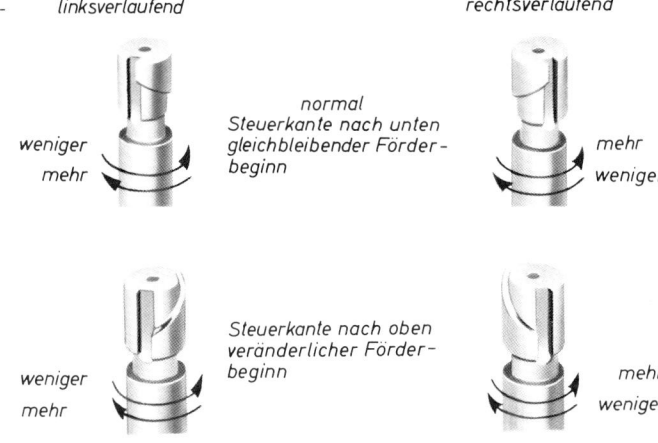

linksverlaufend

rechtsverlaufend

*normal
Steuerkante nach unten
gleichbleibender Förder-
beginn*

*weniger
mehr*

*mehr
weniger*

*Steuerkante nach oben
veränderlicher Förder-
beginn*

*weniger
mehr*

*mehr
weniger*

Förderung: In der Kolbenstellung UT fließt über die Steuer- und Füllbohrung Kraftstoff aus dem Saugraum in das Element (Bild 4.19). Beim Aufwärtsgehen verschließt der Kolben mit seiner obe- ren geraden Kante, nachdem er den *Vorhub* zurückgelegt hat, die Steuerbohrung (Stellung För- derbeginn). Während der weiteren Aufwärtsbewegung des Kolbens legt dieser den *Förder-* bzw. *Nutzhub* zurück, dabei wird der Kraftstoff über das geöffnete Druckventil, die Einspritzleitung und der geöffneten Einspritzdüse in den Brennraum gefördert. Die Förderung hört auf, sobald die untenliegende *schräge Steuerkante* die Steuerbohrung aufsteuert (Stellung Förderende). In die- sem Augenblick steht der Hochdruckraum wieder mit dem Saugraum in Verbindung, der Druck baut sich ab, und Druckventil sowie Einspritzdüse schließen. Jetzt besteht bis zum OT der *Leer- hub*, der dabei verdrängte Kraftstoff strömt über die aufgesteuerte Steuerbohrung zurück in den Saugraum. Hat der Kolben den OT erreicht, wird er durch die Kolbenfeder zum UT zurückbe- wegt und führt den *Saughub* aus. Dabei fließt mit dem momentan herrschenden Vordruck Kraft- stoff aus dem Saugraum in das Element. Der Füllvorgang wird eine Zeitlang unterbrochen, wenn die Steuerbohrung durch die Kolbenseitenfläche (Fläche zwischen Kolbenober- und untenliegen- der schräger Steuerkante) verschlossen wird.

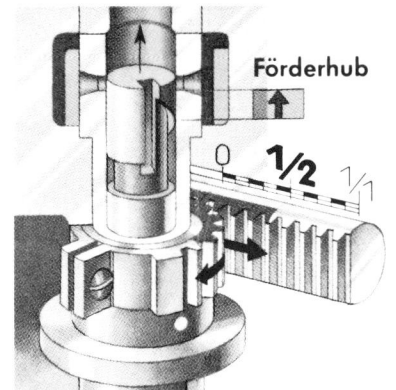
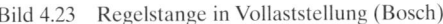

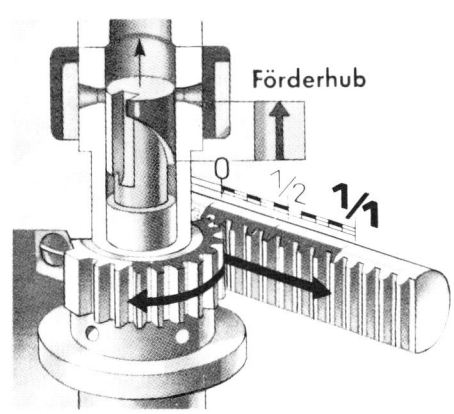

Bild 4.23   Regelstange in Vollaststellung (Bosch)

Bild 4.24   Regelstange in Startstellung (Bosch)

Fördermengenänderung: Beim Verschieben der Regelstange – über Fahrpedal oder Regler – werden die Regelhülsen und Pumpenkolben verdreht. Dabei wird die Stellung der schrägen (untenliegenden) Steuerkante zur Steuerbohrung des Pumpenzylinders verändert (Bilder 4.23 und 4.24). Steht der Kolben so, daß die Steuerkante die Steuerbohrung früh aufsteuert, ist der Förderhub kurz und die Fördermenge gering. Wird dagegen der Kolben so verdreht, daß die Steuerkante die Steuerbohrung später aufsteuert, ist der Förderhub länger und die Fördermenge entsprechend größer.

Startmenge: Ist die Regelstange ganz durchgeschoben, steht sie in der Startstellung (Gesamtweg) (Bild 4.24). Der Kolben gibt in dieser Stellung die Steuerbohrung erst spät frei. Somit wird die größte Menge gefördert, die der Motor als Startmenge bekommt; sie ist etwa anderthalbmal so groß wie die Vollastmenge, die bei mittlerer Regelstangenstellung abgegeben wird. Der Motor benötigt diese große Menge, weil sich beim Kaltstart viel Kraftstoff an den Brennraumumwandungen absetzt, ohne zu verdampfen.

Manche Kolben haben eine sogenannte *Start-* oder *Spätspritzkante*, die in der *Startstellung* vor der Steuerbohrung steht (Bild 4.25). Durch diese Kante kommt der Förderbeginn um 5 bis 10° Kurbelwinkel später. Durch die spätere Einspritzung kann die Verdichtung des Motors beim Starten weiter vorschreiten; die Selbstzündung tritt schneller ein. Der Motor ist startfreudiger und kann beim Andrehen von Hand nicht zurückschlagen.

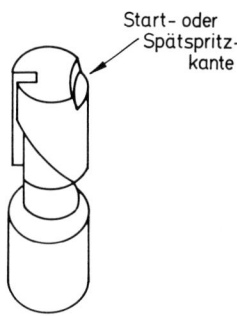

Start- oder
Spätspritz-
kante

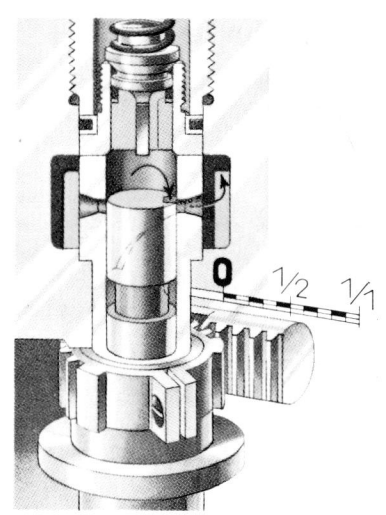

Bild 4.25   Kolben mit Start- bzw. Spätspritzkante

Bild 4.26   Regelstange in Stopp- bzw. Nullförder-
stellung (Bosch)

Nullförderung: Bei Nullförderung, wie z.B. beim Abstellen, im Schiebebetrieb oder bei eingeschalteter Motorbremse, muß die Regelstange ganz zum Regler zurückgezogen werden. Dabei steht die Längs- bzw. *Stoppnut* des Kolbens im Bereich der Steuerbohrung (Bild 4.26). Beim Aufwärtsgehen des Kolbens wird jetzt die Steuerbohrung nicht verschlossen, im Druckraum wird kein Druck erzeugt und damit kein Kraftstoff zur Einspritzdüse gefördert.

Die *Rollenstößelschrauben* dienen zur Einstellung des Vorhubs bzw. Förderbeginns bei den einzelnen Pumpenelementen. Die Überprüfung erfolgt auf dem Pumpenprüfstand nach der Überlauf-Hochdruckmethode. Beim ersten Element wird der Vorhub mit einer Vorrichtung gemessen und bei Abweichung eingestellt. Der sich dabei ergebene Förderbeginn wird auf die prüfstandseitige Gradscheibe des Pumpenantriebs übertragen. Mit Hilfe der Gradscheibe werden die anderen Elemente überprüft. Dabei müssen während einer Nockenwellenumdrehung alle Elemente der Zündfolge nach mit dem gleichen Winkelabstand gefördert haben, z.B. 360°: 4 Elemente = 90° (zulässige Abweichung ±30′). Bei einer größeren Abweichung des Förderbeginns entstehen zu große Kolbenkraftunterschiede und Motorschütteln im Leerlauf.

An den *Regelhülsen* (zweiteilig) wird die Grundeinstellung vorgenommen bzw. die *Gleichförderung* der Elemente eingestellt. Wird bei der Überprüfung auf dem Pumpenprüfstand eine zu große Abweichung von den Sollwerten bzw. ein zu großer Fördermengenunterschied festgestellt, müssen nach Lösen der Klemmschrauben an den Zahnsegmenten (Bild 4.26) die Regelhülsen und somit die Pumpenkolben einzeln verdreht werden, bis alle die gleiche Menge fördern.

Druckventil als Gleichraumventil: Das Druckventil besteht aus dem Ventileinsatz und der Ventilführung (Bild 4.27). Es sitzt direkt über dem Pumpenelement. Wenn jetzt der hochkommende Kolben mit der Steuerkante die Steuerbohrung freigibt, sinkt der Druck im Pumpenelement ab. Die Ventilfeder (Bild 4.19) und der höhere Druck in der Leitung schließen das Ventil. Dadurch wird die Leitung vom Pumpenelement getrennt und kann sich nicht entleeren.

Bild 4.27   Druckventil mit Entlastungskolben

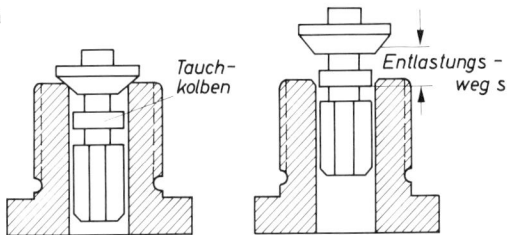

Das Druckventil hat außerdem die Aufgabe, die Druckleitung nach der Förderung zu *entlasten.* Ohne Druckentlastung würde die Düse *nachtropfen*, weil der hohe Einspritzdruck in der Leitung die Düse zu langsam schließen lassen würde. Dabei würde Kraftstoff unzerstäubt in Tropfenform in den Brennraum gelangen und ein nagelndes Verbrennungsgeräusch entstehen lassen. Diese Aufgabe der Entlastung übernimmt der *Tauchkolben* am Ventilschaft. Er ist sehr genau (Spiel 3 bis 4 Tausendstelmillimeter) in die Ventilführung eingepaßt.

Nach der Förderung gleitet der Ventileinsatz wieder in die Führung zurück. Dabei taucht zuerst der Tauchkolben ein *(Beginn der Entlastung)*, der die Druckleitung vom Pumpenelement trennt. Beim weiteren Hinabsinken (Entlastungsweg) bis auf den kegeligen Ventilsitz *(Ende der Entlastung)* wird das Druckleitungsvolumen um das Hubvolumen des Tauchkolbens vergrößert (Tauchkolbenfläche × Entlastungsweg. Dies bewirkt in der Leitung einen schnellen Druckabfall von ungefähr 50% des jeweiligen Düsenöffnungsdrucks und ein ebenso schnelles Schließen der Einspritzdüse.

Druckventil als Gleichraumventil mit Rückströmdrossel: Die Rückströmdrossel sitzt oberhalb des Druckventils im Druckventilhalter (Bild 4.28) und besteht aus einer Drosselplatte mit der bemessenen Drosselbohrung. Die Drosselplatte wird durch eine Feder auf ihre Auflage gedrückt. Die Rückströmdrossel hat die Aufgabe, die beim Schließen der Düsen entstehenden Druckwellen

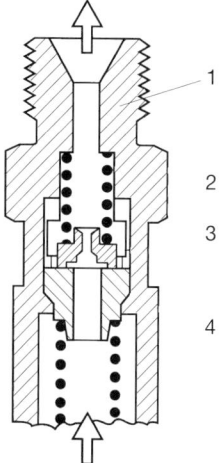

Bild 4.28 Druckventil als Gleichraumventil mit Rückströmdrossel (Bosch)
1 Druckventilhalter
2 Feder
3 Drosselplatte
4 Drosselplattenauflage

zu dämpfen und zu verhindern, daß diese wieder zur Düse zurücklaufen. Die Druckwellen würden ein nochmaliges kurzes Öffnen der Düse mit grober Kraftstoffzerstäubung hervorrufen. Die Folge wäre eine Verschlechterung der Abgaswerte mit stärkerer Partikelbildung.

Wirkungsweise: Während der Förderung zur Einspritzdüse hebt die Rückströmdrosselplatte gegen Federkraft von ihrer Auflage ab, ohne daß eine Drosselung besteht. Bei Förderende schließt das Druckventil, die Drosselplatte legt sich auf ihre Auflage. Durch die vom Tauchkolben hervorgerufene Volumenvergrößerung sinkt der Druck in dem Raum zwischen Druckventil und Rücklaufdrossel schneller ab als in der Einspritzleitung. Das bedeutet, die von der Einspritzdüse ankommenden Druckwellen gelangen über die Rücklaufdrosselbohrung in den darunterliegenden Raum und werden schwächer zur Düse zurücklaufen, ohne ein nochmaliges Öffnen hervorzurufen.

Gleichdruckventil: Dieses Ventil (Bild 4.29) wird einmal bei Hochdruck-Einspritzpumpen mit einer statischen Belastbarkeit ab etwa 800 bar und bei kleinen schnellaufenden Direkteinspritzmotoren verwendet. Es besteht aus einem Druckventileinsatz ohne Tauchkolben und darüber aus einem Kugelventil als Druckhalteventil in Rückströmrichtung. Dieses Druckhalteventil gewährleistet unter allen Betriebsbedingungen einen ziemlich genauen Leitungsstanddruck, d.h., gegenüber dem Gleichraumventil mit Tauchkolben treten keine Druckunterschiede in den Einspritzleitungen auf, die zu unterschiedlicher Kraftstoffbemessung und zum Motorschütteln führen würden.

Wirkungsweise: Während der Förderung ist der Ventileinsatz (ohne Tauchkolben) angehoben, und der Kraftstoff fließt außen entlang über die Durchflußdrossel in die Einspritzleitung. Bei Förderende senkt sich der Ventileinsatz ab und trennt die Einspritzleitung vom Pumpenelement. Der hohe Kraftstoffdruck in der Einspritzleitung bewirkt ein Öffnen des Kugelventils. Dadurch fließt eine winzige Kraftstoffmenge aus der Leitung ab und verursacht einen Druckabfall, bis die innere Druckfeder das Kugelventil schließen kann. Das Ventil ist so eingestellt, daß es einen Leitungsstanddruck hält, der etwa 50% des Düsenöffnungsdrucks entspricht.

Bild 4.29   Gleichdruckventil (Bosch)
1 Ventilträger
2 Ventileinsatz mit Kegelsitz
3 Ventilfeder
4 Füllstück
5 Kugelventilfeder
6 Federteller
7 Kugel
8 Durchflußdrossel

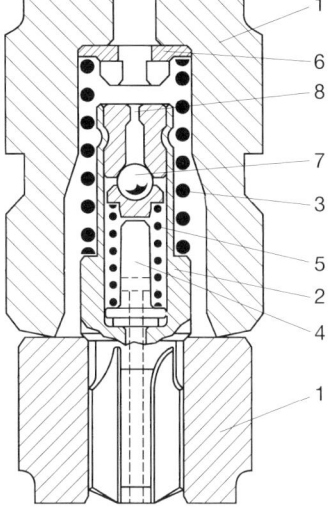

Spritzverzug: Der Spritzverzug ist die Differenz in Grad Kurbelwellenwinkel (° KW) zwischen dem Förderbeginn an der Einspritzpumpe und dem Spritzbeginn an der Einspritzdüse. Er kann zwischen 3 und 10° KW betragen. Diese Verzögerung entsteht, weil bei Förderbeginn zuerst die Druckleitung um das Entlastungsvolumen aufgefüllt werden muß, bevor die Düse öffnet und Kraftstoff austritt.

Angleichung: Unter Angleichung beim Dieselmotor versteht man, daß die von der Einspritzpumpe geförderte Vollastfördermenge an die vom Motor angesaugte Verbrennungsluftmenge angeglichen wird, und zwar so, daß die vom Motor angesaugte Luftmenge optimal ausgenutzt wird, der Motor aber unter voller Belastung über den ganzen Drehzahlbereich gerade rauchfrei arbeitet (in der Rauchgrenze liegt). Das ergibt bei Fahrzeug-Dieselmotoren einen Luftüberschuß im mittleren Drehzahlbereich von etwa 25 bis 35 und in der Nenndrehzahl (Vollastdrehzahl) 20 bis 40%.

Die Angleichung ist erforderlich (Bild 4.30), weil der Motor etwa von der mittleren Drehzahl an je Hub weniger Luft ansaugt (Luftfüllungsgrad wird schlechter), die Einspritzpumpe dagegen bei gleichbleibender Vollaststellung der Regelstange mit zunehmender Drehzahl je Hub mehr Kraftstoff fördert. Diese Fördermengenzunahme (ansteigende Förderkennlinie) ist dadurch zu erklären, daß einmal bei schnellerer Pumpenkolbenbewegung die Leckölmenge geringer wird und zum anderen durch die Drosselwirkung (Stau) an der Steuerbohrung vom schneller hochkommenden Pumpenkolben laufend mehr Kraftstoff abgeschnitten wird.

Die Vollastfördermenge wird durch Begrenzung des Regelstangenweges so eingestellt, daß in der mittleren Drehzahl mit der besten Luftfüllung der Motor gerade rauchfrei arbeitet. Da aber von dieser Drehzahl an die Luftfüllung des Motors schlechter wird, die Vollastfördermenge dagegen weiter zunimmt, muß mit der jeweiligen Angleichvorrichtung (siehe Regler und ladedruckabhängiger Vollastanschlag) im Regler die Regelstange etwas in Richtung Stopp zurückgezogen werden, weil sonst der Motor in den oberen Drehzahlen zuviel Kraftstoff bekommen und rauchen würde.

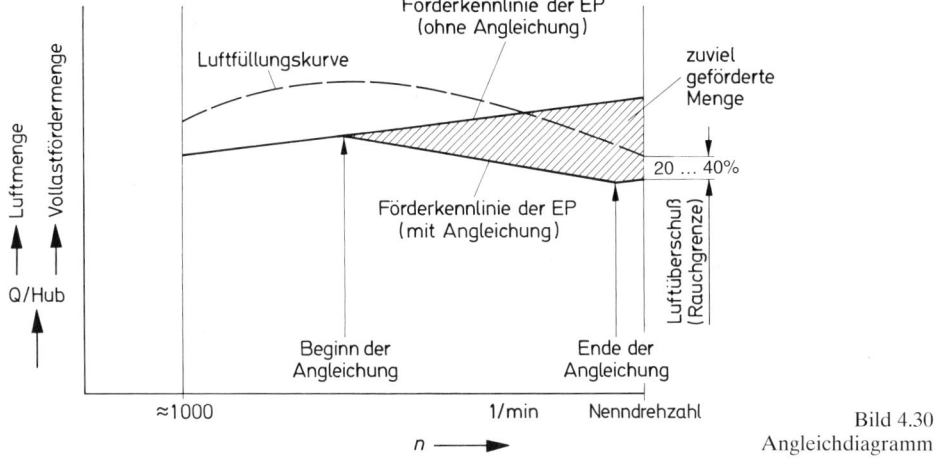

Bild 4.30
Angleichdiagramm

Ladedruckabhängiger Vollastanschlag: Immer mehr Dieselmotoren werden zur Erhöhung ihrer Hubraumleistung mit Abgasturboladern ausgerüstet. Da diese aufgeladenen Motoren eine andere Luftfüllungskurve über die Drehzahl haben als die normalen Saugmotoren, müssen ihre Einspritzpumpen mit einem vom Ladedruck gesteuerten Vollastanschlag versehen sein. Seine Aufgabe besteht darin, die Vollastfördermenge, wenn sich aus niedriger Drehzahl der Ladedruck ständig erhöht (maximal 0,6 bis 1,5 bar), so zu vergrößern, daß der Motor über den ganzen Drehzahlbereich gerade rauchfrei arbeitet.

Der ladedruckabhängige Vollastanschlag (Bild 4.31) hat ein gegossenes Gehäuse, in dem oben eine Membran eingesetzt ist. Die obere Membrankammer ist über eine Druckleitung mit dem Ansaugrohr des Motors verbunden. Die Membran wird durch eine Feder gegen den Membrangehäusedeckel gedrückt. Da sich diese Feder unten an einer Führungsbuchse abstützt, kann durch Verdrehen der Führungsbuchse ihre Vorspannung verändert werden, wodurch sich der Ansprechbeginn des ladedruckabhängigen Vollastanschlags auf verschiedene Ladedruckwerte einstellen läßt. Die Membran ist über Gestänge mit dem Winkelstück beweglich verbunden. Der Drehpunkt des Winkelstücks ist die im Gehäuse dreh- und verschiebbar eingesetzte Welle. Am unteren Schenkel des Winkelstücks ist eine Anschlagschraube eingeschraubt; sie ist durch eine Gegenmutter gesichert, mit der auch gleichzeitig eine Blattfeder am Winkelstück befestigt ist. Die Vollastanschlagschraube ist in das Gehäuse eingesetzt und der Anschlagbolzen auf das Ende der Regelstange in eine Gewindebohrung geschraubt.

Wirkungsweise:

❑ Vollast niedrige Drehzahl: Läuft der Motor mit Vollast im unteren Drehzahlbereich ohne bzw. mit geringem Ladedruck (Luftfüllung geringer), liegt die Membran durch die Feder oben am Gehäusedeckel an. Durch das Winkelstück ist die Regelstange etwas in Richtung Stopp zurückgedrückt (Bild 4.31a). Die Vollastfördermenge ist dadurch der geringeren Luftfüllung angepaßt.

❑ Vollast höhere Drehzahl: Steigt jetzt die Drehzahl und mit ihr der Ladedruck, wird die Membran mit dem Gestänge entgegen dem Federdruck nach unten gedrückt. Das Winkelstück ändert seine Lage, so daß die Anschlagschraube am Vollastanschlag anliegt (Bild 4.31b). Die Regelstange kann dieser Bewegung folgen, und der Motor bekommt auf die bessere Luftfüllung hin auch eine größere Vollastfördermenge eingestellt.

322   *Gemischbildung und Verbrennung bei Dieselmotoren*

Bild 4.31 Längsschnitt durch ladedruckabhängigen Vollastanschlag (Bosch)

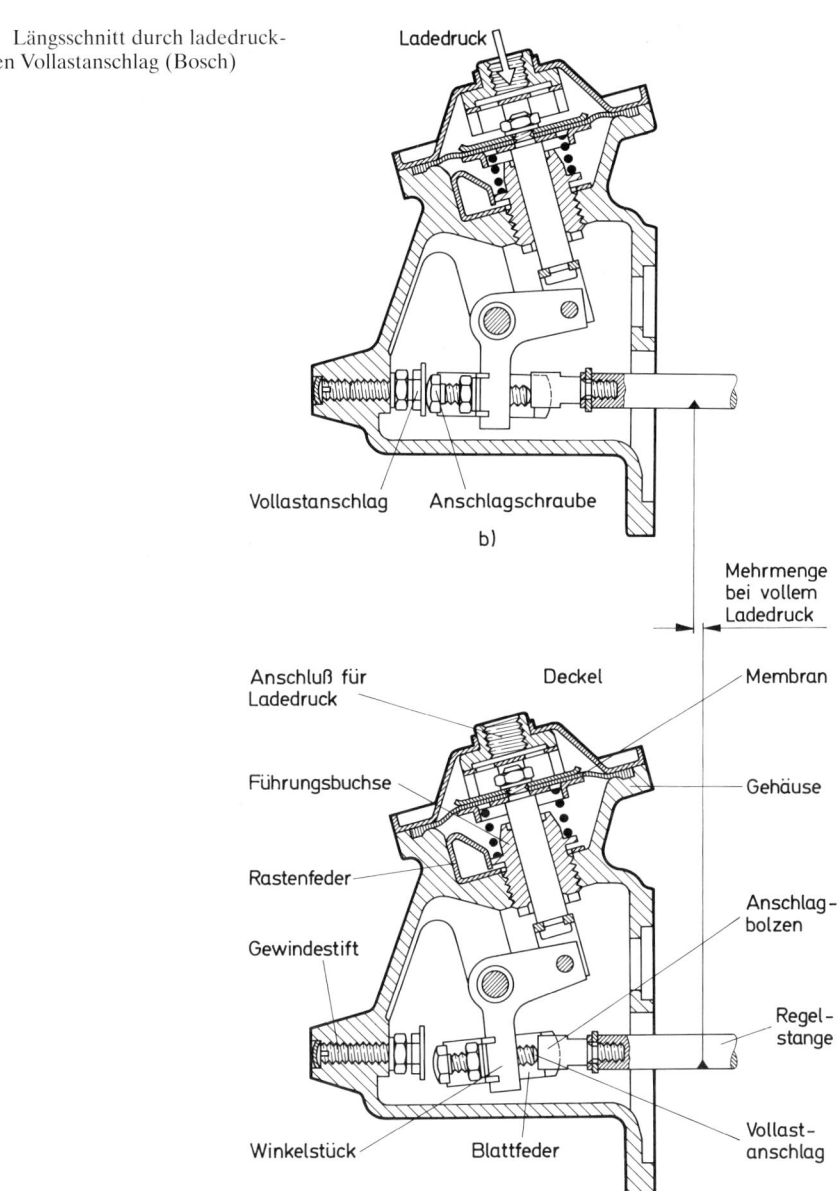

Ladedruck

Vollastanschlag   Anschlagschraube

b)

Mehrmenge
bei vollem
Ladedruck

Anschluß für   Deckel   Membran
Ladedruck

Führungsbuchse   Gehäuse

Rastenfeder

Anschlag-
bolzen

Gewindestift

Regel-
stange

Winkelstück   Blattfeder   Vollast-
                                       anschlag

a)

Startmengenbetätigung: Vor dem Starten muß das Fahrpedal bzw. der Verstellhebel am Regler
auf Vollast eingestellt werden. In dieser Stellung liegt der in die Regelstange eingeschraubte
Anschlagbolzen am Vollastanschlag (Winkelstück) ohne Ladedruck an (Bilder 4.31a und 4.32a).
Wird nun die Welle über Bowdenzug oder Hubmagnet um etwa 10 mm aus dem Gehäuse herausgezogen, dann machen das Winkelstück und die Anschlagschraube diese Bewegung mit, und

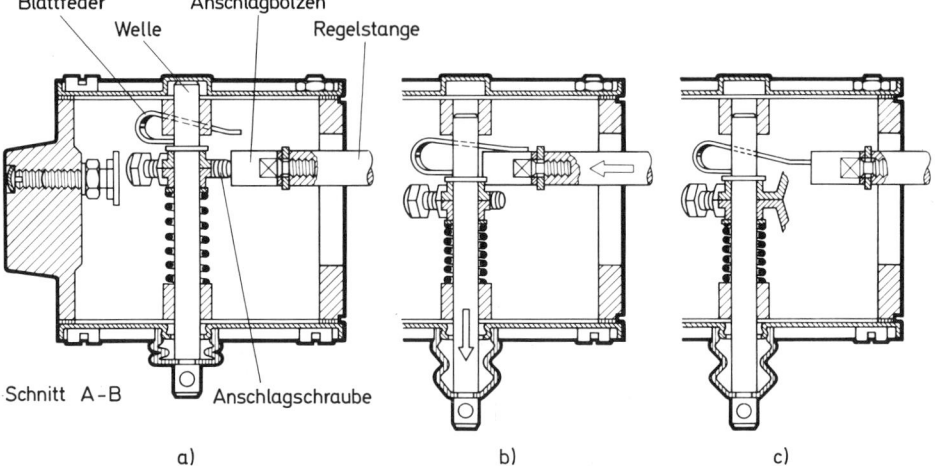

Bild 4.32   Querschnitt durch ladedruckabhängigen Vollastanschlag (Bosch)

der Weg für die Regelstange in Startstellung ist frei (Bild 4.32b). Wird während der Fahrt bei Vollaststellung des Fahrpedals der Bowdenzug betätigt oder sogar festgeklemmt, wird die Regelstange nur so lange in Startstellung bleiben, bis das erstemal in einen anderen Gang umgeschaltet wird. Da die Regelstange dabei kurz in die Stoppstellung kommt, schiebt sich die Blattfeder in die Bahn der Regelstange, so daß diese nicht wieder in ihre ursprüngliche Vollaststellung gelangen kann (Bild 4.32c).

Bosch-Reiheneinspritzpumpe Typ PES..M..
Die Pumpe PES..M.. ist in ihren Abmessungen die kleinste in der Bauart PE mit eigener Nockenwelle und pneumatischer oder mechanischer Regelung (Bild 4.33). Der *wesentliche Unterschied* im Vergleich mit der herkömmlichen Einspritzpumpe besteht in der *Regelung der Fördermenge*. Die Regelhülsen dieser Pumpe besitzen keine Verzahnung, sondern Hebel, die in kleine Klemmstücke mit Nut eingreifen. Diese Klemmstücke befinden sich auf der Regelstange aus Rundstahl und können durch Verschieben für die Einzeleinstellung (Gleichförderung) in ihrer Stellung verändert werden.
     Die Rollenstößel besitzen keine Stößelschrauben. Bei der Förderbeginneinstellung (auf dem Pumpenprüfstand) wird diese durch Rollen mit verschiedenen Durchmessern verändert.

Bosch-Reiheneinspritzpumpe Typ PE..P..
Die Einspritzpumpe PE..P.. ist ein neuer Pumpentyp, der mehrere verschiedene Pumpengrößen ersetzt (Bild 4.34). Die Pumpe unterscheidet sich äußerlich und im Aufbau von den herkömmlichen PE-Pumpen. Die Wirkungsweise ist jedoch grundsätzlich gleich.
     Jedes Pumpenelement mit Druckventil und Druckrohranschlußstutzen wird von einer Flanschbuchse aufgenommen, die von oben in das Pumpengehäuse eingesetzt ist und von zwei Stehbolzen gehalten wird. Die Verdrehung der Pumpenkolben zur Veränderung der Fördermenge (Nutzhubänderung) erfolgt nicht wie bisher mit einer verzahnten Regelstange und Regelhülse mit Zahnsegment, sondern über eine Regelstange aus Winkelprofil mit Schlitzen. In diese Schlitze

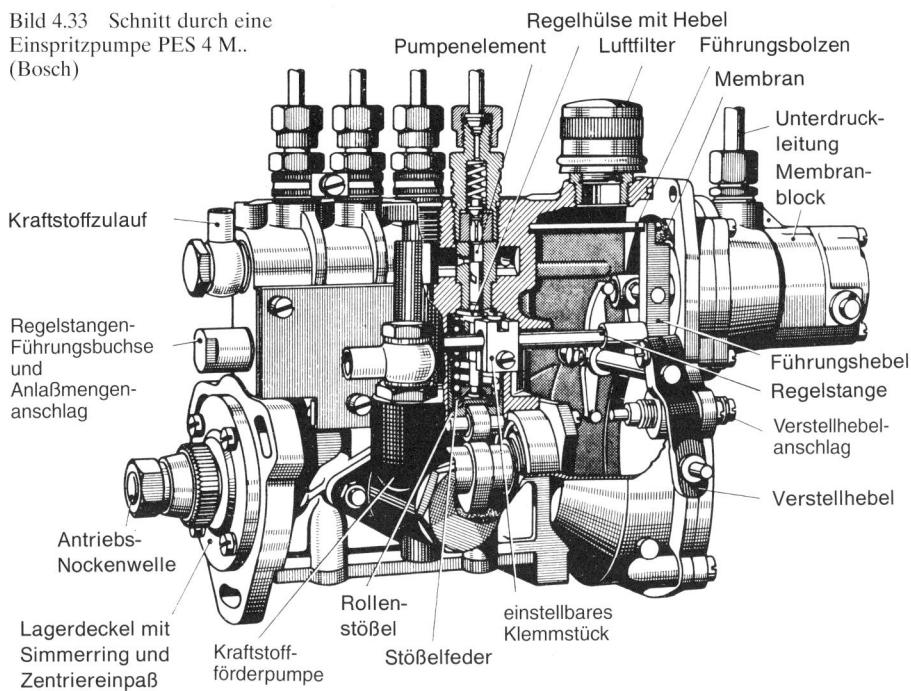

Bild 4.33 Schnitt durch eine Einspritzpumpe PES 4 M.. (Bosch)

Regelhülse mit Hebel
Pumpenelement
Luftfilter
Führungsbolzen
Membran
Unterdruck-leitung
Membran-block

Kraftstoffzulauf

Regelstangen-Führungsbuchse und Anlaßmengen-anschlag

Führungshebel
Regelstange
Verstellhebel-anschlag
Verstellhebel

Antriebs-Nockenwelle

Lagerdeckel mit Simmerring und Zentriereinpaß
Kraftstoff-förderpumpe
Rollen-stößel
Stößelfeder
einstellbares Klemmstück

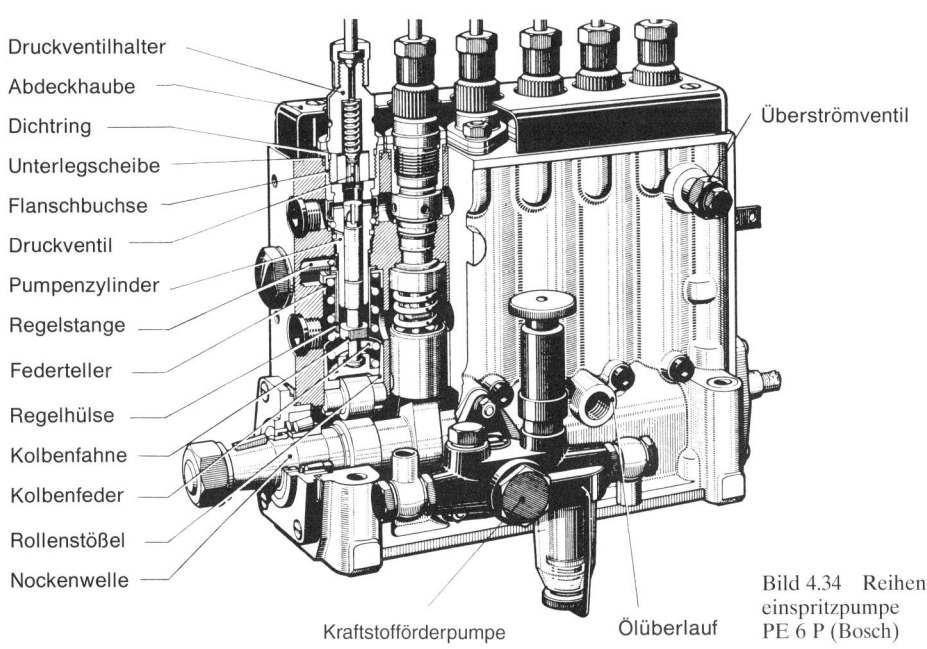

Druckventilhalter
Abdeckhaube
Dichtring
Unterlegscheibe
Flanschbuchse
Druckventil
Pumpenzylinder
Regelstange
Federteller
Regelhülse
Kolbenfahne
Kolbenfeder
Rollenstößel
Nockenwelle

Überströmventil

Kraftstofförderpumpe
Ölüberlauf

Bild 4.34 Reihen-einspritzpumpe PE 6 P (Bosch)

Dieseleinspritzanlagen 325

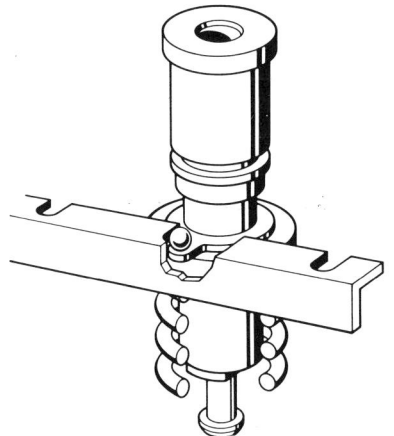

Bild 4.35 Element mit Regelhülse der Reiheneinspritzpumpe PE...P.. (Bosch)

greifen Kugelzapfen ein (Bild 4.35), die auf kleinen Hebeln der Regelhülsen befestigt sind. Da das
Pumpengehäuse kein seitliches Einstellfenster besitzt, müssen alle Einstellarbeiten von oben
durchgeführt werden. Der Förderbeginn und der Vorhub werden – bei Arbeiten am Pumpenprüfstand – durch Auswechseln der Scheiben (mit unterschiedlicher Stärke) unter die Flanschbuchsen verändert (Bild 4.36). Die Einstellung der Gleichförderung (Einzeleinstellung) wird

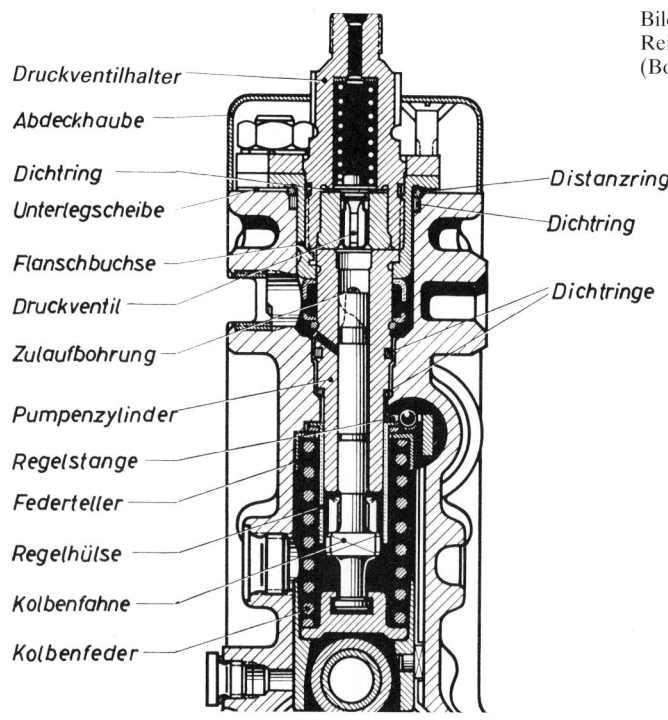

Bild 4.36 Schnitt durch eine
Reiheneinspritzpumpe PE 6 P...
(Bosch)

Druckventilhalter

Abdeckhaube

Dichtring

Unterlegscheibe

Flanschbuchse

Druckventil

Zulaufbohrung

Pumpenzylinder

Regelstange

Federteller

Regelhülse

Kolbenfahne

Kolbenfeder

Distanzring

Dichtring

Dichtringe

Bild 4.37 Schnitt durch die Bosch-Reiheneinspritzpumpe Typ PES...MW.. (Bosch)
  1 Nockenwelle
  2 Rollenstößel
  3 Druckfeder
  4 Regelhülse
  5 Regelstange
  6 Steuerkante
  7 Element
  8 Justierplatte
  9 Druckventil
 10 Druckventilfeder
 11 Halteflansch mit Langlöchern
 12 Elementverband
 13 Verstellhebel
 14 Verschlußdeckel

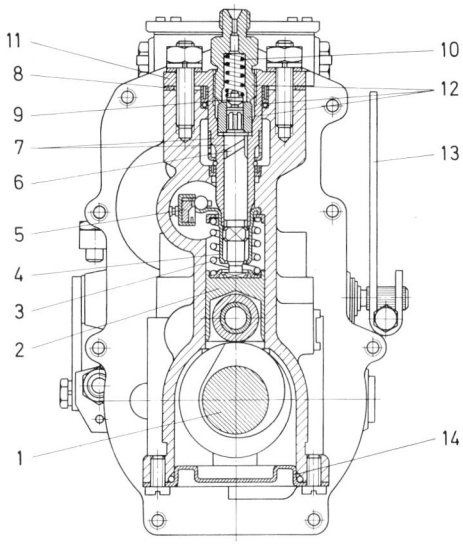

nicht durch Verdrehung der Pumpenkolben, sondern durch Verdrehung der Flanschbuchsen in Langlöcher und somit der Pumpenzylinder durchgeführt.

Bosch-Reiheneinspritzpumpe Typ PE(S)...MW..

Die Wirkungsweise dieser Pumpe (Bild 4.37) ist gleich den herkömmlichen Ausführungen. Äußerlich und im Aufbau ist sie dem Pumpentyp PE...P.. ähnlich, d.h., das Gehäuse ist seitlich geschlossen und sehr stabil ausgeführt. Oben in das Gehäuse sind die Elemente eingesetzt. Diese besitzen Halteflansche, die mit Stehbolzen im Gehäuse gehalten werden. Die Elemente sind im oberen Teil so ausgeführt, daß die kompletten Druckventile mit Druckrohranschlußstutzen aufgenommen werden können (Elementverband).

Die Verdrehung der Pumpenkolben zur Veränderung der Fördermenge (Nutzhubänderung) erfolgt nicht wie bisher mit einer verzahnten Regelstange und Regelhülse mit Zahnsegment, sondern über eine Regelstange aus Winkelprofil mit Schlitzen. In diese Schlitze greifen Kugelzapfen ein, die auf kleinen Hebeln der Regelbuchsen (Regelhülsen) befestigt sind. Förderbeginn und Vorhub werden – bei Arbeiten am Pumpenprüfstand – durch Auswechseln der Justierplatten mit unterschiedlicher Stärke (Abstufung 0,05 mm) unter die Halteflansche verändert. Weil das Pumpengehäuse kein seitliches Einstellfenster besitzt, müssen zur Einstellung der Gleichförderung (Einzeleinstellung) nicht die Pumpenkolben, sondern die Pumpenzylinder in den Langlöchern ihrer Halteflansche verdreht werden.

Bosch-Hubschieber-Reiheneinspritzpumpe PE(S)...H..

Die Hubschieberpumpe (Bild 4.38) entspricht im Aufbau und in der Grundfunktion weitgehend der Hochdruck-Einspritzpumpe der Größe PE...P.. in verstärkter Ausführung. Der Unterschied zur P-Pumpe besteht zur Hauptsache in der Ausführung der Pumpenelemente (Bild 4.39). In den Pumpenzylindern befinden sich seitliche Fenster. Im Bereich der Fenster gleiten Hubschieber (Hülsen) auf den Pumpenkolben. In den Hubschiebern befinden sich die Steuerbohrungen für das Förderende und in den Pumpenkolben die für den Förderbeginn. In dem Pumpengehäuse ist

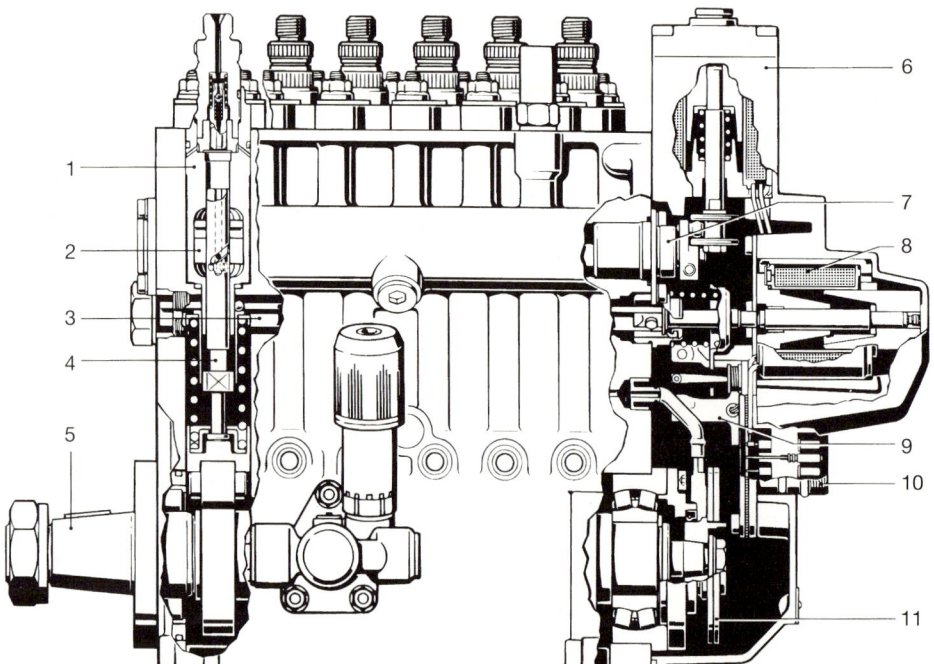

Bild 4.38   Hubschieber-Reiheneinspritzpumpe (Bosch)

1 Pumpenzylinder
2 Hubschieber
3 Regelstange
4 Pumpenkolben
5 Nockenwelle

6 Förderbeginn-Stellmagnet
7 Hubschieber-Verstellwelle (Vorhubwelle)
8 Regelweg-Stellmagnet
9 Regelstangenweggeber
10 elektrischer Anschluß
11 Scheibe für Förderbeginnblockierung und
     Teil der Ölrückführpumpe

eine drehbare Verstellwelle (Vorhubwelle) mit Mitnehmer gelagert. Die Mitnehmer greifen jeweils in eine Nut der Hubschieber ein. Durch Drehen der Welle werden alle Hubschieber gleichmäßig in der Höhe verstellt und somit der Vorhub bzw. der Förderbeginn verändert. Eine Stellung des Hubschiebers näher am OT bedeutet großen Vorhub und damit späteren Förder- bzw. Spritzbeginn. Eine Stellung näher am UT bedeutet kleineren Vorhub und früheren Förder- bzw. Spritzbeginn. Dadurch ist die Möglichkeit gegeben, drehzahl- und lastabhängig jeden Förder- bzw. Spritzbeginn einzustellen, der den jeweiligen Betriebsbedingungen des Motors entsprechen muß. Der Vorhub und somit der Förderbeginn der einzelnen Elemente zur Erreichung des gleichen Förderabstands (in Grad Nockenwinkel) wird – bei den Einstellarbeiten auf dem Pumpenprüfstand – durch Auswechseln unterschiedlich dicker Einstellplättchen zwischen Mitnehmer und Verstellwelle (Vorhubwelle) erreicht. Dabei werden die Hubschieber einzeln gegenüber den Förderbeginnbohrungen in den Pumpenkolben höher oder tiefer gestellt. Die Fördermengenänderung (Nutzhubänderung) erfolgt wie bei der P-Pumpe durch Verschieben der Regelstange und somit Verdrehen der Regelhülsen und Pumpenkolben mit Schrägkantensteuerung. Zur Einstellung der Gleichförderung (Grundeinstellung) müssen die Pumpenzylinder einzeln in den Langlöchern ihrer Halteflansche verdreht werden.

Bild 4.39 Element mit Hubschieber-Verstellwelle
(Vorhubwelle) (Bosch)
1 Pumpenkolben
2 Hubschieber
3 Verstellwelle
4 Regelstange
5 Mitnehmer
6 Steuerbohrung (Förderbeginn)
7 Steuerbohrung (Förderende)
8 Einstellplättchen für Vorhubänderung

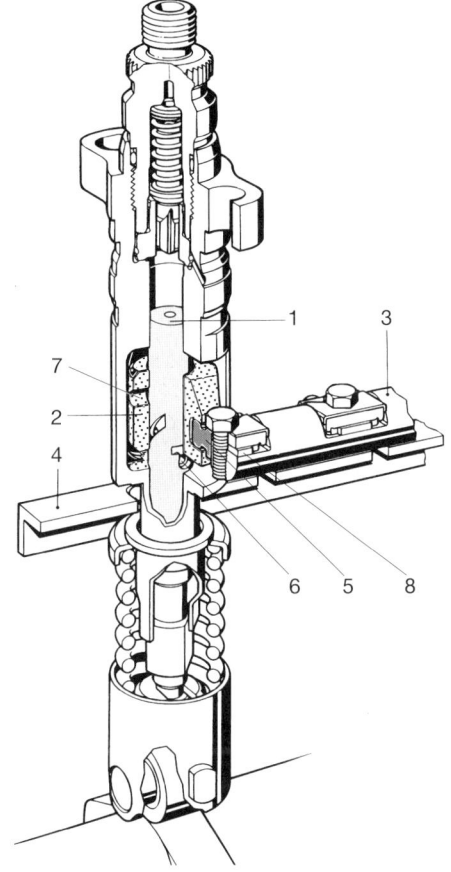

Förderung: In der Kolbenstellung UT ist das Element gefüllt. Beim Aufwärtsgehen des Kolbens und Zurücklegen des Vorhubes verschließt die Unterkante des Hubschiebers die Steuerbohrung im Pumpenkolben (Förderbeginn). Während der weiteren Aufwärtsbewegung des Kolbens legt dieser den Förder- bzw. Nutzhub zurück, dabei wird der Kraftstoff über das geöffnete Druckventil und der Einspritzleitung zur Einspritzdüse gefördert. Die Förderung hört auf, sobald die untenliegende schräge Steuerkante die Steuerbohrung in dem Hubschieber aufsteuert (Förderende). Jetzt steht der Hochdruckraum mit dem Saugraum in Verbindung, der Druck baut sich ab, und Druckventil sowie Einspritzdüse schließen. Bis zum OT legt der Kolben den Leerhub zurück. Der dabei verdrängte Kraftstoff strömt über die aufgesteuerte Steuerbohrung im Hubschieber in den Saugraum zurück. Hat der Kolben den OT erreicht, wird er durch die Kolbenfeder zum UT zurückbewegt und führt den Saughub aus. (Drehzahl- und Spritzbeginnregelung siehe Abschnitt 4.4.5.)

Bosch-Einspritzpumpen Typ PF.. und PFR..
Die Einspritzpumpe Typ PF.. (Fremdantrieb) ist im Aufbau und in der Wirkungsweise der Einspritzpumpe PE.. (Eigenantrieb) gleich (Bild 4.40). Sie hat nur keine eigene Nockenwelle; deshalb

muß der Motorhersteller für jedes Pumpenelement einen Antrieb vorsehen. Die Pumpe PF.. unterscheidet sich noch von der Pumpe PFR.. (Bild 4.41) darin, daß die letztere einen Rollenstößel hat. Diese Einspritzpumpentypen werden auch als Steckpumpen bezeichnet und bei kleinen Dieselmotoren für Boote, Schlepper und Baumaschinen eingebaut.

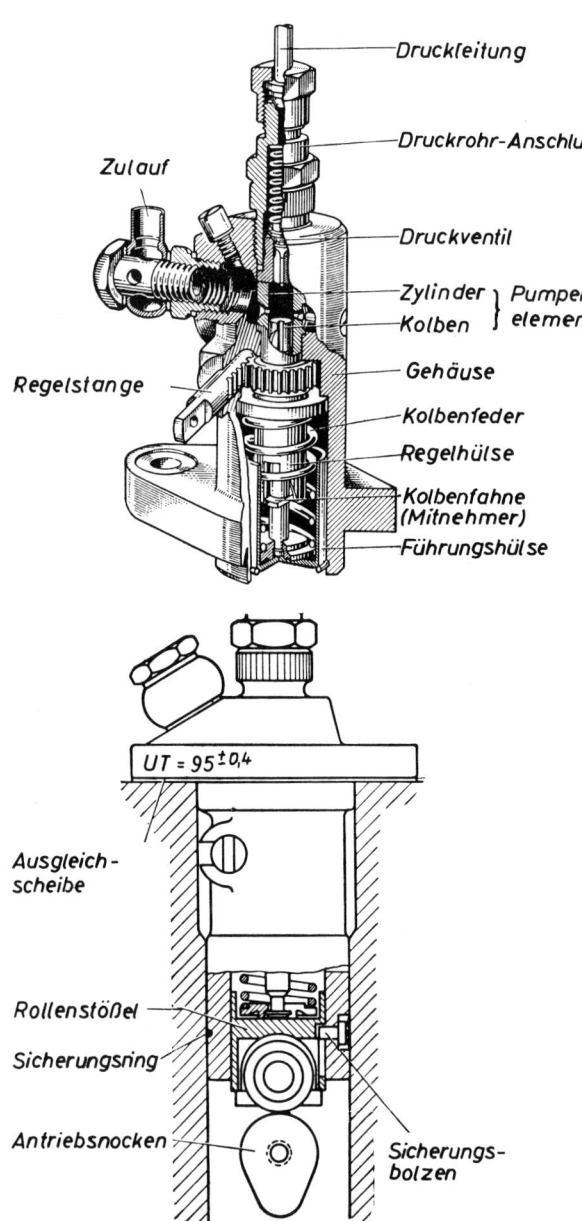

Bild 4.40   Bosch-Einspritzpumpe
Typ PF.. im Schnitt

Bild 4.41
Bosch-Einspritzpumpe Typ PFR..

Gemischbildung und Verbrennung bei Dieselmotoren

4.3.2 Einspritzsystem Pumpe-Leitung-Düse (PLD)

Bei diesem System besitzt jeder Motorzylinder seine eigene Fördereinheit (Bild 4.42), bestehend aus einer Einzylinder-Hochdruckeinspritzpumpe als Steckpumpe (ähnlich der PFR-Ausführung), einer kurzen Einspritzleitung und der Einspritzdüse. Der Antrieb der Einspritzpumpe erfolgt durch die Motornockenwelle mit einem zusätzlich angebrachten Einspritznocken. Die Pumpe besitzt keine Regelstange, kein Druckventil und das Element einen Kolben ohne schräge Steuerkante. Dafür ist ein schnellschaltendes, elektrisch angesteuertes Magnetventil (Bild 4.43) vorhanden, das in den Rücklaufkanal zum Tank eingesetzt ist.

Wirkungsweise: Beim Betätigen des Pumpenkolbens durch den Antriebsnocken wird so lange Kraftstoff über den Rücklaufkanal verdrängt, bis das Magnetventil elektrisch angesteuert wird und schließt. Spätes Schließen bedeutet auch späten Förder- bzw. Spritzbeginn und umgekehrt früheres Schließen einen entsprechend früheren Förder- bzw. Spritzbeginn. Die Förderung zur Einspritzdüse hält jeweils so lange an, bis das Magnetventil stromlos wird und öffnet. Frühes Öffnen ergibt die Bemessung einer kleineren (kleinerer Nutzhub) und späteres Öffnen die einer

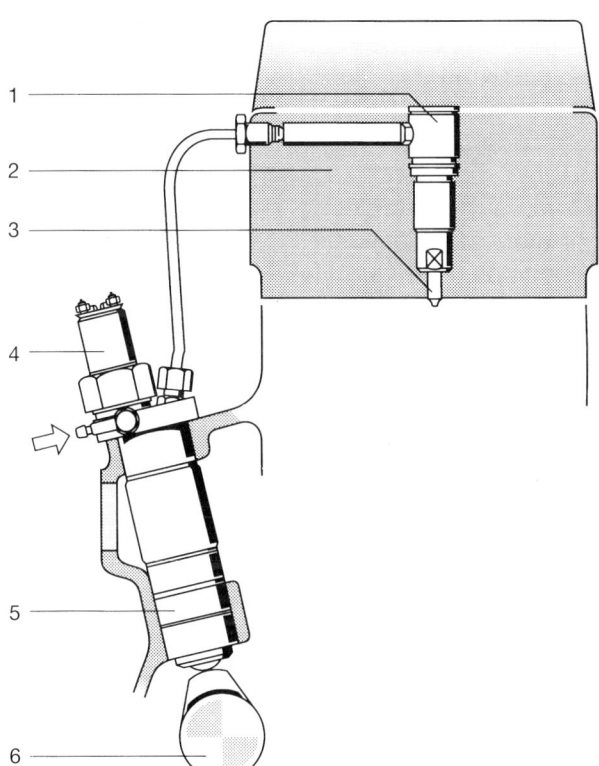

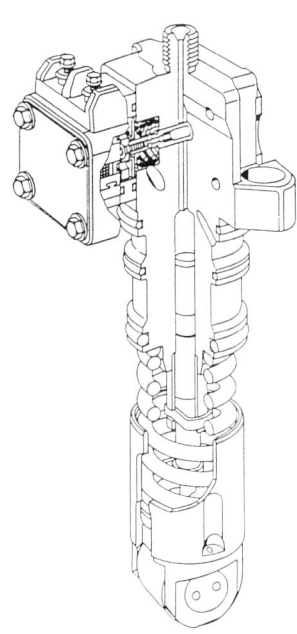

Bild 4.42 Pumpe-Leitung-Düse (PLD-Anlage) (Bosch)
1 Düsenhalter
2 Motor
3 Mehrlochdüse
4 Magnetventil
5 Kraftstoffzulauf
6 Hochdruckpumpe
  (Steckpumpe)
7 Antriebsnockenwelle

Bild 4.43 PLD-Hochdruck-pumpe (Steckpumpe) mit Magnetventil (Bosch)

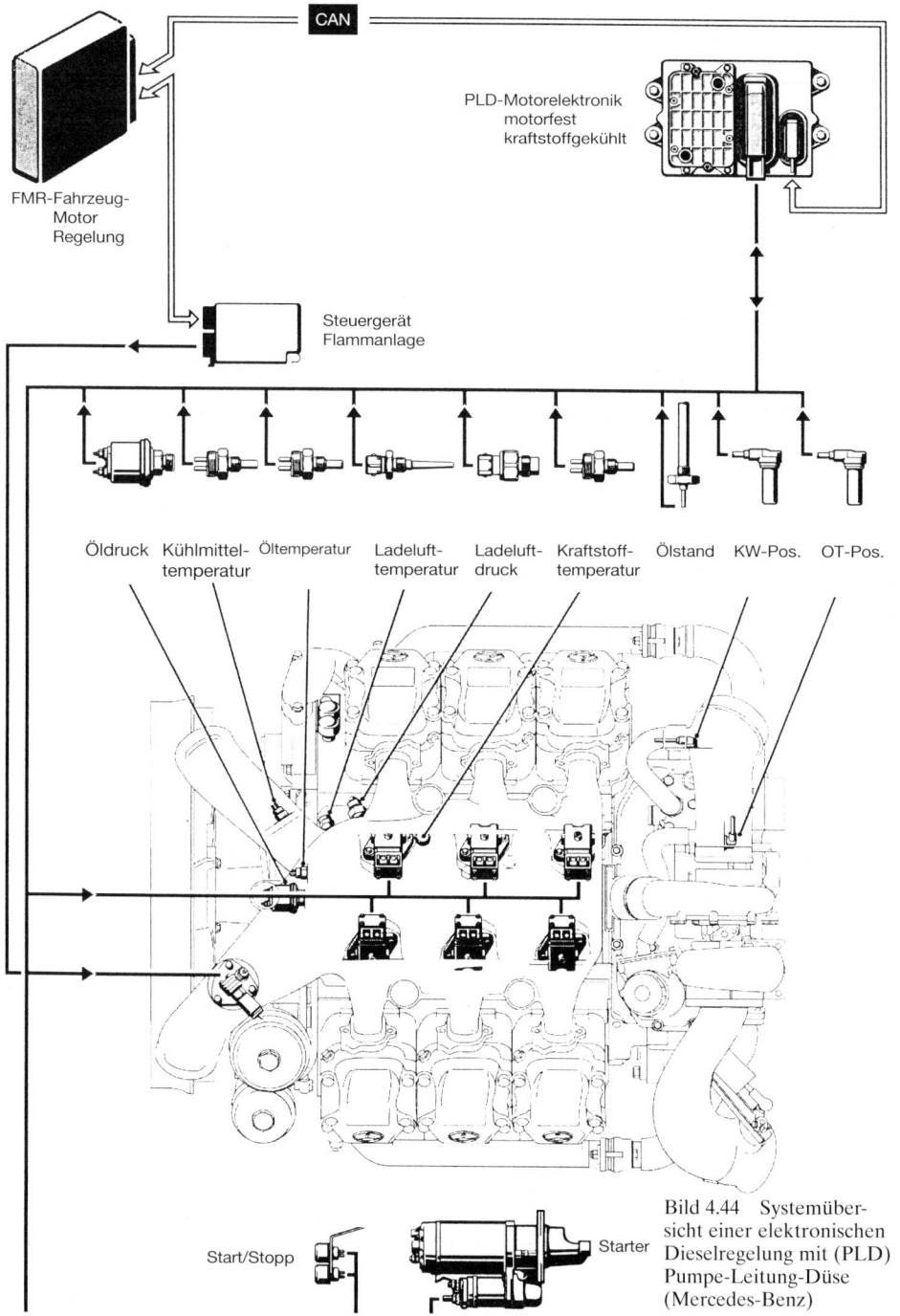

CAN

FMR-Fahrzeug-
Motor
Regelung

PLD-Motorelektronik
motorfest
kraftstoffgekühlt

Steuergerät
Flammanlage

Öldruck Kühlmittel- Öltemperatur Ladeluft- Ladeluft- Kraftstoff- Ölstand KW-Pos. OT-Pos.
         temperatur   temperatur druck   temperatur

Start/Stopp   Starter

Bild 4.44   Systemüber-
sicht einer elektronischen
Dieselregelung mit (PLD)
Pumpe-Leitung-Düse
(Mercedes-Benz)

332   *Gemischbildung und Verbrennung bei Dieselmotoren*

größeren Einspritzmenge (größerer Nutzhub). Nach dem Öffnen des Magnetventils steht der Hochdruckraum mit dem Rücklaufkanal in Verbindung. Dadurch fällt der Druck im Element ab, und die Einspritzdüse schließt. Bei der weiteren Kolbenbewegung bis zum OT (Leerhub) wird der Kraftstoff über den Rücklaufkanal zum Tank verdrängt. Während der Abwärtsbewegung des Pumpenkolbens vom OT zum UT (Saughub) fließt erneut Kraftstoff über das geöffnete Magnetventil in den Hochdruckraum. Das Magnetventil wird von einem elektronischen Steuergerät (Bild 4.44) mit Kennfeldregelung gesteuert, das neben der Spritzbeginnregelung, der Einspritzmengenbemessung und der Drehzahlregelung (siehe Abschnitt 4.4.5) auch noch Zusatzfunktionen wie temperaturgesteuerten Spritzbeginn, Ruckeldämpfung und Laufruheregelung ermöglicht. Außerdem kann ein Datenaustausch mit anderen elektronischen Systemen wie z.B. Antriebsschlupfregelung und elektronische Getriebesteuerung bestehen.

Die Informationen für diese Aufgaben bekommt das Steuergerät von Sensoren und Sollwertgebern. Der Drehzahlsensor als Induktivgeber, z.B. im Bereich der Schwungscheibe, erfaßt die Motordrehzahl und ein OT-Geber zur Zylindererkennung die Stellung der Kurbelwelle. Temperatursensoren messen die Temperatur von Ansaug- bzw. Ladeluft, Kühlmittel und Kraftstoff. Der Ladedrucksensor mißt den Ladedruck auf der Druckseite des Laders. Der Pedalwertgeber als Potentiometer erfaßt die Fahrpedalstellung, durch die ein bestimmter Drehmoment- bzw. Fahrgeschwindigkeitswunsch (Sollwert) eingegeben wird.

Neben weiteren Funktionen wie Fehlererkennung, Notbetrieb und Diagnose übernimmt das Steuergerät auch den Motorschutz, der darin besteht, daß bei unzulässig hoher Drehzahl die Magnetventile nicht angesteuert werden. Da diese in diesem Fall geöffnet sind, wird der Kraftstoff von den Pumpenkolben nicht zu den Einspritzdüsen, sondern in den Rücklauf gefördert. Klemmt ein Magnetventil oder frißt ein Pumpenkolben, erkennt das Steuergerät diese Fehler aufgrund einer anderen Stromaufnahme und schaltet die Fördereinheit ab.

4.3.3   Einspritzsystem Pumpe-Düse-Einheit (PDE)

Die Pumpe-Düse-Einheit besteht aus einer Hochdruckeinspritzpumpe und einer Mehrlocheinspritzdüse. Diese Einheit wird oben in den Zylinderkopf eingebaut und jedem Motorzylinder zugeordnet (Bild 4.45). Der Antrieb, d.h. die Betätigung des Pumpenkolbens, erfolgt durch die Motornockenwelle mit einem dafür vorgesehenen besonderen Nocken. Die PD-Einheit besitzt keine Regelstange mit Regelhülse, und der Pumpenkolben ist ohne Steuerkante. Dafür ist ein schnellschaltendes, von einem Steuergerät elektrisch angesteuertes Magnetventil vorhanden. Das Magnetventil ist in den Rücklaufkanal zwischen Hochdruckraum des Elements und dem Kraftstoffbehälter eingesetzt. Es muß hydraulisch unterstützt werden, da bei Vollast Einspritzdrücke bis etwa 1500 bar möglich sind.

Die Ansteuerung aller Magnetventile erfolgt sequentiell, d.h. der Zündfolge nach durch ein elektronisches Steuergerät mit Kennfeldregelung für die jeweilige Einspritzzeit, die Drehzahl und den Spritzbeginn. Außerdem sind bestimmte Zusatzfunktionen möglich, wie temperaturabhängig gesteuerter Spritzbeginn, Laufruheregelung, Ruckeldämpfung und das Abschalten einzelner Zylinder bei Teillast. Es kann auch ein Datenaustausch mit anderen elektronischen Systemen wie z.B. Antriebsschlupfregelung und elektronische Getriebesteuerung bestehen. Die Informationen für diese Aufgaben bekommt das Steuergerät von Sensoren und Sollwertgebern (Bild 4.45). Der Drehzahlgeber als Induktivgeber im Bereich der Schwungscheibe erfaßt die Motordrehzahl, und ein Geber an der Nockenwelle ist für die Zylindererkennung zuständig. Temperatursensoren messen die Temperatur von Ansaug- bzw. Ladeluft, Kühlmittel und Kraftstoff. Der für die Ladedruckregelung erforderliche Ladedruck wird von dem Ladedrucksensor auf der Druckseite des

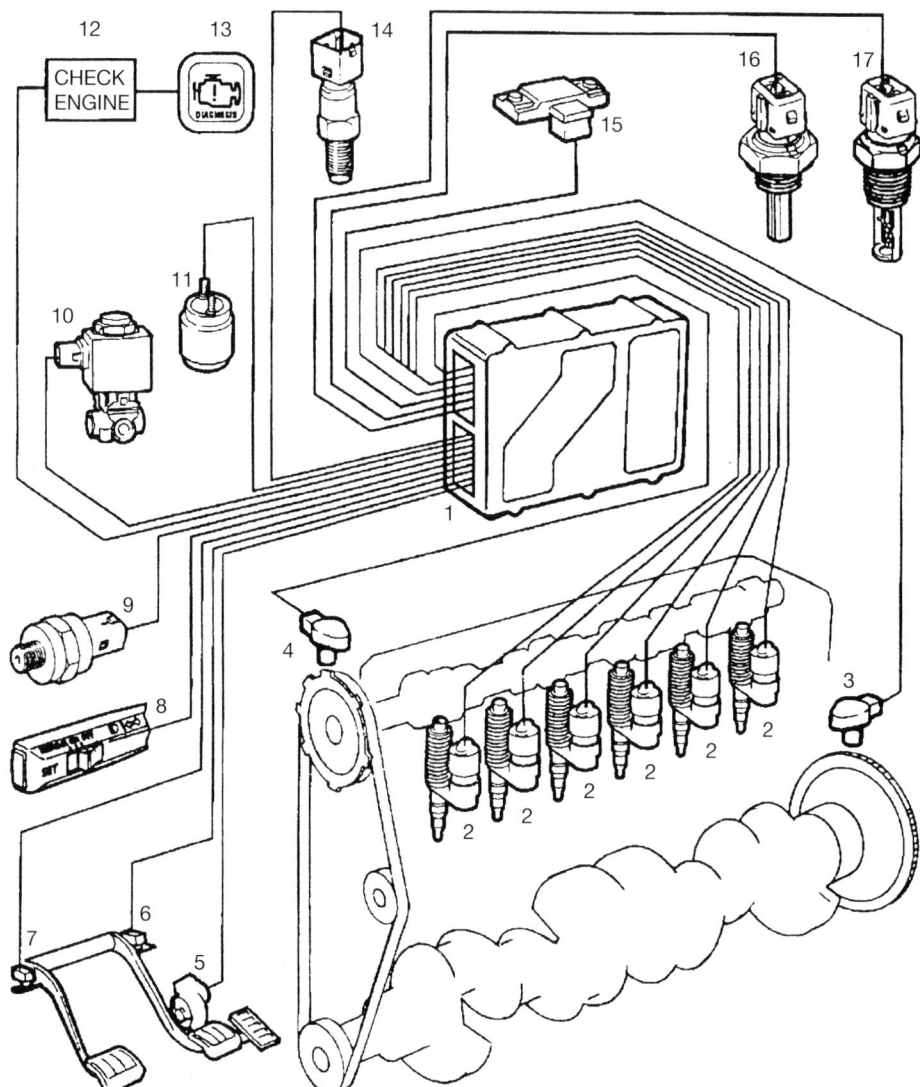

Bild 4.45 Systemübersicht einer elektronischen Dieselregelung mit (PDE) Pumpe-Düse-Einheit (Volvo)

1 Steuergerät
2 Pumpe-Düse-Einheit
3 Drehzahlgeber Schwungrad
4 Geber Zylindererkennung Nockenwelle
5 Pedalwertgeber (Fahrpedal)
6 Schalter Bremspedal
7 Schalter Kupplungspedal
8 Schalter Tempomat
9 Schalter Warnleuchte Feststellbremse
10 Magnetventil Motorbremse
11 Magnetventil Verdichtungsbremse
12 Lampe CHECK ENGINE
13 Diagnosetaste
14 Geschwindigkeitsgeber
15 Ladedruckgeber
16 Temperaturfühler Kühlmittel
17 Temperaturfühler Ladeluft

Laders gemessen. Der Pedalwertgeber als Potentiometer erfaßt die Fahrpedalstellung, durch die ein bestimmter Drehmoment- bzw. Fahrgeschwindigkeitswunsch eingegeben wird.

Neben weiteren Funktionen wie Fehlererkennung, Notbetrieb und Diagnose übernimmt das Steuergerät auch den Motorschutz, der darin besteht, daß bei Überschreitung der Abregeldrehzahl die Magnetventile nicht mehr angesteuert werden. Da diese stromlos geöffnet sind, wird der Kraftstoff nicht in den Verbrennungsraum, sondern in den Rücklauf gefördert.

Wirkungsweise: Alle PD-Einheiten werden von einer Zahnradpumpe mit einem Vordruck von etwa 3,5 bar versorgt. Der Kraftstoff gelangt über Kanäle im Zylinderkopf zu den Ringkanälen der Pumpe-Düse-Einheiten.

Füllvorgang (Bild 4.46): Der Pumpenkolben (2) wird durch die Kolbenfeder (6) betätigt und bewegt sich nach oben. Der Kraftstoff strömt über das stromlose und geöffnete Magnetventil (1) in den Hochdruckraum. In der UT-Stellung öffnet der Pumpenkolben die Entlüftungsbohrung (5) (Bild 4.47). Eventuell im Kraftstoff vorhandene Luftblasen können über den Kraftstoffauslaß (3) entweichen.

Bild 4.46   Füllvorgang der Pumpe-Düse-Einheit (Volvo)
1 Magnetventil (geöffnet)
2 Pumpenkolben
3 Ringkanal (Kraftstoffauslaß)
4 Ringkanal (Kraftstoffeinlaß)
5 Entlüftungsbohrung
6 Kolbenfeder

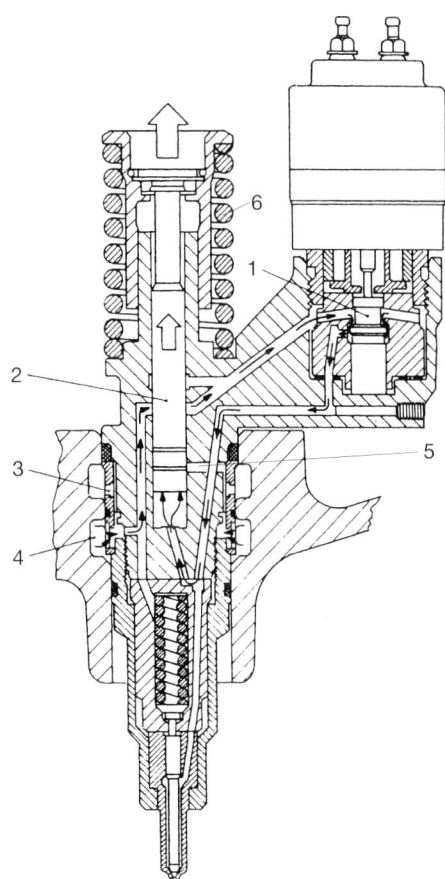

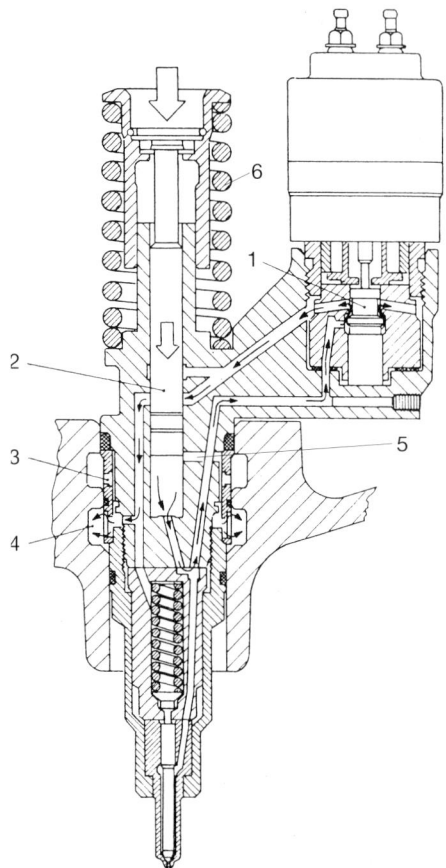

Bild 4.47 Überlaufvorgang der Pumpe-Düse-Einheit (Volvo)
1 Magnetventil (geöffnet)
2 Pumpenkolben
3 Ringkanal (Kraftstoffauslaß)
4 Ringkanal (Kraftstoffeinlaß)
5 Entlüftungsbohrung
6 Kolbenfeder

Überlaufvorgang (Bild 4.47): Bei diesem Vorgang wird der Pumpenkolben (2) durch die Nockenwelle gegen die Kolbenfederkraft nach unten gedrückt. Dabei legt er seinen Vorhub zurück, der beendet ist, wenn die Entlüftungsbohrung (5) verschlossen worden ist. Nach dem Verschließen der Entlüftungsbohrung wird der Kraftstoff aus dem Hochdruckraum verdrängt und gelangt über das noch nicht bestromte und somit geöffnete Magnetventil (1) in den Kraftstoffauslaßkanal (4).

Einspritzvorgang (Bild 4.48): Die Einspritzung beginnt, wenn das Magnetventil vom Steuergerät bestromt wird und schließt. Dadurch ist die Verbindung zwischen Hochdruck- und Niederdruckraum unterbrochen. Mit dem Schließvorgang beginnt die Einspritzung in den Verbrennungsraum. Spätes Schließen des Magnetventils bedeutet auch späten Spritzbeginn und umgekehrt entsprechend früheres Schließen einen früheren Spritzbeginn. Durch das im Steuergerät abgelegte Spritzbeginnkennfeld kann der Spritzbeginn drehzahl- und lastabhängig bestimmt werden, und zwar so, wie es der Motor in allen Betriebszuständen verlangt. Die Förder- bzw. die Einspritzmenge wird durch die Schließdauer bestimmt. Früheres Öffnen des Magnetventils ergibt eine entsprechend kleinere und späteres Öffnen eine größere Einspritzmenge.

Bild 4.48 Einspritzvorgang einer Pumpe-Düse-
Einheit (Volvo)
1 Magnetventil (geschlossen)
2 Pumpenkolben
3 Ringkanal (Kraftstoffauslaß)
4 Ringkanal (Kraftstoffeinlaß)
5 Entlüftungsbohrung
6 Kolbenfeder

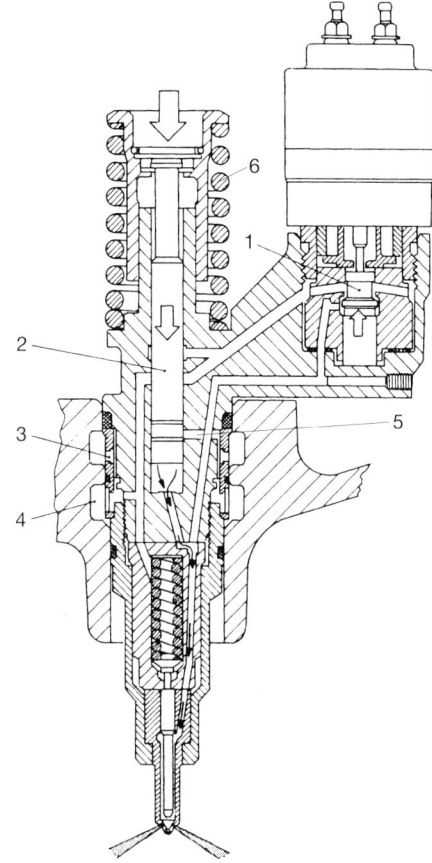

Drucksenkungsvorgang (Bild 4.49): Nach dem Öffnen des Magnetventils legt der Pumpenkolben bis zum OT den Leerhub zurück und verdrängt den Kraftstoff wie beim Überlaufvorgang über das nicht mehr bestromte und offene Magnetventil zum Kraftstoffauslaß.

4.3.4   Einspritzsystem Common-Rail

Dieses Einspritzsystem (Bild 4.50) wird voraussichtlich einmal alle anderen Systeme ablösen. Es ist einfach aufgebaut und besteht aus einer Hochdruck-Radialkolbenpumpe mit einem Druckregelventil, einem Kraftstoffverteilerrohr (Common-Rail = gemeinsame Leitung) mit einem eingesetzten Drucksensor, dem Druckbegrenzungsventil und den angeschlossenen Injektoren, bestehend aus Mehrloch-Einspritzdüsen mit schnellschaltenden Magnetventilen; außerdem aus dem elektronischen Steuergerät mit Sensoren und Sollwertgebern. Die Druckerzeugung übernimmt eine vom Motor angetriebene Hochdruck-Radialkolbenpumpe, die drei Elemente besitzt. Die Betätigung der Kolben erfolgt durch einen Exzenternocken. Versorgt wird die Hochdruck-Radialkolbenpumpe entweder von einer elektrischen Vorförderpumpe oder von einer vom Motor angetriebenen Zahnradpumpe mit einem Vordruck von 0,5 bis 1,5 bar.

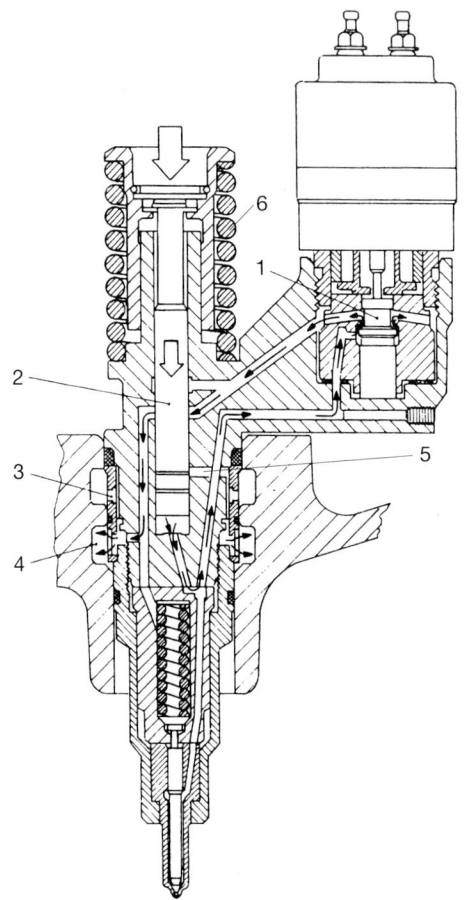

Bild 4.49 Einspritzende, Drucksenkungsphase
einer Pumpe-Düse-Einheit (Volvo)
1 Magnetventil (geöffnet)
2 Pumpenkolben
3 Ringkanal (Kraftstoffauslaß)
4 Ringkanal (Kraftstoffeinlaß)
5 Entlüftungsbohrung
6 Kolbenfeder

(Zu Bild 4.50 auf Seite 339)
 1 Hochdruck-Radialkolbenpumpe
 2 Elementabschaltung im Leerlauf und bei Teillast, um die Kraftstofferwärmung zu verringern
 3 Druckregelventil, wird vom Steuergerät angetaktet
 4 Kraftstoffilter
 5 Kraftstoffbehälter mit Vorfilter und Vorförderpumpe
 6 Steuergerät
 7 Glühzeitsteuergerät
 8 Batterie
 9 Kraftstoffverteilerrohr (Rail)
10 Verteilerrohr-Drucksensor
11 Durchflußbegrenzer, sperrt bei defektem
   Injektor den Kraftstofffluß, damit kein
   Motorschaden entsteht

12 Druckbegrenzungsventil, verhindert den
   Druckanstieg über 1350 bar
13 Kraftstoff-Temperatursensor
14 Injektor
15 Glühstiftkerze
16 Kühlmittel-Temperatursensor
17 Kurbelwellen-Drehzahlsensor
18 Nockenwellensensor (Hall-Sensor), dient der
   Zylindererkennung (Zünd-OT)
19 Ansaugluft-Temperatursensor
20 Ladedrucksensor
21 Heißfilm-Luftmassenmesser
22 Turbolader
23 Abgasrückführsteller
24 Ladedrucksteller
25 Vakuumpumpe
26 Instrumentenfeld mit Signalausgabe für
   Kraftstoffverbrauch, Drehzahl usw.
27 Pedalwertgeber
28 Bremsschalter
29 Kupplungsschalter
30 Fahrgeschwindigkeitssensor
31 Bedienteil für Fahrgeschwindigkeitsregelung
32 Klimakompressor
33 Bedienteil für Klimakompressor
34 Diagnoseanzeige mit Anschluß für Diagnose-
   gerät

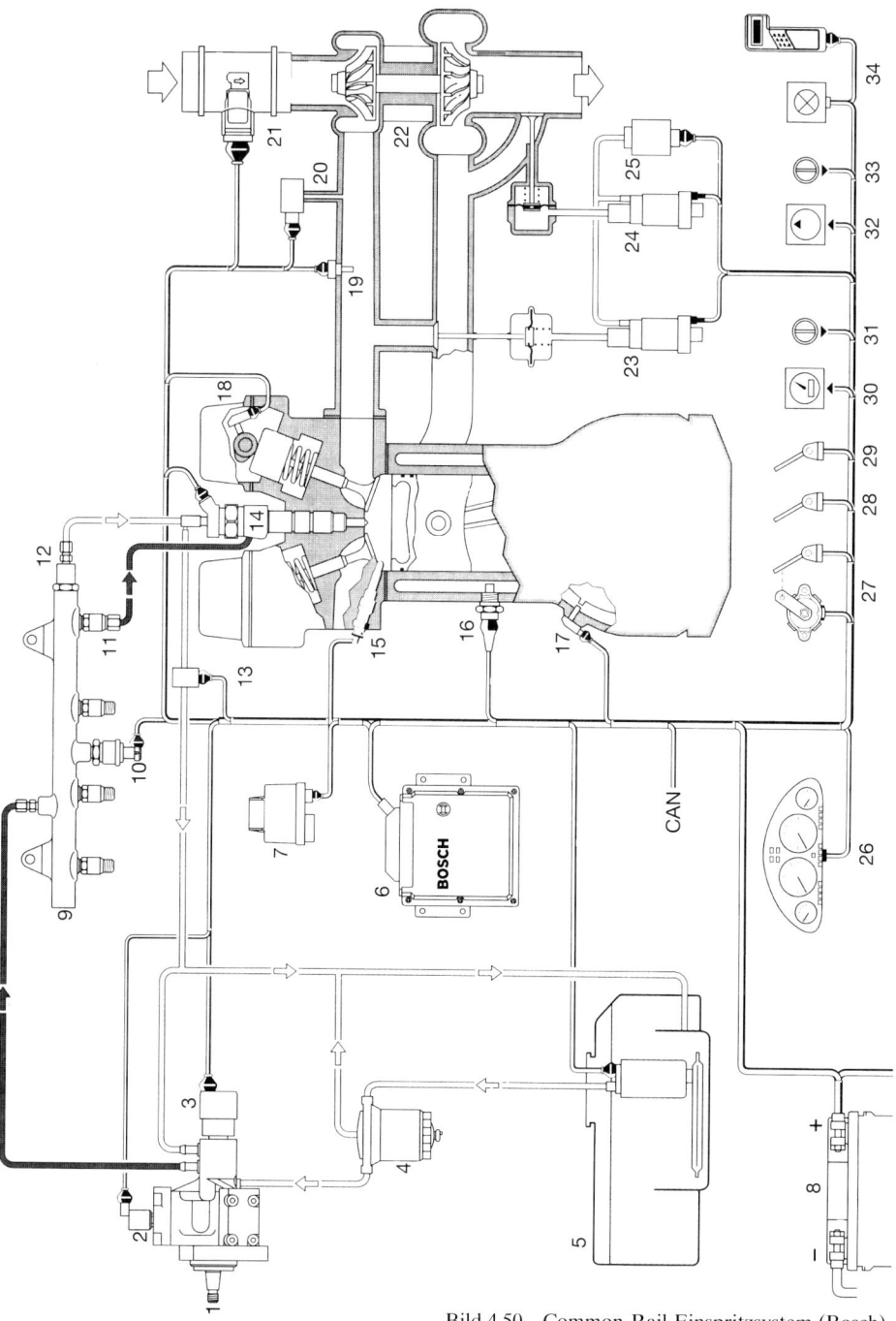

Bild 4.50   Common-Rail-Einspritzsystem (Bosch)

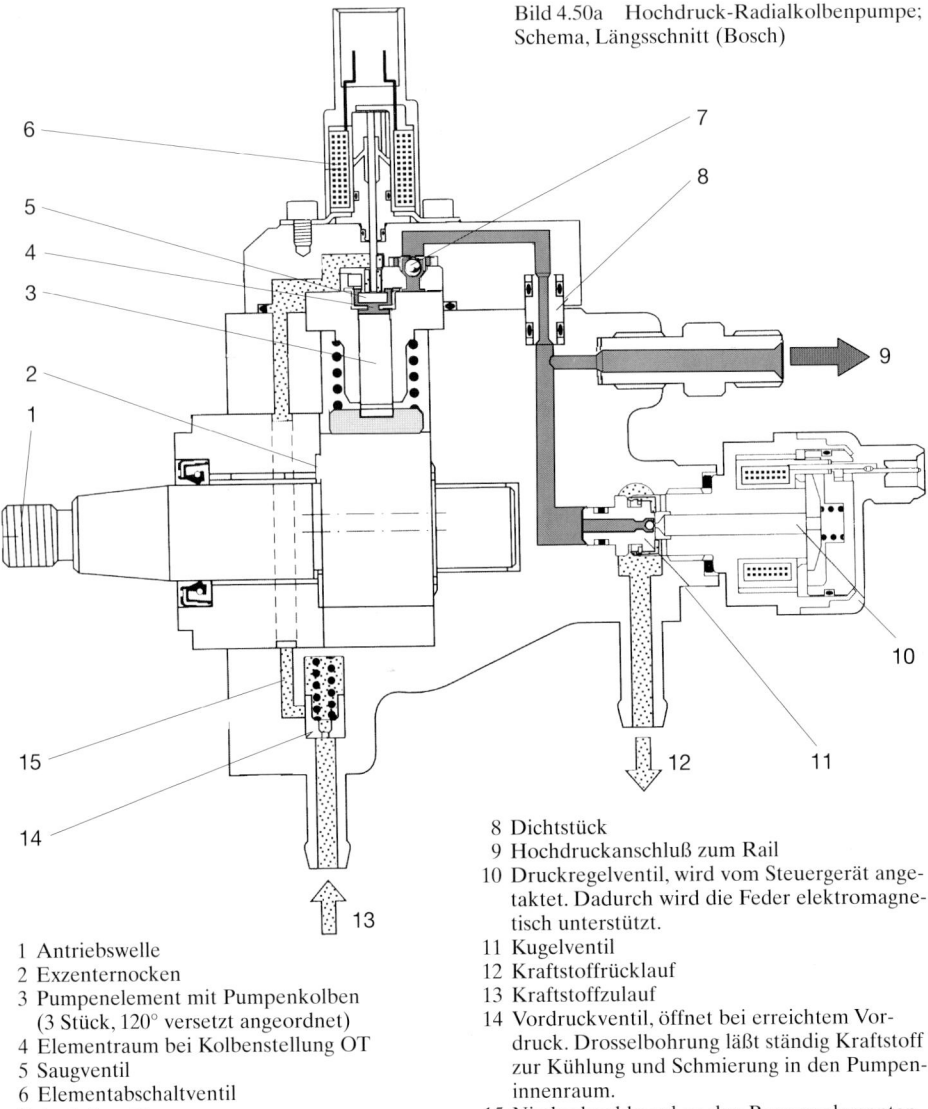

Bild 4.50a Hochdruck-Radialkolbenpumpe;
Schema, Längsschnitt (Bosch)

1 Antriebswelle
2 Exzenternocken
3 Pumpenelement mit Pumpenkolben
  (3 Stück, 120° versetzt angeordnet)
4 Elementraum bei Kolbenstellung OT
5 Saugventil
6 Elementabschaltventil
7 Auslaßventil

8 Dichtstück
9 Hochdruckanschluß zum Rail
10 Druckregelventil, wird vom Steuergerät angetaktet. Dadurch wird die Feder elektromagnetisch unterstützt.
11 Kugelventil
12 Kraftstoffrücklauf
13 Kraftstoffzulauf
14 Vordruckventil, öffnet bei erreichtem Vordruck. Drosselbohrung läßt ständig Kraftstoff
   zur Kühlung und Schmierung in den Pumpeninnenraum.
15 Niederdruckkanal zu den Pumpenelementen

Wirkungsweise: Die Hochdruckpumpe fördert den Kraftstoff in das Verteilerrohr (Rail). Der Druck in dem Verteilerrohr wird von dem Druckregelventil an der Hochdruckpumpe im Leerlauf auf 250 bis 300 bar und bei Fahrpedalbetätigung bis zur Vollaststellung bis auf 1350 bar erhöht. Hierbei wird das Druckregelventil so lange von dem Steuergerät angetaktet, bis der von dem Drucksensor im Verteilerrohr zurückgemeldete Istwert mit dem aus einem Kennfeld entnommenen Sollwert übereinstimmt. Dieser unterschiedlich hohe Vordruck steht als Einspritzdruck an den Injektoren an, die über kurze Leitungen mit dem Verteilerrohr (Rail) verbunden sind.

340   *Gemischbildung und Verbrennung bei Dieselmotoren*

Bild 4.50b   Injektor (Bosch)

a *Injektor geschlossen.* Magnetventil nicht bestromt. Über
   Zulaufdrossel (8) wirkt Raildruck auf die große Fläche
   des Ventilsteuerkolbens und
   gleichzeitig unten im Druckraum die kleine Fläche der
   Düsennadel.
b *Injektor geöffnet* (Einspritzung). Magnetventil bestromt
   und somit geöffnet. Oberhalb
   des Ventilsteuerkolbens wird
   der Druck abgesenkt und
   durch Raildruck die Düsennadel hydraulisch geöffnet.
1 Kraftstoffrücklauf
2 elektrischer Anschluß
3 Magnetspule der Ansteuer-
  einheit
4 Kraftstoffzulauf (Hochdruck)
  vom Rail
5 Ventilsteuerraum
6 Ventilkugel
7 Ablaufdrossel
8 Zulaufdrossel
9 Ventilsteuerkolben
10 Zulaufkanal zur Düse
11 Düsennadel

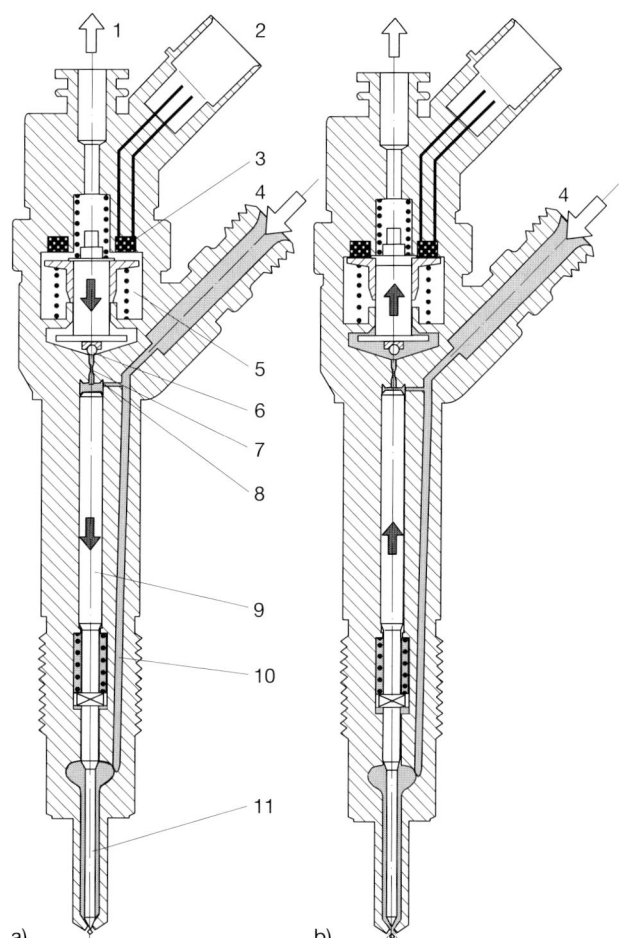

a)   b)

Die Magnetventile der Injektoren werden vom Steuergerät sequentiell, d.h. der Zündfolge nach, geschaltet. Beim Einschalten wird der Einspritzbeginn und beim Ausschalten das Einspritzende bestimmt. Die dabei aus den Injektoren austretende Kraftstoffmenge wird durch den Kraftstoffdruck in dem Verteilerrohr, den Querschnitt der Spritzbohrungen in den Einspritzdüsen und der Spritzdauer bemessen. Die Spritzdauer berechnet das elektronische Steuergerät. In dem Steuergerät sind sämtliche Kennfelder abgelegt, die für alle Betriebszustände erforderlich sind, so z.B. für Startmenge, Leerlauf-, Teillast- und Vollastmenge, Spritzbeginn- und Drehzahlregelung und als Zusatzfunktionen z.B. Laufruheregelung und Ruckeldämpfung. Von den Sensoren erhält das Steuergerät Informationen über Motor-, Luft- und Kraftstofftemperatur, Ladedruck, Kraftstoffspeicherdruck sowie Drehzahl, außerdem vom Pedalwertgeber die Information über die Fahrpedalstellung. Daraufhin erfolgen ein Vergleich zwischen den eingegebenen Istwerten mit den abgespeicherten Sollwerten und eine Korrektur, bis eine Übereinstimmung beider Werte besteht. Daraus ergibt sich z.B. die Bestromungsdauer (Spritzdauer) der Injektoren, d.h. die Bemessung der jeweiligen Einspritzmenge oder die Bestimmung des drehzahl- und lastabhängigen Spritzbeginns der Injektoren.

Dieseleinspritzanlagen   **341**

Durch die kurzen Schaltzeiten der Magnetventile und durch einen hohen Anzugsstrom (20 Ampere) öffnen die Injektoren so schnell, daß vor der Haupteinspritzung eine Voreinspritzung (etwa 90° KW vor Zünd-OT) mit etwa 1 bis 2,5 mm^3 erfolgen kann mit dem Vorteil, daß bei Zündbeginn nur eine kleine Kraftstoffmenge zu brennen anfängt und dadurch die Verbrennung weicher, d.h. mit geringerem Nageln, einsetzt. Diese Art der Steuerung der Einspritzung wird als Piloteinspritzung bezeichnet. Nach der Voreinspritzung werden die Injektoren nochmals geöffnet, um die Hauptmenge austreten zu lassen. Nach dem Abschalten des Steuerstroms an den Magnetventilen durch das Steuergerät kommt es durch die hydraulische Unterstützung zum schnellen Schließen der Injektoren.

4.3.5 Förderbeginneinstellung der Reiheneinspritzpumpe Typ PE.. zum Motor

Die Einstellung wird wie folgt durchgeführt:

1. den Motor auf die FB-Markierung oder auf eine andere vom Hersteller vorgesehene Einstellmarkierung stellen;
2. die Einspritzpumpe grob auf FB-Markierung stellen oder mit arretierter Nockenwelle in den Antrieb motorseitig einsetzen;
3. die Einspritzpumpe nach einer vom Hersteller verlangten Methode genau auf Förderbeginn bzw. auf eine vorgegebene Einstellmarkierung stellen (Feineinstellung);
4. die FB-Einstellung kontrollieren.

Motor auf die Förderbeginn- oder Einstellmarkierung stellen
Auf FB-Markierung stellen: Die Kurbelwelle des Motors wird in Drehrichtung gedreht, bis der Kolben des ersten Zylinders im Verdichtungstakt steht und sich dem OT nähert. Es wird nur so weit gedreht, bis die FB-Markierung an der Schwung- oder Riemenscheibe der Gegenmarkierung am Motorgehäuse gegenübersteht (Bild 4.51).
Auf Einstellmarkierung stellen: Normalerweise wird die Einspritzpumpe im Verdichtungstakt zugeordnet. Aus motorspezifischen Gründen kann die Zuordnung auch nach Zünd-OT erfolgen, so z.B. bei den Mercedes-Benz Pkw-Motoren der Baureihe 600. Die Kurbelwelle wird über Zünd-OT gedreht und z.B. auf 14° + 0,5 oder 15° + 0,5 nach OT gestellt. Bei dieser Kurbelwellenstellung gibt die Motornockenwelle keine Verdrehkraft auf die Steuerkette ab und erleichtert dadurch den Pumpenaus- und -einbau. Diese Kurbelwellenstellung muß selbstverständlich auch pumpenseitig berücksichtigt werden. Die Pumpennockenwelle wird, nachdem der Pumpenkolben des ersten Elements die Steuerbohrung verschlossen hat (Förderbeginn), noch um eine entsprechende Gradzahl weiter gedreht und mit einer Vorrichtung arretiert.

Einspritzpumpe grob auf Förderbeginn stellen und in den Motor einsetzen
Einspritzpumpen alter Bauart mit seitlichem Einstellfenster und Rollenstößel mit Stößelschrauben können bei einer bestimmten Rollenstößelstellung auf Förderbeginn gestellt werden. Man dreht die Nockenwelle der Pumpe in Drehrichtung, bis der von UT hochkommende Rollenstößel des ersten Elements mit seiner oberen Kante an der tiefsten Gehäusekante der Stößelführung abschließt (Bild 4.52). Der Pumpenkolben hat dann den Vorhub zurückgelegt und steht auf grob Förderbeginn. Bei den neueren Ausführungen sind Förderbeginnmarkierungen vorhanden, entweder am mechanischen Spritzversteller (Bild 4.53), an der Schwungmasse (Bild 4.54) oder an dem Antriebsritzel der Nockenwelle (Bild 4.55).
Um die Einspritzpumpe in der Förderbeginnstellung des ersten Elements in den Motor einsetzen zu können, muß die Nockenwelle in Drehrichtung gedreht werden (Drehrichtungsbuchstabe auf dem Typenschild, L = Linkslauf, R = Rechtslauf, von der Antriebsseite aus gesehen), bis

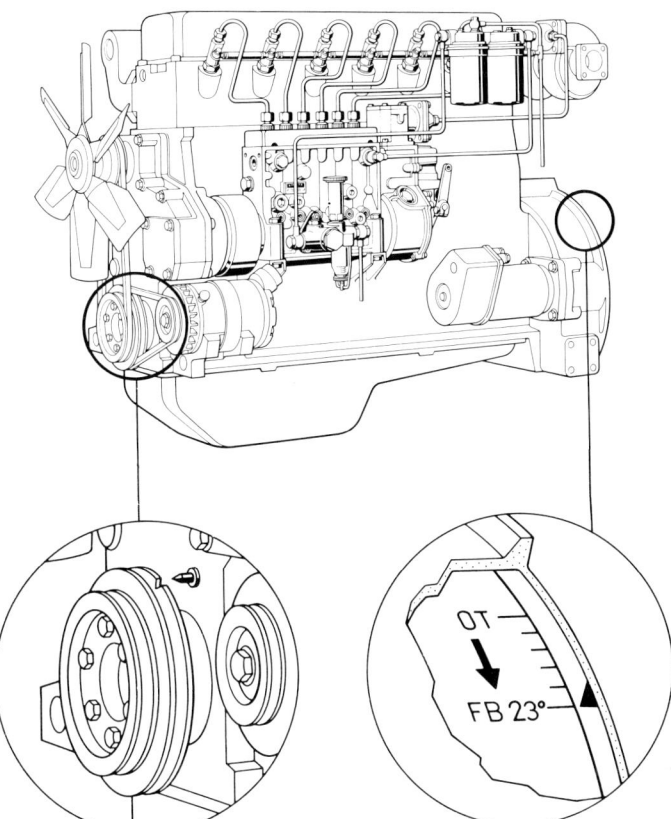

Bild 4.51   Förderbeginn-
markierungen am Diesel-
motor (Bosch)

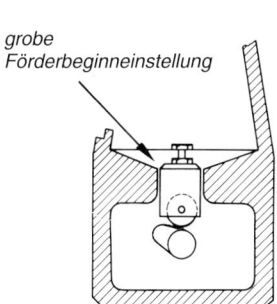

grobe
Förderbeginneinstellung

Bild 4.52   Grobe Förderbeginneinstellung am
Rollenstößel (PE-Pumpe)

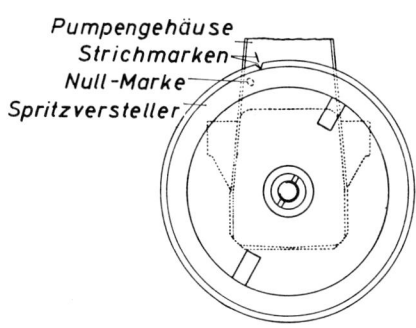

Pumpengehäuse
Strichmarken
Null-Marke
Spritzversteller

Bild 4.53   Förderbeginnmarkierung am Spritzversteller

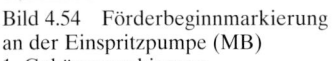

Bild 4.54 Förderbeginnmarkierung
an der Einspritzpumpe (MB)
1 Gehäusemarkierung
2 Schwungmasse
3 Pumpenkupplung
4 Gradskala

Bild 4.55 Stellung der Nockenwelle
mit Ritzel zum Pumpengehäuse
(MB)

die Strichmarkierungen an dem Spritzversteller, der Schwungmasse oder dem Antriebsritzel mit
der Gehäusemarkierung übereinstimmt. In dieser Stellung wird die Einspritzpumpe in den Motor
eingesetzt und entsprechend der Ausführung befestigt. Bei der Einspritzpumpe Typ PE.. wird das
Gehäuse motorseitig befestigt, und die Verstellmöglichkeit besteht in den Langlöchern der Pum-
penantriebskupplung bzw. in den Langlöchern des in Nabe und Zahnkranz unterteilten Pumpen-
antriebszahnrades. Bei dem Pumpentyp PES.. mit Stirnflanschbefestigung wird die Pumpe so eingesetzt, daß die Stehbolzen bzw. die Befestigungsschrauben in Mitte der Langlöcher stehen. Die
Muttern oder Schrauben werden nur leicht angelegt, damit das Gehäuse geschwenkt werden
kann.

Bei den neuen Pumpenausführungen ohne Seitendeckel wird der Förderbeginn des ersten Elements oder eine andere vom Hersteller gewählte Stellung arretiert, d.h. die Pumpennockenwelle
mit einer Vorrichtung festgehalten (Bild 4.56, siehe auch Hubschieberpumpe). In dieser Stellung
wird die Pumpe in den Motor eingesetzt und festgeschraubt. Anschließend wird die Arretiervorrichtung entfernt.

Die Einspritzpumpe genau auf Förderbeginn stellen (Feineinstellung)
Die Bosch-Reiheneinspritzpumpen werden nach verschiedenen Methoden zum Motor eingestellt: statisch nach der Überlauf-Hochdruckmethode oder mit Lichtsignalgeber, dynamisch mit
elektronischen Dieseltestern und speziell bei Mercedes-Benz-Pkw-Motoren nach dem Regler-
Impuls-Verfahren (RIV).

Bild 4.56   Förderbeginn-Arretierung (Bosch)
a) Reglergehäuse mit Verschlußschraube
b) Reglergehäuse mit Arretiervorrichtung,
   Blockieren der Pumpennockenwelle an der
   Fliehgewichtsnabe

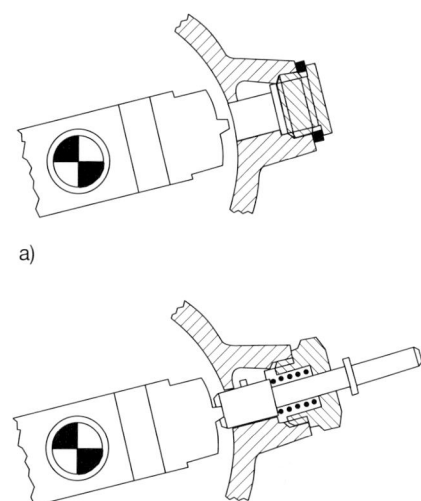

a)

b)

Überlauf-Hochdruckmethode mit Hochdruck-Handförderpumpe
Bei dieser Methode schließt man die Hochdruck-Handförderpumpe (Bild 4.57) oder eine Elek-
tro-Hochdruckpumpe zwischen Kraftstoffilter und Saugraum der Einspritzpumpe an. Der
Anschluß für das Überströmventil mit Rücklaufleitung wird für die Zeit der Einstellung mit
einem Blindstopfen verschlossen. Bei dem ersten Element (pumpenantriebsseitig) wird ohne
Ausbau des Druckventileinsatzes das Überlaufrohr (Bild 4.58) angeschlossen. Die übrigen Druckrohrstutzen werden durch die Einspritzleitungen oder durch besondere Sicherheitsventile (Öff-

Bild 4.57   Hochdruck-Handförderpumpe
zur Förderbeginneinstellung (Bosch)

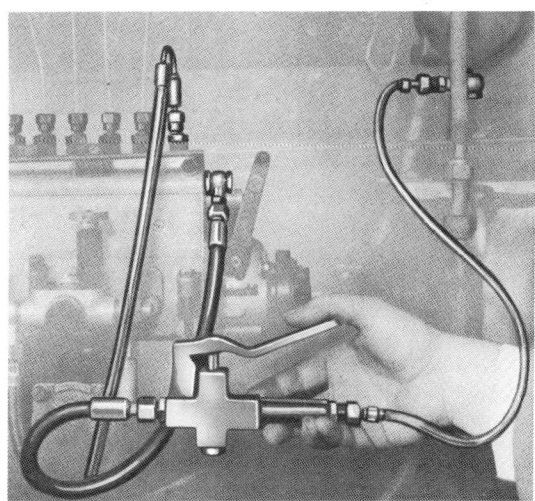

Bild 4.58   Tropfbild am Überlaufrohr
bei der Förderbeginneinstellung (Bosch)

nungsdruck etwa 35 bar) verschlossen. Die Regelstange stellt man auf Vollast (halber Regelstangenweg). Durch Betätigen der Hochdruck-Handförderpumpe füllt man zuerst den Saugraum, entlüftet ihn und baut dann einen Druck auf, der hoch genug ist, den eingebauten Druckventileinsatz zum Öffnen zu bringen. Bei gleichmäßigem Pumpen strömt der Kraftstoff durch Saugraum und Steuerbohrung in den Zylinder und tritt als Strahl aus dem Überlaufrohr aus.

Dreht man jetzt die Nockenwelle in oder schwenkt das Stirnflansch-Pumpengehäuse gegen die Pumpendrehrichtung, wird der Pumpenkolben angehoben und verschließt die Steuerbohrung. Der Pumpenkolben hat dabei die genaue Förderbeginnstellung eingenommen, wenn es am Überlaufrohr aufhört zu fließen und zum Tropfen übergeht (Bild 4.58).

Kontrolle der Förderbeginneinstellung
Die Kontrolle wird durchgeführt, indem man die Kurbelwelle des Motors zuerst etwas zurück- und anschließend in Drehrichtung vordreht, bis es am Überlaufrohr vom Fließen zum Tropfen übergeht. Dabei müssen die Markierungen am Motor übereinstimmen.

Lichtsignalmethode: Diese Methode wird oft bei den großen geschlossenen Reiheneinspritzpumpen für Nkw-Motoren angewandt. Nach dem Herausnehmen der Arretiervorrichtung auf der Reglerseite wird statt dessen der Lichtsignalgeber (Bild 4.59) eingesetzt.

Der Signalgeber besitzt zwei Lämpchen, ein grünes und ein rotes, die an das Bordnetz angeschlossen werden. Durch vorsichtiges Hinundherdrehen der Nockenwelle bzw. Schwenken des Pumpengehäuses in den jeweiligen Langlöchern müssen beide Lämpchen zum Leuchten gebracht werden. In dieser Stellung steht der Pumpenkolben des ersten Elements auf Förderbeginn. Die Pumpe kann durch Anziehen der Pumpenkupplungsschrauben bzw. der Flanschschrauben bei der PES-Ausführung mit dem Motor verbunden werden.

Förderbeginneinstellung: Die Kurbelwelle des Motors wird zuerst etwas zurück- und anschließend in Drehrichtung vorgedreht, bis beide Lämpchen am Signalgeber aufleuchten. Dabei müssen die Markierungen an Riemen- oder Schwungscheibe übereinstimmen.

Dynamische Förderbeginneinstellung mit elektronischen Dieseltestern
Diese Geräte, von vielen Firmen angeboten, z.B. von AVL und Siemens, dienen zur Einstellung bzw. Überprüfung des dynamischen Förderbeginns bei Dieselmotoren. Es kommen zwei Verfahren zur Anwendung:

❐ die Einstellung mittels einer Stroboskoplampe,
❐ die Einstellung mit Hilfe eines OT-Gebers.

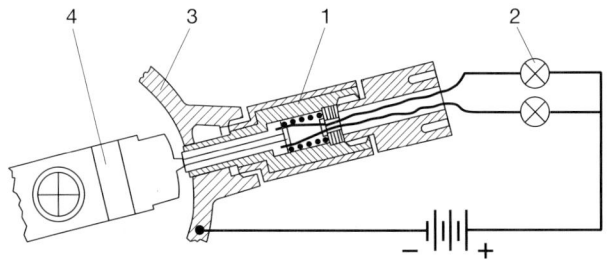

Bild 4.59 Statische Förderbeginneinstellung mit Lichtsignalgeber (Bosch)
1 Lichtsignalgeber
2 Kontrollampen
3 Reglergehäuse
4 Reglernabe mit Nase

Bild 4.60   Piezo-Klemmgeber (Bosch)

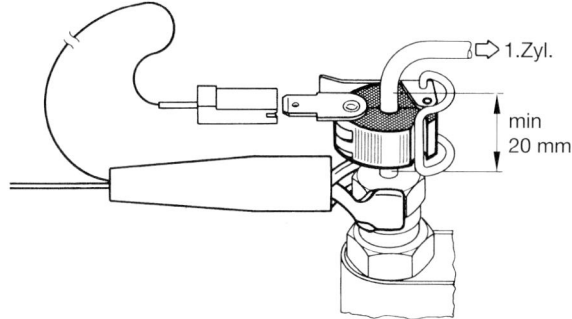

In beiden Fällen wird ein Piezo-Klemmgeber (Bild 4.60) auf die Einspritzleitung des ersten Pumpenelements geklemmt. Der Klemmgeber sollte möglichst nahe an der Einspritzpumpe befestigt werden, sofern der Motorhersteller keinen anderen Klemmort vorschreibt. Vor dem Befestigen des Klemmgebers muß folgendes beachtet werden:

1. Nur Klemmgeber passend zum Durchmesser der Einspritzleitung verwenden.
2. Nur an einem mindestens 20 mm geraden und nie an einem gebogenen Leitungsstück anklemmen.
3. Die metallischen Flächen in der Innenseite des Gebers reinigen.
4. Nach dem Festklemmen des Gebers diesen nicht auf der Leitung verdrehen.

Der angebrachte Klemmgeber wird nun über das Geberkabel mit dem Tester verbunden. Der Flachstecker des Kabels wird am Klemmgeber angeschlossen und der schwarze Masseklipp in unmittelbarer Nähe des Gebers angebracht.

Einstellung mit der Stroboskoplampe: Nach den Vorbereitungen wird der Motor auf die vorgeschriebene Leerlaufdrehzahl gestellt, die im Display des Testers abgelesen wird. Beim einsetzenden Förderhub am ersten Pumpenelement kommt es zum Druckanstieg in der Einspritzleitung. Dabei läuft eine Druckwelle von der Pumpe zur Einspritzdüse und ruft eine geringe Dehnung der Einspritzleitung hervor. Durch diese Dehnung erzeugt der Piezo-Klemmgeber eine geringe Spannung im Millivolt-Bereich, die als Impuls zum Tester weitergeleitet wird und an der Stroboskoplampe einen Blitz auslöst. Bei eingeschalteter Stroboskoplampe wird der Wippschalter an der Lampe so lange verstellt, bis im Display des Testers der vom Hersteller vorgeschriebene oder der selbsterarbeitete Förderbeginn-Sollwert abgelesen wird. Der Verstellbereich kann je nach Testerausführung von –20° bis +360° betragen.

Anmerkung: Dieser dynamische Förderbeginn-Einstellwert ist nicht mit dem statischen Wert identisch. Beim statischen Wert verschließt der Pumpenkolben mit seiner oberen geraden Kante die Steuerbohrung im Zylinder, ohne einen Druck aufgebaut zu haben, während beim dynamischen Wert der Pumpenkolben schon zu fördern begonnen und den Druck in der Leitung aufgebaut hat, der dann von dem Klemmgeber erkannt wird. Daraus erklärt sich, daß die motorseitige Förderbeginnmarkierung bei der dynamischen Messung ohne Bedeutung ist und deshalb immer die OT-Markierung angeblitzt werden muß.

Anschließend wird mit dem voreingestellten Wert die OT-Markierung an der Riemen- oder Schwungscheibe des Motors angeblitzt. Steht jetzt die OT-Markierung der Gehäusemarkierung gegenüber, sind Ist- und Sollwert gleich, und die Pumpe ist richtig zugeordnet. Bei einer Abweichung dagegen muß die Pumpe entsprechend verstellt werden, bis der Istwert dem Sollwert entspricht, d.h. bis die OT-Markierung der Gehäusemarkierung gegenübersteht. Nach dem Einstellen der Pumpe und dem Anziehen der Schrauben muß die Kontrolle auf die gleiche Weise durchgeführt werden.

Einstellung mit OT-Geber: Bei dieser Methode wird die Stroboskoplampe nicht benötigt. Statt dessen besteht eine Verbindung von dem OT-Geber auf der Schwungscheibenseite zu der Zentraldiagnosedose des Fahrzeugs und über ein Adapterkabel zum Testgerät. Die Messung erfolgt ebenfalls bei Leerlaufdrehzahl. Die Drehzahl wird mit dem dynamischen Förderbeginnwert direkt im Display digital angezeigt. Entspricht auch hier der Istwert nicht dem vorgeschriebenen Sollwert, muß die Pumpe so lange verstellt werden, bis Ist- und Sollwert gleich sind.

Dynamische Förderbeginneinstellung nach dem Reglerimpuls-Verfahren (RIV)

Diese Methode wird bei den Mercedes-Benz Pkw-Motoren angewandt. Das Anschließen des Digital-Prüfgeräts an den Motor ist aus Bild 4.61 zu ersehen. Reglerseitig wird nach Herausdrehen der Verschlußschraube ein Impulsgeber eingesetzt, der dem Prüfgerät die Stellung der Pumpennockenwelle mitteilt. Dies ist der Fall, wenn die Nase an der Reglernabe den Induktivgeber passiert hat. Motorseitig wird ebenfalls – im Bereich der Riemenscheibe – ein Induktivgeber eingesetzt, der das Prüfgerät über die Stellung der Kurbelwelle informiert. Diese beiden Signale gelangen über den Adapter und das Prüfkabel zum Prüfgerät. Nach dem Anschließen der Stromkabel und der Triggerzange an den Adapter wird das Prüfgerät auf Verstellwinkelmessung gestellt. Anschließend wird bei Leerlaufdrehzahl der Istwert am Prüfgerät abgelesen und mit dem Einstell-Sollwert (z.B. –15° ±1°) verglichen.

Anmerkung: Dieser Sollwert –15° bedeutet 15° nach Zünd-OT und entspricht nicht dem Förderbeginn, sondern ist ein Einstellwert, den man gewählt hat, um beim Pumpenaus- und Pumpeneinbau keine Verdrehkraft von der Motornockenwelle auf die Steuerkette zu bekommen.

Entspricht der abgelesene Istwert nicht dem Sollwert, muß das Einspritzpumpengehäuse verdreht werden. Dazu löst man die Befestigungsschrauben am Pumpenflansch und reglerseitig eine

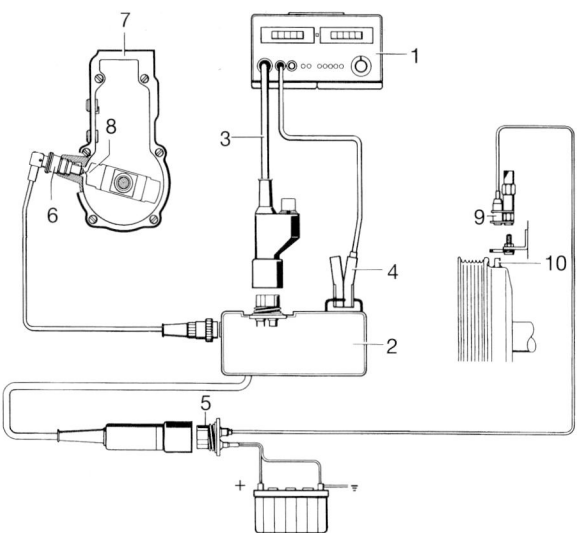

Bild 4.61   Anschlußschema des Regler-Impuls-Verfahren (RIV) (Mercedes-Benz)
  1 Digitalprüfgerät
  2 Adapter
  3 Prüfkabel mit Stecker
  4 Triggerzange
  5 Diagnosesteckdose
  6 Reglerimpulsgeber
  7 Reglergehäuse
  8 Reglernabe mit Nase
  9 Impulsgeber
     (15° KW nach Zünd-OT)
 10 Geberstift an der Riemenscheibe

Schraube am Stützhalter, verdreht dann bei Leerlaufdrehzahl mit einer motorseitig verbauten Einstellvorrichtung das Pumpengehäuse so lange, bis der verlangte Sollwert (z.B. –15° ±1° nach OT) abgelesen wird. Anschließend sind alle Befestigungsschrauben anzuziehen und bei laufendem Motor die Einstellung nochmals zu prüfen.

Förderbeginneinstellung von PF- und PFR-Einspritzpumpen zum Motor
Einstellen der PF-Einspritzpumpe: Man muß den Motor mit dieser Pumpe bei der Förderbeginneinstellung so stehen haben, daß der Rollenstößel (motorseitig) auf dem Grundkreis des Pumpenantriebnockens, also auf UT, steht. Dazu stellt man den Kolben des einzustellenden Motorzylinders so, daß die Ventile überschneiden. Diese UT-Stellung des Rollenstößels muß beachtet werden, da das auf dem Befestigungsflansch oder Typenschild angegebene *Einstellmaß a* (Bild 4.62) von der Stößelschraube (Rollenstößel in UT-Stellung) bis zur Flanschauflagefläche am Motor gemessen wird. Ist kein Maß am Pumpengehäuse angegeben, gelten die Einstelldaten des Motorenherstellers.

Beträgt das *Einbaumaß a* von UT z.B. 3,2 ± 0,4 mm, wird dieser Abstand mit einer Tiefenlehre oder mit einer Meßbrücke mit Meßuhr gemessen. Die angegebene Toleranz darf auf keinen Fall überschritten werden. Stimmt das Meßergebnis nicht mit dem Einbaumaß überein, verändert man die Stellung der Stößelschraube.

Zur Kontrolle kann man, wenn der Förderbeginn am Motor angezeichnet oder dieser in Winkelgraden bekannt ist, das Kapillarrohr benutzen.

Bild 4.62   Förderbeginneinstellung der PF-Einspritzpumpe (Bosch)

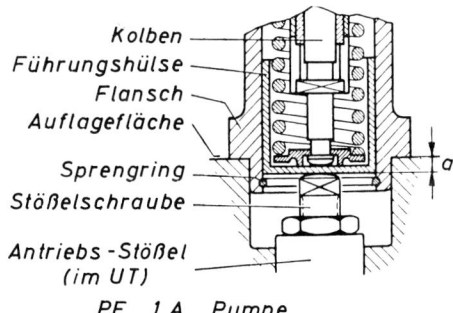

Kolben
Führungshülse
Flansch
Auflagefläche

Sprengring
Stößelschraube

Antriebs-Stößel
(im UT)

PF   1 A .. Pumpe

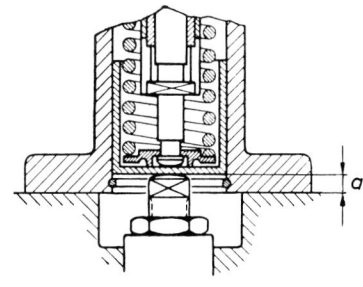

PF 2 A .. Pumpe

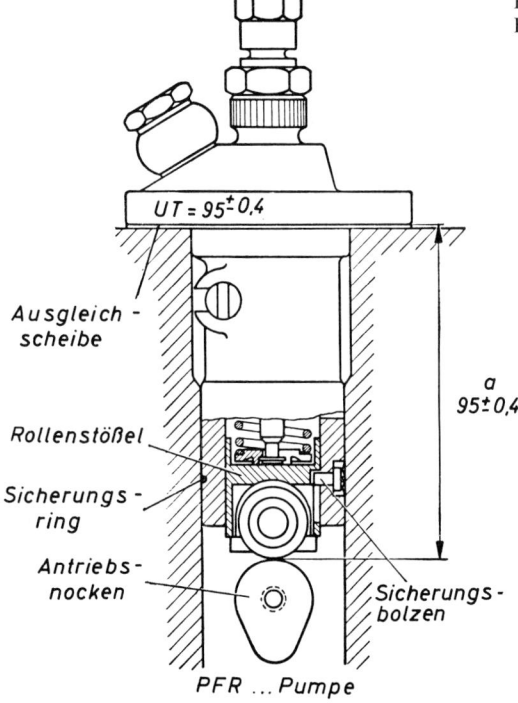

Bild 4.63 Förderbeginneinstellung der PFR-
Einspritzpumpe (Bosch)

Einstellen der PFR-Einspritzpumpe: Die Vorbereitung des Motors zur Einstellung des Förderbeginns und die Art und Weise, das Einbaumaß zu messen, werden genau wie bei der PF-Pumpe
durchgeführt. Jedoch ist das *Einbaumaß a* größer (ab UT 95 ± 0,4 mm; Bild 4.63), und außerdem
wird das Maß nicht durch eine Stößelschraube, sondern durch Beilegen oder Wegnehmen von
Ausgleichscheiben zwischen Befestigungsflansch und Auflagefläche am Motor verändert.

4.3.6   Einspritzanlage mit Bosch-Verteilereinspritzpumpe

Die in die Verteilereinspritzpumpe eingebaute Förderpumpe (Bild 4.64) – es ist eine Flügelzellenpumpe – saugt den Kraftstoff aus dem Tank über das Kraftstoff-Feinfilter an und fördert ihn
in den Pumpeninnenraum.

Der Druck, der von der Flügelzellenpumpe erzeugt wird, ist abhängig von der Drehzahl. Er
beträgt bei Leerlaufdrehzahl 1,5 bis 2,0 bar und bei hoher Drehzahl 7 bis 8 bar. Die Regelung dieses Drucks wird vom Drucksteuerventil übernommen, das den überschüssigen Kraftstoff zur
Saugseite zurückfließen läßt.

Der Förderpumpendruck, der mit der Drehzahl ansteigt, wirkt auch gleichzeitig auf den federbelasteten Kolben des automatischen Spritzverstellers.

Der in den Pumpeninnenraum gelangte Kraftstoff fließt beim Füllvorgang über einen Kanal in
den Hochdruckraum (Element) bzw. zur Kühlung der Pumpe über eine Überströmdrossel
(Durchmesser der Bohrung 0,6 mm) zum Tank zurück. Diese Überströmdrossel dient außerdem
als ständige Entlüftung des Pumpeninnenraums.

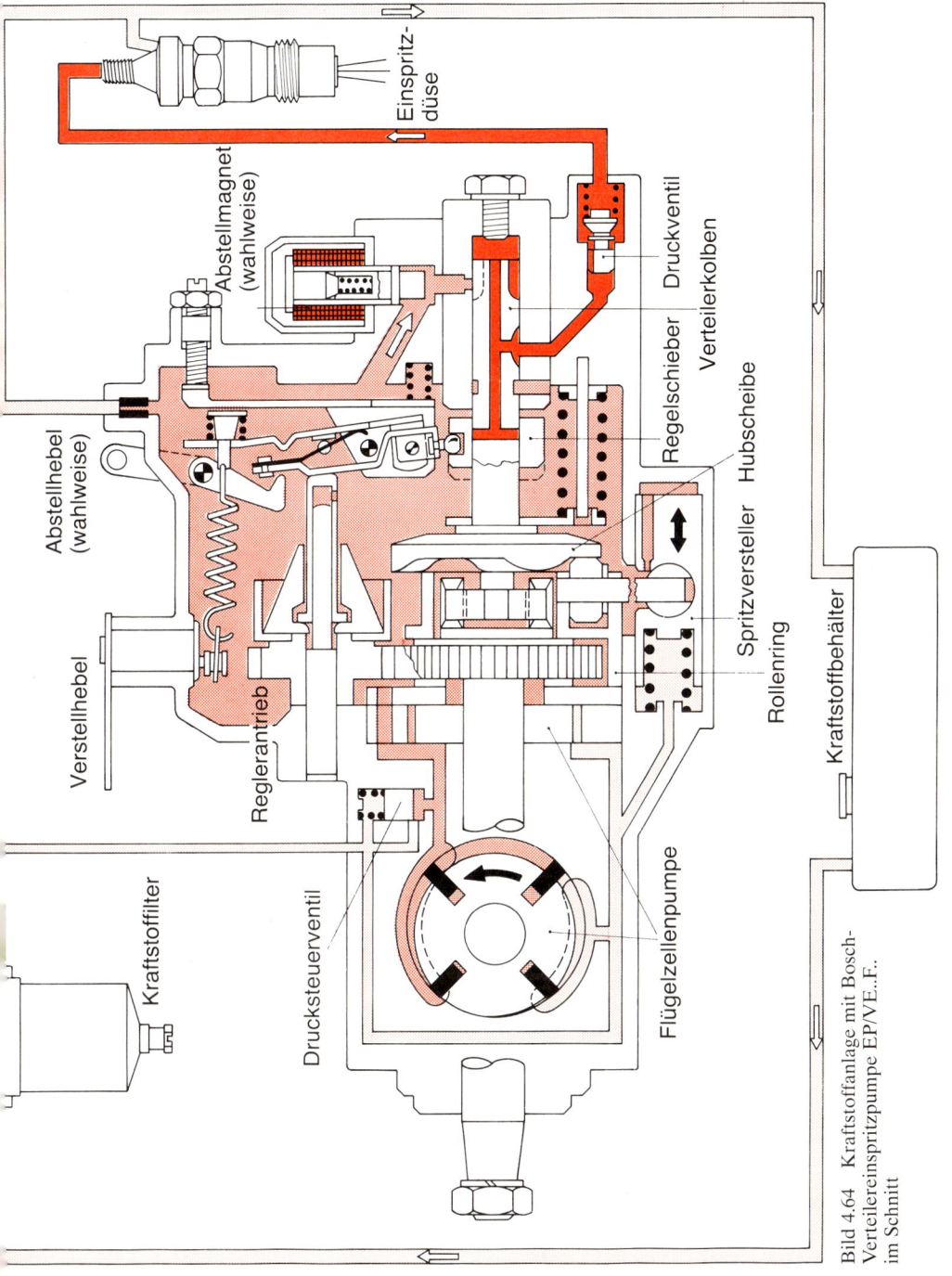

Einspritz-
düse

Abstellmagnet
(wahlweise)

Druckventil

Verteilerkolben

Abstellhebel
(wahlweise)

Regelschieber

Hubscheibe

Verstellhebel

Spritzversteller

Reglerantrieb

Rollenring

Kraftstoffbehälter

Kraftstofffilter

Flügelzellenpumpe

Drucksteuerventil

Bild 4.64   Kraftstoffanlage mit Bosch-
Verteilereinspritzpumpe EP/VE..F..
im Schnitt

Dieseleinspritzanlagen   351

Kraftstofffilter: Verwendet werden grundsätzlich Boxfilter mit Wasserspeicher (Bild 4.64, siehe auch Bild 4.15). Die Filterbox ist nach unten verlängert, um das Kondenswasser aus dem Kraftstofftank aufzunehmen, das auf keinen Fall in das Verteilerpumpengehäuse gelangen darf. In gewissen Abständen (z.B. bei jedem Motorölwechsel) kann über eine Ablaßschraube das Kondenswasser abgelassen werden.

Bosch-Verteilereinspritzpumpe EP/VE..F..

Die Bosch-Verteilereinspritzpumpe (Bild 4.64) unterscheidet sich im Aufbau und in der Arbeitsweise grundsätzlich von den Bosch-Reiheneinspritzpumpen. Während bei den Reihenpumpen für jeden Motorzylinder ein Pumpenelement (Zylinder und Kolben) vorhanden ist, hat die Verteilereinspritzpumpe nur einen einzigen Pumpenkolben und Pumpenzylinder.

Der von der Verteilereinspritzpumpe geförderte Kraftstoff wird von dem zugleich als Verteiler ausgebildeten Kolben auf die einzelnen Druckauslässe im Verteilerkörper verteilt. Alle zusätzlichen Aggregate, die bei der Reiheneinspritzpumpe außen angebracht werden, wie Förderpumpe, Regler, automatischer Spritzversteller, sind bei der Verteilerpumpe eingebaut.

Wirkungsweise: Der Pumpen- oder Verteilerkolben wird von einer Hubscheibe (Bild 4.64) betätigt, die so viele wirksame Nockenerhebungen hat wie der Motor Zylinder. Die Hubscheibe wird von der Antriebswelle über ein Mitnehmerkreuz angetrieben. Ihre Nockenbahn rollt auf radial angeordneten Rollen, die in dem drehbaren, aber nicht umlaufenden Rollenring gelagert sind, ab. Die Hubscheibe hat eine zentrische Aussparung mit einem Mitnehmerstift als Aufnahme für den Verteilerkolbenfuß. Der Kolben mit der Hubscheibe wird durch zwei Kolbenfedern (im Bild nur eine Feder dargestellt) in Richtung UT gegen den Rollenring gedrückt. Dreht sich die Antriebswelle, so dreht sich auch die Hubscheibe mit. Diese macht also *Dreh-Hubbewegungen*, die zwangsläufig auf den Verteilerkolben übertragen werden.

Förderung: Der Verteilerkolben besitzt vorne, der Motorzylinderzahl entsprechend, axiale Einlaßsteuerschlitze, im Bereich der Hochdruckkanäle nur einen Auslaßsteuerschlitz. Wird die Antriebswelle gedreht, so dreht sich auch der Kolben mit der gleichen Umdrehungszahl; er macht gleichzeitig die durch die Hubscheibe und Kolbenfeder hervorgerufenen Förderhub- und Saughubbewegungen. Im Saughub wird der Kolben durch die Feder bewegt. Dabei kommt ein Einlaßsteuerschlitz auf die Füllbohrung zu stehen (Bild 4.65). Da der Auslaßsteuerschlitz zwischen zwei Auslaßkanälen steht, kann mit Vordruck Kraftstoff in den Hochdruckraum strömen. Bei Beginn des Förderhubes, hervorgerufen durch die Hubscheibe, hat sich der Kolben inzwischen weitergedreht und mit dem Einlaßsteuerschlitz die Füllbohrung verlassen. Der Auslaßsteuerschlitz steht jetzt auf einem Hochdruckkanal (Bild 4.66). Der Kraftstoff wird über diesen Kanal, dem Druckentlastungsventil und der Einspritzleitung zur Einspritzdüse gefördert.

Beendigung der Förderung: Das Förderende wird eingeleitet, wenn die Abregelbohrung (Querbohrung) im Pumpenkolben den Regelschieber verlassen hat. Der unter Druck stehende Kraftstoff kann jetzt aus dem Hochdruckraum über die Axial- und Querbohrung (Abregelbohrung) in den Pumpeninnenraum abströmen (Bild 4.67). Der Druck im Hochdruckraum fällt schnell ab. Das Druckentlastungsventil (Bild 4.64) im Auslaß schließt wieder und senkt (wie bei der Reiheneinspritzpumpe) durch Volumenvergrößerung schlagartig den Druck in der Einspritzleitung, damit die Einspritzdüse schnell und exakt schließen kann, ohne nachzutropfen. Nach Überschreitung des OT wird der Verteilerkolben durch die Kolbenfedern zurück zum UT bewegt. Während des Kolbenrücklaufs zum UT wird durch die Dreh-Hubbewegung die Abregelbohrung (Querbohrung) durch den stehenden Regelschieber verschlossen (Bild 4.68). Der Auslaßsteuer-

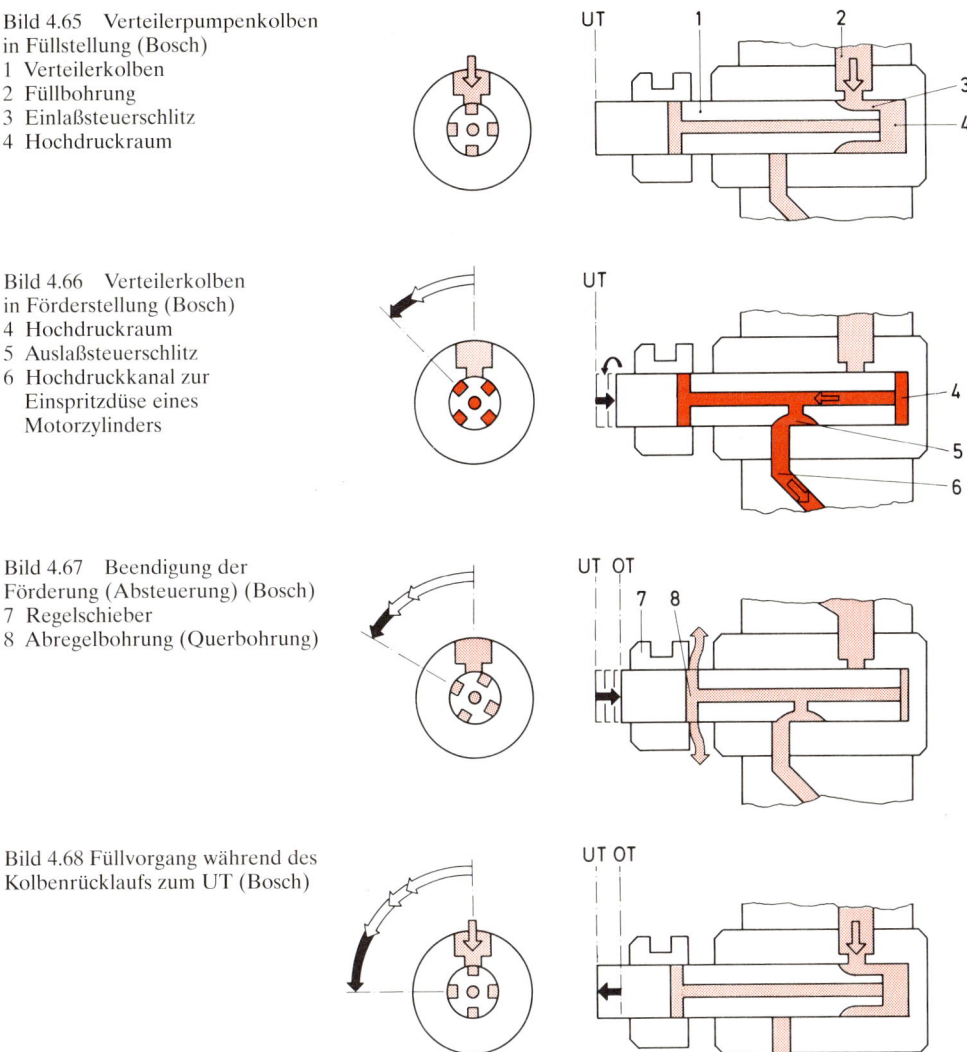

Bild 4.65   Verteilerpumpenkolben
in Füllstellung (Bosch)
1 Verteilerkolben
2 Füllbohrung
3 Einlaßsteuerschlitz
4 Hochdruckraum

Bild 4.66   Verteilerkolben
in Förderstellung (Bosch)
4 Hochdruckraum
5 Auslaßsteuerschlitz
6 Hochdruckkanal zur
   Einspritzdüse eines
   Motorzylinders

Bild 4.67   Beendigung der
Förderung (Absteuerung) (Bosch)
7 Regelschieber
8 Abregelbohrung (Querbohrung)

Bild 4.68 Füllvorgang während des
Kolbenrücklaufs zum UT (Bosch)

schlitz (Verteilernut) hat den Hochdruckkanal verlassen und der nächstfolgende Einlaßsteuerschlitz die Füllbohrung aufgesteuert, so daß sich der Füllvorgang wiederholen kann.

Fördermengenänderung: Die Veränderung der Fördermenge (Einspritzmenge) wird dadurch vorgenommen, daß der Regelschieber (durch Fahrpedal oder Regler) auf dem Verteilerkolben axial
verschoben wird und seine Lage zur Abregelbohrung (Querbohrung) verändert (Bild 4.64). Wird
der Regelschieber, z.B. durch Niedertreten des Fahrpedals, mit der Kolbenhubbewegung zum OT
hin verschoben, vergrößern sich der Nutzhub und die Fördermenge, da die Abregelbohrung länger verschlossen bleibt. Umgekehrt werden der Nutzhub und die Fördermenge kleiner, wenn der

Regelschieber zur Hubscheibe, d.h. zum UT hin verschoben wird, da die Abregelbohrung früher aus dem Regelschieber herausläuft und die Förderung früher beendet wird.

Drehzahlregelung: Die Verteilereinspritzpumpe ist mit einem mechanischen, d.h. Fliehkraftregler ausgerüstet, der in dem oberen Teil der Pumpe angeordnet ist (Bild 4.64). Er kann als Alldrehzahl- bzw. Verstellregler oder als Leerlauf-Enddrehzahlregler wirken.

Aufgaben des Reglers (Abschnitt 4.4)
Alldrehzahlregler: Der Regler (Bilder 4.64 und 4.69) regelt alle Drehzahlen zwischen der Leerlauf- und der Höchstdrehzahl, d.h. außer der Leerlauf- und der Höchstdrehzahl auch den dazwischenliegenden Bereich. Er wird bei Motoren (z.B. Schlepper) mit Nebenantrieb (Zapfwelle) und vereinzelt bei Pkw-Motoren verwendet.

Wirkungsweise: Grundsätzlich ist die Wirkungsweise des Reglers folgende: Erhöht sich die Motordrehzahl, so bewegen sich die Fliehgewichte nach außen, sobald die vom Fahrer eingestellte Drehzahl überschritten und die Fliehkraft größer geworden ist als die Kraft der Hauptregelfeder. Es wird abgeregelt, d.h., der Regelschieber wird in Richtung kleinere Fördermenge verschoben. Nimmt dagegen die Drehzahl ab, so ist der Vorgang umgekehrt, und der Regelschieber wird in Richtung größere Fördermenge bewegt.

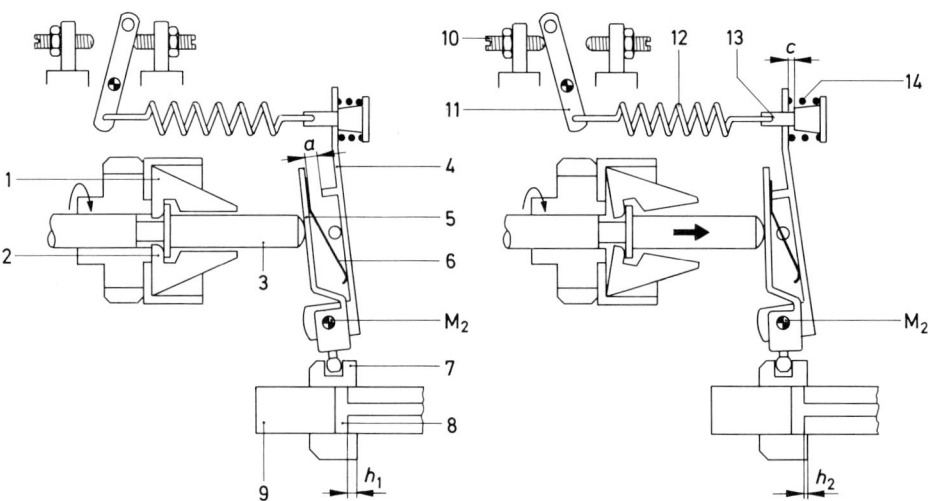

Bild 4.69   Alldrehzahlregler:
links in Startstellung, rechts in Leerlaufstellung
(Bosch)

1, 2 Fliehgewichte	9 Verteilerkolben
3 Reglermuffe	10 Einstellschraube Leerlaufdrehzahl
4 Spannhebel	11 Drehzahl-Verstellhebel
5 Starthebel	12 Regelfeder
6 Startfeder	13 Haltebolzen
7 Regelschieber	14 Leerlauffeder
8 Steuerbohrung des Verteilerkolbens	a Weg der Startfeder
	c Weg der Leerlauffeder
	h_1 max Nutzhub, Start
	h_2 min Nutzhub, Leerlauf
	M_2 Drehpunkt für 4 und 5

Startverhalten: Bei Stillstand des Motors liegen die Fliehgewichte ganz an der Reglermuffe an (Bild 4.69). Die Startfeder (Blattfeder) kann sich am Spannhebel abstützen und den Starthebel ganz zu den Fliehgewichten hindrücken. Dadurch wird der Regelschieber am weitesten in der Hubrichtung des Kolbens verschoben und die Startmenge gefördert. Beim Anlaufen des Motors wird die Reglermuffe um den Betrag *a* von den Fliehgewichten verschoben. Die schwache Startfeder wird überdrückt, bis der Starthebel am Spannhebel anliegt. Die Startmenge wird automatisch auf die Leerlaufmenge reduziert.

Leerlauf: Das Fahrpedal steht mit dem Drehzahl-Verstellhebel in Leerlaufstellung (Bild 4.69). Bei Leerlaufdrehzahl wirkt die geringe Kraft der Fliehgewichte gegen die schwache Leerlauffeder. Beim Auswiegen der beiden Kräfte kommt der Regelschieber in eine Stellung, in der nur ein kleiner Nutzhub (Förderhub) bemessen wird. Die Abregelbohrung tritt schon nach einem kurzen Kolbenweg aus dem Regelschieber hervor und beendet die Förderung.

Bei Drehzahlen über dem Leerlaufregelbereich ist der Federweg *c* zurückgelegt und die Leerlauffeder überdrückt.

Lastbetrieb (Fahrbetrieb): Der Fahrer kann über das Fahrpedal und den Drehzahl-Verstellhebel die Hauptregelfeder stufenlos spannen und dadurch jede Drehzahl und Fahrgeschwindigkeit einstellen (Bild 4.70). Die Stellung des Verstellhebels bringt jeweils eine bestimmte Hauptregel-

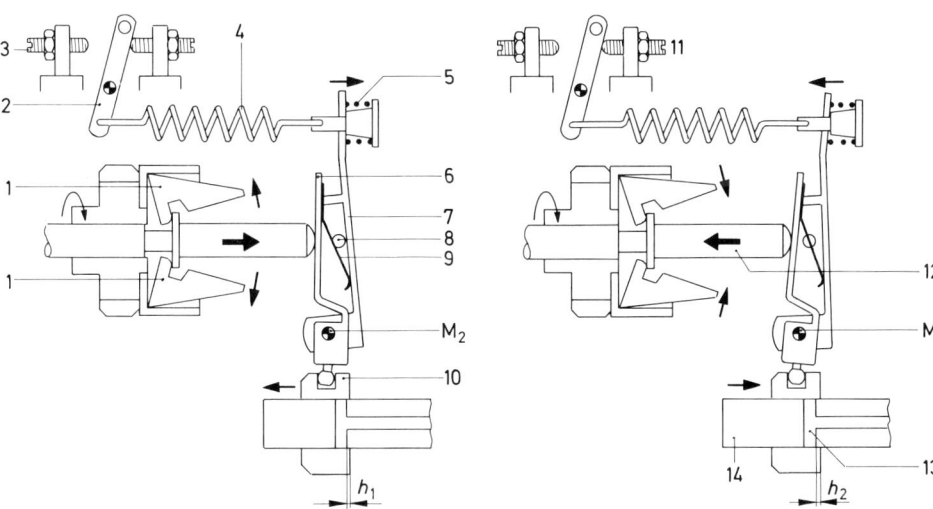

Bild 4.70   Alldrehzahlregler:
links Arbeitsweise bei steigender,
rechts bei fallender Drehzahl (Bosch)

1 Fliehgewichte
2 Drehzahl-Verstellhebel
3 Einstellschraube Leerlaufdrehzahl
4 Regelfeder
5 Leerlauffeder
6 Starthebel

7   Spannhebel
8   Spannhebelanschlag
9   Startfeder
10 Regelschieber
11 Einstellschraube Vollast
12 Reglermuffe
13 Steuerbohrung des Verteilerkolbens
14 Verteilerkolben
h_1, h_2 Nutzhub Vollast
M_2 Drehpunkt für 6 und 7

Federspannung, die sich über Spannhebel und Reglermuffe gegen die Fliehgewichte auswirkt, bis die Kräfte im Gleichgewicht stehen. Dabei nehmen die Fliehgewichte und der Regelschieber eine entsprechende Stellung ein und bemessen den momentanen Förderhub. Steigt nun durch Lastminderung die Drehzahl, bewegen sich die Fliehgewichte nach außen und verschieben den Regelschieber in Richtung kleinere Fördermenge. Es wird dadurch die Motordrehzahl nach kurzem Ansteigen infolge der verminderten Fördermenge begrenzt. Bei Lasterhöhung (Bergfahrt) jedoch fällt die Drehzahl, die Fliehgewichte bewegen sich nach innen und bewirken, daß der Regelschieber in Richtung größere Fördermenge verschoben wird.

Endregelung: Läuft der Motor mit Vollast und wird bei Vollaststellung des Fahrpedals, z.B. durch Auskuppeln, die Belastung weggenommen, so muß die Endregelung einsetzen. Da bei Wegnahme der Belastung die Drehzahl ansteigt, nimmt die Fliehkraft zu. Bei Überschreitung der Nenn- bzw. der höchsten Vollastdrehzahl ist dann die Fliehkraft höher als die Kraft der End- oder Hauptregelfeder. Von den Fliehgewichten werden Reglermuffe, Starthebel und Spannhebel betätigt und der Regelschieber aus der Vollastförderstellung in Richtung Hubschieber (UT) verstellt. Bei Erreichen der Höchstdrehzahl (oberer Leerlauf) ist die Fördermenge um so viel verringert worden, daß der Motor seine Drehzahl wegen Kraftstoffmangels nicht weiter erhöhen kann.

Schiebebetrieb: Im Schiebebetrieb und Leerlaufstellung am Fahrpedal wird der Motor vom Fahrzeug angetrieben und dreht mit höherer Drehzahl. Aufgrund geringer Leerlauffederkraft gehen die Fliehgewichte ganz nach außen und drücken über die Hebel den Regelschieber in die Stellung Nullförderung. Da in der UT-Stellung des Kolbens die Abregelbohrung nicht vom Regelschieber verschlossen wird, kann keine Förderung einsetzen.

Leerlauf-Enddrehzahlregler: Der Regler (Bild 4.71) regelt nur den unteren Leerlauf und begrenzt, nach Überschreitung der höchsten Vollastdrehzahl (Nenndrehzahl), die Höchstdrehzahl (Abregeldrehzahl) des Motors. Der dazwischenliegende Bereich muß direkt von dem Fahrpedal, d.h. vom Fahrer, geregelt werden. Er wird bei Pkw-Motoren eingesetzt, die nur im Fahrbetrieb belastet sind.

Der Leerlauf-Enddrehzahlregler ist mit dem bereits erklärten Alldrehzahlregler vergleichbar. Der Unterschied besteht nur darin, daß die Endregelfeder als Druckfeder in einem Schleppglied eingesetzt ist (Bild 4.71), sich die Leerlauffeder zwischen Start- und Spannhebel abstützt und die Zwischenfeder auf dem Haltebolzen nach der Leerlauffeder anspricht.

Startverhalten und Leerlaufregelung (siehe *Alldrehzahlregler*)

Fahrbetrieb (Lastbetrieb): Bei Fahrpedalbetätigung werden Drehzahl-Verstellhebel und innen im Regler das Schleppglied mit Haltebolzen mitgenommen. Die Start- und die Leerlaufregelfeder werden überdrückt und sind wirkungslos. Nur die Zwischenregelfeder ist noch im Eingriff, mit der ein breiterer Leerlaufregelbereich erzielt und ein Fahrruckeln verhindert wird. Beim weiteren Durchtreten des Fahrpedals gibt auch die Zwischenfeder nach, bis der Haltebolzen am Spannhebel anliegt. Jetzt ist der nichtgeregelte Bereich wirksam, weil die stark vorgespannte Endregelfeder in dem Schleppglied erst nach Überschreitung der höchsten Vollastdrehzahl nachgibt. Somit ist die ganze Betätigungseinrichtung vom Verstellhebel bis zum Regelschieber als starr anzusehen.

Will der Fahrer die Geschwindigkeit erhöhen oder wird die Motorbelastung geändert, so muß er selbst den Regelschieber betätigen, da der Regler nicht wie der Alldrehzahlregler reagiert.

356 *Gemischbildung und Verbrennung bei Dieselmotoren*

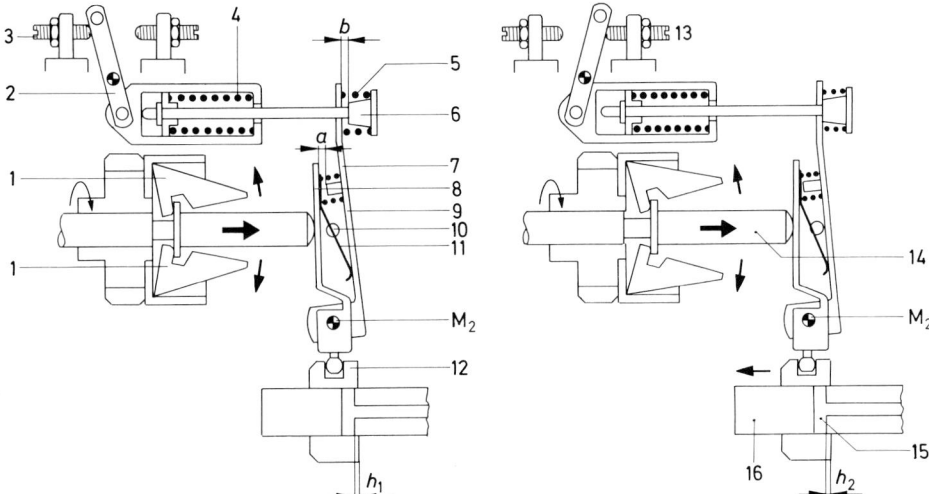

Bild 4.71 Leerlauf-Enddrehzahlregler:
links Leerlaufstellung,
rechts Vollaststellung (Bosch)

1	Fliehgewichte
2	Drehzahl-Verstellhebel
3	Einstellschraube Leerlaufdrehzahl
4	Regelfeder
5	Zwischenfeder
6	Haltebolzen
7	Leerlauffeder
8	Starthebel
9	Spannhebel

10	Spannhebelanschlag
11	Startfeder
12	Regelschieber
13	Einstellschraube Vollast
14	Reglermuffe
15	Steuerbohrung des Verteilerkolbens
16	Verteilerkolben
a	Weg der Start- und Leerlauffeder
b	Weg der Zwischenfeder
h_{1min}	Nutzhub Leerlauf
h_2	Nutzhub Vollast
M_2	Drehpunkt für 8 und 9

Endregelung und Schiebebetrieb (siehe *Alldrehzahlregler*)

Abstellen: Zum Abstellen werden durch einen Abstellhebel (Bild 4.72) der Spannhebel betätigt und der Regelschieber so verschoben, daß der Hochdruckraum über die Abregelbohrung im Kolben ständig mit dem Pumpeninnenraum verbunden ist und kein Druck aufgebaut werden kann. Im anderen Fall wird durch eine elektrische Abstellvorrichtung (Bild 4.73), die beim Abstellen stromlos wird, die Verbindung vom Pumpeninnenraum zum Hochdruckraum gesperrt.

Automatischer Spritzversteller
Bei der Verteilereinspritzpumpe ist der Spritzversteller (Bild 4.74) unten in dem Pumpengehäuse eingebaut und besteht aus einem federbelasteten Kolben, der auf den Rollenring wirkt.

Aufgabe: Der Spritzversteller muß bei steigender Drehzahl den Spritzbeginn der Einspritzdüsen vorverlegen, damit der größer gewordene Zündverzug in Grad Kurbelwinkel ausgeglichen wird und der optimal erreichbare Verbrennungsdruck immer direkt nach OT auf den Kolben wirkt (dadurch optimale Motorleistung bei jeder Drehzahl).

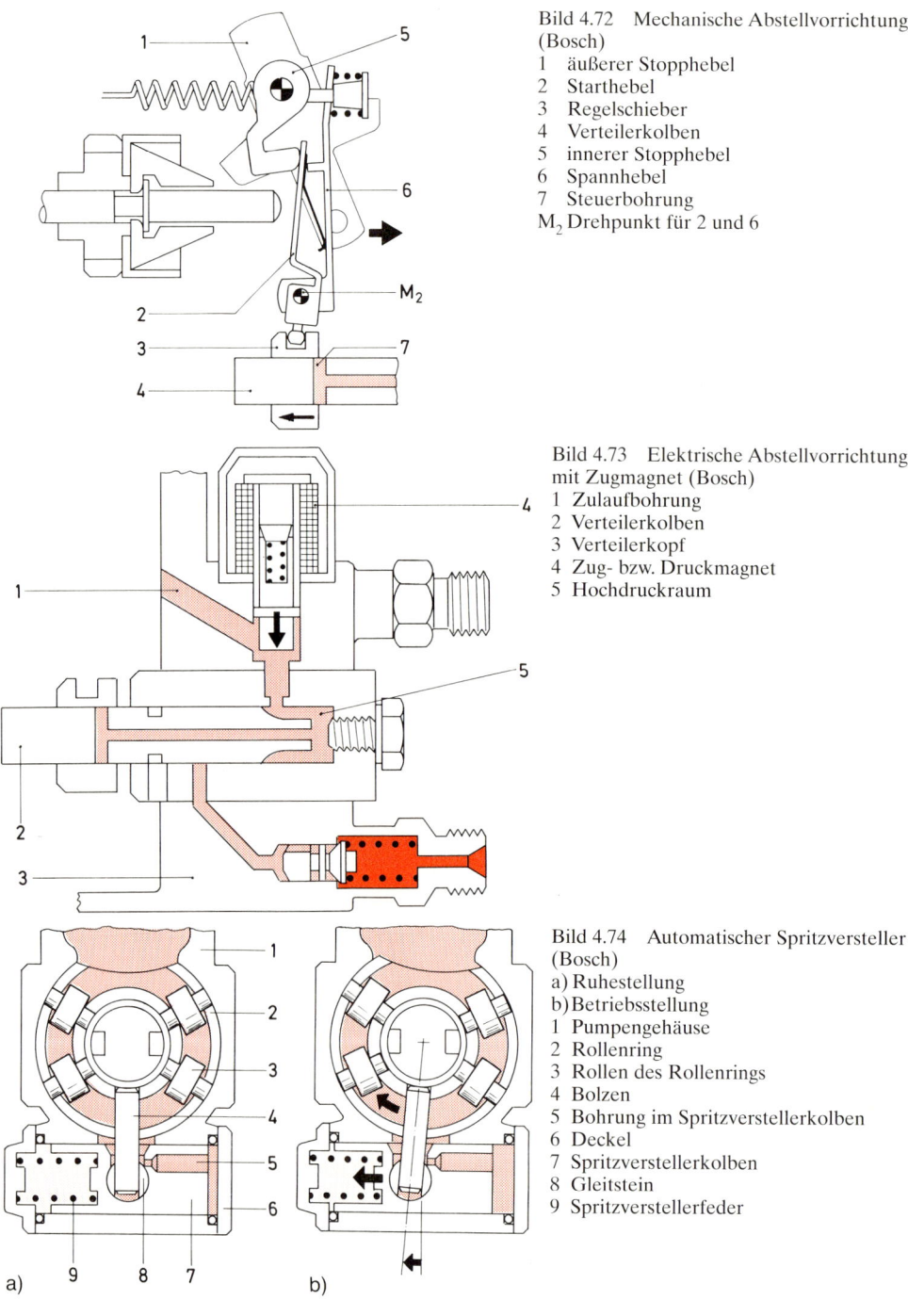

Bild 4.72 Mechanische Abstellvorrichtung (Bosch)
1 äußerer Stopphebel
2 Starthebel
3 Regelschieber
4 Verteilerkolben
5 innerer Stopphebel
6 Spannhebel
7 Steuerbohrung
M_2 Drehpunkt für 2 und 6

Bild 4.73 Elektrische Abstellvorrichtung mit Zugmagnet (Bosch)
1 Zulaufbohrung
2 Verteilerkolben
3 Verteilerkopf
4 Zug- bzw. Druckmagnet
5 Hochdruckraum

Bild 4.74 Automatischer Spritzversteller (Bosch)
a) Ruhestellung
b) Betriebsstellung
1 Pumpengehäuse
2 Rollenring
3 Rollen des Rollenrings
4 Bolzen
5 Bohrung im Spritzverstellerkolben
6 Deckel
7 Spritzverstellerkolben
8 Gleitstein
9 Spritzverstellerfeder

358   *Gemischbildung und Verbrennung bei Dieselmotoren*

Wirkungsweise: Der Versteller arbeitet *automatisch hydraulisch,* d.h., der Förderpumpendruck der Flügelzellenpumpe, der mit der Drehzahl ansteigt, wirkt auch auf den federbelasteten Kolben des Verstellers. Ist der Kraftstoffdruck entsprechend angestiegen, wird der Kolben, der in einer quer zur Antriebswelle liegenden Bohrung gleitet, gegen den Federdruck verschoben. Über einen Bolzen wird dadurch der Rollenring entgegen der Pumpendrehrichtung gedreht, d.h., der Förderbeginn wird in Richtung «früh» verändert, da die Nocken der Hubscheibe die Rollen früher erreichen.

Ladedruckabhängiger Vollastanschlag

Der ladedruckabhängige Vollastanschlag (Bild 4.75) ist bei Dieselmotoren mit Abgasturbolader erforderlich. Bei diesen Motoren muß die Vollastmenge der Pumpe auf die vom Ladedruck abhängige Zylinderfüllung abgestimmt werden. Dies bedeutet, daß bei niedriger Drehzahl ohne Aufladung und geringer Luftfüllung die Vollastmenge entsprechend verringert und bei steigender Drehzahl mit zunehmendem Ladedruck so weit vergrößert werden muß, daß der Motor über den ganzen Drehzahlbereich gerade rauchfrei arbeitet.

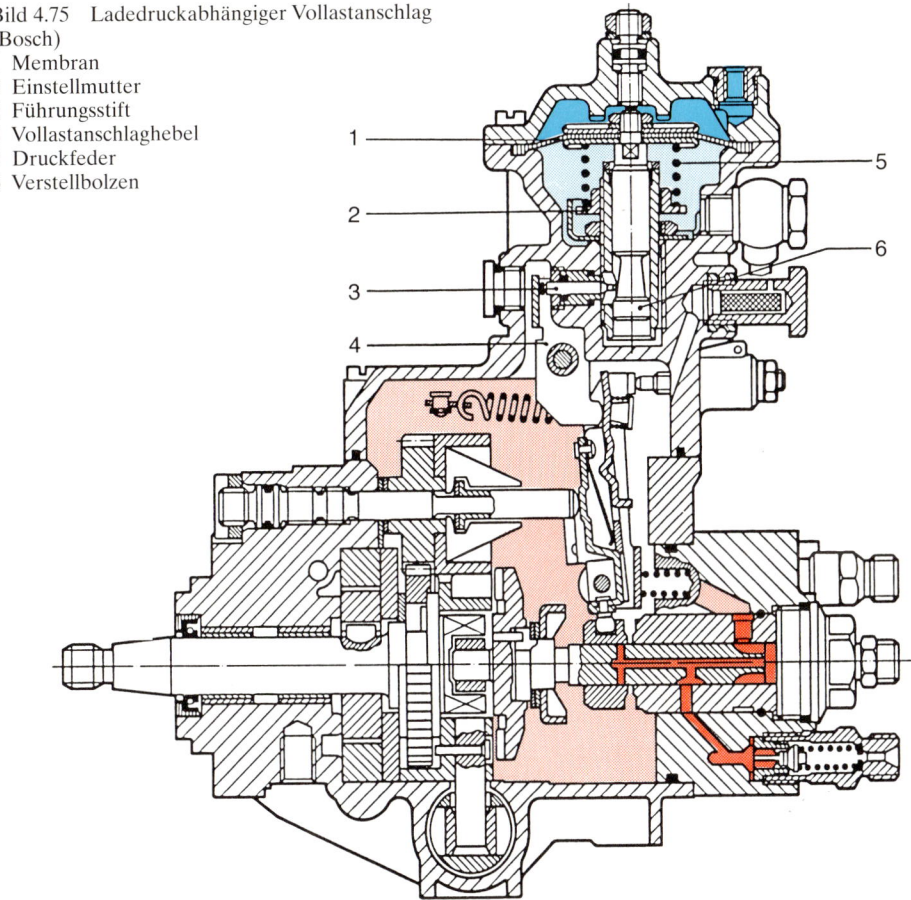

Bild 4.75 Ladedruckabhängiger Vollastanschlag
(Bosch)
1 Membran
2 Einstellmutter
3 Führungsstift
4 Vollastanschlaghebel
5 Druckfeder
6 Verstellbolzen

Wirkungsweise: Im unteren Drehzahlbereich ist der Ladedruck, der über eine Verbindungsleitung in der oberen Kammer wirksam wird, nicht hoch genug, um die Federkraft zu überwinden. Die Membran befindet sich in Ausgangsstellung, und der Vollastanschlaghebel bestimmt durch seine Lage eine geringe Vollastmenge. Bei ansteigendem Ladedruck (bis auf 0,8 bar) wird, gegen die Kraft der Druckfeder, die Membran nach unten gedrückt und dabei der Vollastanschlaghebel so verändert, daß über den Spann- und Starthebel der Regelschieber in Richtung größere Fördermenge verschoben wird.

Kaltstartbeschleuniger

Durch den Kaltstartbeschleuniger (Bild 4.76) werden die Kaltstartbedingungen des Dieselmotors verbessert, dabei der Förderbeginn bei Leerlauf- und niedriger Teillastdrehzahl in Richtung «früh» verstellt. Durch diese Verstellung wird der in der Warmlaufphase größere Zündverzug ausgeglichen und erreicht, daß die Eigenzündung noch vor OT einsetzt, der Motor gleichmäßig läuft und nicht blau raucht. Die Verstellung erfolgt entweder durch den Fahrer vom Fahrzeuginnenraum über Seilzug oder automatisch durch eine temperaturabhängige Betätigungseinrichtung.

Aufbau: Die Verstelleinrichtung ist seitlich am Pumpengehäuse angebaut. Der Verstellhebel ist über eine Welle mit dem exzentrisch angebrachten Kugelkopf verbunden, der in den Rollenring eingreift. Bei einer anderen Ausführung wird über einen Nocken der Spritzverstellerkolben betätigt.

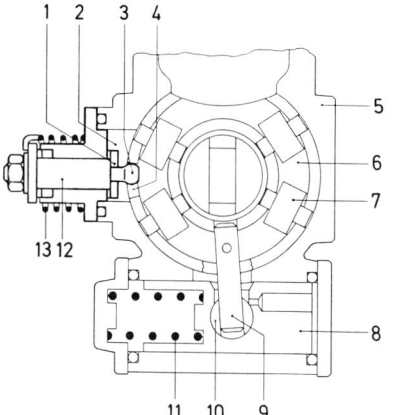

Bild 4.76   Kaltstartbeschleuniger am Rollenring (Bosch)
 1 Hebel
 2 Einstellfenster
 3 Kugelbolzen
 4 Längsnut
 5 Pumpengehäuse
 6 Rollenring
 7 Rollen des Rollenrings
 8 Spritzverstellerkolben
 9 Bolzen
10 Gleitstein
11 Spritzverstellerfeder
12 Welle
13 Schenkelfeder

Wirkungsweise: Bei Handbetätigung (Bild 4.77) wird über den Verstellhebel die Welle gegen die Kraft der Schenkelfeder verdreht. Dabei nimmt der Kugelbolzen den Rollenring mit und verdreht diesen um etwa 2,5° entgegen der Pumpendrehrichtung.

Die automatische Verstellung (Bild 4.78) erfolgt mit Hilfe eines temperaturabhängigen Dehnstoffelementes, das vom Kühlmittel umspült wird und ebenfalls auf die Welle mit dem Kugelbolzen wirkt. Der Vorteil dieser Einrichtung ist, daß immer der Motortemperatur entsprechend gesteuert wird, d.h. bei kaltem Motor die Förderbeginnverstellung des Rollenrings 2,5° beträgt und bei Erwärmung bis auf etwa +40 °C (339 K) Kühlmitteltemperatur die Verstellung stufenlos zurückgenommen wird.

Bild 4.77 Mechanischer Kaltstartbeschleuniger, manuell zu betätigen (Bosch)
1 Klemmstück
2 Seilzug
3 Anschlag
4 Schenkelfeder
5 Verstellhebel

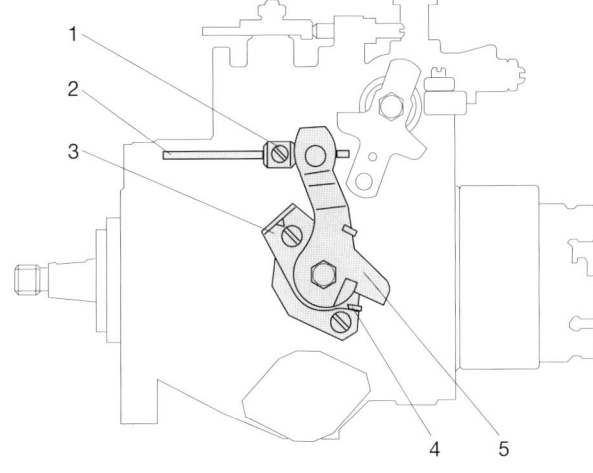

Bild 4.78 Mechanischer Kaltstartbeschleuniger, automatisch betätigt
1 Gehäuse mit eingebautem
  Dehnstoffelement

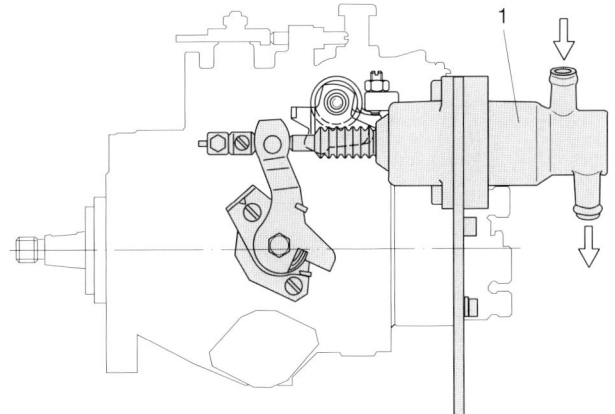

Einstellen der Bosch-Verteilereinspritzpumpe zum Motor

Beim Einstellen der Verteilereinspritzpumpe zum Motor wird nicht der Förderbeginn eingestellt,
sondern die Pumpe dann zugeordnet, wenn der Kolben des ersten Motorzylinders im Zünd-OT
steht. Dabei muß der Pumpenkolben einen vom Hersteller vorgeschriebenen Hub ausgeführt
haben. In den meisten Fällen läuft die Pumpenzuordnung zum Motor wie folgt ab:

1. Den Kolben des ersten Motorzylinders auf Zünd-OT stellen und die Motornockenwelle nach
   der Herstellerangabe festsetzen.
2. Die Verteilereinspritzpumpe so zuordnen, daß der Auslaßsteuerschlitz am Pumpenkolben den
   Auslaßkanal aufsteuert, der über die Einspritzleitung mit der Einspritzdüse vom ersten Motorzylinder verbunden ist. Dazu muß die Markierung am Pumpenantriebsrad einer festen Gehäusemarkierung gegenübergestellt oder mit einem Dorn abgesteckt werden.
3. Bei Zahnriemenantrieb den Riemen auflegen und spannen. Danach die Motornockenwellen-
   arretierung herausnehmen.

4. Den mechanisch betätigten Kaltstartbeschleuniger an der Verteilereinspritzpumpe ausschalten.
5. Nach dem Herausschrauben der zentralen Entlüftungsschraube am Verteilerkopf statt dessen eine Meßvorrichtung mit Meßuhr einsetzen und auf z.B. 2 mm vorspannen. Danach die Kurbelwelle zurückdrehen, bis der Zeiger der Meßuhr stehenbleibt und der Pumpenkolben auf UT steht. In dieser Stellung die Meßuhr auf Null stellen. Anschließend die Kurbelwelle in Drehrichtung drehen, bis die Motormarkierungen übereinstimmen. In dieser Stellung den vom Pumpenkolben zurückgelegten Weg an der Meßuhr ablesen und mit dem vom Hersteller vorgeschriebenen Weg (z.B. 0,90 ± 0,02 mm) vergleichen. Bei Abweichung das Pumpengehäuse entsprechend verdrehen und anschließend festschrauben.
6. Die Einstellung kontrollieren. Dazu die Kurbelwelle wieder zurückdrehen, bis der Zeiger der Meßuhr auf Null steht, und anschließend vordrehen, bis die Motormarkierungen übereinstimmen. Dabei muß der vorgeschriebene Pumpenkolbenweg abgelesen werden.

4.3.7 Einspritzanlage mit Bosch-Verteilereinspritzpumpe und EDC (Electronic Diesel Control)

Die vorrangigen Ziele bei der Entwicklung von Fahrzeug-Dieselmotoren mit elektronischer Regelung sind:

❐ schadstoffarmes Abgas,
❐ Senkung des Kraftstoffverbrauchs,
❐ Leistungssteigerung,
❐ Verbesserung des Fahrkomforts.

Mit dieser Zielsetzung steigen selbstverständlich auch die Anforderungen an das Einspritzsystem. Dies bedeutet, es muß gegenüber einem System mit mechanischer Regelung viel genauer und feinfühliger geregelt werden. Außerdem muß die Möglichkeit zur Verarbeitung zusätzlicher Einflußgrößen unter Einhaltung einer hohen Genauigkeit bei engen Toleranzen über einen langen Zeitraum bestehen. Diese Anforderungen werden von der EDC (Bild 4.79) erfüllt. Durch elektrisches Messen in Verbindung mit der elektronischen Datenverarbeitung werden elektrische Stellglieder angesteuert und

❐ Kraftstoffeinspritzmenge,
❐ Einspritzbeginn,
❐ Abgasrückführung (AGR) und
❐ Ladedruck

beeinflußt. Die elektronische Dieselregelung besteht aus drei Systemblöcken (Bild 4.80).

❐ *Systemblock 1:* aus den Sensoren (Informationsgebern) zur Erfassung der Betriebsbedingungen (Istwerte) und den Sollwertgebern zur Erfassung des jeweiligen Sollwertes. Diese Geber wandeln verschiedene physikalische Meßgrößen in elektrische Signale um;
❐ *Systemblock 2:* aus dem Steuergerät mit Mikroprozessoren zur Verarbeitung der eingegebenen Signale (Informationen) und Ausgabe der elektrischen Ausgangssignale;
❐ *Systemblock 3:* den Stellgliedern, die die elektrischen Ausgangssignale des Steuergeräts in mechanische Stellgrößen, z.B. in Regelschieberweg, umwandeln.

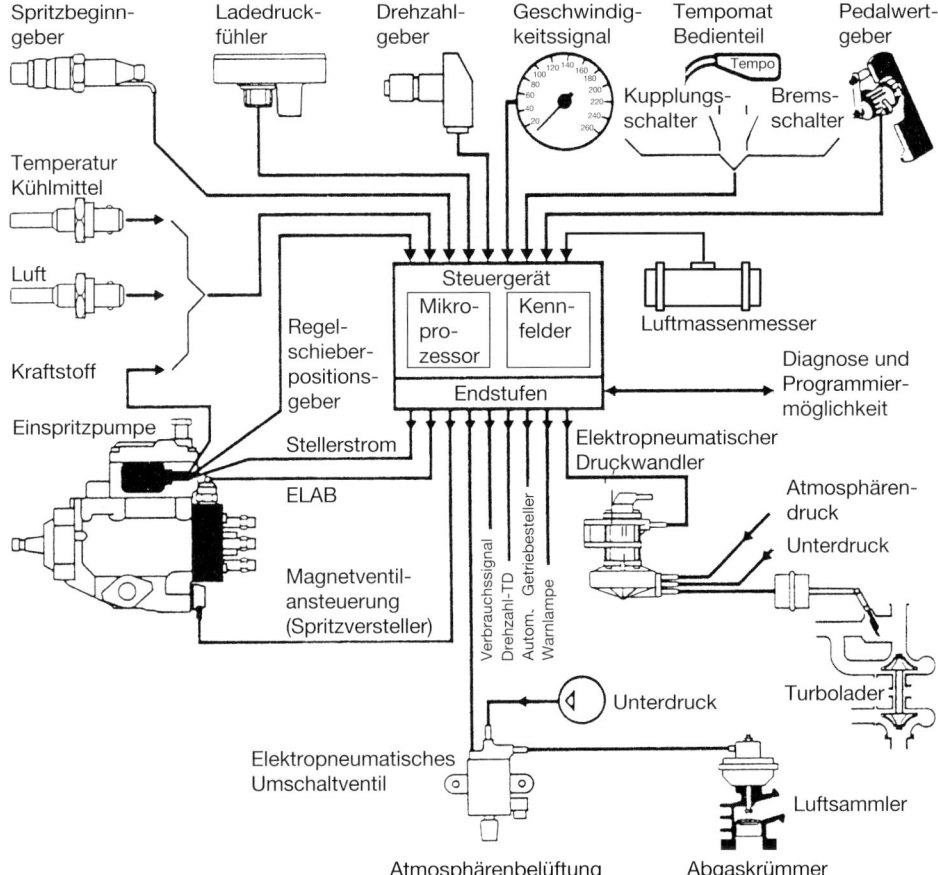

Bild 4.79 Einspritzsystem mit elektronisch geregelter Verteilereinspritzpumpe (BMW)

Systemblock 1

Aufgabe der Sensoren

1. Temperatursensoren

Diese messen und informieren das elektronische Steuergerät über die Temperatur der Ansaug-
bzw. Ladeluft, des Kühlmittels und des Kraftstoffs.

Lufttemperaturfühler im Ansaugsystem: Durch das Messen der Lufttemperatur wird die jeweilige
Luftdichte erfaßt, die sich bei Temperaturschwankungen verändert und das Zylinderfüllgewicht
beeinflußt. So ist z.B. wärmere Luft leichter und das Zylinderfüllgewicht geringer. Um ein Ansteigen der Schadstoffwerte zu verhindern, muß durch das elektronische Steuergerät die Einspritzmenge entsprechend verringert werden.

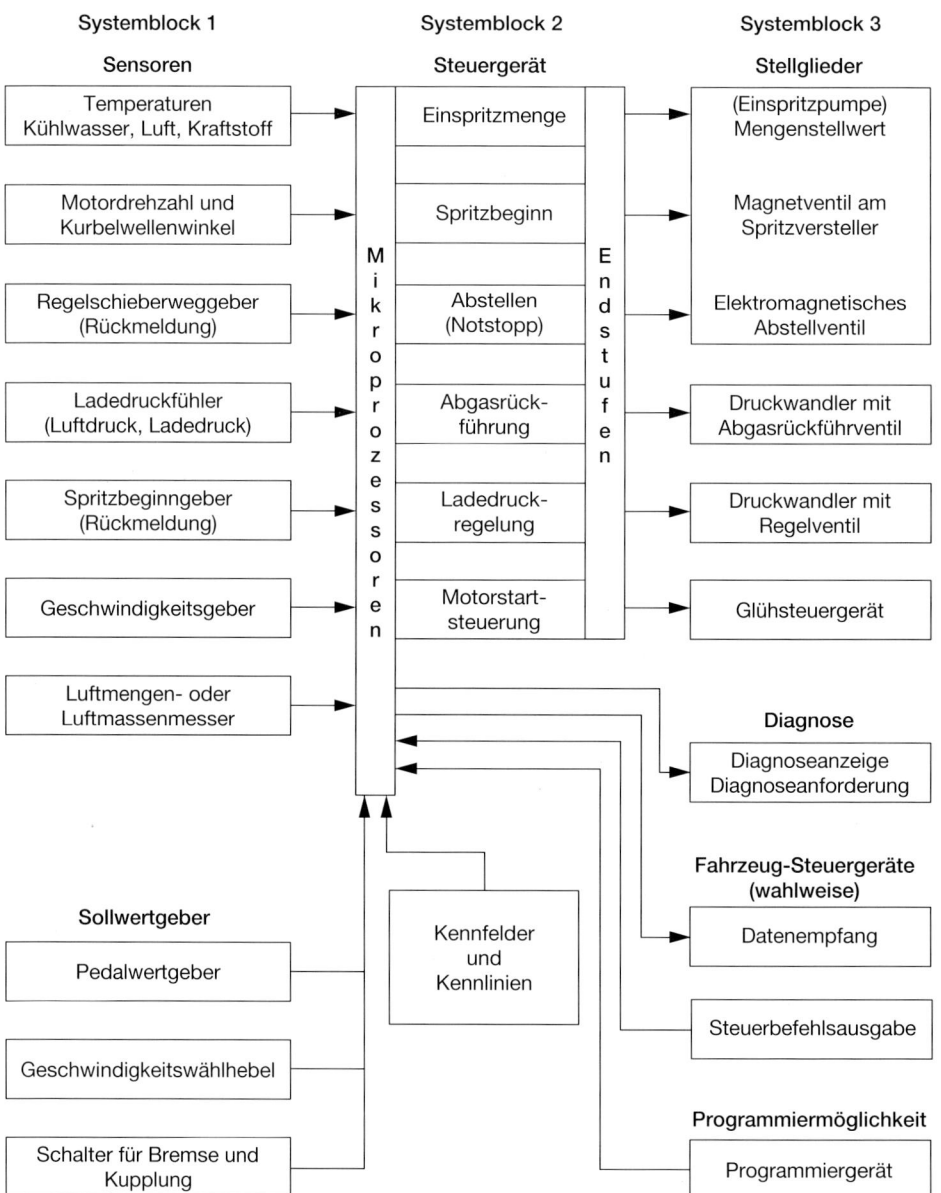

Systemblock 1

Sensoren

Temperaturen Kühlwasser, Luft, Kraftstoff

Motordrehzahl und Kurbelwellenwinkel

Regelschieberweggeber (Rückmeldung)

Ladedruckfühler (Luftdruck, Ladedruck)

Spritzbeginngeber (Rückmeldung)

Geschwindigkeitsgeber

Luftmengen- oder Luftmassenmesser

Sollwertgeber

Pedalwertgeber

Geschwindigkeitswählhebel

Schalter für Bremse und Kupplung

Systemblock 2

Steuergerät

Mikroprozessoren

Einspritzmenge

Spritzbeginn

Abstellen (Notstopp)

Abgasrück-führung

Ladedruck-regelung

Motorstart-steuerung

Kennfelder und Kennlinien

Systemblock 3

Stellglieder

Endstufen

(Einspritzpumpe) Mengenstellwert

Magnetventil am Spritzversteller

Elektromagnetisches Abstellventil

Druckwandler mit Abgasrückführventil

Druckwandler mit Regelventil

Glühsteuergerät

Diagnose

Diagnoseanzeige Diagnoseanforderung

Fahrzeug-Steuergeräte (wahlweise)

Datenempfang

Steuerbefehlsausgabe

Programmiermöglichkeit

Programmiergerät

Bild 4.80 Systemblöcke der elektronischen Dieselregelung

Kühlmitteltemperaturfühler im Zylinderkopf: Die Kühlmitteltemperatur hat Einfluß auf die Bemessung der Einspritzmenge, des Spritzbeginns sowie auf die Höhe der Leerlaufdrehzahl im kalten und warmen Zustand des Motors. So wird bei Kaltstart temperaturabhängig eine Einspritzmenge aus dem Kennfeld bestimmt, die einen einwandfreien Start ermöglicht, ohne daß der Motor raucht, und die Leerlaufdrehzahl auf den Wert bei warmem Motor angehoben. Außerdem wird abhängig von der Kühlmitteltemperatur der Beginn der Abgasführung festgelegt.

Bei Ausfall des Kühlmitteltemperaturfühlers geht einmal die Kraftstoffmengenregelung auf einen Ersatzwert, der dem bei –20 °C entspricht; dadurch werden bei warmem Motor eine höhere Startmenge und auch eine höhere Leerlaufdrehzahl bemessen. Außerdem wird die Abgasrückführung abgestellt, und die Spritzbeginnregelung geht auf einen Ersatzwert, der dem bei +50 °C entspricht; dadurch entfällt die Kaltstartbeschleunigerfunktion, d.h., bei kaltem Motor wird der Spritzbeginn nicht um etwa 5° Kurbelwinkel früher gestellt. Der Motor reagiert daraufhin mit geringerer Leistung beim Anfahren und mit Weiß- bzw. Blaurauch.

Kraftstofftemperaturfühler in der Einspritzpumpe: Durch das Messen der Kraftstofftemperatur wird die Dichteänderung, die durch Temperaturschwankungen entsteht, berücksichtigt. So wird bei Erwärmung des Kraftstoffs die dabei entstehende Dichteabnahme von dem elektronischen Steuergerät erkannt und die Einspritzmenge soweit erhöht, bis die Kraftstoffmasse der des kälteren Kraftstoffs entspricht.

2. Drehzahlgeber/Positionsgeber

Er sitzt als Induktivgeber in der Nähe der Schwungscheibe und erfaßt berührungslos einmal die Motordrehzahl und gleichzeitig auch die Position der Kurbelwelle. Die Schwungscheibe (Bild 4.81) besitzt der Zylinderzahl entsprechend Aussparungen (Fenster) oder in einem anderen Fall Segmente (Erhöhungen). Jede Aussparung bzw. jedes Segment entspricht dem OT eines Zylinders. Bei laufendem Motor wird durch die Vorder- und Hinterkanten der Aussparungen bzw. der Segmente in dem Geber durch Induktion eine Wechselspannung erzeugt, die als Drehzahlinformation dem Steuergerät mitgeteilt wird. Bei manchen Anlagen dient er nur als Drehzahlgeber, dann liefert der Nadelbewegungsfühler das Signal zur Zylindererkennung. Bei Ausfall des Dreh-

Bild 4.81   Drehzahl- und Positionsgeber (Bosch)
1 Schwungscheibe
2 Aussparung
3 Drehzahlgeber (induktiv)
4 Wechselspannungssignal
a Abstand bei 4 Zylindern 90° KW
    Abstand bei 5 Zylindern 72° KW

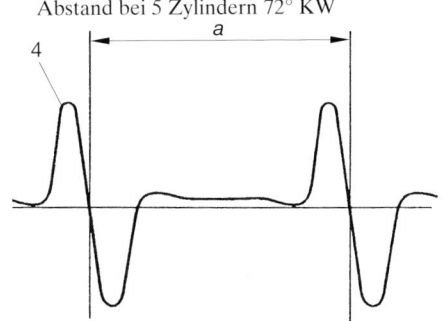

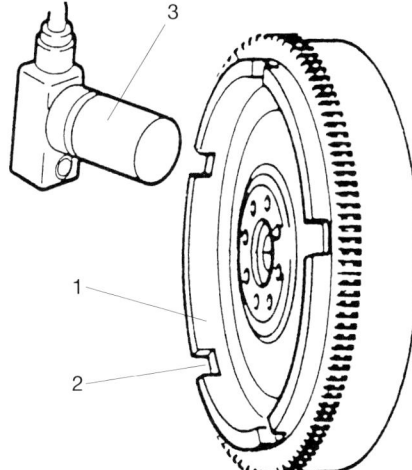

zahlgebers wird aus dem Signal des Nadelbewegungsfühlers in einer der Einspritzdüsen ein Ersatzsignal gebildet. Außerdem wird die Vollastmenge verringert, die Spritzbeginnregelung außer Funktion gesetzt und die Fehlerlampe eingeschaltet.

3. Regelschieberweggeber

Dieser Geber befindet sich oben im Bereich des Magnetstellwerks (Bild 4.85). Er ist bei den älteren Verteilereinspritzpumpen ein Potentiometer und bei den neueren Ausführungen ein berührungsloser Halbdifferential-Kurzschlußringgeber. Der Regelschieberweggeber erfaßt die momentane Stellung des Regelschiebers und meldet sie dem Steuergerät. Bei defektem Regelschieberweggeber – wenn das Steuergerät keine Rückmeldung mehr erhält – wird der Motor abgestellt (Notstopp). Das Steuergerät unterbricht die Stromversorgung zum elektromagnetischen Abstellventil (ELAB), dieses schließt und sperrt den Füllkanal (Bild 4.84) zum Hochdruckraum ab.

4. Ladedruckfühler

Dieser Sensor (Bilder 4.79 und 4.82) ist über eine Leitung mit der Druckseite des Laders verbunden. Auf seiner Membran befinden sich piezoresistive Widerstände, deren Leitfähigkeit sich unter mechanischer Verspannung ändert. Die Widerstände sind so als Brücke geschaltet, daß eine Auslenkung der Membran zu einer Änderung des Brückenabgleichs führt. Die dabei geänderte Brückenspannung wird durch eine Auswerteschaltung verstärkt und geht als Ausgangssignal an das Steuergerät. Das Ausgangssignal ist ein Maß für den jeweiligen Ladedruck und dient dem Steuergerät zur Ansteuerung des elektropneumatischen Druckwandlers, somit zur Regelung des Ladedrucks.

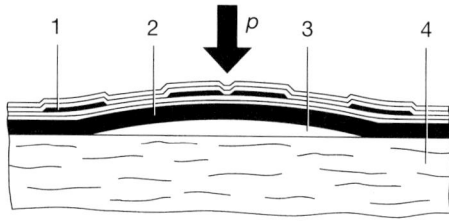

Bild 4.82   Dickschichtmembran im Ladedruckfühler
1 piezoresistive Widerstände
2 Basismembran
3 Gegendruckkammer
4 Träger aus Keramik
p atmosphärischer bzw. Ladedruck

5. Spritzbeginngeber

Eine der Einspritzdüsen des Motors ist mit einem Nadelbewegungsfühler (Bild 4.83) ausgerüstet. Beim Einspritzvorgang hebt der Öffnungsdruck die Düsennadel von ihrem Sitz ab. Bei dieser Bewegung der Düsennadel taucht der verlängerte Druckbolzen in die Stromspule ein. Dadurch wird in der Stromspule eine Signalspannung (Wechselspannung) induziert. Dieses Signal geht als Information, als Rückmeldung über den tatsächlichen Spritzbeginn, an das Steuergerät.

Bei Ausfall des Spritzbeginngebers wird die Spritzbeginnregelung in Spritzbeginnsteuerung geändert, d.h., die Ansteuerung des Magnetventils entfällt, und der Förderbeginn wird nur noch von dem drehzahlabhängigen Pumpeninnenraumdruck bestimmt. Außerdem wird die Vollastmenge verringert und die Fehlerlampe eingeschaltet.

6. Geschwindigkeitsgeber

Das Signal des Geschwindigkeitsgebers, bei Pkw oft als Hall-Geber und im Getriebe verbaut, oder als Induktivgeber im Bereich eines Vorderrades dient zur Ermittlung der Fahrgeschwindig-

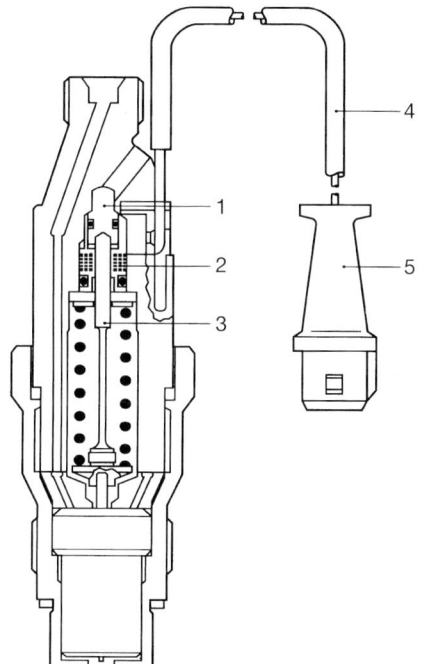

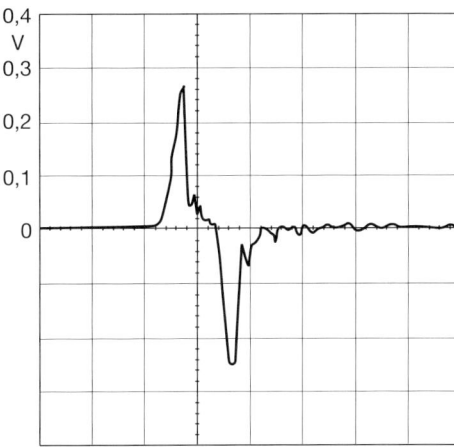

Bild 4.83 Spritzbeginn-Geber mit Wechsel-spannungssignal (Bosch)
1 Einstellbolzen
2 Geberspule
3 Druckbolzen
4 Kabel
5 Verbindungsstecker

keit. Das Steuergerät benötigt dieses Signal zur Fahrgeschwindigkeitsregelung (Tempomatfunktion), zur Ruckeldämpfung und zur Weitergabe an die Elektronik der Automatikgetriebesteuerung.

7. Luftmengenmesser bzw. Luftmassenmesser

Wird einmal für die Abgasrückführung und für die Bemessung der Vollastmenge benötigt. Der Luftmengenmesser mißt die vom Motor angesaugte Luftmenge. Der Luftmassenmesser (Bild 4.79) als Hitzdraht- oder Heißfilm-Luftmassenmesser erfaßt die vom Motor angesaugte Luftmasse und berücksichtigt dabei die Luftdichte.

Aufgaben der Sollwertgeber

1. Pedalwertgeber

Der Geber (Bild 4.79) ist mit dem Fahrpedal verbunden und besteht aus einem Potentiometer mit Leerlaufschalter. Das Potentiometer wird vom Steuergerät mit einer Spannung bis zu einer Höhe von 5 Volt versorgt. Bei der Verdrehung der Potentiometerwelle durch das Fahrpedal wird die angelegte Spannung verändert. Auf diese Weise hat der Fahrer die Möglichkeit, die Fahrgeschwindigkeit, das Drehmoment bzw. die Motorleistung zu bestimmen. Der Leerlaufschalter dient der Plausibilitätsprüfung. Bei Leerlaufstellung ist der Schalter z.B. geöffnet und wird nach etwa 9° Verdrehung der Potentiometerwelle geschlossen oder er ist geschlossen und wird nach etwa 9° Verdrehung geöffnet. Wenn sich jetzt nicht ein entsprechender Spannungsanstieg eingestellt hat, ist das unplausibel und das System geht in das Notfahrprogramm. Das bedeutet bei Pkw mit

Handschaltgetriebe eine konstante Drehzahl von 1200 min^{-1} und bei Automatikgetriebe eine Drehzahl von 1400 min^{-1}.

2. Geschwindigkeitswählhebel (Tempomatfunktion)

Die Fahrgeschwindigkeit kann auf einen beliebig vorgegebenen Sollwert geregelt werden. Die Vorgabe der Sollgeschwindigkeit erfolgt über ein besonderes Bedienteil (Bild 4.79). Der Fahrer kann die Geschwindigkeit durch Gasgeben, z.B. beim Überholvorgang, jederzeit erhöhen und ohne Ab- und Wiedereinschalten der Fahrgeschwindigkeitsregelung anschließend mit der einge-stellten Geschwindigkeit weiterfahren. Das Abschalten der Fahrgeschwindigkeitsregelung (Tem-pomatfunktion) erfolgt über das Bedienteil oder beim Betätigen des Kupplungs- oder Brems-pedals.

3. Kupplungsschalter

Bei nicht betätigter Kupplung ist der Schalter (Bild 4.79) geschlossen. Dadurch wird das Steuer-gerät veranlaßt, die Leerlaufruheregelung zu übernehmen, d.h. ein Motorschütteln zu verhindern. Beim Betätigen der Kupplung wird der Schalter geöffnet und die Fahrgeschwindigkeitsregelung (Tempomatfunktion) abgeschaltet.

4. Bremslichtschalter

Beim Betätigen der Bremse wird der Schalter geschlossen und dadurch die Fahrgeschwindig-keitsregelung abgeschaltet. Aus Sicherheitsgründen sind häufig zwei Schalter verbaut. Wenn der eine Schalter geschlossen wird, öffnet oder schließt der zweite nach einem bestimmten Pedalweg. Daraufhin erfolgt eine Plausibilitätsprüfung, das Steuergerät erkennt aufgrund dieses Signals einen tatsächlichen Bremsvorgang.

Systemblock 2

Steuergerät

Das elektronische Steuergerät ist in Digitaltechnik aufgebaut. Der Schaltungsaufwand des Steuergeräts umfaßt dabei alle Mikroprozessoren (Rechner) mit integrierten Ein- und Ausgangs-anpassungsschaltungen sowie den nötigen Speichereinheiten und Einrichtungen zum Umformen der Eingangssignale. Die von den Sensoren und Sollwertgebern gelieferten Signale müssen immer so aufbereitet, d.h. verstärkt oder abgeschwächt bzw. begrenzt werden, daß sie von den nachfol-genden Stufen weiterverarbeitet werden können. Je nach Art des eingegangenen Signals (analog, digital oder impulsförmig) kommen hierfür verschiedene Schaltungen zum Einsatz.

Im Steuergerät sind mehrere Kennfelder abgespeichert, die von verschiedenen Kenngrößen, wie z.B. Last, Drehzahl, Kühlmittel-, Luft- und Kraftstofftemperatur, abhängig sind. Die Kenn-größen *Last* und *Drehzahl* bilden die *Hauptkenngrößen* (Basisgrößen), auf die der Fahrer über die Fahrpedalstellung Einfluß nimmt. Die *übrigen Kenngrößen* dienen zur Korrektur und werden des-halb auch als *Korrekturgrößen* bezeichnet.

Im Steuergerät gibt es z.B. Kennfelder für:

❐ Startmenge,
❐ Leerlaufmenge,
❐ Vollastmenge,
❐ Spritzbeginnregelung,
❐ Ladedruckregelung,
❐ Steuerung der Abgasrückführung,

- Geschwindigkeitsregelung,
- Pumpenfördercharakteristik (Berücksichtigung der Förderkennlinie),
- Rauchbegrenzung (entspricht der Angleichung),
- Fahrpedalcharakteristik (progressive Betätigung).

Nach dem Auswerten der Eingangssignale müssen die vom Rechner bereitgestellten Steuersignale verstärkt werden, bevor damit die Stellglieder der EDC angesteuert werden können. Die Ausgangsströme der Verstärker (Endstufen) betragen z.B. bei der Ansteuerung von Relais und Anzeigeleuchten einige hundert Milliampere, bei der Ansteuerung von einfachen Magnetventilen etwa 1 bis 2 Ampere und bei der Ansteuerung von Magnetstellwerken bis zu 5 Ampere. Die Elektronik des Steuergeräts arbeitet mit einer stabilen Versorgungsspannung von 5 Volt. Die Stellglieder der EDC sind positiv mit dem Bordnetz verbunden und werden negativ über die Steuergeräteendstufen geschaltet. Dabei werden alle Stellglieder, ausgenommen das elektromagnetische Abstellventil, mit einem impulsweitenmodulierten Rechtecksignal angesteuert, d.h., der Strom wird periodisch ständig ein- und ausgeschaltet (getaktet). Die Einschaltzeit wird im Verhältnis zur Periodendauer (100%) unterschiedlich lang bemessen und als Tastverhältnis in Prozent angegeben (Bild 4.84).

Bild 4.84   Impulsweitenmoduliertes Rechteck-signal

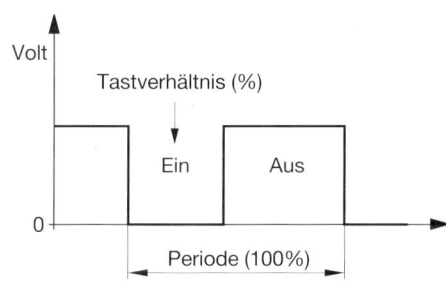

Systemblock 3

Aufgabe der Stellglieder

1. Magnetstellwerk zur Fördermengenbemessung
Das Magnetstellwerk (Drehstellwerk) befindet sich oben in dem Verteilerpumpengehäuse (Bilder 4.85 und 4.86). Es greift über eine Welle mit exzentrisch angeordnetem Kugelzapfen in den Regelschieber ein. Beim Verdrehen der Welle wird der Regelschieber axial auf dem Pumpenkolben verschoben. Die Fördermenge wird entsprechend der Regelschieberstellung durch früheres oder späteres Aufsteuern der Abströmbohrung (Querbohrung) bemessen. Die Stellung des Drehstellwerks wird vom Steuergerät über einen geregelten (getakteten) Ansteuerstrom stetig vorgegeben und von dem Regelschieberweggeber, als Potentiometer oder Halbdifferential-Kurzschlußringgeber, der Drehwinkel und somit auch die Stellung des Regelschiebers an das Steuergerät zurückgemeldet. Im stromlosen Zustand bringen Rückstellfedern das Magnet-Drehstellwerk und den Regelschieber in die Position Nullförderung.

Bei Ausfall des Mengenstellwerks wird vom Steuergerät die Stromversorgung zum elektromagnetischen Abstellwinkel (ELAB) unterbrochen und der Motor abgestellt (Notstopp).

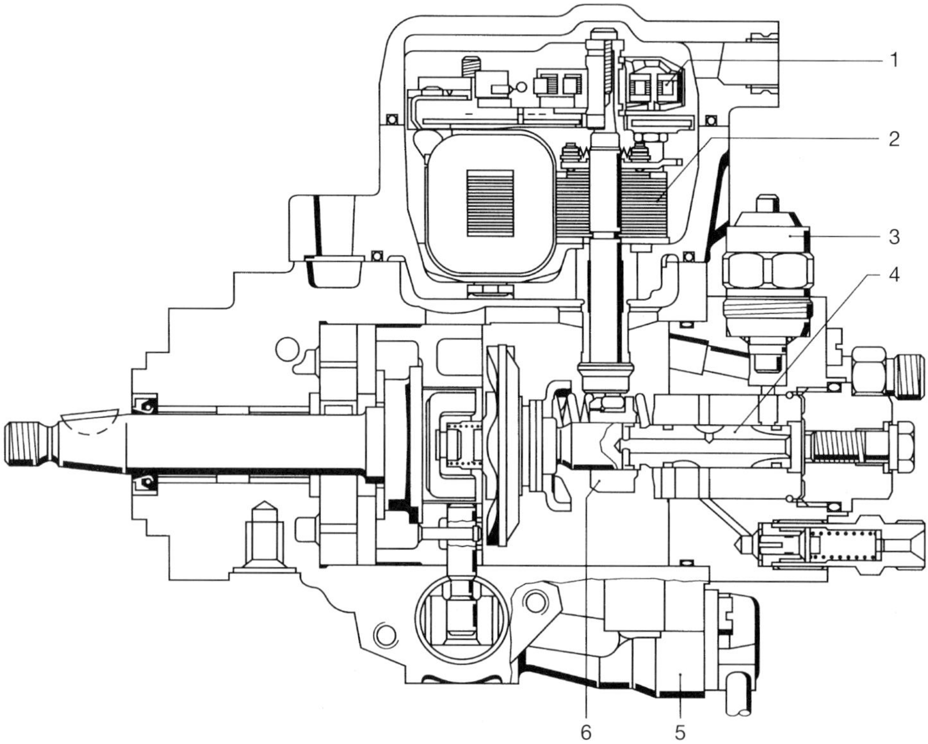

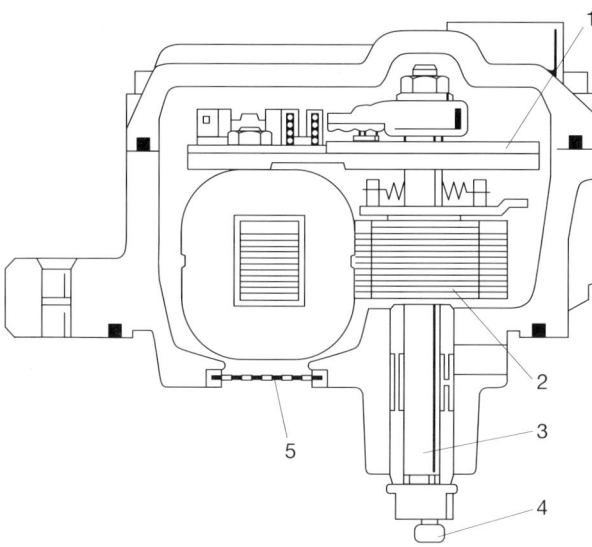

Bild 4.85 (oben)   Verteilereinspritzpumpe mit elektronischer
Dieselregelung (EDC) (Bosch)
1 Regelschieberweggeber
2 Magnetstellwerk (Drehstellwerk) für Fördermenge
3 elektromagnetisches Abstellventil (ELAB)
4 Förder- bzw. Verteilerkolben
5 Magnetventil für Spritzbeginnverstellung
6 Regelschieber

Bild 4.86 (links)   Magnetstellwerk (Drehstellwerk) zur Fördermengenregelung (Bosch)
1 Regelschieberweggeber
2 Drehmagnet
3 Verstellwelle
4 Exzenterzapfen
5 Kraftstoffsieb

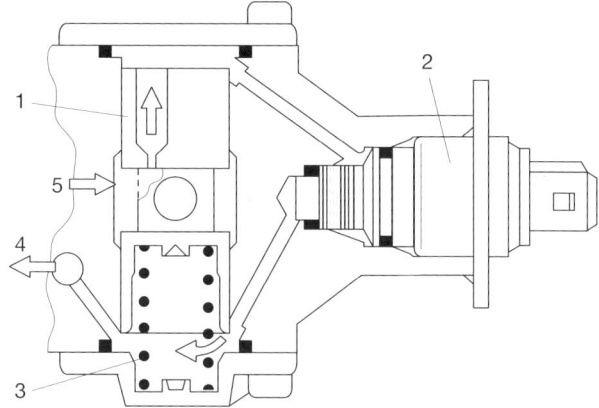

Bild 4.87 Magnetventil für Spritzbeginnregelung (Bosch)
1 Spritzverstellerkolben
2 Magnetventil
3 Spritzverstellerfeder
4 Kraftstoffrücklauf zur Saugseite
   der Förderpumpe
5 Pumpeninnenraumdruck
   (4,5 bis 8,5 bar)

2. Magnetventil zur Spritzbeginnregelung

Grundsätzlich ist es wie beim automatisch hydraulisch arbeitenden Spritzversteller einer Verteilereinspritzpumpe mit mechanischer Regelung. Der mit der Drehzahl ansteigende Pumpeninnenraumdruck (etwa 1,5 bis 7,5 bar) steht an dem federbelasteten Spritzverstellerkolben an und
bewirkt ein Verstellen des Spritzbeginns in Richtung «früh». Bei der Verteilereinspritzpumpe mit
EDC dagegen wird schon bei niedriger Drehzahl ein hoher Pumpeninnenraumdruck von 4,5 bar
bis 5,5 bar bemessen, der bei hoher Drehzahl bis auf 7,5 bar bis 8,5 bar ansteigt und vom Steuergerät durch ein getaktetes Ansteuern des Magnetventils drehzahl- und lastabhängig verändert
werden kann (Bild 4.87). Das Magnetventil stellt im geöffneten Zustand eine Verbindung zwischen dem Druckraum des Spritzverstellers und der Saugseite der Förderpumpe (Flügelzellenpumpe) her.

Im stromlosen Zustand ist das Magnetventil geschlossen, das bedeutet Druckanstieg und
Spritzbeginnverstellung in Richtung «früh». Umgekehrt bleibt bei längerer Bestromung innerhalb
des Tastverhältnisses das Magnetventil weiter geöffnet, der dabei entstehende Druckabfall
bewirkt die Spritzbeginnverstellung in Richtung «spät». Dazwischen kann das Steuergerät das
Verhältnis von dem geschlossenen zu dem geöffneten Zustand des Magnetventils stufenlos
bemessen und auf diese Weise den Druck im Druckraum des Spritzverstellers und somit den
Spritzbeginn beeinflussen.

3. Elektromagnetisches Abstellventil

Dieses Ventil (Bild 4.85) befindet sich in dem Füllkanal zwischen Pumpeninnenraum und Hochdruckraum des Elements. Von dem Betätigen des Glühstarterschalters an und während des
Motorbetriebs wird das Abstellventil von dem Steuergerät bestromt und dadurch offen gehalten.
Beim Abstellen des Motors wird erst nach 2,5 Sekunden, bei Notstopp dagegen sofort die Stromversorgung unterbrochen und der Füllkanal durch das Absperrventil geschlossen.

4. Elektropneumatischer Druckwandler

Der elektropneumatische Druckwandler (Bild 4.79) wird unter anderem zur Ladedruckregelung
eingesetzt. Bei dem pneumatischen Teil des Druckwandlers besteht eine Verbindung zwischen der
Unterdruckpumpe und dem Bypass-Klappensteller zur Regelklappenbetätigung. Elektrisch ist
das Magnetventil des Druckwandlers mit dem Steuergerät verbunden. Bei bestehender Ladedruckregelung wird das Magnetventil von dem Steuergerät getaktet und dadurch der Durchlaß-

querschnitt zur Bestimmung der Unterdruckhöhe bestimmt. Abhängig von der Unterdruckhöhe, die sich auf den Bypass-Klappensteller auswirkt, wird die Regelklappenstellung und somit der Ladedruck so lange verändert, bis der vom Ladedruckfühler gemeldete Istwert mit dem aus dem Kennfeld vorgegebenen Sollwert übereinstimmt.

5. Elektropneumatisches Umschaltventil
Dieses Ventil (Bild 4.79) dient zur Steuerung der Abgasrückführung. Es ist pneumatisch mit der Unterdruckversorgung und dem Abgasrückführventil verbunden. Elektrisch wird es von dem Steuergerät gesteuert (angetaktet). Bei bestehender Abgasrückführung wird das pneumatische Umschaltventil nach den Daten aus einem Steuerkennfeld bestromt und dadurch der Durchlaßquerschnitt zur Bestimmung der Unterdruckhöhe festgelegt. Abhängig von der Unterdruckhöhe wird das Abgasrückführventil geöffnet.

Regelfunktionen der EDC

1. Fördermengenbemessung
Wie bereits beim Steuergerät erwähnt, sind für alle Betriebszustände des Motors Kennfelder einprogrammiert. Wenn jetzt der Fahrer über den Pedalwertgeber seinen Drehmoment- bzw. Drehzahlwunsch (Geschwindigkeitswunsch) vorgibt, wird im Steuergerät unter Berücksichtigung dieser gespeicherten Kennfelder und der eingegangenen Istwerte der Sensoren ein Vorgabewert (Sollwert) für das Magnetstellwerk (Drehstellwerk) ermittelt. Dabei wird das Stellwerk über einen geregelten Steuerstrom stetig angesteuert (getaktet) und der Regelschieber so lange verstellt, bis der Regelschieberweggeber dem Steuergerät die richtige Stellung des Regelschiebers zurückmeldet, d.h. bis der Istwert mit dem Vorgabewert (Sollwert) übereinstimmt. Bei dem axialen Verschieben des Regelschiebers wird die Fördermenge auf die Weise bemessen, daß einmal die Abströmbohrung (Querbohrung) im Pumpenkolben früher oder im anderen Fall später aufgesteuert wird. Dabei ergibt früheres Aufsteuern die Bemessung einer kleineren und späteres Aufsteuern die Bemessung einer entsprechend größeren Fördermenge.

Die Startmenge wird gefördert, wenn entweder eine untere Starterkennungsdrehzahl (unter der normalen Starterdrehzahl) überschritten oder das Fahrpedal in Vollaststellung gebracht wird. Die Regelstange befindet sich dabei in einer Stellung, die von der Motortemperatur bestimmt wird. Die Startmenge wird so lange gefördert, bis die Startabwurfdrehzahl überschritten worden ist. Danach wird nur noch die normale Kraftstoffmenge eingespritzt. Die Startabwurfdrehzahl ist ebenfalls von der Motortemperatur abhängig. So wird sie bei einem kälteren Motor später und bei wärmerem früher erreicht.

2. Spritzbeginnregelung
Da der Einspritzzeitpunkt Einfluß hat auf Start, Verbrennungsgeräusch, Kraftstoffverbrauch und Abgaswerte, muß dieser den Betriebsbedingungen angepaßt werden.

Drehzahlabhängig: In diesem Fall muß bei Vollastbetrieb der Spritzbeginn in Richtung «früh» verstellt werden, damit der bei ansteigender Drehzahl größer werdende Zündverzug in Grad Kurbelwinkel ausgeglichen wird.

Lastabhängig: Bei dieser Verstellung wird bei hoher Drehzahl und geringer Belastung bzw. geringer Einspritzmenge (durch Zurücknehmen des Fahrpedals) der Spritzbeginn wieder in Richtung «spät» verändert, damit sich eine weichere Verbrennung einstellt und außerdem bei geringerer Verbrennungshöchsttemperatur der Stickoxidanteil im Abgas abnimmt.

Bild 4.88   Spritzbeginn-Kennfeld
(Bosch)

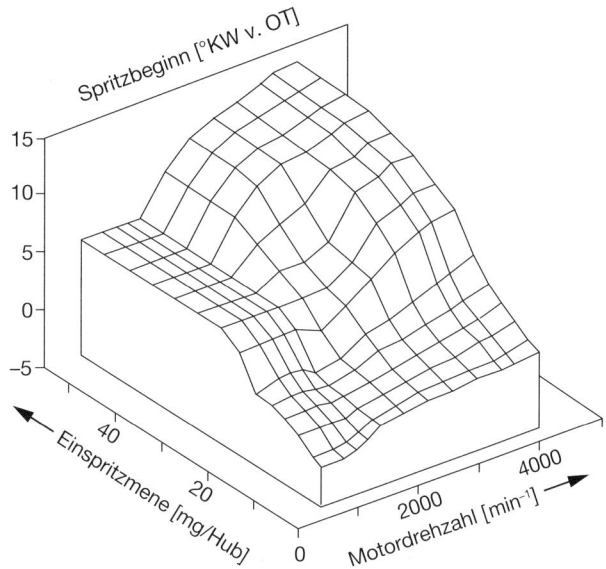

Bei der Spritzbeginnregelung werden programmierte Kennfelder berücksichtigt (Bild 4.88). Der Vorgabewert (Sollwert) des Einspritzzeitpunktes wird in Abhängigkeit der Drehzahl, der Einspritzmenge sowie der Motortemperatur als Korrekturgröße ermittelt, und daraufhin das Magnetventil vom Steuergerät unterschiedlich lang angesteuert (getaktet). Über das getaktete Magnetventil wird nur der auf den Spritzverstellerkolben wirkende Druck verändert (siehe Stellglieder). Durch die Drosselbohrung im Zulauf bleibt der Pumpeninnenraumdruck fast konstant.

Wenn während des Startens nur ungenügende oder im Schiebebetrieb keine Einspritzsignale abgegeben werden, wird die Spritzbeginnregelung abgeschaltet und auf Steuerung umgestellt. Das erforderliche Tastverhältnis zur Ansteuerung des Magnetventils wird einem programmierten Steuerkennfeld entnommen.

3. Abgasrückführung

Mit der Abgasrückführung wird ab einer Motortemperatur von +60 °C und im Teillastbereich von 1000 bis etwa 3500 min^{-1} die Bildung von Stickoxid (NO_x) verringert (siehe auch in Abschnitt 2.2.6 «Abgasrückführung»). Durch die Abgasmenge, die der Ansaugluft beigemischt wird, verringert sich im Teillastbetrieb der Sauerstoff- und Stickstoffanteil im Zylinder. Außerdem wird durch das Vermischen der Frischluft mit der zugeführten Abgasmenge eine hohe Verbrennungstemperatur von etwa 2500 °C vermieden, die das Verbinden des Sauerstoffs mit dem Stickstoff begünstigt. Bei Dieselmotoren wird zwischen 20% bis 40% Abgas zugemischt.

In dem EDC-Steuergerät ist für die Abgasrückführung ein Kennfeld abgespeichert. Es enthält für jeden Betriebspunkt die notwendige Luftmasse, die in Abhängigkeit von der Drehzahl, der Einspritzmenge (= Lastzustand) und der Motortemperatur erforderlich ist. Das Steuergerät bekommt z.B. von dem Luftmassenmesser die Information über die momentan angesaugte Luftmasse, vergleicht diese mit dem abgespeicherten Sollwert und bemißt danach die Abgasrückführmenge. Dazu steuert das Steuergerät das elektropneumatische Umschaltventil an, das eine Verbindung von einer Unterdruckpumpe zum AGR-Ventil herstellt (Bild 4.79). Die Ansteuerung erfolgt nach dem sogenannten Tastverhältnis, d.h., der Steuerstrom wird periodisch ein- und ausgeschaltet. Die Einschaltphasen sind dabei unterschiedlich lang, so daß der Unterdruck am AGR-Ventil auch unterschiedlich hoch bemessen wird und einen unterschiedlich hohen Abgasdurchströmquerschnitt entstehen läßt.

4. Ladedruckregelung

Um bei aufgeladenen und hochdrehenden Dieselmotoren schon bei niedriger Drehzahl und Last eine gute Wirkung des Turboladers auf den Drehmomentverlauf zu bekommen, werden relativ kleine Lader verbaut. Damit nun bei hoher Drehzahl und hoher Last mit großer Abgasmenge kein zu hoher Ladedruck entsteht, muß ein Bypasskanal (Waste gate) aufgesteuert werden, um einen Teil der Abgase an der Turbine vorbeiströmen zu lassen (Bild 4.79). Der Durchlaßquerschnitt in dem Bypasskanal wird durch die Stellung der Regelklappe oder eines Regelventils bestimmt. Die Betätigung erfolgt über den Bypass-Klappensteller.

In dem EDC-Steuergerät ist für die Ladedruckregelung ein Kennfeld abgespeichert. Es enthält für jeden Betriebspunkt des Motors den Ladedruck-Sollwert (Vorgabewert), der mit dem eingegangenen Ladedruck-Istwert des Ladedruckfühlers verglichen wird. Bei einer Abweichung der beiden Werte voneinander wird von dem Steuergerät das Magnetventil des elektropneumatischen Druckwandlers so lange im Tastverhältnis angesteuert (getaktet), bis Soll- und Istwert übereinstimmen. Bei der Ansteuerung des Magnetventils wird die Einschaltdauer unterschiedlich lang bemessen (Tastverhältnis). Davon abhängig wird der Querschnitt für die Bemessung der Unterdruckhöhe bestimmt, die wiederum auf den Bypass-Klappensteller wirkt, und von dem die Stellung der Regelklappe und somit die Höhe des Ladedrucks abhängt.

5. Leerlaufruheregelung

Diese ist wirksam bei Leergasstellung des Fahrpedals und bei geschlossenem Kupplungsschalter. Drehzahlschwankungen, die im Leerlauf durch unterschiedliche Kolbenkraft bei den einzelnen Zylindern entstehen, werden von dem EDC-Steuergerät erkannt und bis zu einer Drehzahl von etwa 1000 min^{-1} ausgeregelt. Bei Drehzahlabweichungen vom Mittelwert lernt die Elektronik, welcher Zylinder einen höheren und welcher einen niedrigeren Drehzahlbeitrag liefert. Dementsprechend werden diese Zylinder mit geringerer bzw. größerer Kraftstoffmenge beliefert, indem das Magnetstellwerk den Regelschieber zwischen den einzelnen Förderhüben betätigt.

6. Ruckeldämpfung im Fahrzustand

Bei schlagartigem Lastwechsel von Schieben auf Last oder umgekehrt kommt es zu einer Fahrzeuglängsschwingung. Die elektronische Regelung erkennt aufgrund des Signals vom Geschwindigkeitsgeber diese Schwingungen und reagiert durch Gegensteuern, indem es die Einspritzmenge entsprechend verändert. Bei Geschwindigkeitszunahme wird die Einspritzmenge verringert und im anderen Fall vergrößert.

7. Drehzahlregelung

Die elektronische Dieselregelung ist in ihrem Regelverhalten im Stand ohne Belastung des Motors mit einem Alldrehzahlregler vergleichbar. Jede Drehzahl, die am Fahrpedal eingestellt worden ist, wird gehalten und bleibt konstant. Im Fahrbetrieb dagegen hat sie die Charakteristik eines Leerlauf-Enddrehzahlreglers.

Leerlaufdrehzahl: Die Leerlaufdrehzahl wird lastunabhängig, d.h. bei warmem sowie bei kaltem Motor, mit geringerer oder etwas größerer Belastung immer auf einen programmierten Sollwert geregelt. Die Leerlaufdrehzahl läßt sich bei manchen Anlagen mit einem Systemtester geringfügig verändern.

Abregeldrehzahl: Die Abregeldrehzahl (Höchstdrehzahl) ist in dem Steuergerät programmiert und darf von dem unbelasteten Motor bei Vollaststellung am Fahrpedal nicht überschritten werden. Diese Drehzahlbegrenzung setzt bei Pkw-Motoren immer nach dem Überschreiten der Höchstdrehzahl unter voller Belastung ein. Der bei diesem Regelvorgang (Endregelung) entstandene Drehzahlanstieg wird dem Steuergerät von dem Drehzahlgeber mitgeteilt. Es verringert daraufhin den Stellerstrom und verändert das Tastverhältnis am Magnetstellwerk. Dadurch wird die Regelstange von der Rückstellfeder aus der Vollaststellung so weit in Richtung «Stopp» zurückgedrückt, die Fördermenge soweit verringert, bis die Ist-Abregeldrehzahl mit der programmierten Soll-Abregeldrehzahl übereinstimmt und der Motor nur noch die Fördermenge bekommt, die erforderlich ist, um die eigenen Reibwiderstände überwinden zu können.

Selbstüberwachung der EDC: Diese erfolgt durch das Steuergerät. Dabei werden alle Sensoren und Stellglieder auf Plausibilität geprüft und bei einer Störung bzw. bei Ausfall ein Ersatzwert zur Verfügung gestellt.

Diagnose der EDC: Auftretende Fehler werden durch eine Diagnoselampe angezeigt und für spätere Auswertung gespeichert. Zur Fehlermeldung kann die Diagnoselampe je nach Fehlerart dauernd blinken, dauernd leuchten oder ausgeschaltet bleiben. Sind mehrere Fehler gespeichert, hat «Blinken» Vorrang vor «Dauerlicht» und Dauerlicht Vorrang vor «Aus». Es werden nur wichtige Fehler angezeigt.
   Das Steuergerät enthält zwei Fehlerspeicher:

❐ *den Fehlerspeicher für die Diagnose über Blinkcode.*
Dabei wird der Blinkcode-Speicher z.B. mit Hilfe der Diagnosetaste, die sich im Fahrzeug befindet, gereizt und an der Diagnoselampe ausgelesen;
❐ *den Fehlerspeicher für die Diagnose über die ISO-Schnittstelle, d.h. über den Diagnoseanschluß.*
Dieser Fehlerspeicher kann nur mit Hilfe eines Systemtesters gelesen und gelöscht werden.

Auftretende Fehler werden immer in beide Speicher gleichzeitig abgelegt und sind auch nach Aus- und Wiedereinschalten des Steuergeräts vorhanden.
   Zeitweilig auftretende (sporadische) Fehler werden nach ihrem erstmaligen Verschwinden durch einen Häufigkeitszähler vermindert. Das bedeutet, es wird eine bestimmte Häufigkeitszahl (z.B. 40) gesetzt, die bei jedem Startvorgang um eins zurückgesetzt wird. Tritt der Fehler nach 40 Starts nicht mehr auf, wird der Speicher gelöscht.

4.3.8   Einspritzanlage mit Lucas-Verteilereinspritzpumpe und EPIC (Electronically Programmed Injection Control)

Die Anlage mit Verteilereinspritzpumpe EPIC von Lucas ist ähnlich aufgebaut wie die mit der Verteilereinspritzpumpe und EDC von Bosch. Man kann auch sie in drei Systemblöcke unterteilen (Bild 4.89) (siehe auch Abschnitt 4.3.7).

❐ *Systemblock 1:* Besteht aus den Sensoren (Informationsgebern) zur Erfassung der Betriebsbedingungen (Istwerte) und den Sollwertgebern zur Eingabe des jeweiligen Sollwertes. Diese Geber wandeln verschiedene physikalische Meßgrößen in elektrische Signale um.
❐ *Systemblock 2:* Besteht aus dem Steuergerät mit Mikroprozessoren (Rechner) zur Verarbeitung der eingegebenen Signale (Informationen) und Ausgabe der elektrischen Ausgangssignale.

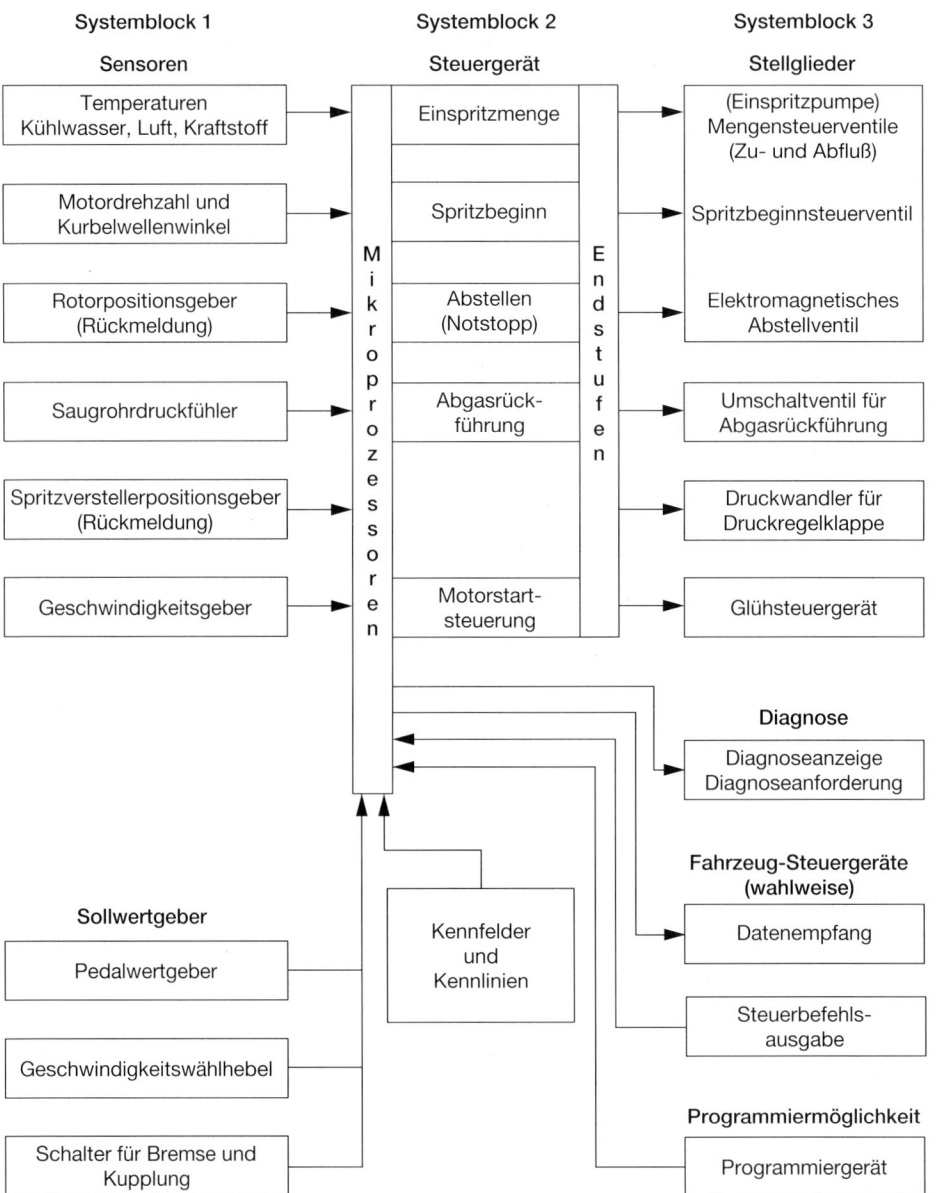

| Systemblock 1 | Systemblock 2 | Systemblock 3 |
| Sensoren | Steuergerät | Stellglieder |

Temperaturen Kühlwasser, Luft, Kraftstoff

Motordrehzahl und Kurbelwellenwinkel

Rotorpositionsgeber (Rückmeldung)

Saugrohrdruckfühler

Spritzverstellerpositionsgeber (Rückmeldung)

Geschwindigkeitsgeber

Mikroprozessoren

Einspritzmenge

Spritzbeginn

Abstellen (Notstopp)

Abgasrück-führung

Motorstart-steuerung

Endstufen

(Einspritzpumpe) Mengensteuerventile (Zu- und Abfluß)

Spritzbeginnsteuerventil

Elektromagnetisches Abstellventil

Umschaltventil für Abgasrückführung

Druckwandler für Druckregelklappe

Glühsteuergerät

Diagnose

Diagnoseanzeige Diagnoseanforderung

Sollwertgeber

Pedalwertgeber

Geschwindigkeitswählhebel

Schalter für Bremse und Kupplung

Kennfelder und Kennlinien

Fahrzeug-Steuergeräte (wahlweise)

Datenempfang

Steuerbefehls-ausgabe

Programmiermöglichkeit

Programmiergerät

Bild 4.89 Systemblöcke der Lucas-Verteilereinspritzpumpe mit EPIC

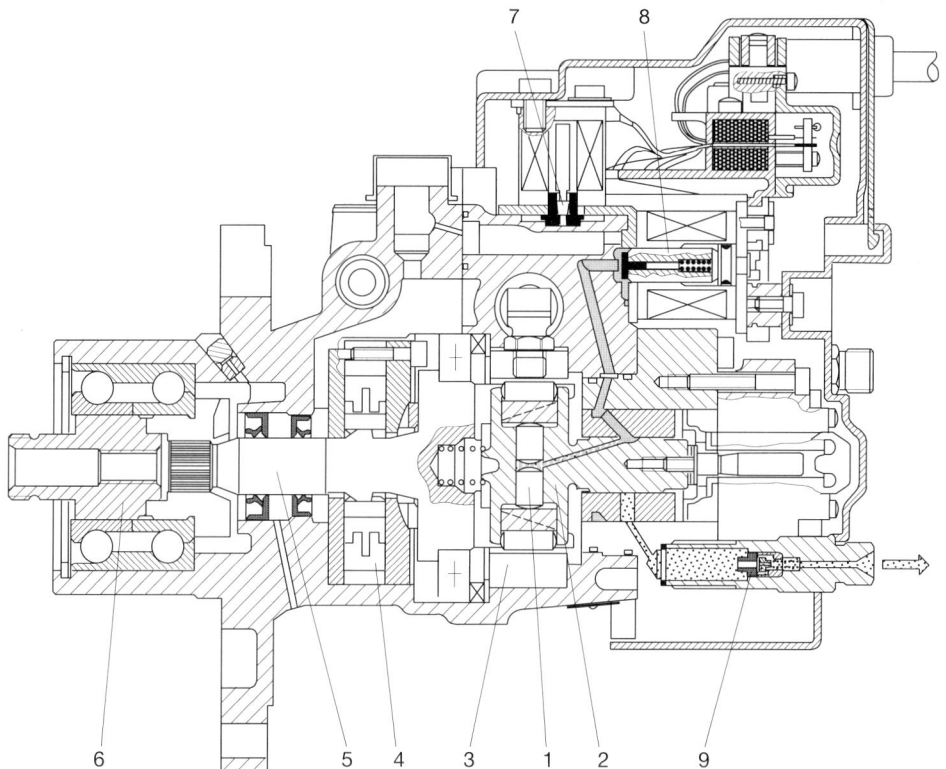

Bild 4.90   Lucas-Verteilereinspritzpumpe,
Längsschnitt (Lucas, Mercedes-Benz)

1 Hochdruckkolben
2 Kraftstoffverteilerwelle (Rotor)
3 Innennockenring

4 Kraftstofförderpumpe
5 Antriebswelle
6 Zwischenwelle
7 Mengensteuerventil
8 Abstellventil (ELAB)
9 Rückströmdrossel

❒ *Systemblock 3:* Besteht aus den Magnetventilen an dem Pumpengehäuse, die die elektrischen
Ausgangssignale des Steuergeräts in mechanische Stellgrößen, wie axiales Verschieben der
Verteilerwelle (des Rotors) bzw. des Spritzverstellerkolbens, umwandeln.

Aufbau

Die Lucas-Verteilereinspritzpumpe ist eine hubgeregelte Radialkolbenpumpe (Bild 4.90). Die
Radialkolben sind in der Verteilerwelle (Rotor) gelagert und werden von den Nocken des Innennockenrings betätigt. Die Verteilerwelle (Rotor) besitzt nur einen Kanal mit Steuerschlitz, der den
Kraftstoffeinlaß und den Kraftstoffauslaß steuert und von den Greifern der Antriebswelle mitgenommen wird (Bild 4.91). Die Kraftstofförderpumpe, als Flügelzellenpumpe, befindet sich innen
im Pumpengehäuse. Die Verstellung des Spritzbeginns erfolgt hydraulisch von dem Spritzversteller durch Verdrehen des Innennockenrings.

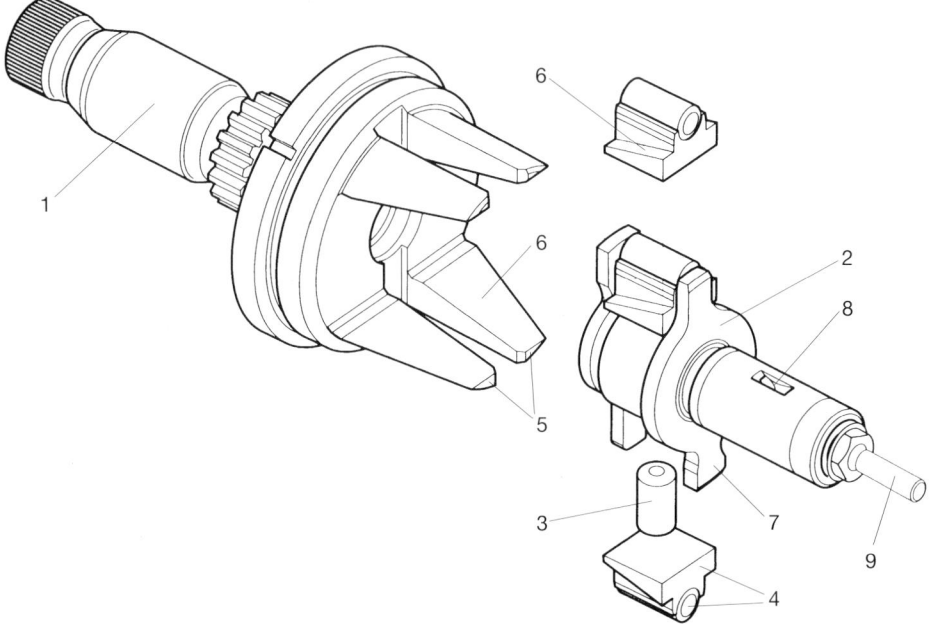

Bild 4.91   Lucas-Verteilereinspritzpumpe, Antrieb der Verteilerwelle (Rotor) (Lucas, Mercedes-Benz)
1 Antriebswelle
2 Verteilerwelle (Rotor)
3 Hochdruckkolben

4 Gleitschuh mit Gleitrolle
5 Greifer
6 schräge Anschlagfläche
7 Mitnehmer
8 Steuerschlitz (Aus- und Einlaß)
9 Bolzen für Positionsgeber

Wirkungsweise

Kraftstoffversorgung: Die Kraftstofförderung vom Tank zur Verteilereinspritzpumpe übernimmt die Förderpumpe als Flügelzellenpumpe (Bild 4.92). Der Vordruck wird ab etwa 500 min^{-1} durch das Drucksteuerventil auf etwa 7 bar konstant gehalten, damit die hydraulisch arbeitenden Verstelleinrichtungen einwandfrei arbeiten. Bei bestehender Förderung drückt die Flügelzellenpumpe den Kraftstoff über ein Filter und dem geöffneten Kraftstoffabsperrventil (ELAB) direkt über den Einlaßkanal und den Steuerschlitz in den Hochdruckraum. Gleichzeitig steht der Kraftstoff mit 7 bar an dem Mengensteuerzuflußventil und dem Spritzbeginnsteuerventil an. Die in das System gelangte Luft kann über die Entlüftungsdrossel und die Rücklaufleitung zum Tank hin entweichen.

Steuerung Kraftstoffeinlaß: Zur Einlaßsteuerung besitzt der Verteilerkopf für jeden Motorzylinder einen Einlaßkanal (A). Während der Einlaßphase (Bild 4.93) ist der Steuerschlitz der Verteilerwelle (Rotor) auf einem der Einlaßkanäle (A) gestellt. Mit dem Vordruck 7 bar fließt der Kraftstoff über den Kanal in den Hochdruckraum und drückt die beiden Hochdruckkolben nach außen, bis die Gleitschuhe (5) mit ihren schrägen Flächen an den schrägen Anschlagflächen der Greifer anliegen.

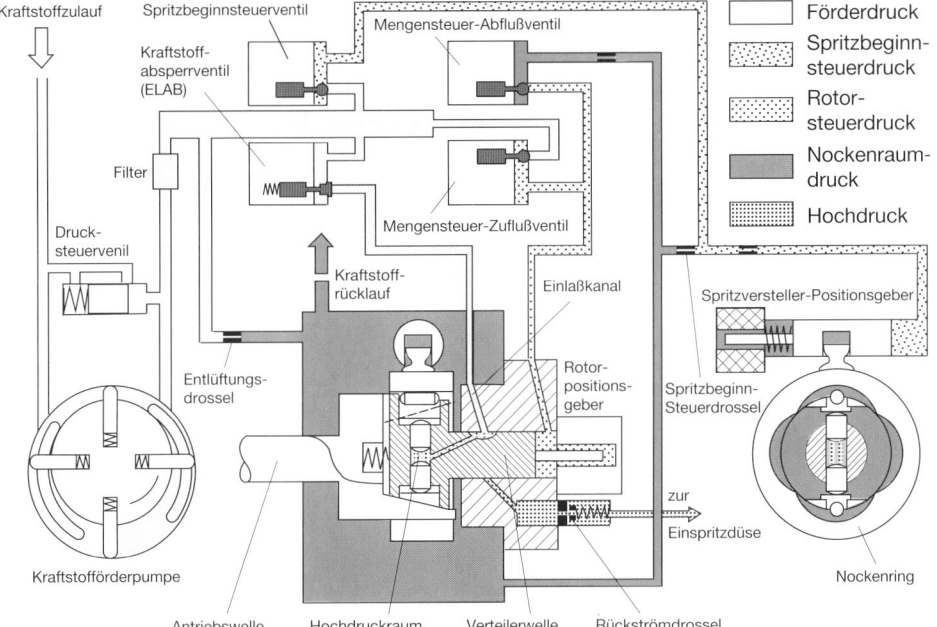

Bild 4.92 Lucas-Verteilereinspritzpumpe (schematisch) (Lucas, Mercedes-Benz)

Steuerung Kraftstoffauslaß: Für die Auslaßsteuerung ist auch für jeden Motorzylinder ein Auslaßkanal (B) vorgesehen. Während sich nun die Verteilerwelle (Rotor) weiter dreht, verläßt der einzige Steuerschlitz den Einlaßkanal (A), der daraufhin verschlossen wird. Anschließend wird nach einem Weiterdrehen um 45° einer der vier Auslaßkanäle (B) (Bild 4.94) aufgesteuert.

Kraftstofförderung: Diese beginnt, sobald die Rollen (3) der Gleitschuhe (5) auf die Nockenbahnen des Nockenringes (14) aufgesetzt haben (Bild 4.94). Beim Weiterdrehen werden die beiden Hochdruckkolben durch den Nockenhub zur Mitte bewegt und verdrängen den während der Einlaßphase eingeströmten Kraftstoff über die Rückströmdrossel zur Einspritzdüse. Die Förderung hält jeweils so lange an, bis die Rollen (3) der Gleitschuhe (5) die Spitzen der Nocken erreicht haben.

Druckentlastung der Einspritzleitungen: Die Druckrohrstutzen am Verteilerkopf enthalten keine Druckventile mit Entlastungskolben, sondern nur Rückströmdrosseln (siehe Abschnitt 4.3.1). Um das Nachtropfen der Einspritzdüsen zu verhindern, wird, solange noch die Verbindung zwischen Hochdruckraum und Einspritzdüse besteht, durch die besonders geformten Nocken ein gewisser Druckabfall in den Einspritzleitungen erreicht. Die Rollen der Gleitschuhe laufen bei Förderende über die Spitzen der Nocken und danach in eine Vertiefung der Nockenbahn, wodurch sich der Hochdruckraum geringfügig vergrößert und zum Druckabfall führt.

Fördermengenänderung: Die jeweilige Fördermenge wird durch den Hub der beiden Hochdruckkolben (10) bestimmt, der durch axiales Verschieben der Verteilerwelle (1) (Rotor) verändert werden kann. In den bisher gezeigten Bildern stand die Verteilerwelle in einer Stellung, in

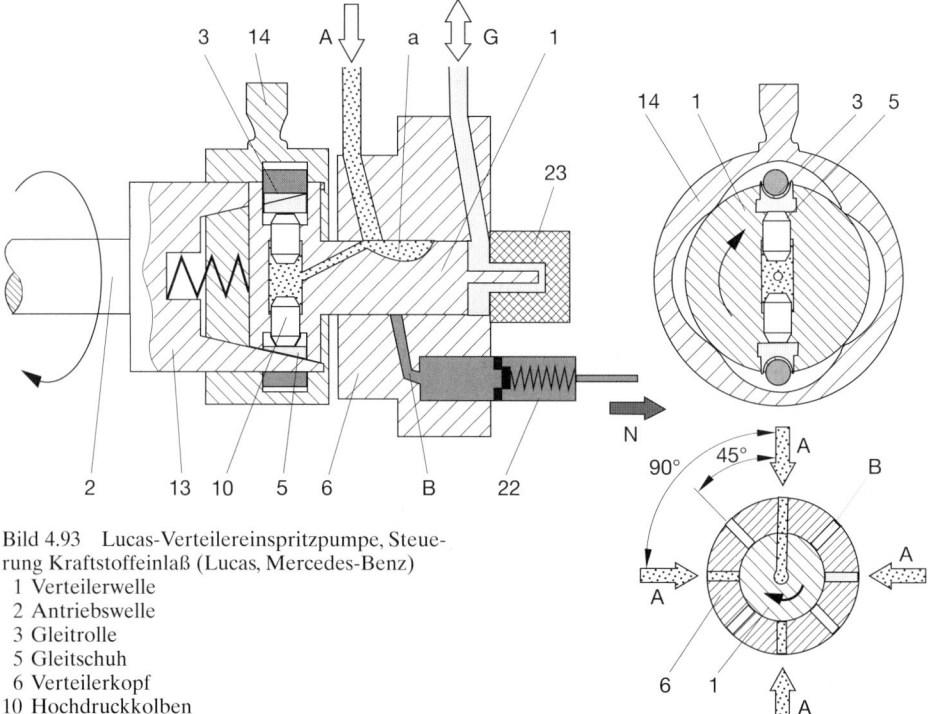

Bild 4.93   Lucas-Verteilereinspritzpumpe, Steuerung Kraftstoffeinlaß (Lucas, Mercedes-Benz)
 1 Verteilerwelle
 2 Antriebswelle
 3 Gleitrolle
 5 Gleitschuh
 6 Verteilerkopf
10 Hochdruckkolben
13 Greifer Antriebswelle
14 Nockenring
22 Rückströmdrossel
23 Positionsgeber Verteilerwelle
 a   Steuerschlitz mit Kanal Verteilerwelle

A Einlaßkanäle zum Hochdruckraum
B Auslaßkanäle zu den Einspritzdüsen
G Regeldruck Fördermenge
N zur Einspritzdüse

der die größte Fördermenge gefördert wird. Soll die Fördermenge verringert werden, so muß die Verteilerwelle (Bild 4.95 a) in Richtung «a», d.h. gegen die Kraft der Rückstellfeder (4), verschoben werden. Da die Gleitschuhe über die schräge Anschlagfläche nach innen gedrückt werden, verkleinert sich der Raum zwischen den beiden Hochdruckkolben.

Die jeweilige Lage der Verteilerwelle wird von dem induktiven Positionsgeber (23) erfaßt und dem Steuergerät zurückgemeldet.

Wie bei allen elektronisch gesteuerten Anlagen, sind auch in diesem Fall für alle Betriebszustände des Motors Kennfelder im Steuergerät einprogrammiert. Wenn jetzt der Fahrer über den Pedalwertgeber seinen Drehmoment- bzw. Drehzahlwunsch (Geschwindigkeitswunsch) vorgibt, wird im Steuergerät unter Berücksichtigung dieser gespeicherten Kennfelder und der eingegangenen Istwerte der Sensoren ein Vorgabewert (Sollwert) für das Verschieben der Verteilerwelle (1) (Rotor) ermittelt. Dabei erfolgt eine entsprechende Ansteuerung des Mengensteuerzuflußventils (Bild 4.92) und des Mengensteuerabflußventils. Im stromlosen Zustand sind diese beiden Ventile geöffnet, und die Rückstellfeder (4) drückt die Verteilerwelle in Richtung «b», d.h. in Richtung Vollast bzw. Start (Bild 4.95 b).

Bei Verringerung der Fördermenge wird vom Steuergerät das Mengensteuerabflußventil voll bestromt und geschlossen, während das Mengensteuerzuflußventil so lange angetaktet und offen

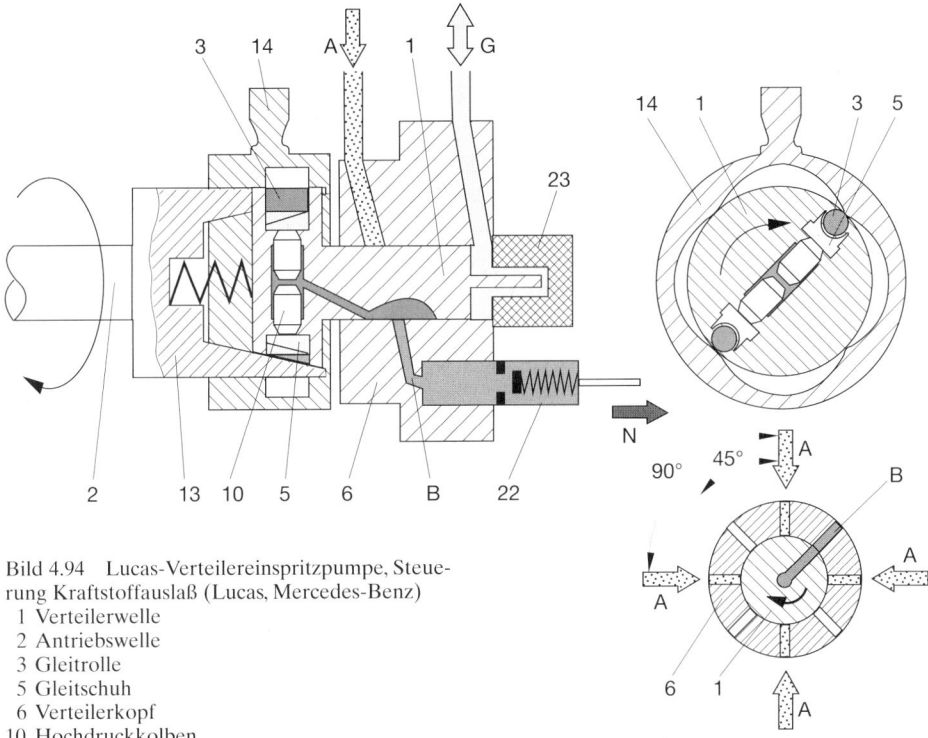

Bild 4.94   Lucas-Verteilereinspritzpumpe, Steuerung Kraftstoffauslaß (Lucas, Mercedes-Benz)

 1 Verteilerwelle
 2 Antriebswelle
 3 Gleitrolle
 5 Gleitschuh
 6 Verteilerkopf
10 Hochdruckkolben
13 Greifer Antriebswelle
14 Nockenring
22 Rückströmdrossel
23 Positionsgeber Verteilerwelle

A Einlaßkanäle zum Hochdruckraum
B Auslaßkanäle zu den Einspritzdüsen
G Regeldruck Fördermenge
N zur Einspritzdüse

gehalten wird, bis durch den einfließenden Kraftstoff über den Kanal (G) die Verteilerwelle (1)
in Richtung «a» verschoben worden ist und die vorgegebene Stellung eingenommen hat (Bild 4.95
a). Danach schließt auch, durch Bestromung vom Steuergerät, das Mengensteuerzuflußventil und
die Rückmeldung über die Verteilerwellenlage erfolgt durch den Positionsgeber (23).

Bei Vergrößerung der Fördermenge, z.B. Bemessung der Vollastmenge, wird bei geschlossenem Mengensteuerzuflußventil das Mengenabflußventil angetaktet und geöffnet und die Verteilerwelle (1) durch die Rückstellfeder so lange in Richtung «b» verschoben (Bild 4.95 b), bis der
Positionsgeber (23) die Übereinstimmung der Iststellung mit der Sollstellung aus dem Kennfeld
zurückmeldet. Der dabei verdrängte Kraftstoff gelangt über den Kanal (G) in den Pumpeninnenraum.

Nullförderung: Bei Nullförderung im Schiebebetrieb, beim Schaltvorgang oder bei Überschreitung der Abregeldrehzahl (Höchstdrehzahl) des Motors, wird das Mengensteuerabflußventil voll
bestromt und geschlossen und das Mengensteuerzuflußventil nicht bestromt und geöffnet.
Dadurch fließt über den Kanal (G) Kraftstoff mit etwa 7 bar in die Kammer, und die Verteilerwelle (1) wird ganz in Richtung «a» verschoben (Bild 4.95 b). Dabei wird der Hochdruckraum zwischen den beiden Hochdruckkolben bis auf Null verkleinert und kein Kraftstoff mehr gefördert.

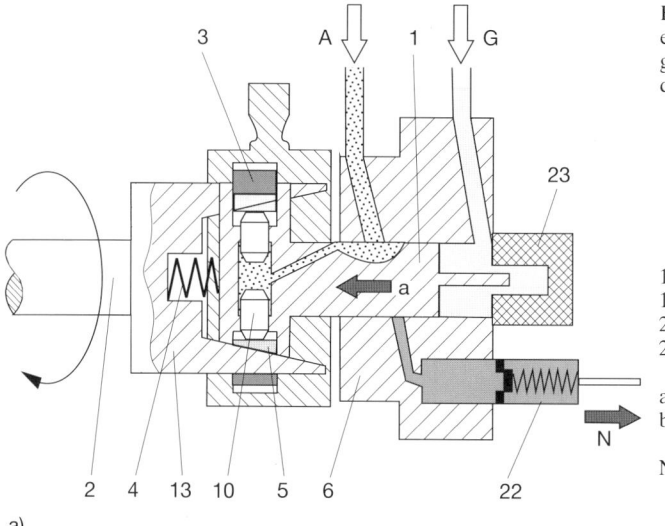

Bild 4.95 Lucas-Verteilereinspritzpumpe, Fördermengenänderung (Lucas, Mercedes-Benz)
 1 Verteilerwelle
 2 Antriebswelle
 3 Gleitrolle
 4 Rückstellfeder Verteilerwelle
 5 Gleitschuh
 6 Verteilerkopf
10 Hochdruckkolben
13 Greifer Antriebswelle
22 Rückströmdrossel
23 Positionsgeber Verteilerwelle
 a Richtung «Nullförderung»
 b Richtung «Vollast» bzw.
   «Startmenge»
 N zur Einspritzdüse

a)

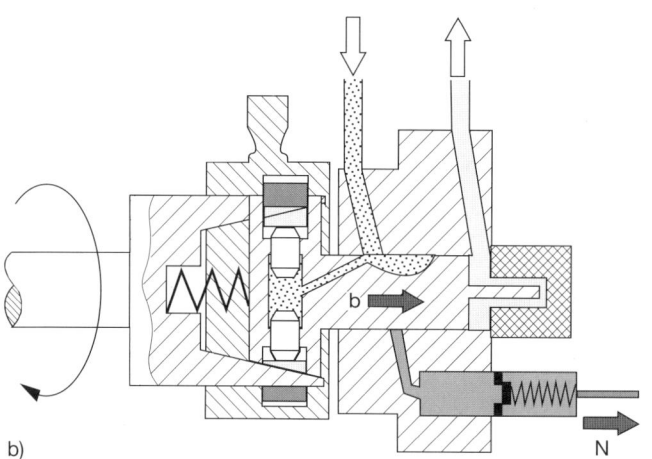

b)

Spritzbeginnregelung: Bei der Spritzbeginnregelung werden programmierte Kennfelder berücksichtigt (siehe auch Abschnitt 4.3.7, Bild 4.88). Der Vorgabewert (Sollwert) des Einspritzzeitpunktes wird in Abhängigkeit von der Drehzahl, der Einspritzmenge (Lastzustand) sowie der
Motortemperatur ermittelt. Daraufhin wird das Spritzbeginn-Steuerventil (Bild 4.92) vom Steuergerät getaktet, d.h. entsprechend geöffnet. Durch den im Spritzversteller herrschenden Druck
wird der Kolben so lange verschoben bzw. der Nockenring verdreht, bis der Spritzversteller-Positionsgeber (Bild 4.96), in dem auch der Kraftstofftemperaturfühler untergebracht ist, dem Steuergerät die Übereinstimmung des Istverstellwertes mit dem Sollverstellwert zurückmeldet.

Bei laufendem Motor fließt über das geöffnete Spritzbeginnsteuerventil (Bild 4.92) ständig
Kraftstoff zum Druckraum des Spritzverstellers. Ein Teil davon strömt über die Spritzbeginn-
Steuerdrossel in den Pumpeninnenraum ab. Das bedeutet: Wird jetzt das Spritzbeginn-Steuer-
ventil weiter geöffnet, fließt auch mehr Kraftstoff in den Druckraum des Spritzverstellers, der

Bild 4.96 Lucas Verteilereinspritzpumpe, Spritzbeginnregelung (Lucas, Mercedes-Benz)
1 Verteilerwelle (Rotor)
2 Gleitschuh
3 Gleitrolle
4 Hochdruckkolben
5 Nockenring
6 Spritzverstellerkolben
7 Spritzverstellerfeder
8 Spritzversteller-Positionsgeber
c Verstellrichtung «früh»
d Verstellrichtung «spät»

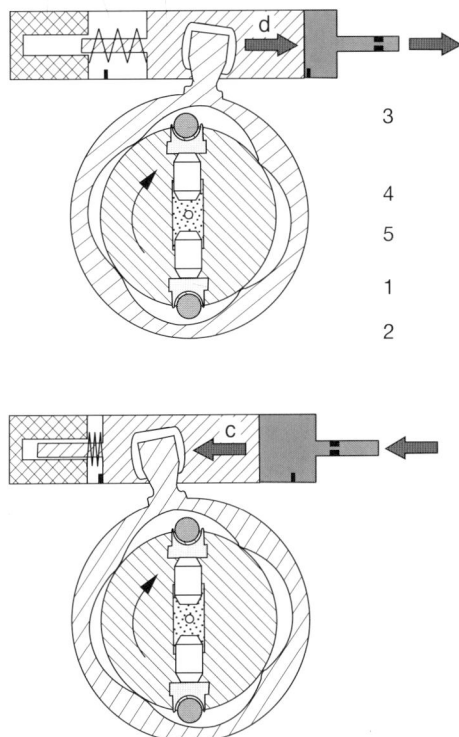

Spritzverstellerkolben wird verschoben und verdreht den Nockenring entgegen der Drehrichtung der Verteilerwelle in Richtung «früh».

Wird umgekehrt der Zufluß durch das Spritzbeginn-Steuerventil gedrosselt, baut sich der Druck entsprechend ab, und die Spritzverstellerfeder (Bild 4.96) schiebt den Kolben wieder in Verstellrichtung «spät», bis der Spritzbeginn-Positionsgeber eine Übereinstimmung des Istverstell- mit dem Sollverstellwert zurückmeldet.

Abstellen des Motors: Beim Starten des Motors wird das Kraftstoffabsperrventil (Bild 4.92) erst vom Steuergerät bestromt, wenn die Verteilerwelle (1) ihre temperaturabhängige Startmengenposition eingenommen hat.

Beim normalen Abstellen oder bei Notstopp wird das Ventil vom Steuergerät stromlos geschaltet und versperrt den Einlaßkanal (A) (Bild 4.93) zum Hochdruckraum im Verteilerkopf.

4.4 Drehzahlregler

Es gibt die mechanischen Regler (Fliehkraftregler) und die elektronische Dieselregelung (EDC).

Man unterscheidet je nach Einsatz des Reglers zwei Gruppen: einmal die *Leerlauf-Enddrehzahlregler*, die bei Nutzfahrzeugmotoren ohne Nebenantrieb (Zapfwelle) und Pkw-Motoren verwendet werden, und die *Verstell-* bzw. *Alldrehzahlregler*, die man bei Stationär-, Schlepper-, Einbau- und Nutzfahrzeugmotoren mit Nebenantrieb einbaut.

4.4.1 Aufgaben

Von dem Regler eines Dieselmotors verlangt man, daß er erstens für einen *gleichmäßigen runden Leerlauf* sorgt und zweitens die *Höchstdrehzahl (Abregeldrehzahl)* des Motors begrenzt, damit dieser nicht durchgehen, d.h. sich selbst zerstören kann. Außerdem wirkt der Regler noch als Überlastungsschutz, wenn die Nenndrehzahl (Vollastdrehzahl) überschritten wird. Darüber hinaus erfolgt nämlich das Abregeln, die Regelstange oder der Regelschieber wird vom Regler etwas in Richtung Nullförderung zurückgezogen und die Fördermenge vermindert. Eine Belastung des Motors ist nicht mehr möglich.

Ohne Regler würde die Drehzahl des unbelasteten Dieselmotors so lange ansteigen, bis z.B. die Pleuelstangen abreißen und dadurch eine Selbstzerstörung eintritt. Dieser Drehzahlanstieg entsteht durch Drehzahlschwankungen (Ungleichförmigkeit) des Motors, hervorgerufen durch zeitlichen Abstand zwischen den einzelnen Arbeitstakten. Wenn nun z.B. die Motordrehzahl geringfügig ansteigt, dann wird auch zwangsläufig die Einspritzpumpe ihre Drehzahl erhöhen und durch ihr Förderverhalten, d.h. ansteigende Förderkennlinie (siehe Angleichung), mehr Kraftstoff fördern. Da beim Dieselmotor zur Veränderung der Drehzahl nur die einzuspritzende Kraftstoffmenge verändert werden muß, reagiert der Motor auf die größere Kraftstoffmenge der Pumpe und dreht wiederum schneller. Dieses wiederholt sich bis zur Selbstzerstörung des Motors.

4.4.2 Ungleichförmigkeitsgrad (P-Grad) des Drehzahlreglers

Der Regler eines Dieselmotors arbeitet drehzahlabhängig. Er benötigt somit zum Verschieben der Regelstange eine gewisse Drehzahländerung – entweder steigend oder fallend. Läuft z.B. ein Motor in der Nenndrehzahl mit voller Belastung und nimmt man die Last weg – läßt aber das Fahrpedal stehen –, so versucht der Motor, durchzugehen. Der Regler hat jetzt die Aufgabe, abzuregeln.

Darunter versteht man, daß er beim Überschreiten der Nenndrehzahl die vom Motorhersteller zugelassene Drehzahlsteigerung bis zur Höchstdrehzahl (Abregeldrehzahl) zuläßt, die Regelstange dabei in Richtung Stopp zurückzieht und auf diese Weise die Fördermenge vermindert. Diese Drehzahlerhöhung der jeweiligen *Drehzahl mit Belastung* und der *Drehzahl ohne Belastung* bei gleicher Fahrpedalstellung nennt man den Ungleichförmigkeitsgrad δ. Neuerdings wird er auch als Proportional- gleich P-Grad bezeichnet, da sich die Drehzahl proportional zur Lastminderung erhöht. Das bedeutet, der Ungleichförmigkeits- oder P-Grad ist um so größer, je größer die Motorentlastung ist. Man gibt den P-Grad in Prozent an.

Der Ungleichförmigkeitsgrad gibt Auskunft über die Güte eines Reglers. So ist ein Regler um so besser, je kleiner sein Ungleichförmigkeitsgrad ist. Bei Reglern von Fahrzeugmotoren beträgt er 8 bis 10% und bei Generatormotoren 0 bis 2%.

4.4.3   Leerlauf-Enddrehzahlregler

Dieser Regler regelt – wie es die Bezeichnung schon angibt – nur den unteren Leerlauf und begrenzt die Höchstdrehzahl (Abregeldrehzahl), das Ende. In dem nichtgeregelten Drehzahlbereich zwischen diesen beiden Drehzahlen übernimmt der Fahrer mit dem Fahrpedal die Drehzahleinstellung. Er verschiebt direkt die Regelstange und verändert so die Fördermenge.

Bosch-RQ-Regler
Dieser Fliehkraftregler (Bild 4.97) mit der Bosch-Bezeichnung RQ ist mit zwei Fliehgewichten versehen, die mit ihrer Nabe auf dem Konus der Nockenwelle sitzen und von ihr angetrieben werden.

Die Fliehgewichte sind gebohrt, und in jedem Gewicht sind eine Leerlauf- und zwei Endfedern untergebracht, die über Federteller durch Einstellmuttern gespannt oder entspannt werden können. Bei einer eingebauten Angleichung steckt dann noch eine vierte, eine Angleichfeder in dem Gewicht. Die Bewegung der Fliehgewichte wird über zwei Winkelhebelpaare auf den Verstellbolzen übertragen. Der am Ende des Verstellbolzens sitzende Gleitstein ist mit dem Regelhebel verbunden, der durch eine Verbindungslasche mit der Regelstange gekuppelt ist. Da der Regelhebel einen verschiebbaren Drehpunkt (Kulissenstein) hat, kann sich das Übersetzungsverhältnis des Hebels verändern. Damit erreicht man, daß im Leerlauf bei einem Übersetzungsverhältnis von 1 : 1,35 und geringer Fliehkraft sowie bei Höchstdrehzahl mit einem Übersetzungsverhältnis von 1 : 3,23 und großer Fliehkraft an der Regelstange immer eine gleich große Verstellkraft angreift. Die Regulierung ist dadurch in beiden Fällen sicherer. Tritt der Fahrer das Fahrpedal nieder, so verändert er auch die Stellung des äußeren Reglerverstellhebels und überträgt die Bewegung über den Zwischenhebel auf den Kulissenstein. Er schiebt den Kulissenstein in der Kulissenführung nach unten, wobei Regelhebel und Regelstange ausweichen und in irgendeine Betriebsstellung kommen.

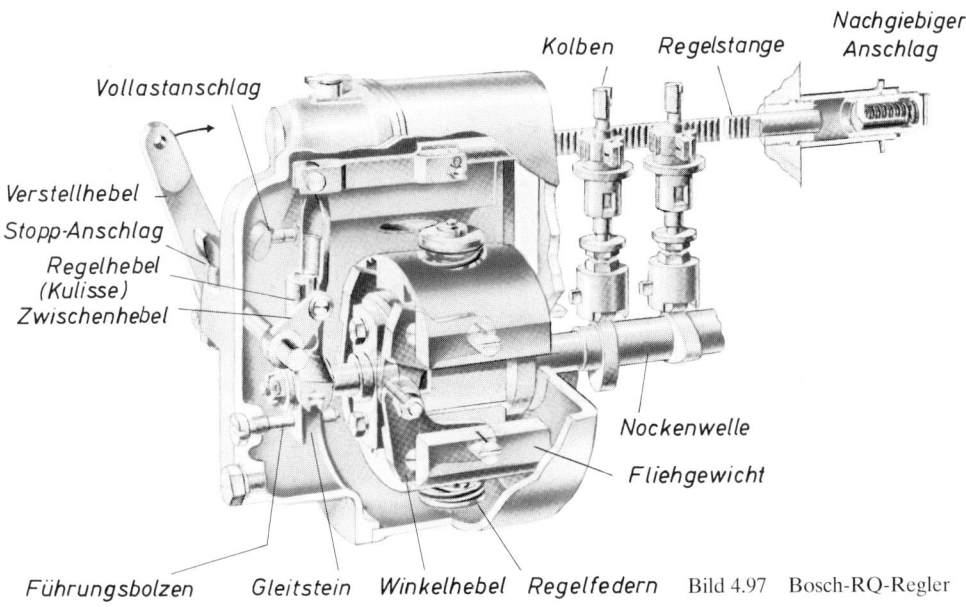

Bild 4.97   Bosch-RQ-Regler

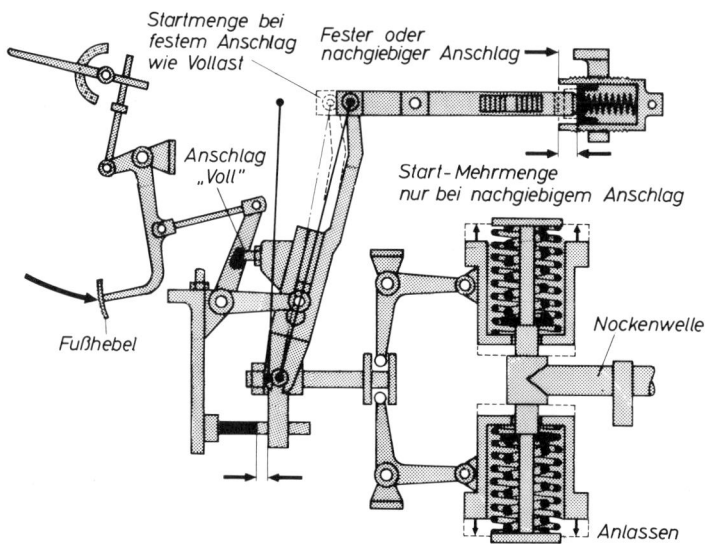

Startmenge bei
festem Anschlag
wie Vollast

Fester oder
nachgiebiger Anschlag

Anschlag
„Voll"

Start-Mehrmenge
nur bei nachgiebigem Anschlag

Fußhebel

Nockenwelle

Anlassen

Wirkungsweise

Die Wirkungsweise aller Fliehkraftregler ist grundsätzlich folgende: Mit zunehmender Drehzahl des Motors wandern die Fliehgewichte nach außen. Sobald die Kraft der Fliehgewichte größer geworden ist als der Druck der Regelfedern – die versuchen, die Förderung bestehen zu lassen –, wird die Fördermenge vermindert. Bei abnehmender Drehzahl ist es umgekehrt. Die Fliehkraft nimmt ab, so daß der Druck der Regelfedern schließlich größer wird, wodurch sich die Fliehgewichte wieder nach innen bewegen und die Fördermenge vergrößern.

Anlassen: Beim Anlassen des Motors werden Fahrpedal und Reglerverstellhebel bis zu ihren Vollastanschlägen durchgedrückt. Da sich die Fliehgewichte nicht in ihrer Betriebsstellung befinden, sondern ganz nach innen zur Nabe gedrückt sind, kommt die Regelstange nicht in ihre Vollast-, sondern in die Startstellung (Bild 4.98) (Gesamtweg der Regelstange). Der nachgiebige, federnde Regelstangenanschlag wird dabei ganz durchgedrückt. Nach dem Anlaßvorgang überwinden die Fliehgewichte die Leerlauffedern, gehen etwas nach außen und holen bis etwa 900 min^{-1} über Winkelhebel, Verstellbolzen und Regelhebel die Regelstange aus der Start- in die Vollaststellung zurück (Bild 4.99). Der Drehpunkt des Regelhebels liegt dabei im Kulissenstein.

Angleichen: Hält der Fahrer weiterhin das Fahrpedal in Vollaststellung, so steigt die Motordrehzahl laufend an, und ab 1200 bis 1300 min^{-1} setzt dann die Angleichung ein (siehe Abschnitt 4.3.1, Bild 4.30). Dies ist der Fall, wenn die Fliehgewichte die inneren Federteller erreicht haben, die Angleichfedern überwinden und die Federteller mit nach außen nehmen (Bild 4.100).

Dieser Angleichweg, der an den Gewichten nur durchschnittlich 0,7 bis 1,0 mm beträgt, wird bei dem Übersetzungsverhältnis in Vollaststellung von den Fliehgewichten zur Regelstange um das Dreifache vergrößert. Die Regelstange wird also um ungefähr 2,1 bis 3,0 mm in Richtung Stopp zurückgezogen, wodurch sich die Vollastmenge etwas verringert (Angleichen an den Luftfüllungsgrad des Motors). Das Angleichen ist kurz vor oder in der Nenndrehzahl beendet, dann nämlich, wenn die inneren Federteller an den Angleichfederkapseln anliegen.

Gemischbildung und Verbrennung bei Dieselmotoren

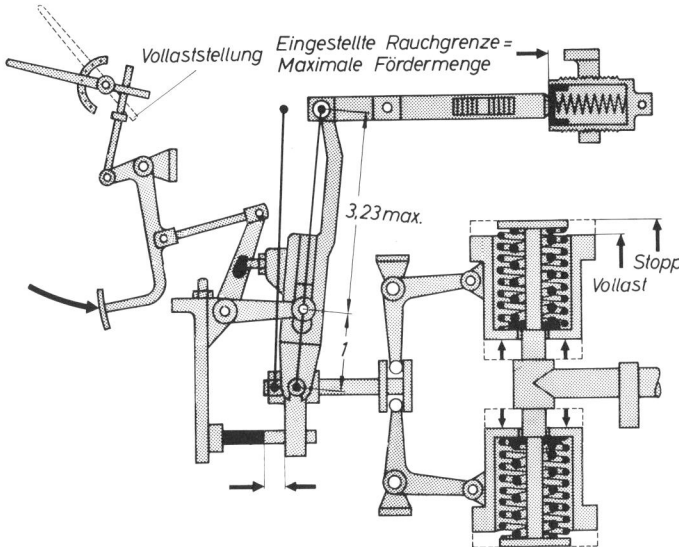

Bild 4.99
Bosch-RQ-Regler
in Vollaststellung

Vollaststellung

Eingestellte Rauchgrenze =
Maximale Fördermenge

3,23 max.

1

Stopp
Vollast

Bild 4.100   Bosch-RQ-Regler mit
Angleichvorrichtung

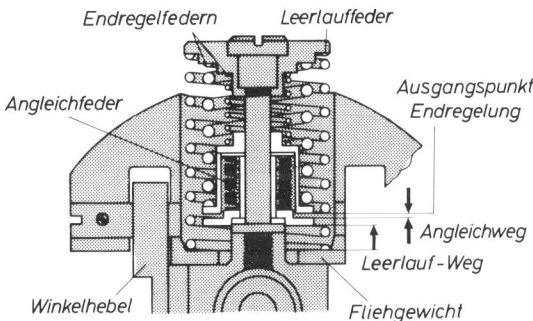

Endregelfedern

Leerlauffeder

Angleichfeder

Ausgangspunkt
Endregelung

Angleichweg

Leerlauf-Weg

Winkelhebel

Fliehgewicht

Abregeln und Begrenzen der Höchstdrehzahl: Beim Überschreiten der Nenndrehzahl ist die Fliehkraft so weit angestiegen, daß die auf dem Pumpenprüfstand genau eingestellten Endregelfedern überwunden werden. Das bedeutet, daß die nach außen gehenden Fliehgewichte abermals die Regelstange zurückziehen, aber nicht auf Stopp, sondern nur in die obere Leerlaufstellung. Dabei ist durch das Zurückziehen der Regelstange die Fördermenge soweit verringert worden, daß der Motor wegen Kraftstoffmangels seine erreichte Höchstdrehzahl (Abregeldrehzahl) nicht überschreiten kann. Die Fördermenge, die hier pro Hub gefördert wird, ist durch die ansteigende Förderkennlinie der Einspritzpumpe bei gleicher Regelstangenstellung etwas größer als im unteren Leerlauf. Sollte der Motor seine Höchstdrehzahl (Abregeldrehzahl) überschreiten, was nur bei Talfahrt möglich ist, gehen die Fliehgewichte bei Überwindung aller Federn ganz nach außen und ziehen die Regelstange auf Stopp.

Leerlauf: Zur Überwindung der Leerlaufbelastung benötigt der Motor eine bestimmte Kraftstoffmenge. Diese Menge wird vom Fahrer eingestellt. Er stellt den Kulissenstein ungefähr auf Mitte (Übersetzungsverhältnis 1 : 1,35) und die Regelstange dabei auf 6 bis 7 mm Regelweg (Bild

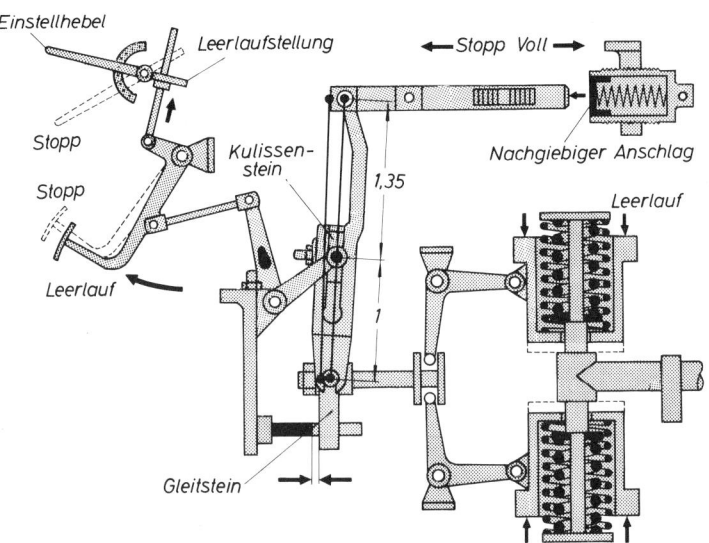

4.101). Die dazugehörige Leerlaufdrehzahl wird von den Leerlauffedern in den Fliehgewichten geregelt. Versucht der Motor z.B. seine Leerlaufdrehzahl zu erhöhen, dann bewegen sich die Fliehgewichte etwas nach außen und ziehen die Regelstange etwas in Richtung Stopp zurück. Der Motor bekommt weniger Kraftstoff und wird am Erhöhen seiner Drehzahl gehindert. Im umgekehrten Fall gehen die Fliehgewichte etwas zusammen und geben dem Motor mehr Kraftstoff. Ein Regler, der keine Schmierung hat oder verschlissen ist, läßt größere Drehzahlschwankungen entstehen, was man als «Sägen» des Motors bezeichnet.

Abstellen des Motors: Zum Abstellen des Motors wird mit dem Handgashebel oder der Motorbremsenbetätigung der Reglerverstellhebel ganz bis zur Stoppanschlagschraube (Bild 4.97) zurückgeholt. Die Regelstange kommt in die Stellung Nullförderung, und die Förderung zur Einspritzdüse wird unterbrochen.

Bosch-RSF-Regler
Dieser Regler ist ein Leerlauf-Enddrehzahlregler (Bild 4.102), der in Verbindung mit der Reiheneinspritzpumpe PES..M.. bei den Mercedes-Benz-Motoren für Pkw verwendet wird.

Wirkungsweise
Die Wirkungsweise beruht darauf, daß der Regler nur die untere Leerlaufdrehzahl regelt und bei Überschreitung der Nenn- oder Vollastdrehzahl abregelt und die Höchstdrehzahl (Abregeldrehzahl) begrenzt. Die Regelung der unteren Leerlaufdrehzahl übernimmt in Verbindung mit der Fliehkraft der Gewichte (1 in Bild 4.102) die Leerlaufregelfeder (7 Blattfeder) und die Endregelung die Regelfeder (6 Schraubenfeder), die so stark eingestellt ist, daß sie sich erst bei Überschreitung der Nenn- oder Vollastdrehzahl durch die Fliehkraft überwinden läßt. In dem nichtgeregelten Drehzahlbereich zwischen diesen Drehzahlen übernimmt der Fahrer durch direkte Regelstangenverstellung die Regelung. (Die numerierten Hinweise in Bild 4.102 gelten gleichermaßen für die Bilder 4.103 bis 4.106.)

Bild 4.102 Bosch-RSF-Regler
(schematisch)
  1 Fliehgewichte
  2 Reglermuffe
  3 Spannhebel
  4 Führungshebel
  5 Regelhebel
  6 Endregelfeder
  7 Leerlaufregelfeder
  8 Leerlaufzusatzfeder
  9 Umlenkhebel
 10 Lenkhebel
 11 Verstellhebel
 12 Regelstange
 13 federnde Lasche
 14 Einstellschraube für
    Vollastmenge
 15 fester Vollastmengen-
    anschlag
 16 Angleichfederkapsel
 17 Einstellschraube für
    Leerlaufdrehzahl
 18 Einstellschraube für
    Leerlaufmenge
 19 Abschaltgestänge für
    Leerlaufzusatzfeder
 20 fester Spannhebelanschlag
 21 Drehpunkt für Spann-
    und Führungshebel
 22 Vakuumdose
 23 Winkelhebel
 24 Notstopphebel
 25 Ausweichfeder

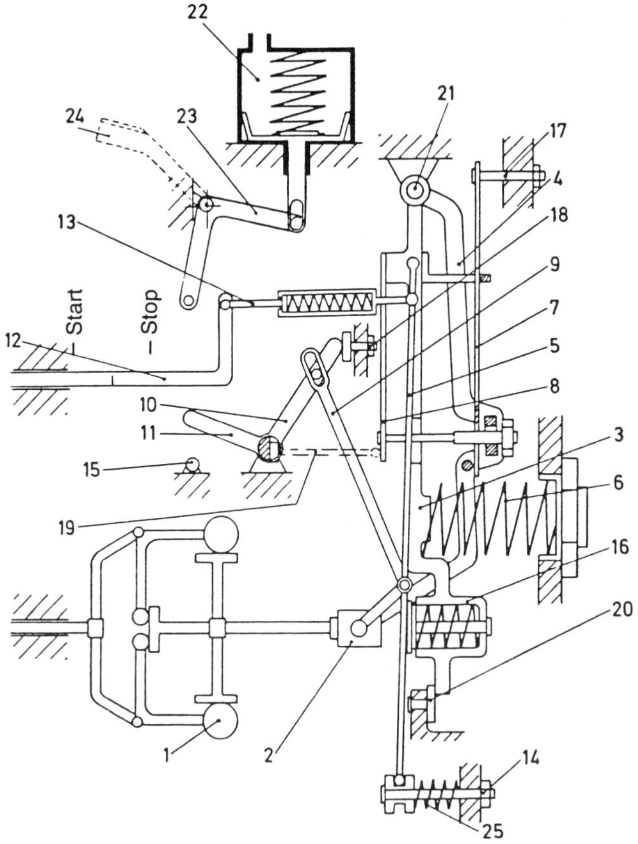

Anlassen: Bei stehendem Motor liegen die Fliehgewichte an der Reglermuffe (2 in Bild 4.103) an. Bei Betätigung des Fahrpedals bis in die Vollaststellung wird über den Lenkhebel (10) und den Umlenkhebel (9) der Regelhebel (5) betätigt und die Regelstange (12) in die Startstellung geschoben. Das ist aber nur unterhalb der Leerlaufdrehzahl möglich, weil die Fliehgewichte ganz nach innen gestellt sind und zwischen der Reglermuffe (2) und der Angleichvorrichtung (16) im Spannhebel (3) ein großer Spalt (Leerlaufstufe) entstanden ist.

Bleibt nach dem Anlassen das Fahrpedal in Vollaststellung, gehen die Fliehgewichte nach außen, überwinden die Leerlaufregelfeder (7) und schieben die Reglermuffe (2) um den Weg (Leerlaufstufe) bis zu der Angleichvorrichtung (16) vor. Die Bewegung der Reglermuffe (2) wird über den Regelhebel (5) auf die Regelstange (12) übertragen und diese aus der Start- in die Vollaststellung zurückgezogen.

Angleichen: Wird das Fahrpedal aus der Leerlaufstellung heraus voll durchgetreten, wandern die Fliehgewichte nach außen, überwinden die Leerlaufregelfeder (7) und haben bei etwa 1100 bis 1200 min^{-1} die Reglermuffe (2) an die Angleichfederkapsel (16) angelegt. Wird jetzt bei steigender Drehzahl die Fliehkraft höher, wird ab der mittleren Drehzahl mit der besten Zylinderluftfüllung (siehe Abschnitt 4.3.1) die Angleichfeder in der Federkapsel (16) überdrückt und ange-

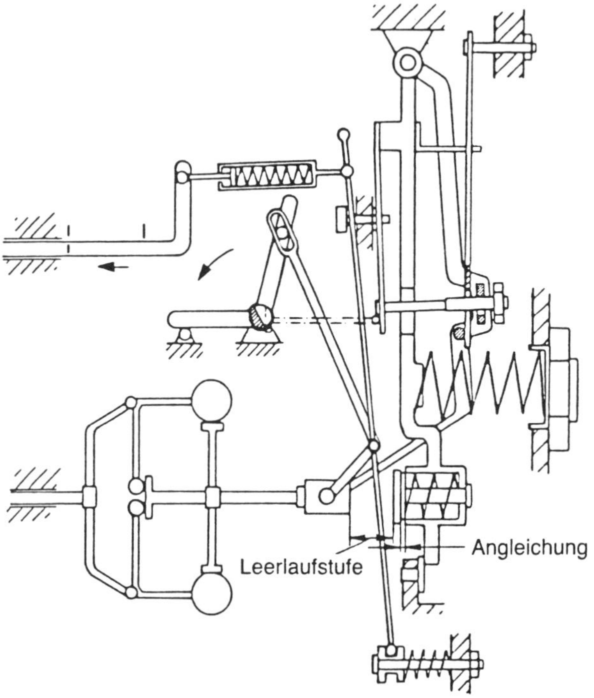

Bild 4.103   Bosch-RSF-Regler: Anlassen

Leerlaufstufe

Angleichung

glichen, d.h., die Fliehgewichte können die Regelstange etwas aus der Vollaststellung in Richtung Stopp zurückholen. Dabei wird die bis dahin geförderte Vollastfördermenge verringert und der abnehmenden Zylinderluftfüllung angeglichen. Dieser Angleichvorgang ist kurz vor oder in der Nenndrehzahl beendet.

Abregeln und Begrenzen der Höchstdrehzahl (Abregeldrehzahl): Unmittelbar nach Überschreitung der Nenndrehzahl setzt die Endregelung ein (Bild 4.104). Die Fliehgewichte überwinden erst jetzt mit ihrer großen Fliehkraft die Kraft der Endregelfeder (6). Die Fliehgewichte bewegen sich nach außen und verändern über die Reglermuffe (2) die Lage des starken Spannhebels (3) und des Führungshebels (4). Gleichzeitig wird über die Reglermuffe (2) auch die Lage des Regelhebels (6) verändert, der mit dem oberen Ende die Regelstange (12) soweit in Richtung Stopp zurückholt (in die obere Leerlaufstellung), daß der Motor seine Höchstdrehzahl (Abregeldrehzahl) einnimmt, diese aber wegen Kraftstoffmangels nicht überschreiten kann. Die Höchstdrehzahl (Abregeldrehzahl) bleibt so lange bestehen, bis das Fahrpedal aus der Vollast- in die Leerlaufstellung zurückgenommen wird. Dann wird aufgrund der weit ausgefahrenen Fliehgewichte die Regelstange auf Stopp zurückgezogen und erst kurz vor Erreichen der Leerlaufdrehzahl durch die nach innen wandernden Fliehgewichte in die Leerlaufstellung geschoben.

Leerlauf: Wird das Fahrpedal in die Leerlaufstellung gebracht (Bild 4.105), dann liegt der Lenkhebel (10) an der Leerlaufmengen-Einstellschraube (18) an. Innen im Regler ist die Bewegung über den Umlenkhebel (9) und den Regelhebel (5) auf die Regelstange (12) übertragen und diese in die Leerlaufstellung geschoben worden. Die Einspritzmenge fördert nun die für die Leerlauf-

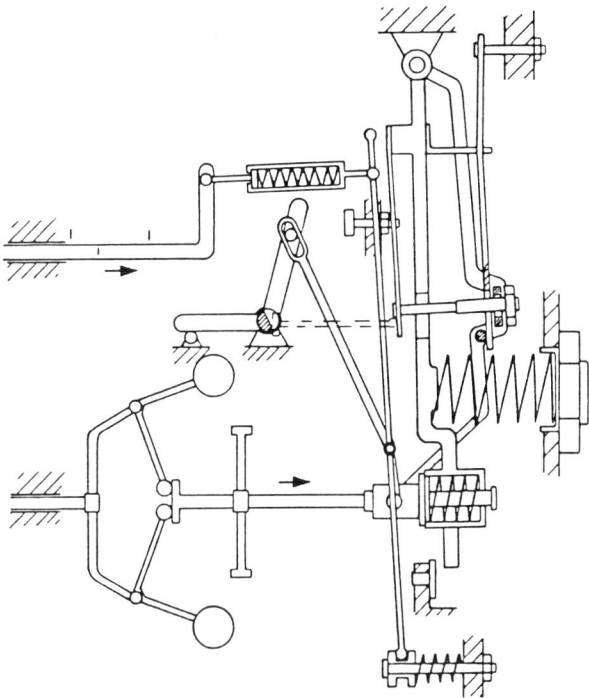

drehzahl erforderliche Kraftstoffmenge. Hat der Motor seine Leerlaufdrehzahl erreicht, so haben auch die Fliehgewichte (1) eine entsprechende Stellung angenommen und übernehmen die Regelung der Leerlaufdrehzahl. Dabei wirkt ihre Verstellkraft über die Reglermuffe (2) und den Führungshebel (4) gegen die Kraft der Leerlaufregelfeder (7 Blattfeder), bis ein Kräftegleichgewicht hergestellt ist. Versucht der Motor z.B. seine Leerlaufdrehzahl zu erhöhen, nimmt die Fliehkraft geringfügig zu. Da jetzt das Kräftegleichgewicht gestört ist, wandern die Fliehgewichte etwas nach außen und verschieben über Reglermuffe (2), Umlenkhebel (9) und Regelhebel (5) die Regelstange (12) in Richtung Stopp. Im umgekehrten Fall gehen die Fliehgewichte etwas zusammen, verschieben die Regelstange geringfügig in Richtung Vollast und lassen mehr Kraftstoff einspritzen. Dieses Regeln muß so exakt erfolgen, daß keine Drehzahlschwankungen entstehen, da sonst der Motor sägen würde. Unterstützt wird das Regeln durch die Leerlaufzusatzfeder (8), die im unteren Leerlauf wirksam ist und das «Sägen» dadurch verhindert, daß sie die hin und her schwingenden Hebel (Regelhebel und Führungshebel) mit Regelstange beruhigt. Im oberen Leerlauf (Höchstdrehzahl ohne Last) wird die Zusatzfeder (8) über Gestänge abgeschaltet, da hier der Motor gleichmäßiger durchläuft und nicht zum Sägen neigt.

Die Drehzahlregelung im Fahrbetrieb zwischen der Leerlauf- und der Enddrehzahl übernimmt der Fahrer. Er verstellt über den Verstellhebel (11), den Lenkhebel (10), den Umlenkhebel (9) und den Regelhebel (5) direkt die Regelstange (12) und bestimmt durch die eingestellte Fördermenge die Drehzahl des Motors.

Abstellen des Motors: Zum Abstellen des Motors kann die mit der Schlüsselstartanlage gesteuerte Vakuumdose (22) über den Winkelhebel (23) die Regelstange auf Stopp zurückholen. Der

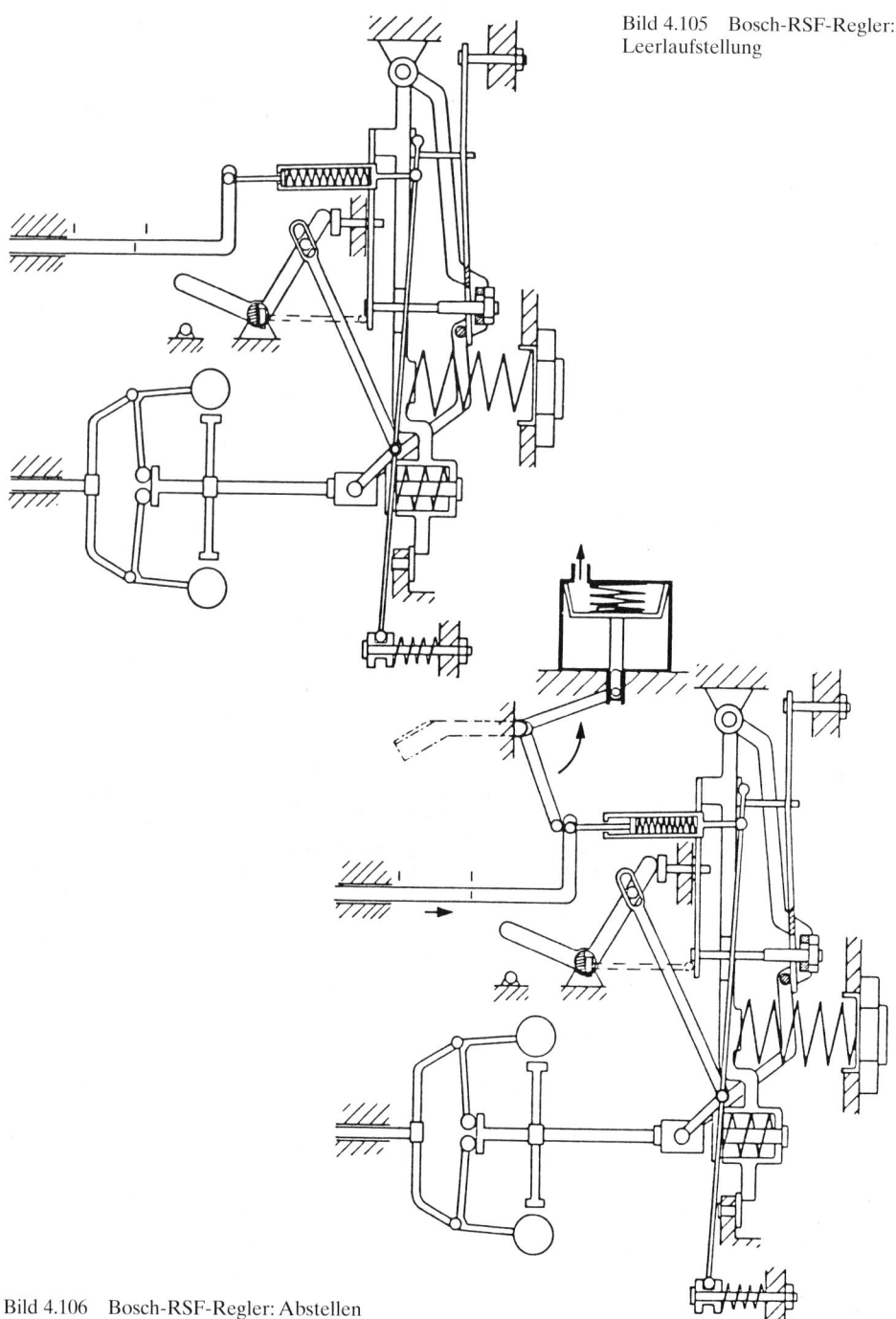

Bild 4.105 Bosch-RSF-Regler: Leerlaufstellung

Bild 4.106 Bosch-RSF-Regler: Abstellen

Unterdruck wird durch die Vakuumpumpe der Bremsverstärkeranlage erzeugt. Bei Ausfall der Anlage (Bild 4.106) kann auch von Hand mit dem Notstopphebel (24) die Regelstange auf Stopp gestellt werden.

4.4.4 Alldrehzahlregler (Verstellregler)

Für einen Dieselmotor, der nur im Fahrbetrieb belastet wird, genügt ein Leerlauf-Enddrehzahlregler, der nur den Leerlauf regelt und die Höchstdrehzahl (Abregeldrehzahl) begrenzt. Hat man dagegen einen Nutzfahrzeugmotor mit Nebenantrieb, einen Schlepper- oder Einbaumotor, der ohne Bedienung und Aufsicht bestimmte Motordrehzahlen zwischen Leerlauf- und Höchstdrehzahl (Abregeldrehzahl) regeln soll, dann benötigt man einen Alldrehzahl- oder Verstellregler. Man bezeichnete früher solche Regler auch als lastabhängige Regler, weil sie bei Belastungsänderung auf die dadurch entstehende Drehzahländerung reagieren, die Regelstange verstellen und dem Motor eine der Belastung entsprechende Kraftstoffmenge regeln.

Bosch-RQV-Regler
Dieser Alldrehzahlregler (Bild 4.107) ist äußerlich kaum von dem RQ-Regler (Leerlauf-Enddrehzahlregler) zu unterscheiden, nur der innere Aufbau ist in manchen Punkten anders. So werden auch hier zwei Fliehgewichte, die auf einer Reglernabe sitzen, von der Pumpennockenwelle angetrieben. In jedem Fliehgewicht ist ein Federsatz untergebracht, der aus einer Leerlaufregelfeder und einer Hauptregelfeder besteht. Diese Regelfedern werden über Federteller und Einstellmuttern gespannt, allerdings die Hauptfeder nur gering, da mit zunehmender Drehzahl ein

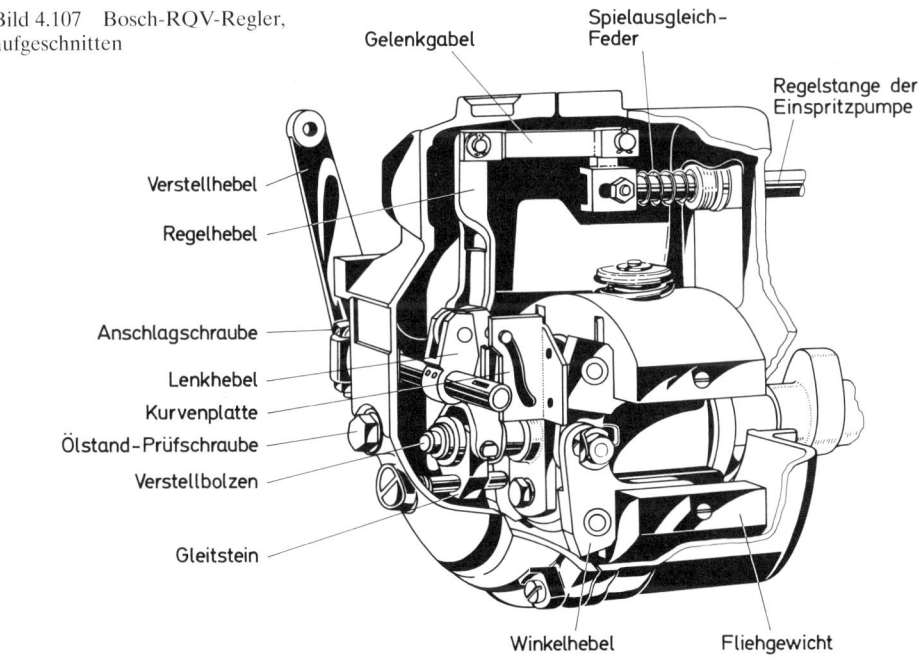

Bild 4.107 Bosch-RQV-Regler, aufgeschnitten

Spannen durch die nach außen wandernden Fliehgewichte erfolgt. Dadurch ist dieser Regler in der Lage, über den ganzen Drehzahlbereich zu regeln, denn in jeder Drehzahl kann sich der Gleichgewichtszustand zwischen der Fliehkraft nach außen und der Federkraft nach innen einstellen. Die Bewegung der Fliehgewichte wird über Winkelhebel und Verstellbolzen auf den Gleitstein übertragen. Im Verstellbolzen ist die Schleppfeder untergebracht (Bild 4.108). An dem Gleitstein greift der Regelhebel an, der durch eine Gelenkgabel mit der Regelstange verbunden ist. Der Drehpunkt des Regelhebels ist in einer Führung (Kulisse) verstellbar, wodurch sich dessen Übersetzungsverhältnis von 1 : 2 in Leerlaufstellung auf 1 : 5,9 in Vollaststellung verändern läßt (Bild 4.109).

Wirkungsweise
Grundsätzlich ist die Wirkungsweise des RQV-Reglers folgende: Erhöht sich die Motordrehzahl, so bewegen sich die Fliehgewichte nach außen, sobald die vom Fahrer eingestellte Drehzahl über-

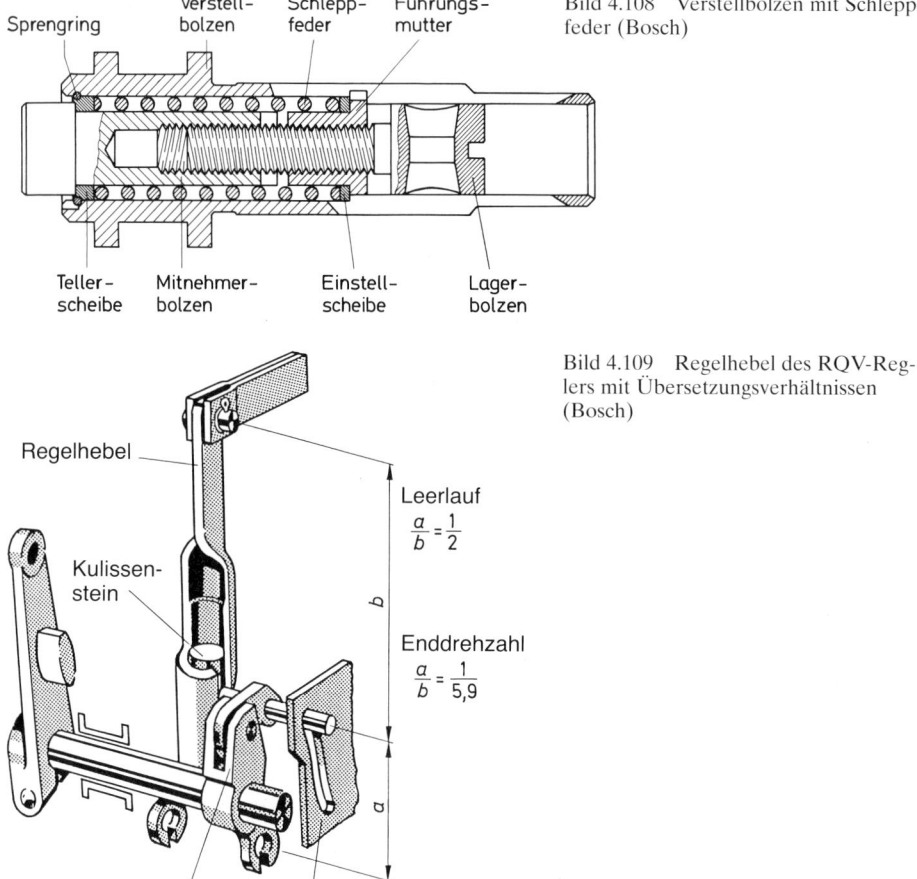

Bild 4.108   Verstellbolzen mit Schleppfeder (Bosch)

Bild 4.109   Regelhebel des RQV-Reglers mit Übersetzungsverhältnissen (Bosch)

Leerlauf
$$\frac{a}{b} = \frac{1}{2}$$

Enddrehzahl
$$\frac{a}{b} = \frac{1}{5,9}$$

schritten und die Fliehkraft größer geworden ist als die Kraft der Regelfedern. Es wird abgeregelt, d.h., die Regelstange wird in Richtung Stopp gezogen und die Fördermenge so weit vermindert, daß die Drehzahl nur um den Ungleichförmigkeitsgrad ansteigen kann. Nimmt dagegen durch Lasterhöhung die Motordrehzahl ab, so wird die Fliehkraft geringer, und die Regelfedern überwiegen, so daß sich die Fliehgewichte wieder nach innen bewegen. Diese Bewegung der Fliehgewichte wird über die Winkelhebel, den Verstellbolzen und den Regelhebel auf die Regelstange übertragen. Die Regelstange wird wieder in Richtung Vollast verstellt, und der Motor bekommt auf die höhere Belastung hin mehr Kraftstoff.

Wie schon erwähnt, beträgt bei dem RQV-Regler das Übersetzungsverhältnis in Leerlaufstellung etwa 1 : 2. Die Verstellkurve in der Kurvenplatte ist nun so ausgebildet, daß sich das Übersetzungsverhältnis bei Betätigung des Fahrpedals bzw. Handgashebels und Überschreitung der Leerlaufdrehzahl zwangsläufig sehr rasch bis auf 1 : 5,9 vergrößert. Durch diese große Hebelübersetzung zwischen Fliehgewichten und der Regelstange wird erreicht, daß der Regler schnell anspricht, denn schon eine geringe Bewegung der Fliehgewichte genügt, um die Regelstange zwischen Vollast und Nullast (ca. 5 bis 6 mm) zu verstellen. Durch das große Übersetzungsverhältnis im Regelhebel wird nun bei der Betätigung des Reglerverstellhebels mehr Weg auf die Regelstange gegeben, als diese aufnehmen kann, oder beim Abregeln mehr Weg durch die Fliehgewichte herausgenommen, als die Regelstange hergeben kann. Diese überflüssigen Wege werden in beiden Fällen von der Schleppfeder im Verstellbolzen aufgenommen (Schleppfeder wird gespannt). Dadurch wird verhütet, daß eine übermäßige Beanspruchung des Regelhebels durch Flieh- oder Regelfederkraft eintritt.

Anlassen: Aus der Ruhelage heraus wird der äußere Verstellhebel über das Fahrpedal oder den Handgashebel in seine Vollaststellung bis zum Anschlag für die maximale Drehzahl gestellt (Bild 4.110). Dadurch wird über den Lenkhebel der Kulissenstein in seiner Führung nach unten verschoben und der Regelhebel mit der Regelstange in die Vollaststellung gebracht. Da der Motor zum Anlaufen mehr als die Vollastmenge benötigt – ein Teil des Kraftstoffs schlägt sich an den

Bild 4.110 Bosch-RQV-Regler
in Anlaßstellung

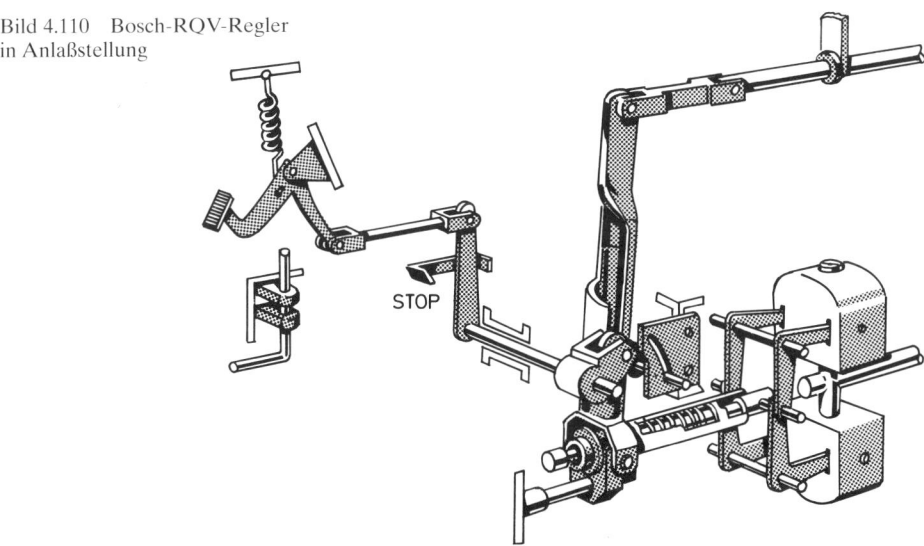

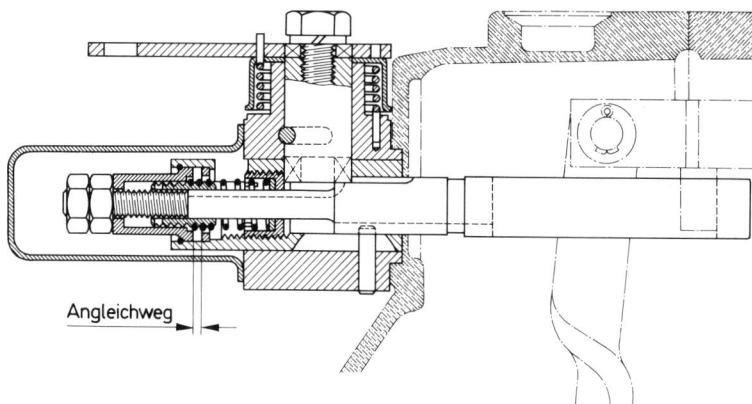

Bild 4.111
Regelstangen-
anschlag mit
Zughebel für
Startmenge
und Angleich-
vorrichtung
(Bosch)

Angleichweg

kalten Brennraumwandungen nieder und verdampft nicht –, muß der feste Regelstangenanschlag bedient werden, damit die Regelstange in die Startstellung gelangen kann (Bild 4.111).

Bei manchen RQV-Reglern ist auch ein automatischer Regelstangenanschlag eingebaut (Bild 4.112). Bei Stillstand des Motors wird durch den Verstellbolzen der Kipphebel betätigt, dabei wird unten die Feder zusammengedrückt und oben die Anschlaglasche nach unten gestellt, so daß deren Anschlagnase die Gelenkgabel freigibt. Beim Starten kann deshalb die Regelstange über die Vollaststellung hinaus auf Start gestellt werden. Bei dieser Regelstangenstellung bleiben die Fliehgewichte in Ruhelage. Die Schleppfeder im Verstellbolzen ist gespannt, d.h., der Verstellbolzen ist kürzer geworden und hat den überflüssigen Weg, den die Regelstange nicht mehr aufnehmen konnte, aufgenommen (Bild 4.113).

Leerlauf: Ist nach dem Anlaßvorgang der Motor angelaufen, so werden über das Fahrpedal bzw. Handgashebel der Reglerverstellhebel in die Leerlaufstellung zurückgenommen und die untere Leerlaufdrehzahl vorgewählt (Bild 4.114). Dabei werden der Kulissenstein hochgezogen, das Übersetzungsverhältnis von 1 : 5,9 auf 1 : 2 verringert und die Regelstange auf etwa 6 mm Regelweg gestellt. Der feste bzw. automatische Regelstangenanschlag kommt in die Stellung zurück, in der er die Vollast begrenzt.

Jetzt bekommt der Motor gerade noch die Kraftstoffmenge, die er benötigt, um seine innere Reibung überwinden und die mitangetriebenen Aggregate, wie Drehstromgenerator, Einspritzpumpe, Lüfter usw., antreiben zu können. Die Fliehgewichte haben sich geringfügig nach außen bewegt, und die dabei abgegebene Fliehkraft wiegt sich mit der Kraft der Leerlauffeder aus.

Teillast: Wird aus dem Leerlauf heraus das Fahrpedal z.B. auf Halblast gestellt, so wird diese Bewegung über das Gestänge auf den Reglerverstellhebel übertragen und innen im Regler der Kulissenstein entsprechend nach unten verschoben, so daß sich auch das Übersetzungsverhältnis verändert. Dieses Übersetzungsverhältnis ändert sich jedoch gleich oberhalb des Leerlaufgebietes so stark, daß schon ein geringer Ausschlag an dem Reglerverstellhebel bzw. Lenkhebel genügt, um die Regelstange bis zum eingestellten festen Vollastanschlag zu verschieben. Danach spannt sich die Schleppfeder und nimmt auch jetzt den überflüssigen Weg auf (Bild 4.113).

Die Regelstange bleibt nun einstweilen auf Vollast stehen. Die Folge ist ein schneller Drehzahlanstieg des Motors.

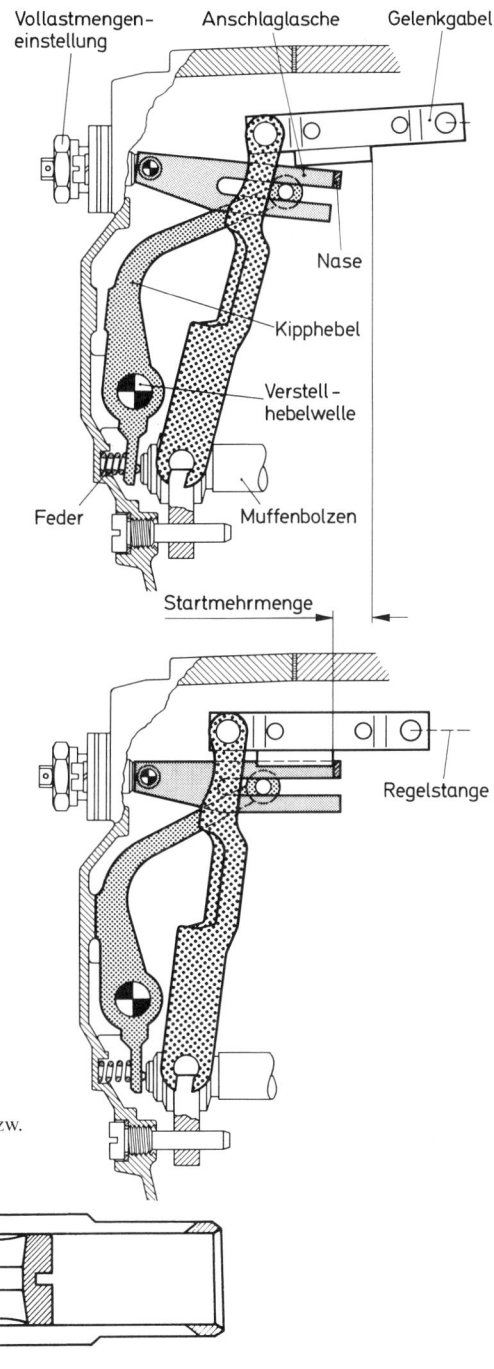

Bild 4.112
Automatischer Regelstangenanschlag
für Bosch-RQV-Regler

Vollastmengen-einstellung

Anschlaglasche

Gelenkgabel

Nase

Kipphebel

Verstell-hebelwelle

Feder

Muffenbolzen

Startmehrmenge

Regelstange

Bild 4.113   Schleppfeder gespannt, Anlassen bzw.
Bergauffahrt (Bosch)

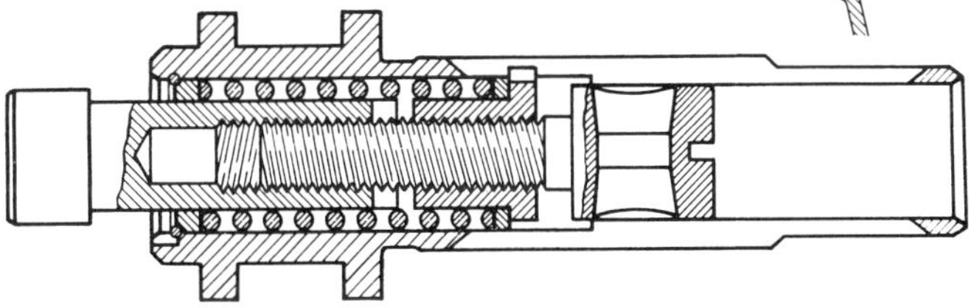

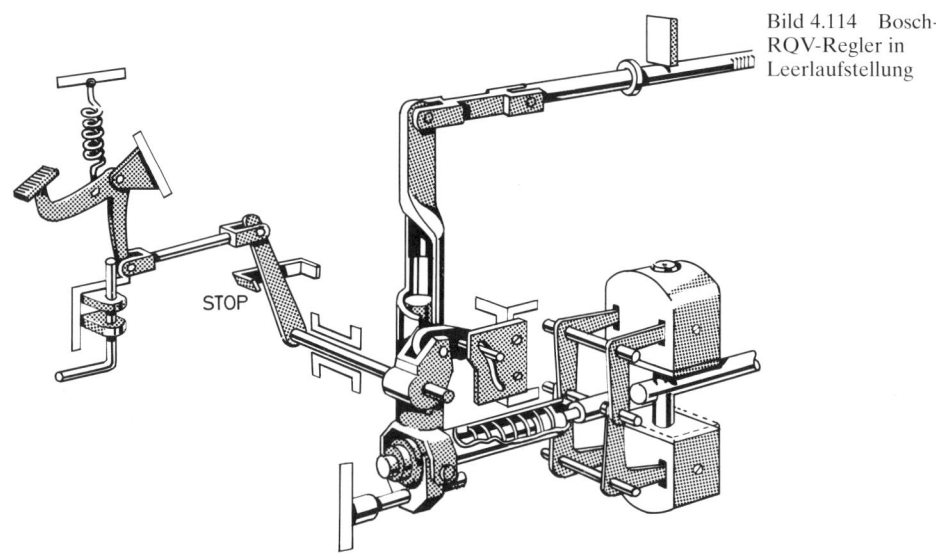

STOP

Die Fliehgewichte wandern dabei nach außen. Der Regelhebel bleibt ebenfalls so lange auf Vollast stehen, bis sich die Schleppfeder entspannt hat. Erst dann wird der Regelhebel von den Fliehgewichten mitgenommen und die Regelstange dabei soweit in Richtung Stopp verstellt, wie es die Fahrpedalstellung Halblast verlangt. Die Fördermenge wird also soweit vermindert, daß die mittlere Drehzahl bei Halblast gehalten wird. Die Drehzahl bleibt deshalb konstant, weil sich Fliehkraft und Regelfederkraft ausweigen.

Kommt es nun zu einer stärkeren Belastung des Motors, z.B. bei Bergauffahrt, dann fällt die Motordrehzahl geringfügig ab. Dadurch läßt auch die Fliehkraft nach, die Fliehgewichte bewegen sich etwas nach innen und *verstellen* über den Regelhebel die Regelstange weiter in Richtung Vollast (Bild 4.115). Ist die Belastung jedoch zu groß, dann ist die Regelstange zwar bis zum festen Vollastanschlag verstellt, da jedoch die Drehzahl weiter sinkt und die Fliehgewichte noch mehr zusammengehen, die Regelstange aber nicht weiter in Richtung Vollast ausweichen kann, muß die Schleppfeder einstweilen diesen Weg aufnehmen. Dieser Weg wird dann bei steigender Drehzahl wieder herausgenommen, bevor die Regelstange in Richtung Stopp verstellt werden kann.

Angleichen und Abregeln aus der Vollast: Wird aus dem Leerlauf heraus das Fahrpedal ganz durchgetreten, so bekommt der Reglerverstellhebel seinen maximalen Ausschlag und liegt außen an der Anschlagschraube an. Damit ist die Nenn- oder Vollastdrehzahl vorgewählt. Im Reglerinnern wird die gleiche Bewegung auf den Lenkhebel übertragen. Der Kulissenstein wandert nach unten und gleichzeitig in der Kurvenplatte nach vorn. Dadurch wird die Regelstange bis an ihren Vollastanschlag geschoben. Da sich die Fliehgewichte noch in der Leerlaufstellung befinden, wird die Schleppfeder im Verstellbolzen gespannt. Diese drückt nun die Regelstange stark gegen den Vollastanschlaghaken (s. Bild 4.111), dabei gibt die Angleichfeder in der Vorrichtung nach, und die Regelstange kommt mit dem Anschlaghaken – der dabei herausgezogen wird – in die maximale Vollaststellung.

Durch das Niedertreten des Fahrpedals erhöht sich die Drehzahl. Die Fliehgewichte wandern ständig nach außen, die Schleppfeder entspannt sich zusehends, so daß der Druck auf die Regel-

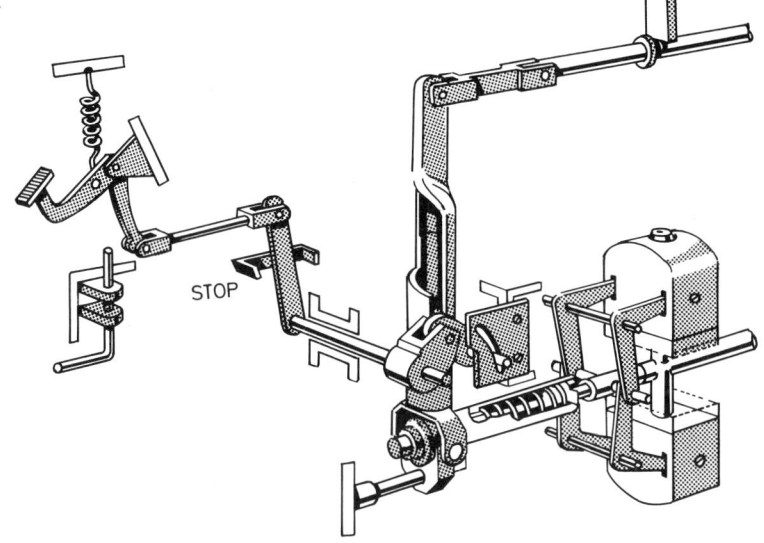

Bild 4.115 Bosch-RQV-Regler, Mittelstellung Vollast

STOP

stange in Richtung Vollast geringer wird. Ab der Drehzahl von etwa 1200 bis 1400 min⁻¹ ist dann
die Angleichfeder im Verhältnis stärker als die Schleppfeder, so daß sie bei weitersteigender
Drehzahl in der Lage ist, über den Anschlaghaken die Regelstange um den Angleichweg (etwa 1
bis 2 mm) in Richtung Stopp zu ziehen. Die Angleichung ist kurz vor Erreichen der Nenn- oder
Vollastdrehzahl beendet.

Beim Überschreiten der Nenndrehzahl ist die Schleppfeder entspannt. Die Fliehgewichte
überwinden jetzt die Kraft des ganzen Federsatzes in den Gewichten; es beginnt das Abregeln.
Dabei kommt die Bewegung der Fliehgewichte auf die Winkelhebel, den Verstellbolzen, den
Regelhebel und von hier auf die Regelstange. Diese wird aus der angeglichenen Vollaststellung
(etwa 10 mm) in die obere Leerlaufstellung (etwa 6 mm) zurückgezogen. Durch dieses Zurückziehen der Regelstange und Vermindern der Fördermenge läßt der Regler zu, daß der Motor
seine Drehzahl nur bis zur Höchstdrehzahl (Abregeldrehzahl) (oberer Leerlauf) erhöhen kann.
In dieser Höchstdrehzahl (Abregeldrehzahl) sind die Fliehgewichtskräfte – die beim Abregeln die
Feder weiter gespannt haben – mit den Federkräften aufgewogen.

Sollte der Motor seine Höchstdrehzahl (Abregeldrehzahl) überschreiten, was nur bei Talfahrt
möglich ist, gehen die Fliehgewichte bei totaler Überwindung des Federsatzes nach außen und
ziehen die Regelstange auf Stopp. Die Schleppfeder ist dann in entgegengesetzter Richtung wie
bei der Bergauffahrt gespannt (Bild 4.116).

Bild 4.116 Schleppfeder gespannt, Bergabfahrt (Bosch)

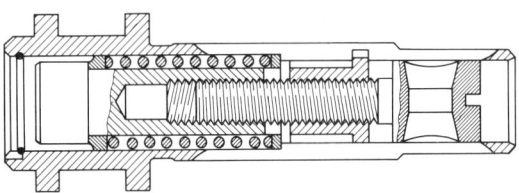

Abstellen des Motors: Um den Motor abzustellen, muß – wie auch beim RQ-Regler – durch die Betätigung der Motorbremse bzw. des Handhebels der Reglerverstellhebel ganz bis zur Stoppanschlagschraube zurückgestellt werden. Dabei werden im Reglerinnern der Kulissenstein ganz hochgezogen und die Regelstange auf Stopp gestellt.

4.4.5 Elektronische Dieselregelung (EDC) für Motoren mit Bosch-Reiheneinspritzpumpen

Bei der Entwicklung der neuen Dieselmotoren zur Einhaltung der Euro-2- und Euro-3-Norm sind vorrangig folgende Ziele gesetzt worden:

❐ schadstoffarmes Abgas,
❐ Senkung des Kraftstoffverbrauchs,
❐ Leistungssteigerung,
❐ Verbesserung des Fahrkomforts.

Mit dieser Zielsetzung stiegen auch die Anforderungen an das Einspritzsystem. Dies bedeutet, es muß gegenüber einem System mit mechanischer Regelung viel genauer und feinfühliger geregelt werden. Diese Anforderungen werden von der EDC (Electronic Diesel Control) erfüllt. Durch elektrisches Messen in Verbindung mit der elektronischen Datenverarbeitung werden die elektrischen Stellglieder der normalen Reiheneinspritzpumpe (Bild 4.118) und der Hubschieber-Reiheneinspritzpumpe (Bild 4.119) angesteuert und folgende Faktoren beeinflußt bzw. berücksichtigt:

❐ Kraftstoffeinspritzmenge,
❐ Einspritzbeginn,
❐ Ladedruck.

Jede elektronische Dieselregelung besteht aus drei Systemblöcken (Bild 4.117).

❐ *Systemblock 1:* aus den Sensoren (Informationsgebern) zur Erfassung der Betriebsbedingungen (Istwerte) und den Sollwertgebern zur Erfassung des jeweiligen Sollwertes. Diese Geber wandeln verschiedene physikalische Meßgrößen in elektrische Signale um;
❐ *Systemblock 2:* aus dem Steuergerät mit Mikroprozessoren (Rechner) zur Verarbeitung der eingegebenen Signale (Informationen) und Ausgabe der elektrischen Ausgangssignale;
❐ *Systemblock 3:* aus den Stellgliedern, die die elektrischen Ausgangssignale des Steuergeräts in mechanische Stellgrößen, wie z.B. Regelstangenweg oder Verdrehen der Vorhubwelle bei Hubschieber-Reiheneinspritzpumpen, umwandeln.

Systemblock 1

Aufgaben der Sensoren

1. Lufttemperaturfühler im Ansaugsystem
Durch das Messen der Lufttemperatur wird die jeweilige Luftdichte erfaßt, die sich bei Temperaturschwankungen verändert und das Zylinderfüllgewicht beeinflußt. So ist z.B. wärmere Luft leichter und das Zylinderfüllgewicht geringer. Um ein Ansteigen der Schadstoffwerte zu verhin-

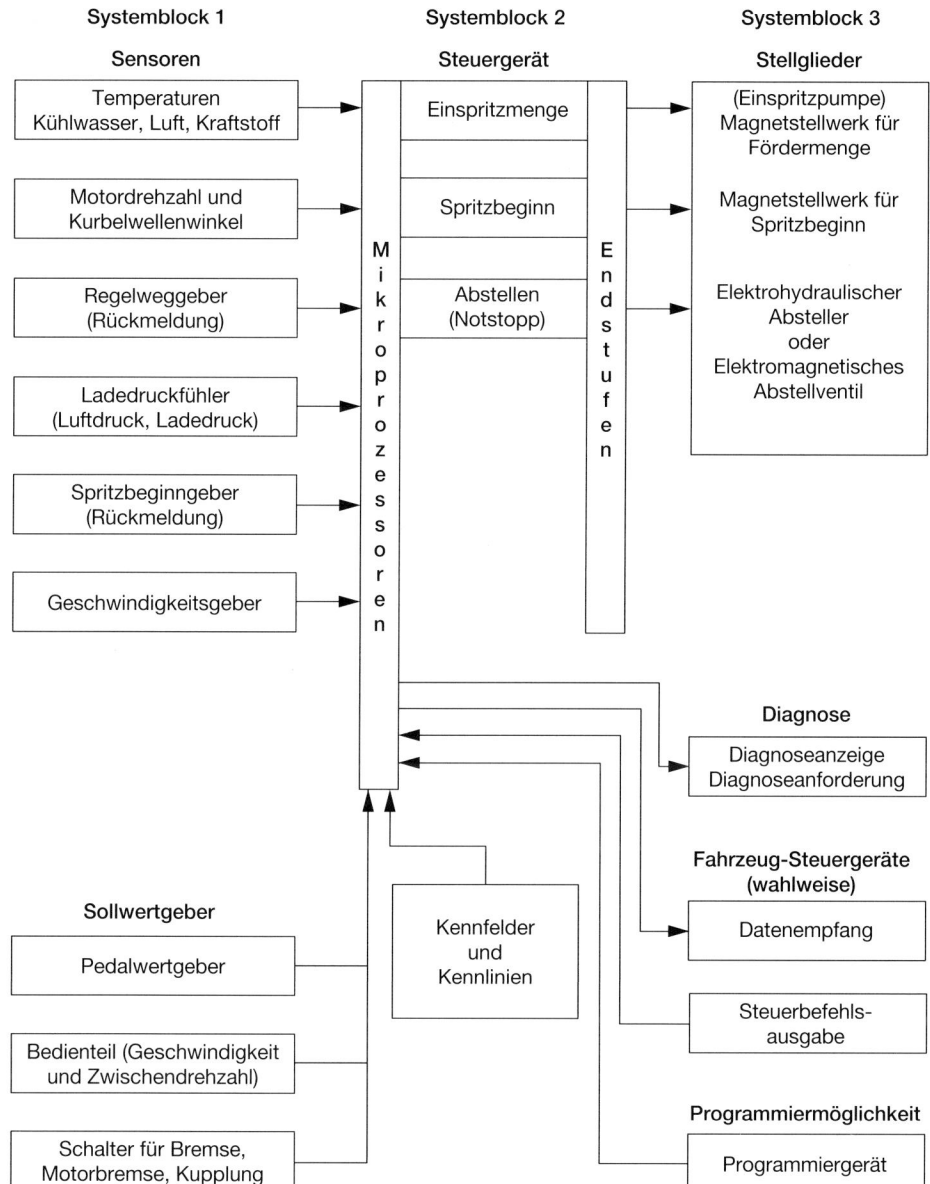

Systemblock 1	Systemblock 2	Systemblock 3
Sensoren	**Steuergerät**	**Stellglieder**

Temperaturen
Kühlwasser, Luft, Kraftstoff

Motordrehzahl und
Kurbelwellenwinkel

Regelweggeber
(Rückmeldung)

Ladedruckfühler
(Luftdruck, Ladedruck)

Spritzbeginngeber
(Rückmeldung)

Geschwindigkeitsgeber

Mikroprozessoren

Einspritzmenge

Spritzbeginn

Abstellen
(Notstopp)

Endstufen

(Einspritzpumpe)
Magnetstellwerk für
Fördermenge

Magnetstellwerk für
Spritzbeginn

Elektrohydraulischer
Absteller
oder
Elektromagnetisches
Abstellventil

Diagnose

Diagnoseanzeige
Diagnoseanforderung

Sollwertgeber

Pedalwertgeber

Bedienteil (Geschwindigkeit
und Zwischendrehzahl)

Schalter für Bremse,
Motorbremse, Kupplung

Kennfelder
und
Kennlinien

**Fahrzeug-Steuergeräte
(wahlweise)**

Datenempfang

Steuerbefehls-
ausgabe

Programmiermöglichkeit

Programmiergerät

Bild 4.117 Systemblöcke der elektronischen Dieselregelung mit normaler Reiheneinspritzpumpe bzw. Hubschieber-Reiheneinspritzpumpe

dern, muß durch das elektronische Steuergerät die Einspritzmenge entsprechend verringert werden.

2. Kühlmitteltemperaturfühler im Zylinderkopf

Die Kühlmitteltemperatur muß gemessen werden, weil sie Einfluß hat auf die Bemessung der Einspritzmenge, des Spritzbeginns bei Spritzbeginnregelung sowie auf die Höhe der Leerlaufdrehzahl im kalten und warmen Zustand des Motors. So wird bei Kaltstart temperaturabhängig eine Einspritzmenge aus dem Kennfeld bestimmt, die einen einwandfreien Start ermöglicht, ohne daß der Motor raucht, und die Leerlaufdrehzahl angehoben, bis sie den Wert des warmen Motors erreicht hat.

Bei Ausfall des Kühlmitteltemperaturfühlers geht die Kraftstoffmengenregelung auf einen Ersatzwert, der dem bei –20 °C entspricht. Dadurch werden bei warmem Motor eine größere Starteinspritzmenge und auch eine höhere Leerlaufdrehzahl bemessen.

3. Kraftstofftemperaturfühler in der Einspritzpumpe

Durch das Messen der Kraftstofftemperatur wird die Dichteänderung, die durch Temperaturschwankungen entsteht, berücksichtigt. So wird bei Erwärmung des Kraftstoffs die dabei entstehende Dichteabnahme von dem elektronischen Steuergerät erkannt und die Einspritzmenge soweit erhöht, bis die Kraftstoffmasse der des kälteren Kraftstoffs entspricht.

4. Drehzahlgeber

Bei Motoren mit Hubschieber-Reiheneinspritzpumpe sitzen zwei Induktivgeber in der Nähe der Schwungscheibe. Der eine Geber erfaßt berührungslos die Motordrehzahl, während der zweite die Position der Kurbelwelle erkennt. Der zweite Geber tritt auch als Hilfsdrehzahlgeber in Kraft, wenn der erste Geber wegen eines Defekts ausgefallen ist.

Der Drehzahlgeber kann auch als Induktivgeber in dem Magnetstellwerkgehäuse der normalen Reiheneinspritzpumpe (Bild 4.120) eingebaut sein.

Bei Ausfall des Drehzahlgebers wird, bei Anlagen mit Hubschieber-Reiheneinspritzpumpen, ein Ersatzsignal vom Positionsgeber abgegeben. Bei den Anlagen mit normaler Reiheneinspritzpumpe dient das Signal der Klemme «W» des Drehstromgenerators als Ersatzdrehzahlsignal.

In allen Fällen wird die Vollastmenge verringert und wenn eine Spritzbeginnregelung besteht, diese außer Funktion gesetzt und die Fehlerlampe eingeschaltet.

5. Regelweggeber

Dieser Geber befindet sich im Bereich der Regelstange (Bild 4.118) und arbeitet als berührungsloser Halbdifferential-Kurzschlußringgeber. Der Regelweggeber erfaßt die momentane Stellung der Regelstange (Iststellung) und meldet sie dem Steuergerät, d.h. führt eine Rückmeldung durch. Diese Rückmeldung dient außerdem als Schaltpunktsignal für die elektronische Getriebesteuerung, zur Kraftstoffverbrauchsmessung und als Signal für die Diagnose.

Der Regelweggeber (Bild 4.117) besteht aus einem Blechpaket (Weicheisen), auf dessen äußeren Schenkeln die Meßspule (5) und die Referenzspule (2) befestigt sind. Der Meß-Kurzschlußring (6) ist an der Regelstange (4) befestigt und bewegt sich berührungslos über den unteren Schenkel (1). Der obere Schenkel (1) mit dem festen Referenz-Kurzschlußring (3) bildet eine Referenzeinheit (feste Meßeinheit). Der Regelweggeber ist mit der elektronischen Auswerteschaltung des Steuergeräts verbunden.

Der Meßvorgang beruht darauf, daß von beiden Spulen ein magnetisches Wechselfeld ausgeht. Bei der Referenzspule (2) wird das magnetische Wechselfeld von dem festen Kurzschlußring (3) abgeschirmt, d.h., die Ausdehnung des Feldes wird auf den Bereich zwischen Spule und Kurzschlußring begrenzt, was zu einer unveränderlichen Induktivität führt. Anders verhält es sich bei der Meßspule (5). Da durch die Regelstangenbewegung der Kurzschlußring (6) unterschiedlich weit von der Spule entfernt ist, kann sich auch das magnetische Wechselfeld unterschiedlich weit

Bild 4.118 Regelweggeber,
berührungslos als Halbdifferential-
Kurzschlußringgeber (Bosch)
1 geblechter Weicheisenkern
2 Referenzspule
3 Kurzschlußring (feststehend)
4 Regelstange
5 Meßspule
6 Kurzschlußring (beweglich)

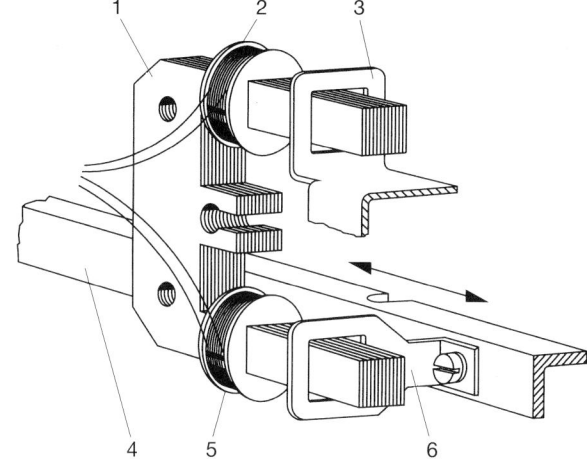

ausbreiten und somit die Induktivität verändern. Die Auswerteschaltung im Steuergerät wandelt das Verhältnis von Meß- zu der Referenzinduktivität in ein dem Regelweg entsprechendes Spannungsverhältnis um.

Bei Ausfall des Regelweggebers, wenn das Steuergerät keine Rückmeldung mehr erhält, wird der Motor abgestellt (Notstopp). Das Steuergerät unterbricht die Stromversorgung zum elektromagnetischen Abstellventil (ELAB) bei den normalen Reiheneinspritzpumpen und zu dem elektrohydraulischen Absteller (EHAB) bei den Hubschieber-Reiheneinspritzpumpen.

6. Ladedruckfühler

Dieser Sensor (Fühler) ist über einen Schlauch mit der Druckseite des Laders verbunden (siehe Abschnitt 4.3.3, Bilder 4.79 und 4.82). Auf seiner Membran befinden sich piezoresistive Widerstände, deren Leitfähigkeit sich unter mechanischer Verspannung ändert. Die Widerstände sind so als Brücke geschaltet, daß eine Auslenkung der Membran zu einer Änderung des Brückenabgleichs führt. Die dabei geänderte Brückenspannung wird durch eine Auswerteschaltung verstärkt und geht als Ausgangssignal an das Steuergerät. Das Ausgangssignal ist ein Maß für den jeweiligen Ladedruck und dient dem Steuergerät als Information zur Bemessung der Vollastfördermenge bei Ladebetrieb.

7. Spritzbeginngeber

Bei den Einspritzanlagen mit Hubschieber-Reiheneinspritzpumpen besteht immer eine Spritzbeginnregelung. Eine der Mehrloch-Einspritzdüsen des Motors ist mit einem Nadelbewegungsfühler ausgerüstet (siehe Abschnitt 4.3.3, Bild 4.83). Beim Abheben der Düsennadel taucht der verlängerte Druckbolzen in die Stromspule ein. Dadurch wird in der Spule ein Wechselspannungssignal erzeugt. Dieses Signal geht als Rückmeldung über den tatsächlichen Spritzbeginn an das Steuergerät.

Bei Ausfall des Spritzbeginngebers wird von Regelung auf Steuerung umgestellt, und die Stellwerte werden aus einem Steuerkennfeld entnommen. Außerdem wird die Vollastmenge verringert und die Fehlerlampe eingeschaltet.

8. Geschwindigkeitsgeber

Das Signal des separaten Geschwindigkeitsgebers oder des Tachographen dient zur Ermittlung der Fahrgeschwindigkeit. Das Steuergerät benötigt dieses Signal zur Fahrgeschwindigkeitsregelung (Tempomatfunktion) und zur Begrenzung der gesetzlichen Höchstgeschwindigkeit für Nkw.

Aufgaben der Sollwertgeber

1. Pedalwertgeber

Der Geber (siehe Abschnitt 4.3.3, Bild 4.79) ist mit dem Fahrpedal verbunden und besteht aus einem Potentiometer mit Leerlaufschalter. Beim Verdrehen der Potentiometerwelle durch das Fahrpedal wird eine vom Steuergerät angelegte Spannung verändert. Auf diese Weise kann der Fahrer die Fahrgeschwindigkeit, das Drehmoment bzw. die Motorleistung bestimmen. Der Leerlaufschalter dient zur Plausibilitätsprüfung. Bei Leerlaufstellung ist der Schalter z.B. geöffnet und wird nach etwa 9° Verdrehung der Potentiometerwelle geschlossen oder im anderen Fall ist er geschlossen und wird nach 9° Verdrehung geöffnet. Wenn sich jetzt nicht ein entsprechender Spannungsanstieg eingestellt hat, ist das unplausibel, und das System geht in das Notfahrprogramm. Es besteht dann die Möglichkeit, mit einer bestimmten Drehzahl (z.B. 1200 min^{-1}) den nächsten Kundendienst anzufahren.

2. Bedienteil für Geschwindigkeitsregelung und Zwischendrehzahl

Am Bedienteil kann der Fahrer die Fahrgeschwindigkeit auf einen beliebigen Sollwert einstellen. Er kann die Geschwindigkeit durch Gasgeben, z.B. beim Überholvorgang, jederzeit erhöhen und ohne Ab- und Wiedereinschalten der Geschwindigkeitsregelung anschließend mit der eingestellten Geschwindigkeit weiterfahren. Außerdem können am Bedienteil auch stufenlose Zwischendrehzahlen für den Nebenantrieb eingestellt werden.

3. Kupplungsschalter

Bei nicht betätigter Kupplung ist der Schalter geschlossen. Beim Betätigen der Kupplung wird der Schalter geöffnet und die Geschwindigkeitsregelung (Tempomatfunktion) abgeschaltet.

4. Bremslichtschalter

Beim Betätigen der Bremse wird der Schalter geschlossen und dadurch die Geschwindigkeitsregelung abgeschaltet. Aus Sicherheitsgründen sind zwei Schalter verbaut. Wenn der eine Schalter geschlossen wird, öffnet oder schließt – je nach Anlage – der zweite nach einem bestimmten Pedalweg. Dadurch erfolgt eine Plausibilitätsprüfung, d.h., das Steuergerät erkennt aufgrund dieses Signals einen tatsächlichen Bremsvorgang.

5. Motorbremsschalter

Beim Betätigen der Motorbremse wird der Motorbremsschalter geschlossen. Das Steuergerät nimmt daraufhin die Einspritzmenge auf Null oder in Sonderfällen auf Leerlaufmenge zurück.

Systemblock 2

Steuergerät

Das elektronische Steuergerät ist in Digitaltechnik aufgebaut. Der bauliche Aufwand des Steuergeräts umfaßt dabei alle Mikroprozessoren (Rechner) mit den erforderlichen Ein- und Ausgangsanpassungsschaltungen sowie den nötigen Speichereinheiten und Einrichtungen zum Umformen der Eingangssignale. Die von den Sensoren (Gebern) und Sollwertgebern gelieferten

Signale werden zunächst so aufbereitet, d.h. verstärkt oder abgeschwächt bzw. begrenzt, daß sie von den nachfolgenden Stufen weiterverarbeitet werden können. Je nach Art des eingegangenen Signals (analog, digital oder impulsförmig) kommen hierfür verschiedene Schaltungen zum Einsatz.

Im Steuergerät sind mehrere Kennfelder abgespeichert, die von verschiedenen Kenngrößen, wie z.B. Last, Drehzahl, Kühlmittel-, Luft- und Kraftstofftemperatur, abhängig sind. Die Kenngrößen *Last* und *Drehzahl* bilden die *Hauptkenngrößen* (Basisgrößen), auf die der Fahrer über die Fahrpedalstellung Einfluß nimmt. Die *übrigen Kenngrößen* dienen der Korrektur und werden deshalb als *Korrekturkenngrößen* bezeichnet.

Im Steuergerät gibt es Kennfelder für:

❐ Startmenge,
❐ Leerlaufmenge,
❐ Vollastmenge,
❐ Spritzbeginnregelung,
❐ Ladedruck,
❐ Geschwindigkeitsregelung,
❐ Pumpenfördercharakteristik (Berücksichtigung der Förderkennlinie),
❐ Rauchbegrenzung,
❐ Fahrpedalcharakteristik (progressive Betätigung).

Nach dem Auswerten der eingegangenen Informationen (Signale) müssen die von den Mikroprozessoren (Rechner) bereitgestellten Steuersignale verstärkt werden, bevor damit die Magnetstellwerke der EDC angesteuert werden können. Die Ausgangsströme der Endstufen (Verstärker) sind unterschiedlich hoch und betragen z.B. bei der Ansteuerung von Relais und Anzeigeleuchten nur einige hundert Milliampere, bei der Ansteuerung von einfachen Magnetventilen etwa 1 bis 2 Ampere und bei Ansteuerung von Magnetstellwerken bis zu 5 Ampere. Der elektronische Teil des Steuergeräts arbeitet mit einer stabilen Versorgungsspannung von 5 Volt. Die Stellglieder der EDC dagegen sind positiv mit dem Bordnetz verbunden und werden negativ über die Steuergeräteendstufen geschaltet. Dabei werden alle Stellglieder, ausgenommen das elektromagnetische Abstellventil oder der elektrohydraulische Absteller, mit einem impulsweitenmodulierten Rechtecksignal angesteuert.

Der Strom wird periodisch ständig ein- und ausgeschaltet (getaktet). Die Einschaltzeit wird im Verhältnis zur Periodendauer (100%) unterschiedlich lang bemessen und als Tastverhältnis in Prozent angegeben (Bild 4.119).

Bild 4.119 Impulsweitenmoduliertes Rechtecksignal

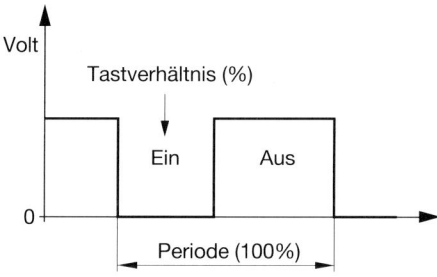

Aufgaben der Stellglieder

1. Magnetstellwerk zur Fördermengenbemessung

Das Magnetstellwerk (Hubstellwerk) befindet sich seitlich am Einspritzpumpengehäuse in Höhe der Regelstange (Bilder 4.120 und 4.121). Es arbeitet als Linearmagnet und verstellt die Regelstange der Reiheneinspritzpumpe. Im stromlosen Zustand des Magneten drückt eine Feder die Regelstange in Stoppstellung und damit die Pumpenkolben auf Nullförderung. Mit ansteigendem (getakteten) Strom wird von dem Magneten, gegen den Druck der Feder, die Regelstange vorgeschoben und die Fördermenge vergrößert. Somit erfolgt über die vom Steuergerät bemessene Stromhöhe ein gleichmäßiges Einstellen der Regelstange zwischen Null und maximalem Regelweg. Ein Vollastanschlag für die Regelstange, wie bei den Reiheneinspritzpumpen mit mechanischer Regelung, ist nicht vorhanden.

2. Magnetstellwerk zur Spritzbeginnregelung

Das Magnetstellwerk (Hubstellwerk) der Hubschieber-Reiheneinspritzpumpe befindet sich oberhalb des Stellwerks zur Fördermengenregelung (Bild 4.121). Es arbeitet ebenfalls als Linearma-

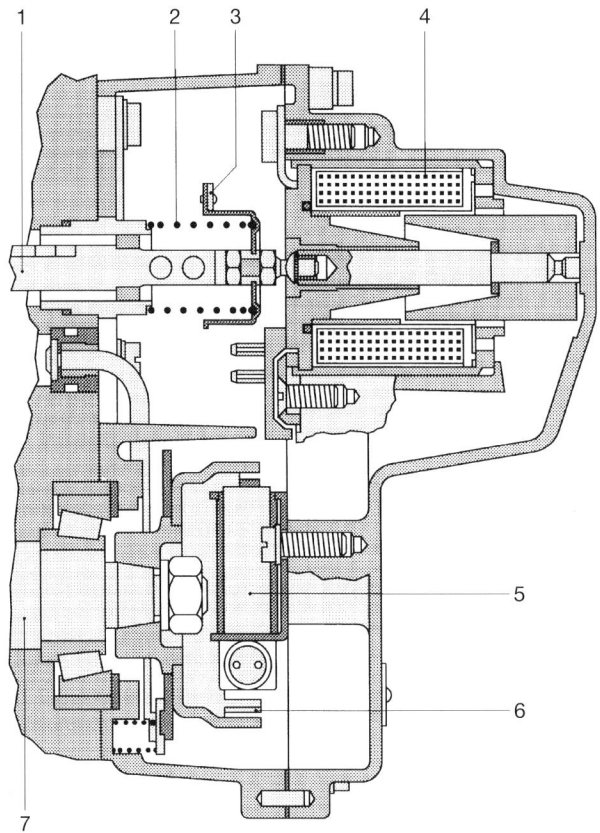

Bild 4.120 Magnetstellwerk einer normalen Reiheneinspritzpumpe mit elektronischer Dieselregelung (EDC) (Bosch)
1 Regelstange
2 Rückstellfeder
3 Kurzschlußring für Regelweggeber
4 Magnetstellwerk für Regelstangenweg
5 Drehzahlgeber
6 Impulsrad für Drehzahlgeber
7 Pumpennockenwelle

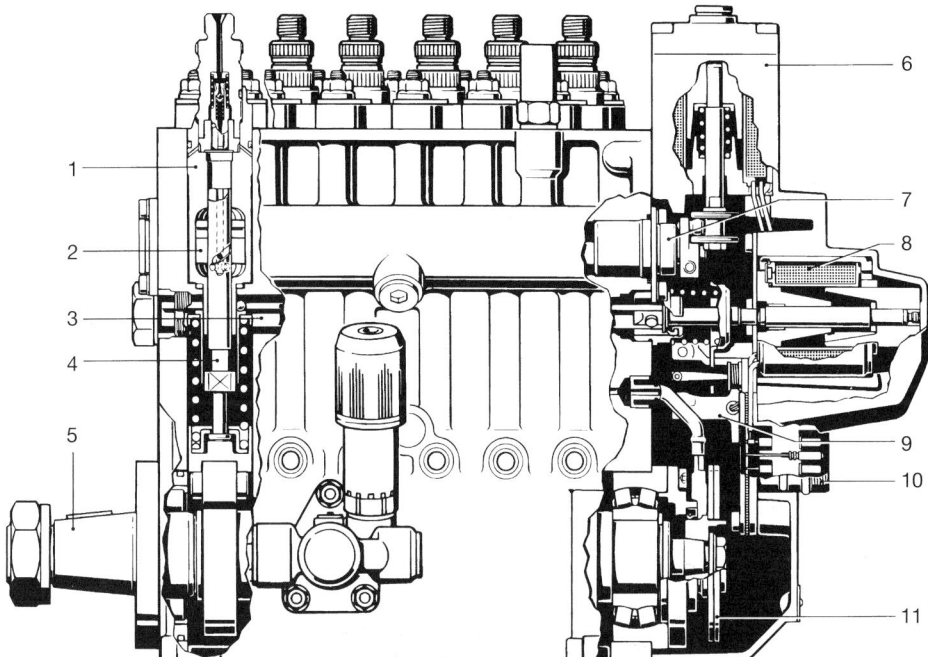

Bild 4.121 Magnetstellwerke der Hubschieber-Reiheneinspritzpumpe mit elektronischer Dieselregelung (EDC) (Bosch)

1 Pumpenzylinder
2 Hubschieber
3 Regelstange
4 Pumpenkolben
5 Pumpennockenwelle
6 Magnetstellwerk für Förderbeginn (Pumpe) bzw. Spritzbeginn (Einspritzdüse)
7 Hubschieberverstellwelle (Vorhubwelle)
8 Magnetstellwerk für Regelweg
9 Regelstangenweggeber
10 Steckanschluß (elektrisch)
11 Scheibe für Förderbeginnblockierung und Teil der Ölrückförderpumpe

gnet und verstellt über einen Mitnehmer die drehbare Verstellwelle (Vorhubwelle). Im stromlosen Zustand drückt eine Feder den Anker des Magneten nach oben. Dadurch wird die Verstellwelle (Vorhubwelle) so verdreht, daß alle Hubschieber oben stehen und der Förder- bzw. Spritzbeginn auf spät gestellt ist (siehe Abschnitt 4.3.1).

3. Elektromagnetisches Abstellventil (ELAB)

Dieses nicht abgebildete Ventil befindet sich seitlich am Gehäuse der normalen Reiheneinspritzpumpe in Höhe des Saugraumes. Im stromlosen Zustand ist es geschlossen und versperrt den Kraftstoffzufluß zum Saugraum, zu den Pumpenelementen. Vom Betätigen des Starterschalters an und während des Motorbetriebs wird das Abstellventil durch das Steuergerät bestromt und dadurch offen gehalten. Beim Abstellen des Motors wird erst nach etwa 2,5 Sekunden, bei Notstopp dagegen sofort die Stromversorgung unterbrochen und das Abstellventil geschlossen.

4. Elektrohydraulischer Absteller (EHAB)

Dieser Absteller ist speziell für die Hubschieber-Reiheneinspritzpumpe entwickelt worden. Er ist seitlich an das Pumpengehäuse angeschraubt und in den Kraftstoffzulauf zwischen Förderpumpe und Pumpensaugraum eingesetzt. Von Startbeginn an und während des Motorbetriebs wird der Absteller vom Steuergerät bestromt. Beim Abstellen des Motors oder bei einem Notstopp wird die Stromversorgung unterbrochen. Der Absteller kehrt jetzt die Förderrichtung der Förderpumpe um und erreicht so, daß der Saugraum schnell entleert wird und die Pumpenelemente nicht mehr gefüllt werden.

Regelfunktionen der EDC (Electronic Diesel Control)

1. Fördermengenbemessung

Wie bereits beim Steuergerät erwähnt, sind für alle Betriebszustände des Motors entsprechende Kennfelder einprogrammiert. Wenn der Fahrer über den Pedalwertgeber seinen Drehmoment- bzw. Drehzahlwunsch vorgibt, wird im Steuergerät unter Berücksichtigung dieser gespeicherten Kennfelder und der eingegangenen Signale (Istwerte) der Geber (Sensoren) ein Vorgabewert (Sollwert) für den Regelstangenweg ermittelt. Daraufhin wird das Magnetstellwerk über einen geregelten Steuerstrom stetig angesteuert (getaktet) und die Regelstange so lange verstellt, bis der Regelweggeber (Bild 4.118) dem Steuergerät die richtige Stellung der Regelstange zurückmeldet, d.h. bis der Istwert mit dem Vorgabewert (Sollwert) übereinstimmt.

Bei dem Verschieben der Regelstange wird die Fördermenge dadurch bemessen, daß die schrägen Steuerkanten der Pumpenkolben die Steuerbohrungen früher oder später aufsteuern. Dabei ergibt früheres Aufsteuern die Bemessung einer kleineren und späteres Aufsteuern die Bemessung einer entsprechend größeren Fördermenge.

Die Startmenge wird gefördert, wenn entweder eine untere Starterkennungsdrehzahl (unter der normalen Starterdrehzahl) überschritten wird oder das Fahrpedal in Vollaststellung gebracht worden ist. Die Regelstange befindet sich dabei in einer Stellung, die von der Motortemperatur abhängig ist. Die Startmenge wird dann so lange gefördert, bis die Startabwurfdrehzahl überschritten worden ist. Anschließend wird nur noch die normale Kraftstoffmenge eingespritzt. Die Startabwurfdrehzahl wird ebenfalls von der Motortemperatur bestimmt. Das bedeutet, daß sie bei kälteren Motor später und bei wärmeren früher erreicht wird.

2. Spritzbeginnregelung

Der Einspritzzeitpunkt hat Einfluß auf das Startverhalten, das Verbrennungsgeräusch, den Kraftstoffverbrauch und das Abgasverhalten. Deshalb muß der Spritzbeginn den jeweiligen Betriebsbedingungen des Motors angepaßt werden, und zwar drehzahl- und lastabhängig.

Drehzahlabhängig: In diesem Fall muß bei Vollastbetrieb der Spritzbeginn in Richtung «früh» verstellt werden, damit der bei ansteigender Drehzahl größer werdende Zündverzug in Grad Kurbelwinkel ausgeglichen wird.

Lastabhängig: Bei dieser Verstellung wird bei hoher Drehzahl und geringer Belastung bzw. geringer Einspritzmenge (durch Zurücknehmen des Fahrpedals) der Spritzbeginn wieder in Richtung «spät» verändert. Dadurch stellt sich eine weichere Verbrennung ein, und aufgrund niedriger Verbrennungshöchsttemperatur bildet sich weniger NO_x.

Bei der Spritzbeginnregelung werden programmierte Kennfelder berücksichtigt (Bild 4.122). Der Vorgabewert (Sollwert) des jeweiligen Einspritzzeitpunktes wird in Abhängigkeit der *Drehzahl*, der *Einspritzmenge* (= Lastzustand) sowie der *Motortemperatur* als Korrekturgröße ermittelt. Daraufhin wird das Magnetstellwerk für Spritzbeginn (Bild 4.119) vom Steuergerät angesteuert (getaktet), und über die Hubschieber-Verstellwelle (Vorhubwelle) werden die Hubschieber in ihrer Höhe zu den Steuerbohrungen für Förderbeginn verändert (siehe Abschnitt 4.3.1,

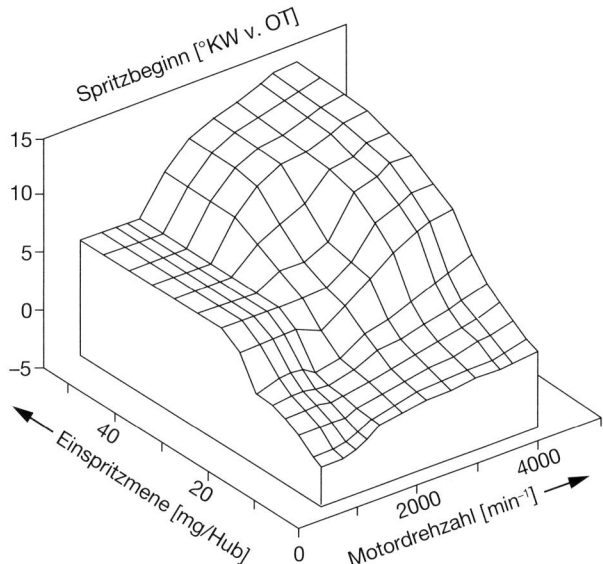

Bild 4.122   Spritzbeginn-Kennfeld
(Bosch)

Bild 4.39). Die Verstellung erfolgt so lange, bis der von dem Nadelbewegungsfühler in einer der Mehrloch-Einspritzdüsen gemeldete Istverstellwert mit dem Sollverstellwert aus dem Kennfeld übereinstimmt.

Wenn während des Startens nur ungenügende oder im Schiebebetrieb keine Einspritzsignale von dem Nadelbewegungsfühler der Mehrloch-Einspritzdüse abgegeben werden, wird die Spritzbeginnregelung abgeschaltet und auf Steuerung umgestellt. Das erforderliche Tastverhältnis zur Ansteuerung des Magnetstellwerks wird einem programmierten Steuerkennfeld entnommen.

3. Ruckeldämpfung im Fahrbetrieb
Bei schlagartigem Lastwechsel von Schieben auf Last oder umgekehrt kommt es zu einer Fahrzeuglängsschwingung. Die elektronische Regelung erkennt aufgrund des Signals vom Geschwindigkeitsgeber oder Tachograph diese Schwingungen und reagiert durch Gegensteuern, indem es die Fördermenge entsprechend verändert, bei Geschwindigkeitszunahme die Fördermenge verringert oder im anderen Fall vergrößert.

4. Drehzahlregelung
Die elektronische Dieselregelung ist in ihrem Regelverhalten ohne Belastung mit einem Alldrehzahlregler (z.B. RQV-Regler) vergleichbar. Jede Drehzahl, die am Fahrpedal eingestellt worden ist, wird gehalten. Im Fahrbetrieb dagegen ist das Regelverhalten das eines Leerlauf-Enddrehzahlreglers. Bei einer Drehzahländerung, die durch Laständerung eingetreten ist, reagiert die Elektronik nicht. Die Regelstange bleibt in der Stellung, die durch die Fahrpedalstellung bestimmt worden ist. Auf die höhere Belastung hin muß der Fahrer das Fahrpedal weiter durchtreten, damit der Motor mehr Kraftstoff bekommt.

Leerlaufdrehzahl: Die Leerlaufdrehzahl wird lastunabhängig auf einen programmierten Sollwert geregelt. Das bedeutet, bei warmem sowie kaltem Motor mit geringerer oder etwas höherer Belastung wird diese programmierte Leerlaufdrehzahl stabil gehalten. Die Leerlaufdrehzahl läßt sich über das Bedienteil für Tempomat im Bereich zwischen zwei Grenzdrehzahlen verändern.

Zwischendrehzahl: Für Nebenantriebe (Zapfwelle), z.B. bei Kranbetrieb, kann eine Zwischendrehzahlregelung eingeschaltet werden. Bei Fahrzeugstillstand wird über das Bedienteil für Tempomat oder über das Fahrpedal eine verlangte Drehzahl eingegeben und auf Tastendruck als Festdrehzahl im Datenspeicher abgerufen.

Abregeldrehzahl: Die Abregeldrehzahl (Höchstdrehzahl) ist in dem Steuergerät programmiert und nur mit einem Systemtester nach unten veränderbar. Sie darf von dem unbelasteten Motor bei Vollaststellung am Fahrpedal nicht überschritten werden. Diese Drehzahlbegrenzung setzt nach Überschreiten der Nenndrehzahl ein. Der bei diesem Regelvorgang (Endregelung) entstandene Drehzahlanstieg wird dem Steuergerät von dem Drehzahlgeber mitgeteilt. Es verringert daraufhin den Stellerstrom und ändert das Tastverhältnis am Magnetstellwerk. Daraufhin wird die Regelstange von der Rückstellfeder aus der Vollaststellung in Richtung «Stopp» zurückgedreht, die Fördermenge so weit verringert, bis die Ist-Abregeldrehzahl mit der programmierten Soll-Abregeldrehzahl übereinstimmt und der Motor nur noch die Fördermenge bekommt, die erforderlich ist, um die eigenen Reibwiderstände überwinden zu können.

Selbstüberwachung der EDC
Die Selbstüberwachung erfolgt durch das Steuergerät. Dabei werden alle Sensoren (Informationsgeber) und Stellglieder auf Plausibilität geprüft und bei einer Störung bzw. bei Ausfall ein Ersatzwert gestellt.

Diagnose der EDC
Auftretende Fehler werden durch eine Diagnoselampe (Fehlerlampe) angezeigt und für spätere Auswertung gespeichert. Zur Fehlermeldung kann die Diagnoselampe je nach Fehlerart dauernd blinken, dauernd leuchten oder ausgeschaltet bleiben. Sind mehrere wichtige Fehler gespeichert, hat «Blinken» Vorrang vor «Dauerlicht» und Dauerlicht Vorrang vor «Aus». Unbedeutende Fehler werden zwar im Speicher abgelegt, aber nicht durch die Fehlerlampe angezeigt.
    Das Steuergerät enthält zwei Fehlerspeicher:

❐ *den Fehlerspeicher für die Diagnose über Blinkcode*
Dabei wird der Blinkcode-Speicher z.B. mit Hilfe der Diagnose-Taste, die sich im Fahrzeug befindet, gereizt und an der Diagnoselampe ausgelesen;
❐ *den Fehlerspeicher für die Diagnose über die ISO-Schnittstelle, über den Diagnoseanschluß*
Dieser Fehlerspeicher kann nur mit Hilfe eines Systemtesters ausgelesen und gelöscht werden. Die neueren EDC-Anlagen haben nur noch diesen Fehlerspeicher. Ein Auslesen über Blinkcode ist nicht mehr möglich.

Wenn zwei Speicher vorhanden sind, werden die Fehler gleichzeitig in beide abgelegt und sind auch nach Aus- und Wiedereinschalten des Steuergeräts vorhanden. Zeitweilig auftretende (sporadische) Fehler werden nach ihrem erstmaligen Verschwinden durch einen Häufigkeitszähler vermindert. Das bedeutet, es wird eine bestimmte Häufigkeitszahl (z.B. 40) gesetzt, die bei jedem Startvorgang um eins zurückgesetzt wird. Tritt der Fehler nach 40 Starts nicht mehr auf, wird der Speicher gelöscht.

4.5 Spritzbeginnverstellung

Bei den kleinen schnelldrehenden Dieselmotoren und bei den Nkw-Dieselmotoren mit Reiheneinspritzpumpe ohne elektronische Spritzbeginnregelung übernimmt ein mechanischer Spritzversteller drehzahlabhängig die Verstellung. Dieser muß bei zunehmender Drehzahl den Förderbeginn der Einspritzpumpe bzw. den Spritzbeginn der Einspritzdüse in Richtung «früh» verändern. Er muß dafür sorgen, daß der Kraftstoff früher in den Brennraum eingespritzt wird, einmal weil sich der Zündverzug (1 ms) in Grad Kurbelwinkel vergrößert und außerdem die Zeit, die zur Verbrennung der eingespritzten Vollastmenge im Bereich Zünd-OT zur Verfügung steht, immer kürzer wird.

Ohne Vorverlegung des Spritzbeginns würde bei hoher Drehzahl die Verbrennung zu spät beginnen und sich zu sehr in den Arbeitstakt hinein verschleppen. Die Folge: Der Verbrennungsdruck, das Drehmoment und die Leistung würden absinken und der Motor nicht optimal ausgenutzt werden können. Außerdem würden sich auch die Abgaswerte verschlechtern, der Anteil unverbrannten Kraftstoffs ansteigen.

4.5.1 Automatischer Spritzversteller

Bei einer Einspritzanlage mit Reiheneinspritzpumpe, ausgenommen die mit Hubschieber-Reiheneinspritzpumpe, sitzt der mechanische Spritzversteller immer im Pumpenantrieb, entweder in geschlossener Bauweise auf dem Konus der Pumpennockenwelle (Bild 4.123) oder in offener Bauweise im Steuergehäuse in dem Pumpenantriebszahnrad (Bild 4.124). Die offene Ausführung wird bevorzugt, ihre Vorteile liegen im geringeren Raumbedarf, in niedrigeren Herstellungskosten und in einer wartungsfreien Schmierölversorgung direkt durch das Motoröl. Die geschlos-

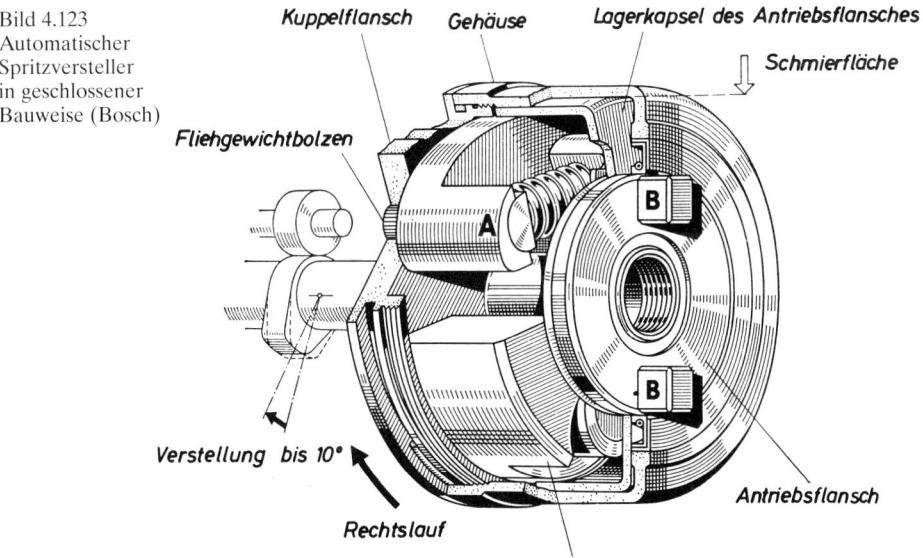

Bild 4.123
Automatischer
Spritzversteller
in geschlossener
Bauweise (Bosch)

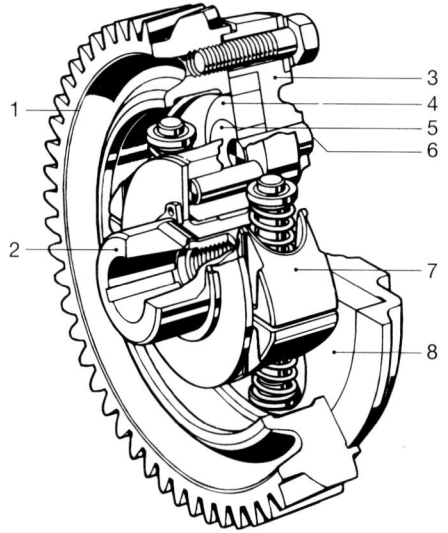

Bild 4.124 Automatischer Spritzversteller in offener Bauweise (Bosch)
1 Antriebsteil (Motorseite)
2 Abtriebsteil
  (Nabe auf der Pumpennockenwelle)
3 Gehäuse
4 Verstellexzenter
5 Ausgleichexzenter
6 Nabenbolzen
7 Fliehgewicht
8 Lagerscheibe

sene Ausführung (Bild 4.123) hat dagegen eine eigene Ölfüllung, die auch in gewissen Abständen überprüft werden muß.

Aufbau: Der Aufbau eines mechanischen Spritzverstellers kann unterschiedlich sein, während die Wirkungsweise immer gleich ist. So gibt es unterschiedliche Fliehgewichtsformen und Federanordnungen. Der mechanische Spritzversteller (Bild 4.123) z.B. besteht im wesentlichen aus dem Kuppelflansch (verbunden mit der Pumpennockenwelle), dem Gehäuse, dem Antriebsflansch mit Lagerkapsel, zwei Fliehgewichten mit zwei Schraubenfedern.

Wirkungsweise: Der Spritzversteller arbeitet drehzahlabhängig. Mit steigender Drehzahl wandern die Fliehgewichte infolge der Fliehkraft nach außen (Bild 4.125). Dabei gleiten die Kurvenbahnen der Fliehgewichte entlang dem Mitnehmerbolzen (B) des Antriebsflansches, der starr mit der Pumpenantriebswelle des Motors verbunden ist. Bewegen sich die Fliehgewichte weiter nach außen, so ziehen sie ihren Lagerzapfen (A) am Kuppelflansch an den Mitnehmerbolzen (B) des Antriebsflansches heran.

Ausgangsstellung   Endstellung

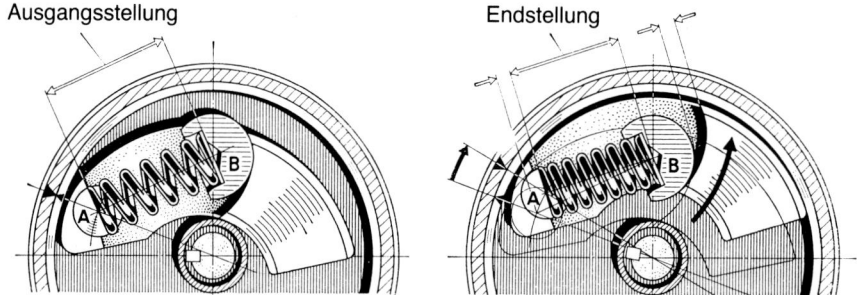

Bild 4.125 Wirkungsweise des automatischen Spritzverstellers (Bosch)

412   *Gemischbildung und Verbrennung bei Dieselmotoren*

Der Kuppelflansch und damit die *Pumpennockenwelle* werden um 5 bis 7 Grad *in Drehrichtung verdreht*. Dadurch werden die Pumpenkolben früher betätigt, und die Förderung bzw. Einspritzung setzt früher ein. Umgekehrt wird bei fallender Drehzahl und nachlassender Fliehkraft die Pumpennockenwelle wieder durch die Federn stufenlos zurückgedreht, und die Pumpenkolben werden später betätigt.

4.6 Einspritzdüsen

Es gibt zwei *Hauptarten:* die *Lochdüse*, die beim Direkteinspritzverfahren, und die *Drosselzapfendüse*, die beim Vor- und Wirbelkammerverfahren verwendet wird.

Die Düse besteht aus dem Düsenkörper und der Düsennadel. Beide Teile bilden eine Einheit (Spiel etwa 0,003 mm) und dürfen nur zusammen erneuert werden. Mit einer Überwurfmutter wird die Düse an den Düsenhalter (Düsenstock) befestigt.

Die Aufgabe der Einspritzdüse ist, den von der Einspritzpumpe unter hohem Druck geförderten Kraftstoff so in den Brennraum zu spritzen, daß er erstens sehr fein zerstäubt und zweitens gut verteilt wird.

4.6.1 Mehrlochdüsen

Die Mehrlochdüsen (Bild 4.126) werden bei den Dieselmotoren mit dem Direkteinspritzverfahren verwendet. Die Düsennadel endet in einem Kegel, der als Nadelsitzfläche (Dichtfläche) dient. Unten im Düsenkörper (Nadelführung), in der Düsenkuppe, befindet sich das Sackloch mit den Spritzlöchern. Es können zwischen vier bis acht Spritzlöcher vorhanden sein, die in ihrer Anzahl und Anordnung immer den Brennraumverhältnissen angepaßt sein müssen (Bild 4.127). Der Spritzlochdurchmesser beträgt etwa 0,2 mm und die Spritzlochlänge zwischen 0,6 bis 1 mm.

Die Sitzlochdüse (Bild 4.127/3) wird hauptsächlich bei den kleinen Pkw-Motoren verwendet. Sie hat gegenüber den beiden anderen Ausführungen den Vorteil, daß sie nach Spritzende die kleinste Kraftstoffmenge zum Brennraum hin ausdampfen und dadurch weniger unverbrannte Kohlenwasserstoffe im Abgas entstehen läßt.

Wirkungsweise: Bei der Förderung gelangt der Kraftstoff von der Einspritzpumpe über die Druckleitung in den Druckrohrstutzen (Zulauf) des Düsenhalters (Bild 4.126). Von dort fließt er weiter über die Zulaufbohrung in die Druckkammer und an der Düsennadel vorbei bis zum Sitz. Sobald der Kraftstoffdruck größer ist als der Druck der Druckfeder, wird die Düsennadel durch den auf die kegelige Fläche (Druckschulter) wirkenden Druck (Düsenöffnungsdruck) von ihrem Sitz nach innen abgehoben. Da bei diesem Vorgang die wirksame Fläche der Düsennadel sich schlagartig um die Sitzfläche vergrößert, wird das weitere Öffnen noch beschleunigt. Dabei gelangt der Kraftstoff durch die Spritzlöcher in den Verbrennungsraum. Die Düse schließt erst wieder, wenn der im Vergleich zum Öffnungsdruck niedriger liegende Schließdruck unterschritten wird. Dieser muß immer höher sein als der maximale Verbrennungsdruck, damit die Flamme nicht in die Düse schlagen kann und eine Verkokung verursacht.

Der Düsenöffnungsdruck ist auf etwa 200 bar bis 350 bar eingestellt. Der wirkliche Einspritzdruck dagegen beträgt bei älteren Einspritzanlagen bei Vollast und hoher Drehzahl maximal 900 bar. Bei den Motoren mit sogenannter Hochdruckeinspritzung, bei denen die Einspritzanlagen für eine höhere Belastung ausgelegt sind, kann der Einspritzdruck auch bis zu 1800 bar betragen.

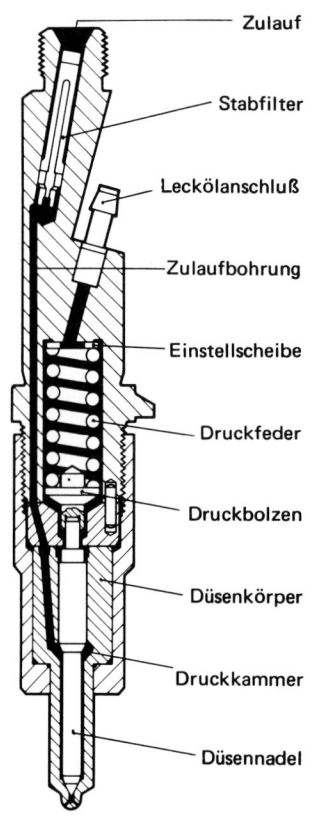

Zulauf

Stabfilter

Leckölanschluß

Zulaufbohrung

Einstellscheibe

Druckfeder

Druckbolzen

Düsenkörper

Druckkammer

Düsennadel

Bild 4.126   Düsenhalter mit Lochdüse (Bosch)

Bild 4.127 (unten)   Mehrlochdüsenformen
(Bosch)
1 Lochdüse mit konischem Sackloch
2 Lochdüse mit zylindrischem Sackloch
3 Sitzlochdüsen

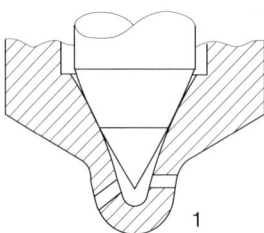

1

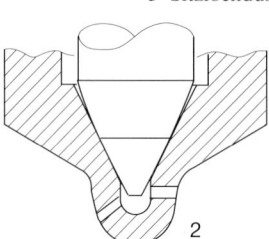

2

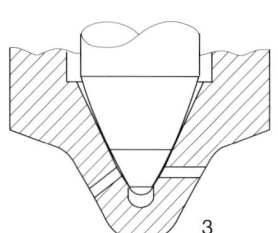

3

Dieser Druck ist nicht einstellbar, sondern ergibt sich aus dem hohen Widerstand an den kleinen Spritzlöchern der Einspritzdüsen (siehe auch Abschnitt 4.2.1).

Das entlang der Düsennadel austretende *Lecköl,* das zur Schmierung der Düsennadel dient, sammelt sich im Federraum und wird über die Leckölleitung zum Kraftstoffbehälter zurückgeführt.

4.6.2   Drosselzapfendüse

Die Drosselzapfendüse (Bild 4.128) wird bei allen Vor- und Wirbelkammermotoren verwendet. Durch unterschiedliche Abmessungen der Spritzzapfen tritt bei Beginn der Einspritzung der *Vorstrahl* (kleine Menge) aus, die Hauptmenge wird zurückgehalten (gedrosselt). Durch den Vorstrahl wird die Verbrennung weich eingeleitet und der Lauf des Motors geräuschärmer.

Wirkungsweise: Bei einsetzender Förderung wirkt der Kraftstoffdruck auf die Druckschulter (Kegelfläche) der Düsennadel und hebt sie an. Der dicke Zapfen (Drosselzapfen) steht in der Spritzbohrung, und ein kleiner Ringspalt (Drosselspalt) entsteht (Bild 4.129). Über diesen kleinen Ringspalt tritt der Vorstrahl aus.

Wird die Düsennadel weiter angehoben, so hebt sich der Drosselzapfen aus der Bohrung, bis der kleinere Spritzzapfen (Hauptstrahlzapfen) diese Stellung eingenommen hat. Der Drosselhub ist zurückgelegt und die Drosselung aufgehoben. Der *Hauptstrahl* tritt über den größeren Ringspalt aus. Die Vorstrahlmenge wird also durch den Drosselhub und den Drosselspalt bestimmt.

Eine andere Drosseldüsenausführung ist die *Flächenzapfendüse* (Bild 4.130). Sie unterscheidet sich von der Ausführung in Bild 4.129 durch eine angeschliffene Fläche am Drosselzapfen.

Mit dieser *Flächenzapfendüse* wird die Drosselwirkung dadurch erreicht, daß bei Beginn der Einspritzung der Kraftstoff nicht als ringförmiger, sondern als gebündelter Vorstrahl austritt. Der Vorteil ist eine noch bessere Drosselwirkung, eine weicher einsetzende Verbrennung und geringere Rußbildung und Verkokungsneigung.

Bild 4.128   Drosselzapfendüse mit Vor- und Hauptstrahl (Bosch)

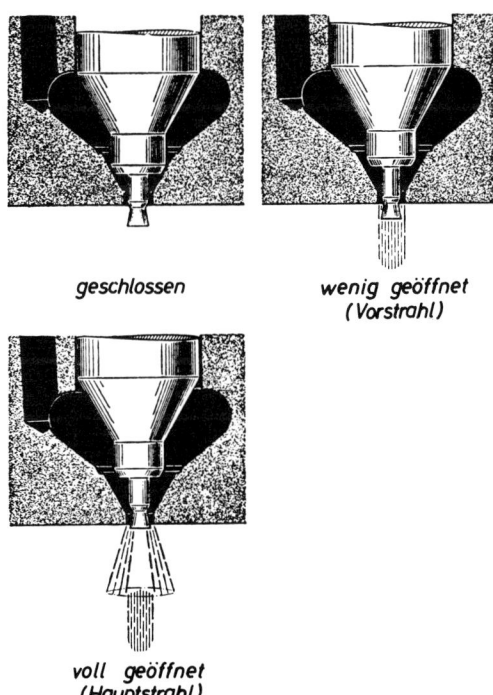

geschlossen

wenig geöffnet
(Vorstrahl)

voll geöffnet
(Hauptstrahl)

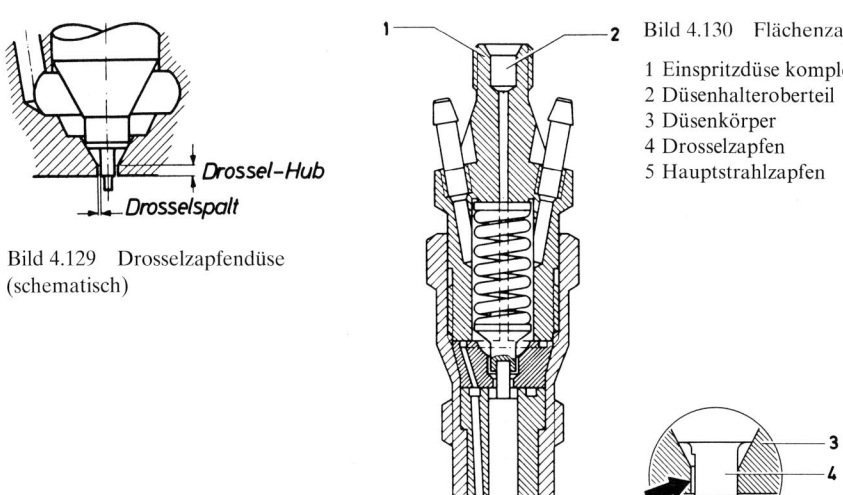

Bild 4.129 Drosselzapfendüse
(schematisch)

Bild 4.130 Flächenzapfendüse

1 Einspritzdüse komplett
2 Düsenhalteroberteil
3 Düsenkörper
4 Drosselzapfen
5 Hauptstrahlzapfen

4.6.3   Einspritzdüsenhalter

Die Einspritzdüse wird mit einer Überwurfmutter am plangeschliffenen Schaftende des Düsenhalters (Bild 4.131) befestigt. Oben im Düsenhalter befindet sich ein größerer Raum, in dem eine Druckfeder sitzt. Diese Feder drückt über einen Druckbolzen auf die Düsennadel. Die Vorspannung der Feder, die mit einer Einstellschraube oder mit Einstellscheiben verändert werden kann, bestimmt den Öffnungsdruck der Düse.

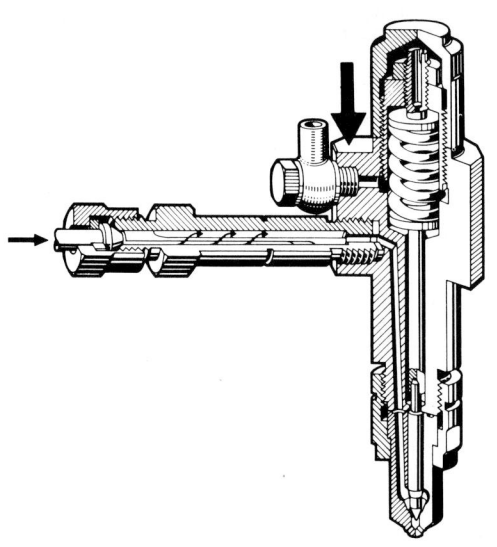

Bild 4.131 Düsenhalter für Flanschbefestigung (Bosch)

Oft sind in die Druckrohrstutzen *Stabfilter* eingesetzt (s. Bild 4.126). Sie halten den Schmutz zurück, der bei Montagearbeiten in die Einspritzleitung gelangt ist. Der Schmutz wird während des Betriebs so fein zermahlen, daß er an dem Nadelsitz der Düse vorbei in den Brennraum gelangen kann. Ohne Stabfilter würde der Schmutz sich am Nadelsitz festsetzen und die Düse am Schließen hindern (klopfende Verbrennung).

Zur Befestigung der Düse im Zylinderkopf des Motors sind verschiedene Düsenhalter entwickelt worden. Der Bosch-Düsenhalter mit Flanschbefestigung (Bild 4.131) nimmt eine Lochdüse auf. Der Kraftstoffzulauf von der Einspritzpumpe ist seitlich. Der Düsenöffnungsdruck wird nach Abnehmen der Verschlußkappe mit einer Einstellschraube von oben eingestellt.

Der Bosch-Düsenhalter (Bild 4.132) nimmt ebenfalls eine Lochdüse auf und wird durch eine Überwurfmutter oder eine Pratze im Zylinderkopf gehalten. Der Kraftstoffzulauf ist von oben. Der Düsenöffnungsdruck wird mit Einstellscheiben verändert. Dazu muß der Halter zerlegt werden.

Bild 4.132   Düsenhalter für Befestigung mit
Überwurfmutter (Bosch)

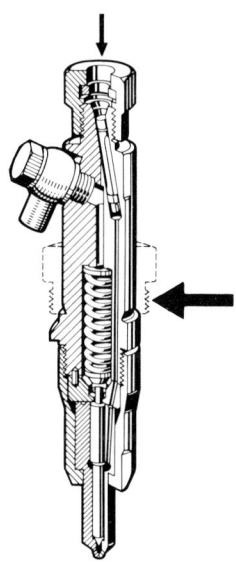

Der Zweifeder-Düsenhalter (Bild 4.133) wird zusammen mit einer Sitzlochdüse (Bild 4.127/3) in den Pkw-Dieselmotoren mit direkter Einspritzung und teilweise auch schon in den kleineren Nkw-Dieselmotoren verbaut. In dem Halter befinden sich zwei Druckfedern unterschiedlicher Stärke, durch die zwei Druckstufen entstehen. Die Federn sind so eingestellt, daß bei Beginn der Förderung die Düsennadel in der ersten Stufe nur gegen die Kraft der ersten Feder (etwa 190 bar) angehoben wird. Der Düsennadelhub H_1 ist so gering (etwa 0,06 mm bis 0,1 mm), daß über den entstehenden kleinen Spalt nur eine kleine Kraftstoffmenge eingespritzt wird. Durch diese Voreinspritzung setzt – ähnlich wie bei der indirekten Einspritzung – die Verbrennung weich ein und läßt den Verbrennungsdruck nicht schlagartig ansteigen. Da die Einspritzpumpe weiter fördert und die größere Kraftstoffmenge auch einen größeren Spalt verlangt, erhöht sich der Druck. Bei etwa 320 bar wird die zweite Feder überwunden, und die Düsennadel führt in der zweiten Stufe den Hub H_2 aus. Jetzt erfolgt die Einspritzung der Hauptmenge in die schon bestehende Flamme

Einspritzdüsen   417

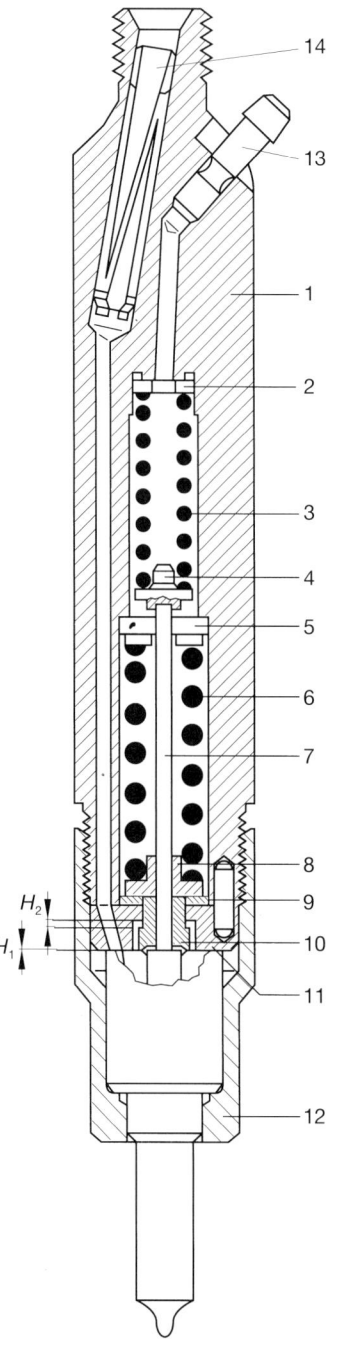

Bild 4.133   Zweifeder-Düsenhalter mit Mehrloch-
düseneinsatz (Bosch)
H_1 Voreinspritzhub
H_2 Haupthub
$H_{ges} = H_1 + H_2$ Gesamthub
 1 Düsenhalter
 2 Einstellscheibe 1. Stufe
 3 Druckfeder 1. Stufe
 4 Druckbolzen
 5 Führungsscheibe
 6 Druckfeder 2. Stufe
 7 Druckstift
 8 Federteller
 9 Einstellscheibe 2. Stufe
10 Anschlaghülse
11 Zwischenstück
12 Überwurfmutter
13 Leckölabfluß
14 Stabfilter

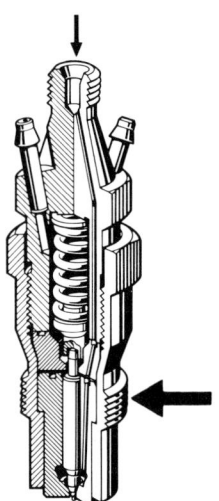

Bild 4.134   Düsenhalter mit Einschraubgewinde
für Vor- und Wirbelkammermotoren (Bosch)

mit dem Vorteil, daß die Verbrennung im Vergleich zu einem Motor mit dem Einfeder-Düsenhalter weicher und mit einer geringeren Triebwerksbelastung abläuft.

Der Bosch-Düsenhalter (Bild 4.134) besitzt Einschraubgewinde, d.h., der ganze Halter wird in den Zylinderkopf eingeschraubt. Er nimmt eine Drosselzapfendüse auf und wird bei Vor- und Wirbelkammermotoren verwendet. Der Kraftstoffzulauf erfolgt von oben. Das Lecköl kann aus dem Federraum über die beiden seitlichen Schlauchstutzen abfließen. Der Düsenöffnungsdruck wird mit Einstellscheiben verändert. Auch hier muß der ganze Halter zerlegt werden, um die Scheiben auswechseln zu können.

4.6.4   Düsenprüfung mit dem Handprüfgerät

Der Düsenhalter mit eingebauter Einspritzdüse wird an die Druckleitung des Düsenprüfgeräts angeschlossen. Es werden geprüft: Öffnungsdruck, Dichtheit, das Schnarrverhalten und die Strahlbildung.

Öffnungsdruckprüfung

Zuerst wird der Öffnungsdruck bei geöffnetem Absperrventil des Manometers und langsamer Pumphebelbetätigung gemessen. Weicht der Druck vom Sollwert ab, so stimmt die Federvorspannung nicht, und eine Einstellung muß durchgeführt werden.

Diese richtet sich nach der Düsenhalterausführung und kann durch eine Einstellschraube oder durch Einstellscheiben verändert werden.

Die Einstellscheiben sind in Dicken von 1,0 bis 3,0 mm erhältlich und um jeweils 0,05 mm abgestuft. Als Faustregel gilt, daß etwa 0,1 mm Scheibendicke eine Druckänderung von 8 bis 10 bar ergeben.

Bei neuen Düsen wird der Öffnungsdruck um 5 bis 10 bar über den vom Motorhersteller verlangten Sollwert eingestellt, weil sich die Düsennadeln schon nach kurzer Zeit einarbeiten und den Druck absinken lassen. Die Einstellung muß so genau erfolgen, daß der Druckunterschied innerhalb eines Düsensatzes nicht größer ist als 5 bar.

Dichtheitsprüfung

Die Düse wird zuerst vorne trockengewischt und anschließend mit dem Pumphebel 10 Sekunden lang unter Druck gesetzt. Dabei muß der Zeiger des Manometers 20 bar unterhalb des vorher gemessenen Öffnungsdrucks stehen. Neue Düsen müssen trocken bleiben. Gebrauchte Düsen dürfen dagegen feucht werden, aber nicht zum Tropfen neigen.

Strahl- und Schnarrprüfung

Für diese Prüfungen muß das Absperrventil zugedreht werden. Die Prüfungen erfolgen bei drei unterschiedlichen Hebelgeschwindigkeiten: langsam, mittel und schnell; bei langsamer Betätigung etwa 1 Hub/s, bei mittlerer etwa 2 bis 3 Hübe/s und bei schneller mindestens 4 bis 6 Hübe/s.

a) Drosselzapfendüse

Bei langsamer Betätigung tritt nur der Vorstrahl aus, der gerade fein zerstäubt und mit einem Schnarrgeräusch die Düse verlassen muß. Bei mittlerer Hebelgeschwindigkeit tritt zusätzlich der Hauptstrahl aus. Dieser muß ebenfalls gerade austreten, darf aber strähnig sein und nur ein zischendes Geräusch abgeben. Ein Schnarren bleibt aus, weil die Düsennadel nur ihren halben Hub zurücklegt und nicht ins Schwingen gerät (schnarrloser Bereich). Erst bei der schnellen Betätigung wird die Düsennadel ganz angehoben und die Düse voll geöffnet. Dabei tritt nochmals der Hauptstrahl aus, auch gerade, aber fein zerstäubt und mit einem hohen Pfeifton. Der Pfeifton entsteht durch ein schnelles Schwingen der Düsennadel und ist ein Beweis für ihre Leichtgängigkeit.

b) Neue Lochdüse
Bei einer Lochdüse wird auch zuerst der Öffnungsdruck und dann die Dichtheit geprüft. Und bei der nachfolgenden Strahl- und Schnarrprüfung darf die Düse bei langsamer Hebelbetätigung den Kraftstoff grob zerstäubt und mit einem Schnarrgeräusch austreten lassen. Bei mittlerer und schneller Betätigung dagegen muß sie den Kraftstoff fein vernebeln und einen hohen Pfeifton abgeben.

c) Gebrauchte Lochdüse
Eine gebrauchte Lochdüse muß bei dem vorgeschriebenen Druck öffnen und die Dichtheitsprüfung bestehen, d.h. sie darf nach 10 Sekunden feucht werden. Außerdem muß sie bei schneller Hebelbetätigung gut zerstäubt abspritzen und dabei einen hohen Pfeifton abgeben. Dies ist die Gewähr dafür, daß die Düsennadel noch leichtgängig ist und die Düse auch unter Startbedingungen den Kraftstoff ausreichend zerstäubt abspritzt.

4.6.5   Einspritzleitungen

Die Einspritzleitungen sind aus nahtlos gezogenem Stahlrohr hergestellt und bis auf 2000 bar belastbar. Sie haben bei Anlagen für Fahrzeugmotoren einen Außendurchmesser von 4,5 und 6 mm und eine Wanddicke von 1,75 bis 2,5 mm. Damit der Einspritzzeitpunkt und die Einspritzmenge für alle Zylinder gleich sind, werden die Einspritzleitungen alle gleich lang bemessen. Sie sind auf jeden Motortyp abgestimmt und werden fertig gebogen als Ersatzteil geliefert.

5   Kraftübertragung

Als Kraftübertragung bezeichnet man sämtliche Bauteile des Kraftfahrzeugs, die dazu dienen, die «Dreharbeit» (das Drehmoment) des Motors auf die Antriebsräder zu übertragen.
Die Kraftübertragung besteht aus folgenden Teilen:

❏ Kupplung, Wechselgetriebe, Verteilergetriebe (bei Allradantrieb), Gelenkwellen (Kardanwellen),
❏ Winkelgetriebe, Ausgleichsgetriebe und bei Schwerstlast-Kraftfahrzeugen Radvorgelegeantrieb.

Man unterscheidet folgende Antriebsarten:

❏ Standardbauweise (Hinterradantrieb),
❏ Heckantrieb,
❏ Hinterradantrieb mit Mittelmotoranordnung,
❏ Frontantrieb (Vorderradantrieb),
❏ Allradantrieb (Vorder- und Hinterradantrieb).

Standardbauweise (Bild 5.1)
Motoranordnung vorn, Kupplung (K), Wechselgetriebe (W) oder statt Kupplung und Wechselgetriebe: Automatikgetriebe, Gelenkwellenstrang (G) und Achsantrieb (A) an der Hinterachse.

Bild 5.1   Standardbauweise

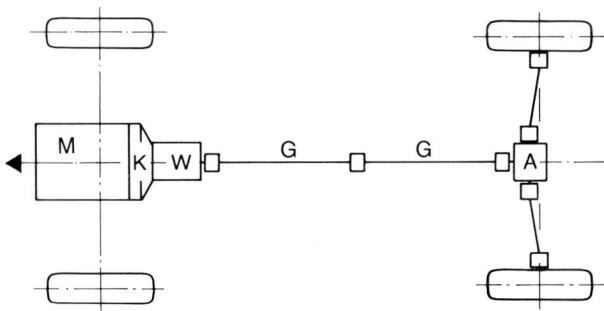

Heckantrieb (Bild 5.2)
Motor (M), Kupplung (K), Wechselgetriebe (W) und Achsantrieb (A) sind im Heck des Kfz angeordnet. Der Gelenkwellenstrang entfällt.

Mittelmotoranordnung (Bild 5.3)
Der Motor (M) mit Kupplung (K) ist vor der Hinterachse, Wechselgetriebe (W) *hinter* und Achsantrieb (A) *in* der Hinterachse angeordnet. Hierdurch soll eine günstige Gewichtsverteilung

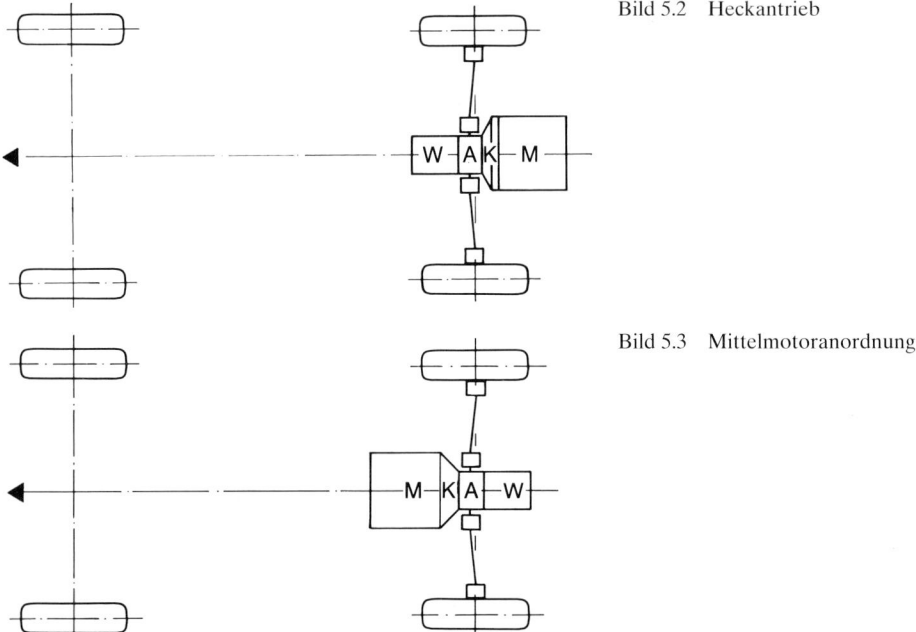

Bild 5.2   Heckantrieb

Bild 5.3   Mittelmotoranordnung

erzielt werden (Schwerpunkt des Kfz in der Mitte zwischen Vorder- und Hinterachse), um neutrales Kurvenverhalten zu erreichen. Nachteilig ist, daß der beste Raum im Kfz – zwischen Vorder- und Hinterachse – zum Teil durch die Unterbringung des Motors verlorengeht.

Frontantrieb

Hierbei gelangt stets ein *Fronttriebsatz* zur Anwendung. Dabei kann der Motor (M) *vor oder über* der Vorderachse (Bild 5.4) oder in Längs- oder Querrichtung angeordnet sein. Bei der *Queranordnung des Motors* (Bild 5.5), die immer mehr angewendet wird, spart man den aufwendigen Kegelradantrieb.

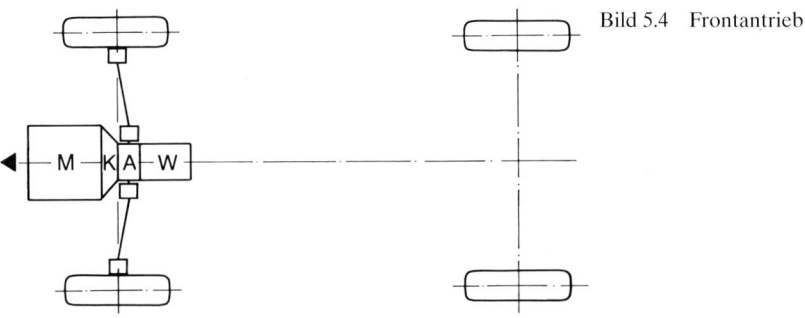

Bild 5.4   Frontantrieb

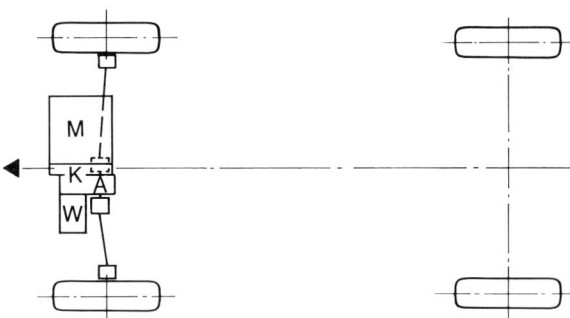

Bild 5.5   Frontantrieb mit querge-
stelltem Motor

Allradantrieb (Bild 5.6)

Man unterscheidet:

❑ zuschaltbaren Vorderradantrieb bei permanentem (ständigem) Hinterradantrieb oder
   zuschaltbaren Hinterradantrieb bei ständigem Vorderradantrieb (1. Generation);

❑ permanenten Allradantrieb mit Verteilergetriebe (Verteilerdifferential V) und zuschaltbaren
   oder selbsttätigen Differentialsperren (2. Generation);

❑ permanenten Allradantrieb mit Viscokupplungen und -sperren (3. Generation).

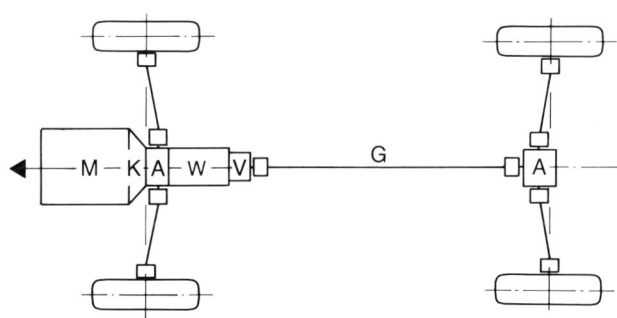

Bild 5.6   Allradantrieb

5.1   Kupplung

Die Kupplung überträgt die Drehbewegung – das Drehmoment – des Motors auf das Wechselgetriebe. Sie stellt eine lösbare Verbindung zwischen Motor und Getriebe dar.

5.1.1   Aufgaben

❑ Trennkupplung zum Gangwechsel,
❑ Rutschkupplung zum ruckfreien Anfahren,
❑ schlupffreie Übertragung großer Drehmomente,
❑ Schwingungsdämpfung,
❑ Überlastungsschutz innerhalb der Kraftübertragung.

Trenn- oder Schaltkupplung zum Gangwechsel

Zum Gangwechsel muß durch Auskuppeln die Antriebslast von der Mitnehmerverzahnung der Zahnräder oder der Schaltmuffe genommen werden, um das Schalten in ein anderes Zahnradpaar zu ermöglichen. Nach erfolgtem Gangwechsel wird durch Einkuppeln die kraftschlüssige Verbindung des Motors mit der nunmehr in Eingriff befindlichen Zahnradstufe wiederhergestellt. Auch das Schalten aus dem Leerlauf (Leergang) in den 1. Gang ist ein Gangwechsel.

Rutschkupplung zum ruckfreien Anfahren

Zum ruckfreien Anfahren muß die Kupplung als Rutschkupplung arbeiten, da der Motor mit einer bestimmten Mindestdrehzahl läuft (etwa 700 bis 1000 min^{-1}), das Fahrzeug aber noch stillsteht. Würde die Kupplung nicht rutschen, wäre das «Abwürgen» des Motors beim Anfahren die Folge. Das Rutschen der Kupplung beim Anfahren bewirkt der Fahrer durch allmähliches «Kommenlassen» der Kupplung.

Schlupffreie Übertragung großer Drehmomente

Befindet sich das Fahrzeug in Bewegung, wird der Fuß vom Kupplungspedal genommen. Beim Beschleunigen (Gasgeben) überträgt die Kupplung nun das volle Drehmoment des Motors, ohne zu rutschen.

Schwingungsdämpfung

Siehe Abschnitt 5.1.3 «Kupplungsscheiben».

5.1.2   Kupplungsarten

Man unterscheidet am Kraftfahrzeug folgende Kupplungsarten:

❐ Trockenkupplungen als Ein- oder Zweischeibenkupplungen, ausgeführt als Schraubenfeder-, Tellerfeder- oder Membranfederkupplungen,
❐ Naß-(Halbnaß-)Kupplungen, ausgeführt als Lamellenkupplungen,
❐ Magnetpulverkupplungen,
❐ elektronische Kupplungen,
❐ hydrodynamische Kupplungen (Flüssigkeitskupplungen; s. (Abschnitt 5.3).

Trockenkupplungen

Sie haben ihren Namen daher, weil sie nicht im Ölbad, sondern trocken laufen. Die Gehäuse, oft Schwungscheibengehäuse oder Kupplungsglocke genannt, sind bei Fahrzeugen höherer Leistung so ausgeführt, daß Luft zur Wärmeableitung von der Kupplung zu- und abströmen kann.

Einscheiben-Trockenkupplungen werden normalerweise bei allen Kraftfahrzeugen verwendet, Mehr-(Zwei-)Scheibenkupplungen bei schweren Lkw-Motoren mit großem Drehmoment und vereinzelt auch bei leistungsstarken Pkw-Motoren.

Schraubenfederkupplungen

Aufbau und Wirkungsweise: Bild 5.7 zeigt den grundsätzlichen Aufbau und die Wirkungsweise von Einscheiben-Schraubenfederkupplungen schematisch.

Zwischen der Schwungscheibe des Motors (1) und der Anpreßplatte aus Spezialgußeisen (2), die durch das Gehäuse (3) mit der Schwungscheibe drehfest, aber axial verschiebbar verbunden ist, befindet sich die Kupplungsscheibe (4). Sie ist beidseitig mit einem Reibbelag (5) versehen.

Bild 5.7   Schraubenfederkupplung,
schematisch
Linkes Bild: eingekuppelt
Rechtes Bild: ausgekuppelt

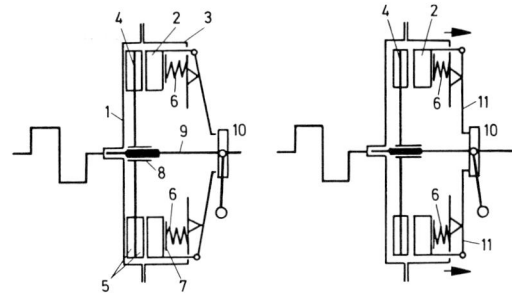

Teilweise sind die Kupplungsscheiben auf der Schwungscheiben- und der Anpreßplattenseite mit verschiedenen Reibbelägen versehen, um auf dem Stahl der Schwungscheibe sowie dem Spezial-gußeisen der Anpreßplatte möglichst gleiches Reibungsverhalten zu erzielen.

Im eingekuppelten Zustand wird die Anpreßplatte (2) durch mehrere Schraubenfedern (6) gegen die Kupplungsscheibe und diese gegen die Schwungscheibe (1) gepreßt (linkes Bild). Zwischen Anpreßplatte (2) und Druckfedern (6) sind Isolierscheiben (7) eingebaut, um Wärmeübertragung auf die Federn zu verhindern.

Die Kupplungsscheibe (4) ist über Nuten- oder Kerbverzahnung ihrer Nabe (8) axial verschiebbar, aber drehfest mit der Antriebswelle (9) des Getriebes verbunden.

Beim Auskuppeln drückt der Ausrücker (10) gegen die Ausrückhebel (11), die die Anpreßplatte (2) gegen die Federn (6) zurückziehen. Die Kupplungsscheibe (4) wird frei und verschiebt sich mit ihrer Nabe (8) axial auf der Antriebswelle des Getriebes (9) so weit, bis sie zwischen Schwungscheibe (1) und Anpreßplatte (2) frei läuft. Es ist ausgekuppelt.

Ersetzt man die Schraubenfedern durch eine Tellerfeder, behält die Ausrückhebel jedoch bei, erhält man die Tellerfederkupplung. Bild 5.8 zeigt die Wirkungsweise einer Tellerfederkupplung schematisch. In Bild 5.9 ist zu sehen, daß trotz der Tellerfeder Ausrückhebel zum Betätigen der Kupplung angeordnet sind.

Bild 5.8   Tellerfederkupplung in schematischer
Darstellung
Links: eingekuppelt
Rechts: ausgekuppelt
T Tellerfeder

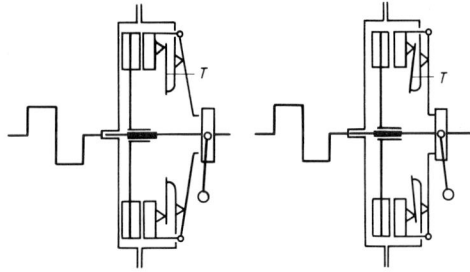

Membranfederkupplung

Eine tellerförmige, von innen radial geschlitzte Membranfeder, auch Belleville-Feder genannt,
dient nicht nur der Erzeugung der Anpreßkraft, sondern übernimmt auch gleichzeitig die Funktion des Ausrückmechanismus.

Bild 5.10 erklärt den Aufbau und die Wirkungsweise der Membranfederkupplung schematisch.
Bilder 5.11 und 5.12 zeigen eine Membranfederkupplung für Personenwagen.

In den drei Bildern wird die Membranfederkupplung in gedrückter Ausführung dargestellt. Es
gibt jedoch auch Membranfederkupplungen in gezogener Ausführung, deren Vorteil geringerer
Platzbedarf ist.

Besondere Bedeutung fällt bei dieser Kupplung den Tangentialblattfedern oder Dreiecks-
blattfedern zu. Sie bewirken den Abhub und eine Zentrierung der Anpreßplatte. Außerdem übernehmen sie einen Teil der Drehmomentübertragung.

426 *Kraftübertragung*

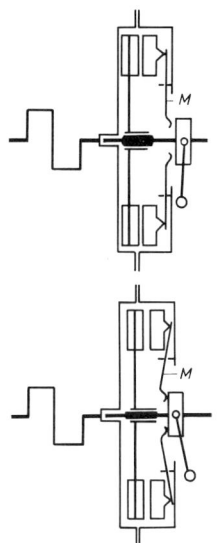

Bild 5.10   Membranfeder-
kupplung, schematisch
Oberes Bild: eingekuppelt
Unteres Bild: ausgekuppelt
M   Membranfeder

Bild 5.11   Membran-
federkupplung Bau-
reihe «M» für Perso-
nenwagen

Bild 5.12   Membranfederkupplung (F & S)

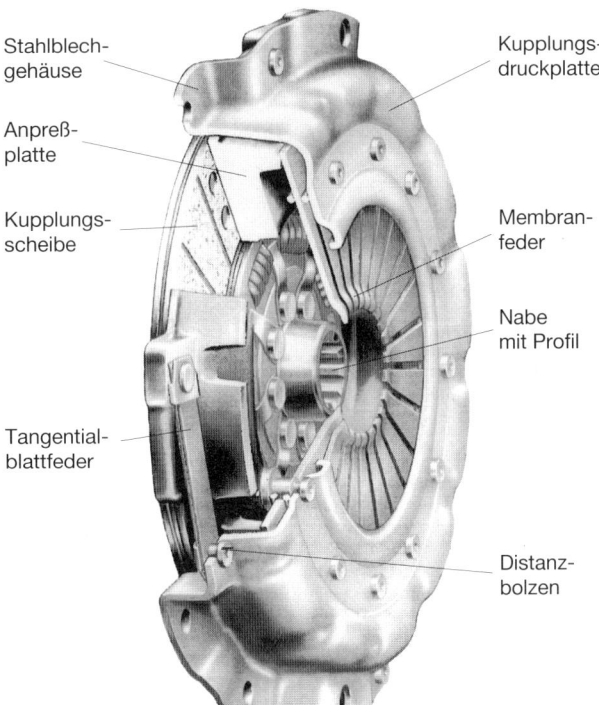

Stahlblech-
gehäuse

Anpreß-
platte

Kupplungs-
scheibe

Tangential-
blattfeder

Kupplungs-
druckplatte

Membran-
feder

Nabe
mit Profil

Distanz-
bolzen

Zweischeibenkupplungen

Zweischeibenkupplungen (Bild 5.13) gelangen im Pkw-Bereich vereinzelt, im Lkw-Bereich häufiger zur Anwendung. Durch zwei nacheinander angeordnete Kupplungsscheiben verdoppelt sich das übertragbare Drehmoment. Zweischeibenkupplungen gibt es als Schraubenfeder- oder Tellerfederkupplungen.

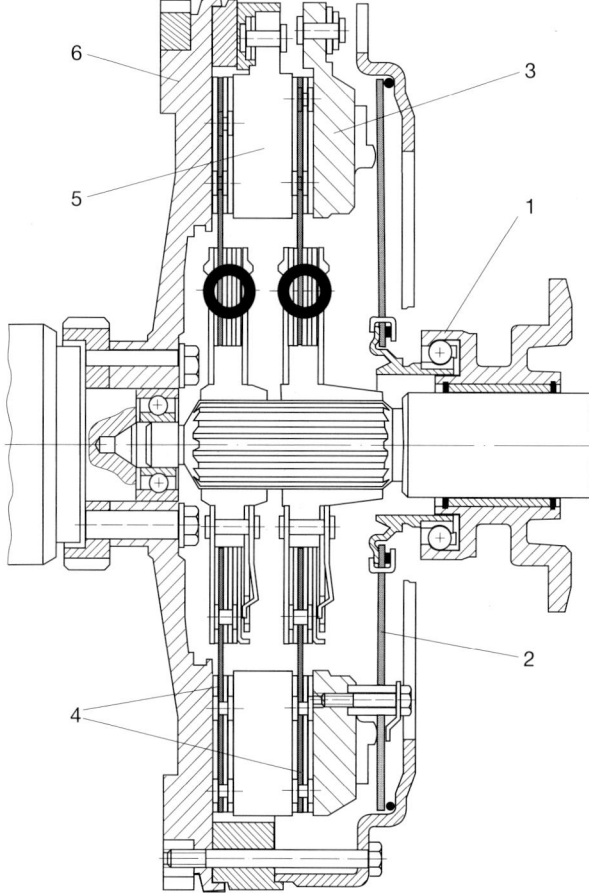

Bild 5.13   Zweischeibenkupplung
1 Ausrücklager
2 Membranfeder
3 Anpreßplatte
4 Mitnehmerscheiben
5 Zwischenscheibe
6 Schwungscheibe

Anpreßkräfte und Übersetzungsverhältnisse bei Kupplungen

Die Anpreßkräfte von Kupplungen in Personenkraftwagen bewegen sich etwa in der Größenordnung von 4000 N bis 7500 N. Im Lkw-Bereich hingegen können sie bis zu maximal 35 000 N betragen. Festgelegte Übersetzungsverhältnisse innerhalb der Kupplung von ca. 4 : 1 und in der Betätigungseinrichtung von ca. 10 : 1, woraus sich eine Gesamtübersetzung von ca. 40 : 1 ergibt, ermöglichen es, diese hohen Anpreßkräfte bei der Kupplungsbetätigung zu überwinden. Bei schweren Nutzfahrzeugen wird die Kupplungsbetätigung durch Druckluft unterstützt.

Abhubweg der Anpreßplatte: Hierbei handelt es sich um den Weg, um den die Anpreßplatte der Kupplung bei Betätigung zurückgezogen wird. Bei modernen Pkw-Kupplungen beträgt dieses Maß etwa 1,4 mm bis 2 mm.

Ausrückweg

Als Ausrückweg bezeichnet man den Weg, um den das Ausrücklager beim Betätigen der Kupplung bewegt wird. Dieser ergibt sich, indem man das Maß für den Abhubweg mit dem Übersetzungsverhältnis innerhalb der Kupplung multipliziert.

Vorspannmaß einer Kupplung

Bei eingelegter Mitnehmerscheibe und angelegter Druckplatte muß ein Abstand zwischen der Schwungscheibe und der Anlegefläche der Druckplatte vorhanden sein. Dieser Abstand muß mindestens eine Kupplungsbelagstärke betragen, d.h. um dieses Maß wird die Druckplatte vorgespannt. Dadurch wird gewährleistet, daß in eingekuppeltem Zustand die volle Anpreßkraft wirksam wird.

Übertragungsfähigkeit von Kupplungen

Kupplungen sind so ausgelegt, daß sie etwa das 1,5fache des abgegebenen Motordrehmomentes übertragen können.

Lüftspiel

Hierbei handelt es sich um das freie Spiel zwischen Mitnehmerscheibe und Druckplatte einerseits und zwischen Mitnehmerscheibe und Schwungscheibe andererseits in ausgekuppeltem Zustand. Es beträgt ca. 0,5 mm bis 0,8 mm gesamt.

5.1.3   Kupplungsscheiben

Die Aufgabe der Kupplungsscheiben besteht darin, das Motordrehmoment in das Getriebe zu übertragen.

Kupplungsscheiben bestehen aus dem Trägerblech mit Federsegmenten, zwei Reibbelägen, Torsionsdämpfer und Nabe. Zwischen den Reibbelägen befinden sich die Federsegmente (Bild 5.14), die es in unterschiedlicher Ausführung gibt.

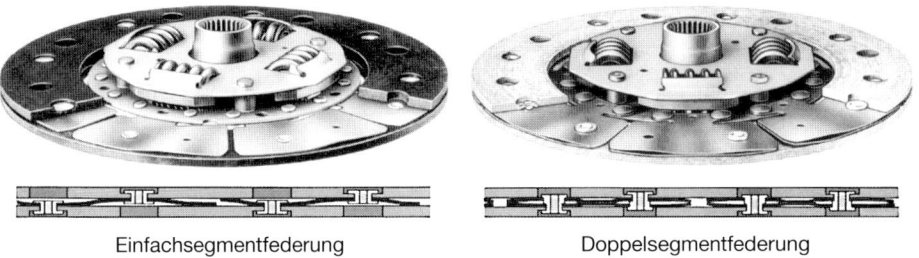

Einfachsegmentfederung   Doppelsegmentfederung

Bild 5.14   Kupplungsscheiben mit Belagfederung (LuK)

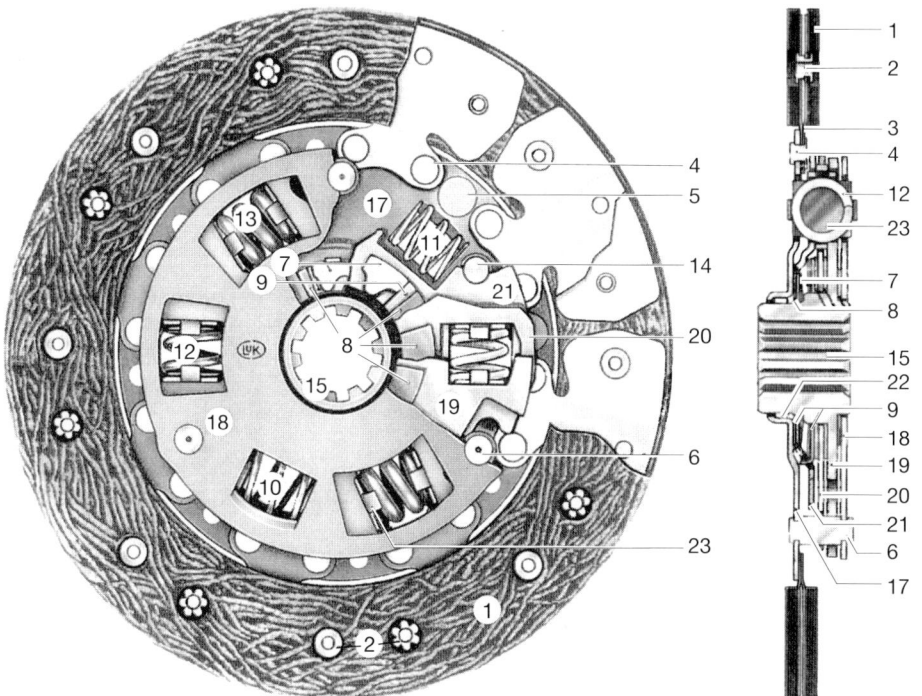

Bild 5.15   Torsionsgedämpfte Kupplungsscheibe (LuK)

1 Kupplungsbelag	11 Vordämpferfeder 2. Stufe
2 Belagniet	12 Hauptdämpferfeder 1. Stufe
3 Federsegment	13 Hauptdämpferfeder 2. Stufe
4 Segmentniet	14 Abstandsniet
5 Wuchtniet	15 Nabe
6 Anschlagbolzen	16 Innennabe
7 Federscheibe	17 Mitnehmerscheibe
8 Reibring	18 Gegenscheibe
9 Stützscheibe	19 Nabenflansch
10 Vordämpferfeder 1. Stufe	20 Lastreibscheibe
	21 Nabenscheibe
	22 Zentrierbuchse
	23 Federhalteblech

   Diese Federsegmente geben beim Einkuppeln zunächst nach und bewirken dadurch ein weiches Einkuppeln. Ferner sorgen sie für eine gleichmäßigere Belagabnutzung. Der Federweg beträgt ca. 0,6 bis 1 mm. Die Torsionsdämpfereinrichtung (Bild 5.15) ist zwischen Nabe und Trägerblech angeordnet und erlaubt ein Verdrehen dieser beiden Bauteile gegeneinander um ca. 15°, sowohl in die eine als auch in die andere Richtung. Tangential angeordnete Schraubenfedern dämpfen diese Verdrehung. Eingebaute Reibringe oder Reibscheiben verhindern ein Aufschaukeln des Torsionsdämpfers. Ist zusätzlich ein Vordämpfer verbaut, übernimmt dieser zunächst die Dämpferfunktion, bevor der Hauptdämpfer zu arbeiten beginnt. Eine Torsionsdämpfereinrichtung wird benötigt, um einer Geräuschentwicklung im Getriebe vorzubeugen, die sonst durch den Ungleichförmigkeitsgrad des Motors verursacht würde.

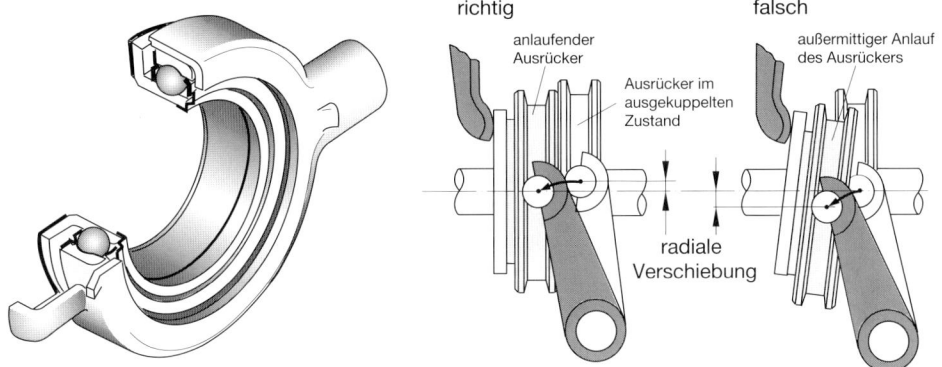

Bild 5.16   Schwenklagerausrücker (F & S)

5.1.4   Ausrücklager

Der grundsätzliche Aufbau stellt sich folgendermaßen dar: Das Gehäuse ist mit einer Kugellauf-
bahn versehen, ebenso wie der Laufring. In diesen Kugellaufbahnen befinden sich Kugeln in einer
Dauerfettfüllung, d.h., die Verbindung zwischen Gehäuse und Laufring erfolgt über die Kugeln.
Ausrücklager sind wartungsfrei. Man unterscheidet Ausrücklager in Schwenklagerausführung
(Bild 5.16) und zentralgeführte Ausrücklager (Bild 5.17).

Während Ausrücklager in Schwenklagerausführung eine Kupplungsspieleinstellung erforderlich machen, ist bei zentralgeführten Ausrücklagern ein spielfreier Einbau möglich. Dieser hängt
von der Art der Betätigungseinrichtung ab. Selbstzentrierende, zentralgeführte Ausrücklager
(Bild 5.18) ermöglichen eine geringe radiale Verschiebung des Laufringes. Dadurch wird gewährleistet, daß ein außermittiges Anlaufen an die Membranfeder verhindert wird, was bedingt durch
Fertigungstoleranzen durchaus möglich wäre.

Neuerdings werden auch Ausrücklager mit Nehmerzylinder und Führungshülse als eine komplette Einheit verbaut (Bild 5.19).

Bild 5.17   Zentralgeführter Ausrücker (F & S)

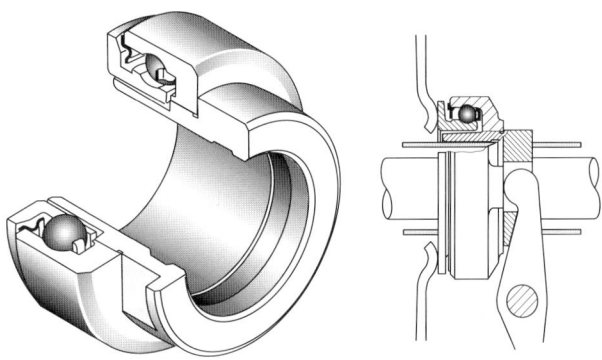

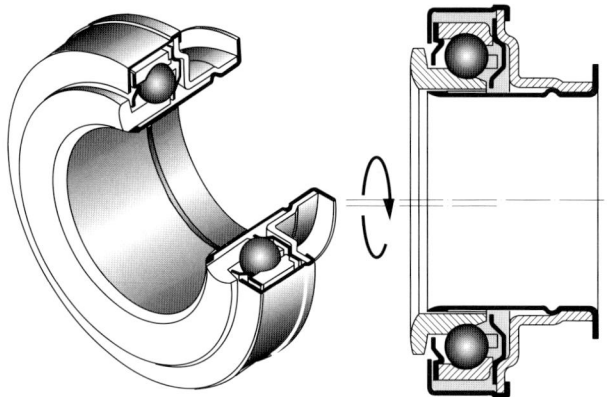

Bild 5.18   Zentralgeführter selbstzentrierender Ausrücker (F & S)

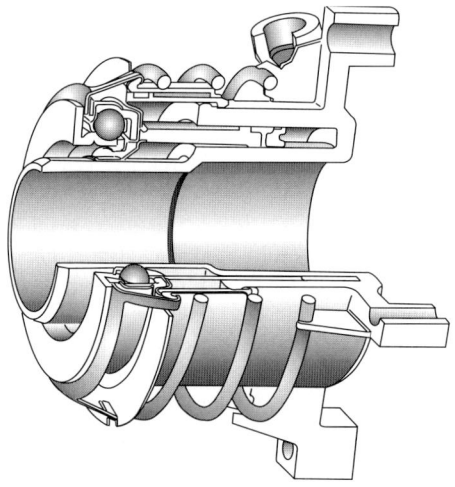

Bild 5.19   Ausrücker mit integriertem Nehmerzylinder (F & S)

5.1.5   Einstellung und Betätigung der Kupplung

Nach dem Einbau der Kupplung ist die Kupplungsbetätigung so einzustellen, daß sich zwischen dem Ausrücker und der Kupplung ein Spiel von etwa 2 bis 3 mm ergibt. Dieses Spiel entspricht am Pedal einem Leerweg von etwa 20 bis 30 mm. Bei Abnutzung der Beläge wird eine Nachstellung erforderlich. Bei Seilzugbetätigung (Bild 5.20) wird die Seilführung durch Hohlschraube und Kontermutter eingestellt. Das Nachstellen kann aber auch selbsttätig durch eine Nachstellautomatik durchgeführt werden.

Neben der mechanisch betätigten Kupplung (z.B. Seilzug) gelangt immer häufiger die hydraulisch betätigte Kupplung (meistens mit einem mitlaufenden Ausrücklager) zur Anwendung.

Bei der hydraulisch betätigten Kupplung (Bild 5.21) wird der Kolben im Geberzylinder verschoben. Er drückt die Bremsflüssigkeit über die Verbindungsleitung zum Nehmerzylinder. Der hydraulische Druck wirkt über den Kolben im Nehmerzylinder, die Druckstange, den Ausrückhebel und das Ausrücklager auf die Kupplungsdruckplatte. Im eingekuppelten Zustand sorgt eine

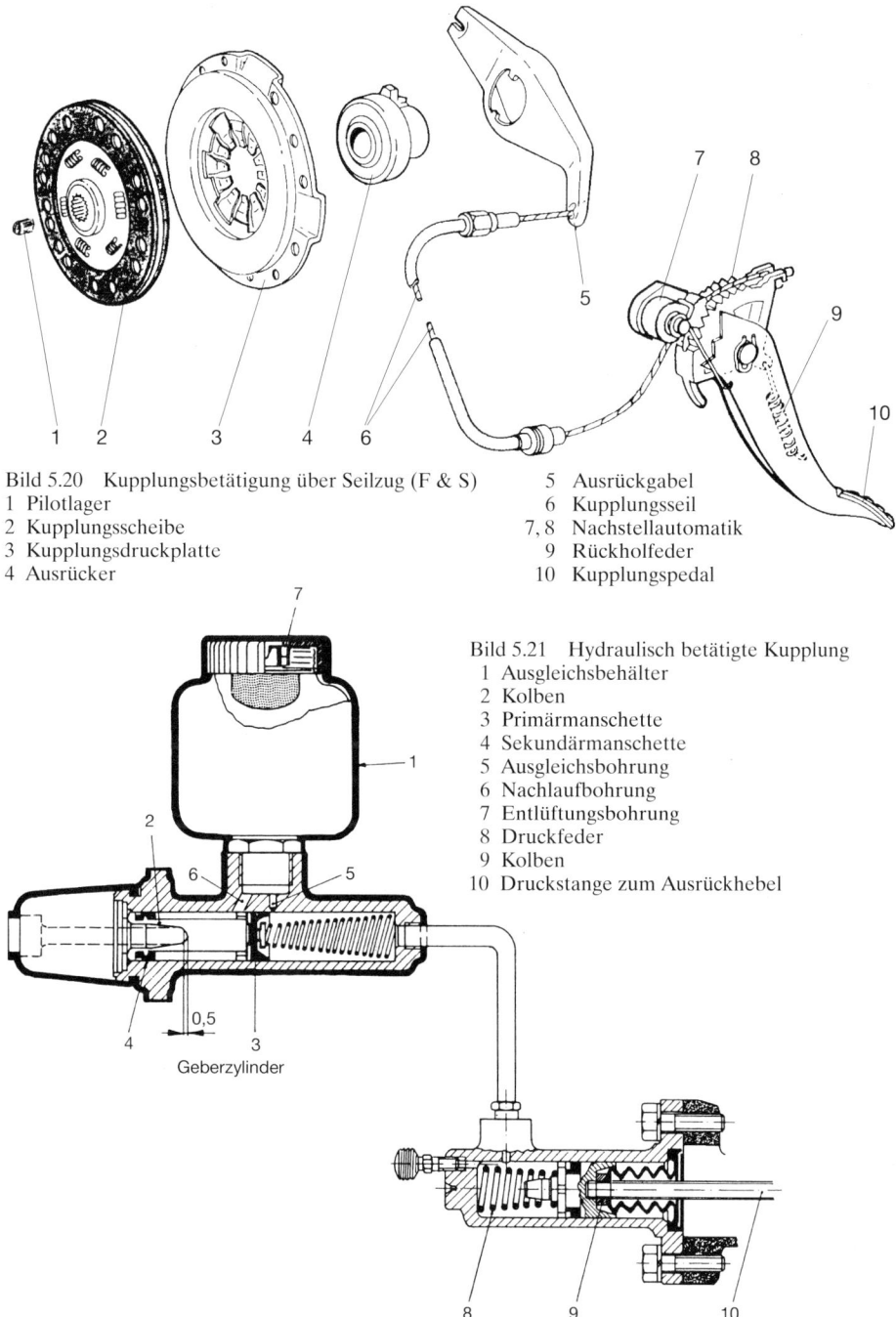

Bild 5.20   Kupplungsbetätigung über Seilzug (F & S)
1 Pilotlager
2 Kupplungsscheibe
3 Kupplungsdruckplatte
4 Ausrücker

5   Ausrückgabel
6   Kupplungsseil
7, 8 Nachstellautomatik
9   Rückholfeder
10 Kupplungspedal

Bild 5.21   Hydraulisch betätigte Kupplung
1 Ausgleichsbehälter
2 Kolben
3 Primärmanschette
4 Sekundärmanschette
5 Ausgleichsbohrung
6 Nachlaufbohrung
7 Entlüftungsbohrung
8 Druckfeder
9 Kolben
10 Druckstange zum Ausrückhebel

Geberzylinder

Nehmerzylinder

hinter dem Kolben des Nehmerzylinders angeordnete Feder dafür, daß das Ausrücklager immer spielfrei an der Druckplatte anliegt und ständig mitläuft (Selbstnachstellung). Die Vorlast, die auf das Ausrücklager ausgeübt wird, beträgt ca. 60 bis 100 N.

5.1.6   Kupplungsfehler und deren Ursachen

An dieser Stelle soll auf typische Kupplungsfehler und deren mögliche Ursachen hingewiesen werden.

Die Kupplung rutscht
Mögliche Ursachen:

❐ Falsche Kupplung, mit zu geringem Vorspannmaß eingebaut.
❐ Schwungradtiefe ist zu groß (Reibfläche wurde nachgedreht, ohne daß auch die Aufnahme für die Kupplung nachgedreht wurde).
❐ Stark abgenützter Kupplungsbelag.
❐ Kupplungsbelag ist verölt (fehlerhafte Getriebe- oder Kurbelwellendichtung). Nutenverzahnung für die Kupplungsscheibe auf der Antriebswelle wurde stark eingefettet.
❐ Kein Spiel am Ausrücker, kein Pedalspiel.
❐ Kupplung ist überhitzt (durch dauerndes Schleifenlassen), Federn erlahmt.
❐ Gehäuse für Kupplung beim Einbau auf der Schwungscheibe verzogen.

Die Kupplung rupft

❐ Falsche Mitnehmerscheibe eingebaut. Die Reibbeläge sind nicht die vorgeschriebenen für dieses Kfz.
❐ Beläge verölt.
❐ Ausrücker läuft einseitig an den Ausrückhebeln an.
❐ Einstellung der Druck- oder Anpreßplatte ist willkürlich verstellt worden.
❐ Das Führungs- oder Pilotenlager in der Kurbelwelle wurde nicht eingebaut.
❐ Antriebswelle fluchtet nicht genau mit der Kurbelwelle.
❐ Motor- oder Getriebeaufhängung (Gummi) beschädigt oder abgerissen.
❐ Kupplungsbetätigung (Seil oder Gestänge) ist schwergängig.

Kupplung trennt nicht

❐ Falsche Mitnehmerscheibe eingebaut (Belag zu dick).
❐ Kupplungsscheibe hat zuviel Seitenschlag (maximal sind 0,5 mm zulässig).
❐ Belag am Schwungrad festgesaugt oder festgerostet.
❐ Nabe der Kupplungsscheibe klemmt auf der Nutung der Antriebswelle.
❐ Kupplungsspiel ist zu groß.
❐ Führungs- oder Pilotenlager defekt oder schwergängig.
❐ Bei Zweischeibenkupplungen ist die axiale Führung der Zwischenplatte nicht in Ordnung.
❐ Gelenke des Ausrückgestänges haben zuviel Spiel.

Motor bleibt beim Auskuppeln stehen
Zu große Reibung zwischen – schadhaftem – Ausrücker und Gegenring (Ausrücker ausgeglüht).

Prüfung der Kupplung in eingebautem Zustand

Wann «*rutscht*» eine Kupplung durch?
Standprüfung durchführen. Dazu benötigt die Kupplung Betriebstemperatur, vor der Prüfung muß also eine kurze *Fahrt mit mehreren Kuppelvorgängen* durchgeführt werden.

❑ Handbremse *fest* anziehen.
❑ Motor laufenlassen, auskuppeln und großen Gang einlegen.
❑ In ausgekuppelter Stellung Gas geben, bis eine Motordrehzahl von etwa 3000 bis 4000 min^{-1} (bei Lkw max. 2000 min^{-1}) erreicht ist.
❑ Rasch einkuppeln.
❑ Wird der Motor abgewürgt, d.h., fällt die Motordrehzahl schnell auf Null ab, so ist die Kupplung in Ordnung.

5.1.7   Naß- und Halbnaßkupplungen

Sie sind als *Lamellen- oder Mehrscheibenkupplungen* ausgeführt. Hierbei werden mehrere Scheiben – statt nur einer Kupplungsscheibe bei der Einscheibenkupplung – zur Übertragung des Drehmoments herangezogen. Dadurch ist es möglich, trotz kleiner Außendurchmesser und geringer spezifischer Drücke große Drehmomente zu übertragen. Der Name rührt daher, daß die einzelnen Scheiben sehr dünn ausgeführt sind (Lamellen).

Die treibenden Scheiben sind meist mit *Außen*mitnehmern versehen und axial verschiebbar, aber drehfest in einem Kupplungskorb gelagert; die getriebenen Scheiben meist mit *Innen*mitnehmern versehen und axial verschiebbar, aber drehfest auf einer Nabe angebracht. Bild 5.22 zeigt je eine treibende und eine getriebene Scheibe einer Lamellenkupplung eines Kraftrades.

Bei Naßkupplungen läuft die Lamellenkupplung teilweise im Ölbad (Öl geringer Viskosität, keinesfalls Getriebeöl), bei Halbnaßkupplungen läuft die Kupplung nur im Ölnebel, sie taucht selbst nicht in das Öl ein. Die *Anpreßkraft* der *Lamellen* gegeneinander kann sowohl durch eine zentrale wie durch mehrere axial angeordnete Druckfedern sowie – bei manchen Krafträdern – durch mehrere Zugfedern erfolgen.

In *Automatikgetrieben* sind mehrere Lamellenkupplungen angeordnet zum Schalten der Planetensätze. Das Zusammenpressen der Lamellen erfolgt hierbei durch hydraulischen Druck, das Ausrücken (Öffnen oder Lösen) der Kupplung durch eine Tellerfeder oder mehrere Schraubenfedern.

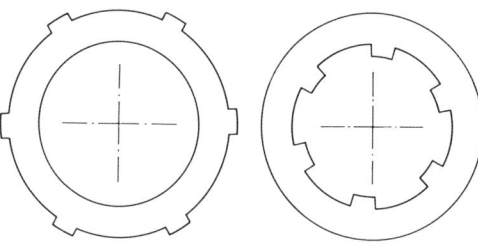

Bild 5.22 Scheiben einer Lamellenkupplung. Die im Bild linke Scheibe ist mit Außenmitnehmern, die rechte mit Innenmitnehmern versehen. Bei der Anwendung als Lamellenbremse (in Automatikgetrieben) sind die Lamellen mit Außenmitnehmern drehfest, aber axial verschiebbar mit dem Getriebegehäuse verbunden.

5.1.8   Magnetpulverkupplung

Im Zusammenhang mit dem Einbau von stufenlosen Automatikgetrieben verwenden einige Hersteller zwischen Motor und Getriebe eine sogenannte Magnetpulverkupplung (Bild 5.23). Das Kupplungsgehäuse ist mit der Kurbelwelle des Motors verschraubt und ist gleichzeitig der Außenrotor. In ihm ist eine Spule untergebracht. Weiterhin befindet sich im Gehäuse ein Innenrotor, in den die Getriebewelle eingreift. Beide Rotoren lassen sich unabhängig voneinander drehen. In dem Luftspalt zwischen Außen- und Innenrotor befindet sich Eisenpulver. Über Kohlebürsten, die auf Schleifbahnen des Außenrotors laufen, wird die Spule bestromt. Abhängig vom Lastwunsch bzw. Lastzustand, der Fahrgeschwindigkeit, der Wählhebelstellung und der Drehzahl wird durch ein elektronisches Steuergerät, das entsprechende Informationen erhält, die Höhe des Stromes bestimmt, der die Spule durchfließt. Die Spule baut ein Elektromagnetfeld auf, das über das aufmagnetisierte Eisenpulver verstärkt wird und eine kraftschlüssige Verbindung zwischen Außen- und Innenrotor herstellt. Die Stärke des Magnetfeldes wird durch die Höhe des Stromes bestimmt. Da im Leerlauf kein Strom fließt, somit auch kein Magnetfeld aufgebaut wird, kommt es auch zu keinem Kraftschluß. Oberhalb der Leerlaufdrehzahl beginnt der Strom zu fließen und erreicht bei Vollaststellung eine Höhe von etwa 3,5 bis 4,5 Ampere.

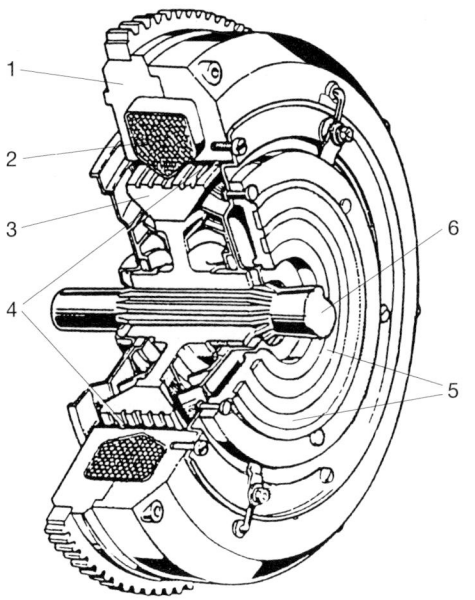

Bild 5.23   Magnetpulverkupplung
1 Außenrotor
2 Spule
3 Innenrotor
4 Magnetpulver
5 Schleifbahnen
6 Getriebewelle

5.1.9   Elektronische Kupplungen

Durch den Einsatz einer elektronischen Kupplung EKM (Elektronisches Kupplungsmanagement) der Firma LuK (Bild 5.24) kann auf das Kupplungspedal verzichtet werden. Für den Fahrer bedeutet das eine Entlastung im Straßenverkehr.

In ein elektronisches Steuergerät gehen laufend Informationen ein wie Drosselklappenstellung, Getriebedrehzahl, Motordrehzahl, Schaltabsicht und Gangerkennung, Kupplungsweg. Das

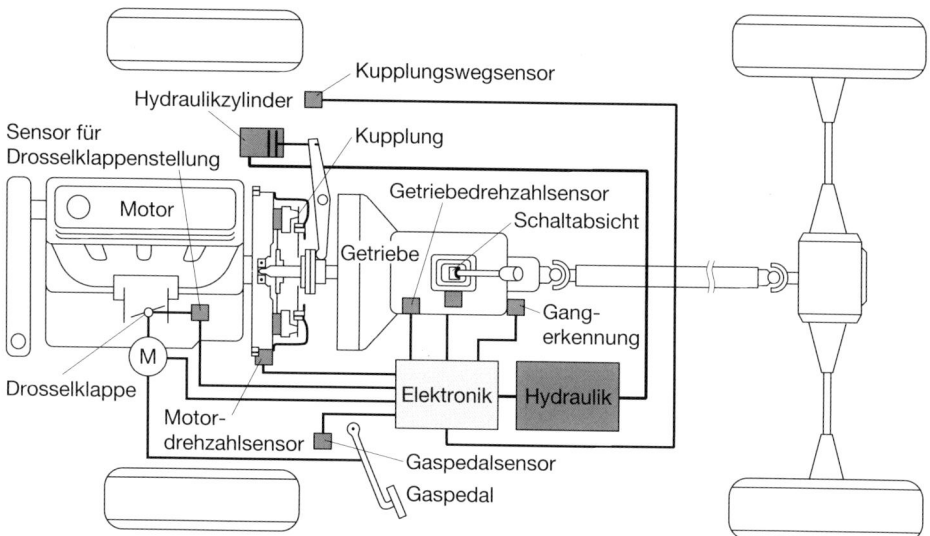

Bild 5.24   Elektronisches Kupplungsmanagement (LuK)

Steuergerät wertet diese Informationen aus und vergleicht sie mit den abgespeicherten Daten. Soll das Fahrzeug angefahren oder geschaltet werden, gibt das Steuergerät entsprechende Befehle an die Hydraulikeinheit, die wiederum den Kupplungsnehmerzylinder betätigt.

Vorteile dieses Systems: problemloses Anfahren, kein Abwürgen des Motors, kein Ruckeln beim Lastwechsel, kein Gaswegnehmen beim Schalten.

5.2   Wechselgetriebe

Aufgabe des Wechselgetriebes ist es, dafür zu sorgen, daß an den Antriebsrädern die jeweils erforderliche Antriebskraft zur Verfügung steht.

Beim Anfahren – Übergang aus dem Stillstand in den Zustand der Bewegung – ist das größte Antriebsmoment an den Antriebsrädern bei gleichzeitig niedrigster Drehzahl (praktisch $n = 0$) erforderlich.

Erreicht wird dies durch eine entsprechende Übersetzung der Motordrehzahl ins Langsame, wodurch das Antriebsmoment im gleichen Maße zunimmt (abgesehen von einem gewissen Verlust, bedingt durch den Wirkungsgrad der Kraftübertragung).

Ist das Fahrzeug in Bewegung gekommen, nimmt die Fahrgeschwindigkeit beim Beschleunigen zu. Ist die Nenndrehzahl des Motors erreicht, muß die Übersetzung gewechselt werden, um das Fahrzeug weiter beschleunigen zu können.

Als ideal ist ein Getriebe anzusehen, das unendlich viele Übersetzungen hat, also stufenlos arbeitet, so daß bei jedem Fahrvorhaben das benötigte günstige Antriebsmoment an den Antriebsrädern zur Verfügung steht.

Nahezu erreicht wird dies durch automatische Getriebe, bei denen die Sprünge zwischen den einzelnen Gängen durch einen hydrodynamischen Drehmomentwandler überbrückt werden.

Viele Fahrzeuge der mittleren und oberen Preisklasse werden auf Wunsch mit Teil- oder Vollautomatikgetrieben geliefert.

Die meisten Fahrzeuge sind – nicht zuletzt aus Preisgründen – mit Zahnradwechselgetrieben, ausgeführt als Stufengetriebe, ausgerüstet.

Motoren mit einem über einen größeren Drehzahlbereich annähernd gleichen Drehmoment (elastische Motoren) können mit Vierganggetrieben auskommen. Motoren höherer Leistung, bei denen der Drehzahlbereich des größten Drehmoments eng begrenzt ist, machen bei Personenkraftwagen Fünf- und bei Nutzfahrzeugen bis zu Sechzehnganggetriebe erforderlich, um die Leistung des Motors bei gleichzeitig geringstem Kraftstoffverbrauch ausnützen zu können (siehe hierzu auch Abschnitt 5.2.5). Außerdem muß das Getriebe das Rückwärtsfahren ermöglichen.

Getriebebauarten
Am Kraftfahrzeug werden unterschieden:

❐ gleichachsige Getriebe und
❐ ungleichachsige Getriebe.

Sie können ausgeführt sein als:

❐ Schieberadgetriebe (veraltet),
❐ Allklauengetriebe (Aphongetriebe),
❐ Synchrongetriebe oder Automatikgetriebe.

Automatikgetriebe sind immer gleichachsige Getriebe.

5.2.1   Gleichachsige Getriebe

Antrieb und Abtrieb liegen in der gleichen Achse (Mittellinie; Bild 5.25). Die *Ausgangsdrehrichtung* des Getriebes ist *gleich* der *Eingangsdrehrichtung.* Das Getriebe hat *drei* Wellen:

❐ Antriebswelle (1),
❐ Vorgelege- oder Getriebenebenwelle (4) und
❐ Getriebehauptwelle (16).

Der Rückwärtsgang wird durch ein verschiebbares Rücklaufrad (14) geschaltet.
In allen Vorwärtsgängen, außer dem Direktgang, erfolgt der Kraftfluß über *zwei Zahnradstufen* = vier Zahnräder. (Mit Zahnradstufe bezeichnet man zwei in Eingriff befindliche Zahnräder.)

Alle *Schaltvorgänge* für die *Vorwärtsgänge* erfolgen stets auf der Getriebehauptwelle.

Der Kraftfluß in den einzelnen Gängen ist aus dem Kraftflußschema, unter dem Getriebe abgebildet, ersichtlich.

Im Bild ist der 3. Gang eingelegt. Der Kraftfluß erfolgt von der Antriebswelle (1) über deren Zahnrad (2) und das Zahnrad (3) auf die Vorgelegewelle (4), von dieser über das Festrad (9) auf das Gang- oder Losrad (10), das durch seine Mitnehmerverzahnung über die Schaltmuffe (12) und deren Nabe, den Synchronkörper, mit der Getriebehauptwelle (16) drehfest verbunden ist. In allen Vorwärtsgängen außer dem 4., dem direkten Gang, erfolgt der Kraftfluß zunächst über die Zahnradstufe, gebildet aus den Zahnrädern (2 und 3), auf die Vorgelegewelle (4). Man bezeichnet diese Zahnradstufe daher auch als *Zahnradkonstante.* Im 4. Gang, dem *direkten Gang,* erfolgt der

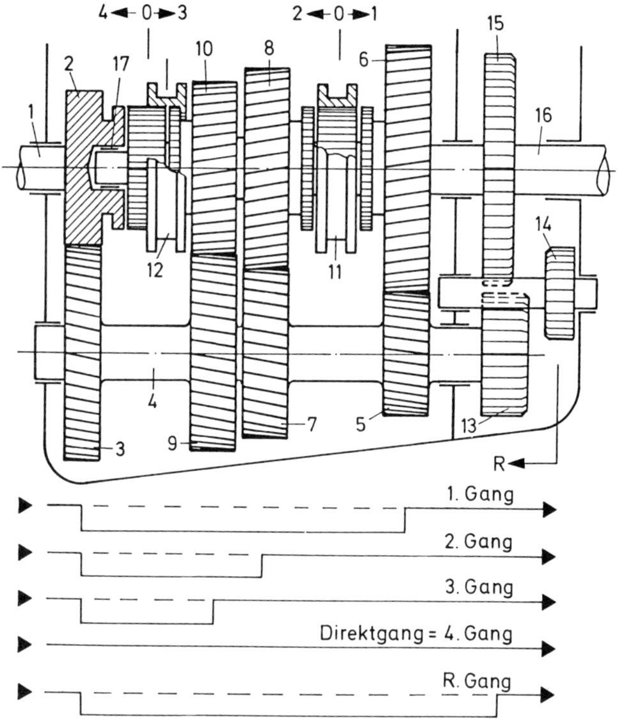

Bild 5.25 Aufbau und Wirkungsweise eines gleichachsigen Vierganggetriebes (Direktgetriebe)
1 Antriebswelle mit Abtriebszahnrad; 2, 3 Antriebsrad der Vorlegewelle; 4, 5 bis 6 Zahnradstufe für 1. Gang; 7, 8 Zahnradstufe für 2. Gang; 9, 10 Zahnradstufe für 3. Gang; 11 Schaltmuffe für 1. und 2. Gang; 12 Schaltmuffe für 3. und 4. Gang; 13 Antriebsrad für Rückwärtsgang; 14 verschiebbares Rücklaufrad; 15 Festrad für Rückwärtsgang; 16 Getriebehauptwelle; 17 Nadellager zur Lagerung der Getriebehauptwelle in der Antriebswelle.
Die Räder 6, 8 und 10 sind die Gang- oder Losräder, die – meist in Nadellagern – auf der Getriebehauptwelle lose (frei drehbar) gelagert sind. Beim Schalten werden sie formschlüssig (drehfest) mit der Getriebehauptwelle verbunden. Festräder sind die Räder, die mit der zugehörigen Welle unlösbar verbunden sind: die Räder 2, 3, 5, 7, 9, 13 und 15.

Bild 5.26 Kraftfluß im direkten Gang. Der Kraftfluß erfolgt von der Antriebswelle (1), deren Festrad (2) über dessen Mitnehmerverzahnung (M) auf die Schaltmuffe (12); von dieser über deren Nabe, den Synchronkörper (S), direkt auf die Getriebehauptwelle (16).

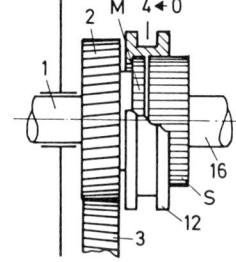

Kraftfluß von der Antriebswelle (1) *direkt* auf die Getriebehauptwelle (16). In Bild 5.26 ist der Kraftfluß im direkten Gang deutlich dargestellt. Bei laufendem Motor und nicht betätigter Kupplung drehen sich sämtliche Zahnräder des Getriebes, außer dem verschiebbaren Rücklaufrad und dem Festrad (15), auch im Leerlauf des Getriebes.

Gleichachsiges Fünfganggetriebe
Zwei Arten werden unterschieden:

Fünfgang-Direktgetriebe: Der 5. Gang ist der direkte Gang. Bild 5.27 zeigt das Fünfgang-Direktgetriebe des Porsche 928 schematisch. (Das Rücklaufrad ist nicht gezeichnet.) Den Kraftfluß in den einzelnen Gängen vermittelt das Kraftflußschema unter dem Getriebebild.

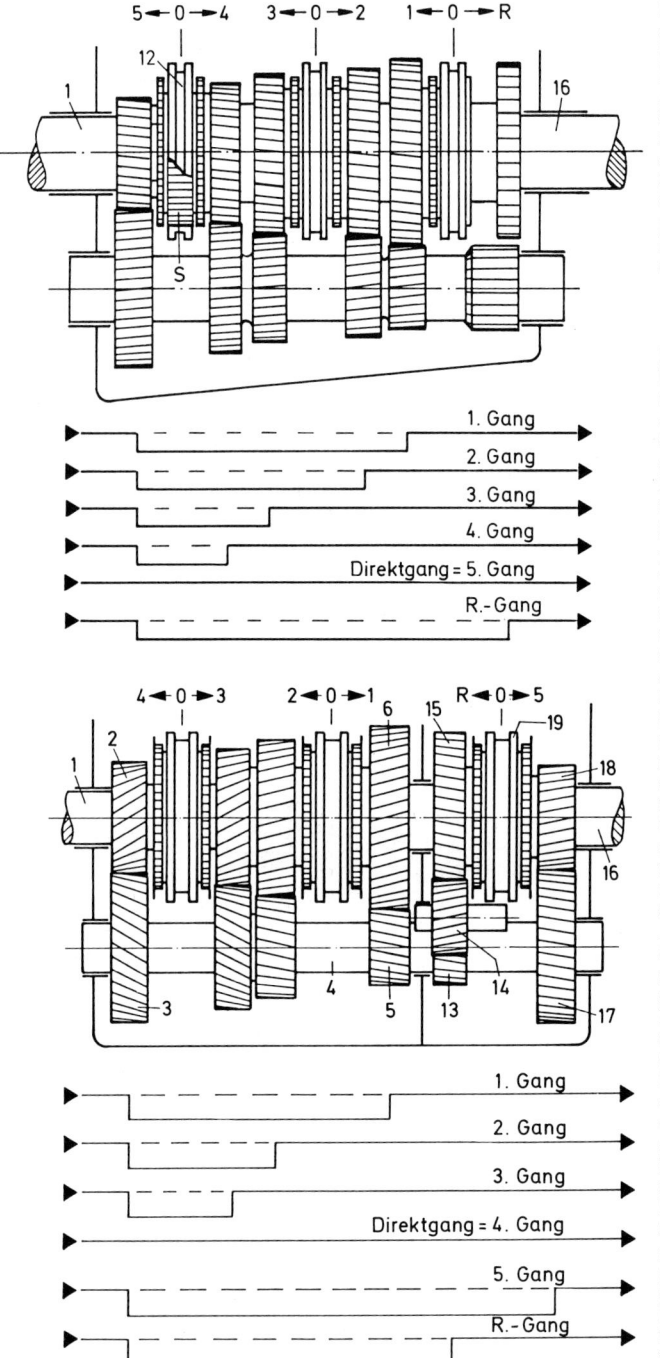

5 ← 0 → 4   3 ← 0 → 2   1 ← 0 → R

Bild 5.27 Fünfgang-Direktgetriebe. Der 5. Gang ist der direkte Gang. Der Kraftfluß erfolgt von der Antriebswelle (1) über die Schaltmuffe (12), die dann nach links geschoben sein muß, über den Synchronkörper (S) direkt auf die Getriebehauptwelle (16). (Das verschiebbare Rücklaufrad ist im Bild nicht dargestellt.)

1. Gang
2. Gang
3. Gang
4. Gang
Direktgang = 5. Gang
R.-Gang

Bild 5.28 Gleichachsiges Fünfganggetriebe. Im Gegensatz zum Getriebe aus Bild 5.26 ist der 4. Gang der direkte Gang. (s. auch Kraftfluß in Bild 5.25) Der 5. Gang ist eine Übersetzung ins Schnelle. Dabei geht der Kraftfluß von der Antriebswelle (1) über die Zahnräder (2 und 3) auf die Vorgelegewelle (4), die etwas langsamer läuft als die Antriebswelle, und von der Vorgelegewelle über deren Festrad (17) auf das Losrad (18); über die Schaltmuffe (19), die dann nach rechts geschoben sein muß, und deren Synchronkörper (im Bild nicht sichtbar) auf die Getriebehauptwelle (16). Die Zähnezahlen der Räder (17) und (18) sind so bemessen, daß die Hauptwelle (16) schneller läuft als die Antriebswelle. Den Kraftfluß in den einzelnen Gängen zeigt das Kraftflußschema unter dem Getriebebild, es entspricht bis auf den Rückwärtsgang dem des Vierganggetriebes aus Bild 5.25. Die Räder für den Rückwärtsgang (13, 14 und 15) sind in Dauereingriff, sie laufen ständig mit. Sie sind deshalb schrägverzahnt. Zum Schalten des Rückwärtsgangs wird die Schaltmuffe (19) nach links geschoben. Sie verbindet dann das Losrad (15) über ihren Synchronkörper (im Bild nicht sichtbar) drehfest mit der Getriebehauptwelle (16).

4 ← 0 → 3   2 ← 0 → 1   R ← 0 → 5

1. Gang
2. Gang
3. Gang
Direktgang = 4. Gang
5. Gang
R.-Gang

Fünfganggetriebe, bei dem der 4. Gang der direkte, der 5. Gang eine Übersetzung etwas ins Schnelle ist. Die Ausgangsdrehzahl ist im 5. Gang höher als die Eingangsdrehzahl (Bild 5.28).

Die Getriebe der Bilder 5.25, 5.27 und 5.28 stellen sowohl Allklauen- als auch Synchrongetriebe dar. (Die Synchronisierung ist der besseren Übersicht halber nicht gezeichnet.) Beide Getriebearten werden auch als *Aphongetriebe* – besonders leise laufend – bezeichnet. Merkmale: Alle Zahnradstufen, ausgenommen der Rückwärtsgang, sind in Dauereingriff. Sämtliche Zahnradstufen der Vorwärtsgänge sind im Interesse geringster Geräuschentwicklung schrägverzahnt. *Allklauengetriebe* bedeutet: Alle Vorwärtsgänge werden durch Verschieben von Klauenmuffen = Schaltmuffen geschaltet.

5.2.2 Ungleichachsige Getriebe

Antrieb und Abtrieb liegen *nicht* in der gleichen Achse (Mittellinie) (Bild 5.29). Die Ausgangsdrehrichtung ist *entgegengesetzt* der Eingangsdrehrichtung. Das Getriebe hat *zwei* Wellen: 1. Antriebswelle (1), 2. Abtriebswelle (2), auch Triebling genannt.

Die Schaltvorgänge finden auf der Antriebswelle, der Abtriebswelle oder auf beiden Wellen statt. Im ungleichachsigen Getriebe gibt es keinen Direktgang. Der große Gang ist immer eine Übersetzung etwas ins Schnelle (Bild 5.30).

Bild 5.29 Ungleichachsiges Getriebe. In allen Gängen erfolgt der Kraftfluß über nur eine Zahnradstufe (siehe Kraftflußschema unter dem Getriebebild).
1 Antriebswelle
2 Abtriebswelle
3, 4 Zahnradstufe für 4. Gang
5, 6 Zahnradstufe für 3. Gang
7, 8 Zahnradstufe für 2. Gang
9, 10 Zahnradstufe für 1. Gang
11 Schaltmuffe für 1. und 2. Gang
12 Schaltmuffe für 3. und 4. Gang
16, 17 Zahnradstufe für den Achsantrieb Zahnrad (17) ist mit dem Differential verschraubt. Um das Schalten des Rückwärtsganges zu erleichtern, sind die zugehörigen Räder (13, 14 und 15) angefast. Das Rad (13) ist breiter als die Verzahnung (15) der Schaltmuffe (11). Somit spurt das Schieberad (14) beim Schalten des Rückwärtsgangs zunächst nur in Rad (13) ein, erst beim Weiterschieben auch in die Verzahnung (15). Dies gilt grundsätzlich für alle Getriebe, bei denen der Rückwärtsgang durch ein verschiebbares Rücklaufrad geschaltet wird.

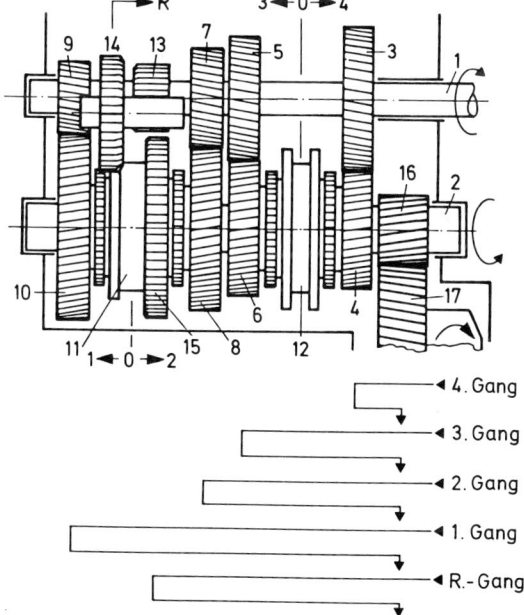

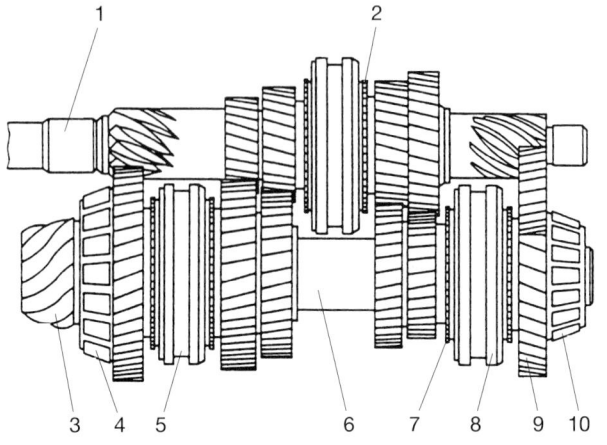

Bild 5.30   Ungleichachsiges
Fünfganggetriebe
  1 Antriebswelle
  2 Schaltmuffe 3. und 4. Gang
  3 Triebling
  4 Schrägrollenlager
  5 Schaltmuffe 1. und 2. Gang
  6 Abtriebswelle
  7 Schaltverzahnung
  8 Schaltmuffe 5. und R.-Gang
  9 Rückwärtsgangrad
10 Schrägrollenlager

5.2.3   Schieberadgetriebe

Das Schalten durch Verschieben von Zahnrädern wird nur noch für den Rückwärtsgang angewendet. Im *Rückwärtsgang* wird die Ausgangs*drehrichtung geändert*. Um dies zu erreichen, geht der Kraftfluß von der Vorgelegewelle *nicht* gleich auf die Getriebehauptwelle wie in den Vorwärtsgängen, sondern zunächst auf ein Zwischenrad – das Rücklaufrad – und von diesem auf die Getriebehauptwelle. Bild 5.31 (links) zeigt die Anordnung der Zahnräder im Rückwärtsgang, im rechten Bild der 1. Gang zum Vergleich. Der *Schaltvorgang* ist in den Bildtexten der Bilder 5.28 und 5.29 beschrieben.

Bild 5.31   Rückwärtsgang im Wechselgetriebe
Linkes Bild: Der Kraftfluß geht von der Vorgelegewelle (4) über deren Festrad (13) zunächst auf das Rücklaufrad (14), von diesem auf das Zahnrad (15), das drehfest mit der Getriebehauptwelle (16) verbunden ist.
Rechtes Bild: 1. Gang zum Vergleich: Der Kraftfluß geht von der Vorgelegewelle (4) über deren Festrad (5) ohne Zwischenrad auf das Zahnrad (6) der Getriebehauptwelle. Die Zahlenbezeichnungen stimmen überein mit den Bildern 5.25 und 5.28. Für Bild 5.29 (ungleichachsiges Getriebe) gelten die Zahlen in Klammern.

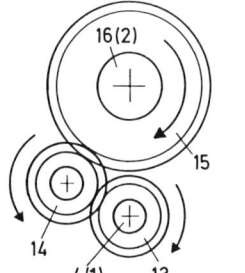
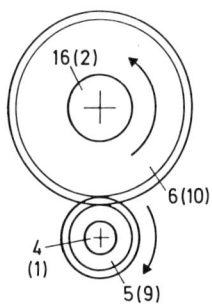

5.2.4   Allklauengetriebe

Wirkungsweise: Beim Schalten müssen Gang- oder Losrad und die dazugehörige Schaltmuffe vor der formschlüssigen (drehfesten) Verbindung miteinander auf gleiche Drehzahl gebracht werden, damit die Mitnehmerverzahnungen geräuschlos miteinander in Eingriff gebracht werden können. Beim Hinaufschalten muß das Losrad durch Zwischenkuppeln abgebremst, beim Zurückschalten durch Zwischengasgeben beschleunigt werden.

Wie die Bilder 5.25, 5.27 und 5.28 zeigen, wird jede Schaltmuffe zum Schalten von zwei Vorwärtsgängen ausgenutzt, wodurch sich für die Lage bei vier Vorwärtsgängen als Schaltschema ein H ergibt. Die 3. Schaltmuffe im Fünfganggetriebe kann zum Schalten eines Vorwärts- und des Rückwärtsganges ausgenutzt werden. Die Schaltung und Lage des Rückwärtsganges sind bei den verschiedenen Fabrikaten unterschiedlich.

5.2.5 Zähnezahlen und Übersetzungen

Die *Zähnezahlen* der beiden Zahnräder einer Zahnradstufe werden vom Getriebehersteller so gewählt, daß ihr Verhältnis zueinander *nicht ganzzahlig* ist.

Beispiel
Treibendes Rad = 17 Zähne, getriebenes Rad = 35 Zähne, 35 : 17 = **2,06.**
Nicht: Treibendes Rad = 17 Zähne, getriebenes Rad = 34 Zähne, denn 34 : 17 = 2 (eine ganze Zahl).
Das Rad mit 35 Zähnen dreht sich 17mal, das mit 17 Zähnen 35mal, bis wieder die beiden gleichen Zähne miteinander in Eingriff kommen.
Dies gilt vor allem auch für den Achsantrieb: Teller- und Kegelrad.

Beispiele
12/49, *nicht* 12/48. Oder: 9/35, *nicht* 9/36.

Durch dieses «krumme» Verhältnis der Zähnezahlen zueinander erreicht man, daß jeder Zahn des einen Rades auch mit jedem Zahn des Gegenrades zum Eingriff kommt. Hierdurch berühren sich nicht bei jeder Umdrehung dieselben Punkte der Zahnflanken. Verschleißriefen arbeiten sich nicht gegenseitig ein, wodurch eine gleichmäßigere Abnutzung erreicht wird.
Die *Gesamtübersetzungen* liegen bei Personenkraftwagen im kleinsten, dem 1. Gang, zwischen 12 und 16 (früher sagte man 12 : 1 und 16 : 1), im größten Gang, dem 4. oder 5. Gang, zwischen 3 und 4 (3:1 und 4:1). *Gesamtübersetzung* ist das Drehzahlverhältnis zwischen der Kurbelwelle des Motors und den Antriebsrädern.
Die Gesamtübersetzung ergibt sich aus der Getriebeübersetzung, multipliziert mit der Übersetzung des Achsantriebes, z.B. Kegel- und Tellerrad. Gesamtübersetzung 13,0 bedeutet: Die Motorkurbelwelle muß **13** Umdrehungen machen, damit die Antriebsräder eine Umdrehung machen.
Personenkraftwagen werden immer mehr mit *Fünfganggetrieben* ausgerüstet. Dabei muß man *drei Arten* unterscheiden:

1. Art: Man unterteilt den Bereich zwischen kleinstem und größtem Gang anstatt in vier in fünf Gänge. Der Vorteil ist eine feinere Abstufung des Getriebes, die Sprünge zwischen den einzelnen Gängen sind kleiner, wodurch man den Motor besser als bei nur vier Gängen immer im günstigsten Drehzahlbereich halten kann. Ein solches Getriebe ergibt bei richtigem Schalten zur rechten Zeit sehr günstige Beschleunigungswerte. Die erzielbare *Höchstgeschwindigkeit* ändert sich gegenüber dem Vierganggetriebe hingegen *nicht*.

2. Art: Man verschiebt die fünf Gänge etwas nach oben – unter Beibehaltung der Übersetzung des 1. Ganges. Dadurch ist dann zusätzlich zur feineren Abstufung des Getriebes auch etwas größere Höchstgeschwindigkeit zu erreichen.

Tabelle 5.1

Vierganggetriebe			Fünfganggetriebe		
Gang	Gesamt-übersetzung	Geschwindig-keit km/h	Gang	Gesamt-übersetzung	Geschwindig-keit km/h
R	12,33	47	R	12,33	47
1.	13,45	44	1.	13,45	44
2.	7,55	78	2.	8,25	71
3.	5,02	117	3.	5,63	105
4.	3,77	156	4.	4,4	134
			5.	3,55	166

Das Fünfgang-Sportgetriebe von VW für den Golf ist derartig ausgelegt. In Tabelle 5.1 sind die *Gesamtübersetzungen* der Vier- und Fünfganggetriebe gegenübergestellt. Vorausgesetzt werden für beide Getriebeausführungen die gleiche Motordrehzahl, 5600 min^{-1}, und für beide Fahrzeuge die gleiche Bereifung. Die Tabelle zeigt deutlich die dichter beieinanderliegenden Gänge des Fünfganggetriebes und die nur um 10 km/h größere Höchstgeschwindigkeit. Die Übersetzungen im 1. und im Rückwärtsgang sind bei beiden Getrieben gleich.

3. Art: Man behält die Übersetzungen des 1. bis 4. Ganges bei und setzt den 5. Gang oben drauf. Der 5. Gang ist dann als recht langer Gang ein reiner Schnell-, Schon- oder Spargang. Nach Erreichen der gewünschten Fahrgeschwindigkeit im 4. Gang wird in den 5. Gang geschaltet. Die Fahrgeschwindigkeit wird beibehalten bei gleichzeitig geringerer Motordrehzahl.

In Tabelle 5.2 sind die *Getriebeübersetzungen* eines Vier- und Fünfganggetriebes des Audi 100 gegenübergestellt.

Tabelle 5.2

Vierganggetriebe		Fünfganggetriebe	
Gang	Getriebe-übersetzung	Gang	Getriebe-übersetzung
1.	3,6	1.	3,6
2.	1,94	2.	1,94
3.	1,23	3.	1,23
4.	0,90	4.	0,90
		5.	0,68

5.2.6   Synchrongetriebe

Unter Synchrongetrieben versteht die Technik Getriebe, bei denen die formschlüssig miteinander zu verbindenden Teile (Gang- oder Losrad und Schaltmuffe genannt) vorher auf Gleichlauf (gleiche Drehzahl) gebracht werden (synchron = gleichlaufend).

Außer bei der Porsche-Synchronisierung erfolgt das «Auf-Gleichlauf-Bringen» durch konische Synchronringe, die beim Betätigen des Schalthebels auf einen passenden Gegenkonus des Kupplungskörpers des Gangrades aufgeschoben werden und durch Reibung das Gangrad abbremsen (Hinaufschalten) bzw. beschleunigen (Zurückschalten). Heutige Synchrongetriebe sind als Sperrsynchrongetriebe (Bild 5.32) ausgelegt, d.h., daß das Schalten eines Ganges erst möglich wird, wenn das Gangrad des betreffenden Ganges und die dazugehörende Schaltmuffe auf Gleichlauf gebracht worden sind.

Man unterscheidet:

❐ Sperrsynchronisation mit Sperrzahnring,
❐ Doppelsynchronisation,
❐ Außensynchronisation,
❐ Sperrsynchronisation nach Porsche mit servogesteuerter Anpreßkraft.

Sperrsynchronisation mit Sperrzahnring

Arbeitsweise (Bild 5.33): Die Schaltmuffe (1), die auf dem Synchronkörper (2) drehfest, aber axial verschiebbar angeordnet ist, wird beim Schaltvorgang aus der Mittelstellung (Leerlaufstellung) in Richtung auf die Mitnehmerverzahnung (Z) des Gangrades (6) verschoben. Dabei werden die drei Sperrstücke (3), die mit ihrem Höcker von den Sperr- oder Ringfedern (4) in die Ringnut (R) der Schaltmuffe (1) gedrückt werden, mitgenommen. Die Stirnflächen der Sperrstücke drücken

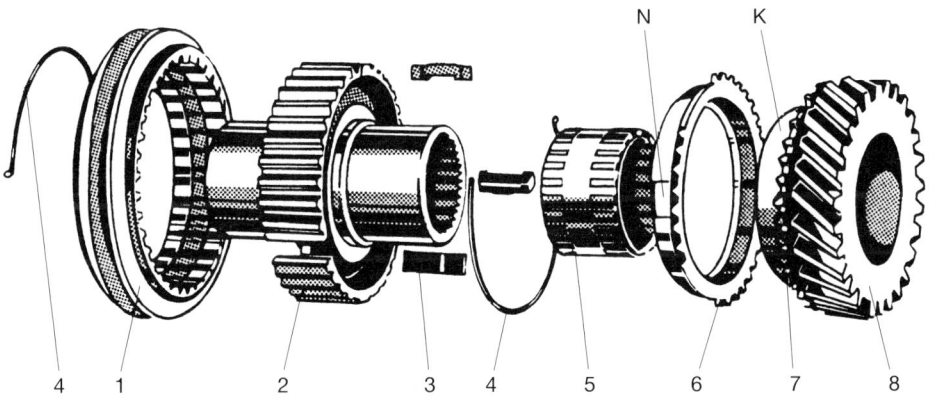

Bild 5.32   Einzelteile einer Sperrsynchronisation

1 Schaltmuffe
2 Synchronkörper (Nabe)
3 Sperrstücke
4 Sperr- oder Ringfeder
5 Nadellager
6 Synchronring mit Sperrverzahnung
7 Schaltverzahnung
8 Gangrad
N Nute
K Konus (Reibkegel)

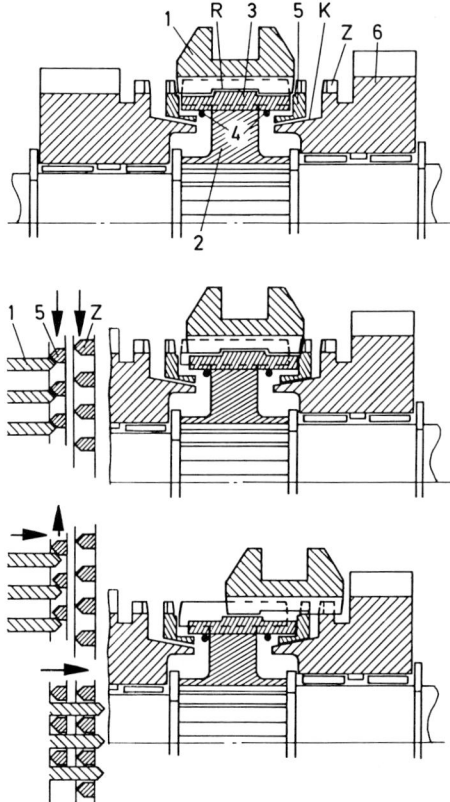

Bild 5.33 Aufbau und Wirkungsweise der Sperrsynchronisierung mit Sperrzahnring
Oberes Bild: Leerlaufstellung; Schaltmuffe (1)
steht in Mittelstellung

Mittleres Bild: Die Schaltmuffe (1) ist nach rechts
geschoben und hat über die Sperrstücke (3) den
Synchronring (5) auf den Reibkegel (K) des
Gangrades (6) aufgeschoben. Synchronring (5)
ist bis zum Anschlag verdreht: Die Sperreinrich-
tung ist wirksam geworden. Die Sperrverzahnung
(5) verhindert das Weiterschieben der Schaltmuffe (1).

Unteres Bild: Durch Reibung zwischen Synchronring (5) und Reibkegel (K) ist Drehzahlgleichheit zwischen Synchronkörper (2) und
Gangrad (6) hergestellt: Schaltmuffe (1) läßt sich
weiterschieben, dreht den Synchronring (5) in
Mittelstellung zurück (Pfeile im oberen linken
Bild) und greift schließlich in die Mitnehmerverzahnung (Z) ein: Der Gang ist eingelegt.

den Synchronring (5) auf den Reibkegel (K) des Gangrades (6). Durch den Drehzahlunterschied
zwischen Gangrad und Synchronkörper entsteht ein Bremsmoment, das eine Verdrehung in der
Nut (N) des Synchronrings bewirkt (Nut N siehe Bild 5.32).

Durch die Verdrehung werden die angeschrägten Zähne der Sperrverzahnung (5) gegen die
angeschrägten Zähne der Schaltmuffe (1) gepreßt und ein Weiterschieben verhindert: Die *Sperr-
einrichtung ist wirksam* geworden (mittleres Bild).

Nachdem die Sperrstücke (3) mit ihrem Höcker aus der Ringnut (R) gegen die Kraft der Ringfedern (4) herausgedrückt sind (im mittleren Bild nicht dargestellt), erfolgt nun der Anpreßdruck
direkt mit den angeschrägten Zahnflanken der Schaltmuffe (1) gegen die angeschrägten Zahnflanken der Sperrverzahnung des Synchronrings (5). Hierdurch wird ein starkes Bremsmoment
zwischen dem Konus des Synchronrings (5) und dem Reibkegel (K) des Gangrades (6) erzeugt.
Ist durch diese Bremswirkung Drehzahlgleichheit – Gleichlauf – zwischen Gangrad (6) und Synchronkörper (2) erreicht, hört das Bremsmoment und damit die Kraft an den Zahnflanken der
Sperrverzahnung (5) auf. Die Schaltmuffe (1) läßt sich weiterschieben, dreht den Synchronring (5)
in Mittelstellung zurück und greift schließlich in die Mitnehmerverzahnung (Z) des Gangrades (6)
ein. Die drehfeste Verbindung zwischen Gangrad (6) und der Getriebewelle ist über Schaltmuffe
(1) und Synchronkörper (2) hergestellt. Der Gang ist eingelegt (unteres Bild).

Prüfen des Synchronrings

Nach der Reinigung wird zunächst eine Sichtprüfung durchgeführt. Sie umfaßt die Kontrolle der Sperrverzahnung, das Feststellen von eventuellen Freßspuren, die Überprüfung der Nuten, wo die Sperrstücke eingreifen, und des Zustandes der Reibfläche.

Verschleißmessung (Bild 5.34)

Den Synchronring auf den Reibkegel des Gangrades auflegen und leicht andrücken. Jetzt den Abstand zwischen der Klauenverzahnung des Gangrades und der Stirnfläche des Synchronrings mit einer Blattlehre messen. Das Mindestmaß wird vom Hersteller vorgegeben. Wird es erreicht oder unterschritten, so ist der Synchronring verschlissen.

Bild 5.34   Verschleißmessung am Synchronring

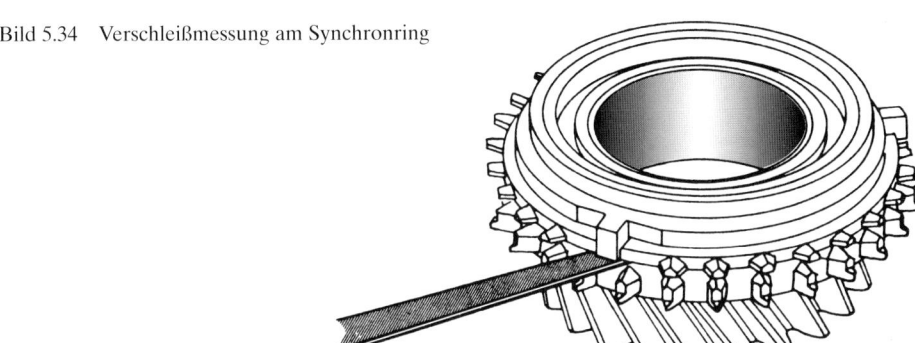

Doppelsynchronisation

Eine weitere moderne Form der Synchronisation ist die Doppelsynchronisation, wie sie VW verwendet (Bild 5.35).

Wie aus dem Bild ersichtlich ist, werden zwei Synchronringe, zwischen denen sich ein Außenring befindet, verbaut. Der Außenring greift mit Führungen in Aussparungen des Gangrades ein

Bild 5.35   Doppelsynchronisation (VW)
1 Gangrad
2 innerer Synchronring
3 Außenring
4 äußerer Synchronring
5 Synchronkörper mit Schaltmuffe

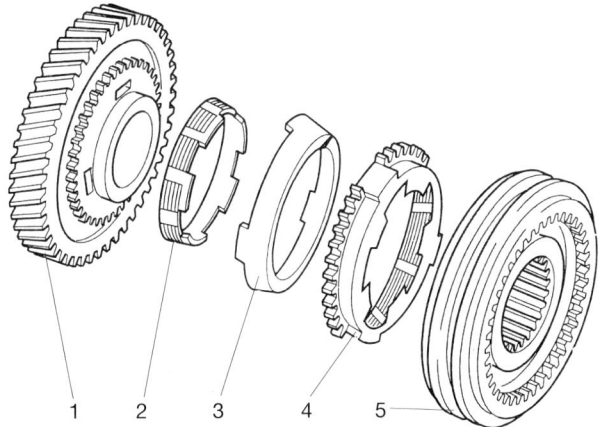

1   2   3   4   5

und ist drehfest, aber axial verschiebbar mit diesem verbunden. Der innere Synchronring greift mit Führungen in Nuten des Außensynchronrings ein, ist ebenfalls axial verschiebbar und läuft mit gleicher Drehzahl wie dieser und die Schaltmuffe. Beim Schalten wird der Außensynchronring von den Sperrstücken, die von der Schaltmuffe mitgenommen werden, in Richtung Gangrad geschoben. Dabei läuft er auf den Außenring auf und verschiebt diesen axial. Der Außenring wiederum läuft auf den inneren Synchronring auf. Dadurch ergibt sich annähernd die doppelte Reibfläche, was zu einem schnelleren Synchronisieren und einem Herabsetzen der Schaltkräfte führt.

Außensynchronisation (Mercedes): Eine weitere Variante der Sperrsynchronisierung ist die Außensynchronisation (Bauteile s. Bild 5.36).

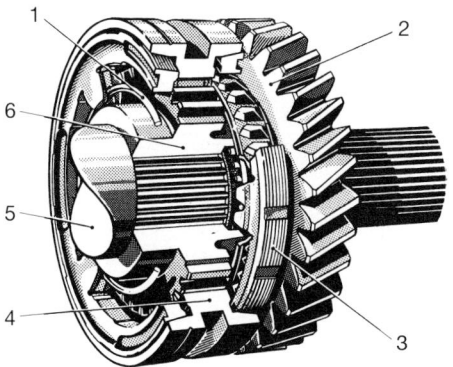

Bild 5.36   Außensynchronisation (Mercedes)
1   Sperrfederring
2   Gangrad
3   Synchronring
4   Schaltmuffe
5   Getriebewelle
6   Synchronkörper

Funktion: Die Schaltmuffe ist drehfest, aber axial verschiebbar mit dem Synchronkörper verbunden. Der Synchronring mit innenliegenden Führungen greift in Nuten des Gangrades ein und wird durch eine Ringfeder im Gangrad gehalten. Abgesehen von den definierten Nutenbreiten, die eine geringe Verdrehung des Synchronrings gegenüber dem Gangrad zulassen, ist er drehfest, aber axial verschiebbar mit dem Gangrad verbunden. Der Synchronring ist vom Innendurchmesser her so bemessen, daß er sich über die Schaltverzahnung des Gangrades schieben läßt. Beim Schalten läuft die Schaltmuffe mit ihrer Reibfläche auf die außenliegende Reibfläche des Synchronrings auf. Durch den Drehzahlunterschied zwischen Gangrad und Schaltmuffe wird der Synchronring entsprechend der Nutenbreite verdreht (Sperrstellung). Bei erreichtem Gleichlauf wird der Synchronring durch den Druck der Schaltmuffe geringfügig zurückgedreht und gibt den Weg für die Schaltmuffe frei. Diese kann jetzt mit ihrer innenliegenden Verzahnung in die Schaltverzahnung des Gangrades geschoben werden. Dabei wird der Synchronring in axialer Richtung gegen den Federdruck der Ringfeder mitgenommen. Wird der Gang herausgenommen, drückt die Ringfeder den Synchronring in seine Ausgangsstellung zurück. Bedingt durch den größeren Durchmesser und der außenliegenden Reibfläche des Synchronrings ist ein schnelles Synchronisieren mit geringen Schaltkräften möglich.

Sperrsynchronisierung (nach Porsche): Die Besonderheiten dieser Synchronisierung gegenüber der Sperrzahnsynchronisierung sind:

☐ Der Synchronring ist ein geschlitzter federnder Stahlring ohne Sperrverzahnung.
☐ Das «Auf-Gleichlauf-Bringen» von Schaltmuffe und Gangrad erfolgt durch Reibung zwischen den Zähnen der Schaltmuffe und der äußeren Fläche des Synchronrings.

Die Reibung zwischen Synchronring und Schaltmuffe wird je nach Drehzahlunterschied und Schaltgeschwindigkeit durch die innerhalb des Synchronrings befindlichen Sperrteile verstärkt. Die Einzelteile und deren Anordnung zeigt Bild 5.37. Zum besseren Verständnis der Schaltvorgänge wird zuerst das Schalten bei stillstehenden Zahnrädern erklärt.

Die Schaltmuffe (2) wird aus der Mittellage (Leerlaufstellung) auf der Führungsmuffe (1) verschoben, bis ihre Verzahnung in die Mitnehmerverzahnung des Kupplungskörpers (8) am Gangrad (9) eingreift. Dabei wird der federnde Synchronring (4) bis auf den Innendurchmesser der Schaltmuffe zusammengedrückt. Bei diesem Schaltvorgang ist lediglich die federnde Kraft des Synchronrings zu überwinden (Bild 5.38).

Beim Schalten während der Fahrt sind die Verhältnisse ganz anders. Die Synchronisierung muß durch ihr Reibmoment den Drehzahlunterschied zwischen der Getriebewelle und dem Gangrad ausgleichen und die drehfeste Verbindung zwischen Schaltmuffe und Gangrad so lange sperren, bis Gleichlauf hergestellt ist.

Beim Schalten wird über Schaltstange und Schaltgabel die Schaltmuffe zum Gangrad hin verschoben. Dabei entsteht zwischen der Schaltmuffe und dem Synchronring eine Reibung, die das Gangrad beim *Hochschalten abbremst* und beim *Zurückschalten beschleunigt.*

Durch die Reibung verdreht sich der Synchronring (4), und eines seiner beiden Enden stützt sich dabei am Stein (5) ab. Dieser drückt das Sperrband (6) an den Innendurchmesser des Synchronrings (4), wobei der Anschlag (7) als Abstützung dient. Er bewegt sich durch die Anschrägung seines Höckers in der Nut des Kupplungskörpers (8) nach außen, wobei sowohl vom Anschlag (7) als auch über das Sperrband (6) radial wirkende Kräfte den Synchronring (4) aufdrücken wollen. Hierdurch verstärkt sich die Reibung zwischen Schaltmuffe und Synchronring, wodurch sich die Schaltmuffe nicht weiterschieben läßt (Bilder 5.39 und 5.40).

Bild 5.37 Schnitt durch die Porsche-Synchronisierung mit den beiden zugeordneten Zahnrädern (9), die durch das Verschieben der Schaltmuffe (2) nach links oder rechts wahlweise über die Führungsmuffe (1) mit der Getriebewelle (10) drehfest verbunden werden können. Der Kupplungskörper (8) ist fest mit dem Zahnrad (9) verbunden (aufgepreßt). Am Kupplungskörper (8) sind der Synchronring (4), der Stein (5), die beiden Sperrbänder (6) und der Anschlag (7) angebracht. Gehalten werden sie von den geschliffenen Seitenflächen der Führungsmuffe (1). Zwischen den beiden auf der Getriebewelle nadelgelagerten Zahnrädern (9) befindet sich die Schaltmuffe (2), die zwar axial verschiebbar, aber mit der Getriebewelle (10) über die Führungsmuffe (1) drehfest verbunden ist.

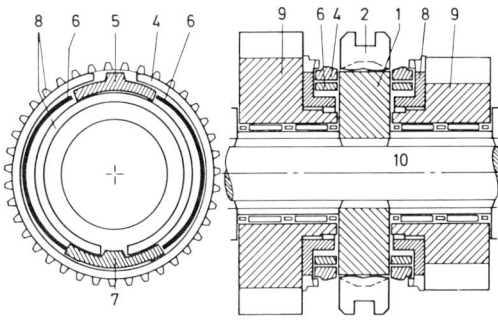

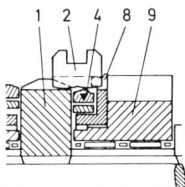

Bild 5.38 Schaltvorgang bei stillstehenden Zahnrädern. Schaltmuffe (2) ist auf der Führungsmuffe (1) verschoben, bis sie in die Mitnehmerverzahnung (8) eingreift. Der federnde Synchronring (4) wird dabei zusammengedrückt (Pfeil).

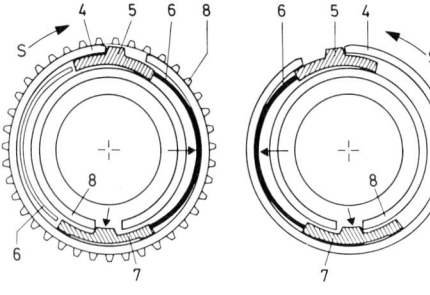

Bild 5.39 Wirkung des Sperrsystems der Porsche-Synchronisierung
Rechtes Bild: Hochschalten, linkes Bild: Zurückschalten
Die Pfeile (S) zeigen die Drehrichtung des Synchronrings (4). Synchronring (4) wird durch die Reibung der Schaltmuffe (Schaltmuffe im Bild nicht dargestellt) gegen den Stein (5) gedrückt. Dieser drückt das Sperrband (6) gegen den Anschlag (7), der in der Nut des Kupplungskörpers (8) anschlägt und den Synchronring (Pfeil) nach außen drücken will. Sperrband (6) will ebenfalls den Synchronring (Pfeil) nach außen drücken.
Im rechten Bild sind, der besseren Übersicht halber, das wirkungslose zweite Sperrband und die Mitnehmerverzahnung des Kupplungskörpers (8) nicht dargestellt. Im linken Bild sind die Teile zu sehen. Das wirksame Sperrband (6) ist voll, das nicht wirksame liniert dargestellt.

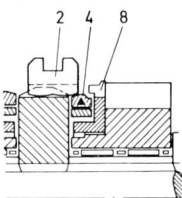

Bild 5.40 Synchronisiervorgang bei der Porsche-Synchronisierung. Der Synchronring (4) wird durch das Sperrsystem nach Bild 5.38 aufgedrückt (Pfeil). Das Weiterschieben der Schaltmuffe (2) ist gesperrt.

Bei Gleichlauf entspannt sich das Sperrsystem und setzt dem Zusammendrücken des Synchronrings keinen Widerstand mehr entgegen. Die Schaltmuffe läßt sich nun mit geringer Kraft über den Synchronring hinwegschieben, bis sie in die Mitnehmerverzahnung des Gangrads eingreift. Dieser letzte Vorgang entspricht dem Schalten bei stillstehenden Zahnrädern (Bild 5.38).

5.2.7 Schaltsperre und Schaltarretierung

Damit nicht gleichzeitig zwei Gänge geschaltet werden können, was ein Blockieren des Getriebes zur Folge hätte, sind zwischen den Schaltstangen Schaltsperren und Gangarretierungen angeordnet, die in entsprechenden Bohrungen des Gehäuses geführt sind. Bild 5.41 zeigt die Schaltsperren (S) zwischen den Schaltstangen (E) für den 1. und 2. sowie für den 3. und 4. Gang. (Die Schaltstange mit Schaltsperre für den Rückwärtsgang ist nicht dargestellt.)

Die Schaltsperre (S) bewirkt, daß jeweils nur eine Schaltstange aus der Leerlaufstellung heraus verschoben werden kann, indem sie durch ihre Verschiebung die andere Schaltstange blockiert (mittleres Bild). Sollen durch unexaktes Schalten beide Schaltstangen gleichzeitig verschoben werden, wird die Bewegung nach kurzem Weg (W) durch die Schaltsperre (S) gesperrt: Es läßt sich kein Gang schalten (unteres Bild).

Die Schaltarretierungen (G) bestehen aus zwei federbelasteten Buchsen, die in entsprechende Bohrungen der Schaltstangen (E) eingreifen. Sie halten die nicht geschalteten Schaltstangen in Leerlaufstellung (oberes Bild), den geschalteten Gang hindern sie am Herausspringen bei unbeabsichtigter Berührung des Schalthebels (mittleres Bild).

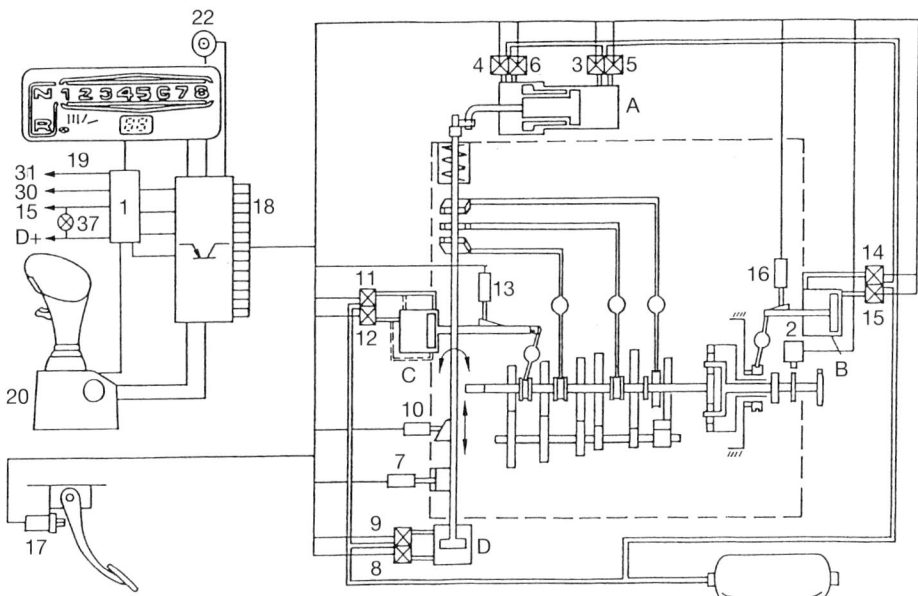

Bild 5.45   Schematische Darstellung der elektro-
nisch-pneumatischen Schaltung EPS (Mercedes)

A   3-Stellungs-Gangzylinder, Neutral, gerade
und ungerade Gänge
B   2-Stellungs-Bereichsgruppenzylinder, Range-
langsam, Gänge 1 – 4/schnell, Gänge 5 – 8
C   2-Stellungs-Splitzylinder
D   3-Stellungs-Gassenzylinder; Gasse 1 und 2
bzw. 5 und 6 durch Feder fixiert, Gasse R
sowie 3 und 4 bzw. 7 und 8 über Druckluft
1   EPS-Modul
2   Drehzahlgeber, Getriebeabtriebsdrehzahl
3   MUB, Magnetventil – ungerade Gänge –
belüften, 1, 3, 5, 7, R
4   MGB, Magnetventil – gerade Gänge – belüften, 2, 4, 6, 8
5   MUE, Magnetventil – ungerade Gänge –
entlüften, 1, 3, 5, 7, R
6   MGE, Magnetventil – gerade Gänge – entlüften, 2, 4, 6, 8
7   SGG, Sensor Gang, Neutral, gerade und
ungerade Gänge

8   MG1, Magnetventil – Gasse R
9   MG2, Magnetventil – Gasse 3 und 4 bzw. 7
und 8
10   SGE, Sensor Gasse, Gasse 1 und 2, Gasse R,
Gasse 3 und 4
11   MS1, Magnetventil Split, i = langsam
12   MS2, Magnetventil Split, i = schnell
13   SSP, Sensor-Split
14   MR2, Magnetventil Bereichsgruppe –
Range – Gänge 5 bis 8
15   MR1, Magnetventil Bereichsgruppe –
Range – Gänge 1 bis 4
16   SRA, Sensor Range – Bereichsgruppe
17   SKU, Sensor Kupplung
18   Steuerelektronik
19   Display, Ganganzeige mit Störlampe und
Fehlercode
20   Gebergerät, Schalthebel mit Funktionsknopf, Splitschalter und Notschalter
22   Warnsummer
37   Kontrolle Generator

sich dann der Schalthebel über den Widerstand hinweg weiterbewegen, ist der Gang geschaltet.
Danach können die Kupplung und der Schalthebel losgelassen werden. Der geschaltete Gang
wird im Display angezeigt. Ertönt beim Zurückschalten ein Warnsummer, wird der Gang nicht
geschaltet, um die maximale Motordrehzahl nicht zu überschreiten.

Im Schalthebel befindet sich neben dem Splitgruppenschalter (Kippschalter) noch der sogenannte Funktionsknopf. Wird beim Hoch- oder Zurückschalten gleichzeitig der Funktionsknopf

betätigt, so wird jeweils ein Gang übersprungen. Beim Schalten des Rückwärtsganges, was nur aus der Leergangstellung und bei stehendem Fahrzeug möglich ist, muß der Funktionsknopf in jedem Fall betätigt werden. Wird während der Fahrt aus der Leerlaufstellung heraus ein Gang eingelegt, schaltet die Elektronik den zur Fahrgeschwindigkeit bzw. Motordrehzahl passenden Gang. Das Umschalten der Splitgruppe erfolgt über den Kippschalter (schnell–langsam) und die unmittelbar danach zu betätigende Kupplung. Zusätzlich gibt es einen Notschalter (Drehschalter). Bei Ausfall der Elektronik können pneumatisch der 2. Gang, der 4. Gang, die Leergangstellung sowie der Rückwärtsgang geschaltet werden.

5.2.11   Nebenabtriebe

Um den Anforderungen spezieller Fahrzeugkonzepte entsprechen zu können, sind teilweise Nebenabtriebe erforderlich. Diese treiben z.B. Notlenkpumpen, Betonmischer, Kipper usw. an. Je nach Anforderungen kommen drei unterschiedliche Ausführungen in Frage:

Motorabhängiger Nebenabtrieb (Bild 5.46): Dieser befindet sich in der Kupplungsglocke und wird von einer speziellen Fahrzeugkupplung angetrieben. Das bedeutet, daß die Betriebsbereitschaft gegeben ist, sobald der Motor läuft. Das Zuschalten erfolgt über eine hydraulisch betätigte Lamellenkupplung.

Kupplungsabhängiger Nebenabtrieb (Bild 5.47): Hier erfolgt der Antrieb von der Vorgelegewelle des Schaltgetriebes über eine Klauenschaltung auf den Nebenabtrieb. Die Zuschaltung darf nur bei stehendem Fahrzeug und betätigter Kupplung erfolgen.

Fahrabhängiger Nebenabtrieb: Dieser Nebenabtrieb gelangt beim Antrieb von Notlenkpumpen zur Anwendung. Er befindet sich am Getriebeausgang und wird von der Abtriebswelle des Getriebes angetrieben.

Bei Fahrzeugen mit Verteilergetrieben (Allradfahrzeuge) und Nebenabtrieb wird dieser von der Antriebswelle des Verteilergetriebes angetrieben. Die Zuschaltung erfolgt über eine Klauenkupplung.

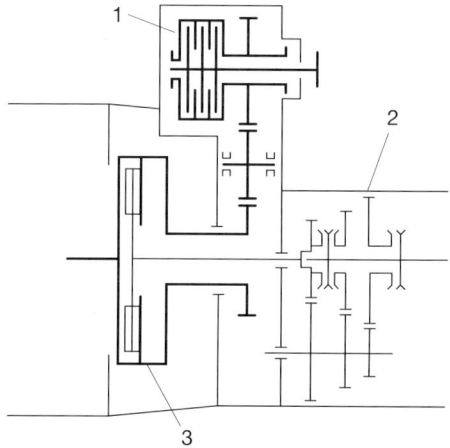

Bild 5.46   Schematische Darstellung des motorabhängigen Nebenabtriebs
1 Lamellenkupplung für Nebenabtrieb
2 Getriebegehäuse
3 Fahrkupplung

Bild 5.47 Schematische Darstellung des kupp-
lungsabhängigen Nebenabtriebs
1 Vorgelegewelle
2 Klauenkupplung für Nebenabtrieb

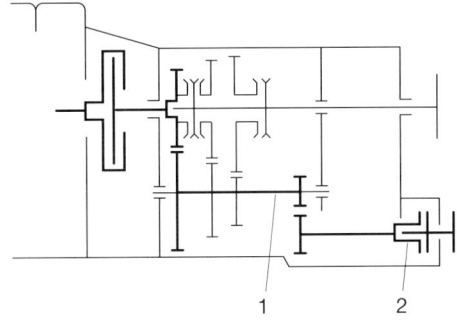

5.2.12 Schmierung von Getrieben

Um die Schmierung der Lager und der Zahnräder in Getrieben zu gewährleisten, verfügen
Getriebe über einen eigenen Ölvorrat. In diesen taucht die am tiefsten gelegene Getriebewelle
(z.B. Vorgelegewelle) ein. Durch die Drehbewegung der Welle wird das Öl von den Zahnrädern
mitgenommen. Dadurch werden diese geschmiert; und gleichzeitig gelangt Spritzöl zu den
Lagern.

In Lkw-Getrieben verbaut man teilweise Ölpumpen. Sie sind auf der Antriebswelle des
Getriebes angeordnet, ihr Antrieb erfolgt vom Motor aus. Durch Längs- und Querbohrungen in
den Getriebewellen werden die Lager mit Drucköl bis zu ca. 2 bar geschmiert. Über eine zusätzliche Spritzölleitung erfolgt die Schmierung der Zahnflanken der Zahnräder (Bild 5.48).

Die heute am häufigsten verwendeten Getriebeöle entsprechen den API-Klassen (American
Petroleum Institute) GL-4 (SAE-Klassen 75, 80, 90) und GL-5 (SAE-Klassen 75, 80, 90, 140).
GL-4 wird eingesetzt für Schaltgetriebe und Achsgetriebe mit Hypoidverzahnung und geringem
Achsversatz. GL-5 findet Anwendung in Schaltgetrieben mit unempfindlichem Synchronisations-
verhalten und in Achsgetrieben mit Hypoidverzahnung und großem Achsversatz.

5.3 Automatikgetriebe

Wie schon der Name sagt, arbeiten diese Getriebe selbsttätig (automatisch). Gegenüber mechanischen Wechselgetrieben bieten sie drei wesentliche Vorteile:

a) Der Fahrer braucht weder zu schalten noch zu kuppeln, er kann sich besser auf das Verkehrs-
   geschehen konzentrieren.
b) Das Getriebe schaltet ohne Zutun des Fahrers stets die richtige Übersetzung ein, damit an den
   Antriebsrädern die jeweils erforderliche Antriebskraft zur Verfügung steht.
c) Fast stufenlos erfolgt die Übersetzungsänderung bei drei, vier oder fünf Gängen durch den
   hydrodynamischen Drehmomentwandler.

Nachteile:

❑ höheres Gewicht,
❑ größere Reibungsverluste,
❑ hoher Preis.

Automatikgetriebe 457

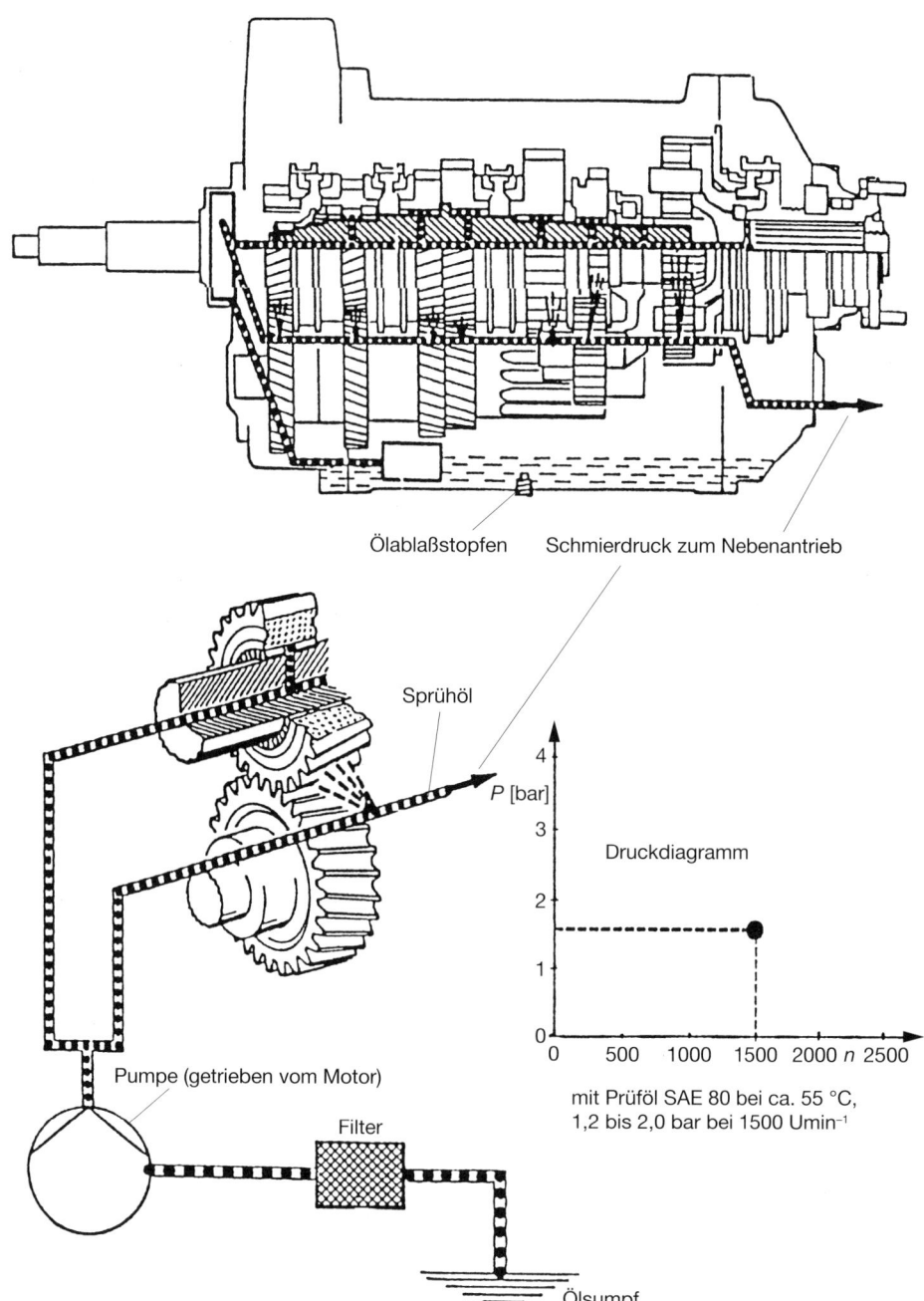

Ölablaßstopfen   Schmierdruck zum Nebenantrieb

Sprühöl

Druckdiagramm

P [bar]

mit Prüföl SAE 80 bei ca. 55 °C,
1,2 bis 2,0 bar bei 1500 Umin⁻¹

Pumpe (getrieben vom Motor)

Filter

Ölsumpf

Bild 5.48   Schematische Darstellung der Schmierung eines ZF Ecosplit-Getriebes

Die Technik unterscheidet:

❏ vollautomatische Getriebe,
❏ halbautomatische Getriebe.

Vollautomatische Getriebe
Vollautomatische Getriebe – in der Folge Automatikgetriebe genannt – sind mit drei, vier oder fünf Vorwärtsgängen und einem Rückwärtsgang ausgerüstet.

Nachfolgend sollen nur grundsätzliche Konstruktionsmerkmale sowie die Arbeitsweise beschrieben werden, die für alle derzeitigen Automatikgetriebe allgemein Gültigkeit haben.

Grundsätzlich bestehen Automatikgetriebe aus drei Hauptgruppen:

a) der hydraulischen Kraftübertragung (hydrodynamischer Drehmomentwandler),
b) dem mechanischen Planetengetriebe mit drei, vier oder fünf Gängen,
c) der Schaltautomatik und der hydraulischen – teilweise auch elektronischen – Getriebesteuerung.

Hydraulische Kraftübertragung: Die Technik unterscheidet grundsätzlich zwei Arten der hydraulischen Kraftübertragung:

❏ *hydrostatische Getriebe* und
❏ *hydrodynamische Getriebe.*

Vereinfacht kann man sagen:
Im hydro*statischen* Getriebe erfolgt die Leistungsübertragung durch eine *Kraft* (hoher Druck, aber wenig Bewegung der Übertragungsflüssigkeit).

Beispiele
Hydraulische Bremse: hohe Drücke im System beim Bremsen, aber nur wenig bewegte Flüssigkeit,

Hilfskraftlenkung: hohe Drücke, über 100 bar, aber nur wenig strömende Flüssigkeit.

Im hydro*dynamischen* Getriebe erfolgt die Leistungsübertragung durch eine Bewegung (strömende Bewegung der Übertragungsflüssigkeit bei nur geringem Druck).

In Automatikgetrieben von *Kfz* gelangen nur *hydrodynamische Kraftübertragungen* zur Anwendung.

Der Name leitet sich aus dem Altgriechischen ab:
hydor = Wasser, Flüssigkeit, dynamis = bewegte Kraft.

Die Technik unterscheidet:

❏ *hydrodynamische Kupplungen* und
❏ *hydrodynamische Drehmomentwandler.*

5.3.1 Hydrodynamische Kupplung

Die hydrodynamische Kupplung besteht aus zwei Schaufelrädern:

❏ Pumpenrad (Primärrad) und
❏ Turbinenrad (Sekundärrad).

Das **Pumpenrad** wirkt wie eine Kreiselpumpe. Es ist drehfest mit der Motorkurbelwelle über das Gehäuse verbunden und versetzt die Flüssigkeit ATF (**A**utomatic **T**ransmission **F**luid) in strö-

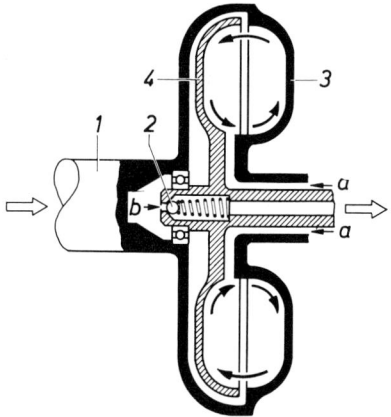 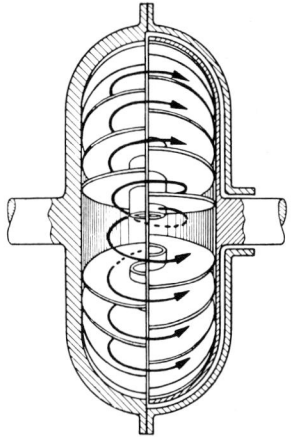

Bild 5.49 Aufbau und Wirkungsweise der hydrodynamischen Kupplung
1 Kurbelwelle
2 Kugelventil
3 Gehäuse mit Pumpenrad
4 Turbinenrad mit Antriebswelle
a Ölzufluß
b Ölrückfluß
Die jeweils drei dick ausgezogenen Pfeile zeigen
die Strömungsbewegung der Flüssigkeit. Das
Kugelventil (2) hält einen bestimmten Flüssig-

Bild 5.50 Bewegung der Flüssigkeit in der hydrodynamischen Kupplung (Schraubenlinie),
durch Pfeile dargestellt

keitsdruck in der Kupplung aufrecht, wodurch
Kavitation (Hohlsog) vermieden wird. Außerdem
verhindert es das Auslaufen der Flüssigkeit bei
stillstehendem Motor.

mende Bewegung (daher auch der Name Strömungskupplung). Die strömende Flüssigkeit treibt
das **Turbinenrad.** So wird die *strömende Bewegung der Flüssigkeit in Drehbewegung des Turbinenrades* umgewandelt.

Einfach kann man sagen: Durch *Drehbewegung* der Motorkurbelwelle wird über eine Pumpe
Flüssigkeit in *strömende* Bewegung versetzt, in einer Turbine wird die *strömende Bewegung* in eine
Drehbewegung zurückverwandelt. Bild 5.49 zeigt Aufbau und Wirkungsweise der hydrodynami-
schen Kupplung. Bild 5.50 zeigt die schraubenförmige Bewegung der strömenden Flüssigkeit.

Die Drehzahl des *Turbinenrades* ist stets *niedriger* als die des *Pumpenrades.* Den Drehzahlunterschied bezeichnet man als *Schlupf.* Bei hoher Drehzahl von Pumpen- und Turbinenrad beträgt
er nur noch 2 bis 3%.

Da die hydrodynamische Kupplung beim Anfahren – Stillstand des Turbinenrades – *keine*
Drehmomentverstärkung bewirkt, wird sie derzeit in Automatikgetrieben nicht verwendet.

5.3.2 Hydrodynamischer Drehmomentwandler

Der hydrodynamische Drehmomentwandler nach dem Trilok-System besteht aus drei Schaufelrädern:

❏ *Pumpenrad*, mit Gehäuse fest verbunden,
❏ *Turbinenrad*, mit Getriebeantriebswelle fest verbunden,
❏ *Leitrad*, auch Stütz- oder Reaktionsrad genannt, *mit Freilauf.*

Bild 5.51 Hydrodynamischer Drehmomentwandler (Trilok-Wandler) im Schnitt
1 Wandlergehäuse
2 Pumpenrad, Bestandteil des Gehäuses
3 Motorkurbelwelle
4 Mitnehmerblech zur Verbindung
    von Wandler und Kurbelwelle
5 Turbinenrad
6 Antriebswelle für mech. Planetengetriebe
7 Stütz-, Leit- oder Reaktionsrad
8 Rollenfreilauf
9 Stützrohr für Freilauf
10 Getriebegehäuse
11 Ölpumpenantrieb

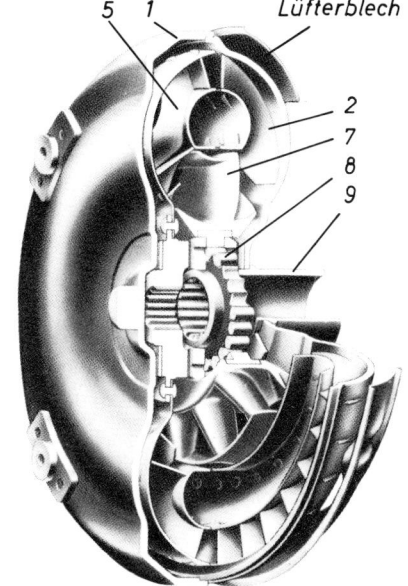

Bild 5.52 Aufbau des Trilok-Wandlers schematisch (siehe auch Bild 5.51). Der vom Pumpenrad
(2) beschleunigte Flüssigkeitsstrom (Pfeile) trifft
auf die Schaufeln des Turbinenrades (5) und fließt
dann über das Leitrad (7) zurück zum Pumpenrad
(2). In den Bildern 5.53 bis 5.56 sind Pumpen-,
Turbinen- und Leitrad der besseren Verständlichkeit halber nebeneinander dargestellt: Bei (L)
strömt die ATF vom Leitrad (7) (Pfeile) über (P)
zurück in das Pumpenrad (2).

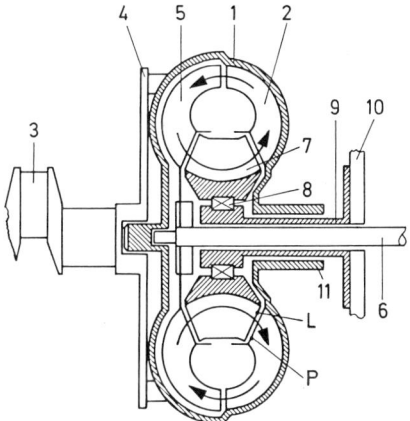

Hydrodynamische Drehmomentwandler nach dem Trilok-System sind im wesentlichen aus Blech-
teilen zusammengesetzt. Alle Schaufeln des Pumpen- und Turbinenrades sind eingelötet. Das
Leitrad mit profilierten Schaufeln besteht aus Druckguß, nach außen ist es durch ein Blechband
abgedeckt (Bilder 5.51 und 5.52).

In einem ringförmigen Gehäuse (1) sind hintereinander die drei Schaufelräder angeordnet.
Pumpenrad (2) ist mit Gehäuse (1) fest verbunden. Gehäuse (1) ist über das Mitnehmerblech (4)
mit der Motorkurbelwelle (3) fest verbunden und bildet die Schwungmasse des Motors. Das im
Wandlergehäuse drehbar angeordnete Turbinenrad (5) ist mit der Antriebswelle (6) des nachfol-
genden mechanischen Getriebes fest verbunden. Im *Rücklauf* der Getriebeflüssigkeit ist zwischen
Turbinenrad (5) und Pumpenrad (2) das im Durchmesser kleinere Stütz-, Leit- oder Reaktions-

rad (7) auf dem Rollenfreilauf (8) angeordnet. Rollenfreilauf (8) stützt sich über das mit dem Getriebegehäuse (10) fest verbundene Stützrohr (9) ab.

Alle drei Schaufelräder können sich unabhängig voneinander drehen, das Leitrad (7) jedoch nur in Motordrehung. Gegen die Motordrehrichtung wird es vom Freilauf festgehalten.

Der Wandler ist in der Motorkurbelwelle mittig zentriert und auf der Freilaufstütze (9) mit einem durch die Getriebeflüssigkeit geschmierten Gleitlager gelagert (in den Bildern nicht dargestellt). Außen am Wandler ist ein Lüfterblech mit Schaufeln angebracht. Es fördert Kühlluft über das Wandlergehäuse, wodurch die entstehende Wärme in zulässigen Grenzen gehalten wird. Der Starterzahnkranz ist am Wandlergehäuse elektrisch angeschweißt (in den Bildern nicht dargestellt).

Die Verlängerung des Wandlergehäuses (11) dient zum Antrieb der Ölpumpe, die das gesamte Automatikgetriebe mit Getriebeflüssigkeit (ATF) versorgt. Sie fördert bei laufendem Motor ständig Flüssigkeit durch den Wandler. Durch ein federbelastetes Kugelventil im Flüssigkeitsaustritt aus dem Wandler (ähnlich dem Kugelventil in Bild 5.49) wird die Flüssigkeit im Wandler unter Druck gehalten, ca. 1 bis 3 bar, wodurch Kavitationsschäden (Schäden durch Hohlsog) vor allem an den profilierten Schaufeln des Leitrades verhindert werden. Außerdem wird das Auslaufen der Flüssigkeit aus dem Wandler bei Stillstand unterbunden.

Je nach *Motorbelastung* und *Fahrgeschwindigkeit* ergeben sich *drei Wirkungsbereiche:*

❑ *Wandlerbereich,* in dem die Drehmomentsteigerung stattfindet. Er reicht vom Anfahren aus dem Stand bis zum Erreichen des Kupplungspunktes;
❑ *Kupplungsbereich,* in dem der Wandler ohne Wirkung des Leitrades als hydrodynamische Kupplung arbeitet;
❑ *Bremsbereich.*

Wirkungsweise des Trilok-Wandlers (siehe hierzu Bilder 5.52 bis 5.56)
Der besseren Anschauung halber sind die *im Wandler ringförmig* angeordneten Schaufelräder, Pumpen-, Turbinen- und Leitrad, in den Bildern 5.53 bis 5.56 *nebeneinander* dargestellt: Der Rand (L) des Leitrades (7) und der Rand (P) des Pumpenrades (2) liegen dicht nebeneinander, wie aus Bild 5.52 ersichtlich.

Wandlerbereich
Bei laufendem Motor wird die zwischen den Schaufeln des Pumpenrades (2) befindliche ATF mitgenommen und durch die Einwirkung der Fliehkraft nach außen in das Turbinenrad (5) gefördert (siehe Pfeile in Bild 5.52). Sie strömt von außen in das zunächst noch stillstehende Turbinenrad (5). An den leicht gekrümmten Schaufeln des Turbinenrades (5) muß die Flüssigkeit ihre Richtung ändern und fließt dann nach innen zum Leitrad (7) ab. Dabei gibt die Flüssigkeit ihre Strömungsenergie in Form von Drehkraft an das Turbinenrad (5) ab. Die Schaufeln des vom Freilauf (8) festgehaltenen Leitrades (7) – es kann sich nur in Motorrichtung mitdrehen – stellen sich dem vom Turbinenrad (5) abfließenden Flüssigkeitsstrom (S) entgegen (Bild 5.53). Hierdurch entsteht ein *Rückstau,* eine *Reaktion* oder *Rückwirkung,* die die *Steigerung des Drehmoments bewirkt* (siehe Pfeil R in Bild 5.53).

Außerdem wird der Flüssigkeitsstrom (S) durch die stark gekrümmten Schaufeln des Leitrades (7) umgelenkt, beschleunigt und weitgehend wirbelfrei zum Pumpenrad (2) zurückgeleitet: Der betriebene Kreislauf beginnt erneut.

Das größte Drehmoment, etwa das Zweifache des Motordrehmoments, wird vom Turbinenrad (5) über die Antriebswelle (6) an das nachfolgende mechanische Planetengetriebe abgegeben, wenn das Fahrzeug und damit das Turbinenrad (5) stehen, während der Motor mit Vollgas das Pumpenrad antreibt.

Bild 5.53 Wirkungsweise des Trilok-Wandlers beim Anfahren. Turbinenrad (5) steht still. Die starke Ablenkung des Flüssigkeitsstroms (S) im Leitrad (7), das sich über den Freilauf (8) entgegen der Drehrichtung des Pumpenrades (2) (Pfeil) fest abstützt, bewirkt die Verstärkung des Drehmomentes durch Rückwirkung (Pfeil R) gegen die Schaufeln des Turbinenrades (5). Die im Wandler ringförmig angeordneten Räder (2, 5 und 7) (siehe auch Bild 5.52) sind der leichteren Verständlichkeit halber nebeneinander dargestellt. Bei (L) tritt der Flüssigkeitsstrom (S) aus dem Leitrad aus, bei (P) tritt er wieder in das Pumpenrad (2) ein.

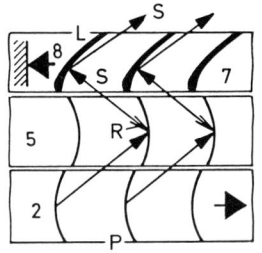

Bild 5.54 Der Wagen fährt an. Die Drehzahl des Turbinenrades (5) nimmt zu, der Flüssigkeitsstrom (S) wird weniger abgelenkt, wodurch sich die Rückwirkung (R) gegen das Turbinenrad (5) und somit die Drehmomentsteigerung verringert. (Die gestrichelte Linie zeigt die Ablenkung des Flüssigkeitsstroms (S) beim Stillstand von (5) zum Vergleich.)

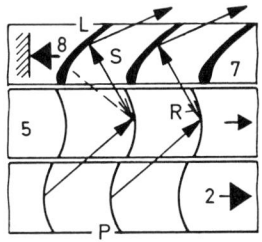

Der Motor wird dabei auf eine bestimmte Drehzahl abgebremst. Diese Drehzahl bezeichnet man als *Festbremsdrehzahl* (engl.: stall speed). Den geschilderten Vorgang zeigt Bild 5.53.

Fährt der Wagen an, steigt die Drehzahl des Turbinenrades (5) im gleichen Verhältnis wie die Fahrgeschwindigkeit und nähert sich der weniger ansteigenden Motordrehzahl. *Im gleichen Maße, wie die Drehzahl des Turbinenrades zunimmt,* nimmt die *Drehmomentverstärkung* ab. Diesen Vorgang zeigt Bild 5.54.

Beträgt die Drehzahl des Turbinenrades (5) schließlich etwa 85% der Drehzahl des Pumpenrades (2), findet keine Drehmomentverstärkung mehr statt. Das Leitrad (7) ist wirkungslos. Der Flüssigkeitsstrom (S) durchfließt das Leitrad (7), ohne sich an dessen Schaufeln abzustützen: Der *Kupplungspunkt* ist erreicht. Diesen Vorgang zeigt Bild 5.55.

Bild 5.55 Wirkungsweise des Trilok-Wandlers im Kupplungspunkt. Der Flüssigkeitsstrom (S) durchfließt das Leitrad (7), ohne sich an dessen Schaufeln abzustützen: Es findet keine Drehmomentverstärkung mehr statt.

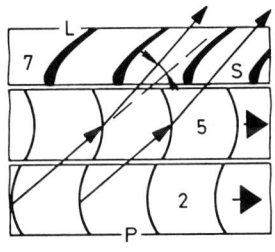

Bild 5.56 Nach Erreichen des Kupplungspunktes arbeitet der Wandler als hydrodynamische Kupplung: Er arbeitet im Kupplungsbereich. Leitrad (7) wird durch den Flüssigkeitsstrom (S) in Motordrehrichtung mitgedreht.

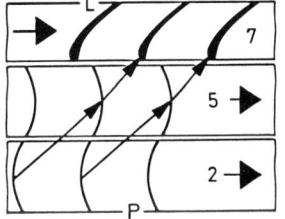

Kupplungsbereich

Bei weiter ansteigender Fahrgeschwindigkeit arbeitet der *Wandler als hydrodynamische Kupplung,* da das Leitrad (7) keine Wirkung mehr ausübt. Im Kupplungspunkt hat sich der Winkel, mit dem die ATF aus dem Turbinenrad (5) aus- und in das Leitrad (7) eintritt (Bild 5.55), soweit geändert, daß die Schaufeln des Leitrades (7) jetzt von rückwärts, d.h. in Motordrehrichtung, angeströmt werden. Dadurch löst sich das Leitrad (7) vom Freilauf und läuft nun im Flüssigkeitsstrom zwischen Pumpen- und Turbinenrad mit (Bild 5.56).

Die Drehzahldifferenz zwischen Pumpen- und Turbinenrad nimmt auch über den Kupplungspunkt hinaus weiter ab – jedoch bei gleichbleibender Drehmomentübertragung –, bis ein *Wirkungsgrad* von etwa **96%** erreicht wird.

Ein geringer Schlupf muß zum Aufrechterhalten des umlaufenden Flüssigkeitsstroms immer vorhanden sein.

Bremsbereich

Dreht das Turbinenrad schneller als das Pumpenrad – beim Gaswegnehmen im Schiebebetrieb –, arbeitet der Wandler umgekehrt: Das Turbinenrad treibt das Pumpenrad und damit den Motor an, wodurch dessen Bremskraft ausgenutzt wird. Das Leitrad übt dabei keine Wirkung aus.

Noch einmal kurz zusammengefaßt:

Wandlerbereich: Das *Pumpenrad,* mit der Motorkurbelwelle fest verbunden, versetzt die ATF in strömende Bewegung.

Das *Turbinenrad,* über die Antriebswelle mit dem mechanischen Planetengetriebe verbunden, wird durch die strömende ATF in Drehung versetzt.

Das *Stütz-, Leit- oder Reaktionsrad* (in der vorangehenden Beschreibung kurz als Leitrad bezeichnet) bewirkt beim Anfahren die Verstärkung des Motordrehmoments auf etwa das Doppelte, wobei es sich über einen Freilauf entgegen der Motordrehrichtung abstützt.

Im gleichen Maß wie die *Drehzahl des Turbinenrads zunimmt, nimmt die Drehmomentverstärkung ab.*

Beträgt die Drehzahl des Turbinenrads etwa 85% der Drehzahl des Pumpenrads, findet keine Drehmomentverstärkung mehr statt: Der *Kupplungspunkt* ist erreicht.

Kupplungsbereich: Bei weiterer Drehzahlsteigerung arbeitet der hydrodynamische Drehmomentwandler nur wie eine hydrodynamische Kupplung – mit Pumpen- und Turbinenrad. Das Stütz-, Leit- oder Reaktionsrad übt keine Wirkung mehr aus. Es löst sich vom Freilauf und dreht sich frei beweglich mit.

Bremsbereich: Erreicht das Turbinenrad eine höhere Drehzahl als das Pumpenrad – beim Gaswegnehmen im Schiebebetrieb –, so arbeitet der Drehmomentwandler in umgekehrter Richtung als hydrodynamische Kupplung. Das Turbinenrad treibt jetzt das Pumpenrad an und somit den Motor, dessen Bremswirkung ausgenutzt wird. Das Stütz-, Leit- oder Reaktionsrad übt keine Wirkung aus.

5.3.3 Wandlerüberbrückungskupplung

Bei der Wandlerüberbrückungskupplung (Bild 5.57) handelt es sich um eine in den Wandler integrierte Kupplungsscheibe mit Torsionsdämpfereinrichtung (Verdrehung 40° bis 45°). Sie ist über eine Keilnutenverzahnung drehfest, aber axial verschiebbar mit dem Turbinenrad verbunden. In

Bild 5.57   Sachs-Drehmomentwandler mit integrierter Überbrückungskupplung

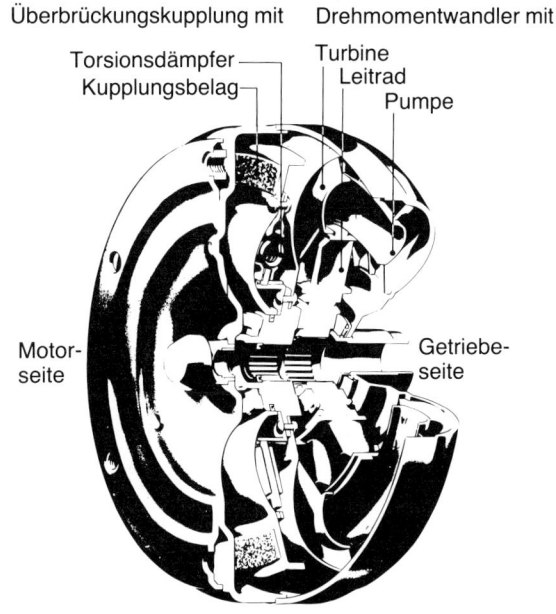

Überbrückungskupplung mit
Torsionsdämpfer
Kupplungsbelag

Drehmomentwandler mit
Turbine
Leitrad
Pumpe

Motor-
seite

Getriebe-
seite

gelöstem Zustand tritt das Öl durch die hohlgebohrte Antriebswelle des Getriebes in den Wandler ein. Dabei gelangt es zunächst in den Raum zwischen Wandlergehäuse und Kupplungsscheibe und drückt diese vom Wandlergehäuse weg. Wird die Kupplung geschlossen, kehrt sich der Ölstrom um, d.h., jetzt tritt das Öl wie beim einfachen Wandler zwischen Stützrohr und Wandlergehäuse in diesen ein und drückt die Kupplungsscheibe gegen das Wandlergehäuse bis zur kraftschlüssigen Verbindung. Der Raum zwischen Kupplungsscheibe und Wandlergehäuse wird drucklos, der bisherige Zulauf wird zum Rücklauf. Das Umkehren des Ölstroms ist gleichzeitig mit einer Druckerhöhung (5 bis 6 bar) verbunden und wird von einem Magnetventil im Automatikgetriebe durchgeführt. Das Zuschalten der Kupplung ist von verschiedenen Einflußgrößen abhängig, z.B. Fahrstufe, Fahrgeschwindigkeit, Motortemperatur. Bei modernen Vier- und Fünfgang-Automatikgetrieben erfolgt das Zuschalten der Wandlerüberbrückungskupplung meistens schon im 3. und 4. Gang bzw. im 4. und 5. Gang.

Die Wandlerüberbrückung dient zum Ausschalten des Schlupfes im Wandler. Das hat einen geringeren Kraftstoffverbrauch zur Folge und verhindert auch ein übermäßiges Ansteigen der Getriebeöltemperatur, weil jetzt eine rein mechanische Kraftübertragung im Wandler stattfindet.

5.3.4   Planetengetriebe, Arten

Das dem hydrodynamischen Drehmomentwandler nachgeschaltete Drei-, Vier- oder Fünfganggetriebe wird beim Automatikgetriebe stets als *Planetengetriebe* ausgeführt. Vorteil: Der *Kraftfluß* im Getriebe wird beim Gangwechsel *nicht unterbrochen,* er erfolgt unter Last. Planetengetriebe werden daher auch als *Lastschaltgetriebe* bezeichnet.

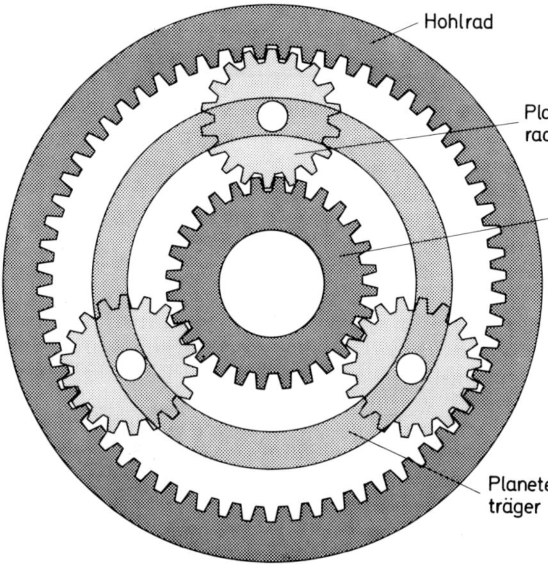

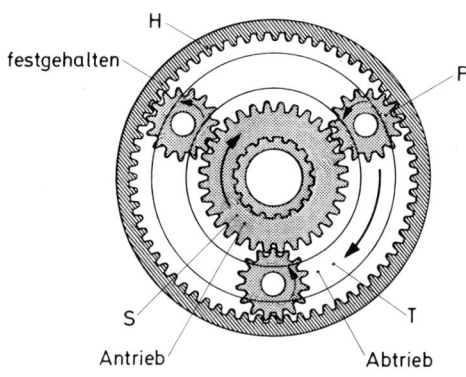

Bild 5.58 Aufbau und Teile
eines Planetengetriebes

Hohlrad

Planeten-
rad

Sonnen-
rad

Planetenrad-
träger

Aufbau des Planetengetriebes

Planetengetriebe sind sogenannte Umlaufgetriebe, deren Zahnräder ständig miteinander in Eingriff sind.

Ein Planetengetriebe besteht aus folgenden Teilen:

❑ dem Hohl- oder Ringrad,
❑ mehreren (meist drei) Planetenrädern,
❑ dem in der Mitte angeordneten Sonnenrad und
❑ dem Planetenradträger, an dem die Planetenräder drehbar gelagert sind (Bild 5.58).

Wirkungsweise des Planetengetriebes

Die Bilder 5.59 bis 5.63 zeigen die grundsätzliche Wirkungsweise des Planetengetriebes zur Erzielung von vier Vorwärts- und einem Rückwärtsgang in einfacher Form.

H
festgehalten
P
S
T
Antrieb
Abtrieb

Bild 5.59 Wirkungsweise des einfachen Planetengetriebes im 1. Gang. Hohlrad (H) wird festgehalten, Sonnenrad (S) angetrieben. Die Planetenräder (P), vom Sonnenrad (S) angetrieben, wälzen sich im festgehaltenen Hohlrad ab und nehmen dabei den Planetenträger (T) mit, von dem aus der Abtrieb erfolgt.

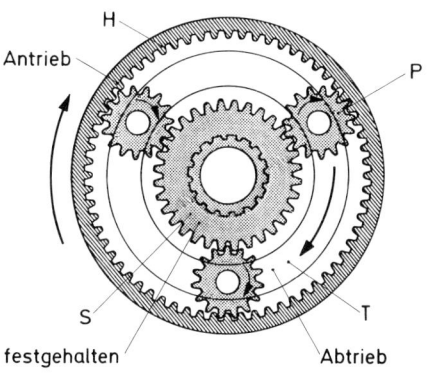

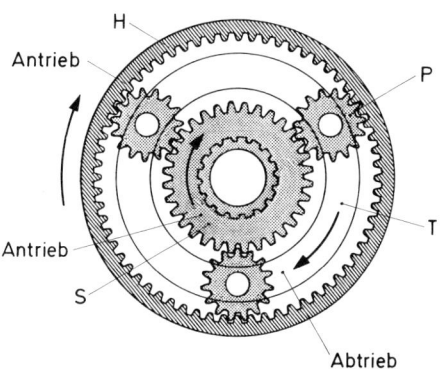

Bild 5.60 Einfaches Planetengetriebe im 2. Gang. Sonnenrad (S) wird festgehalten, Hohlrad (H) angetrieben. Die Planetenräder (P), vom Hohlrad (H) angetrieben, wälzen sich auf dem festgehaltenen Sonnenrad und nehmen den Planetenträger (T) mit, von dem der Abtrieb erfolgt.

Bild 5.61 Einfaches Planetengetriebe im 3. (direkten) Gang. Hohlrad (H) und Sonnenrad (S) werden mit gleicher Drehzahl angetrieben und nehmen die Planetenräder (P) mit, die sich dabei nicht um ihre eigene Achse drehen. Sie nehmen den Planetenträger (T) mit gleicher Drehzahl mit, von dem aus der Abtrieb erfolgt. Man sagt: «Das Planetengetriebe läuft als Block um.»

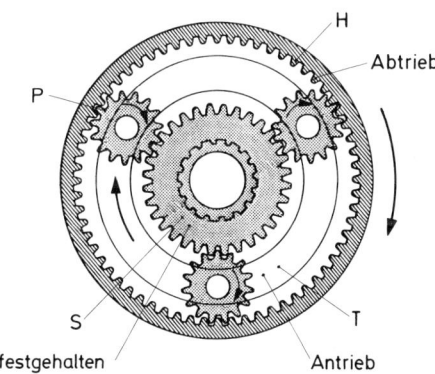

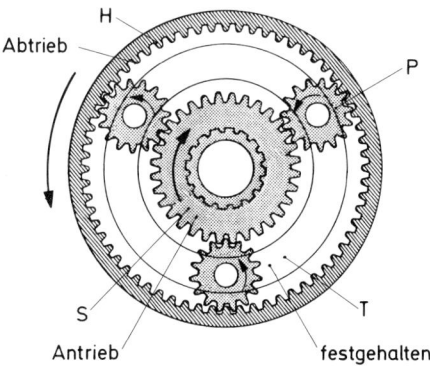

Bild 5.62 Einfaches Planetengetriebe im 4. Gang (Schnellgang). Sonnenrad (S) wird festgehalten, Planetenträger (T) angetrieben. Die Planetenräder (P), vom Planetenträger angetrieben, wälzen sich auf dem festgehaltenen Sonnenrad (S) ab und drehen das Hohlrad (H) in gleicher Drehrichtung. Der Abtrieb erfolgt vom Hohlrad (H). Die Ausgangsdrehzahl ist höher als die Eingangsdrehzahl: Es erfolgt eine Übersetzung ins Schnelle. Im ZF-Automatikgetriebe 4 HP 22 wird auf diese Weise der 4. Gang gewonnen.

Bild 5.63 Einfaches Planetengetriebe im Rückwärtsgang, Planetenträger (T) wird festgehalten, Sonnenrad (S) angetrieben. Die Planetenräder (P) drehen sich dann in entgegengesetzter Drehrichtung und nehmen das Hohlrad (H) in dieser Drehrichtung mit. Der Abtrieb erfolgt vom Hohlrad (H): Die Ausgangsdrehzahl ist niedrig gegenüber der Eingangsdrehzahl, die Ausgangsdrehrichtung entgegengesetzt der Eingangsdrehrichtung.

Diese vereinfachte Darstellung dient dazu, auch dem «Nichtautomatikkenner» die grundsätzliche Wirkungsweise des Planetengetriebes näherzubringen.

Damit es in einem Planetengetriebe zum Kraftfluß kommt, muß ein Bauteil angetrieben und ein Bauteil festgehalten werden, um am dritten Bauteil die Kraft abnehmen zu können.

5.3.5 Übersetzungen von Planetengetrieben

In Automatikgetrieben werden in der Praxis grundsätzlich zwei oder gar drei *Planetenradsätze* statt nur einem verwendet.

Die Gründe sind folgende:

❏ Eine *Umschaltung des Abtriebs* ist aufwendig und teuer. Der Abtrieb soll daher in jedem Vorwärts- und dem Rückwärtsgang von den gleichen Teilen des Planetengetriebes erfolgen.
❏ Der *Sprung* zwischen *erstem und zweitem Gang ist viel zu groß*. Dies ist eine Eigenart des Planetengetriebes, die nicht zu ändern ist.

Bei nur einem Planetenradsatz wären die Übersetzungen:

4 : 1 ins Langsame für den kleinsten (ersten) Gang
1,33 : 1 ins Langsame für den mittleren (zweiten) Gang
1 : 1 für den direkten Gang, da das Getriebe als Block umläuft
0,75 : 1 ins Schnelle für den vierten Gang
3 : 1 ins Langsame für den Rückwärtsgang

Die von der *Praxis geforderten Übersetzungen* betragen aber angenähert:

2,5 : 1 für den ersten Gang (statt 4 : 1 des einfachen Planetengetriebes)
1,5 : 1 für den zweiten Gang (das trifft annähernd die Übersetzung des einfachen Planetengetriebes)
1 : 1 ist die Übersetzung, wenn das Planetengetriebe als Block umläuft. In Dreigang-Automatikgetrieben ist dies im dritten Gang der Fall, bei der Daimler-Benz-Viergangautomatik im vierten Gang.

Im ZF-Automatikgetriebe 4 HP 22 ist der 4. Gang 0,75 : 1 ins Schnelle übersetzt.

Aus dieser Betrachtung folgt, daß zur Erzielung der erforderlichen Übersetzungen ein einfaches Planetengetriebe nicht ausreicht.

Zur Erzielung von drei Vorwärtsgängen und einem Rückwärtsgang werden zwei Planetenradsätze bzw. ein Doppelplanetenradsatz verwendet. Um vier bzw. fünf Vorwärtsgänge und einen Rückwärtsgang zu erzielen, verwendet man üblicherweise einen Doppelplanetenradsatz und einen zusätzlichen einfachen Planetenradsatz.

Als Doppelplanetenradsätze bezeichnet man folgende Planetenradsätze, die zur Anwendung gelangen:

Simpson-Planetenradsatz
Er besteht aus zwei Planetenradsätzen. Merkmale:

❏ Beide Planetenradsätze haben ein *gemeinsames* langes *Sonnenrad*.
❏ *Alle sechs Planetenräder sind gleich.*
❏ Beide *Hohl-* oder *Ringräder* sind gleich.

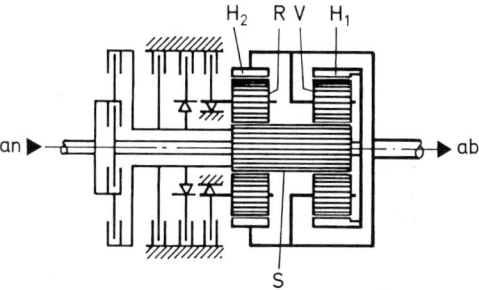

Bild 5.64 Simpson-Planetenradsatz der ZF-Automatikgetriebe 3 HP 22 und 4 HP 22 in schematischer Darstellung. Die Hohlräder (H1 und H2) sowie die Planetenräder (R und V) sind gleich groß. Beiden Radsätzen gemeinsam ist das lange Sonnenrad (S). (Alle Zahnräder sind in Wirklichkeit schrägverzahnt.)

Bild 5.64 zeigt den Simpson-Planetenradsatz, wie er von ZF in den Automatikgetrieben 3 HP 22 und 4 HP 22 verwendet wird, schematisch.

Abgewandelter Simpson-Planetenradsatz
Beide Planetenradsätze haben ebenfalls ein gemeinsames langes Sonnenrad, die Planeten- sowie die Hohl- oder Ringräder sind jedoch unterschiedlich.
Anwendung findet dieser Planetenradsatz in den automatischen Getrieben von Audi und VW (Bild 5.65).

Ravigneaux-Planetenradsatz
Er besteht ebenfalls aus zwei Planetenradsätzen. Merkmale:

❐ Jeder Planetensatz hat ein Sonnenrad unterschiedlicher Zähnezahl.
❐ Die sechs Planetenräder sind je zu zweit in Dauereingriff miteinander und auf einem *gemeinsamen Planetenträger* angeordnet.
❐ Beide Planetenradsätze haben nur ein *gemeinsames* Hohl- oder Ringrad.

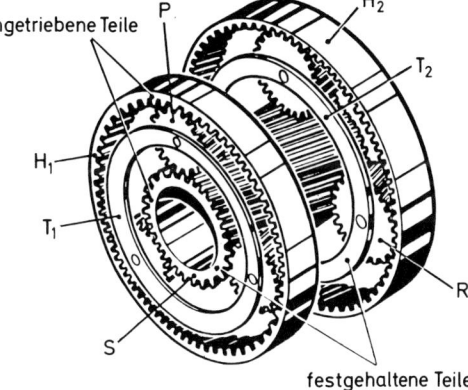

Bild 5.65 Abgewandelter Simpson-Planetenradsatz der automatischen Getriebe von Audi und VW in perspektivischer Darstellung. Der im Bild linke Planetenradsatz – Vorwärtsplanetenradsatz genannt – besteht aus den Planetenrädern (P), dem Planetenträger (T1) und dem Hohlrad (H1). Der im Bild rechte Planetenradsatz – Rückwärtsplanetenradsatz genannt – besteht aus den Planetenrädern (R), dem Planetenträger (T2) und dem Hohlrad (H2). Beiden Planetenradsätzen gemeinsam ist das lange Sonnenrad (S). Die Kraftabgabe erfolgt gemeinsam vom Planetenträger des Vorwärtsplanetenradsatzes (T1) und dem Hohlrad des Rückwärtsplanetenradsatzes (H2). Beide Teile sind durch eine Hohlwelle drehfest miteinander verbunden (im Bild nicht dargestellt).

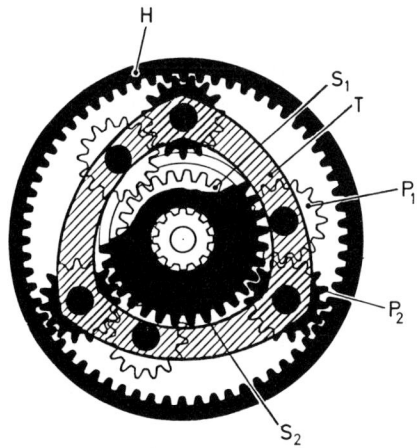

Bild 5.66 Ravigneaux-Planetenradsatz. Das kleine Sonnenrad (S1) ist mit den drei kurzen Planetenrädern (P1) in Eingriff. Die langen Planetenräder (P2) sind in Eingriff mit den kurzen Planetenrädern (P1), dem großen Sonnenrad (S2) und dem Hohlrad (H). Alle sechs Planetenräder sind an dem gemeinsamen Planetenträger (T) angeordnet, von dem aus die Kraftabgabe in allen Vorwärtsgängen und dem Rückwärtsgang erfolgt.

Anwendung findet dieser Planetenradsatz u.a. in der Opel-Automatik und bei Daimler-Benz (Bild 5.66).

Übersetzungen einiger Automatikgetriebe im Vergleich

Anhand von Tabelle 5.3 soll gezeigt werden, daß die *Übersetzungen* in den einzelnen Gängen trotz unterschiedlicher Planetengetriebe *ziemlich gleich* sind.

Am Ende der Tabelle sind zum Vergleich die Übersetzungen in den einzelnen Gängen eines Daimler-Benz-Viergang-Schaltgetriebes aufgeführt. Vergleicht man die Übersetzungen der einzelnen Gänge miteinander, zeigt sich, daß der erste, der zweite und der dritte Gang der Dreigang-Automatikgetriebe etwa dem zweiten, dritten und vierten Gang des Viergang-Schaltgetriebes entsprechen.

Tabelle 5.3

| Hersteller | Planetengetriebe | Übersetzung in den Gängen | | | | | |
		1.	2.	3.	4.	5.	R
ZF3HP22	Simpson	2,73	1,56	1,0	–	–	2,09
Opel	Ravigneaux	2,4	1,48	1,0	–	–	1,92
ZF4HP22	Simpson + 1 Planetenradsatz	2,48	1,48	1,0	0,73	–	2,09
ZF5HP18	Ravigneaux + 1 Planetenradsatz	3,665	1,999	1,407	1,000	0,742	4,08
Daimler-Benz-Viergang-Schaltgetriebe (716.21) zum Vergleich		3,90	2,32	1,41	1,0	–	3,77

Anders ausgedrückt: Im Dreigang-Automatikgetriebe fehlt der erste Gang des Schaltgetriebes. Das liegt daran, daß dem Planetengetriebe der hydrodynamische Drehmomentwandler vorgeschaltet ist, der das *Motordrehmoment* beim Anfahren – Stillstand des Turbinenrades – auf etwa das *Zweifache verstärkt*. Die große Übersetzung ins Langsame zum Anfahren – der erste Gang im Schaltgetriebe – kann dadurch im Automatikgetriebe entfallen.

5.3.6 Schalten der Planetengetriebe

Teile des Planetenradsatzes werden *festgehalten,* andere mit der Turbinenwelle des Drehmomentwandlers (= Antriebswelle des mechanischen Planetengetriebes) *kraftschlüssig* (drehfest) verbunden.

Das *Festhalten* erfolgt durch *Bremsen, die kraftschlüssige Verbindung* durch *Einkuppeln von Mehrscheiben-* oder *Lamellenkupplungen.*

Bremsen und *Lamellenkupplungen* im Automatikgetriebe werden allgemein als *Schaltglieder* oder *Schaltelemente* bezeichnet. Die *Betätigung* erfolgt stets durch *hydraulischen Druck.*

Bremsen

Durch *Anlegen, Anziehen* oder *Festziehen* der Bremsen werden beim Schalten Sonnenräder, Planetenradträger oder Hohl(Ring-)räder *festgehalten* (stillgesetzt), durch *Lösen* oder *Freigeben* der Bremsen werden sie *freigegeben.*

Bremsen in Planetengetrieben sind ausgeführt als:

Bandbremsen: Um eine Bremstrommel ist ein auf der Innenseite mit Reibbelag versehenes Bremsband angeordnet.

Bei der Bandbremse mit *einfach umschlingendem Bremsband* ist das Bremsband *einmal* um die Bremstrommel herumgeführt, bei der Bandbremse mit *doppelt umschlingendem Bremsband* ist das Bremsband *zweimal* um die Bremstrommel herumgeführt, wodurch die Bremstrommel beim Anlegen des Bremsbandes doppelt so fest gehalten wird wie bei einem einfach umschlingenden Bremsband. Die Bandbremse (B_2) der Opel-Automatik ist mit einem doppelt umschlingenden Bremsband ausgerüstet. Eine Bandbremse mit einfach umschlingendem Bremsband zeigt Bild 5.67.

Lamellenbremsen: Bild 5.68 zeigt die Bestandteile einer Lamellenbremse. Im Stahlträgerstück (1) sind die Stahllamellen (2) mit ihren Außenmitnehmern drehfest, aber axial verschiebbar angeordnet, die Belaglamellen (3) mit ihrer Innenverzahnung indirekt mit dem Planetensatz verbunden. Das Stahlträgerstück ist mit dem Getriebegehäuse fest verbunden. (ZF und Opel bezeichnen diese Lamellenbremse als «feststehende Kupplung».)

Kupplungen

Sie dienen dazu,

❐ die Turbinenwelle (Antriebswelle des Getriebes) mit bestimmten Teilen der Planetensätze zu verbinden oder diese Verbindungen zu lösen,
❐ den Kraftfluß von Teilen des einen auf Teile eines anderen Planetensatzes zu übertragen.

Wird die kraftschlüssige (drehfeste) *Verbindung hergestellt,* sagt man, die Kupplung wird *eingerückt, eingekuppelt* oder *geschlossen.*

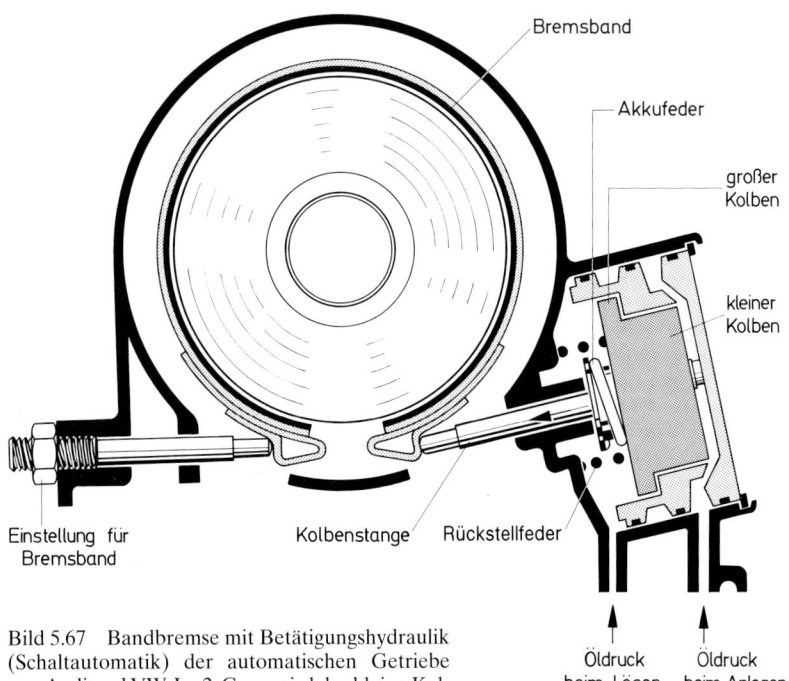

Bremsband

Akkufeder

großer Kolben

kleiner Kolben

Einstellung für Bremsband

Kolbenstange   Rückstellfeder

Bild 5.67   Bandbremse mit Betätigungshydraulik (Schaltautomatik) der automatischen Getriebe von Audi und VW. Im 2. Gang wird der kleine Kolben mit Öldruck beaufschlagt. Der Kolben überträgt seine Kraft über die Kolbenstange auf das Bremsband. Dadurch wird das gemeinsame Sonnenrad der beiden Planetenradsätze festgehalten. Die Akkufeder bewirkt ein weiches Zufassen der Bremse. Zum Lösen der Bremse im 3. Gang wird

Öldruck   Öldruck
beim Lösen   beim Anlegen
der Bremse   der Bremse

der große Kolben auf der Innenseite mit Öldruck beaufschlagt. Durch Öldruck plus Federkraft der Rückstellfeder wird der Kolben zurückgedrückt, das Bremsband wird gelöst.

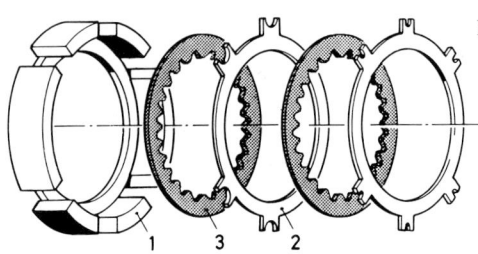

1   3   2

Bild 5.68   Bestandteile einer Lamellenbremse

Werden kraftschlüssige (drehfeste) *Verbindungen gelöst*, sagt man, die Kupplung wird *ausgerückt, ausgekuppelt* oder *geöffnet*.

Die *Lamellenkupplung* besteht wie die Lamellenbremse (Bild 5.68) aus Stahllamellen mit Außenmitnehmern und Belaglamellen mit Innenverzahnung.

Die Bilder 5.69 und 5.70 zeigen die Vorwärtskupplung der Audi- und VW-Automatik schematisch.

(*Vorwärtskupplung* besagt: Die Kupplung ist in *allen Vorwärtsgängen*, also dem 1., 2. und 3. Gang *geschlossen*. Nur in Neutralstellung (Leerlauf) und im Rückwärtsgang ist sie geöffnet.)

Bild 5.69 Vorwärtskupplung der automatischen Getriebe von Audi und VW. Tellerfeder (5) hat Kolben (4) zurückgedrückt, über Kugelventil (11) hat sich der Restöldruck abgebaut, die Kupplung ist ausgekuppelt (geöffnet) (Neutralstellung – Leerlauf – und im Rückwärtsgang).

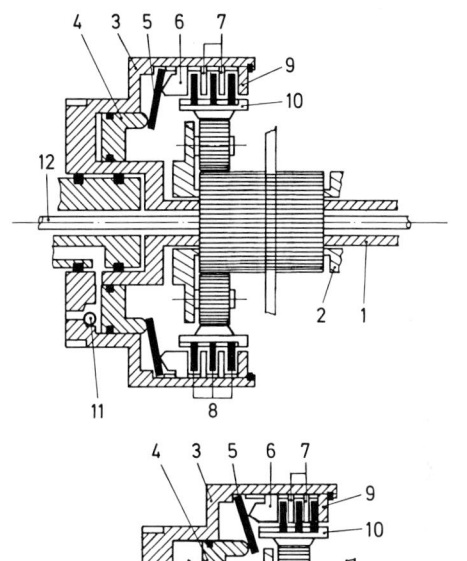

Bild 5.70 Vorwärtskupplung, eingekuppelt (geschlossen). In allen Vorwärtsgängen wird das Drehmoment der Turbinenwelle (1) über die Kupplungsglocke (3) und das Lamellenpaket (7 und 8) auf das Hohl- oder Ringrad (10) des Vorwärtsplanetensatzes übertragen. Bei Öldruck betätigt der Kolben (4) die Tellerfeder (5), die als Hebel wirkt. Sie überträgt seine Kraft 2,2fach verstärkt über die Andrückplatte (6) auf das Lamellenpaket. Dadurch werden die Innenlamellen (8) von den Außenlamellen (7) mitgenommen. Das Kugelventil (11) wird durch den Öldruck abdichtend auf seinen Sitz gepreßt.

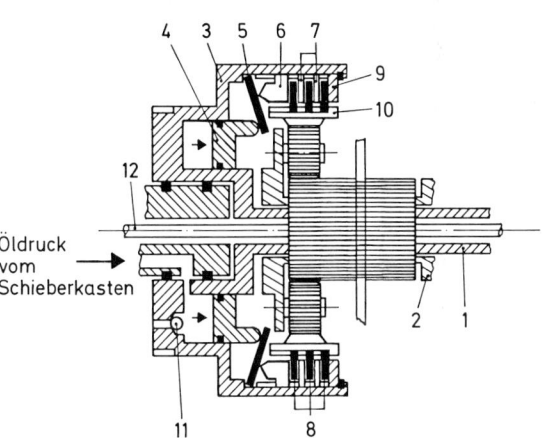

Als *Schaltautomatik* bezeichnet man die *Betätigungshydraulik der Bremsen und Kupplungen.* Zum Anlegen und schnellen Lösen von *Bandbremsen* werden *kreisförmige* Kolben in entsprechenden Zylindern verwendet, wie in Bild 5.67 dargestellt.

Zum Schließen von Lamellenbremsen und -kupplungen sind die Kolben *ringförmig* ausgeführt, wie die Bilder 5.69 und 5.70 zeigen. Das Lösen der Bremsen bzw. Öffnen der Kupplungen erfolgt durch Teller- oder Mäanderfedern bzw. durch mehrere ringförmig angeordnete kleine Schraubenfedern.

Freiläufe

Als Schaltelemente sind auch Freiläufe anzusehen. Da sie der Drehmomentabstützung dienen, gelangen sie in Automatikgetrieben zur Anwendung. So ist es möglich, den Kraftfluß während des Schaltens beizubehalten.

Der grundsätzliche Aufbau eines Freilaufs besteht aus einem Außenring, einem Innenring und den Klemmrollen bzw. den Klemmkörpern, die in einem Käfig geführt werden (Bild 5.71).

Ein Verdrehen von Außenring und Innenring gegeneinander ist nur in eine Richtung möglich. In Sperrichtung laufen die Klemmrollen auf schiefen Ebenen in den engeren Teil und klemmen sich so zwischen Innen- und Außenring fest, wodurch es zum Kraftschluß kommt (Bild 5.73).

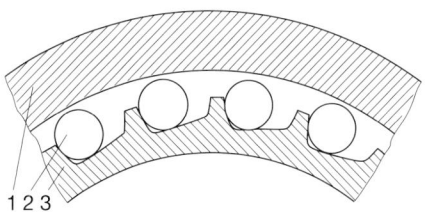

Bild 5.71   Rollenfreilauf
1 Außenring
2 Rollen
3 Innenring

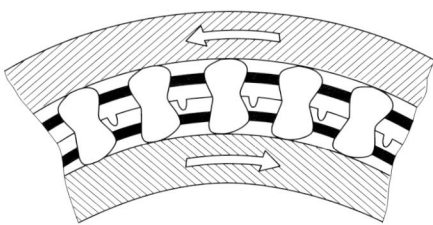

Bild 5.72   Klemmkörperfreilauf

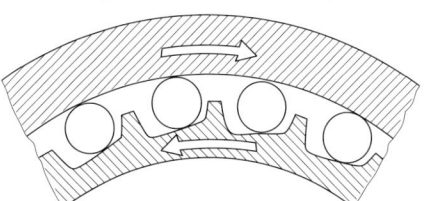

Bild 5.73   Rollenfreilauf im Sperrzustand

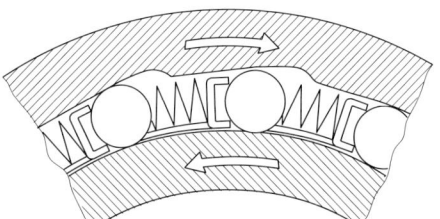

Bild 5.74   Angefederter Rollenfreilauf

Beim Klemmkörperfreilauf ist durch die sogenannten Klemmkörper ein Verdrehen in eine Richtung ebenfalls möglich. In Sperrichtung wollen sich die Klemmkörper aufrichten und verblocken so den Außen- und Innenring (Bild 5.72). Durch den Einsatz einer Lamellenbremse kann die Freilauffunktion ausgeschaltet werden, indem die Lamellenbremse den Freilauf blockiert. Eine weitere Ausführung sind angefederte Rollenfreiläufe (Bild 5.74).

5.3.7   Kraftverläufe in mechanischen Planetengetrieben

Nachfolgend sollen anhand von verschiedenen Automatikgetrieben die Kraftverläufe erläutert werden.

1. Opel Dreigang-Automatik (Bild 5.75)

Leerlauf: Der Motor läuft, der Wählhebel findet sich in Stellung «P» oder «N», das Kfz steht still. Alle Kupplungen und Bremsen sind gelöst. Das Turbinenrad des hydrodynamischen Drehmomentwandlers treibt über die Antriebswelle (1) den Rollenfreilauf (2). Der Freilauf sperrt und treibt das vordere Sonnenrad (3). Das Sonnenrad dreht die kurzen Planetenräder (4) in entgegengesetzter Drehrichtung, diese die langen Planetenräder (5) wieder in Motordrehrichtung. Die langen Planetenräder nehmen das Hohlrad (6) in Motordrehrichtung mit, das hintere Sonnenrad (7) mit der daran befestigten Bremstrommel drehen sie in entgegengesetzter Drehrichtung. Der Planetenradträger (8), der über die Abtriebswelle (9) drehfest mit den angetriebenen Hinterrädern des Kfz verbunden ist, steht still (Bild 5.76).

Im **1. Gang** in der Wählhebelstellung «D» ist die Bandbremse (10) festgezogen. Die Antriebswelle (1) treibt über den sperrenden Rollenfreilauf (2) das vordere Sonnenrad (3). Dieses dreht die kurzen Planetenräder (4) in entgegengesetzter Drehrichtung, diese die langen Planetenräder

Bild 5.75 Aufbau und Wirkungsweise des Planetengetriebes mit Ravigneaux-Planetenradsatz der Opel-Automatik

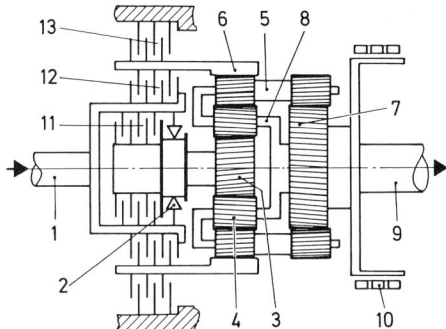

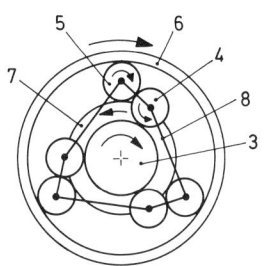

Bild 5.76 Leerlauf

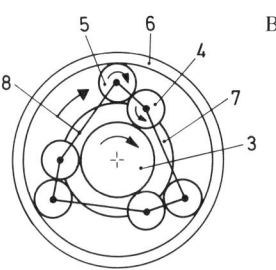

Bild 5.77 1. Gang

(5) wieder in Motordrehrichtung. Das hintere Sonnenrad (7) ist durch die festgezogene Bandbremse (10) gehäusefest und dient als Drehmomentabstützung. Die langen Planetenräder (5) wälzen sich darauf ab und nehmen über den Planetenradträger (8) die Abtriebswelle (9) in Motordrehrichtung mit. Das Hohlrad (6) wird von den langen Planetenrädern kräftefrei mitgedreht. Im Schiebebetrieb wird der Rollenfreilauf (2) überholt, die Bremswirkung des Motors wird nicht genutzt (Bild 5.77).

Im 1. Gang in Wählhebelstellung «1» erfolgt der Kraftfluß von der Antriebswelle (1) über die eingerückte Kupplung (11) auf das Sonnenrad (3). Der Kraftfluß im Planetensatz ist der gleiche wie in der Wählhebelstellung «D». Im Schiebebetrieb wird die Bremswirkung des Motors genutzt.

Im 2. Gang ist in den Wählhebelstellungen «D» oder «2» die Kupplung (12) eingerückt, die Bandbremse (10) festgezogen. Der Kraftfluß erfolgt von der Antriebswelle (1) über die eingerückte Kupplung (12) auf das Hohlrad (6). Das Hohlrad dreht die langen Planetenräder (5) in gleicher Drehrichtung, die sich auf dem festgehaltenen hinteren Sonnenrad (7) abwälzen und über den Planetenradträger (8) die Abtriebswelle (9) mitnehmen. Das festgehaltene Sonnenrad (7) wirkt dabei als Drehmomentabstützung. Die kurzen Planetenräder (4) und über diese das vordere Sonnenrad (3) werden kräftefrei mitgedreht. Der Freilauf (2) wird überholt (Bild 5.78).

Im 3. Gang (direkter Gang) sind die Kupplungen (11) und (12) eingerückt, das Bremsband (10) ist gelöst. Der Kraftfluß erfolgt von der Antriebswelle (1) sowohl über die eingerückte Kupplung (11) und den Freilauf (2) auf das vordere Sonnenrad (3) als auch über die eingerückte Kupplung (12) auf das Hohlrad (6). Sonnenrad und Hohlrad laufen mit gleicher Drehzahl um und nehmen über die Planetenräder (4) und (5) den Planetenträger (8) und damit die Abtriebswelle (9) mit gleicher Drehzahl mit. Das Planetengetriebe «läuft als Block um», die Ausgangsdrehzahl ist gleich der Eingangsdrehzahl (Übersetzung 1 : 1). Sowohl die kurzen als auch die langen Planetenräder drehen sich dabei nicht um ihre eigenen Achsen. Das hintere Sonnenrad (7) wird kräftefrei mitgedreht (Bild 5.79).

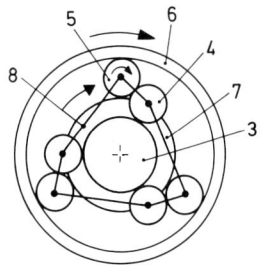 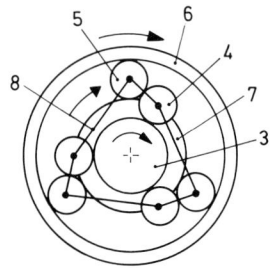 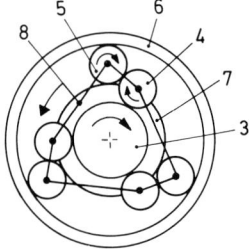

Bild 5.78   2. Gang   Bild 5.79   3. (direkter) Gang   Bild 5.80   Rückwärtsgang
                                                                      (Beschreibung s. Text zu
                                                                      Bild 5.75)

Im **Rückwärtsgang** ist die Lamellenbremse (13) (Rückfahrkupplung nach Opel) festgesetzt, die Kupplung (11) ist eingerückt. Der Freilauf (2) sperrt. Der Kraftfluß erfolgt von der Anriebswelle (1) über die eingerückte Kupplung (11) und den Freilauf (2) auf das vordere Sonnenrad (3). Dies dreht die kurzen Planetenräder (4) in entgegengesetzter Drehrichtung, diese drehen die langen Planetenräder (5) wieder in Motordrehrichtung. Da das Hohlrad (6) durch die festgezogene Lamellenbremse (13) (Rückfahrkupplung) gehäusefest ist und somit als Drehmomentabstützung wirkt, wälzen sich die langen Planetenräder (5) in ihm ab und nehmen über den Planetenradträger (8) die Abtriebswelle (9) entgegengesetzt der Motordrehrichtung mit. Das Kfz fährt rückwärts. Das hintere Sonnenrad (7) wird kräftefrei entgegen der Eingangsdrehrichtung mitgedreht (Bild 5.80).

2. ZF-Getriebe 4 HP 22
Den Aufbau dieses Automatikgetriebes stellt Bild 5.81 dar.
Der Kraftverlauf ist schematisch in Bild 5.82 ersichtlich.

Kraftverlauf im **1. Gang** (Bild 5.82a): Kupplung A ist geschlossen, das hintere Hohlrad des Simpson-Planetenradsatzes wird angetrieben. Der Planetenradträger wird durch die Bremskupplung D bzw. den Freilauf festgehalten. Die hinteren Planetenräder treiben das Sonnenrad an und dieses treibt wiederum die vorderen Planetenräder an. Dadurch wird das Hohlrad des vorderen Planetenradsatzes mitgenommen und treibt den Planetenradträger des Einzelplanetenradsatzes an. Durch die geschlossene Kupplung E werden das Hohlrad mit Abtriebswelle und das Sonnenrad des Einzelplanetenradsatzes miteinander verblockt. Der Planetenradsatz mit der Abtriebswelle läuft als geschlossene Einheit um
    Kraftverlauf im **2. Gang** (Bild 5.82b): Kupplung A ist geschlossen, das hintere Hohlrad des Simpson-Planetenradsatzes wird angetrieben. Das Sonnenrad wird durch die Bremskupplungen C' und C festgehalten. Das Hohlrad treibt die hinteren Planetenräder an, die sich auf dem festgehaltenen Sonnenrad abwälzen. Über den mitgenommenen Planentenradträger wird das vordere Hohlrad ebenfalls mitgenommen, und der Einzelplanetenradsatz, der wie im 1. Gang als geschlossene Einheit umläuft, wird angetrieben.
    Kraftverlauf im **3. Gang** (Bild 5.82c): Die Kupplungen A und B sind geschlossen. Dadurch werden das hintere Hohlrad des Simpson-Planetenradsatzes und das Sonnenrad gleichzeitig angetrieben. Da die Planetenräder sich jetzt nicht um ihre eigene Achse drehen können, läuft der gesamte Planetenradsatz als geschlossene Einheit um. Das gleiche gilt auch wie im 1. und 2. Gang für den Einzelplanetenradsatz: Eingangsdrehzahl gleich Ausgangsdrehzahl, also direkter Gang.
    Kraftverlauf im **4. Gang** (Bild 5.82d): Die Kupplungen A und B sind geschlossen und der Simp-

476   *Kraftübertragung*

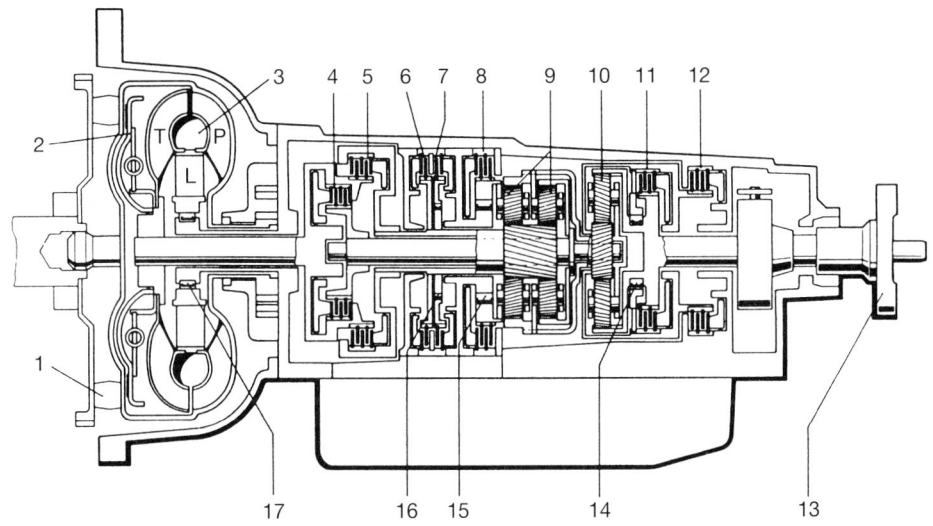

Bild 5.81 Aufbau des Automatikgetriebes 4 HP 22

1 Antrieb
2 Wandler-Überbrückungskupplung
3 hydrodynamischer Drehmomentwandler
P Pumpenrad
L Leitrad
T Turbinenrad
4 umlaufende Lamellenkupplungen A
5 umlaufende Lamellenkupplungen B
6 feststehende Lamellenkupplungen C'
7 feststehende Lamellenkupplungen C
8 feststehende Lamellenkupplungen D
9 Planetenradsatz
10 Planetenradsatz für 4. Gang
11 umlaufende Lamellenkupplung E
12 feststehende Lamellenkupplung F
13 Abtrieb
14 Freilauf
15 Freilauf
16 Freilauf
17 Freilauf

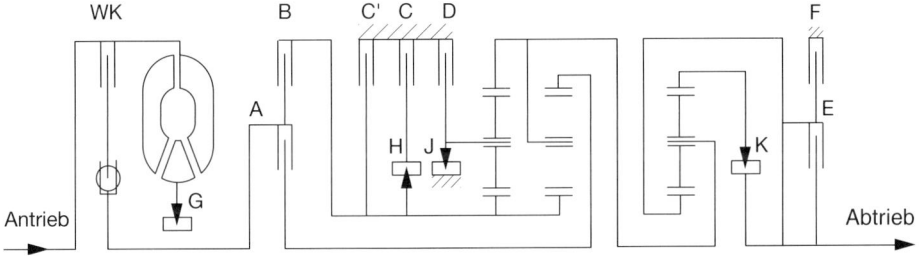

Bild 5.82 Schematische Darstellung des Kraftverlaufs im Automatikgetriebe 4 HP 22 EH

son-Planetenradsatz läuft als geschlossene Einheit um. Im Einzelplanetenradsatz wird über die Bremskupplung F das Sonnenrad festgehalten. Der Planetenradträger, der vom vorderen Planetenradsatz angetrieben wird, nimmt die Planetenräder mit, die sich auf dem feststehenden Sonnenrad abrollen und das Hohlrad mit Abtriebswelle antreiben. (Schongang, Übersetzung ins Schnelle.)

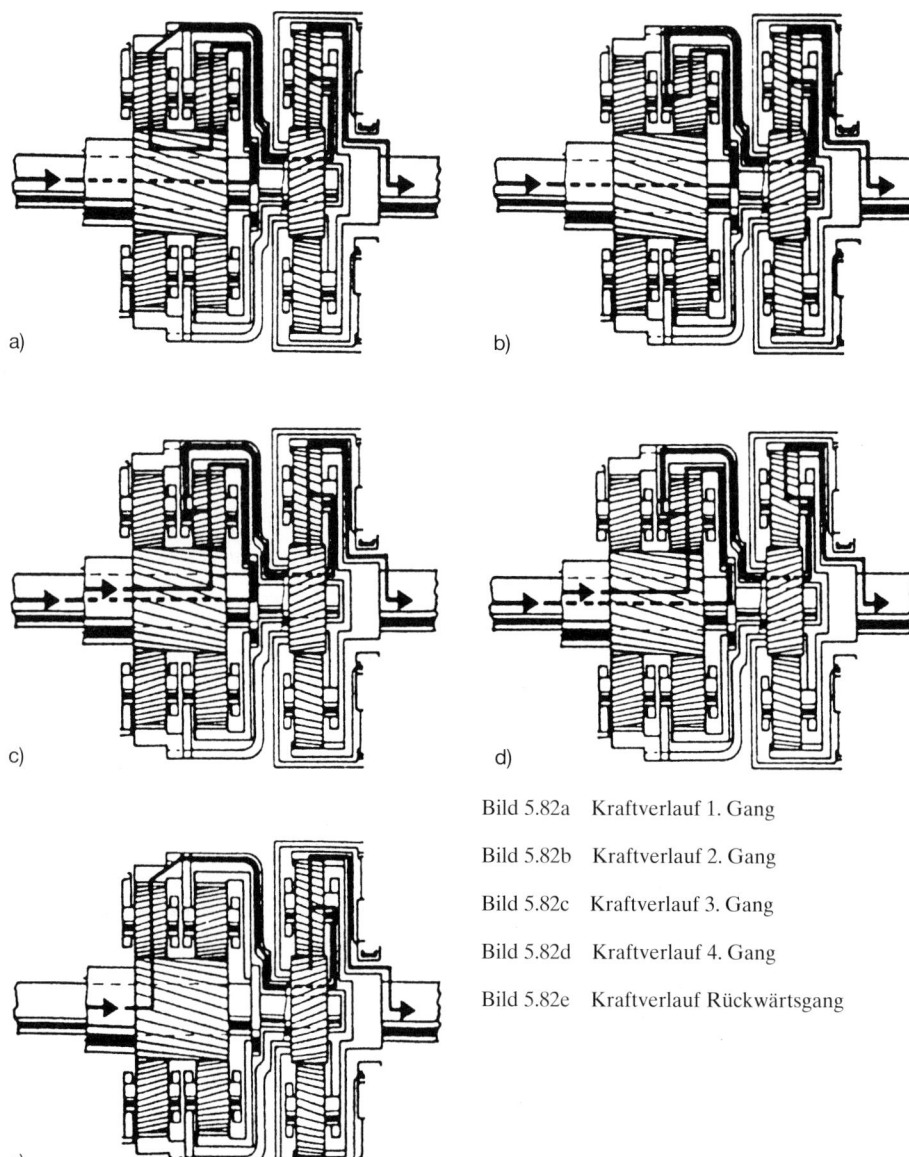

a)

b)

c)

d)

Bild 5.82a   Kraftverlauf 1. Gang

Bild 5.82b   Kraftverlauf 2. Gang

Bild 5.82c   Kraftverlauf 3. Gang

Bild 5.82d   Kraftverlauf 4. Gang

Bild 5.82e   Kraftverlauf Rückwärtsgang

e)

Kraftverlauf im **Rückwärtsgang** (Bild 5.82e): Kupplung B ist geschlossen, und das Sonnenrad des Simpson-Planetenradsatzes wird angetrieben. Über die geschlossene Bremskupplung D wird der Planetenradträger festgehalten. Das Sonnenrad treibt die vorderen Planetenräder an und diese drehen das vordere Hohlrad in entgegengesetzter Drehrichtung. Über die geschlossene Kupplung E ist der Einzelplanetenradsatz verblockt und läuft als geschlossene Einheit in ebenfalls entgegengesetzter Drehrichtung mit.

478   *Kraftübertragung*

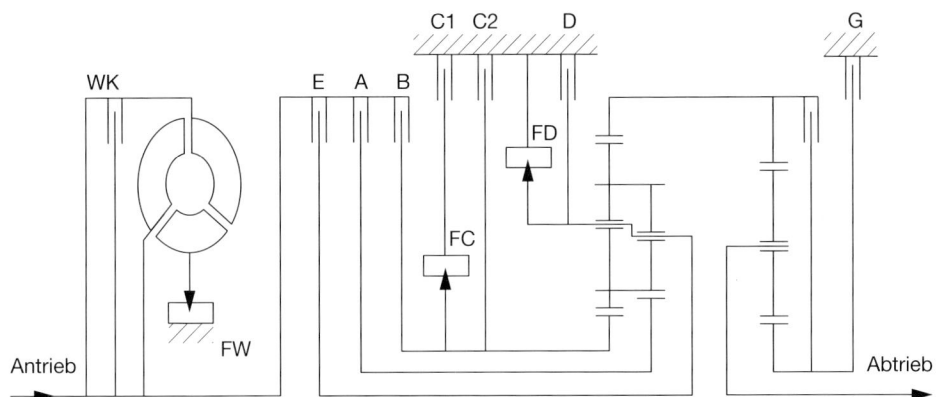

Bild 5.83 Schematische Darstellung des Kraft-
verlaufs im Automatikgetriebe 5 HP-18 EGS
WK Wandlerüberbrückungskupplung
FWFDFC Freiläufe

FABF Antriebskupplungen
C1 DG Brems-(Festhalte-)Kupplungen
C2 Bremsband

3. ZF-Getriebe 5 HP 18

In Bild 5.83 ist der Kraftverlauf schematisch dargestellt.

Kraftverlauf im **1. Gang:** Die Kupplung A ist geschlossen, der Antrieb erfolgt auf das große Sonnenrad des Ravigneaux-Planetenradsatzes. Dieses treibt die kleinen Planetenräder und diese die großen Planetenräder an. Der Planetenradträger wird über den Freilauf der Bremskupplung D gehalten. Die großen Planetenräder greifen in das Hohlrad des Ravigneaux-Planetenradsatzes ein und treiben es an. Das Hohlrad leitet den Kraftverlauf auf das Hohlrad des Einzelplaneten-radsatzes. Über die Bremskupplung G wird das Sonnenrad festgehalten. Die vom Hohlrad ange-triebenen Planetenräder wälzen sich auf dem feststehenden Sonnenrad ab und nehmen den Pla-netenradträger mit Abtriebswelle mit.

Kraftverlauf im **2. Gang:** Die Kupplung A ist geschlossen, der Antrieb erfolgt auf das große Son-nenrad. Über die Bremskupplung C1 (schaltet die Freilauffunktion aus) und das Bremsband C2 wird das kleine Sonnenrad festgehalten. Das Hohlrad treibt die kleinen Planetenräder und diese die großen Planetenräder an. Die großen Planetenräder wälzen sich auf dem feststehenden kleinen Sonnenrad ab und treiben das Hohlrad an. Der weitere Kraftverlauf erfolgt wie im 1. Gang.

Kraftverlauf im **3. Gang:** Hier erfolgt der Kraftverlauf bis zum Hohlrad des Einzelplaneten-radsatzes wie im 2. Gang. Allerdings werden über die Kupplung F das Hohlrad und das Sonnen-rad des Einzelplanetenradsatzes verbunden. Das bedeutet, daß der Einzelplanetenradsatz als komplette Einheit mit Abtriebswelle umläuft.

Kraftverlauf im **4. Gang:** Die Kupplungen A und E sind geschlossen. Dadurch ist der Ravig-neaux-Planetenradsatz verblockt und dreht sich als geschlossene Einheit. Da auch der Einzelpla-netenradsatz durch die Kupplung F verblockt ist, laufen beide Planetenradsätze als geschlossene Einheit um. Eingangsdrehzahl gleich Ausgangsdrehzahl, also direkter Gang.

Kraftverlauf im **5. Gang:** Kupplung E ist geschlossen. Der Antrieb erfolgt auf den Planetenträ-ger des Ravigneaux-Planetenradsatzes. Das kleine Sonnenrad wird durch die Bremskupplung C2 festgehalten. Die großen Planetenräder wälzen sich auf dem feststehenden kleinen Sonnenrad ab und treiben das Hohlrad an. Der weitere Kraftverlauf geht auf das Hohlrad des Einzelplaneten-radsatzes, der auch jetzt als geschlossene Einheit umläuft (Schongang, Übersetzung ins Schnelle).

Kraftverlauf im **Rückwärtsgang:** Die Kupplung B ist geschlossen. Der Antrieb erfolgt auf das kleine Sonnenrad des Ravigneaux-Planetenradsatzes. Der Planetenradträger wird über die Bremskupplung D festgehalten und kann seine Position nicht verändern. Dadurch treiben die Planetenräder das Hohlrad in entgegengesetzter Drehrichtung an. Diese entgegengesetzte Drehrichtung setzt sich auf das Hohlrad des Einzelplanetenradsatzes fort. Da über die Bremskupplung G das Sonnenrad festgehalten wird, wälzen sich die Planetenräder auf ihm ab und nehmen den Planetenradträger mit Abtriebswelle in Rückwärtsdrehrichtung mit.

5.3.8   Hydraulikeinrichtung

Sie ist der weitaus komplizierteste Bestandteil eines jeden Automatikgetriebes. In dem hier zur Verfügung stehenden Raum soll nur die – für alle Getriebe gleichermaßen gültige – grundsätzliche Arbeits- und Wirkungsweise beschrieben werden.

Ölpumpe (Bild 5.84)
Ausgeführt als Exzenter-Zahnrad- oder Mondsichelpumpe, ist sie unlösbar mit der Motorkurbelwelle verbunden. Das von ihr geförderte Drucköl – ATF = **a**utomatic **t**ransmission **f**luid – wird im Automatikgetriebe für verschiedene Funktionen verwendet, und zwar als:

❒ Arbeits- und Kühlflüssigkeit im Wandler,
❒ Erzeuger von Druckkraft zum Einrücken der Kupplung im Drehmomentwandler mit integrierter Überbrückungskupplung,
❒ Schmieröl für die Planetenradsätze,
❒ Arbeitsöl zur Erzeugung von Druckkräften, wie sie z.B. für das Anpressen der Arbeitskolben in Lamellenkupplungen und Band- und Lamellenbremsen nötig sind, und
❒ Arbeitsöl in der hydraulischen Getriebesteuerung.

Die Ölpumpe ist – wie auch die Ölpumpe des Motors – mit einem Überdruckventil ausgerüstet.

Hydraulische Getriebesteuerung
Sie sorgt dafür, daß im normalen Fahrbetrieb die Schaltvorgänge zum jeweils richtigen Zeitpunkt stattfinden. Das geschieht durch zwei Steuerungselemente:

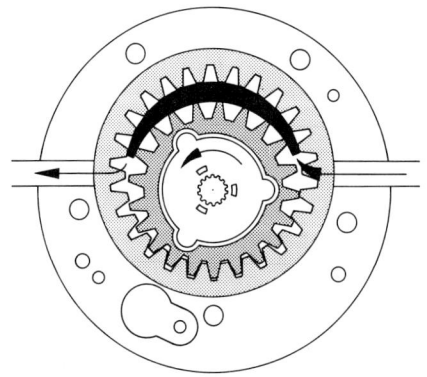

Bild 5.84 Exzenterzahnrad- oder Mondsichelpumpe zur Ölversorgung von Automatikgetrieben. Der Vorteil liegt in der flachen Bauweise sowie darin, daß die Antriebswelle für das Planetengetriebe (Turbinenwelle) problemlos durch das innere Stirnzahnrad hindurchgeführt werden kann, wodurch sich die Pumpe unmittelbar hinter dem Wandler anordnen läßt.

a) den **Fliehkraftregler,** der immer drehfest mit den Antriebsrädern des Kfz verbunden ist. Er regelt die Schaltvorgänge *abhängig* von der *Fahrgeschwindigkeit;*

b) den **Gasdruck- oder Modulierdruck-Regelschieber.** Er beeinflußt die Schaltvorgänge durch die *Belastung des Motors* (Drosselklappenstellung und Druck im Saugrohr).

Als *Raufschaltpunkte* werden die *Fahrgeschwindigkeiten* des Kfz bezeichnet, bei denen das Getriebe in den nächstgrößeren Gang raufschaltet, als *Rückschaltpunkte* die Fahrgeschwindigkeiten, bei denen das Getriebe in den nächstkleineren Gang zurückschaltet.

Da der fahrgeschwindigkeitsabhängige Reglerdruck und der lastabhängige Modulierdruck auf Schaltventile im Schaltschiebergehäuse wirken, kommt eine Schaltung dann zustande, wenn einer der beiden Drücke den anderen übersteigt.

Beispiel
Das Fahrzeug steht. Der Reglerdruck ist gleich Null. Wird beim Anfahren leicht Gas gegeben (Drosselklappe nur gering geöffnet), gelangt auch nur ein geringer Modulierdruck zu dem entsprechenden Schaltventil. Um jetzt eine Schaltung durchzuführen, ist ein relativ geringer Reglerdruck (geringe Fahrgeschwindigkeit) erforderlich, der den anstehenden Modulierdruck überwindet. Das Fahrzeug schaltet sehr schnell hoch. Wird hingegen stark beschleunigt (Drosselklappe voll geöffnet, Saugrohrdruck geht gegen null), wird der maximale Modulierdruck am Schaltventil wirksam. Das Fahrzeug muß jetzt erheblich schneller fahren, um den erforderlichen Reglerdruck, der zum Umschalten nötig ist, zu erreichen. Das Fahrzeug schaltet wesentlich später in den nächsthöheren Gang.

Schaltpunkte können durch den Fahrer auf unterschiedliche Weise beeinflußt werden: durch

- die Wählhebelstellung,
- die Fahrpedalstellung (Drosselklappenstellung),
- die Kick-down-Einrichtung,
- den Programmwahlschalter (bei modernen Getrieben).

Kick-down-Einrichtung (Übergasgeben)
Durch diese Einrichtung wird erreicht, daß das Getriebe erst bei höherer Fahrgeschwindigkeit als normal hochschaltet bzw. schneller in den nächstniedrigeren Gang zurückschaltet. Die Betätigung der Kick-down-Einrichtung erfolgt durch ein weiteres Durchtreten des Gaspedals über die Vollgasstellung hinaus. Dadurch wird zusätzlich entweder mechanisch über Bowdenzug, der auf einen Schaltschieber wirkt, oder elektrisch über einen Schalter, der auf ein Magnetventil wirkt, der bisherige Modulierdruck, jetzt Kick-down-Druck genannt, erhöht. Dieser wirkt dem Reglerdruck entgegen und steuert im Schaltschiebergehäuse entsprechende Ventile um.

Wählhebelstellung und Schaltprogramme

P Parksperre, Anlaßstellung
R Rückwärtsgang
N Leerlauf, Anlaßstellung
D Drive; das Getriebe schaltet selbständig alle Fahrstufen hoch oder runter
3 Das Getriebe schaltet nur bis zum dritten Gang hoch
2 Das Getriebe schaltet nur bis zum zweiten Gang hoch
1 Das Getriebe bleibt im ersten Gang

Programmwahlschalter (bei elektronisch-hydraulisch gesteuerten Getrieben): Bei verschiedenen Automatikgetrieben gibt es einen sogenannten Programmwahlschalter, der folgende Positionen aufweisen kann:

E Ökonomie (wirtschaftliches Fahren)
S Sport (sportliches Fahren). In dieser Stellung findet eine Verlagerung der Schaltpunkte nach oben statt, das bedeutet, daß das Getriebe erst bei höherer Fahrgeschwindigkeit hochschaltet und eher in den nächstniedrigeren Gang zurückschaltet.
Wintersymbol: In dieser Stellung wird die über den Wählhebel eingelegte Fahrstufe gehalten. Das Automatikgetriebe schaltet weder hoch noch runter (Winterprogramm).

Parksperre: Hierbei handelt es sich um eine mechanische Einrichtung im Automatikgetriebe. Auf der Abtriebswelle des Automatikgetriebes befindet sich das sogenannte Parksperrenrad. An seinem Umfang sind Nuten eingefräst, in die bei Stellung «P» des Wählhebels eine sogenannte Sperrklinke eingreift. Dadurch wird das Fahrzeug gegen Wegrollen gesichert (Bild 5.85). Die Parksperre darf nur bei Fahrzeugstillstand eingelegt werden.

Ölstandskontrolle: Bei der Ölstandskontrolle sowie beim Ölwechsel im Automatikgetriebe sind unbedingt die Herstellerangaben zu beachten. Ist ein Ölmeßstab vorhanden, muß das Fahrzeug zur Ölstandskontrolle üblicherweise betriebswarm sein. Der Ölstand wird festgestellt und mit der vorhandenen Markierung verglichen.

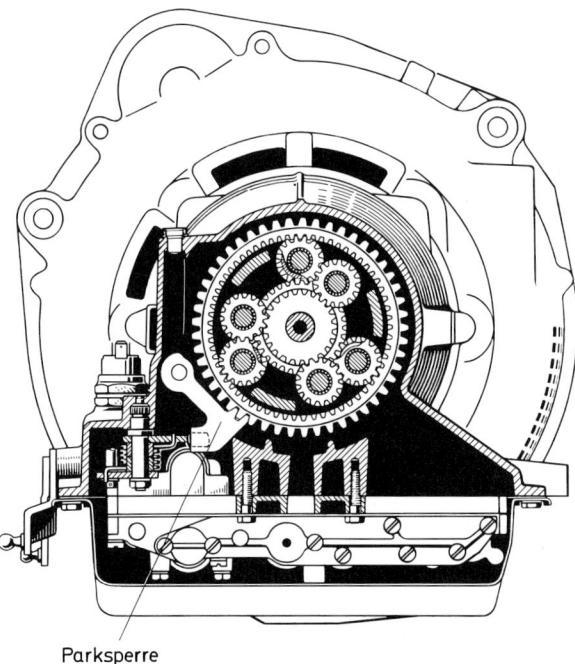

Bild 5.85 Die Parksperre ist eingelegt. Außerdem sind die Zahnräder eines Planetenradsatzes nach RAVIGNEAUX zu erkennen.

Parksperre

Elektronisch-hydraulische Steuerung (ZF 4 HP 22 EH)

Nach der rein hydraulischen Getriebesteuerung werden jetzt in modernen Getrieben auch elektronisch-hydraulische Steuerungen verbaut. Die Vorteile liegen in der besseren Anpassung der Schaltkennlinien. Der Schaltkomfort wird durch Absenkung des Motordrehmomentes während des Schaltens gesteigert. Weiterhin können über einen Programmwahlschalter drei verschiedene Programme entsprechend den Anforderungen und den äußeren Bedingungen gewählt werden (siehe oben «Programmwahlschalter»).

Die Einflußgrößen zur Bestimmung der Schaltpunkte als Informationen an das Steuergerät sind aus Bild 5.86 ersichtlich.

Im Steuergerät sind Schaltkennlinien abgelegt, und es findet außerdem ein Zusammenwirken mit dem Motronic-Steuergerät statt. Nach der Auswertung der Informationen durch das Steuergerät werden die Magnetventile im Automatikgetriebe entsprechend dem erforderlichen Gang angesteuert. Dieses gilt auch für das Schließen bzw. Öffnen der Wandlerüberbrückungskupplung. Ein im Automatikgetriebe verbauter Druckregler sorgt in Abhängigkeit von dem zu übertragenden Motordrehmoment für eine definierte Rutschzeit der Kupplungen, wodurch die Schaltqualität gesteigert wird. Die Absenkung des Motordrehmomentes erfolgt durch eine kurzzeitige Zurücknahme des Zündzeitpunktes durch das Motronic-Steuergerät. Bei Ausfall der Elektronik schaltet das Getriebe in den dritten Gang, und die Wandlerüberbrückungskupplung wird, falls notwendig, geöffnet. Über den Wählhebel ist es mechanisch-hydraulisch möglich, die Stellungen «Parken», «Rückwärts», «Neutral» und «3. Gang» zu schalten.

Adaptive Getriebesteuerung (AGS)

Eine Weiterentwicklung der elektronisch-hydraulischen Getriebesteuerung ist die adaptive Getriebesteuerung. Durch die Elektronik wird es möglich, die Gangwahl dem jeweiligen Fahrer und den äußeren Einflüssen besser anzupassen (adaptiv = anpassungsfähig).

Als Einflußgrößen werden die Stellung des Gaspedals, die Geschwindigkeit der Gaspedalbetätigung, die Fahrzeuggeschwindigkeit, die Betätigung der Kick-down-Einrichtung, die auftretende Querbeschleunigung, das Bremsverhalten und die Stellung des Programmwahltasters hinzugezogen (Stellung S = Sportprogramm oder Stellung A = adaptives Schaltprogramm). Diese

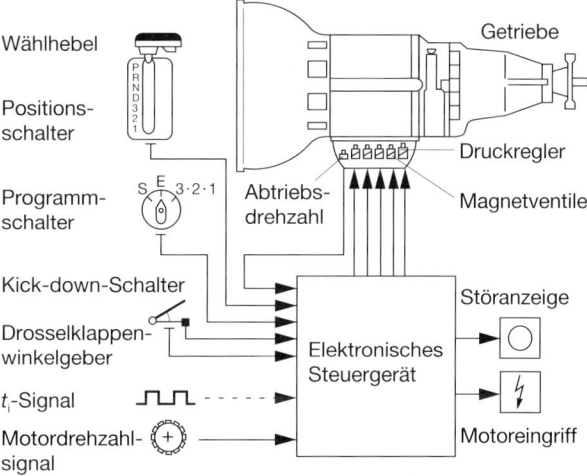

Bild 5.86 Schema der elektronischen Getriebesteuerung für das Automatikgetriebe 4 HP 22 EH (ZF)

Informationen werden vom elektronischen Steuergerät verarbeitet. In diesem sind Schaltprogramme abgelegt, die vom Steuergerät anhand der Einflußgrößen ausgewählt werden, um dann den entsprechenden Gang zu bestimmen. Wenn sich eine dieser Einflußgrößen verändert, wird vom Steuergerät selbsttätig in ein anderes Schaltprogramm gewechselt.

Ähnlich wie die **a**daptive **G**etriebesteuerung (AGS) arbeitet das **d**ynamische **S**chalt**p**rogramm (DSP) bei Automatikgetrieben von Audi. Diese modernen Automatikgetriebe gibt es auch als 5-Gang-Getriebe mit der sogenannten Tiptronic. In der Tiptronic-Ausführung kann der Wählhebel in zwei Wählgassen bewegt werden. Steht der Wählhebel in der linken Wählgasse, werden die Gänge entsprechend der Wählhebelstellung automatisch geschaltet. Führt man den Wählhebel aus der Stellung D in die rechte Wählgasse, genügt ein anschließendes Antippen des Wählhebels, um zu schalten. Wird der Wählhebel nach vorne oder nach hinten angetippt, schaltet das Getriebe einen Gang rauf bzw. einen Gang runter und hält diesen fest (manuelle Schaltung). Bei der aktuellen Ausführung schaltet das Getriebe kurz vor Erreichen der höchsten Motordrehzahl in den nächsthöheren Gang und bei der Kick-down-Betätigung zwecks Beschleunigung kurz zurück.

5.3.9   Stufenloses Automatikgetriebe (CVT = Continuously Variable Transmission)

Im Gegensatz zum herkömmlichen Automatikgetriebe gibt es bei diesem Getriebe (Bild 5.87) keine Abstufung der einzelnen Fahrstufen, sondern über den gesamten Fahrbereich eine stufenlose Übersetzung. Das Motordrehmoment gelangt direkt in das Getriebe. Ein Drehmomentwandler ist nicht vorhanden. Bei einigen Herstellern befindet sich allerdings eine elektronisch

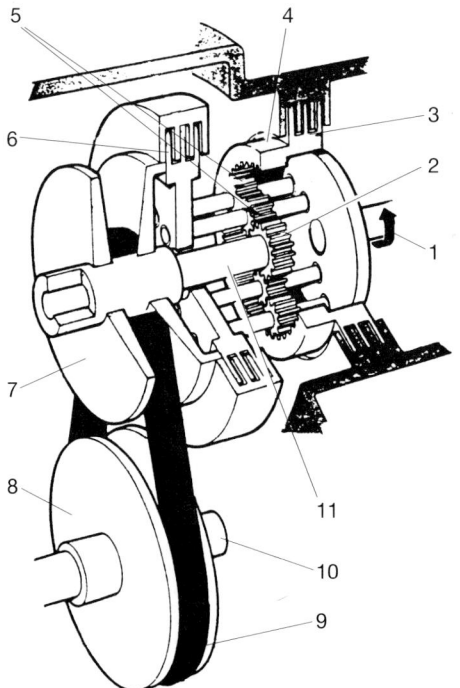

Bild 5.87   Stufenloses Automatikgetriebe (Ford); schematische Darstellung
1 Antriebswelle
2 Sonnenrad
3 Rückwärtsgangkupplung
4 Hohlrad
5 Planetenradträger mit Planetenrädern
6 Vorwärtsgangkupplung
7 Primär-Kegelscheibenpaar
8 Sekundär-Kegelscheibenpaar
9 Schubgliederband
10 Abtrieb zum Reduziergetriebe und Differential
11 Primärwelle

gesteuerte Magnetpulverkupplung zwischen Motor und Getriebe. Von der Antriebswelle wird das Drehmoment über einen Planetenradsatz auf die Primärkegelscheibe geführt. Ein Schubgliederband überträgt das Drehmoment weiter auf die Sekundärkegelscheibe mit Abtriebswelle. Über eine Zwischenwelle gelangt das Drehmoment zum Achsantrieb.

Übersetzungsänderung

Je eine Hälfte der Primär- und der Sekundärkegelscheibe lassen sich durch hydraulischen Druck axial verschieben. Wird zum Beispiel die eine Primärkegelscheibenhälfte mit hydraulischem Druck beaufschlagt und axial verschoben, wird der wirksame Durchmesser für die Schubgliederbandlaufbahn größer. Gleichzeitig wird an der Sekundärkegelscheibenhälfte der hydraulische Druck verringert und damit der wirksame Durchmesser verkleinert. Ein Verändern der Durchmesser an den Kegelscheiben erfolgt also gegenläufig und ermöglicht so die stufenlose Übersetzung. Im Augenblick des Anfahrens weist die Primärkegelscheibe den kleinsten und die Sekundärkegelscheibe den größten Durchmesser auf (größte Übersetzung). Bei Höchstgeschwindigkeit verhält es sich umgekehrt (kleinste Übersetzung).

Die hydraulische Steuerung der stufenlosen Übersetzung hängt von folgenden Einflußgrößen ab:

❐ Wählhebelstellung,
❐ Fahrpedalstellung (Drosselklappenstellung),
❐ Fahrgeschwindigkeit,
❐ Motordrehzahl,
❐ momentane Übersetzung,
❐ Fahrwiderstände.

Im Getriebe befinden sich außerdem zwei Lamellenkupplungen, eine Vorwärtsgang- und eine Rückwärtsgangkupplung. Beim Schließen der Vorwärtsgangkupplung in der Wählhebelstellung «D» und «L» ist der Planetenradsatz verblockt und läuft mit der Antriebswelle als geschlossene Einheit um. Soll rückwärts gefahren werden, wird die Vorwärtsgangkupplung geöffnet und die Rückwärtsgangkupplung geschlossen. Durch diesen Vorgang wird das Hohlrad des Planetenradsatzes mit dem Getriebegehäuse verblockt. Die vom Planetenradträger angetriebenen Planetenräder treiben das Sonnenrad und somit die Primärkegelscheibe entgegen der Eingangsdrehrichtung an.

5.3.10   Halbautomatisches Getriebe

Bei der ZF-Transmatic für Nutzkraftfahrzeuge (Bild 5.88) wird eine Wandler-Schaltkupplung von F & S verwendet. Zum Schalten der Gänge des nachgeschalteten ZF-Synchroma-S-Sechsganggetriebes wird die Trenn- oder Schaltkupplung dabei vom Fahrer über das übliche Kupplungspedal – mit Kraftunterstützung – betätigt. Zusätzlich ist der hydrodynamische Drehmomentwandler, der nach dem Trilok-System arbeitet, mit einer Überbrückungskupplung (Wandlerkupplung in Bild 5.88) ausgerüstet. Diese Kupplung dient dazu, Pumpen- und Turbinenrad des Wandlers mechanisch zu überbrücken, wenn längeres Fahren mit großem Drehzahlunterschied zwischen Pumpen- und Turbinenrad zur Aufheizung des Wandleröls und zur Überhitzung des Getriebes führt. Die Steuerung der Überbrückungskupplung erfolgt automatisch. Durch «Kick-down» kann der Wandler jederzeit wieder eingeschaltet werden, um bei Überholvorgängen mehr Antriebsleistung oder mehr Zugkraft zur Verfügung zu haben.

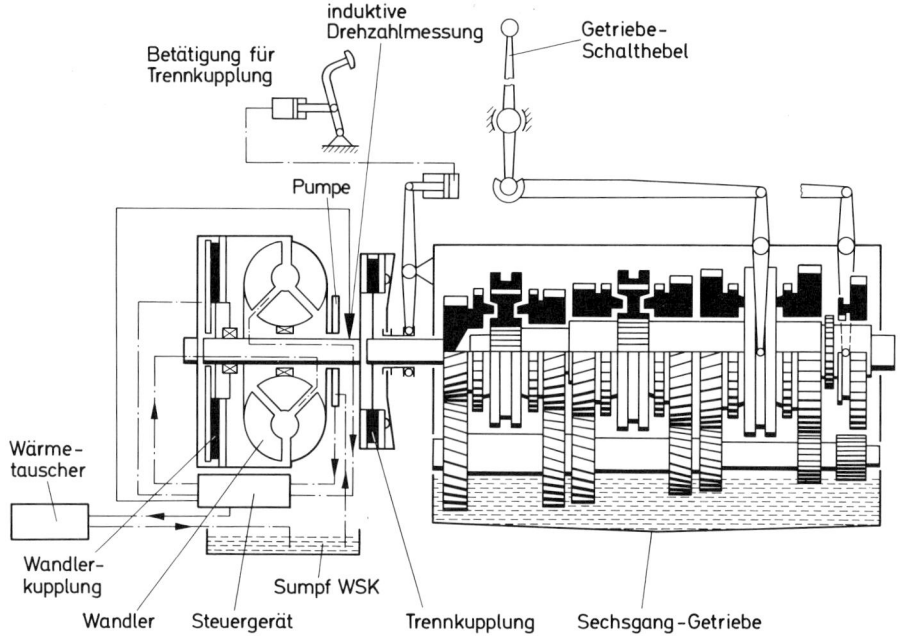

induktive
Drehzahlmessung

Getriebe-
Schalthebel

Betätigung für
Trennkupplung

Pumpe

Wärme-
tauscher

Wandler-
kupplung

Sumpf WSK

Wandler   Steuergerät   Trennkupplung   Sechsgang-Getriebe

Bild 5.88   ZF-Transmatic für Nutzkraftfahrzeuge in schematischer Darstellung

5.3.11   Ab- und Anschleppen von Kfz unter Berücksichtigung der in den zu schleppenden Kfz verwendeten Getriebe

Abschleppen von Kfz mit Getriebeschäden

Bei Kfz in *Standardbauweise* muß die Gelenkwelle am Differential der Hinterachse abgeflanscht und hochgebunden werden.

Bei Kfz mit *Front-* oder *Heckantrieb* muß das Kfz mit den *Antriebsrädern* auf eine Schleppachse gesetzt werden. Oder: Im Kranzug mit Abstützung schleppen, wobei die *Antriebsachse* hochgezogen werden muß.

Abschleppen von Kfz mit Motorschäden

In den weitaus meisten Fällen müssen Kfz aufgrund von Motorschäden abgeschleppt werden.

a) *Abschleppen von Kfz in Standardbauweise* (Motor, Kupplung, Wechselgetriebe, Gelenkwellenstrang und Hinterachsantrieb)

Bei kürzeren Schleppstrecken bis zu etwa 20 km und einer Schleppgeschwindigkeit bis zu etwa 60 km/h macht das Abschleppen keine Probleme. Muß weiter geschleppt werden, sollte man etwa alle 10 km in *ausgekuppeltem Zustand* kurzzeitig den großen Gang einlegen, wieder herausnehmen und vorsichtig wieder einkuppeln. Hierdurch wird bei eingelegtem großen Gang über das Zahnrad der Antriebswelle die Vorgelegewelle gedreht. Deren Zahnräder schleudern dann genügend Öl hoch, so daß die Lager der Gangräder und der Getriebehauptwelle wieder geschmiert werden.

486   *Kraftübertragung*

Soll über längere Strecken und schneller geschleppt werden, ist unbedingt die Gelenkwelle am Hinterachsantrieb abzuflanschen und sicher am Kfz zu befestigen!

Beim Abschleppen von Lkw und Kom sind unbedingt die Angaben des Herstellers über das Abschleppen zu beachten. Evtl. muß das Getriebe zusätzlich mit Öl befüllt werden.

b) *Abschleppen von Kfz mit Heck- oder Fronttriebsätzen*

Das Abschleppen dieser Kfz bringt keinerlei Probleme. Die tiefliegende Abtriebswelle wird angetrieben. Da sie in die Ölfüllung eintaucht, ist die Getriebeschmierung beim Abschleppen genauso gut wie während des normalen Fahrbetriebs. Schleppstrecke und -geschwindigkeit sind getriebeseitig nicht begrenzt.

c) *Abschleppen von Kfz mit vollautomatischen Getrieben*

Die Anweisungen des Kfz-Herstellers über das Abschleppen sind unbedingt zu beachten!

Meist sind Anweisungen für das Abschleppen in der Bedienungsanleitung des betreffenden Kfz enthalten.

Da die Planetenradsätze schmiertechnisch weitaus empfindlicher sind als mechanische Wechselgetriebe, *verbieten* einige Hersteller das *Abschleppen von Kfz mit Automatikgetrieben!*

Als Grundregel kann das gelten, was die Mehrzahl der Hersteller angibt:

❒ Schleppstrecke maximal 50 km,
❒ Schleppgeschwindigkeit maximal 50 km/h.

Soll weiter als 50 km und schneller geschleppt werden, sind die Gelenkwellen – wie bereits vorher beschrieben – abzuflanschen.

Ausnahme: Automatikgetriebe, die mit einer *zweiten Ölpumpe* – der Sekundärpumpe – ausgerüstet sind, lassen sich problemlos abschleppen. Schleppstrecke und -geschwindigkeit sind getriebeseitig nicht begrenzt. Die *Sekundärpumpe* wird nicht vom Motor, sondern von der Antriebswelle des Getriebes angetrieben, die mit den Antriebsrädern des Kfz unlösbar verbunden ist. Rollt das Kfz, wird auch die Sekundärpumpe angetrieben, die dann Öl in den Wandler fördert, das von dort in das Planetengetriebe gelangt und alle Teile schmiert. Sämtliche Typen der bisherigen *automatischen Daimler-Benz-Getriebe* sind so ausgerüstet, so daß das Abschleppen keine Probleme aufwirft.

Abschleppen von Kfz mit halbautomatischen Getrieben

Bei Kfz mit Front- oder Hecktriebsätzen ist das Abschleppen kein Problem. Schleppstrecke und -geschwindigkeit sind getriebeseitig unbegrenzt. (Die Wirkungsweise der Getriebeschmierung ist dieselbe wie unter b) beschrieben.) Bei herkömmlicher Anordnung der Kraftübertragung gilt das bereits unter a) «Abschleppen von Kfz in Standardbauweise» Gesagte.

Anschleppen (Anschieben) von Kfz: Alle *Kfz mit mechanischen Wechselgetrieben* und vom Fahrer zu betätigender *Kupplung* lassen sich problemlos anschleppen.

Anschleppen von Kfz mit vollautomatischen Getrieben: Es ist *grundsätzlich nicht möglich*, da zum Schalten der Gänge *hydraulischer Druck erforderlich ist*. Da der Motor nicht läuft, läuft auch die Ölpumpe nicht. Folglich ist auch kein hydraulischer Arbeitsdruck vorhanden, so daß kein Gang eingelegt werden kann.

Ausnahme: Vollautomatische Getriebe, die mit einer zweiten Ölpumpe – der *Sekundärpumpe* – ausgerüstet sind. Die bisherigen mit automatischem Getriebe ausgerüsteten Kfz von Daimler-Benz lassen sich daher anschleppen. Die erforderliche Schleppgeschwindigkeit liegt dabei allerdings höher als die bei halbautomatischen Getrieben erforderliche.

5.4   Verteilergetriebe

Aufgabe des Verteilergetriebes ist, die vom Wechselgetriebe abgegebene *Antriebskraft* auf die *Hinter-* und die *Vorderachse zu verteilen.*

Zur *Anwendung* gelangen sie in Lastkraftwagen und selbstfahrenden Arbeitsmaschinen, die mit *Allradantrieb* ausgerüstet sind, außerdem in Kfz, die mit permanentem (ständigem) Allradantrieb ausgerüstet sind. Die Anordnung des Verteilergetriebes in einem Lkw 4 × 4 zeigt Bild 5.89 in schematischer Darstellung. 4 × 4 bedeutet, das Kfz hat *vier Räder,* und *vier Räder* sind angetrieben.

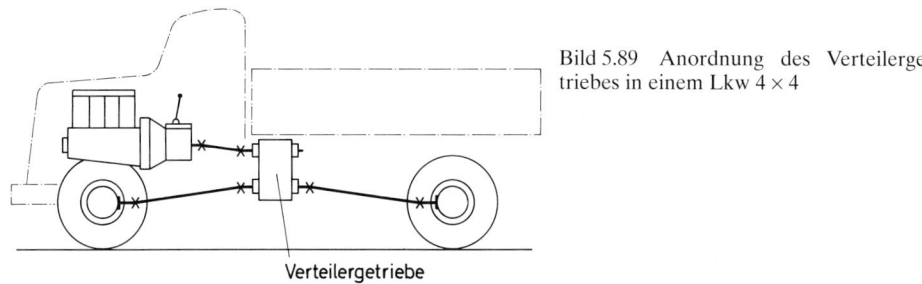

Bild 5.89   Anordnung des Verteilergetriebes in einem Lkw 4 × 4

Verteilergetriebe

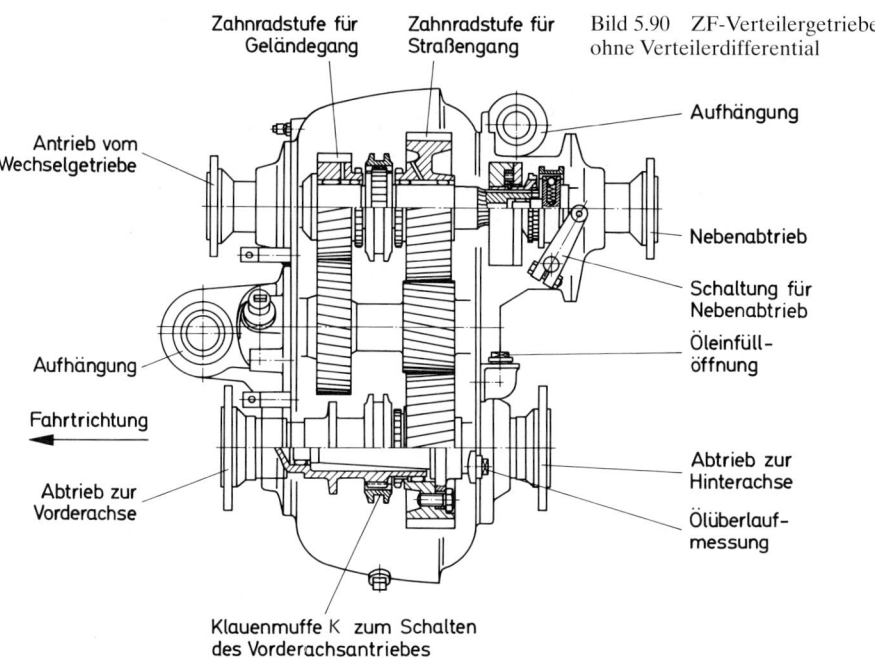

Zahnradstufe für Geländegang

Zahnradstufe für Straßengang

Bild 5.90   ZF-Verteilergetriebe ohne Verteilerdifferential

Antrieb vom Wechselgetriebe

Aufhängung

Nebenabtrieb

Schaltung für Nebenabtrieb

Öleinfüll-öffnung

Aufhängung

Fahrtrichtung

Abtrieb zur Vorderachse

Abtrieb zur Hinterachse

Ölüberlauf-messung

Klauenmuffe K zum Schalten des Vorderachsantriebes

Alle Verteilergetriebe in schweren Lastkraftwagen sind mit einer mechanischen *Klauenmuffenschaltung für zwei Gänge* ausgerüstet: *Straßengang* und *Geländegang* (Bild 5.90). Der Unterschied zwischen den beiden Übersetzungen richtet sich sowohl nach Motorleistung und zulässigem Gesamtgewicht des betreffenden Kfz als auch nach dessen Verwendungszweck.

Von Sonderbauarten abgesehen, unterscheidet man *zwei Grundausführungen von Verteilergetrieben:*

a) Getriebe *ohne* Verteilerdifferential, mit wahlweise zuschaltbarem Vorderachsantrieb (Bild 5.90),
b) Getriebe *mit* Verteilerdifferential und zuschaltbarer Differentialsperre für den Vorderachsantrieb (Bild 5.91).

Zu a) Bei eingeschaltetem Vorderachsantrieb (Klauenmuffe K in Bild 5.90 nach rechts geschoben) sind Vorder- und Hinterachse sowohl im Straßen- als auch im Geländegang *starr* (ohne Ausgleich) miteinander verbunden. Dabei tritt eine Verspannung zwischen Vorder- und Hinterachsantrieb auf, da die wirksamen Halbmesser der Vorder- und Hinterräder niemals genau gleich groß sind – unterschiedliche Achslastverteilung. Durch die Verspannung werden die Achstriebe zusätzlich belastet. Sollte ein Ausschalten des Vorderachsantriebes nicht möglich sein, muß man kurz rückwärts fahren. Dadurch wird die Verspannung vorübergehend aufgehoben, so daß bei leichtem andauerndem Druck auf den Schalthebel das Ausschalten des Vorderachsantriebes erfolgen kann.

Zu b) Das Verteilerdifferential (D in Bild 5.91) bewirkt eine Drehmomentverteilung sowohl im Straßen- als auch im Geländegang von 33% auf den Vorder- und 67% auf den Hinterachsantrieb. Das Verteilerdifferential D ist als Stirnraddifferential ausgebildet und mit einer zusätzlichen

Bild 5.91 Dreiwellen-Verteilergetriebe
mit Verteilerdifferential (D)
Sp Differentialsperre
5   Nebenabtrieb
6   Schaltung für Nebenabtrieb

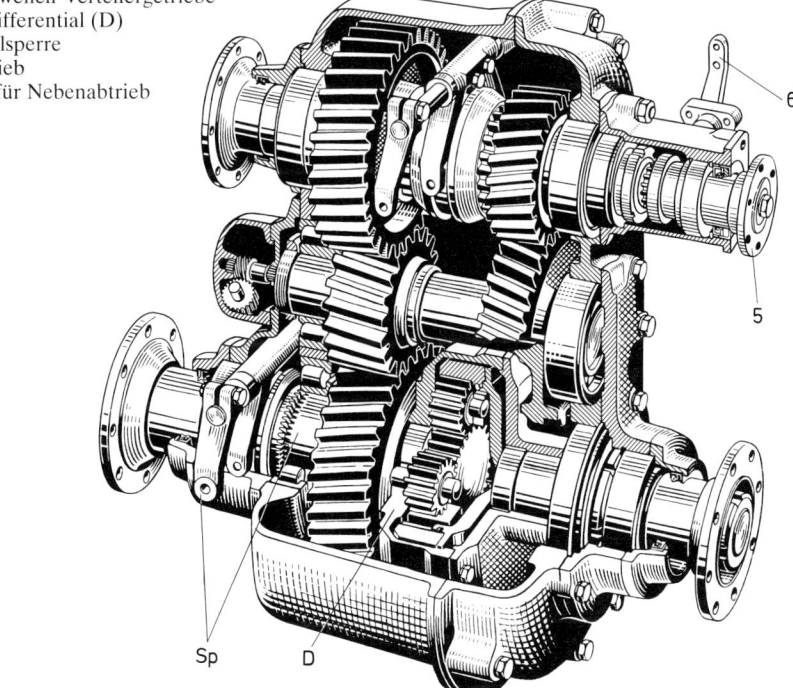

Sperre (SP) für den Vorderachsantrieb ausgerüstet, die mechanisch betätigt wird. Sie dient dazu, in schwerem Gelände das Durchdrehen einer Achse zu verhindern. Mit eingeschalteter Sperre ist auch bei diesem Getriebe eine Verspannung zwischen Vorder- und Hinterachsantrieb nicht zu vermeiden. Die Schalteinrichtung der Differentialsperre ist jedoch konstruktiv so ausgelegt, daß sie sich trotz Verspannung ausschalten läßt.

Verteilergetriebe können mit einem zusätzlichen Nebenabtrieb (5 in Bild 5.91) ausgerüstet werden, der sich so schalten läßt, daß er sowohl bei stillstehendem als auch bei fahrendem Kfz mitläuft.

Man unterscheidet *Dreiwellen-* und *Zweiwellen*verteilergetriebe. Beim Zweiwellenverteilergetriebe entfällt die Zwischenwelle aus den Bildern 5.90 und 5.91.

Zweiwellenverteilergetriebe gelangen in Kfz mit sehr hohen Motordrehmomenten zur Anwendung. Bedingt durch den Fortfall der Zwischenwelle ist die Ausgangsdrehrichtung des Verteilergetriebes entgegengesetzt der Eingangsdrehrichtung, was bei den Achsantrieben durch Umsetzen des Tellerrades zu berücksichtigen ist.

5.5   Viscokupplung/Viscosperre

Die Viscokupplung bzw. Viscosperre (Bild 5.92) kann zu unterschiedlichen Zwecken eingesetzt werden, z.B. anstelle eines Verteilergetriebes (siehe Golf Synchro) oder als Differentialsperre für Mittel- und Achsdifferentiale.

Aufbau: Die Viscokupplung besteht aus einem Gehäuse und einer Nabe. Im Gehäuse befinden sich gelochte Außenlamellen, die drehfest mit dem Gehäuse verbunden sind, und geschlitzte Innenlamellen, die drehfest mit der Nabe verbunden sind. Die Lamellen sind abwechselnd angeordnet und berühren sich nicht. Das Gehäuse ist mit Silikonflüssigkeit gefüllt, nach außen hin abgedichtet und somit wartungsfrei. Der Antrieb erfolgt auf das Gehäuse, der Abtrieb über die Nabe.

Wirkungsweise: Wird das Gehäuse angetrieben, werden so die Außenlamellen mitgenommen, so daß zwischen Außen- und Innenlamellen ein sogenannter Schereffekt entsteht, d.h., die sich im Gehäuse befindliche Silikonflüssigkeit, die an den Lamellen haftet, wird abgeschert. Die Viskosität (Zähflüssigkeit) der Silikonflüssigkeit ist so groß, daß bei größeren Drehzahlunterschieden

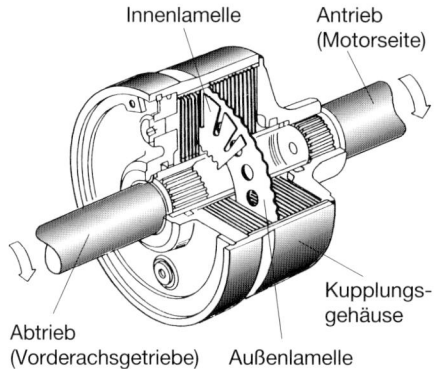

Innenlamelle   Antrieb
(Motorseite)

Kupplungs-
gehäuse

Abtrieb
(Vorderachsgetriebe)   Außenlamelle

Bild 5.92 Viscokupplung

die Innenlamellen von der Silikonflüssigkeit mitgenommen werden. Mit steigender Temperatur und steigendem Druck erhöht sich die Viskosität und somit die Scherfestigkeit, so daß es zu einer fast 100%igen Sperrwirkung kommt.

5.6　Torsen-Sperrdifferential (Audi)

Die Firma Gleason leitete den Namen Torsen von den beiden englischen Wörtern **Tor**que **Sen**sing (drehmomentfühlend) ab.

Bei diesem Differential hat man das Prinzip des Schneckentriebs genutzt (Bild 5.93).

Grundsätzlich kann beim Schneckentrieb nur die Schnecke das Schneckenrad antreiben, aber nicht umgekehrt.

Durch eine Veränderung des Steigungswinkels der Schnecke wird es aber möglich, vom Schneckenrad aus die Schnecke anzutreiben (z.B. Schneckenlenkung). Das bedeutet: Je steiler der Steigungswinkel der Schnecke ist, desto geringer ist die Selbsthemmung.

Aufbau und Wirkungsweise

Im Differentialkorb befinden sich drei Achspaare mit je zwei Schneckenrädern und vier Stirnrädern sowie zwei Schnecken. Jedes Schneckenrad ist mit seinen beiden Stirnrädern starr verbunden.

Die sechs Achsen sind im Differentialkorb gelagert.

Eine Schnecke ist mit dem Triebling für den Vorderachsantrieb verbunden, die andere mit dem Gelenkwellenflansch für den Hinterachsantrieb.

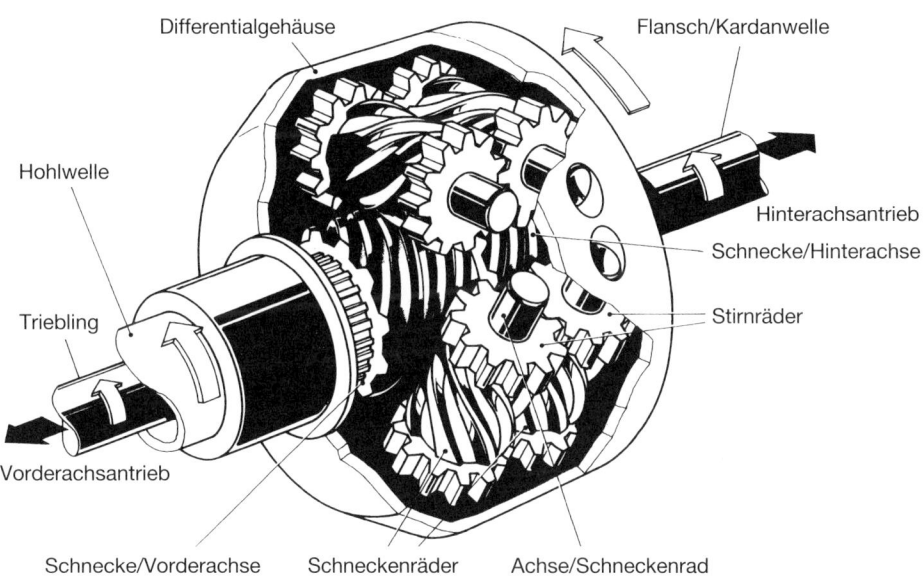

Bild 5.93　Torsen-Differential (Audi)

Der angetriebene Differentialkorb nimmt über Schneckenradachsen die Schneckenräder mit. Diese wiederum treiben die beiden Schnecken für den Vorder- und Hinterachsantrieb an.

Bei auftretenden Drehzahldifferenzen (z.B. Kurvenfahrt) erfolgt ein Drehzahlausgleich über die Stirnräder zwischen Vorder- und Hinterachse.

Die schneller drehende Schnecke treibt die drei Schneckenräder an. Über die miteinander im Eingriff stehenden Stirnräder werden die anderen drei Stirnräder mitgenommen und drehen die zweite Schnecke entsprechend langsamer.

Ein Durchdrehen der Achse mit der geringeren Bodenhaftung wird verhindert, da sie sich über die Stirnräder an der Achse mit der besseren Bodenhaftung abstützen kann.

Das Torsen-Differential ist so ausgelegt, daß die Drehmomentübertragung von der einen zur anderen Achse max. im Verhältnis 1:3,5 erfolgt.

Beispiel: Antriebsdrehmoment 270 Nm
Die Achse mit der geringeren Bodenhaftung überträgt 60 Nm, die Achse mit der besseren Bodenhaftung 3,5mal soviel, also 210 Nm.

5.7   Kardan- oder Gelenkwellen

Zur Übertragung der Antriebskraft vom vornliegenden Motor und Getriebe auf die Hinterachse sind Gelenkwellen (Kardanwellen) erforderlich, weil die Bewegungen der Antriebsachse während der Fahrt eine starre Kraftübertragung ausschließen.

An Antriebsachsen mit Einzelradaufhängung sind außerdem Gelenkwellen zur Kraftübertragung vom Differential zu den Antriebsrädern erforderlich. Bei Frontantrieb müssen die Übertragungsgelenke an den Rädern zusätzlich sehr große Beugungswinkel zulassen, um müheloses Einparken und Rangieren zu ermöglichen.

Der **Beugungswinkel** ist der höchstzulässige Winkel zwischen der *treibenden* Welle, der Welle vor dem Gelenk, und der *getriebenen* Welle, der Welle hinter dem Gelenk (siehe Bild 5.94).

Bei den heutigen Kraftfahrzeugen ist die Gelenkwelle meist mehrteilig – zwei- oder dreiteilig – ausgeführt. Man spricht vom *Gelenkwellenstrang.* Die Zwischenlager (Stützlager), wälzgelagert, sind elastisch, sehr weich in Gummi am Fahrgestell bzw. an dem selbsttragenden Aufbau befestigt. Die Lagerung in weichem Gummi dient dazu, Dröhngeräusche zu vermeiden. Einige Ausführungen von Gelenkwellenzwischenlagern zeigt Bild 5.95.

5.7.1   Gelenkwellen mit Kreuzgelenken

Bei angetriebenen Starrachsen ist jede Gelenkwelle an ihren Enden mit je einem Kreuzgelenk versehen zur Aufnahme der unterschiedlichen Winkelstellung der Antriebsachse gegenüber dem Fahrgestell oder dem selbsttragenden Aufbau (Bild 5.94).

Nur ein einfaches Kreuzgelenk am einen Ende der Gelenkwelle würde zwar die Drehrichtung in eine neue Richtung übertragen, am anderen (gelenklosen) Ende aber eine dem jeweiligen Beugungswinkel entsprechende ungleichförmige Drehbewegung bewirken. Um die durch den Beugungswinkel hervorgerufene ungleichförmige Drehbewegung der Gelenkwelle wieder in eine gleichförmige Drehbewegung umzuwandeln, ist das zweite Kreuzgelenk am Ende der Gelenkwelle erforderlich.

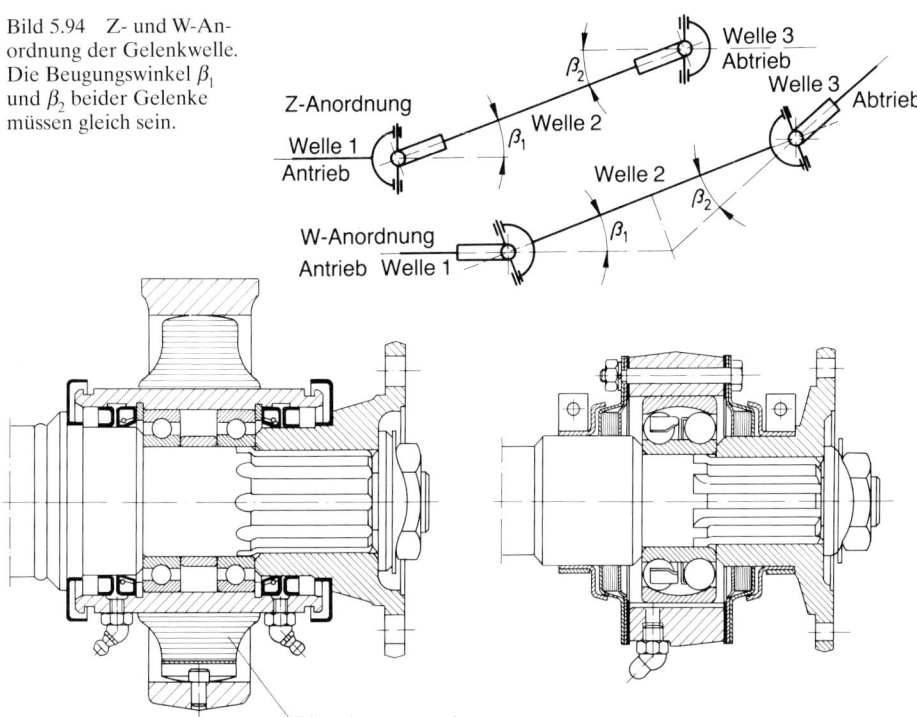

Bild 5.94 Z- und W-Anordnung der Gelenkwelle. Die Beugungswinkel β_1 und β_2 beider Gelenke müssen gleich sein.

Bild 5.95 Ausführung von Gelenkwellen-Zwischenlagern

Wichtig ist dabei *die richtige Lage beider Kreuzgelenke zueinander.* Die beiden Gelenkgabeln der Welle müssen unbedingt in ein und derselben Ebene liegen, da sich sonst bei Ablenkung der Gelenkwelle die Ungleichförmigkeit der Drehbewegung weiter verstärkt. Bei einem Versatz der Gelenkgabeln um 90° erreicht die Drehbewegung ihre größte Ungleichförmigkeit. Schneller Verschleiß der Kraftübertragungsteile, Kreuzgelenke, Zahnräder und Antriebswellen, wäre die Folge. Außerdem stimmt die Auswuchtung der Gelenkwelle dann nicht mehr, starke Geräuschbildung und Schwingungen, die man bis ins Lenkrad spürt, sind die Folge.

Um den richtigen Zusammenbau von Gelenkwellen und Schiebestück zu gewährleisten, sind beide Teile in der richtigen Stellung durch Pfeile markiert. Den richtigen Zusammenbau einer Gelenkwelle zeigt Bild 5.96.

Bild 5.96 Richtiger Zusammenbau einer Gelenkwelle

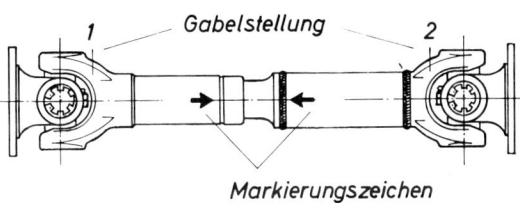

Kardan- oder Gelenkwellen 493

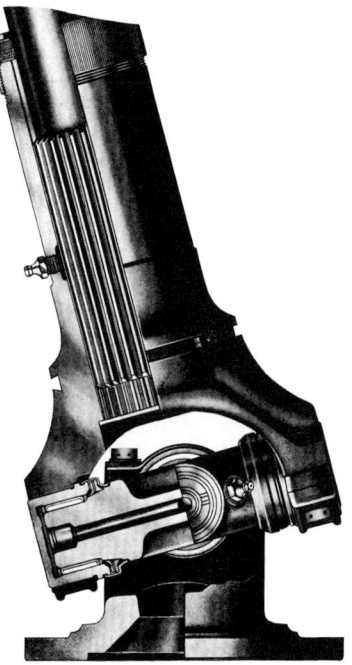

Bild 5.97 Nadelgelagertes, schweres Kreuzgelenk, teilweise geschnitten dargestellt

Die Zapfenkreuze der Kreuzgelenke sind nadelgelagert und durch Lippendichtungen vor Verschmutzung und dadurch bedingtem Verschleiß geschützt (Bild 5.97).

Im Hinblick auf die Empfindlichkeit der Abdichtung darf beim Abschmieren nicht mit zu harten Schmierstößen gearbeitet werden. Das Abschmierfett wird den Lagerstellen durch die Bohrungen des Zapfenkreuzes zugeführt. Es genügt, wenn das Fett an ein oder zwei Dichtungsstellen sichtbar heraustritt.

5.7.2   Gelenkwellen mit Gleichlaufgelenken

Bei Vorderradantrieb entstehen beim Lenkeinschlag der Räder an den äußeren Gelenkwellen große Beugungswinkel, so daß einfache Kreuzgelenke wegen der entstehenden ungleichförmigen Drehbewegung nicht verwendet werden können.

Es müssen Doppelkreuzgelenke eingesetzt werden. Sie gelangen im wesentlichen bei allradgetriebenen Lkw zum Einbau (Bild 5.98).

Für den Frontantrieb bei Pkw und auch für heckangetriebene Fahrzeuge mit Einzelradaufhängung werden Gleichlaufgelenke (homokinetische Gelenke) verwendet.

Aufbau: Ein homokinetisches Gelenk besteht aus einem Außenring mit Kugelbahnen, einem Innenring mit Kugelbahnen und einem Kugelkäfig mit Kugeln, die als Verbindung zwischen Innen- und Außenring zu sehen sind. Das heißt, das gesamte Drehmoment wird durch die Kugeln übertragen. Der Außenring wird angetrieben, der Innenring ist über eine Verzahnung mit der Antriebswelle verbunden. Man unterscheidet zwei Ausführungen:

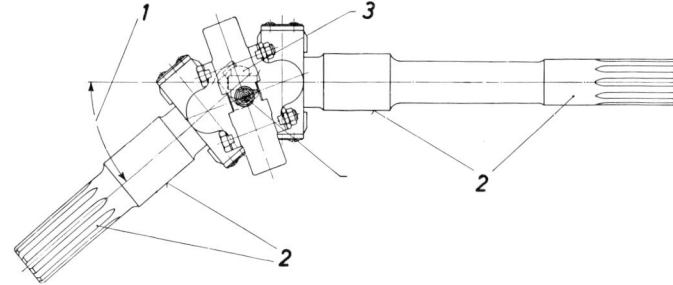

Bild 5.98 Doppelkreuz-
gelenk für Front- und Allradantrieb. Der Beugungs-
winkel (1) beträgt um 40°.
2 Gelenkwellen
3 Zentrierkugel

❏ *Festgelenke:* Diese erlauben einen Beugungswinkel bis ca. 45° und weisen gekrümmte Kugelbahnen auf. Sie werden radseitig montiert.

❏ *Verschiebegelenke.* Diese werden immer getriebeseitig bzw. differentialseitig montiert, bei
heckangetriebenen Fahrzeugen können sie sowohl differentialseitig als auch radseitig montiert
werden. Verschiebegelenke erlauben einen Beugungswinkel bis ca. 20° und weisen gerade
Kugelbahnen auf. Eine Verschiebung von 30 bis 50 mm ist möglich.

Gleichlaufgelenke sind mit einer Dauerfettfüllung versehen und wartungsfrei.
    Man unterscheidet nach der Bauart

❏ Rzeppa-Birfield-Gelenke (6 Kugeln; Bild 5.99) und
❏ Bendix-Weiß-Kugelgelenke (4 Kugeln).

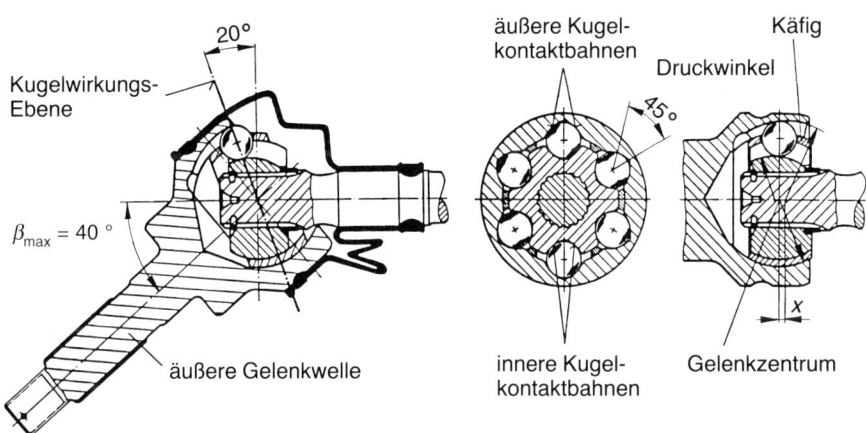

Bild 5.99   Rzeppa-(Birfield-)Gleichlaufgelenk

5.7.3   Tripodegelenke

Hierbei handelt es sich um eine andere Ausführung eines Gleichlaufgelenks (Beugungswinkel bis
ca. 35° und Längenausgleich ca. 30 bis 50 mm).

Aufbau: Dieses Gelenk besteht aus einem Tripodestern, der mit seiner Innenverzahnung auf die
Außenverzahnung der Antriebswelle gesteckt wird. Der Tripodestern weist drei um 120° versetzte

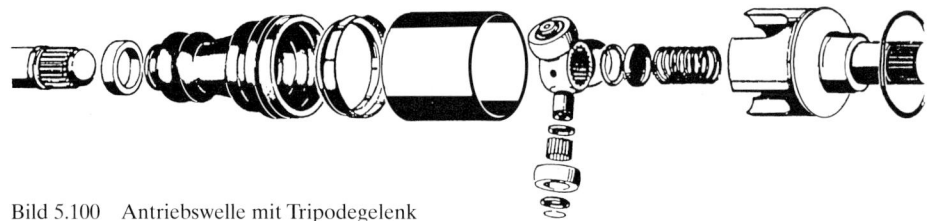

Bild 5.100   Antriebswelle mit Tripodegelenk

Zapfen auf, auf denen sich nadelgelagerte Laufrollen befinden. Als weiteres Bauteil gehört ein Gehäuse (Glocke) mit drei um 120° versetzten Führungsbahnen dazu. In diese Führungsbahnen greift der Tripodestern mit seinen Laufrollen ein (Bild 5.100). Auch diese Gelenke sind mit einer Dauerfettfüllung versehen und wartungsfrei. Sie werden getriebeseitig und teilweise auch radseitig verbaut.

5.7.4   Trockengelenke

Sind von der Gelenkwelle nur sehr geringe Winkelausschläge (ca. 5 bis 7°) zu überwinden, werden vielfach Trockengelenke verwendet. Gummigewebescheiben (Hardy-Scheiben) werden durch meist dreiarmige Flansche mit den Gelenkwellen verbunden. Um eine genaue Zentrierung beider miteinander zu verbindenden Wellen zu gewährleisten, greifen beide Wellen mit Kugel und Pfanne im Mittelpunkt der Gelenkscheibe ineinander. Anstelle der Gummigewebescheiben können auch vorgespannte Weichgummigelenke verwendet werden.

5.8   Winkelgetriebe

Bei den meisten Kfz liegt der Motor mit Kupplung und Getriebe in Richtung der Fahrzeuglängsachse.

Um die Antriebskraft auf die Antriebsräder quer zur Fahrzeuglängsachse zu übertragen, ist daher ein Winkelgetriebe erforderlich.

Dies gilt sowohl für die Standardbauweise:

❏ Motor vorn, dahinter Kupplung und Getriebe, Gelenkwelle und Hinterachse als Antriebsachse

als auch für die

❏ Anordnung von Heck- und Fronttriebsätzen.

Bei den letzteren wird die Gelenkwelle eingespart, Getriebe und Winkelgetriebe mit Ausgleichsgetriebe sind in einem gemeinsamen Gehäuse untergebracht.

Ausnahmen, bei denen kein Winkelgetriebe erforderlich ist, bilden die Fronttriebsätze, bei denen der Motor mit Kupplung und Getriebe quer zur Längsachse des Fahrzeugs angeordnet ist, so daß die Richtung der Antriebskraft nicht geändert zu werden braucht.

Ausführungen von Winkelgetrieben

❐ Schneckenantrieb (veraltet),
❐ Kegelradgetriebe.

Heute gelangen praktisch nur noch Kegelradgetriebe zur Anwendung. Die Technik unterscheidet zwei Arten:

❐ Normalantrieb und
❐ Hypoidantrieb.

Normalkegelradgetriebe: Bei diesem Antrieb liegen die Achsen der beiden Räder – des antreibenden Kegelrades (Ritzel) und des getriebenen Tellerrades – in einer Ebene (Bild 5.101).

Hypoidantrieb: Hier ist die Mittellinie des Kegelrades gegenüber der Mittellinie des Tellerrades nach unten versetzt (hypo = unter, Mittellinie des Kegelrades liegt unter der des Tellerrades).

Vorteile des Hypoidantriebs
1. Trotz schwacher Zähne lassen sich große Kräfte übertragen, da mit größerem Hypoidversatz der Durchmesser des Antriebskegelrades zunimmt, wodurch sich zwischen Kegel- und Tellerrad größere Eingriffsflächen ergeben. Das Tellerrad kann bei gleicher Beanspruchung wie beim Normalantrieb kleiner gehalten werden.
2. Im Gegensatz zum Normalantrieb findet zwischen den Zahnflanken beider Räder *gleitende Reibung* statt, wodurch *geringe Geräuschentwicklung* gewährleistet wird. (Man kann den Hypoidantrieb als Zwischenstellung zwischen dem Kegelrad-Normalantrieb und dem Schneckenantrieb auffassen.)
3. Werden bei Kfz mit Front- oder Hecktriebsätzen, bei denen der Motor in Längsrichtung angeordnet ist, Automatikgetriebe eingesetzt, können die Antriebswelle (Turbinenwelle) und der Ölpumpenantrieb durch die hohle Kegelradwelle hindurchgeführt werden. Dazu ist allerdings ein Hypoidversatz von mehr als 40 mm erforderlich.

Hypoidversatz ist der Abstand zwischen den Mittenachsen von Kegel- und Tellerrad.

Die durch gleitende Reibung an den Zahnflanken entstehenden hohen Drücke erfordern ein hochdruckfestes Schmiermittel, das **Hypoidöl.** Es ist heute vorwiegend mit Phosphor-Schwefel-Verbindungen legiert. Diese Verbindungen reagieren bei bestimmten Temperaturen chemisch mit den Metalloberflächen und bilden dadurch Schutzschichten, die einen direkten metallischen Kontakt verhindern. Da das Hypoidöl bestimmtes Dichtungsmaterial angreift (Polyacrylat), darf es nur nach Werksvorschrift verwendet werden.

Bild 5.101   Kegelradgetriebe
Links: Normalantrieb
Rechts: Hypoidantrieb

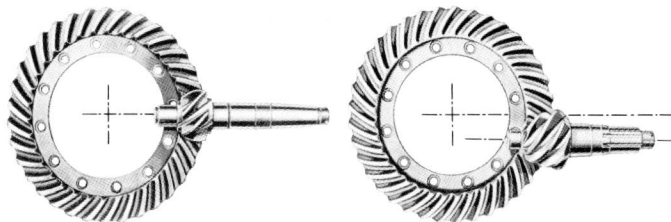

5.8.1 Verzahnungsarten von Kegelradgetrieben

Bei Kegelradgetrieben in Kraftfahrzeugen gelangen grundsätzlich nur Bogenverzahnungen zur Anwendung, da Geradeverzahnungen erhebliche Geräusche verursachen würden. Es werden zwei unterschiedliche Verzahnungen verwendet:

❏ die Klingelnberg-Palloid-Spiralverzahnung und
❏ die Gleason-Kreisbogenverzahnung.

Beide Verzahnungsarten sind in ihrem Betriebsverhalten gleichwertig.

Klingelnberg-Palloid-Spiralverzahnung: Es handelt sich hierbei im wesentlichen um eine Spiralverzahnung. Die Zähne des Tellerrades lassen deutlich erkennen, daß sie ein Ausschnitt aus einer Spirale sind, weil ihre Krümmung am inneren Durchmesser des Tellerrades stärker ist als am äußeren (Bild 5.102). Der Zahnrücken ist am inneren wie am äußeren Durchmesser gleich breit (Bild 5.103). Das Tragbild liegt bei richtiger Einstellung in der Mitte des Zahnes und beträgt etwa 50% der Zahnlänge (Bild 5.104).

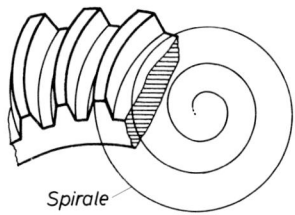

Bild 5.102 Spiralverzahntes Tellerrad. Die Zahnform entspricht dem Abschnitt einer Spirale.

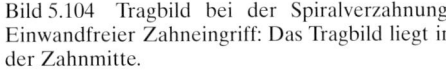

Bild 5.103 Bei der Spiralverzahnung ist der Zahnrücken über die gesamte Länge gleich breit.

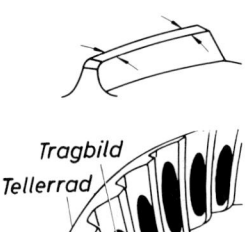

Bild 5.104 Tragbild bei der Spiralverzahnung. Einwandfreier Zahneingriff: Das Tragbild liegt in der Zahnmitte.

Gleason-Kreisbogenverzahnung: Wie der Name sagt, handelt es sich hierbei um eine Kreisbogenverzahnung. Die Zähne des Tellerrades sind ein Stück eines Kreisbogens (Bild 5.105). Der Zahnrücken verbreitert sich von innen nach außen hin (Bild 5.106). Das Tragbild beträgt etwa 50% der Zahnlänge, es soll in der Mitte, darf aber auch nach außen hin liegen, keinesfalls aber innen, am schwachen Zahnende (Bild 5.107).

Bild 5.105   Gleason-Kreisbogenverzahnung. Die
Zahnform entspricht dem Abschnitt eines Kreisbogens.

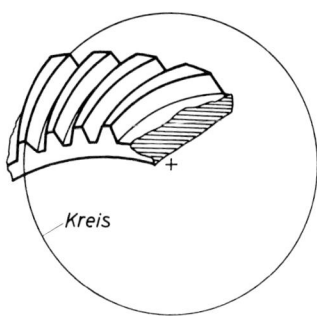

Bild 5.106   Gleason-Kreisbogenverzahnung. Der
Zahnrücken verbreitert sich nach außen.

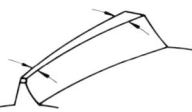

Bild 5.107   Bei der Gleason-Verzahnung darf das
Tragbild keinesfalls am schwachen Zahnende liegen.

5.8.2   Grundsätzliches zur Einstellung von Kegelradgetrieben

Ziel der Einstellung von Teller- und Kegelrad ist, die Stellung der größten Laufruhe, die der Hersteller auf der Prüfmaschine ermittelt hat, durch den richtigen Einbau wieder zu erreichen. Das
bedingt:

❐ *Kegel- und Tellerrad* werden als Ersatzteil *stets paarweise*, niemals *einzeln* geliefert. (Die beiden Räder eines *Triebsatzes,* wie man die zusammengehörigen Kegel- und Tellerräder bezeichnet, sind zur Erzielung größter Laufruhe miteinander eingeläppt.)
❐ Um ein Vertauschen auszuschließen, werden die beiden Räder eines Triebsatzes vom Hersteller mit der *gleichen Paarungsnummer* versehen.
❐ Bezeichnungen auf Kegel- und Tellerrad sind die Verzahnungsart, Zähnezahlen von Kegel-
   und Tellerrad und das sogenannte Abweichmaß. Beispiel für Bezeichnungen auf Kegel- und
   Tellerrad:

K 843, 312, 25

K   Klingelnberg
843 Kegelrad 8 Zähne, Tellerrad 43 Zähne
312 Paarungszahl
25   Abweichmaß in $^1/_{100}$ mm plus vom Grundmaß des Herstellers. (Bei einem Minuszeichen vor
     der Zahl handelt es sich um ein Minus-Abweichmaß.)

5.8.3   Einstellen von Kegel- und Tellerrad

Kegelradeinstellung

Vor der endgültigen Montage von Kegel- und Tellerrad muß zunächst die Einbaulage (Eingrifftiefe) des Kegelrades bestimmt werden. Dieses wird mit Hilfe von Spezialmeßwerkzeugen durchgeführt. Da diese von Hersteller zu Hersteller verschieden sind, soll hier anhand eines Beispiels die Einstellung erläutert werden.

Zunächst wird das Kegelrad im Gehäuse montiert, um die Einbaulage ermitteln zu können. Grundsätzlich geht es bei der Einbaulage (Eingrifftiefe) um den Abstand von der Mittellinie des Tellerrades bis zur Stirnfläche des Kegelrades (Bild 5.108). Mit Hilfe einer Meßbrücke, die in die Lageraufnahme des Differentialkorbes gelegt wird, und einer Meßuhr, die in die Meßbrücke eingesetzt wird, kann der Abstand gemessen werden. Da der Taststift der Meßuhr nicht bis an die Stirnfläche des Kegelrades reicht, wird ein Distanzstück, das ein Festmaß aufweist, auf die Stirnfläche des Kegelrades gesetzt.

Gemessen wird jetzt der Abstand von der Unterkante der Meßbrücke bis zur Stirnfläche des Distanzstückes. Das Grundeinstellmaß D ergibt sich aus der Summe von dem halben Durchmesser der Meßbrücke d, dem Festmaß des Distanzstückes c und dem Abstand y von der Unterkante der Meßbrücke bis zur Stirnfläche des Distanzstückes. Dabei handelt es sich um das vorhandene Maß (Istmaß). Dieses Maß wird jetzt mit dem Grundmaß des Herstellers verglichen. Dabei wird dem Grundmaß das Abweichmaß, das sich auf Kegel- und Tellerrad befindet, hinzugerechnet, wenn es einen Pluswert aufweist, bzw. abgezogen, wenn es sich um einen Minuswert handelt. Dieses Maß ist das Sollmaß.

Besteht zwischen Istmaß und Sollmaß eine Differenz, muß diese durch Hinzufügen bzw. Entfernen von Ausgleichscheiben ausgeglichen werden. Die Ausgleichscheiben können sich auch an anderer Stelle als in Bild 5.108 dargestellt befinden, z.B. zwischen der Lagerschale eines Schrägrollenlagers des Kegelrades und dem Gehäuse. Bei schweren Lkw kann das Kegelrad beispiels-

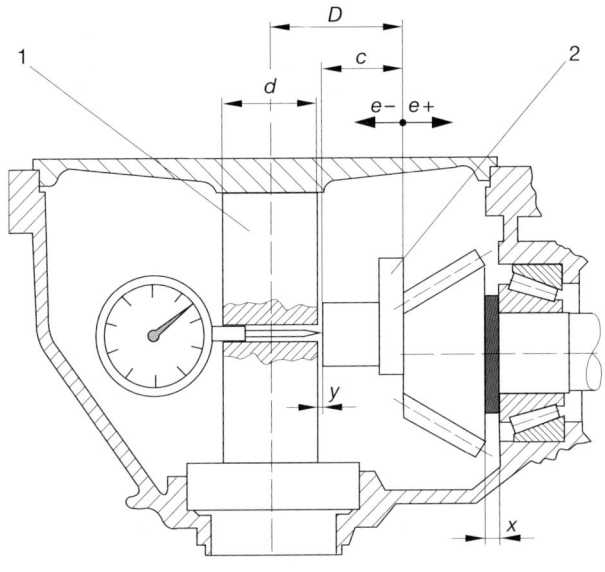

Bild 5.108 Meßmöglichkeit der Kegelradeinbaulage
1 Meßbrücke
2 Distanzstück
D Grundmaß
d Stärke der Meßbrückenwelle
c Maß des Distanzstückes
x Ausgleichscheibe
y mit der Meßuhr gemessenes Maß
e erforderliche Abweichung vom Grundeinstellmaß

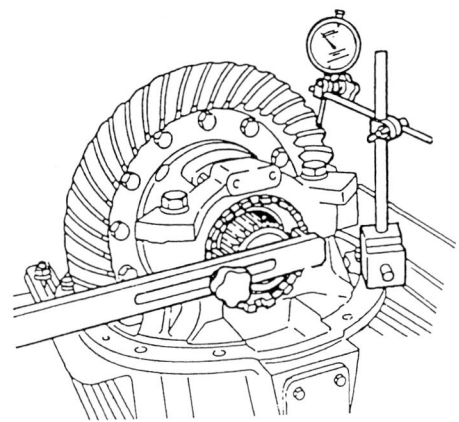

weise in einem separaten Gehäuse montiert sein, das dann an das Achsgehäuse angeflanscht wird. Zwischen den Gehäusen befindet sich eine Dichtung, über deren Stärke die Eingrifftiefe des Kegelrades festgelegt wird.

Nachdem die Einbaulage festgelegt ist, wird das Kegelrad unter Berücksichtigung der Lagervorspannung endgültig montiert.

Tellerradeinstellung

Nach der Montage des Kegelrades wird jetzt der Differentialkorb mit Tellerrad eingebaut. Dabei muß zunächst die Lagervorspannung eingestellt werden. Diese Einstellung wird durch Hinzufügen von Ausgleichscheiben zwischen Lagerdeckel und Lagerschalen oder durch das Hineinschrauben von Einstellringen vorgenommen. Mit Hilfe einer Meßuhr wird nun das Zahnflankenspiel überprüft (Bild 5.109).

Dazu wird das Tellerrad zunächst so weit in eine Richtung verdreht, bis seine Zahnflanken an den Zahnflanken des Kegelrades anliegen. Danach wird die Meßuhr unter Vorspannung mit ihrem Taststift auf eine Zahnflanke des Tellerrades gesetzt. Nachdem der Außenring der Meßuhr so weit verdreht ist, bis der große Zeiger und die Null auf der Meßuhrskala deckungsgleich stehen, wird das Tellerrad entgegengesetzt verdreht, bis es erneut am Kegelrad anliegt. Die Meßuhr zeigt nun das Flankenspiel (Verdrehspiel) an. Diese Messung wird an mindestens zwei weiteren Stellen (jeweils um 120° versetzt) wiederholt, um einen eventuellen geringen Seitenschlag des Tellerrades zu berücksichtigen. Muß das Flankenspiel verändert werden, wird der Differentialkorb mit Tellerrad axial verschoben, wobei die Lagervorspannung erhalten bleiben muß. Bei der Einstellung mit Ausgleichscheiben geschieht dies, indem man auf der einen Seite Ausgleichscheiben entfernt und auf der anderen Seite hinzufügt und so die Gesamtscheibenstärke beibehält. Wird über Einstellringe eingestellt, wird auf der einen Seite der Einstellring herausgedreht und der andere Einstellring um den gleichen Weg hineingedreht. Bei Personenkraftwagen liegt das Flankenspiel je nach Hersteller etwa bei 0,1 bis 0,2 mm, wogegen es bei Lastkraftwagen bei etwa 0,15 bis 0,30 mm liegt.

Tragbildkontrolle

Im Anschluß an die Einstellarbeiten wird von einigen Herstellern eine Tragbildkontrolle vorgeschrieben. Dazu bestreicht man die Zug- und Schubflanke der Tellerradzähne mit Tuschierfarbe

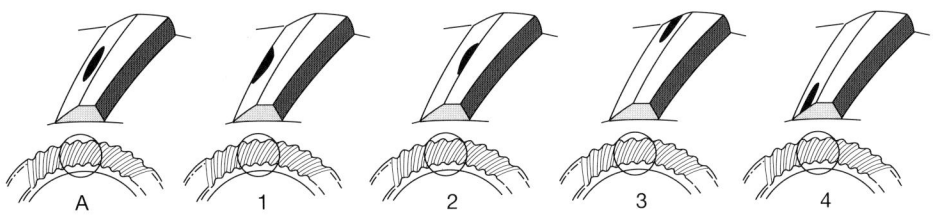

Bild 5.110 Tragbilder
A richtiges Tragbild
1 Fußkontakt

2 Kopfkontakt
3 Fersenkontakt
4 Zehenkontakt

und dreht das Kegelrad mehrmals in beide Richtungen durch. Dabei ist das Tellerrad mit Hilfe eines Hartholzklotzes zu belasten, um das Tragbild deutlicher sichtbar zu machen. Das Tragbild, das sich nun abzeichnet, vergleicht man mit den Vorgaben des Herstellers.

In Bild 5.110 zeigt Abbildung A ein korrektes Tragbild, während die Abbildungen 1 bis 4 falsche Tragbilder darstellen.

5.9 Ausgleichsgetriebe (Differential)

Den Aufbau zeigt Bild 5.111 in schematischer Darstellung. Im Ausgleichsgehäuse (3) (auch Ausgleichskorb genannt) sind die beiden Achswellenräder (5) angeordnet, die mit den Antriebswellen (6) drehfest verbunden sind. Zwischen den Achswellenrädern (5) sind die beiden Ausgleichskegelräder (4) (Trabantenräder) auf dem Mittenbolzen (7) drehbar gelagert. Der *Mittenbolzen* bildet die Verbindung zwischen dem Ausgleichsgehäuse (3) und den Ausgleichskegelrädern (4).

In den Ausgleichsgetrieben für schweren Betrieb ist zwischen den Achswellenrädern statt des Mittenbolzens ein Differentialkreuz mit vier Ausgleichskegelrädern angeordnet. Das Ausgleichsgehäuse ist im Achsgehäuse mit Schräglagern – meist Kegelrollenlagern – in X-Anordnung gelagert (Bild 5.112).

In Kfz mit Motor und Wechselgetriebe in Längsrichtung erfolgt der Antrieb über *Kegel- und Tellerrad*, in Kfz mit quer zur Längsachse angeordnetem Motor über *Stirnzahnräder*. Teller- oder Stirnrad sind mit dem Ausgleichskorb verschraubt oder vernietet (Bild 5.111).

Ein Ausgleichsgetriebe ist notwendig, um einen Drehzahlausgleich z.B. bei Kurvenfahrt zwischen Kurveninnen- und Kurvenaußenrad zu schaffen. Bei Geradeausfahrt wird über Kegel- und Tellerrad der Ausgleichskorb angetrieben und nimmt den Mittenbolzen mit den auf ihm gelagerten Ausgleichskegelrädern mit. Diese drehen sich dabei nicht um ihre eigene Achse, sondern laufen gemeinsam mit Ausgleichskorb und Achswellenkegelrädern um dessen Mittellinie herum. Die Drehzahlen von Ausgleichskorb und Achswellenkegelrädern und somit der Achswellen mit Antriebsrädern sind gleich. Bei Kurvenfahrt beginnen sich die Ausgleichskegelräder um ihre eigene Achse zu drehen und treiben die Achswellenkegelräder und somit die Achswellen mit Antriebsrädern mit unterschiedlicher Drehzahl an. Da das Kurvenaußenrad einen längeren Weg zurücklegen muß als das Kurveninnenrad, muß es entsprechend schneller drehen.

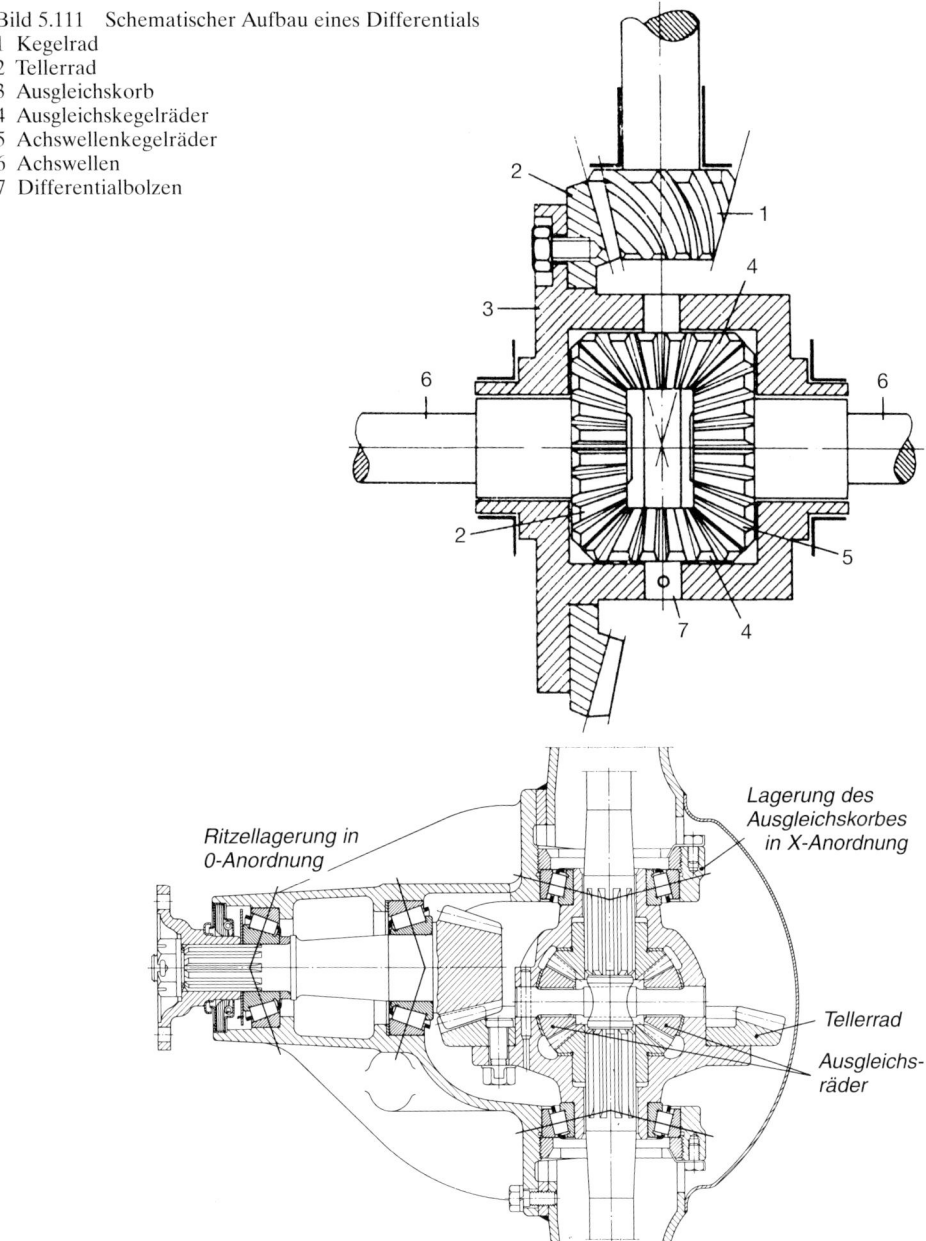

Bild 5.111 Schematischer Aufbau eines Differentials
1 Kegelrad
2 Tellerrad
3 Ausgleichskorb
4 Ausgleichskegelräder
5 Achswellenkegelräder
6 Achswellen
7 Differentialbolzen

Ritzellagerung in
0-Anordnung

Lagerung des
Ausgleichskorbes
in X-Anordnung

Tellerrad

Ausgleichs-
räder

Bild 5.112 Praktische Ausführung eines Ausgleichsgetriebes. Außer der Lagerung erkennt
man die Nutenverzahnung, über die die Achswellenräder und Antriebswellen drehfest miteinander verbunden sind.

Grundsätzlich sind die Drehzahlen der beiden Antriebsräder zusammen immer doppelt so hoch wie die Drehzahl des Ausgleichskorbes.

Bei Kurvenfahrt dreht das Kurvenaußenrad gegenüber dem Ausgleichskorb um so viele Umdrehungen schneller, wie das Kurveninnenrad gegenüber dem Ausgleichskorb langsamer dreht.

Steht das Fahrzeug mit einem Rad auf festem Untergrund (Radstillstand) und das andere Rad auf weichem Untergrund und dreht deshalb durch, so läuft es mit doppelter Drehzahl des Ausgleichskorbes.

Das Antriebsdrehmoment verteilt sich immer je zur Hälfte auf beide Antriebsräder. Dreht ein Rad jedoch durch, gelangt das gesamte Antriebsdrehmoment auf das durchdrehende Rad, was zu einem Stillstand des Fahrzeugs führt. Daraus läßt sich folgendes ableiten:

In dem Maße, wie an einem Rad der Schlupf zunimmt, verringert sich am anderen Rad die Übertragungsfähigkeit des Antriebsdrehmomentes.

5.9.1 Differentialsperre

Sie besteht im wesentlichen aus einer Schaltmuffe, die bei Betätigung den mit einer Nutenverzahnung versehenen Ausgleichskorb mit einer der Antriebswellen drehfest verbindet. Über die Achswellen- und die Ausgleichskegelräder ist die andere Antriebswelle dann ebenfalls fest mit dem Ausgleichskorb verbunden (Bild 5.113).

Beim Fahren auf festem Untergrund muß die Differentialsperre ausgeschaltet sein, da das Lenkverhalten des Fahrzeugs sonst sehr schlecht ist und außerdem erhöhter Verschleiß an den Kraftübertragungsteilen und der Bereifung auftritt.

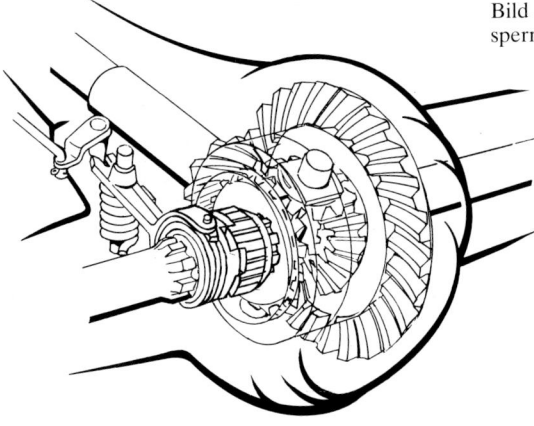

Bild 5.113 Ausgleichsgetriebe mit Differential-sperre (Daimler-Benz)

5.9.2 Lamellenselbstsperrdifferential (ZF Lok-O-Matic)

Das Selbstsperrdifferential (Bild 5.114) ist so ausgeführt, daß von einem bestimmten Drehzahlunterschied an die Ausgleichswirkung zwischen den Antriebsrädern entsprechend dem Sperrwert verringert wird. Das bedeutet, es kommt nicht zu einer 100%igen Sperrwirkung.

Bild 5.114 ZF-Lamellenselbstsperrdifferential (Lok-O-Matic)

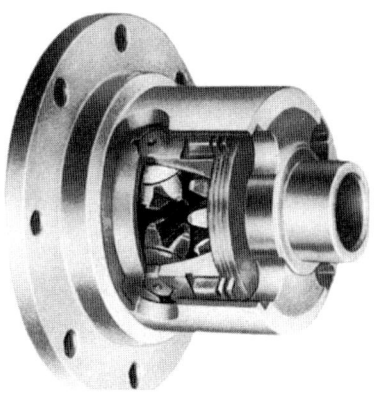

Aufbau (Bilder 5.115 und 5.116): Die Bohrung des Differentialkorbes (1) ist mit vier Längsnuten versehen, die zur Aufnahme der beiden Druckringe (4) und der Außenlamellen (10) dienen. Diese Teile haben am Außendurchmesser Mitnehmer (M), die in die Nuten des Differentialkorbes eingreifen und nur eine axiale Bewegung zulassen. Die Innenlamellen (9), die jeweils zwischen den Außenlamellen angeordnet sind, sitzen mit ihrer Mitnehmerverzahnung (Z) auf den Achswellenkegelrädern (3). Die Druckringe (4) haben an ihren innenliegenden Stirnflächen keilförmige Aus-

Bild 5.115 Aufbau des ZF-Lamellenselbstsperrdifferentials
 1 Differentialkorb
 2 Ausgleichskegelräder
 3 Achswellenkegelräder
 4 Druckringe
 5 Tellerrad
 6 Schrägflächen der Druckringe
 7 Differentialkorbhälfte
 8 Differentialkreuz
 9 Innenlamellen
10 Außenlamellen

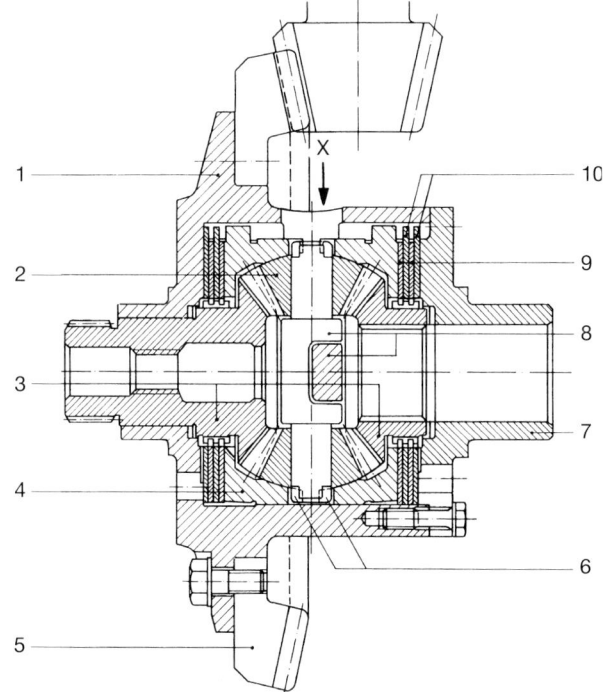

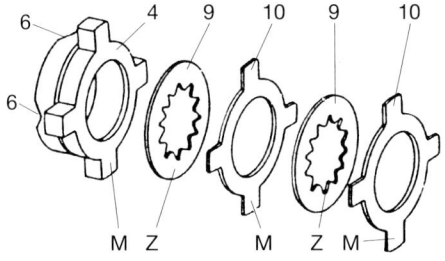

Bild 5.116   Aufbau der Lamellenbremse im
Selbstsperrdifferential
4   Druckring
M   Mitnehmer des Druckrings
6   Schrägflächen des Druckrings
9   Innenlamellen
Z   Verzahnung der Innenlamellen
10   Außenlamellen
M   Mitnehmer der Außenlamellen

fräsungen, die Schrägflächen (6). Diese haben die Aufgabe, die Differentialachsen (8) aufzunehmen, deren Enden ebenfalls mit solchen Schrägflächen ausgerüstet sind. Auf den Differentialachsen sind je zwei Ausgleichskegelräder (2) angebracht, die im Zahneingriff mit den Achswellenkegelrädern (3) stehen.

Wirkungsweise (Bild 5.117): Der Antrieb erfolgt vom Tellerrad mit Ausgleichskorb auf die Druckringe, von dort auf die Differentialachsen (Differentialkreuz) mit den vier Ausgleichskegelrädern und dann über die Achswellenkegelräder und die Achswellen zu den Antriebsrädern. Über die Schrägflächen der Druckringe, die über die Schrägflächen am Differentialkreuz dieses mitnehmen, entstehen axiale Spreizkräfte. Dadurch werden die Druckringe nach außen gedrückt und pressen die Lamellenpakete zusammen. Durch diesen Vorgang wird das durchdrehende Rad um einen bestimmten Bereich abgebremst. Ein Teil des anstehenden Antriebsdrehmomentes am durchdrehenden Rad wird (entsprechend dem Sperrwert) über das Lamellenpaket des durchdrehenden Rades, über den Ausgleichskorb und über das Lamellenpaket des Rades mit der besseren Bodenhaftung diesem zugeleitet.

Der Sperrwert wird in Prozenten ausgedrückt und gibt den Unterschied der Antriebsdrehmomente zwischen dem rechten und dem linken Antriebsrad an.

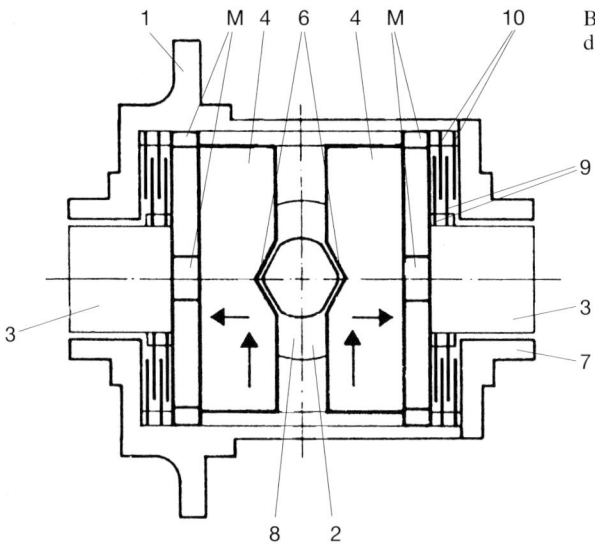

Bild 5.117   Schematische Darstellung
der Wirkungsweise (vereinfacht)

Beispiel

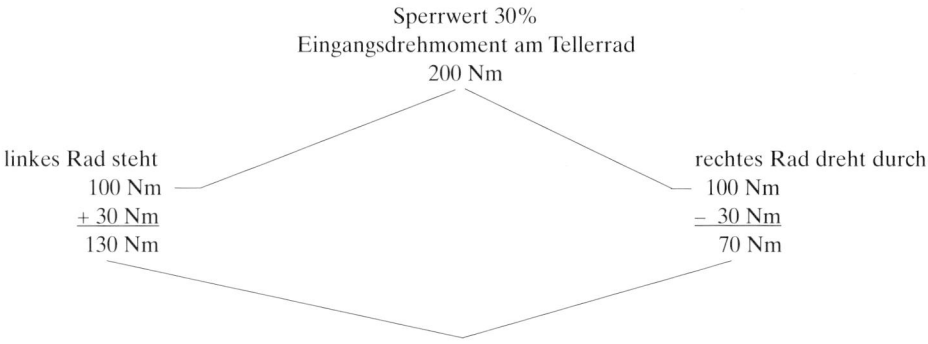

Sperrwert 30%
Eingangsdrehmoment am Tellerrad
200 Nm

linkes Rad steht
100 Nm
+ 30 Nm
130 Nm

rechtes Rad dreht durch
100 Nm
– 30 Nm
70 Nm

Differenz 60 Nm = 30% Sperrwert

Im **automatischen Sperrdifferential** (ASD) von Daimler-Benz (Bild 5.118) werden die beiden Lamellenpakete *nicht* von besonderen Druckstücken – (4) in den Bildern 5.114 bis 5.117 – zusammengepreßt, sondern durch die Zahnkräfte zwischen den Ausgleichs- und den Achswellenkegelrädern. Zusätzlich ist auf beiden Seiten des Ausgleichsgehäuses je ein Kolben angeordnet, der mit hydraulischem Druck beaufschlagt werden kann. Die Kolben wirken über die äußeren Lager auf die Achswellen und ziehen diese mit ihren Achswellenkegelrädern nach außen, wodurch die auf die Lamellenpakete wirkende Anpreßkraft verstärkt wird. Abhängig vom Antriebsmoment wird ein Sperrwert von 35% erreicht, mit zusätzlichem Öldruck bis zu 100%. Bei ABS-Bremsungen wird diese hohe Sperrwirkung sofort automatisch aufgehoben.

Bild 5.118   Automatisches Sperrdifferential ASD (Mercedes)

5.10   Radvorgelegeantriebe

Schwerlastkraftwagen sowie Geländefahrzeuge für schweren Betrieb sind teilweise mit Vorgele-
geantrieben ausgerüstet. Der Vorteil liegt darin, daß die Teile der Kraftübertragung – Kupplung,
Getriebe, Gelenkwellen, Winkel- und Ausgleichsgetriebe – mit relativ hoher Drehzahl laufen und
daher nur ein geringeres Antriebsmoment zu übertragen brauchen. Das erforderliche hohe
Antriebsmoment wird erst unmittelbar an den Enden der Antriebsachse durch ein Zahnradvor-
gelege erzeugt.

Man unterscheidet:

❏ Stirnradvorgelege, wie sie z.B. bei Daimler-Benz angewendet werden (Bild 5.119), und
❏ Radaußenantriebe mit Planetengetrieben (Bild 5.120).

Bei Stirnradvorgelegen läßt sich durch die Anordnung der Zahnräder übereinander zugleich eine
größere Bodenfreiheit erzielen (Portalachse), die bei Geländefahrzeugen wünschenswert ist.

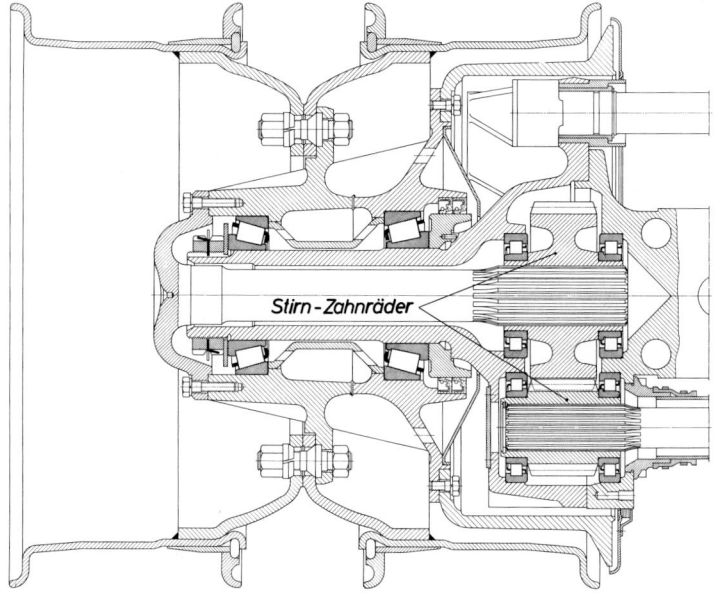

Bild 5.119
Radvorgelege mit
Stirnrädern

Bild 5.120   Planetengetriebe als Radvorgelegeantrieb (ZF)
a) Angetriebene Vorderachse. Zum Antrieb wird
ein Gleichlaufgelenk verwendet (s. Abschnitt
5.7.2).
b) Kraftfluß an einer ZF-Planeten-Starrachse.
Das Planetengetriebe ist in Bild 5.59, Abschnitt
5.3.4, dargestellt. Der Kraftfluß nimmt seinen
Weg vom Motor über das Schaltgetriebe zum
Ritzel (1) und von dort aus über das Tellerrad (2)
und das Differential (3) zu den Antriebswellen
(4).
An deren äußeren Enden befindet sich das
«schwimmende» Sonnenrad (5), das in die Planetenräder (6) eingreift. Diese wiederum rollen in
der Innenverzahnung des «schwimmend aufgehängten», aber feststehenden Hohlrades (7) ab.
Der dadurch in Drehung versetzte Planententrä-
ger (8) ist mit der Nabe (9) fest verschraubt und
treibt das auf ihr befestigte Rad an.

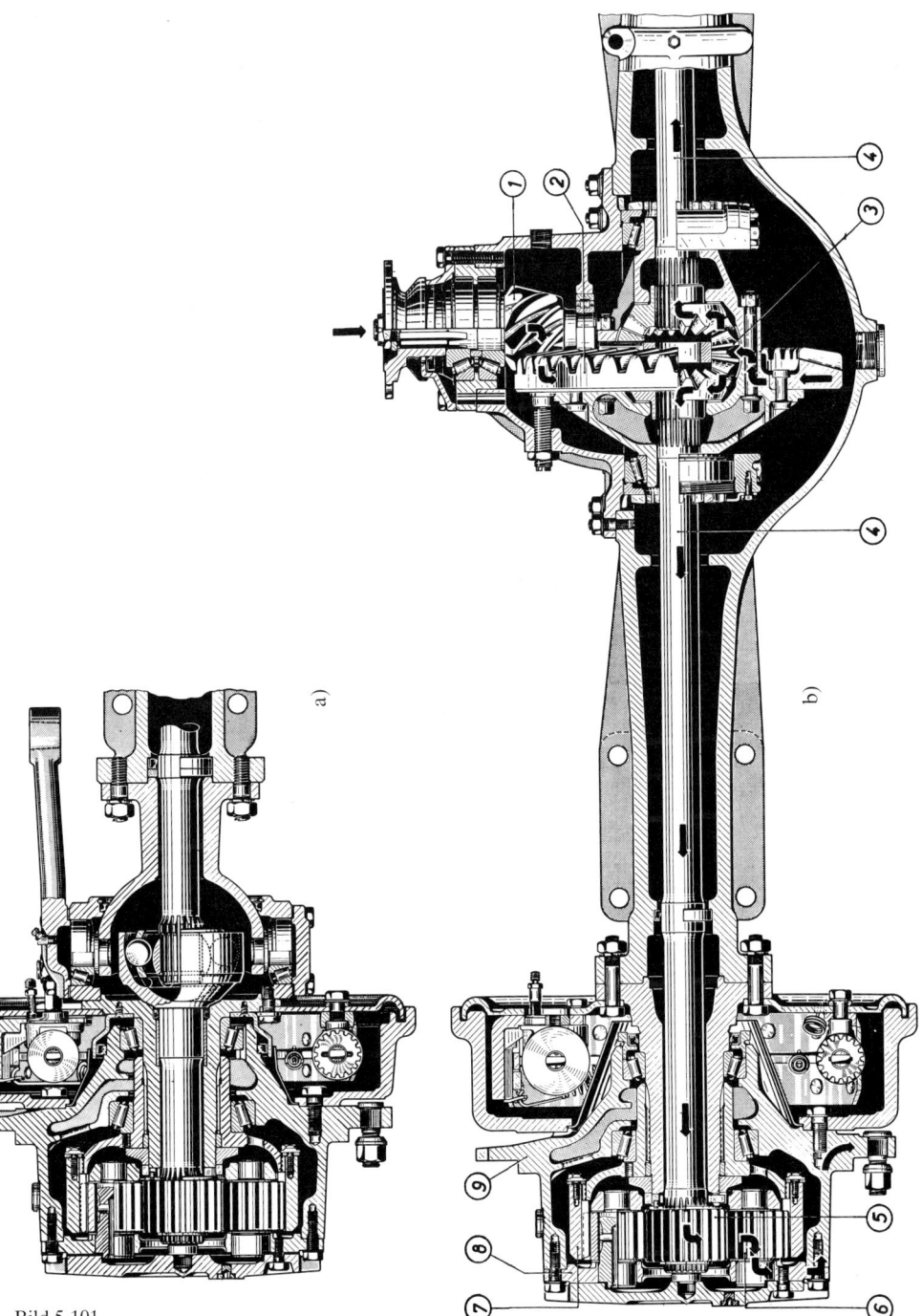

Bild 5.101

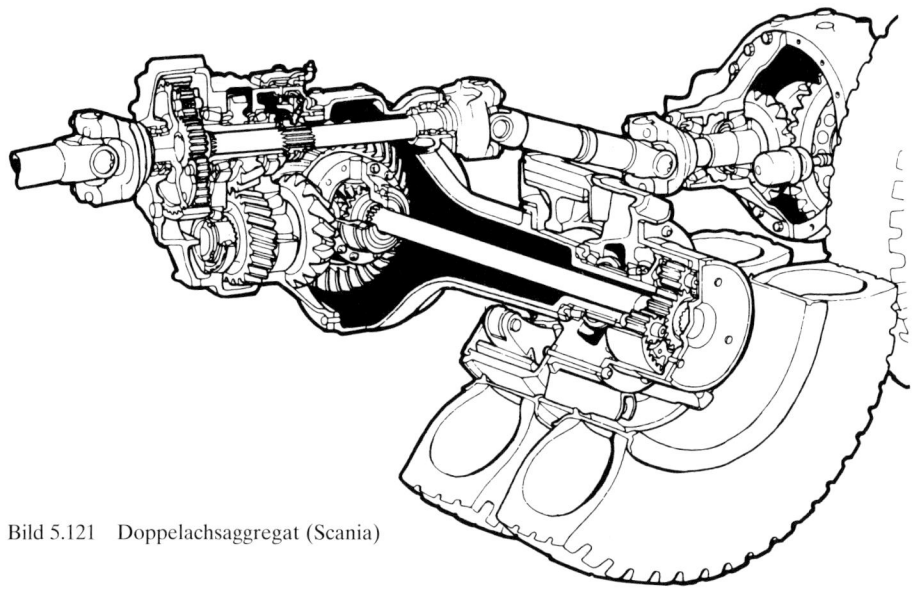

Bild 5.121   Doppelachsaggregat (Scania)

5.11   Angetriebene Doppelachse

Bei schweren Lkws werden oftmals Doppelachsen verbaut. Diese Achsen verfügen über drei Differentiale mit Differentialsperre: je ein Differential pro Achse und ein weiteres für den Ausgleich zwischen erster und zweiter Achse. Dieses Differential kann ausgeführt sein als Kegelraddifferential oder als Planetengetriebe (Bilder 5.121 und 5.122).

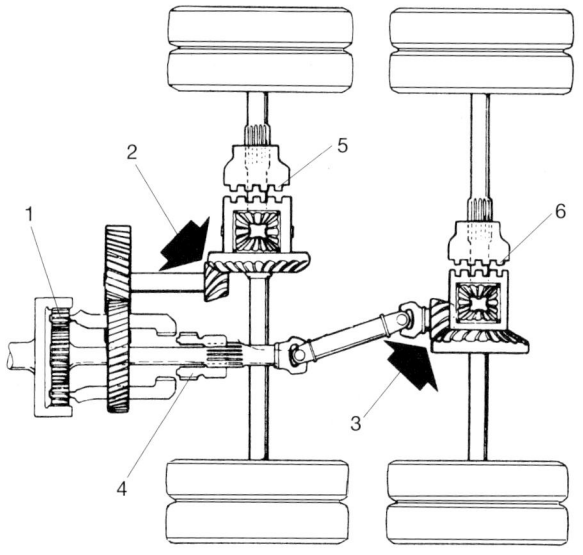

Bild 5.122   Schematische Darstellung des Doppelachsaggregates mit Differentialen und Sperren
1 Planetengetriebe als Ausgleichsgetriebe zwischen 1. und 2. Achse
2 Differential 1. Achse
3 Differential 2. Achse
4   Differentialsperre Planetengetriebe
5 Differentialsperre 1. Achse
6 Differentialsperre 2. Achse

6   Fahrwerk

Hierunter versteht man alle Teile, die das Fahrverhalten des Kraftfahrzeugs bestimmen bzw. beeinflussen. Dies sind:

❐ die Lenkgeometrie (oder Lenkungsgeometrie),
❐ die Achsen bzw. Radaufhängungen mit den zugehörigen Feder- und Dämpfungselementen,
❐ die Arten der Lenkungen bzw. Lenkgetriebe,
❐ Räder und Reifen.

6.1   Lenkgeometrie

Sie umfaßt alles, was mit der Stellung der Räder zur Fahrbahn und zur Kraftfahrzeuglängsachse bzw. Symmetrieachse zusammenhängt.
    Es handelt sich dabei um *Winkel*

a) zwischen den *Radebenen* und gedachten senkrechten Ebenen auf der Fahrbahn *parallel* zur Kraftfahrzeuglängsachse – Symmetrieachse – und
b) zwischen den *Schwenkachsen* – *Spreizachsen* – und senkrechten Ebenen auf der Fahrbahn sowohl *parallel* als auch *senkrecht* zur Kraftfahrzeuglängsachse – Symmetrieachse.

Die unter a) aufgeführten Winkel (Spur und Sturz) sind auch für die *Hinterräder* des Kfz von größter Bedeutung, denn:

> Die Laufrichtung eines Kfz bei Geradeausfahrt wird stets durch die Spurstellung für Hinterräder bestimmt!

Dies gilt sowohl für hinterrad-, frontgetriebene als auch allradgetriebene Kraftfahrzeuge.

Radebene ist die gedachte Kreisfläche durch die Mitte der Lauffläche des Reifens (s. Bild 6.7).
Schwenkachse oder Spreizachse ist die Achse (Mittellinie), um die das Rad beim Lenken geschwenkt wird. Die Mittellinie geht durch den Achsschenkelbolzen oder durch die Kugelbolzen (s. Bilder 6.15 bis 6.17).
Kraftfahrzeuglängsachse: (Linie LA in Bild 6.1) ist die gedachte Linie in Längsrichtung durch die Mitte des Kfz-Aufbaus.
Symmetrieachse ist die gedachte Linie durch die Mitte von Vorder- und Hinterachse (SA in Bild 6.2).
Fahrachse oder geometrische Fahrachse ist die Laufrichtung des Kfz bei Geradeausfahrt (Linie FA in Bild 6.3). Sie wird bestimmt durch die Spurstellungen der beiden Hinterräder. Bei dem hier gezeigten Kfz weicht die Fahrachse (FA) von der Symmetrieachse (SA) nach rechts ab. Bei Geradeausfahrt sind die Vorderräder nach rechts eingeschlagen. Das Kfz läuft im «Dackellauf» (Bild 6.4).

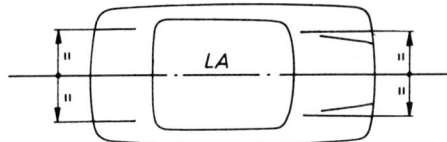

Bild 6.1   Die Kraftfahrzeuglängsachse (LA) ist die gedachte Linie durch die Mitte des Kfz-Aufbaus.

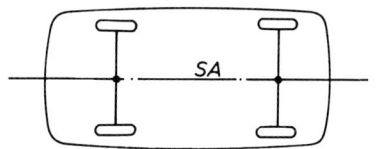

Bild 6.2   Die Symmetrieachse (SA) ist die gedachte Linie, die durch die Mitten von Vorder- und Hinterachse geht.

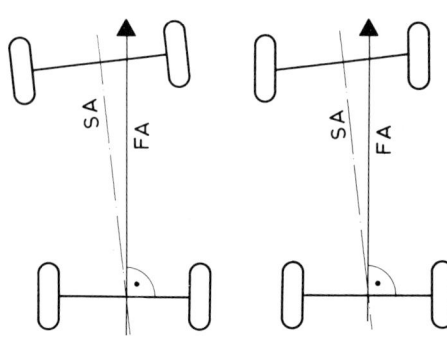

Bild 6.3   (links) Die Fahrachse (FA) ist die Laufrichtung des Kfz bei Geradeausfahrt. Bestimmt wird sie durch die Spurstellung der Hinterräder.

Bild 6.4   (rechts) Bei Geradeausfahrt sind die Vorderräder des Kfz aus Bild 6.3 nach rechts eingeschlagen, da die Fahrachse (FA) nach rechts von der Symmetrieachse (SA) abweicht. Man sagt: Das Kfz ist «dackelläufig».

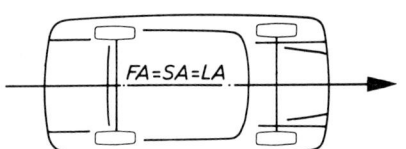

Bild 6.5   Ideales Kfz. Kfz-Längsachse (LA), Symmetrieachse (SA) und Fahrachse (FA) stimmen überein.

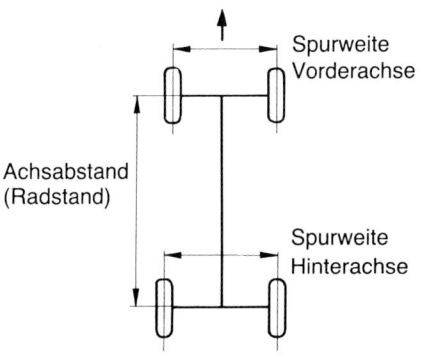

Bild 6.6   Spurweite und Achsabstand

Ideales Kraftfahrzeug ist ein Kfz, bei dem Kraftfahrzeuglängsachse, Symmetrieachse und Fahrachse übereinstimmen (Bild 6.5).

Spurweite ist der Abstand zwischen den Rädern einer Achse, gemessen von Radmitte zu Radmitte.

Achsabstand oder Radstand ist der Abstand zwischen Vorder- und Hinterachse, gemessen von Radmitte zu Radmitte (Bild 6.6).

In allen folgenden Schemabildern ist jeweils das *linke Vorderrad* in *Fahrtrichtung* gesehen *geradeaus* dargestellt!

6.1.1   Sturz

Sturz ist die Neigung der Radebene gegenüber einer Ebene senkrecht auf der Fahrbahn parallel zur Kraftfahrzeuglängsachse bzw. zur Symmetrieachse (Bild 6.7).

Einfacher ausgedrückt: Sturz ist die Neigung der Radebene oben nach innen oder außen zur Senkrechten auf der Fahrbahn. Angegeben und gemessen wird der *Sturz in Winkelgraden*.

Ob die Messung bei leerem oder belastetem Fahrzeug zu erfolgen hat, richtet sich nach den Angaben des Herstellers. Zur einwandfreien Messung des Sturzes muß das zu messende Rad in *Geradeausstellung* gebracht werden.

Die **Werte** für den *Sturz der Vorderräder* liegen allgemein in der Nähe von 0°. Dies gilt in besonderem Maß für Kfz mit Front- oder Allradantrieb. Bei hinterradgetriebenen Kfz betragen die Sturzwerte allerhöchstens bis zu +1°30′ unter Berücksichtigung der üblichen Toleranzen. In Ausnahmefällen haben Vorderräder Minussturz.

Hinterräder haben oft *Minussturz,* vor allem an hinterradgetriebenen Kfz, die mit Schräglenker-Hinterachsen ausgerüstet sind. Bild 6.8 zeigt in schematischer Darstellung eine Achse mit Plussturz (früher sagte man dazu positiver Sturz) und eine Achse mit Minussturz (früher negativer Sturz).

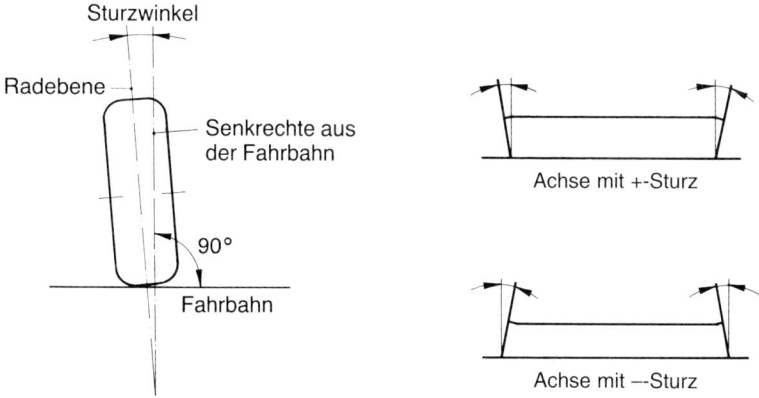

Bild 6.7   Radsturz (Sturzwinkel) und Radebene   Bild 6.8   Achsen mit Plus- und Minussturz

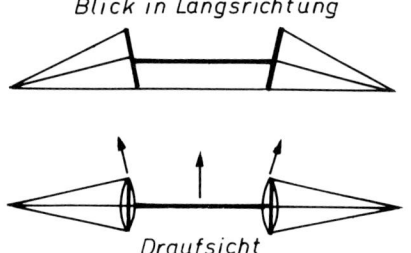

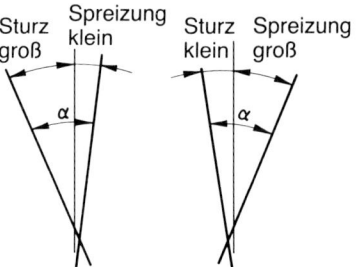

Bild 6.9 Abrollkegel der Räder bei +-Sturz. Die Räder wollen in Fahrtrichtung vorn auseinanderlaufen.

Bild 6.10 Abhängigkeit der Spreizung vom Sturz. Der Gesamtwinkel α bleibt gleich groß.

Vereinfacht kann man sagen:

❐ Bei +-*Sturz* sind die Räder *oben nach außen,*
❐ bei –-*Sturz oben nach innen* geneigt.

Wirkung des Sturzes
Durch *Plussturz* sind die Vorderräder bestrebt, in Fahrtrichtung *vorn auseinander* zu laufen, wodurch die Flatterneigung verringert wird. Die Räder wirken dabei wie Abrollkegel auf der Fahrbahn (Bild 6.9).

Minussturz an den *Hinterrädern* erhöht die Stützkräfte des äußeren Rades bei Kurvenfahrt.

Sturzverstellung

> Eine Sturzveränderung bewirkt zwangsweise auch eine Veränderung der Spreizung oder des Nachlaufs (Bild 6.10). *Mehr Plussturz* bewirkt eine *Verkleinerung* der Spreizung, *weniger* Plus- oder gar *Minussturz eine Vergrößerung* der Spreizung.

Vorausgesetzt, die Teile der Radaufhängung sind unbeschädigt, kann man sagen:

❐ *Stimmt der Sturz, stimmt* auch die *Spreizung;*
❐ stimmt der *Sturz nicht,* stimmt auch die *Spreizung* nicht.

Folgende *Arten der Sturzverstellung* sind derzeit üblich:

a) **Exzenterverstellung von Querlenkerlagern**
Bild 6.11 zeigt die Lagerung des unteren Querlenkers einiger Daimler-Benz-Querlenkerachsen in zwei Exzentern V und H. Hierbei ist zu beachten, daß die Sturzeinstellung nur in Verbindung mit der Nachlaufeinstellung vorgenommen werden darf. Daimler-Benz liefert dazu eine «Einstelltabelle für Sturz und Nachlauf».
   Bild 6.12 zeigt schematisch die Sturzeinstellung durch Exzenter am inneren Querlenkerlager. Das obere Bild zeigt maximale +-Sturz-, das untere maximale –-Sturzeinstellung. Im mittleren Bild beträgt der Sturz 0°.

514 *Fahrwerk*

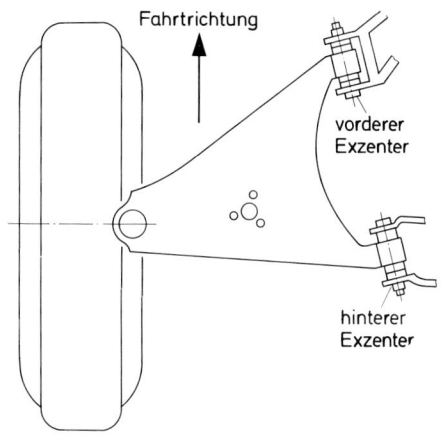

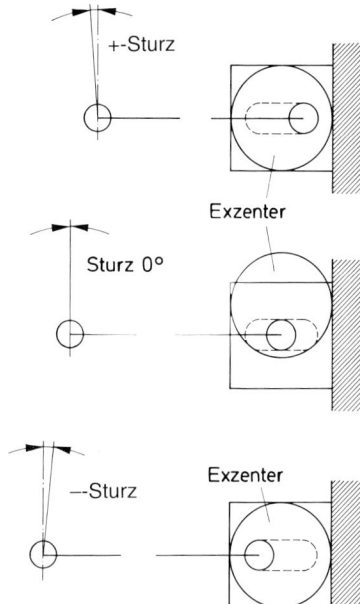

Bild 6.11   Lagerung der unteren Querlenker einer Daimler-Benz-Vorderachse

Bild 6.12   Sturzeinstellung durch Exzenter (schematisch)

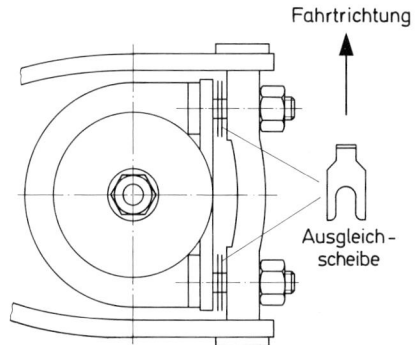

Bild 6.13   Sturzeinstellung durch Ausgleichscheiben

Bild 6.14 Sturzverstellung durch Verschieben des Führungsgelenks in den Langlöchern des Querlenkers bei Audi und VW
Oberes Bild: Sturz voll auf + (Plus) hin eingestellt, das Führungsgelenk ist voll hineingeschoben.
Unteres Bild: Sturz voll auf – (Minus) hin eingestellt, das Führungsgelenk ist voll herausgezogen. Das Bild zeigt den linken Querlenker in Draufsicht.

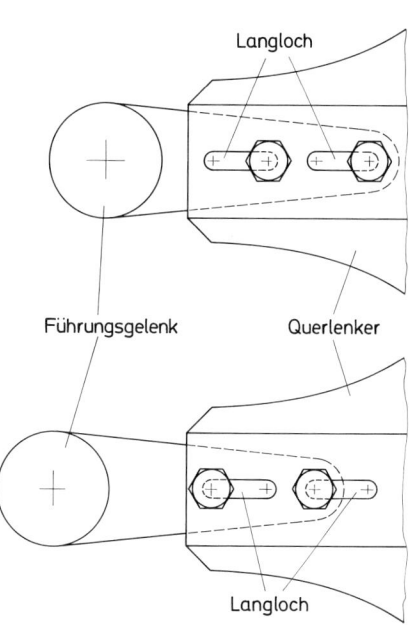

b) **Sturzeinstellung durch Ausgleichscheiben**

Sie wird meist am inneren Lager des oberen Querlenkers durchgeführt und erfolgt durch Beilegen oder Entfernen gabelförmiger Ausgleichscheiben *gleicher Dicke an beiden Befestigungsschrauben* (Bild 6.13).

Durch *ungleichmäßiges* Entfernen oder Beilegen von Ausgleichscheiben kann der Nachlauf verstellt werden.

c) **Sturzeinstellung durch Gelenkverschiebung**

Bei Audi und VW erfolgt die Sturzeinstellung durch Verschiebung des Führungsgelenks in Langlöchern des Dreiecklenkers.

Bild 6.14 zeigt in schematischer Darstellung, daß ein *Verschieben nach außen* den Sturz *nach Minus*, ein *Verschieben nach innen* den Sturz mehr *nach Plus* hin verändert.

6.1.2   Spreizung

Sie ist die Neigung der Mittellinie durch den Achsschenkelbolzen (Spreizachse) gegenüber einer Ebene senkrecht auf der Fahrbahn parallel zur Kfz-Längsachse (Symmetrieachse).

Vereinfacht ausgedrückt: Spreizung ist die Neigung des *Achsschenkelbolzens* zur Senkrechten auf der Fahrbahn *oben nach innen* – zur Achsmitte hin (Bild 6.15).

Bei *Doppelquerlenkerachsen mit Kugelgelenken* ist die *Spreizung* die Neigung der Mittellinie durch unteres und oberes Kugelgelenk (Spreizachse) zur Senkrechten auf der Fahrbahn *oben nach innen* (Bild 6.16).

Bei *Feder- oder Dämpferbeinachsen* ist es die Neigung der Linie durch das Kugelgelenk am Querlenker und die Mitte des Stützlagers des Feder- oder Dämpferbeins zur Senkrechten auf der Fahrbahn *oben nach innen* (Bild 6.17).

Die *Spreizung* wird stets in Winkelgraden angegeben und gemessen.

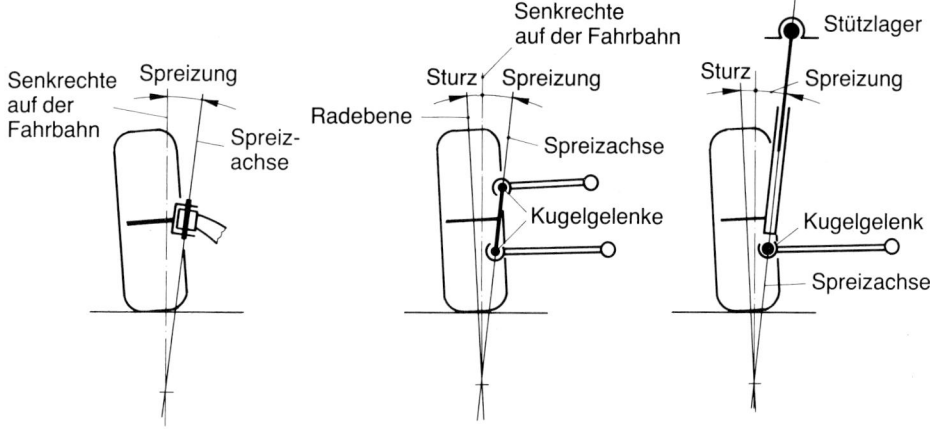

Bild 6.15   Spreizung ist der Winkel zwischen der Mittellinie durch den Achsschenkelbolzen (Spreizachse) und der Senkrechten auf der Fahrbahn.

Bild 6.16   Sturz und Spreizung bei der Doppelquerlenkerachse

Bild 6.17   Sturz und Spreizung bei der Feder- oder Dämpferbeinachse

Werte für die Spreizung: 5° bis 8°

Bei Kfz mit Front- oder Allradantrieb liegen die Werte oft höher als 8°, vor allem dann, wenn diese Kfz nur wenig oder keinen Nachlauf haben.

Die Vorderradaufhängung wird vom Kfz-Hersteller so ausgelegt, daß in Verbindung mit Sturz und Spreizung auf der Fahrbahn ein kleiner Hebelarm entsteht: *der Lenkroll- oder Rollkreisradius.*

Bei *hinterradgetriebenen* Kfz ist er meist *positiv,* bei *frontgetriebenen negativ* ausgeführt. In einigen Kfz-Typen von Daimler-Benz fehlt er gänzlich, im 190 ist er trotz Hinterradantriebs negativ.

Positiver Lenkrollradius (*r* in Bild 6.18)

Die *Spreizachse* (b), es ist immer die Achse, um die das Vorderrad beim Lenken geschwenkt wird, trifft die Fahrbahn *innerhalb* der Radebene zur Achsmitte hin.

Anders ausgedrückt: Der *Schnittpunkt S,* in dem sich Linie (a) und Spreizachse (b) schneiden, liegt *unterhalb der Fahrbahn.* Die Linie (a) stellt dabei die Radebene dar.

Negativer Lenkrollradius (*r* in Bild 6.19 und 6.23)

Die *Spreizachse* b trifft die Fahrbahn *außerhalb* der Radebene a, vom Fahrzeug weg.

Anders ausgedrückt: *Der Schnittpunkt S,* in dem sich Linie a und Spreizachse b schneiden, liegt *oberhalb der Fahrbahn.* Die Linie a stellt dabei die Radebene dar.

Lenkrollradius *r* = 0 (Bild 6.20)

Die *Spreizachse* (b) trifft die Fahrbahn *genau in der Radebene (a).*

Anders ausgedrückt: Der *Schnittpunkt S,* in dem sich Linie a und Spreizachse b schneiden, liegt *genau auf der Fahrbahn.*

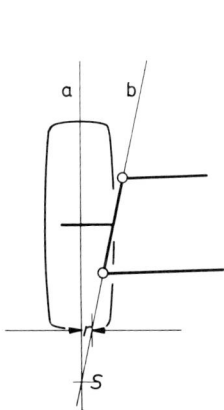

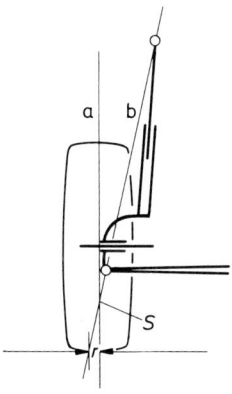

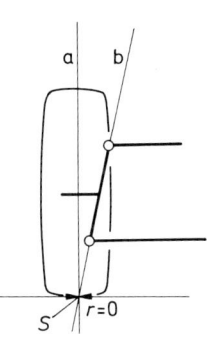

Bild 6.18 Der positive Lenkrollradius *r* entsteht dadurch,
daß sich Radebene – die Linie
a – und die Spreizachse (b)
erst unterhalb der Fahrbahn
im Punkt *S* schneiden.

Bild 6.19 Negativer Lenkrollradius: Schnittpunkt S von
a und b liegt oberhalb der
Fahrbahn.

Bild 6.20 Lenkrollradius
r = 0: Schnittpunkt *S* von a
und b liegt genau auf der
Fahrbahn.

Wirkung von Spreizung und Lenkrollradius

Positiver Lenkrollradius und Spreizungswinkel bewirken:

❏ daß beim Lenkeinschlag der Vorderräder das Kfz vorn leicht angehoben wird. Die dazu erforderliche Kraft muß beim Drehen des Lenkrades aufgewendet werden. Sie geht jedoch nicht verloren, denn beim Loslassen des Lenkrades nach der Kurvenfahrt drückt das Kfz-Gewicht die Vorderräder in Geradeausstellung zurück *(Rückstellkraft für die Räder)*.

❏ Am Lenkroll- oder Rollkreishalbmesser – der einen kleinen Hebelarm auf der Fahrbahn darstellt – greifen die Fahrbahnwiderstände an und drücken die Räder hinten zusammen. Das Spiel in den Spurstangengelenken wird beseitigt und die Flatterneigung somit verringert (Bild 6.21). Der *positive Lenkrollradius* darf nicht zu groß sein, da sonst einseitig wirkende Fahrbahnwiderstände oder stark unterschiedlich wirkende Bremskräfte an den Vorderrädern die Räder aus ihrer Richtung schwenken würden, was der Kfz-Fahrer durch Gegenlenken ausgleichen muß.

Aus diesem Grund sind die Doppelquerlenkerachsen von Daimler-Benz mit einem *Lenkrollradius 0 (Null)* ausgerüstet (Bild 6.22).

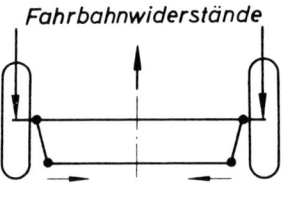

Fahrbahnwiderstände

Bild 6.21   Wirkung des positiven Lenkrollradius

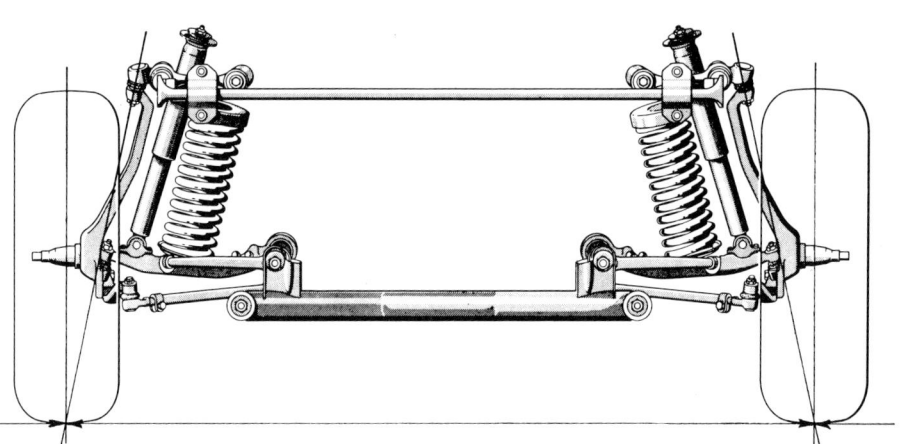

Bild 6.22   Doppelquerlenkerachse von Daimler-Benz. Der Lenkrollradius ist 0 (Null).

Negativer Lenkrollradius

Er wurde erstmals beim Audi 80 angewendet. Bild 6.23 zeigt die praktische Ausführung der Vorderradaufhängung. Heute sind fast alle frontgetriebenen Kfz mit einer derartigen Radaufhängung ausgerüstet. Durch den *negativen Lenkrollradius* wird eine *Selbststabilisierung der Lenkung* erreicht.

Selbststabilisierende Wirkung der Lenkung bedeutet:
   Der Kfz-Fahrer braucht *keine Kurskorrektur* durchzuführen, er braucht die *Stellung der Vorderräder nicht zu ändern,* wenn

❐ beim Bremsen die Bodenhaftung unterschiedlich ist,
❐ die Bremsen stark unterschiedlich wirken,
❐ die Räder unterschiedlichen Reifenluftdruck haben.

Selbst bei Totalausfall einer Vorderradbremse oder dem Platzen eines Reifens ist keine Kurskorrektur erforderlich. Bild 6.24 soll diese Wirkung des negativen Lenkrollradius in einfacher Darstellung verdeutlichen. Angenommen ist, daß die *linke Vorderradbremse doppelt so stark wirkt als die rechte.* Die Kraft $F_l - F_r$ greift an dem Hebelarm (r) an – es ist der negative Lenkrollradius – und bewirkt einen Einschlag des linken Vorderrades nach rechts. Über die Spurstangen wird auch das rechte Vorderrad nach rechts eingeschlagen. Dadurch entstehen an beiden Vorderrädern *Seitenführungskräfte* (S_l und S_r). Diese Seitenführungskräfte wirken der Kraft (K) entgegen, die durch die Energie der weniger gebremsten rechten Kfz-Seite bestrebt ist, das Kfz nach links zu schieben. Beide Kräfte, die Seitenführungskräfte (S_l und S_r) an den Rädern und die Schubkraft

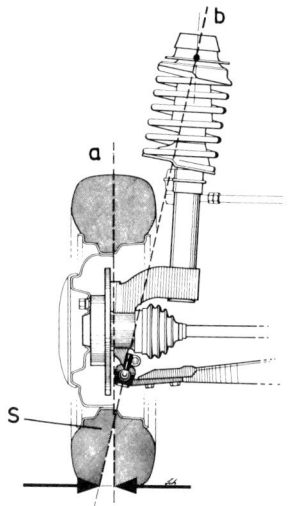

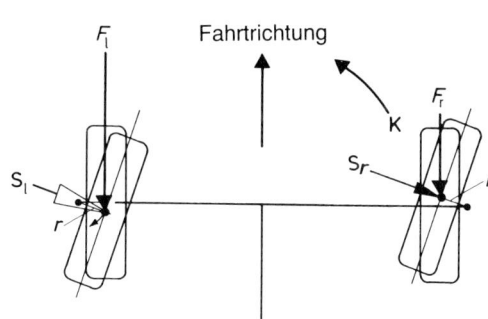

Bild 6.23 Vorderradaufhängung des Audi 80 bzw. VW Passat. Der negative Lenkrollradius entsteht dadurch, daß sich die Radebene (Linie a) und die Spreizachse b im Punkt S oberhalb der Fahrbahn schneiden.

Bild 6.24 Selbststabilisierend wirkende Lenkung durch negativen Lenkrollradius r. Die Differenz der Kräfte $F_l - F_r$ greift am Rollkreisradius r des linken Vorderrades an und schlägt die Vorderräder nach rechts ein.

Lenkgeometrie   519

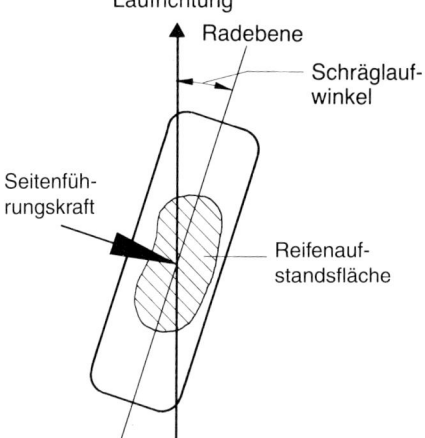

Laufrichtung
Radebene
Schräglauf-
winkel
Seitenfüh-
rungskraft
Reifenauf-
standsfläche

Bild 6.25 Entstehung der Seitenführungskraft

(*K*) heben sich gegenseitig auf. Dadurch hält das Kfz seinen Kurs, wobei die Vorderräder nach rechts eingeschlagen sind, bis der *Schräglaufwinkel groß genug ist, um die erforderlichen Seitenführungskräfte zu erzeugen.*

Seitenführungskräfte sind Kräfte, die die *seitliche Führung der Räder* quer zur Längsrichtung bewirken. Sie entstehen durch den Schräglauf der Räder, das heißt dadurch, daß die Räder *nicht* in Richtung ihrer Radebene rollen, sondern schräg dazu «driften» (Bild 6.25). Der *Schräglaufwinkel,* auch Drift- oder Schwimmwinkel genannt, ist der Winkel zwischen der Radebene und der tatsächlichen Laufrichtung des Rads. Seine maximal zulässige Größe ist abhängig vom Haftreibungsbeiwert zwischen Reifen und Fahrbahn. Sie beträgt etwa 18° (Bild 6.25).

6.1.3   Nachlauf

Nachlauf ist die Neigung der Mittellinie des Achsschenkelbolzens *oben nach hinten* gegenüber einer senkrechten Ebene auf der Fahrbahn senkrecht zur Kfz-Längsachse (Symmetrieachse).

Vereinfacht: Nachlauf ist die Neigung des *Achsschenkelbolzens oben nach hinten.* Der Reifenberührungspunkt (P) läuft dem Schnittpunkt der Mittellinie durch den Achsschenkelbolzen mit der Fahrbahn (S) nach (Bild 6.26).

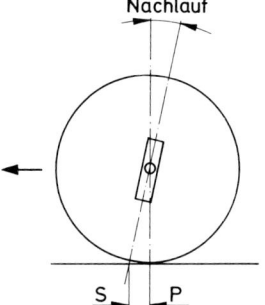

Nachlauf

S   P

Bild 6.26 Nachlaufwinkel

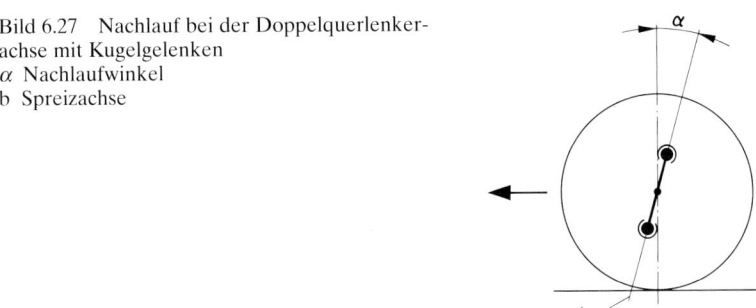

Bild 6.27 Nachlauf bei der Doppelquerlenkerachse mit Kugelgelenken
α Nachlaufwinkel
b Spreizachse

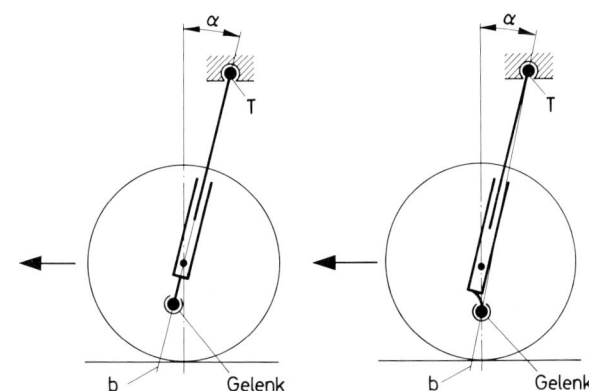

Bild 6.28 Nachlauf bei der Feder-
oder Dämpferbeinachse
α Nachlaufwinkel
b Spreizachse.
Linkes Bild: Spreizachse b geht
durch die Mitte des Feder- oder
Dämpferbeins.
Rechtes Bild (BMW, schematisch):
Das Gelenk am Querlenker ist
zurückversetzt, Spreizachse b geht
nicht durch die Mitte des Feder-
oder Dämpferbeins.

Bei *Doppelquerlenkerachsen mit Kugelgelenken* (Bild 6.27) ist der Nachlauf die Neigung der Linie durch unteres und oberes Kugelgelenk (Spreizachse b) zur Senkrechten auf der Fahrbahn *oben nach hinten.*

Bei *Feder- oder Dämpferbeinachsen* ist es die Neigung der Linie durch die Mitte des Kugelgelenks am Querlenker und die Mitte des Stütz- oder Traglagers (T) des Federbeins (Spreizachse b) zur Senkrechten auf der Fahrbahn *oben nach hinten.*

Wie Bild 6.28 rechtes Bild zeigt, kann man *nicht einfach sagen,* Nachlauf sei die Neigung der Mittellinie des Feder- oder Dämpferbeins oben nach hinten!

Der Nachlauf wird – genau wie Sturz und Spreizung – in Winkelgraden angegeben und gemessen.

Werte für den Nachlauf
Hinterradgetriebene Kfz mittlerer Leistung: 1° bis 3°

Kleinere Werte (um 0°): Kfz mit Front- und Allradantrieb.
Größere Werte bis etwa 14°:

❑ leichte Kfz mit Hecktriebsätzen,
❑ sehr schnelle hinterradgetriebene Kfz hoher Leistung.

Werden *Hilfskraftlenkungen* verwendet, liegen die Werte für den Nachlauf etwa 1° bis 3° *höher*, da die größere Innenreibung von Hilfskraftlenkgetrieben größere Rückstellkräfte der Vorderräder erfordert.

Wirkung des Nachlaufs: (Prinzip der Teewagenräder, Bild 6.29). Durch den *Nachlauf* werden die *Vorderräder gezogen,* nicht geschoben. Läßt man das Lenkrad nach der Kurvenfahrt los, bewirkt der Nachlauf die *Rückstellung* der Vorderräder in *Geradeausstellung.* Die Rückstellung der Vorderräder wird außerdem durch den *Reifennachlauf* bewirkt, der durch die Rollwulstbildung am rollenden Rad entsteht.

Die *Rückstellung der Vorderräder in Geradeausstellung* wird also sowohl durch die Spreizung in Verbindung mit dem positiven Lenkrollradius als auch durch den Nachlauf bewirkt. Man bezeichnet beides als *Rückstellkräfte.*

Großer Nachlauf wirkt richtungsstabilisierend bei hohen Fahrgeschwindigkeiten, ist bei geringeren Fahrgeschwindigkeiten jedoch weniger günstig.

Front- und allradgetriebene Kfz haben *keinen* oder nur *wenig Nachlauf,* da diese Kfz von den Vorderrädern gezogen werden.

Ein Kfz muß beim Loslassen des Lenkrades auf ebener Fahrbahn geradeaus laufen. Voraussetzung: Der Radablauf ist korrekt, die Bereifung in Ordnung, der Reifenluftdruck je Achse gleich, die Belastung gleichmäßig verteilt, und es herrscht kein Seitenwind.

Nachlaufeinstellung: Sie kann durch Exzenterverstellung erfolgen (s. Bild 6.11) oder durch Verändern der Länge der Zug- oder Schubstrebe am unteren Querlenker (Bild 6.30).

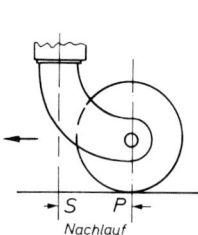

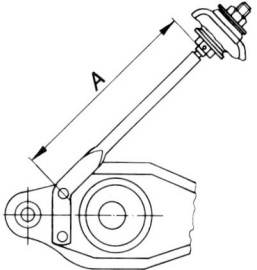

Bild 6.29 Teewagenrad zur Erklärung des Nachlaufs. Der Punkt P läuft dem Punkt S nach, wenn das Rad in Pfeilrichtung gezogen wird.

Bild 6.30 Nachlaufeinstellung an der Zugstrebe des unteren Querlenkers. Durch Verkleinerung des Maßes A wird der Nachlauf größer, durch Vergrößerung des Maßes A wird er kleiner.

6.1.4 Spur der Räder zueinander, Gesamtspur oder Spur

Plusspur (Vorspur) ist das Maß, um das die Räder einer Achse *vorn enger* zusammenstehen als hinten.
Minusspur (Nachspur) ist das Maß, um das die Räder einer Achse *vorn weiter* auseinanderstehen als hinten. Gemessen von Felgenhorn zu Felgenhorn in Achshöhe (Bild 6.31).

Bei dieser Methode der *mechanischen Spurmessung* wird die Spur in mm angegeben. Es ist zu beachten, daß die Messung von Felgenhorn zu Felgenhorn *vorn und hinten am gleichen Punkt des Felgenhorns* genommen wird.

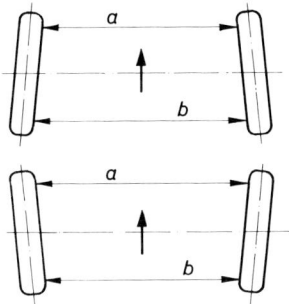

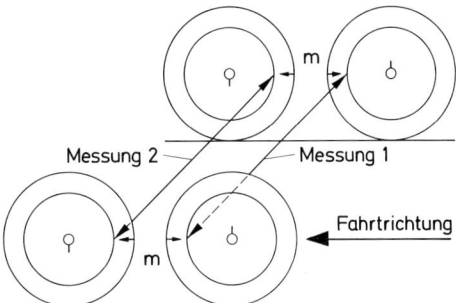

Bild 6.31   Oberes Bild: Bei +-Spur ist der Abstand zwischen den Vorderrädern vorn (a) kleiner als hinten (b).
Unteres Bild: Bei −-Spur ist der Abstand zwischen den Vorderrädern vorn (a) größer als hinten (b).

Bild 6.32   Richtige mechanische Spurmessung. In Achshöhe wird seitlich am Reifen eine Markierung (m) angebracht. An dieser Stelle wird Messung 1 durchgeführt. Nach der Messung wird das Kfz um eine halbe Umdrehung der Vorderräder in Fahrtrichtung geschoben – im Bild nach links –, bis die Markierung (m) in Achshöhe hinten steht. Dann erfolgt Messung 2. Die Differenz zwischen Messung 1 und 2 ist die Spur der Räder zueinander.

Nur so wird das Meßergebnis nicht durch einen evtl. Felgenschlag verfälscht. Zwischen der Messung vorn und hinten muß das Kfz also *genau um eine halbe Umdrehung* der Vorderräder in *Fahrtrichtung geschoben werden* (Bild 6.32).

Bei der Messung der Spur mit optischen oder elektronischen Achsmeßgeräten, wobei die Spur nicht in mm, sondern in Winkelminuten angezeigt wird, erklärt man die Spur so:

+-Spur (Vorspur) ist der Winkel, unter dem die Räder einer Achse *vorn zusammenlaufen,*
−-Spur (Nachspur) ist der Winkel, unter dem die Räder einer Achse *vorn auseinanderlaufen.*
Bezogen auf die *Horizontale in Fahrtrichtung!*

Meist geben die Kfz-Hersteller die Werte für die Spur der Räder zueinander sowohl in mm als auch in *Winkelminuten* an. Ist dies nicht der Fall, kann die Umdrehung nach der Formel erfolgen:

$$1° = \frac{\text{Felgendurchmesser in mm} \cdot 3,14}{180}$$

Dabei ist der Felgendurchmesser von Felgen*horn* zu Felgen*horn* zu messen, es darf nicht die angegebene Felgengröße einfach in mm umgewandelt werden!

Da schnelle hinterradgetriebene Kfz nur sehr wenig +-Spur haben, genügt als *Richtwert für den Praktiker:*

12″ bis 13″ Felgengröße: 10′ ≈ 1,0 mm
14″ bis 16″ Felgengröße: 10′ ≈ 1,25 mm

Lenkgeometrie   **523**

Wirkung der Spur

Die Größenwerte für die Spur oder Gesamtspur der Räder zueinander sind vom Kfz-Hersteller so gewählt, daß in Verbindung mit den zugehörigen Werten für Sturz und Nachlauf – bezogen auf die Horizontale – bei *Geradeausfahrt ein Parallellauf der Vorderräder* erreicht wird.

Grundsätzlich gilt:

❏ Kfz mit *großem +-Sturz* an den Vorderrädern haben auch *mehr +-Spur.*
❏ Kfz mit *wenig +-Sturz* oder gar *–-Sturz* haben nur *wenig +-Spur* oder vielfach Spur 0.

Allgemein übliche Werte für die Spur der Vorderräder zueinander sind:

❏ Kfz mit mittlerer Leistung und Hinterradantrieb: 0° bis +40′ (0 bis +4 mm),
❏ schnelle Kfz mit Hinterradantrieb: 0° bis +30′ (0 bis +3 mm),
❏ Kfz mit Front- oder Allradantrieb: 0° bis –40′ (0 bis –4 mm).

Falsche Spureinstellung an den Vorderrädern verursacht *Schäden am Reifenprofil*, die sich schon nach einer Fahrleistung von etwa 2000 km deutlich feststellen lassen (Bild 6.33).

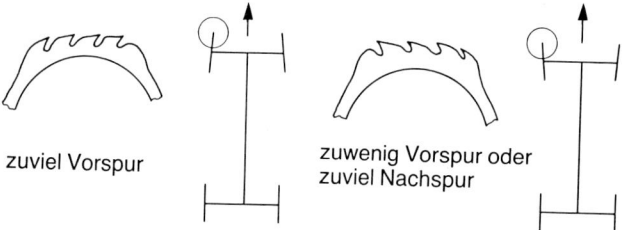

Bild 6.33   Profilschäden bei falscher Spureinstellung an den Vorderrädern hinterradgetriebener Kfz

zuviel Vorspur

zuwenig Vorspur oder zuviel Nachspur

Einstellen der Spur

erfolgt durch *Ändern der Länge der Spurstangen.* Ist die Spurstange am einen Ende mit Rechts-, am anderen mit Linksgewinde für die Gelenke versehen, läßt sich jede gewünschte Länge einstellen. Ist nur ein Gelenk verstellbar angeordnet, ist die geringstmögliche Längenänderung gleich der Steigung des Gewindes. Die Steigung beträgt – von Ausnahmen abgesehen – 1,5 mm (bei Renault 1,0 mm).

Zum Prüfen und Einstellen der Spur wird das *Lenkgetriebe in Mittelstellung* gebracht. Stimmt die Spur, müssen jetzt beide Vorderräder um die Hälfte der +-Spur vorn nach innen zeigen (Bild 6.34). Ist dies nicht der Fall, müssen die Spurstangen so eingestellt werden, bis jedes Rad um die Hälfte der +-Spur nach innen zeigt.

Beispiel (Bild 6.35)
Das Lenkgetriebe steht in Mittelstellung (im Bild durch den kleinen Pfeil dargestellt, der auf den Lenkstockhebel zeigt), das linke Rad zeigt um 30′ nach außen (Nachspur), das rechte Rad um 30′ nach innen (Vorspur). Die Vorspur laut Werksangabe soll 20′ betragen. Das bedeutet je Rad 10′ Vorspur. Die Spurstangen liegen – auf die Fahrtrichtung bezogen – hinter der Vorderachse.

Arbeitsvorgang: Linke Spurstange lösen und so lange herausdrehen, bis das linke Rad um 10′ nach innen zeigt. Dann rechte Spurstange lösen und so lange hineindrehen, bis das rechte Rad nur

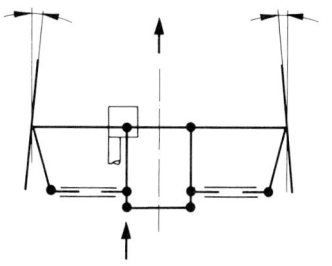 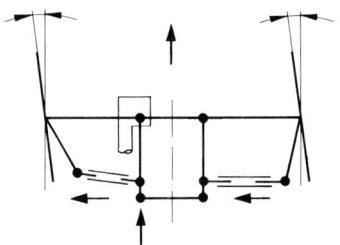

Lenkgetriebe Mittelstellung

Bild 6.34 Richtig eingestelltes Lenktrapez: je Rad halbe Vorspur

Bild 6.35 Falsch eingestelltes Lenktrapez. Die linke Spurstange muß heraus-, die rechte hineingedreht werden.

noch 10′ nach innen zeigt. Ist kein Lenkhebel verbogen, wird der Spurdifferenzwinkel bei Links- und Rechtseinschlag jetzt gleich groß sein bzw. im angegebenen Toleranzbereich liegen.

Ist der Unterschied zwischen beiden Spurdifferenzwinkeln immer noch unzulässig groß, ist ein Lenkhebel oder gar der ganze Achsschenkel verbogen. Die Teile müssen ausgebaut, geprüft und das schadhafte Teil ersetzt werden.

Lenkgetriebe-Mittelstellung ermitteln: Man dreht das Lenkrad vom Endanschlag links bis zum Endanschlag rechts und zählt die Lenkradumdrehungen. Die Hälfte der gezählten Lenkradumdrehungen ist die Mittelstellung des Lenkgetriebes.

Kennzeichnung der Lenkgetriebe-Mittelstellung einiger Kfz-Hersteller

BMW, Modellreihen 5, 6 und 7: Bei der ZF-Gemmerlenkung und der ZF-Kugelmutter-Servolenkung zeigt eine innenverzahnte Gummistaubkappe mit aufgegossenem «Zeiger» am Eintritt der Lenkspindel in das Lenkgehäuse auf die Mitte der 7 mm breiten Nase am Lenkungsgehäuse. In Einbaulage ist die Markierung von *unten* sichtbar.

Daimler-Benz: Nach Entfernen der Öleinfüllschraube im Deckel des Lenkgetriebes steht bei Mittelstellung eine Senkbohrung genau unter der Mitte der Öleinfüllöffnung. Durch Eindrehen einer Körnerschraube kann das Lenkgetriebe in Mittelstellung festgesetzt werden (Bild 6.36).

Nach der *Spurprüfung oder -einstellung* wird der *Spurdifferenzwinkel* gemessen. Die Messung des Spurdifferenzwinkels erfolgt, um festzustellen, ob das Lenktrapez *fehlerfrei arbeitet,* d.h., ob bei Kurvenfahrt der Unterschied im Radeinschlag nach beiden Seiten gleich groß ist. Es ist durchaus möglich, daß das Kfz einwandfrei geradeaus läuft, sich in Links- oder Rechtskurven jedoch merklich unterschiedlich verhält (Radieren eines der Vorderräder).

Der **Spurdifferenzwinkel** ist der Winkel, um den eines der Vorderräder *weniger weit oder weiter* einschlägt als das andere, gemessen beim Einschlag *eines der Räder um 20°.*

Bild 6.37 zeigt die *Messung des Spurdifferenzwinkels* am Kurven*außen*rad bei einem Einschlag des *Kurveninnenrades um 20°.*

Bild 6.38 zeigt die *Messung des Spurdifferenzwinkels* am Kurven*innen*rad bei einem Einschlag des *Kurvenaußenrades um 20°.*

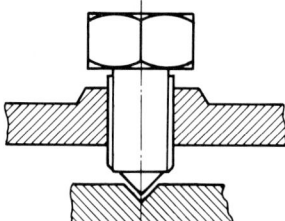

Bild 6.36   Blockierung des Lenkgetriebes in Mittelstellung durch Körnerschraube (Daimler-Benz)

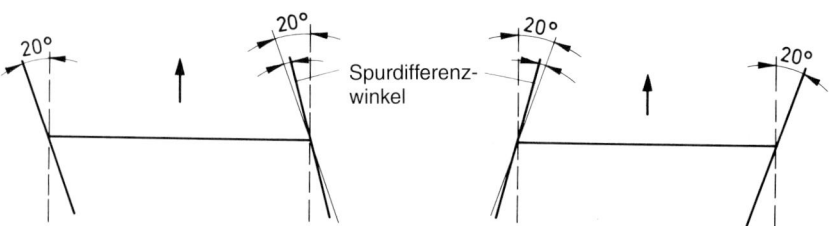

Bild 6.37 Spurdifferenzwinkel, gemessen am Kurvenaußenrad. Das Kurvenaußenrad schlägt um den Spurdifferenzwinkel weniger weit ein als das Kurveninnenrad.

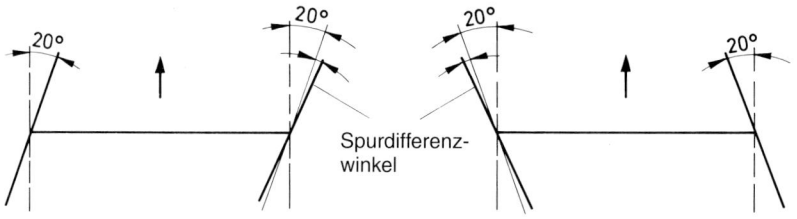

Bild 6.38 Spurdifferenzwinkel, gemessen am Kurveninnenrad. Das Kurveninnenrad schlägt um den Spurdifferenzwinkel weiter ein als das Kurvenaußenrad.

Die verschiedenen im Handel befindlichen optischen und elektronischen Achsmeßgeräte gehen von einer der beiden Meßmöglichkeiten aus.

Die **Messung** nach Bild 6.37 geht so vor sich, daß man zunächst das *linke Rad um 20° nach links* einschlägt und am *rechten Rad den Spurdifferenzwinkel* abliest. Dann schlägt man das *rechte Rad um 20° nach recht*s ein und liest am *linken Rad den Spurdifferenzwinkel* ab. Sind beide Werte gleich oder annähernd gleich groß, ist das Lenktrapez in Ordnung. Ein Unterschied bis zu 30' ist durchaus noch als gut zu bezeichnen. Beträgt der Unterschied zwischen den beiden Winkeln mehr als 1°, arbeitet das Lenktrapez fehlerhaft.

Werden die Vorderräder nur wenig eingeschlagen, ist der Unterschied zwischen beiden Rädern gering – der Spurdifferenzwinkel ist klein. Werden die Räder weit eingeschlagen, ist der Spurdifferenzwinkel groß (Bild 6.39). Man hat sich daher in der Automobilindustrie geeinigt, den *Spurdifferenzwinkel* bei einem *Einschlagwinkel* eines Rades von **20°** *anzugeben.*

Die Werte für den Spurdifferenzwinkel sind bei den einzelnen Fabrikaten unterschiedlich. Sie liegen zwischen *0°30'* und etwa *2°.*

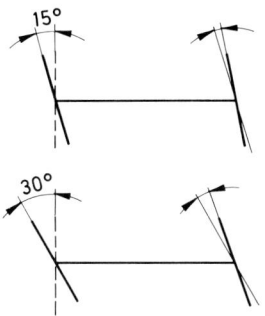

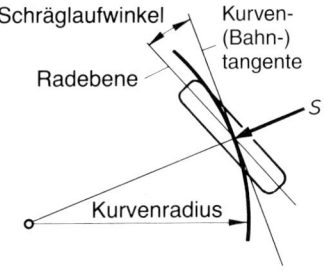

Bild 6.39 Abhängigkeit des Spurdifferenzwinkels vom Lenkeinschlag. Beispiel: Ein Einschlag des linken Vorderrades um 15° bewirkt am rechten Rad einen nur wenig kleineren Einschlag (oberes Bild). Ein Einschlag des linken Vorderrades um 30° hingegen bewirkt einen sehr viel kleineren Einschlag des rechten Rades (unteres Bild).

Bild 6.40 Der Schräglaufwinkel, auch Drift- oder Schwimmwinkel genannt, ist der Winkel zwischen der Radebene und der tatsächlichen Laufrichtung des Rades (Kurven- oder Bahntangente). Er bewirkt die Seitenführungskraft (S), die der Fliehkraft bei Kurvenfahrt entgegenwirkt. Gezeigt ist das rechte Vorderrad in einer Linkskurve.

Bei besonders schnellen und bei sportlichen Kfz kann der Spurdifferenzwinkel aus fahrtechnischen Gründen gänzlich andere Werte haben. Bei Porsche schlägt z.B. das kurvenäußere Rad weiter ein als das kurveninnere. Die *Seitenführungskraft* am Kurvenaußenrad, die durch den *Schräglaufwinkel* zustande kommt, wird dadurch erhöht (Bilder 6.40 und 6.25).

6.1.5 Lenktrapez

Es besteht aus:

❐ Vorderachse (die gedachte Linie durch die Mitten beider Vorderräder),
❐ den beiden Lenkhebeln an den Achsschenkeln,
❐ einer oder mehreren Spurstangen.

Bild 6.41 zeigt das Lenktrapez in ursprünglicher Form, wie es heute noch bei Lastkraftwagen mit starrer Vorderachse angewendet wird, in Geradeausstellung und bei Kurvenfahrt.

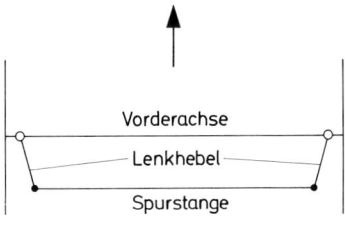

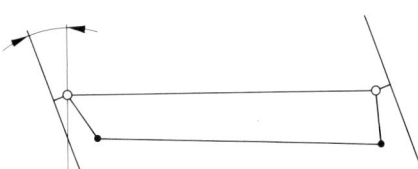

Bild 6.41 Lenktrapez, bestehend aus: Vorderachse, Spurstange und den Lenkhebeln
Linkes Bild: Geradeausstellung, Spurstange parallel zur Vorderachse

Rechtes Bild: Verschiebung des Lenktrapezes bei Kurvenfahrt, Spurstange nicht parallel zur Vorderachse

Aufgaben des Lenktrapezes

❏ Es überträgt die Lenkbewegung vom Lenkgetriebe auf die zu lenkenden Räder.
❏ Es bewirkt den unterschiedlichen Einschlagwinkel (Schwenkwinkel) der Vorderräder bei Kurvenfahrt.
❏ Es hält die Vorderräder in der eingestellten Spurstellung zueinander.

Die Anzahl der Spurstangen des Lenktrapezes hängt ab von der *Ausführung der Vorderachse* und dem verwendeten *Lenkgetriebe.*

Bei starren Vorderachsen, die heute praktisch nur noch an Lastkraftwagen Anwendung finden, hat das Lenktrapez *eine Spurstange* – gleichgültig, ob die Vorderachse angetrieben ist oder nicht (Bild 6.42).

Ist die Spurstange gekröpft, wie im Bild dargestellt, muß zur Einstellung der Spur ein Kugelbolzen aus dem Lenkhebel ausgepreßt werden. In diesem Fall kann *nicht jeder gewünschte Spurwert eingestellt werden!*

Bei Vorderachsen mit Einzelradaufhängung müssen *mehr als eine* Spurstange verwendet werden. Werden *Zahnstangenlenkungen* verwendet, hat das Lenktrapez immer *zwei Spurstangen.* Sind die zwei Spurstangen an den Enden der Zahnstange angeordnet wie in Bild 6.43, sind üblicherweise *beide verstellbar* ausgeführt.

Werden *Kugelumlauflenkungen oder Gemmer-Globoidschneckenlenkungen* an Vorderachsen mit Einzelradaufhängung verwendet, hat das Lenktrapez *drei Spurstangen* und zusätzlich zum Lenkstockhebel einen Lenkzwischenhebel. Von einigen Ausnahmen abgesehen, sind dann die beiden an den Lenkhebeln angreifenden Spurstangen verstellbar ausgeführt (Bild 6.44).

Unterschiedliche Ausführungen des Lenktrapezes in schematischer Darstellung vermitteln die Bilder 6.45 bis 6.47. Bild 6.45 zeigt das Lenktrapez in allgemein üblicher Ausführung. Bei *langsamer Kurvenfahrt* rollen alle Räder in Richtung ihrer Radebene um den gemeinsamen Kurvenmittelpunkt (*M*) ab, der auf der gedachten Verlängerung der Hinterachse liegt. Man bezeichnet dies als *statische Kurvenfahrt nach dem Ackermannschen Prinzip.*

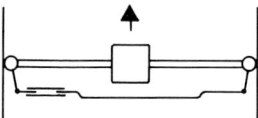

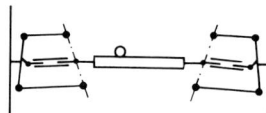

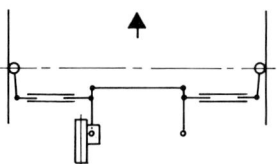

Bild 6.42 zeigt die starre Vorderachse von Lkw in Draufsicht schematisch. Sie hat nur eine Spurstange, die den linken und rechten Lenkhebel miteinander verbindet – gleichgültig, ob eine Kugelumlauf-, Rollen- oder Spindellenkung mit oder ohne hydraulische Lenkunterstützung verwendet wird.

Bild 6.43 Ist ein Kfz mit Einzelradfederung – im Bild mit einer Doppelquerlenkerachse – ausgerüstet und wird eine Zahnstangenlenkung verwendet, hat das Lenktrapez zwei Spurstangen (schematische Darstellung, in Fahrtrichtung gesehen).

Bild 6.44 Wird bei Einzelradaufhängung eine andere als eine Zahnstangenlenkung verwendet, hat das Lenktrapez drei Spurstangen (Draufsicht).

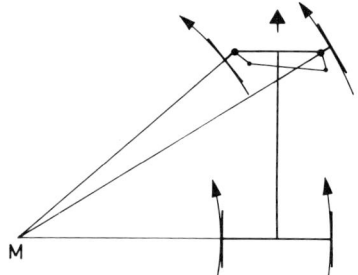 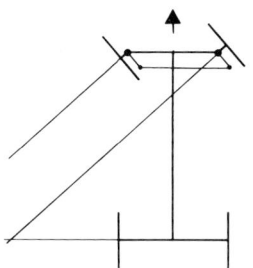 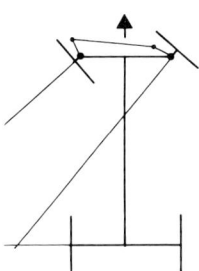

Bild 6.45 Ackermannsches Prinzip: Alle Räder rollen ohne zu radieren um den gemeinsamen Kurvenmittelpunkt (M) ab.

Bild 6.46 (Mitte) Das Lenktrapez ist als «Lenkrechteck» ausgeführt. Bei Kurvenfahrt werden beide Vorderräder um den gleichen Winkel eingeschlagen.

Bild 6.47 (rechts) Lenktrapez nach Porsche (schematisch). Das Kurvenaußenrad schlägt weiter ein als das Kurveninnenrad.

Bei dem Lenktrapez in Bild 6.46 handelt es sich um ein «Lenkrechteck». Bei Kurvenfahrt werden *beide Vorderräder* um den *gleichen Winkel* eingeschlagen. Es entsteht kein *Spurdifferenzwinkel.*

Das **Porsche-Lenktrapez** in schematischer Darstellung zeigt Bild 6.47. Das Lenktrapez wirkt so, daß bei Kurvenfahrt das Kurven*außenrad weiter einschlägt als das* Kurven*innenrad.* Bei schneller Kurvenfahrt entsteht dadurch am Kurvenaußenrad ein größerer Schräglaufwinkel als am Kurveninnenrad. Hierdurch wird eine große Seitenführungskraft am Kurvenaußenrad wirksam, die die *Kursstabilität* des Kfz wesentlich *erhöht* (vgl. auch Text und Bild 6.40).

Zusammenfassung zum Abschnitt Lenkgeometrie

Am wichtigsten ist stets die Einstellung der richtigen Spur. Zum *Abschluß aller Arbeiten* an der Vorderachse sowie der Lenkung muß grundsätzlich die *Spur gemessen* und erforderlichenfalls *neu eingestellt* werden. Ergibt die Fahrzeugvermessung, daß *Spur und Sturz* eingestellt werden müssen, muß *erst der Sturz,* dann die Spur eingestellt werden. Denn: Eine *Sturzverstellung* bewirkt stets eine Änderung *der Spur,* eine *Spurverstellung* hingegen *keine Änderung* des Sturzes! Wird der Nachlauf eingestellt, muß anschließend ebenfalls die Spur geprüft und erforderlichenfalls eingestellt werden, da ein Verstellen des Nachlaufs ebenfalls eine Veränderung der Spur bewirkt.

Die Einstellung der Spur muß bei mehreren verstellbaren Spurstangen stets von der Lenkgetriebe-Mittelstellung ausgehend erfolgen und nicht etwa nur an der Spurstange, die gerade am zugänglichsten ist. Das bedeutet, daß zum Einstellen und zur Kontrolle der Spur ein optisches oder elektronisches Achsmeßgerät unentbehrlich ist.

Wurde die Spur eingestellt, wird *anschließend der Spurdifferenzwinkel* gemessen, um das *Lenktrapez auf fehlerfreies Arbeiten* zu prüfen!

Ist nur eine verstellbare Spurstange vorhanden, ist eine *Korrektur* des Lenktrapezes nicht möglich. Gemessen wird der Spurdifferenzwinkel trotzdem, um zu erfahren, ob das Lenktrapez einwandfrei arbeitet.

Verhält sich das Kfz *trotz richtiger Einstellung des Lenktrapezes* in Links- und Rechtskurven merkbar unterschiedlich, ist *unbedingt die Spur der Hinterräder* zu prüfen. In solchen Fällen

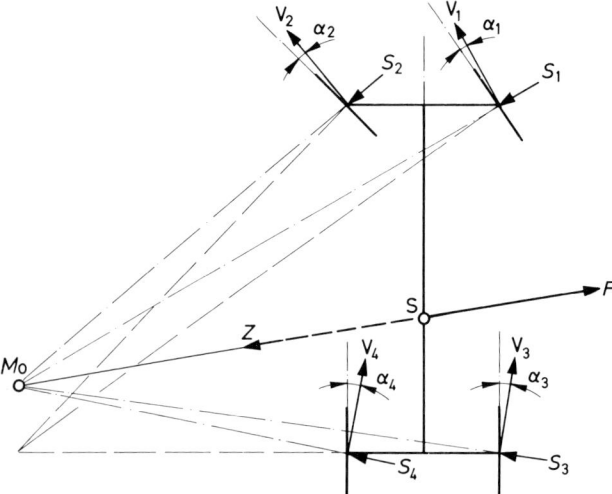

Bild 6.48 Dynamische Kurvenfahrt. Die Räder rollen nicht in Richtung ihrer Radebenen ab, sondern drängen um die Schräglaufwinkel α_1 bis α_4 nach außen. Sie laufen in Richtung der Bahntangenten V_1 bis V_4 um das Momentanzentrum Mo, den wahren Kurvenmittelpunkt. Die Seitenführungskräfte S_1 bis S_4 bilden die Zentripetalkraft Z, die der Fliehkraft F entgegenwirkt und das Kfz im Gleichgewicht hält.

weicht die Laufrichtung der Hinterräder – die geometrische Fahrachse – von der Symmetrieachse ab. *Vermessung und Einstellung der Vorderräder sollten dann von der Fahrachse ausgehend* vorgenommen werden.

6.1.6 Dynamische Kurvenfahrt

> Mit dynamischer Kurvenfahrt bezeichnet man im Gegensatz zur statischen Kurvenfahrt nach dem Ackermannschen Prinzip (s. Bild 6.45) das Verhalten des Kfz bei schneller Kurvenfahrt (Bild 6.48).

Es werden *drei Arten* der dynamischen Kurvenfahrt unterschieden.

Übersteuern (Bild 6.49): Der Schwerpunkt des Kfz (S) liegt im *hinteren Teil;* das Fahrzeug drängt bei schneller Kurvenfahrt *mit den Hinterrädern nach außen weg.* Man muß gegenlenken. Die Vorderräder sind *nicht so weit* eingeschlagen, wie es zum langsamen Durchfahren der gleichen Kurve notwendig wäre. Zum Übersteuern neigen vornehmlich Kfz, bei denen Motor, Getriebe und Achsantrieb im Heck eingebaut sind (Schwerpunkt liegt hinten).

Untersteuern (Bild 6.50): Der Schwerpunkt (S) liegt im *vorderen Teil* des Kfz; bei Kurvenfahrt drängt es mit den *Vorderrädern nach außen weg.* Man muß die Lenkung weiter einschlagen. Die Vorderräder sind also *weiter eingeschlagen,* als es zum langsamen Durchfahren der gleichen Kurve notwendig wäre. Kfz mit Frontantrieb, bei denen Motor, Getriebe und Achsantrieb vorn angeordnet sind, neigen vornehmlich zum Untersteuern.

Neutrales Kurvenverhalten (Bild 6.51): Der Schwerpunkt (S) des Kfz liegt in der *Mitte* zwischen Vorder- und Hinterachse, so daß *Vorder- und Hinterachse gleichmäßig nach außen* (aber nur

530 *Fahrwerk*

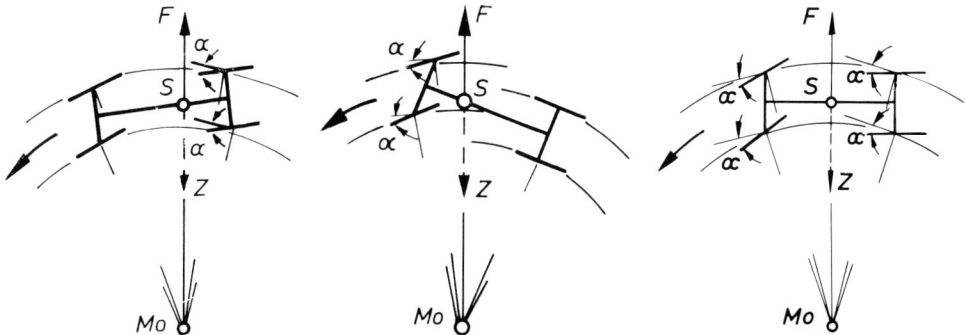

Bild 6.49 Übersteuern. Die Hinterräder drängen nach außen weg. Schräglaufwinkel α ist hinten größer als vorn.

Bild 6.50 Untersteuern. Die Vorderräder drängen nach außen weg. Schräglaufwinkel α ist vorn größer als hinten.

Bild 6.51 Neutrales Kurvenverhalten. Schwerpunkt S liegt in Fahrzeugmitte. Schräglaufwinkel α ist an Vorder- und Hinterrädern gleich groß.

wenig) *wegdrängen und keine Lenkkorrektur* notwendig wird. Dies wird dadurch erreicht, daß man die Gewichte im Kfz dementsprechend verteilt, zum Beispiel durch die «Mittelmotoranordnung», wobei der gewichtige Motor zwischen Vorder- und Hinterachse angeordnet wird, oder das «Transaxle-Prinzip» von Alfa Romeo und Porsche, wobei der Motor vorn liegt, das Getriebe mit dem Achsantrieb aber an der Hinterachse angeordnet ist.

6.1.7 Unterschied zwischen Hinterrad- und Frontantrieb

Bei gleicher Auslastung des Kfz ist die Lage des Antriebs von großem Einfluß auf das Fahrverhalten. Der *Frontantrieb* ermöglicht gegenüber dem *Hinterradantrieb* ein schnelleres Durchfahren von Kurven aus zwei Gründen:

❏ Das Kfz wird gezogen, nicht geschoben.
❏ Das Kfz wird in Richtung der eingeschlagenen Räder gezogen.

Dagegen die Verhältnisse beim Hinterradantrieb:

❏ Das Kfz wird geschoben,
❏ es wird in Laufrichtung der Hinterräder, nicht in Richtung der eingeschlagenen Vorderräder geschoben.

Allradantrieb: Einige Automobilhersteller wenden bei Personenkraftwagen den Allradantrieb an. Der Vorteil liegt darin, daß die Antriebskraft auf vier statt nur auf zwei Räder verteilt wird. Die Antriebskraft läßt sich so, vor allem unter ungünstigen Fahrbedingungen, besser auf die Fahrbahn übertragen.

6.2   Lenkgetriebe

Die Aufgabe der Lenkgetriebe besteht darin, die *Drehbewegung des Lenkrads* in eine *Schubbewegung umzuwandeln* und diese mittels der Spurstangen auf die zu lenkenden Räder zu übertragen. Durch genügend große *Übersetzung ins Langsame* bewirken sie, daß die zum Lenken *erforderliche Kraft klein* gehalten wird.

Die *Lenkübersetzungen* liegen etwa bei:

❐ Personenkraftwagen zwischen 14 und 24,
❐ Lastkraftwagen und Kraftomnibussen zwischen 30 und 40.

Das bedeutet: Beträgt die Lenkübersetzung $i = 15$, muß das Lenkrad um einen Winkel von 15° gedreht werden, damit die Vorderräder um 1° aus der Geradeausstellung nach links oder rechts geschwenkt werden.

$$\text{Übersetzung } i = \frac{\text{gezählte Lenkradumdrehungen} \cdot 360°}{\text{Gesamteinschlag der gelenkten Räder}}$$

Angenommen, bei vollem Anschlag des Lenkrades nach links sei das linke Vorderrad um 32° und bei drei Lenkradumdrehungen nach rechts das rechte Vorderrad um 34° eingeschlagen. So ergibt sich bei drei gezählten Lenkradumdrehungen ein Gesamteinschlag von: 32° + 34° = 66°.

In die Formel eingesetzt, erhält man:

$$i = \frac{3 \cdot 360°}{66°} = \mathbf{16{,}36 : 1}$$

Heute gelangen folgende *Arten von Lenkgetrieben* zur Anwendung:

❐ Zahnstangenlenkungen,
❐ Kugelumlauflenkungen,
❐ Gemmer-Globoidschneckenlenkungen, allgemein als Rollzahn- oder Rollenlenkungen
   bezeichnet.

6.2.1   Zahnstangenlenkung

Ein Ritzel mit fünf bis neun Zähnen, mit der Lenksäule meist über eine Gelenkkupplung (Hardyscheibe oder Kreuzgelenk) drehfest verbunden, ist mit einer quer zur Fahrzeuglängsachse angeordneten Zahnstange in Eingriff. Die Zahnstange überträgt die Lenkbewegung über die Spurstangen und die Lenkhebel auf die Achsschenkel.

Zwei verschiedene Ausführungen der Anlenkung der Spurstangen an der Zahnstangenlenkung gelangen zur Anwendung:

❐ Anlenkung der Spurstangen an den Enden der Zahnstange. Die Zahnstange wird somit selbst
   zum Bestandteil des Lenktrapezes (Bild 6.52);
❐ Anlenkung beider Spurstangen in der Mitte, zwischen den beiden Lagern der Zahnstange
   (Bild 6.53).

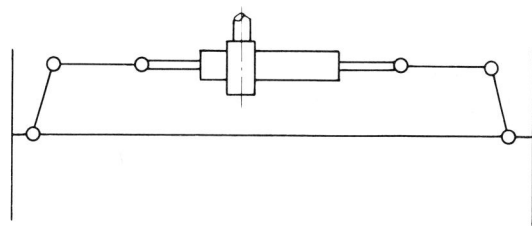

Bild 6.52 Zahnstangenlenkung als Bestandteil des Lenktrapezes

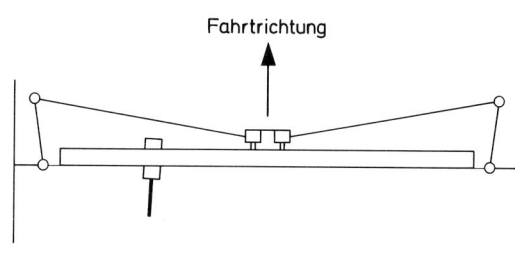

Bild 6.53 Zwei Spurstangen sind in der Mitte der Zahnstange angelenkt. (Audi, Citroën, VW)

Fahrtrichtung

Die Vorteile der Zahnstangenlenkung bestehen darin, daß

❏ das Lenktrapez einfach wird, da nur zwei Spurstangen erforderlich sind,
❏ das Lenkgetriebe nicht nachgestellt zu werden braucht,
❏ die Herstellung preiswert ist,
❏ die Innenreibung und damit die zum Lenken erforderlichen Kräfte gering sind.

Die Zahnstange wird durch ein federbelastetes Druckstück aus Bronze oder Kunststoff in das Ritzel gedrückt. In Bild 6.54 wird hierzu eine zylindrische Schraubenfeder durch eine Spannschraube mit Kontermutter vorgespannt. Das Einstellen erfolgt derart, daß die Spannschraube zunächst bis zum Anschlag angezogen, dann ein wenig gelöst und gekontert wird. Die Zahnstange steht dann unter Federvorspannung.

Bei genauer Betrachtung erkennt man, daß bei den Lenkgetrieben das *Ritzel nicht senkrecht zur Zahnstange* angeordnet ist (Bild 6.55). Dies dient unter anderem dazu, mit der Lenksäule aus der Fahrzeugmitte weiter nach links zu kommen, damit der Fahrer nicht zu weit in der Mitte sitzen muß. Bei der Sicherheitslenkung des Porsche 911 wird die Drehbewegung des Lenkrades über zwei Kreuzgelenke auf die Zahnstangenlenkung übertragen. Hierdurch wird einmal das Lenkrad weiter nach links verlegt, zum anderen eine Verletzung des Fahrers beim Auffahren vermieden. Zeigen die Lenkhebel der Achsschenkel – auf die Fahrtrichtung bezogen – nach *hinten*, greift das

Bild 6.54 Federvorspannung bei der Zahnstangenlenkung (schematisch)

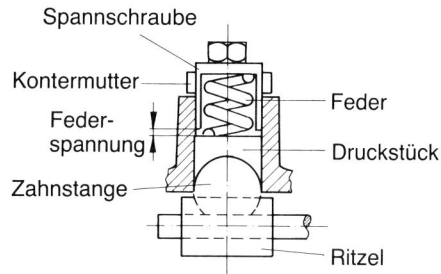

Spannschraube

Kontermutter

Federspannung

Zahnstange

Feder

Druckstück

Ritzel

Lenkgetriebe 533

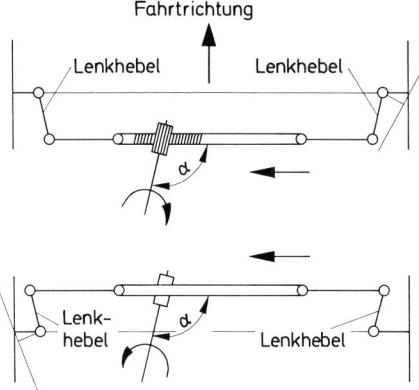

Fahrtrichtung

Lenkhebel   Lenkhebel

Lenk-
hebel   Lenkhebel

Bild 6.55   Ritzeleingriff in Zahnstangenlenkungen
Oberes Bild: Die Lenkhebel zeigen – auf die Fahrtrichtung bezogen – nach hinten. Ritzeleingriff in die Zahnstange von oben
Unteres Bild: Die Lenkhebel zeigen nach vorn, Ritzeleingriff in die Zahnstange von unten. Das Ritzel ist nicht rechtwinklig zur Zahnstange angeordnet (Winkel α).

Ritzel von *oben* in die Zahnstange ein. Weisen die Lenkhebel hingegen nach *vorn*, greift das Ritzel von *unten* in die Zahnstange ein (Bild 6.55).

6.2.2   Kugelumlauflenkung

Hierbei befinden sich zwischen Lenkschnecke und Lenkmutter Stahlkugeln, die bei der Lenkbewegung zwischen Schnecke und Mutter abrollen (Bild 6.56). Durch diese rollende statt gleitender Reibung sind zum Lenken nur geringe Kräfte erforderlich. Das Abrollen der Kugeln erfolgt wie im Vierpunktlager, d.h., jede Kugel liegt an je zwei Punkten auf der Schnecke und in der Mutter auf (Bild 6.57). Jede Kugelumlauflenkung enthält aus Gründen der Sicherheit zwei Kugelumläufe, erkennbar an den zwei Röhrchen auf der Lenkmutter (Bild 6.58).

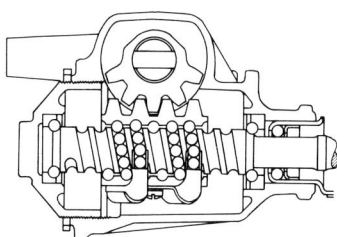

Bild 6.56   Kugelumlauflenkung

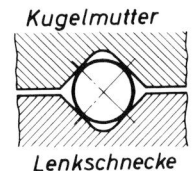

Kugelmutter

Lenkschnecke

Bild 6.57   Vierpunktlagerung der Kugeln bei der Kugelumlauflenkung

Die Kugeln der Kugelumlauflenkungen werden nach einer besonderen Ausführungsvorschrift hergestellt und einer 100%igen Ultraschallprüfung auf Kernlunker unterzogen (SKF).
Die Kraftübertragung von der *Kugelmutter auf die Lenkstockwelle* erfolgt meist über eine Geradeverzahnung an der Kugelmutter, in die ein entsprechendes Zahnsegment der Lenkstockwelle eingreift. In Bild 6.59 ist die übliche Verzahnung dargestellt sowie eine neuere Ausführung, bei der sich die Übersetzung ins Langsame mit zunehmendem Lenkeinschlag vergrößert. Ein

Bild 6.58 Aus Sicherheitsgründen enthält die Kugelumlauflenkung zwei getrennte Kugelumläufe.

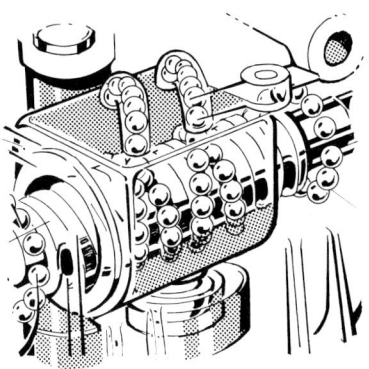

Bild 6.59 Verzahnung von Kugelmutter und Zahnsegment der Lenkstockwelle Linkes Bild: Die Teilung (*t*) – der Abstand von Zahn zu Zahn – ist gleich. Die Übersetzung der Lenkung ist über den gesamten Einschlagbereich gleich groß.
Rechtes Bild: Neuere Ausführung der Verzahnung von Kugelmutter und Zahnsegment. Die Teilung (*t*) ist in Mittelstellung größer als bei Endeinschlag. So wird bei geringem Lenkeinschlag eine mehr «direkte» Lenkung erreicht. Je weiter aus der Mittelstellung nach links oder rechts eingeschlagen wird, um so größer wird die Übersetzung ins Langsame.

Bild 6.60 Nachstellvorrichtung bei der ▶ Kugelumlauflenkung, schematisch

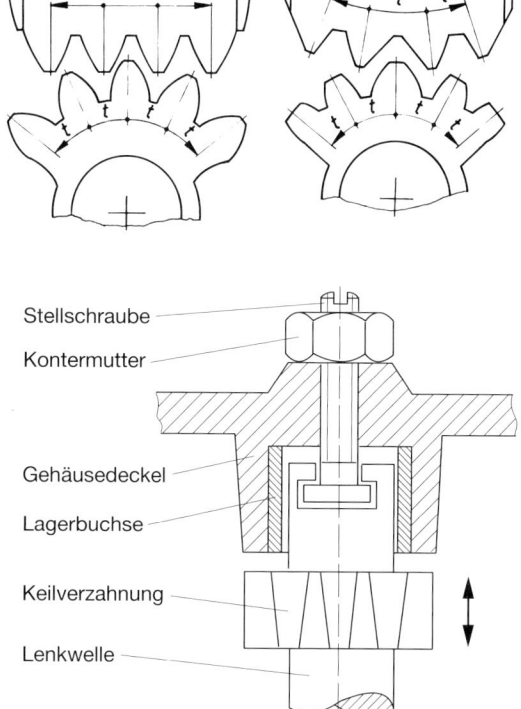

Nachstellen der Spielfreiheit zwischen Schnecke und Lenkmutter ist nicht notwendig, da es sich um rollende (praktisch verschleißlose) Reibung handelt. Zwischen Lenkmutter und Zahnsegment erfolgt die Nachstellung durch Veränderung des Abstands zwischen beiden Teilen mittels einer gekonterten Druck- und Zugschraube. Hierzu sind die Zähne von Lenkmutter und Zahnsegment keilförmig ausgebildet (Bild 6.60).

Lenkgetriebe 535

6.2.3 Gemmer-Globoidschneckenlenkung (Rollenlenkung)

Dieses Lenkgetriebe ist aus der Schneckensegmentlenkung hervorgegangen, die heute nur noch vereinzelt bei leichten Kraftfahrzeugen Verwendung findet (z.B. Fiat, Bild 6.61). Hierbei greift ein Zahnsegment in eine eingängige Schnecke ein. Die Einstellung erfolgt dabei derart, daß sich die Lenkstockwelle (Segmentwelle), die in einer exzentrischen Buchse gelagert ist, im Gehäuse verdrehen und nach erfolgter Einstellung fixieren läßt (Bild 6.62).

Gemmer hat aus der Schneckensegmentlenkung mit gleitender Reibung die *Rollzahn- oder Rollenlenkung* mit rollender Reibung geschaffen, indem er statt des Zahnsegments zwei – bei stärkeren Lenkgetrieben drei – spielfrei drehbar gelagerte Rollen in die Schnecke eingreifen läßt. Da die Lenkrollen beim Einschlagen des Lenkrades eine Drehbewegung um die Lenkstockwelle ausführen, muß die Lenkschnecke in der Mitte (Geradeausstellung) im Durchmesser kleiner sein als an den Enden (voller Rechts- oder Linkseinschlag). Eine solche Lenkschnecke wird als *Globoidschnecke* bezeichnet (Bild 6.63). Je weiter das Lenkgetriebe aus der Mittelstellung nach rechts oder links eingeschlagen wird, um so größer wird das Spiel zwischen den Flanken der Schnecke

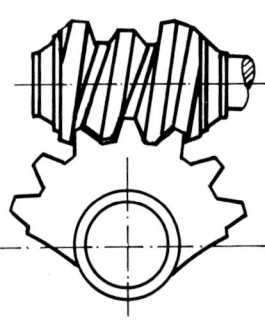

Bild 6.61 Schneckensegmentlenkung mit Globoidschnecke

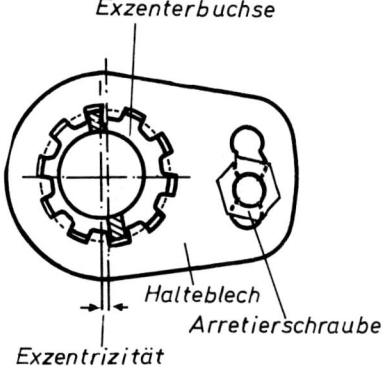

Exzenterbuchse

Halteblech

Arretierschraube

Exzentrizität

Bild 6.62 Lenkgetriebenachstellung durch Exzenterbuchse (Fiat) (schematisch)

Bild 6.63 ZF-Gemmerlenkung

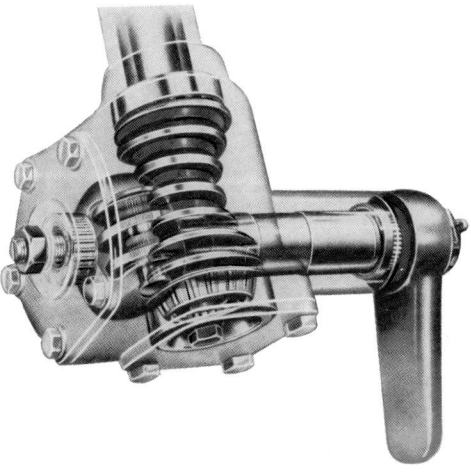

Bild 6.64 Nachstellung der Gemmerlenkung, schematisch
Linkes Bild: Herausdrehen der Einstellschraube (S) vergrößert das Spiel zwischen Lenkrolle (Lr) und Lenkschnecke (Ls) – Höhenunterschied (d) ist groß.
Rechtes Bild: Hineindrehen der Einstellschraube (S) verringert das Spiel. Es wird so eingestellt, daß die Lenkrolle (Lr) in Mittelstellung der Lenkung spielfrei in die Lenkschnecke (Ls) eingreift. Der Höhenunterschied (d) ist kleiner.

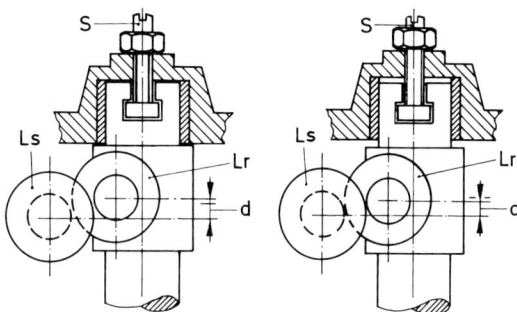

und den Lenkrollen, da der Radius der Globoidschnecke etwas größer ist als der Radius, den die Lenkrollen beschreiben.

Die Nachstellung – die wie bei jedem Lenkgetriebe in Mittelstellung spielfrei möglich sein muß – geht aus Bild 6.64 hervor.

6.2.4   Einstellen von Lenkgetrieben

Vorarbeiten zur Grundeinstellung von Lenkgetrieben

Soll und kann ein Lenkgetriebe in eingebautem Zustand eingestellt werden, müssen die Spurstangen oder der Lenkstockhebel mit den daran befestigten Spurstangen abgenommen werden.

Einstellen des Axialspiels – Längsspiels – der Spindel oder Schnecke

> Zunächst muß die *Lenkstockwelle lose* gestellt werden, um die Gängigkeit der Spindel oder Schnecke messen zu können. Die Messung erfolgt mit einem Reibwertmesser, z.B. *Torsiometer.*

Entspricht der gemessene Wert den Angaben des Herstellers, wird an der Einstellung von Spindel oder Schnecke nichts geändert. Andernfalls muß neu eingestellt werden. Spindel oder Schnecke sind stets in *Schrägkugellagern* in X-Anordnung gelagert, seltener in Kegelrollenlagern (X-Anordnung siehe Abschnitt 9.17).

Zwei Arten der Einstellung sind derzeit üblich:

❒ durch Beilegen oder Entfernen von Beilegscheiben aus Papier oder Metall am Flansch zur Aufnahme des Lageraußenrings (Bild 6.65). Bei der Einstellung ist zu beachten, daß die – meist vier – Schrauben zur Befestigung des Deckels mit dem vom Hersteller *vorgeschriebenen Anzugsdrehmoment* festgezogen werden;

❒ durch Einstellen der Schraube mit Kontermutter, die den Lageraußenring verschiebt (Bild 6.66). Nach erfolgter Einstellung muß die Leichtgängigkeit von Spindel oder Schnecke mit dem Reibwertmesser (Torsiometer) gemessen werden! Angegebene Werte der Hersteller beachten! Übliche Werte liegen zwischen 4 bis 20 cmkp bzw. 0,4 bis 2,0 Nm.

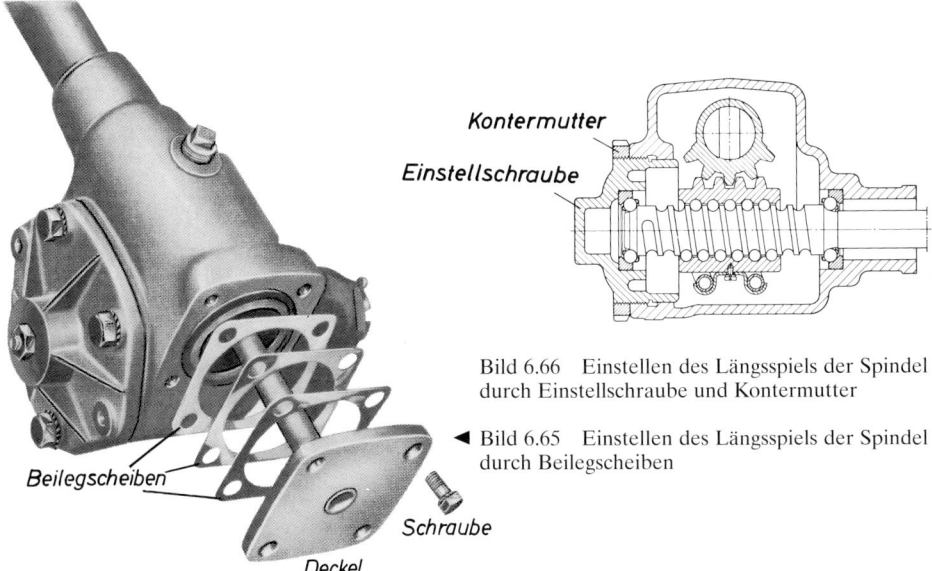

Kontermutter

Einstellschraube

Beilegscheiben

Schraube

Deckel

Bild 6.66   Einstellen des Längsspiels der Spindel durch Einstellschraube und Kontermutter

◀ Bild 6.65   Einstellen des Längsspiels der Spindel durch Beilegscheiben

Einstellen der Lenkstockwelle

Die Lenkstockwelle wird so eingestellt, daß das Lenkgetriebe in Mittelstellung – Geradeausstellung – spielfrei arbeitet. Verschiedentlich sind Lenkgetriebe auch so ausgeführt, daß die Spielfreiheit nicht genau in Mittelstellung liegt, sondern an *zwei Punkten*, sowohl wenig rechts als auch wenig links von der Mittelstellung.

Die Einstellung erfolgt durch Einstellschraube mit Kontermutter, wie es z.B. in den Bildern 6.60 und 6.64 schematisch dargestellt ist. Für die Einstellschraube werden vielfach ebenfalls Anzugsdrehmomente plus Drehwinkel angegeben, so daß zur Einstellung ebenfalls ein Reibwertmesser verwendet werden muß (zum Beispiel bei Ford 35 cmkp = 3,5 Nm).

6.2.5   Hilfskraftlenkungen (Servolenkungen)

Sie müssen laut StVZO bei Kraftomnibussen verwendet werden, wenn die zulässige Achslast der gelenkten Achsen 4,5 t überschreitet. Außerdem müssen sie so beschaffen sein, daß bei Versagen der Lenkhilfe die Lenkbarkeit des Fahrzeugs erhalten bleibt (höchstzulässige Lenkkraft ohne Hilfe: 40 kg = 400 N je Arm).

Üblicherweise sind Servolenkungen als *Drossellenkungen* aufgebaut. Das heißt, der Ölstrom geht (im Prinzip) drucklos durch das Steuersystem, solange keine Hilfskraft zum Lenken gebraucht wird.

Da es eine Vielzahl unterschiedlicher Ausführungen von Hilfskraftlenkungen gibt, sollen hier nur der *grundsätzliche Aufbau* und die *Wirkungsweise* beschrieben werden. Die ausgeführten Beschreibungen gelten sinngemäß auch für alle anderen Arten von Servolenkungen.

Hauptbestandteile aller Hilfskraftlenkungen

- ❏ *Mechanisches Lenkgetriebe,* bei Personenwagen ausgeführt als Zahnstangenlenkung mit hydraulischer Lenkhilfe oder Kugelmutter-Servolenkung, bei Lastkraftwagen, Kraftomnibussen und Lieferwagen ausgeführt als Kugelmutter-Servolenkung, Spindelhydrolenkung oder Gemmer-Hydrolenkung;
- ❏ *Hydraulikeinrichtung,* bestehend aus zwei Kolbenflächen in entsprechenden Zylindern, die – starr miteinander verbunden – ihre Bewegung auf die Lenkwelle, bei der Zahnstangenlenkung über die Zahnstange direkt auf die Spurstangen übertragen;
- ❏ *hydraulische Steuereinrichtung,* bestehend aus einer Einlaßöffnung (Einlaßventil) und einer Rücklauföffnung (Auslaßventil) je Zylinder, insgesamt also vier Steueröffnungen oder -schlitze, die durch Steuerschieber oder Steuerkolben geöffnet oder geschlossen werden;
- ❏ *Ölbehälter mit Filtereinsatz;*
- ❏ *Ölpumpe* mit Druck- und Mengenregelventil (Strombegrenzungsventil);
- ❏ *Regelvorrichtung* (in einigen Fällen), die die hydraulische Lenkunterstützung mit zunehmender Fahrgeschwindigkeit verringert, bei hoher Geschwindigkeit evtl. gänzlich abschaltet;
- ❏ *hydraulische Lenkbegrenzung.* Anwendung bei Servolenkungen an schweren Kfz wie Kraftomnibussen, Lastkraftwagen und Lieferwagen. In Personenkraftwagen ist sie nicht üblich.

Ölpumpe
Sie wird meist von der Kurbelwelle des Motors mittels Keilriemen oder Keilrippenriemen angetrieben.
Ausführung: Bei Pkws, Lieferwagen, *leichten* Kom und Lkws als Flügelpumpe (Flügelzellenpumpe), bei *schweren* Kom und Lkws als Eatonpumpe (Rotorpumpe).
Bild 6.67 zeigt die Hochdruckflügelpumpe der Zahnstangenlenkung mit hydraulischer Lenkhilfe von Porsche.

Wirkungsweise: Beim Drehen der Antriebswelle, die mit dem Läufer fest verbunden ist, werden die Flügel durch ihre Fliehkraft und durch Öldruck an die Führungsbahn des Kurvenrings gedrückt. Durch die Anordnung von zwei Druckkammern im Kurvenring fördert jede Flügelzelle zweimal je Umdrehung Öl vom geteilten Ansaugkanal (a) über die Druckkammern (b und c) in den Druckkanal (d). Durch das im Druckkanal eingebaute *Strombegrenzungsventil* (Mengenregelventil f) und eine Drossel (e) wird der Ölstrom (Durchflußmenge) zur Lenkung geregelt. Mit steigender Drehzahl fördert die Pumpe mehr Öl. Dadurch wird die Druckdifferenz vor und hin-

Bild 6.67 Hochdruckflügelpumpe der Porsche-
Servolenkung
a Ansaugkanal
b Druckkammer
c Druckkammer
d Druckkanal
e Drossel
f Strombegrenzungsventil
g Abspritzbohrung
h Druckbegrenzungsventil

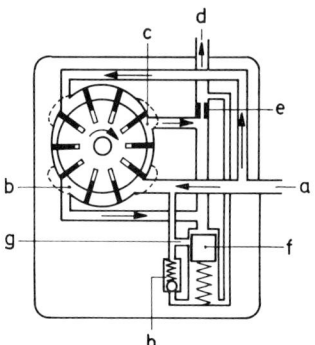

ter der Drossel (e) größer. Der reduzierte Druck hinter der Drossel ist wirksam über den Nebenkanal auf der federbelasteten Seite des Strombegrenzungsventils (f). Durch den höheren Druck vor der Drossel wird der Kolben gegen die Feder nach unten bewegt. Die Abspritzbohrung (g) zum Ansaugkanal (a) wird frei, und es erfolgt ein Druckabbau. Das Strombegrenzungsventil ist so abgestimmt, daß hinter der Drossel (e) die Durchflußmenge mit steigender Drehzahl abnimmt. Die Folge ist, daß bei *hoher Geschwindigkeit des Fahrzeugs die Lenkunterstützung abnimmt* und das «Lenkgefühl» zunimmt. Das Druckbegrenzungsventil (h) ist ein federbelastetes Kugelventil, das den maximalen Druck in der Pumpe abregelt. Es öffnet bei einem Druck von 75 bar. (Mit diesem Druck arbeiten auch die Zahnstangen-Servolenkungen anderer Hersteller, z.B. Audi.)

Hydraulische Steuereinrichtung
Als Beispiel wird das *Drehkolbenventil* der Porsche-Servolenkung (Zahnstangenlenkung mit hydraulischer Unterstützung) beschrieben. Das Drehkolbenventil steuert je nach Lenkmoment den Öldruck für den Arbeitszylinder.
Die Hauptbestandteile sind (Bild 6.68):

❏ feststehendes Ventilgehäuse (i),
❏ Lenkspindel mit Formteil (b),
❏ Ventilkörper mit Lenkritzel (e),
❏ Drehstab (f) und
❏ zwei Ventilkolben (l).

Die Lenkspindel (b) mit Formteil (k) und Steuerzapfen (m) für die Ventilkolben ist ein Bauteil. Im Ventilkörper (e) sind zwei quer zur Ventilkörperachse liegende Ventilkolben (l) untergebracht, die beim Drehen des Lenkrades zusammen mit dem Ventilkörper und der Lenkspindel (b) im feststehenden Ventilgehäuse (i) gedreht werden.
   Die Ventilkolben (l) haben in der Mitte eine Querbohrung, in die zwei Zapfen (m) der Lenkspindel eingreifen. Es besteht somit eine nahezu spielfreie Verbindung zwischen den Ventilkolben (l) und der Lenkspindel (b). Der Drehstab (f), der mit der Lenkspindel und dem Ventilkörper verbohrt und verstiftet ist, hält die Lenkspindel und somit auch die Ventilkolben in Neutrallage, solange am Lenkrad keine Kraft aufgebracht wird.

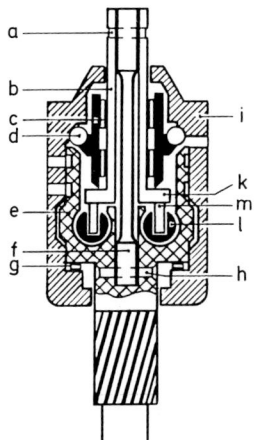

Bild 6.68   Drehkolbenventil der Porsche-Servolenkung
a Zylinderstift (Verbindung Lenkspindel–Drehstab)
b Lenkspindel mit Formteil
c Nadellager
d Schrägkugellager
e Ventilkörper mit Lenkritzel
f Drehstab
g Axialnadellager
h Zylinderstift (Verbindung Drehstab–Ventilkörper mit Ritzel)
i feststehendes Ventilgehäuse
k Formteil
l Ventilkolben in Neutralstellung
m Zapfen

Wirkungsweise: Beim Lenkeinschlag wird der Drehstab (f) je nach Größe des Lenkmoments gespannt. Die beiden Zapfen (m), die mit der Lenkspindel drehfest verbunden sind, verschieben die Ventilkolben (l) aus der Neutralstellung. Wird das Lenkrad losgelassen, sorgen der Drehstab und zusätzlich eingebaute Zentrierfedern (nicht gezeichnet) dafür, daß die Ventilkolben in Neutrallage zurückgeschoben werden. Der Verdrehbereich des Drehstabs ist durch den Anschlag des Formteils (k) im Ventilkörper (e) begrenzt. Bei stehendem Motor oder Ausfall der Hydraulik wird über den Anschlag rein mechanisch gelenkt (s. Bild 6.75).

Zahnstangenlenkung mit hydraulischer Lenkhilfe (nach Porsche)
Bild 6.69 zeigt die Servolenkung in schematischer Darstellung.

Allgemeines: Die Zahnstange ist in einem zum Teil rohrförmigen Gehäuse mit Hochdruckdichtung (m) untergebracht. Sie ist am zylindrischen glatten Teil in einer Buchse mit Hochdruckdichtung (n) gelagert (in der schematischen Darstellung nicht gezeichnet). An der verzahnten Seite wird sie von einem federbelasteten Druckstück radial spielfrei in der Verzahnung des Antriebsritzels gehalten (in der Darstellung nicht gezeichnet). Auf der Zahnstange ist auch der Kolben (g) befestigt. Das Lenkgehäuse bildet den Arbeitszylinder (e). Die Hochdruckflügelpumpe ist am Motor befestigt und wird über einen Keilriemen von der Kurbelwelle des Motors angetrieben. Das Drehkolbenventil (d) ist mit dem Lenkgetriebe verschraubt.

Wirkungsweise: Das zum Lenken mit hydraulischer Unterstützung notwendige Hydrauliköl wird von der Hochdruckflügelpumpe (a) aus dem Ölbehälter (b) angesaugt und von dieser über den Hochdruckdehnschlauch (c) zum Drehkolbenventil (d) gefördert. Im Drehkolbenventil (d) wird das Öl je nach Lenkmoment (Kraft am Lenkrad) in die entsprechende Seite des Arbeitszylinders (e) geleitet. Durch den auf die Kolbenfläche wirkenden Öldruck wird die Lenkbewegung über die Zahnstange (f) unterstützt. Das Öl auf der anderen Seite im Arbeitszylinder fördert der Kolben (g) zum Drehkolbenventil (d). Von dort fließt das Öl durch die Rücklaufleitung (k) in den Ölbehälter (b).

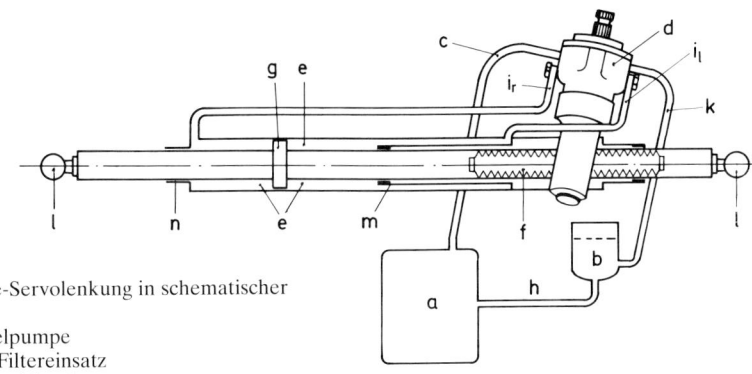

Bild 6.69   Porsche-Servolenkung in schematischer
Darstellung
a Hochdruckflügelpumpe
b Ölbehälter mit Filtereinsatz
c Hochdruckdehnschlauch
d Drehkolbenventil
e Arbeitszylinder
f Zahnstange
g Kolben
h Saugleitung
i_l Druckleitung für Linkseinschlag

i_r Druckleitung für Rechtseinschlag
k Rücklaufleitung
l Kugelgelenk der Spurstange
m Rohr mit Hochdruckdichtung
n Buchse mit Hochdruckdichtung

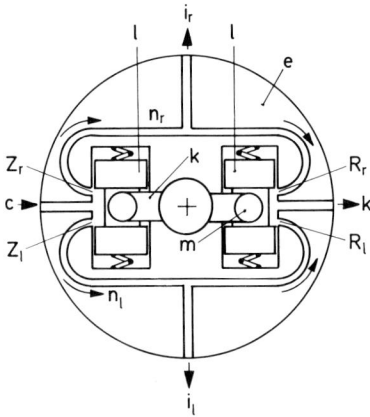
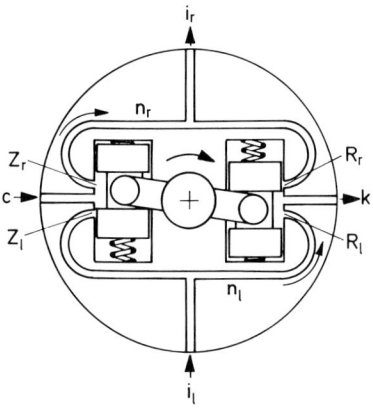

Bild 6.70 Drehkolbenventil in Neutralstellung in schematischer Darstellung

Bild 6.71 Wirkungsweise des Drehkolbenventils bei Rechtseinschlag (schematisch)

Drehkolbenventil

Wirkungsweise: In den Bildern 6.70 bis 6.72 ist das Drehkolbenventil der leichteren Verständlichkeit halber etwas anders dargestellt als in der Realität. Abgebildet sind jeweils nur der Ventilkörper (e) mit den Ventilkolben (l) und dem Formteil (k) mit den Zapfen (m) aus Bild 6.68. Die in den Bildern 6.70 bis 6.72 dargestellten Bohrungen (c), (i_r), (i_l) und (k) münden in vier hintereinander angeordnete Ringkanäle des Ventilkörpers (e), über die die Verbindung mit den am Ventilgehäuse (d) (Bild 6.69) angebrachten Leitungen (c), (i_r), (i_l) und (k) hergestellt wird. Die Ringkanäle sind nicht gezeichnet.

Wirkungsweise des Drehkolbenventils in Neutralstellung (keine Drehbewegung am Lenkrad; Bild 6.70): Der Drehstab ist entlastet. Beide Einlaßöffnungen (Z_r und Z_l) und die beiden Rücklauföffnungen (R_r und R_l) sind von den Ventilkolben (l) geöffnet. Von der Pumpe fließt das Hydrauliköl durch die beiden Einlaßöffnungen (Z_r und Z_l) in die Kanäle (n_r und n_l), durch die Rücklauföffnungen (R_r und R_l) durch die Leitung (k) zum Ölbehälter (b) (siehe auch Bild 6.69). Vom Kanal (n_r) gelangt das Öl durch die Leitung (i_r) in den Arbeitszylinder (e) links vom Kolben (g), vom Kanal (n_l) durch die Leitung (i_l) in den Arbeitszylinder (e) rechts vom Kolben (g). Da der Druck auf beiden Seiten des Kolbens gleich groß ist, heben sich die Kräfte gegen den Kolben auf: Es findet *kein Lenkeinschlag* statt.

Wirkungsweise bei Rechtseinschlag (Lenkrad im Uhrzeigersinn gedreht; Bild 6.71): Wird durch eine Kraft am Lenkrad der Drehstab nach rechts gespannt, wird der rechte Ventilkolben nach unten und der linke Ventilkolben nach oben verschoben. Von der Pumpe fließt das Öl über die Leitung (c) durch die geöffnete Einlaßöffnung (Z_r) zum Kanal (n_r) und von dort durch die Leitung (i_r) in den Arbeitszylinder (e) *links* vom Kolben (g) (Bild 6.69). Da die Rücklauföffnung (R_r) geschlossen ist, wird der Kolben nach *rechts* bewegt. Gleichzeitig schiebt der Kolben das Öl aus der rechten Seite des Arbeitszylinders durch die Leitung (i_l), den Kanal (n_l) und die geöffnete Auslaßöffnung (R_l) in den Ölbehälter zurück. Die Einlaßöffnung (Z_l) ist dabei geschlossen (Bild 6.71).

542 *Fahrwerk*

Bild 6.72   Wirkungsweise des Drehkolbenventils
bei Linkseinschlag (schematisch)

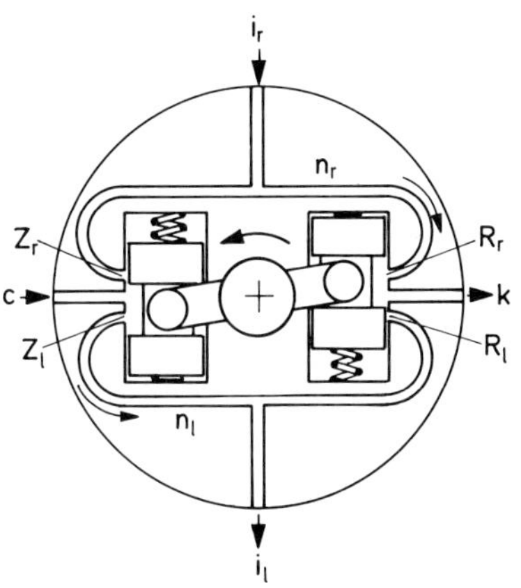

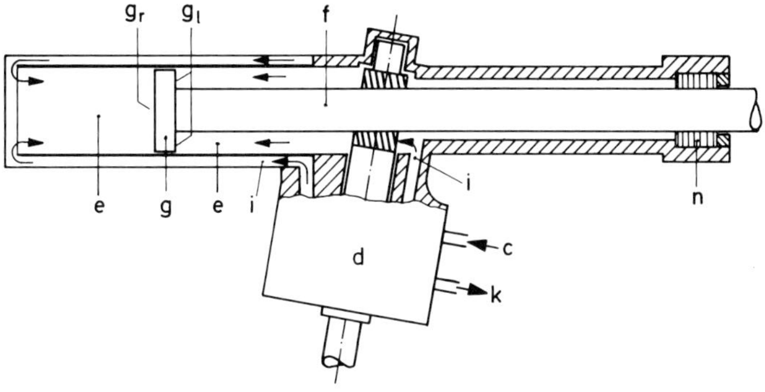

Bild 6.73   Zahnstangen-
Servolenkung mit am
Ende der Zahnstange
angebrachtem Kolben
c   Zulauf von der
    Ölpumpe
d   Drehkolbenventil
e   Arbeitszylinder
f   Zahnstange
g   Kolben
g_l wirksame Kolbenfläche
    bei Linkseinschlag
g_r wirksame Kolbenfläche
    bei Rechtseinschlag
i_l Druckleitung für Links-
    einschlag
i_r Druckleitung für Rechts-
    einschlag
k   Rücklaufleitung
n   Buchse mit Hochdruck-
    dichtung

Wirkungsweise bei Linkseinschlag (Lenkrad entgegen dem Uhrzeigersinn gedreht; Bild 6.72):
Wird der Drehstab durch eine Kraft am Lenkrad nach links gespannt, wird der linke Ventilkolben
nach unten und der rechte nach oben verschoben. Das Hydrauliköl fließt von der Pumpe (Leitung
c) durch die geöffnete Einlaßöffnung (z_l) zum Kanal (n_l) und von dort durch die Leitung (i_l) in
den Arbeitszylinder (e) rechts vom Kolben (g) (Bild 6.69). Da die Rücklauföffnung (R_l) verschlossen ist, wird der Kolben nach links bewegt. Der Kolben schiebt dabei das Öl aus dem linken
Raum des Arbeitszylinders durch die Leitung (i_r), den Kanal (n_r) im Drehkolbenventil, die geöffnete Auslaßöffnung (R_r) und durch die Leitung (k) in den Ölbehälter (b) zurück (Bild 6.69).
    Eine *Zahnstangen-Servolenkung*, bei der der Kolben (g) am linken Ende der Zahnstange ange-
ordnet ist, zeigt Bild 6.73. Hierdurch ergeben sich *unterschiedlich große Kolbenflächen* im Arbeitszylinder (e). Damit die hydraulische Lenkunterstützung bei Rechts- und Linkseinschlag trotzdem
gleich groß ist, wird bei *Rechtseinschlag* der Lenkung die größere wirksame Fläche des Kolbens
(g_r) mit einem *geringeren* hydraulischen Druck beaufschlagt als bei Linkseinschlag. Hierzu ist im
Zulauf zur Druckleitung (i_r) im Drehkolbenventil die Drossel (D_z) angebracht (Bild 6.74). Im
Rücklauf der Leitung (i_l) befindet sich die Drossel (D_r), wodurch im Arbeitszylinder (e) *rechts*
vom Kolben (g), der kleineren Kolbenfläche (gl) entsprechend, ein höherer Druck gehalten wird.
In Bild 6.74 ist das Drehkolbenventil in Neutralstellung dargestellt. Die Wirkungsweise dieser
Zahnstangenlenkung (Bild 6.75) ist im übrigen die gleiche wie die der Porsche-Servolenkung (mit

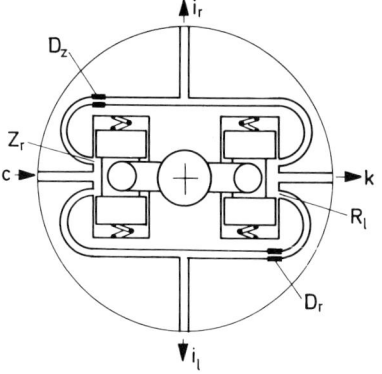

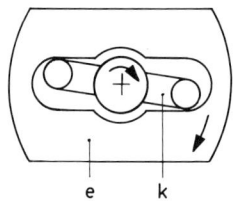

Bild 6.75 Wirkungsweise des Drehkolbenventils bei rein mechanischer Lenkung. Bei stehendem Motor oder Ausfall der Hydraulik erfolgt die Übertragung der Lenkbewegung rein mechanisch vom Formteil (k) auf den Ventilkörper mit Lenkritzel (e) (s. auch Bilder 6.70 bis 6.72).

Bild 6.74 Drehkolbenventil, abgewandelt für Servolenkungen mit unterschiedlich großen Kolbenflächen

den Bildern 6.70 bis 6.72 beschrieben). Die Spurstangen sind am rechten Ende der Zahnstange angebracht (im Bild nicht dargestellt).

Daimler-Benz-Personenwagen-Servolenkung (nach Daimler-Benz)
Bild 6.76 zeigt den grundsätzlichen Aufbau einer Daimler-Benz-Kugelmutter-Servolenkung in Kompaktbauweise.

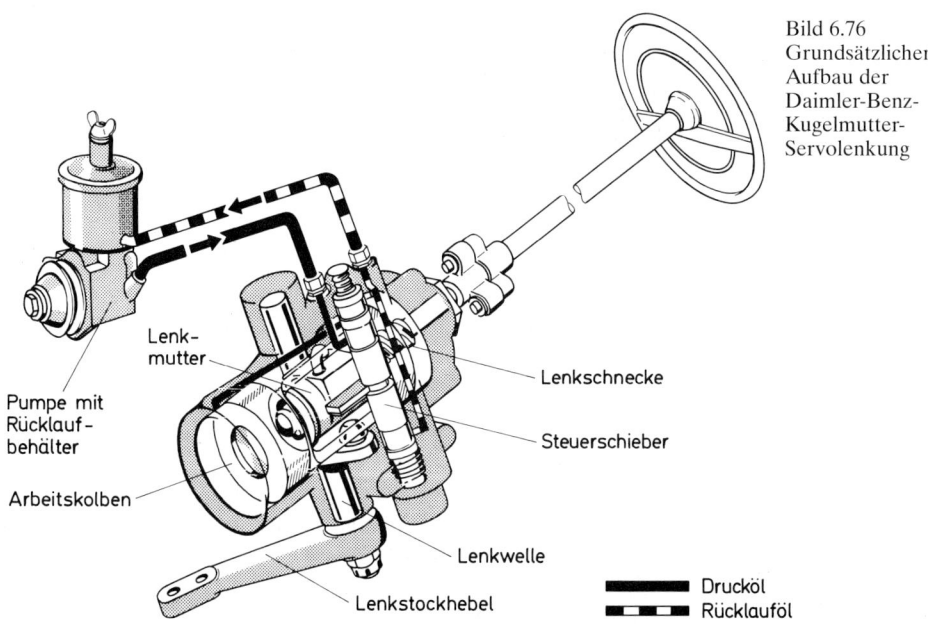

Bild 6.76
Grundsätzlicher
Aufbau der
Daimler-Benz-
Kugelmutter-
Servolenkung

Lenk-
mutter

Pumpe mit
Rücklauf-
behälter

Arbeitskolben

Lenkschnecke

Steuerschieber

Lenkwelle

Lenkstockhebel

Drucköl
Rücklauföl

Bild 6.77 zeigt die Anordnung der Einzelteile bei der Mercedes-Benz-Servolenkung LSE 090 für Personenwagen.

Die Lenkung ist wie fast alle Servolenkungen als *Drosselung* aufgebaut, d.h., der Ölstrom geht (im Prinzip) drucklos durch das Steuersystem, solange keine Hilfskraft zum Lenken gebraucht wird.

Im Gegensatz zu der in Bild 6.76 gezeigten Lenkung, bei der für die Übertragung der Kräfte zwischen Lenkmutter und Lenkwelle noch die Kombination Kugelkopf–Hebelarm angewendet wurde, sind heute die Daimler-Benz-Servolenkungen mit Zahnstange und Zahnsegment als Übertragungsmechanismus zwischen Arbeitskolben und Lenkwelle ausgerüstet (Bild 6.77).

Die *Steuerung* wird durch das zylindrisch ausgeführte Steuerventil (11) in den Bildern 6.77, 6.78 und 6.79 bewirkt, das durch Drehung der Lenkmutter (12) nach der einen oder anderen Seite bewegt wird. Bild 6.78 zeigt schematisch die Bewegung des Steuerventils (11) durch das Steuerlineal (L) der Lenkmutter.

Die *grundsätzliche Wirkungsweise der Steuereinrichtung* bei Links- und Rechtseinschlag sowie Neutralstellung zeigen die Bilder 6.80 bis 6.82. Reaktionskolben und Mittenfedern sind der leichteren Übersicht halber nicht gezeichnet.

Linkseinschlag (Bild 6.80): Wird das Lenkrad links herum (entgegen dem Uhrzeigersinn) gedreht, verschiebt das Steuerlineal (L) den Steuerkolben (Steuerschieber) (11) nach unten. Das von der Ölpumpe geförderte Hydrauliköl (1) fließt durch den geöffneten Einlaßschlitz (2) und die Leitung (3) in den Arbeitszylinder (4) und drückt den Kolben (5) nach *links*. Die Kolbenbewegung wird über die Verzahnung des Kolbens auf das Zahnsegment (6) der Lenkwelle übertragen.

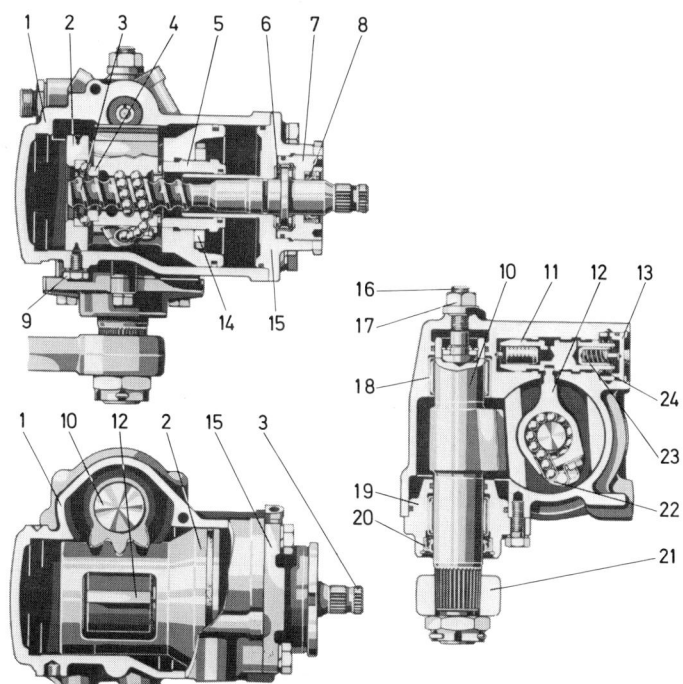

Bild 6.77 Daimler-Benz-Servolenkung LSE 090 für Personenwagen
 1 Lenkgehäuse
 2 Arbeitskolben
 3 Lenkschnecke
 4 Axiallager
 5 Schraubdeckel
 6 Axialnadellager
 7 Lagereinsatz
 8 Dichtring
 9 Verschlußschraube
10 Lenkwelle
11 Steuerventil
12 Lenkmutter
13 Verschlußdeckel
14 Nutmutter
15 Lagerdeckel
16 Einstellschraube
17 Dichtmutter
18 Nadellager
19 Gehäusedeckel
20 Dichtring
21 Lenkstockhebel
22 Kugelführung
23 Reaktionskolben
24 Rückstellfeder

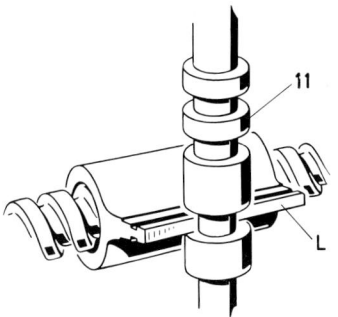

Bild 6.78 Schema der Ventilsteuerung mit dem Steuerlineal (L) der Lenkmutter

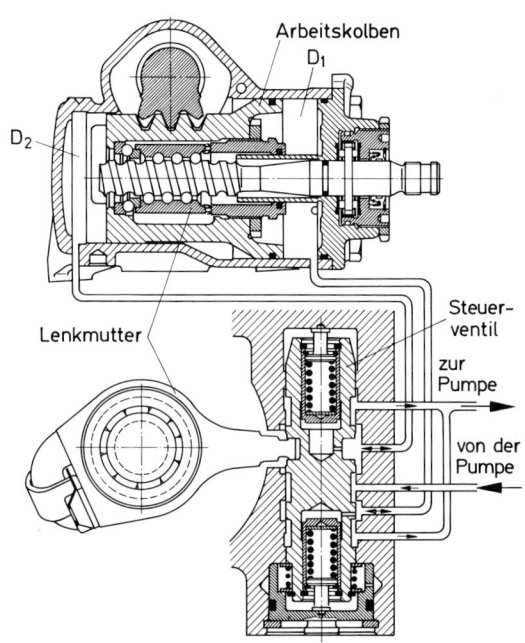

Bild 6.79   Steuerungsschema der Daimler-Benz-Servolenkung LSE 090
D_1 und D_2 Druckräume für Links- und Rechtseinschlag

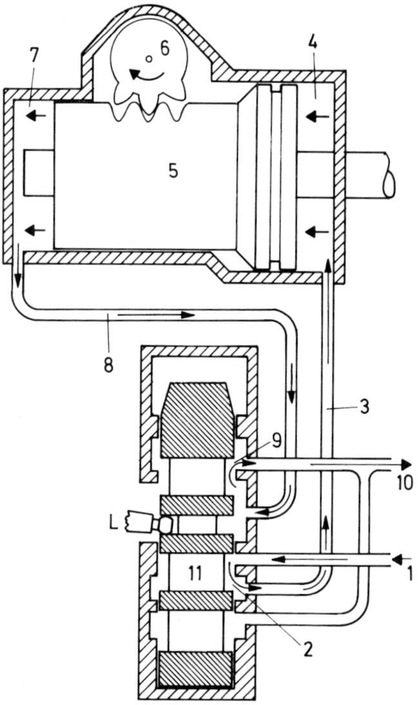

Bild 6.80   Steuerungsschema der Daimler-Benz-Servolenkung bei Linkseinschlag

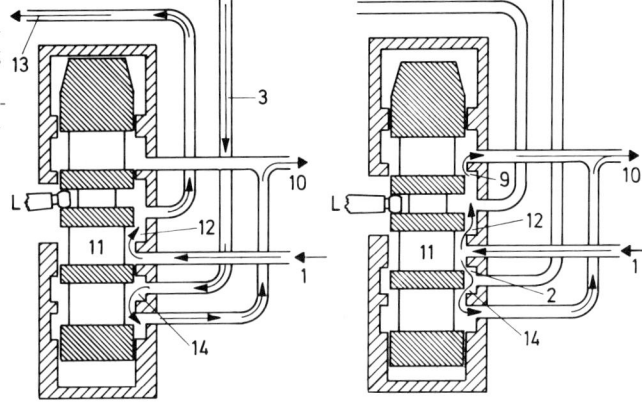

Bild 6.81 (links)   Steuerungs-schema der Daimler-Benz-Servolenkung bei Rechtseinschlag

Bild 6.82 (rechts)   Steuerungs-schema der Daimler-Benz-Servolenkung bei Neutralstellung

Gleichzeitig schiebt der Kolben (5) das Öl aus dem Arbeitszylinder (7) durch die Leitung (8) und den geöffneten Auslaßschlitz (9) durch die Leitung (10) in den Ölbehälter.

Rechtseinschlag (Bild 6.81): Wird das Lenkrad rechts herum (im Uhrzeigersinn) gedreht, verschiebt das Steuerlineal (L) den Steuerschieber (11) nach oben. Das von der Pumpe geförderte Öl (1) fließt durch den geöffneten Einlaßschlitz (12) und die Leitung (13) in den Arbeitszylinder (7) (Bild 6.80) und drückt den Arbeitskolben (5) nach *rechts*. Gleichzeitig schiebt der Kolben das Öl aus dem Arbeitsraum (4) durch die Leitung (3) und den geöffneten Auslaßschlitz (14) durch die Leitung (10) in den Ölbehälter. Leitung (13) in Bild 6.81 = Leitung (8) in Bild 6.80.

Neutralstellung (keine Drehbewegung am Lenkrad; Bild 6.82): Der Steuerschieber (11) wird durch Federn – in Bild 6.79 erkennbar – genau in Mittelstellung gehalten, senkrecht zum Steuerlineal (L). Die Federn sind in Bild 6.82 nicht gezeichnet. Das von der Pumpe geförderte Öl (1) fließt durch die geöffneten Einlaßschlitze (2 und 12) und die ebenfalls geöffneten Auslaßschlitze (9 und 14) durch die Leitung (10) in den Ölbehälter zurück.

Mechanisches Lenken
Bei stillstehendem Motor oder Ausfall der Hydraulik verschiebt das an der Kugelmutter angebrachte Steuerlineal (L) den Steuerschieber (11) bis zum Anschlag, dann erfolgt der Lenkeinschlag rein mechanisch von der Lenkmutter über den Arbeitskolben und die Verzahnung auf die Lenkwelle (siehe auch Bild 6.79).

Grundsätzliche Wirkungsweise der hydraulischen Steuereinrichtungen aller Lenkungen mit hydraulischer Lenkhilfe:

Neutralstellung, auch Mittelstellung oder Neutrallage genannt (keine Drehbewegung am Lenkrad):

Arbeitsraum(-zylinder) für *Links*einschlag
Einlaß geöffnet, Auslaß geöffnet
Arbeitsraum(-zylinder) für *Rechts*einschlag
Einlaß geöffnet, Auslaß geöffnet

Linkseinschlag:
Arbeitsraum(-zylinder) für *Links*einschlag
Einlaß geöffnet, Auslaß geschlossen
Arbeitsraum(-zylinder) für *Rechts*einschlag
Einlaß geschlossen, Auslaß geöffnet

Rechtseinschlag:
Arbeitsraum(-zylinder) für *Rechts*einschlag
Einlaß geöffnet, Auslaß geschlossen
Arbeitsraum(-zylinder) für *Links*einschlag
Einlaß geschlossen, Auslaß geöffnet

Dieser Grundsatz gilt für alle Ausführungen hydraulischer Hilfskraftlenkungen!

Hydraulische Lenkbegrenzung
Der Sinn der hydraulischen Lenkbegrenzung ist es, Radanschläge, Lenkgestänge und Pumpe vor übermäßiger und unnötiger Beanspruchung zu schützen.

Mit hydraulischer Lenkbegrenzung sind die Servolenkungen für Lieferwagen, Kraftomnibusse und Lastkraftwagen ausgerüstet. Bei Servolenkungen für Personenkraftwagen wird sie allgemein *nicht verwendet.*

Die Bilder 6.83 und 6.84 zeigen eine ZF-Kugelmutter-Hydrolenkung mit *einstellbarer* hydraulischer Lenkbegrenzung.

Wie aus Bild 6.83 ersichtlich ist, sind zwei Ventile im Gehäuse der Lenkung eingebaut, deren Ventilkolben über Laschen mit einem Zahnsegment verbunden sind. Dieses Segment ist im Gehäusedeckel drehbar gelagert und steht mit einer Zahnscheibe im Eingriff, die auf der Segmentwelle befestigt ist.

Beim Drehen der Segmentwelle wird ein Ventilkolben nach oben, der andere nach unten bewegt. Dadurch wird jeweils die Verbindung von der unter Hochdruck stehenden Zylinderseite zum Ölrücklauf hergestellt (Bild 6.84). Der im Zylinder wirkende Druck fällt hierdurch ab, und

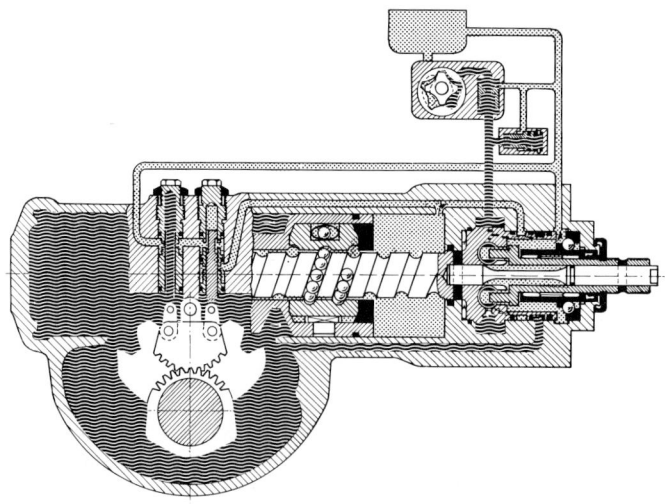

Bild 6.83 Schematische Darstellung einer ZF-Kugelmutter-Hydrolenkung mit einstellbarer hydraulischer Lenkbegrenzung sowie angeschlossener ZF-Eatonpumpe. Kolbenbewegung nach rechts. Lenkbegrenzung nicht betätigt (Lenkbegrenzungsventil geschlossen)

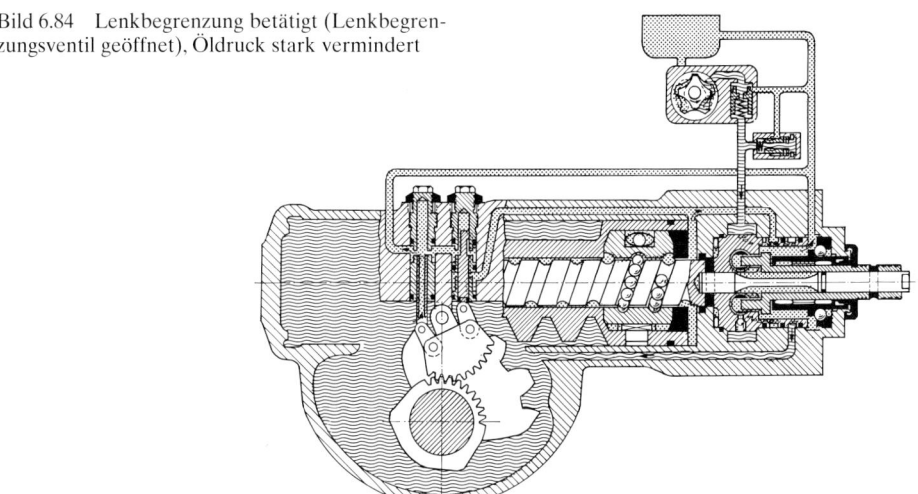

Bild 6.84 Lenkbegrenzung betätigt (Lenkbegrenzungsventil geöffnet), Öldruck stark vermindert

die hydraulische Hilfskraft wird stark reduziert, das Lenkrad kann nur mit erhöhtem Kraftaufwand bis zum Anschlag weitergedreht werden.

> Wichtig für den *Einbau von Hilfskraftlenkungen* bzw. nach dem *Ersetzen oder Austauschen*
> *von Servolenkungen: Die Spur des Kraftfahrzeugs* muß mit einem optischen oder elektroni-
> schen Achsmeßgerät *genau von der Lenkungsmittelstellung ausgehend* eingestellt werden.
> Andernfalls ist beim Loslassen des Lenkrades eine genaue Geradeausfahrt nicht möglich!

6.2.6   Geschwindigkeitsabhängige Hydrolenkung ZF-Servotronic

Dieses neue Lenksystem baut auf den bekannten Servolenkungen mit Drehkolbenventilen auf,
die als Kugelmutter oder Zahnstangenlenkung hergestellt werden. Durch die Ausnutzung der
modernen Elektronik, eines elektrohydraulischen Wandlers und Weiterentwicklung des Steuerventils der Lenkung wurde erreicht, daß diese Lenkung im Gegensatz zur herkömmlichen Servolenkung ausschließlich in Abhängigkeit von der Fahrgeschwindigkeit arbeitet. Für den Einbau
einer ZF-Servotronic ist ein elektronischer Tachometer im Fahrzeug erforderlich. Durch die
geschwindigkeitsabhängige Lenkung wird erreicht, daß im Stand und bei langsamer Geschwindigkeit ein leichtgängiges Lenken (wenig Armkraft) ermöglicht wird und sie bei höherer
Geschwindigkeit schwergängiger wird (mehr Armkraft). Dadurch hat der Fahrer bei höherer
Geschwindigkeit einen guten Kontakt zur Fahrbahn und kann exakt lenken.

Aufbau und Funktion
Grundlage für die ZF-Servotronic ist der elektronische Tachometer, dessen Geschwindigkeitssignale dem Steuergerät zugeführt werden. Das Steuergerät wandelt die Geschwindigkeitssignale in
einen bestimmten Steuerstrom um und führt sie dem elektrohydraulischem Wandler zu.

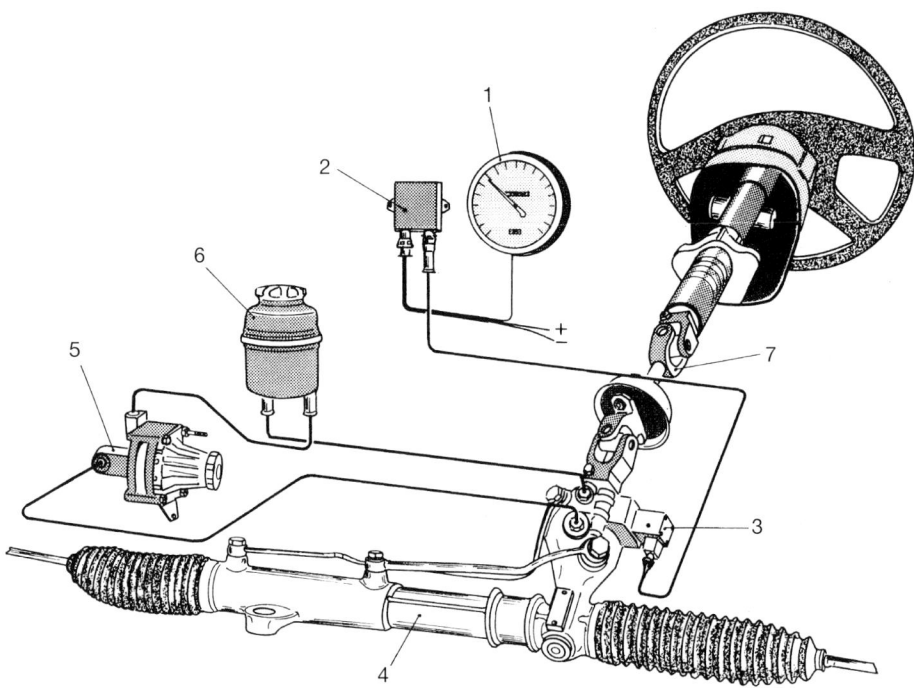

Bild 6.85   Schematische Darstellung der ZF-Servotronic

1 elektronischer Tachometer
2 Steuergerät
3 elektrohydraulischer Wandler
4 Zahnstangen-Hydrolenkung
5 Drucköolpumpe
6 Ölbehälter
7 Gelenkwelle mit Dämpfungselement

Elektrohydraulischer Wandler

Angebracht ist der Wandler am Lenkgetriebe und steuert die hydraulische Rückwirkung. Durch das Fließen des elektrischen Stromes wird das elektromagnetische Nadelventil gegen die Federkraft in eine Drosselbohrung geschoben und dadurch der Ölstrom gedrosselt. Ohne Strom ist das Ventil geöffnet und entspricht einem schnellen Fahren. Mit steigender Stromstärke wird das Ventil langsam geschlossen. Ist es dann vollständig geschlossen, bedeutet das langsames Fahren oder Ein- und Ausparken.

Funktion bei Neutralstellung

Das von der Ölpumpe kommende Drucköl kann durch die beiden geöffneten Ventilkolben (6 und 7) direkt in den Ölbehälter zurückfließen und somit keinen Druck aufbauen.

Funktion beim Parken

Beim Drehen am Lenkrad im Uhrzeigersinn bewegen sich beide Ventilkolben (6 und 7). Das Drucköl kann über den rechten geöffneten Ventilkolben (6) in den rechten Zylinderraum (12) und ebenfalls über das rechte Rückschlagventil (8) in den rechten Rückwirkungsraum (4) gelan-

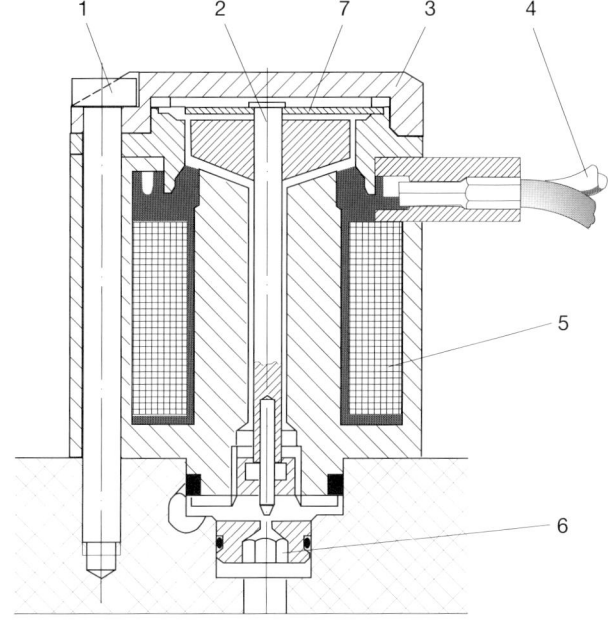

Bild 6.86 Elektrohydraulischer
Wandler
1 Befestigungsschraube
2 Ventilnadel
3 Gehäuse
4 elektrischer Anschluß
5 Wicklung
6 Drossel
7 Feder

gen. Da vom Tacho kein oder nur geringe Geschwindigkeitssignale kommen, bleibt das Wandlerventil (3) geschlossen, und das Drucköl kann weiter über die beiden Drosseln (10 und 11) in den linken Rückwirkungsraum (5) fließen. Das linke Rückschlagventil (9) ist ebenfalls geschlossen; somit ist in beiden Rückwirkungsräumen (4 und 5) gleicher Druck, und am Lenkrad entsteht kein Gegenmoment (keine Rückwirkung). Die Lenkung ist leichtgängig und läßt sich mit leichtem Kraftaufwand bedienen.

Funktion bei schneller Fahrt
Beim Fahren mit hoher Geschwindigkeit ist das Wandlerventil ganz geöffnet. Wird nun das Lenkrad im Uhrzeigersinn gedreht, werden beide Ventilkolben (6 und 7) bewegt. Am rechten geöffneten Ventilkolben (6) kann das Drucköl zum rechten Zylinderraum (12) und ebenfalls über das rechte Rückschlagventil (8) in den rechten Rückwirkungsraum (4) gelangen und über die rechte Drossel (10), das geöffnete Wandlerventil, in den Ölbehälter abfließen. Dabei entsteht an der Drossel (10) ein Druckgefälle. Dies hat zur Folge, daß der linke Rückwirkungsraum (5) einen niedrigeren Druck aufweist als der rechte Rückwirkungsraum (4). Es entsteht ein linksdrehendes Moment, das versucht, die Ventilkolben in Neutralstellung zurückzuführen (maximale Rückwirkung). Die Lenkung ist schwergängig.

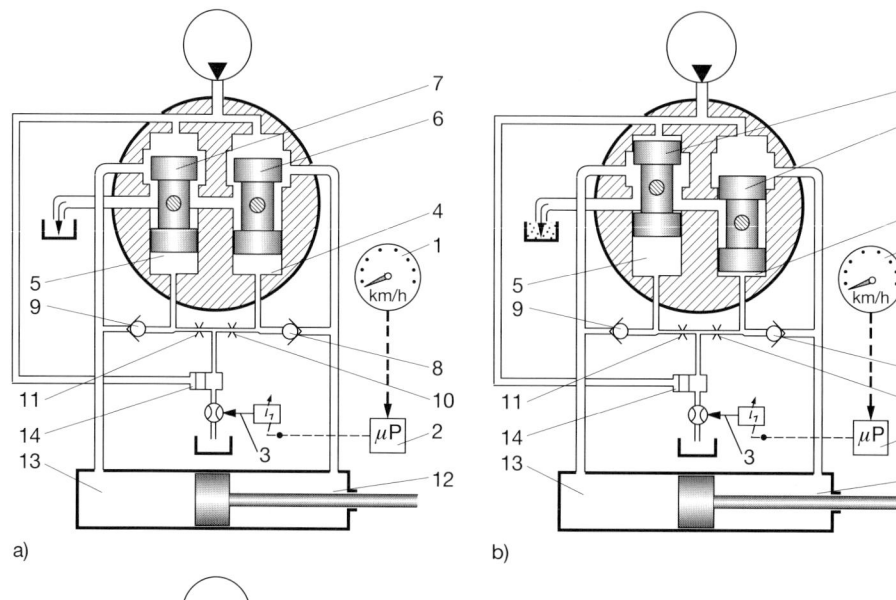

a)

b)

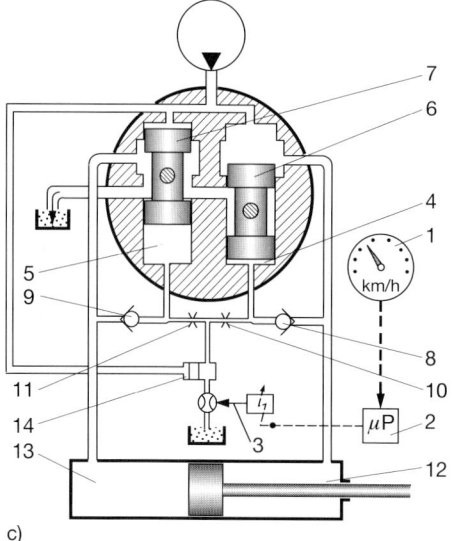

c)

Bild 6.87   Funktionsdarstellungen der Servotronic
a) Neutralstellung
b) Parken
c) schnelle Fahrt
 1 elektronischer Tachometer
 2 Steuergerät
 3 elektrohydraulischer Wandler
 4 rechter Rückwirkungsraum
 5 linker Rückwirkungsraum
 6 rechter Ventilkolben
 7 linker Ventilkolben
 8 rechtes Rückschlagventil
 9 linkes Rückschlagventil
10 rechte Drossel
11 linke Drossel
12 rechter Zylinderraum
13 linker Zylinderraum
14 Rückwirkungs-Begrenzungsventil

6.3 Achsen am Kraftfahrzeug

Mit der Steigerung der Ansprüche an den Fahrkomfort der Kraftwagen geht die Entwicklung zu Achskonstruktionen, die immer weniger ungefederte Masse haben.

Außerdem fordert man Achsen – besser Radaufhängungen –, bei denen sich die Stellung der Radebenen sowohl der Vorder- als auch der Hinterräder zur Fahrbahn jedem Fahrvorhaben entsprechend anpaßt, um vor allem bei schneller Kurvenfahrt große Seitenführungskräfte zu gewinnen. Die Vorteile der Starrachse, nämlich stets gleichbleibende Spurweite, gleiche Spur und gleicher Radsturz, sind deshalb im Pkw-Bau nicht unbedingt von ausschlaggebender Bedeutung.

6.3.1 Starrachsen

Als Vorderachsen werden sie nur noch bei Lkws, Kraftomnibussen und geländegängigen Kfz verwendet.

Man unterscheidet Gabel- und Faustachsen, je nach Ausbildung der Achsenden zur Aufnahme des Achsschenkels (Bilder 6.88 und 6.89). Bei Schwerlast-Kraftfahrzeugen gelangen ausschließlich Faustachsen zur Anwendung, da Gabelachsen schwieriger und somit nur wesentlich teurer herzustellen sind. Der Achskörper, der im Gesenk geschlagen wird, hat meist Doppel-T-Profil oder vierkantigen Querschnitt. Abgesehen von Fahrzeugen mit Luftfedern und vereinzelten Sonderkonstruktionen, sind starre Vorderachsen über Blattfedern (Längsfedern) mit dem Fahrgestell verbunden (Bild 6.90). Einzelradaufhängungen lohnen sich an Lkws nicht, da sie das Verhältnis zwischen ungefederter Masse und Gesamtmasse nicht wesentlich beeinflussen.

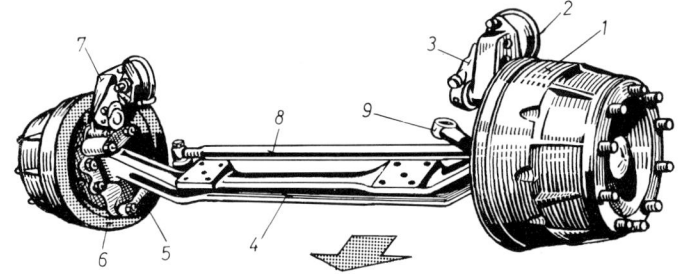

Bild 6.88 Faustachse
(Daimler-Benz)
1 Bremstrommel
2 Radbremszylinder
3 Gestängesteller
4 Vorderachskörper
5 Spurstangenhebel
6 Schutzblech
7 Lagerbock
8 Spurstange
9 Lenkhebel

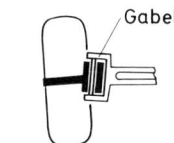

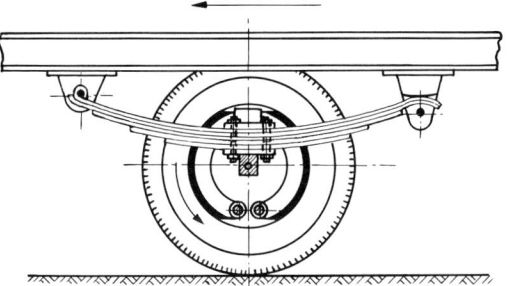

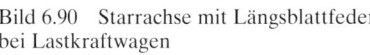

Bild 6.89 Gabelachse (schematisch)

Bild 6.90 Starrachse mit Längsblattfeder
bei Lastkraftwagen

Als ungefederte Massen bezeichnet man alle Teile des Kraftfahrzeugs, die den Unebenheiten der Fahrbahn zwangsweise folgen müssen.

Beispiele
Rad und Reifen, Radnabe, Bremstrommel oder Bremsscheibe, Bremsankerplatte mit -backen und Bremszylindern bzw. Bremssattel mit Kolben bei der Scheibenbremse, der Achsschenkel mit Radlagern und Lenkhebel, teilweise die Spurstangen sowie der größte Gewichtsanteil der Blattfedern, wenn sie als Längsfedern ausgeführt sind.

Alle Teile des Fahrzeugs, die über den Federn angeordnet sind, gehören zur *gefederten Masse*. Die Straßenlage eines Kraftfahrzeugs ist um so besser, je größer das Verhältnis zwischen Gesamtmasse und ungefederter Masse ist. Um dies zu erreichen, ist der Automobilkonstrukteur gezwungen, gerade bei Fahrzeugen mit geringem Gesamtgewicht zu aufwendigen Einzelradaufhängungen zu greifen.

Beispiel
Ein Lkw hat ein Gesamtgewicht von 16 t. Das Gewicht der ungefederten Masse sei 1,6 t, so ist das Verhältnis 10 : 1. Soll das gleiche Verhältnis bei einem Pkw mit einem Gesamtgewicht von 1000 kg erreicht werden, dürfen die ungefederten Massen nur 100 kg wiegen. Es ist einleuchtend, daß das bei der Verwendung von Starrachsen mit Längsfedern nicht zu erreichen ist.
    An Personenwagen wird deshalb zumindest für die Vorderräder ausnahmslos gewichtssparende Einzelradaufhängung verwendet.

Bei den *Starrachsen als Antriebsachsen* unterscheidet man nach der Ausführung:

❐ Banjoachsen,
❐ Trichter- oder Trompetenachsen,
❐ einteilige Achse (ungeteilte Hinterachse).

Der Vorteil der *Banjo-Achse* (Bild 6.91) liegt darin, daß der gesamte Achskopf – Kegelradgetriebe mit Ausgleichskorb – in ausgebautem Zustand montiert und eingestellt werden kann und dann fertig in das Achsgehäuse eingebaut wird.
    Nicht so leicht sind Einstellarbeit und Montage bei der quergeteilten *Trichter- oder Trompetenachse* (Bild 6.92).
    Die *einteilige Achse* ist nicht zerlegbar. Kegelrad- und Ausgleichsgetriebe müssen im Achskörper zusammengebaut und eingestellt werden. Sie gelangt vorwiegend in Pkws zur Anwendung.

Hinterradlagerung an Antriebsachsen
Es werden drei Arten unterschieden:

❐ «Semi-floating»- («halbfliegende»),
❐ «$^3/_4$-floating»- («$^3/_4$-fliegende» und
❐ «Full-floating»-(«vollfliegende»)Antriebsachsen.

Semi-floating-Antriebsachse
Sie gelangt bei einigen Pkws und Mehrzweckfahrzeugen mit Allradantrieb zur Anwendung. Die Antriebswelle wird durch das Antriebs- und Bremsmoment auf Verdrehung und durch die Radlast sowie die Seitenkräfte bei Kurvenfahrt auf Biegung beansprucht (Bild 6.93).

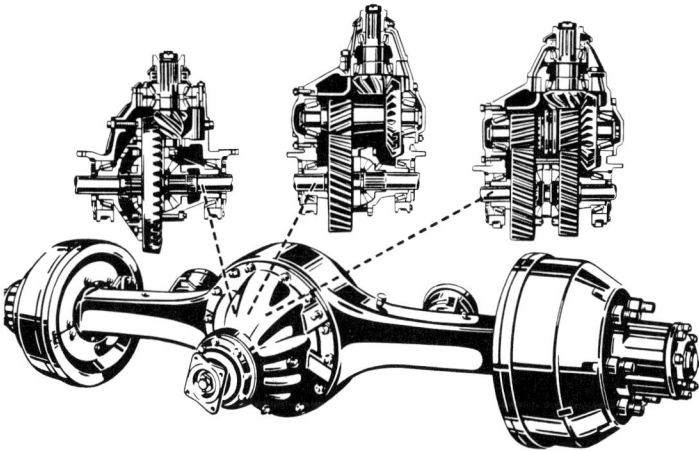

Bild 6.91 Banjo-Achse von ZF. Die Achse kann wahlweise mit drei verschiedenen Achseinsätzen ausgerüstet werden.

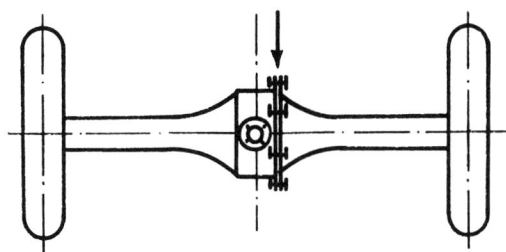

Bild 6.92 Trichter- oder Trompetenachse. Der Pfeil zeigt auf die flanschartige Schraubverbindung der beiden Achshälften.

Die Räder sind auf den Antriebswellen mittels Radnaben befestigt. Die Antriebswellen lagern außen mit Wälzlagern im Achskörper, im Ausgleichsgetriebe sind sie durch Verzahnung formschlüssig mit den zugehörigen Achswellenkegelrädern verbunden.

Full-floating-Antriebsachse
Sie wird bei allen schweren Nutzkraftwagen – Lkws und Kraftomnibussen – ausschließlich verwendet. Die Radnabe ist zweifach auf dem Achsgehäuse durch angestellte Schräglager in O-Anordnung gelagert (siehe auch Abschnitt 9.17).
Die Radlast wird so vom Achskörper über die Lager und die Nabe auf das Rad übertragen. Die Antriebswelle ist also nur dem Antriebs- und Bremsmoment ausgesetzt. Die Antriebswelle läßt sich aus- und einbauen, ohne daß das Rad abgenommen werden muß (Bild 6.94).

³/₄-floating-Antriebsachse
Diese weniger gebräuchliche Ausführung stellt ein Mittelding zwischen der halbfliegenden und der vollfliegenden Antriebsachse dar. Die Antriebswelle wird nicht durch die Radlast beansprucht, jedoch durch die Seitenkräfte und deren Biegemoment bei Kurvenfahrt und natürlich durch das Antriebs- und Bremsmoment. Diese Art Antriebsachse gelangt bei Ford zur Anwendung (Bild 6.95).

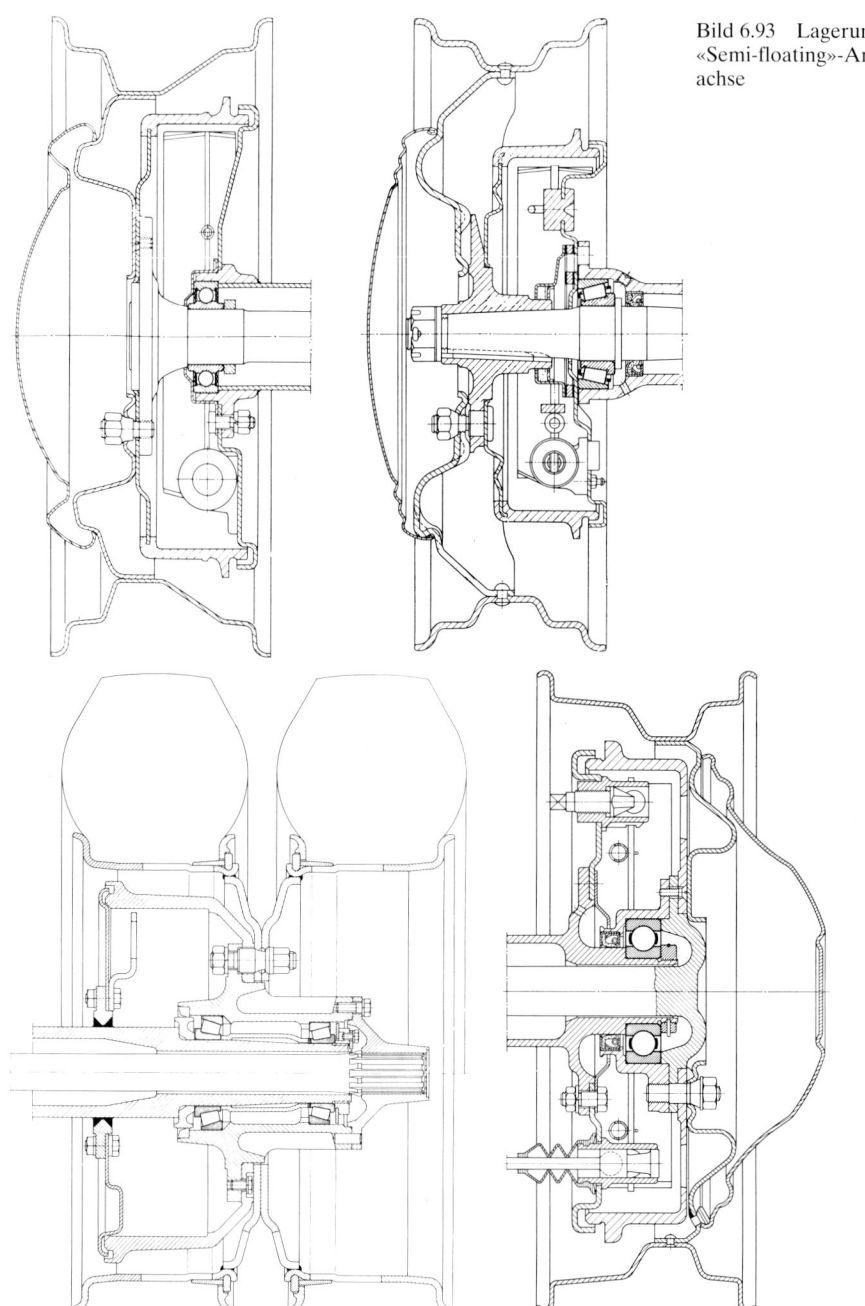

Bild 6.93 Lagerung einer «Semi-floating»-Antriebsachse

Bild 6.94 Radlagerung bei der «Full-floating»-Antriebsachse

Bild 6.95 Radlagerung bei einer «$^3/_4$-floating»-Antriebsachse

6.3.2   De-Dion-Achse

Sie ist nach ihrem Erfinder, dem französischen Marquis und Ingenieur DE DION, benannt.
Das Besondere dieser Achse besteht darin, daß sie die Vorteile der Starrachse – keine Veränderung von Spurweite und Radsturz beim Ein- und Ausfedern – mit den Vorteilen der Einzelradaufhängung – geringe ungefederte Masse – verbindet.

Bild 6.96 zeigt den Aufbau der Hinterachse mit gekoppelter Einzelradaufhängung nach dem De-Dion-Prinzip von Opel.

Das De-Dion-Rohr (1) verbindet die beiden Hinterradlagerungen fest miteinander, wodurch keine Spur- und Sturzänderungen beim Ein- und Ausfedern entstehen. Die Längslenker (2) nehmen die Schub- und Zugkräfte auf und bewirken gemeinsam mit dem hinteren Dreieckslenker (3) eine exakte Führung der Hinterachse. Das am Fahrzeugchassis befestigte Ausgleichsgetriebe (4) überträgt die Antriebskraft über zwei Antriebswellen (5) auf die Räder. Jede der beiden Antriebswellen ist mit zwei homokinetischen Gelenken (6) ausgerüstet, die sowohl große Beugungswinkel bei gleichmäßiger Drehbewegung ermöglichen als auch die Längenänderung der Antriebswellen beim Ein- und Ausfedern der Räder ausgleichen. Ein Drehstabilisator (7) sorgt für geringste Neigung des Aufbaus bei schneller Kurvenfahrt.

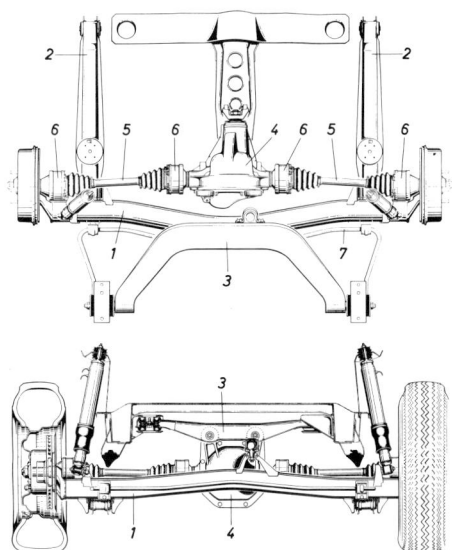

Bild 6.96   De-Dion-Hinterachse von Opel
Oberes Bild: Draufsicht
Unteres Bild: Rückansicht
Der Deutlichkeit halber sind die Schraubenfedern sowie die hintere Befestigung des Ausgleichsgetriebes nicht mit abgebildet.

6.3.3   Einzelradaufhängung (Schwingachsen)

Im Gegensatz zu den Starrachsen bezeichnet man alle Arten der Einzelradaufhängung mit dem Gesamtbegriff Schwingachsen.
Die *Hauptvorteile der Einzelradaufhängung* sind

❏ geringe ungefederte Masse,
❏ kleiner Raumbedarf und
❏ keine gegenseitige Beeinflussung der Räder untereinander.

Achsen am Kraftfahrzeug   557

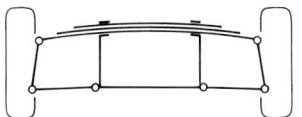 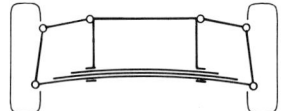 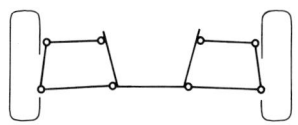

Bild 6.97 Querfeder-Querlenkerachse mit obenliegender
Blattfeder

Bild 6.98 Querlenker-Querfe-
derachse mit untenliegender
Blattfeder

Bild 6.99 Doppelquerlen-
kerachse, schematisch

Querfeder-Querlenkerachse
Die Ausführung mit obenliegender Querfeder zeigt Bild 6.97 schematisch. Sowohl die angetriebene Vorderachse des Autobianchi als auch die angetriebenen Vorder- und Hinterachsen des VW-
Mehrzweckwagens «Iltis» sind auf diese Art ausgeführt. Im Gegensatz zu der im Bild dargestellten herkömmlichen Blattfeder wird beim Iltis eine *Weitspaltfeder* verwendet, bei der die einzelnen Blätter parabelförmig ausgewalzt sind (siehe auch Abschnitt 6.4). Die Ausführung mit *untenliegender* Querfeder zeigt Bild 6.98 schematisch. Die *nicht angetriebenen* Vorderachsen einiger
Typen von Fiat und Seat sind derartig ausgeführt.

Doppelquerlenkerachse
Bei der Doppelquerlenkerachse verändern sich beim Ein- und Ausfedern Sturz und Spreizung,
die Spurweite hingegen kaum. Erreicht wird dies dadurch, daß der obere Querlenker stets kürzer
ausgeführt ist und meist steiler nach innen steht als der untere (Bild 6.99).
  Bei den Querlenkern unterscheidet man zwei Ausführungsformen:

❒ *Trapezlenker*. Verbindet man die vier Lager in Draufsicht miteinander, ergibt sich ein Trapez
  (Bild 6.100);
❒ *Dreieckslenker*. Verbindet man die Lagerpunkte, ergibt sich ein Dreieck (Bild 6.101).

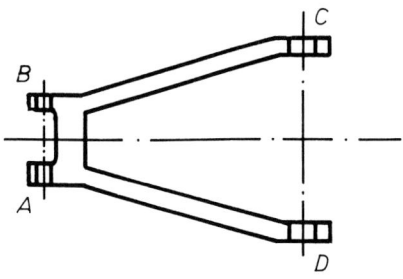 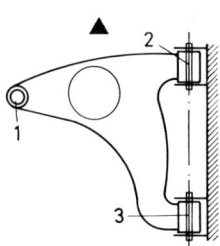

Bild 6.100 Trapezlenker, schematisch. Die Lagerpunkte A, B, C und D bilden ein Trapez.

Bild 6.101 Dreieckslenker, schematisch. Die Lager 1, 2 und 3 bilden ein Dreieck.

Werden die inneren Querlenkerlager als Exzenterlager ausgeführt, lassen sich Sturz und Nachlauf
einstellen.
  Die oberen oder die unteren Dreieckslenker können auch durch einen einfachen Querlenker
(nur zwei Lager) und den *Hebelarm* des Querstabilisators gebildet werden.
  Bild 6.103 zeigt die Doppelquerlenkerachse der S-Klasse-Modelle von Daimler-Benz. Die oberen Dreieckslenker werden aus je einem einfachen geraden Querlenker (Q) und dem Hebelarm
(H) des Querstabilisators (S) gebildet.

558 *Fahrwerk*

Bild 6.102 Opel-Vorderradaufhängung durch
Querlenker mit Zugstrebe

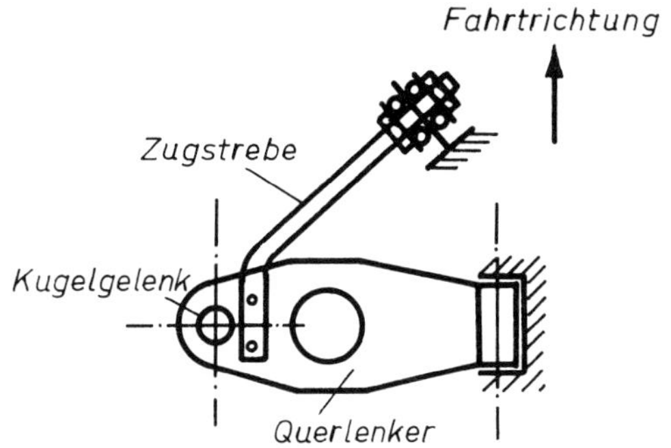

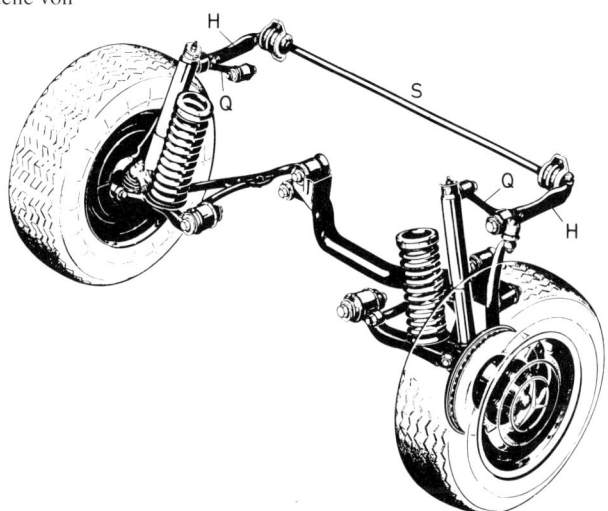

Bild 6.103 Vorderachse der S-Modelle von
Daimler-Benz

Bild 6.104 Spurkorrigierende
Hinterachse des Porsche 928
1 Hinterachsträger, mit dem
  Aufbau verschraubt
2 unterer Querlenker, bestehend aus dem Stahlblatt 3
  und dem nach vorn weisenden starr am Radträger befestigten Rohr
4, 5 Anlenkschwinge
6 Exzenterlager zur Sprein-
  stellung
7 Exzenterlager zur Sturzeinstellung
8 oberer Querlenker

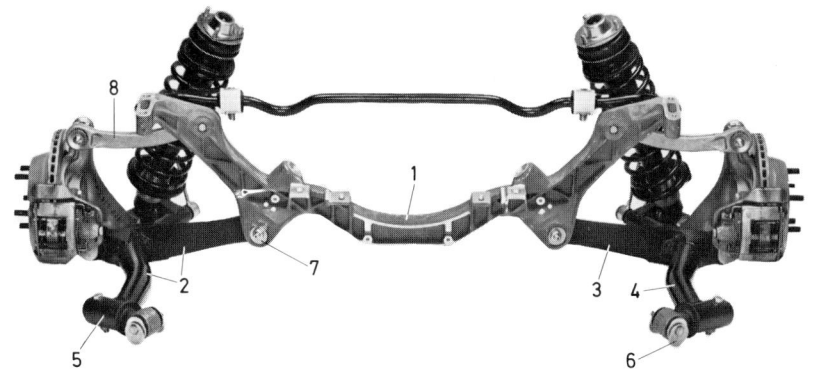

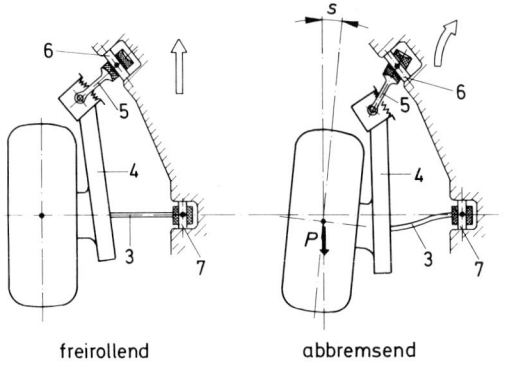
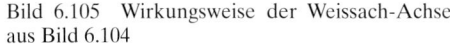

freirollend   abbremsend

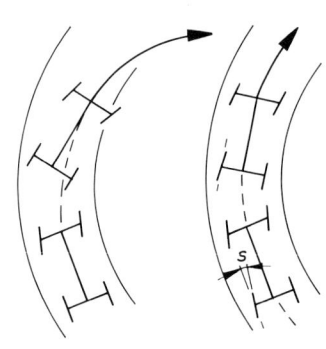

Bild 6.105 Wirkungsweise der Weissach-Achse aus Bild 6.104

Bild 6.106   Linkes Bild: Eindreheffekt an hinterradgetriebenen Kfz
Rechtes Bild: Bei der spurkorrigierenden Weissach-Achse wird durch die Vorspur am kurvenäußeren Hinterrad (s) der Eindreheffekt weitgehend vermieden.

Allgemein gelangt die *Doppelquerlenkerachse als Vorderachse* zur Anwendung. Als *Antriebsachse* wird sie von Porsche eingesetzt. Bild 6.104 zeigt die *spurkorrigierende Querlenkerachse (Weissach-Achse)* des Porsche 928. Um freien Durchgang für die Antriebswellen zu erzielen – sie sind in Bild 6.104 nicht dargestellt –, sind die Federbeine hinter der Achsmitte angeordnet. Zur Aufnahme der Schubkräfte – vor allem beim Anfahren – und der Zugkräfte beim Bremsen sind die unteren Querlenker (2) sehr breit gelagert (siehe auch Bild 6.105). Zur Aufnahme der Seitenkräfte dienen außerdem die oberen Querlenker (8). Die Querlenkerlager (6 und 7) sind mit Exzentereinstellung versehen. Exzenter 6 dient zur Spureinstellung, Exzenter 7 zur Sturzeinstellung. Die unteren Querlenker bestehen aus einem flachen Stahlblatt (3) und dem nach vorn weisenden starren Rohr (4). Zwischen dem starren Rohr (4) und dem Lager (6) ist die Steuerschwinge (5) beweglich angeordnet.

Bei Geradeausfahrt steht die Steuerschwinge (5) in einem Winkel von etwa 45° zur Längsachse (Bild 6.105 linkes Bild). Beim Gaswegnehmen bremst der Motor, wodurch die Kraft *p* auf das Rad wirkt (Bild 6.105 rechtes Bild). Das Stahlblatt (3) gibt federnd nach hinten nach, was eine Drehung der Steuerschwinge (5) zur Folge hat, wodurch das *Rad in die Vorspur* geht (Winkel *s* im rechten Bild). Erfolgt das Gaswegnehmen in der Kurve, geht somit das stärker belastete kurvenäußere Rad in Vorspur, es lenkt in die Kurve hinein. Das Kfz bleibt auf der vorgeschriebenen Bahn, der *Eindreheffekt* ist weitgehend beseitigt.

Der *Eindreheffekt* entsteht an Kfz mit angetriebenen Hinterrädern, wenn bei Kurvenfahrt durch das Gaswegnehmen die Hinterräder nach außen drängen und der Fahrer nicht gegenlenkt (Bild 6.106 links).

Durch das *Eigenlenkverhalten der Weissach-Achse* – beim Gaswegnehmen geht das stärker belastete kurvenäußere Hinterrad in Vorspurstellung – wird der Eindreheffekt vermieden. Das Kfz bleibt in der vorgeschriebenen Bahn (Bild 6.106 rechts).

Längslenkerachsen (Kurbelachsen)
Der Name rührt daher, daß die Lenker zur Führung des Rades nicht quer, sondern parallel zur Fahrzeuglängsachse angeordnet sind.

Man unterscheidet Einfach- und Doppellängslenkerachsen.

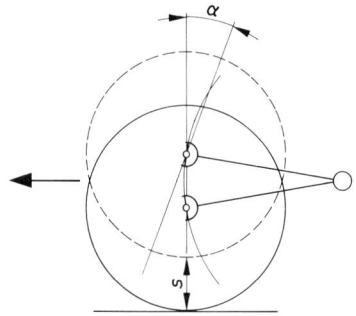

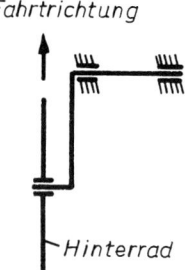

Bild 6.107 Einfachlängslenker-Vorderachse. Federt das Rad um den Weg S ein, ändert sich der Nachlauf um den Winkel α (im Beispiel um 20°!).

Bild 6.108 Längslenker-Hinterachse bei Fahrzeugen mit Frontantrieb (schematisch); das Rad wird gezogen.

Bild 6.109 Hinterradaufhängung des Peugeot 104. Das geteilte Achsrohr ermöglicht das Einstellen der Spur der Hinterräder.

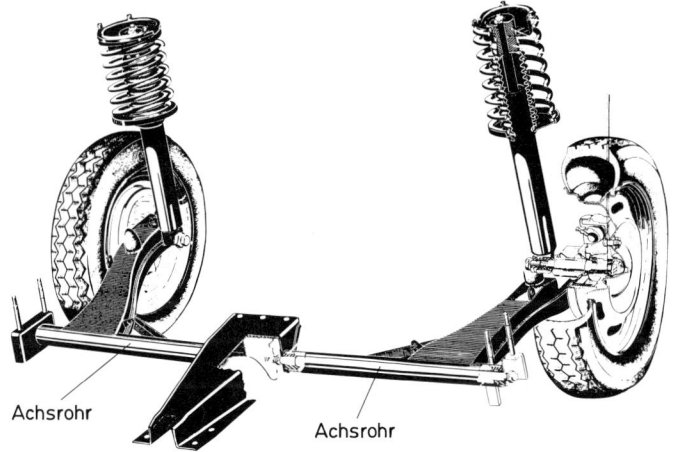

Einfachlängslenkerachsen (Einfachkurbelachsen): Als *Vorderachse* sind sie wenig geeignet, da das Ein- und Ausfedern der Räder eine große Veränderung des Nachlaufs bewirkt. Sie werden daher nur bei kleinen leichten Kfz angewendet, zum Beispiel Citroën 2 CV und Nachfolgetypen (Bild 6.107).

Als *Hinterachsen* werden sie bei Kfz mit Frontantrieb verwendet. Die Hinterräder werden dabei gezogen (Bild 6.108).

Vorteile: Geringe ungefederte Masse, geringer Raumbedarf. Bei entsprechender Ausführung läßt sich die Laufrichtung der Hinterräder zur Kfz-Längsachse – die Einzelspur der Räder – einstellen, zum Beispiel im Peugeot 104 (Bild 6.109).

Doppellängslenkerachse: Sie wird nur noch von VW im 1200er Käfer als Vorderachse verwendet. Wegen des großen Raumbedarfs und der aufwendigen und damit teuren Herstellung gelangt sie sonst nicht zur Anwendung.

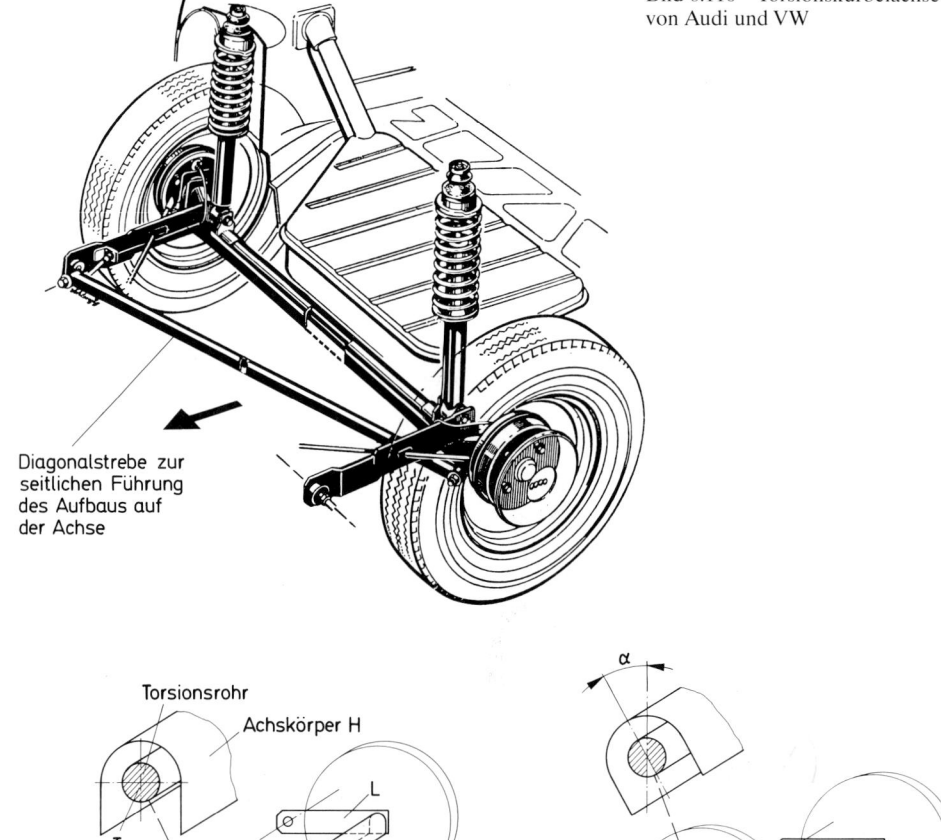

Diagonalstrebe zur
seitlichen Führung
des Aufbaus auf
der Achse

Torsionsrohr

Achskörper H

L

T

H

L

α

Bild 6.111   Wirkungsweise der Torsionskurbelachse
Linkes Bild: Wirkungsweise in Ruhestellung.
Achskörper H und Torsionsrohr T sind nicht verdreht.

Rechtes Bild: Das linke Rad federt ein. Hinter-
achskörper H mit dem innenliegenden Torsionsrohr T wird um den Winkel α verdreht. Das Torsionsrohr wirkt als Querstabilisator und verringert die Querneigung des Fahrzeugs.

Torsionskurbelachse (Bild 6.110)
Die Besonderheiten dieser Achse zeigt Bild 6.111. Die blattförmigen biegsamen Längslenker (L)
sind mit der Hinterachse (H) verschweißt, die aus einem unten offenen U-Profil besteht. In diesem U-Profil ist ein *Torsionsrohr* (T) angeordnet, das an beiden Enden ebenfalls mit den Längs-
lenkern (L) verschweißt ist. Es wirkt als Querstabilisator und verringert so die Querneigung des

Kfz bei schneller Kurvenfahrt. Ein langer Panhardstab dient zur Führung des Aufbaus auf der Achse in Querrichtung. Aufgrund seiner Anordnung wird er auch als *Diagonalstrebe* bezeichnet (Bild 6.110).

Koppellenker- und Verbundlenkerachsen
Beide Achsarten haben Längslenker, die durch Querträger miteinander verbunden sind. Bei der Koppellenkerachse (Bild 6.112) ist es ein biegesteifer aber torsionsweicher Achsträger (A), bei der Verbundlenkerachse von VW Golf und Scirocco ist es ein die Lenker verbindendes T-Profil (Bild 6.113). Fast alle frontgetriebenen Kfz sind mit derartigen Hinterachsen ausgerüstet. Die die

Bild 6.112
Koppellenkerachse

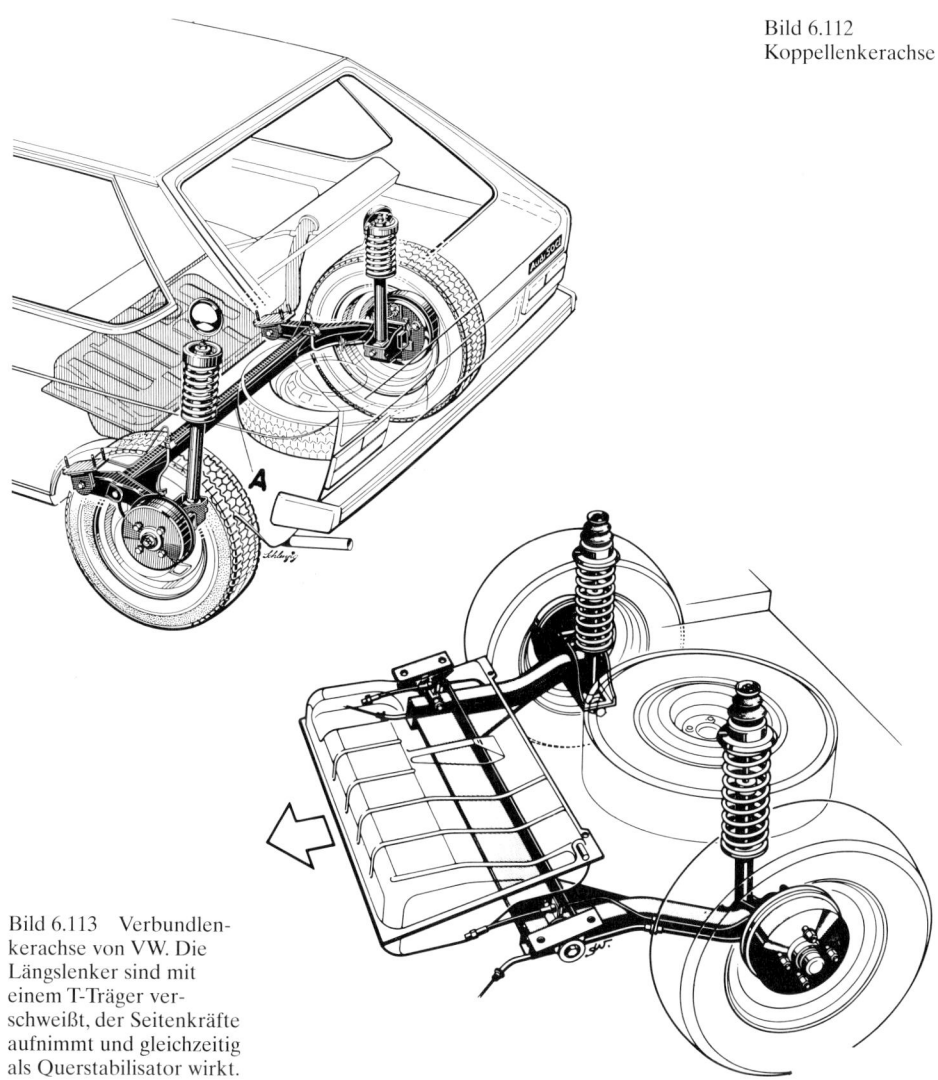

Bild 6.113 Verbundlenkerachse von VW. Die Längslenker sind mit einem T-Träger verschweißt, der Seitenkräfte aufnimmt und gleichzeitig als Querstabilisator wirkt.

Achsen am Kraftfahrzeug **563**

Lenker miteinander verbindenden Träger können unterschiedliche Profile haben. Sie übernehmen immer auch die Aufgabe des Querstabilisators.

Schräglenkerachsen
Sie werden als angetriebene Hinterachsen eingesetzt. Bild 6.114 zeigt die Schräglenkerachse von Daimler-Benz.

Um das «In-die-Hocke-Gehen» beim Anfahren aus dem Stand zu vermeiden (Bild 6.115), sind die Schräglenker-Hinterachsen der großen Daimler-Benz-Modelle mit einer *Anfahrmomentabstützung* versehen. Diese Anordnung, die ungefähr einem Wattgestänge entspricht, bewirkt, daß die Räder – auf die Längsrichtung bezogen – senkrecht ein- und ausfedern. Die grundsätzliche Wirkungsweise zeigt Bild 6.116. Ein derartiges Wattgestänge wird in Anordnung quer zur Längsachse von Alfa-Romeo zur seitlichen Führung des Aufbaus auf der Hinterachse verwendet. Schräglenkerachsen gelangen heute bei fast allen hinterradgetriebenen Kfz zur Anwendung.

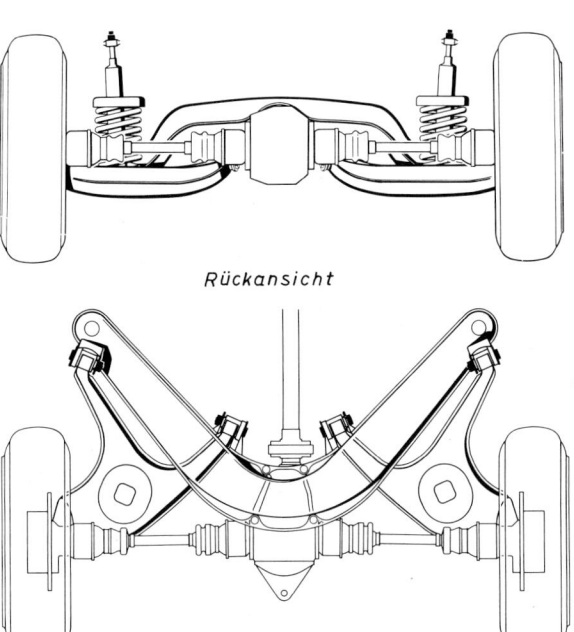

Rückansicht

Draufsicht

Bild 6.114 Schräglenker-Hinterachse von Daimler-Benz. Bei der von Daimler-Benz als Diagonal-Doppelgelenk-Pendelachse bezeichneten Hinterachse werden die Räder einzeln an Lenkern geführt, deren Drehachsen schräg zur Fahrtrichtung (diagonal) fast durch die Mitte des jeweils gegenüberliegenden Rades weisen. Beim Ein- und Ausfedern sowie bei Kurvenfahrt ergeben sich dadurch nur sehr geringe Änderungen von Spur und Sturz.

(P353W)

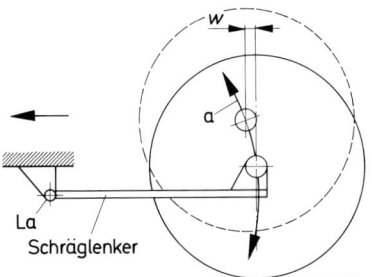

Bild 6.115 Radführung durch Schräglenker. Beim Einfedern bewegt sich das Rad nicht nur nach oben, sondern auch in Fahrtrichtung nach vorn, im gezeigten Beispiel um (w).

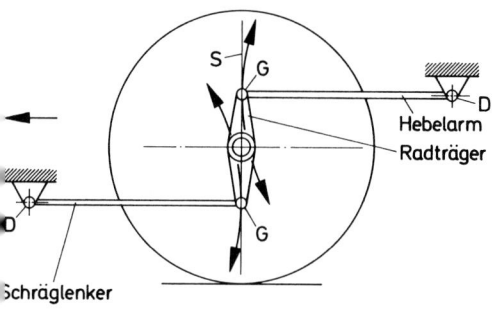

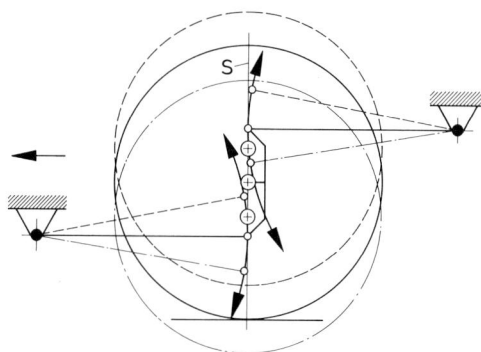

Bild 6.116 Schematische Darstellung eines Watt-gestänges
Linkes Bild: Das Wattgestänge wird gebildet aus dem Schräglenker, dem Hebelarm des Drehstabi-lisators und dem Radträger.
Das rechte Bild zeigt, daß sich das Rad beim Ein- und Ausfedern genau senkrecht auf der Linie S

auf und ab bewegt. Ein «In-die-Hocke-Gehen» ist dadurch trotz größter Anfahrbeschleunigung nicht möglich.
Liniert: Rad in Normalstellung
Strichliniert: Rad eingefedert
Strichpunktiert: Rad ausgefedert

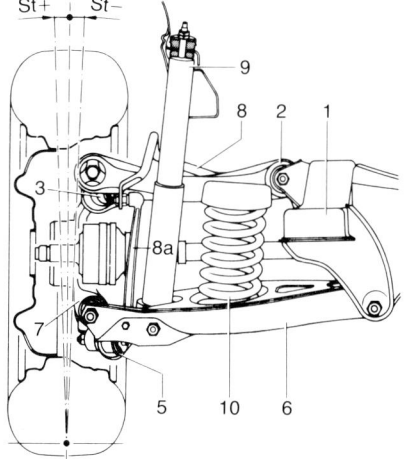

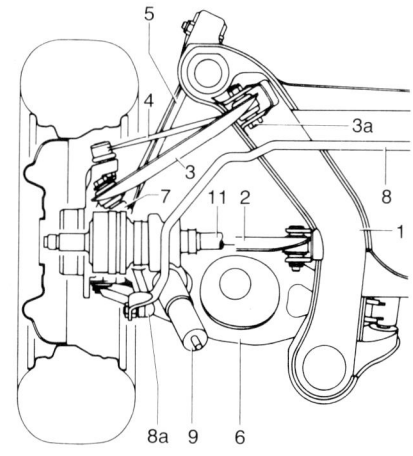

Bild 6.117 Raum-Lenker-Hinterachse
1 Hinterachsträger
2 Sturzstrebe
3 Zugstrebe
3a Exzenterbolzen
4 Spurstange
5 Schubstrebe

6 Federlenker
7 Radträger
8 Drehstab
8a Verbindungsstange
9 Stoßdämpfer
10 Hinterfeder
11 Hinterachswelle

Raum-Lenker-Hinterachse

Sie besteht aus dem Hinterachsträger, der mit dem Rahmenboden verbunden ist, dem Radträger, der durch 5 räumlich angeordnete Lenker eine Verbindung zum Hinterachsträger herstellt, und den Antriebswellen. Die 5 Lenker pro Rad sollen eine exakte Radführung, eine geringfügige

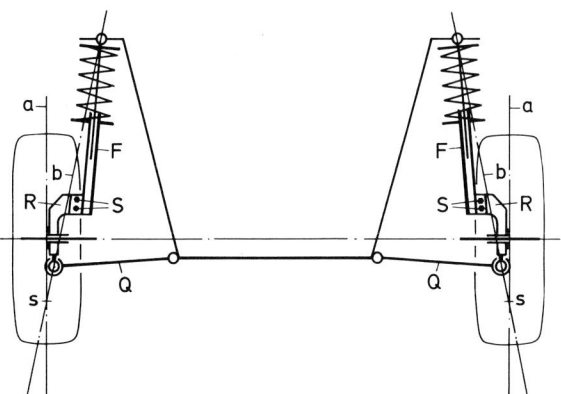

Bild 6.118 Federbeinachse, schematisch

Änderung der Spur beim Einfedern sowie einen ständigen negativen Sturz der Hinterräder gewährleisten.

McPherson- oder Federbeinachsen
Diese Radaufhängung wird sowohl an nicht angetriebenen als auch an angetriebenen Vorderachsen verwendet. Vorteile dieser Radaufhängung:

❏ Es sind große Federwege (über 200 mm) bei sehr weich einsetzender Federwirkung möglich;
❏ geringer Platzbedarf, der Motorraum wird nicht für die Lagerung von Querlenkern oder dgl. beansprucht;
❏ geringe ungefederte Masse (Bild 6.118).

Bild 6.118 zeigt eine Federbeinachse als angetriebene Vorderachse schematisch. Heute sind die Federbeine (F) mit den Radträgern (R) meist verschraubt (S). Hierdurch wird das Auswechseln der Stoßdämpfer erleichtert, außerdem kann durch Langlöcher für eine der Befestigungsschrauben (S) der Sturz des Rades eingestellt werden (wie beim VW Golf).

Der Querlenker (Q in Bild 6.118) ist als Dreieckslenker ausgebildet, kann aber auch aus einem einfachen Querlenker (L) und dem Hebelarm (H) des Querstabilisators gebildet werden (Bild 6.119).

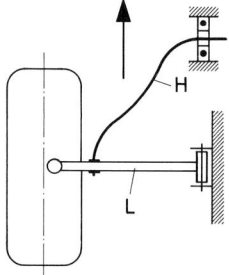

Bild 6.119 Dreieckslenker der McPherson- oder Federbeinachse in Draufsicht (schematische Darstellung)
Pfeil = Fahrtrichtung

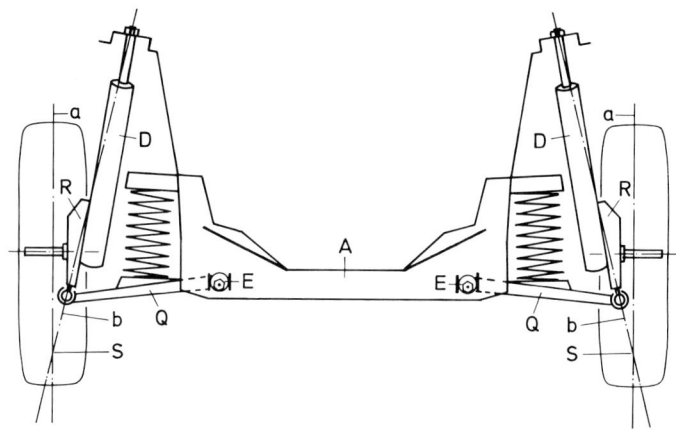

Bild 6.120 Dämpfer-
beinachse von Daimler-
Benz

Dämpferbeinachse

Sie gelangt beim Daimler-Benz Typ 190 als Vorderachse zur Anwendung (Bild 6.120). Der Unterschied zur Federbeinachse besteht darin, daß die Feder gesondert auf dem Querlenker und nicht
auf dem Stoßdämpfer angeordnet ist. Die mit Gasdruckdämpfern mit hohler Kolbenstange ausgerüsteten Dämpferbeine (D) sind mit den Radträgern (R) dreifach verschraubt. Die Dreieckslenker (Q) sind am Achsträger (A) vorn und hinten in Exzentern gelagert. Die vorderen – im Bild
nicht sichtbaren – Exzenter dienen zur Sturz-, die hinteren (E) zur Nachlaufeinstellung.

Wie die Bilder 6.118 und 6.120 zeigen, haben beide Radaufhängungen einen negativen Lenkrollradius: Die Radmittenebenen (a) und die Spreizachsen (b) schneiden sich in den Punkten S
bzw. s oberhalb der Radaufstandsfläche.

6.4   Federn (Federelemente) am Kraftfahrzeug

An die Federung von Kfz werden folgende Anforderungen gestellt:

❑ *Erhöhung des Fahrkomforts*. Durch Fahrbahnunebenheiten verursachte Stoßkräfte sollen von
   Fahrgestell und Aufbau ferngehalten werden;
❑ *Erhöhung der Fahrsicherheit* durch gute Bodenhaftung zwischen Rädern und Fahrbahn.

An Kfz verwendet man folgende Federelemente:

❑ Blattfedern,
❑ Schraubenfedern,
❑ Torsions- oder Drehstabfedern,
❑ Luft- oder Gasfedern.

6.4.1 Blattfeder

Aufbau und Bestandteile einer Blattfeder mit zwei Rollenenden zeigt Bild 6.121.

Die ideale Blattfeder stellt einen *Träger gleicher Biegefestigkeit* dar, d.h., an allen Querschnitten wird die Feder annähernd gleich beansprucht. Ihre Entstehung aus einem an der Breitseite eingespannten dreieckigen Federblatt (gleichschenkliges Dreieck) geht aus Bild 6.122 hervor.

Querfedern gelangen an einigen Pkw und Mehrzweckfahrzeugen sowohl bei der Vorderrad- als auch bei der Hinterradaufhängung zur Anwendung. Der Vorteil besteht darin, daß nur die leichten Enden der Feder den Unebenheiten der Fahrbahn folgen müssen, wogegen die schweren Mittelteile – am Fahrgestell befestigt – bereits zur gefederten Masse gehören (siehe Abschnitt 6.3.1).

Bei Längsfedern ist der schwere Mittelteil, der an der Achse befestigt ist, Bestandteil der ungefederten Masse. Dieser Nachteil wird weitgehend vermieden durch die Parabelfeder bzw. die geschichtete Parabelfeder.

Parabelfeder

Sie entsteht dadurch, daß ein Federblatt von der Mitte ausgehend nach beiden Seiten gleichmäßig parabolisch ausgewalzt wird (Bild 6.123). Man erhält so eine Einblattfeder, die sich angenähert einem «Träger gleicher Biegefestigkeit» nach Bild 6.122 verhält. Die Parabelfeder hat die gleichen Federungseigenschaften wie eine Schraubenfeder, gleichzeitig den Vorteil aller Blattfedern, Längs- und Seitenführungskräfte aufnehmen zu können. Bild 6.124 zeigt drei Ausführungen schwerer Blattfedern mit gleicher Leistung im Vergleich. Bild A: Herkömmliche Ausführung ohne Zwischenlagen, sehr hohes Gewicht, große Reibung und großer Verschleiß. Bild B: Weitspaltfeder mit kleiner Reibung und geringerem Gewicht. Bild C: Weitspaltfeder. Eine geschichtete Parabelfeder, die aus drei übereinandergebauten Einblattfedern besteht, mit sehr geringem Gewicht. Eine solche Feder gelangt u.a. in entsprechend leichterer Ausführung an der Vorder- und Hinterachse des Mehrzweckwagens VW Iltis zur Anwendung.

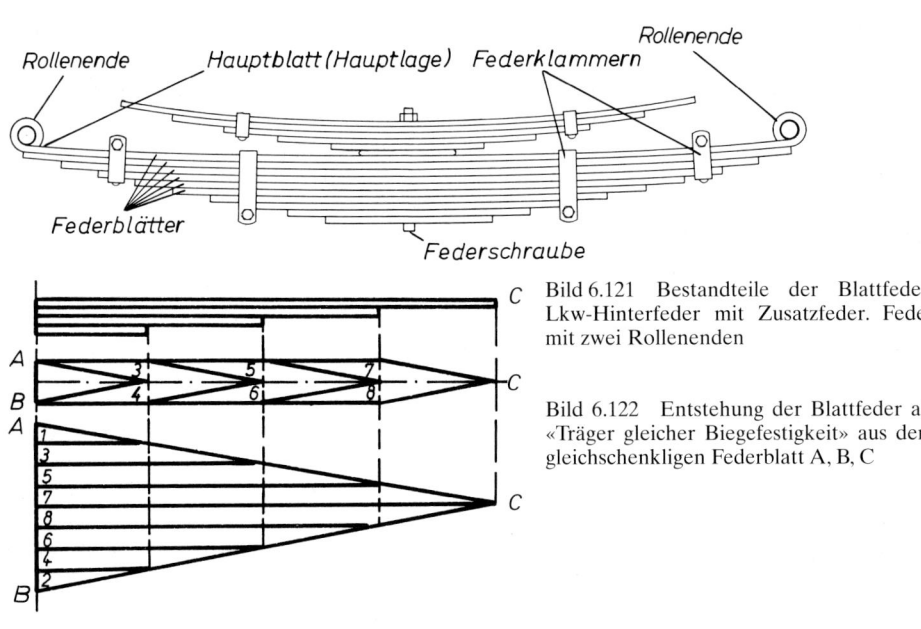

Bild 6.121 Bestandteile der Blattfeder; Lkw-Hinterfeder mit Zusatzfeder. Feder mit zwei Rollenenden

Bild 6.122 Entstehung der Blattfeder als «Träger gleicher Biegefestigkeit» aus dem gleichschenkligen Federblatt A, B, C

Bild 6.123   Einblatt-Parabelfeder

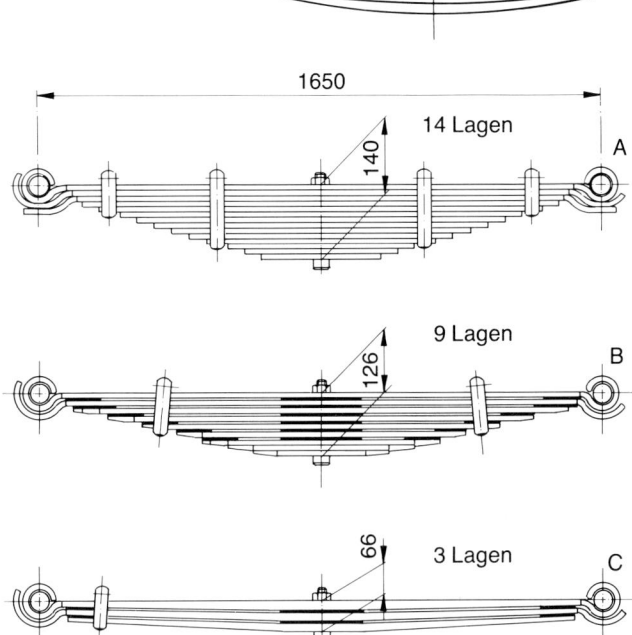

Bild 6.124   Drei Ausführungen schwerer Blattfedern mit gleicher Leistung (52 000 N), max. Belastung.
Gewicht:
A = 124 kg,
B =   87 kg,
C =   58 kg

1650

14 Lagen

140

A

9 Lagen

126

B

66

3 Lagen

C

6.4.2   Schraubenfedern

Ihre Vorteile sind geringes Gewicht, Wartungsfreiheit und einfache Befestigung, die keine Gelenke erfordert. Sie ist frei von Reibung.

Nachteile liegen darin, daß sie weder die Radführung übernehmen kann noch Eigendämpfung besitzt.

Schraubenfedern werden eingesetzt an: Doppelquerlenkerachsen als Vorder- und Hinterachsen, Federbein- und Dämpferbeinachsen, Schräglenkerachsen und den verschiedenen Längslenker- oder Verbundlenkerhinterachsen frontgetriebener Kfz.

Bild 6.125 zeigt eine zylindrische Schraubenfeder mit progressiver Kennlinie der Fa. Ahle. Die Progressivität, zunehmende Federhärte bei zunehmendem Einfederweg, wird durch die unterschiedlichen Drahtdurchmesser der Windungen erreicht (d_{min} und d_{max} in Bild 6.125). Mit zunehmendem Einfedern legen sich die Drahtwindungen mit kleinem Drahtdurchmesser nach und nach aufeinander, wodurch die Feder zunehmend härter wird (siehe unteres Bild).

Um Raum in der Höhe zu sparen, werden Schraubenfedern als Miniblocfedern ausgeführt. Bild 6.126 zeigt eine Ahle-Miniblocfeder mit progressiver Federkennung in Tonnenform. Die Einwindungen können plan – oberes Bild, oberes Ende – oder nicht plan – oberes Bild, unteres Ende – ausgeführt sein. Bei Belastung legen sich alle Windungen einer Federhälfte spiralförmig ineinander, wobei sich die Windungen für den progressiven Kennlinienverlauf, vom kleinsten Windungsradius her beginnend, nach und nach auf beide Federteller spiralförmig ineinanderlegen.

Federn (Federelemente) am Kraftfahrzeug   **569**

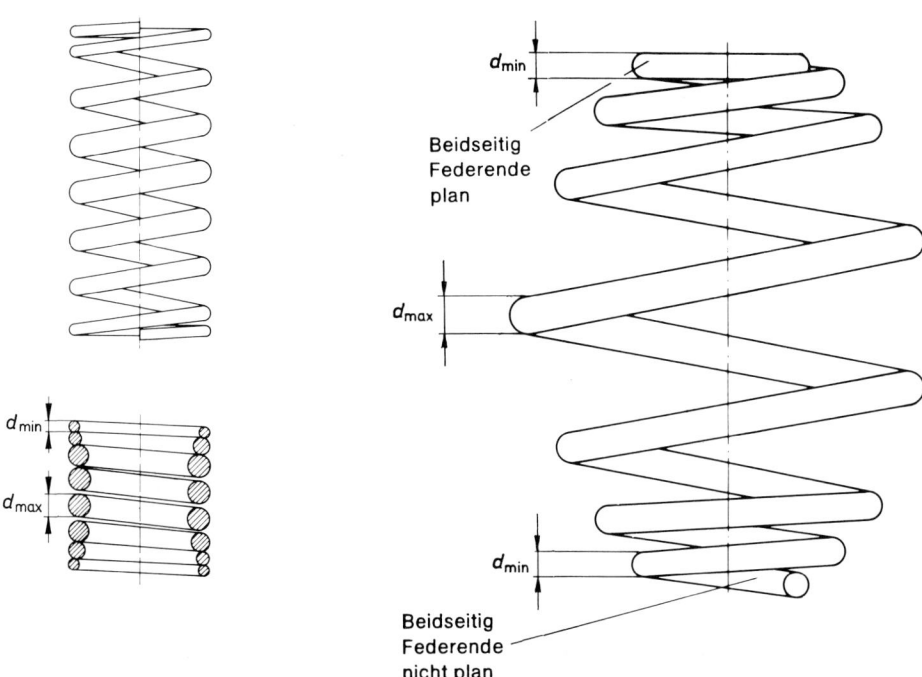

Bild 6.125   Zylindrische Schraubendruckfeder mit progressiver Kennlinie der Fa. Ahle

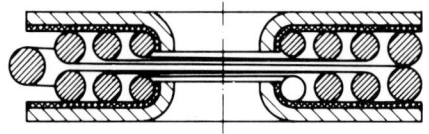

Bild 6.126   Ahle-Miniblocfeder mit progressiver Federkennung, tonnenförmig

Vorteile dieser Feder

❏ keine Geräusche und Abplattungen durch Windungsberührung beim Einfedern,
❏ kleines Federgewicht,
❏ sehr kleine Blocklänge, wie im unteren Bild zu sehen; die Feder ist knicksicher.

Bild 6.127 zeigt eine Feder des gleichen Herstellers in Kegelform, wie sie z.B. im Opel Kadett verwendet wird.

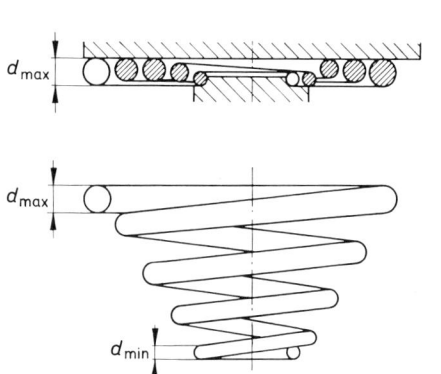

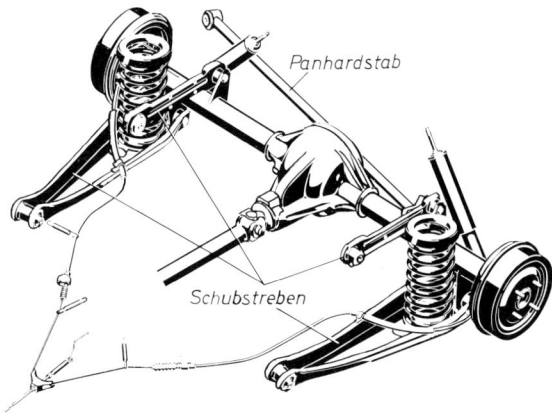

Bild 6.127 Ahle-Miniblocfeder mit progressiver Kennung, kegelförmig

Bild 6.128 Hinterachse mit Schraubenfedern, Schubstreben und Panhardstab

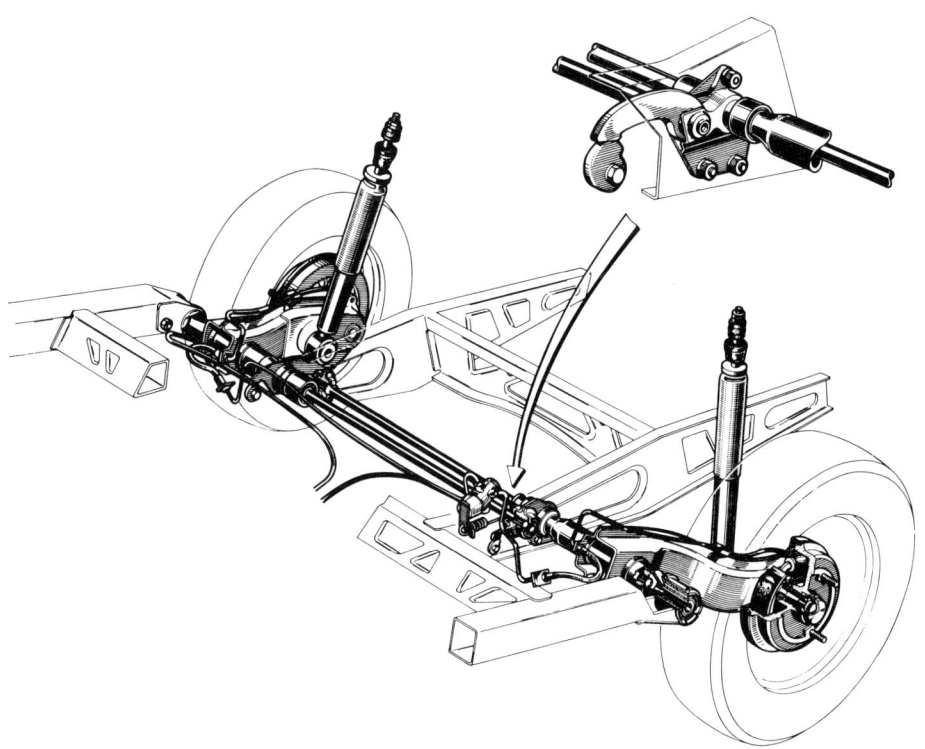

Bild 6.129   Durch Exzenter verstellbare querliegende Drehstäbe an einer Hinterachse von Renault

6.4.3 Torsions- oder Drehstabfedern

Ihre *Vorteile* sind geringes Gewicht und Wartungsfreiheit (ausgenommen die erforderlichen Gelenke). Drehstäbe lassen sich gut im Fahrzeug unterbringen, ihr Platzbedarf ist gering. Bei entsprechender Ausführung lassen sie sich genau einstellen.

Bild 6.129 zeigt durch Exzenter verstellbare, querliegende Drehstäbe an einer Hinterachse von Renault.

In Bild 6.130 ist das Torsionsprinzip an einem gebündelten Drehstab von VW dargestellt.

Nachteile: Der Drehstab ist oberflächenempfindlich, er hat keine Eigendämpfung, und die Herstellung ist kostspielig.

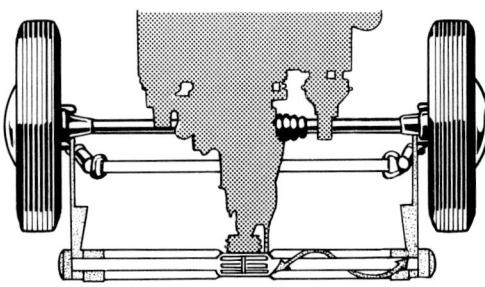

Hinterachse

Bild 6.130   Gebündelter Drehstab.
Die Federkraft entsteht durch die Verwindung der gebündelten Federblätter.

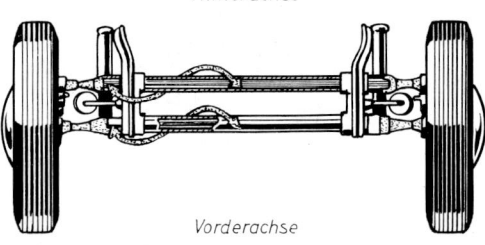

Vorderachse

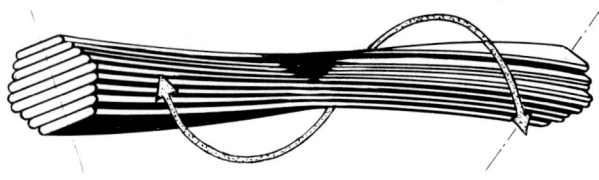

6.4.4 Luftfederung

Die Luftfederung wird sowohl als reine Luftfederung als auch als hydropneumatische Federung gebaut.

Bei der reinen Luftfederung werden Federbälge aus Gummi mit Gewebeeinlage unter einem der Belastung entsprechenden Luftdruck gehalten.

Es gelangen zwei Arten von Federbälgen zur Anwendung:

❏ Faltenbälge und
❏ Rollbälge (Bilder 6.131 und 6.132).

Bild 6.131 Luftgefederte Hinterachse mit Faltenbälgen

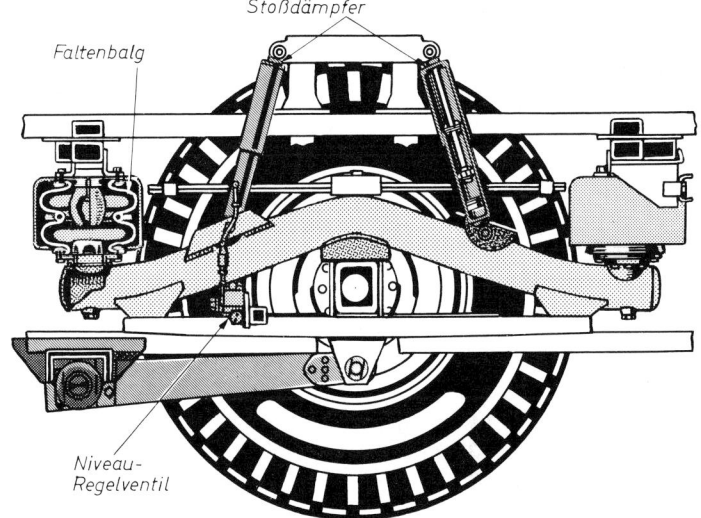

Bild 6.132 Luftfederelement mit Rollbalg. Querschnitt durch die Luftfederung eines M.A.N.-Omnibusses. Eine Gummihohlfeder ist zusätzlich angeordnet, sie erlaubt die Weiterfahrt bei Druckluftausfall.
1 Gummihohlfeder
2 innerer Spannring
3 äußerer Spannring
4 Entwässerungsschraube
5 Anschluß für Druckluftleitung
6 Luftfedertopf
7 Rollbalg
8 Abrollstempel

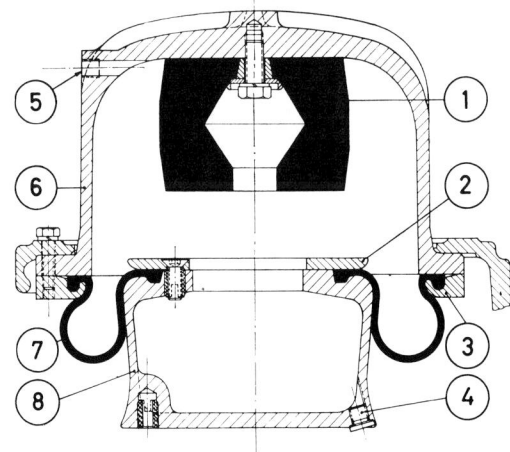

Der *Vorteil* der Luftfederung besteht u.a. darin, daß durch die Niveauregulierung bei Kraftomnibussen die Einstiegshöhe bei allen Belastungszuständen stets gleich ist. Dadurch bleiben selbst bei Einzelradaufhängung die Radwinkelstellungen Spur und Sturz weitgehend erhalten.

6.4.5 Gashydraulische (hydropneumatische) Federung

Hierbei wird eine einmalig eingefüllte Gasmenge (meist Stickstoff), die unter hohem Druck steht, als Federelement verwendet.

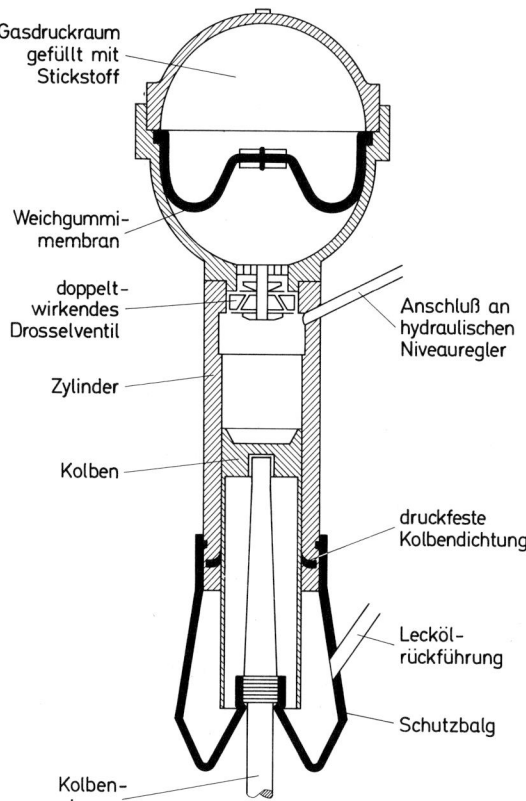

Gasdruckraum gefüllt mit Stickstoff

Weichgummi-membran

doppelt-wirkendes Drosselventil

Zylinder

Kolben

Kolben-stange

Anschluß an hydraulischen Niveauregler

druckfeste Kolbendichtung

Lecköl-rückführung

Schutzbalg

Bild 6.133 Gashydraulisches Federele-ment von Citroën in vereinfachter Dar-stellung

Bei der hydropneumatischen Federung von Citroën wird die Gasmenge – der Kfz-Belastung entsprechend – durch Hydrauliköl mehr oder weniger stark vorgespannt.

Der hydraulische Teil der Federung erfüllt zusätzlich die Aufgaben des Stoß- bzw. Schwin-gungsdämpfers, indem die Bewegung des Hydrauliköls durch ein doppeltwirkendes Drosselventil im Ölraum gesteuert wird. Bild 6.133 zeigt den Aufbau des Federbeins in vereinfachter Darstel-lung.

6.5   Querstabilisator

Wie der Name sagt, dient er dazu, das Fahrzeug in Querrichtung zu stabilisieren. Bei schneller Kurvenfahrt verhindert er die übermäßige Querneigung des Fahrzeugaufbaus zur Kurvenaußen-seite. Querstabilisatoren sind als Drehstabfedern ausgebildet, die am Aufbau oder Chassis dreh-bar gelagert und an den Enden über einen Hebelarm mit den Rädern verbunden sind. Sie stellen praktisch eine Federung zwischen den beiden Rädern derselben Achse dar. Bei Torsionskurbel- und Verbundlenkerachsen übernehmen die die Längslenker miteinander verbindenden Träger diese Aufgabe (siehe auch Bild 6.110).

6.6 Stoßdämpfer

Zwei Aufgaben hat der Stoßdämpfer am Kfz zu erfüllen:

❏ Gewährleistung *hoher Fahrsicherheit*,
❏ Erhöhung des *Fahrkomforts*.

Um beides zu erfüllen, muß der Stoßdämpfer *zwei Forderungen* gerecht werden:

❏ Er muß *Stöße*, die von Fahrbahnunebenheiten verursacht werden, *dämpfen* und weitestgehend vom Aufbau fernhalten. So wird ein Durchschlagen der Federung bis zum Anschlag vermieden, Radaufhängungen und Anschlagbegrenzungen werden geschont, der *Komfort* für die Insassen des Kfz wird verbessert.
❏ Er muß die *Schwingungen der ungefederten Massen möglichst gering* halten. Nur dadurch wird ein besserer – möglichst ununterbrochener – Bodenkontakt zwischen Rad und Fahrbahn erzielt, der zur *Gewährleistung hoher Fahrsicherheit* unumgänglich notwendig ist.

Genaugenommen ist der Stoßdämpfer sowohl ein *Stoß*- als auch ein *Schwingungsdämpfer*. In der Automobiltechnik gelangen nur noch *Teleskop-Stoßdämpfer* zur Anwendung.
Es werden in *zwei Systeme* unterschieden:

❏ Zweirohrstoßdämpfer und
❏ Einrohrstoßdämpfer.

Zweirohrstoßdämpfer: Der Name rührt daher, daß der Dämpfer aus zwei gleichachsig angeordneten Rohren besteht. Bild 6.134 zeigt schematisch Aufbau und Wirkungsweise eines Zweirohrstoßdämpfers.
Im Innenrohr wird die Dämpfungsarbeit geleistet, physikalisch gesehen erfolgt dort die Umwandlung der Stoßenergie in Wärme. Das Außenrohr dient zur Aufnahme des Ölvorrats und wirkt als Ausgleichsraum. Der Ausgleichsraum muß beim Einfahren der Kolbenstange mit dem Arbeitskolben das Öl aufnehmen, das durch das Volumen der einfahrenden Kolbenstange verdrängt wird. Dieses Öl wird durch das Gegendruckventil (Bodenventil) in den Vorrats- und Ausgleichsraum gedrückt. Fährt die Kolbenstange mit dem Arbeitskolben wieder aus, wird das Öl aus dem Ausgleichsraum in den Ölraum im Innenrohr zurückgesaugt.
Alle Teleskop-Stoßdämpfer haben einen solchen Ölvorrats- und Ausgleichsraum. Er ist unumgänglich notwendig, weil diese Dämpfersysteme sonst nicht funktionieren würden.

> Wichtig ist die richtige Einbaulage!

Wird der Stoßdämpfer *falsch herum* eingebaut, arbeitet er nicht, da dann durch das Gegendruckventil beim Ausfahren der Kolbenstange *Luft statt Öl* in den Ölraum gesaugt würde. Da Luft zusammendrückbar ist, das Öl hingegen nicht, hat der Stoßdämpfer dann keine Wirkung mehr.
Der *Ölvorrat* beträgt mengenmäßig wesentlich mehr, als zur einwandfreien Funktion des Dämpfers notwendig ist. So ist ein gewisser Ölverlust für längere Betriebsdauer vom Hersteller vorsorglich eingeplant. Dies Mehr an Öl wird zur Schmierung der Kolbenstange in der Führung und Dichtung gebraucht. Würde sich die Kolbenstange völlig trocken bewegen, wäre sie binnen kurzer Zeit verschlissen, der Stoßdämpfer wäre unbrauchbar. *Hauchdünne Ölspuren* an der Kolbenstange bedeuten also nicht, daß der Stoßdämpfer unbrauchbar ist!

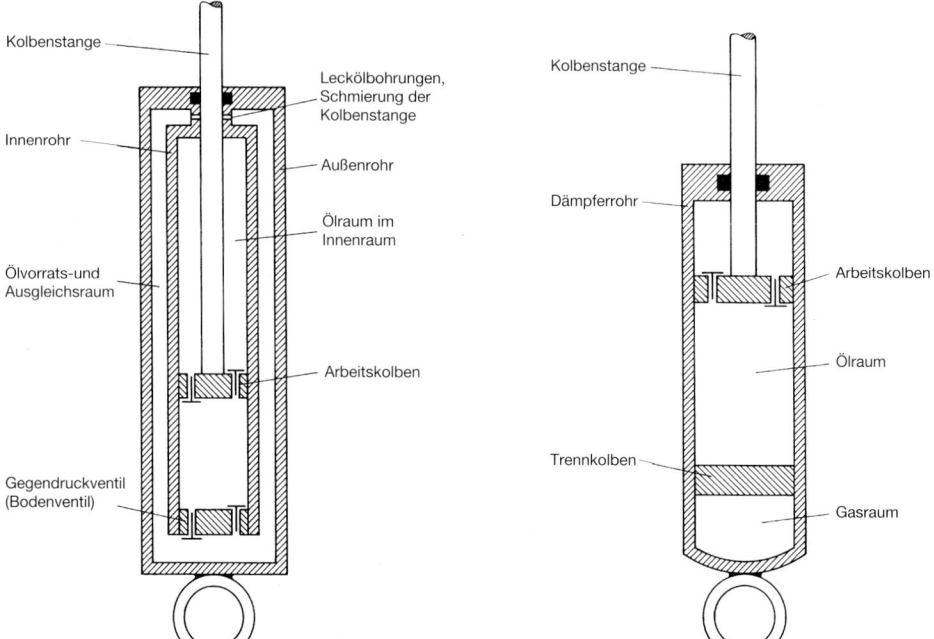

Bild 6.134   Aufbau eines Zweirohrstoßdämpfers, schematisch

Bild 6.135   Aufbau eines Gasdruckstoßdämpfers System de Carbon, schematisch

Einrohrstoßdämpfer (Gasdruckstoßdämpfer): Bild 6.135 zeigt schematisch Aufbau und Wirkungsweise eines Gasdruckstoßdämpfers. Auch dieser Dämpfer hat einen Ausgleichsraum und einen um etwa 10% höheren Ölvorrat als erforderlich. Bei voll eingefahrener Kolbenstange ist der Raum zwischen Arbeitskolben und Trennkolben mit dem Ölvorrat und dem von der Kolbenstange verdrängten Öl angefüllt, er wirkt somit als Ausgleichs- und Vorratsraum. Der Trennkolben trennt den Ölraum vom Gasraum, der mit *Stickstoff* gefüllt ist. Der Stickstoff steht unter einem Druck von etwa 25 bar.

Zwei Aufgaben erfüllt der Gasraum:

❐ Beim Einfahren der Kolbenstange (Bild 6.135) wird das Öl verdrängt, das den Trennkolben gegen den Gasraum drückt und diesen verkleinert. Fährt die Kolbenstange wieder aus, schiebt der Gasdruck den Trennkolben wieder in seine Ausgangsstellung zurück.

❐ Durch den hohen Druck des Gases wird eine *Ölverschäumung im Stoßdämpfer verhindert.*

Die *Dämpferbeine* der «kleinen» Mercedes-Modelle 190 und 190 E sind von Fichtel & Sachs entwickelte *Gasdruckdämpfer*, die nach dem *Zweirohrprinzip* arbeiten.

Sie verbinden die Vorteile des Einrohr-Gasdruckdämpfers – exakte Dämpfung selbst kleinster schnellster Achsbewegungen – mit denen des Zweirohrfederbeins: guter Abrollkomfort der Räder bei weitgehender Ausschaltung unangenehmer Poltergeräusche. Das beim Zweirohrfederbein schwerste Bauteil, die Kolbenstange, ist hohl ausgeführt, wodurch bei gleicher Festigkeit 400 bis 500 g Gewicht eingespart werden.

Bild 6.136   F&S-Dämpferbein

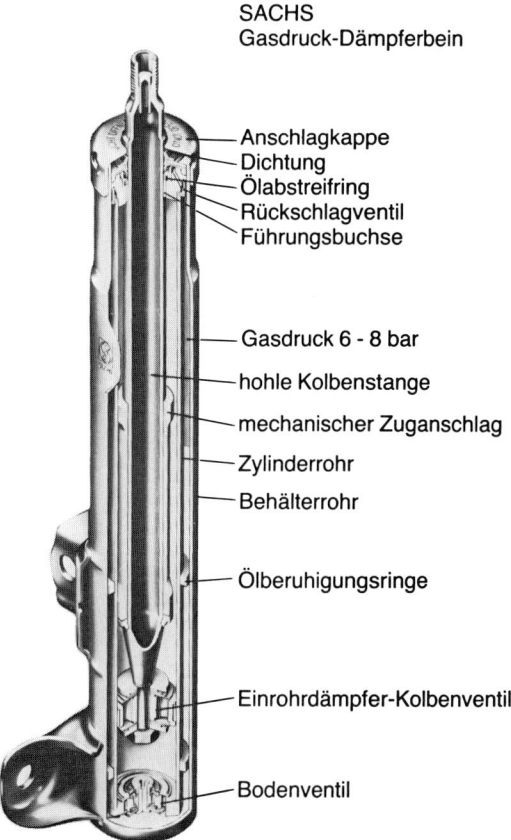

SACHS
Gasdruck-Dämpferbein

— Anschlagkappe
— Dichtung
— Ölabstreifring
— Rückschlagventil
— Führungsbuchse

— Gasdruck 6 - 8 bar

— hohle Kolbenstange

— mechanischer Zuganschlag

— Zylinderrohr

— Behälterrohr

— Ölberuhigungsringe

— Einrohrdämpfer-Kolbenventil

— Bodenventil

Wie beim üblichen Zweirohrdämpfer wird ein Bodenventil verwendet, wodurch der Gasdruck niedrig gehalten werden kann. Das Rückschlagventil an der Führung der Kolbenstange verhindert das Absinken des Gasdrucks. Aufbau und Teile des Dämpferbeins zeigt Bild 6.136.

Jeder moderne Stoßdämpfer arbeitet *doppeltwirkend,* d.h., er dämpft sowohl beim Ein- als auch beim Ausfahren der Kolbenstange. Grundsätzlich ist die Wirkung der Dämpfung in der *Druckstufe* (*Einfahren* der Kolbenstange) *geringer* als in der *Zugstufe* (*Ausfahren* der Kolbenstange). Bild 6.137 zeigt das Kraft-Weg-Diagramm eines Zweirohrstoßdämpfers, das in der Meister-Lehrwerkstatt für das Kfz-Handwerk in Heide auf einer Stoßdämpferprüfmaschine der Fa. Koni, Modell 4422, gefahren wurde. Bild 6.137 zeigt, daß der Prüfhub der Prüfmaschine (s) = 75 mm beträgt. In Punkt A ist die Kolbenstange des Stoßdämpfers ausgefahren. Beim Einfahren der Kolbenstange – der Druckstufe (Pfeil d) – steigt die Kraft zunächst stark an. In Punkt 1 nach 10 mm Hub beträgt sie 45 kg = 450 N (Newton; 1 mm in der Waagerechten = 10 kg = 100 N). Dann nimmt die Kraft nur noch wenig zu, bis sie bei halbem Prüfhub – Punkt 2 – 70 kg = 700 N erreicht hat. Gegen Ende des Hubes fällt die Kraft schnell ab, bis sie im Punkt E – die Kolbenstange ist eingefahren – 0 wird. Nun beginnt die Zugstufe des Stoßdämpfers (Pfeil z). Beim halben Hub – Punkt 3 – wird die höchste Dämpfungskraft erzielt, 170 kg = 1700 N. Von da an fällt die Kraft wie-

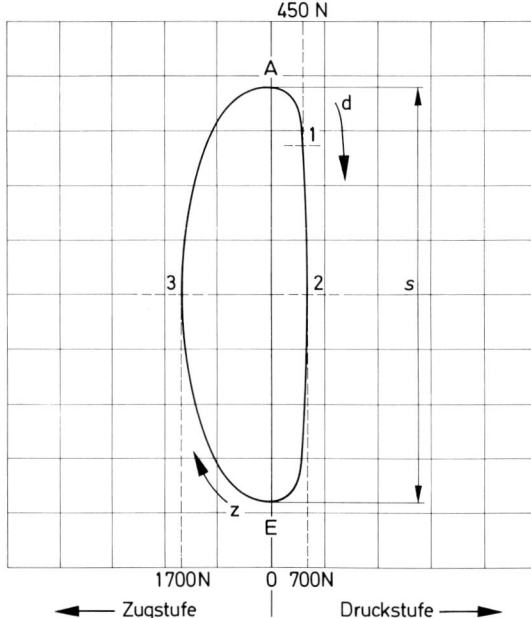

Bild 6.137 Kraft-Weg-Diagramm eines
Zweirohrstoßdämpfers
1 mm = 10 kg = 100 Newton
s Prüfhub 75 mm

der ab, bis sie am Ende der Zugstufe (A) = 0 ist. Wie das Diagramm zeigt, ist die Kraft der Zugstufe etwa $2^{1}/_{2}$mal so groß wie die der Druckstufe. Diese Größenwerte sind bei den verschiedenen
Stoßdämpfern für die unterschiedlichsten Kfz sehr verschieden. Für jeden Kfz-Typ werden die
erforderlichen Werte für Druck- und Zugstufe der zu verwendenden Stoßdämpfer sorgfältig
ermittelt.

Die *Kräfte* für Druck- und Zugstufe werden durch den *Querschnitt der Bohrungen im Arbeitskolben* sowie die *Federvorspannung der zugehörigen Ventile bestimmt.*

Bei den Koni-Spezial-«D»-Stoßdämpfern läßt sich in ausgebautem Zustand die *Kraft der Zugstufe* durch Drehen der Kolbenstange verstellen. Dabei werden sowohl der wirksame Querschnitt
als auch die Federspannung für das in der Zugstufe wirksam werdende Ventil im Arbeitskolben
verändert, Bild 6.138 zeigt das Kraft-Kolbenweg-Diagramm eines solchen Stoßdämpfers.

Prüfen von Stoßdämpfern

Technisch einwandfrei können Stoßdämpfer nur in *ausgebautem Zustand* auf einer speziellen
Prüfmaschine mit Kraft-Weg-Diagramm-Anzeige geprüft werden.

Eine Prüfung *in eingebautem Zustand* ist bedingt möglich, z.B. auf dem «Schock-Tester» der Fa.
Boge. Dabei muß beachtet werden, daß defekte Stoßdämpferbefestigungen sowie Spiel in der
Radaufhängung und Radlagerung in das Prüfergebnis mit eingehen.

Die einfachsten grundsätzlichen Kontrollen:

❏ Das Kfz von Hand einfedern. Federt es langsam aus, *kann* der betreffende Stoßdämpfer in
   Ordnung sein. Federt es schnell aus, ist er sicher defekt.

❏ Sichtkontrolle der Stoßdämpferbefestigung.

578 *Fahrwerk*

Bild 6.138 Diagramm eines Koni-Spezial-D-
Stoßdämpfers
1 Kolbenstange, (links herum) losgedreht
2 2 halbe Umdrehungen
3 3 halbe Umdrehungen
4 4 bis 5 halbe Umdrehungen, (bis Anschlag)
  festgedreht

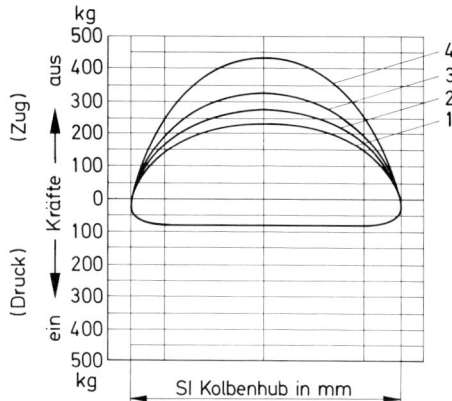

❐ Sichtkontrolle auf *starke Ölspuren* am Stoßdämpferrohr. Nur geringe Ölspuren an der Kolbenstange sind normal.
❐ Stoßdämpferbefestigung an einem Ende lösen und von Hand durch kurzen Hubwechsel auf
toten Gang prüfen. Beim Gasdruckstoßdämpfer muß in ab- oder ausgebautem Zustand sofort
die Kolbenstange ausfahren, wenn er nicht völlig unbrauchbar ist.

6.7 Räder und Reifen am Kraftfahrzeug

Aufgaben des Rades am Kraftfahrzeug
Das Rad am Kraftfahrzeug hat folgende Aufgaben zu erfüllen:

❐ das Gewicht des Kfz auf die Fahrbahn zu übertragen (den Anteil des Kfz-Gesamtgewichts, mit
dem ein Rad die Fahrbahn belastet, bezeichnet man als *Radlast*),
❐ die Antriebskraft auf die Fahrbahn zu übertragen (Antriebsräder),
❐ die durch die Bremseinrichtung bewirkte Bremskraft auf die Fahrbahn zu übertragen,
❐ das Kfz in der gewünschten Fahrtrichtung zu halten (Spurtreue),
❐ einen Teil der Fahrbahnunebenheiten aufzunehmen und so Fahrsicherheit und Fahrkomfort
des Kfz zu verbessern.

Aufbau des Rades am Kraftfahrzeug
Kraftfahrzeugräder bestehen im wesentlichen aus zwei Teilen:

❐ der Bereifung und
❐ dem Rad.

6.7.1 Bereifung

Kraftfahrzeuge sind – von wenigen Ausnahmen abgesehen – mit Luftreifen ausgerüstet.
  Ein *Luftreifen* ist ein Reifen, dessen Arbeitsvermögen überwiegend durch den Druck eines
eingeschlossenen Luftinhalts bestimmt wird.
  Derzeit gelangen an Kfz nur Gürtelreifen (Radialreifen) zur Anwendung.

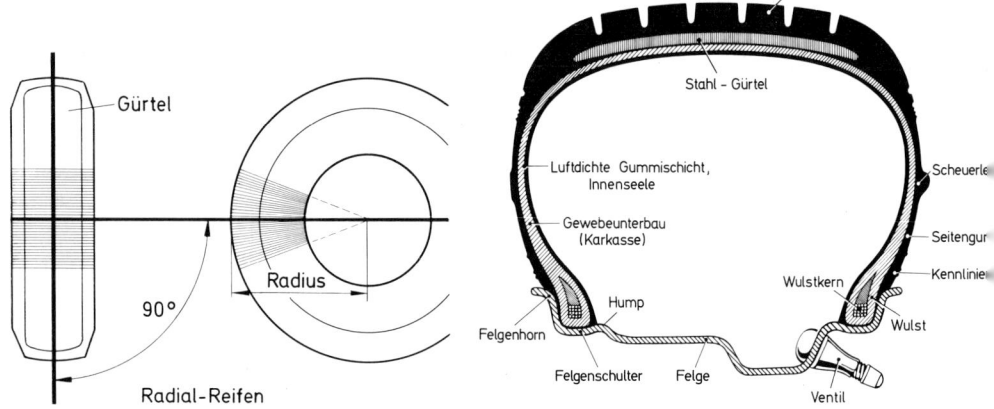

Bild 6.139 Fadenverlauf beim Continental-Radialreifen

Bild 6.140 Aufbau von Continental-Stahlgürtelreifen

Gürtelreifen (Radialreifen): Das Kernstück des Reifens ist der Gewebeunterbau, die *Karkasse.* Die Fäden der Karkasse laufen beim Gürtelreifen auf kürzestem Wege von Wulst zu Wulst. Sie bilden mit der Reifenumfangslinie einen Winkel von 90°. Betrachtet man den Reifen von der Seite, so verlaufen die Fäden in radialer Richtung, daher das «*R*» (Radial) in der Reifenbezeichnung von Gürtelreifen. Bild 6.139 zeigt den Fadenverlauf beim Continental-Radial-Reifen.

Durch den Fadenwinkel von 90° federn Gürtelreifen wesentlich weicher als konventionelle Reifen. Zwischen Karkasse und Lauffläche liegt in Form eines Gürtels ein Festigkeitsträger, der bei modernen Gürtelreifen grundsätzlich als Stahlseilgürtel ausgeführt ist. Bild 6.140 zeigt den Aufbau von Stahlgürtelreifen.

Der *Stahlgürtel* besteht aus in Gummi gebetteten Stahlseillagen. Gegenüber den früher verwendeten Diagonalreifen bieten Gürtelreifen folgende *Vorteile:*

❐ Die *Bodendruckellipse* (die Aufstandsfläche des Reifens auf der Fahrbahn) ist *größer,* dadurch
❐ *besserer Bodenkontakt* mit der Fahrbahn,
❐ *größeres Beschleunigungs- und Bremsvermögen* (geringere Durchdreh- und Blockierneigung),
❐ *geringerer Verschleiß* (höhere Kilometerleistung) und
❐ *gute Spurtreue,*
❐ *geringere Erwärmung* des Reifens, da durch Gürtel stabilisierte Lauffläche,
❐ *bessere Eignung als Winterreifen.*

Reifenlaufflächen: Der Einsatz des Kraftfahrzeugs bestimmt die Gestaltung der Reifenlauffläche.

❐ Reifen für Geschwindigkeitsrekorde: dünnste Laufflächen, fast ohne jede Profilierung.
❐ Reifen für Rennwagen: äußerst glattes, sehr feines Profil bei nasser Fahrbahn; «Slicks» – profillose Rennreifen in Diagonalbauart – für beste Leistungen auf trockener Fahrbahn.
❐ Reifen für Fahrzeuge, die vorwiegend auf der Straße eingesetzt sind, werden mit möglichst glattem feinen Profil versehen, das ein Maximum an Bodenhaftung bietet.
❐ Reifen für Geländefahrzeuge: grobstolliges Profil, möglichst auf diagonaler Grundlage, wegen der Selbstreinigung des Profils, verursacht durch Querkontraktion der Lauffläche.

580   *Fahrwerk*

□ M+S-Reifen; vom englischen «mud and snow» rührt die deutsche Bezeichnung «Matsch und Schnee» her: grobstollige Spezialreifen für Matsch und Schnee.
□ M+SE-Reifen: Matsch- und Schnee-Eis-Reifen mit Spikes, die bei vereister Fahrbahn ausgezeichnete Bodenhaftung, unter allen anderen Bedingungen jedoch nur Nachteile haben. In einigen Ländern dürfen sie verwendet werden, jedoch nicht in der Bundesrepublik Deutschland.

Reifenarten: Die Reifenarten richten sich – von wenigen Ausnahme abgesehen – vorwiegend nach den Höchstgeschwindigkeiten der Kraftfahrzeuge (Tabelle 6.1).

Tabelle 6.1 Höchstgeschwindigkeit

Kenn-zeichnung	Höchst-geschwindigkeit km/h	Kenn-zeichnung	Höchst-geschwindigkeit km/h
L	120	S	180
M	130	T	190
N	140	U	200
P	150	H	210
Q	160	V	240
R	170	W	270
		Z	ab 270

Tabelle 6.2 Kennziffern für Reifentragfähigkeit

Tragfähig-keits-Kenn-ziffer	Reifen-tragfähig-keit in kg max.	Tragfähig-keits-Kenn-ziffer	Reifen-tragfähig-keit in kg max.	Tragfähig-keits-Kenn-ziffer	Reifen-tragfähig-keit in kg max.
50	190	72	355	92	630
52	200	74	375	94	670
54	212	76	400	96	710
56	224	78	425	98	750
58	236	80	450	100	800
60	250	82	475	102	850
62	265	84	500	104	900
64	280	86	530	106	950
66	300	88	560	108	1000
68	315	90	600	110	1060
70	355				

Reifenbezeichnungen: Frühere Bezeichnungen für Gürtelreifen enthielten vier oder fünf Angaben, heutige enthalten entsprechend sechs oder sieben. Die *Tragfähigkeitskennziffer* (Tabelle 6.2) ist neu hinzugekommen, außerdem erfolgt die Bezeichnung in geänderter Reihenfolge.

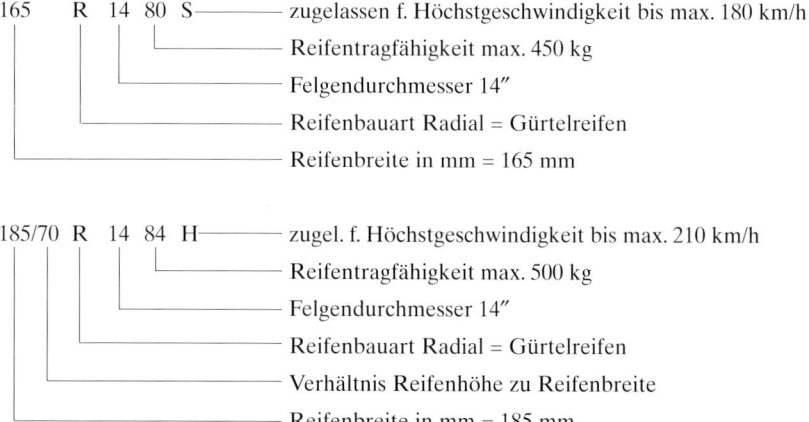

165 R 14 80 S ────── zugelassen f. Höchstgeschwindigkeit bis max. 180 km/h
───── Reifentragfähigkeit max. 450 kg
───── Felgendurchmesser 14″
───── Reifenbauart Radial = Gürtelreifen
───── Reifenbreite in mm = 165 mm

185/70 R 14 84 H ────── zugel. f. Höchstgeschwindigkeit bis max. 210 km/h
───── Reifentragfähigkeit max. 500 kg
───── Felgendurchmesser 14″
───── Reifenbauart Radial = Gürtelreifen
───── Verhältnis Reifenhöhe zu Reifenbreite
───── Reifenbreite in mm = 185 mm

Reifenerneuerung: Rundum die gleichen Reifen verwenden. Nur so werden die vom Kfz-Hersteller konstruktiv festgelegten Fahreigenschaften erreicht.

Soweit Grundsätzliches über Aufbau und Eigenschaften von Reifen. Alle weiteren wichtigen Begriffe und Fachausdrücke, Räder und Reifen betreffend, werden übersichtlich in alphabetischer Reihenfolge nachstehend aufgeführt unter Verwendung von Unterlagen der Firmen Continental, Dunlop, Kronprinz, Lemmerz und Michelin.

Abmessungen von Reifen und Rädern siehe Bild 6.141.

Abriebindikatoren: Die amerikanischen Sicherheitsvorschriften schreiben vor, daß an den Reifen Abriebindikatoren vorhanden sein müssen. Die Indikatoren bestehen aus Erhebungen im Profilgrund, die sichtbar werden, wenn das Profil noch 1,6 mm tief ist.

Abrollgeräusche entstehen beim Abrollen des Reifens auf der Fahrbahn. Sie sind abhängig von Profilart und Lauffflächenmischung. (Bei Reifen mit blockähnlichen Profilen, z.B. M+S, sind sie stärker.)

Abrollumfang ist die Wegstrecke, die ein Reifen je Radumdrehung zurücklegt.

Antriebsverhalten des Reifens wird durch Schlupf und Spurhaltung bei der Übertragung der Antriebskräfte bestimmt. Ein guter Reifen mit hohem Haftbeiwert überträgt dank seines geringen Schlupfes und seiner Spurtreue eine große Antriebskraft auf die Fahrbahn.

Aquaplaning (auch Hydroplaning, Wassergleiten oder Wasserglätte): Aufschwimmen der Reifen bei nasser Fahrbahn, so daß der Bodenkontakt verlorengeht; Folge ist, daß Antriebs-, Brems- und Lenkkräfte nicht mehr übertragen werden (Bild 6.142).

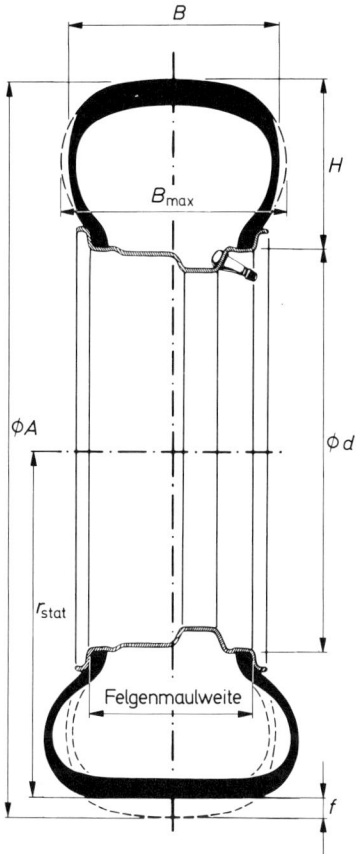

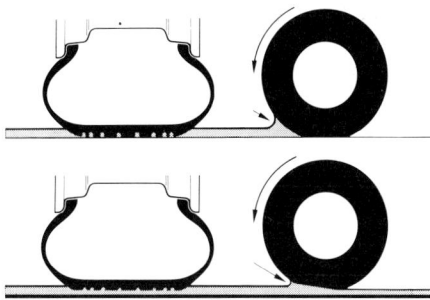

Bild 6.142   Aquaplaning. Bei einer Geschwindigkeit von 80 km/h müssen vom Reifen ca. 2,5 l Wasser je Sekunde mit hohem Druck durch die Profil-
rillen abgeleitet werden. Bei 120 km/h sind es ca.
10 l! Das untere Bild zeigt das Aufschwimmen
eines Reifens mit ungenügender Profiltiefe bei
hoher Geschwindigkeit. Der Reifen hat keinen
Kontakt mit der Fahrbahn. Oberes Bild: Maßnahmen gegen Aquaplaning. Der Reifen hat ausreichende Profiltiefe. Die Fahrgeschwindigkeit bei
Wasser muß herabgesetzt werden. Bei Nässe nicht
in Spurrillen, sondern seitlich versetzt fahren!

B Reifenquerschnittsbreite
H Reifenquerschnittshöhe
Die maximale Betriebsbreite des Reifens B_{max}
kann durch Beschriftung und Wachstum während
des Gebrauchs etwas größer sein als die Quer-
schnittsbreite B. Durch Einfederung des Reifens
unter Last (um den Betrag f) ist der wirksame statische Halbmesser r_{stat} kleiner als die Hälfte des
Reifendurchmessers.

Bild 6.141   Abmessungen von Reifen und Rad
d_0 Felgendurchmesser
A Außendurchmesser des Reifens

Auswuchten ist das Beseitigen einer Unwucht.

Betriebsbedingungen sind von ausschlaggebender Bedeutung für Lebensdauer und Wirtschaftlichkeit der Reifen. Die wichtigsten Betriebsbedingungen:

❑ Belastung und Luftdruck,
❑ Geschwindigkeit,
❑ Außentemperatur und Reifentemperatur,
❑ am Rad angreifende Umfangskräfte beim Antrieb und beim Bremsen (abhängig von der
   Motorleistung),
❑ Fahrertemperament,
❑ Fahrbahnoberfläche und Streckenführung.

Bodenberührungsfläche = Bodendruckellipse (siehe *Aufstandsfläche*).

Bodenhaftung = Reibbeiwert (auch Kraftschlußbeiwert) eines rollenden Reifens ist hauptsächlich abhängig von Laufflächengummi, Profilkonstruktion, Profilzustand, Straßenbelag und Straßenzustand (Verschmutzung, Nässe), siehe Tabelle 6.3.

Reibbeiwert	trocken	naß
Beton	1	0,7
Asphalt	0,9	0,6
Pflaster	0,8	0,4
Schnee	–	0,2
Eis	0,7	0,1

Tabelle 6.3 Reibbeiwert

Bild 6.143   Aufstandsfläche (Bodendruckellipse) des unter Last abgeplatteten Reifens auf der Fahrbahn

Zu niedriger
Luftdruck

Richtiger
Luftdruck

Zu hoher
Luftdruck

Breitreifen sind Reifentypen, die bei geringerem Reifenquerschnitt sehr breit sind und daher mit geringerem Luftdruck gefahren werden können. Breitreifen – z.B. Baumaschinenreifen – passen sich besser schwierigen Bodenverhältnissen an und erreichen eine bessere Einfederung.

Dynamischer Halbmesser (Bild 6.145) siehe *Wirksamer Halbmesser*

Einpreßtiefe ist das Maß von der Felgenmitte des Scheibenrades bis zur inneren Anlagefläche der Radschüssel. Dieses Maß kann positiv oder negativ sein.

Die *Einpreßtiefe* wird als *positiv* bezeichnet, wenn die innere Anlagefläche der Radschüssel, bezogen auf Felgenmitte, zur Radaußenseite verschoben ist.

Sie wird als *negativ* bezeichnet, wenn die innere Anlagefläche der Radschüssel, bezogen auf Felgenmitte, zur Radinnenseite verschoben ist (siehe Bild 6.144).

Felgenbezeichnung, Felgengrößen siehe Abschnitt 6.7.2

Felgenmaulweite ist der Abstand von Felgenhorn zu Felgenhorn, an den Innenflanken senkrecht zur Umfangsrichtung in Zoll gemessen (Bild 6.141).

Bild 6.144 (rechts)   Einpreßtiefe am Scheibenrand (*e*)

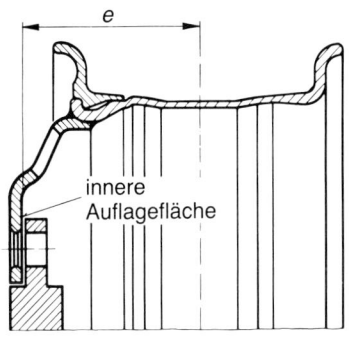

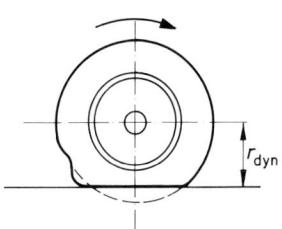

Bild 6.145   Rollwulst am rollenden Reifen. Der wirksame dynamische Halbmesser r_{dyn} ist infolge von Fliehkraft und Schlupf des drehenden Rades stets größer als der statische Halbmesser aus Bild 6.141.

„Positive Einpreßtiefe"

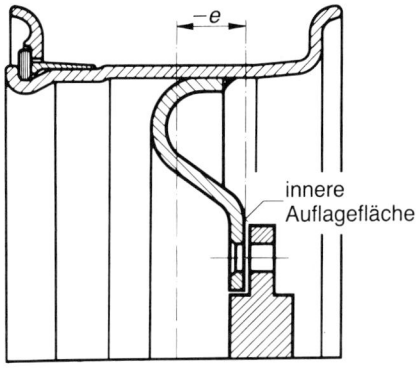

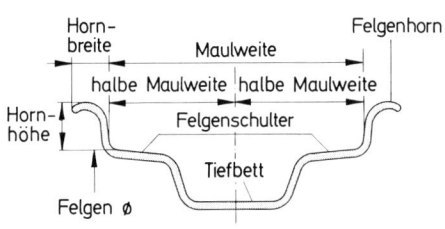

Bild 6.146   Symmetrische Sicherheitsfelge

„Negative Einpreßtiefe"

Felgenschulter – meist zur Mitte geneigt (Schrägschulter, Steilschulter) – stützt den Reifenfuß und sichert mit dem Felgenhorn den einwandfreien Sitz des Reifens (Bild 6.146).

Humpfelge siehe in Abschnitt 6.7.2 «Ausführungen von Sicherheitsschultern»

Innenseele (englisch: innerlining) ist die luftdichte Gummischicht im Innern von schlauchlosen Reifen, die abdichtet und den Schlauch ersetzt (s. Bild 6.140).

Karkasse nennt man den Gewebeunterbau des Reifens als Festigkeitsträger.

Kennlinie wird die oberhalb des Reifenwulstes umlaufende Markierungslinie genannt, die bei richtiger Montage parallel zum Felgenhorn läuft (s. Bild 6.140).

Lauffläche ist der profilierte äußere Umfangsstreifen des Reifens, der der Abnutzung unterliegt. Er überträgt im Kontakt zur Fahrbahn Antriebs-, Brems- und Seitenkräfte.

Laufgeräusch siehe *Abrollgeräusche*

Laufleistung siehe *Lebensdauer*

Laufstreifen – auch Protektor genannt – besteht aus Lauffläche und Seitengummi.

Lebensdauer eines Reifens ist abhängig von Reifenkonstruktion, Lauffllächenprofil und -gummi sowie den → *Betriebsbedingungen*.

Low section ist die englische Bezeichnung für Niederquerschnittsreifen.

M+S-Reifen siehe in Abschnitt 6.7 «Reifenlaufflächen»

Niederquerschnittsreifen siehe *Reifenquerschnitt*

Nylon ist eine Kunstfaser aus Kohlenwasserstoffen (z.B. Erdgas) und dient zur Herstellung von Reifencord für die Karkasse.

Ply-Rating – abgekürzt: PR – ist das internationale Kennzeichen für die Festigkeit der Karkasse. (Die PR-Zahl entspricht nicht in allen Fällen der tatsächlichen Einlagenzahl.)

Profil nennt man die Anordnung von Klötzen (Stollen), Rippen, Rillen und Lamellen auf der Lauffläche. Von der Art des Profils und dessen Zustand hängen Bodenhaftung, besonders auf nasser Fahrbahn (= Sicherheit gegen Aquaplaning), Abnutzung und Abrollgeräusch ab.

Profiltiefe ist bestimmend für die Bodenhaftung des Reifens, namentlich bei Nässe; darum von großem Einfluß auf die Verkehrssicherheit. Die Mindestprofiltiefe beträgt 2 mm, bei M+S-Reifen 4 mm.

Protektor siehe *Laufstreifen*

Rad, Radscheibe, Radschüssel siehe Abschnitt 6.7.2

Radialreifen siehe in Abschnitt 6.7.1 «Gürtelreifen (Radialreifen)»

Radlast siehe in Abschnitt 6.7 «Aufgaben des Rades am Kfz»

Räder-Kennzeichnung siehe Abschnitt 6.7.2

Reibbeiwert siehe *Bodenhaftung*

Reifenabmessungen siehe *Abmessungen*

Reifenprofil siehe *Profil*

Reifenquerschnitt wird mit fortschreitender Entwicklung immer flacher. Je flacher der Reifenquerschnitt, desto bessere Seitenführung und Bodenhaftung. Der Reifenquerschnitt wird bestimmt durch das Querschnittsverhältnis Reifenhöhe zu Reifenbreite (H : B).
ab 1924 Ballonreifen H : B = 0,98
ab 1948 Super-Ballonreifen H : B = 0,94

ab 1959 Niederquerschnittsreifen H : B = 0,88
ab 1964 Super-Niederquerschnittsreifen H : B = 0,82
ab 1959 Gürtelreifen H : B = 0,78
ab 1967 «Serie 70»-Reifen H : B = 0,70
ab 1971 «Serie 60»-Reifen H: B = 0,60
ab 1975 «Serie 50»-Reifen H : B = 0,50

Reifenwechsel siehe in Abschnitt 6.7 «Reifenerneuerung»

Reifenwulst ist der «Fuß» des Reifens, der auf der Felgenschulter steht bzw. bei Schrägschulter-felgen sich auf der schrägen Schulter aufkeilt. Bei schlauchlosen (Tubeless-)Reifen mit einer Gummiauflage versehen, dichten beide Reifenwulste gegen Luftaustritt an der Felge ab.

reinforced (englisch = verstärkt) ist die Zusatzbezeichnung auf Radialgürtelreifen (siehe in Abschnitt 6.7.1 «Gürtelreifen») mit höherer Tragfähigkeit, speziell für Kombifahrzeuge und Transporter. Gleiche Abmessungen wie Pkw-Reifen. Zulässige Höchstgeschwindigkeit z.Z. auf 170 km/h beschränkt.

Riesenluftreifen nennt man die großformatigen Reifen für Lkw, Omnibusse, Lkw-Anhänger und Baumaschinen.

Rollwiderstand ist der Anteil der Fahrwiderstände am Kfz, der in seiner Größe von den Reifen abhängt. Es ist die Summe von Rollreibung + → *Walkarbeit* + Luftreibung (an der Oberfläche des gesamten Rades) + Reibung im Radlager. Durch geeignete konstruktive Maßnahmen am Reifen läßt sich der Rollwiderstand verringern. Gürtelreifen haben einen geringeren Rollwiderstand als Diagonalreifen. Mit steigendem Luftdruck im Reifen verringert sich der Rollwiderstand, mit sinkendem Luftdruck steigt er an (Einfluß verringerter oder größerer Walkarbeit und Rollreibung). **Rollwulst** heißt die Verformung des rollenden Reifens hinter dem Auflauf auf die Fahrbahn (Bild 6.145).

Scheibenrad siehe Abschnitt 6.7.2

Scheuerleiste (Scheuerrippe) zum Schutz der Reifenflanke gegen Bordsteinscheuerung bei einigen Reifenausführungen (auch zum Schutz von Radkappen). Zumeist umlaufende Rippe mit dreieckigem Querschnitt auf der Reifenflanke (siehe Bild 6.140).

Schlauchlose Reifen siehe *Tubeless*

Schlupf nennt man den Verlust an Vortrieb. Die auf die Räder übertragenen Antriebskräfte sind größer als die Reifenhaftung: Die Reifen «schlupfen».

Schwingungsverhalten ist das Ergebnis eines Systems von Achsfedern, Stoßdämpfern, Sitzfedern und gut federnden Reifen, um den Einfluß der Fahrbahnunebenheiten auf Fahrer und Ladung möglichst klein zu halten. Hierbei kommt dem Reifen mit seinen Federungs- und Dämpfungseigenschaften eine besondere Bedeutung zu. (Reifenfederung und Fahrzeugfederung müssen aufeinander abgestimmt sein. Jede willkürliche Änderung kann zu einer Störung dieser Einheit führen.)

Seitenführungskräfte siehe *Seitenstabilität*

Seitenkräfte sind alle Kräfte, die quer zur Fahrtrichtung auf die Räder einwirken, z.B. Zentrifugalkräfte bei Kurvenfahrt.

Seitenstabilität ist das Vermögen eines Reifens, durch Schräglauf zur Fahrtrichtung zunehmend höhere → *Seitenkräfte* bis zu einem Grenzwert aufnehmen zu können.

«Serie 70»-, «Serie 60»- bzw. «Serie 50»-Reifen siehe *Reifenquerschnitt*

Stahlcord ist die Bezeichnung für dünne Stahlseile, die den Textilcord in modernen Reifen ersetzen, z.B. in Pkw-Stahlgürtelreifen und Lkw-Ganzstahlgürtelreifen.

Stahlscheibenrad siehe Abschnitt 6.7.2

Tiefbettfelge ist die Bezeichnung für ungeteilte Felgen mit eingepreßtem Tiefbett. Vorzugsweise Verwendung an Motorrollern, Krafträdern, Pkw und landwirtschaftlichen Fahrzeugen.

Tragfähigkeit siehe Tabelle 6.2

Traktion siehe *Zugkraft*

Tread-wear-indicators (TWI) siehe *Abriebindikatoren*

Tubeless (aus dem Englisch-Amerikanischen = «schlauchlos») ist die international verbreitete Bezeichnung für schlauchlose Reifen.

Tube-Type (aus dem Englisch-Amerikanischen: soviel wie «mit Schlauch») ist die international verbreitete Bezeichnung für Reifen, die mit Schlauch gefahren werden müssen.

Unwucht ist die ungleichmäßige Massenverteilung im Rad. Sie führt zu Laufunruhe. Ursache kann in Rad, Reifen, Bremsscheibe oder Bremstrommel liegen (siehe Auswuchten).

Walkarbeit ist ein Teil des → *Rollwiderstandes*. Energieverlust im rollenden Reifen durch innere Reibung, wobei kinetische Energie in Wärme umgewandelt wird (Reifenerwärmung).

Walkzone ist der Teil der Reifenseitenwand, der sich unter Belastung durchbiegt. Die umlaufende Durchbiegung beim rollenden Reifen nennt man Walken.

Winterreifen siehe *M+S-Reifen*

Wirksamer Halbmesser

a) wirksamer statischer Halbmesser: Abstand von der Radmitte bis zur Standebene bei stillstehendem Kfz (siehe Bild 6.141);
b) wirksamer dynamischer Halbmesser: Die bei 60 km/h Geschwindigkeit je Umdrehung des Rades zurückgelegte Wegstrecke wird durch $2\,\pi$ geteilt. Liegt die in der Norm angegebene Höchstgeschwindigkeit *unter* 60 km/h, so ist mit der dort angegebenen Höchstgeschwindigkeit zu messen. Der Reifen muß dabei entsprechend der in den Normen festgelegten größten Trag-

fähigkeit belastet und mit dem dieser Belastung entsprechenden Luftdruck aufgepumpt sein. Infolge von Fliehkraft und Schlupf des drehenden Rades ist der wirksame dynamische Halbmesser stets größer als der wirksame statische Halbmesser (siehe Bild 6.141).

Wulst siehe *Reifenwulst*

Wulstband – aus Gummi – schützt den Luftschlauch auf Flachbett- und Schrägschulterfelgen gegen Anscheuerungen durch Reifenwülste.

Zugkraft ist die von einem Reifen mit möglichst geringem Schlupf auf den Boden zu übertragende Antriebskraft. (Die Übertragungsfähigkeit – Traktionsfähigkeit – wird vor allem durch griffiges Profil am Reifen bestimmt.)

6.7.2   Räder

Stahlscheibenräder bestehen im wesentlichen aus zwei Bauteilen:

❏ der *Felge,* dem ringförmigen, profilierten Teil des Rades, der den Reifen trägt, und
❏ der *Radschüssel* oder der Radscheibe, die als Verbindungsstück zwischen Radnabe und Felge dient.

Beide Teile werden heute ausschließlich durch Widerstands- oder Lichtbogenschweißung miteinander zum *Scheibenrad* verbunden.

Felgen
Felgenbezeichnungen und -abmessungen sind in den DIN-Normen (z.B. DIN 7817, 7820 u.a.) festgelegt und stimmen heute weitgehend mit den internationalen Normen überein.

Wichtige Einzelheiten der Felge sind (Bild 6.146):

Felgenhorn: seitlicher Anschlag für den Reifenwulst. Das Innenmaß zwischen den Felgenhörnern ist die *Maulweite.*

Felgenschulter: Sitzfläche für den Reifenwulst, auf der sich der Reifen in radialer Richtung abstützt.

Tiefbettfelgen sind einteilige Felgen, bei denen das Bett zum Radmittelpunkt hin vertieft ist, um die Montage des Reifens zu ermöglichen. Sie werden in *symmetrischer* und *asymmetrischer* Ausführung gefertigt (Bilder 6.146 und 6.147). In der Felgenbezeichnung erhalten sie ein «X».

Bild 6.147   Unsymmetrische Sicherheitsfelge

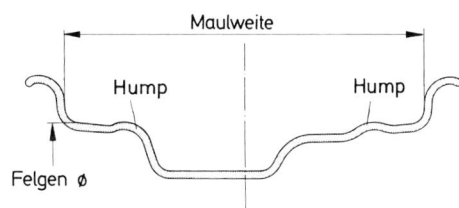

Räder und Reifen am Kraftfahrzeug **589**

Beispiele

$4^1/_2$ J × 14 H 2 – eine Tiefbettfelge mit einer Maulweite von $4^1/_2''$, einem J-Horn, einem Durchmesser von 14″ und je einem Hump auf beiden Felgenschultern

7,50 × 22,5 – eine Steilschulterfelge mit einer Maulweite von 7,50″ und einem Durchmesser von 22,5″ (Bild 6.148)

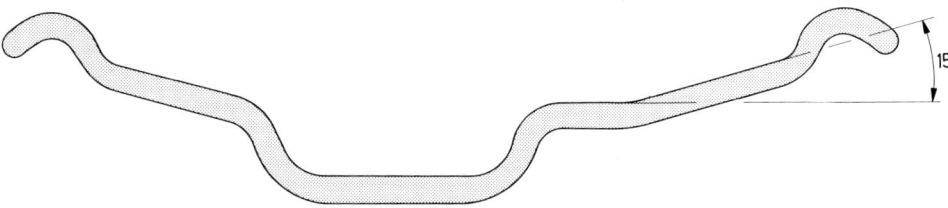

Bild 6.148   15°-Steilschulterfelge für schlauchlose Nutzfahrzeugreifen

Ausführungen von Sicherheitsschultern

Zusätzlich erhalten moderne Tiefbettfelgen an einer oder beiden Felgenschultern eine umlaufende Erhöhung, «Hump» genannt («Buckel»). Dieser soll verhindern, daß bei scharfer Kurvenfahrt der Reifenwulst eines schlauchlosen Reifens in das Felgenbett hineinrutscht, wodurch schlagartig totaler Luftverlust eintreten würde. Der «Hump» wird wahlweise als runder (H) oder abgeflachter (FH = **f**lat **h**ump) gefertigt. Auch die weniger bekannte «Special ledge»-Felge (SL) mit einem zylindrischen Felgenteil zur Fahrzeugaußenseite zählt zu diesen Sicherheitsfelgen, die beim Einsatz schlauchloser Gürtelreifen in Radialbauart vom Gesetzgeber vorgeschrieben sind.

Die Bedeutung der **Kennzeichnung von Sicherheitsfelgen** gemäß DIN 7817 ist in Tabelle 6.4 aufgeführt.

Tiefbettfelgen mit Sicherheitsschultern werden hinter der Felgengrößenbezeichnung durch die vorgenannten Symbole gekennzeichnet.

Beispiele für die Bezeichnung von Sicherheitsfelgen

6 J × 14 H 2 Asymmetrische Tiefbettfelge mit 6″ Maulweite, J-Horn, 14″ Felgendurchmesser und je einem Hump auf beiden Felgenschultern (Bild 6.147)

Tabelle 6.4 Kennzeichnung von Sicherheitsfelgen

| Benennung | Art der Sicherheitsschulter | | |
	Felgenaußenschulter	Felgeninnenschulter	Kennbuchstaben
Hump	Hump	normal	H
Doppelhump	Hump	Hump	H2
Einseitiger Flat-Hump	Flat-Hump	normal	FH
Doppelseitiger Flat-Hump	Flat-Hump	Flat-Hump	FH2
Combination-Hump	Flat-Hump	Hump	CH

Eine *völlig neue Sicherheitsfelge* haben Goodyear und Pirelli entwickelt:

❐ die **AH-Felge** mit **a**symmetrischem Doppel-**H**ump.
❐ Der Fiat Ritmo Abarth 130 TC ist serienmäßig mit derartigen Rädern der Felgengröße **5¹/₂ J** × **14 AH 2** ausgerüstet (Bereifung Pirelli P 6 185/60 R 14 82 H).

Das Besondere dieser Felge besteht darin, daß die beiden Humps asymmetrisch, d.h. exzentrisch angeordnet sind. Die beiden höchsten sowie die beiden tiefsten Erhebungen liegen sich diametral (kreuzweise) gegenüber (Bild 6.149).

Die so angeordneten Humps sollen ein Abrutschen des Reifens in fast allen Gefahrensituationen verhindern, die sich durch unzureichenden Luftdruck ergeben können. Außerdem soll verhindert werden, daß sich der Reifen von der Felge löst und das Rad mit dem Felgenhorn Bodenkontakt hat, wodurch es ebenfalls zerstört wird. Die Wirkungsweise zeigt Bild 6.150.

Mehrteilige Felgen
Alle Schrägschulter-, Flachbett-, Halbtief- und EM-Felgen (Felgen für Erdbewegungsmaschinen) erhalten in der Felgenkurzbezeichnung einen geraden Strich «–».

Asymmetrischer Doppel-Hump

Bild 6.149   Rad mit AH-Felge. Die beiden asymmetrisch angeordneten Humps liegen sich mit ihren höchsten Erhebungen diametral gegenüber: links unten und rechts oben; ebenfalls die niedrigsten Erhebungen: rechts unten und links oben.

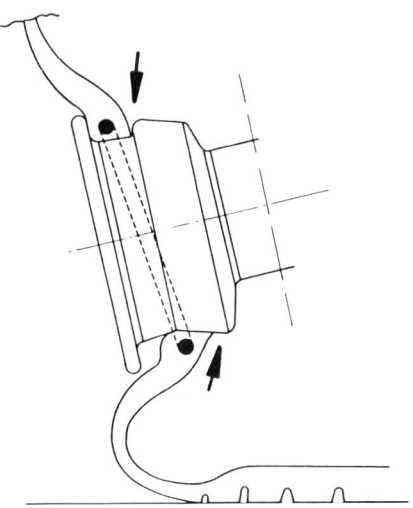

Bild 6.150   Wirkungsweise der asymmetrischen Doppelhumpfelge. Wird der Reifenfuß auf den Hump hinaufgedrückt (unterer Pfeil), tritt im Wulstkern (Drahtkern) durch die Schrägstellung (gestrichelte Linie) eine starke Spannung auf, die ein Hinübergleiten über die Humpspitze verhindert (oberer Pfeil).

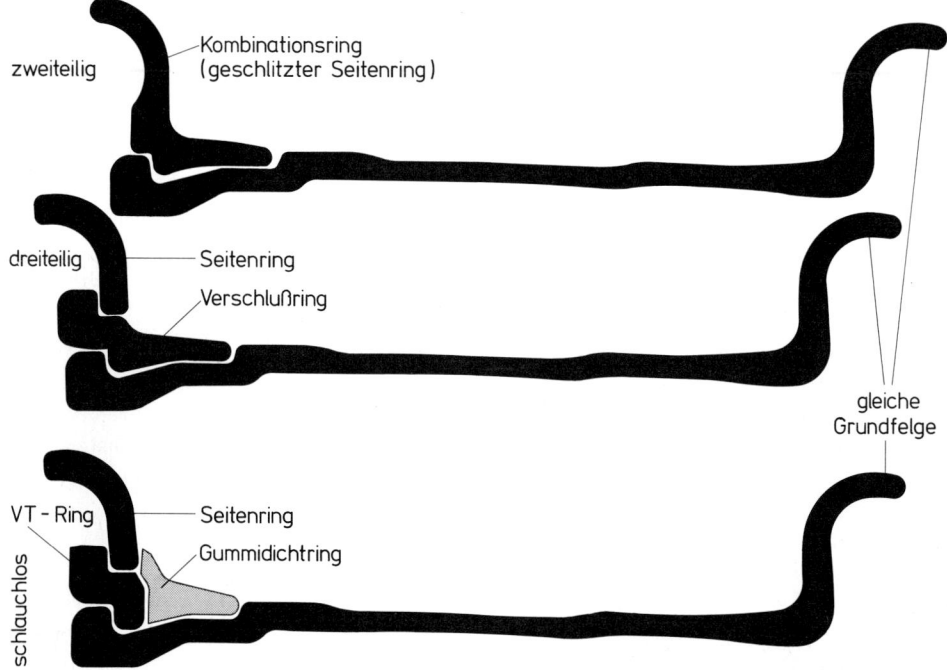

Bild 6.151   KPZ-Universalfelge

Beispiele

8.5 – 20 HD UNI

KPZ-Schrägschulterfelge, 8,5″ Maulweite, 20″ Felgendurchmesser. HD → «heavy duty». Diese Felge darf mit Regelreifen in Superausführung mit voller Auslastung gefahren werden. UNI → KPZ-Universal-Felge. Diese Felge kann zwei- oder dreiteilig für Reifen mit Schlauch sowie vierteilig (ein Gummidichtring ist erforderlich) für schlauchlose Reifen verwendet werden (Bild 6.151).

10.00 V – 20

KPZ-Flachbettfelge, 10,00″ Maulweite, 20″ Felgendurchmesser. Für Bereifung mit oder ohne Schlauch (Bild 6.152).

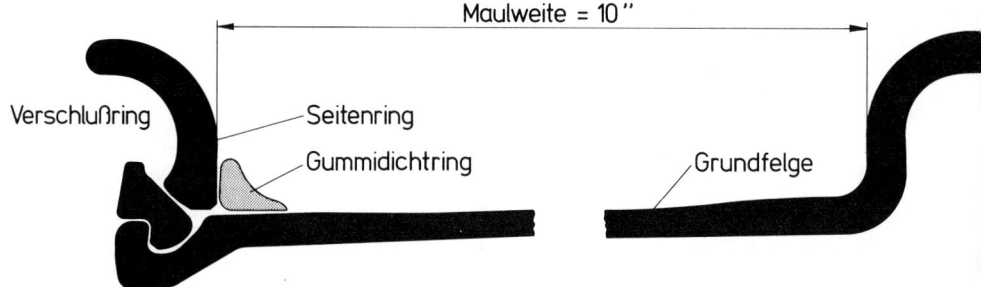

Bild 6.152   KPZ-Flachbettfelge 10.00 V-20 für Bereifung mit oder ohne Schlauch

592   *Fahrwerk*

Radschüsseln

Die Gestaltung der Radschüsseln ist sehr vielfältig, da neben konstruktiven Forderungen (hohe Belastbarkeit bei niedrigem Radgewicht) auch Wünsche nach ansprechendem Aussehen (Styling) berücksichtigt werden müssen. Die Ausführung der Radschüssel richtet sich nach der Radnabe und der Bremse.

Leichtmetallräder

Vorteile gegenüber Stahlscheibenrädern

❒ geringeres Gewicht. Die Verwendung von Aluminiumlegierungen ergibt eine Gewichtsersparnis von ca. 30 %, bei Einsatz von Magnesiumlegierungen werden gar ca. 50 % des Gewichts eingespart – dies, obwohl wegen der geringeren Festigkeit der vorgenannten Legierungen die Wanddicken üblicherweise doppelt so groß sind wie bei entsprechenden Stahlscheibenrädern;

❒ hohe Genauigkeit. Bei Leichtmetallrädern werden das Felgenbett, die Radanlagefläche, die Mittelbohrung und die Befestigungslöcher spanabhebend bearbeitet, wodurch sich ein hervorragender Rundlauf gegenüber Stahlscheibenrädern erreichen läßt.

> Bei Umrüstung von Stahlscheibenrädern auf Leichtmetallräder auf ABE und Angaben des Kfz-Herstellers achten!

Trilex-Rad

Das Trilex-Rad bietet gegenüber den üblichen Scheibenrädern wesentliche Vorteile beim Radwechsel und bei der Reifenmontage.

❒ Es besteht aus dem Radstern mit Nabe, der dreigeteilten Felge (drei Felgensegmente) und den Befestigungsteilen (Bild 6.153). Die Trilex-Felgen sind im Profil geschlossen, jedoch im Umfang dreimal geteilt (ein langer und zwei kurze Felgenbögen).

❒ Beim Befestigen der Trilex-Felge auf dem Radstern werden die Muttern – oben beginnend – im Rundherumgang der Reihe nach angezogen!

❒ Keinesfalls über Kreuz anziehen, wie bei Scheibenrädern vorgeschrieben!

Bild 6.153   Trilex-Rad
1 Felgensegment
2 Radstern
3 Klemmplatte
4 Klemmplatte
5 Befestigungsmutter
6 Reifenventil

6.8   Unwucht an Kfz-Rädern

An allen sich drehenden Teilen muß die Massenverteilung vom Drehpunkt aus nach außen hin rundherum gleich sein, wenn das sich drehende Teil vollkommen ruhig im Auflager liegenbleiben soll.

Die Materialverteilung bei Rad und Reifen muß aber, da Toleranzen bei der Fertigung erlaubt sind, vom Drehpunkt, der sich in der Mitte befindet, nach außen hin nicht gleichmäßig sein. Es ist in der normalen Fertigung nicht möglich, ein geometrisch genau kreisrundes Rad oder einen kreisrunden Reifen zu fertigen.

Aus Fertigungsgründen können Rad und Reifen Höhen- und/oder Seitenschlag oder unterschiedliche Materialstärken haben. Wenn das der Fall ist, läuft das Rad nicht rund, es möchte neben der Drehbewegung auch noch den Drehpunkt selbst bewegen. Man sagt dann, das Rad hat eine Unwucht.

Diese Unwucht kann sich aus dem statischen und dynamischen Anteil zusammensetzen.

Statische Unwucht
Betrachten wir das Rad eines Kfz zunächst einmal als eine flache Scheibe. Diese Scheibe sei zwar rund, hat aber – vom Drehpunkt aus gesehen nach außen – nicht überall die gleiche Materialstärke.

Hebt man z.B. das Vorderrad eines Fahrrades an der Achse hoch, so fängt das Rad an zu pendeln. Es pendelt, ohne daß das Rad von außen angestoßen worden ist, also ohne äußere Einwirkung. Es wird so lange pendeln, bis das Ventil senkrecht unter der Drehachse steht. Hebt man ein drehbar gelagertes Teil an, bei dem sich der Schwerpunkt außerhalb des Drehpunktes befindet, pendelt das Drehteil so lange, bis sich der Schwerpunkt unter dem Drehpunkt befindet.

Da diese Bewegung ohne äußere Einflüsse vonstatten geht, also nur dadurch, daß man ein ruhendes Rad anhebt, nennt man diese Erscheinung einen *statischen* Vorgang (Bilder 6.154 bis 6.156).

Diese statischen Kräfte bewirken, daß das drehende Rad sich in der Radebene bewegen möchte. An Fahrzeugen kann sich das Rad innerhalb der Radebene aber nur in Richtung der Federwege, also auf und ab bewegen, in jeder anderen Ebene ist es fest geführt. Das heißt: Durch die statischen Anteile der Unwucht möchte sich das Rad auf und ab bewegen, also eine vertikale Bewegung durchführen: aufwärts, wenn sich die statischen Anteile der Unwucht oberhalb des

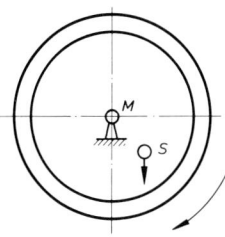

Bild 6.154 Schwerpunkt befindet sich rechts außerhalb des mittigen Drehpunktes. Rad dreht sich im Uhrzeigersinn.

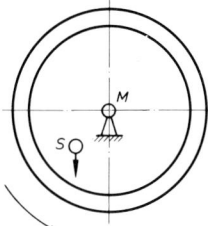

Bild 6.155 Schwerpunkt befindet sich links außerhalb des mittigen Drehpunktes. Rad dreht sich gegen Uhrzeigersinn.

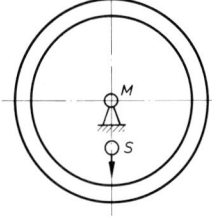

Bild 6.156 Schwerpunkt liegt unter Drehpunkt. Rad hat ausgependelt.

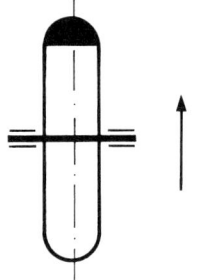

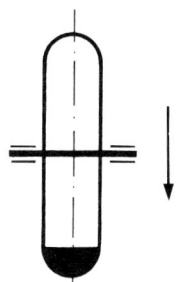

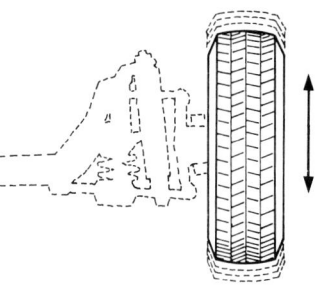

Bild 6.157 Schwerpunkt liegt oben. Das gesamte Rad möchte sich nach oben bewegen.

Bild 6.158 Schwerpunkt liegt durch Raddrehung um 180° unten: Das Rad möchte sich nach unten bewegen.

Bild 6.159 Das drehende Rad bewegt sich – bedingt durch statische Unwucht – auf und ab.

Radmittelpunktes befinden, abwärts, nach 180° Raddrehung, wenn sich die statischen Anteile der Unwucht unterhalb der Radmitte befinden (Bilder 6.157 bis 6.159).

Diese *statische* Unwucht kann sowohl an den Vorderrädern als auch an den Hinterrädern auftreten, da sich ja alle diese Räder auf und ab bewegen lassen. Man muß also sowohl die Vorderräder als auch die Hinterräder eines Kfz statisch auswuchten.

Die statische Unwucht ist sehr einfach zu beseitigen. Man stellt durch Auspendeln des Rades fest, an welcher Stelle das Rad seine schwerste Stelle hat. Das ist die Stelle, die beim Auspendeln unten ist. Dieser Stelle genau gegenüber bringt man so lange Gewichte an, bis das Rad nicht mehr pendelt, sondern in jeder willkürlichen hingedrehten Lage stehenbleibt. Diese Gewichte sollten möglichst innen an dem Felgenhorn angebracht werden. Ein statisch gut gewuchtetes Rad bleibt in jeder Stellung stehen und dreht sich nicht von selbst weiter, egal in welche Stellung es gebracht wird.

Dynamische Unwucht

Das Rad eines Kfz ist aber in Wirklichkeit keine Scheibe, sondern es hat ja noch eine seitliche Ausdehnung (eine Breite).

Da sich bei gelenkten Rädern von Kfz der Drehpunkt der Achse in einem gewissen Abstand von dem Rad befindet, entsteht um diesen Drehpunkt ein Moment, wenn das Rad durch ungleiche Massenverteilung über die Breite eine Unwucht aufweist (Bilder 6.160 und 6.161).

Bild 6.160 (links) Unwucht *F* befindet sich vorne: Rad möchte sich um den Drehpunkt M entgegen dem Uhrzeigersinn drehen.

Bild 6.161 (rechts) Unwucht befindet sich nach 180° Raddrehung hinten, Rad möchte sich um *M* im Uhrzeigersinn drehen.

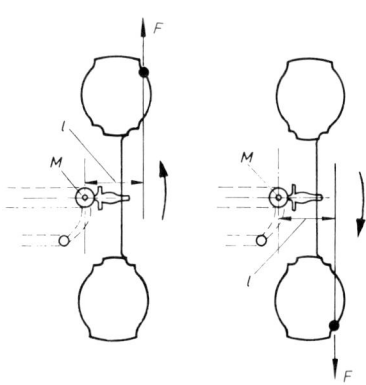

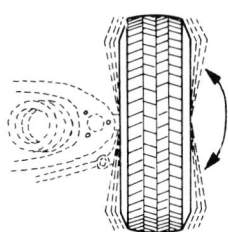

Bild 6.162   Umlaufendes Rad flattert in horizontaler Ebene infolge dynamischer Unwucht.

Dieses Moment, das mit der Kraft F und dem senkrechten Abstand l der Wirkungslinie von F zum Drehpunkt M zu einem Drehmoment wird, wirkt ständig während eines gesamten Radumlaufs. Da bei gelenkten Rädern aber nur in der horizontalen Ebene eine Radbewegung um M möglich ist (Lenkung), wirkt die Unruhe in der horizontalen Ebene einmal, wenn sich F in Fahrtrichtung vorne und einmal, wenn sich F – um 180° weitergedreht – hinten befindet. Durch diesen ständigen Richtungswechsel entsteht eine Flatterbewegung, die am Lenkrad im Fahrbetrieb gut zu spüren ist (Bild 6.162). Dieser Anteil der Unwucht ist, da er nur an dem sich drehenden Rad wirksam ist – einem Rad also, das in Bewegung ist –, der dynamische Anteil. Allgemein wird diese Erscheinung *dynamische* Unwucht genannt. Dynamische Unwucht kann sowohl an den Vorder- als auch an den Hinterrädern eines Kfz vorhanden sein. Sie muß an beiden beseitigt werden. Da sich an den Hinterrädern aber die durch dynamische Unwucht hervorgerufene Bewegung und damit Kraft nicht nachweisen läßt, können Hinterräder am Kfz *nicht* dynamisch gewuchtet werden, man muß sie an einer stationären Maschine wuchten.

Die Beseitigung der dynamischen Unwucht erfolgt dadurch, daß man an der der Unwucht gegenüberliegenden Stelle am Felgenhorn außen ein gleich großes Gewicht G_1 anbringt, das den gleichen senkrechten Abstand vom Drehpunkt M hat wie die Masse F (Bild 6.163).

Nach Anbringung des Gewichtes G_1 ergibt sich dynamisches Gleichgewicht, da $F \cdot l = G_1 \cdot l$. Um die eventuell vorher ausgeführte statische Wuchtung nicht wieder zu stören, muß dem Ausgleichsgewicht G_1 gegenüber an der Innenseite des Felgenhorns ein um rd. 20% größeres Gegengewicht G_2 angebracht werden. Da dieses Gewicht G_2 keinen senkrechten Abstand um den Drehpunkt M hat, ergibt sich durch dieses zusätzliche Gewicht kein erneutes Drehmoment um M und damit keine erneute dynamische Unwucht.

Die Ermittlung der statischen und dynamischen Anteile der Unwucht und deren Ausgleich kann mit einer stationären Wuchtmaschine erfolgen.

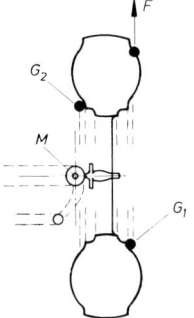

Bild 6.163 Anbringung eines Gegengewichtes G_2 gegenüber von G_1 zum statischen Ausgleich

Stationäre Wuchtung an der Radwuchtmaschine

Bei der stationären Wuchtung wird das fertig montierte Rad auf die Nabe der Wuchtmaschine aufgespannt, nachdem der richtige Aufnahmeflansch mit richtigem Lochkreis und richtiger Zentrierung an den Maschine angebracht worden ist. Vor der eigentlichen Auswuchtung sind folgende Arbeiten durchzuführen:

❐ Die Felge und die Radschüssel sind von Schmutz zu säubern.
❐ Reifen von eventuell im Profil vorhandenen Steinen befreien,
❐ alte Wuchtgewichte entfernen,
❐ Luftdruck im Reifen richtigstellen.

Sind die vorgenannten Arbeiten durchgeführt, werden *Höhen- und Seitenanschlag* des Rades gemessen.

Hierzu bedient man sich entweder einer normalen Schlaguhr oder eines speziell für diese Zwecke gefertigten Schlagmessers, der durch geeignete stabile Übersetzung und große Skaleneinteilung sowohl robust als auch funktionstüchtig ist (Bild 6.164).

Bild 6.164   Messung des Gesamthöhenschlags

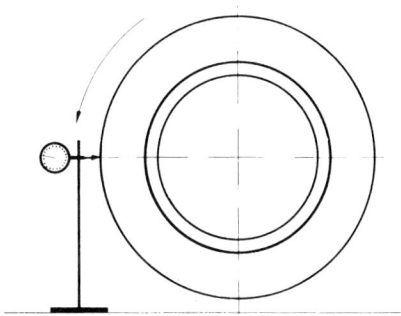

Die Abweichung des Umfangs eines montierten, aufgepumpten Reifens von der idealen Kreisform nennt man «*Höhenschlag des Reifens*».

Da der Reifen durch seinen Sitz auf der Felge geführt wird, ist auch der «*Felgenschlag*» zu berücksichtigen, den man, soweit es um die Abweichung der Felgenschulter von der Kreisform geht, mit «*Höhenschlag der Felge*» bezeichnet (Bild 6.165).

Die Auslenkung des Reifens aus der Radebene bezeichnet man mit «*Axial-* oder *Seitenschlag der Felge*» (Bild 6.166).

Der Höhenschlag wird ca. 20 mm außerhalb der Laufflächenmitte gemessen, der Seitenschlag etwa 10 mm unterhalb des seitlichen Laufflächenendes.

Die Maximalwerte für den *Höhenschlag* betragen

❐ für das Rad 1,50 mm,
❐ für den Reifen 1,25 mm, so daß der
❐ Gesamthöhenschlag 2,75 mm betragen dürfte.

Es ist aber *nicht* möglich, ein Rad mit 2,75 mm Höhenschlag so vollkommen zu wuchten, daß es ruhig läuft.

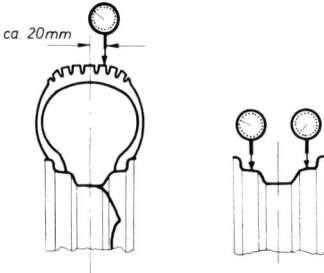
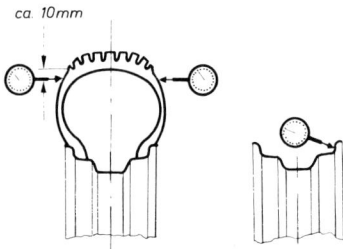

ca. 20mm

ca. 10mm

Bild 6.165   Messung des Höhenschlags
an Reifen und Rad

Bild 6.166 Messung des Seitenschlags
an Reifen und Rad

Die für die einzelnen Gürtelreifentypen noch angängigen *Gesamthöhenschläge* sind:

❒ für Räder mit S-Reifen 1,2 mmm,
❒ für Räder mit H-Reifen 1,0 mmm,
❒ für Räder mit V-Reifen 0,8 mm.

Man kann den Höhenschlag eines Rades verringern, wenn man den Reifen auf dem Rad so lange verdreht, bis die höchste Stelle (+-Toleranz) des Rades und die tiefste Stelle des Reifens (--Toleranz) übereinanderstehen. Diesen oft zeitraubenden Vorgang nennt man «Matchen».
   Die andere Lösung, die weit besser ist: Man verwendet

❒ gute Stahlräder mit einem geringen Höhenschlag (bis ca. 0,5 mm) oder Leichtmetallräder, deren Höhenschlag im Neuzustand um 0,1 mm liegt, und
❒ Reifen, die vorher mit einer Lehrfelge zusammen *harmonisiert* worden sind. Harmonisieren bedeutet, daß das Rad während des Rundlaufs am Profil so lange beschliffen wird, bis das Rad und damit der Reifen vollkommen rund ist (Bild 6.167).

Bild 6.167   Harmonisieren des Reifens auf einem
Lehrrad

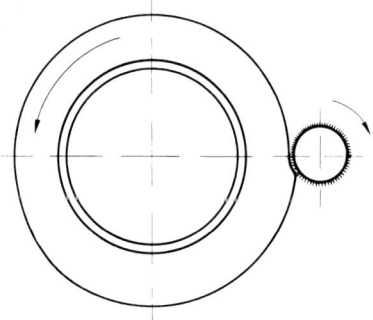

Der *Seitenschlag* des Rades darf 1,5 mm bei Gürtelreifen nicht überschreiten, sonst ist kein einwandfreier vibrationsfreier Rundlauf des Rades am Kfz möglich. Diese Vibration überträgt sich schon im Stadtverkehr, also bei Geschwindigkeiten bis 50 km/h, unangenehm auf das gesamte Fahrzeug.

Auf die oft an Reifen auftretenden *Radialkraftschwankungen* am Gürtelreifen kann hier nicht näher eingegangen werden, da eine Werkstatt keine Möglichkeit hat, sie nachzuweisen. Es sei nur erwähnt, daß Reifen mit Radialkraftschwankungen eine unterschiedliche Einfederung bei einem Umlauf haben. Dieser Fehler ist auf eine gewisse Ungleichförmigkeit des Reifens – hervorgerufen durch fertigungstechnische Ursachen – zurückzuführen. Die Radialkraftschwankungen erzeugen Laufunruhe und Vibration und verschlechtern damit den Fahrkomfort.

Auf der einfachen stationären Wuchtmaschine werden zuerst die dynamischen, dann die statischen Anteile der Unwucht beseitigt.

Nach Abbau von der Wuchtmaschine wird das Rad am Kfz angebracht. Hierbei werden häufig große Fehler gemacht.

Zunächst muß das Rad so angebracht werden, daß es zentrisch auf der Nabe sitzt. Nicht alle Kfz haben eine exakte Zentrierung.

Dann müssen die Radmuttern nach Vorschrift bei entlastetem Rad angezogen werden.

Bei *Scheibenrädern* sind die Radmuttern grundsätzlich *über Kreuz* anzuziehen, bei *Trilex-Rädern* (Trilex = dreigeteilte Felge, bei der die Felge auf den am Fahrzeug befindlichen Radstern bzw. dessen Konus aufgeschoben wird) müssen die Radmuttern *der Reihe nach* angezogen werden. Man sollte so vorgehen, daß man die Radmuttern erst lose anschraubt und dann mit Drehmomentschlüssel oder einstellbarem Schlagschrauber das erforderliche Drehmoment aufbringt. Es empfiehlt sich, das Drehmoment in Stufen von 50 zu 50 Nm bis zum Sollwert aufzubringen.

Tabelle 6.5 weist einige Drehmomente für das Anziehen der Radmuttern (bzw. Radbolzen) an Pkw aus.

Wie aus der Tabelle ersichtlich, liegen die Anzugsdrehmomente für Pkw-Radmuttern bei 100 Nm. Bei Lkw-Rädern liegen diese Werte sowohl bei Scheiben- als auch bei Trilex-Rädern bei 250 Nm bis 300 Nm.

Unsachgemäße Radbefestigung kann am Fahrzeug ein vorher stationär einwandfrei gewuchtetes Rad als mit Unwucht behaftet erscheinen lassen.

Moderne Wuchtmaschinen unterscheiden nicht mehr zwischen statischer und dynamischer Unwucht. Bei ihnen werden an der inneren Radebene die statischen, an der äußeren Radebene die dynamischen Anteile der Unwucht ermittelt.

Wuchtung der Räder am Kfz

Bei Wuchtung an der stationären Wuchtmaschine wird nur das Kfz-Rad gewuchtet. Nach Anbringen des Rades am Kfz dreht sich im Fahrbetrieb nicht nur das Rad, sondern auch die Nabe mit der Bremstrommel oder -scheibe.

Auch diese Teile unterliegen in der Fertigung Toleranzen, sie müssen also nicht unbedingt schlagfrei sein und können vom Mittelpunkt nach außen hin eine ungleiche Massenverteilung haben. Aus diesem Grunde sind sie in den meisten Fällen mit Unwucht behaftet, und man tut gut daran, alle sich mit dem Rad drehenden Teile mit diesem zusammen (so wie sie sich am Fahrzeug drehen) auszuwuchten.

Sollte das Rad vorher auf einer stationären Maschine exakt gewuchtet worden sein, können – wegen der vorgenannten Ursachen – trotzdem bei der Wuchtung der Räder am Fahrzeug noch kleine Gewichts- oder Lageveränderungen der Ausgleichsgewichte notwendig werden.

Bei schwierig zu wuchtenden Kfz-Rädern (dazu zählen besonders alle Kfz, die neben der McPherson- oder Federbeinachse noch mit Gürtelreifen ausgerüstet sind) empfiehlt sich, die Räder nur am Kfz zu wuchten.

Tabelle 6.5 Anzugsdrehmomente

Kfz-	Kfz-Typ	Erforderliches Anzugsdrehmoment (Nm)
Alfa-Romeo	alle	100
Audi	alle	100
BMW	alle	100 ± 10
Citroën	AX	75
	BX	80
	CX	70 bis 90
	XM	90
Fiat	126	70
	Croma	120
	alle anderen	90
Ford	Fiesta	70 bis 100
	Escort	70 bis 100
	Orion	70 bis 100
	Scorpio	70 bis 100
	Sierra	100
Honda	Civic	100 bis 120
	Accord	100 bis 120
	Legend	100 bis 120
Lada	alle	60 bis 70

Kfz-	Kfz-Typ	Erforderliches Anzugsdrehmoment (Nm)
Mazda	alle	90 bis 120
Mercedes-Benz	alle	110
Mitsubishi	alle	70 bis 80
Nissan	Patrol	120 bis 150
	alle anderen	80 bis 90
Opel	alle	100
Peugeot	205	85
	309	85
	405	85
	605	90
Porsche	924	110/130
	Stahl/Alu	
	alle anderen	130/130
	Stahl/Alu	
Renault	alle	60 bis 80
Seat	alle	90 bis 100
Skoda	alle	70 bis 80
Toyota	alle	90 bis 120
VW	1; 4;	130
	alle anderen	110

Bevor die Wuchtung vorgenommen werden kann, sind die nachfolgenden Punkte zu beachten:

❏ Luftdruck im Reifen richtigstellen.
❏ Radlagerspiel prüfen.
❏ Achs- und Radaufhängung auf Spiel überprüfen.
❏ Höhen- und Seitenschlag prüfen.
❏ Alte Wuchtgewichte entfernen, Rad und Reifen von grobem Schmutz säubern.
❏ Reifen gegebenenfalls warmfahren.

Eine Reihe von Reifen neigen dazu, bedingt durch ihren Aufbau, sogenannte *Flat spots* zu bilden *(Flachstellen)*. Diese Flat spots sind Abplattungen an der Radaufstandsfläche und können eine Unwucht vortäuschen. Flat spots können entstehen, wenn ein warmgefahrener Reifen bei stehendem Kfz erkaltet, sie können nach ca. 10 bis 20 Fahrkilometern wieder verschwinden. Bei Gürtelreifen, die sich bei der Kfz-Lackierung mit im Trockenofen befinden, sind diese Flachstellen nicht immer zuverlässig zu beseitigen. Man sollte für diesen Fall sogenannte Rollreifen zur Hand haben.

Bei einigen Reifen mit Nylon- oder Reyon-Unterbau treten solche Flachstellen auf, wenn das Kfz länger als einen Monat auf einer Stelle gestanden hat (Gebrauchtwagenmarkt). Diese Flachstellen sind nicht mehr zu beseitigen, die Bereifung muß erneuert werden.

Die Auswuchtung der Räder ist nach der Bedienungsanleitung des Geräteherstellers durchzuführen. Es genügt in den meisten Fällen, die Räder eines Kfz auf der stationären Wuchtmaschine zu wuchten und sie nach Vorschrift am Kfz anzubringen. Diese Methode hat ja auch den Vorteil, daß man das Fahrzeug gewuchtet hat und bei Reifenschaden nach Radwechsel ohne Störung weiterfahren kann.

Wuchtet man nur am Kfz, hat man die Garantie, daß alle sich mit dem Rad zusammen drehenden Teile ausgewuchtet sind. Bei dieser Methode ist es aber nicht möglich, das Ersatzrad mitzuwuchten. Das kann nach Radwechsel den Fahrkomfort oder das Fahrverhalten bei verschiedenen Geschwindigkeiten erheblich beeinträchtigen.

Bei besonders schwer zu wuchtenden Vorderrädern an Kfz (Kombinationen: Gürtelreifen und Federbein) wird stationäre Vorwuchtung und Nachwuchtung am Kfz empfohlen.

Da Reifen, durch ihren Aufbau bedingt, eine gewisse Einlaufstrecke benötigen, bis sie sich gesetzt, d.h. ihre endgültige Form erreicht haben, sollte man nur solche Reifen exakt wuchten, die bereits 500 km Laufstrecke zurückgelegt haben.

kfz-betrieb

ZEITUNG mit MAGAZIN

...für Kfz-Werkstätten und Autohäuser...

Infos und kostenlose Probehefte jetzt anfordern!

...mit Themen zu Werkstatt, Service, Handel und Management.

Wöchentlich die **Zeitung**
Monatlich das **Magazin**
Wichtig: Mit den
„Technischen Mitteilungen"
für AU-/HU-Betriebe.

VOGEL
Auto Medien

Wissen was läuft.

97064 Würzburg, Telefon 0931/418-2435, Fax 0931/418-2411
Mail 101377.20@compuserve.com, www.vogel-medien.de/auto

7   Fahrzeugbremsen

> Wenn ein Motor nicht läuft, ist niemand in Gefahr;
> *wenn eine Bremse versagt, kann es tödlich sein.*

Rechtliche Grundlagen

Um dem modernen Straßenverkehr gerecht zu werden, muß sich ein Kraftfahrzeug möglichst schnell beschleunigen und abbremsen lassen. Von besonderer Wichtigkeit ist dabei das Abbremsen, also Verringern der Geschwindigkeit. Deshalb hat der Gesetzgeber die Forderungen an die Bremsen in der Straßenverkehrs-Zulassungsordnung (StVZO) festgelegt.

Auszug aus der StVZO
§ 41 Absatz 1
Kraftfahrzeuge müssen zwei voneinander unabhängige Bremsanlagen haben oder eine Bremsanlage mit zwei voneinander unabhängigen Bedienungsvorrichtungen, von denen jede auch dann wirken kann, wenn die andere versagt. Die Bremsen müssen leicht nachstellbar sein oder eine selbsttätige Nachstellvorrichtung haben.

§ 41 Absatz 2
Bei einachsigen Zug- oder Arbeitsmaschinen genügt eine Bremse (Betriebsbremse), die so beschaffen sein muß, daß beim Bruch eines Teils der Bremsanlage noch mindestens ein Rad gebremst werden kann. Beträgt das zulässige Gesamtgewicht nicht mehr als 250 kg und wird das Fahrzeug von Fußgängern an Holmen geführt, so ist keine Bremsanlage erforderlich; werden solche Fahrzeuge mit einer weiteren Achse verbunden und vom Sitz aus gefahren, so genügt eine an der Zug- oder Arbeitsmaschine oder an dem einachsigen Anhänger befindliche Bremse nach § 65, sofern die durch die Bauart bestimmte Höchstgeschwindigkeit 20 km/h nicht übersteigt.

§ 41 Absatz 3
Bei Gleiskettenfahrzeugen, bei denen nur die beiden Antriebsräder der Laufketten gebremst werden, dürfen gemeinsame Bremsflächen für die Betriebsbremse und für die Feststellbremse benutzt werden, wenn mindestens 70 v.H. des Gesamtgewichts des Fahrzeugs auf dem Kettenlaufwerk ruhen und die Bremsen so beschaffen sind, daß der Zustand der Bremsbeläge von außen leicht überprüft werden kann. Hierbei dürfen auch die Bremsnocken, die Nockenwellen mit Hebel oder ähnliche Übertragungsteile für beide Bremsen gemeinsam benutzt werden.

§ 41 Absatz 4
Bei Kraftfahrzeugen – ausgenommen Krafträder – muß mit der einen Bremse (Betriebsbremse) eine mittlere Verzögerung von mindestens 2,5 m/s^2 erreicht werden; bei Kraftfahrzeugen mit einer durch die Bauart bestimmten Höchstgeschwindigkeit von nicht mehr als 25 km/h genügt jedoch eine mittlere Verzögerung von 1,5 m/s^2.

§ 41 Absatz 5
Bei Kraftfahrzeugen – ausgenommen Krafträder – muß die Bedienungsvorrichtung der anderen Bremse feststellbar sein. Die festgestellte Bremse muß ausschließlich durch mechanische Mittel und ohne Zuhilfenahme der Bremswirkung des Motors das Fahrzeug auf der größten von ihm befahrbaren Steigung am Abrollen hindern können. Mit der Feststellbremse muß eine mittlere Verzögerung von mindestens 1,5 m/s^2 erreicht werden.

§ 41 Absatz 6
Bei Krafträdern – auch mit Beiwagen – muß mit jeder der beiden Bremsen eine mittlere Verzögerung von mindestens 2,5 m/s^2 erreicht werden.

§ 41 Absatz 7
Bei Kraftfahrzeugen, die mit gespeicherter elektrischer Energie angetrieben werden, kann eine der beiden Bremsanlagen eine elektrische Widerstands- oder Kurzschlußbremse sein. Bei solchen Fahrzeugen muß mit der mechanischen Feststellbremse eine mittlere Verzögerung von mindestens 2,5 m/s^2 erreicht werden. Wenn die durch die Bauart bestimmte Höchstgeschwindigkeit nicht mehr als 25 km/h beträgt, genügt eine mittlere Verzögerung von 1,5 m/s^2.

§ 41 Absatz 8
Betriebsfußbremsen an Zugmaschinen – ausgenommen an Gleiskettenfahrzeugen –, die zur Unterstützung des Lenkens als Einzelradbremsen ausgebildet sind, müssen auf öffentlichen Straßen so gekoppelt sein, daß eine gleichmäßige Bremswirkung gewährleistet ist, sofern sie nicht mit einem besonderen Bremshebel gemeinsam betätigt werden können. Eine unterschiedliche Abnutzung der Bremsen muß durch eine leicht bedienbare Nachstelleinrichtung ausgleichbar sein oder sich selbsttätig ausgleichen.

§ 41 Absatz 9
Zwei- oder mehrachsige Anhänger müssen eine ausreichende, leicht nachstellbare oder sich selbsttätig nachstellende Bremsanlage haben; mit ihr muß eine mittlere Verzögerung von mindestens 2,5 m/s^2 erreicht werden. Bei Anhängern hinter Kraftfahrzeugen mit einer Geschwindigkeit von nicht mehr als 25 km/h (Betriebsvorschrift) genügt eine eigene mittlere Verzögerung von 1,5 m/s^2, wenn die Anhänger für eine Höchstgeschwindigkeit von nicht mehr als 25 km/h gekennzeichnet sind. Die Bremse muß feststellbar sein. Die festgestellte Bremse muß ausschließlich durch mechanische Mittel den vollbelasteten Anhänger auch bei einer Steigung von 20 vom Hundert auf trockener Straße am Abrollen hindern können. Die Bremsanlage muß vom ziehenden Fahrzeug aus bedient werden können oder selbsttätig wirken; sie muß den Anhänger beim Lösen vom ziehenden Fahrzeug auch bei einer Steigung von 20 vom Hundert selbsttätig zum Stehen bringen. Anhänger hinter Kraftfahrzeugen mit einer durch die Bauart bestimmten Höchstgeschwindigkeit von mehr als 25 km/h müssen eine auf alle Räder wirkende Bremsanlage haben. Das gilt nicht für die nach § 58 für eine Höchstgeschwindigkeit von nicht mehr als 25 km/h gekennzeichneten Anhänger hinter Fahrzeugen, die mit einer Geschwindigkeit von nicht mehr als 25 km/h gefahren werden (Betriebsvorschrift).

§ 41 Absatz 10
Auflaufbremsen sind nur bei Anhängern zulässig mit einem zulässigen Gesamtgewicht von nicht mehr als
1. 8,00 t und einer durch die Bauart bestimmten Höchstgeschwindigkeit von nicht mehr als 25 km/h,

2. 8,00 t und einer durch die Bauart bestimmten Höchstgeschwindigkeit von nicht mehr als 40 km/h, wenn die Bremse auf alle Räder wirkt,
3. 3,50 t, wenn die Bremse auf alle Räder wirkt.

Bei Sattelanhängern sind Auflaufbremsen nicht zulässig.

In einem Zug darf nur ein Anhänger mit Auflaufbremse mitgeführt werden; jedoch sind hinter Kraftfahrzeugen mit einer durch die Bauart bestimmten Höchstgeschwindigkeit von nicht mehr als 32 km/h zwei Anhänger mit Auflaufbremse zulässig, wenn
1. beide Anhänger mit Geschwindigkeitsschildern nach § 58 (Kennzahl 4100) für eine Höchstgeschwindigkeit von nicht mehr als 25 km/h gekennzeichnet sind,
2. der Zug mit einer Geschwindigkeit von nicht mehr als 25 km/h gefahren wird,
3. nicht das Mitführen von mehr als einem Anhänger durch andere Vorschriften untersagt ist.

§ 41 Absatz 11
An einachsigen Anhängern ist keine eigene Bremse erforderlich, wenn der Zug die für das ziehende Fahrzeug vorgeschriebene Bremsverzögerung erreicht und die Achslast des Anhängers die Hälfte des Leergewichts des ziehenden Fahrzeugs, jedoch 3 t nicht übersteigt. Soweit einachsige Anhänger mit einer eigenen Bremse ausgerüstet sein müssen, gelten die Vorschriften des Absatzes 9 entsprechend. Bei Sattelanhängern muß die Wirkung der Betriebsbremse dem von der Achse (auch Doppelachse) getragenen Anteil des zulässigen Gesamtgewichts des Sattelanhängers entsprechen.

§ 41 Absatz 12
Die vorgeschriebenen Bremsverzögerungen müssen auf ebener, trockener Straße mit gewöhnlichem Kraftaufwand bei voll belastetem Fahrzeug, erwärmten Bremstrommeln und (außer bei der in Absatz 5 vorgeschriebenen Bremse) auch bei Höchstgeschwindigkeit erreicht werden, ohne daß das Fahrzeug seine Spur verläßt. Die in den Absätzen 4, 6 und 7 vorgeschriebenen Verzögerungen müssen auch beim Mitführen von Anhängern erreicht werden. Die mittlere Bremsverzögerung ist aus der Ausgangsgeschwindigkeit und dem Weg zu errechnen, der vom Beginn der Bremsbetätigung bis zum Stillstand des Fahrzeugs zurückgelegt wird. Von dem in den Sätzen 1 bis 3 vorgeschriebenen Verfahren kann, insbesondere bei Nachprüfungen nach § 29, abgewichen werden, wenn Zustand und Wirkung der Bremsanlage auf andere Weise feststellbar sind. Bei der Prüfung neu zugelassener Fahrzeuge muß eine dem betriebsüblichen Nachlassen der Bremswirkung entsprechend höhere Verzögerung erreicht werden; außerdem muß eine ausreichende, dem jeweiligen Stand der Technik entsprechende Dauerleistung der Bremsen für längere Talfahrten gewährleistet sein.

§ 41 Absatz 13
Von den vorstehenden Vorschriften über Bremsen sind befreit:

1. Zugmaschinen in land- oder forstwirtschaftlichen Betrieben, wenn ihr zulässiges Gesamtgewicht nicht mehr als 4 t und ihre durch die Bauart bestimmte Höchstgeschwindigkeit nicht mehr als 8 km/h beträgt,
2. selbstfahrende Arbeitsmaschinen mit einer durch die Bauart bestimmten Höchstgeschwindigkeit von nicht mehr als 8 km/h und von ihnen mitgeführte Fahrzeuge,
3. hinter Zugmaschinen, die mit einer Geschwindigkeit von nicht mehr als 8 km/h gefahren werden, mitgeführte
   a) Möbelwagen,

b) Wohn- und Schaustellerwagen, wenn sie nur zwischen dem Festplatz oder Abstellplatz und dem nächstgelegenen Bahnhof oder zwischen dem Festplatz und einem in der Nähe gelegenen Abstellplatz befördert werden,

c) Unterkunftswagen der Bauarbeiter, wenn sie von oder nach einer Baustelle befördert werden und nicht gleichzeitig zu einem erheblichen Teil der Beförderung von Gütern dienen,

d) beim Wegebau und bei der Wegeunterhaltung verwendete fahrbare Geräte und Maschinen bei der Beförderung von oder nach einer Baustelle,

e) land- oder forstwirtschaftliche Arbeitsgeräte,

f) Fahrzeuge zur Beförderung von land- oder forstwirtschaftlichen Bedarfsgütern, Geräten oder Erzeugnissen, wenn die Fahrzeuge eisenbereift oder in der durch § 58 (Kennzahl 4100) vorgeschriebenen Weise für eine Geschwindigkeit von nicht mehr als 8 km/h gekennzeichnet sind.

Die Fahrzeuge müssen jedoch eine ausreichende Bremse haben, die während der Fahrt leicht bedient werden kann und feststellbar ist. Ungefederte land- oder forstwirtschaftliche Arbeitsmaschinen, deren Leergewicht das Leergewicht des ziehenden Fahrzeugs nicht übersteigt, jedoch höchstens 3 t erreicht, brauchen keine eigene Bremse zu haben.

§ 41 Absatz 14
Die nachstehend genannten Kraftfahrzeuge und Anhänger müssen mit Unterlegkeilen ausgerüstet sein. Erforderlich sind mindestens

1. ein Unterlegkeil bei
   a) Kraftfahrzeugen – ausgenommen Gleiskettenfahrzeuge – mit einem zulässigen Gesamtgewicht von mehr als 4 t,
   b) zweiachsigen Anhängern – ausgenommen Sattelanhänger – mit einem zulässigen Gesamtgewicht von mehr als 750 kg,
2. zwei Unterlegkeile bei
   a) drei- und mehrachsigen Fahrzeugen,
   b) Sattelanhängern,
   c) einachsigen Anhängern und zweiachsigen Anhängern mit einem Achsabstand von weniger als 1,0 m mit einem zulässigen Gesamtgewicht von mehr als 750 kg.

Unterlegkeile müssen sicher zu handhaben und ausreichend wirksam sein. Sie müssen im oder am Fahrzeug leicht zugänglich mit Halterungen angebracht sein, die ein Verlieren und Klappern ausschließen. Haken und Ketten dürfen als Halterungen nicht verwendet werden.

§ 41 Absatz 15
Kraftomnibusse mit einem zulässigen Gesamtgewicht von mehr als 5,5 t sowie andere Kraftfahrzeuge mit einem zulässigen Gesamtgewicht von mehr als 9 t müssen außer mit Bremsen nach den aufgeführten Vorschriften mit einer Dauerbremse ausgerüstet sein. Als Dauerbremse gelten Motorbremsen oder in der Bremswirkung gleichartige Einrichtungen. Die Dauerbremse muß mindestens eine Leistung aufweisen, die der Bremsbeanspruchung beim Befahren eines Gefälles von 7% und 6 km Länge mit einem vollbeladenen Fahrzeug bei einer Geschwindigkeit von 30 km/h entspricht. Bei Anhängern mit einem zugelassenen Gesamtgewicht von mehr als 9 t muß die Betriebsbremse den Anforderungen des Satzes 3 entsprechen, bei Sattelanhängern nur dann, wenn das um die zulässige Aufliegelast verringerte zulässige Gesamtgewicht mehr als 9 t beträgt.

Die Sätze 1 bis 4 gelten nicht für
- Fahrzeuge mit einer durch die Bauart bestimmten Höchstgeschwindigkeit von nicht mehr als 25 km/h und
- Fahrzeuge, die nach § 58 für eine Höchstgeschwindigkeit von nicht mehr als 25 km/h gekennzeichnet sind und die mit einer Geschwindigkeit von nicht mehr als 25 km/h betrieben werden.

Achtung: Laut EG-Vorschrift sind Dauerbremsen nur noch für Kraftomnibusse über 10 t zulässigem Gesamtgewicht vorgeschrieben.

§ 41 Absatz 16
Druckluftbremsen und hydraulische Bremsen von Kraftomnibussen müssen bei Undichtigkeit an einer Stelle mindestens zwei Räder bremsen können, die nicht auf derselben Seite liegen. Bei Druckluftbremsen von Kraftomnibussen muß das unzulässige Absinken des Drucks im Druckbehälter dem Führer durch eine optisch oder akustisch wirkende Warnvorrichtung deutlich angezeigt werden.

§ 41 Absatz 17
Beim Mitführen von Anhängern mit Druckluftbremsanlage müssen die Vorratsbehälter des Anhängers auch während der Betätigung der Betriebsbremsanlage nachgefüllt werden können (Zweileitungsbremsanlage mit Steuerung durch Druckanstieg), wenn die durch die Bauart bestimmte Höchstgeschwindigkeit mehr als 25 km/h beträgt.

§ 41 Absatz 18 (EG-Bremsanlage)
ist spätestens seit 1. Januar 1991 auf die von diesem Tage an erstmals in den Verkehr kommenden Fahrzeugen anzuwenden.

§ 41a Druckgasanlagen und Druckbehälter – Absatz 3
Druckbehälter für Druckluftbremsanlagen müssen in sinngemäßer Anwendung der Druckbehälterverordnung geprüft und gekennzeichnet sein.

§ 41b Automatischer Blockierverhinderer (Auszug)
(1) Ein automatischer Blockierverhinderer ist der Teil einer Betriebsbremsanlage, der selbsttätig den Schlupf in der Drehrichtung des Rades an einem oder mehreren Rädern des Fahrzeugs während der Bremsung regelt.
(2) Folgende Fahrzeuge mit einer durch die Bauart bestimmten Höchstgeschwindigkeit von mehr als 60 km/h müssen mit einem automatischen Blockierverhinderer ausgerüstet sein:
1. Lastkraftwagen und Sattelzugmaschinen mit einem zulässigen Gesamtgewicht von mehr als 3,5 t,
2. Anhänger mit einem zulässigen Gesamtgewicht von mehr als 3,5 t; dies gilt für Sattelanhänger nur dann, wenn das um die Aufliegelast verringerte zulässige Gesamtgewicht 3,5 t übersteigt,
3. Kraftomnibusse,
4. Zugmaschinen mit einem zulässigen Gesamtgewicht von mehr als 3,5 t.
Andere Fahrzeuge, die hinsichtlich ihrer Baumerkmale des Fahrgestells den in Nummern 1 bis 4 genannten Fahrzeugen gleichzusetzen sind, müssen ebenfalls mit einem automatischen Blockierverhinderer ausgerüstet sein.

> Seit dem 1.1.1991 ist die EG-Richtlinie für Bremsanlagen in das nationale Recht übernommen (§ 41 StVZO Abs. 18) und damit bei Erstzulassung maßgebend.

EG-Richtlinie: Die Richtlinie 71/320/EWG schreibt ab 1.10.1991 für folgende erstmals in den Verkehr kommende Fahrzeuge ein ABS vor:
- ❏ Klasse M3 (Kraftomnibusse über 12 t zulässiges Gesamtgewicht),
- ❏ Klasse N3 (Lkw und Sattelzugmaschinen über 16 t zulässiges Gesamtgewicht),
- ❏ Klasse O4 (Anhängefahrzeuge über 10 t zulässiges Gesamtgewicht).

§ 42 Anhängelast hinter Kraftfahrzeugen und Leergewicht
Absatz 1
Die gezogene Anhängelast darf bei
1. Krafträdern, Personenkraftwagen, ausgenommen solcher nach Nummer 2, und Lastkraftwagen, ausgenommen solcher nach Nummer 3, weder das zulässige Gesamtgewicht,
2. Personenkraftwagen, die gemäß der Definition in Anhang II der Richtlinie 70/156/EWG Geländefahrzeuge sind, weder das 1,5fache des zulässigen Gesamtgewichts,
3. Lastkraftwagen in Zügen mit durchgehender Bremsanlage[1] weder das 1,5fache des zulässigen Gesamtgewichts

des ziehenden Fahrzeugs noch den etwa vom Hersteller des ziehenden Fahrzeugs angegebenen oder amtlich als zulässig erklärten Wert übersteigen. Bei Personenkraftwagen nach Nummer 1 oder 2 darf das tatsächliche Gesamtgewicht des Anhängers (Achslast zuzüglich Stützlast) jedoch in keinem Fall mehr als 3500 kg betragen[2].

Die «durchgehende Bremsanlage» ist gegeben, wenn sie folgende Merkmale aufweist:
1. Die Bremsen des ziehenden und des gezogenen Fahrzeugs müssen sich vom Führersitz aus durch dieselbe Einrichtung abstufbar betätigen lassen.
2. Die zum Bremsen des ziehenden und des gezogenen Fahrzeugs erforderliche Energie muß von derselben Energiequelle geliefert werden. Die Betätigungskraft des Führers darf bei der Bremsung des ziehenden Fahrzeugs mitwirken.

Absatz 2
Hinter Krafträdern und Personenkraftwagen dürfen Anhänger ohne ausreichende eigene Bremse nur mitgeführt werden, wenn das ziehende Fahrzeug Allradbremse und der Anhänger nur eine Achse hat; Krafträder gelten trotz getrennter Bedienungseinrichtungen für die Vorderrad- und Hinterradbremse als Fahrzeuge mit Allradbremse, Krafträder mit Beiwagen jedoch nur dann, wenn auch das Beiwagenrad eine Bremse hat. Werden einachsige Anhänger ohne ausreichende eigene Bremse mitgeführt, so darf die Anhängelast höchstens die Hälfte des um 75 kg erhöhten Leergewichts des ziehenden Fahrzeugs, aber nicht mehr als 750 kg betragen.

Absatz 3
Das Leergewicht ist das Gewicht des betriebsfertigen Fahrzeugs ohne austauschbare Ladungsträger (Behälter, die dazu bestimmt und geeignet sind, Ladungen aufzunehmen und auf oder an verschiedenen Trägerfahrzeugen verwendet zu werden, wie Container, Wechselbehälter), aber mit vollständig gefüllten eingebauten Kraftstoffbehältern einschließlich des Gewichts aller im Betrieb mitgeführten Ausrüstungsteile (z.B. Ersatzräder und -bereifung, Ersatzteile, Werkzeug, Wagenheber, Feuerlöscher, Aufsteckwände, Planengestell mit Planenbügeln und Planenlatten oder Pla-

---

[1] Begriff «durchgehende Bremsanlage»
[2] Die Stützlast ist die Differenz zwischen Gesamtgewicht und Achslast.

nenstangen, Plane, Gleitschutzeinrichtungen, Belastungsgewichte) bei anderen Kraftfahrzeugen als Krafträdern und Personenkraftwagen zuzüglich 75 kg als Fahrergewicht.

ECE-Reglement: In der Europäischen Wirtschaftskommission (ECE = Economic Commission for Europe) wurden Richtlinien für Bremsanlagen von Kraftfahrzeugen und Anhängern (über 25 km/h) mit folgenden Zielen erreicht:
1. Angleichung der Rechtsvorschriften,
2. Erleichterung des Handels,
3. Erhöhung der Verkehrssicherheit.

Diese Richtlinien sind als «Reglement Nr. 13» bekannt und haben für alle Unterzeichnerstaaten in Ost und West Gültigkeit. Die Europäische Gemeinschaft hat inzwischen die genannten Richtlinien zur Rats-Richtlinie der EG (RREG) weiterentwickelt.

Die EG-Richtlinie für Bremsanlagen ist seit dem 1.1.91 ins nationale Recht übernommen (§ 41 StVZO, Abs. 18) und damit bei Erstzulassung maßgebend.

EG-Richtlinien für Bremsanlagen (Auszug)
Artikel 1
(1) Als Fahrzeuge im Sinne dieser Richtlinie gelten – mit Ausnahme von Schienenfahrzeugen, landwirtschaftlichen Zug- und Arbeitsmaschinen sowie anderen Arbeitsmaschinen – alle zur Teilnahme am Straßenverkehr bestimmten unter eine der nachstehenden internationalen Klassen fallenden Kraftfahrzeuge mit oder ohne Aufbau, mit mindestens vier Rädern und einer bauartbedingten Höchstgeschwindigkeit von mehr als 25 km/h sowie ihre Anhänger.

Geforderte Bremsanlagen:

❏ Betriebsbremsanlage = BBA,
❏ Feststellbremsanlage = FBA,
❏ Hilfsbremsanlage = HBA,
❏ Dauerbremsanlage = DBA, nur für Kraftomnibusse über 10 t zulässiges Gesamtgewicht.

Einteilung in Fahrzeugklassen
Klasse M: Zur Personenbeförderung bestimmte Kraftfahrzeuge mit mindestens 4 Rädern oder mit 3 Rädern und einem Gesamtgewicht, das 1 t überschreitet:
❏ Klasse M_1: Zur Personenbeförderung bestimmte Fahrzeuge, die außer dem Führersitz über höchstens 8 Sitzplätze verfügen;
❏ Klasse M_2: Zur Personenbeförderung bestimmte Fahrzeuge, die außer dem Führersitz über mehr als 8 Sitzplätze verfügen und deren Gesamtgewicht 5 t nicht übersteigt;
❏ Klasse M_3: Zur Personenbeförderung bestimmte Fahrzeuge, die außer dem Führersitz über mehr als 8 Sitzplätze verfügen und deren Gesamtgewicht 5 t übersteigt;

Klasse N: Zur Güterbeförderung bestimmte Kraftfahrzeuge mit mindestens 4 Rädern oder 3 Rädern und einem Gesamtgewicht, das 1 t übersteigt:
❏ Klasse N_1: Zur Güterbeförderung bestimmte Fahrzeuge, deren Gesamtgewicht 3,5 t nicht übersteigt;
❏ Klasse N_2: Zur Güterbeförderung bestimmte Fahrzeuge, deren Gesamtgewicht 3,5 t übersteigt, aber nicht mehr als 12 t beträgt;
❏ Klasse N_3: Zur Güterbeförderung bestimmte Fahrzeuge, deren Gesamtgewicht 12 t übersteigt;

Klasse O: Anhänger (einschließlich Sattelanhänger):

❐ Klasse O_1: Anhänger, deren Gesamtgewicht 0,75 t nicht übersteigt;
❐ Klasse O_2: Anhänger, deren Gesamtgewicht 0,75 t übersteigt, aber nicht mehr als 3,5 t beträgt;
❐ Klasse O_3: Anhänger, deren Gesamtgewicht 3,5 t übersteigt, das aber nicht mehr als 10 t beträgt;
❐ Klasse O_4: Anhänger, deren Gesamtgewicht 10 t übersteigt.

Tabelle 7.1 Werte für Betriebsbremse

	M 1	M 2	M 3	N 1	N 2	N3
maximale Verzögerung in m/s²	5,8	5,0	5,0	4,4	4,4	4,4
mittlere Verzögerung in m/s²	4,8	3,7	3,7	3,5	3,2	3,0
max. Fußkraft am Pedal in Newton	500	700	700	700	700	700
Prüfgeschwindigkeit in km/h	80	60	60	70	50	40

Tabelle 7.2 Werte für die Hilfsbremse

	M 1	M 2	M 3	N 1	N 2	N3
mittlere Verzögerung in m/s²	2,5	2,1	2,1	1,9	1,8	1,8
maximale Armkraft in Newton	400	600	600	600	600	600
maximale Fußkraft in Newton	500	700	700	700	700	700
Prüfgeschwindigkeit in km/h	80	60	60	70	50	40

Tabelle 7.3 Werte für die Feststellbremse

	M 1	M 2	M 3	N 1	N 2	N3
maximale Armkraft in Newton	400	600	600	600	600	600
maximale Fußkraft in Newton	500	700	700	700	700	700

Feststellbremse

Die Feststellbremse soll, auch bei Kombination mit anderen Bremsanlagen, das beladene Fahrzeug auf einer Steigung oder einem Gefälle von 18% am Abrollen hindern können.

Bei Anhängern, die eine Betriebsbremse haben müssen, soll die Feststellbremse auch dann wirken, wenn Motorwagen und Anhänger getrennt sind.

Bei Fahrzeugen, hinter denen ein Anhänger mitgeführt werden darf, muß die Feststellbremse des Motorwagens den gesamten Zug auf einer Steigung oder einem Gefälle von 12% am Abrollen hindern können.

§ 29 StVZO (Auszug)
Die Halter von Fahrzeugen, die ein eigenes amtliches Kennzeichen haben müssen, haben ihre Fahrzeuge auf ihre Kosten nach Maßgabe der Anlage VIII in regelmäßigen Zeitabständen untersuchen zu lassen.
Ausgenommen sind z.B.:

1. Fahrzeuge mit rotem Kennzeichen,
2. Fahrzeuge der Bundeswehr und des Bundesgrenzschutzes.

Wird bei der Untersuchung festgestellt, daß das Fahrzeug verkehrsunsicher ist, so darf es vor Beseitigung der Mängel nicht im Straßenverkehr verwendet werden.

Absatz 2
Weist das Fahrzeug lediglich geringe Mängel auf, so kann die Prüfplakette zugeteilt werden, wenn die unverzügliche Beseitigung der Mängel zu erwarten ist.

Absatz 5
Die Prüfplakette wird mit dem Ablauf des angegebenen Monats ungültig.

Untersuchungsarten

1. Hauptuntersuchungen: Sie sind von einem amtlich anerkannten Sachverständigen oder Prüfer für den Kraftfahrzeugverkehr durchführen zu lassen.

Der Halter hat das Fahrzeug spätestens bis zum Ablauf des Monats, der durch die Prüfplakette nachgewiesen ist, beim Sachverständigen oder Prüfer zur Vorführung und Untersuchung anzumelden. Der Sachverständige oder Prüfer bestimmt Ort und Zeit der Vorführung. Der Halter ist seiner Anmeldepflicht dann nachgekommen, wenn ihm Ort und Zeit der Vorführung bekanntgegeben worden sind.

Bei der Durchführung der Hauptuntersuchung ist die Vorschriftsmäßigkeit des Fahrzeugs nach den Vorschriften der StVZO und ggf. der BO-Kraft (Betriebsordnung für Kraftomnibusse) zu prüfen. Vor der Hauptuntersuchung ist bei prüfpflichtigen Fahrzeugen zu prüfen, ob die nach Anlage VIII zur StVZO angeforderten Zwischenuntersuchungen und/oder Bremsensonderuntersuchungen durchgeführt und im Prüfbuch ordnungsgemäß eingetragen sind.

2. Zwischenuntersuchungen sind in einem Werk des Herstellers des Fahrzeugs oder in einer dafür amtlich anerkannten Kraftfahrzeugwerkstatt durchführen zu lassen.

3. Bremsensonderuntersuchungen sind in einem Werk des Herstellers des Fahrzeugs, einem Bremsenherstellerwerk oder in einem amtlich anerkannten Bremsendienst durchführen zu lassen.

Besondere Untersuchungsformen (Auszug und Kommentar)

1. Untersuchung im eigenen Betrieb: Fahrzeughalter sind von der Pflicht zur Vorführung bei einem Sachverständigen oder Prüfer befreit, wenn sie die Hauptuntersuchung ihrer Fahrzeuge im eigenen Betrieb spätestens bis zum Ablauf des durch die Prüfplakette nachgewiesenen Monats durchführen und hierfür anerkannt sind.

Die Prüfplakette darf nur angebracht werden, wenn keine Bedenken gegen die Vorschriftsmäßigkeit des Fahrzeugs bestehen.

Fahrzeughaltern kann auf Antrag auch genehmigt werden, die vorgeschriebenen Zwischenuntersuchungen und Bremsensonderuntersuchungen ihrer Fahrzeuge im eigenen Betrieb durchzuführen.

2. Untersuchungen durch Überwachungsorganisationen: Fahrzeughalter sind von der Pflicht zur Vorführung bei einem Sachverständigen oder Prüfer befreit, wenn sie die Hauptuntersuchung ihrer Fahrzeuge aufgrund eines entsprechenden Vertrags regelmäßig von einer dafür amtlich anerkannten Überwachungsorganisation in höchstens halbjährlichen Abständen, bei Fahrzeugen mit einem Zeitabstand der Hauptuntersuchungen von 24 Monaten in höchstens jährlichen Abständen durchführen lassen.

Die Frist für die Durchführung der nächsten Hauptuntersuchung beginnt mit dem Tag der letzten Hauptuntersuchung, bei Fahrzeugen, die erstmals in den Verkehr kommen oder wieder zum Verkehr zugelassen werden, mit dem Tag der Zuteilung eines amtlichen Kennzeichens. Sie endet mit Ablauf des Monats, in dem die Hauptuntersuchung spätestens durchgeführt werden muß. Die Frist darf um höchstens einen Monat überschritten werden, wenn die Überwachungsorganisation trotz rechtzeitig erteilten Auftrags die Hauptuntersuchung nicht bis zum Ablauf der Frist durchführen konnte und dies auf dem Untersuchungsbericht bestätigt.

3. Untersuchung durch amtlich anerkannte Kraftfahrzeugwerkstätten: Bei Fahrzeugen, die nicht Zwischenuntersuchungen oder Bremsensonderuntersuchungen unterzogen werden müssen, verdoppelt sich die Frist für die erste Hauptuntersuchung, die nach der erstmaligen Zuteilung eines amtlichen Kennzeichens fällig wird, wenn der Halter sein Fahrzeug in höchstens halbjährlichen Abständen, bei Fahrzeugen mit einem Zeitabstand der Hauptuntersuchungen von 24 Monaten in höchstens jährlichen Abständen in dafür amtlich anerkannten Kraftfahrzeugwerkstätten untersuchen und festgestellte Mängel beseitigen läßt. Die Untersuchungen müssen mindestens den Umfang der Zwischenuntersuchung haben.

Die Frist für die Durchführung der Untersuchungen im Verdopplungszeitraum beginnt mit dem Tag der erstmaligen Zuteilung des amtlichen Kennzeichens oder dem Tag der letzten Untersuchung. Sie endet jeweils mit Ablauf des Monats, in dem die Untersuchungen in vorgeschriebenen Zeitabständen spätestens durchgeführt werden müssen.

Die oberste Zahl im Plakettenfeld bezeichnet den Anmeldemonat des Jahres, dessen letzte beiden Ziffern sich im Mittelkreis befinden.

Die Frist darf um höchstens einen Monat überschritten werden, wenn die Fahrzeugwerkstatt trotz rechtzeitig erteilten Auftrags die Untersuchung nicht bis zum Ablauf der Frist durchführen konnte und dies auf der Bescheinigung oder im Falle der dritten Untersuchung im Verdopplungszeitraum auf dem Nachweis bestätigt. Die Laufzeit der Prüfplakette verlängert sich dabei nicht.

Zeitabstand der Untersuchungen

Die Fahrzeuge sind mindestens in folgenden regelmäßigen Zeitabständen zur Hauptuntersuchung anzumelden und Zwischen- und Bremsensonderuntersuchungen zu unterziehen:
Die Kraftfahrzeugwerkstatt hat dem Halter über die erste und die zweite der im Verdopplungszeitraum durchgeführten Untersuchungen und über die Beseitigung dabei festgestellter Mängel Bescheinigungen auszustellen und hierüber fortlaufend einen Nachweis zu führen. Der Nachweis ist fünf Jahre lang aufzubewahren.

Beispiel
Ein Kraftrad wird am 5. Dezember 1996 erstmals zugelassen. Läßt der Fahrzeughalter bis zum 31. Dezember 1997 in einer amtlich anerkannten Kfz-Werkstatt eine freiwillige Zwischenuntersuchung durchführen und auftretende Mängel beseitigen, so erhält er von der verantwortlichen Person dieser Werkstatt eine vorgeschriebene Bescheinigung. Sie gilt als Nachweis für weitere Untersuchungen. Wird bis zum 31. Dezember 1998 erneut eine freiwillige Zwischenuntersuchung in einer amtlich anerkannten Kfz-Werkstatt durchgeführt, so erhält der Fahrzeughalter gegen Rückgabe der ersten Bescheinigung eine zweite. Das Fahrzeug bekommt eine neue Prüfplakette mit der Laufzeit von 1 Jahr. Im Kfz-Schein wird von der verantwortlichen Person der Zeitpunkt der nächsten Hauptuntersuchung – Dezember 1999 – eingetragen und beglaubigt.

Läßt der Fahrzeughalter bis zum 31. Dezember 1999 zum drittenmal eine freiwillige Zwischenuntersuchung durchführen, so erhält das Fahrzeug von der Werkstatt letztmalig eine Prüfplakette, wieder mit der Laufzeit von 1 Jahr.

Das Fahrzeug muß dann bis zum 31. Dezember 2000 bei einem Sachverständigen oder Prüfer zur nächsten Hauptuntersuchung angemeldet werden.

Wird die dritte freiwillige Zwischenuntersuchung nicht durchgeführt, so muß eine Hauptuntersuchung durchgeführt werden.

Die amtlich anerkannte Kraftfahrzeugwerkstatt darf die Prüfplakette nach der zweiten oder dritten freiwilligen Zwischenuntersuchung und nach Beseitigung auftretender Mängel nur anbringen, wenn zum Zeitpunkt dieser Untersuchung der Monat, in dem die Untersuchung spätestens durchgeführt sein muß, noch nicht abgelaufen ist und wenn aus der ihr ausgehändigten Bescheinigung hervorgeht, daß die jeweils vorausgegangene freiwillige Zwischenuntersuchung fristgerecht durchgeführt worden ist.

Werden untersuchungspflichtige Fahrzeuge ohne Gestellung eines Fahrers gewerbsmäßig vermietet, ohne daß sie für den Mieter zugelassen sind, so beträgt die Frist für die Anmeldung zur Hauptuntersuchung in allen Fällen 12 Monate. Außerdem sind Zwischenuntersuchungen in regelmäßigen Abständen von 6 Monaten durchführen zu lassen; jedoch bleibt der regelmäßige Abstand von 3 Monaten für Kraftomnibusse unberührt. Der Zeitabstand für Bremsensonderuntersuchungen beträgt unverändert 12 Monate.

Die Frist für die Anmeldung zur nächsten Hauptuntersuchung beginnt mit dem Tag der letzten Hauptuntersuchung; bei Fahrzeugen, die erstmals in den Verkehr kommen oder wieder zum

Verkehr zugelassen werden, mit dem Tag der Zuteilung eines amtlichen Kennzeichens. Sie endet mit Ablauf des durch die Prüfplakette nachgewiesenen Monats.

Die Zulassungsstelle kann die Frist für die Anmeldung zur nächsten Hauptuntersuchung um höchstens 3 Monate verlängern.

Die Bremsensonderuntersuchung darf im Zeitpunkt einer vorgeschriebenen Hauptuntersuchung nicht länger als 3 Monate zurückliegen.

Die Frist für die Durchführung der Zwischenuntersuchung oder Bremsensonderuntersuchung beginnt mit dem Tag der letzten Untersuchung; bei Fahrzeugen, die erstmals in den Verkehr kommen oder wieder zum Verkehr zugelassen werden, mit dem Tag der Zuteilung eines amtlichen Kennzeichens. Sie endet mit Ablauf des Monats, in dem die Untersuchung nach dem vorgeschriebenen Zeitabstand spätestens durchgeführt werden muß. Die Frist darf um höchstens einen Monat überschritten werden, wenn die mit der Untersuchung beauftragte Stelle trotz rechtzeitig erteilten Antrags die Untersuchung nicht bis zum Ablauf der Frist durchführen konnte und dies in dem Prüfbuch bestätigt.

Eine Hauptuntersuchung, die zum Zeitpunkt der Fälligkeit mit einer Zwischenuntersuchung durchgeführt wird, ersetzt diese Zwischenuntersuchung.

Die Untersuchungspflicht ruht während der Zeit, in der Fahrzeuge durch Ablieferung des Kfz- oder Anhängerscheins oder der amtlichen Bescheinigung über die Zuteilung des amtlichen Kennzeichens und durch Entstempelung des amtlichen Kennzeichens vorübergehend stillgelegt worden sind. War in dieser Zeit eine Hauptuntersuchung oder eine Bremsensonderuntersuchung fällig, so ist sie bei Wiederinbetriebnahme des Fahrzeugs durchführen zu lassen.

Prüfbücher

Halter von Fahrzeugen, die nach den Vorschriften Zwischenuntersuchungen oder Bremsensonderuntersuchungen zu unterziehen sind, haben Prüfbücher nach einem vom Kraftfahrt-Bundesamt genehmigten Muster zu führen.

Im Prüfbuch hat die für die Untersuchung verantwortliche Person unter Angabe des Datums die Durchführung von Zwischenuntersuchungen und von Bremsensonderuntersuchungen, die dabei festgestellten Mängel und ihre Beseitigung zu vermerken.

Die Prüfbücher sind auf Verlangen zuständigen Personen sowie bei der Hauptuntersuchung dem Sachverständigen oder Prüfer oder bei der Hauptuntersuchung durch eine Überwachungsorganisation der für die Hauptuntersuchung verantwortlichen Person zur Prüfung vorzulegen. Stellt der Sachverständige oder Prüfer oder die für die Hauptuntersuchung durch eine Überwachungsorganisation verantwortliche Person fest, daß vorgeschriebene Zwischenuntersuchungen nicht oder erheblich verspätet durchgeführt worden sind, ist die Zulassungsstelle zu benachrichtigen. Der Halter hat das Prüfbuch ein Jahr lang nach der letzten Eintragung aufzubewahren.

Prüfbuch
für Kraftfahrzeuge und Anhänger

nach Nummer 5 der Anlage VIII zur StVZO

Fahrzeugart: / Zul. Gesamtgewicht:

Hersteller des Fahrzeugs:

Fahrzeug-Identifizierungs-Nr.:

Amtliches Kennzeichen: ....

geändert am: ....   in: ....

geändert am: ....   in: ....

Fahrzeughalter: ....
(Name und Anschrift)

Fahrzeughalter: ....
(Name und Anschrift)

Fahrzeughalter: ....
(Name und Anschrift)

Prüfbuch-Nr. .... begonnen am: ....19 ....

Dieses Prüfbuch enspricht den vom Kraftfahrzeug-Bundesamt genehmigten und im Verkehrsblatt
1983 Seite 566 bekanntgemachten Mustervordrucken und ist nach der **letzten Eintragung ein Jahr
aufzubewahren.**

E R G E B N I S

der Zwischenuntersuchung   **nach Nummer 1.3 der Anlage VIII zur StVZO**

Tag der Zwischenuntersuchung:

Kilometerstand:

Die Untersuchung wurde nach den Richtlinien für die Durchführung von Zwischenuntersuchungen durchgeführt.

Die festgestellten Mängel sind umseitig gekennzeichnet.

Bemerkungen:

Die festgestellten Mängel wurden am   behoben.

Firmenstempel
und Kennummer
des amtlich
anerkannten   **Die verantwortliche Person**
Betriebes   **nach § 29 Anl. VIII zur StVZO**

(Unterschrift)

Muster des Blattes 2 (Rückseite)

Folgende Mängel wurden bei der Zwischenuntersuchung festgestellt:

Gruppe 1 Ausrüstung

Position	Nr.
Rückspiegel außen/innen	103
Hupe	104
Geschwindigkeitsmesser, Fahrtschreib./Kontrollgerät	105
Unterlegkeil	106
Warndreieck, -Leuchte	107
Verbandkasten	108
Funkentstörung	109

Gruppe 2 Beleuchtung

Position	Nr.
Scheinwerfer/Glas/Spiegel	201
Abblendlicht Funktion/Einstellung	202
Fernlicht Funktion/Einstellung	203
Standlicht Parkleuchten	204
Nebelscheinwerfer Funktion/Einstellung	205
Zusatzleuchten Funktion/Anzahl	206
Umrißleuchten Spurhalteleuchten	207
Schlußleuchten Funktion/Zustand	208
Bremsleuchten Funktion/Zustand	209
Kennzeichenbeleuchtung Funktion/Zustand	210
Nebelschlußleuchten Funktion/Zustand	211
Rückfahrscheinwerfer Funktion/Zustand	212
Rückstrahler vorn/seitlich hinten	213
Blinker Funktion/Zustand	214
Warnblinkanlage Funktion	215
Kontr.-Leucht.: Fernl., Bl., W'bl.-A., Nebelschl., ABV	216
Steckdose/Kabel/Stecker	217

Gruppe 3 Lenkung

Position	Nr.
Lenkung — Anschlag	301
— schwergängig Rastpunkte	302
— Spiel	303
Lenkrad/Lenker	304
Diebstahlsicherung	305
Lenkkopflager/Lenksäule	306

Lenkgetriebe

Position	Nr.
— Staubmanschett.	307
— Dichtheit	308
— Befestigung	309
Lenkgelenke/-scheiben	310
Schubstange(n)/Spurstange(n)	311
Drehkranz	312
Lenkhebel	313
Lenkgestänge/seile	314
Lenkhilfe Leitung/Schläuche	315
Lenkungsdämpfer	316
Radeinstellung	317

Gruppe 4 Bremsausrüstung

Position	Nr.
Betriebsbremse — Wirkung	401
— einseitig	402
— Abstufbarkeit/Zeitverhalten	403
— Dichtheit	404
— Pedal-/Hebelweg	405
Feststellbremse — Wirkung	406
— einseitig	407
— Hebelweg/Feststellvorrichtung	408
Dauerbremsanlage	409
Auflaufbremsanlage/Abreißseil	410
Bremsseile/-gestänge	411
Bremswellen/-hebel	412
Luftpresser/Füllzeit	413
Druckwarnanzeige/Manometer	414
Energiespeicher/Druckluftbehälter	415
Bremskraftverstärker Hauptbremszylinder	416
Bremsventile/-kraftregler Funktion/Einstellung	417
Bremsleitungen — vorn links/rechts	418
— hinten links/rechts	419
— mitten	420
Bremsschläuche — vorn links/rechts	421
— hinten links/rechts	422

Bremsen

Position	Nr.
Bremszylinder/-hub Staubmanschetten	423
Bremstrommeln/-scheiben	424
Bremsbeläge vorn/hinten	425
— Freigängigkeit	426
— Kupplungsköpfe	427
Prüfanschlüsse	428
ALB-Schild	429
Federspeicher-Bremsanl.	430
Blockierschutz-Einrichtung — Warnleuchte	431

Gruppe 5 Räder/Bereifung

Position	Nr.
Bereifung — Schäden	501
— Profiltiefe	502
— falsch	503
Räder — Schäden	504
— Befestigung	505
— falsch	506

Gruppe 6 Fahrgestell und Aufbau

Position	Nr.
Rahmen/tragende Teile — Bruch, Riß	601
— Korrosion	602
— Schraub-, Niet-, Schweißverbg.	603
— Rep. unsachgem.	604
Unterfahrschutz	605
Vorderachse — Achskörper/Aufhängung	606
— Federn/Stabilisat.	607
— Stoßdämpfer	608
— Radlager	609
Hinterachse — Achskörper/Aufhängung	610
— Federn/Stabilisat.	611
— Stoßdämpfer	612
— Radlager	613
Motor/Antrieb — Aufhängung	614
— Olverlust	615
— Kupplung/Schaltung	616
— Wellen	617

Zugeinrichtung

Position	Nr.
Anhänger-/Sattelkupplung	618
Abschleppdienst vorn/hint.	619
— Befestigung	620
— schadhaft	621
— Bodenfreiheit/H'einst./Stützrad	622
— Führerhaus	623
— Gefährd. Fz-Teile außen/innen	624
— Radabdeckungen	625
— Spoiler	626

Aufbau

Position	Nr.
— Einstiege/Trittst.	627
— Tür/Haub./Griffe/Schl., Scharn.	628
— Sicht/Verglasung/Sonnenblende	629
— Scheibenwischer/-wascher	630
— Sitze	631
— Sicherheitsgurte/Haltegriffe	632
— Reserverad-Befestigung	633

Laderaum

Position	Nr.
— Boden, Wände, Rungen	634
— Plane/Gest./Verschlusse	635
— Kipp-/Ladeeinrichtung	636

Gruppe 7 Feuersicherheit

Position	Nr.
Kraftstoff-Gasanlage Leitungen/Tank	701
Elektrische Leitungen	702
Batteriebefestigung/-abdeckung	703

Gruppe 8 Geräusch-/Abgasentw.

Position	Nr.
Auspuffanlage — schadhaft/lose	801
— falsche Ausführ.	802
Rauchentwicklung	803
Abgasverhalten	804
Geräuschentwicklung	805

Muster des Blattes 3 (Vorderseite) «Ergebnis der Bremsensonderuntersuchung» (auf weißem Papier)

ERGEBNIS

der Bremsensonderuntersuchung   nach Nummer 1.4 der Anlage VIII zur StVZO

Tag der Bremsensonderuntersuchung:

Kilometerstand:

Die Untersuchung wurde nach den Richtlinien für die Durchführung von Bremsenuntersuchungen durchgeführt.

Die festgestellten Mängel sind nachfolgend gekennzeichnet.

Gruppe 4 Bremsausrüstung								
Betriebsbremse	– Wirkung	401	Bremsseile/-gestänge	411	Brems-schläuche	– vorn links/rechts	421	
	– einseitig	402	Bremswellen/-hebel	412		– hinten links/rechts	422	
	– Abstufbarkeit/ Zeitverhalten	403	Luftpresser/Füllzeit	413	Bremszylinder/-hub Staubmanschetten		423	
	– Dichtheit	404	Druckwarnanzeige/ Manometer	414	Bremstrommeln/ -scheiben		424	
	– Pedal-/Hebelweg	405	Energiespeicher Druckluftbehälter	415	Bremsbeläge vorn hinten		425	
Feststell-bremse	– Wirkung	406	Bremskraftverstärker/ Hauptbremszylinder	416	Bremsen	– Freigängigkeit	426	
	– einseitig	407	Bremsventile/-kraftregler Funktion/Einstellung	417		– Kupplungsköpfe	427	
	– Hebelweg/Fest-stellvorrichtung	408	Brems-leitungen	– vorn links/rechts	418	Prüfanschlüsse	428	
Dauerbremsanlage		409		– hinten links/rechts	419	ALB-Schild	429	
Auflaufbremsanlage/ Abreißseil		410		– mitten	420	Federspeicher-Bremsanlage	430	
						Blockierschutz-Einrichtung/ –Warnleuchte	431	

Die Mängel wurden am   behoben.

Firmenstempel
und Kennummer
des amtlich
anerkannten
Betriebes

**Die verantwortliche Person
nach § 29 Anl. VIII zur StVZO**

(Unterschrift)

Muster des Blattes 3 (Rückseite) «Aufzeichnungen des schreibenden Prüfgerätes bei Brems-prüfungen für Bremsensonderuntersuchung» (auf weißem Papier)

Aufzeichnungen bei Bremsprüfungen für Bremsensonderuntersuchungen

Hersteller der Bremsanlage	Leergewicht (Prüfgew.) des Fahrzeugs . . . . . N[1]
Art der Bremsanlage	Zul. Achslasten 1: /2: /3: /4: . . . . . N[1]
Berechnungsdruck bzw. max. Bremsdruck für das	Zul. Gesamtgewicht . . . . N[1]
Fahrzeug/die Einzelachsen (pN) . . . . . /. . . . . /. . . . . /. . . . . bar	

Abgelesene Bremskräfte am Bremsprüfstand / Aufzeichnung des schreibenden Bremsmeßgerätes[2]
(Die Werte sind einzutragen bzw. stattdessen das Schaublatt einzukleben)

	Betriebsbremsanlage						Feststell-bremse Brems-kräfte (N)	Fahrzeug-gewicht/ Achslasten (N) (Prüfgew.)
	Bremskräfte (N)			Betätigungs-druck P (bar)	$i = \dfrac{pN - 0.4}{p - 0.4}$	$F \cdot i$		
	links	rechts	Summe F					
Achse 1					i 1 =			
Achse 2					i 2 =			
Achse 3					i 3 =			
Achse 4					i 4 =			
Summe								

NB: Bei allen Achsen sollte aus Gründen der Einfachheit derselbe Betätigungsdruck (p). zum Bei-spiel 2 bar, eingehalten werden.

Abbremsung bezogen auf das Prüfgewicht des Fahrzeugs (z. B. bei Fahrzeugen mit ALB)

$$z_{\text{Prüf}} = \frac{\text{Summe der Bremskräfte}}{\text{Fahrzeuggewicht}} \cdot 100 = \ldots \ldots \%$$

Abbremsung bezogen auf das Zul. Gesamtgewicht des Fahrzeugs

$$z = \frac{F_1 \cdot i_1 + F_2 \cdot i_2 + F_3 \cdot i_3 + F_4 \cdot i_4}{\text{Zul. Gesamtgewicht}} \cdot 100 = \ldots \ldots \%$$

Abbremsung durch **Feststellbremsanlage** bezogen auf das zul. Gesamtgewicht des Fahrzeugs (oder Überschreiten der Blockiergrenze)

$$z_{\text{Fest}} = \frac{\text{Summe d. Bremskräfte (Feststellbr.)}}{\text{Zul. Gesamtgewicht}} \cdot 100 = \ldots \ldots \geq 15\% \ (20\%)$$

Gleichmäßige Wirkung der **Radbremsen** (Differenz links — rechts)

$$\frac{\text{Differenz der Bremskräfte (Achse)}}{\text{größte Bremswirkung}} \cdot 100 = \ldots \ldots \leq 30\%$$

Es wird hiermit bescheinigt, daß die eingetragenen Werte / beigefügten schriftlichen Aufzeichnungen[2] an dem im Prüfbuch bezeichneten Fahrzeug bei der am . . . . 19 . . . . durchge-führten Bremsensonderuntersuchung ermittelt worden sind.

. . . .
(Unterschrift der verantwortlichen Person)

[1] Die Gewichtskräfte in [N] erhält man durch Multiplikation der Gewichtskräfte (kg) mit dem Faktor 10 (g ≈ 10 m/s²)
[2] Nichtzutreffendes streichen

Tabelle 7.4 **Vorgeschriebene Fahrzeuguntersuchungen nach § 29 StVZO, Anlage VIII (Auszug und Kommentar)** *SP*

Art des Fahrzeugs	Haupt-unter-suchung Monate	Zwischen-unter-suchung Pflicht Monate	Bremsen-sonder-unter-suchung Monate	Prüf-buch-pflicht
Kraftrad	24	–	–	–
Pkw				
a) allgemein,	24	–	–	–
jedoch nach Erstzulassung	36	–	–	–
b) zur Personenbeförderung nach dem Personen-beförderungsgesetz (z.B. Taxen und Mietwagen)	12	–	–	–
Kraftomnibusse	12	3	12	ja
Lkw				
a) bis 3,5 t zul. Gesamtgewicht	24	–	–	–
b) über 3,5 t bis 6 t zul. Gesamtgewicht	12	–	–	–
c) über 6 t bis 9 t zul. Gesamtgewicht	12	–	12	ja
d) über 9 t zul. Gesamtgewicht,	12	6	12	ja
jedoch nach Erstzulassung in den ersten 12 Monaten	12	–	12	ja
Zugmaschinen				
a) mit einer bauartbestimmten Höchstgeschwindigkeit bis 40 km/h	24	–	–	–
b) über 40 km/h				
1. bis 6 t zul. Gesamtgewicht	12	–	–	–
2. über 6 t zul. Gesamtgewicht,	12	6	12	ja
jedoch nach Erstzulassung in den ersten 12 Monaten	12	–	12	ja
selbstfahrende und angehängte Arbeitsmaschinen				
a) bis 3,5 t zul. Gesamtgewicht	24	–	–	–
b) über 3,5 t bis 6 t zul. Gesamtgewicht	12	–	–	–
c) über 6 t zul. Gesamtgewicht	12	–	12	ja

Tabelle 7.4 (Fortsetzung)   SP

Art des Fahrzeugs	Haupt-unter-suchung Monate	Zwischen-unter-suchung Pflicht Monate	Bremsen-sonder-unter-suchung Monate	Prüf-buch-pflicht
Anhänger				
a) einachsige Anhänger bis 2 t zul. Gesamtgewicht	24	–	–	–
b) Wohnanhänger	24	–	–	–
c) andere Anhänger				
1. über 2 t bis 6 t zul. Gesamtgewicht	12	–	–	–
2. über 6 t bis 9 t zul. Gesamtgewicht	12	–	12	ja
3. über 9 t zul. Gesamtgewicht, jedoch nach Erstzulassung	12	6	12	ja
in den ersten 12 Monaten	12	–	12	ja
Fahrzeuge, die nicht in der Aufzählung enthalten sind				
über 6 t zul. Gesamtgewicht	24	–	–	–
über 6 t zul. Gesamtgewicht	24	–	24	ja
zu 8 Fahrgastplätzen	12	–	–	–
über 8 Fahrgastplätze	12	3	12	ja

Auszug aus der Richtlinie für die amtliche Anerkennung von Betrieben für die Durchführung von Untersuchungen der Kraftfahrzeuge und ihrer Anhänger nach § 29 StVZO und der Anlage VIII

Die Richtlinie gilt für

1. Kraftfahrzeugwerkstätten, die die vorgeschriebenen Zwischenuntersuchungen oder Untersuchungen im Umfang von Zwischenuntersuchungen zur Verdoppelung der Frist für die Hauptuntersuchung durchführen und Prüfplaketten anbringen wollen;
2. Bremsendienste, die die vorgeschriebenen Bremsensonderuntersuchungen durchführen wollen;
3. Betriebe, die an ihren Fahrzeugen die vorgeschriebene Hauptuntersuchungen, Zwischenuntersuchungen oder Bremsensonderuntersuchungen selbst durchführen und Prüfplaketten anbringen wollen.

Antrag

Der Antrag auf Anerkennung ist bei der für den Verkehr zuständigen obersten Landesbehörde oder der von ihr bestimmten Behörde (Anerkennungsbehörde) in dreifacher Ausfertigung einzureichen. Dafür sind Vordrucke zu verwenden; die Antragsvordrucke werden von der Anerkennungsbehörde ausgegeben. Dem Antrag sind die erforderlichen Nachweise beizufügen; insbesondere sind die notwendigen Bescheinigungen der örtlich zuständigen Handwerkskammer über die Erfüllung der handwerksrechtlichen Voraussetzungen vorzulegen.

In dem Antrag sind sämtliche für die ordnungsgemäße Durchführung der Untersuchungen verantwortlichen Personen anzugeben.

Voraussetzungen für die Anerkennung

1. Zuverlässigkeit

Der Antragsteller, bei juristischen Personen die nach Gesetz und Satzung zur Vertretung berufenen Personen, und die für die ordnungsgemäße Durchführung der Untersuchungen verantwortlichen Personen müssen nach ihrer Persönlichkeit die Gewähr für die zuverlässige Ausübung der zu verleihenden Befugnisse geben. Auskünfte aus dem Strafregister und dem Verkehrszentralregister sind stets einzuholen.

2. Personal

Der Inhaber muß durch Vorlage einer Bescheinigung der örtlich zuständigen Handwerkskammer nachweisen, daß er die Voraussetzung nach der Handwerksordnung zur selbständigen gewerblichen Verrichtung solcher Arbeiten erfüllt, die zur Behebung der bei Bremsensonderuntersuchungen festgestellten Mängel erforderlich sind. Wird das nur für bestimmte Arten von Bremsen nachgewiesen, so ist die Anerkennung entsprechend zu beschränken.

Bestellt der Inhaber eine oder mehrere für die ordnungsgemäße Durchführung der Bremsensonderuntersuchungen verantwortliche Personen, so müssen diese die gleichen fachlichen Voraussetzungen erfüllen, wie sie die Handwerksordnung im Falle einer selbständigen gewerblichen Verrichtung der genannten Arbeiten verlangen würde; dies ist durch Vorlage einer Bescheinigung der örtlich zuständigen Handwerkskammer nachzuweisen.

Außerdem müssen der Inhaber oder die verantwortlichen Personen nachweisen, daß sie an einem mindestens viertägigen *Bremsendienstprüflehrgang* (mit Abschlußprüfung) eines Bremsenherstellerwerks mit Erfolg teilgenommen haben.

Der Bremsendienstlehrgang muß diejenigen Arten von Bremsen erfaßt haben, auf die sich die Anerkennung erstrecken soll.

Der Bremsendienst muß mindestens einen geprüften Monteur beschäftigen, der ebenfalls nachweisen muß, daß er an einem mindestens viertägigen *Bremsendienstprüflehrgang* (mit Abschlußprüfung) eines Bremsenherstellerwerks mit Erfolg teilgenommen hat.

Der Bremsendienstlehrgang muß diejenigen Arten von Bremsen erfaßt haben, auf die sich die Anerkennung erstrecken soll.

Über die erfolgreiche Teilnahme an den Bremsendienstlehrgängen sind Bescheinigungen vorzulegen.

Die Bremsendienstlehrgänge dürfen im Zeitpunkt der Antragstellung nicht länger als 3 Jahre zurückliegen.

3. Prüfplätze und Prüfgeräte

In Bremsendiensten sowie für Bremsensonderuntersuchungen im eigenen Betrieb müssen mindestens folgende Forderungen erfüllt sein:

1. Auf dem Prüfplatz (Betriebsraum) muß ein Zug untergebracht werden können;
2. geeignete Grube, Hebebühne oder Rampe mit Vorrichtungen zum Anheben der Achsen;
3. Druckluftbeschaffungsanlage ausreichender Größe und Leistungsfähigkeit;
4. ortsfester Bremsenprüfstand;
5. Fußkraftmeßgerät, Handkraftmeßgerät;
6. Prüfeinrichtung für Druckluftbremsanlagen zum Durchmessen der Bremsanlagen am Fahrzeug;
7. Prüfeinrichtung für hydraulische Bremsanlagen;
8. Füll- und Entlüftergerät für hydraulische Bremsanlagen;
9. Pedalstütze zur Prüfung hydraulischer Bremsanlagen;
10. Prüfstand mit Zubehör, auf dem alle Bremsaggregate geprüft werden können (entfällt, wenn Bremsaggregate nicht instand gesetzt, sondern nur ausgetauscht werden sollen);

11. Einrichtung zum Prüfen des Luftpressers (entfällt, wenn Luftpresser nicht instand gesetzt, sondern nur ausgetauscht werden sollen);
12. Ausstattung und Spezialwerkzeuge nach Art und Umfang der zu erledigenden Arbeiten.

Auflagen bei Erteilung der Anerkennung
Die Anerkennung ist mindestens mit folgenden Auflagen zu verbinden:
1. Veränderungen des verantwortlichen Personals, bei Bremsendiensten auch des geprüften Monteurs, sind der anerkennenden Behörde unter Angabe der Personalien und Vorlage der erforderlichen Nachweise unverzüglich mitzuteilen.
2. Der Inhaber eines Bremsendienstes oder die von ihm bestellten, für die ordnungsgemäße Durchführung der Bremsensonderuntersuchung verantwortlichen Personen sowie mindestens ein geprüfter Monteur müssen mindestens alle drei Jahre an einem mindestens viertägigen Bremsendienstlehrgang (Fortbildungslehrgang) eines Bremsenherstellerwerks mit Erfolg teilnehmen; der Bremsendienstlehrgang muß diejenigen Arten von Bremsen erfassen, auf die sich die Anerkennung erstreckt. Die Teilnahmebescheinigungen sind den mit der Prüfung beauftragten Personen auf Verlangen vorzulegen.
3. Die Untersuchungen sind nach den von den obersten Landesbehörden eingeführten Richtlinien durchzuführen.
4. Bei Verlegung des Betriebes und bei Einrichtung von Zweigstellen ist ein erneuter Antrag auf Anerkennung zu stellen.
5. An Fahrzeugen dürfen Prüfplaketten nach Anlage VIII nur durch eine anerkannte verantwortliche Person angebracht werden und nur dann, wenn die Voraussetzungen hierfür erfüllt sind.

Zur laufenden Unterrichtung des Personals sind folgende Unterlagen bereitzuhalten:
1. Straßenverkehrs-Zulassungsordnung in der jeweils gültigen Fassung;
2. Verordnung über den Betrieb von Kraftfahrunternehmen im Personenverkehr in der jeweils gültigen Fassung, wenn dem Personenbeförderungsgesetz unterliegende Fahrzeuge untersucht werden sollen (nicht bei Betrieben, die nur Bremsensonderuntersuchungen durchführen);
3. Verkehrsblatt – Amtsblatt des Bundesministers für Verkehr – oder Auszüge aus dem Verkehrsblatt, wenn sie von den Berufsorganisationen oder den Innungsverbänden ausgegeben worden sind;
4. Richtlinien für die Durchführung von Haupt-, Zwischen- oder Bremsensonderuntersuchungen, soweit sie nach dem Umfang der Anerkennung einschlägig sind;
5. technische Ratgeber, Verbandsmitteilungen oder Mitteilungen der in Betracht kommenden Fahrzeug- oder Bremsenhersteller (nur bei Betrieben, die Zwischen- oder Bremsensonderuntersuchungen durchführen).

Richtlinie für die Durchführung von Zwischenuntersuchungen an Fahrzeugen nach § 29 StVZO, Anlage VIII

Bei der Durchführung der Zwischenuntersuchung eines Fahrzeugs sind die Verkehrssicherheit, die Geräuschentwicklung und das Abgasverhalten zu prüfen. Dabei sind folgende Punkte zu beachten:
1. Ausrüstung
2. Lichttechnische Einrichtungen
3. Lenkanlagen
4. Bremsanlagen

5. Bereifung
6. Fahrgestell, Antrieb (einschließlich Räder und Einrichtungen zur Verbindung von Fahrzeugen) und Aufbau
7. Feuersicherheit
8. Geräusch- und Abgasverhalten

1. Ausrüstung

Besonders auf einwandfreien Zustand, vorschriftsmäßige Anbringung, Funktionsfähigkeit und soweit vorgeschrieben Bauartgenehmigung achten:

1.1	Kennzeichen
1.2	Fahrtschreiber
1.3	Geschwindigkeitsmesser
1.4	Scheiben und Scheibenwischer (Scheibenwaschanlage)
1.5	Rückspiegel
1.6	Unterlegkeile und Ersatzräder
1.7	Warndreieck, Warnleuchte
1.8	Sicherung gegen unbefugte Benutzung
1.9	Erste-Hilfe-Material DIN 13 164, Verbandskasten DIN 13 163
1.10	Radabdeckungen
1.11	Vorrichtung für Schallzeichen (Hupe und Hörner)

2. Lichttechnische Einrichtungen

Allgemein auf ausreichende Wirkung achten; es genügt nicht, daß Leuchte überhaupt brennt. Die Leuchten brauchen grundsätzlich nicht geöffnet zu werden, wenn aufgrund der Sicht- und Wirkungsprüfung keine Mängel festgestellt worden sind. Paarweise vorhandene Leuchten müssen gleiche Anbaulage haben, gleichfarbig und gleich hell sein. Die Wirksamkeit darf durch Auf- und Anbauteile nicht beeinträchtigt werden (z.B. teilweise Verdeckung von Schlußleuchten, Rückstrahlern usw.). Die Farbe der Leuchten muß den Bestimmungen der StVZO entsprechen. Bei Austausch oder Ersatz dürfen nur die für das betreffende Gerät vorgesehenen Teile verwendet werden, weil diese aufeinander abgestimmt sein müssen (Bauartgenehmigung).

Häufige Mängel sind:

verbrauchte Glühlampen (sobald Schwärzung erkennbar, muß Glühlampe ersetzt werden), schlechte Kontakte, falsche oder unsachgemäß eingesetzte Glühlampen; beschädigte, ausgebleichte und lose Abschlußscheiben, unwirksame Dichtungen, Verschmutzung, Wasseransammlung und Rostbildung, die die Wirkung der Leuchten beeinträchtigen.

2.1   *Scheinwerfer* (bei Ersatz Bauartgenehmigung berücksichtigen) Scheinwerfereinstellung und Fernlichtkontrolle prüfen (Richtlinien siehe VkBl 1969, S. 655). Scheinwerferspiegel dürfen nicht in der Wirksamkeit beeinträchtigt sein (nicht blind oder beschlagen). Bei Ersatz von Spiegel und Streuscheibe nur die für den betreffenden Scheinwerfertyp vorgesehenen Teile verwenden.

2.2   *Nebelscheinwerfer* (bei Ersatz Bauartgenehmigung berücksichtigen)
Zulässig sind zwei Nebelscheinwerfer, die nicht höher angebracht sind als die Abblendscheinwerfer. Einstellung prüfen, ggf. nachstellen (Richtlinien siehe VkBl 1969, S. 655).

2.3 *Begrenzungsleuchten* (bei Ersatz Bauartgenehmigung berücksichtigen)
Sie müssen auch bei Fern- und Abblendlicht ständig mitleuchten.

2.4 *Parkleuchten* (bei Ersatz Bauartgenehmigung berücksichtigen)
Nur zulässig an Pkw und Kraftfahrzeugen, deren Länge 6 m und deren Breite 2 m nicht übersteigen.

2.5 *Fahrtrichtungsanzeiger* (bei Ersatz Bauartgenehmigung berücksichtigen)
Gut sichtbar und deutlich hell-dunkel wechselnd (Frequenz: 90 ± 30 pro Minute);
Kontrolleinrichtung muß Wirksamkeit sinnfällig anzeigen;
Warnblinkanlage, Schaltung und Kontrolleuchte.

2.6 *Schlußleuchten* (bei Ersatz Bauartgenehmigung berücksichtigen)
Zulässig ist nur rotes Licht; Absicherung beachten.

2.7 *Bremsleuchten* (bei Ersatz Bauartgenehmigung berücksichtigen)
Bremsleuchten dürfen nur bei Betätigung der Betriebsbremse aufleuchten. Bremslichtschalter, richtige Schaltung und Einstellung prüfen.

2.8 *Kennzeichenbeleuchtung* (bei Ersatz Bauartgenehmigung berücksichtigen)
Die Beleuchtungseinrichtung am hinteren Kennzeichen darf kein Licht unmittelbar nach hinten austreten lassen.

2.9 *Rückstrahler* (bei Ersatz Bauartgenehmigung berücksichtigen)
Anbau so, daß Rückstrahlerfläche senkrecht zur Fahrbahn und rechtwinklig zur Fahrtrichtung steht. Keine zerkratzten oder gesprungenen Scheiben oder keine lockeren Befestigungsbolzen. Rückstrahler dürfen nicht pendeln.

2.10 *Nebelschlußleuchte und Kontrolleuchte*
(bei Ersatz Bauartgenehmigung berücksichtigen)
Anbau: Nur eine Nebelschlußleuchte an der linken Fahrzeughälfte zulässig. Oberkante der Lichtaustrittsfläche höchstens 800 mm über Fahrbahn; seitlicher Abstand mindestens 100 mm von der linken Bremsleuchte (13. Ausnahme-VO zur StVZO).

3. **Lenkanlagen**
Anweisungen der Fahrzeug- und Lenkungshersteller beachten. Lenkungsteile leichtgängig, nicht verbogen, sie dürfen nicht klemmen und rauh gehen. Kein zu großes Lenkungsspiel – «toter Gang am Lenkrad». Bei Fremdkraft- und Hilfskraft-Lenkanlagen auf Besonderheiten achten. Zu prüfen sind Übertragungseinrichtungen insbesondere, ob Lenksäule und Lenkgetriebe festsitzen und gesichert, Lenkgetriebe richtig eingestellt; Lenkwelle, Gelenke an Lenkhebel, Lenkstange, Spurstange, gesichert und nicht ausgeschlagen sind; Trag- und Führungsgelenke, Achsschenkelbolzen und Radlager ohne zu großes Spiel (Radaufhängung nicht ausgeschlagen); Federbeinaufhängung nicht beschädigt, Radeinschlag einwandfrei; Räder dürfen an keinem Fahrzeugteil streifen. Eine Nachprüfung von Sturz und Vorspur ist nur notwendig, wenn Anhaltspunkte für Fehler in der Vorderradeinstellung vorhanden sind (z.B. Art der Reifenabnutzung).

4. **Bremsanlagen**

Hier gilt die Richtlinie für «Bremsensonderuntersuchungen», wobei jedoch das Kapitel «Innere Untersuchung der Radbremse» entfällt.

4.2.7 **Bremslichtschalter**

Richtige Schaltung und Einstellung prüfen. Anzeige schon nach kurzem Pedalweg. Bei Ersatz von hydraulischen Bremslichtschaltern nur Schalter verwenden, die gegen Undichtheit gesichert sind (z.B. Zweikammerausführung; Abschnitt 8.8.9).

5. **Bereifung**

5.1 Die Bereifung muß hinsichtlich der Abmessungen und der Bauart den Betriebsbedingungen, besonders der Belastung und der Geschwindigkeit, entsprechen. Hierbei sind die Betriebserlaubnis des Fahrzeugs und die Vorschriften des Herstellers zu beachten. Bei Umrüstung insbesondere von Diagonal- auf Gürtelreifen sind die Verkehrsblattverlautbarungen von 1969, Seite 69, und 1970, Seite 354, zu beachten.

5.2 Der Zustand der Bereifung ist durch eine Sichtprüfung zu kontrollieren. Die Bereifung muß rutschsicher sein, d.h. noch ausreichend Profil haben. Auf Durchschläge, Gewebebrüche und sonstige Schäden achten (Richtlinien für die Reifenbeurteilung siehe VkBl 1961, S. 568).

6. **Fahrgestell, Antrieb (einschließlich Räder und Einrichtungen zur Verbindung von Fahrzeugen) und Aufbau**

Rahmen einschließlich Querträger (bei rahmenlosen Fahrzeugen die tragenden Teile) dürfen an keiner Stelle geschwächt sein; auf starke Verrostung, Risse, Brüche, Verbiegungen, lose Nieten und Schrauben achten. Federn, Stoßdämpfer und deren Aufhängung kontrollieren. Gelenkwellen auf Verschleiß prüfen. Bei Einrichtungen zur Verbindung von Fahrzeugen auf ordnungsgemäße Befestigung achten.

Hinweis: Richt- und Schweißarbeiten bedürfen besonderer Fachkenntnisse und dürfen daher nur von entsprechend geschultem Personal ausgeführt werden. Diese Arbeiten dürfen an bauartgenehmigten Fahrzeugteilen nur vom Inhaber der Bauartgenehmigung durchgeführt werden. Weisungen der Fahrzeughersteller beachten. Bei Rahmen- und Karosseriearbeiten auf Erhalt der Fahrgestell-Nr. achten. Auf Ölaustritte bei Motor, Getriebe und Ausgleichsgetriebe achten.
Zustand des Aufbaus und Befestigung mit dem Fahrgestell bzw. der Bodengruppe prüfen. Auf sicheres Schließen der Türen achten.

7. **Feuersicherheit**

Zustand der Kraftstoff- und elektrischen Anlagen prüfen.

8. **Geräusch und Abgasverhalten**

8.1 Fahrzeugaufbauten dürfen nicht dröhnen, schlagen oder klappern. Auf geräuschdämpfende Zwischenlagen und Niederspannvorrichtungen ist zu achten.

8.2 Ansauganlage und Auspuffanlagen auf Dichtheit und Befestigung am Fahrzeug prüfen, schadhafte Anlagen nur durch solche gleicher Bauart oder durch Anlagen mit einer Allgemeinen Betriebserlaubnis für den Fahrzeugtyp ersetzen.

8.3   Auf unzulässige Rauchentwicklung bei Dieselfahrzeugen achten; Ursachen beseitigen (Zustand des Motors, Einspritzanlage mit Düsen, Luftfilter).

8.4   Fahrzeuge mit Ottomotor auf den Gehalt an Kohlenmonoxid (CO) im Abgas bei Leerlauf prüfen (VkBl 1976, S. 12).

Richtlinie für die Durchführung von Bremsensonderuntersuchungen nach § 29 StVZO, Anlage VIII

Die Bremsensonderuntersuchungen eines Fahrzeugs auf Verkehrssicherheit haben zu umfassen:
1. Sichtprüfung
2. Feststellung der Wirkung und der Funktion der Bremsanlagen
3. Innere Untersuchung der Radbremsen nach den Anleitungen der Fahrzeug- oder Bremsenhersteller; nötigenfalls auch eine innere Untersuchung der einzelnen Bauteile der Bremsanlagen.

1.   Sichtprüfung

1.1   Allgemeine Forderungen
Für die Überprüfung der Bremsanlagen gelten die folgenden Forderungen:
Rohr- und Schlauchleitungen und Kupplungsköpfe äußerlich nicht beschädigt, nicht korrodiert und richtig verlegt
Geräte sachgemäß eingebaut und ordnungsgemäß befestigt
Vorratsbehälter und Energiespeicher (Druckluftbehälter, Hydraulikspeicher) nicht beschädigt, keine äußeren Korrosionsschäden erkennbar. Die Energiespeicher müssen die vorgeschriebene Kennzeichnung haben.
Druckluftbehälter entwässert
Staubmanschetten nicht beschädigt
Gelenke sachgemäß gesichert, leichtgängig und nicht ausgeschlagen
Seile und Seilzüge einwandfrei geführt, gewartet, ohne erkennbare Anrisse, nicht aufgespleißt und nicht verknotet, fester Sitz der Seilklemmen
Gestänge nicht reparaturgeschweißt, nicht verbogen, leichtgängig und nicht beschädigt
Einstellzustand der Radbremsen in Ordnung (Lüftspiel, Bremszylinderhub, Belagstärke, Gestängesteller).

2.   Funktions- und Wirkungsprüfung

2.1   Funktionsprüfung
Nachstehende Regelung für pneumatische Einrichtungen gelten sinngemäß auch für Bremsanlagen mit hydraulischen Übertragungseinrichtungen.

2.1.1   Druckregler, Luftpresser
Einschaltdruck*
Abschaltdruck*
Förderleistung*

2.1.2   Dichtheit der Anlage*
Bremskraftregler in Vollast
Gesamtanlage bis Abschaltdruck auffüllen
Motor abstellen
Druck in den Druckluftbehältern prüfen
Bremsung mit der Betriebsbremsanlage (BBA) mit ca. halbem Maximaldruck (üblicherweise etwa 3 bar) einleiten.

*Für Anhängefahrzeuge***
Gesamtanlage mit mindestens 6,5 bar in der Vorratsleitung auffüllen
Vorratsleitung durch eine geeignete Einrichtung ohne Entlüftung absperren, so daß keine automatische Bremsung eintritt
Bremsung mit der Betriebsbremsanlage (BBA) mit einem Bremszylinderdruck von ca. 3 bar einleiten
1 Minute warten
Druck in den Druckluftbehältern messen
Nach weiteren 3 Minuten darf dieser Druck um nicht mehr als 5% abgefallen sein.

2.1.3   Mehrkreis-Schutzventil, Überströmventile, Warneinrichtung*
2.1.3.1   Absicherung der Betriebsbremsanlage (BBA) gegen Druckabsenkung in den Kreisen, die nicht zur BBA des Kraftfahrzeugs gehören
Gesamtanlage bis Abschaltdruck auffüllen
Motor abstellen
Druck in allen Kreisen außer den beiden Kreisen der BBA des Kraftfahrzeugs schnell unter 3 bar absenken
Druck in beiden Kreisen der BBA muß sich oberhalb von 4 bar stabilisieren

2.1.3.2   Absicherung eines Kreises der BBA gegen Druckabsenkung des anderen Kreises der BBA
Gesamtanlage bis Abschaltdruck auffüllen
Motor abstellen
Druck im Druckluftbehälter eines der beiden Kreise der BBA («defekter Kreis») schnell unter 3 bar absenken. Hierbei muß Warneinrichtung Signal geben.
Druck im anderen Kreis der BBA («intakter Kreis») muß sich oberhalb von 4 bar stabilisieren.
Diese Prüfung ist mit «simuliertem Defekt» im anderen Kreis zu wiederholen.
Für Anhängefahrzeuge
Absicherung der BBA gegen Defekt in den Nebenverbrauchern (einschließlich der Federspeicher-Bremsanlagen)
Gesamtanlage mit mindestens 6,5 bar in der Vorratsleitung auffüllen
Vorratsleitung durch eine geeignete Einrichtung ohne Entlüftung absperren, so daß keine automatische Bremsung eintritt
Druck in den Druckluftbehältern der Nebenverbraucher schnell auf unter 4 bar absenken
Druck in den Luftbehältern der BBA muß sich oberhalb von 5 bar stabilisieren.

*   Herstellerangabe beachten
** Die *zusätzlichen* Hinweise *für Anhängefahrzeuge* sind im Text durch Einrücken gekennzeichnet.

2.1.4   Betriebsbremsanlage (BBA)
2.1.4.1   Allgemeine Prüfungen
            Bremskraftregler in Vollaststellung
            Gesamtanlage bis Abschaltdruck auffüllen
            Motor abstellen
            Druck an Kupplungskopf der Vorratsleitung zwischen 6,5 und 8 bar
            Bremspedal zügig durchtreten. Dabei muß der Druckaufbau in den Bremszylindern
            und gegebenenfalls am Kupplungskopf der Bremsleitung unmittelbar folgen.
            Bei Vollbremsung Druck am Kupplungskopf der Bremsleitung zwischen 6 und 7,5 bar;
            ausreichende Abstufbarkeit muß gegeben sein. Aufleuchten der Bremsleuchten nach
            kurzem Pedalweg.
            Für Anhängefahrzeuge
            Funktion der automatischen Bremsanlage (Abreißbremse) und des Löseventils prüfen.

2.1.4.2   Einhalten der Einstellwerte lt. ALB-Schild prüfen.

2.2   *Wirkungsprüfung*
2.2.1   Meßbedingungen
            Die Bremswirkung ist auf einem Bremsenprüfstand festzustellen. Bei überschweren
            oder überbreiten Fahrzeugen, die auf einem solchen Bremsenprüfstand nicht geprüft
            werden können, ist ein schreibendes Bremsmeßgerät zu verwenden, wobei die Brems-
            wirkung auf ebener, griffiger Fahrbahn festzustellen ist.

2.2.2   Beginn und Gleichmäßigkeit der Bremswirkung
            Bei einem Bremszylinderdruck von höchstens 1 bar muß über den Rollwiderstand
            hinaus an beiden Rädern einer Achse die Bremswirkung einsetzen; der Rollwider-
            stand bleibt hierbei unberücksichtigt. Ab diesem Bremszylinderdruck darf über den
            gesamten Meßbereich der Unterschied der Bremskräfte an den Rädern einer Achse
            nicht mehr als 30% vom größeren Wert betragen. Bei der Bremsprüfung darf die
            Gleitgrenze der Räder nicht überschritten werden. Beim Fahrversuch ist auf die
            gleichmäßige Bremswirkung der Räder einer Achse zu achten.

2.2.3   Messung der Bremswirkung auf dem Bremsenprüfstand[1]
            Die Bremskräfte können bei jedem beliebigen Beladungszustand gemessen werden.
            Die fahrzeugbezogenen Basiswerte für den Zusammenhang von Bremskraft und
            Bremsdruck jeder Achse für das leere Fahrzeug müssen mindestens erreicht werden.
            Die Basiswerte können vom Fahrzeughersteller angegeben werden.
            Die Einhaltung der für das beladene Fahrzeug geforderten Abbremsung gilt damit als
            nachgewiesen.
            Sofern keine fahrzeugbezogenen Basiswerte vorliegen, ist die Abbremsung, bezogen
            auf die zulässige Gesamtgewichtskraft des Fahrzeugs, aus den gemessenen Brems-
            kräften wie folgt zu berechnen:

            Messung der Bremskräfte
            Die Abbremsung z (%) ist das Verhältnis:

---

[1] Die zulässige Gesamtgewichtskraft [N] erhält man durch Multiplikation des zulässigen Gesamtgewichts [kg] mit
    dem Faktor 10 ($g = 10 \text{ m/s}^2$).

$$\frac{\text{Summe der Bremskräfte am Radumfang}}{\text{zul. Gesamtgewichtskraft}^1 \text{ des Fahrzeugs}^2} \cdot 100 \ (\%)$$

Für die Beurteilung der Bremswirkung gelten die in Tabelle 7.5 aufgeführten Werte, bezogen auf die zul. Gesamtgewichtskraft – bei Sattelanhängern bezogen auf die Summe der zulässigen Achskräfte.

2.2.4   Ermittlung der Abbremsung bei Druckluftbremsanlagen auf Bremsprüfständen[1]
Wenn die Bremskräfte bei leerem Fahrzeug gemessen werden, ist die Abbremsung wie folgt zu ermitteln:

$$z = \frac{F_1 \cdot i_1 + F_2 \cdot i_2 + \cdots F_n \cdot i_n}{G_z} \cdot 100 \ (\%)$$

[1] Die zulässige Gesamtgewichtskraft [N] erhält man durch Multiplikation des zulässigen Gesamtgewichtes [kg] mit dem Faktor 10 ($g = 10 \ \text{m/s}^2$).
[2] Für Sattelanhänger: Summe der zulässigen Achskräfte.

Tabelle 7.5   Beurteilung der Bremswirkung

Fahrzeugklasse	max. Betätigungskraft (N)[1] Mindestabbremsung z (%)[1]								
	BBA[2]		FBA[2]		HBA[2 4]		BBA	FBA	HBA
	$F_F^{\ 3}$	$F_H^{\ 3}$	F_F	F_H	F_F	F_H			
Kraftomnibusse Krankenkraftwagen mit über 8 Fahrgastplätzen	700	–	700	600	700	600	45	15	23
Lastkraftwagen mit einem zul. Gesamt- gewicht von mehr als 6 t und Zugm. mit einer durch die Bauart bestimmten Höchstgeschwindigkeit von mehr als 40 km/h und einem zul. Gesamtgewicht von mehr als 6 t	700	–	700	600	700	600	40	15	20
selbstfahrende Arbeits- maschinen mit einem zul. Gesamtgewicht von mehr als 6 t	800	–	800	600	800	600	40(25)	15	20(20)
Anhänger mit einem zul. Gesamtgewicht von mehr als 6 t	–	(400)	–	600	–	–	40	15	–

[1] Klammerwerte für Fzg. mit einer durch die Bauart bestimmten Höchstgeschwindigkeit bis 25 km/h
[2] BBA = Betriebsbremsanlage, FBA = Feststellbremsanlage, HBA = Hilfsbremsanlage
[3] F_F Fußkraft, F_H Handkraft
[4] Ist die Hilfsbremsanlage (HBA) mit der Betriebsbremsanlage (BBA) kombiniert (nur für ECE- und EG-Brems- anlagen), so braucht die Wirkung der HBA nur überprüft zu werden, wenn sie eine von der BBA unabhängige Betätgungseinrichtung hat.

G_z zul. Gesamtgewichtskraft des Fahrzeugs (N)
z Abbremsung (%)
F_1 Bremskraft der ersten Achse, die bei dem Druck p_1 ermittelt wurde (N)
F_2 Bremskraft der zweiten Achse, bei dem Druck p_2 ermittelt wurde (N)
F_n Bremskraft der letzten Achse (N)

$$i_1 = \frac{p_{N1} - 0{,}4}{p_1 - 0{,}4}$$

$$i_n = \frac{p_{Nn} - 0{,}4}{p_n - 0{,}4}$$

$p_{N1} \dots n$ der vom Hersteller für die betreffende Achse angegebene max. Bremsdruck (bar) (siehe ALB-Schild)
Falls $p_{N1} \dots n$ nicht angegeben ist, so ist der Berechnungsdruck einzusetzen.
$p_1 \dots n$ Bremsdruck, der bei der Bremsprüfung in den Radzylinder der jeweiligen Achse eingesteuert wird (bar). Bei Achsen, deren Bremsdruck durch Regelventile begrenzt wird, ist maximal dieser Druck einzusteuern.

Rechenbeispiel
G_z = 220 000 N
F_1 = 6500 N
F_2 = 8000 N
F_3 = 8000 N
p_N = 7,0 bar (in diesem Fall vom Hersteller angegeben und für sämtliche Achsen)
p_1 = 2,0 bar
p_2 = 1,7 bar
p_3 = 1,7 bar

$$i_1 = \frac{7{,}0 - 0{,}4}{2{,}0 - 0{,}4} = 4{,}1$$

$$i_2 = i_3 = \frac{7{,}0 - 0{,}4}{1{,}7 - 0{,}4} = 5{,}1$$

$$z = \frac{6500 \cdot 4{,}1 + 8000 \cdot 5{,}1 + 8000 \cdot 5{,}1}{220\,000} \cdot 100\%$$

Ermittelte Abbremsung:
$z = 49{,}2\%$

2.2.5   Ermittlung der Abbremsung bei anderen Bauarten als Druckluftbremsanlagen
Hierbei ist sinngemäß wie bei 2.2.3 und 2.2.4 zu verfahren. Darüber hinaus sind die Anweisungen der Fahrzeughersteller zu beachten.

2.2.6   Messung im Fahrversuch
Wenn Messungen nur mit leerem oder teilbeladenem Fahrzeug durchgeführt werden, so muß die vorgeschriebene Abbremsung (s.Tabelle 7.5) bei einem Bremszylinder-

---

[1]   Die zulässige Gesamtgewichtskraft [N] erhält man durch Multiplikation des zulässigen Gesamtgewichtes [kg] mit dem Faktor 10 ($g = 10$ m/s^2).

druck erreicht werden, der zum maximalen Bremszylinderdruck im gleichen Verhältnis steht wie das Fahrzeuggewicht in dem bei der Messung vorhandenen Beladungszustand zum zulässigen Gesamtgewicht des Fahrzeugs. Bei leerem oder teilbeladenem Fahrzeug mit ALB muß die Abbremsung lt. Tabelle oder nach Angabe des Herstellers bzw. nach ALB-Schild bei einem Bremszylinderdruck entsprechend der ALB-Auslegung erreicht werden.

2.2.7   Ermittlung der Abbremsung von Anhängefahrzeugen im Fahrversuch
(gilt nicht für Anhänger mit Auflaufbremse. Solche Anhänger werden wie bisher auf Rollenbremsprüfständen über die Betätigungseinrichtung der Feststellbremse geprüft; s. Abschnitt 2.2.6.
Zur Feststellung der Wirkung der Anhängerbremsanlage sind, falls wegen der Bauart des Anhängers auf Bremsprüfständen nicht geprüft werden kann, Fahrversuche mit dem Zug durchzuführen, wobei nur der Anhänger gebremst wird.
Die Abbremsung eines bis zum zulässigen Gesamtgewicht beladenen Anhängers bzw. Sattelanhängers errechnet sich dann wie folgt:

Für Anhängefahrzeuge

$$z_A = (z_Z - k_R) \frac{G_A + G_K}{G_A} + k_R \ (\%)$$

Für Sattelanhänger

$$z_A = (z_Z - k_R) \frac{G_A + G_K}{G_A - G_S} + k_R \ (\%)$$

z_A Abbremsung des Anhängers (%)
z_Z Abbremsung des Zuges nur mit der Anhängerbremse (%)
G_A Gewichtskraft des Anhängers (N)
G_K Gewichtskraft des ziehenden Fahrzeugs (N)
G_S Sattelkraft (N)
k_R Zuschlag für Rollwiderstand (~3%)

Können Messungen nur mit leerem oder teilbeladenem Anhänger durchgeführt werden, so muß die vorgeschriebene Abbremsung z_A (s. Tabelle 7.5) bei einem Bremszylinderdruck erreicht worden sein, der zum maximalen Bremszylinderdruck im gleichen Verhältnis steht wie das Gewicht des Anhängers bzw. die Summe der Achslasten des Sattelanhängers in dem bei der Messung vorhandenen Beladungszustand zu seinem zulässigen Gesamtgewicht bzw. zur Summe seiner zulässigen Achslasten. Bei leerem oder teilbeladenem Fahrzeug mit ALB muß die Abbremsung lt. Tabelle oder nach Angabe des Herstellers bzw. nach ALB-Schild bei einem Bremszylinderdruck entsprechend der ALB-Auslegung erreicht werden.

2.2.8   Ermittelte Abbremsung
Die ermittelte Abbremsung z für das beladene Fahrzeug muß mindestens den in der Tabelle für die Betriebsbremsanlage angegebenen Mindestwert erreichen. Die Meßwerte und die Basiswerte bzw. die ermittelte Abbremsung für das beladene Fahrzeug sind in das Prüfbuch einzutragen.

2.2.9   Feststellbremsanlage
Die Funktion der Feststellbremsanlage ist entweder auf einem Bremsenprüfstand oder auf griffiger Fahrbahn nachzuweisen. Dabei muß entweder eine Abbremsung nach der in der Tabelle für die Feststellbremsanlage angegebenen Mindestwert, bezogen auf die zulässige Gesamtgewichtskraft des Fahrzeugs, oder die Blockiergrenze erreicht werden.
Bei Federspeicherbremsen ist die Funktion der Warneinrichtung zu prüfen.

2.2.10   Dauerbremsanlage
Die Bremskräfte müssen mindestens 6% des zulässigen Gesamtgewichts des Fahrzeugs betragen.

Für Anhängefahrzeuge
Funktionsprüfung sowie Messung des eingesteuerten Drucks an den Bremszylindern. Bei Reibungsbremsen dürfen die Bremskräfte nicht mehr als 7% des zulässigen Gesamtgewichts des Anhängefahrzeugs betragen.

2.2.11   Funktion sonstiger Bremsanlagen
Diese Bremsanlagen sind im Rahmen einer Probefahrt zu prüfen.

2.3   Hydraulik-Bremsanlagen
Prüfungen sinngemäß wie 2.1 und 2.2 und nach Angaben des Herstellers.

2.4   Vakuum-Bremsanlagen
Prüfung sinngemäß wie 2.1 und 2.2 und nach Angaben des Herstellers.

2.5   Blockierschutzeinrichtung
Bei Fahrzeugen mit Blockierschutzeinrichtung ist zu prüfen, ob die Sicherheitseinrichtung entsprechend den Herstellerangaben arbeitet (Sicherheitsschaltung in Verbindung mit der Warneinrichtung – nur Aufleuchten und Verlöschen der Kontrollampe).

2.6   Auflaufbremsanlagen in Anhängefahrzeugen

2.6.1   Funktion
Gängigkeit von Übertragungseinrichtungen (Zugstange und Gestänge) bei selbsttätigem Rückfahrsystem nach Angabe des Herstellers prüfen (selbsttätiges Auslösen der Rückfahrsperre), bei angezogener FBA Hub der Zugstange höchstens $^2/_3$ des gesamten Auflaufweges.

2.6.2   Wirkung
Prüfung nur über die FBA
Es muß entweder eine Abbremsung z von mindestens 15%, bezogen auf die zulässige Gesamtgewichtskraft des Anhängers, oder die Blockiergrenze erreicht werden.

3.   Innere Untersuchung der Radbremse nach den Anleitungen der Fahrzeug- oder Bremsenhersteller, nötigenfalls auch eine innere Untersuchung der einzelnen Bauteile der Bremsanlagen

Eine innere Untersuchung der einzelnen Bauteile ist durchzuführen, wenn sie vom Fahrzeug-, Bremsen- oder Achsenhersteller vorgeschrieben wird oder wenn sie aufgrund einer Sicht-, Funktions- oder Wirkungsprüfung erforderlich wird.

3.1 *Aggregate*
Eine Zustandsuntersuchung der einzelnen Bremsaggregate ist nach den Wartungs- und Reparaturanweisungen der Fahrzeug- oder Bremsenhersteller durchzuführen, sofern die Bremsaggregate nicht durch Austauschteile ersetzt werden.

3.2 Nach dem Zusammenbau ist eine erneute Sicht-, Funktions- und Wirkungsprüfung durchzuführen.
(VkBl 1983, S. 560)

Von der ZU und BSU zur Sicherheitsprüfung
Die bisher nach § 29 StVZO praktizierte Überwachung der Nutzfahrzeuge in Form von Zwischen- und Bremsensonderuntersuchungen soll künftig entfallen, dafür in der Sicherheitsprüfung (SP) zusammengefaßt und zwischen zwei Hauptuntersuchungen gelegt werden.
Die Veröffentlichung ist zum Zeitpunkt der Drucklegung dieses Buches noch nicht erfolgt. Sie soll eine Übergangsfrist von 18 Monaten enthalten.

Ziele der geplanten Sicherheitsprüfung
❐ Anpassung der Untersuchungen an die heutige Fahrzeugtechnik,
❐ Reduktion der Anzahl von Untersuchungen,
❐ Vermeidung von Doppelprüfungen,
❐ Verbesserung der Prüfqualität,
❐ Annäherung an die EG-Richtlinien.

Prüfbereiche
❐ Bremsanlage,
❐ Lenkung,
❐ Räder/Reifen,
❐ Fahrwerk, Aufbau, Verbindungseinrichtungen,
❐ Auspuffanlage.

Prüffristen für SP

	Erstzul	1. Jahr	2. Jahr	3. Jahr	4. Jahr
Lkw > 7,5 t ≤ 12 t zul. Ges.-Gew.		◇	◇	◇ ●	◇
Lkw > 12 t zul. Ges.-Gew.		◇	◇ ●	◇ ●	◇
Anhänger > 10 t zul. Ges.-Gew.		◇	◇ ●	◇ ●	◇
Kom > 8 Fahrgastplätze	◇ ●	◇ ●	◇ ● ● ●	◇

◇ HU   ● SP

7.1 Hydraulische Bremsen

Die Wirkung der hydraulischen Bremsen beruht auf der Anwendung des Pascalschen Gesetzes.

Pascalsches Gesetz
Der auf eine eingeschlossene Flüssigkeit ausgeübte Druck pflanzt sich in dieser nach allen Richtungen gleichmäßig fort.

Bei dem in Bild 7.1 dargestellten Grundprinzip belastet der linke Kolben die Flüssigkeit mit 1000 N (100 kg). Auf jeden der rechts dargestellten Kolben wirkt bei gleicher Kolbenfläche eine Kraft von 1000 N (100 kg). Der linke Kolben legt die Summe der rechten Kolbenwege zurück. Tritt nun anstelle der Gewichtsbelastung links eine Fußkraft und läßt man die acht Kolben rechts auf die Bremsbacken wirken, so hat man das Prinzip der hydraulischen Bremse.

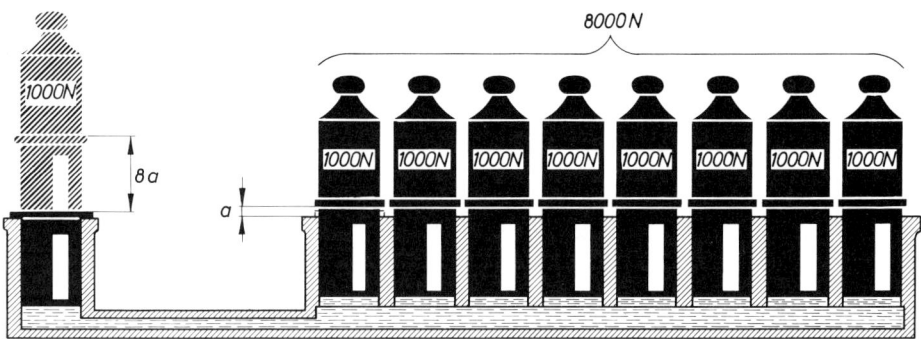

Bild 7.1   Grundprinzip des Pascalschen Gesetzes (ATE)

7.1.1 Hauptzylinder

Der Hauptzylinder ist das Grundgerät der hydraulischen Einkreisbremse. Er wird durch die Fußkraft des Fahrers, meistens mit Hilfskraft (Druckluft, Vakuum oder Pumpe), betätigt (Bild 7.2).

Bremsvorgang
Nachdem das Bremspedal betätigt und das Spiel zwischen Druckstange und Kolbenpfanne (1 mm) ausgeschaltet ist, bewegen sich Kolben, Füllscheibe und Primärmanschette in Richtung Bodenventil. Dabei wird zunächst Bremsflüssigkeit aus dem Druckraum durch die Ausgleichsbohrung zum Ausgleichsbehälter verdrängt (Bild 7.2). Sobald die Primärmanschette die Ausgleichsbohrung verschließt, baut sich im Druckraum ein Druck auf, der sich über das Bodenventil und das Leitungssystem bis zu den Radbremsen fortpflanzt.

Lösevorgang
Nimmt man die Fußkraft weg, so gelangen das Bremspedal und das Betätigungsgestänge per Federkraft in die Ausgangsstellung zurück. Die Vordruckfeder führt den Kolben, die Füllscheibe und die Primärmanschette zügig nach.

Im Druckraum entsteht ein Unterdruck, da die Bremsflüssigkeit durch das dünne Leitungssystem nicht so schnell rückströmen kann, wie sich der Druckraum vergrößert. Dieser bewirkt, daß

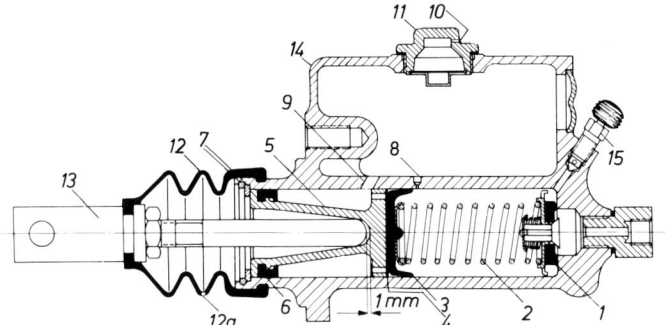

Bild 7.2 Hauptzylinder mit angegossenem Ausgleichsbehälter (ATE)
1 Bodenventil
2 Vordruckfeder
3 Primärmanschette (Topfmanschette)
4 Füllscheibe/Ringscheibe (Stahl oder Messing)
5 Kolben
6 Sekundärmanschette/Ringmanschette
7 Anschlagscheibe und Sicherungsring

8 Ausgleichsbohrung (∅ 0,7 mm)
9 Nachfüllbohrung (∅ 3 bis 5 mm)
10 Belüftungsbohrung (∅ 1 mm)
11 Verschraubung
12 Staubmanschette mit Bohrung für Druckausgleich (12a)
13 Druckstange
14 Ausgleichsbehälter/Vorratsbehälter für die Bremsflüssigkeit
15 Entlüftungsschraube

die Lippe der Primärmanschette und die Füllscheibe nachgeben, so daß Bremsflüssigkeit vom Ringraum durch die Füllbohrungen des Kolbens zum Druckraum nachgesaugt wird (Bild 7.3). Der Ringraum wird über die Nachfüllbohrung versorgt. Durch die verspätet aus dem Leitungssystem zurückströmende Bremsflüssigkeit erfolgt über die Ausgleichsbohrung ein Volumenausgleich in Richtung Ausgleichsbehälter.

Tritt im System ein Unterdruck ein, so reagiert das innere kleine Ventil und läßt die erforderliche Flüssigkeitsmenge vom Ausgleichsbehälter über den Zylinderdruckraum in das System fließen. Bei einem Überdruck im Bremssystem wird das Bodenventil von seinem Sitz angehoben, so daß sich die Flüssigkeit zum Behälter hin ausgleichen kann. Beim Lösen der Bremsen ist der Vorgang der gleiche.

Durch das Zusammenwirken der Ausgleichsbohrung, des Kolbens mit Füllscheibe, der Primärmanschette und des Bodenventils wird eine völlig selbsttätige Regelung der Füllung erreicht und Eindringen von Luft vermieden.

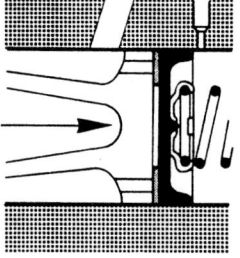
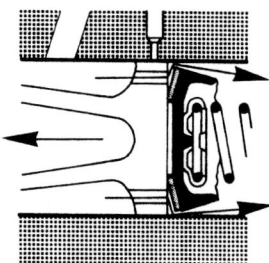

Bild 7.3 Primärmanschette, links beim Bremsvorgang, rechts beim Lösevorgang (ATE)

Innenteile des Hauptzylinders

Bodenventil
Das Bodenventil hält im Bremssystem in der Regel einen Vordruck von 0,4 bis 1,7 bar aufrecht und erlaubt ein Entlüften der Bremsanlage ohne Entlüftungsgerät (pumpende Entlüftung). Der Vordruck verbessert die Abdichtwirkung der Radzylindermanschetten und ermöglicht ein schnelles Ansprechen der Bremsen.

Vordruckfeder
Diese Feder bestimmt die Höhe des Vordrucks im Leitungssystem und drückt den Kolben beim Lösevorgang in seine Ausgangsstellung zurück.

Primärmanschette
Die Primärmanschette dichtet den Druckraum beim Bremsvorgang ab und wird beim Schnelllösevorgang als Ventil wirksam.
    Unterscheidungsmerkmale einer Primärmanschette gegenüber einer Radzylindermanschette (Topfmanschette): Die Primärmanschette hat eine längere und weichere Lippe, eine abgerundete Kante, Längsnuten zur Führung der Bremsflüssigkeit, eine Ringnut, damit sich die Lippe leicht nach innen umlegen kann, und eine Zentrierung für den Federteller.

Füllscheibe/Ringscheibe (Stahl oder Messing)
Die Füllscheibe schützt die Primärmanschette vor Beschädigungen durch die Füllbohrungen des Kolbens beim Bremsvorgang und wird beim Lösevorgang als Ventil wirksam.

Kolben
Er besitzt im vorderen Teil Füllbohrungen und im hinteren Teil eine Nut für die Sekundärmanschette. Der Kolben überträgt die Fußkraft auf die Bremsflüssigkeit.

Sekundärmanschette/Ringmanschette
Diese Manschette dichtet den Ringraum ab. Sie verhindert den Austritt von Flüssigkeit und meistens auch den Eintritt von Luft.

Anschlagscheibe und Sicherungsring
Beide begrenzen die Stellung des Kolbens bei gelöster Bremse.

Ausgleichsbohrung ($\varnothing$ 0,7 mm)
Ihre Aufgabe ist es, das Flüssigkeitsvolumen im Druckraum bei Temperaturschwankungen und beim Lösevorgang auszugleichen.

Nachfüllbohrung ($\varnothing$ 3 bis 5 mm)
Sie soll den Ringraum beim Lösevorgang auffüllen und einen Lufteintritt in das Bremssystem verhindern.

Belüftungsbohrung ($\varnothing$ 1 mm)
Diese Bohrung soll die Volumenänderung der Bremsflüssigkeit im Ausgleichsbehälter bei Temperaturschwankungen durch Lufteintritt oder Luftaustritt ermöglichen.

Bodenventile

Es gibt einfache Bodenventile und Spezialbodenventile. Sie unterscheiden sich durch ihre Aufgaben.

Da die Bremsflüssigkeit bei beiden Ausführungen wie in Bild 7.4 auf verschiedenen Wegen vom Hauptzylinder ins Leitungssystem und zurück gelangt, spricht man von doppelt wirkenden Bodenventilen.

Einfaches Bodenventil: Das einfache Bodenventil kann als Kegelventil oder als Kappenventil ausgelegt sein (Bild 7.4). Es hält die Bremsflüssigkeit in den Leitungen trommelgebremster Achsen unter einem Vordruck von etwa 0,4 bis 1,7 bar.

Der Vordruck bewirkt eine Verringerung des sonst üblichen Leerweges am Bremspedal, so daß die Radbremsen bei einwandfreier Nachstellung besonders schnell ansprechen.

Spezialbodenventil: Das Spezialbodenventil ist ein Kegelventil mit Drosselbohrung = 0,7 mm (Bild 7.5). Es hat die Aufgabe, an scheibengebremsten Achsen und in der Kupplungshydraulik, an denen kein Vordruck herrschen darf, den restlosen Druckabbau zu ermöglichen, wobei jedoch das Füllen und Entlüften mit dem Bremspedal durch Pumpen gewährleistet bleibt.

Vordruckventile

Vordruckventile ersetzen Bodenventile und werden bei Platzmangel im Hauptzylinder oder bei Kombinationen von Trommel- und Scheibenbremsen außerhalb des Hauptzylinders eingebaut.

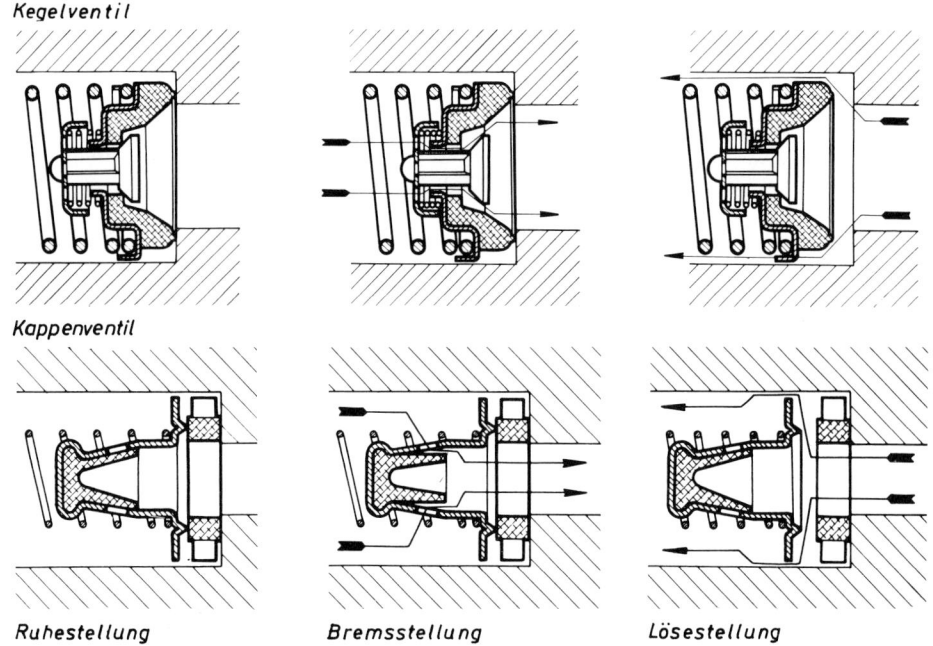

Kegelventil

Kappenventil

Ruhestellung *Bremsstellung* *Lösestellung*

Bild 7.4   Bodenventilausführungen (ATE)

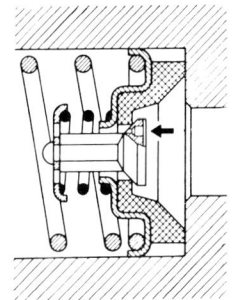

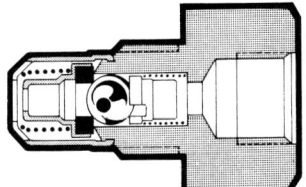

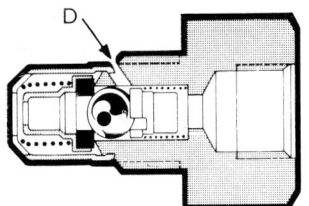

Bild 7.6   Einfaches Vordruckventil zum Einschrauben in den
Hauptzylinder (ATE)

Bild 7.7   Spezialvordruckventil
zum Einschrauben in den
Hauptzylinder (ATE). Die
Drosselbohrung kann durch
Kerben im Ventilsitz ersetzt
sein.

Bild 7.5   Spezialboden-
ventil (ATE)

Einfaches Vordruckventil (Bild 7.6)
Dieses Ventil hat bei ATE ein dunkelgraues Gehäuse (phosphatiert), hält einen Vordruck und
wird für die Trommelbremse verwendet.

Spezialvordruckventil (Bild 7.7)
Dieses Ventil hat bei ATE ein hellgraues Gehäuse (verkadmet), hält keinen Vordruck und wird
für die Scheibenbremse verwendet.

Kombination von Trommel- und Scheibenbremsen
Werden Trommel- und Scheibenbremsen in ein Fahrzeug eingebaut, so erhält die Vorderachse
Scheibenbremsen und die Hinterachse Trommelbremsen. Dabei gibt es verschiedene Schaltungs-
möglichkeiten.

❐ *Der Hauptzylinder hat ein Spezialbodenventil*
    Der Anschluß für Trommel- und Scheibenbremsen erfolgt wie üblich, jedoch wird für die
    Trommelbremse im Regelfall ein Vordruckventil eingebaut.
❐ *Der Hauptzylinder hat ein einfaches Bodenventil*
    Der Anschluß für die Trommelbremse erfolgt wie üblich. Die Scheibenbremse wird seitlich
    zwischen dem Bodenventil und der Primärmanschette angeschlossen, also dort wo kein Vor-
    druck herrscht.
❐ *Der Hauptzylinder hat eine Drosselbohrung oder ein Spezialbodenventil*
    Der Anschluß für die Trommel- und Scheibenbremse erfolgt wie üblich. Man verzichtet für die
    Trommelbremse auf den Vordruck und verwendet für die Radzylinder Abdichtmanschetten,
    die keinen Vordruck benötigen.
❐ *Tandem-Hauptzylinder*
    Hier kann der eine Kreis mit Vordruck für die Trommelbremse und der andere Kreis ohne Vor-
    druck für die Scheibenbremse gewählt werden.

7.1.2   Tandem-Hauptzylinder

Der Tandem-Hauptzylinder ist das Grundgerät der hydraulischen Zweikreisbremse (Bild 7.8). Er
besteht praktisch aus zwei Hauptzylindern, die gehäusemäßig vereint sind.

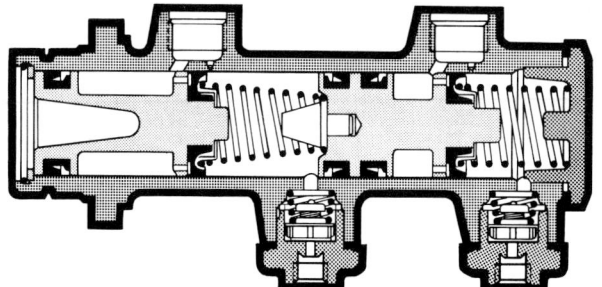

Die Kolbenhübe können unterschiedlich sein. Ist dies der Fall, so wird das größere Hubvolumen der Achse mit dem größeren Volumenbedarf zugeordnet.

Arbeitsweise

Der Tandem-Hauptzylinder arbeitet grundsätzlich wie der einfache Hauptzylinder. Er bietet jedoch einen entscheidenden *Vorteil,* nämlich Sicherheit durch Zweikreisigkeit.

Bei Funktionsausfall eines Kreises kann das Fahrzeug noch mit dem anderen Kreis gebremst werden. Natürlich nimmt die Bremswirkung insgesamt ab und der Pedalweg zu. Welche Räder dann noch gebremst werden, hängt von der Schaltung der Zweikreisbremse ab.

Bei intakter Bremsanlage entsteht der hydraulische Druckaufbau, wenn der Druckstangenkreis mechanisch und der Zwischenkolbenkreis hydraulisch betätigt wird. Da die Ausgleichsbohrungen nicht zeitgleich durch die Primärmanschetten überfahren werden, entstehen am Bremspedal zwei Leerwege (Verlustwege).

Versagt der Druckstangenkreis, so vergrößert sich der Leerweg am Bremspedal so lange, bis sich beide Kolben berühren. Der Zwischenkolbenkreis wird dann mechanisch betätigt. Das Fahrzeug bremst dann nur noch einkreisig. Versagt der Zwischenkolbenkreis, so vergrößert sich der Leerweg am Bremspedal so lange, bis der Zwischenkolben seinen Anschlag erreicht hat. Erst jetzt ist ein Druckaufbau im Druckstangenkreis möglich.

Beim Tandem-Hauptzylinder (Bild 7.9) ist die Kolbenfeder mittels Schraube und Federteller vorgespannt bzw. auf Länge gefesselt. Dadurch reagieren beide Kolben zeitgleich, d.h., beide Ausgleichsbohrungen werden zeitgleich überfahren. Dies bedeutet eine Pedalwegverkürzung (nur ein Leerweg) und bewirkt einen gleichzeitigen Druckaufbau in beiden Bremskreisen. Der in Bild 7.9

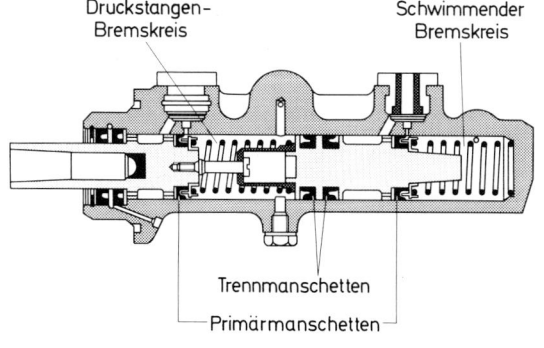

Druckstangen-
Bremskreis

Schwimmender
Bremskreis

Bild 7.9 Tandem-Hauptzylinder mit gefesselter Kolbenfeder (ATE)

Trennmanschetten

Primärmanschetten

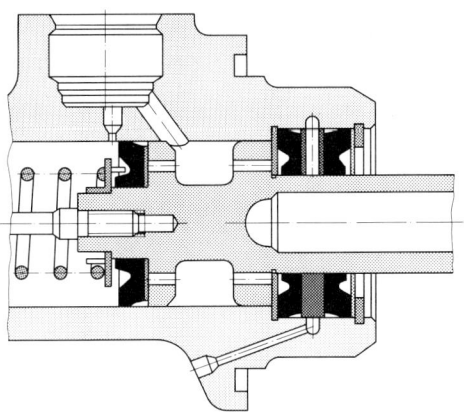

gezeigte Tandem-Hauptzylinder hat neben den beiden Primär- und Trennmanschetten noch zwei richtungsgleich eingesetzte Sekundärmanschetten. Sie sollen verhindern, daß der angeflanschte Saugluftverstärker Bremsflüssigkeit absaugen kann. Bei nicht intakter Sekundärabdichtung gelangt die Bremsflüssigkeit durch die Leckbohrung, die zwischen den Manschetten liegt, kontrollierbar ins Freie.

Wird der Tandem-Hauptzylinder mit einem Druckluftverstärker verbaut, so muß die Dichtlippe der äußeren Sekundärmanschette zum Verstärker weisen (Bild 7.10). Dadurch wird verhindert, daß Druckluft ins hydraulische System eindringen kann. Die in Bild 7.11 gezeigte Sekundärmanschette ist bremsflüssigkeitsdicht und unterdruckdicht. Durch den Wegfall der zweiten Sekundärmanschette und durch die verbesserte Führung des Druckstangenkolbens ist die Reibung reduziert, so daß die Bremse schneller reagiert.

Bild 7.11   Tandem-Hauptzylinder für
Saugluftverstärker (ATE)
1 Sekundärmanschette
2 Kunststoffbuchse
3 Anschlagscheibe
4 Sicherungsring

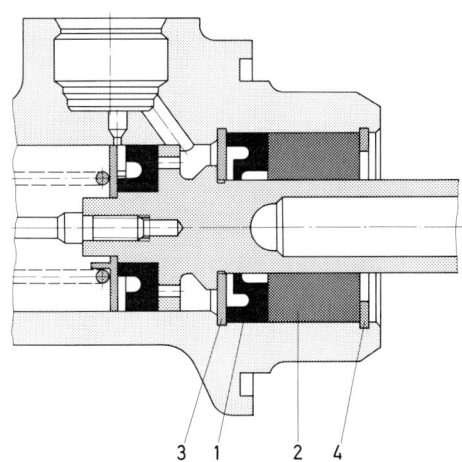

3   1   2   4

Hydraulische Bremsen   **641**

Diese Sekundärmanschette darf nur in dafür bestimmte Tandem-Hauptzylinder eingebaut werden.

Warnlampe: Damit der Ausfall eines Bremskreises nicht unbemerkt bleibt, ist die Zweikreisbremse mit einer Warnlampe ausgestattet. Sie wird durch zwei Schwimmerschalter (Bilder 7.12 und 7.13) oder durch einen Differenzdruckschalter gesteuert (Bild 7.14).

Die Warnlampe leuchtet bei eingeschalteter Zündung und aktiviertem Schalter auf, sofern sie in Ordnung ist. Dies ist jederzeit kontrollierbar, wenn die Warnlampe auch auf die Position der Feststellbremse anspricht.

Schwimmer-Warnschalter: Die Warnlampe leuchtet bei eingeschalteter Zündung, wenn der gesunkene Flüssigkeitsstand (Bilder 7.12 und 7.13) in einer Kammer des Nachfüllbehälters den Schwimmerschalter aktiviert/schließt.

Bild 7.12 Leckstelle im Bremskreis, der mit dem vorderen Druckraum verbunden ist; Warnleuchte leuchtet auf (DB)

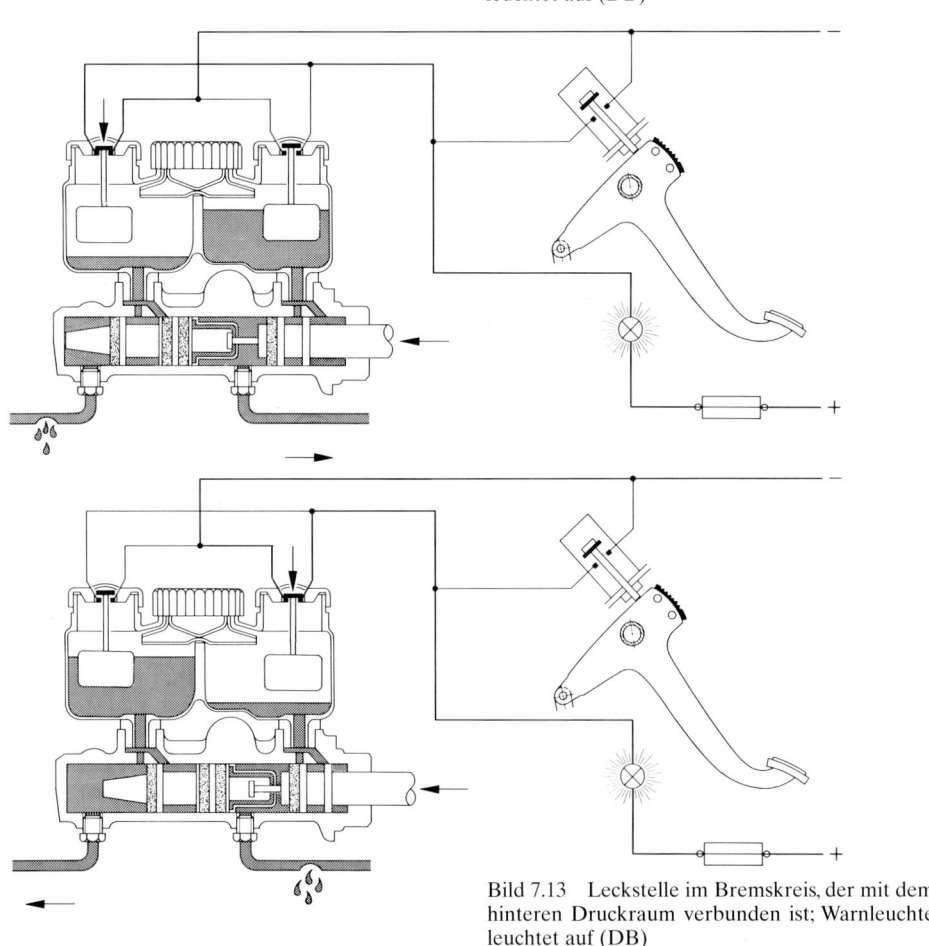

Bild 7.13 Leckstelle im Bremskreis, der mit dem hinteren Druckraum verbunden ist; Warnleuchte leuchtet auf (DB)

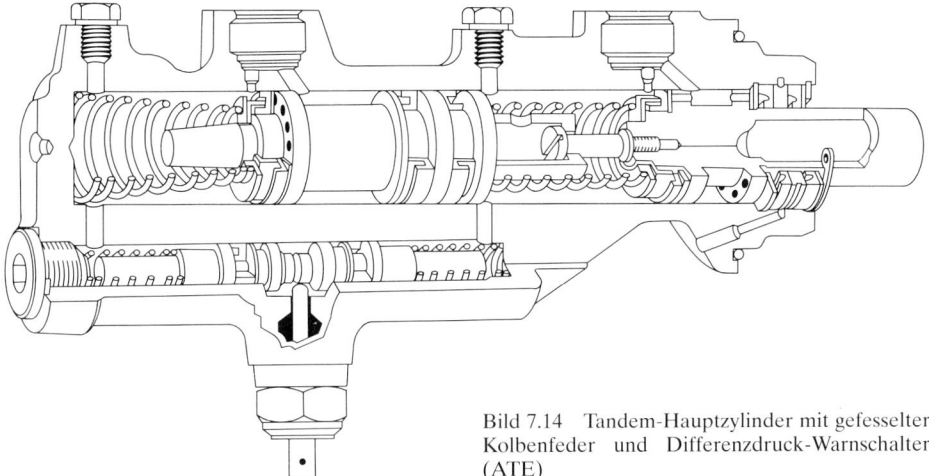

Bild 7.14 Tandem-Hauptzylinder mit gefesselter Kolbenfeder und Differenzdruck-Warnschalter (ATE)

Differenzdruck-Warnschalter: Die Warnlampe leuchtet bei Ausfall eines Bremskreises erst dann auf, wenn bei eingeschalteter Zündung das Bremspedal betätigt wird (Bild 7.14). Je nach Auslegung erlischt sie beim Lösen der Bremse oder leuchtet infolge Arretierung ständig weiter, solange die Zündung eingeschaltet ist (z.B. Volvo).

> Die Warnlampe kann bei eingeschalteter Zündung und gelöster Bremse aufleuchten, wenn der Differenzdruck-Warnschalter beim Wechseln der Scheibenbremsklötze ungewollt einseitig betätigt wurde (Herstellerangaben beachten).

7.1.3 Tandem-Hauptzylinder mit Volumenverbraucher

Dieser Tandem-Hauptzylinder wird für bestimmte Fahrzeuge mit Antiblockiersystem (ABS) verwendet. Seine Besonderheit ist der Volumenverbraucher, dessen Kolben beim Bremsvorgang einen gewissen Hub gegen Federkraft ausführt (Bild 7.15).

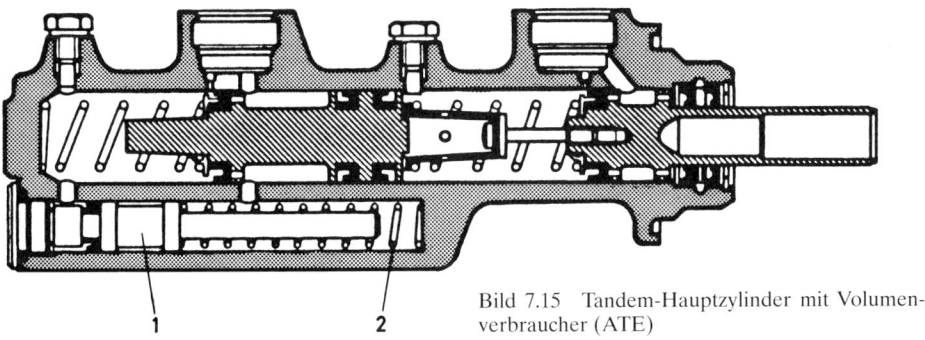

1   2

Bild 7.15 Tandem-Hauptzylinder mit Volumenverbraucher (ATE)

Der Volumenverbrauch bewirkt, daß die Primärmanschetten die Ausgleichsbohrungen um einen gewissen Weg überfahren, bevor sich ein Bremsdruck aufbauen kann.

Treten beim Bremsvorgang Druckschwankungen durch Regelvorgänge des ABS auf, so bleiben die Primärmanschetten unbeschädigt, da sie genügend weit von den Ausgleichsbohrungen entfernt sind.

7.1.4 Tandem-Hauptzylinder mit Zentralventil

Dieser Tandem-Hauptzylinder wird für Fahrzeuge mit Antiblockiersystem (ABS) verwendet. Der Weg des Zwischenkolbens wird durch eine Spannhülse begrenzt, die gleichzeitig als Nachfüllbohrung dient (Bild 7.16). Die Besonderheit dieses Tandem-Hauptzylinders ist das Zentralventil im Zwischenkolben. Es ersetzt die Ausgleichsbohrung und erfüllt deren Aufgabe im Zwischenkolbenkreis.

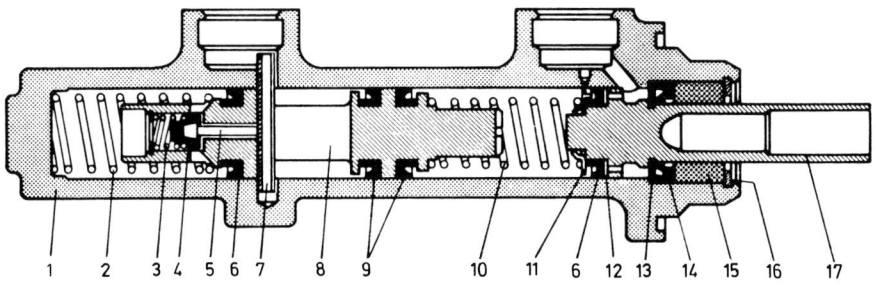

Bild 7.16   Tandem-Hauptzylinder mit Zentralventil (ATE)

1 Zylindergehäuse	7 Spannhülse	13 Anschlagscheibe
2 Druckfeder	8 Zwischenkolben	14 Sekundärmanschette
3 Ventilfeder	9 Trennmanschette	15 Kunststoffbuchse
4 Ventildichtung	10 Druckfeder	16 Sicherungsring
5 Ventilstift	11 Stützring	17 Druckstangenkolben
6 Primärmanschette	12 Füllscheibe	

Das Zentralventil verhindert eine Beschädigung der Primärmanschette des Zwischenkolbenkreises, die sich bei vorhandener Ausgleichsbohrung, die sich beim Bremsvorgang durch Druckschwankungen infolge auftretender Regelvorgänge des ABS ergeben könnte.

Es gibt auch Tandem-Hauptzylinder für Fahrzeuge mit Antiblockierschutz, die zwei Zentralventile haben (Bild 7.17). Da je ein Zentralventil im Zwischenkolben und im Druckstangenkolben integriert ist, entfallen beide Ausgleichsbohrungen. Automatisch sind bei Regelvorgängen des ABS beide Primärmanschetten vor den Beschädigungen geschützt.

Um Montagefehler zu vermeiden, sind diese Tandem-Hauptzylinder mit nicht demontierbaren Sicherungsringen ausgestattet (Bild 7.18). Bei einem Defekt kann nur der komplette Tandem-Hauptzylinder gewechselt werden.

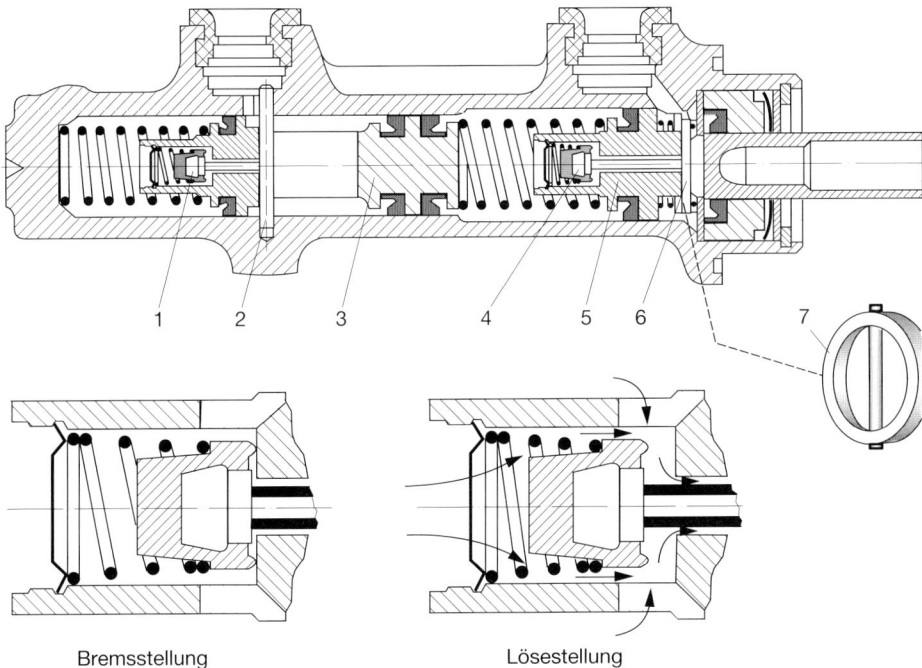

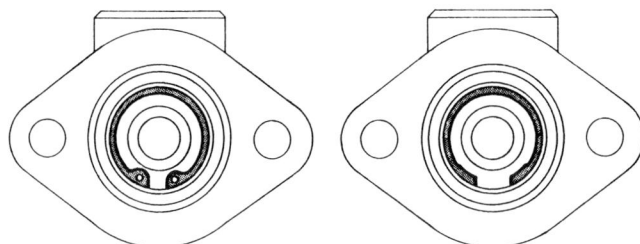

Bremsstellung   Lösestellung

Bild 7.17   Tandem-Hauptzylinder mit zwei Zen-   4 Ventilstift mit Dichtung
tralventilen (ATE)   5 Druckstangenkolben
1 Ventilstift mit Dichtung   6 Steuerring
2 Zylinderstift   7 Steuerring mit Stift
3 Zwischenkolben

Bild 7.18 Sicherungsring,
links demontierbar,
rechts nicht demontierbar

7.1.5   Gestufter Tandem-Hauptzylinder

Der gestufte Tandem-Hauptzylinder arbeitet in gleicher Weise wie der Tandem-Hauptzylinder und ist für die Zweikreisbremse verwendbar. Er hat jedoch ein abgesetztes Gehäuse und im Durchmesser unterschiedliche Kolben. Der schwimmende Zwischenkolben ist im Durchmesser kleiner als der Druckstangenkolben (Bild 7.19).

Am Druckstangenkreis (großer Kolben-⌀) ist die Vorderachse und am schwimmenden Zwischenkolbenkreis (kleiner Kolben-⌀) die Hinterachse angeschlossen.

Hydraulische Bremsen   **645**

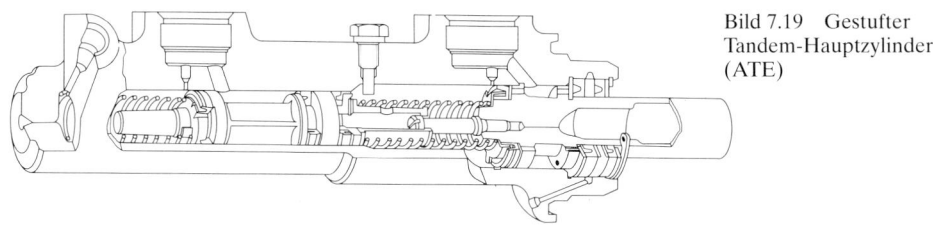

Bild 7.19 Gestufter
Tandem-Hauptzylinder
(ATE)

Bei intakter Anlage ist der Bremsdruck in beiden Kreisen gleich.

Fällt der schwimmende Kreis aus, so bremst die Vorderachse wie bisher. Bei Ausfall des Druck-stangenkreises berühren sich beide Kolben, und die Hinterachse wird automatisch mit erhöhtem Druck gebremst. Der gestufte Tandem-Hauptzylinder verbessert also die Bremseigenschaften des hinteren Bremskreises bei Ausfall des vorderen Bremskreises.

7.1.6   Gestufter Tandem-Hauptzylinder mit Zentralventil

Der gestufte Tandem-Hauptzylinder mit Zentralventil unterscheidet sich vom ungestuften Tan-dem-Hauptzylinder mit Zentralventil durch folgende Punkte:

❐ Der Weg des Zwischenkolbens wird durch einen Zylinderstift begrenzt, so daß die bekannte Nachfüllbohrung erforderlich ist.

❐ Der Zwischenkolben hat einen kleineren Durchmesser als der Druckstangenkolben (Bild 7.20).

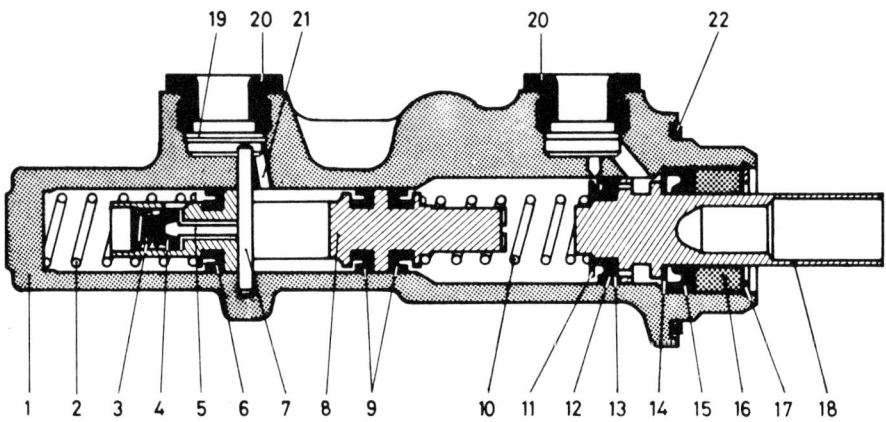

Bild 7.20   Gestufter Tandem-Hauptzylinder mit Zentralventil (ATE)

1 Zylindergehäuse	8 Zwischenkolben	15 Sekundärmanschette
2 Druckfeder	9 Trennmanschette	16 Kunststoffbuchse
3 Ventilfeder	10 Druckfeder	17 Sicherungsring
4 Ventildichtung	11 Stützring	18 Druckstangenkolben
5 Ventilstift	12 Primärmanschette	19 Scheibe
6 Primärmanschette	13 Füllscheibe	20 Behälterstopfen
7 Zylinderstift	14 Anschlagscheibe	21 Nachlaufbohrung
		22 Dichtring

Versagt der Druckstangenkreis, so berühren sich beim Bremsvorgang die beiden Druckkolben. Jetzt wird der bisher hydraulisch gesteuerte Zwischenkolben mechanisch betätigt. Dies hat eine automatische Bremsdruckerhöhung im intakten Zwischenkolbenkreis zur Folge. Stellt man sich vor, daß dieser Bremskreis auf die Hinterachse wirkt, so kann diese aufgrund geringerer Gewichtsverlagerung verstärkt gebremst werden.

7.1.7   Spezial-Tandem-Hauptzylinder (Twintax)

Der Twintax ist ein gestufter Tandem-Hauptzylinder mit lose aneinander gefesselten Kolben (Bild 7.21). Er kann dort verwendet werden, wo der Volumenbedarf beider Kreise rechnerisch gleich ist. Dies trifft beim 2×3-Bremssystem von Volvo zu. Jeder Kreis wirkt auf die Vorderachse (Doppel-Bremssattel) und auf ein Hinterrad, also jeweils auf drei Räder.

Beim Bremsvorgang (Bild 7.22) ist der Druck bei intakter Anlage in beiden Kreisen gleich. Dabei bleibt der Abstand zwischen den Kolben praktisch unverändert. Er ändert sich, wenn ein Kreis – z.B. durch Lüftspieländerung – einen größeren Volumenbedarf hat (Bild 7.23).

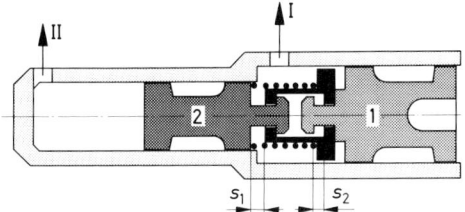

Bild 7.21   Spezial-Tandem-Hauptzylinder
(Twintax) in Ruhestellung

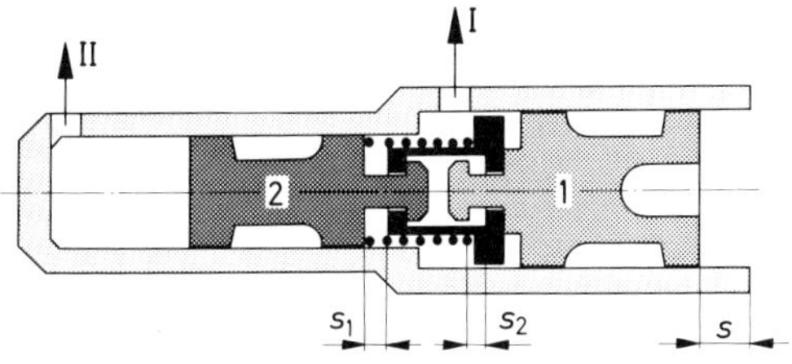

Bild 7.22   Bremsstellung

Fällt der Kreis I aus, so bewegt sich der Kolben 1 beim Bremsvorgang um den geringen Verlustweg S1 nach links, bis die Fesselhülse den Kolben 2 berührt (Bild 7.24). Der sich anschließend im Kreis II aufbauende Druck ist bei unveränderter Fußkraft doppelt so groß wie im Normalfall, weil die jetzt wirksame Kolbenfläche um die Hälfte kleiner ist.

Fällt der Kreis II aus, so weicht der Kolben 2 beim Bremsvorgang – durch Druckanstieg im Kreis I – um den geringen Verlustweg S_2 nach links aus (Bild 7.25). Der Druck im Kreis I ist bei unveränderter Fußkraft doppelt so groß wie im Normalfall, weil jetzt auch hier die wirksame Kolbenfläche um die Hälfte kleiner ist.

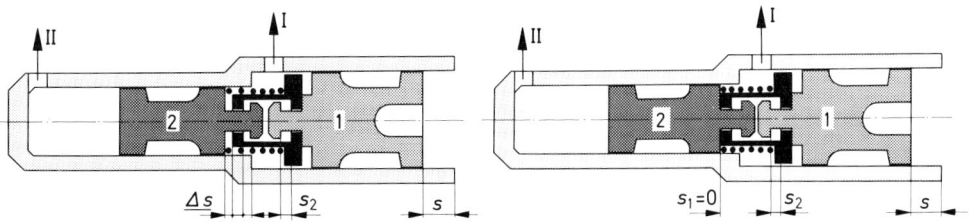

Bild 7.23   Ausfall des Druckstangen-Bremskreises (I)

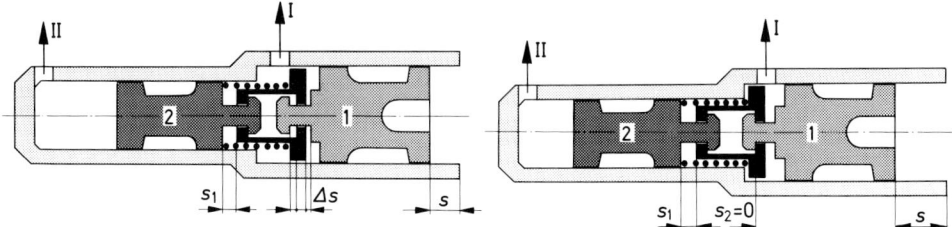

Bild 7.24 Kolbenstellungen infolge Lüftspieländerung

Bild 7.25 Ausfall des Zwischenkolben-Brems-
kreises (II)

Der Twintax hat folgende *Vorteile:*
❐ Bei Ausfall eines Kreises wird der Bremspedalweg nur geringfügig länger.
❐ Fällt ein Bremskreis aus, so verdoppelt sich der Druck im intakten Kreis, und die Bremswir-
kung läßt nur wenig nach.

Zweikreisschaltungen: Bremsanlagen mit zwei Kreisen sind bei einer auftretenden Undichtigkeit
sicherer als solche mit einem Kreis. Fällt ein Bremskreis aus, so kann das Fahrzeug noch mit dem
anderen Kreis gebremst werden. Dabei verringert sich allerdings die Bremswirkung, und der
Bremsweg wird länger. Die Wirkung des überlebenden Kreises ist von der jeweiligen Schaltung
abhängig. Am einfachsten ist es, die Vorderachse von der Hinterachse bremsmäßig zu trennen. Es
gibt jedoch andere Möglichkeiten, z.B. die Diagonalschaltung (Bild 7.26). Hier wirkt jeder Kreis
auf ein Vorderrad und diagonal auf ein Hinterrad. Beim Doppelzweikreis-Bremssystem (Bild
7.27) wirkt der eine Kreis auf die Vorderachse und der andere auf beide Achsen. Hat ein Fahrzeug ein 2×3-Bremssystem (Volvo), so wirkt jeder Bremskreis auf die Vorderachse und auf ein
Hinterrad. Bei einer echten Zweikreisbremse wirken beide Kreise auf alle Räder.

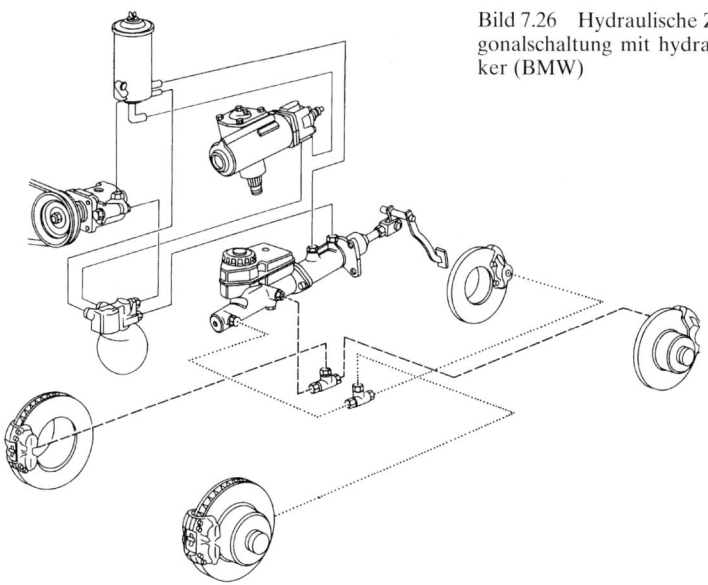

Bild 7.26 Hydraulische Zweikreisbremse in Diagonalschaltung mit hydraulischem Bremsverstärker (BMW)

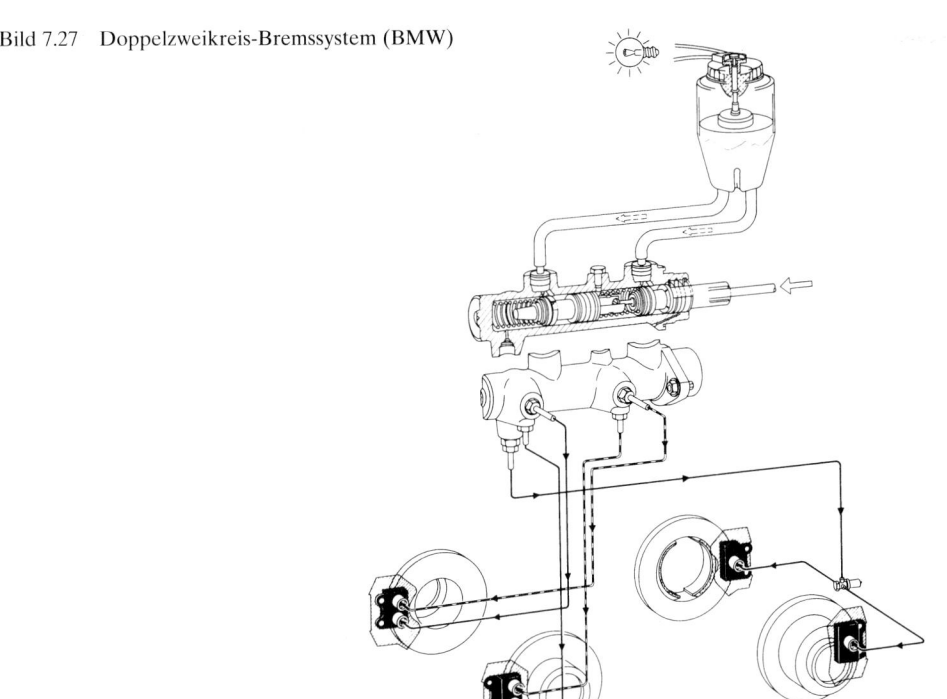

7.2   Wartung der hydraulischen Bremsen

Bremsflüssigkeit muß aus Sicherheitsgründen ohne km-Angabe in regelmäßigen Zeitabständen, meistens nach 1 Jahr, gemäß Herstellerangaben erneuert werden. Wurde eine für Bremsflüssigkeit ausgelegte Anlage *ohne* ABS versehentlich mit einem Mineralölprodukt befüllt, so ist sofort die gesamte Bremsanlage zu zerlegen, denn die Gummiteile werden angegriffen/beschädigt, und die Bremsanlage kann versagen.

In diesem Fall müssen grundsätzlich alle Gummiteile der Anlage – Manschetten, Schläuche usw. – erneuert werden. Die Aggregate, Kolben und Bremsleitungen sind zunächst mit einem Lösungsmittel, dann mit Spiritus zu reinigen und mit wasserfreier, gefilterter Druckluft zu trocknen. Nach erfolgter Komplettierung mittels Bremszylinderpaste (Korrosionsschutz + Montagehilfe) ist die Anlage mit der vorgeschriebenen Bremsflüssigkeit zu befüllen und vorschriftsmäßig zu entlüften. Abschließend ist die Bremsanlage auf Dichtheit zu überprüfen.

Achtung: Bei Anlagen mit ABS darf bei Montage z.T. nur Bremsflüssigkeit benutzt werden.

7.2.1   Bremsflüssigkeit

Die Bremsflüssigkeit ist das kraftübertragende Mittel der hydraulischen Bremse. An sie werden eine Reihe von schwer zu erfüllenden Forderungen gestellt.

- Wasserfreiheit ist Voraussetzung, denn Wasser verursacht Korrosionsbildung im Bremssystem. Außerdem führt der relativ niedrige Siedepunkt des Wassers zur Dampfblasenbildung.
- Gefordert wird ein hoher Siede- und Flammpunkt. Der hohe Siedepunkt der Bremsflüssigkeit gibt die Gewähr, daß auch bei hohen Temperaturen keine Dampfblasenbildung eintritt. Der hohe Flammpunkt macht die Bremsflüssigkeit praktisch unentzündbar.
- Sie muß klimafest sein und darf auch bei tiefsten Temperaturen nicht stocken.
- Die Schmierfähigkeit muß selbst unter ungünstigsten Verhältnissen, z.B. bei hohen Drücken und hoher Betriebstemperatur, gewährleistet sein.
- Antikorrosionswirkung ist eine weitere Forderung. Bei guter Bremsflüssigkeit tritt kein Korrosionsangriff auf die im Bremssystem verwendeten Bauteile aus Metall ein. Bauteile aus Gummi und Kunststoff werden ebenfalls nicht angegriffen.
- Die chemischen und physikalischen Eigenschaften dürfen sich weder durch längere Erhitzung, Unterkühlung, Lagerung noch bei Betrieb verändern.

Die allgemein bekannte Bremsflüssigkeit auf Glykolbasis besteht zu 65% aus Glykol sowie zu etwa 35% aus Glykolether und Spuren aus Rostschutzzusätzen.

Sie wird nach der SAE-Spezifikation J 1703 hergestellt und muß eine klare bis bernsteingelbe Färbung haben.

Man unterscheidet die Güteklassen DOT3, DOT4 und DOT5 (Tabelle 7.6).

Tabelle 7.6   Güteklassen der Bremsflüssigkeiten

Anforderungen	DOT3	DOT4	DOT5
Trockensiedepunkt mind. °C	205	230	260
Naßsiedepunkt mind. °C	140	155	180

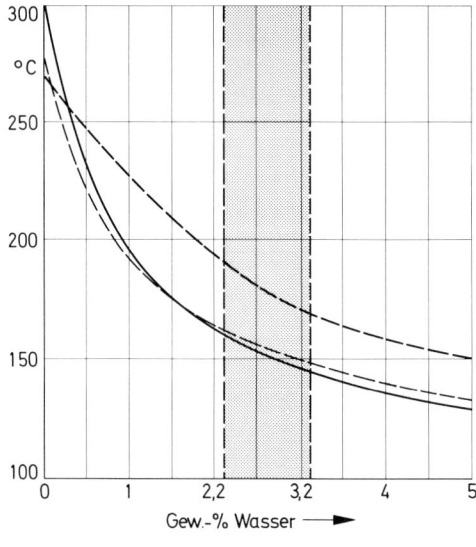

Bild 7.28   Siedepunkt der Bremsflüssigkeit in Abhängigkeit des Wassergehalts (ATE)

– – – Typ N (DOT 3)
——— Typ S (DOT 3)
– – – Typ SL (DOT 4)

Die Betriebssicherheit der Anlage muß bei heißer wie bei kalter Bremse gewährleistet sein. Dies ist mit neuer, wasserfreier Bremsflüssigkeit kein Problem, denn der Trockensiedepunkt liegt bei allen Güteklassen deutlich über der kritischen Temperatur von 180 °C. Die Situation ändert sich, da die Bremsflüssigkeit über die Belüftungsbohrung des Ausgleichsbehälters und über die Bremsschläuche unvermeidbar Wasser aufnimmt.

Werden z.B. innerhalb eines Jahres 2% Wasser aufgenommen (Bild 7.28), so sinkt der Siedepunkt bereits um etwa 60 °C (Naßsiedepunkt). Da die Bremsflüssigkeit – je nach Fahrzeug und Fahrweise – in den Bremssätteln bis 180 °C aufgeheizt werden kann, besteht im Laufe der Zeit die Gefahr der Dampfblasenbildung. Tritt dieser Zustand ein, so versagt die Bremse. Um dies auszuschließen, schreibt der Fahrzeughersteller sowohl den Bremsflüssigkeitstyp wie auch den jeweiligen Wechselintervall vor.

ATE-Bremsflüssigkeiten garantieren z.B. Betriebssicherheit bis –40 °C. Sie werden in den in Tabelle 7.7 aufgeführten Qualitäten angeboten.

Tabelle 7.7   Siedepunkte von ATE-Bremsflüssigkeiten

Typ	Trockensiedepunkt	Naßsiedepunkt
N	mind. 260 °C	mind. 140 °C
SL	mind. 265 °C	mind. 170 °C
Super	mind. 260 °C	mind. 180 °C
Super Blue Racing	mind. 280 °C	mind. 200 °C
Typ 200	mind. 280 °C	mind. 200 °C

Der Wechselintervall beträgt infolge verlangsamten Siedepunktabfalls beim Typ

❒ Super DOT4 bis zu 2 Jahre,
❒ Typ 200 bis zu 3 Jahre.

Eigenschaften der Bremsflüssigkeit

❒ Sie ist giftig; 100 cm^3 sind bereits tödlich.
❒ Sie greift Lacke und die menschliche Haut an.
❒ Sie ist hygroskopisch, d.h., sie nimmt Feuchtigkeit aus der atmosphärischen Luft auf.

Muß die Bremsflüssigkeit erneuert werden, so ist zunächst der Nachfüllbehälter abzusaugen. Er kann dann auf Verschmutzung überprüft und ggf. gereinigt werden.

Die Anlage soll nicht entleert bzw. gespült werden, da sich Schmutzteilchen lösen können, die nicht immer aus den kleinen Bohrungen der Entlüfterschrauben austreten, so daß die Radzylinder undicht werden können.

Der Nachfüllbehälter ist vorsichtig aufzufüllen, um Verwirbelungen mit Luft zu vermeiden. Er muß während der Entlüftung ständig mit Bremsflüssigkeit gefüllt sein. Um einwandfrei entlüften zu können, darf jeweils nur eine Entlüfterschraube geöffnet sein.

Es ist so lange zu entlüften, bis an allen Entlüfterschrauben einwandfrei neue Bremsflüssigkeit blasenfrei austritt.

Wasser und Schmutz können zum Versagen der hydraulischen Bremse führen.

❏ Bremsflüssigkeit ist jährlich zu erneuern, sofern nicht anders vorgeschrieben.
❏ Es muß die gesamte Bremsflüssigkeit der Anlage erneuert werden.
❏ Die Kolben der Radzylinder sind dafür rückzustellen und nach dem Flüssigkeitswechsel wieder entsprechend vorzustellen, wenn es optimal sein soll.
❏ Es darf nur die vom Fahrzeughersteller vorgeschriebene Bremsflüssigkeit verwendet werden.
❏ Es muß neue, saubere und wasserfreie Bremsflüssigkeit sein.
❏ Abgelassene Bremsflüssigkeit darf nicht mehr verwendet werden, da sie schmutz-, wasser- und lufthaltig sein kann.
❏ Herstellerangaben, z.B. Reihenfolge und Bremsflüssigkeitsmenge, die pro Entlüfterschraube ausfließen muß, sind zu berücksichtigen.

VW schreibt z.B. vor, daß am Hauptzylinder je Entlüfterschraube 250 cm³ (sofern vorhanden) und pro Bremssattel bzw. Radzylinder 500 cm³ ausfließen müssen.

❏ Der Bremsflüssigkeitswechsel ist schriftlich mit Datum festzuhalten.
❏ Mit Bremsflüssigkeit benetzte Lackteile sind sofort gründlich mit Wasser abzuspülen.
❏ Bremsflüssigkeit darf nicht in Getränkeflaschen gefüllt werden.
❏ Bremsflüssigkeit darf niemals ins Freie oder in Abflußkanäle geschüttet werden.
❏ Die Inbetriebnahme des Fahrzeugs darf erst erfolgen, wenn Pedalweg und Pedaldruck in Ordnung sind.

Entsorgung: Bremsflüssigkeit ist sortenrein in einem Behälter für flüssigen Abfall zu sammeln und darf auf keinen Fall mit Altöl vermischt werden. Andernfalls ist sie als Sondermüll zu entsorgen.

Ausgleichskappe: Durch die in Bild 7.29 dargestellte Ausgleichskappe wird der ständige Kontakt zwischen der Bremsflüssigkeit des Ausgleichsbehälters und der atmosphärisch feuchten Luft unterbrochen. Hierdurch ist die Gefahr der Wasseraufnahme gemindert.

Bild 7.29   Ausgleichskappe (ATE)

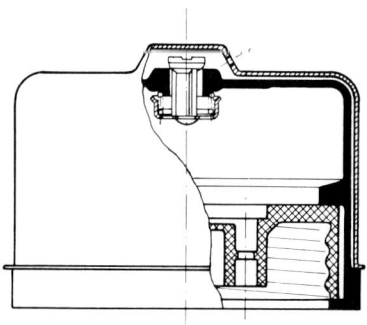

Die Ausgleichskappe besteht aus einem Gummibalg mit Ventil, sitzt auf der Verschraubung des Nachfüllbehälters und wird durch eine Stahlkappe geschützt. Der Gummibalg ist durch eine Bohrung in der Stahlkappe belüftet. Das Ventil ist normalerweise geschlossen. Es öffnet kurzzeitig bei einem eventuellen Über- oder Unterdruck im Ausgleichsbehälter und gleicht diesen aus.

Der Gummibalg ist so flexibel, daß der Funktionsablauf des Hauptzylinders nicht gestört wird.

> Hydraulische Bremsanlagen sind abgestimmte Systeme. Sie werden zwecks Kraftübertragung mit einer Flüssigkeit befüllt, die den Werkstoff der verwendeten Manschetten, Schläuche usw. nicht angreift.

Grundsätzlich unterscheidet man Flüssigkeiten auf *Glykol-, Silikon- und mineralischer Basis*. Eine Verwechslung führt zum Versagen der Bremsanlage.

Bei Falschbefüllung muß immer die gesamte Anlage zerlegt und mit einem geeigneten Mittel gründlich gereinigt werden. Außerdem sind alle betroffenen Gummiteile wie Bremsschläuche usw. zu erneuern. Selbst wenn die Basis – Bremsflüssigkeit oder Mineralöl – stimmt, bewirken unterschiedliche Additive Eigenschaften, die eine Verwechslung verbieten.

> Es darf nur die genau spezifizierte Flüssigkeit verwendet werden, die der Hersteller für das betreffende Fahrzeug vorschreibt.
> Entsprechende Aufmerksamkeit ist auch bei der Reinigung der zerlegten Anlage und beim Einsatz eines Druckprüfers erforderlich.

7.2.2 Entlüftung hydraulischer Bremsanlagen

Nach Montagearbeiten an hydraulischen Bremsen muß entlüftet werden, damit die volle Betriebsbereitschaft sichergestellt ist. Bei Bremsanlagen mit und ohne ABS sind grundsätzlich die Angaben des Fahrzeugherstellers zu berücksichtigen. Es versteht sich von selbst, daß Sauberkeit oberstes Gebot ist.

> Es darf *nur* die vorgeschriebene Bremsflüssigkeit verwendet werden.
> Abgelassene Bremsflüssigkeit darf *nicht mehr* verwendet werden.

Anschließend ist die grundsätzliche Entlüftung der hydraulischen Bremse beschrieben.

Hydraulische Bremsen ohne ABS

Entlüftung mit dem Hauptzylinder: Zunächst ist der Flüssigkeitsstand im Ausgleichsbehälter zu überprüfen bzw. zu korrigieren. Er soll bei der Markierung MAX liegen, d.h. ca. 1 bis 2 cm unterhalb der Oberkante.

Nun schließt man nach Abnahme der Schutzkappe den Schlauch der Entlüfterflasche an das vom Fahrzeughersteller genannte Entlüftungsventil und öffnet es. Die zweite Person tritt dann das Bremspedal auf Zuruf *schnell* etwa halb durch.

> Die schnelle Betätigung verspricht den schnellsten und besten Entlüftungserfolg.

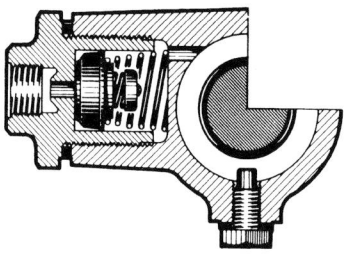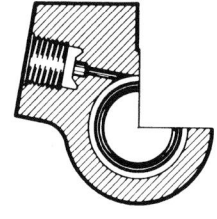

Bild 7.30 Hauptzylinder, links mit Bodenventil, rechts mit Drosselbohrung im Anschlußgewinde

> Der halbe Pedalweg verhindert, daß bei älteren Hauptzylindern die Primärmanschette stirbt.

Anschließend läßt man das Bremspedal *langsam* los, um ein Ansaugen von Luft sicher zu verhindern. Das Entlüfterventil kann vorher geschlossen werden. Dies ist jedoch im Regelfall nicht erforderlich, weil durch das Bodenventil bzw. durch eine Drosselbohrung im Gehäuse (Bild 7.30) die Luftansaugung über das Entlüfterventil verhindert und das Nachsaugen der Bremsflüssigkeit vom Ringraum zum Druckraum gewährleistet ist.

Der Entlüftungsvorgang ist so lange zu wiederholen, bis die Bremsflüssigkeit an dem Entlüfterventil blasenfrei austritt. Bevor man den Vorgang an den nächsten Entlüfterventilen wiederholt, ist jeweils der Flüssigkeitsstand im Nachfüllbehälter zu kontrollieren bzw. zu ergänzen. Die Ausgleichsbohrung muß immer mit Bremsflüssigkeit bedeckt sein, damit dort keine Luft angesaugt werden kann.

Bei langen, weitverzweigten Leitungen empfiehlt sich folgendes: Vor dem Öffnen des Entlüfterventils ist mit dem Bremspedal durch Pumpen ein Druck aufzubauen. Das Bremspedal ist in dieser Position zu halten. Während eine zweite Person das Entlüfterventil öffnet, ist das Bremspedal kräftig zu betätigen.

> In Scheibenbremssätteln kann sich u.U. Luft ansammeln, die bei der Entlüftung nur durch Klopfen mittels Kunststoffhammer zu entfernen ist.

Bei Tandem-Hauptzylindern ist es ratsam, zuerst den Zwischenkolbenkreis zu entlüften, damit der Zwischenkolben nicht durch die Anschlagschraube beschädigt wird und anschließend klemmt. Bei Verwendung eines Entlüftergerätes ist die Reihenfolge egal.

Entlüftung mit dem Füll- und Entlüftergerät: Das mit Druckluft beaufschlagte Gerät wird über einen speziellen Anschluß mit dem Ausgleichsbehälter verbunden. Nachdem das Absperrventil geöffnet ist, kann die Entlüftung in der zuvor beschriebenen Reihenfolge durchgeführt werden.

Hydraulische Bremsen mit ABS

Bremsanlagen mit ABS müssen grundsätzlich nach Herstellervorschrift entlüftet werden, da es eine Vielzahl unterschiedlicher Ausführungen gibt. Die Vorschrift bezieht sich z.B. auf die Bremsflüssigkeit, die Reihenfolge, den Einsatz eines Entlüftergerätes, die Entlüftungsrichtung, die Pedalunterstützung und die Entlüftungsdauer. Sie ist konsequent einzuhalten, denn eine falsche Vorgehensweise kann die Funktion und Sicherheit der Bremsanlage gefährden.

> Abgelassene Bremsflüssigkeit darf nicht mehr verwendet werden!

Im ABS-Bereich darf keine Bremszylinderpaste benutzt werden (Verstopfungsgefahr), sondern nur die jeweils vorgeschriebene Bremsflüssigkeit.
Bei Erneuerung des Hydroaggregates dürfen die Plastikstopfen jeweils erst unmittelbar vor dem Leitungsanschluß entfernt werden. Andernfalls kann in das werkseitig entlüftete Aggregat Luft eindringen, die sich u.U. nicht mehr entfernen läßt.

Die nachfolgenden Vorschriften zeigen die richtige Vorgehensweise für das BOSCH ABS-2E und das TEVES ABS MKII.

Bosch ABS-2E

Entlüftungsvorgang: Bremsanlage füllen und mit Entlüftungsgerät entlüften.

Allgemeine Hinweise

❑ Ausschließlich die vom Fahrzeughersteller vorgeschriebene Bremsflüssigkeit verwenden.
❑ Niemals von den Radbremsen nach oben in Richtung Tandem-Hauptzylinder entlüften.
❑ Der Fülldruck am Entlüftungsgerät darf maximal 2 bar betragen.
❑ Der Flüssigkeitsstand im Ausgleichsbehälter darf nie unter die MIN-Marke absinken.
❑ **Unbedingt die vorgeschriebene Reihenfolge beim Entlüften einhalten.**
❑ Bei Fahrzeugen mit lastabhängigem Bremskraftregler müssen die Räder der Hinterachse belastet werden, da sonst dieser Bremskreis nicht entlüftet werden kann.
❑ Vor dem Öffnen eines Entlüfterventils muß unbedingt ein Entlüfterschlauch, der in eine Auffangflasche geführt ist, aufgesteckt werden.
❑ Ist Bremsflüssigkeit auf den Fahrzeuglack gelangt, diese sofort mit viel Wasser abspülen.

Erster Durchgang
Entlüftung unbedingt in folgender Reihenfolge vornehmen:

1. Vorderachse linkes Rad
2. Vorderachse rechtes Rad
3. Hinterachse linkes Rad
4. Hinterachse rechtes Rad

❑ Entlüfterventil etwa 30 Sekunden offen halten.
❑ Warten, bis die Bremsflüssigkeit blasenfrei austritt.
❑ Entlüfterventil schließen.

Zweiter Durchgang
Das Entlüftungsgerät bleibt angeschlossen. Mit Pedalunterstützung den Entlüftungsvorgang unbedingt in der gleichen Reihenfolge wiederholen.

❑ Schlauch auf Entlüfterventil der entsprechenden Radbremse aufstecken.
❑ Entlüfterventil öffnen.
❑ Pedal ca. 20mal durchtreten.
❑ Entlüfterventil schließen.
❑ Entlüftungsgerät von der Bremsanlage abnehmen.

- ❏ Flüssigkeitsstand im Ausgleichsbehälter bis zur MAX-Markierung korrigieren.
- ❏ Behälterverschluß montieren und gegebenenfalls Kabelstecker anschließen und auf korrekten Sitz achten.
- ❏ Prüfen, ob ABS-Warnlampe und Bremsenwarnlampe verlöschen, nachdem der Fahrzeugmotor gestartet wurde.
- ❏ Dichtheits-, Funktions- und Wirkungsprüfung der Gesamtbremsanlage durchführen.

Teves ABS MKII

Entlüftungsvorgang: Bremsanlage füllen und mit Entlüftungsgerät entlüften.

Allgemeine Hinweise

- ❏ Ausschließlich die vom Fahrzeughersteller vorgeschriebene Bremsflüssigkeit verwenden.
- ❏ Niemals von den Radbremsen nach oben in Richtung Hydraulikeinheit entlüften.
- ❏ Der Fülldruck am Entlüftungsgerät darf maximal 2 bar betragen.
- ❏ Der Flüssigkeitsstand im Ausgleichsbehälter darf nie unter die MIN-Marke absinken.
- ❏ **Unbedingt die vorgeschriebene Reihenfolge beim Entlüften einhalten.**
- ❏ Bei Fahrzeugen mit lastabhängigem Bremskraftregler müssen die Räder der Hinterachse belastet werden, da sonst dieser Bremskreis nicht entlüftet werden kann.
- ❏ Vor dem Öffnen eines Entlüfterventils muß unbedingt ein Entlüfterschlauch, der in eine Auffangflasche geführt ist, aufgesteckt werden.
  Achtung! Bei Nichtbeachten besteht Verletzungsgefahr durch den Hinterachs-Hochdruckkreis: Drücke bis zu 180 bar.
- ❏ Ist Bremsflüssigkeit auf den Fahrzeuglack gelangt, diese sofort mit viel Wasser abspülen.

Vorderachs-Bremskreis

- ❏ Zündung ausschalten (Stellung 0).
- ❏ Entlüftungsgerät am Ausgleichsbehälter anschließen.
- ❏ Entlüfterventil eines Vorderachssattels öffnen.
- ❏ Zusätzlich das Bremspedal so oft, langsam und vollständig betätigen, bis blasenfreie Bremsflüssigkeit austritt.
- ❏ Entlüfterventil schließen.
- ❏ Das Entlüften des zweiten Vorderachssattels muß in der gleichen Reihenfolge erfolgen.

Hinterachs-Bremskreis

> Der E-Motor des ABS darf bei diesem Vorgang maximal 120 s in Betrieb sein. Wurde diese Zeit überschritten, so ist eine anschließende Abkühlzeit von 10 min erforderlich.

- ❏ Zündung aus (Stellung 0).
- ❏ Bremspedal ca. 20mal betätigen (Speicherdruck abbauen).
- ❏ Entlüfterventil eines Hinterachssattels öffnen.
- ❏ Bremspedal vollständig betätigen *und halten.*
- ❏ Zündung einschalten (Stellung 2).
- ❏ Entlüfterventil ca. 10 bis 15 s geöffnet lassen, bis luftblasenfreie Bremsflüssigkeit austritt.

- Danach Entlüfterventil schließen und Bremspedal loslassen.
- Absperrventil jetzt vom Entlüftergerät schließen.
- Das Entlüften des zweiten Hinterachssattels erfolgt in der gleichen Reihenfolge wie zuvor beschrieben.
- Entlüftungsgerät von der Bremsanlage abnehmen.
- Nach Abschalten der ABS-Pumpe den Flüssigkeitsstand im Ausgleichsbehälter bis zur MAX-Markierung korrigieren.
- Behälterverschluß montieren und gegebenenfalls Kabelstecker anschließen und auf korrekten Sitz achten.
- Prüfen, ob ABS-Warnlampe und Bremsenwarnlampe verlöschen, nachdem die Zündung ca. 2 s eingeschaltet ist.
- Dichtheits-, Funktions- und Wirkungsprüfung der Gesamtbremsanlage durchführen.

7.2.3 Hydraulische Dichtheitsprüfungen

Ein Prüfanschluß gestattet das schnelle und saubere Anschließen des Druckprüfers an das hydraulische Bremssystem. Ist dieser nicht vorhanden, so wird der Druckprüfer an ein gut zu erreichendes Entlüfterventilgewinde angeschlossen (Bild 7.31). Bei Fahrzeugen, die an einer Achse mit Scheibenbremsen und an der anderen Achse mit Trommelbremsen ausgerüstet sind, muß der Druckprüfer an einem zum Trommelbremssystem gehörenden Entlüfterventilgewinde angeschlossen werden, um dadurch den Vordruck überprüfen zu können.

Vor Beginn der Dichtheitsprüfungen ist die hydraulische Anlage mehrmals mit dem Druck einer Vollbremsung zu belasten und äußerlich auf Dichtheit zu prüfen.

Bild 7.31 Anschließen eines Druckprüfers

Nachstehende Reihenfolge wird empfohlen:

1. Niederdruckprüfung
Zunächst ist mittels Bremspedal mehrfach ein Druck von ca. 20 bar zu erzeugen. Dieser ist dann mittels Pedalstütze (Bild 7.32) auf 2 bis 5 bar zu reduzieren. Die Pedalstütze ist anschließend auf sicheren Sitz zu prüfen, nach kurzer Beruhigungsdauer ist der Prüfdruck abzulesen.

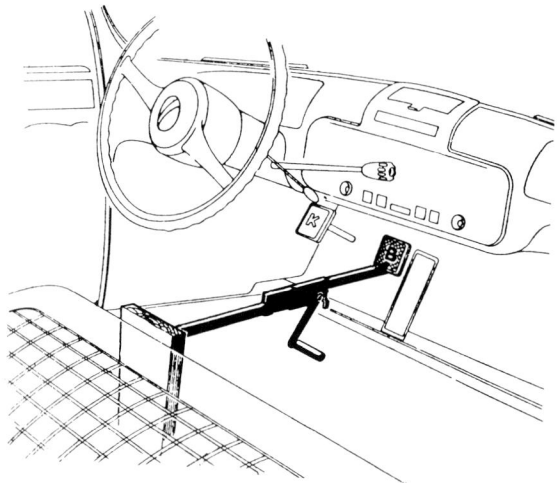

Er muß während einer Prüfdauer von 5 min konstant bleiben. Das Fahrzeug darf dabei nicht bewegt werden. Selbst geringfügige Bewegungen am Bremspedal oder an den Bremsschläuchen bzw. des Prüfschlauches führen zur Veränderung der Anzeige am Niederdruckmanometer, ohne daß eine Undichte vorliegen muß.

2. Bremslichtschalterprüfung
Das Bremslicht muß bei einem 2poligen Schalter zwischen 3 und 6 bar und bei einem 3poligen Schalter zwischen 5,5 und 7,5 bar beginnen aufzuleuchten (bei Druckluftbremsen 0,3–0,7 bar).

3. Hochdruckprüfung
Mit der am Bremspedal angesetzten Pedalstütze (Bild 7.32) wird im Bremssystem ein Druck von 50 bis 100 bar erzeugt. Der eingestellte Druck darf innerhalb 10 min höchstens um 10% abfallen. Die Hochdruckprüfung ist einmal ohne und einmal mit wirksamer Unterstützung durchzuführen, sofern eine Unterstützung vorhanden ist. Sie soll bei druckluftbetätigten Hydraulikbremsen beim Berechnungsdruck der Druckluftbremse erfolgen.

4. Bodenventilprüfung
Diese Prüfung ist nur an trommelgebremsten Achsen *mit* Vordruck möglich. Scheibenbremsen haben keinen Vordruck.

Nach Entfernen der Pedalstütze muß sich am Niederdruckmanometer ein Restdruck von 0,4 bis 1,7 bar einstellen (Herstellerangaben beachten). Dieser Druck darf während einer Prüfdauer von 5 min *nicht* abfallen.

Bei Fahrzeugen mit Zweikreis-Bremsanlagen sind vorstehende Prüfungen an beiden Bremskreisen durchzuführen.

Bremsflüssigkeit und Mineralöl haben unterschiedliche Auswirkungen auf Gummi, so daß entsprechende Gummiqualitäten erforderlich sind. Um Störungen zu vermeiden, müssen bei Druckprüfungen die dazugehörigen Druckprüfer eingesetzt werden.

- ATE-Druckprüfer für Bremsflüssigkeit sind *blau-grau,*
- ATE-Druckprüfer für Mineralöl sind *rot* ausgeführt.

7.2.4 Bremsleitungen

Als Leitungen für die hydraulische Bremse werden nach DIN 74 234 Stahlrohre verwendet. Sie müssen zunderfrei geglüht und rißfrei sein. Die gebräuchlichsten Abmessungen sind:

4,75 mm Außen-∅, 0,7 mm Wanddicke,
(5) mm Außen-∅, 0,75 mm Wanddicke,
6 mm Außen-∅, 0,75 mm Wanddicke,
8 mm Außen-∅, 0,75 mm Wanddicke,
(9) mm Außen-∅, 1 mm Wanddicke,
10 mm Außen-∅, 1 mm Wanddicke,
(13) mm Außen-∅, 1,5 mm Wanddicke.

Diese Rohre sind von außen verkupfert, verzinkt, oder mit Kunststoff beschichtet.
Außerdem werden auch Rohre aus nichtrostendem Stahl gefertigt.

Bremsschläuche: Die Bremsschläuche sind das bewegliche Verbindungsglied zwischen der Achse und der Karosserie des Fahrzeugs.

Einbau

- Beim Anbringen des Bremsschlauches ist darauf zu achten, daß dieser nicht verdreht wird und daß die Schlauchbögen nicht zu tief nach unten hängen.
- Der Bremsschlauch soll möglichst kurz sein, jedoch muß er allen Bewegungen ungehindert folgen können. Bei diesen Bewegungen darf der Bremsschlauch weder Zug- noch Verdrehungsbeanspruchungen ausgesetzt sein.
- Der Bremsschlauch darf nicht in der Nähe der Auspuffleitung verlegt werden. Ein Berühren mit der Auspuffleitung darf auch nicht beim Durchfedern des Wagens oder Einschlagen der Räder erfolgen.
- Der Bremsschlauch muß so verlegt werden, daß ein Scheuern unmöglich ist.
- Bremsschläuche dürfen nicht lackiert werden.
- Bremsschläuche sollen nicht in unmittelbarer Nähe von Schmierstellen verlegt werden, um zu vermeiden, daß überschüssiges Öl oder Fett auf die Schläuche tropft.

Bei eventuellem Durchfahren von Wärmeöfen oder bei Behandlung mit Wärmestrahlern nach einer Lackierung darf die Temperatur von 80 °C (353 K) nicht überschritten werden.

Wartung der Bremsschläuche

- Bei Reparaturen ist darauf zu achten, daß der Schlauch so montiert wird, wie der Originalschlauch eingebaut war, bzw. unter Beachtung vorgenannter Einbaupunkte.
- Bremsschläuche dürfen nicht mit Benzin, Benzol oder Petroleum gereinigt werden. Außen anhaftenden Schmutz entfernt man mit Wasser.

❐ Beim Absprühen des Fahrzeugs sind die Bremsschläuche abzudecken, so daß Sprühmittel, die Petroleum und Mineralöl enthalten, nicht mit den Bremsschläuchen in Berührung kommen.

> Bremsleitungen und Bremsschläuche sollen in der Regel nach fünf Jahren Betriebsdauer erneuert werden. Rissige oder beschädigte Bremsschläuche sind sofort auszuwechseln.

Betriebsdrücke
für Trommelbremsen Pkw etwa 60 bis 80 bar, ⎫
für Trommelbremsen Lkw etwa 80 bis 120 bar, ⎪
für Scheibenbremsen Pkw   80 bis 120 bar, ⎬ Spitzendrücke etwa 150 bar
für Scheibenbremsen Lkw   80 bis 120 bar, ⎭

> Man unterscheidet Bremsschläuche für Bremsflüssigkeit und für Mineralöl.

ATE-Bremsschläuche für Mineralöl $1/8'' = 3,3$ mm haben einen grün aufgedruckten Schriftzug «*Nur für Mineralöl*» und ein grün aufgedrucktes Schraffurband, zusätzlich um $180°$ verdreht ein durchgehend aufgedrucktes grünes Schraffurband.

Brems- und Kupplungsschläuche für Mineralöl $3/16'' = 4,5$ mm entsprechen in der Kennzeichnung der zuvor genannten neuen Ausführung der Bremsschläuche für Mineralöl.

ATE-Bremsschläuche für Bremsflüssigkeit $1/8'' = 3,3$ mm haben eine weiße aufgedruckte Schrift und ein weißes aufgedruckes Schraffurband, zusätzlich um $180°$ verdreht eine weiße aufgedruckte Schrift und ein weißes aufgedrucktes Schraffurband.

Brems- und Kupplungsschläuche für Bremsflüssigkeit $3/16'' = 4,5$ mm haben eine weiß aufgedruckte Schrift und ein weiß aufgedrucktes Schraffurband, zusätzlich um $180°$ verdreht eine weiß aufgedruckte Schrift und ein durchgehend aufgedrucktes weißes Schraffurband.

7.2.5   Lagerung der Gummiformteile

Auf Lager befindliche Bremsenteile aus Gummi können durch Sauerstoff, Ozon, Wärme, Feuchtigkeit und Sonnenbestrahlung in ihrer Funktionsfähigkeit wesentlich beeinträchtigt werden.

Lagerraum: Gummiteile, hydraulische Zylinder, Festsättel, Schläuche und Bremsgeräte müssen daher möglichst kühl, trocken, staubfrei und mäßig gelüftet gelagert werden, wobei sich die Lagertemperatur zwischen 0 und 20 °C (273 K bis 293 K) bewegen soll. Das Lagergut sollte mindestens 1 m von Heizkörpern entfernt gelagert werden und vor Sonnenbestrahlung geschützt sein.

Lagerung der Bremsschläuche: Um Bruch- und Knickstellen nach Möglichkeit auszuschalten, müssen Gummiteile auf Regalen mit ebenem Boden spannungsfrei gelagert werden.

Lagerzeit: Zuerst eingelagerte Teile oder Aggregate müssen auch zuerst verbraucht werden. Eine Überlagerung kann zu Funktionsstörungen führen.

Die Aggregate müssen mit der vorgeschriebenen Konservierung, nicht mit Bremsflüssigkeit, montiert sein. Alle Anschlußbohrungen, die in das Innere führen, sind mit Schutzstopfen luftdicht zu verschließen. Vom Hersteller verpackte Teile sollen nur bei Gebrauch ausgepackt werden.

Hauptzylinder, Tandem-Hauptzylinder, Radzylinder, Geberzylinder, Nehmerzylinder, Differenz-
druck-Warnschalter, Bremskraftregelgeräte = 5 Jahre,
Bremsgerät T 50 = 2 Jahre,
Bremsgerät T 51 / T 52 / T 53 = 2 Jahre,
Unterdruckteil für die Bremsgeräte T 51 / T 52 / T 53 = 5 Jahre,
Bremsschläuche, Kupplungsschläuche = 5 Jahre,
Gummiformteile, Bodenventile, Vordruckventile = 5 Jahre,
Gummiformteile in Reparatursätzen = 5 Jahre,
Reparatursätze mit montierten Gummiteilen = 5 Jahre,
Bremslichtschalter, elektrische Warnschalter, Vakuum-Rückschlagventile = 5 Jahre,
Bremsbelag-Reparatursätze = 10 Jahre,
Bremsflüssigkeit (originalverschlossen) = 5 Jahre,
Festsattel, Schwimmrahmenbremse, Pendelsattel = 5 Jahre,
Bremszylinderpaste (originalverschlossen) = 5 Jahre,
Aggregate der hydraulischen Bremsverstärkeranlage H 31 = 3 Jahre.

Bei Scheibenbremssätteln ist es ratsam, nach dem Anbau an das Fahrzeug (auch vor Überschrei-
tung der Lagerzeitgrenze), alle Kolben einmal in beide Richtungen zu bewegen. Dabei wird der Konservierungsfilm erneut aufgebaut, so daß die automatische Nachstellung gesichert ist.

> Bei kombinierten Festsätteln (mit Feststellbremse) dürfen die Kolben nur durch Verdrehen der Nachstellwelle bzw. Rückstellspindel bewegt werden. Andernfalls wird die automatische Nachstellung ausgeschaltet.

7.3   Radbremsen

Von einer guten Bremse erwartet man:

❒ Kürzeste Bremswege durch kurze Ansprech- und Schwellzeiten sowie eine der dynamischen Achslastverlagerung entsprechende Bremskraftverteilung, um ein vorzeitiges Blockieren der Räder einer Achse zu vermeiden. Trommel- und Scheibenbremsen sind in dieser Beziehung gleichwertig.
❒ Die Bremse soll möglichst schon bei geringen Fußkräften wirken.

Die maximale Verzögerung soll auch bei einer Bremsung über längere Zeit, z.B. bei Talfahrt oder bei kurzzeitig aufeinanderfolgenden Bremsungen, erhalten bleiben. Um dies zu erreichen, müssen die relativ hohen Temperaturen an den Reibflächen beherrscht werden. Dies wird dadurch realisiert, daß der Fahrzeughersteller die Radbremsen entsprechend groß auslegt und für eine aus-
reichende Kühlung (Belüftung) sorgt.
Der Größe der Bremsteile sind jedoch Grenzen gesetzt, da die ungefederten Massen möglichst klein sein sollen. Dadurch können weder die wärmeaufnehmenden Massen noch die wärmeabge-
benden Oberflächen so groß gewählt werden, wie es dem idealen Zustand entspräche.

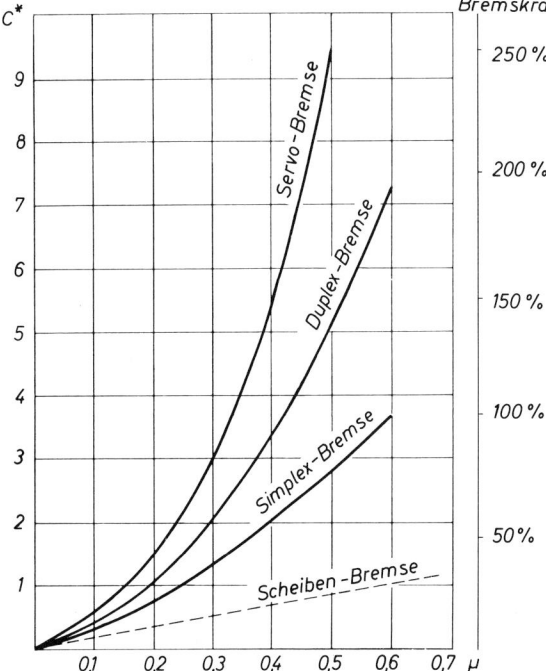

Bild 7.33 Bremskraftvergleich der Radbremsen

$$\text{Kennwert } C^* = \frac{\text{Umfangskraft an Trommel}}{\text{Spannkraft Radzylinder}}$$

Kennwert – die innere Übersetzung der Radbremse – als Funktion des Haftwertes μ, dargestellt für Simplex-, Duplex-, Servo- und Scheibenbremse

7.3.1 Trommelbremsen

Trommelbremsen haben je nach Auslegung eine mehr oder weniger große Selbstverstärkung der Bremskraft (Bild 7.33). Für den Fahrer ist dies zunächst positiv, denn er benötigt nur eine geringe Fußkraft. Die Selbstverstärkung hat jedoch auch eine negative Seite. Sie verursacht nämlich die unerwünschte Blockierneigung der Räder und gefährdet so die Spurstabilität des Fahrzeuges.

Bauformen

❐ Simplex-Bremsen,
❐ Duplex-Bremsen und Duo-Duplex-Bremsen,
❐ Servo-Bremsen und Duo-Servo-Bremsen.

Simplex-Bremse: Der hydraulische Druck im Radzylinder drückt beide Bremsbacken gegen die Bremstrommel. Die Abstützkräfte werden entweder von einem Lagerbock oder von Nachstellschrauben, die im Stützlager angeordnet sind, aufgenommen (Bild 7.34). Die Reibwirkung der in Fahrtrichtung vorderen Bremsbacke (Primärbacke) wirkt während der Bremsung verstärkend auf die Anpreßkraft der Bremszylinderkolben (Selbstverstärkung).

Bei der zweiten (Sekundärbacke) wirkt die Reibkraft der Anpreßkraft entgegen. Dadurch ist die Bremsarbeit der zweiten Bremsbacke geringer als die der ersten.

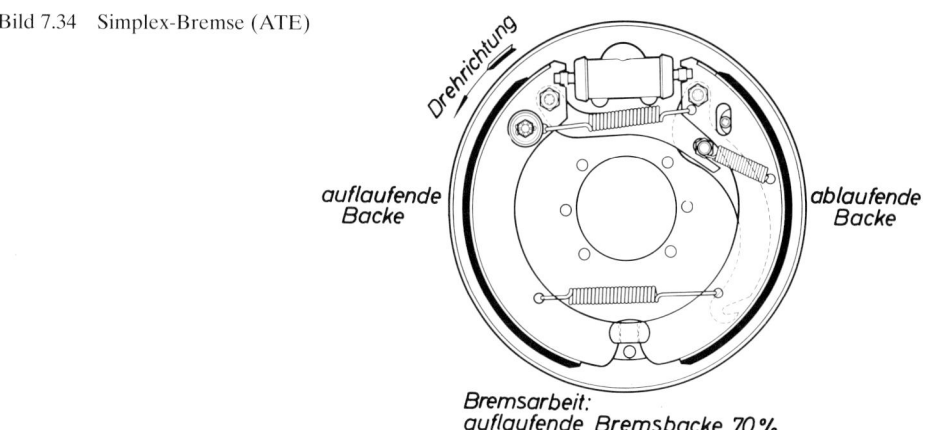

auflaufende
Backe

ablaufende
Backe

Bremsarbeit:
auflaufende Bremsbacke 70%
ablaufende Bremsbacke 30%

Duplex-Bremse: Bei der Duplex-Bremse wird durch die Anordnung zweier auflaufender Brems-backen bei Vorwärtsfahrt eine hohe Ausnutzung der Selbstverstärkung erreicht. Die Selbstver-stärkung ist etwa 1,5mal größer als bei einer gleich großen Simplex-Bremse. Dies erfordert für jede Backe einen eigenen, einseitig wirkenden Radzylinder, der eine Bremsbacke anpreßt und der anderen als Abstützung dient (Bild 7.35). Bei Rückwärtsfahrt, also umgekehrter Drehrichtung, werden die Bremsbacken zu ablaufenden Backen. Die Anpreßkraft und die Bremswirkung wer-den damit deutlich kleiner.

Duo-Duplex-Bremse: Die in Bild 7.36 dargestellte Bremse ist mit zwei beidseitig wirkenden Rad-zylindern ausgestattet. Dadurch wird im Gegensatz zur einseitig wirkenden Duplex-Bremse die große Selbstverstärkung in beiden Fahrtrichtungen erreicht.

Servo-Bremse: Bei Vorwärtsfahrt wird die Stützkraft der Primärbacke als Spannkraft auf die Sekundärbacke übertragen, so daß beide Bremsbacken auflaufen (Bild 7.37). Die Selbstverstär-kung ist etwa 2- bis 2,5mal größer als bei einer gleich großen Simplex-Bremse.

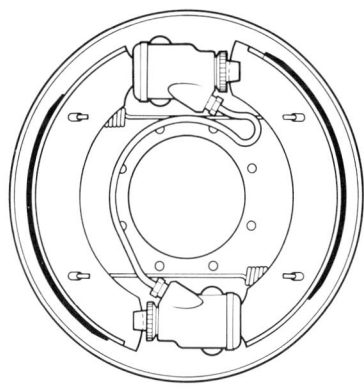

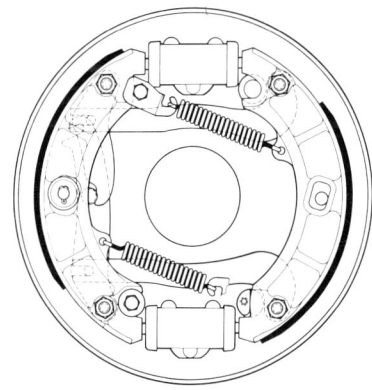

Bild 7.35   Duplex-Bremse (ATE)

Bild 7.36   Duo-Duplex-Bremse (ATE)

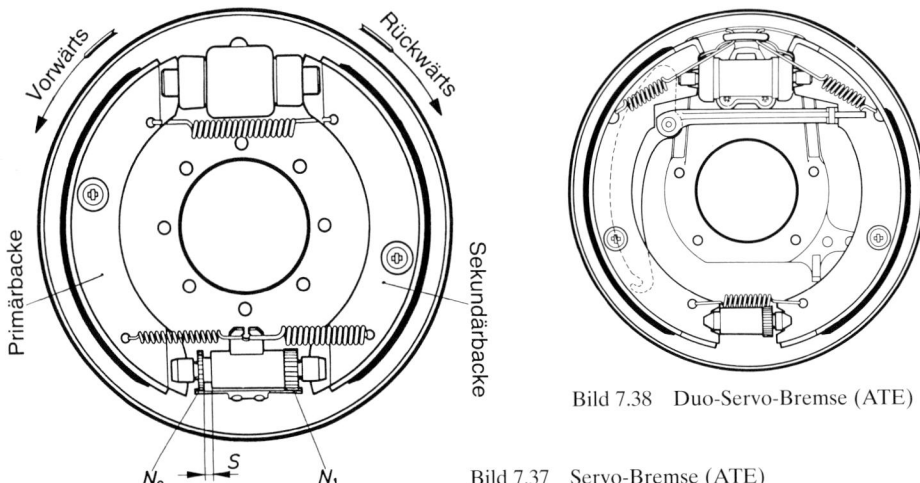

Bild 7.38   Duo-Servo-Bremse (ATE)

Bild 7.37   Servo-Bremse (ATE)

Bei Rückwärtsfahrt wirkt die Servo-Bremse wie eine Simplex-Bremse, d.h., die eine Bremsbacke läuft auf, und die andere läuft ab.

Die große Selbstverstärkung bei Vorwärtsfahrt ist möglich, solange das Spiel «S» vorhanden
ist. Damit dies auch nach einer Einstellung so bleibt, ist stets das Nachstellritzel «N1» zuerst
einzustellen.

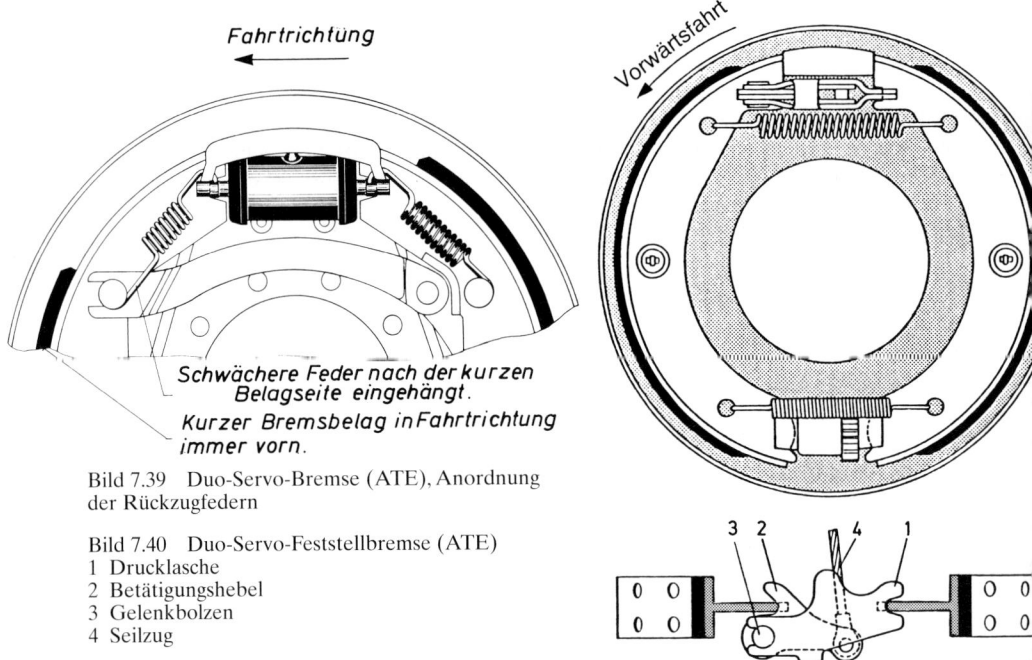

Bild 7.39   Duo-Servo-Bremse (ATE), Anordnung
der Rückzugfedern

Bild 7.40   Duo-Servo-Feststellbremse (ATE)
1 Drucklasche
2 Betätigungshebel
3 Gelenkbolzen
4 Seilzug

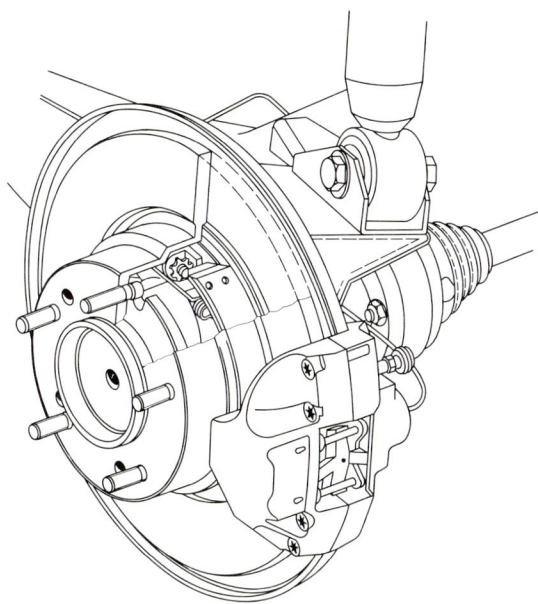

Bild 7.41   Festsattel-Scheibenbremse (Betriebsbremse) mit integrierter Trommelbremse (Duo-Servo-Feststellbremse)

Duo-Servo-Bremse: Da die untere Abstützung der Bremsbacken nach beiden Seiten beweglich ist (Bild 7.38), laufen beide Backen bei Vorwärts- und Rückwärtsfahrt auf. Bei der Montage dieser Bremse ist darauf zu achten, daß die schwächere Feder (verkadmet) an der Backe mit dem kürzeren Belag und die stärkere Feder (schwarz) an der Backe mit dem längeren Belag eingehängt wird (Bild 7.39). Die Bremsbacke mit dem kürzeren Belag muß in Fahrtrichtung immer vorne montiert werden.

Die in Bild 7.40 gezeigte Duo-Servo-Bremse wird durch ein Spreizschloß betätigt. Sie dient als Feststellbremse, und zwar bei den Fahrzeugen, die an beiden Achsen mit Scheibenbremsen ausgerüstet sind. Die Bremsscheiben der Hinterachse werden deshalb mit Bremstrommeln kombiniert (Bild 7.41).

Bremsschwund: Durch Dauerbremsungen – besonders, wenn diese in kurzen Zeitabständen wiederholt werden (Paßstraßen) – wird so viel Wärme erzeugt, daß diese nicht genügend schnell abgeführt werden kann. Dies bewirkt eine starke Erwärmung der Bremskörper. Durch die Form der Bremstrommel ist die Wärmeableitung an der Seitenfläche größer als am freien Rand. Der freie Rand wird dadurch heißer, so daß sich die Trommel durch Wärmedehnung konisch weitet. Folglich kommen die Bremsbeläge nicht mehr mit der ganzen Fläche zur Auflage. Da die Tragfläche bei gleichbleibender Anpreßkraft abnimmt, kommt es zwischen Belag und Bremstrommel zu einer erhöhten Druckbelastung. Dies bewirkt eine erhöhte örtliche Temperatur, durch die sich der Verschleiß bei gleichzeitiger Minderung der Bremswirkung erhöht. Außerdem weitet sich die Trommel insgesamt. Dadurch wird deren Innendurchmesser unter Umständen so groß, daß die Radien von Bremsbelag und Bremstrommel nicht mehr zueinander passen. Auch hierdurch verkleinert sich die tragende Fläche. Die sich aus beiden Faktoren ergebende Bremskraftminderung nennt man Bremsschwund oder Fading. Außerdem führt eine Weitung der Bremstrommeln zu

Bremsbeläge können verglasen (LKW).

Radbremsen   665

einem Pedalschwund, d.h., daß sich das Bremspedal weiter als üblich betätigen läßt. Bei einer Scheibenbremse tritt durch Erwärmung der Bremsscheibe kein Pedalschwund ein, da die Scheibe dem Belag entgegenkommt.

> Bei stark erwärmten Bremstrommeln soll die Handbremse zum Parken des Fahrzeugs nicht betätigt werden, da sich die Trommeln beim Abkühlen verziehen können.

Daneben wirkt sich die erzeugte Wärme, besonders bei einer Scheibenbremse, auf die Bremsflüssigkeit aus. Befindet sich im Leitungssystem alte und dadurch stark wasserhaltige Bremsflüssigkeit, so kommt es bei den genannten Dauerbremsungen zum Sieden (Dampfblasenbildung) und damit zum Ausfall der Bremse. Das Bremspedal läßt sich voll durchtreten, ohne daß eine Bremswirkung erzielt wird (Unfallgefahr!). Kühlt die Bremse ab, so kondensieren die Dampfblasen, und es ist scheinbar alles in Ordnung.

Es ist also äußerst wichtig, daß die Bremsflüssigkeit in vorgeschriebenen Zeitabständen erneuert wird (siehe Abschnitt 7.2.1).

Radzylinder: Der im Hauptzylinder erzeugte Druck wird durch die Kolben der Radzylinder auf die Bremsbacken übertragen. Die Radzylinder sind am Bremsträger (Schild) befestigt. Sie bestehen aus Gehäuse, Manschetten, Kolben und Druckbolzen, die als Verbindungsglieder zwischen Kolben und Bremsbacken angeordnet sind (Bilder 7.42 und 7.43). Schutzkappen verhindern das Eindringen von Schmutz und Feuchtigkeit. Daneben sind auch Radzylinderausführungen ohne Druckbolzen gebräuchlich. Zwischen den Kolben befindet sich eine Anschlagfeder, die über Federteller oder Füllstücke gegen die Manschetten drückt. An der höchsten Stelle des Radzylinders ist in der Mitte zwischen beiden Kolben ein Entlüfterventil angeordnet (Bilder 7.44 und 7.45).

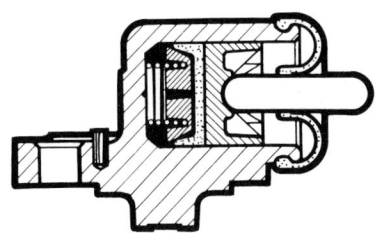

Bild 7.42 Einfachwirkender Radzylinder mit Druckbolzen (ATE). Anschlagfeder drückt gegen Füllstück. Backen stützen sich am Druckbolzen ab.

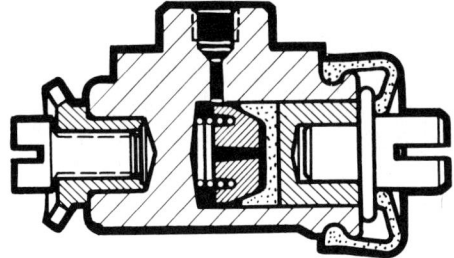

Bild 7.43 Einfachwirkender Radzylinder mit Nachstellvorrichtung (ATE). Backen stützen sich an der Nachstellvorrichtung ab.

Stufenradzylinder: Der Stufenradzylinder gestattet einen begrenzten Ausgleich der Anpreßdrücke durch Verwendung verschieden großer Kolben. Der kleine Kolben wirkt dabei auf die auflaufende Backe und der größere Kolben auf die ablaufende Backe (Bild 7.46).

Manschettenverschleiß: Es ist normal, daß Manschetten mit der Zeit verschleißen und eines Tages erneuert werden müssen. Bei Bild 7.47 liegt jedoch eine Zerstörung vor.

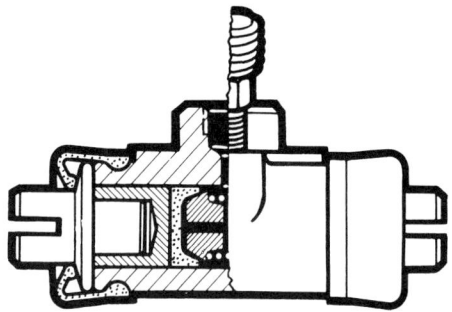

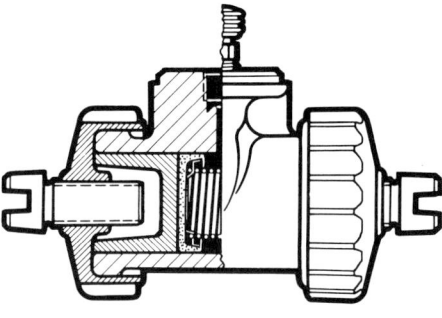

Bild 7.44 Doppeltwirkender Radzylinder mit Druckpilz (ATE). Anschlagfeder drückt gegen die Füllstücke.

Bild 7.45 Doppeltwirkender Radzylinder mit Nachstellkappe, die gleichzeitig Schutzkappe ist. Ermöglicht Nachstellung der Bremsbacken am Radzylinder

Bild 7.46 Stufenradzylinder. Gestattet einen begrenzten Ausgleich der Anpreßdrücke durch Verwendung verschieden großer Kolben. Der kleine Kolben wirkt dabei auf die auflaufende Backe und der größere Kolben auf die ablaufende Backe.

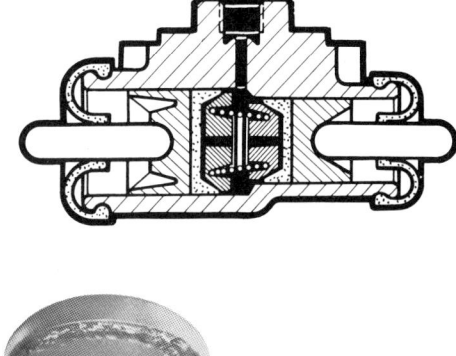

Bild 7.47 Manschetten, links einwandfrei, rechts zerstört

Sie kann durch ein zu großes Spiel zwischen Kolben und Zylindergehäuse oder durch thermische Überlastung der Bremse entstehen. Tritt der gezeigte Fall ein, so sind Kolben und Gehäuse durch Messen auf Verschleiß zu überprüfen und gegebenenfalls zu erneuern.

Instandsetzung von Bremszylindern: Im Reparaturfall können Haupt- und Radzylinder erneuert oder demontiert werden, sofern dies noch möglich ist. Nach der Demontage sind sie gründlich mit Spiritus zu reinigen und mit wasserfreier, gefilterter Druckluft zu trocknen. Anschließend ist eine Überprüfung der Zylinderbohrungen, auch auf Riefen und Rostnarben, durchzuführen. Bei geringfügiger Riefen- und Rostbildung darf u.U. auspoliert werden, wobei anschließend nochmals gründlich zu reinigen ist. Eine materialabnehmende Bearbeitung ist nicht zulässig, weil sich das Spiel zwischen Kolben und Zylinder vergrößert (Toleranztabelle) und die Bremse infolge Manschettenbeschädigung (Bild 7.47) versagen kann.

Kommt das Auspolieren nicht in Betracht, was für Hauptzylinder aus Aluminium generell gilt, sind die Zylinder komplett zu erneuern.

Falls die Zylinderbohrungen in Ordnung sind, können die Zylinder bei Verwendung von Original-Neuteilen und Bremszylinderpaste (Korrosionsschutz und Montagehilfe) komplettiert werden.

Bei Hauptzylindern empfiehlt sich die Verwendung komplett vormontierter Reparatursätze (Bild 7.48), die direkt aus der Verpackungshülse in das vorbereitete Gehäuse eingeschoben werden können. Dies ist die sauberste, schnellste und sicherste Art der Instandsetzung.

Nachdem die Zylinder wieder eingebaut und die Bremsleitungen angeschlossen sind, ist die Anlage mit der vorgeschriebenen Bremsflüssigkeit zu befüllen und vorschriftsmäßig zu entlüften. Anschließend ist die Bremsanlage auf Dichtheit zu überprüfen.

Toleranztabelle (Tabelle 7.8)
– Nur für Haupt- und Radzylinder aus *Grauguß;*
– nicht für Geber- und Nehmerzylinder,
– nicht für Zylinder der Scheibenbremse.

Tabelle 7.8   Toleranztabelle

Nenn-$\varnothing$ mm	Zoll	Gehäuse größter zul. $\varnothing$ mm	Kolben kleinster zul. $\varnothing$ mm	größtes zul. Spiel mm
12,7	$1/2$	12,80	12,57	0,23
14,29	$9/16$	14,39	14,16	0,23
15,87	$5/8$	15,97	15,74	0,23
17,46	$11/16$	17,56	17,33	0,23
19,05	$3/4$	19,16	18,90	0,26
20,64	$13/16$	20,75	20,49	0,26
22,2	$7/8$	22,31	22,05	0,26
23,81	$15/16$	23,92	23,66	0,26
25,4	1	25,51	25,25	0,26
26,99	$1^1/16$	27,10	26,84	0,26
27,78	$1^3/32$	27,89	27,63	0,26
28,57	$1^1/8$	28,68	28,42	0,26
31,75	$11/4$	31,84	31,58	0,26
33,0	1,2992	33,09	32,83	0,26
34,92	$1^3/8$	35,01	34,75	0,26
38,1	$1^1/2$	38,19	37,93	0,26
41,27	$1^5/8$	41,36	41,10	0,26
44,45	$1^3/4$	44,54	44,28	0,26
46,83	$1^{27}/32$	46,92	46,66	0,26
48,42	$1^{29}/32$	48,51	48,25	0,26
50,8	2	50,90	50,60	0,3
54,0	2,1260	54,10	53,80	0,3
57,15	$2^1/4$	57,25	56,95	0,3
65,0	2,5590	65,10	64,80	0,3
70,0	2,7559	70,10	69,80	0,3
75,0	2,9528	75,10	74,80	0,3

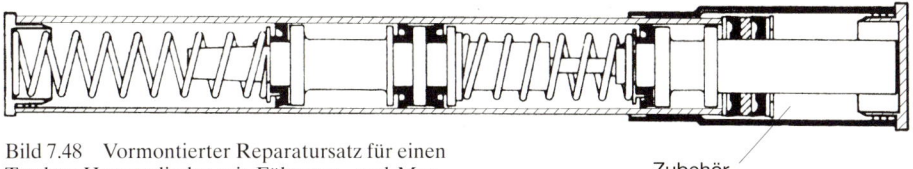

Bild 7.48 Vormontierter Reparatursatz für einen Tandem-Hauptzylinder mit Führungs- und Montagehülse, eingelegtem Zubehör und Verschlußstopfen. Zubehör: Silikonfett, Kupfer- und Gummi-Dichtring

Zubehör

Ausdrehen von Bremstrommeln

> Bremstrommeln dürfen nur ausgedreht werden, wenn Fahrzeug- oder Bremsenhersteller es zulassen und wenn der Trommelinnendurchmesser noch innerhalb des höchstzulässigen Ausdrehmaßes liegt.

Je glatter die Bremstrommellauffläche, desto besser die Bremswirkung und desto geringer der Bremsbelagverschleiß.

Kleine Brandflecke sind auszuschleifen. Anschließend kann die Bremstrommel ausgedreht werden.

Bremstrommeln, die größere Brandflecken, eine starke Ovalität oder Laufflächenrisse über 0,7 mm Breite und 50 mm Länge haben (im Lkw-Bereich), sind nicht mehr auszudrehen.

Soll eine einwandfreie und gleichmäßige Bremswirkung erreicht werden, so müssen Trommelinnenradius und Belagaußenradius in der Bremsstellung gleich sein. Dies trifft nicht zu, wenn man im Reparaturfall bei vorliegendem Trommelverschleiß normal dicke Bremsbeläge einsetzt. Der auftretende Unterschied kann ausgeglichen werden, wenn man die Bremstrommeln (achsweise) ausdreht und entsprechend dickere Bremsbeläge (Übermaß) verwendet. Normal dicke Bremsbeläge würden mehr in der Mitte tragen. Automatisch ergäbe sich eine größere Flächenbelastung und ein verstärkter Belagverschleiß. Bremsschwund könnte die Folge sein.

Um wieviel dicker die Beläge sein müssen, richtet sich nach dem Ausdrehmaß der Bremstrommeln.

Beispiel	Laut Vorschrift ausgedrehtes Trommelmaß	201 mm
	abzüglich Original-Trommelmaß	200 mm
		1 mm : 2 = 0,5 mm

Betrug die Normaldicke 4,5 mm, so müssen jetzt Beläge von 4,5 plus 0,5 = 5,0 mm Dicke verwendet werden.

Werden die Bremsbacken etwa 0,2 mm über den Trommelinnendurchmesser gespreizt und anschließend genau auf das innere Trommelmaß abgedreht oder abgeschliffen, so spart man das Einbremsen und erreicht sofort eine gute Bremswirkung.

Natürlich können auch Übergrößen auf das passende Maß abgedreht oder abgeschliffen werden. Diese Arbeit wird mit einer Bremsbelag-Abdrehmaschine oder mit einer Bremsbelag-Schleifmaschine ausgeführt (Bild 7.49) und ist je nach Ausführung an der Achse oder im ausgebauten Zustand möglich. Erfolgt die Arbeit am Fahrzeug, so ist die Maschine vorschriftsmäßig zu

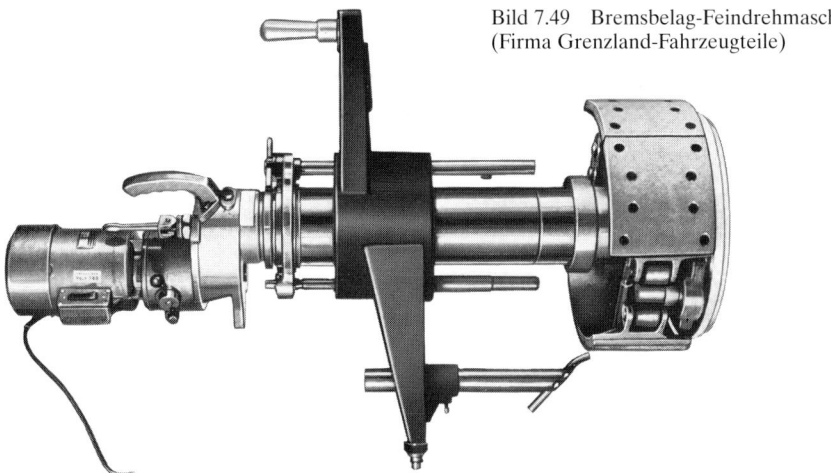

Bild 7.49 Bremsbelag-Feindrehmaschine
(Firma Grenzland-Fahrzeugteile)

montieren. Die Radlager müssen spielfrei, die Lagerstellen der Bremsbacken sauber und die Bremsbacken einwandfrei zentriert und richtig gespreizt (spezielle Spreizvorrichtungen) sein. Bei Bremsbacken mit festem Drehpunkt und mechanischer Spreizung genügt die entsprechende Betätigung des Nockens. Um bei dieser Arbeit erfolgreich zu sein, müssen die Messungen und Einstellungen genau sein (Herstellerangaben beachten).

> Die Trommel wird durch übermäßiges Ausdrehen sehr geschwächt und gibt beim Bremsvorgang nach. Es ist durchaus möglich, daß der Hub des Hauptzylinders für eine volle Bremswirkung nicht mehr ausreicht bzw. eine Bremstrommel reißt.

Behandlung der Bremsbeläge und der Bremstrommeln
Durch beschädigte Simmerringe an den Achsschenkeln bzw. Achswellen kann Schmiermittel austreten und auf die Bremsbeläge gelangen, wodurch der Reibwert erheblich gemindert wird. In solchen Fällen empfiehlt es sich, nach Erneuerung der Simmerringe nicht nur die Bremstrommeln, sondern auch die Backen gründlich zu reinigen und die Bremsbeläge in jedem Fall zu erneuern. Abbrennen der Beläge und Waschen mit Benzin oder Trichlorethylen geben keine Gewähr für eine einwandfreie Funktion der so behandelten Beläge. Es sollte unterbleiben, weil man nie weiß, wie tief der Belag verölt ist. Außerdem können in den Poren des Belags immer noch Ölreste verbleiben, die bei Erwärmung an die Oberfläche gelangen. Selbst wenn nur die Bremse einer Fahrzeugseite verölt ist, müssen beide Seiten mit neuen Belägen gleicher Qualität ausgerüstet werden. Anderenfalls kann der Wagen unter Umständen beim Bremsen einseitig ziehen (Unfallgefahr!).

Aufrauhen der Bremsbeläge oder gar der Bremstrommeln bringt keinen Vorteil, denn aufgerauhte Beläge glätten sich sehr schnell. Aufgeraute Bremstrommeln wirken auf den Belag wie ein Fräser und führen zu einem erhöhten Belagverschleiß. Die Oberfläche von Belag und Trommel muß glatt sein, so daß die aufeinanderreibenden Teile haften. Jede Unebenheit an den Reibflächen vermindert die Bremswirkung.

Aufgenietete Beläge können nicht so weit abgenutzt werden wie aufgeklebte. Die Nietköpfe dürfen die Trommel niemals berühren. Geklebte Beläge dürfen bis auf $1/3$ der Gesamtdicke verschlissen werden.

Simplex-Bremsen

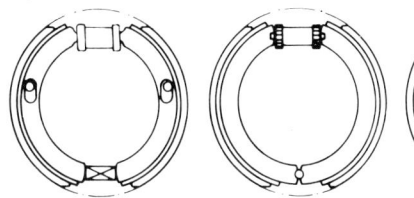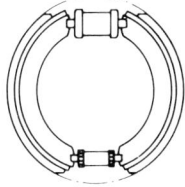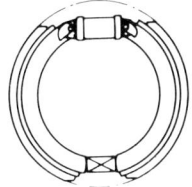

a)Exzenter-Nachstellung b) Nachstellung   c)Nachstellung   d)Exzenter-Nachstellung
                            an Zylindern   am Stützlager   an Zylindern

Duplex-Bremsen

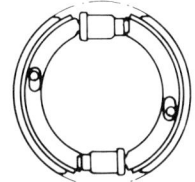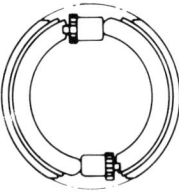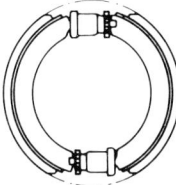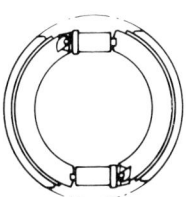

a)Exzenter-Nachstellung b)Nachstellung   c)Nachstellung   d)Exzenter-Nachstellung
                           an Zylindern   an Zylindern   am Zylinder
                           (Betätigungsseite)   (Abstützseite)

Duo-Duplex-Bremsen   Servo-Bremse

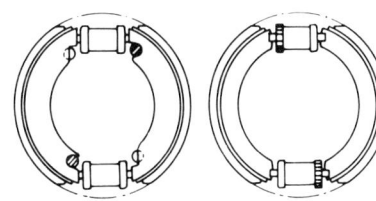   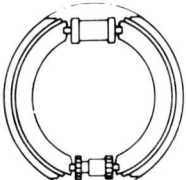

a)Exzenter-Nachstellung b) Nachstellung   a) Nachstellung am Stützlager
                            am Zylinder

Duo-Servo-Bremsen

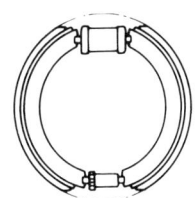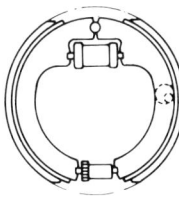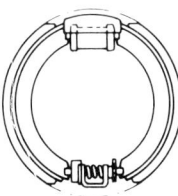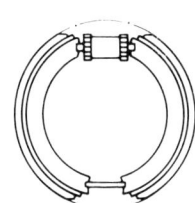

a)Schwimmende b)Schwimmende   c)Nachstellung   d)Nachstellung
  Nachstellung   Nachstellung,Exzenter   mit Zentrierung   am Zylinder
                  an Sekundärbacke

Bild 7.50   Radbremsen und Bremsnachstellungen (ATE)

Bremsnachstellungen: Der Bremspedalweg wird durch das Lüftspiel zwischen Bremsbelag und Trommel beeinflußt. Bei nicht rechtzeitiger Nachstellung der Bremsen besteht die Gefahr, daß der noch zur Verfügung stehende Bremspedalweg zum Anlegen der Backen nicht mehr ausreicht, so daß eine Bremswirkung im entscheidenden Augenblick nicht vorhanden ist.

In jedem Fall ist, wenn nicht ausdrücklich anders betont, die *Betriebsbremse vor der Handbremse ein- bzw. nachzustellen.*

Nichtselbsttätige Nachstellvorrichtungen: Da alle Reibungsbremsen einer Abnutzung der Bremsbeläge unterliegen, ist von Zeit zu Zeit eine manuelle Nachstellung der Bremsbacken erforderlich, wenn keine selbsttätige Nachstellvorrichtung vorhanden ist. Die verschiedenen Ausführungen der Bremsen haben zur Folge, daß die Art der Nachstellung den Konstruktionen der Bremsen angepaßt werden muß (Bild 7.50).

Selbsttätige Nachstellvorrichtungen: Selbsttätige Nachstellungen gewährleisten ein konstant geringes Lüftspiel, so daß die Bremsen bei kurzem Pedalweg stets frühzeitig reagieren können.

Automatisch stufenweise Nachstellung: Diese Nachstellvorrichtung (Bild 7.51) besteht aus einer Zahnstange und einer Nachstellzange und wird zwischen Bremsbacken und Bremsträger angeordnet. Die Zahnstange der automatischen Nachstellvorrichtung ist auf einem mit der Bremsbacke fest verbundenen Bolzen drehbar gelagert. Der Durchmesser des Bolzens ist um das Spiel (S) kleiner als das Auge der Zahnstange. Das Lüftspiel zwischen dem Bremsbelag und der Trommel ergibt sich durch das erwähnte Spiel (S). Wird durch Verschleiß des Bremsbelags das Lüftspiel größer als das Spiel (S) zwischen Bolzen und Zahnstangenauge plus Steigung des sägezahnartig ausgebildeten Gewindes der Nachstellvorrichtung, so wird die Zahnstange um einen Gewindegang aus der Nachstellzange herausgezogen.
Nachstellzange und Zahnstange müssen auf den zugehörigen Bolzen beweglich sein, besonders aber seitlich allen Verklemmungen ausweichen können. Beide Bolzen müssen gehärtet sein, um ein Ausschlagen durch die gehärteten Teile der Nachstellvorrichtung zu vermeiden. Abgenutzte Bolzen sind zu erneuern.

Das Spiel (S) muß größer sein als die größte Trommeldehnung, damit die Bremse trotz automatischer Nachstellung auch bei Abkühlung der Trommel einwandfrei gelöst sein kann.

Automatisch stufenlose Nachstellung (Bild 7.52): Diese Nachstellvorrichtung besteht aus zwei Reibscheiben (R), die mittels Gewindestück (G) und Tatzenfeder (T) gegen die beiden Seiten des

Bild 7.51 Automatisch stufenweise Nachstellung (ATE)

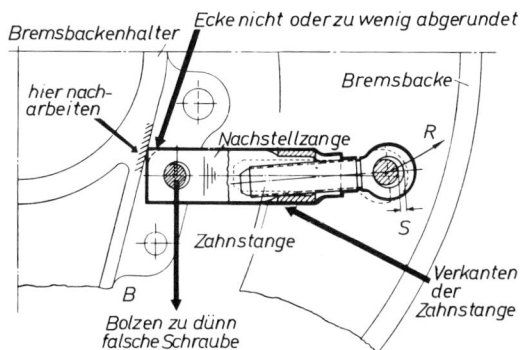

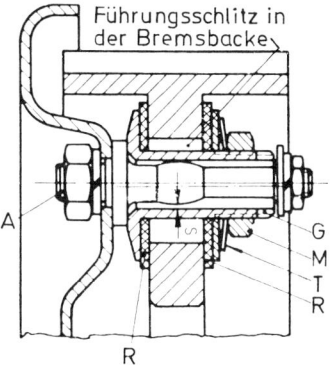

Führungsschlitz in
der Bremsbacke

Bild 7.52   Automatisch stufenlose
Nachstellung (ATE)

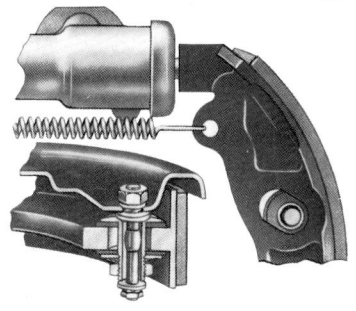

Bremsbackensteges gepreßt werden. Im Bremsträger ist der Anschlagbolzen (A) fest verankert, der mit seinem balligen Ende in die Bohrung des Gewindestückes greift. Zwischen dem Anschlagbolzen (A) und der Bohrung des Gewindestückes (G) ist ein Spiel (S) vorhanden, das größer sein muß als die größte Trommeldehnung. Bei gelöster Bremse liegt das Gewindestück (G) oben am Anschlagbolzen (A) an. Bei der Bremsbetätigung verschiebt sich die Bremsbacke mit den Reibscheiben um das Spiel (S). Ist an den Bremsbelägen eine Abnutzung eingetreten, dann bewegt sich das Gewindestück (G) bei Bremsung mit der Bremsbacke und kommt unten am Anschlagbolzen (A) zur Anlage. Dabei werden die Reibscheiben (R) festgehalten, und die Bremsbacke verschiebt sich um den Betrag der Abnutzung des Bremsbelags. Bei dem nachfolgenden Lösen der Bremsen können die Backen nur um das Spiel (S) zurückgehen. Die Bremse ist also nachgestellt. Bei dieser selbsttätigen Nachstellung ist zu beachten, daß die Rückholfedern die Bremsbacken zwischen den Reibscheiben nicht verschieben dürfen. Dementsprechend ist die Anpressung durch die Tatzenfeder (T) mittels der Einstellmutter (M) einzustellen.

7.3.2   Scheibenbremsen

Man unterscheidet Voll- und Teilscheibenbremsen.

Vollscheibenbremsen: Diese Bremsen (Bild 7.53) werden für Baumaschinen und Ackerschlepper verwendet, d.h. für langsam laufende Fahrzeuge.

Vorteil: Große Bremswirkung bei kleiner Bauweise.
Nachteil: Die Bremsen zeigen deutliche Blockierneigung.

Bei Vollscheibenbremsen befinden sich die Bremsbeläge auf Mitnehmerscheiben, die bei Fahrt von einer Welle angetrieben werden. Bei Bremsung werden die stehenden Bremsscheiben mechanisch oder hydraulisch betätigt, dabei gegeneinander verdreht und gespreizt. Die Spreizung erfolgt, weil die zwischen den Bremsscheiben in Kugelpfannen ruhenden Stahlkugeln auf Schrägflächen auflaufen. Da die Bremsbeläge mit dem Gehäuse und den Bremsscheiben verstärkt in Kontakt kommen, werden die Mitnehmerscheiben und Antriebswellen gebremst. Die Bremskraft wirkt also von innen nach außen.

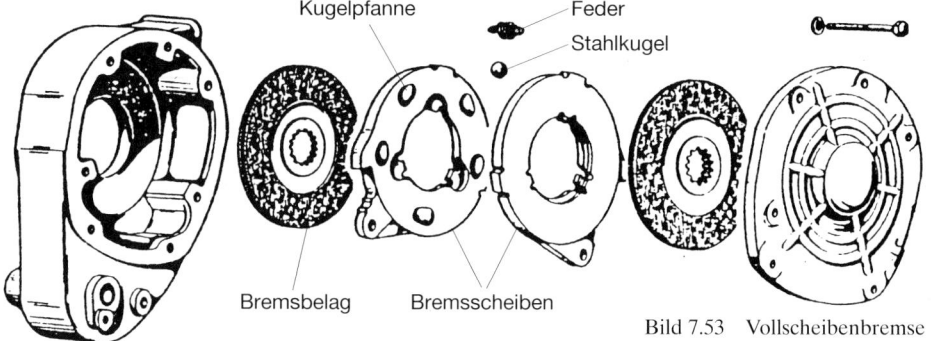

Kugelpfanne   Feder
Stahlkugel

Bremsbelag   Bremsscheiben

Bild 7.53   Vollscheibenbremse

Teilscheibenbremsen: Diese Bremsen werden für Pkw und Nutzfahrzeuge, d.h. für schnellaufende Fahrzeuge, verwendet. Hier drehen sich die Bremsscheiben zwischen zwei gegenüberliegenden Bremsbelägen (Bild 7.54). Bei Bremsung werden die Bremsbeläge von außen gegen die Bremsscheibe gedrückt, d.h., die Bremskraft wirkt von außen nach innen. Die dargestellte Scheibenbremse wird hydraulisch betätigt. Sie arbeitet ohne Vordruck im Leitungssystem, da ihre Rückstellkräfte gering sind und ein Schleifen der unbetätigten Bremse nicht zulässig ist. Die Scheibenbremse wird bei Kombination mit der Trommelbremse für die Vorderachse eingebaut.
Sie leistet die größere Bremsarbeit, weil

❒ sie früher reagiert als die Trommelbremse,
❒ die Vorderachse infolge dynamischer Gewichtsverlagerung höher belastet ist als die Hinterachse.

Bild 7.54
Festsattel-Scheibenbremse
(ATE)

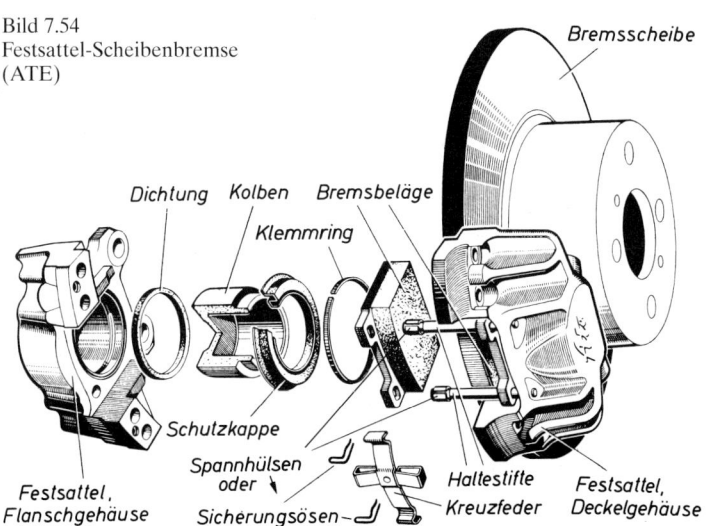

Bremsscheibe

Dichtung   Kolben   Bremsbeläge
Klemmring

Schutzkappe
Spannhülsen
oder
Festsattel,
Flanschgehäuse   Sicherungsösen
Haltestifte   Festsattel,
Kreuzfeder   Deckelgehäuse

674   *Fahrzeugbremsen*

Bremsen-Doppel

Nimm zwei Delphi suchte nach Möglichkeiten, die Bremsen zu verbessern und kam so auf eine Zweischeiben-Lösung.

Die Dephi-Lösung unterscheidet sich auf den ersten Blick kaum von einer innenbelüfteten Scheibenbremse. Allerdings handelt es sich bei dem Advanced Disc System (ADS) um zwei schwimmend gelagerte Scheiben. Ein hydraulisch aktivierter Kolben überträgt die Bremskraft auf vier Bremsbeläge jeweils an Außen- und Innenseite der Scheiben – eine Anordnung mit guten „natürlichen" Voraussetzungen zur Kühlung. Darüber hinaus soll so die Bremskraft um 70 Prozent steigen. So ist es nach Angaben des Herstellers auch möglich, entweder die Pedalkraft zu verringern oder den Bremskraftverstärker und/oder den Scheibendurchmesser zu verkleinern. ADS-Serienstart soll 2006 sein.   [blu]

Im Vergleich zu einer konventionellen, innenbelüfteten Bremsscheibe…

…beanspruchen die zwei ADS-Bremsscheiben einen vergleichbaren Bauraum

tion

ns VDO will
    vorantreiben.

arbeiten, streben sie
rpotenzial der Strahl-
e umlenkende Wand-
es Einspritzstrahls an.
setzung kam es bisher
enn die Gemischbil-
n Zündkerzennähe
allem von der Einspritz-
lexibilität.
norm kurzen Schaltzei-
-Aktuatoren – sie kön-
l binnen 2 Millionstel
llständig öffnen – glau-
vickler nun, eine exakte
g unter allen Betriebs-
a umsetzen zu können.
hnen sie mit einem
z nicht vor 2006.   [blu]

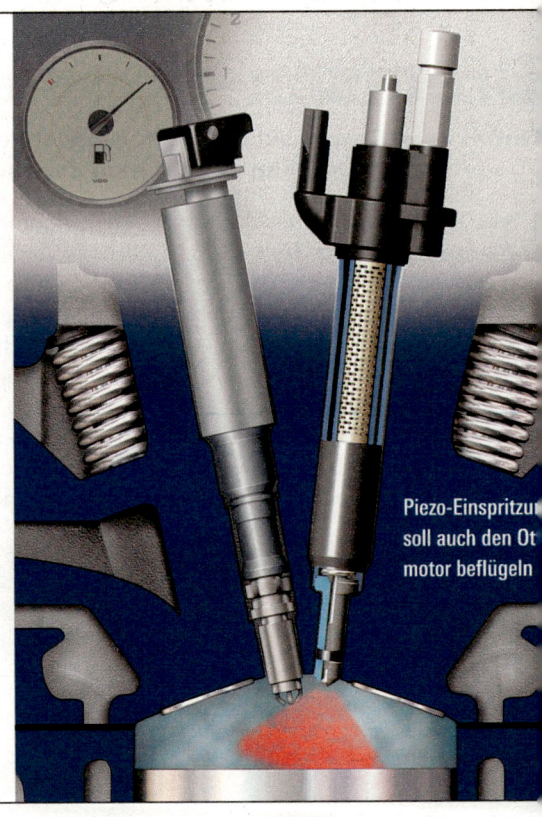

Piezo-Einspritzu
soll auch den Ot
motor beflügeln

Um den Bremsbelagverschleiß an der Vorderachse nicht übermäßig ansteigen zu lassen, ist eine rechtzeitige Nachstellung der Trommelbremsen (Hinterachse) erforderlich, deshalb meistens automatisch. Scheibenbremsen haben nur ein geringes Fading (Nachlassen der Bremswirkung) und sind deshalb für Dauerbremsungen besser geeignet als Trommelbremsen.

Vorteile

❏ Spurtreue beim Bremsen,
❏ automatische Nachstellung,
❏ geringes Fading,
❏ keine Vergrößerung des Bremspedalweges bei erwärmter Bremse,
❏ gleiche Bremswirkung in beiden Fahrtrichtungen,
❏ gleiche Bremsbelagbelastung auf einer Achse.

Nachteile

❏ keine Selbstverstärkung, darum große Fußkraft bzw. Verstärker erforderlich,
❏ hohe örtliche Erwärmung der Bremsscheibe bis etwa 800 °C (1073 K), Bremstrommel etwa 350 °C (623 K).

Festsattel-Scheibenbremse: Der Bremssattel (Bild 7.54) ist fest mit der Radaufhängung verschraubt. Beiderseits der Bremsscheibe befindet sich mindestens je ein Kolben. Sind es jeweils zwei Kolben, so kann der Bremssattel zweikreisig bedient werden. Die Bremsbeläge sind bei der Vierkolbenausführung relativ großflächig und haben eine entsprechend lange Lebensdauer.

> Die Gehäusehälften dürfen allgemein nicht getrennt und montiert werden (Unfallgefahr).

Schwimmrahmen-Scheibenbremse: Diese Bremse (Bild 7.55) besteht aus folgenden Teilen:

❏ *Halter;* er ist mit der Radaufhängung fest verschraubt;

Bild 7.55 Schwimmrahmen-Scheibenbremse (ATE), Bauteile

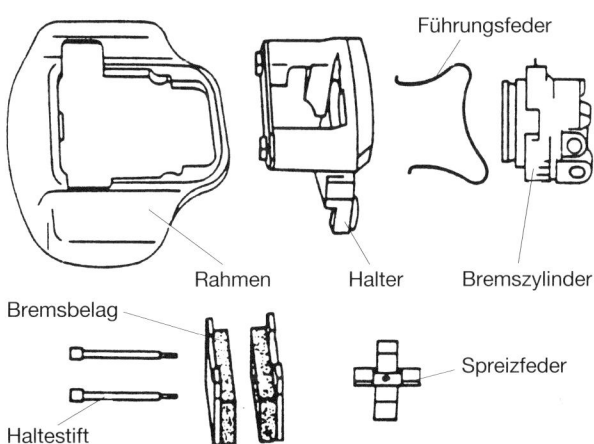

Rahmen   Halter   Bremszylinder

Bremsbelag

Haltestift

Führungsfeder

Spreizfeder

❏ *Rahmen;* er ist im Halter gelagert und auf ihm axial verschiebbar. Bei verschiedenen Ausführungen sind zwecks Verbesserung der Gleiteigenschaften Gleitstücke aus Teflon eingesetzt.
❏ *Bremszylinder;* er wird vom Rahmen aufgenommen.

Der Halter nimmt die Bremsbeläge auf und wirkt gleichzeitig als Abstützung gegen die Umfangskräfte. Da der Rahmen nur die Zuspannkräfte überträgt, läßt er sich beim Bremsvorgang einwandfrei im Halter verschieben. Beim Bremsvorgang mit der Betriebsbremse verschiebt der Flüssigkeitsdruck den Kolben wie den zugehörigen Belag zur Bremsscheibe. Bei Anlage bewegt sich der Bremszylinder samt Rahmen infolge der Reaktionskraft in die entgegengesetzte Richtung. Der Belag der Gegenseite wird folglich gegen die Bremsscheibe gezogen. Somit werden beide Bremsbeläge genauso gegen die Bremsscheibe gepreßt, als wenn auf jeder Seite ein Kolben wäre.

Vorteile

❏ gegossene Bauteile (nicht verschraubt),
❏ geringe Baugröße, daher negativer Lenkrollradius möglich,
❏ verringerte Aufheizung der Bremsflüssigkeit, da nur einseitig.

Faustsattel-Scheibenbremse: Diese Bremse (Bild 7.56) stellt eine Weiterentwicklung in sehr kompakter Bauweise dar.
Sie besteht aus folgenden Teilen:

❏ *Halter;* er ist mit der Radaufhängung fest verschraubt,
❏ *Gehäuse mit integriertem Zylinder;* es ist im Halter gelagert und durch kleine Kontaktflächen (Prisma) besonders leicht axial verschiebbar.

Nachstellung bei Scheibenbremsen: Sie erfolgt automatisch und wird durch einen rechteckigen Gummiring möglich, der auch für die Rückstellung und Kolbenabdichtung zuständig ist (Bild

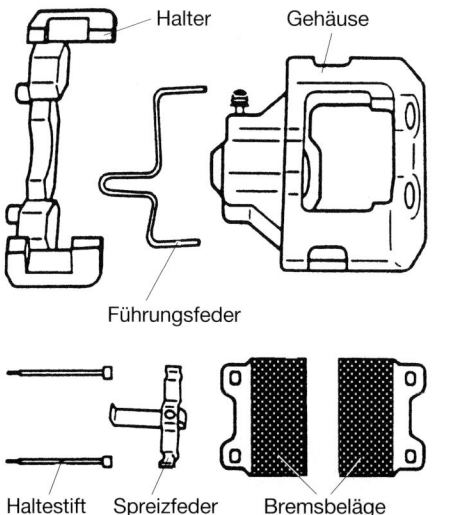

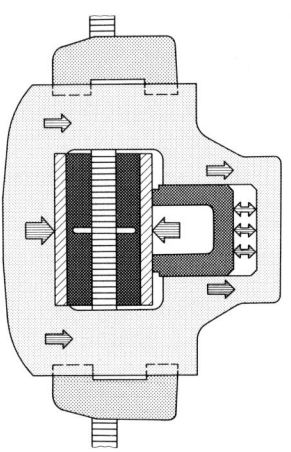

Bild 7.56   Faustsattel-Scheibenbremse (ATE), links Bauteile, rechts Funktionsschema

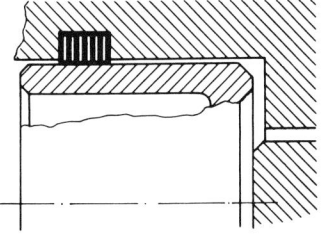

Ruhestellung des Gummiringes

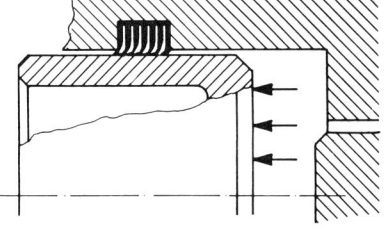

Bremsstellung des Gummiringes (ATE)

Bild 7.57   Funktion des Gummiringes

7.57). Der Gummiring wird beim Bremsvorgang durch die Kolbenbewegung um einige zehntel Millimeter in Richtung Bremsscheibe verspannt. Anschließend wird der Kolben ggf. automatisch nachgestellt, indem er so lange durch den verspannten Gummiring gleitet, bis der Belag an der Bremsscheibe anliegt.

Beim Lösen der Bremse entspannt sich der Gummiring und zieht dabei den leichtgängigen Kolben um das Maß der Verspannung zurück. Der Bremsbelag kann sich von der Bremsscheibe lösen.

Bremsscheiben: Verriefte oder angerostete Bremsscheiben können z.T. an der Bremsfläche nachgearbeitet werden. Die Materialabnahme darf jedoch nicht größer sein, als der jeweilige Fahrzeughersteller für den betreffenden Fahrzeugtyp zuläßt. Als Anhaltspunkt dient Tabelle 7.9.

Tabelle 7.9   Materialabnahme bei Bremsscheiben

Originalscheibendicke (mm)	Mindestscheibendicke (mm)
9,0	8,0
9,5	8,5
10,0	8,0
10,5	8,5
11,0	9,0
12,0	10,0
12,7	10,7
13,0	11,0
16,0	14,0
Bei innenbelüfteten Bremsscheiben	
19,0	17,0
20,0	18,0
22,0	20,0
24,0	22,0
26,0	24,0
32,0	30,0
50,0	45,0

Bremsscheiben, die zu dünn, keilförmig verschlissen oder beschädigt sind, müssen grundsätzlich achsweise erneuert werden. Bei zu dünnen oder keilförmigen Bremsscheiben können die Kolben verkanten und die Zylindergehäuse brechen. Die Bremsscheiben können sogar abreißen.

Beginnt beim Bremsvorgang das Bremspedal bzw. auch das Lenkrad zu flattern, so kann das folgende Ursachen haben:

❐ Radlagerspiel zu groß,
❐ Scheibenschlag zu groß,
❐ Dickentoleranz der Bremsscheiben zu groß.

Das Flattern entsteht durch Druckwellen, die durch die hin und her gehenden Kolben in den Scheibenbremssätteln erzeugt werden.

Dickentoleranz: Sie darf bei einer Rauhtiefe von 0,004 mm je nach Fahrzeugtyp max. 0,01 bis 0,03 mm betragen.

Scheibenschlag: Er darf je nach Fahrzeugtyp max. 0,03 bis 0,22 mm betragen.

Die Kontrolle des Scheibenschlags ist mittels Meßuhr und -halter durchzuführen. Das Meßergebnis kann durch ein zu großes Radlagerspiel verfälscht werden. Im Zweifelsfall ist daher auch das Radlagerspiel zu prüfen bzw. zu korrigieren.

Es ist besonders darauf zu achten, daß die Räder vorschriftsmäßig angezogen werden. Beim Absprühen ist unbedingt darauf zu achten, daß die Bremssättel, Bremsscheiben und Bremsschläuche abgedeckt sind.

Erneuerung der Bremsbeläge: Der fällige Belagwechsel kündigt sich allgemein durch den sinkenden Bremsflüssigkeitsstand im Ausgleichsbehälter an. Es ist jedoch kein sicheres Zeichen, weil häufig einfach nachgefüllt wird.

> Der Verschleiß der Bremsbeläge ist unabhängig vom Bremsflüssigkeitsstand im Ausgleichsbehälter zu prüfen.

Die Bremsbeläge sind auszubauen und insgesamt zu begutachten, denn sie können sich z.B. von der Trägerplatte gelöst haben. Die Reibfläche kann beschädigt, verschmiert oder glasiert sein.

Parallel dazu sind die Bremsscheiben, die Sattelschächte, die Kolben und deren Staubmanschetten zu prüfen. Die Bremsscheiben müssen eine saubere und glatte Bremsfläche haben. Sie dürfen weder beschädigt, zu dünn noch keilförmig verschlissen sein. Die Kolben müssen leichtgängig und in richtiger Position sein, wenn sie abgesetzt sind. Ihre Staubmanschetten dürfen weder hart, spröde noch beschädigt sein.

Die Sattelschächte müssen sauber sein, damit sich die Bremsbeläge leicht einschieben lassen.

Sind die bisherigen Bremsbeläge noch verwendbar, so dürfen sie nicht verwechselt werden.

> Fällige Bremsscheiben und Bremssättel sind achsweise zu erneuern.

Die Bremssättel dürfen nicht vertauscht werden, die Entlüfterschrauben gehören nach oben.

Bei anstehendem Belagwechsel ist vorher der Flüssigkeitsstand im Ausgleichsbehälter zu prüfen, wobei eventuell z.T. abgesaugt werden muß.

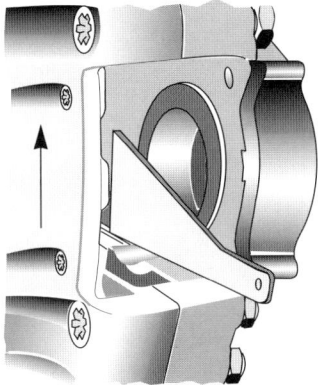
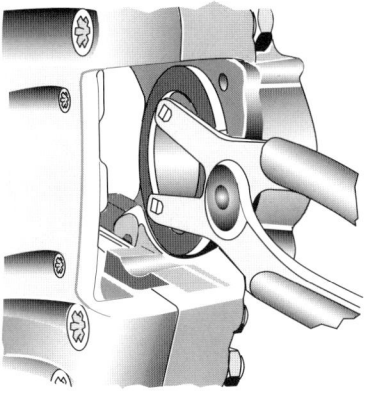

Bild 7.58 Überprüfung der Lage des Kolbenab-satzes mittels 20°-Lehre (ATE). Der Pfeil gibt die Drehrichtung der Bremsscheibe bei Vorwärtsfahrt an.

Bild 7.59 Korrektur der Lage des Kolbenabsat-zes mit Drehzange (ATE)

Die Kolben sind gemäß Ausführung und Herstellerangabe in die Zylinder zu drücken bzw. zu drehen.

Grundsätzlich dürfen nur die vom Fahrzeughersteller vorgeschriebenen Bremsbeläge verwen-det werden (Betriebserlaubnis).

Bremsbeläge müssen stets achsweise erneuert werden (gleiches Bremsverhalten), sobald die Belagdicke (auch einseitig) z.B. nur noch 2 mm, bei Verschleiß-Warneinrichtung z.T. 3,5 mm, beträgt.

Bei abgesetzten Kolben ist die Lage des Kolbenabsatzes mittels 20°-Lehre zu prüfen (Bilder 7.58 und 7.59) bzw. zu korrigieren. Die Lehre muß, unabhängig von der Position des Bremssattels, auf der Scheibeneinlaufseite bei Vorwärtsfahrt liegen (Bild 7.60).

Ausnahme: Bei der 0°-Einstellung des Kolbenabsatzes wird jeweils ein Zwischenblech einge-setzt (Bild 7.61). Der Kolbenabsatz muß auf der Scheibeneinlaufseite bei Vorwärtsfahrt liegen. Die Kerbe im Zwischenblech zeigt dann automatisch zum Entlüfterventil.

Bei glattflächigen Kolben ist darauf zu achten, daß die Anschrägungen bzw. Einprägungen der Belagträgerplatten auf der Scheibeneinlaufseite bei Vorwärtsfahrt liegen (Bild 7.62). Die Pfeile auf den Trägerplatten oder der Belagoberkante zeigen in Scheibendrehrichtung.

Bild 7.60 Anwendung der 20°-Lehre, je nach Einbauposition des Bremssattels. Links befindet sich der Bremssattel hinter und rechts vor der Achsmitte.

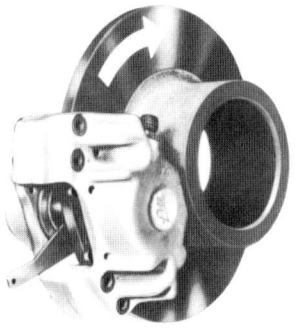
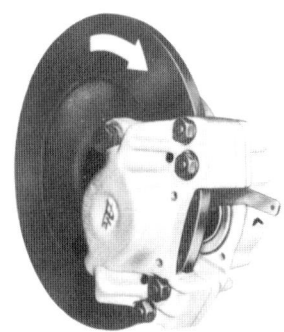

Radbremsen **679**

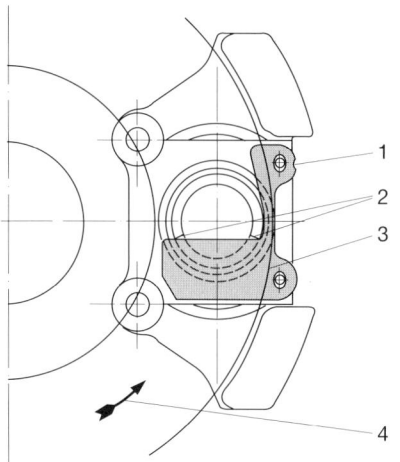

Bild 7.61   0°-Einstellung des Kolbenabsatzes
(ATE)

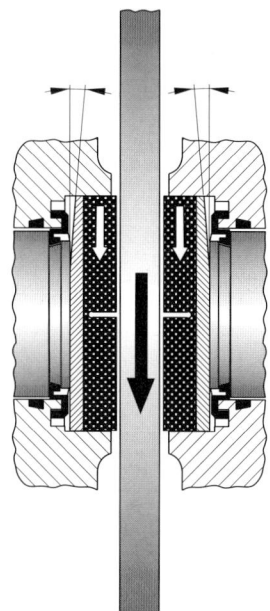

Bild 7.62   Schräg ausgeführte Belagträgerplatten für Pkw (ATE)

Die Lüftspieleinstellung muß gemäß Herstellerangabe erfolgen, z.B. durch mehrfaches Pumpen mit dem Bremspedal. Bei einigen Ausführungen darf gar nicht gepumpt werden, da Schäden
an der manuellen Nachstellvorrichtung auftreten können (Bild 7.63).

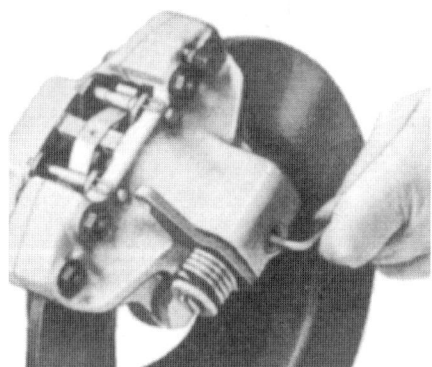

Bild 7.63 Manuelle   Lüftspieleinstellung,   das
Spiel zwischen Bremsscheibe und Bremsbelag
beträgt 0,1 bis 0,3 mm und ist beidseitig einstellbar.
Nach der Einstellung ist die Betriebs- und Feststellbremse mehrfach zu betätigen, das Spiel
erneut zu prüfen bzw. zu korrigieren.

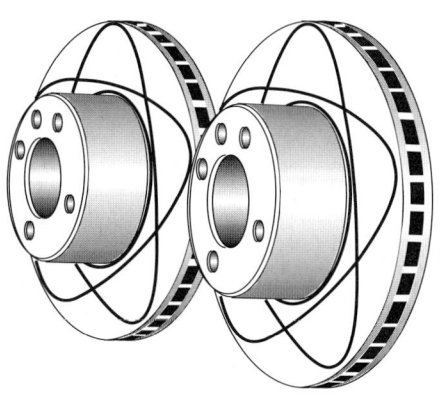

Bild 7.64   ATE-Power-Disc-Bremsscheiben,
innenbelüftet

Achtung: Die Inbetriebnahme des Fahrzeugs darf erst erfolgen, wenn der Pedalweg und Pedaldruck in Ordnung sind (Unfallgefahr).

ATE Power Disc: Diese Bremsscheibe ist mit einer endlosen Multifunktionsnut ausgestattet, deren Tiefe die Verschleißgrenze anzeigt (Bild 7.64).
Die Power Disc bietet folgende *Vorteile:*

❏ verkürzte Einfahrzeit,
❏ verkürzter Bremsweg bei Nässe, weil diese von der Nut aufgenommen und abgeleitet wird. So setzt die Bremswirkung früher ein;
❏ reduziertes Fading (Nachlassen der Bremswirkung), weil die Nut die beim Bremsen entstehenden Ausgasungen der Bremsbeläge ableitet,
❏ Reduzierung der Bremsgeräusche,
❏ Verbesserung des Bremskomforts, d.h. reduzierte Rubbelneigung,
❏ gleichmäßiger Verschleiß der Bremsscheibe, kaum Riefenbildung,
❏ optische Verschleißkontrolle ohne größeren Aufwand möglich.

Erneuerung der Bremsbeläge: Sollen die Beläge erneuert werden, so sind sie nach dem Entfernen der Haltestifte und der Kreuzfeder mit einem Ausziehhaken (möglichst mit Schlaggewicht) aus dem Sattelschacht herauszuziehen. Dann werden die Kolben z.B. mit der Kolbenrücksetzzange in die Gehäusebohrungen zurückgedrückt. Eventuell ist vorher Bremsflüssigkeit aus dem Ausgleichsbehälter abzusaugen. Die neuen Bremsklötze werden in den Sattelschacht eingeführt und befestigt (Bilder 7.65 und 7.66).

Scheibenbremsen für Nutzfahrzeuge
Scheibenbremsen gibt es auch für Nutzfahrzeuge, nämlich:

❏ mit hydraulischer Zuspannung (Schwenksattel- und Festsattelbremsen),
❏ mit pneumatischer Zuspannung (Schiebesattelbremsen).

Nachfolgend wird die aktuellere Scheibenbremse (mit **pneumatischer Zuspannung**) der Fa. Knorr dargestellt (Bild 7.67). Durch das Fehlen der Bremsflüssigkeit (Umweltentlastung) ist der Installations- und Wartungsaufwand geringer als bei der hydraulischen Zuspannung.

 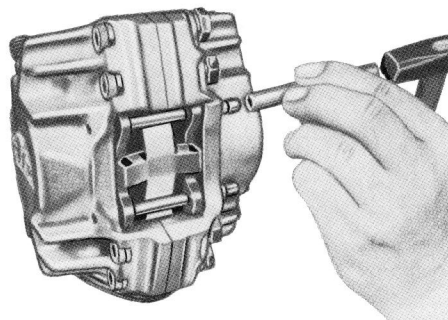

Bild 7.65 Rücksetzen der Kolben mit der Kolbenrücksetzzange (ATE)

Bild 7.66 Einschlagen der Haltestifte mit Spannhülse mittels Hohldorn (ATE)

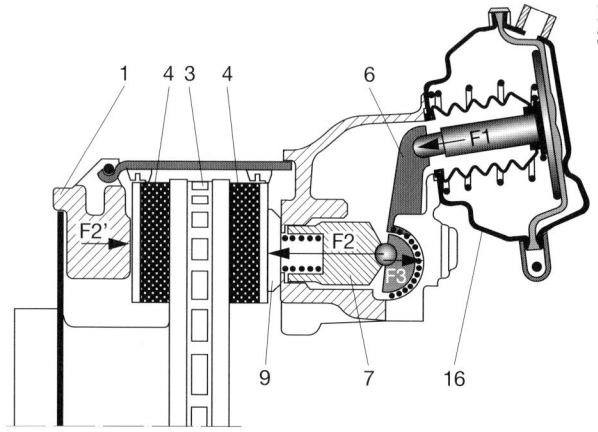

Bild 7.67   Pneumatisch zugespannte Scheibenbremse (Knorr)

Die pneumatische Betätigung vereinfacht auch die Verwirklichung der Feststellbremse und ermöglicht sogar die Verwendung von Scheibenbremsen bei Anhängefahrzeugen.

Vorteile

❑ direkt angeflanschte Bremszylinder,
❑ kompakte Bauweise,
❑ relativ geringes Gewicht,
❑ gute Kraftverteilung durch «Zweistempel»-Zuspannung,
❑ gute Stufbarkeit und gleichmäßige Bremswirkung an den Rädern,
❑ hohes Bremsmoment,
❑ hoher Wirkungsgrad durch geringe Reibverluste,
❑ geringer Luftverbrauch durch Verwendung von Normalhub-Membranzylinder,
❑ integrierte automatische Nachstellung, synchron auf beide Zuspannstempel wirkend,
❑ hohe thermische Leistungsfähigkeit,
❑ Verschleißanzeige oder kontinuierliche Verschleißsensierung durch bremsenintegrierten Sensor,
❑ hohe Belag- und Scheibenstandzeit (s. Bild 7.70),
❑ Servicefreundlichkeit,
❑ Modulsystem, d.h. hoher Anteil von Gleichteilen bei differenzierten Ausführungen.

Funktion

Zuspannung (Bild 7.67): Beim Belüften des Bremszylinders (16) wird durch die Kolbenstange der exzentrisch rollengelagerte Hebel (6) betätigt.

Die eingeleitete Kraft (F_1) wird über die Brücke (7) und die integrierten Gewinderohre mit Stempel (9) auf den Bremsbelag (4) mit Kraft (F_2) übertragen.

Dabei stützt sich der Bremsbelag (4) an der Bremsscheibe (3) ab. Die jetzt am Sattel (1) entstehende Reaktionskraft (F_3) wird auf den gegenüberliegenden Bremsbelag (4) übertragen, so daß auch dieser mit der gleichen Kraft ($F_{2'}$) an die Bremsscheibe (3) angepreßt wird.

Die erzeugte Bremskraft ist u.a. abhängig von dem am Bremszylinder (16) eingesteuerten Bremsdruck, von der Bremszylindergröße und vom Übersetzungsverhältnis am Hebel (6).

Bild 7.68 Nachstellung (Knorr)

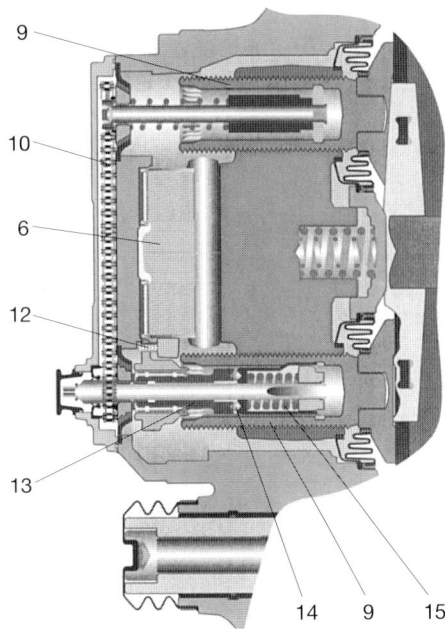

Wird die Scheibenbremse auch zur Erzeugung der Bremswirkung für die Feststellbremse verwendet, so wird anstelle eines Membranzylinders ein Kombizylinder angeflanscht.

Nachstellung (Bild 7.68): Der automatische Verschleißnachsteller befindet sich in einer der beiden, mit der Kette (10) verbundenen, rohrförmigen Gewindespindeln (9).

Bei jeder Bremsung wird vom Hebel (6) über die Schaltgabel (12) die Nachstelleinheit betätigt.

Die hier erzeugte Drehbewegung wird auf die Innenhülse (13) und über die Kugelrampe (14) auf die Gewindespindel (9) übertragen. Durch Verdrehen dieser Spindel wird das Lüftspiel verringert.

Bei korrektem Lüftspiel wird die Gewindespindel (9) bereits vor dem Verdrehen mit der Zuspannkraft beaufschlagt, so daß keine Nachstellung erfolgt.

Die durch den Hebel (6) erzeugte Drehbewegung auf die Innenhülse (13) wird durch die Kugelrampe (14) und die Feder (15) aufgenommen.

Durch die hohe Steifigkeit des Bremssattels und die hohe Effizienz des Nachstellers reicht ein geringer Bremszylinderhub (57 mm) aus.

Die synchrone Nachstellung beider mit der Kette (10) verbundenen Gewindespindeln (9) bewirkt einen gleichmäßigen Belagverschleiß.

Verschleißanzeige (Bild 7.69): Zur Überwachung der Bremsen und zur Erhöhung der Sicherheit und Servicefreundlichkeit hat die Firma Knorr ein Sensorkonzept entwickelt, das zukünftigen Service- und Bremsregelungssystemen gerecht wird.

Im Inneren der Bremse ist ein Sensor installiert, der den zurückgelegten Hub der Gewindespindeln überwacht. Mit einer entsprechenden Auswertelektronik kann ständig der momentane Zustand des Belagverschleißes kontrolliert werden.

Außer dieser kontinuierlichen Überwachung stehen wahlweise auch die üblichen Bremsbelag-Verschleißkontakte zur Verfügung.

Radbremsen **683**

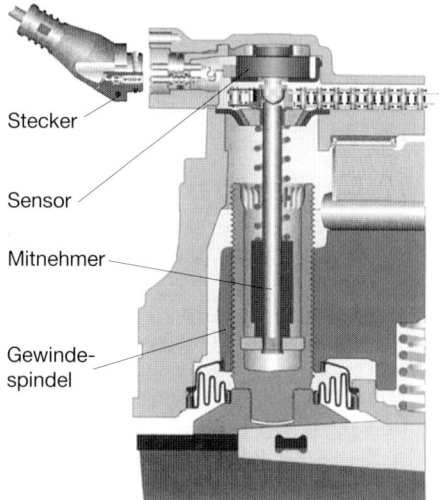

Bild 7.69   Verschleißanzeige (Knorr)

Stecker

Sensor

Mitnehmer

Gewinde-
spindel

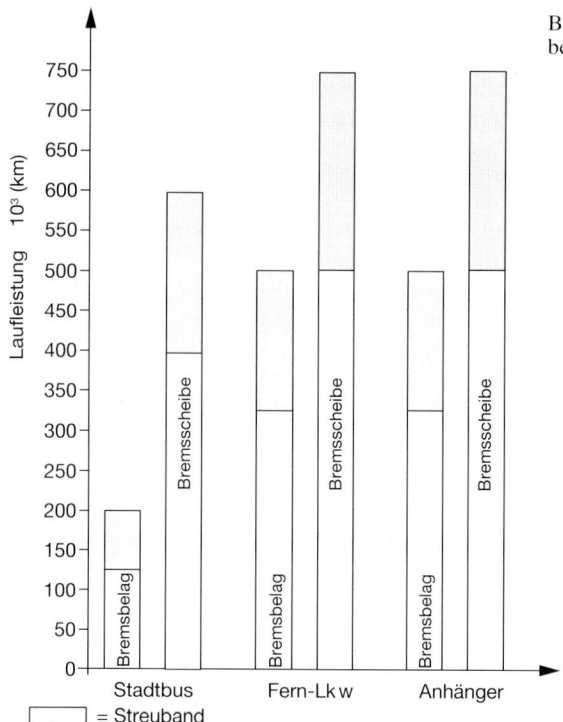

Bild 7.70   Verschleißverhalten der Bremsbeläge und Bremsscheiben (Knorr)

7.4   Bremskraftverteilung

Die Fahrzeugbremse soll auf beiden Achsen so ausgelegt sein, daß auf trockener und griffiger Straße mit gewöhnlichem Kraftaufwand die größtmögliche Verzögerung und damit ein möglichst kurzer Bremsweg erreicht werden kann. Das ist nur möglich, wenn die Bremskraftverteilung zwischen den Achsen der Achslastverteilung entspricht und somit alle Räder gleichzeitig die Blockiergrenze erreichen.

Eine Überbremsung der Vorderachse bewirkt den Verlust der Lenkfähigkeit, eine Überbremsung der Hinterachse ein Schleudern des Fahrzeugs. In beiden Fällen verlängert sich der Bremsweg. Bei einem Pkw zum Beispiel verteilt sich das Fahrzeuggewicht auf die Vorder- und Hinterachse etwa in dem Verhältnis von 70% zu 30%. Bekanntlich senkt sich der vordere Teil des Fahrzeugs (Normalfall) beim Bremsvorgang, während sich der hintere Teil entsprechend hebt. Dabei wird die Vorderachse vom Schwerpunkt ausgehend verstärkt belastet und die Hinterachse gleichermaßen entlastet (Bild 7.71).

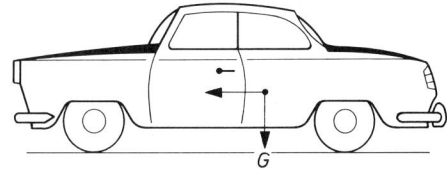

Bild 7.71   Beim Bremsen werden die Vorderräder durch die dynamische Gewichtsverteilung stärker belastet und können damit eine größere Bremskraft übertragen als die zum Teil entlasteten Hinterräder.

Weil aber die Bremskraft an der Hinterachse konstruktionsbedingt unverändert bleibt, neigen die Hinterräder vorzeitig zum Blockieren. Die Vorderräder können folglich nicht mehr voll ausgebremst werden.

Die Aufgabe des Fahrers ist es, das Bremspedal nicht voll, sondern entsprechend gefühlvoll, besonders bei nasser und schlüpfriger Fahrbahn, zu betätigen. Wird dies – z.B. bei einer Notbremsung – nicht beachtet, so erfolgt eine Überbremsung. Das Fahrzeug kann dabei schleudern oder/und seine Lenkbarkeit verlieren. Bei leerem Fahrzeug blockieren die Räder früher als bei Beladung.

Bei Stillstand des Fahrzeugs ist eine statische Gewichtsverteilung gegeben, die sich jedoch beim Bremsvorgang in eine dynamische Gewichtsverteilung verwandelt.

Sie vergrößert sich mit der Schwerpunkthöhe, mit dem Gewicht und mit der Geschwindigkeit des Fahrzeugs.

Weil sich also die Gewichtsverteilung laufend ändert, sollte sich auch die Bremskraftverteilung möglichst verhältnisgleich ändern.

7.4.1   Bremskraftverteiler

Bremskraftverteiler werden bei hydraulischen Bremsen, zwecks Anpassung der Bremskraft an die Achslast, zwischen dem Hauptzylinder und den Radzylindern der Hinterachse eingebaut. Sie bewirken eine Druckbegrenzung für die Hinterradbremsen und ermöglichen eine Druckerhöhung für die Vorderradbremsen. So nähert man sich bei trockener Fahrbahn der idealen Abbremsung, d.h., der Bremsweg wird verkürzt und das Fahrzeug stabilisiert.

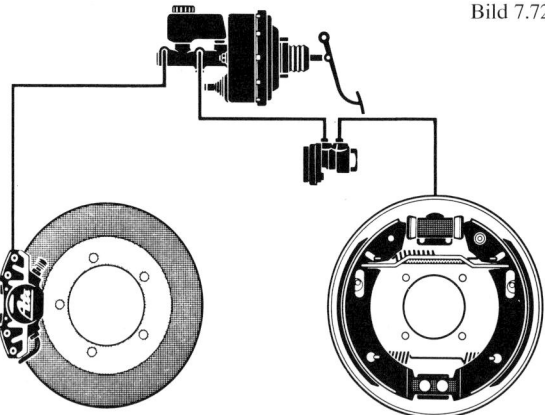

Bremskraftbegrenzer: Der Bremskraftbegrenzer (Bild 7.72) wird auf einen bestimmten, zur Achslast passenden Wert fest eingestellt.

Erreicht der Bremsdruck an der Hinterachse diesen Wert, so wird der weitere Druckanstieg durch völlige Sperrung verhindert.

Bremskraftregler mit Umschaltpunkt: Beim Bremskraftregler erfolgt der ungehinderte Druckaufbau für die Hinterachse bis zum fest eingestellten Umschaltpunkt. Anschließend ist nur ein reduzierter Druckaufbau möglich.

Lastabhängiger Bremskraftverteiler (mit achslastgesteuertem Umschaltpunkt): Der lastabhängige Bremskraftverteiler arbeitet eigentlich wie der Bremskraftregler. Da er durch ein Gestänge mit der Hinterachse in Verbindung steht, wird der Umschaltpunkt automatisch der jeweiligen Achslast angepaßt.

Bremskraftregler mit hydraulischer Sperre: Es handelt sich um die Kombination eines einfachen Bremskraftreglers und einer Sperrvorrichtung, die für hydraulische Zweikreisbremsen verwendet werden kann. Sie gewährt der Vorderachse beim Bremsvorgang den vollen und der Hinterachse einen reduzierten Druckaufbau. Fällt der Bremskreis für die Vorderachse aus, so ermöglicht der Sperrkolben den vollen Druckaufbau für die Hinterachse.

7.5   Bremsverstärker

Die Fußkraft des Fahrers muß unterstützt werden, wenn die volle Bremswirkung des an sich einwandfreien Fahrzeugs nicht ohne Schwierigkeiten erreicht wird. Es handelt sich also genaugenommen um Fußkraftunterstützungsgeräte. Versagt ein solches Gerät, so läßt sich das betreffende Fahrzeug mit reiner Fußkraft weiterhin abbremsen. Der erforderliche Kraftaufwand ist dabei natürlich erheblich größer.

Es gibt:

❐ Saugluftverstärker,
❐ Hydraulikverstärker,
❐ Druckluftverstärker.

7.5.1   Saugluftverstärker

Die ATE-Bremsgeräte der Baureihen T 50 (Oldtimer), T 51, T 52 und T 53 sind am bekanntesten.
    Saugluftverstärker benötigen eine Unterdruckquelle und sind deshalb durch einen Schlauch und ein Vakuumrückschlagventil meistens mit dem Ansaugrohr des Ottomotors (z.T. Vakuumpumpe) oder mit der Vakuumpumpe des Dieselmotors verbunden.
    Die Schlauchverbindung darf nicht undicht sein, da der Saugluftverstärker sonst unwirksam wird und der Motorlauf, besonders bei Leerlaufdrehzahl, gestört ist.
    Das Vakuumrückschlagventil ermöglicht die Speicherung des Unterdrucks im Verstärker und verhindert den Eintritt von Kraftstoffdämpfen ins Bremsgerät. Kraftstoffdämpfe greifen Gummiteile an und können das Bremsgerät zum Ausfall bringen.
    Der Pfeil auf dem Gehäuse des Vakuumrückschlagventils muß zur Unterdruckquelle führen (Bild 7.73).
    Das Vakuumrückschlagventil soll möglichst nah am Saugrohr im ansteigenden Ast vor der ersten Schlauchbiegung angeordnet sein.

Beim Abschleppen eines Fahrzeugs mit stehendem Motor ist die Unterstützung der Fußkraft nach zwei bis drei Bremsungen nicht mehr vorhanden (Vorsicht: Unfallgefahr).

Bild 7.73   Vakuumrückschlagventile; sie können im Schlauch eingesetzt oder im Schlauchanschluß des Saugluftverstärkers integriert sein.

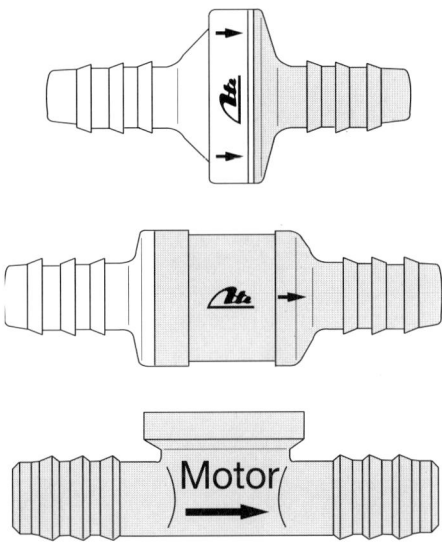

Prüfung des Rückschlagventils: Prüft man bei einem Unterdruck von etwa 0,7 bar und bei abgestelltem Motor zwischen dem Saugluftverstärker und dem Rückschlagventil, so darf der Unterdruck in 30 s nicht mehr als 0,2 bar abfallen.

Funktionskontrolle eines Saugluftverstärkers: Das Bremspedal wird bei abgestelltem Motor bis zu 10mal betätigt, um eventuell noch vorhandenen Unterdruck restlos abzubauen. Anschließend drückt man es mit geringer Fußkraft ein wenig nieder, hält es in dieser Stellung fest und läßt den Motor laufen. Ist der Verstärker funktionsfähig, so bewegt sich das Bremspedal automatisch weiter in Richtung Bodenblech.

Bremsgerät T 50
Das T50-Gerät wird durch den hydraulischen Druck des Hauptzylinders (Bild 7.74) gesteuert. Dieser Druck betätigt gleichzeitig den Hilfshauptzylinder, so daß die Funktionsfähigkeit der Bremsanlage auch beim Versagen des Saugluftverstärkers gewährleistet ist. Das T50-Gerät arbeitet sonst wie das T51-Gerät, wird aber nicht mehr in Neufahrzeuge eingebaut.

Bremsgerät T 51
Das T51-Gerät wird mechanisch betätigt (Bild 7.75), ist nicht zerlegbar und wird nicht im Austausch geliefert. Bei Ausfall der Verstärkung kann das Fahrzeug noch mit der Fußkraft abgebremst werden. Die Fußkraft muß dabei ggf. deutlich größer sein.

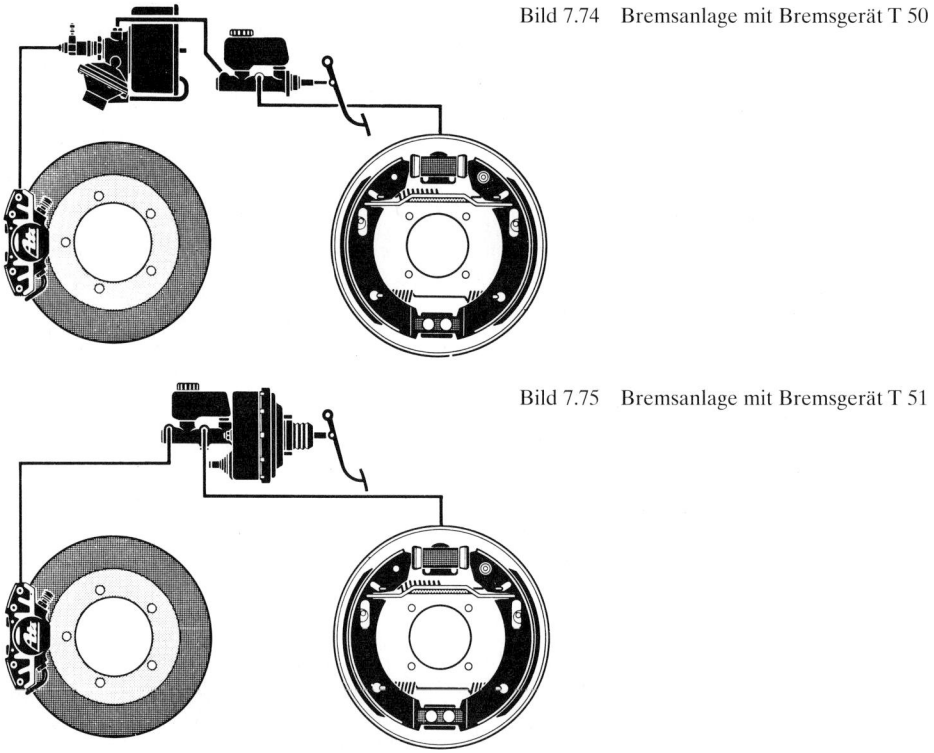

Bild 7.74   Bremsanlage mit Bremsgerät T 50

Bild 7.75   Bremsanlage mit Bremsgerät T 51

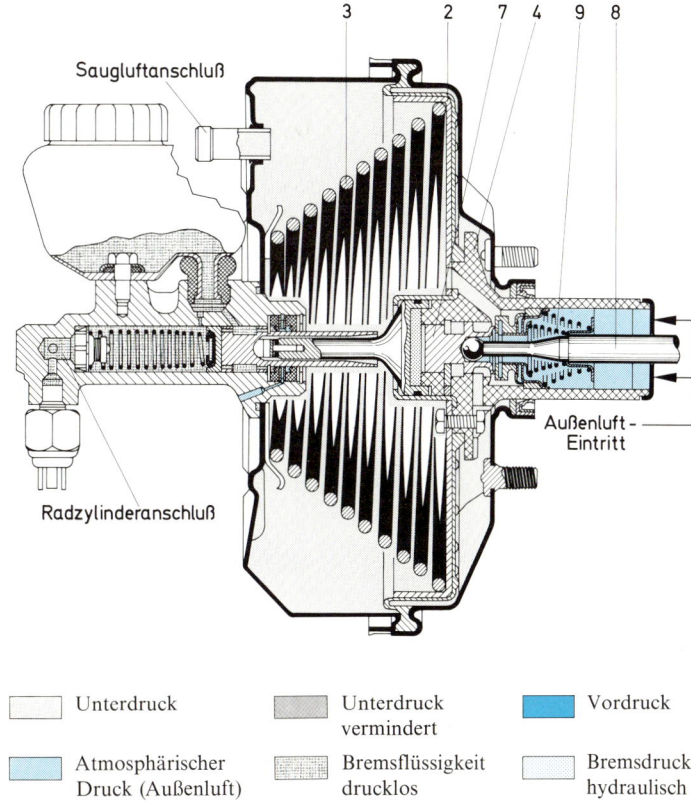

Bild 7.76 Bremsgerät
T 51 in Lösestellung =
Fahrstellung (ATE)
1 Unterdruckzylinder
2 Arbeitskolben
3 Kolbenrückführ-
  feder
4 Steuergehäuse
5 Druckstange
6 Reaktionsscheibe
7 Ventilkolben
8 Kolbenstange
9 Druckfeder
10 Tellerventil
11 Unterdruckkanal
12 Steuerbohrung

Saugluftanschluß

Radzylinderanschluß

Außenluft -
Eintritt

| | Unterdruck | | Unterdruck vermindert | | Vordruck |
| | Atmosphärischer Druck (Außenluft) | | Bremsflüssigkeit drucklos | | Bremsdruck hydraulisch |

Lösestellung: Der Arbeitskolben befindet sich durch die Kraft der Kolbenrückführfeder in der Ruhestellung (Bild 7.76). Die Druckfeder hält den Ventilkolben und die Kolbenstange in der rechten Endstellung. Dabei ist der Außendurchlaß geschlossen und der Unterdruckkanal geöffnet. Der geöffnete Unterdruckkanal verbindet beide Kammern. Wird bei laufendem Motor über den Saugluftanschluß Luft abgesaugt, so entsteht in beiden Kammern ein gleich großer Unterdruck von max. 0,8 bar. Der Arbeitskolben verändert seine Stellung nicht, da Druckgleichheit besteht.

Teilbremsung: Bei Bremsbetätigung wird die Kolbenstange mit dem Ventilkolben gegen die Kraft der Druckfeder nach links bewegt. Die Druckfeder schiebt das Tellerventil gegen den Sitz des Steuergehäuses. Der Unterdruckkanal ist geschlossen, und die Kammern stehen nicht mehr in Verbindung. Das Fahrzeug ist durch Fußkraft mit etwa 5 bar vorgebremst. Anschließend hebt der Ventilkolben vom Tellerventil (Außenluftdurchlaß) ab, so daß Außenluft durch die Steuerbohrung in die rechte Kammer gelangt. Die sich aus beiden Kammern ergebende Druckdifferenz wirkt auf den Arbeitskolben. Er wird gegen die Kraft der Kolbenrückführfeder in die Richtung des Hauptzylinders/Tandem-Hauptzylinders bewegt. Der entstehende Flüssigkeitsdruck wirkt über den Kolben, die Druckstange, die Reaktionsscheibe auf den Ventilkolben und verschiebt ihn nach rechts, bis er das Tellerventil berührt. Dabei sind der Unterdruckkanal und der Außenluftdurchlaß geschlossen (Bremsabschlußstellung; Bild 7.77).

Bremsverstärker 689

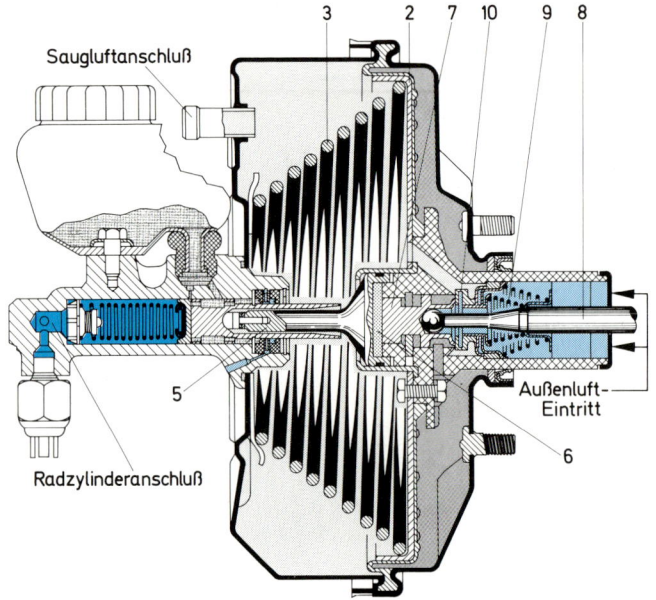

Bild 7.77   Teilbremsung

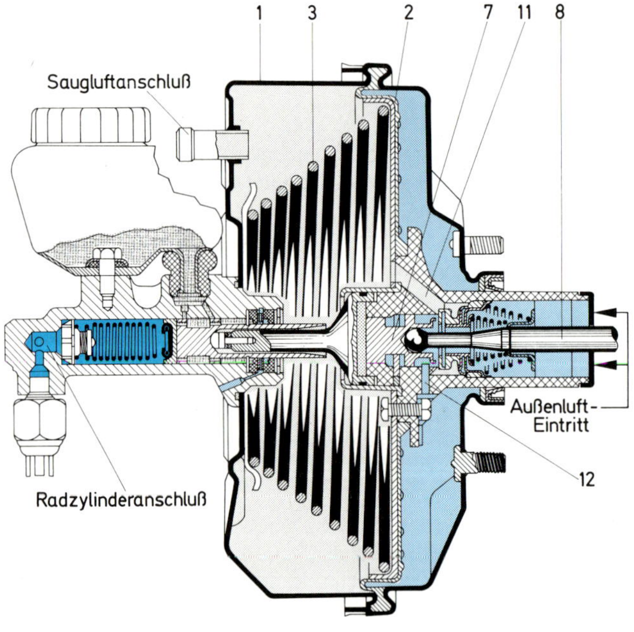

Saugluftanschluß

Radzylinderanschluß

Außenluft-
Eintritt

Bild 7.78   Vollbremsung

Saugluftanschluß

Radzylinderanschluß

Außenluft-
Eintritt

690   *Fahrzeugbremsen*

Vollbremsung: Bei voller Bremsbetätigung ist der Außenluftdurchlaß für die Dauer der Vollbremsung geöffnet. In der rechten Kammer wird der Unterdruck durch einströmende Außenluft (Atmosphäre) restlos abgebaut, in der linken Kammer bleibt er erhalten. Jetzt ist die Verstärkung am größten (Bild 7.78).

Bremsgerät T 52

Dieses Bremsgerät entspricht in seiner Wirkungsweise dem T51-Gerät. Es ist jedoch leichter und kompakter ausgeführt. Da außerdem der Tandem-Hauptzylinder zum Teil vom Bremsgerät aufgenommen wird, verkürzt sich die gesamte Baugruppe. Dies ist Voraussetzung für eine platzsparende Bauweise.

Werden besonders große Unterstützungskräfte benötigt, so kommt das T52-Gerät in Tandemausführung zur Anwendung. Dieses Bremsgerät besitzt zwei fest miteinander verbundene Arbeitskolben, d.h., die wirksame Kolbenfläche ist doppelt so groß.

Bremsgerät T 53

Das T53-Gerät besitzt einen geänderten inneren Aufbau, der abermals eine Gewichtsverringerung und eine Verkürzung der gesamten Baugruppe zuläßt.

Bild 7.79
Bremsassistent
(Mercedes-Benz)

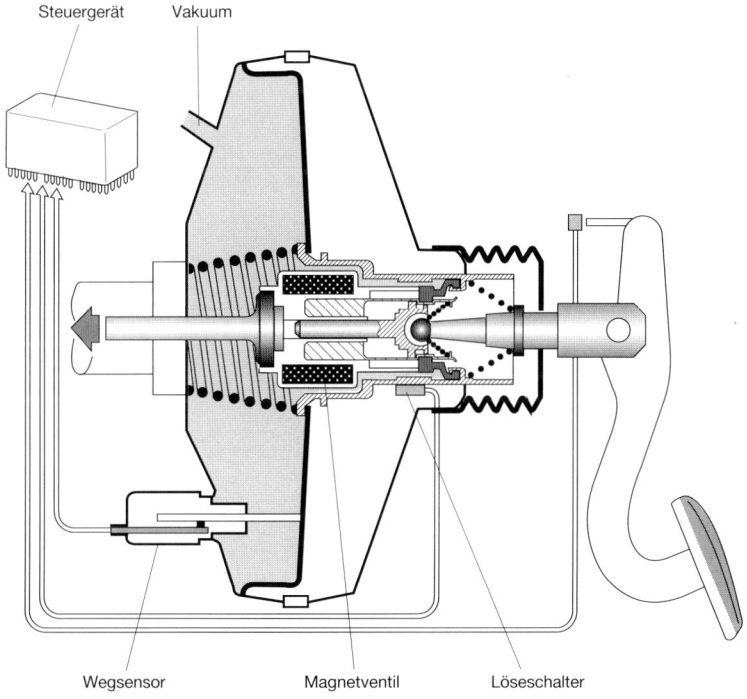

7.5.2   Bremsassistent (BAS)

Untersuchungen haben gezeigt, daß Autofahrer im Notfall die Bremse zwar schnell, doch zu vorsichtig betätigen. Damit wird Sicherheit verspielt. Dies läßt sich mit Hilfe der Elektronik korrigieren (Bild 7.79).

Beim Bremsvorgang erfaßt der Wegsensor, wie schnell das Bremspedal betätigt wird, und teilt dies dem Steuergerät mit. Das Steuergerät vergleicht die Information mit der gespeicherten Normalsituation. Erkennt das Steuergerät eine Notsituation, so aktiviert es durch blitzschnelle Ansteuerung des Magnetventils (0,2 s) den Verstärker derart, daß die volle Bremswirkung augenblicklich einsetzt. Durch den sehr schnellen und intensiven Druckaufbau läßt sich der Bremsweg in Notsituationen entscheidend verkürzen.

7.5.3   Zentralhydraulik

Hat ein Fahrzeug eine hydraulische Lenkunterstützung (Servolenkung), so läßt sich der durch die hydraulische Pumpe erzeugte Druck auch für andere Zwecke nutzen, z.B. für einen hydraulischen Bremskraftverstärker. Eine solche Kombination gibt es z.B. bei BMW-Fahrzeugen der 7er-Reihe serienmäßig.

Hydraulische Bremskraftverstärkungsanlage H-31
Die Anlage H-31 (Bild 7.80) setzt sich aus folgenden Aggregaten zusammen:

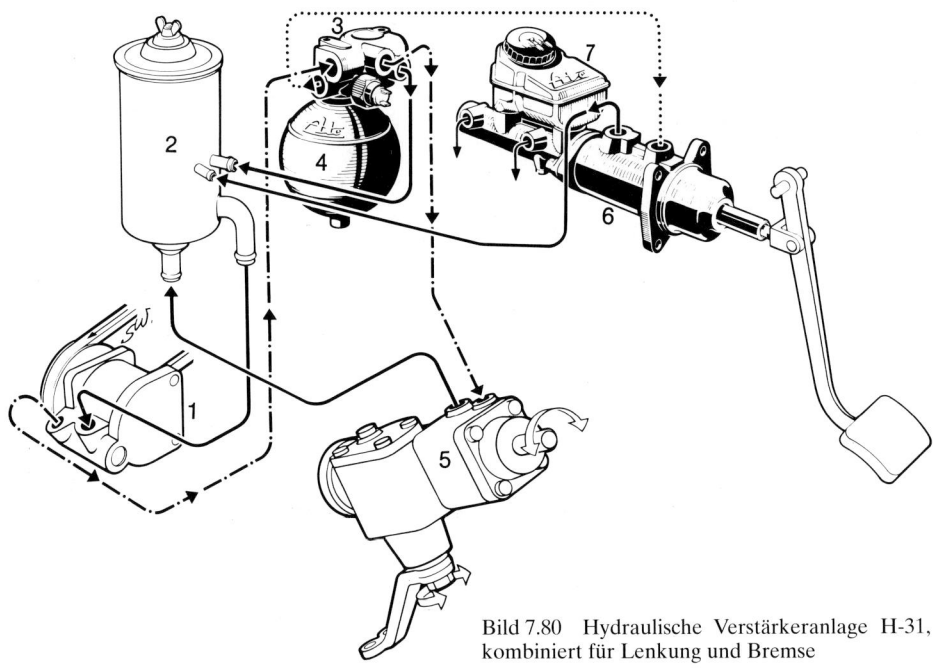

Bild 7.80   Hydraulische Verstärkeranlage H-31, kombiniert für Lenkung und Bremse

692   *Fahrzeugbremsen*

- hydraulische Pumpe mit Vorratsbehälter für die Servolenkung (1, 2, 5),
- druckgesteuerter Stromregler (DS-Regler) mit Warnschalter und Druckspeicher (3, 4),
- hydraulischer Bremskraftverstärker mit angeflanschtem Tandem-Hauptzylinder (6, 7).

> Die hydraulischen Bremskreise benötigen Bremsflüssigkeit, während der hydraulische Verstärkerkreis mit einem jeweils speziell vorgeschriebenen Hydrauliköl arbeitet.

Arbeitsweise: Der druckgesteuerte Stromregler ist in den Lenkungskreislauf geschaltet. Er zweigt für die Speicherladung bei laufendem Motor 10% der Pumpenfördermenge ab, wenn der Speicher leer oder auf den Einschalt- bzw. Zuschaltdruck (36 + 5 bar) gefallen ist. Hat der Speicher den Abschaltdruck (52 + 5 bar) erreicht, so gelangt die volle Pumpenfördermenge zur Servolenkung.

Die Aufladung ist möglich, weil der Speicher (ca. 10 cm großer Stahlkugelbehälter) durch eine Membrane unterteilt und einseitig mit Gas (Stickstoff) unter Druck gefüllt ist.

Der Speicherdruck steht am hydraulischen Bremskraftverstärker auf Abruf zur Verfügung. Der hydraulische Bremsdruck beträgt 90 bis 110 bar bei 20 kg (200 N) Fußkraft.

Wird der Einschaltdruck unterschritten, so reagiert der Warndruckschalter am Stromregler, und im Blickfeld des Fahrers leuchtet eine rote Warnlampe auf. Fällt die durch einen Keilriemen vom Motor angetriebene hydraulische Pumpe aus, so ermöglicht der Speicher durch seine Druckreserve noch elf Vollbremsungen mit voller Unterstützungskraft, also 5mal mehr als ein Saugluftverstärker.

Nach Erschöpfung der Druckreserve bleibt das Fahrzeug bremsfähig, jedoch nimmt die Bremskraft deutlich ab, wobei die Fußkraft erheblich vergrößert werden muß.

Vorteile der Anlage H-31

- kompakte Bauweise,
- mehr Sicherheit durch verkürzte Bremswege infolge verkürzter Ansprechzeit,
- mehr Betriebssicherheit durch große Druckreserve des Speichers.

Allgemeine Funktionsprüfung

Das Bremspedal ist bei abgestelltem Motor zwecks Entleerung des Druckspeichers 20mal – wie bei einer Vollbremsung – zu betätigen und anschließend mit geringem Kraftaufwand festzuhalten. Wird dann der Motor gestartet, so muß sich das Bremspedal spürbar und sichtbar senken. Ist das nicht der Fall, so sind der Bremskraftverstärker, der Stromregler, der Druckspeicher bzw. die hydraulische Pumpe lt. Fahrzeugherstellerangaben zu überprüfen.

Defekte Aggregate sind grundsätzlich auszutauschen. Vorher muß jedoch der Druckspeicher bei abgestelltem Motor durch ca. 20 Bremsbetätigungen, die je einer Vollbremsung entsprechen, entleert werden (Unfallgefahr).

Wurde ein Aggregat erneuert, so ist der Vorratsbehälter bis 1 cm unterhalb der Oberkante aufzufüllen. Nach dem Anlassen des Motors sollen die Lenkung und die Bremse zwecks Entlüftung betätigt werden. Es ist zweckmäßig, dafür die Rücklaufleitung zu lösen und das Öl aufzufangen. Der Ölstand im Nachfüllbehälter muß, falls erforderlich, ergänzt werden. Er darf bei geladenem Speicher die Markierung nicht überschreiten.

Einzelprüfungen

Dichtheitsprüfung: Druckspeicher bei abgestelltem Motor durch ca. 20 Bremsbetätigungen, die je einer Vollbremsung entsprechen, entleeren. Warnschalter am Stromregler ausbauen und dort ein geeignetes Prüfmanometer anschließen. Motor starten und nach Erreichung des Abschaltdrucks (52 + 5 bar am Prüfmanometer) wieder abstellen.

Fällt der angezeigte Druck in 5 min um mehr als 5 bar, ist die Rücklaufleitung am Stromregler zu lösen. Tritt dort Lecköl aus, so ist der Stromregler defekt; tritt kein Öl aus, so ist der Verstärker defekt.

Funktionsprüfung

Druckspeicher: Der Druckspeicher ist wie bei der Dichtheitsprüfung zu entleeren. Das Manometer muß nach dem Starten des Motors gleich 22 + 2 bar anzeigen, andernfalls ist der Hydrospeicher defekt.

Schaltet der Stromregler lt. Prüfmanometer nicht bei 52 + 5 bar ab und bei Senkung des Wertes durch Bremsung bei 36 + 5 bar ein, so ist der Stromregler defekt.

Verstärker: Wird ein Druckprüfer an die Betriebsbremse angeschlossen und entlüftet sowie das Bremspedal lt. Pedalkraftmesser bei laufendem Motor = voller Speicher mit 20 kg (200 N) Fußkraft belastet, muß der Leitungsdruck der Betriebsbremse 90 bis 110 bar betragen. Wird dies bei einwandfreier Betriebsbremse nicht erreicht, so ist der Verstärker defekt.

7.5.4   Druckluftverstärker

Reicht die Fußkraft des Fahrers zur Betätigung der hydraulischen Bremse eines Lkw nicht aus, so wird sie z.B. durch einen Einkammer-Bremsverstärker unterstützt.

Der mitgeführte Anhänger wird dabei nur mit Druckluft gebremst.

Einkammer-Bremsverstärker

Dieser Bremsverstärker arbeitet mit Druckluft, und zwar mit Druckanstieg. Fällt die Druckluft aus, so kann das Fahrzeug (bei erhöhter Fußkraft) noch abgebremst werden.

Aufbau: Der Einkammer-Bremsverstärker besteht aus einem Druckluft-Bremszylinder mit eingebautem Bremsventil und angeflanschtem Hydraulikhauptzylinder (Bild 7.81).

Die Kolbenstange des Druckluft-Bremszylinders wirkt direkt auf den Kolben des Hauptzylinders und steht über den Ventilhebel mit dem Bremsventil in Verbindung. An den Ventilhebel ist die Druckstange zum Bremspedal über einen Gabelkopf angelenkt. Der vordere Raum des Bremszylinders ist druckdicht ausgeführt, während der hintere Raum eine Verbindung über die hohle Kolbenstange zum Hebelgehäuse und über das Luftfilter ins Freie hat.

Der Kolben wird durch die Rückholfeder in der Ruhelage erschütterungsfrei gehalten. Das Bremsventil besteht aus dem Ventilrohr, dem Ventilsitz und dem federbelasteten Ventilteller. Der Ventilhebel liegt in der Ruhelage an der einstellbaren Anschlagschraube.

Wirkungsweise:
Fahrstellung: Der Ventilteller liegt auf dem Gehäusesitz, das Einlaßventil ist geschlossen, so daß nur in der rechten Ventilkammer Druckluft steht. Der vordere Raum des Bremszylinders (links)

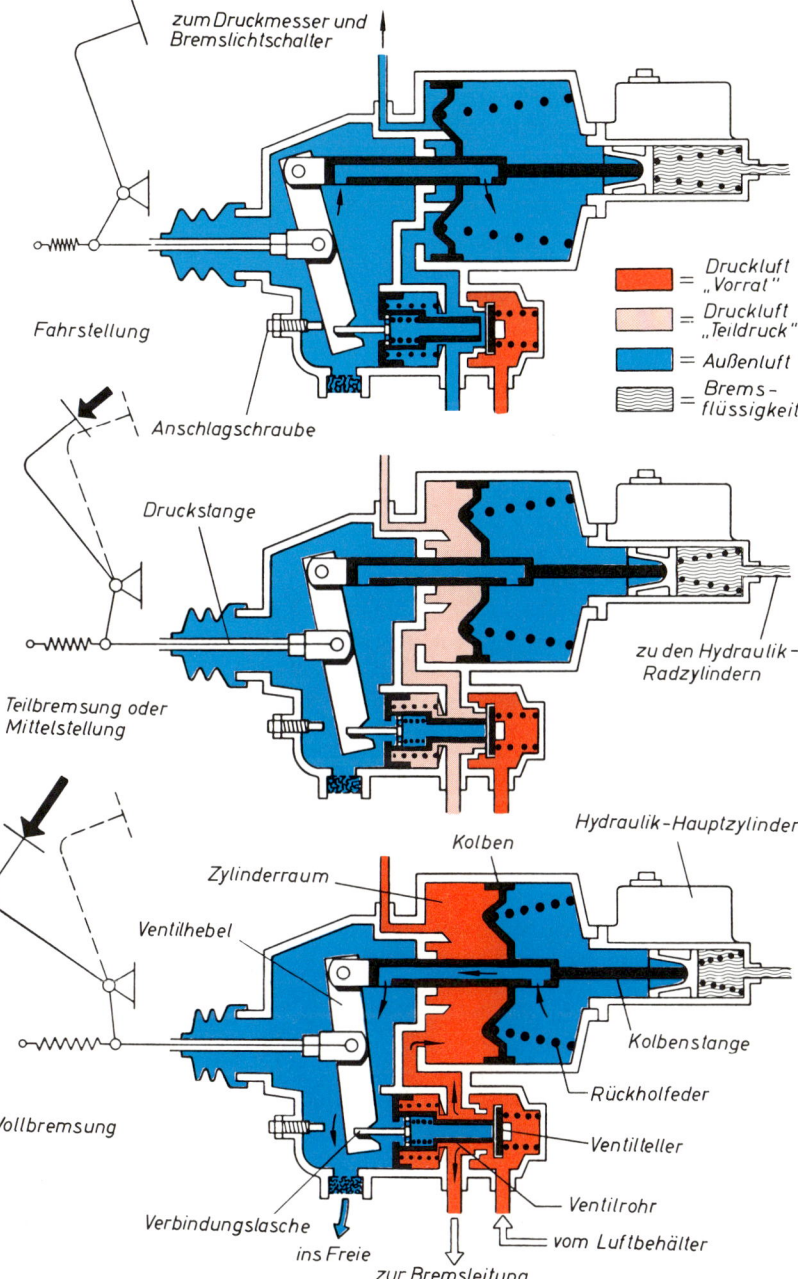

zum Druckmesser und
Bremslichtschalter

Druckluft
= „Vorrat"

Druckluft
= „Teildruck"

= Außenluft

Brems-
= flüssigkeit

Fahrstellung

Anschlagschraube

Druckstange

zu den Hydraulik-
Radzylindern

Teilbremsung oder
Mittelstellung

Hydraulik-Hauptzylinder

Kolben

Zylinderraum

Ventilhebel

Kolbenstange

Rückholfeder

Vollbremsung

Ventilteller

Ventilrohr

Verbindungslasche

vom Luftbehälter

ins Freie

zur Bremsleitung

Bild 7.81   Wirkungsweise des Einkammer-Bremsverstärkers (BOSCH)

steht über die linke Ventilkammer, das Ventilrohr und das Luftfilter mit der Außenluft in Verbindung.

Bremsvorgang: Wird das Bremspedal betätigt, so dreht sich der Ventilhebel um den Bolzen in der Kolbenstange. Das Ventilrohr wird über die Verbindungslasche und die im größeren Durchmesser des Ventilrohres eingebaute Feder nach rechts verschoben und legt sich zunächst auf den Ventilteller. Dadurch ist die Verbindung zwischen der vorderen Kammer des Bremszylinders und der Außenluft getrennt. Im weiteren Verlauf wird der Ventilteller vom Gehäusesitz abgehoben, also das Einlaßventil geöffnet. Die Druckluft strömt dann in die linke Ventilkammer und in die linke Kammer des Bremsverstärkers. Der Kolben bewegt sich nach rechts, und die Druckstange drückt auf den Kolben des Hauptzylinders. Gleichzeitig strömt Druckluft durch den Ringspalt zwischen Kolbenrohr und Ventilsitz vor den Ventilkolben. Die entstehende Kolbenkraft ist am Bremspedal spürbar und bewirkt, daß der Ventilkolben so weit nach links bewegt wird, bis der Ventilteller auf seinem Gehäusesitz aufliegt. Auslaß und Einlaß sind geschlossen, dadurch ist eine Teilbremsung oder Bremsabschlußstellung erreicht. Jetzt ist ein Teildruck aufgebaut, der weder steigen noch fallen kann. Der Ventilhebel dreht sich dabei um den Gabelkopf des Bremspedals.

Wird stärker gebremst, so schwenkt der Ventilhebel wieder um den Bolzen in der Kolbenstange. Das Ventilrohr hebt den Ventilteller erneut von seinem Gehäusesitz ab, und es kann sich in der linken Kammer des Bremsverstärkers ein größerer Druck aufbauen.

Lösevorgang: Gibt der Fahrer das Pedal frei, so wird kein Druck mehr auf den Ventilhebel und das Ventilrohr ausgeübt. Das Ventilrohr wird dann durch die Feder nach links bewegt, und der Ventilteller legt sich auf seinen Sitz. Das Einlaßventil ist also geschlossen, und es kann keine Druckluft mehr in den Bremszylinder strömen. Da auch das Kolbenrohr vom Ventilteller abhebt (Auslaß öffnet), wird die linke Kammer des Bremsverstärkers über das Kolbenrohr und das Luftfilter ins Freie entlüftet.

7.6   Antiblockiersystem (ABS)

Das ABS ist eine Sicherheitseinrichtung, die konventionelle Bremsanlagen ergänzt. Ihre Funktion bleibt auch dann erhalten, wenn das ABS versagt. Der Fahrer ist durch die ABS-Lampe ständig darüber informiert, ob das ABS funktionsbereit ist oder nicht.

ABS-Lampe leuchtet = ABS nicht funktionsbereit;
ABS-Lampe leuchtet nicht = ABS funktionsbereit.

Der Bremsweg ist bei gleichzeitiger Spurstabilität und Lenkfähigkeit des Fahrzeugs vom Drehverhalten aller Räder abhängig. Rollende Reibung (Haftreibung) ist größer und ermöglicht kürzere Bremswege als Reibung bei blockierten Rädern (Gleitreibung). Sie gewährleistet auch die Spurstabilität und Lenkfähigkeit des Fahrzeugs beim Bremsen.

Diese Vorteile zu ermöglichen ist Aufgabe des ABS. Blockierende Hinterräder bedeuten Schleudergefahr, und blockierende Vorderräder verhindern die Lenkbarkeit des Fahrzeugs. Das Risiko steigt bei wechselnden Fahrbahnzuständen und bei Gefahrenbremsungen. Ursache hierfür ist der Schlupf. Er tritt bei Nässe oder gar Glätte früher auf als bei trockener Fahrbahn.

Schlupf ist die Differenz zwischen der Fahrgeschwindigkeit und der Radgeschwindigkeit. Er entsteht, wenn die Bremskraft größer ist als die Haftreibung.

Frei abrollende Räder haben keinen Schlupf (0%) und volle Seitenführungskraft (100%). Dies bedeutet auch bei Kurvenfahrt einwandfreie Spurstabilität, solange die Geschwindigkeit nicht zu groß ist. Blockierende Räder haben 100% Schlupf und damit keine Seitenführungskraft (0%). Das Fahrzeug würde die Fahrbahn unkontrolliert verlassen.

Mit steigender Bremswirkung nimmt der Schlupf zu und die Seitenführungskraft (Spurstabilität) ab. Bei ca. 30% ist die Bremswirkung am größten, ohne daß Lenkfähigkeit und Spurstabilität gefährdet sind.

Das ABS ersetzt keine verantwortungsvolle Fahrweise.

Das ABS greift dort ein, wo der Fahrer überfordert ist, und ermöglicht optimales Bremsen durch Regelung.

Funktion: Beim Einschalten der Zündung muß die ABS-Lampe leuchten. Sie erlischt und bleibt aus, wenn das ABS funktionsbereit ist. Dies zu beachten ist Aufgabe des Fahrers.
   Die ABS-Lampe erlischt je nach Warnlampenschaltung, z.B.

❒ ca. 2 bis 4 Sekunden nach dem Einschalten der Zündung,
❒ nach dem Motorstart,
❒ oberhalb 6 km/h, jedoch unter 10 km/h Fahrgeschwindigkeit.

Erlischt die ABS-Lampe nicht bzw. leuchtet sie bei Fahrt sporadisch oder permanent, so liegt mindestens ein Fehler vor, d.h., das ABS arbeitet gar nicht oder nur zum Teil. Die konventionelle Bremsanlage arbeitet dennoch einwandfrei. Störungen des ABS werden automatisch im Steuergerät gespeichert. Der Fehlerspeicher kann mittels Blinkcode (ABS-Lampe) ausgelesen werden, sobald das Steuergerät über die «Reizleitung» dazu aufgefordert wird.
   Spezielle Diagnose-Tester ermöglichen sowohl die Fehlerauslesung wie auch die Stellgliederprüfung und die Überprüfung auf Leitungsvertauschung. Der Fehlerspeicher ist nach Beseitigung aller Fehler zu löschen und muß bei erneuter Auslesung fehlerfrei sein. Da es verschiedene ABS-Anlagen gibt, sind nur die Herstellerangaben verbindlich.

Welche Aufgaben hat das Antiblockiersystem?

Das ABS soll

❒ die Spurhaltung des Fahrzeugs sichern,
❒ die Lenkfähigkeit erhalten,
❒ den Bremsweg, besonders bei Gefahr, möglichst kurz halten.

Um dies zu erreichen, muß das ABS

❒ alle Radgeschwindigkeiten erfassen,
❒ die Fahrgeschwindigkeit ermitteln,
❒ den Schlupf aller Räder berechnen.

Der Bremsweg mit ABS ist bei 80 km/h und nassem Beton gegenüber einem Fahrzeug ohne ABS bis zu 25% geringer.

Ausnahme
Fahrzeuge ohne ABS bzw. mit Gelände-ABS können auf lockerem Untergrund kürzere Bremswege erzielen, da sich bei Blockierung der Räder Material aufschieben kann (Bremskeilwirkung).

Das ABS greift in den Bremsvorgang erst dann ein, wenn die jeweils größtmögliche Abbremsung erreicht ist. Dies ist bei ca. 30% Schlupf (obere Stabilitätsgrenze) der Fall. Hierbei hinterlassen die Räder auf der Straße einen sichtbaren Reifenabrieb (ABS-Blockierspur). Beim ABS-Eingriff wird zunächst der Druckaufbau gestoppt (Druck halten). Falls dies nicht ausreicht, wird der Druck gesenkt. Zwangsläufig nimmt der Schlupf ab und die Spurstabilität zu. Spätestens bei 6% Schlupf (untere Stabilitätsgrenze) gilt es die Druckabsenkung zu stoppen (Druck halten) und den Druck ggf. zu erhöhen, um im optimalen Bremsbereich zu bleiben.
  Der ABS-Eingriff erfolgt je nach Regelstrategie für jedes Rad oder für beide Räder einer Achse durch einen separaten Regelkreis. Er kann bei Bedarf je nach ABS bis zu 12mal pro Sekunde erfolgen.

Regelkreis

❐ Sensor und Impulsring (Bild 7.82),
❐ elektronisches Steuergerät,
❐ Hydraulikeinheit (Bild 7.83).

Sensor und Impulsring
Der mit dem Rad oder der Antriebswelle drehende Impulsring schneidet mit seinen Zähnen das Magnetfeld des im Achskörper plazierten Sensors (Dauermagnet und Spule). Dabei entsteht eine Wechselspannung, deren Frequenz von der Raddrehzahl und der Zähnezahl des Impulsrings abhängt. Die Raddrehzahlen werden in elektrische Signale umgesetzt und vom Steuergerät gelesen. Das Steuergerät ist auf die vorgesehene Zähnezahl programmiert. Es muß wissen, wieviel Zähne zu einer Radumdrehung gehören, um die Radgeschwindigkeit zu erkennen. Die Höhe der Wechselspannung richtet sich nach der Größe des Luftspalts zwischen Sensor und Impulsring (meistens 0,8 mm) sowie nach der Drehzahl. Bei zu hoher Spannung (Luftspalt zu klein) kann das Steuergerät das ABS abschalten. Ist die Spannung zu gering, d.h. unter 100 bis 150 mV (Luftspalt

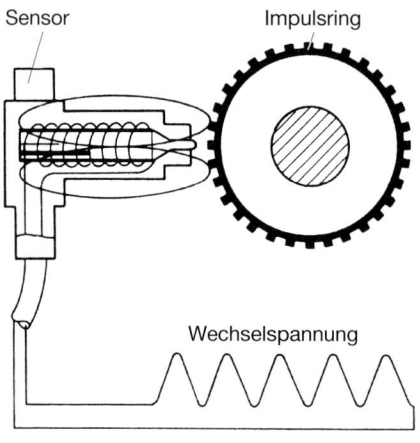

Sensor   Impulsring

Wechselspannung

Bild 7.82   Sensor und Impulsring
(Mercedes-Benz)

Bild 7.83   Hydraulikeinheit
(Bosch)

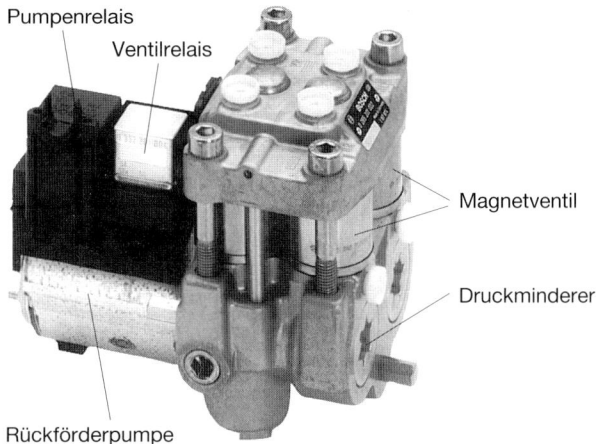

Pumpenrelais

Ventilrelais

Magnetventil

Druckminderer

Rückförderpumpe

zu groß), so arbeitet der betreffende Regelkreis nicht. Der Luftspalt ist gemäß Herstellerangabe zu überprüfen bzw. zu korrigieren.

Die Sensoren können gesteckt (einstellbar) oder geschraubt (fest eingestellt) sein. Bei Erneuerung gesteckter Sensoren sind die Klemmhülsen auszutauschen, wobei Spezialfett zu verwenden ist. Neue Klemmhülsen sichern den festen Sitz der Sensoren und damit den eingestellten Luftspalt.

Voraussetzung für einwandfreie elektrische Signale sind Unversehrtheit, Sauberkeit und fester Sitz beider Komponenten.

Steuergerät

Das Steuergerät benötigt eine Mindest-Versorgungsspannung (Kl. 15) und eine Mindest-Signalspannung aller Radsensoren, um wunschgemäß arbeiten zu können. Die Versorgungsspannung muß unter Last – alle elektrischen Verbraucher eingeschaltet – mindestens 8,5 V (bei 12-V-Anlagen) bzw. 17 V (bei 24-V-Anlagen) betragen, während die Signalspannung nicht unter 100 bis 150 mV liegen darf.

Das Steuergerät bildet aus den Drehzahlsignalen der Radsensoren die Referenzgeschwindigkeit, vergleicht die Radwinkelgeschwindigkeiten, ermittelt den momentanen Schlupf der einzelnen Räder und hält ihn im optimalen Bereich.
Ausnahmesituationen, z.B.

❐ wenn die Räder bei Kurvenfahrt unterschiedlich schnell drehen,
❐ wenn die Räder bei Bodenwellen von der Fahrbahn abheben,

sind als Frequenzmuster im Steuergerät gespeichert und werden bei Bedarf berücksichtigt.

Durch den Bremslichtschalter erkennt das Steuergerät, ob der Fahrer wirklich bremst oder nur vom Gas geht. Das Steuergerät sendet bei Blockiergefahr einzelner oder aller Räder entsprechende Stellbefehle an die Hydraulikeinheit. Das in Bild 7.84 dargestellte Hydroaggregat zeigt ein Magnetventil mit Einlaß und Auslaß.

Bei gelöster Bremse sind alle Magnetventile stromlos, wobei der Einlaß offen und der Auslaß geschlossen ist. Das Fahrzeug kann ganz normal gebremst werden, das bedeutet Druckaufbau.

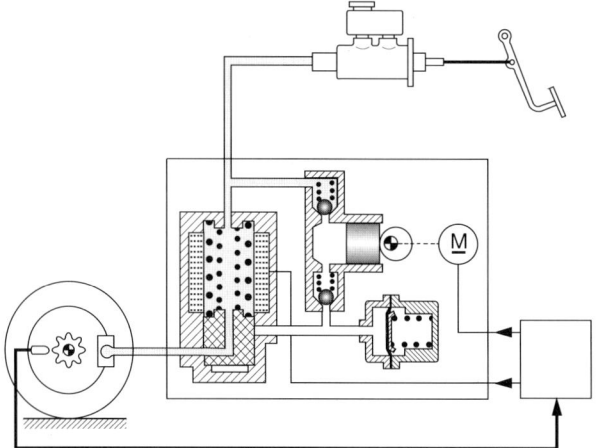

Bild 7.84 Bremsanlage mit Bosch-ABS, unbetätigt. Zwischen dem Tandem-Hauptzylinder und der Radbremse besteht eine drucklose Verbindung, so daß bei Betätigung der Bremse ein Druckaufbau erfolgen kann.

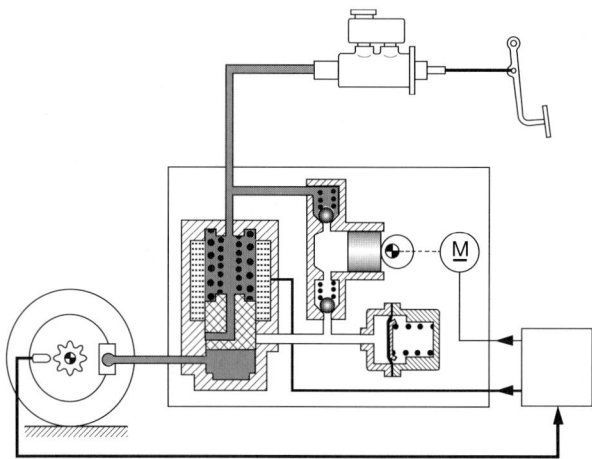

Bild 7.85 Bremsanlage betätigt und ABS-geregelt (Druckhaltephase). Die hydraulische Verbindung zwischen dem Tandem-Hauptzylinder und der Radbremse ist unterbrochen.

Bei Blockiergefahr erfolgt

❐ Phase 1 «Druck halten», d.h., der Druckaufbau wird gestoppt (Einlaß und Auslaß geschlossen, Bild 7.85).

Reicht dieser Eingriff nicht aus, so erfolgt

❐ Phase 2 «Druckabbau» (Auslaß geöffnet, Einlaß geschlossen, Bild 7.86). Der Schlupf nimmt ab und die Radgeschwindigkeit zu. Bei anhaltendem Verzögerungswunsch des Fahrers erfolgt spätestens an der unteren Stabilitätsgrenze

❐ Phase 3 «Druckaufbau» (Einlaß geöffnet, Auslaß geschlossen, Bild 7.87). Dies ist die stromlose Ausgangsposition, die bei Ausfall der Elektrik die Funktion der konventionellen Bremsanlage sicherstellt.

Bild 7.86 Bremsanlage betätigt und ABS-geregelt (Druckabbauphase). Die hydraulische Verbindung zwischen dem Tandem-Hauptzylinder
und der Radbremse ist weiterhin unterbrochen.
Der Druck in der Radbremse wird reduziert,
wobei Bremsflüssigkeit mittels Rückförderpumpe
in Richtung Tandem-Hauptzylinder gelangt und
ein Pulsieren am Bremspedal verursacht.

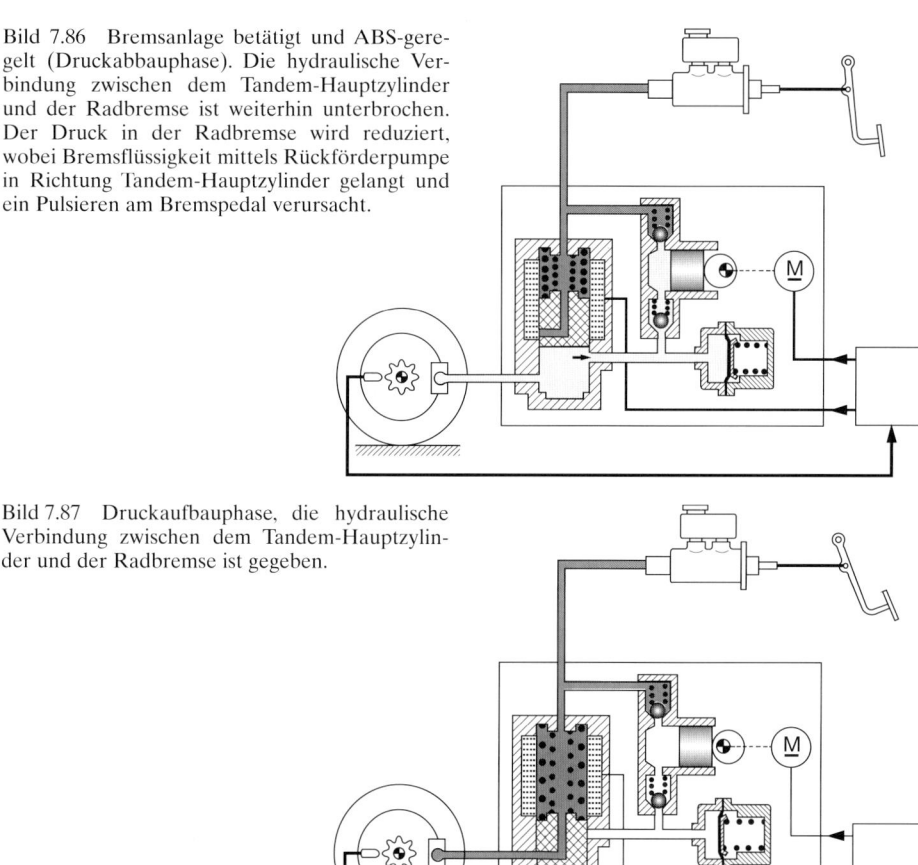

Bild 7.87 Druckaufbauphase, die hydraulische
Verbindung zwischen dem Tandem-Hauptzylinder und der Radbremse ist gegeben.

Die Stellbefehle «Druck halten» und «Druckabbau» erfolgen durch Bestromung der entsprechenden Ventile. In der Phase 2 entweicht Bremsflüssigkeit aus den Bremszylindern/Bremslei-
tungen, wobei der Druckspeicher die Druckspitzen aufnimmt.
   Die entnommene Bremsflüssigkeit gelangt

❐ beim ATE-MKII-ABS zum Ausgleichsbehälter zurück (offenes System). Gleichzeitig fördert
   die elektrische Pumpe der Hydraulikeinheit Bremsflüssigkeit in den Bremskreis zurück;
❐ beim Bosch-ABS und bei aktuellen ATE-ABS-Versionen mittels elektrischer Pumpe direkt
   zum Bremskreis zurück (geschlossenes System), wobei ein gewolltes Pulsieren am Bremspedal
   spürbar ist. Der Fahrer soll wissen, daß er sich im kritischen Bereich befindet und das ABS
   arbeitet. Er darf jetzt keine Angst haben, d.h. die Bremse nicht einfach loslassen.

Die Rückförderpumpe wird bei Aktivierung des ABS durch das Steuergerät eingeschaltet und
durch die ABS-Lampe überwacht, um ein Durchsacken des Bremspedals infolge mehrfachen
Druckabbaus während einer Bremsung zu verhindern.

Bei Funktionsausfall der Rückförderpumpe schaltet das ABS ab, wobei die ABS-Lampe leuchtet.

Die ABS-Regelung erfolgt ggf. bei Geschwindigkeiten über 6 km/h und endet unter 3 km/h. Bei Aquaplaning endet die ABS-Regelung nach max. 10 Sekunden, dann leuchtet die ABS-Lampe.

Regelstrategien

Individualregelung (IR): Jedes Rad des Fahrzeugs wird separat geregelt.
Vorteil: kürzeste Bremswege, da die Reibung zwischen Reifen und Fahrbahn für jedes Rad optimal genutzt wird.
Nachteil: Das Fahrzeug kann bei einseitig glatter Fahrbahn infolge großer Bremskraftunterschiede ausbrechen, sofern der Fahrer nicht entsprechend schnell und kräftig gegenlenkt.

Modifizierte Individualregelung (MIR): Das kritische Rad der Achse (Low-Rad) wird entsprechend reduzierter Haftreibung knapp unter der Blockiergrenze gehalten, während das andere Rad derselben Achse entsprechend größerer Haftreibung langsam an seine Blockiergrenze herangeführt wird.
Vorteil: Der Fahrer kann das Fahrzeug bei guter Ausnutzung der Haftreibung mit geringem Lenkaufwand in der Spur halten.

Select-low-Regelung (SLR): Hier wird der Bremsdruck für beide Räder einer Achse durch das kritische Rad (Low-Rad) bestimmt. Während das Low-Rad optimal bremst, wird am anderen Rad (High-Rad) Bremswirkung verschenkt.
Vorteil: gute Spurtreue auf einseitig glatter Fahrbahn, weil die Giermomente klein gehalten werden.
Nachteil: Der Bremsweg kann bei einseitig glatter Fahrbahn etwas länger sein als bei einer gestuften Bremsung.

Allgemeine Hinweise

❐ Nach Eingriff in die Bremsanlage muß diese gemäß Herstellerangaben entlüftet sowie eine Niederdruck- und Hochdruckprüfung durchgeführt werden. Zusätzlich sind alle Verbindungsstellen auf Dichtheit zu überprüfen.

❐ Nach Arbeiten am ABS oder Austausch von Teilen (Sensor, Kabelbaum, Steuergerät, Hydroaggregat) muß das gesamte ABS gemäß Herstellerangaben überprüft werden. Vertauschte Leitungsanschlüsse z.B. können tödlich sein!

❐ Mit angeschlossenem Diagnosetester darf allgemein nicht gefahren werden, weil das Steuergerät dann beeinflußt ist und falsch reagieren kann.

❐ Um falsche Reaktionen des ABS zu verhindern, muß vor dem Abschließen des Diagnosetesters der Speicher des Steuergeräts durch Ausschalten der Zündung gelöscht werden.

❐ Bei Allradfahrzeugen kann das ABS nur arbeiten, wenn die permanente Sperre ausgeschaltet ist.

❐ Die ABS-Funktion kann nicht auf dem Rollen-Bremsenprüfstand überprüft werden, weil das Steuergerät die Drehzahlsignale aller Räder benötigt. Bremsenprüfstände mit vier Rollen sind nicht üblich. Die Überprüfung beim TÜV beschränkt sich auf die Funktion der ABS-Lampe.

Hinweise zum Schutz der Elektronik

❐ Der Motor darf nicht ohne Batterie laufen.
❐ Batterie vor dem Laden vom Bordnetz trennen.
❐ Nach dem Einbau der Batterie müssen die Kabelklemmen einwandfrei befestigt werden.
❐ Für den Motorstart dürfen keine Schnellader verwendet werden.
❐ Starthilfe ist nur bei angeschlossener Batterie zulässig, wobei die Spannungsspitzen durch Lichteinschaltung zu senken sind.
❐ Prüflampen dürfen nicht verwendet werden.
❐ Bei Kurzschlußgefahr ist die Batterie abzuklemmen.
❐ Kabel dürfen nur in stromlosem Zustand getrennt oder verbunden werden.
❐ Vor elektrischen Schweißarbeiten muß der Stecker vom Steuergerät abgezogen werden.
❐ Das Steuergerät darf bei Lackierarbeiten langzeitig (ca. 2 Std.) mit max. 85 °C belastet werden. Der Motor darf sicherheitshalber erst nach Verlassen der Trockenkabine und einer Abkühlphase von 15 Minuten gestartet werden. Im Zweifelsfall ist das Steuergerät vorher auszubauen.

7.6.1 Bremsregelung mit Giermoment-Aufbauverzögerung

Bremsungen auf Fahrbahnen mit deutlich unterschiedlicher Haftreibung zwischen links und rechts, z.B. links trocken und rechts vereist, bewirken auch mit ABS gravierend unterschiedliche Bremskräfte an den Vorderrädern. Dadurch entsteht ein Drehmoment um die Fahrzeughochachse (Giermoment), das die Spurstabilität gefährdet (Bild 7.88).

Bei schweren Pkw mit großem Radstand erfolgt das «Gieren» relativ langsam, so daß der Fahrer dies durch entsprechende Lenkbewegungen schnell genug ausgleichen kann.

Kleine Pkw mit geringem Radstand reagieren auf Bremsunterschiede der Vorderräder spontaner. Sie benötigen eine Giermoment-Aufbauverzögerung (GMA). Durch die GMA sind diese Fahrzeuge, selbst bei Panikbremsungen auf Fahrbahnen mit unterschiedlicher Haftreibung, gut beherrschbar.

Bild 7.88 Giermomentaufbau bei stark unterschiedlichen Haftreibungszahlen
M_{Gier} Giermoment
F_{B} Bremskraft
μ_{HF} Haftreibungszahl
1 «High»-Rad
2 «Low»-Rad

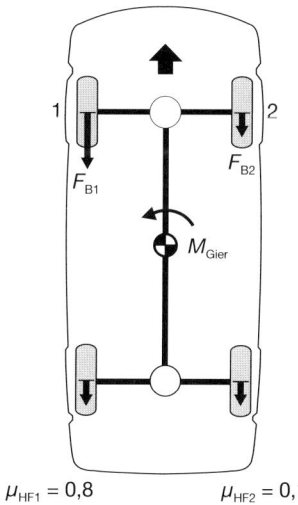

$\mu_{\text{HF1}} = 0{,}8$ $\mu_{\text{HF2}} = 0{,}1$

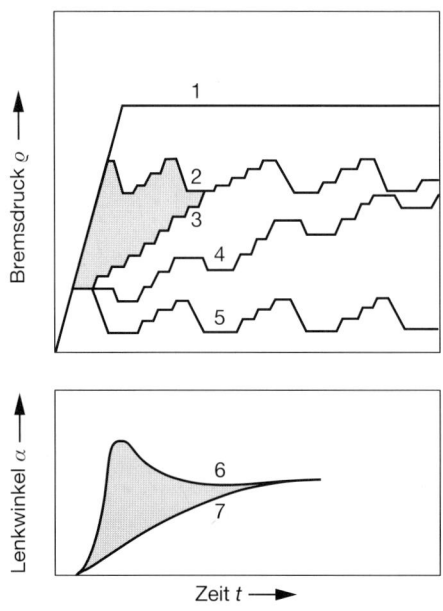

Bild 7.89 Bremsdruck-/Lenkwinkelverlauf bei
Giermoment-Aufbauverzögerung
1 Hauptzylinderdruck p_{HZ}
2 Bremsdruck p_{high} ohne GMA
3 phigh mit GMA 1
4 phigh mit GMA 2
5 plow
6 Lenkwinkel α ohne GMA
7 Lenkwinkel α mit GMA

Die Verzögerung des Giermomentaufbaus ist möglich, weil der Druckaufbau in den Bremszylindern des Vorderrades mit der größeren Haftreibung (High-Rad) verzögert wird (Bild 7.89).

System GMA1: Dieses System kommt bei weniger kritischem Fahrverhalten zum Einsatz. Hier wird der Bremsdruck während der Anbremsphase in Stufen aufgebaut (s. Kurve 3), sobald bei dem Rad mit der geringeren Haftreibung (Low-Rad) der erste Druckabbau infolge Blockierneigung abläuft. Die Beeinflussung des High-Rades durch die Signale des Low-Rades ist beendet, wenn der Bremsdruck für das High-Rad sein Blockierniveau erreicht. Das High-Rad wird dann individuell geregelt und mit max. möglicher Bremskraft gebremst.

Durch die GMA ergibt sich gegenüber einem Fahrzeug ohne GMA eine Bremswegverlängerung. Sie ist jedoch gering, da der max. Bremsdruck am High-Rad bereits nach 750 ms erreicht wird.

Die Giermoment-Aufbauverzögerung ist ein Kompromiß zwischen gutem Lenkverhalten und kurzem Bremsweg.

System GMA2: Bei Fahrzeugen mit besonders kritischem Fahrverhalten kommt das System GMA2 zum Einsatz. Sobald am Low-Rad der erste Druckabbau erfolgt, wird das ABS-Magnetventil am High-Rad mit einer festgelegten Druckhalte- und Druckabbauzeit angesteuert. Der erneute Druckaufbau am Low-Rad löst den stufenförmigen Druckaufbau am High-Rad aus. Die Zeiten für den Druckaufbau sind während der gesamten Bremsung um einen bestimmten Faktor länger als beim Low-Rad. Die Auswirkung des Giermoments auf das Lenkverhalten ist um so kritischer, je größer die Fahrgeschwindigkeit beim Anbremsen ist.

Beim System GMA2 ist die Giermoment-Aufbauverzögerung je nach Geschwindigkeit, die in vier Bereiche unterteilt ist, unterschiedlich wirksam. Bei hohen Geschwindigkeiten wird das Gieren des Fahrzeugs verhindert, indem die Druckaufbauzeiten am High-Rad zunehmend verkürzt und am Low-Rad zunehmend verlängert werden (Bild 7.89).

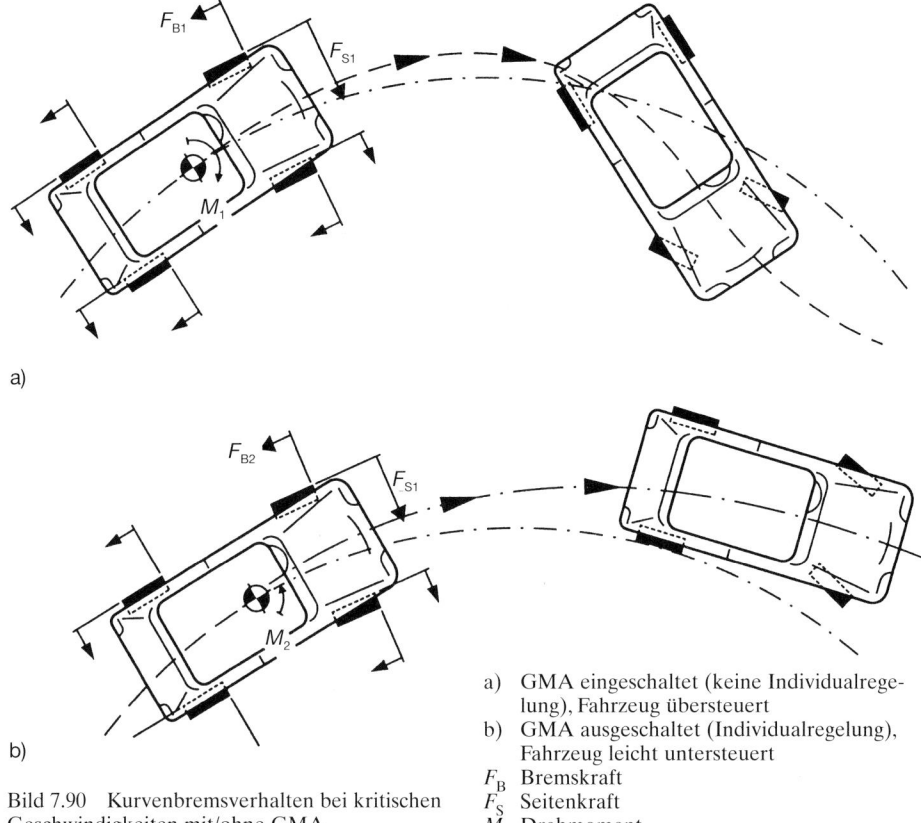

a) GMA eingeschaltet (keine Individualrege-
   lung), Fahrzeug übersteuert
b) GMA ausgeschaltet (Individualregelung),
   Fahrzeug leicht untersteuert
F_B Bremskraft
F_S Seitenkraft
M Drehmoment

Bild 7.90 Kurvenbremsverhalten bei kritischen
Geschwindigkeiten mit/ohne GMA

Erfolgt die Abbremsung bei hoher Geschwindigkeit in der Kurve, so nehmen die Seitenführungskräfte an den Hinterrädern ab, weil die Hinterachse dynamisch entlastet wird. Das Fahrzeug kann u.U. unbeherrschbar schleudern (Bild 7.90), da ein zur Innenseite der Kurve gerichtetes Drehmoment entsteht.

Dies kann verhindert werden, wenn die GMA einen Schalter für Querbeschleunigung hat, der
die GMA bei Querbeschleunigung über 0,4 g ausschaltet. Dadurch baut sich beim Bremsen in der
Kurve am äußeren Vorderrad eine Bremskraft auf, die ein zur Außenseite der Kurve gerichtetes
Drehmoment bewirkt. Die entgegengesetzt wirkenden Drehmomente gleichen sich aus, so daß
das Fahrzeug gut beherrschbar bleibt.

7.6.2 Antriebsschlupfregelung (ASR)

Die Antriebsschlupfregelung nutzt die Drehzahlsignale der ABS-Sensoren. Sie verhindert, selbst
bei Glätte und steiler Strecke, ein Durchdrehen der Antriebsräder beim Anfahren und Beschleunigen.

Dies ist möglich, weil das ABS/ASR-Steuergerät ggf.

- durch entsprechende Reduzierung der Antriebskraft (Einspritzimpulsausblendung, Rücknahme des Zündzeitpunktes, der Drosselklappe oder der Regelstange) bzw.
- durch Aktivierung der Bremse eingreift.

Der Bremseneingriff ändert die Antriebskraftverteilung auf das Rad mit der besseren Traktion, indem das durchdrehende Rad entsprechend verlangsamt wird. Die Antriebsschlupfregelung schaltet bei einem Schlupf über 4% ein und unter 2% aus. Sie ist bei Pkw bis ca. 40 km/h und bei Nutzfahrzeugen bis ca. 30 km/h wirksam.

Der ASR-Eingriff wird dem Fahrer durch das Leuchten der ASR-Funktionslampe angezeigt. Bei einem Defekt im ASR blinkt die ASR-Warnlampe.

7.7 Anhängerbremsen

Zur Erhaltung der Verkehrssicherheit ist es nötig, Anhänger ab einem bestimmten Gesamtgewicht mit einer ausreichenden eigenen Bremse auszurüsten. So wird zum Beispiel die Hydrakup-Anlage für Anhänger verwendet.

Gesetzliche Bestimmungen
Hinter Krafträdern und Pkw dürfen Anhänger ohne eine ausreichende eigene Bremse nur mitgeführt werden, wenn das ziehende Fahrzeug eine Allradbremse und der Anhänger nur eine Achse hat. Die Anhängelast darf höchstens die Hälfte des um 75 kg erhöhten Leergewichtes des ziehenden Fahrzeuges, jedoch nicht mehr als 750 kg betragen.

Beispiel
Ein Pkw hat ein Leergewicht von 1000 kg. Die Anhängelast für den ungebremsten Anhänger darf dann höchstens

$$\frac{1000 \text{ kg} + 75 \text{ kg}}{2} = 537,5 \text{ kg}$$

betragen.

Hinter anderen Kraftfahrzeugen (ausgenommen Zugmaschinen und Kraftomnibusse) darf nach § 41 Abs. 11 StVZO ein ungebremster einachsiger Anhänger nur dann mitgeführt werden, wenn die Achslast des Anhängers die Hälfte des Leergewichts des ziehenden Fahrzeugs, jedoch 3 t nicht übersteigt. Außerdem darf ein ungebremster Anhänger nicht mehr wiegen, als der Hersteller des Motorwagens als Anhängelast genehmigt. Diese Einschränkung ergibt sich aus Erfahrungswerten des Herstellers hinsichtlich der Haltbarkeit des Motorwagen-Fahrgestells.

7.7.1 Hydrakup – Hydraulische Bremskupplung

Die Hydrakup besteht aus zwei hydraulischen Zylindern, nämlich aus dem Motorwagenkopf MK und dem Anhängerkopf AK (Bild 7.91). Der MK ist am Motorwagen befestigt und an dessen hydraulisches Bremssystem angeschlossen. Er ist praktisch ein zusätzlicher Radzylinder. Beim Bremsvorgang darf der MK das Bremsflüssigkeitsvolumen des Motorwagens auch bei maximalem Hub nur so weit beanspruchen, daß eine Pedalwegreserve von 25% erhalten bleibt.

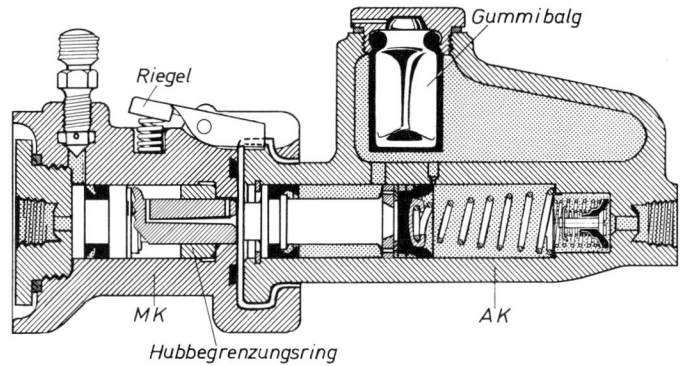

Bild 7.91 Hydraulische Bremskupplung (ATE)

Labels in figure: Riegel, Gummibalg, MK, AK, Hubbegrenzungsring

Reicht das Flüssigkeitsvolumen des Motorwagens nicht aus, um die Hydrakup bei der angegebenen Pedalwegreserve voll zu betätigen, so ist ein größerer Hauptzylinder und z.B. ein Bremsgerät (T 50) erforderlich. Zur Steuerung des Bremsgerätes wird vom Hauptzylinder nur eine geringe Flüssigkeitsmenge benötigt (etwa 0,5 cm^3). Der AK ist durch einen Schlauch mit dem eigenen hydraulischen Bremssystem des Anhängers verbunden. Es ist ein Hauptzylinder, der im gekuppelten Zustand vom MK mechanisch betätigt wird. Das Kuppeln erfolgt, indem der AK an den MK geschoben und verdreht wird. Durch eine bajonettartige Anordnung und einen federbelasteten Riegel wird die Stellung gesichert. Die Zapfen der Kolben des MK und des AK treffen in gekuppelter Stellung aufeinander. Wird der Anhänger abgekuppelt, so kann der AK in einen Halteflansch eingekuppelt werden. In den MK wird dann anstelle des AK ein Deckel gekuppelt, der als Anschlag für den Zapfen dient. Dabei bleiben beide Bremssysteme abgedichtet. Bei Ausfall der Anhängerbremse bleibt die Bremsfähigkeit des Motorwagens erhalten. In der Verschraubung des AK befindet sich ein Gummibalg (Bild 7.91), der einen Flüssigkeitsverlust über die Belüftungsbohrung verhindert und den Volumenausgleich der Bremsflüssigkeit bei Temperaturschwankungen ermöglicht. Der Behälter wird bis 1 cm unterhalb der Oberkante aufgefüllt.

Motorwagen- und Anhängerkopf müssen aufeinander abgestimmt sein. Dabei geht man von der Bremswirkung des Anhängers aus. Die Bremse des Anhängers ist so ausgelegt, daß dieser bei einem Leitungsdruck von 100 bar eine mittlere Verzögerung von 5 m/s^2 erreicht. Im Motorwagen sucht man dann den Druck, bei dem dessen mittlere Verzögerung ebenfalls 5 m/s^2 beträgt. Entsprechend diesem Druck wird dann der Kolbendurchmesser des MK ausgelegt. Weil bei den verschiedenen Motorwagen der Leitungsdruck bei der genannten Verzögerung zwischen 50 und 120 bar schwankt, sind die Kolbendurchmesser der MK verschieden. Dadurch wird auf den AK immer die gleiche Kraft ausgeübt.

Sollen Motorwagen und Anhänger miteinander verbunden werden, müssen die Hublängen der Kupplungsköpfe zueinander passen. Die Hublänge des AK ist von der Radzylindergröße abhängig und wird vom Anhängerhersteller bzw. bei nachträglichem Einbau von der Werkstatt in das Hubschild des AK eingeschlagen (Bild 7.92). Die Hublänge des MK kann durch Verwendung verschiedener Hubbegrenzungsringe angepaßt werden.

Bild 7.92 Hubschild, links für den AK und rechts für den MK

Tritt der Fahrer auf das Bremspedal, so pflanzt sich der erzeugte hydraulische Druck bis zu den Radzylindern des Motorwagens und zum MK der Hydrakup fort. Dadurch wird der Kolben im MK betätigt, der den Kolben des AK weiterschiebt. Dieser drückt auf die Bremsflüssigkeit, so daß sich der im Leitungssystem des Anhängers entstehende Druck bis zu dessen Radzylindern fortpflanzt.

7.7.2 Auflaufbremsen

Gemäß § 41 Abs. 10 der StVZO sind Auflaufbremsen nur an Anhängern mit einem zulässigen Gesamtgewicht bis zu 8 t zulässig.

Beim Abbremsen des Zugfahrzeugs entsteht, hervorgerufen durch das Massenbeharrungsvermögen des Anhängers, eine axial wirkende Auflaufkraft.

Mechanische Auflaufbremse
Die mechanische Auflaufbremse nutzt diese Auflaufkraft aus und überträgt sie mittels Gestänge und Hebel auf die Bremsen des Anhängers. Außerdem wirkt sie als Fallbremse (Bild 7.93).

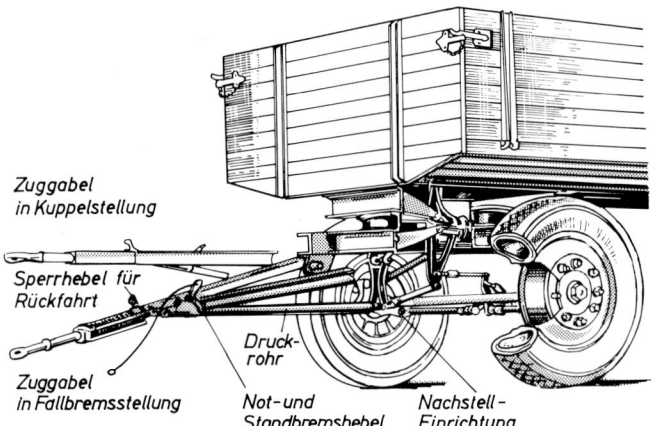

Bild 7.93 Mechanische Auflaufbremse

Zuggabel
in Kuppelstellung

Sperrhebel für
Rückfahrt

Druck-
rohr

Zuggabel
in Fallbremsstellung

Not- und
Standbremshebel

Nachstell-
Einrichtung

Hydraulische Auflaufbremse
Die Auflaufkraft wirkt über die Anhängerzuggabel auf einen hydraulischen Hauptzylinder, dessen Druck sich auf die Radzylinder fortpflanzt. Die Abbremsung erfolgt gewichts- bzw. lastabhängig.

7.8 Druckluftbremsen

Druckluftbremsen werden für schwere Nutzfahrzeuge verwendet, da die Fußkraft zur Erzielung der erforderlichen Bremskräfte nicht ausreicht.

Rund 100 Jahre war die Einleitungsbremse im Einsatz (Bild 7.94). Sie ist heute nur noch für Fahrzeuge zugelassen, deren bauartbedingte Geschwindigkeit max. 25 km/h beträgt, d.h. für Fahrzeuge in der Land- und Forstwirtschaft.

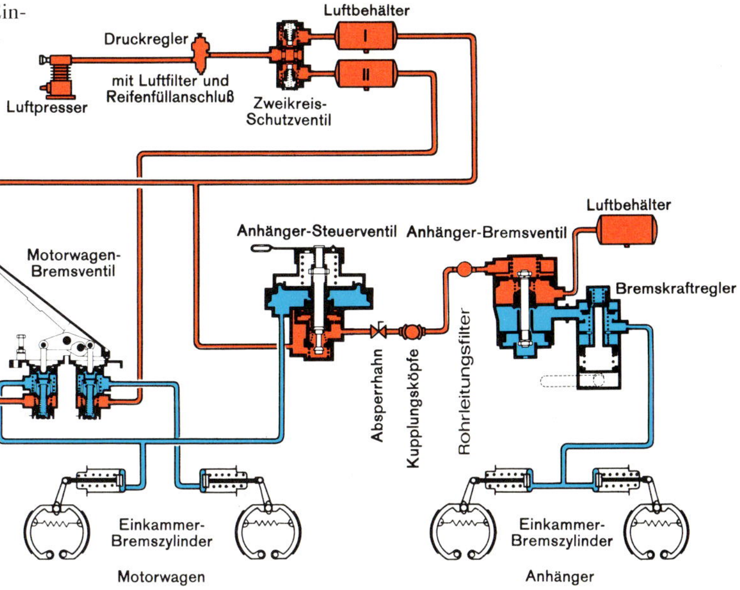

Bild 7.94 Zweikreisige Ein-
leitungs-Druckluftbremse,
Lösestellung

Das Merkmal der **Einleitungsbremse** ist eine Schlauchleitung zwischen dem Motorwagen und dem Anhänger. Diese Leitung dient dem Anhänger bei Fahrt als Vorratsleitung und bei Bremsung als Steuerleitung. Sie wird zwecks Steuerung der Anhängerbremse entlüftet.

Nachteil: Der Anhänger kann während der Bremsung *nicht* mit Vorratsluft versorgt werden.

Kraftfahrzeuge über 25 km/h sind generell mit einer Zweileitungsbremse ausgerüstet (Bilder 7.100 und 7.101). Das Merkmal der **Zweileitungsbremse** sind zwei Schlauchleitungen zwischen dem Motorwagen und dem Anhänger, nämlich eine Vorrats- und eine Bremsleitung.

Vorteil: Der Anhänger kann auch während der Bremsung mit Vorratsluft versorgt werden.

7.8.1   Begriffserklärungen

Bremsanlage: Es ist eine Einrichtung, die wahlweise

❐ die Geschwindigkeit eines Fahrzeugs verringern,
❐ das Fahrzeug bis zum Stillstand abbremsen und
❐ das abgestellte Fahrzeug gegen ungewolltes Wegrollen sichern kann.

Betriebsbremsanlage (BBA): Abstufbare Bremsanlage, die bei normalem Fahrbetrieb benutzt wird.

Hilfsbremsanlage (HBA): Abstufbare Bremsanlage, die bei Versagen der Betriebsbremse eingesetzt werden kann.

Feststell-Bremsanlage (FBA): Bremsanlage, die das stehende Fahrzeug auch bei geneigter Fahrbahn gegen Wegrollen sichert, so daß der Fahrer das Fahrzeug verlassen kann.

Dauerbremsanlage (DBA): Bremsanlage, die die Fahrzeuggeschwindigkeit auf Gefällstrecken halten oder verringern kann.

Retarder (Verlangsamer): Einrichtung zur Verringerung der Geschwindigkeit, die das Fahrzeug jedoch *nicht* bis zum Stillstand abbremsen kann (siehe Dauerbremse).

ABS: Antiblockiersystem.

EBS: Elektronisches Bremssystem.

ASR: Antriebsschlupfregelung.

ALB: Automatisch lastabhängige Bremse.

Muskelkraft-Bremsanlage: Bremsanlage, bei der die Energie zur Erzeugung der Bremskraft *nur* von der Kraft des Fahrers ausgeht.

Hilfskraft-Bremsanlage: Bremsanlage, bei der die Energie zur Erzeugung der Bremskraft von der Kraft des Fahrers und einer anderen Energiequelle ausgeht.

Fremdkraft-Bremsanlage: Bremsanlage, bei der die Energie zur Erzeugung der Bremskraft *nicht* von der Kraft des Fahrers ausgeht, sondern von einer anderen Energiequelle.

Direkt wirkend: Einleitung der Bremsung durch Druckaufbau.

Indirekt wirkend: Einleitung der Bremsung durch Druckabbau.

Automatischer Gestängehersteller: Vorrichtung zur selbsttätigen Bremsnachstellung.

Manueller Gestängehersteller: Vorrichtung zur manuellen Bremsnachstellung.

Bremsverzögerung: Verringerung der Fahrgeschwindigkeit pro Sekunde.

Schlupf: Differenz zwischen Fahrzeuggeschwindigkeit und Radgeschwindigkeit.

Fading: Nachlassende Bremswirkung.

7.8.2 Zeichnungssymbole nach DIN 74 253

Kompressor	Druckregler	Frostschutzpumpe		Vierkreisschutzventil
		handbetätigt	automatisch	

Lufttrockner — mit integr. Druckregler   **Fußbremsventil** — mit integr. VA-Regelung   **Energiespeicher**

Handbremsventil — mit Prüfstellung — mit Prüfstellung u. Notlöseeinrichtung   **Relaisventil**   **Überlastschutzventil**

automatische Bremskraftregler

mechanisch	mit Relaiswirkung	pneumatisch	pneumatisch mit Mitteldruckbild	pneumatisch mit Relaiswirkung

Druckwandler (Last-Leer-Ventil)   **Luftfederventil** — mit Nullpunktverst. u. Höhenbegrenzung   **Luftfeder**   **Wechselventil**

Anhängersteuerventil

Lkw	SZM

Anhängerbremsventil

mit Handregler	mit Löseventil	mit Löseventil u. Handregler

Rückschlagventil	Rückhalteventil	Doppeldruck-manometer	Bremszylinder	Kombizylinder

Prüfanschluß	Warnschalter	Warnleuchte	Rohrleitungsfilter	Kupplungskopf
				automatisch

Druckluftbremsen 711

7.8.3 Anschlußbezeichnungen für Druckluftgeräte

Die Anschlüsse, ursprünglich mit Buchstaben versehen, sind bei Neukonstruktionen beziffert. Dabei werden ein- und zweistellige Zahlen mit folgender Bedeutung verwendet:

0 Ansauganschluß
1 Energiezufluß
2 Energieabfluß (nicht zur Atmosphäre)
3 Atmosphärenanschluß
4 Steueranschluß
5 frei
6 frei
7 Frostschutzmittelanschluß
8 Schmierölanschluß (Luftpresser)
9 Kühlwasseranschluß (Luftpresser)

Sind mehrere *gleichartige* Anschlüsse vorhanden, so wird ihre Anzahl lückenlos von 1 beginnend durch die zweite Ziffer angegeben.
Das Vierkreis-Schutzventil trägt z.B. die Zahlen 21, 22, 23 und 24. Die Bedeutung der zweiten Ziffer *kann* vom Hersteller frei gewählt werden. *Ausgenommen* sind die Anschlüsse

81 Schmierölzufluß
82 Schmierölabfluß
91 Kühlwasserzufluß
92 Kühlwasserabfluß

Befinden sich mehrere gleiche Anschlüsse an einer Kammer, so erhalten sie die gleiche Bezeichnung. Da die Art und Anzahl der Funktionen eine Rolle spielt, müssen jeweils die *Herstellerangaben beachtet werden*.

7.8.4 Drucktabelle für Druckluftbremsen (Knorr)

Tabelle 7.10
a = Angaben nach § 29 StVZO Anl. VIII
b = Angabe der Fahrzeug- bzw. Bremsenhersteller (alle Angaben in «bar»)

Motorwagen			
1. Vorrats- und Betriebsbremsanlage			
bei Betriebsdruck von:		7,3	8,1
1.1. Abschaltdruck	a	Herstellerangabe beachten	
	b	7,3	8,1
1.2 Einschaltdruck	a	Herstellerangabe beachten	
	b	6,2	6,9

Tabelle 7.10 (Fortsetzung)

1.3 Schaltspanne	a	Herstellerangabe beachten	
	b	nach DIN 74277 5–15% von Abschaltdruck	
1.4 Berechnungsdruck	a	Herstellerangabe beachten	
	b	6,0	6,5
1.5 Förderleistung	a	Herstellerangabe beachten	
	b	s. unter Techn. Merkmale, Konstruktionsblätter für Kompressoren	
1.6 Überströmventil Öffnungsdruck	a	Herstellerangabe beachten	
	b	Je nach Fahrzeuge und Verwendung 6,0–8,0	
Schließdruck	a	Herstellerangabe beachten	
	b	ca. 1,0 unter dem Öffnungsdruck	
1.7 Vierkreisschutzventil Öffnungsdruck	a	Herstellerangabe beachten	
	b	$6,5_{-0,3}$	$7,0_{-0,3}$
stat. Schließdruck Kompressor fördert nicht «defekten» Kreis schnell unter 3 bar absenken	a	>4,0	>4,0
	b	≧4,0	≧4,5
Sicherungsdruck	a	Herstellerangabe beachten	
Kompressor fördert	b	$6,5_{-0,3}$	$7,0_{-0,3}$
1.8 Dichtheit der Vorrats- und Bremsanlage	a	– Bremskraftregler in Vollast – Gesamtanlage bis Abschaltdruck füllen – Motor abstellen – Druck in den Druckluftbehältern prüfen – Bremsung mit der BBA, halber Maximaldruck (üblicherweise ca. 3,0) – 1 Minute warten – Druck in den Druckluftbehältern messen – Nach weiteren 3 Minuten darf dieser Druck um nicht mehr als 5% abgefallen sein. (0,35 bar)	
	b	–	

Tabelle 7.10   (Fortsetzung)

1.9 Anlegedruck der Radbremse	a	Bei einem Bremszylinderdruck von höchstens 1 bar muß über den Rollwiderstand hinaus an beiden Rädern einer Achse die Bremswirkung einsetzen.
	b	0,4
1.10 Gleichmäßigkeit der Bremswirkung	a	Nach Beginn der Bremswirkung darf über den gesamten Meßbereich der Unterschied der Brems-kräfte an den Rädern einer Achse nicht mehr als 30% vom größeren Wert betragen. Die Gleitgrenze darf nicht überschritten werden.
	b	Die Differenz sollte ≥20% sein
1.11 Stufbarkeit der Anlage	a	Ausreichende Stufbarkeit muß gegeben sein
	b	<0,5

2. Anhänger-Steuerung (Zweitleitung)
Bei einem Betriebsdruck von: 7,3   8,1

2.1 Druck am Kupplungs-kopf – Vorrat	a	6,5–8,0	nach EG-Richtlinie 6,5–8,5
	b	6,5–8,0	
2.2 Druck am Kupplungs-kopf – Bremse	a	ohne Angabe	nach EG-Richtlinie 6,5–8,5
mit 1,0 bar in der BBA eingebremst	b	Druckanstieg in der Bremsleitung auf 0,8–1,5 Bei EG-Fahrzeugen mit höherem Druck als 1,0 ist die Fahrzeugherstellerangabe und das EG-Toleranzband zu beachten.	
Stufbarkeit	a	ausreichende Abstufbarkeit	
	b	<0,5	
Bei Vollbremsung mit BBA	a	6,0–7,5	
	b	6,0–7,5	

Anhänger (Zweitleitung)   **Achtung:**   **Gilt nicht für umgebaute Zweitleitungs-Anhänger mit eingebauter Druckreduzierung**

3. Vorrats- und Betriebsbremsanlage

3.1 Vorratsdruck	a	6,5–8,0
	b	6,5–8,0

Tabelle 7.10 (Fortsetzung)

3.2 Berechnungsdruck	a	ohne Angaben
	b	6,0
3.3 Absicherung d. BBA gegenüber Defekten in Nebenverbr. einschl. Feder-speichern	a	Vorrat min. 6,5 Vorrat so absperren, daß keine automatische Bremsung eintritt. Behälter der Nebenverbraucher schnell unter 4,0 absenken. Druck in Behälter BBA muß sich oberhalb 5,0 stabilisieren.
	b	–
3.4 Dichtheit der Vorrats- und Bremsanlage	a	– BR in Vollast – Gesamtanlage mit min. 6,5 auffüllen und Druck messen – Vorratsleitung durch geeignete Einrichtung ohne Entlüftung (Absperrhahn) absperren, damit keine automatische Bremsung eintritt. – Bremsung mit der BBA ca. 3,0 – 1 Minute warten – Druck in dem Behälter messen – Nach 3 Minuten darf der Druck um max. 5% abgefallen sein.
	b	–
3.5 Funktion der «autom. Bremse»	a	Funktion prüfen
	b	Der Anhänger muß bei Druckabfall in der Vorrats-leitung einbremsen, bevor der Druck auf 2 bar abgefallen ist.
3.6 Bremskraftregler, manuell Richtwerte «Leer» Richtwert «Halblast»	a	ohne Angaben
	b	2,0–2,5 3,6–4,2
3.7 Funktion des Löseventils	a	ohne Angaben
	b	Beim gefüllten, abgekuppelten Anhänger müssen bei Betätigen des Löseventils die Radbremsen lösen. Beim Ankuppeln muß das Löseventil automatisch auf Fahren umschalten.
3.8 Ansprechdruck der Geräte	a	ohne Angaben
	b	Alle Geräte so klein wie möglich <0,4
3.9 Voreilung	a	ohne Angaben
	b	Bei EG-Fahrzeugen Fahrzeugherstellerangaben und Toleranzband beachten

Tabelle 7.10   (Fortsetzung)

3.10 Anlegedruck der Radbremse	a	Bei einem Bremszylinderdruck von höchstens 1,0 muß über den Rollwiderstand hinaus an beiden Rädern einer Achse die Bremswirkung einsetzen.
	b	ca. 0,4
3.11 Stufbarkeit der Anlage	a	Ausreichende Stufbarkeit muß gegeben sein
	b	<0,5
3.12 Gleichmäßigkeit der Bremswirkung	a	Nach Beginn der Bremswirkung darf über den gesamten Meßbereich der Unterschied der Bremskräfte an den Rädern einer Achse nicht mehr als 30% vom größeren Wert betragen. Die Gleitgrenze darf nicht überschritten werden.
	b	Die Differenz sollte $\leqq 20\%$ sein.

< kleiner als …
> größer als …
$\leqq$ gleich und kleiner als …

7.8.5   Druckluftleitungssystem

Für Druckluftanlagen verwendet man

❏ Stahlleitungen für den heißen Bereich zwischen Kompressor und Vierkreis-Schutzventil,
❏ Schlauchleitungen für den beweglichen Achsbereich,
❏ Kunststoffleitungen für den übrigen Bereich der Anlage.

Leitungsverbindungen werden mittels Steck- oder Stoßverschraubungen und durch Steckanschlüsse hergestellt. Die Abdichtung erfolgt durch metallische Dichtringe (am Kompressor), per Konus oder mittels Fiber- und Gummiring. Der Leitungsdurchmesser beträgt je nach angeschlossenem Verbraucher 6 bis 18 mm.

Steckverschraubungen (Bild 7.95) finden bei Stahlrohren bis 10 mm Durchmesser sowie bei Kupfer- und Kunststoffrohren Anwendung. Die Abdichtung erfolgt mittels Konus.

Stoßverschraubungen (Bild 7.96) werden für Stahlrohre mit 15 mm und 18 mm Durchmesser verwendet. Die Abdichtung des zusätzlichen Druckrings erfolgt meistens durch einen Fiberring, bei thermisch hochbelasteten Verschraubungen durch einen Metallring.
    Der Schlüpfring hat eine Schneidkante und wird durch Aufschrauben der Überwurfmutter in den Druckring gepreßt. Dabei verkleinert sich der Durchmesser des Schlüpfrings an der vorderen Seite und schneidet etwas in das Rohr ein. Der dabei aufgeworfene Werkstoff bildet vor der Schneidkante einen festen Bund. Die Rohrlänge soll 4 mm kürzer sein als der Abstand zwischen den zwei Anschlußstellen (Bild 7.97).

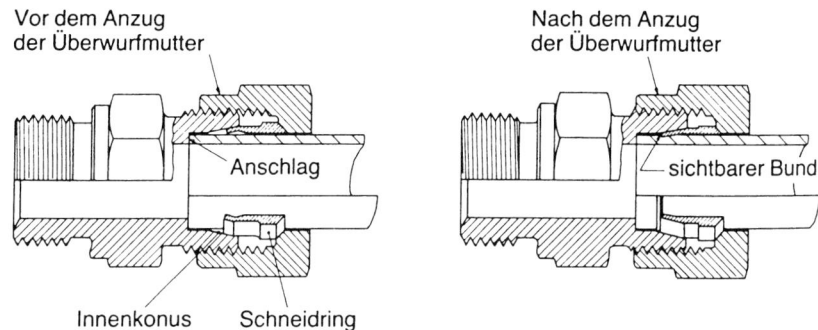

Bild 7.95   Steckverschraubung, vor und nach dem Anzug der Überwurfmutter (WABCO)

Bild 7.96   Einzelteile der
Ermeto-Stoßverschraubung

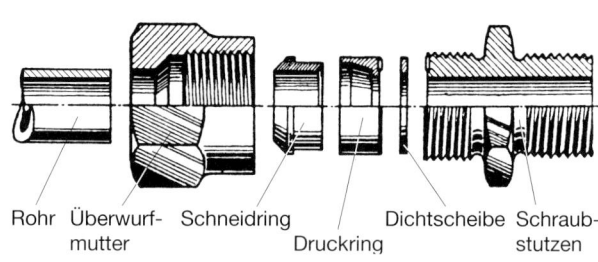

Rohr Überwurf- Schneidring   Dichtscheibe Schraub-
      mutter   Druckring   stutzen

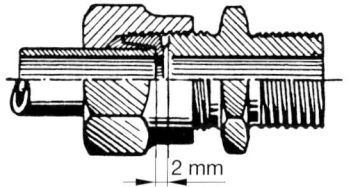

Abstand zwischen den Anschlußteilen

Bild 7.97   Fertigmontierte Ermeto-Stoßverschraubung

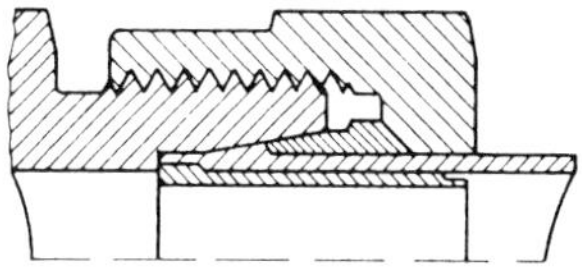

Bild 7.98   Fertigmontierte Steckverschraubung
mit Verstärkerhülse

Kunststoffleitungen: Diese Leitungen bestehen aus Polyamid 11 oder 12. Sie haben einen Berst-druck von ca. 60 bar bei 20 °C (293 K)und sind auf Dauer bis zu ca. 80 °C (353 K) temperatur-beständig.

Vorteile

❑ geringes Gewicht,
❑ schnelle Verlegung,
❑ Korrosionsfreiheit.

Die Leitungsverbindung kann per Steckverschraubung (Bild 7.98) oder per Steckanschluß (Bild 7.99) erfolgen. Polyamidrohre sollen etwa alle 50 cm durch Schellen – wegen temperaturbeding-ter Längenänderung sogar beweglich – gehalten werden.

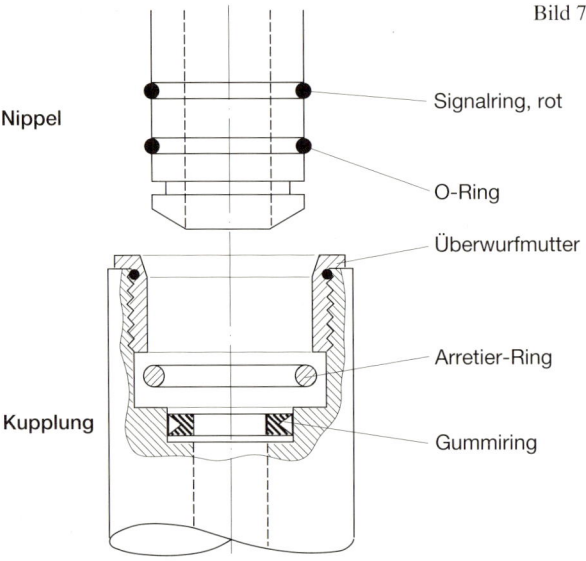

Bild 7.99 Steckanschluß (Mercedes-Benz)

Nippel — Signalring, rot

— O-Ring

— Überwurfmutter

— Arretier-Ring

Kupplung — Gummiring

7.8.6   Druckluftbremse nach RREG (EG-Bremse)

Die in den Bildern 7.100 und 7.101 dargestellten Bremsanlagen für Lkw und Anhänger entsprechen dem Stand der Technik nach RREG (Rats-Richtlinie der EG). Die gezeigte Anlage ist eine Zweileitungs-Zweikreisbremse mit einem Abschaltdruck von 8,1 ± 0,2 bar.

Lufttrockner: Er läßt kein Wasser in die Anlage, verhindert Korrosion und Eisbildung.

Vierkreis-Schutzventil: Es verteilt die Vorratsluft auf vier voneinander unabhängige Kreise.

Zweileitungsbremse: Durch diese Ausführung – Vorratsleitung (20) und Bremsleitung (21) – kann der Anhänger auch während der Bremsung mit Vorratsluft versorgt werden.

Zweikreisbremse: Die Zweikreisigkeit der Betriebsbremsanlage (BBA) im Motorwagen stellt sicher, daß der Lastzug auch dann gebremst werden kann, wenn ein Kreis defekt ist.

Betriebsbremsanlage (BBA): Die Bremskraft wird durch automatische Bremskraftregler lastabhängig geregelt.

Feststell-Bremsanlage (FBA): Sie bremst den Lastzug automatisch, wenn der FBA-Kreis ohne Vorratsluft ist bzw. wenn der Vorratsdruck zu weit absinkt. Die FBA im Motorwagen und Anhänger arbeitet mittels Speicherfederkraft in den Kombizylindern (14).

Hilfsbremsanlage (HBA): Der Lastzug kann auch dann noch gebremst werden, wenn die BBA im Motorwagen ausfällt.

EG-Richtlinie 71/320 (alt)

ECE-Regelung 13

RREG 72.1/320 (neu)

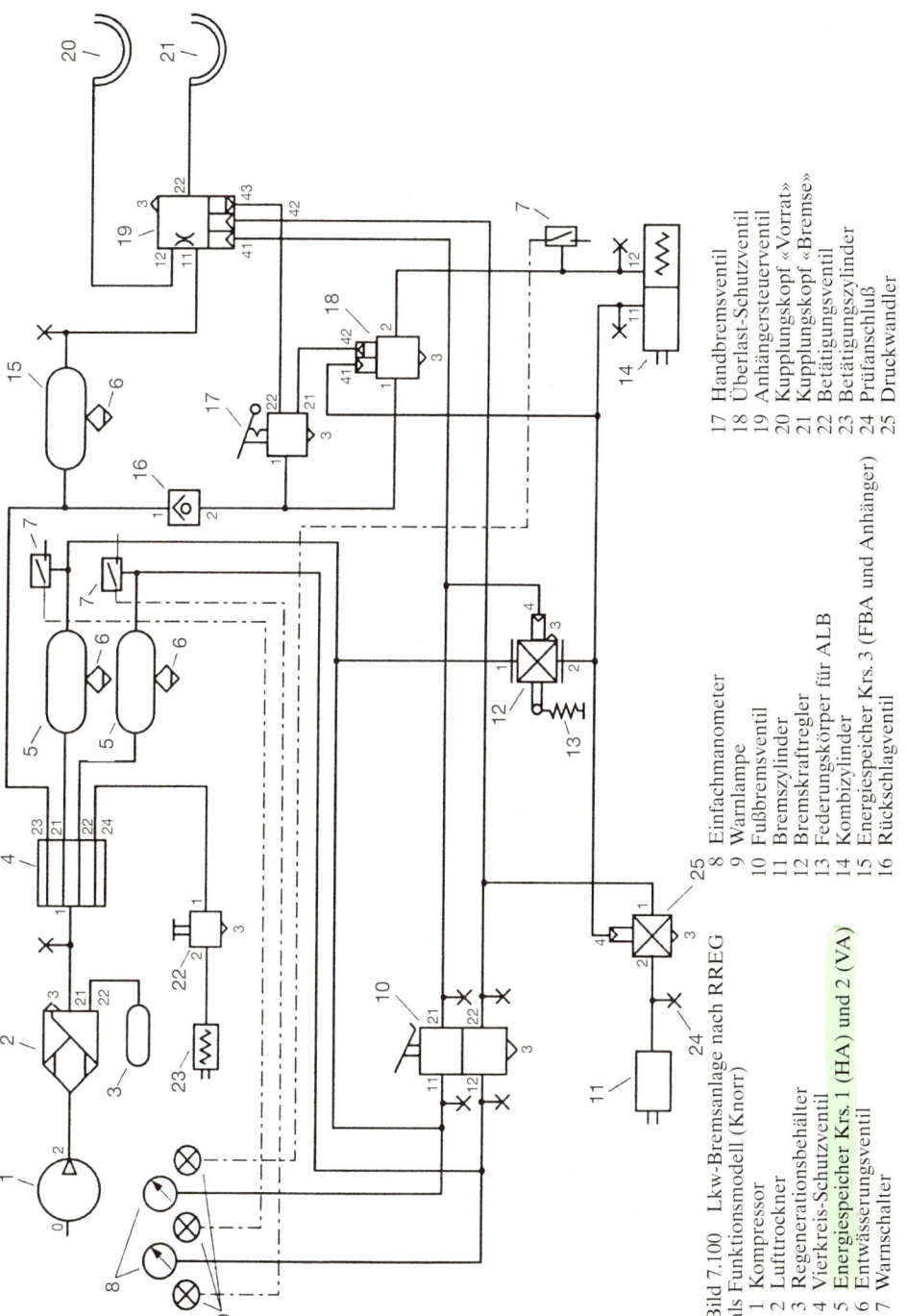

Bild 7.100 Lkw-Bremsanlage nach RREG
als Funktionsmodell (Knorr)

1 Kompressor
2 Lufttrockner
3 Regenerationsbehälter
4 Vierkreis-Schutzventil
5 Energiespeicher Krs. 1 (HA) und 2 (VA)
6 Entwässerungsventil
7 Warnschalter

8 Einfachmanometer
9 Warnlampe
10 Fußbremsventil
11 Bremszylinder
12 Bremskraftregler
13 Federungskörper für ALB
14 Kombizylinder
15 Energiespeicher Krs. 3 (FBA und Anhänger)
16 Rückschlagventil

17 Handbremsventil
18 Überlast-Schutzventil
19 Anhängersteuerventil
20 Kupplungskopf «Vorrat»
21 Kupplungskopf «Bremse»
22 Betätigungsventil
23 Betätigungszylinder
24 Prüfanschluß
25 Druckwandler

Druckluftbremsen 719

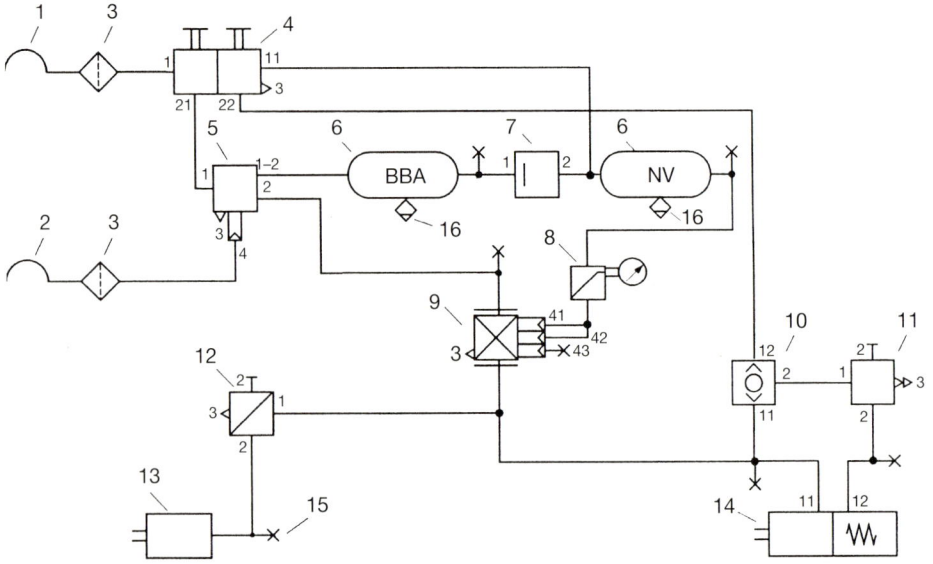

Bild 7.101 Anhänger-Bremsanlage nach RREG
als Funktionsmodell (Knorr)
1 Kupplungskopf «Vorrat»
2 Kupplungskopf «Bremse»
3 Rohrleitungsfilter
4 Kombilöseventil
5 Anhänger-Bremsventil
6 Energiespeicher
7 Überströmventil

8 Feinregelventil
9 Bremskraftregler
10 Wechselventil
11 Schnellentlüftungsventil
12 Rückhalteventil
13 Bremszylinder
14 Kombizylinder
15 Prüfanschluß
16 Entwässerungsventil

Dauerbremsanlage (DBA): Sie entlastet die BBA auf langen Gefällstrecken.

Warnschalter und Warnlampen: Sie überwachen den Vorratsdruck der BBA-Kreise und den Funktionszustand der FBA (Federspeicherzylinder) im Motorwagen (Bild 7.100).
Die Warnlampen leuchten bei eingeschalteter Zündung, solange der Öffnungsdruck der Schalter nicht erreicht ist bzw. unterschritten wird. Der Öffnungsdruck beträgt z.B. bei der dargestellten Bremsanlage 5,5 ± 0,3 bar.

Kupplungsköpfe: Sie sind vertauschgesichert. Die Ventile der Kupplungsköpfe 20 und 21 öffnen bzw. schließen automatisch beim Ankuppeln bzw. beim Abkuppeln.

Abriß: Bei Abriß der *Vorratsleitung* zum Anhänger bremst dieser automatisch, weil das Anhänger-Bremsventil auf die Entlüftung der abgerissenen Vorratsleitung reagiert. Bei *Abriß der Bremsleitung* geschieht das gleiche, wobei die Vorratsleitung über die abgerissene Bremsleitung entlüftet, sobald der Fahrer bremst.

Prüfanschlüsse: Die vorgeschriebenen Prüfanschlüsse ermöglichen eine unkomplizierte Überprüfung aller wichtigen Drücke sowie eine Funktions- und Dichtheitsprüfung der Anlage.

720 *Fahrzeugbremsen*

Nach Abnahme der Schutzkappe kann das jeweilige Prüfmanometer mittels Prüfschlauch direkt am Gewindestutzen angeschlossen werden.

Dabei öffnet das eingebaute federbelastete Ventil, das bei Abnahme des Prüfschlauches automatisch schließt.

Letztlich wird der Prüfanschluß mittels Schutzkappe gegen äußere Verschmutzung geschützt.

7.8.7 Funktionsbeschreibung der Bremsanlage nach RREG (Motorwagen und Anhänger)

Füllen: Die vom Kompressor (Bild 7.100 (1)) erzeugte Druckluft strömt durch den Lufttrockner (2) mit integriertem Druckregler zum Regenerationsbehälter (3) und Vierkreis-Schutzventil (4).

Nach dem Öffnen des Vierkreis-Schutzventils gelangt die Druckluft zu den Energiespeichern der Kreise 1 und 2, den zugehörigen Warnschaltern (7), den Einfachmanometern (8), zum Fußbremsventil (10), dem automatischen Bremskraftregler (12) und dem Druckwandler (25).

Kreis 3 versorgt den Kupplungskopf «Vorrat» (20) über das 2/2-Wegeventil am Anhängersteuerventil (19) und den Federspeicherteil der Kombizylinder (14) sowie den zugehörigen Warnschalter (7) über das Rückschlagventil (16), das Handbremsventil (17) und das Überlast-Schutzventil (18).

Nach Öffnung aller Kreise wird die gesamte Anlage bis zum Abschaltdruck des Druckreglers befüllt. Dann öffnet der im Lufttrockner integrierte Druckregler und läßt die weiter geförderte Druckluft und die des Regenerationsbehälters ins Freie.

Der Druckregler schaltet wieder ein, wenn der Vorratsdruck bis auf den Einschaltdruck gefallen ist.

Beim Ankuppeln des Anhängers öffnet das Ventil im Kupplungskopf «Vorrat» (20) automatisch. Die Druckluft gelangt durch den Rohrleitungsfilter (3) zum Kombi-Löseventil (4) und Anhänger-Bremsventil (5). Von dort strömt sie zum Energiespeicher (6), Überströmventil (7) und Bremskraftregler (9). Nach Öffnung des Überströmventils (7) strömt die Druckluft über das Feinregelventil – Simulation für die Luftfederung – zum Bremskraftregler (9). Der Federspeicherteil der Kombizylinder wird über die rechte Hälfte des Kombi-Löseventils (4), das Wechselventil (10) und Schnellentlüftungsventil (11) mit Druckluft beaufschlagt.

Alle Membranzylinder (BBA) sind drucklos.

Fahren: Die Bremszylinder (11) sind wie der Membranzylinderteil der Kombizylinder drucklos. Das Handbremsventil (17) belüftet das Überlast-Schutzventil (18) und den Anschluß 43 am Anhänger-Steuerventil. Der Federspeicherteil der Kombizylinder (14) wird durch das Überlast-Schutzventil (18) belüftet. Nach Überschreiten des Lösedrucks sind die Federspeicher in Fahrstellung. Der zugehörige Warnschalter ist geöffnet und die Warnlampe erloschen. Der Kupplungskopf «Bremse» ist durch das Anhängersteuerventil drucklos.

1. Bremsung (BBA): Bei Betätigung des Fußbremsventils (10) gelangt stufbarer Bremsdruck in die beiden BBA-Kreise (VA und HA) und zweikreisig zum Anhängersteuerventil (19).

Der durch den Fahrer ausgesteuerte Bremsdruck gelangt im Zugfahrzeug zum Druckwandler (25) und Bremskraftregler (13), wird dort lastabhängig geregelt und zu den Bremszylindern (11) und in den Membranzylinderteil der Kombizylinder (14) geleitet. Das Anhängersteuerventil steuert zum Kupplungskopf «Bremse» einen Bremsdruck, wenn es selbst über die Steueranschlüsse 41 und 42 mit Druck beaufschlagt wird.

Der ausgesteuerte Bremsdruck wirkt über den Rohrleitungsfilter (3) auf das Anhänger-Bremsventil (5). Das Anhänger-Bremsventil steuert einen entsprechenden Bremsdruck zum Bremskraftregler (9), der ihn lastabhängig regelt. Der geregelte Bremsdruck gelangt über das Rückhalteventil in die Bremszylinder (13) und den Membranzylinderteil der Kombizylinder (14).

Lösen der BBA: Die Entlüftung erfolgt jeweils über den Anschluß 3 der an der Bremsung beteiligten Ventile.

2. Bremsung (FBA): Bei Betätigung des Handbremsventils (17) wird der am Überlast-Schutzventil (18) und am Anhängersteuerventil (19) anstehende Vorratsdruck stufbar bis zur Rastierung abgebaut. Das Überlast-Schutzventil (18) reagiert, entlüftet den Federspeicherteil der Kombizylinder (14) und den zugehörigen Warnschalter (7). Die Hinterachse des Motorwagens wird mittels Speicherfederkraft der Kombizylinder (14) gebremst, wobei die zugehörige Warnlampe (9) leuchtet.

Durch den Druckabbau am Steueranschluß 43 reagiert das Steuerventil (19). Es steuert proportional zum Druckabbau einen Bremsdruck zum Kupplungskopf «Bremse» (21). Der Anhänger reagiert genauso wie bei Betätigung der BBA.

Für die *Betätigung der FBA des Anhängers* ist der rechte Knopf (rot) des Kombi-Löseventils zuständig. Bis Anschlag herausgezogen, entlüftet es die Leitung zum Wechselventil (10), wodurch das Schnellentlüftungsventil (11) den Federspeicherteil der Kombizylinder entlüftet und aktiviert. Die Hinterachse des Anhängers wird zwangsläufig per Speicherfederkraft gebremst.

Lösen der FBA: Bei Verstellung des Handbremsventils (17) in die Position «Fahrstellung» wird der Federspeicherteil der Kombizylinder des Zugfahrzeugs und der Steueranschluß 43 des Anhänger-Steuerventils belüftet. Die Bremse des Zugfahrzeugs wird gelöst und der Druck am Kupplungskopf «Bremse» (21) abgebaut.

Die *Bremse des Anhängers* wird gelöst, indem man den rechten Knopf (rot) des Kombi-Löseventils bis Anschlag hineinschiebt und dadurch den Federspeicherteil der Kombizylinder belüftet.

3. Hilfsbremsanlage (HBA): Bei Ausfall eines Bremskreises muß mit dem intakten Kreis die geforderte Bremswirkung erreicht werden. Die HBA kann in der BBA oder FBA integriert sein. Die Funktionsbeschreibung entspricht den Aussagen zur BBA oder HBA.

4. Bremsung (DBA): Beim Einschalten des Betätigungsventils (22) werden die Betätigungszylinder (23) belüftet, wodurch die Einspritzpumpe auf «Stop» oder «Leerlauf» verstellt und die Stauklappe im Auspuffsammelrohr geschlossen wird.

Durch Loslassen des Betätigungsventils (22) werden die Betätigungszylinder entlüftet, wobei die Stauklappe und Einspritzpumpe die Ausgangsstellung einnehmen.

Zusatzeinrichtungen

Notlöseeinrichtung: Bei druckloser Anlage ist das Fahrzeug automatisch durch die Kraft der Speicherfedern in den Kombizylindern gebremst. Dieser Zustand kann, falls unbedingt notwendig, mit Hilfe der Lösespindel an den Kombizylindern (14) geändert werden.

Das Fahrzeug muß vor Betätigung der mechanischen Löseeinrichtung gegen Wegrollen gesichert werden (Unfallgefahr).
Das Fahrzeug hat nach dem Lösen *keine* Bremswirkung mehr!

Kontrollstellung: Durch die im Handbremsventil integrierte Kontrollstellung kann der Fahrer vor Ort überprüfen, ob die mechanisch wirkende Feststellbremse im Zugfahrzeug allein, d.h. ohne wirksame Anhängerbremse, den Lastzug gegen Wegrollen sichern kann.

In der Kontrollstellung des Handbremsventils bremst nur das Zugfahrzeug, und zwar mechanisch durch die Kraft der Speicherfedern.

Der Anschluß 43 am Anhängersteuerventil ist belüftet, so daß der Kupplungskopf «Bremse» drucklos ist.

7.9 Aufbau der Bremsanlage im Motorwagen

Luftbeschaffungsanlage: Kompressor, Lufttrockner oder Frostschutzpumpe und Druckregler.

Betriebsbremsanlage: Vierkreis-Schutzventil, Energiespeicher (Luftbehälter), Fußbremsventil, Bremskraftregelgeräte, Bremszylinder.

Feststell-Bremsanlage: Handbremsventil, Relaisventil, Kombizylinder.

Hilfsbremsanlage: Die Hilfsbremsanlage ist keine eigenständige Anlage, sondern Bestandteil der Betriebs- oder Feststellbremsanlage.

7.9.1 Luftbeschaffungsanlage

Die Luftbeschaffungsanlage muß

❏ die erforderliche Druckluft unter Einhaltung der vorgeschriebenen Füllzeiten erzeugen (Kompressor),
❏ die Druckluft reinigen (Druckregler oder Lufttrockner),
❏ den Betriebsdruck regeln (Druckregler),
❏ die Anlage vor dem Einfrieren schützen (Frostschutzpumpe oder Lufttrockner),
❏ die Anlage entwässern (Entwässerungsventile in den Energiespeichern oder Lufttrockner).

Kompressor
Der Kompressor ist hinsichtlich seines Aufbaus mit einem Hubkolbenmotor vergleichbar. Sein Antrieb erfolgt über Keilriemen oder Zahnrad (motorintegriert) durch den Motor.

Die Schmierung ist durch einen eigenen Ölhaushalt oder durch den Ölkreislauf des Motors geregelt. Bei der aktuellen integrierten Schmierung gelangt das Schmieröl mit Druck über den Ölzulauf 81 (Bild 7.102) zur Lagerbuchse, dann durch den Ölkanal der Kurbelwelle zum Pleuellager 1. Anschließend fließt es über den Anschluß 82 (Ölrücklauf) zur Ölwanne des Motors zurück. Die übrigen Schmierstellen werden durch den Ölnebel im Kurbelgehäuse des Kompressors versorgt.

Aufgabe: Der Kompressor soll Druckluft erzeugen und die Vorratsbehälter der Bremsanlage wie der Nebenverbraucher füllen.

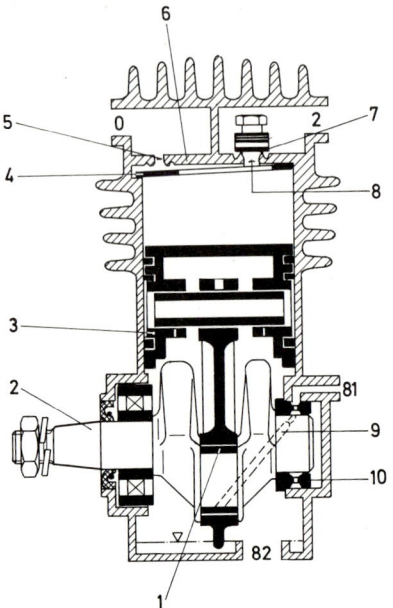

Bild 7.102   Einzylinder-Kompressor im Schnitt (Knorr)
1 Pleuellager
2 Kurbelwelle
3 Kolben
4 Sauglamelle
5 Einlaß
6 Sitzplatte
7 Drucklamelle
8 Auslaß
9 Ölkanal
10 Lagerbuchse
Anschlußbezeichnungen:
0 Sauganschluß
2 Druckanschluß
81 Ölzulauf
82 Ölrücklauf

Arbeitsweise: Die Sauglamelle gibt beim Abwärtshub des Kolbens den Einlaß frei, so daß durch den Filter gereinigte atmosphärische Luft über den Sauganschluß 0 in den Zylinder strömt. Beim Aufwärtshub ist der Einlaß geschlossen, wodurch die Luft bis zum Öffnen der Drucklamelle (Auslaß) verdichtet wird. Die Druckluft strömt über den Druckanschluß 2 zu den Luftbehältern. Durch das Komprimieren der Luft entsteht große Wärme, so daß der Kompressor entsprechend gekühlt werden muß. Dies geschieht durch den Fahrtwind/Motorlüfter oder mittels Wasser.

Bei luftgekühlten Kompressoren darf die Druckstutzentemperatur 220 °C und bei Wasserkühlung 300 °C nicht überschreiten.

Um einen weiteren Temperaturanstieg bei abnehmender Lebensdauer des Kompressors zu verhindern, darf die Einschaltdauer des Kompressors max. 65% betragen.

Einschaltdauer = Betriebszeit des Kompressors/Betriebszeit des Fahrzeuges × 100%

Damit die auf 80 °C begrenzte Lufteintrittstemperatur am Druckregler eingehalten werden kann, soll die Druckleitung vom Kompressor 18 × 1,5 mm betragen und bei luftgekühlter Ausführung ca. 2 m bzw. bei Wasserkühlung ca. 2,5 m lang sein.

Am Druckstutzen ist ein metallischer Dichtring zu verwenden, um bleibende Dichtheit zu gewährleisten.

Fülleistung: Die Fülleistung des Kompressors ist vorgeschrieben. Vor der Überprüfung müssen die Vorratsbehälter der gesamten Anlage drucklos und frei von Wasser sein. Der Kompressor soll betriebswarm sein und mit mittlerer bis Höchstdrehzahl laufen.

Nach EG-Vorschrift muß der Kompressor folgende Fülleistung erbringen:

❒ Die Füllzeit darf bei Motorwagen, die nicht für den Anhängerbetrieb gebaut sind, von 0 bis 65% des Anschaltdrucks höchstens 3 min betragen.

8 bar P_b 5,2 bar / 10 bar P_b 6,5 bar

- ❏ Die Füllzeit darf bei Motorwagen plus Anhänger von 0 bis 65% des Abschaltdrucks höchstens 6 min betragen.
- ❏ Von 0 ausgehend, muß der Abschaltdruck bei Motorwagen in höchstens 6 min, bei Motorwagen plus Anhänger in höchstens 9 min erreicht werden.
- ❏ Beträgt das Luftvolumen der Vorratsbehälter für Nebenverbraucher mehr als 20% des Luftvolumens der Bremsluftbehälter, so muß die Füllzeit von 0 bis zum Abschaltdruck für den Motorwagen unter 8 min und für den Lastzug unter 11 min liegen.

Im Einzelfall sind grundsätzlich die Vorschriften des Fahrzeugherstellers zu beachten.
Falls die angegebene Fülleistung nicht erreicht wird, liegt es nicht automatisch am Kompressor.
Zunächst sind folgende Punkte zu überprüfen:

- ❏ Ansaugfilter, ggf. reinigen.
- ❏ Leitungen und Geräte bis einschließlich Vierkreis-Schutzventil auf Verkokung (Ölkohle) prüfen, ggf. tauschen.
- ❏ Keilriemenspannung, bei Erneuerung nach 15 min Einlaufzeit nachspannen.
- ❏ Undichtigkeit der Anlage,
- ❏ Lamellenventile überprüfen bzw. reinigen,
- ❏ bei erhöhter Ölkohlebildung Temperatur und Ölverbrauch des Kompressors überprüfen.

> Bei Austausch des Kompressors sind immer die Leitungen und Geräte bis einschließlich Vierkreis-Schutzventil auf Verkokung zu prüfen, ggf. zu tauschen.

Kontrolle des Ölverbrauchs («Papiertest»)

Der Ölverbrauch ist bei betriebswarmem Motor wie folgt zu kontrollieren:

- ❏ Saug- und Druckleitung des Kompressors abschrauben.
- ❏ Motor etwa 2 Minuten mit ca. 50% der max. Drehzahl laufen lassen, damit gelöste Ölkohleteilchen ausgeblasen werden (Reinigungsphase).
- ❏ Bei einer Motordrehzahl von ca. 1500 min^{-1} ein weißes holzfreies Papier (auf fester Unterlage) 5 Minuten lang im Abstand von ca. 100 mm zum Druckstutzen gegen den Luftstrom halten.
- ❏ Der Ölverbrauch ist zu hoch, wenn sich auf dem Papier ein konzentriertes schwarzes Feld zeigt. Ein einwandfreier Kompressor hinterläßt dagegen nur einen Ölnebel auf dem Papier.

Sicherheitsventil

Das Sicherheitsventil ist vorwiegend bei motorintegrierten Kompressoren eingebaut. Es schützt Kompressor und Motor vor unzulässigem Druck, z.B. bei Stau in der Druckleitung (Ölkohleablagerungen, Eisbildung, Quetschung), indem es ggf. öffnet.
Der Öffnungsdruck beträgt:

13 + 2 bar, bei Betriebsdruck $\leq$ 8,1 bar
15 + 2 bar bei Betriebsdruck $\leq$ 10,0 bar
17 + 2 bar bei Betriebsdruck $\leq$ 12,0 bar
21 + 2 bar bei Betriebsdruck $\leq$ 16,0 bar

Das Sicherheitsventil (Bild 7.103) kann verbaut werden, wenn der Kompressor einen zusätzlichen Druckanschluß 2 hat. Die Abdichtung erfolgt durch einen metallischen Dichtring.

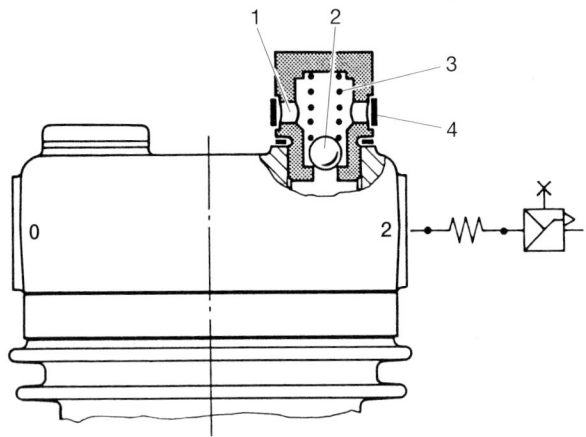

Bild 7.103 Sicherheitsventil
(Knorr)
1 Bohrung
2 Kugel
3 Druckfeder
4 Gummiring

Kommt es zum Öffnen des Sicherheitsventils (starkes Geräusch hörbar), so ist zunächst die Ursache für den Überdruck zu beheben. Anschließend ist das Ventil auf Dichtheit zu prüfen und falls nötig zu erneuern. Die Dichtheit wird mit dem Anlagendruck = Abschaltdruck des Druckreglers geprüft, wobei der Gummiring (4) abzuseifen ist.

Der Öffnungsdruck soll nicht geprüft werden, weil Ölkohleteilchen auf die Dichtfläche gelangen und eine Undichte bewirken können.

Die Dichtheitsprüfung kann mittels hauseigener Druckluft in Prüfdruckhöhe = Anlagendruck = Abschaltdruck des Druckreglers wie folgt durchgeführt werden:

☐ bei stehendem Motor und kaltem Zylinderkopf,
☐ der Reifenfüllschlauch ist bei Füllstellung des Druckreglers bis zum Anschlag festzuziehen.

Die max. zulässige Undichte darf 100 cm³/min betragen.

Lufttrockner
Der Lufttrockner (Bild 7.104) wird anstelle der Frostschutzpumpe eingebaut. Er ist mit einem Filter ausgestattet, der die in der Füllphase anfallende Feuchtigkeit aufnimmt (Bild 7.105). Hierdurch gelangt trockene Druckluft in die Vorratsanlage und in den Regenerationsbehälter.

Die Eingangstemperatur darf max. 65 °C betragen, andernfalls verkoken die Ventile. Um dies zu verhindern, beträgt die Länge der Zuleitung (Kühlschlange) 4 bis 6 Meter.

Sobald der Druckregler abschaltet, strömt die Druckluft des Regenerationsbehälters zurück und bläst dabei die gespeicherte Feuchtigkeit ins Freie (Regenerationsphase). Die Druckluft der Vorratsanlage wird dabei durch das Rückschlagventil vollständig gesichert (Bild 7.106).

Damit der Filter im Winter nicht einfriert, kann der Lufttrockner mit einer elektrischen Beheizung ausgestattet sein. Ist dies nicht der Fall, so soll der Motor erst nach dem Abschalten des Druckreglers abgestellt werden, damit die Regenerationsphase erfolgt.

Bei eingefrorenem Lufttrockner öffnet der Filter gegen die Federkraft, so daß die Anlage befüllt werden kann.

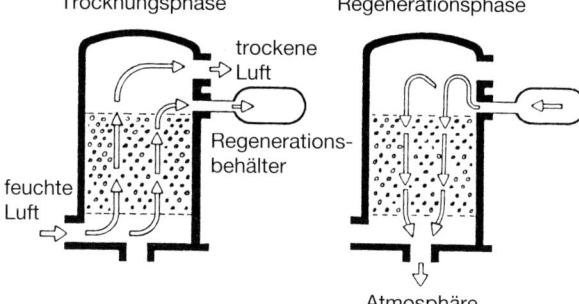

Trocknungsphase

trockene
Luft

Regenerations-
behälter

feuchte
Luft

Regenerationsphase

Atmosphäre

Bild 7.105 Lufttrockner, Förderphase
(Knorr)

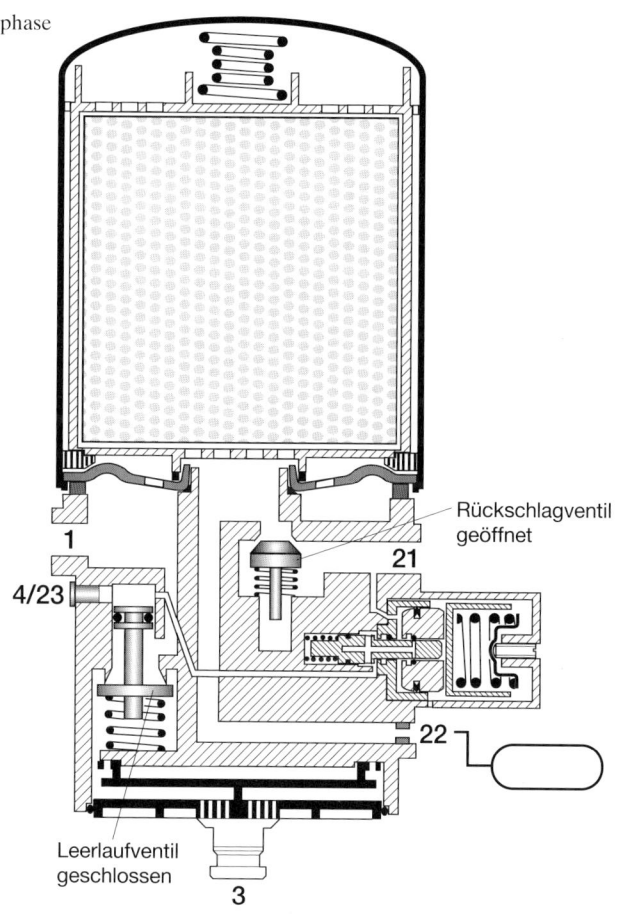

Rückschlagventil
geöffnet

1

21

4/23

22

Leerlaufventil
geschlossen

3

Aufbau der Bremsanlage im Motorwagen 727

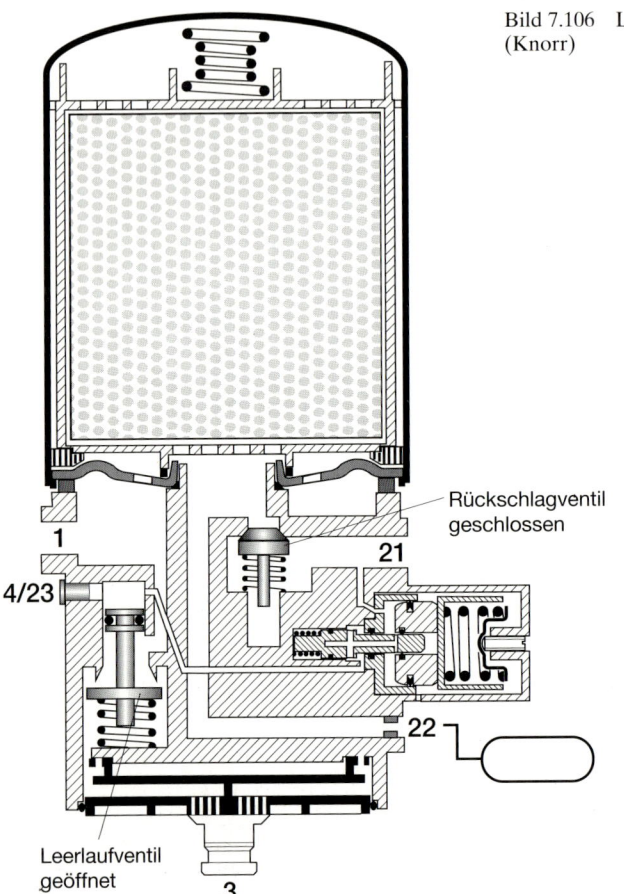

Bild 7.106 Lufttrockner, Regenerationsphase (Knorr)

Rückschlagventil geschlossen

1

4/23

21

22

Leerlaufventil geöffnet

3

Ob der Lufttrockner einwandfrei arbeitet oder nicht, kann an den Entwässerungsventilen der Vorratsbehälter überprüft werden. Tritt dort Wasser aus, können folgende Ursachen vorliegen:

❏ Filter verschmutzt oder verölt,
❏ Abschaltdruck des Druckreglers zu niedrig,
❏ Regenerationsbehälter nicht entwässert oder zu klein,
❏ Leitung zum Regenerationsbehälter undicht,
❏ Auslaß des Lufttrockners (Schalldämpfer) stark verschmutzt.

Der Filter soll jährlich erneuert werden. Er darf vom Lufttrockner erst dann abgeschraubt werden, wenn der Regenerationsbehälter drucklos ist.

Soll ein Fahrzeug mit Frostschutzpumpe auf einen Lufttrockner umgerüstet werden, so muß dies ca. 4 bis 6 Wochen vor Wintereinbruch geschehen. Nur so ist gewährleistet, daß die Anlage bei Frosteinbruch trocken ist und störungsfrei arbeiten kann.

Frostschutzpumpen

Schon bei Außentemperaturen ab ca. 5 °C besteht die Gefahr der Eisbildung in der Druckluftanlage von Nutzfahrzeugen und damit die Gefahr, daß die Bremsanlage versagt. Automatische Frostschutzpumpen können dies selbsttätig verhindern, sofern sie mit dem vorgeschriebenen Frostschutzmittel befüllt und auf Winterbetrieb gestellt sind. Sie nutzen den Schaltimpuls des Druckreglers und spritzen dann Frostschutzmittel in die Förderleitung. In der Stellung «0» gleich Sommerbetrieb (Bild 7.107) wird kein Frostschutzmittel eingespritzt. Der Kolben kann jedoch einen geringen Hub ausführen, wodurch seine Beweglichkeit erhalten bleibt.

Bild 7.107   Automatische Frostschutzpumpe,
Stellung «0» gleich Sommerbetrieb (Knorr)

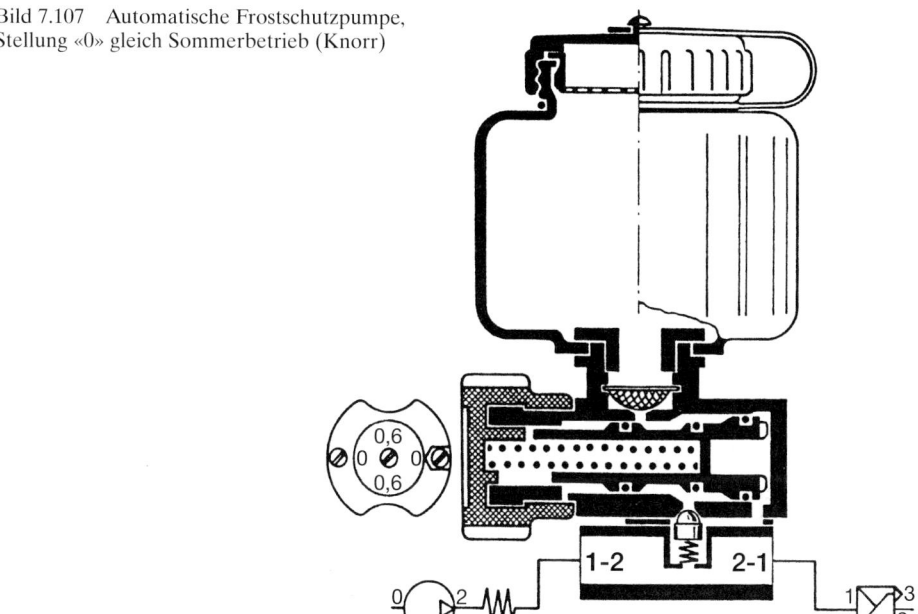

Der Frostschutzmittelbehälter soll auch bei Sommerbetrieb gefüllt sein (mindestens bodendeckend), um einen längeren Trockenlauf der Dichtungen des Kolbens 4 zu vermeiden (Bild 7.108). Man unterscheidet

❏ automatische Frostschutzpumpen *ohne* Steueranschluß 4,
❏ automatische Frostschutzpumpen *mit* Steueranschluß 4 (Bild 7.110).

Frostschutzpumpen ohne Steueranschluß

Diese Frostschutzpumpen sind vor dem Druckregler einzubauen, damit sie den Schaltimpuls des Druckreglers nutzen und Frostschutzmittel einspritzen können. Während der Abschaltphase des Druckreglers ist der Druck in der Förderleitung so gering, daß die Feder 9 (Bild 7.108) den Kolben 4 in Endstellung halten kann. Die Ringkammer 3 ist über die Bohrung 1 mit dem Frostschutzmittelbehälter verbunden, also mit Frostschutzmittel gefüllt. Sobald der Druckregler einschaltet (Füllphase), steigt der Druck in der Förderleitung an. Der Kolben 4 wird gegen die

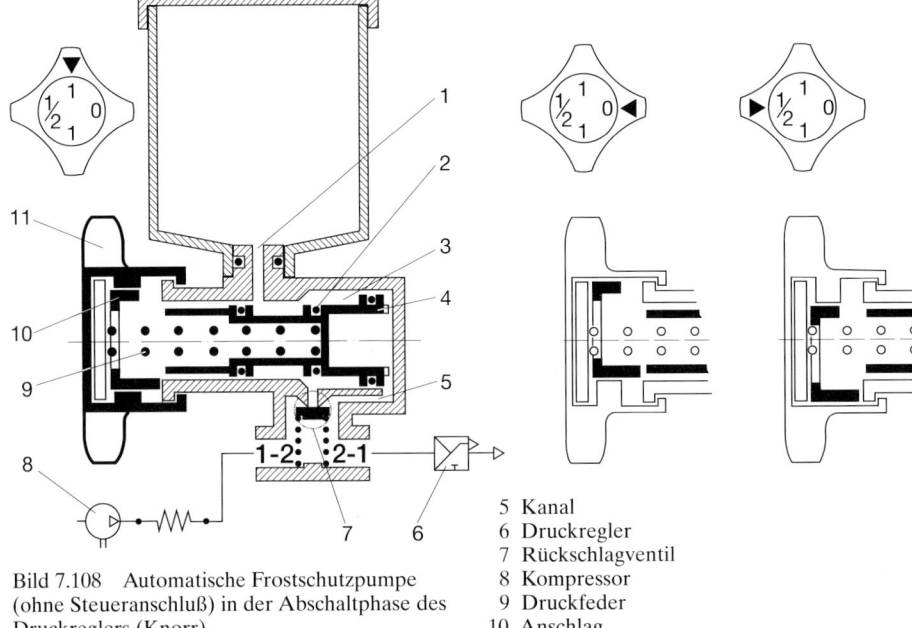

Bild 7.108 Automatische Frostschutzpumpe
(ohne Steueranschluß) in der Abschaltphase des
Druckreglers (Knorr)
1 Bohrung
2 Dichtung
3 Ringkammer
4 Kolben

5 Kanal
6 Druckregler
7 Rückschlagventil
8 Kompressor
9 Druckfeder
10 Anschlag
11 Drehgriff
Anschlüsse:
1–2 Energiezufluß; wahlweise Energieabfluß
2–1 Energieabfluß; wahlweise Energiezufluß

Druckfeder 9 nach links verschoben. Dabei trennt der Dichtring 2 die Verbindung zwischen dem Frostschutzmittelbehälter und der Ringkammer 3. Der Kolben 4 verdrängt das Frostschutzmittel der Kammer 3 über das Rückschlagventil 7 in die Förderleitung (Bild 7.109).

Die eingespritzte Menge ist am Drehgriff 11 einstellbar. Der gestufte Anschlag 10 begrenzt den Hub des Kolbens 4 entsprechend der jeweiligen Drehgriffstellung.

Frostschutzpumpen mit Steueranschluß

Diese Frostschutzpumpen sind hinter dem Druckregler einzubauen. Weil die Druckschwankungen dort relativ gering sind und zur Steuerung der Frostschutzpumpe nicht ausreichen, werden die Steuerimpulse des Druckreglers über eine Steuerleitung zum Anschluß 4 der Frostschutzpumpe geführt (Bild 7.110).

Hat der Druckregler keinen Schaltanschluß, so ist der Steueranschluß 4 der Frostschutzpumpe mit der Förderleitung zwischen Kompressor und Druckregler zu verbinden.

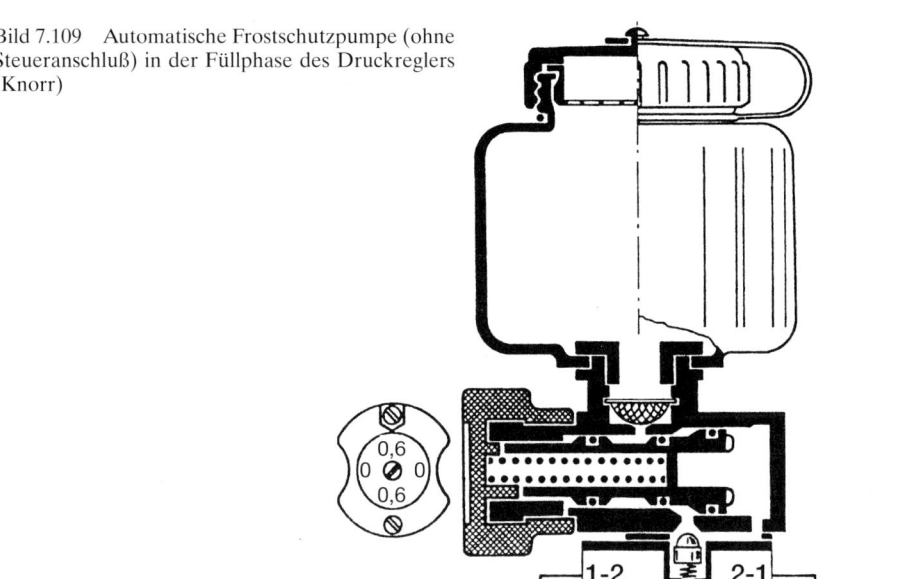

Bild 7.109 Automatische Frostschutzpumpe (ohne Steueranschluß) in der Füllphase des Druckreglers (Knorr)

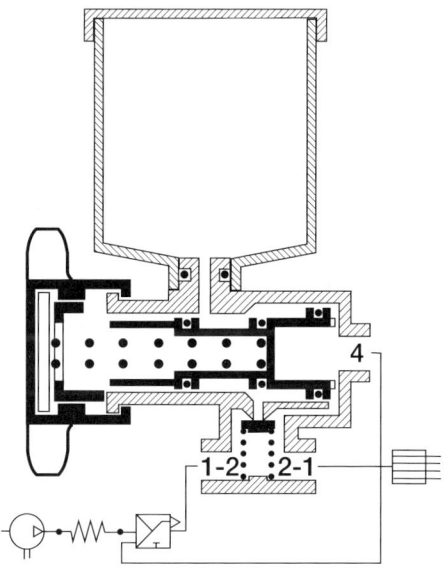

Bild 7.110 Automatische Frostschutzpumpe mit Steueranschluß

Druckregler

Der Druckregler überwacht und regelt den Betriebsdruck in den Vorratsbehältern der Druckluft-Bremsanlage. In der *Füllstellung* (Bild 7.111) strömt die Druckluft über den Anschluß 1, das Sieb 11, das Rückschlagventil 13 und den Anschluß 21 zu den Vorratsbehältern.

Beim *Abschaltvorgang* hebt die Druckluft den Steuerkolben 9 gegen die Feder 6 an (Bild 7.112).

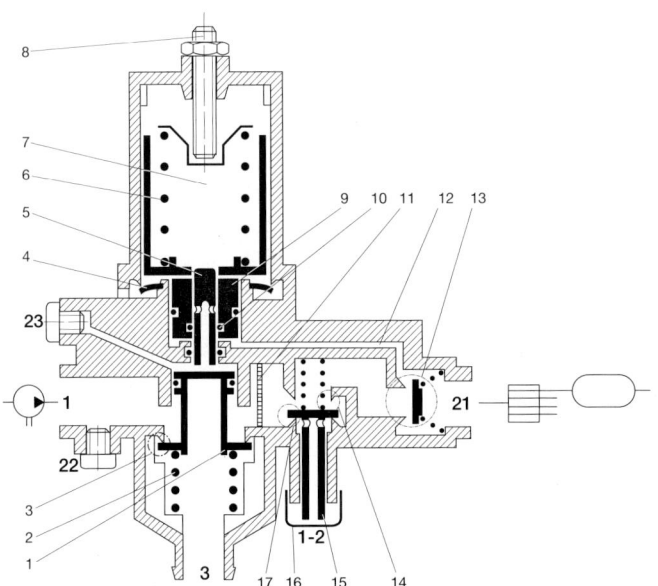

Bild 7.111 Druckregler in der Füllstellung (Knorr)

1 Abschaltkolben	13 Rückschlagventil
2 Druckfeder	14 Ventilsitz
3 Auslaß	15 Ventilkörper
4 Membrane	16 Kappe
5 Ventilstift	17 Auslaß
6 Druckfeder	*Anschlüsse:*
7 Federraum	1 Energiezufluß (vom Kompressor)
8 Einstellschraube	1–2 Energiezufluß (beim Fremdbefüllen);
9 Steuerkolben	Energieabfluß (beim Reifenfüllen)
10 Dichtring	21 Energieabfluß (zum Energiespeicher)
11 Sieb	22 Energieabfluß (Schaltanschluß)
12 Kanal	23 Energieabfluß (Schaltanschluß)
	3 Entlüftung

Der Abschaltdruck ist erreicht, sobald der Dichtring 10 die obere Querbohrung im Ventilstift 5 freigibt. Die Druckluft strömt auf den Abschaltkolben 1, drückt ihn gegen die Feder 2 nach unten, und der Auslaß 3 ist geöffnet. Das Rückschlagventil 13 schließt per Federkraft, und der Kompressor fördert über den Auslaß 3 ins Freie, wobei vorhandene Ölkohleteilchen ausgeblasen werden.

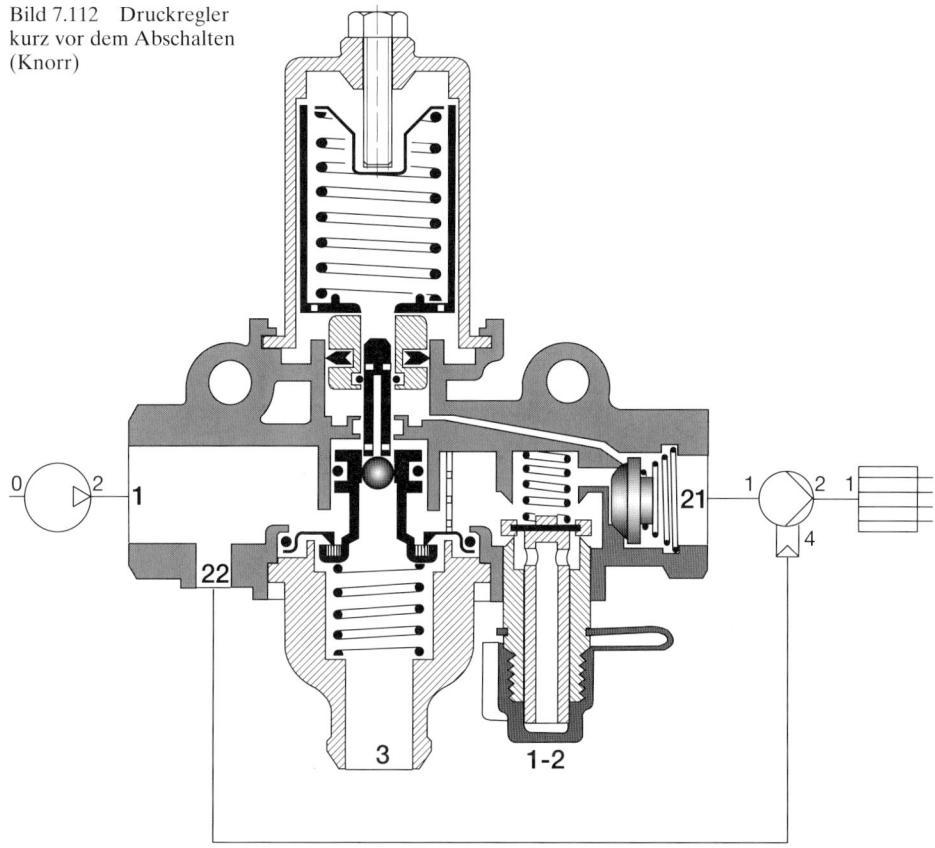

Bild 7.112 Druckregler kurz vor dem Abschalten (Knorr)

Die Druckluft in den Vorratsbehältern ist gesichert, und der Kompressor wird thermisch entlastet, da er fast drucklos ins Freie fördert.

Der Abschaltdruck ist an der Einstellschraube 8 einstellbar. Er steigt, wenn die Einstellschraube weiter ins Gehäuse gedreht wird.
Der Abschaltdruck darf nur bis zu der Höhe eingestellt werden, die gemäß Typen-Nr. des Druckreglers zulässig ist.

Der *Einschaltvorgang* erfolgt, sobald der Betriebsdruck in der Anlage soweit gefallen ist (Einschaltdruck), daß die Feder 6 den Steuerkolben 9 niedergedrückt hat, bis der Dichtring 10 die obere Querbohrung im Ventilstift 5 freigibt. Der Raum oberhalb des Abschaltkolbens 1 entlüftet über die Querbohrung, den Federraum 7 und die Membrane 4 ins Freie. Die Druckfeder 2 schließt den Auslaß 3, und die Anlage wird erneut befüllt.

Zusatzeinrichtungen
Der Druckregler kann mit zusätzlichen Anschlüssen ausgestattet sein:

❏ Anschluß 22,
❏ Anschluß 23,
❏ Anschluß 1–2.

Die Anschlüsse 22 und 23 werden für Schalteinrichtungen, d.h. zur Betätigung von Frostschutzpumpen und automatischen Entwässerungsventilen, genutzt. Da sich die Drücke an diesen
Anschlüssen je nach Betriebszustand des Druckreglers ändern, können die Druckschwankungen
als Steuerimpulse genutzt werden.

Der Anschluß 22 steht in der Füllphase unter Druck und ist in der Abschaltphase fast drucklos (max. 1 bar).

Der Anschluß 23 ist in der Füllphase drucklos und steht in der Abschaltphase unter Druck.

Der Anschluß 1–2 ermöglicht das Reifenfüllen bzw. das Fremdbefüllen der Vorratsbehälter.

Reifenfüllen: Wenn die Kappe 16 abgenommen ist, läßt sich der Reifenfüllschlauch auf den
Gewindestutzen aufschrauben (Bild 7.113). Dies muß bis zum Anschlag erfolgen, damit nicht nur
der Ventilkörper 15 gegen Federkraft angehoben, sondern auch der Ventilsitz 14 und damit der
Durchgang zu den Vorratsbehältern geschlossen wird. Jetzt kann die vom Kompressor geförderte

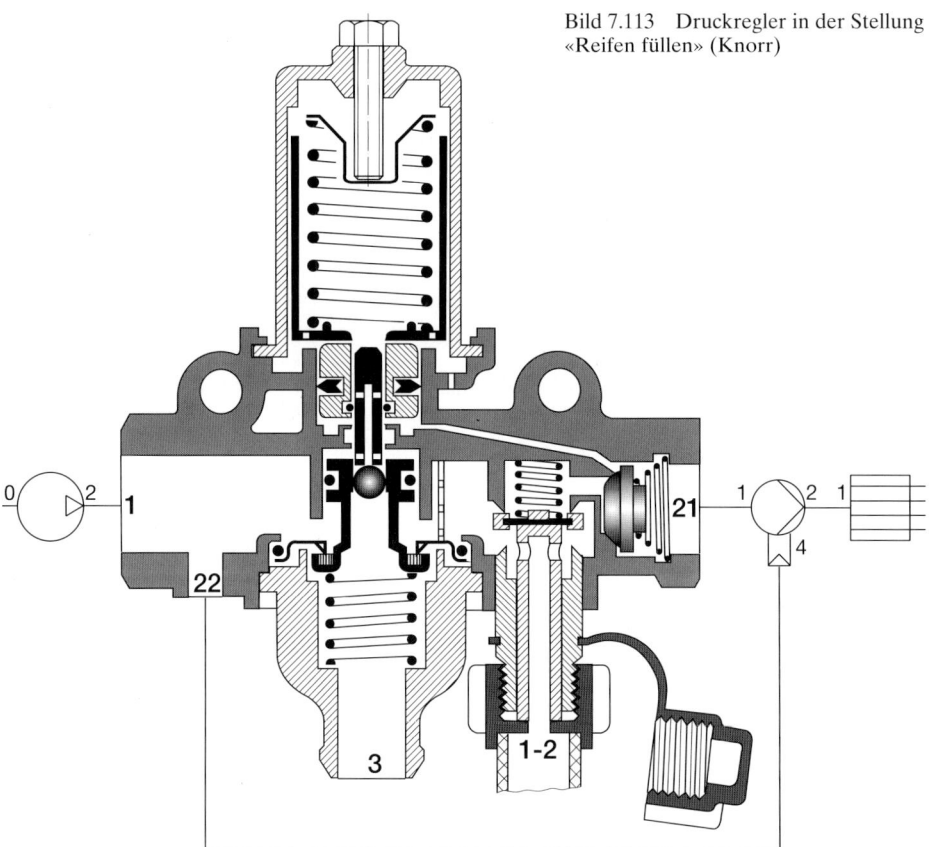

Bild 7.113   Druckregler in der Stellung
«Reifen füllen» (Knorr)

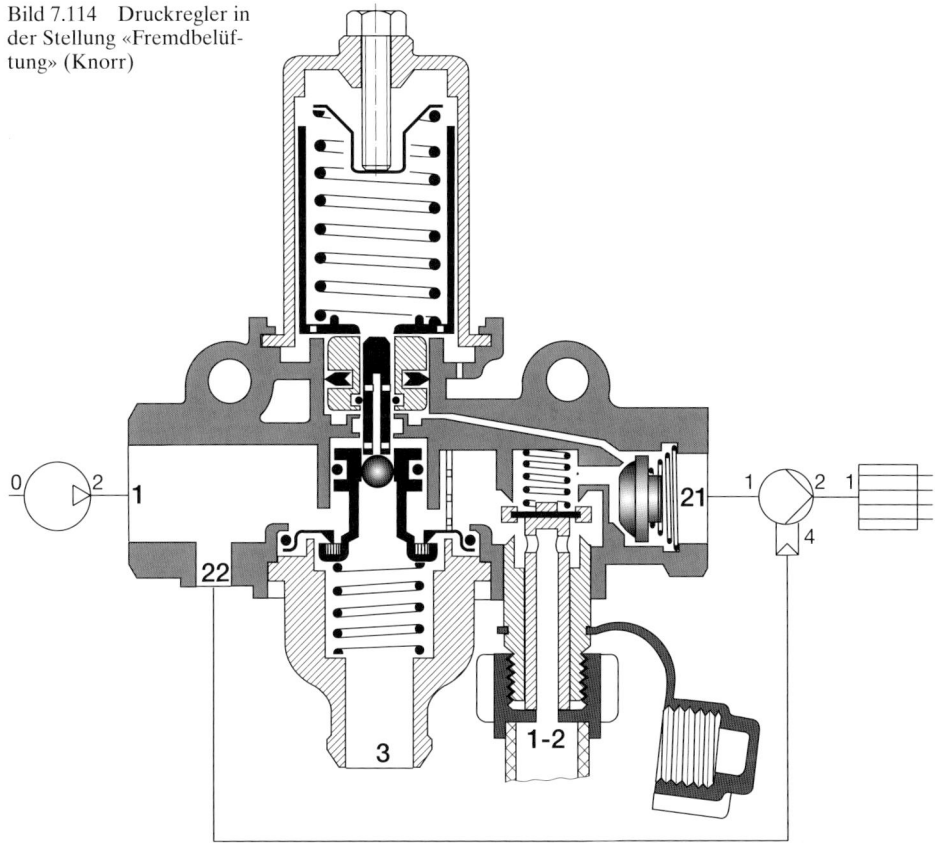

Bild 7.114 Druckregler in der Stellung «Fremdbelüftung» (Knorr)

Druckluft über den geöffneten Auslaß 17, die Querbohrung im Ventilkörper 15 und den Reifenfüllschlauch entnommen werden, sofern der Auslaß 3 geschlossen ist (Füllphase). Andernfalls muß der Druck in den Vorratsbehältern abgesenkt werden, bis der Druckregler wieder einschaltet.

Fremdbefüllen: Der Reifenfüllschlauch wird wie beim Reifenfüllen aufgeschraubt, jedoch anschließend eine Umdrehung gelöst. Jetzt können die Vorratsbehälter über eine Fremdluftquelle gefüllt werden, weil sowohl der Auslaß 17 wie der Ventilsitz 14 geöffnet sind (Bild 7.114).

Überdruckventil
Der Reifenfülldruck wird aus Sicherheitsgründen, d.h. zum Schutz des Bedieners und des Kompressors durch das Überdruckventil (Abschaltkolben 1 und Druckfeder 2) begrenzt. Er beträgt je nach Auslegung max. $11,5^{+3}/13,0^{+3}/13,0^{+4}$ oder 16^{+4} bar.

Bei unzulässig hohem Druck ist die Kraft aus Vorratsdruck und Ringfläche des Abschaltkolbens größer als die Kraft der Druckfeder 2, wodurch der Auslaß automatisch öffnet.

7.9.2   Betriebsbremsanlage

Die Betriebsbremsanlage muß

❒ auf alle Räder wirken,
❒ zweikreisig sein,
❒ abstufbar sein,
❒ symmetrische Bremswirkung haben,
❒ bei Ausfall eines Kreises den Druck im intakten Kreis sichern, um die erforderliche Restabbremsung zu ermöglichen,
❒ mit einer optischen oder akustischen Warneinrichtung ausgerüstet sein,
❒ die Vorschriften der Bremskraftverteilung erfüllen und falls erforderlich automatisch wirken (ALB). Die ALB kann bei Fahrzeugen mit «automatischem Blockierverhinderer» (ABV) entfallen.

Überströmventile
Überströmventile sorgen für ein vorrangiges Befüllen der Vorratsbehälter der Betriebsbremsanlage (BBA) gegenüber den Nebenverbrauchern und für eine gegenseitige Druckabsicherung.
   Der Öffnungsdruck ist einstellbar und muß nach den Angaben des Fahrzeugherstellers erfolgen. Er steigt, wenn die Einstellschraube weiter ins Gehäuse gedreht wird. Überströmventile sind so einzubauen, daß der Pfeil auf dem Gehäuse in Strömrichtung der Druckluft beim Befüllen der Anlage zeigt.
   Überströmventile gibt es in folgenden Ausführungen:

❒ mit Rückströmung,
❒ mit begrenzter Rückströmung,
❒ ohne Rückströmung.

Überströmventil mit Rückströmung
Dieses Ventil kann z.B. zwischen den Vorratsbehältern der BBA eingebaut sein. Es verhindert die Befüllung des zweiten Behälters so lange, bis im ersten Behälter ein bestimmter Druck erreicht ist. Durch die vorrangige Befüllung des ersten Behälters ist eine schnelle Betriebsbereitschaft der BBA möglich.
   Bei Luftverbrauch in der BBA erfolgt eine ungehinderte Rückströmung der Druckluft von Behälter 2 zu Behälter 1 (Druckausgleich).

Wirkungsweise: Die Druckluft strömt in Pfeilrichtung (Bild 7.115) über die Bohrung 1 in die Ringkammer unter der Membrane 3. Sie wird gegen die Druckfeder 4 vom Ventilsitz 2 abgehoben, sobald der Öffnungsdruck erreicht ist. Die Druckluft gelangt über den Kanal 6 zum nachfolgenden Vorratsbehälter oder Verbraucher.
   Bei Druckabfall vor dem Überströmventil schließt die Membrane 3 den Ventilsitz 2. Die Druckluft strömt gegen Pfeilrichtung über den Nutring 5 und die Bohrung 1 zurück.

Überströmventil mit begrenzter Rückströmung
Dieses Ventil wird z.B. zur gegenseitigen Druckabsicherung zwischen der BBA und den Nebenverbrauchern eingebaut. Die BBA-Behälter werden vorrangig bis zum Öffnungsdruck befüllt. Im Bedarfsfall kann die Druckluft oberhalb des Schließdrucks zurückströmen. Bei einem Defekt des Nebenverbraucherkreises können die BBA-Behälter noch bis zur Höhe des Öffnungsdrucks befüllt werden.

Bild 7.115   Überströmventil mit Rückströmung
(Knorr)
1 Bohrung
2 Ventilsitz
3 Membrane
4 Druckfeder
5 Nutring
6 Überströmkanal

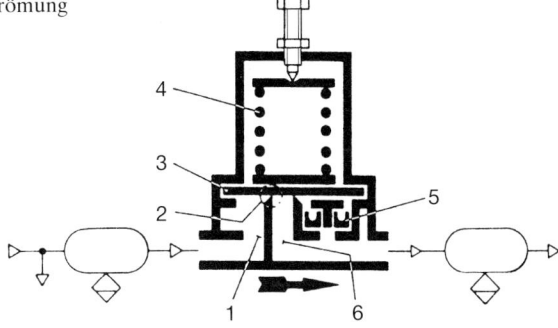

Bild 7.116   Überströmventil mit begrenzter
Rückströmung (Knorr)
1 Bohrung
2 Membrane
3 Druckfeder
4 Ventilsitz
5 Überströmkanal

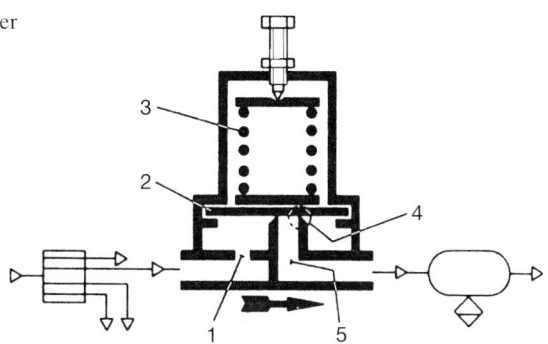

Wirkungsweise: Die Druckluft strömt in Pfeilrichtung (Bild 7.116) über die Bohrung 1 in die Ringkammer unter der Membrane 2. Sie wird gegen die Druckfeder 3 vom Ventilsitz 4 abgehoben, sobald der Öffnungsdruck erreicht ist. Die Druckluft gelangt über den Kanal 5 zum nachfolgenden Vorratsbehälter oder Verbraucher.

Bei Druckabfall vor dem Überströmventil erfolgt eine Rückströmung über die abgehobene Membrane 2, bis diese durch die Kraft der Druckfeder 3 den Ventilsitz 4 schließt. So bleibt für die Nebenverbraucher der Sicherungsdruck (Öffnungsdruck minus 0,5 bar) erhalten.

Überströmventil ohne Rückströmung

Dieses Ventil wird zur gegenseitigen Druckabsicherung zwischen der BBA und den Nebenverbrauchern (z.B. Luftfederung, Türschließanlage) eingebaut. Die BBA-Behälter werden bis zum Öffnungsdruck vorrangig befüllt. Dies ist auch dann der Fall, wenn bei den Nebenverbrauchern ein Defekt auftritt.

Bei Ausfall der BBA bleiben die Nebenverbraucher funktionsfähig, da es keine Rückströmung gibt.

Wirkungsweise: Die Druckluft strömt in Pfeilrichtung (Bild 7.117) über die Bohrung 1 und die Lippe des Nutrings 2 in die Ringkammer und damit unter die Membrane 3. Diese wird gegen die Druckfeder 4 vom Ventilsitz 5 abgehoben, sobald der Öffnungsdruck erreicht ist. Dann gelangt die Druckluft über den Kanal 6 zum nachfolgenden Vorratsbehälter oder Verbraucher.

Bei Druckabfall vor dem Überströmventil wirkt der Nutring 2 wie ein Rückschlagventil, d.h., er verhindert jede Rückströmung.

Aufbau der Bremsanlage im Motorwagen   737

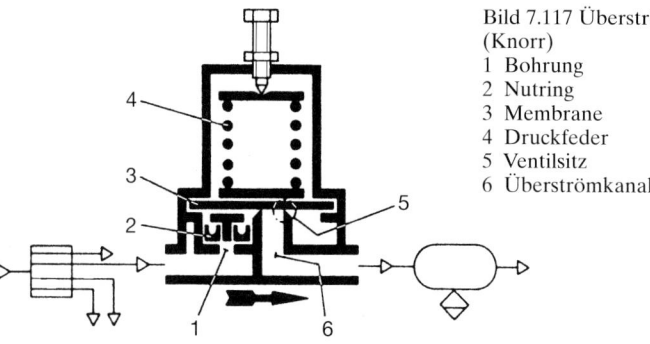

Bild 7.117 Überströmventil ohne Rückströmung (Knorr)
1 Bohrung
2 Nutring
3 Membrane
4 Druckfeder
5 Ventilsitz
6 Überströmkanal

Vierkreis-Schutzventile

Vierkreis-Schutzventile (Bilder 7.118 und 7.119) verteilen die vom Kompressor geförderte Druckluft auf vier voneinander unabhängige Kreise. Sie bestehen aus vier Überströmventilen mit begrenzter Rückströmung. Da *alle* Ventile auf den gleichen Öffnungsdruck (7,0 – 0,3 bar) bei druckloser Anlage eingestellt sind, ist die Füllreihenfolge infolge der Toleranzen unbestimmt. Die Kreise können gleichrangig oder mit Priorität geschaltet sein. Bei Gleichrangigkeit (Bild 7.119) sind die Kreise parallelgeschaltet und damit zentral belüftet.

Bei Priorität (Bild 7.118) sind die Kreise paarweise hintereinandergeschaltet und damit dezentral belüftet. Diese Schaltung ist lt. Vorschrift aktuell und stellt sicher, daß mindestens *ein* BBA-Kreis vorrangig befüllt wird.

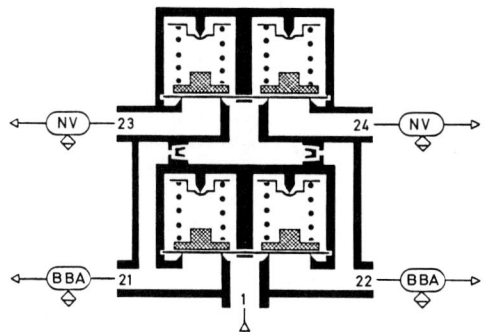

Bild 7.118   Vierkreis-Schutzventil mit 5 Anschlüssen und Priorität (Knorr)

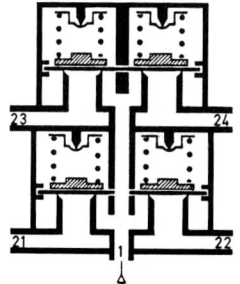

Bild 7.119   Vierkreis-Schutzventil mit 5 Anschlüssen ohne Priorität (Knorr)

Belegung der Anschlüsse:

1 Energiezufluß,
21 BBA 1 (Hauptverbraucher),   HA
22 BBA 2 (Hauptverbraucher),   VA
23 FBA und Anhängerbevorratung (Nebenverbraucher),
24 DBA (Nebenverbraucher).

Zwischen den Nebenverbrauchern gibt es im Bedarfsfall, genau wie zwischen den Hauptverbrauchern, einen begrenzten Druckausgleich. Er findet auch von den Hauptverbrauchern zu den Nebenverbrauchern statt, jedoch nicht umgekehrt. Der Druckausgleich erfolgt bis zum Schließdruck, um bei einem Defekt die intakten Kreise zu schützen, d.h. funktionsfähig zu halten.
    Man unterscheidet zwischen dem statischen und dem dynamischen Schließdruck.

Statischer Schließdruck: Es ist der Druck, der sich beim Defekt eines Kreises – *bei stehendem Kompressor* – in den intakten Kreisen oberhalb 4 bar stabilisieren muß (Bilder 7.120 und 7.121). Der Defekt wird bei der Überprüfung simuliert, wobei der Druck schnell unter 3 bar abzusenken ist.

Bild 7.120   Vierkreis-Schutzventil
bei defektem BBA-Kreis (Knorr)

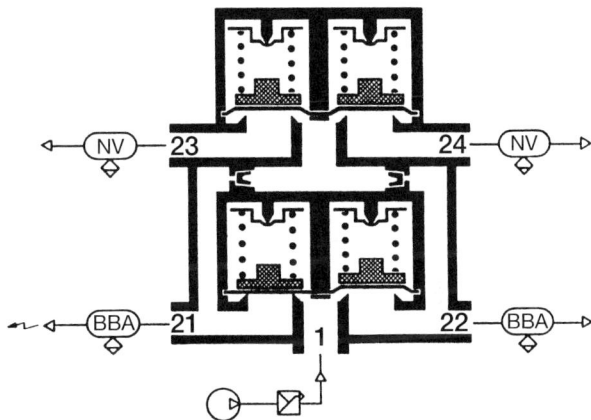

Bild 7.121   Vierkreis-Schutzventil
bei defektem NV-Kreis (Knorr)

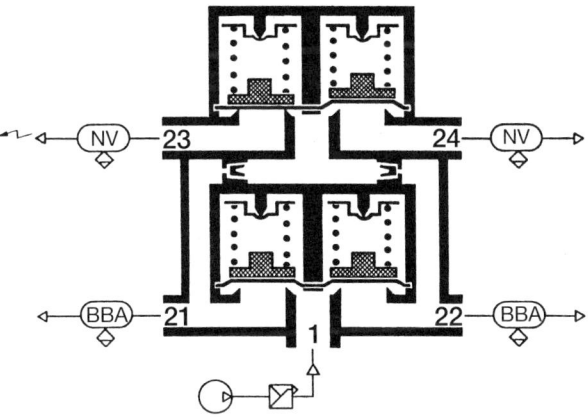

Die Überprüfung ist noch härter, wenn man den Druck langsam absenkt, da die Stabilisierung in den intakten Kreisen später erfolgt.

Dynamischer Schließdruck: Es ist der Druck, der sich beim Defekt eines Kreises *bei laufendem Kompressor* und schneller Druckabsenkung in den intakten Kreisen stabilisiert.
Er liegt immer höher als der statische Schließdruck bei langsamer Druckabsenkung.
Die intakten Kreise können dann wieder bis zum Öffnungsdruck des defekten Kreises (7,0–0,3 bar) befüllt werden.

Vierkreis-Schutzventile gibt es mit fünf Anschlüssen (s. Bild 7.118) und mit sieben Anschlüssen (Bild 7.122). Sieben Anschlüsse sind erforderlich, wenn besonders schmutzempfindliche Nebenverbraucher eingesetzt werden. Ihre Luft gelangt zunächst durch die Vorratsbehälter der BBA, so daß anfallende Schmutzteilchen bereits dort verbleiben.

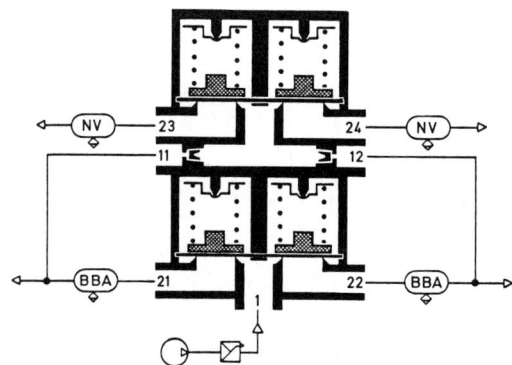

Bild 7.122   Vierkreis-Schutzventil mit 7 Anschlüssen und Priorität (Knorr)

Energiespeicher (Luftbehälter)
Luftbehälter (Bild 7.123) dienen zum Speichern der vom Luftpresser geförderten Druckluft. Dadurch kann das Fahrzeug auch bei Ausfall des Motors gebremst werden. Je nach Möglichkeit und Größe des Fahrzeugs werden ein oder mehrere Luftbehälter eingebaut.

Luftbehälter werden meistens aus Stahlblech gefertigt und bestehen aus einem zylindrischen Mittelstück mit eingeschweißten, gewölbten Böden mit Gewindestutzen. Sie sind mit einem Typenschild versehen, haben von innen eine Schutzschicht und werden mit 12 bar Wasserdruck geprüft.

Schweißarbeiten sind hier nicht zulässig, weil die Schutzschicht verbrennen würde und Rostbildung die Folge wäre.

Beschädigte Luftbehälter sind zu erneuern. Das trifft auch zu, wenn das Typenschild nicht mehr vorhanden oder unterrostet ist und wenn am Gewindestutzen des herausgeschraubten Ablaßventils Roststücke sichtbar sind.

Bild 7.123   Luftbehälter

Im Mittelstück befindet sich ein Gewindestutzen, der nach unten weisen soll und in den z.B. ein Ablaßventil eingeschraubt werden kann, so daß ein Entlüften oder Entwässern möglich ist.

Bereits nach zwei Stunden Fahrdauer kann sich in den Luftbehältern eine Wassermenge von etwa einem halben Liter gesammelt haben. Das verfügbare Luftvolumen verkleinert sich zunehmend, wenn nicht regelmäßig – d.h. wöchentlich mindestens einmal und bei Frostgefahr täglich – entwässert wird. Bei Verwendung automatischer Entwässerungsventile entfällt diese Arbeit. Ohne Entwässerung kann sich der Druckabfall pro Vollbremsung unzulässig vergrößern. Das Volumen der Luftbehälter muß also in einem bestimmten Verhältnis zum Volumen der Bremszylinder stehen.

Zweileitungsbremse (7,3 bar)
Das Gesamtvolumen der Luftbehälter des Motorwagens entspricht mindestens dem 13- bis 16fachen Volumen aller seiner Bremszylinder und im Anhänger dem 8- bis 10fachen Volumen aller zugehörigen Bremszylinder bei maximalem Hub.

Zweileitungsbremse (8,1 bar)
Das Gesamtvolumen der Luftbehälter des Motorwagens muß vom Abschaltdruck ausgehend so groß sein, daß nach acht Vollbremsungen mittels BBA noch eine Wirkung mit der Hilfsbremsanlage erreicht werden kann. Im Anhänger muß nach acht Vollbremsungen noch die Hälfte des Drucks vorhanden sein, der sich nach der ersten Bremsung eingestellt hat.

Fußbremsventil
Das direkt (belüftend) wirkende zweikreisige Fußbremsventil wird zur Steuerung des Bremsdrucks bei Lkw und Kraftomnibussen verwendet.

Aufgabe: Feinfühlige und abstufbare Be- und Entlüftung der Bremszylinder und des Anhängersteuerventils.

Wirkungsweise:
Fahrstellung (Bild 7.124): Die Anschlüsse 11 und 12 sind mit dem Vorratsdruck/Betriebsdruck der Betriebsbremsanlage (BBA) beaufschlagt. Die Bremszylinder und das Anhängersteuerventil sind über die Anschlüsse 21 und 22, die offenen Auslässe 22 und 17 sowie über den Anschluß 3 entlüftet.

Bremsstellung (Bild 7.125): Bei Betätigung des Bremspedals wird das Druckstück 3 gegen die Gummifeder 2 und die Druckfeder 1 gedrückt. Der sich abwärts bewegende Kolben schließt den Auslaß 22 und öffnet den Einlaß 6. Jetzt strömt Druckluft vom Raum «a» über den geöffneten Einlaß in den Raum «c» und über den Anschluß 21 in die Bremszylinder der Hinterachse. Zeitgleich gelangt Druckluft über die Bohrung 7 in den Raum «d». Sie drückt den Kolben 9 hinunter, wobei der Auslaß 17 schließt und der Einlaß 14 öffnet. Die Druckluft strömt vom Raum «b» über den geöffneten Einlaß und den Anschluß 22 in die Bremszylinder der Vorderachse.

Teilbremsung (Bild 7.126): Durch den Druckaufbau im Raum «c», den Bremszylindern der Hinterachse und über Bohrung 7 im Raum «d» wird der Kolben 4 gegen die Kraft der Federn 1 und 2 soweit angehoben, bis der Einlaß 6 schließt, so daß aus dem Raum «a» keine Druckluft zur Hinterachse nachströmen kann.

In den Bremszylindern der Vorderachse und im Raum «e» (über Bohrung 12) steigt der Druck und der Kolben 9 soweit, bis der Einlaß 14 schließt.

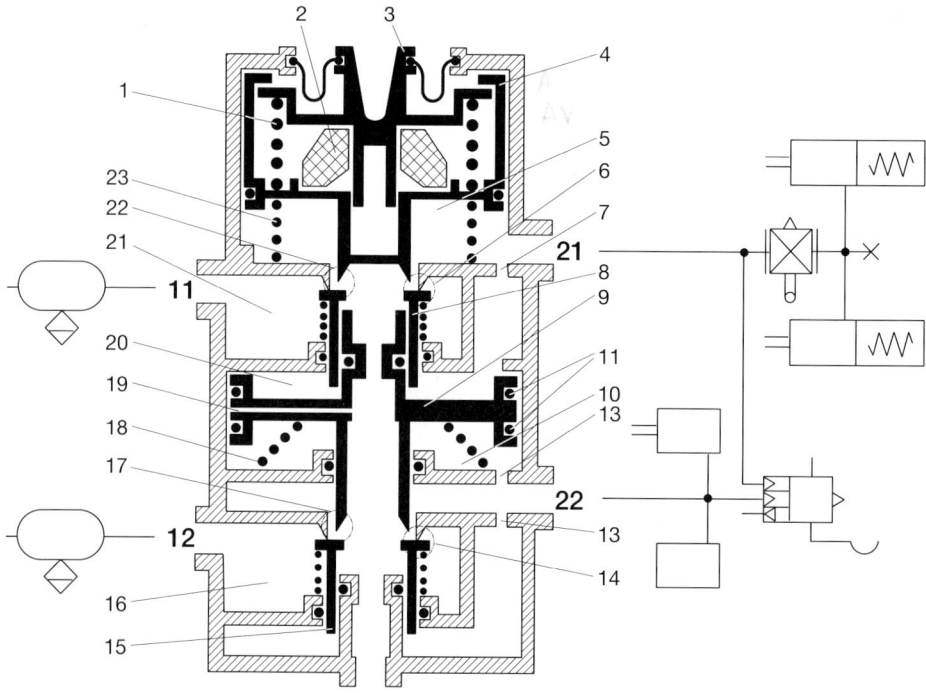

Bild 7.124   Fußbremsventil, zweikreisig in Tandemanordnung bei Fahrstellung (Knorr)

1 Druckfeder	11 Dichtungen	21 Raum «a»
2 Gummifeder	12 Bohrung	22 Auslaß
3 Druckstück	13 Bohrung	23 Druckfeder
4 Kolben	14 Einlaß	Anschlüsse:
5 Raum «c»	15 Ventilkörper	11 Energiezufluß Kreis 1
6 Einlaß	16 Raum «b»	12 Energiezufluß Kreis 2
7 Bohrung	17 Auslaß	21 Energieabfluß Kreis 1
8 Ventilkörper	18 Druckfeder	22 Energieabfluß Kreis 2
9 Kolben	19 Luftkanal	3 Entlüftung
10 Raum «e»	20 Raum «d»	

Bei geschlossenem Einlaß und Auslaß sind die Kräfte über und unter den Kolben 4 und 9 gleich (Kräftegleichgewicht).

Das Fußbremsventil befindet sich in der Bremsabschlußstellung, solange der Fahrer seine Fußkraft nicht verändert. Bremsabschlußstellungen sind erforderlich, um Teilbremsdrücke einsteuern zu können. Teilbremsungen ermöglichen eine feinfühlige Abstufbarkeit der Bremswirkung, was besonders bei glatter Fahrbahn wichtig ist. Die Abstufbarkeit muß kleiner als 0,5 bar sein und beträgt in der Praxis 0,2 bis 0,3 bar.

Die Bohrungen 7 und 13 dienen der Druckentlastung der Ventilkörper 8 und 15, so daß die Ventilöffnungskräfte gering sind und eine feinfühlige Abstufbarkeit möglich ist.

Beim Lösen der Bremse gelangt der Kolben 4 durch die Kraft der Druckfeder 23 und den Druck im Raum «c» in die obere Endstellung (Ausgangsstellung). Der Auslaß 22 öffnet, wobei die

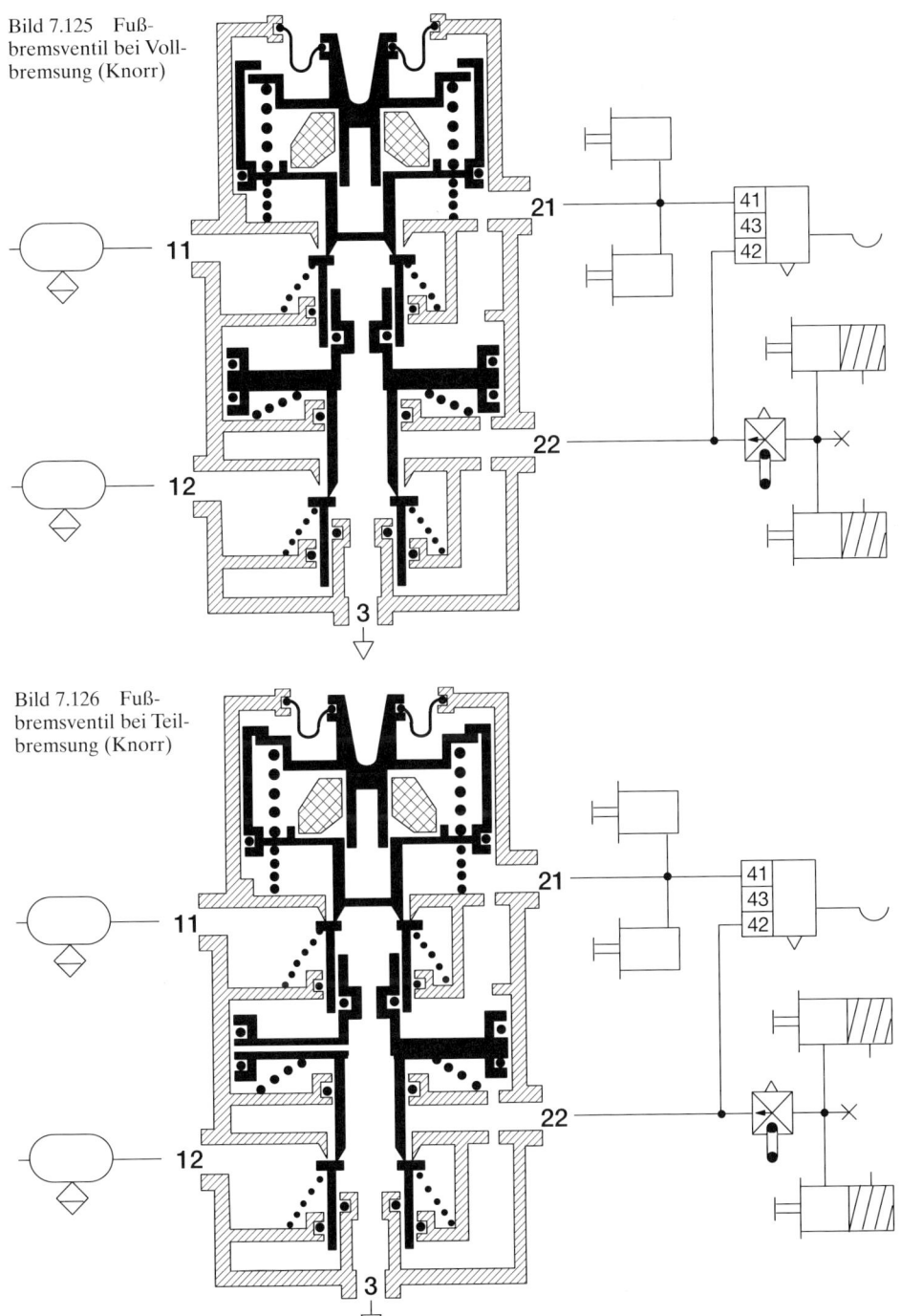

Bild 7.125 Fuß-
bremsventil bei Voll-
bremsung (Knorr)

21

11

12

22

3

Bild 7.126 Fuß-
bremsventil bei Teil-
bremsung (Knorr)

21

11

12

22

3

Druckluft aus den Bremszylindern der Hinterachse, dem Raum «c» und dem Raum «d» über den offenen Anschluß 3 ins Freie entweicht.

Die Kraft der Druckfeder 18 und der Druck im Raum «e» drücken den Kolben 9 nach oben. Da der Auslaß 17 öffnet, entlüften die Bremszylinder der Vorderachse über den Anschluß 3.

Die exakte Trennung der beiden Kreise erfolgt durch den mit zwei Dichtungen (11) bestückten Kolben 9. Der Luftkanal 19 läßt Bremsluft über den Anschluß 3 ins Freie, sobald die Trennung zwischen den beiden BBA-Kreisen nicht gegeben ist.

Wirkungsweise bei Ausfall eines Kreises: Erfolgt die Bremsung bei defektem Kreis 1, so drückt der Ventilkörper 8 den Kolben 9 hinunter und aktiviert den Kreis 2, der unverändert arbeitet.

Bei Ausfall von Kreis 2 arbeitet der Kreis 1 wie bei völlig intakter Anlage.

Automatisch lastabhängige Bremse (ALB)

Die ALB

- ❏ wird bei stahlgefederten Fahrzeugen mechanisch durch den Federweg gesteuert,
- ❏ wird bei luftgefederten Fahrzeugen pneumatisch durch den Luftfederbalgdruck gesteuert,
- ❏ kann statisch oder dynamisch wirken,
- ❏ kann mit oder ohne Relaiswirkung sein,
- ❏ muß bei Ausfall der Ansteuerung noch Hilfsbremswirkung ermöglichen,
- ❏ ist mit einem ausgefüllten ALB-Schild zu versehen.

Bei Nutzfahrzeugen *ohne* ALB bestimmt ausschließlich der Fahrer die Höhe des jeweiligen Zylinderbremsdrucks. Dies ist unproblematisch, wenn das Fahrzeug vorschriftsmäßig voll beladen und die Fahrbahn trocken ist. Der Fahrer kann die Bremse bei Bedarf voll betätigen, ohne daß die Räder blockieren, und erreicht dabei einen kurzen Bremsweg. Es sieht jedoch anders aus, wenn z.B. das Fahrzeug leer bzw. die Fahrbahn naß oder gar vereist ist. Jetzt darf der Fahrer die Bremse nicht einfach voll, sondern nur entsprechend gefühlvoll betätigen. Dies ist nötig, damit die Räder nicht blockieren. Bei blockierten Rädern gehen die Spurstabilität und die Lenkfähigkeit des Fahrzeugs verloren.

Problematisch ist es auch, wenn sich die Belastung der Achsen unterschiedlich ändert. Da die am geringsten belastete Achse vorzeitig blockiert, kann die Bremskraft der anderen Achse gar nicht voll genutzt werden, so daß sich der Bremsweg zwangsläufig verlängert.

Bei Fahrzeugen *mit* ALB können die Achsen durch automatische Bremskraftanpassung bei allen zulässigen Beladezuständen – selbst bei einer Gefahrenbremsung – optimal gebremst werden, sofern die Fahrbahn trocken und die Bremsanlage in Ordnung ist. Der automatische Bremskraftregler begrenzt den vom Fahrer zu hoch ausgesteuerten Bremsdruck auf den zum jeweiligen Beladungszustand passenden Bremsdruck. Die ALB ist jedoch nicht mit dem ABS gleichzusetzen. Dies zeigt sich bei nasser oder vereister Fahrbahn. Jetzt darf der Fahrer auch hier die Bremse nicht einfach voll, sondern nur entsprechend gefühlvoll betätigen.

Wird in einem Sattel- oder Lastzug die Bremskraft automatisch geregelt, so müssen der Motorwagen und der Anhänger erfaßt werden. Die Bremskräfte müssen beim beladenen Sattelzug richtig auf die einzelnen Achsen verteilt sein. Das ist der Fall, wenn auf trockener Straße bei einer 50%igen Zugabbremsung noch kein Rad blockiert.

Ist das Last-Leer-Verhältnis an der Vorderachse der Zugmaschine kleiner als 1,4 : 1, so wird nur die Hinterachse lastabhängig geregelt.

❏ Entlastung des Fahrers,
❏ verkürzte Bremswege,
❏ Verbesserung des Blockierverhaltens,
❏ geringerer Reifenverschleiß,
❏ selbsttätige Bremsdruckanpassung an die jeweilige Achslast,
❏ gleichmäßige Abbremsung von Motorwagen und Anhänger, auch bei unterschiedlicher Beladung,
❏ erhöhte Verkehrssicherheit.

ALB bei Fahrzeugen mit mechanischer Federung

Bild 7.127 zeigt das Prinzip bei der mechanischen Federung. Mit dem Beladezustand ändert sich der Abstand zwischen dem Fahrgestell und der Achse, der am automatischen Bremskraftregler als Steuergröße dient.

Der Hebel des Bremskraftreglers wird über das Verbindungsgestänge des mit der Achse verbundenen Federungskörpers lastabhängig verstellt. Der Anlenkpunkt liegt in der Mitte der Achse (neutraler Punkt), damit eine Verstellung nur durch Veränderung der Achslast, nicht aber durch die Querneigung bei Kurvenfahrt erfolgt.

Bild 7.127 ALB-Prinzip bei Fahrzeugen mit mechanischer Federung

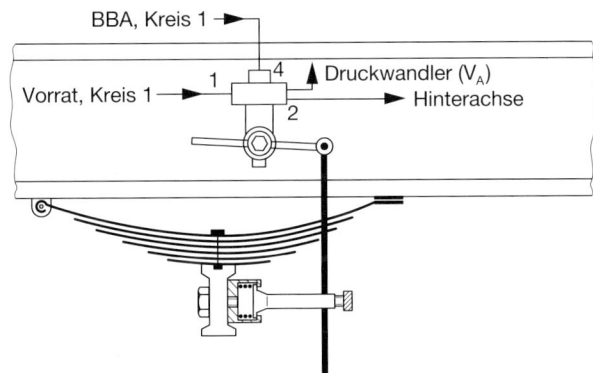

Federungskörper: Der Federungskörper (Bild 7.128) schützt den Bremskraftregler vor Beschädigungen, indem er die über den Verstellbereich hinausgehenden Achsschwingungen aufnimmt.

> Der automatische Bremskraftregler kann bei Ausfall der Steuergröße, d.h. bei Gestängeabriß, nicht mehr auf den Beladezustand des Fahrzeugs reagieren. Der Hebel wird jedoch automatisch per Federkraft in eine Position gestellt, die z.B. einen Bremsdruck zuläßt, der dem Leergewicht bzw. dem halb beladenen Fahrzeug entspricht.

Der automatische Bremskraftregler wird bei Fahrzeugen mit mechanischer Federung *mechanisch* (last-weg-abhängig) gesteuert. Die notwendigen Daten befinden sich auf dem ALB-Typenschild (Bild 7.129), das am betreffenden Fahrzeug fest angebracht ist.

Prüfung und Einstellung sind gemäß Herstellerangaben durchzuführen.

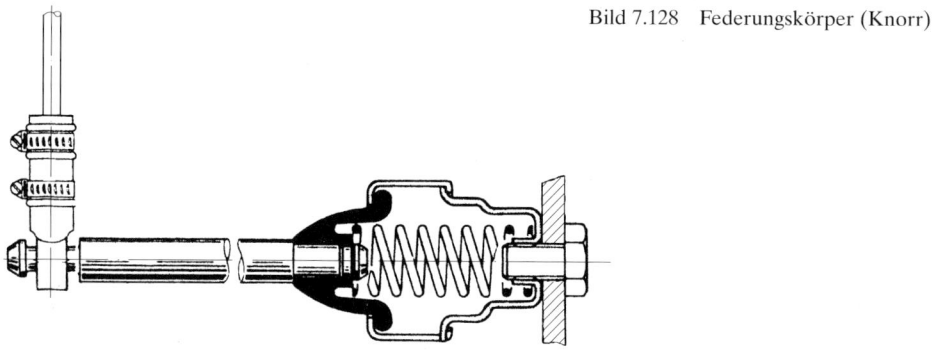

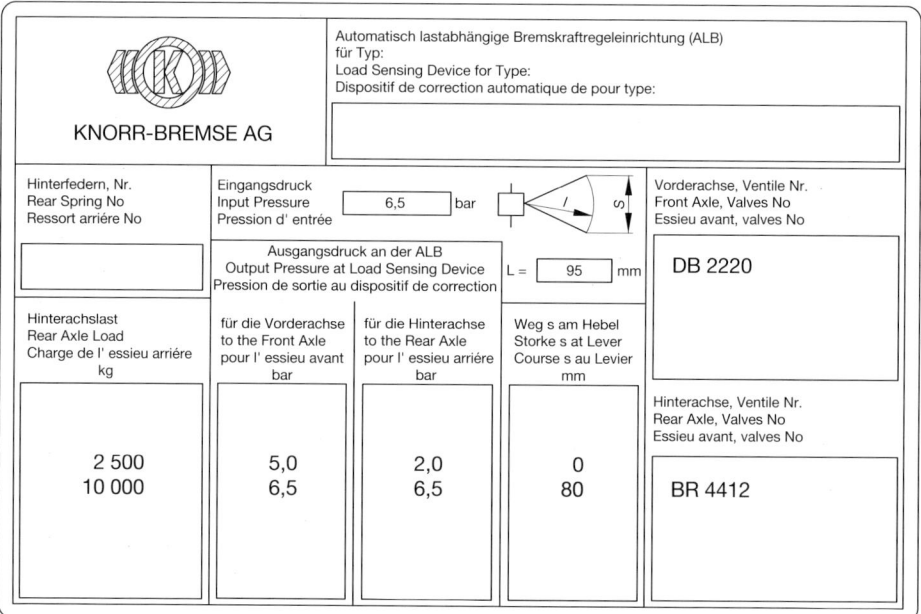

KNORR-BREMSE AG	Automatisch lastabhängige Bremskraftregeleinrichtung (ALB) für Typ: Load Sensing Device for Type: Dispositif de correction automatique de pour type:				
Hinterfedern, Nr. Rear Spring No Ressort arriére No	Eingangsdruck Input Pressure Pression d' entrée	6,5 bar			Vorderachse, Ventile Nr. Front Axle, Valves No Essieu avant, valves No
	Ausgangsdruck an der ALB Output Pressure at Load Sensing Device Pression de sortie au dispositif de correction		L = 95 mm		DB 2220
Hinterachslast Rear Axle Load Charge de l' essieu arriére kg	für die Vorderachse to the Front Axle pour l' essieu avant bar	für die Hinterachse to the Rear Axle pour l' essieu arriére bar	Weg s am Hebel Storke s at Lever Course s au Levier mm		
					Hinterachse, Ventile Nr. Rear Axle, Valves No Essieu avant, valves No
2 500 10 000	5,0 6,5	2,0 6,5	0 80		BR 4412

Bild 7.129   ALB-Typenschild für Fahrzeuge mit mechanischer Federung (Knorr)

Prüfen und Einstellen (Knorr)

Vor der Überprüfung ist auf einwandfreien Zustand der mechanischen Anlenkung zu achten. Sämtliche Maße und Drücke sind dem ALB-Typenschild zu entnehmen. Bei allen Prüfungen auf ausreichenden Betriebsdruck achten.

Überprüfung Leerbremsdruck

❏ Fahrzeug leer, Anlage gefüllt.
❏ Manometer vor und nach dem ALB-Regler anschließen.

- ❏ Hebellänge «L» messen, wenn nötig korrigieren.
- ❏ Eingangsdruck einsteuern.
- ❏ Ausgangsdruck vom Manometer ablesen und ggf. korrigieren.

> Bremsdruck zu niedrig: Anlenkungsgestänge verlängern;
> Bremsdruck zu hoch: Anlenkungsgestänge verkürzen.

Überprüfung Vollbremsdruck

- ❏ Fahrzeug leer, Anlage gefüllt.
- ❏ Einstellung Leerlast i.O.
- ❏ Metermaß am Anlenkungspunkt des Hebels anlegen.
- ❏ Hebel um den Weg «S» nach oben bewegen.
- ❏ Eingangsdruck einsteuern.
- ❏ Ausgangsdruck vom Manometer ablesen.
- ❏ Bei Nichterreichen der erforderlichen Werte lt. ALB-Typenschild: Regler tauschen bzw. ALB neu auslegen!

Regelcharakteristik

Je nach Ausführung wird der eingesteuerte Bremsdruck bei dynamischer Gewichtsverlagerung automatisch angepaßt (nachgeregelt) oder nicht verändert.

- ❏ *Dynamische Regelung:* Der eingesteuerte Bremsdruck wird bei dynamischer Gewichtsverlagerung nachgeregelt.
- ❏ *Statische Regelung:* Der eingesteuerte Bremsdruck bleibt bei dynamischer Gewichtsverlagerung unverändert.

Druckwandler

Der für die Vorderachse des Motorwagens eingebaute Druckwandler läßt bei leerem Fahrzeug, trotz Vollbremsung durch den Fahrer, nur den Leerdruck in die Bremszylinder. Dieser ist größer als an der Hinterachse (Bilder 7.130 bis 7.133), weil die Vorderachse durch das Triebwerk höher belastet ist.

Bild 7.130   Druckwandler in der Stellung «Fahren» (Knorr)

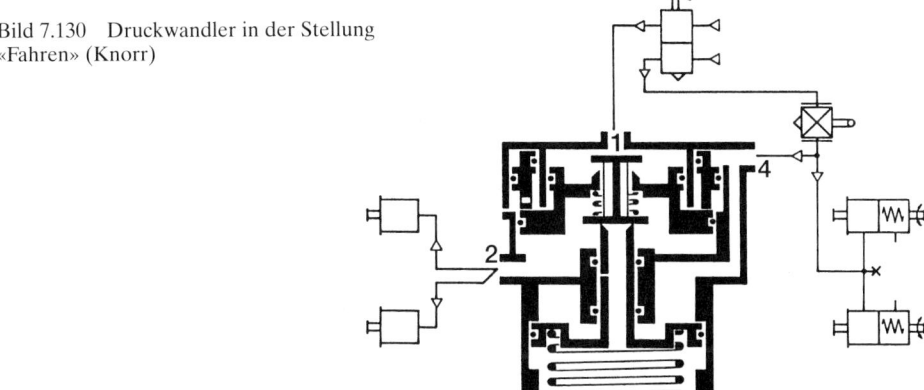

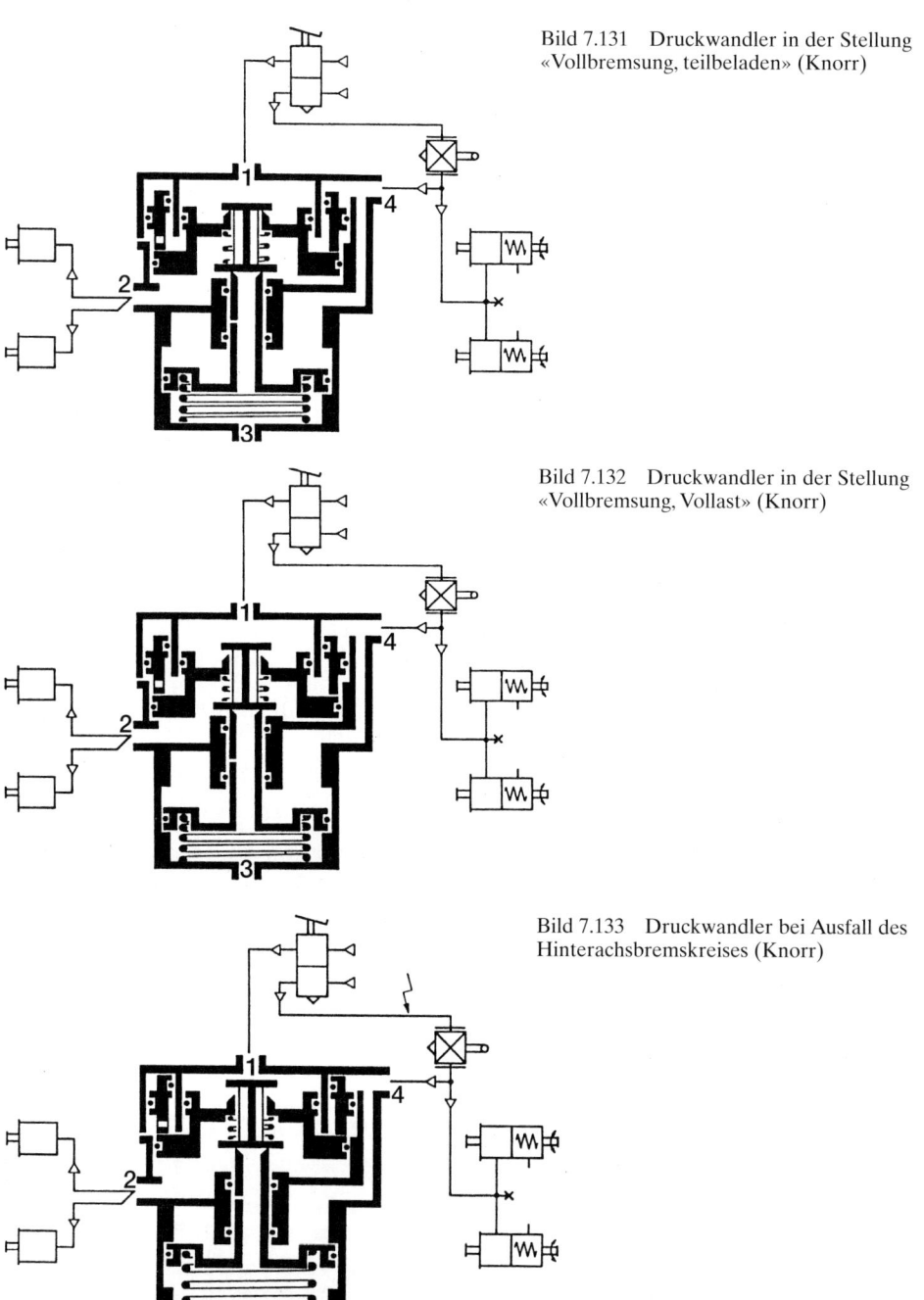

Bild 7.131   Druckwandler in der Stellung
«Vollbremsung, teilbeladen» (Knorr)

Bild 7.132   Druckwandler in der Stellung
«Vollbremsung, Vollast» (Knorr)

Bild 7.133   Druckwandler bei Ausfall des
Hinterachsbremskreises (Knorr)

Damit die Vorderachse bei zunehmender Fahrzeugbeladung verstärkt gebremst werden kann, wird der Druckwandler vom automatischen Bremskraftregler der Hinterachse angesteuert. Fehlt diese Ansteuerung durch Ausfall des Hinterachskreises, so läßt der Druckwandler den vom Fahrer ausgesteuerten Bremsdruck ungemindert zur Vorderachse durch.

Radbremsen
Nutzfahrzeuge werden mit Trommel- und Scheibenbremsen ausgerüstet.

❏ Trommelbremsen
S-Nockenbremse: In Bild 7.134 ist erkennbar, daß die Kraft des Membranzylinders auf den Gestängesteller (automatische Nachstellung) wirkt und die Bremswelle sowie den S-Nocken verdrehen kann. Dabei werden die Bremsbacken betätigt und die Bremsbeläge gegen die Trommel gepreßt.

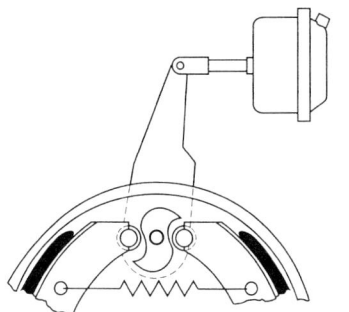

Bild 7.134   Trommelbremse als S-Nockenbremse (Knorr)

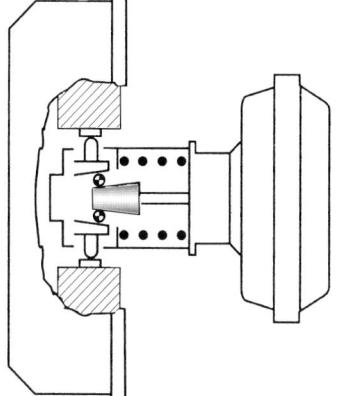

Bild 7.135   Trommelbremse als Keilspreizbremse (Knorr)

Keilspreizbremse: Bild 7.135 zeigt, daß die Kraft des Membranzylinders den Spreizkeil zwischen die Gleitrollen drückt. Durch Spreizung der Kolben werden die Bremsbacken betätigt und die Bremsbeläge gegen die Trommel gepreßt.

❏ Scheibenbremsen
Scheibenbremsen für Nutzfahrzeuge gibt es
– mit hydraulischer Zuspannung (Schwenk- und Festsattelbremsen),
– mit pneumatischer Zuspannung (Schiebesattelbremsen).

Bild 7.136 zeigt die aktuelle Ausführung: eine pneumatisch zugespannte Schiebesattelbremse (siehe Abschnitt 7.3.2).

Membranzylinder für die S-Nockenbremse
Der Membranzylinder (Bild 7.137) wird für die Betriebsbremsanlage (BBA) verwendet. Er erzeugt die erforderliche Bremskraft für die Radbremsen.

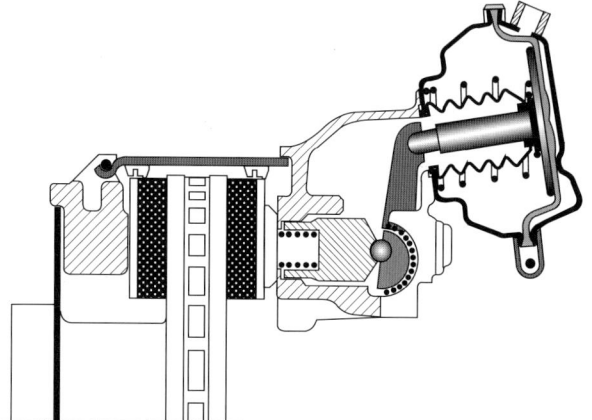

Bild 7.136 Scheibenbremse mit pneumatischer Zuspannung (Knorr)

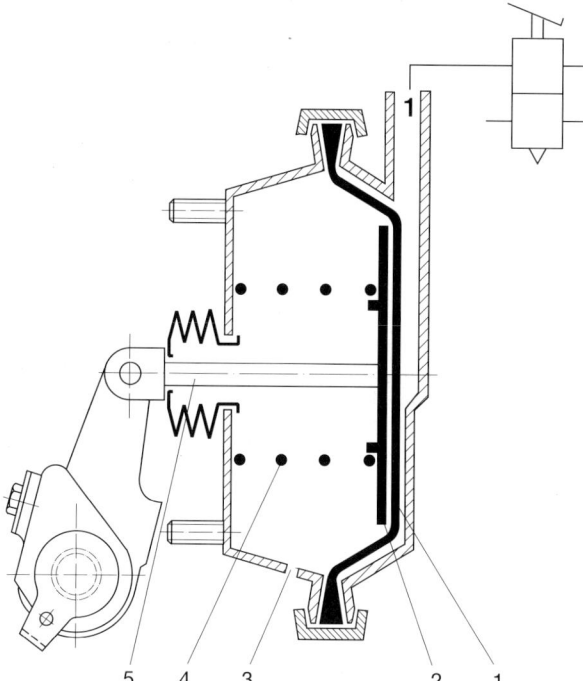

Bild 7.137 Membran-Bremszylinder für die S-Nockenbremse in Fahrstellung (Knorr)
1 Membrane
2 Kolben
3 Bohrung
4 Druckfeder
5 Kolbenstange mit Gabelkopf

Bei Bremsung wird der Anschluß 1 durch das Fußbremsventil wunschgemäß belüftet. Die erzeugte Kraft wirkt über den Kolben (2), die Kolbenstange (5), den Gestängesteller (automatische Bremsnachstellung) und die Bremswelle mit S-Nocken auf die Radbremse.

Der notwendige Druckausgleich erfolgt über die Bohrung 3.

Bild 7.138 Membran-Bremszylinder für die Keilspreizbremse in
Fahrstellung (Knorr)
1 Membrane
2 Membranteller mit Druckstück
3 Druckstange (Spreizkeil)
4 Rückholfeder
5 Gleitrollen
6 Kolben
7 Bremsbacken
8 Bohrung

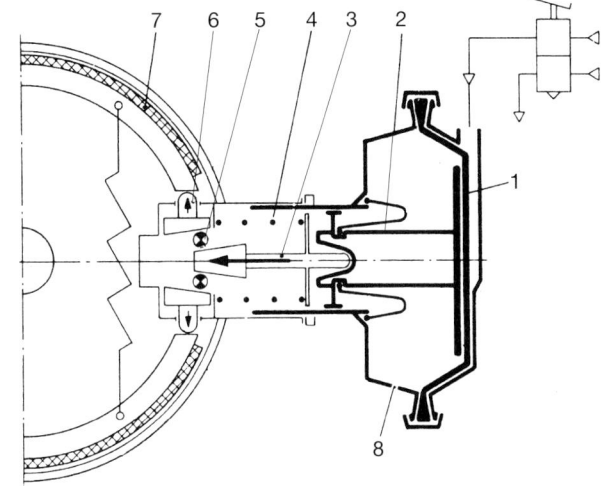

Beim Lösevorgang wird der Anschluß 1 durch das Fußbremsventil entlüftet. Die Feder (4) kann den Kolben (2) und die Kolbenstange (5) in die Fahrstellung zurückschieben.

Zylinderhübe: Bei gut eingestellter Bremse beträgt der Hub $^1/_3$ des Gesamthubes für die kalte und betätigte Bremse. Dies ist allgemein gegeben, da die aktuellen Bremsanlagen mit automatischen Gestängestellern ausgerüstet sind.

Membranzylinder für die Keilspreizbremse
Dieser Zylinder hat ein Gewinderohr (Bild 7.138), auf das eine Nutmutter bis zum Anschlag geschraubt wird. Der Konus dieser Nutmutter muß zum Rohrende, d.h. zum Bremsträger, zeigen.

Der Zylinder ist zunächst bis zum Anschlag in den Bremsträger einzuschrauben und dann gerade soweit zu lösen, bis der Anschlußstutzen nach oben zeigt. Nach einwandfreiem Anschluß der Druckluftleitung ist die Nutmutter, bei voller Belüftung des Membranzylinders durch die BBA, festzuziehen.

Der Zylinder ist so gegen ungewolltes Lösen und Verdrehen gesichert.

Bei Bremsung wird der Anschluß 1 durch das Fußbremsventil belüftet. Hinter der Membrane (1) baut sich ein Druck auf, der den Spreizkeil (3) zwischen die Gleitrollen (5) drückt. Durch die Spreizung der Kolben werden die Bremsbacken betätigt und die Bremsbeläge gegen die Trommel gepreßt.

Beim Lösevorgang wird der Anschluß 1 durch das Fußbremsventil entlüftet. Die Feder (4) kann den Spreizkeil zurückschieben.

Zylinderhübe: Bei gut eingestellter Bremse beträgt der Hub 1/3 des Gesamthubes für die kalte und betätigte Bremse. Dies ist allgemein gegeben, da die aktuellen Bremsanlagen mit automatischen Gestängestellern ausgerüstet sind.

Aufbau der Bremsanlage im Motorwagen 751

7.9.3 Feststellbremse

Die **Feststellbremse** muß

❐ das beladene Fahrzeug bei 18% und den beladenen Lastzug bei 12% Gefälle oder Steigung halten können;
❐ mechanisch wirken;
❐ stufbar sein.

Aktuelle Feststell-Bremsanlagen arbeiten im Motorwagen und im Anhänger mit Federspeicher-Bremszylindern.

Federspeicherbremsen

❐ werden für die FBA und HBA verwendet;
❐ dürfen nicht für die BBA verwendet werden;
❐ benötigen eine Warneinrichtung;
❐ dürfen beim Befüllen der drucklosen Anlage erst dann lösen, wenn der Vorratsdruck in der BBA für eine Hilfsbremsung bei beladenem Fahrzeug ausreicht (bei Neufahrzeugen seit Oktober 1992);
❐ kann mit der FBA die pneumatische Anhänger-Bremsanlage betätigt werden, so muß der Fahrer jederzeit die Wirkung der FBA im Motorwagen kontrollieren können (Kontrollstellung am Handbremsventil);
❐ müssen bei gefüllter Anlage 3mal nacheinander gebremst und gelöst werden können;
❐ müssen bei selbsttätiger Bremsung auch den Anhänger bremsen;
❐ dürfen den Motorwagen nicht selbsttätig bremsen, wenn Undichtigkeit in der «Vorratsleitung» oder im Anhänger besteht (Rückschlagventil);
❐ müssen mit einer Hilfslöseeinrichtung (mechanisch oder pneumatisch) ausgerüstet sein.

Die Hilfsbremsanlage

❐ muß bei Versagen der BBA das Anhalten des Lastzuges in angemessener Entfernung ermöglichen;
❐ muß stufbar sein und auch auf den Anhänger wirken;
❐ kann mit der BBA oder der FBA kombiniert sein.

Handbremsventil
Das Handbremsventil steuert die Hilfs- und Feststellbremse druckluftgebremster Fahrzeuge. Infolge unterschiedlicher Aufgaben gibt es verschiedene Varianten.

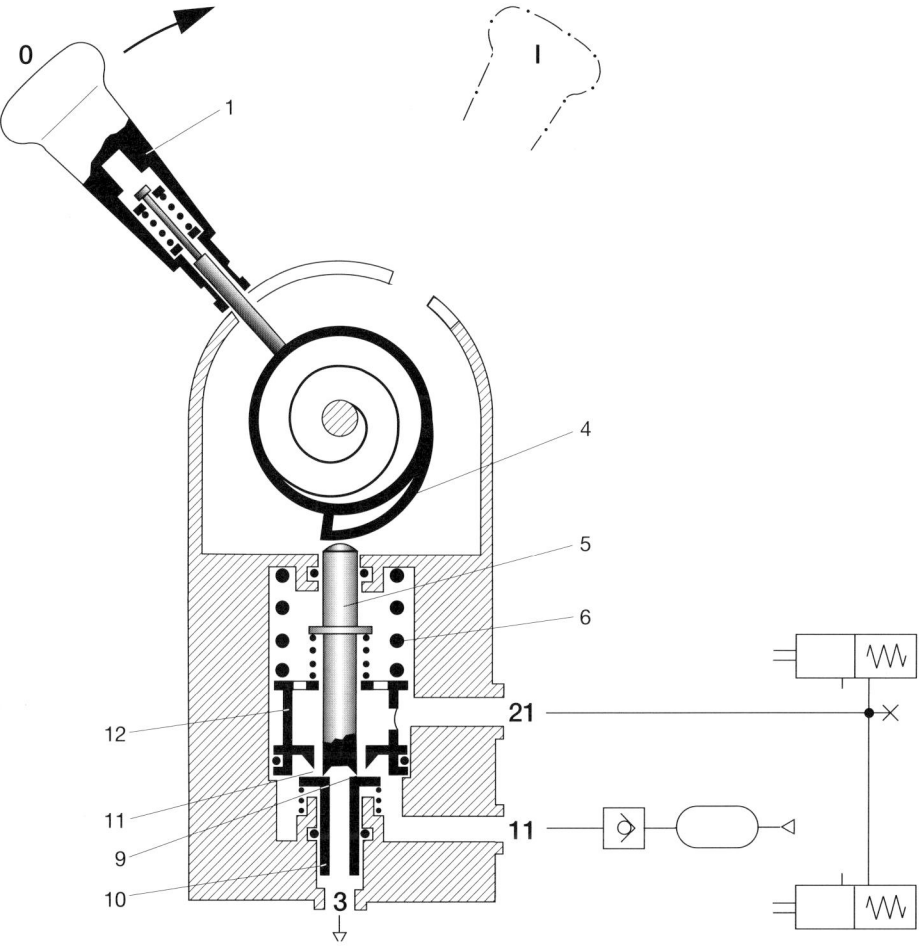

Bild 7.139   Handbremsventil, Variante 1 (Knorr)
 1 Kipphebel
 4 Nocken
 5 Kolbenstange
 6 Stufungsfeder
 9 Auslaß
10 Ventilkörper

 1 Einlaß
12 Stufungskolben
Anschlüsse:
11 Energiezufluß – HBA/FBA
21 Energieabfluß – Feder-
     speicherzylinder
 3 Entlüftung

Variante 1: Das in Bild 7.139 gezeigte Ventil ermöglicht eine stufbare Be- und Entlüftung der Federspeicherzylinder im Motorwagen.

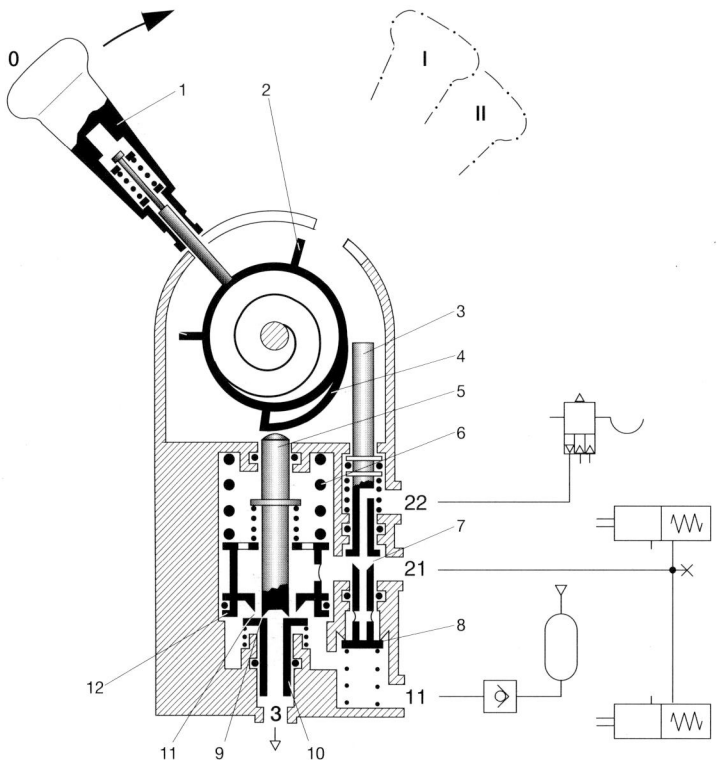

Bild 7.140 Handbremsventil, Variante 2 (Knorr)

1 Kipphebel	12 Stufungskolben
2 Mitnehmer	
3, 10 Ventilkörper	*Hebelstellung:*
4 Nocken	0 Fahrstellung
5 Kolbenstange	I Parkbremsstellung
6 Stufungsfeder	II Kontrollstellung
7, 8, 11 Einlässe	
9 Auslaß	*Anschlüsse:*

1 Kipphebel
2 Mitnehmer
3, 10 Ventilkörper
4 Nocken
5 Kolbenstange
6 Stufungsfeder
7, 8, 11 Einlässe
9 Auslaß

12 Stufungskolben

Hebelstellung:
 0 Fahrstellung
 I Parkbremsstellung
 II Kontrollstellung

Anschlüsse:
11 Energiezufluß – HBA/FBA
21 Energieabfluß – Federspeicherzylinder
22 Energieabfluß – Anhängersteuerventil
 3 Entlüftung

Variante 2: Dieses Ventil (Bild 7.140) erfüllt zunächst die Aufgabe der Variante 1. Es steuert aber auch die BBA des Anhängers durch Be- und Entlüftung des Anschlusses 43 am Anhänger-Steuerventil.

Die Kontrollstellung dient zur Kontrolle der Bremswirkung des Motorwagens bei gelöster Anhängerbremse.

754 *Fahrzeugbremsen*

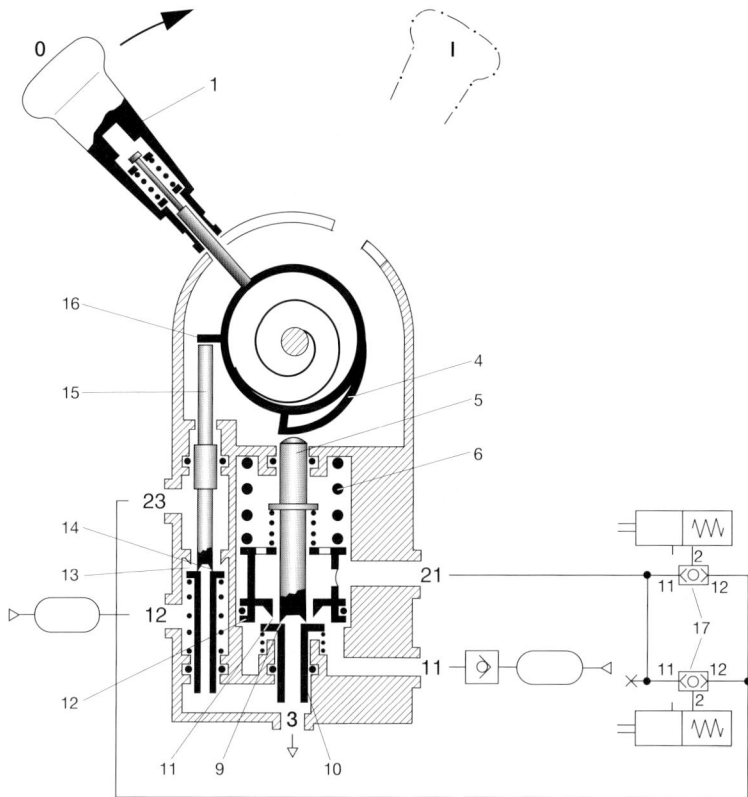

Bild 7.141   Handbremsventil, Variante 3 (Knorr)

 1 Kipphebel
 4 Nocken
 5 Kolbenstange
 6 Stufungsfeder
 9, 14 Auslässe
10 Ventilkörper
11, 13 Einlässe
12 Stufungskolben
15 Kolben

16 Mitnehmer
17 Wechselventile mit Rückströmung

Hebelstellung:
 0 Fahrstellung
 1 Parkbremsstellung

Anschlüsse:
11 Energiezufluß – HBA/FBA
12 Energiezufluß – Notlöseeinrichtung
21 Energieabfluß – Federspeicherzylinder
23 Energieabfluß – Notlöseeinrichtung
 3 Entlüftung

Variante 3: Dieses Ventil (Bild 7.141) erfüllt zunächst die Aufgabe der Variante 1, hat aber zusätzlich eine Notlöseeinrichtung. Sie hält die Federspeicherzylinder mit Hilfe der Wechselventile auch dann gelöst, wenn der Vorratsdruck für die HBA/FBA abfällt. Im Schadensfall wird der Anschluß 11 der Wechselventile (17) gesperrt, so daß der druckbeaufschlagte Anschluß 12 die Federspeicherzylinder gelöst hält.

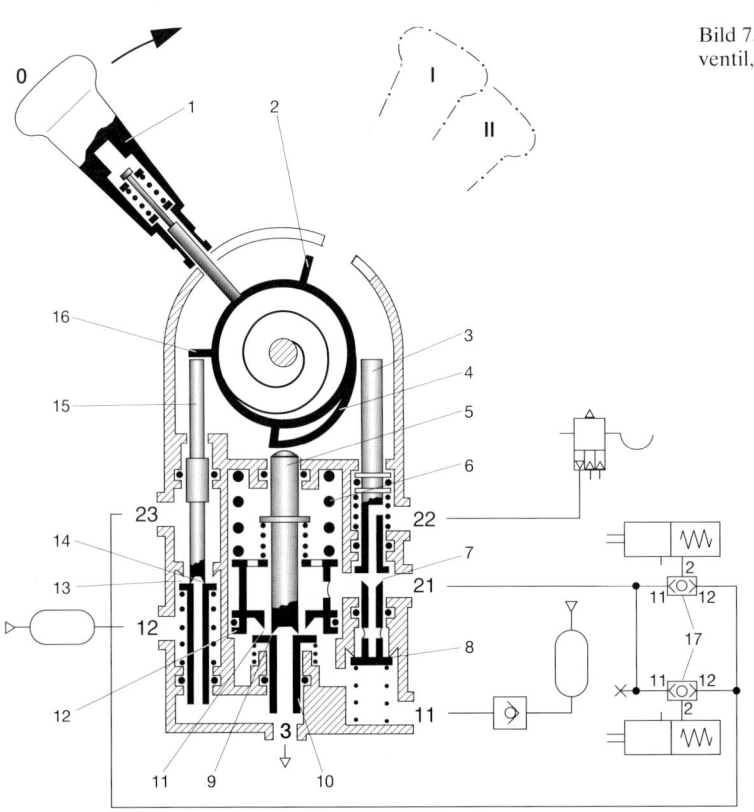

Bild 7.142   Handbrems-
ventil, Variante 4 (Knorr)

1 Kipphebel	15 Kolben	*Anschlüsse:*
2, 16 Mitnehmer	16 Wechselventile mit Rück-	11 Energiezufluß – HBA/FBA
3, 10 Ventilkörper	strömung	12 Energiezufluß – Notlöse-
4 Nocken		einrichtung
5 Kolbenstange	*Hebelstellung:*	21 Energieabfluß – Feder-
6 Stufungsfeder	0 Fahrstellung	speicherzylinder
7, 8, 11, 13 Einlässe	I Parkbremsstellung	22 Energieabfluß – Anhänger-
9, 14 Auslässe	II Kontrollstellung	steuerventil
12 Stufungskolben		23 Energieabfluß – Notlöse-
		einrichtung
		3 Entlüftung

Variante 4: Dieses Ventil (Bild 7.142) erfüllt die Aufgaben der Variante 3, hat aber zusätzlich eine Kontrollstellung wie Variante 2.

Das in den Bildern 7.143 und 7.144 gezeigte Handbremsventil entspricht der Variante 2. Der linke Teil ist für die stufbare Be- und Entlüftung der Federspeicherzylinder im Motorwagen und des Anschlusses 43 am Anhänger-Steuerventil zuständig. Der rechte Teil dient der Kontrolle der alleinigen Bremswirkung der FBA des Motorwagens bei gelöster Bremse des Anhängers.

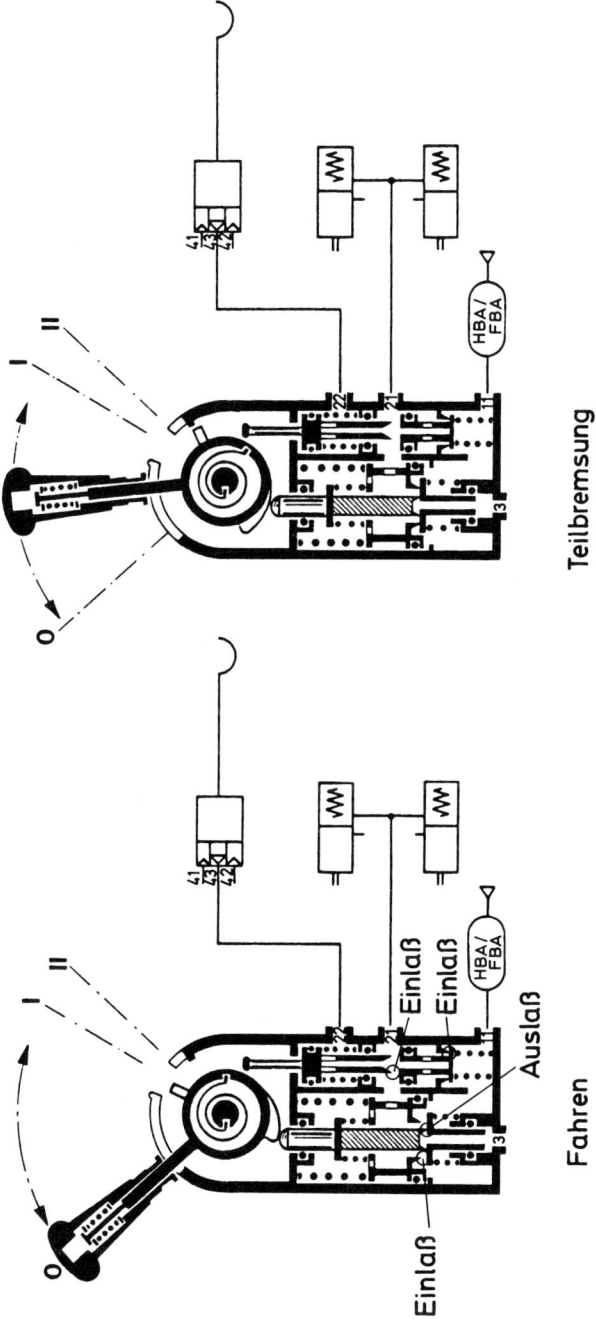

Bild 7.143 Handbremsventil mit Kontrollstellung. Links bei Fahrt, rechts bei Teilbremsung (Knorr)

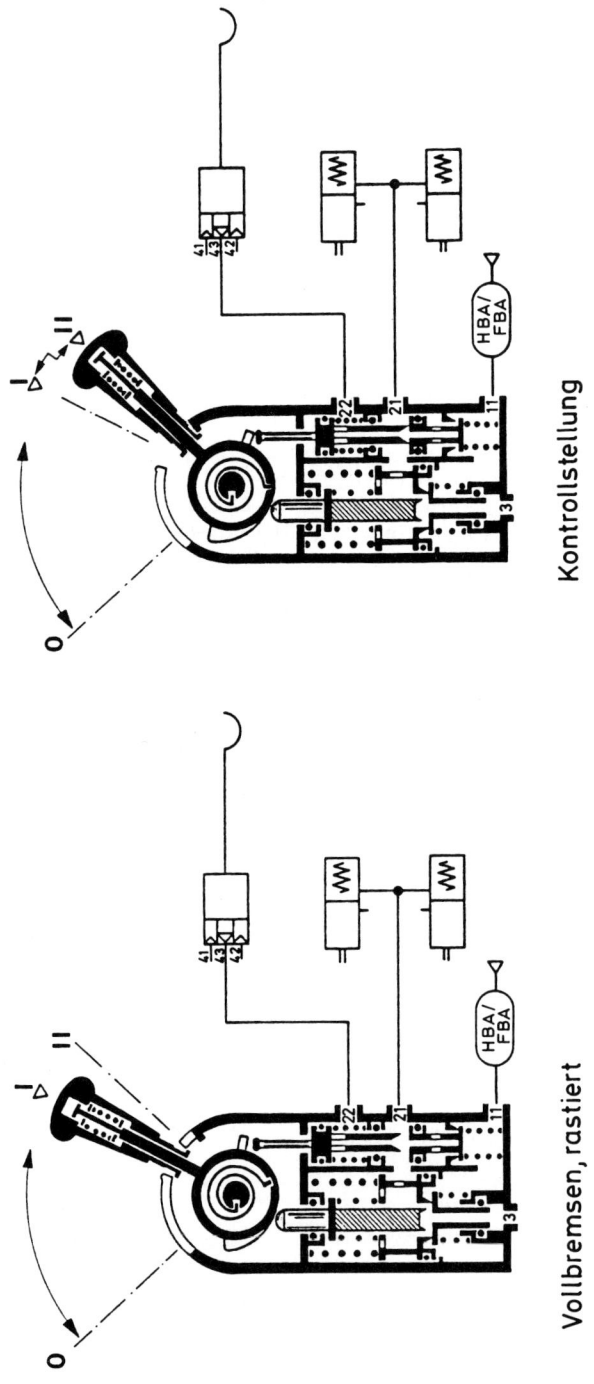

Kontrollstellung

Vollbremsen, rastiert

Bild 7.144 Handbremsventil mit Kontrollstellung. Links bei Vollbremsung, rechts bei Kontrollstellung (Knorr)

In der *Fahrstellung* (Bild 7.143) sind der Einlaß links und der Einlaß rechts oben geöffnet, so daß Vorratsluft über den Anschluß 21 in die Federspeicherzylinder und über den Anschluß 22 zum Anhänger-Steuerventil gelangen kann. Damit sind die Bremsen im Motorwagen und im Anhänger gelöst. Bei Betätigung der *Hilfsbremse* wird der Kipphebel in Richtung der Stellung I bewegt, wodurch der linke Einlaß schließt und der dazugehörige Auslaß öffnet. Die Federspeicherzylinder und die indirekte Kammer des Anhänger-Steuerventils (Anschluß 43) werden über den Anschluß 3 je nach Hebelstellung teilweise oder völlig entlüftet. Jetzt sind Motorwagen und Anhänger gebremst. Dies wird im Motorwagen durch Federkraft (mechanisch) und im Anhänger durch Bremsluft (pneumatisch) erreicht.

Das Lösen der Hilfsbremse und die Hebelrückführung in die Nullstellung erfolgen automatisch, sobald man den Kipphebel losläßt. Beim Bremsen mit der *Feststellbremse* rastet der Kipphebel nach Überwindung einer Kraftschwelle in die Stellung I (Parkstellung) ein. Die Funktion der Feststellbremse entspricht der Hilfsbremse. Das Lösen ist jedoch erst möglich, wenn man den Kipphebel etwa 3 mm herauszieht. Die Rückführung in die Nullstellung erfolgt wieder automatisch.

Die **Kontrollstellung** (Bild 7.144) wird erreicht, wenn man den Kipphebel in der Stellung I etwa 3 mm hineindrückt und dann schwenkt. Der rechte obere Einlaß schließt und der untere Einlaß öffnet, so daß Vorratsluft der HBA und FBA über den Anschluß 22 zum Anhänger-Steuerventil fließt. Die Bremse des Anhängers ist gelöst, während der Motorwagen gebremst bleibt. Der Fahrer kann so erkennen, ob der abschüssig abgestellte Lastzug auch dann noch sicher gebremst bleibt, wenn die gesamte Druckluft der Anlage verlorengeht, und ggf. reagieren.

Relaisventil (Überlastschutzventil)
Ein Relaisventil ermöglicht eine schnelle Be- und Entlüftung der Bremsen. Das in Bild 7.145 gezeigte Relaisventil hat eine Überlastschutzfunktion.

Es hat die Aufgabe, die Addition von Bremskräften an der Hinterachse des Motorwagens zu verhindern, um die Radbremsen vor Beschädigungen durch Überlastung zu schützen.

Die Gefahr einer Addition von Bremskräften ist möglich, wenn die BBA und die FBA/HBA gleichzeitig aktiviert werden.

Durch das Überlastschutzventil lassen sich die Federspeicherzylinder nicht entlüften/aktivieren, wenn die BBA voll betätigt ist.

Wird die BBA bei entlüfteten/aktivierten Federspeicherzylindern betätigt, so werden die Federspeicherzylinder proportional belüftet und entsprechend inaktiv.
Da die BBA Vorrang hat, wird die FBA automatisch gelöst.

Kombizylinder
Kombizylinder sind spezielle Bremszylinder für Lkw, Anhänger und Omnibusse, bestehend aus einem Membranzylinder für die Betriebsbremsanlage = BBA und einem Federspeicherzylinder für die Hilfs- und Feststell-Bremsanlage = HBA/FBA (Bild 7.146).

Ihre Bremskräfte wirken auf die Radbremsen, die als S-Nockenbremse oder als Keilspreizbremse ausgelegt sein können.

Funktion
Fahrstellung: Der Anschluß 11 ist entlüftet (BBA) und der Anschluß 12 belüftet (HBA/FBA), d.h., die Bremsen sind gelöst.

Durch Belüftung von Anschluß 12 wird die mit großer Vorspannung eingebaute Druckfeder (7) verstärkt gespannt.

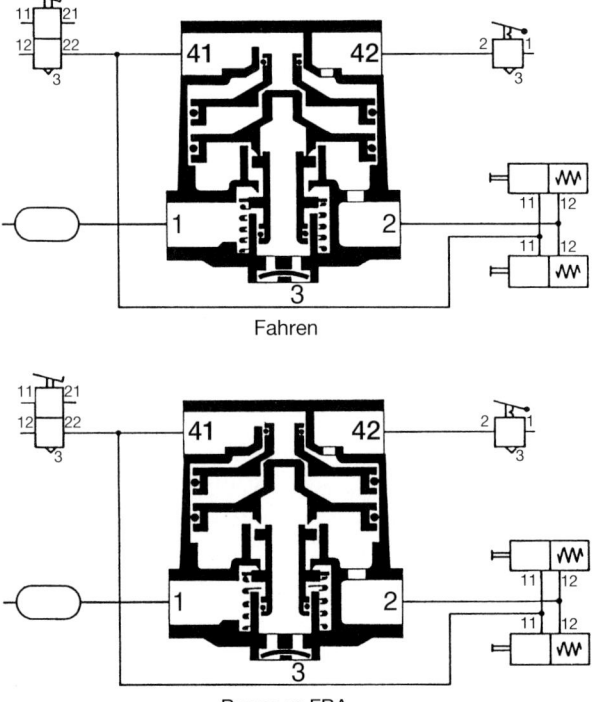

Fahren

Bremsen FBA

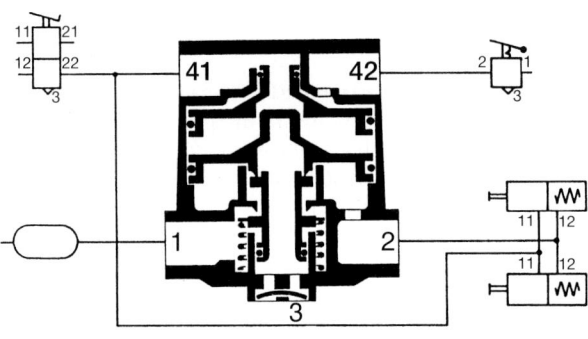

Bremsen BBA + FBA

Bremsung (BBA): Der Anschluß 11 wird durch das Fußbremsventil *belüftet.* Hinter der Membrane (10) baut sich ein Druck auf, der den Kolben (2), die Kolbenstange (1) und damit die Radbremse über den Bremshebel oder Gestängesteller betätigt.

Beim Lösen entlüftet der Anschluß 11, wobei Kolben und Membrane durch die Feder (12) in die Ausgangsposition geschoben werden. Der notwendige Druckausgleich erfolgt durch die Bohrung (11).

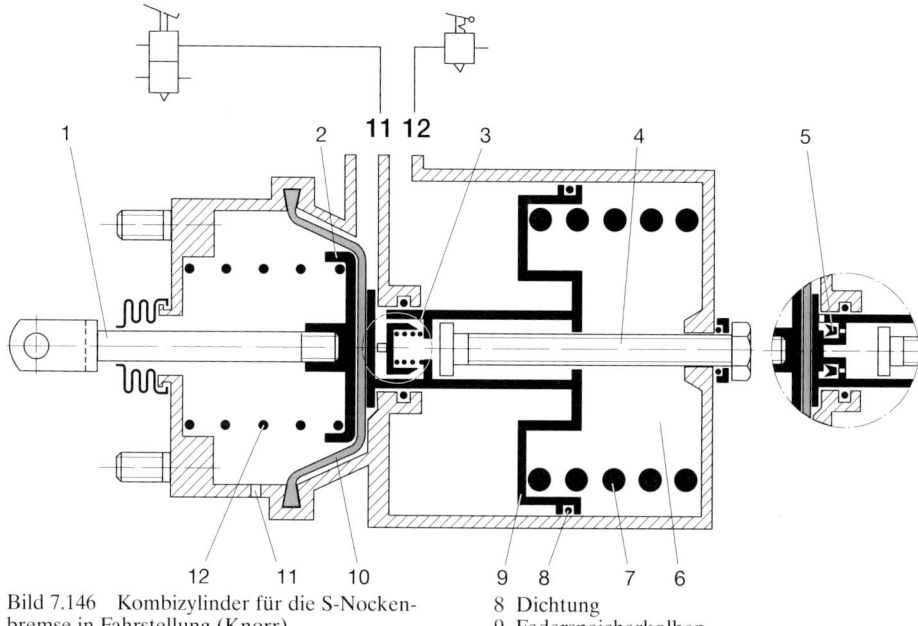

Bild 7.146 Kombizylinder für die S-Nockenbremse in Fahrstellung (Knorr)
1 Kolbenstange
2 Betriebsbremskolben
3 Ventil
4 Lösespindel
5 Nutring
6 Federraum
7 Druckfeder

8 Dichtung
9 Federspeicherkolben
10 Membrane
11 Bohrung
12 Rückholfeder
Anschlüsse:
11 Energiezufluß Betriebsbremsanlage
12 Energiezufluß Hilfs- und Feststell-Bremsanlage

Bremsung (HBA/FBA): Der Anschluß 12 wird durch das Handbremsventil situationsbedingt entlüftet. Dabei schiebt die Feder (7) den Kolben (9) und die Kolbenstange (1) entsprechend kraft-
voll in die Bremsstellung.

Der notwendige Druckausgleich des Federraumes (6) erfolgt je nach Bauweise durch das Ventil (3) oder den Nutring (5) oder durch eine schmutzgeschützte Bohrung in der Zylinderwand.

Beim *Lösen* wird der Anschluß 12 belüftet.

Kombizylinder mit Hubreserve (Bild 7.147)
Der Kolben des Membranzylinders (BBA) besteht aus Membranteller (2.1), Stützring (2.2) und
Stützteller (2.3).

Bei Belüftung von Anschluß 11 kann die Wirkung der BBA zu gering sein, nämlich wenn der
Stützring infolge stark abgenutzter Bremsbeläge am Gehäuse anstößt (Bild 7.147).

Bei zusätzlicher Betätigung des Federspeicherzylinders kann der Hub bis zu 10 mm verlängert
werden. Dies ist möglich, weil sich der elastische Stützteller (2.3) durch die zentrale Krafteinlei-
tung des Federspeicherkolbens (9) entsprechend durchbiegt (Bild 7.147).

> Die Hubreserve kann nicht genutzt werden, wenn die Bremsanlage mit Additionsverhinde-
> rung arbeitet.

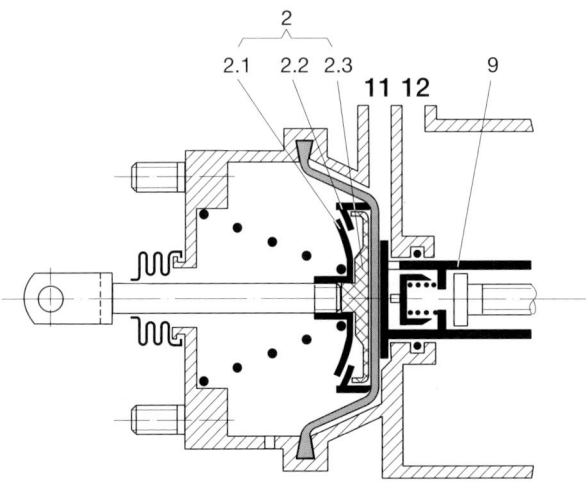

Bild 7.147 Kombizylinder mit
Hubreserve in Fahrstellung
(Knorr)
2   Betriebsbremskolben
2.1 Membranteller
2.2 Stützring
2.3 Stützteller
9   Federspeicherkolben

Mechanische Löseeinrichtung

Bei Druckausfall am Anschluß 12 bremsen die Federspeicherzylinder automatisch, sobald der Lösedruck (5,1 ± 0,3 bar) unterschritten wird. Die zugehörige Warneinrichtung (optisch oder akustisch) muß ansprechen, sobald der Druck unter den Wert sinkt (Lösedruck), bei dem die Bewegung der Teile der Bremsen einsetzt. Die Bremsen können, sofern unbedingt nötig, mechanisch gelöst werden. Die Lösespindel (4) ist dann mit einem Maulschlüssel gegen den Uhrzeigersinn entsprechend herauszudrehen (s. Bild 7.146).

Das Fahrzeug hat bei druckloser Anlage nach dem Lösen *keine Bremse!*

Bevor man ggf. zur Tat schreitet, ist das Fahrzeug gegen Wegrollen zu sichern (Unfallgefahr).

Nach Behebung des Schadens ist die Lösespindel wieder hineinzudrehen und mit einem Drehmoment von 30^{+10} Nm festzuziehen.

Im Lieferzustand ist die Lösespindel weitmöglichst herausgedreht (Lösestellung), d.h., die Feder (7) ist maximal gespannt.

Nach vollständigem Einbau ist der Federspeicherzylinder mittels Lösespindel in die Bremsstellung zu bringen, d.h., die Lösespindel ist ganz in den Zylinder hineinzudrehen und mit einem Drehmoment von 30+10 Nm festzuziehen.

Federspeicherzylinder dürfen wegen großer Federkräfte (bis zu 10 000 N) nur bei Verwendung einer geeigneten Spannvorrichtung demontiert werden.

Vorsicht, Lebensgefahr!

Rückschlagventil

Das Rückschlagventil 16 (Bild 7.100) soll ein unkontrolliertes Einbremsen der Federspeicherzylinder verhindern (Schleudergefahr), falls die Vorratsleitung zum Anhänger abreißt.

Zwecks Überprüfung ist der Druck im FBA-Kreis – bei gefüllter Anlage und gelöster FBA – abzusenken. Hierbei dürfen die Federspeicherzylinder nicht reagieren bzw. bremsen.

7.9.4   Anhängersteuerung

Die Anhängersteuerung muß

- ❐ nach der Zweileitungsbauart ausgeführt sein;
- ❐ den Anhänger beim Bremsen mit der BBA zweikreisig durch Druckanstieg ansteuern;
- ❐ den Anhänger auch während der Bremsung mit Vorratsdruck versorgen;
- ❐ mit automatischen und vertauschsicheren Kupplungsköpfen ausgerüstet sein;
- ❐ an den Kupplungsköpfen folgende Drücke einhalten:
  - – Vorrat 6,5 bis 8,5 bar,
  - – Bremse 6,5 bis 8,5 bar;
- ❐ bei Bruch der Bremsleitung und Vollbremsung mit der BBA den Druck in der Vorratsleitung in max. 2 Sekunden auf 1,5 bar absenken.

Anhänger-Steuerventil

Das in Bild 7.148 gezeigte Anhänger-Steuerventil mit 2/2-Wegeventil steuert in Zweileitungs-Bremsanlagen die Betriebsbremse des Anhängers durch Belüftung der Anhänger-Bremsleitung. Es löst eine selbsttätige Bremsung des Anhängers durch Entlüftung der Anhänger-Vorratsleitung aus, wenn bei defekter Anhänger-Bremsleitung gebremst wird.

Man unterscheidet Anhänger-Steuerventile *mit* und *ohne* Steueranschluß 43, jeweils mit und ohne Voreilung.

Der Anschluß 43 wird für Lkw und Sattelzugmaschinen benötigt, die mit Federspeicherzylindern für die HBA/FBA ausgerüstet sind. Ausführungen *ohne* Steueranschluß 43 werden für Fahrzeuge verwendet, deren Anhängerbremse nicht durch das Handbremsventil gesteuert wird.

Bild 7.148 zeigt ein Anhänger-Steuerventil *mit* Anschluß 43 und mit Voreilung.

Funktion

Fahrstellung: Der Anschluß 11 steht unter Vorratsdruck. Die Bremsleitung ist über Anschluß 22, Auslaß (13) und Entlüftung (3) entlüftet, weil der Vorratsdruck am Anschluß 43 (HBA/FBA) den Kolben (2) am unteren Anschlag hält.

Bremsvorgang mit der BBA: Die Anschlüsse 41 und 42 sind durch das zweikreisige Fußbremsventil belüftet. Durch die sich abwärts bewegenden Kolben (9) und (12) schließt Auslaß 13 und öffnet Einlaß 11. Da vom Anschluß 11 Vorratsluft über den geöffneten Einlaß und den Anschluß 22 in die Bremsleitung gelangt, wird die Bremsung im Anhänger eingeleitet (Bild 7.148). Der gleiche Druck liegt am Ventilteller (16) an. Bei Öffnung des Ventiltellers (16) und des Einlasses (15) gelangt die Druckluft unter den Kolben (12). Sobald zwischen den Kräften ober- und unterhalb des Kolbens ein Gleichgewicht herrscht, schließt der Einlaß (11). Jetzt ist eine Bremsabschlußstellung (Teilbremsung) erreicht, d.h., Einlaß (11) und Auslaß (13) sind geschlossen (Bild 7.149).

Durch die einstellbare Spannkraft der Druckfeder 17 kann der ausgesteuerte Bremsdruck am Anschluß 22 höher sein als der Druck unter dem Kolben (12) und am Anschluß 41 (Voreilung).

Durch die Voreilung wird das Druck-/Zeitverhalten am Kupplungskopf «Bremse» verbessert.

Durch den zeitlich differenzierten Druckaufbau an den Anschlüssen 41 und 22 bleibt der Kolben (7) des 2/2-Wegeventils (Abreißventil) beweglich.

Sind beide BBA-Kreise intakt (druckgleich), so wirkt sich der Bremsdruck am Anschluß 42 nicht auf den Bremsvorgang aus.

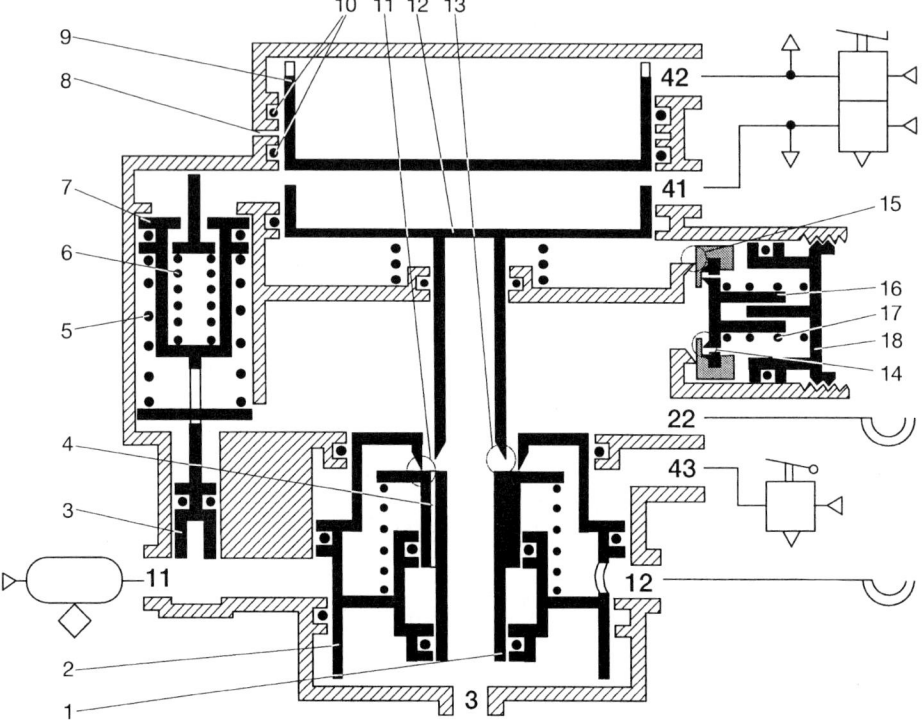

Bild 7.148 Anhänger-Steuerventil mit 2/2-Wege-
ventil und Voreilung in Fahrstellung (Knorr)

1 Ventilkörper
2, 7, 9, 12 Kolben
3 Stößel
4 Bohrung
5, 6 Druckfedern
8 Bohrung
10 Dichtungen
11, 15 Einlässe
13, 14 Auslässe
16 Ventilteller

17 Druckfeder
18 Deckel
Anschlüsse:
11 Energiezufluß
12 Energieabfluß (zum Kupplungskopf «Vorrat»)
22 Energieabfluß (zum Kupplungskopf
«Bremse»)
 3 Entlüftung
41 Steueranschluß Kreis 1 (vom Betriebsbremsventil)
42 Steueranschluß Kreis 2 (vom Betriebsbremsventil)
43 Steueranschluß (vom Handbremsventil)

Erfolgt die Ansteuerung durch ein zweikreisiges Fußbremsventil *mit* Voreilung für einen Kreis,
so ist der druckhöhere Kreis für die Funktion maßgebend. Bei Ausfall eines Kreises erfolgt die
Bremsung des Anhängers wie bei intakter Anlage.

Lösevorgang: Die Anschlüsse 41 und 42 werden durch das Fußbremsventil entlüftet. Dann wird
der Kolben (12) durch den Druck und die Federkraft auf der Unterseite bis zum Anschlag angehoben. Der Auslaß 13 öffnet, so daß die Druckluft der Bremsleitung über den Anschluß 22 und
die Entlüftung (3) ins Freie entweichen kann. Der Druck unterhalb des Kolbens (12) baut sich
über den Auslaß 14 ab.

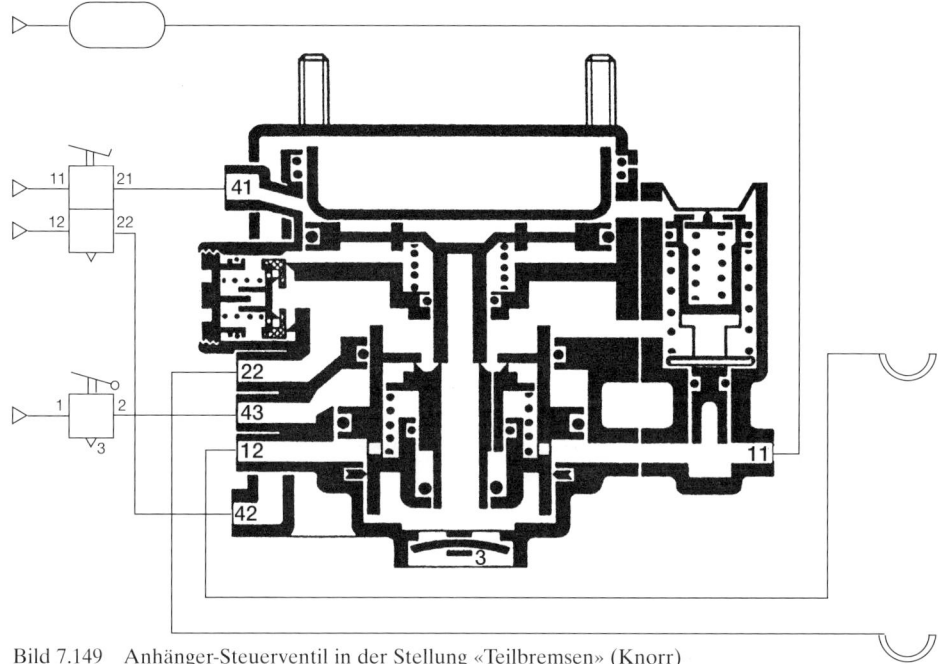

Bild 7.149 Anhänger-Steuerventil in der Stellung «Teilbremsen» (Knorr)

2/2-Wegeventil (Abreißventil): Diescs Ventil schaltet, wenn sich bei Bremsung am Anschluß 22 kein Druck aufbauen kann (defekte Anhänger-Bremsleitung). Der Kolben (7) wird durch den Druck am Anschluß 41 heruntergedrückt, wobei der Stößel (3) die Nachspeisung am Anschluß 11 bis auf etwas Leckluft absperrt (Bild 7.150). Der Druck der Anhänger-Vorratsleitung baut sich über den Anschluß 12, Einlaß 11, Anschluß 22 und die defekte Anhänger-Bremsleitung ab, wobei die selbsttätige Bremsung des Anhängers eingeleitet wird.

Bremsvorgang mit der HBA/FBA: Bei gestufter Entlüftung der Federspeicherzylinder und des Anschlusses 43 – durch das Handbremsventil – schiebt der Vorratsdruck am Anschluß 11 den Kolben (2) nach oben (Bild 7.151). Da der Auslaß 13 schließt und der Einlaß 11 öffnet, strömt Vorratsluft vom Anschluß 11 über den Anschluß 22 in die Bremsleitung. Der ausgesteuerte Bremsdruck wirkt auch auf den Kolben (2), drückt ihn herunter, bis der Einlaß 11 geschlossen und damit eine Bremsabschlußstellung (Teilbremsung) erreicht ist.

Lösevorgang: Bei Belüftung des Anschlusses 43 wird der Kolben (2) bis Anschlag nach unten gedrückt und der Auslaß (13) geöffnet. Die Druckluft der Bremsleitung kann über den Auslaß (13) und die Entlüftung (3) ins Freie entweichen.

Kupplungsköpfe der Zweileitungs-Bremsanlage

Die Kupplungsköpfe ermöglichen eine lösbare Verbindung der Druckluftleitungen zwischen Motorwagen und Anhänger. Sie sind durch rote Verschlußdeckel (Vorratsleitung) und gelbe Verschlußdeckel (Bremsleitung) gekennzeichnet und in aktueller Ausführung vertauschgesichert.

Aufbau der Bremsanlage im Motorwagen 765

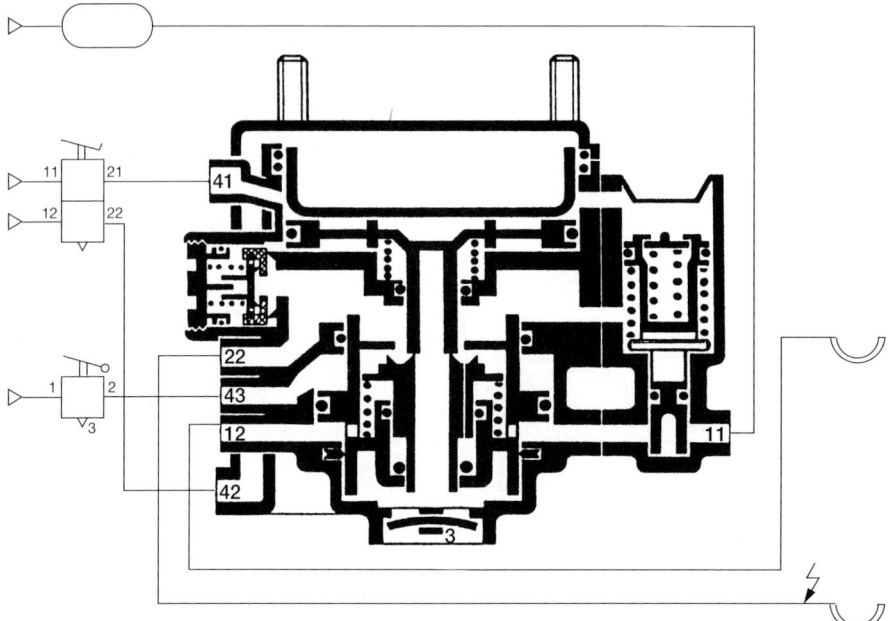

Bild 7.150 Anhänger-Steuerventil in der Stellung «Vollbremsen» bei defekter Anhänger-Bremsleitung (Knorr)

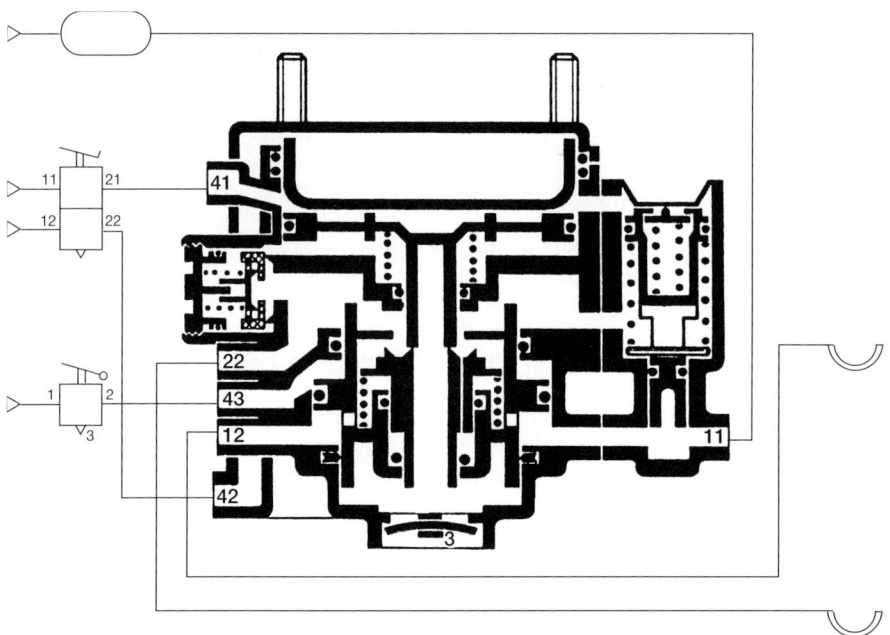

Bild 7.151 Anhänger-Steuerventil in der Stellung «HBA-FBA betätigt» (Knorr)

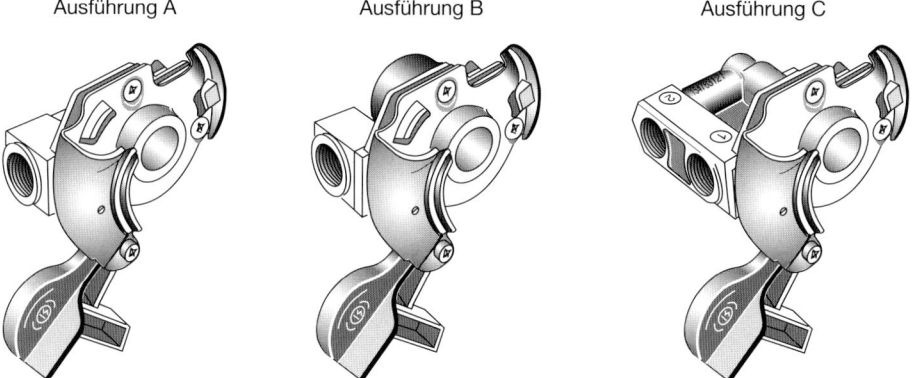

Ausführung A   Ausführung B   Ausführung C

Bild 7.152   Kupplungsköpfe für die Zweileitungs-Bremsanlage (Knorr)

Kupplungsköpfe ohne Vertauschsicherung haben an der Vorratsleitung ein rotes und an der Bremsleitung ein gelbes Bezeichnungsschild mit der Aufschrift «Vorrat» bzw. «Bremse».

Die für Motorwagen verwendeten Kupplungsköpfe (Bild 7.152) können mit oder ohne Absperrglied (Ventil) sein.

Ausführung A ist ohne Absperrglied.

Auch die Kupplungsköpfe der Anhängerseite sind ohne Absperrglied. Bild 7.153 zeigt die möglichen Kombinationen.

Schrittfolge beim Ankuppeln: Zuerst die Bremsleitung (gelb), dann die Vorratsleitung (rot).

Schrittfolge beim Abkuppeln: Zuerst die Vorratsleitung (rot), dann die Bremsleitung (gelb).

Kupplungsköpfe ohne Verschlußdeckel und ohne Schließglied (Ventil) benötigen im abgekuppelten Zustand Leerkupplungen, um vor Verschmutzung geschützt zu sein.

7.9.5   Anhänger-Bremsanlage

Die Anhänger-Bremsanlage muß

❏ nach der Zweileitungs-Bauart ausgeführt sein;
❏ mit einer Betriebs-, einer Feststell- und einer automatischen Bremsanlage ausgerüstet sein;
❏ bei der BBA pneumatisch wirken und vom Zugfahrzeug über die gelbe Bremsleitung durch Druckanstieg gesteuert werden;
❏ bei der FBA mechanisch wirken und am Anhänger manuell (Spindel) oder mittels Ventil über Federspeicher betätigt werden;
❏ spätestens bei einem Druckabfall auf 2 bar in der Vorratsleitung selbsttätig bremsen. Das gilt sowohl während der Fahrt als auch beim Abkuppeln oder Abreißen;
❏ mit automatischen Bremskraftreglern ausgerüstet sein.

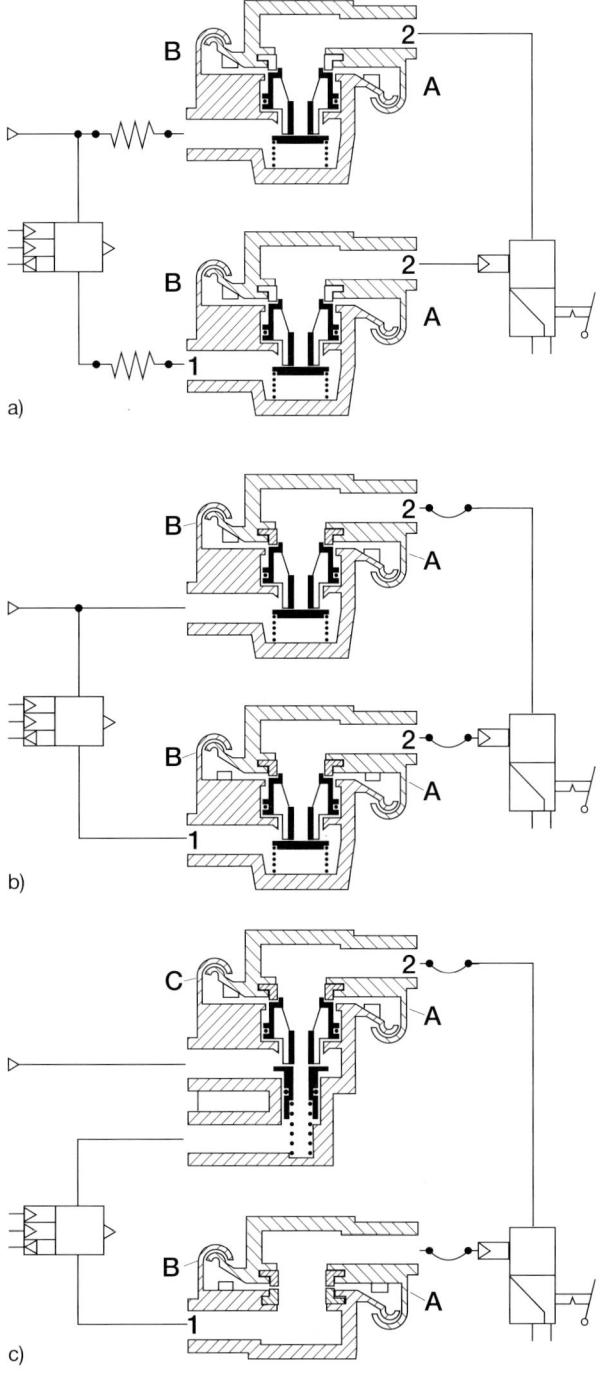

Bild 7.153 Kombinationsmöglichkeiten der Kupplungsköpfe (Knorr)
a) Sattelzugmaschine
b) Lkw, 1. Variante
c) Lkw, 2. Variante

Bild 7.154 Rohrleitungsfilter (Knorr)
1 Filtereinsatz
2 Feder
3 Ventilteller
4 Feder
5 Deckel
6 Haltebügel

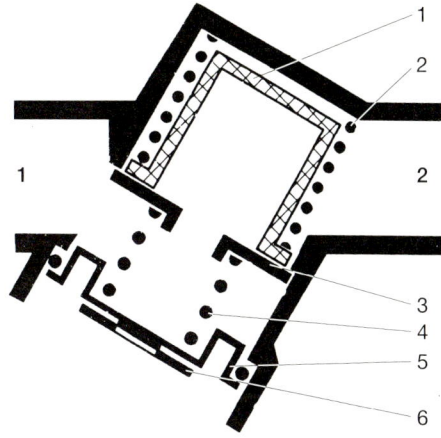

Rohrleitungsfilter

Rohrleitungsfilter (Bild 7.154) werden zwischen den Kupplungsköpfen und dem Anhänger-Bremsventil eingebaut. Sie schützen nachfolgende Druckluftgeräte vor Verschmutzung und deren Folgen.

Anfallende Schmutzteilchen werden zurückgehalten, so daß gereinigte Druckluft in die Vorratsbehälter und zu den einzelnen Geräten gelangt.

Bei starker Verschmutzung wird der Filtereinsatz per Druckluft gegen Federkraft automatisch geöffnet, so daß die Anlage in jedem Fall mit Druckluft versorgt wird. Bei dem dargestellten Rohrleitungsfilter ist es egal, ob die Druckluft vom Anschluß 1 zum Anschluß 2 strömt oder umgekehrt, d.h., die Einbaulage ist beliebig.

Bei der Einbaulage 1–2 öffnet der Filtereinsatz ggf. nach oben und bei der Einbaulage 2–1 nach unten. Rohrleitungsfilter sind allgemein vierteljährlich, bei starkem Staubanfall auch früher, zu reinigen.

Anhänger-Bremsventil

Das in Bild 7.155 gezeigte Anhänger-Bremsventil wird zur Regelung der Anhängerbremse bei Zweileitungs-Bremsanlagen verwendet.

Es löst eine selbsttätige Bremsung des Anhängers aus, wenn die Anhänger-Vorratsleitung abreißt.

Das Löseventil ermöglicht das Rangieren des abgekuppelten Anhängers.

Das Überströmventil mit Rückströmung sichert – bei fehlendem Mehrkreisschutzventil – den Vorratsdruck im Motorwagen, wenn Undichtigkeit im Anhänger eintritt.

Funktion

Füllen der Vorratsbehälter: Da der Kolben (4) durch die Druckfeder (3) am oberen Anschlag gehalten wird, ist der Auslaß (7) geschlossen und der Einlaß (14) geöffnet. Die Vorratsluft strömt vom Kupplungskopf «Vorrat» über den Anschluß (1), den K-Nutring (5), der als Rückschlagventil wirkt, und den Anschluß 1–2 in die Energiespeicher des Anhängers.

Die Versorgung des Anhängers mit Vorratsluft ist auch während der Bremsung möglich.

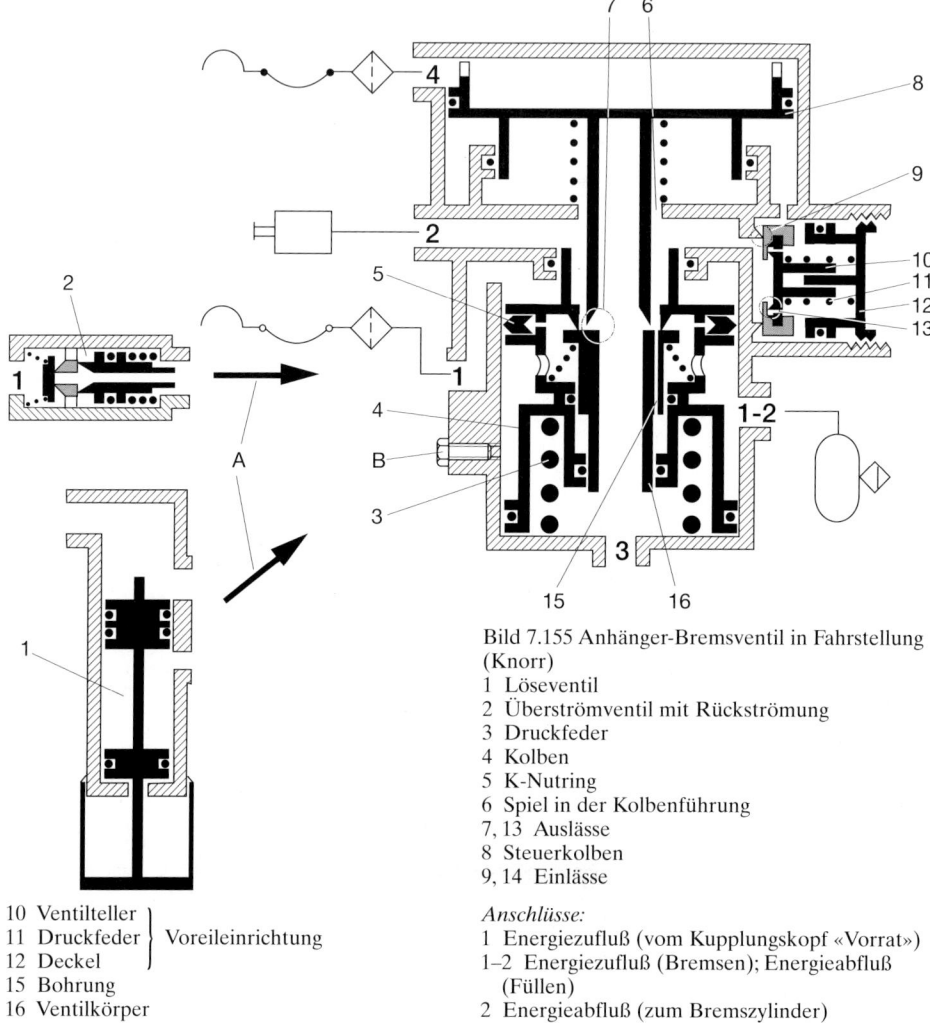

Bild 7.155 Anhänger-Bremsventil in Fahrstellung
(Knorr)
1 Löseventil
2 Überströmventil mit Rückströmung
3 Druckfeder
4 Kolben
5 K-Nutring
6 Spiel in der Kolbenführung
7, 13 Auslässe
8 Steuerkolben
9, 14 Einlässe

Anschlüsse:
1 Energiezufluß (vom Kupplungskopf «Vorrat»)
1–2 Energiezufluß (Bremsen); Energieabfluß
(Füllen)
2 Energieabfluß (zum Bremszylinder)
3 Entlüftung
4 Steueranschluß (vom Kupplungskopf
«Bremse»)

10 Ventilteller ⎫
11 Druckfeder ⎬ Voreileinrichtung
12 Deckel ⎭
15 Bohrung
16 Ventilkörper
A Kombination mit Löseventil (1) und/oder
Überströmventil mit Rückströmung (2) möglich
B Schraube entfällt bei Ausführung mit Löseventil (1)

Fahrstellung: Während der Kolben (4) bei einem Vorratsdruck oberhalb ca. 3,0 bar am Anschluß 1–2 gegen die Druckfeder (3) auf den unteren Anschlag geschoben wird, schließt Einlaß 14 und öffnet Auslaß 7.

Da die Bremszylinder über den Anschluß 2, dem geöffneten Auslaß (7) und die Entlüftung (3) entlüftet werden, ist die Anhängerbremse gelöst.

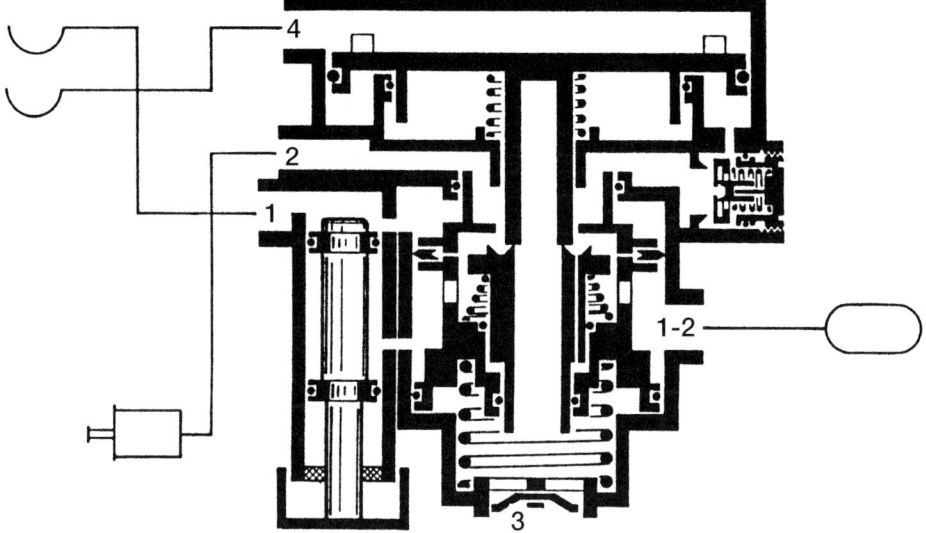

Bild 7.156 Anhänger-Bremsventil in der Stellung «Vollbremsung» (Knorr)

Betriebsstellung: Bei Bremsung werden der Anschluß 4 und der Steuerkolben (8) über den Kupplungskopf «Bremse» mit Druckluft beaufschlagt. Während sich der Steuerkolben (8) gegen Federkraft nach unten verschiebt, schließt der Auslaß (7) und öffnet der Einlaß 14 (Bild 7.156). Aus dem Energiespeicher strömt Druckluft über den Anschluß 1–2, Einlaß 14 und den Anschluß 2 in die Bremszylinder und durch das Spiel (6) unter die innere Ringfläche des Steuerkolbens (8).

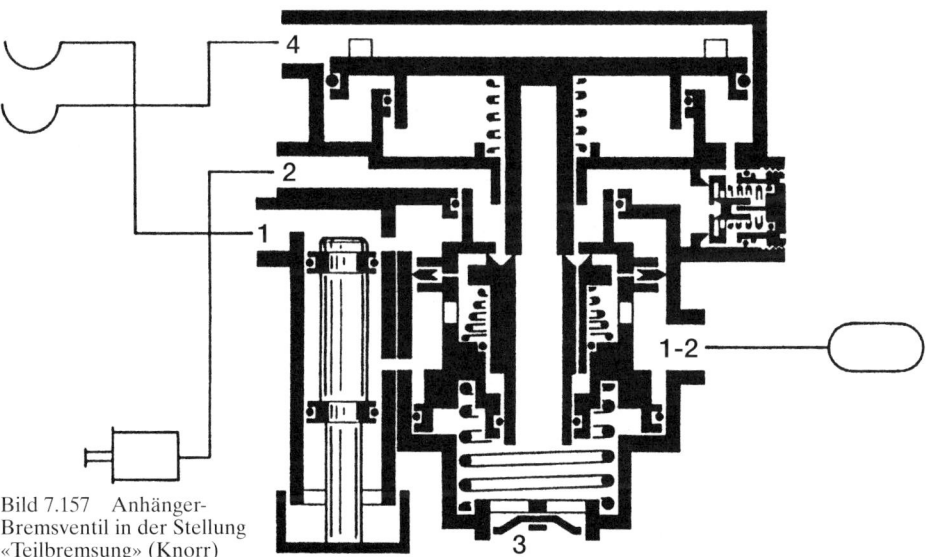

Bild 7.157 Anhänger-Bremsventil in der Stellung «Teilbremsung» (Knorr)

Die äußere Ringfläche kann erst beaufschlagt werden, wenn der Bremsdruck am Anschluß 2 so groß ist, daß der Ventilteller (10) gegen die Kraft der Feder (11) den Einlaß 9 öffnet.

Der Bremsdruck am Anschluß 2 ist entsprechend der eingestellten Federspannung (11) größer (Voreilung) als am Anschluß 4. Die Bremsabschlußstellung (Teilbremsung) ist erreicht, wenn die Kräfte unter dem Steuerkolben (8) diesen gegen den Steuerdruck am Anschluß 4 soweit angehoben haben, daß Einlaß 14 und Auslaß 7 geschlossen sind (Bild 7.157).

Während der Bremsung können die Energiespeicher im Anhänger weiter mit Vorratsluft versorgt werden.

Lösevorgang: Der Steueranschluß 4 wird durch das Anhänger-Steuerventil im Motorwagen entlüftet. Der Auslaß 7 öffnet, da der Steuerkolben (8) durch den Bremsdruck am Anschluß 2 bis zum Anschlag nach oben geschoben wird. Die Druckluft entweicht aus den Bremszylindern und aus dem Ringraum unterhalb des Steuerkolbens (8) über die Entlüftung 3 ins Freie. Die Druckluft unterhalb des äußeren Ringraumes des Steuerkolbens (8) entweicht über den Auslaß 13.

Automatische Bremsung: Beim Abkuppeln des Anhängers oder bei undichter Vorratsleitung entlüftet der Anschluß 1 (Bild 7.158). Die Druckfeder (3) schiebt den Kolben (4) nach oben, wobei der Auslaß 7 schließt und der Einlaß 14 öffnet. Der Vorratsdruck am Anschluß 1–2 kann über den Anschluß 2 an der Bremse voll wirksam werden.

Löseventil: Durch das zusätzlich angebaute Löseventil kann der abgekuppelte Anhänger rangiert werden. Die Bremszylinder werden entlüftet, wenn man die Kolbenstange des Löseventils (1) bis zum Anschlag hineindrückt (Bild 7.159). Der Anhänger bremst wieder, wenn die Kolbenstange bis zum Anschlag herausgezogen wird.

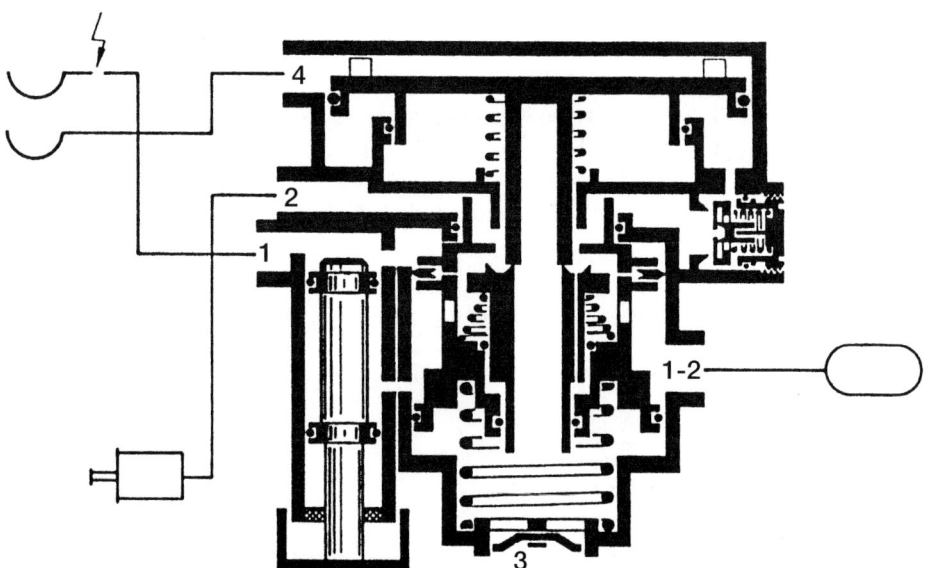

Bild 7.158   Anhänger-Bremsventil in der Stellung «Notbremsung» (Knorr)

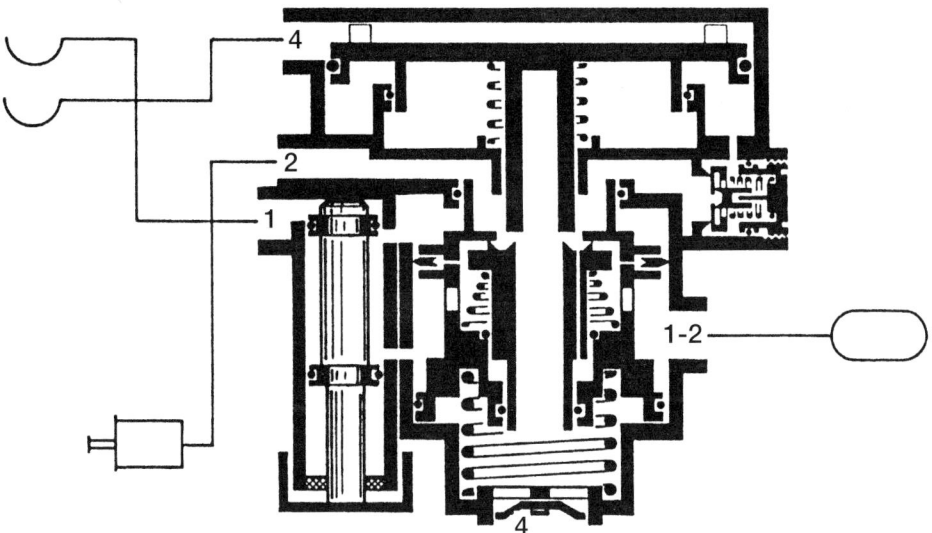

Bild 7.159   Anhänger-Bremsventil in der Stellung «Lösen» (Knorr)

Restdrucksicherung: Wird ein bestimmter Restdruck unterschritten, so bleibt der Anhänger bei jeder Stellung des Löseventils gebremst. Der verbleibende Druck reicht nicht mehr zum Umschalten des Anhänger-Bremsventils aus. Beim Ankuppeln wird das Löseventil durch den am Kupplungskopf «Vorrat» anstehenden Druck automatisch in die Fahrstellung gedrückt.

Überströmventil mit Rückströmung: Das Überströmventil (2) mit Rückströmung ist erforderlich, wenn der Motorwagen kein Mehrkreisschutzventil hat. Es sichert den Vorratsdruck im Motorwagen, wenn im nachgeschalteten Bremsanlagenteil ein Druckverlust durch Undichte, auftritt. Durch die Rückströmung ist sichergestellt, daß der Anschluß 1 entlüftet und der Anhänger automatisch bremst, wenn die Vorratsleitung undicht ist oder der Anhänger abgekuppelt wird.

Kombi-Löseventil

Das in Bild 7.160 dargestellte Kombi-Löseventil hat zwei Löseknöpfe. Der linke Löseknopf (schwarz) ist für die BBA und der rechte Löseknopf (rot) für die FBA des Anhängers zuständig.

Bei **Fahrt** ist der linke Löseknopf durch die Vorratsluft am Anschluß 1 ausgefahren. Der rechte Löseknopf muß eingeschoben sein, damit die Federspeicherzylinder belüftet und gelöst sind.

Bei **Bremsung mit der FBA** ist der rechte Löseknopf gezogen, so daß die Federspeicherzylinder entlüftet werden und bremsen können (Bild 7.161).

Rangieren: Soll der beim Abkuppeln automatisch bremsende Anhänger rangiert werden, so müssen beide Löseknöpfe eingeschoben sein, damit sowohl die BBA wie auch die FBA gelöst sind (Bild 7.162).

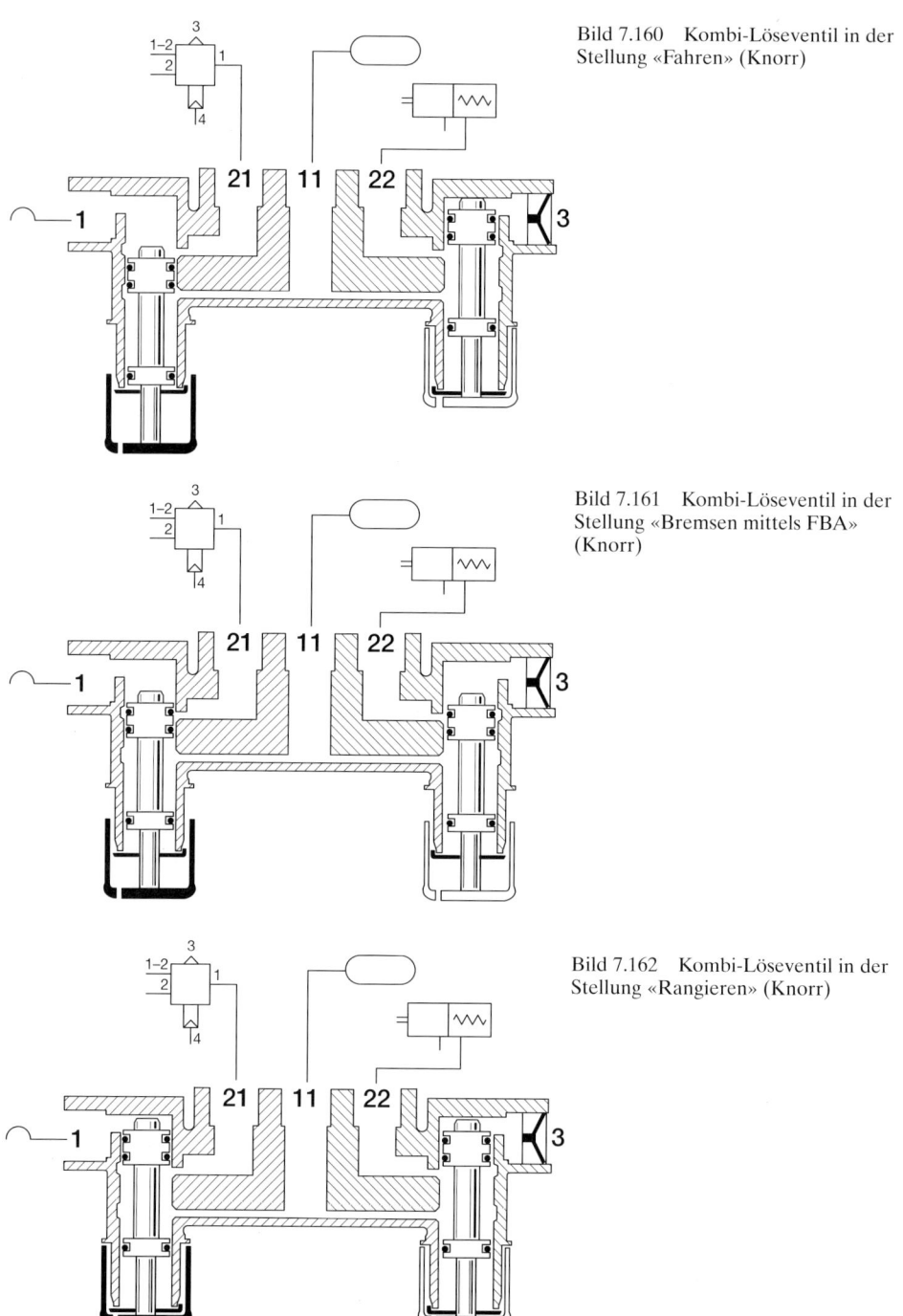

Bild 7.160 Kombi-Löseventil in der Stellung «Fahren» (Knorr)

Bild 7.161 Kombi-Löseventil in der Stellung «Bremsen mittels FBA» (Knorr)

Bild 7.162 Kombi-Löseventil in der Stellung «Rangieren» (Knorr)

Beim **Ankuppeln** des Anhängers an den Motorwagen fährt der linke Löseknopf durch die Vorratsluft am Anschluß 1 automatisch aus (Fahrstellung). Der rechte Löseknopf reagiert dabei nicht.

Rückhalteventil

Das Rückhalteventil 12 (Bild 7.101) soll im Teilbremsbereich bis ca. 3 bar den Bremsdruck für die Vorderachse des Anhängers gegenüber der Hinterachse zurückhalten. Die Rückhaltung nimmt mit steigendem Druckaufbau ab und ist bei ca. 3 bar aufgehoben, d.h., der Bremsdruck ist dann an beiden Achsen gleich.

Der Grund für die Verwendung des Rückhalteventils liegt in der situationsbedingten Änderung der Achslast. Die Vorderachse ist mit größeren Bremszylindern ausgestattet als die Hinterachse, damit die Vorderräder bei voller Fahrzeugbeladung und Vollbremsung unter Berücksichtigung der dynamischen Gewichtsverlagerung auf trockener Fahrbahn voll ausgebremst werden können.

In der Praxis kommt es zu ca. 90% aller Fälle nicht zu Vollbremsungen, sondern zu Teilbremsungen. Hierbei ist die Vorderachse infolge geringerer dynamischer Gewichtsverlagerung geringer belastet. Das Rückhalteventil soll dann den Bremsdruck für die Vorderachse verringern, um einen erhöhten Bremsbelagverschleiß bzw. eine Überbremsung zu verhindern.

ALB bei Fahrzeugen mit Luftfederung

Bild 7.163 zeigt das Prinzip bei der Luftfederung. Mit dem Beladezustand ändert sich der Druck in den Luftbälgen, der dem automatischen Bremskraftregler als Steuergröße dient. Der Abstand zwischen dem Fahrgestell und der Achse ist bei allen Beladezuständen gleich. Er ändert sich nur für den Moment der Be- oder Entladung, wobei die mechanisch gesteuerten Luftfederventile reagieren und die Luftbalgdrücke der Beladung anpassen. Je nach Situation hebt oder senkt sich der Aufbau so lange, bis die Ausgangsposition erreicht ist.

> Automatische Bremskraftregler arbeiten je nach Auslegung *mit* oder *ohne* Mitteldrucksteuerung.

Bild 7.163   ALB-Prinzip bei
Fahrzeugen mit Luftfederung

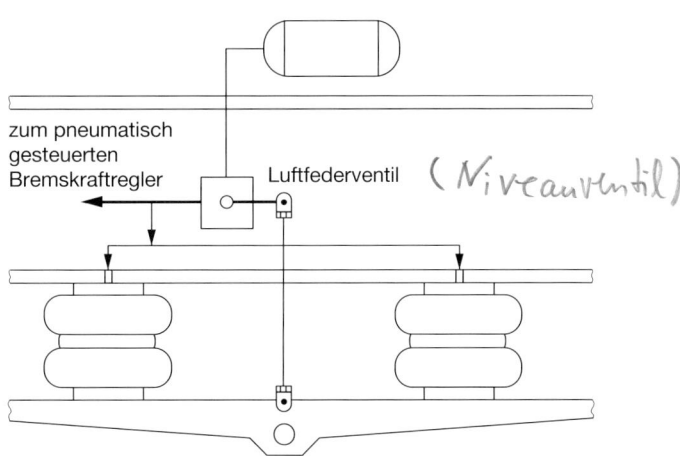

zum pneumatisch
gesteuerten
Bremskraftregler   Luftfederventil (Niveauventil)

Ungleiche Luftbalgdrücke

Der Druck in den Luftbälgen kann infolge ungleicher Beladung verschieden sein und so zu den Steueranschlüssen 41 und 42 des Bremskraftreglers gelangen.

Bremskraftregler *mit Mitteldrucksteuerung* mitteln die Druckdifferenz der Luftbälge, so daß trotz ungleicher Beladung eine optimale Bremskraftregelung erreicht wird. Die Bremskraftregelung bleibt erhalten, wenn eine Ansteuerung ausfällt. Der ausgesteuerte Bremsdruck ist jedoch gemindert.

Bremskraftregler *ohne Mitteldrucksteuerung* sind so ausgelegt, daß die pneumatische Ansteuerung am Anschluß 41 oder 42 erfolgen kann. Die Bremskraftregelung bleibt erhalten, wenn eine Ansteuerung ausfällt.

Der automatische Bremskraftregler wird bei Fahrzeugen mit Luftfederung *pneumatisch* (lastdruck-abhängig) gesteuert.

Die notwendigen Daten befinden sich auf dem ALB-Typenschild (Bild 7.164), das am betreffenden Fahrzeug fest angebracht ist. Prüfung und Einstellung sind gemäß Herstellerangaben durchzuführen.

Prüfen und Einstellen (Knorr, Bild 7.165)

Der Einsteuerdruck am Anschluß 4 beträgt 6,5 bar.

Bremsdruck leer

❐ Schraube (A) auf das Maß 18 mm einstellen;
❐ Madenschraube (b) lösen;

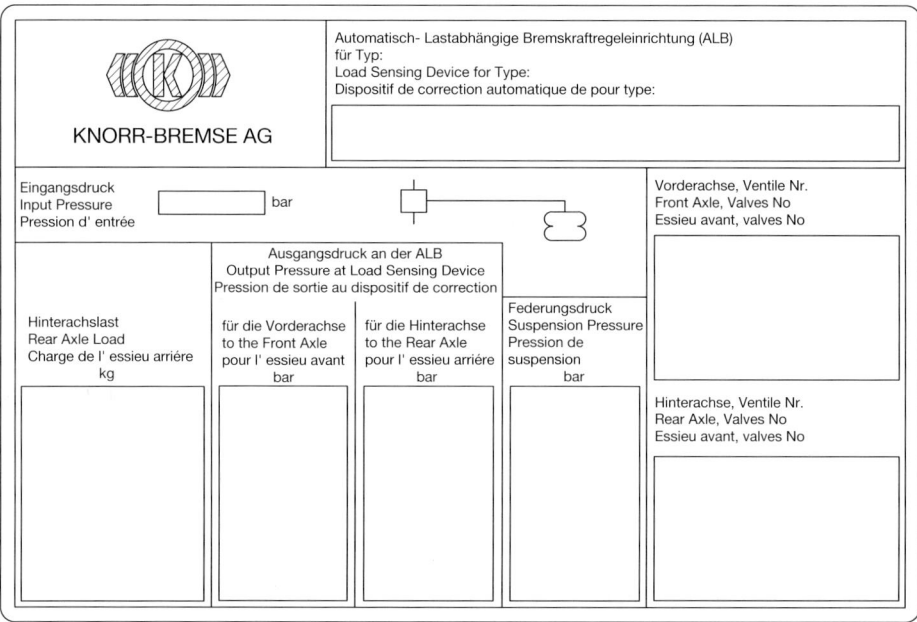

Bild 7.164   ALB-Typenschild für Fahrzeuge mit Luftfederung (Knorr)

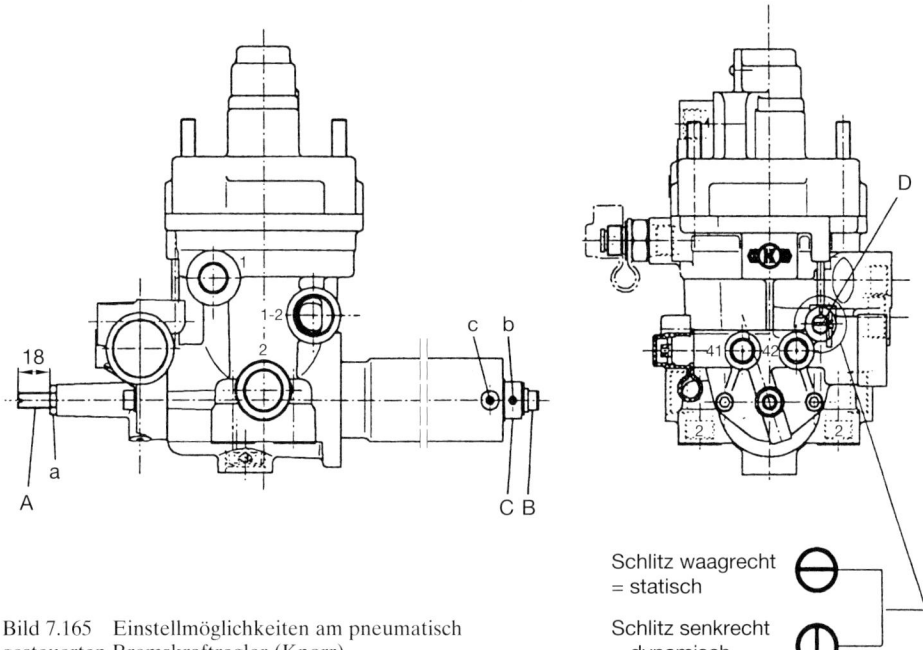

Bild 7.165   Einstellmöglichkeiten am pneumatisch
gesteuerten Bremskraftregler (Knorr)

Schlitz waagrecht
= statisch

Schlitz senkrecht
= dynamisch

❏ Anschluß 41 und/oder 42 bzw. Prüfventil mit Luftfederbalgdruck leer belüften;
❏ durch Drehen von (B) den Bremsdruck leer einstellen. Drehen im Uhrzeigersinn ergibt
   Druckerhöhung.

Bremsdruck beladen

❏ Madenschrauben (b) und (c) lösen;
❏ Anschluß 41 und/oder 42 bzw. Prüfventil mit Luftfederbalgdruck beladen belüften;
❏ durch Drehen von (C) Bremsdruck beladen einstellen und dabei (B) festhalten. Drehen im
   Uhrzeigersinn ergibt Druckabsenkung.

Kontrolle

❏ Ausgesteuerten Bremsdruck bei angegebenem Einsteuerdruck und Luftfederbalgdruck leer
   und beladen prüfen;
❏ wenn notwendig Einstellung korrigieren und anschließend Madenschrauben (b) und (c) mit
   15 Nm festziehen.

Einstellen des Mindestbremsdrucks

❏ Anschlüsse 41 und 42 drucklos;
❏ durch Verdrehen der Schraube (A) Leerbremsdruck einstellen;
❏ Kontermutter (a) festziehen.

❑ Stößel (D) 90° verdrehen;
   Schlitz am Stößel senkrecht = dynamisch,
   Schlitz am Stößel waagerecht = statisch.

Regelcharakteristik
Je nach Ausführung wird der eingesteuerte Bremsdruck bei dynamischer Gewichtsverlagerung automatisch angepaßt (nachgeregelt) oder nicht verändert.

Dynamische Regelung: Der eingesteuerte Bremsdruck wird bei dynamischer Gewichtsverlagerung nachgeregelt.

Statische Regelung: Der eingesteuerte Bremsdruck bleibt bei dynamischer Gewichtsverlagerung unverändert.

Feinregelventil
Dieses Ventil 8 (Bild 7.101) befindet sich in der Praxis nicht im Fahrzeug. Es dient im Funktionsmodell zur Simulation des Drucks in der Luftfederung und damit des Beladungszustandes.
   Mit Hilfe eines angeschlossenen Prüfmanometers ist leicht erkennbar, wie der automatische Bremskraftregler den Bremsdruck der Beladung anpaßt.

Wechselventil
Dieses Ventil ist im Anhänger eingebaut (Bild 7.101). Es hat die gleiche Aufgabe wie das Überlastschutzventil im Motorwagen, nämlich Additionskräfte zu verhindern (Bild 7.100).

Schnellentlüftungsventil
Dieses Ventil dient zur schnellen Entlüftung großer Luftvolumen, z.B. langer Steuer- oder Bremsleitungen und großer Bremszylinder (s. Bild 7.101).

7.9.6   Dauerbremsanlage

Die Dauerbremsanlage

❑ muß das Fahrzeug bei einem Gefälle von 7% und 6 km Länge auf 30 km/h halten können;
❑ wird beim Motorwagen durch Schließen der Auspuffklappe und Zurückstellen der Einspritzpumpe wirksam;
❑ kann als Motorbremse mit einem zusätzlichen Auslaßventil zur Verbesserung der Wirkung ausgerüstet sein (Konstantdrossel);
❑ die Dauerbremswirkung kann auch durch andere Einrichtungen erreicht werden, z.B. durch Wirbelstrom- oder hydrodynamische Retarder.

Dauerbremse (dritte Bremse)
Nach *StVZO* zugelassene Omnibusse über 5,5 t zulässigem Gesamtgewicht und andere Kraftfahrzeuge über 9 t zulässigem Gesamtgewicht müssen außer der Betriebs- und Feststellbremse mit einer Motorbremse oder einer in der Bremswirkung gleichartigen Vorrichtung ausgerüstet sein, wenn die bauartbedingte Höchstgeschwindigkeit mehr als 25 km/h beträgt.

Gemäß *EG-Richtlinien*, die ins nationale Recht übernommen wurden (§ 41 StVZO Abs. 18), ist die Dauerbremse nur noch für Kraftomnibusse über 10 t zulässigem Gesamtgewicht vorgeschrieben.

Aufgabe: Die Dauerbremse muß das Fahrzeug in einem Gefälle von 7% und einer Länge von 6 km auf 30 km/h halten können.

Man unterscheidet folgende Ausführungen:

❐ Motorstaudruckbremse,
❐ Konstantdrossel,
❐ Wirbelstrom-Retarder,
❐ hydrodynamische Retarder.

Die Dauerbremse soll die Betriebsbremse bei langen Talfahrten entlasten.

Motorstaudruckbremse

Bei Betätigung wird Druckluft in die Arbeitszylinder gesteuert (Bild 7.166). Dabei schließt die Drosselklappe im Auspuffsammelrohr, und die Regelstange der Einspritzpumpe wird auf «Stop» oder «Leerlauf» verstellt. Während der Motor bei Fahrt gegen den entstehenden Staudruck von 2 bis 3 bar im Auspuffsammelrohr ankämpft, erhöht sich die sonst im Schiebebetrieb vorhandene Bremswirkung um das 2- bis 3fache. Da die Höhe des Staudrucks von der Drehzahl abhängt, muß der Fahrer den passenden Gang gewählt haben.

Einerseits darf der Lastzug im Gefälle nicht schneller werden, andererseits darf der Motor nicht überdrehen.

Ein kleiner Gang bewirkt jedoch eine geringe Geschwindigkeit und damit eine lange Fahrzeit.

Man befährt ein Gefälle am sichersten in dem Gang, der für die umgekehrte Fahrtrichtung erforderlich ist.

Konstantdrossel

Die Konstantdrossel (Bild 7.167) besteht aus einem zusätzlichen druckluftbetätigten Auslaßventil. Es ist dauernd geöffnet, wenn die Drosselklappe im Auspuffsammelrohr geschlossen wird. Da bei Kompressionstakt (2. Takt) nur wenig Luft aus dem Zylinder entweicht, bleibt die bremsende Kompressionsarbeit erhalten.

Im oberen Totpunkt baut sich der Kompressionsdruck durch den kurzzeitigen Stillstand des Kolbens kräftig ab, so daß die Abwärtsbewegung des Kolbens (3. Takt) kaum noch unterstützt wird.

Die Konstantdrossel verbessert die Wirkung der Motorstaudruckbremse.

Wirbelstrombremse (Retarder)

Die Wirbelstrombremse besteht aus einem feststehenden Gehäuse (Stator) mit Induktionsspulen und zwei Weicheisenscheiben (Rotor) mit Kühlschaufeln. Sie wiegt etwa 100 kg und wird in den Kardanwellenstrang eingebaut. Die Betätigung erfolgt mittels Handventil, wobei eine Kontrollampe anzeigt, daß die Induktionsspulen bestromt werden. Die resultierenden Magnetfelder werden bei Fahrt durch die drehenden Weicheisenscheiben geschnitten, so daß dort ein wirbelnder Stromfluß und Magnetfelder entstehen. Die Magnetfelder wirken aufeinander ein und erzeu-

Bild 7.166   Betätigungszylinder für
die Dauerbremsanlage (Knorr)

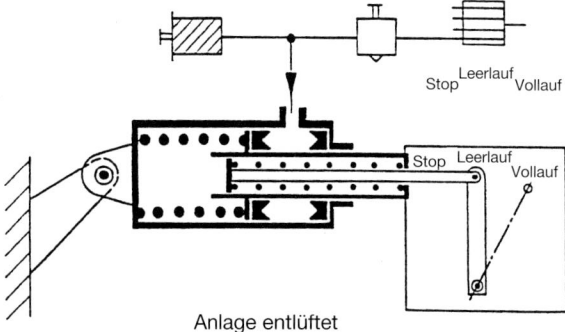

Anlage-Fahrstellung

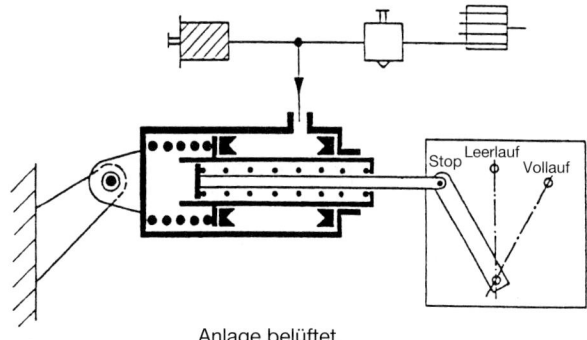

Anlage entlüftet

Anlage belüftet

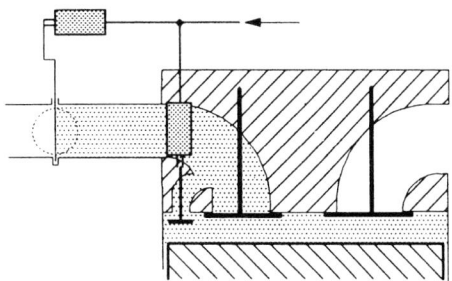

Bild 7.167   Funktionsprinzip der Konstantdrossel
(Knorr)

gen das gewünschte Bremsmoment. Durch die Wirbelströme entsteht enorme Wärme. Der Fahrer kann die Bremswirkung in vier Stufen bestimmen. Die bei gewöhnlichen Bremsungen erreichte Temperatur beträgt etwa 300 °C (573 K). Bei langen Gefällen kann sie sich jedoch so stark erhöhen, daß die Weicheisenscheiben in der Nacht sichtbar glühen. Die entstehende Wärme wird durch die Kühlschaufeln an die Luft abgeführt (Bild 7.168).

Soll die Wirbelstrombremse im Anhänger verwendet werden, sind eine Treibachse und eine Kardanwelle erforderlich. Die Bremswirkung hängt von der Stärke der Erregung und der Drehzahl des Rotors ab. Die größte Bremswirkung wird bei etwa 500 min^{-1} erreicht und bei höherer Drehzahl gehalten. Damit die Drehzahl des Rotors von 500 min^{-1} auch bei geringer Fahrgeschwindigkeit erreicht wird, ist eine richtige Übersetzung der Hinterachse erforderlich.

Vorteile

❐ verschleißfrei und unerschöpflich,
❐ weiches Einsetzen und geräuschloses Arbeiten,
❐ geringe Wartung, da nur Schmierung erforderlich,
❐ verhindert ein Fading, da die Betriebsbremse wenig benötigt wird,
❐ Durchschnittsgeschwindigkeit steigt aufgrund der guten Wirkung,
❐ Wirkung unabhängig vom eingeschalteten Gang.

Bild 7.168   Wirbelstrombremse (Telma)

Aufbau der Bremsanlage im Motorwagen   **781**

Nachteile

❏ großes Gewicht,
❏ Abhängigkeit von einer guten Stromquelle,
❏ große Schubbelastung der Treibachse durch das gegenläufige Bremsmoment.

Treibachsen sind meistens für große Leistungsübertragung in Zugrichtung, nicht aber für große Leistungsübertragung in Schubrichtung ausgelegt.

Hydrodynamische Strömungsbremse (Retarder)
Gewöhnlich ist Öl der größte Feind einer Bremse. Bei der Strömungsbremse wird jedoch nur mit Öl gebremst. Sie ist wie die Wirbelstrombremse verschleißlos und als echte 3. Bremse zu werten. Die Funktion dieser Bremse entspricht der Wirkungsweise einer Flüssigkeitskupplung (Bild 7.169). Im Gehäuse befinden sich zwei Schaufelradpaare, bestehend aus je einem Bremsrotor und einem Bremsstator. Der Bremsrotor ist mit dem Triebwerk des Fahrzeugs verbunden und dreht sich während der Fahrt ständig. Der Betriebsstator ist mit dem Gehäuse fest verbunden, er bewegt sich also nie. Der angetriebene Bremsrotor bewegt während der Fahrt nur die im Schaufelraum vorhandene Luft. Um den daraus entstehenden Leistungsverlust klein zu halten, werden zwischen den Schaufelradpaaren Blenden eingeschoben. Im unteren Teil der Strömungsbremse befindet sich ein mit Öl gefüllter Behälter, von dem ein Einschußzylinder zum Schaufelraum führt.

Beim Bremsvorgang betätigt der Fahrer einen Handhebel unter dem Lenkrad. Dieser Hebel beaufschlagt über ein Druckluftventil einen in der Strömungsbremse vorhandenen federbelasteten Kolben. Je nach Betätigungsstellung wird innerhalb 1 s eine mehr oder weniger große Ölmenge in den Schaufelraum «eingeschossen». Hierbei werden die bei Fahrt eingeschobenen Blenden automatisch herausgenommen. Das Öl wird vom Bremsrotor mit in Umlauf genommen, stützt sich dabei an den Schaufeln des Bremsstators ab und erzeugt dadurch eine bremsende Kraft. Die bei der Bremsung durch die Ölzirkulation entstehende Wärme wird bei luftgekühlten Fahrzeugmotoren an einen Luft-Öl-Kühler und bei wassergekühlten Motoren an einen Wärmetauscher abgeführt. Die Bremswirkung ist von der Fahrgeschwindigkeit und von der Füllung des Schaufelraumes abhängig. Um zu erreichen, daß bereits bei geringer Fahrgeschwindigkeit eine

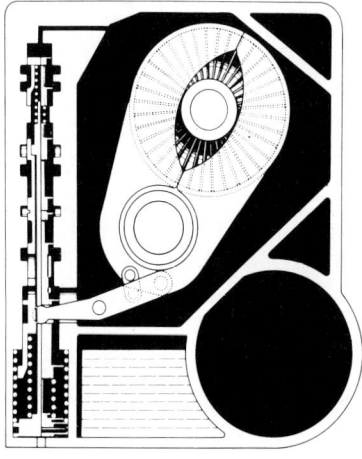 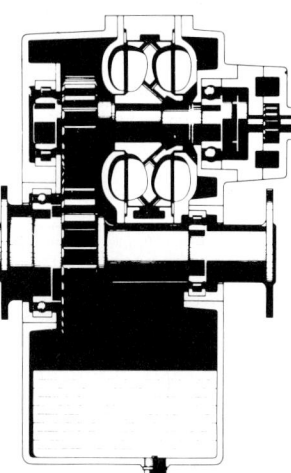

Bild 7.169 Schematischer Schnitt durch die Strömungsbremse; deutlich herausgestellt die blendenartige Trennwand zwischen Rotor und Stator (Voith)

gute Bremswirkung vorhanden ist, wurde die Strömungsbremse so konstruiert, daß die größte Bremswirkung bereits bei $^1/_4$ der Höchstgeschwindigkeit erreicht werden kann. Um bei höherer Fahrgeschwindigkeit die Bremswirkung nicht zu groß werden zu lassen, muß sie durch ein Überströmventil, das durch den Öldruck im Schaufelraum gesteuert wird, begrenzt werden. Bei Schlupf an den Rädern fällt die Bremsleitung ab, so daß ein Blockieren der Räder und ein Abwürgen des Motors nicht eintreten. Soll die Bremse wirkungslos werden, so wird der Schaufelraum über ein Ventil vollständig von Öl geleert.

Die Strömungsbremse hat je nach Ausführung ein Gewicht von etwa 100 bis 300 kg. Sie wird im Motorwagen an das Getriebe angeflanscht oder in den Kardanwellenstrang eingebaut. Wird die Strömungsbremse im Anhänger verwendet, so sind zusätzlich eine Antriebsachse mit Kardanwelle und eine Kühlanlage erforderlich.

Bei Betätigung der Motorstaudruckbremse im Motorwagen kann gleichzeitig eine entsprechende Dauerbremswirkung mit der Strömungsbremse im Anhänger erreicht werden. Diese begrenzte Bremswirkung kann jedoch jederzeit durch den bereits erwähnten Handhebel erhöht werden.

Vorteile

❑ geräuschlos,
❑ kein Blockieren der Räder,
❑ weiches Einsetzen der Bremse,
❑ stufenlose Regelung der Bremskraft,
❑ verschleißlos und unerschöpflich,
❑ kann bis zu 80% aller Bremsungen verwendet werden, daher erhöhte Lebensdauer der Betriebsbremse,
❑ Kühlwasser des Fahrzeugs bleibt bei langer Talfahrt warm – gute Heizung (Wärmetauscher im Fahrzeugkühler vorausgesetzt),
❑ gleichbleibende Bremswirkung unabhängig vom eingelegten Gang,
❑ wartungsfrei bis auf die Ölkontrolle,
❑ besondere Eignung als Dauerbremse,
❑ kalte und für den Notfall voll einsatzfähige mechanische Bremse,
❑ geringer Reifenverschleiß infolge geringer Erwärmung der Reifen.

Nachteile

❑ große Belastung der Antriebsachse (Differential) durch das gegenläufige Bremsmoment,
❑ Leergewicht des Fahrzeugs vergrößert sich, dadurch z.T. Nutzlastverminderung.

7.9.7   Voreilung

Im Idealfall bremsen Motorwagen und Anhänger im Neuzustand, z.B. bei 1,0 bar Bremsdruck, gleich stark. Die Praxis sieht jedoch häufig anders aus. Bremst z.B. der Anhänger schwächer, so

❑ läuft er auf (schiebt) und
❑ erhöht so den Bremsbelagverschleiß im Motorwagen.

Um dies zu verhindern, erhält der Anhänger dann die jeweils erforderliche druckmäßige Voreilung.

Die jeweiligen Werte sind den Angaben des Fahrzeugherstellers zu entnehmen.

Der Bremsdruck des Anhängers wird gegenüber dem Motorwagen soweit erhöht, bis der Anhänger gleichwertig bremst. Die Voreilung kann durch das Anhängersteuerventil und/oder durch das Anhängerbremsventil gesteuert werden (s. Bilder 7.100 und 7.101). Sie nimmt zu, je weiter man die Einstellschraube in das Gehäuse dreht.

Beispiel einer Überprüfung der Voreilung bei der EG-Bremse
Hier werden 3 Prüfmanometer benötigt, die wie folgt anzuschließen, mit Druck zu beaufschlagen bzw. abzulesen sind:

Prüfmanometer 1 (Prüfdruck 6,5 bar): Anschluß *vorratsseitig* an den Prüfanschluß der BBA (Kreis 1)
Prüfmanometer 2 (Bremsdruck 1,0 bar): Anschluß *bremsseitig* an den Prüfanschluß der BBA (Kreis 1), jedoch vor dem automatischen Bremskraftregler
Prüfmanometer 3 (ablesen, z.B. 1,5 bar): Anschluß *bremsseitig* an den Prüfanschluß des Anhängerbremsventils, jedoch vor dem automatischen Bremskraftregler

Ergebnis
Die druckmäßige Voreilung beträgt im aufgezeigten Beispiel *0,5 bar.*

> Es gibt Fahrzeugkombinationen, bei denen eine Voreilung von 0 bar ausreicht.

Zugabstimmung

Zwecks Optimierung der Verkehrssicherheit muß das Bremsverhalten der Zugfahrzeuge und Anhänger lt. EG-Vorschrift ab Erstzulassung 1. 1. 89 und lt. StVZO ab Erstzulassung 1. 1. 91 aufeinander abgestimmt sein, d.h., beide Fahrzeuge müssen vom Anlegedruck bis zum vollen Bremsdruck ein annähernd gleiches Bremsverhalten gemäß *«Bremsband»* haben (Bilder 7.170 bis 7.172). Es ist wichtig, daß beide Fahrzeuge im richtigen *«Bremsband»* möglichst nah beieinander liegen.

Durch Einhaltung des *«Bremsbandes»* werden die Deichselkräfte möglichst gering gehalten, so daß sich der Lastzug neutral verhält. Eine mangelhafte Zugabstimmung führt zu unerwünschtem Bremsverhalten und Bremsverschleißverhalten des Zuges, und zwar

- ❑ zum Auflaufen des Anhängers, wenn er gegenüber dem Motorwagen zu schwach bremst; d.h., der Lastzug kann einknicken, und der Motorwagen hat einen großen Bremsverschleiß;
- ❑ zur Überbremsung des Anhängers, wenn er gegenüber dem Motorwagen zu stark bremst; d.h., der Lastzug kann schleudern, und der Anhänger hat einen großen Bremsverschleiß.

Zur Überprüfung der Zugabstimmung ist je ein Druckmesser am Kupplungskopf «Bremse» (Bezugspunkt) sowie an den Bremszylindern der Vorder- und Hinterachse von Zugfahrzeug und Anhänger anzuschließen (Bild 7.173). Dann sind alle Achsen des Lastzuges einzeln auf dem Rollenprüfstand mit gleichem Bremsdruck bei einer Abstufung von 1 bar durchzumessen, und zwar sowohl bei voller Beladung wie auch im Leerzustand. Die ermittelten Bremskräfte werden zu den jeweiligen Bremsdrücken in ein Prüfblatt eingetragen (Bild 7.173).

Abschließend wird die Abbremsung der Fahrzeuge errechnet und in das «Bremsband» eingetragen.

Grundvoraussetzung für die Überprüfung ist, daß der gesamte Zug und die Bremse des gesamten Zuges mechanisch und pneumatisch in Ordnung sind.

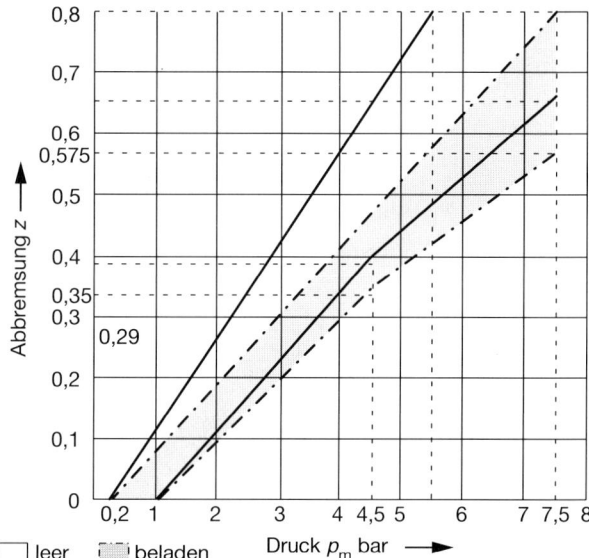

Bild 7.170 Bremsband für Lkw und Anhänger, Diagramm 1 (Knorr)

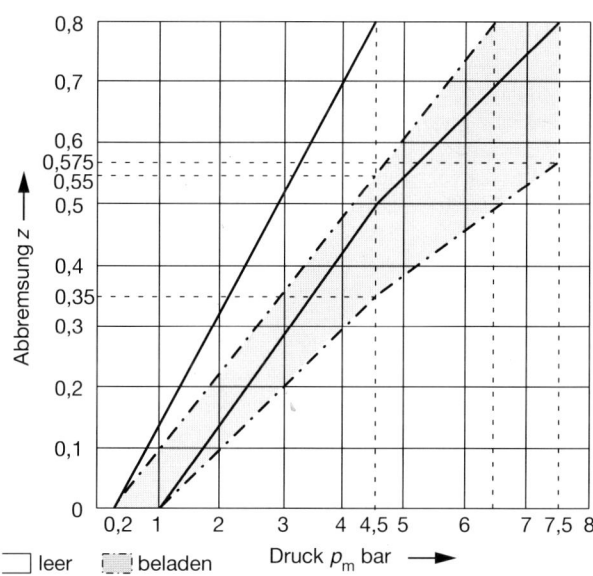

Bild 7.171 Bremsband für Sattelzugmaschinen, Diagramm 2 (Knorr)

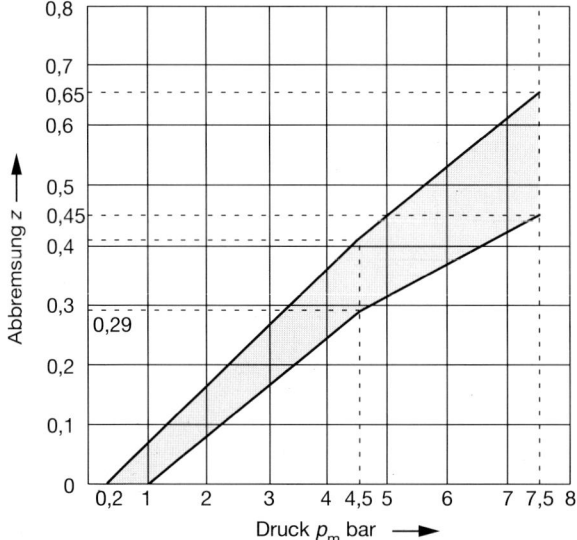

Bild 7.172 Bremsband für Sattel-anhänger (die Abbremsungsbänder (leer und beladen) für Sattelanhänger können je nach Anhängertyp verschieden sein – legt der Hersteller fest), Diagramm 3 (Knorr)

7.9.8 Antiblockiersystem (ABS)

Das ABS für Nutzfahrzeuge entspricht dem ABS für Pkw (s. Abschnitt 7.6). Motorwagen und Anhänger haben jeweils ein eigenes Steuergerät, also ein eigenes ABS. Die Stromversorgung für den Anhänger erfolgt über die ABS-Steckdose.

Das ABS beginnt erst dann zu arbeiten, wenn notwendig, sofern von allen Rädern Drehzahl-signale kommen. So ist klar, daß das Fahrzeug fährt. Bei stehendem Fahrzeug mit durchdrehenden Antriebsrädern oder dem Rollen-Bremsenprüfstand geschieht nichts.

Das ABS kann nicht auf dem Rollen-Bremsenprüfstand überprüft werden. Bei der Bremsen-sonderuntersuchung (BSU) ist nur zu prüfen, ob die ABS-Lampen wie vorgesehen leuchten bzw. erlöschen.

Im Fahrerhaus signalisieren zwei rote ABS-Lampen, ob die Antiblockiersysteme für Motor-wagen und Anhänger funktionsbereit oder fehlerhaft sind. Die ABS-Lampen leuchten im Normalfall beim Einschalten der Zündung auf und erlöschen bei mehr als 6 km/h, wenn kein Fehler vorliegt. Das ABS ist also bei über 6 km/h regelbereit und schaltet bei ca. 3 km/h ab. Bei neueren Schaltungen erlischt die ABS-Lampe bereits ca. 4 Sekunden nach dem Einschalten der Zündung.

An der Infolampe (gelb) erkennt der Fahrer, ob der mitgeführte Anhänger ein ABS hat oder nicht. Sie leuchtet im Normalfall, wenn der Anhänger ohne ABS ist. Motorwagen und Anhänger haben mehrere Regelkreise. Jeder Regelkreis benötigt (s. Bild 7.174)

Bild 7.173 Prüfblatt für Lkw und Anhänger (Knorr)
p_{1-3} eingesteuerter Druck in die Bremszylinder in bar
F_{1-3} Summe der Bremskräfte an einer Achse in daN
p_m Druck am Kupplungskopf Bremse in bar
z Abbremsung des Fahrzeugs in %
F_B Summe der Bremskräfte
G_p Fahrzeug-Prüfgewicht

Zugfahrzeug zul. ges. Gewicht = Prüfgewicht: 16 000 kg												Anhängefahrzeug zul. ges. Gewicht = Prüfgewicht: 16 000 kg									
1. Achse			2. Achse			3. Achse			Gesamt			1. Achse			2. Achse			3. Achse			Gesamt	
p_1 bar	F_1 li (daN)	re	p_2 bar	F_2 li (daN)	re	p_3 bar	F_3 li (daN)	re	F_B (daN)	z %	p_m	p_1 bar	F_1 li (daN)	re	p_2 bar	F_2 li (daN)	re	p_3 bar	F_3 li (daN)	re	F_B (daN)	z %
0	50	50	0	100	100						0	0	50	50	0	50						
0,9	250	250	0,9	350	350				1200	7,5	1,0	0,6	60	60	0,8	100					320	2,0
1,9	600	600	1,9	700	700				2600	16,2	2,0	1,8	300	300	1,9	500					1600	10,0
3,0	900	900	3,0	1100	1100				4000	25,0	3,0	3,0	650	650	3,0	800					2900	18,1
4,0	1300	1300	4,0	1500	1500				5600	35,0	4,0	4,0	1050	1050	4,0	1200					4500	28,1
5,0	1500	1500	5,0	1900	1900				6800	42,5	5,0	5,0	1300	1300	5,0	1500					5600	35,0
6,0	1800	1800	6,0	2350	2350				8300	52,0	6,0	6,0	1600	1600	6,0	1600					6400	40,0

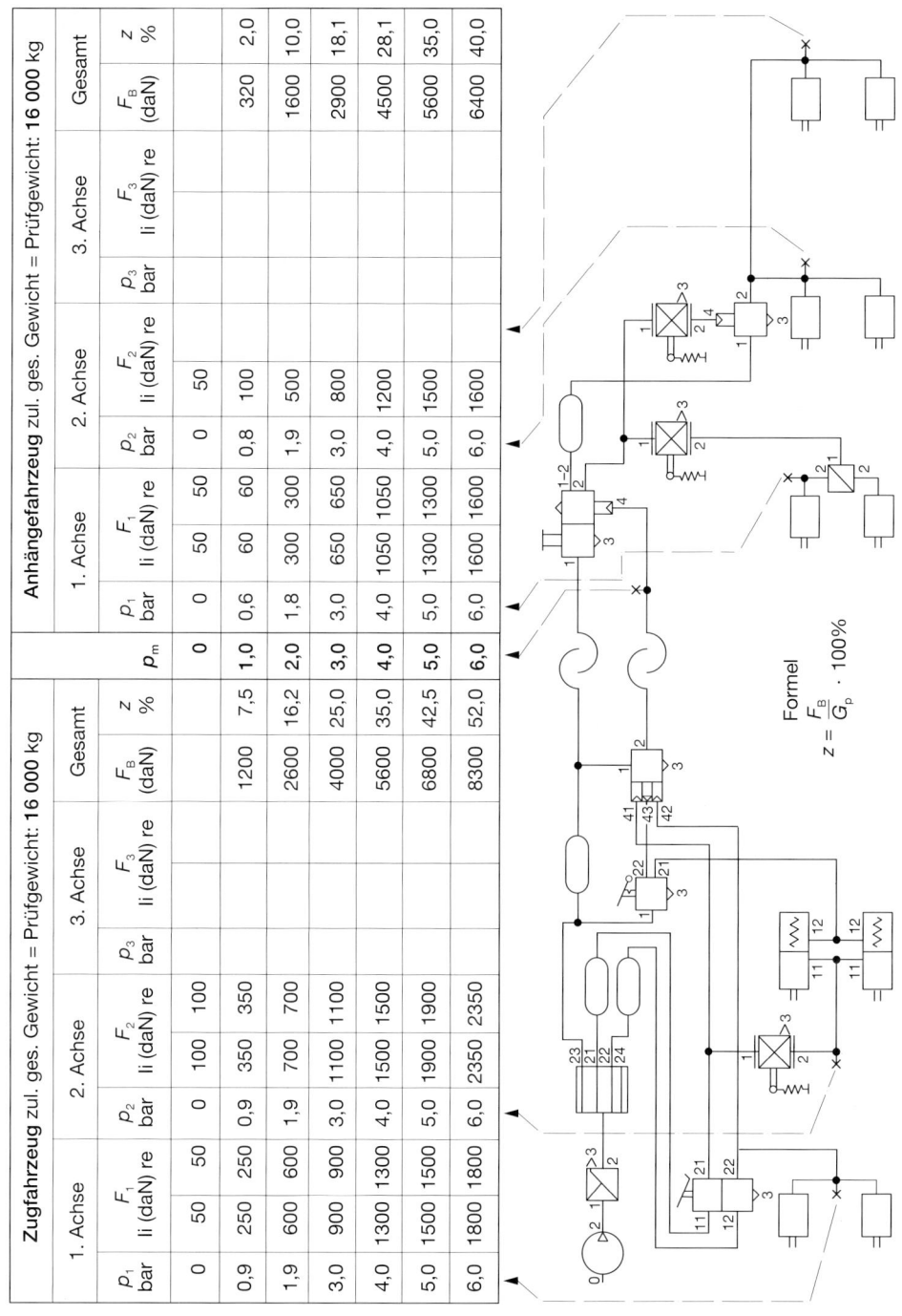

Formel

$$z = \frac{F_B}{G_p} \cdot 100\%$$

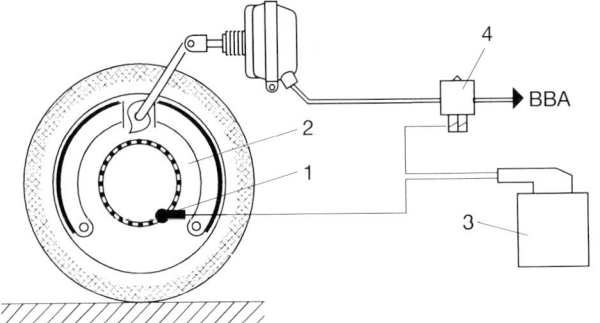

Bild 7.174 ABS-Regelkreis eines
Rades (Knorr)
1 Drehzahlsensor
2 Polrad
3 elektronisches Steuergerät
4 Drucksteuerventil

❏ 1 Sensor und 1 Impulsring,
❏ das elektronische Steuergerät,
❏ 1 Magnetregelventil.

Die Impulsringe haben je nach Reifengröße 80 oder 100 Zähne und sind auf die Radnaben auf-
geschrumpft. Sie müssen einen festen Sitz haben, unbeschädigt, frei von Fett und Metallabrieb
sein.
   Das intakte ABS bietet die bereits bekannten *Vorteile*

❏ Spurhaltung,
❏ Erhalt der Lenkfähigkeit,
❏ kurze Bremswege

und verhindert bei Lastzügen das gefürchtete «Einknicken» auf glatter Fahrbahn.
   Bei Blockierneigung wird die Dauerbremse, falls sie in Funktion ist, automatisch abgeschaltet.
Die optimale Wirkung der Bremsanlage wird erreicht, wenn das ABS mit der «automatisch lastab-
hängigen Bremse» kombiniert ist. Ohne ALB würde die bei Talfahrt z.T. entlastete Hinterachse
überbremst. Das ABS müßte laufend regeln, wobei die Beanspruchung der Radbremsen und der
Luftverbrauch für die Bremszylinder steigen würden.

> Defekte Sensoren sind stets mit Sensorhülse zu erneuern, wobei ABS-Spezialfett (keine
> Kupferpaste) zu verwenden ist.

Sensoren (Dauermagnet und Spule) dürfen wegen Entmagnetisierungsgefahr nie auf metallischen Teilen lagern.
   Der Sensorwiderstand (Spule) ist je nach Hersteller unterschiedlich und liegt zwischen 1...2 kΩ.

Weitere Hinweise siehe Pkw-ABS.

7.9.9   Elektronisches Bremssystem (EBS)

Das EBS (Bild 7.175) ist eine elektronisch-pneumatisch geregelte Betriebsbremsanlage (mit ABS
und ASR) für Nutzfahrzeuge. Sie optimiert die Bremsfunktionen der bisherigen pneumatischen
Betriebsbremse. Dies erfordert zusätzliche Elektrik und Komponenten, erspart aber auch Ventile

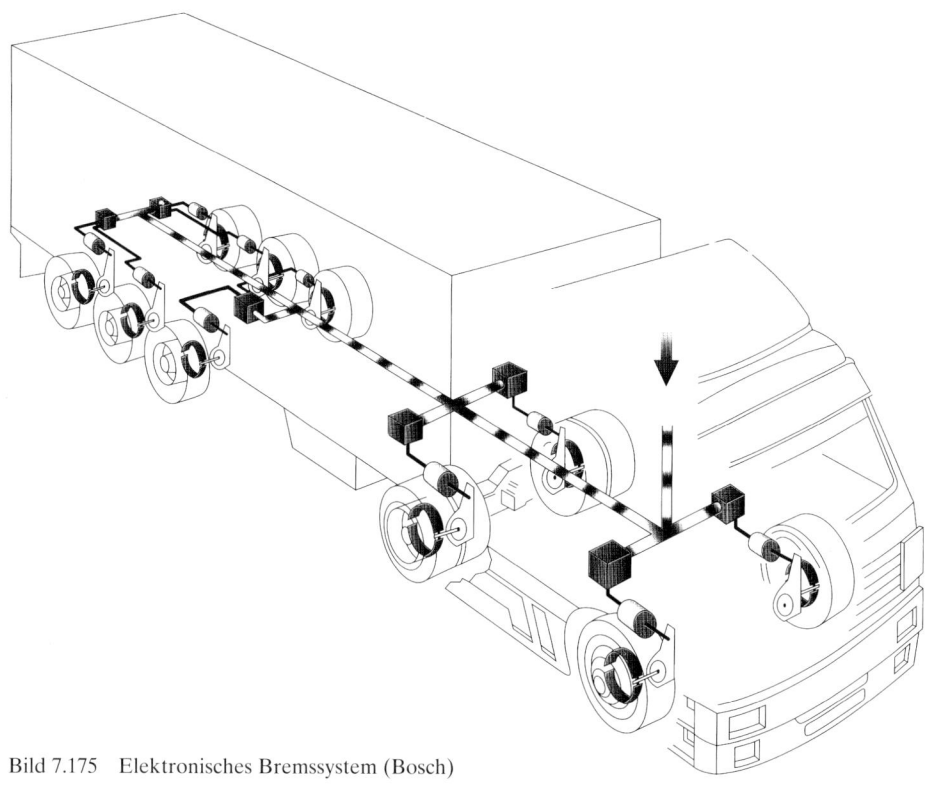

Bild 7.175   Elektronisches Bremssystem (Bosch)

(z.B. Bremskraftregler und Ventile für ABS/ASR). Die Drucklufterzeugung und die Bereitstellung sind unverändert, dies gilt auch für die Feststellbremse. Das EBS integriert neben den bereits genannten Systemen die «automatisch lastabhängige Bremse» und die Dauerbremse und aktiviert sie bei Bedarf selbsttätig.

EBS bedeutet optimale Sicherheit:

❏ kein Durchdrehen der Räder,
❏ kein Blockieren der Bremsen,
❏ volle Lenkfähigkeit beim Bremsen,
❏ entscheidend kürzere Bremswege.

Lastzüge mit EBS lassen sich so komfortabel bremsen wie Pkw. Eventuell auftretende Störungen werden durch permanente Überwachung aller Funktionen und ihrer Komponenten automatisch erkannt, gemeldet, gespeichert und können exakt abgefragt werden. Im Normalfall werden beide Bremskreise elektrisch gesteuert, wobei die pneumatischen Steuersignale abgekoppelt sind.

Bei Ausfall der Elektrik bleibt die Zweikreisigkeit erhalten, weil dann die pneumatische Steuerung freigegeben ist.

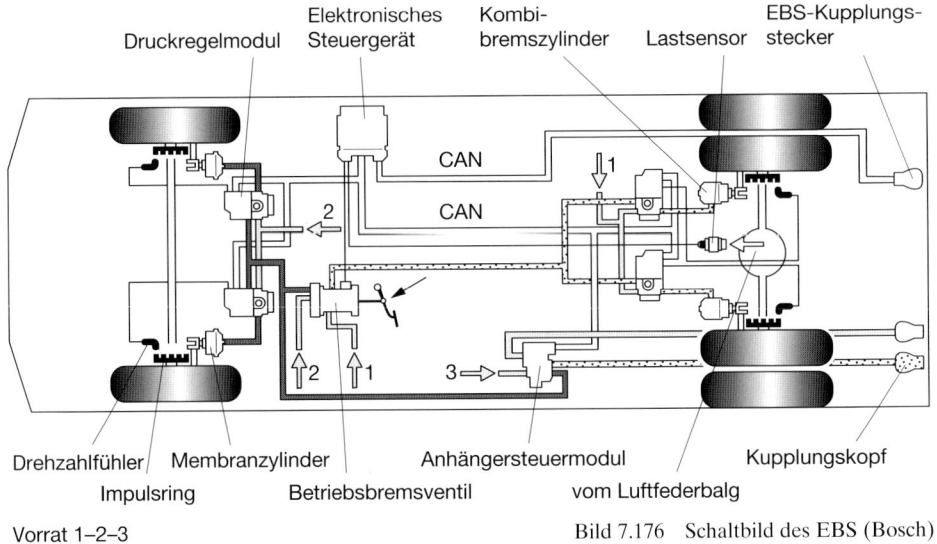

Vorrat 1–2–3

Bild 7.176   Schaltbild des EBS (Bosch)

Komponenten (Bild 7.176)

❏ elektronisches Steuergerät,
❏ Betriebsbremsventil,
❏ Lastsensor,
❏ CAN-Datenbus (**C**ontroller **A**rea **N**etwork),
❏ Anhänger-Steuermodul,
❏ ein Druckregelmodul pro Rad mit einer Steuereinheit für ABS/ASR,
❏ ein Drehzahlfühler und ein Impulsring pro Rad,
❏ ein Bremsbelagverschleiß-Sensor pro Rad,
❏ ein Kabelstrang pro Rad zum elektronischen Steuergerät.

Funktion: Bei Aktivierung der Betriebsbremse übermittelt der Fahrer dem Steuergerät seinen Verzögerungswunsch mittels Betriebsbremsventil (Pedalwegsensor). Der Lastsensor liefert die Information über das Fahrzeuggewicht.

Nach Verarbeitung beider Informationen und Berücksichtigung gespeicherter spezifischer Bremsdruck-Kennlinien (z.B. entsprechend Fahrzeuggewicht oder Radstand) erteilt das Steuergerät allen Stellgliedern (Bremsaktoren) über den CAN-Datenbus (digitaler Datenbus) entsprechende elektrische Stellbefehle.

Der Anhänger wird durch einen separaten Datenbus elektrisch und zeitgleich durch das Anhänger-Steuermodul pneumatisch gesteuert. Der CAN-Datenbus (Bild 7.177) ist eine Vernetzung des Zentralsteuergerätes Bremse mit Steuergeräten anderer Systeme, so daß alle Steuergeräte miteinander kommunizieren.

Bei Aktivierung der Betriebsbremse erhalten alle Druckregelmodule im Motorwagen und Anhänger gleichzeitig codierte Signale vom Steuergerät «Bremse», auf die die einzelnen Stellglieder zeitgleich reagieren. Da der Vorratsdruck bei allen Druckregelmodulen ansteht, können der Aufbau und Abbau des Bremsdrucks sehr schnell erfolgen. Dies bewirkt eine Angleichung des

Bild 7.177 Vernetzung der CAN-Datenbusse (Bosch)

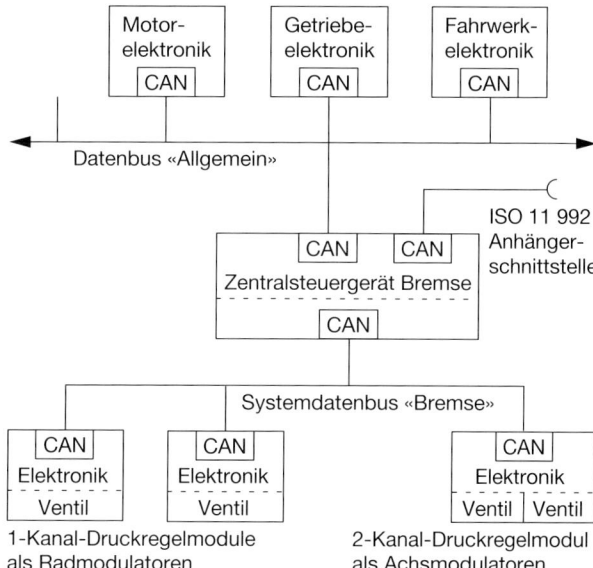

Belagverschleißes an den Achsen sowie eine deutliche Bremswegverkürzung, die viele Meter betragen kann. Die Druckluft wird nur noch zur Erzielung der Bremskräfte benötigt.

Das EBS reduziert die Druck- und Zugkräfte und so den Verschleiß an der Deichsel bzw. am Königszapfen bei Fahrzeuggespannen (Koppelkraftoptimierung). Es optimiert auch die bremsliche Zugabstimmung bei wechselnden Kombinationen.

Das EBS warnt den Fahrer, sobald die Wirkung einer Radbremse nachläßt.

Bei unkritischen Bremsungen aktiviert es selbsttätig die Dauerbremse, um das Verglasen der Bremsbeläge zu verhindern und die Bremsbeläge zu schonen.

Bei Blockiergefahr wird automatisch das ABS aktiviert.

Die Nutzfahrzeug-Generation «Actros» von Mercedes-Benz ist mit einem elektronischen Bremssystem ausgerüstet, das unter dem Namen «Telligent-Bremssystem» bzw. als elektropneumatische Bremse «EPB» bekannt ist.

Der CAN-Datenbus besteht aus zwei Kabeln und ersetzt 136 bisher übliche Verkabelungen. Die Bremsen reagieren sehr schnell und verkürzen den Bremsweg entscheidend, weil

❐ der Vorratsdruck von 8 bar auf 10 bar erhöht wurde,
❐ der Bremsbefehl per CAN-Datenbus deutlich schneller ist als bei konventionellen Druckluft-Bremsanlagen.

Der «Actros» ist an der Vorder- und Hinterachse mit innenbelüfteten Scheibenbremsen ausgerüstet und verfügt über ABS und ASR.

Die Antriebsschlupfregelung (ASR) verhindert das Durchdrehen der Räder beim Anfahren und Beschleunigen – selbst bei Glätte und steiler Strecke. Dies ist möglich, weil die Antriebsschlupfregelung ggf. entsprechend die Bremse aktiviert bzw. die Motorleistung drosselt. Die vorhandene *Konstantdrossel* optimiert die Motorbremse und entlastet die Betriebsbremse.

Falls auf Wunsch ein Retarder (Verlangsamer) eingebaut ist, entlastet er die Betriebsbremse zusätzlich, d.h., der Bremsbelagverschleiß verringert sich entscheidend.

7.9.10 Rollen-Bremsenprüfstand

Bild 7.178 zeigt den Aufbau eines Rollen-Bremsenprüfstandes. Er besteht aus zwei voneinander unabhängigen Rollensätzen, zusätzlich aus der Bedienung und der Anzeige. Zu jedem Rollensatz gehört eine Antriebsrolle (1), eine Lauf- oder Stützrolle (3) und eine Schalt- oder Tastrolle (4). Rolle 1 und 3 sind durch eine Rollenkette kraftschlüssig miteinander verbunden.

Die Antriebsrolle wird durch einen Drehstrommotor mit Getriebe = Getriebemotor angetrieben.

Die pendelnd aufgehängte Antriebseinheit kann das beim Bremsen wirksame Bremsmoment über die an der Antriebsrolle (1) angebrachte Schwinge (5) auf die hydraulische Kraftmeßdose (6) und über die Leitung (7) auf das Anzeigegerät (8) übertragen.

Moderne Bremsenprüfstände haben elektrische Meßsysteme. Alle Dateneingaben und Meßwerte werden digital mit Hilfe eines Rechners verarbeitet. So können die in der Messung enthaltenen Informationen, wie z.B. Bremskraftschwankung oder Bremskraftdifferenz, separat ausgewertet, angezeigt oder per Ausdruck dokumentiert werden. Das Ergebnis der jeweiligen Abbremsung wird automatisch errechnet und angezeigt.

Funktion: Die Antriebsmotoren der beiden Rollensätze für die linke und rechte Fahrzeugseite werden per Fernbedienung oder per Ein-/Ausschaltautomatik eingeschaltet.

Bremsenprüfstände mit Schaltautomatik haben zwischen der Antriebsrolle (1) und der Laufrolle (3) eine beweglich angeordnete Schalt- oder Tastrolle. Diese Rolle schaltet den Bremsenprüfstand bei Belastung ein und bei Entlastung aus.

Der Bremsenprüfstand ist also automatisch eingeschaltet, wenn das Fahrzeug in den Prüfstand einfährt, und automatisch ausgeschaltet, wenn es den Prüfstand verläßt. Während der Bremsen-

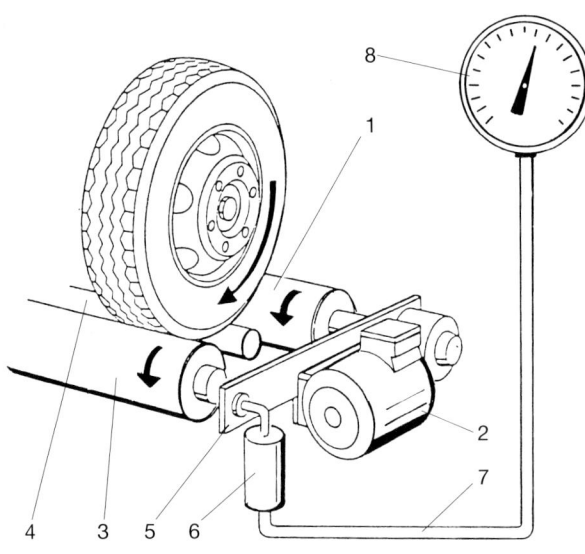

Bild 7.178   Rollen-Bremsenprüfstand, Funktionsschema (Knorr)

prüfung halten die Getriebemotoren die Geschwindigkeit der Prüfstandsrollen – bei Pkw-Bremsenprüfständen mit 5 km/h und bei Lkw-Bremsenprüfständen mit 2,5 km/h – auch bei großen Bremsmomenten konstant.

Die Blockierneigung (Schlupf) der Räder wird durch die Drehzahl der Schalt- oder Tastrolle erkannt. Bei Überschreitung eines eingestellten Grenzwertes schaltet der Bremsenprüfstand automatisch ab, wobei er den max. erreichten Bremswert anzeigt. Die Anzeige, ob per Zeiger oder digital, bleibt zwecks Ablesung stehen.

Spezielle Bremsenprüfstände ermöglichen die Überprüfung der Radbremsen bei Fahrzeugen mit permanentem Allradantrieb und variabler Drehmomentverteilung. Die Drehmomente der jeweils angetriebenen Achse können bei der Prüfung nicht auf die Räder übertragen werden, die bei der Prüfung stehen.

Soll eine Funktions- und Wirkungsprüfung der Radbremsen erfolgen, so müssen Reifen und Reifendruck in Ordnung sein. Nachdem das Fahrzeug mit der zu prüfenden Achse gerade in die Rollensätze gefahren wurde und diese eingeschaltet sind, beginnen die Räder zu drehen. Hier sind schon mal übermäßige Höhen- und Seitenschläge der Reifen per Sichtprüfung erkennbar.

Nachdem der Bremsenprüfstand seine Meßbereitschaft anzeigt, wird ca. eine Minute leicht gebremst, um die Bremsen von leichtem Rost und Feuchtigkeit zu befreien und auf Betriebstemperatur zu bringen.

Anschließend beginnt die eigentliche Überprüfung der Betriebs- und Feststellbremse.

Mit Hilfe des Rollen-Bremsenprüfstandes ist eine differenzierte Überprüfung der Bremsen möglich, und zwar unabhängig von der Witterung, der Fahrbahn und den Verkehrsverhältnissen. Im einzelnen sind dies folgende Positionen:

❏ Rollwiderstand der Räder (Radlager und Bremseinstellung),
❏ Ansprechverhalten der Radbremsen (Leichtgängigkeit der Kolben),
❏ Schwankungen der Bremskräfte (Scheibenschlag oder unrunde Bremstrommeln),
❏ Differenz der Bremskräfte (Radumfangskräfte) einer Achse (in der Praxis max. 20%),
❏ Differenz der Bremskräfte bei der Feststellbremse max. 30%, bei Pkw und Lkw unter 3,5 t zul. Gesamtgewicht max. 50%,
❏ Blockiergrenze der einzelnen Räder,
❏ Bremskraftverteilung auf die einzelnen Achsen.

Muß das Ergebnis der Abbremsung für die BBA und FBA errechnet werden, so geschieht dies bei voll beladenem Fahrzeug nach folgender Formel:

Abbremsung a = Summe der Bremskräfte × 100% / zul. Fahrzeug-Gesamtgewicht

Da sich bei Nutzfahrzeugen im Gegensatz zu Pkw die volle Beladung nicht auf die Schnelle herstellen läßt, wird zwar bei leerem Fahrzeug geprüft, jedoch auf das zul. Gesamtgewicht hochgerechnet (s. nachfolgende Hochrechnung und Abschnitt «Prüfbuch» in Kapitel 7).

> Die ABS-Funktion kann *nicht* auf dem Rollen-Bremsenprüfstand überprüft werden.

Bremsenprüfstände sind für Betriebe vorgeschrieben, die folgende Untersuchungen durchführen:

❏ ZU und HU,
❏ BSU.

Für neue Prüfstände ist ein *TÜV-Gutachten* vom Rheinisch-Westfälischen TÜV in Essen erforderlich, sowie eine *Stückprüfung* vor der 1. Inbetriebnahme durch einen «Sachkundigen».

Die *Stückprüfung* ist *alle 2 Jahre* zu wiederholen.

Hochrechnung der Abbremsung eines Lkw

Die Hochrechnung ermöglicht bei leerem Fahrzeug die Ermittlung der Abbremsung für das zulässige Fahrzeug-Gesamtgewicht unter Berücksichtigung des jeweils eingesteuerten Bremsdrucks. Erreicht z.B. ein leeres Fahrzeug bei verölter Bremse die volle Bremswirkung nur mit verhältnismäßig großem Einsteuerdruck, wird klar, daß dieser bei voller Beladung nicht entsprechend gesteigert werden kann. Zwangsläufig läßt die Bremswirkung, die auch jetzt den Vorschriften entsprechen muß, nach.

Beispiel

$$a_z = \frac{B}{G_z} \cdot \frac{p_b - 0,4}{p_e - 0,4} \cdot 100\%$$

$$a_z = \frac{40\,000\ \text{N}}{12\,000\ \text{kg}} \cdot \frac{6\ \text{bar} - 0,4}{3,4\ \text{bar} - 0,4} \cdot 100\%$$

$$a_z = \frac{40\,000}{12\,000 \cdot 10} \cdot \frac{5,6}{3} \cdot 100\% \qquad\qquad 1\ \text{kg} = 10\ \text{N}$$

$$a_z = \mathbf{62,2\%}$$

a_z Abbremsung durch die Betriebsbremse, bezogen auf das zul. Gesamtgewicht
B Summe der Bremskräfte
G_z zulässiges Gesamtgewicht laut Kfz- oder Anhängerschein
p_b Berechnungsdruck der Bremsanlage; Zweileitungsbremse 6,5 bar
p_e eingesteuerter Bremsdruck vor der Blockierung
0,4   0,4 bar Druckminderung zur Überwindung der Federkräfte

Die so ermittelte max. Abbremsung ist noch relativ ungenau. Besser ist es, wenn man das Verhältnis Einsteuerdruck zu Berechnungsdruck für jede Achse errechnet und als «i» folgendermaßen eingesetzt:

$$z = \frac{B_1 \cdot i_1 + B_2 \cdot i_2}{G_z} \cdot 100\% \qquad i = \frac{p_b - 0,4}{p_e - 0,4}$$

z Abbremsung
B_1 Summe der Bremskräfte der Vorderachse
B_2 Summe der Bremskräfte der Hinterachse
i Druckverhältnis Einsteuerdruck zu Berechnungsdruck

Weitere Hinweise siehe Abschnitt «Prüfbuch» und «Richtlinie für die Durchführung von Bremsensonderuntersuchungen» in Kapitel 7.

8   Kraftfahrzeug-Elektrik

Die manchmal spürbare Abneigung der Kfz-Mechaniker bei Reparaturen in der elektrischen Anlage mag darin begründet sein, daß mangelnde Grundkenntnisse dazu führen, die Fehlersuche unsystematisch durchzuführen. Das hat zur Folge, daß der Fehler meistens zufällig entdeckt wird und die Reparatur somit zur Glücksache wird. Das befriedigt dann weder den Kunden, noch ist der Monteur selber mit dem Arbeitsablauf zufrieden. Er wird versuchen, in Zukunft solche Arbeiten nach Möglichkeit zu umgehen. Wenn er sich aber bestimmte, immer wieder anwendbare Grundkenntnisse aneignet, diese systematisch bei der Fehlersuche anwendet, wird ihm die Arbeit flotter von der Hand gehen und dadurch die Abneigung gegen diese unsichtbare Energie «Elektrizität» vermindert.

Um die Arbeitsweise der Aggregate und das Zusammenwirken der elektrischen Bauteile in dem Kraftfahrzeug besser zu verstehen, sollen hier zuerst die elektrophysikalischen Grundregeln erläutert werden.

8.1   Grundkenntnisse

Die Wirkungen, die von elektrischem Strom hervorgerufen werden können, sind seit klein auf bekannt. Es sind:

- die *Wärmewirkung,* die genutzt wird bei der Glühkerze, der heizbaren Heckscheibe oder den Glühlampen;
- die *elektromagnetische Wirkung,* die bei Relaisspulen oder Elektromotoren genutzt wird;
- die *chemische Wirkung,* die das Galvanisieren ermöglicht und einen Akkumulator funktionieren läßt;
- die *Lichtbogenwirkung,* die teils unerwünscht die Kontakte von Schaltern verbrennen läßt, andererseits aber den Zündfunken erzeugt;
- die *physiologische Wirkung,* also den Stromschlag, den man beim Berühren spannungsführender Klemmen verspürt, der Schock, Verbrennungen oder sogar tödliche Unfälle herbeiführt.

Um die Ursache dieser Wirkungen zu verstehen, müssen wir in Gedanken in die atomare Struktur der Stoffe eindringen. Wenn wir ein beliebiges Material chemisch soweit wie möglich zerlegen, erhalten wir Atome (griech.: *atomos* = unteilbar). Diese Grundbausteine der Materie bestehen aus einem Atomkern mit Protonen und Neutronen und einer Anzahl um den Atomkern kreisender Elektronen (Bild 8.1).

Diese ordnen sich in verschiedenen Ebenen um den Atomkern und bilden hier die «Elektronenschalen». Die Anzahl der Elektronen entspricht der Anzahl der Protonen im Kern. Hier ist das Wesen der Energieform «Elektrizität» begründet, denn Elektronen sind grundsätzlich elektrisch negativ geladen und Protonen positiv. Diese beiden Ladungen halten sich im Atom normalerweise die Waage, so daß das Atom nach außen hin elektrisch neutral ist. Wird aber das Gleichgewicht gestört, so daß an einer Stelle Elektronenüberschuß, an der anderen Stelle Elektronen-

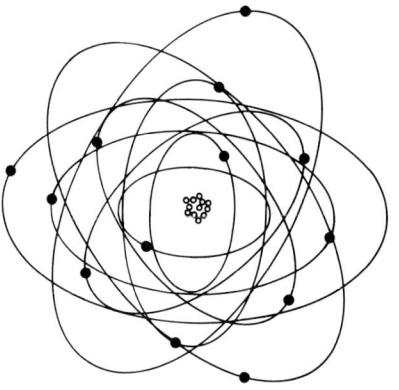 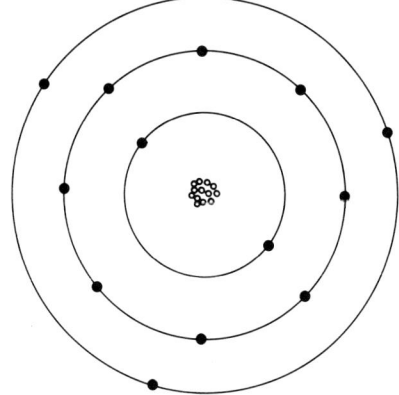

Bild 8.1   Grundsätzlicher Aufbau von Atomen, hier am Beispiel Aluminium. Es hat in drei Elektronenschalen insgesamt 13 Elektronen und eben-so viele Protonen im Kern. Daneben das Atom in vereinfachter Darstellung

mangel entsteht, wollen die Elektronen das Gleichgewicht wiederherstellen. Dieses Ausgleichsbestreben nennen wir *elektrische Spannung*. Wird den Elektronen jetzt ein Weg zum Ausgleich angeboten, geraten sie in Bewegung: Es fließt ein Strom. Dieses Fließen des Stroms wird in festen Leiterwerkstoffen durch die gerichtete Bewegung der Valenzelektronen hervorgerufen. Sie sind die Elektronen der äußeren Elektronenschale von Leiterwerkstoffen, haben keine so feste Bindung an den Atomkern und vollführen in dem Leiter eine ungerichtete Bewegung von Atom zu Atom, ohne indes die Oberfläche des Materials durchdringen zu können (Bild 8.2). Strom fließt aber ebenfalls in flüssigen oder gasförmigen Medien, hier aber durch die Bewegung der Ionen (griech.: = Wanderer). Dieses sind Atome oder ganze Atomgruppen, deren elektrisches Gleichgewicht gestört ist, bei denen also Elektronen fehlen oder gemäß der Protonen in der Überzahl sind.

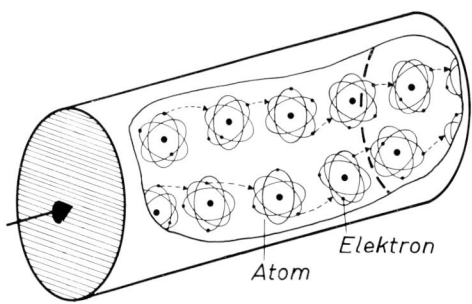

Bild 8.2 Elektronenbewegung in einem Leiter. Die Valenzelektronen wechseln fortlaufend unkontrollierbar von Atom zu Atom. Bei Spannungsanlage geraten sie in gerichtete Bewegung. Dieser Elektronenfluß verläuft von Minus nach Plus und ist somit der technischen Stromrichtung entgegengesetzt. Bei Funktionserklärungen wird immer auf die technische Stromrichtung zurückgegriffen.

8.1.1   Elektrizitätsarten

Um eine einheitliche Sprachregelung zu treffen, werden die Stellen, wo sich unterschiedliche Mengen Elektronen befinden, als *Pole* bezeichnet. Dabei ist der Minuspol derjenige, bei dem sich die Elektronen in der Überzahl befinden. Am Pluspol herrscht Elektronenmangel. Um den Elektronenunterschied zu erzeugen, gibt es mehrere Möglichkeiten.

Reibungselektrizität

Die erste künstlich erzeugte Elektrizität wurde an einem mit Wolle geriebenen Bernstein beobachtet (Griechenland, THALES VON MILET, 600 v. Chr.). Dieser Bernstein war imstande, kleine Papierstücke anzuziehen. Diese zunächst unbekannte Kraft wurde wie der Ausgangspunkt ihrer Entstehung bezeichnet: Der Bernstein hieß hier *Elektron,* so daß Elektrizität mit Bernsteinkraft zu übersetzen ist.

Diese Reibungselektrizität tritt an vielen nichtleitenden Stoffen auf. Wird z.B. ein Glasstab mit Seide gerieben, «wischt» die Seide einige Valenzelektronen vom Glasstab ab. Hier fehlen sie also, das Glas wird somit positiv, die Seide negativ aufgeladen.

Durch die Einführung der Kunststoffe und Chemiefasern ist diese Erscheinung allgemein bekannt geworden. Ein Dralon-Pullover, im Dunkeln ausgezogen, wird mit vielen hellen Entladungsfunken vernehmlich knistern. Das gleiche kann bei einem auf trockener Asphaltstraße schnell gefahrenen Auto auftreten. Hier macht sich die Reibungselektrizität in Form von statischer Aufladung durch prasselnde Störungen im Radio bemerkbar. Empfindliche Naturen erschrecken über den leichten Stromschlag, den sie beim Aussteigen aus dem Fahrzeug verspüren. Die elektrische Ladung des Fahrzeugs wird über den Körper zur Erde abgeleitet.

Bei der Nahentstörung von Fahrzeugen mit Autoradio muß daran gedacht werden, diese Ladungen durch Radnaben-Schleifkontakte störungsfrei abzuleiten.

Gefährlich wird diese statische Aufladung bei Tankfahrzeugen, da ein Entladungsfunke eventuell ausgetretenes Gas oder Vergaserkraftstoff entzünden kann. Hier sind die Abschirmungs- und Erdungsmaßnahmen besonders zu beachten. Fazit: Reibungselektrizität ist im Auto höchst unerwünscht.

Thermoelektrizität

Wenn zwei verschiedene Metalldrähte, deren Spitzen miteinander verschweißt sind, hier erwärmt werden, setzen die Metalle unterschiedlich viele Elektronen frei. Dieses steigert sich annähernd proportional der Temperatur, so daß an den Drahtenden eine steigende Spannung im Millivolt-bereich abgegriffen werden kann. Wird sie mit einem in Grad Celsius geeichten Voltmeter gemessen, ist eine Kontrolle der Temperatur möglich.

Im Kfz-Bereich wird von Motorherstellern und Autotunern so ein Thermoelement in Form der Temperaturmeßkerze verwendet, um die Brennraumtemperatur zu ermitteln. In ihrer hohlgebohrten Mittelelektrode befinden sich je ein isoliert eingebrachter Platin- und Platin-Rhodium-Draht. Da die Mittelektrode in Abhängigkeit der Motorbelastung verschiedene Temperaturen annimmt, wird auch eine unterschiedliche Spannung erzeugt (Bild 8.3).

Galvanische Elektrizität

Im Jahr 1789 beobachtete der italienische Arzt und Naturwissenschaftler LUIGI GALVANI, daß bei toten Fröschen, die an einem Messinghaken aufgehängt waren, die Schenkel zuckten, wenn der

Bild 8.3 Beru-Temperaturmeßkerze mit in die Mittelelektrode eingebrachtem Thermoelement. Motorbetrieb und Brennraumtemperaturkontrolle sind gleichzeitig möglich.

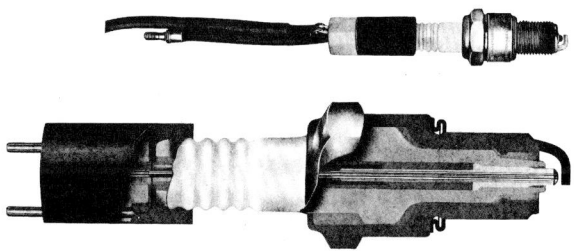

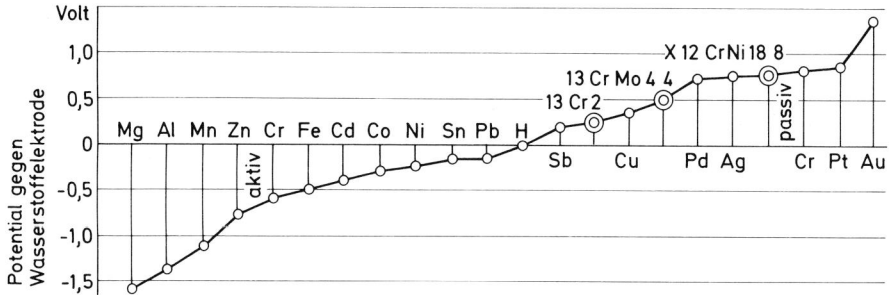

Bild 8.4 Die elektrochemische Spannungsreihe der Metalle (Werkbild: Bosch)

Frosch mit einer Eisenplatte in Berührung kam. Dieses wurde auf die chemische Wirkung der Körperflüssigkeit des Tieres an den beiden verschiedenen Metallen zurückgeführt, die hier eine elektrische Spannung hervorrief. ALESSANDRO VOLTA nutzte diese Erkenntnis zum Bau des nach ihm benannten Volta-Elements, des ersten galvanischen Elements. Um eine solche Spannungsquelle zu erstellen, sind also zwei verschiedene Metalle und ein Elektrolyt nötig. Weitere Beobachtungen ergaben, daß unterschiedliche Metalle verschieden hohe Spannungen erzeugen können und als Elektrolyte sowohl Säuren, Basen oder Laugen verwendbar sind. Über die erzeugte Spannungshöhe gibt die elektrochemische Spannungsreihe der Metalle Auskunft (Bild 8.4).

Anhand eines Kupfer-Zink-Elements soll die Entstehung der Spannung erklärt werden.

Das unedlere Metall, in diesem Fall Zink, wird von dem schwefelsäurehaltigen Elektrolyten zersetzt. Dabei entstehen positive Ionen. Die Elektronen häufen sich an der Zinkelektrode. Die Wasserstoffionen der aufgespaltenen Schwefelsäure (H_2SO_4) sammeln sich an der Kupferelektrode. Zink wird also Minuspol (Katode) und Kupfer Pluspol (Anode). Werden jetzt Anode und Katode über einen Verbraucher miteinander verbunden, so wandern die Elektronen vom Zink in dem Stromkreis zum Kupfer und verbinden sich hier mit den Wasserstoffionen. Das sich bildende Wasserstoffgas setzt sich an der Anode ab, wodurch die weitere Spannungserzeugung unmöglich wird.

Ein langlebigeres galvanisches Element entwickelte Leclanche, das Kohle-Zink-Element. Es gibt eine Spannung von 1,5 V ab und wird noch heute als Trockenelement für Taschenlampenbatterien verwendet. In einen Zinkbecher, der mit Braunstein und Graphit gefüllt ist, bringt man einen Kohlestab als Anode ein. Das Braunsteinpulver ist Träger des Elektrolyten, einer eingedickten Salmiaklösung (Ammoniumchlorid). Ein solches Element gibt so lange Spannung ab, bis entweder das unedlere Material, in diesem Fall Zink, zersetzt ist, oder bis das Elektrolyt unwirksam geworden ist.

Diese sogenannten Primärelemente sind also nur begrenzt haltbar. Um eine Batterie immer weiter gebrauchen zu können, müssen die chemischen Vorgänge, die sich bei der Entladung abspielen, wieder rückgängig gemacht werden. Das hat mit einer darauffolgenden Ladung zu geschehen. Hier haben sich im Kfz-Sektor die Bleiakkumulatoren und in kleinerem Umfang die Nickel-Kadmium-Sammler als besonders belastbar und langlebig herausgestellt. Die Wirkungsweise dieser Sekundärelemente soll in einem späteren Abschnitt beschrieben werden.

Kontaktkorrosion

Die galvanische Elektrizität kann aber auch schwerwiegende negative Folgen in der elektrischen Anlage hervorrufen. Wenn in einem Stromkreis zwei verschiedene Metalle Kontakt miteinander haben – ein Masseband aus Kupfer ist an ein Getriebe aus Aluminium angeschraubt – und an diese Stelle Feuchtigkeit, z.B. streusalzhaltiges Spritzwasser von der Straße, gelangt, läuft auch eine ähnliche chemische Reaktion ab. An diesen Stellen können durch Korrosion tiefe Ausfressungen im Metall entstehen. Die Korrosionsrückstände vergrößern sich mit der Zeit. Da sie elektrisch nicht leitfähig sind, entsteht an dieser Stelle ein zunehmender Übergangswiderstand, der letztendlich zum Ausfall der elektrischen Anlage führt.

Induktionselektrizität

Der steigende Bedarf an elektrischer Energie verlangt nach einer Erzeugungsart, die nicht an chemische Vorgänge gebunden und durch die Zersetzung von Metallen begrenzt ist. Elektrizität muß also in beliebiger Menge neu produzierbar sein. Hier bietet sich die Induktionselektrizität an.

Anfang des 18. Jahrhunderts legte der englische Naturwissenschaftler MICHAEL FARADAY deren Gesetzmäßigkeit in der nach ihm benannten *Faradayschen Regel* fest.

Diese lautet:

> Wird ein elektrischer Leiter von magnetischen Kraftlinien geschnitten oder verändert sich die Stärke des den Leiter durchdringenden Magnetfeldes, so wird in dem Leiter eine elektrische Spannung induziert.

Wird also ein Draht aus beliebigem Material in einem Magnetfeld bewegt, werden die Valenzelektronen des Leiters durch die Wirkung des magnetischen Kraftfeldes in eine gerichtete Bewegung versetzt. An den Enden des Drahtes entsteht eine elektrische Spannung, die aber nur so lange bestehen bleibt, wie der Draht bewegend das Magnetfeld schneidet (Bild 8.5).

Erste LENZSCHE Regel:

> Es wird nur so lange EMK (**e**lektro**m**agnetische **K**raft = elektrische Spannung) induziert, wie die magnetische Veränderung im Leiter anhält.

Wenn der Leiter in dem Magnetfeld hin und her bewegt wird, so entsteht in ihm gemäß der wechselnden Schnittrichtung eine Spannung mit wechselnder Polarität.

Grundsatz:

> Jede Spannung, die auf induktivem Weg erzeugt wird, ist eine Wechselspannung.

Bild 8.5 Wird ein Draht durch ein Magnetfeld bewegt, so entsteht in diesem Draht eine Spannung. Verbindet man die Drahtenden, dann fließt ein Strom. Die Stromrichtung wechselt mit der Bewegungsrichtung.

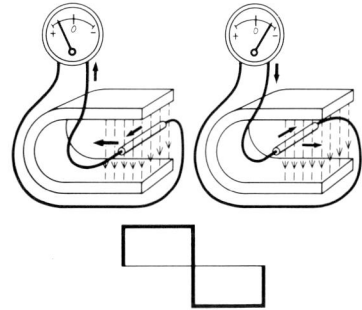

Eine geänderte Schnittrichtung oder eine geänderte Polarität haben eine entgegengesetzte Spannungspolarität zur Folge.

Um die Induktionswirkung zu steigern, gibt es drei Möglichkeiten:

❏ Läßt man das Kraftfeld eines Stabmagneten auf eine Spule mit vielen Windungen wirken, wird in allen gleichzeitig geschnittenen Spulenwindungen eine Spannung erzeugt. An den Spulenenden erhöht sich somit die Spannung.
❏ Eine weitere Spannungserhöhung tritt durch Verstärken des magnetischen Kraftfeldes ein.
❏ Wird die Geschwindigkeit des die Spule schneidenden Magnetfeldes gesteigert, so wird auch dadurch die Spannung erhöht (Bild 8.6).

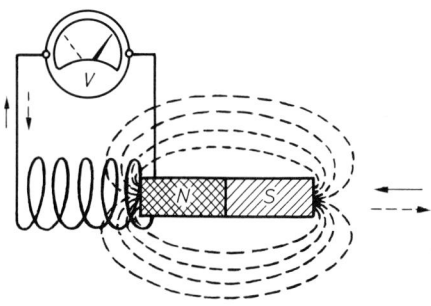

Bild 8.6   Werden die Windungen einer Spule von magnetischen Kraftlinien geschnitten, so wird gemäß der Spulenwindungen eine höhere Spannung erzeugt. Stärkeres Magnetfeld oder schnellere Schnittgeschwindigkeit verstärken ebenfalls die Wechselspannung.

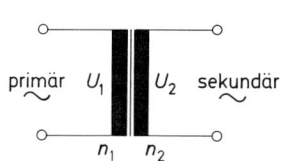

Bild 8.7   Schaltbild des Transformators. Hier verhält sich die primäre Spannung zur sekundären Spannung wie die primäre Windungszahl zur sekundären Windungszahl.
$U_1 : U_2 = n_1 : n_2$
Die Ströme beider Spulen verhalten sich dabei entgegengesetzt wie ihre Windungszahlen.

Bei diesen Induktionsvorgängen ist es gleichgültig, ob sich die Spule oder das Magnetfeld sichtbar bewegen (siehe auch Abschnitt 8.5.1). Es entsteht ebenfalls eine Spannung, wenn zwei Spulen so einander zugeordnet sind, daß das Elektromagnetfeld einer Spule (Primärspule) die zweite Spule (Sekundärspule) durchdringt. Ist an die Primärspule eine Wechselspannung angelegt, wird das Magnetfeld hier gemäß der Frequenz der Spannung laufend seine Richtung ändern und auch in der Sekundärspule eine Wechselspannung induzieren. Nach diesem Prinzip arbeitet ein Transformator (Bild 8.7). Selbst an jeder Spule, die an eine Gleichspannung angelegt wird, beobachtet man beim Ein- und Ausschalten eine Spannung, die in der Spule selbst entsteht. Sie wird *Selbstinduktion* genannt. Beim Einschalten baut der Strom ein Magnetfeld auf, das sich ausdehnend die Windungen der Spule schneidet. Die dabei entstehende Spannung ist der anliegenden Spannung entgegengesetzt gerichtet *(Gegeninduktion)*. Sie muß von der anliegenden Spannung erst überwunden werden, was zu einer Verzögerung des Stromanstiegs führt.

Beim Abschalten bricht das Magnetfeld der Spule zusammen und schneidet dabei deren Windungen. Da die Schnittrichtung diesmal die entgegengesetzte Richtung wie beim Aufbau ist, wird eine Spannung *(Öffnungsinduktion)* erzeugt, die der vorher anliegenden Spannung richtungsgleich ist. Weil der Zusammenbruch des Magnetfelds sehr schnell geschieht, kann die Öffnungsinduktionsspannung ein Vielfaches der vorher anliegenden Erregerspannung betragen. Sie wird sich in Form eines Öffnungslichtbogens an den Schalterkontakten zeigen.

Für alle Induktionsvorgänge kommt noch die zweite Lenzsche Regel zur Anwendung. Sie sagt aus, daß induzierte Spannungen und die durch sie erzeugten Ströme immer eine Richtung haben, die ihrer Entstehungsursache entgegenwirkt. Soll also mit feststehenden Spulen und bewegten Magnetsystemen größere elektrische Energie erzeugt werden, so bremst der Induktionsvorgang den Magnet ab, bzw. es muß mehr Bewegungsenergie zugeführt werden.

Lichtelektrizität
Vereinzelt werden in der Kfz-Elektrik Fotoelemente eingesetzt, z.B. dämmerungsabhängige Parklichtschalter, kontaktlose Zündanlagen oder als Schalter für zwangsweises Abblenden bei Gegenverkehr. Ein Fotoelement besteht aus einem Trägerblech, auf das Selen aufgebracht ist. Hierauf ist wiederum eine molekularstarke Schicht eines anderen Metalls, z.B. Platin, aufgedampft. Fällt nun Licht auf die Platinschicht, entsteht zwischen dieser und der Selenschicht eine Spannung im Zehntelvoltbereich. Photonen, winzige Bestandteile des Lichtes, verdrängen nämlich die Elektronen des Platins in die darunterliegende Selenschicht. Die auf diese Weise gewonnene Spannung läßt sich zur Steuerung vieler Vorgänge in Abhängigkeit des Lichtes verwenden.

Piezoelektrizität
Wenn bestimmte Kristalle, z.B. Turmalin oder Quarz, gedrückt werden, entsteht in der Druckanstiegsphase eine vom Druck abhängige Spannung an den Preßstellen. Sie kann zum Teil sehr hoch werden, so daß an hier angeschlossenen Elektroden Lichtbögen entstehen, die zum Zünden von Gasfeuerzeugen ausreicht. Da Piezoelemente aber auch schon bei sehr kleinem Druck reagieren, ist es möglich, Sensoren zu bauen, die ihren Einsatz bei Dieseltestern finden, um bei laufendem Motor den Einspritzbeginn und den Spritzversteller zu überprüfen. Weiterhin werden Klopfsensoren in manchen elektronischen Zündanlagen von Ottomotoren verwendet. Das ermöglicht eine leistungssteigernde Heranführung des Zündzeitpunktes an die Klopfgrenze, ohne Motorschäden befürchten zu müssen.

8.1.2   Definition der Grundmaßeinheiten

Die vorab beschriebenen Elektrizitätsarten haben, so verschieden sie auch anmuten, immer das gleiche bewirkt: Elektronenunterschied an zwei Polen. Elektronen haben das Bestreben, diesen Unterschied auszugleichen. Dieses Ausgleichsbestreben wird elektrische Spannung genannt. Zum Vergleich kann man Wasser heranziehen, dessen Wasserspiegel sich in zwei miteinander verbundenen Gefäßen auch ausgleichen will.

Die Spannung ist aber auch eine der wichtigsten elektrophysikalischen Grundgrößen. Man muß sie ggf. berechnen oder messen können. Grundsätzlich ist aber Messen nichts weiter als das Vergleichen einer unbekannten Größe mit einer genau bekannten. Bei der «unsichtbaren» elektrischen Spannung ist das Festlegen der Dimension der Grundgröße etwas schwieriger gewesen als z.B. bei der Längenmessung, wo das Meter die Vergleichsgröße ist. In der Elektrik konnte man nur auf die Wirkung, die man beobachten kann, zurückgreifen. Man legte als Maßeinheit das Volt (V), Formelzeichen U, fest und definierte es wie folgt:

> 1 Volt ist die Spannung, die durch einen Widerstand von 1 Ohm einen Stromfluß von 1 Ampere verursacht.

Dieser Merksatz ist einprägsam und enthält zusätzlich die zwei anderen wichtigen Grundgrößen. Verbindet man die Pole einer Spannungsquelle über einen Verbraucher mit einem Leiter, so wird dem Ausgleichsbestreben der Elektronen Raum gegeben. Sie versetzen die Leitungselektronen in gerichtete Bewegung: Es fließt Strom. Dieser Stromfluß wird in Ampere (A), Formelzeichen *I*, gemessen. Da man beobachten kann, daß dieser Strom aus Elektrolyten die hierin gelösten Metallsalze auszuscheiden vermag, legte man fest:

> 1 Ampere Strom scheidet aus einer wäßrigen Silbernitratlösung in einer Sekunde 1,118 Milligramm Silber aus.

Strom kann allerdings erst fließen, wenn die Spannung den Widerstand des gesamten Stromkreises überwinden kann. Elektrischer Widerstand ist also eine Gegenkraft des Leiters, die den Stromfluß zu hindern trachtet, und in einem Isolator, weil hier erheblich größer, gänzlich unterbindet. Er wird in Ohm (Ω), Formelzeichen *R*, gemessen.

> 1 Ohm ist der Widerstand einer Quecksilbersäule mit einem gleichmäßigen Querschnitt von 1 mm^2 und einer Länge von 106,3 cm bei 0 °C (273 K).

Durch die Ausführungsverordnung zum Bundesgesetz für Maßeinheiten vom 2. 7. 1969 sind das Volt, das Ampere und das Ohm wie folgt festgelegt:

1 Volt ist gleich der elektrischen Spannung oder elektrischen Potentialdifferenz zwischen zwei Punkten eines fadenförmigen, homogenen und gleichmäßig temperierten metallischen Leiters, in dem bei einem zeitlich unveränderlichen elektrischen Strom der Stärke 1 Ampere zwischen den beiden Punkten die Leistung 1 Watt umgesetzt wird.

Die Basiseinheit **1 Ampere** ist die Stärke eines zeitlich unveränderlichen elektrischen Stroms, der durch zwei im Vakuum parallel im Abstand 1 Meter voneinander angeordnete, geradlinige, unendlich lange Leiter von vernachlässigbar kleinem, kreisförmigem Querschnitt fließend, zwischen diesen Leitern je Meter Leiterlänge elektrodynamisch die Kraft von $1/_{5\,000\,000}$ Kilogrammmeter durch Sekundenquadrat hervorrufen würde.

1 Ohm ist gleich dem elektrischen Widerstand zwischen zwei Punkten eines fadenförmigen, homogenen und gleichmäßig temperierten metallischen Leiters, durch den bei der elektrischen Spannung von 1 Volt zwischen beiden Punkten ein zeitlich unveränderlicher Strom von 1 Ampere fließt.

Gleichstrom wird durch Gleichspannung hervorgerufen. Er fließt auf Dauer in gleicher Höhe und gleicher Richtung. Im Kfz greift man auf Gleichstrom zurück, da mit ihm der mitgeführte Akkumulator geladen werden kann. Die vom Generator erzeugte Gleichspannung weist eine geringe Restwelligkeit auf, da sie als dreiphasige Wechselspannung erzeugt wird und erst durch Gleichrichtung mittels Dioden zustande kommt.

Wechselstrom wird durch Wechselspannung hervorgerufen. Er ändert periodisch seine Höhe und Richtung, was durch die angegebene Wechselspannungsfrequenz ersichtlich wird. Wechselstrom und Wechselspannung lassen sich durch Transformieren auf jede beliebige Höhe herauf- oder herabsetzen und haben sich in stationären Licht- und Kraftstromnetzen durchgesetzt (Bild 8.8).

Bild 8.8 Oszillographische Aufzeichnung des Wechselstroms. Er besteht aus positiven und negativen Halbwellen (Amplituden). Die Anzahl der Perioden pro Sekunde bestimmt die Frequenz, die in Hertz ausgedrückt wird.

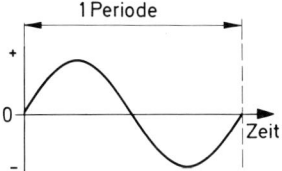

8.1.3   Ohmsches Gesetz

Der Stromfluß in einem Leiter hängt ab von der Höhe der anliegenden Spannung und der Größe des Leiterwiderstandes. Die Abhängigkeit der drei Größen zueinander ist im Ohmschen Gesetz festgelegt.

Es sagt aus:

> Die Spannung ist proportional dem Produkt aus Widerstand und Strom,

oder mit Formelzeichen ausgedrückt:

$$U = R \cdot I$$

Sind von einem Stromkreis zwei Werte bekannt, z.B. die Betriebsspannung und der Widerstand des Verbrauchers, so ist es durch Umstellen der Ohmschen Formel möglich, den hier zu erwartenden Strom zu errechnen. Das gilt ebenso auch für die anderen beiden Grundgrößen, so daß sich neben der Grundformel noch zwei weitere Möglichkeiten ergeben: Der Strom errechnet sich, indem man die Spannung durch den Widerstand dividiert, also $I = U : R$, und der Widerstand, indem man die Spannung durch den Strom teilt, also $R = U : I$.

Als kleine Hilfe beim Umstellen des Ohmschen Gesetzes kann das sogenannte Merkdreieck gelten. Wenn hierin ein Formelbuchstabe abgedeckt wird, bleibt die anwendbare Formel lesbar (Bild 8.9).

Bild 8.9   Den gesuchten Wert abdecken, die zum Rechnen passende Formel bleibt lesbar

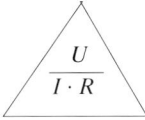

8.1.4   Stromkreis mit mehreren Verbrauchern

In der Praxis läßt sich erkennen, daß mehrere Verbraucher von der gleichen Spannungsquelle versorgt werden. Die dann in den Teilstromkreisen fließenden Ströme lassen sich ebenfalls durch das Ohmsche Gesetz errechnen. Die Größe der Ströme hängt dann von dem Gesamtwiderstand aller vom gleichen Strom durchflossenen Verbraucher ab.

Reihenschaltung

Werden alle Verbraucher nacheinander von Strom durchflossen – der Ausgang des ersten Verbrauchers ist mit dem Eingang des zweiten verbunden – so sagt man, sie sind in Reihe geschaltet. Der Gesamtwiderstand dieses Stromkreises errechnet sich aus der Summe der Einzelwiderstände der Verbraucher.

Als Formel ausgedrückt:

$$R_{ges} = R_1 + R_2 + R_3 + \cdots$$

Es ist somit möglich, bei festgelegter Spannung den Gesamtstrom zu errechnen. Wenn jetzt in die Ohmsche Formel der Gesamtstrom und der Widerstand eines Einzelwiderstands eingesetzt werden, ergibt sich der Spannungsabfall an diesem Widerstand. Die Summe der Spannungsabfälle aller Widerstände ist gleich der Betriebsspannung des Stromkreises (Bild 8.10).

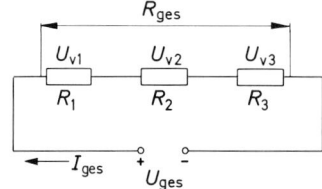

Bild 8.10   Die Spannung U_{ges} läßt den Strom I_{ges} durch die drei Widerstände fließen, deren Summe den Gesamtwiderstand R_{ges} ausmacht. $I_{ges} \cdot R_1$ ergibt U_{v1}, also den Spannungsverbrauch des ersten Widerstandes. Das gleiche gilt für R_2 und R_3. Ist hinter R_1 oder R_2 ein elektrischer Anschluß angelegt, kann hier eine kleinere Spannung als U_{ges} abgegriffen werden. Eine solche Schaltung wird dann als Spannungsteiler bezeichnet.

Parallelschaltung

Da die Verbraucher im Fahrzeug bis auf wenige Ausnahmen die volle Nennspannung benötigen, müssen sie alle am Plus- und Minuspol der gemeinsamen Spannungsquelle angeschlossen sein. Somit sind sie parallel zueinander verschaltet.

Auch hier bestimmt der Gesamtwiderstand die Größe des Gesamtstroms. Er setzt sich aber aus mehreren Einzelströmen zusammen. Der Gesamtwiderstand (Bild 8.11) errechnet sich aus der Formel

$$R_{ges} = \cfrac{1}{\dfrac{1}{R_1} + \dfrac{1}{R_2} + \dfrac{1}{R_3} \cdots}$$

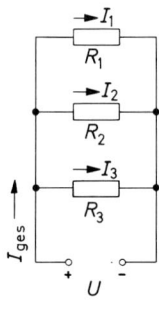

Bild 8.11   Der Gesamtwiderstand ergibt sich aus dem Kehrwert der Summe der Leitwerte jedes einzelnen Widerstandes. Der Gesamtstrom I_{ges}, den die Spannung U in allen Widerständen erzeugt, ist gleich der Summe der Einzelströme.

Dabei werden im Grunde genommen die Leitwerte der Einzelwiderstände zusammengezählt. Der Leitwert gibt die Eigenschaft eines Bauteils an, den Strom zu transportieren. Ist er groß, so ist der Widerstand klein und umgekehrt.

Somit ist der Leitwert der Kehrwert des Widerstandes.
(Maßeinheit Siemens [S], Formelzeichen G)

In eine Formel gekleidet:

$$G = \frac{1}{R} \quad \text{oder} \quad R = \frac{1}{G}$$

8.1.5   Leiterwiderstand

Bei einer beliebigen Leitung bestimmen hauptsächlich drei Faktoren den ohmschen Widerstand:

- ❏ der spezifische oder Artwiderstand,
- ❏ die notwendige Länge der Kabelleitung und
- ❏ der auf die Stromaufnahme des Verbrauchers abzustimmende Kabelquerschnitt.

Daneben wird der Leitungswiderstand des Kabels auch noch durch die Temperatur bestimmt. Kurze Kabel mit großem Querschnitt haben einen geringen, lange dünne Kabel einen großen Widerstand.

Der Leitungswiderstand und der durch das Kabel fließende Strom bestimmen die Größe des Spannungsverlustes (U_v). So bezeichnet man den Teil der Betriebsspannung, der auf dem Weg von der Spannungsquelle zum Verbraucher in dem Kabel verbraucht wird. Dadurch sinkt die Nutzspannung am Verbraucher, so daß dessen Leistung geringer wird. Es ist also anzustreben, ein Kabel mit möglichst geringem Widerstand zu wählen.

Spezifischer Widerstand (Formelzeichen ϱ, sprich Rho; Dimension: $\Omega \cdot mm^2/m$)
In Tabelle 8.1 sind spezifische Widerstände und Temperaturbeiwerte einiger Metalle aufgeführt.

Der spezifische Widerstand macht ein Vergleichen der verschiedenen Metalle möglich. Er sagt aus, wie groß der Widerstand des betreffenden Materials bei einem Meter Länge (l), einem Querschnitt von 1 mm^2 (A) und der Temperatur von 293 K (+20 °C) ist. Der Widerstand eines beliebigen Drahtes errechnet sich nach der Formel

$$R_{Ltg} = \frac{\varrho \cdot l}{A}$$

Aufbauend darauf ist es also auch möglich, bei bekanntem Strom den zu erwartenden Spannungsverlust der Leitung zu errechnen. Hierfür gilt:

$$U_v = R_{Ltg} \cdot I$$

Tabelle 8.1 Spezifischer Widerstand und Temperaturbeiwert einiger Metalle

Spezifischer Widerstand ρ bei 293 K = 20 °C		
Metall	$\Omega \cdot mm^2/m$	Temperaturkoeffizient a
Aluminium 99,5%, weich	0,0278	$4 \cdot 10^{-3}$
Blei	0,208	$4 \cdot 10^{-3}$
Eisen, rein	0,1	$4,5 \cdot 10^{-3}$
Gußeisen	0,6 bis 0,1	$1,9 \cdot 10^{-3}$
Kupfer, für Leitungen	0,0175	$4,0 \cdot 10^{-3}$
Messing	0,07	$1,3$ bis $1,9 \cdot 10^{-3}$
Nickel	0,09	$6,0 \cdot 10^{-3}$
Nickelin		
(Widerstandsdraht)	0,4	$0,18$ bis $0,21 \cdot 10^{-3}$
Platin	0,1	$3,8$ bis $3,9 \cdot 10^{-3}$
Silber	0,0165	$4,1 \cdot 10^{-3}$
Wolfram	0,055	$4,6 \cdot 10^{-3}$
Zink	0,063	$3,7 \cdot 10^{-3}$
Zinn	0,12	$4,4 \cdot 10^{-3}$

8.1.6 Kabelquerschnittsbestimmung

Um den Spannungsverlust der Leitungen möglichst gering und somit die Nutzspannung am Verbraucher groß zu halten, ist es bei Neuinstallationen von elektrischen Anlagen notwendig, den Kabelquerschnitt richtig zu wählen. Die Auswahlkriterien für den Querschnitt sind der maximal zulässige Spannungsverlust, die zulässige Erwärmung des Kabels bei Betrieb und nicht zuletzt der Preis.

Die höchstzulässigen Spannungsverluste für Kfz-Kabel sind im DIN-Blatt 72 551/3 festgelegt und für die wichtigsten Leitungen in Tabelle 8.2 aufgeführt.

Tabelle 8.2 Höchstzulässige Spannungsverluste bei Kfz-Kabeln

Ladeleitung von Generator B+ bis Batterie bei Nennspannung und Nennleistung	0,4 V in 12-V-Anlagen 0,8 V in 24-V-Anlagen
Anlasserhauptleitung bei Anlasserkurzschlußstrom	0,5 V in 12-V-Anlagen 1,0 V in 24-V-Anlagen
Anlassersteuerleitung bei Magnetschaltern mit Einzugs- und Haltewirkung Lichtleitung von Lichtschalter Klemme 30 bis Leuchten bei Nennspannung und Nennleistung	2,4 V in 12-V-Anlagen 2,8 V in 24-V-Anlagen 0,5 V
Alle übrigen Leitungen	0,8 V in 12-V-Anlagen 1,6 V in 24-V-Anlagen
Bei isolierter Rückleitung darf deren Spannungsverlust nicht größer sein als der der Zuleitung.	

Die hier aufgeführten U_v-Werte werden zur Kabelquerschnittsberechnung in die Formel

$$A = \frac{\varrho \cdot l \cdot I}{U_v}$$

eingesetzt. Hierin ist A der zu ermittelnde Kabelquerschnitt in mm^2, ϱ der spezifische Widerstand, l die Leiterlänge in Metern, I die Stromaufnahme des zu speisenden Verbrauchers und U_v der maximal zulässige Spannungsverlust. Sollte der Strom I nicht bekannt sein oder nicht gemessen werden können, wird er aus bekannter Leistung und Nennspannung berechnet.

Elektrische Leistung wird in Watt (W, Formelzeichen P) angegeben. Sie ist das Produkt aus Spannung und Strom; $P = U \cdot I$.

Der Strom errechnet sich also nach $I = \frac{P}{U}$.

Die nach der Kabelquerschnittsformel ermittelten Werte werden in der Regel nicht die genormten Kabelquerschnitte erreichen. Die Industrie stellt folgende Querschnitte für den Werkstattbedarf her: 1, 1,5, 2,5, 4, 6, 10, 16, 25, 35, 50, 70, 95, 120 mm^2. Der errechnete Querschnitt muß auf den nächsthöheren genormten aufgerundet werden. Bevor dieses Kabel verlegt wird, muß aber noch berücksichtigt werden, daß es sich bei Betrieb durch den Stromfluß erwärmt und bei unzulässig großer Stromdichte die Isolation zerstört werden kann. Das führt dann in der Regel zu Kabel- oder Fahrzeugbränden. Als Richtwert für die Stromdichte kann bei kunststoffisolierten Kabeln gelten: Querschnitte bis zu 6 mm^2 können mit 10 A/mm^2, bis 35 mm^2 mit 6 A/mm^2 und bis 120 mm^2 mit 4 A/mm^2 Dauerstrom belastet werden. Bei kurzzeitigen Strömen ist eine Stromdichte von 20 A/mm^2 zulässig. Es ist somit der Verbraucherstrom zu ermitteln und mit dem Kabelquerschnitt ins Verhältnis zu setzen. Übersteigt die Stromdichte den für diesen Querschnitt zulässigen Wert, so muß wiederum auf den nächsthöheren genormten Querschnitt zurückgegriffen werden. Diese gesamten Überlegungen gewährleisten, daß die Kabelleitung richtig auf den zu speisenden Verbraucher abgestimmt ist.

8.1.7 Widerstand und Temperatur

Das Widerstandsverhalten der meisten Materialien ändert sich in Abhängigkeit der Temperatur. Wieviel das ausmacht, gibt der Temperaturkoeffizient des betreffenden Materials an. Er sagt aus, um wieviel Ohm, ausgehend von der Temperatur von 293 K (+20 °C) bei einem Temperatursprung von 1 K der Widerstand zu- oder abnimmt. Bei den Metallen kann davon ausgegangen werden, daß bei steigender Temperatur der Widerstand zunimmt. Somit sind sie PTC-Leiter (positiver Temperaturkoeffizient; s. Tabelle 8.1).

Metallkeramiken oder -oxide, Isolatoren, Halbleitermaterial und Flüssigkeiten (Elektrolyte) sind NTC-Leiter (negativer Temperaturkoeffizient). Werden sie erwärmt, sinkt deren Widerstand. NTC- und PTC-Leiter werden vielfach zur Steuerung elektrischer oder elektronischer Vorgänge in Abhängigkeit der Temperatur eingesetzt.

Eine Sonderstellung nehmen die sogenannten Konstantanwiderstände ein. Sie werden angewandt, wenn Temperatursprünge sich nicht in Widerstandsveränderungen niederschlagen dürfen. Konstantanlegierungen sind auf Nickelbasis aufgebaut. Für die Praxis ist es genau genug, wenn man für Kupferdraht bei einer Temperaturänderung von 10 °C eine 4%ige Widerstandsveränderung veranschlagt.

8.1.8   Halbleiterbauelemente

Die Zuverlässigkeit heutiger Kfz, deren geringer Kraftstoffverbrauch und geringere Schadstoffemission, die immer länger werdenden Zeiten zwischen den Fahrzeuginspektionen und nicht zuletzt der Komfort sind auf den Einsatz elektronischer Geräte im Auto zurückzuführen. In diesen Geräten ist eine Vielzahl von Halbleiterbauteilen sinnvoll miteinander verschaltet. Um die Arbeitsweise dieser Geräte zu verstehen und bei notwendigen Überprüfungen keine Fehler zu machen, die den Ausfall des betreffenden Gerätes zur Folge haben, ist es notwendig, die Funktion der wichtigsten Halbleiterbauelemente zu verstehen.

   Der Grundstoff zur Herstellung ist heute vorwiegend Silizium, obwohl auch Germanium und Selen zu den Halbleiterelementen zählen. Diese nichtmetallischen Elemente liegen, wie ihr Name «Halbleiter» sagt, bezüglich ihrer Leitfähigkeit zwischen den Metallen und den Isolatoren. Reinstes Silizium ist ein Isolator, weil in ihm die Valenzelektronen fehlen. Dieses Grundmaterial wird zur Steigerung der Leitfähigkeit gezielt verunreinigt – ein Vorgang, der «Dotieren» genannt wird. Nimmt man hierzu z.B. Arsen, erhält das Silizium negative Ladungsträger und wird ein n-Leiter. Wird z.B. Indium genommen, kommen positive Ladungsträger hinzu. Es entsteht ein p-Leiter. Die Vielfalt elektronischer Halbleiterbauelemente beruht auf unterschiedlicher Kombination von n-Leitern mit p-Leitern.

Alle Halbleiterbauelemente sind empfindlich gegen zu hohe Spannung, zu hohen Strom und zu hohe Temperatur. Werden in dieser Hinsicht auch nur kurzzeitig bestimmte Grenzwerte überschritten, ist das Bauteil irreparabel zerstört. Sie weisen dagegen die Vorteile auf, daß sie heute preiswert hergestellt werden können, klein und leicht sind, schnell und verzögerungslos schalten können und unter Beachtung der zuerst genannten Empfindlichkeiten praktisch ewig leben.

Dioden (Bild 8.12) bestehen aus einem p-Leiter und einem n-Leiter. Sie haben zwei Anschlüsse, die Anode und die Katode. Positive Spannung in der Größe der Durchlaßspannung von 0,5 bis 0,8 V an die Anode gelegt, bewirkt nach technischer Stromrichtung Stromfluß durch die Diode. Positive Spannung an die Katode gelegt, läßt die Diode den Stromfluß sperren. Steigt aber hier die Spannung über die Durchbruchspannung (bei Germaniumdioden ca. 80 bis 100 V, bei Siliziumdioden z.T. 3000 V), beginnt jetzt auch Strom zu fließen, wobei die Diode zerstört wird. Werden diese Voraussetzungen erfüllt und eingehalten, hat jede Diode eine Durchlaß- und eine Sperr-

Bild 8.12   Größenvergleich zwischen Siliziumdiode und kleinem Selengleichrichter mit dem dazugehörigen Schaltzeichen

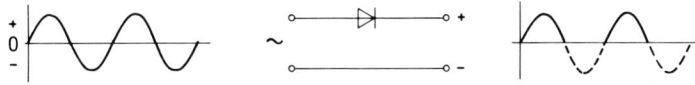

Bild 8.13 Liegt eine Diode im Wechselstrom-kreis, so wird nur eine Amplitude durchgelassen (Einweg-Gleichrichtung). Hinter der Diode fließt pulsierender Gleichstrom.

Bild 8.14 Hier sind vier Dioden in der Graetz- oder Brückenschaltung miteinander verbunden. Bei der Vollweg-Gleichrichtung wird auch die andere Amplitude ausgenutzt, indem deren Stromrichtung gewendet wird.

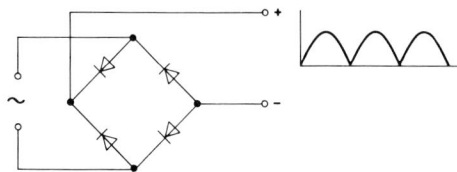

richtung. Sie wirkt somit in einem elektrischen Stromkreis wie ein Ventil in einem hydraulischen Kreis (siehe auch Abschnitt 8.5.2, Bild 8.110).

Diese Eigenschaft ermöglicht es, Wechselspannungen gleichzurichten. Wechselspannung weist positive und negative Amplituden (Halbwellen) auf, von denen nur die positiven durchgelassen werden. Hinter der Diode fließt somit pulsierender Gleichstrom. Darum sind Dioden Gleichrich-ter, z.B. im Drehstromgenerator. Sie können aber auch zum Schutz anderer elektronischer Bau-teile verschaltet werden, z.B. als Verpolungsschutz oder als Lösch- oder Freilaufdiode (Bilder 8.13 und 8.14).

Zenerdioden werden nur in Sperrichtung betrieben. Sie sind durch Dotierung so ausgelegt, daß sie bei einer bestimmten Spannung, der Zenerspannung, von der Katodenseite her den Strom durchlassen. Bei Strombegrenzung wird sie aber nicht zerstört, sondern fällt bei Unterschreiten der Zenerspannung sofort in ihren Sperrzustand zurück. Diese Eigenschaft erklärt ihre Anwen-dung als Sollwertgeber z.B. in Transistorreglern für Generatoren, in Spannungskonstanthaltern für Anzeigeinstrumente, als spannungsbestimmendes Glied in Überspannungschutzgeräten und ähnlichem (siehe auch Abschnitt 8.5.2, Bild 8.114, und Abschnitt 8.5.4, Bild 8.116).

Thyristoren werden auch Vierschichtdioden genannt, weil sie aus vier Schichten abwechselnd aneinandergereihter p- und n-Leiter bestehen. Sie haben drei Anschlüsse: Anode, Katode und das Gate (Stromtor oder Zündelektrode). Wird an die Anode positive Spannung angelegt, sperrt der Thyristor so lange, bis an das Gate ein kurzer Spannungsimpuls gelangt. Dann zündet er, wird also Richtung Katode stromdurchlässig. Er verharrt in diesem Zustand, bis an der Anode die Span-nung unter die Haltespannung sinkt. Somit ist der Thyristor ein elektronischer, sehr schneller Schalter, der bei entsprechender Auslegung auch Ströme bis zu 1000 A schalten kann. Er wird z.B. in Thyristorzündanlagen, Überspannungsschutzgeräten, aber auch als Schalter für Zündlicht-pistolen verwendet (Bild 8.15).

Bild 8.15 Der Thyristor als Schalt-bild und in Blockdarstellung mit Anschlußbezeichnung

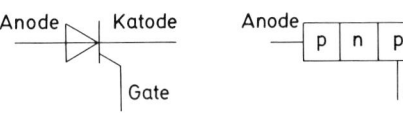

Gelangt negative Spannung an die Anode, so sperrt er auch bei einem Auslöseimpuls an der Zündelektrode. Liegt aber Wechselspannung an der Anode und in der gleichen Frequenz ein Zündimpuls am Gate, wird er periodisch durchgesteuert und läßt somit die positiven Halbwellen durch. Gelingt es jetzt, den Zündimpuls gegenüber der positiven Halbwelle zu verzögern, wird nicht mehr der gesamte Wert der Halbwelle durchgelassen, sondern nur noch ein Teil davon. Man spricht dann von Phasenanschnittssteuerung. Die an der Katode abnehmbare pulsierende Gleichspannung kann auf diese Weise geregelt werden. Deshalb ist der Thyristor auch als regelbarer Gleichrichter anzusprechen. Diese Eigenschaft hat den Bau der Helligkeitsregler oder Dimmer für die Beleuchtung zu Hause und der Dimmatic ermöglicht. So heißt eine Elektronik, die von der Firma Hella entwickelt wurde. Sie schaltet beim Abblenden das Fernlicht nicht schlagartig aus, sondern läßt es augenschonend langsam dunkler werden (Bild 8.16).

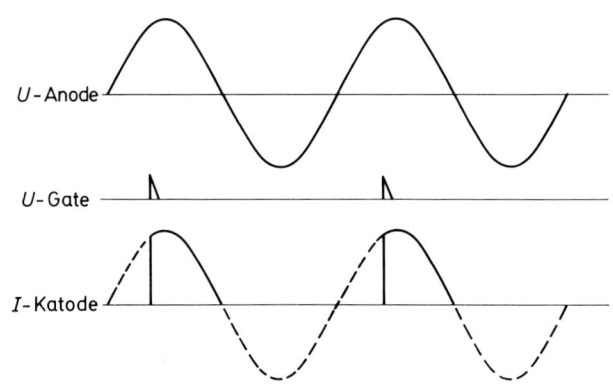

Bild 8.16   Die positive Amplitude der Wechselspannung an der Anode wird erst nach Öffnen des Thyristors durch den Zündimpuls am Gate durchgelassen. Hinter der Katode fließt pulsierender Gleichstrom, der durch phasenversetzten Zündimpuls am Gate in der Höhe verändert werden kann.

Transistoren unterscheidet man gemäß ihres inneren Aufbaus nach pnp- und npn-Typen. Sie haben drei Anschlüsse, die Emitter, Basis und Kollektor heißen. Um ihre Wirkung zu verstehen, vergleicht man sie am einfachsten mit der Arbeitsweise eines Arbeitsstromrelais. Beim Relais läßt ein kleiner Steuerstrom durch dessen Wicklung die Arbeitsstromkontakte schließen, so daß über diese ein großer Verbraucherstrom geschaltet werden kann. Beim Transistor bewirkt ein geringer Steuerstrom, der hier Basisstrom genannt wird und zwischen den Anschlüssen Basis und Emitter fließt, einen großen möglichen Strom zwischen Emitter und Kollektor (Bild 8.17).

Abweichend von der Wirkung eines Relais ist es hier aber möglich, den Emitterkollektorstrom durch Veränderung des Basisstroms ebenfalls zu verändern. Das geschieht in der Art, daß bei steigendem Basisstrom der Kollektorstrom überproportional gesteigert wird. Das ist der sogenannte Stromverstärkungsfaktor des Transistors. Im Kfz werden Transistoren häufig anstelle von mechanischen Schaltern verwendet, z.B. im Transistorregler oder in Transistorzündanlagen.

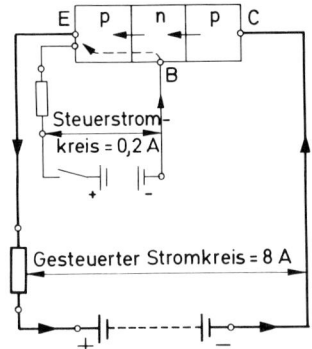 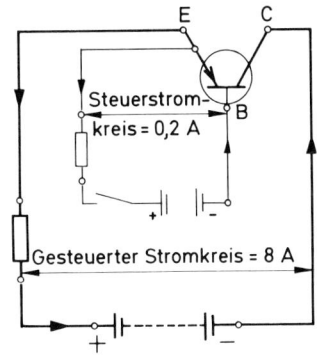 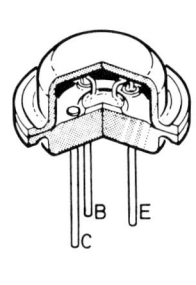

Bild 8.17 Schaltbeispiel mit pnp-Transistor. Der Steuerstrom von 0,2 A zwischen Basis und Emitter (hier Elektronenflußrichtung abgebildet) macht den Transistor zwischen den Anschlüssen Emitter und Kollektor leitfähig, so daß ein größerer Strom fließen kann. Rechts die Abbildung eines geschnittenen Transistors

Leuchtdioden ersetzen zunehmend Kontrolleuchten im Armaturenbrett. Gegenüber Glühlampen haben sie den Vorteil, daß sie keine Wärme erzeugen. Lumineszenzdioden – oder kurz LED – erzeugen ihr Licht in Form von elektromagnetischen Schwingungen mit einer Wellenlänge im Bereich von etwa 500 bis 750 Nanometern. Die Farbe des Lichtes kann Grün, Gelb oder Rot sein. Blaue LEDs werden entwickelt. Ihre weiteren Vorteile sind der geringe Stromverbrauch von 10 bis 20 mA und ihre mit über 100 000 h angegebene Lebensdauer. Ferner vertragen sie extremste mechanische Rüttelbeanspruchungen, weisen einen Wirkungsgrad von über 70% auf und sind in der Herstellung billiger als Glühlampen (Bild 8.18).

Wird an die Anode einer LED eine Spannung von 1,6 bis 1,9 V gelegt, so geben die Elektronen in der Sperrschicht einen Teil ihrer Energie in Form von Photonen ab. Diese an sich geringe Lichtausbeute wird in dem gewölbten, transparenten Kunststoffgehäuse der LED konzentriert, so daß es gut sichtbar wird. Wegen ihrer geringen Betriebsspannung müssen LEDs in 12-V-Anlagen mit einem Vorwiderstand von ca. 520 Ω verschaltet sein.

Bild 8.18 Aufbau und Anschlüsse einer Leuchtdiode

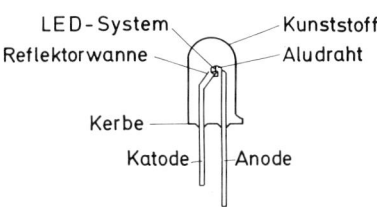

8.1.9 Magnetismus

Natürlicher Magnetismus ist an die Ferrometalle Eisen, Nickel und Kobalt gebunden. Untersucht man einen Stabmagneten auf seine magnetische Kräfte, stellt man beim Annähern eines Eisenteils besonders starke Zugkräfte an den Polen fest. Wird der Stabmagnet mit einer Glasscheibe abgedeckt und mit Eisenfeilspänen bestreut, ordnen sie sich bogenförmig von Pol zu Pol. Sie

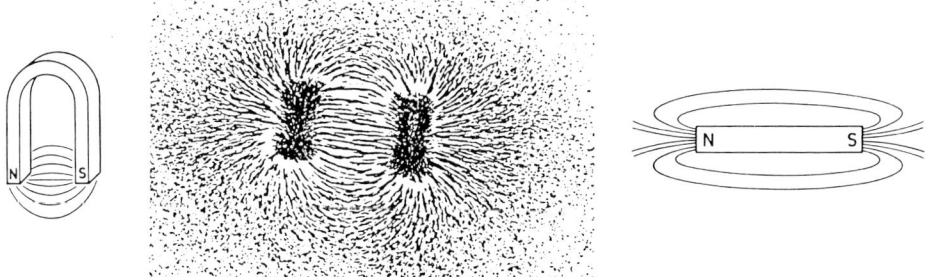

Bild 8.19 Streubild eines Hufeisenmagneten. verlauf. Bei einem Stabmagneten ordnen sie sich
Die Eisenfeilspäne kennzeichnen den Kraftlinien- gemäß der angedeuteten Kraftlinien.

machen also den Verlauf der magnetischen Kraftlinien sichtbar. Hypothetische Annahme ist, daß sie aus dem Nordpol des Magneten aus- und in dessen Südpol wieder eintreten. So ein Streubild läßt also erkennen, daß Magnetismus den Raum überwindet und Material – die Glasscheibe – durchdringen kann. Die Gesamtzahl der magnetischen Kraftlinien wird das magnetische Feld genannt. An den Polen ist die Feldliniendichte am größten, somit ist sie ein Anhaltspunkt für die Zugkraft eines Magneten (Bild 8.19).

Sind mehrere Magnete im gleichen Raum, beeinflussen sie sich gegenseitig.

Gleiche magnetische Pole stoßen sich ab, ungleiche ziehen sich an. Richtungsgleich zusammengestellte Magnete summieren ihre Kräfte zu einem gemeinsamen stärkeren Magnetfeld. Gleich starke entgegengesetzte Kräfte heben sich gegeneinander auf, so daß nach außen hin kein magnetisches Feld mehr nachzuweisen ist.

Magnetisieren lassen sich nur Metalle, die den sogenannten Molekularmagnetismus aufweisen. Darunter versteht man die Eigenart dieser Moleküle, jedes für sich einen kleinen Magneten zu bilden. Sie liegen normalerweise ungeordnet im Gefüge, so daß nach außen hin kein Magnetismus auftritt. Werden aber die Molekularmagnete durch ein von außen wirkendes starkes Magnetfeld ausgerichtet, so verharren sie in dieser Lage, und das vorher unmagnetische Eisen ist zum Magneten geworden. Wie lange dieser Magnetismus verbleibt, hängt von der verwendeten Eisensorte bzw. von der Stahllegierung ab. Weiches Eisen mit geringem Kohlenstoffgehalt und Siliziumzusatz kann mit geringen magnetischen Kräften aufmagnetisiert werden, verliert aber seinen Magnetismus schnell wieder. Diese Eigenschaft ist bei Geräten notwendig, in denen schnell wechselnde Auf- und Entmagnetisierungsvorgänge die Funktion ausmachen. Darum sind die Eisenkerne von Zündspulen, Transformatoren, Generatoren usw. aus Dynamoblechen solcher Legierungen hergestellt.

Permanentmagnete mit großer Koerzitivkraft – das ist die Kraft, die ein Magnet seiner Entmagnetisierung entgegensetzt – müssen aus gehärtetem, besonders legiertem Stahl hergestellt sein.

Dieser kräftige Dauermagnetismus ist für viele Geräte, z.B. für die Magnetsysteme der Magnetzünder, unabdingbar. Hier finden heute besonders alterungsbeständige Sinteroxidmagnete oder Alnicomagnete ihren Einsatz.

Remanenz nennt man den Restmagnetismus, der nach dem Abklingen der aufmagnetisierenden Kräfte zurückbleibt. Diese Eigenschaft ist durch die verwendete Legierung in den Polschuhen von Kollektorgeneratoren zu verzeichnen.

Entmagnetisierende Kräfte können sein: Erschüttern oder Erwärmen eines Magneten oder die Wirkung eines durch Wechselstrom in einer Spule hervorgerufenen Magnetfeldes, das auf einen nur schwach aufmagnetisierten Dauermagneten wirkt. Durch diese drei Umstände wird das durch Aufmagnetisieren ausgerichtete Molekularsystem in Schwingungen versetzt und bleibt danach unausgerichtet zurück. Es darf aber auch nicht übersehen werden, daß magnetische Kraftlinien geschwächt werden, wenn sie längere Zeit hinweg schlecht magnetisch leitfähige Stoffe – dazu gehört auch Luft – durchdringen. Wenn Dauermagnetsysteme auf unbestimmbare Zeit gelagert werden sollen, ist es darum notwendig, die Pole über ein Weicheisenjoch zu verbinden. Denn Eisen leitet Magnetismus etwa 1000mal besser als Luft.

Elektromagnetismus, also die gleiche Kraft wie vorab beschrieben, entsteht um jeden stromdurchflossenen Leiter. Die Ursache ist aber hierbei der fließende Strom, und somit ist Elektromagnetismus nicht an ein bestimmtes Metall gebunden. Blickt man bei geradem Leiter in Stromrichtung auf dessen Querschnitt, so ist der Kraftlinienverlauf im Uhrzeigersinn gerichtet. Über die gesamte Länge des Leiters entsteht somit ein Magnetfeld, dessen Stärke von der momentanen Stromstärke abhängt (Bild 8.20a). Kommt der Strom auf den Betrachter zu, ist das Magnetfeld gegen den Uhrzeigersinn gerichtet.

Eine Verstärkung des Magnetfeldes erreicht man, wenn der Leiter zu einer Spule gewickelt wird. Jetzt summieren sich die vielen kleinen Magnetfelder zum gesamten Spulenmagnetfeld. Es leuchtet ein, daß somit die Windungszahl der Spule auch die Gesamtfeldstärke bestimmt. Zusammengefaßt: *Die Feldstärke einer Spule hängt ab von deren Windungszahl und dem Spulenstrom.* Multipliziert man beide Faktoren miteinander, erhält man die Amperewindungszahl und somit eine Vergleichszahl, um unterschiedliche Spulen hinsichtlich ihres Elektromagnetismus zu vergleichen (Bild 8.20b).

> Werden die Spulenwindungen um Eisenkerne herumgelegt, verstärkt sich der Magnetismus um ein Vielfaches, da die Eisenkerne durch Aufmagnetisieren zum Ferromagneten werden (Bild 8.20c).

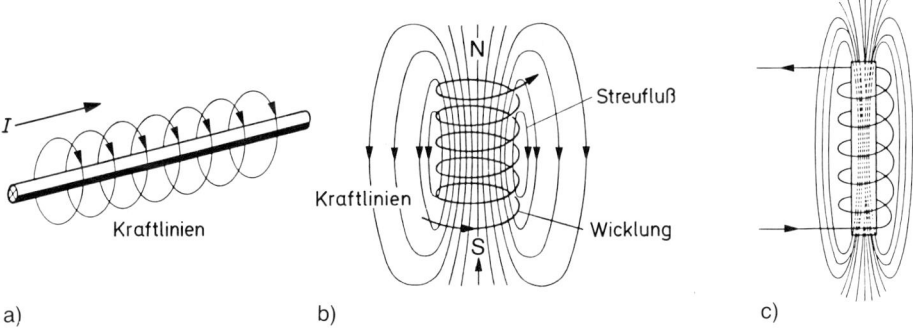

Bild 8.20
a) Bei Stromfluß entstehen über die gesamte Leiterlänge magnetische Kraftlinien.
b) Die Kraftlinien summieren sich zum Spulenmagnetfeld.
c) Durch den Elektromagnetismus wird der Eisenkern aufmagnetisiert und verstärkt den Spulenmagnetismus um ein Vielfaches.

Wirbelströme entstehen, wenn die zur Verstärkung des Magnetismus notwendigen Eisenkerne einer magnetischen Veränderung ausgesetzt sind. Das ist immer der Fall, wenn Wechselstrom durch die umgebende Spule fließt, aber auch, wenn der Spulenstrom ein- und ausgeschaltet wird. Die Flußänderung verursacht im Eisenkern Spannung und Strom (siehe in Abschnitt 8.1.1 «Induktionselektrizität»), wodurch das ganze Bauteil erwärmt wird und sein Wirkungsgrad sinkt. Außerdem erzeugt der Wirbelstrom auch ein Magnetfeld, das – da durch Induktion hervorgerufen – seiner Entstehungsursache, dem eigentlichen Magnetfeld der Spule, entgegenwirkt (siehe in Abschnitt 8.1.1 «2. Lenzsche Regel»). Hierdurch entstehen Magnetisierungsverluste. Um Wirbelströme möglichst gering zu halten, werden bei den meisten Geräten keine massiven Eisenkerne verwendet, sondern solche aus dünnen, einseitig isolierten Dynamoblechen.

Durch Magnetismus verursachte Bewegung wird nicht nur bei Magnetschaltern oder Relais ausgenutzt, sondern auch bei Elektromotoren. Hier gelten gleiche Gesetzmäßigkeiten wie bei Dauermagneten. Liegt eine stromdurchflossene Drahtschleife drehbar gelagert in einem Magnetfeld, dessen Kraftlinien von oben kommen, und ist der Stromfluß so gerichtet, daß er im oberen Spulenschenkel vom Betrachter weg- und im unteren auf den Betrachter zugerichtet ist, verdrängen die elektromagnetischen Kraftlinien den oberen Spulenschenkel nach links, den unteren nach rechts um den Drehpunkt der Leiterschleife. Sie stellt sich in die neutrale Zone des Dauermagnetfeldes (Bild 8.21). Wird die Stromzuführung über Schleifkohlen und Kommutator (Stromwender) getätigt, schaltet dieser die Stromrichtung für die Leiterschleife um, und die Drehbewegung wird fortgesetzt. Wird die Richtung des Magnetfeldes oder die Stromrichtung geändert, setzt der entgegengesetzte Drehsinn ein. Werden aber Erregermagnetfeld und Strom konträr geändert, bleibt der Drehsinn gleich.

In Elektromotoren werden meistens Erregerwicklungen mit Polschuhen statt Dauermagneten eingesetzt. Soll hier der Drehsinn geändert werden, ist es einfach, die Enden der Erregerwicklung gegeneinander zu vertauschen. Bei kleinen, mit Permanentmagneten erregten Motoren kann eine Drehrichtungsänderung nur durch Verpolen, also durch entgegengesetzten Ankerstrom, erreicht werden.

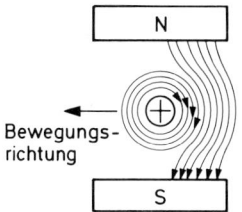

Bewegungs-
richtung

Bild 8.21 Ein stromdurchflossener Draht wird aus einem Magnetfeld gedrängt. Ist dieser Draht zu einer Leiterschleife gebogen und im Magnetfeld drehbar gelagert, führt dieses zu einer Drehbewegung der Schleife bis in die neutrale Zone. Bei Elektromotoren erfolgt dann über den Kollektor die Umschaltung des Stroms, so daß eine kontinuierliche Drehbewegung entsteht.

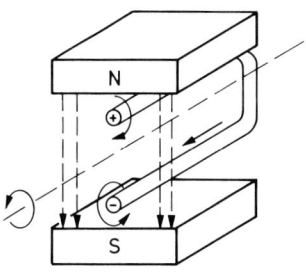

8.1.10 Hilfsmittel bei der Fehlersuche in elektrischen Anlagen

Schaltpläne (Bilder 8.22 bis 8.25) werden je nach Zweck und Erfordernis als Übersichtsschaltplan, Anschlußschaltplan, Stromlaufplan oder Wirkschaltplan ausgeführt. Die Anlage soll in stromlosem Zustand, die Schalter in ihrer Grundstellung abgebildet sein. Der Leitungsverlauf soll durch gerade, waagrechte oder senkrechte Linien dargestellt sein, wobei Leiterkreuzungen möglichst zu vermeiden sind. Unterschiedlichem Kabelquerschnitt kann durch unterschiedliche Strichstärke entsprochen werden. Der Leitungsverlauf soll übersichtlich sein, wozu es notwendig sein kann, mehrere Leitungen zu einer gemeinsamen zusammenzufassen. In Schaltplänen, ausgenommen der Übersichtsschaltplan, sollen die genormten Klemmenbezeichnungen (DIN 72 552) und die genormten Schaltzeichen (DIN 40 700 bis DIN 40 716) verwendet werden. Oft kann es notwendig sein, funktionsbestimmende Bauteile dadurch zu betonen, daß sie z.B. in einem Anschlußplan als Wirkschaltbild dargestellt sind, um die Arbeitsweise besser zu verstehen. Ergänzend und erschwerend kommt hinzu, daß DIN-Schaltzeichen durch neue Vorschläge einer Veränderung unterliegen. Außerdem finden auch Bezeichnungen und Symbole nach VDE, besondere firmenbezogene Schaltzeichen und die des Auslands Verwendung.

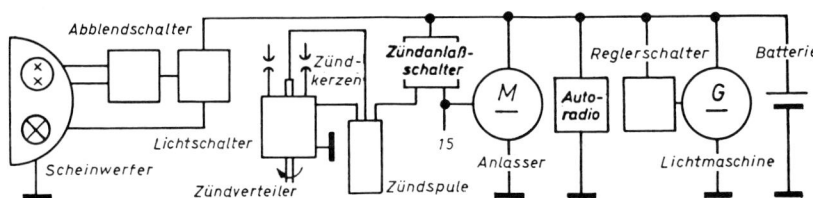

Bild 8.22 Übersichtsschaltpläne geben bei einfachster Darstellung einen Anhalt über die Art der im Kfz vorhandenen Geräte und der wichtigsten Leitungsverbindungen.

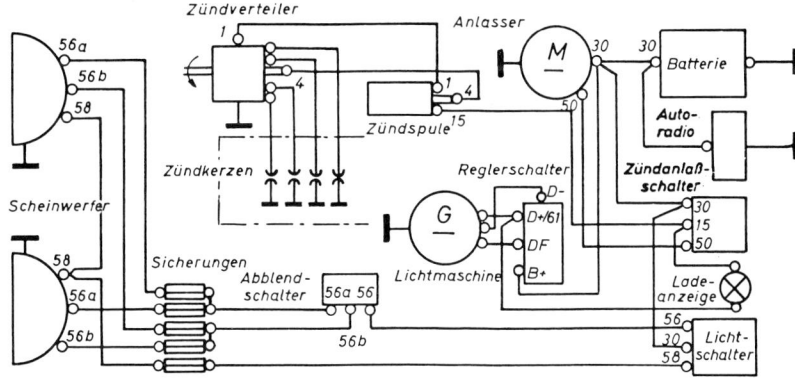

Bild 8.23 Im Anschlußschaltplan sind die Geräte mit deren Klemmenbezeichnung möglichst lagerichtig darzustellen. Der Verlauf der Leitungen und die Verschaltung sollen klar zu erkennen sein.

Grundkenntnisse 815

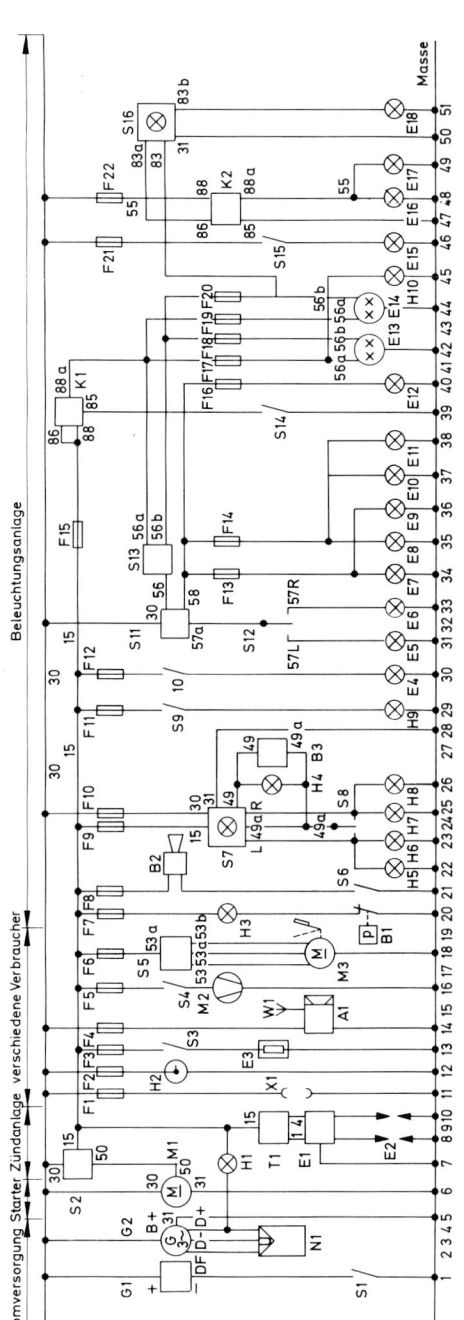

Bild 8.24 Im Stromlaufplan ist auf die lagerichtige Einzeichnung der Geräte verzichtet worden. Sie sind nach Strompfaden gegliedert. In dem fahrzeugtypspezifischen Schaltplan ist die Positionskennzeichnung eines Geräts durch Kennbuchstabe und Kennzahl (DIN 40 719)

ersichtlich. Wird z.B. die Lage und Verschaltung des Warnblinkschalters gesucht, sind aus der Legende des Schaltplans dessen Kennbuchstabe und -zahl und der Strompfad zu entnehmen – hier S7 im Strompfad 24. Im Schaltplan ist dann die Position zu suchen und anhand der

genormten Klemmenbezeichnung dessen Verschaltung zu erkennen. Die gesamte Legende, also die Erklärung aller Kennbuchstaben, ist hier aus Platzgründen nicht aufgeführt.

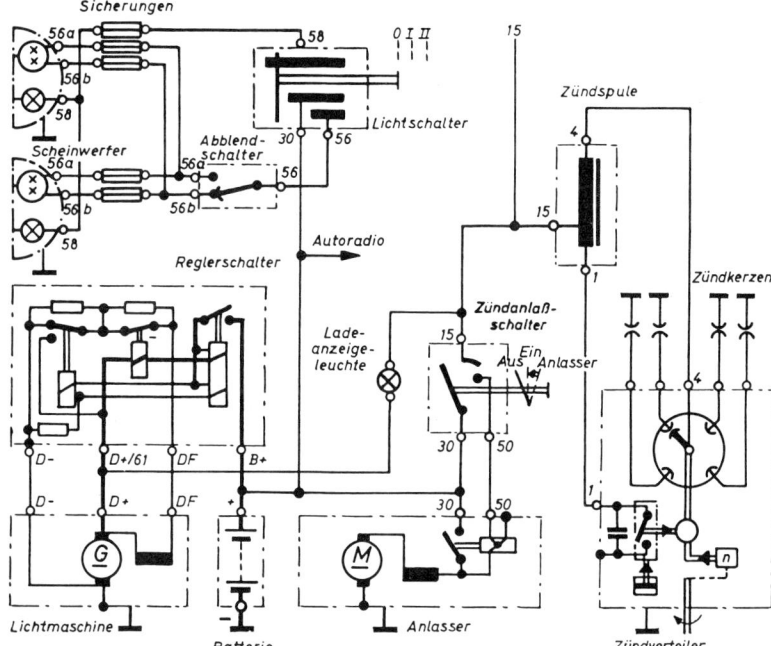

Bild 8.25 Der Wirkschaltplan stellt die Geräte und deren Verschaltung so dar, daß die Arbeitsweise und das Zusammenwirken mehrerer Bauteile erklärbar ist. Dazu ist es notwendig, die Innenschaltung der Geräte durch Einzelsymbole zu verdeutlichen. Manchmal werden hier auch aufbaugerechte Darstellungen eingefügt.

Schaltzeichen ermöglichen es, aufwendige, umfangreiche Schaltpläne zu lesen, da sie häufig Symbolcharakter haben. Sie sind bei Kenntnis der Wirkungsweise der dargestellten Bauteile die einfachste Art, komplizierte elektrische, elektromechanische oder elektronische Vorgänge zu erläutern. Aus Einzelsymbolen werden im Wirkschaltplan die Aggregate zusammengesetzt. Die Schaltzeichen sind vom Normenausschuß festgelegt und sollten gemäß ihrer Bedeutung unverändert verwendet werden. Die in der Autoelektrik am häufigsten vorkommenden Zeichen sind als Auszug der DIN 40 700 bis DIN 40 716 in Tabelle 8.3 zusammengestellt.

Genormte Anschlußklemmenbezeichnungen, die in Schaltplänen und an den Geräten im Kfz aufgeführt sind, helfen bei der Fehlersuche und bei Neuinstallationen (Tabellen 8.4 und 8.5). Diese von der Firma Bosch vorgeschlagenen Zahlen und Zahlen-Buchstaben-Kombinationen sind heute in der DIN 72 552 festgelegt. Daneben werden auch Bezeichnungen nach VDE verwendet. Da sie keinen Rückschluß auf die Funktion des Bauteils erkennen lassen und teilweise einer Veränderung unterliegen, ist es zweckmäßig, sie auswendig zu lernen. In ausländischen Fahrzeugen weisen Buchstaben oder Abkürzungen an den Anschlüssen auf deren Zweck hin. Mehrfachsteckverbindungen erhalten oft fortlaufende Zahlen oder Buchstabenbezeichnungen, die keine durch eine Norm festgelegte Funktionszuordnung haben.

Grundkenntnisse **817**

Tabelle 8.3

Strom- und Spannungsarten	DIN 40 710
—	Gleichstrom
∿	Wechselstrom
3∿	3-Phasen-Wechselstrom (Drehstrom)
∿̄	Gleichstrom oder Wechselstrom (Allstrom)

Gerätedarstellung	DIN 40 712
⬚	Umrahmungslinie, z. B. zur Abgrenzung von Geräten oder Schaltungsteilen Elektrisch nicht leitend
⬚	Schirmung von Geräten und Geräteteilen mit Masseverbindung

Leitungen	DIN 40 711
—— ——	Leitungen, unterschiedliche Strichdicke für hervorzuhebende Teile
– – – – –	Wahlweise oder nachträglich gelegt
⊥ ⊥	Geschirmt mit Masseverbindung
⌇	Beweglich, lose herausgeführtes Leitungsende (Freihandlinie)
⊐⊏	Zusammenfassung von Leitungen zur vereinfachten Darstellung in Schaltplänen. Reihenfolge beidseitig beliebig, Leitungen sind zu kennzeichnen
+ ‡	Kreuzungen von Leitungen ohne Verbindung

Verbindungen	DIN 40 711
o	Verbindung, lösbar, allgemein (Klemme oder Stecker)
•	Verbindung nicht lösbar (Lötstelle)
30 15 31 30 15	In Anschlußplänen werden die Anschlußklemmen innenliegend gezeichnet. Klemmenbezeichnung vorwiegend innen
⎵	Anschlußarten (vom Gehäuse isoliert), lösbare Verbindung, mit geschirmter Anschlußleitung, mit herausgeführtem Leitungsende (Freihandlinie) und mit Steckverbindung

		Abzweigung und Kreuzung mit leitender Verbindung
		Stecker (Steckerstift) und Steckdose (Steckerhülse) DIN 40 713
		Steckverbindung, mehrpolig (auch Steckerleisten) DIN 40 713
		Trennstelle, allgemein und umlegbar. DIN 40 713

Erde, Masse, Antenne   DIN 40 712

	Erde, allgemein (nicht Fahrzeugmasse)
	Masse, Körper, Gehäuse, Fahrzeugmasse
	Antenne allgemein, Empfangsantenne, Sendeantenne (DIN 40 700, Bl. 3)

Kennzeichnung der Veränderbarkeit   DIN 40 712

	Veränderbar, allgemein
	Veränderbar, stetig
	Veränderbar, stufig (die Anzahl der Stufen kann angegeben werden)
	Einstellbarkeit allgemein
	Linear veränderlich unter dem Einfluß einer physikalischen Größe

Schalter   Durch Anpassung an die internationalen Normen wurde DIN 40 713 grundlegend geändert.

			Schließer Einschaltglied
			Öffner Ausschaltglied
			Wechsler, Umschaltglied mit Unterbrechung

(symbols)	Zweiwegschließer
(schematic symbols)	**Mehrstellenschalter** mit drei Stellungen Schaltdiagramm Stellung verbundene Klemmen 0 53 – 31 b 1 53 – 53 a 2 53 b – 53 a
(symbol) oder (symbol)	Mit einer Wicklung versehene Relaisspule
(symbol) oder (symbol)	Mit mehreren gleichsinnig wirkenden Wicklungen

Kraftantriebe   DIN 40 703

(symbol)	Fühler allgemein zur mechanischen Betätigung (auch Nocken)
(symbol)	Mechanische Wirkverbindung. Gestrichelte Linie bevorzugen
(symbol)	Einflußgrößen können durch Eintragen der Formelzeichen nach DIN 1304 angegeben werden

Anwendungsbeispiele

(symbol)	Endabstellung an einem Wischermotor (nockengesteuerter Schalter)
(symbol)	Zündverteiler Vierzylinder mit Unterbrecher, Unterdruckversteller und Fliehkraftregler

	Relais mit Arbeitskontakt
	Relais mit Ruhekontakt

Wicklungen, Widerstände   DIN 40 712

	Widerstand allgemein (auch Glühkerzenschaltzeichen und Heizwiderstand)
	Widerstand mit Anzapfungen
	Veränderlicher Widerstand (mit zwei Anschlüssen)
	Spannungsteiler, Potentiometer (mit drei Anschlüssen)
	Wicklung, Induktivität, allgemein (Drossel), wahlweise auch Halbkreisdarstellung
	Wicklung mit Anzapfungen
	Wicklung mit Kern aus magnetischem Werkstoff (Drossel mit Kern)

Transformatoren   DIN 40 714

	Transformator, Übertrager, Wandler, allgemein
	Transformatorwicklung mit Abgriff (Spartransformator)
	Transformator mit Kern, z.B. Zündspule

Elektrische Maschinen

	Schaltkurzzeichen, Motor, Starter (Kfz)
	Schaltkurzzeichen, Nebenschlußgenerator

Anker (Läufer)   DIN 40 715

Mit feststehenden Bürsten (Kohlen), mit drei Bürsten (Wischermotor mit zwei Geschwindigkeiten).
3. Bürste unter 45° zeichnen

Mit Wicklung

Mit Erregung durch Dauermagnet

Wicklungen   DIN 40 115

Wicklungen werden durch Vollrechtecke dargestellt. Bei Kollektormaschinen werden die Wicklungen rechts des Ankers, senkrecht zur Bürstenachse in der Reihenfolge Nebenschluß-, Hilfs-, (Brems-), Reihenschlußwicklung angeordnet

Erregung durch Dauermagnet (Magnetmotor)

Bei Wechselstrom-(Drehstrom-)maschinen ohne Kollektor werden die Wicklungen (außer Hilfswicklungen) oberhalb des Ankers angeordnet.

Gleichstromgeneratoren, -starter   DIN 40 715

Nebenschlußgenerator,
Anschluß der Erregerwicklung herausgeführt (Klemme DF)

Reihenschlußmotor (Starter), allgemein

Reihenschlußmotor, Erregerwicklung mit Anzapfungen zur Feldschwächung (für verschiedene Drehzahlen)

Motor (Magnetmotor),
mit drei Bürsten für zwei Geschwindigkeiten

Magnetzünder(-generatoren)   DIN 40 715

Magnetzündergenerator, mit Zünd- und Generatorwicklung.
Es können weitere Generatorwicklungen oder Wicklungen mit Anzapfungen
vorgesehen werden.

Aus genormten Zeichen zusammengesetzt

Drehstromgeneratoren   DIN 40 715

Drehstrom-Synchrongenerator in Sternschaltung,
Schleifringläufer mit Erregerwicklung

desgl., in Dreieckschaltung

Verschiedene Schaltzeichen

Funkenstrecke (DIN 40 713), z.B. Zündkerze, Verteilerläufer

Stromabnehmer

Dauermagnet (DIN 40 712), schwarz entspricht N

Glühkerze (Glühstiftkerze), Glühwiderstand, Glühüberwacher

Signalhorn (DIN 40 708)

Lautsprecher (DIN 40 700 Bl. 9)

Sicherung (DIN 40 713)
Zeichnerisches Seitenverhältnis 1 : 3

Feinsicherung

Elektrischer Lüfter (DIN 40 717)

	Elektrische Uhr (DIN 40 700 Bl. 5)
	Rundfunkempfangsgerät (DIN 40 717)
	Scheibenwischer mit Motorantrieb (DIN 40 703, Bbl. 1)
	Kondensator, Kapazität, allgemein
	Gepolter Kondensator, Elektrolytkondensator
	Veränderlicher Kondensator
	Primärelement Batterie allgemein; Batterie mit mehreren Zellen (nach Bedarf)
	Glühlampe, allgemein, mit einem Leuchtkörper (DIN 40 708)
	Glühlampe mit zwei Leuchtkörpern z.B. Bilux
	Leuchtstofflampe, allgemein
	Scheinwerfer im Übersichtsschaltplan, allgemein
	Scheinwerfer mit zwei Leuchtkörpern und Standlicht, Masse am Gehäuse und Masse isoliert (Wirkschaltung)
	PTC-Widerstand
	NTC-Widerstand
	Voltmeter $\quad = V$ Amperemeter $\ = A$ Ohmmeter $\quad = \Omega$ Wattmeter $\quad = W$ usw.

Halbleiterbauelemente DIN 40 700 Bl. 8	
P ⟶ N	Diodengleichrichter Durchlaßrichtung für positiven Strom in Richtung der Dreieckspitze (gleichseitiges Dreieck)
	Diodengleichrichter, bisherige Darstellung
	Temperaturabhängige Diode
	Z-Diode (für Betrieb im Durchbruchbereich geeignet)
	Fotodiode
	Leuchtdiode
	Fotoelement
	Varistor
	Thyristor, rückwärtssperrend anodenseitig bzw. katodenseitig gesteuert
	Zweirichtungsthyristor (TRIAC)
E C B	PNP-Transistor E = Emitter C = Kollektor B = Basis
	NPN-Transistor

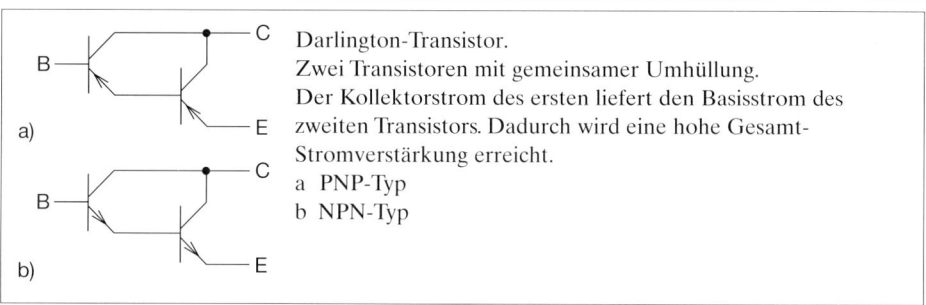

Darlington-Transistor.
Zwei Transistoren mit gemeinsamer Umhüllung.
Der Kollektorstrom des ersten liefert den Basisstrom des
zweiten Transistors. Dadurch wird eine hohe Gesamt-
Stromverstärkung erreicht.
a PNP-Typ
b NPN-Typ

Tabelle 8.4   Genormte Klemmenbezeichnung

Klemmen-bezeichnung	von	nach
1	Zündspule	Zündunterbrecher
2	Magnetzünder	Zündschalter (Kurzschlußschalter)
4	Zündspule	Zündverteiler (oder Zündkerze)
7	Transistorzündung, Unterbrecher	Schaltgerät
7a	Transistorzündung, Schaltgerät	Vorwiderstand
7b	Transistorzündung, Schaltgerät	Vorwiderstand
7f	Kondensatorzündung, Ladekontakt	Zündanlage
15	Zündschalter oder Schaltkasten	Zündspule
15/54	Schaltkasten	Zündspule, Anzeigeleuchte, Sicherung für Tagesverbraucher, Vorglühanlaßschalter
15a	Anlassermagnetschalter	Zündspulenvorwiderstand
17	Vorglühanlaßschalter	Glühüberwacher (Ausgang)
19	Vorglühschalter	Glühüberwacher (Eingang)
30	Batterie (+)	Anlasser, Schaltkasten, Zündschalter, Batterieumschalter bei 12/24-V-Anlage
30a	Batterie II (+)	Anlasser
30a	Batterie II (+) oder Anlasser	Batterieumschalter bei 12/24-V-Batterieumschalter
30f	Anlasser-Reihenschlußwicklung	getrenntes Relais
30L	Elektromotoren	Schalter für Drehrichtung links
30R	Elektromotoren	Schalter für Drehrichtung rechts
31	Batterie (–)	Masse
31a	Batterieumschalter	Batterie II (–)
31b	Verbraucher	über Schalter an Masse oder Batterie (–)
31b	Batteriehauptschalter	Masse
31b	Scheibenwischer	Scheibenwischerschalter
48	Anlasser	Anlasserwiederholrelais
49	Blinkgebereingang	Zündschalter (Kl. 15)
49a	Blinkgeberausgang	Blinkschalter
50	Anlaßschalter	Anlaßmagnetschalter
50a	Vorglühanlaßschalter	Batterieumschalter
50b	Anlasser 1	Anlasser 2
50e	Startsperrelais	Glühanlaßschalter
50f	Startsperrelais Ausgang	
50g	Anlaßwiederholrelais	Anlaßdruckknopf
50h	Anlaßwiederholrelais	Anlaßmagnetschalter
51	Ladeleitung	Batterieumschalter
51e	Gleichrichter	Lichtschalter
51g	Gleichrichter	Drossel
52	Anhängersteckdose	Reifenwächter
53	Wischerschalter	Wischermotor
53a	Klemme 54 über Sicherung	Wischermotor, Endabstellung
53c	Elektrische Scheibenspülerpumpe	
53e	Scheibenwischer, Bremswicklung	
53i	Wischerschalter	Scheibenwischer 2. Stufe

Tabelle 8.4 (Fortsetzung)

Klemmen-bezeichnung	von	nach
54	Schaltkasten (siehe auch 15/54)	Tagesverbraucher oder Sicherung für Tagesverbraucher, Signalhorn, Blinkerschalter, Bremslichtschalter, Zigarrenanzünder, Öldruckanzeiger, Öldruckschalter, Kraftstoffanzeig
her,		Heizscheibe, Bremsleuchte usw.
54	Bremslichtschalter	Bremslicht
54f	Bremslichtschalter	Zweikreisschalter für Fahrtrichtungs-anzeiger
54g	Anhängersteckdose	Nebelschlußleuchte
L 54	Blinkerschalter	Blink-Brems-Licht links
R 54	Blinkerschalter	Blink-Brems-Licht rechts
55	Nebellampenschalter	Nebelscheinwerfer
56	Lichtschalter	Abblendschalter
56a	Abblendschalter	Scheinwerfer (Fernlicht)
56b	Abblendschalter	Scheinwerfer (Abblendlicht)
56d	Lichthupe	Scheinwerfer (Fernlicht)
57	Lichtschalter	Standlicht (nur bei Krafträdern zulässig), im Ausland auch für Pkw
57 L	Parklicht links	
57 R	Parklicht rechts	
58	Lichtschalter	Begrenzungslicht, Schlußlicht, Kennzeichenbeleuchtung
58 R	Schlußlicht rechts	Anhängersteckdose
58 L	Schlußlicht links	Anhängersteckdose
59	Ladespule bei Magnetzünder-generatoren	Gleichrichter
61	Generator	Generatorkontrolleuchte
71	Eingang Tonfolgeschaltgerät	
71a	Ausgang tiefer Ton	
71b	Ausgang hoher Ton	
72	Alarmschalter	Rundumkennleuchte
75	Radio	
76	Lautsprecher	
77	Türventilsteuerung	
84	Stromrelais Eingang	
84a	Wicklungsende (Betätigung)	
84b	Stromrelais Ausgang	
85	Schaltrelaiswicklung	Masse
85c	Tonfolgeschalter, -alarmschalter für Tonfolge	
86	Schaltrelaiswicklung	Batterie (über Schalter oder direkt)
87	Schaltrelais mit Ruhekontakt	Eingang
87a	Schaltrelais mit Ruhekontakt	Ausgang
87b	Schaltrelais mit zwei Arbeitskontakten	2. Ausgang

Tabelle 8.4 (Fortsetzung)

Klemmen-bezeichnung	von	nach
88	Schaltrelais mit Arbeitskontakt	Eingang
88a	Schaltrelais mit Arbeitskontakt	Ausgang
B +	Batterie (+)	
B –	Batterie (–)	
C	Kontrollampe 1	Blinkgeber
C2	Kontrollampe 2	Blinkgeber
C3	Kontrollampe 3	Blinkgeber
D +	Generator (+)	Reglerschalter (+)
D –	Generator (–)	Reglerschalter (–)
DF	Generatorerregerwicklung	Reglerschalter
DF1	Generator	Reglerschalter (bei 2-Feld-Regelung)
DF2	Generator	Reglerschalter (bei 2-Feld-Regelung)
Mp	Drehstrom-Mittelpunktklemme	
U	Drehstromphasenklemme	
V	Drehstromphasenklemme	
W	Drehstromphasenklemme	
L	Blinkleuchten links	
R	Blinkleuchten rechts	

Tabelle 8.5 Gegenüberstellung von Klemmenbezeichnungen nach DIN 72 552
zu anderen Klemmenbezeichnungen

DIN 72 552 und Bosch	B +	DF	D +	61	D-, B –, 31
Auto-Lite	B, BAT	F, FLD	A, ARM	I	G, GND
Delco-Remy	BAT, B	F	GEN	L	GND
Fiat	30	67	15		31
Lucas	A B	F	D	WL, IND	E, –
Ducellier	BAT, B	EXC, E	DYN D		M

Farbkennzeichnungen von Autokabeln sind bei der Störungssuche eine weitere Arbeitserleichterung. Nach DIN 72 551 sind acht Grundfarben vorgesehen, die die in Tabelle 8.6 aufgeführten Bedeutungen haben.

Tabelle 8.6

Farbe	Häufigste Klemmen- bezeichnung	Leitung von	nach
Rot	30	Batterie	Generator, Licht und Zündschaltern, Sicherungskasten
Braun	31	Masseleitungen, wenn nicht blank	
Schwarz	15	Batterie Zündschloß Glühanlaßschalter	Anlasser Zündspule, Tagesverbraucher Vorglüh- und Anlaßanlage
Grün	1	Zündspule	Zündverteiler
Hellblau	C oder 61	Generatorregler Anzeigeinstrumente	Ladekontrolle Tankgeber oder Temperaturfühler
Weiß	56a	Abblendschalter	Fernlichtsicherung und Fernlicht
Gelb	56b	Abblendschalter	Abblendlichtsicherung und Abblendlicht
Grau	58	Lichtschalter	Standlichtsicherungen und Standlicht

Zur weiteren Unterscheidung nach dem Verwendungszweck erhalten Kfz-Kabel noch die sogenannte Kennfarbe. Das können eingeflochtene, farbige Fäden, aber auch ringförmige, spiralförmige oder in Längsrichtung verlaufende Farbstriche sein. Die Grundfarbe ist die überwiegende Farbe der Leitung und muß in der Fachsprache zuerst genannt werden. In deutschen Autos sind Leitungen wie in Tabelle 8.7 gekennzeichnet.

Tabelle 8.7

Leitungen für	Grund-farbe	Kenn-farbe
Zündspule II zum Verteiler	Grün	Rot
Bremslicht zu Schalter, Leuchten und Steckdose	Schwarz	Rot
Blinklicht, Blinkgeber zu Schalter	Schwarz	Weiß-grün
Schalter zu Blinklicht links	Schwarz	Weiß
Schalter zu Blinklicht rechts	Schwarz	Grün
Heizbare Heckscheibe von Relaisausgang	Schwarz	Gelb-rot
Signalhorn von Sicherung	Schwarz	Gelb
Scheibenwischer vom Schalter	Schwarz	Lila
Fernlichtkontrolle von Sicherung 56a	Hellblau	Weiß
Öldruckkontrolle vom Schalter	Hellblau	Grün
Tankanzeige vom Tankgeber	Hellblau	Schwarz
Reifenwarngerät vom Reifenwächter	Hellblau	Gelb
Abblendschalter von Lichtschalter	Weiß	Schwarz
Stand- und Schlußlicht links	Grau	Schwarz
Stand- und Schlußlicht rechts	Grau	Rot

8.2   Zündanlagen

Zur Zündung des Kraftstoff-Luft-Gemisches in modernen Ottomotoren wird ein heißer, energie-reicher elektrischer Funke zwischen den Elektroden der Kerze benötigt. Dies ist gewährleistet, wenn im Zündmoment eine Spannung von 10 bis 20 kV durch die Zündanlage bereitgehalten wird. Die absolute Höhe der Zündspannung unterschiedlicher Motoren kann nicht genau defi-niert werden, da sie von einer Reihe unterschiedlicher Faktoren bestimmt wird (Bilder 8.26 und 8.27).

Der Zündspannungsbedarf wird vom Motor in erster Linie durch die Höhe des Kompressions-drucks bestimmt. Hoher Druck verlangt hohe Spannung. Die Gemischzusammensetzung ist eben-falls mitbestimmend, verlangen doch magere Kraftstoff-Luft-Gemische höhere Zündspannung als angereicherte. Von der Zündkerze ausgehend, bestimmt in erster Linie der Elektrodenabstand die

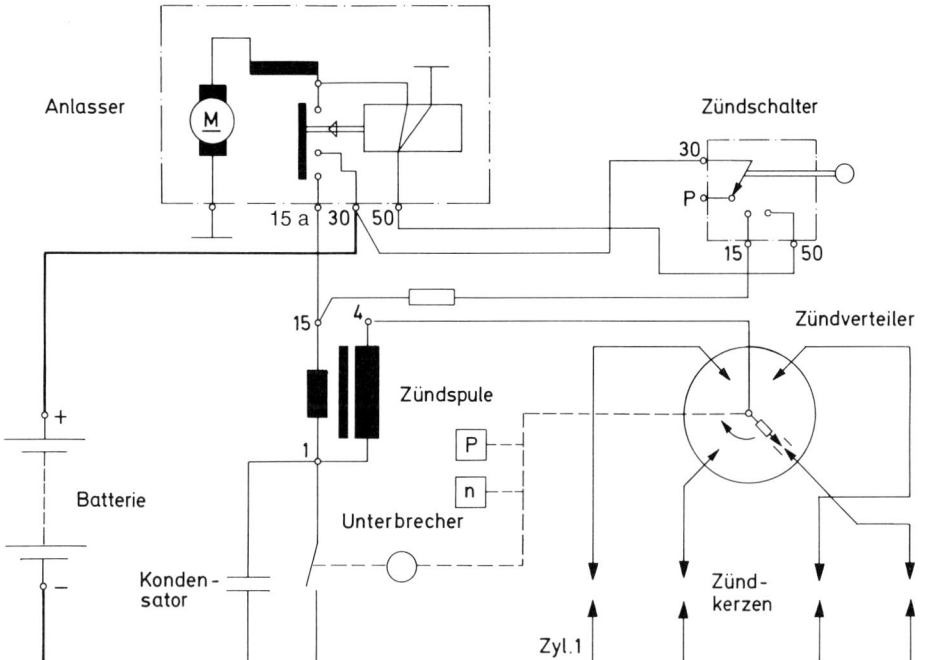

Bild 8.26 Wirkschaltbild einer konventionellen Spulenzündanlage für einen Vierzylinder-Reihenmotor mit Anlasserinnenschaltung

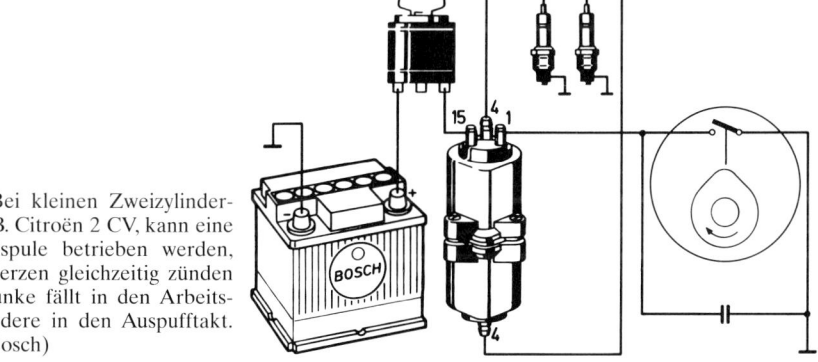

Bild 8.27 Bei kleinen Zweizylindermotoren, z.B. Citroën 2 CV, kann eine Doppelzündspule betrieben werden, die beide Kerzen gleichzeitig zünden läßt. Ein Funke fällt in den Arbeitstakt, der andere in den Auspufftakt. (Werkbild Bosch)

Spannungshöhe, geringer Abstand verlangt auch nur geringe Zündspannung. Aber auch das Elektrodenmaterial, die Elektrodenform und deren Zustand beeinflussen den Spannungsbedarf. Es ist bekannt, daß alte, abgebrannte Elektroden zündunwillig sind.

Die Zündanlage muß andererseits aber auch die zum Erreichen der Enddrehzahl des Motors notwendige Anzahl Zündfunken erzeugen können, was besonders bei hochtourigen, vielzylindrigen Motoren Sonderkonstruktionen erfordert. Dann muß noch dem Umstand Rechnung getragen werden, daß Kfz-Motoren mit unterschiedlichsten Drehzahlen und Belastungszuständen betrieben werden. Das macht Verstelleinrichtungen notwendig, die den Zündzeitpunkt den momentanen Gegebenheiten anpassen.

Zündanlagen bestehen deshalb grundsätzlich aus

❒ einer Spannungsquelle, der Batterie oder dem Generator,
❒ dem Zündschloß,
❒ der Zündspule, im Bedarfsfall mit Vorwiderstand,
❒ dem Verteiler zur Hochspannungsverteilung und Ansteuerung der Zündspule und den Verstelleinrichtungen,
❒ den Hoch- und Niederspannungsleitungen,
❒ den Zündkerzen.

Um unterschiedliche Konstruktionen der Anlagen kurz und prägnant anzusprechen, haben sich Abkürzungen eingebürgert: Die konventionelle Spulenzündung wird mit «SZ», die Thyristorzündung oder auch Hochspannungs-Kondensatorzündung mit «HKZ» und die Transistorzündung mit «TSZ» bezeichnet. Im weiteren wird noch nach der Art der Zündimpulsauslösung nach «TSZ-I» für induktiv gesteuerte Zündanlagen unterschieden. Es ist nicht auszuschließen, daß in Zukunft nur noch die von der Firma Bosch entwickelten, vollelektronischen Zündanlagen mit Kennfeldsteuerung «VZ-F» Anwendung finden.

8.2.1   Zündspulen

Aufgabe der Zündspule ist es, die niedrige Bordnetzspannung auf die hohe Zündspannung heraufzusetzen. Der Aufbau normaler Zündspulen ist aus Bild 8.28 zu ersehen. Um einen lamellierten Eisenkern ist die Sekundärwicklung gelegt. Sie besteht aus etwa 0,05 bis 0,1 mm starkem, lackiertem Kupferdraht und etwa 40 000 Windungen. Über die Sekundärwicklung ist die Primärwicklung gelegt. Sie besteht aus etwa 0,6 bis 0,9 mm starkem, lackiertem Kupferdraht und etwa 350 bis 600 Windungen. Eisenkern und Wicklungen ruhen im Zündspulengehäuse auf einem meist keramischen Isolierstein und sind von magnetischen Leitblechen umgeben. Das Gehäuse ist weiterhin mit einer bituminösen Vergußmasse oder Öl gefüllt. Diese Füllung hat die Aufgabe, die entstehende Stromwärme abzuleiten. Die beiden Enden der Primärwicklung sind an die Primäranschlüsse 15 und 1 des im Gehäuse eingebördelten Isolierdeckels angeschlossen. Am Hochspannungsanschluß 4 innen ist ein Ende der Sekundärwicklung angelegt, das andere im sogenannten Sparschaltpunkt mit der Primärwicklung verbunden. Hierdurch wird eine separate Masseverbin-

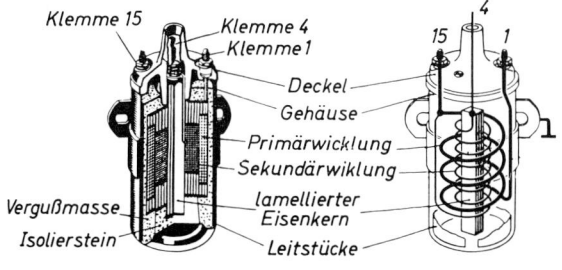

Bild 8.28   Schnittbild und schematisierte Darstellung einer Zündspule

dung für den Sekundärkreis gespart, was die Herstellung der Zündspule vereinfacht. Der Sparschaltpunkt kann an der Klemme 15 oder 1 sein, ohne daß der Betrieb beeinträchtigt wird.

Die **Wirkungsweise** einer Zündspule läßt sich, obwohl Ähnlichkeiten im Aufbau vorhanden sind, nur sehr bedingt mit einem Transformator vergleichen. In beiden läuft ein Induktionsvorgang ab (siehe in Abschnitt 8.1.1 «Induktionselektrik»). Im direkten Vergleich erkennt man aber: Bei dem Transformator wird durch Wechselstrom in dessen Primärwicklung ein Magnetfeld erzeugt, das in der Sekundärwicklung Wechselspannung hervorruft. Die Spannungen verhalten sich hier proportional dem Windungszahlenverhältnis.

Trafogleichung: $U_1 : U_2 = n_1 : n_2$
Die Ströme in beiden Spulen verhalten sich umgekehrt proportional.

Somit bestimmt bei einem Transformator das Übersetzungsverhältnis die Höhe der Sekundärspannung (siehe auch Bild 8.7).

Bei Zündspulen liegt das Übersetzungsverhältnis etwa bei 1 : 100 bis 1 : 120. Hier wird durch die Primärwicklung zur Zeit der geschlossenen Unterbrecherkontakte Gleichstrom, genannt Primärstrom, geleitet. Es erfolgt der durch Gegeninduktion verzögerte Aufbau des Primärmagnetfeldes (siehe in Abschnitt 8.1.1 «Induktionselektrizität, 2. Lenzsche Regel»). Die Schnittgeschwindigkeit des aufbauenden Magnetfelds reicht also nicht aus, um sekundärseitig Zündspannung zu induzieren.

Beim Öffnen des Unterbrecherkontaktes bricht das Primärmagnetfeld zusammen, schneidet die Sekundärwicklung und induziert in ihr Spannung. Gleichzeitig entsteht in der Primärwicklung die primäre Öffnungsinduktionsspannung. Sie ist ca. 300 bis 400 V groß und hat die gleiche Richtung wie die Batteriespannung. Das würde zu Funkenbildung an den Kontakten und zu einem verzögerten Magnetfeldabbau führen, wodurch die Sekundärspannung nicht den geforderten Wert erreicht. Die notwendige Beschleunigung erfährt das zusammenbrechende Magnetfeld dadurch, daß der parallel zum Unterbrecherkontakt geschaltete Zündkondensator die primäre Öffnungsinduktion aufnimmt. Die Feldänderung ist dadurch um etwa das Zwanzigfache beschleunigt, so daß die gegenüber einem Transformator unterproportionierte Sekundärwicklung die Zündspannung induzieren kann. Gleichzeitig werden die Kontakte durch weitgehendste Unterdrückung des Öffnungsfunkens geschont. Die Arbeitsweise von Zündspulen ist somit die eines Ruhmkorffschen Funkeninduktors.

Durch die primäre Gegeninduktion bedingt, vergeht eine Zeit von etwa 10 bis 15 ms, bis der Primärstrom von ca. 3 bis 4 A fließt. Darum ist auch der Aufbau des Primärmagnetfeldes um diese Zeit verzögert. Bei steigender Motordrehzahl wird der Primärstrom zunehmend schon in der Anstiegsphase unterbrochen, was zum Absinken der Zündleistung der Anlage führt. Konventionelle Spulen erreichen etwa 12 000 Funken von 6 mm Meßfunkenstreckenlänge je Minute (Bild 8.29). Um höhere Funkenzahlen und größere Überschlagspannung zu erreichen, sind Hochleistungszündspulen notwendig.

Die **Zündspannungspolarität** an der Kerzenmittelelektrode muß negativ sein, weil die bei Betrieb heißer werdende Mittelelektrode schon bei niedrigerer Spannung zur Elektronenemission gelangt. Positive, also falsche Zündspannungspolarität erkennt man auf den Zündungsoszilloskopen daran, daß das Oszillogramm auf dem Kopf steht. Dann sind die Primäranschlüsse der Zündspule gegeneinander zu vertauschen.

Um höhere Funkenzahlen ohne eine übermäßige Erwärmung der Spule im Stand oder bei niedriger Drehzahl des Motors zu erreichen, werden Zündspulen Vorwiderstände zugeordnet. Die Wirkung des zur Primärspule abgestimmten Widerstandes beruht darauf, daß er bei Stillstand

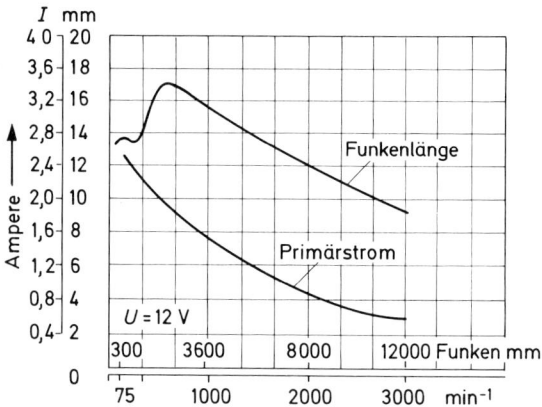

Bild 8.29 Das Verhalten von Primär-
stromaufnahme und Funkenlänge einer
Zündspule bei steigender Motordrehzahl

oder geringer Drehzahl einen Teil der Bordnetzspannung verbraucht und die Spule mit weniger
Primärwindungen ein kräftiges Magnetfeld erzeugt. Zerstörung durch Erwärmung ist ausge-
schlossen. Bei steigender Motordrehzahl vermindert sich durch die Gegeninduktion der primäre
Strom, so daß die im Vorwiderstand verbrauchte Teilspannung absinkt. Folglich steigt die an der
Primärspule anliegende Spannung, was zu einem steileren Primärstromanstieg führt. Die Zündspannung sinkt bei den von Bosch mit «KW» angegebenen Zündspulen nicht mehr so stark in
Abhängigkeit der Drehzahl. Die so bezeichneten Spulen müssen aber unbedingt mit dem dazu
passenden Vorwiderstand betrieben werden. Andernfalls tritt extremer Kontaktverschleiß auf,
und die Spule kann sich so stark erwärmen, daß sie explodiert.

Startanhebung der Primärspannung ist bei diesen Anlagen dadurch möglich, daß mit Hilfe eines
Relais oder eines Anlassermagnetschalters mit zusätzlicher K15a der Vorwiderstand während des
Startens überbrückt wird (siehe Bild 8.26).

Prüfen der Zündspule ist am einfachsten, indem die Widerstandswerte von Primärwicklung und
Sekundärwicklung mit einem Ohmmeter ermittelt werden. Dazu sind alle Anschlüsse zu lösen
und das Ohmmeter gemäß Bild 8.30 an die Spule anzulegen. Auf guten Kontakt ist zu achten.

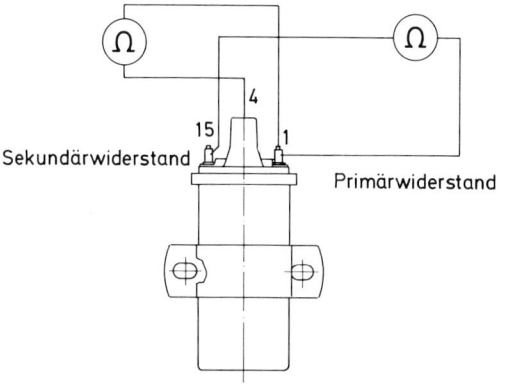

Bild 8.30 Anschluß des Ohmmeters zum
Messen des Primär- und Sekundärwider-
standes

Wenn auch die Widerstandswerte der Herstellerangaben Vorrang haben, kann als grober Anhalt gelten: 12-V-Spulen ohne Vorwiderstand haben einen Primärwiderstand von etwa 3 Ω, solche mit Vorwiderstand etwa 1,2 bis 1,5 Ω. Der Sekundärwiderstand liegt bei den meisten Zündspulen bei ca. 10 kΩ. Windungs- oder Lagenschlüsse setzen den ohmschen Wert herab. Solche Spulen sind auszuwechseln.

8.2.2 Zündkondensatoren

Sie haben die Aufgabe, die Lichtbogenbildung an den Kontakten möglichst zu verhindern, um eine exakte Abschaltung des Primärstroms zu gewährleisten. Dadurch wird Energieverlust vermieden, das Primärmagnetfeld schlagartig zum Zusammenbruch gebracht und übermäßigem Verschleiß der Kontakte vorgebeugt. Es kommen ausschließlich Wickelkondensatoren zum Einsatz. In ihm sind zwei dünne Metallfolienbänder durch mit Isoliermitteln getränkte Papierstreifen gegeneinander isoliert. Sie sind so aufgewickelt, daß auf jeder Seite eine Folie übersteht. Diese Wickelpuppe ist in das Gehäuse luft- und feuchtigkeitsgeschützt so eingebracht, daß eine Folie Verbindung mit Masse, die andere Verbindung mit dem isolierten Anschluß hat (Bild 8.31).

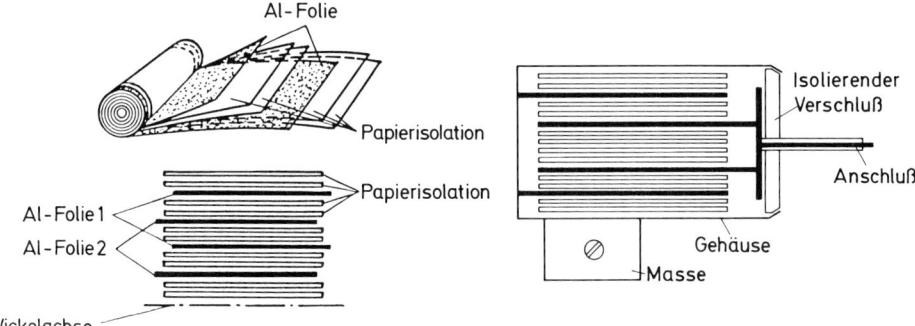

Bild 8.31   Schematisierter Aufbau eines Zündkondensators

Seine Wirkungsweise beruht darauf, daß er – parallel zu den Kontakten geschaltet – im Zündmoment die primäre Öffnungsinduktion aufnimmt. Dadurch wird sie so weit herabgesetzt, daß an den Kontaktflächen kein nennenswerter Lichtbogen entsteht. Die weiter ansteigende Kondensatorladespannung wirkt bei Spannungsgleichheit der Öffnungsinduktion entgegen und verhindert ein weiteres Fließen von Strom. Das Primärmagnetfeld bricht schlagartig zusammen. Zu diesem Zeitpunkt wäre die Aufgabe des Zündkondensators erfüllt. Er muß aber beim nächsten Schließen der Kontakte entladen sein, weil seine Energie sonst mit einem Schließfunken die Kontakte verbrennen würde. Zur Zeit der geöffneten Kontakte bilden der Kondensator und die Primärwicklung den sogenannten Reihenschwingkreis. Nach Abklingen der Öffnungsinduktion entlädt sich der Kondensator in die Primärwicklung. Dieser Stromstoß ruft hier wieder Magnetfeld und Selbstinduktion hervor, die den Kondensator erneut auflädt. Hört die magnetische Veränderung der Primärwicklung auf, pendelt die Kondensatorladung mit geringerer Energie in die Primärwicklung zurück und verursacht den gleichen Effekt in schwächerer Form. Auf diese Weise verbraucht sich hin und her schwingend die Restenergie des Zündkondensators, bevor der Kontakt schließt.

Die Kapazität, also sein Speichervermögen, ist grundsätzlich abhängig von der Größe der beiden Metallfolien und deren Abstand zueinander. Um den Abstand kleinzuhalten, wird ein hochdurchschlagfestes Isoliermaterial als Dielektrikum verwendet. Die Maßeinheit für die Kapazität ist das Farad.

Ein Kondensator hat die Kapazität von 1 F, wenn er bei Anlage einer Spannung von 1 V eine Ladung von 1 As aufnimmt.

Die Kapazität der Zündkondensatoren ist durch Berechnung ermittelt. Sie liegt zwischen 0,15 und 0,35 Mikrofarad (µF) und ist damit geringfügig größer als tatsächlich erforderlich. Dadurch ist der Kapazitätsminderung durch Temperatur und Alterung Rechnung getragen. Außerdem ist es möglich, den gleichen Kondensator für fast alle Fahrzeuge zu verwenden.

Defekte Kondensatoren wirken sich durch starken Kontaktverschleiß, wobei die Kontakte sich blau verfärben, und durch verminderte Zündleistung aus. Das führt zu schlechtem Anspringen, unwilligem Beschleunigen und Zündaussetzern im oberen Drehzahlbereich, wenn nicht sogar zum völligen Aussetzen der Zündung. Ein Durchmessen des Kondensators erfordert Prüfgeräte, die die Kapazität, den Widerstand des Dielektrikums, also den Isolationswiderstand, und den Widerstand zwischen der Kontaktierung und den Kondensatorplatten, den sogenannten Reihenwiderstand, messen können. Diese Instrumente sind manchmal in Motortesterkabinette integriert, wodurch sich der Vorteil ergibt, daß der Kondensator zur Messung nicht ausgebaut zu werden braucht. Bei der nach Bedienungsanleitung durchgeführten Messung müssen sich etwa folgende Werte ergeben: Kapazität 0,15 bis 0,35 µF, Isolationswiderstand mindestens 200 kΩ. Der Zeigerausschlag bei der Reihenwiderstandsmessung darf die für diese Messung vorgesehene Markierung nicht überschreiten.

Für die Praxis ist es im Regelfall ausreichend, den Kondensator durch Aufladen und anschließendes Kurzschließen zu überprüfen. Hierzu kann der ausgebaute Kondensator an Fahrzeugmasse eines Autos mit intakter Zündanlage gelegt und mit zwei bis drei Zündfunken aufgeladen werden. Beim Überbrücken des Anschlusses zum Gehäuse nach 5 bis 10 s muß ein Entladefunken zeigen, daß der Kondensator Strom speichert.

Weiterhin ist es möglich, fehlerhafte Kondensatoren mit dem Zündungsoszilloskop nachzuweisen, weil sie bestimmte Bildteile des Grundoszillogramms in charakteristischer Weise verändern (siehe auch Abschnitt 8.2.7).

8.2.3   Zündunterbrecherkontakte

Bei konventionellen Zündanlagen wird der Primärstrom im Rhythmus der Zündungen durch den Zündkontakt geschaltet. Er sitzt normalerweise im Zündverteiler und besteht aus einem mit Masse verbundenen festen Kontakt, dem Amboß, und dem isolierten, beweglich angeordneten Unterbrecherhebel, dem Hammer. Am Hammer sind die Klemme 1 der Zündspule und der Zündkondensator angeschlossen. Der Unterbrecherhebel wird durch den Nocken, der entsprechend der Motorzylinderzahl 4, 6 oder 8 Erhebungen aufweist, über ein Ablenkstück aus Isolierstoff gesteuert. Als Kontaktmaterial wird im Normalfall Wolfram verwendet, weil es einen hohen Schmelzpunkt von 3200 °C und große Härte aufweist. Vereinzelt kommen aber auch Platinkontakte zum Einsatz.

Bild 8.32
a) Herkömmliche Kontakte
b) Ventilierte Kontakte
c) Bei jedem Lastwechsel verschiebt sich
   der Hammerkontakt auf dem Amboß.

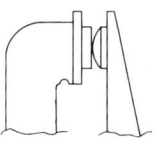 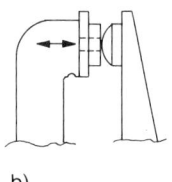 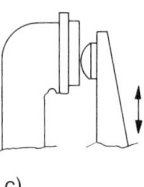

a)   b)   c)

Die Zündkontakte sind bei Betrieb einer elektrischen und mechanischen Beanspruchung ausgesetzt. Die Kontaktflächen unterbrechen fortlaufend Batteriestrom, was zu einer Materialwanderung vom Hebelkontakt zum Amboßkontakt führt. Diese Krater- und Höckerbildung ist als normaler Verschleiß anzusehen und beeinträchtigt den Betrieb der Zündanlage nicht. Ist der Abbrand zu weit fortgeschritten, sollten die Kontakte erneuert werden.

Durch Reibung des Nockens am Ablenkstück, das aus Novotex oder Polyimid hergestellt ist, entsteht Verschleiß, der zur Verringerung des Kontaktabstands und zur Verschiebung des Zündzeitpunktes in Richtung «spät» führt. Die Standzeit der Kontakte von etwa 20 000 km ist durch Sonderkonstruktionen auf teilweise 50 000 km heraufgesetzt worden. Ist z.B. der Amboßkontakt mittig gebohrt – man spricht dann von ventilierten Kontakten – wird das Kontaktpaar durch die sich bewegende Luftsäule kälter gehalten. Andere Hersteller verbinden den Unterbrecherhebel durch einen Mechanismus mit der Unterdruckverstelleinrichtung, so daß der Hammerkontakt bei jedem Lastwechsel eine andere Stelle des Amboßkontaktes beaufschlagt (Bild 8.32).

Bei unbefriedigendem Zündverhalten kann das Aussehen der Kontakte Rückschlüsse auf den Zustand der Zündanlage ermöglichen (Tabelle 8.8).

Tabelle 8.8

Zustand	Ursache
Starke Krater- bzw. Höckerbildung bei sauberen Kontaktstellen	Normal abgenutzte Kontakte, die ersetzt werden müssen
Gleichmäßiger grauer Überzug auf der ganzen Kontaktfläche	Kontakte sind wegen zu schwachen Kontaktdrucks oder zu kleinen Kontaktabstands oxidiert
Stark verbrannte und blau angelaufene Kontakte	schlechter Kondensator oder schadhafte Zündspule
Schwarz verkrustete, mit verbrannten Rückständen bedeckte Kontakte	Öl, Fett oder Schmutz ist zwischen die Kontakte gelangt

8.2.4   Zündabstand und Schließwinkel

Der Zündabstand eines Motors ist der Drehwinkel der Kurbelwelle zwischen zwei aufeinanderfolgenden Zündungen.

Seine Größe ist also von der Zylinderzahl und der Bauform der Kurbelwelle abhängig und beträgt z.B. für Vierzylinder-Viertaktmotoren 180°, für Sechszylinder 120°. Die Zündverteiler sind zur Kurbelwelle 1 : 2 übersetzt und laufen deshalb mit halber Kurbelwellendrehzahl. Bei jeder Umdrehung der Verteilerwelle müssen alle Zylinder einmal mit Zündspannung versorgt werden, woraus sich ergibt, daß der Abstand der Nockenerhebungen dem halben Zündabstand des Motors entspricht. Der Abstand beträgt bei vierzylindrigen Motoren 90°, bei sechszylindrigen 60°. Es steht also bei größer werdender Zylinderzahl für ein Arbeitsspiel der Kontakte ein immer kleiner werdender Teil des gesamten Drehwinkels der Verteilerwelle zur Verfügung.

Um einmal Zündspannung zu erzeugen, muß der drehende Nocken den Kontakt einmal schließen und einmal öffnen lassen. Ein Zündvorgang teilt sich hier in den Schließ- und Öffnungswinkel auf. Da bei geschlossenen Kontakten das Primärmagnetfeld aufgebaut wird, ist dem Schließwinkel die größere Bedeutung beizumessen.

> Der Schließwinkel ist der Drehwinkel der Verteilerwelle, den diese bei geschlossenen Kontakten für einen Zündvorgang durchläuft.

Seine Größe bestimmt im weiteren die Schließzeit der Kontakte für den höheren Drehzahlbereich (Bild 8.33). Die Größe des Schließwinkels hängt einmal ab von der Form des Nockens und zum anderen vom Kontaktabstand. Das Einstellen des Schließwinkels erfolgt über eine Veränderung des Kontaktabstandes, wobei großer Kontaktabstand kleinen Schließwinkel und kleiner Abstand großen Schließwinkel bewirken. Die genaue Größe des einzustellenden Schließwinkels ist den Herstellerangaben des betreffenden Motors zu entnehmen. Sollten diese nicht bekannt sein, ist es möglich, ihn zu errechnen, indem man 60% des Zündwinkels der Verteilerwelle veranschlagt.

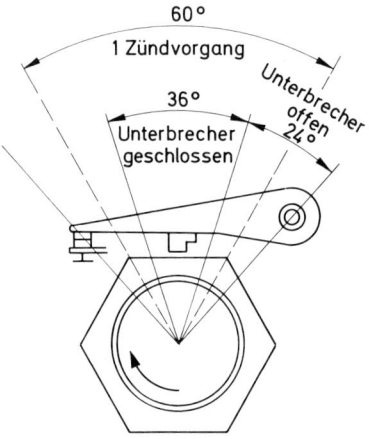

Bild 8.33 Schließ- und Öffnungswinkel am Beispiel eines Sechszylindermotors

Hierfür gilt der Rechengang:

$$\frac{360° \cdot 60\%}{\text{Zylinderzahl} \cdot 100\%}$$

Das Ergebnis weist den Schließwinkel in Winkelgraden aus.

Die Schließzeit errechnet sich nach der Formel

$$\frac{\text{Schließwinkelgrade} \cdot 1000}{6 \cdot \text{Verteilerdrehzahl}}$$

wobei sich eine Schließzeit im Millisekundenbereich ergibt. Es ist verständlich, daß bei zu klein eingestelltem Schließwinkel die Zeit für den Aufbau eines kräftigen Primärmagnetfeldes nicht mehr ausreicht und mit Zündaussetzern im hohen Drehzahlbereich zu rechnen ist (Bild 8.34).

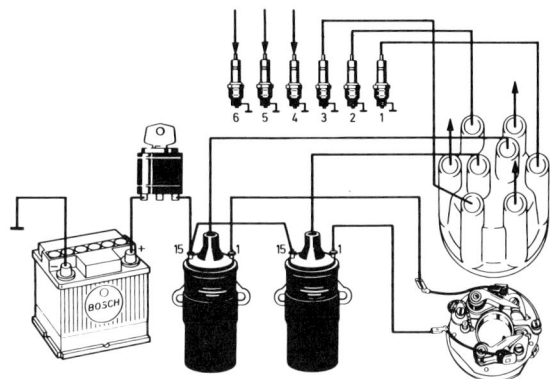

Bild 8.34 Bei hochtourigen Motoren können zwei Zündspulen über je einen Unterbrecherkontakt im Verteiler gesteuert werden. Der Nocken weist nur die halbe Anzahl von Höckern auf. Dadurch sind der Schließwinkel und die Schließzeit für jeden Zündkreis ausreichend groß. (Werkbild: Bosch)

Schließwinkeltester ermöglichen das Einstellen bzw. Kontrollieren der Zündkontakte bei im Motor eingebautem Zündverteiler. Beim Einstellen des Schließwinkels ist darauf zu achten, daß die Hochspannung von Zündspulenklemme 4 nach Masse abgeleitet wird. Andernfalls können innere Durchschläge die Spule schädigen oder bei transistorierten Zündanlagen die Schaltgeräte zerstören.

Bei laufendem Motor können auch dynamische Fehler des Verteilers sichtbar werden. Tanzende Zeigerbewegungen des Testers bei Starter- oder Leerlaufdrehzahl weisen auf ausgelaufene Verteilerwellenlagerung oder stark abgenutzte Kontakte hin. Mit steigender Drehzahl kleiner werdender Schließwinkel weist auf eine weichgewordene Kontaktfeder oder schwergängige Lagerbuchse des Unterbrecherhebels hin. Hier wäre mit geeigneter Hakenfederwaage zu prüfen, ob der Kontaktdruck noch die vorschriftsmäßigen 400 bis 600 g ausmacht. Eine Schließwinkelveränderung bei stoßweisem Beschleunigen kennzeichnet eine nicht mehr exakt geführte Grundplatte eines Verteilers mit Unterdruck-Verstelleinrichtung. Übersteigt die Schließwinkelveränderung ±3°, so muß die Ursache gesucht und beseitigt werden, denn Veränderungen des Schließwinkels bewirken immer eine ungewollte Verschiebung des Zündzeitpunktes.

Schließwinkeltester messen elektrisch jeden einzelnen Schließwinkel und machen daraus einen analogen Mittelwert für die Anzeige. Deshalb ist es nicht möglich, einen einzelnen, durch Härtefehler abgenutzten Nocken, also asymmetrischen Nockenversatz, zu erkennen. Dieser Fehler zeigt sich nur auf dem Zündungsoszilloskop.

8.2.5 Einstellen des Zündzeitpunktes

> Bei Instandsetzungsarbeiten an der Zündanlage muß der Zündzeitpunkt immer nach der Schließwinkeleinstellung korrigiert werden.

Die für den Zündzeitpunkt richtige Kolbenstellung des ersten Zylinders ist meist durch eine umlaufende Marke an Schwung- oder Riemenscheibe und eine Festmarke am Motorgehäuse gekennzeichnet. Diese beiden Markierungen müssen im Zündmoment deckungsgleich stehen. Zur Kontrolle dessen reichte früher eine an Klemme 1 der Zündspule angeschlossene Prüflampe, die beim Abheben der Zündkontakte aufleuchtete. Diese statische Zündeinstellung wird heute durch die empfindlicheren Motoren und die verschärften Abgasbestimmungen als unzureichend angesehen. Die moderne dynamische Zündeinstellung erfordert eine durch Zündimpuls für Zylinder 1 gesteuerte Zündlichtpistole, mit der die Zündmarke angeblitzt wird. Infolge des stroboskopischen Effekts scheint sie bei laufendem Motor stillzustehen. So ist zu erkennen, ob der Motor mit zu viel Früh- oder Spätzündung läuft. Steht die umlaufende Marke vor der Festmarke, bedeutet es zu viel Frühzündung. Korrigiert wird dieser falsche Zündzeitpunkt dadurch, daß der Verteiler gelöst und so lange in Antriebsrichtung seiner Welle verdreht wird (Laufrichtungspfeil am Gehäuse), bis die Marken deckungsgleich stehen. Bei Spätzündung verfährt man sinngemäß entgegengesetzt (Bild 8.35).

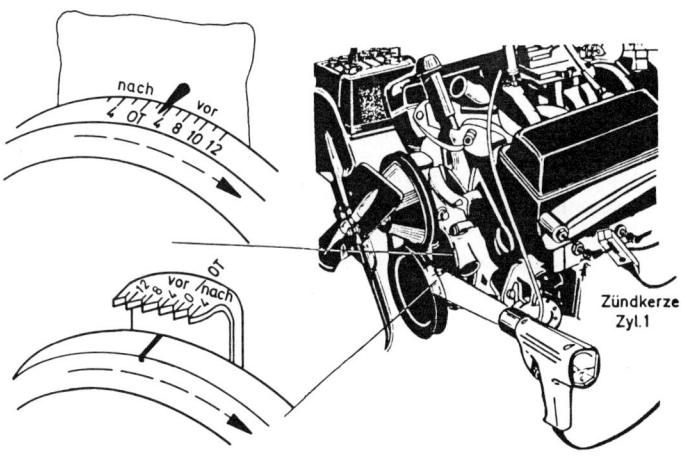

Bild 8.35 Zwei Beispiele für die Art der Zündmarkierungen

Bei der *dynamischen Zündzeitpunkteinstellung* sind die Herstellerangaben des betreffenden Motors peinlichst genau zu beachten. Sie enthalten immer folgende Angaben:

die **Zündmarkierung:** Sie kann sowohl eine OT- oder Zündmarke sein als auch ein durch eine Zahl gekennzeichneter Strich einer Gradskala;

die **Einstelldrehzahl:** Sie kann als Anlasser-, Leerlauf- oder Leistungsdrehzahl erscheinen;

die **Unterdruckschläuche:** Es können ein oder zwei Unterdruckschläuche sein, die entweder von der Unterdruckdose abgezogen werden müssen oder nicht.

> Die Mißachtung auch nur eines dieser Punkte führt zwangsläufig zu falscher Grundein-
> stellung.

Da in viele Zündlichtpistolen zusätzlich ein Verstellwinkeltester eingebaut ist, muß berücksichtigt werden, daß diese Meßeinrichtung beim Betätigen den Lichtblitz gegenüber dem tatsächlichen Zündmoment zeitgleich verzögert. Die Riemenscheibe hat sich also schon weitergedreht, wenn der Lichtblitz sie trifft. Diese durch das Stellrad der Pistole beeinflußte Elektronik ist zum Messen des Verstellwinkels vorgesehen, wenn Fliehkraft- und Unterdruckverstelleinrichtung arbeiten. Bei der Grundeinstellung ist der Verstellwinkeltester in der Regel auszuschalten.

8.2.6   Zündverstelleinrichtungen

Unterschiedliche Motordrehzahlen und Gemischzusammensetzungen im Teillastbereich und damit im Zusammenhang stehende verschieden lang dauernde Verbrennungsvorgänge machen Vorrichtungen erforderlich, die den Zündzeitpunkt in Abhängigkeit dieser Parameter in Richtung «Früh» verstellen.

Die **Fliehkraft-Verstelleinrichtung** arbeitet drehzahlabhängig. Sie ist an die Verteilerwelle angebaut und besteht aus zwei außermittig gelagerten Fliehgewichten, die über den Versteller mit dem drehbar auf die Verteilerwelle aufgesetzten Nocken im Eingriff stehen. Die Fliehgewichte werden in Ruhestellung durch zwei unterschiedlich starke Federn an die Welle herangelegt. Dadurch wird der Nocken in einer bestimmten Stellung zur Verteilerwelle fixiert. Bei steigender Motordrehzahl wandern die Fliehgewichte durch Zentrifugalkraft nach außen und verdrehen den Nocken im Drehsinn der Verteilerwelle. Dadurch wird der Zündkontakt früher geöffnet.

Dem Frühzündungsbedarf verschiedener Motoren zum Erreichen der Vollastleistung wird jeweils durch eine besondere Verstellkennlinie entsprochen, die durch unterschiedliche Anlagekurven und Federn konstruktiv festgelegt ist. Da diese Mechanik verschleißen kann, ist es zweckmäßig, die Fliehkraft-Verstellkurven bei Inspektionen zu überprüfen. Der Motorhersteller gibt die Verstellwerte entweder in Diagrammform oder mit Prüfdrehzahlen nebst dazugehörigem Verstellwert an. Die maximalen Fliehkraft-Verstellwerte liegen normalerweise zwischen 20 und 40 °KW (Bild 8.36).

Bei der Überprüfung muß die Unterdruckverstelleinrichtung unwirksam sein. Dann wird der Motor auf die Prüfdrehzahl gebracht und mit der Stroboskoplampe die Zündmarke angeblitzt. Ist am Motor serienmäßig eine Gradskala angebracht, kann der Verstellwert direkt abgelesen werden, weil die bewegliche Zündmarke gegen die Laufrichtung des Motors weggewandert ist. Bei fehlender Gradskala muß der Verstellwinkeltester der Zündlichtpistole so lange betätigt werden, bis die Zündmarkierung optisch wieder so wie bei der Grundeinstellung steht. Am Anzeigeinstrument ist dann der Verstellwert in °KW abzulesen. Sollten die Herstellerwerte nicht erreicht werden, muß der Verteiler ausgetauscht oder in einer Fachwerkstatt instand gesetzt werden.

Die **Unterdruck-Verstelleinrichtung** muß im Teillastbereich zusätzlich Frühzündung bewirken, weil das Kraftstoff-Luft-Gemisch gegenüber dem Vollastbetrieb abgemagert ist und langsamer durchbrennt. In der Unterdruckdose ist eine federbelastete Membran gespannt, die mit der gelagerten Grundplatte im Verteiler verbunden ist. An die Unterdruckseite der Dose ist die Vakuumleitung angeschlossen, die am Vergaser oberhalb der Drosselklappe mündet. Die Größe des Unterdrucks ist das Maß für die momentane Teillast. Dieser zieht die Membran an und verdreht

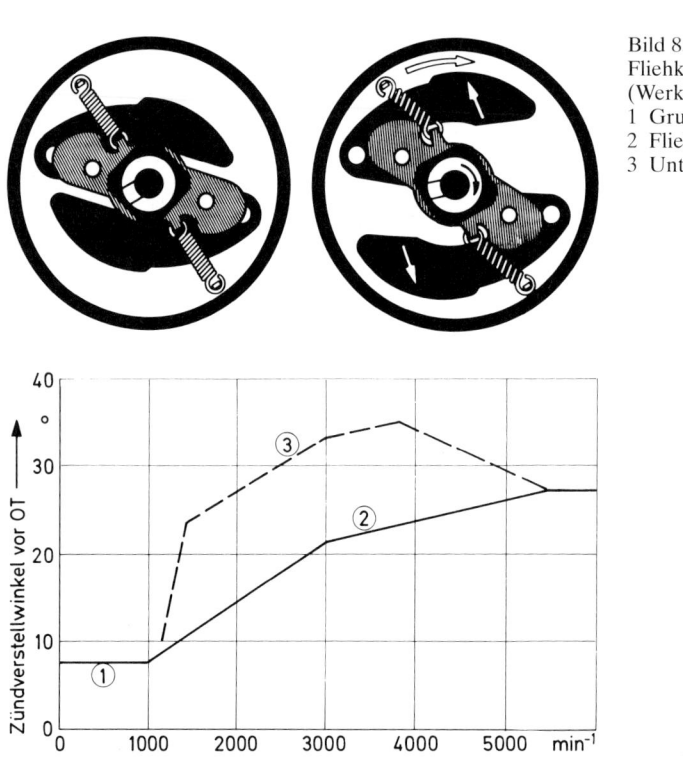

Bild 8.36 Wirkungsweise der Fliehkraft-Verstelleinrichtung (Werkbild: Bosch)
1 Grundeinstellung
2 Fliehkraft-Verstellkurve
3 Unterdruck-Verstellkurve

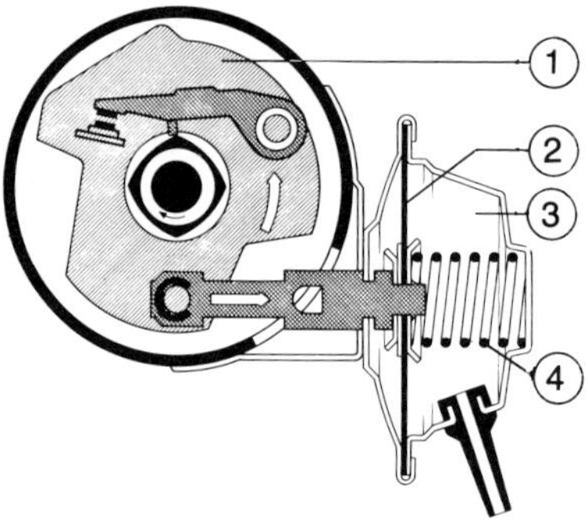

Bild 8.37 Die funktionsbestimmenden Teile der Unterdruck-Verstelleinrichtung (Werkbild: Bosch)
1 Unterbrechergrundplatte
2 Membran
3 Vakuumseite der Unterdruckdose
4 Rückstellfeder

dabei die Grundplatte gegen den Drehsinn der Verteilerwelle, so daß die Zündung früher erfolgt (Bild 8.37; siehe auch Bild 8.36).

Grundlagen für die Überprüfung der Unterdruckverstelleinrichtung sind die vom Fahrzeughersteller herausgegebenen Werte. Sie enthalten zwei Unterdruckwerte und einen Verstellwinkelwert. Zu deren Überprüfung sind notwendig:

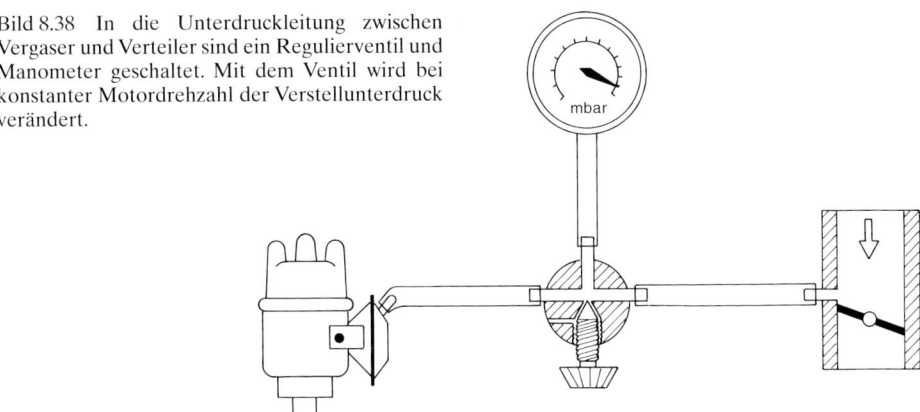

Bild 8.38 In die Unterdruckleitung zwischen Vergaser und Verteiler sind ein Regulierventil und Manometer geschaltet. Mit dem Ventil wird bei konstanter Motordrehzahl der Verstellunterdruck verändert.

❑ die Zündlichtpistole mit Verstellwinkeltester,
❑ ein Unterdruckmanometer,
❑ ein Regulierventil.

Prüfanordnung und Wirkungsweise des Regulierventils gehen aus Bild 8.38 hervor.
Der Prüfgang ist beispielsweise:

Unterdruck-Verstellbeginn   100 bis 130 mbar
Unterdruckverstellende   300 mbar
Unterdruckverstellbereich   15 bis 17 °KW

1. Regulierventil schließen und Motordrehzahl einstellen, bei der der höchste Unterdruck erzeugt wird.
2. Zündmarkierung anblitzen. Sie steht jetzt infolge der Wirkung von Fliehkraft- und Unterdruckverstellung in «früh».
3. Langsam das Regulierventil öffnen und Zündmarke beobachten. In dem Moment, wo sie anfängt, in Richtung «spät» zu wandern, das Unterdruckmanometer ablesen. Es zeigt den Unterdruck für das Verstellende an.
4. Dann das Regulierventil ganz öffnen und langsam schließen. Dabei wieder die Zündmarke beobachten. Beginnt sie in Richtung «früh» auszuwandern, Manometer ablesen. Es zeigt den Unterdruck für den Verstellbeginn an.
5. Mit dem Verstellwinkeltester einmal mit (Gesamtverstellung) und einmal ohne Unterdruck (nur Fliehkraftverstellung) die Frühzündung messen.
6. Auswertung:

Gesamtverstellung   34 °KW
– Fliehkraftverstellung   19 °KW
= reine Unterdruckverstellung   15 °KW

Sollten die gemessenen Unterdruck-Verstellwerte von den Sollwerten abweichen, kann das durch mechanische Schwergängigkeit der Grundplatte, eine porös gewordene Membran oder ein Leck im Vakuumbereich, eventuell aber auch durch eine lahmgewordene oder falsch eingestellte Rückstellfeder hervorgerufen worden sein. Letzteres kann ggf. durch Nachjustieren korrigiert werden. Ansonsten müssen die defekten Teile oder der ganze Verteiler ausgewechselt werden.

Die **doppeltwirkende Unterdruckdose** ist von der Firma Bosch entwickelt worden, um die gesetzliche Forderung nach schadstoffarmer Verbrennung zu erfüllen. Durch ihre Wirkung wird beim Motorleerlauf und im Schiebebetrieb der Zündzeitpunkt nahe an OT herangelegt oder sogar in echte Spätzündung verwandelt. Dadurch ist gewährleistet, daß der Verbrennungsvorgang so vollständig abläuft, daß nur noch geringste Schadstoffemissionen im Abgas enthalten sind. Nebenbei weist ein damit ausgerüsteter Motor noch einen gleichförmigen, runden Leerlauf auf. In dieser Unterdruckdose ist mit der Teillast-Frühzündungsmembran eine zweite Ringmembran für die Verstellung nach «spät» verbunden. Sie wird durch Unterdruck beaufschlagt, der bei geschlossener Drosselklappe unterhalb derselben durch die Saugwirkung der Zylinder entsteht. Bei Arbeiten an solchen Zündanlagen ist darauf zu achten, daß die Vakuumleitungen nicht gegeneinander vertauscht werden (Bild 8.39).

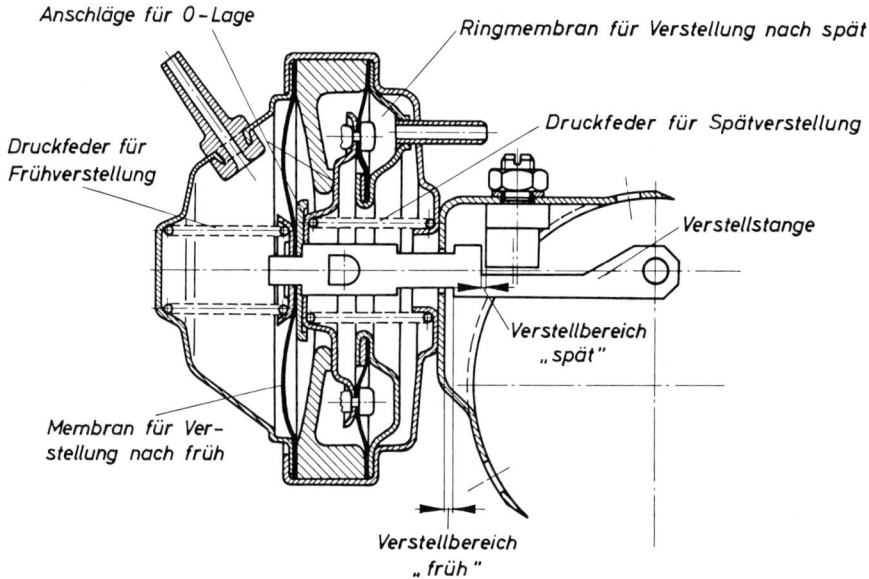

Bild 8.39   Schnitt durch die doppeltwirkende Unterdruckdose der Fa. Bosch

8.2.7   Überprüfen der Batteriezündanlage

Wenn ein Motor nicht anspringt, schlecht beschleunigt oder seine Enddrehzahl nicht erreicht, kann das neben mangelhafter Kraftstoffversorgung oder schlechtem Motorzustand auch darin begründet sein, daß in der Zündanlage mechanische oder elektrische Fehler entstanden sind. Mechanische Fehler beschränken sich auf den Bereich Zündverteiler, dessen Antrieb oder falschen Zündzeitpunkt. Elektrische Fehler können sowohl im Primär- als auch im Sekundärbereich auftreten.

Bild 8.40 Spannungsmessung im Primärkreis
bei Zündspulenruhestrom
Sollwerte:
Voltmeter 1 Batteriespannung 12 V
Voltmeter 2 ca. 11,5 bis 12 V
Voltmeter 3 ca. 7 bis 9 V
(ist abhängig vom Vorwiderstand)
Voltmeter 4 zeigt den Spannungsverlust der
Kontakte an, 0 bis 0,3 V

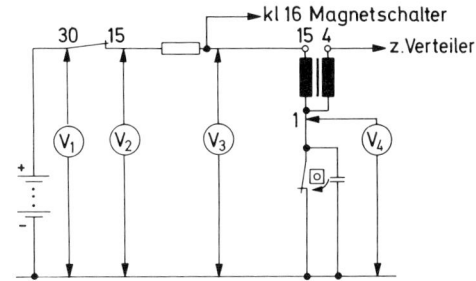

Die *Spannungsmessung im Primärkreis bei Zündspulen-Ruhestrom* gibt Aufschluß darüber, ob die elektrischen Verbindungen und Einzelteile einwandfrei sind. Zur Messung kann ein handelsübliches Voltmeter oder ein Motortesterkabinett verwendet werden. Es ist die Zündung einzuschalten und der Motor so zu verdrehen, daß der Zündkontakt geschlossen ist. Die abzugreifenden Meßpunkte gehen aus Bild 8.40 hervor.

Abweichungen von den Sollwerten weisen auf Fehler in der Anlage hin. Wird bei Messung 1 eine zu niedrige Spannung erkannt, ist entweder eine entladene Batterie oder ein unzulässiger Spannungsverlust der Leitung 30 die Ursache. Zu niedrige Werte bei Messung 2 weisen auf ein defektes Zündschloß hin. Meßergebnis 3 kann bei verschiedenen Fahrzeugen differieren. Der hier gemessene Wert ist vom ohmschen Wert des Vorwiderstandes abhängig. Sollwert ist die Herstellerangabe unter «Mindestspannung an Kl. 15 bei Ruhestrom». Andere Istwerte können entweder durch einen falschen oder defekten Vorwiderstand oder durch eine falsche oder defekte Zündspule hervorgerufen werden. In diesem Fall sind mit einer Widerstandsmessung der Vorwiderstand und der Primärwiderstand der Spule zu kontrollieren (siehe Abschnitt in 8.2.1 «Prüfen der Zündspule»).

Liegen Startschwierigkeiten vor, so ist der Anlasser zu betätigen, um die Startanhebung der Spannung zu kontrollieren (siehe Abschnitt in 8.2.1 «Startanhebung»). In diesem Moment muß am Meßpunkt 3 die Spannung ansteigen und kann je nach Ladezustand der Batterie etwa 11 V erreichen. Bei ausbleibendem Spannungsanstieg oder sogar absinkendem Wert sind die Leitung 16 und der Anlassermagnetschalter zu untersuchen. Messung 4 sollte im Idealfall 0 V ergeben. Ein Spannungsverlust von maximal 0,3 V ist noch zulässig.

Spannungskontrolle im Sekundärbereich ist auf einfache Weise möglich, indem bei vom Anlasser durchgedrehtem Motor die Kerzenstecker nacheinander abgezogen werden und kontrolliert wird, ob ein etwa 8 mm langer Funken zu jedem Kerzenanschlußbolzen überspringt. Ist das der Fall, können nur noch defekte Zündkerzen oder falscher Zündzeitpunkt Ursache für Versagen der Zündanlage sein. Durch eine Funkenstrecke der Zündleitung 4 nach Masse kann auch geprüft werden, ob die Zündspule überhaupt Hochspannung erzeugt. Funkenlänge ist hier etwa 20 mm. Diese Prüfmethode ist aber auf konventionelle Zündanlagen zu beschränken, da einige elektronische Zündanlagen lebensgefährliche Spannungen erzeugen.

Eine gefahrlose Überprüfung des Sekundärkreises gewährleistet der Einsatz des Zündungsoszilloskops. Das Oszilloskop, normalerweise in ein Testerkabinett integriert, wird nach Bedienungsanleitung angeschlossen. Für die Sekundäranschlüsse sind kapazitive oder induktive Geberzangen über Kabel 4 und die Zündleitung Zylinder 1 zu legen. Wenn der Motor läuft, wird auf dem Bildschirm der Spannungsverlauf der Sekundärspannung oder bei anderer Bildartwahl das Primärbild abgezeichnet. Die Auswertung der Oszillogramme ist nur möglich, wenn die Grund-

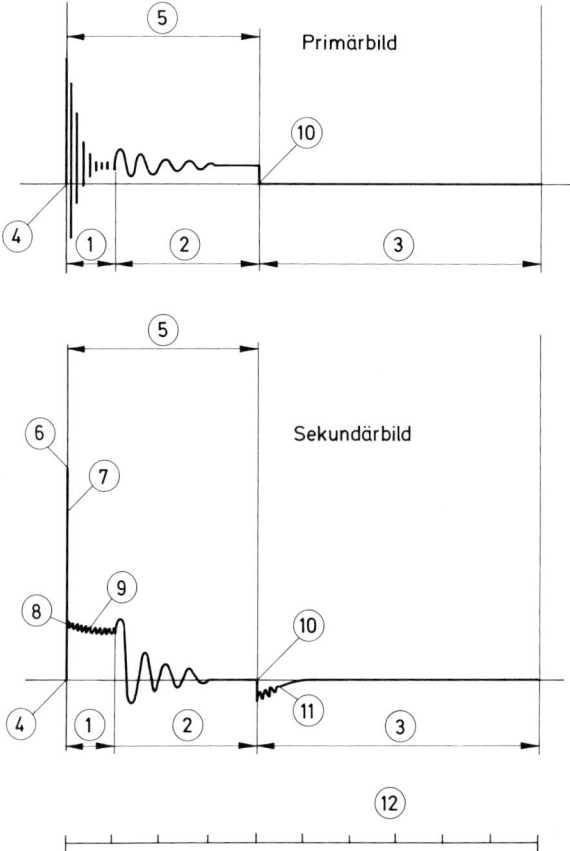

Bild 8.41   Das Primär- und Sekundäroszillogramm eines Zündvorgangs

oszillogramme von Primär- und Sekundärkreis einer intakten Zündanlage bekannt sind und Abweichungen in den einzelnen Bildabschnitten auf ihren Ursprung hin gedeutet werden können.

Die **Grundoszillogramme** (Bilder 8.41 und 8.42) können in drei Hauptabschnitte eingeteilt werden: In die Funkendauer (1), den Ausschwingvorgang (2) und den Schließabschnitt (3), der den Schließwinkel kennzeichnet.

Unterbrecher öffnet (4). Die Kontakte sind während der Öffnungszeit (5) geöffnet. Das sich abbauende Magnetfeld induziert in der Sekundärspule eine Hochspannung, die Zündspannung (6), bis der Zündfunke an den Elektroden der Zündkerze überspringt. Der rasche Spannungsanstieg wird auch Zündspannungsnadel oder Vorspannungslinie (7) genannt. Hat der Überschlag an den Elektroden der Zündkerze stattgefunden, so sinkt der Spannungsbedarf, der zum Aufrechterhalten des Zündfunkens notwendig ist, auf die Höhe der Brennspannung (8) ab. Die Länge der Brennspannungslinie (9) ist ein Maß für die Zeit, während der der Zündfunke an den Kerzenelektroden brennt. Reißt der Zündfunke ab, setzt der Ausschwingvorgang (2), eine gedämpfte

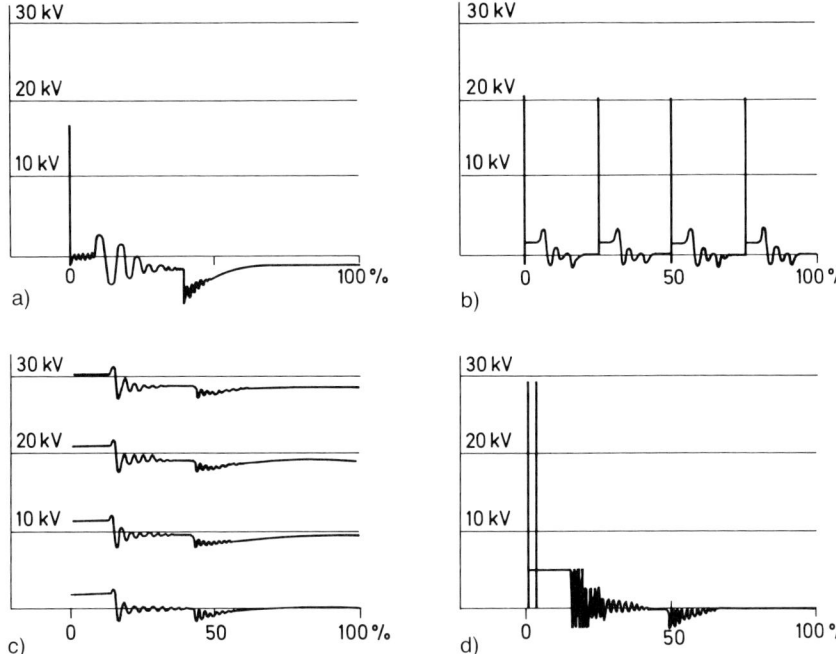

Bild 8.42 Durch einen Bildwahlschalter ist es grundsätzlich möglich, Primär- oder Sekundärbilder in vier verschiedenen Darstellungen abzurufen. Das erleichtert das Vergleichen der einzelnen Spannungsverläufe und somit das Erkennen von Fehlern.
a) Zündspannungsverlauf eines Zylinders. Es können die Oszillogramme aller Zylinder nacheinander eingestellt werden.

b) Alle Sekundäroszillogramme des Motors gleichzeitig nebeneinander
c) Dasselbe, aber übereinander gezeichnet
d) Die überlagerte Aufzeichnung aller Diagramme, um eventuellen Nockenversatz zu messen

Schwingung, ein. Dabei wird bei geöffneten Kontakten durch den Kondensator die restliche elektrische Energie, die für die Funkenbildung nicht verwertet wurde, abgebaut. Nach Beendigung der Öffnungszeit (5) schließt der Unterbrecherkontakt (10). Nach dem Schließen des Kontaktes induziert das sich in der Primärspule aufbauende Magnetfeld in der Sekundärspule eine Spannung, die zusätzlich durch Schwingungen überlagert ist (11). Sobald das Magnetfeld aufgebaut ist, wird die induzierte Spannung Null. Der Zeitraum, in dem der Kontakt geschlossen ist, nennt man den Schließabschnitt (3). Auf der Schließwinkelskala (12) kann der Schließabschnitt als Schließwinkel in % abgelesen werden.

Fehlerhafte Oszillogramme und ihre Auswertung
Fehler verändern gewöhnlich sowohl das Primär- als auch das Sekundärbild, sind aber im Sekundärbild meistens augenfälliger. Aus diesem Grund sind im folgenden nur die Abweichungen hier auf ihre Ursachen zurückgeführt. Da die Einzeloszillogramme in der Reihenfolge der Zündfolge abgezeichnet werden, ist es einfach, den geschädigten Zündzweig zu ermitteln (Bilder 8.43 bis 8.53).

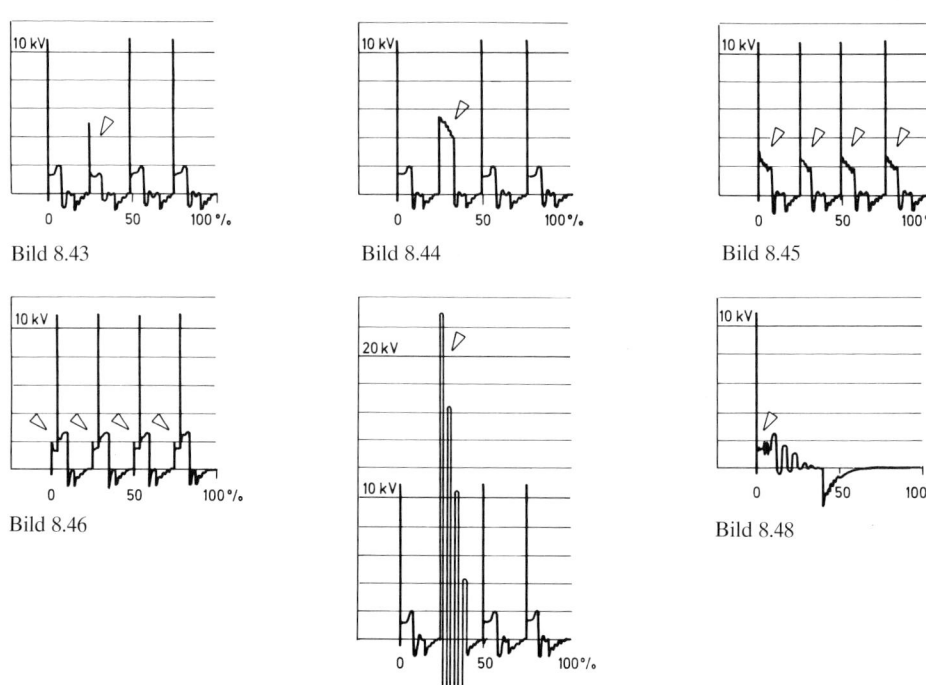

Bild 8.43   Bild 8.44   Bild 8.45

Bild 8.46   Bild 8.48

Bild 8.47

Bild 8.43   Die Vorspannungslinie aller Zylinder soll möglichst gleich groß sein. Ist die Differenz größer als 2 kV, so ist der Fehler zu suchen und zu beheben. Das kann bei einer größeren Zündnadel eine Unterbrechung des betreffenden Zündkabels sein, der Verteilerfinger kann unrund laufen, oder der Elektrodenabstand ist zu groß. Eventuell ist auch die Gemischverteilung ungleichmäßig und hier zu mager. Ist die Zündnadel zu klein, kann zu niedrige Kompression des betreffenden Zylinders oder schadhafte Isolation in diesem Zündzweig die Ursache sein.

Bild 8.44   Ist die Kerzenisolatorspitze einer Kerze verbleit, so geht der Zündstrom über diesen leitfähigen Nebenschluß ohne Funkenbildung an Masse. Dieser Fehler läßt sich nur bei warmem Motor erkennen.

Bild 8.45   Hängen die Brennspannungslinien in allen Oszillogrammen gleichmäßig durch, so ist ein schadhafter Entstörwiderstand im Verteilerfinger oder defekte Widerstandszündleitung 4 die Ursache. Liegt die schräge Brennspannungslinie an nur einem Zylinder vor, so kann die Ursache nur in dem Entstörstecker hier liegen. Eventuell

sind Widerstandsleitungen und Stecker mit einem Ohmmeter vergleichend durchzumessen.

Bild 8.46   Haben die Vorspannungslinien vor Erreichen ihres Spitzenwertes eine Stufe, so hat der Zündkondensator einen Reihenwiderstand. Er kann sowohl im Innern des Kondensators, aber auch zwischen dessen Gehäuse und Masse liegen.

Bild 8.47 Diese Schwingung wird bei der verschärften Isolationsprüfung abgezeichnet, wenn alle Isolierteile des Zündzweiges in Ordnung sind. Dazu wird nacheinander jeder Kerzenstecker abgezogen und somit die ungedämpfte Zündspannung erfaßt. Es wird also gleichzeitig die Zündspannungsreserve gemessen. Bei schadhafter Isolation schlägt die Spannung nach Masse durch. Dann ist entweder keine gedämpfte Schwingung vorhanden, oder sie ist kleiner und geht nicht nach unten über die Nullinie hinaus. Diese Prüfung ist nur bei konventionellen Spulenzündungen zulässig.

Bild 8.48   Bei stark verrußten Zündkerzen erscheint die Brennspannungslinie dicker, weil sie von vielen zusätzlichen Schwingungen überlagert wird.

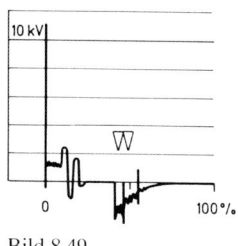

Bild 8.49

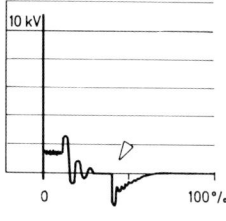

Bild 8.50

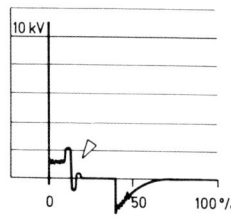

Bild 8.51

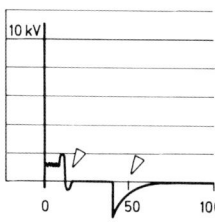

Bild 8.52

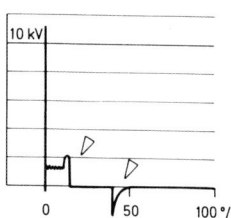

Bild 8.53

Bild 8.49 Weist die Streuschwingung nach dem Schließen der Kontakte nicht den sauberen trompetenförmigen Verlauf auf, sondern sind hier ein oder zwei Überlagerungen zu erkennen, ist das durch prellende Kontakte hervorgerufen worden. Hier ist die Feder des Zündkontaktes zu weich.

Bild 8.50 Unsaubere Schwingungen im Schließabschnitt lassen verkokte Kontakte erkennen.

Bild 8.51 Bei zu niedrigem Isolationswiderstand des Zündkondensators, eventuell durch Feuchtigkeit hervorgerufen, liegt ein leichter Masseschluß in ihm vor. Dann wird die Zahl der Amplituden im Ausschwingvorgang reduziert.

Bild 8.52 Bei einem primären Windungsschluß ist der Ausschwingvorgang ebenfalls stark gedämpft. Außerdem fehlen die Schwingungen im Schließabschnitt fast vollständig.

Bild 8.53 Liegt eine Unterbrechung in der Sekundärwicklung der Spule vor, so reichen die Halbwellen des Ausschwingvorgangs nicht unter die Nullinie. Auch hier fehlen die Schwingungen im Schließabschnitt fast vollständig. Die Restenergie des Kondensators reicht nicht aus, diese Unterbrechung zu überbrücken.

8.2.8   Elektronische Zündanlagen

Bei vielzylindrigen, schnellaufenden Motoren, die hoch verdichtet sind und wegen der Schadstoffemission im Abgas mager eingestellt werden, kann der Zündspannungsbedarf der Kerzen nicht mehr ausreichend durch eine konventionelle Spulenzündung abgedeckt werden. Das liegt zum einen daran, daß bei sehr kurzer Schließzeit der Kontakte infolge der Gegeninduktion der Spule nicht mehr genügend Zündenergie gespeichert werden kann, zum anderen daran, daß es nicht möglich ist, die Energiespeicherung dadurch zu steigern, daß ein größerer Primärstrom eingesetzt wird. Bei leistungsstarken Spulenzündungen ist man der maximalen Schaltstromstärke der Zündkontakte von etwa 5 A schon sehr nahegekommen. Um noch größere Primärströme zu schalten, bedarf es eines Transistors, der 20 A und mehr ohne Funkenbildung, also verschleißfrei, schalten kann. Deshalb kann auch die Zündspule so ausgelegt sein, daß ihre Primärwicklung weniger Windungen dickeren Drahtes aufweist, wodurch die Stromaufnahme steigt und die Gegeninduktion sinkt. Das Übersetzungsverhältnis liegt zwischen 1 : 300 und 1 : 400. Der Transistor, der neben anderen elektronischen Bauteilen im Schaltgerät sitzt, kann durch einen Unterbrecherkontakt oder andere Gebersysteme gesteuert werden.

Dadurch ergeben sich insgesamt folgende *Vorteile:*

❒ Da der Zündkontakt nur noch mit einem Steuerstrom von ca. 0,5 bis 1 A belastet wird, ist kein Kontaktabbrand mehr zu verzeichnen, Verschleiß ist also auf mechanischen Abrieb des Gleitstückes beschränkt. Ferner kann der Zündkondensator fortfallen. Kontaktlose Gebersysteme sind völlig verschleißfrei.

❒ Während des Startvorgangs wird durch Überbrücken eines zur Zündanlage gehörenden Vorwiderstandes die Zündleistung gesteigert.

❒ Bei Hochdrehzahlbetrieb wird durch die geringere Gegeninduktion der Spule ein steilerer Primärstromanstieg erreicht, wodurch Funkenzahlen bis zu 40 000 pro Minute möglich werden.

Zur Anfangszeit wurden die verwendeten Transistoren aus Germanium hergestellt (Ge-TSZ), heute nur noch aus temperaturunempfindlicherem Silizium (Si-TSZ). Der Unterschied dieser beiden Zündanlagen ist äußerlich daran zu erkennen, daß bei der Ge-TSZ das Schaltgerät vor der Zündspule und deren Kl 1 somit an Masse liegt. Bei der Si-TSZ liegt es hinter der Spule, und darum ist deren Kl. 1 an die Schaltgeräteklemme 16 gelegt (Bild 8.54).

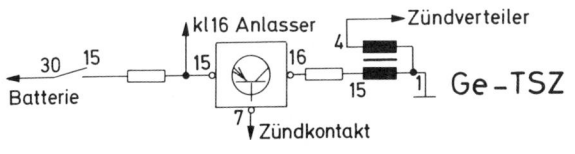
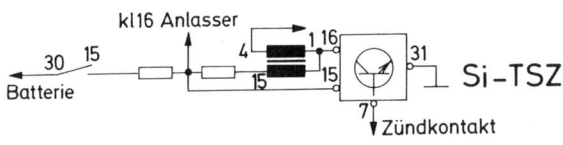

Bild 8.54   Prinzipschaltbild einer Germanium- und einer Silizium-Transistorzündanlage

Arbeitsweise einer siliziumbestückten Transistorzündanlage (TSK-k)
Bei eingeschalteter Zündung und geschlossenem Unterbrecherkontakt fließt dessen Steuerstrom über den Widerstand R3 und die Basis-Emitter-Strecke des Transistors T1, wodurch er zwischen Emitter und Kollektor leitend wird. Der Kollektorstrom gelangt über den Widerstand R4 an den Basisanschluß der Darlington-Endstufe T2 und T3 und steuert sie durch. Da die Primärwicklung der Zündspule und die Endstufe in Reihe geschaltet sind, kann jetzt Primärstrom über Klemme 31 an Masse fließen. Öffnet der Unterbrecher, fehlt dem Transistor T1 der Basisstrom. Er sperrt, und folglich schaltet die Darlington-Endstufe den Primärstrom ab. Das Primärmagnetfeld bricht zusammen und induziert in der Sekundärwicklung die Zündspannung (Bild 8.55).

Die weiterhin eingebauten elektronischen Teile, Widerstände und Kondensatoren haben untergeordnete Aufgaben, die die Arbeit der «Hauptelektronik» unterstützen oder sie schützen. Die Zenerdiode ZD begrenzt die Öffnungsinduktion der Primärwicklung an den Anschlüssen der Endstufe auf etwa 120 V. Der Kondensator C3 entlastet die Endstufe beim Abschalten. Diode D1 in Verbindung mit dem Kondensator C2 sind Schutzbauteile für Transistor T1. Induktionsspannungsspitzen aus dem Bordnetz werden durch Kondensator C1 geglättet und somit weitgehendst unschädlich gemacht. Diode D3 ist als Freilaufdiode zur Primärwicklung geschaltet, um die beim

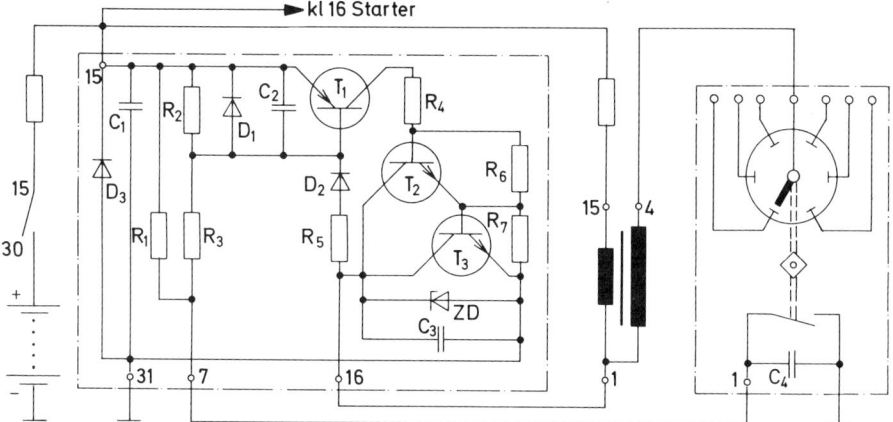

Bild 8.55 Wirkschaltbild einer kontaktgesteuerten Transistorzündanlage von Bosch

Ausschalten der Zündung kurz nach Abheben der Unterbrecherkontakte entstehende Induktion abzuleiten. Widerstand R1 bestimmt den Selbstreinigungsstrom für den Unterbrecherkontakt. Die Widerstände R3 und R4 sind der Basiswiderstand für T1 und die Endstufe. R2, R6 und R7 verbessern das Sperrverhalten der Transistoren. Kondensator C4 ist für die Arbeitsweise der Anlage eigentlich überflüssig. Er dient lediglich der Rundfunkentstörung. Die Hochspannungserzeugung beim Anlaßvorgang wird dadurch begünstigt, daß auch hier die Primärspannung über die Magnetschalterklemme 16 unter Umgehung des ersten Vorwiderstandes an die Zündspule gelangt.

Ob es im Störungsfall notwendig ist, sich die «innere Arbeitsweise» des Schaltgeräts vor Augen zu halten, sei dahingestellt. Auf jeden Fall ist das in Abschnitt 8.1.8 Betonte zu berücksichtigen. Somit sind zur Fehlersuche nur Volt- und Ohmmeter, eventuell noch Schließwinkeltester, Drehzahlmesser und Oszilloskop zulässig, um die Werte aus den Herstellerangaben zu überprüfen. Andernfalls ist die Gefahr groß, daß das Schaltgerät «kaputtgeprüft» wird.

> Die elektronischen Zündsysteme fast aller Hersteller arbeiten in einem Leistungsbereich, der bei Berührung spannungsführender Klemmen und Teile lebensgefährlich sein kann. Das gilt sowohl für den Hoch- als auch den Niederspannungsbereich.

Weitere Leistungssteigerungen zeichnen sich ab. Darum sind bei Arbeiten hieran die Bestimmungen nach VDE 0104/7.67 einzuhalten. Solche Arbeiten, wie das Auswechseln von Teilen oder Anschließen von Testern, dürfen nur bei ausgeschalteter Zündung durchgeführt werden. Bei laufendem Motor treten nicht nur am Schaltgerät und Zündverteiler selbst gefährliche Spannungen auf, sondern auch an einigen Stellen des Kabelbaumes, z.B. Drehzahlmesser oder Diagnosestecker.

Die Überprüfung des Hochspannungskreises erfolgt in bekannter Weise mit dem Zündungsozilloskop. Die abgezeichneten Zündbilder sind mit denen konventioneller Zündanlagen identisch. Funkenstreckproben sind zu unterlassen, weil die Spannung das Schaltgerät zerstören kann. Zur Überprüfung des Primärbereichs hat der Fahrzeughersteller gewöhnlich einen Fehlersuchplan erstellt, in dem für alle Klemmen von Schaltgerät, Zündspule und Vorwiderstand Spannungswerte eingetragen sind. Diese sind mit geeignetem Voltmeter zu überprüfen. Als Richtlinie kann gelten, daß bei heiler Anlage und geschlossenem Zündkontakt die Spannung im Primärkreis – ausgehend von dem ersten Vorwiderstand bis zur Geräteklemme 16 – immer geringer werden muß. Bei geöffneten Kontakten ist die Spannung an allen abgegriffenen Punkten gleich groß (vgl. auch Bild 8.40).

8.2.9   Kontaktlose Transistorzündanlagen

Diese gehörten früher zur Ausrüstung weniger Hochleistungsmotoren, haben sich heute aber schon bei Großserienfahrzeugen durchgesetzt. Die als Si-TSZ ausgelegten Anlagen unterscheidet man nach der Art, in der das Schaltgerät im Zündmoment angesteuert wird. Die Signalgeber sind gewöhnlich im Zündverteiler anstelle der Zündkontakte untergebracht. Es sind Induktions- und Hallgeber, Fotozellen, Trägerfrequenz- und Feldplattengeber sowie magnetisch gesteuerte Reed-Kontakte zum Einsatz gekommen. Vorrangig sind die beiden erstgenannten anzutreffen, wobei Induktionsgeber auch an die Schwung- oder Riemenscheibe eines Motors herangelegt sein können, und der Verteiler nur noch die Zündspannung den einzelnen Zylindern zuleitet. Alle Systeme sind wartungsfrei und können gegenüber einer TSZ-k höhere Funkenzahlen pro Minute erzeugen. Außerdem fällt die Veränderung des Zündzeitpunktes durch Kontaktverschleiß fort.

Die **induktiv gesteuerte Zündanlage (TSZ-i)** von Bosch weist im Verteiler einen Rotor aus weichmagnetischem Stahl auf, dessen Zähnezahl der Zylinderzahl des Motors entspricht. Er erzeugt bei Drehung eine Magnetflußänderung je Zahn in einem durch Dauermagneten aufgebauten Magnetfeld. Dadurch induziert er in der innenliegenden Geberspule eine Wechselspannung mit steilem Abfall von der positiven zur negativen Halbwelle. Von diesem Impuls wird eine negative Spannung von –0,3 V im Zündmoment zum Entregen des Schaltgeräts ausgenutzt. Grob vereinfacht gesagt, arbeitet dieses System also wie ein Fahrraddynamo. Bei unterschiedlicher Drehzahl und Teillast wird der Zündzeitpunkt durch Fliehgewichte und Unterdruckdose vorverlegt (Bild 8.56).

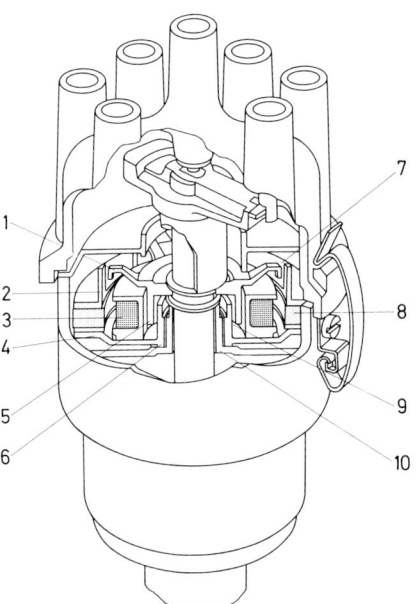

Bild 8.56   Innenansicht eines induktiv steuernden Zündverteilers von Bosch
 1 Rotor
 2 Stator
 3 Geberspule
 4 Statorplatte
 5 Rotorbuchse
 6 Statorbuchse
 7 äußerer Luftspalt
 8 Sinteroxidmagnet
 9 innerer Luftspalt
10 feststehende Trägerplatte und -buchse

Tabelle 8.9 Fehlersuchplan für die ZSZ-i.
Prüfbedingung: Batterie, Anlasser und Kraftstoffsystem in Ordnung.

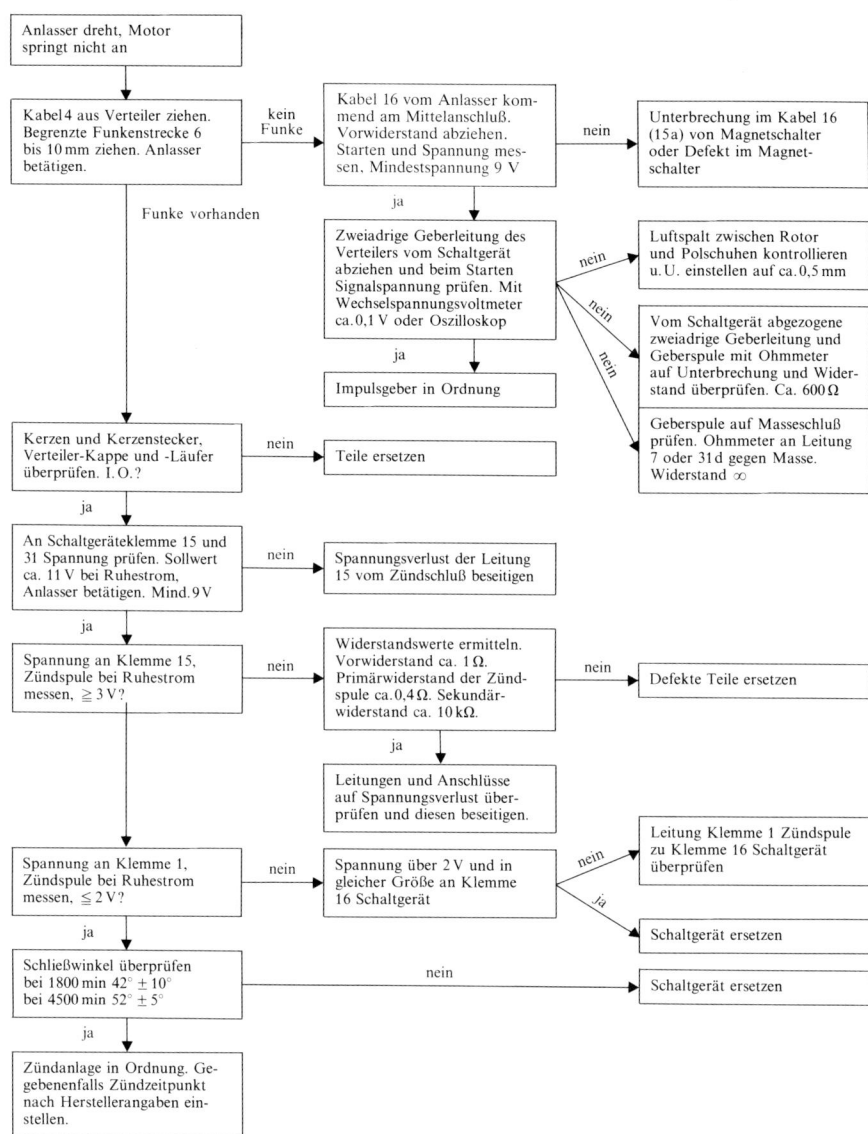

Der Fehlersuchplan und hier aufgeführte Werte (Tabelle 8.9) können nur ein Anhalt sein. Im akuten Fall muß ein fahrzeugspezifischer Suchplan herangezogen werden.

Zündanlagen 853

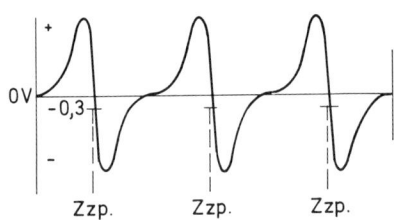

Bild 8.57   Oszillographisch aufgenommener Spannungsverlauf eines induktiven Bosch-Verteilers

Die schnellste Überprüfung des Gebers ist mit einem Wechselspannungsvoltmeter möglich. Es wird an die vom Schaltgerät gelöste Steuerleitung angeschlossen. Beim Starten wird eine Spannung von etwa 0,1 bis 0,5 V angezeigt. Genauer ist es, wenn statt des Voltmeters ein Oszilloskop hier angeschlossen wird. Dann wird der in Bild 8.57 ersichtliche Spannungsverlauf angezeigt. Ist der Verlauf spiegelbildlich verkehrt abgezeichnet, sind die Anschlüsse der Geberleitung gegeneinander zu vertauschen. Eine Schnellprüfung des Schaltgeräts ist mit einer 1,5-V-Taschenlampenbatterie möglich, deren Pluspol an die Klemme 31 und deren Minuspol an die Klemme 7 gelegt wird. Bei eingeschalteter Zündung muß beim Antippen Klemme 4 der Zündspule eine begrenzte Funkenstrecke von 6 bis 10 mm überschlagen. Eine gründliche Überprüfung der gesamten Anlage, die alle möglichen Fehler erfaßt, erfolgt nach den Prüfschritten eines fahrzeugspezifischen Fehlersuchplans.

Die **hallgesteuerte Transistorzündanlage** wird ebenfalls von Bosch hergestellt. Sie wird vielfach serienmäßig eingebaut, eignet sich aber auch vorzüglich zum Nachrüsten älterer Fahrzeuge. Hier wird zur Steuerung des Schaltgeräts der Halleffekt, 1879 von dem Amerikaner E. H. HALL beobachtet, ausgenutzt (Bild 8.58). Er beruht auf folgendem Vorgang: Ein Strom I_v durchfließt eine Halbleiterschicht (Hallschicht H). Wird die Schicht senkrecht von einem Magnetfeld durchsetzt, so entsteht zwischen den seitlichen Kontaktflächen eine Spannung im Millivoltbereich, die man als «Hallspannung» (U_H) bezeichnet. Unter der Voraussetzung gleichbleibender Stromstärke hängt die Hallspannung nur von der Magnetstärke ab. Je stärker das Feld, desto höher ist die Hallspannung. Im Gegensatz zum induktiven Geber ist beim Hallgeber die Spannung und deren

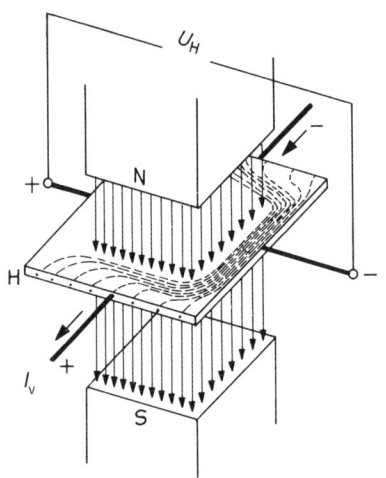

Bild 8.58   In Abhängigkeit des Magnetfeldes werden die Elektronen des Versorgungsstroms I_v quer zur Richtung der Kraftlinien verdrängt. An den seitlich angebrachten Elektroden entsteht die Hallspannung U_H.

Rückwirkungen nicht von der Drehzahl abhängig. Man braucht jetzt nur noch dafür zu sorgen, daß sich die Magnetfeldstärke periodisch im Zündtakt ändert, denn dann ändert sich auch die Hallspannung im Zündtakt und löst über die Zündelektronik die Zündfunken aus. Aufgrund seiner Funktion besteht der Hallgeber aus einem festen Teil, der Magnetschranke, und aus einem rotierenden Teil, dem Blendenrotor. Zur Magnetschranke gehören ein Dauermagnet mit Leitstücken sowie als integrierte Halbleiterschaltung ein Hall-IC. Der Hall-IC ist ein elektronischer Schalter, er trägt unter anderem die Hallschicht.

Der Hallgeber befindet sich im Zündverteiler. Die Magnetschranke ist auf die bewegliche Trägerplatte montiert. Der Hall-IC sitzt auf einem Keramikträger und ist mit einem der Leitstücke zum Schutz gegen Feuchtigkeit in Kunststoff eingegossen. Blendenrotor und Verteilerläufer sind ein Bauteil. Die Anzahl der Blenden ist gleich der Anzahl Zylinder. Die Breite der einzelnen Blenden bestimmt den Schließwinkel dieses Zündsystems. Er bleibt demnach über die gesamte Lebensdauer des Hallgebers konstant, und eine Schließwinkeleinstellung ist nicht erforderlich (Bild 8.59).

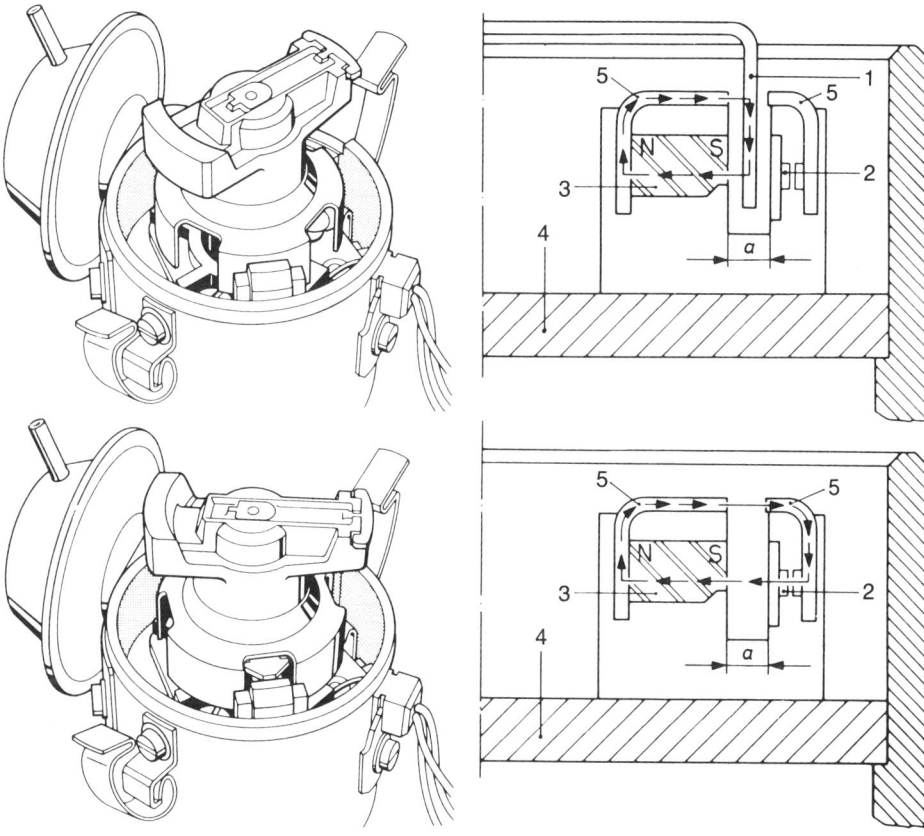

Bild 8.59 Aufbau und Kraftlinienverlauf im Zündverteiler mit Hallgeber
1 Blende	4 Kunststoffträger
2 Hall-IC	5 magnetisches Leitblech
3 Dauermagnet	*a* Luftspalt

Oberes Bild: Blende im Luftspalt, Magnetfeld wird am Hall-IC vorbeigeleitet. Diese Stellung entspricht dem alten Schließwinkel.
Unteres Bild: Lücke im Luftspalt, Hall-IC wird vom Magnetfeld durchsetzt. Diese Stellung entspricht dem alten Öffnungswinkel.

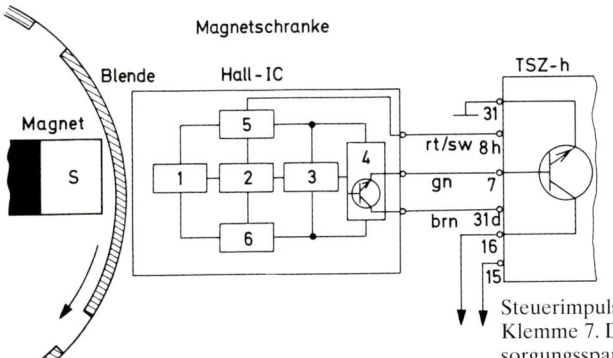

Bild 8.60 In der Magnetschranke ist neben dem Dauermagneten der Hall-IC, ein nur 1 mm² großer Chip, untergebracht.

Im Hall-IC laufen folgende Funktionen ab:
1 Der eigentliche Hallgenerator erzeugt in Abhängigkeit der Blendenstellung eine Spannung von wenigen Millivolt.
2 verstärkt diese Spannung.
3 kehrt deren Potential um, Plus wird zu Minus.
4 gibt in Abhängigkeit des Signals von 3 die

Steuerimpulse für das Schaltgerät an dessen Klemme 7. Der Hallgenerator erhält seine Versorgungsspannung über die Schaltgeräteklemme 8h. Diese wird unabhängig von der Bordnetzspannung durch die Stabilisierungsstufe 5 auf gleichen Wert gehalten.
6 bewirkt die Temperaturkompensation der Spannung. Es darf niemals Bordnetzspannung zum Prüfen an den Hall-IC gelegt werden. Oszillographische Prüfung an Klemme 7 ergibt bei laufendem Motor ein Rechtecksignal.

Taucht eine Blende in den Luftspalt der Magnetschranke ein, so lenkt sie das Magnetfeld am Hall-IC vorbei. Die Hallschicht ist nahezu feldfrei, und somit ist $U_H = 0$. Der Signalausgang des Hall-ICs ist jetzt positiv, etwa 2,5 V, und steuert das Schaltgerät und damit den Primärstrom durch. Verläßt die Blende den Luftspalt, dann wird die Spannung am Signalausgang zu 0 V. Dadurch sperrt das Schaltgerät den Primärstrom, und die Zündung erfolgt (Bilder 8.60 und 8.61).

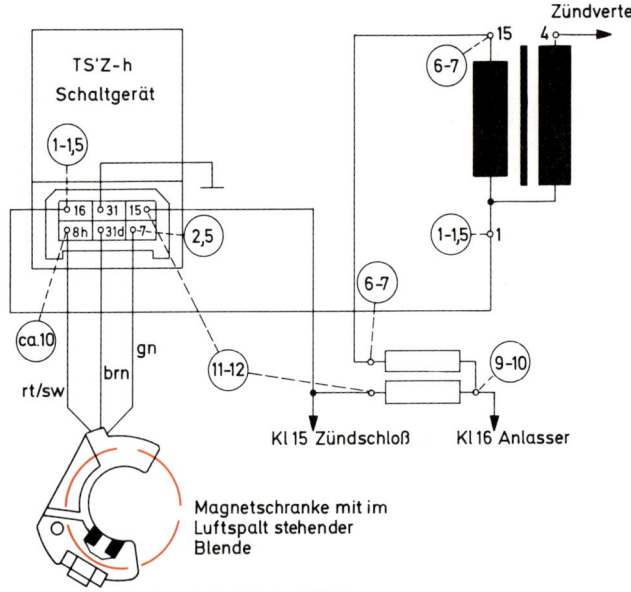

Bild 8.61   Prinzipschaltbild der TSZ-h

Sollte für die Überprüfung der gesamten TSZ-h kein fahrzeugbezogener Fehlersuchplan greifbar sein, kann anhand dieses Schaltbildes an den bezeichneten Punkten mit einem Voltmeter die Spannung kontrolliert werden. Die Zahlenangaben entsprechen der Spannungshöhe bei im Luftspalt stehender Blende. Gegenprobe bei geöffneter Magnetschranke. Jetzt muß an Klemme 7 die Spannung zu Null geworden sein, an allen anderen Meßpunkten, außer Klemme 8h, muß die Spannung 12 V betragen. 8 h muß unabhängig von der Blendenstellung eine Spannung von ca. 10 V führen. Sorgfältig arbeiten, damit keine Kurzschlüsse mit den Meßspitzen des Voltmeters entstehen!

Bild 8.62 Zündverteiler mit induktivem Gebersystem und integriertem Schaltgerät. An das Ver-
teilergehäuse 1 ist das Schaltgerät 2 zur Wärmeableitung angeschraubt. Über die Anschlußver-
bindung 3 mit Gummiabdichtung wird der Kontakt zum Gebersystem 4 und zur Zündspule 5 hergestellt.

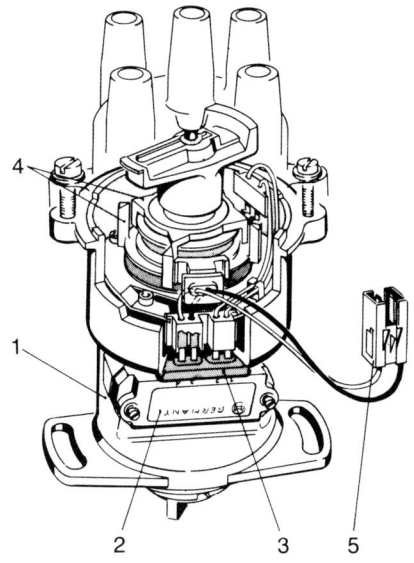

TSZ-h und TSZ-i mit Hybridschaltgerät

Die Anwendung neuer Technologie machte es möglich, die für die Arbeitsweise eines Schaltgeräts
notwendigen elektronischen Bauteile, Widerstände und Kondensatoren auf kleinstem Raum zu
konzentrieren. Unter Hybridtechnik versteht man den verkapselten Aufbau dieser Teile auf eine
Dickschichtplatte aus Keramiksubstrat. Bei dieser Bauweise fallen eine Vielzahl sonst notwen-
diger, aber störanfälliger Verbindungen fort. Infolge der kleinen Baugröße ist es möglich, das
Schaltgerät in Zündverteiler zu integrieren (Bild 8.62). Gegenüber herkömmlichen Schaltgeräten
können die Hybridgeräte den Primärstrom begrenzen, den Schließwinkel regeln und bei stehendem Motor und eingeschalteter Zündung den primären Ruhestrom abschalten. Durch Strombegrenzung und die Ruhestromabschaltung ist es möglich, die sonst notwendigen Vorwiderstände
wegfallen zu lassen. Auch die Klemme 16 am Anlassermagnetschalter zur Startanhebung fehlt.
Die auf das Schaltgerät abgestimmte Zündspule weist als Besonderheit eine Sollbruchstelle im
Isolierdeckel auf, damit bei einem Kurzschluß des Schaltgeräts und damit unkontrolliert hohem
Primärstrom diese nicht explodiert.

Teilweise sind solche Zündanlagen noch um eine separate Zusatzelektronik erweitert. Bei
unterschiedlichen Firmenbezeichnungen (DLS für digitale-Leerlaufstabilisierung oder ESV, elektronische Spätverstellung) haben sie die Aufgabe, die Motorleerlauf-Drehzahl durch geringfügi-
ges Verändern des Zündzeitpunktes unabhängig von Motortemperatur oder Belastung durch ein-
geschaltete Verbraucher konstant zu halten. Bei bestimmten Arbeiten am Kfz, z.B. Grundeinstellung des Zündzeitpunktes, der Leerlaufdrehzahl, des CO-Gehaltes, oder einem Zylinderver-
gleichstest muß diese Elektronik nach Herstellerangaben unwirksam gemacht werden.

Die **Strombegrenzung** funktioniert vereinfacht so, daß bei Erreichen des Primärstromsollwertes
an dem Stromerfassungswiderstand im Schaltgerät ein definierter Spannungsabfall entsteht. Dieser Spannungsabfall wird von der Elektronik erkannt und bewirkt, daß der Endtransistor nicht
mehr bis zur Sättigungsgrenze durchgesteuert wird. Die hier abfallende Spannung kann also
unterschiedliche Werte, in der Strombegrenzungszeit 6 bis 8 V, annehmen. Da Primärwicklung und

Endstufe in Reihe geschaltet sind, bestimmt somit dieser geregelte Transistor die Nutzspannung an der Spule und damit deren Primärstrom.

Die **Schließwinkelregelung** bewirkt, daß unabhängig von der Motordrehzahl und der Batteriespannung immer der gleiche Primärabschaltstrom erreicht wird. Während des Startens, also bei abgefallener Batteriespannung, würde der Primärstromanstieg flacher verlaufen als bei 12 oder 14 V. Das hätte Leistungsverlust zur Folge, wenn die Elektronik nicht den Primärstrom früher einschalten würde. Das bedeutet Schließwinkelvergrößerung. Bei laufendem Motor, also steilerem Primärstromanstieg, wird der Schließwinkel so weit verkleinert, daß die Zündspule ein ausreichend starkes Magnetfeld aufbauen kann, ohne sich übermäßig zu erwärmen. Diese Schließwinkelveränderung läßt sich am Schließwinkeltester oder Oszilloskop beobachten und ist wichtigstes Prüfungskriterium bei der Fehlersuche.

Die **Ruhestromabschaltung** erfolgt spätestens eine Sekunde nach Einschalten der Zündung, wenn der Motor nicht gestartet wird. Dadurch kann die Zündanlage nicht thermisch überlastet werden, und die Batterie wird nicht entladen. Sobald gestartet wird, ist das Schaltgerät wieder aktiviert. Eine Spannungsmessung im Primärkreis bei Ruhestrom wie bei älteren TSZ ist hier also nicht möglich.

Die **Thyristorzündanlage,** auch Hochspannungs-Kondensatorzündanlage genannt, deckt den Zündspannungsbedarf hochtouriger, sportlicher Motoren und Wankelmotoren ab. In diesen Motoren müssen, um dem Vollastbetrieb gerecht zu werden, kalte Zündkerzen verwendet werden. Sie weisen einen kurzen, stumpfen Kegel als Isolatorfußspitze auf oder sind als Gleitfunkenkerze ausgelegt. Durch die kleine wärmeaufnehmende Oberfläche heizt sich der Kerzenisolator nicht bis zur Glühzündtemperatur auf. Daraus erwächst aber der Nachteil, daß der Abstand zwischen Mittelelektrode und Masseelektrode kleiner wird. Wenn dann der Motor im Teillastbereich betrieben wird und die Kerze nicht ihre Selbstreinigungstemperatur erreicht, lagern sich Rußteilchen am Isolator ab. Aufgrund des geringen Abstands kann die Hochspannung jetzt keinen zündenden Funkenüberschlag an den Elektroden erzeugen, sondern nur einen nichtzündenden Kriechfunken. Bei genauester Beobachtung kam man zu der Erkenntnis, daß ein zündender Funke um so sicherer erzeugt wird, je schneller die Zündspannung an den Kerzenelektroden ansteigt. Diesem steht aber die Art, wie die Zündenergie in Spulenzündungen gespeichert wird, entgegen. Es ist bekanntlich das Primärmagnetfeld, das im Zündmoment zum Zusammenfallen gebracht wird. Diese Methode bewirkt einen Zündspannungsanstieg von etwa 350 V/µs. Bei der Thyristorzündanlage ist die elektrische Energie in einem aufgeladenen Kondensator bis zum Zündmoment gespeichert. Daher rührt auch der Name Hochspannungs-Kondensatorzündanlage (HKZ). Diese Kondensatorladung wird im Zündmoment über einen durchgesteuerten Thyristor in die Primärwicklung des sogenannten Zündtransformators geleitet. Hier erzeugt sie einen so rasanten Primärfeldaufbau, daß in dieser Phase in der Sekundärwicklung bereits die Hochspannung entsteht. Der Zündspannungsanstieg beträgt etwa 8000 V/µs. Dadurch ist aussetzerfreier Betrieb des Motors gewährleistet. Nachteilig kann sich bei mager eingestellten Motoren aber die kurze Funkendauer dieses Systems auswirken, denn den Zündfunken fehlt der sonst übliche «Funkenschwanz». Zündet der Funkenkopf nicht, gibt es Verbrennungsaussetzer. Das Schaltgerät, das die Elektronik und den Speicherkondensator birgt, kann mit Kontakten, aber auch mit induktiven Gebern angesteuert werden. Ein Austauschen gegeneinander ist aber nicht möglich. Bei Arbeiten an so einem System fällt auf, daß beim Einschalten der Zündung das Schaltgerät ein hohes singendes Geräusch erzeugt. Das kann als Warnsignal angesehen werden, denn bei einer HKZ kann im Primärbereich eine Spannung bis zu rund 500 V entstehen. Deshalb ist es gefähr-

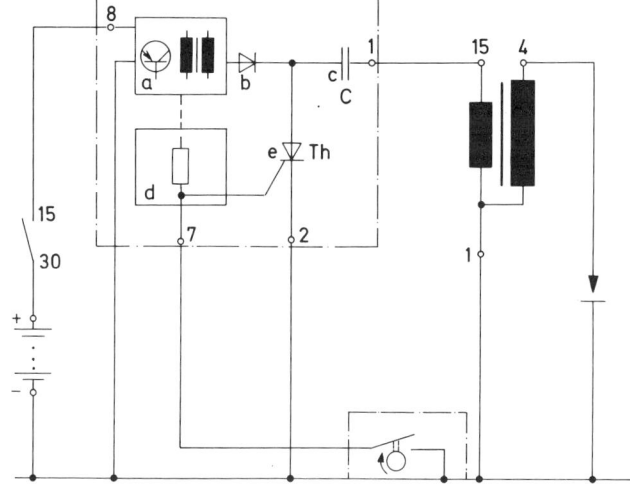

Bild 8.63 Prinzipschaltbild
einer Thyristorzündanlage
a) Elektronischer Ladeteil
b) Gleichrichterteil
c) Speicherkondensator
d) Steuerteil
e) Schalterteil

lich, die Primäranschlüsse von Zündtrafo und Schaltgerät bei laufendem Motor zu berühren; auch am Schaltgerät, das kurz vorher eingeschaltet war, herrscht noch diese Spannung (Bild 8.63).

Anhand des Prinzipschaltbildes kann man den Stromverlauf erkennen. Beim Einschalten der Zündung gelangt Batteriestrom in den elektronischen Ladeteil des Schaltgeräts. Hier wird dieser Gleichstrom in viele Impulse zerhackt und über einen Transformator auf etwa 500 V hochgespannt.

Dieser Vorgang erzeugt das oszillierende Geräusch. Die Spannung wird über Dioden gleichgerichtet und lädt den Speicherkondensator auf. Der Thyristor im Schalterteil ist in diesem Moment gesperrt. Öffnet der Unterbrecherkontakt oder kommt von dem Induktionsgeber ein Signal, wird über den Steuerteil der Thyristor verzögerungsfrei leitfähig gemacht, so daß sich der Kondensator in die Primärwicklung entladen kann. Seine Energie wird induktiv in die Sekundärwicklung übertragen und bewirkt die Zündspannung. Wegen der hohen Primärspannung haben Zündtrafos nur ein Übersetzungsverhältnis von 1 : 90.

Bei der Fehlersuche im Primärkreis können nur die Spannung am Schaltgerät und seine Stromaufnahme gemessen werden. Es sind die Kabelanschlüsse und der Zündkontakt auf sichere elektrische Verbindung hin zu untersuchen und die Widerstandswerte des Zündtrafos zu messen. Oszillographische Überprüfung im Sekundärbereich ergibt ein charakteristisches, aber bei Fehlern ein wenig aussagekräftiges Zündbild (Bild 8.64).

Die **Motronic** von Bosch ist ein System zur vollelektronischen Steuerung der Zündung und der Einspritzung. In einem Schaltgerät sind sowohl die Elemente der L-Jetronic (siehe Abschnitt 3.8.4) als auch die einer kontaktlos gesteuerten TSZ-i untergebracht. Weniger Verschleißteile für den Zündungsteil und gemeinsame Geber für Einspritzung und Zündung sorgen für weitgehende Wartungsfreiheit und lange gleichbleibende Genauigkeit. Das System arbeitet mit einem digitalen Steuergerät, dessen Kernstück ein Mikrocomputer ist. In diesem ist das sogenannte Zündkennfeld einprogrammiert. Das sind viele, vom Motorhersteller ermittelte Zündzeitpunkte, die für jeden Betriebszustand den optimalen Zündverstellwinkel darstellen. Dem Computer ist ein Mikroprozessor zugeordnet. Das Steuergerät erhält über Sensoren eine Vielzahl von Motorinformationen, der Mikroprozessor errechnet in Sekundenbruchteilen den für die momentane Situa-

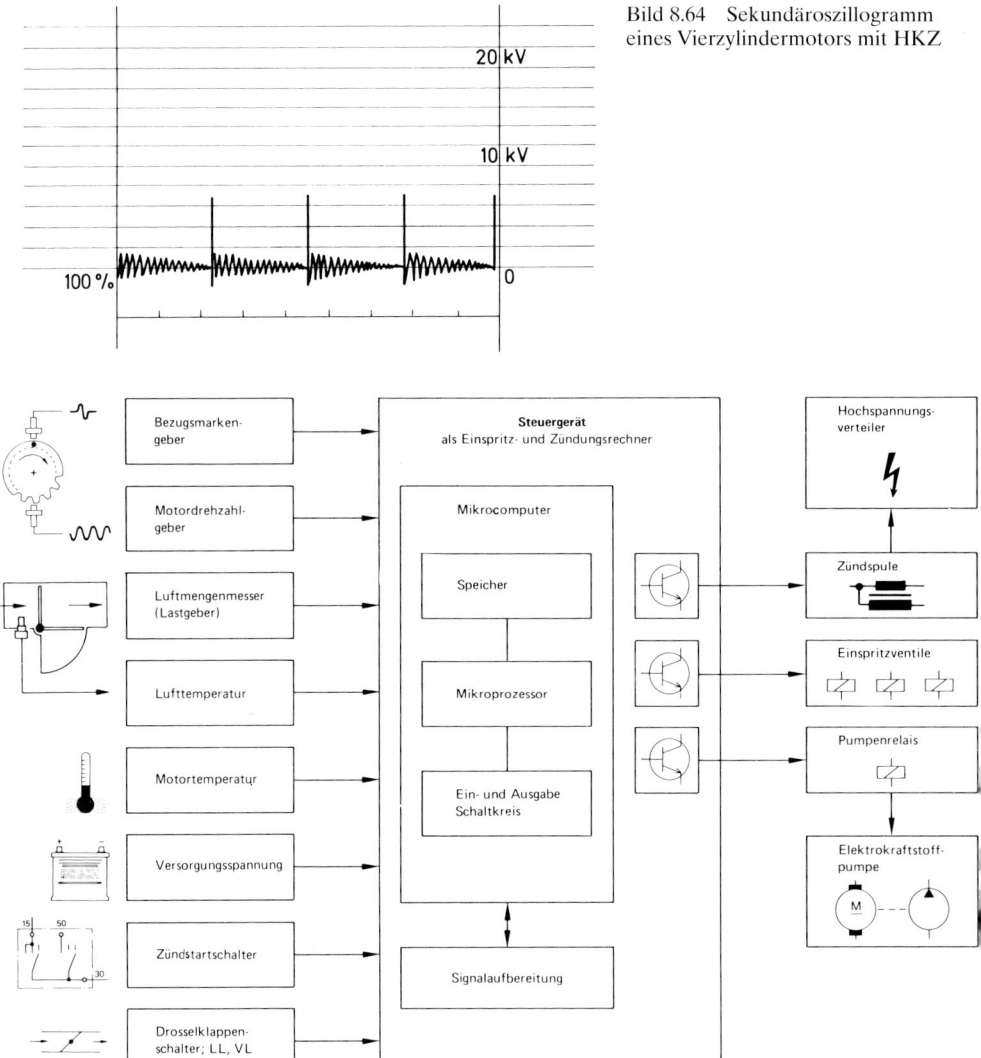

20 kV

10 kV

100 %

0

Bild 8.65   Funktionsübersicht für die Bosch-Motronic

tion richtigen Grad der Vorzündung und ruft den Wert vom Computer ab. Die Leistungsendstufen im Steuergerät schalten nach diesen elektrischen Befehlen die Zündspule und die Einspritzventile (Bild 8.65).

Da die Motronic im Bereich Einspritzung der LE- bzw. LH-Jetronic etwa entspricht, sollen im folgenden nur die Besonderheiten des Zündungsteils angesprochen werden.

Mit herkömmlichen Zündverteilern und deren Verstelleinrichtungen kann der Zündzeitpunkt nur annähernd linear in Richtung «früh» oder «spät» verstellt werden – zum einen durch die Fliehgewichte in Abhängigkeit der Motordrehzahl, zum anderen durch die Unterdruckdosen in

Bild 8.66   Vergleich der mechanischen
mit der elektronischen Verstellkurve

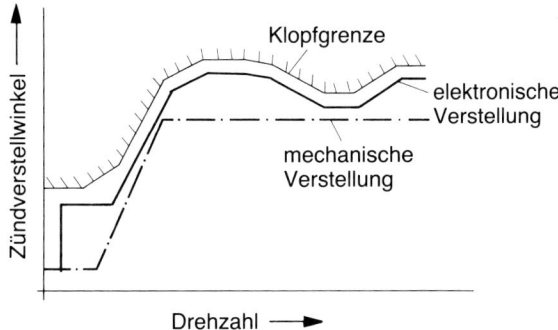

Abhängigkeit des Saugrohrunterdrucks. Die so vorgegebenen Zündzeitpunkte können aber den tatsächlichen Frühzündungsbedarf des Motors nur unvollkommen abdecken, da aus Sicherheitsgründen die Verstellkurve in gewisser Entfernung zur Klopfgrenze verlaufen muß. Wäre die Verstellkurve der Klopfgrenze des Motors direkt angepaßt, würde er seine beste Leistung und Wirtschaftlichkeit erbringen. Schwankende Treibstoffqualität, Ablagerungen im Brennraum, Bearbeitungstoleranzen und durch Verschleiß hervorgerufene Veränderungen der Verstellmechanik würden aber klopfende Verbrennung und Motorschäden bewirken (Bild 8.66).

Diese störanfällige Mechanik wird bei der Motronic durch das gespeicherte Zündkennfeld ersetzt. Das räumliche Kennfeld ist nach den Parametern Last und Motordrehzahl in viele kleine Abschnitte unterteilt. Jeder Kreuzungspunkt dieses Netzes stellt einen dicht an der Klopfgrenze liegenden Zündzeitpunkt dar und belegt einen Speicherplatz im Computer. Auf diese Weise sind 256 Zündzeitpunkte festgelegt (Bild 8.67). Deshalb kommt dem Zündverteiler nur noch die Aufgabe zu, den Zylindern die Hochspannung gemäß der Zündfolge zuzuleiten. Bei BMW ist dieser Hochspannungsverteiler an den Zylinderkopf angeflanscht und der Verteilerfinger direkt auf das Nockenwellenende aufgesteckt oder es werden Einzelspulen verwendet.

Vom Luftmassenmesser bzw. vom Drosselklappenpotentiometer erhält der Computer das Lastsignal. Ein induktiver Geber im Bereich des Motorschwungrades erkennt die Motordrehzahl und die Stellung der Kurbelwelle. Bei jeder Kurbelwellenumdrehung fragt der Computer über diese Sensoren den Motorbetriebszustand ab und errechnet mit Hilfe der gespeicherten Werte

Bild 8.67   Räumliche Darstellung des
gespeicherten Zündkennfeldes. Jeder
Kreuzungspunkt stellt einen optimierten
Zündzeitpunkt für den Motor dar.

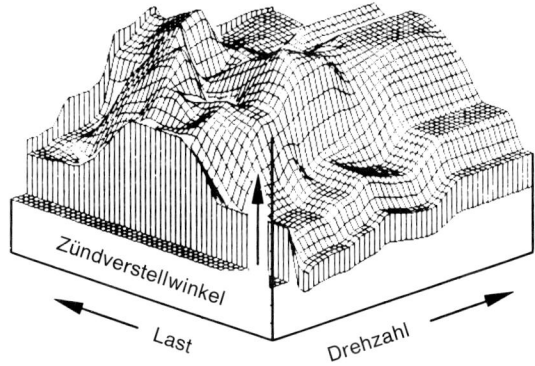

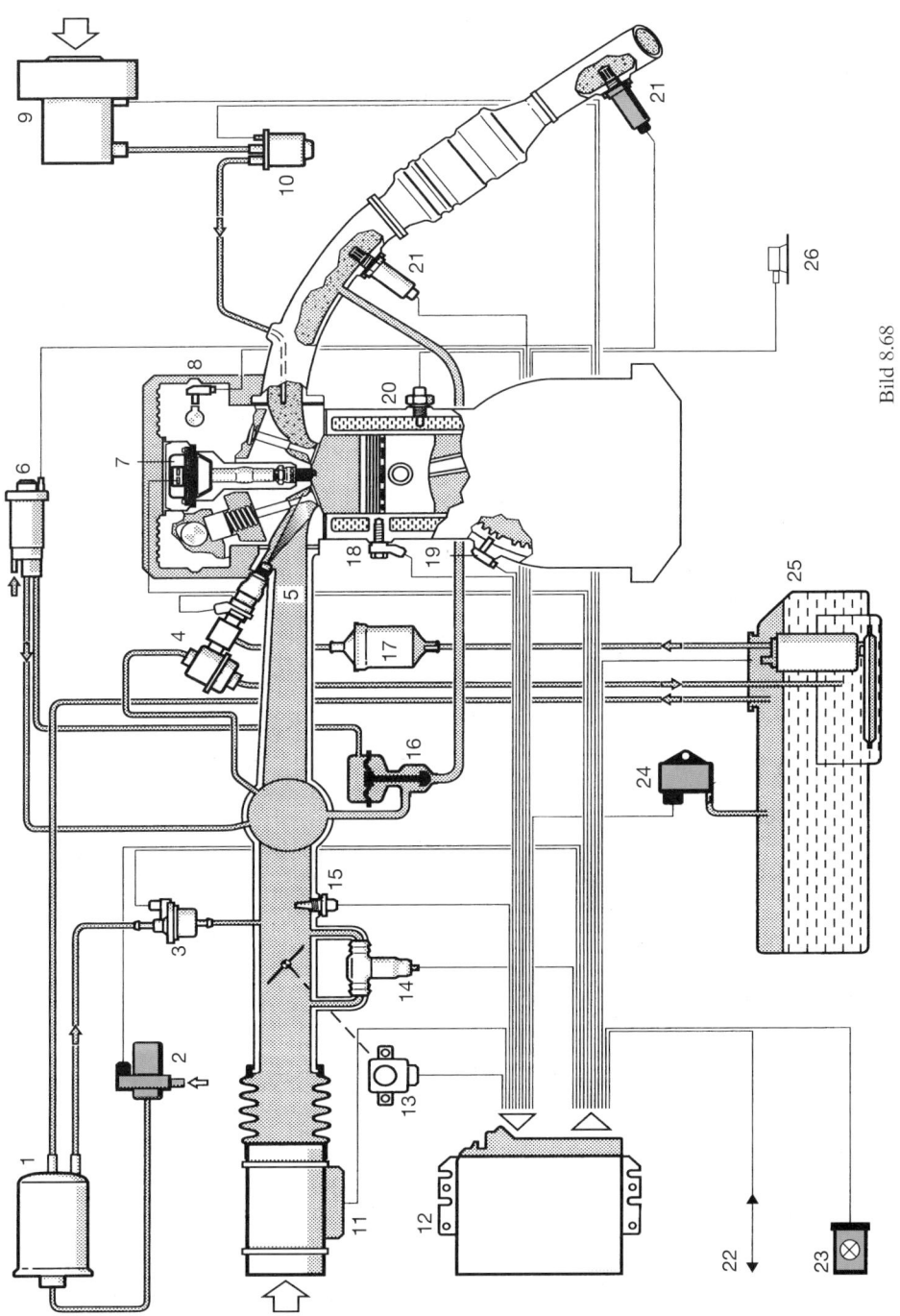

Bild 8.68

den Grad der Vorzündung neu. Über das festgelegte Kennfeld hinaus wird der Zündzeitpunkt zusätzlich noch temperatur- und drehzahlabhängig bei besonderen Betriebszuständen korrigiert. Bei Heiß- und Kaltstartphasen erfolgt die Zündung später, was das Anspringen begünstigt. Um eine stabile Motordrehzahl zu erreichen, wird bei Drehzahlabfall zur Erhöhung des Drehmoments die Zündung früher gelegt. Wenn bei Schiebebetrieb die Schubabschaltung noch nicht einsetzt, wird der Zündzeitpunkt so angepaßt, daß ein einwandfreies Verbrennen erfolgt. Um bei hohen Außentemperaturen, bei langsamer Kolonnenfahrt o.ä. den Motor thermisch zu entlasten, wird im Leerlauf der Zündzeitpunkt nach «früh» verlegt. Die kritische Motortemperatur erkennt das Schaltgerät über den Motortemperaturschalter.

Weiterhin kann bei der Motronic (Bild 8.68 zeigt die Bosch-Motronic M5) und auch bei anderen vollelektronischen Zündanlagen der Zündzeitpunkt durch das Signal eines Klopfsensors zurückgenommen werden. In diesen ist ein Piezokristall eingebracht. Der Sensor ist an den Motorblock außen in Höhe des Verbrennungsraumes angeschraubt. Klopft der Motor, wird dessen Block in mechanische Schwingungen versetzt, in deren Abhängigkeit in dem Piezokristall elektrische Spannungsimpulse entstehen. Dieses Signal erkennt das Schaltgerät und legt sofort den Zündzeitpunkt um einen bestimmten Betrag nach «spät».Danach wird der Zündzeitpunkt langsam wieder an seinen Ausgangswert herangestellt, wenn der Klopfsensor nicht wieder erneut klopfende Verbrennung erkennt. Es ist absehbar, daß in Zukunft noch weitere Parameter zur Steuerung der Zündung und Einspritzung herangezogen werden, um das gesamte Motorverhalten zu verbessern und die Schadstoffemission abzusenken.

Selbstverständlich sind in das Schaltgerät der Motronic auch die Schließwinkelsteuerung und die Strombegrenzung einkonstruiert, so daß auch hier die Vorwiderstände überflüssig sind. Bei stehendem Motor und eingeschalteter Zündung erfolgt auch die Ruhestromabschaltung, um die Batterie und die Zündspule zu entlasten.

Bei diesen Zündanlagen setzt sich auch zunehmend die «ruhende Hochspannungsverteilung» durch. Hierbei können Einzelfunken-Zündspulen oder Zweifunken-Zündspulen zum Einsatz kommen. Bei letzteren sind beide Enden der Sekundärwicklung ausgeführt und an eine Zündkerze angeschlossen.

Unterbricht das Schaltgerät den Primärstrom, entsteht zeitgleich an beiden Kerzen ein Zündfunke, von denen der erste den Arbeitstakt des einen Zylinders einleitet und der zweite in den Auspufftakt des anderen Zylinders fällt. Für einen 4-Zylinder-Viertakt-Motor sind deshalb zwei Zweifunken-Zündspulen notwendig. Bei Einzelfunken-Zündspulen werden für jeden Zylinder

---

Bild 8.68 Bosch-Motronic M5. In der Legende sind die Komponenten, die durch die On-board-Diagnose (OBD) überwacht werden, unterstrichen (siehe auch Abschnitt 3.8.4).

1 Aktivkohlefilter	13 Drosselklappenpoti
2 Absperrventil	14 Leerlaufsteller
3 Regenerierventil	15 Lufttemperaturfühler
4 Druckregler	16 AGR-Ventil
5 Einspritzventil	17 Kraftstofffilter
6 Drucksteller	18 Klopfsensor
7 Zündspule	19 Drehzahlsensor
8 Phasensensor	20 Motortemperaturfühler
9 Sekundärluftpumpe	21 Lambda-Sonde
10 Sekundärluftventil	22 Diagnoseanschluß
11 Luftmassenmesser	23 Diagnoselampe
12 Steuergerät	24 Differenzdrucksensor
	25 Kraftstoffpumpe
	26 Karosserie-Beschleunigungssensor oder Drehzahlfühlersignal

eine Zündspule und die dazugehörige Endstufe notwendig. Am gebräuchlichsten ist es, die Spule direkt auf die Zündkerze zu montieren. Hierdurch entfallen Zündleitungen und weitere störanfällige Verbindungselemente.

Die jeweilige Endstufe wird so angesteuert, daß der Funke nur im Arbeitstakt des Zylinders entstehen kann. Die Signalgebung hierfür erfolgt nicht, wie sonst üblich, mittels induktivem Geber, der an die Kurbelwelle angelegt ist, sondern über einen Nockenwellengeber.

Eine weitere Besonderheit dieser Anlagen sind Hochspannungsdioden, die in Reihe zur Zündkerze geschaltet sind. Ihre Notwendigkeit erklärt sich aus dem Umstand, daß bei jeder Magnetfeldänderung, also auch nach Einschalten des Primärstromes, und der einsetzenden Aufbauphase sekundärseitig Hochspannung induziert wird. Aufgabe der Dioden ist somit, einen Zündfunken zu Beginn des Schließabschnittes zu unterdrücken, damit der Motor nicht mit extremer Frühzündung zerstört wird (Bilder 8.69 bis 8.72).

Allgemeine Hinweise für den Umgang mit elektronischen Zündanlagen

1. Das Berühren spannungsführender Klemmen bei Betrieb kann gefährlich sein.
2. Motor nie ohne festangeschlossene Batterie starten oder ohne sie betreiben.
3. Falschpolung der Batterie oder der Zündspule kann zur Zerstörung des Schaltgeräts führen.
4. Batterie vor dem Schnelladen abklemmen.
5. Starthilfe mit Schnelladern ist unzulässig.
6. Zündspulenklemme 1 nicht an Batterie-Plus legen, das Schaltgerät wird zerstört.
7. Bei Temperaturen über 80 °C, z.B. im Trockenofen, Schaltgerät ausbauen.
8. Bei Elektroschweißungen am Fahrzeug Batterieminusklemme lösen.
9. Bei Arbeiten wie Kompressionsdruckprüfung oder Schließwinkeleinstellung (TSZ-k) die Zündspannung an Masse ableiten oder Zentralstecker vom Schaltgerät abziehen.

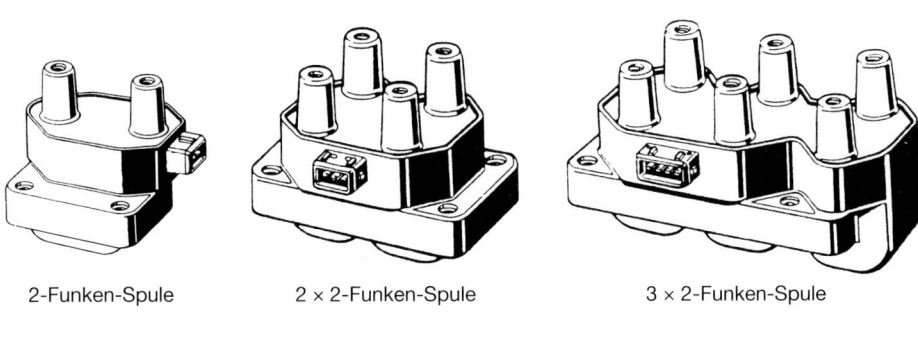

2-Funken-Spule   2 × 2-Funken-Spule   3 × 2-Funken-Spule

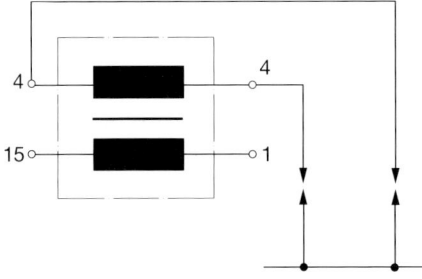

Bild 8.69   Um mit ruhender Zündspannungsverteilung den Zündspannungsbedarf von 2-, 4- und 6-Zylinder-Motoren abzudecken, können 2-Funken-Spulen eingesetzt werden. Diese können baulich zu einer Einheit zusammengefaßt sein. Die grundsätzliche Versorgung der Zündkerzen geht aus dem Schaltplan hervor.

Bild 8.70 Die Einzelfunkenspule ist
direkt auf der Zündspule montiert.

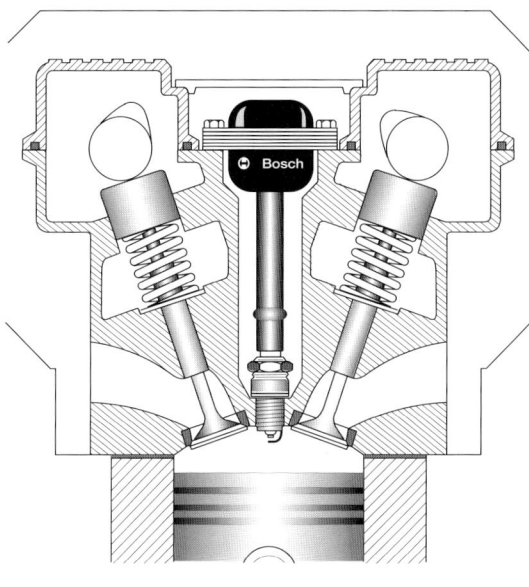

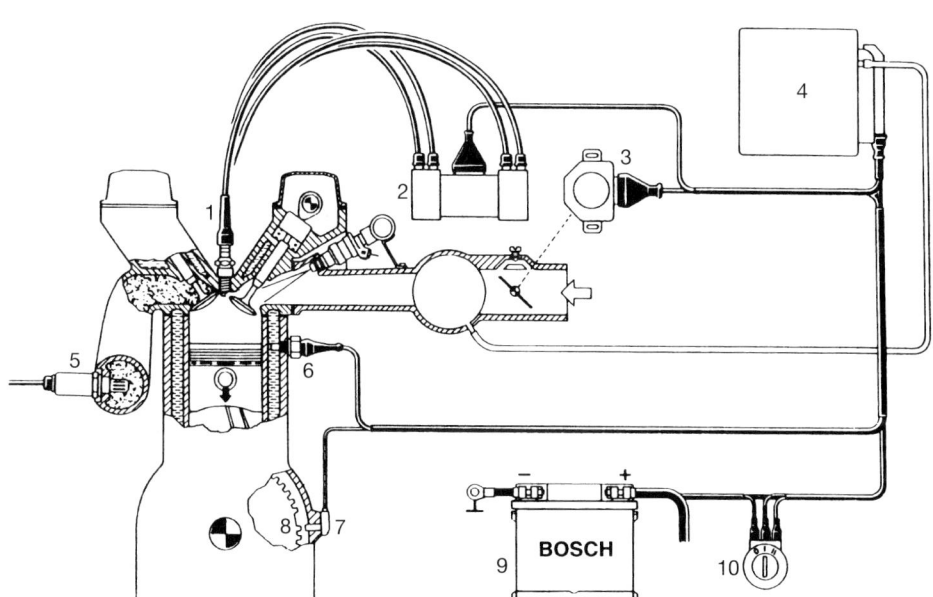

Bild 8.71 Übersichtsschema einer ruhenden
Hochspannungsverteilung
1 Zündkerze
2 Doppel-Zweifunken-Zündspule
3 Drosselklappenschalter
4 Steuergerät mit Endstufen

5 Lambda-Sonde
6 Motortemperaturfühler
7 Drehzahl- und Bezugsmarkengeber
8 Zahnscheibe
9 Batterie
10 Zündstartschalter

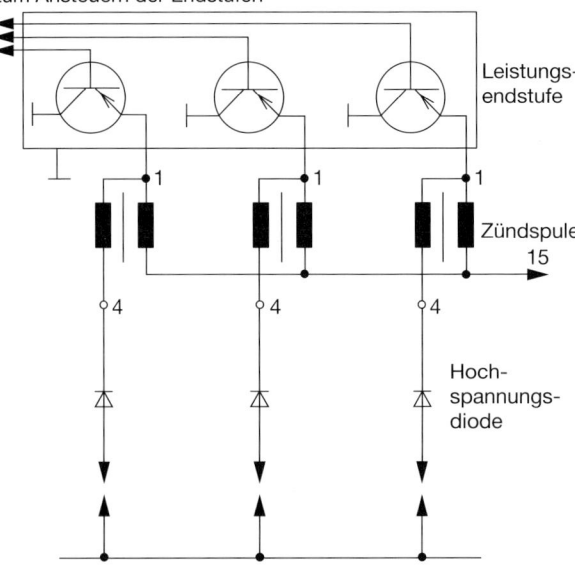

Steuerleitungen
zum Ansteuern der Endstufen

Leistungs-
endstufe

Zündspule
15

Hoch-
spannungs-
diode

Bild 8.72 Prinzipschaltplan für die ruhende Hochspannungsverteilung mit Einzelfunken-Zündspulen, vorzugsweise für Motoren mit ungeraden Zylinderzahlen

8.2.10 Magnetzünder

Wenn auch im Bereich der Pkws die Magnetzünder nicht mehr anzutreffen sind, sollen diesem elektrisch interessanten Aggregat doch einige Ausführungen gewidmet werden.

Die technischen Ausstattungen, bei den modernen Zündern mit elektronischer Unterstützung, stellen eine unüberschaubare Vielzahl dar, so daß hier nur einige Standardbauformen erklärt werden sollen. Die Grundfunktion läßt sich trotz des unterschiedlichen Aussehens der Zünder allgemeingültig festlegen.

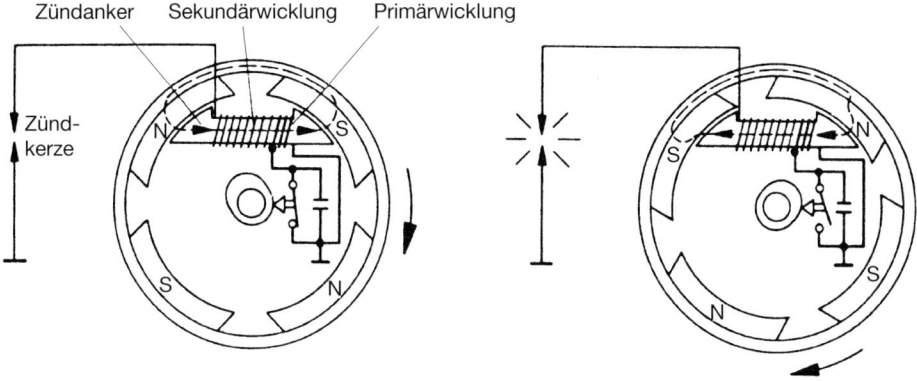

Zündanker Sekundärwicklung Primärwicklung

Zünd-
kerze

Bild 8.73 Aufbau des resultierenden Zündmoment-Magnetfeldes. Bei geschlossenem Unterbrecherkontakt erzeugt das umlaufende Polrad in der Primärwicklung einen Stromfluß. Dieser hat hier ein Magnetfeld zur Folge, das die Sekundärwicklung durchdringt. Beim Abheben des Unterbrechers bricht das Magnetfeld zusammen und induziert die Zündspannung.

Für den Betrieb wird ein kräftiger Dauermagnet, ein Zündanker mit Primär- und Sekundär- wicklung, ein Schalter in alter Version, ein Unterbrecherkontakt nebst Zündkondensator oder in neuer Version ein Transistor oder Thyristor benötigt (Bild 8.73). Dreht der Magnetläufer, so schneidet dessen Magnetfeld die Drahtwicklung des Zündankers und induziert hier eine Span- nung. Bei geschlossenem Unterbrecherkontakt fließt in der Primärwicklung ein Strom, der hier ebenfalls ein Magnetfeld entstehen läßt. Dieses sogenannte resultierende Magnetfeld durchdringt auch die Sekundärspule und ist in seiner Stärke abhängig von der Stellung des Magnetläufers. Ist der Rotor in die Abrißstellung gedreht, so ist das resultierende Magnetfeld am stärksten. In diesem Moment wird der Unterbrecherkontakt geöffnet. Das Magnetfeld der Primärspule bricht schlagartig zusammen und schneidet dabei die Wicklung der Sekundärspule. Dadurch geschieht hier ein weiterer Induktionsvorgang, der die hohe Zündspannung hervorruft. Wie bei einer Spulenzündanlage wird auch hier das Zusammenbrechen des resultierenden Magnetfeldes durch die Wirkung des Zündkondensators beschleunigt. Dieser nimmt die Öffnungsinduktionsspannung der Primärwicklung auf, so daß an den Kontakten kein Öffnungsfunke entstehen kann.

Kontakte
Die Unterbrecherkontakte bestehen überwiegend aus Wolfram und werden je nach Zündertyp auf 0,3 bis 0,45 mm Abstand eingestellt. Vereinzelt bei Renn- oder Flugzeugzündern anzutref- fende Platinkontakte können wegen ihrer geringen Neigung zur Oxidation auf 0,25 mm Abstand eingestellt werden.

Zündzeitpunkt-Einstellung
Die Kontakte müssen genau bei vorgeschriebener Stellung des Kolbens vor OT abheben. Dazu werden sie als erstes auf die höchste Erhebung des Nockens gestellt und mit einer fettfreien Fühl- lehre durch Verstellen des Kontaktträgers auf Maß gebracht. Der Zündzeitpunkt ist entweder durch eine Markierung am Zünder oder an der Schwungscheibe des Motors festgelegt. Unter Umständen ist er aber angegeben in Millimeter Kolbenweg vor OT. Zur Überprüfung ist hier eine Meßuhr notwendig, die mit einem Fühler durch die Kerzenbohrung auf den Kolben tastet.

Das Abheben der Unterbrecherkontakte wird am genauesten mit einem Zündzeitpunkt-Ein- stellgerät kontrolliert. Der Kolben wird auf Zündzeitpunkt oder das Polrad auf Zündmarkierung gestellt. Dann wird die Ankerplatte so verdreht, daß die Kontakte innerhalb der Zündzeitpunkt- Toleranz abheben.

Abriß
Neben dem Zündzeitpunkt ist aber noch ein weiteres Einstellmaß, das sogenannte Abrißmaß oder kurz Abriß, von großer Bedeutung. Der Abriß ist das Maß zwischen der ablaufenden Pol- schuhkante des Rotors und der feststehenden Polschuhkante des Stators im Moment der Kon- taktöffnung. Nur bei vorgeschriebenem Abriß erreicht der Zünder seine volle Leistung. Das Maß verändert sich

❐ bei Änderung des Kontaktabstandes und
❐ bei Verdrehen der Kontaktplatte.

Es liegt je nach Durchmesser des Zünders zwischen 5 und 25 mm. Bei längerer Betriebszeit wird durch Abnützung des Novotexklötzchens vom Unterbrecherkontakt der Kontaktabstand gerin- ger. Dadurch verschiebt sich einmal der Zündzeitpunkt in Richtung «spät», und zweitens wird das Abrißmaß größer als zulässig. Die Motorleistung nimmt rapide ab.

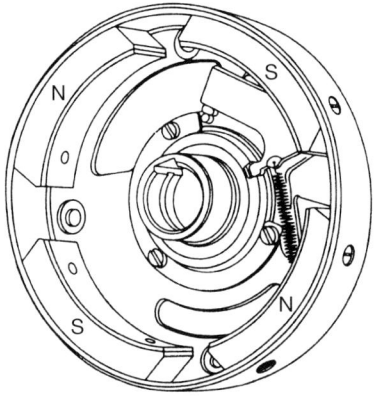

Bild 8.74   Polschwungrad mit symmetrisch angeordneten Sinteroxidmagneten. Der Unterbrecher-
nocken ist drehbar eingefügt und wird bei steigender Motordrehzahl durch das Fliehgewicht dem
Polrad gegenüber vorverstellt. Dadurch erhält der
Motor Frühzündung.

Schwunglicht-Magnetzünder

Die größte Verbreitung erfuhren sie durch ihre Verwendung in kleinen, zumeist 2-Takt-Motoren, die für den Antrieb von Mopeds, Krafträdern, Rasenmähern oder Außenbord-Bootsmotoren zum Einsatz kamen.

Diese Motoren benötigen für einen gleichmäßigen Motorlauf eine relativ große Motor-schwungmasse. Es lag daher nahe, diese Schwungmasse als Magnetsystem auszulegen. Es wurden zuerst zwei-, dann vier- oder sechspolige Schwungräder konstruiert, die, auf die Kurbelwelle gesetzt, sich um den Zündanker drehen (Bild 8.74).

Von da bis zur Konstruktion der Schwunglicht-Magnetzünder für Krafträder war es dann nur noch ein kleiner Schritt. Neben dem Zündanker wurden noch ein oder mehrere Licht- oder Lade-anker auf dem Ankerblech angeordnet (Bild 8.75).

Generatorteil

Die Größe und Anzahl der Spulen richtet sich nach dem Verwendungszweck. Das umlaufende Polrad erzeugt in der Spule eine Wechselspannung, die den Scheinwerfer- oder Schlußlampen zugeleitet wird. Ein besonderer Spannungsregler ist bei Anlagen bis zu einer Lichtleistung von 150 W nicht erforderlich. Bei steigender Motordrehzahl steigt die Frequenz der Wechselspannung. Bei auf den Lichtanker abgestimmten Glühlampen erzeugt der Lampenstrom im Lichtanker eine Selbstinduktion, die dessen Scheinwiderstand ansteigen läßt. Die Gefahrenspannung für die Glühlampen wird also auch bei Höchstdrehzahl nicht erreicht (Bild 8.76).

Tritt aber bei eingeschaltetem Licht eine kurzzeitige Unterbrechung auf, beispielsweise durch Erschütterung der Schlußlichtleitung, so fehlt in diesem Moment die Belastung durch die Schlußleuchte für den Lichtanker. Die Spannung an der Scheinwerferlampe steigt an, und es besteht die Gefahr, daß diese durchbrennt.

Diese Schäden treten nicht auf, wenn für jede Lichtquelle am Fahrzeug ein eigener Lichtanker vorgesehen ist (s. Bild 8.75).

Batterieladung

Wird in dem Fahrzeug eine Batterie mitgeführt, so wird diese durch einen separaten Ladeanker geladen. Dieser erzeugt aber wie der Lichtanker Wechselspannung, die erst durch Gleichrichter-einheiten in Ladegleichstrom umgewandelt werden muß.

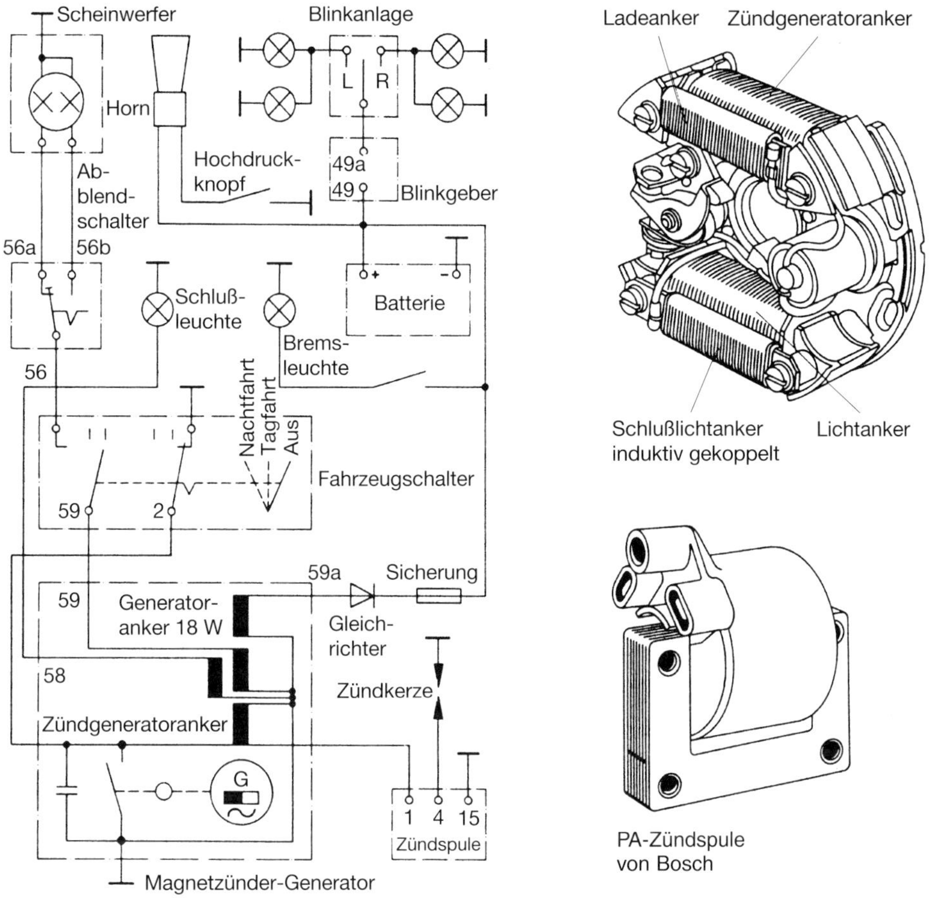

Scheinwerfer Blinkanlage Ladeanker Zündgeneratoranker

Horn

Hochdruck-
knopf

Ab-
blend-
schalter

56a 56b

L R

49a
49 Blinkgeber

Schluß-
leuchte

56

Brems-
leuchte

Batterie

Schlußlichtanker Lichtanker
induktiv gekoppelt

Nachtfahrt
Tagfahrt
Aus

Fahrzeugschalter

59 2

59a Sicherung

59 Generator-
anker 18 W

58

Zündgeneratoranker

Gleich-
richter

Zündkerze

G

Magnetzünder-Generator

1 4 15
Zündspule

PA-Zündspule
von Bosch

Bild 8.75   Elektrische Anlage, wie sie bei Kleinkrafträdern zum Einsatz kommen kann

Die früher verwendeten Selen-Säulengleichrichter sind heute durch Siliziumdioden ersetzt worden. Für Anlagen bis zu 2 A Ladestrom sind Einweggleichrichter ausreichend. Die Diode läßt nur eine Halbwelle der Wechselspannung durch, die andere wird unterdrückt. Es wird somit nur die halbe erzeugte elektrische Energie in Ladestrom umgewandelt.

Bild 8.76   Im Lichtanker wird Wechselstrom erzeugt und über den Schalter zu Scheinwerfer und Schlußlicht geleitet. Bei Unterbrechung einer Leitung brennt die noch angeschlossene andere Glühlampe durch.

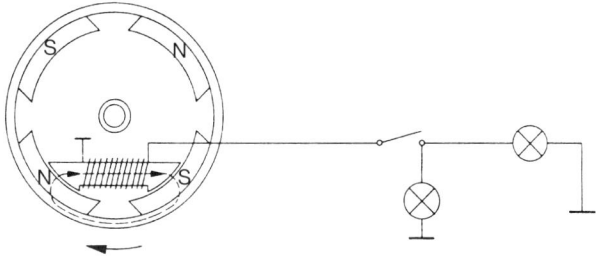

Günstiger in der Ausnutzung ist der für größere Ströme zur Anwendung kommende Brücken-gleichrichter. In ihm sind vier Dioden in der Grätz-Schaltung miteinander verkoppelt, und es wird die gesamte Wechselspannung in Gleichspannung umgewandelt (s. Bild 8.14). Bei diesem Magnetzünder-Generator (Bild 8.75) ist aus Platz- und Leistungsgründen die Zündspule von der Ankerplatte weggebaut. Hier sitzt statt dessen der Zündgenerator und erzeugt im Zündmoment für die Zündspule die Primärspannung.

Auf dem Lichtanker sitzt der kleinere Schlußlichtanker induktiv gekoppelt, d.h., er erzeugt erst Strom, wenn die Scheinwerferlampe brennt. Erst dann durchsetzt das Wechselstrom-Magnetfeld des belasteten Lichtankers den Schlußlichtanker und induziert somit Spannung. Vom Ladeanker-anschluß 59a wird der Strom über einen Gleichrichterdiodensatz zur Batterie geschickt. Außerdem werden mit ihm die Signaleinrichtungen betrieben.

Elektronische Magnetzünder und Magnetzündergeneratoren
Der Einsatz von Magnetzündanlagen (Bild 8.77) unter ungünstigen Betriebsbedingungen, die Leistungssteigerung bei kleinen Motoren sowie der Wunsch nach absoluter Wartungsfreiheit führ-ten zur Entwicklung kontaktloser, elektronischer Magnetzünder und Magnetzündergeneratoren. Ihr Anwendungsgebiet erstreckt sich von Kettensägen, Rasenmähern und Zweiradmotoren über Bootsmotoren bis zu Schneeschlitten- und Stationärmotoren.

Bild 8.78 zeigt den Stromverlauf beim Laden des Speicherkondensators.

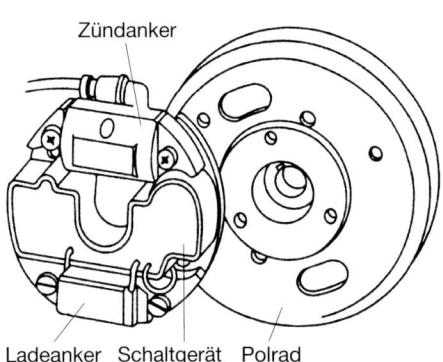
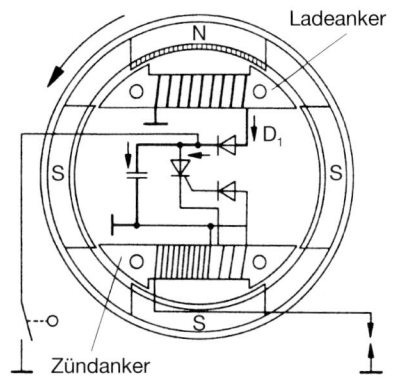

Bild 8.77 Eine mögliche Bauform der kontaktlo-sen Magnethochspannungs-Kondensatorzündan-lage

Bild 8.78 Stromverlauf beim Laden des Spei-cherkondensators

Kontaktlose MHKZ, Magnet-Hochspannungs-Kondensatorzündung
Die Aluminium-Ankerplatte trägt den Zündanker, den Ladeanker und das Schaltgerät. Im Schaltgerät sind die gesamte Elektronik und der Speicherkondensator zum Schutz gegen Korro-sion und zur Erhöhung der Schüttelfestigkeit in temperaturbeständigem Epoxidharz eingegossen. Reparaturversuche hieran sind also von vornherein aussichtslos (Bild 8.77).

An dem Polschwungrad ist gegenüber konventionellen Magnetzündern eine Besonderheit anzumerken. Die vier Magnetpole sind hier unsymmetrisch zueinander gestellt in der Form, daß drei Südpolen ein Nordpol zugeordnet ist. Die Magnete bestehen aus leistungsfähigen Sinter-oxidmagneten mit großer Koerzitivkraft, schwächen sich also nicht gegenseitig.

Bild 8.79   Stromverlauf im Zündmoment beim
Ansteuern des Schaltthyristors

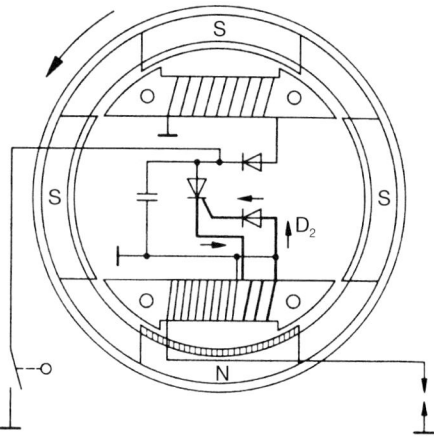

Diese asymmetrische Anordnung, die nicht bei Magnetzündergeneratoren zu finden ist, verhindert die Neigung mancher Zweitaktmotoren, rückwärts zu laufen.

Zündvorgang
Der Funktionsablauf bei einem Zündvorgang gliedert sich in drei Einzelabschnitte (s. Bild 8.78).

1. Laden des Speicherkondensators
Die beim Drehen des Polrades im Ladeanker erzeugte Wechselspannung wird über die Diode D1 gleichgerichtet. Mit der Gleichspannung wird der Kondensator aufgeladen und speichert die für die Zündung benötigte Energie. In diesem Augenblick sind der Thyristor und die Ladediode gesperrt, so daß keine Kondensatorladung abfließen kann.

2. Ansteuerung des Schaltthyristors (Bild 8.79)
Beim Weiterdrehen des Polrades um ca. 180° entsteht ein magnetischer Flußwechsel im Zündanker und ruft in dessen Primärwicklung einen Spannungsimpuls hervor. Von diesem Spannungsimpuls wird die positive Halbwelle von der Diode D2 durchgelassen und an die Zündelektrode des Thyristors geleitet. Dieser Vorgang, die sogenannte Triggerung, steuert den Thyristor an, so daß er öffnet.

3. Zünden (Bild 8.80)
Der aufgesteuerte Thyristor verbindet jetzt den geladenen Speicherkondensator mit dem Eingang der Primärwicklung des Zündankers. Der schlagartige Stromanstieg durch die Kondensatorentladung ruft hier ein Magnetfeld hervor, das infolge seines rasanten Aufbaus in der Sekundärwicklung die zum Zünden benötigte Hochspannung induziert.

Der Zündspannungsanstieg an der Kerzenmittelelektrode ist so steil, daß ein eventuell verrußter Kerzenisolatorfuß die Zündenergie nicht schwächt. Das Zündsystem ist also weitgehendst nebenschlußunempfindlich. Von Vorteil ist bei diesen Anlagen außerdem noch, daß keine mechanische Zündzeitpunkt-Verstelleinrichtung in Form von Fliehgewichten notwendig ist.

Das ergibt sich aus der zum Durchsteuern des Thyristors benötigten Spannung, die bei niedriger als auch bei hoher Motordrehzahl ja gleich ist. Infolge der größeren Schnittgeschwindigkeit der Magneten des Polrades bei hoher Drehzahl wird aber die Triggerspannung eher erreicht, und der Motor erhält daher die benötigte Frühzündung (Bild 8.81).

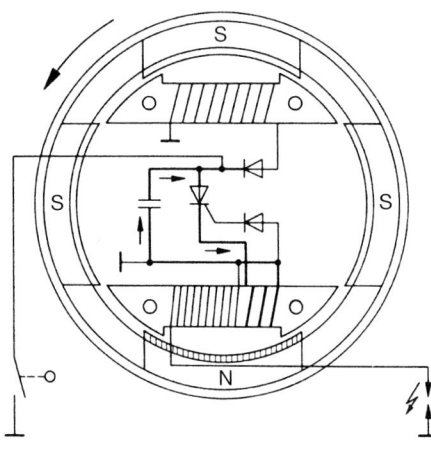

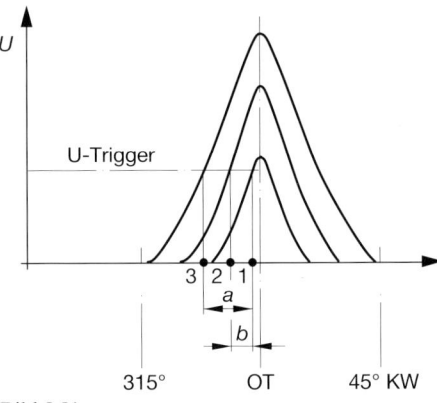

Bild 8.81
1 Zündzeitpunkt bei niedriger Drehzahl
2 und 3 Zündzeitpunkt bei höherer Drehzahl
a großer Verstellwinkel
b kleiner Verstellwinkel

Bild 8.80   Entladestromkreis des Speicherkondensators in die Primärwicklung des Zündankers

Kontaktlose Magnetzünder-Generatoren

Da auch für Zweiräder der Wunsch nach besserem Licht durch die Anwendung von Halogenlampen besteht und die Verkehrssicherheit eine aufwendige Signalanlage verlangt, muß dem
durch Anhebung der Lichtleistung der Mangetzünder-Generatoren entsprochen werden. Es galt
hier die Schwierigkeiten zu umgehen, die sich aus dem geringen Platzangebot im Innern der Pol-
räder ergaben. Eine optimale Lösung bietet hier der von der Firma Bosch entwickelte kontaktlose Magnetzünder-Generator RDPK 35/50 W. Hier ist von der alten Bauart der Sehnenanker
abgewichen worden. Lade- und Generatorspulen sind auf einen sechspoligen, sternförmigen
Eisenkörper aufgeschoben. Auf der Ankerplatte sitzt zusätzlich eine separate Geberspule, die zur
Auslösung des Zündimpulses dient. Aus Leistungsgründen ist hier auch die Zündspule aus dem
Magnetzünder heraus in die Elektronikbox verlegt worden (Bild 8.82).

Das Polrad ist mit einem sechspoligen Plastoferritmagneten ausgestattet. Die Anlage arbeitet
als kontaktlose Magnet-Hochspannungs-Kondensatorzündung, deren Wirkung bekannt ist. Auch
die Entstehung von Licht- und Batterieladestrom hat sich im Prinzip nicht geändert. Da aber die
angebotene elektrische Leistung zum Betreiben von einer Blinkanlage und einem Signalhorn
sowie zum Laden einer NiCd-Batterie verwendet wird, ist ein Regler notwendig. Dieser soll ein
Überladen der Batterie verhindern.

Elektronische Leistungsregler

Es kommt ein elektronischer Regler zur Anwendung, der neben der Regelfunktion auch noch die
Gleichrichtung übernimmt. Die Wirkungsweise ist an dem Prinzipschaltbild in Bild 8.83 zu erkennen.

Der aus dem Generatoranker kommende Wechselstrom wird über Diode D1 gleichgerichtet
und zum Laden der Batterie verwendet. Sobald die Motordrehzahl so hoch ist, daß im Anker eine
Spannung erzeugt wird, die um die Durchlaßspannung der Diode höher ist als die Batteriespannung, fließt Ladestrom.

Um ein Überladen der Batterie zu verhindern, wird bei Überschreiten einer Generatorspannung von ca. 8,5 V über Diode 2 und Zenerdiode ZD der parallel zum Ladeanker geschaltete Thy-

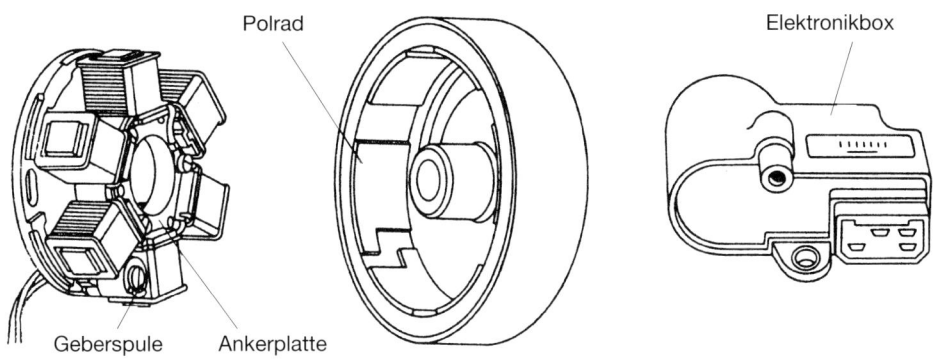

Polrad Elektronikbox

Geberspule Ankerplatte

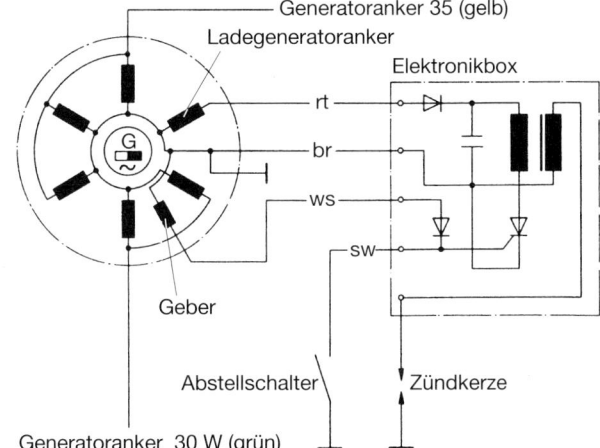

Generatoranker 35 (gelb)
Ladegeneratoranker
Elektronikbox
rt
br
ws
sw
Geber
Zündkerze
Abstellschalter
Generatoranker 30 W (grün)

Bild 8.82 Ansicht und Innenschaltung des kontaktlosen Magnetzündergenerators RDPK von Bosch mit Prinzipschaltung der dazugehörenden Elektronikbox

Bild 8.83 Prinzipschaltung eines Leistungsreglers

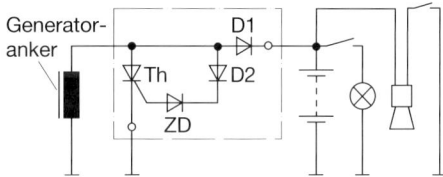

Generatoranker D1 Th D2 ZD

ristor Th angesteuert. Der öffnet, und der Generatorstrom fließt über ihn nach Masse ab. Zum Ausgleich der Selbstentladung erhält die Batterie nur noch einen Strom, der kleiner ist als 1 A.

Betriebseinstellung

Die Magnetzünder erreichen nur ihre volle Zünd- und Generatorleistung und der Motor erhält nur den richtigen Zündzeitpunkt, wenn der vorgeschriebene Luftspalt zwischen den Polschuhen des Ankers und den Magneten des Polrades eingestellt ist. Gemessen wird der Luftspalt mit einer

Fühllehre. Er muß je nach Zündertyp zwischen 0,2 und 0,4 mm betragen und wird, wenn notwendig, durch radiales Verstellen der Geber-, Lade- oder Generatoranker korrigiert. Da die Tatsache bekannt ist, daß ein Luftspalt magnetische Kräfte schwächt, ist der untere Wert der angegebenen Toleranz anzustreben. Unterschritten darf dieser Wert aber nicht werden, weil dadurch der Motor mehr Frühzündung erhalten könnte.

Diese Überprüfung ist grundsätzlich nach Reparaturen und nach Austausch von Bauteilen am Zünder vorzunehmen. Dann ist auch die Überprüfung des Zündzeitpunktes notwendig. Da die fehlenden Unterbrecherkontakte eine Einstellung auf herkömmlichem Wege unmöglich machen, muß auf eine stroboskopische Kontrolle ausgewichen werden. Dazu wird der Induktionsgeber der Zündlichtpistole eines Motor-Testerkabinetts an die Zündleitung oder, bei mehrzylindrigen Motoren, an die Zündleitung des 1. Zylinders geschaltet. Bei Hand-Zündlichtpistolen muß diese von einer neben das Krad gestellten 6- oder 12-V-Batterie gespeist werden.

Die grobe Zündzeitpunkteinstellung kann zumeist so vorgenommen werden, daß eine Strichmarkierung auf der Ankerplatte mit einem Markierungsstrich am Motorblock in Deckung gebracht wird. Dann werden der Motor gestartet und bei der vom Hersteller angegebenen Prüfdrehzahl die Zündmarkierung auf dem Polrad angeblitzt. Diese muß bei richtigem Zündzeitpunkt der Bezugsmarkierung am Motorblock gegenüberstehen. Ist das nicht der Fall, so wird sie durch Verdrehen der Ankerplatte in ihren Schlitzlöchern korrigiert.

Eine stroboskopische Einstellung kann auch ohne werksmäßige Zündmarkierung vorgenommen werden. Hierzu wird der Kolben auf den vom Motorhersteller in Millimeter Kolbenweg vor OT angegebenen Zündzeitpunkt gebracht. Dann wird an gut zugänglicher und sichtbarer Stelle am Motorblock und am Polrad eine Markierung angebracht, die im weiteren Arbeitsgang wie eine werksmäßige Zündmarkierung behandelt wird. Die erhöhten Anforderungen moderner Motoren an die Zündanlage haben diese in einen Leistungsbereich hineingesteigert, der bei Berühren spannungsführender Leitungen und Klemmen lebensgefährlich ist. Dieses gilt insbesondere für die Kondensator-Zündanlagen, und zwar sowohl für die Sekundär- als auch für die Primärseite. Die Ladeleitung für den Speicherkondensator kann bei einigen MHKZ bis zu 2500 V gegen Masse führen. Deshalb ist bei Arbeiten an solchen Anlagen grundsätzlich der Motor abzustellen. Arbeiten z.B. das An- und Abklemmen von Testgeräten oder das Auswechseln von Teilen dürfen nur von Monteuren vorgenommen werden, die über die Bestimmungen der VDE 0104/7.67 unterrichtet worden sind. Diese Gefahrenspannung tritt nicht nur an der Zündanlage selbst auf, sondern auch am Kabelbaum des Fahrzeugs, z.B. an der Zündabstellerleitung, am Drehzahlmesser oder an einem angeschlossenen Testgerät.

8.2.11   Zündkerzen

Zündkerzen haben die Aufgabe, das Kraftstoff-Luft-Gemisch im Verbrennungsraum zu entzünden und den Verbrennungsraum gasdicht abzuschließen. Dies geschieht in der Weise, daß an den Kerzenanschlußbolzen Hochspannung angelegt ist, die isoliert in den Brennraum hineingeleitet wird und von der Mittelelektrode zur Masseelektrode einen Lichtbogen bildet. Die Temperatur dieses Funkens, rund 3000 °C, entzündet die im Funkenkanal befindlichen Kraftstoffteilchen, durch deren Wärmeerzeugung die umliegenden Kraftstoffteilchen entflammt werden. Dadurch findet ein fortlaufendes Verbrennen in Art einer Flammenfront statt. Der Aufbau, der bei den Standardkerzen aller Hersteller ähnlich ist, geht aus Bild 8.84 hervor. Durch die Maßnahmen, die den gasdichten Abschluß des Brennraumes gewährleisten, unterscheiden sich die Kerzen. Die äußere Abdichtung, also zwischen Kerze und Zylinderkopf, kann einmal durch Flachsitz mit Dichtring, zum andern durch konusförmigen Dichtsitz erreicht werden (Bild 8.85). Die innere

Bild 8.84   Aufbau einer Bosch-Standardkerze
 1 Anschlußmutter
 2 Anschlußgewinde
 3 Kriechstrombarriere
 4 Isolator (Al_2O_3)
 5 Bördelring
 6 elektrisch leitende Glasschmelze
 7 innerer Dichtring
 8 Atmungsraum
 9 Anschlußbolzen
10 Stauch- und Warmschrumpfzone
11 unverlierbarer äußerer Dichtring
12 Mittelelektrode
13 Isolatorfußspitze
14 Masseelektrode

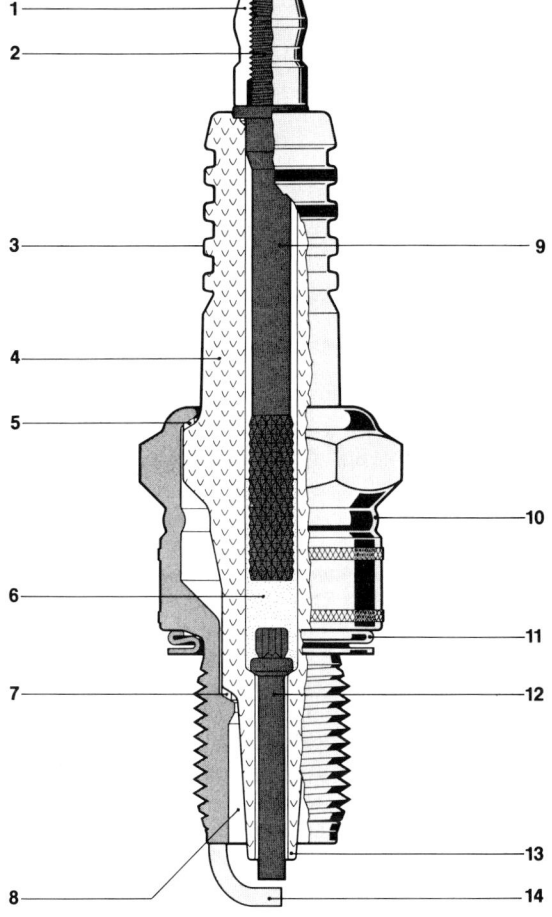

Bild 8.85   Zündkerzen mit konischem Dichtsitz
leiten die Wärme über diesen und das Kerzengewinde besser an den Motor ab.

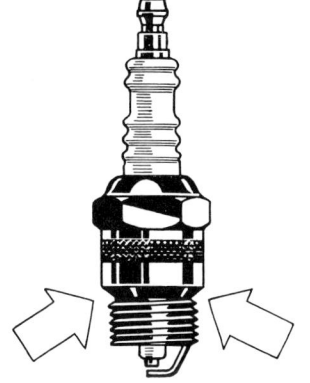

Zündanlagen 875

Abdichtung – zwischen Kerzenisolator und Kerzenkörper – wird von einigen Herstellern durch einen eingepreßten Weichkupferring, bei anderen durch Befüllen mit Silimentpulver und anschließendes Aufheizen bewirkt. Die für den Motor richtige Kerze hat der Hersteller in aufwendigen Versuchen ermittelt, sie darf nicht willkürlich gegen andere getauscht werden, da unbefriedigendes Motorverhalten oder sogar Motorschäden hervorgerufen werden können.

Die *wichtigsten Unterscheidungsmerkmale von Zündkerzen* sind

- ☐ der Wärmewert,
- ☐ die Form der Elektroden und deren Lage im Brennraum und
- ☐ der Gewindedurchmesser, dessen Steigung und Länge,
- ☐ die Art der äußeren Abdichtung.

Der **Kerzenisolator** ist hohen Temperaturen, schroffen Temperaturwechseln und den Arbeitsdrücken des Motors ausgesetzt. Er nimmt bei Vollastbetrieb eine Temperatur bis zu 800 °C an, darf dabei aber nicht leitfähig werden. Der Verbrennungstemperatur von etwa 2500 °C steht im nächsten Ansaugtakt bei winterlichen Außentemperaturen ein Wert in der Nähe des Gefrierpunktes gegenüber. Ungeeignete Isolatorwerkstoffe würden verspröden. Bei jedem Arbeitstakt wird der im Kerzenkörper befestigte Isolator einem schlagartig ansteigenden Druck von 40 bis 70 bar ausgesetzt. Wenn er nicht eine bestimmte Härte aufweisen würde, wäre die Gefahr einer Verformung oder Zerstörung vorhanden. Die Anforderungen an das Isolatormaterial sind also mannigfaltig, wenn zusätzlich noch bedacht werden muß, daß die Form der Isolatorfußspitze maßgeblichen Einfluß auf das Temperaturverhalten einer Kerze ausübt. Unter anderem wird durch besondere Formgebung der Wärmewert bestimmt. Die früher verwendeten Speckstein-, Glimmer- oder Steatitisolatoren würden den Ansprüchen moderner Motoren nicht mehr genügen. Darum verwenden alle Hersteller von Kerzen heute keramische Sinterkorundisolatoren, deren Grundmaterial reines Aluminiumoxid (Al_2O_3) ist. Diese plastische Tonerde wird in die Form des zukünftigen Isolators gebracht und dann im Brennofen bei 1600 °C gebrannt und gesintert. Dadurch erhält der Isolator die geforderten elektrischen und thermischen Eigenschaften und eine Härte, die es ermöglicht, mit der Bruchkante eines Isolators Glas zu schneiden wie mit einem Diamantglasschneider.

Die Kerzengehäuse sind aus Automatenstahl hergestellt. Sie tragen den eingebördelten Isolator mit Anschlußbolzen und Mittelelektrode, das selbstfindende Einschraubgewinde und die Masseelektrode. Außerdem ist der Montagesechskant angeformt. Um die Oberfläche der Kerzengehäuse und der Gewinde gegen Korrosion zu schützen, können diese vernickelt, verzinkt, vermessingt oder brüniert werden. Somit entfällt das früher übliche Einstreichen der Gewinde mit Graphit, um Ausbauschwierigkeiten vorzubeugen. Zur Verfestigung der einzelnen Gewindegänge sind die Gewinde nicht geschnitten, sondern gerollt. Die Gewinde dienen aber nicht nur der Befestigung der Kerze im Zylinderkopf, sondern auch der Wärmeableitung. Aus diesem Grund ist der Trend zu Kerzen mit Langgewinde und Konusdichtsitz zu beobachten. Kerzengewinde und Montagesechskant sind genormt. Als Gewinde kommen metrische Gewinde M18 × 1,5, M14 × 1,25, bei älteren oder ausländischen Motoren M12 × 1,25 und bei kleineren Motoren, z.B. für Motorräder, M10 × 1 zum Einsatz. Die Schlüsselweite der Montagesechskante weicht von der des normalen Werkzeugs ab. So hat normalerweise die Kerze mit Gewinde M14 × 1,25 die Schlüsselweite 20,8, die mit Gewinde M18 × 1,5 die SW 26. Das zwingt zur Verwendung eines speziellen Kerzenschlüssels, da ein Maulschlüssel beim Einbau der Kerzen deren Gehäuse deformiert und sie undicht werden könnte.

An das *Material der Kerzenelektroden* werden bei Betrieb besondere Anforderungen gestellt. Sie sollen mit möglichst niedriger Zündspannung einen heißen, energiereichen Funken erzeugen und darum widerstandsarm sein. Sie sollen der Funkenerosion, also dem Abbrand, und den chemischen Angriffen der Verbrennungsrückstände möglichst lange Zeit widerstehen. Außerdem dürfen sie nicht verzundern. Bei Standardkerzen verwendet man Chrom- und Nickellegierungen, wobei den Mittelelektroden noch besondere ionisierend wirkende Zusätze wie Radium, Barium oder Polonium beigegeben werden. Dadurch wird der Zündspannungsbedarf zum Funkenüberschlag herabgesetzt. Da das Wärmeleitvermögen von Metallen besser ist als das von Keramik, wird durch Verändern des Querschnitts der Mittelelektrode die Wärmeableitung gezielt gesteuert. Niedriger Zündspannungsbedarf in Verbindung mit hoher Abbrandfestigkeit zeichnet auch Kerzen mit Sonderelektroden aus. Es sind Silber- oder Platinelektroden anzutreffen und auch solche aus Gold-Palladium-Legierungen. Weiterhin sind Kerzen mit Zweistoffelektroden auf dem Markt, bei denen in der Mittelelektrode ein Kupferkern für schnelle Wärmeableitung sorgt.

Der Elektrodenabstand und die Lage der Elektroden im Brennraum bestimmen weitgehend, wie sicher die Verbrennung eingeleitet wird. Je mehr Kraftstoffteilchen zugleich durch die Temperatur des Funkens entzündet werden, sogenannte Startradikale, um so sicherer ist gewährleistet, daß die Verbrennung nicht abreißt. Dazu müßte der Elektrodenabstand sehr groß sein, und sie müßten so im Brennraum angeordnet sein, daß sie von genügend brennbaren Frischgasen durchspült werden. Großem Elektrodenabstand steht aber dessen großer Zündspannungsbedarf entgegen, der besonders bei Hochdrehzahlbetrieb durch Batteriezündanlagen nicht zufriedenstellend abgedeckt werden kann. Ebenso würde dann bei Teillastbetrieb oder kaltem Motor mit noch nicht freigebrannten Isolatoren die Zündspannung eher über die Rußschicht nach Masse abgeleitet. Weit in den Brennraum hineinragende Elektroden sind den thermisch-korrosiven Einflüssen besonders stark ausgesetzt. Bei unzureichender Wärmeableitung würden sie sich so stark aufheizen, so daß die Verbrennung durch die Temperatur der Elektroden und nicht durch den Zündfunken eingeleitet wird. Diese Glühzündungen verursachen schwere Motorschäden. Außerdem muß infolge der höheren Temperatur und der aggressiveren Wirkung der Verbrennungsrückstände ein größerer Abbrand der Elektroden in Kauf genommen werden. Zurückgezogene Elektroden sind in dieser Hinsicht weniger anfällig. Sie sind aber nicht für alle Motoren geeignet, weil nicht sicher ist, daß sich im Zündmoment genügend brennfähiges Frischgas im Funkenkanal befindet. Solche Kerzen würden Motoren teillastempfindlich machen, weil sie Verbrennungsaussetzer bewirken können. Deshalb ist der Elektrodenabstand vom Motorhersteller für jeden Motor vorgeschrieben. Da es nicht für jeden Motor Kerzen mit motorspezifischem Elektrodenabstand gibt, sind bei Neueinbau und bei turnusmäßiger Kontrolle die vorschriftsmäßigen Werte einzustellen. Das hat mit geeignetem Biegewerkzeug zu geschehen, das es ermöglicht, die Masseelektrode nachzurichten, ohne dabei einen Druck auf die Mittelelektrode auszuüben (Bild 8.86).

Bild 8.86 An der Kerzenlehre von Champion sind am oberen Teil zwei Biegehaken angebracht, die eine Korrektur der Stellung der Masseelektrode ermöglichen. Zum Messen des Elektrodenabstandes ist an dem unteren Teil eine Zehntelmillimeterskala vorgesehen, die bis zum Festklemmen in den Elektrodenabstand hineingeführt wird.

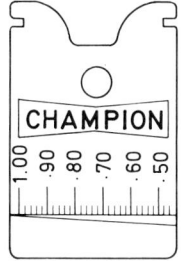

CHAMPION

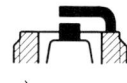

a)

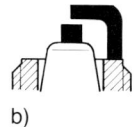

b)

c)

d)

e)

Bild 8.87

a) Die Kerze mit vollüberdeckender Stirnelektrode weist bei kleinem Spannungsbedarf ausreichende Gemischzugänglichkeit auf. Sie kann als Standardkerze für ältere Motoren angesehen werden. Sie zeichnet sich durch große Abbrandreserve und leichte Nachstellbarkeit aus. In ungeeigneten Motoren können im Leerlauf- und Teillastbetrieb Verbrennungsaussetzer auftreten.

b) Die Gemischzugänglichkeit wird besser, wenn die Masseelektrode als halbüberdeckende Stirnelektrode ausgeführt ist und die Funkenlage vorgezogen ist. In Hochleistungsmotoren besteht aber die Gefahr, daß sie bei nicht richtig gewähltem Wärmewert Glühzündungen hervorruft.

c) Die Seitenelektrode gewährleistet gute Gemischzugänglichkeit bei leicht gestiegenem Zündspannungsbedarf. Die Abbrandreserve ist gering und die Nachstellung des Elektrodenabstands schwierig, wenn nicht sogar unmöglich.

d) Bei Kerzen mit Platinelektroden ist die Gemischzugänglichkeit besonders günstig. Dieses Material ist auch bei hohen Temperaturen korrosions- und abbrandfest. Das ermöglicht die Herstellung fast nadelfeiner Elektroden, die in geringem Abstand zueinander gestellt sein können, ohne daß die Durchspülung mit Frischgas beeinträchtigt wird. Der geringe Elektrodenabstand setzt den Zündspannungsbedarf herab und macht die Kerze nebenschlußunempfindlicher. Die geringe Masse der Elektroden entzieht jedem Funken auch weniger Wärme, so daß er heißer bleibt und sicherer zündet. Diese Kerzen sind ausgesprochene Hochleistungskerzen, deren allgemeiner Verwendung nur der Preis des Elektrodenmaterials entgegensteht. Vor dem Nachstellen der Elektroden muß gewarnt werden, da die Platineinsätze in dem Trägermaterial sich dabei lockern können.

e) Gleitfunkenkerzen zeichnen sich durch extreme thermische Belastbarkeit aus. Ihre besten Eigenschaften treten in Verbindung mit einer Hochspannungs-Kondensatorzündanlage hervor, die es ermöglicht, einen Hochleistungsmotor auch aussetzerfrei im Teillastbereich zu betreiben. Da hier der Zündfunke über die Isolatorfußspitze zur ringförmigen Masseelektrode gleitet, sorgt seine Temperatur schon für das Verbrennen hier haftender Rußniederschläge, ohne daß die Kerze ihre Selbstreinigungstemperatur erreicht hat. Dieser eigentlich für alle Kerzen wünschenswerten Eigenschaft steht die oft nicht ausreichende Gemischzugänglichkeit entgegen.

f) Hier ist die Gleitfunkenstrecke zusätzlich mit einer Steuerelektrode versehen (2). Bei kalter, verrußter Kerze liegt der Zündspannungsbedarf zwischen Mittel- und Steuerelektrode unter dem der Ringelektrode. Die Kerze zündet also. Bei ansteigender Motortemperatur sinkt der Zündspannungsbedarf der Ringelektrode (1) unter den der Steuerelektrode. Der Funke wechselt und gleitet jetzt über den Isolator, wodurch er von Nebenschlüssen gereinigt wird. Dadurch ergeben sich eine große Standzeit der Elektroden und eine größere Kilometerlaufleistung.

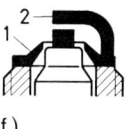

f)

g) Kerzen mit innenliegender Funkenstrecke werden in Wankelmotoren oder Rennmotoren verwendet. Die zurückgezogenen Elektroden werden bei Höchstleistung nicht bis zur Glühzündtemperatur aufgeheizt. Diesem Vorteil steht die äußerst schwierige Gemischzugänglichkeit entgegen, der man häufig durch die Doppelzündung entgegenwirkt und mit zwei Kerzen im Brennraum die Zündung einleitet.

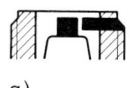

g)

Die Elektrodenformen wurden in Zusammenarbeit von Motor- und Kerzenhersteller entwickelt und auf die Belange des Motors abgestimmt. Sie weisen arttypische Eigenschaften auf, die ihren Einsatz in dem einen Motor begünstigt, in einem anderen unmöglich macht (Bild 8.87).

Das **Temperaturverhalten** einer Zündkerze muß dem jeweiligen Motor angepaßt sein. Der Isolatorfuß ist den Brenngasen ausgesetzt und nimmt mit steigender Motorbelastung eine höhere Temperatur an. Dabei dürfen aber selbst bei stundenlangem Vollastbetrieb die Elektroden und die Isolatorfußspitze nicht heißer als 820 °C werden, da bei Überschreiten der Glühzündtemperatur von 900 °C die Verbrennung schon vor Entstehen des Zündfunkens eingeleitet wird. Die Folgen dieser Glühzündung entsprechen denen eines zu früh stehenden Zündzeitpunktes. Andererseits darf bei geringer Motorbelastung diese nicht unter die Selbstreinigungstemperatur von etwa 400 °C absinken, da dann die Verbrennungsrückstände leitfähige Niederschläge auf der Oberfläche der Isolatorfußspitze bilden. Bei entsprechender Dichte dieses Nebenschlusses kann so viel Zündspannung darüber abgeleitet werden, daß letztendlich der Zündfunke an den Elektroden aussetzt. Eine richtig zum Motor abgestimmte Kerze erreicht kurz nach dem Starten ihre Arbeitstemperatur von 500 bis 800 °C, wodurch Verrußen und Glühzündungen ausgeschlossen sind.

Der **Wärmehaushalt** einer Kerze ist in erster Linie durch die Formgebung des in den Brennraum ragenden Teils des Isolators festgelegt. Bildet er einen langen schlanken Kegel, so findet die Verbrennungstemperatur hieran eine große wärmeaufnehmende Oberfläche. Der Isolator wird schnell temperiert. Dieser großen wärmeaufnehmenden Oberfläche steht ein langer Weg mit geringem Isolatorquerschnitt für die Wärmeableitung zum Kerzengehäuse gegenüber. In einem sportlichen Motor würde sich die Kerze zu stark erwärmen, weil sich die anfallende Temperatur infolge ungenügender Ableitung in der Isolatorfußspitze staut. Eine solche Kerze wird als heiße Kerze bezeichnet. Für den Hochleistungsbetrieb ist demgemäß eine kalte Kerze zu wählen. Ihr Isolator weist einen kurzen stumpfen Kegel auf. Er hat eine kleine wärmeaufnehmende Oberfläche, für die Ableitung aber einen großen Querschnitt bei kurzem Wärmeleitweg. In einem langsamlaufenden Motor kann diese Kerze ihre Freibrenntemperatur nur schwer erreichen, weil

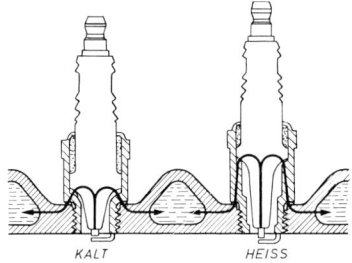

Bild 8.88 Der Wärmewert einer Kerze wird vorrangig durch die Form des Isolatorfußes bestimmt. Der Weg für die Wärmeableitung ist unterschiedlich lang.

gegenüber der aufgenommenen Temperatur diese zu schnell und in zu großem Maß abgeleitet wird. Sie muß zwangsläufig verrußen (Bild 8.88).

Um die Kerzen für unterschiedliche Motoren einheitlich anzusprechen, hat die Firma Bosch schon 1925 den Begriff Wärmewert geprägt und durch eine Zahl ausgedrückt. In den Anfängen war diese Zahl gleichzusetzen der Zeit in Sekunden, nach der diese Kerze unter festgelegten Prüfbedingungen in einem Prüfmotor Glühzündungen hervorrief. Darum hatten die Hochleistungskerzen früher eine hohe Wärmewertzahl. 1979 nahm Bosch die Herstellung ihrer als superthermoelastisch bezeichneten Kerze auf. Mit der Markteinführung dieser Kerze änderte sich auch die Bedeutung der Wärmewertkennzahl. Jetzt erhält eine heiße Kerze, wie international allgemein üblich, eine einstellige höhere Zahl als eine kalte Kerze. Eine Hochleistungskerze ist also durch eine niedrige Wärmewertzahl gekennzeichnet. Leider haben sich einige fernöstliche Kerzenhersteller diesem Modus nicht angeschlossen. Darum ist es notwendig, sich bei Wechsel des Kerzenfabrikats anhand von Vergleichslisten zu informieren, welche Bedeutung die Wärmewertzahl des neuen Fabrikats hat (Bild 8.89).

Allgemein sind die Bestrebungen der Kerzenhersteller zu beobachten, ihre Kerzen mit erweitertem Wärmewert auszustatten. Die Notwendigkeit ergibt sich aus der Leistungssteigerung der Motoren und der nachweisbaren Tatsache, daß die modernen Kfz überwiegend im unteren Teillastbereich betrieben werden. Beim Stop-and-go-Verkehr in der Stadt und beim häufigen Anlassen kalter Motoren ist die Gefahr des Verrußens der Kerze unvermeidlich. Um den bei Vollastbetrieb auftretenden hohen Temperaturen gerecht zu werden, sind also Kerzen erforderlich, die sich anfänglich schnell erwärmen, dann aber vor Erreichen der Glühzündtemperatur die vermehrt anfallende Wärme schneller ableiten. Dies erfordert einen langen schlanken Isolatorfuß und eine Zweistoffelektrode. Die Bosch-Kerzen erfuhren eine konstruktive Änderung in der Form, daß in die Chrom-Nickel-Mittelelektrode ein Kupferkern «eingeschossen» wurde. Die bessere Wärmeleitfähigkeit des Kupfers macht sich erst oberhalb von etwa 750 °C bemerkbar, so daß sich die Kerze schnell erwärmt, aber bei richtig gewähltem Wärmewert keine Glühzündungen bewirken kann (Bilder 8.90 und 8.91).

Entstörte Kerzen sind für Sonderfälle der Radioentstörung vorgesehen, gehören teilweise aber auch zur Grundausstattung von Motoren. Zwischen Anschlußbolzen und Mittelelektrode ist ein keramischer Widerstand eingebracht, der den Wärmefluß hindert und somit Sondermaßnahmen für die Wärmeableitung notwendig macht (Bild 8.92). Die Herstellung ist aufwendig und teuer. Darum wird vorrangig auf Normalkerzen zurückgegriffen, die mit Widerstandskerzensteckern und solchen mit metallischer Abschirmkappe entstört werden. In mit Funk ausgerüsteten Fahrzeugen, z.B. die der Bundeswehr oder der Polizei, sind auch voll abgeschirmte und wasserdichte Zündkerzen eingebaut, die aber auch abgeschirmte Zündleitungen und Verteilerkappen verlangen, um die Vollentstörung zu gewährleisten.

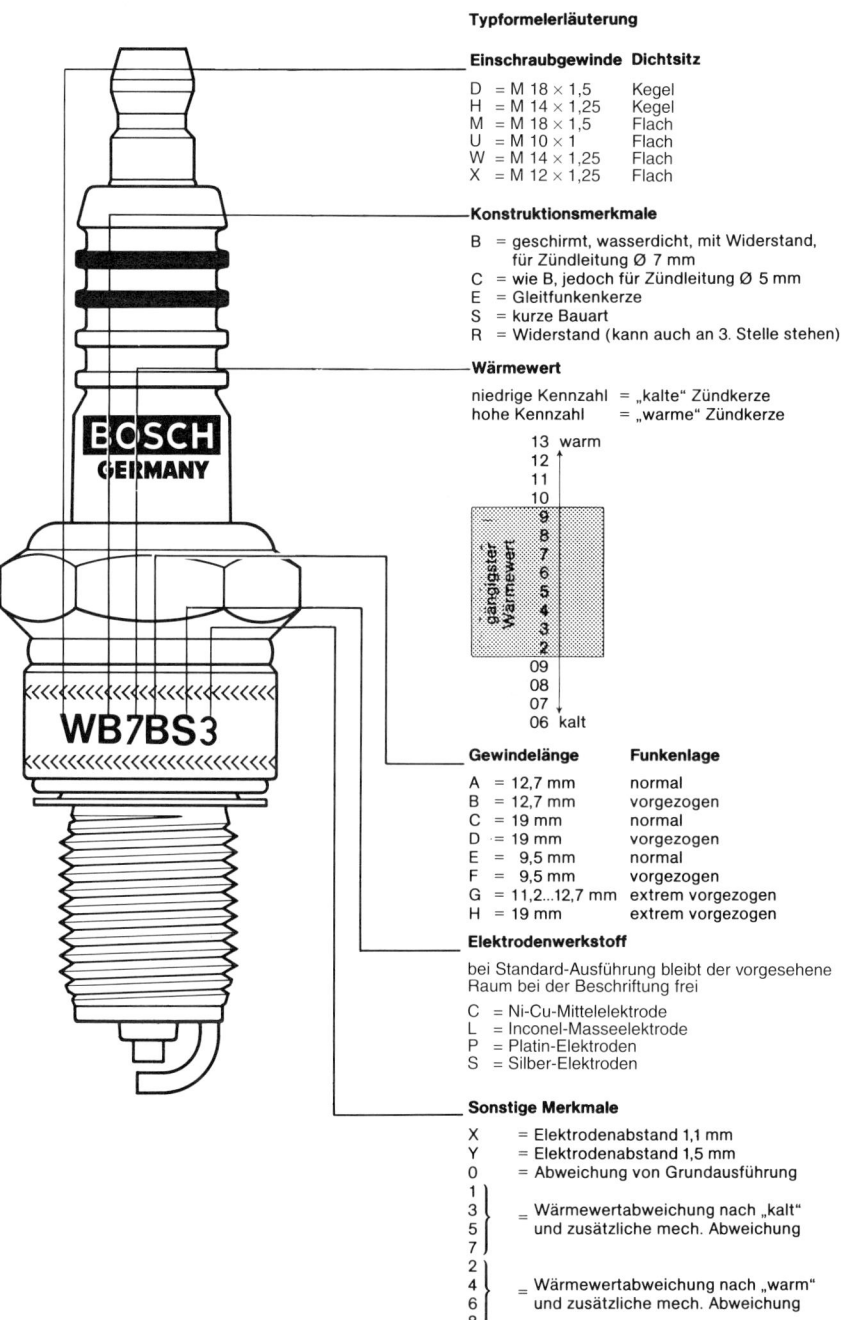

Typformelerläuterung

Einschraubgewinde Dichtsitz

D	= M 18 × 1,5	Kegel
H	= M 14 × 1,25	Kegel
M	= M 18 × 1,5	Flach
U	= M 10 × 1	Flach
W	= M 14 × 1,25	Flach
X	= M 12 × 1,25	Flach

Konstruktionsmerkmale

B = geschirmt, wasserdicht, mit Widerstand,
  für Zündleitung Ø 7 mm
C = wie B, jedoch für Zündleitung Ø 5 mm
E = Gleitfunkenkerze
S = kurze Bauart
R = Widerstand (kann auch an 3. Stelle stehen)

Wärmewert

niedrige Kennzahl = „kalte" Zündkerze
hohe Kennzahl   = „warme" Zündkerze

```
13  warm
12  ↑
11
10
 9
 8
 7
 6
 5
 4
 3
 2
09
08
07  ↓
06  kalt
```

gängigster Wärmewert

Gewindelänge   **Funkenlage**

A	= 12,7 mm	normal
B	= 12,7 mm	vorgezogen
C	= 19 mm	normal
D	= 19 mm	vorgezogen
E	= 9,5 mm	normal
F	= 9,5 mm	vorgezogen
G	= 11,2...12,7 mm	extrem vorgezogen
H	= 19 mm	extrem vorgezogen

Elektrodenwerkstoff

bei Standard-Ausführung bleibt der vorgesehene
Raum bei der Beschriftung frei

C = Ni-Cu-Mittelelektrode
L = Inconel-Masseelektrode
P = Platin-Elektroden
S = Silber-Elektroden

Sonstige Merkmale

X = Elektrodenabstand 1,1 mm
Y = Elektrodenabstand 1,5 mm
0 = Abweichung von Grundausführung

1
3 = Wärmewertabweichung nach „kalt"
5   und zusätzliche mech. Abweichung
7

2
4 = Wärmewertabweichung nach „warm"
6   und zusätzliche mech. Abweichung
8

Bild 8.89   In der Typenformel sind alle für die Auswahl der Kerze wichtigen Bestandteile zusammengefaßt.

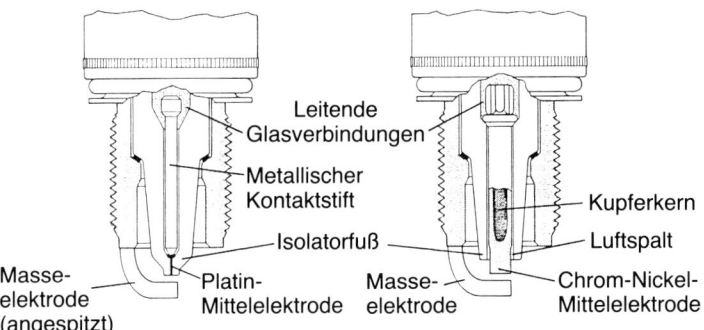

Leitende Glasverbindungen

Metallischer Kontaktstift

Isolatorfuß

Masseelektrode (angespitzt)

Platin-Mittelelektrode

Masseelektrode

Kupferkern

Luftspalt

Chrom-Nickel-Mittelelektrode

Bild 8.90 Bei der Platinzündkerze von Bosch in der neuen Ausführung, linkes Bild, ist eine 0,3 mm starke Mittelelektrodenspitze fugenlos in die Isolatorspitze eingesintert. Dadurch werden unnötig lange Wege zur Wärmeableitung vermieden, so daß der Isolator weiter in den Brennraum vorgezogen werden kann. Er erreicht schon wenige Sekunden nach dem Start die Freibrenntemperatur, wodurch die Kerze einen erweiterten thermischen Arbeitsbereich erhält. Die angespitzte Masseelektrode begünstigt die Gemischzugänglichkeit. Bei der rechts abgebildeten Kerze mit Zweistoffelektrode verhindert ein Luftspalt um die Mittelelektrode den sofortigen Wärmeaustausch von dem Isolator zur Mittelelektrode. Ab etwa 750 °C wird die vermehrt anfallende Wärme über den Kupferkern schneller abgeleitet.

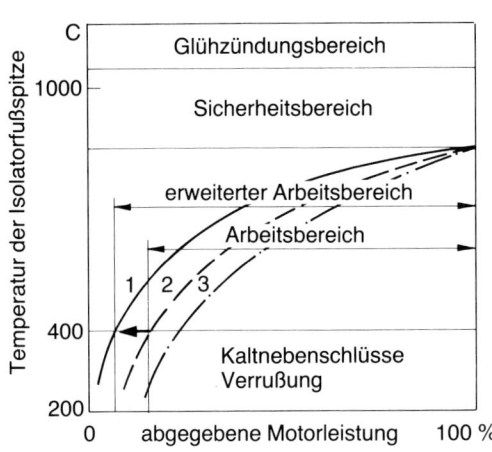

Bild 8.91 Der thermische Arbeitsbereich einer Platinkerze (1) im Vergleich zu einer Kerze mit Nickel-Kupfer-Elektrode (2) und einer mit normaler Nickel-Chrom-Elektrode (3). Aufgrund des unterschiedlichen Elektrodenmaterials muß bei einfachen Kerzen der Motor stärker belastet werden, um die Freibrenngrenze von 400 °C zu erreichen.

Das **Betriebsverhalten** der Zündkerzen wird durch eine Reihe unterschiedlicher Faktoren bestimmt. Bei im Wärmewert richtig gewählter Zündkerze wird die Freibrenntemperatur erreicht. Ruß und Ölkohle am Isolatorfuß verbrennen vollständig, wenn der Motor seine Betriebstemperatur hat. Rückstände aus Öl- oder Kraftstoffadditiven bleiben aber zum Teil auch bei höheren Temperaturen auf dem Isolator haften. Hierbei können insbesondere Rückstände aus verbleitem Kraftstoff in chemischen Verbindungen auftreten, die erst bei hohen Temperaturen elektrisch leitfähig werden. Diese Nebenschlüsse machen sich ab etwa 500 °C bemerkbar und schwächen oder verhindern den Zündfunken. Bei längerem Betrieb im Teillastbereich, bei Leerlauf oder Schiebebetrieb können auch bei richtig gewählten Zündkerzen Verrußungen auftreten. Diese werden aber bei folgendem Betrieb mit höherer Leistung wieder abgebrannt. Wenn der

Bild 8.92   Zündkerze mit eingebautem Entstörwiderstand

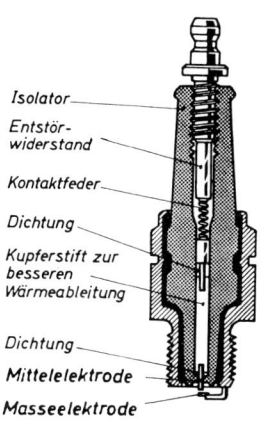

Isolator
Entstör-
widerstand
Kontaktfeder
Dichtung
Kupferstift zur
besseren
Wärmeableitung
Dichtung
Mittelelektrode
Masseelektrode

Motor, die Vergasereinstellung oder die Zündeinstellung nicht in Ordnung sind, kann sich mehr Ölkohle bilden als verbrennt. Als vorübergehende Notmaßnahme könnte man Zündkerzen niedrigeren Wärmewerts einbauen. Dann ergibt sich aber die Gefahr, daß bei kurzzeitigem Vollastbetrieb die Kerzen so heiß werden, daß aus dem Atmungsraum der Kerze Flammenlanzen auf die Kolbenböden schlagen und Löcher einbrennen. Darum sollte der Wärmewert den vom Motorhersteller vorgeschriebenen nicht wesentlich unterschreiten. Die Kontrolle der Zündkerzen in ausgebautem Zustand ist in erster Linie eine Sichtprüfung. Das Aussehen des Kerzeninnern ermöglicht Rückschlüsse auf Funktion der Kerze und des Motors. Eine gute Hilfe hierbei sind die von den Kerzenherstellern gelieferten bunten Bildtafeln, die verschiedene «Kerzengesichter» zeigen und die Entstehungsursache für deren Aussehen erklären. Verbrauchte Zündkerzen mit abgebrannten Elektroden, gerissenem Isolator oder anderen erkennbaren Fehlern sollen ausgetauscht werden. Aus Sicherheitsgründen ist dabei der ganze Satz Zündkerzen zu erneuern. Bei richtig gewähltem Wärmewert hat der Isolator eine hellgraue Farbe. Samtartiger schwarzer Rußbelag kann auf zu fettes Gemisch oder verschmutzten Luftfilter hinweisen. Möglicherweise ist aber auch der Wärmewert zu hoch gewählt. Hellbraune, schlackeähnliche Ablagerungen sind durch verbrannte Ölzusätze entstanden und kennzeichnen einen beginnenden Motorschaden. Ist das Kerzengesicht schwarz verölt, gelangt über verschlissene Kolbenringe oder Ventilschaftabdichtungen zuviel Öl in den Brennraum.

Angeschmolzene Mittel- und Masseelektroden bei lasiertem Isolatorfuß sind durch zu hohe Temperatur entstanden. Das kann durch zu viele Frühzündung, schadhafte Ventile oder Kopfdichtung verursacht worden sein, vielleicht ist aber auch der Wärmewert zu niedrig. Gelborange Färbung des Isolators kann sich bei hoher Motorbelastung nach längerem Teillastbetrieb einstellen. Diese Kerzen sind verbleit und können nicht wie solche mit anderen Verunreinigungen mittels Sandstrahlgebläse gereinigt werden. Das Reinigen von Kerzen mit einer Stahlbürste ist grundsätzlich unzulässig, weil dadurch in die Oberfläche der Isolatorfußspitze Metallabrieb eingearbeitet wird und die Kerze eher zu Nebenschlüssen neigt.

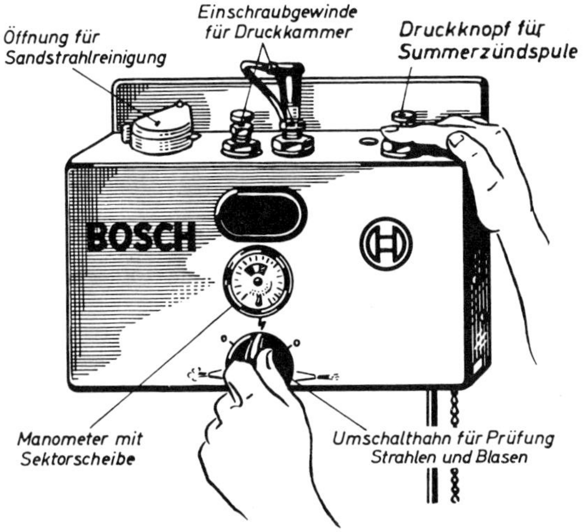

Öffnung für Sandstrahlreinigung

Einschraubgewinde für Druckkammer

Druckknopf für Summerzündspule

Manometer mit Sektorscheibe

Umschalthahn für Prüfung Strahlen und Blasen

Bild 8.93   Bosch-Zündkerzenprüf- und -reinigungsgerät

Prüfen von Zündkerzen

Das Prüfen von Zündkerzen erfolgt mit einem Zündkerzenprüfgerät. Dieses besteht aus einer Druckkammer, in die die zu prüfende Zündkerze so eingeschraubt wird, daß das Kerzeninnere durch ein Schauglas beobachtet werden kann. Durch eine Steuerung kann dieser Druckraum auf beliebig hohen Luftdruck zwischen 0 und etwa 15 bar gebracht werden. Dabei wird der jeweilige Druck durch ein Manometer gemessen. Während des Prüfens wird die Hochspannungsleitung eines Funkeninduktors mit der Zündkerze verbunden. Zur zu prüfenden Zündkerze ist eine Funkenstrecke parallelgeschaltet (Bild 8.93).

Vor dem Prüfen der Zündkerze muß der Elektrodenabstand gemessen und unter Umständen nachgestellt werden. Zum Prüfen von Zündkerzen werden diese in die Druckkammer des Prüfgeräts eingeschraubt. Dabei soll ein Prüfen von öl- oder kraftstoffeuchten Kerzen vermieden werden, weil dadurch Explosionen im Gerät erfolgen können. Die Prüfung beginnt bei hohem Druck. Dabei müssen die Funken ohne Aussetzen an der Nebenfunkenstrecke überspringen. An oder in den Zündkerzen dürfen dabei keine Funken erscheinen. Dann wird der Druck abgesenkt, bis die

Tabelle 8.10

| Elektrodenabstand | Druck, bei dem die ersten Funken an der Kerze überspringen | | |
| | Kerze schlecht | Kerze noch brauchbar | Kerze gut |
nm	bar	bar	bar
0,4	8,5 bis 10,5	10,5 bis 20	12,0 bis 14,0
0,5	6,5 bis 8,5	8,5 bis 10,0	10,0 bis 12,0
0,6	5,5 bis 7,5	7,5 bis 9,0	9,0 bis 11,0
0,7	4,5 bis 6,5	6,5 bis 8,0	8,0 bis 10,0
0,8	4,0 bis 6,0	6,0 bis 7,5	7,5 bis 9,5
0,9	3,5 bis 5,5	5,5 bis 7,0	7,0 bis 9,0
1,0	3,0 bis 5,0	5,0 bis 6,5	6,5 bis 8,5
1,1	2,5 bis 4,5	4,5 bis 6,0	6,0 bis 8,0

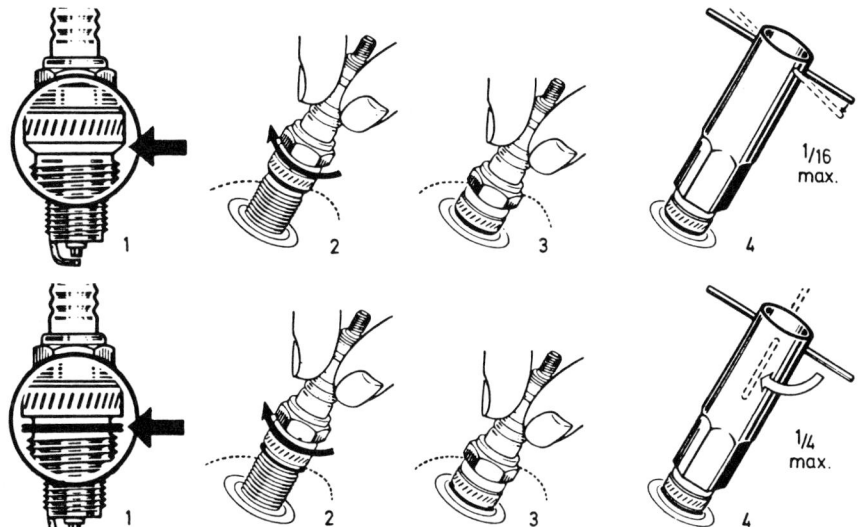

Bild 8.94 Wenn die vom Motorhersteller vorgeschriebenen Anzugsdrehmomente nicht bekannt sind, können Kerzen auch gemäß der Abbildung sicher eingebaut werden. Hierzu sind die Kerzen fingerfest auf ihren Sitz einzuschrauben und dann je nach Dichtsitz mit dem Kerzenschlüssel $^1/_4$ oder $^1/_{16}$ Umdrehung anzuziehen.

ersten Funken an den Zündkerzenelektroden überspringen. Je höher der Druck ist, bei dem dies geschieht, um so weniger verbraucht ist die Zündkerze. Die Druckwerte, bei denen die Funken an den Elektroden der Zündkerzen überspringen müssen, sind je nach Elektrodenabstand und Fabrikat von Zündkerzen und Prüfgeräten verschieden. Beim Prüfen mit dem Bosch-Prüfgerät EFKE D2 gelten die in Tabelle 8.10 genannten Werte.

Beim Einbau von Kerzen ist darauf zu achten, daß die richtigen bezüglich Dichtsitz und Gewindelänge verwendet werden. Das Kerzengewinde muß im Brennraum bündig abschließen, weil sonst die Gewindegänge verkoken oder Glühzündungen entstehen können. Des weiteren ist auf das vom Motorhersteller vorgeschriebene Anzugsdrehmoment zu achten. Es liegt im Mittel bei etwa 40 Nm. Sollte es nicht bekannt sein, kann behelfsmäßig nach Bild 8.94 verfahren werden.

8.3   Fern- und Nahentstörung

§ 55a der StVZO schreibt vor, daß die Hochspannungsseite der Zündanlagen von Ottomotoren entstört sein muß, damit einwandfreier Radio- und Fernsehempfang gewährleistet ist. Hiermit ist die sogenannte Fernentstörung angesprochen. Ein Kfz gilt normalerweise als fernentstört, wenn es eine Metallkarosserie hat und im Verteilerfinger ein Entstörwiderstand von 5 kΩ und in jedem Kerzenstecker ein Widerstand von 1 kΩ eingebaut ist. Die von einigen Kfz-Herstellern verwendeten Entstörkabel haben sich in der Vergangenheit als manchmal sehr störanfällig erwiesen, bestanden sie doch nicht aus Kabeln mit Metallseele, sondern aus Glasfasern, die mit Kohle- und Graphitstaub versehen waren.

  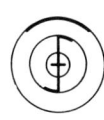

Bild 8.95   Gebräuchliche Funkschutzzeichen an Entstörbauteilen

Fahrzeuge mit Kunststoffkarosserie und grundsätzlich alle Krafträder müssen mit metallabgeschirmten Kerzensteckern versehen sein, bei denen der Blechmantel Verbindung mit Fahrzeugmasse haben muß. Entstörte Verteilerfinger und Kerzenstecker sind mit einem aufgedruckten F kenntlich gemacht. Dieses wird von den verschiedenen Herstellern von Entstörmaterial geringfügig variiert (Bild 8.95).

Bei schlecht anspringendem Motor, der eventuell auch schlecht beschleunigt und seine Endleistung nicht erreicht, empfiehlt sich die Überprüfung der Zündanlage mit einem Zündoszillographen. Defekte Entstörwiderstände machen sich durch Abweichung von dem normalen Zündoszillogramm bemerkbar. Widerstände können verkoken oder verbrennen, wodurch sich dann ihr Wert wesentlich erhöht. Das wiederum schwächt den Zündfunken sehr. Hierbei ist zu beachten, daß ein defekter Kerzenstecker nur ein Zündbild, ein defekter Verteilerfinger jedoch alle Zündoszillogramme verändert. Die Fehler können aber auch mit einem in Kiloohm messenden Ohmmeter herausgefunden werden.

Nahentstörung

Mit im Fahrzeug eingebautem Autoradio ist störungsfreier Empfang bei nur fernentstörter Zündanlage meistens nicht möglich. Es muß also nahentstört werden. Hierbei ist zu berücksichtigen, daß grundsätzlich jeder elektrische Funke eine Störung abstrahlt und daß induktive Veränderungen in Spulen hochfrequente Störspannungen ins Bordnetz senden. Beides ist als Knacken, Prasseln, Jaulen oder Rauschen im Radio zu hören, und mit ein wenig Routine wird man aus der Art des Störgeräusches auf den Störer schließen können. Zur Störunterdrückung gibt es mehrere Methoden und Entstörbauteile:

Widerstandsdämpfung: Mit Widerständen wird nur die Sekundärseite der Zündanlage entstört. Die vorhandenen Widerstandswerte müssen vergrößert werden. Es ist darauf zu achten, daß die Dämpfungswiderstände so dicht wie möglich an den Störer herangesetzt werden. Entstörte Kerzen mit 5 kΩ, aber auch Kerzenstecker mit dem gleichen Wert, können eingebaut werden. Weiter können Entstörmuffen in die Zündleitungen und Entstörstecker auf den Zündverteiler gesteckt werden. Bei der Widerstandsdämpfung ist darauf zu achten, daß der Wert von 20 kΩ für einen Zündzweig, das ist der Strompfad von Klemme 4 (Zündspule) über den Verteiler zu einer Kerze, nicht überschritten wird. Das würde die Zündleistung zu sehr schwächen.

Entstörkondensatoren: Die Zündanlage kann aber auch über die Zündspule Klemme 15 Störung ins Bordnetz abstrahlen. Diese wird durch einen Parallelkondensator von 2,2 µF an Klemme 15 und Masse gelöscht. Der gleiche Kondensator wird auch an die Klemme B+ des Drehstromgenerators geklemmt. Bei den Kollektorgeneratoren gehörte für die UKW-Entstörung ein Durchführungskondensator von 0,5 µF in die D+-Leitung auf den Generator. Ferner mußte der Regler durch einen Durchführungskondensator von 2,5 µF in der B+-Leitung und einen gleichen von 0,5 µF in der Leitung 61 entstört werden.

Drosseln und Siebglieder: In die DF-Leitung der Regler durfte kein einfacher Kondensator eingebaut werden, da dadurch der Erregerstromkreis unterbrochen oder bei Parallelkondensatoren die Regelkontakte zerstört wurden. Hier kam ein Drosselkondensator zum Einsatz. Eine Drossel besteht aus einer Kupferdrahtwicklung, die um einen Ferritkern gelegt ist. Ihr induktiver Widerstand dämpft die hochfrequente Störspannung durch Selbstinduktion (siehe in Abschnitt 8.1.1 «Selbstinduktion»).

Drosseln befinden sich in vielen elektrischen Kleinmotoren, wo sie in Reihe geschaltet direkt an den Pluskohlen angelötet sind. Bei höherem Entstörgrad sind Kombinationen von Drosseln und Kondensatoren, sogenannte Entstörer oder Siebglieder, an den vorgenannten Bauteilen zu finden. Insbesondere Kfz mit Funkanlagen wie Taxis, Krankenwagen, aber auch Fahrzeuge der Bundeswehr werden hiermit funkentstört.

Normalerweise sind Siebglieder an AD-Reglern von Drehstromgeneratoren zu finden, wenn keine ADN-Regler (N für Nahentstörung) oder Transistorregler eingebaut sind. In die Leitung 1 wird direkt am Verteiler auch ein Drosselkondensator geschaltet, bei dem Ein- und Ausgang gekennzeichnet sind.

Abschirmung: Sollten die bisher angesprochenen Entstörmaßnahmen noch zu keinem Erfolg geführt haben, bleibt als letzte Möglichkeit noch die Abschirmung. Hiermit ist die Maßnahme gemeint, die die Störer in eine geschlossene, elektrisch leitende Metallumhüllung einschließt, die Verbindung zur Fahrzeugmasse hat. Das können aus Kupferdraht geflochtene Schläuche sein, die über Zündleitungen gezogen, oder Metallkappen, die über den Verteilerdeckel gestülpt werden. Bei einigen Fahrzeugen ist auch in die Staubkappe des Verteilers ein dichtes Metallnetz eingegossen oder um den Verteilerdeckel ist ein mit Masse verbundener Blechring herumgelegt.

Zur Abschirmung gehört auch, daß die Motorhaube mit Massebändern oder -federn gut an die Karosserie gelegt wird, damit die Haube nicht als Sekundärstrahler die von der Zündanlage ausgesendeten Störwellen an die Antenne abstrahlt. Bowdenzüge, die ins Wageninnere führen, können auch Störungen hereinschleppen. Sie sind mit Massebändern an die Spritzwand im Motorraum abzuleiten. Die Störungen durch statische Aufladungen werden durch Radnabenschleifkontakte unterdrückt.

8.4   Batterien für Kraftfahrzeuge

Batterien sollen die elektrischen Anlagen der Kraftfahrzeuge dann mit Energie versorgen, wenn die Generatoren bei stehenden oder sich langsamer drehenden Motoren keine oder zu geringe Leistung erzeugen. Startbatterien sollen außerdem den Anlasserstrom abgeben, der zum Anwerfen der Motoren erforderlich ist. Darum ist auch der zum Anlassen benötigte Strom für die Größenwahl der Starterbatterien bestimmend (Bild 8.96).

8.4.1   Aufbau der Starterbatterien

Die Platten von Kraftfahrzeugbatterien bestehen aus Hartbleigittern, in denen die chemisch aktive Masse gehalten wird. Die aktive Masse der Platten wird aus gemahlenem Blei hergestellt. Diese aktive Masse ist so porös in die Plattengitter eingelagert, daß die Akkumulatorensäure die Platten durchdringen kann. Mit dieser Plattenart wird erreicht, daß fast die gesamte aktive Masse der Platten an der chemischen Umwandlung beim Laden und Entladen beteiligt ist. Starterbatterien haben Plattenblöcke, die aus einer größeren Anzahl positiver und negativer Platten bestehen, die durch Polbrücken zu je einem positiven und einem negativen Satz geschaltet sind. Durch die

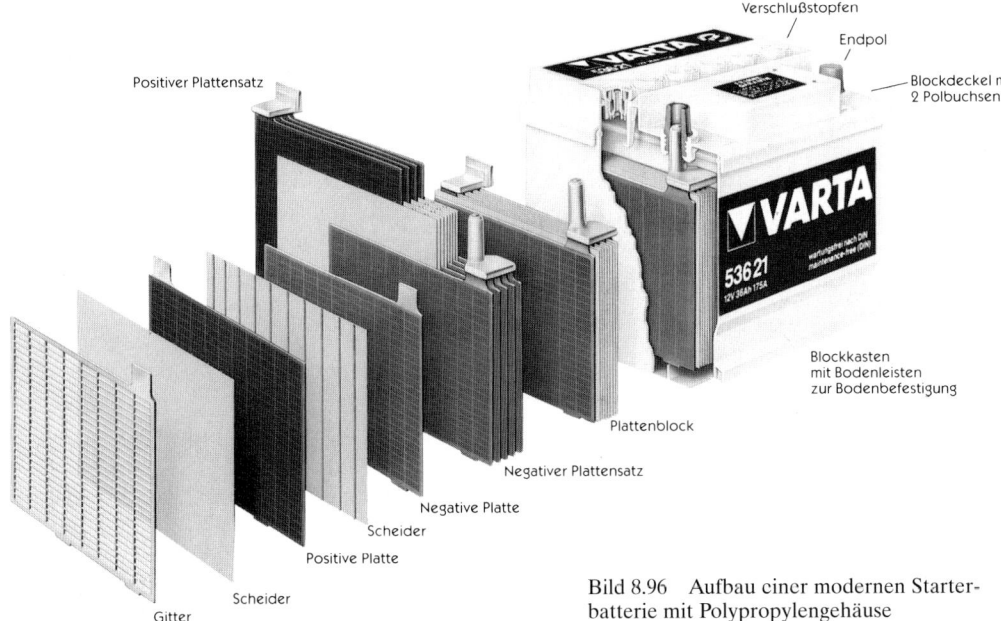

Verschlußstopfen

Endpol

Blockdeckel mit
2 Polbuchsen

Positiver Plattensatz

Blockkasten
mit Bodenleisten
zur Bodenbefestigung

Plattenblock

Negativer Plattensatz

Negative Platte

Scheider

Positive Platte

Scheider

Gitter

Bild 8.96   Aufbau einer modernen Starterbatterie mit Polypropylengehäuse

in geringem Abstand voneinander angeordneten Platten mit großer Fläche wird ein geringerer
innerer Widerstand der Batterie erreicht. Dieser geringere innere Widerstand der Batterien ist
erforderlich, damit der zum Anlassen ausreichende Strom erzeugt werden kann, ohne daß die
Batteriespannung zu sehr absinkt. Damit die nebeneinander angeordneten positiven und negativen Platten keinen Berührungskontakt bekommen, werden zwischen diesen poröse Separatoren
oder Scheider angeordnet, die Plattenberührung verhindern, aber einen elektrolytischen Kontakt
ermöglichen.

8.4.2   Chemische Vorgänge beim Entladen und Laden

Bei geladener Batterie besteht die aktive Masse der Plusplatten aus Bleidioxid (PbO_2) und die
der Minusplatten aus Blei (Pb). Die Akkumulatorensäure soll bei geladener Batterie eine Dichte
von 1,285 haben. Dies entspricht einem Mischungsverhältnis von Schwefelsäure (H_2SO_4) und
Wasser (H_2O) von etwa 1 zu 3.

Beim *Entladen* wird Schwefelsäure (H_2SO_4) in Wasserstoff (H) und den Säurerest (SO_4) zerlegt. Die Wasserstoffatome sind Kationen und wandern in Stromrichtung zu den Plusplatten. An
der Plusplatte verbinden sich die Wasserstoffionen mit dem Sauerstoff der Plusplatte chemisch zu
Wasser (H_2O), das in den Elektrolyten zurückkehrt. Dabei wird das Bleidioxid der Plusplatte zu
Blei reduziert. Zugleich verbindet sich der freiwerdende Säurerest (SO_4) chemisch mit dem Blei
beider Plattenarten und wandelt diese mit der Entladung zunehmend in Bleisulfat ($PbSO_4$).
Dadurch wird mit der Entladung der Elektrolyt wäßriger, und seine Dichte nimmt ab. Eine Batterie gilt nach DIN 72 311 als entladen, wenn bei einem Entladestrom von 5% der Nennkapazität
ihre Zellenspannung auf 1,75 V abgesunken ist. Bei entladener Batterie ist die Säuredichte etwa
1,12 bis 1,14.

Beim *Laden* von Batterien wird Wasser aus der Akkumulatorensäure in Sauerstoff und Wasserstoff zerlegt. Die Sauerstoffionen wandern dabei entgegen der Stromrichtung zu den Plusplatten. Dort oxidieren sie deren Plattenmasse zu Bleidioxid (PbO_2). Zugleich findet eine chemische Verbindung des freigewordenen Wasserstoffs (H) mit dem Säurerest (SO_4) beider Plattenarten zu Schwefelsäure (H_2SO_4) statt. Dabei wird die aktive Masse der Minusplatten zu Blei (Pb) reduziert. Mit dem Ladezustand der Batterien nimmt die Dichte der Akkumulatorensäure zu. Eine Batterie gilt als geladen, wenn sie bei normaler Ladung starke Gasentwicklung zeigt und Säuredichte und Zellenspannung während des Ladens nicht mehr ansteigen. Zum Ende der Ladung soll die Säuredichte 1,285 betragen. Die Zellenspannung der geladenen Batterie steigt unter Ladung mit normalem Ladestrom auf 2,6 bis 2,7 V an. Nach dem Laden sinkt die Zellenspannung wieder auf die Ruhespannung von etwa 2,12 V ab. Diese Ruhespannung wird nach etwa einer Stunde erreicht. Als Maßstab für den Ladezustand ist in der Praxis die Säuredichte anzusehen.

8.4.3 Begriffsbestimmungen und technische Eigenschaften

Die Begriffsbestimmung für die Kapazität und Prüfvorschriften zu den Bleibatterien für Kraftfahrzeuge sind in DIN 72 311, Blatt 7, gegeben. Die Begriffsbestimmung entspricht im wesentlichen auch den amerikanischen SAE-Normen.

Als *Nennspannung* sind 2 V pro Zelle einer Batterie festgelegt (VDE 0510 § 9). Die wirkliche effektive Spannung kann je nach Ladezustand oder Belastung größer oder kleiner sein. So ist zum Beispiel die Ruhespannung einer geladenen Zelle etwa 2,12 V. Entsprechend der Nennspannung einer Zelle muß eine 6-V-Bleibatterie drei Zellen und eine 12-V-Bleibatterie sechs Zellen haben.

Die *Nennkapazität* einer Batterie nach DIN 72 311 ist die Strommenge, die ihr in einer 20stündigen Entladung bei 300 K = 27 °C Säuretemperatur mit einem Strom von 5% der Nennkapazität entnommen werden kann. Eine Batterie hat somit die Nennkapazität von 84 Ah, wenn ihr bei 300 K = 27 °C Säuretemperatur 20 Stunden 4,2 A entnommen werden können, bevor sie entladen ist. Das Kurzzeichen für auf diese Weise festgelegt Nennkapazität ist «K20».

Größere Entladeströme und niedrigere Säuretemperaturen vermindern die der gleichen Batterie entnehmbare Strommenge. Von 300 K = 27 °C Säuretemperatur ausgehend, vermindert sich die Kapazität je K Temperaturabnahme um etwa 1%.

Kälteprüfstrom: Die Fähigkeit der Batterie, den bei großer Kälte zum Anlassen der Motoren erforderlichen Strom abgeben zu können, ist bestimmend für die Wahl der Starterbatterien für die einzelnen Kraftfahrzeuge.

Zur Festlegung der Kaltstartleistung der Batterien ist in DIN 72 311 der Kälteprüfstrom angegeben und neben Spannung und Kapazität meist auf dem Typenschild verzeichnet. Der Kälteprüfstrom ist der Entladestrom, bei dem die Zellenspannung einer geladenen Batterie mit einer Anfangstemperatur der Säure von 255 K = –18 °C nach 30 s nicht unter 1,5 V und nach 150 s nicht unter 1 V absinkt. Bei neuzeitlichen Batterien kann der Kälteprüfstrom nicht mehr auf deren Kapazität bezogen werden, weil diese in ihrer Bauart entsprechend ihrer Verwendung abgestimmt sind.

Lebensdauer: Die Batterien haben nur eine begrenzte Lebensdauer. Die nach DIN genormten Batterien müssen mindestens 250 Ladezyklen aushalten. Jeder dieser Ladezyklen besteht aus einem Entladen von einer Stunde mit 40% der Nennkapazität und einem Laden von fünf Stunden mit 10% der Nennkapazität. Die Lebensdauer einer Batterie gilt als beendet, wenn ihre effektive Kapazität unter 40% der Nennkapazität gesunken ist. Es handelt sich dabei um eine theoretische Prüfmethode zum Vergleichen von verschiedenen Fabrikaten, weil die Beanspruchung der Batterien im Fahrzeug eine ganz andere ist.

Im Laufe der Lebensdauer verlieren die Hartbleigitter durch elektrochemische Einflüsse ihre Festigkeit, wodurch das Wachsen der Batterieplatten erleichtert wird. Bei normal beanspruchten Batterien führt diese Gitterkorrosion gegen Ende der Lebensdauer zu verminderter mechanischer Festigkeit, so daß die Gitter reißen und ihre Leitfähigkeit verlieren. Der Spannungsabfall der Zellen wird dann so groß, daß ein Starten nicht mehr möglich ist. Werden die Batterien regelmäßig während der Stillstandszeiten entladen, so wird die aktive Masse der Platten besonders stark beansprucht. Solche Batterien halten bei täglicher Entladung u.U. weniger als ein Jahr – besonders, wenn die Ladung unzureichend ist. Starterbatterien sind deshalb für solche Betriebsweisen ungeeignet.

Für die *Säuredichte* gelten bei den verschiedenen Ladezuständen und einer Säuretemperatur von 293 K = 20 °C etwa die in Tabelle 8.11 genannten Werte.

Tabelle 8.11

Ladezustand	Normal (kg/dm^3)	Tropen (kg/dm^3)
geladen	1,28	1,23
halb geladen	1,21	1,16
entladen	1,14	1,09

Bei größeren Abweichungen der Säuretemperatur vom Normalwert 293 K = 20 °C ist die gemessene Säuredichte umzurechnen. Kühlt sich die Säure ab, so erhöht sich ihre Dichte um etwa 0,01 kg/dm^3 je 15 K Temperaturunterschied; erwärmt sich die Säure, so verringert sich die Dichte entsprechend.

Für die *Ruhespannung* einer Batterie ist im wesentlichen die Säuredichte bestimmend. Darum kann man auch aus der Säuredichte die Ruhespannung annähernd mit der Formel:

$$U_0 = \text{Säuredichte} + 0{,}84$$

errechnen.

Danach hat eine entladene Batteriezelle mit 1,14 Säuredichte eine Ruhespannung von etwa 1,98 V und eine geladene mit 1,28 Säuredichte etwa 2,12 V. Wenn die Säuredichte nicht meßbar ist, kann man diese in gleicher Weise errechnen, indem man von der gemessenen Ruhespannung 0,84 abzieht. Das Messen der Ruhespannung der einzelnen Zellen erfordert ein genaues Voltmeter. Sie darf dazu frühestens $^1/_2$ Std. nach dem Laden oder Entladen der Batterie gemessen werden, weil vordem noch vom Laden her eine Wasserstoffüberspannung an den negativen Platten vorhanden ist.

Entladespannung: Nach dem Einschalten des Entladestroms sinkt die Spannung der geladenen Batterie auf die dem Entladestrom und der Kapazität entsprechende Entladespannung. Beim Entladen einer Batterie nimmt ihre Spannung stetig bis zur Entladeschlußspannung und dann rascher ab. Die Entladespannung ist bei gleicher Batterie von gleichem Ladezustand geringer, wenn der Entladestrom größer oder die Säuretemperatur niedriger ist (Bild 8.97).

Ladespannung: Die Spannung der Batterie steigt in wenigen Sekunden nach dem Ladebeginn auf die Ladespannung an. Die Ladespannung der entladenen Batterie ist bei größerem Ladestrom

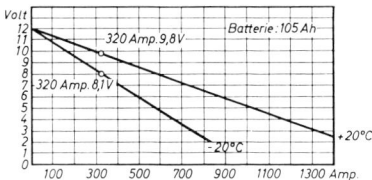

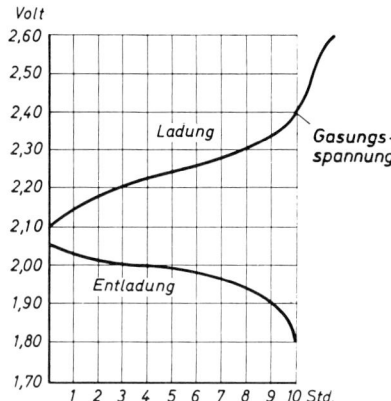

Bild 8.97 Die Abhängigkeit der Entladespannung einer 12-V-Batterie vom Entladestrom und der Säuretemperatur

Bild 8.98 Die Zellenspannung beim Laden und Entladen einer Batterie

und niedrigeren Säuretemperaturen höher. Bei einem Ladestrom von 5% der K_{20} und 293 K = 20 °C Säuretemperatur beträgt sie bei entladener Batterie etwa 2,2 V.

Während der normalen Ladung steigt die Zellenspannung anfänglich langsam auf etwa 2,4 V und danach steiler auf etwa 2,7 V an (Bild 8.98). Bei 2,4 V Ladespannung je Zelle ist die Batterie etwa zu 90% aufgeladen. Bei Erreichen einer Ladespannung von etwa 2,4 V beginnt die Zersetzung des Wassers (H_2O), so daß an den Platten gasförmiger Sauerstoff und Wasserstoff entweichen. Gleichzeitig wächst die Ladespannung verhältnismäßig schnell bis auf etwa 2,7 V an. Dieser Wert steigt auch nach längerem Gasen der Zelle nicht höher an. Da Wasserstoff und Sauerstoff ein explosionsgefährliches Gasgemisch, das sogenannte Knallgas, bilden, müssen in der Nähe einer Batterie offene Flammen und Funkenbildung unbedingt vermieden werden. Weil die Platten durch starkes Gasen angegriffen werden, darf nach Einsetzen der Gasentwicklung nicht mehr mit hohem Strom geladen werden. Nach Überschreiten der Gasungsspannung darf maximal mit 10% der K_{20} weitergeladen werden (siehe VDE 0510 § 21 Tafel 4).

8.4.4 Betriebsverhalten

Die Bleiakkumulatoren haben ein besonderes Betriebsverhalten, dem man bei ihrer Verwendung, Behandlung und Pflege entsprechen muß. Denn durch falsche Behandlung der Batterien können diese in kürzester Zeit unbrauchbar werden.

Sulfatieren: Bei jedem Entladen bildet sich in den Batterieplatten Bleisulfat, das beim Laden wieder rückgewandelt wird. Bleibt aber die Batterie längere Zeit ungeladen, so nimmt das Bleisulfat eine grobkristalline Form an, die nur sehr schwer wieder rückgewandelt werden kann. Das gleiche geschieht, wenn das bei Entladung gebildete Bleisulfat bei der nachfolgenden Ladung nicht vollständig zurückgewandelt wird. Bei längerem Stehen bildet sich aus dem anfänglich feinkörnigen Bleisulfat hartes grobkörniges Bleisulfat. Dadurch wird die entladen abgestellte Batterie nach einiger Zeit unbrauchbar. Bereits nach 24 Std. ist eine derartige grobkörnigere Sulfatbildung festzustellen. Darum sollen entladene Batterien spätestens nach 24 Std. geladen werden.

Die *normale Selbstentladung* beträgt bei neuen Batterien und normaler Temperatur pro Tag ungefähr 1% der Kapazität; bei längerer Standzeit wird sie geringer. Durch Verunreinigungen der Säure ergibt sich eine wesentlich stärkere Selbstentladung. Bei hohen Temperaturen ist die Selbstentladung größer als bei niedrigen Temperaturen. Auch durch Selbstentladung entladene Batterien können unbrauchbar werden. Bei nicht benutzter Batterie kann die Selbstentladung durch dauerndes Laden mit einem entsprechenden Strom, durch eine sogenannte Erhaltungsladung, ausgeglichen werden. Wenn die Batterien nicht ständig voll geladen sein müssen, genügt auch ein Nachladen in Abständen von etwa vier Wochen mit kleinen Ladeströmen, bis der volle Ladezustand wieder erreicht ist.

Überladung: Beim Weiterladen geladener Batterien wird weiter Wasser in Wasserstoff und Sauerstoff zerlegt. Da diese Elemente nun aber nicht mehr chemisch abgebunden werden können, tritt Gasentwicklung ein. Diese Gasentwicklung findet auch im Gefüge der Platten statt. Dadurch erfolgt bei längerem Laden mit normalem oder größerem Strom ein Lockern und Ausfallen der Plattenmasse, was eine Kapazitätsminderung zur Folge hat. Diese Erscheinung tritt insbesondere bei den Plusplatten auf. Durch die chemischen Vorgänge in der Batterie wird aber auch Wärme entwickelt. Die wärmere und dadurch aggressivere Akkumulatorensäure zerstört das Plattengitter in verstärktem Maße – besonders dann, wenn durch längeres Überladen auch noch die Säurekonzentration erhöht wird. Während man wenig geladene Batterien bedenkenlos mit größeren Strömen laden kann, wird aus den genannten Gründen nach dem Einsetzen der Gasentwicklung das Laden bedenklich, wenn mit zu großem Strom oder mit normalem Strom zu lange geladen wird.

Der *Gefrierpunkt der Säure* ändert sich in Abhängigkeit vom Ladezustand bzw. von der Säuredichte wie in Tabelle 8.12 aufgeführt.

Säuredichte (kg/dm^3)	Gefrierpunkt (K)
1,28	205 = –68 °C
1,21	243 = –30 °C
1,14	259 = –14 °C

Tabelle 8.12

Zu einem Erstarren der Schwefelsäure in den Blockbatterien kommt es unter normalen Umständen in unseren Breitengraden nicht. Selbst bei entladenen Batterien, die lange Zeit einer tiefen Außentemperatur ausgesetzt sind, ist mit einem völligen Erstarren der Säure nicht zu rechnen. Ist die Elektrolyttemperatur nämlich so weit gesunken, daß sich Eiskristalle ausscheiden, dann steigt die Dichte der restlichen Säure an. Damit fällt der Gefrierpunkt dieser Säure weiter ab.

8.4.5   Laden von Bleibatterien

Räume, in denen Batterien geladen werden, müssen die in VDE 0510 festgelegte Forderung erfüllen.

Wenn die Leerlaufspannung der Ladegeräte mehr als 65 V beträgt oder aus Gleichstromnetzen geladen wird, muß die Batterie isoliert aufgestellt werden (VDE 0510 § 18.1). Liegt die verwendete Ladespannung über 65 V oder die Nennleistung der Ladeeinrichtung (Nennspannung × maximaler Ladestrom) über 2 kW, so sind solche Räume als elektrische Betriebsstätten zu behandeln und dürfen nur von unterwiesenem Personal betreten werden (siehe VDE-Vorschrift 0100). Solche Räume sind gemäß der VDE-Vorschrift 0510 auszuführen. Räume, in denen Akkumulatoren geladen werden, müssen gut lüftbar sein, damit das beim Laden entstehende Wasserstoffgas so verdünnt wird, daß es seine Explosionsfähigkeit verliert. Der hier erforderliche stündliche Luftbedarf beträgt:

$$Q = 55 \cdot n \cdot I \quad \text{(Liter je Stunde)}$$

Hierbei ist n die Zellenzahl und I der Ladestrom (nähere Einzelheiten siehe VDE 0510 § 14). Das vorhandene freie Luftvolumen des Raumes muß mindestens so groß sein, wie der stündliche Luftbedarf nach dieser Formel beträgt. Praktisch würde also hiernach ein Gerät mit zwei Ladestromkreisen, je maximal 8 A und zwölf Zellen, einen stündlichen Luftwechsel und einen freien Raum erfordern von:

$$Q = 2 \cdot 55 \cdot 8 \cdot 12 \quad Q = 10\,500\,l = 10{,}5\,m^3$$

Ladegeräte dürfen mit Ladegasen und Elektrolytnebeln nicht in Berührung kommen. Wenn möglich, sind Ladegeräte und Batterien in getrennten Räumen unterzubringen. Die Batterien sind im Laderaum so aufzustellen, daß auftretende Elektrolytnebel, Säurespritzer oder ausgelaufener Elektrolyt keine Schäden anrichten. Vor der Abwasserkanalisation müssen Säureabscheider liegen.

Beim Laden müssen die Batterien von funkenbildenden Betriebsmitteln, z.B. von Steckvorrichtungen, Schaltern, Maschinen, mindestens 2 m entfernt stehen. Blei- und Stahlbatterien dürfen nur dann gleichzeitig in dem gleichen Raum geladen werden, wenn Elektrolytnebel der Bleibatterien nicht an die Stahlbatterien gelangen können, da diese sonst geschädigt werden. Bei Gleichspannung über 65 V muß das Bedienungspersonal durch isolierende Bedienungsroste oder Schuhe vor zu hoher Berührungsspannung geschützt werden. Der Abstand der ladenden Batterien zur nächsten Steckdose muß mindestens 1 m betragen (VDE 0510 § 17a Pkt. 12 bzw. 18a).

Gefahrenverhütung beim Umgang mit Akkumulatoren: Das beim Laden und zum Teil in Ruhe (Nachgasen nach der Ladung) entstehende Knallgas ist explosibel. Offene Flammen dürfen daher nicht in die Nähe der Batterieöffnung gebracht werden. Vor Ausführung von Schweißarbeiten an gefüllten Batterien ist das unter dem Zellendeckel vorhandene Gas vorsichtig – z.B. durch Ausblasen oder Wedeln – zu entfernen. Niemals Werkzeuge auf die Zellen legen! Säure hat eine stark ätzende Wirkung, weshalb in VDE 0510 folgende Vorschrift enthalten ist: «Besteht die Gefahr, daß das Bedienungspersonal schädlichen Elektrolyteinflüssen ausgesetzt ist, so sind geeignete Schutz- und Gegenmittel gegen Verätzungen durch Säure bereitzuhalten und zu verwenden.»

Als Schutzmittel gelten z.B. Schutzanzüge, -handschuhe, -fingerlinge, -schuhe, -brillen und als Gegenmittel z.B. 2,5%ige Boraxlösung.

Füllung und Inbetriebsetzung neuer Batterien: Die meisten Batterien werden von den Herstellern in trockenem Zustand mit vorgeladenen Platten geliefert. Sie müssen bei Inbetriebsetzung mit Akkumulatorensäure (Dichte 1,28) gefüllt werden. Grundsätzlich empfiehlt es sich jedoch, bei Erneuern von Batterien nach der Inbetriebsetzungsanleitung zu verfahren.

Füllen neuer Batterien: Die Batterie ist mit reiner Akkumulatorensäure zu füllen, deren Dichte bei einer Temperatur der Säure von 293 K = 20 °C 1,28 (für die Tropen 1,23) betragen muß, bis der Säurespiegel etwa 10 mm über den Plattensätzen steht, wenn der Hersteller der Batterien nichts anderes vorschreibt.

Laden neuer Batterien: Die meisten modernen Batterien sind vorgeladen und trocken und etwa 10 min nach dem Befüllen einsatzbereit. Nur wenige, meist lange gelagerte neue Batterien erfordern eine Ladung. Der Akkumulator muß zum Laden an Gleichstrom angeschlossen werden. Beim Anschluß ist darauf zu achten, daß die gleichnamigen Pole von Batterie- und -ladeleitung miteinander verbunden werden, d.h. + mit + und – mit –.

Die Ladung hat bei abgeschraubten Verschlußstopfen zu erfolgen. Der Ladestrom beträgt $1/20$ der 20stündigen Batteriekapazität (ist bei den Inbetriebsetzungsvorschriften jeweils genau angegeben). Die Ladung hat so lange zu erfolgen, bis sich stärkere Gasentwicklung zeigt und sich innerhalb 2 Std. die Werte der Säuredichte und der Spannung nicht mehr erhöhen. Vor und während der Ladung ist auf die Temperatur der Säure zu achten. Sie soll bei Ladebeginn 283 K = 10 °C nicht unterschreiten. Steigt sie beim Laden über 313 K = 40 °C (in Tropen 323 K = 50 °C), so ist die Ladung zu unterbrechen, bis die Temperatur gefallen ist. Zwei Stunden nach Beendigung der Ladung ist darauf zu achten, daß der Flüssigkeitsspiegel mindestens 5 bis 10 mm über den Plattensätzen steht.

Normales Laden: Ist die Ladung im Kraftfahrzeug infolge besonderer Umstände nicht ausreichend, so muß die Batterie außerhalb des Fahrzeugs nachgeladen werden. Bei jeder Nachladung soll möglichst wieder der volle Ladezustand erreicht werden, weil sonst die nicht umgewandelte aktive Masse grobkristallin sulfatiert und verhärtet.

Solange die Gasungsspannung 2,4 V/Zelle nicht erreicht ist, vermögen die Batterien ohne Schaden sehr hohe Ströme aufzunehmen. Jedoch darf die Säuretemperatur während der Ladung bei Batterien mit Holzbrettchen nicht über 318 K = 45 °C und bei Miporbatterien nicht über 328 K = 55 °C ansteigen. Nach Überschreiten der Gasungsspannung muß der Ladestrom begrenzt werden.

Beim Nachladen sind Säuredichte, Säuretemperatur und Spannung zu messen, um etwa vorhandene Störungserscheinungen an den Zellen feststellen zu können. Sulfatierte Batterien erreichen beim Laden nicht ihre volle Säuredichte, sie erwärmen sich stark und haben hohe Ladespannung. Zellen mit Plattenschluß zeigen ebenfalls ungenügende Säuredichte und starke Erwärmung, haben aber niedrigere Ladespannung und geringere Gasentwicklung. Das stationäre Laden von Batterien soll, wenn dabei die Gasungsspannung überschritten wird, mit einem Ladestrom von 8% bis höchstens 10% ihrer Nennkapazität in Ampere erfolgen. Geringere Ladeströme sind günstiger, aber meist unwirtschaftlicher, weil es länger dauert.

Bei der Ladung steigt die Ladespannung der Batterie von etwa 2,1 V/Zelle langsam bis 2,35 V/Zelle und dann schneller an. Sie erreicht am Ende der Ladung einen Beharrungswert, der je nach Art, Alter und Zustand der Batterie zwischen 2,6 bis 2,75 V/Zelle liegt. Gleichzeitig steigt bei 2,35 V/Zelle unter lebhaftem Gasen die meßbare Säuredichte schneller an und soll am Ladeende 1,28 – bezogen auf 293 K = 20 °C – erreichen.

Sind Spannung und Säuredichte bei der Ladung etwa 2 Std. konstant geblieben, so ist der Vollladezustand erreicht, und die Batterie muß abgeschaltet werden. Bei längerem Laden werden freie Masseteilchen aus der Plusplatte herausgerissen, und außerdem erhöht sich die Säuretemperatur unzulässig.

Durch das *Schnelladen* soll eine entladene Batterie rasch wieder auf den Ladezustand gebracht werden, den das Anlassen des Motors erfordert. Hierzu genügen etwa 50 bis 60% des Volladezustandes. Dem Schnelladen der Batterie kommt entgegen, daß bei entladenen Batterien höhere Ladeströme bis zum Erreichen der Gasungsspannung (etwa 2,4 V) unbedenklich sind. Dagegen würden diese großen Ladeströme bei höherem Ladezustand der Batterie Schädigungen verursachen. Deshalb sollte die Bedienungsanweisung von Schnelladegeräten genauestens beachtet werden, weil sonst Batterieschäden unvermeidlich sind.

8.4.6   Behandlung von Batterien

Neue ungefüllte Batterien sind trocken und möglichst kühl, aber frostfrei zu lagern, damit die negativen Platten nicht oxidieren. Andernfalls ist eine längere, Inbetriebsetzungsladung (erste Ladung) erforderlich. Bei feuchter Lagerung der trockenen vorformierten Batterie können sogar Selbstentladung und Sulfatieren eintreten. Lagerzeiten von einem Jahr sollten nicht überschritten werden. Die höchstzulässige Lagerzeit beträgt in den meisten Fällen zwei Jahre.

Behandlung abgestellter Batterien: Sollen in Betrieb gesetzte neue oder alte Batterien längere Zeit unbenutzt stehen, so sind sie vorher gründlich nachzuladen. Damit diese Batterien durch ihre Selbstentladung nicht sulfatieren, erhalten sie am besten eine laufende Erhaltungsladung mit einem Strom von 40 bis 100 mA je 100 Ah Nennkapazität. Der Strom wird so bemessen, daß sich eine Zellenspannung von 2,2 bis 2,25 V/Zelle einstellt. Anstelle der Erhaltungsladung können die Batterien auch in Abständen von höchstens einem Monat mit einem Strom von maximal 10 A je 100 Ah Nennkapazität geladen werden, bis der volle Ladezustand wiederhergestellt ist; dieses kann 3 bis 4 Std. dauern.

Zusätzlich sind die Batterien bei diesem Verfahren vor jeder dritten Nachladung mit einem Strom von 5 bis 10 A je 100 Ah Nennkapazität bis zur Spannungsgrenze von 1,75 V/Zelle zu entladen und wieder gründlich vollzuladen. Diese zusätzliche Behandlung dauert einschließlich Nachladung je nach der verwendeten Entlade- und Ladestromstärke ein bis zwei Tage. Die Platten von gefüllten, in Ruhe stehenden Batterien sind ständig dem Angriff der Säure ausgesetzt. Es empfiehlt sich daher nicht, Batterien länger als ein bis zwei Jahre in Ruhe stehen zu lassen. Nach dieser Zeit ist mit verminderter Leistung zu rechnen. Dies gilt auch für Starterbatterien von Notstromaggregaten, die praktisch ständig in Ruhe stehen. Bei solchen Batterien muß die Startfähigkeit laufend kontrolliert werden.

Einbau der Batterie: Die Unterbringung und Befestigung der Batterien im Fahrzeug beeinflussen die Funktion und Lebensdauer der Batterien stark. Sie dürfen nicht zu starken Erschütterungen ausgesetzt sein, um Schäden an den Platten, wie z.B. Gitter- und Fahnenbrüche, und starken Masseausfall sowie Undichtigkeiten zu vermeiden. Bei besonders rauhem Betrieb sollte zwischen Batterie und Befestigungsteil eine elastische Zwischenlage (z.B. Schaumgummi) vorgesehen werden, um die auftretenden Stöße zu mildern. Die Batterien müssen an einer Stelle eingebaut sein, wo sie sowohl vor starker Kälte als auch vor hohen Temperaturen geschützt sind. Zu niedrige Temperaturen reduzieren Startleistung und Kapazität, während zu hohe Temperaturen die Lebensdauer der Batterie verringern. Die Temperatur im Unterbringungsraum der Batterien darf nur so hoch sein, daß die Säuretemperatur von 322 K = 45 °C nicht überschritten wird, um die Funktionsfähigkeit der Batterie nicht zu gefährden.

Vor starker Verschmutzung müssen Batterien geschützt sein, um Kriechströme oder Nebenschlüsse an Polen und Verbindern zu verhindern. Die Verbindungsleitungen zum Anlasser und zur Lichtmaschine sollen möglichst kurz sein, um starken Spannungsabfall zu vermeiden.

Wartung und Pflege eingebauter Batterien
Prüfen des Säurespiegels: Die Höhe des Säurespiegels liegt allgemein 5 mm über der Scheideroberkante und damit etwa 10 mm über den Platten. Dieser Säurestand ist oft durch eine Markierung angegeben. Da nur die mit Säure bedeckten Teile der Platten an der Stromspeicherung und Stromabnahme teilnehmen, lassen ungenügend gefüllte Batterien in der Leistung nach, und die Platten korrodieren und nehmen Schaden. Deshalb muß die Höhe des Säurespiegels in regelmäßigen Zeitabständen (etwa alle vier Wochen) nachgeprüft werden. Ist ein häufigeres Nachfül-

len von Wasser erforderlich, so wird zu viel geladen. Dies kann die Folge zu hoher Reglerspannung des Generators sein. Zum Nachfüllen darf nur gereinigtes oder destilliertes Wasser verwendet werden. Säure darf nur nachgefüllt werden, wenn solche durch besondere Umstände verlorengegangen ist.

Säure und Nachfüllwasser für Akkumulatoren müssen den Reinheitsvorschriften von VDE 0510 entsprechen. Das zum Nachfüllen oder zur Säureverdünnung erforderliche «gereinigte Wasser» wird entweder durch Destillieren oder Entsalzen gewonnen.

Wartungsfreie Batterien: Um ein Nachfüllen von Wasser zu ersparen, wurden von verschiedenen Firmen wartungsfreie Batterien entwickelt, bei denen dies über die gesamte übliche Lebensdauer nicht erforderlich sein soll. Diese Wartungsfreiheit kann auf verschiedene Weise erreicht werden. So kann man z.B. anstelle der normalen Batteriestopfen besondere Stopfen mit Katalysatoren in Art des Hoppecke-Aqua-Gen-Systems einbauen, die Wasserstoff und Sauerstoff wieder in Wasser rückwandeln.

Bosch- und Varta-Batterien dieser Art verwenden Bleigitter mit geringerem Antimongehalt und Selenzusätzen. Dadurch werden die Selbstentladung und das Zerlegen von Wasser beim Laden herabgesetzt. Außerdem wurde bei diesen Batterien das Säurevolumen vergrößert und der Säurestand von 5 mm auf 20 mm über die Plattenoberkanten erhöht. Voraussetzung für die wartungsfreien Batterien ist eine einwandfreie Spannungsregelung der Generatoren.

Messen der Säuredichte mit Aräometer: Beim Messen der Säuredichte ist nötigenfalls der Säurestand und die Säuretemperatur zu berücksichtigen und der gemessene Wert auf 293 K, also 20 °C, umzurechnen. Das Messen muß vor dem Nachfüllen von Wasser erfolgen. Liegt die gemessene Säuredichte unter 1,21 kg/dm^3, so sollte durch Nachladen außerhalb des Fahrzeugs der volle Ladezustand wiederhergestellt werden. Andernfalls besteht die Gefahr, daß die Platten sulfatieren und die Zellen ihre Startfähigkeit und Kapazität verlieren. Sogenannte Schnelladungen führen nicht zur Volladung und sind nur in eiligen Fällen zu empfehlen. Die Volladung ist dann nachzuholen, wenn der Volladezustand nicht durch längeren Fahrbetrieb erreicht wird. Ist die Säuredichte zu hoch (über 1,28 kg/dm^3 bei 293 K, also 20 °C), so ist die Säure abzuziehen und durch Wasser zu ersetzen. Dann ist nachzuladen und die Säuredichte erneut zu messen. Nötigenfalls ist dieser Vorgang zu wiederholen, oder man kippt die gesamte Säure nach vorheriger Nachladung aus und ersetzt sie durch Säure von vorgeschriebener Dichte.

Bei Verwendung von anderer als der vorgeschriebenen Akkumulatorensäure, insbesondere von sogenannten Spezialelektrolyten und Aufbesserungsmitteln, erlischt jede Garantie.

Reinigen der Batterieoberflächen und der Klemmen: Schmutz und Feuchtigkeit auf der Batterie führen zu Korrosionen an den Metallteilen, insbesondere an den positiven Anschlußklemmen, aber auch zu Störungen an den Anschlußkabeln. Darum soll man Batterien an der Oberfläche stets sauber und trocken halten. Zum Säubern der Batterien kann man lauwarmes Sodawasser verwenden, was nicht nur reinigt, sondern auch die Säure neutralisiert. Dieses darf aber auf keinen Fall in die Zellen gelangen. Die Anschlußklemmen sind an den Endpolen mit Säureschutzfett einzufetten.

8.4.7   Beurteilung und Prüfen von Batterien

Eine Starterbatterie wird im Regelfalle als defekt bezeichnet, wenn sie nicht mehr zum Anlassen des kalten Motors ausreicht. Da die Startfähigkeit der Batterien mit der Lebensdauer allmählich abnimmt, tritt dieser Fall meist im Spätherbst ein, wenn geringere Temperaturen größere Anforderungen an die Batterie stellen.

Beurteilung des Batteriezustandes: Die Batterie kann durch Feststellen des Alters beurteilt werden, weil ihre Lebensdauer zwischen zwei und vier Jahren beträgt. Aber das Alter ist nur ein bedingter Anhalt, weil andere Faktoren wesentlich sind. Ebenso weisen an den Plusklemmen hochgedrückte Zellendeckel darauf hin, daß die Batterie in absehbarer Zeit unbrauchbar wird.

Wenn der Anlasser versagt, kann man in einfachster Weise feststellen, ob die Batterie die Ursache ist, indem man bei eingeschaltetem Licht den Anlasser betätigt. Wenn während des Anlassens das Licht nicht wesentlich dunkler wird, ist die Batterie nicht die Ursache des Versagens.

Beurteilung des Batteriezustandes durch den Zellenprüfer: Die Prüfung einer Starterbatterie, deren Zellenverbinder ausgeführt sind mit einem Zellenprüfer, ist zweckmäßig, wenn der Anlasser versagt oder die Batterie unzureichend geladen ist. Dagegen ist die Messung bei frisch geladener Batterie unzureichend, wenn man die Leistungsminderung einzelner Zellen feststellen will. *Während oder kurz nach der Ladung darf man den Zellenprüfer wegen Explosionsgefahr nicht verwenden.* Zur Messung drückt man die beiden Spitzen des Zellenprüfers 5 bis 10 s fest auf die Pole der zu prüfenden Zelle. Bei einer intakten, ausreichend geladenen Zelle stellt sich der Zeiger auf einen Wert zwischen 1 und 1,6 V, um dann zu verharren. Die angezeigte Spannung ist bei größeren Batterien höher und bei kleineren geringer. Bei geringerer Spannung als etwa 1 V ist ein Aufladen notwendig. Wird aber bei einigen Zellen eine höhere Spannung angezeigt, während bei anderen Zellen die Spannung weit unter 1 V abfällt, so kann auf einen Defekt dieser Zellen geschlossen werden. Dann ist ein Untersuchen dieser Zellen erforderlich.

Prüfen einer Starterbatterie durch Stoßbelastung: Das einwandfreie Prüfen von Starterbatterien ermöglicht die Stoßbelastung. Es sind dazu Geräte erforderlich, die der Batterie oder einer Zelle kurzzeitig einen bestimmten einstellbaren hohen Strom entnehmen, wobei zugleich deren Spannung gemessen werden kann. Derartige Geräte gibt es als reine Prüfgeräte, aber auch die meisten Schnelladegeräte sind damit ausgerüstet.

Die zu prüfende Batterie muß mindestens halbvoll geladen sein, also in allen Zellen eine Säuredichte von mehr als 1,20 haben. Diese Batterien werden zur Stoßbelastung zwischen 5 und 7 s mit einem Strom vom 5fachen der Nennkapazität belastet. In dieser Zeit darf die Klemmenspannung keiner Zelle unter 1,1 V abfallen. Bei Prüfgeräten, mit denen die angegebenen Belastungsströme nicht eingestellt werden können, gelten andere Werte.

Da die Höchststrombelastbarkeit neuzeitlicher Batterien nicht alleine durch ihre Kapazität, sondern auch durch ihre Bauart bestimmt wird, kann auch die Stoßbelastung nicht mehr als 100%ige Batterieprüfung angesehen werden.

Prüfen von Batterien mit eingegossenen Zellenverbindern: Die Polverbinder sind bei modernen Batterien meist innerhalb der Batteriegehäuse angeordnet. Dadurch werden die Verbindungen zwischen den Zellen kürzer (Bild 8.99).

Dies ergibt einen geringeren Eigenwiderstand der Batterien, die dadurch mit größerem Starterstrom belastet werden können. Ein größerer Starterstrom konnte auch dadurch erreicht werden, daß es möglich wurde, im gleichen Zellenvolumen dünnere und deshalb mehr Platten anzuordnen. Dadurch kann der innere Widerstand der Batterie ebenfalls vermindert werden, was bei gleicher Batteriekapazität einen höheren Starterstrom ergibt. Da dies insbesondere das Starten der Motoren bei größerer Kälte ermöglicht, wird bei modernen Batterien neben Nennspannung in Volt und Nennkapazität in Amperestunden auch der «Kältestartstrom» oder «Kälteprüfstrom»

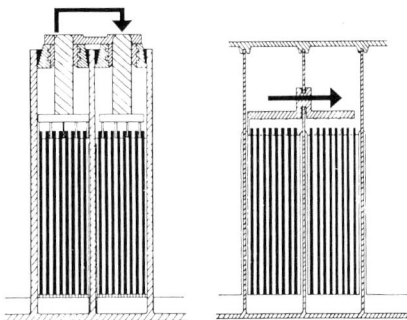

Bild 8.99 Bei den herkömmlichen Batterien werden die Polköpfe durch den Zellendeckel hindurchgeführt und durch Zellenverbinder verbunden. Dadurch entstehen lange elektrische Verbindungen von entsprechend großem Widerstand (linkes Bild). Bei modernen Batterien werden die Polbrücken innerhalb des Batteriegehäuses durch die Zellenwände miteinander verschweißt. Dadurch erreicht man kürzere Leitwege mit geringerem Widerstand und in der Folge eine größere Strombelastbarkeit der Batterie.

in Ampere angegeben (siehe in Abschnitt 8.4.3 «Kälteprüfstrom»). Dieser Kälteprüfstrom ist beim Testen der Batterien mit modernen automatischen Batterietestern zu einem maßgeblichen Faktor geworden. Der Tatsache, daß sich bei modernen Batterien die Zellenverbinder im Gehäuse befinden, wird bei den modernen Batterietestern dadurch entsprochen, daß sie die bei der Belastung an den Endpolen herrschende Gesamtspannung als Meßwert verwenden.

Mit Bosch-Eisemann-Batterietestern können Starterbatterien mittels eines automatisch ablaufenden Prüfvorgangs getestet werden. Die entsprechenden Bosch-Batterietestgeräte brauchen nur mit ihren beiden Prüfkabeln polrichtig mit der zu prüfenden Batterie verbunden zu werden. Das Bosch-Testgerät T 12 220 ist für einen maximalen Belastungsstrom von 220 A ausgelegt. Nach Anschluß und Einstellung des der Batterie entsprechenden Kälteprüfstroms mittels eines Drehschalters läuft nach dem Drücken der Startaste der etwa 30 s dauernde Prüfablauf ab. Damit wird zugleich auf einem Zeigerinstrument der Ladezustand der Batterie durch die Zeigerstellung über «gut», «$^1/_2$» oder «Laden» angezeigt. Bleibt der Zeiger über dem Segment «Laden», so ist die Batterie entladen und muß vor dem Testen erst aufgeladen werden. Andernfalls, oder nach dem Laden, ist die untere Segmentskala gültig, die nach etwa 30 s den Zustand der Batterie als «defekt», «noch brauchbar» oder «gut» anzeigt.

Wenn auf den Batterien der Kälteprüfstrom nicht angegeben ist, kann man zum Testen behelfsmäßig folgenden Kälteprüfstrom einstellen:

```
 32 bis   40 Ah = 140 bis 180 A
 41 bis   70 Ah = 190 bis 270 A
 71 bis  120 Ah = 280 bis 420 A
121 bis  180 Ah = 430 bis 630 A
```

Prüfen der Batterien durch die Kapazitätsprobe: Die aufwendigste Prüfung der Batterien ist die Kapazitätsprobe nach DIN 72 311, Blatt 7. Dazu wird die geladene Batterie mit Säuredichte 1,28 und etwa 300 K (27 °C) Säuretemperatur mit einem Verbraucherstrom von 5% der Nennkapazität belastet und die Zeit gemessen, bevor die Gesamtspannung der 12-V-Batterie auf 10,5 V abgefallen ist. Multipliziert man den Entladestrom in A mit der Entladezeit in Stunden, so erhält man die effektive Kapazität in Ah. Wenn diese gemessene Kapazität 40% der Nennkapazität nicht übersteigt, so ist die Starterbatterie verbraucht.

8.5   Generatoren für Kraftfahrzeuge

Die Generatoren – auch Lichtmaschinen genannt – sollen während des Betriebs der Kraftfahrzeuge alle eingeschalteten Verbraucher mit Strom versorgen und zugleich die Batterien schnell und gut laden. Auch bei nächtlicher Fahrt, wenn die Beleuchtungseinrichtungen eingeschaltet sind, sollen sie die durch das Anlassen oder sonstige Verbraucher bewirkte Entladung der Batterien durch genügend Ladestrom rasch ausgleichen.

Für die Wahl der Leistungsgröße von Generatoren ist die gemessene Leistungsaufnahme aller bei Fahrt auf die Dauer eingeschalteten Verbraucher bestimmend. Diese *Dauerstromverbraucher* sind:

❐ Batteriezündung, Scheinwerfer, Begrenzungslampen, Schlußlampen, Wischer, Instrumentenleuchten, Nebelscheinwerfer, heizbare Heckscheibe usw.

Ist bei Generatoren die Nennleistung angegeben, so darf diese höchstens 10% geringer sein als die Leistungsaufnahme aller auf Dauer einschaltbaren Verbraucher. Ist bei Generatoren der Höchststrom angegeben, so darf die Stromaufnahme aller Dauerverbraucher höchstens $2/3$ dieses Höchststromes betragen.

Um die in Kraftfahrzeugen eingebauten Batterien zu laden, müssen Generatoren Gleichstrom abgeben. Die bisher üblichen Generatoren waren selbsterregende Nebenschluß-Gleichstrom-

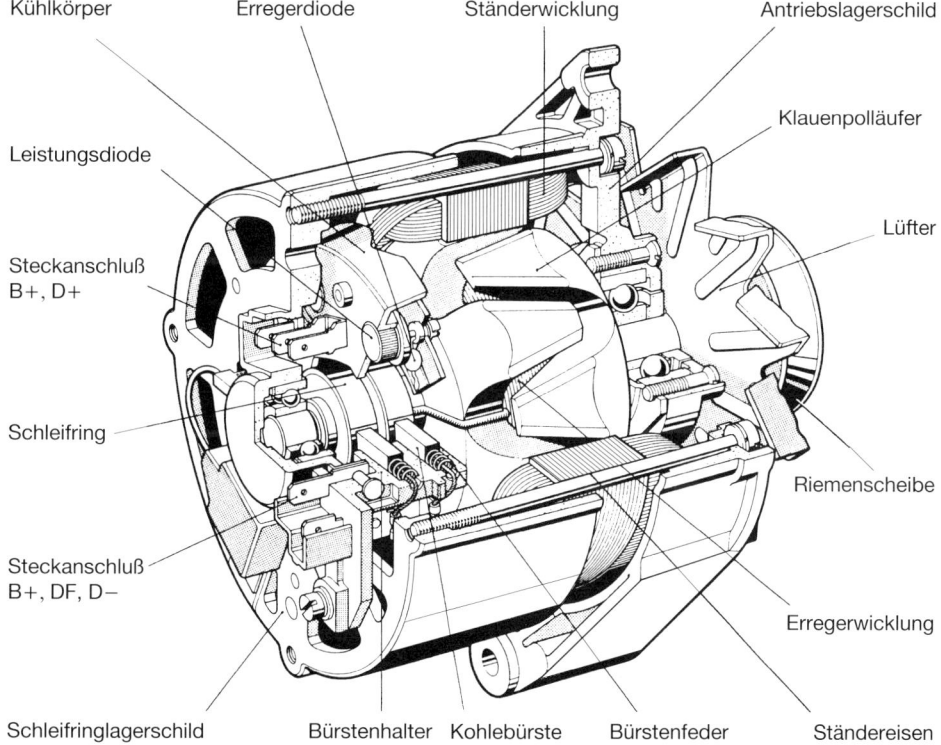

Bild 8.100   Bosch-Klauenpolgenerator

erzeuger mit Kollektoren. Heute finden nur noch kollektorlose Gleichstromgeneratoren Verwendung. Diese Generatoren erzeugen Drehstrom oder Wechselstrom, der durch in der Maschine eingebaute Siliziumgleichrichter gleichgerichtet wird. Generatoren der letztgenannten Art werden auch Drehstromgeneratoren oder «Alternatoren» genannt (Bild 8.100).

8.5.1   Kollektorgeneratoren

Bei Kollektorgeneratoren schneiden die auf dessen Anker aufgebrachten Wicklungen das durch die Erregerfeldspulen erregte Magnetfeld des Polgehäuses. Dabei wird in den Wicklungen des Ankers elektrische Spannung induziert. Diese Spannung wird durch Kollektor und Kohlebürsten gleichgerichtet, weil das Laden von Batterien Gleichstrom erfordert.

Mechanische Gleichrichtung in Kollektorgeneratoren: Wird die Spannung der im Magnetfeld drehenden Spule von mit den Spulenenden verbundenen Schleifringen abgenommen, so herrscht an den Anschlußklemmen Wechselspannung, und es fließt bei geschlossenem Stromkreis ein Wechselstrom (Bild 8.101). Indem man die Spulenenden an mit der Spule drehenden Segmenten anschließt, kann man erreichen, daß bei Spannungsrichtungsänderung auch die Anschlüsse an auf den Segmenten schleifenden Kohlebürsten wechseln. Und so fließt außerhalb der Spule ein gleichgerichteter Strom, der pulsiert (Bild 8.102). Durch Verwendung von mehreren Spulen, die mit den Lamellen eines Kollektors verbunden sind, kann ein fast gleichmäßiger Gleichstrom erreicht werden (Bild 8.103).

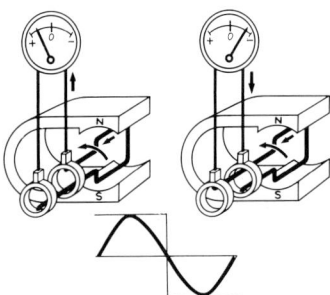

Bild 8.101   Eine Drahtschleife rotiert zwischen Nordpol und Südpol. Es entsteht Wechselspannung.

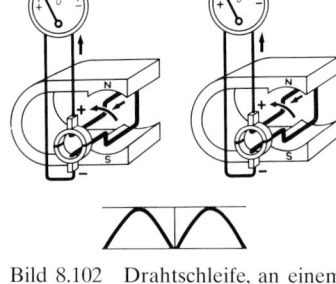

Bild 8.102   Drahtschleife, an einem zweiteiligen Kollektor angeschlossen. Der Kollektor richtet den in der Drahtschleife entstehenden Wechselstrom gleich. (Werkbild: Bosch)

Bild 8.103   Mehrere Drahtschleifen sind an einem mehrteiligen Kollektor angeschlossen. Es entsteht ein Gleichstrom mit geringer Welligkeit. Links mit Dauermagnetfelderregung, rechts mit Nebenschluß-Erregerwicklung (Werkbild: Bosch)

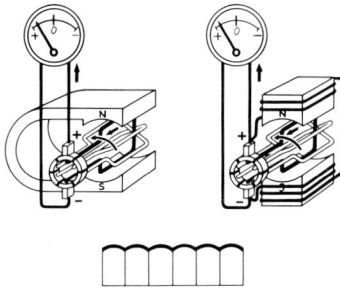

Durch Kollektor und Kohlebürsten wird der im Anker von Kollektorgeneratoren erzeugte Wechselstrom gleichgerichtet und kann so zum Laden von Batterien verwendet werden.

Polen durch Fremderregung: Vor der ersten Inbetriebnahme von Kollektorgeneratoren muß eine Fremderregung erfolgen. Dabei fließt Gleichstrom von einem anderen Stromerzeuger (z.B. einer Batterie) durch die Erregerwicklungen. Dadurch wird Elektromagnetismus erzeugt, der das Polgehäuse magnetisiert. Die Eisenpolgehäuse behalten nach diesem Fremderregen ein geringes restmagnetisches Feld, die Remanenz.

Selbsterregung: Wird ein Generator in Betrieb gesetzt, so schneiden die Ankerwicklungen das restmagnetische Feld des Polgehäuses, und es wird in ihnen elektrische Spannung induziert. Diese Spannung verursacht in den im Nebenschluß geschalteten Erregerwicklungen Strom, der das restmagnetische Feld verstärkt. Dies wiederum hat zur Folge, daß die Ankerspannung und der Erregerstrom zunehmen. Durch diese Wechselwirkung von Ankerspannung und Erregermagnetismus zueinander erregt sich der Generator selbst (Bild 8.104).

Bild 8.104 Grundsätzliche Schaltung eines Nebenschluß-Gleichstromerzeugers

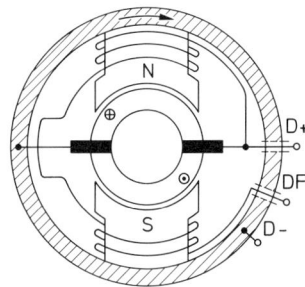

Umpolen: Fließt durch die Erregerwicklung ein Fremdstrom in anderer Richtung, so wird auch Magnetismus *entgegengesetzter Richtung* erregt, der das Restmagnetfeld des Polgehäuses umpolt. Bei umgepoltem Polgehäuse erzeugt der Generator auch Spannung in entgegengesetzter Richtung. Die Maschine mit Minus an Masse erzeugt nach dem Umpolen Spannung mit Plus an Masse.

Drehrichtungsänderung: Um die Drehrichtung von Kollektorgeneratoren zu ändern, müssen die Wicklungsenden der Erregerfeldspulen an ihren Anschlüssen getauscht werden. Da nun aber in entgegengesetzter Drehrichtung angetrieben und auch entgegengesetzt gerichtete Spannung erzeugt würde, muß die Maschine nach dem Umschalten noch durch Fremderregung umgepolt werden. Ein entgegen seiner konstruierten Drehrichtung angetriebener Kollektorgenerator erzeugt keinen Strom, da die Ankerspannung den Restmagnetismus der Polschuhe umpolend aufhebt.

Nachteile der Kollektorgeneratoren: Die seit Jahrzehnten verwendeten Kollektorgeneratoren haben einige Eigenschaften, die sie beim heutigen Stand der Technik und den veränderten Betriebsbedingungen von Kraftfahrzeugen nicht mehr voll geeignet erscheinen lassen.

Drehzahlbegrenzung: Durch die Kohlebürsten wird die im Anker erzeugte Spannung in der neutralen Zone des Kollektors abgegriffen. Die magnetische Rückwirkung des im Anker fließenden

Stroms verzerrt das Erregermagnetfeld mit Strom und Drehzahlen zunehmend in Drehrichtung. Damit verschiebt sich auch die Spannungserzeugung im Drehsinn der Ankerspulen und so auch in die neutrale Zone des Kollektors. Dadurch werden bei hohen Drehzahlen durch die Kohlebürsten Kollektorlamellen kurzgeschlossen, die mit Spulen verbunden sind, die Spannung erzeugen. Die Folge sind Feuern und Verschmoren von Kollektor und Kohlebürsten und übermäßige Erwärmung des Ankers. Weil es bei Kraftfahrzeuggeneratoren nicht möglich ist, die Stellung der Kohlebürsten den sich verändernden Betriebsbedingungen anzupassen, können sie nur in begrenzten Drehzahlbereichen betrieben werden. Um bei höchsten Fahrgeschwindigkeiten übermäßige Erwärmung und Zerstörung von Kollektoren und Kohlebürsten zu vermeiden, müssen derartige Generatoren so zum Motor übersetzt angetrieben werden, daß im Standleerlauf des Motors und bei geringerer Fahrgeschwindigkeit kein Strom von ihnen erzeugt wird. Dies bedingt, daß bei extremem Fahr-Halte-Verkehr, z.B. in Großstädten, die Batterie nicht genügend geladen wird.

Mechanischer Wirkungsgrad: Bei Kollektorgeneratoren fließt der große Erzeugerstrom im gegenüber dem Polgehäuse kleineren und schlechter zu kühlenden Anker. Entsprechend der erforderlichen geringen Drahtstärken wird dabei viel Elektrowärme im Anker erzeugt, die entsprechende Kühlung erfordert. Beides vermindert den mechanischen Wirkungsgrad der Kollektorgeneratoren um so stärker, als man bestrebt ist, klein und leicht zu bauen.

Wartungsempfindlichkeit: Der im Anker erzeugte Strom muß durch die Kohlebürsten vom Kollektor abgenommen werden. Der große Strom erfordert Kohlebürsten von großem leitendem Querschnitt, die mit hohem Druck auf den Kollektor gepreßt werden. Beides ergibt Verschleiß, und der abgeriebene Kohlestaub erhöht außerdem die Gefahr von elektrischen Kurzschlüssen.

8.5.2 Drehstromgeneratoren

Die Erzeugung der Induktionselektrizität geschieht bei den Drehstromgeneratoren in der Weise, daß das Magnetfeld des Erregerläufers beim Drehen die Erzeugerwicklungen in wechselnder Richtung durchdringt. Dabei wird in den Spulen eine EMK von wechselnder Richtung erzeugt (Bild 8.105).

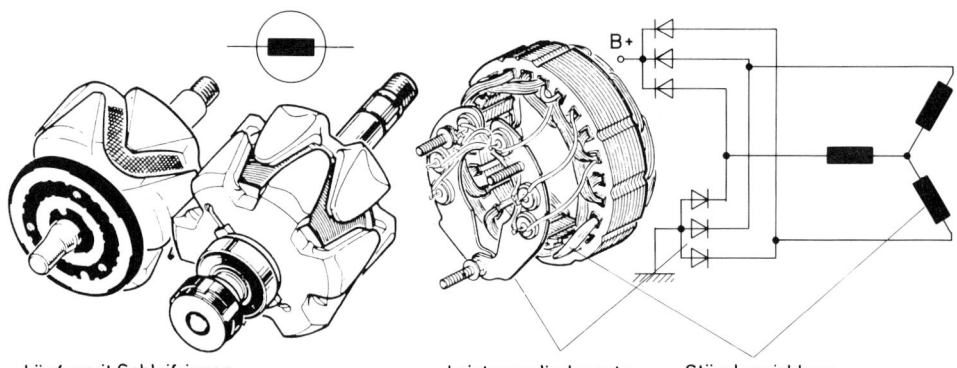

Läufer mit Schleifringen   Leistungsdiodensatz   Ständerwicklung

Bild 8.105   Erregerläufer, Diodensatz und Ständerwicklung mit dafür üblichen Schaltzeichen

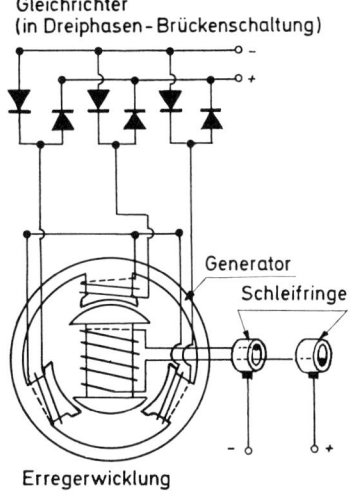

**Gleichrichter
(in Dreiphasen-Brückenschaltung)**

Generator

Schleifringe

Erregerwicklung

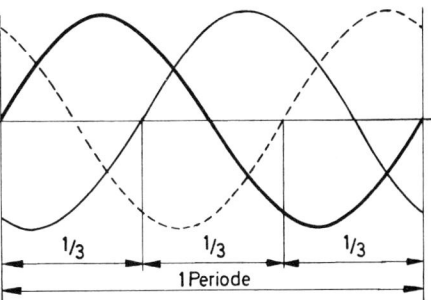

Bild 8.106 (links) Vereinfachte Darstellung eines Drehstromgenerators mit Vollweggleichrichtung in 3-Phasen-Brückenschaltung

Bild 8.107 Durch die Versetzung der drei Erzeugerspulen um je 120° des Gehäuseumfanges wird erreicht, daß deren Spannungen um je $^1/_3$ der Drehung zeitlich versetzt ihren Höchstwert erzielen.

Jede einzelne Spule des Generators erzeugt somit Wechselspannung und würde einen Wechselstrom verursachen. Ein in den Stromkreis der Erzeugerspule geschalteter Gleichrichter wirkt wie ein Ventil. Es läßt den Strom nur in einer Richtung fließen und unterdrückt die entgegengesetzte Amplitude (siehe in Abschnitt 8.1.8 «Dioden»).

Durch entsprechende Schaltung von mehreren Dioden nützt man auch die bei der vorher beschriebenen Einweg-Gleichrichterschaltung unterdrückten Amplituden, indem man die Stromrichtung im äußeren Stromkreis wendet. Diese Art der Gleichrichtung bezeichnet man als Vollweg-Gleichrichtung. Bei Drehstromgeneratoren verwendet man eine Brückenschaltung von mehreren Dioden. Man ordnet im Polgehäuse der Drehstromgeneratoren drei Erzeugerwicklungen (s. Bild 8.109) an, die um je 120° der Drehung des Läufers versetzt ihren jeweiligen Spannungshöchstwert erreichen (siehe Bilder 8.106 bis 8.108).

Durch Dreiphasen-Brückenschaltung von sechs Dioden kann eine gleichbleibende Spannung und damit der Gleichstrom erreicht werden, den der Dauerparallelbetrieb mit Starterbatterien erfordert (Bilder 8.106 und 8.108).

Bild 8.108 Durch die Vollweggleichrichtung von drei Wechselströmen eines Drehstromgenerators läßt sich ein Gleichstrom erreichen, dessen Spannung sich nur geringfügig ändert. Die verbleibenden Spannungsdifferenzen glätten sich durch die Induktivität im Ladestromkreis.

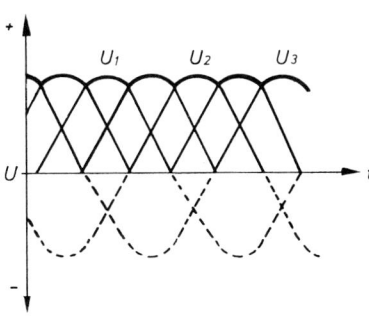

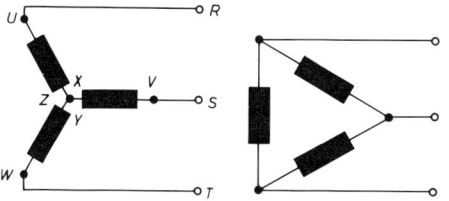

Bild 8.109 Schaltung der Erzeugerwicklungen. Durch entsprechende Schaltung kann der gleiche Generator auf 6 oder 12 V Nennspannung umgeschaltet werden. Bei Bosch-Drehstromgeneratoren werden die Wicklungen für 14 V im Stern und für 7 V im Dreieck geschaltet.

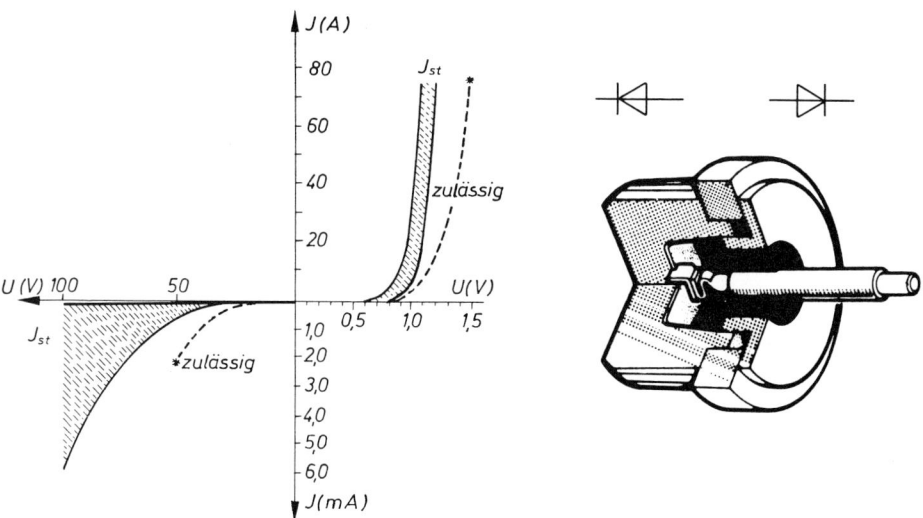

Bild 8.110 In das Diodengehäuse der Minus- oder Plusdioden ist das Halbleitermaterial je in entgegengesetzter Richtung eingebracht. Darum ist der isoliert ausgeführte Anschluß in einem Fall Anode (Plusdiode), im anderen Falle Katode (Minusdiode). Daneben Strom-Spannungs-Kennlinie einer solchen Diode

Gleichrichterdioden: Moderne Siliziumgleichrichter haben nur wenige Gramm Gewicht und etwa die Abmessung eines Knopfes. Sie können daher in die Generatoren eingebaut werden. Um den Betriebsbedingungen in Kraftfahrzeugen, also den extremen Temperaturen, den Stoßströmen und den auftretenden Schwingungen, zu entsprechen, mußten besondere Dioden entwickelt werden. Diese speziellen Dioden werden auch als «Autodioden» bezeichnet (Bild 8.110).

Die von der Firma Siemens entwickelten Autodioden bestehen aus zwei Scheiben von reinem hochohmigem Silizium, in die von der einen Seite als p-Zone Boratome und in der anderen Seite als n-Zone Phosphoratome eindiffundiert sind. Diese Scheiben haben durch eine Sattelfeder mit Druckkontakt Verbindung zu ihren Anschlüssen. Diode, Feder und Anschlußteile sind gasdicht im Gehäuse eingebördelt, um Korrosionen zu vermeiden. Derartige Autodioden sind zwischen 233 K und 423 K (–40 °C bis +150 °C) betriebssicher. Sie sind unempfindlich gegenüber Erschütterungen und gegenüber normalen Dioden höher überlastbar. Im Regelfall können sie in Sperrichtung bis etwa 100 V belastet werden. Werden sie mit höherer Spannung betrieben, als der Hersteller angibt, so werden die Dioden geschädigt oder zerstört. In Durchlaßrichtung werden die Autodioden erst beim Überschreiten einer bestimmten Spannung leitend. Diese Durchlaßspannung liegt im Regelfall bei 0,6 bis 0,8 V. Die Werte sind für Dioden der einzelnen Hersteller und meist auch je nach Betriebsspannung der Generatoren verschieden. Um die Betriebssicherheit gegenüber Spannungsspitzen zu verbessern, kommen auch Zenerdioden für die Gleichrichtung zum Einsatz.

Erregung von Drehstromgeneratoren: Die Erregerläufer sind bei kleineren Drehstromgeneratoren meist als 8- bis 16polige Klauenpolrotoren und nur bei größeren Maschinen – z.B. Omnibusse – als Einzelpolrotoren ausgeführt. In Klauenpol-Erregerrotoren ist eine zentrale Spule in axialer Richtung angeordnet, die an beiden Seiten klauenförmige ineinandergreifende Polschuhe trägt. Dadurch folgen nacheinander der Drehrichtung entgegengesetzte magnetische Pole. Entsprechend der Polzahl der Rotoren sind die Erzeugerwicklungen im Polgehäuse in Teilspulen unterteilt, die wie die Pole des Rotors zueinander versetzt sind. Durch die höhere Polzahl wird eine höhere Frequenz und durch die abgeschrägten Pole des Rotors eine Abflachung der Wechselstromamplitude erreicht. Beides gemeinsam ergibt damit eine größere Gleichmäßigkeit des erzeugten Gleichstroms (Bild 8.111).

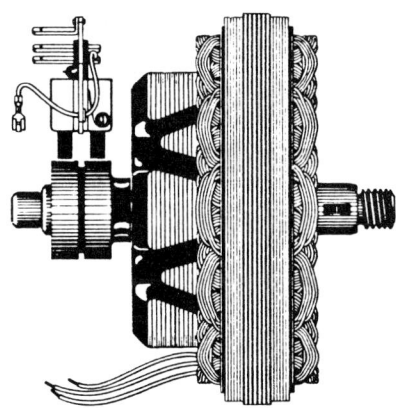
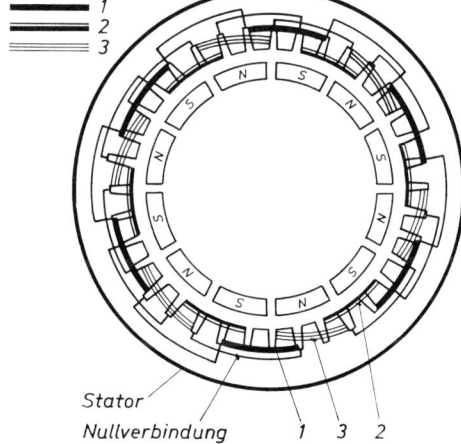

Bild 8.111 Die drei Erzeugerwicklungen der Drehstromgeneratoren sind entsprechend der Polzahl des Erregerrotors in Einzelwicklungen unterteilt, so daß sie jeweils dem gleichen Magnetfeld des Rotors gegenüberliegen.

Der Erregerstrom wird den Erregerrotoren durch auf Schleifringen schleifende Kohle zugeführt. Da dieser Erregerstrom nur wenige Ampere beträgt, sind dazu nur Kohlebürsten von kleinem Querschnitt mit geringem Federdruck erforderlich. Dadurch resultieren geringer Verschleiß und gegenüber Kollektorgeneratoren längere Betriebszeiten.

Wegen der gegenüber Polgehäusen von Kollektorgeneratoren geringeren Eisenmenge der Erregerrotoren ist deren Remanenz geringer. Darum ist die Selbsterregung von Drehstromgeneratoren infolge der Diodencharakteristik (Durchlaßspannung) nicht unter allen Betriebsbedingungen so gewährleistet, daß der Generator auch bei geringeren Drehzahlen erregt wird (siehe in Abschnitt 8.1.8 «Dioden»). Dies gilt insbesondere nach Betriebspausen, weil dann der Restmagnetismus geringer ist. Darum werden Drehstromgeneratoren im Regelfall beim Einschalten

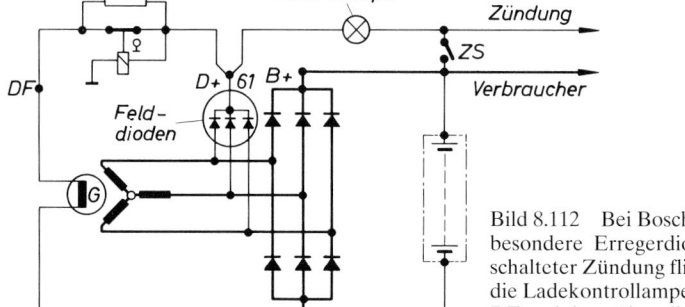

Bild 8.112 Bei Bosch-Drehstromgeneratoren sind besondere Erregerdioden vorgesehen. Bei eingeschalteter Zündung fließt ein Vorerregerstrom über die Ladekontrollampe und den Regler zur Klemme DF und dann über die Erregerwicklung.

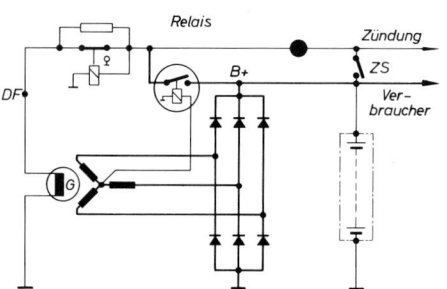

Bild 8.113 Über den Zündschalter fremderregter Drehstromgenerator. Bei geschlossenem Zündschalter fließt der Erregerstrom von der Batterie über Zündschalter, Reglerschalter, DF und die Erregerwicklung zur Masse und damit zur Batterie zurück.

der Zündung fremderregt. Dies kann direkt durch den Zündschalter, aber auch durch ein über den Zündschalter geschaltetes Felderregungsrelais erfolgen (s. Bild 8.113).

Erregung von Bosch-Drehstromgeneratoren (Bild 8.112): Die Bosch-Drehstromgeneratoren werden durch einen Vorerregerstrom über die Kontrollampe hilfserregt. Darum ist hier die Kontrollampe zwischen die Klemme 15 und die von der Masse isolierte Seite der Erregerwicklung (KlD+) geschaltet. Damit der Strom über die Kontrollampe und damit die Vorerregung genügend groß ist, dürfen keine zu kleinen Glühlampen verwendet werden. Diese sollten bei 6-V-Anlagen mindestens 1,2 W, bei 12-V-Anlagen mindestens 2 W und bei 24-V-Anlagen mindestens 3 W Leistung haben.

Drehzahlbereich: Da keine Kollektorschwierigkeiten auftreten, können Drehstromgeneratoren in größeren Drehzahlbereichen betrieben werden als Kollektormaschinen. Die Generatoren können darum so zum Motor übersetzt angetrieben werden, daß sie bereits bei Stand-Leerlaufdrehzahlen des Motors Strom erzeugen.

Mechanischer Wirkungsgrad und Baugröße: Der mechanische Wirkungsgrad, also das Verhältnis der entnommenen zur verbrauchten Leistung, ist bei Drehstromgeneratoren besser. Bei gleicher Leistung sind diese Generatoren etwa um die Hälfte kleiner und leichter als Kollektorgeneratoren.

Wartungsempfindlichkeit: Weil Kollektor und Kohlebürsten zur Stromabnahme entfallen und die auf Schleifringen schleifenden Erregerkohlen durch geringen Strom kaum verschleißen, wird die normale Laufzeit von Drehstromgeneratoren fast nur durch den Verschleiß der Kugellager begrenzt.

Drehrichtung: Die Antriebsdrehrichtung spielt bei Drehstromgeneratoren keine Rolle, weil sie ohne Umschaltung in beiden Drehrichtungen betrieben werden können. Vereinzelt sind aber die Antriebslüfterscheiben je nach Drehrichtung verschieden.

Umgang mit Drehstromgeneratoren

Besondere Richtlinien für Drehstromgeneratoren sind erforderlich, weil deren Gleichrichterdioden gegenüber zu hoher Spannung, zu hohem Strom und auch gegen Hitze empfindlich sind. Wenn auch die Kenngrößen different sind, kann man als Richtwerte annehmen, daß bei den bei Drehstromgeneratoren verwendeten Dioden 50 V und 353 K (80 °C) nicht überschritten werden sollten. Dies gilt sowohl für das Prüfen als auch für den Betrieb der Generatoren. Durch besondere Schutzeinrichtungen können die Drehstromgeneratoren zwar gegenüber den bei falscher Behandlung auftretenden Schäden unempfindlicher gemacht werden. Dies würde derartige Anlagen aber verteuern. Eine ausreichende Betriebssicherheit ist in jedem Falle gewährleistet, wenn folgende Richtlinien eingehalten werden.

Während des Betriebs von Drehstromgeneratoren muß immer eine einwandfreie Verbindung der Kabel vom Generator zu Regler und Batterie gewährleistet sein. Somit dürfen auch bei laufendem Motor keine dieser Kabel gelöst oder angeschlossen werden. Ebenso ist jegliches Kurzschließen von mit Generatoren und Regler verbundenen Leitungen beim Betrieb zu unterlassen. Bereits kurzzeitiges Antippen dieser Verbindungen kann schädliche Öffnungsinduktion verursachen.

Die *Kabelanschlüsse* am Generator oder Regler müssen immer richtig sein und dürfen nicht vertauscht werden. Das Laden *eingebauter Batterien* mittels Ladegeräten sollte mit von den Batteriepolen abgenommenen Batterieklemmen erfolgen. Denn nicht alle Ladegeräte bzw. Schnellladegeräte haben Einrichtungen, die den Schutz der Generatordioden gewährleisten.

Starthilfen durch Schnelladegeräte oder Parallelschalten einer zweiten Batterie sollte man möglichst unterlassen.

Batterieklemmen dürfen beim Batterieeinbau nie vertauscht werden.

Batteriehauptschalter normaler Bauart sind in üblicher Schaltung nicht geeignet. Sie dürfen nie geschaltet werden, solange der Motor läuft. Spezielle Schalter für diesen Zweck verhindern eine Unterbrechung der Verbindungen zur Batterie, solange der Generator Spannung erzeugt. Bei handgeschaltetem Batteriehauptschalter kann man ein von der Klemme D+/61 gesteuertes Relais anordnen, das trotz Abschaltens des Hauptschalters die Verbindung der Batterie zum Generator so lange aufrechterhält, wie dieser Spannung erzeugt.

Elektro-Lichtbogenschweißen am Kraftwagen sollte man erst, nachdem man die Kabelanschlüsse am Drehstromgenerator gelöst hat. Zumindest aber sollte man die Masseklemme des Schweißgeräts dicht bei der Schweißstelle befestigen.

Die **Kühlung der Drehstromgeneratoren** darf nicht durch Einbau von Ableitblechen oder durch später eingebaute Geräte vermindert werden.

Vor dem Trocknen von Lackierungen in stark beheizten Räumen sollte man den Drehstromgenerator möglichst ausbauen. Auf keinen Fall sollte man aber bei zu stark erhitztem Generator den Motor in Betrieb setzen.

Lüfterscheiben an den Keilriemenscheiben dürfen nicht verändert werden. Teilweise sind diese nur für eine bestimmte Drehrichtung bestimmt und müssen darum beim Ändern der Drehrichtung ausgetauscht werden.

Große induktive Verbraucher können schädliche Induktionsspannung erzeugen. Die größten Spannungsspitzen werden durch kontaktgesteuerte und kontaktlose elektronische Spulenzündanlagen hervorgerufen. Sie können durch unterbrochene Ladeleitung bei Transistorreglern im ungünstigsten Falle bis 350 V erreichen. Um hier den Generator zu schützen, ist es zweckmäßig, an D+ und Masse einen Parallelkondensator mit 2,2 μF zu schalten. Dieser halbiert die anfallenden Spannungsspitzen und wirkt gleichzeitig als Entstörkondensator. Die Spannung liegt dann aber immer noch über 100 V, ist für die Dioden also gefährlich. Absoluten Schutz erreicht man dadurch, daß an B+ und Masse eine bis 350 V spannungsfeste Zenerdiode geschaltet wird. Diese leitet die Gefahrenspannung nach Masse ab. Anderen großen induktiven Verbrauchern wird eine besondere Löschdiode parallelgeschaltet. In 24-V-Anlagen kann ein Überspannungsschutzgerät dem Generator parallelgeschaltet sein (Bild 8.114).

Kontrollampen von Bosch-Drehstromgeneratoren dienen zur Hilfserregung. Darum müssen defekte Glühlampen baldmöglichst ersetzt werden, um eine sichere Erregung zu erreichen.

Bosch-Regler für Drehstromgeneratoren müssen senkrecht mit den Befestigungslöchern nach unten eingebaut werden. Sie sind so vor Wärmeeinwirkung zu schützen, daß die Umgebungstemperatur bei Transistorreglern 333 K (60 °C) und bei Kontaktreglern 343 K (70 °C) nicht übersteigt.

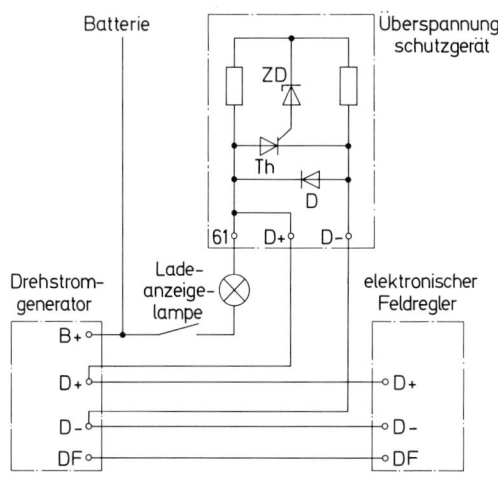

Bild 8.114 Prinzipschaltung des Überspannungsschutzgeräts. Übersteigt die Spannung an D+ ca. 32 V, so öffnet die Zenerdiode ZD den Thyristor Th. Mit einer Ansprechzeit von 0,3 ms schließt er D+ und D– kurz, entregt damit den Generator. Dieser «Kurzschluß» wird durch Ausschalten der Zündung wieder aufgehoben. Diode D ist Löschdiode.

8.5.3 Begriffsbestimmungen und technische Eigenschaften

Die Begriffsbestimmungen für Generatoren sind zum größten Teil in DIN 72 411 gegeben.

Als **Nennspannung** für die elektrischen Anlagen und Geräte von Kraftfahrzeugen wird pro Zelle der zur Anlage gehörenden Bleibatterien 2 V angenommen. In Kraftfahrzeugen sind 6, 12 und 24 V üblich. Dabei wird die letztgenannte Nennspannung nur für größere Kraftfahrzeuge mit hohem Stromverbrauch und in NATO-Fahrzeugen verwendet.

Die **Ladespannung,** auch Generatorspannung oder mittlere Betriebsspannung genannt, ist die Spannung, die beim Normalbetrieb zwischen D+ und D– des Generators gemessen werden kann. Bei 6-V- sind dies 7 V, bei 12-V- beträgt sie 14 V und bei 24-V-Batterien 28 V.

Die **Nennleistungsangabe** dient zur Auswahl der Generatoren für die Kraftfahrzeuge. Die Nennleistung soll so gewählt werden, daß sie der gemeinschaftlichen Leistungsaufnahme aller bei nächtlicher Fahrt eingeschalteten Dauerstromverbraucher entspricht. Wenn dies der Fall ist, so steht noch eine Leistungsreserve von 50% der Nennleistung zum Aufladen der entladenen Batterie zur Verfügung. Somit ist die Nennleistung $2/3$ der Maximalleistung oder Dauerhöchstleistung der Generatoren. Während früher die Nennleistung angegeben wurde, haben heute bei modernen Generatoren die Ladespannung und der Maximalstrom Vorrang.

Die **Dauerhöchstleistung** oder Maximalleistung des Generators ist die Leistung, die die Generatoren auf Dauer erzeugen können, ohne daß sie durch übermäßige Erwärmung zerstört werden.

Der **Maximalstrom** (I_{max}) ist der Höchststrom des Generators, der auf Dauer nicht überschritten werden darf, damit dessen Zerstörung durch übermäßige Erwärmung vermieden wird. Der Nennstrom, neuerdings auch als $2/3$-Maximalstrom bezeichnet, ist der der Nennleistung entsprechende Strom. Wird ein nach Maximalstrom bezeichneter Generator verwendet, so müssen $2/3$ des Maximalstroms der Stromaufnahme der unter Abschnitt 8.5 beschriebenen Dauerstromverbraucher entsprechen.

Die **Nenndrehzahl** oder Drehzahl bei $2/3$-Maximalstrom ist die Drehzahl, von der ab in dem betriebswarmen Generator die Nennleistung bzw. Ladespannung bei $2/3$ des Maximalstroms erzeugt wird.

Die **Nullwatt-Drehzahl** bzw. Nennspannungsdrehzahl oder Drehzahl bei 0 Ampere ist die Drehzahl, bei der der betriebswarme Generator seine Nennspannung bzw. Ladespannung erreicht, ohne Leistung abzugeben.

Die **Höchstdrehzahl** des Generators ist die Drehzahl, die beim Betrieb nicht überschritten werden darf. Bei Kollektorgeneratoren ist sie durch Erwärmung und Verschleiß von Kollektor und Kohlebürsten begrenzt (siehe in Abschnitt 8.5.1 «Drehzahlbegrenzung»).

Die **Drehrichtung** wird bei normalen Generatoren von der dem Kollektor bzw. den Schleifringen entgegengesetzten Seite aus bestimmt. Bei Generatoren, deren Anker auf die Kurbelwelle aufgesteckt wird, ist die Drehrichtungsangabe so, wie man auf das Wellenende sieht, auf das der Anker aufgeschraubt ist.

Bosch-Generatorbezeichnungen

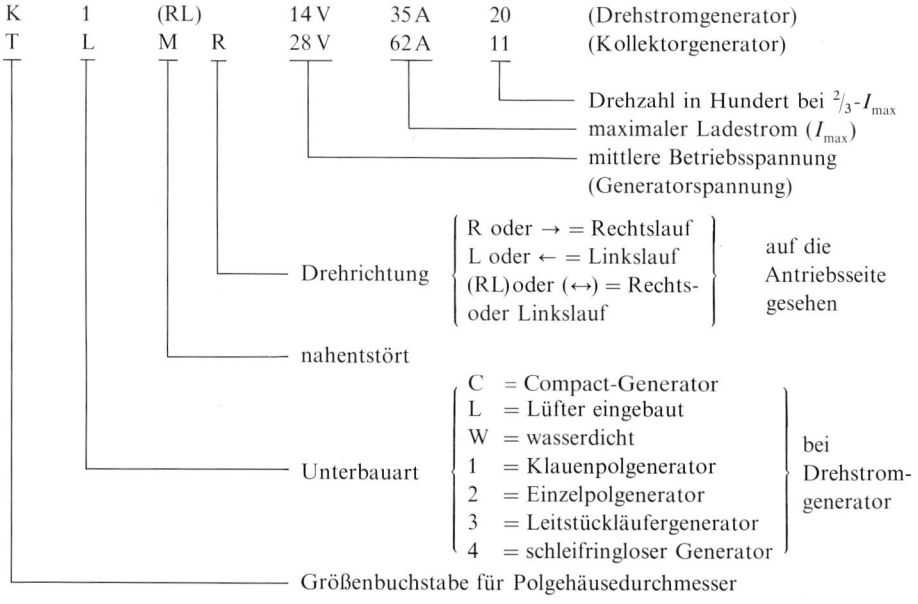

| K | 1 | (RL) | | 14 V | 35 A | 20 | (Drehstromgenerator) |
| T | L | M | R | 28 V | 62 A | 11 | (Kollektorgenerator) |

Drehzahl in Hundert bei $^2/_3\text{-}I_{max}$
maximaler Ladestrom (I_{max})
mittlere Betriebsspannung (Generatorspannung)

Drehrichtung
$$\left\{\begin{array}{l}\text{R oder} \rightarrow = \text{Rechtslauf} \\ \text{L oder} \leftarrow = \text{Linkslauf} \\ \text{(RL)oder} (\leftrightarrow) = \text{Rechts-} \\ \text{oder Linkslauf}\end{array}\right\}$$ auf die Antriebsseite gesehen

nahentstört

Unterbauart
$$\left\{\begin{array}{ll}\text{C} & = \text{Compact-Generator} \\ \text{L} & = \text{Lüfter eingebaut} \\ \text{W} & = \text{wasserdicht} \\ 1 & = \text{Klauenpolgenerator} \\ 2 & = \text{Einzelpolgenerator} \\ 3 & = \text{Leitstückläufergenerator} \\ 4 & = \text{schleifringloser Generator}\end{array}\right\}$$ bei Drehstrom-generator

Größenbuchstabe für Polgehäusedurchmesser

B = unter 55 mm
C = 55 bis 64 mm
D = 65 bis 79 mm
E = 80 bis 99 mm
G = 100 bis 109 mm
I = 110 bis 119 mm
K = 120 bis 139 mm
Q = 140 bis 169 mm
T = 170 bis 199 mm
U = 200 bis . . . mm

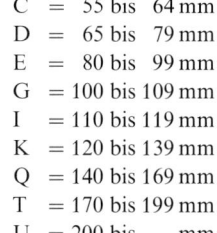

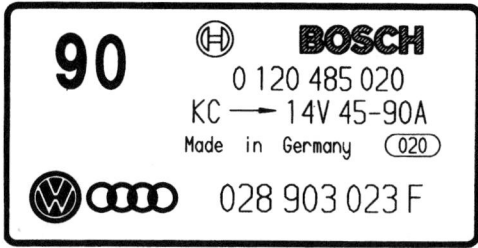

90 Ⓗ **BOSCH**
0 120 485 020
KC ⟶ 14V 45–90A
Made in Germany (020)

028 903 023 F

Bei den Typenaufschriften neuer Drehstromgeneratoren entfällt die Drehzahlangabe. Es sind zwei Stromwerte aufgeführt, ein niedriger und ein hoher. Um die Prüfdrehzahlen für Bosch-Generatoren zu vereinheitlichen, gilt: Der niedrige Stromwert muß bei 1500 min^{-1} Generatorwellendrehzahl, der höhere bei 6000 min^{-1} mittels Belastungswiderstand eingestellt werden, wobei die Generatorspannung zu messen ist (s. Bild 8.122).

8.5.4 Reglerschalter für Generatoren

Entsprechend den Induktionsgesetzen erzeugen Generatoren mit zunehmender Drehzahl mehr Spannung und in der Folge auch mehr Strom. Weil die Motoren und damit auch die Generatoren der Kraftfahrzeuge mit besonders starken Drehzahlveränderungen betrieben werden, müssen Regler vorgesehen sein, die Spannung und Strom auf festgelegte Werte begrenzen. Außerdem ist eine Einrichtung erforderlich, die die Verbindung zwischen Batterie und Generator herstellt, wenn dieser genügend Spannung erzeugt, um zu laden. Sie muß diese Verbindung wieder trennen, bevor der Rückstrom von der Batterie zum Generator so groß wird, daß er diesen durch Erwärmen gefährdet. *Der Reglerschalter muß somit Spannung und Strom des Generators begrenzen und ihn vor zu großem Rückstrom schützen.*

Spannungsregler: Die Spannungsregler sollen die Generatorspannung möglichst auf den Wert begrenzen, der der Betriebscharakteristik der Batterien entspricht. Diese Spannung soll möglichst 2,35 bis 2,4 V pro Zelle der Batterie betragen, um Überladen und zu starke Gasentwicklung zu vermeiden (Abschnitt 8.4.4). Außerdem werden bei spannungsgeregelten Generatoren die Verbraucher nicht gefährdet, wenn die Verbindung zur Batterie unterbrochen wird.

Die wesentlichsten Bauteile eines Spannungsreglers sind ein Spulenkern und eine Spannungsspule, über die der Regleranker so angeordnet ist, daß er vom Spulenkern durch Federkraft weggezogen wird. Durch die Federkraft wird in Ruhestellung ein in den Erregerstromkreis geschaltetes Kontaktpaar geschlossen. Diesem Kontaktpaar ist ein Funkenlöschwiderstand, der sogenannte Regelwiderstand (*B*), parallelgeschaltet (Bild 8.115).

Funktion eines Spannungsreglers

Wenn bei zunehmender Drehzahl die Generatorspannung höher wird, so fließt entsprechend mehr Strom durch die zwischen Plus und Minus der Maschine geschalteten Magnetwicklungen, und deren Zugkraft wächst. Sobald die Sollspannung überschritten wird, ist diese magnetische Kraft größer als die Federkraft und öffnet die Reglerkontakte. Dadurch wird ein Widerstand (*B*) in den Erregerstromkreis geschaltet, was ein Sinken des Erregerstroms und damit ein Sinken der Generatorspannung zur Folge hat. Nun werden die Kontakte infolge Überwiegens der Federkraft über die magnetische Kraft wieder geschlossen; der Erregerstrom kommt erneut voll zur Wirkung, und die Maschinenspannung steigt an. Sobald dann die Sollspannung überschritten ist, beginnt dies von neuem. Die Anpassung an die verschiedenen Drehzahlen geschieht selbsttätig in der Weise, daß bei niedrigerer Drehzahl die Kontakte nur kurzzeitig öffnen und lange geschlossen bleiben, bei sehr hoher Drehzahl dagegen nur kurzzeitig schließen und länger offen bleiben, so daß der Widerstand (*B*) ebenfalls längere Zeit eingeschaltet bleibt und der Erregerstrom somit auf einen niedrigeren Wert sinkt, wodurch die Generatorspannung bei der erhöhten Drehzahl konstant gehalten wird.

Der dem Reglerkontakt parallele Widerstand (*B*) wäre zur Regelung an sich nicht erforderlich. Er hat nur die Aufgabe, die Öffnungsinduktion der Erregerwicklung und damit das Kontaktfeuern so zu dämpfen, daß die Kontakte genügende Betriebszeiten erreichen.

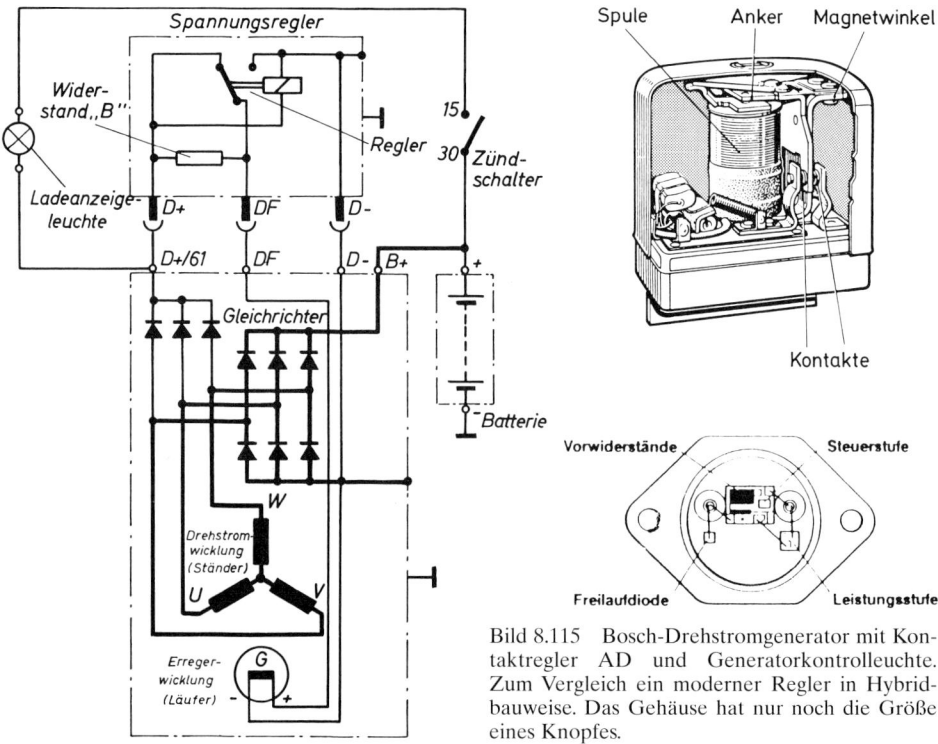

Bild 8.115 Bosch-Drehstromgenerator mit Kontaktregler AD und Generatorkontrolleuchte. Zum Vergleich ein moderner Regler in Hybridbauweise. Das Gehäuse hat nur noch die Größe eines Knopfes.

Zweikontaktregler: Bei Zweikontaktreglern (Bild 8.115) kann man den Regelwiderstand so klein wählen, daß besondere dämpfende Mittel nicht erforderlich sind. Auch kann man Silberkontakte verwenden, die weniger oxidationsempfindlich sind. Der wesentliche Unterschied ist hier aber, daß der Widerstand (B), der vor das Feld geschaltet wird, viel kleiner bemessen werden kann, was für die Kontaktlebensdauer günstig ist und deshalb größere Erregerströme erlaubt. Bei hoher Drehzahl arbeitet der Regler mit dem zweiten Kontaktpaar. Die Erregerwicklung wird dabei periodisch kurzgeschlossen. Dadurch lassen sich auch hohe Drehzahlen beherrschen. Der Nachteil dieser Regler ist, daß sie bei unteren Drehzahlen meist geringere Spannung regeln als im oberen Drehzahlbereich. Die Differenz der in der unteren Regellage geregelten Spannung zu der in der oberen Regellage geregelten Spannung (Regelweite) muß innerhalb der für die einzelnen Zweikontaktregler festgelegten Grenzen sein. Bosch-Drehstromgeneratoren für Personenkraftwagen begrenzen ihren Höchststrom selbsttätig. Darum ist die Spannungsregelung ausreichend. Um die Drehzahlen zum Erreichen einer ausreichenden Leistung niedrig zu halten, benötigt man hohe Erregerströme. Darum verwendet man hier Zweikontaktregler oder Transistorregler. Die Bosch-AD-Regler für diesen Zweck regeln an der isolierten Seite der Erregerwicklungen, also plusseitig (siehe Bild 8.115).

Transistorregler: Normale Kontaktregler haben einen durch die Funkenbildung bedingten Kontaktverschleiß. Dieser Verschleiß nimmt sowohl mit dem Erregerstrom als auch der Induktivität der Erregerfeldspulen zu und begrenzt die Lebensdauer der Regler.

Um auch bei geringer Drehzahl ausreichenden Generatorstrom zu erreichen, ist ein möglichst großer Erregerstrom günstig, weil dieser mehr Erregermagnetismus erzeugt. Diesem steht aber die durch den Kontaktverschleiß bedingte Begrenzung des Erregerstroms entgegen. Dies gilt insbesondere für Generatoren höherer Leistung. Bei mechanisch wirkenden Kontaktreglern ist die Kraft einer Feder für die Einstellung bestimmend. Da diese Feder dauernd wechselnden Kräften unterworfen ist, verändert sie ihre Kennwerte und damit die Reglereinstellung. Elektronische Bauteile können die Steuerung des Erregerstroms ohne mechanischen Verschleiß übernehmen und auch größere Erregerströme unterbrechen.

Zenerdioden dienen im Regelfall als Sollwertgeber für die Spannungsregler von Generatoren. Dies sind besonders entwickelte Dioden, die in Sperrichtung bei einer genau festlegbaren Spannung leitend werden. Da auch bei diesem Durchbruch die zulässige Wärmeentwicklung nicht überschritten wird, können Zenerdioden diese Beanspruchung ohne Schädigung auf Dauer ertragen (siehe in Abschnitt 8.1.8 «Zenerdioden»).

Transistoren sind elektronische Schalter. Sie werden zwischen ihren Klemmen E (Emitter) und C (Kollektor) leitend, solange zwischen seinen Klemmen E und B (Basis) eine kleine Spannung anliegt, die einen geringen Steuerstrom verursacht (s. Bild 8.17).

Bild 8.116 Schaltbild des Bosch-Drehstromgenerators K1 mit Volltransistorregler T1

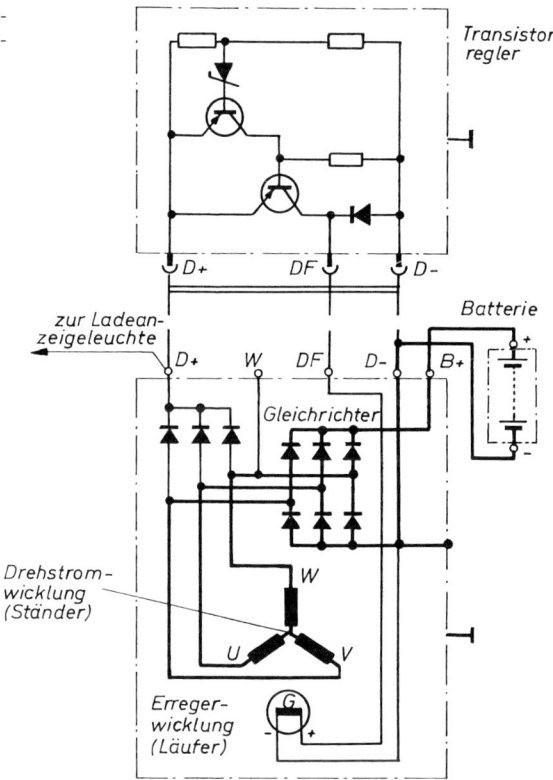

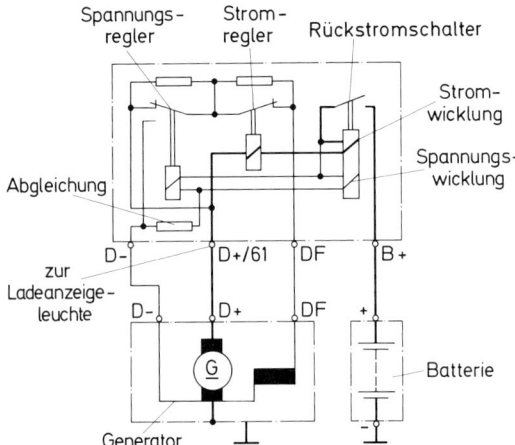

Spannungs-regler Strom-regler Rückstromschalter

Strom-wicklung

Spannungs-wicklung

Abgleichung

zur
Ladeanzeige-
leuchte

D-   D+/61   DF   B+

D-   D+   DF   +

G

Generator

Batterie

Bild 8.117 Kollektorgenerator mit Drei-elementregler

Funktion des Bosch-Volltransistorreglers T1

Eine der einfachsten in der Funktion erklärbaren Transistorregler ist der Bosch-T1-Regler für Drehstromgeneratoren (Bild 8.116).

Bei diesem Regler kann von D+ über Emitter und Basis und den mit D+ verbundenen Wider-stand des Steuerstromkreises der Steuerstrom fließen, der den Erregerfeldtransistor auch über Emitter und Kollektor leitend macht. Es fließt somit, bevor die Regelung einsetzt, der Erreger-strom von D+ über den Erregertransistor und DF durch die Erregerwicklung zu D–. Der Steuer-transistor zwischen D+ und dem Widerstand im Steuerstromkreis des Erregertransistors sperrt, solange zwischen D+ und seiner Basis keine Spannung anliegt. Die Basis dieses Transistors ist über eine Zenerdiode mit der Verbindungsstelle zweier in Reihe zwischen D+ und D– des Gene-rators geschalteter Widerstände verbunden. Die beiden Widerstände wirken als Spannungsteiler. Mit zunehmender Spannung zwischen D+ und D– nimmt auch die Spannung zwischen D+ und dem Anschluß der Zenerdiode zu. Wird hier die Durchbruchspannung der Zenerdiode erreicht, so kann der Strom über Emitter und Basis des Steuertransistors fließen, der den Durchgang zwi-schen Emitter und Kollektor herstellt. Der nun leitende Steuertransistor verbindet Emitter und Basis des Erregertransistors. Dieser sperrt den Erregerstrom, weil nun sein Steuerstrom entfällt. Die Folge ist ein Abfallen des Erregermagnetismus und Minderung der Spannung zwischen D+ und Zenerdiode. Da die Zenerdiode nun wieder sperrt, wird der Erregertransistor wieder leitend, und der Regelvorgang wiederholt sich, weil die Generatorspannung wieder ansteigt. Beim Bosch-Volltransistorregler ist parallel zur Erregerwicklung eine Löschdiode geschaltet, die die Transi-storen vor deren Selbstinduktion und den schädlichen Spannungsspitzen schützt. Es sind aber im Transistorregler weitere Bauteile und Schaltungen erforderlich, durch die dessen konkrete Funk-tion erreicht wird.

Stromregelung bei Reglerschaltern: Bei Bosch-Drehstromgeneratoren für Personenkraftfahr-zeuge ist die Spannungsregelung ausreichend, weil der Strom bis zu einem maximalen Wert und bei weiterer Drehzahlerhöhung nicht mehr ansteigt. Bei Kollektorgeneratoren würde der erzeugte Strom um so höher, je mehr Verbraucher eingeschaltet und je entladener die Batterien wären. Dies würde dann zur übermäßigen Erwärmung und zur Zerstörung des Generators führen. Um dies zu vermeiden, muß auch der vom Generator erzeugte Strom begrenzt werden.

Bild 8.118 Reglerkennlinien
1 Knickkennlinie des Dreielementreglers
2 Neigekennlinie des Zweielementreglers
3 annähernd geknickte Kennlinie des
  Variodenreglers für 14-V-40-A-Generator

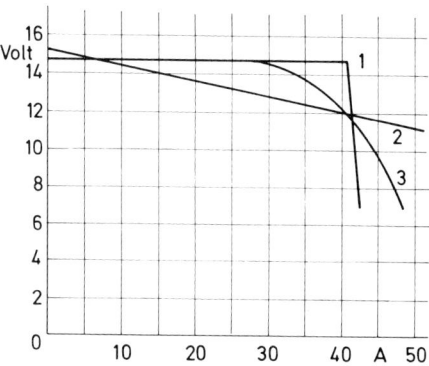

Dreielementregler für Regelung mit Knickkennlinie für Kollektorgeneratoren: Bei Spannungs-
reglern zur Regelung mit geknickter Kennlinie ist ein zusätzlicher Stromregler vorhanden, der in
Abhängigkeit vom durch den Generator erzeugten Strom arbeitet. Die Reglerkontakte des
Stromreglers liegen mit den Spannungsreglerkontakten im Feldstromkreis in Reihe (Bild 8.117).
  Bis zum Erreichen des Höchststroms arbeitet allein der Spannungsregler. Beim Überschreiten
des Höchststroms jedoch öffnet der Stromregler seine Kontakte und beginnt zu arbeiten, während
der Spannungsregler infolge der stark gesunkenen Spannung außer Tätigkeit gesetzt wird, seine
Kontakte also geschlossen bleiben. Beim Überschreiten des höchstzulässigen Stroms wird die
Generatorspannung durch den Stromregler steil nach unten geregelt und eine Überlastung mit
Sicherheit vermieden (Bild 8.118).

Regelung mit geneigter Kennlinie: Bei Reglern mit geneigter Kennlinie (Bild 8.119) sucht man
sich ein besonderes Stromreglerelement durch eine zusätzliche, auf dem Spannungsregler angeordnete Stromspule zu ersparen. Diese Stromspule wird von dem im Generator erzeugten Strom

Bild 8.119 Schaltung eines
Zweielementreglers zur Regelung mit geneigter Kennlinie

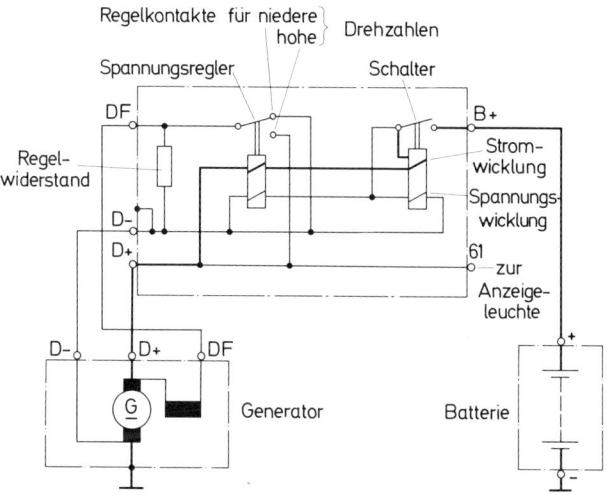

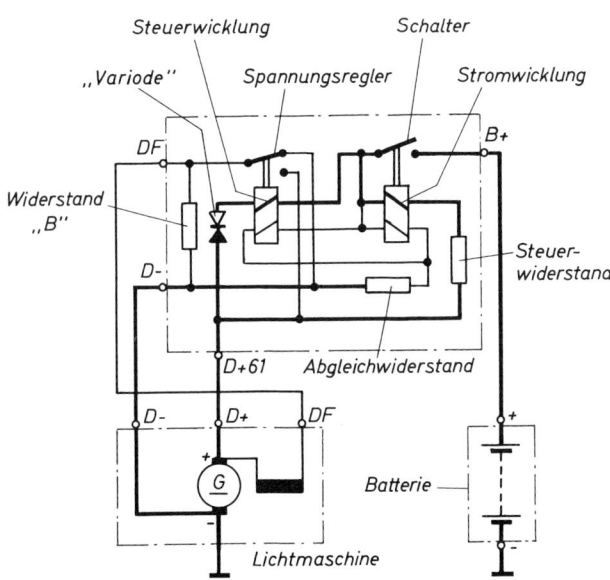

Bild 8.120 Schaltbild eines
Bosch-Variodenreglers

durchflossen, der die magnetische Kraft der Spannungsspule verstärkt. Dadurch bewirkt man, daß die Spannung bei steigender Belastung sinkt. Je größer der durch die Stromwicklung fließende Belastungsstrom ist, desto stärker kommt ihr magnetisches Feld zur Wirkung, das das von der Spannungswicklung herrührende Feld unterstützt. Der Anteil der Spannungswicklung wird also geringer sein als bei unbelasteter Maschine, d.h., bei steigender Belastung wird die Spannung etwas nachgeben (s. Bild 8.118).

Die Neigung der Kennlinie kann den jeweiligen Verhältnissen so angepaßt werden, daß bei Anschluß sämtlicher Verbraucher und leerer Batterie der höchstzulässige Generatorstrom nicht überschritten und die Batterie gut geladen, jedoch in vollem Zustand nicht überladen wird. Während bei Knickreglern beliebig große Batterien verwendet werden können, dürfen bei Reglern mit geneigter Kennlinie die für den jeweiligen Generator angegebenen Batteriekapazitäten nicht überschritten werden. Werden größere Batterien gewählt, so kann der Generator überlastet werden.

Variodenregler: Beim Variodenregler (Bild 8.120) sucht man ohne den Aufwand eines besonderen Stromreglers eine dem Knickregler ähnliche Regelkennlinie zu erreichen. Das Halbleiterelement Variode übernimmt die Aufgabe, den Maschinenstrom des Generators zu begrenzen, ähnlich wie der Stromregler bei der Knickregelung.

Zum Steuerwiderstand sind die Variode und die Steuerwicklung parallelgeschaltet. Erreicht der Spannungsverlust im Steuerwiderstand (Hauptstromkreis) den Wert von ungefähr 0,3 V, dann fließt ein Steuerstrom, der sich entsprechend der Variodenkennlinie rasch steigert. Die Wirkungsweise der Steuerwicklung entspricht der Stromwicklung des Reglers mit nachgiebiger Kennlinie (s. Bild 8.119). Die Tatsache, daß Halbleiterbauelemente stark temperaturabhängig sind, ergibt zusätzlich, daß bei höheren Temperaturen weniger Strom geregelt wird.

Rückstromschalter: Auf dem Spulenkern der Rückstromschalter (s. Bild 8.117) sind eine Spannungsspule und eine Stromspule angeordnet. Die Spannungsspule ist zwischen D+ und D– des Generators geschaltet, dagegen liegt die Stromspule bei geschlossenen Schalterkontakten im Erzeugerstromkreis des Generators. Der Schalteranker wird in Ruhelage durch Federkraft vom Spulenkern weggehalten, und damit werden zugleich die Kontakte getrennt.

Einschaltspannung: Wenn bei zunehmender Drehzahl des Generators dessen Spannung ansteigt, so nehmen auch der Strom und die dadurch bewirkte magnetische Zugkraft der Spannungsspule des Rückstromschalters zu. Beim Erreichen der Einschaltspannung ist diese magnetische Kraft größer als die Federkraft. Darum wird nun der Schalteranker angezogen und dadurch die Verbindung zwischen D+ (61) des Generators und B+ hergestellt. Diese Einschaltspannung soll einerseits möglichst niedrig sein, damit bei geringstmöglicher Fahrgeschwindigkeit Generatorstrom zur Versorgung des Lichtnetzes genutzt werden kann. Andererseits soll beim Einschalten möglichst kein Strom von der geladenen Batterie zum Generator fließen. Bei modernen Reglerschaltern ist die Einschaltspannung oft geringfügig kleiner als die Nennspannung der Anlage, aber höchstens 10% höher als diese. Der Erzeugerstrom des Generators fließt bei geschlossenen Kontakten in gleicher Richtung um den Spulenkern und erhöht durch seinen Magnetismus die Zugkraft auf den Schalteranker.

Rückstrom: Sinkt bei Verminderung der Generatordrehzahl dessen Spannung unter die Batteriespannung, so fließt ein Rückstrom von der Batterie zum Generator. Dieser Rückstrom fließt entgegengesetzt um den Spulenkern des Rückstromschalters und schwächt mit einem entgegengesetzt gerichteten Magnetismus die Kraft der Spannungsspule. Bei einer bestimmten Stärke des Rückstroms überwindet die Federkraft die magnetische Kraft der Spannungsspule und trennt die Schalterkontakte. Je nach Reglerschalter und Ladezustand der Batterie sind zwischen 2 A und 14 A Rückstrom erforderlich, bevor der Rückstromschalter die Verbindung zwischen Generator und Batterie trennt.

Für die Rückstromschalter ist ein unregelmäßiger Lauf der Motoren im unteren Drehzahlbereich betriebsschädlich. Denn durch das dauernde Unterbrechen des Rückstroms können die Kontakte heiß werden und verschweißen. Deshalb ist bei teuren Reglerschaltern auch oft eine besondere Sicherung im Ladestromkreis vorgesehen.

Dioden als Rückstromsperre: Halbleiterbauelemente, z.B. Siliziumdioden, können bei entsprechender Bemessung die Aufgabe der Rückstromschalter übernehmen, weil sie, wie ein Ventil wirkend, den Strom nur in einer Richtung durchlassen. Sie können ohne mechanischen Verschleiß den Rückstrom exakter verhindern. Darum benötigen die Drehstromgeneratoren, bei denen aus anderen Gründen derartige Gleichrichterdioden erforderlich sind, keine Rückstromschalter. Man kann aber auch bei jedem anderen Generator derartige Dioden verwenden. Dem steht der höhere Preis dieser Dioden entgegen.

Generatorkontrolleuchten

Kontrolleuchten, die im Blickfeld des Fahrzeugführers angeordnet sind, sollen diesem anzeigen, daß der Generator arbeitet und an das Verbrauchernetz angeschlossen ist. Ihr Verlöschen zeigt nicht unbedingt an, daß der Generator Strom erzeugt. Von Kollektorgeneratoren wird meist erst dann Strom abgegeben, wenn nach dem Verlöschen der Kontrolleuchte die Drehzahl noch um etwa 50% erhöht wird. Ebenso leuchtet die Anzeigeleuchte nicht auf, wenn ein Rückstrom zum Generator fließt, also wenn entladen wird. Darum sollte man möglichst nicht die Stand-Leerlaufdrehzahlen eines Motors so wählen, daß die Anzeigeleuchte gerade noch verloschen ist.

Bei Kollektorgeneratoren ist die Anzeigeleuchte zwischen die Klemme Nr. 15 des Zündschalters und D+ des Generators geschaltet. Wird bei stehendem Motor die Zündung eingeschaltet, so fließt Strom von Plus der Batterie über den Zündschalter, die Anzeigeleuchte, D+/61, über die Wicklung des Generators und die Masse zu Minus der Batterie. Folglich leuchtet nun die Anzeigelampe hell auf. Die nach Inbetriebnahme des Motors mit der Drehzahl zunehmende Generatorspannung wirkt im Stromkreis der Anzeigeleuchte der Batteriespannung entgegen. Nun herrscht an der Glühlampe nur noch die Spannungsdifferenz zwischen Batterie und Generator, und mit zunehmender Generatorspannung glüht der Glühfaden dunkler. Wenn die Spannungsdifferenz an der Glühlampe auf etwa 10% der Nennspannung gesunken ist, verlischt die Glühlampe. Darum kann die Glühlampe verloschen sein, bevor der Rückstromschalter arbeitet und Ladestrom fließt. Bei geschlossenem Rückstromschalter ist die Anzeige verloschen, gleichgültig ob Ladestrom, Rückstrom oder kein Strom fließt. Denn dem Stromkreis der Anzeigeleuchte sind der Rückstromschalter und die Ladeleitung parallelgeschaltet. Wenn durch großen Übergangswiderstand zwischen D+ und Batterie+ oder durch zu großen Strom in diesem Teil des Stromkreises der Spannungsverlust 10% der Nennspannung übersteigt, so kann die parallele Anzeigeleuchte wieder leicht aufglühen. Dies ist dann meist der Fall, wenn bei nächtlicher Fahrt viele große Verbraucher eingeschaltet sind.

Bei Bosch-Drehstromgeneratoren bekommt die Kontrolleuchte in der Hauptsache über den Erregerstromkreis, also über D+, den Reglerkontakt, DF und die Erregerwicklung des Läufers ihre Masseverbindung (s. Bild 8.115). Sie verlöscht damit auch in gleicher Weise, wenn die Generatorspannung an D+ den erforderlichen Wert erreicht. *Der Ladekontrolleuchtenstrom dient aber außerdem zur Vorerregung des Generators* (siehe in Abschnitt 8.5.2 «Erregung von Drehstromgeneratoren»). Glimmt sie bei Betrieb, liegt gewöhnlich ein Diodenfehler vor.

8.5.5   Überprüfen von Generatoren

Das Verlöschen der Kontrolleuchte zeigt nicht unbedingt an, daß der Generator arbeitet. Verlöscht sie aber nicht, obwohl die Leitungen in Ordnung sind, so sollte man Generator und Reglerschalter ausbauen und prüfen. Das Erproben und Prüfen von Generatoren muß je nach Art der Generatoren, Regler und Prüfgeräte verschieden vorgenommen werden. Es werden für jede Regler- und Generatorenbauart besondere Prüfanweisungen gegeben. Hier soll darum nur das Grundsätzliche beschrieben werden. Bei Generatoren oder Reglerschaltern, die mit Dioden oder Transistoren ausgerüstet sind, dürfen Verbindungen nur dann gelöst oder angeschlossen werden, wenn der Generator nicht betrieben wird. Denn bei den dabei auftretenden Spannungsspitzen und Stromstößen würden diese Halbleiterbauelemente gefährdet. Auch müssen die Anschlüsse der Prüfschaltungen so einwandfrei sein, daß sie nicht unbeabsichtigt den Kontakt verlieren können.

Einfachsterprobung eingebauter Generatoren: Wenn sich trotz verlöschender Anzeigeleuchte die Batterie entlädt, so sollte man sich, bevor man den Generator und den Reglerschalter prüft, überzeugen, ob die am Fahrzeug verwendeten Verbraucher nicht mehr verbrauchen als die Nennleistung (bzw. $^2/_3$ Maximalstrom) des Generators. Ist dies nicht der Fall, so kann man bei Kollektorgeneratoren mit eingeschaltetem Fahrlicht vom Standleerlauf aus die Motordrehzahl rasch erhöhen. Wenn dabei das Licht heller wird, so lädt der Generator.

Vor dem Testen oder weiterem Erproben kann man nach dem Prüfen des Ladezustandes der Batterie durch Messung der Säuredichte Grundsätzliches über das Ladeverhalten des Generators aussagen. Wenn eine Säuredichte von 1,24 bis 1,28 gemessen wird, ist es kaum möglich, daß der Generator zu wenig Leistung abgibt. Dagegen weisen starker Verlust von Wasser, feuchte Zellendeckel und zerfressene Polklemmen auf Überladung, also meist auf zu hohe Einstellung des Spannungsreglers hin.

Messen des Generatorstroms: Um den vom Generator erzeugten Strom zu messen, kann ein Amperemeter zwischen die Klemme B+ und das dort abgeklemmte Kabel geschaltet werden. Bei einer Motordrehzahl, die etwa $3/4$ der Höchstgeschwindigkeit des Kraftwagens entspricht, kann der vom Generator erzeugte Strom gemessen werden. Meistens ist der Ladestrom gering, weil die Batterie normalerweise geladen ist. Werden nun das Fahrlicht und alle größeren Dauerverbraucher eingeschaltet, so soll das Amperemeter etwa $2/3$ des Höchststroms bzw. den Nennstrom anzeigen. Wenn dies nicht der Fall ist, so kann ein Fehler am Generator, den Leitungen, den Verbindungen, am Antrieb des Generators, an der Masserückleitung oder am Reglerschalter vorliegen. Um die Einstellung des Spannungsreglers zu prüfen, kann man dessen Regelspannung messen.

Messen der Regelspannung bei Kollektorgeneratoren: Als grundsätzlicher Meßwert für die Einstellung des Spannungsreglers von Kollektorgeneratoren dient die Leerlaufregelspannung. Das ist die Spannung, die der Regler regelt, wenn kein Strom erzeugt wird. Dazu ist das Kabel B+ am Reglerschalter zu lösen und ein Voltmeter zwischen Klemme Nr. 61 (D+) oder B+ des Reglers und Masse zu schalten. Die bei mittlerer Motordrehzahl gemessene Leerlaufregelspannung soll zwischen 2,4 V bis maximal 2,6 V pro Zelle der zur Lichtanlage gehörenden Batterie betragen. Sie ist aber für einzelne Reglerschalter verschieden und wird jeweils vom Hersteller angegeben.

Regelspannung ohne Belastung: Bei einzelnen Einkontaktreglern und Reglern mit Dioden oder Transistoren darf ebenso wie bei Drehstromgeneratoren die Regelspannung nicht im Leerlauf gemessen werden. Hier wird zwischen Klemme B+ und das dort gelöste Kabel ein Widerstand geschaltet (Bild 8.121). Um das Prüfen der Regelspannung zu vereinheitlichen, wird diese bei fast allen Reglerschaltern mögliche Art des Messens zunehmend üblich. Sie wird als *Regelspannung ohne Belastung* bezeichnet. Darum ist bei modernen Prüfständen und Testern dieser von Bosch als *Stauwiderstand* bezeichnete Vorwiderstand zur Batterie z.T. bereits eingebaut.

Batteriespannungsmessung zum Prüfen der Regelspannung von Kollektor- und Drehstromgeneratoren: Bei Drehstrom- und Kollektorgeneratoren kann die Spannung zwischen Plus und Minus der angeschlossenen Batterie gemessen werden. Ohne Einschalten zusätzlicher Verbraucher soll nach wenigen Minuten Lauf mit mittleren Drehzahlen bei 12-V-Anlagen zwischen 14 und 15 V gemessen werden.

Bild 8.121   Prüfen der Regelspannung ohne Belastung von kontaktempfindlichen Reglern bzw. von Transistorreglern

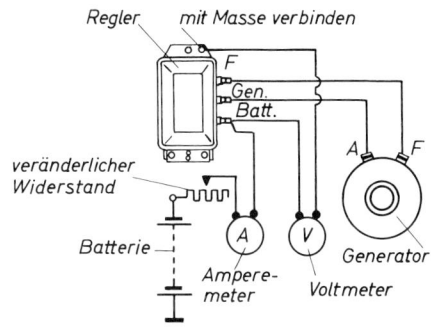

Generatorprüfung durch Tester bei Kollektorgeneratoren: Die Generatortester ermöglichen meist ein Prüfen der Einschaltspannung, des Rückstroms, der Leerlaufspannung, der Reglerspannung bei Belastung und des Höchststroms. Es sind je nach Tester verschiedene Schaltungen möglich. Zum Prüfen des Reglers wird aber meist ein Voltmeter zwischen Klemme B+ des Reglerschalters und Masse geschaltet. Parallel zu diesem Voltmeter wird ein veränderlicher Belastungswiderstand mit einem Amperemeter in Reihe geschaltet.

Drehstromgeneratoren: Bei Drehstromgeneratoren darf die Regelspannung im Leerlauf nicht geprüft werden, weil diese nur mit angeschlossener Batterie betrieben werden dürfen. Hier werden meist die Generatorspannung und der Generatorstrom bei durch einen Widerstand belasteter Batterie bei vorgeschriebenen Generatordrehzahlen gemessen.

Zur Leistungsprüfung von Drehstromgeneratoren mit Bosch-Volt-Ampere-Tester ETT 011.00 mit Belastungswiderstand wird das Voltmeter an B+ und D– des Generators geschaltet. Die Strommeßzange des Amperemeters wird über die Ladeleitung zur Batterie geklemmt und der Belastungswiderstand an Plus und Minus der Batterie geschaltet (Bild 8.122). Danach ist der Motor anzulassen und seine Drehzahl so zu erhöhen, daß der Generator mit etwa 6000 min^{-1} dreht. Bei konstanter Drehzahl wird der Belastungswiderstand auf einen Tabellenwert eingestellt. Die nun gemessene Spannung muß innerhalb der in der gleichen Tabelle gegebenen Grenzen liegen.

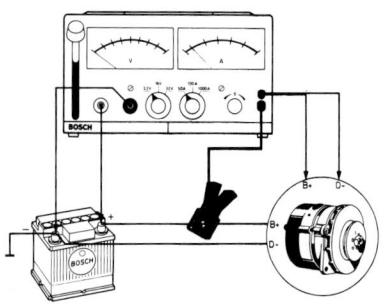

Bild 8.122   Bosch-Volt-Amperetester ETT 011.00, angeschlossen zum Messen der Ladeleistung des Generators

Wenn die Spannung oder der Strom nicht den für den Generator vorgeschriebenen Werten entspricht, so kann auch ein Fehler an Dioden oder Erzeugerwicklungen die Ursache sein. Darum sollte man vor dem Erneuern des Spannungsreglers den Generator prüfen. Dies kann durch Messen und Prüfen der Dioden und Wicklungen geschehen. Einfacher ist es, den Generator mit einem Katodenstrahl-Oszilloskop zu prüfen. Denn dieser Test ermöglicht, Fehler an Dioden oder Wicklungen ohne Ausbau des Generators mit größter Sicherheit festzustellen.

Prüfen von Drehstromgeneratoren mit Oszilloskopen: Durch Oszilloskope können Fehler an Dioden und Erzeugerwicklungen leicht und eindeutig ermittelt werden. Darum sind bei den meisten modernen Zündoszilloskopen Einrichtungen vorgesehen, die ein Feststellen dieser Fehler ohne Ausbau und Demontage des Generators ermöglichen. Dazu werden die dafür vorgesehenen Prüfkabel je nach Fabrikat und Bauart des Oszilloskops entweder mit D+/61 und D– des Generators oder mit Plus und Minus der Batterie verbunden. Ebenso ist je nach Oszilloskop die horizontale Steuerung des Katodenstrahls (Triggerung) verschieden. Meist muß das Triggerkabel an der ersten Zündkerze angeschlossen werden.

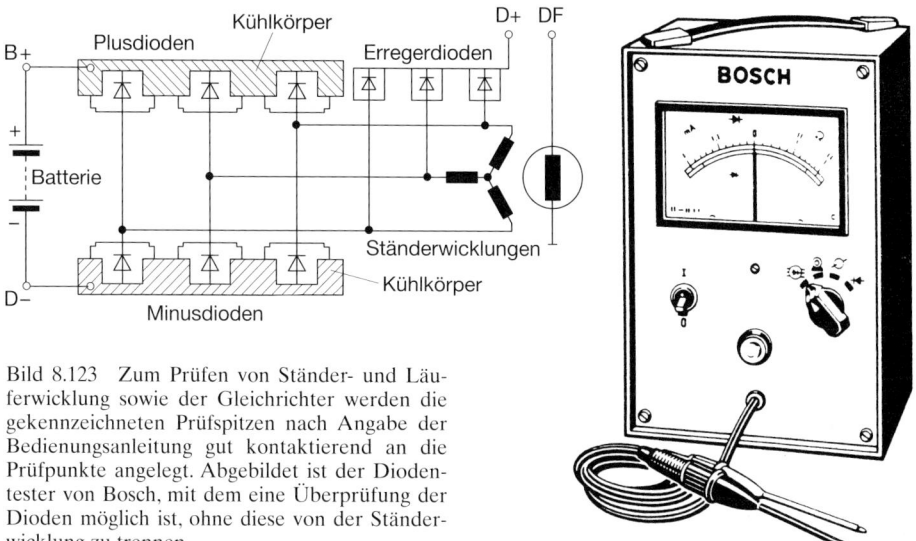

Bild 8.123 Zum Prüfen von Ständer- und Läuferwicklung sowie der Gleichrichter werden die gekennzeichneten Prüfspitzen nach Angabe der Bedienungsanleitung gut kontaktierend an die Prüfpunkte angelegt. Abgebildet ist der Diodentester von Bosch, mit dem eine Überprüfung der Dioden möglich ist, ohne diese von der Ständerwicklung zu trennen.

Nach dem vorgeschriebenen Anschluß und der Einstellung des Oszilloskops sind alle Verbraucher einzuschalten. Dann erscheint auf dem Bildschirm eine Wellenlinie. Wenngleich diese Wellenlinie je nach Generator oder Oszilloskop geringfügig verschieden sein kann, so zeigt die Gleichförmigkeit der Wellung immer, daß Dioden und Erzeugerwicklung des Generators in Ordnung sind. Ungleichförmigkeiten der Wellenlinien weisen auf Schaden an Dioden oder Erzeugerwicklungen hin (Bild 8.124). Genauere Auswertung dieser Oszillogramme durch Vergleich mit vom Hersteller des Oszilloskops gegebenen Schaubildern ermöglichen eine eindeutige Feststellung der Fehlerursache. Im Regelfall wird man bei ungleichförmiger Wellenlinie den Generator zur Prüfung und Instandsetzung ausbauen und demontieren.

8.5.6 Instandsetzen von Generatoren

Eine grobe Vorprüfung der ausgebauten Kollektorgeneratoren kann man dadurch erreichen, daß man diese als Elektromotor im Leerlauf betreibt. Dazu wird D+ des Generators mit Plus der Batterie und die Masse mit Minus der Batterie verbunden. Die Klemme DF ist bei masseseitig geregelten Generatoren mit der Masse und bei plusseitig geregelten mit D+ zu verbinden. Zweckmäßig ist es, dabei das Staubband zu lösen, damit Kollektor und Kohlebürsten beobachtet werden können.

Beim Anschluß an die Batterie muß der Generator aus jeder Stellung des Ankers anlaufen und mit etwa 50% seiner Nenndrehzahl laufen. Wenn er schneller oder langsamer läuft, liegt meist ein Fehler in der Erregerwicklung vor. Läuft der Generator nicht an, so kann eine Unterbrechung im Erregerstromkreis oder im Ankerstromkreis oder aber ein Masseschluß oder Windungsschluß im Anker vorliegen. Läuft der Generator bei leichtem Bremsen ruckweise an, so liegt ein Ankerfehler vor. Feuern beim Drehen einzelne Lamellen, so kann eine Unterbrechung, sonst ein Windungsschluß im Anker vorliegen.

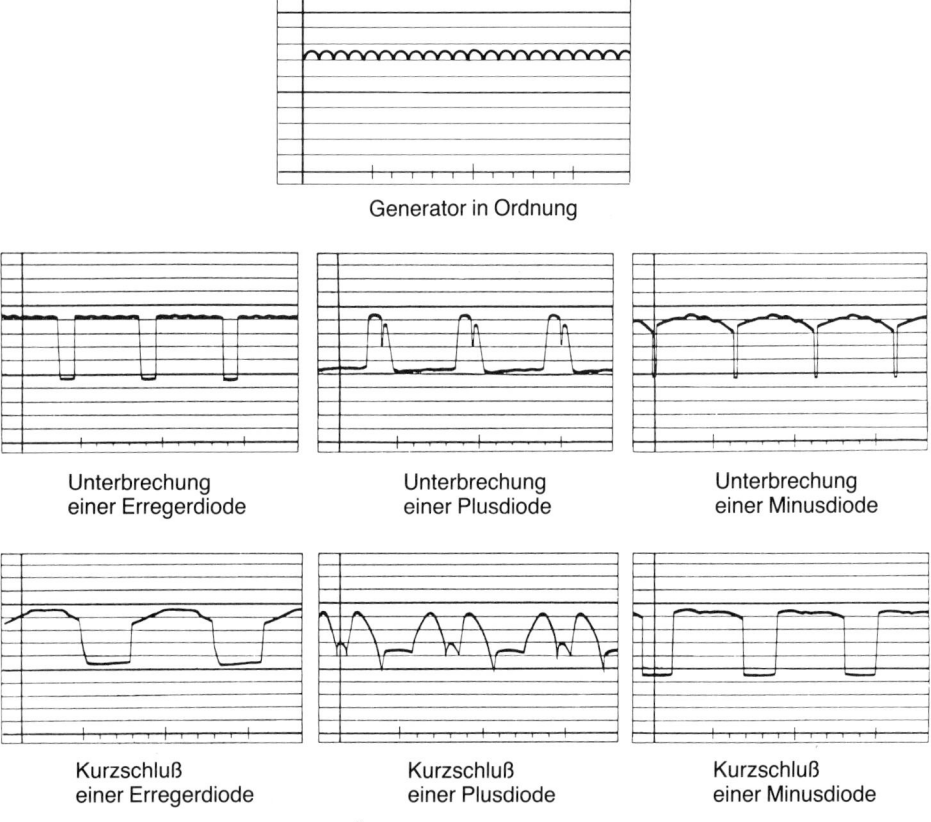

Bild 8.124 Bei der oszilloskopischen Überprüfung des Drehstromgenerators werden Fehler sichtbar.

Prüfen der Teile von Kollektorgeneratoren: Das Prüfen der Einzelteile von Kollektorgeneratoren kann grundsätzlich drei verschiedene elektrische Fehler aufdecken. An Anker- und Erregerfeldwicklungen kann sowohl ein Masseschluß, ein Windungsschluß oder eine Unterbrechung auftreten. An den Pluskohlehalterungen im kollektorseitigen Lagerschild kann ein Masseschluß entstanden sein. Diese Fehler können selbstverständlich auch bei anderen Elektromaschinen, z.B. Anlassern, auftreten, so daß die Prüfmöglichkeiten für beide Arten gelten.

Das Prüfen eines Ankers auf Windungsschluß kann mit speziellen Prüfgeräten, z.B. Bosch-EFA W 95, erfolgen. Dabei wird ein magnetischer Impulsgeber an der einen Seite des Ankers zur Anlage gebracht und auf der anderen Seite der Prüfpolschuh, der den bei Windungsschluß auftretenden Magnetismus über ein magisches Auge sichtbar macht. Solche Prüfgeräte sind in der Regel nur in Elektrowerkstätten zu finden. Genügend genau ist aber auch die Überprüfung des Ankers mit einem Ohmmeter (Bild 8.125). Dazu werden die Prüfspitzen nacheinander an je zwei nebeneinanderliegende Lamellen des Kollektors gedrückt und dabei der Widerstand einer Ankerschleife gemessen. Da die Ankerschleifen gleich groß sind, müssen auch die Widerstandswerte gleich sein. Kleinerer Widerstand zwischen zwei Lamellen kennzeichnet einen Windungs-

Bild 8.125 Ankerprüfung am Beispiel
Anlasseranker. Ohmmeter 1 kann Win-
dungsschluß und Unterbrechung anzeigen,
Ohmmeter 2 Masseschluß

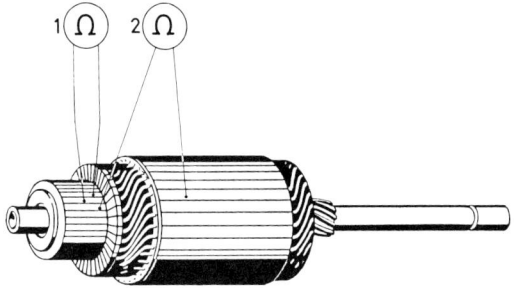

schluß. Bei dieser Prüfung ist der Anker auch gleichzeitig auf Unterbrechung geprüft worden, die sich durch einen größeren Widerstand zeigt. Gewöhnlich ist dann aber auch der Kollektor an einer Lamelle stark eingebrannt. Zur Masseschlußprüfung wird das Ohmmeter an den Anker und eine beliebige Lamelle gelegt. Bei intakter Isolation wird unendlich großer Widerstand angezeigt. Sinngemäß verfährt man bei der Masseschlußprüfung der Feldwicklung und der Pluskohleführung. Bei der Windungsschlußprüfung der Feldwicklung müssen alle Anschlüsse gelöst sein. Zweckmäßig ist es hier, die Widerstandsmessung an allen Einzelspulen durchzuführen. Dabei ist auch die Prüfung nach eventueller Unterbrechung erfolgt.

Prüfen der Teile von Drehstromgeneratoren: Zum Prüfen der Dioden ohne spezielle Prüfgeräte müssen deren Anschlüsse gelöst werden. Dabei ist darauf zu achten, daß die Dioden beim Ablöten nicht zu stark erwärmt und nicht durch geringfügigen Masseschluß des elektrischen Lötkolbens zerstört werden. Zum Prüfen von Dioden gibt es spezielle Prüfgeräte, die z.T. das Nachmessen der Kennlinien ermöglichen. Als einfachste Prüfung kann man eine Prüflampe bis 24 V Gleichspannung an den Anschlüssen der Dioden wechselnd anschließen. In Durchgangsrichtung angeschlossen, muß die Lampe voll aufleuchten, und in Sperrichtung angeschlossen, darf die Lampe nicht aufglühen. Sinngemäß können auch Gleichrichter mit Hilfe eines Ohmmeters geprüft werden. Dabei ist in Durchgangsrichtung der Widerstand eines guten Gleichrichters klein. In Sperrichtung dagegen liegt der Widerstandswert wesentlich höher.

Besondere Drehstromgenerator-Prüfgeräte, z.B. das Bosch-Gerät AW 192, s. Bild 8.123, ermöglichen das Prüfen der Dioden und der Ständerwicklungen im verschalteten Zustand. Ohne derartige Geräte müssen die Dioden zum Prüfen abgelötet oder abgeklemmt werden. Dies gilt auch zum Prüfen der Ständerwicklungen mit höheren Spannungen als 80 V.

Prüfen der Ständerwicklungen: Das Prüfen auf Windungsschluß kann in gleicher Weise erfolgen wie bei Kollektorankern, nur müssen vordem Dioden abgelötet werden. Auf Masseschluß kann man die Ständerwicklung auch ohne Ablöten der Dioden prüfen. Dazu ist Plus des Gleichstromkreises einer 24-V-Prüflampe mit der Wicklung und Minus mit der Masse zu verbinden. Dabei darf die Glühlampe nicht aufleuchten.

Prüfen der Läuferwicklungen: Auf Windungsschluß werden die Läuferwicklungen durch das Messen des Widerstandes geprüft und auf Masseschluß mit der Prüflampe. Zur Masseschlußprüfung sind höhere Prüfspannungen als 40 V unbedenklich.

Um Drehstromgeneratoren erschwerten Betriebsbedingungen anzupassen, sie in der Leistung weiter zu steigern oder sie betriebssicher zu machen, mußten Modifikationen der Grundbauform vorgenommen werden. Es folgen einige Ausführungen von Bosch-Generatoren. Der Com-

Generatoren für Kraftfahrzeuge **923**

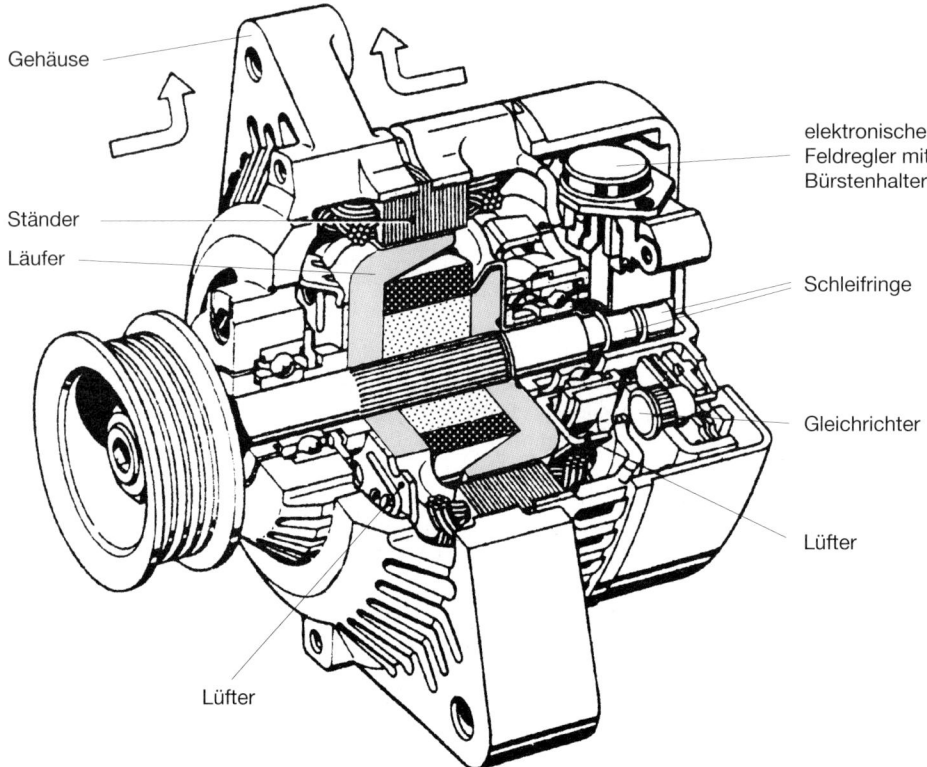

Gehäuse

elektronischer Feldregler mit Bürstenhalter

Ständer

Läufer

Schleifringe

Gleichrichter

Lüfter

Lüfter

Bild 8.126   Der Compact-Generator von Bosch hat sich als leistungsstarker Standardgenerator bei Pkw durchgesetzt.

pact-Generator ist ein optimierter Klauenpolgenerator. Das Problem der Wärmeableitung bei Maximalströmen ab ca. 160 A ist durch zwei kleine innenliegende Lüfter gelöst, die die Kühlluft axial ansaugen und sie radial durch die Ständerwicklung ausströmen lassen. Durch besondere Formgebung ist das aerodynamische Geräusch deutlich reduziert (Bild 8.126).

Bei extrem hohem Leistungsbedarf, wie ihn z.B. Reisebusse aufweisen, können Einzelpolgeneratoren der Baureihe T2 zum Einsatz kommen (Bild 8.127).

Der Läufer hat einzelne, mit je einer Erregerwicklung versehene Magnetpole. Durch das geänderte Durchmesser-Längenverhältnis ist die magnetisch wirksame Zone zwischen Läufer und Ständer größer geworden, so daß bei den niedrigen Betriebsdrehzahlen ausreichend Leistung zur Verfügung steht. Den größeren Erregerströmen wird durch einen weggebauten Transistorregler entsprochen.

Ein sehr aufwendig gebauter Generator ist der schleifringlose Klauenpolgenerator T4 (Bild 8.128).

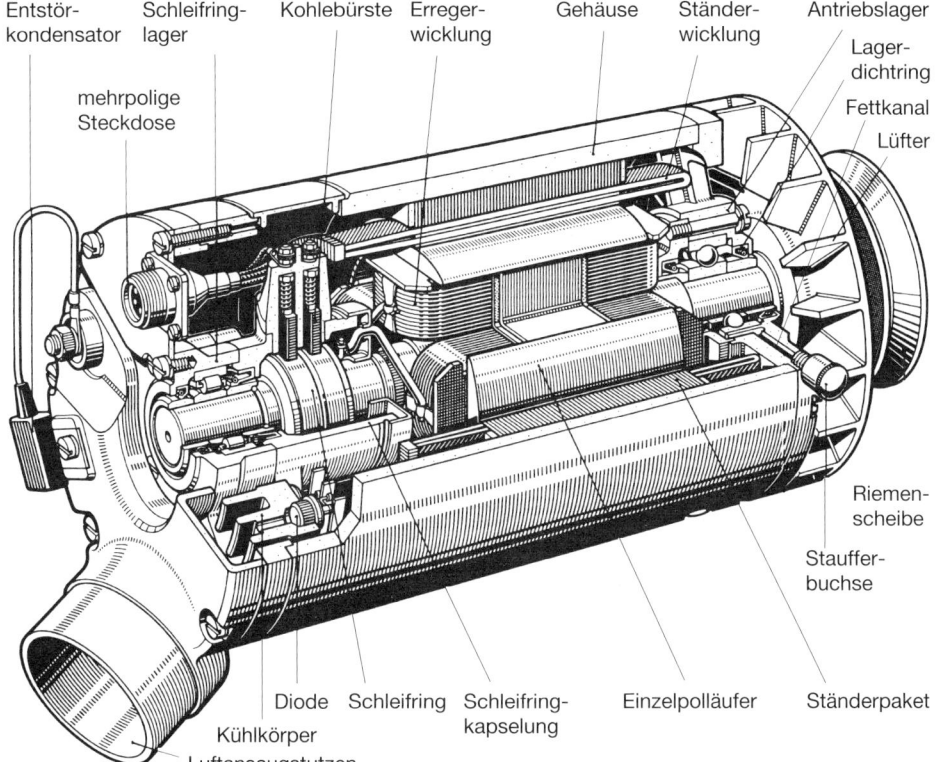

Entstör-kondensator — Schleifring-lager — mehrpolige Steckdose — Kohlebürste — Erreger-wicklung — Gehäuse — Ständer-wicklung — Antriebslager — Lager-dichtring — Fettkanal — Lüfter — Riemen-scheibe — Stauffer-buchse — Diode — Schleifring — Schleifring-kapselung — Einzelpolläufer — Ständerpaket — Kühlkörper — Luftansaugstutzen

Bild 8.127   Einzelpolläufer der Baureihe T2 von Bosch

Bei ihm entfallen die verschleißempfindlichen Komponenten Schleifringe und Schleifkohlen, so daß die Laufleistung nur durch die Kugellager begrenzt wird. Die notwendige Erregung und Regelung erfolgen über eine feststehende Erregerwicklung, die in einer dreiphasigen Läufer-wicklung Spannung und Strom induziert. Dieser wird durch in den Läufer integrierte Dioden gleichgerichtet und in die umlaufende Erregerwicklung des Klauenpolläufers geleitet. Diese wiederum induziert in der feststehenden Erzeugerwicklung die Leistung.

Eine technisch interessante, bei niedriger Drehzahl leistungsstarke Ausführung ist der Doppel-T1-Generator von Bosch.

Wie Wirkschaltbild und technische Zeichnung erkennen lassen, ist gegenüber einem einfachen Generator alles in doppelter Ausführung vorhanden (Bild 8.129).

Durch diese Maßnahme ist auch dieser Generator in der Lage, bei Motorleerlaufdrehzahl Ladeströme von über 100 Ampere abzugeben.

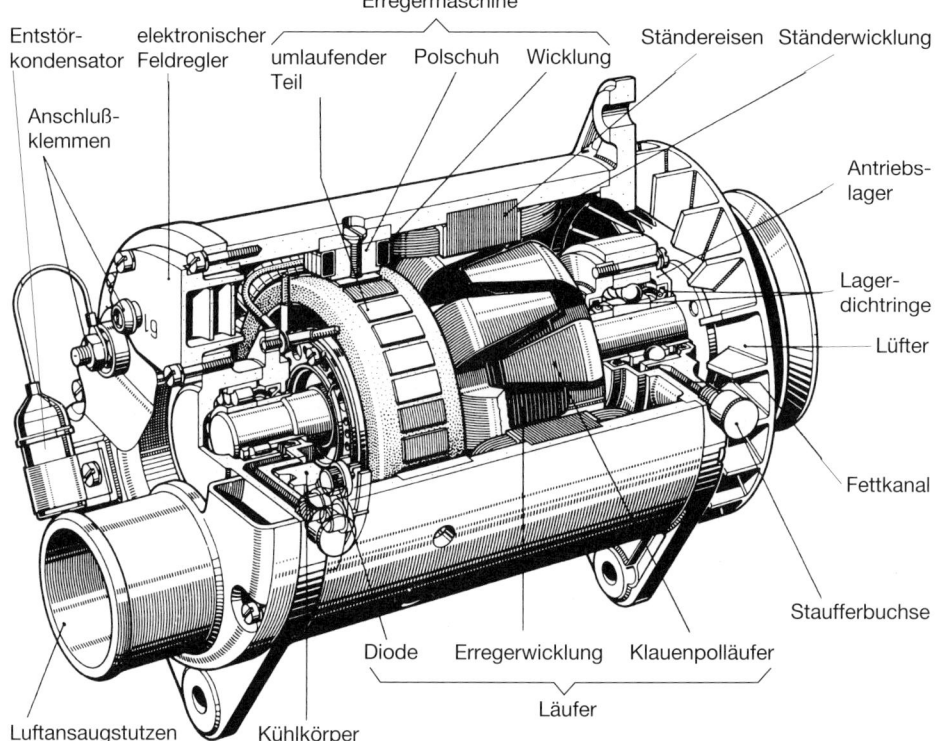

Erregermaschine

Entstör-kondensator
elektronischer Feldregler
umlaufender Teil
Polschuh
Wicklung
Ständereisen
Ständerwicklung
Anschluß-klemmen
Antriebs-lager
Lager-dichtringe
Lüfter
Fettkanal
Stauferbuchse
Luftansaugstutzen
Kühlkörper
Diode
Erregerwicklung
Klauenpolläufer
Läufer

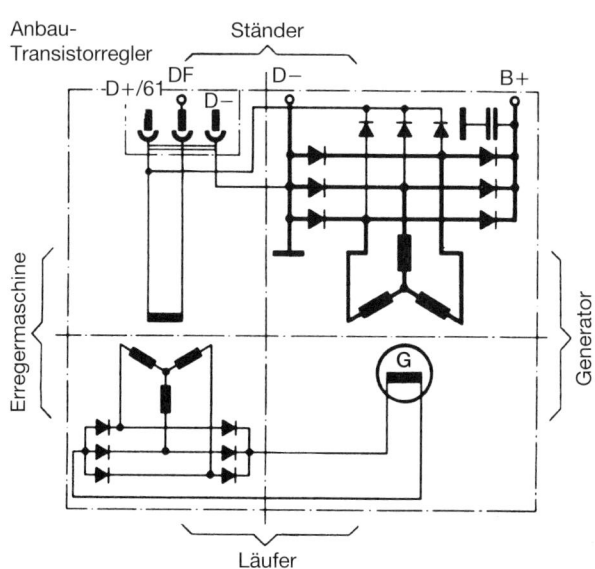

Anbau-Transistorregler
Ständer
DF
D−
D+/61
D−
B+
Erregermaschine
Generator
G
Läufer

Bild 8.128   Der T4-Generator von Bosch ist ebenfalls ein «Langsamläufer». Wie bei dem T2-Generator ist darauf zu achten, daß die Luftzuführung nicht durch Fremdkörper verschlossen wird.

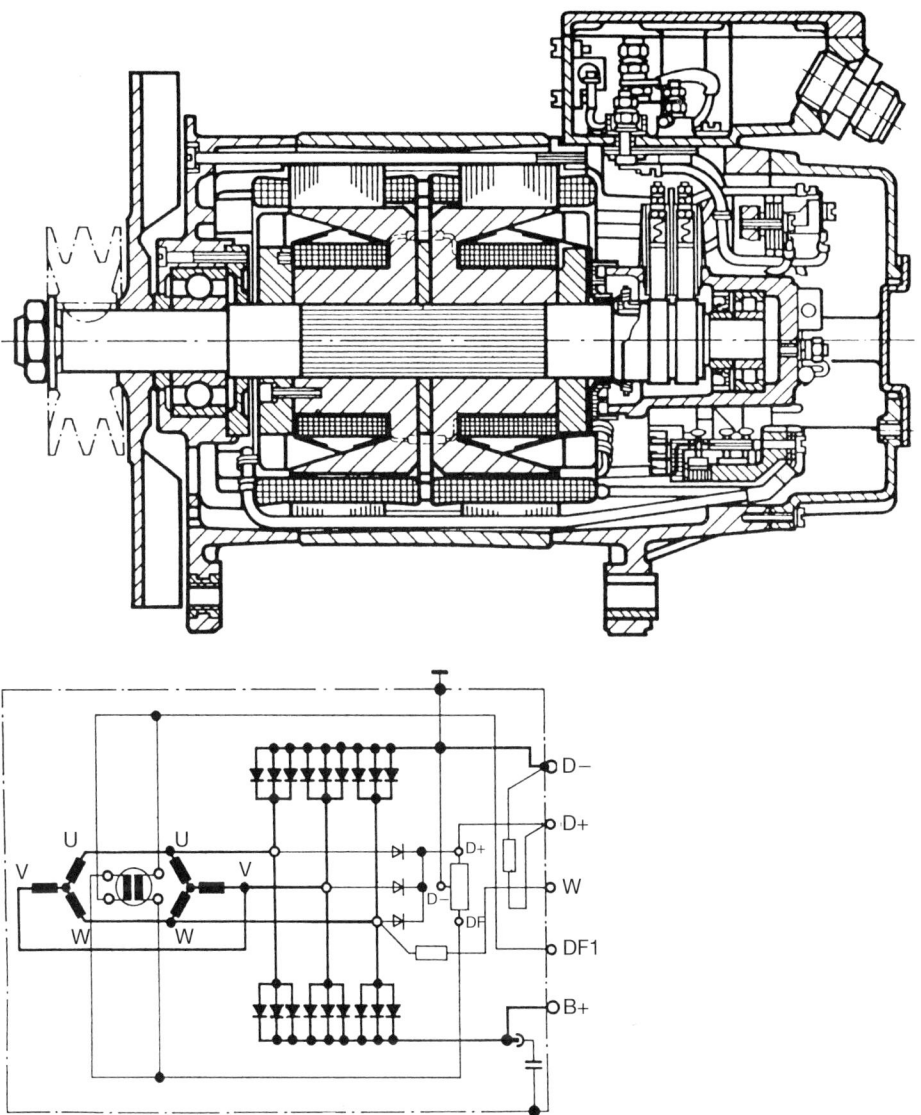

Bild 8.129 Der Doppel-T1-Generator von Bosch ist so ausgelegt, daß er bei 1500 min^{-1}, das entspricht der Motorleerlaufdrehzahl, 110 A und bei 6000 min^{-1} 180 A erzeugen kann. Um bei diesen Strömen die Dioden möglichst kalt zu halten, sind an jeden gemeinsamen Phasenausgang je drei parallelgeschaltete Plus- und Minusdioden angeschlossen. Der Einbau eines 100-Ω-Widerstandes zwischen D+ und D– im Generator ermöglicht eine Erkennung der Feldunterbrechung durch Aufleuchten der Generatorkontrollampe. Der integrierte Regler liegt zwischen den Erregerdioden und der inneren Klemme DF und bestromt beide Läuferwicklungen. Der Anschluß W ist für den Betrieb eines Drehzahlmessers vorgesehen.

8.6   Anlasser

Zum Anlassen von Kraftfahrzeug-Verbrennungsmotoren verwendet man meist Elektromotoren. In der Regel wird zum Anlassen ein Anlasserritzel in der Schwungscheibenverzahnung eingespurt. Nur bei Anlassern von einigen Rollern, Rollermobilen oder sonstigen Kleinfahrzeugen verwendet man Lichtanlaßmaschinen, die dauernd mit der Kurbelwelle des Motors im Kraftschluß bleiben. Anlasser werden neuerdings auch als *Starter* bezeichnet.

Aufbau und Schaltung

Die Elektromotoren von Anlassern sind Gleichstrom-Hauptschlußmotoren, bei denen Erregerwicklungen und Ankerwicklungen in Reihe geschaltet sind (Bild 8.130). Bei Elektromotoren dieser Bauart können die Erregerwicklungen in ihrem elektrischen Widerstand so ausgelegt werden, daß sie viel Strom aufnehmen, damit sie so starke Magnetfelder erzeugen, wie es zum Erreichen eines hohen Drehmoments erforderlich ist. Dies geschieht aber nur bei geringer Anlasserdrehzahl. Denn bei zunehmender Drehzahl wird dadurch, daß die Ankerwicklungen das Erregermagnetfeld schneiden, im Anker zunehmend Spannung induziert, die dem einfließenden Strom entgegenwirkt. Aus diesem Grund erreichen Anlasser-Hauptschlußmotoren hohe Drehzahlen, wobei sich die Stromaufnahme vermindert (Bild 8.131).

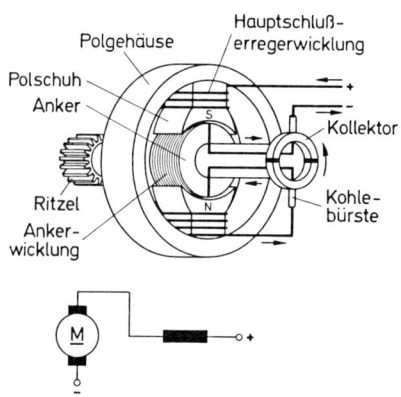

Bild 8.130   Grundsätzliche Schaltung eines Hauptstrommotors

Anlasserkohlebürsten: Kohlebürsten aus Graphit oder Elektrodenkohle würden den Widerstand des Anlasserstromkreises so erhöhen, daß kein genügender Strom und damit nur ein geringes Drehmoment erreicht würde. Darum verwendet man bei Anlassern Kohlebürsten, die aus Graphit und Kupfer bestehen. Diese Kohlebürsten sind je nach Anlasserart, Anlasserleistung und Nennspannung in ihrer Zusammensetzung so verschieden, daß passende, aber im Material falsch gewählte Kohlebürsten Störungen verursachen können.

Bild 8.131 Verhalten von Strom, Spannung, Leistung, Drehzahl und Drehmoment beim Betrieb eines 12-V-Anlassers von 0,6 PS Nennleistung

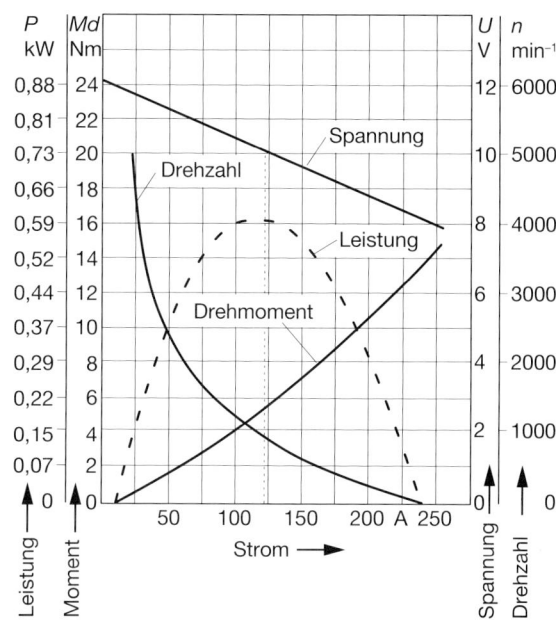

Bosch-Anlasserbezeichnung

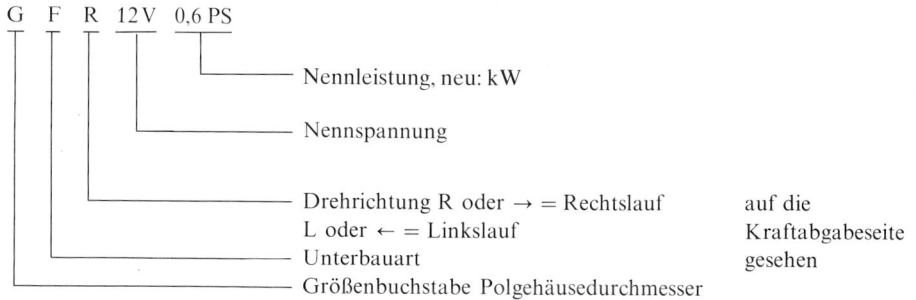

G   F   R   12 V   0,6 PS

                        Nennleistung, neu: kW

                Nennspannung

            Drehrichtung R oder → = Rechtslauf   auf die
            L oder ← = Linkslauf   Kraftabgabeseite
        Unterbauart   gesehen
      Größenbuchstabe Polgehäusedurchmesser

B   = unter 55 mm
C   =   55 bis 64 mm
D   =   65 bis 79 mm
E   =   80 bis 99 mm
G   = 100 bis 109 mm
I   = 110 bis 119 mm
K   = 120 bis 139 mm
Q   = 140 bis 169 mm
T   = 170 bis 199 mm
U   = über 200 mm

Leistungsbezeichnungen von Bosch-Anlassern

Die bis 1976 verwendeten Anlasserbezeichnungen sind auf das internationale Einheitensystem (SI) umgestellt worden. Danach wird die Leistungsangabe nicht mehr in PS, sondern in kW ausgedrückt. Gleichzeitig wurde die Starterleistung neu definiert. Die aufgeprägten PS-Angaben waren die «Nennleistung», die der Anlasser mit der im Fahrzeug eingebauten Batterie abgab. Die neuen kW-Angaben sind Maximalleistungen und beziehen sich auf die für den Anlasser zugelassene größte Batterie. Dadurch ergibt sich eine scheinbare Leistungssteigerung. Die Maximalleistung wird folgendermaßen festgelegt: Es ist die Anlasserleistung, die die größte zugelassene Fahrzeugbatterie, die zu $^3/_4$ geladen sein muß, bei einem auf –20 °C (253 K) unterkühlten Anlasser hervorbringt. Bei Startern ab 10 kW ist die Prüftemperatur auf 0 °C (273 K) festgelegt. Aus diesem Grund ist das Umrechnen der alten PS-Angabe in kW nach der Formel 1 PS = 0,736 kW nicht möglich.

Für eine Übergangszeit sind auf Bosch-Anlassern nur die Bestellnummer, die Nennspannung und der Drehrichtungspfeil eingeprägt.

8.6.1   Anlasserarten

Die in der Schwungscheibenverzahnung einspurenden Anlasser werden je nach Art des Einspurens bezeichnet. In deutschen Kraftfahrzeugen sind zur Zeit folgende Anlasser üblich:

❐ Schub-Schraubtriebanlasser für Personenkraftwagen und kleinere Lastwagen,
❐ Schubankeranlasser für mittlere Lastkraftwagen-Dieselmotoren,
❐ Schubtriebanlasser mit Vorstufe für mittlere und größere Dieselmotoren.

Aufbau und Funktion der Schub-Schraubtriebanlasser

Beim Schub-Schraubtriebanlasser (Bild 8.132) ist der Schaft des Anlasserritzels auf einem Steilgewinde der Ankerachse so gelagert, daß es durch eine in eine Schiebemuffe eingreifende Gabel axial bewegt werden kann. Zwischen dem Ritzel und der Ankerachse ist ein Klemmenrollenfreilauf angeordnet. Dieser Klemmenrollenfreilauf verhindert ein Antreiben des Anlasserankers durch den anspringenden Motor und die dadurch mögliche Zerstörung. Meist ist darum bei Anlassern dieser Bauart noch eine Ankerbremse vorgesehen.

Das Betätigen der Schub-Schraubtriebanlasser geschieht meist durch einen Einrückmagnetschalter. Durch diesen Magnetschalter wird erst der Einrückhebel bewegt, der das Ritzel in der Schwungscheibenverzahnung zum Eingriff bringt. Dann wird der Anlassermotor eingeschaltet, und der drehende Anlasseranker schraubt das Anlasserritzel über sein Steilgewinde bis zu einem Anschlag voll in die Schwungscheibenverzahnung, wodurch der Kraftschluß erfolgt. Durch das Drehen bis zum Kraftschluß wird im Anker Schwungkraft aufgespeichert, die zum Losbrechen und Beschleunigen des stehenden Motors zusätzlich zum Drehmoment des Elektromotors zur Verfügung steht. Der anspringende Motor überholt den Anlasser, bringt aber nur das Ritzel auf die entsprechend hohe Drehzahl. Freilauf und Ankerbremse verhindern nun, daß der Anker auf die für ihn schädlichen Drehzahlen gebracht wird.

Der 1982 von Bosch entwickelte Schub-Schraubtriebstarter ist bei gleicher Leistung nur noch halb so schwer wie die alten. Dieser Starter hat keine Hauptfeldwicklung, sondern statt dessen einen Satz Permanentmagneten. Dadurch ist es möglich geworden, den Ankerstrom anzuheben. Des weiteren ist zwischen Anker und Ritzel ein Planetengetriebe gesetzt, das die hohe Ankerdrehzahl auf die Anlasserdrehzahl herab- und das Drehmoment heraufsetzt. Die mechanische Arbeitsweise läuft wie bei den herkömmlichen Startern ab (Bild 8.133).

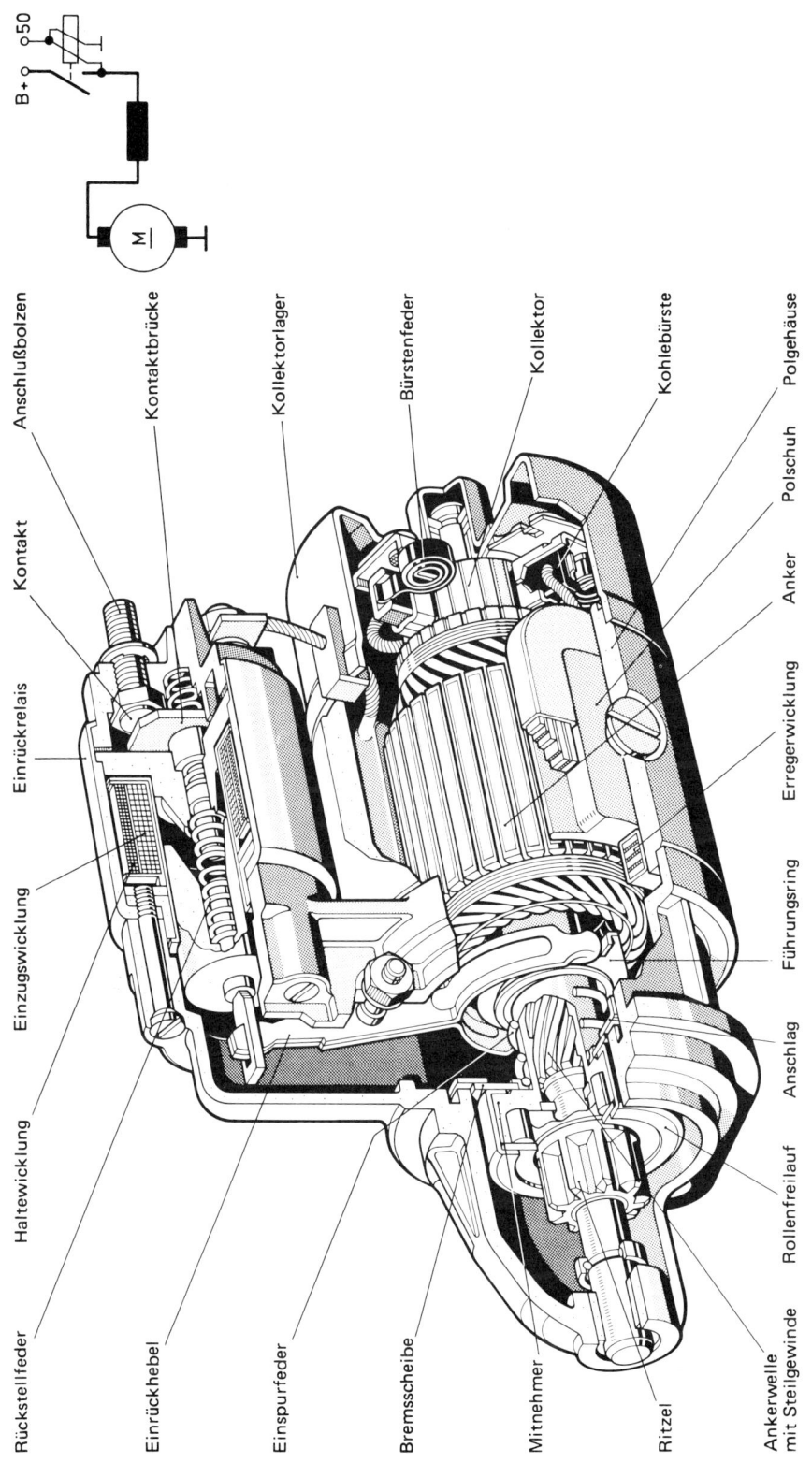

B+ 50

Anschlußbolzen
Kontaktbrücke
Kollektorlager
Bürstenfeder
Kollektor
Kohlebürste
Polgehäuse
Polschuh
Anker
Erregerwicklung
Führungsring
Anschlag
Rollenfreilauf
Ankerwelle mit Steilgewinde
Ritzel
Mitnehmer
Bremsscheibe
Einspurfeder
Einrückhebel
Rückstellfeder
Haltewicklung
Einzugswicklung
Einrückrelais
Kontakt

Bild 8.132 Schnittbild und Wirkschaltbild des Bosch-Schub-Schraubtriebstarters

Anlasser 931

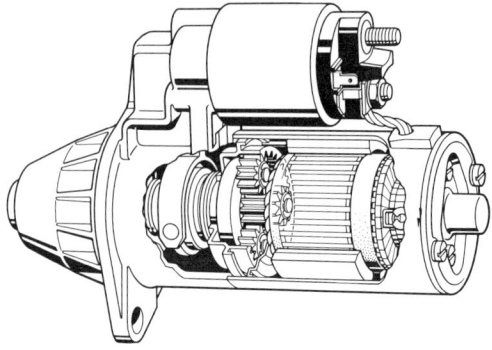

Bild 8.133 Schub-Schraubtriebstarter von Bosch mit Permanenterregung und Planetengetriebe

Aufbau und Funktion der Schubankeranlasser

Beim Schubankeranlasser (Bild 8.134) ist der Anker in Ruhestellung durch einen federbelasteten Ankerrückzugbolzen in Kollektorrichtung aus dem Magnetfeld gezogen. Dabei wird zugleich das mit dem Anlasseranker verbundene Ritzel aus der Verzahnung der Schwungscheibe gehalten. Der Einspurvorgang wird durch einen im Anlasser eingebauten Magnetschalter in Verbindung mit auf zwei besonderen Polschuhen aufgewickelten Hilfsfeldspulen gesteuert. Damit hat dieser Starter nur zwei Polschuhe mit Hauptwicklungen. Zum Erreichen eines schonenden Einspurens ist zwischen Anker und Ritzel eine selbsttätig wirkende Lamellenkupplung vorgesehen. In ihr sind eine mechanische Einspurvorstufe und ein Überlastungsschutz vereint.

Einspuren: Zum Betätigen eines Schubankeranlassers wird über den Anlasserschalter die Schaltspule des Anlassermagnetschalters eingeschaltet. Dadurch wird dessen Schalteranker bis zum Anschlag an eine Sperrklinke angezogen. In dieser Einspurvorstufe des Anlassermagnetschalters liegt dessen Schaltbrücke am oberen Schaltsegment an, das mit Plus der Batterie verbunden ist. Dadurch sind nun die an der Schaltbrücke verbundenen Steuerwicklungen des Anlassers mit der Batterie verbunden. Dabei fließt Strom über die Hilfswicklungen und den Anlasseranker (siehe Bild 8.134). Dadurch wird der Anlasseranker unter langsamem Drehen in das Erregermagnetfeld gezogen, wobei zugleich das Ritzel in die Schwungscheibenverzahnung einspurt. Nach einem bestimmten Vorspurweg, der gewährleisten soll, daß das Ritzel einige Millimeter in die Schwungscheibenverzahnung eingespurt ist, wird die Sperrklinke des Magnetschalters durch eine hinter dem Kollektor des Anlasserankers befestigte Auslösescheibe ausgelöst. Nun zieht der Magnetschalter voll an, und seine Schaltbrücke kommt auch auf dem unteren Segment zur Auflage. Dadurch wird auch die Hauptwicklung des Anlassers eingeschaltet, und der Anlasser entwickelt nun sein volles Drehmoment.

Ausspursperre: Um ein Ausspuren des Anlasserritzels zu verhindern, wenn der Anlasser bei einzelnen Zündstößen des Motors überholt wird, sind Haltewicklungen vorgesehen. Diese auf den Polschuhen der Hilfswicklungen befindlichen Haltewicklungen sind zwischen Schaltbrücke und Minus des Anlassers, also im Nebenschluß, geschaltet. Dadurch haben sie eine von der bei höherer Drehzahl größer werdenden Ankergegenspannung unabhängige Stromaufnahme. Diese Stromaufnahme ist so bemessen, daß der Magnetismus ausreicht, um bei Leerlauf des Anlassers den Anker im Magnetfeld und damit zugleich das Anlasserritzel eingespurt zu halten.

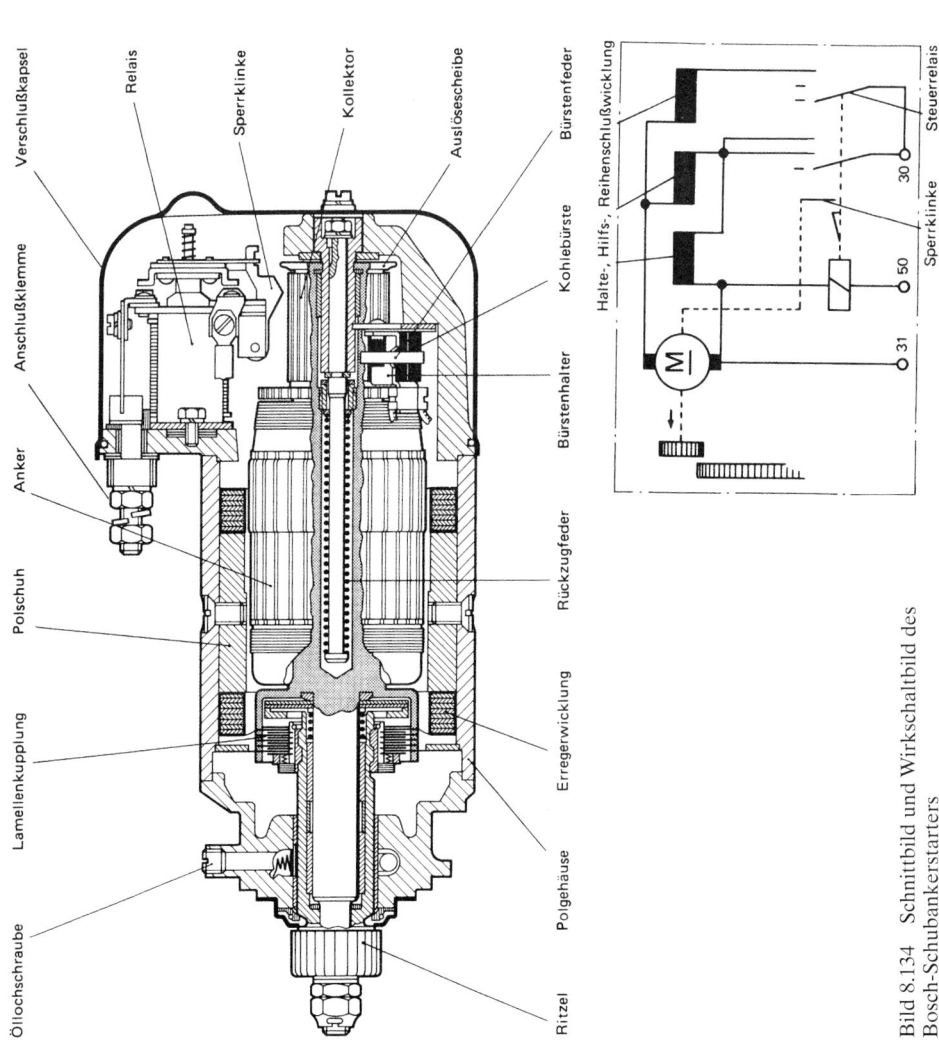

Öllochschraube — Lamellenkupplung — Anker — Polschuh — Anschlußklemme — Verschlußkapsel — Relais — Sperrklinke — Kollektor — Auslösescheibe — Bürstenfeder

Kohlebürste — Bürstenhalter — Rückzugfeder — Erregerwicklung — Polgehäuse — Ritzel

Halte-, Hilfs-, Reihenschlußwicklung — Steuerrelais — Sperrklinke — 30 — 50 — 31 — M

Bild 8.134 Schnittbild und Wirkschaltbild des
Bosch-Schubankerstarters

Anlasser   933

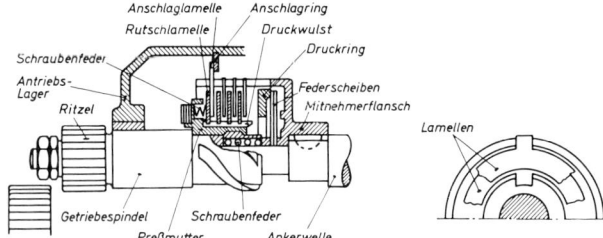

Bild 8.135 Lamellenkupplung eines Bosch-Schubankeranlassers in Ruhelage

Lamellenkupplung: Wenn das Ritzel eingespurt ist, so drückt die auf dem Steilgewinde des Ritzelschaftes geführte Kupplungsdruckmutter bei zunehmendem Drehmoment des Anlassers die Kupplung mit größerer Kraft zusammen. Zwei kleine, im Wulst der Druckmutter gehaltene Kupplungsvorspannfedern sollen einen sicheren und weichen Kraftschluß der Kupplung gewährleisten (Bild 8.135). Beim Überholen des Anlassers durch den Motor schraubt das Steilgewinde die Druckmutter los und löst den Kraftschluß wieder.

Kupplungsvorstufe: Beim Einspuren der Schubankeranlasser könnten die Stirnflächen der Zähne von Ritzel und Schwungscheibe so aufeinandertreffen, daß Drehkraft und Vorschubkraft so wirken, daß sie ein Einspuren verhindern. Darum ist eine Einspurvorstufe der Kupplung vorgesehen. Diese wird dadurch bewirkt, daß die erste oder zweite Außenlamelle (vom Ritzel aus) einen Kragen hat, der so lange an einem Anschlagring liegt, bis das Ritzel in die Schwungscheibenverzahnung eingespurt hat. Ein Kuppeln, und somit der Kraftschluß vor dem Einspuren, wird durch diese mechanische Einspurvorstufe verhindert.

Überlastungsschutz: Wenn bei in die Schwungscheibe eingespurtem und drehendem Anlasser Zündrückschläge des Motors erfolgen, so werden dadurch so große Kräfte wirksam, daß das Triebwerk des Anlassers zerstört werden könnte. Dies verhindert ein mit der Kupplung verbundener Überlastungsschutz. Das Kupplungspaket lastet im Kupplungskorb auf einem Kupplungsdruckring. Dieser drückt mit einem Druckwulst am äußeren Rand auf zwei Federscheiben, die innen auf einem Wulst im Kupplungskorb aufliegen. Die Federscheiben werden durch den mit dem Drehmoment zunehmenden Kupplungsdruck verbogen. Bei genügendem Drehmoment werden diese Federn so weit verbogen, daß die Kupplungsdruckmutter mit einem Wulst auf der oberen Federscheibe anliegt. Dadurch kann bei größerem Drehmoment der Kupplungsdruck nicht mehr zunehmen, und die Kupplung rutscht durch. Das Durchrutschdrehmoment des Überlastungsschutzes soll bei Bosch-KG- und KB-Anlassern zwischen 120 und 150 Nm betragen. Die Einstellung des Überlastungsschutzes geschieht nach dem Messen durch eine auf dem Ritzel aufgeschraubte Hebelwaage, durch Wegnehmen oder Zufügen von Distanzscheiben von 0,15 bis 0,2 mm Dicke zwischen Kupplung und Kupplungsdruckring.

Aufbau und Funktion zweistufiger Schubtriebanlasser
Die Schubankeranlasser genügen in manchen Fällen nicht mehr den größer gewordenen Anforderungen. Auch kann es vorkommen, daß bei Steigungen oder Gefällen durch schnelles Beschleunigen oder Bremsen das Ritzel bei laufendem Motor gegen die Schwungscheibenverzahnung gestoßen wird. Dies kann Beschädigungen des Ritzels oder der Schwungscheibenverzahnung zur Folge haben. Beide Gründe führten zur Entwicklung der zweistufigen Schubtriebanlasser (Bild 8.136).

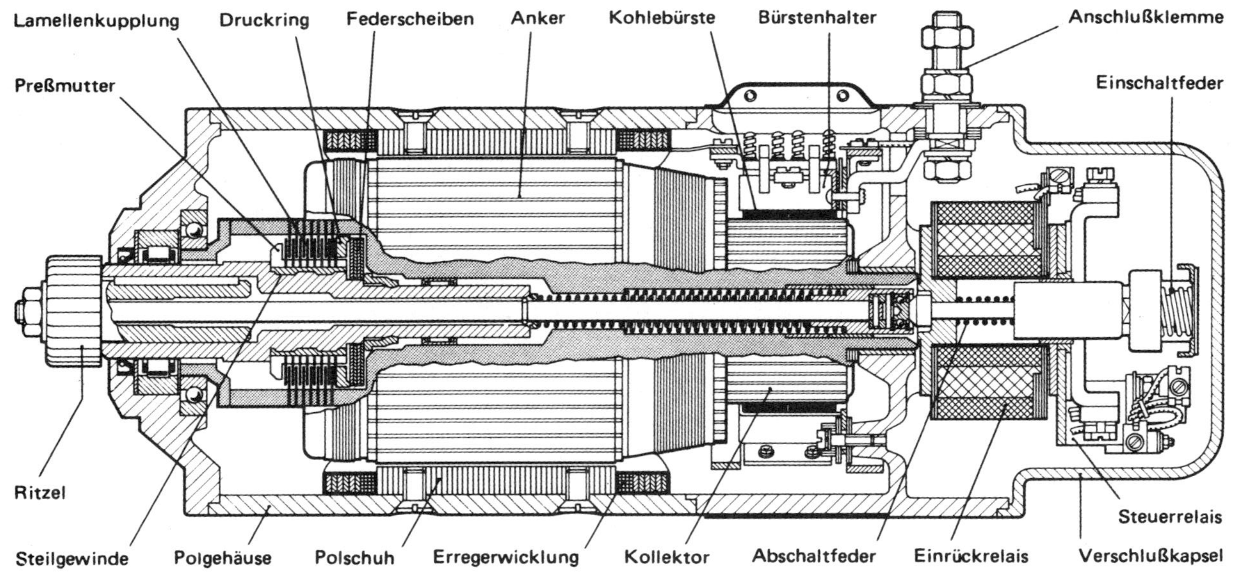

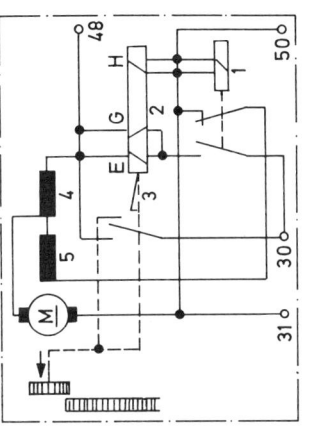

Lamellenkupplung
Druckring
Federscheiben
Anker
Kohlebürste
Bürstenhalter
Anschlußklemme
Preßmutter
Einschaltfeder
Ritzel
Steuerrelais
Steilgewinde
Polgehäuse
Polschuh
Erregerwicklung
Kollektor
Abschaltfeder
Einrückrelais
Verschlußkapsel

M
5
4
48
E
G
H
3
2
1
31
30
50

Bild 8.136 Schnittbild und Wirkschaltbild des zweistufigen Schubtriebstarters Bauart TB von Bosch. Im Wirkschaltbild ist Position 1 das Steuerrelais, 2 das Einrückrelais, 3 die Sperrklinke, 4 die Hauptschlußwicklung und 5 die Bremswicklung. An Klemme 48 kann zusätzlich ein Anlaßwiederholrelais geschaltet sein.

An der Kollektorseite der zweistufigen Schubtriebanlasser ist ein Einrückmagnetschalter angeordnet. Er spurt das Ritzel durch eine durch die Hohlachse des Anlasserankers geführte Einrückstange ein und schaltet ebenso den Anlassermotor in zwei Stufen ein. Auf allen vier Polschuhen des Anlassers sind Hauptwicklungen. Auf zwei dieser Hauptschlußwicklungen sind zusätzliche Nebenschlußwicklungen aufgewickelt. Das Ritzel ist in einer Getriebespindel mit 6gängigem Steilgewinde befestigt, das in die Kupplungspreßmutter einer Lamellenkupplung greift. Die Kupplung wirkt ähnlich wie die der Schubankeranlasser und hat wie diese einen Überlastungsschutz (siehe in Abschnitt 8.6.1 «Lamellenkupplung»).

Wird der Anlaßdruckknopf betätigt, fließt Strom in die Wicklung des Magnetschalters und gleichzeitig in die Haltewicklung des Einrückmagneten. In der *1. Schaltstufe* zieht der Magnetschalter ein und gibt über den geschlossenen Hilfskontakt dem Nebenschlußfeld des Anlassers Strom. Zugleich fließt Strom auf den gegenüberliegenden Kontakt des Magnetschalters zur Einzugwicklung des Einrückmagneten und weiter zur Hauptstromwicklung des Anlassers. Der Einrückmagnet drückt über die Einrückstange die Getriebespindel mit dem Ritzel gegen den Zahnkranz, wobei der Anker leicht gedreht wird. Das Ritzel spurt dadurch ein. Am Ende des Einspurweges löst der Auslösehebel am Einrückmagnet die Sperrklinke am Magnetschalter aus. Die gespannte Feder der Kontaktbrücke schließt dann schlagartig den zweiten Kontakt am Magnetschalter.

In der *2. Schaltstufe* erhält der Anlasser den vollen Strom und wirft über die Lamellenkupplung den Motor an. Die Nebenschlußwicklung begrenzt dann die Anker-Leerlaufdrehzahl und damit auch die Ankerauslaufzeit.

8.6.2   Überprüfen von eingebauten Anlassern

Beim Erproben in Kraftfahrzeugen eingebauter Anlasser ist zu berücksichtigen, daß bei betriebswarmem Motor nicht das Anlasserdrehmoment erforderlich ist, das zum Anlassen des kalten Motors benötigt wird. Darum sagt die Tatsache, daß der Anlasser den betriebswarmen Motor andreht, nichts Vollgültiges über seine Funktion aus. Um angenähert den Zustand zu schaffen, der bei kaltem Motor herrscht, kann man die Kurzschlußspannung und die Kurzschlußstromaufnahme des Anlassers prüfen. Hierzu wird ein Voltmeter zwischen Plus und Masse des Anlassers und ein Amperemeter von genügendem Meßbereich in das Zuleitungskabel des Anlassers geschaltet (Bild 8.137). Danach wird der Anlasser bei eingeschaltetem 3. oder 4. Gang und angezogener Handbremse etwa 1 bis 2 s betätigt. Dabei sind Spannung und Strom zu messen. Die gemessenen Werte sollen bei mindestens halbvoller Batterie (siehe in Abschnitt 8.4.3 «Säuredichte») und 293 K (20 °C) den von den Herstellern der Anlasser bzw. der Kraftfahrzeuge gegebenen Richtwerten entsprechen. Sind diese Richtwerte nicht gegeben, so kann man sich angenäherte Werte errechnen. Die Kurzschlußspannung soll etwa 60% der Nennspannung, also bei 6-V-Anlassern 3,5 V und bei 12-V-Anlassern 7 V betragen. Der Kurzschlußstrom soll mindestens 3000 W Anlassernennleistung je PS = 0,736 kW entsprechen. Bei einem 12-V-Anlasser von 0,5 PS (0,37 kW) Nennleistung zum Beispiel:

$$I = \frac{P \cdot 3000}{U} = \frac{0,5 \cdot 3000}{12} = 125 \text{ A}$$

Werden die Richtwerte für Spannung und Strom nicht unterschritten, so sind Anlasser und Anlasseranlage elektrisch einwandfrei. Es können aber noch mechanische Fehler im Anlasser (z.B. ausgelaufene Lager oder schleifender Anlasseranker) vorliegen. Ebenso kann sich der Motor in kaltem Zustand zu schwer drehen.

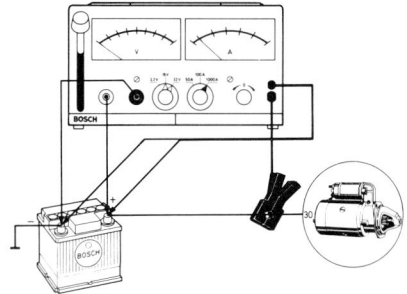

Bild 8.137 Bosch-Volt-Amperetester ETT 011.00, zum Messen des Anlasserstroms und der Batteriespannung geschaltet

Wenn das Amperemeter einen viel zu großen Strom anzeigt, liegt meist ein Windungs- oder Masseschluß im Anlasser vor. Wird bei einer Spannung über dem Richtwert ein beachtlich zu geringer Strom angezeigt, ist der innere Widerstand des Anlassers zu groß. Dies kann ebenso durch lose oder verschmutzte Kontakte an Kollektoren, Wicklungen oder Schaltern wie auch durch abgelaufene oder falsch gewählte Kohlebürsten verursacht worden sein. Ist die am Anlasser gemessene Spannung wesentlich geringer als der Richtwert, obwohl der vorgeschriebene Kurzschlußstrom nicht erreicht wird, so liegt der Fehler in der Regel außerhalb des Anlassers, an der Batterie oder dem Zustand der Leitungen und Verbindungen.

Zur Überprüfung der Anlasseranlagen (Bild 8.138) außerhalb des Anlassers können während der Kurzschlußprobung die Spannungsabfälle der Batterie und der einzelnen Leitungsabschnitte gemessen und mit den zulässigen Werten verglichen werden. Es sind bei 293 K (+20 °C) und mindestens halbvoller Batterie zulässig bei 12 V etwa:

- ❒ zwischen Plus und Minus der Batterie 8,0 V,
- ❒ zwischen Plus der Batterie und Plus des Anlassers 0,5 V,
- ❒ zwischen Minus der Batterie und Masse des Motors 0,5 V.

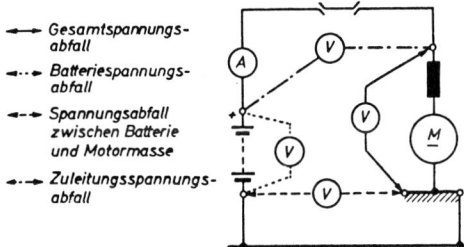

Bild 8.138 Prüfen des Spannungsabfalls in der Batterie und den Verbindungen zum Anlasser

→ Gesamtspannungs-abfall
◄·· Batteriespannungs-abfall
◄— Spannungsabfall zwischen Batterie und Motormasse
◄·→ Zuleitungsspannungs-abfall

8.6.3 Instandsetzen von Anlassern

Das Instandsetzen von Anlassern und das Prüfen der Einzelteile geschieht in ähnlicher Weise wie bei Kollektorgeneratoren (siehe Abschnitt 8.5.6). Das Prüfen der Triebwerksteile auf mechanischen Verschleiß ist bei den verschiedenen Anlasserwerten funktionsbedingt unterschiedlich und erfordert die entsprechenden Werte der Herstellerfirmen. Diese geben dabei auch die entsprechenden Meß- und Erprobungsrichtlinien für die einzelnen Bauteile.

8.6.4 Prüfen von Anlassern mit Anlasserprüfständen

Zum Prüfen wird der Anlasser auf einen Anlasserprüfstand so aufgespannt, daß sein Ritzel ordnungsgemäß in eine passende Schwungscheibenverzahnung einspuren kann. Während des stufenlos zunehmenden Abbremsens der Schwungscheibe können Strom, Spannung und Drehzahl des Anlassers gemessen werden. Neben der artgemäßen Einspurfunktion des Anlassers wird nacheinander gemessen:

1. Leerlaufdrehzahl und Leerlaufstromaufnahme,
2. Spannung und Stromaufnahme bei einer festgelegten Drehzahl,
3. Kurzschlußspannung und Kurzschlußstromaufnahme.

Die Prüfungen sollen mit geladener Batterie in der angegebenen Reihenfolge möglichst rasch erfolgen, weil sich durch die dabei erfolgende Entladung der Batterie und die Erwärmung des Anlassers die Meßwerte verändern. Die gemessenen Werte können mit den Sollwerten des Herstellers verglichen werden. Sofern diese nicht bekannt sind, muß man sich mit Erfahrungswerten behelfen (siehe Abschnitt 8.6.2).

8.6.5 Batterieumschaltanlagen in schweren Diesel-Lkw

Die Batterieumschaltanlagen, mit denen manche schweren Diesel-Lastkraftwagen ausgerüstet sind, ermöglichen es, Anlasser mit 24 V Nennspannung zu betreiben, obwohl die Lichtmaschinen und alle anderen Geräte für 12 V Nennspannung ausgelegt sind. Aus den Schaltbildern lassen sich die Einzelheiten der Leitungsführung ersehen (Bild 8.139).

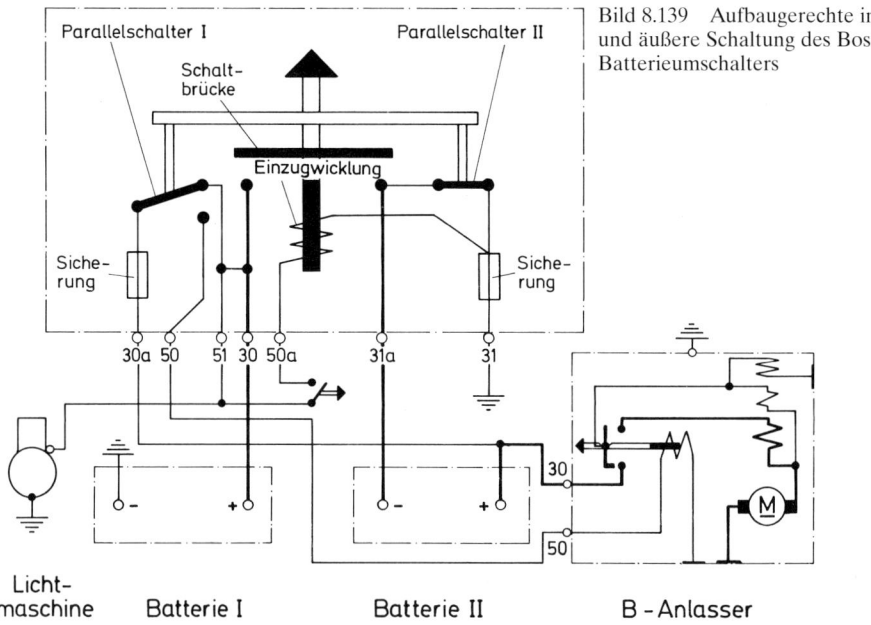

Bild 8.139   Aufbaugerechte innere und äußere Schaltung des Bosch-Batterieumschalters

Wirkungsweise

In Ruhelage des Schalters sind beide 12-V-Batterien über den Umschalter parallelgeschaltet. Dadurch werden nicht nur alle Verbraucher mit 12 V Spannung gespeist, sondern es können auch beide Batterien mit einer 12-V-Lichtmaschine geladen werden. In Ruhelage des Umschalters ist an keiner Stelle der elektrischen Anlage eine höhere Spannung als 12 V. Somit ist es auch unsinnig, unter Umgehung des Anlasserschalters und durch Überbrücken der Klemme Nr. 50 den Anlasser mit der Klemme Nr. 30 (am Anlasser) betätigen zu wollen. Wenn der Magnetschalter des Anlassers trotz Unterspannung schaltet, so wird nun ein viel zu hoher Anlaßstrom über die beiden parallelgeschalteten Batterien fließen, der die Schalterfedern zerstören kann, wenn nicht die vorgeschalteten Sicherungen zuvor abschmelzen würden.

Ausgleich unterschiedlicher Leitungswiderstände: Die Lichtmaschine soll beide Batterien gleichmäßig laden, weil diese auch beim Anlassen – also in Reihenschaltung – gleich stark belastet werden. Um beide Batterien mit einer Lichtmaschine mit gleichem Ladestrom laden zu können, ist es nötig, daß die Widerstände beider Ladestromkreise gleich groß sind. Dies ist aber schon deshalb nicht der Fall, weil die Batterie I mit dem Anlasserkabel von großem Querschnitt direkt an der mit der Lichtmaschine verbundenen Klemme Nr. 51 angeschlossen ist. Die Masseverbindung der Batterie I ist ebenfalls mit Anlasserkabel oder einem Masseleiter von großem Querschnitt ausgeführt. Dagegen ist die Batterie II an den Klemmen Nr. 30a und Nr. 31a (mit einem größeren Leitungswiderstand) in den gleichen Ladestromkreis geschaltet.

Neben den längeren Leitungen mit geringeren Querschnitten sind die in diesem Stromkreis befindlichen sonstigen Schalterkontakte, Schaltfedern und Sicherungen noch zusätzliche Widerstände.

Ladestromkontrolle: Für die einwandfreie Funktion der elektrischen Anlagen dieser Art ist es erforderlich, daß alle Verbindungen innerhalb dieser Stromkreise einwandfreien Kontakt haben. Ebenso müssen die Schalterkontakte genügend fest schließen, denn sonst wird – trotz Funktionieren der Lichtmaschine und der Ladekontrolle – eine der Batterien entladen. Deshalb sagt auch ein in die Leitung Nr. 51 zur Lichtmaschine geschaltetes Amperemeter nichts über den Ladestrom beider Batterien aus. Es ist darum nötig, den Ladestrom zwischen Polkopf und Batterieklemme jeder einzelnen Batterie zu messen. Wenn bei größerer Differenz der Ladeströme die Batterien vertauscht werden, so ist feststellbar, ob der Fehler an der Batterie oder der elektrischen Anlage liegt. Wird die gleiche Batterie in beiden Fällen zu wenig geladen, so können Zustand, Kapazität, Säuredichte oder der unterschiedliche Ladezustand die Ursache sein. Im anderen Fall wird der Fehler vom höheren Übergangswiderstand des Stromkreises verursacht.

Reihenfolge der Schaltungen: Die Umschaltung der Batterien von der normalen Betriebsschaltung in die Anlaßstellung muß in einer bestimmten Reihenfolge ablaufen, weil sonst Kurzschlüsse und Störungen möglich sind. Zuerst müssen die beiden Kontaktpaare getrennt werden, mit denen die Batterien parallelgeschaltet sind. Dann wird durch die Schaltbrücke die Klemme Nr. 30 mit der Klemme Nr. 31a verbunden und so die beiden Batterien hintereinandergeschaltet. Erst jetzt darf der zweite Kontakt der Schaltfeder, der mit der Klemme Nr. 30a verbunden ist, den mit der Klemme Nr. 50 verbundenen Kontakt berühren; dadurch wird die an dieser Klemme befestigte Schaltleitung zum Magnetschalter unter 24 V Spannung gesetzt und der Anlasser eingeschaltet. Diese Folge der Schaltungen ist durch Stellschrauben, die beim Betrieb des Schalters auf die Schaltfedern drücken, einstellbar.

Fehler und Fehlerauswirkungen am Umschalter: Wenn eine der Sicherungen des Batterieumschalters durchgebrannt ist, wird dies von der Ladekontrolleuchte nicht angezeigt, obwohl die Batterie II nicht geladen wird. Um zu vermeiden, daß trotzdem das Fahrzeug noch einige Zeit betrieben und dabei die Batterie entladen wird, ist dies dadurch kenntlich gemacht, daß der Anlasser nicht einschaltet.

Bei durchgebrannten Sicherungen in der Leitung Nr. 30a schaltet zwar der Batterieumschalter, aber da die Verbindung zur Klemme 30a – also zu +24 V der Batterie II – unterbrochen ist, bekommt der Magnetschalter des Anlassers keine Spannung.

Bei Defekt der Sicherung in der Masseleitung Nr. 31 des Batterieumschalters bekommt der Anlaßschalter und damit die Schaltspule des Batterieumschalters von Klemme 30a der Batterie II über die Schalterkontakte und die Klemme 51 des Umschalters Strom. Ebenso fließt der Strom von der Magnetspule wieder über das zweite Kontaktpaar zur Klemme Nr. 31a der Batterie II zurück. Wenn nun aber der Schalteranker angezogen wird und dabei die beiden Kontaktpaare getrennt werden, wird der Stromfluß durch die Schaltspule unterbrochen. Die Rückzugfeder schließt die Kontakte wieder, und ein neuer Schaltvorgang folgt. Weil diese Vorgänge in rascher Folge wechseln, ist ein schnarrendes Geräusch des Schalters die Folge. Ebenso hört man ein Schnarren des Schalters, wenn durch eine entladene oder defekte Batterie schlechte Verbindung, Überlastung des Anlassers usw. ein so großer Spannungsabfall vorhanden ist, daß die geschwächte Magnetspule des Schalters den Umschalter nicht mehr in der Anlaßstellung halten kann. Dies ist auch bei direktem Kurzschluß der Fall, und es werden damit auch die Batterien und ihre Polköpfe vor Zerstörung geschützt.

Wenn bei Batterieumschaltanlagen der vorbeschriebenen Art die am Schalter befestigten Schmelzbandsicherungen häufig durchbrennen, so ist dies ein Zeichen dafür, daß ein Fehler vorliegt. Dieser kann ebenso durch eine defekte Batterie wie auch durch ungleiche Batterien, einen Kurzschluß im Leitungssystem oder einen defekten Batterieschalter verursacht sein. In einem solchen Fall ist es falsch, die vorgesehenen Sicherungen durch stärkere oder gar durch Schlauchbandstücke zu ersetzen; denn nun ist bei höheren Strömen nicht nur die elektrische Anlage gefährdet, sondern das Fahrzeug kann auch in Brand geraten. Auf diese Weise wurde bereits mehrfach ein Totalschaden an Lastkraftwagen verursacht. Darum soll man stets den Fehler suchen und beseitigen. Auf keinen Fall dürfen diese Anlagen mit zwei Batterien verschiedener Kapazität oder von unterschiedlichem allgemeinen Zustand betrieben werden.

8.7 Kabelnetz

Im Kfz-Wesen hat sich, bis auf wenige Sonderfahrzeuge, das Einleitersystem durchgesetzt. Darunter versteht man, daß Verbraucher mit einer plusführenden Leitung versorgt werden und die Masserückleitung über die Karosserie oder das Chassis erfolgt. Ein großer Prozentsatz von Fehlern der elektrischen Anlage ist darauf zurückzuführen, daß einer der beiden Strompfade einen Übergangswiderstand oder eine Unterbrechung aufweist. Da die Kupferleitungen einer Schwingungsbeanspruchung ausgesetzt sind und in der Regel Schalter und Verzweigungspunkte aufweisen, sind sie der störanfälligere Teil der Anlage. Im Normalfall kann davon ausgegangen werden, daß der serienmäßig verlegte Kabelquerschnitt der Stromaufnahme des Verbrauchers angepaßt ist (siehe auch Abschnitt 8.1.6). Wenn nicht Herstellungskosten oder Betriebsempfindlichkeit dagegensprechen, kann das Kabelnetz eines Kfz, das teilweise einen Umfang von 3000 bis 4000 m aufweist, durch das sogenannte Multiplex-System reduziert werden. Hierunter ist zu verstehen, daß Gruppen gleichartiger Verbraucher, z.B. die Beleuchtungs- und Signaleinrichtung, mit einer gemeinsamen Stromleitung versehen sind. Ebenfalls haben sie und ihre «Schalter» Verbindung über eine gemeinsame, serielle Datenleitung. Vom «Schalter» und der darin befindlichen Elektronik wird bei Betätigung ein codiertes Signal in die Datenleitung eingespeist. Das wird von einer zweiten Elektronik erkannt. Sie befindet sich direkt am Verbraucher und schaltet diesen an die Stromleitung.

8.7.1   Schalter

Auch die Schalter sind in ihrem leitenden Querschnitt für einen ihrer Bauweise entsprechenden Höchststrom entwickelt. Der für die Schalter als Höchstwert angegebene Strom sollte nicht überschritten werden, weil sie dadurch Schaden erleiden. Darum sollte man auch die vom Herstellerwerk eingebauten Schalter nicht mit zusätzlich eingebauten Verbrauchern belasten, wenn man nicht weiß, ob diese Schalter dafür ausreichend sind. So sind zum Beispiel bei vielen preisgünstigen Kraftfahrzeugen die Tagesverbraucher, wie Wischer, Bremslicht, Signalhorn usw., direkt mit Plus der Batterie verbunden, weil der normale Zündschalter maximal etwa 5 A schalten soll. Dies hat zur Folge, daß die Tagesverbraucher auch ohne Einschalten der Zündung eingeschaltet werden können. Die Tagesverbraucher können dabei auch unbeabsichtigt bei abgestelltem Fahrzeug eingeschaltet bleiben und die Batterie entladen. Darum wird oft gewünscht, daß durch den Zündschalter zugleich die Tagesverbraucher ausgeschaltet werden, wie dies bei Kraftfahrzeugen höherer Preisklassen üblich ist. Hier wird oft der Fehler begangen, die Tagesverbraucher an den entsprechend schwächer ausgeführten Zündschalter anzuschließen, der dadurch überlastet und schadhaft wird. Von außen ist an einem Schalter nicht immer der Höchststrom zu erkennen, der mit ihm geschaltet werden darf, auch sind diese Angaben nicht allgemein bekannt. Deshalb sollte man sich zur Regel machen, an einem Schalter nie mehr Kabel anzuschließen, als in der Bohrung der Anschlußklemme an Leiterquerschnitten unterzubringen sind.

8.7.2   Schaltrelais

Wenn größere Ströme geschaltet werden sollen, ohne kleinere Schalter oder geringere Leitungsquerschnitte zu überlasten, aber auch, um einen zu großen Spannungsabfall zu vermeiden, verwendet man elektrisch gesteuerte Schalter. Solche Schalter, die auch Relais oder Schaltschütz genannt werden, bestehen im wesentlichen aus einer Zugspule mit Eisenkern, über dem ein Schalteranker angeordnet ist. Schließt man bei Strom in der Zugspule die Kontakte, so spricht man von *Arbeitskontakt*. Werden dagegen bei Strom in der Spule die Kontakte getrennt, bezeichnet man es als *Ruhekontakt*.

Durch einen geringen Strom von 0,15 bis 0,3 A in den Schaltspulen können die Schaltrelais Ströme bis 100 A schalten. Man könnte zum Beispiel ein Schaltrelais mit Arbeitskontakt verwenden, um mit einem nur für die Batteriezündung ausgelegten Zündschalter auch die Tagesverbraucher einzuschalten. Dazu werden dessen Schaltspulenklemme Nr. 86 mit der Klemme Nr. 15 des Zündschalters und die andere Schaltspulenklemme Nr. 85 mit Masse verbunden. Bei Anschluß der Klemme Nr. 88 des Schaltrelais an die Klemme Nr. 30 am Anlasserschalter kann der Strom direkt von dieser Klemme über die Klemme Nr. 88a des Schaltrelais zu den Tagesverbrauchern geschaltet werden. Dadurch werden die übrigen Leitungen nicht zusätzlich belastet, und ein zu großer Spannungsabfall wird vermieden (Bild 8.140). Bei Verbrauchern mit größerer Stromaufnahme ist es sogar zweckmäßig, die Klemme Nr. 88 mit der Klemme B+ des Generators zu verbinden, um bei Betrieb des Motors den Strom und damit den Spannungsabfall im Ladekabel zu

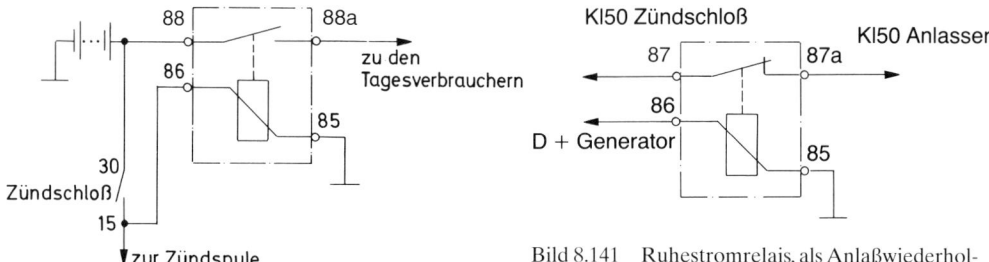

Bild 8.140 Arbeitsstromrelais, als Entlastungsrelais für das Zündschloß geschaltet

Bild 8.141 Ruhestromrelais, als Anlaßwiederholsperre geschaltet. Bei laufendem Motor werden die Kontakte geöffnet, so daß die Startersteuerleitung unterbrochen wird.

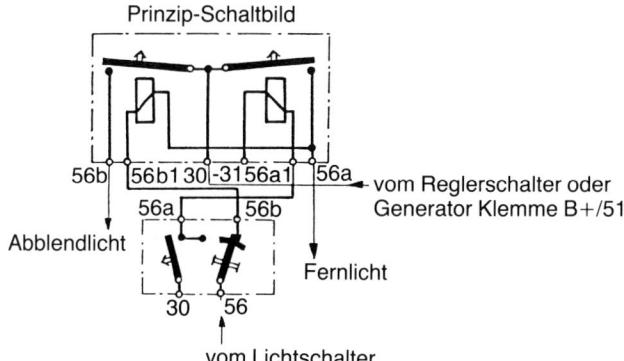

Bild 8.142 Schaltrelais für Fern- und Abblendlicht mit Lichthupenkontakt im Abblendschalter

vermindern. Ebenso können Schaltrelais verwendet werden, um selbsttätig die Benutzung eines anderen Verbrauchers zu verhindern (Bild 8.141).

Abblendrelais können den Spannungsabfall in der Zuleitung zu den Scheinwerfern stark herabsetzen. Dabei werden die langen, über Lichtschalter und Abblendschalter geführten Leitungen nur zum Steuern der Schaltrelais benutzt. Es ist dabei möglich, Scheinwerferlampen vom Generator über Schaltrelais und Sicherungen zu versorgen. Damit entfällt auch der Spannungsabfall in der Ladeleitung B+ (Bild 8.142).

8.7.3   Sicherungen

Die Sicherungen haben die Aufgabe, die in ihrem Stromkreis angeordneten Leitungen vor dem Strom zu schützen, der sie unzulässig erwärmen würde. Dadurch kann die Leitung vor dem Verschmoren und das Kraftfahrzeug vor Brand geschützt werden. Die allgemein verbreitete Meinung, daß eine Sicherung nur bei einem Kurzschluß bzw. Masseschluß abschmelzen muß, ist irrig. Denn auch vor zu großem Strom infolge des Anschlusses von zusätzlichen Verbrauchern oder durch blockierten Wischermotor usw. soll die Sicherung schützen. In deutschen Kraftfahrzeugen sind Schmelzeinsätze für Dauerstrom von 8 A und 25 A und Sicherungsstreifen für Dauerstrom von 50 A und 80 A üblich. Die Schmelzeinsätze werden meist im Kabelnetz verwendet. Die Sicherungsstreifen finden meist an Reglerschaltern und Batterieumschaltern Verwendung.

Tabelle 8.13

Übliche Be- zeichnung	Mindestens 1 Stunde vor dem Abschmelzen	Spätestens in einer Minute Abschmelzen bei	Zulässiger Spannungsabfall zwischen den Kappen
8/15 A	12 A	20 A	bei 8 A = 0,08 V
25/40 A	35 A	62,5 A	bei 25 A = 0,05 V

Die Schmelzeinsätze nach DIN 72 581 müssen die in Tabelle 8.13 genannten Voraussetzungen erfüllen.

Die üblichen Schmelzeinsätze haben den Fehler, daß die zwischen Federn eingeklemmten Spitzen der Sicherungsklappen bei den Betriebserschütterungen der Kraftfahrzeuge zeitweise den Kontakt verlieren und dabei die Kontaktstellen verschmoren. Weil der Übergangswiderstand im Stromkreis erhöht wird, werden diese Sicherungen zu einer zusätzlichen Ursache von Betriebsstörungen. Darum sollte man bei auftretenden Mängeln zuerst den Kontakt der Sicherung prüfen. Dies geschieht in einfachster Weise durch Drehen der Sicherung in ihren Klemmfedern. Da die genannten DIN-Schmelzeinsätze Störungen verursachen können, sollte man sie in betriebswichtigen Leitungen (z.B. zu Schaltkästen, Zündspulen und Lichtmaschinen) nicht verwenden.

Sicherungen und Kennfarben: Um die Sicherungen besser auf die an ihnen angeschlossenen Verbraucher abstimmen zu können, werden bei neuzeitlichen Automobilen Schmelzeinsätze verwendet, die für einen Dauerstrom von 5, 8, 16 oder 25 Ampere ausgelegt sind. Dabei werden für alle Stromstärken Schmelzeinsätze verwendet, die in ihren Abmessungen dem 8/15-A-Schmelzeinsatz nach DIN 72 581 entsprechen. Dies ermöglicht es, den Schmelzeinsatz je nach angeschlossenen Verbrauchern zu wählen, aber auch nach dem Anschluß zusätzlicher Verbraucher gegen einen solchen für den entsprechenden höheren Strom auszutauschen. Da die beschriebenen Schmelzeinsätze für die verschiedenen Dauerströme gleiche Abmessungen haben, werden diese durch verschiedene Färbung ihrer Isolatoren gekennzeichnet.

Farbe/Dauerbetriebsstrom

Gelb   5 A
Weiß   8 A
Rot   16 A
Blau   25 A

8.7.4   Störungen im Kabelnetz

Die meisten vorkommenden Störungen in der elektrischen Anlage sind Masseschluß, Unterbrechungen und zu großer Spannungsverlust in der Leitung. Wenn diese Störungen akut auftreten, ist ihre Feststellung nicht schwierig. Treten sie aber nur zeitweise in Abhängigkeit von der Belastung bei Fahrterschütterungen auf, so ist die Lokalisierung der Störungsstellen nicht immer einfach.

Masseschluß einer Leitung: Bei Dauerkontakt einer Leitung mit der Masse wird diese beim probeweisen, kurzzeitigen Anschluß an Plus der Batterie bis zum Masseschluß warm. Dies gibt die Möglichkeit, bei freiliegenden Leitungen die Stelle des Masseschlusses festzustellen. Bei unübersichtlich verlegter oder brandgefährdeter Leitung kann man durch kurzes Anschlagen einer mit Plus der Batterie verbundenen Leitung einen Öffnungsfunken ziehen. Da die Induktivität der Leitung mit deren Länge zunimmt, wird der Öffnungsfunken größer, wenn der Masseschluß weiter von der Kontaktstelle entfernt ist. Bei einiger Übung kann man auf diese Weise ziemlich genau die Stelle des Masseschlusses ermitteln.

Zeitweise auftretende Masseschlüsse bemerkt man meist durch das häufige Abschmelzen einer Sicherung. In diesem Fall sollte man zuerst überprüfen, ob die Sicherung nicht durch zusätzlich angeschlossene Verbraucher überlastet wird, so daß nach Einschalten aller mit der Sicherung verbundenen Verbraucher bei 8/15-A-Sicherungen nicht mehr als 8 A und bei 25/40-A-Sicherungen nicht mehr als 25 A über jede Sicherung fließen. Denn geringfügig höhere Ströme verursachen ein Abschmelzen der Sicherungen erst nach geraumer Zeit; dann wird oft fälschlicherweise Masseschluß angenommen. Um die Stelle des zeitweisen Masseschlusses zu finden, kann man eine Prüflampe, besser aber einen Summer oder eine Klingel benutzen. Bei der am Verbraucher abgeklemmten Leitung oder ausgebauten Glühlampe wird diese Klingel in die Leitung geschaltet und die Leitung vom Anschluß ausgehend bis zum Verbraucher bewegt und gezerrt. Wenn die Stelle des Masseschlusses gefunden ist, wird dies durch das Kontrollgerät angezeigt. Dabei hat ein akustisches Signal gegenüber der Prüflampe den Vorteil, daß man es nicht im Auge behalten muß, was beim Abtasten der Leitung meist nicht möglich ist. Es sind auch einfache Geräte handelsüblich, die den Schluß sowohl durch eine Glühlampe als auch durch einen Ton anzeigen.

Unterbrechung einer Leitung: Eine Unterbrechung in einer Leitung kann dauernd, aber auch in Abhängigkeit von den Betriebsbeanspruchungen kurzzeitig sein. Im ersten Falle führt die Unterbrechung zum vollen Aussetzen des Stroms und damit zum Versagen des mit der Leitung verbundenen Geräts. Kurzzeitige, während der Fahrt auftretende Unterbrechungen verursachen zeitweiliges Aussetzen der Geräte und sind meist nicht sofort erkennbar.

Unterbrechungen werden meist durch Kontaktkorrosion an den Anschlußklemmen, durch Dauerschwingungsbrüche, seltener durch Abreißen oder Durchscheuern verursacht. Darum sollte man bei festgestellter Unterbrechung zuerst die Klemmenstellen und Anschlüsse der Leitungen überprüfen. Bei durch Schmelzeinsätze abgesicherten Leitungen sollte man zuerst durch Drehen der Sicherung in ihren Haltefedern deren Kontakt prüfen. Eine Prüflampe ermöglicht die Feststellung der Unterbrechung. Dazu wird eine Klemme der Prüflampe mit Masse des Kraftfahrzeugs verbunden, und mit der zweiten Klemme werden die Anschlüsse von der Stromquelle ausgehend abgetastet. Bis zur Unterbrechung glüht die Prüflampe auf und dahinter nicht mehr. Bei speziellen Prüflampen für diesen Zweck ermöglicht eine Nadel- und Prüfspitze auch, die Stelle der Unterbrechung in einer Leitung zu finden, indem man mit der Nadel die Kabelisolation durchsticht. Man kann sich dabei im Regelfall darauf beschränken, das Kabel nur vor und hinter Knickstellen oder sonstigen durch Dauerschwingungen beanspruchten Stellen zu durchstechen. Werden zeitweise Unterbrechungen in Leitungen vermutet, so ist es zweckmäßig, das mit der Leitung verbundene Gerät einzuschalten und an der Leitung zu ziehen und zu knicken. Wenn die Stelle der Unterbrechung in dieser Weise beansprucht wird, so versagt das angeschlossene Gerät. Auch bei dieser Erprobung sollte man in der Hauptsache die Kabelstellen prüfen, die durch Knickung und Dauerschwingung beansprucht werden.

Spannungsverlust: Zu große Übergangs- und Leitungswiderstände verursachen übernormale Spannungsverluste, die ihrerseits wieder die Leistung angeschlossener Geräte stark herabsetzen. Dies macht sich insbesondere bei Scheinwerferleitungen durch starke Verminderung der Leuchtkraft bemerkbar. Aber auch bei den anderen Geräten verursacht der Spannungsabfall großen Leistungsverlust. Beim Betrieb der Kraftfahrzeuge erzeugen die Generatoren den elektrischen

Strom für die Verbraucher und zum Laden der Batterien. Darum wird die Erzeugerspannung zwischen der Klemme (B+) am Reglerschalter oder Generator und Masse des Motors gemessen.

Beim Anlassen von Motoren erzeugen die Batterien den Anlasserstrom. Darum wird in diesem Fall die Erzeugerspannung an den Anschlußpolen der Batterien gemessen. Der Spannungsverlust ist unbedenklich, wenn die in Abschnitt 8.1.6 aufgeführten Werte nicht überschritten werden.

Die angegebenen Werte werden aus preiskalkulatorischen Gründen nicht immer eingehalten. Einzelne Firmen verwenden geringere Kabelquerschnitte, die sie für ausreichend halten. Hier muß in jedem Fall entschieden werden, ob man durch Änderungen des Zustandes eine Verbesserung erreichen kann.

Das Prüfen des Spannungsverlustes geschieht am einfachsten mit einem Voltmeter. Zum Prüfen des Gesamtspannungsverlustes wird bei eingeschaltetem Verbraucher dessen Betriebsspannung gemessen. Wenn diese Betriebsspannung zum Beispiel zwischen Klemme Nr. 56a und dem Scheinwerfereinsatz nicht um mehr als 0,6 V geringer ist als die zwischen der Klemme B+ und Masse des Reglerschalters, ist der Spannungsverlust unbedenklich. Bei wesentlich größerem Spannungsabfall wird bei eingeschaltetem Scheinwerfer zwischen der Klemme Nr. 56a am Scheinwerfer und der Klemme B+ am Generator der Spannungsverlust in den Leitungen gemessen. Dieser darf bis 0,2 V betragen. Die zwischen der Masse des Scheinwerfereinsatzes und der Masse des Reglerschalters gemessene Spannung soll nicht mehr als 0,4 V betragen (Bild 8.143). Wenn zwischen den Meßpunkten eine höhere Spannung gemessen wird, so kann die Stelle des erhöhten Widerstandes durch Messung einzelner Teilabschnitte ermittelt werden. Bei den anderen Verbraucherstromkreisen kann der Spannungsabfall unter Zugrundelegung der entsprechenden Werte in ähnlicher Weise gemessen werden. Beim Anlasserstromkreis ist die Spannungsdifferenz zwischen Plus und Minus der Batterie zu Plus und Minus des auf Stillstand gebremsten Anlassers zu messen.

Der Spannungsverlust im Generatorstromkreis kann bei eingeschaltetem Fahrlicht und mittleren bis höheren Drehzahlen des Motors gemessen werden. Der gesamte Spannungsverlust ist die Differenz der Spannung zwischen der Klemme Nr. 51 und Masse des Reglerschalters zur Spannung zwischen Plus und Minus an der Batterie.

Beim Prüfen der Masserückleitung im Generatorstromkreis, das bei stehendem Kraftfahrzeug erfolgt, können andere Verhältnisse vorliegen als beim Betrieb. Denn bei stehendem Fahrzeug hat der Motor, und damit der Generator, über die Zahnräder und Kugellager der Getriebe und Triebachsen zusätzliche Masseverbindung. Diese Masseverbindung entfällt, wenn das Kraftfahrzeug betrieben wird, weil nun der Schmierfilm zwischen den Lagern die Masseverbindung aufhebt.

Bild 8.143 Das Messen des Spannungsverlustes im Stromkreis eines Scheinwerfers mit einem Voltmeter (I Messen der Reglerspannung, II Messen der Scheinwerferspannung, III Messen des Spannungsverlustes in Leitungen, Schaltern, Klemmstellen und Sicherungen, IV Messen des Spannungsverlustes in der Masseleitung)

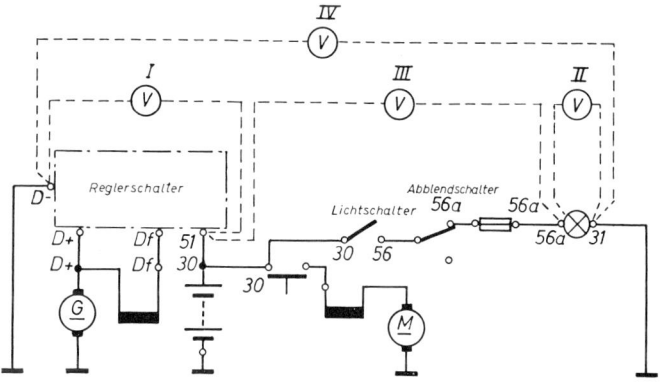

Deshalb ist auch die Tatsache, daß der Anlasser einwandfrei arbeitet, kein Beweis für eine gute Masseverbindung. Darum sollte man sich trotz einwandfreien Prüf- und Testergebnissen zusätzlich vom Zustand der Massebänder des Motors überzeugen. Die Tatsache, daß der gleiche Strom im größeren Widerstand mehr Wärme erzeugt, ermöglicht eine Feststellung von Übergangswiderständen an Kontakt- und Anschlußstellen durch Abfühlen. Denn bei eingeschaltetem Strom werden Anschlußstellen mit größerem Übergangswiderstand warm.

8.8   Beleuchtungseinrichtungen

Als Beleuchtungseinrichtungen für Kraftfahrzeuge gelten alle nach außen wirkenden Leuchten und Scheinwerfer. Ebenso gelten nach außen wirkende rückstrahlende Einrichtungen, wie Rückstrahler und Leuchtfarben, als Beleuchtungseinrichtungen.
Vorgeschriebene Beleuchtungseinrichtungen sind:

❐ Scheinwerfer, Abblendlicht, Begrenzungslicht, Rücklicht, Kennzeichenbeleuchtung, Rückstrahler, Bremslicht, Warnleuchten, Fahrtrichtungsanzeiger, Rückfahr- und Nebelschlußleuchten.

Zugelassene Beleuchtungseinrichtungen sind:

❐ Nebelscheinwerfer, Zusatzfernscheinwerfer, Suchscheinwerfer, Türsicherungsleuchten, zusätzliche Schlußleuchten, Anhänger-Spurhalteleuchten, Parkleuchten und Zusatzbremsleuchten.

Außer den vorgeschriebenen oder für zulässig erklärten Beleuchtungseinrichtungen dürfen keine weiteren Beleuchtungseinrichtungen an Kraftfahrzeugen angebracht sein, wenn sie nicht durch eine sonstige Verordnung (z.B. BO Kraft), durch eine Sondergenehmigung oder eine Ausnahmebestimmung gestattet oder vorgeschrieben sind. Hierunter fallen z.B. die gelben Rundumleuchten für Pannenhilfsfahrzeuge, Straßendienstfahrzeuge oder solche mit Überbreite oder -länge und das «Blaulicht» der Polizei- und Krankenfahrzeuge.

8.8.1   Bauartgenehmigung

Fast alle nach außen wirkenden Beleuchtungseinrichtungen und die darin verwendeten Glühlampen sind nach § 20 der StVZO in ihrer Bauart genehmigungspflichtig. Ausgenommen sind nur die Suchscheinwerfer und die Rückfahrscheinwerfer. Die Bauartgenehmigung erteilt in der Regel das Kraftfahrtbundesamt, nachdem der Bautyp durch ein von diesem beauftragtes technisches Institut geprüft wurde. Die bauartgenehmigten Beleuchtungseinrichtungen sind durch eine Wellenlinie mit drei Perioden, einem Buchstaben und einer Zahl gekennzeichnet. Beleuchtungseinrichtungen, die nach gemeinsamen europäischen Richtlinien geprüft und bauartgenehmigt wurden, sind durch ein «E» im Kreis und eine Zahl gekennzeichnet. Nach § 26 Abs. 5 des Straßenverkehrsgesetzes kann derjenige, der Kraftfahrzeugteile, die bauartgenehmigt sein müssen, in einer nicht genehmigten Ausführung gewerbsmäßig feilbietet, mit einer Geldbuße bis zu 10 000 DM belegt werden. Auch Änderungen an diesen Bauteilen werden durch die Rechtsprechung als strafbare Handlung angesehen. Darum darf man nur bauartgenehmigte Beleuchtungseinrichtungen der genannten Art anbauen und verkaufen. Ebenso sollte man beim Instandsetzen an diesen Geräten nur Originalersatzteile verwenden und keine Änderungen vornehmen.

8.8.2 Allgemeine Grundsätze für Beleuchtungseinrichtungen

Der § 49a der StVZO gibt allgemeine Grundsätze für Beleuchtungseinrichtungen. Danach müssen alle Beleuchtungseinrichtungen – also nicht nur die vorgeschriebenen, sondern auch die zulässigen – immer betriebsfertig sein. Sie müssen vorschriftsmäßig angebracht sein (Bilder 8.144 und 8.145). Bei paarweiser Verwendung von Beleuchtungseinrichtungen müssen diese gleich hoch über der Fahrbahn und gleich weit von der Fahrzeugmittellinie befestigt sein. Die Lichtwirkung dieser Beleuchtungseinrichtungen muß gleich sein. Die paarweisen Beleuchtungseinrichtungen müssen mit Ausnahme von Fahrtrichtungsanzeigern und Parkleuchten gleichzeitig einschaltbar sein.

Nach vorn wirkende Beleuchtungseinrichtungen – mit Ausnahme von Fahrtrichtungsanzeigern und Parkleuchten – müssen so geschaltet sein, daß sie nur in Verbindung mit Schluß- und Kennzeichenbeleuchtung eingeschaltet werden können. Werden jedoch die Scheinwerfer zur Abgabe von Leuchtzeichen verwendet (Lichthupe), so dürfen Schluß- und Nummernbeleuchtung nicht aufleuchten.

In allen nach außen wirkenden Beleuchtungseinrichtungen dürfen nur die dafür bestimmten, in ihrer Bauart genehmigten Glühlampen verwendet werden (Bild 8.146).

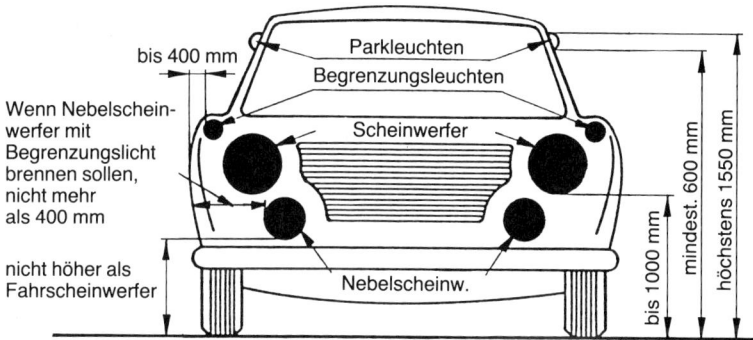

Bild 8.144 Vorgeschriebene Anbaumaße für die vorderen Beleuchtungseinrichtungen von Personenkraftwagen. (Lt. StVZO muß das Maß an der Kante der Lichtaustrittsfläche angelegt werden.)

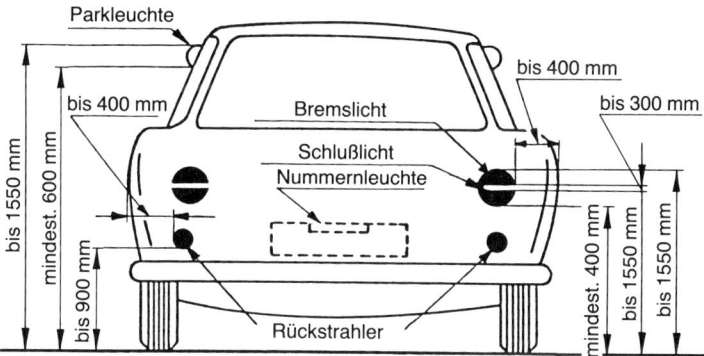

Bild 8.145 Vorgeschriebene Anbaumaße für hintere Beleuchtungseinrichtungen von Personenkraftwagen. Nebelschlußleuchten müssen zwischen 250 und 1000 mm hoch angebracht sein bei einem Mindestabstand von 100 mm zu den Bremsleuchten. Für Zusatzbremsleuchten ist die Anbauhöhe nicht definiert.

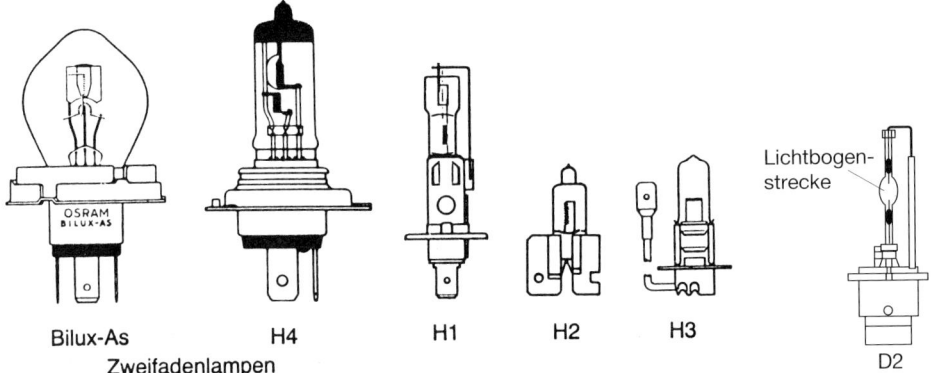

Bilux-As   H4   H1   H2   H3
Zweifadenlampen

Bild 8.146 Gebräuchliche Scheinwerferlampen. Zweifadenlampen sind für Einscheinwerfersysteme, H1 bis H3 für Zusatzscheinwerfer vorgesehen. Die D2-Lampe hat einen hochspannungsfesten Stecksockel und kommt für Abblendscheinwerfer zum Einsatz.

8.8.3   Fahrscheinwerfer

Kraftfahrzeuge mit einer Höchstgeschwindigkeit von mehr als 30 km/h benötigen abblendbare Scheinwerfer. Für die in der Bundesrepublik hergestellten Kraftfahrzeuge sind zulässig:

❐ abblendbare Scheinwerfer mit symmetrischem oder europäischem asymmetrischem Abblendlicht und Halogen-H4-Abblendscheinwerfer,
❐ besondere, getrennte Scheinwerfer für das Fernlicht und für das Abblendlicht,
❐ zusätzliche Halogen-Fernscheinwerfer.

Bei normalen Kraftfahrzeugen dürfen die Scheinwerfer mit dem unteren Rande ihrer Lichtaustrittsflächen nicht mehr als 1 m von der Fahrbahn entfernt sein. In 100 m Entfernung muß in Verlängerung der Fahrzeuglängsachse in Höhe der Scheinwerfermitte vor jedem Scheinwerfer folgende Mindestbeleuchtungsstärke erreicht werden:

❐ bei Krafträdern unter 100 cm³ Hubraum   = 0,25 Lux,
❐ bei Krafträdern über 100 cm³ Hubraum   = 0,5 Lux,
❐ bei anderen Kraftfahrzeugen   = 1,0 Lux.

Als abgeblendet gelten die Scheinwerfer, wenn in 25 m vor dem Fahrzeug in Höhe der Scheinwerfermitte und darüber nicht mehr als 1 Lux gemessen wird. Bei Scheinwerfern mit europäischem asymmetrischem Abblendlicht darf die Grenze der höheren Lichtstärke, wie 1 Lux, von der verlängerten Scheinwerfermitte aus nach rechts mit einem Winkel von 15° ansteigen. In 25 m Entfernung muß vor jedem Scheinwerfer bei Abblendlicht 15 cm über der Fahrbahn mindestens 1 Lux Beleuchtungsstärke sein (§ 50 Abs. 6 StVZO).

Das Einschalten des Fernlichtes muß durch eine blaue Kontrolleuchte im Blickfeld des Fahrzeugführers angezeigt werden. Dies ist bei Krafträdern und Zugmaschinen mit offenem Fahrersitz nicht erforderlich, wenn das Einschalten des Fernlichtes an der Stellung des Abblendschalters erkannt werden kann.

948   *Kraftfahrzeug-Elektrik*

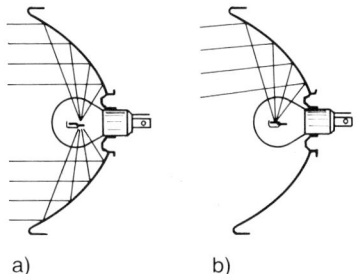

Bild 8.147 Lichtstrahlengang
a) Fernlicht
b) Abblendlicht

a)   b)

Scheinwerferoptik: Die Scheinwerferoptik wird durch die Glühlampe, den Reflektor und die Streuscheibe bestimmt. In der Glühlampe ist die Lage der Wolframwendel festgelegt, der Reflektor bestimmt den Strahlengang des Lichtes und die geriffelte Streuscheibe die Lichtverteilung. Es ist einsehbar, daß das willkürliche Verändern des einen oder anderen Teils die Scheinwerferoptik in unzulässiger Weise verändert. Für das Fernlicht ist die Wolframwendel im Brennpunkt des Parabolspiegels angeordnet. Dadurch werden alle Lichtstrahlen parallel zur Achse des Parabols abgestrahlt, so daß ein weitreichender Lichtkegel entsteht. Für das Abblendlicht ist die Wendel hinter den Brennpunkt gelegt und mit einer Strahlenblende versehen, die den Lichteinfall in den unteren Teil des Reflektors verhindert (Bild 8.147). Dadurch wird in Verbindung mit der Streuscheibe und richtiger Scheinwerfereinstellung ein blendfreies Licht erzeugt. Bei europäischem asymmetrischem Abblendlicht hat die Strahlenblende eine Abknickung nach links unten um 15°, wodurch in die untere Hälfte des Parabols so viel Licht fällt, daß die rechte Fahrbahnseite bis etwa 100 m voraus beleuchtet wird.

Bi-Focus-System: Pkw mit 5³/₄″-Doppelscheinwerfern haben zwar hervorragendes Fernlicht, weisen aber beim Abblendlicht größenbedingte Nachteile auf. Der untere Teil der Abblendreflektoren muß normalerweise abgeschattet werden, weil das daraus abgestrahlte Licht den Gegenverkehr blenden würde.

Die Fa. Hella nutzt bei ihrem als Bi-Focus-System bezeichneten Abblendscheinwerfer diesen Teil aus (Bild 8.148). Er hat Stufenform erhalten, so daß das durch einen Lichtschacht auf ihn fallende Licht blendfrei auf die Straße gelenkt wird. Das ergibt eine um 25% erhöhte Lichtleistung,

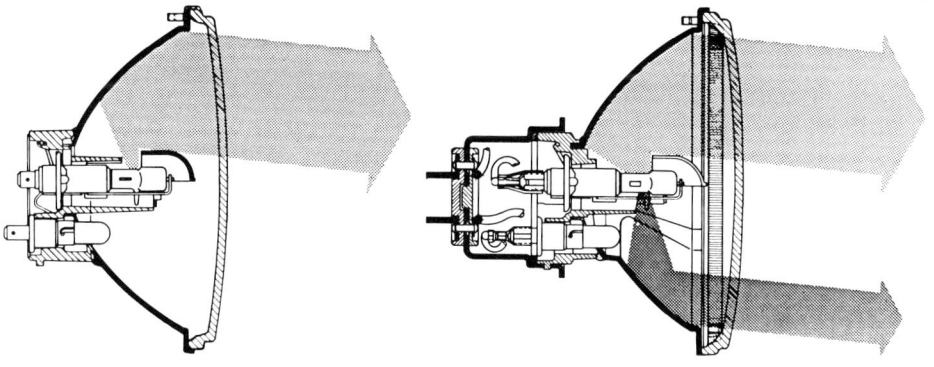

Normaler Abblendscheinwerfer   Hella-Bi-Focus

Bild 8.148 Beim Hella-Bi-Focus wird das Licht,
das bisher ungenutzt blieb, durch eine Stufe im
Reflektor auf die Fahrbahn gelenkt.

wobei besonders die Seitenbereiche besser als herkömmlich ausgeleuchtet werden. Ein weiterer Vorteil ist, daß der Helligkeitsunterschied zwischen Fern- und Abblendlicht geringer ist. Das menschliche Auge braucht sich den geänderten Beleuchtungsverhältnissen nicht mehr so gravierend sprunghaft anzupassen und wird dadurch geschont. Eine weitere sehr aufwendige Konstruktion der gleichen Firma ist der Abblendscheinwerfer mit computerberechnetem DE-Reflektor (Bild 8.149). DE steht hier für dreiachsiges Ellipsoid, es ist also kein Parabolspiegel mehr. In dieses System sind eine Strahlenblende und eine Sammellinse eingebracht, die das Abblendlicht auf die Straße projizieren. Diese Bauform ermöglicht sehr niedrige Scheinwerfergehäuse, was dem Wunsch der Autostilisten nach strömungsgünstiger Karosserieform entgegenkommt.

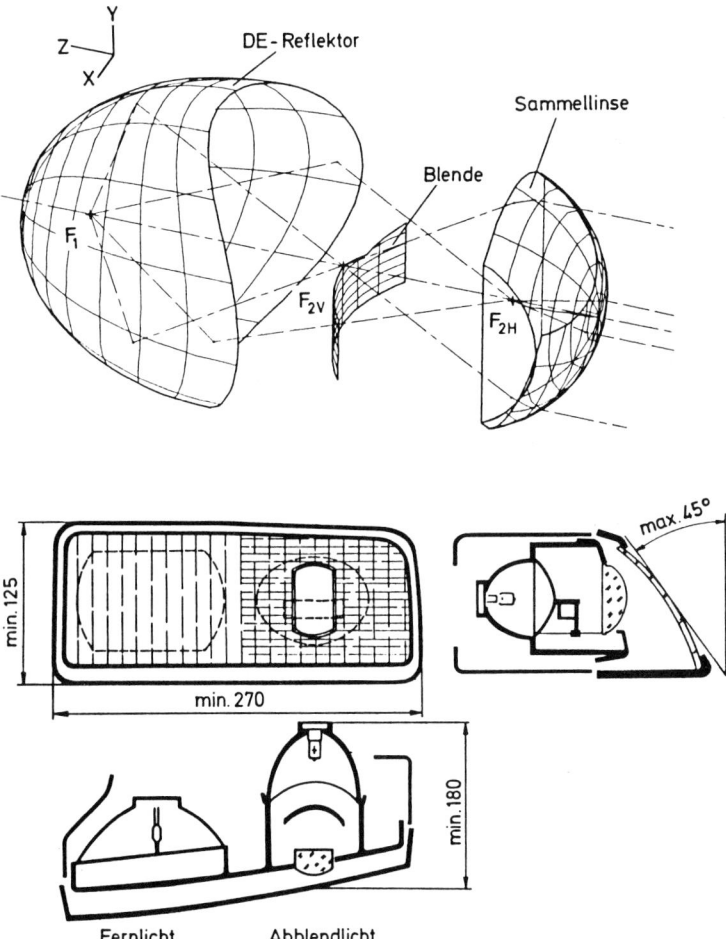

Bild 8.149 Die von der Glühlampe im Brennpunkt F1 ausgehenden Strahlen werden vom DE-Reflektor reflektiert. Sie treffen auf der Brennlinie zwischen F2V und F2H wieder zusammen. Dort wird die Blende angeordnet, die die Hell-Dunkel-Grenze erzeugt. Im zweiten Brennpunkt F2H befindet sich die Sammellinse, die das Licht auf die Fahrbahn projiziert. Darunter eine komplette Doppelscheinwerfereinheit

Systeme mit Gasentladungslampen: Der Wunsch nach Scheinwerferlicht, das dem Sonnenlicht gleichkommt, führte zur Einführung der Gasentladungslampen. Diese sind seit langem aus anderen Anwendungsbereichen, z.B. Flutlichtanlagen oder Kinoprojektoren, bekannt, ließen sich aber in der dortigen Form nicht ohne weiteres in einen Kfz übernehmen. Die hier verwendeten Leuchtkörper, im weiteren mit der üblichen Kurzbezeichnung D1 bzw. D2 bezeichnet, haben keinen zur Weißglut aufgeheizten Wolframfaden als Lichtquelle, sondern einen elektrischen Lichtbogen. Die Kurzbezeichnung D ist von dem englischen Wort für Entladung – *discharge* – abgeleitet und weist darauf hin, daß sich in ihrem Glaskolben kontinuierlich eine hohe Spannung entlädt. Der Elektrodenabstand in dem mit Xenon und gelösten Metallsalzen gefüllten Kolben beträgt ca. 4 mm, ist damit also zu groß, um von der Bordnetzspannung 12 V überwunden zu werden. Folglich mußte eine Elektronik entwickelt werden, die mit Hilfe eines zündspulenähnlichen Transformators die Spannung bis auf ca. 15 KV heraufsetzt.

Da der erzeugte Lichtbogen keinen altersbedingten Verschleiß wie ein Wolframwendel aufweist, kann davon ausgegangen werden, daß eine D1 ein Autoleben lang hält.

Ein weiterer Vorteil neben dem weißbläulichen Licht ist die große Lichtausbeute, denn mit einer Leistungsaufnahme von 35 W bei Betrieb liefert der Scheinwerfer fast doppelt soviel wie eine normale 55-W-Halogenlampe. Das bewirkt eine breitere Ausleuchtung der Fahrbahnränder und weiterreichende Beleuchtung der rechten Fahrbahn. Der technisch-elektronische Aufwand ist allerdings größer als bei herkömmlichen Scheinwerferanlagen. Das D1-Licht wird zur Zeit nur für das Abblendlicht eingesetzt, so daß pro Fahrzeugseite jeweils auch ein herkömmlicher Fernscheinwerfer notwendig ist. Die Komponenten für den Betrieb eines Scheinwerfers sind neben dem eigentlichen Scheinwerfer noch ein Zündungsteil und ein Steuerteil, die den gesamten Funktionsablauf bewirken (Bild 8.150).

Nach Einschalten des Lichtes bewirkt eine Zündspannung von ca. 10 kV den Lichtbogen zwischen den Elektroden, der das Gas ionisiert und aufheizt.

Hierdurch verdampfen die gelösten Metallsalze und strahlen Licht ab. Dessen Intensität wächst mit steigender Ionisierung. Um die größtmögliche Helligkeit nach dem Einschalten schnell zu erreichen, wird der Lampenstrom zuerst erhöht und nach Erreichen des normalen Betriebszu-

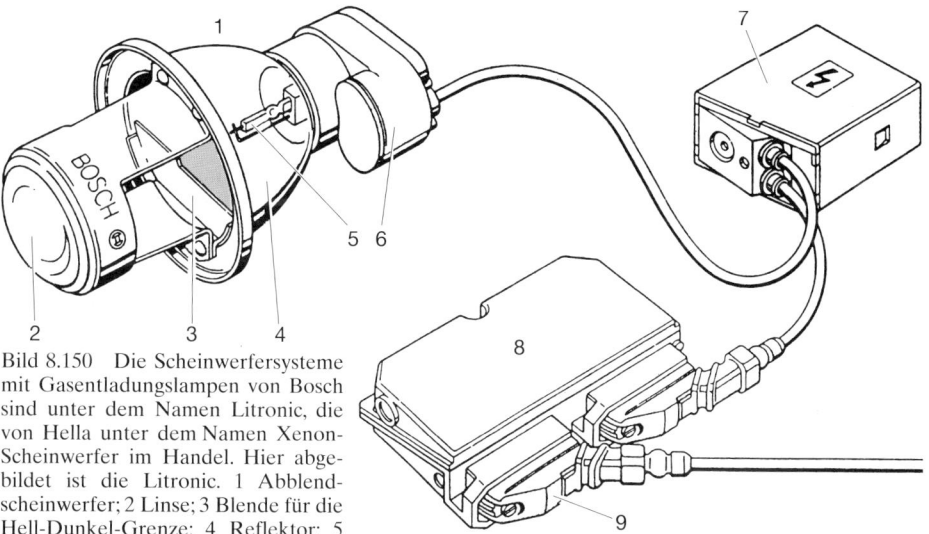

Bild 8.150 Die Scheinwerfersysteme mit Gasentladungslampen von Bosch sind unter dem Namen Litronic, die von Hella unter dem Namen Xenon-Scheinwerfer im Handel. Hier abgebildet ist die Litronic. 1 Abblendscheinwerfer; 2 Linse; 3 Blende für die Hell-Dunkel-Grenze; 4 Reflektor; 5 D1-Gasentladungslampe; 6 Lampenträger; 7 Zündungsteil; 8 Steuerteil; 9 Kabelbaumstecker

standes heruntergeregelt. Ab diesem Moment genügt eine Wechselspannung von ca. 85 V und einer Frequenz von ca. 10 kHz, um den Lichtbogen aufrechtzuerhalten.

Um bei Arbeiten am Fahrzeug oder nach einem Unfall die Gefahr von Stromschlägen auszuschließen, sind zusätzlich zu den VDE-Warnschildern die hochspannungsführenden Teile berührungssicher ausgeführt.

8.8.4 Scheinwerfereinstellung

Die Grundlage der Scheinwerfereinstellung ist eine Prüftafel, die in 10 m Entfernung senkrecht vor jedem einzelnen Scheinwerfer aufgestellt wird. Ihre Markierung für die Scheinwerfermitte muß dabei auf ebenem Boden in gleicher Höhe wie die Scheinwerfermitte parallel zur verlängerten Fahrzeugmittellinie vor dem Scheinwerfer sein. Die Mitte des Scheinwerferlichtkegels soll möglichst auf der Markierung «Scheinwerfermitte» auftreffen. Entscheidend ist aber die Einstellung des Abblendlichtes (Fahrlicht), und diesem entsprechend muß anschließend der Scheinwerfer höher oder tiefer eingestellt werden. Die Hell-Dunkel-Grenze des Abblendlichtes soll bei beiden Scheinwerferarten nach links vor der Markierung «Scheinwerfermitte» 12 cm unter der Höhe der Scheinwerfermitte liegen. Bei Scheinwerfern mit europäischem asymmetrischem Abblendlicht darf die Hell-Dunkel-Grenze nach rechts von der Markierung Scheinwerfermitte um 15 Winkelgrade ansteigen. Wenn bei Belastung des Kraftfahrzeuges die Neigung der Hell-Dunkel-Grenze vermindert wird, so muß die Scheinwerfereinstellung bei einem mit der zulässigen Nutzlast belasteten Fahrzeug, sonst bei einem nur mit dem Fahrer belasteten Fahrzeug erfolgen.

Für Neufahrzeuge schreibt die StVZO eine Leuchtweitenregulierung vor. Diese kann von Hand, elektrisch oder hydraulisch/pneumatisch betätigt werden und gewährleistet, daß die Neigung der Hell-Dunkel-Grenze unabhängig von der momentanen Fahrzeugbeladung gleich bleibt. Damit ist einer Blendung des Gegenverkehrs oder einer Beeinträchtigung der Sicht des Fahrers vorgebeugt. Optimal sind hier die selbsttätig wirkenden Verstelleinrichtungen, bei denen die Höhenlage der Karosserie zu den Achsen elektrisch oder hydraulisch aufgenommen wird. Diese Größe gelangt als Signal zu den Stellgliedern an den Scheinwerfern und kann hier, zumindest bei elektrisch-elektronischen Systemen, Karosserieneigungen, wie sie beim Bremsen entstehen, in Bruchteilen von Sekunden kompensieren. Bei Ausfall des Systems werden bei hydraulisch-pneumatischen Anlagen durch Federn, bei elektrischen Anlagen durch Sicherheitselektroniken die Abblendscheinwerfer in eine blendfreie Position gestellt.

Um die Überprüfung und die Einstellung der Scheinwerfer zu erleichtern, wurden durch das Bundesministerium für Verkehr besondere Richtlinien veröffentlicht, die das Überprüfen der Scheinwerfereinstellung auch beim unbelasteten Fahrzeug ermöglichen.

In diesen Richtlinien werden folgende Abkürzungen verwendet:

H Höhe der Mitte des Scheinwerfers über der Standfläche in cm

h Höhe des Trennstrichs der Prüffläche über der Standfläche in cm

e Einstellmaß in cm, $e = H - h$

N Maß in cm, um das die Lichtbündelmitte auf 5 m Entfernung geneigt werden soll

Einstellen der Scheinwerfer

1. Vor der Scheinwerfereinstellung ist dafür zu sorgen, daß die Reifen den vorgeschriebenen Luftdruck haben. Fahrzeuge mit Federung sind nach dem Beladen einige Meter zu rollen, damit sich die Federn richtig einstellen.

2. Für die Einstellung der Scheinwerfer ist das Fahrzeug auf einer ebenen Fläche aufzustellen; auch kleine Unebenheiten (Wölbungen und dergleichen) am Standort des Fahrzeugs können zu einer falschen Einstellung führen.
3. Die Scheinwerfer sind einzeln einzustellen. Dazu müssen die anderen Scheinwerfer ausgeschaltet oder abgedeckt werden.
4. Bei Fahrzeugen mit automatischem Ausgleich – der durch die Lastabhängigkeit verursachten Karosserie- oder Scheinwerferneigung – sind die Eigenheiten dieser Einrichtungen nach den Anweisungen des Herstellers sorgfältig zu beachten.
5. Zum Einstellen der Scheinwerfer muß sich bei Fahrzeugen, bei denen die Scheinwerfer von Hand stufenlos verstellt werden können, die Verstelleinrichtung in der vorgeschriebenen Raststellung befinden.
   Bei Scheinwerfern mit Verstelleinrichtungen für nur zwei Stellungen ist wie folgt zu verfahren:
   a) Bei Fahrzeugen, bei denen sich das Lichtbündel mit zunehmender Beladung hebt, ist die Einstellung in der Endstellung der Verstelleinrichtung vorzunehmen, bei der das Lichtbündel am höchsten liegt.
   b) Bei Fahrzeugen, bei denen sich das Lichtbündel mit zunehmender Beladung senkt, ist die Einstellung in der Endstellung der Verstelleinrichtung vorzunehmen, bei der das Lichtbündel am niedrigsten liegt.
6. Die Fahrzeuge sind bei der Einstellung der Scheinwerfer wie folgt zu belasten:
   a) Personenwagen mit einer Person oder 75 kg auf dem Führersitz bei sonst unbelastetem Fahrzeug (Leergewicht nach § 42 Abs. 3 StVZO).
   b) Lastkraftwagen und sonstige mehrspurige Fahrzeuge bleiben unbelastet (Leergewicht nach § 42 Abs. 3 StVZO).
   c) Einspurige Fahrzeuge sowie einachsige Zug- oder Arbeitsmaschinen (mit Sitzkarre oder Anhänger) mit einer Person oder 75 kg auf dem Führersitz.
7. Von den Belastungen nach Absatz 6 darf abgewichen werden, wenn das Einstellmaß hierfür so gewählt wird, daß sich (bei Belastung nach Absatz 6a, b oder c) das entsprechende Einstellmaß nach anliegender Tabelle für die Einstellung ergibt.
8. Für die Einstellung des Scheinwerfers nach der Tabelle ist eine verstellbare ebene Fläche zu verwenden. Diese Prüffläche soll hellfarbig und mit einer Zentralmarke sowie mit einem Trennstrich versehen sein. Sie muß senkrecht zur Standfläche und senkrecht zur Fahrzeug-Längsmittelebene angeordnet sein. Für die Anwendung der Einstellmaße nach der Tabelle muß der Abstand zwischen der Prüffläche und dem einzustellenden Scheinwerfer 10 m betragen. Bei großen Lichtbündelneigungen, z.B. bei Nebelscheinwerfern, ist ein Abstand von 5 m zu wählen; hierbei sind die vorgeschriebenen Einstellmaße zu halbieren.
9. Die Zentralmarke der Prüffläche muß in der zur Fahrzeug-Längsmittelebene parallelen Ebene liegen, die durch die Mitte des einzustellenden Scheinwerfers geht.
10. Für jeden einzustellenden Scheinwerfer muß der Trennstrich parallel zur Standfläche auf Höhe h eingestellt werden.
11. Nach Möglichkeit ist in einem geschlossenen Raum und in nicht zu heller Umgebung einzustellen, da die Einstellgenauigkeit durch Wind (Bewegung der Prüffläche) und Fremdlicht beeinflußt werden kann.
12. a) Bei Scheinwerfern für symmetrisches Abblendlicht und bei Nebelscheinwerfern muß die höchste Stelle der Hell-Dunkel-Grenze den Trennstrich berühren und über die Mindestbreite der Prüffläche möglichst waagerecht verlaufen.
    In seitlicher Richtung müssen diese Scheinwerfer so eingestellt werden, daß die Lichtverteilung möglichst symmetrisch zur vertikalen Linie durch die Zentralmarke liegt.

b) Bei Scheinwerfern für asymmetrisches Abblendlicht muß die Hell-Dunkel-Grenze links von der Mitte den Trennstrich berühren. Der Schnittpunkt zwischen dem linken (möglichst waagerechten) und dem rechts ansteigenden Teil der Hell-Dunkel-Grenze muß auf der Senkrechten durch die Zentralmarke liegen. Zur leichteren Ermittlung des genannten Schnittpunktes kann die linke Scheinwerferhälfte einige Male abwechselnd abgedeckt und wieder freigegeben werden.

c) Die Lichtbündelmitte des Fernlichtes muß auf der Zentralmarke liegen. Bei Scheinwerfern mit gemeinsamer Einstellbarkeit für Fern- und Abblendlicht sind Abweichungen von je 20 cm nach rechts oder links und von 15 cm nach oben oder 10 cm nach unten zulässig.

d) Bei einachsigen Zug- oder Arbeitsmaschinen mit dauerabgeblendeten Scheinwerfern, auf denen die Neigung der Lichtbündelmitte angegeben ist, muß die Lichtbündelmitte auf dem Trennstrich und auf der vertikalen Linie durch die Zentralmarke liegen.

13. Bei Verwendung von Scheinwerfer-Einstellprüfgeräten, die den hierfür geltenden Richtlinien entsprechen müssen, sind die Bedienungsanweisungen des Herstellers zu beachten.

14. Die Scheinwerfer müssen nach der Einstellung am Fahrzeug wieder so befestigt werden, daß eine unbeabsichtigte Verstellung nicht eintreten kann.

15. *Nach einer Reparatur an der Fahrzeugfederung sowie bei Änderungen und Maßnahmen, die die Scheinwerfereinstellung beeinflussen können, sind die Scheinwerfer stets neu einzustellen.* Dies empfiehlt sich auch nach dem Auswechseln einer Glühlampe.

Scheinwerfereinstellgeräte

Die Scheinwerfereinstellung mit einer Prüffläche in 10 m Entfernung erfordert einen abgedunkelten Raum mit ebenem Boden von 15 bis 20 m Länge. Durch Scheinwerfereinstellgeräte, die mit besonderen Vorrichtungen zum Kraftfahrzeug ausgerichtet werden können, ist eine Scheinwerfereinstellung auf beschränktem Raum möglich. Mit optischen Systemen wird der Abstand des Bildschirms vom Scheinwerfer meist auf etwa 1 m verkürzt. Weil nun aber 1 mm auf 1 m Entfernung 1 cm auf 10 m Entfernung entspricht, muß die Ausrichtung des Geräts sorgfältig vorgenommen werden.

Viele Scheinwerfereinstellgeräte sind zusätzlich mit einem Luxmeter ausgerüstet. Das Meßinstrument ist in das Glas der Einblicköffnung eingelassen, so daß mit einem Blick Einstellung und Lichtstärke beurteilt werden können. Die Fotodiode ist hinter dem Fernlichtkreuz angebracht. Sie ist farbkorrigiert, d.h., sie zeigt zum Beispiel auch dann richtige Lichtwerte an, wenn durch Spannungsabfall das Scheinwerferlicht gelb statt weiß ist. Dadurch wird eine relativ hohe Meßgenauigkeit erreicht. Das Luxmeter hat je einen Meßbereich für Fern- und Abblendlicht, wobei der kleine Meßbereich für das Abblendlicht mit Druckknopf eingeschaltet wird. Die Skala des Anzeigeninstruments hat für jeden dieser beiden Meßbereiche je einen roten (= schlecht) und einen grünen Bereich (= gut) und ist auf die vorgeschriebenen Werte der deutschen Straßenverkehrs-Zulassungsordnung geeicht.

8.8.5   Begrenzungsleuchten

Kraftwagen und Krafträder mit Beiwagen müssen mit Begrenzungsleuchten ausgerüstet sein. Die Begrenzungsleuchten dürfen mit ihrer Lichtaustrittsfläche nicht mehr als 40 cm von der breitesten Stelle des Kraftfahrzeugs bzw. des Anhängers entfernt sein. Begrenzungsleuchten müssen so geschaltet sein, daß sie auch bei Fernlicht und Abblendlicht mit eingeschaltet sind. Begrenzungsleuchten dürfen auch im Scheinwerfer untergebracht sein, wenn diese mit ihrer Lichtaustrittsfläche nicht mehr als 40 cm vom Fahrzeugumriß entfernt sind. Zwei zusätzliche Begrenzungsleuchten sind zulässig, wenn ein Paar Begrenzungsleuchten im Scheinwerfer eingebaut sind. Wenn der Anhänger eines Kraftfahrzeugs mehr als 400 mm über die äußere Begrenzung der Lichtaustrittsflächen der Begrenzungsleuchten hinausragt, so müssen für den Anhänger ein besonderes Paar Begrenzungsleuchten angebracht sein.

8.8.6 Parkleuchten

Zur Kenntlichmachung bei Dunkelheit in geschlossenen Ortschaften genügen bei parkenden Kraftwagen ohne Anhänger, die nicht breiter als 2 m und nicht länger als 6 m sind, Parkleuchten an der dem Verkehr zugewandten Seite. Parkleuchten müssen nach vorne weißes und nach hinten rotes Licht zeigen und mit der Unterkante mindestens 60 cm und mit der Oberkante der Lichtaustrittsfläche höchstens 155 cm über der Fahrbahn befestigt sein. Anstelle von Parkleuchten für weißes und rotes Licht ist auch die Verwendung einer mit der Schlußleuchte vereinigten Parkleuchte für rotes Licht mit einer mit der Begrenzungsleuchte in einem Gerät vereinigten Parkleuchte für weißes Licht oder einer Schluß- und Begrenzungsleuchte auf der gleichen Seite des Kraftfahrzeugs zulässig.

Um zu verhindern, daß die Parkleuchte auch bei eingeschaltetem Licht mit eingeschaltet bleibt, sind besondere Schaltungen möglich. Die einfachste Schaltung dieser Art ermöglicht eine zweipolige Parkleuchte. Verbindet man die zweite Leitung anstelle der Masse mit der Klemme Nr. 58, hat die Begrenzungsleuchte nur so lange Masseverbindung über die Glühlampen der Schlußkennzeichen- und Begrenzungsleuchten, bis das Licht eingeschaltet wird.

8.8.7 Suchscheinwerfer

Ein Suchscheinwerfer ist zulässig, wenn er so geschaltet ist, daß er nur in Verbindung mit Schluß- und Kennzeichenbeleuchtung eingeschaltet werden kann. Er darf nur kurzzeitig und nicht zum Beleuchten der Fahrbahn benutzt werden. Er ist darum auch mit der Klemme Nr. 58 zu verbinden.

8.8.8 Nebelscheinwerfer

An zweispurigen Fahrzeugen sind nur zwei Nebelscheinwerfer zulässig. Nebelscheinwerfer dürfen nicht höher als die vorgeschriebenen Scheinwerfer angebracht werden. Sie müssen so geschaltet sein, daß sie nur zugleich mit der Schluß- und Kennzeichenbeleuchtung eingeschaltet werden können. Nebelscheinwerfer dürfen nur bei Nebel oder Schneefall und nur in Verbindung mit dem Abblendlicht eingeschaltet werden. Bei schlechter Sicht am Tage, wegen Nebel, Schneefall oder Regen, dürfen auch zwei Nebelscheinwerfer anstelle des sonst vorgeschriebenen Abblendlichtes eingeschaltet werden. Wenn die zwei Nebelscheinwerfer an einem Kraftwagen so befestigt werden, daß ihre Lichtaustritte nicht mehr als 40 cm von der breitesten Stelle des Fahrzeugumrisses entfernt sind, dürfen sie auch bei eingeschaltetem Begrenzungslicht einschaltbar sein. Bei größerem Abstand dürfen sie nur in Verbindung mit den Abblendscheinwerfern einschaltbar sein. Es werden dazu einfach einzubauende spezielle Nebelscheinwerfer-Schaltschütze geliefert. Eine entsprechende Schaltung ist aber auch unter Verwendung eines normalen Schaltrelais möglich (Bild 8.151).

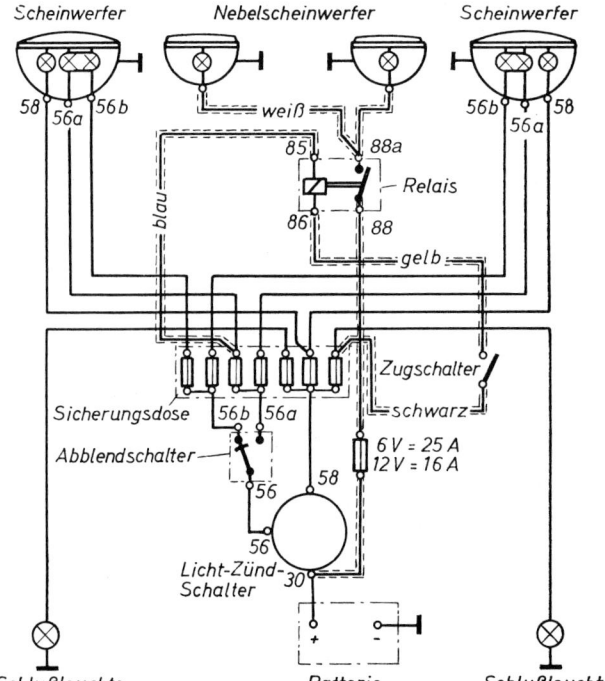

Bild 8.151 Schaltung von Nebelscheinwerfern mit Schaltrelais

Halogen-Nebelscheinwerfer sollten immer mit Schaltrelais geschaltet werden. Denn bei größerem Spannungsabfall ist der Wolfram-Halogen-Kreisprozeß gestört (siehe Abschnitt 8.8.11). Dabei ist es zweckmäßig, die Leitung der Klemme 88 des Relais mit B+ am Reglerschalter oder Drehstromgenerator zu verbinden. Denn damit wird auch der Spannungsabfall in der Ladeleitung ausgeschaltet. Die Leitung zum Relais und den Nebelscheinwerfern sollte aus dem gleichen Grund bei 12-V-Anlagen mindestens 2,5 mm^2 Nennquerschnitt haben. Bei Schaltung nach Bild 8.151 werden beim Einschalten des Fernlichtes die Nebelscheinwerfer durch das Relais selbsttätig ausgeschaltet. Beim Umschalten auf Abblendlicht werden die Nebelscheinwerfer selbsttätig durch das Relais wieder eingeschaltet.

Bei Krafträdern – auch mit Beiwagen – darf nur ein Nebelscheinwerfer angebracht sein.

Einstellen der Nebelscheinwerfer

Nach den «Richtlinien für die Einstellung von Scheinwerfern an Kraftfahrzeugen und Fahrrädern» muß bei normalen Personenkraftwagen, Lastkraftwagen, Kraftomnibussen und Kombinationskraftwagen mit voller Nutzlast die höchste Stelle der Hell-Dunkel-Grenze des Nebelscheinwerfers auf einer in 10 m Abstand vor dem Scheinwerfer aufgestellten Prüftafel mindestens 20 cm tiefer liegen als die Höhe der Scheinwerfermitte. Liegt die Höhe der Hell-Dunkel-Grenze in Abhängigkeit vom Belastungszustand auf 10 m Entfernung zwischen 15 und 50 cm unter der Höhe der Scheinwerfermitte, so wird dies bei polizeilicher Kontrolle auf der Straße nicht beanstandet. Die als Nebelscheinwerfer in Deutschland zugelassenen «Breitstrahler» wirken mit größerer Neigung bei Nebel besser. Darum ist es zweckmäßig, die laut den Richtlinien zulässige größere Neigung zu nutzen. Für Vorderlader-Lastkraftwagen und Arbeitsmaschinen, bei denen die Scheinwerfer mehr als 100 cm über der Fahrbahn liegen, sind besondere Einstellvorschriften gegeben.

Abdeckkappen, die die Nebelscheinwerfer während der Zeit der Nichtbenutzung gegen Verschmutzen und Steinschlag schützen können, sind seit dem 01. 07. 1988 in der Bundesrepublik Deutschland nicht mehr erlaubt.

8.8.9 Rücklicht

Zweispurige Kraftfahrzeuge und ihre Anhänger müssen mit zwei Schlußleuchten für rotes Licht ausgerüstet sein. Bei einspurigen Fahrzeugen genügt eine Schlußleuchte. Schlußleuchten müssen mit ihrem unteren Rand mindestens 40 cm und dürfen mit ihrem oberen Rand höchstens 155 cm über der Fahrbahn befestigt sein. Der äußere Rand darf höchstens 40 cm von der breitesten Stelle des Fahrzeugumrisses entfernt sein. Die Leitungen zu den beiden Schlußleuchten müssen getrennt abgesichert sein, wenn ihre Wirksamkeit nicht vom Fahrersitz aus überwacht werden kann. Die Überwachungsstellen fordern zum Teil außerdem, daß die rechte Schlußleuchte des Kraftwagens und die linke Schlußleuchte des Anhängers an derselben Sicherung angeschlossen sind. Es dürfen an allen Kraftfahrzeugen auch zwei zusätzliche Schlußleuchten abgebracht sein. Diese zusätzlichen Schlußleuchten dürfen mit ihren Lichtaustrittsflächen höher als 1,55 m über der Fahrbahn sein.

Am hinteren Ende von Anhängern darf an beiden Längsseiten eine nach vorn wirkende bauartgenehmigte Spurhalteleuchte für weißes Licht angebracht sein. Die rückwärtigen amtlichen Kennzeichen müssen eine Beleuchtungseinrichtung haben, die sie bei Krafträdern und Kleinwagen auf 20 m und bei den übrigen Fahrzeugen auf 25 m Entfernung lesbar machen. Die Leitung für die Kennzeichenbeleuchtung kann mit einer Schlußleuchtenleitung verbunden werden.

Rote Rückstrahler mit mindestens 20 cm^2 rückstrahlender Fläche sind für die Kraftfahrzeuge vorgeschrieben. Kraftwagen benötigen zwei, einspurige Kraftfahrzeuge einen roten Rückstrahler. Anhänger müssen mit zwei dreieckigen roten Rückstrahlern von mindestens 15 cm Seitenlänge ausgerüstet sein. Eine Ecke dieser Rückstrahler muß nach oben zeigen. Rückstrahler dürfen mit dem unteren Rand ihrer wirksamen Fläche höchstens 90 cm über der Fahrbahn und mit ihrem äußeren Rand höchstens 40 cm von der breitesten Stelle des Fahrzeugumrisses entfernt sein.

Kraftwagen und Anhänger mit einer durch ihre Bauart bestimmten Höchstgeschwindigkeit von über 25 km/h müssen zwei Bremsleuchten für gelbes oder rotes Licht führen, die durch ihr Aufleuchten nach rückwärts das Betätigen der Betriebsbremse anzeigen (Bild 8.152). Die Bremsleuchten sollen in der Nähe der Schlußleuchten befestigt sein. Sie dürfen mit dem unteren Rand ihrer Lichtaustrittsflächen höchstens 30 cm über den Schlußleuchten und dem oberen Rand ihrer Lichtaustrittsflächen bis zu 155 cm über der Fahrbahn angebracht sein. Bremsleuchten und Blink-

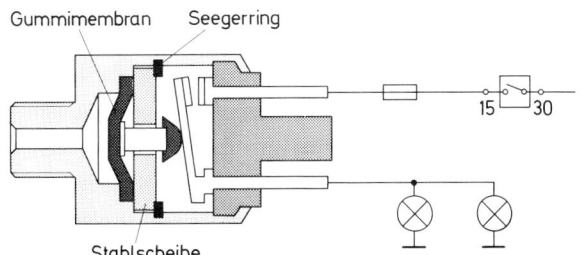

Bild 8.152 Schematischer Aufbau eines hydraulischen Bremslichtschalters in Sicherheitsausführung. Der elektrische Teil ist von dem «nassen» Teil durch eine Stahlscheibe getrennt. Der Schalter schließt zwischen 3 und 6 bar.

leuchten können zu einem Gerät zusammengebaut werden. Dabei genügt es, wenn zugleich gebremst und geblinkt wird, daß nur die Bremsleuchte aufleuchtet, die nicht zur Fahrtrichtungsanzeige benutzt wird.

Nebelschlußleuchten

An der Rückseite von Kraftfahrzeugen und Anhängern müssen bei Neufahrzeugen ab 1.1.1991 zur zusätzlichen rückwärtigen Sicherung bei Nebel eine oder zwei Nebelschlußleuchten für rotes Licht angebracht sein, deren Lichtaustrittsfläche höchstens *1000 mm (oberer Rand)* über der Fahrbahn liegen darf. Die Nebelschlußleuchte muß mindestens *100 mm* von der Bremsleuchte entfernt angebracht sein.

Nebelschlußleuchten müssen in amtlich genehmigter Bauart ausgeführt sein (§ 22a StVZO). Die Einschaltung der Nebelschlußleuchte muß durch eine *gelb leuchtende Lampe für Dauerlicht im Blickfeld des Fahrzeugführers angezeigt werden. Bei Krafträdern und Zugmaschinen mit offenem Führersitz kann die Einschaltung der Nebelschlußleuchte durch die Stellung des Schalters angezeigt werden. Sie dürfen nur bei Fernlicht, Abblendlicht oder Nebellicht einschaltbar sein.*

8.8.10   Rückfahrscheinwerfer

Es sind ein oder zwei Rückfahrscheinwerfer vorgeschrieben, die so geschaltet sein müssen, daß sie bei Vorwärtsfahrt und bei abgezogenem Zündschlüssel nicht brennen können. Sie müssen mit der Klemme 15/54 des Zündschalters verbunden sein, oder aber es muß ein Schaltrelais – wie in Abschnitt 8.7.2 beschrieben – geschaltet werden.

Rückfahrscheinwerfer müssen so befestigt und eingestellt sein, daß sie die Fahrbahn auf höchstens 10 m hinter dem Fahrzeug beleuchten. Diesem wird entsprochen, wenn die Lichtkegelmitte in 5 m Entfernung vom Rückfahrscheinwerfer $1/2$mal so hoch wie die Mitte des Rückfahrscheinwerfers über der Fahrbahn ist.

8.8.11   Glühlampen für Kraftfahrzeuge

Die Glühlampen für Kraftfahrzeuge haben gegenüber etwa 1000 Brennstunden normaler Haushaltsglühlampen mit 100 Brennstunden der Scheinwerferlampen und 200 Brennstunden der Kleinlampen geringe Lebensdauer. Die Angaben beziehen sich auf die 100%ige Spannung dieser Lampen. Die 100%-Spannung ist bei Glühlampen für 6 V Nennspannung 6,75 V und bei 12 V Nennspannung 13,5 V. Geringere Betriebsspannungen ergeben höhere und höhere Betriebsspannungen geringere Lebensdauer. Nach Angaben der Firma Bosch verändern sich Lebensdauer und Lichtstärke wie in Tabelle 8.14 aufgeführt.

Danach sind Lichtstärke und Lebensdauer der Glühlampen sehr von der Betriebsspannung abhängig. Durch geringen Spannungsabfall sinkt die Leuchtkraft der Beleuchtungseinrichtungen stark ab. Andererseits wird durch geringe Spannungserhöhung die Lebensdauer der Glühlampen

Tabelle 8.14

Spannung	85%	90%	95%	100%	105%	110%	120%
Lichtstärke	53%	67%	83%	100%	120%	145%	200%
Lebensdauer	1000%	440%	210%	100%	50%	28%	6%

stark vermindert. Da die Glühdrähte auch bei höheren Temperaturen spröde bleiben, sind Glühlampen erschütterungsempfindlich, und die Glühdrähte können durch kurze harte Stöße abbrechen. Auch kann durch einen Riß im Kotflügel oder eine lose Schraube in der Nähe der Glühlampen ein häufiger Defekt durch Dauerschwingungsbruch des Glühfadens verursacht werden.

Die Lichtstärke, die eine Glühlampe erzeugt, wird mit zunehmender Lebensdauer geringer, weil beim Betrieb Metall vom Glühfaden abdampft. Bereits nach der Hälfte der Lebensdauer ist ein beachtliches Nachlassen der Lichtwirkung meßbar. Darum sollte man die Glühlampen ausbauen, bevor sie endgültig unbrauchbar sind. Dies gilt besonders, wenn Schwärzung des Glaskolbens infolge dieser Metalldämpfe die Lichtstärke zusätzlich vermindert. Ebenso ist ein paarweiser Austausch von Glühlampen zu empfehlen.

Halogenglühlampen
Höhere Spannung erhöht die von der gleichen Glühlampe erzeugte Lichtstärke. Die hellere Glutfarbe des Glühdrahts verbessert zugleich das Licht. Andererseits wird bei höherer Spannung die Lebensdauer der Glühlampe stark vermindert. Der normale Glühlampenverbrauch beruht darauf, daß von den Glühdrähten Metall abdampft. Dies geschieht um so mehr, je höher die Glühdrahttemperaturen sind. Die Lichtausbeute der Glühlampen kann ohne wesentliche Verringerung der Lebensdauer erhöht werden, wenn das Abdampfen von Glühdrahtmetall vermindert wird. Eine dieser Möglichkeiten ist die Befüllung der Lampenkolben mit Halogen.

Halogene sind Elemente, die sich mit Metallen zu Salzen verbinden. Bei Kraftfahrzeug-Scheinwerferlampen verwendet man das Halogen Brom, das dem Füllgas als Methylenbromid beigemischt wird. Dadurch war es möglich, die Zerstörung von geringer temperierten Metallteilen – z.B. Glühdrahthalterungen – zu vermeiden. Außerdem wurde dadurch die Entwicklung der H4-Zweifadenabblendlampe ermöglicht.

Wie der Schnitt A–B durch eine H4-Abblendlampe zeigt, verdampfen in der heißen Zone I am mit etwa 3200 °C glühenden Wolframwendel Wolframatome. Sie werden in der Zone II bei etwa 1400 °C mit dort freiwerdendem Brom zu gasförmigem Wolframbromid abgebunden; das in die Temperaturzone III von etwa 1000 °C gelangende Wolframbromid kann hier infolge der hohen Temperatur nicht kondensieren. In dieser Temperaturzone wird zugleich bewirkt, daß aus Methylenbromid durch Zerfall bei Temperaturen über 500 °C der erforderliche Bromwasserstoff entsteht. Durch Austauschvorgänge zwischen den verschiedenen Zonen, wandert das Wolframbromid zur glühenden Wendel, wo es zerfällt und Wolfram ausscheidet. Dadurch ist der Wolfram-

Bild 8.153
Der Wolfram-
Halogen-Kreis-
lauf bei Krypton-
Methylenbromid-
Füllung

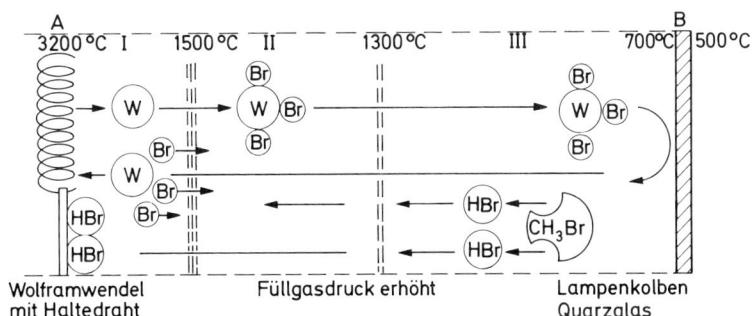

Halogen-Kreislauf geschlossen. Die in der kalten Zone liegenden Teile werden vom nicht aggressiven Bromwasserstoff umhüllt. Darum werden diese Teile im Gegensatz zur Jod-Halogenlampe chemisch nicht angegriffen.

Dadurch, daß beim Glühen des Glühdrahts dessen Umgebung mit Wolfram abgesättigt ist, wird weiteres starkes Abdampfen von Wolfram verhindert. Dies ermöglicht höhere Glühdrahttemperaturen, die ihrerseits mehr Licht bei besserem Wirkungsgrad bewirken. Um die für den Halogen-Kreislaufprozeß erforderlichen Temperaturen zu erhalten, muß der Raum für die Füllgasmenge kleiner gehalten werden als bei den üblichen Glühlampen. Dadurch wird die Temperatur des Lampenkolbens so hoch, daß man Glas hierzu nicht verwenden kann (Bild 8.153).

Quarzkolben, die man bei Halogenlampen aus thermischen Gründen verwendet, haben auch höhere Festigkeit wie normale. Darum wird zusätzlich durch höheren Gasdruck im Lampeninneren die Siedetemperatur des Wolframglühfadens erhöht und so dessen Verdampfungsmenge herabgesetzt. Diese Druckerhöhung und der Halogen-Kreislaufprozeß bewirken gleichbleibendes Licht über die Lebensdauer der Halogenlampen und machen es möglich, trotz höherer Lichtausbeute eine normale Lebensdauer zu erreichen. Es ist aber erforderlich, daß die entsprechenden Temperaturen im Quarzglaskolben und im Füllgas herrschen. Darum wird bei verringerter Spannung nicht nur die Lichtausbeute, sondern auch die Lebensdauer der Halogenlampen stark vermindert. Diesem muß durch geringstmöglichen Spannungsabfall in der Anschlußleitung entsprochen werden.

H1-Halogenlampen haben Quarzglaskolben, in denen die Glühdrahtwendeln in Längsrichtung angeordnet sind. H3-Halogenlampen haben nur eine einseitige Quetschung des Quarzglaskolbens mit querliegendem Glühdrahtwendel. Diese Weiterentwicklung ergibt eine bessere Strahlenführung des Lichtes im entsprechenden Scheinwerfer. Außerdem ist an der H3-Lampe das Anschlußkabel befestigt. H4-Halogenlampen sind Zweifaden-Abblendlampen (s. Bild 8.146).

8.9   Sonstige elektrische Einrichtungen

8.9.1   Fahrtrichtungsanzeiger

Fahrtrichtungsanzeiger müssen so beschaffen sein, daß die Anzeige der beabsichtigten Fahrtrichtungsänderung von den Verkehrsteilnehmern, für die sie von Bedeutung ist, deutlich zu erkennen ist. Die Blinkleuchten sollen mit einer Frequenz von 90 Impulsen je Minute blinken. Dabei ist eine Toleranz von plus oder minus 30 Blinkimpulsen zulässig. Die Blinkimpulse können durch einen Hitzdraht-Blinkgeber, durch elektronische, motorisch angetriebene oder pneumatisch steuernde Blinkgeber gesteuert werden. Der preisgünstigste, aber auch störungsanfälligste Blinkgeber ist der Hitzdraht-Blinkgeber (Bild 8.154). Im Ruhestand werden die Blinkkontakte durch den kalten, am Blinkanker angreifenden Hitzdraht entgegen der Wirkung der Ankerfeder offengehalten. Die Hitzdrahtvorspannung kann mit einer gegen die Blattfeder drückenden Schraube eingestellt werden. Dadurch wird die Frequenz des Blinkens verändert.

Wird der Blinkerschalter betätigt, so fließt der von der Batterie über den Zündschalter kommende Strom zur Klemme 15 (49), über den Blinkanker, den Hitzdraht, den Widerstand und die Magnetwicklung zur Klemme 54 (49a), von hier über den Blinkschalter und die Blinkleuchten zur Masse. Obwohl Strom durch die Blinkleuchten fließt, leuchten diese wegen des eingeschalteten

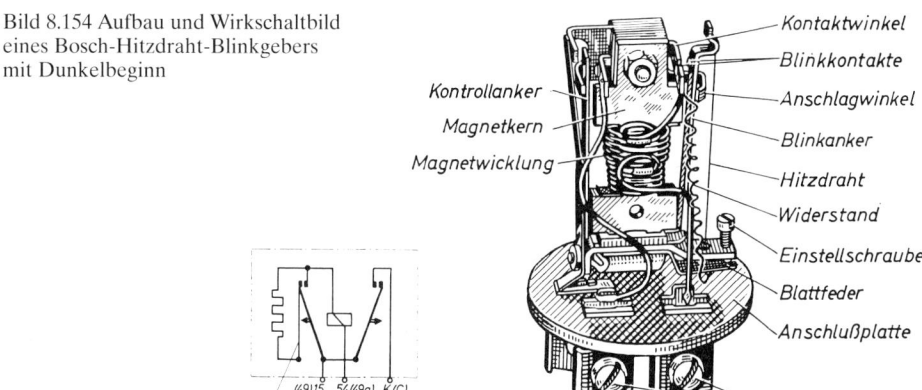

Bild 8.154 Aufbau und Wirkschaltbild eines Bosch-Hitzdraht-Blinkgebers mit Dunkelbeginn

Kontaktwinkel
Blinkkontakte
Anschlagwinkel
Blinkanker
Hitzdraht
Widerstand
Einstellschraube
Blattfeder
Anschlußplatte
Anschlußklemme

Kontrollanker
Magnetkern
Magnetwicklung

(49)15   54(49a) K(C)
Hitzdraht

Widerstandes noch nicht auf. Der Hitzdraht wird nun heiß und dehnt sich, so daß der Blinkanker durch die Kraft der Ankerfeder gegen den Magnetkern gezogen wird, bis die Blinkkontakte sich schließen. Nun sind Hitzdraht und Vorwiderstand kurzgeschlossen, es fließt der volle Blinkleuchtenstrom, die Blinker leuchten auf. Zugleich wirkt eine zusätzliche Magnetkraft auf den Blinkanker, so daß die Blinkkontakte mit einem kräftigen Kontaktdruck schließen. Der nun kurzgeschlossene Hitzdraht kühlt sich wieder ab, zieht sich zusammen und bewirkt, daß auf den Blinkanker eine ansteigende Zugkraft ausgeübt wird. Sobald die Zugkraft die magnetische Haltekraft überwindet, öffnet der Hitzdraht ruckartig die Blinkkontakte, weil nun auch die Magnetkraft entfällt. Die Blinkleuchten erhalten jetzt wieder den geringeren Strom über den Hitzdraht und verlöschen. Der geschilderte Vorgang wiederholt sich in regelmäßiger Folge so lange, bis der Blinkschalter ausgeschaltet wird. Da der Hitzdraht bereits durch den Betrieb erwärmt ist, kann er bei kurzzeitig auftretenden Masseschlüssen in den Leitungen zum Schalter oder zur Blinkleuchte überhitzt werden, bevor die Sicherung abschmilzt. Dabei braucht der Hitzdraht nicht gleich abzuschmelzen. Er kann bereits durch Dehnung die Funktion des Blinkgebers verändern. Deshalb sollte man besonders bei häufigem Defekt des Blinkgebers diese Leitungen und die Blinkleuchten auf Masseschluß prüfen.

Die bauartgenehmigten Fahrtrichtungsanzeiger müssen vorschriftsmäßig angebracht sein. An Kraftfahrzeugen dürfen nur Fahrtrichtungsanzeiger für gelbes Licht angebracht sein. Bei Fahrzeugen unter 4 m Länge und 1,6 m Breite genügen Fahrtrichtungsanzeiger an den Längsseiten. Längere und breitere Kraftfahrzeuge müssen Fahrtrichtungsanzeiger an der Vorderseite oder am vorderen Teil der Längsseiten und Blinkleuchten an der Rückseite führen. Wenn der Abstand zwischen den vorderen und den hinteren Fahrtrichtungsanzeigern mehr als 6 m beträgt, so müssen zusätzliche Fahrtrichtungsanzeiger an beiden Längsseiten des Kraftfahrzeugs angebracht sein, wenn die vorderen Blinkleuchten nicht auch seitwärts wirken.

Kontrolleinrichtungen für Fahrtrichtungsanzeiger
Sind Fahrtrichtungsanzeiger nicht im Blickfeld des Fahrzeugführers, so muß diesem die Wirksamkeit der Fahrtrichtungsanzeige angezeigt werden. Im Regelfall verwendet man hier Kontrollleuchten, die nach einer internationalen Empfehlung grün sein sollen.

Bei je einer Blinkleuchte auf jeder Wagenseite ist es ausreichend, wenn die Anschlüsse zur Kontrolleuchte mit 15 (49) und 54 (49a) des Blinkgebers oder mit L und R des Blinkschalters verbunden werden. Im erstgenannten Fall leuchtet die Kontrolleuchte, solange die Blinkleuchten nicht brennen, und im zweiten Fall mit den Blinkleuchten gemeinsam. Wenn mehr als eine Blinkleuchte je Seite angebracht ist, müssen Blinkgeber mit einem Kontrollanker verwendet werden. Diese Blinkgeber müssen für Spannung, Blinkleuchtenzahl und Leistungsaufnahme der Blinkerlampen passend gewählt werden. Wenn die Blinkkontakte sich schließen, wird der Kontrollanker durch die volle Erregung des Magnetfeldes angezogen und damit die Anzeigeleuchte eingeschaltet. Beim Öffnen der Blinkkontakte wird auch der Kontrollanker losgelassen und die Anzeigeleuchte ausgeschaltet. Die Anzeigeleuchte blinkt also im gleichen Rhythmus wie die Blinkleuchte. Setzt eine Blinkleuchte aus, so ist die Stärke des durch die Magnetwicklung fließenden Stroms geringer, und die kleinere Magnetkraft genügt nicht mehr zum Anziehen des Kontrollankers. Die Anzeigeleuchte bleibt infolgedessen dunkel. Dies ist ein Zeichen für den Fahrer, daß eine Störung vorliegt (Bild 8.154).

Bei Kraftfahrzeugen, die mit oder ohne Anhänger betrieben werden, ist für die Blinkleuchten des Anhängers eine besondere Kontrolleuchte erforderlich. Hierzu wird entweder ein Blinkgeber mit zwei Kontrolleuchtenkontakten oder ein zusätzliches Kontrollgerät für die Anhängerblinkleuchten erforderlich.

Elektronische Blinkgeber

Elektronische Blinkgeber haben gegenüber den herkömmlichen Hitzdraht-Blinkgebern den Vorteil, daß ihre Funktion bei Temperaturen zwischen –35 bis +65 °C (238 und 338 K) absolut konstant bleibt. Durch entsprechende Schaltmaßnahmen ist auch eine größere Unabhängigkeit der Blinkimpulse von Spannungsschwankungen im Lichtnetz erreichbar. Da die Impulssteuerung durch Transistoren in Verbindung mit durch Widerstände und Kondensatoren gebildeten Zeitgliedern bewirkt wird, ist die Lebensdauer eines elektronischen Blinkgebers praktisch unbegrenzt. Es muß natürlich der Empfindlichkeit der Transistoren gegenüber zu hoher Spannung und zu hohem Strom entsprochen werden. Wenngleich eine vollelektronische Steuerung der Blinkimpulse durch Leistungstransistoren möglich ist, so verwendet man meist einen durch kleinere preisgünstigere Transistoren gesteuerten astabilen Multivibrator, der ein mechanisches Kontaktschaltrelais steuert. Dadurch wird das Gerät mit einfacheren Bauteilen belastungsunabhängig und genügend kurzschlußfest. Da Rundum-Blinkwarnlicht bei modernen Kraftwagen allgemein üblich ist, sind die elektronischen Blinkgeber meist als Blinkwarnlicht-Relais ausgeführt. Als Beispiel der Funktion dient das Hella-Blinkwarnlicht-Relais 96 M 2J 2 × 21 W – 12 V (Bild 8.155).

Bei eingeschaltetem Zündschalter ist Plus mit Klemme +49 des Blinkwarnlicht-Schalters verbunden. Es fließt nun Strom von +49 über die Widerstände R_1, R_2 und R_3 zur Klemme –31. Der Spannungsabfall in den Klemmen B (Basis) und E (Emitter) des Transistors T_1, paralleler Widerstand R_3, ist so groß, daß dieser Transistor zwischen C (Kollektor) und E leitend wird. Der Kondensator C_1, der mit C und B des T_1 verbunden ist, wird überbrückt und damit entladen. Dagegen ist der Kondensator C_2 mit der einen Seite über den Widerstand R_5, die Schutzdiode D_2 sowie R_6 und die Schaltspule des Relais RL_1 mit Plus und über B und E des Transistors T_1 mit Minus verbunden und damit aufgeladen. In diesem Zustand fließt ein geringfügiger Strom von +49 über den Widerstand R_4 und den Transistor T_1 zu –31. Dabei sind E und B des Transistors T_2 durch den Transistor T_1 überbrückt, und er sperrt.

Beim Einschalten der Blinkleuchten fließt Strom von +49 über den Widerstand R_1, die Wicklung des Blinkkontrollampen-Relais RL_2 und die eingeschalteten Blinkleuchten zu Minus. Dabei liegt der geringere Widerstand der Wicklung des RL_2 den Widerständen R_2 und R_3 parallel. Dies bewirkt zwischen E und B des Transistors T_1 ein Absinken der Spannung. Die Folge ist, daß der Transistor T_1 sperrt. Nun wird die Spannung an B des Transistors T_2 unter gleichzeitiger Aufladung des Kondensators C_1 über den Widerstand R_4 positiv. Dadurch liegt an B und E des Transi-

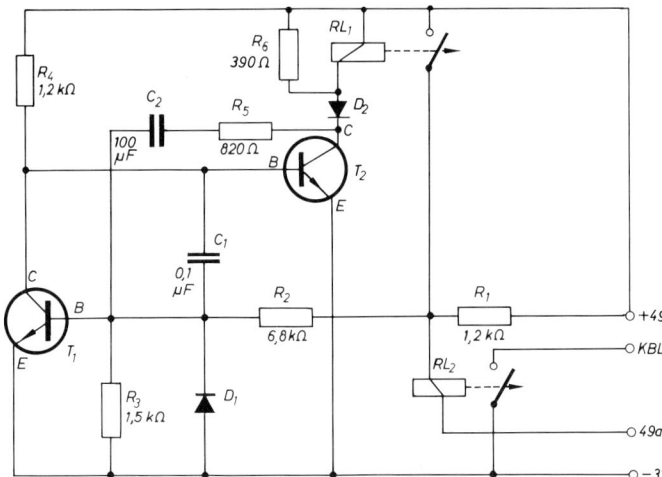

Bild 8.155 Schaltbild des
Hella-Blink-Warnlicht-
Gebers

stors T_2 die Spannung, die diesen auf Durchgang schaltet. Es fließt Strom von +49 über die
Schaltwicklung des Relais RL_1, die Diode 2, C und E des Transistors T_2. Dadurch wird das Relais
RL_1 eingeschaltet, und der Strom kann von +49 über die Kontakte des Relais RL_1 und die Wicklung des Kontrolllampen-Relais RL_2 zu den Blinklampen fließen, die nun als Hellphase aufleuchten. In der Hellphase der Blinkanlage ist der Kondensator C_2 mit +49 verbunden und entlädt sich.
Dabei wird die mit dem Kondensator C_2 verbundene Basis des Transistors T_1 wieder positiv.
Dadurch wird der Transistor T_1 wieder leitend und sperrt den Transistor T_2. Als Folge öffnet nun
das Relais RL_1 und unterbricht den Strom zu den Blinklampen.

In der *Dunkelphase* wird der Kondensator C_1 wieder aufgeladen und der Kondensator C_2 wieder entladen. Die Folge ist, daß zwischen B und E des Transistors T_1 die Spannung mit der Kon-
densatorspannung sinkt, bis dieser wieder sperrt und eine erneute Hellphase eingeleitet wird. Die
Abstimmung der Größen von Kondensatoren und Widerständen bestimmen die Lade- und Ent-
ladefunktionen zeitlich (*e*-Funktion). Als Zeitglieder steuern sie die Hell- und Dunkelzeiten der
elektronischen Blinkanlagen. Die Dioden und der Widerstand R_6 dienen hauptsächlich dem
Schutz der Transistoren vor zu hoher Spannung und damit vor Schädigung.

8.9.2   Warnblinkeinrichtungen

Um Unfälle durch Auffahren auf ein auf der Fahrbahn stehendes Fahrzeug zu vermeiden, sollen
vom liegengebliebenen Fahrzeug Warneinrichtungen in Tätigkeit gesetzt werden. Abweichend
von § 53a Abs. 2 StVZO müssen mehrspurige Fahrzeuge, die mit Fahrtrichtungsanzeigern ausgerüstet sind, mit einer Rundum-Warnblinkanlage ausgerüstet sein. Sie muß wie folgt beschaffen
sein:

Für die Schaltung muß im Kraftfahrzeug ein besonderer Schalter vorhanden sein. Nach dem
Einschalten müssen – unabhängig von der Stellung anderer Schalter – alle am Fahrzeug oder Zug
vorhandenen Blinkleuchten gleichzeitig mit einer Frequenz von 90 ± 30 Perioden in der Minute
blinken, und dem Fahrzeugführer muß durch eine auffällige Kontrolleuchte für rotes Licht angezeigt werden, daß das Warnblinklicht eingeschaltet ist. Das Warnblinklicht darf auch während der
Fahrt einschaltbar sein (Bild 8.156).

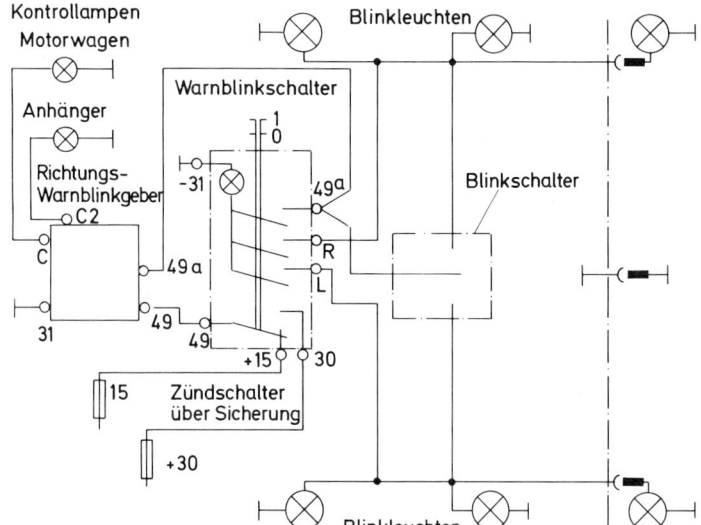

Bild 8.156 Wirk-schaltbild einer Blink- und Warnblinkanlage mit Anhängerbetrieb

Warndreieck: Alle Personenkraftwagen, Kombinationskraftwagen, land- oder forstwirtschaftliche Zug- oder Arbeitsmaschinen und andere Kraftfahrzeuge mit einem zulässigen Gesamtgewicht von nicht mehr als 2,5 t müssen vom *1. Juli 1970* an ein Warndreieck in amtlich genehmigter Bauart mitführen; ausgenommen sind Krankenfahrstühle, Krafträder und einachsige Zug- oder Arbeitsmaschinen.

Die Ausführung in amtlich genehmigter Bauart wird durch ein Prüfzeichen – eine Wellenlinie mit drei Perioden nebst Buchstaben und Zahl – kenntlich gemacht, das auf dem Warndreieck angebracht ist.

8.9.3 Signalhörner

Als Vorrichtung für Schallzeichen müssen an Kraftfahrzeugen Hupen oder Hörner angebracht sein. Sie müssen einen in seiner Tonhöhe gleichbleibenden Klang oder einen Akkord erzeugen, der in 7 m Entfernung 104 DIN-Phon nicht übersteigen darf. Es finden meist elektrische Signalhörner Verwendung (Bild 8.157). Ihre Wirkungsweise beruht darauf, daß mit Hilfe eines Elektromagneten und eines Unterbrechers nach der Arbeitsweise des Wagnerschen Hammers (eingeschalteter Elektromagnet öffnet Kontakte, geöffnete Kontakte unterbrechen Magnetstromkreis) eine Membran in Schwingung versetzt wird. Ein zum Unterbrecher parallelgeschalteter Kondensator unterdrückt die Funkenbildung und bewirkt, daß die Unterbrecherkontakte weniger abgenützt werden.

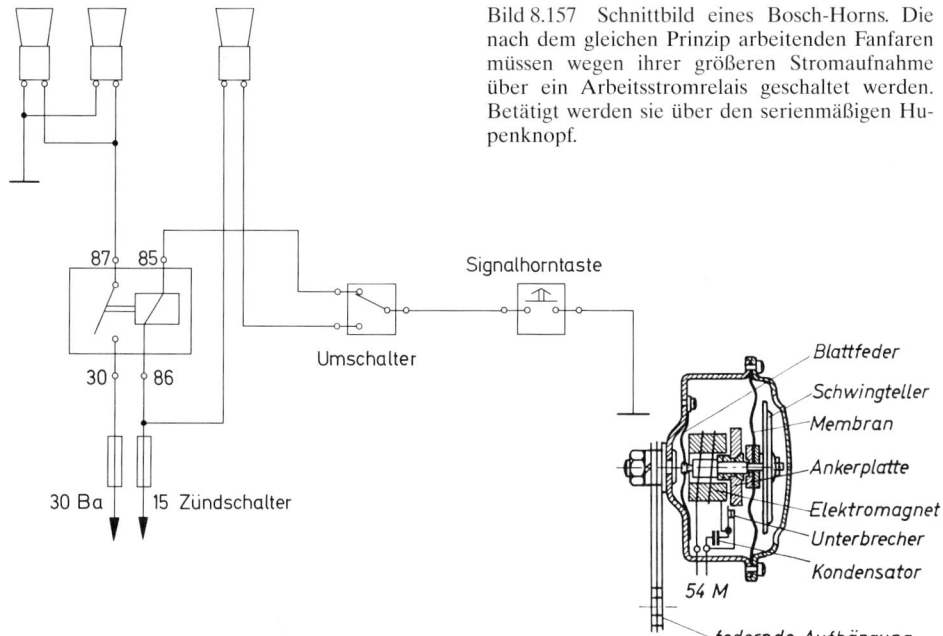

Bild 8.157 Schnittbild eines Bosch-Horns. Die nach dem gleichen Prinzip arbeitenden Fanfaren müssen wegen ihrer größeren Stromaufnahme über ein Arbeitsstromrelais geschaltet werden. Betätigt werden sie über den serienmäßigen Hupenknopf.

8.9.4 Vorglühanlagen

Um das Anlassen von Fahrzeug-Dieselmotoren zu erleichtern, sind bei vielen Typen *Glühkerzen* vorgesehen. Diese dienen zum Vorwärmen der Brennkammern, um eine Zündung des hier eingespritzten Kraftstoffs auch bei kaltem Motor zu ermöglichen. Da die Glühspiralen den im Verbrennungsraum herrschenden Verhältnissen ausgesetzt sind, müssen das Material und die Form dieser Beanspruchung gewachsen sein. Damit der Glühdraht durch Erschütterungen und Zundern nicht so schnell zerstört wird, ist er bei großem Querschnitt möglichst kurz gehalten. Darum muß der spezifische Widerstand des hierzu verwendeten Materials sehr hoch und dieses außerdem wärmebeständig und zunderfest sein. Durch die Reihenschaltung der einzelnen Glühkerzen erreicht man, daß jeder einzelne Glühdraht nur noch den entsprechenden Teil der Gesamtspannung verbraucht (Bild 8.158). Diese Schaltung hat aber den Nachteil, daß nun die Glühkerzen zweipolig ausgeführt werden müssen. Ist ein Glühfaden zerstört, kann kein Strom mehr fließen, und ein Vorglühen ist nicht mehr möglich.

Ein *Vorglühüberwacher* am Armaturenbrett soll dem Fahrer ermöglichen, die Funktion der Vorglühanlage zu kontrollieren. Es darf dazu keine beliebige, sondern es muß die «richtige» Kontrollspirale verwendet werden. Bei einem sechszylindrigen Motor sind also sieben gleiche Glühspiralen in Reihe geschaltet, von denen jede den gleichen Anteil der angelegten 12-V-Spannung (1,7 V) verbraucht. Bei Motoren mit weniger Zylindern wird die geringere Anzahl Glühkerzen durch genau abgestimmte Vorwiderstände ergänzt, die die Spannung der entsprechenden fehlenden Glühkerzen verbrauchen. Die Stromaufnahme der Vorglühanlage ist etwa 36 A, das sind rund 430 W für die gesamte Vorglühanlage und etwa 60 W je Glühspirale. Es muß als entsprechender Kabelquerschnitt mindestens 6 mm^2 gewählt werden, um das richtige Erwärmen der Glühkerzen zu erreichen.

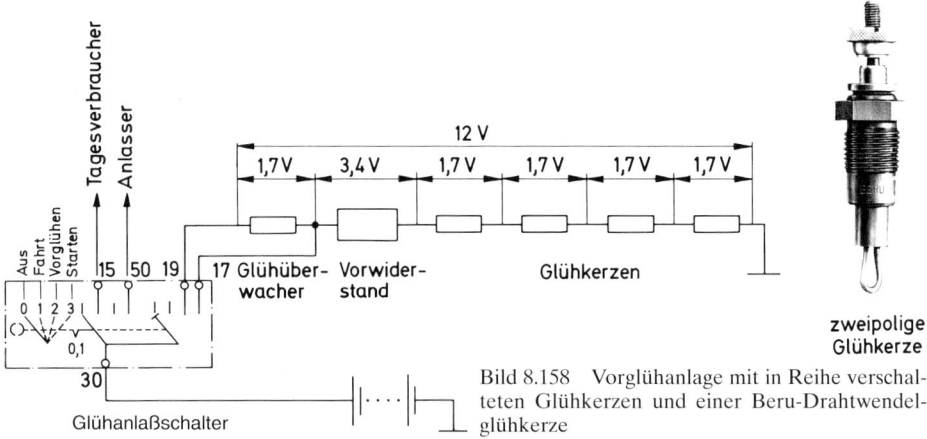

Bild 8.158   Vorglühanlage mit in Reihe verschalteten Glühkerzen und einer Beru-Drahtwendelglühkerze

Vorglühen während des Anlassens: Beim Betätigen des Anlassers erfolgt ein Spannungsabfall der Batterie. Außerdem werden durch Luftbewegung im Verbrennungsraum die Glühdrähte der Glühkerzen mehr abgekühlt. Um diese für den Anlaßvorgang ungünstige Auswirkung zu vermindern, wird meist ein besonderer Vorglüh-Anlaßschalter verwendet, der außer dem Anlasser auch die Vorglühanlage in zwei Stufen schaltet. Die erste Schalterstellung verbindet das Kabel Nr. 19, das zum Vorglühüberwacher führt, mit 30, also der Batterie. Es fließt nun, wie oben beschrieben, ein Strom über den Kontrollwiderstand und die Glühkerzen zur Masse. Bei der zweiten Schaltstellung wird das Kabel Nr. 50 zum Magnetschalter des Anlassers und das Kabel Nr. 17 eingeschaltet, das den Kontrollwiderstand überbrückt. Der nunmehr fließende größere Strom soll die durch den Anlaßvorgang verminderte Heizleistung ausgleichen.

Kontrolle der Vorglühanlage: Um die fehlerhafte Kerze zu finden, wird nun oft eine Kerze nach der anderen mit Masse verbunden. Der sich dabei zeigende Kurzschlußfunken soll anzeigen, daß die Unterbrechung mehr in Richtung zur Masseverbindung liegt. Diese Prüfung ist unsachgemäß, weil sie eine übermäßige Belastung und damit Zerstörung einzelner Glühkerzen hervorruft, da der so verminderte Widerstand einen zu großen Strom fließen läßt. Die gleiche Prüfung kann ohne Risiko erfolgen, wenn anstelle des Kurzschlusses eine 12-V-Prüflampe eingeschaltet wird. Die brennende Glühlampe zeigt, bis zu welcher Kerze die Batterie Verbindung hat.

Es kommt vor, daß einzelne Motoren mehr Glühkerzen verbrauchen, als normal ist. Trifft dies zu, ist der Fehler oft an dem Motor, der Düse oder der Förderbeginneinstellung zu suchen. Trotzdem ist es empfehlenswert, erst die Vorglühanlage zu überprüfen. Dies geschieht in einfacher Weise dadurch, daß man alle Glühkerzen in ausgebautem Zustand in die Glühanlage des Fahrzeugs einschaltet. Dabei kann festgestellt werden, ob die Glühspiralen alle gleich glühen. Risse in den Glühdrähten und schlechter Stromdurchgang zeigen sich durch hellere Glutzonen an.

Bei dieser Prüfung wird man auch feststellen können, daß Kerzen verschiedenen Fabrikats verschieden warm werden. Darum ist es besser, in einem Satz Glühkerzen gleichen Fabrikats zu verwenden. Zum Prüfen auf Masseschluß wird die Masseverbindung gelöst und bei eingeschalteter Glühanlage die Prüflampe zwischen jede einzelne Glühkerze und die Motormasse geschaltet. Hinter dem Masseschluß bleibt die Prüflampe aus, wobei die Kerzen davor sich übermäßig erwärmen.

Stabglühkerzen

Vorglühanlagen werden seit Jahrzehnten mit in Reihe geschalteten Glühkerzen betrieben. Dieses bewährte Prinzip wurde bei den *Stabglühkerzen mit zweipoligem Aufbau* beibehalten. Der Vorteil einer solchen Anlage besteht darin, daß durch einen Glühüberwacher, der direkt im Stromkreis liegt, mittels einer Glühwendel die Betriebsbereitschaft sämtlicher Glühkerzen sicher angezeigt wird. Der Ausfall einer Glühkerze wird einwandfrei durch Erlöschen des Glühüberwachers registriert, und die defekte Glühkerze kann sofort ausgetauscht werden. Für einen guten Start, besonders in den Wintermonaten, ist dies von größter Wichtigkeit. Die Leistungssteigerung der zweipoligen Stabglühkerze beträgt gegenüber der herkömmlichen Drahtglühkerze fast 50%. Der Glühstab besitzt eine große Hitzeabstrahlfläche mit robustem Heizelement, ist zunderfest und kraftstoffunempfindlich (Bild 8.159).

Im allgemeinen besitzen diese eine Einzelnormspannung von 1,2 oder 1,7 V und eine Stromaufnahme von 50 bis 55 A. Bei Sechs-, Acht- oder Zwölfzylindermotoren ergibt sich bei der Reihenschaltung in Verbindung mit einem Glühüberwacher jeweils die Nennspannung der Batterie. Es ist also kein Vorschaltwiderstand erforderlich. Dabei ist bereits der auftretende Spannungsverlust in der Verkabelung inbegriffen. Würde man bei diesen Sechs-, Acht- oder Zwölfzylindermotoren einpolige Stabglühkerzen mit 10 A Stromaufnahme je Kerze, die parallelgeschaltet werden, verwenden, würde gegenüber der zweipoligen Anlage, die einen Glühstrom von 50 bis 55 A erfordert, der Stromverbrauch erheblich größer, zum Beispiel beim Sechszylindermotor 60 A, beim Achtzylindermotor 80 A und beim Zwölfzylindermotor 120 A. Bei einpoligen Anlagen steigt also der Glühstrom mit der Glühkerzenanzahl. Aus diesem Grund werden ab Sechszylindermotoren aufwärts vorteilhafterweise zweipolige Stabglühkerzen eingebaut.

Bei einpoligen Stabglühkerzen ergab sich anfangs das Problem der einwandfreien Glühüberwachung. Da sie eine Betriebsspannung von etwa 11 V aufweisen, müssen sie parallelgeschaltet werden, wodurch sich zwar der Vorteil ergibt, daß bei Ausfall einer Glühkerze mit den verbliebenen noch weiter vorgeglüht werden kann. Die Fehleranzeige durch einen herkömmlichen Glühüberwacher ist aber zu ungenau, da der Strom der heilen Kerzen den Überwacher, wenn auch später, aufheizt. Abhilfe brachte ein speziell auf diese Glühkerzen abgestimmter Kerzenvorwiderstand, in den ein Bimetallstreifen mit Kontakt zum Ansteuern einer Kontrollampe im Blickfeld des Fahrers eingebracht ist. Diese signalisiert – je nach Verschaltung durch Aufleuchten oder Verlöschen –, daß bei vorgeschriebenem Kerzenstrom aller Kerzen die Vorglühtemperatur erreicht ist. Beim Starten kann dieser Kerzenwiderstand auch über Klemme 17 überbrückt werden (Bild

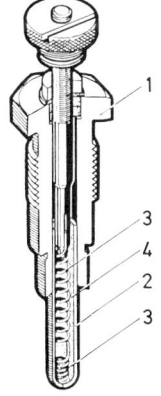

Bild 8.159   In das temperatur- und korrosionsfeste Glührohr (2) der Stabglühkerze sind die dezentralisierte Glühwendel (3) und die Regelwendel (4) in warmfestes Isoliermaterial rüttelsicher eingebettet. Kerzengehäuse (1) und Glührohr sind gasdicht miteinander verbunden. Die Regelwendel begrenzt bei Erreichen der Glühtemperatur durch ihr PTC-Verhalten den Strom für die Glühwendel auf unkritischen Wert von ca. 10 A.

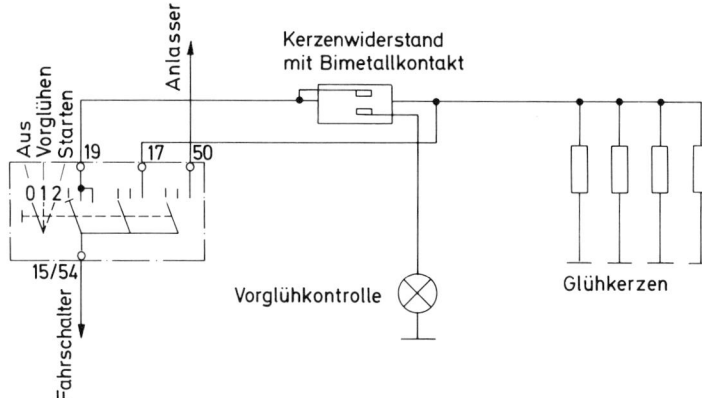

Bild 8.160 Vorglühanlage mit parallelgeschalteten Glühkerzen und bimetallgesteuerter Vorglühkontrolle

Anlasser

Kerzenwiderstand mit Bimetallkontakt

Aus
Vorglühen
Starten

19 17 50

0 1 2

15/54

Fahrschalter

Vorglühkontrolle

Glühkerzen

8.160). Trotz geringer Stromaufnahme erreichen die Kerzen nach etwa 15 s die Glühtemperatur von 1000 °C und werden deshalb als *Schnellstartkerzen* bezeichnet. Diese werden in modernen schnellaufenden Dieselmotoren nur noch verwendet.

Da ein Vorglühen nur beim Starten kalter Motoren notwendig ist, finden zunehmend *Vorglühsteuergeräte* Anwendung. In diesen bestimmt eine über einen am Motorblock angebrachten NTC-Temperaturfühler gesteuerte Elektronik, ob und wie lange vorgeglüht wird. Vorglühzeit und Startfreigabe können durch je eine Kontrolleuchte signalisiert werden. Erfolgt nach der Startfreigabe nicht sofort der Anlaßvorgang, begrenzt die Elektronik die Vorglühzeit auf für die Kerzen unschädliche Werte. Die Überwachung der einzelnen parallelgeschalteten Kerzen erfolgt über Reedkontakte, die bei defekter Kerze infolge ausbleibenden Spulenstroms und Magnetismus geöffnet bleiben. Während des Startens wird über das Vorglühsteuergerät weitergeglüht, und einige Anlagen lassen die Kerzen noch mehrere Sekunden nach Anspringen des Motors weiterglühen, was den nagelnden Motorlauf und das Qualmen reduziert.

Bei der EDC entfällt ein Glühzeitrelais ganz. Die Ansteuerung der Glühkerzen erfolgt über das Steuergerät der Einspritzanlage, wodurch eine exaktere Anpassung der Glühzeit an die momentane Motortemperatur möglich ist. Bei Direkteinspritzern wird erst unterhalb von ca. 9 °C der Kühlmitteltemperatur vorgeglüht, aber grundsätzlich nach jedem Kaltstart nachgeglüht, um Blau- oder Weißrauchbildung zu unterbinden.

Weil bei unterschiedlichen Fahrzeugen die Steuergeräte modifiziert sind, können keine allgemeingültigen Richtlinien für die Überprüfung gegeben werden (Bild 8.161). Da neben der einpoligen Ausführung von Glühkerzen auch zweipolige für die in Reihe geschalteten Anlagen auf dem Markt sind, ist beim Auswechseln defekter Kerzen auf die richtige Betriebsspannung der neuen zu achten. Als Anhalt kann gelten: Kerzen für die Parallelschaltung weisen eine Betriebsspannung von etwa 11 V, solche für die Reihenschaltung einen Wert von rund 1 bis 2 V auf dem Gehäuse auf.

Dieselanlaßhilfen

Trotz der gesteigerten Heizleistung moderner Glühkerzen benötigen einige Dieselmotoren bei winterlich tiefen Temperaturen eine Anlaßhilfe. Sie kann einmal in Form eines im Ansaugrohr liegenden Heizflansches, zum anderen in Form einer Flammstartanlage (siehe Abschnitt 4.2.1) vorgesehen sein.

Bild 8.161 Prinzipi-elle Verschaltung eines Vorglühsteuergeräts. Nach dem Einschalten der Zündung erkennt die Elektronik die momentane Motortemperatur und schaltet darauf über eine bestimmte Zeit das Relais für den Glühkerzenstrom. Bei intakten Glühkerzen werden alle Reedkontakte geschlossen, und die Kontrolle leuchtet.

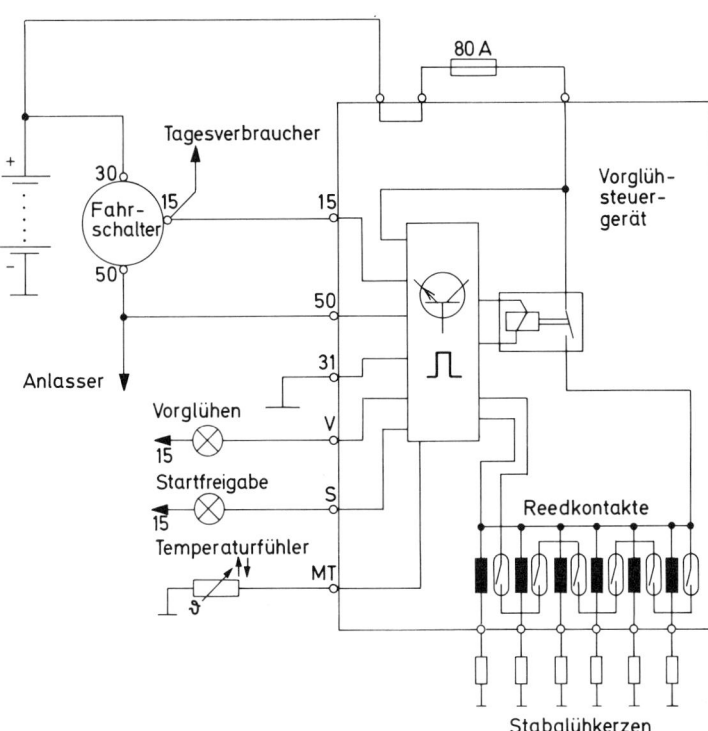

Bei Heizflanschen wird die Ansaugluft vor dem Starten durch eine mehrgängige Widerstandsspirale vorgewärmt (Bild 8.162). Die Bedienung erfolgt über einen separaten Schalter und muß kurz vor dem Starten erfolgen. Eine Vorheizzeit von länger als 1 min ist unzweckmäßig, da infolge einer Stromaufnahme von etwa 60 A die Batterie stark belastet wird und vielleicht die Restkapazität für den Anlaßvorgang nicht mehr ausreicht. Außerdem hat die Heizspirale nach 1 min ihre max. Glühtemperatur von 1000 bis 1100 °C erreicht. Wie auch bei der Glühkerzenanlage ist es nicht ratsam, das Betätigen des Anlassers über 30 bis 40 s auszudehnen, denn für das Anspringen sind die ersten 20 bis 30 s wichtig. Bei längerer Anlaßdauer kühlen sich die Heizspiralen durch den Luftstrom so stark ab, daß die angesaugte Luft nicht mehr genügend vorgewärmt werden kann. In diesem Fall ist es ratsam, nach nochmaligem Vorwärmen erneut zu starten.

Bild 8.162 Heizflansch zum Einbau in das Luft-ansaugrohr

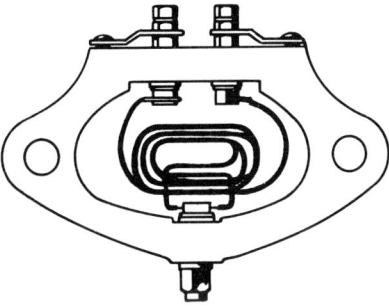

8.9.5 Anzeigeinstrumente und Kontrolleuchten

Bestimmte Motor- bzw. Fahrzeugzustände müssen dem Fahrer kontinuierlich übermittelt werden, andere wiederum nur im Fall einer Betriebsstörung. Zu den Dauerinformationen gehören z.B. die Werte der Motortemperatur oder des Kraftstoffvorrats, zu den Störinformationen z.B. die Bremsbelag-Verschleißkontrolle, die aufleuchtende Generator- oder Öldruckkontrolle. Je nach Ausstattung oder technischer Notwendigkeit greifen die Fahrzeughersteller auf elektrische Meßinstrumente oder einfache Kontrolleuchten zurück, bei Fahrzeugen der Spitzenklasse sogar auf komplexe vollelektronische Kontrollsysteme.

Die früher verwendeten Drehspul-Anzeigeinstrumente sind heute weitgehend durch Bimetallinstrumente ersetzt. Am Beispiel der Kraftstoffvorratsanzeige sollen Aufbau und Wirkungsweise erklärt werden (Bild 8.163). In der Anzeige ist ein mit dünnem Widerstandsdraht umwickelter Bimetallstreifen so angebracht, daß sein loses Ende über ein Kniehebelgelenk seine Lageänderung auf den Zeiger übertragen kann. Dieser Widerstand ist für die gesamte Bordnetzspannung zu empfindlich, er würde sich zu stark erwärmen und verbrennen und dabei den Zeiger zu weit auslenken. Darum ist ein vor das Instrument zu schaltender Spannungskonstanthalter notwendig, der die Bordnetzspannung auf eine Teilspannung reduziert. Weiterhin ist ein durch Schwimmer betätigter Widerstand hinter das Instrument in Reihe geschaltet. Die Konstanthalter können nach mechanischen und elektronischen unterschieden werden. In dem mechanischen Konstanthalter ist ebenfalls ein widerstandsumwickelter Bimetallstreifen befestigt, der an seinem losen Ende einen Kontakt trägt, der durch Vorspannung geschlossen ist und Verbindung zu Plus 15 herstellt. Der Ausgang des Widerstandes liegt an Masse. Beim Einschalten der Zündung werden der Bimetallstreifen und der Widerstand von Strom durchflossen und in der Folge auch der Widerstand des Instruments und des Tankgebers. Der durch den Schwimmerstand in seiner Größe bestimmte Strom bewirkt eine Erwärmung der beiden Bimetallstreifen und somit im Instrument den Zeigerausschlag. Im Konstanthalter wird dadurch das Kontaktpaar geöffnet, wodurch die Anlage kurzzeitig stromlos wird. Dabei kühlen sich die Bimetallstreifen wieder ab, wodurch im Konstanthalter der Kontakt wieder geschlossen wird. Der Bimetallstreifen im Instrument reagiert erheblich

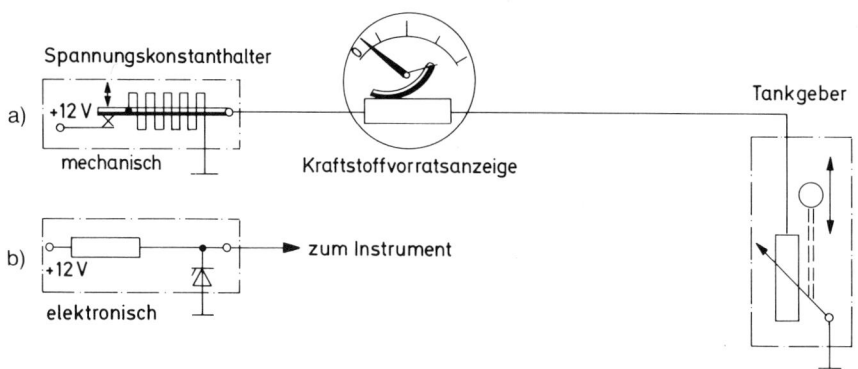

Bild 8.163 Schaltung der Kraftstoffvorratsanzeige
a) Spannungskonstanthalter mit widerstandsbeheiztem Bimetallstreifen
b) das gleiche mit Zenerdiode
c) moderner Konstanthalter in Hybridbauweise, Originalgröße

träger, so daß der Zeiger in seiner Stellung verharrt. Dieser Vorgang im Konstanthalter wiederholt sich in rascher Reihenfolge. Durch die schnellen Schaltvorgänge stellt sich am Eingang des Instruments eine Spannung von 3 bis 5 V ein.

Diese mechanischen Konstanthalter können Störungen im Radio hervorrufen, weil sie mit Kontakten arbeiten. Daher sind viele Fahrzeuge serienmäßig mit einem elektronischen Konstanthalter ausgerüstet, dessen die Funktion bestimmenden Bauteile ein Widerstand und eine an Masse gelegte Zenerdiode sind (siehe Abschnitt 8.1.8). Der Widerstand kann in einfachsten Konstanthaltern dieser Art eine 12-V-5-W-Soffitte sein. Beim Einschalten der Zündung ruft der Strom durch das Instrument und den Tankgeber in dem Widerstand einen Spannungsverlust hervor, der dicht oberhalb der Zenerspannung der Z-Diode liegt. Sie schaltet also durch und läßt den Strom nach Masse abfließen. Der Spannungsabfall im Widerstand ist jetzt noch größer, so daß die Zenerspannung unterschritten wird. Dadurch fällt die Z-Diode in ihren Sperrzustand zurück, und hinter dem Konstanthalter steigt die Spannung an. Auch diese Vorgänge wiederholen sich fortlaufend und führen zu einer Spannungsreduzierung – allerdings, da ohne Kontakte, störungsfrei für den Radioempfang.

Bei der Fehlersuche ist ein Kurzschließen von Anschlüssen sowie das Trennen der Masseverbindung des Konstanthalters zu vermeiden, weil dadurch der Widerstand im Instrument verbrennt. Es müssen mit einem Voltmeter die Spannungen gemessen und mit den Sollwerten der Herstellerangaben verglichen werden.

Bei der Temperaturanzeige ist als Wärmefühler ein in den Kühlkreislauf gebauter NTC-Widerstand das strombestimmende Glied. Im Bedarfsfall müssen dessen Kalt- und Warmwiderstand mit Ohmmeter gemessen werden.

Die Öldruckkontrolle erfolgt in aller Regel über einen hydraulisch betätigten Schalter, der die Masseverbindung der Kontrolleuchte steuert. Öldruck-Anzeigeinstrumente sind die Ausnahme. Der Öldruckschalter ist an den Ölkreislauf des Motors angeschlossen und durch eine Membran in einen «nassen» und einen elektrischen Teil getrennt. Im elektrischen Teil stellt ein tellerförmiger, federbelasteter Kontakt die Masseverbindung her. Bei älteren deutschen Öldruckschaltern und bei einigen ausländischen kann man die Federspannung von außen über eine Einstellschraube verändern. Die werksmäßige Einstellung läßt bei laufendem Motor und einem Öldruck von etwa 0,3 bis 0,5 bar auf die Membran diese sich gegen die Federkraft bewegen, wodurch die Masseverbindung im Schalter aufgehoben wird und die Kontrolle erlischt (Bild 8.164).

Grundsätzlich kann man Kontrolleuchten nach Einschalt- und Funktionskontrollen unterscheiden. Einschaltkontrollen sind z.B. die Fernlichtkontrolle oder die der heizbaren Heckscheibe. Ihr Aufleuchten sagt nicht unbedingt, daß die eingeschalteten Verbraucher auch wirklich arbeiten. Für andere Einrichtungen, z.B. die Blinkanlage, sind Funktionskontrollen vorgeschrieben, deren Nichtaufleuchten oder Rhythmusänderung dem Fahrer den Ausfall einer Blinkleuchte signalisiert. Bei Fahrzeugen der gehobenen Klasse können Einrichtungen, deren Ausfall die Verkehrssicherheit beeinträchtigen, auch durch Kontrollrelais überwacht werden. Als Beispiel hier-

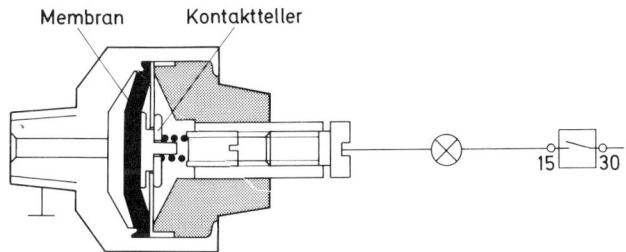

Bild 8.164 Schnittbild eines Öldruck-Kontrollschalters mit Verschaltung der Kontrolleuchte

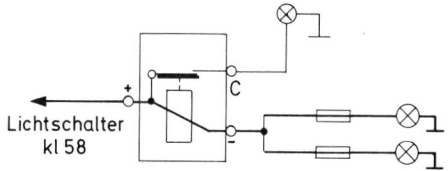

Lichtschalter
kl 58

Bild 8.165 Einfache Kontrollschaltung für die Schlußlampen. Die Schaltwicklung solcher Relais ist gegenüber normalen Ruhestromrelais mit stärkerem Drahtquerschnitt versehen, da der Lampenstrom spannungsverlustlos hier durchfließen muß.

für ist die Schlußleuchtenkontrolle (Bild 8.165) genannt, bei der der Lampenstrom durch die Schaltwicklung geleitet wird. Sind die Schlußleuchten in Ordnung, ruft er hierin so starken Magnetismus hervor, daß der Kontrollanker abhebt. Bei einer ausgefallenen Glühlampe bleibt er infolge schwächeren Magnetismus geschlossen, und die Kontrolle brennt. Eine Sonderaufgabe ist der Generatorkontrolleuchte für Drehstromgeneratoren zugeordnet (siehe Abschnitt 8.5.2). Sie überwacht nicht nur die Spannungserzeugung und zeigt Fehler des Generators durch Glimmen bei Betrieb oder im Stand an, sondern muß auch beim Einschalten der Zündung den Vorerregerstrom in den Generatorläufer leiten.

Tachometer der herkömmlichen Bauart werden zwar vereinzelt schon durch vollelektronische Anzeigedisplays auf Flüssigkristallbasis ersetzt, bestimmen aber noch überwiegend das Bild bei der Geschwindigkeitskontrolle und Wegstreckenmessung (Bild 8.166).

In dem durch eine biegsame Welle angetriebenen Instrument dreht sich ein scheibenförmiger Dauermagnet, der sonst keinerlei mechanische Verbindung mit irgendeinem anderen Teil hat. Den Dauermagneten umgibt mit geringem Luftspalt der Systemring aus unmagnetischem, aber elektrisch gut leitendem Material, meist aus Aluminium und zu einer Glocke geformt. Mit ihr über die Achse starr verbunden ist der Zeiger. Systemring und Zeiger werden bei Stillstand des

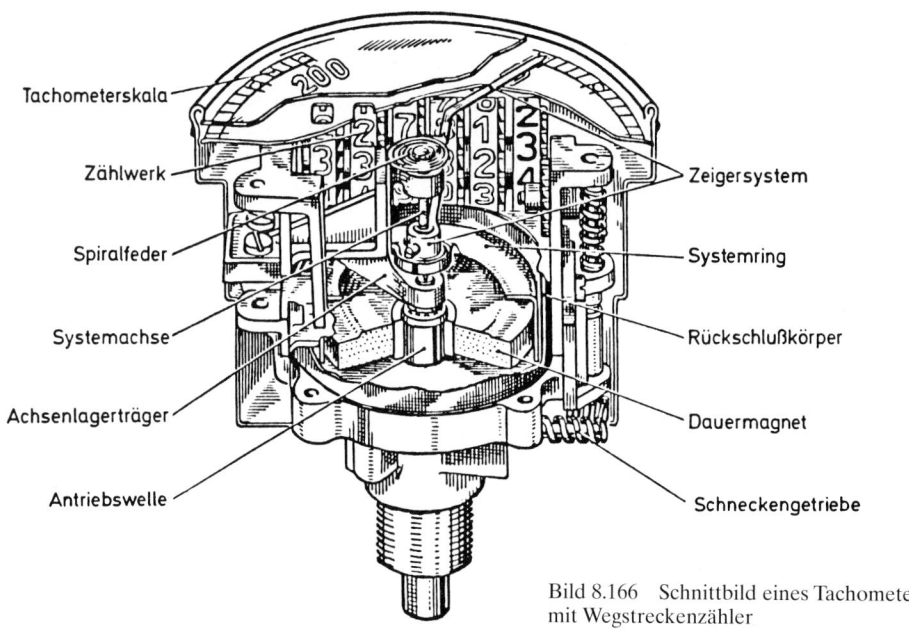

Tachometerskala
Zählwerk
Spiralfeder
Systemachse
Achsenlagerträger
Antriebswelle
Zeigersystem
Systemring
Rückschlußkörper
Dauermagnet
Schneckengetriebe

Bild 8.166 Schnittbild eines Tachometers mit Wegstreckenzähler

Wagens durch eine Spiralfeder auf Tacho Null gehalten. Die Aluminiumglocke wird durch einen Weicheisenring, den magnetischen Rückschlußkörper, berührungslos umschlossen.

Dreht sich der Dauermagnet, so schneiden seine Kraftlinien den Systemring und induzieren in ihm Wirbelstrom. Daraufhin wird die bis dahin unmagnetische Aluminiumglocke magnetisch und übt ihrerseits auf den drehenden Dauermagneten eine Rückwirkung aus. Infolge dieser Wechselwirkung entsteht ein elektromagnetisches Drehmoment, das den Systemring und damit den Zeiger aus seiner Ruhelage herausdreht, bis sich ein Kräftegleichgewicht zu dem mechanischen Drehmoment der Spiralfeder ausgebildet hat. Je schneller sich der Dauermagnet dreht, desto größer wird das elektromagnetische Drehmoment, und der Zeiger wird weiter in die Skala gestellt.

Der über die gleiche Welle angetriebene Wegstreckenzähler besteht aus einem Getriebe mit zwei Schnecken, einer Reihe von Zählscheiben und Hilfsrädern. Dreht sich der Antrieb, so wird über die Schnecke das daranliegende Zählrad verdreht. Hat dieses eine ganze Umdrehung durchlaufen, dreht sich über ein Hilfsrad das nächste Zählrad um eine Stelle weiter usw. Da Radumfang und Übersetzung des Tachoantriebs von Fahrzeug zu Fahrzeug verschieden sind, ist ein Austauschen der Tachometer nicht möglich. Reparaturen daran sollten nur von einer Fachwerkstatt mit anschließender Eichung ausgeführt werden. Daß Manipulationen am Wegstreckenzähler den Tatbestand des Betrugs darstellen und gerichtliche Verfolgung nach sich ziehen können, sei noch hinzugefügt.

Wischermotoren

Windschutzscheiben, zum Teil Heck- und Scheinwerferstreuscheiben, werden heute mit elektrischen Wischermotoren saubergehalten. Diese sind, ausgenommen von wenigen Kompoundmotoren (Haupt- und Nebenschluß-Feldwicklung), Gleichstrom-Nebenschlußmotoren. Anker und Feldwicklung sind also parallelgeschaltet. Die Drehbewegung des Ankers entsteht aufgrund von Magnetfeldern, die verdrängend aufeinander wirken. Diese Drehbewegung muß nun in die Schwenkbewegung der Wischerarme umgesetzt werden. Die Art und Weise, wie das geschieht, macht ein Unterscheiden nach zwei Systemen möglich.

Pendelwischer: Wenn die räumlichen Verhältnisse im Fahrzeug den Einbau eines aufwendigen Wischergestänges nicht zulassen oder wenn nur ein Wischerblatt betrieben werden soll, greift der Fahrzeughersteller auf Pendelwischer zurück. Zu finden sind diese in Traktoren, als Heckscheibenwischer in Pkw oder Sportbooten. Bei dieser Bauart ist in das Gehäuse des Wischermotors neben Anker und Erregerfeld ein Getriebe eingesetzt, mit dem die hohe Ankerdrehzahl heruntergesetzt und auf ein großes Antriebszahnrad übertragen wird. Hieran befindet sich in Art eines Pleuels eine Zahnstange, die bei Betrieb des Wischers über ein Ritzel hin und her bewegt wird. Das Ritzel sitzt an der aus dem Wischermotor ausgeführten Wischerwelle, an der der Wischerarm mit dem Blatt befestigt ist. Dieses wird in bestimmtem Winkel über die Scheibe bewegt. Beim Auswechseln defekter Wischermotoren ist darauf zu achten, daß der neue den gleichen Wischwinkel wie der alte aufweist. Angaben über dessen Größe befinden sich häufig auf dem Getriebedeckel. Der Wischwinkel ist konstruktiv durch den Kurbelradius der Zahnstange festgelegt und kann somit nicht nachträglich verändert werden (Bild 8.167).

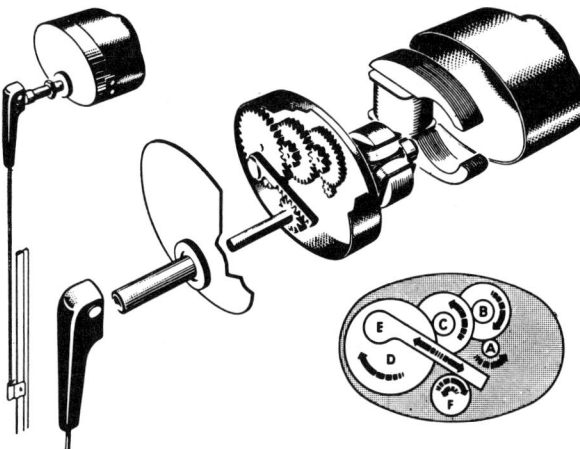

Bild 8.167 Das Getriebe eines Pendelwischers. Der Kraftverlauf geht von der Ankerachse A über die Zwischenräder bis zur Wischerwelle F.

Umlaufwischer: Wenn es darum geht, mit einem Wischermotor zwei oder drei Wischerblätter auf einer Scheibe gleichzeitig zu bewegen, greift man auf einen Umlaufwischer zurück. Dieser Motor ist einfacher aufgebaut, da hier die Drehbewegung des Ankers über ein Wischergestänge in die Schwenkbewegung der Arme umgelenkt wird. Es fällt also das bei Pendelwischern notwendige Getriebe fort. Außerdem ist es bei entsprechender Auslegung des Wischergestänges möglich, die Wischerarme gleichförmiger und ruckfrei oder gegenläufig über die Windschutzscheibe zu bewegen.

Die Kraftübertragung vom Anker kann hier über eine in die Ankerwelle eingearbeitete Schnecke auf ein Schneckenrad erfolgen. Dessen Welle ist aus dem Gehäuse ausgeführt. Hierauf sitzt die Kurbel und wird bei Betrieb somit in eine umlaufende Bewegung versetzt. Da der Kurbelradius hier geringer ist als der Radius an der eigentlichen Wischerwelle, wird diese, also auch der Wischerarm, hin und her bewegt.

Da die Schneckenräder in aller Regel aus isolierendem Kunststoff (z.B. Novotex oder Polyamid) bestehen, ist es möglich, sie mit elektrischen Kontaktbahnen zu versehen. Sie sind für das selbständige Abschalten des Motorstroms notwendig, damit nach dem Ausschalten der Wischeranlage die Wischerarme automatisch ihre Endstellung erreichen und hier verbleiben. Diese Endabschaltung wurde aus der Forderung nach mehr Komfort und Sicherheit entwickelt. In anderen Bauarten kann sie auch durch einen vom Motor betätigten Nockenschalter im Wischer erfolgen (Bild 8.168).

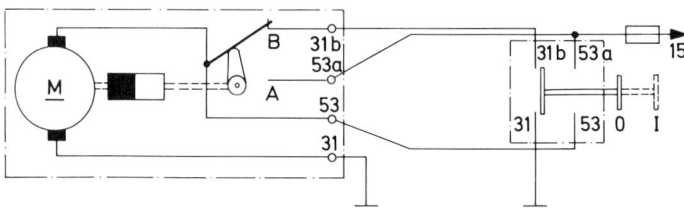

Bild 8.168 Wischermotor mit Dauermagnetfelderregung und Endabschaltung. Bis der Wischerarm seine Endstellung erreicht, befindet sich der Kontakt des Nockenschalters in Stellung A. Es fließt weiterhin Ankerstrom. In der Endstellung ist der Anker über den Kontakt B und den in Ruhestellung nach Klemme 31 geschlossenen Wischerschalter kurzgeschlossen. Der im auslaufenden Anker induzierte Strom läßt hier ein Magnetfeld entstehen, das ihn schlagartig abbremst.

Kontakt Nr.	Ader-farbe	Stromkreis
L	Gelb	Fahrtrichtungsanzeiger links
54 g	Blau	Nebelschlußleuchte
31	Weiß	Masse
R	Grün	Fahrtrichtungsanzeiger rechts
58 R	Braun	Rechte Schlußleuchte, Begrenzungsleuchte u. Kennzeichenbeleuchtung
54	Rot	Bremsleuchten
58 L	Schwarz	Linke Schlußleuchte, Begrenzungsleuchte u. Kennzeichenbeleuchtung

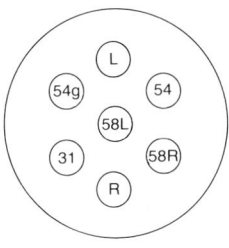

DIN-Entwurf 72 570

Kontakt Nr.	Stromkreis	Leitung Q mm^2
1	Fahrtrichtungsanzeiger links	1,5
2	Nebelschlußleuchte	1,5
3*	Masse (für Stromkreis 1 bis 8)	2,5
4	Fahrtrichtungsanzeiger rechts	1,5
5	Rechte Schlußleuchte, Begrenzungsleuchte u. Kennzeichenbeleuchtung	1,5
6	Bremsleuchten	1,5
7	Linke Schlußleuchte, Begrenzungsleuchte u. Kennzeichenbeleuchtung	1,5
8	Rückfahrleuchte u./o. Rückfahreinrichtung für Auflaufbremse	1,5
9	Stromversorgung (Dauerplus)	2,5
10	Ladeleitung Plus für Batterie im Anhänger	1,5
11	Noch nicht zugeteilt	1,5
12	Noch nicht zugeteilt	1,5
13*	Masse (für Stromkreis 9 bis 12)	2,5

* Beide Masseleitungen dürfen anhängerseitig nicht elektrisch leitend verbunden werden.

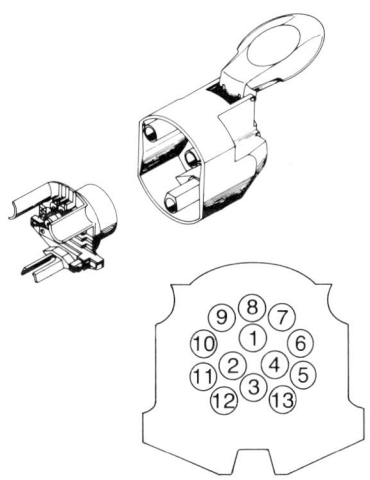

Bild 8.169
7polige Steckdose nach DIN 72 577
(Anschlußseite)
13polige Steckdose nach DIN 72 570

Sonstige elektrische Einrichtungen 975

8.9.6 Steckdosen

Zur Übertragung des Stroms für die gesetzlich vorgeschriebenen Beleuchtungs- und Signaleinrichtungen sowie zusätzlicher Verbraucher im Anhänger sind am Zugwagen Steckdosen für den Anhänger notwendig. Diese sollten so ausgelegt sein, daß mit nur einer Steckdose die Gesamtzahl aller Verbraucher abgedeckt werden kann. Diese Bedingung erfüllte, wenn auch in Teilbereichen unvollständig, die 7polige Steckdose nach DIN 72 577. Deren Anschlußbelegung geht aus Bild 8.169 hervor. Anzumerken wäre, daß die Klemme 54g nach Norm für die Ansteuerung des elektromagnetisch betätigten Druckluftventils für die Abbremsung des Anhängers vorgesehen war. Nach Inkrafttreten der gesetzlichen Bestimmung von 1993 ist diese Anlage außer Kraft zu setzen, so daß Kl 54g für die Nebelschlußleuchte, ebenfalls vorgeschrieben, zu verwenden ist.

Wenn weitere Verbraucher, z.B. Kühlschrank, Innenbeleuchtung, Rückfahrscheinwerfer usw., am Anhänger betrieben werden müssen, sollte zweckmäßigerweise auf die 13polige Steckdose nach DIN 72 570 zurückgegriffen werden. Auch hier sind die Anschlußbelegung und Lage der Kontakte aus Bild 8.169 ersichtlich.

8.9.7 Airbagsysteme

Airbagsysteme stellen ein hochsensibles elektronisch-pyrotechnisches System dar, die in Verbindung mit den Haltegurten mit Gurtstraffern die Folgen eines Unfalls mildern können. Sie unterliegen dem Sprengstoffgesetz und dürfen nur von geschultem Personal montiert und überprüft werden. Grundsätzlich dürfen nur die fahrzeugspezifischen Airbagtester verwendet werden, und das Öffnen oder Reparaturversuche an den einzelnen Komponenten sind verboten. Wurde bei einem Unfall der Airbag ausgelöst, sind aus Sicherheitsgründen grundsätzlich alle Bauteile, also Auslösegerät, Energiereserve, Spannungswandler und Leitungsstrang zu erneuern, nicht nur die sichtbar unbrauchbar gewordenen Prallkissen. Ebenfalls ist bei allen Arbeiten der Minuspol der Batterie abzuklemmen, um eine Fehlauslösung zu vermeiden.

Die Verschaltung und Positionierung der einzelnen Bauteile kann wie z.B. bei Audi so aussehen, wie Bild 8.170 zeigt.

Funktionsablauf: Bei einer bestimmten Längsverzögerung, die etwa dem Aufprall des Fahrzeugs bei 20 km/h auf ein festes Hindernis entspricht, wird über einen Sensor diese Verzögerung, etwa 1,8 g, erkannt. Das Auslösegerät sendet über eine Wickelfeder unter dem Lenkrad einen elektrischen Impuls an den Brückenzünder mit Zündpille im Gasgenerator. Die Zündpille wird gezündet, zündet ihrerseits die Beiladung, die den Festtreibstoff abbrennen läßt. Das entstehende Verbrennungsgas, Stickstoff, strömt unter Druck durch ein Metallfilter, das es kühlt und reinigt und innerhalb von 30 ms den Airbag aufbläst. Das sich bildende Luftpolster dämpft den Aufprall der Insassen. Definierte Ausströmöffnungen, von den Insassen abgewandt, lassen den Druck ab. Sollte bei dem Unfall die Verbindung zur Batterie abgerissen werden, sorgt eine Energiereserve mittels aufgeladener Kondensatoren für ausreichende elektrische Energie. Fällt die Batteriespannung ab, wird durch den Spannungswandler beim Einschalten der Zündung für das Airbagsystem die Spannung auf 12 V angehoben. Das gesamte System wird mit einer Kontrolleuchte überwacht.

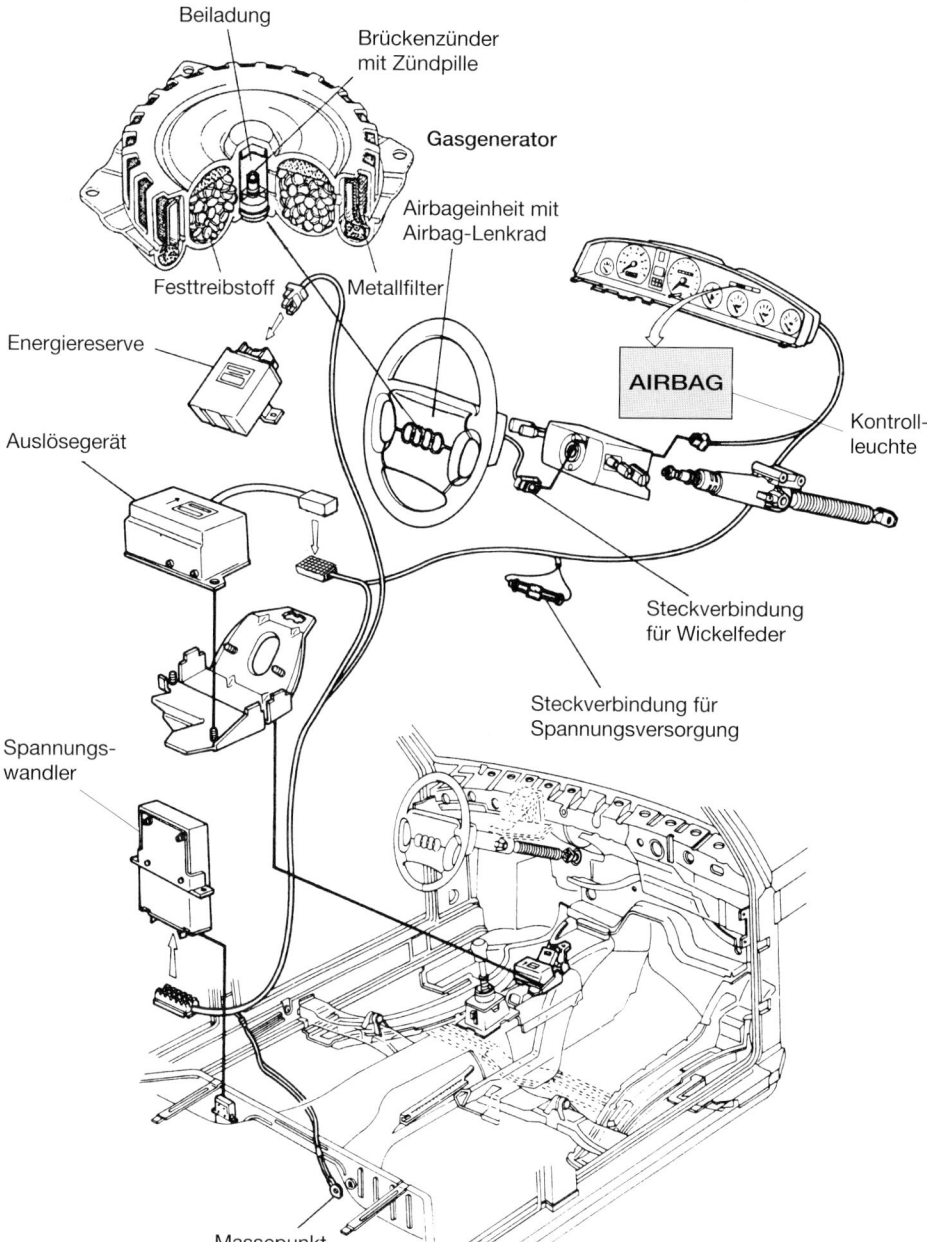

Beiladung

Brückenzünder mit Zündpille

Gasgenerator

Airbageinheit mit Airbag-Lenkrad

Festtreibstoff   Metallfilter

Energiereserve

Auslösegerät

Spannungs- wandler

Massepunkt

AIRBAG

Kontroll- leuchte

Steckverbindung für Wickelfeder

Steckverbindung für Spannungsversorgung

Bild 8.170   Airbagsystem im Audi. Der Gasgenerator im Airbag-Lenkrad ist hervorgehoben. (Werkbild: V.A.G)

8.9.8 Wegfahrsperren

Um der Diebstahlkriminalität einen Riegel vorzuschieben, wurden Kraftfahrzeuge mit Dieb-stahlwarnanlagen ausgerüstet. Bei den unterschiedlichen Systemen werden mit Schaltern, teils den serienmäßigen Türkontaktschaltern, teils mit nachträglich zu installierenden, die Hupe und das Warnblinklicht über eine definierte Zeitdauer eingeschaltet. Bei den aufwendigeren Systemen konnte der Fahrzeuginnenraum mit Ultraschallsensoren überwacht werden, oder dem Diebstahl der Räder oder dem Abschleppen des Fahrzeugs wurde mit Neigungsgebern vorgebeugt. So aus-geklügelt, wie die Warnanlage auch immer sein mochte, ein Starten des Motors konnte sie nicht verhindern. Hier greift die gesetzliche Bestimmung, die für Neufahrzeuge eine Wegfahrsperre vorschreibt. Die gesetzliche Auflage ist, daß die verwendete Elektronik selbstschärfend ist und in mindestens drei verschiedene Systeme eingreift. Diese sind in der Regel der Anlasser-Steuer-stromkreis, die Zündung und die Kraftstoffversorgung. Selbstschärfend heißt, daß nach Abziehen des Zündschlüssels diese Stromkreise automatisch unterbrochen werden. Die Deaktivierung kann über ein separates Codeschloß erfolgen, oder in den Zündschlüssel ist eine Elektronik, der sogenannte *Transponder,* eingebaut.

Versicherungstechnisch kann es günstig sein, in ein Fahrzeug nachträglich eine Wegfahrsperre zu installieren. Hierzu ist das Steuergerät an geeigneter Stelle, meist unter dem Armaturenbrett, anzubauen, so daß die notwendigen Leitungsverbindungen zwischen Bordnetz und Steuergerät unsichtbar und nicht schnell zugänglich sind. Es sollten keinerlei Anhaltspunkte für die Art des Eingriffs erkennbar sein (Bild 8.171).

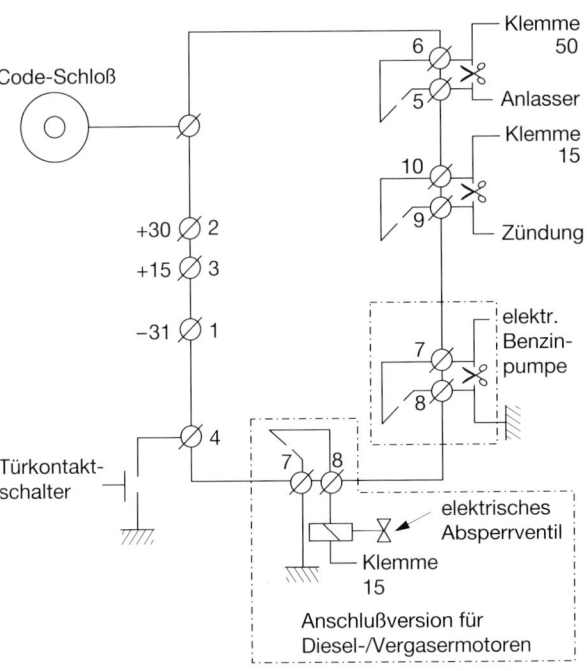

Bild 8.171 Schaltbeispiel für eine Wegfahrsperre. Die Symbole «Schere» kennzeichnen die zu trennenden Leitungen und ihren Anschluß an das Steuergerät. Die in dem Steuergerät befindlichen Schalter schließen bei deaktivier-ter Wegfahrsperre die Strom-kreise. Anschlüsse 7 und 8 können wahlweise für die elektrische Kraftstoffpumpe oder das Ab-sperrventil verwendet werden.

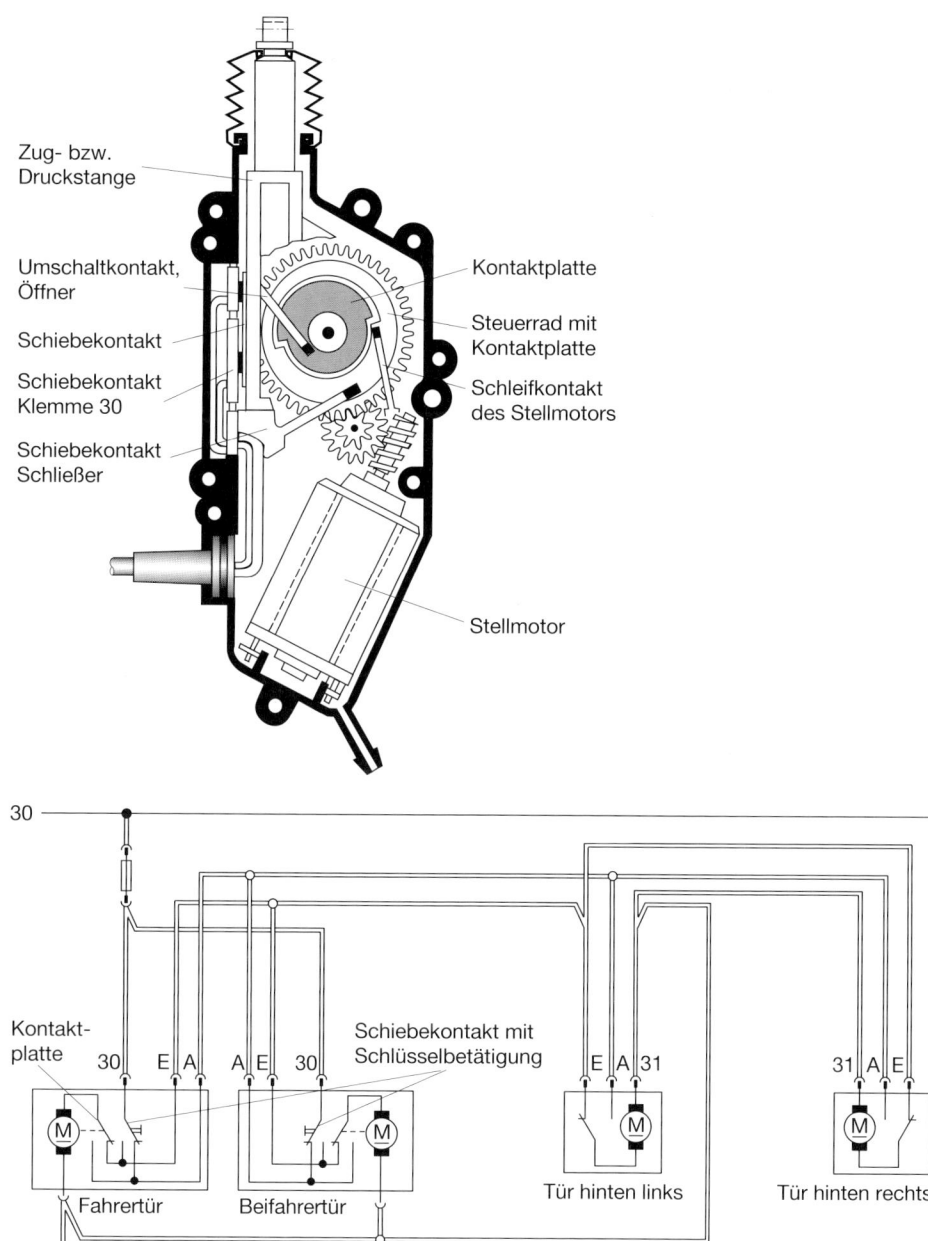

Zug- bzw.
Druckstange

Umschaltkontakt,
Öffner

Schiebekontakt

Schiebekontakt
Klemme 30

Schiebekontakt
Schließer

Kontaktplatte

Steuerrad mit
Kontaktplatte

Schleifkontakt
des Stellmotors

Stellmotor

30

Kontakt-
platte

30   E A   A E   30

Schiebekontakt mit
Schlüsselbetätigung

E A 31   31 A E

Fahrertür   Beifahrertür   Tür hinten links   Tür hinten rechts

31

Bild 8.172   Eine mögliche Version eines Stellmotors mit dazu passendem Schaltbeispiel

8.9.9 Zentralverriegelung

Wie schnell ist bei einem viertürigen Pkw eine nicht verriegelte Tür übersehen, so daß Langfinger ungehinderten Zugriff haben. Aus diesem Grund ist eine Zentralverriegelung eine zweckmäßige Komfortausstattung. Es sind zwei Arten auf dem Markt: die pneumatischen und solche mit elektrischen Stellmotoren. Letztere sollen hier erklärt werden. Jede Tür hat einen eigenen, an den Schließmechanismus gekoppelten Stellmotor, der bei der Betätigung des Schlosses der Fahrer- oder Beifahrertür angesteuert wird. Mit dem Schlüssel wird die Zugstange verschoben, wodurch der Schiebekontakt wandert. Beim Entriegeln verbindet der Schiebekontakt den Anschluß 30 des Umschaltkontaktes mit dem Öffnerkontakt, beim Verriegeln mit dem Schließerkontakt. Der Öffnerkontakt überträgt den Strom mittels Schleifkontakt auf das innere Segment der Steuerkontaktplatte, der Schließkontakt auf das äußere. Die Stellung des Steuerrades bestimmt die Kontaktierung mit innerem oder äußerem Segment. Der Stellmotor, ein permanenterregter Motor, treibt das Steuerrad, dessen Nocken die Druckstange bewegt. Der Motor kommt zum Stillstand, wenn sein Schleifkontakt in die nichtmetallische Zone des Steuerrades übergewechselt ist. Bei Fahrzeugen der Oberklasse kann der Vorgang auch durch eine Fernbedienung eingeleitet werden (Bild 8.172).

8.9.10 Sensoren – Aktoren

Um die elektronischen Schaltgeräte vom Motormanagement, der Sicherheitselektronik und der Komfortelektronik zu betreiben, benötigen sie Informationen über den momentanen Istzustand des betreffenden Anlagenteils. Der Istzustand zeigt sich in Form einer physikalischen Größe, wie z.B. der Motortemperatur, der Kurbelwellendrehzahl, einem bestimmten durchlaufenden Drehwinkel der Kurbelwelle, dem Lastzustand des Motors und dessen Abgaszusammensetzung bzw. der Schlupf- oder Blockierneigung der Räder.

Diese Aufzählung ließe sich noch beliebig erweitern, jedoch stellt jeder Faktor eine Größe dar, die nicht als solche direkt von der Elektronik verarbeitet werden kann. Es müssen «Fühler» vorhanden sein, die diesen Zustand in ein elektrisches Signal umwandeln. Diese werden allgemein als Sensoren bezeichnet. Die hiermit erzeugten Spannungen werden von der Elektronik erkannt, ausgewertet, häufig noch mit einem hier abgelegten Wert verglichen und aufgearbeitet. Somit ist es möglich, mittels elektronischem Steuergerät einen Aktor anzusteuern, damit dieser die Abweichung vom beabsichtigten Sollzustand kompensiert bzw. einen Vorgang, z.B. das Ansteuern eines Einspritzventils, einleitet.

Die Sensoren müssen unterschieden werden nach solchen, die aufgrund ihres Aufbaus durch das Erscheinen einer physikalischen Größe von sich aus einen Spannungsimpuls erzeugen, und solchen, die mit Bordnetzspannung oder einer Teilspannung hiervon beaufschlagt sein müssen und bei Eintritt einer physikalischen oder chemischen Größe eine Veränderung erfahren (Bilder 8.173 bis 8.176).

Als Aktoren kommen in der Regel Komponenten zum Einsatz, in denen Elektromagnetismus ausgenutzt wird, um mit Hilfe einer Spule und eines Eisenkerns mechanische Kraft in Form einer Hub- oder Drehbewegung zu erzeugen.

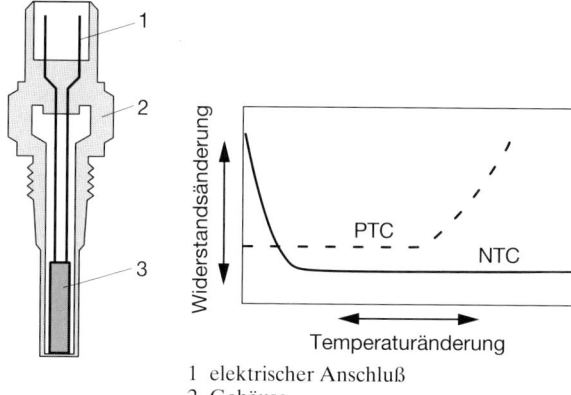

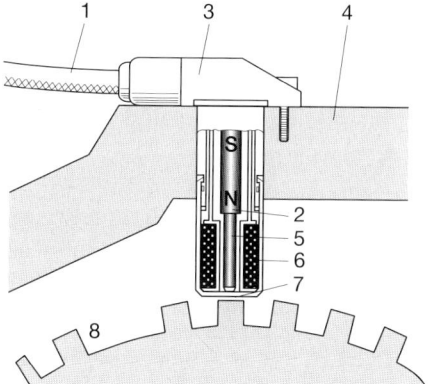

1 elektrischer Anschluß
2 Gehäuse
3 NTC- oder PTC-Element

Bild 8.173 Die Temperaturüberwachung erfolgt über Sensoren, in die unabhängig von der äußeren Gestalt Werkstoffe eingebracht sind, die in Abhängigkeit der Temperatur eine nahezu sprunghafte Widerstandsänderung durchlaufen. Diese Werkstoffe können Metalloxide oder -keramiken sein, die in Perlen- oder Scheibenform gesintert sind. Je nach Anwendungsbereich können sie NTC- oder PTC-Charakter aufweisen, d.h. bei steigender Temperatur im Widerstand kleiner oder größer werden. Analog dazu verändert die angelegte Spannung den Stromfluß.

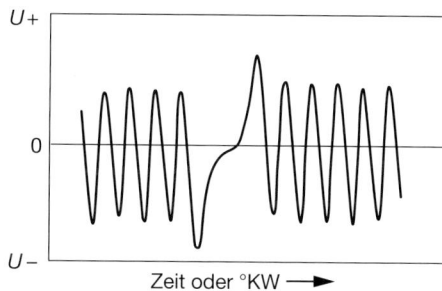

Bild 8.174 Induktive Sensoren können zur Aufnahme der Motor- oder Raddrehzahl (ABS) oder der Kurbelwellen- und Nockenwellenstellung eingesetzt werden. In Abhängigkeit der Formgebung des Sensorrades erzeugen sie durch Magnetflußänderung eine Wechselspannung mit gleichmäßigen Amplituden. Im Bedarfsfall kann durch eine Zahnlücke eine Amplitude vergrößert werden, z.B. als Bezugsmarke. Der Spannungsverlauf kann mit einem Oszilloskop sichtbar gemacht werden. Prinzipzeichnung eines induktiven Drehzahlsensors

1 abgeschirmtes Kabel
2 Dauermagnet
3 Sensorgehäuse
4 Gehäuseblock
5 Weicheisenkern
6 Spule
7 Luftspalt
8 Zahnscheibe mit Bezugsmarke

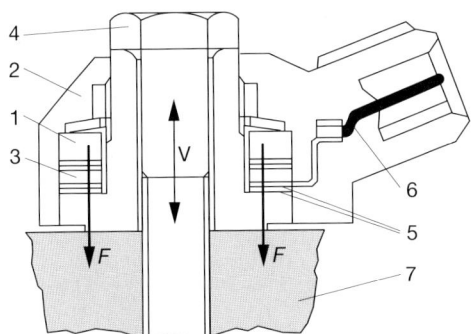
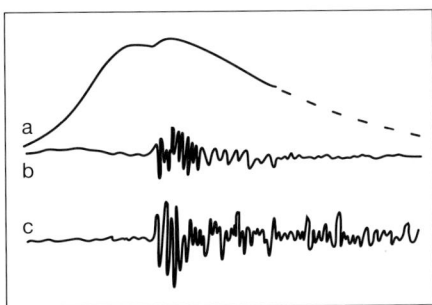

Bild 8.175 Der Klopfsensor ist in Höhe des Brennraumes an den Motor angebaut und wandelt den Körperschall bei Beginn klopfender Verbrennung in ein elektrisches Signal um.
1 seismische Masse mit Druckkraft F (Anzugsdrehmoment einhalten)
2 Gehäuse
3 Piezokeramik

4 Befestigungsschraube
5 Kontaktierung
6 Anschluß für Koaxialkabel
7 Motorblock
V Wirkrichtung der Vibration
Im Diagramm entspricht (a) dem Druckverlauf im Zylinder, der als gefiltertes Drucksignal (b) das Spannungssignal (c) hervorruft.

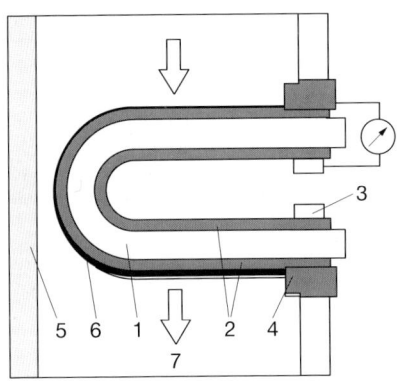
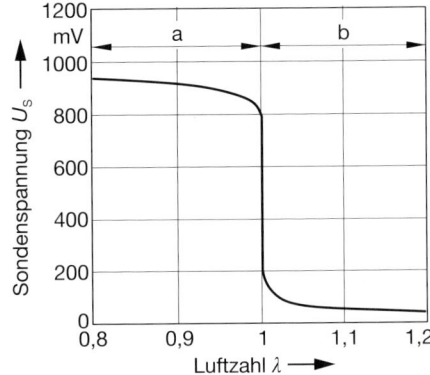

Bild 8.176 Ein Sauerstoffsensor wie die Lambda-Sonde ist von seiner Arbeitsweise einem galvanischen Element gleichzusetzen, das in Abhängigkeit der Sauerstoffdifferenz der Außenluft und dem Restsauerstoff im Abgas eine Spannung im mV-Bereich erzeugt. Der Feststoffelektrolyt aus Zirkondioxid und Yttriumoxid (1) ist beidseitig von je einer hauchdünnen, gasdurchlässigen Platinschicht (2) umschlossen. Dieses sind die Elektroden. Die Sondenkeramik ist ab einer Temperatur von ca. 350 °C für Sauerstoffionen leitfähig. Da der Restsauerstoff abhängig ist vom Kraftstoff-Luft-Verhältnis des verbrannten Gemisches, ändert sich fortlaufend die Sauerstoffdifferenz und somit an den Elektroden die Spannung. Bei $\lambda = 1$ erfolgt ein Spannungssprung von ca. 400 bis 500 mV, der zur Ansteuerung der Elektronik des Steuergeräts ausgenutzt wird. Zwischen den Anschlüssen 3 und 4 wird die Sondenspannung abgegriffen. 5 stellt das Abgasrohr dar, in dem das Abgas (7) die Sonde umströmt. Eine poröse keramische Schicht (6) schützt vor Verschmutzung. Das Diagramm zeigt den Spannungssprung bei $\lambda = 1$ (siehe auch Abschnitt 3.8.4).

9   Werkstoffkunde

Die in den «Fachlichen Vorschriften für die Meisterprüfung» vorgeschriebenen Kenntnisse über Eigenschaften, Gewinnung, Verarbeitung sowie Prüfung aller im Kraftfahrzeugbau verwendeten Werkstoffe sollen im Kapitel «Werkstoffkunde» behandelt werden. Dazu gehören zum besseren Verstehen dieses Gebietes auch chemische und physikalische Grundkenntnisse.

9.1   Chemische Grundkenntnisse der Werkstoffkunde

Chemie ist die Lehre von den Umwandlungen und Eigenschaften der Stoffe. Die Chemie unterteilt sich in die *organische und anorganische* Chemie.

Organische Chemie ist die Zusammenfassung der Stoffe, die Kohlenstoff (C) enthalten. Eine Ausnahme machen z.B. die Kohlenstoffoxide (CO und CO_2), die nicht mit zur organischen Chemie gezählt werden.

Kohlen(mon)oxid CO entsteht, wenn bei der Verbrennung des Kohlenstoffs (C) der Sauerstoff (O) nicht in ausreichender Menge zur Verfügung steht, so daß eine unvollkommene Verbrennung verläuft.
    CO ist ein farb-, geruch- und geschmackloses Gas, das sehr giftig ist. Es verbindet sich anstelle des Sauerstoffs mit dem roten Blutfarbstoff. Schon 0,3 Vol.-% in der Atemluft können in kurzer Zeit zum Tod führen. Kohlenoxid ist etwas leichter als Luft und brennbar. Auspuffgase von Verbrennungsmotoren sind häufig die Ursache von CO-Vergiftungen.

Kohlendioxid CO_2 ist ein farb- und geruchloses, nicht brennbares Gas, das etwa 1,5mal schwerer ist als Luft. CO_2 entsteht beim Verbrennen von Kohlenoxid. Dieses Gas ist nicht giftig, wirkt aber erstickend, wenn beim Einatmen größerer Mengen CO_2 der Sauerstoff der Atemluft zu gering wird.

Anorganische Chemie befaßt sich mit allen Verbindungen, Elementen und Legierungen, die *keinen* Kohlenstoff (C) enthalten.

Chemische Elemente: Es gibt z.Zt. 106 Stoffe, die sich chemisch nicht weiter zerlegen lassen; sie werden als Elemente oder Grundstoffe bezeichnet.
92 der 106 Elemente sind natürlich vorkommende Stoffe, 14 werden künstlich hergestellt. Von diesen 92 natürlichen Elementen sind bei normalem Druck und normaler Temperatur elf gasförmig, zwei flüssig (Brom [Br] und Quecksilber [Hg]) sowie 79 fest.

Chemische Kurzzeichen: Um kurz, aber doch exakt anzugeben, welche Veränderungen bei chemischen Reaktionen eintreten, werden nicht die ausgeschriebenen Namen der Stoffe, sondern ihre Kurzzeichen verwendet. Die Kurzzeichen einiger in der Werkstoffkunde häufig vorkommenden Grundstoffe (Elemente) zeigt Tabelle 9.1.

Tabelle 9.1   Kurzzeichen einiger Elemente

Nichtmetalle		Metalle	
Sauerstoff	O	Aluminium	Al
Wasserstoff	H	Blei	Pb
Stickstoff	N	Eisen	Fe
Kohlenstoff	C	Magnesium	Mg
Phosphor	P	Kupfer	Cu
Schwefel	S	Zink	Zn
Silizium	Si	Zinn	Sn

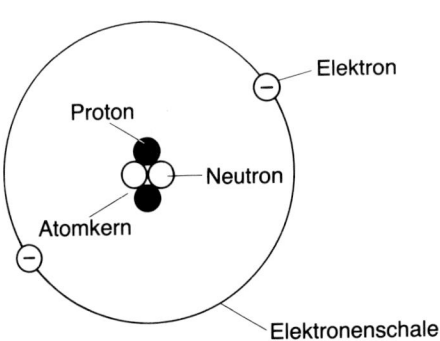

Bild 9.1   Modell eines Atoms (Helium)

Atom (von griechisch «atomos» = nicht mehr zerlegbar) nennt man das kleinste, mit chemischen Mitteln nicht mehr zerlegbare Teilchen eines Elements (Grundstoffs). Jedes Atom besteht aus einem Atomkern und einer Elektronenhülle (Bild 9.1).

Der Atomkern besitzt positive elektrische Ladung und setzt sich aus *Protonen und Neutronen* zusammen. Auf der Elektronenhülle befinden sich die elektrisch negativ geladenen *Elektronen,* die den Atomkern umkreisen. Die Atomkerne der verschiedenen Elemente unterscheiden sich im wesentlichen durch die Anzahl der positiven Protonen. Da zu jedem Proton im Atomkern auch ein entsprechendes Elektron gehört, stellt sich dadurch ein elektrisches Gleichgewicht dar.

Das einfachste und leichteste Atom ist das des Wasserstoffs (H). Sein Kern hat nur ein einziges Proton aufzuweisen, um das ein negativ geladenes Elektron kreist, denn zu jedem Proton im Atomkern gehört auch ein entsprechendes Elektron (Bild 9.2). Das von der Masse nächstgrößere Atom ist Helium (He). Es besitzt als Kern zwei elektrisch positive Protonen und zwei etwa ebenso schwere Teilchen – die elektrisch neutralen Neutronen –, um die sich nun zwei Elektronen bewegen.

Die Elektronen kreisen nicht nur um den Atomkern, sondern rotieren auch um sich selbst. Diese Eigendrehung – der sogenannte «spin» – verursacht magnetische Kräfte, die für das Zustandekommen von chemischen Verbindungen wichtig sind. Um den Atomkern gibt es mehrere Elektronenbahnen, die als Elektronenschalen bezeichnet werden. Diese Elektronenschalen werden von innen nach außen als K-, L.-, M-, N-, O-, P- und Q-Schalen bezeichnet.

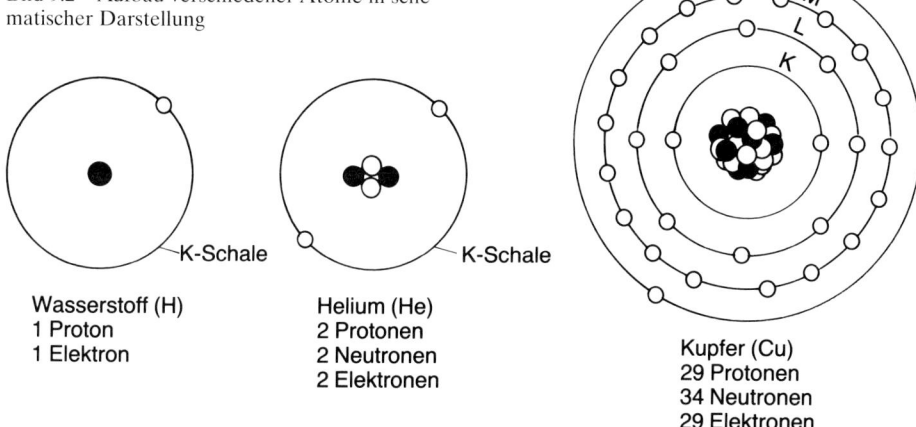

Bild 9.2   Aufbau verschiedener Atome in schematischer Darstellung

K-Schale

Wasserstoff (H)
1 Proton
1 Elektron

K-Schale

Helium (He)
2 Protonen
2 Neutronen
2 Elektronen

Kupfer (Cu)
29 Protonen
34 Neutronen
29 Elektronen

Synthese ist das Herstellen chemischer Verbindungen aus Elementen oder Grundstoffen.

Moleküle sind die kleinsten Teilchen einer chemischen Verbindung.

Analyse ist das Trennen von Stoffgemischen in ihre Einzelteile.

Elektrolyse nennt man ein mit Hilfe des elektrischen Stroms durchgeführtes Zersetzen von flüssigen Lösungen. Die Elektrolyse wird angewendet zur Zerlegung von Wasser oder Abscheidung fester Metalle, z.B. Gold, Silber, Kupfer.

Oxidation bedeutet Sauerstoffaufnahme. Elemente oder Stoffe, die sich mit Sauerstoff verbunden haben, werden als Oxide bezeichnet.

Reduktion ist der Ausdruck für den Entzug von Sauerstoff. Bei jeder Oxidation ist auch eine Reduktion vorhanden. Sie spielt bei der Herstellung von Metallen eine wichtige Rolle.

Korrosion ist laut DIN die Zerstörung von Werkstoffen durch chemische oder elektrochemische Vorgänge. Es gibt eine Vielzahl von Korrosionsformen, die einzeln oder zusammen auftreten können (z.B. Rost durch Oxidation oder Kontaktkorrosion durch elektrochemische Vorgänge).

Edelgase sind einatomige gasförmige Elemente, die farb- und geruchlos sind. Sie gehen normalerweise keine chemischen Verbindungen ein. Hierzu gehören Argon (Ar), Helium (He), Krypton (Kr), Neon (Ne), Radon (Rn) und Xenon (Xe).

Edelmetalle sind chemisch besonders beständige Metalle, speziell gegenüber dem Sauerstoff (O). Bekannt sind Gold (Au), Silber (Ag), Platin (Pt), Palladium (Pd), Iridium (Ir), Osmium (Os), Rhodium (Rh) sowie Ruthenium (Ru).

Erdkruste: Als Erdkruste bezeichnet man eine Schicht, die auf den Kontinenten etwa 30 km, unter den Weltmeeren etwa 10 km und unter den Gebirgszügen etwa 50 km dick ist. In dieser Schicht befinden sich die meisten der 92 natürlichen Elemente. Die Zusammensetzung der Erdkruste zeigt Bild 9.3.

Chemische Grundkenntnisse der Werkstoffkunde   **985**

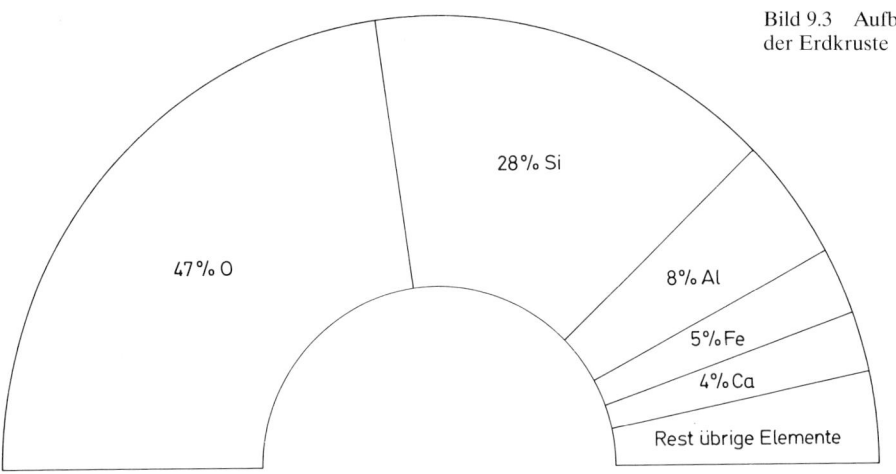

Bild 9.3 Aufbau
der Erdkruste

47 % O

28 % Si

8 % Al

5 % Fe

4 % Ca

Rest übrige Elemente

O = Sauerstoff , Si = Silizium , Al = Aluminium , Fe = Eisen , Ca = Kalzium

Säuren, Laugen (Basen)

Säuren sind chemische Verbindungen, die sich aus Wasserstoff (H), einem Nichtmetall und meistens Sauerstoff (O) zusammensetzen. Da die Wasserstoffatome ganz oder teilweise durch Metalle ersetzt werden können, greifen Säuren Metalle an.

Wichtige Säuren sind: Schwefelsäure (H_2SO_4), Salpetersäure (HNO_3), Kohlensäure (H_2CO_3), Salzsäure (HCl). Säuren färben blaues Lackmuspapier rot.

Verdünnen von Säuren: Da beim Verdünnen einer Säure mit Wasser eine heftige chemische Reaktion auftreten kann, *muß die Säure immer vorsichtig ins Wasser geschüttet werden! Nie umgekehrt.* Außerdem sollten alle Vorsichtsmaßnahmen getroffen werden, die beim Umgang mit Säuren vorgeschrieben sind.

Laugen (Basen) sind chemische Verbindungen von Wasserstoff (H), einem Metall sowie Sauerstoff (O). Rotes Lackmuspapier wird durch Laugen blau gefärbt.

Da Laugen metallisch gesättigt sind, können Wasserstoffatome nicht durch Metallatome ausgetauscht werden. Metalle werden nicht angegriffen. Beim Umgang mit Laugen sollten die gleichen Vorsichtsmaßnahmen getroffen werden wie beim Umgang mit Säuren, um ein Verätzen der Augen und der Haut zu vermeiden. Laugen rufen gefährlichere Verätzungen hervor als Säuren.

Wichtige Laugen sind:
Kalilauge (KOH), Natronlauge (NaOH), Aluminiumhydroxid (Al[OH]$_3$).

Neutralisation: Bei einem Vermischen gleich starker Säuren und Laugen (Basen) zu gleichen Teilen werden die ätzenden Wirkungen der beiden aufgehoben, und es bilden sich Salze + Wasser.

Beispiel
Beim Vermischen von Natronlauge (NaOH) und Salzsäure (HCl) entsteht Natriumchlorid (NaCl = Kochsalz) und Wasser (H_2O).

9.2   Physik

Physik ist die Lehre von den Vorgängen, bei denen sich der Stoff nicht ändert, wohl aber die Form oder Lage eines Körpers.

Man unterscheidet in der Physik verschiedene Gebiete. Einige sollen hier aufgeführt werden: Mechanik, Wärmelehre, Akustik, Optik, Elektrik, Atom- und Kernphysik. Die Anwendung des physikalischen Wissens bezeichnet man als *Technik*.

Physikalische Eigenschaften der Werkstoffe

Dichte, angegeben allgemein in kg/dm^3, besagt, wievielmal leichter oder schwerer ein Stoff ist als das gleiche Volumen Wasser bei 4 °C (277 K).

Schmelzpunkt ist die Temperatur, bei der ein Werkstoff vom festen in den flüssigen Zustand übergeht.

Wärmeleitfähigkeit nennt man das Weiterführen von Wärme in einem Werkstoff. Sie wird durch genaue physikalische Richtlinien festgelegt. Kupfer (Cu) hat z.B. eine gute, Luft dagegen eine schlechte Wärmeleitfähigkeit.

Elektrische Leitfähigkeit ist das Vermögen eines Stoffs, Strom zu transportieren. Das Gegenteil von der elektrischen Leitfähigkeit ist der elektrische Widerstand.

Wärme- und elektrische Leitfähigkeit sind in Tabelle 9.2 für die wichtigsten Metalle zusammengestellt.

Tabelle 9.2   Wärme- und elektrische Leitfähigkeit wichtiger Metalle

Metall	elektrische Leitfähigkeit	Wärme- leitfähigkeit
	in % (Kupfer = 100%)	
Silber	106	108
Kupfer	100	100
Gold	72	76
Aluminium	62	56
Magnesium	39	41
Zink	29	29
Nickel	25	15
Cadmium	23	24
Kobalt	18	17
Eisen	17	17
Platin	16	18
Zinn	15	17
Blei	8	9
Titan	4	4

Zustandsformen (Aggregatzustände)

Die Zustandsformen der Stoffe sind *fest, flüssig, gasförmig*. Durch Abkühlen oder Erwärmen können die Zustandsformen der Stoffe geändert werden. Am einfachsten sind die Zustandsformen anhand des Wassers zu beobachten.

Bei 0 °C (273 K) ist Wasser fest (Eis), ab 100 °C (373 K) geht Wasser in den dampfförmigen Zustand über, und zwischen diesen Temperaturen ist Wasser flüssig. Die Angaben fest, flüssig, gasförmig beziehen sich immer auf eine Umgebungstemperatur von 20 °C (293 K) und normalen Luftdruck.

Mechanische Eigenschaften der Werkstoffe
Die wichtigsten mechanischen Eigenschaften der Werkstoffe, wie z.B. Zug-, Druck-, Biegefestigkeit, Härte, Dehnung, Zähigkeit und Sprödigkeit, spielen bei der Verwendbarkeit eines Werkstoffs eine wichtige Rolle.

Eine besondere Gruppe innerhalb der mechanischen Eigenschaften bilden die technologischen Eigenschaften, die bei der Formgebung und Verarbeitung der Werkstoffe von Bedeutung sind. Spanbarkeit, Schmiedbarkeit, Gießbarkeit, Schweißbarkeit und Klebbarkeit sind z.B. technologische Eigenschaften, nach denen man die Werkstoffe beurteilt.

Festigkeit ist die Kraft, die ein Werkstoff seiner Zerstörung oder Verformung entgegensetzt. Die Festigkeit ist ganz entscheidend von der Form des Werkstücks, von der Beanspruchungsart (Druck, Verdrehung, Zug, Biegung, Knickung) und dem Werkstoff abhängig (Bild 9.4).

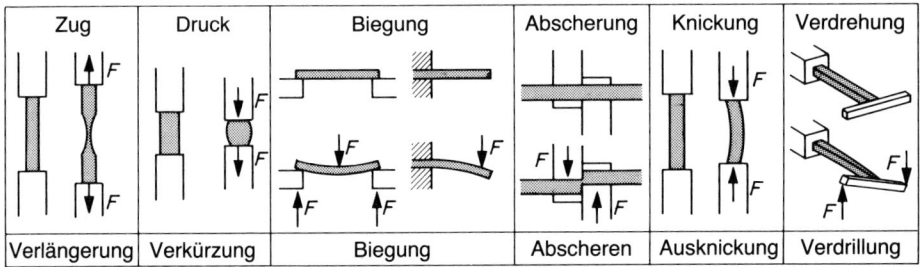

Bild 9.4   Mechanische Eigenschaften (Beanspruchungsarten) der Werkstoffe

Härte ist der Widerstand, den ein Körper dem Eindringen eines anderen Gegenstands entgegensetzt.

Unter **Elastizität** versteht man die Fähigkeit eines Stoffs, durch äußere Krafteinwirkung entstandene Formveränderungen rückgängig zu machen.

Zähigkeit ist die Eigenschaft eines Stoffs, große Formveränderungen zuzulassen, ohne daß der Stoff bricht.

Sprödigkeit macht sich dadurch bemerkbar, daß der Stoff ohne merkliche Formveränderung bricht.

9.3   Einteilung der Werkstoffe

Die Einteilung der Werkstoffe (Bild 9.5) erfolgt in zwei Gruppen:

Bild 9.5 Einteilung
der Werkstoffe

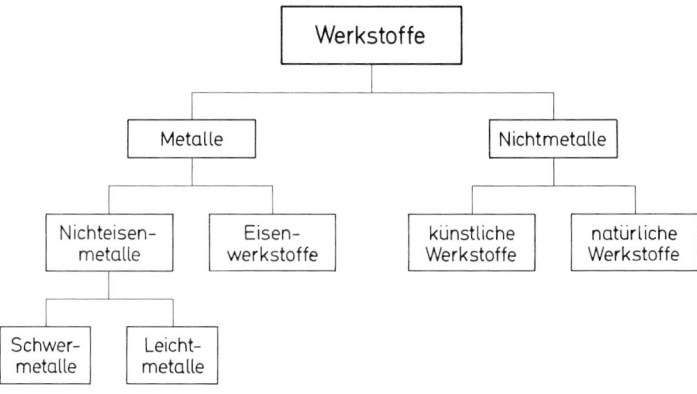

❐ in *Metalle,*
❐ in *Nichtmetalle.*

Die Metalle unterteilt man in die *Eisenwerkstoffe und Nichteisenwerkstoffe* (NE-Metalle), letztere
wiederum in *Schwermetalle und Leichtmetalle.*

   Alle Metalle mit einer Dichte über *5 kg/dm³* sind Schwermetalle, Metalle mit einer Dichte
unter *5 kg/dm³* werden als Leichtmetalle bezeichnet.

Metalle
Bei normaler Temperatur befinden sich Metalle, mit Ausnahme des Quecksilbers (Hg), im festen
Zustand. Sie sind gute elektrische und gute Wärmeleiter, besitzen den typischen metallischen
Glanz sowie einen kristallinen Aufbau. Unter kristallinem Aufbau (Bild 9.6) versteht man, daß die
in Feststoffen enthaltenen Atome und Moleküle sich zu Kristallgittern vereinigt haben, die in der
Bruchfläche deutlich sichtbar sind. Die sichtbaren Kristalle werden auch als Körner oder Korn-
grenzen bezeichnet.

   Im Gegensatz zum kristallinen Aufbau der Werkstoffe steht der amorphe Aufbau. Hier werden
in der Bruchfläche keine Kristalle (Körner oder Korngrenzen) sichtbar, so daß sie gestaltlos oder
formlos bleiben (Beispiel: Glas, Asbest, Bitumen, Harze).

Bild 9.6   Kristalliner Aufbau eines Metalls

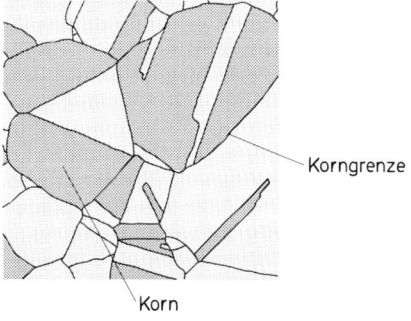

Nichtmetalle

Es gibt 22 chemische Elemente, die nichtmetallische Eigenschaften wie schlechte Wärme- und elektrische Leitfähigkeit, geringe Festigkeit, schlechte Verformbarkeit und eine gewisse Sprödigkeit aufweisen. Zu den Nichtmetallen zählen Kohlenstoff (C), Phosphor (P), Schwefel (S), Silizium (Si), Stickstoff (N), Wasserstoff (H), Sauerstoff (O) sowie die Halogene und Edelgase.

9.4   Eisen und Stahl

Hinter Sauerstoff, Silizium und Aluminium steht Eisen an vierter Stelle der in der Erdkruste vorkommenden Stoffe. Eisen verbindet sich sehr gern mit Sauerstoff, was einer der Gründe dafür ist, daß es nicht im reinen Zustand, sondern meistens als Eisenoxid (Eisen-Sauerstoff-Verbindung) in der Natur vorkommt.

Da reines Eisen schwer herzustellen ist und eine technische Verwendung kaum möglich wäre, werden Eisenlegierungen hergestellt, die wesentlich bessere Eigenschaften aufweisen. Die Eisenwerkstoffe werden in zwei Gruppen eingeteilt:

❐ in *Gußeisenwerkstoffe*,
❐ in *Stähle*.

Der wichtigste Punkt bei der Eisen- und Stahlherstellung ist die Roheisengewinnung. Hier nehmen fast alle Gußeisenwerkstoffe und Stähle ihren Anfang, um dann in den Werkstoffkreislauf zu kommen.

9.5   Roheisengewinnung

Wie bereits erwähnt, ist Eisen mit ungefähr 5% am Aufbau der Erdkruste beteiligt. Nur an einigen Stellen der Erde kommt Eisen so häufig vor, daß es im Tagebau oder unter Tage als *Eisenerz* abgebaut werden kann. Lagerstätten von eisenarmen Erzen (unter 30% Fe) beutet man heute nicht mehr aus, da die Aufbereitung der Erze zu aufwendig ist. Deshalb greift man immer mehr auf bessere Eisenerzsorten zurück.

Zu den wichtigsten Eisenerzen zählen:

❐ *Magneteisenstein* mit 60 bis 70% Eisengehalt,
❐ *Roteisenstein* mit 40 bis 60% Eisengehalt,
❐ *Spateisenstein* mit 30 bis 40% Eisengehalt.

Da nicht alle Eisenerze für den Hochofen geeignet sind (Erze enthalten außer Eisen noch Verunreinigungen von Schwefel, Phosphor, Silizium, Mangan), müssen sie durch verschiedene Verfahren, die ganz auf die einzelnen Erzzusammensetzungen abgestimmt sind, aufbereitet werden.

9.5.1   Hochofen

Aus den aufbereiteten Erzen wird im Hochofen Roheisen erzeugt. Der Hochofen hat die Form eines aus zwei übereinandergesetzten abgestumpften Kegels, an dessen unteren Teil sich ein kurzes zylindrisches Teil anschließt. Die Gesamthöhe eines Hochofens beträgt ungefähr 30 bis 110 m,

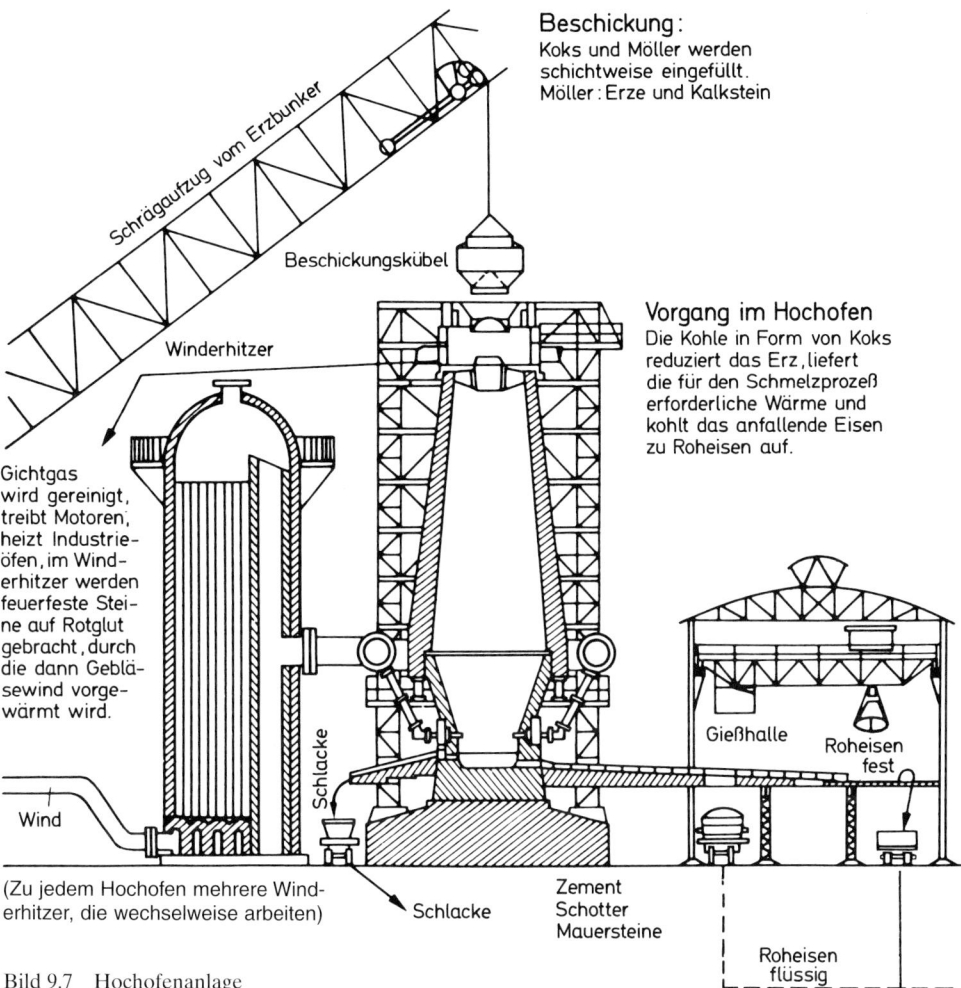

Beschickung:
Koks und Möller werden
schichtweise eingefüllt.
Möller: Erze und Kalkstein

Schrägaufzug vom Erzbunker

Beschickungskübel

Winderhitzer

Vorgang im Hochofen
Die Kohle in Form von Koks
reduziert das Erz, liefert
die für den Schmelzprozeß
erforderliche Wärme und
kohlt das anfallende Eisen
zu Roheisen auf.

Gichtgas
wird gereinigt,
treibt Motoren,
heizt Industrie-
öfen, im Wind-
erhitzer werden
feuerfeste Stei-
ne auf Rotglut
gebracht, durch
die dann Geblä-
sewind vorge-
wärmt wird.

Schlacke

Gießhalle

Roheisen
fest

Wind

(Zu jedem Hochofen mehrere Winderhitzer, die wechselweise arbeiten)

Schlacke

Zement
Schotter
Mauersteine

Roheisen
flüssig

Bild 9.7   Hochofenanlage

der Innendurchmesser zwischen 9 und 15 m, die Tagesproduktion je nach Größe zwischen 1500 bis 4000 t Roheisen.

Der Aufbau und die Teile einer Hochofenanlage sind aus den Bildern 9.7 und 9.8 zu ersehen.

9.5.2   Vorgänge im Hochofen

Zur Beschickung des Hochofens werden durch einen Schrägaufzug oder Förderband die Einsatzstoffe (Koks, Erz, Zuschläge) zur Gicht gebracht und dort schichtweise in den Hochofen geschüttet. Die Einsatzstoffe rutschen beim Verhüttungsprozeß langsam von der Gicht nach unten ins Gestell, wobei sie zunehmend erwärmt werden.

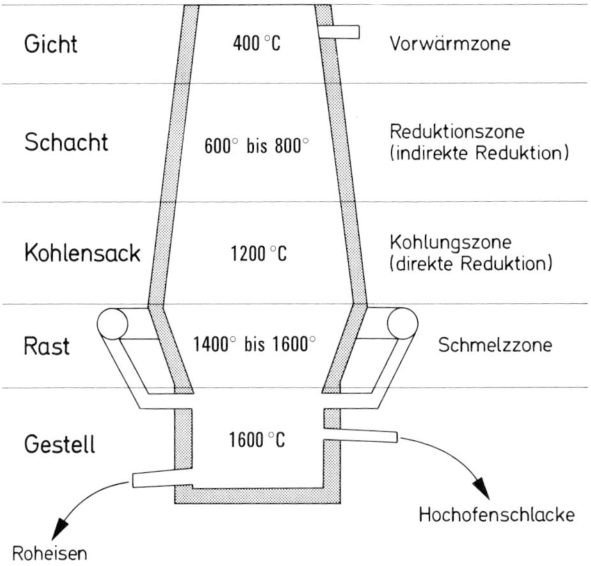

Gicht	400 °C	Vorwärmzone
Schacht	600° bis 800°	Reduktionszone (indirekte Reduktion)
Kohlensack	1200 °C	Kohlungszone (direkte Reduktion)
Rast	1400° bis 1600°	Schmelzzone
Gestell	1600 °C	

Hochofenschlacke

Roheisen

Vorwärmzone

Hier wird das eingefüllte Material bis auf etwa 400 °C (673 K) erwärmt; dabei findet ein geringes Entschwefeln des Eisenerzes statt. Das gleichzeitige Entfernen des noch anhaftenden Wassers lockert die Einsatzstoffe auf.

Reduktionszone

Das Abspalten des Sauerstoffs aus seiner Verbindung mit dem Eisenerz bezeichnet man als Reduktion. Die aus dem Gestell aufsteigenden kohlenstoffhaltigen Gase (CO) verbinden sich bei etwa 700 °C (973 K) mit dem Sauerstoff des Eisenerzes *(indirekte Reduktion)*.

Die erste Stufe der Roheisengewinnung wird dadurch eingeleitet. Das nur zum Teil vom Sauerstoff befreite Eisenerz hat eine Schmelztemperatur von etwa 1500 °C (1773 K). Diese Temperatur kann durch Kohlenstoffaufnahme (Aufkohlung) in der Kohlungszone gesenkt werden.

Vereinfachte Darstellung der chemischen Vorgänge in der Reduktionszone:

indirekte Reduktion durch Kohlenoxid (CO) $FeO + CO \rightarrow Fe + CO_2$

Kohlungszone

Durch die Aufnahme von Kohlenstoff (meist bis 4% C) wird der Schmelzpunkt des Eisens auf etwa 1200 °C (1473 K) gesenkt. Im unteren Teil der Kohlungszone kommen die Eisenerze direkt mit dem glühenden Koks in Berührung, wodurch der vollständige Entzug des Sauerstoffs aus dem Eisenerz stattfindet *(direkte Reduktion)*. Durch diese direkte Berührung des glühenden Kokses mit dem Eisenerz trennt sich der größte Teil der Eisenbegleiter Silizium, Phosphor und Mangan vom Eisen.

Vereinfachte Darstellung der chemischen Vorgänge in der Kohlungszone:

direkte Reduktion durch Kohlenstoff (C) $FeO + C \rightarrow Fe + CO$

Aufkohlung durch CO und C: $3\ Fe + 2\ CO \rightarrow Fe_3C + CO_2$
$\qquad\qquad\qquad\qquad\quad 3\ Fe + C \qquad \rightarrow Fe_3C$

Schmelzzone

In der Schmelzzone schmilzt das kohlenstoffhaltige Eisen vollständig und tropft in das Gestell des Hochofens ab. Von dort aus wird es abgestochen. Die Hochofenschlacke läuft durch eine spezielle Bohrung, die oberhalb der Eisenabstichöffnung liegt, kontinuierlich ab.

9.5.3   Erzeugnisse des Hochofens

Je nach Zusammensetzung der Hochofenbeschickung lassen sich verschiedene Roheisensorten herstellen:

❑ das *graue oder siliziumhaltige Roheisen.* Bei dieser Sorte bewirkt Silizium, daß ein Teil des Kohlenstoffs aus der chemischen Verbindung Eisen–Kohlenstoff als Graphit ausgeschieden wird. Ein langsames Abkühlen oder eine Aufnahme von zusätzlichem Silizium verstärkt die Graphitausscheidung in Lamellenform. Graues Roheisen wird vorwiegend zur Herstellung von Grauguß verwendet;

❑ das *weiße oder manganhaltige Roheisen.* Hier ist der Kohlenstoff am Eisen chemisch gebunden, wodurch eine helle strahlige Bruchfläche entsteht, die dem Material ihren Namen gibt. Weißes Roheisen ist der Ausgangsstoff für die Stahl- und Tempergußherstellung.

Nebenerzeugnisse des Hochofens

Als Nebenerzeugnisse des Hochofens fallen *Gichtgas und Schlacke* an. Gichtgas ist ein sehr wichtiger Energieträger für das Hüttenwerk. Es wird zum Beheizen der Winderhitzer benutzt, ein erheblicher Teil wird in Kraftwerksanlagen verbraucht. Die Hochofenschlacke wird in modernen Verfahren zu Schlackenwolle (Isoliermaterial), Schlackensteinen und unter Beigabe von Kalk zu Hochofenzement verarbeitet.

9.5.4   Direktreduktion von Eisenerzen

Neben der Gewinnung von Roheisen im Hochofen gibt es heute das Verfahren der Direktreduktion, bei dem der im Eisenerz enthaltene Sauerstoff entfernt wird, ohne daß das Erz seine eigentliche Form ändert.

Die Direktreduktion verläuft bei niedrigeren Temperaturen als der Hochofenprozeß und liefert daher kein flüssiges Roheisen. Das Eisenerz wird bei 1100 °C einem Reduktionsgas (einem Gemisch aus Wasserstoff und Kohlenoxid) ausgesetzt, das das Erz in annähernd reines Eisen (sogenannten *Eisenschwamm,* etwa 95% Fe) verwandelt. Der Eisenschwamm kann direkt zur Stahlerzeugung eingesetzt werden. Die Direktreduktionsanlagen arbeiten bereits bei geringer Betriebsgröße wirtschaftlich und werden in naher Zukunft wohl an Bedeutung gewinnen.

9.6   Gußeisenwerkstoffe

Gußeisenwerkstoffe sind Werkstoffe mit meist mehr als 2% Kohlenstoff. Die Formgebung erfolgt durch Gießen in verschiedenen Verfahren, z.B. Kokillenguß oder Schleuderguß.

9.6.1   Grauguß (Schmelztemperatur 1150 bis 1250 °C/1423 bis 1523 K)

Er hat einen Kohlenstoffgehalt von 2,5 bis 4%, der größte Teil ist als Graphit (Bild 9.9) im Werkstoffgefüge eingebettet. Beim Vergießen bildet sich das Graphit als Lamellengraphit aus, dessen Lamellen das Werkstoffgefüge unterbrechen (schlag- und bruchempfindlich). Grauguß wird aus grauem Roheisen unter Zugabe von Stahlschrott, Brucheisen oder Bohrspänen im Gießereischachtofen (Kupolofen) erschmolzen (Bild 9.10).

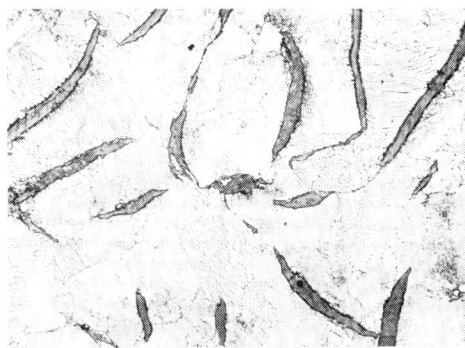

Bild 9.9 Gefügeschliffbild von Gußeisen mit Lamellengraphit (GG)

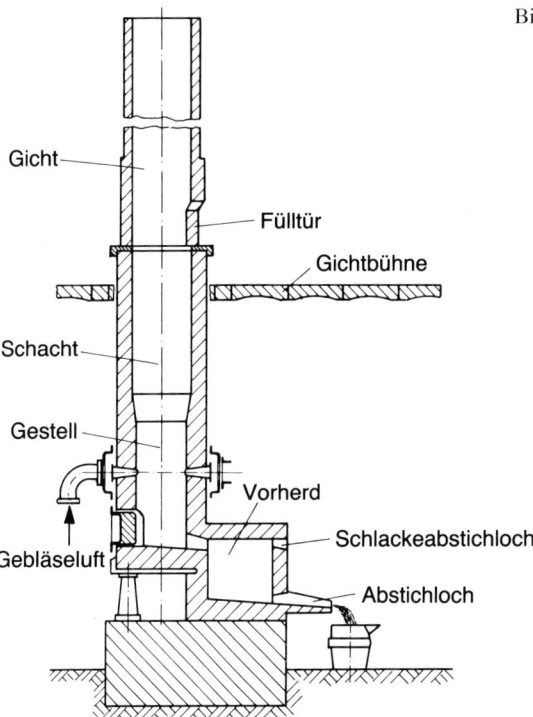

Bild 9.10   Gießereischachtofen (Kupolofen)

Eigenschaften: Grauguß ist nicht schmiedbar, kann auf Druck beansprucht werden, hat gute Schwingungsdämpfung, ist gut bearbeitbar und gießbar. Er zeichnet sich durch gute Gleiteigenschaften aus.

Verwendung: Zylinderlaufbuchsen, Zylinderköpfe, Achs- und Motorengehäuse, Maschinengestelle, Radbremszylinder, Bremstrommeln und Bremsscheiben.

9.6.2   Kugelgraphitguß (Schmelztemperatur 1300 bis 1400 °C/1573 bis 1673 K)

Werden dem flüssigen Grauguß Zusätze von Magnesium, Magnesium-Silizium oder Magnesium-Nickel beigegeben, wird das Graphit in Kugelform ausgeschieden (Bild 9.11). Dadurch vereinigt der Kugelgraphitguß die Vorzüge des Graugusses mit den guten Eigenschaften des Stahls. Eine Kerbempfindlichkeit sowie eine Beeinträchtigung des Kräfteflusses im Material, wie sie beim Grauguß mit Lamellengraphit auftreten, sind beim Kugelgraphitguß ausgeschlossen.

Eigenschaften: hohe Festigkeit, hohe Biege- und Verdrehfestigkeit, Zähigkeit, gute Dämpfungseigenschaften, gute Bearbeitbarkeit, gute Gleiteigenschaften, härtbar.

Verwendung: Achs-, Getriebe-, Lenkgehäuse, Kurbelwellen, Nockenwellen, Pleuelstangen, Kolbenringe, Schaltgabeln.

Bild 9.11   Gefügeschliffbild von Gußeisen mit Kugelgraphit (GGG–)

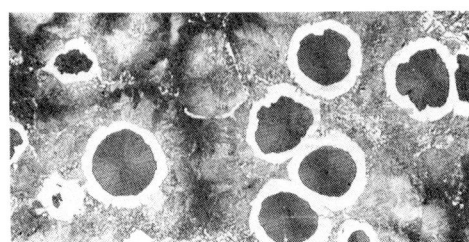

9.6.3   Temperguß

Wie schon in Abschnitt 9.5.3 erwähnt, ist der Ausgangsstoff zur Herstellung von Temperguß weißes manganhaltiges Roheisen. Dieses weiße Roheisen wird im Kupolofen oder Elektroofen erschmolzen und dann in Formen zu Temperrohgußstücken gegossen. Beim Erstarren wird durch den Einfluß von Mangan der Kohlenstoff an das Eisen als Eisenkarbid gebunden und gibt der Bruchfläche ein weißes Aussehen. Die Temperrohgußstücke müssen anschließend getempert werden. Unter Tempern versteht man eine Glühbehandlung von Temperrohguß, durch die ein zäher Werkstoff mit guter Bearbeitbarkeit und guten Festigkeitswerten erzeugt wird. Etwa 70% der gesamten Tempergußproduktion der Bundesrepublik Deutschland werden zu Kraftfahrzeugteilen verarbeitet.

Durch zwei verschiedene Behandlungsarten lassen sich weißer und schwarzer Temperguß herstellen.

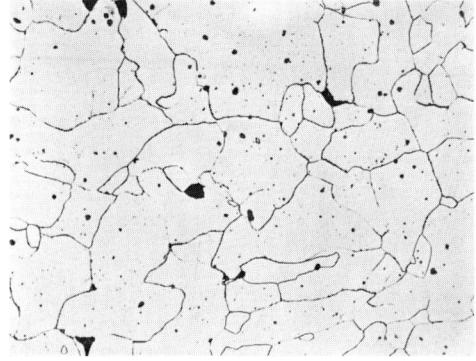

Weißer Temperguß (GTW) – Schmelztemperatur 1300 °C (1573 °K)
Weißer Temperguß entsteht durch Glühen von Temperrohgußstücken in der Umgebung von
sauerstoffabgebenden Mitteln, wie z.B. Roteisenstein (Eisenerz) oder Kohlendioxid. Die Glühdauer beträgt 60 bis 120 Stunden bei einer Temperatur von etwa 1000 °C. Dabei zerfällt Eisenkarbid, d.h., der Kohlenstoff löst sich vom Eisen und verbindet sich mit dem Sauerstoff der Mittel. Dadurch wird der Kohlenstoffgehalt von 2,5 bis 3,5% auf 0,5 bis 1,8% herabgesetzt (Bild
9.12). Das Gefüge erhält in der entkohlten Zone ein silberhelles, weißes Aussehen, und der vorher spröde und harte Werkstoff bekommt die Eigenschaften wie zäher Stahl.
Weißer Temperguß läßt sich nur bei Gußstücken mit einer Wandstärke bis 10 mm herstellen.
Bei dickeren Querschnitten wird nur bis etwa 10 mm der Kohlenstoff entzogen. Zum Kern hin
löst sich durch das Glühen der Kohlenstoff vom Eisen und lagert sich als sogenannte Temperkohle
zwischen den Eisenkristallen ab.

Eigenschaften: GTW ist schmiedbar, schweißbar, kerbunempfindlich, beständig gegen Korrosion,
gut bearbeitbar und hat eine hohe Festigkeit.

Verwendung: Auspuffkrümmer, Radträger an Schräglenkerachsen.

Schwarzer Temperguß (GTS) – Schmelztemperatur 1300 °C (1573 °K)
Bei schwarzem Temperguß werden die Temperrohgußstücke in siliziumhaltiger Umgebung
(Sand) und unter Luftabschluß mehrere Tage bei 800 bis 900 °C geglüht. Bei der Glühbehandlung
findet keine Entkohlung statt. Der Kohlenstoff (2,5 bis 3,5%) aus dem Temperrohguß löst sich
und flockt zu sogenannter Temperkohle (Graphit) aus. Das Gefüge des GTS ist gleichmäßig mit
flockenförmiger Temperkohle durchsetzt. Dadurch erhält das Bruchgefüge ein schwarzkörniges
Aussehen (Bild 9.13).

Eigenschaften: Das Schweißen von GTS ist je nach Beanspruchung und Vewendung der Schweißnaht bedingt möglich. GTS ist nicht schmiedbar, hat gute Gleiteigenschaften, ist kerbunempfindlich, gut bearbeitbar sowie beständig gegen Korrosion. GTS hat eine hohe Festigkeit und ist härtbar.

Verwendung: Bremstrommeln, Bremsscheiben, Planetenradträger, Kreiskolben für Wankelmotoren, Nockenwellen. Die Tempergußsorten stehen ebenso wie der Kugelgraphitguß von der
Anwendung und den Eigenschaften her zwischen Grauguß und Stahl.

Bild 9.13 Gefügeschliffbild von schwarzem Temperguß (GTS)

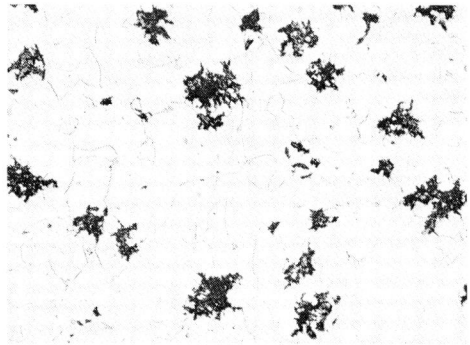

Stahlguß gehört ebenfalls zu den Gußeisenwerkstoffen.

9.6.4 Kennzeichnung der Gußeisenwerkstoffe

Beispiel

GG-25	Grauguß mit Lamellengraphit, Zugfestigkeit 25 daN/mm^2
GGG-60	Kugelgraphitguß, Zugfestigkeit 600 bis 700 N/mm^2
GTW-45	weißer Temperguß, Zugfestigkeit 45 daN/mm^2
GTS-55	schwarzer Temperguß, Zugfestigkeit 55 daN/mm^2
GS-70	Stahlguß, Zugfestigkeit 70 daN/mm^2

Die Kennzeichnung der Gußeisenwerkstoffe erfolgt mit den Werkstoffkurzzeichen und der Zugfestigkeit, Werkstoffkurzzeichen und Zugfestigkeit sind durch einen Bindestrich getrennt.

9.7 Stahlerzeugung

Stahl ist alles ohne Nachbehandlung schmiedbare Eisen mit einem Kohlenstoffgehalt bis 2,06 %. Stahl wird aus weißem Roheisen (Mn-haltig) durch »Frischen« gewonnen. Frischen ist ein teilweises oder vollständiges Verbrennen von im Roheisen vorhandenen Eisenbegleitern wie Schwefel, Phosphor, Silizium, Mangan, Kohlenstoff mittels Sauerstoff oder Sauerstoff abgebenden Materialien.

9.7.1 Herstellungsverfahren

Es kommen folgende Stahlherstellungsverfahren zur Anwendung:

❑ Sauerstoffaufblasverfahren,
❑ Elektroverfahren.

Das aus dem Hochofen kommende Roheisen, soweit es in Stahl umgewandelt werden soll, wird in einem Roheisenmischer gesammelt, der Qualitätsschwankungen ausgleichen und das Roheisen zu einem gewissen Teil entschwefeln soll. Vom Roheisenmischer aus wird je nach Bedarf das Roheisen zu den einzelnen Stahlherstellungsverfahren gebracht, in denen es dann zu Flußstahl verarbeitet wird.

Sauerstoffaufblasverfahren

Das Sauerstoffaufblasverfahren (Bild 9.14) hat sich in den letzten Jahren als wichtigstes Stahlherstellungsverfahren herauskristallisiert. Bei diesem Verfahren wird der Konverter mit bis zu 30% Schrott, flüssigem Roheisen und Kalk befüllt. Anschließend wird *reiner* Sauerstoff durch eine wassergekühlte Lanze (6 bis 7 Austrittsöffnungen an der Mündung) mit bis zu 12 bar auf oder in die Schmelze geblasen.

Durch das Zusammentreffen des Sauerstoffs mit dem flüssigen Roheisen findet eine heftige Reaktion statt mit einer Temperatur bis zu 2000 °C (2273 K). Der Kohlenstoff verbrennt überwiegend zu Kohlenmonoxid, und die verbrannten Eisenbegleiter wie Schwefel, Phosphor und Mangan werden vom Kalk zu Schlacke gebunden. Die Blaszeit beträgt etwa 30 bis 40 min. Während dieser Zeit werden etwa 300 bis 400 t Roheisen zu Stahl umgewandelt. Nach Kippen des Konverters wird über die Einfüllöffnung die Schlacke abgelassen und eine Probe entnommen. Die Probe wird im Labor analysiert. Über eine spezielle Abstichöffnung wird der flüssige Stahl schlackefrei in die Gießpfanne abgelassen, was eine gute Stahlqualität zur Folge hat. Legierungsstoffe werden in die Gießpfanne dazugegeben, ebenso eine kleine Menge ausgesuchten Schrotts zur Kühlung auf Gießtemperatur. Die beim Verarbeiten phosphorreicher Roheisensorten entstehende Schlacke kann in feingemahlener Form als wertvoller Phosphatdünger (Thomasmehl) eingesetzt werden.

Ursprünglich wurde das Sauerstoffaufblasverfahren nur für die Erzeugung von Massenstählen eingesetzt. Durch verbesserte Verfahrenstechniken lassen sich heute niedriglegierte Stähle für jeden Anwendungsbereich herstellen.

Elektroverfahren

Der große Unterschied zwischen dem Elektroverfahren und dem vorgenannten Stahlherstellungsverfahren besteht in der Wärmequelle. Zum Beseitigen der Verunreinigungen aus der Eisenschmelze benutzt man elektrischen Strom.

Diese Beheizungsmöglichkeit gestattet eine genaue Steuerung des Frischvorgangs. Da elektrischer Strom sehr teuer ist, wird das Elektroverfahren nicht zur vollständigen Reinigung der Eisenschmelze benutzt, sondern man arbeitet mit ausgewähltem Schrott und teilentkohltem Stahl, der mit dem Sauerstoffaufblasverfahren gefrischt wurde.

Durch diese Zusammensetzung des Schmelzgutes lassen sich ausgezeichnete Stähle mit hochwertigen Eigenschaften herstellen, bei denen besonders hervorzuheben ist, daß sie einen sehr geringen Phosphor- und Schwefelgehalt haben. Es können zwei Baugruppen von Elektroöfen bei der Stahlgewinnung zur Anwendung kommen:

❐ Lichtbogenöfen,
❐ Induktionsöfen.

Der Lichtbogenofen (Bild 9.15) wird am häufigsten angewendet. Dieser Ofen hat eine runde Form, dessen gesamtes Oberteil zur besseren Beschickung angehoben und abgeschwenkt wird. Nach dem Befüllen des Lichtbogenofens wird der Deckel aufgesetzt, wodurch er wieder betriebs-

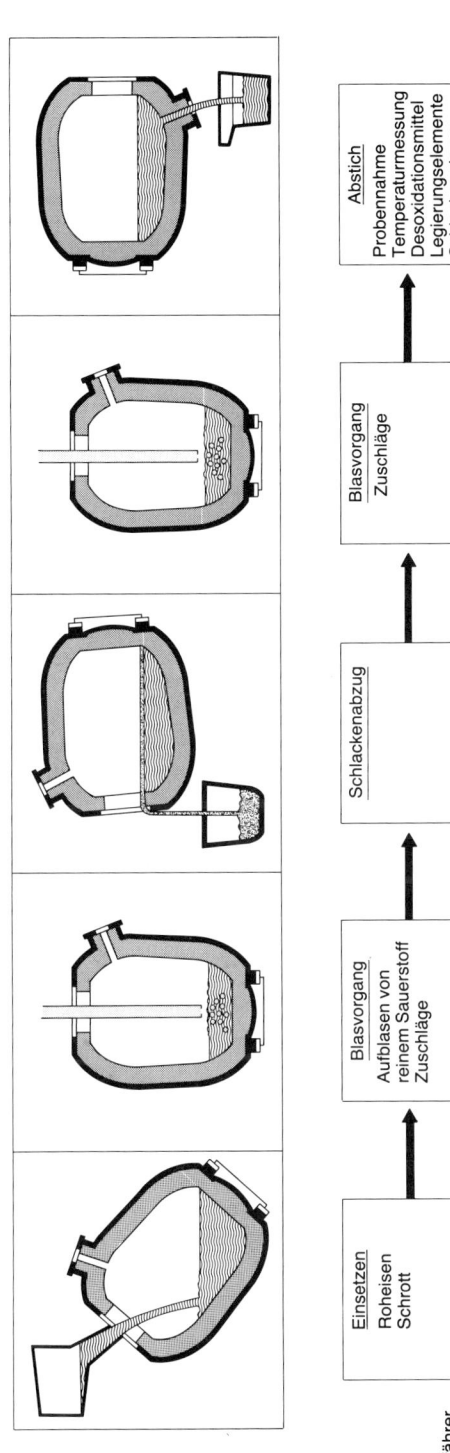

Bild 9.14 Sauerstoffaufblasverfahren in schematischer Darstellung

Ungefährer
Zeitbedarf
der einzelnen
Verfahrens-
abschnitte

Einsetzen Roheisen Schrott	Blasvorgang Aufblasen von reinem Sauerstoff Zuschläge	Schlackenabzug	Blasvorgang Zuschläge	Abstich Probennahme Temperaturmessung Desoxidationsmittel Legierungselemente Schlackenabzug
4 min	13 min	3 min	7 min	15 min

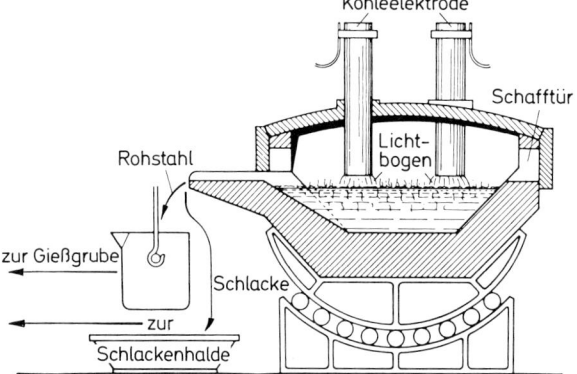

Kohleelektrode

Schafftür

Licht-bogen

Rohstahl

zur Gießgrube

Schlacke

zur Schlackenhalde

bereit wird. Das Fassungsvermögen beträgt bis 400 t, der Stromverbrauch etwa 400 bis 900 kWh/t, die elektrische Leistung kann bis zu 135 MW betragen.

Zum Verflüssigen des Einsatzgutes wird zwischen den Kohleelektroden und dem Schmelzgut ein Lichtbogen gezündet, der eine Temperatur von 3600 °C (3873 K) haben kann; hierdurch ist es möglich, auch schwerschmelzende Legierungsbestandteile in den Stahl miteinzubringen. Da beim Elektroverfahren keine oxidierende Atmosphäre vorhanden ist, muß der Schmelze sauerstoff-abgebendes Material zugeführt werden. Das Ein- und Fertigschmelzen des Einsatzgutes dauert etwa 1 bis 6 Stunden.

Weiterverarbeitung des flüssigen Stahls
Der aus den Stahlherstellungsverfahren kommende Stahl wird als *Flußstahl* bezeichnet. Flußstahl ist im flüssigen Zustand gewonnener Stahl, der entweder in Kokillen zu Blöcken (Brammen), in der Stranggußanlage zu einem Strang oder gleich als Stahlguß zu Werkstücken vergossen wird.

Bei der Umwandlung des Roheisens zu Stahl und beim Gießen in Formen (Kokillen) nimmt der Stahl aus der Luft Wasserdampf, Sauerstoff und Stickstoff auf. Der Wasserdampf zerfällt in Wasserstoff und Sauerstoff. Die erwähnten Gase und das im Stahl aus Sauerstoff und Kohlenstoff gebildete Kohlenoxid gibt der Stahl bei der Abkühlung in der Gießform zum großen Teil wieder ab. Durch die Zugabe bestimmter Elemente können diese Stoffe gebunden werden. Aus diesem Grund wird zwischen unberuhigt und beruhigt vergossenem Stahl unterschieden.

Unberuhigt vergossener Stahl
Beim Vergießen des Stahls in Kokillen (trapezförmige Gießformen) bringen die bei der Abküh-lung entweichenden Gase den Stahl zum Wirbeln (Kochen). Die Bewegung ist so stark, daß die Gasblasen die äußere Wand nicht erreichen. Dadurch bleibt in diesem Bereich die Oberfläche glatt. Die eingeschlossenen Gasblasen verschwinden beim späteren Auswalzen. Der Stahl wird dabei fehlerfrei zusammengeschweißt. Die Eisenbegleiter Kohlenstoff, Schwefel und Phosphor werden zum flüssigen Innern des Blocks (Bramme) hin abgedrängt. Der Stahl entmischt sich. Diese Ansammlung von Eisenbegleitern wird als *Seigerung* bezeichnet. Als *Lunker* bezeichnet man Hohlräume, die sich bilden, wenn der erstarrende Werkstoff sein Volumen verkleinert und keine Schmelze mehr nachfließen kann. Sie bilden sich als Kopflunker im oberen Teil der Bramme (Bild 9.16).

Unberuhigt vergossene Stähle haben eine weiche Randzone und besitzen im Kern eine gerin-gere Zähigkeit, aber dafür eine höhere Festigkeit. Sie werden dort verwendet, wo hohe Anforde-

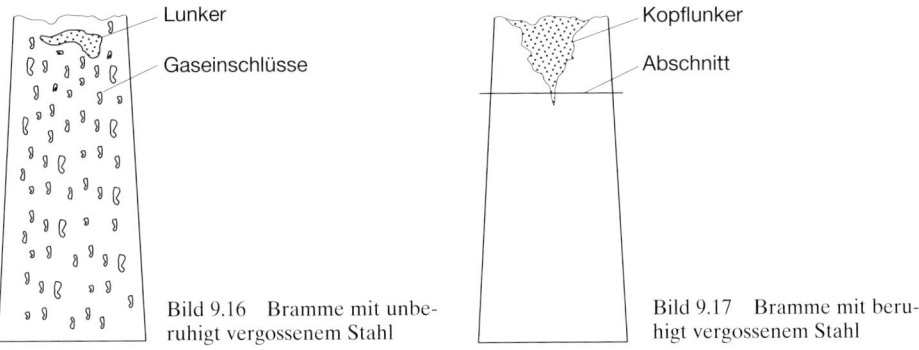

Bild 9.16 Bramme mit unberuhigt vergossenem Stahl

Bild 9.17 Bramme mit beruhigt vergossenem Stahl

rung an die Oberfläche gestellt wird, so z.B. bei der Herstellung von Drähten, Bandstählen, Profilstählen und Feinblechen, die nicht tiefgezogen werden müssen.

Beruhigt vergossener Stahl

Beim beruhigt vergossenen Stahl setzt man der Schmelze vor dem Vergießen in die Form (Kokille) Silizium und Aluminium zu. Dadurch wird die Gasentwicklung stark vermindert und gleichzeitig durch Aluminium der Stickstoff gebunden, der sonst durch die Bildung von Eisennitriden den Stahl spröde machen würde. Ein Vorteil des beruhigt vergossenen Stahls ist, daß er nicht zu Blockseigerungen neigt, d.h., daß er in der Randzone und im Kern gleiche Zusammensetzung aufweist. Ein Nachteil ist, daß er oft große Kopflunker (Bild 9.17) entstehen läßt, weil beim Erstarren der Werkstoff ständig Schmelze nach unten zieht. Der Kopflunker wird vor dem Walzen abgeschnitten. Verwendet werden beruhigt vergossene Stähle da, wo es auf ein gleichmäßiges Gefüge und auf Festigkeit ankommt, z.B. bei Tiefziehblechen, Vergütungsstählen, Werkzeugstählen und Sonderstählen.

Stranggußverfahren

Bei diesem Verfahren wird die Stahlschmelze nicht in einzelne Kokillen, sondern kontinuierlich in eine wassergekühlte Kokille aus Kupfer gegossen (Bild 9.18). Die Schmelze erstarrt beruhigt zu einem zusammenhängenden Strang, der anschließend in den gewünschten Längen abgeschnitten wird. Dieses Verfahren hat den Vorteil, daß kaum Verschnitt entsteht und der schwere Arbeitsaufwand in den Gießgruben entfallen kann.

9.7.2   Stahlsorten

Die Stähle werden nach Kohlenstoffgehalt, Verwendung, Herstellung, Legierung, Formgebung und Handelsform bezeichnet. Wird eine grobe Einteilung der Stahlsorten getroffen, dann gibt es

❑ **Baustähle,** die einen Kohlenstoffgehalt von etwa 0,05 bis 0,6% haben. Dazu zählen der allgemeine Baustahl, der Einsatzstahl und der Vergütungsstahl;

❑ **Werkzeugstähle,** die einen Kohlenstoffgehalt von 0,6 bis 2,0% haben. Eine Unterteilung kann in unlegierte, niedriglegierte und hochlegierte Stähle sowie nach dem Verwendungszweck stattfinden.

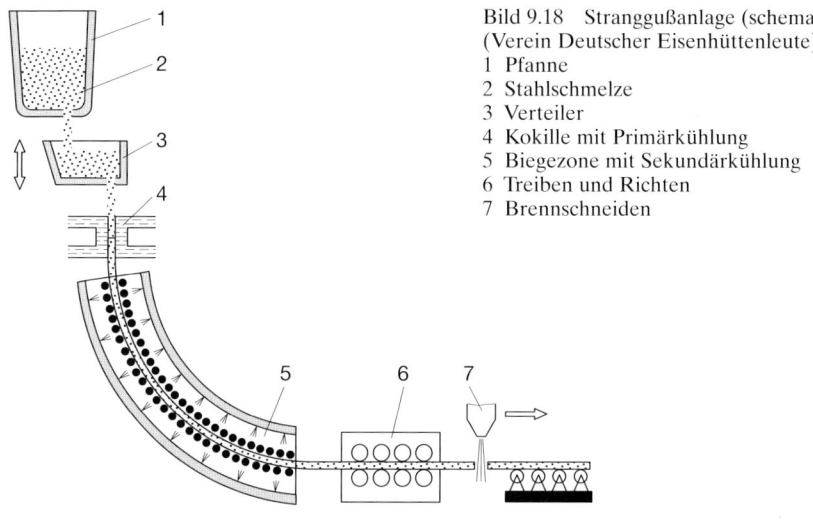

Bild 9.18 Stranggußanlage (schematisch)
(Verein Deutscher Eisenhüttenleute)
1 Pfanne
2 Stahlschmelze
3 Verteiler
4 Kokille mit Primärkühlung
5 Biegezone mit Sekundärkühlung
6 Treiben und Richten
7 Brennschneiden

Stähle, die weniger als

0,8%   Mangan,
0,5%   Silizium,
0,25%   Kupfer,
0,1%   Aluminium,
0,1%   Titan,
0,06%   Schwefel und Phosphor

enthalten, gelten als *unlegiert*. Liegen die Werte der Legierungssätze über den angegebenen Prozentsätzen, handelt es sich um *legierte Stähle,* ebenfalls wenn Legierungszusätze, z.B. Chrom, Nickel, Vanadium, Wolfram, vorhanden sind.

9.8   Legierter Stahl (Schmelztemperatur etwa 1460 bis 1480 °C/1733 bis 1753 K)

Die Legierungszusätze zum Stahl sollen möglichst eine Verbesserung der Metalleigenschaft hervorrufen. Um die Verbesserungen der Eigenschaften, wie Festigkeit, Härte, Zähigkeit, Korrosionsbeständigkeit usw., voll zur Geltung zu bringen, sind bestimmte Prozentsätze nötig; werden diese überschritten, verschlechtern sich die Eigenschaften wieder. Diese Nachteile lassen sich durch andere Legierungszusätze beheben, so daß man in Stählen sehr oft mehrere Legierungsstoffe vorfindet.

Legierungen sind Gemenge aus verschiedenen Metallen oder aus Metallen und Nichtmetallen. Neben den reinen Metallen spielen vor allen Dingen die Legierungen in der Werkstofftechnik eine wichtige Rolle.

Niedriglegierte Stähle enthalten nicht mehr als 5% Legierungszusätze.

Hochlegierte Stähle enthalten über 5% Legierungszusätze.

Legierungsprozentangaben sind immer die Gewichtsanteile der Legierungsstoffe.

9.8.1 Kennzeichnung von Stählen

Hier eine Übersicht der wichtigsten Stahlbezeichnungen in vereinfachter Form; genauere Angaben sind aus dem DIN-Blatt 17 006 zu entnehmen.

Unlegierte Stähle, die nicht für eine Wärmebehandlung gedacht sind

Beispiel

St 42 ── Zugfestigkeit = 420 N/mm²

└── allgemeiner Baustahl

Hier wird durch die Buchstaben St auf den Werkstoff «Stahl» und durch die Zahl auf dessen Zugfestigkeit hingewiesen.

Unlegierte Stähle, die für eine Wärmebehandlung gedacht sind

Beispiel C 45

└── Kohlenstoffgehalt in $^1/_{100}\%$ = $^{45}/_{100}$ = 0,45 % C

└── Kohlenstoff

Bei der Wärmebehandlung von Stahl wird durch den Kohlenstoff ein großer Einfluß auf die Materialeigenschaft ausgeübt. Um Schwierigkeiten, die bei der Wärmebehandlung des Stahls auftreten können, entgegenzuwirken, wird der Kohlenstoffgehalt bei diesen Stahlsorten angegeben. Je nach Kohlenstoffgehalt und Weiterverarbeitung unterscheidet man

❐ unlegierten Einsatzstahl 0,05 bis 0,2% C,
❐ unlegierten Vergütungsstahl 0,2 bis 0,6% C,
❐ unlegierten Werkzeugstahl 0,6 bis 1,6% C.

Niedriglegierte Stähle

Beispiel 25 Cr Mo 5 4

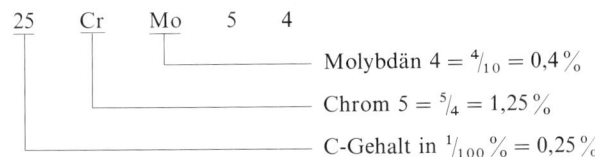

└── Molybdän 4 = $^4/_{10}$ = 0,4 %

└── Chrom 5 = $^5/_4$ = 1,25 %

└── C-Gehalt in $^1/_{100}\%$ = 0,25 %

Bei niedriglegierten Stählen wird zuerst der C-Gehalt in $^1/_{100}\%$ angegeben. Das Kurzzeichen für Kohlenstoff »C« entfällt. Die Legierungszusätze werden durch ihre chemischen Zeichen nach fallenden Prozentsätzen aufgeführt, hinter denen die Legierungskennzahlen in der gleichen Reihenfolge gesetzt werden. Zur Errechnung der Prozentsätze werden die Kennzahlen durch Multiplikatoren geteilt.

Die Multiplikatoren sind aus Tabelle 9.3 ersichtlich.

Tabelle 9.3   Multiplikatoren

100		10		4	
Kohlenstoff	C	Aluminium	Al	Chrom	Cr
Phosphor	P	Blei	Pb	Kobalt	Co
Schwefel	S	Molybdän	Mo	Mangan	Mn
Stickstoff	N	Titan	Ti	Nickel	Ni
		Vanadium	V	Silizium	Si
				Wolfram	W

Hochlegierte Stähle

Beispiel

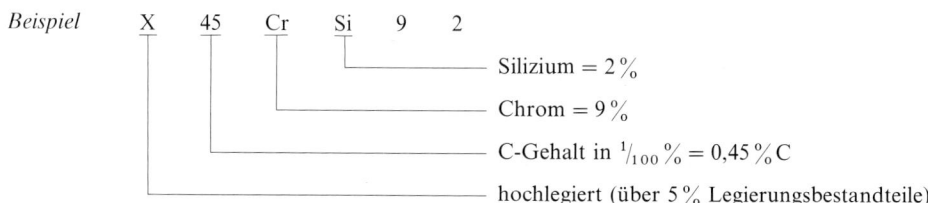

Bei hochlegierten Stählen erscheint nach einem vorangestellten X der C-Gehalt in $^1/_{100}$%, dahinter die chemischen Zeichen der Legierungszusätze und danach die Kennzahlen der Legierungszusätze in ihren *tatsächlichen* Prozentsätzen (es erfolgt *keine Umrechnung* der Kennzahlen).

9.9   Wärmebehandlung von Stählen

Bei der Wärmebehandlung von Stahl kann sich der Gefügeaufbau des Werkstoffs entscheidend verändern; darum sollen die wichtigsten Gefügebegriffe kurz erklärt werden (Bild 9.19).

Ferrit: Fachliche Bezeichnung für reines Eisen ohne Kohlenstoff. Leicht zu bearbeiten, ohne Nachbehandlung eine geringe Festigkeit.

Perlit: Eisen mit einem Kohlenstoffgehalt von 0,8%. Perlitteile sind gleichmäßig im Gefüge verteilt. Werkstoff ist besonders fest und ausgeglichen (eutektisch).

Zementit: Eine Eisen-Kohlenstoff-Verbindung (Eisenkarbid Fe_3C), die hart und spröde ist. Dieser Gefügeanteil verursacht im Eisen bzw. Stahl die Härte.

Martensit: Entsteht aus perlitischem Gefüge durch Glühen und Abschrecken mit einem Abschreckmittel (z.B. Wasser). Martensitisches Gefüge besitzt eine hohe Härte (s. Bild 9.22).

Bei geringerem Kohlenstoffgehalt überwiegen die weichen Eisenkristalle (Ferrit), und das Eisen bzw. Stahl ist weich und gut verformbar. Mit zunehmendem Kohlenstoffgehalt nimmt die Härte zu, weil der Anteil der harten Karbidkristalle größer wird. Anfänglich bilden sich mit der Zunahme des Kohlenstoffgehalts feinkörnige Mischgefüge, die bei 0,8% Kohlenstoffgehalt *perli-*

1004   *Werkstoffkunde*

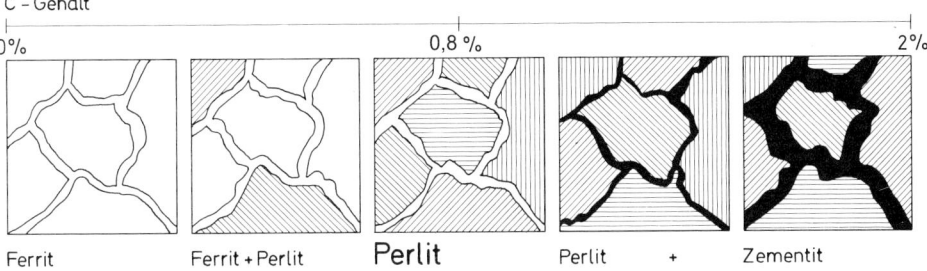

C – Gehalt

0% 0,8 % 2%

Ferrit Ferrit + Perlit **Perlit** Perlit + Zementit

Bild 9.19 Bestandteile der Stahlgefüge

tisch sind und infolge der kleineren Kristalle die höchste Festigkeit im Werkstoff hervorrufen. Bei höherem Kohlenstoffgehalt besteht das Gefüge aus größeren Zementitkristallen und Perlit. Darum nimmt mit dem Kohlenstoffgehalt die Härte noch zu, aber die Festigkeit wieder ab.

9.9.1 Härten, Anlassen und Vergüten von Stahl

Durch Härten und Vergüten kann man die Festigkeits- und Verschleißeigenschaften von Stahl in weiten Grenzen verändern (Bilder 9.20 und 9.21).

Härten ist ein Erwärmen von härtbarem Stahl auf Temperaturen zwischen 850 und 900 °C (1023 und 1173 K) – Kirschrot- bis Hellrotglut – mit anschließendem Abschrecken. Bei Temperaturen über 723 °C (996 K) beginnt sich die chemische Verbindung Eisenkarbid aufzulösen, und der frei-werdende Kohlenstoff verteilt sich dabei atomar im Gefüge zu einer festen Lösung (Austenit). Bei der unteren Umwandlungstemperatur von 723 °C (996 K) löst sich auf diese Weise Perlit, und erst bei höheren Temperaturen sind die größeren Ferrit-Zementit-Kristalle an der Lösung beteiligt.

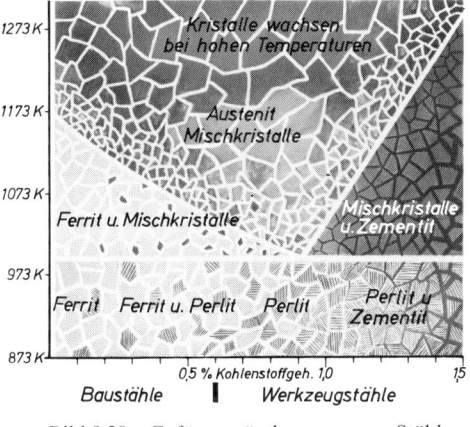

Bild 9.20 Gefügeveränderungen von Stählen bei hohen Temperaturen

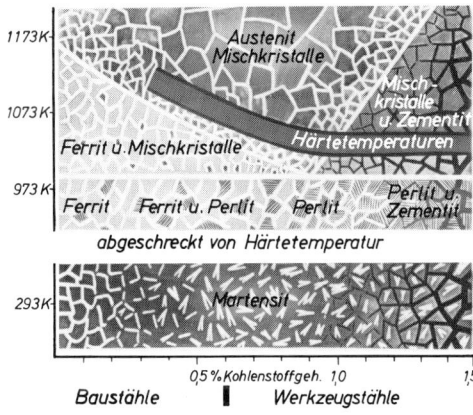

Bild 9.21 Härtetemperaturen je nach Kohlen-stoffgehalt

Darum braucht man auch zum Härten von Stahl mit geringerem Kohlenstoffgehalt als 0,8% höhere Härtetemperaturen (Bilder 9.22 und 9.23).

Beim **langsamen Abkühlen** erfolgt eine Rückbildung in den Ursprungszustand, also das Gefüge von Ferrit, Perlit und Zementit.

Beim **Abschrecken,** also dem schnellen Abkühlen, fehlt die Zeit zur Rückbildung, und diese wird so teilweise unterdrückt. Die feste Lösung bleibt zum Teil bestehen, und es bilden sich kleine, harte Mischkristalle des Härtungsgefüges (Martensit).

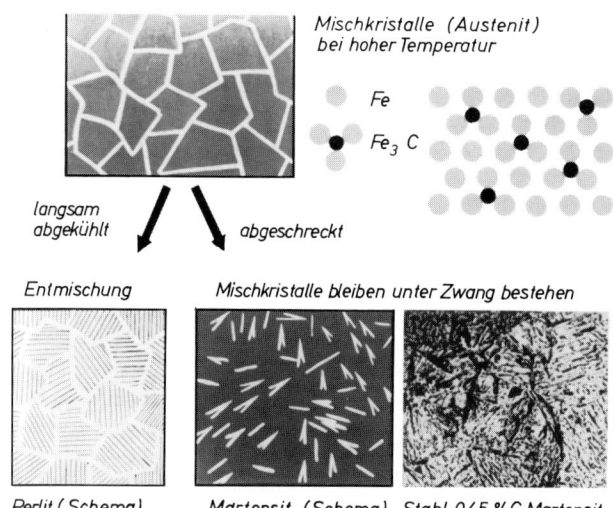

Bild 9.22   Schematische Gefügebilder von Stahl zur Darstellung des Härteprozesses

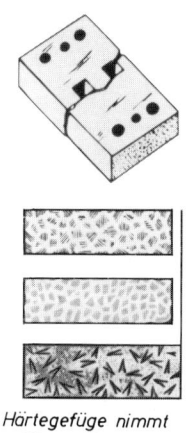

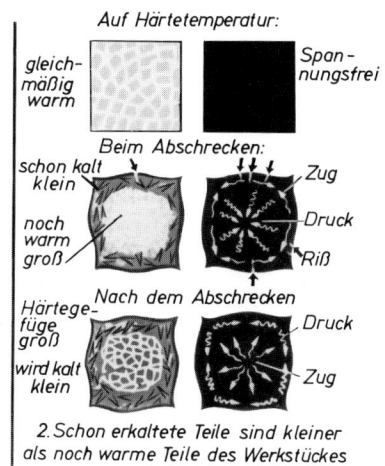

Bild 9.23   Ursachen für die inneren Spannungen gehärteter Stähle

Härter wird der Stahl durch die größere Härte der Kristalle.

Fester wird der Stahl durch die größere Berührungsfläche und den geringeren Abstand der kleineren Kristalle.

Spröder wird der Stahl weit innerhalb des Gefüges, weil infolge des größeren Raumbedarfs kleiner Kristalle starke Spannungen herrschen. Denn an den Stellen, an denen schneller abgekühlt wird, also an der Oberfläche oder dünneren Stellen, werden kleinere Kristalle gebildet, die einen größeren Raum einnehmen. An Stellen, die langsamer abgekühlt werden, also innen und an dicken Stellen, werden größere Kristalle gebildet, die beim Abkühlen einen geringeren Raum einnehmen wollen, es aber wegen der Bildung an kleineren Kristallen nicht können. Diese Spannungen können bereits bei zu schnellem Abkühlen eine Zerstörung des Bauteils oder ein Abplatzen der Härteschicht verursachen. Darum wird oft bei zerklüfteten Bauteilen oder bei legierten Stählen anstelle des Wassers mit einer Abkühlgeschwindigkeit von max. 1500 °C/s (1773 K/s), im Öl mit max. 300 °C/s (573 K/s) oder im Warmbad gehärtet. Andererseits kann auch die Abkühlgeschwindigkeit des Wassers noch durch Zusatz von Säuren erhöht werden.

Anlassen von gehärtetem Stahl

In bezug auf Festigkeit würde das Härten allein wenig Gewinn bringen, weil das Bauteil nicht nur hart, sondern auch spröde würde. So würde z.B. ein ungehärteter Lagerzapfen bei Stoßbelastung verbiegen, gehärtet aber abbrechen.

Anlassen nennt man das Erwärmen eines gehärteten Stahlbauteils auf eine bestimmte Temperatur. Denn von einer bestimmten Temperatur an beginnt der Kohlenstoff aus dem Härtungsgefüge auszuscheiden, um sich wieder mit dem Eisen zu Eisenkarbid zu verbinden. Dabei wird mit der zunehmenden Temperatur immer mehr weiches, bildsames Eisen frei, und die Spannungen im Werkstoff werden vermindert.

Normale Anlaßfarben sind in Tabelle 9.4 aufgeführt.

Durch die Wahl der Temperatur kann auf diese Weise jeder Zustand zwischen Härtungszustand und Ursprungszustand erreicht werden (Bild 9.24).

Tabelle 9.4 Anlaßtemperaturen und -farben

Härtestufe	Anlaßfarbe	Anlaßtemperatur in °C (K)	Beispiele für die Anwendung
sehr hart	Hellgelb Dunkelgelb Gelbbraun	220 (493) 240 (513) 250 (523)	Meßwerkzeuge Drehmeißel, Bohrer, Senker, Reibahlen
mittelhart	Braunrot Purpur	260 (533) 270 (543)	Meißel, Hämmer
zähhart	Violett Dunkelblau	280 (553) 290 (563)	Durchtreiber, Körner, Schraubendreher, Holzbearbeitungswerkzeuge
	Kornblumenblau	300 (573)	Werkzeuge für weiche Werkstoffe

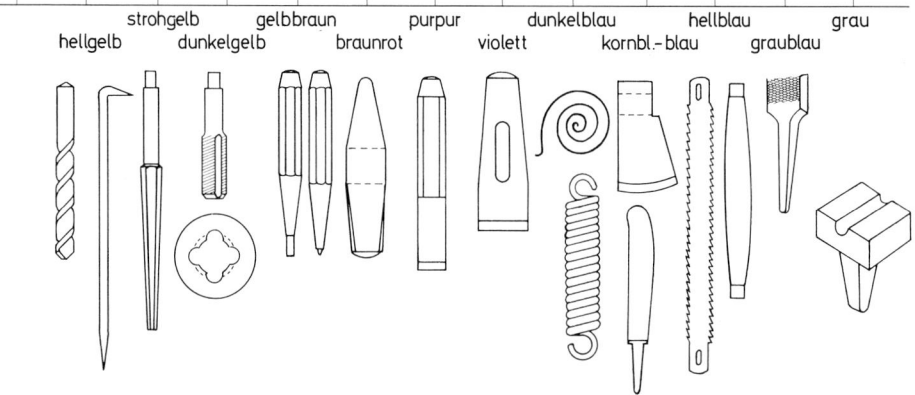

210°	220°	230°	240°	250°	260°	270°	280°	290°	300°	310°	320°	330° C
(483K)	(493K)	(503K)	(513K)	(523K)	(533K)	(543K)	(553K)	(563K)	(573K)	(583K)	(593K)	(603K)

strohgelb gelbbraun purpur dunkelblau hellblau grau
hellgelb dunkelgelb braunrot violett kornbl.-blau graublau

Bild 9.24   Anlaßtemperaturen

Haltepunkttemperatur nennt man die Temperatur, auf die man gehärteten Stahl erwärmen muß, um die gewünschte Zähhärte zu erreichen. Bei unlegiertem Stahl liegen diese Haltepunkttemperaturen zwischen 200 und 350 °C (473 und 593 K). Denn bei 200 °C (473 K) beginnt der Anlaßvorgang und ist bei 360 °C (633 K) beendet. Je näher die Anlaßtemperatur bei 200 °C (473 K) ist, um so härter und spröder bleibt der Stahl; und je näher die Anlaßtemperatur an 360 °C (633 K) ist, um so weicher und zäher wird er. Für die durch das Anlassen erreichten Festigkeitseigenschaften sind außerdem noch der Kohlenstoffgehalt und die Legierungszusätze bestimmend.

Anlaßfarben nennt man die Farben, die beim Anlassen an vordem blankgemachten Stellen auftreten. Sie sollen die Temperaturen an den blanken Stellen anzeigen. Anlaßfarben sind aber keine unbedingte Gewähr für die im Bauteil herrschenden Temperaturen, weil sie bei langsamer Erwärmung bereits bei niedrigeren Temperaturen auftreten. Auch bei legierten Stählen treten die gleichen Anlaßfarben bei höheren Temperaturen auf. Thermocolorstifte ermöglichen eine genauere Temperaturbestimmung dadurch, daß sich die Farbe eines auf das Material aufgebrachten Striches bei bestimmter Temperatur verändert.

Vergüten ist ein Härten von Stählen mit anschließendem Anlassen bei Temperaturen von 400 bis 670 °C (673 bis 943 K). Dadurch werden die Elastizitätsgrenze sowie die Zähigkeit des Stahls enorm gesteigert.

9.10   Oberflächenhärtung

Durch das Oberflächenhärten sollen Werkstücke eine harte, verschleißfeste Randzone erhalten, ohne daß die Kernzähigkeit und Kernfestigkeit wesentlich verändert werden.

Die wichtigsten Verfahren sind:

Bild 9.25   Einsatzhärtung

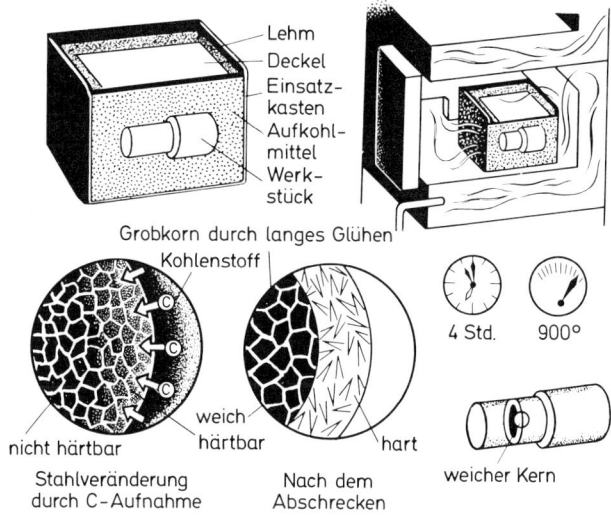

☐ Einsatzhärten,
☐ Nitrieren,
☐ Flammhärten,
☐ Induktionshärten.

Einsatzhärten

Beim Einsatzhärten (Bild 9.25) werden Bauteile aus Einsatzstahl (legiert oder unlegiert, bis 0,2 % C) durch kohlenstoffabgebende Mittel in der Randschicht auf 0,6 bis 0,9 % C aufgekohlt. Die Teile werden in luftdicht verschlossenen Stahlkästen aus zunderfestem Material, in denen sich feste (z.B. Holzkohle mit Bariumkarbonat), gasförmige (Propan- oder Butangas) oder flüssige (Zyanmischungen) Aufkohlmittel befinden, bei 800 bis 900 °C (1073 bis 1173 K) geglüht.

Je nach Temperatur und Glühdauer ist eine Aufkohltiefe = Härttiefe von max. 1,8 mm möglich. Nach dem Aufkohlen erfolgt ein Abschrecken in Wasser oder Öl, angelassen werden die Bauteile mit 150 bis 200 °C (423 bis 473 K).

Nitrieren

Unter Nitrieren versteht man eine thermochemische Behandlung mit Stickstoff abgebenden Mitteln bei Temperaturen zwischen 500 bis 600 °C (773 bis 873 K). Eine solche Anlage ist in Bild 9.26 gezeigt. Durch die niedrige Behandlungstemperatur findet keine Gefügeumwandlung des Werkstoffs statt. Alle Stähle lassen sich nitrieren, bevorzugt werden jedoch Stahlsorten, die mit Chrom (Cr), Aluminium (Al), Nickel (Ni), Molybdän (Mo), Vanadium (V) legiert sind (sogen. Nitrierstähle). Diese Legierungszusätze bilden mit Stickstoff sehr harte Nitride, die die Verschleißfestigkeit des Stahls enorm steigern und eine Temperaturbelastung bis 500 °C (773 K) zulassen. Die Verschleißschicht ist nur wenige $^1/_{100}$ mm dick und zunderfrei. Man unterscheidet zwischen dem Gasstromnitrieren und dem Badnitrieren. Dem Badnitrieren gibt man den Vorzug, da hier kurze Aufstickzeiten möglich sind.

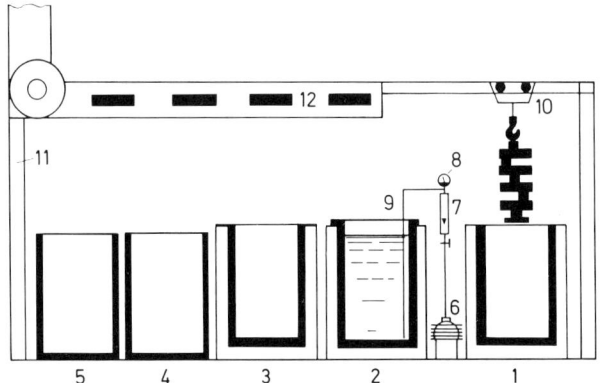

Bild 9.26 Schematische Darstellung einer Nitrieranlage
1 Vorwärmofen
2 Nitrierofen
3 Tank zum Abkühlen an der Luft
4 Kaltwassertank
5 Warmwassertank
6 Kompressor
7 Luftmengenmesser
8 Manometer
9 Belüftrungsrohr
10 Hebezeug
11 allseitig geschlossene Absaughaube
12 Absaugung

Zum Vergleich: Beim Gasstromnitrieren benötigt man für eine 0,5 mm dicke Nitrierschicht etwa 50 bis 60 Stunden, dagegen beim Badnitrieren für die gleiche Dicke etwa 6 bis 10 Stunden.

Gasstromnitrieren ist ein 30 bis 100 Stunden langes Glühen bei Temperaturen von etwa 500 bis 550 °C (773 bis 823 K) im Ammoniakgasstrom (NH_3), dabei verbindet sich der Stickstoff (N) mit dem Metall zu Metallnitriden.

Das Badnitrieren wird in zyanhaltigen Salzbädern durchgeführt. Bei einer Temperatur von etwa 570 °C (843 K) findet ein chemischer Zerfall der Zyanverbindung statt, so daß in der Salzschmelze Stickstoff (N) frei wird, der sich mit der Oberfläche der Stahlteile verbindet. Die Behandlungsdauer kann zwischen 2 bis 6 Stunden liegen.

Anwendungsbeispiele: Schaltgabeln, Zylinderlaufbuchsen, Einlaßventile, Gelenkköpfe, Kurbelwellen, Nockenwellen, Kolbenringe, Kolbenbolzen können nitriert sein.

Flammhärten

Beim Flammhärten (Bild 9.27) wird durch eine Sauerstoff-Acetylen-Flamme der zu härtenden Oberfläche mehr Wärme zugeführt, als durch Wärmeableitung in den Kern des Werkstücks abwandern kann. In der Randzone bildet sich ein Wärmestau, der einen schnellen Anstieg auf Härttemperatur bewirkt. Unmittelbar im Anschluß erfolgt eine Abschreckung mit Wasser. Da der Kern kalt bleibt, findet kein Verziehen der Werkstücke statt. Je nach Werkstoffsorte und Glühdauer liegt die Härttiefe bei Einsatzstahl zwischen 0,25 bis 1,5 mm und bei Vergütungsstahl zwischen 2 bis 5 mm.

Induktionshärten

Beim Induktionshärten erreicht man die Erwärmung der Oberfläche durch elektrische Wirbelströme. Vornehmlich dient dieses Oberflächenhärtungsverfahren zur Verbesserung des Widerstands gegen Verschleiß. Grundsätzlich lassen sich durch dieses Verfahren alle Eisenwerkstoffe mit einem ausreichenden Kohlenstoffgehalt (ab etwa 0,4% C) an der Oberfläche härten. Aber auch höher gekohlte Stähle können auf diese Weise ohne Gefahr einer Überhitzung oder Entstehung von Härterissen gehärtet werden. Durch Abschrecken mit Wasser wird die Härtung abgeschlossen.

Anwendungsbeispiele für induktives Härten sind: Kurbelwellen, Nockenwellen, Lenkungsteile, Kugelbolzen, Achsschenkel, Zahnräder und Getriebewellen.

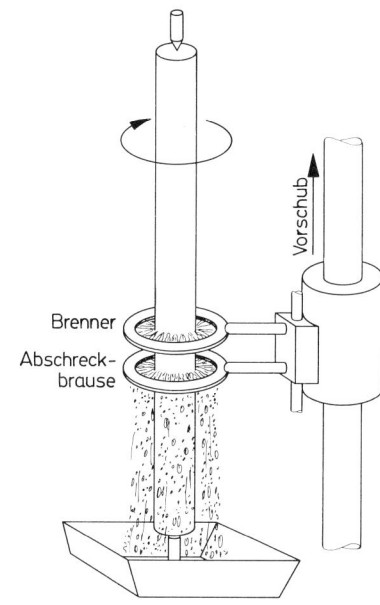

9.11   Härteprüfungen

Die Brinell-, Vickers-, Rockwell-, Skleroskop- oder Rückprallhärteprüfung sind die wichtigsten Härteprüfungen in der Technik. Härteprüfungen zählen zu den zerstörungsarmen Werkstoffprüfungen, wobei die gemessene Härte Rückschlüsse auf Zerspanbarkeit, Verschleißverhalten oder Festigkeit gibt.

Brinellhärte HB

Beim Brinellverfahren (Bild 9.28) wird eine Kugel (Durchmesser 10,5 oder 2,5 mm) aus gehärtetem Stahl mit einer bestimmten Kraft (N) in die Oberfläche eines Probestücks gedrückt. Die Kraft (in Newton = N), mit der eingedrückt wird, hängt vom Werkstoff selbst sowie der Größe der verwendeten Kugel ab. Nach Ausmessen des Eindruckdurchmessers ermittelt man die Härtezahl anhand einer Tabelle, die die Brinellhärte für alle Eindruckdurchmesser (von $1/100$ zu $1/100$ mm gestuft) enthält. Dieses Verfahren eignet sich nur bis 4000 N/mm^2, darüber würde die Abplattung der Stahlkugel das Prüfergebnis verfälschen.

   Das Brinellverfahren verdankt seine Beliebtheit der einfachen Handhabung und dem Umstand, daß die Härtewerte in enger Beziehung zur Zugfestigkeit stehen.

Vickershärte HV

Das Vickersverfahren (Bild 9.29) ähnelt dem Brinellverfahren, arbeitet aber genauer.

   Eine *Diamantpyramide* wird in die Oberfläche des Werkstücks hineingedrückt. Aus der Diagonalen des Eindrucks wird die Oberfläche bestimmt. Nach Ausmessen der Eindruckdiagonalen (auf 0,002 mm genau) wird der Härtewert aus Tabellen ermittelt. Dieses Verfahren ist besonders für oberflächengehärtete Bauteile oder Chromschichten geeignet.

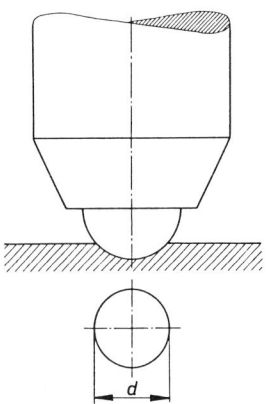
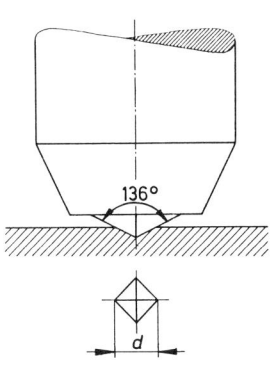
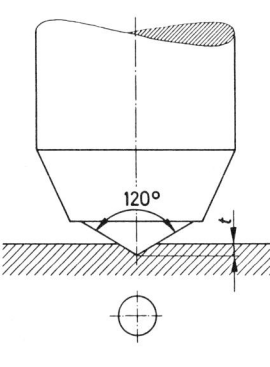

Bild 9.28   Härteprüfung
nach BRINELL

Bild 9.29   Härteprüfung
nach VICKERS

Bild 9.30   Härteprüfung
nach ROCKWELL

Rockwellhärte HR**C** = **c**onus und HR**B** = **b**allum (Bild 9.30)
Sehr harte Werkstoffe werden mit einem *Diamantkegel* geprüft (HRC). Den Diamantkegel
drückt man mit einer Vorlast von 100 N auf die zu prüfende Oberfläche.

Nach der Justierung der am Prüfgerät angebauten Meßuhr auf »Null« wird die Hauptlast von
1400 N aufgebracht, d.h., bei dieser Prüfart ergibt sich eine Gesamtlast von 1500 N. Da man die
Eindringtiefe ermittelt, können die Rockwell-Härtegrade sofort abgelesen werden. Unterschied
der Eindringtiefe zwischen Vor- und Hauptlast ist die Härte des Werkstoffs. Bei weichen Werkstoffen erfolgt die Ermittlung der Härte durch eine gehärtete Stahlkugel mit einem Durchmesser
von $^1/_{16}''$ = 1,5875 mm. Die Vorlast beträgt 100 N, die Hauptlast 900 N. Diese Prüfmethode wird
als Rockwell-B-Verfahren (HRB) bezeichnet.

Skleroskop- oder Rückprallhärte
Die Härtewerte werden dadurch ermittelt, daß man ein Gewicht aus Stahl oder Hartmetall auf
das Prüfstück fallen läßt. Die Rückprallhöhe ist dabei für das Maß der Härte bestimmend. Diese
Härteprüfung mißt eigentlich die Elastizität, nicht die Härte des Werkstoffs. Im Kraftfahrzeugbau
wird die Skleroskophärte zum Prüfen der Härteschichten von Kurbelwellen benutzt.

Shorehärte
Dieses Verfahren wird z.B. zur Prüfung von Hartgummi und weichem Kunststoff sowie Weichgummi genutzt. Der Prüfkörper ist ein Stahlstift mit 1,25 mm Durchmesser und unterschiedlich
geformter Spitze. Der Stahlstift wird durch Federkraft auf die Oberfläche des zu prüfenden Werkstücks gedrückt. Die dabei auftretende Längenänderung der Feder (Federweg) ist ein Maß für die
Shorehärte.

Bei dem Verfahren **Shore A** (für weiche Kunststoffe und Weichgummi) wird ohne Federvor-
kraft der Stahlstift, der eine *Spitze als Kegelstumpf* besitzt, in die Oberfläche des Prüflings
gedrückt.

Bei dem Verfahren **Shore D** (für Hartgummi (z.B. Motorlager) und härtere Kunststoffe) wird
mit einer Vorkraft von 0,55 N der Stahlstift mit *konischer abgerundeter Spitze* in die Oberfläche
des Prüflings gedrückt. Die Shorehärte von Motorlagern beträgt etwa 40 bis 60.

9.12　Werkstoffprüfung

Die Werkstoffprüfung dient zur Bestimmung verschiedener Eigenschaften, wie z.B. Härte, Festigkeit und Korrosionsbeständigkeit. Davon abhängig wird die Verwendung der Werkstoffe bestimmt.

Neben den Werkstoffprüfungen mit Beanspruchung auf Druck, Biegung und Torsion (Verdrehung) soll kurz die Prüfung und *Beanspruchung* auf *Zug* beschrieben werden.

Zugversuch

Beim Zugversuch wird eine genormte Zugprobe, die aus dem zu prüfenden Werkstoff besteht, (Bild 9.31) in eine Universalprüfmaschine (Bild 9.32) eingespannt. Da bei allen Zugproben, egal welchen Querschnitts, ein gleiches Verhältnis zwischen Meßlänge (L_0)und Querschnittsfläche (S_0) besteht, sind alle Zugproben verhältnisgleich oder proportional. Deshalb werden sie auch als *Proportionalstäbe* bezeichnet.

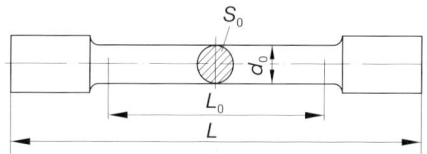

Bild 9.31　Zugprobe

Der Prüfstab wird in der Prüfmaschine langsam und gleichmäßig belastet. Dabei dehnt er sich, bis er abreißt. Die Meßeinrichtungen der Maschine stellen die Belastung des Stabes und die eingetretene Verlängerung fest. Aus der Zugkraft (F) und der Querschnittsfläche (S_0) läßt sich die Zugspannung σ berechnen: $\sigma = F/S_0$. Die Dehnung ε ergibt sich aus der Verlängerung (ΔL) des Probestabes, bezogen auf die ursprüngliche Länge (L_0) $\varepsilon = \Delta L/L_0 \times 100$ (%). Wird die im Werkstoff herrschende Spannung über die dazugehörige Dehnung in ein Diagramm übertragen, dann entsteht das *Spannungs-Dehnungs-Diagramm* (Bild 9.33).

Aus dem Diagramm ist ersichtlich, daß im Anfangsstadium bei geringer Belastung Spannung und Dehnung im gleichen Verhältnis zunehmen, sie steigen verhältnisgleich (proportional) an. Deshalb ist der Kurvenverlauf vom Nullpunkt bis zum Punkt (P) eine Gerade. Im Punkt P endet das proportionale Verhalten, er wird deshalb als *Proportionalitätsgrenze* bezeichnet. Wird der Werkstoff von dem Punkt (P) aus entlastet, nimmt er seine ursprüngliche Form wieder an (elastischer Bereich). In dem proportionalen Bereich besteht ein Zusammenhang zwischen Spannung und Dehnung, der als *Elastizitätsmodul* bezeichnet wird. Je steiler in dem Diagramm der Anstieg der Geraden ist, desto größer ist sein Elastizitätsmodul. Daraus ergibt sich, daß harte Werkstoffe einen größeren Elastizitätsmodul haben als weiche.

Wird die Proportionalitätsgrenze (P) überschritten und weiter bis zur *Elastizitätsgrenze* (E) belastet, so stellt sich bei einer Entlastung vom Punkt E eine elastische Dehnung von maximal 0,01 % ein. Das bedeutet, unterhalb von Punkt E liegt noch der elastische Bereich. Über die Elastizitätsgrenze hinaus belastet, angefangen vom Punkt E aus, befindet sich der plastische (verformbare) Bereich des Werkstoffs. Ab dem Punkt E stellt sich eine bleibende Verformung ein.

Wird über den Punkt E weiter bis zur *Streckgrenze* belastet, dann macht die Kurve aufgrund des Werkstoffverhaltens bei dem Punkt (Streckgrenze) einen Knick. Dabei verlängert (streckt)

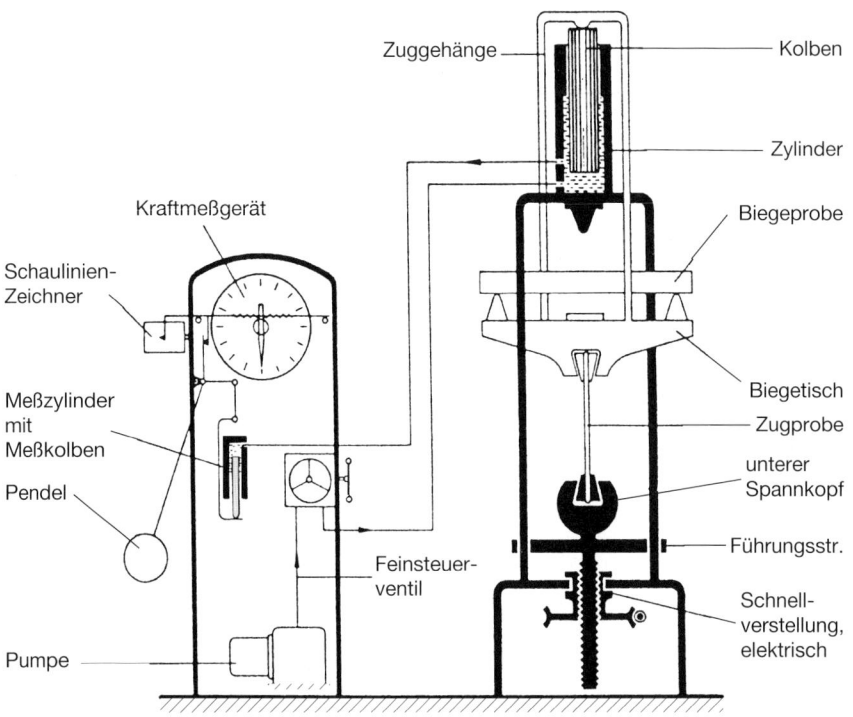

Bild 9.32   Universalprüfmaschine (Mohr + Federhaft, Mannheim)

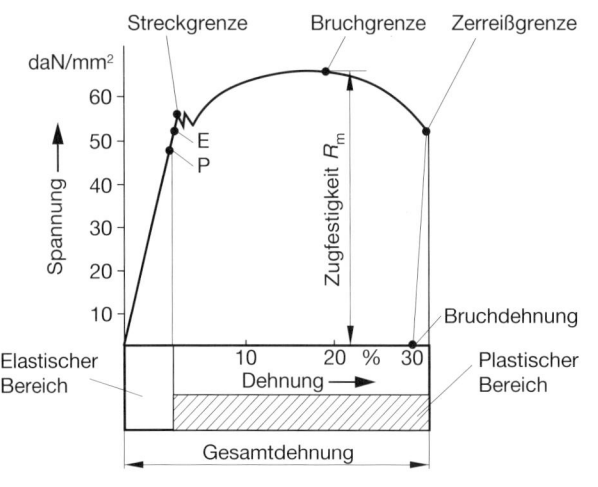

Bild 9.33   Spannungs-Dehnungs-Diagramm

sich die Zugprobe, sie fließt, ohne daß die Zugkraft erhöht wird. Bei der Entlastung vom Punkt (Streckgrenze) beträgt die bleibende Dehnung mindestens 0,2%.

Bei einem stetigen Fließen – mit anfänglichen Schwankungen in der Kurve – steigt die Spannung bis zum höchsten Wert, bis zu dem Punkt *Bruchgrenze.* Dieser höchste Punkt wird als *Zugfestigkeit* R_m bezeichnet. Sie gibt die maximale Belastung eines Werkstoffs an. Wird der Punkt Zugfestigkeit überschritten, so schnürt sich der Probestab ein, und seine Belastbarkeit nimmt ständig ab, d.h., sie sinkt entlang der Kurve bis zum Punkt *Zerreißgrenze.* An diesem Punkt reißt der Probestab ab. Die bleibende Dehnung, die der Probestab bis zum Bruch gezeigt hat, heißt *Bruchdehnung.*

9.13 Nichteisenwerkstoffe (NE-Metalle)

Wie bereits in Abschnitt 9.3 beschrieben, werden die Metalle in Eisenwerkstoffe und Nichteisenwerkstoffe aufgeteilt, die sich dann nochmals in Leicht- und Schwermetalle unterteilen.

9.13.1 Leichtmetalle (Dichte unter 5 kg/dm³)

Aluminium (Al), Schmelztemperatur 660 °C (933 K)

Physikalische Eigenschaften:
Dichte 2,7 kg/dm³,
gute Wärmeleitfähigkeit,
gute elektrische Leitfähigkeit,
unmagnetisches Verhalten.

Chemische Eigenschaften:
korrosionsbeständig durch natürliche Oxidschicht,
gegen konzentrierte Salpetersäure beständig,
unbeständig gegen Seewasser und Soda.

Technologische Eigenschaften:
gut dehnbar, weich, läßt sich bis zu einer Stärke von 0,004 mm auswalzen.

Aluminiumgewinnung
Im metallischen Zustand kommt Aluminium in der Natur nicht vor. Es steht jedoch als Mineral mit 8% Vorkommen in der Erdkruste hinter Sauerstoff mit 47%, Silizium mit etwa 28% an dritter Stelle. Für die Herstellung von Aluminium wird ausschließlich *Bauxit,* benannt nach dem ersten Fundort Les Baux in Frankreich, verwendet. Bauxit wird wegen seiner braunen Farbe auch als *Tonerde* bezeichnet und enthält etwa 60 bis 65% Aluminiumhydroxid (Al_2O_3), bis zu 28% Eisenoxid (Fe_2O_3), bis zu 30% chemisch gebundenes Wasser und bis zu 5% Kieselsäure. Die Hauptfundstätten des Bauxits sind in

Europa: Südfrankreich, Jugoslawien, Griechenland, Ungarn
Amerika: USA, Kanada, Brasilien

Afrika: Guinea, Zaire (Kongo)
Asien: Länder der ehemaligen UdSSR, Indien, VR China
Australien: Nord- und Westaustralien

Die Gewinnung von Aluminium erfolgt in zwei Abschnitten:

❏ Gewinnung von reinem Aluminiumoxid,
❏ Reduktion des Aluminiumoxids durch Schmelzflußelektrolyse.

Eine normale Reduktion durch Koks oder kohlenstoffhaltige Materialien ist beim Aluminium nicht möglich, da Aluminium sehr stark Sauerstoff aufnimmt.

Gewinnung von reinem Aluminiumoxid (Bild 9.34)

Das Bayerverfahren ist das wichtigste Verfahren zur Herstellung von Aluminiumoxid. Hierbei wird der Bauxit gemahlen, mit Natronlauge vermischt und in Autoklaven (dampfbeheizte Druckkessel mit Rührwerk) unter Druck (etwa 30 bar Überdruck) und einer Temperatur von 250 °C (523 K) zerlegt. Aluminiumoxid geht als Natriumaluminat in Lösung. Die unlöslichen Bestandteile des Bauxits (Eisenoxid, Siliziumdioxid) werden nach dem Eindicken als Rotschlamm abgezogen. Der Rotschlamm wurde bisher abgelagert oder im Meer versenkt. Neue technologische Verfahren ermöglichen es, den Rotschlamm zur Gewinnung von Roheisen, zur Herstellung von Mauerziegeln u.ä. Materialien zu verarbeiten.

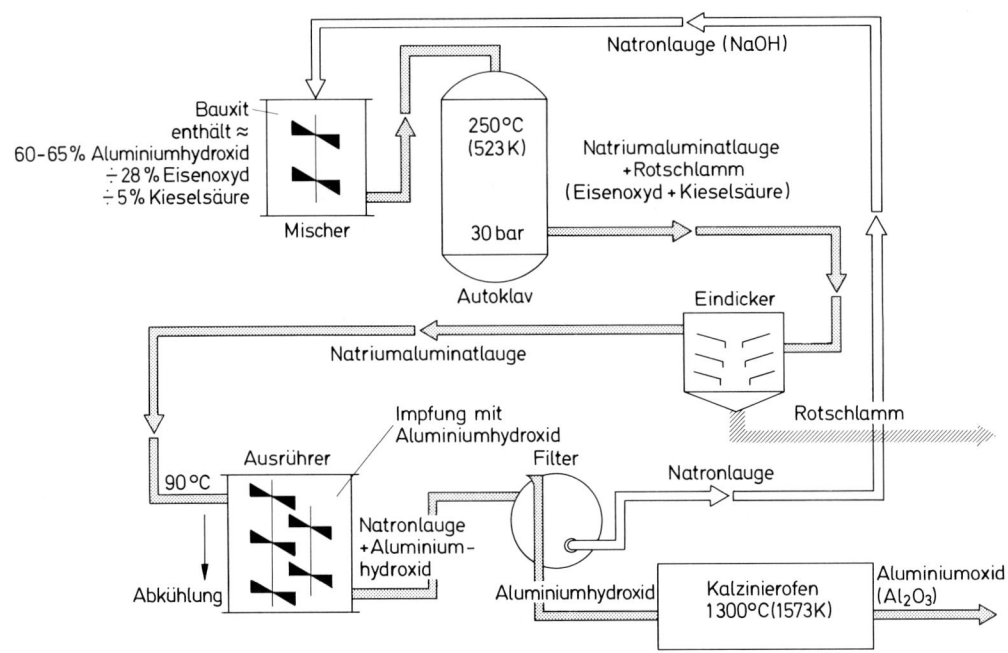

Bild 9.34   Aluminiumgewinnung (schematisch)

Das flüssige Natriumaluminat wird mit einem Impfstoff (kristallines Aluminiumhydroxid) versetzt und 60 bis 120 Stunden in Ausrührbehältern bewegt, bis das Aluminium als Aluminiumhydroxid in Form von weißen Flocken ausfällt, die dann durch Vakuumtrommelfilter abgetrennt werden. Anhaftende Laugenreste werden vom Aluminiumhydroxid sorgfältig durch heißes Wasser ausgewaschen. Aus dem Aluminiumhydroxid entsteht durch Trocknen bei 1200 bis 1300 °C (1473 bis 1573 K) in Drehrohröfen reines Aluminiumoxid.

Reduktion des Aluminiumoxids durch Schmelzflußelektrolyse
Aluminiumoxid hat eine hohe Schmelztemperatur (über 2000 °C [2273 K]). Durch die Herstellung einer Mischung aus Kryolith (Salz) und Aluminiumoxid wird der Schmelzpunkt auf etwa 900 °C (1173 K) herabgesetzt. Die Reduktion erfolgt in Elektrolyseöfen (Bild 9.35), das sind 3 bis 4 m lange und 2 bis 2,5 m breite Stahlblechwannen mit einer Tiefe von etwa 0,5 m. Mit Ausnahme von Kohle ist flüssiger Kryolith gegenüber stromleitenden Materialien aggressiv, deshalb besteht die Auskleidung des Elektrolyseofens aus Kohle. Die Kohleauskleidung dient gleichzeitig als Katode (Minuspol); als Anode (Pluspol) verwendet man sehr reine Kohlematerialien, da Verunreinigungen vom geschmolzenen Kryolith aufgenommen werden und die Reinheit des hergestellten Aluminiums beeinträchtigen würden.

Die Zersetzungsspannung eines Ofens liegt ca. zwischen 5 bis 6,5 Volt. Die Stromstärke beträgt 70 000 bis 140 000 Ampere. Das bei der Schmelzflußelektrolyse an der Katode abgeschiedene Aluminium (Reinheitsgrad 99,5 bis 99,8) wird von Zeit zu Zeit in Vakuumgefäße abgesaugt. Bevor das flüssige Aluminium zu Halbzeugen vergossen wird, können auch noch Legierungszusätze zugefügt werden.

Bild 9.35   Elektrolyseofen

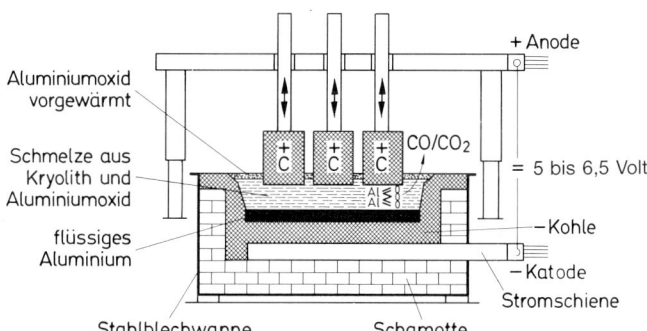

Aluminiumlegierungen
Die Legierungen von Aluminium werden in Guß- und Knetlegierungen unterteilt. *Gußlegierungen* haben gute Gießeigenschaften und werden einmal direkt zur Herstellung von Gußstücken und zum anderen in Stranggußanlagen z.B. zu runden Stangen (Knüppel) oder zu Blöcken vergossen. Als *Knetlegierungen* bezeichnet man die aus der Stranggußanlage kommenden Stangen bzw. Blöcke, die sich im kalten, aber hauptsächlich im warmen Zustand gut spanlos umformen (kneten) lassen. Es werden Bleche, Drähte, Rohre und alle möglichen Profile für den Automobilbau hergestellt.

Die mechanischen Eigenschaften von Aluminium sind durch Legierungszusätze stark zu beeinflussen. Die wichtigsten Zusätze sind Silizium, Magnesium, Kupfer, Mangan. Besonders die Al-Si-Legierungen spielen durch ihre gute Gießbarkeit im Motoren- und Kolbenbau eine wesent-

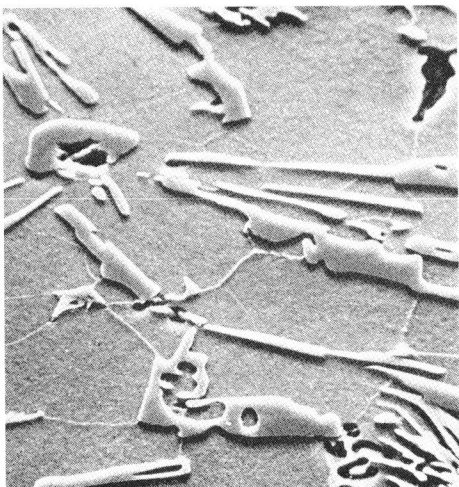
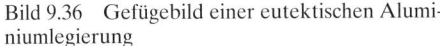

Bild 9.36 Gefügebild einer eutektischen Aluminiumlegierung

Bild 9.37 Gefügebild einer übereutektischen
Aluminiumlegierung

liche Rolle. Diese Legierungen sind der Standardwerkstoff für die Kolbenherstellung. Die Kolben werden einmal gegossen oder, wenn es um hohe Belastbarkeit geht, auch als Knetlegierung im warmen Zustand als massiver Block in die Form gepreßt (geschmiedet). Man unterscheidet die eutektischen Al-Si-Legierungen (bis 14% Si) und die übereutektischen Al-Si-Legierungen (von 17 bis 25% Si).

Eutektikum: Unter eutektisch oder Eutektikum versteht man, daß die Schmelze, die aus zwei oder mehreren Legierungszusätzen bestehen kann, ohne teigigen Übergang erstarrt (Bilder 9.36 und 9.37). Größere Kristalle können sich dadurch nicht bilden, so daß ein Werkstoff mit einem sehr feinen Gefüge entsteht. Eutektische Legierungen besitzen eine sehr hohe Festigkeit. Bei Al-Si-Legierungen liegt die eutektische Temperatur (oder das plötzliche Erstarren der Schmelze) bei 577 °C (850 K), bei Eisen-Kohlenstoff-Legierungen bei etwa 1147 °C (1420 K), bei Blei-Zinn-Legierungen bei etwa 183 °C (456 K).

Weitere wichtige Aluminiumlegierungen sind:

Aluminium-Magnesium: Diese Legierung ist sehr leicht, gut spanbar, je nach Mg-Zusatz gut verformbar und wird meistens im Druckguß verarbeitet. Al-Mg-Legierungen sind nicht härtbar.

Aluminium-Kupfer: Neben der aushärtenden Eigenschaft von Al-Cu-Legierungen ist die starke Zunahme der Festigkeit hervorzuheben. Der Zusatz von 1% Cu erhöht die Zugfestigkeit des Al um etwa 140 N/mm^2. Besonders das Duraluminium (Hartaluminium), eine Legierung aus Aluminium-Kupfer und Magnesium, kann Zugfestigkeiten bis 500 N/mm^2 aufweisen. Verwendung findet Duraluminium für hochbelastete Konstruktionsteile im Kraftfahrzeugbau.

Magnesium (Mg), Schmelztemperatur 650 °C (923 K)

Physikalische Eigenschaften:
Dichte 1,74 kg/dm^3
geringe Festigkeit
geringe Härte

Chemische Eigenschaften:
korrosionsanfällig, gegen Wasser nicht beständig, Reduktionsmittel

Technologische Eigenschaften:
größte Vorsicht beim Schmelzen, Mg-Schmelzen entzünden sich an der Luft
gut spanbar, gießbar
   Magnesium ist ein beliebter Legierungszusatz, als reines Metall findet es kaum Verwendung.

Magnesiumgewinnung: Magnesium wird ähnlich wie Aluminium durch Elektrolyse gewonnen. Die Ausgangsmaterialien zur Gewinnung von Magnesium sind praktisch unerschöpflich, da der Abraum von Kalibergwerken sowie das Salz des Meerwassers genutzt werden.

Titan (Ti), Schmelztemperatur 1660 °C (1943 K)

Physikalische Eigenschaften:
Dichte 4,5 kg/dm^3
hohe Festigkeit
hohe Warmfestigkeit

Chemische Eigenschaften:
ausgezeichnete Korrosionsbeständigkeit in einem Temperaturintervall von –253 °C bis 550 °C (20 K bis 823 K)
gegen Königswasser, einem Gemisch aus 1 Vol.-% konzentrierter Salpetersäure und 3 Vol.-% konzentrierter Salzsäure, beständig
verbindet sich bei sehr hohen Temperaturen mit Sauerstoff und Stickstoff

Technologische Eigenschaften:
Reindarstellung von Titan ist sehr aufwendig (schwer schmelzbar)
Titan wird hauptsächlich gewalzt und geschmiedet
sonstige Verarbeitung schwierig

Gewinnung von Titan: Titan wird aus den Erzen Rutil und Ilmenit gewonnen. Rund 95% des Titanerzes Rutil für die westliche Welt werden vor der australischen Küste im Meer abgebaut. Mehr als 36% des westlichen Bedarfs an dem Titanerz Ilmenit werden in Form von Wascherzen vor den Küsten Indiens, Ceylons, Australiens und in Florida gefördert. Nach der Aufbereitung wird das Titan unter Vakuum im Lichtbogenofen umgeschmolzen. Da die Herstellung von reinem Titan sehr aufwendig ist, begnügt man sich in der Technik mit Ferrotitan, das einen Ti-Gehalt von 10 bis 25% aufweist. Titan ist sehr teuer und deshalb kein Massenwerkstoff.
   Verwendung: für Pleuelstangen, Radaufhängungen, Federn, Titan-Kohlenstoff-Verbindungen zur Herstellung von Hartmetallen.

9.13.2   Schwermetalle (Dichte über 5 kg/dm³)

Kupfer (Cu), Schmelztemperatur 1083 °C (1356 K)

Physikalische Eigenschaften:
Dichte 8,9 kg /dm³
sehr gute elektrische Leitfähigkeit
sehr gute Wärmeleitfähigkeit
Zugfestigkeit von 200 bis 500 N/mm²

Chemische Eigenschaften:
gute Korrosionsbeständigkeit
gegenüber nicht oxidierenden Säuren beständig

Patina: Patina ist eine festhaftende, nicht giftige Schutzschicht des Kupfers. Sie kann je nach Standort, z.B. Großstadt, als Kupfer-Schwefel-Verbindung (Kupfersulfat), an der See als Kupfer-Chlor-Verbindung (Kupferchlorid), in den Bergen und auf dem Land als Kupfer-Kohlenstoff-Verbindung (Kupferkarbonat) auftreten. Diese Patinaschutzschicht erklärt die ausgezeichnete Korrosionsbeständigkeit des Kupfers. Beschädigungen der Patinaschutzschicht werden nach einer gewissen Zeit durch Neuüberzug beseitigt.

Grünspan: Grünspan wird oftmals mit Patina verwechselt. Im Gegensatz zur Patinaschutzschicht ist Grünspan giftig und wasserlöslich; es bildet sich durch chemische Reaktionen mit Essigsäure, wodurch Kupferacetat (Grünspan) entsteht.

Technologische Eigenschaften:
Kupfer ist weich und zäh und läßt sich gut verformen (z.B. walzen, schmieden, ziehen usw.). Durch Hämmern oder Walzen tritt eine Kaltverfestigung ein, die durch Glühen beseitigt werden kann.

Kupfervorkommen
Die Erdkruste enthält etwa 0,01% Kupfer (Cu), in gediegener Form (metallischem Zustand) kommt Kupfer nur an wenigen Stellen auf der Welt vor, z.B. in Rußland (Ural), den USA (Oberer See) und Neu-Mexiko, sonst treten Kupfererze hauptsächlich in Form von schwefelhaltigen Mineralien auf (Tabelle 9.5).

Tabelle 9.5   Kupfervorkommen

Kupfererze	Cu-Gehalt	Fundorte
Rotkupfererz	89%	Chile, Peru, Südwest-Afrika
Kupferglanz	80%	USA, Kanada, Zaire, Sambia
Buntkupferkies	63%	USA, UdSSR, Mexiko, China
Kupferkies	35%	Kanada, Chile, Mexiko, Polen

Kupfergewinnung
Das Umschmelzen der Kupfererze kann nur bei sauerstoffhaltigem Kupfererz (z.B. Rotkupfererz) erfolgen. Da die meisten Kupfererze aber Schwefel (S), Eisen (Fe) sowie taubes Gestein enthalten, müssen sie verschiedene Verfahrensgänge durchlaufen.

1. *Röstofen:* Die Beschickung erfolgt mit einem aufbereiteten Kupfererzkonzentrat. Beim Rösten wird das Erz erhitzt und durch Luftzufuhr ein großer Teil des Schwefels zu Schwefeldioxid oxidiert.

2. *Erzflammofen* (Herdofen): Dieser wird mit dem pulverförmigen Röstgut und mit flüssiger Schlacke aus dem Konverter beschickt. Das Röstgut wird zu *Kupferstein* mit einem *Reinheitsgrad von etwa 60%* erschmolzen. Kupferstein ist ein Gemisch aus Schwefelkupfer und Schwefeleisen.

3. *Konverter:* Die Beschickung erfolgt mit flüssigem Kupferstein. Beim Verblasen oder Konvertieren wird Luft durch den flüssigen Kupferstein gepreßt. Dieser Vorgang läuft in zwei Arbeitsstufen ab. In der ersten Stufe, dem Schlackeblasen (Vorblasen), kommt es zur Oxidation des Schwefeleisens und zur Verschlackung des gebildeten Oxids. Dabei entsteht *unreines Kupfer* mit einem *Reinheitsgrad von etwa 80%.* In der zweiten Stufe läuft das Fertigblasen (Garblasen) ab. Durch eine weitere Oxidation entsteht nach einer Blaszeit von etwa 6 Stunden *Rohkupfer* mit einem *Reinheitsgrad von 97 bis 99%.*

4. *Feuerraffination:* Ein Flammofen wird mit dem Rohkupfer aus dem Konverter beschickt und durch Lufteinblasung weiter gereinigt. Das dabei entstehende Kupferoxid muß reduziert werden. Als Reduktionsmittel wird Erdgas in die Schmelze geblasen. Der abgespaltene Sauerstoff oxidiert mit dem Wasserstoff und Kohlenstoff des Erdgases. Dabei entsteht Raffinade-Kupfer mit einem Reinheitsgrad von etwa 99,9%. Es wird als Legierungsmetall verwendet oder zu dicken Anodenplatten für die Elektrolytkupfergewinnung vergossen.

5. *Elektrolytische Raffination:* Bei der Raffinationselektrolyse werden dicke unreine Kupferanodenplatten neben dünne Katodenblechplatten in ein Elektrolyt aus einer Kupfersulfatlösung gehängt. Durch Gleichstrom (35 000 A) wandert Kupfer von der Anode (Pluspol) zur Katode (Minuspol) und schlägt als reines Kupfer nieder. Die Kupferelektrolyse dauert etwa 20 Tage. Dabei wird hochleitfähiges Kupfer gewonnen, das anschließend von den Blechen abgestreift wird. Gleichzeitig werden in dem entstehenden Anodenschlamm edle Begleitelemente wie Gold, Silber, Platin und Palladium aufgenommen.
Der *Reinheitsgrad* des *Elektrolytkupfers* beträgt *bis 99,99%.* Es wird z.B. im Strangguß zu Blöcken, Platten, dicken Stangen oder zur Herstellung von elektrischen Leitern zu trapezförmigen Drahtbarren vergossen und diese anschließend in der
1. Stufe bis auf einen Durchmesser von 8 mm und in
weiteren Stufen zu dünnen Drähten mit einem Durchmesser bis 0,02 mm gezogen.

Kupferlegierungen
Kupferlegierungen werden als Zwei- oder Mehrstofflegierungen ausgeführt. Die wichtigsten Legierungszusätze sind Zink (Zn), Zinn (Sn), Aluminium (Al), Silizium (Si), Blei (Pb). Es ist zwischen Knet- und Gußlegierungen zu unterscheiden.
  Knetlegierungen werden zu Blechen, Rohren, Stangen usw. verarbeitet, Gußlegierungen zu Gleitlagern, Schneckenrädern, Armaturen und Glocken.

Kupfer-Zink-Legierungen (Messing)
Die Kupfer-Zink-Legierung (Messing) ist wohl die wichtigste Kupferlegierung. Ihr Cu-Gehalt liegt zwischen 55 und 95%. Durch Zulegieren von bis zu 3% Blei (Pb) tritt eine Verbesserung der Zerspanbarkeit, bei der Zugabe von Aluminium (Al) eine Verbesserung der Gießbarkeit ein.

Eigenschaften der Kupfer-Zink-Legierung (Messing): Ein besonderes Merkmal dieser Legierung ist die Farbe, die im allgemeinen ein sattes Gelb aufweist. Die Kupfer-Zink-Legierung kann im weichen Zustand gut getrieben und gebogen werden, im harten Zustand ist sie elastisch. Die Festigkeit/Gießbarkeit ist bei dieser Legierung bedeutend besser als bei Kupfer, die Korrosionsbeständigkeit etwa gleich.

Verwendung im Kraftfahrzeug: Lagerbuchsen, Wälzlagerkäfige, Synchronringe, Vergaserdüsen, Lampenfassungen, Gehäuse für Thermofühler- und -schalter.

Kupfer-Zinn-Legierungen (Bronzen)

Kupfer-Zinn-Legierungen (Zinnbronzen) haben einen Zinn-(Sn-)Gehalt bis etwa 15%. Sie werden oftmals mit Phosphor (P) desoxidiert und bekommen vereinzelt den Namen »Phosphorbronze«. Diese Bezeichnung ist überholt und sollte nicht mehr verwendet werden. Die Kupfer-Zinn-Gußlegierungen setzen sich aus verschiedenen Kristallarten zusammen, wobei die härteren Kristalle in der weichen Grundmasse eingebettet sind. Dadurch ist diese Legierungsart bestens zur Herstellung von Gleitlagern geeignet.

Besonders hervorzuheben ist die Kupfer-Blei-Zinn-Gußlegierung (Bleibronze), sie besitzt gute Gleiteigenschaften, ist etwas weicher als Zinnbronze und hat eine poröse Oberfläche. Da sie hohe Belastungen bei mittleren Gleitgeschwindigkeiten aufnehmen kann, wurden Kupfer-Blei-Zinn-Gußlegierungen bei Dieselmotoren eingebaut (Haupt-, Pleuel- und Nockenwellenlager).

Eigenschaften der Kupfer-Zinn-Legierungen (Bronzen): Kupfer-Zinn-Legierungen besitzen eine hohe Festigkeit, gute Korrosionsbeständigkeit und gute Gleiteigenschaften.

Verwendung im Kraftfahrzeug: Gleitlager, Benzinpumpenteile, Zahnräder, elektrotechnische Bauteile (Flachstecker), Ventilführungen.

Kupfer-Nickel-Zink-Legierung (Neusilber)

Durch den Nickelzusatz bekommt dieser Werkstoff eine silberweiße Farbe.

Kupfer-Zinn-Zink-Blei-Legierung (Rotguß)

ist eine Legierung mit über 85% Kupfer (Cu), 5% Zinn (Sn), 5% Zink (Zn), 5% Blei (Pb); sie wird auch als Maschinenbronze bezeichnet.

Zink (Zn), Dichte 7,1 kg/dm^3, Schmelztemperatur 419 °C (692 K)

Zink ist ein bläulich-weißes Metall von guter Legier- und Gießbarkeit. Gewonnen wird Zink (Zn) aus der *Zinkblende* oder *Zinkspat* (Galmei). Die wichtigsten Fundstätten dieser Erze befinden sich in den USA, Mexiko, Frankreich, Großbritannien, Australien und Deutschland.

Die Zinkerze werden geröstet, feingemahlen und zu *Rohzink* verhüttet, anschließend im Raffinierofen geschmolzen. Dieser Ofen liefert Hüttenzink mit einem Reinheitsgrad von 98 bis 99,5% Zn. Durch Destillation oder Elektrolyse läßt sich Feinzink (99,9% Zn) herstellen. Da sich Zink an der Luft mit einer dichten, festen Schutzschicht (Zinkkarbonat) überzieht, wird es sehr gerne als Korrosionsschutz für Stahlteile benutzt. Nicht beständig ist Zink gegenüber Säuren, salzhaltigen Materialien sowie Kalk und Zement.

Verwendung im Kraftfahrzeug: Vergaser, Gehäuse für Blink- und Bremsleuchten, Türgriff, hydraulische Bremsenteile und Karosserieverzinkung.

Zinn (Sn), Dichte 7,3 kg/dm³, Schmelztemperatur 232 °C (505 K)

Zinn besitzt eine geringe Härte, eine gute Verformbarkeit, ist sehr weich und gut gießbar. Im Kraftfahrzeugbau wird es hauptsächlich als Legierungsmetall für Gleitlager verwendet (Weißmetall). Die Gewinnung von Zinn (Sn) erfolgt überwiegend aus Zinnstein (80% Sn). Dieses Erz wird in Südostasien (Thailand, Indonesien, Malaysia), ferner China, Bolivien und Australien gefunden. Die Verarbeitung und Gewinnung entsprechen ungefähr der des Zinks. Zinn ist an der Luft beständig, gegenüber Säuren unbeständig.

Eine unangenehme Erscheinung ist das Zerfallen des Zinns zu unmetallischem Pulver bei Temperaturen um −20 °C (253 K). Diesen Vorgang bezeichnet man auch als *Zinnpest*. Eine weitere charakteristische Eigenschaft ist der *Zinnschrei*. Beim Biegen von Zinnstreifen entsteht ein knisterndes Geräusch durch Zerreißen von Zinnkristallen. Man kann anhand des Zinnschreis eine Beurteilung des Zinngehaltes von Lötzinn oder ähnlichen Zinn-Blei-Legierungen vornehmen.

Verwendung im Kraftfahrzeug als Legierungsmetall von Gleitlagerwerkstoffen (z.B. Weißmetall).

Blei (Pb), Dichte 11,3 kg/dm³, Schmelztemperatur 327 °C (600 K)

Die wichtigsten Bleilieferanten sind die USA, Länder der ehemaligen UdSSR, Spanien, Polen und Deutschland. Blei (Pb) wird vor allem aus Bleiglanz (86% Pb) durch Rösten und Oxidieren mit anschließender Reduktion und Reinigung durch Umschmelzen oder Elektrolyse gewonnen. An der Luft ist Blei sehr beständig, ebenso gegenüber der Schwefelsäure (H_2SO_4) und Salzsäure (HCl), die mit Blei unlösliche Salze (z.B. Pb-Sulfat) bilden. Da alle Verbindungen des Bleis gesundheitsschädlich *(giftig)* sind, müssen bei der Verarbeitung besondere Vorsichtsmaßnahmen getroffen werden.

Durch den dichten Atomaufbau ist Blei undurchlässig für Röntgen- und radioaktive Strahlen, der dieses Metall als wertvollen Strahlenschutz ausweist. Als mechanische und technische Eigenschaften sind die geringe Zugfestigkeit, die Weichheit, Dehnbarkeit, Zähigkeit und guten Gleiteigenschaften zu nennen.

Wichtige Bleilegierungen sind:

Hartblei Blei (Pb) + Antimon (Sb),
Lötzinn Blei (Pb) + Zinn (Sn).

Verwendung im Kraftfahrzeug: Bleiplatten für Batterien, Auswuchtgewichte, Plomben, Farben, Legierungsmetall bei Bronzen, Messing, Aluminiumwerkstoffen zur Verbesserung der Zerspanbarkeit.

9.14   Sintermetalle

Von Jahr zu Jahr steigt der Anteil der im Kraftfahrzeug verwendeten Sinterformteile. Dies liegt hauptsächlich an der guten Verarbeitbarkeit der Ausgangsmaterialien zur Herstellung der Sinterwerkstoffe.

Sintern ist ein Zusammenbacken von Pulvermischungen aus Metallen bzw. Nichtmetallen durch Erwärmung auf Schweißtemperatur (Bild 9.38).

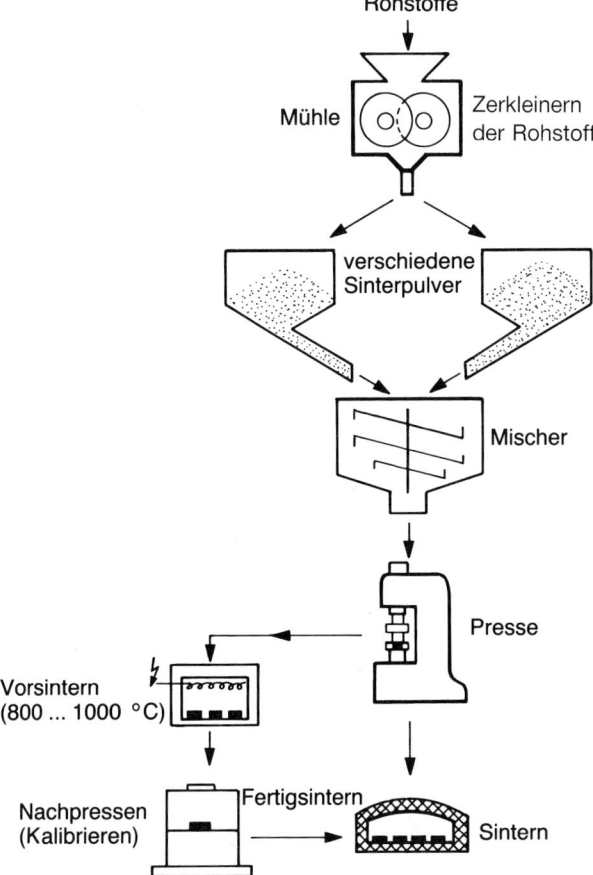

Rohstoffe

Mühle — Zerkleinern der Rohstoffe

verschiedene Sinterpulver

Mischer

Presse

Vorsintern (800 ... 1000 °C)

Nachpressen (Kalibrieren)

Fertigsintern

Sintern

Bild 9.38 Herstellung von Sinter-materialien (schematisch)

Vorteile der Sintertechnik:

❐ Schmelztechnische Schwierigkeiten werden überwunden, es lassen sich Materialien mit sehr unterschiedlichen Schmelztemperaturen verbinden (z.B. Kohlebürsten, sie bestehen aus Kupfer und Graphit).

❐ Sinterteile lassen sich mit einer sehr hohen Maßgenauigkeit und innerhalb geringer Gewichtstoleranzen ohne jegliches Spanen herstellen.

❐ Gesinterte Lager sind porös! Die Lager können bis 30% ihres Volumens an Öl aufnehmen, das dann zur Schmierung selbsttätig abgegeben wird.

❐ Materialien von großer Härte können erzeugt werden (Hartmetalle, z.B. Widia, Titanit, Miramant).

Nachteil: Derzeit entfallen etwa 30 bis 40% der Gesamtkosten auf das Herstellen der Metallpulver.

Verwendung von Sinterteilen im Kraftfahrzeug: Ventilführungen, Ventilsitzringe, Kipphebel, Pleuel, Ventile für Stoßdämpfer, Ölpumpenzahnräder, Filter, Kettenritzel, Brems- und Kupplungsbeläge, Gleitlager.

Graphitbronze ist eine Formsinterung von Bronze und Graphit. Dabei werden Bronzepulver und Graphitpulver geformt und bei geringerem Druck auf Schweißtemperatur der Bronze gebracht. Dadurch mischt sich das Graphit nicht aus. Außerdem wird durch die Kapillarwirkung der Gefügeporen eine selbsttätige Schmierölförderung erreicht. Graphitbronzen sind zwar spröde, aber für wartungsfreie oder wartungsarme Lager geeignet (z.B. an Verteiler, Wasserpumpe, Anlasser usw.).

Graphitsintereisen ist mit Graphit gesinterter Grauguß, der billiger ist als Graphitbronze, aber ähnlichen Lagerzwecken dient.

Drucksinterungen sind Sinterungen, bei denen der Sintervorgang unter Druck erfolgt. Dadurch werden Gefügebohrungen vermieden, und das Material bekommt höhere Festigkeit (z.B. Anlasserkohlen aus Kupfer und Graphit).

Hartmetalle

Für Schneidwerkstoffe können Hartmetalle Verwendung finden. Als Ausgangsmaterial dienen Metallkarbide (Metall-Kohlenstoff-Verbindungen), wie etwa Wolfram-, Molybdän, Vanadium-, Titankarbid, die mit Kobalt (Co) als Bindemittel vermischt und unter hohem Druck und Wärme zusammengesintert werden.

Vorteile der Hartmetalle:

❏ Hartmetalle haben nahezu Diamanthärte.
❏ Sie lassen Schneidtemperaturen bis etwa 900 °C (1173 K) zu.
❏ Hartmetalle besitzen eine große Schneid- und Verschleißfestigkeit.
❏ Sie lassen hohe Schnittgeschwindigkeiten zu.

Nachteile: Hartmetalle sind spröde, gegen Schlag und Stoß empfindlich.

9.15 Sicherheitsglas

Nach § 40 der StVZO müssen sämtliche Scheiben – mit Ausnahme der Spiegel sowie Abdeckscheiben an Beleuchtungseinrichtungen und Instrumenten – aus Sicherheitsglas bestehen. Als Sicherheitsglas gelten Glas oder glasähnliche Werkstoffe, deren Bruchstücke keine ernstlichen Verletzungen verursachen können. Sie müssen lt. StVZO typgeprüft und gekennzeichnet sein, eine nachträgliche Änderung darf nicht durchgeführt werden, da es sich um behördlich genehmigte Teile handelt. Als Sicherheitsglas sind Einscheiben-Sicherheitsglas (ESG) und Verbundsicherheitsglas (VSG) zugelassen.

9.15.1 Glasherstellung

Die Rohstoffe zur Herstellung von Glas sind Quarzsand (SiO_2), Soda (Na_2CO_3) und Kalk (CaO). Nach dem Zerkleinern und Vermischen der Materialien werden sie in einem Glasschmelzofen bei einer Temperatur von etwa 1550 °C (1823 K) zu einer zähflüssigen Masse geschmolzen (Bild 9.39).

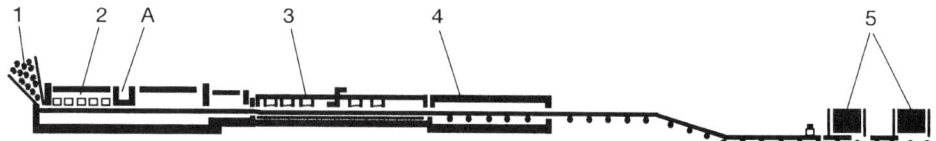

Bild 9.39 Schematische Darstellung der Float-glasherstellung (Sekurit)

1 Gemengeeinfüllung
Das Gemenge wird vollautomatisch gewogen und eingefüllt – pro Tag je nach Wannengröße 300 bis 600 t

2 Schmelzen
Schmelzen des Gemenges in der Wanne Teil A bei einer Temperatur von 1550 °C. Anschließend ist die Läuterungszone B, die das Glas mit 1100 °C verläßt. Die Heizung erfolgt mit Erdgas.

3 Floatbad
Das flüssige Glas fließt auf ein Zinnbad mit einer bestimmten Temperatur auf. Durch Anpassung der Unterfläche an die völlig ebene Oberfläche des Zinnbades und gleichzeitige Feuerpolitur ergibt sich planparalleles Glas entsprechend dem Spiegelglas.

4 Kühlzone
Das Glas wird nach Verlassen des Zinnbades sehr langsam und sorgfältig abgekühlt.

5 Zuschneiden
Nachdem die Ränder abgeschnitten wurden, wird das Glasband in Bandmaße von ca. 6,10 m × 3,35 m geschnitten und dann der weiteren Verarbeitung zugeführt.

Diese zähflüssige Glasmasse überfließt ein Metallbad (flüssiges Zinn) und wird gleichzeitig von der Oberseite durch eine sogenannte Feuerpolitur bearbeitet (Floatglasverfahren). Dadurch erreicht man ein planparalleles Glasband von bester optischer Qualität, das nach dem Zuschnitt auf Transportmaß zur Herstellung von Sicherheitsglas Verwendung findet.

9.15.2   Einscheiben-Sicherheitsglas (ESG)

Das Einscheiben-Sicherheitsglas ist auch als «vorgespanntes Sicherheitsglas» bekannt. Hierbei handelt es sich um eine Glasart, die bei der Herstellung einer besonderen thermischen Behandlung unterworfen wird (Bild 9.40).

Die Glasscheiben werden dazu auf über 600 °C (873 K) erhitzt und anschließend sehr schnell abgeschreckt. Bei Bruch zerfällt die Scheibe in kleine Glaskrümel ohne scharfe Kanten, wodurch die Sicht stark beeinträchtigt wird (Bild 9.41).

Bei neueren Windschutzscheiben wird durch eine abgestufte Abschreckung eine Breitsichtstruktur erzeugt. Bei der Zerstörung der Scheibe entstehen im Sichtfeld größere Scherben, die noch genügend Sicht ermöglichen (Bild 9.42).

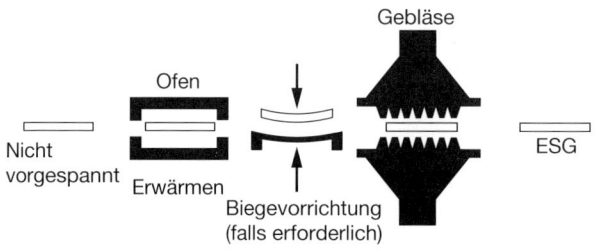

Bild 9.40   Herstellungsweise von Einscheiben-Sicherheitsglas (Sekurit)

Bild 9.41 Bruchstruktur von Einscheiben-
Sicherheitsglas

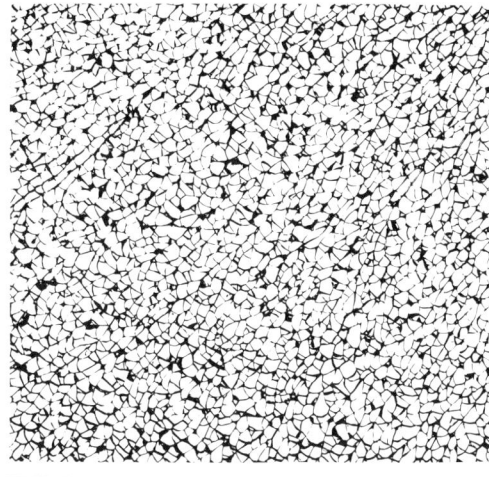

Bild 9.42 Bruchstruktur von ESG mit
Breitsicht (BS 1)

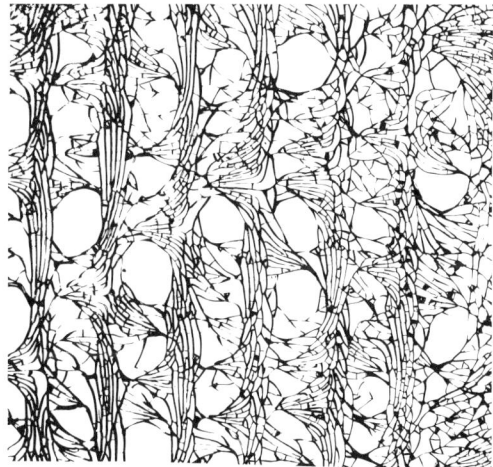

9.15.3 Verbundsicherheitsglas (VSG)

Der Vorteil des Verbundsicherheitsglases gegenüber dem Einscheiben-Sicherheitsglas beruht auf der splitterbindenden Vereinigung zweier Glasscheiben mit einer äußerst elastischen Kunststoff-folie (Polyvinylbutyral, PVB) mit einer Dicke von 0,76 mm. Nach Zuschnitt und Reinigung werden zwei verzerrungsfreie Glasscheiben und die Kunststoff-Zwischenschicht zusammengelegt und vorgepreßt.

Die endgültige Fertigstellung des Verbundsicherheitsglases sowie die Verbindung zwischen Folie und Glas erfolgen bei hoher Temperatur und hohem Druck (Bilder 9.43 und 9.44).

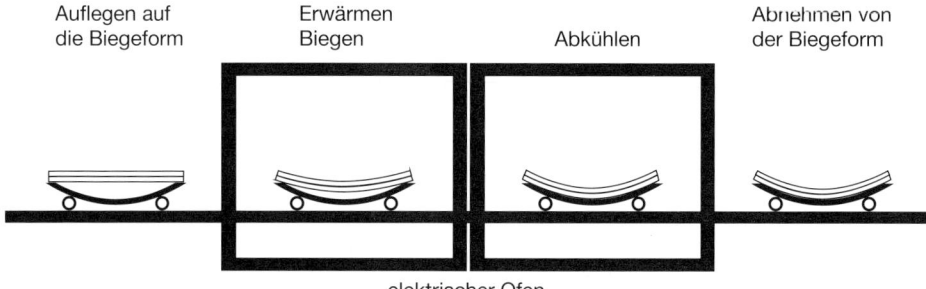

Auflegen auf die Biegeform | Erwärmen Biegen | Abkühlen | Abnehmen von der Biegeform

elektrischer Ofen

Bild 9.43 Herstellungsweise von Verbundsicherheitsglas (Sekurit)

Bild 9.44 Bruchstruktur von Verbundsicherheitsglas

9.15.4 Kunststoffglas

Um den Kraftstoffverbrauch der Kraftfahrzeuge zu senken, hat die Automobilindustrie in den letzten Jahren kontinuierlich versucht, das Fahrzeuggewicht zu senken. Es wird zur Zeit eine Entwicklung betrieben, die Silikatglasscheiben durch Kunststoffscheiben zu ersetzen.

Erste Versuche im Rennsport mit unbeschichteten Kunststoffscheiben haben ihre Bewährungsprobe bestanden. Ihre Kratzfestigkeit war leider nicht ausreichend. Durch Beschichten mit kratzfesten Einbrennlacken ist dieses Problem gelöst worden, so daß der Automobilindustrie im Bereich der Verglasung neue Möglichkeiten offenstehen.

Die hohen Anforderungen an die Kraftfahrzeugverglasung werden durch *Acrylglas* (PMMA) abgedeckt. Beschichtetes Acrylglas ist kratzfest, beständig gegen Chemikalien, verdünnte oder konzentrierte Säuren, organische Lösungsmittel sowie Witterungseinflüsse. Es ist wegen seiner amorphen Struktur glasklar, hat keine Eigenfarbe und eine hohe Lichtdurchlässigkeit. Als Sicherheitsglas ist es hervorragend geeignet, da es beim Bruch nicht splittert und gute Zug-, Druck- und Biegefestigkeit besitzt.

9.15.5   Kennzeichnung von Sicherheitsglas

Aus der deutschen Zulassung (ABE) für Sicherheitsglas ist nicht ersichtlich, um welche Glassorte es sich handelt. Durch die zusätzlichen Bezeichnungen der Hersteller sowie die amtlichen Kennzeichnungen (Zulassungen) ausländischer Verkehrsministerien lassen sich die verschiedenen Glasausführungen bestimmen (Bilder 9.45 und 9.46).

Einscheiben-Sicherheitsglas (ESG)

Bild 9.45   Kennzeichnung von ESG

Verbundsicherheitsglas (VSG)

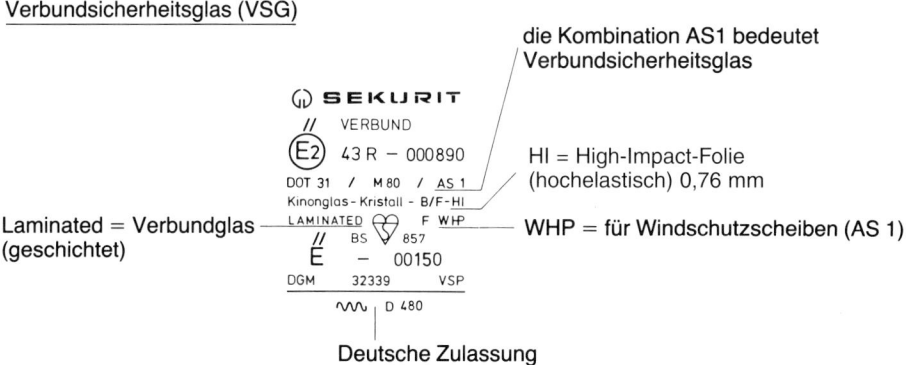

Bild 9.46   Kennzeichnung von VSG

9.16   Kunststoffe

Als Kunststoffe bezeichnet man organisch-synthetische Werkstoffe. Ihr Anteil ist in den letzten Jahren im Automobilbau ständig gestiegen und liegt bei der deutschen Pkw-Produktion z.Zt. schon bei etwa 15 Gewichtsprozent.

Kunststoffe zeichnen sich durch positive und negative Eigenschaften aus. Die positiven Eigenschaften werden im Automobilbau wirkungsvoll genutzt:

Positive Eigenschaften der Kunststoffe

❐ Sie tragen aufgrund ihrer geringen Dichte (0,9 bis 2,0 g/cm^3) zur Gewichtsreduzierung bei und damit auch zur Kraftstoffersparnis, Schadstoffreduzierung und Schonung der Energiereserven.
❐ Sie haben eine gute Korrosions-, Alterungs- und Witterungsbeständigkeit.
❐ Sie lassen bei einfacher Verarbeitung (Gießen und Pressen) komplizierte Formen- und Oberflächengestaltung zu.
❐ Sie verbessern aufgrund ihrer inneren Struktur die Geräusch- und Wärmedämmung.
❐ Sie verringern letztendlich die Herstellungskosten im Automobilbau.

Negative Eigenschaften der Kunststoffe

❐ Sie haben eine geringe Festigkeit.
❐ Sie haben eine geringe Härte und sind kratzempfindlich.
❐ Sie besitzen eine schlechte Wärmebeständigkeit (bis auf wenige Ausnahmen).
❐ Sie laden sich in vielen Fällen statisch auf und ziehen dadurch Staub an.
❐ Sie sind häufig leicht entflammbar.

Aufgrund besonderer Eigenschaften und der aufgeführten Vorteile gegenüber den Metallen werden mittlerweile viele Teile des Automobils aus Kunststoff hergestellt, so z.B.: Motorhauben, Ansaugkrümmer, Luftfiltergehäuse, Lüfter, Ventilhauben, Kühlmittelbehälter, Kraftstoffbehälter, fast die gesamte Innenverkleidung mit Sitzpolster, Kotflügel, Radblenden, Stoßfänger und mittlerweile sogar extrem belastete Blattfedern beim Nkw.

9.16.1 Herstellung der Kunststoffe

Alle Kunststoffe werden durch eine chemische Umwandlung (Synthese) aus den Rohstoffen Erdgas und Erdöl gewonnen. Da sie alle aus Kohlenwasserstoffverbindungen bestehen, werden sie als organische Stoffe bezeichnet. Ausgenommen sind die Silikon-Kunststoffe, sie gehören zu der Gruppe hochpolymerer siliziumorganischer Verbindungen (Zwischenstellung zwischen organischen und anorganischen Stoffen). Neben den Kohlenwasserstoffverbindungen können die Kunststoffe noch die Elemente Sauerstoff, Stickstoff, Chlor und Fluor enthalten.
Die *Herstellung* der Kunststoffe läuft in zwei Stufen ab.

In der *1. Stufe* entstehen durch die chemische Umwandlung (Synthese) von reaktionsfähigen Kohlenwasserstoffverbindungen Einzelmoleküle, die als *Monomere* bezeichnet werden.
In der *2. Stufe* werden die Einzelmoleküle zu langen kettenförmigen Großmolekülen (Makromolekülen), den sogenannten **Polymeren** verbunden.

Die Synthese (Umwandlung) der Monomere (Einzelmoleküle) zu den Polymeren (Großmolekülen) kann nach drei verschiedenen Reaktionsarten verlaufen:

1. durch *Polymerisation:* Dabei werden die Doppelbindungen der Ethylen-Moleküle (Bild 9.47) durch die Wirkung eines Katalysators aufgespalten. An den Enden der Moleküle entstehen freie Bindungen, über die sich beliebig viele Einzelmoleküle zu unterschiedlich langen kettenförmigen Großmolekülen (Bild 9.48) verbinden lassen. Diese Makromoleküle können wattebauschähnlich verknäult sein, ihr Aufbau wird dann als amorph bezeichnet (Bild 9.49). Verlaufen sie teilweise in einer Richtung, nennt man diese Anordnung teilkristallin (Bild 9.50);

Bild 9.47 Ethylen-Molekül (Monomer)

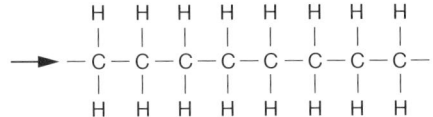

Bild 9.48 Polyethylen-Großmolekül (Polymer)

Bild 9.49 Thermoplaste, amorph (gestaltlos) (z.B. PS, PVC, PC, PMMA)

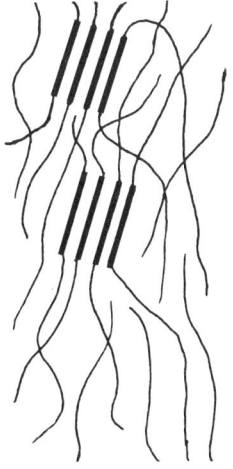

Bild 9.50 Thermoplaste, teilkristallin (z.B. PE, PA, PP)

Bild 9.51 Elastomere, schwach vernetzt (z.B. NR, SBR, SI)

Bild 9.52 Duromere, vernetzt (z.B. EP, PUR, UP, PF)

Das Produkt der Polymerisation ist Polyethylen (PE).

2. durch *Polykondensation:* Bei dieser Reaktionsart werden keine Doppelbindungen aufgespalten, sondern es verbinden sich die Einzelmoleküle (Monomere) miteinander und bilden Großmoleküle (Makromoleküle), nachdem sie Atome unter Wasseraustritt abgespalten haben. Diese Großmoleküle können einmal weitmaschig vernetzt sein (Bild 9.51), dann sind sie nur an wenigen Stellen miteinander verknüpft, oder die Vernetzung ist engmaschig gehalten, d.h. mit vielen Bindungen zu einem zusammenhängenden Netzwerk (Bild 9.52);

Die Produkte der Polykondensation sind z.B. Phenol-Formaldehyd-Harze (PF) und Polyamide (PA).

3. durch *Polyaddition:* Bei dieser chemischen Reaktion werden weder Doppelbindungen aufgespalten noch kommt es zum Auskondensieren von Wasser. Dagegen werden Wasserstoffatome und Bindungen zwischen den an dieser Reaktion beteiligten Einzelmolekülen (Monomeren) umgelagert. Die durch die Polyaddition hergestellten Großmoleküle (Makromoleküle) können, abhängig von den Ausgangsstoffen, einmal gestreckt oder vernetzt angeordnet sein.

Die Produkte der Polyaddition sind z.B. Polyurethane (PUR) und Epoxidharze (EP).

9.16.2 Aufbau der Kunststoffe

Die Einteilung der Kunststoffe erfolgt einmal nach ihrem Aufbau, den sich daraus ergebenen Eigenschaften und nach dem Verhalten bei Erwärmung. Davon abhängig wird in *Thermoplaste, Duroplaste* und *Elastomere* unterschieden.

Thermoplaste (Plastomere): Diese haben Wattebauschstruktur. Die fadenförmigen Makromoleküle (Großmoleküle) sind nicht vernetzt, sondern werden nur durch physikalische Kräfte zusammengehalten, die sich aus der Verschlingung und der inneren Reibung ergeben. Wird dieser Kunststoff einer Belastung ausgesetzt, genügen geringe Kräfte, um ihn zu verformen. Da keine Vernetzung der Makromoleküle besteht, lassen sie sich leicht gegeneinander verschieben.

Bei Raumtemperatur bestehen relativ große Haftkräfte (Zusammenhangskräfte) zwischen den fadenförmigen Makromolekülen (Großmolekülen); das bedeutet, der Kunststoff ist ausreichend hart. Wird die Temperatur erhöht, nehmen die Haftkräfte und die innere Reibung ab, der Kunststoff wird *elastisch.* Bei weiterer Temperaturerhöhung gleiten die Großmoleküle aneinander vorbei, der Kunststoff wird weich (plastisch) und schließlich flüssig. Erfolgt eine Abkühlung, verhält er sich umgekehrt und geht vom flüssigen in den weichen (plastischen), dann in den elastischen und schließlich in den festen Zustand über. Diese Vorgänge des Erwärmens und Abkühlens sind beliebig oft wiederholbar. Aufgrund dieses Verhaltens bei Erwärmung und Abkühlung werden diese Kunststoffe als Thermoplaste bezeichnet (*thermos* = griech.: Wärme).

Duroplaste (Duromere): Diese bestehen aus Makromolekülen (Großmolekülen), die engmaschig vernetzt sind und an ihren Vernetzungsstellen durch chemische Bindungskräfte miteinander verknüpft sind (s. Bild 9.52). Bei Erwärmung nehmen diese chemischen Bindungskräfte weniger stark ab als die physikalischen Bindungskräfte. Wird jedoch eine bestimmte Grenztemperatur überschritten, werden sie zerstört und können bei Abkühlung nicht wieder hergestellt werden. Bei Erwärmung verändern solche Kunststoffe ihr mechanisches Verhalten nur im geringen Maße. Aufgrund dieses Verhaltens werden sie als *Duroplaste* bzw. *Duromere* bezeichnet (*duros* = griech.: hart).

Kunststoffe als Duroplaste sind vor ihrer Verarbeitung meistens im flüssigen Zustand und unvernetzt. Erst durch Erwärmung bzw. nach Zugabe von entsprechenden Härtern kommt es zur Vernetzung, und sie härten zu ihrer endgültigen Form aus.

Elastomere: Diese Kunststoffe haben eine Wattebauschstruktur, und die Makromoleküle sind schwach vernetzt (s. Bild 9.51). Aufgrund dieser schwachen Vernetzung werden die Haftkräfte einmal durch physikalische Reibungskräfte als auch durch chemische Bindungskräfte erreicht. Durch das Wirken beider Bindungskräfte bekommen Elastomere bestimmte Eigenschaften. Wird dieser Kunststoff belastet, so können die Makromoleküle aufgrund ihrer wattebauschartigen

Lage gestreckt werden. Wird umgekehrt die Belastung wieder weggenommen, bewirken die Vernetzungsstellen, daß die ursprüngliche Form wieder angenommen wird. Aus diesem gummiartigen Verhalten entstand die Bezeichnung *Elastomere*.

Wird dieser Kunststoff erwärmt, nehmen die Reibungskräfte bei Temperaturerhöhung ab, während die chemischen Bindungskräfte unverändert bestehen bleiben. Bei Erwärmung über eine bestimmte Grenztemperatur werden die Elastomere wie auch die Duroplaste zerstört. Tritt bei Kunststoffen dieses gummielastische Verhalten erst bei Temperaturerhöhung ein, werden sie als *Thermoelaste* bezeichnet. Ihr Verhalten ist das von Elastomeren.

9.16.3 Eigenschaften, Verwendung, Handelsbezeichnung der Kunststoffe

Thermoplaste (Plastomere)
Thermoplaste sind Kunststoffe mit Wattebauschstruktur, d.h., ihre Makromoleküle sind *nicht vernetzt*. Bei Raumtemperatur sind sie *stahlelastisch* und bei geringer Erwärmung *erweichbar* und dabei *spanlos umformbar*. Bei stärkerer Erwärmung werden sie *schmelzbar* und somit auch *schweißbar*. Werden sie abgekühlt, nehmen sie ihre ursprüngliche Härte und Festigkeit wieder an. Das Erwärmen und Abkühlen kann oft wiederholt werden. Durch Aufnahme von Lösungsmittel sind sie auch *quellbar* und *löslich*.

Zu den *Thermoplasten* zählen:

Polyethylen (PE): Ein Kunststoff, der farblos durchsichtig bis milchig weiß ist und eingefärbt werden kann. Seine Oberfläche fühlt sich wachsartig bzw. fettig an. Er ist beständig gegen Öle, Fette und Säuren sowie Laugen.

Man unterscheidet zwischen Weich- und Hartpolyethylen.

Weichpolyethylen (PELD) (Dichte 0,92 g/cm^3) ist weich und flexibel, bis 90 °C formbeständig und gut schweißbar. Die Zugfestigkeit beträgt etwa 12 N/mm^2.
Verarbeitung: durch Folienblasen, Folienwalzen (Kalandrieren), Schweißen.
Verwendung: Folien.

Hartpolyethylen (PEHD) (Dichte 0,95 g/cm^3) ist steif, dabei flexibel und unzerbrechlich mit einer Formbeständigkeit von –50 °C bis +100 °C. Wird in der Masse eingefärbt, da es sich schlecht lackieren läßt. Es läßt sich schlecht kleben, aber gut schweißen. Die Zugfestigkeit beträgt etwa 20 N/mm^2.
Verarbeitung: durch Hohlkörperblasen, Folienblasen, Folienwalzen (Kalandrieren) Spritzgießen, Schweißen, Extrudieren (Schneckenförderer pressen den Rohstoff durch beheizte und geformte Düsen).
Verwendung: Kraftstofftanks, Ausgleichsbehälter für Kühlflüssigkeit, Behälter für Wischerflüssigkeit, Türgriffe.
Handelsbezeichnung: Hostalen (Hoechst), Lupolen (BASF), Vestolen (Hüls).

Polypropylen (PP) (Dichte 0,90 g/cm^3): Besitzt ähnliche Eigenschaften wie das Polyethylen, ist aber härter und hat eine Formbeständigkeit bis etwa 130 °C. Dafür nimmt die Sprödigkeit bei Temperaturen unter 0 °C zu.
Verarbeitung: durch Hohlkörperblasen, Folienblasen, Folienwalzen (Kalandrieren), Schweißen, Spritzgießen, Extrudieren (Schneckenförderer pressen den Rohstoff durch beheizte und geformte Düsen).

Verwendung: Stoßfänger, Batteriegehäuse, Lüfter (oft als PP KGF mit Kurzglasfaser verstärkt), Frontspoiler, Türschweller, Außenspiegel, Kühlergrill, Radkappen.
Handelsbezeichnungen: Vestolen P (Hüls), Hostalen PP (Hoechst), Novolen (BASF).

Polyvinylchlorid (PVC) (Dichte 1,35 g/cm^3): Ist im ungefärbten Zustand ein farbloser und durchsichtiger Kunststoff, der gegen Öle, Fette und Säuren sowie Laugen beständig ist. Reagiert auf bestimmte Lösungsmittel wie Tetrachlorkohlenstoff oder Trichlorethylen, quillt und löst sich auf.
Man unterscheidet Hart-PVC und Weich-PVC.

Hart-PVC ist ohne Weichmacher hart, zäh und schwer zerbrechlich. Es läßt sich angewärmt umformen, gut schweißen und kleben. Die Formbeständigkeit bleibt bis etwa 65 °C bestehen. Die Zugfestigkeit beträgt etwa 60 N/mm^2.
Verarbeitung: durch Spritzgießen, Hohlkörperblasen, Extrudieren (Schneckenförderer pressen den Rohstoff durch beheizte und geformte Düsen).
Verwendung: Rohre, öl- und chemikalienfeste Behälter.

Weich-PVC ist durch entsprechende Zugabe von Weichmachern gummiartig bis zäh und bis etwa 55 °C formbeständig. Die Zugfestigkeit beträgt etwa 8 bis 10 N/mm^2. Beim Verbrennen von PVC entsteht das *giftige Chlorwasserstoffgas.*
Verarbeitung: durch Hohlkörperblasen, Folienwalzen (Kalandrieren), Extrudieren (Schneckenförderer pressen den Rohstoff durch beheizte und geformte Düsen).
Verwendung: Kunstleder, Kabelisolation, Dichtungsmanschetten, Beschichtung von Nkw-Planen.
Handelsbezeichnung: Hostalit (Hoechst), Vinoflex (BASF), Vestolit (Hüls).

Polymethylmethacrylat (PMMA) (Dichte 1,18 g/cm^3): Auch als Acrylglas bezeichnet, ist glasklar, lichtecht, hart, zäh und hat eine besonders glänzende Oberfläche. Es ist gegen Öl, Benzin, Säuren, Laugen beständig und nur halb so schwer wie Silikatglas (Fensterglas). Es ist bis 90 °C formbeständig und läßt sich bei etwa 130 °C leicht umformen, ist außerdem klebbar. Die Zugfestigkeit beträgt etwa 70 N/mm^2.
Verarbeitung: durch Gießen, Spritzgießen, Extrudieren (Schneckenförderer pressen den Rohstoff durch beheizte und geformte Düsen).
Verwendung: Kunststoffscheiben in Cabriolets, Schluß- und Blinkleuchten, Tachometerskalen, Warndreiecke, Schutzbrillen.
Handelsbezeichnung: Plexiglas (Röhm), Lucril (BASF).

Polystyrol (PS) (Dichte 1,05 g/cm^3): Ist unvermischt farblos, glasklar und beständig gegen Öle, Säuren, Laugen, jedoch nicht gegen Benzin. Es ist hart, spröde und platzt bei schlagartiger Beanspruchung. Bis zu einer Temperatur von 80 °C bleibt es formbeständig, und unter −100 °C beginnt die Sprödigkeit. Die Zugfestigkeit liegt bei etwa 55 N/mm^2.
Verarbeitung: durch Spritzgießen, Spritzblasen, Extrudieren (Schneckenförderer pressen den Rohstoff durch beheizte und geformte Düsen).
Verwendung: Dosen, Schaugläser.
Handelsbezeichnungen: Polystyrol (BASF), Vestyron (Hüls).

Styropor (Dichte 0,02 g/cm^3): Entsteht, wenn Polystyrol durch Treibmittel aufgeschäumt wird. Es ist dann ein Hartschaumstoff mit geschlossener Porenstruktur, der eine ausreichende Formbeständigkeit und gute Wärmedämmeigenschaften besitzt.
Verarbeitung: durch Spritzgießen mit chemischen Treibmitteln, Warmformen, Spanen, Schweißen.

Verwendung: Innenschalen von Motorradhelmen, Verpackungselemente.

Acrylnitril-Butadien-Styrol (ABS): Entsteht, wenn das Polystyrol (PS) mit Acrylnitril und Butadien verbunden wird. Dadurch werden die mechanischen Eigenschaften verbessert. Diese Kunststoffe werden als *Copolymerisate* bezeichnet und besitzen eine große Steifigkeit bei hoher Schlagzähigkeit. Sie können bei entsprechender Vorbehandlung galvanisch mit Metallen beschichtet werden.
Verarbeitung: wie bei den anderen Polystyrolen. Bestimmte Formteile können durch Galvanisieren mit einer festhaftenden Metallschicht versehen werden. Die Haftung stellt sich dadurch ein, daß durch eine chemische Behandlung Elastomerkomponenten (Polybutadien) aus der Oberfläche des Formteils herausgelöst werden und Hohlräume entstehen lassen, die eine gute mechanische Verankerung der Metalle ermöglichen.
Verwendung: Kühlergrill, Instrumententräger, Dachspoiler, Heckspoiler, Batteriegehäuse, Radkappen, Rückleuchtengehäuse, Heizungsgehäuse.
Handelsbezeichnung: Novodur (Bayer), Terluran (BASF), Bayblend (Bayer).

Polyamide (PA): Sind milchig weiß und lassen sich beliebig einfärben. Sie sind beständig gegen schwache Säuren und Laugen, Benzin, Öl und viele Lösungsmittel. Bei hoher Härte und Zähigkeit besitzen sie auch eine hohe Abriebfestigkeit mit guter Gleitfähigkeit und sind schweißbar. Die Zugfestigkeit beträgt etwa 70 N/mm^2. Die Kunststoffe aus Polyamid sind formbeständig bis 100 °C und vertragen kurzzeitig Temperaturen bis 220 °C.
Verarbeitung: durch Spritzgießen, Extrudieren (Schneckenförderer preßt den Rohstoff durch beheizte und geformte Düsen), Hohlkörperblasen.
Verwendung: Ansaugrohre, Ventildeckel, Stoßstangen, Außenspiegel, Frontspoiler, Heckspoiler, Dachspoiler, Leisten, Türschweller, Radkappen, Tankklappen, Kühlergrill, Abschleppseile, Zahn- und Schneckenräder, Gleitschienen, Lagerbuchsen, Lagerschalen, Kraftstofftanks, Öl- und Benzinschläuche. Viele dieser Produkte sind aus PA-KGF (mit Kurzglasfaser verstärkt).
Handelsbezeichnung: Ultramid (BASF), Vestamid (Hüls), Durethan (Bayer).

Polyamidfasern: Werden Polyamide zu Fasern versponnen, können daraus Gewebe, Textilien und Schnüre hergestellt werden.
Handelsbezeichnung: Nylon und Perlon.

Polycarbonat (PC) (Dichte 1,20 g/cm^3): Ist fast glasklar und einfärbbar. Dieser Kunststoff ist bis mindestens 100 °C formbeständig und bis –100 °C schlagzäh und äußerst fest. Er läßt sich thermoplastisch umformen und wird häufig mit Glasfasern verstärkt.
Verarbeitung: Durch Spritzgießen, Extrudieren (Schneckenförderer preßt den Rohstoff durch beheizte und geformte Düsen), Hohlkörperblasen.
Verwendung: Kühlergrill, Dachspoiler, Heckspoiler, Frontspoiler, Seitenverkleidung, Streuscheiben und -abdeckungen, Zierleisten.
Handelsbezeichnung: Makrolon (Bayer), Lexan (General Electric Plastics).

Polytetrafluorethylen (PTFE) (Dichte 2,2 g/cm^3): Ist milchig weiß und fühlt sich wachsartig bzw. fettig an. Besitzt dadurch gute Gleit- und Notlaufeigenschaften. Dieser Kunststoff ist sehr temperaturbeständig, sein Einsatzbereich liegt zwischen –150 °C bis +270 °C. Er ist weich, zäh, flexibel, abriebfest und beständig gegen alle Chemikalien und Lösungsmittel. Die Zugfestigkeit liegt bei etwa 30 N/mm^2. Ein thermoplastisches Umformen ist nicht möglich, da schon beim Erreichen der Erweichungstemperatur eine Zersetzung eintritt.

Verarbeitung: Die Formgebung der Werkstücke erfolgt durch Sintern.
Verwendung: Faltenbälge, Dichtungen, wartungsfreie Lager, Schläuche, Beschichtungen von Seilen, Seilzügen und Hüllen.
Handelsbezeichnung: Teflon (Du Pont), Hostaflon (Hoechst).

Polybutylenterephthalat (PBTP): Ein Kunststoff, der fester ist als alle anderen und besonders schlagzäh, wenn eine Kombination mit Polycarbonat (PC) besteht.
Verarbeitung: durch Spritzgießen, Folienwalzen (Kalandrieren), Extrudieren (Schneckenförderer preßt den Rohstoff durch beheizte und geformte Düsen).
Verwendung: Stoßstangen, Sitzschalen, Frontspoiler, Zündkerzenstecker, Tankverschlüsse, Verteilerkästen, Heizungsklappen, Benzinfilter.
Handelsbezeichnung: Pocan (Bayer), Ultradur (BASF), Celanex (Hoechst).

Duroplaste (Duromere)
Die Vorprodukte von Duroplasten sind *unvernetzt.* Erst durch Zugabe von Härtern bzw. unter der Einwirkung von Wärme und Druck kommt es zu der *engmaschigen Vernetzung* der Makromoleküle. Da bei diesem Vorgang eine Härtung eintritt, bezeichnet man die Duroplaste auch als *härtbare Kunststoffe.* Ihr Verhalten bei Raumtemperatur ist stahlelastisch, und bei Erwärmung können sie *zähelastisch* werden. Ein Erweichen bzw. Schmelzen ist nicht möglich, da sie sich bei zu starker Erwärmung zersetzen, ohne vorher flüssig geworden zu sein. Aus dem Grunde sind Duroplaste nicht spanlos, d.h. thermoplastisch *umformbar, nicht schweißbar* und nicht durch Chemikalien *auflösbar.*

Zu den *Duroplasten (Duromeren)* zählen:

Polyurethan (PUR) (Dichte 1,26 g/cm^3): Als Polyurethanharz ist es gelblich und durchsichtig. Die mechanischen Eigenschaften hängen von dem Grad der Vernetzung ab. Engmaschig vernetztes Polyurethan wird zu *Duroplast* und ist zähelastisch und hart. Weitmaschig vernetztes Polyurethan wird zum *Elastomer* und ist gummielastisch und weich. Zwischen diesen beiden Zuständen sind alle Übergänge möglich. Die Zugfestigkeit von Hart-Polyurethan beträgt etwa 900 N/mm^2 und von Weich-Polyurethan etwa 40 N/mm^2. Die maximale Gebrauchstemperatur kann kurzzeitig bei Hart-Polyurethan 150 °C und bei Weich-Polyurethan 120 °C betragen.
Verarbeitung: durch Spritzgießen, Extrudieren (Schneckenförderer preßt den Rohstoff durch beheizte Düsen).
Verwendung: als *Hart-Polyurethan:* Buchsen, Zahnräder, Lagerschalen,
Handelsbezeichnung: Baydur (Bayer);
als *mittelhartes Polyurethan:* Zahnriemen, Stoßstangen, Membranen, Frontspoiler, Dachspoiler, Heckspoiler, Leisten, Türschweller, Außenspiegel,
Verarbeitung: durch Spritzgießen, Kleben,
Handelsbezeichnung: Bayflex (Bayer).

Expoxidharze (EP) (Dichte 1,2 g/cm^3): Sind farblos bis honiggelb. Sie stehen einmal als flüssige oder feste vorverarbeitete Produkte zur Verfügung. Im flüssigen Zustand sind sie giftig und können Allergien auslösen. Ausgehärtet sind sie ungiftig, geruch- und geschmacklos. Die Aushärtung erfolgt durch Zugabe eines Härters entweder bei normaler Umgebungstemperatur oder durch Einfluß von Wärme zwischen 120 °C und 220 °C. Im ausgehärteten Zustand sind sie hart, zäh und nicht leicht zerstörbar. Epoxidharze werden mit Füllstoffen wie Gesteinsmehl, Glasfaser (kurz KGF), Glasfaser lang (GF) und Carbonfasern (CFK) vermischt und zu faserverstärkten Kunststoffen verarbeitet.

Verarbeitung: durch Gießen, Pressen, Kleben, Spanen, Schweißen ist nicht möglich.
Verwendung: Antriebswellen, Gelenkwellen, Radaufhängungen, Karosserieteile.
Handelsbezeichnung: Epikote (Shell), Beckopox (Hoechst), Lecutherm (Bayer).

Ungesättigte Polyesterharze (UP) (Dichte 1,2 g/cm^3): Sind glasklar und haften gut auf Oberflächen. Die Aushärtung erfolgt durch Zugabe eines Härters und Beschleunigers unter normalen Umgebungsbedingungen. Sie werden als Gießharze in Verbindung mit Glasfasern zu *glasfaserverstärktem Kunststoff* verarbeitet und können je nach Herstellung hart und spröde bis weich und elastisch sein.
Verarbeitung: durch Spritzgießen, Kleben, Spanen, Schweißen nicht möglich. Bei Glasfaserverstärkung nach dem Maschinen- oder Handauflegeverfahren.
Verwendung: Karosserie aus GFK, Wohnwagen aus GFK, Blattfedern aus GFK, Stoßfänger, Spoiler, Radkästen, Hubdächer, Dachgepäckträger, Spachtelmasse.
Handelsbezeichnung: Alpolit (Hoechst), Palatal (BASF), Vestopal (Hüls), Prestolit.

Phenolharz (PF) (Dichte 1,5 g/cm^3): Ist gelbbraun gefärbt und riecht unangenehm nach Phenol-Formaldehyd. Es ist hart und spröde, und die Zugfestigkeit liegt bei etwa 30 N/mm^2. Die Zersetzung beginnt oft erst bei etwa 300 °C.
Verarbeitung: mit Füllstoffen wie Sägemehl, Papier oder Gewebe zu Platinen für gedruckte Schaltungen, Schichtpreßstoffe und Elektrobauteile.
Verwendung: Zahnräder, Pumpenteile, Griffe, Spulenträger, Schaltergehäuse.
Außerdem wird Phenolharz eingesetzt als Bindemittel für Brems- und Kupplungsbeläge, Schleif- und Trennscheiben.
Handelsbezeichnung: Bakelit (ältester Kunststoff), Supraplast (Süd-West-Chemie).

Elastomere

Elastomere sind Kunststoffe, die weitmaschig vernetzt sind. Sie verhalten sich bei tiefen Temperaturen *stahlelastisch* und oberhalb von *0 °C gummielastisch*. Dabei können die Elastomere sich einmal hart-gummielastisch oder weich-gummielastisch verhalten. Die Gummielastizität behalten sie bis zu ihrer Zersetzungstemperatur bei. Sie sind nicht spanlos umformbar, nicht schweißbar und nicht schmelzbar. Kommen sie mit bestimmten Flüssigkeiten in Berührung, sind sie quellbar, aber nicht lösbar.

Naturgummi (NR): Wird aus dem Saft (Latex) des Gummibaumes (Heves) gewonnen. Durch das Beimischen von Essigsäure gerinnt Latex zu plastischem Kautschuk. Er kommt getrocknet und geräuchert in den Handel und wird unter Zusatz von Schwefel und Zinkoxid zu Naturgummi vulkanisiert. Er kann dabei eingefärbt werden, hauptsächlich mit Ruß. Beim Vulkanisieren bestimmt der Schwefelgehalt die Elastizität des Gummis. Er ist um so dehnbarer und elastischer, je weniger Schwefel beigemischt ist.

Ein Produkt aus Naturgummi behält seine Gummielastizität im Temperaturbereich von –30 bis etwa +60 °C. Ist gut klebbar, aber nicht schweißbar. Bei der Berührung mit Öl oder Kraftstoffen neigt Naturgummi zum Quellen.
Verwendung: (weich-elastisch): Schläuche, Fahrradschläuche, Handschuhe, Dichtungen.

Styrol-Butadien-Kautschuk (SBR): Ist Synthese-Kautschuk und wird als Kunstgummi bezeichnet. Die Eigenschaften dieses Synthese-Kautschuks sind dem des Naturkautschuks ähnlich. Beim Vulkanisieren wird auch, wie beim Naturkautschuk, Schwefel und Zinkoxid beigemischt, um die Vernetzung der langen Molekülketten zu erreichen. In der Abriebfestigkeit, der Wärme- und Alterungsbeständigkeit ist der Kunstgummi dem Naturgummi überlegen.

Verwendung: Wellendichtungen (Radialdichtungen), Fahrradschläuche und Schläuche von Fahrzeugreifen.

Handelsbezeichnung: Buna (Hüls).

Fahrzeugreifen werden aus Synthese-Kautschuk mit einem geringen Anteil Naturkautschuk hergestellt. Dieser Kautschuk ist noch keine reifentaugliche Gummimischung, ihr fehlt eine ausreichende Abriebfestigkeit. Deshalb sind bestimmte Zusätze erforderlich, in erster Linie Ruß, der nach einem bestimmten Verbrennungsverfahren (unter Luftmangel) aus Öl und Gas hergestellt wird.

Durch *Ruß* werden die Abriebfestigkeit, die Haftung, die Zugfestigkeit und die Härte verbessert. Durch Ruß bekommt der Reifen auch die schwarze Farbe.

Durch *Schwefel* und *Zinkoxid* werden die langen Molekülketten (Polymere) beim Vulkanisieren vernetzt, dadurch wird aus dem plastisch-klebrigen Kautschuk elastischer Gummi.

Als *Weichmacher* wird *Öl* beigemischt, es bestimmt hauptsächlich die Rutschfestigkeit des späteren Reifens.

Als *Lichtschutz* werden *Paraffine* verwendet, durch die die Reifenoberfläche über lange Zeit gegen Alterung geschützt wird.

Silikone (Si) (Dichte 1,75 g/cm^3): Sind hochpolymere siliziumorganische Verbindungen (Zwischenstellung zwischen organischen und anorganischen Stoffen). Als Silikonöle sind es Flüssigkeiten mit einer niedrigen bis hohen Viskosität in einem Temperaturbereich von –60 °C bis +300 °C. Wenn sie weitmaschig vernetzt sind, sind sie zähelastisch und verändern ihre Viskosität kaum. Sie sind wärmebeständig, ungiftig, nicht brennbar und wasserabweisend.

Verwendung: Hydrauliköle, Öle in Viscokupplungen, Imprägniermittel.

Silikon-Kautschuk (VMQ): Besitzt nach dem Vulkanisieren nur eine geringe Festigkeit (4 bis 9 N/mm^2). Bleibt aber in einem weiten Temperaturbereich von –60 °C bis 200 °C gummielastisch. Er ist besonders beständig gegen Öle, nicht brennbar und wasserabweisend.

Verwendung: Zylinderkopf- und Ölwannenabdichtungen, Kühlerschläuche, Faltenbälge für Gelenkwellen, Zündkerzenkappen, O-Ringe, Abdichtungen für Halogenscheinwerfer.

Handelsbezeichnung: Silikon R (Wacker), Silopren (Bayer).

9.16.4   Kunststoffabfall: Vermeidung und Wiederverwertung

Kunststoffabfall ist als wertvoller Rohstoff zu schade, um gleich deponiert zu werden, deshalb:

Abfallvermeidung: Durch die Herstellung besserer Produkte mit einer höheren Lebensdauer fällt weniger Kunststoffabfall an.

Stoffliche Wiederverwertung: Damit aus den Abfällen neue Produkte hergestellt werden können, fällt z.B. den Kfz-Werkstätten die besondere Aufgabe zu:

❐ alle Metallteile von den Kunststoffteilen zu entfernen,
❐ diese Kunststoffteile nach Hersteller, nach Sorten und nach der Kennzeichnung (Kurzzeichen) zu sortieren.

Chemische Wiederverwertung: In einer Pyrolyseanlage werden bestimmte Kunststoffsorten durch Hitzeeinwirkung in ihre chemischen Bestandteile zerlegt (analysiert) und dadurch wertvolle gasförmige Spaltprodukte und Pyrolyseöle gewonnen. Aus ihnen können wieder Kunststoffe hergestellt werden, die dazu beitragen, die Energiereserven von Erdöl und Erdgas zu schonen.

Thermische Nutzung: Bei der Verbrennung von Kunststoffen in Heizkraftwerken werden die in ihnen enthaltene Energie genutzt und die Reserven an Erdöl und Erdgas geschont.

Deponieren: Der nach der Verbrennung übriggebliebene geringe Restabfall kann auf der Mülldeponie entsorgt werden.

9.17   Wälzlager und ihre Anwendung im Kfz

Wälzlager sind einbaufertige Maschinenelemente, die gegenüber Gleitlagern beachtliche Vorteile aufweisen:

- geringe Anlaufreibung,
- hohe Tragfähigkeit,
- geringer Schmiermittelbedarf,
- praktisch verschleißloser Lauf.

Geringe Anlaufreibung: Um eine stillstehende wälzgelagerte Welle in Bewegung (Drehung) zu versetzen, ist nur ein Bruchteil der Kraft erforderlich als für die gleiche Welle, die gleitgelagert ist.

Hohe Tragfähigkeit: Durch den Abrollvorgang im Lager ergibt sich trotz geringer Laufflächen eine hohe Tragfähigkeit.

Geringer Schmiermittelbedarf: Auch hierfür liegt der Grund im Abrollvorgang wie an der geringen tragenden Oberfläche. Viele mit Dichtringen ausgerüstete Lager sind vom Hersteller mit Schmiermittel versehen und brauchen nicht mehr geschmiert zu werden. Die Kugellager eines Staubsaugers zum Beispiel laufen mit einer Fettfüllung von 0,2 g über eine Milliarde Umdrehungen.

Zu viel Fett im Lager ist schädlich. Es führt zum «Blaulaufen», hervorgerufen durch die große Walkarbeit. Als Maß gilt: höchstens 50% des freien Raumes eines Lagers mit Wälzlagerfett füllen! Ein großer Teil der Lager wird durch Öl oder Ölnebel geschmiert, wenn eine Fettfüllung nicht möglich ist (Getriebe, Ausgleichsgetriebe, Hinterachse).

Wälzlagerwerkstoffe

Heute wird fast einheitlich für Wälzlager schwach legierter Chromstahl verwendet. Für Lager mittlerer Größe gilt folgende Zusammenstellung (s. Tabelle 9.6):

etwa 1% C; 0,25 bis 0,40% Mn; 0,15 bis 0,35% Si; 1,40 bis 2,5% Cr.

Der Gehalt an unerwünschten Stoffen ist äußerst gering:

Phosphor weniger als 0,03%;
Schwefel weniger als 0,025%.

Tabelle 9.6   Zusammenstellung der in Kfz hauptsächlich eingebauten Wälzlager

Lagerbauform	Reihenzeichen	Maß für Bohrung
Radialrillenkugellager	60, 62, 63, 160	
Schrägkugellager einreihig	72, 73	
Schrägkugellager zweireihig	32, 33	
Pendelkugellager	12, 13, 22, 23	Maßangabe für
Tonnenlager einreihig	202, 203	die Bohrung siehe
Pendelrollenlager	213	«Erläuterung der
Kegelrollenlager	302, 303, 322	Bohrungskennziffer»
Axialzylinderrollenlager	811, 812	
Zylinderrollenlager	N, NU, NJ, NUP	
Vierpunktlager	Q	
Nadellager	Na	in mm Durchmesser
Schulterkugellager	E, Bo, L, M	angegeben

Erläuterung der Lagerkurzzeichen

Das Lagerkurzzeichen (die Lagerbezeichnung) setzt sich aus Ziffern oder aus Buchstaben und Ziffern zusammen (siehe aufgeführte Beispiele).

Erläuterung der Bohrungskennziffer

Bohrungskennziffer 00 = 10-mm-Bohrung,
Bohrungskennziffer 01 = 12-mm-Bohrung,
Bohrungskennziffer 02 = 15-mm-Bohrung,
Bohrungskennziffer 03 = 17-mm-Bohrung.

Im Bereich von 20 bis 480 mm erhält man die Lagerbohrung durch Multiplikation der Bohrungskennziffer mit dem Faktor 5.

Beispiele

Bohrungskennziffer 04 = 04 × 5 = 20-mm-Bohrung,
Bohrungskennziffer 05 = 05 × 5 = 25-mm-Bohrung,
Bohrungskennziffer 06 = 06 × 5 = 30-mm-Bohrung,
Bohrungskennziffer 10 = 10 × 5 = 50-mm-Bohrung
usw. bis
Bohrungskennziffer 96 = 96 × 5 = 480-mm-Bohrung.

9.17.1   Rillenkugellager

Durch hohe radiale und axiale Tragfähigkeit sowie die Eignung für höchste Drehzahlen kommt es von allen Lagerbauformen am häufigsten zur Anwendung.

An Kfz: Generator, Wasserpumpe, Kupplungsausrücklager, Lagerung der Antriebswelle in der Kurbelwelle bei Lkw-Motoren, Lagerung der Wellen im Getriebe, Hinterradlagerung (Bild 9.53).

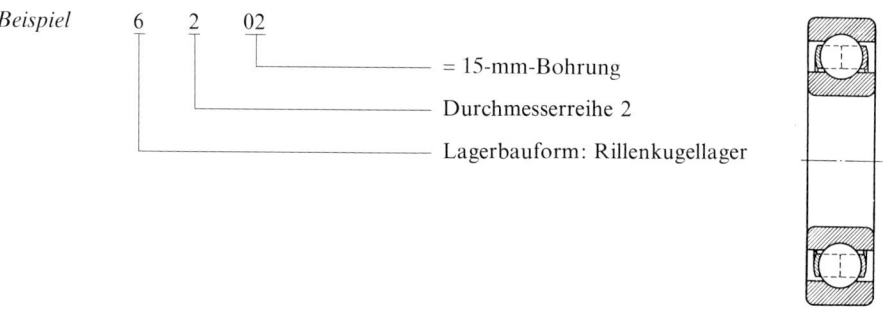

Beispiel   6   2   02

= 15-mm-Bohrung

Durchmesserreihe 2

Lagerbauform: Rillenkugellager

Bild 9.53

9.17.2 Schrägkugellager

Schrägkugellager einreihig und Schrägkugellager zweireihig (Bild 9.54)
Einreihige Schrägkugellager werden immer paarweise, spiegelbildlich zueinander eingebaut (siehe Bilder 9.63 und 9.64).

Zweireihige Schrägkugellager (Bild 9.54) entsprechen einem Paar einreihiger Schrägkugellager. Anwendung als *Lagereinheiten* zur Lagerung der Vorderräder bei Frontantrieb sowie der angetriebenen Hinterräder an Schräglenker-Hinterachsen (siehe Bilder 9.61 und 9.62).

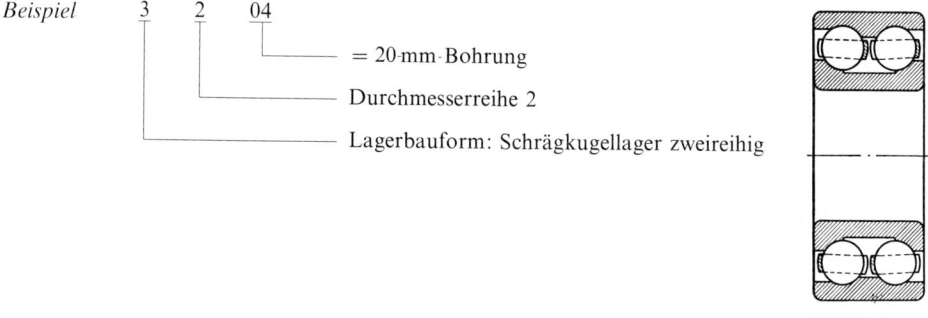

Beispiel   3   2   04

= 20-mm-Bohrung

Durchmesserreihe 2

Lagerbauform: Schrägkugellager zweireihig

Bild 9.54

9.17.3 Kegelrollenlager

Für sie gilt im wesentlichen das bereits über einreihige Schrägkugellager Gesagte. Die Belastbarkeit ist gegenüber Schrägkugellagern noch größer, außerdem läßt sich das Lagerspiel feinfühliger regulieren (Bild 9.55).

Anwendung für die Lagerung von: Vorderradnaben, Kegelrad(Ritzel)-Welle im Ausgleichsgetriebe, Hinterradnaben bei Lkw;

Schnecken und Spindeln in Lenkgetrieben, Vorgelegewellen in Lkw-Getrieben, Lkw-Hinterachsantrieben mit Vorgelege, Lenkzapfen bei allradgetriebenen Lkws, Ausgleichskörben (Differential) in Hinterachsen.

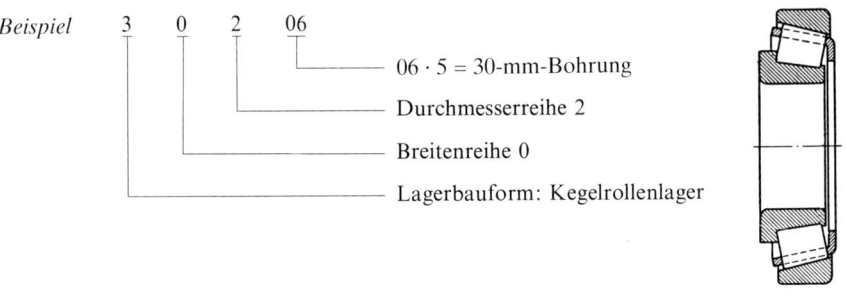

Beispiel   3   0   2   06

06 · 5 = 30-mm-Bohrung

Durchmesserreihe 2

Breitenreihe 0

Lagerbauform: Kegelrollenlager

Bild 9.55

9.17.4 Axialzylinderrollenlager (Bild 9.56)

Sie werden bei der Lagerung von Achsschenkeln an Lkw verwendet. Sie übertragen die Last vom Achskörper auf den Achsschenkel.

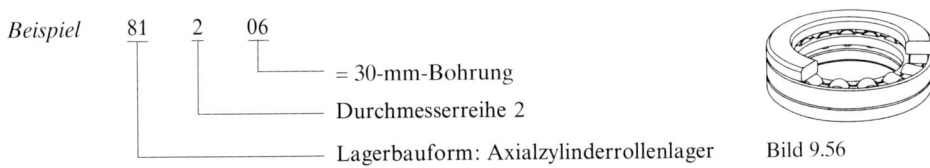

Beispiel   81   2   06

= 30-mm-Bohrung

Durchmesserreihe 2

Lagerbauform: Axialzylinderrollenlager   Bild 9.56

9.17.5 Zylinderrollenlager (Bild 9.57)

Rollen und Rollbahnen sind in der Grundform zylindrisch geschliffen. Sind sie schwach ballig geschliffen, ist eine geringe Einstellbarkeit möglich. Es werden unterschieden:

Loslager, Bauarten N und NU,

Stützlager, Bauart NJ,

Festlager, Bauart NUP.

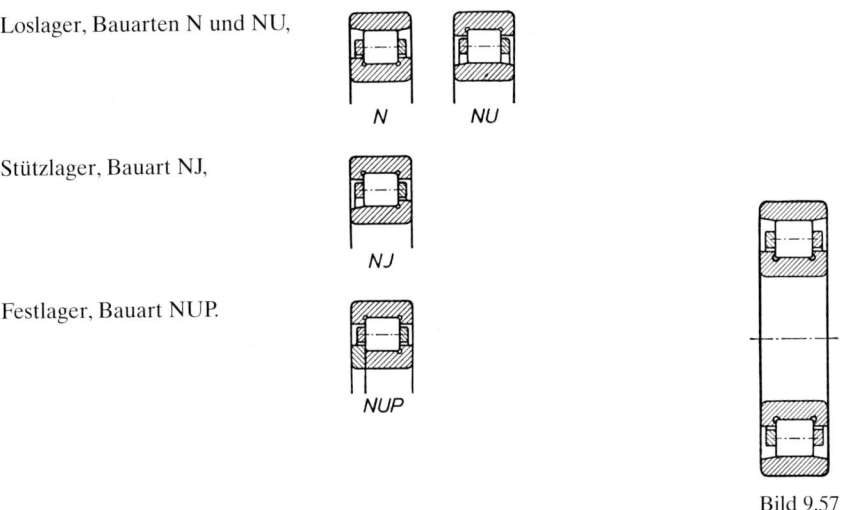

N   NU

NJ

NUP

Bild 9.57

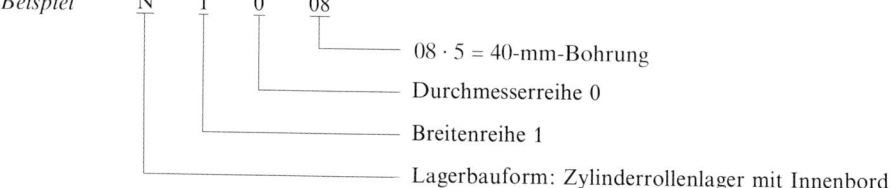

Beispiel N 1 0 08

08 · 5 = 40-mm-Bohrung
Durchmesserreihe 0
Breitenreihe 1
Lagerbauform: Zylinderrollenlager mit Innenbord

Anwendung im Kfz:

❐ Lagerung von Getriebewellen in Schaltgetrieben und Lkw-Verteilergetrieben,
❐ Ritzel in Ausgleichsgetriebe,
❐ Halslager an Ritzelwellen beim Lkw-Hinterachsantrieb mit Vorgelege,
❐ Kurbelwellenlager von Ein- und Zweizylinder-Dieselmotoren (Schleppermotoren),
❐ Pleuellager von Zweitaktmotoren.

9.17.6 Schulterkugellager (Bild 9.58)

Der Innenring ist der gleiche wie beim Rillenkugellager, der Außenring hat nur eine Schulter, ähnlich dem des Schrägkugellagers. Die Lager sind wie Schrägkugellager und Kegelrollenlager zerlegbar. Die Lager werden paarweise, spiegelbildlich zueinander eingebaut und mit geringem Spiel gegeneinander angestellt.

Beispiel E 17

 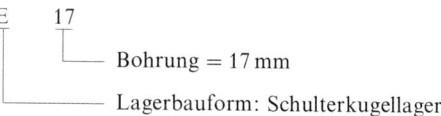

Bohrung = 17 mm
Lagerbauform: Schulterkugellager

Bild 9.58

Anwendung im Kfz:

❐ Nockenwellen von Dieseleinspritzpumpen,
❐ Kurbelwellen in kleinen Zweitaktmotoren,
❐ Lagerung von Generatorankern.

9.17.7 Nadellager (Bild 9.59)

Sie werden vorwiegend dort verwendet, wo nur geringe Durchmesser zur Lagerung vorhanden sind. Man unterscheidet käfiglose und Lager mit Käfig. Vielfach sind Nadellager ohne Innen- und

Außenring ausgeführt. Die Nadeln – mit oder ohne Käfig – laufen dann direkt auf der gehärteten Welle und im gehärteten Gehäuse.

Anwendung im Kfz:

❐ Lagerung der Getriebeantriebswelle in der Kurbelwelle,
❐ Lagerung der Getriebehauptwelle in der Antriebswelle,
❐ Lagerung der Gangräder (Losräder) auf der Getriebehauptwelle bei allen modernen Synchrongetrieben,
❐ wartungsfreie Lagerung von Lenkzapfen bei Lkws,
❐ Pleuel- und Kolbenbolzenlager bei Zweitaktmotoren,
❐ Lagerung der Kreuzgelenke in Hülsen.

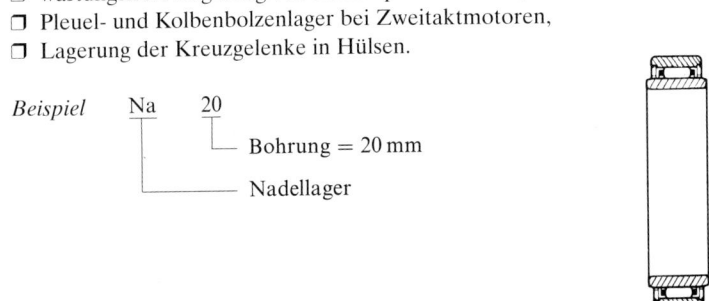

Beispiel

Na 20

└─ Bohrung = 20 mm
└───── Nadellager

Bild 9.59

9.17.8 **Vierpunktlager** (Bild 9.60)

Es erfüllt die gleichen Aufgaben wie das zweireihige Schrägkugellager. Der Hauptvorteil besteht in seiner geringen Breite im Vergleich zum zweireihigen Schrägkugellager. Jede Kugel berührt den Lageraußenring an zwei Punkten, an je einem Punkt die beiden Lagerinnenringe, daher der Name Vierpunktlager. Das Lager ist sowohl in axialer als auch in radialer Richtung hoch belastbar (siehe auch Abschnitt 9.17.10, «Angestellte Lagerung»).

Anwendung im Kraftfahrzeug:

❐ Lagerung des Trieblings in den Getrieben von Audi und Porsche.

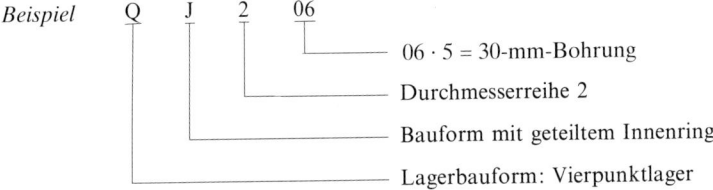

Beispiel

Q J 2 06

└──── 06 · 5 = 30-mm-Bohrung
└──── Durchmesserreihe 2
└──── Bauform mit geteiltem Innenring
└──── Lagerbauform: Vierpunktlager

Bild 9.60 Vierpunktlager mit geteiltem Innenring. Der Verlauf der Drucklinien entspricht der angestellten Lagerung in O-Anordnung.

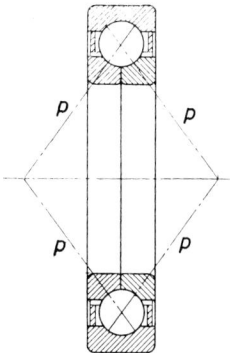

9.17.9 Lagereinheiten als Radlager in Personenkraftwagen (Bilder 9.61 und 9.62)

Sie sind in Form *zweireihiger Schrägkugellager* ausgeführt und werden immer mehr sowohl zur Lagerung der Vorderräder bei Frontantrieb als auch der einzeln aufgehängten Hinterräder bei Hinterradantrieb verwendet.

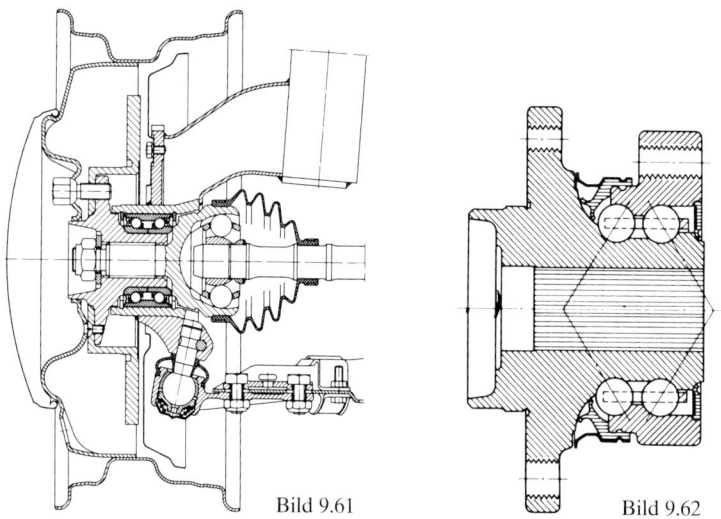

Bild 9.61   Bild 9.62

9.17.10 Besondere Hinweise für die Anwendung von Wälzlagern

Angestellte Lagerung
Hierunter versteht man allgemein die Lagerung einer Welle oder eines Hohlkörpers (z.B. Radnabe) in oder auf zwei spiegelbildlich eingebauten Schräglagern. Man unterscheidet O- oder X-Anordnung.

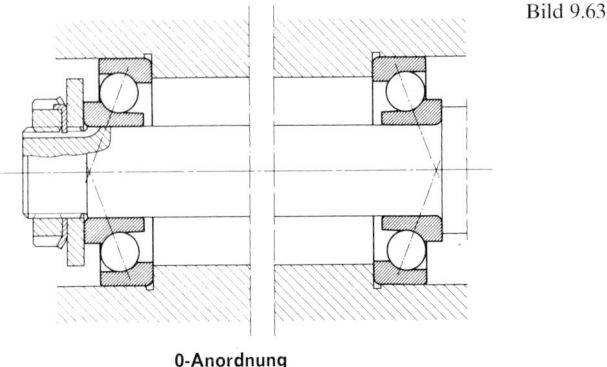

Bild 9.63

0-Anordnung

O-Anordnung (Bild 9.63): Der *Innenring* eines Lagers wird axial so weit verschoben, bis die geforderte Einstellung (Spiel oder Vorspannung) erreicht ist. Diesen Vorgang nennt man Anstellen.

X-Anordnung (Bild 9.64): Der *Außenring* eines Lagers wird axial so weit verschoben, bis die geforderte Einstellung (Spiel oder Vorspannung) erreicht ist.

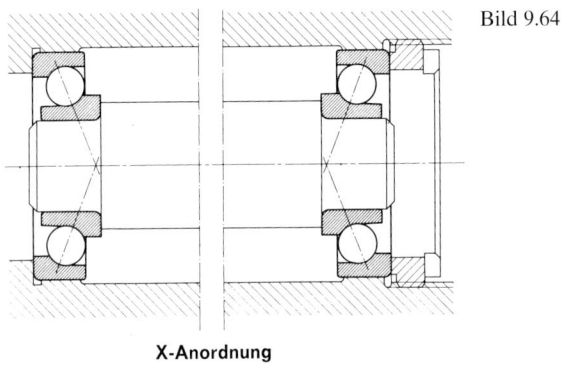

Bild 9.64

X-Anordnung

Die O-Anordnung wird bei der Lagerung von Vorderradnaben hinterradgetriebener Kfz und zur Lagerung des Kegelrades (Ritzel) im Ausgleichsgetriebe angewendet, die X-Anordnung zur Lagerung von Lenkspindeln oder -schnecken im Lenkgetriebe und zur Lagerung des Ausgleichskorbs im Ausgleichsgetriebe.

Festlager-Loslager-Anordnung
Bei dieser Lageranordnung (Bild 9.65) fixiert das Festlager die Welle axial nach beiden Seiten, im Loslager können sich die unterschiedlichen axialen Wärmedehnungen von Welle und Gehäuse ausgleichen. Auch mehrfach gelagerte Wellen erhalten *nur ein Festlager;* alle übrigen Lagerstellen sind als Loslager auszubilden.

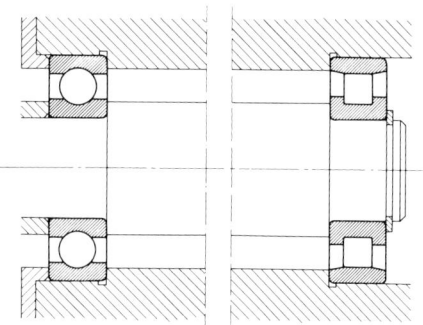

9.17.11   Besondere Ausführungen von Wälzlagern

Abdichtungen und Abdeckungen
Hierbei handelt es sich praktisch nur um Rillenkugellager, die mit Dichtscheiben versehen sind.

Beispiel
63 04–2RS
Nachsetzzeichen –2RS = Lager mit Dichtscheiben auf beiden Seiten

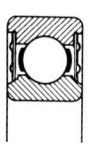

-2RS

Die Lager sind mit Dauerschmierung versehen. Das Lager mit dem Nachsetzzeichen –2RS wird dort eingesetzt, wo im Betrieb keine Schmierung erfolgt und staubfreie Abdichtung auf beiden Seiten gefordert wird.

Ringnut im Lageraußenring

Beispiel
Rillenkugellager 63 08 N mit Ringnut im Lageraußenring und zugehörigem Sprengring nach DIN 5417.

NR

Anwendungsbeispiel: Festlager zur Aufnahme der Axialkräfte (Schub- und Zugwechsel) von Getriebewellen: Antriebs- und Getriebehauptwelle.

Käfig
Zusatzzeichen für Käfige werden nur dann an das Lagerkurzzeichen angehängt, wenn ein anderer als der für den Lagertyp vorgesehene Käfig (laut Lagerkatalog) verwendet wird.

Massivkäfig

F   Käfig aus Stahl (oder Sondergußeisen)
FE Käfig aus Stahl, gebondert
L   Käfig aus Leichtmetall
M Käfig aus Messing
T   Käfig aus Kunststoff mit Gewebeeinlage (Phenoplaste)
TN Käfig aus Kunststoff (Polyamid)

Beispiel
62 06 M

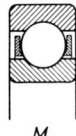

M

Rillenkugellager,
Durchmesserreihe 2,
Bohrung 30 mm mit
Messingmassivkäfig, auf den Kugeln geführt.

Lagerluft
Die Kennzeichnung der Lagerluft erfolgt durch den Buchstaben C in Verbindung mit einer Ziffer. Die Anwendung erstreckt sich praktisch nur auf Rillenkugellager.

C1 Lagerluft kleiner als C2   weniger Luft
C2 Lagerluft kleiner als normal
Normales Lager: 63 07 (Beispiel)
C3 Lagerluft größer als normal
C4 Lagerluft größer als C3
C5 Lagerluft größer als C4   mehr Luft

Anwendung im Kfz: C3, C4 und C5 = Lager bei hohen Drehzahlen und großen Temperaturen (z.B. Lagerung der Kurbelwellen von Zweitaktmotoren).

9.18   Gewindearten und ihre praktische Anwendung

Wickelt man ein rechtwinkliges Dreieck um einen Zylinder, so entsteht eine Schraubenlinie. Die größere der Katheten entspricht dem Umfang des Zylinders, die kleinere der Steigung. Die Hypothenuse ist die Abwicklung der Schraubenlinie. Die Schraubenlinie ist die Grundform eines jeden Gewindes (Bild 9.66).

9.18.1   Whitworth-Gewinde

(benannt nach dem Erfinder WHITWORTH)

Angegeben wird: Gewindeaußendurchmesser in Zoll.

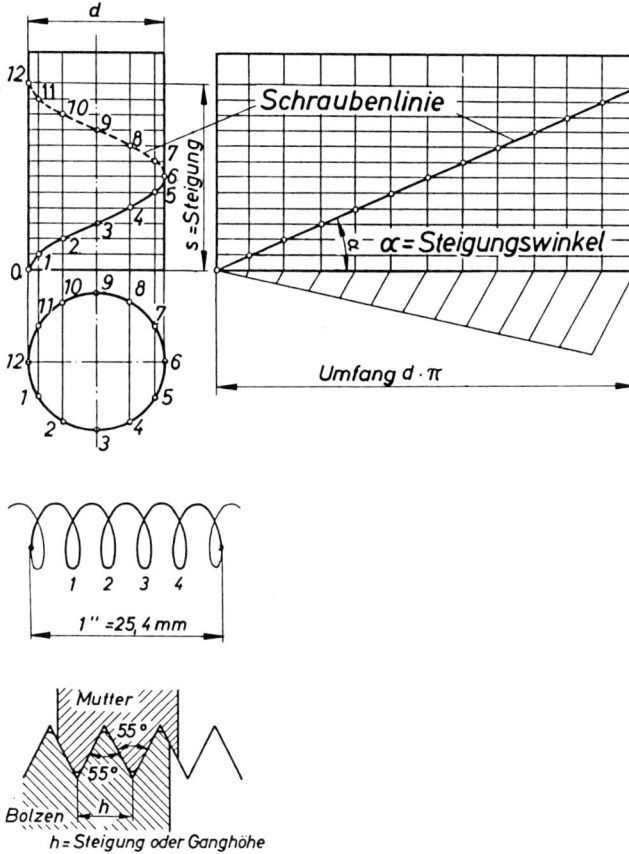

Bild 9.66 Schraubenlinie und Abwicklung

Beispiel:
2″ Steigung, entnommen aus der Tabelle: $4^1/_2$ Gang/″.
Das bedeutet: Auf eine Länge von 1″ = 25,4 mm kommen $4^1/_2$ Umdrehungen der Schraube. Der Flankenwinkel beträgt 55°.
Am Kfz wird das Gewinde kaum verwendet.

9.18.2   Whitworth-Feingewinde (W)

Flankenwinkel 55°

Angegeben: Gewindeaußendurchmesser in mm × Steigung in ″ (Bild 9.67).

Beispiel
W 84 × 1/6″. Das bedeutet: Außendurchmesser des Gewindes 84 mm, Steigung $^1/_6$″. Bei einer Umdrehung bewegt sich die Schraube oder Mutter um $^1/_6$″ (= 4,23 mm) weiter. Anwendung des Gewindes an englischen Fahrzeugen

Gewindearten und ihre praktische Anwendung **1049**

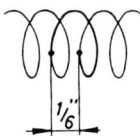

Bild 9.67   Whitworth-Feingewinde

9.18.3   Metrisches Gewinde (M)

Flankenwinkel 60°

Angegeben: Gewindeaußendurchmesser in mm (Bild 9.68).

Beispiel
M 10. Der Außendurchmesser beträgt 10 mm. Die Steigung, die beim metrischen Gewinde nicht mit angegeben wird, ist 1,5 mm. Eine Umdrehung der Schraube ergibt eine Bewegung in Längsrichtung von 1,5 mm.
Anwendungen an allen Kfz und anderen Industrieerzeugnissen der Länder mit metrischem System.

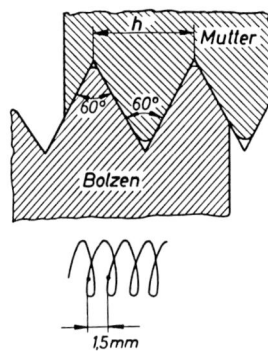

Bild 9.68   Metrisches Gewinde

9.18.4   Metrisches Feingewinde (M)

Flankenwinkel 60°

Angegeben: Gewindeaußendurchmesser in mm ◊ Steigung in mm.

Beispiel
M 10 × 1
Einige *Anwendungsbeispiele* am Kfz: Kugelbolzen an Spurstangengelenken, Pleuelschrauben, Schwungscheibenbefestigung, Kreuzgelenke an Kardanwellen, Tellerradbefestigung, Hydrauliknippel, Bremsleitungen.

9.18.5   Trapezgewinde (Tr)

Flankenwinkel 30° (Bild 9.69)

1050   *Werkstoffkunde*

Bild 9.69   Trapezgewinde

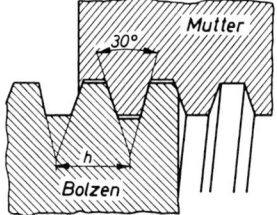

Angegeben: Gewindeaußendurchmesser in mm × Steigung in mm.

Beispiel
Tr 24 × 5
Anwendung: Lenkspindel in der ZF-Ross-Lenkung.
Als mehrgängige Spindel in der Spindelhydrolenkung; Spindel an Wagenhebern und schweren
Abziehvorrichtungen, Schraubstockspindeln und Leitspindeln an Drehmaschinen.

9.18.6   Sägengewinde (S)

Flankenwinkel 30° (Bild 9.70)

Angegeben: Gewindeaußendurchmesser in mm × Steigung in mm.
Wie aus dem Bild hervorgeht, sind die steilen Flanken des Bolzens wie die der Mutter nicht genau
senkrecht zur Bolzenachse, sondern um 3° geneigt. Trotzdem wird der Flankenwinkel des Gewindes mit 30° (an sich 33°) angegeben.

Beispiel
Selbsttätige stufenweise Bremsnachstellung.

9.18.7   Flachgewinde

Es wird in der Form eines Quadrats hergestellt. In der Regel sind Gewindegangweite, Gewindelückenbreite und Gewindetiefe gleich groß. Die Maße entsprechen dann einem Quadrat (Bild
9.71). Feststehende Tabellen für Flachgewinde gibt es nicht.
Anwendung: Spindeln an billigen und kleinen Schraubstöcken, Schraubzwingen, Bücherpressen
usw.

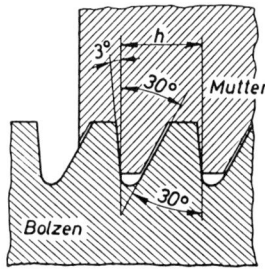

Bild 9.70   Sägen-
gewinde
h Ganghöhe,
Steigung

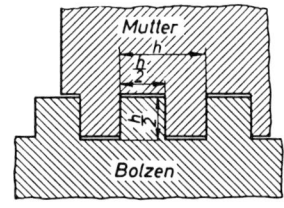

Bild 9.71 Flachgewinde
h Ganghöhe, Steigung

9.18.8   Edison-Gewinde (E)

Benannt nach dem Erfinder der ersten brauchbaren Glühlampen: THOMAS ALVA EDISON (1847 bis 1931).

Das Gewinde ist dem Rundgewinde ähnlich. Anwendung nur bei Glühlampen und Glimmröhren.

Beispiele
E 40 (Goliathfassung, für Lampen ab 500 W),
E 27 Normal-Edison: meistverwendete Glühlampen in Haushalt und Gewerbe,
E 14 Glühlampen in Leselampen, Rasierleuchten und Nachttischleuchten,
E 12 Glimmröhren (Betriebsanzeige),
E 10 Taschenlampenbirnen.
Die Zahl hinter dem E gibt den Außendurchmesser des Gewindes der Lampe (Birne) in mm an.

9.18.9   Fertigung von Schrauben und Muttern

Schrauben und Muttern, an die keine hohen Anforderungen gestellt werden, sind aus Automatenstahl gefertigt.

Schrauben mit Gütezeichen nach DIN 267/3 lassen auf dem Schraubenkopf außer dem Firmenzeichen des Herstellers auch Zugfestigkeit, Dehnung und Streckgrenze des verwendeten Werkstoffs erkennen.

Bemerkungen: Das Kennzeichen setzt sich aus zwei Kennzahlen zusammen, z.B. 8.8. Die erste 8 besagt: 80 daN/mm^2 Mindestzugfestigkeit; die zweite 8 bedeutet, daß die Streckgrenze mindestens 64 daN/mm^2 und die Dehnung mindestens 12% betragen muß.

Bei Muttern hoher Festigkeit sind die Gütezeichen eingeschlagen. Bild 9.72 zeigt als Beispiel eine Sechskantmutter M 12 × 1,5 DIN 934-8.

 Bild 9.72   Sechskantmutter hoher Festigkeit mit eingeschlagenem Gütezeichen (M 12 × 1,5, DIN 934-8)

In Tabelle 9.7 sind einige Festigkeitseigenschaften für Schrauben und Muttern aufgeführt.

Schraubenfertigung
Schrauben geringer Festigkeit werden aus dem Vollen gefertigt. Die Gewinde werden geschnitten, der Faserlauf ist unterbrochen (Bild 9.73).

Schrauben mit Gütezeichen nach DIN 267 werden meist aus Rundstahl hergestellt, dessen Durchmesser dem Nennmaß der Schraube entspricht. Die Schraubenköpfe werden angestaucht, die Gewinde gerollt oder gewalzt. Der Faserlauf im Werkstoff wird nicht unterbrochen, wodurch bei gleichem Werkstoff bessere Festigkeitseigenschaften erzielt werden (Bild 9.74).

Gewindefertigung
Schneideisen, die in Schneideisenhaltern eingespannt werden, ermöglichen das Schneiden von Schraubengewinden bis 30 mm Durchmesser bzw. 4 mm Steigung. Geschlitzte Schneideisen sind

Tabelle 9.7 Festigkeitseigenschaften für Schrauben und Muttern (Auszug aus DIN 267/3)

	Festigkeitseigenschaften											
	meist unlegiert										legiert	
Kennzahl für Zugfestigkeit	4				5			6		8	10	12
Streckgrenze σ_S daN/mm^2	20	21	21	32	28	45	40	36	48	64	90	108
Zugfestigkeit σ_B daN/mm^2	34		37		50			60		80	100	120
Dehnung δ_5 — hoch	30	25	—	—	22	—	—	18	—	12	8	8
Dehnung δ_5 — niedrig	—	—	—	14	—	14	10	—	8	—	—	—
Kennzeichen [1] — bisher	4 A	4 D	4 P	4 S	5 D	5 R	5 S	6 E	6 S	8 G	10 K	12 K
Kennzeichen [1] — neu	3.6	4.6		4.8	5.6	5.8		6.8		8.8	10.9	12.9
Brinellhärte mind daN/mm^2	95				105			140	170	230	285	340

[1] Die handelsüblichen Marken für Schrauben sind durch Striche oben links, für Muttern unten rechts gekennzeichnet.

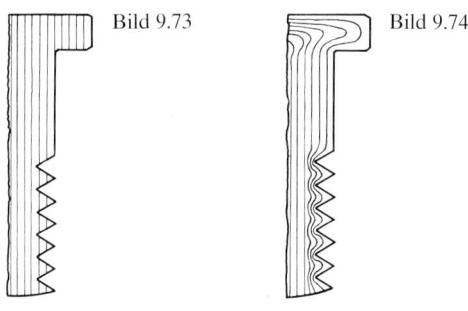

Bild 9.73   Bild 9.74

nachstellbar und ermöglichen den Ausgleich bei Verschleiß. Bei Stahlschrauben sollte man zum Gewindeschneiden Maschinenöl, bei Stählen höherer Festigkeit Rüböl oder Bohröl als Kühl- und Schmiermittel verwenden.

Schneidkluppen ermöglichen das Schneiden von Gewinden auch größerer Durchmesser und Steigungen. Da die Schneidbacken verstellt werden können, muß das volle Gewinde nicht wie beim Schneideisen in einem Arbeitsgang geschnitten werden.

Gewindedrehen erfolgt meist an Bauteilen oder bei anomalen Steigungen, für die keine Schneideisen oder Kluppen vorhanden sind. Die Steigung entsteht durch Einsetzen oder Einschalten von Wechselrädern zwischen Drehspindel und Leitspindel der Drehmaschine, deren Zähnezahlen dem Verhältnis der Steigungen von zu drehendem Gewinde und Leitspindelgewinde entsprechen müssen. Beim Gewindedrehen mit Drehmeißel sind meist mehrere Durchgänge erforderlich. Dabei schneidet man zweckmäßigerweise bei jedem Durchgang eine andere Flanke des Gewindes.

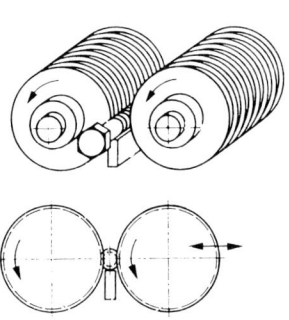

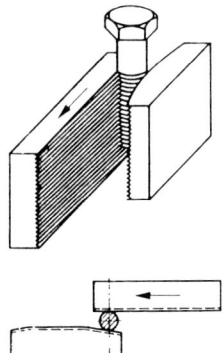

Bild 9.75   Rollen und Rundwalzen von Gewinden, schematisch dargestellt

Bild 9.76   Walzen von Gewinden in schematischer Darstellung

Gewinderollen wendet man bei hochwertigen Schrauben bzw. Gewinden an. Beim Gewinderol-
len wird das Rundmaterial zwischen zwei drehenden zylindrischen Rollen mit entsprechender
Gewindesteigung gedreht. Dabei wird der Schraubenwerkstoff der Gänge nach außen gequetscht
(Bild 9.75).

Gewindewalzen geschieht in ähnlicher Weise wie das Gewinderollen, nur wird hier der Schrau-
benrohling zwischen zwei Flachbacken gewalzt, von denen einer leicht gewölbt ist (Bild 9.76).

Gerollte oder gewalzte Schrauben haben ein kaltverfestigtes Gewinde von hoher Festigkeit,
Genauigkeit und Oberflächengüte. Für beide Fertigungsarten muß der Bolzen um ein vorbe-
stimmtes Maß dünner ausgeführt werden, weil durch die Fertigung Werkstoff nach außen
gequetscht wird.

Gewindebohren ist die bekannteste Möglichkeit zum Herstellen von Innengewinden. Beim
Gewindebohren von Hand wird die Schnittfolge meist auf drei Gewindebohrer verteilt, die mit
dem Wendeisen nacheinander eingedreht werden. Einschnittgewindebohrer werden in Gewinde-
bohrautomaten verwendet zur Bearbeitung von Werkstoffen geringerer Festigkeit. Derartige Einschnittgewindebohrer sollte man bei Sacklöchern nicht verwenden, da sie beim Anlaufen leicht
abbrechen. Auch beim Gewindebohren sind je nach Stahl als Kühl- und Schmiermittel Maschinenöl, Bohröl und Rüböl zu verwenden.

Mutternfertigung

Kleinere Muttern werden kalt oder warm um einen Gewindedorn gepreßt, der anschließend her-
ausgedreht wird. Dann werden die Flanken geglättet und ggf. das Gütezeichen aufgeschlagen.
Große Muttern werden von Sechskantstangenmaterial auf Länge abgeschnitten, gebohrt und das
Gewinde eingerollt oder eingeschnitten.

9.18.10   Umgang mit Schrauben

Richtwerte für Anzugsdrehmomente von Schrauben sind in Tabelle 9.8 angegeben.

Liegen Angaben für die Anzugsdrehmomente vom Kfz-Hersteller vor, sind diese zu verwenden. Wichtig ist beim Anziehen von Schraubverbindungen, ob und welche Schmiermittel verwen-

Tabelle 9.8   Auszugsdrehmomente für Schrauben und Muttern
(Güteklassenbezeichnung nach DIN 267/3)

Anzugs- drehmoment	5.8	6.9	8.8	10.9	12.9
	Nm	Nm	Nm	Nm	Nm
M 5	2	4	6	8	10
M 6	7	9	10	13,5	16
M 7	11	15	16	22	26
M 8	17	23	25	35	40
M 10	33	45	46	65	80
M 12	56	70	80	110	140
M 14	90	110	130	175	220
M 16	135	170	200	260	310
M 18	188	250	260	370	440
M 20	260	350	370	520	620

det werden sollen. Die Kfz-Hersteller geben z.B. an, ob die Gewinde mit Öl oder Fett geschmiert oder ob sie trocken eingeschraubt werden sollen. Die Schmiermittel beeinflussen die Gewindereibung beträchtlich, vor allem die Anwendung von hoch druckfesten Schmiermitteln auf der Basis von Molybdändisulfid!

Drehmomentschlüssel sollen nur zum *Anziehen* von Schrauben und Muttern, jedoch *nicht zum Lösen* von Schraubverbindungen verwendet werden.

Beim Import-Kfz aus angelsächsischen Ländern werden die Anzugsdrehmomente meist in poundforce foot (lbf.ft.) angegeben. Um mit den vorhandenen Drehmomentschlüsseln alle Schraubverbindungen den Herstellerangaben entsprechend richtig anzuziehen, ist folgende Beziehung zu beachten:

$$1 \text{ kpm} = 9,81 \text{ Nm} = 7,25 \text{ lbf.ft.}$$

Da der Unterschied zwischen 1 kpm und 10 Nm nur rund 2% beträgt, wird in der Praxis 1 kpm = 10 Nm gesetzt.

Wissenswertes über Schrauben und Muttern

Inbus-Schraube: Innensechskantschraube der Firma Bauer und Schaurte in Neuss am Rhein, hergestellt aus einem Dreikomponentenstahl (Chrom-Nickel-Molybdän-Legierung). Es bedeutet: *In* = Innensechskantschraube, *bus* = Bauer und Schaurte.

Verbus-Schraube: *Ver* = Vergütete Schraube, *bus* = Bauer und Schaurte. Allgemein entspricht die Festigkeit einer Schraube ihrem Kerndurchmesser. Bei der formelastischen Schraube (Dehnschraube) wird der Dehnschaft normalerweise mit 90% des Kerndurchmessers ausgeführt. Durch den Dehnschaft wird die Elastizität der Schraube vergrößert, wodurch bei vorgespannten Verbindungen der auf die Schraube entfallende Anteil der Betriebslast verringert wird. Dehnschrauben werden mit einem oder mehreren Führungszylindern versehen, wenn sie gleichzeitig zur Zentrierung herangezogen werden (zum Beispiel Pleuel- und Hauptlagerschrauben, Bild 9.77). An Kraftfahrzeugen werden vorwiegend Schrauben der Güteklasse 8.8 und 10.9 verwendet.

0,9 Kerndurchmesser   Führungszylinder   Bild 9.77   Dehnschraube mit Führungszylinder

Beim Lösen von 10.9-Schraubverbindungen Werkvorschriften beachten, vielfach dürfen gebrauchte Schrauben für den Zusammenbau nicht wiederverwendet werden!

10   Kraft- und Schmierstoffe

10.1   Grundlagen

10.1.1   Entstehung des Erdöls

Erdöl ist aus großen Mengen mariner Kleinstlebewesen, vor allem Algen, in den Urmeeren entstanden. Nach ihrem Absterben sanken sie zu Boden und verwesten. Unter Ausschluß von Sauerstoff bildete sich zusammen mit Gesteinsresten ein Faulschlamm. In dem sogenannten Muttergestein entstanden vor 100 bis 400 Millionen Jahren unter hohem Druck und hoher Temperatur Erdöl und Erdgas. Die im Muttergestein entstandenen flüssigen und gasförmigen Kohlenwasserstoffe wurden durch hohen Druck verdrängt und wanderten im Laufe von Jahrmillionen in feinporige Schichten, das Speichergestein. Es kann wie ein Schwamm betrachtet werden, der neben dem Erdöl auch noch Erdgas und Wasser enthält. Bei der Förderung werden die zwei Arten Eruptivförderung und die Pumpförderung unterschieden.

Eruptivförderung: Steht die Lagerstätte unter hohem Erdgasdruck, schießt das Erdöl beim Anbohren nach oben.

Pumpförderung: Herrscht kein Lagerstättendruck vor, werden Tiefpumpen eingebaut, die das Öl hochpumpen.
Bedingt durch das feinporige Speichergestein, ist es nur möglich, ca. 50% des Erdöls einer Lagerstätte zu gewinnen. Je nach Lagerstätte und Fundort hat das Erdöl eine unterschiedliche Zusammensetzung.

Erdöl ist eine braungrüne bis braunschwarze Flüssigkeit, die aus ca. 85% Kohlenstoff (C) und ca. 12% Wasserstoff (H) besteht. Je nach Sorte enthält Erdöl noch 1 bis 3% Schwefel. Das Kohlenstoffatom hat vier freie Fangarme (Bild 10.1), und das Wasserstoffatom hat einen freien Fangarm (Bild 10.2); man nennt dies *Wertigkeit*. Das Besondere an diesen Verbindungen ist, daß sich beliebig viele Kohlenstoff- und Wasserstoffatome zu unterschiedlich großen Kohlenwasserstoffverbindungen, genannt *Moleküle*, verbinden können.

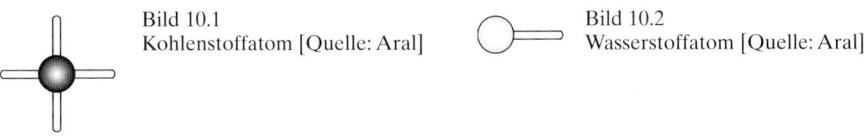

Bild 10.1
Kohlenstoffatom [Quelle: Aral]

Bild 10.2
Wasserstoffatom [Quelle: Aral]

Grundsätzlich unterscheidet man vier Arten von Kohlenwasserstoffverbindungen:

- ❐ **Paraffine** – kettenförmig gesättigte Kohlenwasserstoffe (Bild 10.3),
- ❐ **Naphthene** – ringförmig gesättigte Kohlenwasserstoffe (Bild 10.4),
- ❐ **Olefine** – kettenförmig ungesättigte Kohlenwasserstoffe (Bild 10.5),
- ❐ **Aromaten** – ringförmig ungesättigte Kohlenwasserstoffe (Bild 10.6).

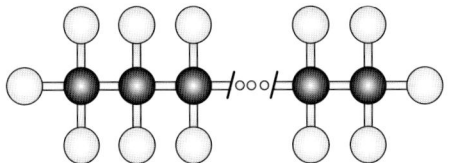

Bild 10.3 Kettenförmiges, gesättigtes Kohlen-
wasserstoffmolekül [Quelle: Aral]

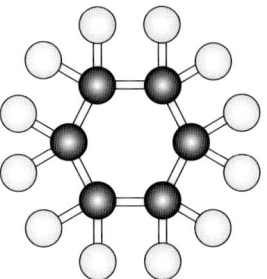

Bild 10.4 Ringförmiges, gesättigtes Kohlenwas-
serstoffmolekül [Quelle: Aral]

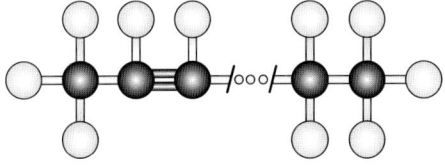

Bild 10.5 Kettenförmiges, ungesättigtes Kohlen-
wasserstoffmolekül [Quelle: Aral]

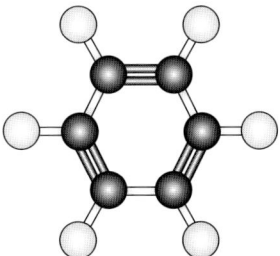

Bild 10.6 Ringförmiges, ungesättigtes Kohlen-
wasserstoffmolekül [Quelle: Aral]

Für Schmierstoffe sind gesättigte, reaktionsträge Verbindungen (Paraffine) erwünscht, da nur diese die nötige Alterungsstabilität besitzen und damit auch die heute üblichen langen Öl-wechselintervalle ohne gravierende Ölveränderung erlauben. Wird zusätzlich noch auf gutes Kälteverhalten Wert gelegt, so kommen Isoparaffine und Naphthene zum Einsatz. Die Molekül-größe ist bestimmend für das Verdampfungsverhalten (siehe Abschnitt 10.1.4) der Kohlenwasser-stoffe. Je kleiner die Moleküle, um so niedriger liegt die Siedetemperatur und umgekehrt (Tabelle 10.1).

Tabelle 10.1 Kenndaten verschiedener Kohlenwasserstoffe

Molekülgröße	Siedebereich °C	Flammpunkt °C
C 1 bis C 4 = Gase	–150 bis 0	bis –100
C 5 bis C 12 = Benzine	30 bis 200	bis – 50
C 10 bis C 22 = Heizöl/Diesel	180 bis 360	58 bis 65
C 20 bis C 35 = Schmierstoffe	210 bis 600	100–260
über C 35 = Vakuumrückstand		

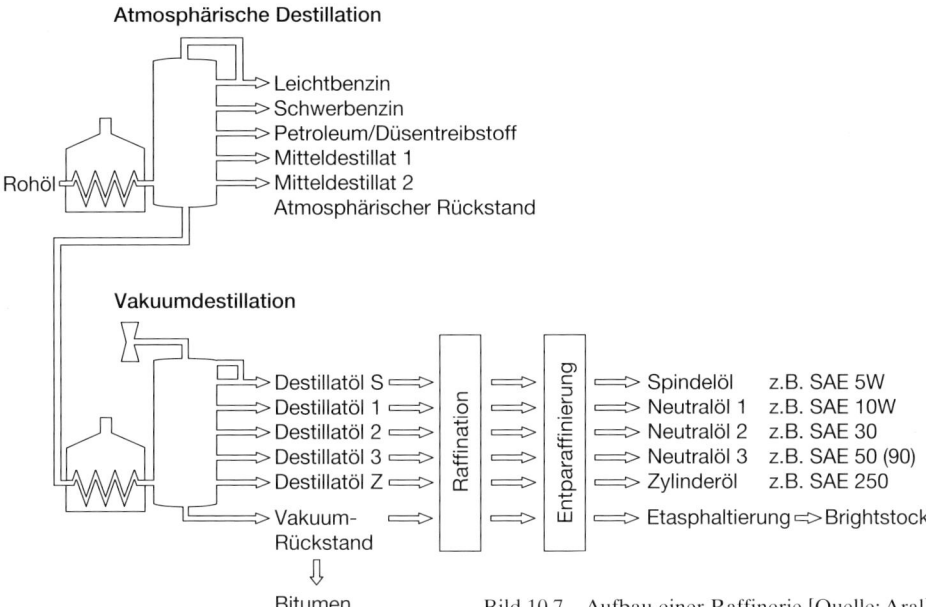

Bild 10.7   Aufbau einer Raffinerie [Quelle: Aral]

10.1.2   Verarbeitung des Erdöls

Die Verarbeitung des Rohöls zu Kraftstoffen und Schmierstoffen wird in Raffinerien (Bild 10.7) durchgeführt. In jeder Raffinerie gibt es drei Hauptprozeßgruppen: Trennen (Destillation), Umwandeln (Raffination) und Nachbehandeln.

Atmosphärische Destillation
Der wichtigste Verarbeitungsprozeß in der Raffinerie ist die Destillation. Dabei wird das Rohöl unter atmosphärischem Druck im Röhrenofen auf ca. 300 °C erhitzt und steigt als Dampfgemisch im Destillationsturm (Fraktionierturm) auf. Da die Temperatur nach oben hin abnimmt, verflüssigt sich ein Teil des Gemisches – je nach Siedelage – und schlägt sich auf den *Glockenböden* nieder. Die einzelnen Fraktionen werden seitlich abgezogen.

Vakuumdestillation
Einsatzprodukt ist der Rückstand aus der atmosphärischen Destillation. Durch Senkung des Drucks um 0,05 bar (50 mbar) wird die Siedetemperatur des Rückstandes um ca. 100 °C herabgesetzt. Nun kann – genau wie in der atmosphärischen Destillation – ein Trennen des hochsiedenden Rückstandes nach Viskositäten (Molekülgrößen) durch Erhitzen, Verdampfen und anschließendes Kondensieren bei unterschiedlichen Temperaturen stattfinden. Dadurch kann der Rückstand ohne Anfall von Crackprodukten zu Schmierölfraktionen destilliert werden.

Raffination
Nach der Destillation erfolgt die Raffination. In der Raffination werden unerwünschte Bestandteile der Vakuumdestillation entfernt oder umgeformt, die Alterungsstabilität erhöht, der Visko-

sitätsindex (siehe Abschnitt 10.1.4) und der Stockpunkt (siehe in Abschnitt 10.1.4 «Pourpoint»)
eingestellt.

Entparaffinierung

Naphthene und Isoparaffine haben niedrige Stockpunkte, Normalparaffine dagegen neigen schon
bei relativ hoher Temperatur zum Auskristallisieren. Es wird der Stockpunkt durch Ausscheiden
von Normalparaffinen mit Lösungsmitteln herabgesetzt.

Cracken

nennt man das Spalten (Aufbrechen) von schwersiedenden (langkettigen) Kohlenwasserstoffmo-
lekülen unter Druck und hoher Temperatur (ca. 500 °C) in kurzkettige (leichtsiedende) Kohlenwasserstoffe (z.B. Benzine und Gase; Tabelle 10.2).

Tabelle 10.2   Ablaufschema des Raffinerieprozesses

Erdöl
↓
Destillation
↓
Vakuumdestillation
↓
Raffination
↓
Entparaffinierung
↓
Raffinat oder Grundöl

10.1.3   Grundbegriffe der Schmierstofftechnik

Viskosität ist die Eigenschaft einer Flüssigkeit, ihrer Verformung einen Widerstand entgegenzu-
setzen. Die Viskosität ist ein Maß für die Zähigkeit des Motoröls. Bei dünnflüssigem Öl (niedrige
Viskosität) ist der Verformungswiderstand gering (Leichtlaufeffekt), bei zähflüssigem Öl (hohe
Viskosität) ist der Verformungswiderstand groß. Die Tragfähigkeit des Schmierfilms ist allerdings
bei höherer Viskosität besser als bei niedriger. Die Viskosität ist auch eine temperaturabhängige
Größe. Ein kaltes Öl ist zähflüssiger als ein warmes Öl. Die Größe der Viskositätsänderung bei
Temperaturänderung ist von Öl zu Öl unterschiedlich und wird durch den Viskositätsindex (VI)
beschrieben.

Viskositätsindex (Bild 10.8): Für die Praxis geeignet ist ein Öl, das bei Temperaturänderungen
seine Viskosität möglichst wenig ändert. Hierdurch wird sowohl ein ausreichender Kaltstart als
auch ein ausreichendes Tragevermögen des Schmierfilms bei hohen Öltemperaturen gewährleistet. Er wird durch Viskositätsindex-Verbesserer (VI) eingestellt.

Schergefälle: Viskositäten verändern sich unter mechanischer Beanspruchung. Besonders lang-
kettige VI-Verbesserer werden zwischen den Gleitpaarungen zerrissen. Ein Absinken der

Bild 10.8   Viskositäts-Temperatur-Verhalten
[Quelle: Aral]

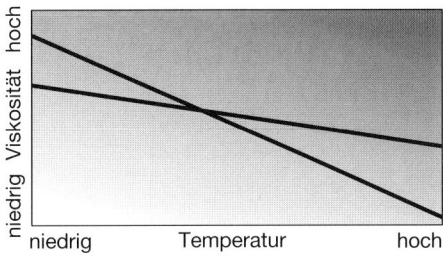

Hochtemperaturviskosität (HTHS = **H**igh **T**emperature **H**igh **S**hear) ist die Folge. Durch Festlegung der ACEA (siehe Abschnitt 10.2.2.3) von Grenzwerten für HTHS soll erreicht werden, daß Mehrbereichsöle (siehe Abschnitt 10.2.2.1) mit VI-Verbesserern auch bei hohen Öltemperaturen und hohem Schergefälle (hoher Drehzahl) die nötige Schmiersicherheit bieten.

Grenzpumptemperatur: Auch bei sehr tiefen Temperaturen muß das Öl noch pumpbar sein; die Ölpumpe muß es ansaugen und fördern können. Deshalb muß genügend Öl aus der Ölwanne zur Ölpumpe nachfließen können; dabei darf keine Luft angesaugt werden. Ist dies der Fall, kann es zu Mangelschmierung kommen. Die Grenzpumptemperatur ist die Temperatur, bei der das Öl gerade noch von selbst zufließt.

Pourpoint: Das Kälteverhalten von Schmierölen wird mit dem Pourpoint (Stockpunkt) beschrieben. Es ist die Temperatur, bei der das Öl gerade noch fließt.

Verdampfungsverlust: Diese Kenngröße läßt Rückschlüsse auf das Verdampfungsverhalten des Öls im heißen Motor zu. So hat ein dünnflüssiges SAE 10-W-Öl, bedingt durch seine geringe Molekülgröße und damit niedrigerer Siedetemperatur, bei hohen Temperaturen einen wesentlich höheren Verdampfungsverlust als ein SAE-50-W-Öl aus wesentlich größeren Molekülen.

Flammpunkt: Der Flammpunkt kennzeichnet die niedrigste Temperatur, bei der sich an der Oberfläche ein durch Fremdzündung entflammbares Gemisch aus Öldampf und Luft bildet. Er beschreibt, welcher Gefahrklasse ein Produkt zuzuordnen ist (siehe Abschnitt 10.9).

Reibung, Verschleiß, Schmierung: In der Technik versteht man unter Schmierung die Anwendung eines Schmierstoffs zur Herabsetzung der Reibung sowie Verminderung oder Vermeidung des Verschleißes.

Trockenreibung (Bild 10.9): Hierbei reiben die Metalloberflächen ohne Schmierfilm direkt aufeinander; Reibungswiderstand und Verschleiß sind hoch.

Mischreibung (Bild 10.10): Zwischen den Metalloberflächen ist kein zusammenhängender Schmierfilm vorhanden, einzelne Rauhigkeitsspitzen können sich berühren. Dieser Zustand wird in Gleitlagern immer beim Anfahren und Auslaufen durchfahren.

Flüssigkeitsreibung (Vollschmierung) (Bild 10.11): Beide Metalloberflächen werden durch einen Schmierfilm vollständig getrennt, die Reibung ist nur noch gering, der Verschleiß ist gleich Null. Die Anwendung erfolgt im Gleitlager, es entsteht ein hydrodynamischer Schmierschichtdruck von über 1000 bar.

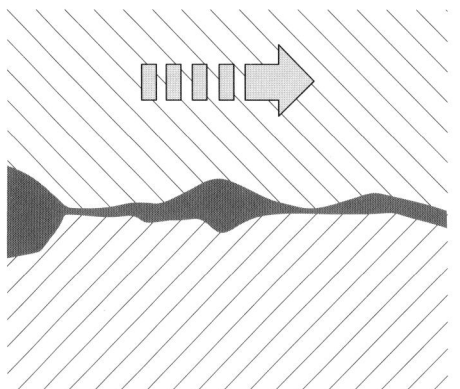

Bild 10.9 Trockenreibung [Quelle: Aral]

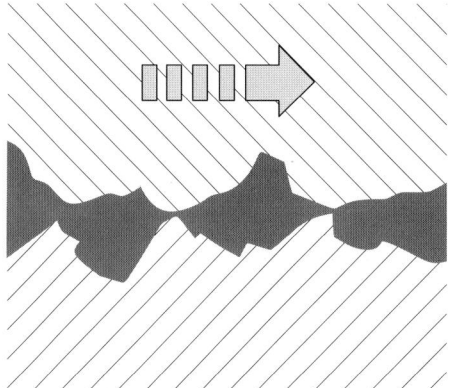

Bild 10.10 Mischreibung [Quelle: Aral]

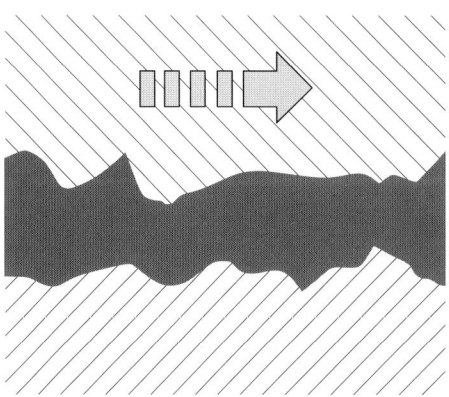

Bild 10.11 Flüssigkeitsreibung [Quelle: Aral]

10.2 Schmierstoffe

10.2.1 Aufgaben der Motoröle

Einsatzprodukt der Schmierstoffe sind die Mitteldestillate der Vakuumdestillation. Die Hauptaufgaben der Motoröle sind:

- Schmieren,
- Kräfte übertragen,
- Kühlen,
- Abdichten,
- Motor sauberhalten,
- Alterungs-, Korrosions-, Verschleißschutz bieten.

10.2.2 Einteilung der Motoröle

Für die Auswahl, den Einsatz und die Lebensdauer von Motorölen sind grundsätzlich zwei Kriterien zu beachten:

- Motoröl-Viskosität und
- Motoröl-Qualität.

Die Auswahl der richtigen Motoröl-Viskosität richtet sich maßgeblich nach dem Fließen beim Kaltstart und tiefen Temperaturen und den Fahrten bei hoher Last mit hohen Motoröltemperaturen, wo das Motoröl nicht zu dünnflüssig sein darf, da sonst die Tragfähigkeit des Schmierfilms gefährdet ist. Motor- und Kfz-Getriebeöle werden nach ihrer Viskosität in SAE-Viskositätsklassen eingeteilt.

10.2.3 SAE-Viskositätsklassen

SAE ist die Abkürzung für «Society of Automotive Engineers», der Vereinigung der amerikanischen Automobilindustrie. Motoren und Getriebeöle werden heutzutage vorwiegend als Mehrbereichsöle angeboten. Unterscheidungsmerkmale innerhalb der einzelnen Klassen sind das Fließverhalten bei tiefen und bei hohen Öltemperaturen. Die Bezugstemperaturen liegen im kalten Zustand – abhängig von der SAE-Klasse – bei –5 °C bis –30 °C (Bild 10.12). Die Bezugstemperatur im heißen Zustand ist 100 °C, obwohl im Motor wesentlich höhere Öltemperaturen auftreten können. SAE-Klassen, deren Grenzwerte sowohl bei tiefen Temperaturen als auch bei 100 °C festgelegt sind, tragen zusätzlich zum unteren Zahlenwert den Buchstaben «W» (wie Winter). Sie bezeichnet man als *Mehrbereichsöle*. Je kleiner die Zahl vor dem «W», desto fließfähiger ist das Öl in der Kälte; je höher die Zahl ohne «W», desto belastbarer ist der Schmierfilm bei hohen Temperaturen. Die Herstellung der Schmieröle und die Einstellung der gewünschten Viskositätsklasse erfolgt durch Mischen verschiedener Grundöle. Ein 0W30-Öl hat ein sehr gutes Niedrigtemperaturverhalten und bietet eine Viskosität bei hohen Temperaturen wie ein SAE 30. Öle mit gutem Kältefließverhalten werden als Leichtlauföle bezeichnet.

SAE-Viskositätsklassen der Motoröle Auszug DIN 51 511				
SAE- Viskositätsklasse	Maximale scheinbare Viskosität in mPa s bei Temperatur °C	Maximale Grenzpumptemperatur °C	Kinematische Viskosität bei 100 °C mm²/s min	max
0 W	3250 bei –30	–35	3,8	
5 W	3500 bei –25	–30	3,8	
10 W	3500 bei –20	–25	4,1	
15 W	3500 bei –15	–20	5,6	
20 W	4500 bei –10	–15	5,6	
25 W	6000 bei –5	–10	9,3	
20	–	–	5,6	unter 9,3
30	–	–	9,3	unter 12,5
40	–	–	12,5	unter 16,3
50	–	–	16,3	unter 21,9

Bild 10.12   SAE-Viskositätsklassen der Motoröle [Quelle: Aral]

10.2.4   Leistungsklassen für Motoröle

10.2.4.1   API-Klassifikationen

Die Anforderungen an Motoröle werden durch die SAE-Klassen nur unzureichend beschrieben, deshalb hat man bereits in den vergangenen Jahrzehnten motorische und mechanische Tests entwickelt, mit deren Hilfe die Leistungsanforderungen an die Motorölqualität unter praxisnahen Bedingungen geprüft werden können. Die API-Klassifikationen teilen die Motoröle in Leistungs- oder Qualitätsklassen ein. API steht für American Petroleum Institute.
Man unterscheidet die API-Klassen in:

❒ **S-Klassen-Öle** für Ottomotoren (Bild 10.13),
❒ **C-Klassen-Öle** für Dieselmotoren (Bild 10.14).

Innerhalb der S- und C-Klassen werden die verschiedenen Motorölqualitäten durch unterschiedliche Buchstaben beschrieben.

10.2.4.2   ACEA-Spezifikation

Die Vereinigung der europäischen Automobilkonstrukteure (ACEA steht für **A**ssociation des **C**onstructeurs **E**uropéens d'**A**utomobiles) berücksichtigt insbesondere die europäische Motorentechnologie und ersetzt die bis 1996 gültige CCMC-Spezifikation.
Es werden 3 Klassen unterschieden:

❒ **A-Klassen-Öle** für Ottomotoren,
❒ **B-Klassen-Öle** für Pkw-Dieselmotoren,
❒ **E-Klassen-Öle** für Nfz-Dieselmotoren.

API-Klassifikation, primär für OTTO-Motoren:

SA – Regular-Motoröle evtl. mit Pourdepressant und/oder Antischaummittel
SB – Motoröl für niedrig beanspruchte OTTO-Motoren mit Wirkstoffen gegen Alterung, Korrosion
und Verschleiß
SC – Motoröl für mittelbelastete OTTO-Motoren wie SB plus Wirkstoffen gegen Verkokung
SD – Motoröl für schwere Betriebsbedingungen bei OTTO-Motoren (von 1968 bis 1971)
SE – Motoröl für sehr hohe Anforderungen bei OTTO-Motoren (71/72)
SF – Motoröl für sehr hohe Anforderungen bei OTTO-Motoren SE mit verbessertem Verschleißschutz
und Schlammtragevermögen
SG – Motoröl für höchste Anforderungen SF plus Schutz gegen (Schwarz-)Schlammbildung
SH – Motoröl für höchste Anforderungen (ab 1993) SG plus zusätzlich Anforderungen HTHS[*] und
Verdampfungsverlust   *) High Temperature High Shear

Bild 10.13   API-Klassifikation für Ottomotoren [Quelle: Esso]

API-Klassifikation, primär für Dieselmotoren:

CA   – Motoröl für leicht beanspruchte Dieselmotoren
CB   – Motoröl für mittelschwer belastete Dieselmotoren
CC   – Motoröl für schwer belastete Dieselmotoren
CD   – Motoröl für schwerste Betriebsbedingungen bei Dieselmotoren mit und ohne Aufladung
CE   – Motoröl für aufgeladene Dieselmotoren unter schwersten Betriebsbedingungen
CF–4 – Motoröl für modernste US-amerikanische (4-Takt-)Dieselmotoren ab 1991
CF–2 – Motoröl für modernste US-amerikanische (2-Takt-)Dieselmotoren
CG   – Ersatz für CF–4 plus Berücksichtigung der neuesten Emissionsbegrenzung
(noch nicht eingeführt)

Bild 10.14   API-Klassifikation für Dieselmotoren [Quelle: Aral]

Die unterschiedlichen Kategorien der ACEA-Leistungsklassen beschreiben die Anforderungen an die modernen Motoröle.

A 2–96: Die Anforderungen in dieser Spezifikation für Ottomotoren berücksichtigen eine Kombination aus den aktuellsten Tests der API-Klassifikationen für Ottomotoren und den neuesten europäischen Motortests. Insbesondere werden erhöhte Oxidationsstabilität (Sauerstoffaufnahme), die Verhinderung von Schlammbildung in Ottomotoren und erhöhter Verschleißschutz gefordert.

A 3–96: Diese Spezifikation berücksichtigt höhere Anforderungen in der Oxidationsstabilität und im Schlammtragevermögen.

A 1–96: In dieser Klasse ist eine neue Spezifikation speziell für Leichtlauf-Motoröle entstanden mit verschärften Anforderungen an die Scherstabilität und den Verdampfungsverlust, der in hochbelasteten kleinvolumigen Motoren europäischer Bauart unter europäischen Fahrbedingungen eine Kenngröße für den viskositätsabhängigen Ölverbrauch ist.

B 2–96: Diese Leistungsklasse wurde speziell für die kleinen schnellaufenden Dieselmotoren europäischer Bauart in Pkw, die hohe Anforderungen an die Motorölqualität und insbesondere in bezug auf die Kolbensauberkeit stellen, eingeführt.

B 3–96: Neue Klasse mit höheren Anforderungen bezüglich Sauberkeit und verschärften Bedingungen für den Betrieb mit schwefelarmem Dieselkraftstoff und verlängerten Ölwechselintervallen.

B 1–96: Neue Klasse für Leichtlauf-Motoröle neuester Entwicklungen insbesondere für moderne direkteinspritzende Dieselmotoren mit neuen Anforderungen bezüglich Kraftstoffverbrauch und Schadstoffausstoß.

E 1–96: Europäische Motorölspezifikation für den Langzeiteinsatz in hochbelasteten turboaufgeladenen Nutzfahrzeug-Dieselmotoren. Die Prüfanforderungen verlangen einen hohen Schutz vor Spiegelflächenbildung (übermäßiger Verschleiß der Zylinderlaufbahn durch Ölkohlebildung im Feuersteg und Nutengrundbereich), besondere Kolbensauberkeit und erhöhten Verschleißschutz insbesondere an den Nocken.

E 2–96: Die Anforderungen gegenüber der Spiegelflächenbildung und der Kolbensauberkeit liegen abermals höher, zusätzlich zum Nockenverschleißschutz wurden auch die Grenzwerte für den Zylinderverschleiß verschärft.

E 3–96: Für Saug- und Turbodiesel-Motoröle mit verschärften Anforderungen für Euro-II-Motoren und verlängerten Ölwechselintervallen.

E 4–98: Anforderungen bezüglich neuer moderner Dieselmotorenkonzepte mit steigenden Grenzwerten für Schadstoffausstoß und verlängerten Ölwechselintervallen. Eine neue Norm, deren Grenzwerte erst 1998 oder später durch die ACEA festgelegt werden.

10.2.4.3 Firmenspezifikationen

Neben den vorgenannten Leistungsklassen gibt es eine Reihe wichtiger Firmenspezifikationen (Bild 10.15) sowohl für Otto- als auch für Dieselmotoröle, die unbedingt zu beachten sind. Die Verwendung freigegebener Betriebsstoffe ist oftmals Bestandteil der Gewährleistungsbedingungen. Die Anforderungen an die Schmierstoffe können sogar über den der API- oder ACEA-Klassen liegen.

10.2.5 Synthetische Motoröle

Diese Öle basieren ebenfalls auf den Elementen Kohlenstoff (C) und Wasserstoff (H), wie die Raffinate, sie sind also kein Ersatz für das Erdöl. Ausgangsprodukt sind die Rohbenzine der atmosphärischen Destillation. Synthetiköle haben eine ganz spezielle Molekülstruktur (PAO = Poly-alpha-Olefine), wie sie im Erdöl nicht vorhanden ist. Sie sind eine künstliche Maßanfertigung für spezielle Eigenschaften und Anforderungen. Man unterscheidet nach teil- und vollsynthetischen Motorölen. Synthetiköle weisen ein größeres Viskositäts-Temperatur-Verhalten, ein besseres Kältefließverhalten, eine geringere Verdampfungsneigung auf, was einen geringeren

WICHTIG: Dieses Oel gehört nach Gebrauch in eine
Altölannahmestelle! Unsachgemäße Beseitigung von
Altöl gefährdet die Umwelt! Jede Beimischung von
Fremdstoffen wie Lösemitteln, Brems- und Kühl-
flüssigkeiten ist verboten.

SAE 0W-30 · ECO-VOLL-SYNTHESE

API SH/CF/EC II · ILSAC GF-1

ACEA A3-96, B3-96 (CCMC G5/PD2)

VW-Normen 500 00 u. 505 00 (11/92) ·

Freigegeben für MB Pkw-Motoren · Freigaben

von Porsche, BMW (Spezialöl-Freigabe) u. Steyr.

8350-25

Bild 10.15   Firmenspezifikationen auf einem Ölgebinde [Quelle: Castrol]

Ölverbrauch zur Folge hat. Sie zeichnen sich durch eine größere thermische Beständigkeit im Vergleich zu Ölen auf Mineralölbasis aus. Oberhalb von 150 °C altern Mineralöle stark, während Synthetiköle Temperaturen bis zu 300 °C ertragen können. Die Herstellungskosten synthetischer Öle sind höher als die der Mineralölprodukte. Ein Wechsel von Mineralöl auf Synthetiköl ist jederzeit möglich, jedoch sollte bei gebrauchten Motoren das erste Ölwechselintervall verkürzt werden, da Synthetiköle eine stark reinigende Wirkung haben. Sie sind mit den Ölen auf Mineralölbasis mischbar.

10.2.6   Zweitakt-Motoröle

Der Zweitaktmotor nimmt schmiertechnisch eine Sonderstellung ein, er arbeitet nach dem Prinzip der Verlustschmierung. Das Motoröl wird entweder dem Kraftstoff zugemischt oder über eine Dosierpumpe in das Kraftstoff-Luft-Gemisch eingespritzt. Es schmiert als Ölnebel Lager, Kolben, Kolbenringe und Zylinder. Die heute üblichen selbstmischenden Zweitakt-Motoröle enthalten eine Lösungskomponente. Sie bewirkt, daß sich das Öl selbsttätig und homogen mit dem Kraftstoff mischt, wenn es bei der Betankung zugegeben wird. Die wichtigsten Forderungen für Zweitakt-Motoröle sind, bei hohen Temperaturen vor Verschleiß zu schützen und für saubere Motoren zu sorgen. Die synthetischen Zweitakt-Öle verbrennen weitaus rückstandsfreier, so daß auch die Leistung der Zweitakter auf lange Sicht erhalten bleibt und die Umweltbelastung durch biologisch abbaubare Zweitakt-Motoröle verringert werden kann.

Folgende Leistungsklassen für Zweiräder werden z.Zt. zugrunde gelegt:

API TA: für Mopeds und kleine Zweitakter,
API TB: für Motorroller und andere hochbelastete kleine Zweitaktmotoren,
API TC: für Hochleistungs-Zweitaktmotoren bis 500 ccm und höher (Motorräder).

Schmierstoffe 1067

10.2.7 Zweitraffinate (Recyclingöl)

Pro Jahr werden in Deutschland ca. 1 Million Tonnen Schmierstoffe verbraucht. Hiervon fallen nur etwa 65 % als Altöl an, bedingt durch Ölverbrauch und Ölverlust. Um aus Altölen hochwertige Zweitraffinate zu fertigen, sind umfangreiche Verfahrensschritte erforderlich. Die Zweitraffinate sind mit weniger als 1 % am Jahresschmierstoffverbrauch beteiligt.

10.2.8 Motorölwechsel-Intervalle

Grundsätzlich sollen die vom Motorenhersteller vorgeschriebenen Motorölwechsel-Intervalle eingehalten werden. Heutzutage sind Wechselintervalle von 20 000 km und mehr keine Seltenheit. Im Nutzfahrzeugsektor wird ein Wechselintervall von 100 000 km angestrebt. Bei geringer Jahresfahrleistung wird im allgemeinen der Wechsel einmal im Jahr vorgeschrieben. Unter verschärften Betriebsbedingungen sind kürzere Intervalle einzuhalten.

Die Zukunft wird in dem individuellen und bedarfsgerechten Motorölwechsel liegen, je nach Beanspruchung und Fahrgewohnheiten des Fahrzeugführers. Jedes Motoröl wird auch in Zukunft durch den Betrieb im Fahrzeugmotor altern und sich verbrauchen, die Qualität des Öls hat maßgeblichen Einfluß auf dessen Lebensdauer.

10.2.9 Motorölverbrauch

Jeder Motor verbraucht Öl – auch moderne und kraftstoffsparende Triebwerke. Ein geringer Ölverbrauch ist also immer vorhanden, der sowohl in der Konstruktion der Motoren als auch in der Schmierstofftechnik begründet liegt. Bei modernen Motoren liegt der Ölverbrauch bei ca. 0,5 l/1000 km. Ein überhöhter Ölverbrauch liegt erst oberhalb 1 l/1000 km vor. Der Ölverbrauch eines Motors hängt von der Passung der Kolbenringe in den Kolbenringnuten, der Form und dem Anpreßdruck der Kolbenringe und dem damit verbundenen Scherverlust, der Dichtheit der Ventilführungen und dem Verdampfungsverlust des Motoröls bei hoher Temperatur ab.

10.2.10 Motoröl-Zusatzmittel

Motoröle werden so entwickelt, daß eine Verwendung von weiteren Zusätzen nicht nötig ist. Eine Verbesserung der Leistungsfähigkeit eines Motoröls ist durch unkontrollierte Zugaben teilweise unbekannter Substanzen nicht zu erwarten.

10.2.11 Additive für Motoröle

Additive sind chemische Wirksubstanzen, die Grundölen zugemischt werden, um im Motoröl Eigenschaften zu erreichen, die schmierungstechnisch zwar erforderlich, aber im Grundöl nicht vorhanden sind.

Alterungsschutzadditive (Antioxidantien) verhindern die Oxidation (Alterung) von Motoröl unter dem Einfluß von Wärme und Sauerstoff. Sind die Antioxidantien verbraucht, kommt es zur Bildung von lack-, harz- und schlammartigen Ablagerungen, die größtenteils ölunlöslich sind. Nur durch den Einsatz der Antioxidantien können die langen Ölwechselintervalle realisiert werden.

Detergents/Dispersants sollen feste und flüssige Verschmutzungen umhüllen und im Öl in der Schwebe halten, um so deren Ablagerung auf Motorteilen und ein Zusammenballen untereinander (Schlammbildung) zu verhindern. Das Detergents enthält waschaktive Substanzen zum Lösen von Ablagerungen an Metalloberflächen. Das Dispersants umhüllt die Schmutzteilchen im Öl, dadurch können sie sich weder am Metall anlagern noch zusammenballen.

Korrosionsschutzadditive verhindern den chemischen und elektrochemischen Angriff von Metalloberflächen; Rost ist eine spezielle Form der Korrosion. Das zur Korrosion erforderliche Wasser kommt überwiegend aus der Luftfeuchtigkeit der Verbrennungsluft und den Verbrennungsgasen des Kraftstoffs.

Verschleißschutzadditive (Extreme Pressure/Antiwear) verhindern den direkten Metall-auf-Metall-Kontakt und bauen dünne Schichten auf den Gleitflächen auf; sie gewährleisten eine Notschmierung, wenn es zur Berührung der Oberflächen kommt.

Viskositätsindex-Verbesserer sind Additive, die im Motoröl das Viskositäts-Temperatur-Verhalten verbessern. Sie vermindern die Temperaturabhängigkeit der Viskosität; bei tiefen Temperaturen verbessern sie das Fließverhalten, und bei hohen Temperaturen bewirken sie eine höhere Viskosität. Unter Belastung können VI-Verbesserer in kleine Bruchstücke geschert werden. Hierdurch wird die Eindickung geringer, und die ursprüngliche SAE-Spannweite kann unter Umständen nicht mehr gehalten werden.

Pourpoint-Erniedriger bewirken ein Herabsetzen der Fließgrenze, indem die Kristallisation der Paraffine im Grundöl behindert wird.

Antischaum-Wirkstoffe verhindern eine Schaumbildung im Motoröl durch die bewegten Teile im Triebwerk. Wird Schaum über die Ölpumpe angesaugt, so versagt das Schmiersystem, und es kann zu Motorschäden kommen.

Reibwertveränderer: Schmieröle mit besonderen Reibungseigenschaften werden benötigt für synchronisierte Handschaltgetriebe, automatische Getriebe und Sperrdifferentiale. Einerseits sollte Reibung durch das Schmieröl so weit wie möglich herabgesetzt werden; andererseits ist aber für die einwandfreie Funktion der Getriebe ein bestimmter Reibwert erforderlich.

10.3   Getriebeöle

10.3.1   Aufgaben

Die hohe Funktionalität, die hohen Belastungen und der ständig steigende Komfort moderner Getriebe führen zu einer höheren Beanspruchung der Getriebeöle durch höhere Temperaturen, höhere Flächentemperaturen und höhere Umfangsgeschwindigkeiten. Eine leichte und schnelle Synchronisierung ohne Nebengeräusche setzt voraus, daß der Reibwert am Synchronkegel nicht zu hoch wird und durch hochlegierte Getriebeöle nicht zu niedrig, so daß der Synchronring durchrutscht.

Hieraus ergeben sich im wesentlichen folgende Forderungen an moderne Getriebeöle:

❐ hoher Verschleißschutz,
❐ exzellente Synchroneigenschaften,
❐ gutes Reibverhalten,
❐ hohe Alterungs- und Scherstabilität,
❐ guter Korrosionsschutz,
❐ geringe Schaumneigung,
❐ großes Viskositäts-Temperatur-Verhalten.

10.3.2   SAE-Viskositätsklassen (Bild 10.16)

Die SAE-Klassen (siehe Abschnitt 10.2.2.1) mit definierten Kälteverhalten tragen – wie auch bei den Motorölen – den Zusatz «W». Die Bezugstemperaturen im kalten Zustand liegen – abhängig von der SAE-Klasse – zwischen –12 °C und –40 °C, wobei der Stockpunkt noch nicht erreicht sein darf. Die Mindestviskosität für hohe Temperaturen wird bezogen auf 100 °C angegeben. Die bevorzugten Viskositätsklassen für Mehrbereichs-Getriebeöle sind SAE 80W-90 bzw. SAE 75W-90; sie sind nicht mit den Viskositätsklassen der Motoröle vergleichbar.

SAE-Viskositätsklassen der Getriebeöle Auszug DIN 51 512, Oktober 1982			
SAE-Viskositätsklasse	Höchstemperatur für eine scheinbare Viskosität von 150 000 mPA · s °C	Kinematische Viskosität bei 100 °C mm²/s	
		min	max
75 W	–40	4,1	–
80 W	–26	7,0	–
85 W	–12	11,0	–
90	–	13,5	24,0
140	–	24,0	41,0
250	–	41,0	–

Hinweis: In den USA wurde 1982 noch zusätzlich die Klasse 70 W eingeführt, die aber nur für sehr kalte Gebiete, wie z.B. Arktis, von Bedeutung ist.
Höchsttemperatur für 150 000 mPA · s = –55 °C
Kinematische Viskosität bei 100 °C min. 4,1 mm²/s

Bild 10.16   SAE-Viskositätsklassen der Getriebeöle [Quelle: Aral]

10.3.3   Leistungsklassen für Getriebeöle

MIL-Spezifikation
Die MIL-Spezifikationen der US-Armee haben neben der API-Spezifikationen eine große Bedeutung für Handschalt- und Achsgetriebe. Die MIL-Spezifikationen beschreiben sehr praxisnahe Aggregatetests.

API-Klassifikation der Getriebeöle:

GL–1 Unlegierte Getriebeöle
GL–2 Öle für Einsätze, bei denen GL–1 nicht ausreicht
GL–3 Niedrig legierte Öle für Schalt-und Sondergetriebe sowie für Achsantriebe bei leichten Betriebsbedingungen
GL–4 Hochlegierte Öle für Schalt-und Lenkgetriebe sowie Achsen mit geringem Hypoidversatz
GL–5 Hypoidgetriebeöle für Achsen mit hohem Versatz und schwersten Einsatzbedingungen
GL–6 Sondergetriebeöl für Hypoidgetriebe mit Achsversatz von 25 % des Tellerdurchmessers (inzwischen zurückgezogen)

Bild 10.17   API-Klassifikation der Getriebeöle [Quelle: Esso]

API-Klassifikationen
Die API-Klassifikationen (Bild 10.17) beschreiben Anwendungsfälle, Öl- und Konstruktionsmerkmale.

Für synchronisierte **Handschaltgetriebe** werden überwiegend Getriebeöle der Spezifikation API GL-4 eingesetzt. Gefordert wird ein Öl, das einerseits die enorm belasteten Zahnflanken vor Verschleiß schützt, andererseits an den Synchronringen den erforderlichen Reibwert nicht unterschreitet. Zum Einsatz kommen überwiegend Handschalt-Getriebeöle der Viskosität SAE 80 W.

Für **Hypoidachsen** gilt die Spezifikation API GL-5. Je größer der Versatz von Teller- zu Kegelrad (Achsversatz) beim Hypoidantrieb ist, desto höhere Anforderungen werden an das Getriebeöl gestellt. Gegen Verschleiß setzt man Getriebeöle mit einem sehr hohen Anteil an EP-Zusätzen (Extrem Pressure) ein, um an den Metalloberflächen Schutzschichten zu bilden. Eine wichtige Kenngröße für Hypoidgetriebe ist eine bestimmte Mindestviskosität von SAE 90.

10.3.4   Automatik-Getriebeöl (Automatic Transmission Fluid = ATF)

Aufgaben der Automatikgetriebeöle
❐ Schmiermittel für alle Wälzlager und Gleitlager, Planetenradsätze und Freiläufe,
❐ Arbeitsflüssigkeit für Servokolben, Lamellenkupplung und Bremsbänder,
❐ Medium für die hydrodynamischen Vorgänge im Wandler,
❐ Kühlung durch Wärmeaufnahme im Wandler und Getriebe,
❐ hoher Viskositätsindex für sicheren Betrieb in weiten Temperaturbereichen,
❐ hervorragende Alterungsstabilität.
❐ Eine Hauptaufgabe der Automatikgetriebeöle ist die Kraftübertragung.

Für Automatikgetriebeöle gibt es keine allgemeine Normung. Man bedient sich der ATF-Spezifikationen nach General Motors, Ford oder spezieller Vorschriften der Fahrzeug- und Getriebehersteller. Für Automatikgetriebe von General Motors gilt seit 1973 das ATF **Dexron II D** und für Ford Fahrzeuge seit 1981 das ATF mit der Spezifikation **M2C166-H.** Man setzt heute Mineralöle der Generation Dexron II D oder auch synthetische ATFs ein.

10.3.5   Getriebeöl-Wechselintervalle

In Pkw-Handschaltgetrieben, Achsantrieben und Lenkgetrieben werden überwiegend «for life»-Füllungen eingesetzt, das bedeutet, das Öl ist für die gesamte Lebensdauer des Getriebes ausgelegt, bei Bedarf wird nur noch nachgefüllt.

In Automatikgetrieben ist das Öl je nach Fahrzeughersteller nach 30 000 bis 50 000 km zu wechseln aufgrund der höheren Öltemperaturen und der damit verbundenen Ölalterung.

In Nutzfahrzeugen gibt es auch in Handschaltgetrieben keine Lebensdauerfüllungen, je nach Fahrzeugbelastung sind unterschiedliche Ölverweilzeiten vorgeschrieben.

10.4 Schmierfette

Schmierfette sind am Weglaufen gehinderte Öle. Sie bestehen aus einer Basisflüssigkeit (Raffinat), die durch Gerüstbildner (Seifenverdicker) zu quasifesten Körpern stabilisieren.

Basisflüssigkeit + Verdicker = Schmierfett

Schmierfette werden eingesetzt (Tabelle 10.3), wenn aus wirtschaftlichen und technischen Gründen Schmieröle nicht verwendet werden können (z.B. Radlager). Der sogenannte Fettkragen schützt die Lagerstelle vor dem Eindringen von festen und flüssigen Fremdstoffen.

Tabelle 10.3

Kfz-Schmierfette:	Eigenschaften und Anwendungen:
Abschmier- und Chassisfett	Enthält gemischtbasische Grundöle Calcium und Lithiumseife. – günstiges Kälteverhalten, – hohe Temperaturbeständigkeit, – gutes Haftvermögen
Getriebefließfett	umweltschonendes Getriebefließfett mit Natriumseife – Zentralschmierung – Lenkgetriebe
Mehrzweckfett mit MoS 2 (Molybdän-Disulfid)	hochbelastbares Mehrzweckfett mit einer scherstabilen Lithium-Stearatseife. – gute Notlaufeigenschaften – temperatur- und alterungsbeständig
Wälzlager- und Mehrzweckfett	hochwertiges Langzeitfett auf Lithiumkomplexseifebasis – Hochtemperatur-EP-Mehrzweckfett – Gleit- und Wälzlager aller Art

10.5 Schmierstoff-Entsorgung

10.5.1 Sammlung und Entsorgung von Abfällen Reststoffen

Das Gesetz über die Vermeidung und Entsorgung von Abfällen (**Abfallgesetz = AbfG**) aus dem Jahre 1986 setzt allgemein für Abfälle folgende Prioritäten:

Vermeiden, Verwerten, Vernichten/Entsorgen

Der entscheidende Punkt ist, daß dem Abfallaufkommen weder quantitativ noch qualitativ ausreichende Entsorgungskapazitäten gegenüberstehen. Deshalb müssen jetzt und in Zukunft alle Rückstände möglichst weitgehend im Wirtschaftskreislauf gehalten und damit Abfälle vermieden werden. Zukünftig sollen unter dem Begriff «Abfall» nur noch solche Rückstände verstanden werden, die nicht mehr als Reststoff (Sekundärrohstoff) verwertet werden können.

Die **Abfallbestimmungs-Verordnung** bestimmt die überwachungsbedürftigen Abfälle, wie sie gemäß § 2 Abs. 2 definiert sind und an deren Entsorgung erhöhte Anforderungen gestellt werden. Die hier genannten ca. 330 Abfallarten sind in der Anlage zur Abfallbestimmungs-Verordnung mit einer fünfstelligen Abfall-Schlüsselnummer (Bild 10.18) aufgeführt.
  Weiterhin wird in der Abfallbestimmungs-Verordnung eine Kleinmengenregelung definiert, wonach Abfallerzeuger, bei denen jährlich nicht mehr als 500 kg besonders überwachungsbedürftiger Abfälle anfallen, von dem Geltungsbereich der Verordnung ausgenommen sind.

Die **Abfall- und Reststoffüberwachungs-Verordnung (AbfRestÜberwV)** richtet sich an

❐ Abfallerzeuger,
❐ Abfallbeförderer,
❐ Betreiber von Abfallentsorgungsanlagen.

Gegenstand der Verordnung ist die Überwachung der Entsorgung von in der Abfall- und der Reststoffbestimmungsverordnung genannten Rückständen. Sie besteht neben dem Teil über die allgemeinen Bestimmungen im wesentlichen aus drei Abschnitten:

❐ die Transportgenehmigung,
❐ den (Vorab-) Entsorgungsnachweis,
❐ das Begleitscheinverfahren (Nachweis über entsorgte Abfälle).

Die **technische Anleitung Abfall (TA Abfall)** enthält Anforderungen an die Verwertung und sonstige Entsorgung von besonders überwachungsbedürftigem Abfall nach dem Stand der Technik. Damit eine mögliche Verwertung nach dem festgelegten Entsorgungsverfahren durchgeführt werden kann, wird in der TA Abfall bestimmt, daß die Abfälle (Bild 10.18), die verwertet werden sollen, grundsätzlich nicht **vermischt** werden dürfen und eine **artenreine Sortierung** erfolgen muß.

Altöle sind nach § 5a des Abfallgesetzes gebrauchte halbflüssige oder flüssige Stoffe, die ganz oder teilweise aus Mineralöl oder synthetischem Öl bestehen, einschließlich ölhaltiger Rückstände aus Behältern, Emulsionen und Wasser-Öl-Gemischen.
  Es werden Altöle **bekannter Herkunft**, d.h. Öle, die in der Kfz-Werkstatt den Kraftfahrzeugen entnommen werden, und Altöle **unbekannter Herkunft**, d.h. Öle vom privaten Endverbraucher, die nicht ohne Untersuchung wiederverwertet werden können, unterschieden.

Abfallart	Abfall-Schlüsselnummer	Abfall/Reststoff	Mechanik/Elektrik	Karosserie	Waschhalle	Entkonservierung	Lackiererei	Gebrauchtwagenaufbereitung	Unfall-Kfz-Abstellplatz	Tankstelle	Allgemein
Akkusäure	521 01	A/R	●	●				●			
Altöl (nicht verwendbar)	541 12	A/–	●								
Benzinabscheiderinhalte	547 02	A/–			●						●
Betriebsmittel (ölverschmutzt)	542 09	A/R	●	●				●			
Bremsflüssigkeit	553 56	A/R	●						●		
Emulsionsspaltanlagenschlamm	547 03	A/–									●
Fettabfälle	542 02	A/R	●								
Kaltreiniger (halogenfrei)	553 57	A/R			●	●					
Konservierer (Wachs)	544 06	A/R			●	●					
Kraftstoffe, verunreinigt	541 04	A/–	●	●						●	●
Kühlerflüssigkeit	553 03	A/R	●					●	●		
Lackiererei abfälle (nicht ausgehärtet)	553 03	A/R					●				
Lackverdünner (Nitroverdünner)	553 59	A/R					●				
Lösemittelgemische (halogenfrei)	553 70	A/R	●				●	●			
Luftfilter (ölbenetzt)	542 09	A/R	●								
Öl-/Kraftstoffilter	351 07	A/R	●								
Öl-Leerdosen Eisenmetall (mit Ölresten)	351 06	A/R	●					●		●	
Öl-Leerdosen Kunststoff (mit Ölresten)	571 27	A/R	●					●		●	
Petroleum	553 60	A/–	●					●			
Sandfanginhalte	547 01	A/–			●						●

Bild 10.18 Zusammenstellung der Abfälle/Reststoffe im Kfz-Betrieb mit Abfall-Schlüsselnummer und Anfallstelle

Im § 5 b des Abfallgesetzes wird im wesentlichen die **Informations- und Rücknahmepflicht** geregelt. Jeder, der gewerbsmäßig Frischöl an Endverbraucher abgibt, muß Altöle bis zu der verkauften Menge Frischöls kostenlos annehmen und über eine Einrichtung zum fachgerechten Ölwechsel verfügen.

In einer Musterverwaltungsvorschrift hat der Bundesminister für Umwelt Näheres zum Vollzug des Abfallgesetzes und der Altölentsorgung festgelegt. Trotz der Einordnung der gesetzlichen Vorschriften zur Altölentsorgung in das Abfallgesetz ist und bleibt Altöl ein besonderes Wirtschaftsgut.

> Es gilt auch für das Altöl das Verursacherprinzip nach dem Abfallrecht; der Besitzer ist für die ordnungsgemäße Entsorgung verantwortlich.

Die **Altölverordnung (AltölV)** besteht im wesentlichen aus zwei Teilen, einem Abschnitt über allgemeine Bestimmungen, aus dem die verschiedenen Altölkategorien hervorgehen, und einem weiteren Teil, der die Einzelheiten der Altölrücknahme (siehe AbfG § 5b) beschreibt.

Aus dem § 4 der Altölverordnung geht das Gebot der getrennten Sammlung, Lagerung und Entsorgung von drei verschiedenen Altölkategorien hervor.
Kategorie 1: stofflich verwertbares Altöl, wie Verbrennungsmotoren- und Getriebeöle oder Hydrauliköle, die wiederaufgearbeitet werden können;
Kategorie 2: thermisch verwertbares Altöl, das die Forderungen des Bundesemissionsschutzgesetzes erfüllt und in zugelassenen Anlagen, z.B. Kraftwerken oder Hochöfen, thermisch verwertet werden kann (PCB-Gehalt unter 20 ppm Dioxin);
Kategorie 3: Sollten sich Altöle weder als stofflich noch als thermisch verwertbar erweisen, so sind sie als Sonderabfall zu behandeln.

Zum Zweck der Rückverfolgung für den Fall der Nichtbeachtung hat der Altölsammler bei der Übergabe eine **Probe** zu entnehmen, von der je eine Teilmenge bei der abgebenden Stelle und beim Abholer verbleibt. Die Proben müssen mindestens 3 Monate aufbewahrt werden.

10.5.2   Nachweis über entsorgte und verwertete Reststoffe

Der Abfallerzeuger muß je nach anfallender Abfallmenge pro Jahr und der dem Abfallbeförderer übergebenen Menge pro Entsorgungstour eines der folgenden Nachweisverfahren befolgen:

- ❐ Entsorgungsnachweis EN,
- ❐ Sammelentsorgungsnachweis SEN,
- ❐ vereinfachter Entsorgungsnachweis VEN.

Der **Entsorgungsnachweis** besteht aus den drei Teilen:

- ❐ verantwortliche Erklärung des Abfallerzeugers über die stoffliche Zusammensetzung und Herkunft der Abfälle sowie die Prüfung ihrer Verwertbarkeit und die zur Abfallvermeidung getroffenen Maßnahmen;
- ❐ Annahmeerklärung des Betreibers der Abfallentsorgungsanlage, mit der die Bereitschaft zur Annahme der beschriebenen Abfälle in der genannten Menge bekundet wird;
- ❐ Entsorgungsbestätigung der für den Abfallentsorger zuständigen Behörde, mit der die Zulässigkeit der Entsorgung bestätigt wird.

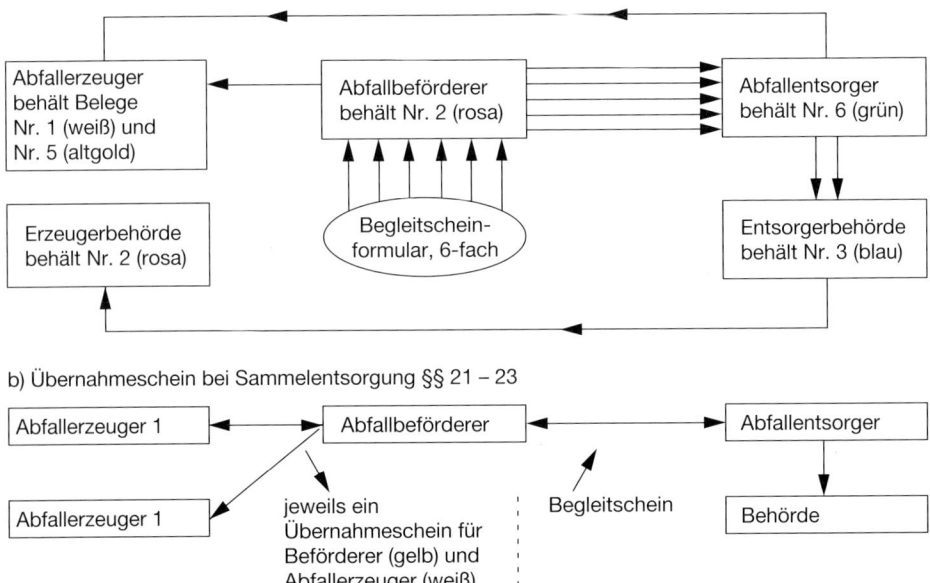

Begleitscheinverfahren §§ 14 ff. AbfRestÜberwV

a) Begleitscheinverfahren bei Einzelnachweis §§ 14 – 17

| Abfallerzeuger behält Belege Nr. 1 (weiß) und Nr. 5 (altgold) | Abfallbeförderer behält Nr. 2 (rosa) | Abfallentsorger behält Nr. 6 (grün) |

| Erzeugerbehörde behält Nr. 2 (rosa) | Begleitschein-formular, 6-fach | Entsorgerbehörde behält Nr. 3 (blau) |

b) Übernahmeschein bei Sammelentsorgung §§ 21 – 23

Abfallerzeuger 1 — Abfallbeförderer — Abfallentsorger

Abfallerzeuger 1 — jeweils ein Übernahmeschein für Beförderer (gelb) und Abfallerzeuger (weiß) — Begleitschein — Behörde

Bild 10.19   Handhabung des Begleitscheinverfahrens [Quelle: Esso]

Hat der Kfz-Betrieb vom Abfallentsorger die Bestätigung über die Genehmigung der Entsorgung erhalten, kann er den Abfall mit einem genehmigten Transporteur zum Abfallentsorger transportieren. Der Nachweis erfolgt im Nachhinein zusätzlich mittels Begleitscheinen (Bild 10.19). Der Entsorgungsnachweis gilt maximal 5 Jahre und ist der zuständigen Behörde vorzulegen.

Der **Sammelentsorgungsnachweis** bietet für den Kfz-Betrieb die einfachste Entsorgungsmöglichkeit in Zusammenarbeit mit dem Abfallbeförderer. Der Sammelentsorgungsnachweis ist vom Abfallbeförderer auszufüllen, eine Kopie des Nachweises sollte der Kfz-Betrieb in seinen Unterlagen ablegen, er gilt max. 5 Jahre. Die Entsorgung erfolgt nun mittels **Übernahmeschein** und gegen Berechnung durch den Abfallbeförderer. Derartige Konzepte oder Lösungen bieten einzelne Fahrzeughersteller oder Verbände im Rahmen des Kreislaufwirtschaftsgesetzes an.

Der **vereinfachte Entsorgungsnachweis** ist in erster Linie für Abfälle vorgesehen, die zwar nicht besonders überwachungsbedürftig aufgrund ihrer Art sind, aber wegen unverhältnismäßig großer Mengen von der öffentlichen Abfallentsorgung ausgeschlossen sind. Er besteht nur aus der verantwortlichen Erklärung der Abfallerzeugers und der Annahmeerklärung des Entsorgers.

Mit **Begleitscheinen** muß die Entsorgung von nachweispflichtigen Abfällen und Reststoffen dokumentiert werden. In das Begleitscheinformular sind neben den Abfalldaten jeweils die Erzeuger-, Beförderer- und Entsorgerkennungen einzutragen. Nur mit einer lückenlosen Nachweisführung hat der Kfz-Betrieb die Möglichkeit, gegenüber der Behörde seine Sorgfaltspflicht

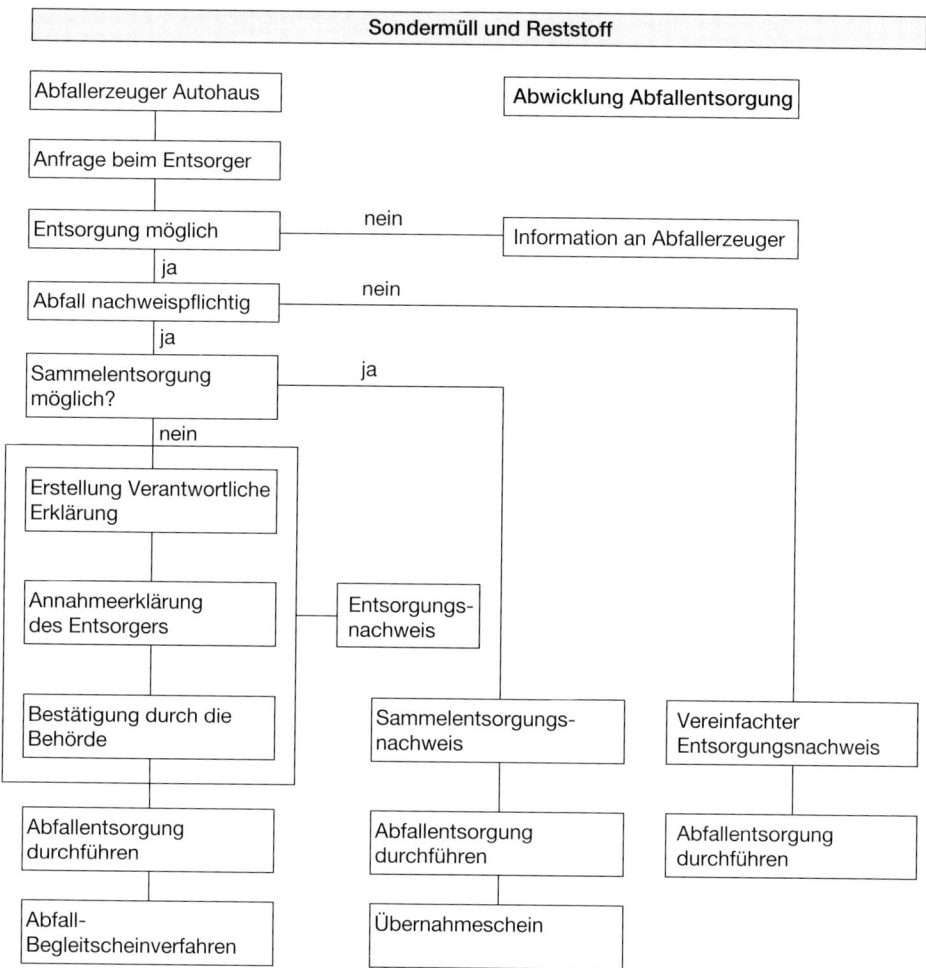

Bild 10.20 Abwicklung der Abfallentsorgung im Überblick

zu dokumentieren. Deshalb sollte generell das Begleitscheinverfahren angewendet werden. Die sechs verschiedenfarbigen Ausfertigungen des Begleitscheins haben dabei den in Bild 10.20 beschriebenen Weg zu durchlaufen. Die Sammlung der Kombination vom weißen und altgoldenen Begleitschein-Exemplar ist das **Nachweisbuch.** Es bietet einen Nachweis über die ordnungsgemäße Entsorgung aller Abfälle und Reststoffe und ist drei Jahre lang aufzubewahren.

10.5.3 Lagerung von Altöl

Für die Lagerung von Altöl muß den Vorschriften des Wasserhaushaltsgesetzes, der Verordnung und technischen Regeln über brennbare Flüssigkeiten und der Verordnung über Anlagen zum Umgang mit wassergefährdenden Stoffen entsprochen werden.

Für das Sammeln dieser Flüssigkeiten ist ein **Behälter nach DIN 6623** einwandig oder doppelwandig geeignet. Der einwandige Behälter darf nur von Sachkundigen im innerbetrieblichen Bereich benutzt werden und muß je nach Forderung der Behörde in einer Auffangwanne stehen. Die Lagerung von Altöl bekannter Herkunft ist anzeige- und erlaubnisfrei. (Gefahrklasse A III; siehe Abschnitt 10.9). Je nach Fassungsvermögen und Beschaffenheit sind Anlagen zur Lagerung brennbarer Flüssigkeiten (Gefahrklasse A I) für Altöle unbekannter Herkunft **anzeige- und erlaubnisbedürftig.**

Nicht zulässig ist die Lagerung brennbarer Flüssigkeiten in Arbeitsräumen.

10.5.4   Transport von Altöl

Die Beförderung von Altöl ist genehmigungspflichtig nach § 12 Abfallgesetz und unterliegt der Gefahrgut-Verordnung Straße (GGVS). Der Abfallerzeuger (Kfz-Betrieb) hat die Pflicht, sich von der ordnungsgemäßen Transportgenehmigung des Beförderers zu überzeugen. **Seine Sorgfaltspflicht endet nicht mit der Abgabe des Abfalls an den Transportunternehmer.** Der Kfz-Betrieb ist über den Transport hinaus so lange verantwortlich, bis eine umweltschonende Entsorgung nachgewiesen wird. Dies ist dann der Fall, wenn der «altgoldene Abfallbegleitschein» mit der Unterschrift des Entsorgers vorliegt.

10.6   Otto-Kraftstoffe

10.6.1   Anforderungen an Otto-Kraftstoffe

Otto-Kraftstoff ist ein Gemisch aus über 200 ketten- und ringförmigen Kohlenwasserstoffen, die in Raffinerien in der atmosphärischen Destillation (siehe Abschnitt 10.1.2) aus Erdöl gewonnen werden. Zu diesem Basiskraftstoff, der durch Reformieren auf unterschiedliche Oktanzahlen eingestellt wird, können beim Aufmischen je nach Qualitätsanspruch bestimmte sauerstoffhaltige organische Verbindungen sowie kohlenwasserstofflösliche Zusätze (Additive) kommen. Die Zündkerze ist ein charakteristisches Merkmal des Ottomotors. Sie hat die Aufgabe, das angesaugte Kraftstoff-Luft-Gemisch zu einem exakt festgelegten Zeitpunkt zu entzünden. Zur Vermeidung klopfender Verbrennung (siehe Kapitel 3) benötigt der Ottomotor einen gegen Selbstentzündung widerstandsfähigen, d.h. klopffesten Kraftstoff. Das Maß für die Klopffestigkeit ist die Oktanzahl (OZ; siehe Abschnitt 10.6.2). Für den Betrieb in Fahrzeugmotoren stehen seit 1997 in Deutschland drei verschiedene Otto-Kraftstoffsorten – «Normal», «Super», «Super Plus» – zur Verfügung. Die Mindestanforderungen der Otto-Kraftstoffe sind in der DIN 51 607 und DIN EN 228 festgeschrieben (Bild 10.21).

Anforderungen an Otto-Kraftstoffe:

- ❒ leichte Flüchtigkeit,
- ❒ gute Klopffestigkeit,
- ❒ keine Dampfblasenbildung,
- ❒ Korrosionsschutz,
- ❒ Verhinderung von Ablagerungen,
- ❒ Alterungsbeständigkeit,
- ❒ geringe Abgasemissionen.

DIN-Kennwert von Ottokraftstoffen und ihre Bedeutung

Kennwert	Normal DIN EN 228	Super DIN EN 228	Super Plus DIN EN 228	Super verbl. DIN 51600	Einfluß auf Fahrzeugbetrieb
Klopffestigkeit (Oktanzahlen)	min. 91,0 ROZ	min. 95,0 ROZ	min. 98,0 ROZ	min. 98,0 ROZ	Klopfen bei niedriger und mittlerer Drehzahl
	min. 82,5 MOZ	min. 85,0 MOZ	min. 88,0 MOZ	min. 88,0 MOZ	Klopfen bei hoher Drehzahl und hoher Last
Dichte bei 15 °C von	725 kg/m³	725 kg/m³	725 kg/m³	730 kg/m³	Kraftstoffverbrauch,
bis	780 kg/m³	780 kg/m³	780 kg/m³	780 kg/m³	Abgasemission
Bleigehalt	max. 0,013 g/l	max. 0,013 g/l	max. 0,013 g/l	max. 0,15 g/l min. 0,07 g/l	Ablagerungen, Katalysator
Dampfdruck nach Reid (= VP) Sommer	35 – 70 k Pa	35 – 70 k Pa	35 – 70 k Pa	45 – 70 k Pa	Kaltstart, Heißstart, Verdampfungsemission
Winter	55 – 90 k Pa	55 – 90 k Pa	55 – 90 k Pa	60 – 90 k Pa	
Siedeverlauf Übergang bis 70 °C (= E 70) Sommer	15 – 45 Vol.-%	15 – 45 Vol.-%	15 – 45 Vol.-%	15 – 40 Vol.-%	Kaltstart, Heißstart, Fahrverhalten bei heißem und kaltem Motor
Winter	15 – 47 Vol.-%	15 – 47 Vol.-%	15 – 47 Vol.-%	20 – 45 Vol.-%	
Siedeverlauf Übergang bis 100 °C Sommer	40 – 65 Vol.-%	40 – 65 Vol.-%	40 – 65 Vol.-%	42 – 65 Vol.-%	
Winter	43 – 70 Vol.-%	43 – 70 Vol.-%	43 – 70 Vol.-%	45 – 70 Vol.-%	
Siedeende	max. 215 °C	max. 215 °C	max. 215 °C	max. 215 °C	Rückstandsbildung, Abgas, Verschleiß im Kaltbetrieb
Flüchtigkeitskennziffer VLI = 10 · VP + 7 · E 70					Start und Fahrverhalten bei heißem Motor
Sommer	max. 950	max. 950	max. 950	–	
Winter	max. 1150	max. 1150	max. 1150		
Abdampfrückstand	max. 5 mg/ 100 ml	max. 5 mg/ 100 ml	max. 5 mg/ 100 ml	max. 5 mg/ 100 ml	Rückstandsbildung
Schwefel	max. 0,10 %	max. 0,10 %	max. 0,10 %	max. 0,10 %	Korrosion, Katalysator
Korrosionswirkung auf Kupfer	max. 1 (Kor.-Grad)	max. 1 (Kor.-Grad)	max. 1 (Kor.-Grad)	max. 1 (Kor.-Grad)	Korrosion
Benzol	max. 5 Vol.-%	max. 5 Vol.-%	max. 5 Vol.-%	max. 5 Vol.-%	Abgasemission
Gesamtsauerstoffgehalt	max. 2,8 Gew.-%	max. 2,8 Gew.-%	max. 2,8 Gew.-%	max. 2,8 Gew.-%	Fahrverhalten, Kraftstoffverbrauch, Abgasemission

* Ab 1995 max. 0,05 %

Bild 10.21   DIN-Kennwerte von Otto-Kraftstoffen und ihre Bedeutung [Quelle: Aral]

Flüchtigkeit: Otto-Kraftstoff ist eine bei Raumtemperatur leicht entflammbare Flüssigkeit, die keinen Siedepunkt wie z.B. Wasser hat, sondern einen Siedebereich von etwa 30 bis 200 °C. Die Flüchtigkeit wird durch den Siedeverlauf in diesem Temperaturband und durch den Dampfdruck charakterisiert. Der Siedeverlauf beschreibt den Anteil verdampfter Flüssigkeit bei verschiedenen Temperaturen; der Dampfdruck resultiert auf den Kraftstoffkomponenten, die bei einer definierten Temperatur in einem geschlossenen Behälter aus der Flüssigphase in die Dampfphase übergehen. Prinzipiell muß die Flüchtigkeit des Otto-Kraftstoffs so beschaffen sein, daß in allen Situationen ein zündfähiges Kraftstoff-Luft-Gemisch dem Brennraum zur Verfügung steht. Die bis 100 °C verdampfte Menge muß möglichst hoch sein, um den Start des kalten Motors zu erleichtern; das Siedeende darf aber nicht zu hoch liegen, weil sonst die Gefahr besteht, daß Kohlenwasserstoffe unverbrannt über das Kurbelgehäuse das Motoröl verdünnen. Der Siedeverlauf für Winter-Otto-Kraftstoff liegt gegenüber Sommer-Kraftstoff etwas höher, um bei niedrigen Außentemperaturen eine einwandfreie Vergasung der Kohlenwasserstoffe zu ermöglichen.

Klopffestigkeit: Das Verbrennen des Otto-Kraftstoffs im Motor ist nicht unkontrolliert durch Selbstentzündung, sondern ausschließlich durch den Zündfunken präzise gesteuert (siehe Abschnitt 3.8.4). Klopffeste Kraftstoffe vermeiden diese Spontanverbrennungen. Das Maß für die Klopffestigkeit ist die Oktanzahl. Die Klopffestigkeit wird heute in der Regel durch den Raffinerieprozeß sowie die Zugabe sauerstoffhaltiger Kraftstoffkomponenten (Oxygenate) wie Alkohole – z.B Methanol – oder Ether – z.B. MTBE (Methyltertiärbutylether) – gewährleistet.

Oktanzahl: Sie wird in einem Einzylinder-CFR(Cooperative **F**uel **R**esearch Commitée)-Prüfmotor ermittelt. Das Verdichtungsverhältnis dieses Motors kann während des Betriebes verändert werden. Es wird so lange verkleinert, bis sich mit dem zu prüfenden Kraftstoff eine bestimmte, am Knockmeter ablesbare Klopfstärke einstellt. Für gleiches Klopfverhalten wird der Prüfmotor mit einer Mischung aus dem als sehr klopffest bekannten Isooctan und dem klopffreudigen n-Heptan betrieben. Diesen beiden Kohlenwasserstoffen hat man willkürlich die Oktanzahlen 100 für Isooctan und 0 für n-Heptan verliehen. Das Mischungsverhältnis, ausgedrückt in Volumenprozent Isooctan, z.B. 95%, ergibt die Oktanzahl des zu prüfenden Kraftstoffs, ROZ 95 für Superkraftstoff. Im Einzylinder-Prüfmotor lassen sich zwei verschiedene Oktanzahlen ermitteln: die «Research-Oktanzahl» (ROZ) und die «Motor-Oktanzahl» (MOZ). Für die Bestimmung der ROZ wird der Prüfmotor mit einer Drehzahl von 600 Umdrehungen pro Minute, einer Gemischvorwärmung von 52 °C und mit konstantem Zündzeitpunkt betrieben. Die MOZ wird bei einer Drehzahl von 900 Umdrehungen pro Minute, automatisch verstellbarer Zündeinstellung sowie einer Gemischvorwärmung von 149 °C ermittelt. Je empfindlicher ein Kraftstoff gegenüber thermischer Beanspruchung ist, desto niedriger fällt seine MOZ aus. Die MOZ gilt als die bessere Aussage bezüglich der Klopfneigung eines Kraftstoffs. Als Grundregel läßt sich festhalten, daß für den motorischen Betrieb die Oktanzahl möglichst hoch sein sollte, da sie die maximal mögliche Verdichtung des Motors festlegt und so die erzielbare Leistung sowie den Kraftstoffverbrauch wesentlich mitbestimmt. Als dritte Oktanzahl gibt es noch die «Straßen-Oktanzahl» (SOZ); sie hat nur Gültigkeit für einen bestimmten Fahrzeugmotor, die auf dem Rollenprüfstand ermittelt wurde.

Schwefel ist als natürlicher Bestandteil des Rohöls bei der Verbrennung unerwünscht. Durch geeignete Raffinerieverfahren wird er weitgehend aus dem Kraftstoff entfernt. Die verbleibenden Restbestandteile reichen bei bestimmten älteren Katalysatorfahrzeugen aus, die bekannten unangenehmen Gerüche (Schwefelwasserstoff) hervorzurufen (siehe Bild 10.21).

Ablagerungen, die auf den Einlaßventilen den Kraftstoff wie ein Schwamm aufsaugen, führen zu einer Abmagerung des Kraftstoff-Luft-Gemisches und damit zu einem deutlichen Leistungsverlust.

Vereisung im Ansaugsystem führt zur Beeinträchtigung des Fahrverhaltens. Der verdampfende Kraftstoff entzieht den Bauteilen nach dem Prinzip der Verdunstungskälte Wärme. Dieser Wärmeverlust kann so stark sein, daß es zur Eisbildung an der Drosselklappe führen kann. Die Vereisung wird durch eingesetzte Additive stark reduziert.

Abgasemissionen: Der Idealzustand, die vollständige Verbrennung des Kraftstoffs zu Kohlendioxid (CO_2) und Wasser (H_2O), läßt sich weder im Otto- noch im Dieselmotor verwirklichen.

Bild 10.22 Einfluß von SuperPlus
auf die Schadstoffemission
[Quelle: Aral]

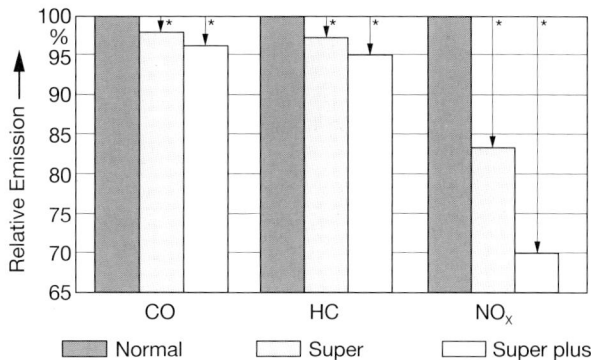

Anwendung von Super Plus in Kat-Fahrzeugen reduziert Schadstoffemissionen

* Typische Verringerung gegen Normal im europäischen Abgastest

Unvollständige Gemischbildung, ungleichmäßige Gemischverteilung auf die einzelnen Zylinder, die für die Verbrennung zur Verfügung stehenden Zeiten und die hohen Verbrennungsendtemperaturen sind die wichtigsten Gründe für die bei der motorischen Verbrennung entstehenden unerwünschten Schadstoffe. Dies sind nicht nur unverbrannte Kohlenwasserstoffe (HC), Kohlenmonoxid (CO) oder Stickoxide (NO_x), deren Ausstoß durch den Gesetzgeber limitiert sind, sondern auch das ungiftige Kohlendioxid (CO_2), das den sogenannten «Treibhauseffekt» wesentlich verursacht. Zu einer Verringerung der Schadstoffe kann der Einsatz des «SuperPlus»-Kraftstoffs beitragen (Bild 10.22) mit im Vergleich zu anderen Sorten deutlich reduzierten Abgaswerten. Auch die Auslegung neuer Motoren auf «SuperPlus» bietet die Chance einer Verdichtungserhöhung, woraus ein geringerer Verbrauch mit niedrigerer CO_2-Emission resultiert.

Benzol: der einfachste aromatische Kohlenwasserstoff (C_6H_6) ist in Spuren im Erdöl enthalten. Benzol ist eine farblose, sehr giftige Flüssigkeit und gilt als krebserregend. Im Ottomotor übersteht nur ein sehr geringer Teil (weniger als 1%) die Verbrennung und gelangt über den Auspuff in die Atmosphäre. Bei Fahrzeugen mit 3-Wege-Katalysator werden ca. 80 bis 90% des Benzols umgewandelt. Der Benzolgehalt nach DIN darf bei Otto-Kraftstoffen maximal 5 Volumenprozente betragen. Der Benzolgehalt im «SuperPlus»-Kraftstoff liegt unter 1 Vol.-% und trägt somit deutlich zu einer Schadstoffreduzierung bei.

Dichte: Mit zunehmender Dichte steigt der volumenbezogene Heizwert des Otto-Kraftstoffs. Aufgrund der Gesetzmäßigkeiten für die Gemischbildung beim Ottomotor bedeutet dies aber nicht, daß sich mit einem Kraftstoff höherer Dichte eine höhere Leistung erzielen ließe. Vielmehr führt die höhere Dichte zu einem geringeren Kraftstoffverbrauch. Das heißt, die Dichte eines Otto-Kraftstoffs ist ein Maß für seine Ergiebigkeit. Superkraftstoffe besitzen wegen ihres höheren Aromatengehaltes eine höhere Dichte als Normalkraftstoffe.

10.6.2 Otto-Kraftstoff-Additive

Chemische Wirksubstanzen, sogenannte «Additive», tragen zu einem störungsfreien Fahrzeugbetrieb bei. In der Praxis sind Additiv-Beimischungen bis zu 0,3% üblich. Die Additive sind letztlich

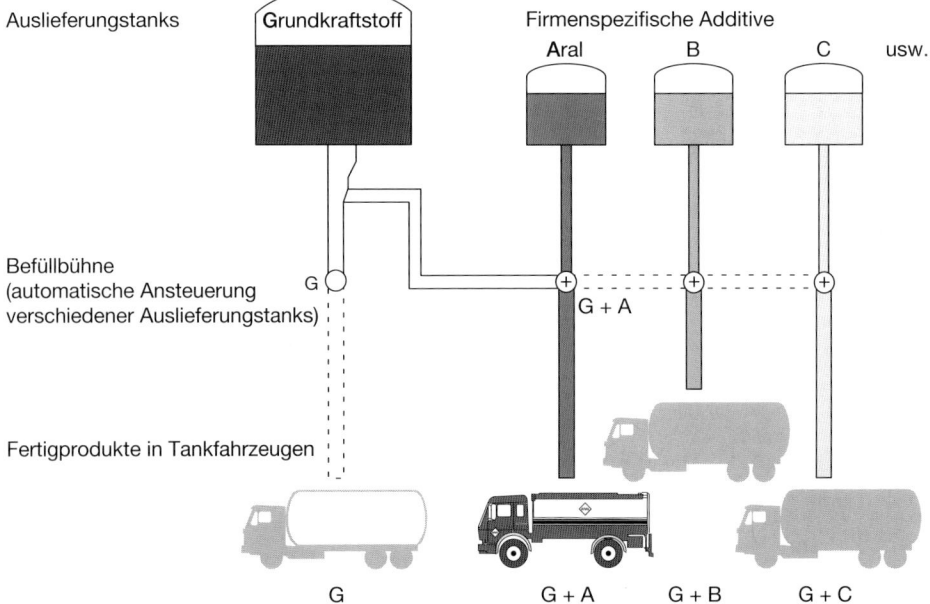

Firmenspezifische Additivierung bedeutet Differenzierung für große Marken

Auslieferungstanks — Grundkraftstoff — Firmenspezifische Additive
Aral   B   C   usw.

Befüllbühne
(automatische Ansteuerung
verschiedener Auslieferungstanks)   G   G + A

Fertigprodukte in Tankfahrzeugen

G   G + A   G + B   G + C

Bild 10.23   Additivierung der Markenkraftstoffe [Quelle: Aral]

wichtige Zusätze, die dem Basiskraftstoff bei der Tankwagenbefüllung (Bild 10.23) zugemischt werden, um einen hochwertigen Otto-Kraftstoff zur Verfügung zu stellen. Die Additive verringern den Kraftstoff- und Ölverbrauch, die Belastung des Triebwerks und tragen zu einer geringeren Umweltbelastung bei. In den USA schreibt die Umweltbehörde vor, daß die Additive in allen Otto-Kraftstoffen ab 1995 die Sauberkeit der Einlaß- und Einspritzventile gewährleisten müssen. Das europäische Auto-Öl-Programm verspricht ab dem Jahr 2000 richtungsweisende Emissions-reduzierungen durch weitere Kraftstoffmodifizierungen durch Qualitätsstandards für Otto- und Dieselkraftstoffe.

Die wichtigsten Additive für Otto-Kraftstoffe sind:

❐ Deicer; Additive gegen Vereisung im Ansaugsystem durch Verdunstungskälte,
❐ Korrosionsschutzadditive; sie verhindern Korrosion an Metallen im Motor und Ansaugsystem durch einen Schutzfilm,
❐ Detergents; sie halten das Kraftstoffsystem sauber durch sogenannte «KEEP CLEAN», und verschmutzte Bereiche werden gesäubert durch sogenannte «CLEAN UP»,
❐ Oktanzahlverbesserer – organische Sauerstoffverbindungen (Alkohole, MTBE), die zu einer Erhöhung der Klopffestigkeit des Otto-Kraftstoffs beitragen,
❐ Antioxidantien; sie verhindern chemische Reaktionen, besonders der ungesättigten Kohlen-wasserstoffe (Olefine) mit Sauerstoff, und schützen vor der Spiegelflächenbildung auf der Zylinderlaufbahn durch Ölkohleablagerungen im Feuerstegbereich und dadurch hervorgeru-fenem verstärkten Verschleiß (Gumbildung) im Motor. Die Alterungsschutzadditive ermög-lichen eine Lagerzeit von Otto-Kraftstoffen bis zu fünf Jahren.

10.7   Dieselkraftstoff

Der Dieselmotor benötigt einen zündwilligen Kraftstoff, damit sich der in die hochverdichtete und erhitzte Ansaugluft eingespritzte Kraftstoff selbst entzünden kann. Das Maß für die Zündwilligkeit ist die Cetanzahl. Dieselkraftstoff mit einem Siedebereich von etwa 160 bis 380 °C wird aus dem Mitteldestillat der atmosphärischen Destillation gewonnen (siehe Abschnitt 10.1.2). Um die steigende Nachfrage nach Dieselkraftstoff abzudecken, werden schwere Komponenten in Crack-Anlagen in leichte umgewandelt, deren zunehmender Einsatz führt zu einer Verschlechterung dieses für die motorische Verbrennung wichtigen Kennwertes. Die Mindestanforderungen an Dieselkraftstoff mit einer Cetanzahl von min. 49 sind in der DIN EN 590 (Bild 10.24) festgelegt. Die Cetanzahl wird in einem Einzylinder-CFR-Prüfmotor (n = 900 min^{-1}, Zündverzug

DIN-Kennwerte von Dieselkraftstoff und ihre Bedeutung (Auszug)

Kennwert	Einheit	Anforderungen nach DIN EN 590	Einfuß auf Fahrbetriebe
Dichte bei 15 °C	kg/m^2	820 – 860	Abgas/Verbrauch/Leistung
Zündwilligkeit Cetanzahl Cetanindex		 min. 49 min. 46	Verbrennungsverhalten/ Startverhalten/Abgas-und Geräuschemission
Siedeverlauf: Verdampfte Menge bis 250 °C bis 350 °C bis 370 °C	 Vol.-% Vol.-% Vol.-%	 max. 65 min. 85 min. 95	Abgas/Ablagerungsbildung
Viskosität (40 °C)	mm^2/s	2 – 4,5	Verdampfbarkeit/Schmierung
Flammpunkt	°C	min. 55	Sicherheit
Grenzwert der Filtrierbarkeit (CFPP) + 15.04. – 30.09. + 01.10. – 15.11. und + 01.03. – 14.04. + 16.11. – 29.02.	 °C °C °C	 max. 0 max. – 10 max. – 20	Betrieb bei niedrigen Temperaturen
Schwefelgehalt	Gew.-%	max. 0,05	Korrosion/«Partikel»-Emission
Koksrückstand	Gew.-%	max. 0,30	Rückstände im Brennraum
Asche	Gew.-%	max. 0,01	Rückstände im Brennraum
Wassergehalt (nach Karl Fischer)	mg/kg	max. 200	Korrosion

Bild 10.24   DIN-Kennwerte von Dieselkraftstoff und ihre Bedeutung [Quelle: Aral]

13 °KW) ermittelt (siehe Abschnitt 10.6.1). Dabei wird durch Verstellung des Verdichtungsverhältnisses die Zeit zwischen Einspritzbeginn und Verbrennungsbeginn gemessen. Die Cetanzahl ist der in Volumenprozent ausgedrückte Anteil an Cetan in einer Mischung aus Cetan (Cetanzahl 100) und Alpha-Methylnaphthalin (Cetanzahl 0), die in dem Prüfmotor denselben Zündverzug ergibt wie der zu prüfende Dieselkraftstoff. Die Cetanzahl hat für die Güte des Verbrennungsablaufs im Dieselmotor entscheidende Bedeutung. Je höher die Cetanzahl, um so besser ist dessen motorisches Verhalten. Neben Einflüssen auf das Start- und Abgasverhalten macht sich die Zündwilligkeit auch im Verbrennungsgeräusch bemerkbar (siehe Abschnitte 4.1 und 4.1.1).

Den Dieselkraftstoff bestimmende Kenngrößen sind:

Siedeverlauf: ihm kommt im Gegensatz zum Ottomotor nur eine untergeordnete Bedeutung zu. Jedoch darf der Anteil an hochsiedenden Komponenten nicht zu hoch sein, da sich sonst durch die Zunahme größerer Tröpfchen im Einspritzstrahl eine unvollständige Verbrennung ergeben würde. Diese würde die Rückstandsbildung fördern und die Rußbildung erhöhen.

Viskosität: Dieselkraftstoff mit zu niedriger Viskosität kann zu übermäßigem Verschleiß an den durch den Kraftstoff geschmierten Teilen der Verteilereinspritzpumpe führen. Zu hohe Viskosität führt zu einer Verschlechterung der Kraftstoffzerstäubung und damit der Gemischbildung mit einer damit verbundenen erhöhten Rußemission im Abgas.

Flammpunkt: Für die Lagerung von Dieselkraftstoffen gelten die Vorschriften für die Gefahrklasse A III, die einen Flammpunkt (siehe Abschnitt 10.6.1) von über 55 °C verlangt. Eine Vermischung mit Otto-Kraftstoffen führt zu einer Herabsetzung des Flammpunkt-Grenzwertes und darf auf keinen Fall in Lagerbehältern geschehen, da die Sicherheitsvorschriften nicht eingehalten werden können.

Kälteverhalten: Bei abnehmenden Temperaturen haben die für den Dieselbetrieb aufgrund ihres guten Selbstzündverhaltens besonders geeigneten paraffinischen Kohlenwasserstoffe die unerwünschte Eigenschaft, Kristalle zu bilden. Solche Kristalle können das Kraftstoffilter verstopfen und damit die Kraftstoffzufuhr unterbrechen. Der Temperaturgrenzwert der Filtrierbarkeit, auch **C**old **F**ilter **P**lugging **P**oint (CFPP) genannt, beschreibt das Kälteverhalten von Dieselkraftstoffen. Zur Verbesserung des Kälteverhaltens werden bei der Herstellung fließverbessernde Additive zugemischt, so daß bei Abkühlung die entstehenden Paraffinkristalle am Wachsen gehindert werden. Die Kältefestigkeit für Sommer-Dieselkraftstoff reicht bis 0 °C, bei tieferen Temperaturen muß rechtzeitig auf Winter-Dieselkraftstoff mit einer Kältefestigkeit bis –22 °C umgestellt werden. Ist kein Winterdiesel mit einer ausreichenden Kältefestigkeit verfügbar, kann je nach Herstellervorschrift eine geringe Menge Petroleum beigemischt werden. Von einer Verwendung von Otto-Kraftstoff ist abzuraten (siehe Flammpunkt). Moderne Fahrzeugmotoren verfügen über beheizbare Filter- und Kraftstoffleitungssysteme.

Alterungsschutz: Durch hohe Temperaturen kann ein Alterungs- und Oxidationsprozeß beschleunigt werden. Bei der Alterung entstehen schlammartige Rückstände, die zu einer Filterverstopfung führen können. Außerdem finden Bakterien und Pilze an der Oberfläche zwischen Kraftstoff- und Kondenswasserschicht einen hervorragenden Nährboden, so daß sie sich unter günstigen Bedingungen so stark vermehren, daß es z.B. zu Filterverstopfungen kommt. Dieses kann am wirksamsten durch den Entzug ihrer wäßrigen Lebensgrundlage verhindert werden, was einen regelmäßigen Kraftstoffilterwechsel erfordert.

Dichte: Dieselkraftstoff mit sehr niedriger Dichte stellt bei gleichem Einspritzvolumen der Einspritzpumpe einen geringeren Energiegehalt zur Verfügung. Die erforderliche Leistung kann nicht erzielt werden, und der Kraftstoffverbrauch steigt. Mit zunehmender Dichte steigt allerdings der Energiegehalt, wodurch die Leistung, aber auch die Partikelemission steigt. Um diese Gegensätze im Rahmen zu halten, möchten die Motorenhersteller eine Einengung des nach Norm zulässigen Dichtebereichs von 820 bis 860 g/cm^3. Durch die Einführung eines Dichtesensors im Einspritzsystem zur Erfassung der Dichteschwankungen könnte ein Ausweg aus dem Zielkonflikt gefunden werden.

Schwefel: In Verbindung mit einem reduzierten Schwefelgehalt können moderne Motorenkonzepte deutlich niedrigere Partikelemissionen erreichen. Bei der motorischen Verbrennung reagiert der Schwefelanteil des Diesels mit Sauerstoff zu Schwefeldioxid (SO_2) und ein sehr geringer Anteil noch weiter zu Sulfat, an das sich Wasser anlagert. Im Motor und Auspuff tragen diese Verbindungen zur Korrosionsbildung und erhöhtem Verschleiß bei. Für die Umwelt gilt Schwefeldioxid als Mitverursacher des sauren Regens. Das Sulfat beeinflußt die Partikelemission (Bild 10.25). Vor diesem Hintergrund wurde eine Herabsetzung des Schwefelgehaltes im Dieselkraftstoff auf 0,05 Gewichtsprozente erforderlich. Die für die Absenkung des Schwefelgehaltes erforderlichen Raffinerieverfahren führen zum Verlust von Schmiereigenschaften, der sogenannten «Lubricity» des Diesels. Additive gleichen diesen Schmierverlust aus und bieten zusätzlich einen Verschleißschutz an kritischen Motorbauteilen. Die Verringerung des Schwefelgehaltes im Dieselkraftstoff führt zu einer Reduzierung der Partikelemission um etwa 3% bis rund 60%, wobei der höchste Wert bei Vollast mit Oxidationskatalysator (siehe Abschnitt 2.9.6) auftritt. Eine weitere Reduzierung des Schwefelgehaltes ist mit erheblichen Investitionen und erhöhtem Energieaufwand im Raffinierprozeß verbunden.

Bild 10.25   Schwefelanteil im Dieselpartikel [Quelle: Aral]

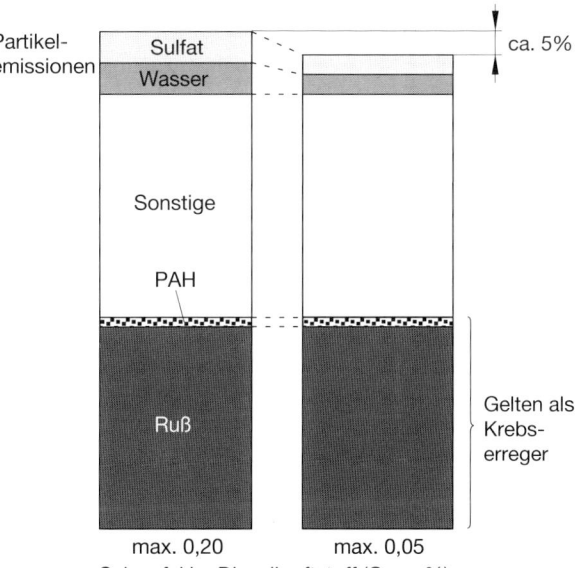

«Kritische» Partikelanteile werden durch niedrigen Schwefelgehalt nicht reduziert

10.7.1   Dieselkraftstoff-Additive

In Dieselkraftstoffen kommen ebenso chemische Wirksubstanzen als Additivierung zur Anwendung wie in Otto-Kraftstoffen (siehe Abschnitt 10.6.2).
Die bedeutendsten Additive sind:

Zündbeschleuniger: Reicht die «natürliche» Zündwilligkeit eines Dieselkraftstoffs nicht aus, kann die Cetanzahl durch Beimischung von Zündbeschleunigern, bestimmten Kohlenwasserstoffverbindungen, erhöht werden.

Detergent: Die Bildung von Ablagerungen an den Einspritzdüsen beeinträchtigt die Güte der Gemischbildung im Dieselmotor. Waschaktive Stoffe können die Einspritzsysteme sauberhalten und vorhandene Ablagerungen abbauen.

Korrosionsschutzadditive: Die Korrosionsprodukte können Filter verstopfen und zu erhöhtem Verschleiß der Einspritzpumpe führen. Korrosionsschutzadditive schützen metallische Teile gegen den Angriff von Feuchtigkeit.

Anti-Schaum: Dieselkraftstoffe neigen zu starker Schaumbildung, z.B. beim Tanken. Anti-Schaum-Additive unterdrücken die Schaumbildung und ermöglichen eine schnellere Betankung.

Fließverbesserer: Insbesondere im Winter-Dieselkraftstoff verhindern Fließverbesserer das Wachstum der in der Kälte ausgeschiedenen Paraffinkristalle, so daß sie klein bleiben und nicht zu größeren Kristallen verkleben.

Verschleißschutzadditive stellen die notwendige Schmierung der Einspritzpumpe sicher, die durch den niedrigen Schwefelgehalt verlorengegangen ist.

Biozide vermeiden ein Bakterienwachstum, verhindern ein Verstopfen der Filtersysteme und ermöglichen eine Lagerzeit von bis zu zwei Jahren.

10.8   Alternative Kraftstoffe

Der Erdölvorrat unserer Erde geht irgendwann zur Neige, so daß die aus ihm gewonnenen Kraftstoffe nicht in unbegrenzter Menge zur Verfügung stehen. Je nach Betrachtungsweise reichen die Erdölvorräte noch 40 bis 150 Jahre. Zur Verminderung der Abhängigkeit vom Erdöl und zur Verbesserung der Energieausnutzung – heutige Fahrzeugmotoren nutzen lediglich 30 bis maximal 40% des Energiegehaltes der Kraftstoffe aus – und zur Verringerung der Schadstoffemissionen gewinnen alternative Kraftstoffe an immer größerer Bedeutung. Man unterscheidet nach regenerativen Energien (erneuerbare Energien oder nachwachsende Rohstoffen) und den nur im begrenzten Umfang zur Verfügung stehenden (erschöpfliche Energiequellen). Die Verbreitung alternativer Energien ist stark von den geographischen Gegebenheiten und den politischen Diskussionen abhängig. Für die folgenden Betrachtungen werden diese Aspekte nicht berücksichtigt.

Aufbau einer CNG-Tankstelle

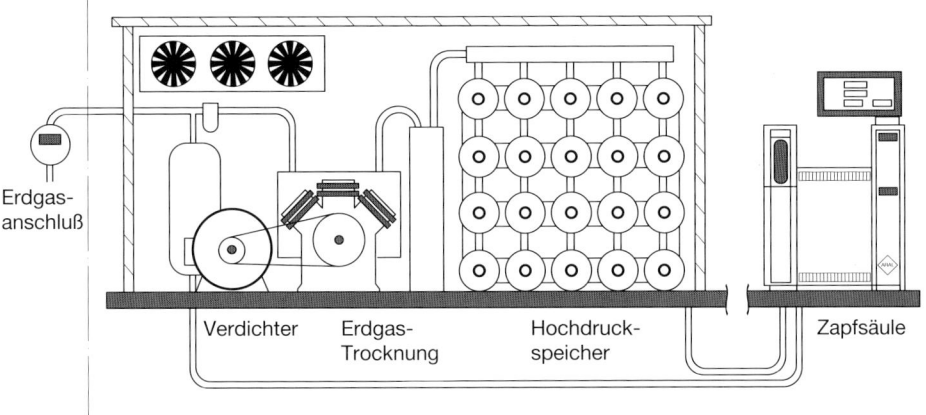

Bild 10.26   Aufbau einer Erdgas-Tankstelle [Quelle: Aral]

10.8.1   Erdgas

Wegen seiner hohen Oktanzahlen (MOZ 120; siehe Abschnitt 10.6.1) ist Erdgas (CNG = kompri-
miertes Naturgas) für den Einsatz in Ottomotoren geeignet. Diese müssen auf die speziellen
Eigenschaften des Erdgases abgestimmt werden, ermöglichen aber einen parallelen Betrieb von
Otto-Kraftstoff und Erdgas. Der Schadstoffausstoß im Erdgasbetrieb liegt ca. 30% niedriger im
Vergleich zum Otto-Kraftstoff. Der geringere volumetrische Energiegehalt erfordert die Kompri-
mierung des Erdgases auf ca. 200 bar, um einen wirtschaftlichen Transport im Fahrzeug zu
gewährleisten (Bild 10.26).

10.8.2   Methanol

Methanol, ein bei Raumtemperatur flüssiger Alkohol, kann aus allen kohlenstoffhaltigen Materialien wie Erdgas, Kohle oder Biomasse hergestellt werden. Methanol ist ein hervorragender
Ottomotoren-Kraftstoff und wird teilweise in dafür abgestimmten Motoren im Rennsport eingesetzt. Nachteilig ist der im Vergleich zu konventionellen Otto-Kraftstoffen nur halb so hohe Energiegehalt. Daraus resultiert ein deutlich höherer Verbrauch. Bei der motorischen Verbrennung
entstehen geringere Schadstoffmengen, und die guten Brenneigenschaften ermöglichen es,
Magerkonzepte anzuwenden.

10.8.3   Wasserstoff

Wasserstoff, das einfachste aller chemischen Elemente, kommt in der Natur nicht frei, sondern
gebunden in Form von Wasser, Erdöl oder Erdgas vor. Idealerweise – aber noch sehr teuer – wird
Wasserstoff aus Wasser per Elektrolyse gewonnen. Bei der praktisch kohlendioxid(CO_2)- und
schadstofffreien Verbrennung entsteht im Motor wieder Wasser, das in den Kreislauf zurückge-
langt (Bild 10.27). Die Problematik liegt in der sicheren und ausreichenden Speicherung in Fahr-
zeugtankanlagen.

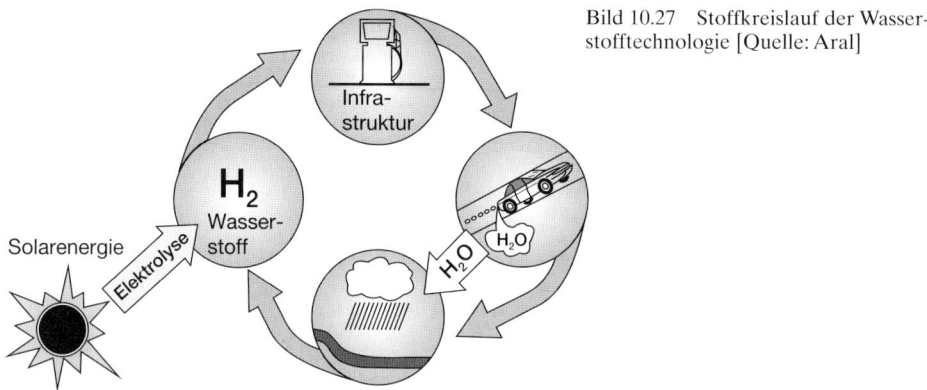

Bild 10.27   Stoffkreislauf der Wasserstofftechnologie [Quelle: Aral]

10.8.4   Elektroantrieb

Elektrofahrzeugmotoren sind Stand der Technik, aber das Problem liegt in der Speicherung der elektrischen Energie. Bisher verfügbare Batterien sind extrem schwer, die erzielbaren Reichweiten sind mit einer Batteriefüllung sehr gering und die Lebensdauer durch die begrenzten Aufladezyklen begrenzt.

10.8.5   Biodiesel

Biodiesel, ein aus der Rapspflanze nachwachsender Energieträger, kann im Dieselmotor in Form von **R**apsöl**m**ethyl**e**ster (RME) eingesetzt werden. Seine Eigenschaften können am ehesten mit herkömmlichem Dieselkraftstoff verglichen werden. Der bei seiner Einführung propagierte geschlossene CO_2-Kreislauf (Bild 10.28) – durch den Verbrauch des Kohlendioxids während des

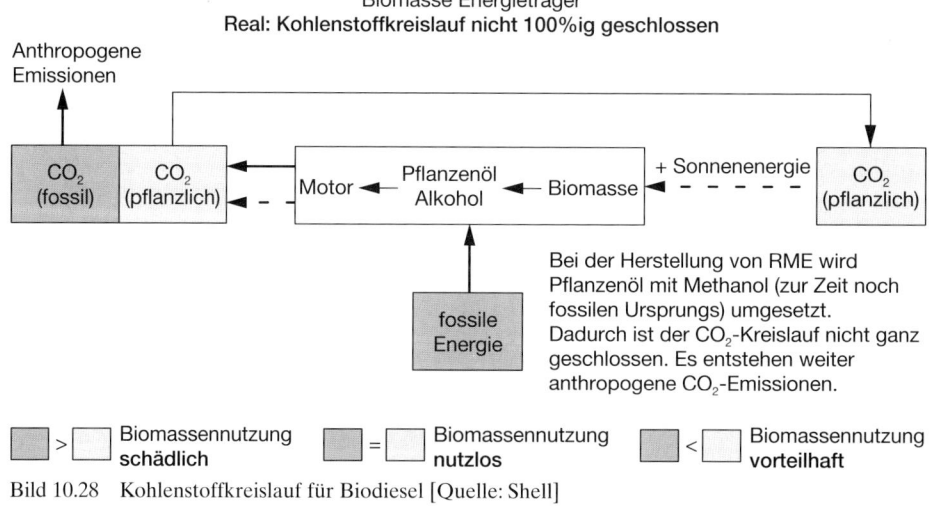

Bild 10.28   Kohlenstoffkreislauf für Biodiesel [Quelle: Shell]

Wachstums – kann nicht ganz eingehalten werden, da bei der Umsetzung der Methanolherstellung noch fossiles Erdgas eingesetzt wird. Die Schadstoffemissionen im Betrieb mit RME weisen Vorteile für die Abgaskomponenten HC, CO und Ruß aus, jedoch steigen die NO_x-Werte. Aufgrund des geringeren Heizwertes von RME ergibt sich im Betrieb ein Leistungsrückgang von 6 Prozent und ein Kraftstoffmehrverbrauch von bis zu 10 Prozent. Um Qualitätsschwankungen möglichst gering zu halten, existiert eine Vornorm für Biodiesel «DIN 51 606-RME». Die Nachteile von RME liegen in seiner aggressiven Wirkung gegenüber Kunststoffen und Lacken und dem hohen Wassergehalt, der zu Korrosion im Motor führt. Lagerprobleme entstehen durch einen hohen Bakterienbefall, besonders bei Vermischung mit Dieselkraftstoff. Es existieren von verschiedenen Fahrzeugherstellern Freigaben für Dieselmotoren für den Betrieb mit Biodiesel, z.B. VW, MB. Biodiesel ist zur Zeit steuerfrei und seine Herstellung stark subventioniert.

10.9   Umgang mit Kraftstoffen und Kennzeichnung

Nach der Gefahrstoff-Verordnung sind Otto-Kraftstoffe beim «Inverkehrbringen» kennzeichnungspflichtig. Deshalb müssen Zapfsäulen und Reservekanister mit einem Aufkleber versehen sein, der die Gefährlichkeitsmerkmale nennt und Gefahrenhinweise sowie Sicherheitsratschläge gibt (Bild 10.29). Dieselkraftstoffe sind nach der Gefahrstoff-Verordnung nicht kennzeichnungspflichtig. Die Verordnung über brennbare Flüssigkeiten unterscheidet zwischen zwei Gefahrgruppen. Zur Gefahrgruppe A zählen alle Flüssigkeiten, die nicht mit Wasser mischbar sind, zur Gefahrgruppe B solche, die sich in jedem Verhältnis in Wasser lösen. Die brennbaren Flüssigkeiten der Gefahrgruppe A werden entsprechend ihrem Flammpunkt (siehe Abschnitt 10.6.1) in verschiedene Gefahrklassen eingestuft:

Gefahrklasse A I: Flüssigkeiten mit einem Flammpunkt unter 21 °C;

Gefahrklasse A I: Flüssigkeiten mit einem Flammpunkt von 21 bis 55 °C;

Gefahrklasse A III: Flüssigkeiten mit einem Flammpunkt über 55 bis 100 °C.

Bild 10.29   Kennzeichnung von Ottokraftstoffen nach der Gefahrstoffverordnung

Giftig

Ottokraftstoff

enthält: Benzol (1 – 5 Vol.-% Methanol (max. 3 Vol.-%), Toluol, Xylole

Hochentzündlich

Gefahrenhinweise:
Giftig beim Einatmen, Verschlucken und bei Berührung mit der Haut.
Dampf-Luft-Gemisch explosionsfähig.
Kann Krebs erzeugen (Gefahrstoff V Gruppe II)

Sicherheitsratschläge:
Von Zündquellen fernhalten – nicht rauchen.
Dämpfe nicht einatmen.
Berührung mit den Augen und der Haut vermeiden.
Nie zu Reinigungszwecken verwenden.

Otto-Kraftstoffe haben einen Flammpunkt unter –20 °C und zählen deshalb zur Gefahrklasse A I. Dieselkraftstoffe müssen, wie es auch die DIN 51 601 fordert, einen Flammpunkt über 55 °C besitzen. Nur dann können sie der Gefahrklasse A III zugeordnet werden. Jede Beimischung von Otto-Kraftstoff zum Dieselkraftstoff setzt die Gefahrklasse herab.

11 Technisches Zeichnen

Die Grundlagen für das Lesen und Anfertigen von technischen Zeichnungen

11.1 Maßstäbe und Linienarten

11.1.1 Maßstäbe nach DIN 823

Alle Werkstücke sind möglichst immer maßstäblich zu zeichnen. Bei natürlicher Größe:

$M = 1 : 1$

Bei Verkleinerungen werden folgende Maßstäbe verwendet:

$M = 1 : 2,5; 1 : 5; 1 : 10; 1 : 20; 1 : 50; 1 : 100; 1 : 200; 1 : 500$

Bei Vergrößerungen:

$M = 2 : 1; 5 : 1; 10 : 1$

Bei einer Zusammenstellungszeichnung können verschiedene Maßstäbe (z.B. 1 : 1; 1 : 2,5; 2 : 1) vorkommen. Hier ist der Hauptmaßstab durch größere Schrift hervorzuheben. Um Verwechslungen zu vermeiden, ist es üblich, bei Vergrößerungen von kleinen Teilen zusätzlich eine Darstellung in natürlicher Größe ($M = 1 : 1$) ohne Maßstab daneben zu zeichnen.

11.1.2 Linienarten nach DIN 15 (Tabelle 11.1)

Linienart nach Liniengruppe 0,7	Anwendung
breite Vollinien	Für sichtbare Körperkanten und Umrisse, Gewindebegrenzung nach ISO, Schweißnähte und Schweißzeichen
Bleistiftminen HB Nr. $2\frac{1}{2}$ – Tuschespitzen 0,7	
schmale Vollinien	Für Maßlinien, Maßhilfslinien, Schraffurlinien, Kerndurchmesser bei Bolzengewinde und Außendurchmesser bei Innengewinde nach ISO, eingezeichnete Querschnitte, Bezugslinien, Diagonalkreuz, Oberflächenzeichen, Biegelinien und Lichtkanten
Bleistiftminen 2 H Nr. 4 – Tuschespitzen 0,35	
Strichlinien	Nicht sichtbare, verdeckte Kanten, Gewinde, Kerndurchmesser bei Bolzengewinde und Außendurchmesser bei Innengewinde, Fußkreis bei Zahnrädern, Schnecken und Zahnstangen
Bleistiftminen HB Nr. $2\frac{1}{2}$ – Tuschespitzen 0,5	
breite kurze Strichpunktlinien	Kennzeichnung begrenzter Oberflächenbehandlung oder Oberflächenbehandlung, Schnittverlauf
Bleistiftminen HB Nr. $2\frac{1}{2}$ – Tuschespitzen 0,7	
schmale Strichpunktlinien	Für Mittellinien, Teilkreise bei Zahnrädern, Lochkreise, Grenzstellungen bei Hebeln, Griffen usw.
Bleistiftminen HB Nr. 4 – Tuschespitzen 0,35	
Freihandlinien	Für Bruchkanten und Sprengfugen bei Metallen, Isolierstoffen, Steinen, Holz und Holzquerschnitten
Bleistiftminen 2 H Nr. 4 – Tuschespitzen 0,35	

Vollinien für sichtbare Kanten sind je nach der Darstellung so dick wie möglich zu zeichnen. Nach dieser Strichlinie a richten sich die übrigen Liniendicken und Linienarten. Die Linienarten müssen innerhalb einer Zeichnung gleich dick (stark) sein.

11.1.3 Normschrift nach DIN (Bilder 11.1 und 11.2)

1. Maßzahlen nach DIN sind innerhalb einer Skizze oder Zeichnung *immer gleich groß;* sie sollen möglichst nicht kleiner als 3 mm sein. Zusätze zur Maßzahl (Toleranzen, Kugel u.ä.) werden etwas kleiner geschrieben.

   Maßzahlen sind nach DIN so einzutragen, daß sie in der Gebrauchslage der Zeichnung von unten und von rechts lesbar sind.

   Bezugskanten und Gebrauchslage der Zeichnung beachten!

Großbuchstaben 10/10 × h
Kleinbuchstaben 7/10 × h
Strichdicke   1/10 × h
Zeilenabstand   14/10 × h

Nennhöhe h in mm		
	2,5	3,5	5
7	10	14	20

Nennhöhe ist die Höhe der Großbuchstaben

2. Maßzahlen dürfen durch Linien – z.B. Mittellinien oder Schraffurlinien – nicht getrennt oder gekreuzt werden.

3. Bei Platzmangel Maßzahlen über die Maßlücke (2,5) bzw. zwischen die aufeinander zulaufenden Maßpfeile setzen (7,5). Bei untereinanderstehenden Maßen werden die Maßzahlen gegeneinander versetzt.

4. Maßzahlen wie 6, 9, 66, 68, 86, 89, 98 und 99 erhalten in Zweifelsfällen einen Punkt am Ende. Insbesondere bei Kennzeichnung von Werkstücken mit Schlagzahlen zu beachten.

5. Maßzahlen für nicht maßstäblich gezeichnete Maße müssen *immer unterstrichen* werden (Maß Ø 10). Bei Handskizzen entfällt diese Unterstreichung, soweit diese nicht streng maßstäblich gezeichnet sind.

6. Die Stellung der Maßzahlen ist, wie wir aus 4. entnehmen, wichtig. Wie unter 1. aufgeführt, müssen die Maßzahlen einer Zeichnung so eingetragen sein, daß sie möglichst *von unten und von rechts* lesbar sind.

   Sind Maßzahlen bei «geneigten Maßlinien» oder Winkelangaben in den schraffiert gekennzeichneten Lagen nicht zu vermeiden, so müssen sie hier *von links* her lesbar sein.

   Auch dabei ist Punkt 4 zu beachten.

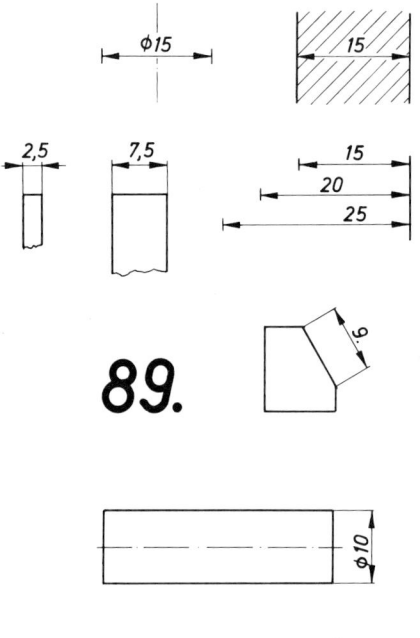

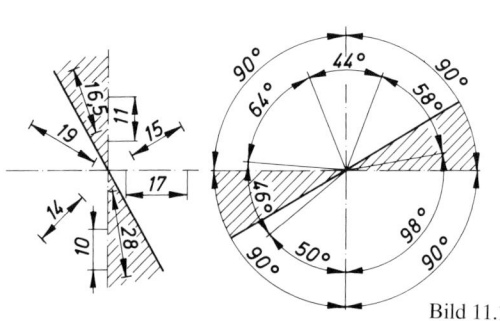

Bild 11.1

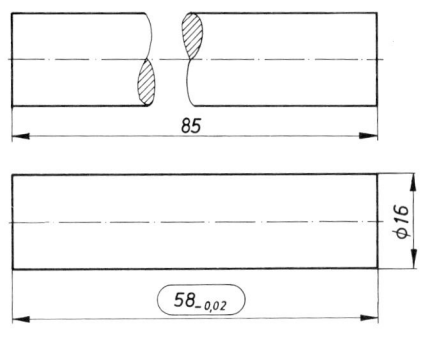

85

$58_{-0,02}$

$\phi 16$

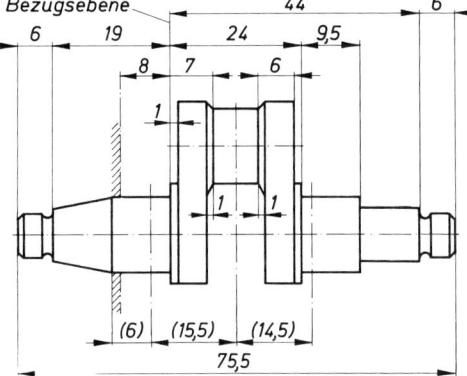

Bezugsebene

6 19 44 6

24 9,5

8 7 6

1

1 1

(6) (15,5) (14,5)

75,5

Bild 11.2

7. Werden Maßstrecken bzw. Teile unterbrochen dargestellt, sind die Maßzahlen nicht zu unterstreichen (Maß 85).

8. Maße, die vom Besteller (Empfänger) aufgrund besonderer Vereinbarungen verlangt werden, sind durch Einrahmung gekennzeichnet. Es sind besondere Prüfmaße.

9. Maßzahlen, die in Klammern sind, können als Prüfmaße oder Zusammenbaumaße (Funktion) besondere Bedeutung haben. Sie gelten also nicht für die Fertigung (Bearbeitung).

10. Alle Maßzahlen innerhalb einer Zeichnung müssen sich auf eine Maßeinheit (mm, cm, m) beziehen. Wird z.B. in einem Werkstattplan davon abgewichen, so ist hinter der Maßzahl die Maßeinheit anzugeben, um Unklarheiten zu vermeiden.

11.2   Radien und Durchmesser (Bilder 11.3 und 11.4)

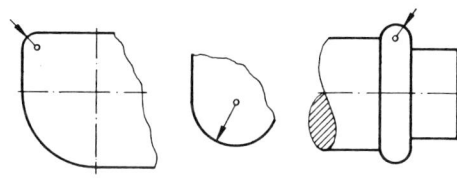

Regeln und Anwendung

1. Bei Radien wird immer nur ein Maßpfeil eingetragen. Der Mittelpunkt wird durch das Mittellinienkreuz, einen kleinen Kreis oder bei kleinen Maßen mit einem Punkt gekennzeichnet.

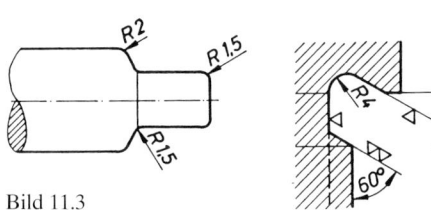

R2

R1,5

R1,5

R4

30°

60°

Bild 11.3

2. Kann ein Mittelpunkt aus Platzgründen (R4) nicht eingetragen werden, wird vor die Maßzahl ein R gesetzt. Ab 2 mm kann ein Mittelpunkt meist nicht mehr angegeben werden, daher ist hier immer ein R vor die Zahl zu setzen.

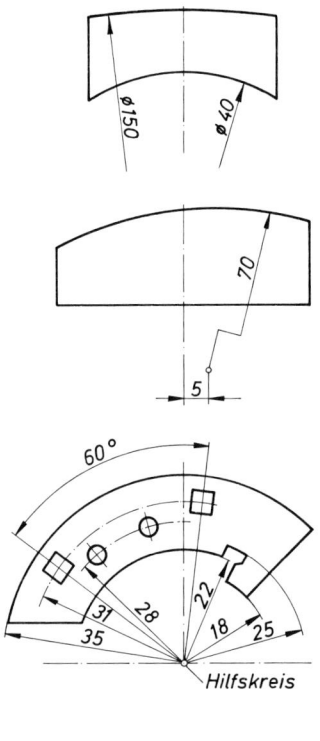

3. Liegen die Mittelpunkte von Radien (Halbmesser) außerhalb der Zeichnung (große Rundung), so entfällt der Mittelpunkt ebenfalls, und es wird ein R vor die Maßzahl gesetzt. Die Verlängerung der Maßlinie muß nach dem geometrischen Mittelpunkt zeigen.

4. Muß die Lage des außerhalb einer Zeichnung liegenden Mittelpunktes bemaßt werden, so ist wie in Bild 11.4 oben zu verfahren.

   Die Maßlinie vor dem rechtwinkligen Knick soll nach dem geometrischen Mittelpunkt zeigen. Das R entfällt, da ja der Mittelpunkt in die Zeichnung «hereingeholt» wurde.

   Die Maßlinie nach dem Knick liegt parallel zur Maßlinie vor dem Knick.

5. Sind Radien in größerer Zahl einzuzeichnen, so brauchen diese nicht zum Kreismittelpunkt, sondern nur bis zu einem kleinen «Hilfskreis» gezogen werden. (Bei Tuschezeichnungen könnten diese Linien sonst zusammenfließen.)

6. Das Durchmesserzeichen ist vor die Maßzahl zu setzen. Der «Querstrich» vom Durchmesserzeichen liegt in der Schriftrichtung = 75°.

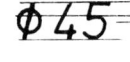

7. Ist der zu bemaßende Kreis als solcher völlig sichtbar, so entfällt das Durchmesserzeichen (Skizze nach DIN 406).

8. Nicht anzuwenden ist das Durchmesserzeichen also bei Maßen, die in einem Kreis (Kreisbogen) oder zwischen den Maßhilfslinien eines Kreises (Kreisbogens) stehen.

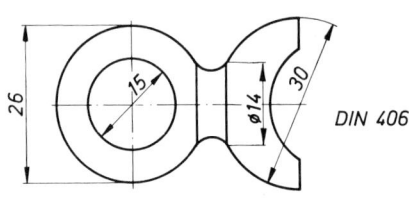

9. Die Maßlinie des Durchmessers kann man bei «Symmetrieschnitten» wie in Bild 11.4 unten verkürzen, doch darf das Durchmesserzeichen nicht entfallen.

10. Wenn bei einem kleinen Kreis aus Platzgründen ein kurzer Bezugsstrich gesetzt werden muß, darf das Durchmesserzeichen nicht entfallen.

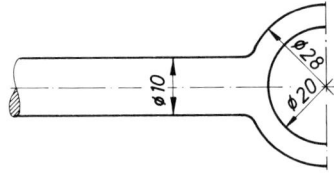

Bild 11.4

11.3 Kugel- und Quadratzeichen (Bilder 11.5 und 11.6)

Anwendung eines Diagonalkreuzes

1. Kugelige Werkstücke erhalten die Bezeichnung Kugel ∅ vor dem Nennmaß.

2. Liegt der Mittelpunkt des Kugeldurchmessers innerhalb des gezeichneten Kugelteiles, so wird das Maß mit zwei Pfeilen voll ausgezeichnet und kein zusätzliches Durchmesserzeichen eingetragen (DIN 406).

3. Ist die Maßlinie des Kugeldurchmessers nicht mit zwei Pfeilen versehen oder ist die Kugel als solche nicht ohne weiteres erkennbar, so tritt hinter das Wort «Kugel» das «∅».

4. Liegt der Mittelpunkt eines Kugelhalbmessers außerhalb des gezeichneten Kugelteiles, steht der Kugelradius R hinter dem Wort «Kugel».

5. Das Quadratzeichen muß wie das Durchmesserzeichen vor der Maßzahl stehen.

6. Im Gegensatz zum ∅ erhält das Quadratzeichen (□) keinen «Beistrich», und außerdem liegt es auch nicht in der Schriftrichtung unter 75°, sondern steht senkrecht vor der Maßzahl.

7. Das Quadratzeichen kennzeichnet die quadratische Form eines Werkstückes, wenn diese als solche nicht zu erkennen ist:
   Zu bevorzugen ist jedoch die Darstellung, bei der die Maße der Quadratform in einer Ansicht (z.B. Seitenansicht) zu erkennen sind. In diesem Fall entfällt das Quadratzeichen, und es wird an zwei Quadratseiten (rechts unten) das Quadratmaß eingetragen.

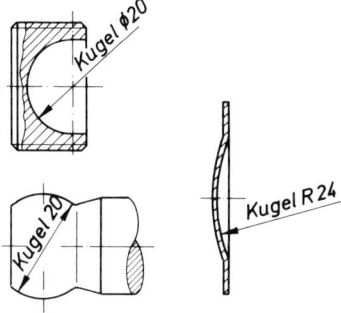

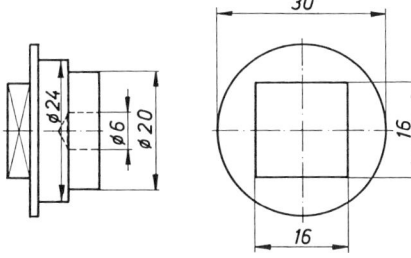

Bild 11.5

Kugel- und Quadratzeichen **1095**

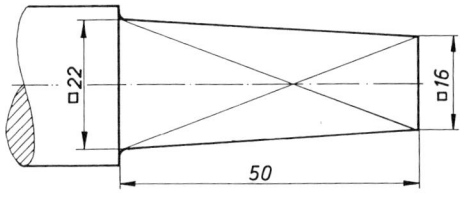

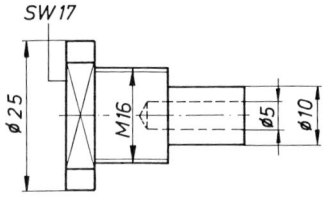

8. Ist nur eine Ansicht in nebenstehender Form (Bild 11.6 oben) zu zeichnen möglich, so muß zu dem Quadratzeichen auch noch das Diagonalkreuz treten. Das Diagonalkreuz ist aber auch bei zwei Ansichten zulässig. Das Diagonalkreuz wird durch eine dünne Vollinie (Dicke wie Maßlinie) dargestellt.

9. Das Diagonalkreuz kennzeichnet nicht allein nur quadratische Körper, sondern auch andere ebene vierseitige Flächen, die z.B. an einem Rundkörper liegen.

10. Bei genormten Vierkanten, bei denen die Form aus der Benennung schon hervorgeht, genügt die einmalige Angabe der Seitenlänge bzw. der Schlüsselweite (SW 17).

Bild 11.6

11.4 Kennzeichnung der Oberflächen durch Oberflächenzeichen

Die Oberflächenbeschaffenheit wird durch Symbole und zusätzliche Angaben z.B. Ra 3,2 (Mittenrauhwert 3,2 µm) nach DIN ISO 1302 gekennzeichnet.

Das Grundsymbol besteht aus zwei ungleich langen Linien, wovon die rechte länger angeordnet ist. Der Winkel zwischen den beiden Linien beträgt 60°. Soll eine Aussage zur Oberflächenbeschaffenheit gemacht werden, wird das Grundsymbol durch eine kurze Querlinie oder durch einen kleinen Kreis ergänzt. Sind besondere Oberflächen notwendig, erhält die längere Linie noch zusätzlich eine waagerechte Linie. Die Größe der Symbole ist abhängig von der Schriftgröße der Maßzahlen. Bei einer Schriftgröße von 5 mm haben die Symbole eine Gesamthöhe von 14 mm, während der untere Teil 7 mm hoch ist (Tabelle 11.2).

Anwendung der Oberflächenzeichen

Das Symbol und die Beschriftung sind so anzuordnen, daß es von unten oder von der rechten Seite zu lesen ist, wobei die Spitze des Symbols immer an eine Werkstückkante, an herausgezogenen Hilfslinien oder Maßhilfslinien gesetzt wird (Bild 11.7).

Bei überwiegend gleicher Oberflächenbeschaffenheit setzt man das am häufigsten vorkommende Symbol neben das Werkstück und die anderen Symbole in eine Klammer daneben (Bild 11.8).

Tabelle 11.2

Symbol	Bedeutung
√	Grundsymbol. Ohne zusätzliche Angabe keine Bedeutung Herstellverfahren freigestellt
√	Herstellverfahren materialabtrennend
◦√	Materialabtrennung nicht zugelassen
√	Fertigungsverfahren: gefräst, geschliffen usw.

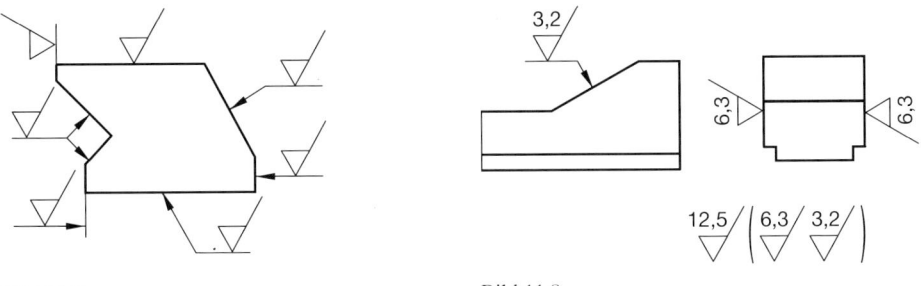

Bild 11.7   Bild 11.8

11.5   Einführung in Schnittdarstellungen

11.5.1   Vollschnitt/Halbschnitt

Schnittdarstellungen sind wertlos, wenn Vorder-, Seitenansicht und Draufsicht das Werkstück nicht erschöpfend wiedergeben (z.B. Hohlkörper u.ä.).

Ein Schnitt ist die gedachte Zerlegung eines Werkstücks durch eine oder mehrere Schnittebenen. Dadurch entstehen die Schnittflächen, die in der jeweiligen Schnittebene liegen.

Man unterscheidet dabei: Vollschnitte (Bild 11.9 oben), Halbschnitte (Bild 11.9 Mitte) und Teilschnitte (Bild 11.9 unten).

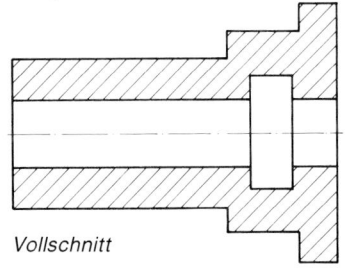

Vollschnitt

Einfache Hohlkörper werden im Längsschnitt und meist in der Hauptansicht dargestellt. Unsichtbare Kanten sind im Schnitt nur dann einzuzeichnen, wenn sie zum Verständnis der Zeichnung unbedingt nötig sind.

Umlaufende Kanten und durch den Schnitt sichtbar gewordene Teile sind sichtbare Kanten.

Halbschnitte werden bei symmetrischen Teilen (Drehteile) gezeichnet. Man schneidet das Werkstück bis zur Mittellinie und läßt eine Hälfte ungeschnitten. Die geschnittene Fläche befindet sich bei stehenden Werkstücken rechts, bei liegenden Werkstücken unten. Fallen die Mittellinie und eine Körperkante des Halbschnittes zusammen, wird nur die Mittellinie gezeichnet.

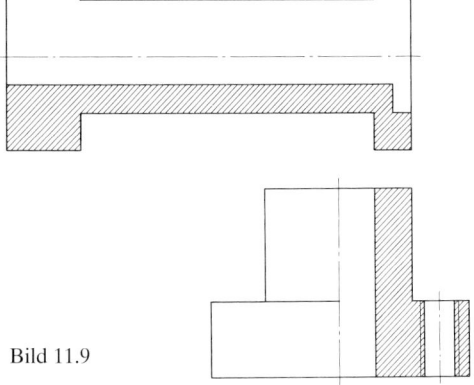

Bild 11.9

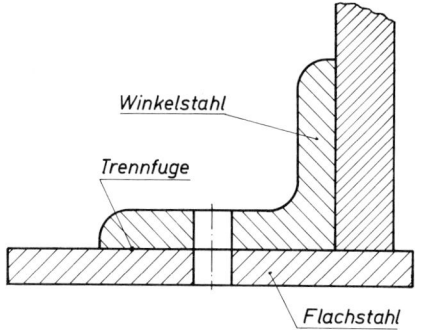

Winkelstahl

Trennfuge

Flachstahl

Trennfugen sind mitzuzeichnen. Aneinanderstoßende Teile erhalten entgegengesetzt gerichtete Schraffuren. Unter 45° schraffieren.

11.5.2   Teilausschnitte, Ausbruch und Abbruch

Es ist nicht immer zweckmäßig, das ganze Werkstück durchgehend im Schnitt zu zeichnen oder die Halbschnitt-Darstellung anzuwenden. In vielen Fällen verwendet man, wie die Beispiele von Bild 11.10 zeigen, für die Darstellungen von Teilschnitten oder Ausbrüchen und Abbrüchen die dünne Freihandlinie.

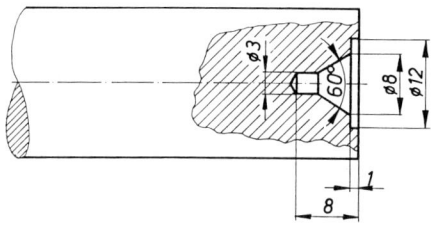

Bild 11.10

Ausbruch

Beachten Sie immer, daß keine Maße an unsichtbare (gestrichelt gezeichnete) Kanten gelegt werden sollen. Deshalb ist hier an diesem Wellenende der *Ausbruch* gerechtfertigt.

Teilausschnitt, Ausbruch und Abbruch

Der Teilausschnitt wird durch eine dünne Freihandlinie begrenzt.

Der Ausbruch gestattet eine Verkürzung des Werkstückes und seiner Bemaßung (vgl. Maß 100).

Der Abbruch soll die Form des Werkstückes kennzeichnen, selbst dann, wenn *kein* Durchmessermaß angegeben ist.

Nach DIN kann der Abbruch einer Welle auch mit einer Freihandlinie –

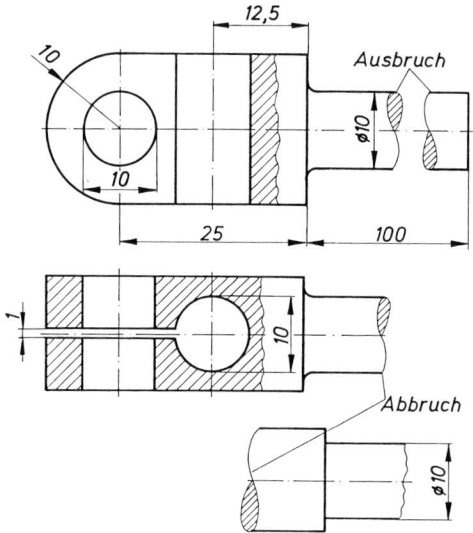

1098   *Technisches Zeichnen*

jedoch nur *mit* Maßeintragung – dargestellt werden.

Bild 11.10 (1) zeigt den *Ausbruch* eines Profilstückes mittels Freihandlinie. Im Ausbruch wird das Profil im «Querschnitt» bemaßt (Einsparung einer weiteren Ansicht). Die Angabe L 15 × 20 × 2 auf dem Profil erspart den Ausbruch und den «Querschnitt».

Bild 11.10 (2) zeigt den Abbruch eines Profilstückes mittels Strichpunktlinie.

Diese Darstellung ist meist im Stahlbau üblich. Der «Querschnitt» des Profils wird *ohne Ausbruch* eingezeichnet (dünn).

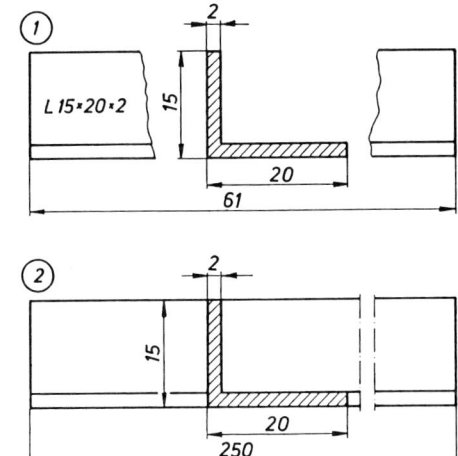

11.6   Gewindedarstellung und Bemaßung (Bild 11.11)

Darstellung von Außengewinden
Die bemaßte Gewindelänge ist die nutzbare Gewindelänge. Ausnahme ist das Einschraubende des Stehbolzens. Hier zählt der Gewindeauslauf zur angegebenen Gewindelänge.

Der Gewindeaußendurchmesser wird als dicke Vollinie, der Gewindekerndurchmesser als dünne Vollinie und das *Gewindeende als dünne Vollinie gezeichnet.*

Darstellung von Innengewinden
Der Gewindekerndurchmesser wird als dicke Vollinie, Gewindeaußendurchmesser und Gewindeende werden als dünne Vollinie und die Bohrspitze im Winkel von 120° gezeichnet.

Bemaßt werden die Bohrtiefe und die brauchbare Gewindelänge.

Darstellung von unsichtbaren Gewinden

Ungenaue Darstellung von Innengewinden
Die angegebene Länge ist die Bohrtiefe, nicht die brauchbare Gewindelänge.

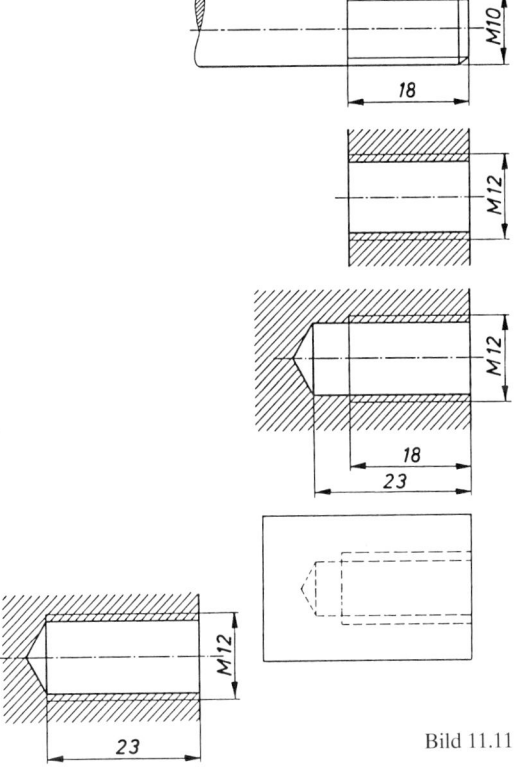

Bild 11.11

Darstellung von Innengewinden in der Draufsicht

Wenn eine abnorme Ansenkung in der Seitenansicht gezeichnet wird, so wird sie in der Draufsicht nicht gezeichnet, wenn der Außendurchmesser der Ansenkung kleiner ist als der Gewindeaußendurchmesser.

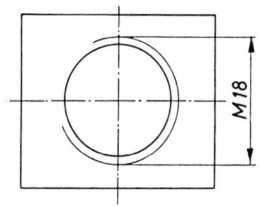

11.7 Verjüngung, Neigung nach DIN 406 (Bild 11.12)

Verjüngung

Das Wort Verjüngung wird bei Werkstücken mit Pyramidenform angewendet und hat die gleiche Bedeutung wie das Kegelverhältnis.

Die Angabe, z.B. Verjüngung 1 : 5, ist stets auszuschreiben. Sie steht etwas über der Mittellinie und ist parallel zu ihr einzutragen.

Im Beispiel Bild 11.12 oben beträgt die Verjüngung 1 : 5, d.h., auf die Länge von 50 mm verjüngt sich der Pyramidenstumpf um 10 mm.

Berechnung der Verjüngung

$$1 : x = \frac{a - b}{L} = \frac{20 - 10}{50} = \frac{1}{5} = 1 : 5$$

Neigung

Bei pyramidenförmigen Werkstücken ist die Eintragung der Neigung selten erforderlich. Häufiger ist die Eintragung an schrägen Flächen, z.B. bei Formstählen, Keilriemen usw. Die Eintragung der Neigung erfolgt parallel zur Mantellinie. Das Wort Neigung wird stets ausgeschrieben.

Neigung = $^{1}/_{2}$ Verjüngung bzw. Kegel

Berechnung der Neigung

A. Neigung $1 : y = \dfrac{a - b}{2\,L}$

$$1 : y = \frac{20 - 10}{2 \cdot 50}$$

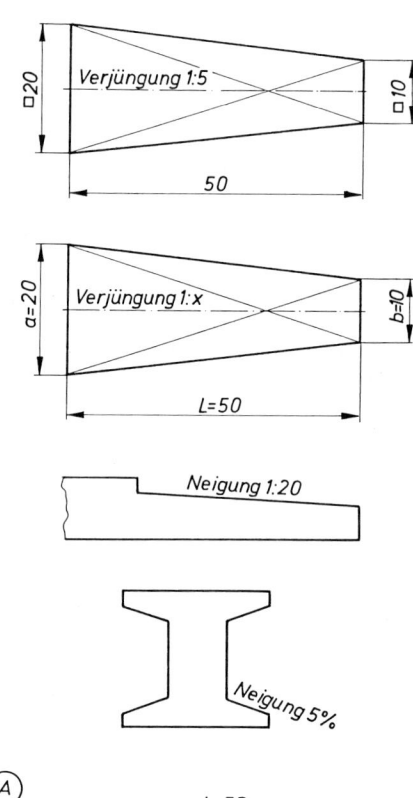

Bild 11.12

$$1 : y = 1 : 10$$

B. $$1 : y = \frac{18 - 8}{2 \cdot 40}$$

$$1 : y = 1 : 8$$

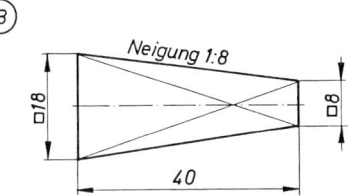

11.8 Bemaßung nach Bezugskanten

11.8.1 Mittellinien und Bezugspunkte

Von der Wahl der Bezugspunkte hängt der Aufbau einer Bemaßung ab. Die Bezugskante ist die bearbeitete Kante, eine unbearbeitete Kante ist als Bezugskante ungeeignet.

Bei (A; Bild 11.13) ist die Lage der Bohrungen in bezug auf die linke und untere Kante wichtig (für Bohrtisch mit Koordinatenverschiebung geeignete Bemaßung).

Bei (B) wird daneben besonderer Wert auf den Mittenabstand M gelegt.

Bei (C) ist der Abstand A der beiden Bohrungen fertigungsbedingt.

Bei (D) kann nur von einer Bezugskante ausgegangen werden. Die symmetrische Lage der Bohrungen zur senkrechten Mittellinie ist wichtig, außerdem wird auf Einhaltung des Bohrungsabstandes M Wert gelegt.

In Beispiel (E) ist zur Kennzeichnung der mittigen Lage von Bohrungen in Flachstahl und dergleichen das Gleichheitszeichen (=) anzugeben (DIN 406).

Sollen mehrere mit gleichen Abständen hintereinanderliegende Bohrungen unter Berücksichtigung von gleichen Randabständen (R) bemaßt werden, so kann bei groben Toleranzen unter Vermeidung einer «Maßkette» nach (F) bemaßt werden.

Sind mehrere Bohrungen mit *genaueren* Toleranzen herzustellen, so sind diese nach einem Bezugspunkt wie in Bild (G) zu bemaßen. Der Bezugspunkt ⊕ ist die Bohrungsmitte der Bohrung (A). Diese Bemaßung findet im Austauschbau bei kleinen Toleranzen (t) Anwendung.

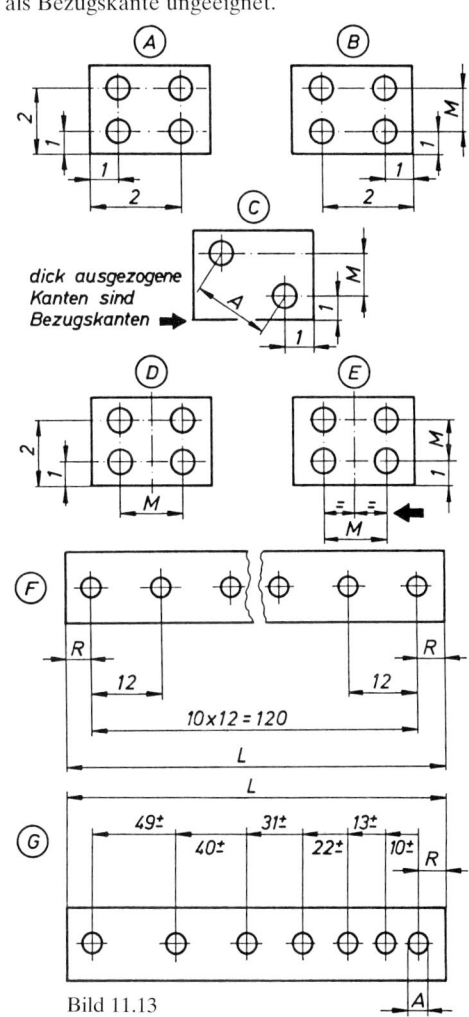

Bild 11.13

11.8.2 Fertigungs-, Funktions- und Kontrollmaße (Bild 11.14)

Berücksichtigen Sie bei der Bemaßung:
- ❐ die *Fertigungsart:* Handarbeit oder Maschinenarbeit,
- ❐ das *Fertigungsverfahren:* handmaschinell oder automatisch = *Fertigungsmaße,*
- ❐ den *Verwendungszweck* des Werkstückes und die Funktion = *Funktionsmaße,*
- ❐ die *Maßkontrolle* = *Kontrollmaße.*

Oberstes Gesetz bei der Fertigung und bei der Konstruktion: «Denke wirtschaftlich und handle ebenso.»

Unterscheiden Sie nach der Fertigungsart:

(A) Langloch von Hand bearbeitet.
20 = Maß für das Setzen der Körnerpunkte,
8 = Maß für Bohrung und
8 = Maß für Breite feilen.

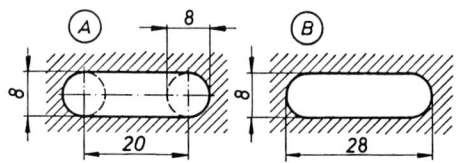

(B) Langloch mit Maschine hergestellt.
   Diese Bemaßung entspricht zugleich DIN.

Unterscheiden Sie nach dem Fertigungsverfahren:

(A) Gewinde auf der Drehbank geschnitten.
   Freidrehen handmaschinell erforderlich.

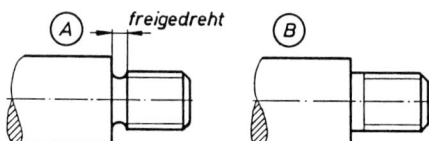

(B) Gewinde gewalzt oder gefräst.
   Einsparung des Freidrehens.

Unterscheiden Sie nach Verwendung und Funktion:

(A) Funktionsmäßig wichtiger Abstand (14) der beiden Bohrungen bleibt bei der Fertigung unberücksichtigt.

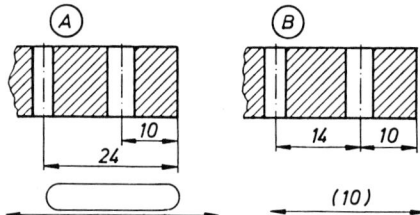

(B) Der Abstand 14, der die Verwendung und Funktion des Teiles bestimmt, wird beachtet.

Beachten Sie die Kontrollmaße:
Besondere Kontroll- oder Abnahmemaße

Bild 11.14

1102 *Technisches Zeichnen*

nach Auftrag des Kunden: eingerahmt oder zwischen Klammern gesetzt.

Die sonstigen Maße, die der Maßkontrolle unterliegen, sind nach Möglichkeit so anzuordnen, daß die Maßkontrolle erleichtert wird.

(A) = schwierig, (B) = einfacher.

Beachten Sie die Wirtschaftlichkeit:

Herstellung eines Wellenbundes (Bild 11.15). Vielleicht genügt schon ein Stellring. Arbeitszeitersparnis durch Verwendung von DIN-Teilen.

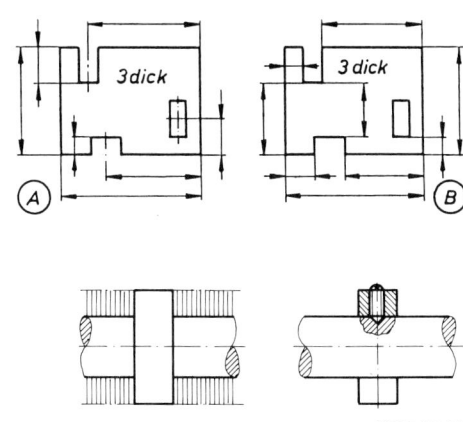

Bild 11.15

11.9   Kennzeichnung von Schweißnähten

Unter Schweißstoß versteht man die Nahtart, wie die zu verbindenden Teile aneinanderstoßen und wie sie miteinander verschweißt werden.

Im Kfz-Bereich werden am häufigsten der Stumpfstoß, T-Stoß und Eckstoß verwendet. In Bild 11.16 sind die wichtigsten und häufigsten Nahtarten in ihrer sinnbildlichen und bildlichen Darstellung gezeichnet.
Bei der Stumpfnaht sind

I-Naht,
V-Naht,
X-Naht,
HV-Naht und
K-Naht

dargestellt.

Bei der *Kehlnaht* (Bild 11.17) sind:

die sichtbare Kehlnaht,
die unsichtbare Kehlnaht,
die Doppelkehlnaht und
die umlaufende Kehlnaht

dargestellt.

Bild 11.16

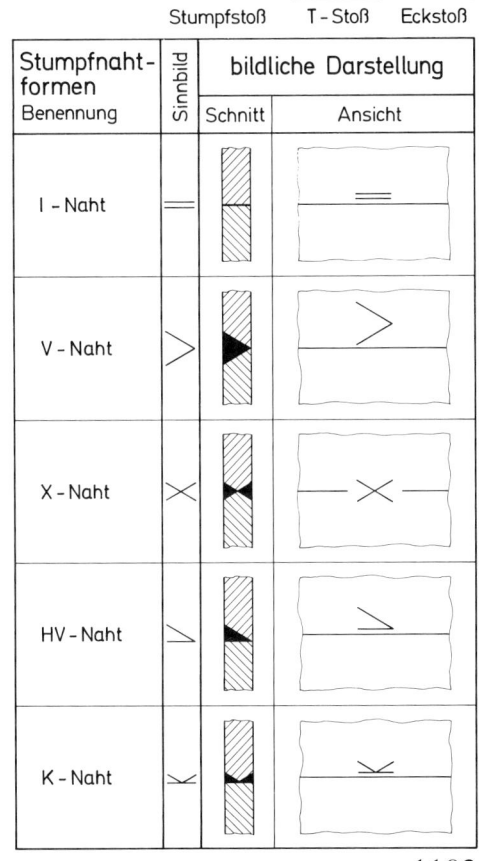

Kehlnähte	Sinnbild	bildliche Darstellung		Kehlnähte	Sinnbild	bildliche Darstellung	
		Schnitt	Ansicht			Schnitt	Ansicht
Kehlnaht flach sichtbar				Doppel-Kehlnaht			
Kehlnaht unsichtbar				Kehlnaht umlaufend			

Die *Ecknaht* (Bild 11.18) ist als äußere Kehlnaht zu zeichnen.

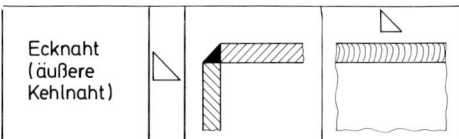

Ecknaht (äußere Kehlnaht)			

Die *Preß- oder Punktschweißung* ist in Bild 11.19 dargestellt.

Die zu verbindenden Teile liegen glatt aufeinander. Man verbindet beide Teile durch Schweißpunkte und erhält

eine einreihige Punktnaht oder
eine zweireihige Punktnaht, die außerdem versetzt durchgeführt werden kann.

Nahtart	bildliche Darstellung	
	Schnitt	Ansicht
Punktnaht, einreihig		
Punktnaht, zweireihig		
Punktnaht, zweireihig versetzt		

11.10   Die Blattgröße bei Zeichnungen

Grundsätzlich werden alle Zeichnungen und Skizzen auf einem DIN-Format angefertigt (Tabelle 11.3).
    Als Grundlage für die DIN-Papierform dient das Seitenverhältnis

$$\frac{\text{Breite}}{\text{Länge}} = \frac{1}{\sqrt{2}} \,.$$

Jeder Schnitt teilt dabei das Format in zwei gleich große Teile. Ein weiterer Schnitt in ein Teil des bereits einmal geschnittenen Formats ergibt eine Vierteilung des Ausgangsformats (Bild 11.20).

Tabelle 11.3

Format	Benennung	DIN-Reihe A
0	Vierfachbogen	841 × 1189
1	Doppelbogen	594 × 841
2	Einfachbogen	420 × 594
3	Halbbogen	297 × 420
4	Viertelbogen	210 × 297
5	Blatt	148 × 210
6	Halbblatt	105 × 148
7	Viertelblatt	74 × 105
8	Achtelblatt	52 × 74

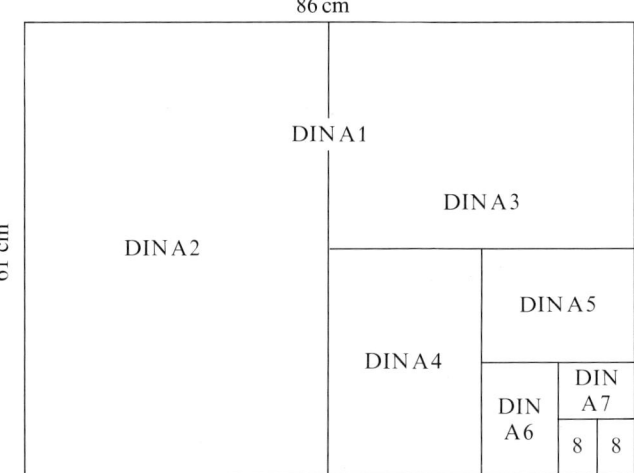

Bild 11.20   Rohbogen im Format DIN A4

Rohbogen im Format DIN A1

Stichwortverzeichnis

Common-Rail 337
Compact-Generator 924
Copolymerisate 1035
Cracken 1060
Crackpleuel 55
Cromal-Zylinder 69

D

D2-Lampe 948
Dackellauf 511
Dämpferbeinachse 567
Dampfblasenbildung 651
Darlington-Endstufe 850
Dauerbremsanlage (DBA) 710, 719, 778
Dauerbremse 606
– (dritte Bremse) 778
Dauerstromverbraucher 899
DBA 710, 719, 778
De-Dion-Achse 557
DE-Reflektor 950
Dehnschrauben 55
Dehnstoffthermostat 126
Deicer 1082
Deichselkräfte 784
Desachsierung 63
Destillation, atmosphärische 1059
Detergent 1086, 1082
Detergents/Dispersants 1069
Diagnose, integrierte 286
Diagonalkreuz 1095
Diagonalschaltung 648
Diagonalstrebe 562
Dichte 987, 1081 f.
Dichtheitsprüfungen, hydraulische 657
Dichtungselemente 139
Dickentoleranz 678
Diebstahlwarnanlagen 978
Dielektrikum 836
Dieselanlaßhilfen 968
Dieseleinspritzanlagen 307
Dieselkatalysator 153
Dieselklopfen 300
Dieselkraftstoff 1083
--Additive 1086
Dieselmotor 35 f., 142
Dieselnageln 300

Dieselregelung, elektronische 362, 400
–, Systemblöcke 364
Differentialkreuz 502
Differentialsperre 504
Differenzdruck 241
--Warnschalter 643
–ventile 239
Dimmatic 810
Dioden 808, 917, 923
–tester 921
Direkteinspritzmotoren, Starthilfen bei 302
Direkteinspritzung 301
Direktreduktion 993
DLS 857
Doppel-H-Schaltung 452
Doppel-T1-Generator 927
Doppelachse, angetriebene 510
Doppelkreuzgelenke 494
Doppellängslenkerachse 561
Doppelplanetenradsätze 468
Doppelquerlenkerachse 558
Doppelregistervergaser 182
– 4A 1 219
Doppelsynchronisation 447
Doppelvergaser 182
Doppelzündspule 831
Doppelzündung 116
–, phasenversetzte 117
Doppelzweikreis-Bremssystem 648
Dotieren 808
Drallkanal 301
Drehkolbenventil 540, 542
Drehmoment 110
–schlüssel 1055
–verstärkung 464
–verteilung 489
–wandler, hydrodynamische 460
Drehrichtungsbestimmung 42
Drehschwingungsdämpfer 107
Drehstellwerk 369
Drehstromgeneratoren 902
drehzahlabhängig 372
Drehzahlausgleich 502
Drehzahlbegrenzung 251, 269
Drehzahlgeber 402
Drehzahlregelung 354, 374, 409
Drehzahlregler 190, 197, 219, 384
Dreiecksblattfeder 426

F

Freilaufdiode 809, 850
Fremdbefüllen 735
Fremderregung 901
Fremdkraft-Bremsanlage 710
Frischen 997
Frontantrieb 422, 531
Frostschutzpumpen 729
–, automatische 729
Fülleistung 724
Füllscheibe 637, 644
Fünfgang-Direktgetriebe 440
Funkschutzzeichen 886
Funktionskontrollen 971
Funktionsmaße 1102
Fußbremsventil 741

G

Gabelachse 553
Gasdruck- oder Modulierdruck-Regelschieber 481
Gasentladungslampen 951
Gasgenerator 976
Gasstromnitrieren 1009
Gasungsspannung 891
Gate 809
Ge-TSZ 850
Geberzylinder 432
Gebläsekühlung 125
Gefrierpunkt 892
Gegeninduktion 800
Gelenkwellen 492
–strang 492
Gemisch, homogenes 180
Gemischanreicherung 225
Gemischbildung, innere 155
– und Verbrennung bei Ottomotoren 155
Gemischbildungsverfahren (Einspritzverfahren) 300
Gemischregler 234
Gemischregulierung 198
Gemischvorwärmung 180
Gemmer-Globoidschneckenlenkung 536
Generatorbezeichnungen 910
Generatoren 899
Generatorkontrolleuchten 912, 917, 972
Generatortester 920

Geräusch 626
Gesamthubraum 37
Geschwindigkeitsgeber 366
Geschwindigkeitsregelung und Zwischendrehzahl, Bedienteil für 404
Geschwindigkeitswählhebel 368
Gestängehersteller, automatischer 710
Gestängehersteller, manueller 710
Getriebe
–bauarten 438
–fließfett 1072
–, gleichachsige 438
–, halbautomatisches 485
–hauptwelle 438
– mit Verteilerdifferential 489
–öl-Wechselintervalle 1071
–, ungleichachsige 441
–, vollautomatische 459
Getriebeöle 1069
–, Leistungsklassen 1070
Getriebesteuerung
–, adaptive 483
–, hydraulische 480
Gewinde
–arten 1048
–bohren 1054
–darstellung 1099
–drehen 1053
–fertigung 1052
–, metrische 1050
–rollen 1054
–, unsichtbare 1099
–walzen 1054
Gichtgas 993
Giermoment 703
–-Aufbauverzögerung (GMA) 703
Gießereischachtofen 994
Gitterkorrosion 890
Glasherstellung 1025
Gleason-Kreisbogenverzahnung 498 f.
Gleichdruckventil 320
Gleichdruckverbrennung 145
Gleichdruckverfahren 203
Gleichdruckvergaser 212
Gleichförderung 319
Gleichlaufgelenke (homokinetische Gelenke) 494
Gleichraumventil, Druckventil als 319

–paket 506
–selbstsperrdifferential (ZF Lok-O-Matic) 504
Langhuber 38
Lastschaltgetriebe 465
Lastsensoren, thermische 272
Latentwärmespeicher 133
Laufbuchsen, nasse 68
–, trockene 68
Lauffläche 585
Laufgeräusch 585
Laufstreifen 586
Laugen 986
LE-Jetronic 252
Lebensdauer 586
Lecköl 308, 414
–leitung 308
LED 811
Leerbremsdruck 746
Leergewicht 608
Leerhub 317
Leerlauf
–, abhängiger 198
–drehsteller 247, 266
–drehzahl 374
–drehzahlregelung 226, 247, 265, 292, 296
–düse, elektromagnetische 201
–einrichtungen 198
–einstellung 201
–-Enddrehzahlregler 356, 385
–feder 355
–-Grundeinstellung 202
–gemisch 199
–gemisch-Regulierschraube 199
–regelung, zündungsseitig 296
–ruheregelung 374
–schalter 367, 404
–, unabhängiger 198
Leerlaufstabilisierung
–, digitale 203
–, elektronische 203
Leerlaufstellmotor 289
Legierungen 1002
Leichtlauf-Motoröle 1065
Leichtlauföle 1063
Leichtmetalle 1015
Leichtmetallräder 593
Leichtmetallzylinder 68

Leistung, elektrische 807
Leistungsdiode 899
Leistungsklassen für Getriebeöle 1070
Leistungsregler 872
Leitfähigkeit, elektrische 987
Leitrad 460
Leitwerte 804
Leitwiderstand 805
Lenkanlagen 625
Lenkbegrenzung 548
Lenkgeometrie 511, 529
Lenkgetriebe 532
–-Mittelstellung 525
Lenkgetrieben, Einstellen 537
Lenkhebel 527
Lenkrollradius 517
Lenktrapez 527
Lenkübersetzung 532
Lenzsche Regel 799, 801
Leuchtdioden 811
Leuchtweitenregulierung 952
LH-Jetronic 270
Lichtanker 869
Lichtbogenofen 998
Lichtelektrizität 801
Lichtmaschinen 899
Lichtsignalmethoden 346
Linksläufer 42
Lösedruck 762
Löseeinrichtung 762
Löseknöpfe 773
Lösespindel 762
Löseventil 772
Lötzinn 1023
Low-Rad 702, 704
Lucas-Verteilereinspritzpumpe 375
– mit EPIC, Systemblöcke 376
Luftbeschaffungsanlage 723
Lüfterscheiben 908
Luftfederung 572
Luftfilter 178
Luftkorrekturdüse 204
Luftkühlung 124
Luftmassenmesser 272, 286, 367
Luftmengenmesser 235, 259, 367
Lüftspiel 429
Lufttemperaturfühler 363, 400
– NTC I 260

MOZ 1080
Multiplex-System 940
Multivibrator 962
Muskelkraft-Bremsanlage 710
Muttern 1052
–fertigung 1054

N

Nachfüllbohrung 637
Nachglühen 303
Nachlauf 520
–einstellung 522
Nachspur 522
Nachstartanreicherung 245, 263, 292
Nachstartphase 156
Nachverbrennung, katalytische 164
Nachweisbuch 1077
Nadelbewegungsfühler 365 f., 403
Nadellager 1043
Naphthene 1057
Naß-(Halbnaß-)Kupplungen 424
Naßkupplungen 435
Naßsiedepunkt 651
Naturgummi (NR) 1037
Nebelscheinwerfer 624, 955
Nebelschlußleuchten 625, 947, 957
Nebenabtrieb, fahrabhängiger 456
–, kupplungsabhängiger 456
–, motorabhängiger 456
Nebenlastsensor 278
Nebenschluß 848, 901
Nebenstromfilter 124
Nehmerzylinder 432
–, Ausrücklager mit 431
Neigungsgeber 978
NE-Metalle 1015
Nennkapazität 889
Nennspannung 889
Neutronen 795
n-Heptan 1080
Nichteisenwerkstoffe (NE-Metalle) 1015
Nichtmetalle 990
Nichtschadstoffe 149, 158
Niederdruckanlage, Entlüften 313
Niederdruckprüfung 657
Niederquerschnittsreifen 586

Nikasil-Zylinder 69
Nitrieren 1009
Nitrierstähle 1009
Nockenwellengeber 864
Nockenwellenspreizung, variable (VANOS) 77
Nockenwellenversteller (Vario Cam) 78
Normal 1078
–antrieb 497
Normschrift nach DIN 1092
Notlauf 287
Notlöseeinrichtung 722
NTC
– I 260
--Leiter 807
--Widerstand 971
Nullförderung 175, 318, 381
Nullwatt-Drehzahl 909
Nutzhubänderung 328
Nylon 586, 1035

O

O-Anordnung 1046
OBD 863
Oberflächenbeschaffenheit 1096
Oberflächenhärtung 1008
Oberflächenzeichen 1096
Öffnungsinduktion 800
Ohm 802
Ohmsches Gesetz 803
Oktanzahl 1080
–verbesserer 1082
Öldruckkontrolle 971
Öldruckschalter 122
Olefine 1057
Ölfilter 123
Ölkühler 124
Ölpumpe 480, 539
Ölstandskontrolle 482
Ölverbrauch, Kontrolle 725
On-board-Diagnose 286
Opel-Dreigang-Automatik 474
Oszilloskop 845
Otto-Kraftstoff-Additive 1081
Otto-Kraftstoffe 1078
–, Lagerzeit 1082
Otto-Kraftstoffsorten 1078

T

T4-Generator 926
Tachometer 972
Tandem-Hauptzylinder 639
–, gestufter 645
–, gestufter, mit Zentralventil 646
– mit Volumenverbraucher 643
– mit Zentralventil 644
Tangentialblattfeder 426 f.
Tankentlüftungsventil 280
Tankförderpumpe 229
Tastverhältnis 153, 161, 369, 405
Tauchkolben 319
Technisches Zeichnen 1091
Teflon 1036
Teilausschnitte 1098
Teillastanreicherung 210
Teilscheibenbremsen 674
Teilstromopazimeter 164
Teilstromtrübungsmeßgerät 164
Tellerradeinstellung 501
Telligent-Bremssystem 791
Temperaturkoeffizient 807
Temperaturmeßkerze 797
Temperatursensoren 363
Temperaturüberwachung 981
Temperguß 995
– (GTS), schwarzer 996
– (GTW), weißer 996
Temperkohle 996
Tempern 995
Temperrohgußstücke 995
Teves ABS MKII 656
Thermo-Choke 188
Thermoelaste 1033
Thermoelektrizität 797
Thermonebenschlußstarter (TN-Starter) 195
Thermoplaste 1032 f.
Thermo-Pulldown 193
Thermostarter 190
Thermostartventil 197
Thermosyphonkühlung (Wärmeumlaufkühlung) 126
Thermoverzögerungsventil 191
Thermozeitschalter 245, 262
Thermozeitventil 197, 197
Thomasmehl 998

Thyristor 809, 859
–zündanlage 858
Tiefbettfelge 588 f.
Tiptronic 484
Titan 1019
–gewinnung 1019
TN-Starter 222
Tonerde 1015
Torsen-Sperrdifferential 491
Torsions-Drehstabfedern 572
Torsionskurbelachse 562
Torsionsrohr 562
Totpunkte 37
Trafogleichung 833
Tragbildkontrolle 501
Tragfähigkeit 588
–, Kennziffer 581
Traktion 588
Transformator 800
Transistoren 810, 913
Transistorregler 912
Transistorzündanlage 850
Transponder 978
Trapezgewinde 1050
Trapezlenker 558
Tread-wear-indicators 588
Trennmanschetten 640, 644
Triggerung 920
Trilex-Rad 593
Trilok-Wandler 462
Tripodegelenke 495
Tripodestern 495
Trockengelenke 496
Trockenkupplungen 424
Trockenreibung 118, 1061
Trockensumpf-Umlaufschmierung 121
Trommelbremsen 662
TSZ-h 856
TSZ-i 852
Tubeless 588
Tube-Type 588
Turbinenrad 460
Twin-Motor 45

U

Überdeckung 54

Meisterbrief –
Motor zum beruflichen Erfolg

Fortbildung ist der Motor zum beruflichen Erfolg. Wie groß Ihr Erfolg und Ihre Chancen am Arbeitsmarkt sind, hängt stärker als je zuvor von Ihrer fachlichen Qualifikation ab. Der Meisterbrief ist „Zündschlüssel" zur beruflichen Karriere im Kfz-Gewerbe. Er macht Ihnen den Weg frei zum

- **Autohaus-Betriebsleiter**
- **Werkstattleiter**
- **Kundendienstberater**
- **Kfz-Sachverständigen**

Der Meisterbrief ist Voraussetzung für die berufliche Selbständigkeit. Mit ihm können Sie zudem an den Start in neue Bereiche der Weiterbildung gehen. Viele Hochschulen beispielsweise akzeptieren den Meisterbrief als Zugangsvoraussetzung zu einem Studium.

Kfz-Meisterlehrwerkstatt Heide
– der gerade Weg zum Meister

Sie wollen die Meisterprüfung ablegen – wir haben Ihnen den Weg zum Ziel geebnet: In nur 7 Monaten bereiten wir Sie auf die

- **Kfz-Techniker-Meisterprüfung**

vor.

Sie können sich, unabhängig von alltäglicher Lebensführung, in dieser Zeit voll auf den Stoff konzentrieren, denn wir bieten Ihnen zu einem fairen Preis

$$\Rightarrow \textbf{Ausbildung}$$
$$\Rightarrow \textbf{Unterkunft}$$
$$\Rightarrow \textbf{Verpflegung}$$

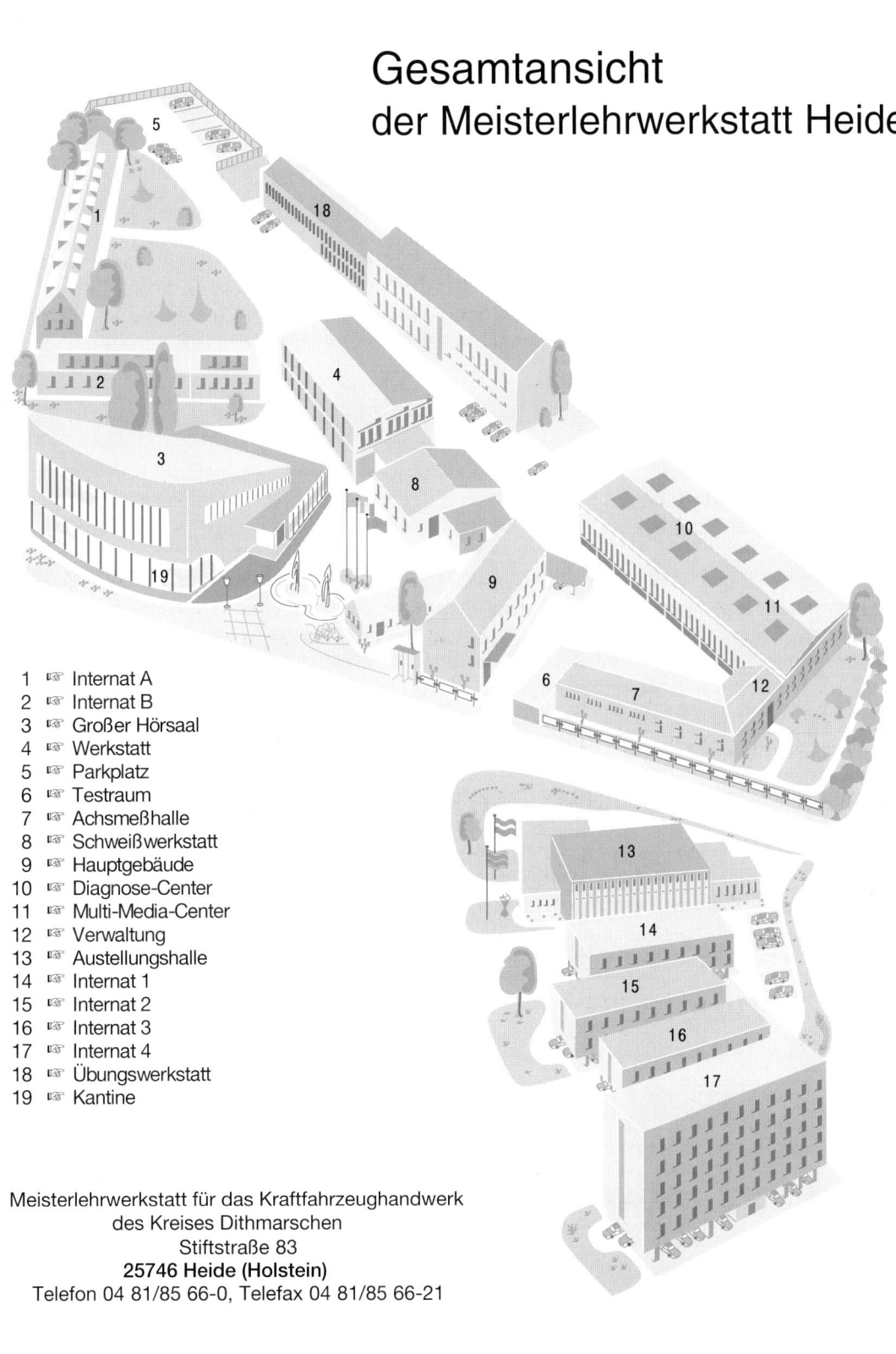

Gesamtansicht
der Meisterlehrwerkstatt Heide

1 ☞ Internat A
2 ☞ Internat B
3 ☞ Großer Hörsaal
4 ☞ Werkstatt
5 ☞ Parkplatz
6 ☞ Testraum
7 ☞ Achsmeßhalle
8 ☞ Schweißwerkstatt
9 ☞ Hauptgebäude
10 ☞ Diagnose-Center
11 ☞ Multi-Media-Center
12 ☞ Verwaltung
13 ☞ Austellungshalle
14 ☞ Internat 1
15 ☞ Internat 2
16 ☞ Internat 3
17 ☞ Internat 4
18 ☞ Übungswerkstatt
19 ☞ Kantine

Meisterlehrwerkstatt für das Kraftfahrzeughandwerk
des Kreises Dithmarschen
Stiftstraße 83
25746 Heide (Holstein)
Telefon 04 81/85 66-0, Telefax 04 81/85 66-21

45 Jahre Tradition –
auf dem neuesten Stand der Technik

Die Meisterlehrwerkstatt für das Kfz-Handwerk (MLW) ist eine vom Zentralverband Deutsches Kraftfahrzeuggewerbe (ZDK) anerkannte Schulungsstätte. Ständige Kontakte zur Industrie und Schulungen etablierter Hersteller halten die Ausbildung immer auf dem neuesten Stand der Technik.

An der MLW werden seit 1950 unter Trägerschaft des Kreises Dithmarschen junge Kfz-Mechanikerinnen und -Mechaniker aus dem gesamten Bundesgebiet erfolgreich auf die Meisterprüfung vorbereitet. Über 33 000 Absolventinnen und Absolventen der beruflichen Bildungseinrichtung haben den Meisterbrief von der zuständigen Handwerkskammer in Flensburg erhalten. Seit der Gründung der Meisterlehrwerkstatt für das Kfz-Handwerk ist hier jeder 7. Kraftfahrzeugmeister der Bundesrepublik ausgebildet worden.

Sie bekommen eine intensive theoretische Ausbildung im Lehrsaal, und das neuerstellte Multi-Media-Center (MMC) ermöglicht den Einblick in die modernste Technik der Kraftfahrzeuge. Das im MMC installierte PC-Netzwerk verschafft jedem Schüler den Zugang zur Technik und Elektronik im Kraftfahrzeug und gibt ihm die Fähigkeit, in zunehmend hochkomplexen Systemen moderner Fahrzeuge zielgerichtet Fehler zu beheben.

In dem modern ausgestatteten Diagnose-Center findet eine umfangreiche praktische Ausbildung in kleinen Prüfungsgruppen statt.

Während des Lehrgangs wohnen Sie im schuleigenen Internat. Für die Verpflegung wird durch den Kantinenpächter gesorgt. So können Sie sich voll und ganz auf die Ausbildung konzentrieren. Außerdem profitieren Sie von den sich durch das Gemeinschaftsleben verstärkt ergebenden Möglichkeiten der Teamarbeit.

Wer vorankommen will und Freude am Lernen hat, ist bei uns richtig! Senden Sie deshalb Ihre Unterlagen an die

Meisterlehrwerkstatt für das Kraftfahrzeug-
Handwerk
des Kreises Dithmarschen
25746 Heide/Holstein • Stiftstr. 83
Telefon 04 81 / 85 66-0 • Telefax 04 81 / 85 66-21